Full수록 기출문제집

Full수록은 Full(가득한)과 수록(담다)의 합성어로 '평가원의 양질의 기출문제'를 교재에 가득 담았음을 의미한다.
또한, 교재 네이밍인 Full수록 발음 시 '풀수록 1등급 달성'과 '풀수록 수능 만점' 등 목표 지향적 의미를 함께 내포하고 있다.

Full수록 기출문제집은 평가원 기출을 가장 잘 분석하여 30일 내 수능기출을 완벽 마스터하도록 구성하였다.

세상이 변해도
배움의 즐거움은
변함없도록

시대는 빠르게 변해도
배움의 즐거움은
변함없어야 하기에

어제의 비상은
남다른 교재부터
결이 다른 콘텐츠
전에 없던 교육 플랫폼까지

변함없는 혁신으로
교육 문화 환경의 새로운 전형을
실현해왔습니다.

비상은 오늘, 다시 한번
새로운 교육 문화 환경을 실현하기 위한
또 하나의 혁신을 시작합니다.

오늘의 내가 어제의 나를 초월하고
오늘의 교육이 어제의 교육을 초월하여
배움의 즐거움을 지속하는 혁신,

바로, 메타인지 기반 완전 학습을.

상상을 실현하는 교육 문화 기업 비상

메타인지 기반 완전 학습

초월을 뜻하는 meta와 생각을 뜻하는 인지가 결합한 메타인지는
자신이 알고 모르는 것을 스스로 구분하고 학습계획을 세우도록 하는
궁극의 학습 능력입니다. 비상의 메타인지 기반 완전 학습 시스템은
잠들어 있는 메타인지를 깨워 공부를 100% 내 것으로 만들도록 합니다.

Full수록´
수능기출문제집

수능 준비 최고의 학습 재료는 기출 문제입니다.
지금까지 다져온 실력을 기출 문제를 통해 확인하고, 탄탄히 다져가야 합니다.
진짜 공부는 지금부터 시작입니다.

"Full수록"만 믿고 따라오면
수능 1등급이 내 것이 됩니다!!

" 방대한 기출 문제를 효율적으로 정복하기 위한 구성 "

1 일차별 학습량 제안

하루 학습량 30문제 내외로 기출 문제를 한 달 이내 완성하도록 하였다.
→ 계획적 학습, 학습 진도 파악 가능

2 평가원 기출 경향을 설명이 아닌 문제로 제시

일차별 기출 경향을 문제로 시각적·직관적으로 제시하였다.
→ 기출 경향 및 빈출 유형 한눈에 파악 가능

3 보다 효율적인 문제 배열

문제를 연도별 구성이 아닌 쉬운 개념부터 복합 개념 순으로, 유형별로 제시하였다.
→ 효율적이고 빠른 학습이 가능

일차별 학습 흐름

2026학년도 수능은 Full수록으로 대비합니다.

Full수록 화학 I에 구성된 기출 문제는 기존 화학 I에서 출제되었던 기출 문제뿐만 아니라 교육과정 내용 변화에 맞춰, 화학 II에서 출제되었던
기출 문제도 수록하여 기출 경향을 최대한 빈틈없이 반영하였습니다.

일차별로 ╱ 기출 경향 파악 → 기출 문제 정복 → 해설을 통한 약점 보완 ╱ 을 통해 계획적이고 체계적인 수능 준비가 가능합니다.

1 오늘 공부할 기출 문제의 기출 경향 파악
╱ 빈출 문제, 빈출 자료를 한눈에 파악 가능

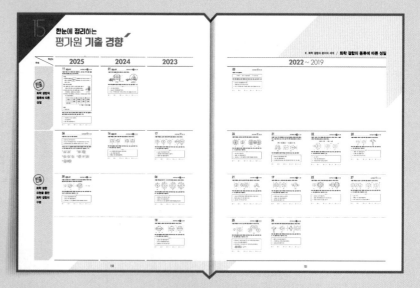

2 오늘 공부할 기출 문제를 유사 자료 중심으로 구성
╱ 효율적인 문제 구성을 통해 자료 중심의 문제 정복 가능

3 개념과 연계성이 강화된 해설

✓ 문제에 연계된 개념 재확인 및 사고의 흐름에 따른
쉬운 문제 풀이

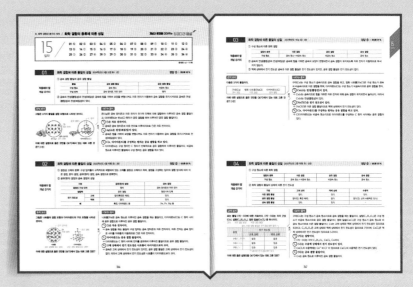

마무리 정답률 낮은 문제 반복 제시

✓ 본문에 있는 까다로운 문제를 다시 풀어보면서
확실하게 내 것으로 만들기

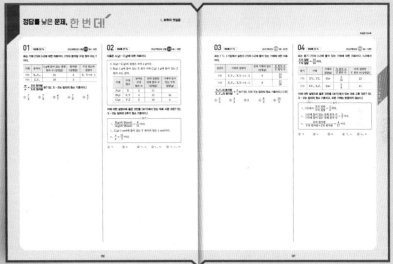

부록 실전모의고사 3회

풀 수 록 1 등 급 · 풀 수 록 수 능 만 접

일차별 학습 계획

제안하는 학습 계획 881제 26일 완성

나의 학습 계획 881제 ( )일 완성

한눈에 정리하는 평가원 기출 경향

1일차

주제 \ 학년도	2025	2024
인류 문명 발전에 기여한 화학		

빈출 — 탄소 화합물의 유용성

40 — 2025학년도 수능 화I 1번

다음은 일상생활에서 사용하는 제품과 이와 관련된 성분 (가)와 (나)에 대한 자료이다.

(가) 아세트산(CH_3COOH) (나) 뷰테인(C_4H_{10})

이에 대한 설명으로 옳은 것만을 <보기>에서 있는 대로 고른 것은?

<보기>
ㄱ. (가)의 수용액과 $KOH(aq)$의 중화 반응은 흡열 반응이다.
ㄴ. (나)의 연소 반응이 일어날 때 주위로 열을 방출한다.
ㄷ. (가)와 (나)는 모두 탄소 화합물이다.

① ㄱ ② ㄴ ③ ㄱ, ㄴ ④ ㄱ, ㄷ ⑤ ㄴ, ㄷ

16 대표문제 — 2025학년도 9월 모평 화I 1번

다음은 일상생활에서 사용되고 있는 물질에 대한 자료이다.

버스 연료로 이용되는 액화 천연가스(LNG)는 ㉠메테인(CH_4)이 주성분이다.
의료용 알코올 솜으로 피부를 닦으면 주성분인 ㉡에탄올(C_2H_5OH)이 증발하면서 피부가 시원해진다.

이에 대한 설명으로 옳은 것만을 <보기>에서 있는 대로 고른 것은?

<보기>
ㄱ. ㉠은 탄소 화합물이다.
ㄴ. ㉠의 연소 반응은 흡열 반응이다.
ㄷ. ㉡이 증발할 때 주위로부터 열을 흡수한다.

① ㄱ ② ㄷ ③ ㄱ, ㄴ ④ ㄱ, ㄷ ⑤ ㄴ, ㄷ

15 — 2025학년도 6월 모평 화I 1번

그림은 학생 A가 작성한 캠핑 준비물 목록의 일부를 나타낸 것이다.

캠핑 준비물
☑ ㉠나일론 손세정 통
☑ ㉡설탕($C_6H_{12}O_6$)과 소금
☑ ㉢숯과 착화

이에 대한 설명으로 옳은 것만을 <보기>에서 있는 대로 고른 것은?

<보기>
ㄱ. ㉠은 합성 섬유이다.
ㄴ. ㉡은 탄소 화합물이다.
ㄷ. ㉢의 연소 반응은 발열 반응이다.

① ㄱ ② ㄷ ③ ㄱ, ㄴ ④ ㄴ, ㄷ ⑤ ㄱ, ㄴ, ㄷ

12 — 2024학년도 수능 화I 1번

다음은 일상생활에서 사용되고 있는 물질에 대한 자료이다.

㉠에탄올(C_2H_5OH)이 주성분인 손 소독제를 손에 바르면, 에탄올이 증발하면서 손이 시원해진다.
손난로를 흔들면, 손난로 속에 있는 ㉡철가루(Fe)가 산화되면서 열을 방출한다.

이에 대한 설명으로 옳은 것만을 <보기>에서 있는 대로 고른 것은?

<보기>
ㄱ. ㉠은 탄소 화합물이다.
ㄴ. ㉠이 증발할 때 주위로 열을 방출한다.
ㄷ. ㉡이 산화되는 반응은 발열 반응이다.

① ㄱ ② ㄴ ③ ㄱ, ㄷ ④ ㄴ, ㄷ ⑤ ㄱ, ㄴ, ㄷ

13 — 2024학년도 9월 모평 화I 1번

다음은 일상생활에서 이용되고 있는 물질에 대한 자료와 이에 대한 학생들의 대화이다.

○ ㉠메테인(CH_4)을 연소시켜 난방을 하거나 음식을 익힌다.
○ ㉡질산 암모늄(NH_4NO_3)이 물에 용해되는 반응을 이용하여 냉찜질 주머니를 차갑게 만든다.

학생 A: ㉠은 탄소 화합물이야.
학생 B: ㉠의 연소는 흡열 반응이야.
학생 C: ㉡이 일어날 때 주위로 열이 방출돼.

제시한 내용이 옳은 학생만을 있는 대로 고른 것은?

① A ② B ③ A, C ④ B, C ⑤ A, B, C

22 — 2024학년도 6월 모평 화I 1번

다음은 일상생활에서 사용되고 있는 물질에 대한 자료이다.

○ ㉠에텐(C_2H_4)은 플라스틱의 원료로 사용된다.
○ ㉡아세트산(CH_3COOH)은 의약품 제조에 이용된다.
○ 에탄올(C_2H_5OH)을 묻힌 솜으로 피부를 닦으면 에탄올이 기화되면서 피부가 시원해진다.

이에 대한 설명으로 옳은 것만을 <보기>에서 있는 대로 고른 것은?

<보기>
ㄱ. ㉠은 탄소 화합물이다.
ㄴ. ㉡을 물에 녹이면 염기성 수용액이 된다.
ㄷ. ㉢이 기화되는 반응은 흡열 반응이다.

① ㄱ ② ㄴ ③ ㄱ, ㄷ ④ ㄴ, ㄷ ⑤ ㄱ, ㄴ, ㄷ

화학식량과 몰
화학식량과 몰/ 몰과 질량/ 몰과 부피 관계를 묻는 경우

2023

2022 ~ 2019

03
2021학년도 9월 모평 화Ⅰ 1번

다음은 화학의 유용성과 관련된 자료이다.

○ 과학자들은 석유를 원료로 하여 ㉠ 나일론을 개발하였다.
○ 하버와 보슈는 질소 기체를 ㉡ 와/과 반응시켜 ㉢ 암모니아를 대량으로 합성하는 제조 공정을 개발하였다.

이에 대한 설명으로 옳은 것만을 〈보기〉에서 있는 대로 고른 것은?

〈보기〉
ㄱ. ㉠은 합성 섬유이다.
ㄴ. ㉡은 산소 기체이다.
ㄷ. ㉢은 인류의 식량 부족 문제를 개선하는 데 기여하였다.

① ㄱ　② ㄴ　③ ㄱ, ㄷ　④ ㄴ, ㄷ　⑤ ㄱ, ㄴ, ㄷ

---

25 대표 문제
2023학년도 수능 화Ⅰ 1번

다음은 일상생활에서 이용되고 있는 3가지 물질에 대한 자료이다.

○ 에탄올(C_2H_5OH)은 　㉠　
○ 제설제로 이용되는 ㉡ 염화 칼슘($CaCl_2$)을 물에 용해시키면 열이 발생한다.
○ ㉢ 메테인(CH_4)은 액화 천연 가스(LNG)의 주성분이다.

이에 대한 설명으로 옳은 것만을 〈보기〉에서 있는 대로 고른 것은?

〈보기〉
ㄱ. '의료용 소독제로 이용된다.'는 ㉠으로 적절하다.
ㄴ. ㉡이 물에 용해되는 반응은 발열 반응이다.
ㄷ. ㉠과 ㉢은 모두 탄소 화합물이다.

① ㄴ　② ㄷ　③ ㄱ, ㄴ　④ ㄱ, ㄷ　⑤ ㄱ, ㄴ, ㄷ

11
2022학년도 수능 화Ⅰ 2번

표는 일상생활에서 이용되고 있는 물질에 대한 자료이다.

물질	이용 사례
아세트산(CH_3COOH)	식초의 성분이다.
암모니아(NH_3)	질소 비료의 원료로 이용된다.
에탄올(C_2H_5OH)	

이에 대한 설명으로 옳은 것만을 〈보기〉에서 있는 대로 고른 것은? [3점]

〈보기〉
ㄱ. CH_3COOH을 물에 녹이면 산성 수용액이 된다.
ㄴ. NH_3는 탄소 화합물이다.
ㄷ. '의료용 소독제로 이용된다.'는 ㉠으로 적절하다.

① ㄱ　② ㄴ　③ ㄱ, ㄷ　④ ㄴ, ㄷ　⑤ ㄱ, ㄴ, ㄷ

---

33 대표 문제
2022학년도 9월 모평 화Ⅰ 2번

그림은 물질 (가)와 (나)의 구조식을 나타낸 것이다.

```
      H            H  O
      |            |  ||
  H - N - H    H - C - C - O - H
      |            |
      H            H
     (가)         (나)
```

이에 대한 설명으로 옳은 것만을 〈보기〉에서 있는 대로 고른 것은?

〈보기〉
ㄱ. (가)는 질소 비료의 원료로 사용된다.
ㄴ. (나)를 물에 녹이면 산성 수용액이 된다.
ㄷ. (가)와 (나)는 모두 탄소 화합물이다.

① ㄱ　② ㄷ　③ ㄱ, ㄴ　④ ㄴ, ㄷ　⑤ ㄱ, ㄴ, ㄷ

26
2023학년도 9월 모평 화Ⅰ 1번

다음은 일상생활에서 이용되고 있는 2가지 물질에 대한 자료이다.

○ 메테인(CH_4)은 　㉠　의 주성분이다.
○ ㉡ 뷰테인(C_4H_{10})을 연소시켜 물을 끓인다.

이에 대한 설명으로 옳은 것만을 〈보기〉에서 있는 대로 고른 것은?

〈보기〉
ㄱ. '액화 천연 가스(LNG)'는 ㉠으로 적절하다.
ㄴ. ㉡은 탄소 화합물이다.
ㄷ. ㉡의 연소 반응은 발열 반응이다.

① ㄱ　② ㄷ　③ ㄱ, ㄴ　④ ㄴ, ㄷ　⑤ ㄱ, ㄴ, ㄷ

06
2022학년도 6월 모평 화Ⅰ 1번

다음은 일상생활에서 사용하는 제품과 이와 관련된 성분 (가)~(다)에 대한 자료이다.

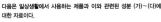

(가) 설탕 ($C_{12}H_{22}O_{11}$)　(나) 염화 나트륨 (NaCl)　(다) 아세트산 (CH_3COOH)

(가)~(다) 중 탄소 화합물만을 있는 대로 고른 것은?

① (가)　② (나)　③ (가), (다)
④ (나), (다)　⑤ (가), (나), (다)

05
2021학년도 수능 화Ⅰ 1번

다음은 탄소 화합물에 대한 설명이다.

탄소 화합물이란 탄소(C)를 기본으로 수소(H), 산소(O), 질소(N) 등이 결합하여 만들어진 화합물이다.

다음 중 탄소 화합물은?

① 산화 칼슘(CaO)　② 염화 칼륨(KCl)　③ 암모니아(NH_3)
④ 에탄올(C_2H_5OH)　⑤ 물(H_2O)

27
2023학년도 6월 모평 화Ⅰ 1번

다음은 화학의 유용성에 대한 자료이다.

○ ㉠ 에탄올(C_2H_5OH)을 산화시켜 만든 ㉡ 아세트산(CH_3COOH)은 의약품 제조에 이용된다.
○ 질소(N_2)와 수소(H_2)를 반응시켜 만든 암모니아(NH_3)는 　㉢　(으)로 이용된다.

이에 대한 설명으로 옳은 것만을 〈보기〉에서 있는 대로 고른 것은?

〈보기〉
ㄱ. ㉠은 탄소 화합물이다.
ㄴ. ㉡을 물에 녹이면 산성 수용액이 된다.
ㄷ. '질소 비료의 원료'는 ㉢으로 적절하다.

① ㄱ　② ㄷ　③ ㄱ, ㄴ　④ ㄴ, ㄷ　⑤ ㄱ, ㄴ, ㄷ

34
2021학년도 6월 모평 화Ⅰ 2번

그림은 탄소 화합물 (가)~(다)의 구조식을 나타낸 것이다. (가)~(다)는 각각 메테인, 에탄올, 아세트산 중 하나이다.

```
     H           H  O            H  H
     |           |  ||           |  |
 H - C - H   H - C - C - O - H   H - C - C - O - H
     |           |                |  |
     H           H                H  H
    (가)         (나)             (다)
```

이에 대한 설명으로 옳은 것만을 〈보기〉에서 있는 대로 고른 것은?

〈보기〉
ㄱ. (가)는 천연가스의 주성분이다.
ㄴ. (나)를 물에 녹이면 염기성 수용액이 된다.
ㄷ. (다)는 손 소독제를 만드는 데 사용된다.

① ㄱ　② ㄷ　③ ㄱ, ㄴ　④ ㄱ, ㄷ　⑤ ㄴ, ㄷ

01

다음은 실생활 해결에 기여한 물질에 대한 설명이다.

> ○ ⓐ ⑤ : 암모니아를 원료로 만든 물질로 식량 해결에 기여
>
> ○ 시멘트: 석회석을 원료로 만든 물질로 ⓐ ⓛ 해결에 기여

다음 중 ㉠과 ㉡으로 가장 적절한 것은?

	㉠	㉡		㉠	㉡
①	유리	의류	②	질소 비료	의류
③	유리	주거	④	질소 비료	주거
⑤	석유	의류			

02

다음은 인류 생활에 기여한 물질 (가)에 대한 설명이다.

○ 특징   ○ 예시
- 석유나 천연가스를 원료로 하여
  대량으로 생산함.
- 질기고 가벼우며 값이 싸서 다양한
  기능성 옷을 제작할 수 있게 됨.
                              나일론, 폴리에스터

(가)로 가장 적절한 것은?

① 천연 섬유   ② 건축 자재   ③ 화학 비료

④ 합성 섬유   ⑤ 인공 염료

03

다음은 화학의 유용성과 관련된 자료이다.

> ○ 과학자들은 석유를 원료로 하여 ㉠나일론을 개발하였다.
>
> ○ 하버와 보슈는 질소 기체를 ⓐ ⓛ 와/과 반응시켜 ㉢암모니아를 대량으로 합성하는 제조 공정을 개발하였다.

이에 대한 설명으로 옳은 것만을 〈보기〉에서 있는 대로 고른 것은?

〈 보기 〉
> ㄱ. ㉠은 합성 섬유이다.
> ㄴ. ㉡은 산소 기체이다.
> ㄷ. ㉢은 인류의 식량 부족 문제를 개선하는 데 기여하였다.

① ㄱ   ② ㄴ   ③ ㄱ, ㄷ   ④ ㄴ, ㄷ   ⑤ ㄱ, ㄴ, ㄷ

04

다음은 화학이 실생활의 문제 해결에 기여한 사례이다.

> ○ 하버는 공기 중의 ⓐ ⑤ 기체를 수소 기체와 반응시켜 ⓐ ⓛ 을 대량 합성하는 방법을 개발하여 인류의 식량 문제 해결에 기여하였다.
>
> ○ 캐러더스는 최초의 합성 섬유인 ⓐ ⓒ 을 개발하여 인류의 의류 문제 해결에 기여하였다.

이에 대한 옳은 설명만을 〈보기〉에서 있는 대로 고른 것은?

〈 보기 〉
> ㄱ. ㉠은 질소이다.
> ㄴ. ㉢은 천연 섬유에 비해 대량 생산이 쉽다.
> ㄷ. 분자를 구성하는 원자 수는 ㉡이 ㉠의 4배이다.

① ㄱ   ② ㄷ   ③ ㄱ, ㄴ   ④ ㄴ, ㄷ   ⑤ ㄱ, ㄴ, ㄷ

05

2021학년도 수능 화I 1번

다음은 탄소 화합물에 대한 설명이다.

탄소 화합물이란 탄소(C)를 기본으로 수소(H), 산소(O), 질소(N) 등이 결합하여 만들어진 화합물이다.

다음 중 탄소 화합물은?

① 산화 칼슘(CaO) ② 염화 칼륨(KCl) ③ 암모니아(NH_3)
④ 에탄올(C_2H_5OH) ⑤ 물(H_2O)

06

2022학년도 6월 모평 화I 1번

다음은 일상생활에서 사용하는 제품과 이와 관련된 성분 (가)~(다)에 대한 자료이다.

(가) 설탕   (나) 염화 나트륨   (다) 아세트산
($C_{12}H_{22}O_{11}$)   ($NaCl$)   (CH_3COOH)

(가)~(다) 중 탄소 화합물만을 있는 대로 고른 것은?

① (가)   ② (나)   ③ (가), (다)
④ (나), (다)   ⑤ (가), (나), (다)

07

2022학년도 3월 학평 화I 1번

다음은 물질 X에 대한 설명이다.

○ 탄소 화합물이다.
○ 구성 원소는 3가지이다.
○ 수용액은 산성이다.

다음 중 X로 가장 적절한 것은?

① 메테인(CH_4)   ② 암모니아(NH_3)
③ 염화 나트륨($NaCl$)   ④ 아세트산(CH_3COOH)
⑤ 설탕($C_{12}H_{22}O_{11}$)

08

2020학년도 4월 학평 화I 1번

다음은 물질 X에 대한 설명이다.

○ 액화 천연가스(LNG)의 주성분이다.
○ 구성 원소는 탄소와 수소이다.

X로 옳은 것은?

① 나일론   ② 메테인   ③ 에탄올
④ 아세트산   ⑤ 암모니아

09

다음은 메테인(CH_4), 에탄올(C_2H_5OH), 아세트산(CH_3COOH)에 대한 세 학생의 대화이다.

제시한 내용이 옳은 학생만을 있는 대로 고른 것은?

① A   ② B   ③ A, B   ④ A, C   ⑤ B, C

10

다음은 탄소 화합물 (가)~(다)에 대한 설명이다. (가)~(다)는 각각 메테인(CH_4), 에탄올(C_2H_5OH), 아세트산(CH_3COOH) 중 하나이다.

○ (가): 천연가스의 주성분이다.
○ (나): 수용액은 산성이다.
○ (다): 손 소독제를 만드는 데 사용한다.

(가)~(다)로 옳은 것은?

	(가)	(나)	(다)
①	메테인	에탄올	아세트산
②	메테인	아세트산	에탄올
③	에탄올	메테인	아세트산
④	에탄올	아세트산	메테인
⑤	아세트산	에탄올	메테인

11

표는 일상생활에서 이용되고 있는 물질에 대한 자료이다.

물질	이용 사례
아세트산(CH_3COOH)	식초의 성분이다.
암모니아(NH_3)	질소 비료의 원료로 이용된다.
에탄올(C_2H_5OH)	㉠

이에 대한 설명으로 옳은 것만을 〈보기〉에서 있는 대로 고른 것은? [3점]

〈 보기 〉
ㄱ. CH_3COOH을 물에 녹이면 산성 수용액이 된다.
ㄴ. NH_3는 탄소 화합물이다.
ㄷ. '의료용 소독제로 이용된다.'는 ㉠으로 적절하다.

① ㄱ   ② ㄴ   ③ ㄱ, ㄷ   ④ ㄴ, ㄷ   ⑤ ㄱ, ㄴ, ㄷ

12

다음은 일상생활에서 사용되고 있는 물질에 대한 자료이다.

㉠ 에탄올(C_2H_5OH)이 주성분인 손 소독제를 손에 바르면, 에탄올이 증발하면서 손이 시원해진다.

손난로를 흔들면, 손난로 속에 있는 ㉡ 철가루(Fe)가 산화되면서 열을 방출한다.

이에 대한 설명으로 옳은 것만을 〈보기〉에서 있는 대로 고른 것은?

〈 보기 〉
ㄱ. ㉠은 탄소 화합물이다.
ㄴ. ㉠이 증발할 때 주위로 열을 방출한다.
ㄷ. ㉡이 산화되는 반응은 발열 반응이다.

① ㄱ   ② ㄴ   ③ ㄱ, ㄷ   ④ ㄴ, ㄷ   ⑤ ㄱ, ㄴ, ㄷ

13

다음은 일상생활에서 이용되고 있는 물질에 대한 자료와 이에 대한 학생들의 대화이다.

○ ㉠ 메테인(CH_4)을 연소시켜 난방을 하거나 음식을 익힌다.
○ ㉡ 질산 암모늄(NH_4NO_3)이 물에 용해되는 반응을 이용하여 냉찜질 주머니를 차갑게 만든다.

제시한 내용이 옳은 학생만을 있는 대로 고른 것은?

① A   ② B   ③ A, C   ④ B, C   ⑤ A, B, C

14

다음은 우리 생활에서 에탄올을 이용하는 사례이다.

㉠ 에탄올(C_2H_5OH)이 연소할 때 발생하는 열을 이용하여 ㉡ 물(H_2O)을 가열한다.

이에 대한 설명으로 옳은 것만을 〈보기〉에서 있는 대로 고른 것은?

〈보기〉
ㄱ. ㉠은 의료용 소독제로 이용된다.
ㄴ. ㉠의 연소 반응은 발열 반응이다.
ㄷ. ㉡은 탄소 화합물이다.

① ㄱ   ② ㄷ   ③ ㄱ, ㄴ   ④ ㄴ, ㄷ   ⑤ ㄱ, ㄴ, ㄷ

15

그림은 학생 A가 작성한 캠핑 준비물 목록의 일부를 나타낸 것이다.

캠핑 준비물
☑ ㉠ 나일론 소재의 옷
☑ ㉡ 설탕($C_{12}H_{22}O_{11}$)과 소금
☑ ㉢ 숯과 화로

이에 대한 설명으로 옳은 것만을 〈보기〉에서 있는 대로 고른 것은?

〈보기〉
ㄱ. ㉠은 합성 섬유이다.
ㄴ. ㉡은 탄소 화합물이다.
ㄷ. ㉢의 연소 반응은 발열 반응이다.

① ㄱ   ② ㄷ   ③ ㄱ, ㄴ   ④ ㄴ, ㄷ   ⑤ ㄱ, ㄴ, ㄷ

---

16 대표문제

다음은 일상생활에서 사용되고 있는 물질에 대한 자료이다.

버스 연료로 이용되는 액화 천연가스(LNG)는 ㉠메테인(CH_4)이 주성분이다.

의료용 알코올을 솜으로 피부를 닦으면 주성분인 ㉡에탄올(C_2H_5OH)이 증발하면서 피부가 시원해진다.

이에 대한 설명으로 옳은 것만을 〈보기〉에서 있는 대로 고른 것은?

〈보기〉
ㄱ. ㉠은 탄소 화합물이다.
ㄴ. ㉠의 연소 반응은 흡열 반응이다.
ㄷ. ㉡이 증발할 때 주위로부터 열을 흡수한다.

① ㄱ   ② ㄷ   ③ ㄱ, ㄴ   ④ ㄱ, ㄷ   ⑤ ㄴ, ㄷ

17

다음은 과학 축제에서 진행되는 프로그램의 일부이다.

㉠ 산화 칼슘(CaO)과 물의 반응으로 달걀 삶기 ㉡ 설탕($C_{12}H_{22}O_{11}$)으로 달고나 만들기 ㉢ 암모니아(NH_3)로 분수 만들기

이에 대한 옳은 설명만을 〈보기〉에서 있는 대로 고른 것은?

〈 보기 〉
ㄱ. ㉠은 발열 반응이다.
ㄴ. ㉡은 탄소 화합물이다.
ㄷ. ㉢은 질소 비료의 원료이다.

① ㄱ　　② ㄷ　　③ ㄱ, ㄴ　　④ ㄴ, ㄷ　　⑤ ㄱ, ㄴ, ㄷ

18

다음은 우리 주변에서 사용되고 있는 물질에 대한 자료이다.

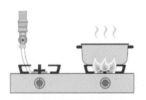 

가정에서 ㉠ 메테인(CH_4)을 연소시켜 물을 끓인다. ㉡ 산화 칼슘(CaO)과 물의 반응을 이용하여 캠핑용 도시락을 따뜻하게 한다.

이에 대한 설명으로 옳은 것만을 〈보기〉에서 있는 대로 고른 것은?

〈 보기 〉
ㄱ. ㉠은 탄소 화합물이다.
ㄴ. ㉠의 연소 반응은 발열 반응이다.
ㄷ. ㉡과 물이 반응하여 열을 방출한다.

① ㄱ　　② ㄷ　　③ ㄱ, ㄴ　　④ ㄴ, ㄷ　　⑤ ㄱ, ㄴ, ㄷ

19

다음은 일상생활에서 이용되고 있는 물질에 대한 자료이다.

㉠ 아세트산(CH_3COOH)이 들어 있는 식초는 음식을 조리하는 데 이용된다. ㉡ 산화 칼슘(CaO)이 물에 녹는 과정에서 발생한 열은 전염병 확산을 막는 데 이용된다.

이에 대한 설명으로 옳은 것만을 〈보기〉에서 있는 대로 고른 것은?

〈 보기 〉
ㄱ. ㉠을 물에 녹이면 염기성 수용액이 된다.
ㄴ. ㉡이 물에 녹는 반응은 발열 반응이다.
ㄷ. ㉡은 탄소 화합물이다.

① ㄱ　　② ㄴ　　③ ㄱ, ㄷ　　④ ㄴ, ㄷ　　⑤ ㄱ, ㄴ, ㄷ

20

다음은 화학의 유용성에 대한 자료이다.

○ ㉠ 암모니아(NH_3)를 대량으로 합성하는 제조 공정의 개발은 식량 문제 해결에 기여하였다.
○ ㉡ 아세트산(CH_3COOH)은 식초를 만드는 데 이용된다.
○ ㉢ 산화 칼슘(CaO)과 물을 반응시켜 음식물을 데울 수 있다.

이에 대한 옳은 설명만을 〈보기〉에서 있는 대로 고른 것은?

〈 보기 〉
ㄱ. ㉠의 수용액은 산성이다.
ㄴ. ㉡은 탄소 화합물이다.
ㄷ. ㉢과 물의 반응은 발열 반응이다.

① ㄱ　　② ㄷ　　③ ㄱ, ㄴ　　④ ㄴ, ㄷ　　⑤ ㄱ, ㄴ, ㄷ

21

다음은 일상생활에서 사용하는 물질에 대한 자료이다. ㉠~㉢은 각각 메테인(CH_4), 암모니아(NH_3), 에탄올(C_2H_5OH) 중 하나이다.

○ ㉠은 의료용 소독제로 이용된다.
○ ㉡은 질소 비료의 원료로 이용된다.
○ ㉢은 액화 천연 가스(LNG)의 주성분이다.

이에 대한 옳은 설명만을 〈보기〉에서 있는 대로 고른 것은?

〈 보기 〉
ㄱ. ㉠은 에탄올이다.
ㄴ. ㉡은 탄소 화합물이다.
ㄷ. ㉢의 연소 반응은 발열 반응이다.

① ㄱ   ② ㄴ   ③ ㄷ   ④ ㄱ, ㄷ   ⑤ ㄴ, ㄷ

23

그림은 일상생활에서 이용되고 있는 2가지 물질에 대한 자료이다.

㉠ 메테인(CH_4)은 가정용 연료로 이용된다.   ㉡ 아세트산(CH_3COOH)은 의약품 제조에 이용된다.

이에 대한 설명으로 옳은 것만을 〈보기〉에서 있는 대로 고른 것은?

〈 보기 〉
ㄱ. ㉠의 연소 반응은 발열 반응이다.
ㄴ. ㉡을 물에 녹이면 산성 수용액이 된다.
ㄷ. ㉠과 ㉡은 모두 탄소 화합물이다.

① ㄱ   ② ㄷ   ③ ㄱ, ㄴ   ④ ㄴ, ㄷ   ⑤ ㄱ, ㄴ, ㄷ

22

다음은 일상생활에서 사용되고 있는 물질에 대한 자료이다.

○ ㉠ 에텐(C_2H_4)은 플라스틱의 원료로 사용된다.
○ ㉡ 아세트산(CH_3COOH)은 의약품 제조에 이용된다.
○ ㉢ 에탄올(C_2H_5OH)을 묻힌 솜으로 피부를 닦으면 에탄올이 기화되면서 피부가 시원해진다.

이에 대한 설명으로 옳은 것만을 〈보기〉에서 있는 대로 고른 것은?

〈 보기 〉
ㄱ. ㉠은 탄소 화합물이다.
ㄴ. ㉡을 물에 녹이면 염기성 수용액이 된다.
ㄷ. ㉢이 기화되는 반응은 흡열 반응이다.

① ㄱ   ② ㄴ   ③ ㄱ, ㄷ   ④ ㄴ, ㄷ   ⑤ ㄱ, ㄴ, ㄷ

24

다음은 일상생활에서 이용되는 물질 ㉠~㉢에 대한 자료이다. ㉡과 ㉢은 각각 메테인(CH_4), 아세트산(CH_3COOH) 중 하나이다.

○ 냉각 팩에서 ㉠ 질산 암모늄(NH_4NO_3)이 물에 용해되면 온도가 낮아진다.
○ 은 천연가스의 주성분이다.
○ ㉢ 은 식초의 성분이다.

이에 대한 옳은 설명만을 〈보기〉에서 있는 대로 고른 것은?

〈 보기 〉
ㄱ. ㉠이 물에 용해되는 반응은 흡열 반응이다.
ㄴ. ㉠과 ㉡은 모두 탄소 화합물이다.
ㄷ. ㉢의 수용액은 산성이다.

① ㄱ   ② ㄴ   ③ ㄱ, ㄷ   ④ ㄴ, ㄷ   ⑤ ㄱ, ㄴ, ㄷ

25 대표 문제

다음은 일상생활에서 이용되고 있는 3가지 물질에 대한 자료이다.

○ 에탄올(C_2H_5OH)은 [　　　㉠　　　]
○ 제설제로 이용되는 ㉡염화 칼슘($CaCl_2$)을 물에 용해시키면 열이 발생한다.
○ ㉢메테인(CH_4)은 액화 천연 가스(LNG)의 주성분이다.

이에 대한 설명으로 옳은 것만을 〈보기〉에서 있는 대로 고른 것은?

〈 보기 〉
ㄱ. '의료용 소독제로 이용된다.'는 ㉠으로 적절하다.
ㄴ. ㉡이 물에 용해되는 반응은 발열 반응이다.
ㄷ. ㉡과 ㉢은 모두 탄소 화합물이다.

① ㄴ　　② ㄷ　　③ ㄱ, ㄴ　　④ ㄱ, ㄷ　　⑤ ㄱ, ㄴ, ㄷ

26

다음은 일상생활에서 이용되고 있는 2가지 물질에 대한 자료이다.

○ 메테인(CH_4)은 [　　㉠　　]의 주성분이다.
○ ㉡뷰테인(C_4H_{10})을 연소시켜 물을 끓인다.

이에 대한 설명으로 옳은 것만을 〈보기〉에서 있는 대로 고른 것은?

〈 보기 〉
ㄱ. '액화 천연 가스(LNG)'는 ㉠으로 적절하다.
ㄴ. ㉡은 탄소 화합물이다.
ㄷ. ㉡의 연소 반응은 발열 반응이다.

① ㄱ　　② ㄷ　　③ ㄱ, ㄴ　　④ ㄴ, ㄷ　　⑤ ㄱ, ㄴ, ㄷ

27

다음은 화학의 유용성에 대한 자료이다.

○ ㉠에탄올(C_2H_5OH)을 산화시켜 만든 ㉡아세트산(CH_3COOH)은 의약품 제조에 이용된다.
○ 질소(N_2)와 수소(H_2)를 반응시켜 만든 암모니아(NH_3)는 [　　　㉢　　　](으)로 이용된다.

이에 대한 설명으로 옳은 것만을 〈보기〉에서 있는 대로 고른 것은?

〈 보기 〉
ㄱ. ㉠은 탄소 화합물이다.
ㄴ. ㉡을 물에 녹이면 산성 수용액이 된다.
ㄷ. '질소 비료의 원료'는 ㉢으로 적절하다.

① ㄱ　　② ㄷ　　③ ㄱ, ㄴ　　④ ㄴ, ㄷ　　⑤ ㄱ, ㄴ, ㄷ

28

그림은 식초의 식품 표시 정보의 일부를 나타낸 것이다.

식품 유형	식초
포장 재질	㉠플라스틱
원재료명	정제수, ㉡아세트산(CH_3COOH), ㉢이산화 황(SO_2)

이에 대한 설명으로 옳은 것만을 〈보기〉에서 있는 대로 고른 것은?

〈 보기 〉
ㄱ. ㉠은 대량 생산이 가능하다.
ㄴ. ㉡을 물에 녹이면 산성 수용액이 된다.
ㄷ. ㉢은 탄소 화합물이다.

① ㄱ　　② ㄷ　　③ ㄱ, ㄴ　　④ ㄴ, ㄷ　　⑤ ㄱ, ㄴ, ㄷ

29

2020학년도 3월 학평 화I 2번

그림은 탄소 화합물 (가)~(다)의 분자 모형을 나타낸 것이다.

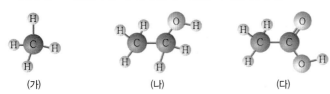

(가)   (나)   (다)

(가)~(다)에 대한 옳은 설명만을 〈보기〉에서 있는 대로 고른 것은?

〈 보기 〉
ㄱ. (가)는 액화 천연가스(LNG)의 주성분이다.
ㄴ. (다)의 수용액은 산성이다.
ㄷ. $\dfrac{\text{H 원자 수}}{\text{C 원자 수}}$ 는 (나)가 가장 크다.

① ㄱ   ② ㄷ   ③ ㄱ, ㄴ   ④ ㄴ, ㄷ   ⑤ ㄱ, ㄴ, ㄷ

31

2021학년도 7월 학평 화I 5번

다음은 탄소 화합물 학습 카드와 탄소 화합물 A~C의 모형을 나타낸 것이다. A~C는 각각 메테인, 에탄올, 아세트산 중 하나이다.

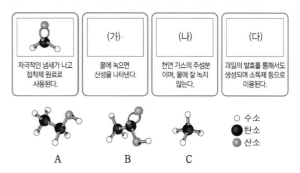

(가)~(다)에 해당하는 A~C의 모형을 옳게 고른 것은?

	(가)	(나)	(다)		(가)	(나)	(다)
①	A	B	C	②	A	C	B
③	B	A	C	④	B	C	A
⑤	C	B	A				

30

2020학년도 10월 학평 화I 3번

그림은 탄소 화합물 (가)와 (나)의 분자 모형을 나타낸 것이다.

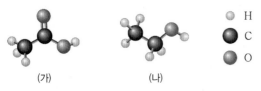

(가)   (나)

이에 대한 옳은 설명만을 〈보기〉에서 있는 대로 고른 것은?

〈 보기 〉
ㄱ. (가)의 수용액은 산성이다.
ㄴ. 완전 연소 생성물의 가짓수는 (나)>(가)이다.
ㄷ. $\dfrac{\text{H 원자 수}}{\text{O 원자 수}}$ 는 (나)가 (가)의 3배이다.

① ㄱ   ② ㄴ   ③ ㄱ, ㄷ   ④ ㄴ, ㄷ   ⑤ ㄱ, ㄴ, ㄷ

32

2022학년도 10월 학평 화I 1번

그림은 물질 (가)~(다)를 분자 모형으로 나타낸 것이다.

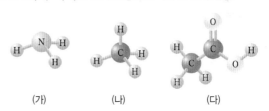

(가)   (나)   (다)

이에 대한 옳은 설명만을 〈보기〉에서 있는 대로 고른 것은?

〈 보기 〉
ㄱ. (가)는 질소 비료를 만드는 데 쓰인다.
ㄴ. (나)는 액화 천연가스(LNG)의 주성분이다.
ㄷ. (다)의 수용액은 산성이다.

① ㄱ   ② ㄴ   ③ ㄱ, ㄷ   ④ ㄴ, ㄷ   ⑤ ㄱ, ㄴ, ㄷ

33 대표 문제

그림은 물질 (가)와 (나)의 구조식을 나타낸 것이다.

이에 대한 설명으로 옳은 것만을 〈보기〉에서 있는 대로 고른 것은?

〈 보기 〉
ㄱ. (가)는 질소 비료의 원료로 사용된다.
ㄴ. (나)를 물에 녹이면 산성 수용액이 된다.
ㄷ. (가)와 (나)는 모두 탄소 화합물이다.

① ㄱ   ② ㄷ   ③ ㄱ, ㄴ   ④ ㄴ, ㄷ   ⑤ ㄱ, ㄴ, ㄷ

34

그림은 탄소 화합물 (가)~(다)의 구조식을 나타낸 것이다. (가)~(다)는 각각 메테인, 에탄올, 아세트산 중 하나이다.

이에 대한 설명으로 옳은 것만을 〈보기〉에서 있는 대로 고른 것은?

〈 보기 〉
ㄱ. (가)는 천연가스의 주성분이다.
ㄴ. (나)를 물에 녹이면 염기성 수용액이 된다.
ㄷ. (다)는 손 소독제를 만드는 데 사용된다.

① ㄱ   ② ㄷ   ③ ㄱ, ㄴ   ④ ㄱ, ㄷ   ⑤ ㄴ, ㄷ

35

그림은 분자 (가)와 (나)의 구조식을 나타낸 것이고, (가)와 (나)는 각각 메테인과 에탄올 중 하나이다.

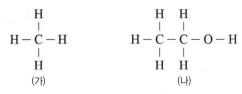

(가)와 (나)에 대한 설명으로 옳은 것만을 〈보기〉에서 있는 대로 고른 것은?

〈 보기 〉
ㄱ. 액화 천연가스의 주성분은 (가)이다.
ㄴ. 실온에서 물에 대한 용해도는 (나)>(가)이다.
ㄷ. 1몰을 완전 연소시켰을 때 생성되는 H_2O의 분자 수비는 (가) : (나)=2 : 3이다.

① ㄱ   ② ㄷ   ③ ㄱ, ㄴ   ④ ㄴ, ㄷ   ⑤ ㄱ, ㄴ, ㄷ

36

그림은 메테인(CH_4), 에탄올(C_2H_5OH), 물(H_2O)을 주어진 기준에 따라 분류한 것이다.

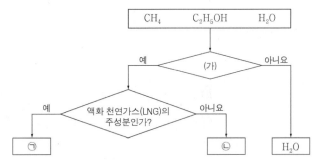

이에 대한 설명으로 옳은 것만을 〈보기〉에서 있는 대로 고른 것은?

〈 보기 〉
ㄱ. '탄소 화합물인가?'는 (가)로 적절하다.
ㄴ. ㉠은 CH_4이다.
ㄷ. ㉡은 손 소독제를 만드는 데 사용된다.

① ㄱ   ② ㄴ   ③ ㄱ, ㄷ   ④ ㄴ, ㄷ   ⑤ ㄱ, ㄴ, ㄷ

37

다음은 탄소 화합물 X~Z에 대한 탐구 활동이다. X~Z는 각각 메테인, 에탄올, 아세트산 중 하나이다.

[탐구 과정]

○ 탄소 화합물 X~Z의 이용 사례를 조사하고, 퍼즐 ㉠~㉣을 사용하여 구조식을 완성한다.

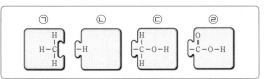

[탐구 결과]

탄소 화합물	X	Y	Z
이용 사례	식초의 성분	(가)	
사용한 퍼즐			㉠과 ㉢

이에 대한 설명으로 옳은 것만을 〈보기〉에서 있는 대로 고른 것은? [3점]

〈보기〉

ㄱ. X의 구조식을 완성하기 위해 사용한 퍼즐은 ㉠과 ㉡이다.
ㄴ. '액화 천연가스의 주성분'은 (가)로 적절하다.
ㄷ. Z는 물에 잘 녹는다.

① ㄱ   ② ㄴ   ③ ㄱ, ㄷ   ④ ㄴ, ㄷ   ⑤ ㄱ, ㄴ, ㄷ

38

그림은 원자 X~Z의 질량 관계를 나타낸 것이다.

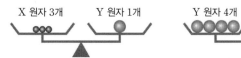

이에 대한 옳은 설명만을 〈보기〉에서 있는 대로 고른 것은? (단, X~Z는 임의의 원소 기호이다.)

〈보기〉

ㄱ. 원자 1개의 질량은 Y>X이다.
ㄴ. 원자 1 mol의 질량은 Z가 X의 3배이다.
ㄷ. YZ_2에서 구성 원소의 질량비는 Y : Z=3 : 4이다.

① ㄱ   ② ㄷ   ③ ㄱ, ㄴ   ④ ㄴ, ㄷ   ⑤ ㄱ, ㄴ, ㄷ

39

다음은 t ℃, 1기압에서 3가지 물질 A~C에 대한 자료이다. t ℃, 1기압에서 기체 1몰의 부피는 25 L이다.

○ A의 화학식량: 64, B의 화학식량: 18
○ B(l)의 밀도: 1 g/mL

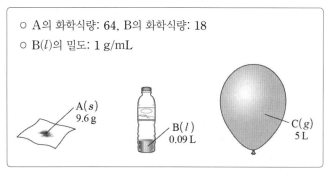

A~C의 양(몰)을 비교한 것으로 옳은 것은? (단, 풍선 내부의 압력은 1기압이다.)

① A>B>C   ② A>C>B   ③ B>A>C
④ B>C>A   ⑤ C>A>B

40

다음은 일상생활에서 사용하는 제품과 이와 관련된 성분 (가)와 (나)에 대한 자료이다.

(가) 아세트산(CH_3COOH)

(나) 뷰테인(C_4H_{10})

이에 대한 설명으로 옳은 것만을 〈보기〉에서 있는 대로 고른 것은?

〈보기〉

ㄱ. (가)의 수용액과 KOH(aq)의 중화 반응은 흡열 반응이다.
ㄴ. (나)의 연소 반응이 일어날 때 주위로 열을 방출한다.
ㄷ. (가)와 (나)는 모두 탄소 화합물이다.

① ㄱ   ② ㄴ   ③ ㄱ, ㄴ   ④ ㄱ, ㄷ   ⑤ ㄴ, ㄷ

한눈에 정리하는
평가원 기출 경향

학년도 주제	2025	2024

빈출 화학식량과 몰 — 표로 제시한 경우

2024 — 23 대표문제   2024학년도 수능 화I 19번

표는 같은 온도와 압력에서 실린더 (가)~(다)에 들어 있는 기체에 대한 자료이다.

실린더		(가)	(나)	(다)
기체의 질량(g)	$X_aY_b(g)$	$15w$	$22.5w$	
	$X_aY_c(g)$	$16w$	$8w$	
Y 원자 수(상댓값)		6	5	9
전체 원자 수		$10N$	$9N$	xN
기체의 부피(L)		$4V$	$4V$	$5V$

이에 대한 설명으로 옳은 것만을 〈보기〉에서 있는 대로 고른 것은? (단, X와 Y는 임의의 원소 기호이다.)

〈보기〉
ㄱ. $a=b$이다.
ㄴ. $\dfrac{X의 \ 원자량}{Y의 \ 원자량}=\dfrac{7}{8}$이다.
ㄷ. $x=14$이다.

① ㄱ   ② ㄴ   ③ ㄱ, ㄷ   ④ ㄴ, ㄷ   ⑤ ㄱ, ㄴ, ㄷ

2024 — 25 대표문제   2024학년도 6월 모평 화I 18번

표는 용기 (가)와 (나)에 들어 있는 화합물에 대한 자료이다.

용기		(가)	(나)
화합물의 질량(g)	X_aY_b	$38w$	$19w$
	X_cY_d	0	$23w$
원자 수 비율			
$\dfrac{Y의 \ 전체 \ 질량}{X의 \ 전체 \ 질량}$(상댓값)		6	7
전체 원자 수		$10N$	$11N$

$\dfrac{c}{a}\times\dfrac{Y의 \ 원자량}{X의 \ 원자량}$ 은? (단, X, Y는 임의의 원소 기호이다.)

① $\dfrac{4}{11}$ ② $\dfrac{11}{12}$ ③ $\dfrac{12}{11}$ ④ $\dfrac{7}{4}$ ⑤ $\dfrac{16}{7}$

빈출 화학식량과 몰 — 실린더와 강철 용기로 제시한 경우

2025 — 39   2025학년도 수능 화I 20번

다음은 t °C, 1기압에서 실린더 (가)~(다)에 들어 있는 기체에 대한 자료이다.

○ X의 질량은 (가)에서가 (다)에서의 $\dfrac{1}{5}$ 배이다.
○ 실린더 속 기체의 단위 부피당 Y 원자 수는 (나)에서가 (다)에서의 $\dfrac{5}{6}$ 배이다.
○ 전체 원자 수는 (가)에서가 (다)에서의 $\dfrac{11}{20}$ 배이다.

$\dfrac{b}{a\times m}$ 는? (단, X~Z는 임의의 원소 기호이다.) [3점]

① $\dfrac{1}{12}$ ② $\dfrac{1}{8}$ ③ 1   ④ $\dfrac{4}{3}$ ⑤ 2

2025 — 35 대표문제   2025학년도 9월 모평 화I 18번

다음은 t °C, 1기압에서 실린더 (가)와 (나)에 들어 있는 기체에 대한 자료이다.

○ (가)와 (나)에서 Y의 질량은 같다.
○ (가)에서 $\dfrac{X \ 원자 \ 수}{전체 \ 원자 \ 수}=\dfrac{11}{39}$ 이다.
○ (나)에서 $X_aY_{2b}(g)$와 $X_{2a}Y_b(g)$의 질량은 같다.

$\dfrac{X의 \ 원자량}{Y의 \ 원자량}\times\dfrac{b}{a}$ 는? (단, X와 Y는 임의의 원소 기호이다.)

① 28   ② 24   ③ 12   ④ 7   ⑤ 6

2024 — 38   2024학년도 9월 모평 화I 18번

다음은 t °C, 1 기압에서 실린더 (가)와 (나)에 들어 있는 기체에 대한 자료이다.

○ Y 원자 수는 (가)에서가 (나)에서의 $\dfrac{7}{9}$ 배이다.
○ $\dfrac{Z}{X} \ 원자 \ 수}$ 는 (가)에서가 (나)에서의 6배이다.
○ (가)에서 Z의 질량은 4.8 g이고, (나)에서 $XY_a(g)$의 질량은 w g이다.

$w\times\dfrac{X의 \ 원자량}{Z의 \ 원자량}$ 은? (단, X~Z는 임의의 원소 기호이다.) [3점]

① 1.2   ② 1.8   ③ 2.4   ④ 3.0   ⑤ 3.6

2025 — 28   2025학년도 6월 모평 화I 18번

그림 (가)는 실린더에 $A_aB_b(g)$ w g이 들어 있는 것을, (나)는 (가)의 실린더에 $A_cB_{2b}(g)$ w g이 첨가된 것을, (다)는 (나)의 실린더에 $A_aB_b(g)$ $2w$ g이 첨가된 것을 나타낸 것이다. 실린더 속 기체 1 g에 들어 있는 A 원자 수 비는 (나) : (다)=16 : 15이다.

(다)의 실린더 속 기체의 단위 부피당 A 원자 수는 (가)의 실린더 속 기체의 단위 부피당 A 원자 수? (단, A와 B는 임의의 원소 기호이고, 실린더 속 기체의 온도와 압력은 일정하다.) [3점]

① $\dfrac{3}{16}$ ② $\dfrac{1}{4}$ ③ $\dfrac{3}{8}$ ④ $\dfrac{5}{3}$ ⑤ $\dfrac{15}{8}$

2023

2022 ~ 2019

---

19 대표문제   2023학년도 수능 화Ⅰ 20번

표는 t °C, 1기압에서 실린더 (가)와 (나)에 들어 있는 기체에 대한 자료이다.

실린더	기체의 질량비	전체 기체의 밀도 (상댓값)	$\dfrac{X \text{ 원자 수}}{Y \text{ 원자 수}}$
(가)	$X_aY_b : X_bY_{2b} = 1 : 2$	9	$\dfrac{13}{24}$
(나)	$X_aY_b : X_bY_{2b} = 3 : 1$	8	$\dfrac{11}{28}$

$\dfrac{X_aY_b \text{의 분자량}}{X_bY_{2b} \text{의 분자량}} \times \dfrac{c}{a}$ 는? (단, X와 Y는 임의의 원소 기호이다.) [3점]

① $\dfrac{2}{3}$ ② $\dfrac{4}{3}$ ③ 2   ④ $\dfrac{8}{3}$ ⑤ $\dfrac{10}{3}$

---

21   2022학년도 수능 화Ⅰ 18번

표는 용기 (가)와 (나)에 들어 있는 기체에 대한 자료이다. (나)에서 $\dfrac{X \text{의 질량}}{Y \text{의 질량}} = \dfrac{15}{16}$ 이다.

용기	기체	기체의 질량(g)	$\dfrac{X \text{ 원자 수}}{Z \text{ 원자 수}}$ (상댓값)	단위 질량당 Y 원자 수(상댓값)
(가)	XY_a, YZ_b	$55w$	$\dfrac{3}{16}$	23
(나)	XY_b, X_aZ_b	$23w$	$\dfrac{5}{16}$	11

이에 대한 설명으로 옳은 것만을 〈보기〉에서 있는 대로 고른것은? (단, X~Z는 임의의 원소 기호이고, 모든 기체는 반응하지 않는다.)

〈보기〉
ㄱ. (가)에서 $\dfrac{X \text{의 질량}}{Y \text{의 질량}} = \dfrac{1}{2}$ 이다.
ㄴ. (나)에 들어 있는 전체 분자 수 $= \dfrac{3}{7}$ 이다.
ㄷ. $\dfrac{Z \text{의 원자량}}{Y \text{의 원자량} + Z \text{의 원자량}} = \dfrac{4}{17}$ 이다.

① ㄱ   ② ㄴ   ③ ㄷ   ④ ㄱ, ㄴ   ⑤ ㄴ, ㄷ

---

14   2022학년도 9월 화Ⅰ 18번

표는 원소 X와 Y로 이루어진 분자 (가)~(다)에서 구성 원소의 질량비를 나타낸 것이다. t °C, 1 atm에서 기체 1 g의 부피비는 (가) : (나)=15 : 22이고, (가)~(다)의 분자당 구성 원자 수는 각각 5 이하이다. 원자량은 Y가 X보다 크다.

분자	(가)	(나)	(다)
$\dfrac{Y \text{의 질량}}{X \text{의 질량}}$	1	2	3

이에 대한 설명으로 옳은 것만을 〈보기〉에서 있는 대로 고른것은? (단, X와 Y는 임의의 원소 기호이다.)

〈보기〉
ㄱ. $\dfrac{Y \text{의 원자량}}{X \text{의 원자량}} = \dfrac{4}{3}$ 이다.
ㄴ. (나)의 분자식은 XY_4 이다.
ㄷ. $\dfrac{(\text{다})\text{의 분자량}}{(\text{가})\text{의 분자량}} = \dfrac{38}{11}$ 이다.

① ㄱ   ② ㄴ   ③ ㄷ   ④ ㄱ, ㄴ   ⑤ ㄴ, ㄷ

---

16   2022학년도 6월 화Ⅰ 18번

다음은 $A(g)$~$C(g)$에 대한 것이다.

○ $A(g)$~$C(g)$의 질량은 각각 x g이다.
○ $B(g)$ 1 g에 들어 있는 X 원자 수와 $C(g)$ 1 g에 들어 있는 Z 원자 수는 같다.

기체	구성 원소	분자당 구성 원자 수	단위 질량당 전체 원자 수	기체에 들어 있는 Y의 질량(g)
$A(g)$	X	2	11	
$B(g)$	X, Y	3	24	y
$C(g)$	Y, Z	5	10	y

이에 대한 설명으로 옳은 것만을 〈보기〉에서 있는 대로 고른 것은? (단, X~Z는 임의의 2주기 원소 기호이다.)

〈보기〉
ㄱ. $\dfrac{B(g)\text{의 양(mol)}}{A(g)\text{의 양(mol)}} = \dfrac{8}{11}$ 이다.
ㄴ. $C(g)$ 1 mol에 들어 있는 Y 원자의 양은 1 mol이다.
ㄷ. $\dfrac{x}{y} = \dfrac{11}{3}$ 이다.

① ㄱ   ② ㄷ   ③ ㄱ, ㄴ   ④ ㄴ, ㄷ   ⑤ ㄱ, ㄴ, ㄷ

---

26   2023학년도 9월 화Ⅰ 18번

표는 실린더 (가)와 (나)에 들어 있는 기체에 대한 자료이다. 분자당 구성 원자 수 비는 X : Y=5 : 3이다.

실린더	기체의 질량(g)	단위 부피당 전체 원자 수(상댓값)	전체 기체의 밀도(g/L)
	$X(g)$	$Y(g)$		
(가)	$3w$	0	5	d_1
(나)	w	$4w$	5	d_2

$\dfrac{Y \text{의 분자량}}{X \text{의 분자량}} \times \dfrac{d_1}{d_2}$ 는? (단, 실린더 속 기체의 온도와 압력은 일정하며, $X(g)$와 $Y(g)$는 반응하지 않는다.)

① $\dfrac{8}{5}$ ② 2   ③ $\dfrac{5}{2}$ ④ 5   ⑤ 10

---

09   2021학년도 6월 화Ⅰ 18번

표는 t °C, 1기압에서 기체 (가)~(다)에 대한 것이다.

기체	분자식	질량(g)	분자량	부피(L)	전체 원자 수 (상댓값)
(가)	XY_3	18		8	1
(나)	ZX_2	23		a	1.5
(다)	Z_2Y_4	26	104		b

이에 대한 설명으로 옳은 것만을 〈보기〉에서 있는 대로 고른 것은? (단, X~Z는 임의의 원소 기호이고, t °C, 1기압에서 기체 1 mol의 부피는 24 L이다.)

〈보기〉
ㄱ. $a \times b = 18$ 이다.
ㄴ. 1 g에 들어 있는 전체 원자 수는 (나)>(다)이다.
ㄷ. t °C, 1기압에서 $X_2(g)$ 6 L의 질량은 8 g이다.

① ㄱ   ② ㄴ   ③ ㄷ   ④ ㄴ, ㄷ   ⑤ ㄱ, ㄴ, ㄷ

---

12   2020학년도 9월 화Ⅰ 16번

표는 t °C, 1기압에서 기체 (가)~(다)에 대한 것이다.

기체	분자식	질량(g)	부피(L)	전체 원자 수(상댓값)
(가)	AB_2	16	6	1
(나)	AB_3	30	x	2
(다)	CB_4	23	12	y

이에 대한 설명으로 옳은 것만을 〈보기〉에서 있는 대로 고른 것은? (단, A~C는 임의의 원소 기호이다.)

〈보기〉
ㄱ. $x + y = 10$ 이다.
ㄴ. 원자량은 B>C이다.
ㄷ. 1 g에 들어 있는 원자 수는 (나)>(다)이다.

① ㄱ   ② ㄴ   ③ ㄷ   ④ ㄱ, ㄴ   ⑤ ㄴ, ㄷ

---

07   2020학년도 6월 화Ⅰ 13번

표는 $AB_2(g)$에 대한 자료이다. AB_2의 분자량은 M이다.

질량	부피	1 g에 들어 있는 원자 수
1 g	2 L	N

$AB_2(g)$에 대한 설명으로 옳은 것만을 〈보기〉에서 있는 대로 고른 것은? (단, A와 B는 임의의 원소 기호이며, 온도와 압력은 일정하다.) [3점]

〈보기〉
ㄱ. 1 g에 들어 있는 B 원자 수는 $\dfrac{2N}{3}$ 이다.
ㄴ. 1몰의 부피는 $2M$ L이다.
ㄷ. 1몰에 해당하는 분자 수는 $\dfrac{MN}{3}$ 이다.

① ㄱ   ② ㄷ   ③ ㄱ, ㄴ   ④ ㄴ, ㄷ   ⑤ ㄱ, ㄴ, ㄷ

---

11 대표문제   2023학년도 6월 화Ⅰ 18번

표는 기체 (가)와 (나)에 대한 자료이다. (가)의 분자당 구성 원자 수는 7이다.

기체	분자식	1 g에 들어 있는 전체 원자 수(상댓값)	분자량 (상댓값)	구성 원소의 질량비
(가)	X_mY_{2n}	21	4	X : Y=9 : 1
(나)	Z_nY_n	16	3	

$\dfrac{m}{n} \times \dfrac{Z \text{의 원자량}}{X \text{의 원자량}}$ 은? (단, X~Z는 임의의 원소 기호이다.)

① $\dfrac{7}{4}$ ② $\dfrac{7}{8}$ ③ $\dfrac{6}{7}$ ④ $\dfrac{7}{9}$ ⑤ $\dfrac{4}{7}$

---

01   2019학년도 수능 화Ⅰ 9번

표는 같은 온도와 압력에서 질량이 같은 기체 (가)~(다)에 대한 자료이다.

기체	분자식	부피(L)
(가)	XY_4	22
(나)	Z_2	11
(다)	XZ_2	8

이에 대한 설명으로 옳은 것만을 〈보기〉에서 있는 대로 고른 것은? (단, X~Z는 임의의 원소 기호이다.)

〈보기〉
ㄱ. 분자량은 $XZ_2 > XY_4$ 이다.
ㄴ. 1 g에 들어 있는 원자 수는 (가)가 (나)의 2.5배이다.
ㄷ. 원자량은 X > Z이다.

① ㄱ   ② ㄴ   ③ ㄱ, ㄷ   ④ ㄴ, ㄷ   ⑤ ㄱ, ㄴ, ㄷ

---

08   2019학년도 9월 화Ⅰ 10번

표는 t °C, 1기압에서 기체 (가)~(다)에 대한 자료이다.

기체	분자식	질량 (g)	부피 (L)	분자 수	전체 원자 수 (상댓값)
(가)	AB	y		$1.5N_A$	4
(나)	A_2B	11	7		z
(다)	AB_2	23		$0.5N_A$	x

$\dfrac{y}{x+z}$ 는? (단, t °C, 1기압에서 기체만의 부피는 28 L이고, A와 B는 임의의 원소 기호이며, N_A는 아보가드로수이다.) [3점]

① 9   ② 11   ③ 12   ④ 15   ⑤ 18

---

31 대표문제   2021학년도 수능 화Ⅰ 17번

그림 (가)는 강철 용기에 메테인($CH_4(g)$) 14.4 g과 에탄올($C_2H_5OH(g)$) 23 g이 들어 있는 것을, (나)는 (가)의 용기에 메탄올($CH_3OH(g)$) x g이 첨가된 것을 나타낸 것이다. 용기 속 기체의 $\dfrac{\text{산소(O) 원자 수}}{\text{전체 원자 수}}$ 는 (나)가 (가)의 2배이다.

x 는? (단, H, C, O의 원자량은 각각 1, 12, 16이다.) [3점]

① 16   ② 24   ③ 32   ④ 48   ⑤ 64

---

32   2021학년도 9월 화Ⅰ 17번

그림 (가)는 실린더에 $A_2B_4(g)$ 23 g이 들어 있는 것을, (나)는 (가)의 실린더에 $AB(g)$ 10 g이 첨가된 것을, (다)는 (나)의 실린더에 $A_2B(g)$ w g이 첨가된 것을 나타낸 것이다. (가)~(다)에서 실린더 속 기체의 부피는 V L, $\dfrac{7}{3}V$ L, $\dfrac{13}{3}V$ L이고, 모든 기체는 반응하지 않는다.

이에 대한 설명으로 옳은 것만을 〈보기〉에서 있는 대로 고른 것은? (단, A와 B는 임의의 원소 기호이며, 온도와 압력은 일정하다.) [3점]

〈보기〉
ㄱ. 원자량은 A > B이다.
ㄴ. $w = 22$ 이다.
ㄷ. (다)에서 실린더 속 기체의 $\dfrac{A \text{ 원자 수}}{\text{전체 원자 수}} = \dfrac{1}{2}$ 이다.

① ㄱ   ② ㄴ   ③ ㄱ, ㄷ   ④ ㄴ, ㄷ   ⑤ ㄱ, ㄴ, ㄷ

---

30   2020학년도 수능 화Ⅰ 14번

그림 (가)는 실린더에 $A_4B_8(g)$이 들어 있는 것을, (나)는 (가)의 실린더에 $A_3B_6(g)$이 첨가된 것을 나타낸 것이다. (가)와 (나)에서 실린더 속 기체의 단위 부피당 전체 원자 수는 각각 x와 y이다. 두 기체는 반응하지 않는다.

$n \times \dfrac{x}{y}$ 는? (단, A와 B는 임의의 원소 기호이며, 기체의 온도와 압력은 일정하다.) [3점]

① $\dfrac{7}{3}$ ② $\dfrac{10}{3}$ ③ $\dfrac{21}{5}$ ④ $\dfrac{14}{3}$ ⑤ $\dfrac{24}{5}$

01

표는 같은 온도와 압력에서 질량이 같은 기체 (가)~(다)에 대한 자료이다.

기체	분자식	부피(L)
(가)	XY_4	22
(나)	Z_2	11
(다)	XZ_2	8

이에 대한 설명으로 옳은 것만을 〈보기〉에서 있는 대로 고른 것은? (단, X~Z는 임의의 원소 기호이다.)

〈 보기 〉
ㄱ. 분자량은 $XZ_2 > XY_4$이다.
ㄴ. 1 g에 들어 있는 원자 수는 (가)가 (나)의 2.5배이다.
ㄷ. 원자량은 X > Z이다.

① ㄱ   ② ㄴ   ③ ㄱ, ㄷ   ④ ㄴ, ㄷ   ⑤ ㄱ, ㄴ, ㄷ

03

표는 분자 (가), (나)에 대한 자료이다.

분자	(가)	(나)
구성 원소	A, B	A, B
분자당 구성 원자 수	3	3
1 g에 들어 있는 B 원자 수(상댓값)	23	44

이에 대한 설명으로 옳은 것만을 〈보기〉에서 있는 대로 고른 것은? (단, A와 B는 임의의 원소 기호이다.) [3점]

〈 보기 〉
ㄱ. (가)는 A_2B이다.
ㄴ. 같은 질량에 들어 있는 분자 수는 (가) : (나)=23 : 22이다.
ㄷ. 원자량비는 A : B=8 : 7이다.

① ㄱ   ② ㄷ   ③ ㄱ, ㄴ   ④ ㄴ, ㄷ   ⑤ ㄱ, ㄴ, ㄷ

02

표는 물질 X_2와 X_2Y에 대한 자료이다.

물질	X_2	X_2Y
전체 원자 수	N_A	$6N_A$
질량(g)	14	88

이에 대한 옳은 설명만을 〈보기〉에서 있는 대로 고른 것은? (단, X와 Y는 임의의 원소 기호이고, N_A는 아보가드로수이다.)

〈 보기 〉
ㄱ. X_2의 양은 1 mol이다.
ㄴ. X_2Y의 분자량은 44이다.
ㄷ. 원자량은 Y > X이다.

① ㄱ   ② ㄴ   ③ ㄱ, ㄷ   ④ ㄴ, ㄷ   ⑤ ㄱ, ㄴ, ㄷ

04

표는 기체 (가)~(다)에 대한 자료이다. 1 g에 들어 있는 Y 원자 수 비는 (가) : (다)=5 : 4이다.

기체	(가)	(나)	(다)
분자식	XY	ZX_n	Z_2Y_n
1 g에 들어 있는 전체 원자 수(상댓값)	40	125	24
질량(g)	5	8	

이에 대한 옳은 설명만을 〈보기〉에서 있는 대로 고른 것은? (단, X~Z는 임의의 원소 기호이다.) [3점]

〈 보기 〉
ㄱ. $n=2$이다.
ㄴ. 기체의 양(mol)은 (나)가 (가)의 2배이다.
ㄷ. $\dfrac{Z의\ 원자량}{X의\ 원자량 + Y의\ 원자량} = \dfrac{4}{5}$이다.

① ㄱ   ② ㄴ   ③ ㄷ   ④ ㄱ, ㄴ   ⑤ ㄴ, ㄷ

05

2020학년도 4월 학평 화I 16번

표는 같은 온도와 압력에서 기체 C_2H_x, C_3H_y에 대한 자료이다.

기체	질량(g)	부피(L)	$\dfrac{C의 질량}{H의 질량}$
C_2H_x	$3w$	$2V$	
C_3H_y	$2w$	V	9

이에 대한 설명으로 옳은 것만을 〈보기〉에서 있는 대로 고른 것은? (단, H, C의 원자량은 각각 1, 12이다.) [3점]

〈 보기 〉
ㄱ. 기체의 양(mol)은 C_2H_x가 C_3H_y의 2배이다.
ㄴ. 분자량비는 C_2H_x : C_3H_y = 3 : 4이다.
ㄷ. x는 6이다.

① ㄱ   ② ㄷ   ③ ㄱ, ㄴ   ④ ㄴ, ㄷ   ⑤ ㄱ, ㄴ, ㄷ

06

2020학년도 3월 학평 화I 17번

표는 t ℃, 1기압에서 원소 A와 B로 이루어진 기체 (가)와 (나)에 대한 자료이다.

기체	분자식	$\dfrac{B의 질량}{A의 질량}$	분자 1개의 질량(g)	기체 1 g의 부피(L)
(가)	AB	x	w_1	V_1
(나)	AB_2	$\dfrac{8}{3}$	w_2	V_2

이에 대한 옳은 설명만을 〈보기〉에서 있는 대로 고른 것은? (단, A와 B는 임의의 원소 기호이고, 아보가드로수는 N_A이다.) [3점]

〈 보기 〉
ㄱ. $x = \dfrac{4}{3}$이다.
ㄴ. $\dfrac{V_2}{V_1} = \dfrac{w_2}{w_1}$이다.
ㄷ. t ℃, 1기압에서 기체 1몰의 부피(L)는 $w_1 N_A V_1$이다.

① ㄱ   ② ㄴ   ③ ㄱ, ㄷ   ④ ㄴ, ㄷ   ⑤ ㄱ, ㄴ, ㄷ

07

2020학년도 6월 화I 13번

표는 $AB_2(g)$에 대한 자료이다. AB_2의 분자량은 M이다.

질량	부피	1 g에 들어 있는 전체 원자 수
1 g	2 L	N

$AB_2(g)$에 대한 설명으로 옳은 것만을 〈보기〉에서 있는 대로 고른 것은? (단, A와 B는 임의의 원소 기호이며, 온도와 압력은 일정하다.) [3점]

〈 보기 〉
ㄱ. 1 g에 들어 있는 B 원자 수는 $\dfrac{2N}{3}$이다.
ㄴ. 1몰의 부피는 $2M$ L이다.
ㄷ. 1몰에 해당하는 분자 수는 $\dfrac{MN}{3}$이다.

① ㄱ   ② ㄷ   ③ ㄱ, ㄴ   ④ ㄴ, ㄷ   ⑤ ㄱ, ㄴ, ㄷ

08

2019학년도 9월 화I 10번

표는 t ℃, 1기압에서 기체 (가)~(다)에 대한 자료이다.

기체	분자식	질량(g)	부피(L)	분자 수	전체 원자 수 (상댓값)
(가)	AB	y		$1.5N_A$	4
(나)	A_2B	11	7		z
(다)	AB_x	23		$0.5N_A$	2

$\dfrac{y}{x+z}$는? (단, t ℃, 1기압에서 기체 1몰의 부피는 28 L이고, A와 B는 임의의 원소 기호이며, N_A는 아보가드로수이다.) [3점]

① 9   ② 11   ③ 12   ④ 15   ⑤ 18

09

표는 t ℃, 1기압에서 기체 (가)~(다)에 대한 자료이다.

기체	분자식	질량(g)	분자량	부피(L)	전체 원자 수 (상댓값)
(가)	XY_2	18		8	1
(나)	ZX_2	23		a	1.5
(다)	Z_2Y_4	26	104		b

이에 대한 설명으로 옳은 것만을 〈보기〉에서 있는 대로 고른 것은? (단, X~Z는 임의의 원소 기호이고, t ℃, 1기압에서 기체 1 mol의 부피는 24 L이다.)

〈 보기 〉

ㄱ. $a \times b = 18$이다.

ㄴ. 1 g에 들어 있는 전체 원자 수는 (나)>(다)이다.

ㄷ. t ℃, 1기압에서 $X_2(g)$ 6 L의 질량은 8 g이다.

① ㄱ　　② ㄷ　　③ ㄱ, ㄴ　　④ ㄴ, ㄷ　　⑤ ㄱ, ㄴ, ㄷ

---

11 대표 문제

표는 기체 (가)와 (나)에 대한 자료이다. (가)의 분자당 구성 원자 수는 7이다.

기체	분자식	1 g에 들어 있는 전체 원자 수 (상댓값)	분자량 (상댓값)	구성 원소의 질량비
(가)	X_mY_{2n}	21	4	X : Y = 9 : 1
(나)	Z_nY_n	16	3	

$\dfrac{m}{n} \times \dfrac{Z의\ 원자량}{X의\ 원자량}$은? (단, X~Z는 임의의 원소 기호이다.)

① $\dfrac{7}{4}$　　② $\dfrac{7}{8}$　　③ $\dfrac{6}{7}$　　④ $\dfrac{7}{9}$　　⑤ $\dfrac{4}{7}$

10

표는 t ℃, 1기압에서 2가지 기체에 대한 자료이다.

기체	분자식	분자량	1 g에 들어 있는 전체 원자 수	단위 부피당 질량(상댓값)
(가)	X_mH_n	32	$\dfrac{3}{16}N_A$	8
(나)	$X_nY_nH_n$	a	$\dfrac{1}{9}N_A$	27

이에 대한 설명으로 옳은 것만을 〈보기〉에서 있는 대로 고른 것은? (단, H의 원자량은 1이고, X, Y는 임의의 원소 기호이며 N_A는 아보가드로수이다.) [3점]

〈 보기 〉

ㄱ. $a = 108$이다.

ㄴ. $m = 2$이다.

ㄷ. 원자량비는 X : Y = 7 : 6이다.

① ㄱ　　② ㄷ　　③ ㄱ, ㄴ　　④ ㄴ, ㄷ　　⑤ ㄱ, ㄴ, ㄷ

12

표는 t ℃, 1기압에서 기체 (가)~(다)에 대한 자료이다.

기체	분자식	질량(g)	부피(L)	전체 원자 수(상댓값)
(가)	AB_2	16	6	1
(나)	AB_3	30	x	2
(다)	CB_2	23	12	y

이에 대한 설명으로 옳은 것만을 〈보기〉에서 있는 대로 고른 것은? (단, A~C는 임의의 원소 기호이다.) [3점]

〈 보기 〉

ㄱ. $x + y = 10$이다.

ㄴ. 원자량은 B>C이다.

ㄷ. 1 g에 들어 있는 B 원자 수는 (나)>(다)이다.

① ㄱ　　② ㄴ　　③ ㄷ　　④ ㄱ, ㄴ　　⑤ ㄴ, ㄷ

13

표는 t °C, 1 atm에서 AB(g)와 AB$_2$(g)에 대한 자료이다.

기체	부피(L)	전체 원자 수	질량(g)
AB	1	N	$14w$
AB$_2$	x	$\frac{3}{4}N$	$11w$

이에 대한 옳은 설명만을 〈보기〉에서 있는 대로 고른 것은? (단, A, B는 임의의 원소 기호이다.) [3점]

〈 보기 〉
ㄱ. $x=2$이다.
ㄴ. 원자량은 B>A이다.
ㄷ. 1 g에 들어 있는 A 원자 수는 AB>AB$_2$이다.

① ㄱ   ② ㄷ   ③ ㄱ, ㄴ   ④ ㄴ, ㄷ   ⑤ ㄱ, ㄴ, ㄷ

15

표는 t °C, 1 atm에서 원소 X~Z로 이루어진 기체 (가)~(다)에 대한 자료이다. (가)~(다)는 각각 분자당 구성 원자 수가 3 이하이고, 원자량은 Y>Z>X이다.

기체	(가)	(나)	(다)
구성 원소	X, Y	X, Y	Y, Z
1 g당 전체 원자 수	$22N$	$21N$	$21N$
1 g당 부피(상댓값)	11	7	7

이에 대한 옳은 설명만을 〈보기〉에서 있는 대로 고른 것은? (단, X~Z는 임의의 원소 기호이다.) [3점]

〈 보기 〉
ㄱ. (가)의 분자식은 XY$_2$이다.
ㄴ. 원자량 비는 X : Z=6 : 7이다.
ㄷ. 1 g당 Y 원자 수는 (나)가 (다)의 2배이다.

① ㄱ   ② ㄴ   ③ ㄱ, ㄷ   ④ ㄴ, ㄷ   ⑤ ㄱ, ㄴ, ㄷ

14

표는 원소 X와 Y로 이루어진 분자 (가)~(다)에서 구성 원소의 질량비를 나타낸 것이다. t °C, 1 atm에서 기체 1 g의 부피비는 (가) : (나)=15 : 22이고, (가)~(다)의 분자당 구성 원자 수는 각각 5 이하이다. 원자량은 Y가 X보다 크다.

분자	(가)	(나)	(다)
$\dfrac{\text{Y의 질량}}{\text{X의 질량}}$(상댓값)	1	2	3

이에 대한 설명으로 옳은 것만을 〈보기〉에서 있는 대로 고른것은? (단, X와 Y는 임의의 원소 기호이다.)

〈 보기 〉
ㄱ. $\dfrac{\text{Y의 원자량}}{\text{X의 원자량}}=\dfrac{4}{3}$이다.
ㄴ. (나)의 분자식은 XY이다.
ㄷ. $\dfrac{\text{(다)의 분자량}}{\text{(가)의 분자량}}=\dfrac{38}{11}$이다.

① ㄱ   ② ㄴ   ③ ㄷ   ④ ㄱ, ㄴ   ⑤ ㄴ, ㄷ

16

다음은 A(g)~C(g)에 대한 자료이다.

○ A(g)~C(g)의 질량은 각각 x g이다.
○ B(g) 1 g에 들어 있는 X 원자 수와 C(g) 1 g에 들어 있는 Z 원자 수는 같다.

기체	구성 원소	분자당 구성 원자 수	단위 질량당 전체 원자 수 (상댓값)	기체에 들어 있는 Y의 질량(g)
A(g)	X	2	11	
B(g)	X,Y	3	12	$2y$
C(g)	Y,Z	5	10	y

이에 대한 설명으로 옳은 것만을 〈보기〉에서 있는 대로 고른 것은? (단, X~Z는 임의의 2주기 원소 기호이다.)

〈 보기 〉
ㄱ. $\dfrac{\text{B}(g)\text{의 양(mol)}}{\text{A}(g)\text{의 양(mol)}}=\dfrac{8}{11}$이다.
ㄴ. C(g) 1 mol에 들어 있는 Y 원자의 양은 1 mol이다.
ㄷ. $\dfrac{x}{y}=\dfrac{11}{3}$이다.

① ㄱ   ② ㄷ   ③ ㄱ, ㄴ   ④ ㄴ, ㄷ   ⑤ ㄱ, ㄴ, ㄷ

17

표는 원소 X와 Y로 이루어진 기체 (가)~(다)에 대한 자료이다. (가)~(다)의 분자당 구성 원자 수는 5 이하이다.

기체	분자량	$\dfrac{\text{Y의 질량}}{\text{X의 질량}}$ (상댓값)	단위 질량당 전체 원자 수(상댓값)
(가)	x	4	22
(나)	44	1	23
(다)	76	3	

이에 대한 설명으로 옳은 것만을 〈보기〉에서 있는 대로 고른 것은? (단, X와 Y는 임의의 원소 기호이다.) [3점]

〈 보기 〉
ㄱ. Y의 원자량은 16이다.
ㄴ. (나)의 분자식은 XY이다.
ㄷ. $x=46$이다.

① ㄱ ② ㄴ ③ ㄱ, ㄷ ④ ㄴ, ㄷ ⑤ ㄱ, ㄴ, ㄷ

19 대표 문제

표는 t °C, 1기압에서 실린더 (가)와 (나)에 들어 있는 기체에 대한 자료이다.

실린더	기체의 질량비	전체 기체의 밀도 (상댓값)	$\dfrac{\text{X 원자 수}}{\text{Y 원자 수}}$
(가)	$X_aY_{2b} : X_bY_c = 1 : 2$	9	$\dfrac{13}{24}$
(나)	$X_aY_{2b} : X_bY_c = 3 : 1$	8	$\dfrac{11}{28}$

$\dfrac{X_bY_c\text{의 분자량}}{X_aY_{2b}\text{의 분자량}} \times \dfrac{c}{a}$ 는? (단, X와 Y는 임의의 원소 기호이다.) [3점]

① $\dfrac{2}{3}$ ② $\dfrac{4}{3}$ ③ 2 ④ $\dfrac{8}{3}$ ⑤ $\dfrac{10}{3}$

18

표는 용기 (가)와 (나)에 들어 있는 기체에 대한 자료이다. $\dfrac{\text{B의 원자량}}{\text{A의 원자량}} = \dfrac{8}{7}$ 이다.

용기	기체	기체의 질량(g)	$\dfrac{\text{B 원자 수}}{\text{A 원자 수}}$	AB의 양 (mol)
(가)	AB, A_2B	$37w$	$\dfrac{2}{3}$	$5n$
(나)	AB, CB_2	$56w$	6	$4n$

이에 대한 옳은 설명만을 〈보기〉에서 있는 대로 고른 것은? (단, A~C는 임의의 원소 기호이고, 모든 기체는 반응하지 않는다.) [3점]

〈 보기 〉
ㄱ. (가)에서 기체 분자 수는 AB와 A_2B가 같다.
ㄴ. $\dfrac{\text{(가)에서 } A_2B\text{의 양(mol)}}{\text{(나)에서 } CB_2\text{의 양(mol)}} = \dfrac{1}{2}$ 이다.
ㄷ. $\dfrac{\text{C의 원자량}}{\text{B의 원자량}} = \dfrac{3}{4}$ 이다.

① ㄱ ② ㄷ ③ ㄱ, ㄴ ④ ㄴ, ㄷ ⑤ ㄱ, ㄴ, ㄷ

20

표는 용기 (가)와 (나)에 들어 있는 기체에 대한 자료이다. 용기에 들어 있는 전체 기체 분자 수비는 (가) : (나) = 4 : 3이다.

용기	기체	기체의 질량(g)	단위 질량당 X의 원자 수(상댓값)	용기에 들어 있는 Z의 질량(g)
(가)	XY_2, XZ_4	$10w$	9	$\dfrac{38}{15}w$
(나)	YZ_2, XZ_4	$9w$	5	$\dfrac{19}{3}w$

이에 대한 설명으로 옳은 것만을 〈보기〉에서 있는 대로 고른 것은? (단, X~Z는 임의의 원소 기호이고, 모든 기체는 반응하지 않는다.) [3점]

〈 보기 〉
ㄱ. XZ_4의 양(mol)은 (나)에서가 (가)에서의 2배이다.
ㄴ. $\dfrac{YZ_2\text{의 분자량}}{XZ_4\text{의 분자량}} = \dfrac{1}{2}$ 이다.
ㄷ. (나)에서 $\dfrac{\text{X의 질량(g)}}{\text{Y의 질량(g)}} = 4$ 이다.

① ㄱ ② ㄷ ③ ㄱ, ㄴ ④ ㄴ, ㄷ ⑤ ㄱ, ㄴ, ㄷ

표는 용기 (가)와 (나)에 들어 있는 기체에 대한 자료이다. (나)에서 $\dfrac{X의 질량}{Y의 질량} = \dfrac{15}{16}$ 이다.

용기	기체	기체의 질량(g)	$\dfrac{X \text{ 원자 수}}{Z \text{ 원자 수}}$	단위 질량당 Y 원자 수(상댓값)
(가)	XY_2, YZ_4	$55w$	$\dfrac{3}{16}$	23
(나)	XY_2, X_2Z_4	$23w$	$\dfrac{5}{8}$	11

이에 대한 설명으로 옳은 것만을 〈보기〉에서 있는 대로 고른 것은? (단, X~Z는 임의의 원소 기호이고, 모든 기체는 반응하지 않는다.)

〈 보기 〉
ㄱ. (가)에서 $\dfrac{X의 질량}{Y의 질량} = \dfrac{1}{2}$ 이다.

ㄴ. $\dfrac{(나)에 들어 있는 전체 분자 수}{(가)에 들어 있는 전체 분자 수} = \dfrac{3}{7}$ 이다.

ㄷ. $\dfrac{X의 원자량}{Y의 원자량 + Z의 원자량} = \dfrac{4}{17}$ 이다.

① ㄱ ② ㄴ ③ ㄷ ④ ㄱ, ㄴ ⑤ ㄴ, ㄷ

표는 t ℃, 1기압에서 실린더 (가)~(다)에 들어 있는 기체에 대한 자료이다.

실린더	기체의 종류	$\dfrac{Y \text{ 원자 수}}{X \text{ 원자 수}}$	Y 원자 수 (상댓값)	전체 기체의 밀도(상댓값)
(가)	X_2Y_2	1	1	13
(나)	X_2Y_2, Y_2Z	4	2	10
(다)	XZ, Y_2Z	8	1	10

이에 대한 설명으로 옳은 것만을 〈보기〉에서 있는 대로 고른 것은? (단, X~Z는 임의의 원소 기호이고, 모든 기체는 반응하지 않는다.) [3점]

〈 보기 〉
ㄱ. 실린더 속 기체의 부피는 (다)가 (가)보다 크다.

ㄴ. (가)~(다) 중 전체 기체의 질량은 (나)가 가장 크다.

ㄷ. $\dfrac{X의 원자량}{Z의 원자량} = \dfrac{3}{4}$ 이다.

① ㄱ ② ㄷ ③ ㄱ, ㄴ ④ ㄴ, ㄷ ⑤ ㄱ, ㄴ, ㄷ

표는 같은 온도와 압력에서 실린더 (가)~(다)에 들어 있는 기체에 대한 자료이다.

실린더		(가)	(나)	(다)
기체의 질량(g)	$X_aY_b(g)$	$15w$	$22.5w$	
	$X_aY_c(g)$	$16w$	$8w$	
Y 원자 수(상댓값)		6	5	9
전체 원자 수		$10N$	$9N$	xN
기체의 부피(L)		$4V$	$4V$	$5V$

이에 대한 설명으로 옳은 것만을 〈보기〉에서 있는 대로 고른 것은? (단, X와 Y는 임의의 원소 기호이다.)

〈 보기 〉
ㄱ. $a = b$이다.

ㄴ. $\dfrac{X의\ 원자량}{Y의\ 원자량} = \dfrac{7}{8}$이다.

ㄷ. $x = 14$이다.

① ㄱ   ② ㄴ   ③ ㄱ, ㄷ   ④ ㄴ, ㄷ   ⑤ ㄱ, ㄴ, ㄷ

다음은 t °C, 1기압에서 실린더 (가)와 (나)에 들어 있는 기체에 대한 자료이다.

실린더	기체	부피	1 g당 전체 분자 수
(가)	N_2O_2	V	㉠
(나)	NO_2, N_2O	$2V$	㉡

○ ㉠과 ㉡은 서로 다르며, 각각 $3N$과 $4N$ 중 하나이다.

$\dfrac{(나)\ 속\ N_2O(g)의\ 질량}{(가)\ 속\ N_2O_2(g)의\ 질량}$은? (단, N, O의 원자량은 각각 14, 16이다.) [3점]

① $\dfrac{5}{8}$ ② $\dfrac{11}{15}$ ③ $\dfrac{11}{10}$ ④ $\dfrac{23}{20}$ ⑤ $\dfrac{6}{5}$

표는 용기 (가)와 (나)에 들어 있는 화합물에 대한 자료이다.

용기		(가)	(나)
화합물의 질량(g)	X_aY_b	$38w$	$19w$
	X_aY_c	0	$23w$
원자 수 비율		$\frac{3}{5}$, $\frac{2}{5}$	$\frac{7}{11}$, $\frac{4}{11}$
$\dfrac{Y의\ 전체\ 질량}{X의\ 전체\ 질량}$(상댓값)		6	7
전체 원자 수		$10N$	$11N$

$\dfrac{c}{a} \times \dfrac{Y의\ 원자량}{X의\ 원자량}$은? (단, X, Y는 임의의 원소 기호이다.)

① $\dfrac{4}{11}$ ② $\dfrac{11}{12}$ ③ $\dfrac{12}{11}$ ④ $\dfrac{7}{4}$ ⑤ $\dfrac{16}{7}$

26

표는 실린더 (가)와 (나)에 들어 있는 기체에 대한 자료이다. 분자당 구성 원자 수 비는 X : Y = 5 : 3이다.

| 실린더 | 기체의 질량(g) | | 단위 부피당 | 전체 기체의 |
	$X(g)$	$Y(g)$	전체 원자 수(상댓값)	밀도(g/L)
(가)	$3w$	0	5	d_1
(나)	w	$4w$	4	d_2

$\dfrac{Y의\ 분자량}{X의\ 분자량} \times \dfrac{d_2}{d_1}$ 는? (단, 실린더 속 기체의 온도와 압력은 일정하며, $X(g)$와 $Y(g)$는 반응하지 않는다.)

① $\dfrac{8}{5}$ ② 2   ③ $\dfrac{5}{2}$ ④ 5   ⑤ 10

27

그림은 $X_aY_{2a}(g)$ N mol이 들어 있는 실린더에 $X_bY_{2a}(g)$를 조금씩 넣었을 때 $X_bY_{2a}(g)$의 양(mol)에 따른 혼합 기체의 밀도를 나타낸 것이다. $\dfrac{X_bY_{2a}\ 1\ g에\ 들어\ 있는\ X\ 원자\ 수}{X_aY_{2a}\ 1\ g에\ 들어\ 있는\ X\ 원자\ 수} = \dfrac{21}{22}$ 이다.

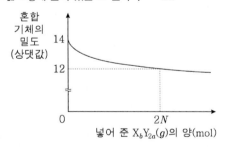

$\dfrac{b}{a} \times \dfrac{X의\ 원자량}{Y의\ 원자량}$ 은? (단, X, Y는 임의의 원소 기호이고, 두 기체는 반응하지 않으며, 실린더 속 기체의 온도와 압력은 일정하다.) [3점]

① $\dfrac{3}{4}$ ② 1   ③ $\dfrac{7}{6}$ ④ 9   ⑤ 16

28

그림 (가)는 실린더에 $A_2B_4(g)$ w g이 들어 있는 것을, (나)는 (가)의 실린더에 $A_xB_{2x}(g)$ w g이 첨가된 것을, (다)는 (나)의 실린더에 $A_yB_x(g)$ $2w$ g이 첨가된 것을 나타낸 것이다. 실린더 속 기체 1 g에 들어 있는 A 원자 수 비는 (나) : (다) = 16 : 15이다.

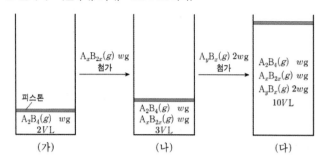

$\dfrac{(다)의\ 실린더\ 속\ 기체의\ 단위\ 부피당\ A\ 원자\ 수}{(가)의\ 실린더\ 속\ 기체의\ 단위\ 부피당\ B\ 원자\ 수}$ 는? (단, A와 B는 임의의 원소 기호이고, 실린더 속 기체의 온도와 압력은 일정하다.) [3점]

① $\dfrac{3}{16}$ ② $\dfrac{1}{4}$ ③ $\dfrac{3}{8}$ ④ $\dfrac{5}{3}$ ⑤ $\dfrac{15}{8}$

29

그림 (가)는 실린더에 $C_aH_4(g)$, $C_4H_{10}(g)$의 혼합 기체 w g이 들어 있는 것을, (나)는 (가)의 실린더에 $C_2H_6(g)$ w g이 첨가된 것을 나타낸 것이다. 1 g당 C의 질량은 (가)에서와 (나)에서가 같다.

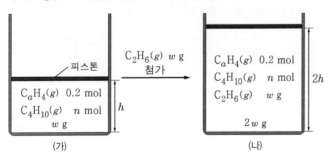

w는? (단, H, C의 원자량은 각각 1, 12이고, 실린더 속 기체의 온도와 압력은 일정하며, 모든 기체는 반응하지 않는다.) [3점]

① 8   ② 9   ③ 10   ④ 12   ⑤ 15

30

그림 (가)는 실린더에 $A_4B_8(g)$이 들어 있는 것을, (나)는 (가)의 실린더에 $A_nB_{2n}(g)$이 첨가된 것을 나타낸 것이다. (가)와 (나)에서 실린더 속 기체의 단위 부피당 전체 원자 수는 각각 x와 y이다. 두 기체는 반응하지 않는다.

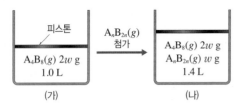

$n \times \dfrac{x}{y}$는? (단, A와 B는 임의의 원소 기호이며, 기체의 온도와 압력은 일정하다.) [3점]

① $\dfrac{7}{3}$ ② $\dfrac{10}{3}$ ③ $\dfrac{21}{5}$ ④ $\dfrac{14}{3}$ ⑤ $\dfrac{24}{5}$

31 대표 문제

그림 (가)는 강철 용기에 메테인($CH_4(g)$) 14.4 g과 에탄올($C_2H_5OH(g)$) 23 g이 들어 있는 것을, (나)는 (가)의 용기에 메탄올($CH_3OH(g)$) x g이 첨가된 것을 나타낸 것이다. 용기 속 기체의 $\dfrac{산소(O)\ 원자\ 수}{전체\ 원자\ 수}$는 (나)가 (가)의 2배이다.

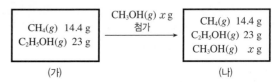

x는? (단, H, C, O의 원자량은 각각 1, 12, 16이다.) [3점]

① 16   ② 24   ③ 32   ④ 48   ⑤ 64

32

그림 (가)는 실린더에 $A_2B_4(g)$ 23 g이 들어 있는 것을, (나)는 (가)의 실린더에 $AB(g)$ 10 g이 첨가된 것을, (다)는 (나)의 실린더에 $A_2B(g)$ w g이 첨가된 것을 나타낸 것이다. (가)~(다)에서 실린더 속 기체의 부피는 V L, $\dfrac{7}{3}V$ L, $\dfrac{13}{3}V$ L이고, 모든 기체들은 반응하지 않는다.

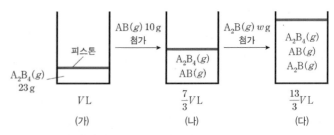

이에 대한 설명으로 옳은 것만을 〈보기〉에서 있는 대로 고른 것은? (단, A와 B는 임의의 원소 기호이며, 온도와 압력은 일정하다.) [3점]

〈 보기 〉
ㄱ. 원자량은 A > B이다.
ㄴ. $w=22$이다.
ㄷ. (다)에서 실린더 속 기체의 $\dfrac{A\ 원자\ 수}{전체\ 원자\ 수}=\dfrac{1}{2}$이다.

① ㄱ   ② ㄴ   ③ ㄱ, ㄷ   ④ ㄴ, ㄷ   ⑤ ㄱ, ㄴ, ㄷ

33

그림은 $X(g)$가 들어 있는 실린더에 $Y_2(g)$, $ZY_3(g)$를 차례대로 넣은 것을 나타낸 것이다. 기체들은 서로 반응하지 않으며, 실린더 속 전체 원자 수 비는 (나) : (다)=3 : 7이다.

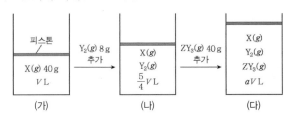

이에 대한 옳은 설명만을 〈보기〉에서 있는 대로 고른 것은? (단, $X \sim Z$는 임의의 원소 기호이며, 실린더 속 기체의 온도와 압력은 일정하다.)
[3점]

〈 보기 〉
ㄱ. (다)에서 $a = \dfrac{7}{4}$이다.

ㄴ. 원자량 비는 X : Z=5 : 4이다.

ㄷ. 1 g에 들어 있는 전체 원자 수는 Y_2가 ZY_3보다 크다.

① ㄱ   ② ㄴ   ③ ㄱ, ㄷ   ④ ㄴ, ㄷ   ⑤ ㄱ, ㄴ, ㄷ

---

35 대표문제

다음은 t ℃, 1 기압에서 실린더 (가)와 (나)에 들어 있는 기체에 대한 자료이다.

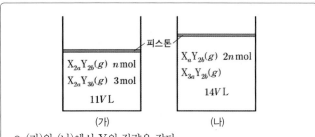

○ (가)와 (나)에서 Y의 질량은 같다.

○ (가)에서 $\dfrac{X \text{ 원자 수}}{\text{전체 원자 수}} = \dfrac{11}{39}$이다.

○ (나)에서 $X_aY_{2b}(g)$와 $X_{3a}Y_{2b}(g)$의 질량은 같다.

$\dfrac{X\text{의 원자량}}{Y\text{의 원자량}} \times \dfrac{b}{a}$ 는? (단, X와 Y는 임의의 원소 기호이다.)

① 28   ② 24   ③ 12   ④ 7   ⑤ 6

34

그림 (가)는 실린더에 $C_xH_6(g)$이 들어 있는 것을, (나)는 (가)의 실린더에 $C_3H_4(g)$과 $C_4H_8(g)$이 첨가된 것을 나타낸 것이다. 표는 (가)와 (나)의 실린더 속 기체에 대한 자료이다. 모든 기체들은 반응하지 않는다.

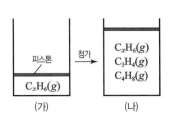

	(가)	(나)
전체 기체의 질량(g)	$5w$	$22w$
전체 기체의 부피(L)	$4V$	$13V$
H 원자 수	N	$3N$

이에 대한 설명으로 옳은 것만을 〈보기〉에서 있는 대로 고른 것은? (단, H, C의 원자량은 각각 1, 12이고, 실린더 속 기체의 온도와 압력은 일정하다.) [3점]

〈 보기 〉
ㄱ. 첨가된 $C_4H_8(g)$의 질량은 $7w$ g이다.

ㄴ. $x=3$이다.

ㄷ. (나)에서 실린더 속 전체 기체의 $\dfrac{\text{H의 질량(g)}}{\text{C의 질량(g)}} = \dfrac{1}{7}$이다.

① ㄱ   ② ㄴ   ③ ㄱ, ㄷ   ④ ㄴ, ㄷ   ⑤ ㄱ, ㄴ, ㄷ

다음은 t °C, 1기압에서 실린더 (가)와 (나)에 들어 있는 기체에 대한 자료이다.

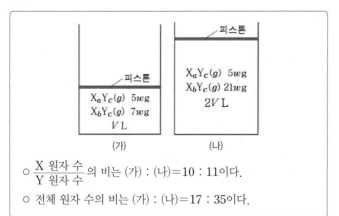

○ $\dfrac{\text{X 원자 수}}{\text{Y 원자 수}}$ 의 비는 (가) : (나)=10 : 11이다.

○ 전체 원자 수의 비는 (가) : (나)=17 : 35이다.

$\dfrac{a}{b} \times \dfrac{\text{X의 원자량}}{\text{Y의 원자량}}$ 은? (단, X와 Y는 임의의 원소 기호이다.) [3점]

① 1   ② 2   ③ 4   ④ 6   ⑤ 8

다음은 실린더 (가)와 (나)에 들어 있는 $XY_n(g)$와 $X_2Y_n(g)$의 혼합 기체에 대한 자료이다. (가)와 (나)에 들어 있는 기체의 온도와 압력은 같다.

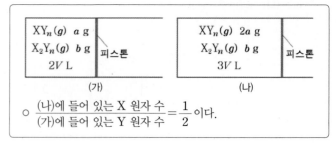

○ $\dfrac{\text{(나)에 들어 있는 X 원자 수}}{\text{(가)에 들어 있는 Y 원자 수}} = \dfrac{1}{2}$ 이다.

이에 대한 옳은 설명만을 〈보기〉에서 있는 대로 고른 것은? (단, X와 Y는 임의의 원소 기호이다.)

〈 보기 〉

ㄱ. (가)에서 $XY_n(g)$와 $X_2Y_n(g)$의 양(mol)은 같다.

ㄴ. $n=2$이다.

ㄷ. $\dfrac{X_2Y_n \text{ 1 g에 들어 있는 분자 수}}{XY_n \text{ 1 g에 들어 있는 분자 수}} = \dfrac{b}{a}$ 이다.

① ㄱ   ② ㄴ   ③ ㄱ, ㄷ   ④ ㄴ, ㄷ   ⑤ ㄱ, ㄴ, ㄷ

다음은 t ℃, 1 기압에서 실린더 (가)와 (나)에 들어 있는 기체에 대한 자료이다.

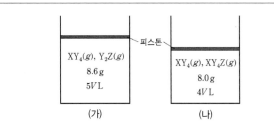

- Y 원자 수는 (가)에서가 (나)에서의 $\frac{7}{8}$ 배이다.

- $\frac{Z\ 원자\ 수}{X\ 원자\ 수}$ 는 (가)에서가 (나)에서의 6배이다.

- (가)에서 Z의 질량은 4.8 g이고, (나)에서 $XY_4(g)$의 질량은 w g이다.

$w \times \dfrac{\text{X의 원자량}}{\text{Z의 원자량}}$ 은? (단, X~Z는 임의의 원소 기호이다.) [3점]

① 1.2   ② 1.8   ③ 2.4   ④ 3.0   ⑤ 3.6

다음은 t ℃, 1기압에서 실린더 (가)~(다)에 들어 있는 기체에 대한 자료이다.

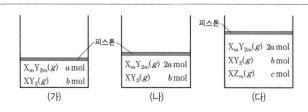

- X의 질량은 (가)에서가 (다)에서의 $\frac{1}{2}$ 배이다.

- 실린더 속 기체의 단위 부피당 Y 원자 수는 (나)에서가 (다)에서의 $\frac{5}{3}$ 배이다.

- 전체 원자 수는 (가)에서가 (다)에서의 $\frac{11}{20}$ 배이다.

$\dfrac{b}{a \times m}$ 는? (단, X~Z는 임의의 원소 기호이다.) [3점]

① $\frac{1}{12}$ ② $\frac{1}{8}$ ③ 1   ④ $\frac{4}{3}$ ⑤ 2

한눈에 정리하는
평가원 기출 경향

학년도 주제	2025	2024	2023

빈출

화학 반응식과 계수의 의미

2025

11 대표 문제 2025학년도 6월 모평 화 l 3번

다음은 AB_3와 B_2가 반응하여 A_3B_8를 생성하는 반응의 화학 반응식이다.

$$aAB_3 + bB_2 \longrightarrow cA_3B_8 \ (a{\sim}c\text{는 반응 계수})$$

이 반응에서 용기에 AB_3 4 mol과 B_2 2 mol을 넣고 반응을 완결시켰을 때, $\dfrac{\text{남은 반응물의 양(mol)}}{\text{생성된 }A_3B_8\text{의 양(mol)}}$ 은? (단, A와 B는 임의의 원소 기호이다.)

① $\dfrac{1}{6}$ ② $\dfrac{1}{4}$ ③ $\dfrac{1}{3}$ ④ $\dfrac{1}{2}$ ⑤ 1

2024

17 2024학년도 수능 화 l 3번

그림은 실린더에 $Al(s)$과 $HF(g)$를 넣고 반응을 완결시킬 때, 반응 전과 후 실린더에 존재하는 물질을 나타낸 것이다.

$\dfrac{x}{y}$는? (단, H와 Al의 원자량은 각각 1, 27이다.) [3점]

① $\dfrac{27}{2}$ ② 12 ③ $\dfrac{21}{2}$ ④ 9 ⑤ $\dfrac{9}{2}$

---

18 대표 문제 2024학년도 9월 모평 화 l 3번

그림은 실린더에 $AB_2(g)$와 $C_2(g)$를 넣고 반응을 완결시켰을 때, 반응 전과 후 실린더에 존재하는 물질을 나타낸 것이다. 반응 전과 후 실린더 속 기체의 부피는 각각 V_1과 V_2이다.

$\dfrac{V_2}{V_1}$는? (단, A~C는 임의의 원소 기호이고, 실린더 속 기체의 온도와 압력은 일정하다.) [3점]

① $\dfrac{7}{8}$ ② $\dfrac{6}{7}$ ③ $\dfrac{3}{4}$ ④ $\dfrac{5}{7}$ ⑤ $\dfrac{4}{7}$

---

22 2024학년도 6월 모평 화 l 3번

그림은 용기에 XY와 Y_2를 넣고 반응을 완결시켰을 때, 반응 전과 후 용기에 들어 있는 분자를 모형으로 나타낸 것이다.

이 반응에 대한 설명으로 옳은 것만을 〈보기〉에서 있는 대로 고른 것은? (단, X와 Y는 임의의 원소 기호이다.) [3점]

〈보기〉
ㄱ. 전체 분자 수는 반응 전과 후가 같다.
ㄴ. 생성물의 종류는 1가지이다.
ㄷ. 4 mol의 XY_2가 생성되었을 때, 반응한 Y_2의 양은 2 mol이다.

① ㄱ ② ㄴ ③ ㄱ, ㄷ ④ ㄴ, ㄷ ⑤ ㄱ, ㄴ, ㄷ

빈출

화학 반응식과 양적 관계
양적 관계 실험 형태로 제시한 경우

2025

34 2025학년도 수능 화 l 4번

그림은 강철 용기에 $A_2(g)$와 $B(s)$를 넣고 반응을 완결시켰을 때, 반응 전과 후 용기에 존재하는 물질을 나타낸 것이다.

x는? (단, A와 B는 임의의 원소 기호이고, A와 B의 원자량은 각각 16, 32이다.)

① $\dfrac{1}{12}$ ② $\dfrac{1}{10}$ ③ $\dfrac{1}{8}$ ④ $\dfrac{1}{6}$ ⑤ $\dfrac{1}{4}$

---

25 대표 문제 2025학년도 9월 모평 화 l 3번

그림은 용기에 $SiH_4(g)$와 $HBr(g)$를 넣고 반응을 완결시켰을 때, 반응 전과 후 용기에 존재하는 물질을 나타낸 것이다.

x는? (단, H, Si의 원자량은 각각 1, 28이다.)

① 12 ② 16 ③ 24 ④ 28 ⑤ 32

2023

27 대표 문제 2023학년도 수능 화 l 13번

다음은 XYZ_2의 반응을 이용하여 Y의 원자량을 구하는 실험이다.

[자료]
○ 화학 반응식: $XYZ_2(s) \longrightarrow XZ(s) + YZ_2(g)$
○ 원자량의 비는 X : Z=5 : 2이다.

[실험 과정]
(가) $XYZ_2(s)$ w g을 반응 용기에 넣고 모두 반응시킨다.
(나) 생성된 $XZ(s)$의 질량과 $YZ_2(g)$의 부피를 측정한다.

[실험 결과]
○ $XZ(s)$의 질량: 0.56w g
○ t °C, 1기압에서 $YZ_2(g)$의 부피: 120 mL
○ Y의 원자량: a

a는? (단, X~Z는 임의의 원소 기호이고, t °C, 1기압에서 기체 1 mol 의 부피는 24 L이다.) [3점]

① 12w ② 24w ③ 32w ④ 40w ⑤ 44w

---

28 2023학년도 6월 모평 화 l 12번

다음은 금속과 산의 반응에 대한 실험이다.

[화학 반응식]
○ $2A(s) + 6HCl(aq) \longrightarrow 2ACl_3(aq) + 3H_2(g)$
○ $B(s) + 2HCl(aq) \longrightarrow BCl_2(aq) + H_2(g)$

[실험 과정]
(가) 금속 $A(s)$ 1 g을 충분한 양의 $HCl(aq)$과 반응시켜 발생한 $H_2(g)$의 부피를 측정한다.
(나) $A(s)$ 대신 금속 $B(s)$를 이용하여 (가)를 반복한다.
(다) (가)와 (나)에서 측정한 $H_2(g)$의 부피를 비교한다.

이 실험으로부터 B의 원자량을 구하기 위해 반드시 이용해야 할 자료 만을 〈보기〉에서 있는 대로 고른 것은? (단, A와 B는 임의의 원소 기호이고, 온도와 압력은 일정하다.) [3점]

〈보기〉
ㄱ. A의 원자량
ㄴ. H_2의 분자량
ㄷ. 사용한 $HCl(aq)$의 몰 농도(M)

① ㄱ ② ㄷ ③ ㄱ, ㄴ ④ ㄴ, ㄷ ⑤ ㄱ, ㄴ, ㄷ

2022 ~ 2019

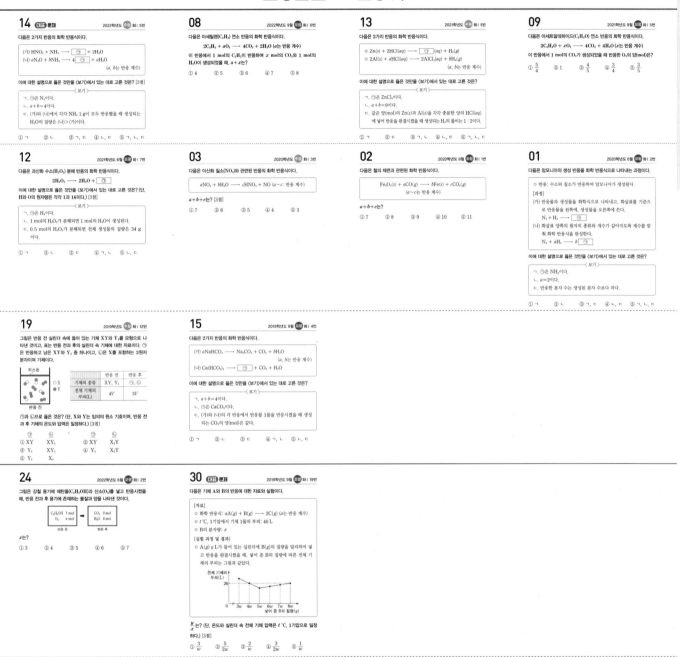

14 대표문제 2022학년도 수능 화Ⅰ 5번

다음은 2가지 반응의 화학 반응식이다.

(가) HNO₃ + NH₃ ⟶ ㉠ + 2H₂O
(나) aN₂O + bNH₃ ⟶ 4 ㉠ + aH₂O (a, b는 반응 계수)

이에 대한 설명으로 옳은 것만을 〈보기〉에서 있는 대로 고른 것은? [3점]

〈보기〉
ㄱ. ㉠은 N₂이다.
ㄴ. a + b = 4이다.
ㄷ. (가)와 (나)에서 각각 NH₃ 1 g이 모두 반응했을 때 생성되는 H₂O의 질량은 (나) > (가)이다.

① ㄱ ② ㄴ ③ ㄱ, ㄷ ④ ㄴ, ㄷ ⑤ ㄱ, ㄴ, ㄷ

---

08 2022학년도 9월 평가원 화Ⅰ 6번

다음은 아세틸렌(C₂H₂) 연소 반응의 화학 반응식이다.

$$2C_2H_2 + aO_2 \longrightarrow 4CO_2 + 2H_2O \ (a는 반응 계수)$$

이 반응에서 1 mol의 C₂H₂가 반응하여 x mol의 CO₂와 1 mol의 H₂O이 생성되었을 때, a + x는?

① 4 ② 5 ③ 6 ④ 7 ⑤ 8

---

13 2021학년도 수능 화Ⅰ 5번

다음은 2가지 반응의 화학 반응식이다.

○ Zn(s) + 2HCl(aq) ⟶ ㉠ (aq) + H₂(g)
○ 2Al(s) + aHCl(aq) ⟶ 2AlCl₃(aq) + bH₂(g)
(a, b는 반응 계수)

이에 대한 설명으로 옳은 것만을 〈보기〉에 있는 대로 고른 것은?

〈보기〉
ㄱ. ㉠은 ZnCl₂이다.
ㄴ. a + b = 9이다.
ㄷ. 같은 양(mol)의 Zn(s)과 Al(s)을 각각 충분한 양의 HCl(aq)에 넣어 반응을 완결시켰을 때 생성되는 H₂의 몰비는 1 : 2이다.

① ㄱ ② ㄷ ③ ㄱ, ㄴ ④ ㄴ, ㄷ ⑤ ㄱ, ㄴ, ㄷ

---

09 2021학년도 9월 모평 화Ⅰ 5번

다음은 아세트알데하이드(C₂H₄O) 연소 반응의 화학 반응식이다.

$$2C_2H_4O + xO_2 \longrightarrow 4CO_2 + 4H_2O \ (x는 반응 계수)$$

이 반응에서 1 mol의 CO₂가 생성되었을 때 반응한 O₂의 양(mol)은?

① $\frac{5}{4}$ ② 1 ③ $\frac{4}{5}$ ④ $\frac{3}{4}$ ⑤ $\frac{3}{5}$

---

12 2021학년도 6월 모평 화Ⅰ 7번

다음은 과산화 수소(H₂O₂) 분해 반응의 화학 반응식이다.

$$2H_2O_2 \longrightarrow 2H_2O + \ ㉠$$

이에 대한 설명으로 옳은 것만을 〈보기〉에서 있는 대로 고른 것은? (단, H와 O의 원자량은 각각 1과 16이다.) [3점]

〈보기〉
ㄱ. ㉠은 O₂이다.
ㄴ. 1 mol의 H₂O₂가 분해되면 1 mol의 H₂O이 생성된다.
ㄷ. 0.5 mol의 H₂O₂가 분해되면 전체 생성물의 질량은 34 g이다.

① ㄱ ② ㄴ ③ ㄷ ④ ㄱ, ㄴ ⑤ ㄴ, ㄷ

---

03 2020학년도 수능 화Ⅰ 3번

다음은 이산화 질소(NO₂)와 관련된 반응의 화학 반응식이다.

$$aNO_2 + bH_2O \longrightarrow cHNO_3 + NO \ (a{\sim}c: 반응 계수)$$

a + b + c는? [3점]

① 7 ② 6 ③ 5 ④ 4 ⑤ 3

---

02 2020학년도 9월 모평 화Ⅰ 1번

다음은 철의 제련과 관련된 화학 반응식이다.

$$Fe_2O_3(s) + aCO(g) \longrightarrow bFe(s) + cCO_2(g)$$
$$(a{\sim}c는 반응 계수)$$

a + b + c는?

① 7 ② 8 ③ 9 ④ 10 ⑤ 11

---

01 2020학년도 6월 모평 화Ⅰ 2번

다음은 암모니아의 생성 반응을 화학 반응식으로 나타내는 과정이다.

○ 반응: 수소와 질소가 반응하여 암모니아가 생성된다.
[과정]
(가) 반응물과 생성물을 화학식으로 나타내고, 화살표를 기준으로 반응물을 왼쪽에, 생성물을 오른쪽에 쓴다.
　　N₂ + H₂ ⟶ ㉠
(나) 화살표 양쪽의 원자의 종류와 개수가 같아지도록 계수를 맞춰 화학 반응식을 완성한다.
　　N₂ + aH₂ ⟶ b ㉠

이에 대한 설명으로 옳은 것만을 〈보기〉에 있는 대로 고른 것은?

〈보기〉
ㄱ. ㉠은 NH₃이다.
ㄴ. a = 2이다.
ㄷ. 반응한 분자 수는 생성된 분자 수보다 작다.

① ㄱ ② ㄴ ③ ㄱ, ㄷ ④ ㄴ, ㄷ ⑤ ㄱ, ㄴ, ㄷ

---

19 2019학년도 수능 화Ⅰ 12번

그림은 반응 전 실린더 속에 들어 있는 기체 XY와 Y₂를 모형으로 나타낸 것이고, 표는 반응 전과 후의 실린더 속 기체에 대한 자료이다. ㉠은 반응하고 남은 XY와 Y₂ 중 하나이고, ㉡은 X를 포함하는 3원자 분자이며 기체이다.

	반응 전	반응 후
기체의 종류	XY, Y₂	㉠, ㉡
전체 기체의 부피(L)	4V	3V

㉠과 ㉡으로 옳은 것은? (단, X와 Y는 임의의 원소 기호이며, 반응 전과 후 기체의 온도와 압력은 일정하다.) [3점]

	㉠	㉡
①	XY	XY₂
②	XY	X₂Y
③	Y₂	XY₂
④	Y₂	X₂Y
⑤	Y₂	X₂

---

15 2019학년도 9월 평가원 화Ⅰ 4번

다음은 2가지 반응의 화학 반응식이다.

(가) aNaHCO₃ ⟶ Na₂CO₃ + CO₂ + bH₂O
(a, b는 반응 계수)
(나) Ca(HCO₃)₂ ⟶ ㉠ + CO₂ + H₂O

이에 대한 설명으로 옳은 것만을 〈보기〉에 있는 대로 고른 것은?

〈보기〉
ㄱ. a + b = 4이다.
ㄴ. ㉠은 CaCO₃이다.
ㄷ. (가)와 (나)의 각 반응에서 반응물 1몰을 반응시켰을 때 생성되는 CO₂의 양(mol)은 같다.

① ㄱ ② ㄴ ③ ㄷ ④ ㄱ, ㄴ ⑤ ㄴ, ㄷ

---

24 2022학년도 6월 모평 화Ⅰ 2번

그림은 강철 용기에 에탄올(C₂H₅OH)과 산소(O₂)를 넣고 반응시켰을 때, 반응 전과 후 용기에 존재하는 물질과 양을 나타낸 것이다.

C₂H₅OH 1 mol O₂ x mol	⟶	CO₂ 2 mol H₂O 3 mol
반응 전		반응 후

x는?

① 3 ② 4 ③ 5 ④ 6 ⑤ 7

---

30 대표문제 2019학년도 9월 평가원 화Ⅰ 19번

다음은 기체 A와 B의 반응에 대한 자료와 실험이다.

[자료]
○ 화학 반응식: aA(g) + B(g) ⟶ 2C(g) (a는 반응 계수)
○ t ℃, 1기압에서 기체 1몰의 부피: 40 L
○ B의 분자량: x

[실험 과정 및 결과]
○ A(g) y L가 들어 있는 실린더에 B(g)의 질량을 달리하여 넣고 반응을 완결시켰을 때, 넣어 준 B의 질량에 따른 전체 기체의 부피는 그림과 같았다.

전체 기체의 부피(L)
26
0 3w 4w 5w 6w 7w 8w
넣어 준 B의 질량(g)

$\frac{y}{x}$ 는? (단, 온도와 실린더 속 전체 기체 압력은 t ℃, 1기압으로 일정하다.) [3점]

① $\frac{3}{w}$ ② $\frac{5}{2w}$ ③ $\frac{2}{w}$ ④ $\frac{3}{2w}$ ⑤ $\frac{1}{w}$

01

다음은 암모니아의 생성 반응을 화학 반응식으로 나타내는 과정이다.

> ○ 반응: 수소와 질소가 반응하여 암모니아가 생성된다.
>
> [과정]
>
> (가) 반응물과 생성물을 화학식으로 나타내고, 화살표를 기준으로 반응물을 왼쪽에, 생성물을 오른쪽에 쓴다.
>
> $N_2 + H_2 \longrightarrow \boxed{\ \bigcirc\ }$
>
> (나) 화살표 양쪽의 원자의 종류와 개수가 같아지도록 계수를 맞춰 화학 반응식을 완성한다.
>
> $N_2 + aH_2 \longrightarrow b\boxed{\ \bigcirc\ }$

이에 대한 설명으로 옳은 것만을 〈보기〉에서 있는 대로 고른 것은?

> ──── 〈 보기 〉 ────
>
> ㄱ. ⊙은 NH_3이다.
>
> ㄴ. $a = 2$이다.
>
> ㄷ. 반응한 분자 수는 생성된 분자 수보다 작다.

① ㄱ   ② ㄴ   ③ ㄱ, ㄷ   ④ ㄴ, ㄷ   ⑤ ㄱ, ㄴ, ㄷ

02

다음은 철의 제련과 관련된 화학 반응식이다.

> $Fe_2O_3(s) + aCO(g) \longrightarrow bFe(s) + cCO_2(g)$
>
> ($a \sim c$는 반응 계수)

$a + b + c$는?

① 7   ② 8   ③ 9   ④ 10   ⑤ 11

03

다음은 이산화 질소(NO_2)와 관련된 반응의 화학 반응식이다.

> $aNO_2 + bH_2O \longrightarrow cHNO_3 + NO$ ($a \sim c$: 반응 계수)

$a + b + c$는? [3점]

① 7   ② 6   ③ 5   ④ 4   ⑤ 3

04

다음은 2가지 반응의 화학 반응식이다.

> ○ $2NaHCO_3 \longrightarrow Na_2CO_3 + \boxed{\ \bigcirc\ } + CO_2$
>
> ○ $MnO_2 + aHCl \longrightarrow MnCl_2 + b\boxed{\ \bigcirc\ } + Cl_2$
>
> (a, b는 반응 계수)

$\dfrac{b}{a}$는?

① $\dfrac{1}{3}$ ② $\dfrac{1}{2}$ ③ $\dfrac{2}{3}$ ④ 1   ⑤ 2

05

다음은 알루미늄(Al) 산화 반응의 화학 반응식이다.

$$4Al + 3O_2 \longrightarrow 2Al_2O_3$$

이 반응에서 1 mol의 Al_2O_3이 생성되었을 때 반응한 Al의 질량(g)은? (단, Al의 원자량은 27이다.)

① 27　　② 48　　③ 54　　④ 81　　⑤ 108

06

다음은 금속 A, B와 관련된 실험이다. A, B의 원자량은 각각 24, 27 이고, $t\,°C$, 1 atm에서 기체 1 mol의 부피는 25 L이다.

[화학 반응식]
○ $A(s) + 2HCl(aq) \longrightarrow ACl_2(aq) + H_2(g)$
○ $2B(s) + 6HCl(aq) \longrightarrow 2BCl_3(aq) + 3H_2(g)$

[실험 과정 및 결과]
○ $t\,°C$, 1 atm에서 충분한 양의 HCl(aq)에 ㉠ 금속 A와 B의 혼합물 12.6 g을 넣어 모두 반응시켰더니 15 L의 $H_2(g)$가 발생하였다.

㉠에 들어 있는 B의 양(mol)은? (단, A와 B는 임의의 원소 기호이고, 온도와 압력은 일정하다.) [3점]

① 0.05　　② 0.1　　③ 0.15　　④ 0.2　　⑤ 0.3

07

다음은 질산 암모늄(NH_4NO_3) 분해 반응의 화학 반응식이다.

$$aNH_4NO_3 \longrightarrow aN_2O + 2H_2O \ (a\text{는 반응 계수})$$

이 반응에서 생성된 H_2O의 양이 1 mol일 때 반응한 NH_4NO_3의 양(mol)은?

① $\frac{1}{4}$　　② $\frac{1}{2}$　　③ 1　　④ 2　　⑤ 4

08

다음은 아세틸렌(C_2H_2) 연소 반응의 화학 반응식이다.

$$2C_2H_2 + aO_2 \longrightarrow 4CO_2 + 2H_2O \ (a\text{는 반응 계수})$$

이 반응에서 1 mol의 C_2H_2이 반응하여 x mol의 CO_2와 1 mol의 H_2O이 생성되었을 때, $a+x$는?

① 4　　② 5　　③ 6　　④ 7　　⑤ 8

09

다음은 아세트알데하이드(C_2H_4O) 연소 반응의 화학 반응식이다.

$$2C_2H_4O + xO_2 \longrightarrow 4CO_2 + 4H_2O \ (x는 반응 계수)$$

이 반응에서 1 mol의 CO_2가 생성되었을 때 반응한 O_2의 양(mol)은?

① $\dfrac{5}{4}$ ② 1 ③ $\dfrac{4}{5}$ ④ $\dfrac{3}{4}$ ⑤ $\dfrac{3}{5}$

10

다음은 황세균의 광합성과 관련된 반응의 화학 반응식이다. a, b는 반응 계수이다.

$$aH_2S + 6CO_2 \longrightarrow bC_6H_{12}O_6 + 12S + 6H_2O$$

이 반응에서 12 mol의 H_2S가 모두 반응했을 때, 생성되는 $C_6H_{12}O_6$의 양(mol)은?

① 1 ② 2 ③ 4 ④ 6 ⑤ 12

11 대표 문제

다음은 AB_2와 B_2가 반응하여 A_2B_5를 생성하는 반응의 화학 반응식이다.

$$aAB_2 + bB_2 \longrightarrow cA_2B_5 \ (a{\sim}c는 반응 계수)$$

이 반응에서 용기에 AB_2 4 mol과 B_2 2 mol을 넣고 반응을 완결시켰을 때, $\dfrac{\text{남은 반응물의 양(mol)}}{\text{생성된 } A_2B_5\text{의 양(mol)}}$ 은? (단, A와 B는 임의의 원소 기호이다.)

① $\dfrac{1}{6}$ ② $\dfrac{1}{4}$ ③ $\dfrac{1}{3}$ ④ $\dfrac{1}{2}$ ⑤ 1

12

다음은 과산화 수소(H_2O_2) 분해 반응의 화학 반응식이다.

$$2H_2O_2 \longrightarrow 2H_2O + \boxed{\ \ \ominus\ \ }$$

이에 대한 설명으로 옳은 것만을 〈보기〉에서 있는 대로 고른 것은? (단, H와 O의 원자량은 각각 1과 16이다.) [3점]

〈 보기 〉
ㄱ. ⊙은 H_2이다.
ㄴ. 1 mol의 H_2O_2가 분해되면 1 mol의 H_2O이 생성된다.
ㄷ. 0.5 mol의 H_2O_2가 분해되면 전체 생성물의 질량은 34 g 이다.

① ㄱ ② ㄴ ③ ㄷ ④ ㄱ, ㄴ ⑤ ㄴ, ㄷ

13

다음은 2가지 반응의 화학 반응식이다.

○ $Zn(s) + 2HCl(aq) \longrightarrow \boxed{\ ㉠\ }(aq) + H_2(g)$
○ $2Al(s) + aHCl(aq) \longrightarrow 2AlCl_3(aq) + bH_2(g)$

(a, b는 반응 계수)

이에 대한 설명으로 옳은 것만을 〈보기〉에서 있는 대로 고른 것은?

〈 보기 〉
ㄱ. ㉠은 $ZnCl_2$이다.
ㄴ. $a+b=9$이다.
ㄷ. 같은 양(mol)의 $Zn(s)$과 $Al(s)$을 각각 충분한 양의 $HCl(aq)$에 넣어 반응을 완결시켰을 때 생성되는 H_2의 몰비는 1 : 2이다.

① ㄱ ② ㄷ ③ ㄱ, ㄴ ④ ㄴ, ㄷ ⑤ ㄱ, ㄴ, ㄷ

15

다음은 2가지 반응의 화학 반응식이다.

(가) $aNaHCO_3 \longrightarrow Na_2CO_3 + CO_2 + bH_2O$
(a, b는 반응 계수)
(나) $Ca(HCO_3)_2 \longrightarrow \boxed{\ ㉠\ } + CO_2 + H_2O$

이에 대한 설명으로 옳은 것만을 〈보기〉에서 있는 대로 고른 것은?

〈 보기 〉
ㄱ. $a+b=4$이다.
ㄴ. ㉠은 $CaCO_3$이다.
ㄷ. (가)와 (나)의 각 반응에서 반응물 1몰을 반응시켰을 때 생성되는 CO_2의 양(mol)은 같다.

① ㄱ ② ㄴ ③ ㄷ ④ ㄱ, ㄴ ⑤ ㄴ, ㄷ

---

14 대표 문제

다음은 2가지 반응의 화학 반응식이다.

(가) $HNO_2 + NH_3 \longrightarrow \boxed{\ ㉠\ } + 2H_2O$
(나) $aN_2O + bNH_3 \longrightarrow 4\boxed{\ ㉠\ } + aH_2O$

(a, b는 반응 계수)

이에 대한 설명으로 옳은 것만을 〈보기〉에서 있는 대로 고른 것은? [3점]

〈 보기 〉
ㄱ. ㉠은 N_2이다.
ㄴ. $a+b=4$이다.
ㄷ. (가)와 (나)에서 각각 NH_3 1 g이 모두 반응했을 때 생성되는 H_2O의 질량은 (나)＞(가)이다.

① ㄱ ② ㄴ ③ ㄱ, ㄷ ④ ㄴ, ㄷ ⑤ ㄱ, ㄴ, ㄷ

16

다음은 반응 (가)와 (나)의 화학 반응식이다.

(가) $NaHCO_3 + HCl \longrightarrow NaCl + \boxed{\ ㉠\ } + CO_2$
(나) $Mg(OH)_2 + aHCl \longrightarrow MgCl_2 + b\boxed{\ ㉠\ }$

(a, b는 반응 계수)

이에 대한 옳은 설명만을 〈보기〉에서 있는 대로 고른 것은? (단, $NaHCO_3$, $Mg(OH)_2$의 화학식량은 각각 84, 58이다.)

〈 보기 〉
ㄱ. ㉠은 H_2O이다.
ㄴ. $a=b$이다.
ㄷ. $\dfrac{\text{(가)에서 HCl 1 mol과 반응하는 } NaHCO_3\text{의 질량(g)}}{\text{(나)에서 HCl 1 mol과 반응하는 } Mg(OH)_2\text{의 질량(g)}} > 2$ 이다.

① ㄱ ② ㄷ ③ ㄱ, ㄴ ④ ㄴ, ㄷ ⑤ ㄱ, ㄴ, ㄷ

17

그림은 실린더에 Al(s)과 HF(g)를 넣고 반응을 완결시켰을 때, 반응 전과 후 실린더에 존재하는 물질을 나타낸 것이다.

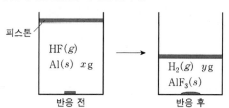

$\dfrac{x}{y}$는? (단, H와 Al의 원자량은 각각 1, 27이다.) [3점]

① $\dfrac{27}{2}$ ② 12 ③ $\dfrac{21}{2}$ ④ 9 ⑤ $\dfrac{9}{2}$

18 대표 문제

그림은 실린더에 $AB_3(g)$와 $C_2(g)$를 넣고 반응을 완결시켰을 때, 반응 전과 후 실린더에 존재하는 물질을 나타낸 것이다. 반응 전과 후 실린더 속 기체의 부피는 각각 V_1과 V_2이다.

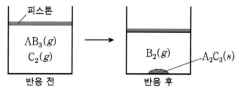

$\dfrac{V_2}{V_1}$는? (단, A~C는 임의의 원소 기호이고, 실린더 속 기체의 온도와 압력은 일정하다.) [3점]

① $\dfrac{7}{8}$ ② $\dfrac{6}{7}$ ③ $\dfrac{3}{4}$ ④ $\dfrac{5}{7}$ ⑤ $\dfrac{4}{7}$

19

그림은 반응 전 실린더 속에 들어 있는 기체 XY와 Y_2를 모형으로 나타낸 것이고, 표는 반응 전과 후의 실린더 속 기체에 대한 자료이다. ㉠은 반응하고 남은 XY와 Y_2 중 하나이고, ㉡은 X를 포함하는 3원자 분자이며 기체이다.

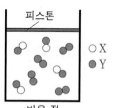

	반응 전	반응 후
기체의 종류	XY, Y_2	㉠, ㉡
전체 기체의 부피(L)	4V	3V

㉠과 ㉡으로 옳은 것은? (단, X와 Y는 임의의 원소 기호이며, 반응 전과 후 기체의 온도와 압력은 일정하다.) [3점]

	㉠	㉡		㉠	㉡
①	XY	XY_2	②	XY	X_2Y
③	Y_2	XY_2	④	Y_2	X_2Y
⑤	Y_2	X_3			

20

그림은 기체 XY와 Y_2가 반응한 후 실린더에 존재하는 기체를 모형으로 나타낸 것이고, 표는 반응 전과 후 실린더에 존재하는 기체에 대한 자료이다.

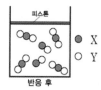

	반응 전	반응 후
기체의 종류	XY, Y_2	
전체 기체의 부피(L)	x	12V

이에 대한 설명으로 옳은 것만을 〈보기〉에서 있는 대로 고른 것은? (단, X와 Y는 임의의 원소 기호이며, 반응 전과 후 기체의 온도와 압력은 일정하다.)

〈 보기 〉
ㄱ. 생성물의 종류는 1가지이다.
ㄴ. 1 mol의 Y_2가 모두 반응했을 때 생성되는 XY_2의 양은 1 mol이다.
ㄷ. $x = 16V$이다.

① ㄱ ② ㄴ ③ ㄱ, ㄷ ④ ㄴ, ㄷ ⑤ ㄱ, ㄴ, ㄷ

21

그림은 실린더에 $XY(g)$와 $ZY(g)$를 넣고 반응시켜 $X_aY_b(g)$와 $Z_2(g)$를 생성할 때, 반응 전과 후 단위 부피당 분자 모형을 나타낸 것이다. 반응 전과 후 실린더 속 기체의 온도와 압력은 일정하다.

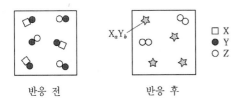

반응 전   반응 후   □ X ● Y ○ Z

$b-a$는? (단, $X \sim Z$는 임의의 원소 기호이다.) [3점]

① -1 ② 0   ③ 1   ④ 2   ⑤ 3

22

그림은 용기에 XY와 Y_2를 넣고 반응을 완결시켰을 때, 반응 전과 후 용기에 들어 있는 분자를 모형으로 나타낸 것이다.

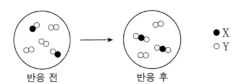

반응 전   반응 후   ● X ○ Y

이 반응에 대한 설명으로 옳은 것만을 〈보기〉에서 있는 대로 고른 것은? (단, X와 Y는 임의의 원소 기호이다.) [3점]

〈 보기 〉
ㄱ. 전체 분자 수는 반응 전과 후가 같다.
ㄴ. 생성물의 종류는 1가지이다.
ㄷ. 4 mol의 XY_2가 생성되었을 때, 반응한 Y_2의 양은 2 mol 이다.

① ㄱ   ② ㄴ   ③ ㄱ, ㄷ   ④ ㄴ, ㄷ   ⑤ ㄱ, ㄴ, ㄷ

23

그림은 $A_2(g)$와 $B_2(g)$가 들어 있는 실린더에서 반응을 완결시켰을 때, 반응 후 실린더 속 기체 V mL에 들어 있는 기체 분자를 모형으로 나타낸 것이다.

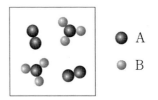

● A ○ B

반응 전 실린더 속 기체 V mL에 들어 있는 기체 분자를 모형으로 나타낸 것으로 옳은 것은? (단, A, B는 임의의 원소 기호이고, 실린더 속 기체의 온도와 압력은 일정하다. 생성물은 기체이고, 반응 전과 후 기체는 각각 균일하게 섞여 있다.) [3점]

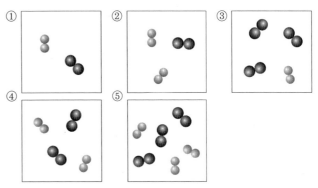

24

그림은 강철 용기에 에탄올(C_2H_5OH)과 산소(O_2)를 넣고 반응시켰을 때, 반응 전과 후 용기에 존재하는 물질과 양을 나타낸 것이다.

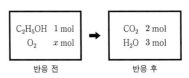

C_2H_5OH 1 mol O_2 x mol	→	CO_2 2 mol H_2O 3 mol
반응 전		반응 후

x는?

① 3   ② 4   ③ 5   ④ 6   ⑤ 7

25 대표 문제

그림은 용기에 $SiH_4(g)$와 $HBr(g)$를 넣고 반응을 완결시켰을 때, 반응 전과 후 용기에 존재하는 물질을 나타낸 것이다.

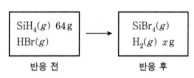

$$\begin{array}{|c|} \hline SiH_4(g)\ 64g \\ HBr(g) \\ \hline \end{array} \longrightarrow \begin{array}{|c|} \hline SiBr_4(g) \\ H_2(g)\ x\,g \\ \hline \end{array}$$

반응 전   반응 후

x는? (단, H, Si의 원자량은 각각 1, 28이다.)

① 12   ② 16   ③ 24   ④ 28   ⑤ 32

26

다음은 금속 M의 원자량을 구하는 실험이다.

[자료]
○ 화학 반응식: $M(s) + 2HCl(aq) \longrightarrow MCl_2(aq) + H_2(g)$
○ t ℃, 1 atm에서 기체 1 mol의 부피는 24 L이다.

[실험 과정]
○ (가) $M(s)$ w g을 충분한 양의 $HCl(aq)$에 넣어 반응을 완결 시킨다.
○ (나) 생성된 $H_2(g)$의 부피를 측정한다.

[실험 결과]
○ t ℃, 1 atm에서 $H_2(g)$의 부피: 480 mL
○ M의 원자량: a

a는? (단, M은 임의의 원소 기호이다.)

① $16w$ ② $20w$ ③ $32w$ ④ $50w$ ⑤ $100w$

---

27 대표 문제

다음은 XYZ_3의 반응을 이용하여 Y의 원자량을 구하는 실험이다.

[자료]
○ 화학 반응식: $XYZ_3(s) \longrightarrow XZ(s) + YZ_2(g)$
○ 원자량의 비는 X : Z = 5 : 2이다.

[실험 과정]
(가) $XYZ_3(s)$ w g을 반응 용기에 넣고 모두 반응시킨다.
(나) 생성된 $XZ(s)$의 질량과 $YZ_2(g)$의 부피를 측정한다.

[실험 결과]
○ $XZ(s)$의 질량: $0.56w$ g
○ t ℃, 1기압에서 $YZ_2(g)$의 부피: 120 mL
○ Y의 원자량: a

a는? (단, X~Z는 임의의 원소 기호이고, t ℃, 1기압에서 기체 1 mol의 부피는 24 L이다.) [3점]

① $12w$ ② $24w$ ③ $32w$ ④ $40w$ ⑤ $44w$

28

다음은 금속과 산의 반응에 대한 실험이다.

[화학 반응식]
○ $2A(s) + 6HCl(aq) \longrightarrow 2ACl_3(aq) + 3H_2(g)$
○ $B(s) + 2HCl(aq) \longrightarrow BCl_2(aq) + H_2(g)$

[실험 과정]
(가) 금속 $A(s)$ 1 g을 충분한 양의 $HCl(aq)$과 반응시켜 발생한 $H_2(g)$의 부피를 측정한다.
(나) $A(s)$ 대신 금속 $B(s)$를 이용하여 (가)를 반복한다.
(다) (가)와 (나)에서 측정한 $H_2(g)$의 부피를 비교한다.

이 실험으로부터 B의 원자량을 구하기 위해 반드시 이용해야 할 자료만을 〈보기〉에서 있는 대로 고른 것은? (단, A와 B는 임의의 원소 기호이고, 온도와 압력은 일정하다.) [3점]

〈 보기 〉
ㄱ. A의 원자량
ㄴ. H_2의 분자량
ㄷ. 사용한 $HCl(aq)$의 몰 농도(M)

① ㄱ   ② ㄷ   ③ ㄱ, ㄴ   ④ ㄴ, ㄷ   ⑤ ㄱ, ㄴ, ㄷ

29

다음은 금속 M의 원자량을 구하기 위한 실험이다. t ℃, 1 atm에서 기체 1 mol의 부피는 24 L이다.

> ○ 화학 반응식
>
> M(s) + NaHCO₃(s) + H₂O(l)
>
> $\longrightarrow$ MCO₃(s) + Na⁺(aq) + OH⁻(aq) + ⬚㉠ (g)
>
> [실험 과정]
>
> (가) 그림과 같이 Y자관 한쪽에 M(s) w g을, 다른 한쪽에 충분한 양의 NaHCO₃(s)과 H₂O(l)을 넣는다.
>
>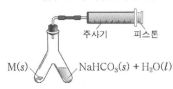
>
> 주사기   피스톤
>
> M(s)   NaHCO₃(s) + H₂O(l)
>
> (나) Y자관을 기울여 M(s)을 모두 반응시킨 후, 발생한 기체 ㉠의 부피를 측정한다.
>
> [실험 결과]
>
> ○ (나)에서 발생한 기체 ㉠의 부피: V L
>
> ○ M의 원자량: a

이에 대한 옳은 설명만을 〈보기〉에서 있는 대로 고른 것은? (단, M은 임의의 원소 기호이고, 온도와 압력은 t ℃, 1 atm으로 일정하며, 피스톤의 마찰은 무시한다.) [3점]

> ─────〈 보기 〉─────
>
> ㄱ. ㉠은 CO₂이다.
>
> ㄴ. (나)에서 반응 후 용액은 염기성이다.
>
> ㄷ. $a = \dfrac{24w}{V}$ 이다.

① ㄱ ② ㄴ ③ ㄷ ④ ㄴ, ㄷ ⑤ ㄱ, ㄴ, ㄷ

30

다음은 기체 A와 B의 반응에 대한 자료와 실험이다.

> [자료]
>
> ○ 화학 반응식: aA(g) + B(g) $\longrightarrow$ 2C(g) (a는 반응 계수)
>
> ○ t ℃, 1기압에서 기체 1몰의 부피: 40 L
>
> ○ B의 분자량: x
>
> [실험 과정 및 결과]
>
> ○ A(g) y L가 들어 있는 실린더에 B(g)의 질량을 달리하여 넣고 반응을 완결시켰을 때, 넣어 준 B의 질량에 따른 전체 기체의 부피는 그림과 같았다.
>
>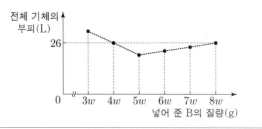

$\dfrac{y}{x}$ 는? (단, 온도와 실린더 속 전체 기체 압력은 t ℃, 1기압으로 일정하다.) [3점]

① $\dfrac{3}{w}$ ② $\dfrac{5}{2w}$ ③ $\dfrac{2}{w}$ ④ $\dfrac{3}{2w}$ ⑤ $\dfrac{1}{w}$

31

다음은 $A(g)$와 $B(g)$의 반응에 대한 실험이다.

[화학 반응식]

$aA(g) + bB(g) \longrightarrow 2C(g) + aD(g)$ (a, b는 반응 계수)

[실험 과정]

○ $A(g)$ x mol이 들어 있는 용기에 $B(g)$의 질량을 달리하여 넣고 반응을 완결시킨다.

[실험 결과]

실험	I	II	III	IV
넣어 준 $B(g)$의 질량(g)	w	$2w$	$3w$	$4w$
반응 후 $\dfrac{C(g)의\ 양(mol)}{전체\ 기체의\ 양(mol)}$	$\dfrac{1}{4}$	$\dfrac{2}{5}$		$\dfrac{2}{5}$

○ 실험 III에서 반응 후 용기에는 $C(g)$와 $D(g)$만 있다.

실험 I에서 넣어 준 $B(g)$의 양을 y mol이라고 했을 때, $(a+b) \times \dfrac{y}{x}$는? [3점]

① $\dfrac{3}{2}$　　② $\dfrac{5}{2}$　　③ 3　　④ $\dfrac{10}{3}$　　⑤ $\dfrac{15}{4}$

32

다음은 A와 B가 반응하여 C를 생성하는 반응 (가)와 C와 B가 반응하여 D를 생성하는 반응 (나)에 대한 실험이다. c, d는 반응 계수이다.

[화학 반응식]

(가) $A + B \longrightarrow cC$

(나) $2C + B \longrightarrow dD$

[실험 I]

○ A $8w$ g이 들어 있는 용기 I에 B를 조금씩 넣어가면서 반응 (가)를 완결시켰을 때, 넣어 준 B의 총 질량에 따른 $\dfrac{C의\ 양(mol)}{전체\ 물질의\ 양(mol)}$은 다음과 같았다.

넣어 준 B의 총 질량(g)	$3w$	$6w$	$16w$
$\dfrac{C의\ 양(mol)}{전체\ 물질의\ 양(mol)}$	$\dfrac{3}{8}$	$\dfrac{3}{4}$	$\dfrac{1}{2}$

[실험 II]

○ 용기 II에 C $8w$ g과 B $3w$ g을 넣고 반응 (나)를 완결시켰을 때 $\dfrac{D의\ 양(mol)}{전체\ 물질의\ 양(mol)} = \dfrac{4}{5}$이었다.

$\dfrac{D의\ 분자량}{C의\ 분자량}$은? [3점]

① $\dfrac{5}{4}$　　② $\dfrac{7}{5}$　　③ $\dfrac{3}{2}$　　④ $\dfrac{11}{7}$　　⑤ $\dfrac{23}{14}$

33

다음은 A(g)와 B(g)가 반응하여 C(g)를 생성하는 반응에 대한 실험이다.

[화학 반응식]

$$a\text{A}(g) + \text{B}(g) \longrightarrow c\text{C}(g) \ (a, c\text{는 반응 계수})$$

[실험 과정]

○ B(g) 8w g이 들어 있는 실린더에 A(g)의 질량을 달리하여 넣고 반응을 완결시킨다.

[실험 결과]

○ 넣어 준 A(g)의 질량에 따른 반응 후 전체 기체의 밀도

넣어 준 A(g)의 질량(g)	0	7w	14w	28w
전체 기체의 밀도(상댓값)	8	x	11	9

○ A(g) 14w g을 넣었을 때 반응 후 실린더에는 생성물만 존재한다.

$x \times \dfrac{\text{B의 분자량}}{\text{A의 분자량}}$ 은? (단, 실린더 속 기체의 온도와 압력은 일정하다.)

[3점]

① $\dfrac{38}{7}$ ② $\dfrac{40}{7}$ ③ $\dfrac{72}{7}$ ④ $\dfrac{76}{7}$ ⑤ $\dfrac{80}{7}$

34

그림은 강철 용기에 A$_2$(g)와 B(s)를 넣고 반응을 완결시켰을 때, 반응 전과 후 용기에 존재하는 물질을 나타낸 것이다.

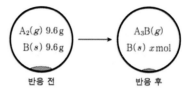

x는? (단, A와 B는 임의의 원소 기호이고, A와 B의 원자량은 각각 16, 32이다.)

① $\dfrac{1}{12}$ ② $\dfrac{1}{10}$ ③ $\dfrac{1}{8}$ ④ $\dfrac{1}{6}$ ⑤ $\dfrac{1}{4}$

주제 \ 학년도	2025	2024	2023

화학 반응에서의 양적 관계
몰/부피/질량 표로 제시한 경우

 빈출

화학 반응에서의 양적 관계
몰과 질량/ 몰과 부피 표로 제시한 경우

06 대표문제   2025학년도 6월 평가원 화I 20번

다음은 A(g)와 B(g)가 반응하여 C(g)를 생성하는 반응의 화학 반응식이다.

$$a A(g) + B(g) \longrightarrow 2C(g) \ (a\text{는 반응 계수})$$

표는 A(g) 5w g이 들어 있는 용기에 B(g)의 질량을 달리하여 넣고 반응을 완결시킨 실험 Ⅰ~Ⅲ에 대한 자료이다.

실험	넣어 준 B(g)의 질량(g)	반응 후 전체 기체의 양(mol) C(g)의 양(mol)
Ⅰ	w	4
Ⅱ	4w	1
Ⅲ	6w	x

$x \times \dfrac{\text{C의 분자량}}{\text{A의 분자량}}$ 은? [3점]

① $\dfrac{7}{8}$ ② $\dfrac{9}{8}$ ③ $\dfrac{5}{4}$ ④ $\dfrac{7}{4}$ ⑤ $\dfrac{9}{4}$

05 대표문제   2024학년도 9월 평가원 화I 20번

다음은 A(g)와 B(g)가 반응하여 C(s)와 D(g)를 생성하는 반응의 화학 반응식이다.

$$A(g) + 3B(g) \longrightarrow C(s) + 3D(g)$$

표는 실린더에 A(g)와 B(g)를 넣고 반응을 완결시킨 실험 Ⅰ~Ⅱ에 대한 자료이다. Ⅰ~Ⅱ에서 A(g)는 모두 반응하였고, Ⅰ에서 반응 후 생성된 D(g)의 질량은 27w g이며, $\dfrac{\text{A의 화학식량}}{\text{C의 화학식량}} = \dfrac{2}{5}$ 이다.

실험	반응 전 A(g)의 질량(g)	반응 전 B(g)의 질량(g)	반응 후 B(g)의 양(mol) D(g)의 양(mol)
Ⅰ	14w	96w	
Ⅱ	7w	xw	2
Ⅲ	7w	36w	y

$x \times y$는? [3점]

① 42 ② 36 ③ 30 ④ 24 ⑤ 18

04   2023학년도 수능 화I 18번

다음은 A(g)와 B(g)가 반응하여 C(g)와 D(g)를 생성하는 반응의 화학 반응식이다.

$$A(g) + 4B(g) \longrightarrow 3C(g) + 2D(g)$$

표는 실린더에 A(g)와 B(g)를 넣고 반응을 완결시킨 실험 Ⅰ~Ⅱ에 대한 자료이다. Ⅰ과 Ⅱ에서 B(g)는 모두 반응하였고, Ⅰ에서 반응 후 생성물의 전체 질량은 21w g이다.

실험	반응 전 A(g)의 질량(g)	반응 전 B(g)의 질량(g)	반응 후 생성물의 전체 양(mol) (상댓값)	남아 있는 반응물의 양(mol) (상댓값)
Ⅰ	15w	16w	3	
Ⅱ	7w	xw		2
Ⅲ	10w	48w	y	

$x + y$는? [3점]

① 11 ② 12 ③ 13 ④ 14 ⑤ 15

03   2023학년도 9월 평가원 화I 20번

다음은 A(g)와 B(g)가 반응하여 C(g)를 생성하는 반응의 화학 반응식이다.

$$A(g) + 2B(g) \longrightarrow 2C(g)$$

표는 실린더에 A(g)와 B(g)를 넣고 반응을 완결시킨 실험 Ⅰ~Ⅱ에 대한 자료이다. 반응이 진행되는 동안 시간에 따른 실린더 속 기체에 대한 자료이다. $t_1 < t_2 < t_3 < t_4$이고, t_4에서 반응이 완결되었다.

시간	0	t_1	t_2	t_3	t_4
B(g)의 질량 A(g)의 질량	1	$\dfrac{7}{8}$	$\dfrac{7}{9}$	$\dfrac{1}{2}$	
전체 기체의 양(mol) (상댓값)	x	7	6.7	6.1	y

$\dfrac{\text{A의 분자량}}{\text{C의 분자량}} \times \dfrac{y}{x}$는? (단, 실린더 속 기체의 온도와 압력은 일정하다.) [3점]

① $\dfrac{3}{10}$ ② $\dfrac{2}{5}$ ③ $\dfrac{8}{15}$ ④ $\dfrac{7}{12}$ ⑤ $\dfrac{2}{3}$

화학 반응에서의 양적 관계
부피와 질량/ 몰과 밀도/질량과 밀도 표로 제시한 경우

 빈출

화학 반응에서의 양적 관계
몰, 질량, 부피, 밀도 표로 제시한 경우

08   2024학년도 수능 화I 20번

다음은 A(g)와 B(g)가 반응하여 C(g)와 D(g)를 생성하는 반응의 화학 반응식이다.

$$2A(g) + 3B(g) \longrightarrow 2C(g) + 2D(g)$$

표는 실린더에 A(g)와 B(g)를 넣고 반응을 완결시킨 실험 Ⅰ과 Ⅱ에 대한 자료이다. Ⅰ과 Ⅱ에서 남은 반응물의 종류는 서로 다르고, Ⅱ에서 반응 후 생성된 D(g)의 질량은 $\dfrac{45}{8}$ g이다.

실험	반응 전 A(g)의 부피(L)	반응 전 B(g)의 질량(g)	반응 후 A(g) 또는 B(g)의 질량(g)	반응 후 전체 기체의 양(mol) C(g)의 양(mol)
Ⅰ	4V	6	17w	3
Ⅱ	5V	25	40w	x

$x \times \dfrac{\text{C의 분자량}}{\text{B의 분자량}}$ 은? (단, 실린더 속 기체의 온도와 압력은 일정하다.) [3점]

① $\dfrac{3}{2}$ ② 3 ③ $\dfrac{9}{2}$ ④ 6 ⑤ 9

21 대표문제   2023학년도 6월 평가원 화I 20번

다음은 A(g)와 B(g)가 반응하여 C(g)를 생성하는 반응의 화학 반응식이다.

$$a A(g) + B(g) \longrightarrow 2C(g) \ (a\text{는 반응 계수})$$

표는 실린더에 A(g)와 B(g)를 넣고 반응을 완결시킨 실험 Ⅰ, Ⅱ에 대한 자료이다.

실험	반응 전 전체 기체의 질량(g)	반응 전 전체 기체의 밀도(g/L)	반응 후 A의 질량 (상댓값)	반응 후 전체 기체의 부피(상댓값)	반응 후 전체 기체의 밀도(g/L)
Ⅰ	3w	5d_1		5	7d_1
Ⅱ	5w	9d_1	5	9	11d_1

$a \times \dfrac{\text{B의 분자량}}{\text{C의 분자량}}$ 은? (단, 실린더 속 기체의 온도와 압력은 일정하다.) [3점]

① $\dfrac{1}{4}$ ② $\dfrac{4}{5}$ ③ $\dfrac{8}{9}$ ④ 1 ⑤ $\dfrac{10}{9}$

2022 ~ 2019

---

02 · 2020학년도 수능 화I 17번

표는 탄화수소 X와 C, H, O로 이루어진 화합물 Y의 완전 연소 반응에 대한 자료이다.

화합물	구성 원소	반응한 O₂의 질량(mg)	생성물의 질량(mg) CO₂	H₂O	생성물의 총 양(mol)
X	C, H	256	55a	27a	11n
Y	C, H, O	288	11b	2b	13n

$\dfrac{\text{X의 실험식량}}{\text{Y의 실험식량}}$ 은? (단, H, C, O의 원자량은 각각 1, 12, 16이다.)

① $\dfrac{9}{11}$ ② $\dfrac{3}{5}$ ③ $\dfrac{6}{11}$ ④ $\dfrac{2}{5}$ ⑤ $\dfrac{1}{5}$

---

14 · 2020학년도 수능 화I 19번

다음은 A(s)와 B(g)가 반응하여 C(g)를 생성하는 반응의 화학 반응식이다.

$$A(s) + bB(g) \longrightarrow C(g) \quad (b: \text{반응 계수})$$

표는 실린더에 A(s)와 B(g)의 양(mol)을 달리하여 넣고 반응을 완결시킨 실험 I, II에 대한 자료이다. $\dfrac{\text{B의 분자량}}{\text{C의 분자량}} = \dfrac{1}{16}$ 이다.

실험	넣어 준 물질의 양(mol) A(s)	B(g)	실린더 속 기체의 밀도(상댓값) 반응 전	반응 후
I	2	7	1	7
II	3	8	1	x

$b \times x$는? (단, 기체의 온도와 압력은 일정하다.) [3점]

① 15 ② 20 ③ 21 ④ 24 ⑤ 32

---

15 · 2022학년도 수능 화I 19번

다음은 A(g)와 B(g)가 반응하여 C(g)가 생성되는 반응의 화학 반응식이다.

$$aA(g) + B(g) \longrightarrow 2C(g) \quad (a\text{는 반응 계수})$$

표는 B(g) x g이 들어 있는 실린더에 A(g)의 질량을 달리하여 넣고 반응을 완결시킨 실험 I~IV에 대한 자료이다. II에서 반응 후 남은 B의 질량은 II에서 반응 후 남은 A(g)의 질량의 $\dfrac{1}{4}$배이다.

실험	I	II	III	IV
넣어 준 A(g)의 질량(g)	w	2w	3w	4w
반응 후 $\dfrac{\text{생성물의 양(mol)}}{\text{전체 기체의 부피}}$(상댓값)	$\dfrac{4}{7}$	$\dfrac{8}{9}$		$\dfrac{5}{8}$

$a \times x$는? (단, 실린더 속 기체의 온도와 압력은 일정하다.) [3점]

① $\dfrac{3}{8}w$ ② $\dfrac{5}{8}w$ ③ $\dfrac{3}{4}w$ ④ $\dfrac{5}{4}w$ ⑤ $\dfrac{5}{2}w$

---

18 · 2022학년도 9월 모평 화I 20번

다음은 A(g)와 B(g)가 반응하여 C(g)를 생성하는 반응의 화학 반응식이다.

$$aA(g) + B(g) \longrightarrow cC(g) \quad (a, c\text{는 반응 계수})$$

표는 실린더에 A(g)와 B(g)의 질량을 달리하여 넣고 반응을 완결시킨 실험 I~III에 대한 자료이다.

실험	반응 전 A의 질량(g)	B의 질량(g)	반응 후 A 또는 B의 질량(g)	C의 밀도(상댓값)	전체 기체의 부피(상댓값)
I	1	w	$\dfrac{4}{5}$	17	6
II	3	w	1	17	12
III	4	w+2	x		17

$\dfrac{x}{c} \times \dfrac{\text{C의 분자량}}{\text{B의 분자량}}$ 은? (단, 온도와 압력은 일정하다.) [3점]

① $\dfrac{21}{4}$ ② $\dfrac{17}{2}$ ③ $\dfrac{39}{4}$ ④ $\dfrac{27}{2}$ ⑤ $\dfrac{39}{2}$

---

17 · 2021학년도 9월 모평 화I 18번

다음은 A(g)와 B(g)가 반응하여 C(g)를 생성하는 반응의 화학 반응식이다.

$$2A(g) + B(g) \longrightarrow cC(g) \quad (c\text{는 반응 계수})$$

표는 실린더에 A(g)와 B(g)의 질량을 달리하여 넣고 반응을 완결시킨 실험 I, II에 대한 자료이다. $\dfrac{\text{A의 분자량}}{\text{C의 분자량}} = \dfrac{4}{5}$ 이고, 실험 I에서 B는 모두 반응하였다.

실험	반응 전 A의 질량(g)	B의 질량(g)	반응 후 $\dfrac{\text{C의 양(mol)}}{\text{전체 기체의 양(mol)}}$	전체 기체의 부피(L)
I	4w	6w		V_1
II	9w	2w	$\dfrac{8}{9}$	V_2

$c \times \dfrac{V_1}{V_2}$ 는? (단, 온도와 압력은 일정하다.)

① $\dfrac{8}{5}$ ② $\dfrac{9}{7}$ ③ $\dfrac{8}{9}$ ④ $\dfrac{5}{9}$ ⑤ $\dfrac{3}{8}$

---

20 · 2020학년도 6월 모평 화I 19번

다음은 A(g)와 B(g)의 양을 달리하여 반응을 완결시킨 실험 I~III에 대한 자료이다.

○ 화학 반응식: $A(g) + bB(g) \longrightarrow cC(g)$ (b, c는 반응 계수)

실험	반응 전 물질의 양 A(g)	B(g)	전체 기체의 부피(L) 반응 전	반응 후
I	2m몰	n몰	3V	$\dfrac{5}{2}V$
II	n몰	3m몰	4V	3V
III	x g	x g		$\dfrac{45}{8}V$

○ 실험 III에서 반응 후 A(g)는 $\dfrac{3}{4}x$ g이 남는다.

이에 대한 설명으로 옳은 것만을 〈보기〉에서 있는 대로 고른 것은? (단, 반응 전과 후의 온도와 압력은 모두 같다.) [3점]

〈보기〉
ㄱ. $b=4$이다.
ㄴ. 분자량은 C가 A의 2.5배이다.
ㄷ. 반응 후 생성된 C의 몰비는 I : II = 8 : 9이다.

① ㄱ ② ㄴ ③ ㄷ ④ ㄱ, ㄴ ⑤ ㄴ, ㄷ

01

다음은 A(g)와 B(g)가 반응하여 C(g)와 D(g)를 생성하는 반응의 화학 반응식이다.

$$4A(g) + bB(g) \longrightarrow cC(g) + 4D(g) \ (b, c\text{는 반응 계수})$$

표는 실린더에 A(g)와 B(g)의 양을 달리하여 넣고 반응을 완결시킨 실험 I, II에 대한 자료이다. (가)는 A~D 중 하나이고, $\dfrac{\text{D의 분자량}}{\text{C의 분자량}} = \dfrac{5}{3}$이다.

실험	반응 전			반응 후	
	A의 양 (mol)	B의 양 (mol)	(가)의 양 (mol)	기체의 질량(g)	
				C	D
I	6	2	$11n$	$9w$	$10w$
II	8	5	$10n$		x

$\dfrac{x}{b \times n}$는? (단, 온도와 압력은 일정하며, n은 0이 아니다.) [3점]

① $2w$ ② $5w$ ③ $\dfrac{15}{2}w$ ④ $\dfrac{25}{2}w$ ⑤ $15w$

02

표는 탄화수소 X와 C, H, O로 이루어진 화합물 Y의 완전 연소 반응에 대한 자료이다.

화합물	구성 원소	반응한 O_2의 질량(mg)	생성물의 질량(mg)		생성물의 총 양(mol)
			CO_2	H_2O	
X	C, H	256	$55a$	$27a$	$11n$
Y	C, H, O	288	$11b$	$2b$	$13n$

$\dfrac{\text{X의 실험식량}}{\text{Y의 실험식량}}$은? (단, H, C, O의 원자량은 각각 1, 12, 16이다.)

① $\dfrac{9}{11}$ ② $\dfrac{3}{5}$ ③ $\dfrac{6}{11}$ ④ $\dfrac{2}{5}$ ⑤ $\dfrac{1}{5}$

03

다음은 A(g)와 B(g)가 반응하여 C(g)를 생성하는 반응의 화학 반응식이다.

$$A(g) + 2B(g) \longrightarrow 2C(g)$$

표는 실린더에 A(g)와 B(g)를 넣고 반응시켰을 때, 반응이 진행되는 동안 시간에 따른 실린더 속 기체에 대한 자료이다. $t_1 < t_2 < t_3 < t_4$이고, t_4에서 반응이 완결되었다.

시간	0	t_1	t_2	t_3	t_4
$\dfrac{\text{B}(g)\text{의 질량}}{\text{A}(g)\text{의 질량}}$	1	$\dfrac{7}{8}$	$\dfrac{7}{9}$	$\dfrac{1}{2}$	
전체 기체의 양(mol) (상댓값)	x	7	6.7	6.1	y

$\dfrac{\text{A의 분자량}}{\text{C의 분자량}} \times \dfrac{y}{x}$는? (단, 실린더 속 기체의 온도와 압력은 일정하다.) [3점]

① $\dfrac{3}{10}$ ② $\dfrac{2}{5}$ ③ $\dfrac{8}{15}$ ④ $\dfrac{7}{12}$ ⑤ $\dfrac{2}{3}$

04

다음은 A(g)와 B(g)가 반응하여 C(g)와 D(g)를 생성하는 반응의 화학 반응식이다.

$$A(g) + 4B(g) \longrightarrow 3C(g) + 2D(g)$$

표는 실린더에 A(g)와 B(g)를 넣고 반응을 완결시킨 실험 I~III에 대한 자료이다. I과 II에서 B(g)는 모두 반응하였고, I에서 반응 후 생성물의 전체 질량은 $21w$ g이다.

실험	반응 전		반응 후
	A(g)의 질량(g)	B(g)의 질량(g)	$\dfrac{\text{생성물의 전체 양(mol)}}{\text{남아 있는 반응물의 양(mol)}}$ (상댓값)
I	$15w$	$16w$	3
II	$10w$	xw	2
III	$10w$	$48w$	y

$x + y$는? [3점]

① 11 ② 12 ③ 13 ④ 14 ⑤ 15

05  대표 문제

다음은 A(g)와 B(g)가 반응하여 C(s)와 D(g)를 생성하는 반응의 화학 반응식이다.

$$A(g) + 3B(g) \longrightarrow C(s) + 3D(g)$$

표는 실린더에 A(g)와 B(g)를 넣고 반응을 완결시킨 실험 Ⅰ~Ⅲ에 대한 자료이다. Ⅰ~Ⅲ에서 A(g)는 모두 반응하였고, Ⅰ에서 반응 후 생성된 D(g)의 질량은 $27w$ g이며, $\dfrac{\text{A의 화학식량}}{\text{C의 화학식량}} = \dfrac{2}{5}$이다.

실험	반응 전		반응 후
	A(g)의 질량(g)	B(g)의 질량(g)	$\dfrac{\text{B}(g)\text{의 양(mol)}}{\text{D}(g)\text{의 양(mol)}}$
Ⅰ	$14w$	$96w$	
Ⅱ	$7w$	xw	2
Ⅲ	$7w$	$36w$	y

$x \times y$는? [3점]

① 42　　② 36　　③ 30　　④ 24　　⑤ 18

06 대표 문제

다음은 A(g)와 B(g)가 반응하여 C(g)를 생성하는 반응의 화학 반응식이다.

$$a\text{A}(g) + \text{B}(g) \longrightarrow 2\text{C}(g) \ (a\text{는 반응 계수})$$

표는 A(g) $5w$ g이 들어 있는 용기에 B(g)의 질량을 달리하여 넣고 반응을 완결시킨 실험 Ⅰ~Ⅲ에 대한 자료이다.

실험	넣어 준 B(g)의 질량(g)	반응 후 $\dfrac{\text{전체 기체의 양(mol)}}{\text{C}(g)\text{의 양(mol)}}$
Ⅰ	w	4
Ⅱ	$4w$	1
Ⅲ	$6w$	x

$x \times \dfrac{\text{C의 분자량}}{\text{A의 분자량}}$ 은? [3점]

① $\dfrac{7}{8}$　　② $\dfrac{9}{8}$　　③ $\dfrac{5}{4}$　　④ $\dfrac{7}{4}$　　⑤ $\dfrac{9}{4}$

4
일차

다음은 A(g)와 B(g)가 반응하여 C(g)와 D(g)를 생성하는 반응의 화학 반응식이다.

$$A(g) + 3B(g) \longrightarrow xC(g) + xD(g) \ (x는 \ 반응 \ 계수)$$

표는 실린더에 A(g)와 B(g)를 넣고 반응을 완결시킨 실험 I, II에 대한 자료이다. I, II에서 반응 후 생성된 C(g)의 질량은 22w g으로 서로 같다.

실험	반응 전		반응 후
	A의 질량(g)	B의 질량(g)	남아 있는 반응물의 양(mol) 전체 기체의 부피(L) (상댓값)
I	14w	24w	3
II	7w	40w	5

$x \times \dfrac{\text{B의 분자량}}{\text{D의 분자량}}$ 은? (단, 실린더 속 기체의 온도와 압력은 일정하다.)

[3점]

① $\dfrac{12}{11}$ ② $\dfrac{24}{11}$ ③ $\dfrac{32}{9}$ ④ $\dfrac{16}{3}$ ⑤ $\dfrac{64}{9}$

다음은 A(g)와 B(g)가 반응하여 C(g)와 D(g)를 생성하는 반응의 화학 반응식이다.

$$2A(g) + 3B(g) \longrightarrow 2C(g) + 2D(g)$$

표는 실린더에 A(g)와 B(g)를 넣고 반응을 완결시킨 실험 I과 II에 대한 자료이다. I과 II에서 남은 반응물의 종류는 서로 다르고, II에서 반응 후 생성된 D(g)의 질량은 $\dfrac{45}{8}$ g이다.

실험	반응 전		반응 후	
	A(g)의 부피(L)	B(g)의 질량(g)	A(g) 또는 B(g)의 질량(g)	전체 기체의 양(mol) C(g)의 양(mol)
I	4V	6	17w	3
II	5V	25	40w	x

$x \times \dfrac{\text{C의 분자량}}{\text{B의 분자량}}$ 은? (단, 실린더 속 기체의 온도와 압력은 일정하다.)

[3점]

① $\dfrac{3}{2}$ ② 3   ③ $\dfrac{9}{2}$ ④ 6   ⑤ 9

09

표는 실린더에 $A_2(g)$와 $BC_3(g)$를 넣고 반응을 완결시켰을 때, 반응 전과 후 실린더에 들어 있는 모든 물질에 대한 자료이다. 반응물과 생성물은 모두 기체이다.

물질의 양(mol)	반응 전		반응 후		
	A_2	BC_3	BC_3	AC	B_2
	n	㉠	n	$2n$	㉡
전체 기체의 부피(L)	V		kV		

$\dfrac{㉡}{㉠} \times k$는? (단, A~C는 임의의 원소 기호이고, 실린더 속 기체의 온도와 압력은 일정하다.) [3점]

① $\dfrac{1}{4}$ ② $\dfrac{2}{3}$ ③ 1 ④ $\dfrac{3}{2}$ ⑤ 2

10

다음은 $A(g)$와 $B(g)$가 반응하여 $C(g)$를 생성하는 반응의 화학 반응식이다.

$$a A(g) + B(g) \longrightarrow 2C(g) \ (a는 \ 반응 \ 계수)$$

표는 실린더에 $A(g)$와 $B(g)$를 질량을 달리하여 넣고 반응을 완결시킨 실험 Ⅰ과 Ⅱ에 대한 자료이다.

실험	반응 전			반응 후	
	A의 질량(g)	B의 질량(g)	전체 기체의 밀도	남은 반응물의 질량(g)	전체 기체의 밀도
Ⅰ	6	1	xd	2	$7d$
Ⅱ	8	4	yd	2	$6d$

$a \times \dfrac{x}{y}$는? (단, 온도와 압력은 일정하다.) [3점]

① $\dfrac{6}{5}$ ② $\dfrac{11}{6}$ ③ $\dfrac{13}{7}$ ④ $\dfrac{7}{3}$ ⑤ $\dfrac{12}{5}$

11

다음은 $A(g)$와 $B(g)$가 반응하여 $C(g)$를 생성하는 반응의 화학 반응식이다.

$$A(g) + b B(g) \longrightarrow cC(g) \ (b, \ c는 \ 반응 \ 계수)$$

표는 실린더에 $A(g)$와 $B(g)$의 질량을 달리하여 넣고 반응을 완결시킨 실험 Ⅰ, Ⅱ에 대한 자료이다.

실험	반응 전			반응 후	
	A(g)의 질량(g)	B(g)의 질량(g)	전체 기체의 밀도	C(g)의 질량(g)	전체 기체의 밀도
Ⅰ	8	28	$72d$	22	xd
Ⅱ	24	y	$75d$	33	$100d$

$\dfrac{x}{y}$는? (단, 실린더 속 기체의 온도와 압력은 일정하다.) [3점]

① $\dfrac{25}{7}$ ② 4 ③ $\dfrac{30}{7}$ ④ $\dfrac{32}{7}$ ⑤ 5

12

다음은 $A(g)$와 $B(g)$가 반응하여 $C(g)$를 생성하는 반응의 화학 반응식이다.

$$A(g) + 2B(g) \longrightarrow 2C(g)$$

표는 실린더에 $A(g)$와 $B(g)$의 질량을 달리하여 넣고 반응을 완결시킨 실험 Ⅰ, Ⅱ에 대한 자료이다.

실험	반응 전		반응 후
	$A(g)$의 질량(g)	$B(g)$의 질량(g)	전체 기체의 밀도 (상댓값)
Ⅰ	64w	56w	25
Ⅱ	96w	112w	26

$\dfrac{\text{B의 분자량} + \text{C의 분자량}}{\text{A의 분자량}}$ 은? (단, 실린더 속 기체의 온도와 압력은 일정하다.) [3점]

① $\dfrac{15}{11}$　② $\dfrac{9}{4}$　③ $\dfrac{19}{7}$　④ $\dfrac{11}{4}$　⑤ $\dfrac{9}{2}$

13

다음은 $A(g)$와 $B(g)$가 반응하여 $C(g)$를 생성하는 반응의 화학 반응식이다.

$$aA(g) + B(g) \longrightarrow 2C(g) \ (a\text{는 반응 계수})$$

표는 실린더에 $A(g)$와 $B(g)$를 넣고 반응을 완결시킨 실험 (가)와 (나)에 대한 자료이다. (나)에서 $A(g)$가 모두 반응하였다.

실험	반응 전 기체의 질량(g)		$\dfrac{\text{반응 후 전체 기체의 밀도}}{\text{반응 전 전체 기체의 밀도}}$
	$A(g)$	$B(g)$	
(가)	15w	24w	$\dfrac{5}{4}$
(나)	30w	32w	$\dfrac{4}{3}$

$a \times \dfrac{\text{C의 분자량}}{\text{B의 분자량}}$ 은? (단, 실린더 속 기체의 온도와 압력은 일정하다.) [3점]

① $\dfrac{15}{8}$　② $\dfrac{23}{8}$　③ 5　④ $\dfrac{23}{4}$　⑤ $\dfrac{15}{2}$

14

다음은 A(s)와 B(g)가 반응하여 C(g)를 생성하는 반응의 화학 반응식이다.

$$A(s) + bB(g) \longrightarrow C(g) \ \ (b: \text{반응 계수})$$

표는 실린더에 A(s)와 B(g)의 양(mol)을 달리하여 넣고 반응을 완결시킨 실험 I, II에 대한 자료이다. $\dfrac{\text{B의 분자량}}{\text{C의 분자량}} = \dfrac{1}{16}$이다.

실험	넣어 준 물질의 양(mol)		실린더 속 기체의 밀도(상댓값)	
	A(s)	B(g)	반응 전	반응 후
I	2	7	1	7
II	3	8	1	x

$b \times x$는? (단, 기체의 온도와 압력은 일정하다.) [3점]

① 15　　② 20　　③ 21　　④ 24　　⑤ 32

15

다음은 A(g)와 B(g)가 반응하여 C(g)가 생성되는 반응의 화학 반응식이다.

$$aA(g) + B(g) \longrightarrow 2C(g) \ \ (a\text{는 반응 계수})$$

표는 B(g) x g이 들어 있는 실린더에 A(g)의 질량을 달리하여 넣고 반응을 완결시킨 실험 I ~ IV에 대한 자료이다. II에서 반응 후 남은 B(g)의 질량은 III에서 반응 후 남은 A(g)의 질량의 $\dfrac{1}{4}$배이다.

실험	I	II	III	IV
넣어 준 A(g)의 질량(g)	w	$2w$	$3w$	$4w$
반응 후 $\dfrac{\text{생성물의 양(mol)}}{\text{전체 기체의 부피(L)}}$ (상댓값)	$\dfrac{4}{7}$	$\dfrac{8}{9}$		$\dfrac{5}{8}$

$a \times x$는? (단, 실린더 속 기체의 온도와 압력은 일정하다.) [3점]

① $\dfrac{3}{8}w$　　② $\dfrac{5}{8}w$　　③ $\dfrac{3}{4}w$　　④ $\dfrac{5}{4}w$　　⑤ $\dfrac{5}{2}w$

16

다음은 기체 A와 B가 반응하여 기체 C를 생성하는 반응의 화학 반응식이다.

$$A(g) + bB(g) \longrightarrow 2C(g) \ \ (b\text{는 반응 계수})$$

표는 실린더에 A(g)와 B(g)를 넣고 반응을 완결시킨 실험 I, II에 대한 자료이다. $\dfrac{\text{II에서 반응 후 전체 기체의 부피}}{\text{I에서 반응 전 전체 기체의 부피}} = \dfrac{3}{11}$이다.

실험	반응 전 기체의 질량(g)		반응 후 남은 반응물의 질량(g)
	A(g)	B(g)	
I	$2w$	20	w
II	$4w$	6	$2w$

$\dfrac{w}{b} \times \dfrac{\text{B의 분자량}}{\text{A의 분자량}}$은? (단, 실린더 속 기체의 온도와 압력은 일정하다.) [3점]

① $\dfrac{1}{4}$　　② $\dfrac{1}{3}$　　③ $\dfrac{1}{2}$　　④ $\dfrac{2}{3}$　　⑤ $\dfrac{3}{4}$

17

다음은 A(g)와 B(g)가 반응하여 C(g)를 생성하는 반응의 화학 반응식이다.

$$2A(g) + B(g) \longrightarrow cC(g) \ \ (c\text{는 반응 계수})$$

표는 실린더에 A(g)와 B(g)의 질량을 달리하여 넣고 반응을 완결시킨 실험 I, II에 대한 자료이다. $\dfrac{\text{A의 분자량}}{\text{C의 분자량}} = \dfrac{4}{5}$이고, 실험 II에서 B는 모두 반응하였다.

실험	반응 전		반응 후	
	A의 질량(g)	B의 질량(g)	$\dfrac{\text{C의 양(mol)}}{\text{전체 기체의 양(mol)}}$	전체 기체의 부피(L)
I	$4w$	$6w$		V_1
II	$9w$	$2w$	$\dfrac{8}{9}$	V_2

$c \times \dfrac{V_2}{V_1}$는? (단, 온도와 압력은 일정하다.)

① $\dfrac{8}{5}$　　② $\dfrac{9}{7}$　　③ $\dfrac{8}{9}$　　④ $\dfrac{5}{9}$　　⑤ $\dfrac{3}{8}$

18

다음은 $A(g)$와 $B(g)$가 반응하여 $C(g)$를 생성하는 반응의 화학 반응식이다.

$$aA(g) + B(g) \longrightarrow cC(g) \ (a, c는 반응 계수)$$

표는 실린더에 $A(g)$와 $B(g)$의 질량을 달리하여 넣고 반응을 완결시킨 실험 I ~ III에 대한 자료이다.

실험	반응 전		반응 후		
	A의 질량(g)	B의 질량(g)	A 또는 B의 질량(g)	C의 밀도 (상댓값)	전체 기체의 부피 (상댓값)
I	1	w	$\frac{4}{5}$	17	6
II	3	w	1	17	12
III	4	$w+2$		x	17

$\dfrac{x}{c} \times \dfrac{\text{C의 분자량}}{\text{B의 분자량}}$ 은? (단, 온도와 압력은 일정하다.) [3점]

① $\dfrac{21}{4}$　② $\dfrac{17}{2}$　③ $\dfrac{39}{4}$　④ $\dfrac{27}{2}$　⑤ $\dfrac{39}{2}$

20

다음은 $A(g)$와 $B(g)$의 양을 달리하여 반응을 완결시킨 실험 I ~ III에 대한 자료이다.

○ 화학 반응식: $A(g) + bB(g) \longrightarrow cC(g) \ (b, c는 반응 계수)$

실험	반응 전 물질의 양		전체 기체의 부피	
	A(g)	B(g)	반응 전	반응 후
I	$2n$몰	n몰	$3V$	$\frac{5}{2}V$
II	n몰	$3n$몰	$4V$	$3V$
III	x g	x g		$\frac{45}{8}V$

○ 실험 III에서 반응 후 $A(g)$는 $\frac{3}{4}x$ g이 남았다.

이에 대한 설명으로 옳은 것만을 〈보기〉에서 있는 대로 고른 것은? (단, 반응 전과 후의 온도와 압력은 모두 같다.) [3점]

〈 보기 〉

ㄱ. $b=4$이다.

ㄴ. 분자량은 C가 A의 2.5배이다.

ㄷ. 반응 후 생성된 C의 몰비는 II : III = 8 : 9이다.

① ㄱ　② ㄴ　③ ㄷ　④ ㄱ, ㄴ　⑤ ㄴ, ㄷ

19

다음은 실린더에 $A(g)$와 $B(g)$의 질량을 달리하여 넣고 반응을 완결시킨 실험 I ~ III에 대한 자료이다.

○ 화학 반응식

$A(g) + bB(g) \longrightarrow C(g) + dD(g) \ (b, d는 반응 계수)$

실험	넣어준 물질의 질량(g)		전체 기체의 밀도 (상댓값)	
	A(g)	B(g)	반응 전	반응 후
I	$2w$	$12w$	$\frac{7}{2}$	$\frac{7}{2}$
II	$4w$	$8w$	3	
III	$4w$	$12w$		x

○ 실험 I과 II에서 반응 후 생성된 $C(g)$의 양이 같다.

$\dfrac{x}{b+d}$ 는? (단, 실린더 속 기체의 온도와 압력은 일정하다.) [3점]

① $\dfrac{3}{5}$　② $\dfrac{4}{5}$　③ 1　④ $\dfrac{6}{5}$　⑤ $\dfrac{5}{4}$

21 대표문제

다음은 A(g)와 B(g)가 반응하여 C(g)를 생성하는 반응의 화학 반응식이다.

$$a\text{A}(g) + \text{B}(g) \longrightarrow 2\text{C}(g) \ (a\text{는 반응 계수})$$

표는 실린더에 A(g)와 B(g)를 넣고 반응을 완결시킨 실험 Ⅰ, Ⅱ에 대한 자료이다.

실험	반응 전		반응 후		
	전체 기체의 질량(g)	전체 기체의 밀도(g/L)	A의 질량 (상댓값)	전체 기체의 부피(상댓값)	전체 기체의 밀도(g/L)
Ⅰ	$3w$	$5d_1$	1	5	$7d_1$
Ⅱ	$5w$	$9d_2$	5	9	$11d_2$

$a \times \dfrac{\text{B의 분자량}}{\text{C의 분자량}}$ 은? (단, 실린더 속 기체의 온도와 압력은 일정하다.)

[3점]

① $\dfrac{1}{4}$ ② $\dfrac{4}{5}$ ③ $\dfrac{8}{9}$ ④ 1 ⑤ $\dfrac{10}{9}$

22

다음은 A(g)와 B(g)가 반응하여 C(g)를 생성하는 반응의 화학 반응식이다.

$$2\text{A}(g) + \text{B}(g) \longrightarrow c\text{C}(g) \ (c\text{는 반응 계수})$$

표는 실린더에 A(g)와 B(g)를 넣고 반응을 완결시킨 실험 Ⅰ ~ Ⅲ에 대한 자료이다. Ⅱ에서 B(g)는 모두 반응하였다.

실험	반응 전 반응물의 질량(g)		반응 후 전체 기체의 부피 / 반응 전 전체 기체의 부피
	A	B	
Ⅰ	7	1	$\dfrac{8}{9}$
Ⅱ	7	2	$\dfrac{4}{5}$
Ⅲ	7	4	㉠

$\dfrac{\text{A의 분자량}}{\text{B의 분자량}} \times ㉠$ 은? (단, 기체의 온도와 압력은 일정하다.) [3점]

① $\dfrac{7}{12}$ ② $\dfrac{2}{3}$ ③ $\dfrac{6}{7}$ ④ $\dfrac{3}{2}$ ⑤ $\dfrac{12}{7}$

주제 / 학년도	2025	2024	2023

17 2025학년도 수능 화I 19번

다음은 A(g)로부터 B(g)와 C(g)가 생성되는 반응의 화학 반응식이다.

$$2A(g) \longrightarrow 2B(g) + C(g)$$

그림 (가)는 실린더에 B(g)를 넣은 것을, (나)는 (가)의 실린더에 A(g) $10w$ g을 첨가하여 일부가 반응한 것을, (다)는 (나)의 실린더에서 반응을 완결시킨 것을 나타낸 것이다. 실린더 속 전체 기체의 부피비는 (가) : (나)=5 : 11이고, (가)와 (다)에서 실린더 속 전체 기체의 밀도(g/L)는 각각 d와 xd이며, $\dfrac{\text{C의 분자량}}{\text{A의 분자량}} = \dfrac{2}{5}$이다.

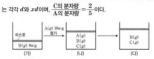

$x \times \dfrac{\text{(다)의 실린더 속 B(g)의 질량(g)}}{\text{(나)의 실린더 속 C(g)의 질량(g)}}$ 은? (단, 실린더 속 기체의 온도와 압력은 일정하다.)

① 9 ② 18 ③ 21 ④ 24 ⑤ 27

---

09 대표문제 2024학년도 6월 모평 화I 20번

다음은 A(g)와 B(g)가 반응하여 C(g)와 D(s)를 생성하는 반응의 화학 반응식이다.

$$A(g) + 2B(g) \longrightarrow 2C(g) + 3D(s)$$

그림 (가)는 실린더에 전체 기체의 질량이 w g이 되도록 A(g)와 B(g)를 넣은 것을, (나)는 (가)의 실린더에서 일부가 반응한 것을, (다)는 (나)의 실린더에서 반응을 완결시킨 것을 나타낸 것이다. 실린더 속 전체 기체의 부피비는 (나) : (다)=11 : 10이고, $\dfrac{\text{A의 분자량}}{\text{B의 분자량}} = \dfrac{32}{17}$이다.

$x \times \dfrac{\text{C의 분자량}}{\text{A의 분자량}}$ 은? (단, 실린더 속 기체의 온도와 압력은 일정하다.)

[3점]

① $\dfrac{1}{104}w$ ② $\dfrac{1}{64}w$ ③ $\dfrac{1}{52}w$ ④ $\dfrac{1}{13}w$ ⑤ $\dfrac{3}{26}w$

---

02 2023학년도 9월 모평 화I 4번

그림은 실린더에 AB(g)와 $B_2(g)$를 넣고 반응을 완결시켰을 때, 반응 전과 후 실린더에 존재하는 물질을 나타낸 것이다. 반응 전과 후 실린더 속 전체 기체의 밀도는 각각 d_1과 d_2이다.

$\dfrac{d_2}{d_1}$ 는? (단, A와 B는 임의의 원소 기호이고, 실린더 속 기체의 온도와 압력은 일정하다.)

① 2 ② $\dfrac{3}{2}$ ③ $\dfrac{4}{3}$ ④ 1 ⑤ $\dfrac{2}{3}$

빈출

**화학
반응에서의
양적 관계**
실린더로
제시한 경우

---

11 2025학년도 9월 모평 화I 20번

다음은 A(g)와 B(g)가 반응하여 C(g)를 생성하는 반응의 화학 반응식이다.

$$2A(g) + B(g) \longrightarrow 2C(g)$$

그림 (가)는 t ℃, 1기압에서 실린더에 A(g)와 B(g)를 넣은 것을, (나)는 (가)의 실린더에서 반응을 완결시킨 것을, (다)는 (나)의 실린더에 A(g)를 추가하여 반응을 완결시킨 것을 나타낸 것이다. (가)와 (나)에서 실린더 속 전체 기체의 밀도(g/L)는 각각 $\dfrac{3w}{4}$, w이다.

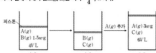

$V \times \dfrac{\text{A의 분자량}}{\text{C의 분자량}}$ 은? (단, 실린더 속 기체의 온도와 압력은 일정하다.)

[3점]

① $\dfrac{6}{5}$ ② $\dfrac{8}{5}$ ③ 2 ④ $\dfrac{12}{5}$ ⑤ 4

**화학
반응에서의
양적 관계**
그래프로 제시한
경우

2022 ~ 2019

04 　　　　　　2022학년도 6월 모평 화Ⅰ 19번

다음은 A(g)와 B(g)가 반응하여 C(g)와 D(g)를 생성하는 반응의 화학 반응식이다.

$$2A(g) + bB(g) \longrightarrow cC(g) + 6D(g) \ (b, c는 반응 계수)$$

그림 (가)는 실린더에 A(g), B(g), D(g)를 넣은 것을, (나)는 (가)의 실린더에서 반응을 완결시킨 것을 나타낸 것이다. (가)와 (나)에서 $\dfrac{\text{D의 양(mol)}}{\text{전체 기체의 양(mol)}}$은 각각 $\dfrac{2}{5}$, $\dfrac{3}{4}$이고, $\dfrac{\text{A의 분자량}}{\text{B의 분자량}}$은 $\dfrac{7}{4}$이다.

(가)
피스톤
A(g) wg
B(g)
D(g)
15V L

(나)
C(g) $\dfrac{9}{14}wg$
D(g) 66g
16V L

$\dfrac{b \times c}{w}$는? (단, 실린더 속 기체의 온도와 압력은 일정하다.) [3점]

① $\dfrac{3}{4}$　② 1　③ $\dfrac{7}{5}$　④ $\dfrac{3}{2}$　⑤ 2

08 　　　　　　2021학년도 수능 화Ⅰ 20번

다음은 A(g)와 B(g)가 반응하여 C(g)와 D(g)를 생성하는 반응의 화학 반응식이다.

$$A(g) + xB(g) \longrightarrow C(g) + yD(g) \ (x, y는 반응 계수)$$

그림 (가)는 실린더에 A(g)와 B(g)가 각각 9wg, wg이 들어 있는 것을, (나)는 (가)의 실린더에서 반응을 완결시킨 것을, (다)는 (나)의 실린더에 B(g) 2wg를 추가하여 반응을 완결시킨 것을 나타낸 것이다. (가), (나), (다) 실린더 속 기체의 밀도가 각각 d_1, d_2, d_3일 때, $\dfrac{d_2}{d_1} = \dfrac{5}{7}$, $\dfrac{d_3}{d_2} = \dfrac{14}{25}$이다. (다)의 실린더 속 C($g$)와 D($g$)의 질량비는 4 : 5이다.

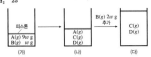

(가)
피스톤
A(g) 9w g
B(g) w g

(나)
A(g)
C(g)
D(g)

B(g) 2w g 추가

(다)
C(g)
D(g)

$\dfrac{\text{D의 질량}}{\text{A의 질량}} \times \dfrac{x}{y}$는? (단, 실린더 속 기체의 온도와 압력은 일정하다.) [3점]

① $\dfrac{5}{54}$　② $\dfrac{4}{27}$　③ $\dfrac{7}{27}$　④ $\dfrac{10}{27}$　⑤ $\dfrac{25}{54}$

07 　　　　　　2019학년도 수능 화Ⅰ 18번

다음은 A(g)가 분해되어 B(g)와 C(g)를 생성하는 반응의 화학 반응식이고, $\dfrac{\text{C의 분자량}}{\text{A의 분자량}} = \dfrac{8}{27}$이다.

$$2A(g) \longrightarrow bB(g) + C(g) \ (b는 반응 계수)$$

그림 (가)는 실린더에 A(g) wg를 넣었을 때, (나)는 반응이 진행되어 A와 C의 양(mol)이 같아졌을 때, (다)는 반응이 완결되었을 때를 나타낸 것이다. (가)와 (다)에서 실린더 속 기체의 부피는 각각 2 L, 5 L이다.

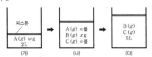

(가)
피스톤
A(g) wg
2L

(나)
A (g) a몰
B (g) xg
C (g) a몰

(다)
B (g)
C (g)
5L

(나)에서 x는? (단, 기체의 온도와 압력은 일정하다.)

① $\dfrac{46}{81}w$　② $\dfrac{16}{27}w$　③ $\dfrac{2}{3}w$　④ $\dfrac{23}{27}w$　⑤ $\dfrac{73}{81}w$

---

12 대표 문제 　　　　　　2021학년도 6월 모평 화Ⅰ 19번

다음은 A(g)와 B(g)가 반응하여 C(g)를 생성하는 화학 반응식이다. 분자량은 A가 B의 2배이다.

$$aA(g) + B(g) \longrightarrow aC(g) \ (a는 반응 계수)$$

그림은 A(g) V L가 들어 있는 실린더에 B(g)를 넣어 반응을 완결시켰을 때, 넣어 준 B(g)의 질량에 따른 반응 후 전체 기체의 밀도를 나타낸 것이다. P에서 실린더의 부피는 2.5V L이다.

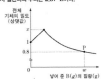

전체
기체의 밀도
(상댓값)

x
1
0.8

P

0 　　　w
넣어 준 B(g)의 질량(g)

$a \times x$는? (단, 기체의 온도와 압력은 일정하다.)

① $\dfrac{3}{2}$　② $\dfrac{5}{2}$　③ $\dfrac{7}{2}$　④ $\dfrac{15}{4}$　⑤ $\dfrac{25}{4}$

13 　　　　　　2020학년도 9월 모평 화Ⅰ 17번

다음은 A와 B가 반응하여 C를 생성하는 화학 반응식이다.

$$A + bB \longrightarrow cC \ (b, c는 반응 계수)$$

그림은 m몰의 B가 들어 있는 용기에 A를 넣어 반응을 완결시켰을 때, 넣어 준 A의 양(mol)에 따른 반응 후 $\dfrac{\text{전체 물질의 양(mol)}}{\text{C의 양(mol)}}$을 나타낸 것이다.

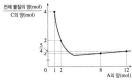

전체 물질의 양(mol)
C의 양(mol)

4

$\dfrac{5}{2}$
$\dfrac{4}{x}$

0　1　2　　　　　　6　　　　12
A의 양(mol)

$m \times x$는? [3점]

① 36　② 33　③ 32　④ 30　⑤ 27

01

다음은 A(g)와 B(g)가 반응하여 C(g)가 생성되는 반응의 화학 반응식이다.

$$a\mathrm{A}(g) + \mathrm{B}(g) \longrightarrow c\mathrm{C}(g) \ (a,\ c\text{는 반응 계수})$$

그림은 실린더에 A(g)와 B(g)를 넣고 반응시켰을 때, 반응 전과 후 실린더에 존재하는 물질과 양을 나타낸 것이다. 분자량은 A가 B의 2배이다.

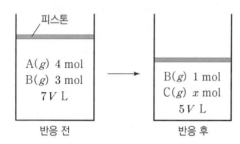

$x \times \dfrac{\mathrm{C}\text{의 분자량}}{\mathrm{A}\text{의 분자량}}$ 은? (단, 실린더 속 기체의 온도와 압력은 일정하다.)

① 2   ② 5   ③ 7   ④ 8   ⑤ 10

02

그림은 실린더에 AB(g)와 $\mathrm{B}_2(g)$를 넣고 반응을 완결시켰을 때, 반응 전과 후 실린더에 존재하는 물질을 나타낸 것이다. 반응 전과 후 실린더 속 전체 기체의 밀도는 각각 d_1과 d_2이다.

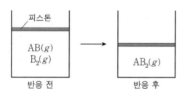

$\dfrac{d_2}{d_1}$ 는? (단, A와 B는 임의의 원소 기호이고, 실린더 속 기체의 온도와 압력은 일정하다.)

① 2   ② $\dfrac{3}{2}$ ③ $\dfrac{4}{3}$ ④ 1   ⑤ $\dfrac{2}{3}$

03

다음은 A(g)와 B(g)가 반응하여 C(g)를 생성하는 반응의 화학 반응식이다.

$$\mathrm{A}(g) + b\mathrm{B}(g) \longrightarrow 2\mathrm{C}(g) \ (b\text{는 반응 계수})$$

그림 (가)는 실린더에 A(g) $4w$ g을 넣은 것을, (나)는 (가)의 실린더에 B(g) 4.8 g을 넣고 반응을 완결시킨 것을, (다)는 (나)의 실린더에 A(g) w g을 넣고 반응을 완결시킨 것을 나타낸 것이다.

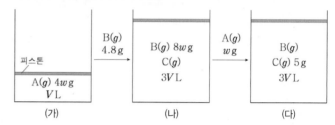

$\dfrac{w}{b} \times \dfrac{\mathrm{B}\text{의 분자량}}{\mathrm{A}\text{의 분자량}}$ 은? (단, 실린더 속 기체의 온도와 압력은 일정하다.) [3점]

① $\dfrac{2}{15}$ ② $\dfrac{1}{5}$ ③ $\dfrac{3}{10}$ ④ $\dfrac{1}{2}$ ⑤ $\dfrac{3}{5}$

04

다음은 A(g)와 B(g)가 반응하여 C(g)와 D(g)를 생성하는 반응의 화학
반응식이다.

$$2A(g) + bB(g) \longrightarrow cC(g) + 6D(g) \ (b, c는 반응 계수)$$

그림 (가)는 실린더에 A(g), B(g), D(g)를 넣은 것을, (나)는 (가)의 실
린더에서 반응을 완결시킨 것을 나타낸 것이다. (가)와 (나)에서
$\dfrac{\text{D의 양(mol)}}{\text{전체 기체의 양(mol)}}$은 각각 $\dfrac{2}{5}$, $\dfrac{3}{4}$이고, $\dfrac{\text{A의 분자량}}{\text{B의 분자량}} = \dfrac{7}{4}$이다.

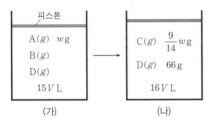

$\dfrac{b \times c}{w}$는? (단, 실린더 속 기체의 온도와 압력은 일정하다.) [3점]

① $\dfrac{3}{4}$ ② 1 ③ $\dfrac{7}{5}$ ④ $\dfrac{3}{2}$ ⑤ 2

05

다음은 A와 B가 반응하는 화학 반응식이다.

$$A(g) + bB(g) \longrightarrow cC(g) \ (b, c는 반응 계수)$$

그림 (가)와 같이 실린더에 기체 A와 B를 넣어 반응을 완결시켰더니
(나)와 같이 되었다. (나)에 B x몰을 더 넣어 반응을 완결시켰더니 (다)
와 같이 되었다.

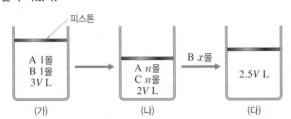

x는? (단, 온도와 대기압은 일정하며, 피스톤의 질량과 마찰은 무시한
다.) [3점]

① $\dfrac{1}{2}$ ② $\dfrac{2}{3}$ ③ 1 ④ $\dfrac{5}{3}$ ⑤ 2

06

다음은 기체 A와 B가 반응하여 기체 C가 생성되는 반응의 화학 반응
식이다.

$$A(g) + bB(g) \longrightarrow 2C(g) \ (b는 반응 계수)$$

그림 (가)는 실린더에 A(g) x g과 B(g) y g을 넣은 것을, (나)는 (가)의
실린더에서 반응을 완결시킨 것을, (다)는 (나)의 실린더에 ㉠ 1 L를 추
가하여 반응을 완결시킨 것을 나타낸 것이다. ㉠은 A(g), B(g) 중 하나
이고, 실린더 속 기체의 밀도비는 (나) : (다)=1 : 2이다.

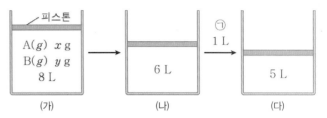

$b \times \dfrac{y}{x}$는? (단, 온도와 압력은 t ℃, 1 atm으로 일정하고, 피스톤의

질량과 마찰은 무시한다.) [3점]

① $\dfrac{1}{2}$ ② $\dfrac{5}{4}$ ③ $\dfrac{3}{2}$ ④ 10 ⑤ 12

07

다음은 A(g)가 분해되어 B(g)와 C(g)를 생성하는 반응의 화학 반응식
이고, $\dfrac{\text{C의 분자량}}{\text{A의 분자량}} = \dfrac{8}{27}$이다.

$$2A(g) \longrightarrow bB(g) + C(g) \ (b는 반응 계수)$$

그림 (가)는 실린더에 A(g) w g을 넣었을 때를, (나)는 반응이 진행되어
A와 C의 양(mol)이 같아졌을 때를, (다)는 반응이 완결되었을 때를 나
타낸 것이다. (가)와 (다)에서 실린더 속 기체의 부피는 각각 2 L, 5 L
이다.

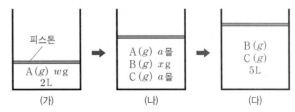

(나)에서 x는? (단, 기체의 온도와 압력은 일정하다.)

① $\dfrac{46}{81}w$ ② $\dfrac{16}{27}w$ ③ $\dfrac{2}{3}w$ ④ $\dfrac{23}{27}w$ ⑤ $\dfrac{73}{81}w$

08

다음은 $A(g)$와 $B(g)$가 반응하여 $C(g)$와 $D(g)$를 생성하는 반응의 화학 반응식이다.

$$A(g) + xB(g) \longrightarrow C(g) + yD(g) \ (x, y\text{는 반응 계수})$$

그림 (가)는 실린더에 $A(g)$와 $B(g)$가 각각 $9w$ g, w g이 들어 있는 것을, (나)는 (가)의 실린더에서 반응을 완결시킨 것을, (다)는 (나)의 실린더에 $B(g)$ $2w$ g을 추가하여 반응을 완결시킨 것을 나타낸 것이다. (가), (나), (다) 실린더 속 기체의 밀도가 각각 d_1, d_2, d_3일 때, $\dfrac{d_2}{d_1} = \dfrac{5}{7}$, $\dfrac{d_3}{d_2} = \dfrac{14}{25}$ 이다. (다)의 실린더 속 $C(g)$와 $D(g)$의 질량비는 4 : 5이다.

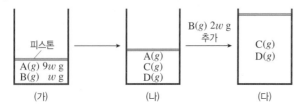

$\dfrac{\text{D의 분자량}}{\text{A의 분자량}} \times \dfrac{x}{y}$ 는? (단, 실린더 속 기체의 온도와 압력은 일정하다.) [3점]

① $\dfrac{5}{54}$ ② $\dfrac{4}{27}$ ③ $\dfrac{7}{27}$ ④ $\dfrac{10}{27}$ ⑤ $\dfrac{25}{54}$

09 대표 문제

다음은 $A(g)$와 $B(g)$가 반응하여 $C(g)$와 $D(s)$를 생성하는 반응의 화학 반응식이다.

$$A(g) + 2B(g) \longrightarrow 2C(g) + 3D(s)$$

그림 (가)는 실린더에 전체 기체의 질량이 w g이 되도록 $A(g)$와 $B(g)$를 넣은 것을, (나)는 (가)의 실린더에서 일부가 반응한 것을, (다)는 (나)의 실린더에서 반응을 완결시킨 것을 나타낸 것이다. 실린더 속 전체 기체의 부피비는 (나) : (다)$=11 : 10$이고, $\dfrac{\text{A의 분자량}}{\text{B의 분자량}} = \dfrac{32}{17}$ 이다.

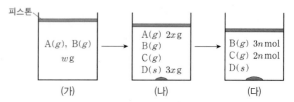

$x \times \dfrac{\text{C의 분자량}}{\text{A의 분자량}}$ 은? (단, 실린더 속 기체의 온도와 압력은 일정하다.) [3점]

① $\dfrac{1}{104}w$ ② $\dfrac{1}{64}w$ ③ $\dfrac{1}{52}w$ ④ $\dfrac{1}{13}w$ ⑤ $\dfrac{3}{26}w$

10

다음은 $C_2H_6(g)$와 $O_2(g)$가 반응하여 $CO_2(g)$와 $H_2O(l)$이 생성되는 반응의 화학 반응식이다.

$$2C_2H_6(g) + aO_2(g) \longrightarrow bCO_2(g) + 6H_2O(l)$$
$$(a, b\text{는 반응 계수})$$

그림은 실린더에 $C_2H_6(g)$와 $O_2(g)$를 넣고 반응을 완결시켰을 때, 반응 전과 후 실린더에 존재하는 모든 물질을 나타낸 것이다. 실린더 속 기체의 부피비는 반응 전 : 반응 후$=9 : V$이다.

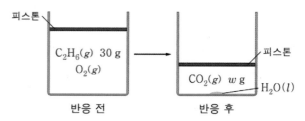

$\dfrac{w}{V}$ 는? (단, H, C, O의 원자량은 각각 1, 12, 16이고, 실린더 속 기체의 온도와 압력은 일정하다.) [3점]

① $\dfrac{11}{4}$ ② $\dfrac{11}{2}$ ③ 11 ④ 22 ⑤ 44

11

다음은 $A(g)$와 $B(g)$가 반응하여 $C(g)$를 생성하는 반응의 화학 반응식이다.

$$2A(g) + B(g) \longrightarrow 2C(g)$$

그림 (가)는 t ℃, 1기압에서 실린더에 $A(g)$와 $B(g)$를 넣은 것을, (나)는 (가)의 실린더에서 반응을 완결시킨 것을, (다)는 (나)의 실린더에 $A(g)$를 추가하여 반응을 완결시킨 것을 나타낸 것이다. (가)와 (나)에서 실린더 속 전체 기체의 밀도(g/L)는 각각 $\dfrac{3w}{4}$, w이다.

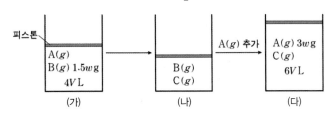

$V \times \dfrac{A의\ 분자량}{C의\ 분자량}$ 은? (단, 실린더 속 기체의 온도와 압력은 일정하다.)

[3점]

① $\dfrac{6}{5}$ ② $\dfrac{8}{5}$ ③ 2   ④ $\dfrac{12}{5}$ ⑤ 4

12 대표 문제

다음은 $A(g)$와 $B(g)$가 반응하여 $C(g)$를 생성하는 화학 반응식이다. 분자량은 A가 B의 2배이다.

$$aA(g) + B(g) \longrightarrow aC(g) \ (a는\ 반응\ 계수)$$

그림은 $A(g)$ V L가 들어 있는 실린더에 $B(g)$를 넣어 반응을 완결시켰을 때, 넣어 준 $B(g)$의 질량에 따른 반응 후 전체 기체의 밀도를 나타낸 것이다. P에서 실린더의 부피는 $2.5V$ L이다.

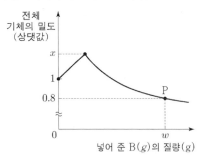

$a \times x$는? (단, 기체의 온도와 압력은 일정하다.)

① $\dfrac{3}{2}$ ② $\dfrac{5}{2}$ ③ $\dfrac{7}{2}$ ④ $\dfrac{15}{4}$ ⑤ $\dfrac{25}{4}$

13

다음은 A와 B가 반응하여 C를 생성하는 화학 반응식이다.

$$A + bB \longrightarrow cC \ (b, c는\ 반응\ 계수)$$

그림은 m몰의 B가 들어 있는 용기에 A를 넣어 반응을 완결시켰을 때, 넣어 준 A의 양(mol)에 따른 반응 후 $\dfrac{전체\ 물질의\ 양(mol)}{C의\ 양(mol)}$을 나타낸 것이다.

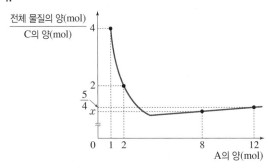

$m \times x$는? [3점]

① 36   ② 33   ③ 32   ④ 30   ⑤ 27

14

다음은 기체 A와 B로부터 기체 C와 D가 생성되는 반응의 화학 반응식이다. b, d는 반응 계수이며, 자연수이다.

$$A(g) + bB(g) \longrightarrow C(g) + dD(g)$$

그림은 A $3w$ g이 들어 있는 용기에 B를 넣어 반응을 완결시켰을 때, 넣어 준 B의 질량에 따른 $\dfrac{\text{㉠의 양(mol)}}{\text{전체 물질의 양(mol)}}$ 을 나타낸 것이다. ㉠은 C, D 중 하나이다.

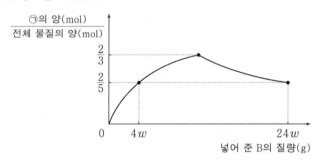

$b \times \dfrac{\text{B의 분자량}}{\text{A의 분자량}}$ 은? [3점]

① $\dfrac{1}{4}$ ② $\dfrac{1}{2}$ ③ 1 ④ 2 ⑤ 4

15

다음은 A(g)와 B(s)가 반응하여 C(s)를 생성하는 화학 반응식이다.

$$A(g) + 2B(s) \longrightarrow cC(s) \ (c\text{는 반응 계수})$$

그림은 V L의 A(g)가 들어 있는 실린더에 B(s)를 넣어 반응을 완결시켰을 때, 넣어 준 B(s)의 양(mol)에 따른 반응 후 남은 A(g)의 부피(L)와 생성된 C(s)의 양(mol)의 곱을 나타낸 것이다.

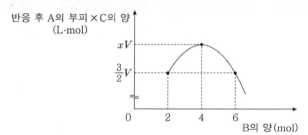

$c \times x$는? (단, 온도와 압력은 일정하다.) [3점]

① $\dfrac{5}{3}$ ② 2 ③ $\dfrac{5}{2}$ ④ 4 ⑤ 6

16

다음은 $A(g)$와 $B(g)$가 반응하여 $C(g)$가 생성되는 반응의 화학 반응식이다.

$$A(g) + bB(g) \longrightarrow cC(g) \ (b, c\text{는 반응 계수})$$

그림은 $A(g)$ $8w$ g이 들어 있는 실린더에 $B(g)$를 넣어 반응을 완결시켰을 때, 넣어 준 $B(g)$의 질량에 따른 전체 기체의 $\dfrac{1}{\text{밀도}}$을 나타낸 것이다.

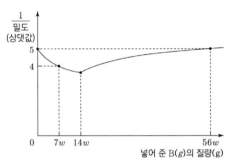

이에 대한 설명으로 옳은 것만을 〈보기〉에서 있는 대로 고른 것은? (단, 실린더 속 기체의 온도와 압력은 일정하다.) [3점]

〈 보기 〉

ㄱ. $c=2$이다.

ㄴ. $\dfrac{\text{A의 분자량}}{\text{B의 분자량}} = \dfrac{8}{7}$이다.

ㄷ. $A(g)$ $24w$ g과 $B(g)$ $21w$ g을 완전히 반응시켰을 때, 반응 후 $\dfrac{\text{C의 양(mol)}}{\text{전체 기체의 양(mol)}} = \dfrac{2}{3}$이다.

① ㄱ　　② ㄴ　　③ ㄱ, ㄷ　　④ ㄴ, ㄷ　　⑤ ㄱ, ㄴ, ㄷ

17

다음은 $A(g)$로부터 $B(g)$와 $C(g)$가 생성되는 반응의 화학 반응식이다.

$$2A(g) \longrightarrow 2B(g) + C(g)$$

그림 (가)는 실린더에 $B(g)$를 넣은 것을, (나)는 (가)의 실린더에 $A(g)$ $10w$ g을 첨가하여 일부가 반응한 것을, (다)는 (나)의 실린더에서 반응을 완결시킨 것을 나타낸 것이다. 실린더 속 전체 기체의 부피비는 (가) : (나)$=5 : 11$이고, (가)와 (다)에서 실린더 속 전체 기체의 밀도(g/L)는 각각 d와 xd이며, $\dfrac{\text{C의 분자량}}{\text{A의 분자량}} = \dfrac{2}{5}$이다.

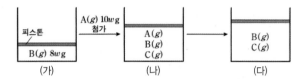

$x \times \dfrac{\text{(다)의 실린더 속 B}(g)\text{의 질량(g)}}{\text{(나)의 실린더 속 C}(g)\text{의 질량(g)}}$ 은? (단, 실린더 속 기체의 온도와 압력은 일정하다.)

① 9　　② 18　　③ 21　　④ 24　　⑤ 27

주제 학년도	**2025**	**2024**

39
2025학년도 수능 화I 10번

다음은 용액의 몰 농도에 대한 학생 A와 B의 실험이다.

[학생 A의 실험 과정]
(가) a M X(aq) 100 mL에 물을 넣어 200 mL 수용액을 만든다.
(나) (가)에서 만든 수용액 200 mL와 0.2 M X(aq) 50 mL를 혼합하여 수용액 I을 만든다.

[학생 B의 실험 과정]
(가) a M X(aq) 200 mL와 0.2 M X(aq) 50 mL를 혼합하여 수용액을 만든다.
(나) (가)에서 만든 수용액 250 mL에 물을 넣어 500 mL 수용액 II를 만든다.

[실험 결과]
○ A가 만든 I의 몰 농도(M): $8k$
○ B가 만든 II의 몰 농도(M): $7k$

$\frac{k}{a}$ 는? (단, 온도는 일정하고, 혼합 용액의 부피는 혼합 전 각 용액의 부피의 합과 같다.) [3점]

① $\frac{1}{30}$ ② $\frac{1}{15}$ ③ $\frac{1}{10}$ ④ $\frac{2}{15}$ ⑤ $\frac{1}{3}$

09
2024학년도 수능 화I 11번

표는 t ℃에서 X(aq) (가)~(다)에 대한 자료이다.

수용액	(가)	(나)	(다)
부피(L)	V_1	V_2	V_3
몰 농도(M)	0.4	0.3	0.2
용질의 질량(g)	w	$3w$	

(가)와 (다)를 혼합한 용액의 몰 농도(M)는? (단, 혼합 용액의 부피는 혼합 전 각 용액의 부피의 합과 같다.)

① $\frac{6}{25}$ ② $\frac{4}{15}$ ③ $\frac{2}{7}$ ④ $\frac{3}{10}$ ⑤ $\frac{1}{3}$

21 대표 문제
2024학년도 9월 모평 화I 13번

그림은 0.4 M A(aq) x mL와 0.2 M B(aq) 300 mL에 각각 물을 넣을 때, 넣어 준 물의 부피에 따른 각 용액의 몰 농도를 나타낸 것이다. A와 B의 화학식량은 각각 $3a$와 a이다.

이에 대한 설명으로 옳은 것만을 〈보기〉에서 있는 대로 고른 것은? (단, 온도는 일정하고, 혼합 용액의 부피는 혼합 전 용액과 넣어 준 물의 부피의 합과 같다.)

〈보기〉
ㄱ. $x=50$이다.
ㄴ. $V=80$이다.
ㄷ. 용질의 질량은 B(aq)에서가 A(aq)에서보다 크다.

① ㄱ ② ㄷ ③ ㄱ, ㄴ ④ ㄱ, ㄷ ⑤ ㄴ, ㄷ

빈출
몰 농도 계산

22
2025학년도 9월 모평 화I 16번

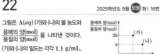

그림은 A(aq) (가)와 (나)의 몰 농도와 $\frac{\text{용매의 양(mol)}}{\text{용질의 양(mol)}}$ 을 나타낸 것이다.

(가)와 (나)의 밀도는 각각 1.1 g/mL, 1.2 g/mL이다.

a는? (단, A의 화학식량은 40이다.) [3점]

① $\frac{5}{7}$ ② $\frac{5}{4}$ ③ $\frac{17}{8}$ ④ $\frac{17}{6}$ ⑤ $\frac{19}{6}$

08 대표 문제
2024학년도 6월 모평 화I 12번

표는 t ℃에서 A(aq)과 B(aq)에 대한 자료이다. A와 B의 화학식량은 각각 $3a$와 a이다.

수용액	몰 농도(M)	용질의 질량(g)	용액의 질량(g)	용액의 밀도(g/mL)
A(aq)	x	w_1	$2w_2$	d_A
B(aq)	y	$2w_1$	w_2	d_B

$\frac{x}{y}$ 는? [3점]

① $\frac{d_A}{12d_B}$ ② $\frac{d_A}{4d_B}$ ③ $\frac{3d_A}{4d_B}$ ④ $\frac{d_B}{12d_A}$ ⑤ $\frac{4d_B}{3d_A}$

38 대표 문제
2025학년도 6월 모평 화I 13번

다음은 A(aq)을 만드는 실험이다.

[자료]
○ t ℃에서 a M A(aq)의 밀도: d g/mL

[실험 과정]
(가) t ℃에서 A(s) 10 g을 모두 물에 녹여 A(aq) 100 mL를 만든다.
(나) (가)에서 만든 A(aq) 50 mL에 물을 넣어 a M A(aq) 250 mL를 만든다.
(다) (나)에서 만든 A(aq) w g에 A(s) 18 g을 모두 녹이고 물을 넣어 $2a$ M A(aq) 500 mL를 만든다.

빈출
표준 용액 만들기

w는? (단, 온도는 t ℃로 일정하다.) [3점]

① $50d$ ② $75d$ ③ $100d$ ④ $125d$ ⑤ $150d$

2023

2022 ~ 2019

---

35 [대표] 문제   2023학년도 수능 화Ⅰ 9번

다음은 A(l)를 이용한 실험이다.

[실험 과정]
(가) 25 ℃에서 밀도가 d_1 g/mL인 A(l)를 준비한다.
(나) (가)의 A(l) 10 mL를 취하여 부피 플라스크에 넣고 물과 혼합하여 수용액 Ⅰ 100 mL를 만든다.
(다) (가)의 A(l) 10 mL를 취하여 비커에 넣고 물과 혼합하여 수용액 Ⅱ 100 g을 만든 후 밀도를 측정한다.

[실험 결과]
○ Ⅰ의 몰 농도: x M
○ Ⅱ의 밀도 및 몰 농도: d_2 g/mL, y M

$\dfrac{y}{x}$ 는? (단, A의 분자량은 a이고, 온도는 25 ℃로 일정하다.)

① d_1 ② $\dfrac{d_2}{d_1}$ ③ d_2 ④ $\dfrac{10}{d_1}$ ⑤ $\dfrac{10}{d_2}$

---

20   2022학년도 수능 화Ⅰ 15번

그림은 A(s) x g을 모두 물에 녹여 10 mL로 만든 0.3 M A(aq)에 a M A(aq)을 넣었을 때, 넣어 준 a M A(aq)의 부피에 따른 혼합된 A(aq)의 몰 농도(M)를 나타낸 것이다. A의 화학식량은 180이다.

$\dfrac{x}{a}$ 는? (단, 온도는 일정하며, 혼합 용액의 부피는 혼합 전 각 용액의 부피의 합과 같다.)

① $\dfrac{7}{3}$ ② $\dfrac{7}{2}$ ③ $\dfrac{9}{2}$ ④ $\dfrac{27}{4}$ ⑤ $\dfrac{27}{2}$

---

06   2022학년도 6월 모평 화Ⅰ 12번

다음은 A(aq)에 관한 실험이다.

[실험 과정]
(가) 1 M A(aq)을 준비한다.
(나) (가)의 A(aq) x mL를 취하여 100 mL 부피 플라스크에 모두 넣는다.
(다) (나)의 부피 플라스크에 표시된 눈금선까지 물을 넣고 섞어 수용액 Ⅰ을 만든다.
(라) (가)의 A(aq) y mL를 취하여 250 mL 부피 플라스크에 모두 넣는다.
(마) (라)의 부피 플라스크에 표시된 눈금선까지 물을 넣고 섞어 수용액 Ⅱ를 만든다.

[실험 결과 및 자료]
○ $x + y = 70$이다.
○ Ⅰ과 Ⅱ의 몰 농도는 모두 a M이다.

이에 대한 설명으로 옳은 것만을 〈보기〉에서 있는 대로 고른 것은? (단, 온도는 25 ℃로 일정하다.) [3점]

〈보기〉
ㄱ. $x = 20$이다.
ㄴ. $a = 0.1$이다.
ㄷ. Ⅰ과 Ⅱ를 모두 혼합한 수용액에 포함된 A의 양은 0.07 mol이다.

① ㄱ   ② ㄴ   ③ ㄱ, ㄷ   ④ ㄴ, ㄷ   ⑤ ㄱ, ㄴ, ㄷ

---

03   2021학년도 수능 화Ⅰ 13번

다음은 수산화 나트륨 수용액(NaOH(aq))에 관한 실험이다.

(가) 2 M NaOH(aq) 300 mL에 물을 넣어 1.5 M NaOH(aq) x mL를 만든다.
(나) 2 M NaOH(aq) 200 mL에 NaOH(s) y g을 넣어 2.5 M NaOH(aq) 400 mL를 만든다.
(다) (가)에서 만든 수용액과 (나)에서 만든 수용액을 모두 혼합하여 z M NaOH(aq)을 만든다.

$\dfrac{y \times z}{x}$ 는? (단, NaOH의 화학식량은 40이고, 온도는 일정하며, 혼합 용액의 부피는 혼합 전 용액의 부피의 합과 같다.) [3점]

① $\dfrac{12}{25}$ ② $\dfrac{9}{25}$ ③ $\dfrac{6}{25}$ ④ $\dfrac{3}{25}$ ⑤ $\dfrac{1}{25}$

---

18   2023학년도 9월 모평 화Ⅰ 12번

그림은 a M X(aq)에 ⑦~ⓒ을 순서대로 추가하여 수용액 (가)~(다)를 만드는 과정을 나타낸 것이다. ⑦~ⓒ은 각각 $H_2O(l)$, 3a M X(aq), 5a M X(aq) 중 하나이고, 수용액에 포함된 X의 질량비는 (나) : (다) = 2 : 3이다.

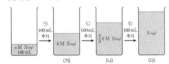

ⓒ과 b로 옳은 것은? (단, 온도는 일정하고, 혼합 용액의 부피는 혼합 전 각 용액의 부피의 합과 같다.)

	ⓒ	b		ⓒ	b
①	$H_2O(l)$	2a	②	3a M X(aq)	2a
③	3a M X(aq)	3a	④	5a M X(aq)	2a
⑤	5a M X(aq)	3a			

---

16   2020학년도 수능 화Ⅰ 6번

그림은 포도당($C_6H_{12}O_6$) 수용액을 나타낸 것이다. 이 수용액에 X를 a g 추가한 후 평형에 도달한 수용액의 농도는 18 %이다. X는 $C_6H_{12}O_6(s)$과 $H_2O(l)$ 중 하나이다. X와 a는? (단, $C_6H_{12}O_6$의 분자량은 180이다.) [3점]

	X	a		X	a
①	$H_2O(l)$	40	②	$H_2O(l)$	60
③	$C_6H_{12}O_6(s)$	20	④	$C_6H_{12}O_6(s)$	40
⑤	$C_6H_{12}O_6(s)$	60			

---

14   2020학년도 9월 모평 화Ⅰ 16번

다음은 NaOH(aq)에 대한 실험이다.

(가) 10 % NaOH(aq) 60 g을 준비하였다.
(나) 밀도가 1.02 g/mL인 0.5 M NaOH(aq) 100 mL를 준비하였다.
(다) (가)와 (나)의 수용액을 모두 혼합한 후, 증류수 x mL를 추가하여 밀도가 1.05 g/mL인 1.2 M NaOH(aq)를 만들었다.

x는? (단, NaOH의 화학식량은 40이고, 증류수의 밀도는 1.00 g/mL이다.) [3점]

① 13   ② 15   ③ 17   ④ 19   ⑤ 21

---

15   2020학년도 6월 모평 화Ⅰ 6번

그림은 황산(H_2SO_4)이 들어 있는 시약병을 나타낸 것이다.

H₂SO₄
화학식량 98
농도(질량 %) = 98 %
밀도 = 1.8 g/mL(25℃)

시약병에서 98 % H_2SO_4 5 mL를 취한 후 증류수로 희석하여 x M $H_2SO_4(aq)$ 1 L를 만들었다.
x는? (단, 온도는 25 ℃로 일정하다.)

① 0.18   ② 0.15   ③ 0.10   ④ 0.09   ⑤ 0.05

---

36   2023학년도 6월 모평 화Ⅰ 11번

다음은 A(aq)을 만드는 실험이다.

[자료]
○ t ℃에서 a M A(aq)의 밀도: d g/mL

[실험 과정]
(가) A(s) 1 mol이 녹아 있는 100 g의 a M A(aq)을 준비한다.
(나) (가)의 A(aq) x mL와 물을 혼합하여 0.1 M A(aq) 500 mL를 만든다.
(다) (나)에서 만든 A(aq) 250 mL와 (가)의 A(aq) y mL를 혼합하고 물을 넣어 0.2 M A(aq) 500 mL를 만든다.

$x + y$는? (단, 용액의 온도는 t ℃로 일정하다.)

① $\dfrac{25}{d}$ ② $\dfrac{25}{2d}$ ③ $\dfrac{25}{3d}$ ④ $\dfrac{25}{4d}$ ⑤ $\dfrac{5}{d}$

---

31   2022학년도 9월 모평 화Ⅰ 15번

다음은 A(aq)을 만드는 실험이다. A의 화학식량은 a이다.

(가) A(s) x g을 모두 물에 녹여 A(aq) 500 mL를 만든다.
(나) (가)에서 만든 A(aq) 100 mL에 A(s) $\dfrac{x}{2}$ g을 모두 녹이고 물을 넣어 A(aq) 500 mL를 만든다.
(다) (가)에서 만든 A(aq) 50 mL와 (나)에서 만든 A(aq) 200 mL를 혼합하고 물을 넣어 0.2 M A(aq) 500 mL를 만든다.

x는? (단, 온도는 일정하다.) [3점]

① $\dfrac{1}{19}a$ ② $\dfrac{2}{19}a$ ③ $\dfrac{3}{19}a$ ④ $\dfrac{4}{19}a$ ⑤ $\dfrac{5}{19}a$

---

28   2021학년도 9월 모평 화Ⅰ 12번

다음은 0.3 M A 수용액을 만드는 실험이다.

(가) 소량의 물에 고체 A x g을 모두 녹인다.
(나) 250 mL 부피 플라스크에 (가)의 수용액을 넣고 표시된 눈금선까지 물을 넣고 섞는다.
(다) (나)의 수용액 50 mL를 취하여 500 mL 부피 플라스크에 모두 넣는다.
(라) (다)의 500 mL 부피 플라스크에 표시된 눈금선까지 물을 넣고 섞어 0.3 M A 수용액을 만든다.

x는? (단, A의 화학식량은 60이고, 온도는 25 ℃로 일정하다.) [3점]

① 9   ② 18   ③ 30   ④ 45   ⑤ 60

---

25   2021학년도 6월 모평 화Ⅰ 8번

다음은 0.1 M 포도당($C_6H_{12}O_6$) 수용액을 만드는 실험 과정이다.

[실험 과정]
(가) 전자 저울을 이용하여 $C_6H_{12}O_6$ x g을 준비한다.
(나) 준비한 $C_6H_{12}O_6$ x g을 비커에 넣고 소량의 물을 부어 모두 녹인다.
(다) 250 mL ⑦ 에 (나)의 용액을 모두 넣는다.
(라) 물로 (나)의 비커에 묻어 있는 용액을 몇 번 씻어 (다)의 ⑦ 에 모두 넣고 섞는다.
(마) (라)의 ⑦ 에 표시된 눈금선까지 물을 넣고 섞는다.

이에 대한 설명으로 옳은 것만을 〈보기〉에서 있는 대로 고른 것은? (단, $C_6H_{12}O_6$의 분자량은 180이다.) [3점]

〈보기〉
ㄱ. '부피 플라스크'는 ⑦으로 적절하다.
ㄴ. $x = 9$이다.
ㄷ. (마) 과정 후의 수용액 100 mL에 들어 있는 $C_6H_{12}O_6$의 양은 0.02 mol이다.

① ㄱ   ② ㄴ   ③ ㄷ   ④ ㄱ, ㄴ   ⑤ ㄱ, ㄷ

01

2021학년도 3월 학평 화Ⅰ 13번

표는 포도당 수용액 (가)와 (나)에 대한 자료이다.

수용액	(가)	(나)
부피(mL)	20	30
단위 부피당 포도당 분자 모형	★	★★★★★★

(가)와 (나)를 모두 혼합하고 물을 추가하여 용액의 부피가 100 mL가 되도록 만든 수용액의 단위 부피당 포도당 분자 모형으로 옳은 것은? (단, 온도는 일정하다.) [3점]

①  ② ③

④  ⑤

02

2020학년도 3월 학평 화Ⅰ 15번

그림은 포도당 수용액 (가)~(다)를 나타낸 것이다.

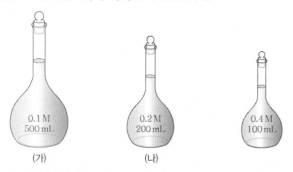

이에 대한 옳은 설명만을 〈보기〉에서 있는 대로 고른 것은? (단, 포도당의 분자량은 180이고, 수용액의 온도는 일정하다.)

〈 보기 〉
ㄱ. (가)에 녹아 있는 포도당의 질량은 9 g이다.
ㄴ. 수용액에 녹아 있는 포도당의 양(mol)은 (나)와 (다)가 같다.
ㄷ. (나)와 (다)를 혼합한 후 증류수를 가해 전체 부피를 500 mL 로 만든 수용액의 몰 농도는 0.08 M이다.

① ㄱ　　② ㄷ　　③ ㄱ, ㄴ　　④ ㄴ, ㄷ　　⑤ ㄱ, ㄴ, ㄷ

03

2021학년도 수능 화Ⅰ 13번

다음은 수산화 나트륨 수용액(NaOH(aq))에 관한 실험이다.

(가) 2 M NaOH(aq) 300 mL에 물을 넣어 1.5 M NaOH(aq) x mL를 만든다.
(나) 2 M NaOH(aq) 200 mL에 NaOH(s) y g과 물을 넣어 2.5 M NaOH(aq) 400 mL를 만든다.
(다) (가)에서 만든 수용액과 (나)에서 만든 수용액을 모두 혼합하여 z M NaOH(aq)을 만든다.

$\dfrac{y \times z}{x}$는? (단, NaOH의 화학식량은 40이고, 온도는 일정하며, 혼합 용액의 부피는 혼합 전 각 용액의 부피의 합과 같다.) [3점]

① $\dfrac{12}{25}$　② $\dfrac{9}{25}$　③ $\dfrac{6}{25}$　④ $\dfrac{3}{25}$　⑤ $\dfrac{1}{25}$

04

2022학년도 7월 학평 화Ⅰ 8번

다음은 a M NaOH(aq)을 만드는 2가지 방법을 나타낸 것이다. NaOH의 화학식량은 40이다.

○ NaOH(s) 2 g을 소량의 물에 모두 녹인 후 500 mL 부피 플라스크에 모두 넣고 표선까지 물을 가하여 a M NaOH(aq)을 만든다.

○ 2 M NaOH(aq) V mL를 200 mL 부피 플라스크에 넣고 표선까지 물을 가하여 a M NaOH(aq)을 만든다.

$a \times V$는? (단, 온도는 일정하다.)

① 1　　② 2　　③ 4　　④ 6　　⑤ 8

05
2021학년도 7월 학평 화I 11번

다음은 NaOH(s) 4 g을 이용하여 2가지 농도의 NaOH(aq)을 만드는 실험이다. ㉠과 ㉡은 각각 250 mL, 500 mL 중 하나이다.

(가) 소량의 물에 NaOH(s) w g을 녹인 후 ㉠ 부피 플라스크에 넣고 표시된 눈금선까지 물을 넣고 섞어 0.3M NaOH(aq)을 만든다.

(나) 소량의 물에 (가)에서 사용하고 남은 NaOH(s)을 모두 녹인 후 ㉡ 부피 플라스크에 넣고 표시된 눈금선까지 물을 넣고 섞어 a M NaOH(aq)을 만든다.

이에 대한 설명으로 옳은 것만을 〈보기〉에서 있는 대로 고른 것은? (단, NaOH의 화학식량은 40이다.) [3점]

〈 보기 〉
ㄱ. w=3이다.
ㄴ. ㉡은 500 mL이다.
ㄷ. a=0.05이다.

① ㄱ ② ㄷ ③ ㄱ, ㄴ ④ ㄴ, ㄷ ⑤ ㄱ, ㄴ, ㄷ

06
2022학년도 6월 모평 화I 12번

다음은 A(aq)에 관한 실험이다.

[실험 과정]
(가) 1 M A(aq)을 준비한다.
(나) (가)의 A(aq) x mL를 취하여 100 mL 부피 플라스크에 모두 넣는다.
(다) (나)의 부피 플라스크에 표시된 눈금선까지 물을 넣고 섞어 수용액 I을 만든다.
(라) (가)의 A(aq) y mL를 취하여 250 mL 부피 플라스크에 모두 넣는다.
(마) (라)의 부피 플라스크에 표시된 눈금선까지 물을 넣고 섞어 수용액 II를 만든다.

[실험 결과 및 자료]
○ $x+y$=70이다.
○ I과 II의 몰 농도는 모두 a M이다.

이에 대한 설명으로 옳은 것만을 〈보기〉에서 있는 대로 고른 것은? (단, 온도는 25 °C로 일정하다.) [3점]

〈 보기 〉
ㄱ. x=20이다.
ㄴ. a=0.1이다.
ㄷ. I과 II를 모두 혼합한 수용액에 포함된 A의 양은 0.07 mol이다.

① ㄱ ② ㄴ ③ ㄱ, ㄷ ④ ㄴ, ㄷ ⑤ ㄱ, ㄴ, ㄷ

07
2023학년도 10월 학평 화I 7번

표는 t °C에서 포도당 수용액 (가)와 (나)에 대한 자료이다.

수용액	용질의 질량(g)	부피(mL)	몰 농도(M)
(가)	w	250	1
(나)	$3w$	500	a

a는?

① $\frac{1}{3}$ ② $\frac{2}{3}$ ③ $\frac{3}{2}$ ④ 3 ⑤ 6

08 대표문제
2024학년도 6월 모평 화I 12번

표는 t °C에서 A(aq)과 B(aq)에 대한 자료이다. A와 B의 화학식량은 각각 $3a$와 a이다.

수용액	몰 농도 (M)	용질의 질량(g)	용액의 질량(g)	용액의 밀도(g/mL)
A(aq)	x	w_1	$2w_2$	d_A
B(aq)	y	$2w_1$	w_2	d_B

$\frac{x}{y}$는? [3점]

① $\frac{d_A}{12d_B}$ ② $\frac{d_A}{4d_B}$ ③ $\frac{3d_A}{4d_B}$ ④ $\frac{d_B}{12d_A}$ ⑤ $\frac{4d_B}{3d_A}$

표는 t °C에서 X(aq) (가)~(다)에 대한 자료이다.

수용액	(가)	(나)	(다)
부피(L)	V_1	V_2	V_2
몰 농도(M)	0.4	0.3	0.2
용질의 질량(g)	w	$3w$	

(가)와 (다)를 혼합한 용액의 몰 농도(M)는? (단, 혼합 용액의 부피는 혼합 전 각 용액의 부피의 합과 같다.)

① $\dfrac{6}{25}$ ② $\dfrac{4}{15}$ ③ $\dfrac{2}{7}$ ④ $\dfrac{3}{10}$ ⑤ $\dfrac{1}{3}$

표는 t °C에서 A(aq)과 B(aq)에 대한 자료이다. A와 B의 화학식량은 각각 $2a$와 $3a$이다.

수용액	몰 농도(M)	부피(L)	용질의 질량(g)
A(aq)	0.2	V	x
B(aq)	0.05	$2V$	$3w$

x는?

① $\dfrac{1}{4}w$ ② $\dfrac{1}{2}w$ ③ $2w$ ④ $4w$ ⑤ $8w$

표는 t °C에서 수용액 (가)~(다)에 대한 자료이다.

수용액	(가)	(나)	(다)
용질	X	Y	Y
용질의 질량(g)	$\dfrac{1}{3}w$	w	$2w$
부피(L)	0.25	0.25	V
몰 농도(M)	a	a	0.1

$\dfrac{\text{Y의 분자량}}{\text{X의 분자량}} \times \dfrac{a}{V}$ 는? [3점]

① $\dfrac{1}{15}$ ② $\dfrac{2}{15}$ ③ $\dfrac{1}{5}$ ④ $\dfrac{2}{5}$ ⑤ $\dfrac{3}{5}$

표는 A 수용액 (가), (나)에 대한 자료이다. A의 화학식량은 100이고, (가)의 밀도는 d g/mL이다.

수용액	물의 질량(g)	A의 질량(g)	농도(%)
(가)	60	a	$3b$
(나)	200	$2a$	$2b$

(가)의 몰 농도(M)는? [3점]

① $\dfrac{1}{600}d$ ② $\dfrac{1}{400}d$ ③ $\dfrac{5}{3}d$ ④ $\dfrac{5}{2}d$ ⑤ $\dfrac{15}{2}d$

13

그림은 용질 A를 녹인 수용액 (가)와 (나)를 혼합한 후 물을 추가하여 수용액 (다)를 만드는 과정을 나타낸 것이다. A의 화학식량은 60이다.

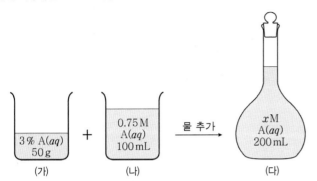

이에 대한 옳은 설명만을 〈보기〉에서 있는 대로 고른 것은? [3점]

〈 보기 〉
ㄱ. (가)에 들어 있는 A의 양은 0.025 mol이다.
ㄴ. (나)에 들어 있는 A의 질량은 4.5 g이다.
ㄷ. $x = 0.5$이다.

① ㄱ ② ㄴ ③ ㄱ, ㄷ ④ ㄴ, ㄷ ⑤ ㄱ, ㄴ, ㄷ

15

그림은 황산(H_2SO_4)이 들어 있는 시약병을 나타낸 것이다.

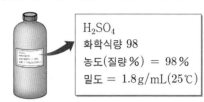

H_2SO_4
화학식량 98
농도(질량%) = 98%
밀도 = 1.8 g/mL(25℃)

시약병에서 98% H_2SO_4 5 mL를 취한 후 증류수로 희석하여 x M $H_2SO_4(aq)$ 1 L를 만들었다.
x는? (단, 온도는 25 ℃로 일정하다.)

① 0.18 ② 0.15 ③ 0.10 ④ 0.09 ⑤ 0.05

14

다음은 NaOH(aq)에 대한 실험이다.

(가) 10% NaOH(aq) 60 g을 준비하였다.
(나) 밀도가 1.02 g/mL인 0.5 M NaOH(aq) 100 mL를 준비하였다.
(다) (가)와 (나)의 수용액을 모두 혼합한 후, 증류수 x mL를 추가하여 밀도가 1.05 g/mL인 1.2 M NaOH(aq)을 만들었다.

x는? (단, NaOH의 화학식량은 40이고, 증류수의 밀도는 1.00 g/mL이다.) [3점]

① 13 ② 15 ③ 17 ④ 19 ⑤ 21

16

그림은 포도당($C_6H_{12}O_6$) 수용액을 나타낸 것이다. 이 수용액에 X를 a g 추가한 후 평형에 도달한 수용액의 농도는 18%이다. X는 $C_6H_{12}O_6(s)$과 $H_2O(l)$ 중 하나이다.
X와 a는? (단, $C_6H_{12}O_6$의 분자량은 180이다.)

1.2 M $C_6H_{12}O_6(aq)$
0.5 L
밀도 = 1.08 g/mL

[3점]

	X	a		X	a
①	$H_2O(l)$	40	②	$H_2O(l)$	60
③	$C_6H_{12}O_6(s)$	20	④	$C_6H_{12}O_6(s)$	40
⑤	$C_6H_{12}O_6(s)$	60			

6
일차

17

그림은 0.1 M A(aq) 100 mL에 서로 다른 부피의 a M A(aq)을 추가하여 수용액 (가)와 (나)를 만드는 과정을 나타낸 것이다.

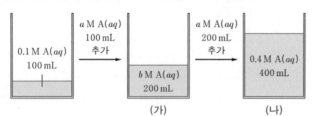

$\dfrac{b}{a}$는? [3점]

① $\dfrac{1}{3}$ ② $\dfrac{1}{2}$ ③ $\dfrac{3}{5}$ ④ $\dfrac{2}{3}$ ⑤ $\dfrac{3}{4}$

18

그림은 a M X(aq)에 ㉠~㉢을 순서대로 추가하여 수용액 (가)~(다)를 만드는 과정을 나타낸 것이다. ㉠~㉢은 각각 H$_2$O(l), $3a$ M X(aq), $5a$ M X(aq) 중 하나이고, 수용액에 포함된 X의 질량비는 (나) : (다)＝2 : 3이다.

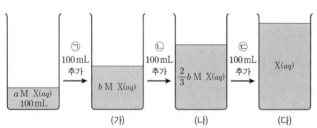

㉢과 b로 옳은 것은? (단, 온도는 일정하고, 혼합 용액의 부피는 혼합 전 각 용액의 부피의 합과 같다.)

	㉢	b		㉢	b
①	H$_2$O(l)	$2a$	②	$3a$ M X(aq)	$2a$
③	$3a$ M X(aq)	$3a$	④	$5a$ M X(aq)	$2a$
⑤	$5a$ M X(aq)	$3a$			

19

그림은 0.3 M A(aq) V mL에 물질 (가)와 (나)를 순서대로 넣었을 때, A(aq)의 전체 부피에 따른 혼합된 A(aq)의 몰 농도(M)를 나타낸 것이다. (가)와 (나)는 H$_2$O(l)과 x M A(aq)을 순서 없이 나타낸 것이다.

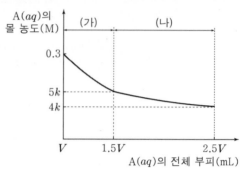

(가)와 x로 옳은 것은? (단, 온도는 일정하고, 혼합 용액의 부피는 혼합 전 물 또는 용액의 부피의 합과 같다.) [3점]

	(가)	x		(가)	x
①	H$_2$O(l)	0.1	②	x M A(aq)	0.1
③	H$_2$O(l)	0.2	④	x M A(aq)	0.2
⑤	H$_2$O(l)	0.3			

20

그림은 A(s) x g을 모두 물에 녹여 10 mL로 만든 0.3 M A(aq)에 a M A(aq)을 넣었을 때, 넣어 준 a M A(aq)의 부피에 따른 혼합된 A(aq)의 몰 농도(M)를 나타낸 것이다. A의 화학식량은 180이다.

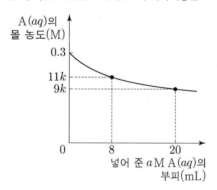

$\dfrac{x}{a}$는? (단, 온도는 일정하며, 혼합 용액의 부피는 혼합 전 각 용액의 부피의 합과 같다.)

① $\dfrac{7}{3}$ ② $\dfrac{7}{2}$ ③ $\dfrac{9}{2}$ ④ $\dfrac{27}{4}$ ⑤ $\dfrac{27}{2}$

그림은 $0.4\ M\ A(aq)\ x\ mL$와 $0.2\ M\ B(aq)\ 300\ mL$에 각각 물을 넣을 때, 넣어 준 물의 부피에 따른 각 용액의 몰 농도를 나타낸 것이다. A와 B의 화학식량은 각각 $3a$와 a이다.

이에 대한 설명으로 옳은 것만을 〈보기〉에서 있는 대로 고른 것은? (단, 온도는 일정하고, 혼합 용액의 부피는 혼합 전 용액과 넣어 준 물의 부피의 합과 같다.)

〈 보기 〉
ㄱ. $x = 50$이다.
ㄴ. $V = 80$이다.
ㄷ. 용질의 질량은 $B(aq)$에서가 $A(aq)$에서보다 크다.

① ㄱ   ② ㄷ   ③ ㄱ, ㄴ   ④ ㄱ, ㄷ   ⑤ ㄴ, ㄷ

그림은 A(aq) (가)와 (나)의 몰 농도와 $\dfrac{\text{용매의 양(mol)}}{\text{용질의 양(mol)}}$ 을 나타낸 것이다.

(가)와 (나)의 밀도는 각각 $1.1\ g/mL$, $1.2\ g/mL$이다.

a는? (단, A의 화학식량은 40이다.) [3점]

① $\dfrac{5}{7}$ ② $\dfrac{5}{4}$ ③ $\dfrac{17}{8}$ ④ $\dfrac{17}{6}$ ⑤ $\dfrac{19}{6}$

다음은 $0.1\ M$ 포도당 수용액을 만드는 과정에 대한 원격 수업 장면의 일부이다.

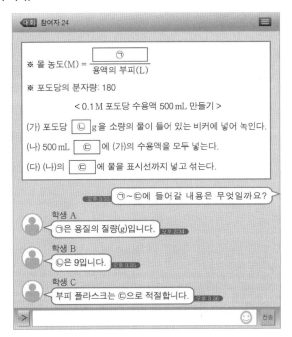

제시한 내용이 옳은 학생만을 있는 대로 고른 것은?

① A   ② B   ③ C   ④ A, B   ⑤ B, C

다음은 수산화 나트륨(NaOH) 수용액을 만드는 실험이다.

[실험 과정]
(가) $NaOH(s)\ w\ g$을 물 $100\ mL$에 모두 녹인다.
(나) (가)의 수용액을 모두 $V\ mL$ 부피 플라스크에 넣고 표시선까지 물을 넣는다.

[실험 결과]
○ (나)에서 만든 $NaOH(aq)$의 몰 농도는 $a\ M$이다.

V는? (단, NaOH의 화학식량은 40이다.)

① $\dfrac{w}{40a}$ ② $\dfrac{w}{4a}$ ③ $\dfrac{10w}{a}$ ④ $\dfrac{25w}{a}$ ⑤ $\dfrac{40w}{a}$

25

다음은 0.1 M 포도당($C_6H_{12}O_6$) 수용액을 만드는 실험 과정이다.

[실험 과정]

(가) 전자 저울을 이용하여 $C_6H_{12}O_6$ x g을 준비한다.

(나) 준비한 $C_6H_{12}O_6$ x g을 비커에 넣고 소량의 물을 부어 모두 녹인다.

(다) 250 mL ⬜️㉠ 에 (나)의 용액을 모두 넣는다.

(라) 물로 (나)의 비커에 묻어 있는 용액을 몇 번 씻어 (다)의 ⬜️㉠ 에 모두 넣고 섞는다.

(마) (라)의 ⬜️㉠ 에 표시된 눈금선까지 물을 넣고 섞는다.

이에 대한 설명으로 옳은 것만을 〈보기〉에서 있는 대로 고른 것은? (단, $C_6H_{12}O_6$의 분자량은 180이다.) [3점]

〈 보기 〉

ㄱ. '부피 플라스크'는 ㉠으로 적절하다.

ㄴ. $x = 9$이다.

ㄷ. (마) 과정 후의 수용액 100 mL에 들어 있는 $C_6H_{12}O_6$의 양은 0.02 mol이다.

① ㄱ   ② ㄴ   ③ ㄷ   ④ ㄱ, ㄴ   ⑤ ㄱ, ㄷ

26

다음은 A(aq)에 대한 실험이다. A의 화학식량은 100이다.

[실험 과정 및 결과]

250 mL 부피 플라스크에 x M A(aq) 100 mL와 A(s) 4 g을 넣어 녹인 후, 표시선까지 물을 추가하여 0.2 M A(aq)을 만들었다.

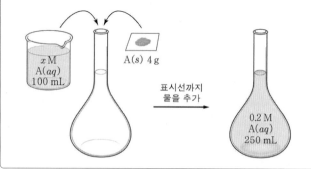

x는?

① 0.1   ② 0.2   ③ 0.3   ④ 0.4   ⑤ 0.5

27

그림은 a M NaOH(aq) 250 mL에 NaOH(s) 5 g을 넣어 녹인 후, 물을 추가하여 0.3 M NaOH(aq) 500 mL를 만드는 과정을 나타낸 것이다.

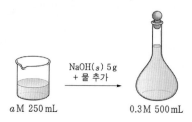

a는? (단, NaOH의 화학식량은 40이다.)

① 0.05   ② 0.1   ③ 0.15   ④ 0.4   ⑤ 0.6

28

다음은 0.3 M A 수용액을 만드는 실험이다.

(가) 소량의 물에 고체 A x g을 모두 녹인다.

(나) 250 mL 부피 플라스크에 (가)의 수용액을 모두 넣고 표시된 눈금선까지 물을 넣고 섞는다.

(다) (나)의 수용액 50 mL를 취하여 500 mL 부피 플라스크에 모두 넣는다.

(라) (다)의 500 mL 부피 플라스크에 표시된 눈금선까지 물을 넣고 섞어 0.3 M A 수용액을 만든다.

x는? (단, A의 화학식량은 60이고, 온도는 25 °C로 일정하다.) [3점]

① 9   ② 18   ③ 30   ④ 45   ⑤ 60

29

다음은 **0.06 M A(aq)**을 만드는 실험이다.

[실험 과정]
(가) A(s) w g을 소량의 증류수가 들어 있는 비커에 녹인다.
(나) (가)의 수용액을 100 mL 부피 플라스크에 모두 넣은 후 표시선까지 증류수를 가하여 1.5 M A(aq)을 만든다.
(다) (나)의 수용액 V mL를 취하여 500 mL 부피 플라스크에 넣은 후 표시선까지 증류수를 가하여 0.06 M A(aq)을 만든다.

$\dfrac{w}{V}$는? (단, A의 화학식량은 40이고, 온도는 일정하다.) [3점]

① $\dfrac{1}{5}$　　② $\dfrac{3}{10}$　　③ $\dfrac{2}{5}$　　④ $\dfrac{3}{2}$　　⑤ 3

31

다음은 A(aq)을 만드는 실험이다. A의 화학식량은 a이다.

(가) A(s) x g을 모두 물에 녹여 A(aq) 500 mL를 만든다.
(나) (가)에서 만든 A(aq) 100 mL에 A(s) $\dfrac{x}{2}$ g을 모두 녹이고 물을 넣어 A(aq) 500 mL를 만든다.
(다) (가)에서 만든 A(aq) 50 mL와 (나)에서 만든 A(aq) 200 mL를 혼합하고 물을 넣어 0.2 M A(aq) 500 mL를 만든다.

x는? (단, 온도는 일정하다.) [3점]

① $\dfrac{1}{19}a$　　② $\dfrac{2}{19}a$　　③ $\dfrac{3}{19}a$　　④ $\dfrac{4}{19}a$　　⑤ $\dfrac{5}{19}a$

30

다음은 A(aq)을 만드는 실험이다. A의 화학식량은 40이다.

[실험 과정]
(가) A(s) w g을 모두 물에 녹여 x M A(aq) 100 mL를 만든다.
(나) x M A(aq) 20 mL를 100 mL 부피 플라스크에 넣고 표시된 눈금까지 물을 넣어 y M A(aq)을 만든다.
(다) y M A(aq) 50 mL와 0.3 M A(aq) 50 mL를 혼합하고 물을 넣어 0.1 M A(aq) 200 mL를 만든다.

w는? (단, 온도는 일정하다.) [3점]

① 2　　② 6　　③ 10　　④ 12　　⑤ 20

32

다음은 2가지 농도의 A(aq)을 만드는 실험이다. A의 화학식량은 **100**이다.

○ a M A(aq) 80 mL에 A(s) $2w$ g을 넣어 모두 녹인 후 물과 혼합하여 0.8 M A(aq) 250 mL를 만든다.
○ a M A(aq) 10 mL에 A(s) w g을 넣어 모두 녹인 후 물과 혼합하여 0.4 M A(aq) 100 mL를 만든다.

$\dfrac{w}{a}$는? (단, 온도는 일정하다.) [3점]

① $\dfrac{1}{5}$　　② $\dfrac{1}{2}$　　③ $\dfrac{4}{5}$　　④ 1　　⑤ $\dfrac{5}{2}$

33

다음은 A(aq)을 만드는 실험이다. A의 분자량은 180이다.

> (가) A(s) 36 g을 모두 물에 녹여 a M A(aq) 200 mL를 만든다.
>
> (나) (가)의 A(aq) x mL에 물을 넣어 0.2 M A(aq) 50 mL를 만든다.
>
> (다) (가)의 A(aq) y mL에 A(s) 18 g을 모두 녹이고 물을 넣어 a M A(aq) 200 mL를 만든다.

$\dfrac{y}{x}$는? (단, 온도는 일정하다.)

① 0.2   ② 0.5   ③ 2   ④ 10   ⑤ 20

34

다음은 A(aq)에 관한 실험이다. A의 화학식량은 40이다.

> (가) A(s) 4 g을 모두 물에 녹여 x M A(aq) 100 mL를 만든다.
>
> (나) x M A(aq) 25 mL에 물을 넣어 y M A(aq) 200 mL를 만든다.
>
> (다) x M A(aq) 50 mL와 y M A(aq) V mL를 혼합하고 물을 넣어 0.3 M A(aq) 200 mL를 만든다.

$\dfrac{y}{x} \times V$는? (단, 온도는 일정하다.) [3점]

① 10   ② 40   ③ 50   ④ 80   ⑤ 100

35   대표 문제

다음은 A(l)를 이용한 실험이다.

> [실험 과정]
>
> (가) 25 ℃에서 밀도가 d_1 g/mL인 A(l)를 준비한다.
>
> (나) (가)의 A(l) 10 mL를 취하여 부피 플라스크에 넣고 물과 혼합하여 수용액 Ⅰ 100 mL를 만든다.
>
> (다) (가)의 A(l) 10 mL를 취하여 비커에 넣고 물과 혼합하여 수용액 Ⅱ 100 g을 만든 후 밀도를 측정한다.
>
> [실험 결과]
>
> ○ Ⅰ의 몰 농도: x M
>
> ○ Ⅱ의 밀도 및 몰 농도: d_2 g/mL, y M

$\dfrac{y}{x}$는? (단, A의 분자량은 a이고, 온도는 25 ℃로 일정하다.)

① $\dfrac{d_1}{d_2}$ ② $\dfrac{d_2}{d_1}$ ③ d_2 ④ $\dfrac{10}{d_1}$ ⑤ $\dfrac{10}{d_2}$

36

다음은 A(aq)을 만드는 실험이다.

> [자료]
>
> ○ t ℃에서 a M A(aq)의 밀도: d g/mL
>
> [실험 과정]
>
> (가) A(s) 1 mol이 녹아 있는 100 g의 a M A(aq)을 준비한다.
>
> (나) (가)의 A(aq) x mL와 물을 혼합하여 0.1 M A(aq) 500 mL를 만든다.
>
> (다) (나)에서 만든 A(aq) 250 mL와 (가)의 A(aq) y mL를 혼합하고 물을 넣어 0.2 M A(aq) 500 mL를 만든다.

$x+y$는? (단, 용액의 온도는 t ℃로 일정하다.)

① $\dfrac{25}{d}$ ② $\dfrac{25}{2d}$ ③ $\dfrac{25}{3d}$ ④ $\dfrac{25}{4d}$ ⑤ $\dfrac{5}{d}$

37

다음은 A(aq)을 만드는 실험이다. A의 화학식량은 180이다.

> (가) 물에 A(s)를 녹여 a M A(aq) 100 mL를 만든다.
> (나) a M A(aq) 20 mL에 물을 넣어 0.06 M A(aq) 100 mL를 만든다.
> (다) (나)에서 만든 A(aq) 50 mL에 A(s) w g을 모두 녹인 후, 물을 넣어 0.04 M A(aq) 200 mL를 만든다.

$\dfrac{w}{a}$는? (단, 수용액의 온도는 t ℃로 일정하다.) [3점]

① 1   ② 2   ③ 3   ④ 4   ⑤ 5

38 대표 문제

다음은 A(aq)을 만드는 실험이다.

> [자료]
> ○ t ℃에서 a M A(aq)의 밀도: d g/mL
>
> [실험 과정]
> (가) t ℃에서 A(s) 10 g을 모두 물에 녹여 A(aq) 100 mL를 만든다.
> (나) (가)에서 만든 A(aq) 50 mL에 물을 넣어 a M A(aq) 250 mL를 만든다.
> (다) (나)에서 만든 A(aq) w g에 A(s) 18 g을 모두 녹이고 물을 넣어 $2a$ M A(aq) 500 mL를 만든다.

w는? (단, 온도는 t ℃로 일정하다.) [3점]

① $50d$ ② $75d$ ③ $100d$ ④ $125d$ ⑤ $150d$

39

다음은 용액의 몰 농도에 대한 학생 A와 B의 실험이다.

> [학생 A의 실험 과정]
> (가) a M X(aq) 100 mL에 물을 넣어 200 mL 수용액을 만든다.
> (나) (가)에서 만든 수용액 200 mL와 0.2 M X(aq) 50 mL를 혼합하여 수용액 I을 만든다.
>
> [학생 B의 실험 과정]
> (가) a M X(aq) 200 mL와 0.2 M X(aq) 50 mL를 혼합하여 수용액을 만든다.
> (나) (가)에서 만든 수용액 250 mL에 물을 넣어 500 mL 수용액 Ⅱ를 만든다.
>
> [실험 결과]
> ○ A가 만든 Ⅰ의 몰 농도(M): $8k$
> ○ B가 만든 Ⅱ의 몰 농도(M): $7k$

$\dfrac{k}{a}$는? (단, 온도는 일정하고, 혼합 용액의 부피는 혼합 전 각 용액의 부피의 합과 같다.) [3점]

① $\dfrac{1}{30}$ ② $\dfrac{1}{15}$ ③ $\dfrac{1}{10}$ ④ $\dfrac{2}{15}$ ⑤ $\dfrac{1}{3}$

주제 \ 학년도	**2025**	**2024**	**2023**

원자의 구성 입자
구성 입자로
원소를 유추 /
구성 입자와
원소를 유추
하는 경우

빈출

동위 원소와 평균 원자량
1가지 원소만
제시한 경우

42 2025학년도 수능 화I 12번

그림은 원자 A~D의 중성자수(a)와 전자 수
(b)의 차($a-b$)와 질량수를 나타낸 것이다.
A~D는 원소 X의 동위 원소이고, A~D의
중성자수 합은 96이다.
1 g의 A에 들어 있는 중성자수 / 1 g의 D에 들어 있는 중성자수 는? (단, X는
임의의 원소 기호이고, A, B, C, D의 원자량은
각각 $m-4$, $m-2$, $m+2$, $m+4$이다.) [3점]

① $\frac{6}{7}$ ② $\frac{7}{8}$ ③ $\frac{8}{7}$ ④ $\frac{6}{5}$ ⑤ $\frac{4}{3}$

13 대표문제 2024학년도 6월 화I 9번

표는 원소 X의 동위 원소에 대한 자료이다. X의 평균 원자량은
$m+\frac{1}{2}$이고, $a+b=100$이다.

동위 원소	원자량	자연계에 존재하는 비율(%)
^{a}X	m	a
$^{a+2}$X	$m+2$	b

이에 대한 설명으로 옳은 것만을 〈보기〉에 있는 대로 고른 것은? (단,
X는 임의의 원소 기호이다.)

〈보기〉
ㄱ. $a>b$이다.
ㄴ. $\dfrac{1\ g의\ ^a X에\ 들어\ 있는\ 양성자수}{1\ g의\ ^{a+2}X에\ 들어\ 있는\ 양성자수}>1$이다.
ㄷ. $\dfrac{1\ mol의\ ^a X에\ 들어\ 있는\ 전자\ 수}{1\ mol의\ ^{a+2}X에\ 들어\ 있는\ 전자\ 수}>1$이다.

① ㄱ ② ㄷ ③ ㄱ, ㄴ ④ ㄴ, ㄷ ⑤ ㄱ, ㄴ, ㄷ

빈출

동위 원소와 평균 원자량
2가지 이상
원소를
제시한 경우

36 대표문제 2025학년도 9월 화I 14번

다음은 자연계에 존재하는 원소 X와 Y에 대한 자료이다.

○ X와 Y의 동위 원소에 대한 자료와 평균 원자량

원소	X		Y	
동위 원소	$3m$X	$8m$X	$4m-3n$Y	$5m-3n$Y
원자량	$8m$	$8m+n$	$4m+3n$	$5m-3n$
존재 비율(%)	70	30	a	b
평균 원자량	$8m\frac{2}{5}$		$4m+\frac{7}{2}$	

○ XY₂의 화학식량은 134.6이고, $a+b=100$이다.

$\dfrac{a}{m+n}$는? (단, X와 Y는 임의의 동위 원소이다.)

① $\frac{25}{3}$ ② $\frac{15}{2}$ ③ $\frac{25}{4}$ ④ 5 ⑤ $\frac{25}{9}$

27 대표문제 2024학년도 수능 화I 14번

표는 원자 A~D에 대한 자료이다. A~D는 원소 X와 Y의 동위 원소
이고, A~D의 중성자수 합은 76이다. 원자 번호는 X>Y이다.

원자	중성자수－원자 번호	질량수
A	0	$m-1$
B	1	$m-2$
C	2	$m+1$
D	3	m

이에 대한 설명으로 옳은 것만을 〈보기〉에 있는 대로 고른 것은?
X와 Y는 임의의 원소 기호이고, A, B, C, D의 원자량은 각각 $m-1$,
$m-2$, $m+1$, m이다.) [3점]

〈보기〉
ㄱ. B와 D는 Y의 동위 원소이다.
ㄴ. $\dfrac{1\ g의\ C에\ 들어\ 있는\ 중성자수}{1\ g의\ A에\ 들어\ 있는\ 중성자수}=\dfrac{20}{19}$이다.
ㄷ. $\dfrac{1\ mol의\ D에\ 들어\ 있는\ 양성자수}{1\ mol의\ A에\ 들어\ 있는\ 양성자수}<1$이다.

① ㄱ ② ㄷ ③ ㄱ, ㄷ ④ ㄴ, ㄷ ⑤ ㄱ, ㄴ, ㄷ

37 2023학년도 수능 화I 15번

표는 원소 X와 Y에 대한 자료이다. $a+b=c+d=100$이다.

원소	원자 번호	동위 원소	자연계에 존재하는 비율(%)	평균 원자량
X	17	^{35}X	a	35.5
		^{37}X	b	
Y	31	^{69}Y	c	69.8
		^{71}Y	d	

이에 대한 설명으로 옳은 것만을 〈보기〉에 있는 대로 고른 것은? (단,
X와 Y는 임의의 원소 기호이고, ^{35}X, ^{37}X, ^{69}Y, ^{71}Y의 원자량은 각각
35.0, 37.0, 69.0, 71.0이다.)

〈보기〉
ㄱ. $\dfrac{d}{c}=\dfrac{2}{3}$이다.
ㄴ. $\dfrac{1\ g의\ ^{69}Y에\ 들어\ 있는\ 양성자수}{1\ g의\ ^{71}Y에\ 들어\ 있는\ 양성자수}>1$이다.
ㄷ. X₂ 1 mol에 들어 있는 ^{35}X와 ^{37}X의 존재 비율이 각각 a,
b일 때, 중성자의 양은 37 mol이다.

① ㄱ ② ㄷ ③ ㄱ, ㄴ ④ ㄴ, ㄷ ⑤ ㄱ, ㄴ, ㄷ

25 2023학년도 9월 화I 14번

다음은 실린더 (가)에 들어 있는 BF₃(g)에 대한 자료이다.

○ 자연계에서 B는 ^{10}B와 ^{11}B로만 존재하고, F은
^{19}F으로만 존재한다.
○ B와 F의 각 동위 원소의 존재 비율은 자연계
에서와 (가)에서가 같다.
○ (가)에 들어 있는 BF₃(g)의 온도, 압력, 밀도
는 각각 t °C, 1 기압, 3 g/L이다.
○ t °C, 1 기압에서 기체 1 mol의 부피는 22.6 L이다.

이에 대한 설명으로 옳은 것만을 〈보기〉에 있는 대로 고른 것은? (단,
B와 F의 원자 번호는 각각 5와 9이고, ^{10}B, ^{11}B, ^{19}F의 원자량은 각각
10.0, 11.0, 19.0이다.)

〈보기〉
ㄱ. 자연계에서 $\dfrac{^{11}B의\ 존재\ 비율}{^{10}B의\ 존재\ 비율}=5$이다.
ㄴ. B의 평균 원자량은 10.8이다.
ㄷ. (가)에 들어 있는 중성자의 양은 35.8 mol이다.

① ㄱ ② ㄷ ③ ㄱ, ㄴ ④ ㄴ, ㄷ ⑤ ㄱ, ㄴ, ㄷ

---

26 2025학년도 6월 화I 11번

그림은 실린더 (가)와 (나)에 들어 있는 t °C, 1기압의 기체를 나타낸
것이다. (가)와 (나)에 들어 있는 전체 기체의 밀도는 같다.

(나)에 들어 있는 전체 기체의 중성자 양(mol)은? (단, C, O의 원자 번
호는 각각 6, 8이고, ^{12}C, ^{16}O의 원자량은 각각 12, 16, 18이다.)

① 22 ② 23 ③ 24 ④ 25 ⑤ 26

39 대표문제 2024학년도 9월 화I 16번

다음은 자연계에 존재하는 원소 X와 Y에 대한 자료이다.

○ X와 Y의 동위 원소 존재 비율과 평균 원자량

원소	동위 원소	존재 비율(%)	평균 원자량
X	^{79}X	a	80
	^{81}X	b	
Y	^{m}Y	c	
	$^{m+2}$Y	d	

○ $a+b=c+d=100$이다.
○ XY 중 분자량이 $m+81$인 XY의 존재 비율 / Y₂ 중 분자량이 $2m+4$인 Y₂의 존재 비율(%) $=8$이다.

이에 대한 설명으로 옳은 것만을 〈보기〉에 있는 대로 고른 것은? (단,
X와 Y는 임의의 원소 기호이고, ^{79}X, ^{81}X, ^{m}Y, $^{m+2}$Y의 원자량은 각
각 79, 81, m, $m+2$이다.)

〈보기〉
ㄱ. 자연계에서 분자량이 서로 다른 XY는 3가지이다.
ㄴ. Y의 평균 원자량은 $m+1$이다.
ㄷ. 자연계에서 1 mol의 XY 중 $\dfrac{^{81}X^m Y의\ 전체\ 중성자수}{^{79}X^{m+2}Y의\ 전체\ 중성자수}=3$
이다.

① ㄱ ② ㄷ ③ ㄱ, ㄷ ④ ㄴ, ㄷ ⑤ ㄱ, ㄴ, ㄷ

29 2023학년도 6월 화I 17번

다음은 분자 XY에 대한 자료이다.

○ XY를 구성하는 원자 X와 Y에 대한 자료

원자	^{a}X	^{m}Y	$^{m+1}$Y
전자 수 중성자수 (상댓값)	5	5	4

○ ^{m}X와 ^{m}Y의 양성자수 차는 2이다.
○ $\dfrac{^a X^m Y\ 1\ mol에\ 들어\ 있는\ 전체\ 중성자수}{^{a+1}X^{m+1}Y\ 1\ mol에\ 들어\ 있는\ 전체\ 중성자수}=\dfrac{7}{8}$이다.

$\dfrac{^{m+1}Y의\ 중성자수}{^a X의\ 양성자수}$는? (단, X와 Y는 임의의 원소 기호이다.) [3점]

① $\frac{3}{5}$ ② $\frac{4}{3}$ ③ $\frac{3}{2}$ ④ $\frac{5}{3}$ ⑤ $\frac{8}{3}$

02 대표 문제   2020학년도 9월 모평 화I 4번

표는 원자 X~Z에 대한 자료이다.

원자	중성자수	질량수	전자 수
X	6	⊙	6
Y	7	13	
Z	9	17	

이에 대한 설명으로 옳은 것만을 <보기>에서 있는 대로 고른 것은? (단, X~Z는 임의의 원소 기호이다.)

―〈보기〉―
ㄱ. ⊙은 12이다.
ㄴ. Y는 X의 동위 원소이다.
ㄷ. Z^-의 전자 수는 10이다.

① ㄱ   ② ㄷ   ③ ㄱ, ㄴ   ④ ㄴ, ㄷ   ⑤ ㄱ, ㄴ, ㄷ

04 대표 문제   2019학년도 6월 모평 화I 12번

다음은 3주기 원자 A~D에 대한 자료이다. (가)와 (나)는 각각 양성자 수와 중성자 수 중 하나이고, ⊙~@은 각각 A~D 중 하나이다.

○ A는 B의 동위 원소이다.
○ C와 D의 $\dfrac{중성자수}{전자 수}$ = 1이다.
○ 질량수는 B > C > A > D이다.
○ A~D의 양성자수와 중성자수

원자	⊙	ⓒ	ⓒ	@
(가)	18	18	20	
(나)	17	18		16

이에 대한 설명으로 옳은 것만을 <보기>에서 있는 대로 고른 것은? (단, A~D는 임의의 원소 기호이다.)

―〈보기〉―
ㄱ. (가)는 중성자수이다.
ㄴ. B의 질량수는 37이다.
ㄷ. D의 원자 번호는 18이다.

① ㄱ   ② ㄷ   ③ ㄱ, ㄴ   ④ ㄴ, ㄷ   ⑤ ㄱ, ㄴ, ㄷ

14   2022학년도 6월 모평 화I 17번

다음은 용기 (가)와 (나)에 각각 들어 있는 Cl_2에 대한 자료이다.

○ (가)에는 $^{35}Cl_2$와 $^{37}Cl_2$의 혼합 기체가, (나)에는 $^{35}Cl^{37}Cl$ 기체가 들어 있다.
○ (가)와 (나)에 들어 있는 기체의 총 양은 각각 1 mol이다.

○ ^{35}Cl 원자의 양(mol)은 (가)에서가 (나)에서의 $\dfrac{3}{2}$ 배이다.

이에 대한 설명으로 옳은 것만을 <보기>에서 있는 대로 고른 것은? [3점]

―〈보기〉―
ㄱ. (가)에서 $\dfrac{^{35}Cl_2\ 분자\ 수}{^{37}Cl_2\ 분자\ 수}$ = 4이다.
ㄴ. ^{37}Cl 원자 수는 (나)에서가 (가)에서의 2배이다.
ㄷ. 중성자의 양은 (나)에서가 (가)에서보다 2 mol만큼 많다.

① ㄱ   ② ㄷ   ③ ㄱ, ㄴ   ④ ㄴ, ㄷ   ⑤ ㄱ, ㄴ, ㄷ

11   2021학년도 9월 모평 화I 16번

다음은 자연계에 존재하는 모든 X_n에 대한 자료이다.

○ X_n은 질량수가 서로 다른 (가), (나), (다)로 존재한다.
○ X_n의 분자량은 (가) > (나) > (다)이다.
○ 자연계에서 $\dfrac{(다)의\ 존재\ 비율(\%)}{(나)의\ 존재\ 비율(\%)}$ = 1.5이다.

이에 대한 설명으로 옳은 것만을 <보기>에서 있는 대로 고른 것은? (단, X는 임의의 원소 기호이다.) [3점]

―〈보기〉―
ㄱ. X의 동위 원소는 3가지이다.
ㄴ. X의 평균 원자량은 $\dfrac{(나)의\ 분자량}{2}$ 보다 크다.
ㄷ. 자연계에서 $\dfrac{(나)의\ 존재\ 비율(\%)}{(가)의\ 존재\ 비율(\%)}$ = 2이다.

① ㄱ   ② ㄴ   ③ ㄷ   ④ ㄱ, ㄴ   ⑤ ㄴ, ㄷ

10   2021학년도 6월 모평 화I 15번

다음은 원자 X의 평균 원자량을 구하기 위해 수행한 탐구 활동이다.

[탐구 과정]
(가) 자연계에 존재하는 X의 동위 원소와 각각의 원자량을 조사한다.
(나) 원자량에 따른 X의 동위 원소 존재 비율을 조사한다.
(다) X의 평균 원자량을 구한다.

[탐구 결과 및 자료]
○ X의 동위 원소

동위 원소	원자량	존재 비율(%)
^aX	A	19.9
^bX	B	80.1

○ $b > a$이다.
○ 평균 원자량은 w이다.

이에 대한 설명으로 옳은 것만을 <보기>에서 있는 대로 고른 것은? (단, X는 임의의 원소 기호이다.) [3점]

―〈보기〉―
ㄱ. $w = (0.199 \times A) + (0.801 \times B)$이다.
ㄴ. 중성자수는 ^bX > ^aX이다.
ㄷ. $\dfrac{1\ g의\ ^aX에\ 들어\ 있는\ 전체\ 양성자수}{1\ g의\ ^bX에\ 들어\ 있는\ 전체\ 양성자수}$ > 1이다.

① ㄱ   ② ㄴ   ③ ㄷ   ④ ㄱ, ㄴ   ⑤ ㄱ, ㄷ

08   2020학년도 6월 모평 화I 7번

다음은 원자량에 대한 학생과 선생님의 대화이다.

학 생: ^{12}C의 원자량은 12.00인데 주 기율표에는 왜 C의 원자량이 12.01인가요?

선생님: 아래 표의 ^{12}C와 같이, ^{13}C와 원자 번호는 같지만 질량수가 다른 동위 원소가 존재합니다. 따라서 주기율표에 제시된 원자량은 동위 원소가 자연계에 존재하는 비율을 고려하여 평균값으로 나타낸 것입니다.

동위 원소	^{12}C	^{13}C
양성자수	a	b
중성자수	c	d

이에 대한 설명으로 옳은 것만을 <보기>에서 있는 대로 고른 것은? (단, C의 동위 원소는 ^{12}C와 ^{13}C만 존재한다고 가정한다.)

―〈보기〉―
ㄱ. $b > a$이다.
ㄴ. $d > c$이다.
ㄷ. 자연계에서 ^{13}C의 존재 비율은 ^{12}C보다 크다.

① ㄱ   ② ㄴ   ③ ㄷ   ④ ㄱ, ㄴ   ⑤ ㄱ, ㄷ

19   2022학년도 대수능 화I 17번

다음은 용기 (가)와 (나)에 각각 들어 있는 O_2와 H_2O에 대한 자료이다.

$^{16}O^{18}O$	x mol
(가)	

| $^1H^1H^{18}O$ 0.2 mol |
| $^1H^2H^{16}O$ y mol |
| (나) |

○ (가)와 (나)에 들어 있는 양성자의 양은 각각 9.6 mol, z mol 이다.
○ (가)와 (나)에 들어 있는 중성자의 양의 합은 20 mol이다.

이에 대한 설명으로 옳은 것만을 <보기>에서 있는 대로 고른 것은? (단, H, O의 원자 번호는 각각 1, 8이고, ^1H, ^2H, ^{16}O, ^{18}O의 원자량은 각각 1, 2, 16, 18이다.) [3점]

―〈보기〉―
ㄱ. $z = 10$이다.
ㄴ. (나)에 들어 있는 $\dfrac{^1H\ 원자\ 수}{^2H\ 원자\ 수}$ = $\dfrac{3}{2}$이다.
ㄷ. $\dfrac{(나)에\ 들어\ 있는\ H_2O의\ 질량}{(가)에\ 들어\ 있는\ O_2의\ 질량}$ = $\dfrac{16}{17}$이다.

① ㄱ   ② ㄷ   ③ ㄱ, ㄴ   ④ ㄴ, ㄷ   ⑤ ㄱ, ㄴ, ㄷ

28   2022학년도 9월 모평 화I 17번

다음은 용기 속에 들어 있는 X_2Y에 대한 자료이다.

○ 용기 속 X,Y를 구성하는 원자 X와 Y에 대한 자료

원자	^aX	^bX	^cY
양성자 수	n		$n+1$
중성자 수	$n+1$	n	$n+3$
전자 수 (상댓값)	2	4	5

○ 용기 속에는 $^aX^aX^cY$, $^aX^bX^cY$, $^bX^bX^cY$만 들어 있다.
○ $\dfrac{용기\ 속에\ 들어\ 있는\ ^bX\ 원자\ 수}{용기\ 속에\ 들어\ 있는\ ^aX\ 원자\ 수}$ = $\dfrac{2}{3}$이다.

$\dfrac{용기\ 속\ 전체\ 중성자\ 수}{전체\ 양성자\ 수}$ 는? (단, X와 Y는 임의의 원소 기호이다.) [3점]

① $\dfrac{58}{55}$ ② $\dfrac{12}{11}$ ③ $\dfrac{62}{55}$ ④ $\dfrac{64}{55}$ ⑤ $\dfrac{6}{5}$

40   2021학년도 수능 화I 18번

다음은 자연계에 존재하는 수소(H)와 플루오린(F)에 대한 자료이다.

○ ^1H, ^2H, ^3H의 존재 비율(%)은 각각 a, b, c이다.
○ $a + b + c = 100$이고, $a > b > c$이다.
○ F은 ^{19}F으로만 존재한다.
○ ^1H, ^2H, ^3H, ^{19}F의 원자량은 각각 1, 2, 3, 19이다.

이에 대한 설명으로 옳은 것만을 <보기>에서 있는 대로 고른 것은?

―〈보기〉―
ㄱ. H의 평균 원자량은 $\dfrac{a+2b+3c}{100}$이다.
ㄴ. $\dfrac{분자량이\ 5인\ H_2의\ 존재\ 비율(\%)}{분자량이\ 6인\ H_2의\ 존재\ 비율(\%)}$ > 2이다.
ㄷ. 1 mol의 H_2 중 분자량이 3인 H_2의 중성자의 수 = 1 mol의 HF 중 분자량이 20인 HF의 전체 중성자의 수 = $\dfrac{b}{500}$이다.

① ㄱ   ② ㄷ   ③ ㄱ, ㄴ   ④ ㄴ, ㄷ   ⑤ ㄱ, ㄴ, ㄷ

20   2019학년도 수능 화I 14번

그림은 부피가 동일한 용기 (가)와 (나)에 기체가 각각 들어 있는 것을 나타낸 것이다. 두 용기 속 기체의 온도와 압력은 같고, 두 용기 속 기체의 질량비는 (가) : (나) = 45 : 46이다.

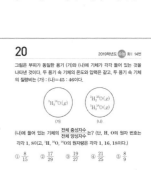

$^1H_2{}^{16}O(g)$
(가)

| $^2H_2{}^{16}O(g)$ |
| $^1H_2{}^{18}O(g)$ |
| (나) |

(나)에 들어 있는 기체의 전체 중성자수는? (단, H, O의 원자 번호는 각각 1, 8이고, ^1H, ^2H, ^{16}O, ^{18}O의 원자량은 각각 1, 2, 16, 18이다.)

① $\dfrac{8}{15}$ ② $\dfrac{17}{29}$ ③ $\dfrac{19}{27}$ ④ $\dfrac{21}{25}$ ⑤ $\dfrac{8}{9}$

18   2019학년도 9월 모평 화I 15번

그림은 용기 속에 ^4He과, ^1H, ^{12}C, ^{13}C만으로 이루어진 CH_4이 들어 있는 것을 나타낸 것이다. 용기 속에 들어 있는 ^{12}C와 ^{13}C의 원자 수비가 1 : 1일 때, 용기 속 $\dfrac{전체\ 중성자수}{전체\ 양성자수}$ 는? [3점]

He 0.1몰
CH_4 0.4몰

① $\dfrac{5}{6}$ ② $\dfrac{4}{5}$ ③ $\dfrac{3}{4}$ ④ $\dfrac{2}{3}$ ⑤ $\dfrac{2}{5}$

01

표는 원자 또는 이온 (가)~(다)에 대한 자료이다. (가)~(다)는 각각 $^{14}_{7}N$, $^{15}_{7}N$, $^{16}_{8}O^{2-}$ 중 하나이고, ㉠~㉢은 각각 양성자수, 중성자수, 전자 수 중 하나이다.

원자 또는 이온	(가)	(나)	(다)
㉠－㉡	0		1
㉡－㉢		0	

이에 대한 설명으로 옳은 것만을 〈보기〉에서 있는 대로 고른 것은?

〈 보기 〉
ㄱ. ㉢은 전자 수이다.
ㄴ. ㉠은 (가)와 (다)가 같다.
ㄷ. (나)와 (다)는 동위 원소이다.

① ㄱ ② ㄷ ③ ㄱ, ㄴ ④ ㄴ, ㄷ ⑤ ㄱ, ㄴ, ㄷ

02 대표 문제

표는 원자 X~Z에 대한 자료이다.

원자	중성자수	질량수	전자 수
X	6	㉠	6
Y	7	13	
Z	9	17	

이에 대한 설명으로 옳은 것만을 〈보기〉에서 있는 대로 고른 것은? (단, X~Z는 임의의 원소 기호이다.)

〈 보기 〉
ㄱ. ㉠은 12이다.
ㄴ. Y는 X의 동위 원소이다.
ㄷ. Z^{2-}의 전자 수는 10이다.

① ㄱ ② ㄷ ③ ㄱ, ㄴ ④ ㄴ, ㄷ ⑤ ㄱ, ㄴ, ㄷ

03

표는 1, 2주기 원소 A~D의 원자 또는 이온에 대한 자료이다.

원자 또는 이온	A^+	B	C^{2-}	D
양성자수＋전자 수	1	6	18	18

이에 대한 설명으로 옳은 것만을 〈보기〉에서 있는 대로 고른 것은? (단, A~D는 임의의 원소 기호이다.)

〈 보기 〉
ㄱ. A_2C는 이온 결합 물질이다.
ㄴ. $B(s)$는 전성(펴짐성)이 있다.
ㄷ. CD_2에서 C는 부분적인 음전하(δ^-)를 띤다.

① ㄱ ② ㄴ ③ ㄱ, ㄷ ④ ㄴ, ㄷ ⑤ ㄱ, ㄴ, ㄷ

04 대표 문제

다음은 3주기 원자 A~D에 대한 자료이다. (가)와 (나)는 각각 양성자 수와 중성자수 중 하나이고, ㉠~㉣은 각각 A~D 중 하나이다.

○ A는 B의 동위 원소이다.
○ C와 D의 $\dfrac{중성자수}{전자 수}=1$이다.
○ 질량수는 B>C>A>D이다.
○ A~D의 양성자수와 중성자수

원자	㉠	㉡	㉢	㉣
(가)	18		20	
(나)	17	18		16

이에 대한 설명으로 옳은 것만을 〈보기〉에서 있는 대로 고른 것은? (단, A~D는 임의의 원소 기호이다.)

〈 보기 〉
ㄱ. (가)는 중성자수이다.
ㄴ. B의 질량수는 37이다.
ㄷ. D의 원자 번호는 18이다.

① ㄱ ② ㄷ ③ ㄱ, ㄴ ④ ㄴ, ㄷ ⑤ ㄱ, ㄴ, ㄷ

05

그림은 $^3_2\text{He}^+$을 모형으로 나타낸 것이다. , ○, ● 는 양성자, 중성자, 전자를 순서 없이 나타낸 것이다. 다음 중 ^3_1H의 모형으로 가장 적절한 것은?

① 　② 　③

④ 　⑤

06

다음은 원자 A~D에 대한 자료이다.

○ A~D는 원소 X와 Y의 동위 원소이고, 원자 번호는 X>Y이다.
○ A와 B의 중성자수는 같다.
○ A~D의 (중성자수−전자 수)와 질량수

원자	A	B	C	D
중성자수− 전자 수	0	1	2	3
질량수	a	b	c	d

○ $b+c=73$이고, $c>d$이다.

이에 대한 설명으로 옳은 것만을 〈보기〉에서 있는 대로 고른 것은? (단, X와 Y는 임의의 원소 기호이고, A, B, C, D의 원자량은 각각 a, b, c, d이다.) [3점]

〈 보기 〉

ㄱ. A와 C는 X의 동위 원소이다.

ㄴ. $\dfrac{1\ \text{mol의 D에 들어 있는 중성자수}}{1\ \text{mol의 A에 들어 있는 중성자수}} = \dfrac{10}{9}$이다.

ㄷ. $\dfrac{1\ \text{g의 D에 들어 있는 양성자수}}{1\ \text{g의 B에 들어 있는 양성자수}} = \dfrac{37}{35}$이다.

① ㄱ　② ㄷ　③ ㄱ, ㄴ　④ ㄴ, ㄷ　⑤ ㄱ, ㄴ, ㄷ

07

다음은 원소 X와 Y에 대한 자료이다.

○ X, Y의 원자 번호는 각각 9, 35이다.
○ 자연계에서 X는 ^{19}X로만 존재하고, Y는 ^{n}Y와 $^{n+2}$Y로 존재한다.
○ XY의 평균 분자량은 99이다.
○ $\dfrac{^{19}\text{X}^{n+2}\text{Y 1 mol에 들어 있는 전체 중성자수}}{^{19}\text{X}^n\text{Y 1 mol에 들어 있는 전체 중성자수}} = \dfrac{28}{27}$이다.

이에 대한 설명으로 옳은 것만을 〈보기〉에서 있는 대로 고른 것은? (단, X, Y는 임의의 원소 기호이고, ^{19}X, ^{n}Y, $^{n+2}$Y의 원자량은 각각 19, n, $n+2$이다.)

〈 보기 〉

ㄱ. Y_2의 평균 분자량은 160이다.

ㄴ. $\dfrac{1\ \text{g의 }^n\text{Y}^{n+2}\text{Y에 들어 있는 전체 양성자수}}{1\ \text{g의 }^{n+2}\text{Y}^{n+2}\text{Y에 들어 있는 전체 양성자수}} = \dfrac{81}{80}$이다.

ㄷ. 자연계에서 $\dfrac{^n\text{Y의 존재 비율}}{^{n+2}\text{Y의 존재 비율}} = 1$이다.

① ㄱ　② ㄴ　③ ㄱ, ㄷ　④ ㄴ, ㄷ　⑤ ㄱ, ㄴ, ㄷ

08

다음은 원자량에 대한 학생과 선생님의 대화이다.

> 학 생: ^{12}C의 원자량은 12.00인데 주
> 기율표에는 왜 C의 원자량이
> 12.01인가요?
>
>
> 6 ─ 원자 번호
> C ─ 원소 기호
> 탄소 ─ 원소 이름
> 12.01 ─ 원자량
>
> 선생님: 아래 표의 ^{13}C와 같이, ^{12}C와 원
> 자 번호는 같지만 질량수가 다른 동위 원소가 존재합니
> 다. 따라서 주기율표에 제시된 원자량은 동위 원소가 자
> 연계에 존재하는 비율을 고려하여 평균값으로 나타낸
> 것입니다.
>
> | 동위 원소 | ^{12}C | ^{13}C |
> |---|---|---|
> | 양성자수 | a | b |
> | 중성자수 | c | d |

이에 대한 설명으로 옳은 것만을 〈보기〉에서 있는 대로 고른 것은? (단,
C의 동위 원소는 ^{12}C와 ^{13}C만 존재한다고 가정한다.)

───── 〈 보기 〉 ─────
ㄱ. $b>a$이다.
ㄴ. $d>c$이다.
ㄷ. 자연계에서 ^{12}C의 존재 비율은 ^{13}C보다 크다.

① ㄱ   ② ㄴ   ③ ㄱ, ㄷ   ④ ㄴ, ㄷ   ⑤ ㄱ, ㄴ, ㄷ

09

다음은 구리(Cu)에 대한 자료이다.

> ○ 자연계에 존재하는 구리의 동위 원소는 ^{63}Cu, ^{65}Cu 2가지이다.
> ○ ^{63}Cu, ^{65}Cu의 원자량은 각각 62.9, 64.9이다.
> ○ Cu의 평균 원자량은 63.5이다.

이에 대한 옳은 설명만을 〈보기〉에서 있는 대로 고른 것은?

───── 〈 보기 〉 ─────
ㄱ. 중성자수는 ^{65}Cu $>$ ^{63}Cu이다.
ㄴ. 자연계에 존재하는 비율은 ^{65}Cu $>$ ^{63}Cu이다.
ㄷ. $\dfrac{^{63}\text{Cu 1 g에 들어 있는 원자 수}}{^{65}\text{Cu 1 g에 들어 있는 원자 수}} > 1$이다.

① ㄱ   ② ㄴ   ③ ㄱ, ㄷ   ④ ㄴ, ㄷ   ⑤ ㄱ, ㄴ, ㄷ

10

다음은 원자 X의 평균 원자량을 구하기 위해 수행한 탐구 활동이다.

> [탐구 과정]
> (가) 자연계에 존재하는 X의 동위 원소와 각각의 원자량을 조사
> 한다.
> (나) 원자량에 따른 X의 동위 원소 존재 비율을 조사한다.
> (다) X의 평균 원자량을 구한다.
>
> [탐구 결과 및 자료]
> ○ X의 동위 원소
>
> | 동위 원소 | 원자량 | 존재 비율(%) |
> |---|---|---|
> | ^{a}X | A | 19.9 |
> | ^{b}X | B | 80.1 |
>
> ○ $b>a$이다.
> ○ 평균 원자량은 w이다.

이에 대한 설명으로 옳은 것만을 〈보기〉에서 있는 대로 고른 것은? (단,
X는 임의의 원소 기호이다.) [3점]

───── 〈 보기 〉 ─────
ㄱ. $w=(0.199 \times \text{A})+(0.801 \times \text{B})$이다.
ㄴ. 중성자수는 ^{a}X $>$ ^{b}X이다.
ㄷ. $\dfrac{1 \text{ g의 } ^{a}\text{X에 들어 있는 전체 양성자수}}{1 \text{ g의 } ^{b}\text{X에 들어 있는 전체 양성자수}} > 1$이다.

① ㄱ   ② ㄴ   ③ ㄷ   ④ ㄱ, ㄴ   ⑤ ㄱ, ㄷ

11

다음은 자연계에 존재하는 모든 X_2에 대한 자료이다.

- X_2는 분자량이 서로 다른 (가), (나), (다)로 존재한다.
- X_2의 분자량: (가) > (나) > (다)
- 자연계에서 $\dfrac{\text{(다)의 존재 비율(\%)}}{\text{(나)의 존재 비율(\%)}} = 1.5$이다.

이에 대한 설명으로 옳은 것만을 〈보기〉에서 있는 대로 고른 것은? (단, X는 임의의 원소 기호이다.) [3점]

〈 보기 〉
ㄱ. X의 동위 원소는 3가지이다.
ㄴ. X의 평균 원자량은 $\dfrac{\text{(나)의 분자량}}{2}$ 보다 작다.
ㄷ. 자연계에서 $\dfrac{\text{(나)의 존재 비율(\%)}}{\text{(가)의 존재 비율(\%)}} = 2$이다.

① ㄱ   ② ㄴ   ③ ㄷ   ④ ㄱ, ㄷ   ⑤ ㄴ, ㄷ

13 대표 문제

표는 원소 X의 동위 원소에 대한 자료이다. X의 평균 원자량은 $m + \dfrac{1}{2}$이고, $a+b=100$이다.

동위 원소	원자량	자연계에 존재하는 비율(%)
^{m}X	m	a
^{m+2}X	$m+2$	b

이에 대한 설명으로 옳은 것만을 〈보기〉에서 있는 대로 고른 것은? (단, X는 임의의 원소 기호이다.)

〈 보기 〉
ㄱ. $a > b$이다.
ㄴ. $\dfrac{\text{1 g의 } ^{m}X \text{에 들어 있는 양성자수}}{\text{1 g의 } ^{m+2}X \text{에 들어 있는 양성자수}} > 1$이다.
ㄷ. $\dfrac{\text{1 mol의 } ^{m}X \text{에 들어 있는 전자 수}}{\text{1 mol의 } ^{m+2}X \text{에 들어 있는 전자 수}} > 1$이다.

① ㄱ   ② ㄷ   ③ ㄱ, ㄴ   ④ ㄴ, ㄷ   ⑤ ㄱ, ㄴ, ㄷ

12

다음은 자연계에 존재하는 원소 X에 대한 자료이다.

- X의 동위 원소의 원자량과 존재 비율

동위 원소	^{a}X	^{a+2}X
원자량	a	$a+2$
존재 비율(%)	b	$100-b$

- $\dfrac{\text{분자량이 } 2a+4 \text{인 } X_2 \text{의 존재 비율(\%)}}{\text{분자량이 } 2a \text{인 } X_2 \text{의 존재 비율(\%)}} = \dfrac{1}{9}$이다.

이에 대한 설명으로 옳은 것만을 〈보기〉에서 있는 대로 고른 것은? (단, X는 임의의 원소 기호이다.) [3점]

〈 보기 〉
ㄱ. 분자량이 서로 다른 X_2는 4가지이다.
ㄴ. $b > 50$이다.
ㄷ. X의 평균 원자량은 $a + \dfrac{1}{2}$이다.

① ㄱ   ② ㄴ   ③ ㄱ, ㄷ   ④ ㄴ, ㄷ   ⑤ ㄱ, ㄴ, ㄷ

14

다음은 용기 (가)와 (나)에 각각 들어 있는 Cl_2에 대한 자료이다.

- (가)에는 $^{35}Cl_2$와 $^{37}Cl_2$의 혼합 기체가, (나)에는 $^{35}Cl^{37}Cl$ 기체가 들어 있다.
- (가)와 (나)에 들어 있는 기체의 총 양은 각각 1 mol이다.

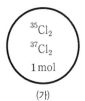
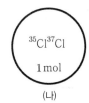

(가)   (나)

- ^{35}Cl 원자의 양(mol)은 (가)에서가 (나)에서의 $\dfrac{3}{2}$배이다.

이에 대한 설명으로 옳은 것만을 〈보기〉에서 있는 대로 고른 것은? [3점]

〈 보기 〉
ㄱ. (가)에서 $\dfrac{^{35}Cl_2 \text{ 분자 수}}{^{37}Cl_2 \text{ 분자 수}} = 4$이다.
ㄴ. ^{37}Cl 원자 수는 (나)에서가 (가)에서의 2배이다.
ㄷ. 중성자의 양은 (나)에서가 (가)에서보다 2 mol만큼 많다.

① ㄱ   ② ㄴ   ③ ㄷ   ④ ㄱ, ㄴ   ⑤ ㄴ, ㄷ

15

다음은 X의 동위 원소에 대한 자료이다.

- ^{44}X, ^aX의 원자량은 각각 44, a이다.
- ^{44}X, ^aX 각 w g에 들어 있는 양성자와 중성자의 양

동위 원소	질량(g)	양성자의 양 (mol)	중성자의 양 (mol)
^{44}X	w	10	12
^aX	w		11

이에 대한 설명으로 옳은 것만을 〈보기〉에서 있는 대로 고른 것은? (단, X는 임의의 원소 기호이다.) [3점]

〈 보기 〉

ㄱ. X의 원자 번호는 20이다.

ㄴ. w는 20이다.

ㄷ. a는 42이다.

① ㄱ   ② ㄴ   ③ ㄱ, ㄷ   ④ ㄴ, ㄷ   ⑤ ㄱ, ㄴ, ㄷ

17

표는 원자 (가)~(다)에 대한 자료이다. (가)~(다)는 각각 ^mX, ^nX, ^lY 중 하나이고, X의 평균 원자량은 63.6이며 원자량은 $^mX > ^nX$이다.

원자	(가)	(나)	(다)
원자량	63	64	65
중성자수	a	a	b

이에 대한 설명으로 옳은 것만을 〈보기〉에서 있는 대로 고른 것은? (단, X와 Y는 임의의 원소 기호이고, 자연계에서 X의 동위 원소는 ^mX과 ^nX만 존재한다고 가정한다.) [3점]

〈 보기 〉

ㄱ. (가)는 ^nX이다.

ㄴ. 전자 수는 (나)와 (다)가 같다.

ㄷ. X의 동위 원소 중 ^mX의 존재 비율은 30 %이다.

① ㄱ   ② ㄴ   ③ ㄱ, ㄷ   ④ ㄴ, ㄷ   ⑤ ㄱ, ㄴ, ㄷ

16

표는 원자 (가)~(다)에 대한 자료이다. (가)~(다)는 $_4Be$ 또는 $_5B$이며, ㉠은 양성자수와 중성자수 중 하나이다.

원자	㉠	질량수	존재 비율(%)
(가)	5	10	20
(나)	5	b	100
(다)	a	11	80

이에 대한 설명으로 옳은 것만을 〈보기〉에서 있는 대로 고른 것은? (단, 원자량은 질량수와 같다.)

〈 보기 〉

ㄱ. $a+b=15$이다.

ㄴ. $_5B$의 평균 원자량은 9이다.

ㄷ. $\dfrac{㉠}{전자\ 수}$ 은 (다)>(나)이다.

① ㄱ   ② ㄴ   ③ ㄱ, ㄷ   ④ ㄴ, ㄷ   ⑤ ㄱ, ㄴ, ㄷ

18

그림은 용기 속에 ^4He과, ^1H, ^{12}C, ^{13}C만으로 이루어진 CH_4이 들어 있는 것을 나타낸 것이다. 용기 속에 들어 있는 ^{12}C와 ^{13}C의 원자 수비가 1 : 1일 때, 용기 속 $\dfrac{전체\ 중성자수}{전체\ 양성자수}$ 는? [3점]

He 0.1몰
CH$_4$ 0.4몰

① $\dfrac{5}{6}$ ② $\dfrac{4}{5}$ ③ $\dfrac{3}{4}$ ④ $\dfrac{2}{3}$ ⑤ $\dfrac{2}{5}$

19

다음은 용기 (가)와 (나)에 각각 들어 있는 O_2와 H_2O에 대한 자료이다.

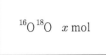

$^{16}O\,^{18}O$ x mol	$^1H\,^1H\,^{18}O$ 0.2 mol
	$^1H\,^2H\,^{16}O$ y mol
(가)	(나)

○ (가)와 (나)에 들어 있는 양성자의 양은 각각 9.6 mol, z mol 이다.

○ (가)와 (나)에 들어 있는 중성자의 양의 합은 20 mol이다.

이에 대한 설명으로 옳은 것만을 〈보기〉에서 있는 대로 고른 것은? (단, H, O의 원자 번호는 각각 1, 8이고, ^1H, ^2H, ^{16}O, ^{18}O의 원자량은 각각 1, 2, 16, 18이다.) [3점]

〈 보기 〉
ㄱ. $z=10$이다.
ㄴ. (나)에 들어 있는 $\dfrac{^1H\ 원자\ 수}{^2H\ 원자\ 수}=\dfrac{3}{2}$이다.
ㄷ. $\dfrac{(나)에\ 들어\ 있는\ H_2O의\ 질량}{(가)에\ 들어\ 있는\ O_2의\ 질량}=\dfrac{16}{17}$이다.

① ㄱ ② ㄷ ③ ㄱ, ㄴ ④ ㄴ, ㄷ ⑤ ㄱ, ㄴ, ㄷ

20

그림은 부피가 동일한 용기 (가)와 (나)에 기체가 각각 들어 있는 것을 나타낸 것이다. 두 용기 속 기체의 온도와 압력은 같고, 두 용기 속 기체의 질량비는 (가) : (나)=45 : 46이다.

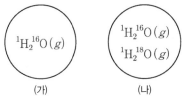

$^1H_2\,^{16}O(g)$	$^1H_2\,^{16}O(g)$
	$^1H_2\,^{18}O(g)$
(가)	(나)

(나)에 들어 있는 기체의 $\dfrac{전체\ 중성자수}{전체\ 양성자수}$는? (단, H, O의 원자 번호는 각각 1, 8이고, ^1H, ^{16}O, ^{18}O의 원자량은 각각 1, 16, 18이다.)

① $\dfrac{8}{15}$ ② $\dfrac{17}{29}$ ③ $\dfrac{19}{27}$ ④ $\dfrac{21}{25}$ ⑤ $\dfrac{8}{9}$

21

그림 (가)는 기체가 실린더에 각각 들어 있는 것을, (나)는 실린더 전체에 들어 있는 양성자수, 중성자수, 전자 수를 상댓값으로 나타낸 것이다. X~Z는 각각 양성자, 중성자, 전자 중 하나이다.

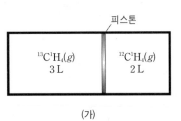
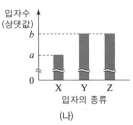

| 피스톤 |
| $^{13}C\,^1H_4(g)$ 3 L | $^{12}C\,^1H_4(g)$ 2 L |
| (가) | (나) |

이에 대한 설명으로 옳은 것만을 〈보기〉에서 있는 대로 고른 것은? (단, H, C의 원자 번호는 각각 1, 6이며, 온도는 일정하고, 피스톤의 마찰은 무시한다.)

〈 보기 〉
ㄱ. X는 중성자이다.
ㄴ. Y와 Z 사이에는 전기적 인력이 작용한다.
ㄷ. $\dfrac{a}{b}=\dfrac{33}{50}$이다.

① ㄴ ② ㄷ ③ ㄱ, ㄴ ④ ㄱ, ㄷ ⑤ ㄱ, ㄴ, ㄷ

다음은 자연계에 존재하는 $^{12}C_2 \ ^1H_3A_a$에 대한 자료이다.

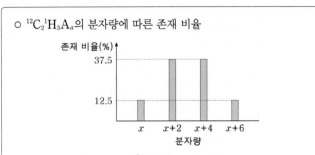

○ $^{12}C_2 \ ^1H_3A_a$의 분자량에 따른 존재 비율

○ A의 동위 원소는 ^mA와 ^{m+2}A만 존재한다.

○ ^mA와 ^{m+2}A의 원자량은 각각 m, $m+2$이다.

이에 대한 옳은 설명만을 〈보기〉에서 있는 대로 고른 것은? (단, A는 임의의 원소 기호이다.)

〈 보기 〉

ㄱ. 중성자수는 ^mA가 ^{m+2}A보다 크다.

ㄴ. $a=3$이다.

ㄷ. A의 평균 원자량은 $m+1$이다.

① ㄱ   ② ㄷ   ③ ㄱ, ㄴ   ④ ㄴ, ㄷ   ⑤ ㄱ, ㄴ, ㄷ

다음은 자연계에 존재하는 염화 나트륨(NaCl)과 관련된 자료이다. NaCl은 화학식량이 다른 (가)와 (나)가 존재한다.

○ Na은 ^{23}Na으로만, Cl는 ^{35}Cl와 ^{37}Cl로만 존재한다.

○ Cl의 평균 원자량은 35.5이다.

○ (가)와 (나)의 화학식량과 존재 비율

NaCl	(가)	(나)
화학식량	58	x
존재 비율(%)	a	b

이에 대한 옳은 설명만을 〈보기〉에서 있는 대로 고른 것은? (단, ^{23}Na, ^{35}Cl, ^{37}Cl의 원자량은 각각 23, 35, 37이다.)

〈 보기 〉

ㄱ. $\dfrac{\text{(나) 1 mol에 들어 있는 중성자수}}{\text{(가) 1 mol에 들어 있는 중성자수}} > 1$이다.

ㄴ. $x=60$이다.

ㄷ. $b>a$이다.

① ㄱ   ② ㄷ   ③ ㄱ, ㄴ   ④ ㄴ, ㄷ   ⑤ ㄱ, ㄴ, ㄷ

다음은 자연계에 존재하는 붕소(B)의 동위 원소와 플루오린(F)에 대한 자료이다.

○ B의 동위 원소

동위 원소	$^{10}_5B$	$^{11}_5B$
원자량	10	11
존재 비율(%)	20	80

○ F은 $^{19}_9F$만 존재한다.

이에 대한 옳은 설명만을 〈보기〉에서 있는 대로 고른 것은?

〈 보기 〉

ㄱ. 분자량이 다른 BF_3는 2가지이다.

ㄴ. B의 평균 원자량은 10.8이다.

ㄷ. $\dfrac{^{10}_5B \ 1 \ g\text{에 들어 있는 양성자수}}{^{11}_5B \ 1 \ g\text{에 들어 있는 양성자수}} > 1$이다.

① ㄱ   ② ㄷ   ③ ㄱ, ㄴ   ④ ㄴ, ㄷ   ⑤ ㄱ, ㄴ, ㄷ

25

다음은 실린더 (가)에 들어 있는 $BF_3(g)$에 대한 자료이다.

- 자연계에서 B는 ^{10}B와 ^{11}B로만 존재하고, F은 ^{19}F으로만 존재한다.
- B와 F의 각 동위 원소의 존재 비율은 자연계에서와 (가)에서가 같다.
- (가)에 들어 있는 $BF_3(g)$의 온도, 압력, 밀도는 각각 t °C, 1 기압, 3 g/L이다.
- t °C, 1 기압에서 기체 1 mol의 부피는 22.6 L이다.

피스톤
$BF_3(g)$
11.3 L
(가)

이에 대한 설명으로 옳은 것만을 〈보기〉에서 있는 대로 고른 것은? (단, B와 F의 원자 번호는 각각 5와 9이고, ^{10}B, ^{11}B, ^{19}F의 원자량은 각각 10.0, 11.0, 19.0이다.)

〈보기〉
ㄱ. 자연계에서 $\dfrac{^{11}B의\ 존재\ 비율}{^{10}B의\ 존재\ 비율}=5$이다.
ㄴ. B의 평균 원자량은 10.8이다.
ㄷ. (가)에 들어 있는 중성자의 양은 35.8 mol이다.

① ㄱ   ② ㄴ   ③ ㄷ   ④ ㄱ, ㄴ   ⑤ ㄴ, ㄷ

26

그림은 실린더 (가)와 (나)에 들어 있는 t °C, 1기압의 기체를 나타낸 것이다. (가)와 (나)에 들어 있는 전체 기체의 밀도는 같다.

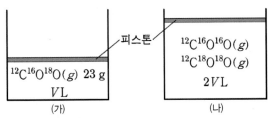

피스톤

$^{12}C^{16}O^{18}O(g)$ 23 g
V L
(가)

$^{12}C^{16}O^{16}O(g)$
$^{12}C^{18}O^{18}O(g)$
$2V$ L
(나)

(나)에 들어 있는 전체 기체의 중성자 양(mol)은? (단, C, O의 원자 번호는 각각 6, 8이고, ^{12}C, ^{16}O, ^{18}O의 원자량은 각각 12, 16, 18이다.)

① 22   ② 23   ③ 24   ④ 25   ⑤ 26

27

표는 원자 A~D에 대한 자료이다. A~D는 원소 X와 Y의 동위 원소이고, A~D의 중성자수 합은 76이다. 원자 번호는 X>Y이다.

원자	중성자수−원자 번호	질량수
A	0	$m-1$
B	1	$m-2$
C	2	$m+1$
D	3	m

이에 대한 설명으로 옳은 것만을 〈보기〉에서 있는 대로 고른 것은? (단, X와 Y는 임의의 원소 기호이고, A, B, C, D의 원자량은 각각 $m-1$, $m-2$, $m+1$, m이다.) [3점]

〈보기〉
ㄱ. B와 D는 Y의 동위 원소이다.
ㄴ. $\dfrac{1\ g의\ C에\ 들어\ 있는\ 중성자수}{1\ g의\ A에\ 들어\ 있는\ 중성자수}=\dfrac{20}{19}$이다.
ㄷ. $\dfrac{1\ mol의\ D에\ 들어\ 있는\ 양성자수}{1\ mol의\ A에\ 들어\ 있는\ 양성자수}<1$이다.

① ㄱ   ② ㄴ   ③ ㄱ, ㄷ   ④ ㄴ, ㄷ   ⑤ ㄱ, ㄴ, ㄷ

28

다음은 용기 속에 들어 있는 X_2Y에 대한 자료이다.

- 용기 속 X_2Y를 구성하는 원자 X와 Y에 대한 자료

원자	^aX	^bX	^cY
양성자 수	n		$n+1$
중성자 수	$n+1$	n	$n+3$
$\dfrac{중성자\ 수}{전자\ 수}$(상댓값)		4	5

- 용기 속에는 $^aX^aX^cY$, $^aX^bX^cY$, $^bX^bX^cY$만 들어 있다.
- $\dfrac{용기\ 속에\ 들어\ 있는\ ^aX\ 원자\ 수}{용기\ 속에\ 들어\ 있는\ ^bX\ 원자\ 수}=\dfrac{2}{3}$이다.

용기 속 $\dfrac{전체\ 중성자\ 수}{전체\ 양성자\ 수}$는? (단, X와 Y는 임의의 원소 기호이다.) [3점]

① $\dfrac{58}{55}$ ② $\dfrac{12}{11}$ ③ $\dfrac{62}{55}$ ④ $\dfrac{64}{55}$ ⑤ $\dfrac{6}{5}$

7
일차

29

다음은 분자 XY에 대한 자료이다.

○ XY를 구성하는 원자 X와 Y에 대한 자료

원자	^aX	^bY	^{b+2}Y
전자 수 중성자수 (상댓값)	5	5	4

○ ^aX와 ^{b+2}Y의 양성자수 차는 2이다.

○ $\dfrac{^aX^bY \ 1 \ mol에 \ 들어 \ 있는 \ 전체 \ 중성자수}{^aX^{b+2}Y \ 1 \ mol에 \ 들어 \ 있는 \ 전체 \ 중성자수} = \dfrac{7}{8}$이다.

$\dfrac{^{b+2}Y의 \ 중성자수}{^aX의 \ 양성자수}$는? (단, X와 Y는 임의의 원소 기호이다.) [3점]

① $\dfrac{3}{5}$ ② $\dfrac{4}{3}$ ③ $\dfrac{3}{2}$ ④ $\dfrac{5}{3}$ ⑤ $\dfrac{8}{3}$

30

다음은 용기에 들어 있는 기체 XY에 대한 자료이다.

○ XY를 구성하는 원자는 ^aX, ^{a+2}X, ^bY, ^{b+2}Y이다.
○ ^aX, ^{a+2}X, ^bY, ^{b+2}Y의 원자량은 각각 a, $a+2$, b, $b+2$이다.
○ 양성자수는 ^bY가 ^aX보다 2만큼 크다.
○ 중성자수는 ^{a+2}X와 ^bY가 같다.
○ 질량수 비는 $^aX : ^{b+2}Y = 2 : 3$이다.

이에 대한 옳은 설명만을 〈보기〉에서 있는 대로 고른 것은? (단, X와 Y는 임의의 원소 기호이다.) [3점]

〈 보기 〉
ㄱ. $b = a+2$이다.
ㄴ. 질량수 비는 $^{a+2}X : ^bY = 7 : 8$이다.
ㄷ. 분자량이 다른 XY는 4가지이다.

① ㄱ ② ㄴ ③ ㄷ ④ ㄱ, ㄴ ⑤ ㄴ, ㄷ

31

다음은 자연계에 존재하는 X와 Y에 대한 자료이다.

○ X의 동위 원소는 ^{35}X, ^{37}X 2가시이다.
○ X의 평균 원자량은 35.5이다.
○ Y의 동위 원소는 ^{79}Y, ^{81}Y 2가지이다.
○ $\dfrac{분자량이 \ 160인 \ Y_2의 \ 존재 \ 비율(\%)}{분자량이 \ 162인 \ Y_2의 \ 존재 \ 비율(\%)} = 2$이다.

$\dfrac{^{35}X의 \ 존재 \ 비율(\%)}{^{81}Y의 \ 존재 \ 비율(\%)}$은? (단, 원자량은 질량수와 같고, X와 Y는 임의의 원소 기호이다.) [3점]

① $\dfrac{1}{2}$ ② $\dfrac{3}{4}$ ③ 1 ④ $\dfrac{3}{2}$ ⑤ 3

32

다음은 원소 X와 Y의 동위 원소에 대한 자료이다. 자연계에 존재하는 X와 Y의 동위 원소는 각각 2가지이다.

○ X와 Y의 동위 원소의 원자량과 자연계에 존재하는 비율

원소	동위 원소	원자량	존재 비율(%)
X	^aX	a	x
	^{a+b}X	$a+b$	$x-40$
Y	^{a+3b}Y	$a+3b$	60
	^{a+4b}Y	$a+4b$	40

○ X와 Y의 평균 원자량의 차는 6.2이다.
○ 원자 번호는 Y가 X보다 2만큼 크다.

이에 대한 옳은 설명만을 〈보기〉에서 있는 대로 고른 것은? (단, X, Y는 임의의 원소 기호이다.) [3점]

〈 보기 〉
ㄱ. $x = 70$이다.
ㄴ. $b = 1$이다.
ㄷ. ^aX와 ^{a+3b}Y의 중성자수의 차는 6이다.

① ㄱ ② ㄴ ③ ㄱ, ㄷ ④ ㄴ, ㄷ ⑤ ㄱ, ㄴ, ㄷ

33

다음은 원소 X와 Y에 대한 자료이다.

○ X의 동위 원소와 평균 원자량에 대한 자료

동위 원소	원자량	자연계 존재 비율	X의 평균 원자량
^{a}X	a	50 %	80
$^{a+2}$X	$a+2$	50 %	

○ 양성자수는 X가 Y보다 4만큼 크다.

○ 중성자수의 비는 ^{a}X : $^{a-8}$Y = 11 : 10이다.

X의 원자 번호는? (단, X, Y는 임의의 원소 기호이다.) [3점]

① 31   ② 32   ③ 33   ④ 34   ⑤ 35

34

표는 원소 X와 Y에 대한 자료이다.

원소	원자 번호	동위 원소	자연계에 존재하는 비율(%)	평균 원자량
X	29	^{63}X	a	63.6
		^{65}X	$100-a$	
Y	35	^{79}Y	50	y
		^{81}Y	50	

이에 대한 옳은 설명만을 〈보기〉에서 있는 대로 고른 것은? (단, X, Y는 임의의 원소 기호이고, ^{63}X, ^{65}X, ^{79}Y, ^{81}Y의 원자량은 각각 63, 65, 79, 81이다.)

〈 보기 〉
ㄱ. $\dfrac{양성자수}{중성자수}$ 는 ^{79}Y > ^{65}X이다.
ㄴ. $a < 50$이다.
ㄷ. $y = 80$이다.

① ㄱ   ② ㄷ   ③ ㄱ, ㄴ   ④ ㄴ, ㄷ   ⑤ ㄱ, ㄴ, ㄷ

35

표는 원소 X와 Y에 대한 자료이고, $a+b+c=100$이다.

원소	동위 원소	원자량	자연계 존재 비율(%)	평균 원자량
X	^{24}X	24	a	24.3
	^{25}X	25	b	
	^{26}X	26	c	
Y	^{m}Y	m	75	㉠
	$^{m+2}$Y	$m+2$	25	

이에 대한 설명으로 옳은 것만을 〈보기〉에서 있는 대로 고른 것은? (단, X와 Y는 임의의 원소 기호이다.) [3점]

〈 보기 〉
ㄱ. ㉠ = $m + \dfrac{1}{2}$이다.
ㄴ. $^{m+2}$Y$_2$와 ^{m}Y$_2$의 중성자수 차는 2이다.
ㄷ. $a > b + c$이다.

① ㄱ   ② ㄴ   ③ ㄱ, ㄷ   ④ ㄴ, ㄷ   ⑤ ㄱ, ㄴ, ㄷ

---

36 대표 문제

다음은 자연계에 존재하는 원소 X와 Y에 대한 자료이다.

○ X와 Y의 동위 원소에 대한 자료와 평균 원자량

원소	X		Y	
동위 원소	$^{8m-n}$X	$^{8m+n}$X	$^{4m+3n}$Y	$^{5m-3n}$Y
원자량	$8m-n$	$8m+n$	$4m+3n$	$5m-3n$
존재 비율(%)	70	30	a	b
평균 원자량	$8m-\dfrac{2}{5}$		$4m+\dfrac{7}{2}$	

○ XY$_2$의 화학식량은 134.6이고, $a+b=100$이다.

$\dfrac{a}{m+n}$ 는? (단, X와 Y는 임의의 원소 기호이다.)

① $\dfrac{25}{3}$ ② $\dfrac{15}{2}$ ③ $\dfrac{25}{4}$ ④ 5   ⑤ $\dfrac{25}{9}$

표는 원소 X와 Y에 대한 자료이고, $a+b=c+d=100$이다.

원소	원자 번호	동위 원소	자연계에 존재하는 비율(%)	평균 원자량
X	17	^{35}X	a	35.5
		^{37}X	b	
Y	31	^{69}Y	c	69.8
		^{71}Y	d	

이에 대한 설명으로 옳은 것만을 〈보기〉에서 있는 대로 고른 것은? (단, X와 Y는 임의의 원소 기호이고, ^{35}X, ^{37}X, ^{69}Y, ^{71}Y의 원자량은 각각 35.0, 37.0, 69.0, 71.0이다.)

〈 보기 〉

ㄱ. $\dfrac{d}{c}=\dfrac{2}{3}$이다.

ㄴ. $\dfrac{1\,g의\ ^{69}Y에\ 들어\ 있는\ 양성자수}{1\,g의\ ^{71}Y에\ 들어\ 있는\ 양성자수}>1$이다.

ㄷ. X_2 1 mol에 들어 있는 ^{35}X와 ^{37}X의 존재 비율(%)이 각각 a, b일 때, 중성자의 양은 37 mol이다.

① ㄱ　　② ㄷ　　③ ㄱ, ㄴ　　④ ㄴ, ㄷ　　⑤ ㄱ, ㄴ, ㄷ

표는 자연계에 존재하는 원소 X와 Y에 대한 자료이다.

원소	동위 원소	존재 비율(%)	평균 원자량
X	^{m}X	7.5	6.925
	^{m+1}X	92.5	
Y	^{63}Y	a	63.546
	^{65}Y	$100-a$	

이에 대한 옳은 설명만을 〈보기〉에서 있는 대로 고른 것은? (단, X와 Y는 임의의 원소 기호이고, ^{m}X, ^{m+1}X, ^{63}Y, ^{65}Y의 원자량은 각각 m, $m+1$, 63, 65이다.)

〈 보기 〉

ㄱ. $\dfrac{양성자수}{중성자수}$ 는 ^{m+1}X가 ^{m}X보다 크다.

ㄴ. $m=6$이다.

ㄷ. $a<50$이다.

① ㄱ　　② ㄴ　　③ ㄱ, ㄷ　　④ ㄴ, ㄷ　　⑤ ㄱ, ㄴ, ㄷ

다음은 자연계에 존재하는 원소 X와 Y에 대한 자료이다.

○ X와 Y의 동위 원소 존재 비율과 평균 원자량

원소	동위 원소	존재 비율(%)	평균 원자량
X	^{79}X	a	80
	^{81}X	b	
Y	^{m}Y	c	
	^{m+2}Y	d	

○ $a+b=c+d=100$이다.

○ $\dfrac{XY\ 중\ 분자량이\ m+81인\ XY의\ 존재\ 비율(\%)}{Y_2\ 중\ 분자량이\ 2m+4인\ Y_2의\ 존재\ 비율(\%)}=8$이다.

이에 대한 설명으로 옳은 것만을 〈보기〉에서 있는 대로 고른 것은? (단, X와 Y는 임의의 원소 기호이고, ^{79}X, ^{81}X, ^{m}Y, ^{m+2}Y의 원자량은 각각 79, 81, m, $m+2$이다.)

〈 보기 〉

ㄱ. 자연계에서 분자량이 서로 다른 XY는 3가지이다.

ㄴ. Y의 평균 원자량은 $m+1$이다.

ㄷ. 자연계에서 1 mol의 XY 중 $\dfrac{^{81}X^{m}Y의\ 전체\ 중성자수}{^{79}X^{m+2}Y의\ 전체\ 중성자수}=3$ 이다.

① ㄱ　　② ㄴ　　③ ㄱ, ㄷ　　④ ㄴ, ㄷ　　⑤ ㄱ, ㄴ, ㄷ

다음은 자연계에 존재하는 수소(H)와 플루오린(F)에 대한 자료이다.

○ ^1_1H, ^2_1H, ^3_1H의 존재 비율(%)은 각각 a, b, c이다.

○ $a+b+c=100$이고, $a>b>c$이다.

○ F은 $^{19}_9F$으로만 존재한다.

○ ^1_1H, ^2_1H, ^3_1H, $^{19}_9F$의 원자량은 각각 1, 2, 3, 19이다.

이에 대한 설명으로 옳은 것만을 〈보기〉에서 있는 대로 고른 것은?

---〈 보기 〉---

ㄱ. H의 평균 원자량은 $\dfrac{a+2b+3c}{100}$이다.

ㄴ. $\dfrac{\text{분자량이 5인 } H_2\text{의 존재 비율(\%)}}{\text{분자량이 6인 } H_2\text{의 존재 비율(\%)}} > 2$이다.

ㄷ. $\dfrac{1 \text{ mol의 } H_2 \text{ 중 분자량이 3인 } H_2\text{의 전체 중성자의 수}}{1 \text{ mol의 HF 중 분자량이 20인 HF의 전체 중성자의 수}}$

$= \dfrac{b}{500}$이다.

---

① ㄱ   ② ㄷ   ③ ㄱ, ㄴ   ④ ㄴ, ㄷ   ⑤ ㄱ, ㄴ, ㄷ

다음은 자연계에 존재하는 분자 XCl_3와 관련된 자료이다.

○ X와 Cl의 동위 원소의 존재 비율과 원자량

동위 원소		존재 비율	원자량
X의	^mX	a	m
동위 원소	^{m+1}X	$100-a$	$m+1$
Cl의	^{35}Cl	75	35
동위 원소	^{37}Cl	25	37

○ $\dfrac{\text{분자량이 가장 큰 } XCl_3\text{의 존재 비율}}{\text{분자량이 가장 작은 } XCl_3\text{의 존재 비율}} = \dfrac{4}{27}$

X의 평균 원자량은? (단, X는 임의의 원소 기호이다.) [3점]

① $m+\dfrac{1}{5}$ ② $m+\dfrac{1}{4}$ ③ $m+\dfrac{1}{3}$ ④ $m+\dfrac{2}{3}$ ⑤ $m+\dfrac{4}{5}$

그림은 원자 A~D의 중성자수(a)와 전자 수 (b)의 차($a-b$)와 질량수를 나타낸 것이다. A~D는 원소 X의 동위 원소이고, A~D의 중성자수 합은 96이다.

$\dfrac{1 \text{ g의 A에 들어 있는 중성자수}}{1 \text{ g의 D에 들어 있는 중성자수}}$ 는? (단, X는 임의의 원소 기호이고, A, B, C, D의 원자량은 각각 $m-4$, $m-2$, $m+2$, $m+4$이다.) [3점]

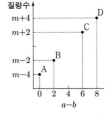

① $\dfrac{6}{7}$ ② $\dfrac{7}{8}$ ③ $\dfrac{8}{7}$ ④ $\dfrac{6}{5}$ ⑤ $\dfrac{4}{3}$

7
일차

한눈에 정리하는
평가원 기출 경향

주제 \ 학년도	2025	2024	2023

원자 모형의 변천

현대 원자 모형

30
2025학년도 수능 화I 9번

표는 바닥상태 마그네슘(Mg) 원자의 전자 배치에서 전자가 들어 있는 오비탈 (가)~(라)에 대한 자료이다. n은 주 양자수, l은 방위(부) 양자수, m_l은 자기 양자수이다.

오비탈	(가)	(나)	(다)	(라)
$\dfrac{1}{n+m_l}$ (상댓값)	2	a	a	$2a$
$n+l+m_l$	4	3	2	1

이에 대한 설명으로 옳은 것만을 〈보기〉에서 있는 대로 고른 것은?

〈보기〉
ㄱ. (가)의 l은 1이다.
ㄴ. m_l는 (나)와 (다)가 같다.
ㄷ. 에너지 준위는 (라)>(다)이다.

① ㄱ ② ㄷ ③ ㄱ, ㄴ ④ ㄴ, ㄷ ⑤ ㄱ, ㄴ, ㄷ

19
2024학년도 수능 화I 10번

다음은 바닥상태 탄소(C) 원자의 전자 배치에서 전자가 들어 있는 오비탈 (가)~(라)에 대한 자료이다. n은 주 양자수, l은 방위(부) 양자수, m_l은 자기 양자수이다.

○ $n-l$는 (가)>(나)이다.
○ $l-m_l$는 (다)>(나)=(라)이다.
○ $\dfrac{n+l+m_l}{n}$는 (라)>(나)=(다)이다.

이에 대한 설명으로 옳은 것만을 〈보기〉에서 있는 대로 고른 것은? [3점]

〈보기〉
ㄱ. (나)는 $1s$이다.
ㄴ. (다)에 들어 있는 전자 수는 2이다.
ㄷ. 에너지 준위는 (라)>(가)이다.

① ㄱ ② ㄴ ③ ㄱ, ㄷ ④ ㄴ, ㄷ ⑤ ㄱ, ㄴ, ㄷ

---

13 대표문제
2023학년도 수능 화I 11번

그림은 수소 원자의 오비탈 (가)~(라)의 $n+l$과 $\dfrac{n+l+m_l}{n}$을 나타낸 것이다. n은 주 양자수이고, l은 방위(부) 양자수이며, m_l은 자기 양자수이다.

이에 대한 설명으로 옳은 것만을 〈보기〉에서 있는 대로 고른 것은? [3점]

〈보기〉
ㄱ. (나)는 $3s$이다.
ㄴ. 에너지 준위는 (가)와 (다)가 같다.
ㄷ. m_l는 (가)와 (라)가 같다.

① ㄱ ② ㄴ ③ ㄷ ④ ㄱ, ㄴ ⑤ ㄴ, ㄷ

21
2025학년도 9월 모평 화I 7번

다음은 바닥상태 질소(N) 원자의 전자 배치에서 전자가 들어 있는 오비탈 (가)~(다)에 대한 자료이다. n은 주 양자수, l은 방위(부) 양자수, m_l은 자기 양자수이다.

○ $n+l$는 (나)=(다)>(가)이다.
○ $n-m_l$는 (다)>(나)>(가)이다.

이에 대한 설명으로 옳은 것만을 〈보기〉에서 있는 대로 고른 것은?

〈보기〉
ㄱ. (가)는 $1s$이다.
ㄴ. (나)의 m_l는 +1이다.
ㄷ. 에너지 준위는 (나)>(다)이다.

① ㄱ ② ㄴ ③ ㄷ ④ ㄱ, ㄴ ⑤ ㄱ, ㄷ

20
2024학년도 9월 모평 화I 7번

다음은 바닥상태 Mg의 전자 배치에서 전자가 들어 있는 오비탈 (가)~(라)에 대한 자료이다. n은 주 양자수, l은 방위(부) 양자수, m_l은 자기 양자수이다.

○ $n+l$는 (가)>(나)>(다)이다.
○ m_l는 (나)=(라)>(가)이다.
○ (가)~(라) 중 $l+m_l$는 (라)가 가장 크다.

이에 대한 설명으로 옳은 것만을 〈보기〉에서 있는 대로 고른 것은? [3점]

〈보기〉
ㄱ. 에너지 준위는 (가)=(나)이다.
ㄴ. (가)의 $l+m_l$는 0이다.
ㄷ. (라)는 $3s$이다.

① ㄱ ② ㄴ ③ ㄱ, ㄴ ④ ㄱ, ㄷ ⑤ ㄴ, ㄷ

29
2023학년도 9월 모평 화I 15번

표는 2, 3주기 바닥상태 원자 A~C에 대한 자료이다. n은 주 양자수이고, l은 방위(부) 양자수, m_l은 자기 양자수이다.

원자	A	B	C
$n-l=1$인 오비탈에 들어 있는 전자 수	6	x	8
$n-l=2$인 오비탈에 들어 있는 전자 수	x	2	$2x$

이에 대한 설명으로 옳은 것만을 〈보기〉에서 있는 대로 고른 것은? (단, A~C는 임의의 원소 기호이다.) [3점]

〈보기〉
ㄱ. $x=2$이다.
ㄴ. A에서 전자가 들어 있는 오비탈 중 $l+m_l=1$인 오비탈이 있다.
ㄷ. 원자가 전자 수는 B와 C가 같다.

① ㄱ ② ㄷ ③ ㄱ, ㄴ ④ ㄴ, ㄷ ⑤ ㄱ, ㄴ, ㄷ

---

22 대표문제
2025학년도 6월 모평 화I 8번

다음은 바닥상태 네온(Ne)의 전자 배치에서 전자가 들어 있는 오비탈 (가)~(다)에 대한 자료이다. n은 주 양자수이고, m_l은 자기 양자수이다.

○ n는 (가)=(나)>(다)이다.
○ $n+m_l$는 (가)=(다)이다.
○ (가)~(다)의 m_l 합은 0이다.

이에 대한 설명으로 옳은 것만을 〈보기〉에서 있는 대로 고른 것은?

〈보기〉
ㄱ. (나)의 m_l는 +1이다.
ㄴ. (다)는 $1s$이다.
ㄷ. 방위(부) 양자수(l)는 (가)>(다)이다.

① ㄱ ② ㄴ ③ ㄱ, ㄷ ④ ㄴ, ㄷ ⑤ ㄱ, ㄴ, ㄷ

23
2024학년도 6월 모평 화I 15번

다음은 수소 원자의 오비탈 (가)~(라)에 대한 자료이다. n은 주 양자수, l은 방위(부) 양자수, m_l은 자기 양자수이다.

○ $n+l$는 (가)~(라)에서 각각 3 이하이고, (가)>(나)이다.
○ n는 (나)>(라)이고, 에너지 준위는 (나)=(라)이다.
○ m_l는 (라)>(나)이고, (가)~(라)의 m_l 합은 0이다.

이에 대한 설명으로 옳은 것만을 〈보기〉에서 있는 대로 고른 것은?

〈보기〉
ㄱ. (다)는 $1s$이다.
ㄴ. m_l는 (나)=(다)이다.
ㄷ. 에너지 준위는 (가)>(라)이다.

① ㄱ ② ㄷ ③ ㄱ, ㄴ ④ ㄴ, ㄷ ⑤ ㄱ, ㄴ, ㄷ

2023

2022 ~ 2019

28

2023학년도 9월 모평 화Ⅰ 11번

다음은 ㉠과 ㉡에 대한 설명과 2주기 바닥상태 원자 X~Z에 대한 자료이다. n은 주 양자수이고, l은 방위(부) 양자수이다.

> ○ ㉠: 각 원자의 바닥상태 전자 배치에서 전자가 들어 있는 오비탈 중 n가 가장 큰 오비탈
> ○ ㉡: 각 원자의 바닥상태 전자 배치에서 전자가 들어 있는 오비탈 중 $n+l$가 가장 큰 오비탈

원자	X	Y	Z
㉠에 들어 있는 전자 수(상댓값)	1	2	4
㉡에 들어 있는 전자 수(상댓값)	1	1	3

이에 대한 설명으로 옳은 것만을 〈보기〉에서 있는 대로 고른 것은? (단, X~Z는 임의의 원소 기호이다.) [3점]

〈보기〉
ㄱ. Z는 18족 원소이다.
ㄴ. 홀전자 수는 X와 Z가 같다.
ㄷ. 전자가 들어 있는 오비탈 수 비는 X : Y = 1 : 2이다.

① ㄱ   ② ㄷ   ③ ㄱ, ㄷ   ④ ㄴ, ㄷ   ⑤ ㄱ, ㄴ, ㄷ

06

2022학년도 수능 화Ⅰ 9번

다음은 수소 원자의 오비탈 (가)~(다)에 대한 자료이다. n은 주 양자수이고, l은 방위(부) 양자수이다.

> ○ (가)~(다)는 각각 2s, 2p, 3s 중 하나이다.
> ○ 에너지 준위는 (가) > (나)이다.
> ○ $n+l$는 (나) > (다)이다.

이에 대한 설명으로 옳은 것만을 〈보기〉에서 있는 대로 고른 것은?

〈보기〉
ㄱ. (가)의 자기 양자수(m_l)는 0이다.
ㄴ. (나)의 $n+l=2$이다.
ㄷ. (다)의 모양은 구형이다.

① ㄱ   ② ㄴ   ③ ㄱ, ㄷ   ④ ㄴ, ㄷ   ⑤ ㄱ, ㄴ, ㄷ

01

2022학년도 9월 모평 화Ⅰ 4번

다음은 학생 A가 가설을 세우고 수행한 탐구 활동이다.

> [가설]
> ○ 수소 원자의 오비탈 에너지 준위는 ㉠가 커질수록 높아진다.
>
> [탐구 과정]
> (가) 수소 원자에서 주 양자수(n)가 1~3인 모든 오비탈 종류와 에너지 준위를 조사한다.
> (나) (가)에서 조사한 오비탈 에너지 준위를 비교한다.
>
> [탐구 결과]
>
> | 주 양자수(n) | 1 | 2 | 2 | 3 | 3 | 3 |
> |---|---|---|---|---|---|---|
> | 오비탈 종류 | s | ㉡ | s | p | s | d |
>
> ○ 오비탈 에너지 준위: $1s < 2s = 2p < 3s = 3p = 3d$
>
> [결론]
> ○ 가설은 옳다.

학생 A의 결론이 타당할 때, ㉠과 ㉡으로 가장 적절한 것은? [3점]

	㉠	㉡
①	주 양자수(n)	s
②	주 양자수(n)	p
③	주 양자수(n)	d
④	방위(부) 양자수(l)	s
⑤	방위(부) 양자수(n)	p

09

2023학년도 6월 모평 화Ⅰ 4번

표는 수소 원자의 서로 다른 오비탈 (가)~(라)에 대한 자료이다. (가)~(라)는 각각 2s, 2p, 3s, 3p 중 하나이며 n은 주 양자수이고, l은 방위(부) 양자수이다.

오비탈	(가)	(나)	(다)	(라)
$n+l$	a	3	3	
$2l+1$				b

이에 대한 설명으로 옳은 것만을 〈보기〉에서 있는 대로 고른 것은? [3점]

〈보기〉
ㄱ. (라)는 2p이다.
ㄴ. $a+b=5$이다.
ㄷ. 에너지 준위는 (나) > (다)이다.

① ㄱ   ② ㄷ   ③ ㄱ, ㄷ   ④ ㄴ, ㄷ   ⑤ ㄱ, ㄴ, ㄷ

07

2022학년도 6월 모평 화Ⅰ 9번

다음은 수소 원자의 오비탈 (가)~(다)에 대한 자료이다. n은 주 양자수이고, l은 방위(부) 양자수이다.

> ○ (가)~(다)는 각각 2s, 2p, 3s, 3p 중 하나이다.
> ○ (나)의 모양은 구형이다.
> ○ $n-l$는 (다) > (나) > (가)이다.

(가)~(다)의 에너지 준위를 비교한 것으로 옳은 것은?

① (가) = (나) > (다)
② (나) > (가) > (다)
③ (나) > (다) > (가)
④ (다) > (가) = (나)
⑤ (다) > (가) > (나)

10

2021학년도 수능 화Ⅰ 7번

표는 수소 원자의 오비탈 (가)~(다)에 대한 자료이다. n, l, m_l는 각각 주 양자수, 방위(부) 양자수, 자기 양자수이다.

	$n+l$	$l+m_l$
(가)	1	0
(나)	2	0
(다)	3	1

이에 대한 설명으로 옳은 것만을 〈보기〉에서 있는 대로 고른 것은? [3점]

〈보기〉
ㄱ. 방위(부) 양자수(l)는 (가) = (나)이다.
ㄴ. 에너지 준위는 (가) > (나)이다.
ㄷ. (다)의 모양은 구형이다.

① ㄱ   ② ㄴ   ③ ㄱ, ㄷ   ④ ㄴ, ㄷ   ⑤ ㄱ, ㄴ, ㄷ

---

03 대표문제

2021학년도 9월 모평 화Ⅰ 10번

그림은 오비탈 (가), (나)를 모형으로 나타낸 것이고, 표는 오비탈 A, B에 대한 자료이다. (가), (나)는 각각 A, B 중 하나이다.

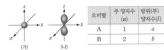

오비탈	주 양자수(n)	방위(부) 양자수(l)
A	1	a
B	2	b

이에 대한 설명으로 옳은 것만을 〈보기〉에서 있는 대로 고른 것은? [3점]

〈보기〉
ㄱ. (가)는 A이다.
ㄴ. $a+b=2$이다.
ㄷ. (나)의 자기 양자수(m_l)는 $+\frac{1}{2}$이다.

① ㄱ   ② ㄴ   ③ ㄱ, ㄷ   ④ ㄴ, ㄷ   ⑤ ㄱ, ㄴ, ㄷ

02

2021학년도 6월 모평 화Ⅰ 12번

그림은 수소 원자의 오비탈 (가)~(다)를 모형으로 나타낸 것이다. (가)~(다)는 각각 1s, 2s, 2p 오비탈 중 하나이다. 수소 원자의 바닥상태 전자 배치에서 전자는 (다)에 들어 있다.

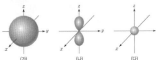

이에 대한 설명으로 옳은 것만을 〈보기〉에서 있는 대로 고른 것은? [3점]

〈보기〉
ㄱ. 주 양자수(n)는 (나) > (가)이다.
ㄴ. 방위(부) 양자수(l)는 (가) = (다)이다.
ㄷ. 에너지 준위는 (나) > (가)이다.

① ㄱ   ② ㄴ   ③ ㄷ   ④ ㄱ, ㄴ   ⑤ ㄴ, ㄷ

01

다음은 학생 A가 가설을 세우고 수행한 탐구 활동이다.

[가설]

○ 수소 원자의 오비탈 에너지 준위는 가 커질수록 높아진다.

[탐구 과정]

(가) 수소 원자에서 주 양자수(n)가 1~3인 모든 오비탈 종류와 에너지 준위를 조사한다.

(나) (가)에서 조사한 오비탈 에너지 준위를 비교한다.

[탐구 결과]

주 양자수(n)	1	2	2	3	3	3
오비탈 종류	s	ⓛ	p	s	p	d

○ 오비탈 에너지 준위: $1s<2s=2p<3s=3p=3d$

[결론]

○ 가설은 옳다.

학생 A의 결론이 타당할 때, ㉠과 ⓛ으로 가장 적절한 것은? [3점]

	㉠	ⓛ
①	주 양자수(n)	s
②	주 양자수(n)	p
③	주 양자수(n)	d
④	방위(부) 양자수(l)	s
⑤	방위(부) 양자수(n)	p

02

그림은 수소 원자의 오비탈 (가)~(다)를 모형으로 나타낸 것이다. (가)~(다)는 각각 $1s$, $2s$, $2p_z$ 오비탈 중 하나이다. 수소 원자의 바닥상태 전자 배치에서 전자는 (다)에 들어 있다.

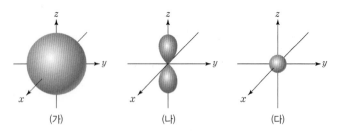

이에 대한 설명으로 옳은 것만을 〈보기〉에서 있는 대로 고른 것은? [3점]

〈보기〉

ㄱ. 주 양자수(n)는 (나)>(가)이다.

ㄴ. 방위(부) 양자수(l)는 (가)=(다)이다.

ㄷ. 에너지 준위는 (나)>(가)이다.

① ㄱ   ② ㄴ   ③ ㄷ   ④ ㄱ, ㄴ   ⑤ ㄴ, ㄷ

03 대표 문제

그림은 오비탈 (가), (나)를 모형으로 나타낸 것이고, 표는 오비탈 A, B에 대한 자료이다. (가), (나)는 각각 A, B 중 하나이다.

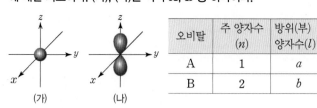

오비탈	주 양자수(n)	방위(부) 양자수(l)
A	1	a
B	2	b

이에 대한 설명으로 옳은 것만을 〈보기〉에서 있는 대로 고른 것은? [3점]

〈보기〉

ㄱ. (가)는 A이다.

ㄴ. $a+b=2$이다.

ㄷ. (나)의 자기 양자수(m_l)는 $+\frac{1}{2}$이다.

① ㄱ   ② ㄴ   ③ ㄱ, ㄷ   ④ ㄴ, ㄷ   ⑤ ㄱ, ㄴ, ㄷ

04

그림은 바닥상태 나트륨($_{11}$Na) 원자에서 전자가 들어 있는 오비탈 중 (가)~(다)를 모형으로 나타낸 것이다. (가)~(다) 중 에너지 준위는 (가)가 가장 높다.

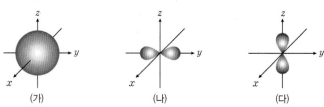

이에 대한 옳은 설명만을 〈보기〉에서 있는 대로 고른 것은? [3점]

〈보기〉

ㄱ. 주 양자수(n)는 (가)>(나)이다.

ㄴ. (나)에 들어 있는 전자 수는 1이다.

ㄷ. 에너지 준위는 (나)와 (다)가 같다.

① ㄱ   ② ㄴ   ③ ㄱ, ㄷ   ④ ㄴ, ㄷ   ⑤ ㄱ, ㄴ, ㄷ

05

그림은 바닥상태 나트륨($_{11}$Na) 원자에서 전자가 들어 있는 오비탈 (가), (나)를 모형으로 나타낸 것이다. 에너지 준위는 (가)가 (나)보다 높다.

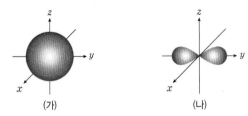

이에 대한 설명으로 옳은 것만을 〈보기〉에서 있는 대로 고른 것은? [3점]

〈 보기 〉
ㄱ. (가)와 (나)에 들어 있는 전자의 주 양자수(n)는 같다.
ㄴ. 오비탈에 들어 있는 전자 수는 (나)가 (가)의 2배이다.
ㄷ. (가)에 들어 있는 전자의 방위(부) 양자수(l)는 1이다.

① ㄱ   ② ㄴ   ③ ㄷ   ④ ㄱ, ㄴ   ⑤ ㄴ, ㄷ

06

다음은 수소 원자의 오비탈 (가)~(다)에 대한 자료이다. n은 주 양자수이고, l은 방위(부) 양자수이다.

○ (가)~(다)는 각각 $2s$, $2p$, $3s$ 중 하나이다.
○ 에너지 준위는 (가)>(나)이다.
○ $n+l$는 (나)>(다)이다.

이에 대한 설명으로 옳은 것만을 〈보기〉에서 있는 대로 고른 것은?

〈 보기 〉
ㄱ. (가)의 자기 양자수(m_l)는 0이다.
ㄴ. (나)의 $n+l=2$이다.
ㄷ. (다)의 모양은 구형이다.

① ㄱ   ② ㄴ   ③ ㄱ, ㄷ   ④ ㄴ, ㄷ   ⑤ ㄱ, ㄴ, ㄷ

07

다음은 수소 원자의 오비탈 (가)~(다)에 대한 자료이다. n은 주 양자수이고, l은 방위(부) 양자수이다.

○ (가)~(다)는 각각 $2s$, $2p$, $3s$, $3p$ 중 하나이다.
○ (나)의 모양은 구형이다.
○ $n-l$는 (다)>(나)>(가)이다.

(가)~(다)의 에너지 준위를 비교한 것으로 옳은 것은?

① (가)=(나)>(다)
② (나)>(가)>(다)
③ (나)>(다)>(가)
④ (다)>(가)=(나)
⑤ (다)>(가)>(나)

08

다음은 수소 원자의 오비탈 (가)~(다)에 대한 자료이다. n은 주 양자수이고, l은 방위(부) 양자수이다.

○ (가)~(다)의 $n+l$

오비탈	(가)	(나)	(다)
$n+l$	3	a	3

○ (가)의 모양은 구형이다.
○ 에너지 준위는 (가)>(다)>(나)이다.

이에 대한 설명으로 옳은 것만을 〈보기〉에서 있는 대로 고른 것은?

〈 보기 〉
ㄱ. (가)는 $3s$이다.
ㄴ. $a=2$이다.
ㄷ. (다)의 l는 0이다.

① ㄱ   ② ㄴ   ③ ㄱ, ㄷ   ④ ㄴ, ㄷ   ⑤ ㄱ, ㄴ, ㄷ

09

표는 수소 원자의 서로 다른 오비탈 (가)~(라)에 대한 자료이다. (가)~(라)는 각각 $2s$, $2p$, $3s$, $3p$ 중 하나이며 n은 주 양자수이고, l은 방위(부) 양자수이다.

오비탈	(가)	(나)	(다)	(라)
$n+l$	a	3	3	
$2l+1$	1	1		b

이에 대한 설명으로 옳은 것만을 〈보기〉에서 있는 대로 고른 것은? [3점]

〈 보기 〉
ㄱ. (라)는 $2p$이다.
ㄴ. $a+b=5$이다.
ㄷ. 에너지 준위는 (나)>(다)이다.

① ㄱ   ② ㄷ   ③ ㄱ, ㄴ   ④ ㄴ, ㄷ   ⑤ ㄱ, ㄴ, ㄷ

11

표는 수소 원자의 오비탈 (가)~(다)에 대한 자료이다. n은 주 양자수, l은 방위(부) 양자수, m_l은 자기 양자수이다.

오비탈	$n+l$	$n+m_l$	$l+m_l$
(가)	a		0
(나)	$4-a$		2
(다)	$5-a$	2	

이에 대한 옳은 설명만을 〈보기〉에서 있는 대로 고른 것은?

〈 보기 〉
ㄱ. $a=2$이다.
ㄴ. (가)의 모양은 구형이다.
ㄷ. 에너지 준위는 (다)>(나)이다.

① ㄱ   ② ㄷ   ③ ㄱ, ㄴ   ④ ㄴ, ㄷ   ⑤ ㄱ, ㄴ, ㄷ

10

표는 수소 원자의 오비탈 (가)~(다)에 대한 자료이다. n, l, m_l는 각각 주 양자수, 방위(부) 양자수, 자기 양자수이다.

	$n+l$	$l+m_l$
(가)	1	0
(나)	2	0
(다)	3	1

이에 대한 설명으로 옳은 것만을 〈보기〉에서 있는 대로 고른 것은? [3점]

〈 보기 〉
ㄱ. 방위(부) 양자수(l)는 (가)=(나)이다.
ㄴ. 에너지 준위는 (가)>(나)이다.
ㄷ. (다)의 모양은 구형이다.

① ㄱ   ② ㄴ   ③ ㄱ, ㄷ   ④ ㄴ, ㄷ   ⑤ ㄱ, ㄴ, ㄷ

12

그림은 수소 원자의 오비탈 (가)~(라)에 대한 자료이다. n, l, m_l는 각각 주 양자수, 방위(부) 양자수, 자기 양자수이다.

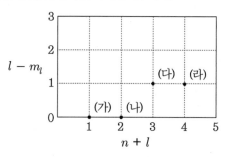

이에 대한 설명으로 옳은 것만을 〈보기〉에서 있는 대로 고른 것은? [3점]

〈 보기 〉
ㄱ. (가)의 모양은 구형이다.
ㄴ. 자기 양자수(m_l)는 (다)와 (라)가 다르다.
ㄷ. 에너지 준위는 (다)>(나)이다.

① ㄱ   ② ㄴ   ③ ㄱ, ㄷ   ④ ㄴ, ㄷ   ⑤ ㄱ, ㄴ, ㄷ

13 대표문제

2023학년도 수능 화I 11번

그림은 수소 원자의 오비탈 (가)~(라)의 $n+l$과 $\dfrac{n+l+m_l}{n}$을 나타낸 것이다. n은 주 양자수이고, l은 방위(부) 양자수이며, m_l은 자기 양자수이다.

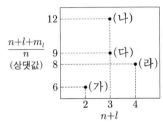

이에 대한 설명으로 옳은 것만을 〈보기〉에서 있는 대로 고른 것은? [3점]

〈 보기 〉
ㄱ. (나)는 $3s$이다.
ㄴ. 에너지 준위는 (가)와 (다)가 같다.
ㄷ. m_l는 (가)와 (라)가 같다.

① ㄱ   ② ㄴ   ③ ㄷ   ④ ㄱ, ㄴ   ⑤ ㄴ, ㄷ

14

2022학년도 4월 학평 화I 12번

다음은 바닥상태 염소($_{17}Cl$) 원자에서 전자가 들어 있는 오비탈 (가)~(다)에 대한 자료이다. n, l은 각각 주 양자수, 방위(부) 양자수이다.

○ (가)~(다)의 n의 총합은 8이다.
○ $n+l$은 (나)>(가)=(다)이다.
○ l는 (가)=(나)이다.

이에 대한 설명으로 옳은 것만을 〈보기〉에서 있는 대로 고른 것은? [3점]

〈 보기 〉
ㄱ. (가)는 $3s$이다.
ㄴ. (다)의 자기 양자수(m_l)는 1이다.
ㄷ. n는 (나)와 (다)가 같다.

① ㄱ   ② ㄷ   ③ ㄱ, ㄴ   ④ ㄴ, ㄷ   ⑤ ㄱ, ㄴ, ㄷ

15

2022학년도 10월 학평 화I 4번

다음은 수소 원자의 오비탈 (가)~(다)에 대한 자료이다. n은 주 양자수, l은 방위(부) 양자수이다.

○ (가)~(다)는 각각 $2p$, $3s$, $3p$ 오비탈 중 하나이다.
○ 에너지 준위는 (가)>(나)이다.
○ $n+l$은 (나)와 (다)가 같다.

이에 대한 옳은 설명만을 〈보기〉에서 있는 대로 고른 것은?

〈 보기 〉
ㄱ. (가)의 모양은 구형이다.
ㄴ. 에너지 준위는 (가)>(다)이다.
ㄷ. l은 (나)>(다)이다.

① ㄱ   ② ㄷ   ③ ㄱ, ㄴ   ④ ㄴ, ㄷ   ⑤ ㄱ, ㄴ, ㄷ

16

2021학년도 7월 학평 화I 13번

표는 바닥상태의 인($_{15}P$) 원자에서 전자가 들어 있는 오비탈 중 3가지 오비탈 (가)~(다)에 대한 자료이다. n, l, m_l는 각각 주 양자수, 방위(부) 양자수, 자기 양자수이다.

	$n+l$	$n+m_l$	$l+m_l$
(가)	2	a	0
(나)	3	2	b
(다)	c	4	2

$a+b+c$는?

① 4   ② 5   ③ 6   ④ 7   ⑤ 8

17

표는 바닥상태 알루미늄($_{13}$Al) 원자에서 전자가 들어 있는 오비탈 (가)~(다)에 대한 자료이다. ㉠은 주 양자수(n)와 방위(부) 양자수(l) 중 하나이다.

오비탈	(가)	(나)	(다)
㉠		1	
$n+l$	$a-1$	a	$a+1$

이에 대한 설명으로 옳은 것만을 〈보기〉에서 있는 대로 고른 것은? [3점]

〈 보기 〉
ㄱ. ㉠은 n이다.
ㄴ. (가)의 자기 양자수(m_l)는 0이다.
ㄷ. (다)에 들어 있는 전자 수는 2이다.

① ㄱ　　② ㄴ　　③ ㄷ　　④ ㄱ, ㄴ　　⑤ ㄴ, ㄷ

18

다음은 3주기 바닥상태 원자 X의 전자가 들어 있는 오비탈 (가)~(다)에 대한 자료이다. n, l은 각각 주 양자수, 방위(부) 양자수이다.

○ n은 (가)~(다)가 모두 다르다.
○ $(n+l)$은 (가)와 (나)가 같다.
○ $(n-l)$은 (나)와 (다)가 같다.
○ 오비탈에 들어 있는 전자 수는 (다)>(가)이다.

이에 대한 옳은 설명만을 〈보기〉에서 있는 대로 고른 것은? (단, X는 임의의 원소 기호이다.) [3점]

〈 보기 〉
ㄱ. l은 (나)>(가)이다.
ㄴ. 에너지 준위는 (다)>(가)이다.
ㄷ. X의 홀전자 수는 1이다.

① ㄱ　　② ㄴ　　③ ㄱ, ㄷ　　④ ㄴ, ㄷ　　⑤ ㄱ, ㄴ, ㄷ

19

다음은 바닥상태 탄소(C) 원자의 전자 배치에서 전자가 들어 있는 오비탈 (가)~(라)에 대한 자료이다. n은 주 양자수, l은 방위(부) 양자수, m_l은 자기 양자수이다.

○ $n-l$는 (가)>(나)이다.
○ $l-m_l$는 (다)>(나)=(라)이다.
○ $\dfrac{n+l+m_l}{n}$는 (라)>(나)=(다)이다.

이에 대한 설명으로 옳은 것만을 〈보기〉에서 있는 대로 고른 것은? [3점]

〈 보기 〉
ㄱ. (나)는 $1s$이다.
ㄴ. (다)에 들어 있는 전자 수는 2이다.
ㄷ. 에너지 준위는 (라)>(가)이다.

① ㄱ　　② ㄴ　　③ ㄱ, ㄷ　　④ ㄴ, ㄷ　　⑤ ㄱ, ㄴ, ㄷ

20

다음은 바닥상태 Mg의 전자 배치에서 전자가 들어 있는 오비탈 (가)~(라)에 대한 자료이다. n은 주 양자수, l은 방위(부) 양자수, m_l은 자기 양자수이다.

○ $n+l$는 (가)>(나)>(다)이다.
○ m_l는 (나)=(라)>(가)이다.
○ (가)~(라) 중 $l+m_l$는 (라)가 가장 크다.

이에 대한 설명으로 옳은 것만을 〈보기〉에서 있는 대로 고른 것은? [3점]

〈 보기 〉
ㄱ. 에너지 준위는 (가)=(나)이다.
ㄴ. (가)의 $l+m_l=0$이다.
ㄷ. (라)는 $3s$이다.

① ㄱ　　② ㄴ　　③ ㄱ, ㄴ　　④ ㄱ, ㄷ　　⑤ ㄴ, ㄷ

21

다음은 바닥상태 질소(N) 원자의 전자 배치에서 전자가 들어 있는 오비탈 (가)~(다)에 대한 자료이다. n은 주 양자수, l은 방위(부) 양자수, m_l은 자기 양자수이다.

○ $n+l$는 (나)=(다)>(가)이다.
○ $n-m_l$는 (다)>(나)>(가)이다.

이에 대한 설명으로 옳은 것만을 〈보기〉에서 있는 대로 고른 것은?

〈 보기 〉
ㄱ. (가)는 $1s$이다.
ㄴ. (나)의 m_l는 +1이다.
ㄷ. 에너지 준위는 (나)>(다)이다.

① ㄱ   ② ㄴ   ③ ㄷ   ④ ㄱ, ㄴ   ⑤ ㄱ, ㄷ

23

다음은 수소 원자의 오비탈 (가)~(라)에 대한 자료이다. n은 주 양자수, l은 방위(부) 양자수, m_l은 자기 양자수이다.

○ $n+l$는 (가)~(라)에서 각각 3 이하이고, (가)>(나)이다.
○ n는 (나)>(다)이고, 에너지 준위는 (나)=(라)이다.
○ m_l는 (라)>(나)이고, (가)~(라)의 m_l 합은 0이다.

이에 대한 설명으로 옳은 것만을 〈보기〉에서 있는 대로 고른 것은?

〈 보기 〉
ㄱ. (다)는 $1s$이다.
ㄴ. m_l는 (나)>(가)이다.
ㄷ. 에너지 준위는 (가)>(라)이다.

① ㄱ   ② ㄷ   ③ ㄱ, ㄴ   ④ ㄴ, ㄷ   ⑤ ㄱ, ㄴ, ㄷ

22 문제

다음은 바닥상태 네온(Ne)의 전자 배치에서 전자가 들어 있는 오비탈 (가)~(다)에 대한 자료이다. n은 주 양자수이고, m_l은 자기 양자수이다.

○ n는 (가)=(나)>(다)이다.
○ $n+m_l$는 (가)=(다)이다.
○ (가)~(다)의 m_l 합은 0이다.

이에 대한 설명으로 옳은 것만을 〈보기〉에서 있는 대로 고른 것은?

〈 보기 〉
ㄱ. (나)의 m_l는 +1이다.
ㄴ. (다)는 $1s$이다.
ㄷ. 방위(부) 양자수(l)는 (가)>(다)이다.

① ㄱ   ② ㄴ   ③ ㄱ, ㄷ   ④ ㄴ, ㄷ   ⑤ ㄱ, ㄴ, ㄷ

24

표는 2, 3주기 바닥상태 원자 X~Z에 대한 자료이다.

원자	X	Y	Z
모든 전자의 주 양자수(n)의 합	a	$a+4$	$a+9$

X~Z에 대한 옳은 설명만을 〈보기〉에서 있는 대로 고른 것은? (단, X~Z는 임의의 원소 기호이다.) [3점]

〈 보기 〉
ㄱ. 3주기 원소는 1가지이다.
ㄴ. 전자가 들어 있는 오비탈 수는 Y>X이다.
ㄷ. 모든 전자의 방위(부) 양자수(l)의 합은 Z가 X의 2배이다.

① ㄱ   ② ㄷ   ③ ㄱ, ㄴ   ④ ㄱ, ㄷ   ⑤ ㄴ, ㄷ

표는 2, 3주기 바닥상태 원자 A~C에 대한 자료이다. n은 주 양자수, l은 방위(부) 양자수, m_l은 자기 양자수이다.

원자	A	B	C
$n-l=2$인 오비탈에 들어 있는 전자 수	3	x	7
$n+l=3$인 오비탈에 들어 있는 전자 수		6	

이에 대한 설명으로 옳은 것만을 〈보기〉에서 있는 대로 고른 것은? (단, A~C는 임의의 원소 기호이다.) [3점]

〈 보기 〉
ㄱ. $x=2$이다.
ㄴ. 전자가 들어 있는 s 오비탈 수는 A와 C가 같다.
ㄷ. B에서 전자가 들어 있는 오비탈 중 $l+m_l=2$인 오비탈이 있다.

① ㄱ   ② ㄷ   ③ ㄱ, ㄴ   ④ ㄴ, ㄷ   ⑤ ㄱ, ㄴ, ㄷ

표는 바닥상태 질소(N) 원자의 전자 배치에서 전자가 들어 있는 오비탈 (가)~(라)에 대한 자료이다. n은 주 양자수, l은 방위(부) 양자수, m_l은 자기 양자수이다.

오비탈	(가)	(나)	(다)	(라)
$n+l$	1	3	3	x
$\dfrac{2l+m_l+1}{n}$	1	1	x	$\dfrac{1}{2}$

이에 대한 옳은 설명만을 〈보기〉에서 있는 대로 고른 것은? [3점]

〈 보기 〉
ㄱ. $x=2$이다.
ㄴ. m_l는 (가)와 (다)가 같다.
ㄷ. 에너지 준위는 (나)와 (라)가 같다.

① ㄱ   ② ㄴ   ③ ㄱ, ㄷ   ④ ㄴ, ㄷ   ⑤ ㄱ, ㄴ, ㄷ

표는 바닥상태 질소(N) 원자에서 전자가 들어 있는 오비탈 (가)~(다)에 대한 자료이다. n은 주 양자수, l은 방위(부) 양자 수, m_l은 자기 양자 수이다.

오비탈	(가)	(나)	(다)
$n+l$	x		x
$n-l$		$x-1$	㉠
$n+m_l$	$x-2$		$x-1$

이에 대한 옳은 설명만을 〈보기〉에서 있는 대로 고른 것은?

〈 보기 〉
ㄱ. (가)에 들어 있는 전자 수는 2이다.
ㄴ. '$x-1$'은 ㉠으로 적절하다.
ㄷ. m_l는 (나)와 (다)가 같다.

① ㄱ   ② ㄷ   ③ ㄱ, ㄴ   ④ ㄴ, ㄷ   ⑤ ㄱ, ㄴ, ㄷ

28

다음은 ㉠과 ㉡에 대한 설명과 2주기 바닥상태 원자 X~Z에 대한 자료이다. n은 주 양자수이고, l은 방위(부) 양자수이다.

○ ㉠: 각 원자의 바닥상태 전자 배치에서 전자가 들어 있는 오비탈 중 n가 가장 큰 오비탈
○ ㉡: 각 원자의 바닥상태 전자 배치에서 전자가 들어 있는 오비탈 중 $n+l$가 가장 큰 오비탈

원자	X	Y	Z
㉠에 들어 있는 전자 수(상댓값)	1	2	4
㉡에 들어 있는 전자 수(상댓값)	1	1	3

이에 대한 설명으로 옳은 것만을 〈보기〉에서 있는 대로 고른 것은? (단, X~Z는 임의의 원소 기호이다.) [3점]

〈 보기 〉
ㄱ. Z는 18족 원소이다.
ㄴ. 홀전자 수는 X와 Z가 같다.
ㄷ. 전자가 들어 있는 오비탈 수 비는 X : Y=1 : 2이다.

① ㄱ ② ㄷ ③ ㄱ, ㄴ ④ ㄴ, ㄷ ⑤ ㄱ, ㄴ, ㄷ

29

표는 2, 3주기 바닥상태 원자 A~C에 대한 자료이다. n은 주 양자수이고, l은 방위(부) 양자수이며, m_l은 자기 양자수이다.

원자	A	B	C
$n-l=1$인 오비탈에 들어 있는 전자 수	6	x	8
$n-l=2$인 오비탈에 들어 있는 전자 수	x	2	$2x$

이에 대한 설명으로 옳은 것만을 〈보기〉에서 있는 대로 고른 것은? (단, A~C는 임의의 원소 기호이다.) [3점]

〈 보기 〉
ㄱ. $x=2$이다.
ㄴ. A에서 전자가 들어 있는 오비탈 중 $l+m_l=1$인 오비탈이 있다.
ㄷ. 원자가 전자 수는 B와 C가 같다.

① ㄱ ② ㄷ ③ ㄱ, ㄴ ④ ㄴ, ㄷ ⑤ ㄱ, ㄴ, ㄷ

30

표는 바닥상태 마그네슘(Mg) 원자의 전자 배치에서 전자가 들어 있는 오비탈 (가)~(라)에 대한 자료이다. n은 주 양자수, l은 방위(부) 양자수, m_l은 자기 양자수이다.

오비탈	(가)	(나)	(다)	(라)
$\dfrac{1}{n+m_l}$(상댓값)	2	a	a	$2a$
$n+l+m_l$	4	3	2	2

이에 대한 설명으로 옳은 것만을 〈보기〉에서 있는 대로 고른 것은?

〈 보기 〉
ㄱ. (가)의 l는 1이다.
ㄴ. m_l는 (나)와 (다)가 같다.
ㄷ. 에너지 준위는 (라)>(다)이다.

① ㄱ ② ㄷ ③ ㄱ, ㄴ ④ ㄴ, ㄷ ⑤ ㄱ, ㄴ, ㄷ

한눈에 정리하는
평가원 기출 경향

주제 \ 학년도	2025	2024	2023
전자 배치 한 가지 원자, M 전자 껍질까지 물어보는 경우			
전자 배치 여러 가지 원자, M 전자 껍질까지 물어보는 경우			
전자 배치 N 전자 껍질까지 물어보는 경우			

2022 ~ 2019

02 2021학년도 수능 화Ⅰ 3번

그림 (가)~(라)는 학생들이 그린 산소(O) 원자의 전자 배치이다.

	1s	2s	2p	3s
(가)	↑↓	↑↓	↑↓ ↑ ↑	
(나)	↑↓	↑↓	↑ ↑ ↑↓	
(다)	↑↓	↑↓	↑ ↑ ↑	
(라)	↑↓	↑↓	↑ ↑	↑

이에 대한 설명으로 옳은 것만을 〈보기〉에서 있는 대로 고른 것은? [3점]

〈 보기 〉
ㄱ. (가)와 (나)는 모두 바닥상태의 전자 배치이다.
ㄴ. (다)는 파울리 배타 원리에 어긋난다.
ㄷ. (라)는 들뜬상태의 전자 배치이다.

① ㄱ ② ㄷ ③ ㄱ, ㄴ ④ ㄴ, ㄷ ⑤ ㄱ, ㄴ, ㄷ

---

01 대표 문제 2021학년도 9월 모평 화Ⅰ 2번

그림은 학생들이 그린 원자 ₆C의 전자 배치 (가)~(다)를 나타낸 것이다.

	1s	2s	2p
(가)	↑↓	↑	↑ ↑ ↑
(나)	↑↓	↑↓	↑↓
(다)	↑↓	↑↓	↑ ↑

이에 대한 설명으로 옳은 것만을 〈보기〉에서 있는 대로 고른 것은?

〈 보기 〉
ㄱ. (가)는 쌓음 원리를 만족한다.
ㄴ. (다)는 바닥상태 전자 배치이다.
ㄷ. (가)~(다)는 모두 파울리 배타 원리를 만족한다.

① ㄱ ② ㄴ ③ ㄱ, ㄷ ④ ㄴ, ㄷ ⑤ ㄱ, ㄴ, ㄷ

---

13 대표 문제 2020학년도 수능 화Ⅰ 5번

다음은 2주기 바닥상태 원자 X와 Y에 대한 자료이다.

○ X와 Y의 홀전자 수의 합은 5이다.
○ 전자가 들어 있는 p 오비탈 수는 Y>X이다.

바닥상태 원자 X의 전자 배치로 적절한 것은? (단, X와 Y는 임의의 원소 기호이다.) [3점]

	1s	2s	2p
①	↑↓	↑	↑
③	↑↓	↑↓	↑ ↑
⑤	↑↓	↑	↑ ↑ ↑

	1s	2s	2p
②	↑↓	↑↓	↑
④	↑↓	↑↓	↑ ↑ ↑

---

09 대표 문제 2020학년도 9월 모평 화Ⅰ 3번

그림은 학생이 그린 원자 C, N와 이온 Al³⁺의 전자 배치 (가)~(다)를 나타낸 것이다.

	1s	2s	2p
(가) C	↑↓	↑↓	↑
(나) N	↑↓	↑↓	↑↑ ↑
(다) Al³⁺	↑↓	↑↓	↑↓ ↑↓

이에 대한 설명으로 옳은 것만을 〈보기〉에서 있는 대로 고른 것은? (단, C, N, Al의 원자 번호는 각각 6, 7, 13이다.) [3점]

〈 보기 〉
ㄱ. (가)는 바닥상태 전자 배치이다.
ㄴ. (나)는 파울리 배타 원리에 어긋난다.
ㄷ. 바닥상태의 원자 Al에서 전자가 들어 있는 오비탈 수는 7이다.

① ㄱ ② ㄷ ③ ㄱ, ㄴ ④ ㄴ, ㄷ ⑤ ㄱ, ㄴ, ㄷ

---

10 2020학년도 6월 모평 화Ⅰ 5번

그림 (가)~(다)는 3가지 원자의 전자 배치를 나타낸 것이다.

	1s	2s	2p
(가)	↑↓	↑↓	↑ ↑
(나)	↑↓	↑	↑ ↑
(다)	↑↓	↑↓	↑↓ ↑

(가)~(다)에 대한 설명으로 옳은 것은? [3점]

① 바닥상태 전자 배치는 2가지이다.
② 전자가 들어 있는 오비탈 수는 모두 같다.
③ (가)는 쌓음 원리를 만족한다.
④ (나)에서 p 오비탈에 있는 두 전자의 에너지는 같다.
⑤ (다)는 훈트 규칙을 만족한다.

---

04 2019학년도 수능 화Ⅰ 3번

다음은 학생 X가 그린 3가지 원자의 전자 배치 (가)~(다)와 이에 대한 세 학생의 대화이다.

	1s	2s	2p	3s
(가) ₄Be	↑↓	↑ ↑		
(나) ₆C	↑↓	↑↓	↑ ↑	
(다) ₁₂Mg	↑↓	↑↓	↑↓ ↑↓ ↑↓	↑

학생 A: (가)는 쌓음 원리를 만족해.
학생 B: (나)는 바닥상태 전자 배치야.
학생 C: (다)는 파울리 배타 원리에 어긋나.

학생 A~C 중 제시한 내용이 옳은 학생만을 있는 대로 고른 것은? [3점]

① A ② C ③ A, B ④ B, C ⑤ A, B, C

---

16 대표 문제 2019학년도 9월 모평 화Ⅰ 5번

그림은 학생 A가 그린 3가지 원자의 전자 배치 (가)~(다)를 나타낸 것이다.

	1s	2s	2p	3s	3p	4s
(가) ₁₄Si	↑↓	↑↓	↑↓ ↑ ↑	↑	↑ ↑	
(나) ₁₆S	↑↓	↑↓	↑↓ ↑↓ ↑↓	↑	↑ ↑	
(다) ₁₇Cl	↑↓	↑↓	↑↓ ↑↓ ↑	↑↓	↑↓ ↑	↑

(가)~(다)에 대한 설명으로 옳은 것만을 〈보기〉에서 있는 대로 고른 것은? [3점]

〈 보기 〉
ㄱ. (가)는 훈트 규칙을 만족한다.
ㄴ. (나)는 파울리 배타 원리에 어긋난다.
ㄷ. (다)는 바닥상태 전자 배치이다.

① ㄱ ② ㄷ ③ ㄱ, ㄴ ④ ㄴ, ㄷ ⑤ ㄱ, ㄴ, ㄷ

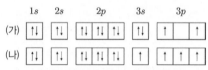

01 대표 문제

2021학년도 9월 모평 화I 2번

그림은 학생들이 그린 원자 $_6C$의 전자 배치 (가)~(다)를 나타낸 것이다.

	1s	2s	2p
(가)	↑↓	↑	↑ ↑ ↑
(나)	↑↓	↑↓	↑↓
(다)	↑↓	↑↓	↑ ↑

이에 대한 설명으로 옳은 것만을 〈보기〉에서 있는 대로 고른 것은?

〈 보기 〉
ㄱ. (가)는 쌓음 원리를 만족한다.
ㄴ. (다)는 바닥상태 전자 배치이다.
ㄷ. (가)~(다)는 모두 파울리 배타 원리를 만족한다.

① ㄱ   ② ㄴ   ③ ㄱ, ㄷ   ④ ㄴ, ㄷ   ⑤ ㄱ, ㄴ, ㄷ

02

2021학년도 수능 화I 3번

그림 (가)~(라)는 학생들이 그린 산소(O) 원자의 전자 배치이다.

	1s	2s	2p	3s
(가)	↑↓	↑↓	↑↓ ↑ ↑	
(나)	↑↓	↑↓	↑ ↑ ↑↓	
(다)	↑↓	↑↓	↑↓ ↑	
(라)	↑↓	↑↓	↑↓ ↑	↑

이에 대한 설명으로 옳은 것만을 〈보기〉에서 있는 대로 고른 것은? [3점]

〈 보기 〉
ㄱ. (가)와 (나)는 모두 바닥상태의 전자 배치이다.
ㄴ. (다)는 파울리 배타 원리에 어긋난다.
ㄷ. (라)는 들뜬상태의 전자 배치이다.

① ㄱ   ② ㄷ   ③ ㄱ, ㄴ   ④ ㄴ, ㄷ   ⑤ ㄱ, ㄴ, ㄷ

03

2022학년도 3월 학평 화I 4번

그림은 원자 X의 전자 배치 (가)와 (나)를 나타낸 것이다.

	1s	2s	2p	3s	3p
(가)	↑↓	↑↓	↑↓ ↑↓ ↑↓	↑↓	↑ ↑
(나)	↑↓	↑	↑↓ ↑↓ ↑↓	↑	↑ ↑ ↑

이에 대한 옳은 설명만을 〈보기〉에서 있는 대로 고른 것은? (단, n, l은 각각 주 양자수, 방위(부) 양자수이고, X는 임의의 원소 기호이다.)

〈 보기 〉
ㄱ. X는 14족 원소이다.
ㄴ. (가)와 (나)는 모두 들뜬상태의 전자 배치이다.
ㄷ. X는 바닥상태에서 $n+l=4$인 전자 수가 3이다.

① ㄱ   ② ㄴ   ③ ㄷ   ④ ㄱ, ㄴ   ⑤ ㄴ, ㄷ

04

2019학년도 수능 화I 3번

다음은 학생 X가 그린 3가지 원자의 전자 배치 (가)~(다)와 이에 대한 세 학생의 대화이다.

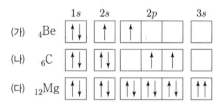

		1s	2s	2p	3s
(가)	$_4Be$	↑↓	↑	↑	
(나)	$_6C$	↑↓	↑↓	↑ ↑	
(다)	$_{12}Mg$	↑↓	↑↓	↑↓ ↑↓ ↑↓	↑↑

(가)는 쌓음 원리를 만족해.
(나)는 바닥상태 전자 배치야.
(다)는 파울리 배타 원리에 어긋나.

학생 A   학생 B   학생 C

학생 A~C 중 제시한 내용이 옳은 학생만을 있는 대로 고른 것은? [3점]

① A   ② C   ③ A, B   ④ B, C   ⑤ A, B, C

05

2022학년도 4월 학평 화I 4번

그림은 학생들이 그린 3가지 원자의 전자 배치 (가)~(다)를 나타낸 것이다.

$$
\begin{array}{c}
& 1s \quad 2s \qquad 2p \\
(가)\ _5B \quad \uparrow\downarrow \quad \uparrow\uparrow\uparrow \quad \boxed{\ \ } \\
(나)\ _6C \quad \uparrow\downarrow \quad \uparrow \quad \uparrow\ \uparrow\ \uparrow \\
(다)\ _8O \quad \uparrow\downarrow \quad \uparrow\downarrow \quad \uparrow\ \uparrow\ \uparrow\downarrow
\end{array}
$$

(가)~(다) 중 바닥상태 전자 배치(㉠)와 들뜬상태 전자 배치(㉡)로 옳은 것은?

	㉠	㉡		㉠	㉡
①	(가)	(나)	②	(나)	(가)
③	(나)	(다)	④	(다)	(가)
⑤	(다)	(나)			

06

2023학년도 10월 학평 화I 2번

그림은 원자 X~Z의 전자 배치를 나타낸 것이다.

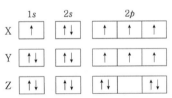

X~Z에 대한 옳은 설명만을 〈보기〉에서 있는 대로 고른 것은? (단, X~Z는 임의의 원소 기호이다.)

〈 보기 〉
ㄱ. X의 전자 배치는 쌓음 원리를 만족한다.
ㄴ. Y의 전자 배치는 훈트 규칙을 만족한다.
ㄷ. 바닥상태 원자의 홀전자 수는 Z>Y이다.

① ㄱ   ② ㄷ   ③ ㄱ, ㄴ   ④ ㄴ, ㄷ   ⑤ ㄱ, ㄴ, ㄷ

07

2021학년도 3월 학평 화I 3번

그림은 원자 X~Z의 전자 배치를 나타낸 것이다.

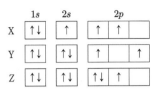

이에 대한 옳은 설명만을 〈보기〉에서 있는 대로 고른 것은? (단, X~Z는 임의의 원소 기호이다.)

〈 보기 〉
ㄱ. X는 들뜬상태이다.
ㄴ. Y는 훈트 규칙을 만족한다.
ㄷ. Z는 바닥상태일 때 홀전자 수가 3이다.

① ㄱ   ② ㄴ   ③ ㄱ, ㄷ   ④ ㄴ, ㄷ   ⑤ ㄱ, ㄴ, ㄷ

08

2020학년도 10월 학평 화I 2번

그림은 원자 X~Z의 전자 배치를 나타낸 것이다.

$$
\begin{array}{c}
& 1s \qquad 2s \qquad\quad 2p \\
X \quad \uparrow \quad\quad \uparrow\downarrow \quad\quad \uparrow\ \uparrow\ \uparrow \\
Y \quad \uparrow\downarrow \quad\quad \uparrow\downarrow \quad\quad \uparrow \\
Z \quad \uparrow\downarrow \quad\quad \uparrow\downarrow \quad\quad \uparrow\downarrow\ \uparrow\ \uparrow\downarrow
\end{array}
$$

이에 대한 옳은 설명만을 〈보기〉에서 있는 대로 고른 것은?(단, X~Z는 임의의 원소 기호이다.) [3점]

〈 보기 〉
ㄱ. X는 15족 원소이다.
ㄴ. Y의 전자 배치는 훈트 규칙을 만족한다.
ㄷ. 바닥상태에서 홀전자 수는 X>Z이다.

① ㄱ   ② ㄴ   ③ ㄱ, ㄴ   ④ ㄱ, ㄷ   ⑤ ㄴ, ㄷ

그림은 학생이 그린 원자 C, N와 이온 Al^{3+}의 전자 배치 (가)~(다)를 나타낸 것이다.

		1s	2s	2p
(가)	C	↑↓	↑↓	☐ ☐ ↑
(나)	N	↑↓	↑↓	↑↑ ☐ ↑
(다)	Al^{3+}	↑↓	↑↓	↑↓ ↑↓ ↑↓

이에 대한 설명으로 옳은 것만을 〈보기〉에서 있는 대로 고른 것은? (단, C, N, Al의 원자 번호는 각각 6, 7, 13이다.) [3점]

〈 보기 〉
ㄱ. (가)는 바닥상태 전자 배치이다.
ㄴ. (나)는 파울리 배타 원리에 어긋난다.
ㄷ. 바닥상태의 원자 Al에서 전자가 들어 있는 오비탈 수는 7이다.

① ㄱ   ② ㄷ   ③ ㄱ, ㄴ   ④ ㄴ, ㄷ   ⑤ ㄱ, ㄴ, ㄷ

그림은 바닥상태 원자 X~Z의 전자 배치의 일부이다. X~Z의 홀전자 수의 합은 6이다.

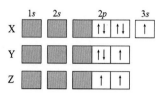

이에 대한 설명으로 옳은 것만을 〈보기〉에서 있는 대로 고른 것은? (단, X~Z는 임의의 원소 기호이다.) [3점]

〈 보기 〉
ㄱ. X의 원자 번호는 11이다.
ㄴ. Y는 17족 원소이다.
ㄷ. 전자가 들어 있는 오비탈 수는 Y>Z이다.

① ㄱ   ② ㄷ   ③ ㄱ, ㄴ   ④ ㄴ, ㄷ   ⑤ ㄱ, ㄴ, ㄷ

그림 (가)~(다)는 3가지 원자의 전자 배치를 나타낸 것이다.

	1s	2s	2p
(가)	↑↓	↑	↑ ☐ ☐
(나)	↑↓	↑↓	↑ ☐ ↑
(다)	↑	↑	↑↓ ↑ ☐

(가)~(다)에 대한 설명으로 옳은 것은? [3점]

① 바닥상태 전자 배치는 2가지이다.
② 전자가 들어 있는 오비탈 수는 모두 같다.
③ (가)는 쌓음 원리를 만족한다.
④ (나)에서 p 오비탈에 있는 두 전자의 에너지는 같다.
⑤ (다)는 훈트 규칙을 만족한다.

표는 2주기 바닥상태 원자 X, Y의 전자 배치에 대한 자료이다.

원자	X	Y
전자가 들어 있는 오비탈 수	n	$n+1$
홀전자 수	2	2

바닥상태 원자 Y의 전자 배치로 옳은 것은? (단, X, Y는 임의의 원소 기호이다.)

	1s	2s	2p			1s	2s	2p
①	↑↓	↑	☐ ↑ ☐		②	↑↓	↑↓	↑ ↑ ☐
③	↑↓	↑	↑↓ ↑ ☐		④	↑↓	↑↓	↑↓ ↑ ↑
⑤	↑↓	↑	↑↓ ↑↓ ↑					

13 대표 문제

2020학년도 수능 화Ⅰ 5번

다음은 2주기 바닥상태 원자 X와 Y에 대한 자료이다.

> ○ X와 Y의 홀전자 수의 합은 5이다.
> ○ 전자가 들어 있는 p 오비탈 수는 Y>X이다.

바닥상태 원자 X의 전자 배치로 적절한 것은? (단, X와 Y는 임의의 원소 기호이다.) [3점]

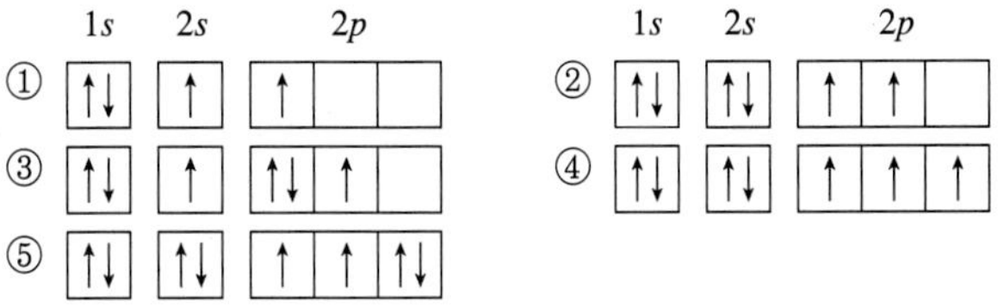

14

2019학년도 7월 학평 화Ⅰ 13번

다음은 원자 (가)~(다)의 전자 배치를 나타내기 위해 필요한 전자 배치 카드에 대한 자료이다.

○ 전자 배치 카드 종류

s 오비탈 카드	s ↑	s ↑↓	p 오비탈 카드	p ↑	p ↑↓

○ (가)~(다)의 바닥상태 전자 배치에 필요한 카드의 종류와 수

원자	전자 배치 카드의 종류와 수					
(가)	s ↑↓	2개	p ↑	a개	p ↑↓	2개
(나)	s ↑	1개	s ↑↓	2개	p ↑↓	b개
(다)	s ↑↓	3개	p ↑	c개	p ↑↓	4개

$a+b+c$는?

① 4　② 5　③ 6　④ 7　⑤ 8

15

2020학년도 7월 학평 화Ⅰ 15번

다음은 전자의 양자수를 나타낸 카드의 종류와 원자 (가)~(다)의 전자 배치에 필요한 카드를 나타낸 자료이다. ㉠~㉧에 나타낸 전자의 양자수(n, l, m_l, m_s) 조합은 서로 다르다.

○ 카드의 종류

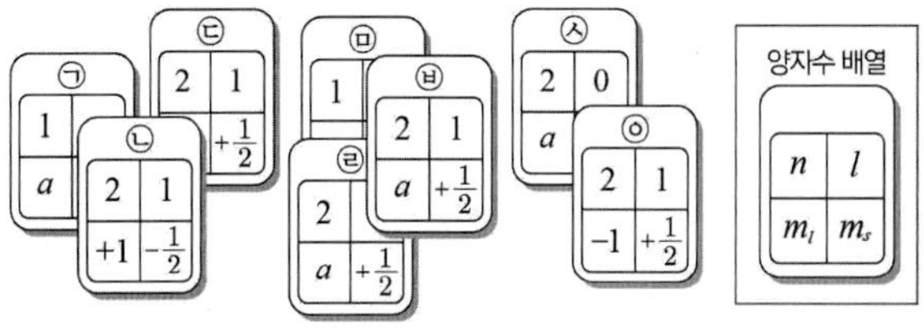

○ 원자 (가)~(다)의 전자 배치에 필요한 카드

원자	전자 배치	필요한 카드
(가)	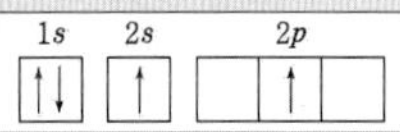	㉠㉣㉤㉥
(나)	–	㉠㉡㉢㉣㉤
(다)	–	㉠㉢㉣㉤㉦㉧

이에 대한 설명으로 옳은 것만을 〈보기〉에서 있는 대로 고른 것은? [3점]

〈보기〉
ㄱ. $a=0$이다.
ㄴ. (나)에서 오비탈의 에너지 준위는 ㉣에 해당하는 전자가 ㉢에 해당하는 전자보다 높다.
ㄷ. (가)~(다) 중 바닥상태 전자 배치를 갖는 원자는 2개이다.

① ㄱ　② ㄴ　③ ㄱ, ㄷ　④ ㄴ, ㄷ　⑤ ㄱ, ㄴ, ㄷ

16 대표 문제

2019학년도 9월 모평 화Ⅰ 5번

그림은 학생 A가 그린 3가지 원자의 전자 배치 (가)~(다)를 나타낸 것이다.

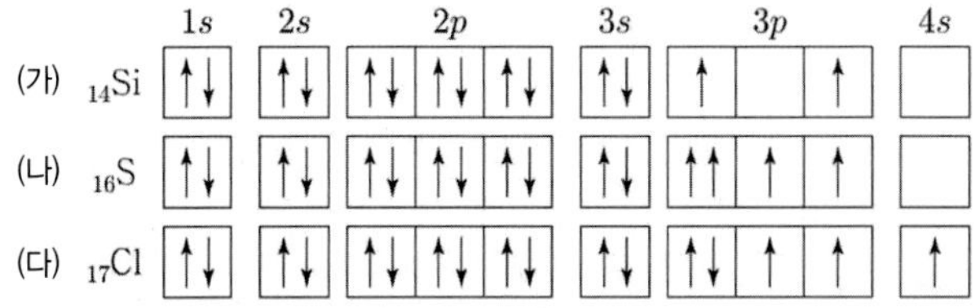

(가)~(다)에 대한 설명으로 옳은 것만을 〈보기〉에서 있는 대로 고른 것은? [3점]

〈보기〉
ㄱ. (가)는 훈트 규칙을 만족한다.
ㄴ. (나)는 파울리 배타 원리에 어긋난다.
ㄷ. (다)는 바닥상태 전자 배치이다.

① ㄱ　② ㄷ　③ ㄱ, ㄴ　④ ㄴ, ㄷ　⑤ ㄱ, ㄴ ㄷ

주제 \ 학년도	2025	2024

2025 / 2024

현대 원자 모형과 전자 배치
전자 배치가 제시된 경우

02
2024학년도 수능 화1 5번

그림은 이온 X^+, Y^{2-}, Z^{2+}의 전자 배치를 모형으로 나타낸 것이다.

X^+ Y^0 Z^{2+}

이에 대한 설명으로 옳은 것만을 〈보기〉에서 있는 대로 고른 것은? (단, X~Z는 임의의 원소 기호이다.) [3점]

〈보기〉
ㄱ. X와 Y는 같은 주기 원소이다.
ㄴ. 전기 음성도는 Y>Z이다.
ㄷ. 원자가 전자가 느끼는 유효 핵전하는 X>Z이다.

① ㄱ   ② ㄴ   ③ ㄷ   ④ ㄱ, ㄴ   ⑤ ㄴ, ㄷ

현대 원자 모형과 전자 배치
오비탈에 채워진 전자 수로 원소를 파악하는 경우

36
2025학년도 수능 화1 14번

다음은 ㉠과 ㉡에 대한 설명과 2, 3주기 1, 15, 16족 바닥상태 원자 W~Z에 대한 자료이다. n은 주 양자수이고, l은 방위 양자수이다.

○ ㉠: 각 원자의 바닥상태 전자 배치에서 전자가 들어 있는 오비탈의 $n+l$ 중 가장 큰 값
○ ㉡: 원자의 바닥상태 전자 배치에서 $n+l$가 가장 큰 오비탈에 들어 있는 전체 전자 수

원자	W	X	Y	Z
㉠	2	3	3	4
㉡	1	3	7	4

이에 대한 설명으로 옳은 것만을 〈보기〉에서 있는 대로 고른 것은? (단, W~Z는 임의의 원소 기호이다.) [3점]

〈보기〉
ㄱ. W와 Y는 같은 족 원소이다.
ㄴ. 홀전자 수는 X>Z이다.
ㄷ. p 오비탈에 들어 있는 전자 수 의 비는 X : Y=5 : 8이다.
    s 오비탈에 들어 있는 전자 수

① ㄱ   ② ㄷ   ③ ㄱ, ㄴ   ④ ㄴ, ㄷ   ⑤ ㄱ, ㄴ, ㄷ

10 대표 문제
2025학년도 6월 모평 화1 14번

다음은 ㉠에 대한 설명과 2주기 바닥상태 원자 X~Z에 대한 자료이다. n은 주 양자수이고, l은 방위(부) 양자수이다.

○ ㉠: 각 원자의 바닥상태 전자 배치에서 전자가 들어 있는 오비탈 중 $n+l$가 가장 큰 오비탈

원자	X	Y	Z
㉠에 들어 있는 전자 수	a	$2a$	5
전자가 들어 있는 오비탈 수	$2a$	b	b

$a+b$는? (단, X~Z는 임의의 원소 기호이다.) [3점]

① 4   ② 5   ③ 6   ④ 7   ⑤ 8

현대 원자 모형과 전자 배치
전자 수비로 원자를 예측하는 경우

21 대표 문제
2025학년도 9월 모평 화1 12번

다음은 2, 3주기 바닥상태 원자 X~Z에 대한 자료이다. (가)와 (나)는 각각 s 오비탈과 p 오비탈 중 하나이고, n은 주 양자수이며, l은 방위(부) 양자수이다.

○ (가)와 (나)에 들어 있는 전자 수의 비율(%)

X	50	50
Y	60	40
Z	60	40

□ (가)
□ (나)

○ 각 원자에서 전자가 들어 있는 오비탈의 $n-l$ 중 가장 큰 값은 Y>X=Z이다.

이에 대한 설명으로 옳은 것만을 〈보기〉에서 있는 대로 고른 것은? (단, X~Z는 임의의 원소 기호이다.) [3점]

〈보기〉
ㄱ. X와 Z는 같은 주기 원소이다.
ㄴ. 홀전자 수는 Y>Z이다.
ㄷ. 전자가 2개 들어 있는 오비탈 수는 Y가 X의 2배이다.

① ㄱ   ② ㄴ   ③ ㄱ, ㄷ   ④ ㄴ, ㄷ   ⑤ ㄱ, ㄴ, ㄷ

28
2024학년도 수능 화1 8번

다음은 2, 3주기 15~17족 바닥상태 원자 W~Z에 대한 자료이다.

○ W와 Y는 다른 주기 원소이다.
○ W와 Y의 p 오비탈에 들어 있는 전자 수 는 같다.
              홀전자 수
○ X~Z의 전자 배치에 대한 자료

원자	X	Y	Z
홀전자 수 (상댓값)	9	4	2
s 오비탈에 들어 있는 전자 수			

W~Z에 대한 설명으로 옳은 것만을 〈보기〉에서 있는 대로 고른 것은? (단, W~Z는 임의의 원소 기호이다.)

〈보기〉
ㄱ. 3주기 원소는 2가지이다.
ㄴ. 원자가 전자 수는 W>Z이다.
ㄷ. 전자가 들어 있는 오비탈 수는 X>Y이다.

① ㄱ   ② ㄴ   ③ ㄱ, ㄷ   ④ ㄴ, ㄷ   ⑤ ㄱ, ㄴ, ㄷ

22 대표 문제
2024학년도 9월 모평 화1 10번

표는 2, 3주기 14~16족 바닥상태 원자 X~Z에 대한 자료이다.

원자	X	Y	Z
p 오비탈에 들어 있는 전자 수	2	3	4
홀전자 수			

X~Z에 대한 설명으로 옳은 것만을 〈보기〉에서 있는 대로 고른 것은? (단, X~Z는 임의의 원소 기호이다.)

〈보기〉
ㄱ. 3주기 원소는 2가지이다.
ㄴ. 홀전자 수는 X>Y이다.
ㄷ. 전자가 들어 있는 오비탈 수는 Z가 X의 2배이다.

① ㄱ   ② ㄴ   ③ ㄱ, ㄷ   ④ ㄴ, ㄷ   ⑤ ㄱ, ㄴ, ㄷ

2024   2023   2022 ~ 2019

04   2022학년도 6월 모평 화Ⅰ 6번

다음은 바닥상태 원자 A~D의 전자 배치이다.

A: $1s^2 2s^2 2p^4$
B: $1s^2 2s^2 2p^5$
C: $1s^2 2s^2 2p^6 3s^1$
D: $1s^2 2s^2 2p^6 3s^2 3p^5$

이에 대한 설명으로 옳은 것만을 〈보기〉에 있는 대로 고른 것은? (단, A~D는 임의의 원소 기호이다.)

─〈보기〉─
ㄱ. AB_2는 이온 결합 물질이다.
ㄴ. C와 D는 같은 주기 원소이다.
ㄷ. B와 C는 1 : 1로 결합하여 안정한 화합물을 형성한다.

① ㄱ   ② ㄴ   ③ ㄱ, ㄷ   ④ ㄴ, ㄷ   ⑤ ㄱ, ㄴ, ㄷ

03   2021학년도 6월 모평 화Ⅰ 10번

다음은 바닥상태 원자 X~Z의 전자 배치이다.

X: $1s^2 2s^2 2p^5$
Y: $1s^2 2s^2 2p^6 3s^2$
Z: $1s^2 2s^2 2p^6 3s^2 3p^1$

바닥상태 원자 X~Z에 대한 설명으로 옳은 것만을 〈보기〉에서 있는 대로 고른 것은? (단, X~Z는 임의의 원소 기호이다.)

─〈보기〉─
ㄱ. 전자가 들어 있는 전자 껍질 수는 Y>X이다.
ㄴ. 원자가 전자 수는 Y>Z이다.
ㄷ. 홀전자 수는 X>Z이다.

① ㄱ   ② ㄷ   ③ ㄱ, ㄴ   ④ ㄴ, ㄷ   ⑤ ㄴ, ㄷ

31   2022학년도 수능 화Ⅰ 11번

표는 2주기 바닥상태 원자 X~Z의 전자 배치에 대한 자료이다.

원자	X	Y	Z
전자가 2개 들어 있는 오비탈 수	a	$a+1$	$a+2$
p 오비탈에 들어 있는 홀전자 수	a	a	b

이에 대한 설명으로 옳은 것만을 〈보기〉에서 있는 대로 고른 것은? (단, X~Z는 임의의 원소 기호이다.)

─〈보기〉─
ㄱ. $a+b=3$이다.
ㄴ. X의 원자가 전자 수는 2이다.
ㄷ. 전자가 들어 있는 오비탈 수는 Y와 Z가 같다.

① ㄱ   ② ㄴ   ③ ㄱ, ㄷ   ④ ㄴ, ㄷ   ⑤ ㄱ, ㄴ, ㄷ

06   2022학년도 6월 모평 화Ⅰ 11번

다음은 2주기 바닥상태 원자 X와 Y에 대한 자료이다.

○ X의 홀전자 수는 0이다.
○ 전자가 2개 들어 있는 오비탈 수는 Y가 X의 2배이다.

이에 대한 설명으로 옳은 것만을 〈보기〉에서 있는 대로 고른 것은? (단, X와 Y는 임의의 원소 기호이다.)

─〈보기〉─
ㄱ. X는 베릴륨(Be)이다.
ㄴ. Y의 원자가 전자 수는 7이다.
ㄷ. s 오비탈에 들어 있는 전자 수는 Y>X이다.

① ㄱ   ② ㄷ   ③ ㄱ, ㄴ   ④ ㄴ, ㄷ   ⑤ ㄱ, ㄴ, ㄷ

24   2024학년도 6월 모평 화Ⅰ 8번

표는 2, 3주기 바닥상태 원자 X~Z의 전자 배치에 대한 자료이다. ⊙과 ⓒ은 각각 s 오비탈과 p 오비탈 중 하나이고, 원자 번호는 Y>X이다.

원자	X	Y	Z
⊙에 들어 있는 전자 수	2	2	3
ⓒ에 들어 있는 전자 수	3	3	5

X~Z에 대한 설명으로 옳은 것만을 〈보기〉에서 있는 대로 고른 것은? (단, X~Z는 임의의 원소 기호이다.) [3점]

─〈보기〉─
ㄱ. 2주기 원소는 1가지이다.
ㄴ. X에는 홀전자가 존재한다.
ㄷ. 원자가 전자 수는 Y>X이다.

① ㄱ   ② ㄴ   ③ ㄱ, ㄷ   ④ ㄴ, ㄷ   ⑤ ㄱ, ㄴ, ㄷ

15 대표 문제

다음은 2, 3주기 13~15족 바닥상태 원자 W~X에 대한 자료이다.

○ W와 X는 다른 주기 원소이고, 원자가 전자 수는 X>Y이다.
○ W와 X의 $\dfrac{\text{홀전자 수}}{\text{전자가 들어 있는 오비탈 수}}$는 같다.
○ s 오비탈에 들어 있는 전자 수의 비는 X : Y : Z=1 : 1 : 3 이다.

이에 대한 설명으로 옳은 것만을 〈보기〉에서 있는 대로 고른 것은? (단, W~X는 임의의 원소 기호이다.)

─〈보기〉─
ㄱ. Y는 3주기 원소이다.
ㄴ. 홀전자 수는 W와 Z가 같다.
ㄷ. s 오비탈에 들어 있는 전자 수의 비는 X : Y=3 : 2이다.

① ㄱ   ② ㄴ   ③ ㄷ   ④ ㄱ, ㄷ   ⑤ ㄴ, ㄷ

14   2022학년도 9월 모평 화Ⅰ 11번

다음은 원자 번호가 20 이하인 바닥상태 원자 X~Z에 대한 자료이다.

○ X~Z 각각의 전자 배치에서
$\dfrac{p\ \text{오비탈에 들어 있는 전자 수}}{s\ \text{오비탈에 들어 있는 전자 수}}=\dfrac{3}{2}$으로 같다.
○ 원자 번호는 X>Y>Z이다.

이에 대한 설명으로 옳은 것만을 〈보기〉에서 있는 대로 고른 것은? (단, X~Z는 임의의 원소 기호이다.) [3점]

─〈보기〉─
ㄱ. X의 원자가 전자 수는 2이다.
ㄴ. Y의 홀전자 수는 0이다.
ㄷ. Z에서 전자가 들어 있는 오비탈 수는 5이다.

① ㄱ   ② ㄴ   ③ ㄱ, ㄷ   ④ ㄴ, ㄷ   ⑤ ㄱ, ㄴ, ㄷ

33   2019학년도 6월 모평 화Ⅰ 14번

표는 2, 3주기 바닥상태 원자 X~Z에 대한 자료이다.

원자	X	Y	Z
$\dfrac{s\ \text{오비탈의 전자 수}}{\text{전체 전자 수}}$ (상댓값)	2	4	5
홀전자 수	3	a	a

이에 대한 설명으로 옳은 것만을 〈보기〉에서 있는 대로 고른 것은? (단, X~Z는 임의의 원소 기호이다.)

─〈보기〉─
ㄱ. $a=1$이다.
ㄴ. X와 Y는 같은 주기 원소이다.
ㄷ. 전자가 들어 있는 오비탈 수는 Z>Y이다.

① ㄱ   ② ㄴ   ③ ㄱ, ㄷ   ④ ㄴ, ㄷ   ⑤ ㄱ, ㄴ, ㄷ

30   2023학년도 6월 모평 화Ⅰ 9번

표는 바닥상태 원자 X~Z에 대한 자료이다. X~Z의 원자 번호는 각각 8~15 중 하나이다.

원자	X	Y	Z
s 오비탈에 들어 있는 전자 수	a		a
p 오비탈에 들어 있는 전자 수		a	
$\dfrac{p\ \text{오비탈에 들어 있는 전자 수}}{s\ \text{오비탈에 들어 있는 전자 수}}$	1	b	b

이에 대한 설명으로 옳은 것만을 〈보기〉에 있는 대로 고른 것은? (단, X~Z는 임의의 원소 기호이다.) [3점]

─〈보기〉─
ㄱ. $b=\dfrac{3}{2}$이다.
ㄴ. Y와 Z는 같은 주기 원소이다.
ㄷ. 전자가 들어 있는 p 오비탈 수는 Z가 X의 2배이다.

① ㄱ   ② ㄴ   ③ ㄱ, ㄷ   ④ ㄴ, ㄷ   ⑤ ㄱ, ㄴ, ㄷ

01

2024학년도 7월 학평 화I 2번

그림은 이온 X^{2-}, Y^{2+}, Z^-의 전자 배치를 모형으로 나타낸 것이다.

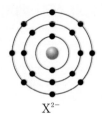 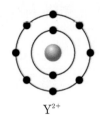 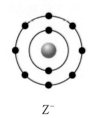

X^{2-} Y^{2+} Z$^-$

이에 대한 설명으로 옳은 것만을 〈보기〉에서 있는 대로 고른 것은? (단, X~Z는 임의의 원소 기호이다.)

〈 보기 〉
ㄱ. X는 2족 원소이다.
ㄴ. Z는 플루오린(F)이다.
ㄷ. X와 Y는 1 : 1로 결합하여 안정한 화합물을 형성한다.

① ㄱ   ② ㄴ   ③ ㄱ, ㄷ   ④ ㄴ, ㄷ   ⑤ ㄱ, ㄴ, ㄷ

02

2024학년도 수능 화I 5번

그림은 이온 X^+, Y^{2-}, Z^{2-}의 전자 배치를 모형으로 나타낸 것이다.

X$^+$ Y^{2-} Z^{2-}

이에 대한 설명으로 옳은 것만을 〈보기〉에서 있는 대로 고른 것은? (단, X~Z는 임의의 원소 기호이다.) [3점]

〈 보기 〉
ㄱ. X와 Y는 같은 주기 원소이다.
ㄴ. 전기 음성도는 Y>Z이다.
ㄷ. 원자가 전자가 느끼는 유효 핵전하는 X>Z이다.

① ㄱ   ② ㄴ   ③ ㄷ   ④ ㄱ, ㄴ   ⑤ ㄴ, ㄷ

03

2021학년도 6월 모평 화I 10번

다음은 바닥상태 원자 X~Z의 전자 배치이다.

$$X: 1s^2 2s^2 2p^5$$
$$Y: 1s^2 2s^2 2p^6 3s^2$$
$$Z: 1s^2 2s^2 2p^6 3s^2 3p^1$$

바닥상태 원자 X~Z에 대한 설명으로 옳은 것만을 〈보기〉에서 있는 대로 고른 것은? (단, X~Z는 임의의 원소 기호이다.)

〈 보기 〉
ㄱ. 전자가 들어 있는 전자 껍질 수는 Y>X이다.
ㄴ. 원자가 전자 수는 Y>Z이다.
ㄷ. 홀전자 수는 X>Z이다.

① ㄱ   ② ㄷ   ③ ㄱ, ㄴ   ④ ㄱ, ㄷ   ⑤ ㄴ, ㄷ

04

2022학년도 6월 모평 화I 6번

다음은 바닥상태 원자 A~D의 전자 배치이다.

$$A: 1s^2 2s^2 2p^4$$
$$B: 1s^2 2s^2 2p^5$$
$$C: 1s^2 2s^2 2p^6 3s^1$$
$$D: 1s^2 2s^2 2p^6 3s^2 3p^5$$

이에 대한 설명으로 옳은 것만을 〈보기〉에서 있는 대로 고른 것은? (단, A~D는 임의의 원소 기호이다.)

〈 보기 〉
ㄱ. AB_2는 이온 결합 물질이다.
ㄴ. C와 D는 같은 주기 원소이다.
ㄷ. B와 C는 1 : 1로 결합하여 안정한 화합물을 형성한다.

① ㄱ   ② ㄴ   ③ ㄱ, ㄷ   ④ ㄴ, ㄷ   ⑤ ㄱ, ㄴ, ㄷ

05

다음은 바닥상태 원자 X와 Y에 대한 설명이다. l은 방위(부) 양자수이다.

> ○ X와 Y는 같은 주기 원소이다.
> ○ $l = 0$인 오비탈에 들어 있는 전자 수는 X가 Y의 2배이다.

$\dfrac{\text{X의 양성자수}}{\text{Y의 양성자수}}$ 는? (단, X, Y는 임의의 원소 기호이다.) [3점]

① 1.5   ② 2   ③ 3   ④ 4   ⑤ 6

07

다음은 바닥상태 원자 X~Z에 대한 자료이다. X~Z의 원자 번호는 각각 6~15 중 하나이다.

> ○ 전기 음성도는 X~Z 중 X가 가장 크다.
> ○ 홀전자 수는 X가 Y의 2배이다.
> ○ 전자가 들어 있는 p 오비탈 수는 Y가 Z의 2배이다.

X~Z에 대한 설명으로 옳은 것만을 〈보기〉에서 있는 대로 고른 것은? (단, X~Z는 임의의 원소 기호이다.) [3점]

> 〈 보기 〉
> ㄱ. 원자가 전자가 느끼는 유효 핵전하는 X>Z이다.
> ㄴ. 원자 반지름은 Y가 가장 크다.
> ㄷ. Ne의 전자 배치를 갖는 이온의 반지름은 X>Y이다.

① ㄱ   ② ㄷ   ③ ㄱ, ㄴ   ④ ㄴ, ㄷ   ⑤ ㄱ, ㄴ, ㄷ

06

다음은 2주기 바닥상태 원자 X와 Y에 대한 자료이다.

> ○ X의 홀전자 수는 0이다.
> ○ 전자가 2개 들어 있는 오비탈 수는 Y가 X의 2배이다.

이에 대한 설명으로 옳은 것만을 〈보기〉에서 있는 대로 고른 것은? (단, X와 Y는 임의의 원소 기호이다.)

> 〈 보기 〉
> ㄱ. X는 베릴륨(Be)이다.
> ㄴ. Y의 원자가 전자 수는 7이다.
> ㄷ. s 오비탈에 들어 있는 전자 수는 Y>X이다.

① ㄱ   ② ㄷ   ③ ㄱ, ㄴ   ④ ㄴ, ㄷ   ⑤ ㄱ, ㄴ, ㄷ

08

표는 원자 번호가 20이하인 바닥상태 원자 X와 Y의 전자 배치에 대한 자료이다.

원자	X	Y
전자가 들어 있는 전자 껍질 수	a	$a+1$
p 오비탈에 들어 있는 전자 수(상댓값)	1	5

이에 대한 설명으로 옳은 것만을 〈보기〉에서 있는 대로 고른 것은? (단, X, Y는 임의의 원소 기호이다.)

> 〈 보기 〉
> ㄱ. 홀전자 수는 X와 Y가 같다.
> ㄴ. X와 Y는 같은 족 원소이다.
> ㄷ. 전자가 2개 들어 있는 오비탈 수는 Y가 X의 2배이다.

① ㄱ   ② ㄴ   ③ ㄱ, ㄷ   ④ ㄴ, ㄷ   ⑤ ㄱ, ㄴ, ㄷ

09

표는 2, 3주기 바닥상태 원자 X~Z에 대한 자료이다. n은 주 양자수이고, l은 방위(부) 양자수이다.

원자	X	Y	Z
$n+l=2$인 전자 수	a		
$n+l=3$인 전자 수	b	$2b$	
$n+l=4$인 전자 수		a	b

이에 대한 옳은 설명만을 〈보기〉에서 있는 대로 고른 것은? (단, X~Z는 임의의 원소 기호이다.) [3점]

〈 보기 〉
ㄱ. $b=2a$이다.
ㄴ. X와 Z는 원자가 전자 수가 같다.
ㄷ. $n-l=2$인 전자 수는 Z가 Y의 $\frac{3}{2}$배이다.

① ㄱ   ② ㄴ   ③ ㄱ, ㄷ   ④ ㄴ, ㄷ   ⑤ ㄱ, ㄴ, ㄷ

10 대표문제

다음은 ㉠에 대한 설명과 2주기 바닥상태 원자 X~Z에 대한 자료이다. n은 주 양자수이고, l은 방위(부) 양자수이다.

○ ㉠: 각 원자의 바닥상태 전자 배치에서 전자가 들어 있는 오비탈 중 $n+l$가 가장 큰 오비탈

원자	X	Y	Z
㉠에 들어 있는 전자 수	a	$2a$	5
전자가 들어 있는 오비탈 수	$2a$	b	b

$a+b$는? (단, X~Z는 임의의 원소 기호이다.) [3점]

① 4   ② 5   ③ 6   ④ 7   ⑤ 8

11

다음은 바닥상태 원자 X에 대한 자료이다. n은 주 양자수, l은 방위(부) 양자수이다.

○ $n=x$인 오비탈에 들어 있는 전자 수는 3이다.
○ $l=y$인 오비탈에 들어 있는 전자 수는 6이다.

$x+y$는? (단, X는 임의의 원소 기호이다.) [3점]

① 1   ② 2   ③ 3   ④ 4   ⑤ 5

12

다음은 2, 3주기 바닥상태 원자 X~Z의 전자 배치에 대한 자료이다.

○ X~Z의 홀전자 수의 합은 6이다.
○ 전자가 들어 있는 s 오비탈 수와 p 오비탈 수의 비

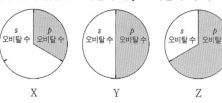

X~Z에 대한 옳은 설명만을 〈보기〉에서 있는 대로 고른 것은? (단, X~Z는 임의의 원소 기호이다.) [3점]

〈 보기 〉
ㄱ. 2주기 원소는 2가지이다.
ㄴ. 원자가 전자 수는 X>Y이다.
ㄷ. 홀전자 수는 Z>Y이다.

① ㄱ   ② ㄴ   ③ ㄱ, ㄷ   ④ ㄴ, ㄷ   ⑤ ㄱ, ㄴ, ㄷ

13

다음은 바닥상태 원자 X에 대한 자료이다.

○ 2주기 원소이다.

○ $\dfrac{\text{전자가 들어 있는 } p \text{ 오비탈 수}}{\text{전자가 들어 있는 } s \text{ 오비탈 수}} = 1$이다.

다음 중 X^-의 바닥상태 전자 배치로 적절한 것은? (단, X는 임의의 원소 기호이다.)

    $1s$ $2s$ $2p$

① $[\uparrow\downarrow]$ $[\uparrow]$ $[\uparrow|\uparrow|\uparrow]$

② $[\uparrow\downarrow]$ $[\uparrow\downarrow]$ $[\uparrow|\uparrow|\ ]$

③ $[\uparrow\downarrow]$ $[\uparrow\downarrow]$ $[\uparrow\downarrow|\ |\ ]$

④ $[\uparrow\downarrow]$ $[\uparrow\downarrow]$ $[\uparrow|\uparrow|\uparrow]$

⑤ $[\uparrow\downarrow]$ $[\uparrow\downarrow]$ $[\uparrow\downarrow|\uparrow|\ ]$

15

대표 문제

다음은 2, 3주기 13~15족 바닥상태 원자 W~Z에 대한 자료이다.

○ W와 X는 다른 주기 원소이고, 원자가 전자 수는 X > Y이다.

○ W와 X의 $\dfrac{\text{홀전자 수}}{\text{전자가 들어 있는 오비탈 수}}$ 는 같다.

○ $\dfrac{s \text{ 오비탈에 들어 있는 전자 수}}{\text{홀전자 수}}$의 비는 X : Y : Z = 1 : 1 : 3 이다.

이에 대한 설명으로 옳은 것만을 〈보기〉에서 있는 대로 고른 것은? (단, W~Z는 임의의 원소 기호이다.)

─〈 보기 〉─

ㄱ. Y는 3주기 원소이다.

ㄴ. 홀전자 수는 W와 Z가 같다.

ㄷ. s 오비탈에 들어 있는 전자 수의 비는 X : Y = 3 : 2이다.

① ㄱ   ② ㄴ   ③ ㄷ   ④ ㄱ, ㄷ   ⑤ ㄴ, ㄷ

14

다음은 원자 번호가 20 이하인 바닥상태 원자 X~Z에 대한 자료이다.

○ X~Z 각각의 전자 배치에서 $\dfrac{p \text{ 오비탈에 들어 있는 전자 수}}{s \text{ 오비탈에 들어 있는 전자 수}} = \dfrac{3}{2}$으로 같다.

○ 원자 번호는 X > Y > Z이다.

이에 대한 설명으로 옳은 것만을 〈보기〉에서 있는 대로 고른 것은? (단, X~Z는 임의의 원소 기호이다.) [3점]

─〈 보기 〉─

ㄱ. X의 원자가 전자 수는 2이다.

ㄴ. Y의 홀전자 수는 0이다.

ㄷ. Z에서 전자가 들어 있는 오비탈 수는 5이다.

① ㄱ   ② ㄴ   ③ ㄱ, ㄷ   ④ ㄴ, ㄷ   ⑤ ㄱ, ㄴ, ㄷ

16

다음은 2, 3주기 14~16족 바닥상태 원자 X~Z에 대한 자료이다.

○ X~Z는 서로 다른 원소이다.

○ $\dfrac{\text{홀전자 수}}{p \text{ 오비탈에 들어 있는 전자 수}}$의 비는 X : Y = 2 : 3이다.

○ 전자가 2개 들어 있는 오비탈 수는 Z가 Y의 2배이다.

이에 대한 설명으로 옳은 것만을 〈보기〉에서 있는 대로 고른 것은? (단, X~Z는 임의의 원소 기호이다.) [3점]

─〈 보기 〉─

ㄱ. 원자가 전자 수는 Y > X이다.

ㄴ. Y와 Z는 같은 주기 원소이다.

ㄷ. 원자가 전자가 느끼는 유효 핵전하는 X > Z이다.

① ㄱ   ② ㄴ   ③ ㄱ, ㄷ   ④ ㄴ, ㄷ   ⑤ ㄱ, ㄴ, ㄷ

17

그림은 2, 3주기 원소의 바닥상태 원자에서 전자가 모두 채워진 오비탈 수와 $\dfrac{\text{전자가 들어 있는 } p \text{ 오비탈 수}}{\text{전자가 들어 있는 } s \text{ 오비탈 수}}$ 를 나타낸 것이다.

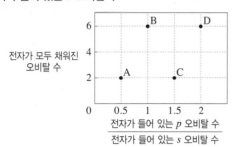

이에 대한 설명으로 옳은 것만을 〈보기〉에서 있는 대로 고른 것은? (단, A~D는 임의의 원소 기호이다.) [3점]

〈보기〉
ㄱ. B는 Mg이다.
ㄴ. D는 15족 원소이다.
ㄷ. 원자가 전자가 느끼는 유효 핵전하는 C가 A보다 크다.

① ㄱ   ② ㄷ   ③ ㄱ, ㄴ   ④ ㄴ, ㄷ   ⑤ ㄱ, ㄴ, ㄷ

18

그림은 바닥상태 원자 W~Z의 전자 배치에 대한 자료를 나타낸 것이다. W~Z는 각각 N, O, Na, Mg 중 하나이다.

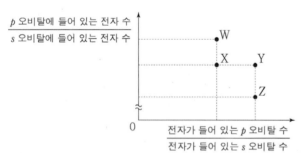

W~Z에 대한 옳은 설명만을 〈보기〉에서 있는 대로 고른 것은? [3점]

〈보기〉
ㄱ. 홀전자 수는 W>X이다.
ㄴ. 전자가 들어 있는 오비탈 수는 X>Y이다.
ㄷ. 원자가 전자가 느끼는 유효 핵전하는 Y>Z이다.

① ㄱ   ② ㄷ   ③ ㄱ, ㄴ   ④ ㄴ, ㄷ   ⑤ ㄱ, ㄴ, ㄷ

19

그림은 2, 3주기 원자 X~Z의 바닥상태 전자 배치에서 홀전자 수와 $\dfrac{\text{전자가 2개 들어 있는 오비탈 수}}{s \text{ 오비탈에 들어 있는 전자 수}}$ 를 나타낸 것이다.

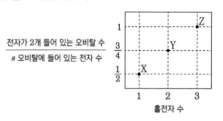

이에 대한 설명으로 옳은 것만을 〈보기〉에서 있는 대로 고른 것은? (단, X~Z는 임의의 원소 기호이다.) [3점]

〈보기〉
ㄱ. Y의 원자가 전자 수는 4이다.
ㄴ. X와 Y는 같은 주기 원소이다.
ㄷ. p 오비탈에 들어 있는 전자 수는 Z가 X의 3배이다.

① ㄱ   ② ㄴ   ③ ㄱ, ㄷ   ④ ㄴ, ㄷ   ⑤ ㄱ, ㄴ, ㄷ

20

그림은 원자 번호가 연속인 3주기 바닥상태 원자 (가)~(라)의 원자 번호에 따른 $\dfrac{p \text{ 오비탈의 총 전자 수}}{s \text{ 오비탈의 총 전자 수}}$ 를 나타낸 것이다.

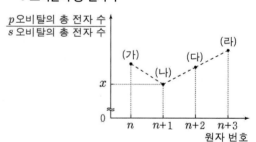

이에 대한 설명으로 옳은 것만을 〈보기〉에서 있는 대로 고른 것은? [3점]

〈보기〉
ㄱ. x는 1이다.
ㄴ. (다)에서 전자가 들어 있는 오비탈 수는 7이다.
ㄷ. 홀전자 수는 (라)>(가)이다.

① ㄱ   ② ㄷ   ③ ㄱ, ㄴ   ④ ㄴ, ㄷ   ⑤ ㄱ, ㄴ, ㄷ

21 대표 문제

다음은 2, 3주기 바닥상태 원자 X~Z에 대한 자료이다. (가)와 (나)는 각각 s 오비탈과 p 오비탈 중 하나이고, n은 주 양자수이며, l은 방위(부) 양자수이다.

- (가)와 (나)에 들어 있는 전자 수의 비율(%)

X	50	50
Y	60	40
Z	60	40

  ☐ (가)
  ☐ (나)

- 각 원자에서 전자가 들어 있는 오비탈의 $n-l$ 중 가장 큰 값은 Y>X=Z이다.

이에 대한 설명으로 옳은 것만을 〈보기〉에서 있는 대로 고른 것은? (단, X~Z는 임의의 원소 기호이다.) [3점]

〈 보기 〉
ㄱ. X와 Z는 같은 주기 원소이다.
ㄴ. 홀전자 수는 Y>Z이다.
ㄷ. 전자가 2개 들어 있는 오비탈 수는 Y가 X의 2배이다.

① ㄱ   ② ㄴ   ③ ㄱ, ㄷ   ④ ㄴ, ㄷ   ⑤ ㄱ, ㄴ, ㄷ

22 대표 문제

표는 2, 3주기 14~16족 바닥상태 원자 X~Z에 대한 자료이다.

원자	X	Y	Z
$\dfrac{p \text{ 오비탈에 들어 있는 전자 수}}{\text{홀전자 수}}$	2	3	4

X~Z에 대한 설명으로 옳은 것만을 〈보기〉에서 있는 대로 고른 것은? (단, X~Z는 임의의 원소 기호이다.)

〈 보기 〉
ㄱ. 3주기 원소는 2가지이다.
ㄴ. 홀전자 수는 X>Y이다.
ㄷ. 전자가 들어 있는 오비탈 수는 Z가 X의 2배이다.

① ㄱ   ② ㄴ   ③ ㄱ, ㄷ   ④ ㄴ, ㄷ   ⑤ ㄱ, ㄴ, ㄷ

23

표는 2, 3주기 바닥상태 원자 X~Z에 대한 자료이다.

원자	X	Y	Z
s 오비탈에 들어 있는 전자 수	4	6	
$\dfrac{\text{홀전자 수}}{\text{전자가 들어 있는 오비탈 수}}$	$\dfrac{1}{2}$	$\dfrac{1}{3}$	$\dfrac{1}{4}$

이에 대한 설명으로 옳은 것만을 〈보기〉에서 있는 대로 고른 것은? (단, X~Z는 임의의 원소 기호이다.) [3점]

〈 보기 〉
ㄱ. X는 C이다.
ㄴ. Z는 3주기 원소이다.
ㄷ. 원자가 전자 수는 Y>Z이다.

① ㄱ   ② ㄴ   ③ ㄱ, ㄷ   ④ ㄴ, ㄷ   ⑤ ㄱ, ㄴ, ㄷ

표는 2, 3주기 바닥상태 원자 X∼Z의 전자 배치에 대한 자료이다. ㉠과 ㉡은 각각 s 오비탈과 p 오비탈 중 하나이고, 원자 번호는 Y>X이다.

원자	X	Y	Z
㉠에 들어 있는 전자 수	$\dfrac{2}{3}$	$\dfrac{2}{3}$	$\dfrac{3}{5}$
㉡에 들어 있는 전자 수			

X∼Z에 대한 설명으로 옳은 것만을 〈보기〉에서 있는 대로 고른 것은? (단, X∼Z는 임의의 원소 기호이다.) [3점]

〈 보기 〉
ㄱ. 2주기 원소는 1가지이다.
ㄴ. X에는 홀전자가 존재한다.
ㄷ. 원자가 전자 수는 Y>Z이다.

① ㄱ   ② ㄴ   ③ ㄱ, ㄷ   ④ ㄴ, ㄷ   ⑤ ㄱ, ㄴ, ㄷ

표는 2, 3주기 바닥상태 원자 X∼Z에 대한 자료이다.

원자	X	Y	Z
$\dfrac{p \text{ 오비탈에 들어 있는 전자 수}}{s \text{ 오비탈에 들어 있는 전자 수}}$	1	$\dfrac{5}{4}$	$\dfrac{3}{2}$
홀전자 수	a	$a-1$	$a+1$

이에 대한 옳은 설명만을 〈보기〉에서 있는 대로 고른 것은? (단, X∼Z는 임의의 원소 기호이다.) [3점]

〈 보기 〉
ㄱ. $a=2$이다.
ㄴ. 원자가 전자 수는 X>Z이다.
ㄷ. 전자가 들어 있는 오비탈 수는 Z>Y이다.

① ㄱ   ② ㄴ   ③ ㄱ, ㄷ   ④ ㄴ, ㄷ   ⑤ ㄱ, ㄴ, ㄷ

표는 바닥상태 원자 X∼Z에 대한 자료이다. X∼Z는 각각 2, 3주기 13∼15족 원자 중 하나이다.

원자	X	Y	Z
$\dfrac{\text{전자가 들어 있는 } p \text{ 오비탈 수}}{\text{전자가 2개 들어 있는 오비탈 수}}$ (상댓값)	4	5	6
홀전자 수	㉠		2

이에 대한 설명으로 옳은 것만을 〈보기〉에서 있는 대로 고른 것은? (단, X∼Z는 임의의 원소 기호이다.) [3점]

〈 보기 〉
ㄱ. ㉠=1이다.
ㄴ. X∼Z 중 원자 번호는 Y가 가장 크다.
ㄷ. 원자 반지름은 X>Z이다.

① ㄱ   ② ㄷ   ③ ㄱ, ㄴ   ④ ㄴ, ㄷ   ⑤ ㄱ, ㄴ, ㄷ

27

표는 원자 번호가 20 이하인 원소 A~D의 이온의 바닥상태 전자 배치에 대한 자료이다. A~D의 이온은 모두 18족 원소의 전자 배치를 갖는다.

이온	A^+	B^-	C^+	D^-
$\dfrac{\text{전자가 들어 있는 } p \text{ 오비탈 수}}{\text{전자가 들어 있는 } s \text{ 오비탈 수}}$	0	$\dfrac{3}{2}$	2	2

A~D에 대한 옳은 설명만을 〈보기〉에서 있는 대로 고른 것은? (단, A~D는 임의의 원소 기호이다.)

〈 보기 〉
ㄱ. C는 칼륨(K)이다.
ㄴ. 2주기 원소는 2가지이다.
ㄷ. 전기 음성도는 B>D이다.

① ㄱ　　② ㄴ　　③ ㄱ, ㄷ　　④ ㄴ, ㄷ　　⑤ ㄱ, ㄴ, ㄷ

28

다음은 2, 3주기 15~17족 바닥상태 원자 W~Z에 대한 자료이다.

○ W와 Y는 다른 주기 원소이다.
○ W와 Y의 $\dfrac{p \text{ 오비탈에 들어 있는 전자 수}}{\text{홀전자 수}}$ 는 같다.
○ X~Z의 전자 배치에 대한 자료

원자	X	Y	Z
$\dfrac{\text{홀전자 수}}{s \text{ 오비탈에 들어 있는 전자 수}}$ (상댓값)	9	4	2

W~Z에 대한 설명으로 옳은 것만을 〈보기〉에서 있는 대로 고른 것은? (단, W~Z는 임의의 원소 기호이다.)

〈 보기 〉
ㄱ. 3주기 원소는 2가지이다.
ㄴ. 원자가 전자 수는 W>Z이다.
ㄷ. 전자가 들어 있는 오비탈 수는 X>Y이다.

① ㄱ　　② ㄴ　　③ ㄱ, ㄷ　　④ ㄴ, ㄷ　　⑤ ㄱ, ㄴ, ㄷ

29

표는 2주기 바닥상태 원자 W~Z에 대한 자료이다.

원자	W	X	Y	Z
전자가 2개 들어 있는 오비탈 수	a		$2a$	
$\dfrac{\text{홀전자 수}}{\text{원자가 전자 수}}$	1	$\dfrac{1}{2}$	$\dfrac{1}{3}$	$\dfrac{1}{3}$

이에 대한 옳은 설명만을 〈보기〉에서 있는 대로 고른 것은? (단, W~Z는 임의의 원소 기호이다.) [3점]

〈 보기 〉
ㄱ. $a=1$이다.
ㄴ. 전자가 들어 있는 오비탈 수는 Y>X이다.
ㄷ. p 오비탈에 들어 있는 전자 수는 Z가 X의 2배이다.

① ㄱ　　② ㄴ　　③ ㄱ, ㄷ　　④ ㄴ, ㄷ　　⑤ ㄱ, ㄴ, ㄷ

30

표는 바닥상태 원자 X~Z에 대한 자료이다. X~Z의 원자 번호는 각각 8~15 중 하나이다.

원자	X	Y	Z
s 오비탈에 들어 있는 전자 수	a		a
p 오비탈에 들어 있는 전자 수		a	
$\dfrac{p \text{ 오비탈에 들어 있는 전자 수}}{s \text{ 오비탈에 들어 있는 전자 수}}$	1	b	b

이에 대한 설명으로 옳은 것만을 〈보기〉에서 있는 대로 고른 것은? (단, X~Z는 임의의 원소 기호이다.) [3점]

〈 보기 〉
ㄱ. $b=\dfrac{3}{2}$이다.
ㄴ. Y와 Z는 같은 주기 원소이다.
ㄷ. 전자가 들어 있는 p 오비탈 수는 Z가 X의 2배이다.

① ㄱ　　② ㄴ　　③ ㄱ, ㄷ　　④ ㄴ, ㄷ　　⑤ ㄱ, ㄴ, ㄷ

10
일차

31

표는 2주기 바닥상태 원자 X~Z의 전자 배치에 대한 자료이다.

원자	X	Y	Z
전자가 2개 들어 있는 오비탈 수	a	$a+1$	$a+2$
p 오비탈에 들어 있는 홀전자 수	a	a	b

이에 대한 설명으로 옳은 것만을 〈보기〉에서 있는 대로 고른 것은? (단, X~Z는 임의의 원소 기호이다.)

〈 보기 〉
ㄱ. $a+b=3$이다.
ㄴ. X의 원자가 전자 수는 2이다.
ㄷ. 전자가 들어 있는 오비탈 수는 Y와 Z가 같다.

① ㄱ   ② ㄴ   ③ ㄱ, ㄷ   ④ ㄴ, ㄷ   ⑤ ㄱ, ㄴ, ㄷ

32

표는 2, 3주기 바닥상태 원자 X~Z에 대한 자료이다.

원자	X	Y	Z
홀전자 수	a	1	2
$\dfrac{\text{전자가 2개 들어 있는 오비탈 수}}{p \text{ 오비탈에 들어 있는 전자 수}}$	$\dfrac{7}{10}$	$\dfrac{5}{6}$	1

이에 대한 옳은 설명만을 〈보기〉에서 있는 대로 고른 것은? (단, X~Z는 임의의 원소 기호이다.) [3점]

〈 보기 〉
ㄱ. $a=3$이다.
ㄴ. X~Z 중 3주기 원소는 2가지이다.
ㄷ. s 오비탈에 들어 있는 전자 수는 Z>Y이다.

① ㄱ   ② ㄴ   ③ ㄱ, ㄷ   ④ ㄴ, ㄷ   ⑤ ㄱ, ㄴ, ㄷ

33

표는 2, 3주기 바닥상태 원자 X~Z에 대한 자료이다.

원자	X	Y	Z
$\dfrac{s \text{ 오비탈의 전자 수}}{\text{전체 전자 수}}$ (상댓값)	2	4	5
홀전자 수	3	a	a

이에 대한 설명으로 옳은 것만을 〈보기〉에서 있는 대로 고른 것은? (단, X~Z는 임의의 원소 기호이다.)

〈 보기 〉
ㄱ. $a=1$이다.
ㄴ. X와 Y는 같은 주기 원소이다.
ㄷ. 전자가 들어 있는 오비탈 수는 Z>Y이다.

① ㄱ   ② ㄴ   ③ ㄱ, ㄷ   ④ ㄴ, ㄷ   ⑤ ㄱ, ㄴ, ㄷ

34

표는 2주기 바닥상태 원자 X~Z에 대한 자료이다.

원자	X	Y	Z
$\dfrac{\text{홀전자 수}}{\text{전자가 들어 있는 오비탈 수}}$	$\dfrac{1}{2}$	a	$\dfrac{2}{5}$
$\dfrac{p \text{ 오비탈의 전자 수}}{s \text{ 오비탈의 전자 수}}$ (상댓값)	2	1	b

이에 대한 옳은 설명만을 〈보기〉에서 있는 대로 고른 것은? (단, X~Z는 임의의 원소 기호이다.) [3점]

〈 보기 〉
ㄱ. $ab=\dfrac{4}{3}$이다.
ㄴ. 원자 번호는 Y>X이다.
ㄷ. 전자가 2개 들어 있는 오비탈 수는 Z가 Y의 2배이다.

① ㄱ   ② ㄷ   ③ ㄱ, ㄴ   ④ ㄴ, ㄷ   ⑤ ㄱ, ㄴ, ㄷ

표는 2, 3주기 바닥상태 원자 A~C의 전자 배치에 대한 자료이다. n은 주 양자수, l은 방위(부) 양자수이다.

원자	A	B	C
$\dfrac{p \text{ 오비탈의 전자 수}}{s \text{ 오비탈의 전자 수}}$	$\dfrac{3}{2}$	㉠	$\dfrac{5}{3}$
$n+l=3$인 전자 수	㉡	6	㉢

이에 대한 옳은 설명만을 〈보기〉에서 있는 대로 고른 것은? (단, A~C는 임의의 원소 기호이다.) [3점]

〈 보기 〉
ㄱ. A~C 중 3주기 원소는 1가지이다.
ㄴ. ㉠$=\dfrac{3}{2}$이다.
ㄷ. ㉡=㉢이다.

① ㄱ   ② ㄴ   ③ ㄱ, ㄷ   ④ ㄴ, ㄷ   ⑤ ㄱ, ㄴ, ㄷ

다음은 ㉠과 ㉡에 대한 설명과 2, 3주기 1, 15, 16족 바닥상태 원자 W~Z에 대한 자료이다. n은 주 양자수이고, l은 방위(부) 양자수이다.

○ ㉠: 각 원자의 바닥상태 전자 배치에서 전자가 들어 있는 오비탈의 $n+l$ 중 가장 큰 값

○ ㉡: 원자의 바닥상태 전자 배치에서 $n+l$가 가장 큰 오비탈에 들어 있는 전체 전자 수

원자	W	X	Y	Z
㉠	2	3	3	4
㉡	1	3	7	4

이에 대한 설명으로 옳은 것만을 〈보기〉에서 있는 대로 고른 것은? (단, W~Z는 임의의 원소 기호이다.) [3점]

〈 보기 〉
ㄱ. W와 Y는 같은 족 원소이다.
ㄴ. 홀전자 수는 X>Z이다.
ㄷ. $\dfrac{p \text{ 오비탈에 들어 있는 전자 수}}{s \text{ 오비탈에 들어 있는 전자 수}}$ 의 비는 X : Y=5 : 8이다.

① ㄱ   ② ㄷ   ③ ㄱ, ㄴ   ④ ㄴ, ㄷ   ⑤ ㄱ, ㄴ, ㄷ

10
일차

한눈에 정리하는
평가원 기출 경향

주제 \ 학년도	2025	2024	2023

원자 반지름

01   2023학년도 9월 모평 화I 2번

다음은 학생 A가 수행한 탐구 활동이다.

[가설]
○ 원자 번호가 5~9인 원자들은 원자가 전자가 느끼는 유효 핵
전하가 커질수록 원자 반지름이 ⓐ ㉠ ⓑ .

[탐구 과정]
(가) 원자 번호가 5~9인 원자들의 원자 반지름과 원자가 전자가
느끼는 유효 핵전하를 조사한다.
(나) (가)에서 조사한 각 원자들의 원자 반지름을 원자가 전자가
느끼는 유효 핵전하에 따라 점으로 표시한다.

[탐구 결과]

원자
반지름
(pm)

X

원자가 전자가 느끼는 유효 핵전하(상댓값)

[결론]
○ 가설은 옳다.

학생 A의 결론이 타당할 때, ㉠과 X의 원자 번호로 가장 적절한 것은?
(단, X는 임의의 원소 기호이다.) [3점]

	㉠	X의 원자 번호		㉠	X의 원자 번호
①	작아진다	6	②	작아진다	8
③	커진다	6	④	커진다	7
⑤	커진다	8			

이온 반지름

**원자 반지름,
이온 반지름**

15   2025학년도 6월 모평 화I 10번

다음은 원자 X~Z에 대한 자료이다. X~Z는 각각 N, O, F, Na, Mg
중 하나이고, X~Z의 이온은 모두 Ne의 전자 배치를 갖는다.

○ 바닥상태 전자 배치에서 X~Z의 홀전자 수 합은 5이다.
○ 제1 이온화 에너지는 X~Z 중 Y가 가장 크다.
○ (가)와 (나)는 각각 원자 반지름과 이온 반지름 중 하나이다.

반지름

■ (가)
□ (나)

0   X   Y   Z

이에 대한 설명으로 옳은 것만을 〈보기〉에서 있는 대로 고른 것은? [3점]

〈보기〉
ㄱ. (가)는 이온 반지름이다.
ㄴ. X는 Na이다.
ㄷ. 전기 음성도는 Z > Y이다.

① ㄱ   ② ㄴ   ③ ㄱ, ㄷ   ④ ㄴ, ㄷ   ⑤ ㄱ, ㄴ, ㄷ

2022 ~ 2019

07 대표 문제 2020학년도 9월 모평 화Ⅰ 8번 보기 'ㄱ' 변형

그림은 원자 A~D에 대한 자료이다. A~D는 각각 원자 번호가 15, 16, 19, 20 중 하나이고, A~D 이온의 전자 배치는 모두 Ar과 같다.

이에 대한 설명으로 옳은 것만을 〈보기〉에서 있는 대로 고른 것은? (단, A~D는 임의의 원소 기호이다.)

─〈보기〉─
ㄱ. '원자가 전자 수'는 (가)로 적절하다.
ㄴ. 원자가 전자가 느끼는 유효 핵전하는 A>D이다.
ㄷ. 원자 반지름은 D>C이다.

① ㄱ ② ㄴ ③ ㄱ, ㄴ ④ ㄱ, ㄷ ⑤ ㄴ, ㄷ

10 2019학년도 수능 화Ⅰ 13번 보기 'ㄷ' 변형

그림은 원자 A~E의 원자 반지름과 이온 반지름을 나타낸 것이고, (가)와 (나)는 각각 원자 반지름과 이온 반지름 중 하나이다. A~E의 원자 번호는 각각 15, 16, 17, 19, 20 중 하나이고, A~E의 이온은 모두 Ar의 전자 배치를 가진다.

이에 대한 설명으로 옳은 것만을 〈보기〉에서 있는 대로 고른 것은? (단, A~E는 임의의 원소 기호이다.)

─〈보기〉─
ㄱ. (가)는 원자 반지름이다.
ㄴ. A의 이온은 A^{3+}이다.
ㄷ. 원자가 전자 수는 E가 D보다 크다.

① ㄱ ② ㄴ ③ ㄱ, ㄷ ④ ㄴ, ㄷ ⑤ ㄱ, ㄴ, ㄷ

13 2019학년도 9월 모평 화Ⅰ 11번

그림은 원자 A~C에 대하여 원자 반지름과 이온 반지름, 이온 반지름과 이온의 전하를 나타낸 것이다. A~C는 각각 O, Na, Al 중 하나이며, A~C 이온의 전자 배치는 모두 Ne과 같다.

이에 대한 설명으로 옳은 것만을 〈보기〉에서 있는 대로 고른 것은? [3점]

─〈보기〉─
ㄱ. 원자가 전자가 느끼는 유효 핵전하는 B>A이다.
ㄴ. 이온 반지름은 C 이온이 A 이온보다 크다.
ㄷ. 원자가 전자 수는 C>B이다.

① ㄱ ② ㄴ ③ ㄷ ④ ㄱ, ㄷ ⑤ ㄴ, ㄷ

01

다음은 학생 A가 수행한 탐구 활동이다.

[가설]

○ 원자 번호가 5~9인 원자들은 원자가 전자가 느끼는 유효 핵전하가 커질수록 원자 반지름이 ⓐ ⓖ .

[탐구 과정]

(가) 원자 번호가 5~9인 원자들의 원자 반지름과 원자가 전자가 느끼는 유효 핵전하를 조사한다.

(나) (가)에서 조사한 각 원자들의 원자 반지름을 원자가 전자가 느끼는 유효 핵전하에 따라 점으로 표시한다.

[탐구 결과]

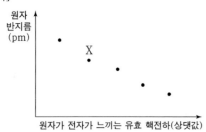

[결론]

○ 가설은 옳다.

학생 A의 결론이 타당할 때, ⓖ과 X의 원자 번호로 가장 적절한 것은? (단, X는 임의의 원소 기호이다.) [3점]

	ⓖ	X의 원자 번호		ⓖ	X의 원자 번호
①	작아진다	6	②	작아진다	8
③	커진다	6	④	커진다	7
⑤	커진다	8			

02

그림은 원자 A~E의 원자 반지름을 나타낸 것이다. A~E의 원자 번호는 각각 7, 8, 9, 11, 12 중 하나이다.

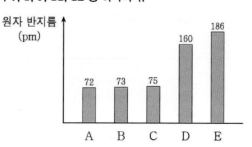

이에 대한 옳은 설명만을 〈보기〉에서 있는 대로 고른 것은? (단, A~E는 임의의 원소 기호이다.)

〈 보기 〉

ㄱ. 원자 번호는 B>A이다.

ㄴ. 원자가 전자가 느끼는 유효 핵전하는 D>E이다.

ㄷ. 제2 이온화 에너지는 B>C이다.

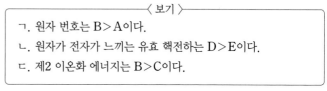

① ㄱ ② ㄴ ③ ㄱ, ㄷ ④ ㄴ, ㄷ ⑤ ㄱ, ㄴ, ㄷ

03

다음은 원소 A~E에 대해 학생이 수행한 탐구 활동이다. A~E는 각각 $_3Li$, $_4Be$, $_{11}Na$, $_{12}Mg$, $_{13}Al$ 중 하나이다.

[탐구 자료]

자료 I	자료 II

자료 I: 원자 반지름(pm) — A B C D E (막대그래프, 150, 100 눈금 표시)

자료 II:

원자	n
A	
B	3
C	
D	3
E	

바닥 상태에서 원자가 전자의 주 양자수(n)

[탐구 과정]

○ A~E를 같은 주기로 분류하고, 같은 주기에서 원자 반지름의 크기를 비교한다.

○ 같은 주기에서 원자 번호가 증가하는 순서로 원소를 배열한다.

2주기	3주기
(가)	—

[결론]

○ 같은 주기에서 원자 번호가 증가할수록 원자 반지름은 감소한다.

(가)로 옳은 것은? [3점]

① A, C   ② A, E   ③ C, A   ④ C, E   ⑤ E, C

04

다음은 이온 반지름에 대한 세 학생의 대화이다.

나트륨 이온(Na^+)의 반지름은 Na의 원자 반지름보다 작아.

플루오린화 이온(F^-)의 반지름은 F의 원자 반지름보다 작아.

이온 반지름은 Na^+이 F^-보다 커.

학생 A   학생 B   학생 C

제시한 내용이 옳은 학생만을 있는 대로 고른 것은?

① A   ② B   ③ A, B   ④ A, C   ⑤ B, C

05

그림은 2, 3주기 원소 A~D의 이온 반지름을 나타낸 것이다. A^{2+}, B^{3+}, C^{2-}, D^-은 18족 원소의 전자 배치를 갖는다.

A^{2+} B^{3+} C^{2-} D^-

0   이온 반지름

A~D에 대한 옳은 설명만을 〈보기〉에서 있는 대로 고른 것은? (단, A~D는 임의의 원소 기호이다.) [3점]

〈 보기 〉

ㄱ. A는 2주기 원소이다.

ㄴ. 원자 번호는 C가 B보다 크다.

ㄷ. 원자 반지름은 D가 B보다 크다.

① ㄱ   ② ㄴ   ③ ㄱ, ㄷ   ④ ㄴ, ㄷ   ⑤ ㄱ, ㄴ, ㄷ

2024학년도 10월 학평 화I 15번

그림은 원소 W~Z의 원자 반지름과 이온 반지름을 나타낸 것이다. W~Z는 각각 O, F, Na, Mg 중 하나이고, W~Z의 이온은 모두 Ne 의 전자 배치를 갖는다.

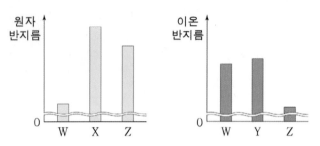

W~Z에 대한 옳은 설명만을 〈보기〉에서 있는 대로 고른 것은? [3점]

─〈 보기 〉─

ㄱ. 원자 번호는 W가 가장 작다.

ㄴ. $\dfrac{\text{이온 반지름}}{\text{원자 반지름}}$ 은 Y>X이다.

ㄷ. 원자가 전자가 느끼는 유효 핵전하는 X>Z이다.

① ㄱ　　② ㄴ　　③ ㄷ　　④ ㄱ, ㄴ　　⑤ ㄴ, ㄷ

2020학년도 9월 모평 화I 8번 보기 'ㄱ' 변형

그림은 원자 A~D에 대한 자료이다. A~D는 각각 원자 번호가 15, 16, 19, 20 중 하나이고, A~D 이온의 전자 배치는 모두 Ar과 같다.

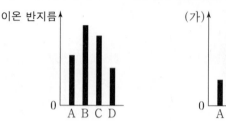

이에 대한 설명으로 옳은 것만을 〈보기〉에서 있는 대로 고른 것은? (단, A~D는 임의의 원소 기호이다.)

─〈 보기 〉─

ㄱ. '원자가 전자 수'는 (가)로 적절하다.

ㄴ. 원자가 전자가 느끼는 유효 핵전하는 A>D이다.

ㄷ. 원자 반지름은 D>C이다.

① ㄱ　　② ㄴ　　③ ㄱ, ㄴ　　④ ㄱ, ㄷ　　⑤ ㄴ, ㄷ

2023학년도 3월 학평 화I 12번

다음은 원소 W~Z에 대한 자료이다. W~Z는 각각 O, F, Na, Mg 중 하나이고, 이온은 모두 Ne의 전자 배치를 갖는다.

○ 원자가 전자 수는 W>X>Y이다.

○ ㉠과 ㉡은 각각 원자 반지름, 이온 반지름 중 하나이다.

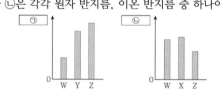

이에 대한 옳은 설명만을 〈보기〉에서 있는 대로 고른 것은? [3점]

─〈 보기 〉─

ㄱ. ㉠은 이온 반지름이다.

ㄴ. W와 X는 같은 주기 원소이다.

ㄷ. 원자가 전자가 느끼는 유효 핵전하는 Z>Y이다.

① ㄱ　　② ㄴ　　③ ㄱ, ㄴ　　④ ㄱ, ㄷ　　⑤ ㄴ, ㄷ

09

그림은 나트륨(Na), 염소(Cl)의 원자 반지름과 이온 반지름을 나타낸 것이다.

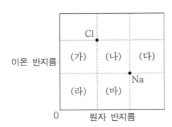

영역 (가)~(마) 중 플루오린(F)의 원자 반지름과 이온 반지름이 위치하는 영역은? (단, F, Na, Cl의 이온은 각각 F^-, Na^+, Cl^-이다.)

① (가)　　② (나)　　③ (다)　　④ (라)　　⑤ (마)

10

그림은 원자 A~E의 원자 반지름과 이온 반지름을 나타낸 것이고, (가)와 (나)는 각각 원자 반지름과 이온 반지름 중 하나이다. A~E의 원자 번호는 각각 15, 16, 17, 19, 20 중 하나이고, A~E의 이온은 모두 Ar의 전자 배치를 가진다.

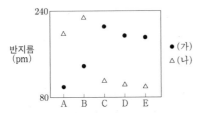

이에 대한 설명으로 옳은 것만을 〈보기〉에서 있는 대로 고른 것은? (단, A~E는 임의의 원소 기호이다.)

〈 보기 〉
ㄱ. (가)는 원자 반지름이다.
ㄴ. A의 이온은 A^{2+}이다.
ㄷ. 원자가 전자 수는 E가 D보다 크다.

① ㄱ　　② ㄴ　　③ ㄱ, ㄷ　　④ ㄴ, ㄷ　　⑤ ㄱ, ㄴ, ㄷ

11

다음은 2, 3주기 원소 A~C에 대한 자료이다. X, Y는 각각 원자 반지름과 이온 반지름 중 하나이다.

○ A~C 이온은 모두 Ne의 전자 배치를 갖는다.
○ A~C 이온의 전하의 절댓값

구분	A 이온	B 이온	C 이온
|이온의 전하|	1	2	3

○ A~C의 원자 반지름과 이온 반지름

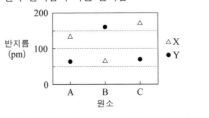

이에 대한 설명으로 옳은 것만을 〈보기〉에서 있는 대로 고른 것은? (단, A~C는 임의의 원소 기호이다.) [3점]

〈 보기 〉
ㄱ. X는 이온 반지름이다.
ㄴ. 이온의 전하는 A 이온이 B 이온보다 크다.
ㄷ. C는 3주기 원소이다.

① ㄱ　　② ㄴ　　③ ㄱ, ㄷ　　④ ㄴ, ㄷ　　⑤ ㄱ, ㄴ, ㄷ

12

다음은 바닥상태 원자 W~Z에 대한 자료이다. W~Z는 O, F, Na, Mg을 순서 없이 나타낸 것이고, 이온의 전자 배치는 모두 Ne과 같다.

○ p 오비탈에 들어 있는 전자 수는 W>X>Y이다.

○ $\dfrac{\text{이온 반지름}}{|\text{이온의 전하}|}$ 은 Z>Y이다.

W~Z에 대한 설명으로 옳은 것만을 〈보기〉에서 있는 대로 고른 것은?

───〈 보기 〉───
ㄱ. X는 F이다.
ㄴ. 바닥상태 원자 W의 홀전자 수는 1이다.
ㄷ. 원자 반지름은 Z가 가장 크다.

① ㄱ   ② ㄴ   ③ ㄱ, ㄷ   ④ ㄴ, ㄷ   ⑤ ㄱ, ㄴ, ㄷ

14

다음은 원자 W~Z에 대한 자료이다. W~Z는 각각 O, F, Mg, Al 중 하나이다.

○ 원자 반지름은 W>X>Y이다.

○ Ne의 전자 배치를 갖는 이온의 반지름은 Y>Z>X이다.

이에 대한 옳은 설명만을 〈보기〉에서 있는 대로 고른 것은? [3점]

───〈 보기 〉───
ㄱ. Y는 O이다.
ㄴ. 제1 이온화 에너지는 W>X이다.
ㄷ. 원자가 전자가 느끼는 유효 핵전하는 Y>Z이다.

① ㄱ   ② ㄷ   ③ ㄱ, ㄴ   ④ ㄴ, ㄷ   ⑤ ㄱ, ㄴ, ㄷ

13

그림은 원자 A~C에 대하여 $\dfrac{\text{원자 반지름}}{\text{이온 반지름}}$ 과 $\dfrac{\text{이온 반지름}}{|\text{이온의 전하}|}$ 을 나타낸 것이다. A~C는 각각 O, Na, Al 중 하나이며, A~C 이온의 전자 배치는 모두 Ne과 같다.

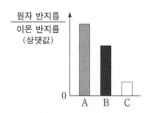 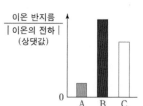

이에 대한 설명으로 옳은 것만을 〈보기〉에서 있는 대로 고른 것은? [3점]

───〈 보기 〉───
ㄱ. 원자가 전자가 느끼는 유효 핵전하는 B>A이다.
ㄴ. 이온 반지름은 C 이온이 A 이온보다 크다.
ㄷ. 원자가 전자 수는 C>B이다.

① ㄱ   ② ㄴ   ③ ㄷ   ④ ㄱ, ㄷ   ⑤ ㄴ, ㄷ

15

다음은 원자 X~Z에 대한 자료이다. X~Z는 각각 N, O, F, Na, Mg 중 하나이고, X~Z의 이온은 모두 Ne의 전자 배치를 갖는다.

○ 바닥상태 전자 배치에서 X~Z의 홀전자 수 합은 5이다.
○ 제1 이온화 에너지는 X~Z 중 Y가 가장 크다.
○ (가)와 (나)는 각각 원자 반지름과 이온 반지름 중 하나이다.

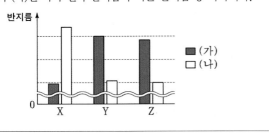

이에 대한 설명으로 옳은 것만을 〈보기〉에서 있는 대로 고른 것은? [3점]

─〈 보기 〉─
ㄱ. (가)는 이온 반지름이다.
ㄴ. X는 Na이다.
ㄷ. 전기 음성도는 Z > Y이다.

① ㄱ ② ㄴ ③ ㄱ, ㄷ ④ ㄴ, ㄷ ⑤ ㄱ, ㄴ, ㄷ

한눈에 정리하는
평가원 기출 경향

주제 \ 학년도	2025	2024

이온화 에너지

순차 이온화 에너지

28

2025학년도 수능 화1 15번

그림 (가)는 원자 W~Y의 제1 이온화 에너지/원자 반지름, 원자 반지름/이온 반지름/이온의 전하 을, (나)는 원자 X~Z의 이온 반지름/이온의 전하 을 나타낸 것이다. W~Z는 O, F, Mg, Al을 순서 없이 나타낸 것이고, W~Z의 이온은 모두 Ne의 전자 배치를 갖는다.

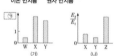

이에 대한 설명으로 옳은 것만을 〈보기〉에서 있는 대로 고른 것은?

〈보기〉
ㄱ. W는 F이다.
ㄴ. 제3 이온화 에너지/제2 이온화 에너지 는 X>Y이다.
ㄷ. 원자가 전자가 느끼는 유효 핵전하는 Z>Y이다.

① ㄱ ② ㄴ ③ ㄱ, ㄷ ④ ㄴ, ㄷ ⑤ ㄱ, ㄴ, ㄷ

---

26 [대표문제]

2025학년도 9월 모평 화1 10번

그림 (가)는 원자 W~Y의 ⊙ 을, (나)는 원자 X~Z의 제2 이온화 에너지(E_2)/제1 이온화 에너지(E_1) 를 나타낸 것이다. W~Z는 F, Na, Mg, Al을 순서 없이 나타낸 것이고, W~Y의 이온은 모두 Ne의 전자 배치를 갖는다. ⊙은 원자 반지름/이온 반지름 과 이온 반지름/원자 반지름 중 하나이다.

이에 대한 설명으로 옳은 것만을 〈보기〉에서 있는 대로 고른 것은? [3점]

〈보기〉
ㄱ. ⊙은 이온 반지름/원자 반지름 이다.
ㄴ. 원자가 전자가 느끼는 유효 핵전하는 X>Y이다.
ㄷ. 원자가 전자 수는 Y>Z이다.

① ㄱ ② ㄷ ③ ㄱ, ㄴ ④ ㄴ, ㄷ ⑤ ㄱ, ㄴ, ㄷ

27

2024학년도 수능 화1 15번

그림 (가)는 원자 A~D의 제2 이온화 에너지(E_2)와 ⊙을, (나)는 원자 C~E의 전기 음성도를 나타낸 것이다. A~E는 O, F, Na, Mg, Al을 순서 없이 나타낸 것이고, A~E의 이온은 모두 Ne의 전자 배치를 갖는다. ⊙은 원자 반지름과 이온 반지름 중 하나이다.

(가)   (나)

이에 대한 설명으로 옳은 것만을 〈보기〉에서 있는 대로 고른 것은?

〈보기〉
ㄱ. B는 산소(O)이다.
ㄴ. ⊙은 원자 반지름이다.
ㄷ. 제3 이온화 에너지/제2 이온화 에너지 는 E>D이다.

① ㄱ ② ㄷ ③ ㄱ, ㄴ ④ ㄱ, ㄷ ⑤ ㄴ, ㄷ

---

09 [대표문제]

2025학년도 6월 모평 화1 16번

표는 원자 X~Z의 제n 이온화 에너지(E_n)에 대한 자료이다. E_a, E_b는 각각 E_2, E_3 중 하나이고, X~Z는 각각 Be, B, C 중 하나이다.

원자	X	Y	Z
$\dfrac{E_a}{E_1}$	2.0	2.2	3.0
$\dfrac{E_b}{E_1}$	16.5	4.3	4.6

X~Z에 대한 설명으로 옳은 것만을 〈보기〉에서 있는 대로 고른 것은?

〈보기〉
ㄱ. Y는 B이다.
ㄴ. 원자가 전자가 느끼는 유효 핵전하는 Y>X이다.
ㄷ. E_1는 Z가 가장 크다.

① ㄱ ② ㄴ ③ ㄱ, ㄷ ④ ㄴ, ㄷ ⑤ ㄱ, ㄴ, ㄷ

---

15 [대표문제]

2024학년도 9월 모평 화1 11번

그림은 원자 W~Z의 제1 이온화 에너지(E_1)/제2 이온화 에너지(E_2) 를 나타낸 것이다. W~Z는 각각 Li, Be, B, C 중 하나이고, 제1 이온화 에너지는 Y>Z이다.

W~Z에 대한 설명으로 옳은 것만을 〈보기〉에서 있는 대로 고른 것은? [3점]

〈보기〉
ㄱ. W는 Li이다.
ㄴ. 원자가 전자가 느끼는 유효 핵전하는 Y>X이다.
ㄷ. 원자 반지름은 Z가 가장 작다.

① ㄱ ② ㄷ ③ ㄱ, ㄴ ④ ㄴ, ㄷ ⑤ ㄱ, ㄴ, ㄷ

2023

2022 ~ 2019

01
2020학년도 수능 화Ⅰ 10번

다음은 이온화 에너지와 관련하여 학생 A가 세운 가설과 이를 검증하기 위해 수행한 탐구 활동이다.

[가설]
○ 15~17족에 속한 원자들은   ㉠

[탐구 과정]
(가) 15~17족에 속한 각 원자의 제1 이온화 에너지(E_1)를 조사한다.
(나) 조사한 각 원자의 E_1를 족에 따라 구분하여 점으로 표시한 후, 표시한 점을 각 주기별로 연결한다.

[탐구 결과]

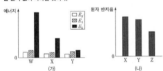

[결론]
○ 가설은 옳다.

학생 A의 결론이 타당할 때, ㉠으로 가장 적절한 것은?

① 원자량이 커질수록 제1 이온화 에너지가 커진다.
② 원자 번호가 커질수록 제1 이온화 에너지가 커진다.
③ 같은 족에서 원자 번호가 커질수록 제1 이온화 에너지가 작아진다.
④ 같은 주기에서 유효 핵전하가 커질수록 제1 이온화 에너지가 커진다.
⑤ 같은 주기에서 원자가 전자 수가 커질수록 제1 이온화 에너지가 작아진다.

02
2019학년도 9월 모평 화Ⅰ 7번

다음은 학생 A가 수행한 탐구 활동이다.

[가설]
○ 3주기에서 원자 번호가 큰 원자일수록 항상 제1 이온화 에너지(E_1)가 크다.

[활동]
○ 3주기에서 원자 번호에 따른 원자의 E_1를 조사하고, 원자 번호가 다른 2개의 E_1를 비교한다.

[결과]
○ 3주기 원자의 E_1

원자	(가)	(나)	(다)	(라)	(마)	(바)	(사)	(아)
원자 번호	11	12	13	14	15	16	17	18
E_1(kJ/몰)	496	738	578	787	1012	1000	1251	1521

○ 원자 번호가 다른 2개의 원자에 대한 비교 결과

구분	원자 번호가 큰 원자가 E_1가 크다.	원자 번호가 큰 원자가 E_1가 작다.
비교한 2개의 원자	(가)와 (나), …	(나)와 (다) ㉠

[결론]
○ 가설에 어긋나는 비교 결과가 있으므로 가설은 옳지 않다.

다음 중 ㉠으로 가장 적절한 것은?

① (다)와 (라)
② (라)와 (마)
③ (마)와 (바)
④ (바)와 (사)
⑤ (사)와 (아)

18 대표 문제
2023학년도 수능 화Ⅰ 12번

그림 (가)는 원자 W~Y의 제3~제5 이온화 에너지(E_3~E_5)를, (나)는 원자 X~Z의 원자 반지름을 나타낸 것이다. W~Z는 C, O, Si, P을 순서 없이 나타낸 것이다.

이에 대한 설명으로 옳은 것만을 〈보기〉에서 있는 대로 고른 것은?

─〈보기〉─
ㄱ. X는 Si이다.
ㄴ. W와 Y는 같은 주기 원소이다.
ㄷ. 제2 이온화 에너지는 Z>Y이다.

① ㄱ   ② ㄷ   ③ ㄱ, ㄴ   ④ ㄱ, ㄷ   ⑤ ㄴ, ㄷ

10
2021학년도 수능 화Ⅰ 14번

다음은 원자 A~D에 대한 자료이다. A~D의 원자 번호는 각각 7, 8, 12, 13 중 하나이고, A~D의 이온은 모두 Ne의 전자 배치를 갖는다.

○ 원자 반지름은 A가 가장 크다.
○ 이온 반지름은 B가 가장 작다.
○ 제2 이온화 에너지는 D가 가장 크다.

A~D에 대한 설명으로 옳은 것만을 〈보기〉에서 있는 대로 고른 것은? (단, A~D는 임의의 원소 기호이다.)

─〈보기〉─
ㄱ. 이온 반지름은 C가 가장 크다.
ㄴ. 제2 이온화 에너지는 A>B이다.
ㄷ. 원자가 전자가 느끼는 유효 핵전하는 D>C이다.

① ㄱ   ② ㄴ   ③ ㄱ, ㄷ   ④ ㄴ, ㄷ   ⑤ ㄱ, ㄴ, ㄷ

20
2021학년도 6월 모평 화Ⅰ 17번

다음은 원자 번호가 연속인 2주기 원자 W~Z의 이온화 에너지에 대한 자료이다. 원자 번호는 W<X<Y<Z이다.

○ 제n 이온화 에너지(E_n)
제1 이온화 에너지(E_1): $M(g) + E_1 \longrightarrow M^+(g) + e^-$
제2 이온화 에너지(E_2): $M^+(g) + E_2 \longrightarrow M^{2+}(g) + e^-$
제3 이온화 에너지(E_3): $M^{2+}(g) + E_3 \longrightarrow M^{3+}(g) + e^-$

○ W~Z의 $\dfrac{E_3}{E_2}$

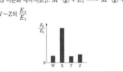

이에 대한 설명으로 옳은 것만을 〈보기〉에서 있는 대로 고른 것은? (단, W~Z는 임의의 원소 기호이다.) [3점]

─〈보기〉─
ㄱ. 원자 반지름은 W>X이다.
ㄴ. E_1는 Y>Z이다.
ㄷ. $\dfrac{E_2}{E_1}$는 Z>W이다.

① ㄱ   ② ㄷ   ③ ㄱ, ㄴ   ④ ㄴ, ㄷ   ⑤ ㄱ, ㄴ, ㄷ

04
2020학년도 9월 모평 화Ⅰ 14번

그림 (가)는 원자 A~D의 제1 이온화 에너지를, (나)는 주기율표에 원소 ㉠~㉣을 나타낸 것이다. A~D는 각각 ㉠~㉣ 중 하나이다.

이에 대한 설명으로 옳은 것만을 〈보기〉에서 있는 대로 고른 것은? (단, A~D는 임의의 원소 기호이다.) [3점]

─〈보기〉─
ㄱ. D는 ㉡이다.
ㄴ. C와 D는 같은 주기 원소이다.
ㄷ. 제3 이온화 에너지는 B>A이다.

① ㄱ   ② ㄴ   ③ ㄱ, ㄴ   ④ ㄴ, ㄷ   ⑤ ㄱ, ㄴ, ㄷ

05
2023학년도 6월 모평 화Ⅰ 10번

표는 2, 3주기 원자 X~Z의 제n 이온화 에너지(E_n)에 대한 자료이다. X~Z의 원자가 전자 수는 각각 3 이하이다.

원자	E_n(10³ kJ/mol)			
	E_1	E_2	E_3	E_4
X	0.74	1.45	7.72	10.52
Y	0.80	2.42	3.65	24.98
Z	0.90	1.75	14.82	20.97

이에 대한 설명으로 옳은 것만을 〈보기〉에서 있는 대로 고른 것은? (단, X~Z는 임의의 원소 기호이다.) [3점]

─〈보기〉─
ㄱ. Y는 Al이다.
ㄴ. Z는 3주기 원소이다.
ㄷ. 원자가 전자 수는 Y>X이다.

① ㄱ   ② ㄴ   ③ ㄱ, ㄷ   ④ ㄴ, ㄷ   ⑤ ㄱ, ㄴ, ㄷ

17
2020학년도 6월 모평 화Ⅰ 16번

그림은 원자 A~E의 제1 이온화 에너지와 제2 이온화 에너지를 나타낸 것이다. A~E의 원자 번호는 각각 3, 4, 11, 12, 13 중 하나이다.

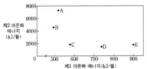

이에 대한 설명으로 옳은 것만을 〈보기〉에서 있는 대로 고른 것은? (단, A~E는 임의의 원소 기호이다.) [3점]

─〈보기〉─
ㄱ. 원자 번호는 B>A이다.
ㄴ. D와 E는 같은 주기 원소이다.
ㄷ. $\dfrac{\text{제3 이온화 에너지}}{\text{제2 이온화 에너지}}$는 C>D이다.

① ㄱ   ② ㄴ   ③ ㄱ, ㄷ   ④ ㄴ, ㄷ   ⑤ ㄱ, ㄴ, ㄷ

13
2019학년도 수능 화Ⅰ 15번

그림은 원자 V~Z의 제2 이온화 에너지를 나타낸 것이다. V~Z는 각각 원자 번호 9~13의 원소 중 하나이다.

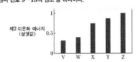

이에 대한 설명으로 옳은 것만을 〈보기〉에서 있는 대로 고른 것은? (단, V~Z는 임의의 원소 기호이다.) [3점]

─〈보기〉─
ㄱ. Z는 1족 원소이다.
ㄴ. X와 Y는 같은 주기 원소이다.
ㄷ. 원자가 전자가 느끼는 유효 핵전하는 W>V이다.

① ㄱ   ② ㄴ   ③ ㄱ, ㄴ   ④ ㄴ, ㄷ   ⑤ ㄱ, ㄴ, ㄷ

01

다음은 이온화 에너지와 관련하여 학생 A가 세운 가설과 이를 검증하기 위해 수행한 탐구 활동이다.

[가설]

o 15~17족에 속한 원자들은

⊙

[탐구 과정]

(가) 15~17족에 속한 각 원자의 제1 이온화 에너지(E_1)를 조사한다.

(나) 조사한 각 원자의 E_1를 족에 따라 구분하여 점으로 표시한 후, 표시한 점을 각 주기별로 연결한다.

[탐구 결과]

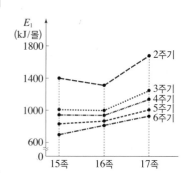

[결론]

o 가설은 옳다.

학생 A의 결론이 타당할 때, ⊙으로 가장 적절한 것은?

① 원자량이 커질수록 제1 이온화 에너지가 커진다.
② 원자 번호가 커질수록 제1 이온화 에너지가 커진다.
③ 같은 족에서 원자 번호가 커질수록 제1 이온화 에너지가 작아진다.
④ 같은 주기에서 유효 핵전하가 커질수록 제1 이온화 에너지가 커진다.
⑤ 같은 주기에서 원자가 전자 수가 커질수록 제1 이온화 에너지가 작아진다.

02

다음은 학생 A가 수행한 탐구 활동이다.

[가설]

o 3주기에서 원자 번호가 큰 원자일수록 항상 제1 이온화 에너지(E_1)가 크다.

[활동]

o 3주기에서 원자 번호에 따른 원자의 E_1를 조사하고, 원자 번호가 다른 2개 원자의 E_1를 비교한다.

[결과]

o 3주기 원자의 E_1

원자	(가)	(나)	(다)	(라)	(마)	(바)	(사)	(아)
원자 번호	11	12	13	14	15	16	17	18
E_1(kJ/몰)	496	738	578	787	1012	1000	1251	1521

o 원자 번호가 다른 2개의 원자에 대한 비교 결과

구분	원자 번호가 큰 원자가 E_1가 크다.	원자 번호가 큰 원자가 E_1가 작다.
비교한 2개의 원자	(가)와 (나), …	(나)와 (다), ⊙

[결론]

o 가설에 어긋나는 비교 결과가 있으므로 가설은 옳지 않다.

다음 중 ⊙으로 가장 적절한 것은?

① (다)와 (라)
② (라)와 (마)
③ (마)와 (바)
④ (바)와 (사)
⑤ (사)와 (아)

03

다음은 Ne을 제외한 2주기 원소에 대한 자료이다.

Li Be B C N O F

o 제시된 원소 중 원자가 전자가 느끼는 유효 핵전하가 O보다 큰 원소의 가짓수는 ⊙ 이다.

o 제시된 원소 중 제1 이온화 에너지가 B보다 크고, N보다 작은 원소의 가짓수는 ⓛ 이다.

⊙+ⓛ은?

① 2
② 4
③ 6
④ 7
⑤ 8

04

그림 (가)는 원자 A~D의 제1 이온화 에너지를, (나)는 주기율표에 원소 ㉠~㉣을 나타낸 것이다. A~D는 각각 ㉠~㉣ 중 하나이다.

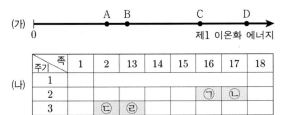

(가)

주기 \ 족	1	2	13	14	15	16	17	18
1								
2						㉠	㉡	
3			㉢	㉣				

(나)

이에 대한 설명으로 옳은 것만을 〈보기〉에서 있는 대로 고른 것은? (단, A~D는 임의의 원소 기호이다.) [3점]

〈 보기 〉
ㄱ. D는 ㉡이다.
ㄴ. C와 D는 같은 주기 원소이다.
ㄷ. $\dfrac{\text{제3 이온화 에너지}}{\text{제2 이온화 에너지}}$ 는 B>A이다.

① ㄱ ② ㄷ ③ ㄱ, ㄴ ④ ㄴ, ㄷ ⑤ ㄱ, ㄴ, ㄷ

06

표는 2, 3주기 원자 W~Z에 대한 자료이다. 원자 번호는 X>Z이다.

원자	W	X	Y	Z
원자가 전자 수	a	a	$a+1$	$a+2$
제3 이온화 에너지 (10^3 kJ/mol)	3.66	2.74	3.23	4.58
제4 이온화 에너지 (10^3 kJ/mol)	25.03	11.58	4.36	7.48
제5 이온화 에너지 (10^3 kJ/mol)	32.83	14.83	16.09	9.44

이에 대한 설명으로 옳은 것만을 〈보기〉에서 있는 대로 고른 것은? (단, W~Z는 임의의 원소 기호이다.) [3점]

〈 보기 〉
ㄱ. $a=3$이다.
ㄴ. W와 Z는 같은 주기 원소이다.
ㄷ. $\dfrac{\text{제2 이온화 에너지}}{\text{제1 이온화 에너지}}$ 는 X>Y이다.

① ㄱ ② ㄷ ③ ㄱ, ㄴ ④ ㄴ, ㄷ ⑤ ㄱ, ㄴ, ㄷ

05

표는 2, 3주기 원자 X~Z의 제n 이온화 에너지(E_n)에 대한 자료이다. X~Z의 원자가 전자 수는 각각 3 이하이다.

원자	E_n (10^3 kJ/mol)			
	E_1	E_2	E_3	E_4
X	0.74	1.45	7.72	10.52
Y	0.80	2.42	3.65	24.98
Z	0.90	1.75	14.82	20.97

이에 대한 설명으로 옳은 것만을 〈보기〉에서 있는 대로 고른 것은? (단, X~Z는 임의의 원소 기호이다.) [3점]

〈 보기 〉
ㄱ. Y는 Al이다.
ㄴ. Z는 3주기 원소이다.
ㄷ. 원자가 전자 수는 Y>X이다.

① ㄱ ② ㄴ ③ ㄷ ④ ㄱ, ㄴ ⑤ ㄱ, ㄷ

07

표는 원자 X~Z의 순차 이온화 에너지(E_n)를 나타낸 것이다. X~Z는 각각 Na, Al, K 중 하나이다.

원자	순차적 이온화 에너지(E_n, kJ/mol)			
	E_1	E_2	E_3	E_4
X	419	3051		5877
Y	496		6912	
Z	a	1817	2745	11578

이에 대한 설명으로 옳은 것만을 〈보기〉에서 있는 대로 고른 것은? [3점]

〈 보기 〉
ㄱ. X의 원자가 전자 수는 1이다.
ㄴ. Y는 K이다.
ㄷ. a는 496보다 크다.

① ㄱ ② ㄴ ③ ㄱ, ㄷ ④ ㄴ, ㄷ ⑤ ㄱ, ㄴ, ㄷ

표는 원자 X~Z의 제2 이온화 에너지에 대한 자료이다. X~Z는 각각 Cl, K, Ca 중 하나이다.

원자	X	Y	Z
제2 이온화 에너지(kJ/mol)	1140	2300	3050

X~Z에 대한 옳은 설명만을 〈보기〉에서 있는 대로 고른 것은?

〈 보기 〉

ㄱ. Y는 Cl이다.

ㄴ. $\dfrac{\text{제3 이온화 에너지}}{\text{제2 이온화 에너지}}$ 는 X가 가장 크다.

ㄷ. 원자가 전자가 느끼는 유효 핵전하는 Z>X이다.

① ㄱ ② ㄷ ③ ㄱ, ㄴ ④ ㄴ, ㄷ ⑤ ㄱ, ㄴ, ㄷ

표는 원자 X~Z의 제n 이온화 에너지(E_n)에 대한 자료이다. E_a, E_b는 각각 E_2, E_3 중 하나이고, X~Z는 각각 Be, B, C 중 하나이다.

원자	X	Y	Z
$\dfrac{E_a}{E_1}$	2.0	2.2	3.0
$\dfrac{E_b}{E_1}$	16.5	4.3	4.6

X~Z에 대한 설명으로 옳은 것만을 〈보기〉에서 있는 대로 고른 것은?

〈 보기 〉

ㄱ. Y는 B이다.

ㄴ. 원자가 전자가 느끼는 유효 핵전하는 Y>X이다.

ㄷ. E_1은 Z가 가장 크다.

① ㄱ ② ㄴ ③ ㄱ, ㄷ ④ ㄴ, ㄷ ⑤ ㄱ, ㄴ, ㄷ

다음은 원자 A~D에 대한 자료이다. A~D의 원자 번호는 각각 7, 8, 12, 13 중 하나이고, A~D의 이온은 모두 Ne의 전자 배치를 갖는다.

○ 원자 반지름은 A가 가장 크다.

○ 이온 반지름은 B가 가장 작다.

○ 제2 이온화 에너지는 D가 가장 크다.

A~D에 대한 설명으로 옳은 것만을 〈보기〉에서 있는 대로 고른 것은? (단, A~D는 임의의 원소 기호이다.)

〈 보기 〉

ㄱ. 이온 반지름은 C가 가장 크다.

ㄴ. 제2 이온화 에너지는 A>B이다.

ㄷ. 원자가 전자가 느끼는 유효 핵전하는 D>C이다.

① ㄱ ② ㄴ ③ ㄱ, ㄷ ④ ㄴ, ㄷ ⑤ ㄱ, ㄴ, ㄷ

다음은 바닥상태 원자 A~E에 대한 자료이다. A~E의 원자 번호는 각각 8, 9, 11, 12, 13 중 하나이고, A~E의 이온은 모두 Ne의 전자 배치를 갖는다.

○ 전기 음성도는 C>D>E이다.

○ 이온 반지름은 B>C>A>D이다.

○ 제2 이온화 에너지는 C>A이다.

이에 대한 설명으로 옳은 것만을 〈보기〉에서 있는 대로 고른 것은? (단, A~E는 임의의 원소 기호이다.)

〈 보기 〉

ㄱ. D는 3주기 원소이다.

ㄴ. 원자 반지름은 C>B이다.

ㄷ. $\dfrac{\text{제3 이온화 에너지}}{\text{제2 이온화 에너지}}$ 는 E>A이다.

① ㄱ ② ㄴ ③ ㄱ, ㄷ ④ ㄴ, ㄷ ⑤ ㄱ, ㄴ, ㄷ

12

다음은 원자 A~C에 대한 자료이다. A~C는 각각 Na, Mg, Al 중 하나이다.

○ $\dfrac{\text{제2 이온화 에너지}}{\text{제1 이온화 에너지}}$ 는 A가 가장 크다.

○ 원자가 전자가 느끼는 유효 핵전하는 B>C이다.

A~C에 대한 옳은 설명만을 〈보기〉에서 있는 대로 고른 것은? [3점]

〈 보기 〉

ㄱ. 원자가 전자 수는 B가 가장 크다.

ㄴ. 원자 반지름은 A>C이다.

ㄷ. 제1 이온화 에너지는 C>B이다.

① ㄱ ② ㄷ ③ ㄱ, ㄴ ④ ㄴ, ㄷ ⑤ ㄱ, ㄴ, ㄷ

13

그림은 원자 V~Z의 제2 이온화 에너지를 나타낸 것이다. V~Z는 각각 원자 번호 9~13의 원소 중 하나이다.

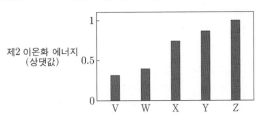

이에 대한 설명으로 옳은 것만을 〈보기〉에서 있는 대로 고른 것은? (단, V~Z는 임의의 원소 기호이다.) [3점]

〈 보기 〉

ㄱ. Z는 1족 원소이다.

ㄴ. X와 Y는 같은 주기 원소이다.

ㄷ. 원자가 전자가 느끼는 유효 핵전하는 W>V이다.

① ㄱ ② ㄷ ③ ㄱ, ㄴ ④ ㄴ, ㄷ ⑤ ㄱ, ㄴ, ㄷ

14

그림은 원자 W~Z의 이온화 에너지를 나타낸 것이다. W~Z는 각각 C, F, Na, Mg 중 하나이다.

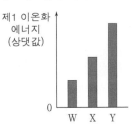

이에 대한 설명으로 옳은 것만을 〈보기〉에서 있는 대로 고른 것은? [3점]

〈 보기 〉

ㄱ. W는 Na이다.

ㄴ. 원자 반지름은 X>Z이다.

ㄷ. 원자가 전자가 느끼는 유효 핵전하는 Y>Z이다.

① ㄴ ② ㄷ ③ ㄱ, ㄴ ④ ㄱ, ㄷ ⑤ ㄱ, ㄴ, ㄷ

15 대표문제

그림은 원자 W~Z의 $\dfrac{\text{제1 이온화 에너지}(E_1)}{\text{제2 이온화 에너지}(E_2)}$ 를 나타낸 것이다. W~Z는 각각 Li, Be, B, C 중 하나이고, 제1 이온화 에너지는 Y>Z이다.

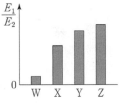

W~Z에 대한 설명으로 옳은 것만을 〈보기〉에서 있는 대로 고른 것은? [3점]

〈 보기 〉

ㄱ. W는 Li이다.

ㄴ. 원자가 전자가 느끼는 유효 핵전하는 Y>X이다.

ㄷ. 원자 반지름은 Z가 가장 작다.

① ㄱ ② ㄷ ③ ㄱ, ㄴ ④ ㄴ, ㄷ ⑤ ㄱ, ㄴ, ㄷ

16

그림은 2주기 원소 중 6가지 원소에 대한 자료이다.

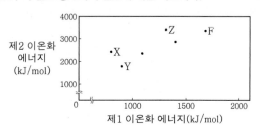

이에 대한 옳은 설명만을 〈보기〉에서 있는 대로 고른 것은? (단, X~Z는 임의의 원소 기호이다.) [3점]

〈 보기 〉
ㄱ. X는 Be이다.
ㄴ. Y와 Z의 원자 번호 차는 4이다.
ㄷ. $\dfrac{제2 \ 이온화 \ 에너지}{제1 \ 이온화 \ 에너지}$ 는 X>Y이다.

① ㄱ ② ㄷ ③ ㄱ, ㄴ ④ ㄴ, ㄷ ⑤ ㄱ, ㄴ, ㄷ

17

그림은 원자 A~E의 제1 이온화 에너지와 제2 이온화 에너지를 나타낸 것이다. A~E의 원자 번호는 각각 3, 4, 11, 12, 13 중 하나이다.

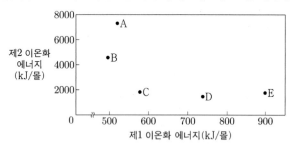

이에 대한 설명으로 옳은 것만을 〈보기〉에서 있는 대로 고른 것은? (단, A~E는 임의의 원소 기호이다.) [3점]

〈 보기 〉
ㄱ. 원자 번호는 B>A이다.
ㄴ. D와 E는 같은 주기 원소이다.
ㄷ. $\dfrac{제3 \ 이온화 \ 에너지}{제2 \ 이온화 \ 에너지}$ 는 C>D이다.

① ㄱ ② ㄴ ③ ㄱ, ㄷ ④ ㄴ, ㄷ ⑤ ㄱ, ㄴ, ㄷ

---

18 대표문제

그림 (가)는 원자 W~Y의 제3~제5 이온화 에너지(E_3~E_5)를, (나)는 원자 X~Z의 원자 반지름을 나타낸 것이다. W~Z는 C, O, Si, P을 순서 없이 나타낸 것이다.

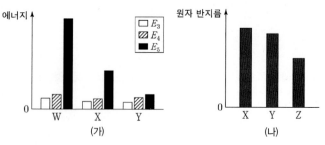

이에 대한 설명으로 옳은 것만을 〈보기〉에서 있는 대로 고른 것은?

〈 보기 〉
ㄱ. X는 Si이다.
ㄴ. W와 Y는 같은 주기 원소이다.
ㄷ. 제2 이온화 에너지는 Z>Y이다.

① ㄱ ② ㄷ ③ ㄱ, ㄴ ④ ㄱ, ㄷ ⑤ ㄴ, ㄷ

19

다음은 원자 W~Z에 대한 자료이다.

○ W~Z는 각각 O, F, Na, Al 중 하나이다.
○ W~Z의 이온은 모두 Ne의 전자 배치를 갖는다.
○ ㉠과 ㉡은 각각 $\dfrac{이온 \ 반지름}{|이온의 \ 전하|}$ 과 $\dfrac{제2 \ 이온화 \ 에너지}{제1 \ 이온화 \ 에너지}$ 중 하나이다.

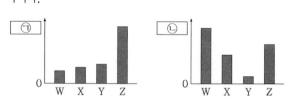

이에 대한 옳은 설명만을 〈보기〉에서 있는 대로 고른 것은? [3점]

〈 보기 〉
ㄱ. ㉠은 $\dfrac{제2 \ 이온화 \ 에너지}{제1 \ 이온화 \ 에너지}$ 이다.
ㄴ. W는 F이다.
ㄷ. 원자 반지름은 Y>X이다.

① ㄱ ② ㄷ ③ ㄱ, ㄴ ④ ㄴ, ㄷ ⑤ ㄱ, ㄴ, ㄷ

20

다음은 원자 번호가 연속인 2주기 원자 W~Z의 이온화 에너지에 대한 자료이다. 원자 번호는 W<X<Y<Z이다.

○ 제n 이온화 에너지(E_n)

제1 이온화 에너지(E_1): $M(g) + E_1 \longrightarrow M^+(g) + e^-$

제2 이온화 에너지(E_2): $M^+(g) + E_2 \longrightarrow M^{2+}(g) + e^-$

제3 이온화 에너지(E_3): $M^{2+}(g) + E_3 \longrightarrow M^{3+}(g) + e^-$

○ W~Z의 $\dfrac{E_3}{E_2}$

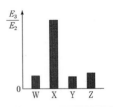

이에 대한 설명으로 옳은 것만을 〈보기〉에서 있는 대로 고른 것은? (단, W~Z는 임의의 원소 기호이다.) [3점]

〈 보기 〉

ㄱ. 원자 반지름은 W>X이다.

ㄴ. E_2는 Y>Z이다.

ㄷ. $\dfrac{E_2}{E_1}$는 Z>W이다.

① ㄱ   ② ㄷ   ③ ㄱ, ㄴ   ④ ㄴ, ㄷ   ⑤ ㄱ, ㄴ, ㄷ

21

그림은 바닥상태 원자 A~E의 홀전자 수와 전기 음성도를 나타낸 것이다. A~E의 원자 번호는 각각 11~17 중 하나이다.

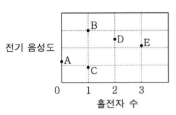

A~E에 대한 옳은 설명만을 〈보기〉에서 있는 대로 고른 것은? (단, A~E는 임의의 원소 기호이다.)

〈 보기 〉

ㄱ. B는 금속 원소이다.

ㄴ. $\dfrac{\text{제2 이온화 에너지}}{\text{제1 이온화 에너지}}$ 는 C가 가장 크다.

ㄷ. 원자가 전자 수는 D>E이다.

① ㄱ   ② ㄷ   ③ ㄱ, ㄴ   ④ ㄴ, ㄷ   ⑤ ㄱ, ㄴ, ㄷ

22

그림은 원자 W~Z의 제1~제3 이온화 에너지(E_1~E_3)를 나타낸 것이다. W~Z는 Mg, Al, Si, P을 순서 없이 나타낸 것이다.

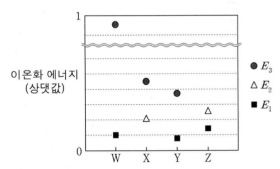

이에 대한 설명으로 옳은 것만을 〈보기〉에서 있는 대로 고른 것은? [3점]

〈 보기 〉

ㄱ. Z는 Si이다.

ㄴ. 원자 반지름은 W>Y이다.

ㄷ. E_1는 X>Y이다.

① ㄱ   ② ㄴ   ③ ㄱ, ㄷ   ④ ㄴ, ㄷ   ⑤ ㄱ, ㄴ, ㄷ

23

그림은 2, 3주기 원자 A∼E의 원자가 전자 수와 제2 이온화 에너지를 나타낸 것이다.

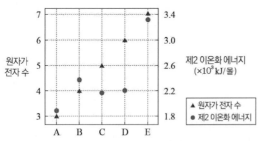

이에 대한 설명으로 옳은 것만을 〈보기〉에서 있는 대로 고른 것은? (단, A∼E는 임의의 원소 기호이다.) [3점]

〈 보기 〉
ㄱ. 원자가 전자의 유효 핵전하는 A>C이다.
ㄴ. B와 E는 2주기 원소이다.
ㄷ. 제1 이온화 에너지는 C>D이다.

① ㄱ   ② ㄴ   ③ ㄱ, ㄷ   ④ ㄴ, ㄷ   ⑤ ㄱ, ㄴ, ㄷ

24

그림은 2, 3주기 원소 W∼Z에 대한 자료를 나타낸 것이다. 원자 번호는 W>X이다.

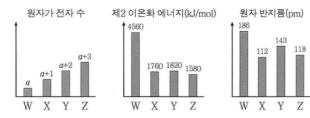

이에 대한 옳은 설명만을 〈보기〉에서 있는 대로 고른 것은? (단, W∼Z는 임의의 원소 기호이다.) [3점]

〈 보기 〉
ㄱ. $a=1$이다.
ㄴ. W∼Z 중 3주기 원소는 2가지이다.
ㄷ. 제1 이온화 에너지는 Y>Z이다.

① ㄱ   ② ㄴ   ③ ㄱ, ㄷ   ④ ㄴ, ㄷ   ⑤ ㄱ, ㄴ, ㄷ

25

다음은 원자 ㉠∼㉧의 카드를 이용한 탐구 활동이다.

[카드 정보]

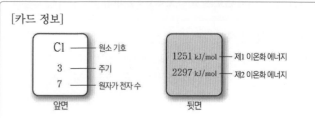

○ 18족 원소에 해당하는 원자의 카드는 없다.

[탐구 활동 및 결과]
○ 제1 이온화 에너지가 가장 큰 ㉠부터 순서대로 놓은 결과

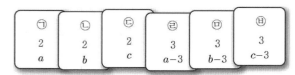

○ 제2 이온화 에너지가 가장 큰 ⎡ (가) ⎤ 부터 순서대로 놓은 결과

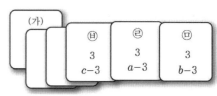

이에 대한 설명으로 옳은 것만을 〈보기〉에서 있는 대로 고른 것은? [3점]

〈 보기 〉
ㄱ. (가)는 ㉡이다.
ㄴ. 원자가 전자가 느끼는 유효 핵전하는 ㉠>㉢이다.
ㄷ. Ne의 전자 배치를 갖는 이온 반지름은 ㉤>㉧이다.

① ㄱ   ② ㄷ   ③ ㄱ, ㄴ   ④ ㄴ, ㄷ   ⑤ ㄱ, ㄴ, ㄷ

그림 (가)는 원자 $W \sim Y$의 ㉠을, (나)는 원자 $X \sim Z$의 제2 이온화 에너지(E_2) 를 나타낸 것이다. $W \sim Z$는 F, Na, Mg, Al을 순서 없이 나타낸 것이고, $W \sim Y$의 이온은 모두 Ne의 전자 배치를 갖는다. ㉠은 $\dfrac{원자 반지름}{이온 반지름}$ 과 $\dfrac{이온 반지름}{원자 반지름}$ 중 하나이다.

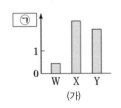
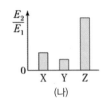

이에 대한 설명으로 옳은 것만을 〈보기〉에서 있는 대로 고른 것은? [3점]

〈 보기 〉
ㄱ. ㉠은 $\dfrac{이온 반지름}{원자 반지름}$ 이다.
ㄴ. 원자가 전자가 느끼는 유효 핵전하는 $X > Y$이다.
ㄷ. 원자가 전자 수는 $Y > Z$이다.

① ㄱ   ② ㄷ   ③ ㄱ, ㄴ   ④ ㄴ, ㄷ   ⑤ ㄱ, ㄴ, ㄷ

그림 (가)는 원자 $A \sim D$의 제2 이온화 에너지(E_2)와 ㉠을, (나)는 원자 $C \sim E$의 전기 음성도를 나타낸 것이다. $A \sim E$는 O, F, Na, Mg, Al을 순서 없이 나타낸 것이고, $A \sim E$의 이온은 모두 Ne의 전자 배치를 갖는다. ㉠은 원자 반지름과 이온 반지름 중 하나이다.

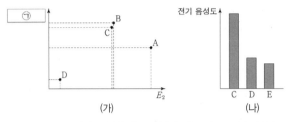

(가)   (나)

이에 대한 설명으로 옳은 것만을 〈보기〉에서 있는 대로 고른 것은?

〈 보기 〉
ㄱ. B는 산소(O)이다.
ㄴ. ㉠은 원자 반지름이다.
ㄷ. $\dfrac{제3 이온화 에너지}{제2 이온화 에너지}$ 는 $E > D$이다.

① ㄱ   ② ㄷ   ③ ㄱ, ㄴ   ④ ㄱ, ㄷ   ⑤ ㄴ, ㄷ

그림 (가)는 원자 $W \sim Y$의 $\dfrac{제1 이온화 에너지}{원자 반지름}$ 를, (나)는 원자 $X \sim Z$의 $\dfrac{이온 반지름}{|이온의 전하|}$ 을 나타낸 것이다. $W \sim Z$는 O, F, Mg, Al을 순서 없이 나타낸 것이고, $W \sim Z$의 이온은 모두 Ne의 전자 배치를 갖는다.

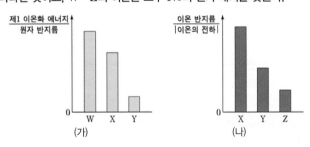

(가)   (나)

이에 대한 설명으로 옳은 것만을 〈보기〉에서 있는 대로 고른 것은?

〈 보기 〉
ㄱ. W는 F이다.
ㄴ. $\dfrac{제3 이온화 에너지}{제2 이온화 에너지}$ 는 $X > Y$이다.
ㄷ. 원자가 전자가 느끼는 유효 핵전하는 $Z > Y$이다.

① ㄱ   ② ㄴ   ③ ㄱ, ㄷ   ④ ㄴ, ㄷ   ⑤ ㄱ, ㄴ, ㄷ

주제 \ 학년도	2025	2024	2023

주기율표

전자 배치,
주기율표와
주기적 성질

---

17 대표 문제   2024학년도 6월 모평 화I 13번

다음은 ㉠에 대한 설명과 2주기 바닥상태 원자 W~Z에 대한 자료이다. n은 주 양자수이고, l은 방위(부) 양자수이다.

○ ㉠: 바닥상태 전자 배치에서 전자가 들어 있는 오비탈 중 $n+l$가 가장 큰 오비탈
○ ㉠에 들어 있는 전자 수와 원자가 전자가 느끼는 유효 핵전하 (Z^*)

[그래프: 가로축 ㉠에 들어 있는 전자 수 (1, 2, 3), 세로축 Z^* (0~4). Z, W, Y, X 점이 표시되어 있음]

이에 대한 설명으로 옳은 것만을 〈보기〉에서 있는 대로 고른 것은? (단, W~Z는 임의의 원소 기호이다.) [3점]

〈보기〉
ㄱ. Y는 탄소(C)이다.
ㄴ. 원자 반지름은 X>Z이다.
ㄷ. 전기 음성도는 Y>W이다.

① ㄱ   ② ㄴ   ③ ㄷ   ④ ㄱ, ㄴ   ⑤ ㄴ, ㄷ

---

13 대표 문제   2024학년도 6월 모평 화I 10번

표는 2, 3주기 바닥상태 원자 X~Z에 대한 자료이다.

원자	X	Y	Z
원자 번호	$m-3$	m	$m+3$
홀전자 수 / 원자가 전자 수 (상댓값)	㉠	6	3

이에 대한 설명으로 옳은 것만을 〈보기〉에서 있는 대로 고른 것은? (단, X~Z는 임의의 원소 기호이다.)

〈보기〉
ㄱ. ㉠은 1이다.
ㄴ. 홀전자 수는 X와 Z가 같다.
ㄷ. 제1 이온화 에너지는 X>Z>Y이다.

① ㄱ   ② ㄴ   ③ ㄷ   ④ ㄱ, ㄴ   ⑤ ㄴ, ㄷ

---

07 대표 문제   2023학년도 수능 화I 6번

다음은 바닥상태 원자 W~Z에 대한 자료이다. W~Z의 원자 번호는 각각 8~14 중 하나이다.

○ W~Z에는 모두 홀전자가 존재한다.
○ 전기 음성도는 W~Z 중 W가 가장 크고, X가 가장 작다.
○ 전자가 2개 들어 있는 오비탈 수의 비는 X : Y : Z=2 : 2 : 1 이다.

이에 대한 설명으로 옳은 것만을 〈보기〉에서 있는 대로 고른 것은? (단, W~Z는 임의의 원소 기호이다.) [3점]

〈보기〉
ㄱ. Z는 2주기 원소이다.
ㄴ. Ne의 전자 배치를 갖는 이온의 반지름은 X>W이다.
ㄷ. 원자가 전자가 느끼는 유효 핵전하는 Y>X이다.

① ㄱ   ② ㄷ   ③ ㄱ, ㄴ   ④ ㄱ, ㄷ   ⑤ ㄴ, ㄷ

---

14   2023학년도 9월 모평 화I 10번

다음은 2, 3주기 바닥상태 원자 W~Z에 대한 자료이다.

○ W~Z의 전자 배치에 대한 자료

원자	W	X	Y	Z
홀전자 수 / s 오비탈에 들어 있는 전자 수	$\frac{1}{6}$	$\frac{1}{6}$	$\frac{1}{4}$	$\frac{1}{3}$

○ 전기 음성도는 W>Y>X이다.
○ Y와 Z는 같은 주기 원소이다.

W~Z에 대한 설명으로 옳은 것만을 〈보기〉에서 있는 대로 고른 것은? (단, W~Z는 임의의 원소 기호이다.) [3점]

〈보기〉
ㄱ. W는 Cl이다.
ㄴ. X와 Y는 같은 족 원소이다.
ㄷ. 제2 이온화 에너지 / 제1 이온화 에너지 는 Z>Y이다.

① ㄱ   ② ㄷ   ③ ㄱ, ㄴ   ④ ㄴ, ㄷ   ⑤ ㄱ, ㄴ, ㄷ

---

08   2023학년도 6월 모평 화I 14번

다음은 바닥상태 원자 W~Z에 대한 자료이다. W~Z의 원자 번호는 각각 7~13 중 하나이다.

○ W~Z의 홀전자 수

원자	W	X	Y	Z
홀전자 수	a	a	b	$a+b$

○ W는 홀전자 수와 원자가 전자 수가 같다.
○ 제1 이온화 에너지는 X>Y>W이다.
○ Ne의 전자 배치를 갖는 이온의 반지름은 Y>X이다.

W~Z에 대한 설명으로 옳은 것만을 〈보기〉에서 있는 대로 고른 것은? (단, W~Z는 임의의 원소 기호이다.)

〈보기〉
ㄱ. Z는 17족 원소이다.
ㄴ. 제2 이온화 에너지는 W가 가장 크다.
ㄷ. 원자 반지름은 Y>Z이다.

① ㄱ   ② ㄴ   ③ ㄷ   ④ ㄱ, ㄴ   ⑤ ㄴ, ㄷ

2022 ~ 2019

01 대표 문제

2021학년도 6월 모평 화1 1번

다음은 주기율표에 대한 세 학생의 대화이다.

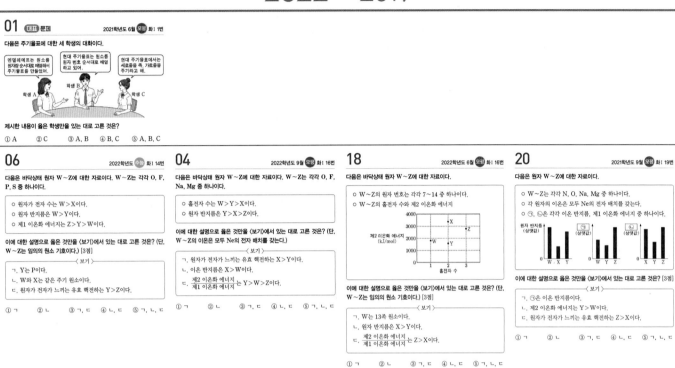

멘델레예프는 원소를
원자량 순서대로 배열하여
주기율표를 만들었어.

학생 A

현대 주기율표는 원소를
원자 번호 순서대로 배열
하고 있어.

학생 B

현대 주기율표에서는
세로줄을 족, 가로줄을
주기라고 해.

학생 C

제시한 내용이 옳은 학생만을 있는 대로 고른 것은?

① A ② C ③ A, B ④ B, C ⑤ A, B, C

06

2022학년도 수능 화1 14번

다음은 바닥상태 원자 W~Z에 대한 자료이다. W~Z는 각각 O, F, P, S 중 하나이다.

○ 원자가 전자 수는 W > X이다.
○ 원자 반지름은 W > Y이다.
○ 제1 이온화 에너지는 Z > Y > W이다.

이에 대한 설명으로 옳은 것만을 〈보기〉에서 있는 대로 고른 것은? (단, W~Z는 임의의 원소 기호이다.) [3점]

〈보기〉
ㄱ. Y는 P이다.
ㄴ. W와 X는 같은 주기 원소이다.
ㄷ. 원자가 전자가 느끼는 유효 핵전하는 Y > Z이다.

① ㄱ ② ㄴ ③ ㄱ, ㄷ ④ ㄴ, ㄷ ⑤ ㄱ, ㄴ, ㄷ

04

2022학년도 9월 모평 화1 16번

다음은 바닥상태 원자 W~Z에 대한 자료이다. W~Z는 각각 O, F, Na, Mg 중 하나이다.

○ 홀전자 수는 W > Y > Z이다.
○ 원자 반지름은 Y > X > Z이다.

이에 대한 설명으로 옳은 것만을 〈보기〉에서 있는 대로 고른 것은? (단, W~Z의 이온은 모두 Ne의 전자 배치를 갖는다.)

〈보기〉
ㄱ. 원자가 전자가 느끼는 유효 핵전하는 X > Y이다.
ㄴ. 이온 반지름은 X > W이다.
ㄷ. $\frac{제2\ 이온화\ 에너지}{제1\ 이온화\ 에너지}$ 는 Y > W > Z이다.

① ㄱ ② ㄴ ③ ㄱ, ㄷ ④ ㄴ, ㄷ ⑤ ㄱ, ㄴ, ㄷ

18

2022학년도 6월 모평 화1 16번

다음은 바닥상태 원자 W~Z에 대한 자료이다.

○ W~Z의 원자 번호는 각각 7~14 중 하나이다.
○ W~Z의 홀전자 수와 제2 이온화 에너지

제2 이온화 에너지 (kJ/mol) vs 홀전자 수 그래프: X (높음), Z, W, Y

이에 대한 설명으로 옳은 것만을 〈보기〉에서 있는 대로 고른 것은? (단, W~Z는 임의의 원소 기호이다.) [3점]

〈보기〉
ㄱ. W는 13족 원소이다.
ㄴ. 원자 반지름은 X > Y이다.
ㄷ. $\frac{제2\ 이온화\ 에너지}{제1\ 이온화\ 에너지}$ 는 Z > X이다.

① ㄱ ② ㄴ ③ ㄱ, ㄷ ④ ㄴ, ㄷ ⑤ ㄱ, ㄴ, ㄷ

20

2021학년도 9월 모평 화1 19번

다음은 원자 W~Z에 대한 자료이다.

○ W~Z는 각각 N, O, Na, Mg 중 하나이다.
○ 각 원자의 이온은 모두 Ne의 전자 배치를 갖는다.
○ ㉠, ㉡은 각각 이온 반지름, 제1 이온화 에너지 중 하나이다.

막대그래프: 원자 반지름(상댓값) W X Y / ㉠(상댓값) W Y Z / ㉡(상댓값) X Y Z

이에 대한 설명으로 옳은 것만을 〈보기〉에서 있는 대로 고른 것은? [3점]

〈보기〉
ㄱ. ㉠은 이온 반지름이다.
ㄴ. 제2 이온화 에너지는 W > Y이다.
ㄷ. 원자가 전자가 느끼는 유효 핵전하는 Z > X이다.

① ㄱ ② ㄴ ③ ㄱ, ㄷ ④ ㄴ, ㄷ ⑤ ㄱ, ㄴ, ㄷ

19

2020학년도 수능 화1 15번 자료, 보기 'ㄱ' 변형

다음은 바닥상태 원자 W~Z에 대한 자료이다.

○ W~Z의 원자 번호는 각각 8~13 중 하나이다.
○ W, X, Y의 홀전자 수는 모두 같다.
○ 각 원자의 이온은 모두 Ne의 전자 배치를 갖는다.
○ ㉠과 ㉡은 각각 원자가 전자 수와 이온 반지름 중 하나이다.

막대그래프: ㉠(상댓값) W X Y Z / ㉡(상댓값) W X Y Z

이에 대한 설명으로 옳은 것만을 〈보기〉에서 있는 대로 고른 것은? (단, W~Z는 임의의 원소 기호이다.) [3점]

〈보기〉
ㄱ. ㉡은 원자가 전자 수이다.
ㄴ. 제2 이온화 에너지는 Z > W이다.
ㄷ. 원자가 전자가 느끼는 유효 핵전하는 X > Y이다.

① ㄱ ② ㄴ ③ ㄷ ④ ㄱ, ㄴ ⑤ ㄴ, ㄷ

11

2020학년도 6월 모평 화1 14번 보기 'ㄴ' 변형

다음은 2, 3주기 바닥상태 원자 A~C에 대한 자료이다.

원자	A	B	C
총 전자 수	$x+3$	$x+6$	$x+10$
원자가 전자 수	$x+1$	$x-4$	x

○ A~C는 18족 원소가 아니다.
○ A~C 중 원자가 전자 수와 홀전자 수가 같은 것이 1가지 존재한다.

이에 대한 설명으로 옳은 것만을 〈보기〉에서 있는 대로 고른 것은? (단, A~C는 임의의 원소 기호이다.)

〈보기〉
ㄱ. 원자 반지름은 B > A이다.
ㄴ. 홀전자 수는 A > C이다.
ㄷ. 원자가 전자가 느끼는 유효 핵전하는 C > B이다.

① ㄱ ② ㄴ ③ ㄷ ④ ㄱ, ㄷ ⑤ ㄴ, ㄷ

16

2019학년도 6월 모평 화1 17번

다음은 탄소(C)와 2, 3주기 원자 V~Z에 대한 자료이다.

○ 모든 원자는 바닥상태이다.
○ 전자가 들어 있는 p 오비탈 수는 3 이하이다.
○ 홀전자 수와 제1 이온화 에너지

제1 이온화 에너지 (kJ/몰) vs 홀전자 수 그래프: 탄소(C), V, W, X, Y, Z

이에 대한 설명으로 옳은 것만을 〈보기〉에서 있는 대로 고른 것은? (단, V~Z는 임의의 원소 기호이다.)

〈보기〉
ㄱ. X는 13족 원소이다.
ㄴ. 원자 반지름은 W > V이다.
ㄷ. 제2 이온화 에너지는 Y > Z > X이다.

① ㄱ ② ㄴ ③ ㄱ, ㄷ ④ ㄴ, ㄷ ⑤ ㄱ, ㄴ, ㄷ

01 대표 문제

2021학년도 6월 모평 화I 1번

다음은 주기율표에 대한 세 학생의 대화이다.

제시한 내용이 옳은 학생만을 있는 대로 고른 것은?

① A   ② C   ③ A, B   ④ B, C   ⑤ A, B, C

02

2020학년도 4월 학평 화I 11번

표는 바닥상태 원자 (가)~(라)에 대한 자료이다. (가)~(라)는 각각 O, F, Mg, Al 중 하나이다.

원자	(가)	(나)	(다)	(라)
홀전자 수		2		0
원자가 전자가 느끼는 유효 핵전하	4.07	4.45	5.10	x

이에 대한 설명으로 옳은 것만을 〈보기〉에서 있는 대로 고른 것은? [3점]

〈보기〉
ㄱ. (라)는 Mg이다.
ㄴ. x는 4.07보다 크다.
ㄷ. 원자 반지름은 (가)>(다)이다.

① ㄱ   ② ㄷ   ③ ㄱ, ㄴ   ④ ㄱ, ㄷ   ⑤ ㄴ, ㄷ

03

2024학년도 10월 학평 화I 4번

다음은 주기율표의 일부를 나타낸 것이다. 바닥상태 원자 X의 전자 배치에서 $\dfrac{\text{홀전자 수}}{\text{원자가 전자 수}} = \dfrac{1}{2}$ 이다.

주기＼족	a	$a+1$
2	W	X
3	Y	Z

이에 대한 옳은 설명만을 〈보기〉에서 있는 대로 고른 것은? (단, W~Z는 임의의 원소 기호이다.)

〈보기〉
ㄱ. $a=13$이다.
ㄴ. 바닥상태 원자 Z에서 전자가 들어 있는 오비탈 수는 9이다.
ㄷ. $\dfrac{\text{제2 이온화 에너지}}{\text{제1 이온화 에너지}}$ 는 X>W이다.

① ㄱ   ② ㄴ   ③ ㄱ, ㄷ   ④ ㄴ, ㄷ   ⑤ ㄱ, ㄴ, ㄷ

04

2022학년도 9월 모평 화I 16번

다음은 바닥상태 원자 W~Z에 대한 자료이다. W~Z는 각각 O, F, Na, Mg 중 하나이다.

○ 홀전자 수는 W>Y>X이다.
○ 원자 반지름은 Y>X>Z이다.

이에 대한 설명으로 옳은 것만을 〈보기〉에서 있는 대로 고른 것은? (단, W~Z의 이온은 모두 Ne의 전자 배치를 갖는다.)

〈보기〉
ㄱ. 원자가 전자가 느끼는 유효 핵전하는 X>Y이다.
ㄴ. 이온 반지름은 X>W이다.
ㄷ. $\dfrac{\text{제2 이온화 에너지}}{\text{제1 이온화 에너지}}$ 는 Y>W>Z이다.

① ㄱ   ② ㄴ   ③ ㄱ, ㄷ   ④ ㄴ, ㄷ   ⑤ ㄱ, ㄴ, ㄷ

05

다음은 바닥상태 원자 W~Z에 대한 자료이다. W~Z는 각각 N, O, F, Na 중 하나이다.

○ 홀전자 수는 X>Y이다.

○ 원자 반지름은 Y>Z>W이다.

○ $\dfrac{\text{제2 이온화 에너지}}{\text{제1 이온화 에너지}}$ 는 X>Z이다.

이에 대한 설명으로 옳은 것만을 〈보기〉에서 있는 대로 고른 것은? (단, W~Z는 임의의 원소 기호이다.) [3점]

─〈 보기 〉─

ㄱ. X는 O이다.

ㄴ. Ne의 전자 배치를 갖는 이온 반지름은 Z>Y이다.

ㄷ. 원자가 전자가 느끼는 유효 핵전하는 W>Z이다.

① ㄱ　　② ㄷ　　③ ㄱ, ㄴ　　④ ㄴ, ㄷ　　⑤ ㄱ, ㄴ, ㄷ

06

다음은 바닥상태 원자 W~Z에 대한 자료이다. W~Z는 각각 O, F, P, S 중 하나이다.

○ 원자가 전자 수는 W>X이다.

○ 원자 반지름은 W>Y이다.

○ 제1 이온화 에너지는 Z>Y>W이다.

이에 대한 설명으로 옳은 것만을 〈보기〉에서 있는 대로 고른 것은? (단, W~Z는 임의의 원소 기호이다.) [3점]

─〈 보기 〉─

ㄱ. Y는 P이다.

ㄴ. W와 X는 같은 주기 원소이다.

ㄷ. 원자가 전자가 느끼는 유효 핵전하는 Y>Z이다.

① ㄱ　　② ㄴ　　③ ㄱ, ㄷ　　④ ㄴ, ㄷ　　⑤ ㄱ, ㄴ, ㄷ

07 대표 문제

다음은 바닥상태 원자 W~Z에 대한 자료이다. W~Z의 원자 번호는 각각 8~14 중 하나이다.

○ W~Z에는 모두 홀전자가 존재한다.

○ 전기 음성도는 W~Z 중 W가 가장 크고, X가 가장 작다.

○ 전자가 2개 들어 있는 오비탈 수의 비는 X : Y : Z = 2 : 2 : 1 이다.

이에 대한 설명으로 옳은 것만을 〈보기〉에서 있는 대로 고른 것은? (단, W~Z는 임의의 원소 기호이다.) [3점]

─〈 보기 〉─

ㄱ. Z는 2주기 원소이다.

ㄴ. Ne의 전자 배치를 갖는 이온의 반지름은 X>W이다.

ㄷ. 원자가 전자가 느끼는 유효 핵전하는 Y>X이다.

① ㄱ　　② ㄷ　　③ ㄱ, ㄴ　　④ ㄱ, ㄷ　　⑤ ㄴ, ㄷ

08

다음은 바닥상태 원자 W~Z에 대한 자료이다. W~Z의 원자 번호는 각각 7~13 중 하나이다.

○ W~Z의 홀전자 수

원자	W	X	Y	Z
홀전자 수	a	a	b	$a+b$

○ W는 홀전자 수와 원자가 전자 수가 같다.

○ 제1 이온화 에너지는 X>Y>W이다.

○ Ne의 전자 배치를 갖는 이온의 반지름은 Y>X이다.

W~Z에 대한 설명으로 옳은 것만을 〈보기〉에서 있는 대로 고른 것은? (단, W~Z는 임의의 원소 기호이다.)

─〈 보기 〉─

ㄱ. Z는 17족 원소이다.

ㄴ. 제2 이온화 에너지는 W가 가장 크다.

ㄷ. 원자 반지름은 Y>Z이다.

① ㄱ　　② ㄴ　　③ ㄷ　　④ ㄱ, ㄴ　　⑤ ㄴ, ㄷ

09

다음은 2, 3주기 원자 W~Z에 대한 자료이다.

○ W~Z의 원자가 전자 수

원자	W	X	Y	Z
원자가 전자 수	a	a	$a+1$	$a+3$

○ W~Z는 18족 원소가 아니다.

○ 제1 이온화 에너지는 W > Y > X이다.

○ 원자 반지름은 Z > Y이다.

이에 대한 설명으로 옳은 것만을 〈보기〉에서 있는 대로 고른 것은? (단, W~Z는 임의의 원소 기호이다.) [3점]

〈 보기 〉

ㄱ. W는 2족 원소이다.

ㄴ. Z는 3주기 원소이다.

ㄷ. 바닥상태 전자 배치에서 Y의 홀전자 수는 2이다.

① ㄱ   ② ㄷ   ③ ㄱ, ㄴ   ④ ㄴ, ㄷ   ⑤ ㄱ, ㄴ, ㄷ

10

다음은 원소 W~Z에 대한 자료이다.

○ W~Z가 위치한 주기율표의 일부

주기 \ 족	n	$n+1$
m	W	X
$m+1$	Y	Z

○ 바닥상태 원자 Y에서 전자가 들어 있는 오비탈 수는 9이다.

○ 제1 이온화 에너지는 W > X이다.

이에 대한 설명으로 옳은 것만을 〈보기〉에서 있는 대로 고른 것은? (단, W~Z는 임의의 원소 기호이다.) [3점]

〈 보기 〉

ㄱ. $m+n=17$이다.

ㄴ. 제2 이온화 에너지는 X > Y이다.

ㄷ. 바닥상태 전자 배치에서 홀전자 수는 W가 Z의 2배이다.

① ㄱ   ② ㄷ   ③ ㄱ, ㄴ   ④ ㄴ, ㄷ   ⑤ ㄱ, ㄴ, ㄷ

11

다음은 2, 3주기 바닥상태 원자 A~C에 대한 자료이다.

원자	A	B	C
총 전자 수	$x+3$	$x+6$	$x+10$
원자가 전자 수	$x+1$	$x-4$	x

○ A~C는 18족 원소가 아니다.

○ A~C 중 원자가 전자 수와 홀전자 수가 같은 것이 1가지 존재한다.

이에 대한 설명으로 옳은 것만을 〈보기〉에서 있는 대로 고른 것은? (단, A~C는 임의의 원소 기호이다.)

〈 보기 〉

ㄱ. 원자 반지름은 B > A이다.

ㄴ. 홀전자 수는 A > C이다.

ㄷ. 원자가 전자가 느끼는 유효 핵전하는 C > B이다.

① ㄱ   ② ㄴ   ③ ㄷ   ④ ㄱ, ㄷ   ⑤ ㄴ, ㄷ

12

다음은 원소 A~C에 대한 자료이다.

○ A~C는 각각 Cl, K, Ca 중 하나이다.

○ A~C의 이온은 모두 Ar의 전자 배치를 갖는다.

○ $\dfrac{\text{이온 반지름}}{\text{원자 반지름}}$ 은 B가 가장 크다.

○ 바닥상태 원자에서 $\dfrac{p \text{ 오비탈의 전자 수}}{s \text{ 오비탈의 전자 수}}$ 는 A > C이다.

A~C에 대한 옳은 설명만을 〈보기〉에서 있는 대로 고른 것은? [3점]

〈 보기 〉

ㄱ. 원자가 전자 수는 B가 가장 크다.

ㄴ. 원자 반지름은 A가 가장 크다.

ㄷ. 원자가 전자가 느끼는 유효 핵전하는 C > A이다.

① ㄱ   ② ㄴ   ③ ㄱ, ㄷ   ④ ㄴ, ㄷ   ⑤ ㄱ, ㄴ, ㄷ

13 대표문제

표는 2, 3주기 바닥상태 원자 X~Z에 대한 자료이다.

원자	X	Y	Z
원자 번호	$m-3$	m	$m+3$
$\dfrac{\text{홀전자 수}}{\text{원자가 전자 수}}$ (상댓값)	㉠	6	3

이에 대한 설명으로 옳은 것만을 〈보기〉에서 있는 대로 고른 것은? (단, X~Z는 임의의 원소 기호이다.)

〈 보기 〉
ㄱ. ㉠은 1이다.
ㄴ. 홀전자 수는 X와 Z가 같다.
ㄷ. 제1 이온화 에너지는 X>Z>Y이다.

① ㄱ   ② ㄴ   ③ ㄷ   ④ ㄱ, ㄴ   ⑤ ㄴ, ㄷ

14

다음은 2, 3주기 바닥상태 원자 W~Z에 대한 자료이다.

○ W~Z의 전자 배치에 대한 자료

원자	W	X	Y	Z
$\dfrac{\text{홀전자 수}}{s \text{ 오비탈에 들어 있는 전자 수}}$	$\dfrac{1}{6}$	$\dfrac{1}{6}$	$\dfrac{1}{4}$	$\dfrac{1}{3}$

○ 전기 음성도는 W>Y>X이다.
○ Y와 Z는 같은 주기 원소이다.

W~Z에 대한 설명으로 옳은 것만을 〈보기〉에서 있는 대로 고른 것은? (단, W~Z는 임의의 원소 기호이다.) [3점]

〈 보기 〉
ㄱ. W는 Cl이다.
ㄴ. X와 Y는 같은 족 원소이다.
ㄷ. $\dfrac{\text{제2 이온화 에너지}}{\text{제1 이온화 에너지}}$는 Z>Y이다.

① ㄱ   ② ㄷ   ③ ㄱ, ㄴ   ④ ㄴ, ㄷ   ⑤ ㄱ, ㄴ, ㄷ

15

그림은 원자 번호가 연속인 2, 3주기 바닥상태 원자 A~E의 전자 배치에서 전자가 2개 들어 있는 오비탈 수(x)와 홀전자 수(y)의 차($|x-y|$)를 원자 번호에 따라 나타낸 것이다.

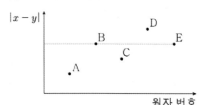

이에 대한 옳은 설명만을 〈보기〉에서 있는 대로 고른 것은? (단, A~E는 임의의 원소 기호이다.) [3점]

〈 보기 〉
ㄱ. B의 홀전자 수는 2이다.
ㄴ. 원자 반지름은 E>C이다.
ㄷ. Ne의 전자 배치를 갖는 이온의 반지름은 A>D이다.

① ㄱ   ② ㄷ   ③ ㄱ, ㄴ   ④ ㄱ, ㄷ   ⑤ ㄴ, ㄷ

16

다음은 탄소(C)와 2, 3주기 원자 V~Z에 대한 자료이다.

○ 모든 원자는 바닥상태이다.
○ 전자가 들어 있는 p 오비탈 수는 3 이하이다.
○ 홀전자 수와 제1 이온화 에너지

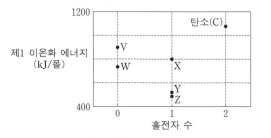

이에 대한 설명으로 옳은 것만을 〈보기〉에서 있는 대로 고른 것은? (단, V~Z는 임의의 원소 기호이다.)

〈 보기 〉
ㄱ. X는 13족 원소이다.
ㄴ. 원자 반지름은 W>X>V이다.
ㄷ. 제2 이온화 에너지는 Y>Z>X이다.

① ㄱ   ② ㄴ   ③ ㄱ, ㄷ   ④ ㄴ, ㄷ   ⑤ ㄱ, ㄴ, ㄷ

13
일차

다음은 ㉠에 대한 설명과 2주기 바닥상태 원자 W~Z에 대한 자료이다. n은 주 양자수이고, l은 방위(부) 양자수이다.

> ○ ㉠: 바닥상태 전자 배치에서 전자가 들어 있는 오비탈 중 $n+l$이 가장 큰 오비탈
>
> ○ ㉠에 들어 있는 전자 수와 원자가 전자가 느끼는 유효 핵전하 (Z^*)
>
>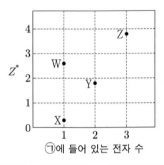

이에 대한 설명으로 옳은 것만을 〈보기〉에서 있는 대로 고른 것은? (단, W~Z는 임의의 원소 기호이다.) [3점]

> 〈 보기 〉
> ㄱ. Y는 탄소(C)이다.
> ㄴ. 원자 반지름은 X > Z이다.
> ㄷ. 전기 음성도는 Y > W이다.

① ㄱ   ② ㄴ   ③ ㄷ   ④ ㄱ, ㄴ   ⑤ ㄴ, ㄷ

다음은 바닥상태 원자 W~Z에 대한 자료이다.

> ○ W~Z의 원자 번호는 각각 7~14 중 하나이다.
>
> ○ W~Z의 홀전자 수와 제2 이온화 에너지
>
>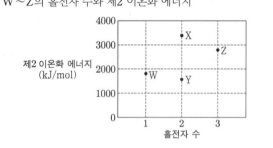

이에 대한 설명으로 옳은 것만을 〈보기〉에서 있는 대로 고른 것은? (단, W~Z는 임의의 원소 기호이다.) [3점]

> 〈 보기 〉
> ㄱ. W는 13족 원소이다.
> ㄴ. 원자 반지름은 X > Y이다.
> ㄷ. $\dfrac{\text{제2 이온화 에너지}}{\text{제1 이온화 에너지}}$ 는 Z > X이다.

① ㄱ   ② ㄴ   ③ ㄱ, ㄷ   ④ ㄴ, ㄷ   ⑤ ㄱ, ㄴ, ㄷ

다음은 바닥상태 원자 W~Z에 대한 자료이다.

> ○ W~Z의 원자 번호는 각각 8~13 중 하나이다.
>
> ○ W, X, Y의 홀전자 수는 모두 같다.
>
> ○ 각 원자의 이온은 모두 Ne의 전자 배치를 갖는다.
>
> ○ ㉠과 ㉡은 각각 원자가 전자 수와 이온 반지름 중 하나이다.
>
>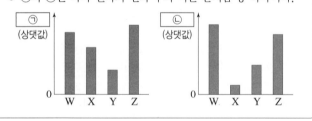

이에 대한 설명으로 옳은 것만을 〈보기〉에서 있는 대로 고른 것은? (단, W~Z는 임의의 원소 기호이다.) [3점]

> 〈 보기 〉
> ㄱ. ㉠은 원자가 전자 수이다.
> ㄴ. 제2 이온화 에너지는 Z > W이다.
> ㄷ. 원자가 전자가 느끼는 유효 핵전하는 X > Y이다.

① ㄱ   ② ㄴ   ③ ㄷ   ④ ㄱ, ㄴ   ⑤ ㄴ, ㄷ

20

다음은 원자 W~Z에 대한 자료이다.

○ W~Z는 각각 N, O, Na, Mg 중 하나이다.

○ 각 원자의 이온은 모두 Ne의 전자 배치를 갖는다.

○ ㉠, ㉡은 각각 이온 반지름, 제1 이온화 에너지 중 하나이다.

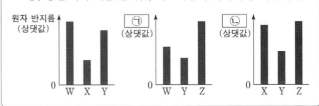

이에 대한 설명으로 옳은 것만을 〈보기〉에서 있는 대로 고른 것은? [3점]

〈보기〉

ㄱ. ㉠은 이온 반지름이다.

ㄴ. 제2 이온화 에너지는 Y>W이다.

ㄷ. 원자가 전자가 느끼는 유효 핵전하는 Z>X이다.

① ㄱ   ② ㄴ   ③ ㄱ, ㄷ   ④ ㄴ, ㄷ   ⑤ ㄱ, ㄴ, ㄷ

21

그림은 바닥상태 원자 A~D의 홀전자 수와 원자 반지름을 나타낸 것이다. A~D는 각각 O, Na, Mg, Al 중 하나이다.

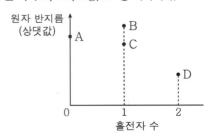

이에 대한 설명으로 옳은 것만을 〈보기〉에서 있는 대로 고른 것은?

〈보기〉

ㄱ. 원자 번호는 C>B이다.

ㄴ. 이온화 에너지는 C>A이다.

ㄷ. Ne의 전자 배치를 갖는 이온의 반지름은 B>D이다.

① ㄱ   ② ㄴ   ③ ㄱ, ㄷ   ④ ㄴ, ㄷ   ⑤ ㄱ, ㄴ, ㄷ

22

그림은 2, 3주기 원소 A~D에 대한 자료이다. A~D는 각각 O, F, Na, Al 중 하나이며, 이온의 전자 배치는 모두 Ne과 같다.

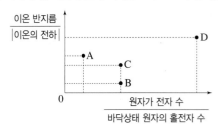

A~D에 대한 옳은 설명만을 〈보기〉에서 있는 대로 고른 것은? [3점]

〈보기〉

ㄱ. 바닥상태 원자의 홀전자 수는 A가 가장 크다.

ㄴ. 원자 반지름은 B가 C보다 크다.

ㄷ. 원자가 전자가 느끼는 유효 핵전하는 C가 D보다 크다.

① ㄱ   ② ㄴ   ③ ㄱ, ㄷ   ④ ㄴ, ㄷ   ⑤ ㄱ, ㄴ, ㄷ

주제 \ 학년도	2025	2024	2023

화학 결합의 전기적 성질

04 대표 문제   2023학년도 9월 모평 화 I 6번

다음은 물(H_2O)의 전기 분해 실험이다.

[실험 과정]
(가) 비커에 물을 넣고, 황산 나트륨을 소량 녹인다.
(나) 그림과 같이 (가)의 수용액으로 가득 채운 시험관에 전극 A와 B를 설치하고, 전류를 흘려 생성되는 기체를 각각의 시험관에 모은다.

[실험 결과]
○ (나)에서 생성된 기체는 수소(H_2)와 산소(O_2)였다.
○ 각 전극에서 생성된 기체의 양(mol) ($0 < t_1 < t_2$)

전류를 흘려 준 시간		t_1	t_2
기체의 양 (mol)	전극 A	x	N
	전극 B	N	y

이에 대한 설명으로 옳은 것만을 <보기>에서 있는 대로 고른 것은?
─ 보기 ─
ㄱ. 전극 A에서 생성된 기체는 O_2이다.
ㄴ. H_2O을 이루고 있는 H 원자와 O 원자 사이의 화학 결합에는 전자가 관여한다.
ㄷ. $\dfrac{x}{y} = \dfrac{1}{4}$이다.

① ㄱ ② ㄷ ③ ㄱ, ㄴ ④ ㄴ, ㄷ ⑤ ㄱ, ㄴ, ㄷ

화학 결합과 화학 결합 물질의 성질

21   2025학년도 수능 화 I 3번

표는 이온 결합 화합물 (가)~(다)에 대한 자료이다.

화합물	구성 이온	화합물 1 mol에 들어 있는 전체 이온의 양(mol)	화합물 1 mol에 들어 있는 전체 전자의 양(mol)
(가)	K^+, X	㉠	28
(나)	K^+, Y		36
(다)	Ca^{2+}, O^{2-}		

이에 대한 설명으로 옳은 것만을 <보기>에서 있는 대로 고른 것은? (단, O, K, Ca의 원자 번호는 각각 8, 19, 20이고, X와 Y는 임의의 원소 기호이다.)
─ 보기 ─
ㄱ. Y는 3주기 원소이다.
ㄴ. ㉠ > ㉡이다.
ㄷ. ㉠은 28이다.

① ㄱ ② ㄴ ③ ㄷ, ㄷ ④ ㄴ, ㄷ ⑤ ㄱ, ㄴ, ㄷ

17 대표 문제   2025학년도 6월 모평 화 I 6번

표는 원소 X와 염소(Cl)로 구성된 이온 결합 화합물에 대한 자료이다.

구성 이온	화합물 1 mol에 들어 있는 전체 이온의 양(mol)	화합물 1 mol에 들어 있는 전체 전자의 양(mol)
X^{2+}, Cl	a	46

이에 대한 설명으로 옳은 것만을 <보기>에서 있는 대로 고른 것은? (단, Cl의 원자 번호는 17이고, X는 임의의 원소 기호이다.) [3점]
─ 보기 ─
ㄱ. $a=3$이다.
ㄴ. X(s)는 전성(펴짐성)이 있다.
ㄷ. X는 3주기 원소이다.

① ㄱ ② ㄷ ③ ㄱ, ㄴ ④ ㄴ, ㄷ ⑤ ㄱ, ㄴ, ㄷ

18   2024학년도 수능 화 I 2번

그림은 원자 X, Y로부터 Ne의 전자 배치를 갖는 이온이 형성되는 과정을 모형으로 나타낸 것이다.

이에 대한 설명으로 옳은 것만을 <보기>에서 있는 대로 고른 것은? (단, X와 Y는 임의의 원소 기호이고, m과 n은 3 이하의 자연수이다.)
─ 보기 ─
ㄱ. X(s)는 전성(펴짐성)이 있다.
ㄴ. ㉠은 음이온이다.
ㄷ. ㉠과 ㉡으로부터 X_nY가 형성될 때, $m : n = 1 : 2$이다.

① ㄱ ② ㄷ ③ ㄱ, ㄴ ④ ㄴ, ㄷ ⑤ ㄱ, ㄴ, ㄷ

---

14   2025학년도 6월 모평 화 I 2번

다음은 학생 A가 세운 가설과 탐구 과정이다.

[가설]
○ 금속 결합 물질과 이온 결합 물질은 고체 상태에서의 전기 전도성 유무에 따라 구분된다.
[탐구 과정]
(가) 고체 상태의 금속 결합 물질 X와 이온 결합 물질 Y를 준비한다.
(나) 전기 전도성 측정 장치를 이용하여 고체 상태 X와 Y의 전기 전도성 유무를 각각 확인한다.

다음 중 학생 A가 세운 가설을 검증하기 위하여 탐구 과정에서 사용할 X와 Y로 가장 적절한 것은?

	X	Y		X	Y
①	Cu	Mg	②	Cu	H_2O
③	Cu	LiF	④	CO_2	H_2O
⑤	H_2O	LiF			

16 대표 문제   2024학년도 9월 모평 화 I 6번

그림은 원자 X~Z의 안정한 이온 X^{a+}, Y^{b+}, Z^{c-}의 전자 배치를 모형으로 나타낸 것이고, 표는 이온 결합 화합물 (가)와 (나)에 대한 자료이다.

화합물	(가)	(나)
구성 원소	X, Z	Y, Z
이온 수비	$X^{a+} : Z^{c-} = 2 : 3$	$Y^{b+} : Z^{c-} = 2 : 1$

이에 대한 설명으로 옳은 것만을 <보기>에서 있는 대로 고른 것은? (단, X~Z는 임의의 원소 기호이고, a~c는 3 이하의 자연수이다.)
─ 보기 ─
ㄱ. $a=2$이다.
ㄴ. Z는 산소(O)이다.
ㄷ. 원자가 전자 수는 X > Z이다.

① ㄱ ② ㄴ ③ ㄷ ④ ㄱ, ㄴ ⑤ ㄴ, ㄷ

2022 ~ 2019

01
2021학년도 6월 평가원 화Ⅰ 4번

다음은 물(H_2O)의 전기 분해 실험이다.

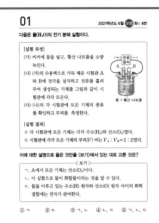

[실험 과정]
(가) 비커에 물을 넣고, 황산 나트륨을 소량 녹인다.
(나) (가)의 수용액으로 가득 채운 시험관 A와 B에 전극을 설치하고 전류를 흘려 주어 생성되는 기체를 그림과 같이 시험관에 각각 모은다.
(다) (나)의 각 시험관에 모은 기체의 종류를 확인하고 부피를 측정한다.

[실험 결과]
○ 각 시험관에 모은 기체는 각각 수소(H_2)와 산소(O_2)였다.
○ 시험관에 각각 모은 기체의 부피(V) 비는 $V_A : V_B = 1 : 2$였다.

이에 대한 설명으로 옳은 것만을 〈보기〉에서 있는 대로 고른 것은?

〈보기〉
ㄱ. A에서 모은 기체는 산소(O_2)이다.
ㄴ. 이 실험으로 물이 화합물이라는 것을 알 수 있다.
ㄷ. 물을 이루고 있는 수소(H) 원자와 산소(O) 원자 사이의 화학 결합에는 전자가 관여한다.

① ㄱ ② ㄷ ③ ㄱ, ㄴ ④ ㄴ, ㄷ ⑤ ㄱ, ㄴ, ㄷ

13
2022학년도 수능 화Ⅰ 3번

다음은 학생 A가 금속의 성질을 알아보기 위해 수행한 탐구 활동이다.

[가설]
○ 고체 상태 금속은 전기 전도성이 있다.

[탐구 과정]
○ 3가지 금속 ㉠ , ㉡ , Al(s)의 전기 전도성을 조사한다.

[탐구 결과]

금속	㉠	㉡	Al(s)
전기 전도성	있음	있음	있음

[결론]
○ 가설은 옳다.

학생 A의 결론이 타당할 때, 다음 중 ㉠과 ㉡으로 가장 적절한 것은?

	㉠	㉡
①	$CO_2(s)$	$Cu(s)$
②	$Cu(s)$	$Mg(s)$
③	$Fe(s)$	$CO_2(s)$
④	$Mg(s)$	$NaCl(s)$
⑤	$NaCl(s)$	$Fe(s)$

12
2022학년도 9월 평가원 화Ⅰ 9번

그림은 같은 주기 원소 A와 B로 이루어진 이온 결합 물질 X(s)를 물에 녹였을 때, X(aq)의 단위 부피당 이온 모형을 나타낸 것이다. A^+과 B^-은 각각 Ne 또는 Ar과 같은 전자 배치를 갖는다.
이에 대한 설명으로 옳은 것만을 〈보기〉에서 있는 대로 고른 것은? (단, A와 B는 임의의 원소 기호이다.) [3점]

〈보기〉
ㄱ. X의 화학식은 A_2B이다.
ㄴ. B는 3주기 원소이다.
ㄷ. 원자 번호는 B>A이다.

① ㄱ ② ㄴ ③ ㄷ ④ ㄱ, ㄴ ⑤ ㄴ, ㄷ

19
2021학년도 수능 화Ⅰ 10번

다음은 루이스 전자점식과 관련하여 학생 A가 세운 가설과 이를 검증하기 위해 수행한 탐구 활동이다.

[가설]
○ O_2, F_2, OF_2의 루이스 전자점식에서 각 분자의 구성 원자 수 (a), 분자를 구성하는 원자들의 원자가 전자 수 합(b), 공유 전자쌍 수(c) 사이에는 관계식 (가) 가 성립한다.

[탐구 과정]
○ O_2, F_2, OF_2의 a, b, c를 각각 조사한다.
○ 각 분자의 a, b, c 사이의 관계식 (가) 가 성립하는지 확인한다.

[탐구 결과]

분자	구성 원자 수(a)	원자가 전자 수 합(b)	공유 전자쌍 수(c)
O_2			2
F_2		14	
OF_2	3		

[결론]
○ 가설은 옳다.

학생 A의 결론이 타당할 때, 다음 중 (가)로 가장 적절한 것은?

① $8a=b-c$ ② $8a=b-2c$ ③ $8a=2b-c$
④ $8a=b+2c$ ⑤ $8a=2b+c$

20
2021학년도 수능 화Ⅰ 12번

다음은 원자 W~Z에 대한 자료이다.

○ W~Z는 각각 O, F, Na, Mg 중 하나이다.
○ 각 원자의 이온은 모두 Ne의 전자 배치를 갖는다.
○ Y와 Z는 2주기 원소이다.
○ X와 Z는 2 : 1로 결합하여 안정한 화합물을 형성한다.

이에 대한 설명으로 옳은 것만을 〈보기〉에서 있는 대로 고른 것은? (단, W~Z는 임의의 원소 기호이다.)

〈보기〉
ㄱ. W는 Na이다.
ㄴ. 녹는점은 WZ가 CaO보다 높다.
ㄷ. X와 Y의 안정한 화합물은 XY_2이다.

① ㄱ ② ㄴ ③ ㄷ ④ ㄱ, ㄴ ⑤ ㄴ, ㄷ

06
2021학년도 9월 평가원 화Ⅰ 6번

다음은 이온 결합 물질과 관련하여 학생 A가 세운 가설과 이를 검증하기 위해 수행한 탐구 활동이다.

[가설]
○ Na과 할로젠 원소(X)로 구성된 이온 결합 물질(NaX)은 ㉠ .

[탐구 과정]
○ 4가지 고체 NaF, NaCl, NaBr, NaI의 이온 사이의 거리와 1 atm에서의 녹는점을 조사하고 비교한다.

[탐구 결과]

이온 결합 물질	NaF	NaCl	NaBr	NaI
이온 사이의 거리 (pm)	231	282	299	324
녹는점(℃)	996	802	747	661

[결론]
○ 가설은 옳다.

학생 A의 결론이 타당할 때, 이에 대한 설명으로 옳은 것만을 〈보기〉에서 있는 대로 고른 것은? [3점]

〈보기〉
ㄱ. NaCl을 구성하는 양이온 수와 음이온 수는 같다.
ㄴ. '이온 사이의 거리가 가까울수록 녹는점이 높다.'는 ㉠으로 적절하다.
ㄷ. NaF, NaCl, NaBr, NaI 중 이온 사이의 정전기적 인력이 가장 큰 물질은 NaF이다.

① ㄱ ② ㄷ ③ ㄱ, ㄴ ④ ㄴ, ㄷ ⑤ ㄱ, ㄴ, ㄷ

15
2021학년도 6월 평가원 화Ⅰ 3번

그림은 폼산(HCOOH)의 구조식을 나타낸 것이다.

$$\overset{\displaystyle O}{\underset{\displaystyle |}{H-C-O-H}}$$

HCOOH에서 비공유 전자쌍 수는? [3점]

① 1 ② 2 ③ 3 ④ 4 ⑤ 5

09
2020학년도 수능 화Ⅰ 2번

다음은 물 분자의 화학 결합 모형에 대한 세 학생의 대화이다.

물 분자의 화학 결합 모형

학생 A: 물 분자 1개는 수소 원자 2개와 산소 원자 1개로 이루어져 있어.
학생 B: 물 분자 내에서 수소와 산소의 결합은 공유 결합이야.
학생 C: 물 분자 내에서 산소는 옥텟 규칙을 만족해.

제시한 내용이 옳은 학생만을 있는 대로 고른 것은?

① A ② C ③ A, B ④ B, C ⑤ A, B, C

01

2021학년도 6월 모평 화I 4번

다음은 물(H_2O)의 전기 분해 실험이다.

[실험 과정]
(가) 비커에 물을 넣고, 황산 나트륨을 소량 녹인다.
(나) (가)의 수용액으로 가득 채운 시험관 A 와 B에 전극을 설치하고 전류를 흘려 주어 생성되는 기체를 그림과 같이 시험관에 각각 모은다.

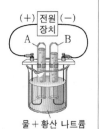

(+) 전원 (−) 장치
A   B

물 + 황산 나트륨

(다) (나)의 각 시험관에 모은 기체의 종류를 확인하고 부피를 측정한다.

[실험 결과]
○ 각 시험관에 모은 기체는 각각 수소(H_2)와 산소(O_2)였다.
○ 시험관에 각각 모은 기체의 부피(V) 비는 $V_A : V_B = 1 : 2$였다.

이에 대한 설명으로 옳은 것만을 〈보기〉에서 있는 대로 고른 것은?

───── 〈 보기 〉 ─────
ㄱ. A에서 모은 기체는 산소(O_2)이다.
ㄴ. 이 실험으로 물이 화합물이라는 것을 알 수 있다.
ㄷ. 물을 이루고 있는 수소(H) 원자와 산소(O) 원자 사이의 화학 결합에는 전자가 관여한다.

① ㄱ   ② ㄷ   ③ ㄱ, ㄴ   ④ ㄴ, ㄷ   ⑤ ㄱ, ㄴ, ㄷ

02

2021학년도 4월 학평 화I 6번

다음은 물(H_2O)의 전기 분해 실험이다.

[실험 과정]
(가) 소량의 황산 나트륨을 녹인 물을 준비한다.
(나) (가)의 수용액을 2개의 시험관에 가득 채운 후, 전원 장치를 사용해 전류를 흘려 주어 그림과 같이 발생한 기체를 시험관에 각각 모은다.

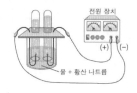

전원 장치

(+) (−)

물 + 황산 나트륨

[실험 결과 및 결론]
○ 각 전극에서 발생한 기체의 ▢ⓐ 비는 t °C, 1기압에서 (+)극 : (−)극 = 1 : 2이다.
○ 물 분자를 이루는 원자 사이의 화학 결합에 ▢ⓑ 가 관여한다.

다음 중 ⓐ과 ⓑ으로 가장 적절한 것은?

	ⓐ	ⓑ		ⓐ	ⓑ
①	부피	전자	②	질량	전자
③	부피	중성자	④	질량	중성자
⑤	밀도	양성자			

03

2020학년도 7월 학평 화I 7번

다음은 어떤 학생이 작성한 보고서의 일부이다.

[실험 과정]
○ 소량의 ⓐ 황산 나트륨(Na_2SO_4)을 녹인 물(H_2O)을 넣고 전기 분해한다.

전원 장치

물 + 황산 나트륨

[실험 결과 및 해석]
○ 각 전극에서 생성된 물질과 부피비

생성된 물질		부피비
(+)극	(−)극	$O_2(g) : H_2(g)$
O_2	H_2	$a : b$

○ 물의 전기 분해 실험으로 물 분자를 이루는 수소와 산소 사이의 화학 결합은 ▢ⓑ 이/가 관여함을 알 수 있다.

이에 대한 설명으로 옳은 것만을 〈보기〉에서 있는 대로 고른 것은?

───── 〈 보기 〉 ─────
ㄱ. ⓐ은 전기 전도성이 있다.
ㄴ. $a : b = 1 : 2$이다.
ㄷ. '전자'는 ⓑ으로 적절하다.

① ㄱ   ② ㄴ   ③ ㄱ, ㄷ   ④ ㄴ, ㄷ   ⑤ ㄱ, ㄴ, ㄷ

04 대표문제

다음은 물(H_2O)의 전기 분해 실험이다.

[실험 과정]

(가) 비커에 물을 넣고, 황산 나트륨을 소량 녹인다.

(나) 그림과 같이 (가)의 수용액으로 가득 채운 시험관에 전극 A와 B를 설치하고, 전류를 흘려 생성되는 기체를 각각의 시험관에 모은다.

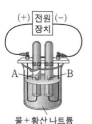

물+황산 나트륨

[실험 결과]

○ (나)에서 생성된 기체는 수소(H_2)와 산소(O_2)였다.

○ 각 전극에서 생성된 기체의 양(mol) ($0 < t_1 < t_2$)

전류를 흘려 준 시간		t_1	t_2
기체의 양 (mol)	전극 A	x	N
	전극 B	N	y

이에 대한 설명으로 옳은 것만을 〈보기〉에서 있는 대로 고른 것은?

〈 보기 〉

ㄱ. 전극 A에서 생성된 기체는 O_2이다.

ㄴ. H_2O을 이루고 있는 H 원자와 O 원자 사이의 화학 결합에는 전자가 관여한다.

ㄷ. $\dfrac{x}{y} = \dfrac{1}{4}$이다.

① ㄱ   ② ㄷ   ③ ㄱ, ㄴ   ④ ㄴ, ㄷ   ⑤ ㄱ, ㄴ, ㄷ

05

그림은 물 (H_2O)을 전기 분해하는 것을 나타낸 것이다.

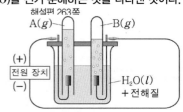

해설편 263쪽

$A(g)$ $B(g)$

(+) 전원 장치 (−)

$H_2O(l)$ +전해질

$\dfrac{(-)극에서 \ 생성된 \ 기체 \ B의 \ 질량}{(+)극에서 \ 생성된 \ 기체 \ A의 \ 질량}$ 은? (단, H, O의 원자량은 각각 1, 16이다.)

① $\dfrac{1}{16}$ ② $\dfrac{1}{8}$ ③ 2   ④ 8   ⑤ 16

06

다음은 이온 결합 물질과 관련하여 학생 A가 세운 가설과 이를 검증하기 위해 수행한 탐구 활동이다.

[가설]

○ Na과 할로젠 원소(X)로 구성된 이온 결합 물질(NaX)은
◻ ㉠ ◻

[탐구 과정]

○ 4가지 고체 NaF, NaCl, NaBr, NaI의 이온 사이의 거리와 1 atm에서의 녹는점을 조사하고 비교한다.

[탐구 결과]

이온 결합 물질	NaF	NaCl	NaBr	NaI
이온 사이의 거리 (pm)	231	282	299	324
녹는점(℃)	996	802	747	661

[결론]

○ 가설은 옳다.

학생 A의 결론이 타당할 때, 이에 대한 설명으로 옳은 것만을 〈보기〉에서 있는 대로 고른 것은? [3점]

〈 보기 〉

ㄱ. NaCl을 구성하는 양이온 수와 음이온 수는 같다.

ㄴ. '이온 사이의 거리가 가까울수록 녹는점이 높다.'는 ㉠으로 적절하다.

ㄷ. NaF, NaCl, NaBr, NaI 중 이온 사이의 정전기적 인력이 가장 큰 물질은 NaF이다.

① ㄱ   ② ㄷ   ③ ㄱ, ㄴ   ④ ㄴ, ㄷ   ⑤ ㄱ, ㄴ, ㄷ

07

그림은 NaCl에서 이온 사이의 거리에 따른 에너지를 나타낸 것이다.

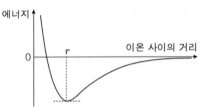

이에 대한 옳은 설명만을 〈보기〉에서 있는 대로 고른 것은? [3점]

〈 보기 〉
ㄱ. NaCl에서 이온 결합을 형성할 때 이온 사이의 거리는 r이다.
ㄴ. 이온 사이의 거리가 r일 때 Na^+과 Cl^- 사이에 반발력이 작용하지 않는다.
ㄷ. KCl에서 이온 결합을 형성할 때 이온 사이의 거리는 r보다 작다.

① ㄱ　　② ㄴ　　③ ㄱ, ㄷ　　④ ㄴ, ㄷ　　⑤ ㄱ, ㄴ, ㄷ

08

그림은 $Na^+(g)$와 $X^-(g)$ 사이의 거리에 따른 에너지 변화를, 표는 $NaX(g)$와 $NaY(g)$가 가장 안정한 상태일 때 각 물질에서 양이온과 음이온 사이의 거리를 나타낸 것이다.

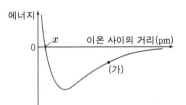

물질	이온 사이의 거리 (pm)
NaX(g)	236
NaY(g)	250

이에 대한 설명으로 옳은 것만을 〈보기〉에서 있는 대로 고른 것은? (단, X와 Y는 임의의 원소 기호이다.)

〈 보기 〉
ㄱ. (가)에서 Na^+과 X^- 사이에 작용하는 힘은 인력이 반발력보다 우세하다.
ㄴ. x는 236이다.
ㄷ. 1기압에서 녹는점은 NaX>NaY이다.

① ㄱ　　② ㄴ　　③ ㄱ, ㄴ　　④ ㄱ, ㄷ　　⑤ ㄴ, ㄷ

09

다음은 물 분자의 화학 결합 모형과 이에 대한 세 학생의 대화이다.

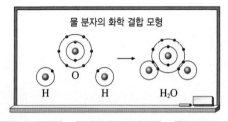

제시한 내용이 옳은 학생만을 있는 대로 고른 것은?

① A　　② C　　③ A, B　　④ B, C　　⑤ A, B, C

10

다음은 물질 X의 성질을 알아보기 위한 실험이다.

[실험 과정]
(가) X의 불꽃 반응의 불꽃색을 확인한다.
(나) 그림과 같이 장치한 후 X의 상태에 따라 전구가 켜지는지를 확인한다.

[실험 결과]
○ X의 불꽃 반응의 불꽃색은 노란색이다.
○ X의 상태에 따른 전구의 켜짐 여부

상태	고체	액체
결과	켜지지 않음	켜짐

다음 중 X로 가장 적절한 것은?

① Cu　　② Fe　　③ H_2O　　④ KCl　　⑤ NaCl

11

다음은 염화 나트륨(NaCl)의 성질 (가)~(다)에 대한 설명이다.

(가) 불꽃 반응색은 노란색이다.
(나) 충격을 가하면 쉽게 부서진다.
(다) 액체 상태에서 전기 전도성이 있다.

(가)~(다)를 각각 확인하기 위한 실험 장치로 적절한 것을 〈보기〉에서 고른 것은?

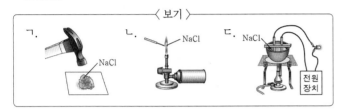

〈 보기 〉

	(가)	(나)	(다)		(가)	(나)	(다)
①	ㄱ	ㄴ	ㄷ	②	ㄱ	ㄷ	ㄴ
③	ㄴ	ㄱ	ㄷ	④	ㄴ	ㄷ	ㄱ
⑤	ㄷ	ㄱ	ㄴ				

12

그림은 같은 주기 원소 A와 B로 이루어진 이온 결합 물질 X(s)를 물에 녹였을 때, X(aq)의 단위 부피당 이온 모형을 나타낸 것이다. A^{2+}과 B^{n-}은 각각 Ne 또는 Ar과 같은 전자 배치를 갖는다.

● A^{2+} ▲ B^{n-}

이에 대한 설명으로 옳은 것만을 〈보기〉에서 있는 대로 고른 것은? (단, A와 B는 임의의 원소 기호이다.) [3점]

〈 보기 〉

ㄱ. X의 화학식은 A_2B이다.
ㄴ. B는 3주기 원소이다.
ㄷ. 원자 번호는 B>A이다.

① ㄱ　　② ㄴ　　③ ㄷ　　④ ㄱ, ㄴ　　⑤ ㄴ, ㄷ

13

다음은 학생 A가 금속의 성질을 알아보기 위해 수행한 탐구 활동이다.

[가설]
○ 고체 상태 금속은 전기 전도성이 있다.

[탐구 과정]
○ 3가지 금속 ㉠ , ㉡ , Al(s)의 전기 전도성을 조사한다.

[탐구 결과]

금속	㉠	㉡	Al(s)
전기 전도성	있음	있음	있음

[결론]
○ 가설은 옳다.

학생 A의 결론이 타당할 때, 다음 중 ㉠과 ㉡으로 가장 적절한 것은?

	㉠	㉡
①	$CO_2(s)$	$Cu(s)$
②	$Cu(s)$	$Mg(s)$
③	$Fe(s)$	$CO_2(s)$
④	$Mg(s)$	$NaCl(s)$
⑤	$NaCl(s)$	$Fe(s)$

14

다음은 학생 A가 세운 가설과 탐구 과정이다.

[가설]
○ 금속 결합 물질과 이온 결합 물질은 고체 상태에서의 전기 전도성 유무에 따라 구분된다.

[탐구 과정]
(가) 고체 상태의 금속 결합 물질 X와 이온 결합 물질 Y를 준비한다.
(나) 전기 전도성 측정 장치를 이용하여 고체 상태 X와 Y의 전기 전도성 유무를 각각 확인한다.

다음 중 학생 A가 세운 가설을 검증하기 위하여 탐구 과정에서 사용할 X와 Y로 가장 적절한 것은?

	X	Y		X	Y
①	Cu	Mg	②	Cu	H_2O
③	Cu	LiF	④	CO_2	H_2O
⑤	H_2O	LiF			

15

2021학년도 6월 모평 화I 3번

그림은 폼산(HCOOH)의 구조식을 나타낸 것이다.

$$\begin{matrix} & & \text{O} & & \\ & & \| & & \\ \text{H} & - & \text{C} & - & \text{O} - \text{H} \end{matrix}$$

HCOOH에서 비공유 전자쌍 수는? [3점]

① 1   ② 2   ③ 3   ④ 4   ⑤ 5

16 대표 문제

2024학년도 9월 모평 화I 6번

그림은 원자 X~Z의 안정한 이온 X^{a+}, Y^{b+}, Z^{c-}의 전자 배치를 모형으로 나타낸 것이고, 표는 이온 결합 화합물 (가)와 (나)에 대한 자료이다.

화합물	(가)	(나)
구성 원소	X, Z	Y, Z
이온 수비	$X^{a+} : Z^{c-} = 2 : 3$	$Y^{b+} : Z^{c-} = 2 : 1$

이에 대한 설명으로 옳은 것만을 〈보기〉에서 있는 대로 고른 것은? (단, X~Z는 임의의 원소 기호이고, a~c는 3 이하의 자연수이다.)

───────〈 보기 〉───────

ㄱ. $a=2$이다.

ㄴ. Z는 산소(O)이다.

ㄷ. 원자가 전자 수는 X > Y이다.

①ㄱ   ②ㄴ   ③ㄷ   ④ㄱ, ㄴ   ⑤ㄴ, ㄷ

17 대표 문제

2025학년도 6월 모평 화I 6번

표는 원소 X와 염소(Cl)로 구성된 이온 결합 화합물에 대한 자료이다.

구성 이온	화합물 1 mol에 들어 있는 전체 이온의 양(mol)	화합물 1 mol에 들어 있는 전체 전자의 양(mol)
X^{2+}, Cl^-	a	46

이에 대한 설명으로 옳은 것만을 〈보기〉에서 있는 대로 고른 것은? (단, Cl의 원자 번호는 17이고, X는 임의의 원소 기호이다.) [3점]

───────〈 보기 〉───────

ㄱ. $a=3$이다.

ㄴ. X(s)는 전성(퍼짐성)이 있다.

ㄷ. X는 3주기 원소이다.

①ㄱ   ②ㄷ   ③ㄱ, ㄴ   ④ㄴ, ㄷ   ⑤ㄱ, ㄴ, ㄷ

18

2024학년도 수능 화I 2번

그림은 원자 X, Y로부터 Ne의 전자 배치를 갖는 이온이 형성되는 과정을 모형으로 나타낸 것이다.

이에 대한 설명으로 옳은 것만을 〈보기〉에서 있는 대로 고른 것은? (단, X와 Y는 임의의 원소 기호이고, m과 n은 3 이하의 자연수이다.)

───────〈 보기 〉───────

ㄱ. X(s)는 전성(퍼짐성)이 있다.

ㄴ. ㉡은 음이온이다.

ㄷ. ㉠과 ㉡으로부터 X_2Y가 형성될 때, $m : n = 1 : 2$이다.

①ㄱ   ②ㄷ   ③ㄱ, ㄴ   ④ㄴ, ㄷ   ⑤ㄱ, ㄴ, ㄷ

19

다음은 루이스 전자점식과 관련하여 학생 A가 세운 가설과 이를 검증하기 위해 수행한 탐구 활동이다.

[가설]
- O_2, F_2, OF_2의 루이스 전자점식에서 각 분자의 구성 원자 수 (a), 분자를 구성하는 원자들의 원자가 전자 수 합(b), 공유 전자쌍 수(c) 사이에는 관계식 [(가)]가 성립한다.

[탐구 과정]
- O_2, F_2, OF_2의 a, b, c를 각각 조사한다.
- 각 분자의 a, b, c 사이에 관계식 [(가)]가 성립하는지 확인한다.

[탐구 결과]

분자	구성 원자 수(a)	원자가 전자수합(b)	공유 전자쌍 수(c)
O_2			2
F_2		14	
OF_2	3		

[결론]
- 가설은 옳다.

학생 A의 결론이 타당할 때, 다음 중 (가)로 가장 적절한 것은?

① $8a=b-c$ ② $8a=b-2c$ ③ $8a=2b-c$
④ $8a=b+2c$ ⑤ $8a=2b+c$

20

다음은 원자 W~Z에 대한 자료이다.

- W~Z는 각각 O, F, Na, Mg 중 하나이다.
- 각 원자의 이온은 모두 Ne의 전자 배치를 갖는다.
- Y와 Z는 2주기 원소이다.
- X와 Z는 2 : 1로 결합하여 안정한 화합물을 형성한다.

이에 대한 설명으로 옳은 것만을 〈보기〉에서 있는 대로 고른 것은? (단, W~Z는 임의의 원소 기호이다.)

〈 보기 〉
ㄱ. W는 Na이다.
ㄴ. 녹는점은 WZ가 CaO보다 높다.
ㄷ. X와 Y의 안정한 화합물은 XY_2이다.

① ㄱ ② ㄴ ③ ㄷ ④ ㄱ, ㄴ ⑤ ㄴ, ㄷ

21

표는 이온 결합 화합물 (가)~(다)에 대한 자료이다.

화합물	구성 이온	화합물 1 mol에 들어 있는 전체 이온의 양(mol)	화합물 1 mol에 들어 있는 전체 전자의 양(mol)
(가)	K^+, X^-	㉠	28
(나)	K^+, Y^-		36
(다)	Ca^{2+}, O^{2-}	㉡	㉢

이에 대한 설명으로 옳은 것만을 〈보기〉에서 있는 대로 고른 것은? (단, O, K, Ca의 원자 번호는 각각 8, 19, 20이고, X와 Y는 임의의 원소 기호이다.)

〈 보기 〉
ㄱ. Y는 3주기 원소이다.
ㄴ. ㉠>㉡이다.
ㄷ. ㉢은 28이다.

① ㄱ ② ㄴ ③ ㄱ, ㄷ ④ ㄴ, ㄷ ⑤ ㄱ, ㄴ, ㄷ

14
일차

한눈에 정리하는
평가원 기출 경향

주제 \ 학년도	2025	2024	2023

빈출

화학 결합의 종류에 따른 성질

11 대표 문제   2025학년도 9월 화I 4번

다음은 학생 X가 수행한 탐구 활동이다. A와 B는 각각 염화 칼륨(KCl)과 포도당($C_6H_{12}O_6$) 중 하나이다.

[가설]
○ KCl과 $C_6H_{12}O_6$은 ☐ 상태에서 전기 전도성 유무로 구분할 수 없지만, ☐ 상태에서는 전기 전도성 유무로 구분할 수 있다.

[탐구 과정 및 결과]
(가) 그림과 같이 전류가 흐르면 LED 램프가 켜지는 전기 전도성 측정 장치를 준비한다.
(나) $KCl(s)$에 전극을 대어 LED 램프가 켜지는지 확인하고, 결과를 표로 정리한다.
(다) $KCl(s)$ 대신 $KCl(aq)$, $C_6H_{12}O_6(s)$, $C_6H_{12}O_6(aq)$을 이용하여 (나)를 반복한다.

물질	A 고체 상태	A 수용액 상태	B 고체 상태	B 수용액 상태
LED 램프	×	○	×	×

(○: 켜짐, ×: 켜지지 않음)

[결론]
○ 가설은 옳다.

학생 X의 탐구 과정 및 결과와 결론이 타당할 때, 이에 대한 설명으로 옳은 것만을 〈보기〉에서 있는 대로 고른 것은? [3점]

〈보기〉
ㄱ. '수용액'은 ⊙으로 적절하다.
ㄴ. A는 KCl이다.
ㄷ. B는 공유 결합 물질이다.

① ㄱ ② ㄷ ③ ㄱ, ㄴ ④ ㄴ, ㄷ ⑤ ㄱ, ㄴ, ㄷ

---

01 대표 문제   2024학년도 9월 화I 2번

그림은 2가지 물질을 결합 모형으로 나타낸 것이다.

이에 대한 설명으로 옳은 것만을 〈보기〉에서 있는 대로 고른 것은? [3점]

〈보기〉
ㄱ. ⊙은 자유 전자이다.
ㄴ. $Ag(s)$은 전성(펴짐성)이 있다.
ㄷ. $C(s, 다이아몬드)$를 구성하는 원자는 공유 결합을 하고 있다.

① ㄱ ② ㄷ ③ ㄱ, ㄴ ④ ㄴ, ㄷ ⑤ ㄱ, ㄴ, ㄷ

---

36   2025학년도 수능 화I 2번

다음은 원소 X와 Y에 대한 자료이다.

○ X와 Y는 3주기 원소이다.
○ $X(s)$는 전성(펴짐성)이 있고, Y의 원자가 전자 수는 7이다.
○ 바닥상태 원자의 전자 배치에서 홀전자 수는 Y>X이다.

다음 중 X와 Y가 결합하여 형성된 안정한 화합물의 화학 결합 모형으로 가장 적절한 것은? (단, X와 Y는 임의의 원소 기호이다.) [3점]

① ② ③ ④ ⑤

---

14 대표 문제   2024학년도 6월 화I 2번

그림은 화합물 AB와 CD를 화학 결합 모형으로 나타낸 것이다.

이에 대한 설명으로 옳은 것만을 〈보기〉에서 있는 대로 고른 것은? (단, A~D는 임의의 원소 기호이다.)

〈보기〉
ㄱ. A~D에서 2주기 원소는 2가지이다.
ㄴ. A는 비금속 원소이다.
ㄷ. BD_2는 이온 결합 물질이다.

① ㄱ ② ㄴ ③ ㄱ, ㄷ ④ ㄴ, ㄷ ⑤ ㄱ, ㄴ, ㄷ

---

17   2023학년도 수능 화I 3번

그림은 화합물 A_2B와 CBD를 화학 결합 모형으로 나타낸 것이다.

이에 대한 설명으로 옳은 것만을 〈보기〉에서 있는 대로 고른 것은? (단, A~D는 임의의 원소 기호이다.)

〈보기〉
ㄱ. $A(s)$는 전성(펴짐성)이 있다.
ㄴ. A와 D의 안정한 화합물은 AD이다.
ㄷ. C_2B는 공유 결합 물질이다.

① ㄱ ② ㄷ ③ ㄱ, ㄴ ④ ㄴ, ㄷ ⑤ ㄱ, ㄴ, ㄷ

빈출

화학 결합 모형을 통한 화학 결합의 구분

30 대표 문제   2025학년도 9월 화I 2번

다음은 XOH와 HY가 반응하여 XY와 H_2O을 생성하는 반응의 반응 물질을 화학 결합 모형으로 나타낸 화학 반응식이다.

$$[X]^+ [OH]^- + HY \rightarrow XY + H_2O$$

이에 대한 설명으로 옳은 것만을 〈보기〉에서 있는 대로 고른 것은? (단, X와 Y는 임의의 원소 기호이다.) [3점]

〈보기〉
ㄱ. $X(s)$는 전성(펴짐성)이 있다.
ㄴ. XY는 이온 결합 물질이다.
ㄷ. X와 O는 2:1로 결합하여 안정한 화합물을 형성한다.

① ㄱ ② ㄷ ③ ㄱ, ㄴ ④ ㄴ, ㄷ ⑤ ㄱ, ㄴ, ㄷ

---

06   2023학년도 9월 화I 3번

그림은 바닥상태 원자 W~Z의 전자 배치 모형으로 나타낸 것이다.

이에 대한 설명으로 옳은 것만을 〈보기〉에서 있는 대로 고른 것은? (단, W~Z는 임의의 원소 기호이다.)

〈보기〉
ㄱ. $XZ(l)$는 전기 전도성이 있다.
ㄴ. Z_3W는 이온 결합 물질이다.
ㄷ. W와 Y는 3:2로 결합하여 안정한 화합물을 형성한다.

① ㄱ ② ㄷ ③ ㄱ, ㄴ ④ ㄴ, ㄷ ⑤ ㄱ, ㄴ, ㄷ

---

18   2023학년도 6월 화I 3번

그림은 화합물 A_2B와 CD를 화학 결합 모형으로 나타낸 것이다.

이에 대한 설명으로 옳은 것만을 〈보기〉에서 있는 대로 고른 것은? (단, A~D는 임의의 원소 기호이다.)

〈보기〉
ㄱ. A_2B는 공유 결합 물질이다.
ㄴ. $C(s)$는 연성(뽑힘성)이 있다.
ㄷ. $C_2B(l)$는 전기 전도성이 있다.

① ㄱ ② ㄷ ③ ㄱ, ㄴ ④ ㄴ, ㄷ ⑤ ㄱ, ㄴ, ㄷ

2022 ~ 2019

---

03 2021학년도 수능 화I 4번

다음은 3가지 물질이다.

구리(Cu)   염화 나트륨(NaCl)   다이아몬드(C)

이에 대한 설명으로 옳은 것만을 〈보기〉에서 있는 대로 고른 것은? [3점]

〈보기〉
ㄱ. Cu(s)는 연성(뽑힘성)이 있다.
ㄴ. NaCl(l)은 전기 전도성이 있다.
ㄷ. C(s, 다이아몬드)를 구성하는 원자는 공유 결합을 하고 있다.

① ㄱ ② ㄷ ③ ㄱ, ㄴ ④ ㄴ, ㄷ ⑤ ㄱ, ㄴ, ㄷ

---

24 2022학년도 수능 화I 4번

그림은 화합물 AB와 BC₂를 화학 결합 모형으로 나타낸 것이다.

이에 대한 설명으로 옳은 것만을 〈보기〉에서 있는 대로 고른 것은? (단, A~C는 임의의 원소 기호이다.)

〈보기〉
ㄱ. A는 3주기 원소이다.
ㄴ. AB는 이온 결합 물질이다.
ㄷ. A와 C는 1 : 2로 결합하여 안정한 화합물을 형성한다.

① ㄱ ② ㄴ ③ ㄱ, ㄷ ④ ㄴ, ㄷ ⑤ ㄱ, ㄴ, ㄷ

---

31 2022학년도 9월 모평 화I 7번

다음은 Na과 ⊙이 반응하여 ⓒ과 H₂를 생성하는 반응의 화학 반응식이고, 그림 (가)와 (나)는 ⊙과 ⓒ을 각각 화학 결합 모형으로 나타낸 것이다.

$$2Na + 2\ \boxed{⊙}\ \longrightarrow\ 2\ \boxed{ⓒ}\ + H_2$$

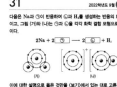

이에 대한 설명으로 옳은 것만을 〈보기〉에서 있는 대로 고른 것은?

〈보기〉
ㄱ. Na(s)은 전성(펴짐성)이 있다.
ㄴ. ⊙은 공유 결합 물질이다.
ㄷ. (나)에서 양이온의 총 전자 수와 음이온의 총 전자 수는 같다.

① ㄱ ② ㄷ ③ ㄱ, ㄴ ④ ㄴ, ㄷ ⑤ ㄱ, ㄴ, ㄷ

---

32 2022학년도 6월 모평 화I 8번

다음은 AB와 CD의 반응을 화학 반응식으로 나타낸 것이고, 그림은 AB와 CD를 결합 모형으로 나타낸 것이다.

$$2AB + CD \longrightarrow (가) + A_2D$$

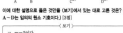

이에 대한 설명으로 옳은 것만을 〈보기〉에서 있는 대로 고른 것은? (단, A~D는 임의의 원소 기호이다.)

〈보기〉
ㄱ. $m = 2$이다.
ㄴ. (가)는 공유 결합 물질이다.
ㄷ. 비공유 전자쌍 수는 B₂>D₂이다.

① ㄱ ② ㄴ ③ ㄱ, ㄷ ④ ㄴ, ㄷ ⑤ ㄱ, ㄴ, ㄷ

---

20 2021학년도 9월 모평 화I 8번

그림은 화합물 AB와 CD₂를 화학 결합 모형으로 나타낸 것이다.

이에 대한 설명으로 옳은 것만을 〈보기〉에서 있는 대로 고른 것은? (단, A~D는 임의의 원소 기호이다.)

〈보기〉
ㄱ. AB는 이온 결합 물질이다.
ㄴ. C₂에는 2중 결합이 있다.
ㄷ. A(s)는 전기 전도성이 있다.

① ㄱ ② ㄴ ③ ㄱ, ㄷ ④ ㄴ, ㄷ ⑤ ㄱ, ㄴ, ㄷ

---

21 2021학년도 6월 모평 화I 9번

그림은 화합물 ABC와 H₂B를 화학 결합 모형으로 나타낸 것이다.

이에 대한 설명으로 옳은 것만을 〈보기〉에서 있는 대로 고른 것은? (단, A~C는 임의의 원소 기호이다.)

〈보기〉
ㄱ. A(s)는 외부에서 힘을 가하면 넓게 펴지는 성질이 있다.
ㄴ. B₂와 C₂에는 모두 2중 결합이 있다.
ㄷ. AC(l)는 전기 전도성이 있다.

① ㄱ ② ㄴ ③ ㄱ, ㄴ ④ ㄴ, ㄷ ⑤ ㄱ, ㄴ, ㄷ

---

19 2020학년도 9월 모평 화I 5번

그림은 화합물 AB, C₂D를 화학 결합 모형으로 나타낸 것이다.

이에 대한 설명으로 옳은 것만을 〈보기〉에서 있는 대로 고른 것은? (단, A~D는 임의의 원소 기호이다.) [3점]

〈보기〉
ㄱ. C₂D의 공유 전자쌍 수는 2이다.
ㄴ. A₂D는 이온 결합 물질이다.
ㄷ. B₂에는 2중 결합이 있다.

① ㄱ ② ㄷ ③ ㄱ, ㄴ ④ ㄴ, ㄷ ⑤ ㄱ, ㄴ, ㄷ

---

22 2020학년도 6월 모평 화I 9번

그림은 화합물 AB와 CDB를 화학 결합 모형으로 나타낸 것이다.

이에 대한 설명으로 옳은 것만을 〈보기〉에서 있는 대로 고른 것은? (단, A~D는 임의의 원소 기호이다.)

〈보기〉
ㄱ. A와 C는 1주기 원소이다.
ㄴ. AB는 액체 상태에서 전기 전도성이 있다.
ㄷ. 비공유 전자쌍 수는 CB>D이다.

① ㄱ ② ㄴ ③ ㄱ, ㄷ ④ ㄴ, ㄷ ⑤ ㄱ, ㄴ, ㄷ

---

27 2019학년도 수능 화I 11번

그림은 화합물 AB₂와 CA를 화학 결합 모형으로 나타낸 것이다.

이에 대한 설명으로 옳은 것만을 〈보기〉에서 있는 대로 고른 것은? (단, A~C는 임의의 원소 기호이다.) [3점]

〈보기〉
ㄱ. m은 1이다.
ㄴ. CB₂는 이온 결합 화합물이다.
ㄷ. 공유 전자쌍 수는 A₂가 B₂의 2배이다.

① ㄱ ② ㄴ ③ ㄱ, ㄷ ④ ㄴ, ㄷ ⑤ ㄱ, ㄴ, ㄷ

---

25 2019학년도 9월 모평 화I 8번

그림은 화합물 XY와 Z₂Y₂를 화학 결합 모형으로 나타낸 것이다.

이에 대한 설명으로 옳은 것만을 〈보기〉에서 있는 대로 고른 것은? (단, X~Z는 임의의 원소 기호이다.) [3점]

〈보기〉
ㄱ. XY에서 Y⁻과 Z₂Y₂에서 Y는 모두 옥텟 규칙을 만족한다.
ㄴ. Z₂Y₂는 이온 결합 화합물이다.
ㄷ. 분자 Z₂에서 구성 원자가 모두 옥텟 규칙을 만족할 때, $\dfrac{\text{공유 전자쌍 수}}{\text{비공유 전자쌍 수}} = \dfrac{1}{6}$이다.

① ㄱ ② ㄴ ③ ㄱ, ㄷ ④ ㄴ, ㄷ ⑤ ㄱ, ㄴ, ㄷ

---

34 2019학년도 6월 모평 화I 8번

그림은 어떤 반응의 화학 반응식을 화학 결합 모형으로 나타낸 것이다.

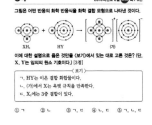

이에 대한 설명으로 옳은 것만을 〈보기〉에서 있는 대로 고른 것은? (단, X, Y는 임의의 원소 기호이다.) [3점]

〈보기〉
ㄱ. HY는 이온 결합 화합물이다.
ㄴ. (가)에서 X는 옥텟 규칙을 만족한다.
ㄷ. X₂에는 3중 결합이 있다.

① ㄱ ② ㄷ ③ ㄱ, ㄴ ④ ㄴ, ㄷ ⑤ ㄱ, ㄴ, ㄷ

---

01 대표 문제

그림은 2가지 물질을 결합 모형으로 나타낸 것이다.

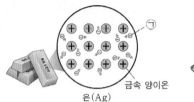
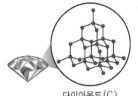

은(Ag)   다이아몬드(C)

이에 대한 설명으로 옳은 것만을 〈보기〉에서 있는 대로 고른 것은? [3점]

〈 보기 〉
ㄱ. ㉠은 자유 전자이다.
ㄴ. Ag(s)은 전성(펴짐성)이 있다.
ㄷ. C(s, 다이아몬드)를 구성하는 원자는 공유 결합을 하고 있다.

① ㄱ   ② ㄷ   ③ ㄱ, ㄴ   ④ ㄴ, ㄷ   ⑤ ㄱ, ㄴ, ㄷ

02

그림은 나트륨의 결합 모형과 다이아몬드의 구조 모형을 나타낸 것이다.

나트륨   다이아몬드

이에 대한 설명으로 옳은 것만을 〈보기〉에서 있는 대로 고른 것은?

〈 보기 〉
ㄱ. ㉠은 자유 전자이다.
ㄴ. 다이아몬드는 공유 결합 물질이다.
ㄷ. 고체 상태에서 전기 전도성은 나트륨이 다이아몬드보다 크다.

① ㄱ   ② ㄷ   ③ ㄱ, ㄴ   ④ ㄴ, ㄷ   ⑤ ㄱ, ㄴ, ㄷ

03

다음은 3가지 물질이다.

구리(Cu)   염화 나트륨(NaCl)   다이아몬드(C)

이에 대한 설명으로 옳은 것만을 〈보기〉에서 있는 대로 고른 것은? [3점]

〈 보기 〉
ㄱ. Cu(s)는 연성(뽑힘성)이 있다.
ㄴ. NaCl(l)은 전기 전도성이 있다.
ㄷ. C(s, 다이아몬드)를 구성하는 원자는 공유 결합을 하고 있다.

① ㄱ   ② ㄷ   ③ ㄱ, ㄴ   ④ ㄴ, ㄷ   ⑤ ㄱ, ㄴ, ㄷ

04

표는 물질 (가)~(다)에 대한 자료이다. (가)~(다)는 각각 구리(Cu), 설탕($C_{12}H_{22}O_{11}$), 염화 칼슘($CaCl_2$) 중 하나이다.

물질	전기 전도성	
	고체 상태	액체 상태
(가)	없음	없음
(나)	없음	있음
(다)	있음	있음

이에 대한 옳은 설명만을 〈보기〉에서 있는 대로 고른 것은?

〈 보기 〉
ㄱ. (가)는 설탕이다.
ㄴ. (나)는 수용액 상태에서 전기 전도성이 있다.
ㄷ. (다)는 금속 결합 물질이다.

① ㄱ   ② ㄴ   ③ ㄱ, ㄷ   ④ ㄴ, ㄷ   ⑤ ㄱ, ㄴ, ㄷ

05

표는 원소 A∼D로 이루어진 3가지 화합물에 대한 자료이다. A∼D는 각각 O, F, Na, Mg 중 하나이다.

화합물	AB_2	CB	DB_2
액체의 전기 전도성	있음	㉠	없음

이에 대한 옳은 설명만을 〈보기〉에서 있는 대로 고른 것은?

〈 보기 〉
ㄱ. ㉠은 '없음'이다.
ㄴ. A는 Na이다.
ㄷ. C_2D는 이온 결합 물질이다.

① ㄱ   ② ㄷ   ③ ㄱ, ㄴ   ④ ㄴ, ㄷ   ⑤ ㄱ, ㄴ, ㄷ

06

그림은 바닥상태 원자 W∼Z의 전자 배치를 모형으로 나타낸 것이다.

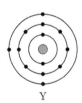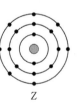

W   X   Y   Z

이에 대한 설명으로 옳은 것만을 〈보기〉에서 있는 대로 고른 것은? (단, W∼Z는 임의의 원소 기호이다.)

〈 보기 〉
ㄱ. $XZ(l)$는 전기 전도성이 있다.
ㄴ. Z_2W는 이온 결합 물질이다.
ㄷ. W와 Y는 3 : 2로 결합하여 안정한 화합물을 형성한다.

① ㄱ   ② ㄴ   ③ ㄱ, ㄷ   ④ ㄴ, ㄷ   ⑤ ㄱ, ㄴ, ㄷ

07

다음은 원소 A∼E로 이루어진 물질에 대한 자료이다.

물질	AD_2, DE_2	B, C	BD, CE
화학 결합의 종류	공유 결합	㉠	㉡

○ A∼E의 원자 번호는 각각 6, 8, 9, 11, 12 중 하나이다.
○ ㉠과 ㉡은 각각 이온 결합과 금속 결합 중 하나이다.

이에 대한 설명으로 옳은 것만을 〈보기〉에서 있는 대로 고른 것은? (단, A∼E는 임의의 원소 기호이다.)

〈 보기 〉
ㄱ. 전기 음성도는 D>A이다.
ㄴ. 고체 상태의 B와 C는 전기 전도성이 있다.
ㄷ. 고체 상태의 BD와 CE는 외부에서 힘을 가하면 쉽게 부서진다.

① ㄱ   ② ㄴ   ③ ㄱ, ㄷ   ④ ㄴ, ㄷ   ⑤ ㄱ, ㄴ, ㄷ

08

다음은 2, 3주기 원소 X∼Z로 이루어진 화합물과 관련된 자료이다. 화합물에서 X∼Z는 모두 옥텟 규칙을 만족한다.

○ X∼Z의 이온은 모두 18족 원소의 전자 배치를 갖는다.
○ 이온의 전자 수

이온	X 이온	Y 이온	Z 이온
전자 수	n	n	$n+8$

○ 액체 상태에서의 전기 전도성

화합물	XY	XZ_2	YZ_2
액체 상태에서의 전기 전도성	있음	㉠	없음

이에 대한 설명으로 옳은 것만을 〈보기〉에서 있는 대로 고른 것은? (단, X∼Z는 임의의 원소 기호이다.) [3점]

〈 보기 〉
ㄱ. X는 3주기 원소이다.
ㄴ. '있음'은 ㉠으로 적절하다.
ㄷ. 원자가 전자 수는 Z>Y이다.

① ㄱ   ② ㄷ   ③ ㄱ, ㄴ   ④ ㄴ, ㄷ   ⑤ ㄱ, ㄴ, ㄷ

09

그림은 염화 나트륨(NaCl)의 전기 분해 과정을 나타낸 것이다.

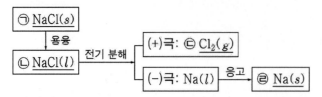

이에 대한 설명으로 옳은 것만을 〈보기〉에서 있는 대로 고른 것은? [3점]

〈 보기 〉
ㄱ. ⓒ은 공유 결합 물질이다.
ㄴ. 전기 전도성은 ⊙이 ⓛ보다 크다.
ㄷ. 연성(뽑힘성)은 ⊙이 ⓔ보다 크다.

① ㄱ   ② ㄷ   ③ ㄱ, ㄴ   ④ ㄱ, ㄷ   ⑤ ㄴ, ㄷ

10

그림은 3가지 물질을 주어진 기준에 따라 분류한 것이다.

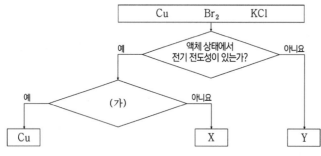

이에 대한 설명으로 옳은 것만을 〈보기〉에서 있는 대로 고른 것은?

〈 보기 〉
ㄱ. '고체 상태일 때 외부에서 힘을 가하면 넓게 펴지는가?'는 (가)로 적절하다.
ㄴ. Y는 Br_2이다.
ㄷ. X는 이온 결합 물질이다.

① ㄱ   ② ㄷ   ③ ㄱ, ㄴ   ④ ㄴ, ㄷ   ⑤ ㄱ, ㄴ, ㄷ

11 대표 문제

다음은 학생 X가 수행한 탐구 활동이다. A와 B는 각각 염화 칼륨(KCl)과 포도당($C_6H_{12}O_6$) 중 하나이다.

[가설]
○ KCl과 $C_6H_{12}O_6$은 [   ] 상태에서 전기 전도성 유무로 구분할 수 없지만, [⊙] 상태에서는 전기 전도성 유무로 구분할 수 있다.

[탐구 과정 및 결과]
(가) 그림과 같이 전류가 흐르면 LED 램프가 켜지는 전기 전도성 측정 장치를 준비한다.

(나) $KCl(s)$에 전극을 대어 LED 램프가 켜지는지 확인하고, 결과를 표로 정리한다.

(다) $KCl(s)$ 대신 $KCl(aq)$, $C_6H_{12}O_6(s)$, $C_6H_{12}O_6(aq)$을 이용하여 (나)를 반복한다.

물질	A		B	
	고체 상태	수용액 상태	고체 상태	수용액 상태
LED 램프	×	○	×	×

(○: 켜짐, ×: 켜지지 않음)

[결론]
○ 가설은 옳다.

학생 X의 탐구 과정 및 결과와 결론이 타당할 때, 이에 대한 설명으로 옳은 것만을 〈보기〉에서 있는 대로 고른 것은? [3점]

〈 보기 〉
ㄱ. '수용액'은 ⊙으로 적절하다.
ㄴ. A는 KCl이다.
ㄷ. B는 공유 결합 물질이다.

① ㄱ   ② ㄷ   ③ ㄱ, ㄴ   ④ ㄴ, ㄷ   ⑤ ㄱ, ㄴ, ㄷ

12

그림은 화합물 AB_2와 AC를 화학 결합 모형으로 나타낸 것이다.

 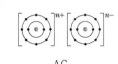

AB_2 AC

이에 대한 옳은 설명만을 〈보기〉에서 있는 대로 고른 것은? (단, A~C는 임의의 원소 기호이다.)

─〈 보기 〉─
ㄱ. $n=2$이다.
ㄴ. $A(s)$는 전기 전도성이 있다.
ㄷ. B와 C로 구성된 화합물은 공유 결합 물질이다.

① ㄱ   ② ㄴ   ③ ㄱ, ㄷ   ④ ㄴ, ㄷ   ⑤ ㄱ, ㄴ, ㄷ

13

그림은 화합물 ABC와 DC를 화학 결합 모형으로 나타낸 것이다.

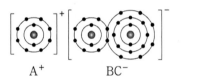

A^+ BC^- D   C

이에 대한 설명으로 옳은 것만을 〈보기〉에서 있는 대로 고른 것은? (단, A~D는 임의의 원소 기호이다.)

─〈 보기 〉─
ㄱ. $A(s)$는 전성(펴짐성)이 있다.
ㄴ. $AC(l)$는 전기 전도성이 있다.
ㄷ. D_2B는 공유 결합 물질이다.

① ㄱ   ② ㄷ   ③ ㄱ, ㄴ   ④ ㄴ, ㄷ   ⑤ ㄱ, ㄴ, ㄷ

14 대표 문제

그림은 화합물 AB와 CD를 화학 결합 모형으로 나타낸 것이다.

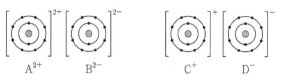

A^{2+} B^{2-} C^+ D^-

이에 대한 설명으로 옳은 것만을 〈보기〉에서 있는 대로 고른 것은? (단, A~D는 임의의 원소 기호이다.)

─〈 보기 〉─
ㄱ. A~D에서 2주기 원소는 2가지이다.
ㄴ. A는 비금속 원소이다.
ㄷ. BD_2는 이온 결합 물질이다.

① ㄱ   ② ㄴ   ③ ㄱ, ㄷ   ④ ㄴ, ㄷ   ⑤ ㄱ, ㄴ, ㄷ

15

그림은 화합물 AB_2와 CAB를 화학 결합 모형으로 나타낸 것이다.

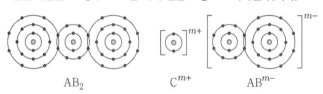

AB_2 C^{m+} AB^{m-}

이에 대한 설명으로 옳은 것만을 〈보기〉에서 있는 대로 고른 것은? (단, A~C는 임의의 원소 기호이다.)

─〈 보기 〉─
ㄱ. 고체 상태에서 전기 전도성은 $C > AB_2$이다.
ㄴ. A_2의 공유 전자쌍 수는 2이다.
ㄷ. $m=1$이다.

① ㄱ   ② ㄷ   ③ ㄱ, ㄴ   ④ ㄴ, ㄷ   ⑤ ㄱ, ㄴ, ㄷ

16

그림은 화합물 ABC와 CD를 화학 결합 모형으로 나타낸 것이다.

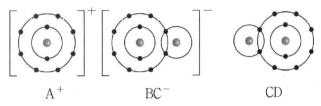

이에 대한 옳은 설명만을 〈보기〉에서 있는 대로 고른 것은? (단, A~D는 임의의 원소 기호이다.)

〈 보기 〉
ㄱ. A(s)는 전성(퍼짐성)이 있다.
ㄴ. A~D 중 2주기 원소는 2가지이다.
ㄷ. A와 D로 구성된 안정한 화합물은 AD이다.

① ㄱ   ② ㄷ   ③ ㄱ, ㄴ   ④ ㄴ, ㄷ   ⑤ ㄱ, ㄴ, ㄷ

17

그림은 화합물 A_2B와 CBD를 화학 결합 모형으로 나타낸 것이다.

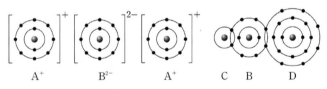

이에 대한 설명으로 옳은 것만을 〈보기〉에서 있는 대로 고른 것은? (단, A~D는 임의의 원소 기호이다.)

〈 보기 〉
ㄱ. A(s)는 전성(퍼짐성)이 있다.
ㄴ. A와 D의 안정한 화합물은 AD이다.
ㄷ. C_2B는 공유 결합 물질이다.

① ㄱ   ② ㄷ   ③ ㄱ, ㄴ   ④ ㄴ, ㄷ   ⑤ ㄱ, ㄴ, ㄷ

18

그림은 화합물 A_2B와 CD를 화학 결합 모형으로 나타낸 것이다.

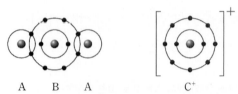

이에 대한 설명으로 옳은 것만을 〈보기〉에서 있는 대로 고른 것은? (단, A~D는 임의의 원소 기호이다.)

〈 보기 〉
ㄱ. A_2B는 공유 결합 물질이다.
ㄴ. C(s)는 연성(뽑힘성)이 있다.
ㄷ. C_2B(l)는 전기 전도성이 있다.

① ㄱ   ② ㄷ   ③ ㄱ, ㄴ   ④ ㄴ, ㄷ   ⑤ ㄱ, ㄴ, ㄷ

19

그림은 화합물 AB, C_2D를 화학 결합 모형으로 나타낸 것이다.

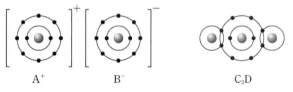

이에 대한 설명으로 옳은 것만을 〈보기〉에서 있는 대로 고른 것은? (단, A~D는 임의의 원소 기호이다.) [3점]

〈 보기 〉
ㄱ. C_2D의 공유 전자쌍 수는 2이다.
ㄴ. A_2D는 이온 결합 화합물이다.
ㄷ. B_2에는 2중 결합이 있다.

① ㄱ   ② ㄷ   ③ ㄱ, ㄴ   ④ ㄴ, ㄷ   ⑤ ㄱ, ㄴ, ㄷ

20

그림은 화합물 AB와 CD_3를 화학 결합 모형으로 나타낸 것이다.

A^{2+} B^{2-} CD_3

이에 대한 설명으로 옳은 것만을 〈보기〉에서 있는 대로 고른 것은? (단, A~D는 임의의 원소 기호이다.)

― 〈보기〉 ―
ㄱ. AB는 이온 결합 물질이다.
ㄴ. C_2에는 2중 결합이 있다.
ㄷ. A(s)는 전기 전도성이 있다.

① ㄱ ② ㄴ ③ ㄱ, ㄷ ④ ㄴ, ㄷ ⑤ ㄱ, ㄴ, ㄷ

22

그림은 화합물 AB와 CDB를 화학 결합 모형으로 나타낸 것이다.

A^+ B^- C D B

이에 대한 설명으로 옳은 것만을 〈보기〉에서 있는 대로 고른 것은? (단, A~D는 임의의 원소 기호이다.) [3점]

― 〈보기〉 ―
ㄱ. A와 C는 1주기 원소이다.
ㄴ. AB는 액체 상태에서 전기 전도성이 있다.
ㄷ. 비공유 전자쌍 수는 CB>D_2이다.

① ㄱ ② ㄴ ③ ㄱ, ㄷ ④ ㄴ, ㄷ ⑤ ㄱ, ㄴ, ㄷ

21

그림은 화합물 ABC와 H_2B를 화학 결합 모형으로 나타낸 것이다.

 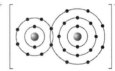

A^+ BC^- H_2B

이에 대한 설명으로 옳은 것만을 〈보기〉에서 있는 대로 고른 것은? (단, A~C는 임의의 원소 기호이다.)

― 〈보기〉 ―
ㄱ. A(s)는 외부에서 힘을 가하면 넓게 퍼지는 성질이 있다.
ㄴ. B_2와 C_2에는 모두 2중 결합이 있다.
ㄷ. AC(l)는 전기 전도성이 있다.

① ㄱ ② ㄴ ③ ㄱ, ㄷ ④ ㄴ, ㄷ ⑤ ㄱ, ㄴ, ㄷ

23

그림은 화합물 AB와 CBD를 화학 결합 모형으로 나타낸 것이다.

A^{2+} B^{2-} C B D

이에 대한 설명으로 옳은 것만을 〈보기〉에서 있는 대로 고른 것은? (단, A~D는 임의의 원소 기호이다.)

― 〈보기〉 ―
ㄱ. CBD는 공유 결합 물질이다.
ㄴ. B와 D는 같은 족 원소이다.
ㄷ. A와 D는 1 : 2로 결합하여 안정한 화합물을 생성한다.

① ㄱ ② ㄴ ③ ㄱ, ㄷ ④ ㄴ, ㄷ ⑤ ㄱ, ㄴ, ㄷ

24

그림은 화합물 AB와 BC₂를 화학 결합 모형으로 나타낸 것이다.

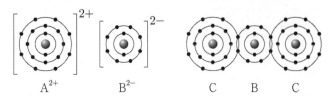

이에 대한 설명으로 옳은 것만을 〈보기〉에서 있는 대로 고른 것은? (단, A~C는 임의의 원소 기호이다.)

〈 보기 〉
ㄱ. A는 3주기 원소이다.
ㄴ. AB는 이온 결합 물질이다.
ㄷ. A와 C는 1 : 2로 결합하여 안정한 화합물을 형성한다.

① ㄱ　　② ㄴ　　③ ㄱ, ㄷ　　④ ㄴ, ㄷ　　⑤ ㄱ, ㄴ, ㄷ

25

그림은 화합물 XY와 Z_2Y_2를 화학 결합 모형으로 나타낸 것이다.

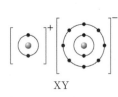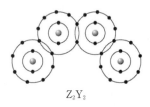

이에 대한 설명으로 옳은 것만을 〈보기〉에서 있는 대로 고른 것은? (단, X~Z는 임의의 원소 기호이다.) [3점]

〈 보기 〉
ㄱ. XY에서 Y^-과 Z_2Y_2에서 Y는 모두 옥텟 규칙을 만족한다.
ㄴ. Z_2Y_2는 이온 결합 화합물이다.
ㄷ. 분자 Z_2에서 구성 원자가 모두 옥텟 규칙을 만족할 때, $\dfrac{\text{공유 전자쌍 수}}{\text{비공유 전자쌍 수}} = \dfrac{1}{6}$이다.

① ㄱ　　② ㄴ　　③ ㄱ, ㄷ　　④ ㄴ, ㄷ　　⑤ ㄱ, ㄴ, ㄷ

26

그림은 화합물 WXY와 ZYW를 화학 결합 모형으로 나타낸 것이다.

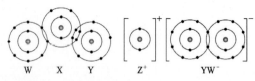

이에 대한 설명으로 옳은 것만을 〈보기〉에서 있는 대로 고른 것은? (단, W~Z는 임의의 원소 기호이다.)

〈 보기 〉
ㄱ. WXY에서 X의 산화수는 −3이다.
ㄴ. Y_2W_2에는 다중 결합이 있다.
ㄷ. $Z_2Y(l)$는 전기 전도성이 있다.

① ㄱ　　② ㄷ　　③ ㄱ, ㄴ　　④ ㄴ, ㄷ　　⑤ ㄱ, ㄴ, ㄷ

27

그림은 화합물 AB₂와 CA를 화학 결합 모형으로 나타낸 것이다.

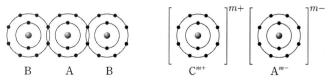

이에 대한 설명으로 옳은 것만을 〈보기〉에서 있는 대로 고른 것은? (단, A~C는 임의의 원소 기호이다.) [3점]

〈 보기 〉
ㄱ. m은 1이다.
ㄴ. CB_2는 이온 결합 화합물이다.
ㄷ. 공유 전자쌍 수는 A_2가 B_2의 2배이다.

① ㄱ　　② ㄴ　　③ ㄱ, ㄷ　　④ ㄴ, ㄷ　　⑤ ㄱ, ㄴ, ㄷ

28

그림은 화합물 AB와 CD를 화학 결합 모형으로 나타낸 것이다. 양이온의 반지름은 $A^{n+} > C^{2+}$이다.

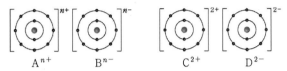

A^{n+} B^{n-} C^{2+} D^{2-}

이에 대한 옳은 설명만을 〈보기〉에서 있는 대로 고른 것은? (단, A~D는 임의의 원소 기호이다.)

〈 보기 〉
ㄱ. $CD(l)$는 전기 전도성이 있다.
ㄴ. $n = 1$이다.
ㄷ. 음이온의 반지름은 $B^{n-} > D^{2-}$이다.

① ㄱ   ② ㄷ   ③ ㄱ, ㄴ   ④ ㄴ, ㄷ   ⑤ ㄱ, ㄴ, ㄷ

29

그림은 화합물 XY_4ZX를 화학 결합 모형으로 나타낸 것이다.

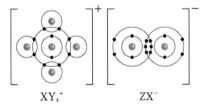

XY_4^+ ZX^-

이에 대한 옳은 설명만을 〈보기〉에서 있는 대로 고른 것은? (단, X~Z는 임의의 원소 기호이다.)

〈 보기 〉
ㄱ. 원자가 전자 수는 X > Z이다.
ㄴ. XY_4ZX는 고체 상태에서 전기 전도성이 있다.
ㄷ. Z_2Y_2의 공유 전자쌍 수는 5이다.

① ㄱ   ② ㄴ   ③ ㄱ, ㄷ   ④ ㄴ, ㄷ   ⑤ ㄱ, ㄴ, ㄷ

---

30 대표문제

다음은 XOH와 HY가 반응하여 XY와 H_2O을 생성하는 반응의 반응물을 화학 결합 모형으로 나타낸 화학 반응식이다.

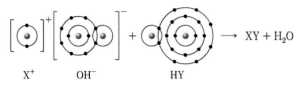

X^+ OH^- HY $\longrightarrow$ $XY + H_2O$

이에 대한 설명으로 옳은 것만을 〈보기〉에서 있는 대로 고른 것은? (단, X와 Y는 임의의 원소 기호이다.) [3점]

〈 보기 〉
ㄱ. $X(s)$는 전성(펴짐성)이 있다.
ㄴ. XY는 이온 결합 물질이다.
ㄷ. X와 O는 2 : 1로 결합하여 안정한 화합물을 형성한다.

① ㄱ   ② ㄷ   ③ ㄱ, ㄴ   ④ ㄴ, ㄷ   ⑤ ㄱ, ㄴ, ㄷ

31

다음은 Na과 ㉠이 반응하여 ㉡과 H_2를 생성하는 반응의 화학 반응식이고, 그림 (가)와 (나)는 ㉠과 ㉡을 각각 화학 결합 모형으로 나타낸 것이다.

$$2Na + 2\boxed{㉠} \longrightarrow 2\boxed{㉡} + H_2$$

(가)   (나)

이에 대한 설명으로 옳은 것만을 〈보기〉에서 있는 대로 고른 것은?

〈 보기 〉
ㄱ. $Na(s)$은 전성(펴짐성)이 있다.
ㄴ. ㉠은 공유 결합 물질이다.
ㄷ. (나)에서 양이온의 총 전자 수와 음이온의 총 전자 수는 같다.

① ㄱ   ② ㄷ   ③ ㄱ, ㄴ   ④ ㄴ, ㄷ   ⑤ ㄱ, ㄴ, ㄷ

32

다음은 AB와 CD의 반응을 화학 반응식으로 나타낸 것이고, 그림은 AB와 CD를 결합 모형으로 나타낸 것이다.

$$2AB + CD \longrightarrow (가) + A_2D$$

이에 대한 설명으로 옳은 것만을 〈보기〉에서 있는 대로 고른 것은? (단, A~D는 임의의 원소 기호이다.) [3점]

〈 보기 〉
ㄱ. $m=2$이다.
ㄴ. (가)는 공유 결합 물질이다.
ㄷ. 비공유 전자쌍 수는 $B_2 > D_2$이다.

① ㄱ ② ㄴ ③ ㄱ, ㄷ ④ ㄴ, ㄷ ⑤ ㄱ, ㄴ, ㄷ

34

그림은 어떤 반응의 화학 반응식을 화학 결합 모형으로 나타낸 것이다.

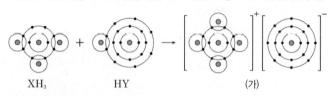

이에 대한 설명으로 옳은 것만을 〈보기〉에서 있는 대로 고른 것은? (단, X, Y는 임의의 원소 기호이다.) [3점]

〈 보기 〉
ㄱ. HY는 이온 결합 화합물이다.
ㄴ. (가)에서 X는 옥텟 규칙을 만족한다.
ㄷ. X_2에는 3중 결합이 있다.

① ㄱ ② ㄴ ③ ㄱ, ㄷ ④ ㄴ, ㄷ ⑤ ㄱ, ㄴ, ㄷ

33

다음은 A와 (가)가 반응하여 (나)와 B_2를 생성하는 반응의 화학 반응식이다.

$$A + 2\boxed{(가)} \longrightarrow \boxed{(나)} + B_2$$

그림은 (가)와 (나)를 화학 결합 모형으로 나타낸 것이다.

이에 대한 옳은 설명만을 〈보기〉에서 있는 대로 고른 것은? (단, A와 B는 임의의 원소 기호이다.) [3점]

〈 보기 〉
ㄱ. B는 염소(Cl)이다.
ㄴ. $A(s)$는 전기 전도성이 있다.
ㄷ. (나)를 구성하는 원소는 모두 3주기 원소이다.

① ㄱ ② ㄷ ③ ㄱ, ㄴ ④ ㄴ, ㄷ ⑤ ㄱ, ㄴ, ㄷ

35

다음은 안정한 이온 결합 화합물 (가)와 (나)에 대한 자료이다. 원자 Z의 안정한 이온 Z^{n+}은 Ar의 전자 배치를 갖는다.

○ (가)의 화학 결합 모형

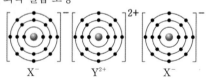

○ (나)는 Z^{n+}과 X^-으로 이루어져 있다.

○ 화합물을 구성하는 $\dfrac{\text{음이온 수}}{\text{양이온 수}}$ 는 (가)가 (나)의 2배이다.

이에 대한 설명으로 옳은 것만을 〈보기〉에서 있는 대로 고른 것은? (단, X~Z는 임의의 원소 기호이다.)

〈 보기 〉
ㄱ. 원자 번호는 Y>Z이다.
ㄴ. $Z(s)$는 전기 전도성이 있다.
ㄷ. $\dfrac{\text{(가) 1 mol에 들어 있는 } X^- \text{의 양(mol)}}{\text{(나) 1 mol에 들어 있는 전체 이온의 양(mol)}}=2$이다.

① ㄱ ② ㄷ ③ ㄱ, ㄴ ④ ㄴ, ㄷ ⑤ ㄱ, ㄴ, ㄷ

36

다음은 원소 X와 Y에 대한 자료이다.

○ X와 Y는 3주기 원소이다.
○ X(s)는 전성(펴짐성)이 있고, Y의 원자가 전자 수는 7이다.
○ 바닥상태 원자의 전자 배치에서 홀전자 수는 Y>X이다.

다음 중 X와 Y가 결합하여 형성된 안정한 화합물의 화학 결합 모형으로 가장 적절한 것은? (단, X와 Y는 임의의 원소 기호이다.) [3점]

①

②

③

④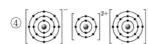

⑤

학년도 주제	2025	2024	2023

빈출
전기 음성도와 결합의 극성

2025

21 2025학년도 수능 화I 8번

그림은 수소(H)와 원소 X~Z로 구성된 분자 (가)~(라)의 공유 전자쌍 수와 구성 원소의 전기 음성도 차를 나타낸 것이다. (가)~(라)는 각각 H_aX_2, H_bX, HY, HZ 중 하나이고, 분자에서 X~Z는 옥텟 규칙을 만족한다. X~Z는 C, F, Cl를 순서 없이 나타낸 것이고, 전기 음성도는 Y>Z>H이다.

이에 대한 설명으로 옳은 것만을 〈보기〉에서 있는 대로 고른 것은? [3점]

〈보기〉
ㄱ. $a=2$이다.
ㄴ. (라)에는 무극성 공유 결합이 있다.
ㄷ. YZ에서 구성 원소의 전기 음성도 차는 $m-n$이다.

① ㄱ ② ㄷ ③ ㄱ, ㄴ ④ ㄴ, ㄷ ⑤ ㄱ, ㄴ, ㄷ

2024

06 대표 문제 2024학년도 9월 모평 화I 8번

다음은 수소(H)와 2주기 원소 X, Y로 구성된 3가지 분자의 분자식이다. 분자에서 모든 X와 Y는 옥텟 규칙을 만족하고, 전기 음성도는 X>H이다.

$$XH_4 \quad YH_3 \quad XY_2$$

이에 대한 설명으로 옳은 것만을 〈보기〉에서 있는 대로 고른 것은? (단, X와 Y는 임의의 원소 기호이다.) [3점]

〈보기〉
ㄱ. 전기 음성도는 Y>X이다.
ㄴ. YH_2에서 Y는 부분적인 양전하(δ^+)를 띤다.
ㄷ. 결합각은 XY_2>XH_4이다.

① ㄱ ② ㄷ ③ ㄱ, ㄴ ④ ㄱ, ㄷ ⑤ ㄴ, ㄷ

2023

01 2023학년도 수능 화I 4번

다음은 학생 A가 수행한 탐구 활동이다.

[학습 내용]
○ 극성 공유 결합을 형성한 두 원자는 각각 부분적인 양전하와 음전하를 띤다.
○ 부분적인 양전하는 δ^+ 부호로, 부분적인 음전하는 δ^- 부호로 나타낸다.

[가설]
○ 극성 공유 결합을 형성한 어떤 원자의 부분적인 전하의 부호는 다른 분자에서 극성 공유 결합을 형성할 때도 바뀌지 않는다.

[탐구 과정]
(가) 1, 2주기 원소로 구성된 분자 중 극성 공유 결합이 있는 분자를 찾는다.
(나) (가)에서 찾은 분자 중 같은 원자를 포함하는 분자 쌍을 선택하여, 해당 원자의 부분적인 전하의 부호를 확인한다.

[탐구 결과]

가설에 일치하는 분자 쌍	가설에 어긋나는 분자 쌍
HF와 CH_4	OF_2와 CO_2
HF와 OF_2	⑤

[결론]
○ 가설에 어긋나는 분자 쌍이 있으므로 가설은 옳지 않다.

학생 A의 결론이 타당할 때, 다음 중 ⑤으로 적절한 것은? [3점]

① H_2O과 CH_4 ② H_2O과 CO_2 ③ CO_2과 CF_4
④ NH_3와 NF_3 ⑤ NF_3와 OF_2

02 2023학년도 6월 모평 화I 2번

다음은 학생 A가 수행한 탐구 활동이다.

[가설]
○ 18족을 제외한 2, 3주기에 속한 원자들은 같은 주기에서 원자 번호가 커질수록 ⑤

[탐구 과정]
(가) 18족을 제외한 2, 3주기에 속한 원자의 전기 음성도를 조사한다.
(나) (가)에서 조사한 각 원자의 전기 음성도를 원자 번호에 따라 점으로 표시한 후, 표시한 점을 각 주기별로 연결한다.

[탐구 결과]

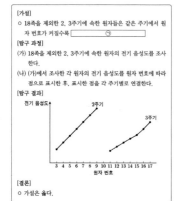

[결론]
○ 가설은 옳다.

학생 A의 결론이 타당할 때, 이에 대한 설명으로 옳은 것만을 〈보기〉에서 있는 대로 고른 것은?

〈보기〉
ㄱ. '전기 음성도가 커진다.'는 ⑤으로 적절하다.
ㄴ. CO_2에서 C는 부분적인 음전하(δ^-)를 띤다.
ㄷ. PF_3에는 극성 공유 결합이 있다.

① ㄱ ② ㄴ ③ ㄱ, ㄷ ④ ㄴ, ㄷ ⑤ ㄱ, ㄴ, ㄷ

화학 결합과 결합의 극성

12 대표 문제 2025학년도 6월 모평 화I 7번

그림은 분자 (가)~(다)의 구조식을 단일 결합과 다중 결합의 구분 없이 나타낸 것이다. (가)~(다)에서 모든 원자는 옥텟 규칙을 만족한다.

```
F-C-C-F      F-O-O-F      F  F
                           N-N
  (가)          (나)      F    F
                           (다)
```

이에 대한 설명으로 옳은 것만을 〈보기〉에서 있는 대로 고른 것은?

〈보기〉
ㄱ. (가)에는 극성 공유 결합이 있다.
ㄴ. (나)에는 3중 결합이 있다.
ㄷ. 공유 전자쌍 수는 (다)>(가)이다.

① ㄱ ② ㄴ ③ ㄱ, ㄷ ④ ㄴ, ㄷ ⑤ ㄱ, ㄴ, ㄷ

2022 ~ 2019

09
2022학년도 9월 모평 화Ⅰ 14번

표는 4가지 각각의 분자에서 플루오린(F)의 전기 음성도(a)와 나머지 구성 원소의 전기 음성도(b) 차($a-b$)를 나타낸 것이다.

분자	CF_4	OF_2	PF_3	ClF
전기 음성도 차($a-b$)	x	0.5	1.9	1.0

이에 대한 설명으로 옳은 것만을 〈보기〉에서 있는 대로 고른 것은? [3점]

〈보기〉
ㄱ. $x < 0.5$이다.
ㄴ. PF_3에는 극성 공유 결합이 있다.
ㄷ. Cl_2O에서 Cl는 부분적인 양전하(δ^+)를 띤다.

① ㄱ ② ㄴ ③ ㄱ, ㄷ ④ ㄴ, ㄷ ⑤ ㄱ, ㄴ, ㄷ

05
2022학년도 6월 모평 화Ⅰ 14번

다음은 원자 W~Z에 대한 자료이다. W~Z는 각각 C, O, F, Cl 중 하나이고, 분자 내에서 옥텟 규칙을 만족한다.

○ Y와 Z는 같은 족 원소이다.
○ 전기 음성도는 X > Y > W이다.

이에 대한 설명으로 옳은 것만을 〈보기〉에서 있는 대로 고른 것은? (단, W~Z는 임의의 원소 기호이다.)

〈보기〉
ㄱ. W는 산소(O)이다.
ㄴ. XY_2에서 X는 부분적인 음전하(δ^-)를 띤다.
ㄷ. WZ_4에서 W와 Z의 결합은 무극성 공유 결합이다.

① ㄱ ② ㄴ ③ ㄷ ④ ㄱ, ㄴ ⑤ ㄴ, ㄷ

11
2021학년도 9월 모평 화Ⅰ 13번

다음은 원자 W~Z와 수소(H)로 이루어진 분자 H_aW, H_bX, H_cY, H_dZ에 대한 자료이다. W~Z는 각각 O, F, S, Cl 중 하나이고, 분자 내에서 옥텟 규칙을 만족한다. W, Y는 같은 주기 원소이다.

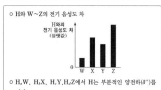

○ H와 W~Z의 전기 음성도 차
H와의 전기 음성도 차 (상댓값)

○ H_aW, H_bX, H_cY, H_dZ에서 H는 부분적인 양전하(δ^+)를 띤다.

이에 대한 설명으로 옳은 것만을 〈보기〉에서 있는 대로 고른 것은?

〈보기〉
ㄱ. 전기 음성도는 X > W이다.
ㄴ. $c > a$이다.
ㄷ. YZ에서 Y는 부분적인 음전하(δ^-)를 띤다.

① ㄱ ② ㄴ ③ ㄱ, ㄷ ④ ㄴ, ㄷ ⑤ ㄱ, ㄴ, ㄷ

07
2021학년도 6월 모평 화Ⅰ 13번

그림은 2, 3주기 원자 W~Z의 전기 음성도를 나타낸 것이다. W와 X는 14족, Y와 Z는 17족 원소이다.
이에 대한 설명으로 옳은 것만을 〈보기〉에서 있는 대로 고른 것은? (단, W~Z는 임의의 원소 기호이다.) [3점]

전기 음성도
□14족 ■17족
W X Y Z

〈보기〉
ㄱ. W는 3주기 원소이다.
ㄴ. XY_4에는 극성 공유 결합이 있다.
ㄷ. YZ에서 Z는 부분적인 양전하(δ^+)를 띤다.

① ㄱ ② ㄷ ③ ㄱ, ㄴ ④ ㄴ, ㄷ ⑤ ㄱ, ㄴ, ㄷ

15 대표 문제
2021학년도 수능 화Ⅰ 9번

그림은 화합물 WX와 WYZ를 화학 결합 모형으로 나타낸 것이다.

W X   W Y Z

이에 대한 설명으로 옳은 것만을 〈보기〉에서 있는 대로 고른 것은? (단, W~Z는 임의의 원소 기호이다.) [3점]

〈보기〉
ㄱ. WX에서 W는 부분적인 양전하(δ^+)를 띤다.
ㄴ. 전기 음성도는 Z > Y이다.
ㄷ. YW_2에는 극성 공유 결합이 있다.

① ㄱ ② ㄷ ③ ㄱ, ㄴ ④ ㄴ, ㄷ ⑤ ㄱ, ㄴ, ㄷ

01

다음은 학생 A가 수행한 탐구 활동이다.

> [학습 내용]
> ○ 극성 공유 결합을 형성한 두 원자는 각각 부분적인 양전하와 음전하를 띤다.
> ○ 부분적인 양전하는 δ^+ 부호로, 부분적인 음전하는 δ^- 부호로 나타낸다.
>
> [가설]
> ○ 극성 공유 결합을 형성한 어떤 원자의 부분적인 전하의 부호는 다른 분자에서 극성 공유 결합을 형성할 때도 바뀌지 않는다.
>
> [탐구 과정]
> (가) 1, 2주기 원소로 구성된 분자 중 극성 공유 결합이 있는 분자를 찾는다.
> (나) (가)에서 찾은 분자 중 같은 원자를 포함하는 분자 쌍을 선택하여, 해당 원자의 부분적인 전하의 부호를 확인한다.
>
> [탐구 결과]
>
> | 가설에 일치하는 분자 쌍 | 가설에 어긋나는 분자 쌍 |
> |---|---|
> | HF와 CH_4 | OF_2와 CO_2 |
> | HF와 OF_2 | ㉠ |
> | ⋮ | ⋮ |
>
> [결론]
> ○ 가설에 어긋나는 분자 쌍이 있으므로 가설은 옳지 않다.

학생 A의 결론이 타당할 때, 다음 중 ㉠으로 적절한 것은? [3점]

① H_2O과 CH_4 ② H_2O과 CO_2 ③ CO_2와 CF_4
④ NH_3와 NF_3 ⑤ NF_3와 OF_2

02

다음은 학생 A가 수행한 탐구 활동이다.

> [가설]
> ○ 18족을 제외한 2, 3주기에 속한 원자들은 같은 주기에서 원자 번호가 커질수록 ⑮㉠⑮ 이다.
>
> [탐구 과정]
> (가) 18족을 제외한 2, 3주기에 속한 원자의 전기 음성도를 조사한다.
> (나) (가)에서 조사한 각 원자의 전기 음성도를 원자 번호에 따라 점으로 표시한 후, 표시한 점을 각 주기별로 연결한다.
>
> [탐구 결과]
>
>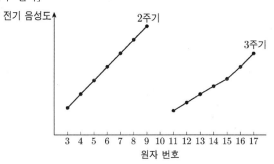
>
> [결론]
> ○ 가설은 옳다.

학생 A의 결론이 타당할 때, 이에 대한 설명으로 옳은 것만을 〈보기〉에서 있는 대로 고른 것은?

> ─〈 보기 〉─
> ㄱ. '전기 음성도가 커진다.'는 ㉠으로 적절하다.
> ㄴ. CO_2에서 C는 부분적인 음전하(δ^-)를 띤다.
> ㄷ. PF_3에는 극성 공유 결합이 있다.

① ㄱ   ② ㄴ   ③ ㄱ, ㄷ   ④ ㄴ, ㄷ   ⑤ ㄱ, ㄴ, ㄷ

03

그림은 분자 AB, BC의 모형에 부분적인 양전하(δ^+)와 부분적인 음전하(δ^-)를 표시한 모습을 나타낸 것이다.

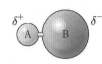
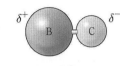

이에 대한 설명으로 옳은 것만을 〈보기〉에서 있는 대로 고른 것은? (단, A~C는 임의의 원소 기호이다.) [3점]

〈 보기 〉
ㄱ. AB에는 극성 공유 결합이 있다.
ㄴ. BC의 쌍극자 모멘트는 0이다.
ㄷ. 전기 음성도는 A>C이다.

① ㄱ   ② ㄴ   ③ ㄱ, ㄷ   ④ ㄴ, ㄷ   ⑤ ㄱ, ㄴ, ㄷ

04

그림은 주기율표의 일부를 나타낸 것이다.

주기 \ 족	1	2	13	14	15	16	17	18
2	A			B		C		
3							D	

이에 대한 옳은 설명만을 〈보기〉에서 있는 대로 고른 것은? (단, A~D는 임의의 원소 기호이다.)

〈 보기 〉
ㄱ. AD는 이온 결합 물질이다.
ㄴ. 전기 음성도는 C>B이다.
ㄷ. BD_4에는 극성 공유 결합이 있다.

① ㄴ   ② ㄷ   ③ ㄱ, ㄴ   ④ ㄱ, ㄷ   ⑤ ㄱ, ㄴ, ㄷ

05

다음은 원자 W~Z에 대한 자료이다. W~Z는 각각 C, O, F, Cl 중 하나이고, 분자 내에서 옥텟 규칙을 만족한다.

○ Y와 Z는 같은 족 원소이다.
○ 전기 음성도는 X>Y>W이다.

이에 대한 설명으로 옳은 것만을 〈보기〉에서 있는 대로 고른 것은? (단, W~Z는 임의의 원소 기호이다.)

ㄱ. W는 산소(O)이다.
ㄴ. XY_2에서 X는 부분적인 음전하(δ^-)를 띤다.
ㄷ. WZ_4에서 W와 Z의 결합은 무극성 공유 결합이다.

① ㄱ   ② ㄴ   ③ ㄷ   ④ ㄱ, ㄴ   ⑤ ㄴ, ㄷ

06 대표문제

다음은 수소(H)와 2주기 원소 X, Y로 구성된 3가지 분자의 분자식이다. 분자에서 모든 X와 Y는 옥텟 규칙을 만족하고, 전기 음성도는 X>H이다.

$$XH_4 \quad YH_2 \quad XY_2$$

이에 대한 설명으로 옳은 것만을 〈보기〉에서 있는 대로 고른 것은? (단, X와 Y는 임의의 원소 기호이다.) [3점]

ㄱ. 전기 음성도는 Y>X이다.
ㄴ. YH_2에서 Y는 부분적인 양전하(δ^+)를 띤다.
ㄷ. 결합각은 XY_2>XH_4이다.

① ㄱ   ② ㄷ   ③ ㄱ, ㄴ   ④ ㄱ, ㄷ   ⑤ ㄴ, ㄷ

07

그림은 2, 3주기 원자 W~Z의 전기 음성도를 나타낸 것이다. W와 X는 14족, Y와 Z는 17족 원소이다.

이에 대한 설명으로 옳은 것만을 〈보기〉에서 있는 대로 고른 것은? (단, W~Z는 임의의 원소 기호이다.) [3점]

〈 보기 〉
ㄱ. W는 3주기 원소이다.
ㄴ. XY_4에는 극성 공유 결합이 있다.
ㄷ. YZ에서 Z는 부분적인 양전하(δ^+)를 띤다.

① ㄱ   ② ㄷ   ③ ㄱ, ㄴ   ④ ㄴ, ㄷ   ⑤ ㄱ, ㄴ, ㄷ

09

표는 4가지 각각의 분자에서 플루오린(F)의 전기 음성도(a)와 나머지 구성 원소의 전기 음성도(b) 차($a-b$)를 나타낸 것이다.

분자	CF_4	OF_2	PF_3	ClF
전기 음성도 차($a-b$)	x	0.5	1.9	1.0

이에 대한 설명으로 옳은 것만을 〈보기〉에서 있는 대로 고른 것은? [3점]

〈 보기 〉
ㄱ. $x<0.5$이다.
ㄴ. PF_3에는 극성 공유 결합이 있다.
ㄷ. Cl_2O에서 Cl는 부분적인 양전하(δ^+)를 띤다.

① ㄱ   ② ㄴ   ③ ㄱ, ㄷ   ④ ㄴ, ㄷ   ⑤ ㄱ, ㄴ, ㄷ

08

표는 4가지 원자의 전기 음성도를 나타낸 것이다.

원자	H	C	O	F
전기 음성도	2.1	2.5	3.5	4.0

이에 대한 옳은 설명만을 〈보기〉에서 있는 대로 고른 것은?

〈 보기 〉
ㄱ. HF에서 H는 부분적인 음전하(δ^-)를 띤다.
ㄴ. H_2O_2에는 무극성 공유 결합이 있다.
ㄷ. CH_2O에서 C의 산화수는 0이다.

① ㄱ   ② ㄴ   ③ ㄱ, ㄷ   ④ ㄴ, ㄷ   ⑤ ㄱ, ㄴ, ㄷ

10

표는 원소 W~Z로 이루어진 3가지 분자에서 W의 전기 음성도(a)와 나머지 구성 원소의 전기 음성도(b) 차($a-b$)를 나타낸 것이다.

분자	WX_2	Y_2W	Z_2W
$a-b$	-0.5	0.5	1.4

이에 대한 설명으로 옳은 것만을 〈보기〉에서 있는 대로 고른 것은? (단, W~Z는 임의의 원소 기호이다.) [3점]

〈 보기 〉
ㄱ. Y_2W에는 극성 공유 결합이 있다.
ㄴ. 전기 음성도는 Y가 X보다 크다.
ㄷ. ZX에서 Z는 부분적인 음전하(δ^-)를 띤다.

① ㄱ   ② ㄴ   ③ ㄱ, ㄷ   ④ ㄴ, ㄷ   ⑤ ㄱ, ㄴ, ㄷ

11

다음은 원자 $W \sim Z$와 수소(H)로 이루어진 분자 H_aW, H_bX, H_cY, H_dZ에 대한 자료이다. $W \sim Z$는 각각 O, F, S, Cl 중 하나이고, 분자 내에서 옥텟 규칙을 만족한다. W, Y는 같은 주기 원소이다.

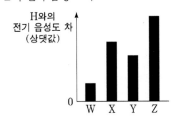

○ H와 $W \sim Z$의 전기 음성도 차

○ H_aW, H_bX, H_cY, H_dZ에서 H는 부분적인 양전하(δ^+)를 띤다.

이에 대한 설명으로 옳은 것만을 〈보기〉에서 있는 대로 고른 것은?

〈 보기 〉
ㄱ. 전기 음성도는 $X > W$이다.
ㄴ. $c > a$이다.
ㄷ. YZ에서 Y는 부분적인 음전하(δ^-)를 띤다.

① ㄱ   ② ㄴ   ③ ㄱ, ㄷ   ④ ㄴ, ㄷ   ⑤ ㄱ, ㄴ, ㄷ

12 대표 문제

그림은 분자 (가)~(다)의 구조식을 단일 결합과 다중 결합의 구분 없이 나타낸 것이다. (가)~(다)에서 모든 원자는 옥텟 규칙을 만족한다.

이에 대한 설명으로 옳은 것만을 〈보기〉에서 있는 대로 고른 것은?

〈 보기 〉
ㄱ. (가)에는 극성 공유 결합이 있다.
ㄴ. (나)에는 3중 결합이 있다.
ㄷ. 공유 전자쌍 수는 (다) > (가)이다.

① ㄱ   ② ㄴ   ③ ㄱ, ㄷ   ④ ㄴ, ㄷ   ⑤ ㄱ, ㄴ, ㄷ

13

그림은 원자 $X \sim Z$의 전자 배치 모형을 나타낸 것이고, 표는 $X \sim Z$로 이루어진 분자 (가)와 (나)에 대한 자료이다. (가)와 (나)에서 Y, Z는 옥텟 규칙을 만족한다.

분자	(가)	(나)
구성 원소	X, Y	X, Z
공유 전자쌍의 수	3	1

이에 대한 설명으로 옳은 것만을 〈보기〉에서 있는 대로 고른 것은? (단, $X \sim Z$는 임의의 원소 기호이다.) [3점]

〈 보기 〉
ㄱ. (가)의 분자식은 X_2Y_2이다.
ㄴ. (나)에는 극성 공유 결합이 존재한다.
ㄷ. 비공유 전자쌍의 수는 (나) > (가)이다.

① ㄱ   ② ㄴ   ③ ㄷ   ④ ㄱ, ㄴ   ⑤ ㄴ, ㄷ

16
일차

14

그림은 화합물 WXY와 ZXY를 화학 결합 모형으로 나타낸 것이다.

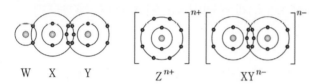

이에 대한 설명으로 옳은 것만을 〈보기〉에서 있는 대로 고른 것은? (단, W~Z는 임의의 원소 기호이다.)

〈 보기 〉
ㄱ. WXY는 공유 결합 물질이다.
ㄴ. $n=1$이다.
ㄷ. W~Z 중 원자가 전자 수는 X가 가장 크다.

① ㄱ   ② ㄷ   ③ ㄱ, ㄴ   ④ ㄴ, ㄷ   ⑤ ㄱ, ㄴ, ㄷ

15 대표 문제

그림은 화합물 WX와 WYZ를 화학 결합 모형으로 나타낸 것이다.

 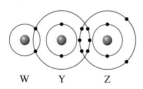

이에 대한 설명으로 옳은 것만을 〈보기〉에서 있는 대로 고른 것은? (단, W~Z는 임의의 원소 기호이다.) [3점]

〈 보기 〉
ㄱ. WX에서 W는 부분적인 양전하(δ^+)를 띤다.
ㄴ. 전기 음성도는 Z>Y이다.
ㄷ. YW_4에는 극성 공유 결합이 있다.

① ㄱ   ② ㄷ   ③ ㄱ, ㄴ   ④ ㄴ, ㄷ   ⑤ ㄱ, ㄴ, ㄷ

16

그림은 화합물 AB_2와 CB_2를 화학 결합 모형으로 나타낸 것이다. 전기 음성도는 C>B이다.

AB₂   CB₂

이에 대한 옳은 설명만을 〈보기〉에서 있는 대로 고른 것은? (단, A~C는 임의의 원소 기호이다.)

〈 보기 〉
ㄱ. A와 B는 같은 주기 원소이다.
ㄴ. $AC(s)$는 전기 전도성이 있다.
ㄷ. CB_2에서 C는 부분적인 음전하(δ^-)를 띤다.

① ㄱ   ② ㄴ   ③ ㄱ, ㄷ   ④ ㄴ, ㄷ   ⑤ ㄱ, ㄴ, ㄷ

17

그림은 물질 AB와 CD를 화학 결합 모형으로 나타낸 것이다.

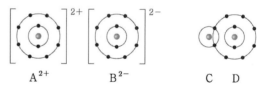

이에 대한 옳은 설명만을 〈보기〉에서 있는 대로 고른 것은? (단, A~D는 임의의 원소 기호이다.)

〈 보기 〉
ㄱ. $A(s)$는 전기 전도성이 있다.
ㄴ. CD에서 C는 부분적인 음전하(δ^-)를 띤다.
ㄷ. 분자당 공유 전자쌍 수는 D_2가 B_2 보다 크다.

① ㄱ   ② ㄷ   ③ ㄱ, ㄴ   ④ ㄴ, ㄷ   ⑤ ㄱ, ㄴ, ㄷ

18

그림은 화합물 ABC와 DE의 결합 모형을 각각 나타낸 것이다.

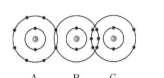 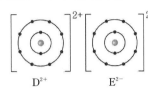

이에 대한 옳은 설명만을 〈보기〉에서 있는 대로 고른 것은? (단, A~E는 임의의 원소 기호이다.)

〈 보기 〉
ㄱ. DA_2는 이온 결합 물질이다.
ㄴ. BE_2에는 극성 공유 결합이 있다.
ㄷ. C_2와 CA_3는 공유 전자쌍 수가 같다.

① ㄱ   ② ㄷ   ③ ㄱ, ㄴ   ④ ㄴ, ㄷ   ⑤ ㄱ, ㄴ, ㄷ

19

그림은 화합물 ABC와 B_2D_2의 화학 결합 모형을 나타낸 것이다.

이에 대한 옳은 설명만을 〈보기〉에서 있는 대로 고른 것은? (단, A~D는 임의의 원소 기호이다.)

〈 보기 〉
ㄱ. A와 C는 같은 족 원소이다.
ㄴ. B_2D_2에는 무극성 공유 결합이 있다.
ㄷ. BD_2에서 B는 부분적인 음전하(δ^-)를 띤다.

① ㄱ   ② ㄷ   ③ ㄱ, ㄴ   ④ ㄴ, ㄷ   ⑤ ㄱ, ㄴ, ㄷ

20

그림은 ABC와 CD의 반응을 화학 결합 모형으로 나타낸 것이다.

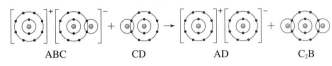

이에 대한 옳은 설명만을 〈보기〉에서 있는 대로 고른 것은? (단, A~D는 임의의 원소 기호이다.)

〈 보기 〉
ㄱ. A와 B는 같은 주기 원소이다.
ㄴ. AD는 액체 상태에서 전기 전도성이 있다.
ㄷ. C_2B에서 B는 부분적인 (+)전하를 띤다.

① ㄱ   ② ㄴ   ③ ㄷ   ④ ㄱ, ㄴ   ⑤ ㄴ, ㄷ

21

그림은 수소(H)와 원소 X~Z로 구성된 분자 (가)~(라)의 공유 전자쌍 수와 구성 원소의 전기 음성도 차를 나타낸 것이다. (가)~(라)는 각각 H_aX_a, H_bX, HY, HZ 중 하나이고, 분자에서 X~Z는 옥텟 규칙을 만족한다. X~Z는 C, F, Cl를 순서 없이 나타낸 것이고, 전기 음성도는 Y>Z>H이다.

이에 대한 설명으로 옳은 것만을 〈보기〉에서 있는 대로 고른 것은? [3점]

〈 보기 〉
ㄱ. $a=2$이다.
ㄴ. (라)에는 무극성 공유 결합이 있다.
ㄷ. YZ에서 구성 원소의 전기 음성도 차는 $m-n$이다.

① ㄱ   ② ㄷ   ③ ㄱ, ㄴ   ④ ㄴ, ㄷ   ⑤ ㄱ, ㄴ, ㄷ

한눈에 정리하는
평가원 기출 경향

주제 \ 학년도	**2025**	**2024**	**2023**

빈출
분자의 구조
전자쌍 반발
이론, 분자식,
구조식
제시한 경우

[2025]

05 대표 문제   2025학년도 9월 모평 화I 11번

그림은 수소(H)와 원소 X~Z로 구성된 분자 (가)~(다)의 구조식을 단일 결합과 다중 결합의 구분 없이 나타낸 것이다. X~Z는 C, N, O를 순서 없이 나타낸 것이고, (가)~(다)에서 X~Z는 옥텟 규칙을 만족한다. 비공유 전자쌍 수는 (가)>(나)이다.

$$H-X-X-H \qquad H-Y-Y-H \qquad H-Z-Z-H$$
$$\text{(가)} \qquad\qquad \text{(나)} \qquad\qquad \text{(다)}$$

이에 대한 설명으로 옳은 것만을 〈보기〉에서 있는 대로 고른 것은? [3점]

〈보기〉
ㄱ. X는 C이다.
ㄴ. 공유 전자쌍 수는 (나)>(다)이다.
ㄷ. (다)에는 다중 결합이 있다.

① ㄱ ② ㄴ ③ ㄷ ④ ㄱ, ㄴ ⑤ ㄴ, ㄷ

[2024]

03   2024학년도 9월 모평 화I 12번

표는 탄소(C), 플루오린(F), X, Y로 구성된 분자 (가)~(다)에 대한 자료이다. X와 Y는 질소(N)와 산소(O) 중 하나이고, 분자에서 모든 원자는 옥텟 규칙을 만족한다.

분자	분자식	모든 결합의 종류	결합의 수
(가)	XF_2	F과 X 사이의 단일 결합	2
(나)	CXF_m	C과 F 사이의 단일 결합	2
		C와 X 사이의 2중 결합	1
(다)	YF_3	F과 Y 사이의 단일 결합	3

이에 대한 설명으로 옳은 것만을 〈보기〉에서 있는 대로 고른 것은? [3점]

〈보기〉
ㄱ. (가)의 분자 구조는 굽은 형이다.
ㄴ. $m=3$이다.
ㄷ. 공유 전자쌍 수는 (다)>(나)이다.
    비공유 전자쌍 수는 (다)>(나)이다.

① ㄱ ② ㄴ ③ ㄷ ④ ㄱ, ㄴ ⑤ ㄱ, ㄷ

분자의 구조와
극성
화학 결합 모형
제시한 경우

08 대표 문제   2025학년도 6월 모평 화I 4번

그림은 원소 W~Z로 구성된 분자를 화학 결합 모형으로 나타낸 것이다.

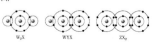
$$W_2X \qquad\qquad WYX \qquad\qquad ZX_2$$

이에 대한 설명으로 옳은 것만을 〈보기〉에서 있는 대로 고른 것은? (단, W~Z는 임의의 원소 기호이다.) [3점]

〈보기〉
ㄱ. W_2X는 무극성 분자이다.
ㄴ. WYX에서 X는 부분적인 음전하(δ^-)를 띤다.
ㄷ. 결합각은 WYX가 ZX_2보다 크다.

① ㄱ ② ㄴ ③ ㄷ ④ ㄴ, ㄷ ⑤ ㄴ, ㄷ

분자의 구조와
극성
루이스 전자점식
제시한 경우

[2023]

23 대표 문제   2023학년도 수능 화I 2번

그림은 2주기 원소 X~Z로 구성된 분자 (가)와 (나)의 루이스 전자점식을 나타낸 것이다.

$$:\ddot{X}::Y::\ddot{X}: \qquad\qquad \begin{matrix} :\ddot{X}: \\ :\ddot{Z}:Y:\ddot{Z}: \end{matrix}$$
$$\text{(가)} \qquad\qquad\qquad \text{(나)}$$

이에 대한 설명으로 옳은 것만을 〈보기〉에서 있는 대로 고른 것은? (단, X~Z는 임의의 원소 기호이다.)

〈보기〉
ㄱ. X는 산소(O)이다.
ㄴ. (나)에서 단일 결합의 수는 3이다.
ㄷ. 비공유 전자쌍 수는 (나)가 (가)의 2배이다.

① ㄱ ② ㄷ ③ ㄱ, ㄴ ④ ㄱ, ㄷ ⑤ ㄴ, ㄷ

33   2023학년도 6월 모평 화I 7번

그림은 1, 2주기 원소 W~Z로 이루어진 물질 WXY와 YZX의 루이스 전자점식을 나타낸 것이다.

$$W^+\left[:\ddot{X}:Y\right]^- \qquad\qquad Y:\ddot{Z}::\ddot{X}:$$

이에 대한 설명으로 옳은 것만을 〈보기〉에서 있는 대로 고른 것은? (단, W~Z는 임의의 원소 기호이다.) [3점]

〈보기〉
ㄱ. W와 Y는 같은 족 원소이다.
ㄴ. Z_2에는 3중 결합이 있다.
ㄷ. Y_2X_2의 비공유 전자쌍 수 / 공유 전자쌍 수 =1이다.

① ㄱ ② ㄷ ③ ㄱ, ㄴ ④ ㄴ, ㄷ ⑤ ㄱ, ㄴ, ㄷ

2022 ~ 2019

---

29 2022학년도 수능 화Ⅰ 8번

표는 원자 X와 Y의 원자가 전자 수를 나타낸 것이고, 그림은 원자 W~Z로 이루어진 분자 (가)와 (나)를 루이스 전자점식으로 나타낸 것이다. W~Z는 각각 C, N, O, F 중 하나이다.

원자	X	Y
원자가 전자 수	a	$a+3$

$$:\ddot{Y}:X::W:$$
(가)

$$:\ddot{Z}: \\ :\ddot{Y}:\ddot{X}:\ddot{Y}:$$
(나)

이에 대한 설명으로 옳은 것만을 〈보기〉에서 있는 대로 고른 것은? (단, W~Z는 임의의 원소 기호이다.) [3점]

〈보기〉
ㄱ. $a=4$이다.
ㄴ. Z는 N이다.
ㄷ. 비공유 전자쌍 수는 (나)가 (가)의 $\frac{8}{3}$배이다.

① ㄱ ② ㄴ ③ ㄷ,ㄹ ④ ㄴ,ㄷ ⑤ ㄱ,ㄴ,ㄷ

---

37 2021학년도 9월 모평 화Ⅰ 7번

그림은 1, 2주기 원소 A~C로 이루어진 이온 (가)와 분자 (나)의 루이스 전자점식을 나타낸 것이다.

$$[:\ddot{A}:B]^- \quad B:\ddot{C}:$$
(가) (나)

이에 대한 설명으로 옳은 것만을 〈보기〉에서 있는 대로 고른 것은? (단, A~C는 임의의 원소 기호이다.)

〈보기〉
ㄱ. 1 mol에 들어 있는 전자 수는 (가)와 (나)가 같다.
ㄴ. A와 C는 같은 족 원소이다.
ㄷ. AC_2의 $\frac{비공유 전자쌍 수}{공유 전자쌍 수}=4$이다.

① ㄱ ② ㄴ ③ ㄷ ④ ㄱ,ㄴ ⑤ ㄱ,ㄷ

---

26 2020학년도 수능 화Ⅰ 4번

그림은 2주기 원소 X~Z로 이루어진 분자 (가)와 (나)를 루이스 전자점식으로 나타낸 것이다.

$$:X::X: \quad :\ddot{Z}:Y:\ddot{Z}:$$
(가) (나)

이에 대한 설명으로 옳은 것만을 〈보기〉에서 있는 대로 고른 것은? (단, X~Z는 임의의 원소 기호이다.) [3점]

〈보기〉
ㄱ. (가)의 쌍극자 모멘트는 0이다.
ㄴ. 공유 전자쌍 수는 (나)>(가)이다.
ㄷ. Z에는 다중 결합이 있다.

① ㄱ ② ㄴ ③ ㄱ,ㄷ ④ ㄴ,ㄷ ⑤ ㄱ,ㄴ,ㄷ

---

21 2020학년도 6월 모평 화Ⅰ 6번

그림은 분자 (가)와 (나)의 루이스 전자점식을 나타낸 것이다.

$$H:\ddot{C}:H \\ H \quad H$$
(가)

$$H \quad H \\ H:C::C:H$$
(나)

이에 대한 설명으로 옳은 것만을 〈보기〉에서 고른 것은? [3점]

〈보기〉
ㄱ. (가)의 분자 모양은 정사면체이다.
ㄴ. (나)에는 무극성 공유 결합이 있다.
ㄷ. 결합각 ∠HCH는 (나)>(가)이다.

① ㄱ ② ㄷ ③ ㄱ,ㄴ ④ ㄴ,ㄷ ⑤ ㄱ,ㄴ,ㄷ

---

20 2019학년도 수능 화Ⅰ 2번

그림은 분자 (가)~(다)의 루이스 전자점식을 나타낸 것이다.

$$H:\ddot{F}: \quad H:\ddot{N}:H \\ H$$

$$H \\ H:\ddot{C}:H \\ H$$

이에 대한 설명으로 옳은 것만을 〈보기〉에서 있는 대로 고른 것은?

〈보기〉
ㄱ. (가)는 극성 분자이다.
ㄴ. (나)의 분자 구조는 평면 삼각형이다.
ㄷ. 결합각은 (나)>(다)이다.

① ㄱ ② ㄴ ③ ㄷ ④ ㄱ,ㄴ ⑤ ㄴ,ㄷ

---

27 2019학년도 9월 모평 화Ⅰ 6번

그림은 4가지 분자 (가)~(라)를 루이스 전자점식으로 나타낸 것이다. W~Z는 임의의 2주기 원소 기호이다.

$$:\ddot{X}: \\ :X:W:X: \quad :\ddot{X}:Y:\ddot{X}: \\ :\ddot{X}: \quad :\ddot{Z}::Y::\ddot{Z}: \quad :\ddot{X}:Z:\ddot{X}:$$
(가) (나) (다) (라)

이에 대한 설명으로 옳은 것만을 〈보기〉에서 있는 대로 고른 것은?

〈보기〉
ㄱ. (가)~(라) 중 무극성 분자는 2가지이다.
ㄴ. (가)에서 4개의 원자는 동일 평면에 있다.
ㄷ. (라)는 굽은 형 구조이다.

① ㄴ ② ㄷ ③ ㄱ,ㄴ ④ ㄱ,ㄷ ⑤ ㄴ,ㄷ

01

2021학년도 7월 학평 화I 6번

다음은 학생 A가 수행한 탐구 활동이다.

[가설]
○ 중심 원자의 공유 전자쌍 수가 많을수록 분자의 결합각이 작아진다.

[탐구 과정]
○ 중심 원자가 Be, B, C, N, O인 분자 (가)~(마)의 자료를 조사하고, 중심 원자의 공유 전자쌍 수에 따른 분자의 결합각 크기를 비교한다.

[자료 및 결과]

분자	(가)	(나)	(다)	(라)	(마)
분자식	BeF_2	BCl_3	CH_4	NH_3	H_2O
중심 원자의 공유 전자쌍 수	2	3	4	3	2
결합각	180°	120°	109.5°	107°	104.5°

○ 중심 원자의 공유 전자쌍 수가 다른 3개의 분자에 대한 비교 결과

비교한 3개의 분자	비교 결과
(가), (나), (다)	중심 원자의 공유 전자쌍 수가 많을수록 분자의 결합각이 작아진다.
㉠	중심 원자의 공유 전자쌍 수가 많을수록 분자의 결합각이 커진다.

[결론]
○ 가설에 어긋나는 비교 결과가 있으므로 가설은 옳지 않다.

다음 중 ㉠으로 가장 적절한 것은?

① (가), (나), (라)　　　　② (가), (다), (라)
③ (나), (다), (라)　　　　④ (나), (다), (마)
⑤ (다), (라), (마)

02

2023학년도 7월 학평 화I 6번

다음은 학생 A가 전자쌍 반발 이론을 학습한 후 수행한 탐구 활동이다.

[가설]
○ 단일 결합으로만 이루어진 분자에서 중심 원자의 전자쌍 수가 같을 때 중심 원자의 비공유 전자쌍 수가 많을수록 결합각의 크기는 작아진다.

[탐구 과정]
(가) 중심 원자의 전자쌍 수가 같은 분자 X~Z에서 중심 원자의 비공유 전자쌍 수를 조사한다.
(나) X~Z의 결합각을 조사하여 비교한다.

[탐구 결과]

분자	X	Y	Z
중심 원자의 비공유 전자쌍 수	0	1	2

○ 결합각의 크기: X > Y > Z

학생 A의 가설이 옳다는 결론을 얻었을 때, 다음 중 X~Z로 가장 적절한 것은?

	X	Y	Z		X	Y	Z
①	BF_3	NF_3	H_2O	②	CH_4	NH_3	H_2O
③	CF_4	BF_3	OF_2	④	NF_3	H_2O	CH_4
⑤	OF_2	CH_4	NH_3				

03

2024학년도 9월 모평 화I 12번

표는 탄소(C), 플루오린(F), X, Y로 구성된 분자 (가)~(다)에 대한 자료이다. X와 Y는 질소(N)와 산소(O) 중 하나이고, 분자에서 모든 원자는 옥텟 규칙을 만족한다.

분자	분자식	모든 결합의 종류	결합의 수
(가)	XF_2	F과 X 사이의 단일 결합	2
(나)	CXF_m	C와 F 사이의 단일 결합	2
		C와 X 사이의 2중 결합	1
(다)	YF_3	F과 Y 사이의 단일 결합	3

이에 대한 설명으로 옳은 것만을 〈보기〉에서 있는 대로 고른 것은? [3점]

〈 보기 〉
ㄱ. (가)의 분자 구조는 굽은 형이다.
ㄴ. $m=3$이다.
ㄷ. $\dfrac{\text{공유 전자쌍 수}}{\text{비공유 전자쌍 수}}$ 는 (다) > (나)이다.

① ㄱ　　② ㄴ　　③ ㄷ　　④ ㄱ, ㄴ　　⑤ ㄱ, ㄷ

04

그림은 BCl_3, NH_3의 결합각을 기준으로 분류한 영역 Ⅰ ~ Ⅲ을 나타낸 것이다. α, β는 각각 BCl_3, NH_3의 결합각 중 하나이다.

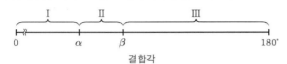

H_2O과 CH_4의 결합각이 속하는 영역으로 옳은 것은?

	H_2O의 결합각	CH_4의 결합각
①	Ⅰ	Ⅰ
②	Ⅰ	Ⅱ
③	Ⅱ	Ⅱ
④	Ⅱ	Ⅲ
⑤	Ⅲ	Ⅰ

06

표는 2주기 원소 X~Z로 구성된 분자 (가)~(다)에 대한 자료이다. 구조식은 단일 결합과 다중 결합의 구분 없이 나타낸 것이고, (가)~(다)에서 모든 원자는 옥텟 규칙을 만족한다.

분자	(가)	(나)	(다)
구조식	Y-X-Y	Z-Y-Z	Z-X-X-Z
비공유 전자쌍 수 / 공유 전자쌍 수	1	4	a

이에 대한 옳은 설명만을 〈보기〉에서 있는 대로 고른 것은? (단, X~Z는 임의의 원소 기호이다.)

〈 보기 〉
ㄱ. (가)에는 2중 결합이 있다.
ㄴ. (나)에서 Y는 부분적인 음전하(δ^-)를 띤다.
ㄷ. $a = \dfrac{6}{5}$이다.

① ㄱ   ② ㄴ   ③ ㄱ, ㄷ   ④ ㄴ, ㄷ   ⑤ ㄱ, ㄴ, ㄷ

05 대표문제

그림은 수소(H)와 원소 X~Z로 구성된 분자 (가)~(다)의 구조식을 단일 결합과 다중 결합의 구분 없이 나타낸 것이다. X~Z는 C, N, O를 순서 없이 나타낸 것이고, (가)~(다)에서 X~Z는 옥텟 규칙을 만족한다. 비공유 전자쌍 수는 (가)>(나)이다.

$$\begin{array}{ccc} \text{H} & \text{H} & \\ | & | & \\ \text{H}-\text{X}-\text{X}-\text{H} & \text{H}-\text{Y}-\text{Y}-\text{H} & \text{H}-\text{Z}-\text{Z}-\text{H} \\ \text{(가)} & \text{(나)} & \text{(다)} \end{array}$$

이에 대한 설명으로 옳은 것만을 〈보기〉에서 있는 대로 고른 것은? [3점]

〈 보기 〉
ㄱ. X는 C이다.
ㄴ. 공유 전자쌍 수는 (나)>(다)이다.
ㄷ. (다)에는 다중 결합이 있다.

① ㄱ   ② ㄴ   ③ ㄷ   ④ ㄱ, ㄴ   ⑤ ㄴ, ㄷ

07

그림은 분자 (가)~(다)를 화학 결합 모형으로 나타낸 것이다.

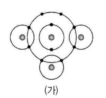

(가)   (나)   (다)

이에 대한 설명으로 옳은 것만을 〈보기〉에서 있는 대로 고른 것은? [3점]

〈 보기 〉
ㄱ. (가)의 분자 모양은 평면 삼각형이다.
ㄴ. (나)는 극성 분자이다.
ㄷ. 결합각은 (다)가 (나)보다 크다.

① ㄱ   ② ㄷ   ③ ㄱ, ㄴ   ④ ㄴ, ㄷ   ⑤ ㄱ, ㄴ, ㄷ

08 대표 문제

그림은 원소 W~Z로 구성된 분자를 화학 결합 모형으로 나타낸 것이다.

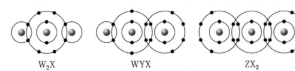

W_2X WYX ZX_2

이에 대한 설명으로 옳은 것만을 〈보기〉에서 있는 대로 고른 것은? (단, W~Z는 임의의 원소 기호이다.) [3점]

〈 보기 〉
ㄱ. W_2X는 무극성 분자이다.
ㄴ. WYX에서 X는 부분적인 음전하(δ^-)를 띤다.
ㄷ. 결합각은 WYX가 ZX_2보다 크다.

① ㄱ   ② ㄴ   ③ ㄷ   ④ ㄱ, ㄴ   ⑤ ㄴ, ㄷ

09

그림은 분자 X_2Y_2와 Z_2Y_2를 화학 결합 모형으로 나타낸 것이다.

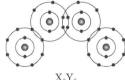　　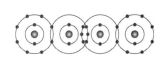

X_2Y_2 Z_2Y_2

이에 대한 설명으로 옳은 것만을 〈보기〉에서 있는 대로 고른 것은? (단, X~Z는 임의의 원소 기호이다.)

〈 보기 〉
ㄱ. X_2Y_2와 Z_2Y_2에는 모두 무극성 공유 결합이 있다.
ㄴ. X_2에는 다중 결합이 있다.
ㄷ. YZX의 분자 구조는 굽은 형이다.

① ㄱ   ② ㄷ   ③ ㄱ, ㄴ   ④ ㄴ, ㄷ   ⑤ ㄱ, ㄴ, ㄷ

10

그림은 화합물 WX와 YXZ_2를 화학 결합 모형으로 나타낸 것이다.

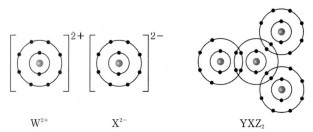

W^{2+} X^{2-} YXZ_2

이에 대한 옳은 설명만을 〈보기〉에서 있는 대로 고른 것은? (단, W~Z는 임의의 원소 기호이다.) [3점]

〈 보기 〉
ㄱ. 원자가 전자 수는 X>Y이다.
ㄴ. W와 Y는 같은 주기 원소이다.
ㄷ. YXZ_2 분자에서 모든 원자는 동일 평면에 존재한다.

① ㄴ   ② ㄷ   ③ ㄱ, ㄴ   ④ ㄱ, ㄷ   ⑤ ㄴ, ㄷ

11

그림은 화합물 WX_2Y와 Z_2Y의 화학 결합을 모형으로 나타낸 것이다.

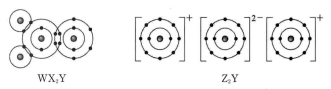

WX_2Y Z_2Y

이에 대한 설명으로 옳은 것만을 〈보기〉에서 있는 대로 고른 것은? (단, W~Z는 임의의 원소 기호이다.)

〈 보기 〉
ㄱ. Z_2Y는 고체 상태에서 전기 전도성이 있다.
ㄴ. WY_2 분자의 쌍극자 모멘트는 0이다.
ㄷ. ZX에서 X의 산화수는 +1이다.

① ㄱ   ② ㄴ   ③ ㄱ, ㄷ   ④ ㄴ, ㄷ   ⑤ ㄱ, ㄴ, ㄷ

12

다음은 물질 AB와 CDA가 반응하여 CB와 A_2D를 생성하는 반응에서 생성물을 화학 결합 모형으로 나타낸 화학 반응식이다.

$$AB + CDA \longrightarrow \left[\bigcirc\right]^+ \left[\bigcirc\right]^- + \bigcirc$$
C⁺   B⁻ A_2D

이에 대한 설명으로 옳은 것만을 〈보기〉에서 있는 대로 고른 것은? (단, A~D는 임의의 원소 기호이다.)

〈 보기 〉
ㄱ. AB는 브뢴스테드·로리 산이다.
ㄴ. DB_2의 쌍극자 모멘트는 0이다.
ㄷ. 공유 전자쌍 수는 $A_2>D_2$이다.

① ㄱ   ② ㄴ   ③ ㄱ, ㄷ   ④ ㄴ, ㄷ   ⑤ ㄱ, ㄴ, ㄷ

14

그림은 2주기 원자 W~Z의 루이스 전자점식을 나타낸 것이다.

W·   ·X·   ·Ÿ·   :Z·

이에 대한 옳은 설명만을 〈보기〉에서 있는 대로 고른 것은? (단, W~Z는 임의의 원소 기호이다.)

〈 보기 〉
ㄱ. $W_2Y(l)$는 전기 전도성이 있다.
ㄴ. X_2Z_4에는 2중 결합이 있다.
ㄷ. YZ_2는 극성 분자이다.

① ㄱ   ② ㄷ   ③ ㄱ, ㄴ   ④ ㄴ, ㄷ   ⑤ ㄱ, ㄴ, ㄷ

13

다음은 어떤 화학 반응을 화학 결합 모형으로 나타낸 것이다.

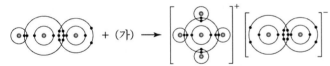

(가)에 해당하는 물질에 대한 설명으로 옳은 것만을 〈보기〉에서 있는 대로 고른 것은?

〈 보기 〉
ㄱ. 분자 모양은 정사면체이다.
ㄴ. 공유 전자쌍 수는 3이다.
ㄷ. 분자의 쌍극자 모멘트는 0이다.

① ㄱ   ② ㄴ   ③ ㄷ   ④ ㄱ, ㄴ   ⑤ ㄱ, ㄷ

15

그림은 2주기 원자 X~Z의 루이스 전자점식을 나타낸 것이다.

·X·   ·Ÿ: ·Z:

표는 X~Z로 구성된 분자 (가)~(다)에 대한 자료이다. (가)~(다)에서 모든 원자는 옥텟 규칙을 만족한다.

분자	(가)	(나)	(다)
구성 원소의 가짓수	2	2	3
분자당 원자 수	3	4	4
비공유 전자쌍 수(상댓값)	4	5	a

이에 대한 설명으로 옳은 것만을 〈보기〉에서 있는 대로 고른 것은? (단, X~Z는 임의의 원소 기호이다.) [3점]

〈 보기 〉
ㄱ. $a=4$이다.
ㄴ. (가)~(다)에서 다중 결합이 있는 분자는 1가지이다.
ㄷ. (나)에는 무극성 공유 결합이 있다.

① ㄱ   ② ㄷ   ③ ㄱ, ㄴ   ④ ㄴ, ㄷ   ⑤ ㄱ, ㄴ, ㄷ

16

그림은 2주기 원자 A~D의 루이스 전자점식을 나타낸 것이다.

$$A\cdot \quad \cdot \overset{\cdot\cdot}{\underset{\cdot}{B}}\cdot \quad :\overset{\cdot\cdot}{\underset{\cdot}{C}}\cdot \quad :\overset{\cdot\cdot}{\underset{\cdot\cdot}{D}}\cdot$$

이에 대한 옳은 설명만을 〈보기〉에서 있는 대로 고른 것은? (단, A~D는 임의의 원소 기호이다.)

─── 〈보기〉 ───
ㄱ. A(s)는 전기 전도성이 있다.
ㄴ. BD_3에서 B는 부분적인 양전하(δ^+)를 띤다.
ㄷ. 분자당 공유 전자쌍 수는 $B_2D_2 > C_2D_2$이다.

① ㄱ   ② ㄴ   ③ ㄱ, ㄷ   ④ ㄴ, ㄷ   ⑤ ㄱ, ㄴ, ㄷ

17

그림은 1, 2주기 원자 A~D의 루이스 전자점식을 나타낸 것이다. AD는 이온 결합 물질이다.

$$A\cdot \quad B\cdot \quad :\overset{\cdot\cdot}{\underset{\cdot}{C}}\cdot \quad :\overset{\cdot\cdot}{\underset{\cdot\cdot}{D}}\cdot$$

이에 대한 옳은 설명만을 〈보기〉에서 있는 대로 고른 것은? (단, A~D는 임의의 원소 기호이다.)

─── 〈보기〉 ───
ㄱ. 원자 번호는 A>B이다.
ㄴ. CD_2의 분자 모양은 굽은 형이다.
ㄷ. $\dfrac{\text{비공유 전자쌍 수}}{\text{공유 전자쌍 수}}$ 는 D_2가 C_2의 3배이다.

① ㄱ   ② ㄷ   ③ ㄱ, ㄴ   ④ ㄴ, ㄷ   ⑤ ㄱ, ㄴ, ㄷ

18

그림은 2주기 원자 A~D의 루이스 전자점식을 나타낸 것이다.

$$A\cdot \quad \cdot \overset{\cdot\cdot}{\underset{\cdot}{B}}\cdot \quad :\overset{\cdot\cdot}{\underset{\cdot}{C}}\cdot \quad :\overset{\cdot\cdot}{\underset{\cdot\cdot}{D}}\cdot$$

이에 대한 설명으로 옳은 것만을 〈보기〉에서 있는 대로 고른 것은? (단, A~D는 임의의 원소 기호이다.)

─── 〈보기〉 ───
ㄱ. 고체 상태에서 전기 전도성은 A>AD이다.
ㄴ. BD_3 분자에서 B는 부분적인 (+)전하를 띤다.
ㄷ. CD_2 분자에서 비공유 전자쌍 수는 8이다.

① ㄱ   ② ㄴ   ③ ㄱ, ㄷ   ④ ㄴ, ㄷ   ⑤ ㄱ, ㄴ, ㄷ

19

다음은 2, 3주기 원소 X~Z의 루이스 전자점식과 분자 (가)~(다)에 대한 자료이다. (가)~(다)를 구성하는 모든 원자는 옥텟 규칙을 만족한다.

○ X~Z의 루이스 전자점식

$$:\overset{\cdot\cdot}{\underset{\cdot\cdot}{X}}\cdot \quad :\overset{\cdot\cdot}{\underset{\cdot}{Y}}\cdot \quad \cdot \overset{\cdot\cdot}{\underset{\cdot}{Z}}\cdot$$

○ (가)~(다)에 대한 자료

분자	(가)	(나)	(다)
원소의 종류	X	X, Y	Y, Z
분자 1몰에 들어 있는 전자의 양(mol)	a	26	a

이에 대한 설명으로 옳은 것만을 〈보기〉에서 있는 대로 고른 것은? (단, X~Z는 임의의 원소 기호이다.) [3점]

─── 〈보기〉 ───
ㄱ. $a=34$이다.
ㄴ. 바닥상태에서 원자가 전자의 주 양자수(n)는 X>Z이다.
ㄷ. (나)에서 Y는 부분적인 (−)전하를 띤다.

① ㄱ   ② ㄷ   ③ ㄱ, ㄴ   ④ ㄴ, ㄷ   ⑤ ㄱ, ㄴ, ㄷ

20

그림은 분자 (가)~(다)의 루이스 전자점식을 나타낸 것이다.

$$H \colon \overset{\cdot\cdot}{\underset{\cdot\cdot}{F}} \colon \qquad H \colon \overset{\cdot\cdot}{\underset{\underset{H}{|}}{N}} \colon H \qquad \overset{\overset{H}{|}}{\underset{\underset{H}{|}}{H \colon \overset{\cdot\cdot}{C} \colon H}}$$

(가)　　　　　(나)　　　　　(다)

이에 대한 설명으로 옳은 것만을 〈보기〉에서 있는 대로 고른 것은?

〈 보기 〉
ㄱ. (가)는 극성 분자이다.
ㄴ. (나)의 분자 구조는 평면 삼각형이다.
ㄷ. 결합각은 (나)＞(다)이다.

① ㄱ　　② ㄴ　　③ ㄷ　　④ ㄱ, ㄴ　　⑤ ㄴ, ㄷ

21

그림은 분자 (가)와 (나)의 루이스 전자점식을 나타낸 것이다.

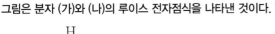

(가)　　　　　　　　　　(나)

이에 대한 설명으로 옳은 것만을 〈보기〉에서 있는 대로 고른 것은? [3점]

〈 보기 〉
ㄱ. (가)의 분자 모양은 정사면체이다.
ㄴ. (나)에는 무극성 공유 결합이 있다.
ㄷ. 결합각 ∠HCH는 (나)＞(가)이다.

① ㄱ　　② ㄷ　　③ ㄱ, ㄴ　　④ ㄴ, ㄷ　　⑤ ㄱ, ㄴ, ㄷ

22

그림은 1, 2주기 원소 W~Z로 구성된 분자 W_2X_2와 Y_2Z_2의 루이스 구조식이다.

$$W - \overset{\cdot\cdot}{\underset{\cdot\cdot}{X}} - \overset{\cdot\cdot}{\underset{\cdot\cdot}{X}} - W \qquad \colon \overset{\cdot\cdot}{\underset{\cdot\cdot}{Z}} - \overset{\cdot\cdot}{Y} = \overset{\cdot\cdot}{Y} - \overset{\cdot\cdot}{\underset{\cdot\cdot}{Z}} \colon$$

이에 대한 옳은 설명만을 〈보기〉에서 있는 대로 고른 것은? (단, W~Z는 임의의 원소 기호이다.)

〈 보기 〉
ㄱ. W_2X_2에는 무극성 공유 결합이 있다.
ㄴ. Y_2Z_2의 분자 모양은 직선형이다.
ㄷ. 결합각은 YW_3가 W_2X보다 크다.

① ㄱ　　② ㄴ　　③ ㄱ, ㄷ　　④ ㄴ, ㄷ　　⑤ ㄱ, ㄴ, ㄷ

23 대표문제

그림은 2주기 원소 X~Z로 구성된 분자 (가)와 (나)의 루이스 전자점식을 나타낸 것이다.

$$\colon \overset{\cdot\cdot}{X} \colon\colon Y \colon\colon \overset{\cdot\cdot}{X} \colon \qquad \overset{\colon X \colon}{\underset{\colon \overset{\cdot\cdot}{Z} \colon \ \ \colon \overset{\cdot\cdot}{Z} \colon}{Y}}$$

(가)　　　　　　　　　(나)

이에 대한 설명으로 옳은 것만을 〈보기〉에서 있는 대로 고른 것은? (단, X~Z는 임의의 원소 기호이다.)

〈 보기 〉
ㄱ. X는 산소(O)이다.
ㄴ. (나)에서 단일 결합의 수는 3이다.
ㄷ. 비공유 전자쌍 수는 (나)가 (가)의 2배이다.

① ㄱ　　② ㄷ　　③ ㄱ, ㄴ　　④ ㄱ, ㄷ　　⑤ ㄴ, ㄷ

24

그림은 1, 2주기 원소로 구성된 분자 W_2X와 XYZ를 루이스 전자점식으로 나타낸 것이다.

$$W:\overset{..}{\underset{..}{X}}:W \qquad X::\overset{..}{Y}:\overset{..}{\underset{..}{Z}}:$$

이에 대한 옳은 설명만을 〈보기〉에서 있는 대로 고른 것은? (단, $W \sim Z$는 임의의 원소 기호이다.)

───〈 보기 〉───
ㄱ. W와 Z의 원자가 전자 수의 합은 8이다.
ㄴ. 공유 전자쌍 수는 $X_2 > Y_2$이다.
ㄷ. YW_3의 분자 모양은 삼각뿔형이다.
─────────────

① ㄱ   ② ㄴ   ③ ㄱ, ㄷ   ④ ㄴ, ㄷ   ⑤ ㄱ, ㄴ, ㄷ

26

그림은 2주기 원소 $X \sim Z$로 이루어진 분자 (가)와 (나)를 루이스 전자점식으로 나타낸 것이다.

$$:X::X: \qquad :\overset{..}{\underset{..}{Z}}:\overset{..}{Y}:\overset{..}{\underset{..}{Z}}:$$
$$\text{(가)} \qquad\qquad \text{(나)}$$

이에 대한 설명으로 옳은 것만을 〈보기〉에서 있는 대로 고른 것은? (단, $X \sim Z$는 임의의 원소 기호이다.) [3점]

───〈 보기 〉───
ㄱ. (가)의 쌍극자 모멘트는 0이다.
ㄴ. 공유 전자쌍 수는 (나) > (가)이다.
ㄷ. Z_2에는 다중 결합이 있다.
─────────────

① ㄱ   ② ㄴ   ③ ㄱ, ㄷ   ④ ㄴ, ㄷ   ⑤ ㄱ, ㄴ, ㄷ

25

그림은 2주기 원소 $X \sim Z$로 구성된 분자 (가)와 (나)의 루이스 전자점식을 나타낸 것이다.

$$:X::X: \qquad \begin{array}{c} :\overset{..}{\underset{..}{Z}}: \\ :\overset{..}{Z}:Y:\overset{..}{Z}: \\ :\overset{..}{\underset{..}{Z}}: \end{array}$$
$$\text{(가)} \qquad\qquad \text{(나)}$$

이에 대한 설명으로 옳은 것만을 〈보기〉에서 있는 대로 고른 것은? (단, $X \sim Z$는 임의의 원소 기호이다.)

───〈 보기 〉───
ㄱ. X는 15족 원소이다.
ㄴ. (나)의 분자 모양은 정사면체형이다.
ㄷ. Z_2에는 다중 결합이 있다
─────────────

① ㄱ   ② ㄷ   ③ ㄱ, ㄴ   ④ ㄴ, ㄷ   ⑤ ㄱ, ㄴ, ㄷ

27

그림은 4가지 분자 (가)~(라)를 루이스 전자점식으로 나타낸 것이다. $W \sim Z$는 임의의 2주기 원소 기호이다.

$$\begin{array}{c} :\overset{..}{X}: \\ :X:W:X: \\ :\overset{..}{X}: \end{array} \quad \begin{array}{c} :\overset{..}{X}: \\ :X:Y:X: \\ :\overset{..}{X}: \end{array} \quad :\overset{..}{Z}::Y::\overset{..}{Z}: \quad :\overset{..}{X}:\overset{..}{Z}:\overset{..}{X}:$$
$$\text{(가)} \qquad\quad \text{(나)} \qquad\quad \text{(다)} \qquad\quad \text{(라)}$$

이에 대한 설명으로 옳은 것만을 〈보기〉에서 있는 대로 고른 것은?

───〈 보기 〉───
ㄱ. (가)~(라) 중 무극성 분자는 2가지이다.
ㄴ. (가)에서 4개의 원자는 동일 평면에 있다.
ㄷ. (라)는 굽은 형 구조이다.
─────────────

① ㄴ   ② ㄷ   ③ ㄱ, ㄴ   ④ ㄱ, ㄷ   ⑤ ㄱ, ㄴ, ㄷ

28

그림은 1, 2주기 원소 W~Z로 이루어진 분자 (가)와 (나)의 루이스 전자점식을 나타낸 것이다.

$$\ddot{W} : \overset{\cdot\cdot}{X} :: \overset{\cdot\cdot}{Y} : \qquad W : \overset{\cdot\cdot}{Z} : W$$
$$\text{(가)} \qquad\qquad \text{(나)}$$

이에 대한 옳은 설명만을 〈보기〉에서 있는 대로 고른 것은? (단, W~Z는 임의의 원소 기호이다.)

〈 보기 〉
ㄱ. 결합각은 (가)가 (나)보다 크다.
ㄴ. 공유 전자쌍 수는 Y_2가 Z_2보다 크다.
ㄷ. YW_3에서 Y는 옥텟 규칙을 만족한다.

① ㄱ ② ㄴ ③ ㄱ, ㄷ ④ ㄴ, ㄷ ⑤ ㄱ, ㄴ, ㄷ

30

그림은 2, 3주기 원소 X~Z로 이루어진 화합물 XY와 이온 ZY^-의 루이스 전자점식을 나타낸 것이다. 원자 번호는 Z>X>Y이다.

$$X^{2+}\left[:\overset{\cdot\cdot}{Y}:\right]^{2-} \qquad \left[:\overset{\cdot\cdot}{Z}:\overset{\cdot\cdot}{Y}:\right]^{-}$$

이에 대한 설명으로 옳은 것만을 〈보기〉에서 있는 대로 고른 것은? (단, X~Z는 임의의 원소 기호이다.)

〈 보기 〉
ㄱ. X는 Mg이다.
ㄴ. Y는 비금속 원소이다.
ㄷ. Z의 원자 번호는 17이다.

① ㄱ ② ㄷ ③ ㄱ, ㄴ ④ ㄴ, ㄷ ⑤ ㄱ, ㄴ, ㄷ

29

표는 원자 X와 Y의 원자가 전자 수를 나타낸 것이고, 그림은 원자 W~Z로 이루어진 분자 (가)와 (나)를 루이스 전자점식으로 나타낸 것이다. W~Z는 각각 C, N, O, F 중 하나이다.

원자	X	Y
원자가 전자 수	a	$a+3$

$$:\overset{\cdot\cdot}{Y}:X:::W: \qquad \overset{\overset{\textstyle :\overset{\cdot\cdot}{Z}:}{}}{:\overset{\cdot\cdot}{Y}:X:\overset{\cdot\cdot}{Y}:}$$
$$\text{(가)} \qquad\qquad \text{(나)}$$

이에 대한 설명으로 옳은 것만을 〈보기〉에서 있는 대로 고른 것은? (단, W~Z는 임의의 원소 기호이다.) [3점]

〈 보기 〉
ㄱ. $a=4$이다.
ㄴ. Z는 N이다.
ㄷ. 비공유 전자쌍 수는 (나)가 (가)의 $\dfrac{8}{3}$배이다.

① ㄱ ② ㄴ ③ ㄱ, ㄷ ④ ㄴ, ㄷ ⑤ ㄱ, ㄴ, ㄷ

31

그림은 2주기 원소 X~Z로 구성된 물질 XY와 ZY_3를 루이스 전자점식으로 나타낸 것이다.

$$X^{+}\left[:\overset{\cdot\cdot}{Y}:\right]^{-} \qquad \overset{:\overset{\cdot\cdot}{Y}:\overset{\cdot\cdot}{Z}:\overset{\cdot\cdot}{Y}:}{\underset{:\overset{\cdot\cdot}{Y}:}{}}$$

이에 대한 설명으로 옳은 것만을 〈보기〉에서 있는 대로 고른 것은? (단, X~Z는 임의의 원소 기호이다.)

〈 보기 〉
ㄱ. Y는 F이다.
ㄴ. Z_2에는 3중 결합이 있다.
ㄷ. 고체 상태에서 전기 전도성은 X>XY이다.

① ㄱ ② ㄷ ③ ㄱ, ㄴ ④ ㄴ, ㄷ ⑤ ㄱ, ㄴ, ㄷ

32

그림은 1, 2주기 원소 X~Z로 이루어진 이온 X_3Y^+과 분자 ZX_4를 루이스 전자점식으로 나타낸 것이다.

$$\left[\begin{array}{c} X : \overset{\cdot\cdot}{\underset{}{Y}} : X \\ \overset{}{X} \end{array} \right]^+ \qquad \begin{array}{c} X \\ X : \overset{\cdot\cdot}{\underset{\cdot\cdot}{Z}} : X \\ X \end{array}$$

이에 대한 설명으로 옳은 것만을 〈보기〉에서 있는 대로 고른 것은? (단, X~Z는 임의의 원소 기호이다.)

─── 〈 보기 〉───
ㄱ. Y의 원자가 전자 수는 6이다.
ㄴ. X_3Y^+ 1 mol에 들어 있는 전자의 양은 8 mol이다.
ㄷ. ZX_4의 결합각은 90°이다.

① ㄱ　　② ㄴ　　③ ㄱ, ㄷ　　④ ㄴ, ㄷ　　⑤ ㄱ, ㄴ, ㄷ

33

그림은 1, 2주기 원소 W~Z로 이루어진 물질 WXY와 YZX의 루이스 전자점식을 나타낸 것이다.

$$W^+ \left[: \overset{\cdot\cdot}{\underset{\cdot\cdot}{X}} : Y \right]^- \qquad Y : \overset{\cdot\cdot}{\underset{}{Z}} :: \overset{\cdot\cdot}{\underset{}{X}} :$$

이에 대한 설명으로 옳은 것만을 〈보기〉에서 있는 대로 고른 것은? (단, W~Z는 임의의 원소 기호이다.) [3점]

─── 〈 보기 〉───
ㄱ. W와 Y는 같은 족 원소이다.
ㄴ. Z_2에는 3중 결합이 있다.
ㄷ. Y_2Z_2의 $\dfrac{\text{비공유 전자쌍 수}}{\text{공유 전자쌍 수}} = 1$이다.

① ㄱ　　② ㄷ　　③ ㄱ, ㄴ　　④ ㄴ, ㄷ　　⑤ ㄱ, ㄴ, ㄷ

34

그림은 2, 3주기 원소 X~Z로 이루어진 3가지 물질의 루이스 전자점식을 나타낸 것이다. 원자 번호는 X > Y > Z이다.

$$X^{a+} \left[: \overset{\cdot\cdot}{\underset{\cdot\cdot}{Y}} : \right]^{a-} \qquad : \overset{\cdot\cdot}{\underset{\cdot\cdot}{Y}} :: \overset{\cdot\cdot}{\underset{\cdot\cdot}{Y}} : \qquad : \overset{\cdot\cdot}{\underset{\cdot\cdot}{Y}} :: Z :: \overset{\cdot\cdot}{\underset{\cdot\cdot}{Y}} :$$

이에 대한 옳은 설명만을 〈보기〉에서 있는 대로 고른 것은? (단, X~Z는 임의의 원소 기호이다.)

─── 〈 보기 〉───
ㄱ. $a = 2$이다.
ㄴ. X~Z 중 2주기 원소는 2가지이다.
ㄷ. 원자가 전자 수는 Z > Y이다.

① ㄱ　　② ㄷ　　③ ㄱ, ㄴ　　④ ㄴ, ㄷ　　⑤ ㄱ, ㄴ, ㄷ

35

그림은 1, 2주기 원소 X~Z로 이루어진 분자 XY_4와 이온 ZY_4^+의 루이스 전자점식을 나타낸 것이다.

$$\begin{array}{c} Y \\ Y : \overset{\cdot\cdot}{\underset{\cdot\cdot}{X}} : Y \\ Y \end{array} \qquad \left[\begin{array}{c} Y \\ Y : \overset{\cdot\cdot}{\underset{\cdot\cdot}{Z}} : Y \\ Y \end{array} \right]^+$$

이에 대한 설명으로 옳은 것만을 〈보기〉에서 있는 대로 고른 것은? (단, X~Z는 임의의 원소 기호이다.) [3점]

─── 〈 보기 〉───
ㄱ. XY_4에서 X는 옥텟 규칙을 만족한다.
ㄴ. Z의 원자가 전자 수는 5이다.
ㄷ. 공유 전자쌍 수는 Z_2가 Y_2의 3배이다.

① ㄱ　　② ㄷ　　③ ㄱ, ㄴ　　④ ㄴ, ㄷ　　⑤ ㄱ, ㄴ, ㄷ

36

그림은 1, 2주기 원소 W~Z로 이루어진 분자 (가)와 이온 (나)의 루이스 전자점식을 나타낸 것이다.

$$
\overset{\displaystyle ..}{\underset{\displaystyle ..}{:}}X\overset{..}{:} \qquad \ddot{:}X\ddot{:}W\ddot{:}X\ddot{:} \qquad \overset{..}{:}X\overset{..}{:}
$$

(가)

$$
\left[\begin{array}{c} Z \\ Z:Y:Z \\ Z \end{array} \right]^{+}
$$

(나)

이에 대한 옳은 설명만을 〈보기〉에서 있는 대로 고른 것은? (단, W~Z는 임의의 원소 기호이다.)

〈 보기 〉
ㄱ. 원자가 전자 수는 X와 Z가 같다.
ㄴ. 분자의 결합각은 (가)가 YZ_3보다 크다.
ㄷ. ZWY의 분자 모양은 직선형이다.

① ㄱ   ② ㄴ   ③ ㄱ, ㄷ   ④ ㄴ, ㄷ   ⑤ ㄱ, ㄴ, ㄷ

37

그림은 1, 2주기 원소 A~C로 이루어진 이온 (가)와 분자 (나)의 루이스 전자점식을 나타낸 것이다.

$$
\left[:\ddot{A}:B \right]^{-} \qquad B:\ddot{C}:
$$

(가)   (나)

이에 대한 설명으로 옳은 것만을 〈보기〉에서 있는 대로 고른 것은? (단, A~C는 임의의 원소 기호이다.)

〈 보기 〉
ㄱ. 1 mol에 들어 있는 전자 수는 (가)와 (나)가 같다.
ㄴ. A와 C는 같은 족 원소이다.
ㄷ. AC_2의 $\dfrac{\text{비공유 전자쌍 수}}{\text{공유 전자쌍 수}} = 4$이다.

① ㄱ   ② ㄴ   ③ ㄷ   ④ ㄱ, ㄴ   ⑤ ㄱ, ㄷ

38

그림은 2, 3주기 원소 X~Z로 이루어진 물질 XY, XZ의 루이스 전자점식을 나타낸 것이다. 1기압에서 녹는점은 XY > XZ이다.

$$
X^{+}\left[:\ddot{Y}: \right]^{-} \qquad X^{+}\left[:\ddot{Z}: \right]^{-}
$$

이에 대한 설명으로 옳은 것만을 〈보기〉에서 있는 대로 고른 것은? (단, X~Z는 임의의 원소 기호이다.) [3점]

〈 보기 〉
ㄱ. 원자 번호는 Y > Z이다.
ㄴ. YZ에서 Y는 부분적인 음전하(δ^{-})를 띤다.
ㄷ. 전기 전도성은 $Z_2(s) > X(s)$이다.

① ㄱ   ② ㄴ   ③ ㄱ, ㄷ   ④ ㄴ, ㄷ   ⑤ ㄱ, ㄴ, ㄷ

한눈에 정리하는
평가원 기출 경향

주제 / 학년도	2025	2024	2023

분자의 구조와 극성
구조식 제시한 경우

38 (2025학년도 수능 화I 6번)

그림은 수소(H)와 원소 X~Z로 구성된 분자 (가)~(다)의 구조식을 단일 결합과 다중 결합의 구분 없이 나타낸 것이다. X~Z는 C, N, O를 순서 없이 나타낸 것이고, (가)~(다)에서 X~Z는 옥텟 규칙을 만족한다.

$$H-X-H \qquad H-Y-H \qquad H-X-Z$$
$$\underset{(가)}{\overset{Y}{|}} \qquad (나) \qquad (다)$$

(가)~(다)에 대한 설명으로 옳은 것만을 〈보기〉에서 있는 대로 고른 것은? [3점]

〈보기〉
ㄱ. 극성 분자는 3가지이다.
ㄴ. 공유 전자쌍 수 비는 (가) : (나) = 3 : 2이다.
ㄷ. 결합각은 (다) > (나)이다.

① ㄱ ② ㄴ ③ ㄱ, ㄷ ④ ㄴ, ㄷ ⑤ ㄱ, ㄴ, ㄷ

---

16 (대표문제) (2024학년도 수능 화I 7번)

그림은 탄소(C)와 2주기 원소 X, Y로 구성된 분자 (가)~(다)의 구조식을 단일 결합과 다중 결합의 구분 없이 나타낸 것이다. (가)~(다)에서 모든 원자는 옥텟 규칙을 만족한다.

$$X-C-X \qquad Y-C-Y \qquad Y-X-X-Y$$
$$(가) \qquad \underset{(나)}{\overset{X}{|}} \qquad (다)$$

(가)~(다)에 대한 설명으로 옳은 것만을 〈보기〉에 있는 대로 고른 것은? (단, X와 Y는 임의의 원소 기호이다.) [3점]

〈보기〉
ㄱ. 다중 결합이 있는 분자는 2가지이다.
ㄴ. (가)는 무극성 분자이다.
ㄷ. 공유 전자쌍 수는 (나)와 (다)가 같다.

① ㄱ ② ㄷ ③ ㄱ, ㄴ ④ ㄴ, ㄷ ⑤ ㄱ, ㄴ, ㄷ

---

12 (2024학년도 6월 화I 11번)

그림은 2주기 원소 X~Z로 구성된 분자 (가)~(다)의 구조식을 나타낸 것이다. (가)~(다)에서 모든 원자는 옥텟 규칙을 만족한다.

$$Y=X=Y \qquad Z-Y-Z \qquad Z-\underset{\underset{Z}{|}}{\overset{\overset{Y}{|}}{X}}-Z$$
$$(가) \qquad (나) \qquad (다)$$

(가)~(다)에 대한 설명으로 옳은 것만을 〈보기〉에 있는 대로 고른 것은? (단, X~Z는 임의의 원소 기호이다.)

〈보기〉
ㄱ. 극성 분자는 2가지이다.
ㄴ. 결합각은 (가) > (나)이다.
ㄷ. 중심 원자에 비공유 전자쌍이 있는 분자는 1가지이다.

① ㄱ ② ㄷ ③ ㄱ, ㄴ ④ ㄴ, ㄷ ⑤ ㄱ, ㄴ, ㄷ

---

11 (2023학년도 6월 화I 5번)

그림은 2주기 원소 W~Z로 구성된 분자 (가)~(다)의 구조식을 나타낸 것이다. (가)~(다)에서 모든 원자는 옥텟 규칙을 만족한다.

$$X-\underset{\underset{W}{|}}{\overset{\overset{X}{|}}{W}}-X \qquad X-Y-X \qquad X-Z=W$$
$$(가) \qquad (나) \qquad (다)$$

(가)~(다)에 대한 설명으로 옳은 것만을 〈보기〉에 있는 대로 고른 것은? (단, W~Z는 임의의 원소 기호이다.)

〈보기〉
ㄱ. (가)의 분자 모양은 평면 삼각형이다.
ㄴ. 결합각은 (다) > (나)이다.
ㄷ. 극성 분자는 2가지이다.

① ㄱ ② ㄴ ③ ㄷ ④ ㄱ, ㄴ ⑤ ㄴ, ㄷ

분자의 구조와 극성
분자식 제시한 경우

39 (2025학년도 화I 7번)

다음은 학생 A가 수행한 탐구 활동이다.

[가설]
○ 분자당 구성 원자 수가 3인 분자의 분자 모양은 모두 ⊙ 이다.

[탐구 과정 및 결과]
(가) 분자당 구성 원자 수가 3인 분자를 찾고, 각 분자의 분자 모양을 조사하였다.
(나) (가)에서 조사한 내용을 표로 정리하였다.

가설에 일치하는 분자	가설에 어긋나는 분자
BeF_2, CO_2, …	OF_2, ⊙, …

[결론]
○ 가설에 어긋나는 분자가 있으므로 가설은 옳지 않다.

학생 A의 탐구 과정과 결과와 결론이 타당할 때, 다음 중 ⊙과 ⊙으로 가장 적절한 것은?

	⊙	⊙
①	직선형	HNO
②	직선형	CF_4
③	굽은 형	HOF
④	굽은 형	FCN
⑤	평면 삼각형	FCN

---

23 (대표문제) (2024학년도 9월 화I 4번)

다음은 학생 A가 수행한 탐구 활동이다.

[가설]
○ 구조가 직선형인 분자와 평면 삼각형인 분자는 모두 무극성 분자이다.

[탐구 과정 및 결과]
(가) 구조가 직선형인 분자와 평면 삼각형인 분자를 찾고, 각 분자의 극성 여부를 조사하였다.
(나) (가)에서 조사한 분자를 구조와 극성 여부에 따라 분류하였다.

	직선형	평면 삼각형
무극성 분자	CO_2, …	BF_3, …
극성 분자	⊙, …	⊙, …

[결론]
○ 가설에 어긋나는 분자가 있으므로 가설은 옳지 않다.

학생 A의 탐구 과정 및 결과와 결론이 타당할 때, 다음 중 ⊙과 ⊙으로 적절한 것은?

	⊙	⊙
①	H_2O	BCl_3
②	H_2O	HCHO
③	HCN	BCl_3
④	HCN	HCHO
⑤	HCN	NH_3

---

21 (2024학년도 6월 화I 4번)

다음은 학생 A가 수행한 탐구 활동이다.

[가설]
○ 극성 공유 결합이 있는 분자는 모두 극성 분자이다.

[탐구 과정 및 결과]
(가) 극성 공유 결합이 있는 분자를 찾고, 각 분자의 극성 여부를 조사하였다.
(나) (가)에서 조사한 내용을 표로 정리하였다.

분자	H_2O	NH_3	⊙	⊙
분자의 극성 여부	극성	극성	극성	무극성

[결론]
○ 가설에 어긋나는 분자가 있으므로 가설은 옳지 않다.

학생 A의 탐구 과정 및 결과와 결론이 타당할 때, ⊙과 ⊙으로 적절한 것은? [3점]

	⊙	⊙
①	CF_4	O_2
②	CF_4	F_2
③	CF_4	HCl
④	HCl	O_2
⑤	HCl	CF_4

---

26 (대표문제) (2023학년도 9월 화I 8번)

다음은 2주기 원자 W~Z로 이루어진 3가지 분자의 분자식이다. 분자에서 모든 원자는 옥텟 규칙을 만족하고, 전기 음성도는 W > Y이다.

$$WX_3 \qquad XYW \qquad YZX_3$$

이에 대한 설명으로 옳은 것만을 〈보기〉에 있는 대로 고른 것은? (단, W~Z는 임의의 원소 기호이다.) [3점]

〈보기〉
ㄱ. WX_3는 극성 분자이다.
ㄴ. YZX_3에서 X는 부분적인 음전하(δ^-)를 띤다.
ㄷ. 결합각은 WX_3가 XYW보다 크다.

① ㄱ ② ㄴ ③ ㄷ ④ ㄱ, ㄴ ⑤ ㄴ, ㄷ

분자의 구조와 극성
분류표/벤 다이어 그램 제시한 경우

29 (대표문제) (2025학년도 9월 화I 5번)

그림은 4가지 분자를 주어진 기준에 따라 분류한 것이다. 전기 음성도는 N > H이다.

이에 대한 설명으로 옳은 것만을 〈보기〉에 있는 대로 고른 것은?

〈보기〉
ㄱ. (가)에 해당하는 분자는 2가지이다.
ㄴ. (나)에는 무극성 공유 결합이 있는 분자가 있다.
ㄷ. (다)에는 쌍극자 모멘트가 0인 분자가 있다.

① ㄱ ② ㄴ ③ ㄷ ④ ㄱ, ㄴ ⑤ ㄱ, ㄷ

2022 ~ 2019

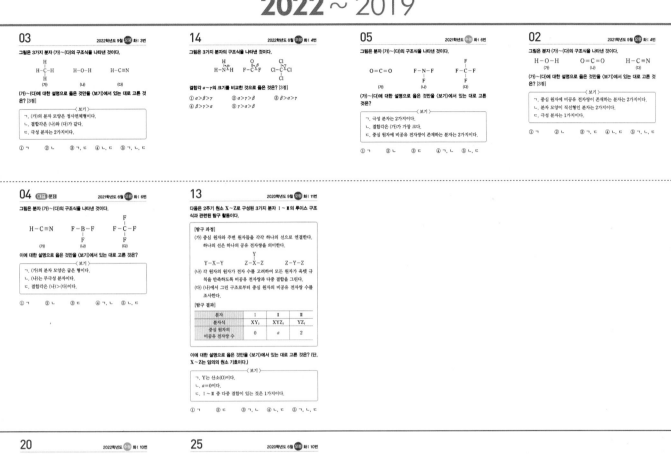

03 2022학년도 9월 모평 화Ⅰ 3번

그림은 3가지 분자 (가)~(다)의 구조식을 나타낸 것이다.

(가)~(다)에 대한 설명으로 옳은 것만을 〈보기〉에서 고른 것은? [3점]

〈보기〉
ㄱ. (가)의 분자 모양은 정사면체형이다.
ㄴ. 결합각은 (나)와 (다)가 같다.
ㄷ. 극성 분자는 2가지이다.

① ㄱ ② ㄴ ③ ㄱ, ㄷ ④ ㄴ, ㄷ ⑤ ㄱ, ㄴ, ㄷ

14 2022학년도 6월 모평 화Ⅰ 4번

그림은 3가지 분자의 구조식을 나타낸 것이다.

결합각 α~γ의 크기를 비교한 것으로 옳은 것은? [3점]

① α>β>γ   ② α>γ>β   ③ β>α>γ
④ β>γ>α   ⑤ γ>α>β

05 2021학년도 화Ⅰ 6번

그림은 분자 (가)~(다)의 구조식을 나타낸 것이다.

O=C=O   F-N-F   F-C-F
 (가)   (나)   (다)

(가)~(다)에 대한 설명으로 옳은 것만을 〈보기〉에서 고른 것은?

〈보기〉
ㄱ. 극성 분자는 2가지이다.
ㄴ. 결합각은 (가)가 가장 크다.
ㄷ. 중심 원자에 비공유 전자쌍이 존재하는 분자는 2가지이다.

① ㄱ ② ㄴ ③ ㄷ ④ ㄱ, ㄴ ⑤ ㄴ, ㄷ

02 2021학년도 9월 모평 화Ⅰ 4번

그림은 분자 (가)~(다)의 구조식을 나타낸 것이다.

H-O-H   O=C=O   H-C≡N

(가)~(다)에 대한 설명으로 옳은 것만을 〈보기〉에 있는 대로 고른 것은? [3점]

〈보기〉
ㄱ. 중심 원자에 비공유 전자쌍이 존재하는 분자는 2가지이다.
ㄴ. 분자 모양이 직선형인 분자는 2가지이다.
ㄷ. 극성 분자는 1가지이다.

① ㄱ ② ㄴ ③ ㄱ, ㄷ ④ ㄴ, ㄷ ⑤ ㄱ, ㄴ, ㄷ

04 대표 문제 2021학년도 6월 모평 화Ⅰ 6번

그림은 분자 (가)~(다)의 구조식을 나타낸 것이다.

H-C≡N   F-B-F   F-C-F
 (가)   (나)   (다)

이에 대한 설명으로 옳은 것만을 〈보기〉에 있는 대로 고른 것은?

〈보기〉
ㄱ. (가)의 분자 모양은 굽은 형이다.
ㄴ. (나)는 무극성 분자이다.
ㄷ. 결합각은 (나)>(다)이다.

① ㄱ ② ㄴ ③ ㄷ ④ ㄱ, ㄴ ⑤ ㄴ, ㄷ

13 2020학년도 9월 모평 화Ⅰ 11번

다음은 2주기 원소 X~Z로 구성된 3가지 분자 Ⅰ~Ⅲ의 루이스 구조식과 관련한 탐구 활동이다.

[탐구 과정]
(가) 중심 원자와 주변 원자들을 각각 하나의 선으로 연결한다. 하나의 선은 하나의 공유 전자쌍을 의미한다.

Y-X-Y   Z-X-Z   Z-Y-Z

(나) 각 원자의 원자가 전자 수를 고려하여 모든 원자가 옥텟 규칙을 만족하도록 비공유 전자쌍과 다중 결합을 그린다.
(다) (나)에서 그린 구조로부터 중심 원자의 비공유 전자쌍 수를 조사한다.

[탐구 결과]

분자	Ⅰ	Ⅱ	Ⅲ
분자식	XY₂	XYZ₂	YZ₂
중심 원자의 비공유 전자쌍 수	0	a	2

이에 대한 설명으로 옳은 것만을 〈보기〉에 있는 대로 고른 것은? (단, X~Z는 임의의 원소 기호이다.)

〈보기〉
ㄱ. Y는 산소(O)이다.
ㄴ. a=2이다.
ㄷ. Ⅰ~Ⅲ 중 다중 결합이 있는 것은 1가지이다.

① ㄱ ② ㄷ ③ ㄱ, ㄴ ④ ㄴ, ㄷ ⑤ ㄱ, ㄴ, ㄷ

20 2022학년도 수능 화Ⅰ 10번

표는 원소 A~E에 대한 자료이다.

이에 대한 설명으로 옳은 것만을 〈보기〉에 있는 대로 고른 것은? (단, A~E는 임의의 원소 기호이다.) [3점]

〈보기〉
ㄱ. 전기 음성도는 B>D이다.
ㄴ. BC₄에는 극성 공유 결합이 있다.
ㄷ. EC에서 C는 부분적인 음전하(δ⁻)를 띤다.

① ㄱ ② ㄷ ③ ㄱ, ㄴ ④ ㄴ, ㄷ ⑤ ㄱ, ㄴ, ㄷ

25 2020학년도 6월 모평 화Ⅰ 10번

다음은 2주기 원소 W~Z로 이루어진 분자 (가)~(다)의 분자식을 나타낸 것이다. 전기 음성도는 X>Y>W이고, 분자 내 모든 원자는 옥텟 규칙을 만족한다.

WX₂   YZ₃   XZ₂
 (가)   (나)   (다)

이에 대한 설명으로 옳은 것만을 〈보기〉에 있는 대로 고른 것은? (단, W~Z는 임의의 원소 기호이다.)

〈보기〉
ㄱ. (가)에는 공유 전자쌍이 2개 있다.
ㄴ. (가)~(다) 극성 분자는 2가지이다.
ㄷ. Y₂에는 다중 결합이 있다.

① ㄱ ② ㄷ ③ ㄱ, ㄴ ④ ㄴ, ㄷ ⑤ ㄱ, ㄴ, ㄷ

34 2022학년도 수능 화Ⅰ 7번

그림은 3가지 분자를 기준 (가)와 (나)에 따라 분류한 것이다.

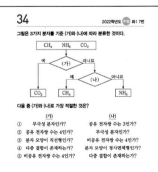

다음 중 (가)와 (나)로 가장 적절한 것은?

	(가)	(나)
①	무극성 분자인가?	공유 전자쌍 수는 3인가?
②	공유 전자쌍 수는 4인가?	무극성 분자인가?
③	분자 모양이 직선형인가?	비공유 전자쌍 수는 4인가?
④	다중 결합이 존재하는가?	분자 모양이 정사면체형인가?
⑤	비공유 전자쌍 수는 4인가?	다중 결합이 존재하는가?

33 2020학년도 화Ⅰ 11번

그림은 4가지 분자를 주어진 기준에 따라 분류한 것이다. ㉠~㉢은 각각 CO₂, FCN, NH₃ 중 하나이다.

이에 대한 설명으로 옳은 것만을 〈보기〉에 있는 대로 고른 것은? [3점]

〈보기〉
ㄱ. '분자 모양은 직선형인가?'는 (가)로 적절하다.
ㄴ. ㉡은 FCN이다.
ㄷ. 결합각은 ㉢>㉠이다.

① ㄱ ② ㄷ ③ ㄱ, ㄴ ④ ㄴ, ㄷ ⑤ ㄱ, ㄴ, ㄷ

37 대표 문제 2020학년도 9월 모평 화Ⅰ 9번

다음은 3가지 분자 Ⅰ~Ⅲ에 대한 자료이다.

○ 분자식

Ⅰ	Ⅱ	Ⅲ
CH₄	NH₃	HCN

○ Ⅰ~Ⅲ의 특성을 나타낸 벤 다이어그램

(가): Ⅰ과 Ⅱ만의 공통된 특성
(나): Ⅰ과 Ⅲ만의 공통된 특성
(다): Ⅱ와 Ⅲ만의 공통된 특성

이에 대한 설명으로 옳지 않은 것은? [3점]

① '단일 결합만 존재한다.'는 (가)에 속한다.
② '입체 구조이다.'는 (나)에 속한다.
③ '공유 전자쌍 수가 4이다.'는 (나)에 속한다.
④ '극성 분자이다.'는 (다)에 속한다.
⑤ '비공유 전자쌍 수가 1이다.'는 (다)에 속한다.

35 2019학년도 9월 모평 화Ⅰ 9번

그림은 4가지 분자를 3가지 분류 기준 (가)~(다)로 분류한 것이다. ㉠~㉣은 각각 C₂H₂, COCl₂, FCN, N₂ 중 하나이고, A~C는 각각 (가)~(다) 중 하나이다.

분류 기준
(가) 3중 결합이 있는가?
(나) 극성 공유 결합이 있는가?
(다) 분자의 쌍극자 모멘트는 0인가?

A~C로 옳은 것은?

	A	B	C
①	(가)	(나)	(다)
②	(가)	(다)	(나)
③	(나)	(가)	(다)
④	(나)	(다)	(가)
⑤	(다)	(나)	(가)

01

그림은 이산화 탄소(CO_2)의 구조식이다.

$$O=C=O$$

CO_2 분자에 대한 설명으로 옳은 것만을 〈보기〉에서 있는 대로 고른 것은?

─〈 보기 〉─
ㄱ. 단일 결합이 있다.
ㄴ. 극성 공유 결합이 있다.
ㄷ. 분자의 쌍극자 모멘트는 0이다.

① ㄱ   ② ㄴ   ③ ㄱ, ㄷ   ④ ㄴ, ㄷ   ⑤ ㄱ, ㄴ, ㄷ

02

그림은 분자 (가)~(다)의 구조식을 나타낸 것이다.

$$H-O-H \qquad O=C=O \qquad H-C\equiv N$$
(가)   (나)   (다)

(가)~(다)에 대한 설명으로 옳은 것만을 〈보기〉에서 있는 대로 고른 것은? [3점]

─〈 보기 〉─
ㄱ. 중심 원자에 비공유 전자쌍이 존재하는 분자는 2가지이다.
ㄴ. 분자 모양이 직선형인 분자는 2가지이다.
ㄷ. 극성 분자는 1가지이다.

① ㄱ   ② ㄴ   ③ ㄱ, ㄷ   ④ ㄴ, ㄷ   ⑤ ㄱ, ㄴ, ㄷ

03

그림은 3가지 분자 (가)~(다)의 구조식을 나타낸 것이다.

```
        H
        |
   H — C — H        H — O — H        H — C ≡ N
        |
        H
      (가)             (나)             (다)
```

(가)~(다)에 대한 설명으로 옳은 것만을 〈보기〉에서 있는 대로 고른 것은? [3점]

─〈 보기 〉─
ㄱ. (가)의 분자 모양은 정사면체형이다.
ㄴ. 결합각은 (나)와 (다)가 같다.
ㄷ. 극성 분자는 2가지이다.

① ㄱ   ② ㄴ   ③ ㄱ, ㄷ   ④ ㄴ, ㄷ   ⑤ ㄱ, ㄴ, ㄷ

04 대표 문제

그림은 분자 (가)~(다)의 구조식을 나타낸 것이다.

```
                        F                 F
                        |                 |
   H — C ≡ N        F — B — F        F — C — F
                        |                 |
                        F                 F
      (가)             (나)             (다)
```

이에 대한 설명으로 옳은 것만을 〈보기〉에서 있는 대로 고른 것은?

─〈 보기 〉─
ㄱ. (가)의 분자 모양은 굽은 형이다.
ㄴ. (나)는 무극성 분자이다.
ㄷ. 결합각은 (나)>(다)이다.

① ㄱ   ② ㄴ   ③ ㄷ   ④ ㄱ, ㄴ   ⑤ ㄴ, ㄷ

05

2021학년도 화I 6번

그림은 분자 (가)~(다)의 구조식을 나타낸 것이다.

$$O = C = O$$

(가)

$$F - N - F$$
위아래 F

(나)

$$F - C - F$$ (위 F, 아래 F)

(다)

(가)~(다)에 대한 설명으로 옳은 것만을 〈보기〉에서 있는 대로 고른 것은?

〈 보기 〉

ㄱ. 극성 분자는 2가지이다.

ㄴ. 결합각은 (가)가 가장 크다.

ㄷ. 중심 원자에 비공유 전자쌍이 존재하는 분자는 2가지이다.

① ㄱ ② ㄴ ③ ㄷ ④ ㄱ, ㄴ ⑤ ㄴ, ㄷ

06

2022학년도 7월 학평 화I 5번

그림은 분자 (가)~(다)의 구조식을 나타낸 것이다.

$$H - C - H$$ (위 O, 이중결합)

(가)

$$F - B - F$$ (위 F)

(나)

$$H - N - H$$ (위 H)

(다)

(가)~(다)에 대한 설명으로 옳은 것만을 〈보기〉에서 있는 대로 고른 것은?

〈 보기 〉

ㄱ. (가)의 분자 모양은 삼각뿔형이다.

ㄴ. 결합각은 (나)>(다)이다.

ㄷ. 극성 분자는 1가지이다.

① ㄱ ② ㄴ ③ ㄱ, ㄷ ④ ㄴ, ㄷ ⑤ ㄱ, ㄴ, ㄷ

07

2022학년도 10월 학평 화I 7번

그림은 분자 (가)~(다)의 구조식을 나타낸 것이다.

$$Cl - C - Cl$$ (위 Cl, 아래 Cl)

(가)

$$Cl - N - Cl$$ (아래 Cl)

(나)

$$Cl - O - Cl$$

(다)

(가)~(다)에 대한 옳은 설명만을 〈보기〉에서 있는 대로 고른 것은?

〈 보기 〉

ㄱ. 중심 원자의 비공유 전자쌍 수는 (나)가 가장 크다.

ㄴ. 극성 분자는 2가지이다.

ㄷ. 구성 원자가 모두 동일한 평면에 있는 분자는 2가지이다.

① ㄴ ② ㄷ ③ ㄱ, ㄴ ④ ㄱ, ㄷ ⑤ ㄴ, ㄷ

08

2022학년도 3월 학평 화I 6번

그림은 2주기 원소 X~Z와 수소(H)로 구성된 분자 (가)와 (나)의 구조식을 나타낸 것이다. X~Z는 각각 C, O, F 중 하나이고, (가)와 (나)에서 X~Z는 모두 옥텟 규칙을 만족한다.

$$H - X - H$$ (위 H, 아래 H)

(가)

$$H - X - Z$$ (위 Y, 이중결합)

(나)

이에 대한 옳은 설명만을 〈보기〉에서 있는 대로 고른 것은?

〈 보기 〉

ㄱ. 전기 음성도는 Z>Y>X이다.

ㄴ. 분자의 쌍극자 모멘트는 (가)>(나)이다.

ㄷ. (나)에는 무극성 공유 결합이 있다.

① ㄱ ② ㄷ ③ ㄱ, ㄴ ④ ㄴ, ㄷ ⑤ ㄱ, ㄴ, ㄷ

다음은 수소(H)와 2주기 원소 X, Y로 구성된 분자 (가)와 (나)의 구조식을 나타낸 것이다. (가)와 (나)에서 X와 Y는 옥텟 규칙을 만족한다.

$$H-X-X-H$$

$$\begin{array}{cc} & H \quad H \\ & | \quad\; | \\ H-Y&-Y-X-H \\ & | \quad\; | \\ & H \quad H \end{array}$$

(가)   (나)

이에 대한 옳은 설명만을 〈보기〉에서 있는 대로 고른 것은? (단, X와 Y는 임의의 원소 기호이다.)

〈 보기 〉
ㄱ. (가)와 (나)에는 모두 무극성 공유 결합이 있다.
ㄴ. 비공유 전자쌍 수는 (가)가 (나)의 2배이다.
ㄷ. (가)의 분자 모양은 직선형이다.

① ㄱ   ② ㄷ   ③ ㄱ, ㄴ   ④ ㄴ, ㄷ   ⑤ ㄱ, ㄴ, ㄷ

그림은 2주기 원소 W~Z로 구성된 분자 (가)~(다)의 구조식을 나타낸 것이다. (가)~(다)에서 모든 원자는 옥텟 규칙을 만족한다.

$$\begin{array}{c} X \\ | \\ X-W-X \end{array} \qquad X-Y-X \qquad X-Z\equiv W$$

(가)   (나)   (다)

(가)~(다)에 대한 설명으로 옳은 것만을 〈보기〉에서 있는 대로 고른 것은? (단, W~Z는 임의의 원소 기호이다.)

〈 보기 〉
ㄱ. (가)의 분자 모양은 평면 삼각형이다.
ㄴ. 결합각은 (다)>(나)이다.
ㄷ. 극성 분자는 2가지이다.

① ㄱ   ② ㄴ   ③ ㄷ   ④ ㄱ, ㄴ   ⑤ ㄴ, ㄷ

그림은 수소(H)와 2주기 원소 X~Z로 구성된 분자 (가)~(다)의 구조식을 단일 결합과 다중 결합의 구분 없이 나타낸 것이다. (가)~(다)에서 중심 원자는 옥텟 규칙을 만족한다.

$$H-X-Y \qquad \begin{array}{c} H-Y-H \\ | \\ H \end{array} \qquad \begin{array}{c} Z \\ | \\ H-X-Z \\ | \\ Z \end{array}$$

(가)   (나)   (다)

(가)~(다)에 대한 설명으로 옳은 것만을 〈보기〉에서 있는 대로 고른 것은? (단, X~Z는 임의의 원소 기호이다.) [3점]

〈 보기 〉
ㄱ. (가)의 분자 구조는 굽은 형이다.
ㄴ. 중심 원자에 비공유 전자쌍이 있는 분자는 1가지이다.
ㄷ. (다)에서 Z는 부분적인 양전하(δ^+)를 띤다.

① ㄱ   ② ㄴ   ③ ㄱ, ㄷ   ④ ㄴ, ㄷ   ⑤ ㄱ, ㄴ, ㄷ

그림은 2주기 원소 X~Z로 구성된 분자 (가)~(다)의 구조식을 나타낸 것이다. (가)~(다)에서 모든 원자는 옥텟 규칙을 만족한다.

$$Y=X=Y \qquad Z-Y-Z \qquad \begin{array}{c} Y \\ || \\ Z-X-Z \end{array}$$

(가)   (나)   (다)

(가)~(다)에 대한 설명으로 옳은 것만을 〈보기〉에서 있는 대로 고른 것은? (단, X~Z는 임의의 원소 기호이다.)

〈 보기 〉
ㄱ. 극성 분자는 2가지이다.
ㄴ. 결합각은 (가)>(나)이다.
ㄷ. 중심 원자에 비공유 전자쌍이 있는 분자는 1가지이다.

① ㄱ   ② ㄷ   ③ ㄱ, ㄴ   ④ ㄴ, ㄷ   ⑤ ㄱ, ㄴ, ㄷ

13

다음은 2주기 원소 X~Z로 구성된 3가지 분자 Ⅰ~Ⅲ의 루이스 구조식과 관련된 탐구 활동이다.

[탐구 과정]
(가) 중심 원자와 주변 원자들을 각각 하나의 선으로 연결한다. 하나의 선은 하나의 공유 전자쌍을 의미한다.

$$Y-X-Y \qquad Z-\overset{\overset{\displaystyle Y}{|}}{X}-Z \qquad Z-Y-Z$$

(나) 각 원자의 원자가 전자 수를 고려하여 모든 원자가 옥텟 규칙을 만족하도록 비공유 전자쌍과 다중 결합을 그린다.
(다) (나)에서 그린 구조로부터 중심 원자의 비공유 전자쌍 수를 조사한다.

[탐구 결과]

분자	Ⅰ	Ⅱ	Ⅲ
분자식	XY_2	XYZ_2	YZ_2
중심 원자의 비공유 전자쌍 수	0	a	2

이에 대한 설명으로 옳은 것만을 〈보기〉에서 있는 대로 고른 것은? (단, X~Z는 임의의 원소 기호이다.)

〈 보기 〉
ㄱ. Y는 산소(O)이다.
ㄴ. $a=0$이다.
ㄷ. Ⅰ~Ⅲ 중 다중 결합이 있는 것은 1가지이다.

① ㄱ   ② ㄷ   ③ ㄱ, ㄴ   ④ ㄴ, ㄷ   ⑤ ㄱ, ㄴ, ㄷ

14

그림은 3가지 분자의 구조식을 나타낸 것이다.

$$H-\overset{\overset{\displaystyle H}{|}\,\alpha}{N}-H \qquad F-\overset{\overset{\displaystyle O}{\|}\,\beta}{C}-F \qquad Cl-\overset{\overset{\displaystyle Cl}{|}\,\gamma}{\underset{\underset{\displaystyle Cl}{|}}{C}}-Cl$$

결합각 $\alpha \sim \gamma$의 크기를 비교한 것으로 옳은 것은? [3점]

① $\alpha > \beta > \gamma$ ② $\alpha > \gamma > \beta$ ③ $\beta > \alpha > \gamma$
④ $\beta > \gamma > \alpha$ ⑤ $\gamma > \alpha > \beta$

15

다음은 2, 3주기 원소 X~Z로 이루어진 분자 (가)와 (나)에 대한 자료이다.

○ 구조식

$$X-Y \qquad\qquad X-Z-X$$
$$\text{(가)} \qquad\qquad\qquad \text{(나)}$$

○ (가)와 (나)에서 모든 원자는 옥텟 규칙을 만족한다.
○ (가)와 (나)에서 X는 모두 부분적인 양전하(δ^+)를 띤다.

이에 대한 설명으로 옳은 것만을 〈보기〉에서 있는 대로 고른 것은? (단, X~Z는 임의의 원소 기호이다.)

〈 보기 〉
ㄱ. X는 Cl이다.
ㄴ. 전기 음성도는 Y>Z이다.
ㄷ. Z_2Y_2에는 무극성 공유 결합이 있다.

① ㄱ   ② ㄷ   ③ ㄱ, ㄴ   ④ ㄴ, ㄷ   ⑤ ㄱ, ㄴ, ㄷ

16 대표문제

그림은 탄소(C)와 2주기 원소 X, Y로 구성된 분자 (가)~(다)의 구조식을 단일 결합과 다중 결합의 구분 없이 나타낸 것이다. (가)~(다)에서 모든 원자는 옥텟 규칙을 만족한다.

$$X-C-X \qquad Y-\overset{\overset{\displaystyle X}{|}}{C}-Y \qquad Y-X-X-Y$$
$$\text{(가)} \qquad\qquad \text{(나)} \qquad\qquad\quad \text{(다)}$$

(가)~(다)에 대한 설명으로 옳은 것만을 〈보기〉에서 있는 대로 고른 것은? (단, X와 Y는 임의의 원소 기호이다.) [3점]

〈 보기 〉
ㄱ. 다중 결합이 있는 분자는 2가지이다.
ㄴ. (가)는 무극성 분자이다.
ㄷ. 공유 전자쌍 수는 (나)와 (다)가 같다.

① ㄱ   ② ㄷ   ③ ㄱ, ㄴ   ④ ㄴ, ㄷ   ⑤ ㄱ, ㄴ, ㄷ

17

표는 2주기 원소 W~Z로 이루어진 분자 (가)~(다)에 대한 자료이다. (가)~(다)에서 모든 원자는 옥텟 규칙을 만족한다.

분자	(가)	(나)	(다)
구조식	X=W=X	Y−W≡Z	Y−Z=X

이에 대한 옳은 설명만을 〈보기〉에서 있는 대로 고른 것은? (단, W~Z는 임의의 원소 기호이다.) [3점]

〈보기〉
ㄱ. (나)의 분자 모양은 직선형이다.
ㄴ. 분자의 쌍극자 모멘트는 (다)가 (가)보다 크다.
ㄷ. (나)와 (다)에서 Z의 산화수는 같다.

① ㄱ ② ㄷ ③ ㄱ, ㄴ ④ ㄴ, ㄷ ⑤ ㄱ, ㄴ, ㄷ

18

표는 원소 W~Z로 이루어진 분자 (가)와 (나)에 대한 자료이다. W~Z는 각각 C, N, O, F 중 하나이고, (가)와 (나)를 구성하는 모든 원자는 옥텟 규칙을 만족한다.

분자	(가)	(나)
구조식	W−X−X−W	Y−Z−W
$\dfrac{비공유\ 전자쌍\ 수}{공유\ 전자쌍\ 수}$	$\dfrac{6}{5}$	2

이에 대한 설명으로 옳은 것만을 〈보기〉에서 있는 대로 고른 것은? (단, 구조식에서 비공유 전자쌍과 다중 결합은 표시하지 않았다.) [3점]

〈보기〉
ㄱ. (가)에는 2중 결합이 있다.
ㄴ. 결합각은 (가)>(나)이다.
ㄷ. 비공유 전자쌍 수는 (가)와 (나)가 같다.

① ㄱ ② ㄴ ③ ㄱ, ㄷ ④ ㄴ, ㄷ ⑤ ㄱ, ㄴ, ㄷ

19

다음은 분자 (가)~(다)에 대한 자료이다. (가)~(다)는 각각 H_2O, CO_2, BF_3 중 하나이다.

○ 구성 원자 수는 (나)>(가)이다.
○ 중심 원자의 원자 번호는 (다)>(가)이다.

이에 대한 옳은 설명만을 〈보기〉에서 있는 대로 고른 것은?

〈보기〉
ㄱ. (가)는 H_2O이다.
ㄴ. 결합각은 (가)>(다)이다.
ㄷ. 분자의 쌍극자 모멘트는 (나)>(다)이다.

① ㄱ ② ㄴ ③ ㄷ ④ ㄱ, ㄷ ⑤ ㄴ, ㄷ

20

표는 원소 A~E에 대한 자료이다.

주기 \ 족	15	16	17
2	A	B	C
3	D		E

이에 대한 설명으로 옳은 것만을 〈보기〉에서 있는 대로 고른 것은? (단, A~E는 임의의 원소 기호이다.) [3점]

〈보기〉
ㄱ. 전기 음성도는 B>A>D이다.
ㄴ. BC_2에는 극성 공유 결합이 있다.
ㄷ. EC에서 C는 부분적인 음전하(δ^-)를 띤다.

① ㄱ ② ㄷ ③ ㄱ, ㄴ ④ ㄴ, ㄷ ⑤ ㄱ, ㄴ, ㄷ

21

다음은 학생 **A**가 수행한 탐구 활동이다.

[가설]

○ 극성 공유 결합이 있는 분자는 모두 극성 분자이다.

[탐구 과정 및 결과]

(가) 극성 공유 결합이 있는 분자를 찾고, 각 분자의 극성 여부를 조사하였다.

(나) (가)에서 조사한 내용을 표로 정리하였다.

분자	H_2O	NH_3	㉠	㉡	...
분자의 극성 여부	극성	극성	극성	무극성	...

[결론]

○ 가설에 어긋나는 분자가 있으므로 가설은 옳지 않다.

학생 **A**의 탐구 과정 및 결과와 결론이 타당할 때, ㉠과 ㉡으로 적절한 것은? [3점]

	㉠	㉡		㉠	㉡
①	O_2	CF_4	②	CF_4	O_2
③	CF_4	HCl	④	HCl	O_2
⑤	HCl	CF_4			

22

다음은 학생 **A**가 수행한 탐구 활동이다.

[가설]

○ 중심 원자가 1개인 분자에서 중심 원자에 비공유 전자쌍이 없는 분자는 모두 무극성 분자이다.

[탐구 과정 및 결과]

(가) 중심 원자에 비공유 전자쌍이 없는 분자를 찾아 극성 여부를 조사하였다.

(나) (가)에서 조사한 내용을 표로 정리하였다.

분자	BCl_3	㉠	㉡	...
분자의 극성 여부	무극성	무극성	극성	...

[결론]

○ 가설에 어긋나는 분자가 있으므로 가설은 옳지 않다.

학생 **A**의 탐구 과정 및 결과와 결론이 타당할 때, 다음 중 ㉠과 ㉡으로 적절한 것은?

	㉠	㉡		㉠	㉡
①	CH_3Cl	OF_2	②	CH_3Cl	CH_2O
③	CCl_4	CO_2	④	CCl_4	CH_2O
⑤	CCl_4	OF_2			

23 대표 문제

다음은 학생 **A**가 수행한 탐구 활동이다.

[가설]

○ 구조가 직선형인 분자와 평면 삼각형인 분자는 모두 무극성 분자이다.

[탐구 과정 및 결과]

(가) 구조가 직선형인 분자와 평면 삼각형인 분자를 찾고, 각 분자의 극성 여부를 조사하였다.

(나) (가)에서 조사한 분자를 구조와 극성 여부에 따라 분류하였다.

	직선형	평면 삼각형
무극성 분자	CO_2, ...	BF_3, ...
극성 분자	㉠, ...	㉡, ...

[결론]

○ 가설에 어긋나는 분자가 있으므로 가설은 옳지 않다.

학생 **A**의 탐구 과정 및 결과와 결론이 타당할 때, 다음 중 ㉠과 ㉡으로 적절한 것은?

	㉠	㉡		㉠	㉡
①	H_2O	BCl_3	②	H_2O	$HCHO$
③	HCN	BCl_3	④	HCN	$HCHO$
⑤	HCN	NH_3			

24

그림은 분자 구조와 성질에 관한 수업 장면이다.

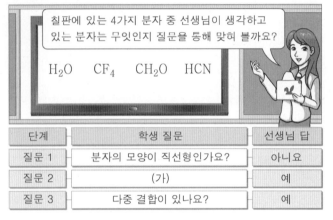

칠판에 있는 4가지 분자 중 선생님이 생각하고 있는 분자는 무엇인지 질문을 통해 맞혀 볼까요?

H_2O CF_4 CH_2O HCN

단계	학생 질문	선생님 답
질문 1	분자의 모양이 직선형인가요?	아니요
질문 2	(가)	예
질문 3	다중 결합이 있나요?	예

(가)로 적절한 것만을 〈보기〉에서 있는 대로 고른 것은?

〈 보기 〉
ㄱ. 극성 분자인가요?
ㄴ. 중심 원자에 비공유 전자쌍이 있나요?
ㄷ. 분자를 구성하는 모든 원자가 동일 평면에 존재하나요?

① ㄱ   ② ㄴ   ③ ㄱ, ㄷ   ④ ㄴ, ㄷ   ⑤ ㄱ, ㄴ, ㄷ

25

다음은 2주기 원소 $W \sim Z$로 이루어진 분자 (가)~(다)의 분자식을 나타낸 것이다. 전기 음성도는 $X > Y > W$이고, 분자 내 모든 원자는 옥텟 규칙을 만족한다.

$$WX_2 \qquad YZ_3 \qquad XZ_2$$

(가)   (나)   (다)

이에 대한 설명으로 옳은 것만을 〈보기〉에서 있는 대로 고른 것은? (단, $W \sim Z$는 임의의 원소 기호이다.)

〈 보기 〉
ㄱ. (가)에는 공유 전자쌍이 2개 있다.
ㄴ. (가)~(다) 중 극성 분자는 2가지이다.
ㄷ. Y_2에는 다중 결합이 있다.

① ㄱ   ② ㄴ   ③ ㄷ   ④ ㄱ, ㄷ   ⑤ ㄴ, ㄷ

26 **대표** 문제

다음은 2주기 원자 $W \sim Z$로 이루어진 3가지 분자의 분자식이다. 분자에서 모든 원자는 옥텟 규칙을 만족하고, 전기 음성도는 $W > Y$이다.

$$WX_3 \qquad XYW \qquad YZX_2$$

이에 대한 설명으로 옳은 것만을 〈보기〉에서 있는 대로 고른 것은? (단, $W \sim Z$는 임의의 원소 기호이다.) [3점]

〈 보기 〉
ㄱ. WX_3는 극성 분자이다.
ㄴ. YZX_2에서 X는 부분적인 음전하(δ^-)를 띤다.
ㄷ. 결합각은 WX_3가 XYW보다 크다.

① ㄱ   ② ㄴ   ③ ㄷ   ④ ㄱ, ㄴ   ⑤ ㄱ, ㄴ, ㄷ

27

표는 2주기 원소 $W \sim Z$로 구성된 분자 (가)~(다)에 대한 자료이다. (가)~(다)에서 모든 원자는 옥텟 규칙을 만족한다.

분자	(가)	(나)	(다)
분자식	WX_3	YZ_2	ZX_2
2중 결합	없음	있음	없음

(가)~(다)에 대한 옳은 설명만을 〈보기〉에서 있는 대로 고른 것은? (단, $W \sim Z$는 임의의 원소 기호이다.)

〈 보기 〉
ㄱ. (가)에서 W는 부분적인 음전하(δ^-)를 띤다.
ㄴ. 결합각은 (나) > (다)이다.
ㄷ. 분자의 쌍극자 모멘트가 0인 것은 2가지이다.

① ㄱ   ② ㄴ   ③ ㄱ, ㄷ   ④ ㄴ, ㄷ   ⑤ ㄱ, ㄴ, ㄷ

다음은 4가지 분자를 주어진 기준에 따라 분류한 것이다.

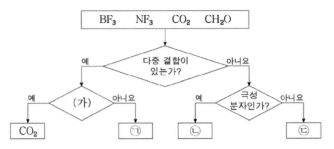

이에 대한 옳은 설명만을 〈보기〉에서 있는 대로 고른 것은?

──〈 보기 〉──

ㄱ. '분자 모양이 직선형인가?'는 (가)로 적절하다.

ㄴ. ㉠은 무극성 분자이다.

ㄷ. 비공유 전자쌍 수는 ㉡>㉢이다.

① ㄱ   ② ㄷ   ③ ㄱ, ㄴ   ④ ㄱ, ㄷ   ⑤ ㄴ, ㄷ

그림은 4가지 분자를 주어진 기준에 따라 분류한 것이다. 전기 음성도는 $N>H$이다.

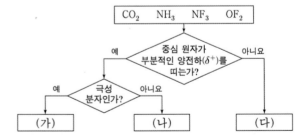

이에 대한 설명으로 옳은 것만을 〈보기〉에서 있는 대로 고른 것은?

──〈 보기 〉──

ㄱ. (가)에 해당하는 분자는 2가지이다.

ㄴ. (나)에는 무극성 공유 결합이 있는 분자가 있다.

ㄷ. (다)에는 쌍극자 모멘트가 0인 분자가 있다.

① ㄱ   ② ㄴ   ③ ㄷ   ④ ㄱ, ㄴ   ⑤ ㄱ, ㄷ

30

그림은 3가지 분자를 주어진 기준에 따라 분류한 것이다.

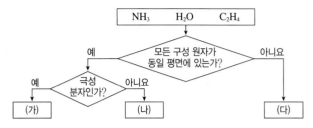

이에 대한 옳은 설명만을 〈보기〉에서 있는 대로 고른 것은?

──〈 보기 〉──

ㄱ. (가)는 $\dfrac{\text{비공유 전자쌍 수}}{\text{공유 전자쌍 수}}<1$이다.

ㄴ. (나)에는 무극성 공유 결합이 있다.

ㄷ. 결합각은 (가)가 (다)보다 크다.

① ㄴ   ② ㄷ   ③ ㄱ, ㄴ   ④ ㄱ, ㄷ   ⑤ ㄱ, ㄴ, ㄷ

그림은 4가지 분자를 몇 가지 기준에 따라 분류한 것이다.

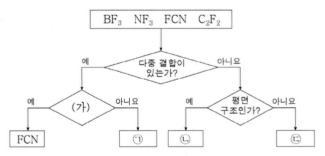

이에 대한 옳은 설명만을 〈보기〉에서 있는 대로 고른 것은?

──〈 보기 〉──

ㄱ. '극성 분자인가?'는 (가)로 적절하다.

ㄴ. ㉠에는 2중 결합이 있다.

ㄷ. 결합각은 ㉢이 ㉡보다 크다.

① ㄱ   ② ㄴ   ③ ㄱ, ㄷ   ④ ㄴ, ㄷ   ⑤ ㄱ, ㄴ, ㄷ

32

그림은 4가지 물질을 주어진 기준에 따라 분류한 것이다.

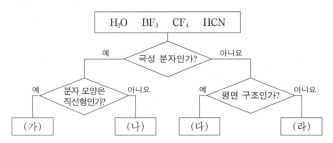

이에 대한 설명으로 옳은 것만을 〈보기〉에서 있는 대로 고른 것은?

〈 보기 〉
ㄱ. (가)는 HCN이다.
ㄴ. (다)에는 극성 공유 결합이 있다.
ㄷ. 결합각은 (라)>(나)이다.

① ㄱ ② ㄷ ③ ㄱ, ㄴ ④ ㄴ, ㄷ ⑤ ㄱ, ㄴ, ㄷ

33

그림은 4가지 분자를 주어진 기준에 따라 분류한 것이다. ㉠~㉢은 각각 CO_2, FCN, NH_3 중 하나이다.

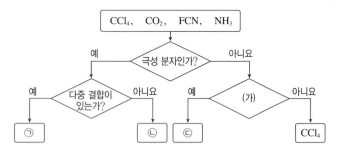

이에 대한 설명으로 옳은 것만을 〈보기〉에서 있는 대로 고른 것은? [3점]

〈 보기 〉
ㄱ. '분자 모양은 직선형인가?'는 (가)로 적절하다.
ㄴ. ㉠은 FCN이다.
ㄷ. 결합각은 ㉡>㉢이다.

① ㄱ ② ㄷ ③ ㄱ, ㄴ ④ ㄴ, ㄷ ⑤ ㄱ, ㄴ, ㄷ

34

그림은 3가지 분자를 기준 (가)와 (나)에 따라 분류한 것이다.

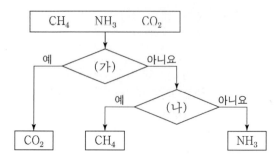

다음 중 (가)와 (나)로 가장 적절한 것은?

	(가)	(나)
①	무극성 분자인가?	공유 전자쌍 수는 3인가?
②	공유 전자쌍 수는 4인가?	무극성 분자인가?
③	분자 모양이 직선형인가?	비공유 전자쌍 수는 4인가?
④	다중 결합이 존재하는가?	분자 모양이 정사면체형인가?
⑤	비공유 전자쌍 수는 4인가?	다중 결합이 존재하는가?

35

그림은 4가지 분자를 3가지 분류 기준 (가)~(다)로 분류한 것이다. ㉠~㉣은 각각 C_2H_2, $COCl_2$, FCN, N_2 중 하나이고, A~C는 각각 (가)~(다) 중 하나이다.

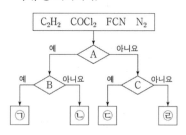

분류 기준
(가) 3중 결합이 있는가?
(나) 극성 공유 결합이 있는가?
(다) 분자의 쌍극자 모멘트는 0인가?

A~C로 옳은 것은?

	A	B	C
①	(가)	(다)	(나)
②	(나)	(가)	(다)
③	(나)	(다)	(가)
④	(다)	(가)	(나)
⑤	(다)	(나)	(가)

36

표는 3가지 분자 C_2H_2, CH_2O, CH_2Cl_2을 기준에 따라 분류한 것이다.

분류 기준	예	아니요
(가)	CH_2O	C_2H_2, CH_2Cl_2
모든 구성 원자가 동일 평면에 있는가?	㉠	㉡
극성 분자인가?	㉢	㉣

이에 대한 옳은 설명만을 〈보기〉에서 있는 대로 고른 것은?

〈 보기 〉
ㄱ. '다중 결합이 있는가?'는 (가)로 적절하다.
ㄴ. ㉠에 해당하는 분자는 2가지이다.
ㄷ. ㉡과 ㉢에 공통으로 해당하는 분자는 CH_2Cl_2이다.

① ㄴ ② ㄷ ③ ㄱ, ㄴ ④ ㄴ, ㄷ ⑤ ㄱ, ㄴ, ㄷ

37 대표문제

다음은 3가지 분자 I ~ Ⅲ에 대한 자료이다.

○ 분자식

I	Ⅱ	Ⅲ
CH_4	NH_3	HCN

○ I ~ Ⅲ의 특성을 나타낸 벤 다이어그램

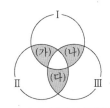

(가): I과 Ⅱ만의 공통된 특성
(나): I과 Ⅲ만의 공통된 특성
(다): Ⅱ와 Ⅲ만의 공통된 특성

이에 대한 설명으로 옳지 않은 것은? [3점]

① '단일 결합만 존재한다.'는 (가)에 속한다.
② '입체 구조이다.'는 (나)에 속한다.
③ '공유 전자쌍 수가 4이다.'는 (나)에 속한다.
④ '극성 분자이다.'는 (다)에 속한다.
⑤ '비공유 전자쌍 수가 1이다.'는 (다)에 속한다.

38

그림은 수소(H)와 원소 X~Z로 구성된 분자 (가)~(다)의 구조식을 단일 결합과 다중 결합의 구분 없이 나타낸 것이다. X~Z는 C, N, O를 순서 없이 나타낸 것이고, (가)~(다)에서 X~Z는 옥텟 규칙을 만족한다.

$$\begin{matrix} & Y & \\ & | & \\ H-X-H & H-Y-H & H-X-Z \\ (가) & (나) & (다) \end{matrix}$$

(가)~(다)에 대한 설명으로 옳은 것만을 〈보기〉에서 있는 대로 고른 것은? [3점]

〈 보기 〉
ㄱ. 극성 분자는 3가지이다.
ㄴ. 공유 전자쌍 수 비는 (가) : (나)＝3 : 2이다.
ㄷ. 결합각은 (다) ＞ (나)이다.

① ㄱ ② ㄴ ③ ㄱ, ㄷ ④ ㄴ, ㄷ ⑤ ㄱ, ㄴ, ㄷ

39

다음은 학생 A가 수행한 탐구 활동이다.

[가설]
○ 분자당 구성 원자 수가 3인 분자의 분자 모양은 모두 ㉠ 이다.

[탐구 과정 및 결과]
(가) 분자당 구성 원자 수가 3인 분자를 찾고, 각 분자의 분자 모양을 조사하였다.
(나) (가)에서 조사한 내용을 표로 정리하였다.

가설에 일치하는 분자	가설에 어긋나는 분자
BeF_2, CO_2, …	OF_2, ㉡, …

[결론]
○ 가설에 어긋나는 분자가 있으므로 가설은 옳지 않다.

학생 A의 탐구 과정 및 결과와 결론이 타당할 때, 다음 중 ㉠과 ㉡으로 가장 적절한 것은?

	㉠	㉡		㉠	㉡
①	직선형	HNO	②	직선형	CF_4
③	굽은 형	HOF	④	굽은 형	FCN
⑤	평면 삼각형	FCN			

한눈에 정리하는
평가원 기출 경향

주제 / 학년도	2025	2024

빈출

분자의 구조와 극성
전자쌍 수를 제시한 경우

12 대표문제   2025학년도 9월 모평 화I 8번

표는 원소 W~Z로 구성된 분자 (가)~(다)에 대한 자료이다. (가)~(다)의 중심 원자는 W이고, 분자에서 모든 원자는 옥텟 규칙을 만족한다. W~Z는 C, N, O, F을 순서 없이 나타낸 것이다.

분자	(가)	(나)	(다)
구성 원소	W, X	W, X, Y	W, X, Z
분자당 구성 원자 수	5	4	3
비공유 전자쌍 수	12	8	4

이에 대한 설명으로 옳은 것만을 〈보기〉에서 있는 대로 고른 것은?

— 〈보기〉 —
ㄱ. Z는 N이다.
ㄴ. 결합각은 (가)>(다)이다.
ㄷ. (나)의 분자 모양은 평면 삼각형이다.

① ㄱ   ② ㄴ   ③ ㄱ, ㄷ   ④ ㄴ, ㄷ   ⑤ ㄱ, ㄴ, ㄷ

분자의 구조와 극성
전자쌍 수를 그래프 / 비율로 제시한 경우

22 대표문제   2024학년도 수능 화I 6번

다음은 수소(H)와 2주기 원소 X, Y로 구성된 분자 (가)~(다)에 대한 자료이다. (가)~(다)에서 X와 Y는 옥텟 규칙을 만족한다.

○ (가)~(다)의 분자당 구성 원자 수는 각각 4 이하이다.
○ (가)와 (나)에서 분자당 X와 Y의 원자 수는 같다.
○ 각 분자 1 mol에 존재하는 원자 수 비

이에 대한 설명으로 옳은 것만을 〈보기〉에서 있는 대로 고른 것은? (단, X와 Y는 임의의 원소 기호이다.) [3점]

— 〈보기〉 —
ㄱ. (가)에는 2중 결합이 있다.
ㄴ. (나)에는 무극성 공유 결합이 있다.
ㄷ. (다)에서 X는 부분적인 음전하(δ^-)를 띤다.

① ㄴ   ② ㄷ   ③ ㄱ, ㄷ   ④ ㄱ, ㄷ   ⑤ ㄴ, ㄷ

21 대표문제   2024학년도 수능 화I 13번

표는 원소 W~Z로 구성된 분자 (가)~(라)에 대한 자료이다. (가)~(라)의 분자당 구성 원자 수는 각각 3 이하이고, 분자에서 모든 원자는 옥텟 규칙을 만족한다. W~Z는 각각 C, N, O, F 중 하나이다.

분자	구성 원소	중심 원자	비공유 전자쌍 수 / 공유 전자쌍 수
(가)	W		6
(나)	W, X	X	4
(다)	W, X, Y	Y	2
(라)	W, Y, Z	Z	1

이에 대한 설명으로 옳은 것만을 〈보기〉에서 있는 대로 고른 것은?

— 〈보기〉 —
ㄱ. Z는 탄소(C)이다.
ㄴ. (다)의 분자 모양은 직선형이다.
ㄷ. 결합각은 (라)>(나)이다.

① ㄱ   ② ㄴ   ③ ㄱ, ㄷ   ④ ㄴ, ㄷ   ⑤ ㄱ, ㄴ, ㄷ

분자의 구조와 극성
구성 원자의 원자가 전자 수의 합을 제시한 경우

26   2024학년도 6월 모평 화I 6번

표는 원소 W~Z로 구성된 3가지 분자에 대한 자료이다. W~Z는 C, N, O, F을 순서 없이 나타낸 것이고, 분자에서 모든 원자는 옥텟 규칙을 만족한다.

분자	WX₂	YZ₃	YWZ
중심 원자	W	Y	W
전체 구성 원자의 원자가 전자 수 합	㉠	26	16

이에 대한 설명으로 옳은 것만을 〈보기〉에서 있는 대로 고른 것은? [3점]

— 〈보기〉 —
ㄱ. X는 F이다.
ㄴ. YWZ의 비공유 전자쌍 수는 4이다.
ㄷ. ㉠은 16이다.

① ㄱ   ② ㄷ   ③ ㄱ, ㄴ   ④ ㄴ, ㄷ   ⑤ ㄱ, ㄴ, ㄷ

2023

2022 ~ 2019

08

표는 수소(H)와 2주기 원소 X~Z로 구성된 분자 (가)~(다)에 대한 자료이다. (가)~(다)의 중심 원자는 모두 옥텟 규칙을 만족한다.

분자	(가)	(나)	(다)
분자식	XH_4	YH_3	ZH_2
공유 전자쌍 수	2	3	4

(가)~(다)에 대한 설명으로 옳은 것을 〈보기〉에서 있는 대로 고른 것은? (단, X~Z는 임의의 원소 기호이다.)

───〈 보기 〉───
ㄱ. (가)의 분자 모양은 직선형이다.
ㄴ. 결합각은 (다)>(나)이다.
ㄷ. 극성 분자는 3가지이다.

① ㄴ ② ㄷ ③ ㄱ, ㄴ ④ ㄱ, ㄷ ⑤ ㄴ, ㄷ

15

표는 2주기 원자 X와 Y로 이루어진 분자 (가)~(다)의 루이스 전자점식과 관련된 자료이다. (가)~(다)에서 모든 원자는 옥텟 규칙을 만족한다.

분자	구성 원소	분자당 구성 원자 수	비공유 전자쌍 수 −공유 전자쌍 수
(가)	X	2	2
(나)	Y	2	a
(다)	X, Y	3	6

이에 대한 설명으로 옳은 것만을 〈보기〉에서 있는 대로 고른 것은? (단, X와 Y는 임의의 원소 기호이다.) [3점]

───〈 보기 〉───
ㄱ. $a=5$이다.
ㄴ. (나)에는 다중 결합이 있다.
ㄷ. 공유 전자쌍 수는 (다)>(가)이다.

① ㄱ ② ㄴ ③ ㄱ, ㄷ ④ ㄴ, ㄷ ⑤ ㄱ, ㄴ, ㄷ

10

표는 수소(H)가 포함된 3가지 분자 (가)~(다)에 대한 자료이다. X와 Y는 2주기 원자이고, 분자 내에서 옥텟 규칙을 만족한다.

분자	구성 원자 수			공유 전자쌍 수	비공유 전자쌍 수
	X	Y	H		
(가)	1	0	a	a	0
(나)	0	1	b	b	2
(다)	1	c	2	4	2

이에 대한 설명으로 옳은 것만을 〈보기〉에서 있는 대로 고른 것은? (단, X와 Y는 임의의 원소 기호이다.) [3점]

───〈 보기 〉───
ㄱ. $a=b+c$이다.
ㄴ. (다)에는 2중 결합이 존재한다.
ㄷ. XY_2의 공유 전자쌍 수는 4이다.

① ㄱ ② ㄴ ③ ㄷ ④ ㄱ, ㄷ ⑤ ㄴ, ㄷ

23

그림은 분자 (가)~(라)의 루이스 전자점식에서 공유 전자쌍 수와 비공유 전자쌍 수를 나타낸 것이다. (가)~(라)는 각각 N_2, HCl, CO_2, CH_2O 중 하나이고, C, N, O, Cl는 분자 내에서 옥텟 규칙을 만족한다.

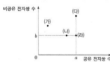

이에 대한 설명으로 옳은 것만을 〈보기〉에서 있는 대로 고른 것은?

───〈 보기 〉───
ㄱ. $a+b=4$이다.
ㄴ. (다)는 CO_2이다.
ㄷ. (가)와 (나)에는 모두 다중 결합이 있다.

① ㄱ ② ㄴ ③ ㄷ ④ ㄱ, ㄴ ⑤ ㄴ, ㄷ

01

2022학년도 3월 학평 화I 8번

표는 분자 (가)~(다)에 대한 자료이다. (가)~(다)는 각각 HCN, NH_3, CH_2O 중 하나이다.

분자	(가)	(나)	(다)
공유 전자쌍 수	a	$a+1$	
비공유 전자쌍 수		b	$2b$

이에 대한 옳은 설명만을 〈보기〉에서 있는 대로 고른 것은?

〈보기〉
ㄱ. (다)는 HCN이다.
ㄴ. $a+b=4$이다.
ㄷ. 결합각은 (가)>(나)이다.

① ㄱ　　② ㄴ　　③ ㄱ, ㄷ　　④ ㄴ, ㄷ　　⑤ ㄱ, ㄴ, ㄷ

02

2022학년도 4월 학평 화I 18번

표는 2주기 원소 X~Z로 이루어진 분자 (가)~(다)에 대한 자료이다. (가)~(다)에서 모든 원자는 옥텟 규칙을 만족한다.

분자	(가)	(나)	(다)
분자식	X_2	X_2Y_2	Z_2Y_2
비공유 전자쌍 수	㉠	8	10

이에 대한 설명으로 옳은 것만을 〈보기〉에서 있는 대로 고른 것은? (단, X~Z는 임의의 원소 기호이다.)

〈보기〉
ㄱ. ㉠은 2이다.
ㄴ. (가)~(다)에서 다중 결합이 존재하는 분자는 2가지이다.
ㄷ. ZY_2의 $\dfrac{\text{비공유 전자쌍 수}}{\text{공유 전자쌍 수}}$는 4이다.

① ㄱ　　② ㄷ　　③ ㄱ, ㄴ　　④ ㄴ, ㄷ　　⑤ ㄱ, ㄴ, ㄷ

03

2021학년도 7월 학평 화I 16번

표는 2주기 원소 W~Z로 이루어진 분자 (가)~(라)에 대한 자료이다. (가)~(라)의 모든 원자는 옥텟 규칙을 만족한다.

분자	(가)	(나)	(다)	(라)
분자식	WX_2	WZ_2	XZ_2	ZWY
비공유 전자쌍 수 (상댓값)	1	2	2	x

이에 대한 설명으로 옳은 것만을 〈보기〉에서 있는 대로 고른 것은? (단, W~Z는 임의의 원소 기호이다.) [3점]

〈보기〉
ㄱ. 전기 음성도는 X>Y이다.
ㄴ. $x=4$이다.
ㄷ. (가)~(라) 중 분자 모양이 직선형인 분자는 2가지이다.

① ㄱ　　② ㄴ　　③ ㄱ, ㄷ　　④ ㄴ, ㄷ　　⑤ ㄱ, ㄴ, ㄷ

04

2021학년도 3월 학평 화I 14번

표는 2주기 원소 X와 Y로 이루어진 분자 (가)~(다)에 대한 자료이다. (가)~(다)에서 모든 원자는 옥텟 규칙을 만족한다.

분자	분자식	비공유 전자쌍 수
(가)	X_aY_a	8
(나)	X_aY_{a+2}	14
(다)	X_bY_{a+1}	10

이에 대한 옳은 설명만을 〈보기〉에서 있는 대로 고른 것은? (단, X와 Y는 임의의 원소 기호이다.) [3점]

〈보기〉
ㄱ. X는 16족 원소이다.
ㄴ. $a+b=3$이다.
ㄷ. (가)~(다)에서 다중 결합이 있는 분자는 2가지이다.

① ㄱ　　② ㄴ　　③ ㄱ, ㄷ　　④ ㄴ, ㄷ　　⑤ ㄱ, ㄴ, ㄷ

05
2020학년도 3월 학평 화I 14번

표는 분자 (가)~(다)에 대한 자료이다. X~Z는 2주기 원소이고, (가)~(다)의 중심 원자는 옥텟 규칙을 만족한다.

분자	(가)	(나)	(다)
구성 원소	H, X, Y	H, Y	H, Z
전체 원자 수	3	4	3
H 원자 수	1	3	2

(가)~(다)에 대한 옳은 설명만을 〈보기〉에서 있는 대로 고른 것은? (단, X~Z는 임의의 원소 기호이다.) [3점]

〈 보기 〉
ㄱ. $\dfrac{\text{공유 전자쌍 수}}{\text{비공유 전자쌍 수}} > 1$인 것은 2가지이다.
ㄴ. 분자를 구성하는 모든 원자가 동일 평면에 존재하는 것은 2가지이다.
ㄷ. (가)~(다)는 모두 극성 분자이다.

① ㄱ ② ㄴ ③ ㄱ, ㄷ ④ ㄴ, ㄷ ⑤ ㄱ, ㄴ, ㄷ

06
2024학년도 3월 학평 화I 10번

표는 원소 X~Z로 구성된 분자 (가)~(라)에 대한 자료이고, 그림은 주사위의 전개도를 나타낸 것이다. X~Z는 각각 C, O, F 중 하나이고, (가)~(라)에서 모든 원자는 옥텟 규칙을 만족한다.

분자	구성 원소	구성 원자 수	중심 원자
(가)	X, Y	3	X
(나)	X, Z	3	Z
(다)	X, Y, Z	4	Z
(라)	Y, Z	5	Z

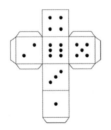

(가)~(라)를 $\dfrac{\text{비공유 전자쌍 수}}{\text{공유 전자쌍 수}}$와 같은 수의 눈이 그려진 주사위의 면에 대응시킬 때, 서로 마주 보는 면에 대응되는 두 분자로 옳은 것은? [3점]

① (가)와 (나) ② (가)와 (라) ③ (나)와 (다)
④ (나)와 (라) ⑤ (다)와 (라)

07
2021학년도 10월 학평 화I 9번

표는 2주기 원소 X~Z로 이루어진 분자 (가)~(다)에 대한 자료이다. (가)~(다)에서 X~Z는 모두 옥텟 규칙을 만족한다.

분자	(가)	(나)	(다)
분자식	X_2	YX_2	Y_2Z_4
공유 전자쌍 수	a	$2a$	$2a+2$

이에 대한 옳은 설명만을 〈보기〉에서 있는 대로 고른 것은? (단, X~Z는 임의의 원소 기호이다.) [3점]

〈 보기 〉
ㄱ. $a=2$이다.
ㄴ. (나)는 극성 분자이다.
ㄷ. 비공유 전자쌍 수는 (다)가 (가)의 3배이다.

① ㄱ ② ㄴ ③ ㄱ, ㄷ ④ ㄴ, ㄷ ⑤ ㄱ, ㄴ, ㄷ

08
2023학년도 수능 화I 8번

표는 수소(H)와 2주기 원소 X~Z로 구성된 분자 (가)~(다)에 대한 자료이다. (가)~(다)의 중심 원자는 모두 옥텟 규칙을 만족한다.

분자	(가)	(나)	(다)
분자식	XH_a	YH_b	ZH_c
공유 전자쌍 수	2	3	4

(가)~(다)에 대한 설명으로 옳은 것만을 〈보기〉에서 있는 대로 고른 것은? (단, X~Z는 임의의 원소 기호이다.)

〈 보기 〉
ㄱ. (가)의 분자 모양은 직선형이다.
ㄴ. 결합각은 (다)>(나)이다.
ㄷ. 극성 분자는 3가지이다.

① ㄴ ② ㄷ ③ ㄱ, ㄴ ④ ㄱ, ㄷ ⑤ ㄴ, ㄷ

09

2022학년도 10월 학평 화I 14번

표는 원소 W~Z로 구성된 분자 (가)~(다)에 대한 자료이다. W~Z는 각각 C, N, O, F 중 하나이고, (가)~(다)에서 중심 원자는 각각 1개이며, 모든 원자는 옥텟 규칙을 만족한다.

분자	(가)	(나)	(다)
구성 원소	W, X	W, X, Y	X, Y, Z
구성 원자 수	4	3	4
공유 전자쌍 수	3	4	4

이에 대한 옳은 설명만을 <보기>에서 있는 대로 고른 것은? [3점]

< 보기 >
ㄱ. W는 N이다.
ㄴ. (다)에는 3중 결합이 있다.
ㄷ. 결합각은 (가)>(나)이다.

① ㄱ ② ㄷ ③ ㄱ, ㄴ ④ ㄴ, ㄷ ⑤ ㄱ, ㄴ, ㄷ

11

2021학년도 4월 학평 화I 15번

표는 분자 (가)~(다)에 대한 자료이다. (가)~(다)의 모든 원자는 옥텟 규칙을 만족하고, 분자당 구성 원자 수는 4 이하이다.

분자	(가)	(나)	(다)
구성 원소	N, F	N, F	O, F
구성 원자 수	a		
공유 전자쌍 수	a	b	b

이에 대한 설명으로 옳은 것만을 <보기>에서 있는 대로 고른 것은? [3점]

< 보기 >
ㄱ. $a=4$이다.
ㄴ. (나)의 분자 모양은 삼각뿔형이다.
ㄷ. (다)에는 무극성 공유 결합이 있다.

① ㄱ ② ㄷ ③ ㄱ, ㄴ ④ ㄴ, ㄷ ⑤ ㄱ, ㄴ, ㄷ

10

2022학년도 6월 모평 화I 7번

표는 수소(H)가 포함된 3가지 분자 (가)~(다)에 대한 자료이다. X와 Y는 2주기 원자이고, 분자 내에서 옥텟 규칙을 만족한다.

분자	구성 원자 수			공유 전자쌍 수	비공유 전자쌍 수
	X	Y	H		
(가)	1	0	a	a	0
(나)	0	1	b	b	2
(다)	1	c	2	4	2

이에 대한 설명으로 옳은 것만을 <보기>에서 있는 대로 고른 것은? (단, X와 Y는 임의의 원소 기호이다.) [3점]

< 보기 >
ㄱ. $a=b+c$이다.
ㄴ. (다)에는 2중 결합이 존재한다.
ㄷ. XY_2의 공유 전자쌍 수는 4이다.

① ㄱ ② ㄴ ③ ㄷ ④ ㄱ, ㄷ ⑤ ㄴ, ㄷ

12 대표문제

2025학년도 9월 모평 화I 8번

표는 원소 W~Z로 구성된 분자 (가)~(다)에 대한 자료이다. (가)~(다)의 중심 원자는 W이고, 분자에서 모든 원자는 옥텟 규칙을 만족한다. W~Z는 C, N, O, F을 순서 없이 나타낸 것이다.

분자	(가)	(나)	(다)
구성 원소	W, X	W, X, Y	W, X, Z
분자당 구성 원자 수	5	4	3
비공유 전자쌍 수	12	8	4

이에 대한 설명으로 옳은 것만을 <보기>에서 있는 대로 고른 것은?

< 보기 >
ㄱ. Z는 N이다.
ㄴ. 결합각은 (가)>(다)이다.
ㄷ. (나)의 분자 모양은 평면 삼각형이다.

① ㄱ ② ㄴ ③ ㄱ, ㄷ ④ ㄴ, ㄷ ⑤ ㄱ, ㄴ, ㄷ

13

표는 염소(Cl)가 포함된 3가지 분자 (가)~(다)에 대한 자료이다. (가)~(다)에서 중심 원자는 각각 1개이며, 분자에서 모든 원자는 옥텟 규칙을 만족한다. X~Z는 C, O, F을 순서 없이 나타낸 것이다.

분자	(가)	(나)	(다)
구성 원소	X, Y, Cl	X, Z, Cl	Y, Z, Cl
중심 원자에 결합한 Cl의 수	1	2	3
공유 전자쌍 수	2	4	4

이에 대한 설명으로 옳은 것만을 〈보기〉에서 있는 대로 고른 것은? [3점]

〈보기〉
ㄱ. (가)의 분자 모양은 직선형이다.
ㄴ. X는 O이다.
ㄷ. 비공유 전자쌍 수는 (나)와 (다)가 같다.

① ㄴ ② ㄷ ③ ㄱ, ㄴ ④ ㄱ, ㄷ ⑤ ㄱ, ㄴ, ㄷ

14

표는 2주기 원소 W~Z로 구성된 분자 (가)~(다)에 대한 자료이다. (가)~(다)에서 모든 원자는 옥텟 규칙을 만족하고, 원자 번호는 Y > X 이다.

분자	(가)	(나)	(다)
분자식	W_2Z_2	X_2Z_2	WYZ_2
공유 전자쌍 수 × 비공유 전자쌍 수	30	32	32

(가)~(다)에 대한 옳은 설명만을 〈보기〉에서 있는 대로 고른 것은? (단, W~Z는 임의의 원소 기호이다.) [3점]

〈보기〉
ㄱ. 무극성 공유 결합이 있는 것은 2가지이다.
ㄴ. (나)에는 3중 결합이 있다.
ㄷ. $\dfrac{\text{비공유 전자쌍 수}}{\text{공유 전자쌍 수}}$ 는 (가) > (다)이다.

① ㄱ ② ㄴ ③ ㄱ, ㄷ ④ ㄴ, ㄷ ⑤ ㄱ, ㄴ, ㄷ

15

표는 2주기 원자 X와 Y로 이루어진 분자 (가)~(다)의 루이스 전자점식과 관련된 자료이다. (가)~(다)에서 모든 원자는 옥텟 규칙을 만족한다.

분자	구성 원소	분자당 구성 원자 수	비공유 전자쌍 수 −공유 전자쌍 수
(가)	X	2	2
(나)	Y	2	a
(다)	X, Y	3	6

이에 대한 설명으로 옳은 것만을 〈보기〉에서 있는 대로 고른 것은? (단, X와 Y는 임의의 원소 기호이다.) [3점]

〈보기〉
ㄱ. $a=5$이다.
ㄴ. (나)에는 다중 결합이 있다.
ㄷ. 공유 전자쌍 수는 (다) > (가)이다.

① ㄱ ② ㄴ ③ ㄱ, ㄷ ④ ㄴ, ㄷ ⑤ ㄱ, ㄴ, ㄷ

16

표는 2주기 원소 X~Z로 구성된 분자 (가)~(다)에 대한 자료이다. (가)~(다)에서 X~Z는 모두 옥텟 규칙을 만족한다.

분자	(가)	(나)	(다)
분자식	XY_2	ZX_2	ZXY_2
$\dfrac{\text{공유 전자쌍 수}}{\text{비공유 전자쌍 수}}$	$\dfrac{1}{4}$	1	a

이에 대한 옳은 설명만을 〈보기〉에서 있는 대로 고른 것은? (단, X~Z는 임의의 원소 기호이다.) [3점]

〈보기〉
ㄱ. (가)에는 다중 결합이 있다.
ㄴ. $a=\dfrac{1}{2}$이다.
ㄷ. 공유 전자쌍 수는 (가)가 (나)의 2배이다.

① ㄱ ② ㄴ ③ ㄷ ④ ㄱ, ㄷ ⑤ ㄴ, ㄷ

17

다음은 C, N, O, F으로 이루어진 분자 (가)~(라)에 대한 자료이다. (가)~(라)의 모든 원자는 옥텟 규칙을 만족한다.

> ○ (가)~(라)에서 중심 원자는 각각 1개이고, 나머지 원자들은 모두 중심 원자와 결합한다.
> ○ X~Z는 각각 C, N, O 중 하나이다.

분자	(가)	(나)	(다)	(라)
중심 원자	X	Y	Y	Z
중심 원자와 결합한 원자 수	2	3	4	2
$\dfrac{\text{비공유 전자쌍 수}}{\text{공유 전자쌍 수}}$	2	2	3	4

이에 대한 설명으로 옳은 것만을 〈보기〉에서 있는 대로 고른 것은? (단, X~Z는 임의의 원소 기호이다.) [3점]

> ── 〈 보기 〉 ──
> ㄱ. Y는 C이다.
> ㄴ. 공유 전자쌍 수는 (라) > (가)이다.
> ㄷ. (가)~(라) 중 다중 결합이 있는 것은 2가지이다.

① ㄱ   ② ㄴ   ③ ㄱ, ㄷ   ④ ㄴ, ㄷ   ⑤ ㄱ, ㄴ, ㄷ

18

표는 2주기 원소 X~Z로 이루어진 분자 (가)~(다)에 대한 자료이다. (가)~(다)의 모든 원자는 옥텟 규칙을 만족한다.

분자	(가)	(나)	(다)
구성 원소	X, Y, Z	X, Y	X, Z
구성 원자 수	3	4	4
$\dfrac{\text{비공유 전자쌍 수}}{\text{공유 전자쌍 수}}$ (상댓값)	5	6	10

(가)~(다)에 대한 옳은 설명만을 〈보기〉에서 있는 대로 고른 것은? (단, X~Z는 임의의 원소 기호이다.) [3점]

> ── 〈 보기 〉 ──
> ㄱ. (가)의 분자 모양은 굽은 형이다.
> ㄴ. 무극성 공유 결합이 있는 것은 2가지이다.
> ㄷ. 다중 결합이 있는 것은 2가지이다.

① ㄱ   ② ㄴ   ③ ㄱ, ㄴ   ④ ㄱ, ㄷ   ⑤ ㄴ, ㄷ

19

표는 2주기 원소 W~Z로 구성된 분자 (가)~(라)에 대한 자료이다. (가)~(라)에서 W~Z는 옥텟 규칙을 만족한다.

분자	(가)	(나)	(다)	(라)
분자식	W_2	X_2	YW_2	X_2Z_2
$\dfrac{\text{공유 전자쌍 수}}{\text{비공유 전자쌍 수}}$ (상댓값)	1	3	2	1

(가)~(라)에 대한 옳은 설명만을 〈보기〉에서 있는 대로 고른 것은? (단, W~Z는 임의의 원소 기호이다.) [3점]

> ── 〈 보기 〉 ──
> ㄱ. (가)와 (다)는 비공유 전자쌍 수가 같다.
> ㄴ. 무극성 공유 결합이 있는 분자는 2가지이다.
> ㄷ. 다중 결합이 있는 분자는 3가지이다.

① ㄱ   ② ㄴ   ③ ㄱ, ㄷ   ④ ㄴ, ㄷ   ⑤ ㄱ, ㄴ, ㄷ

20

표는 원소 X~Z로 이루어진 분자 (가)~(라)에 대한 자료이다. X~Z는 각각 C, O, F 중 하나이며, 분자당 구성 원자 수는 4 이하이다. (가)~(라)의 모든 원자는 옥텟 규칙을 만족한다.

분자	구성 원소	$\dfrac{\text{비공유 전자쌍 수}}{\text{공유 전자쌍 수}}$	분자의 쌍극자 모멘트
(가)	X, Y	$\dfrac{6}{5}$	0
(나)	X, Z	$\dfrac{10}{3}$	—
(다)	Y, Z	1	0
(라)	X, Y, Z	2	—

(가)~(라)에 관한 설명으로 옳은 것만을 〈보기〉에서 있는 대로 고른 것은? [3점]

〈 보기 〉
ㄱ. 다중 결합이 있는 분자는 2가지이다.
ㄴ. (다)와 (라)는 입체 구조이다.
ㄷ. 분자당 구성 원자 수가 같은 분자는 3가지이다.

① ㄱ ② ㄷ ③ ㄱ, ㄴ ④ ㄴ, ㄷ ⑤ ㄱ, ㄴ, ㄷ

21 대표 문제

표는 원소 W~Z로 구성된 분자 (가)~(라)에 대한 자료이다. (가)~(라)의 분자당 구성 원자 수는 각각 3 이하이고, 분자에서 모든 원자는 옥텟 규칙을 만족한다. W~Z는 각각 C, N, O, F 중 하나이다.

분자	구성 원소	중심 원자	$\dfrac{\text{비공유 전자쌍 수}}{\text{공유 전자쌍 수}}$
(가)	W		6
(나)	W, X	X	4
(다)	W, X, Y	Y	2
(라)	W, Y, Z	Z	1

이에 대한 설명으로 옳은 것만을 〈보기〉에서 있는 대로 고른 것은?

〈 보기 〉
ㄱ. Z는 탄소(C)이다.
ㄴ. (다)의 분자 모양은 직선형이다.
ㄷ. 결합각은 (라)>(나)이다.

① ㄱ ② ㄴ ③ ㄱ, ㄷ ④ ㄴ, ㄷ ⑤ ㄱ, ㄴ, ㄷ

22 대표 문제

다음은 수소(H)와 2주기 원소 X, Y로 구성된 분자 (가)~(다)에 대한 자료이다. (가)~(다)에서 X와 Y는 옥텟 규칙을 만족한다.

○ (가)~(다)의 분자당 구성 원자 수는 각각 4 이하이다.
○ (가)와 (나)에서 분자당 X와 Y의 원자 수는 같다.
○ 각 분자 1 mol에 존재하는 원자 수 비

(나)

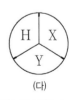
(다)

이에 대한 설명으로 옳은 것만을 〈보기〉에서 있는 대로 고른 것은? (단, X와 Y는 임의의 원소 기호이다.) [3점]

〈 보기 〉
ㄱ. (가)에는 2중 결합이 있다.
ㄴ. (나)에는 무극성 공유 결합이 있다.
ㄷ. (다)에서 X는 부분적인 음전하(δ^-)를 띤다.

① ㄴ ② ㄷ ③ ㄱ, ㄴ ④ ㄱ, ㄷ ⑤ ㄴ, ㄷ

23

그림은 분자 (가)~(라)의 루이스 전자점식에서 공유 전자쌍 수와 비공유 전자쌍 수를 나타낸 것이다. (가)~(라)는 각각 N_2, HCl, CO_2, CH_2O 중 하나이고, C, N, O, Cl는 분자 내에서 옥텟 규칙을 만족한다.

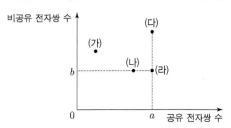

이에 대한 설명으로 옳은 것만을 〈보기〉에서 있는 대로 고른 것은?

〈 보기 〉
ㄱ. $a+b=4$이다.
ㄴ. (다)는 CO_2이다.
ㄷ. (가)와 (나)에는 모두 다중 결합이 있다.

① ㄱ   ② ㄴ   ③ ㄷ   ④ ㄱ, ㄴ   ⑤ ㄴ, ㄷ

24

다음은 6가지 분자를 규칙에 맞게 배치하는 탐구 활동이다.

○ 6가지 분자: N_2, O_2, H_2O, HCN, NH_3, CH_4

[규칙]

○ 분자의 공유 전자쌍 수는 그 분자가 들어갈 위치에 연결된 선의 개수와 같다.
○ 분자의 쌍극자 모멘트가 0인 분자는 같은 가로줄에 배치한다.

[분자의 배치도]

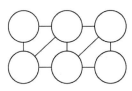

이에 대한 설명으로 옳은 것만을 〈보기〉에서 있는 대로 고른 것은?

〈 보기 〉
ㄱ. H_2O과 O_2는 이웃하지 않는다.
ㄴ. NH_3와 HCN는 같은 세로줄에 위치한다.
ㄷ. 입체 구조인 분자는 같은 가로줄에 위치한다.

① ㄱ   ② ㄴ   ③ ㄱ, ㄷ   ④ ㄴ, ㄷ   ⑤ ㄱ, ㄴ, ㄷ

25

표는 2주기 원소 X~Z로 이루어진 3가지 분자에 대한 자료이다.

분자	X_2	XY_3	YXZ
원자가 전자 수 합	a	26	$a+8$

이에 대한 설명으로 옳은 것만을 〈보기〉에서 있는 대로 고른 것은? (단, X~Z는 임의의 원소 기호이며, 분자 내에서 모든 원자는 옥텟 규칙을 만족한다.) [3점]

〈 보기 〉
ㄱ. $a=12$이다.
ㄴ. XY_3에는 극성 공유 결합이 있다.
ㄷ. YXZ에서 X는 부분적인 양전하(δ^+)를 띤다.

① ㄱ   ② ㄴ   ③ ㄱ, ㄷ   ④ ㄴ, ㄷ   ⑤ ㄱ, ㄴ, ㄷ

26

표는 원소 W~Z로 구성된 3가지 분자에 대한 자료이다. W~Z는 C, N, O, F을 순서 없이 나타낸 것이고, 분자에서 모든 원자는 옥텟 규칙을 만족한다.

분자	WX_2	YZ_3	YWZ
중심 원자	W	Y	W
전체 구성 원자의 원자가 전자 수 합	㉠	26	16

이에 대한 설명으로 옳은 것만을 〈보기〉에서 있는 대로 고른 것은? [3점]

〈 보기 〉
ㄱ. X는 F이다.
ㄴ. YWZ의 비공유 전자쌍 수는 4이다.
ㄷ. ㉠은 16이다.

① ㄱ   ② ㄷ   ③ ㄱ, ㄴ   ④ ㄴ, ㄷ   ⑤ ㄱ, ㄴ, ㄷ

27

표는 2주기 원소 W ~ Z로 이루어진 분자 (가) ~ (다)에 대한 자료이다. (가) ~ (다)의 분자당 구성 원자 수는 3이고, 원자 번호는 W < X이다. (가) ~ (다)에서 모든 원자는 옥텟 규칙을 만족한다.

분자	(가)	(나)	(다)
구성 원소	W, X, Z	W, Y	Y, Z
분자를 구성하는 원자의 원자가 전자 수 합	16	16	20

이에 대한 설명으로 옳은 것만을 〈보기〉에서 있는 대로 고른 것은? (단, W ~ Z는 임의의 원소 기호이다.) [3점]

─〈 보기 〉─
ㄱ. (가)에는 극성 공유 결합이 있다.
ㄴ. (나)는 극성 분자이다.
ㄷ. (다)에서 Y는 부분적인 음전하(δ^-)를 띤다.

① ㄱ   ② ㄴ   ③ ㄱ, ㄷ   ④ ㄴ, ㄷ   ⑤ ㄱ, ㄴ, ㄷ

28

표는 2주기 원소 X ~ Z로 구성된 분자 (가) ~ (다)에 대한 자료이다. (가) ~ (다)에서 X ~ Z는 옥텟 규칙을 만족한다.

분자	구성 원자	구성 원자 수	구성 원자의 원자가 전자 수의 합
(가)	X, Y, Z	3	16
(나)	X, Y	4	26
(다)	X, Z	5	32

(가) ~ (다)에 대한 옳은 설명만을 〈보기〉에서 있는 대로 고른 것은? (단, X ~ Z는 임의의 원소 기호이다.)

─〈 보기 〉─
ㄱ. (가)의 분자 모양은 직선형이다.
ㄴ. 중심 원자의 비공유 전자쌍 수는 (나) > (다)이다.
ㄷ. 모든 구성 원자가 동일 평면에 있는 분자는 1가지이다.

① ㄱ   ② ㄷ   ③ ㄱ, ㄴ   ④ ㄴ, ㄷ   ⑤ ㄱ, ㄴ, ㄷ

한눈에 정리하는
평가원 기출 경향

주제 \ 학년도	**2025**	**2024**

빈출

가역 반응과 동적 평형

2025

35 2025학년도 (수능) 화I 5번

그림은 밀폐된 진공 용기에 $H_2O(l)$을 넣은 후 시간이 t_1일 때 A와 B를 나타낸 것이다. A와 B는 각각 H_2O의 증발 속도와 응축 속도 중 하나이고, t_2일 때 $H_2O(l)$과 $H_2O(g)$는 동적 평형 상태에 도달하였다.
이에 대한 설명으로 옳은 것만을 〈보기〉에서 있는 대로 고른 것은? (단, 온도는 25 °C로 일정하다.)

〈보기〉
ㄱ. A는 H_2O의 응축 속도이다.
ㄴ. t_1일 때 $H_2O(g)$가 $H_2O(l)$로 되는 반응은 일어나지 않는다.
ㄷ. $\dfrac{B}{A}$는 t_2일 때가 t_1일 때보다 크다.

① ㄱ ② ㄴ ③ ㄱ, ㄴ ④ ㄱ, ㄷ ⑤ ㄴ, ㄷ

---

26 대표 문제 2025학년도 9월 (모평) 화I 6번

그림 (가)는 밀폐된 진공 플라스크에 H_2O 분자을 넣은 후 시간에 따른 H_2O 분자의 증발과 응축을 모형으로, (나)는 (가)에서 시간에 따른 플라스크 속 ⑦ 분자 수를 나타낸 것이다. (가)에서 I과 (나)에서 t_1일 때 모습을 나타낸 것이고, t_2일 때 $H_2O(l)$과 $H_2O(g)$는 동적 평형 상태에 도달하였다. ⑦은 $H_2O(l)$과 $H_2O(g)$ 중 하나이다.

이에 대한 설명으로 옳은 것만을 〈보기〉에서 있는 대로 고른 것은? (단, 온도는 일정하다.)

〈보기〉
ㄱ. ⑦은 $H_2O(g)$이다.
ㄴ. II에서 H_2O의 증발 속도 >1이다.
ㄷ. t_1일 때 $H_2O(l)$이 $H_2O(g)$가 되는 반응은 일어나지 않는다.

① ㄱ ② ㄴ ③ ㄷ ④ ㄱ, ㄴ ⑤ ㄱ, ㄷ

---

30 대표 문제 2025학년도 6월 (모평) 화I 5번

표는 서로 다른 질량의 물이 담긴 비커 (가)와 (나)에 a와 g의 고체 설탕을 각각 넣은 후, 녹지 않고 남아 있는 고체 설탕의 질량을 시간에 따라 나타낸 것이다. (가)에서는 t_1일 때, (나)에서는 t_2일 때 고체 설탕과 용해된 설탕은 동적 평형 상태에 도달하였다. $0 < t_1 < t_2$이다.

시간	0	t_1	t_2
고체 설탕의 질량(g)	(가)	a	b	x
	(나)	a		c

이에 대한 설명으로 옳은 것만을 〈보기〉에서 있는 대로 고른 것은? (단, 온도는 일정하고, 물의 증발은 무시한다.) [3점]

〈보기〉
ㄱ. $x = b$이다.
ㄴ. t_1일 때 (나)에서 설탕이 석출되는 반응은 일어나지 않는다.
ㄷ. t_1일 때 설탕의 $\dfrac{석출 속도}{용해 속도}$는 (가)에서가 (나)에서보다 크다.

① ㄱ ② ㄴ ③ ㄱ, ㄷ ④ ㄴ, ㄷ ⑤ ㄴ, ㄷ

2024

21 대표 문제 2024학년도 (수능) 화I 4번

다음은 학생 A가 수행한 탐구 활동이다.

[학습 내용]
○ 이산화 탄소(CO_2)의 상변화에 따른 동적 평형:
  $CO_2(s) \rightleftharpoons CO_2(g)$
[가설]
○ 밀폐된 용기에서 드라이아이스($CO_2(s)$)와 $CO_2(g)$가 동적 평형 상태에 도달하면   ⑦
[탐구 과정]
○ −70 °C에서 밀폐된 진공 용기에 $CO_2(s)$를 넣고, 온도를 −70 °C로 유지하며 시간에 따른 $CO_2(s)$의 질량을 측정한다.
[탐구 결과]
○ t_1일 때 동적 평형 상태에 도달하였고, 시간에 따른 $CO_2(s)$의 질량은 그림과 같았다.

[결론]
○ 가설은 옳다.

학생 A의 결론이 타당할 때, 이에 대한 설명으로 옳은 것만을 〈보기〉에서 있는 대로 고른 것은?

〈보기〉
ㄱ. '$CO_2(s)$의 질량이 변하지 않는다.'는 ⑦으로 적절하다.
ㄴ. t_1일 때 $\dfrac{CO_2(g)$가 $CO_2(s)$로 승화되는 속도}{CO_2(s)$가 $CO_2(g)$로 승화되는 속도} = 1이다.
ㄷ. t_1일 때 $CO_2(s)$가 $CO_2(g)$로 승화되는 반응은 일어나지 않는다.

① ㄱ ② ㄴ ③ ㄷ ④ ㄱ, ㄴ ⑤ ㄱ, ㄷ

---

18 2024학년도 9월 (모평) 화I 5번

그림 (가)는 −70 °C에서 밀폐된 진공 용기에 $CO_2(s)$을 넣은 후 시간에 따른 용기 속 ⑦의 양(mol)을, (나)는 t_3일 때 용기 속 상태이다. ⑦은 $CO_2(s)$와 $CO_2(g)$ 중 하나이고, t_3일 때 $CO_2(s)$와 $CO_2(g)$는 동적 평형 상태에 도달하였다.

이에 대한 설명으로 옳은 것만을 〈보기〉에서 있는 대로 고른 것은? (단, 온도는 일정하다.)

〈보기〉
ㄱ. ⑦은 $CO_2(s)$이다.
ㄴ. t_1일 때 $\dfrac{CO_2(g)$가 $CO_2(s)$로 승화되는 속도}{CO_2(s)$가 $CO_2(g)$로 승화되는 속도} >1이다.
ㄷ. $CO_2(g)$의 양(mol)은 t_1일 때가 t_2일 때가 같다.

① ㄱ ② ㄴ ③ ㄱ, ㄷ ④ ㄴ, ㄷ ⑤ ㄱ, ㄴ, ㄷ

---

04 2024학년도 6월 (모평) 화I 5번

표는 25 °C에서 밀폐된 진공 용기에 $I_2(s)$를 넣은 후 시간에 따른 $I_2(g)$의 양(mol)에 대한 자료이다. 2t일 때 $I_2(s)$과 $I_2(g)$은 동적 평형 상태에 도달하였고, $b > a > 0$이다. 그림은 2t일 때 용기 안의 상태를 나타낸 것이다.

시간	t	2t	3t
$I_2(g)$의 양(mol)	a	b	x

이에 대한 설명으로 옳은 것만을 〈보기〉에서 있는 대로 고른 것은? (단, 온도는 25 °C로 일정하다.)

〈보기〉
ㄱ. $x > a$이다.
ㄴ. t일 때 $I_2(g)$이 $I_2(s)$으로 승화되는 반응은 일어나지 않는다.
ㄷ. 2t일 때 $\dfrac{I_2(s)$이 $I_2(g)$으로 승화되는 속도}{I_2(g)$이 $I_2(s)$으로 승화되는 속도} = 1이다.

① ㄱ ② ㄴ ③ ㄱ, ㄷ ④ ㄴ, ㄷ ⑤ ㄱ, ㄴ, ㄷ

산 염기 정의

2023

2022 ～ 2019

16
2023학년도 수능 화Ⅰ 7번

그림은 온도가 다른 두 밀폐된 진공 용기 (가)와 (나)에 각각 같은 양(mol)의 $H_2O(l)$을 넣은 후 시간에 따른 $\frac{H_2O(l)의 양(mol)}{H_2O(g)의 양(mol)}$을 나타낸 것이다. (가)에서는 t_2일 때, (나)에서는 t_3일 때 $H_2O(l)$과 $H_2O(g)$는 동적 평형 상태에 도달하였다. $0 < t_1 < t_2 < t_3$이다.

이에 대한 설명으로 옳은 것만을 〈보기〉에서 있는 대로 고른 것은? (단, 두 용기의 온도는 각각 일정하다.)

〈보기〉
ㄱ. (가)에서 $H_2O(g)$의 양(mol)은 t_3일 때가 t_1일 때보다 작다.
ㄴ. (나)에서 t_1일 때 $H_2O(l)$로 되는 반응은 일어나지 않는다.
ㄷ. t_1일 때 H_2O의 증발 속도 는 (가)에서가 (나)에서보다 크다.

① ㄱ ② ㄴ ③ ㄷ ④ ㄱ, ㄴ ⑤ ㄴ, ㄷ

07
2022학년도 수능 화Ⅰ 6번

표는 밀폐된 진공 용기 안에 $H_2O(l)$을 넣은 후 시간에 따른 $H_2O(g)$의 양(mol)을 나타낸 것이다. $0 < t_1 < t_2 < t_3$이고, t_3일 때 $H_2O(l)$과 $H_2O(g)$는 동적 평형 상태에 도달하였다.

시간	t_1	t_2	t_3
$H_2O(g)$의 양(mol)	a	b	

이에 대한 설명으로 옳은 것만을 〈보기〉에서 있는 대로 고른 것은? (단, 온도는 일정하다.)

〈보기〉
ㄱ. $b > a$이다.
ㄴ. 응축 속도는 t_2일 때가 t_1일 때보다 크다.
ㄷ. 용기 내 $H_2O(l)$의 양(mol)은 t_1일 때와 t_3일 때가 같다.

① ㄱ ② ㄷ ③ ㄱ, ㄴ ④ ㄴ, ㄷ ⑤ ㄱ, ㄴ, ㄷ

22
2022학년도 9월 모평 화Ⅰ 5번

그림은 밀폐된 진공 용기 안에 $H_2O(l)$을 넣은 후 시간에 따른 $\frac{H_2O(l)의 양(mol)}{H_2O(g)의 양(mol)}$을 나타낸 것이다. 시간이 t_2일 때 $H_2O(l)$과 $H_2O(g)$는 동적 평형 상태에 도달하였다.

이에 대한 설명으로 옳은 것만을 〈보기〉에서 있는 대로 고른 것은? (단, 온도는 일정하다.)

〈보기〉
ㄱ. H_2O의 상변화는 가역 반응이다.
ㄴ. t_1일 때 $\frac{H_2O(l)의 증발 속도}{H_2O(g)의 응축 속도} = 1$이다.
ㄷ. $\frac{t_2일 때 H_2O(g)의 양(mol)}{t_1일 때 H_2O의 양(mol)} < 1$이다.

① ㄱ ② ㄴ ③ ㄱ, ㄷ ④ ㄴ, ㄷ ⑤ ㄱ, ㄴ, ㄷ

02
2022학년도 6월 모평 화Ⅰ 5번

표는 밀폐된 진공 용기 안에 $H_2O(l)$을 넣은 후 시간에 따른 $H_2O(l)$과 $H_2O(g)$의 양에 대한 자료이다. $0 < t_1 < t_2 < t_3$이고, t_3일 때 $H_2O(l)$과 $H_2O(g)$는 동적 평형 상태에 도달하였다.

시간	t_1	t_2	t_3
$H_2O(l)$의 양(mol)	a	b	b
$H_2O(g)$의 양(mol)	c	d	

이에 대한 설명으로 옳은 것만을 〈보기〉에서 있는 대로 고른 것은? (단, 온도는 일정하다.) [3점]

〈보기〉
ㄱ. t_1일 때 $\frac{응축 속도}{증발 속도} < 1$이다.
ㄴ. t_2일 때 $H_2O(l)$이 $H_2O(g)$가 되는 반응은 일어나지 않는다.
ㄷ. $\frac{a}{c} = \frac{b}{d}$이다.

① ㄱ ② ㄴ ③ ㄱ, ㄷ ④ ㄴ, ㄷ ⑤ ㄱ, ㄴ, ㄷ

11
2023학년도 9월 모평 화Ⅰ 7번

표는 밀폐된 진공 용기에 $H_2O(l)$을 넣은 후 시간에 따른 $\frac{B}{A}$를 나타낸 것이다. A와 B는 각각 H_2O의 증발 속도와 응축 속도 중 하나이고, t_3일 때 $H_2O(l)$과 $H_2O(g)$는 동적 평형 상태에 도달하였다. $x > y$이고, $0 < t_1 < t_2 < t_3$이다.

시간	t_1	t_2	t_3
$\frac{B}{A}$	x	y	z

이에 대한 설명으로 옳은 것만을 〈보기〉에서 있는 대로 고른 것은? (단, 온도는 일정하다.)

〈보기〉
ㄱ. $x > 1$이다.
ㄴ. B는 H_2O의 응축 속도이다.
ㄷ. $y = z$이다.

① ㄱ ② ㄴ ③ ㄷ ④ ㄴ, ㄷ ⑤ ㄱ, ㄴ, ㄷ

12
2021학년도 수능 화Ⅰ 6번

표는 밀폐된 진공 용기 안에 $X(l)$을 넣은 후 시간에 따른 $\frac{응축 속도}{증발 속도}$와 $\frac{X(g)의 양(mol)}{X(l)의 양(mol)}$에 대한 자료이다. $0 < t_1 < t_2 < t_3$이고, $c > 1$이다.

시간	t_1	t_2	t_3
$\frac{응축 속도}{증발 속도}$	a	b	1
$\frac{X(g)의 양(mol)}{X(l)의 양(mol)}$		1	c

이에 대한 설명으로 옳은 것만을 〈보기〉에서 있는 대로 고른 것은? (단, 온도는 일정하다.)

〈보기〉
ㄱ. $a < 1$이다.
ㄴ. $b = 1$이다.
ㄷ. t_3일 때, $X(l)$과 $X(g)$는 동적 평형을 이루고 있다.

① ㄱ ② ㄷ ③ ㄱ, ㄴ ④ ㄴ, ㄷ ⑤ ㄱ, ㄴ, ㄷ

28
2021학년도 9월 모평 화Ⅰ 11번

다음은 설탕의 용해에 대한 실험이다.

[실험 과정]
(가) 25 ℃의 물이 담긴 비커에 충분한 양의 설탕을 넣고 유리 막대로 저어준다.
(나) 시간에 따른 비커 속 고체 설탕의 양을 관찰하고 설탕 수용액의 몰 농도(M)를 측정한다.

[실험 결과]

시간	t	$4t$	$8t$
관찰 결과			
설탕 수용액의 몰 농도(M)	$\frac{2}{3}a$	a	

○ $4t$일 때 설탕 수용액은 용해 평형에 도달하였다.

이에 대한 설명으로 옳은 것만을 〈보기〉에서 있는 대로 고른 것은? (단, 온도는 25 ℃로 일정하고, 물의 증발은 무시한다.)

〈보기〉
ㄱ. t일 때 설탕의 석출 속도는 0이다.
ㄴ. $4t$일 때 설탕의 용해 속도는 석출 속도보다 크다.
ㄷ. 녹지 않고 남아 있는 설탕의 질량은 $4t$일 때와 $8t$일 때가 같다.

① ㄴ ② ㄷ ③ ㄱ, ㄴ ④ ㄱ, ㄷ ⑤ ㄴ, ㄷ

01
2021학년도 6월 모평 화Ⅰ 16번

표는 밀폐된 용기에 $H_2O(l)$을 넣은 후 시간에 따른 H_2O의 증발 속도와 응축 속도에 대한 자료이고, $a > b > 0$이다. 그림은 시간이 $2t$일 때 용기 안의 상태를 나타낸 것이다.

시간	t	$2t$	$4t$
증발 속도	a	a	a
응축 속도	b	a	x

이에 대한 설명으로 옳은 것만을 〈보기〉에서 있는 대로 고른 것은? (단, 온도는 일정하다.) [3점]

〈보기〉
ㄱ. H_2O의 상변화는 가역 반응이다.
ㄴ. 용기 내 $H_2O(l)$의 양(mol)은 t에서와 $2t$에서가 같다.
ㄷ. $x = 2a$이다.

① ㄱ ② ㄴ ③ ㄷ ④ ㄱ, ㄴ ⑤ ㄱ, ㄷ

13
2023학년도 6월 모평 화Ⅰ 6번

표는 크기가 다른 두 밀폐된 진공 용기 (가)와 (나)에 각각 $X(l)$을 넣은 후 시간에 따른 $\frac{X(l)의 양(mol)}{X(g)의 양(mol)}$을 나타낸 것이다. (가)는 $2t$일 때, (나)에서는 $3t$일 때 $X(l)$와 $X(g)$는 동적 평형 상태에 도달하였다.

시간	t	$2t$	$3t$	$4t$
$\frac{X(l)의 양(mol)}{X(g)의 양(mol)}$ (상댓값) (가)	a		1	
(나)			b	c

이에 대한 설명으로 옳은 것만을 〈보기〉에서 있는 대로 고른 것은? (단, 온도는 일정하다.)

〈보기〉
ㄱ. $a > 1$이다.
ㄴ. $b > c$이다.
ㄷ. $2t$일 때, X의 $\frac{응축 속도}{증발 속도}$는 (나)에서가 (가)에서보다 크다.

① ㄱ ② ㄴ ③ ㄷ ④ ㄱ, ㄷ ⑤ ㄴ, ㄷ

34
2022학년도 6월 모평 화Ⅰ 10번

다음은 산 염기 반응 (가)~(다)의 화학 반응식이다.

(가) $HCl(g) + H_2O(l) \longrightarrow Cl^-(aq) + H_3O^+(aq)$
(나) $HCO_3^-(aq) + H_2O(l) \longrightarrow H_2CO_3(aq) + \boxed{}(aq)$
(다) $HCO_3^-(aq) + HCl(aq) \longrightarrow H_2CO_3(aq) + Cl^-(aq)$

이에 대한 설명으로 옳은 것만을 〈보기〉에서 있는 대로 고른 것은?

〈보기〉
ㄱ. (가)에서 HCl는 수소 이온(H^+)을 내어놓는다.
ㄴ. ㉠은 OH^-이다.
ㄷ. (나)와 (다)에서 HCO_3^-은 모두 브뢴스테드·로리 염기이다.

① ㄱ ② ㄷ ③ ㄱ, ㄴ ④ ㄴ, ㄷ ⑤ ㄱ, ㄴ, ㄷ

01

표는 밀폐된 용기 안에 $H_2O(l)$을 넣은 후 시간에 따른 H_2O의 증발 속도와 응축 속도에 대한 자료이고, $a > b > 0$이다. 그림은 시간이 $2t$일 때 용기 안의 상태를 나타낸 것이다.

시간	t	$2t$	$4t$
증발 속도	a	a	a
응축 속도	b	a	x

이에 대한 설명으로 옳은 것만을 〈보기〉에서 있는 대로 고른 것은? (단, 온도는 일정하다.) [3점]

〈 보기 〉
ㄱ. H_2O의 상변화는 가역 반응이다.
ㄴ. 용기 내 $H_2O(l)$의 양(mol)은 t에서와 $2t$에서가 같다.
ㄷ. $x = 2a$이다.

① ㄱ   ② ㄴ   ③ ㄷ   ④ ㄱ, ㄴ   ⑤ ㄱ, ㄷ

02

표는 밀폐된 진공 용기 안에 $H_2O(l)$을 넣은 후 시간에 따른 $H_2O(l)$과 $H_2O(g)$의 양에 대한 자료이다. $0 < t_1 < t_2 < t_3$이고, t_2일 때 $H_2O(l)$과 $H_2O(g)$는 동적 평형 상태에 도달하였다.

시간	t_1	t_2	t_3
$H_2O(l)$의 양(mol)	a	b	b
$H_2O(g)$의 양(mol)	c	d	

이에 대한 설명으로 옳은 것만을 〈보기〉에서 있는 대로 고른 것은? (단, 온도는 일정하다.) [3점]

〈 보기 〉
ㄱ. t_1일 때 $\dfrac{\text{응축 속도}}{\text{증발 속도}} < 1$이다.
ㄴ. t_3일 때 $H_2O(l)$이 $H_2O(g)$가 되는 반응은 일어나지 않는다.
ㄷ. $\dfrac{a}{c} = \dfrac{b}{d}$이다.

① ㄱ   ② ㄴ   ③ ㄱ, ㄷ   ④ ㄴ, ㄷ   ⑤ ㄱ, ㄴ, ㄷ

03

표는 밀폐된 진공 용기 안에 $H_2O(l)$을 넣은 후 시간에 따른 ㉠을, 그림은 시간이 t일 때 용기 안의 상태를 나타낸 것이다. $a > b$이고, $2t$에서 동적 평형 상태에 도달하였다.

시간	t	$2t$	$3t$
㉠	a	b	b

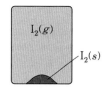

㉠으로 적절한 것만을 〈보기〉에서 있는 대로 고른 것은? (단, 온도는 일정하다.)

〈 보기 〉
ㄱ. $H_2O(l)$의 질량
ㄴ. $H_2O(g)$의 분자 수
ㄷ. $\dfrac{H_2O(g)\text{의 응축 속도}}{H_2O(l)\text{의 증발 속도}}$

① ㄱ   ② ㄴ   ③ ㄱ, ㄷ   ④ ㄴ, ㄷ   ⑤ ㄱ, ㄴ, ㄷ

04

표는 $25\,^\circ C$에서 밀폐된 진공 용기에 $I_2(s)$를 넣은 후 시간에 따른 $I_2(g)$의 양(mol)에 대한 자료이다. $2t$일 때 $I_2(s)$과 $I_2(g)$은 동적 평형 상태에 도달하였고, $b > a > 0$이다. 그림은 $2t$일 때 용기 안의 상태를 나타낸 것이다.

시간	t	$2t$	$3t$
$I_2(g)$의 양(mol)	a	b	x

이에 대한 설명으로 옳은 것만을 〈보기〉에서 있는 대로 고른 것은? (단, 온도는 $25\,^\circ C$로 일정하다.)

〈 보기 〉
ㄱ. $x > a$이다.
ㄴ. t일 때 $I_2(g)$이 $I_2(s)$으로 승화되는 반응은 일어나지 않는다.
ㄷ. $2t$일 때 $\dfrac{I_2(s)\text{이 } I_2(g)\text{으로 승화되는 속도}}{I_2(g)\text{이 } I_2(s)\text{으로 승화되는 속도}} = 1$이다.

① ㄱ   ② ㄴ   ③ ㄱ, ㄷ   ④ ㄴ, ㄷ   ⑤ ㄱ, ㄴ, ㄷ

05

다음은 학생 A가 동적 평형을 학습한 후 수행한 탐구 활동이다.

[가설]

○ 밀폐된 진공 용기 안에 $H_2O(l)$을 넣으면, 일정한 시간이 지난 후 $H_2O(l)$과 $H_2O(g)$는 동적 평형에 도달한다.

[탐구 과정]

○ 밀폐된 진공 용기 안에 $H_2O(l)$을 넣은 후, 시간에 따른 $H_2O(l)$의 양(mol)을 구하고 증발 속도와 응축 속도를 비교하여 동적 평형 상태에 도달하였는지 확인한다.

[탐구 결과]

시간	t_1	t_2	t_3
$H_2O(l)$의 양(mol)	$1.5n$	$1.2n$	

○ $0 < t_1 < t_2 < t_3$이다.

○ t_2일 때 $\dfrac{응축\ 속도}{증발\ 속도} = 1$이다.

[결론]

○ 가설은 옳다.

학생 A의 결론이 타당할 때, 이에 대한 설명으로 옳은 것만을 〈보기〉에서 있는 대로 고른 것은? (단, 온도는 일정하다.)

〈 보기 〉

ㄱ. t_1일 때 증발 속도는 응축 속도보다 크다.

ㄴ. t_2일 때 용기 내에서 $H_2O(l)$과 $H_2O(g)$는 동적 평형을 이루고 있다.

ㄷ. t_3일 때 용기 내 $H_2O(l)$의 양은 $1.2n$ mol보다 작다.

---

① ㄱ　　② ㄷ　　③ ㄱ, ㄴ　　④ ㄴ, ㄷ　　⑤ ㄱ, ㄴ, ㄷ

06

표는 밀폐된 진공 용기 안에 $H_2O(l)$을 넣은 후 시간에 따른 X의 양(mol)을 나타낸 것이다. X는 $H_2O(l)$ 또는 $H_2O(g)$이고, $0 < t_1 < t_2 < t_3$이다. t_2일 때 $H_2O(l)$과 $H_2O(g)$는 동적 평형 상태에 도달하였다.

시간	t_1	t_2	t_3
X의 양(mol)	$1.5n$	$1.2n$	

이에 대한 설명으로 옳은 것만을 〈보기〉에서 있는 대로 고른 것은? (단, 온도는 일정하다.)

〈 보기 〉

ㄱ. X는 $H_2O(l)$이다.

ㄴ. H_2O의 $\dfrac{증발\ 속도}{응축\ 속도}$는 t_2일 때가 t_1일 때보다 작다.

ㄷ. t_3일 때 X의 양은 $1.2n$ mol보다 작다.

---

① ㄱ　　② ㄷ　　③ ㄱ, ㄴ　　④ ㄴ, ㄷ　　⑤ ㄱ, ㄴ, ㄷ

07

표는 밀폐된 진공 용기 안에 $H_2O(l)$을 넣은 후 시간에 따른 $H_2O(g)$의 양(mol)을 나타낸 것이다. $0 < t_1 < t_2 < t_3$이고, t_2일 때 $H_2O(l)$과 $H_2O(g)$는 동적 평형 상태에 도달하였다.

시간	t_1	t_2	t_3
$H_2O(g)$의 양(mol)	a	b	

이에 대한 설명으로 옳은 것만을 〈보기〉에서 있는 대로 고른 것은? (단, 온도는 일정하다.)

〈 보기 〉

ㄱ. $b > a$이다.

ㄴ. $\dfrac{응축\ 속도}{증발\ 속도}$는 t_2일 때가 t_1일 때보다 크다.

ㄷ. 용기 내 $H_2O(l)$의 양(mol)은 t_2일 때와 t_3일 때가 같다.

---

① ㄱ　　② ㄷ　　③ ㄱ, ㄴ　　④ ㄴ, ㄷ　　⑤ ㄱ, ㄴ, ㄷ

표는 밀폐된 진공 용기에 $C_2H_5OH(l)$을 넣은 후 시간에 따른 $C_2H_5OH(g)$의 양(mol)을 나타낸 것이다. t_2일 때 동적 평형 상태에 도달하였고, 이때 $\dfrac{C_2H_5OH(g)\text{의 양(mol)}}{C_2H_5OH(l)\text{의 양(mol)}} = x$이다.

시간	t_1	t_2	t_3
$C_2H_5OH(g)$의 양(mol)	a	b	b

이에 대한 옳은 설명만을 〈보기〉에서 있는 대로 고른 것은? (단, 온도는 일정하고, $0<t_1<t_2<t_3$이다.)

〈 보기 〉
ㄱ. $b>a$이다.
ㄴ. t_1일 때 $\dfrac{C_2H_5OH(g)\text{의 응축 속도}}{C_2H_5OH(l)\text{의 증발 속도}}<1$이다.
ㄷ. t_3일 때 $\dfrac{C_2H_5OH(g)\text{의 양(mol)}}{C_2H_5OH(l)\text{의 양(mol)}}>x$이다.

① ㄱ   ② ㄷ   ③ ㄱ, ㄴ   ④ ㄴ, ㄷ   ⑤ ㄱ, ㄴ, ㄷ

표는 25 °C에서 밀폐된 진공 용기에 $X(l)$를 넣은 후, $X(l)$와 $X(g)$의 질량을 시간 순서 없이 나타낸 것이다. 시간이 $2t$일 때 $X(l)$와 $X(g)$는 동적 평형 상태에 도달하였고, ㉠과 ㉡은 각각 t, $3t$ 중 하나이다.

시간	$2t$	㉠	㉡
$X(l)$의 질량(g)	a	a	b
$X(g)$의 질량(g)	c		d

이에 대한 옳은 설명만을 〈보기〉에서 있는 대로 고른 것은? (단, 온도는 25 °C로 일정하다.)

〈 보기 〉
ㄱ. ㉠은 $3t$이다.
ㄴ. $d>c$이다.
ㄷ. 시간이 ㉡일 때 $\dfrac{X(g)\text{의 응축 속도}}{X(l)\text{의 증발 속도}}=1$이다.

① ㄱ   ② ㄷ   ③ ㄱ, ㄴ   ④ ㄴ, ㄷ   ⑤ ㄱ, ㄴ, ㄷ

표는 밀폐된 진공 용기에 $H_2O(l)$을 넣은 후 시간에 따른 $\dfrac{H_2O(g)\text{의 양(mol)}}{H_2O(l)\text{의 양(mol)}}$을 나타낸 것이다. $0<t_1<t_2<t_3$이고, t_2일 때 $H_2O(l)$과 $H_2O(g)$는 동적 평형에 도달하였다.

시간	t_1	t_2	t_3
$\dfrac{H_2O(g)\text{의 양(mol)}}{H_2O(l)\text{의 양(mol)}}$	a	b	c

이에 대한 옳은 설명만을 〈보기〉에서 있는 대로 고른 것은? (단, 온도는 일정하다.)

〈 보기 〉
ㄱ. $c>b$이다.
ㄴ. $H_2O(g)$의 양(mol)은 t_2일 때가 t_1일 때보다 많다.
ㄷ. $\dfrac{H_2O(g)\text{의 응축 속도}}{H_2O(l)\text{의 증발 속도}}$ 는 t_1일 때가 t_3일 때보다 크다.

① ㄱ   ② ㄴ   ③ ㄱ, ㄷ   ④ ㄴ, ㄷ   ⑤ ㄱ, ㄴ, ㄷ

표는 밀폐된 진공 용기에 $H_2O(l)$을 넣은 후 시간에 따른 $\dfrac{B}{A}$를 나타낸 것이다. A와 B는 각각 H_2O의 증발 속도와 응축 속도 중 하나이고, t_2일 때 $H_2O(l)$과 $H_2O(g)$는 동적 평형 상태에 도달하였다. $x>y$이고, $0<t_1<t_2<t_3$이다.

시간	t_1	t_2	t_3
$\dfrac{B}{A}$	x	y	z

이에 대한 설명으로 옳은 것만을 〈보기〉에서 있는 대로 고른 것은? (단, 온도는 일정하다.)

〈 보기 〉
ㄱ. $x>1$이다.
ㄴ. B는 H_2O의 응축 속도이다.
ㄷ. $y=z$이다.

① ㄱ   ② ㄴ   ③ ㄱ, ㄷ   ④ ㄴ, ㄷ   ⑤ ㄱ, ㄴ, ㄷ

12

표는 밀폐된 진공 용기 안에 $X(l)$를 넣은 후 시간에 따른 X의 $\dfrac{\text{응축 속도}}{\text{증발 속도}}$

와 $\dfrac{X(g)\text{의 양(mol)}}{X(l)\text{의 양(mol)}}$에 대한 자료이다. $0<t_1<t_2<t_3$이고, $c>1$이다.

시간	t_1	t_2	t_3
$\dfrac{\text{응축 속도}}{\text{증발 속도}}$	a	b	1
$\dfrac{X(g)\text{의 양(mol)}}{X(l)\text{의 양(mol)}}$		1	c

이에 대한 설명으로 옳은 것만을 〈보기〉에서 있는 대로 고른 것은? (단, 온도는 일정하다.)

〈 보기 〉
ㄱ. $a<1$이다.
ㄴ. $b=1$이다.
ㄷ. t_2일 때, $X(l)$와 $X(g)$는 동적 평형을 이루고 있다.

① ㄱ   ② ㄴ   ③ ㄱ, ㄷ   ④ ㄴ, ㄷ   ⑤ ㄱ, ㄴ, ㄷ

14

표는 부피가 다른 밀폐된 진공 용기 (가)와 (나)에 각각 같은 양(mol)의 $X(l)$를 넣은 후 시간에 따른 $\dfrac{X(g)\text{의 양(mol)}}{X(l)\text{의 양(mol)}}$을 나타낸 것이다. $c>b>a$이다.

시간		t	$2t$	$3t$	$4t$
$\dfrac{X(g)\text{의 양(mol)}}{X(l)\text{의 양(mol)}}$	(가)	a	b	b	
	(나)		b	c	c

이에 대한 옳은 설명만을 〈보기〉에서 있는 대로 고른 것은? (단, 온도는 일정하다.)

〈 보기 〉
ㄱ. (가)에서 $X(g)$의 양(mol)은 $2t$일 때가 t일 때보다 크다.
ㄴ. $X(l)$와 $X(g)$가 동적 평형에 도달하는 데 걸린 시간은 (나)> (가)이다.
ㄷ. (가)에서 $4t$일 때 $\dfrac{X(g)\text{의 응축 속도}}{X(l)\text{의 증발 속도}}>1$이다.

① ㄱ   ② ㄷ   ③ ㄱ, ㄴ   ④ ㄴ, ㄷ   ⑤ ㄱ, ㄴ, ㄷ

13

표는 크기가 다른 두 밀폐된 진공 용기 (가)와 (나)에 각각 $X(l)$를 넣은 후 시간에 따른 $\dfrac{X(l)\text{의 양(mol)}}{X(g)\text{의 양(mol)}}$을 나타낸 것이다. (가)에서는 $2t$일 때, (나)에서는 $3t$일 때 $X(l)$와 $X(g)$는 동적 평형 상태에 도달하였다.

시간		t	$2t$	$3t$	$4t$
$\dfrac{X(l)\text{의 양(mol)}}{X(g)\text{의 양(mol)}}$ (상댓값)	(가)	a	1		
	(나)			b	c

이에 대한 설명으로 옳은 것만을 〈보기〉에서 있는 대로 고른 것은? (단, 온도는 일정하다.)

〈 보기 〉
ㄱ. $a>1$이다.
ㄴ. $b>c$이다.
ㄷ. $2t$일 때, X의 $\dfrac{\text{응축 속도}}{\text{증발 속도}}$는 (나)에서가 (가)에서보다 크다.

① ㄱ   ② ㄴ   ③ ㄷ   ④ ㄱ, ㄷ   ⑤ ㄴ, ㄷ

15

그림은 밀폐된 진공 용기에 $X(l)$를 넣은 후 $X(g)$의 응축 속도를 시간에 따라 나타낸 것이다. 온도는 일정하고, t_2에서 $X(l)$와 $X(g)$는 동적 평형을 이루고 있다.

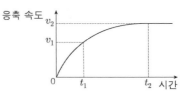

이에 대한 옳은 설명만을 〈보기〉에서 있는 대로 고른 것은?

〈 보기 〉
ㄱ. t_1에서 $X(l)$의 증발 속도는 v_1보다 크다.
ㄴ. t_2에서 $X(l)$의 증발이 일어나지 않는다.
ㄷ. $X(g)$의 양(mol)은 t_2에서가 t_1에서보다 크다.

① ㄱ   ② ㄷ   ③ ㄱ, ㄴ   ④ ㄱ, ㄷ   ⑤ ㄴ, ㄷ

16

그림은 온도가 다른 두 밀폐된 진공 용기 (가)와 (나)에 각각 같은 양 (mol)의 $H_2O(l)$을 넣은 후 시간에 따른 $\dfrac{H_2O(l)의 양(mol)}{H_2O(g)의 양(mol)}$을 나타낸 것이다. (가)에서는 t_2일 때, (나)에서는 t_3일 때 $H_2O(l)$과 $H_2O(g)$는 동적 평형 상태에 도달하였다. $0<t_1<t_2<t_3$이다.

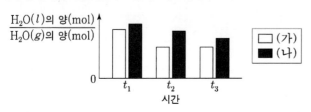

이에 대한 설명으로 옳은 것만을 〈보기〉에서 있는 대로 고른 것은? (단, 두 용기의 온도는 각각 일정하다.)

〈 보기 〉
ㄱ. (가)에서 $H_2O(g)$의 양(mol)은 t_2일 때가 t_1일 때보다 많다.
ㄴ. (나)에서 t_3일 때 $H_2O(g)$가 $H_2O(l)$로 되는 반응은 일어나지 않는다.
ㄷ. t_2일 때 H_2O의 $\dfrac{증발\ 속도}{응축\ 속도}$는 (가)에서가 (나)에서보다 크다.

① ㄱ   ② ㄴ   ③ ㄷ   ④ ㄱ, ㄴ   ⑤ ㄱ, ㄷ

17

그림은 밀폐된 진공 용기 안에 $X(l)$를 넣은 후 X의 증발과 응축이 일어날 때, 시간 t_1, t_2, t_3에서의 물질의 양(mol)을 나타낸 것이다. $0<t_1<t_2<t_3$이고 t_3일 때 동적 평형 상태이다. A와 B는 각각 $X(l)$와 $X(g)$ 중 하나이다.

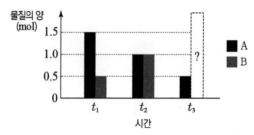

이에 대한 설명으로 옳은 것만을 〈보기〉에서 있는 대로 고른 것은? (단, 온도는 일정하다.)

〈 보기 〉
ㄱ. A는 $X(l)$이다.
ㄴ. t_2에서 $\dfrac{응축\ 속도}{증발\ 속도}=1$이다.
ㄷ. t_3에서 B의 양은 0.5 mol이다.

① ㄱ   ② ㄷ   ③ ㄱ, ㄴ   ④ ㄴ, ㄷ   ⑤ ㄱ, ㄴ, ㄷ

18

그림 (가)는 $-70\ ℃$에서 밀폐된 진공 용기에 드라이아이스($CO_2(s)$)를 넣은 후 시간에 따른 용기 속 ㉠의 양(mol)을, (나)는 t_3일 때 용기 속 상태를 나타낸 것이다. ㉠은 $CO_2(s)$와 $CO_2(g)$ 중 하나이고, t_2일 때 $CO_2(s)$와 $CO_2(g)$는 동적 평형 상태에 도달하였다.

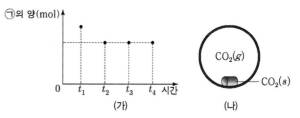

이에 대한 설명으로 옳은 것만을 〈보기〉에서 있는 대로 고른 것은? (단, 온도는 일정하다.)

〈 보기 〉
ㄱ. ㉠은 $CO_2(s)$이다.
ㄴ. t_1일 때 $\dfrac{CO_2(g)가\ CO_2(s)로\ 승화되는\ 속도}{CO_2(s)가\ CO_2(g)로\ 승화되는\ 속도}>1$이다.
ㄷ. $CO_2(g)$의 양(mol)은 t_3일 때와 t_4일 때가 같다.

① ㄱ   ② ㄴ   ③ ㄱ, ㄷ   ④ ㄴ, ㄷ   ⑤ ㄱ, ㄴ, ㄷ

19

표는 $-70\ ^{\circ}C$에서 밀폐된 진공 용기에 드라이아이스($CO_2(s)$)를 넣은 후 시간에 따른 $CO_2(g)$의 양(mol)에 대한 자료이다. $2t$일 때 $CO_2(s)$와 $CO_2(g)$는 동적 평형 상태에 도달하였고, $t > 0$이다.

시간	t	$2t$	$3t$
$CO_2(g)$의 양(mol)	a		b

이에 대한 설명으로 옳은 것만을 〈보기〉에서 있는 대로 고른 것은? (단, 온도는 $-70\ ^{\circ}C$로 일정하다.)

〈 보기 〉
ㄱ. $a > b$이다.

ㄴ. $\dfrac{CO_2(g)가\ CO_2(s)로\ 승화되는\ 속도}{CO_2(s)가\ CO_2(g)로\ 승화되는\ 속도}$ 는 t일 때가 $2t$일 때보다 작다.

ㄷ. $3t$일 때 $CO_2(s)$가 $CO_2(g)$로 승화되는 반응은 일어나지 않는다.

① ㄱ   ② ㄴ   ③ ㄱ, ㄷ   ④ ㄴ, ㄷ   ⑤ ㄱ, ㄴ, ㄷ

20

표는 $-70\ ^{\circ}C$에서 밀폐된 진공 용기에 드라이아이스($CO_2(s)$)를 넣은 후 시간에 따른 $CO_2(g)$의 양(mol)에 대한 자료이다. $2t$일 때 $CO_2(s)$와 $CO_2(g)$는 동적 평형 상태에 도달하였다.

시간	t	$2t$	$3t$
$CO_2(g)$의 양(mol)	a	b	b

이에 대한 옳은 설명만을 〈보기〉에서 있는 대로 고른 것은? (단, 온도는 일정하다.)

〈 보기 〉
ㄱ. $CO_2(s)$가 $CO_2(g)$로 되는 반응은 가역 반응이다.

ㄴ. $a > b$이다.

ㄷ. $3t$일 때 $\dfrac{CO_2(g)가\ CO_2(s)로\ 승화되는\ 속도}{CO_2(s)가\ CO_2(g)로\ 승화되는\ 속도} > 1$이다.

① ㄱ   ② ㄷ   ③ ㄱ, ㄴ   ④ ㄴ, ㄷ   ⑤ ㄱ, ㄴ, ㄷ

21 대표 문제

다음은 학생 A가 수행한 탐구 활동이다.

[학습 내용]
ㅇ 이산화 탄소(CO_2)의 상변화에 따른 동적 평형:
$$CO_2(s) \rightleftharpoons CO_2(g)$$

[가설]
ㅇ 밀폐된 용기에서 드라이아이스($CO_2(s)$)와 $CO_2(g)$가 동적 평형 상태에 도달하면 ⊙

[탐구 과정]
ㅇ $-70\ ^{\circ}C$에서 밀폐된 진공 용기에 $CO_2(s)$를 넣고, 온도를 $-70\ ^{\circ}C$로 유지하며 시간에 따른 $CO_2(s)$의 질량을 측정한다.

[탐구 결과]
ㅇ t_2일 때 동적 평형 상태에 도달하였고, 시간에 따른 $CO_2(s)$의 질량은 그림과 같았다.

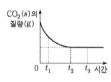

[결론]
ㅇ 가설은 옳다.

학생 A의 결론이 타당할 때, 이에 대한 설명으로 옳은 것만을 〈보기〉에서 있는 대로 고른 것은?

〈 보기 〉
ㄱ. '$CO_2(s)$의 질량이 변하지 않는다.'는 ⊙으로 적절하다.

ㄴ. t_1일 때 $\dfrac{CO_2(g)가\ CO_2(s)로\ 승화되는\ 속도}{CO_2(s)가\ CO_2(g)로\ 승화되는\ 속도} < 1$이다.

ㄷ. t_3일 때 $CO_2(s)$가 $CO_2(g)$로 승화되는 반응은 일어나지 않는다.

① ㄱ   ② ㄴ   ③ ㄷ   ④ ㄱ, ㄴ   ⑤ ㄱ, ㄷ

22

그림은 밀폐된 진공 용기 안에 $H_2O(l)$을 넣은 후 시간에 따른 $\dfrac{H_2O(l)\text{의 양(mol)}}{H_2O(g)\text{의 양(mol)}}$ 을 나타낸 것이다. 시간이 t_2일 때 $H_2O(l)$과 $H_2O(g)$는 동적 평형 상태에 도달하였다.

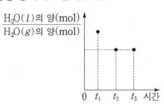

이에 대한 설명으로 옳은 것만을 〈보기〉에서 있는 대로 고른 것은? (단, 온도는 일정하다.)

〈 보기 〉
ㄱ. H_2O의 상변화는 가역 반응이다.

ㄴ. t_1일 때 $\dfrac{H_2O(l)\text{의 증발 속도}}{H_2O(g)\text{의 응축 속도}}=1$이다.

ㄷ. $\dfrac{t_3\text{일 때 } H_2O(g)\text{의 양(mol)}}{t_2\text{일 때 } H_2O(g)\text{의 양(mol)}}<1$이다.

① ㄱ　　　② ㄴ　　　③ ㄱ, ㄷ　　　④ ㄴ, ㄷ　　　⑤ ㄱ, ㄴ, ㄷ

23

그림은 밀폐된 진공 용기 안에 $H_2O(l)$을 넣은 모습을 나타낸 것이다. 시간이 t일 때 $H_2O(l)$과 $H_2O(g)$는 동적 평형 상태에 도달하였다.

다음 중 시간에 따른 용기 속 $\dfrac{H_2O(g)\text{의 질량}}{H_2O(l)\text{의 질량}}(a)$을 나타낸 것으로 가장 적절한 것은? (단, 온도는 일정하다.)

24

그림은 물에 $X(s)$ w g을 넣었을 때, 시간에 따른 용해된 X의 질량을 나타낸 것이다. $w>a$이다.

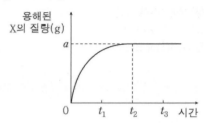

이에 대한 옳은 설명만을 〈보기〉에서 있는 대로 고른 것은? (단, 온도는 일정하고, X의 용해에 따른 수용액의 부피 변화와 물의 증발은 무시한다.)

〈 보기 〉
ㄱ. X의 석출 속도는 t_1일 때와 t_2일 때가 같다.

ㄴ. X(aq)의 몰 농도는 t_3일 때가 t_1일 때보다 크다.

ㄷ. 녹지 않고 남아 있는 X(s)의 질량은 t_2일 때가 t_3일 때보다 크다.

① ㄴ　　　② ㄷ　　　③ ㄱ, ㄴ　　　④ ㄱ, ㄷ　　　⑤ ㄴ, ㄷ

25

그림은 밀폐된 진공 용기 안에 $X(l)$를 넣은 후 시간에 따른 $\dfrac{\text{ⓛ의 양(mol)}}{\text{ⓝ의 양(mol)}}$ 을 나타낸 것이다. ⓝ과 ⓛ은 각각 $X(l)$와 $X(g)$ 중 하나이다.

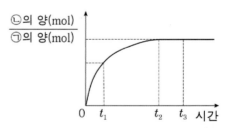

이에 대한 옳은 설명만을 〈보기〉에서 있는 대로 고른 것은? (단, 온도는 일정하다.)

〈 보기 〉
ㄱ. ⓛ은 $X(l)$이다.

ㄴ. $X(g)$의 양(mol)은 t_2일 때가 t_1일 때보다 많다.

ㄷ. t_3일 때 $\dfrac{X(g)\text{의 응축 속도}}{X(l)\text{의 증발 속도}}>1$이다.

① ㄱ　　　② ㄴ　　　③ ㄱ, ㄷ　　　④ ㄴ, ㄷ　　　⑤ ㄱ, ㄴ, ㄷ

그림 (가)는 밀폐된 진공 플라스크에 $H_2O(l)$을 넣은 후 시간에 따른 H_2O 분자의 증발과 응축을 모형으로, (나)는 (가)에서 시간에 따른 플라스크 속 ㉠ 분자 수를 나타낸 것이다. (가)에서 Ⅲ은 (나)에서 t_1일 때 모습을 나타낸 것이고, t_1일 때 $H_2O(l)$과 $H_2O(g)$는 동적 평형 상태에 도달하였다. ㉠은 $H_2O(l)$과 $H_2O(g)$ 중 하나이다.

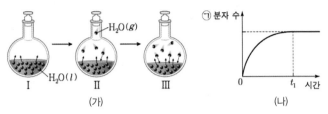

(가)   (나)

이에 대한 설명으로 옳은 것만을 〈보기〉에서 있는 대로 고른 것은? (단, 온도는 일정하다.)

〈 보기 〉
ㄱ. ㉠은 $H_2O(g)$이다.

ㄴ. Ⅱ에서 H_2O의 $\dfrac{증발\ 속도}{응축\ 속도} > 1$이다.

ㄷ. t_1일 때 $H_2O(l)$이 $H_2O(g)$가 되는 반응은 일어나지 않는다.

① ㄱ   ② ㄴ   ③ ㄷ   ④ ㄱ, ㄴ   ⑤ ㄱ, ㄷ

그림 (가)는 설탕 수용액이 용해 평형에 도달한 모습을, (나)는 (가)의 수용액에 설탕을 추가로 넣은 모습을, (다)는 (나)의 수용액이 충분한 시간이 흐른 후의 모습을 나타낸 것이다.

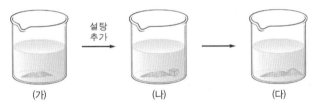

(가)   (나)   (다)

이에 대한 설명으로 옳은 것만을 〈보기〉에서 있는 대로 고른 것은? (단, 온도는 일정하고, 물의 증발은 무시한다.) [3점]

〈 보기 〉
ㄱ. (나)에서 설탕은 용해되지 않는다.

ㄴ. $\dfrac{설탕의\ 용해\ 속도}{설탕의\ 석출\ 속도}$ 는 (가)에서와 (다)에서가 같다.

ㄷ. 수용액에 녹아 있는 설탕의 질량은 (다)에서가 (나)에서보다 크다.

① ㄴ   ② ㄷ   ③ ㄱ, ㄴ   ④ ㄱ, ㄷ   ⑤ ㄴ, ㄷ

다음은 설탕의 용해에 대한 실험이다.

[실험 과정]
(가) 25 ℃의 물이 담긴 비커에 충분한 양의 설탕을 넣고 유리 막대로 저어준다.

(나) 시간에 따른 비커 속 고체 설탕의 양을 관찰하고 설탕 수용액의 몰 농도(M)를 측정한다.

[실험 결과]

시간	t	$4t$	$8t$
관찰 결과			
설탕 수용액의 몰 농도(M)	$\dfrac{2}{3}a$	a	

○ $4t$일 때 설탕 수용액은 용해 평형에 도달하였다.

이에 대한 설명으로 옳은 것만을 〈보기〉에서 있는 대로 고른 것은? (단, 온도는 25 ℃로 일정하고, 물의 증발은 무시한다.)

〈 보기 〉
ㄱ. t일 때 설탕의 석출 속도는 0이다.

ㄴ. $4t$일 때 설탕의 용해 속도는 석출 속도보다 크다.

ㄷ. 녹지 않고 남아 있는 설탕의 질량은 $4t$일 때와 $8t$일 때가 같다.

① ㄴ   ② ㄷ   ③ ㄱ, ㄴ   ④ ㄱ, ㄷ   ⑤ ㄴ, ㄷ

29

그림은 t °C에서 $H_2O(l)$이 들어 있는 밀폐 용기에 $NaCl(s)$을 녹인 후 충분한 시간이 지난 상태를 나타낸 것이다.

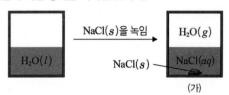

(가)

(가)에 대한 설명으로 옳은 것만을 〈보기〉에서 있는 대로 고른 것은? (단, 온도는 일정하다.) [3점]

〈 보기 〉
ㄱ. $H_2O(g)$ 분자 수는 일정하다.
ㄴ. NaCl의 용해 속도는 석출 속도보다 크다.
ㄷ. 동적 평형 상태이다.

① ㄱ   ② ㄴ   ③ ㄱ, ㄷ   ④ ㄴ, ㄷ   ⑤ ㄱ, ㄴ, ㄷ

---

30 대표 문제

표는 서로 다른 질량의 물이 담긴 비커 (가)와 (나)에 a g의 고체 설탕을 각각 넣은 후, 녹지 않고 남아 있는 고체 설탕의 질량을 시간에 따라 나타낸 것이다. (가)에서는 t_1일 때, (나)에서는 t_2일 때 고체 설탕과 용해된 설탕은 동적 평형 상태에 도달하였다. $0 < t_1 < t_2$이다.

시간		0	t_1	t_2
고체 설탕의 질량(g)	(가)	a	b	x
	(나)	a		c

이에 대한 설명으로 옳은 것만을 〈보기〉에서 있는 대로 고른 것은? (단, 온도는 일정하고, 물의 증발은 무시한다.) [3점]

〈 보기 〉
ㄱ. $x = b$이다.
ㄴ. t_1일 때 (나)에서 설탕이 석출되는 반응은 일어나지 않는다.
ㄷ. t_2일 때 설탕의 $\dfrac{\text{석출 속도}}{\text{용해 속도}}$는 (가)에서가 (나)에서보다 크다.

① ㄱ   ② ㄴ   ③ ㄱ, ㄴ   ④ ㄱ, ㄷ   ⑤ ㄴ, ㄷ

31

표는 물이 담긴 비커에 n mol의 $NaCl(s)$을 넣은 후 시간에 따른 $\dfrac{Na^+(aq)\text{의 양(mol)}}{NaCl(s)\text{의 양(mol)}}$을 나타낸 것이다. $3t$일 때 $NaCl(aq)$은 용해 평형 상태에 도달하였다.

시간	t	$2t$	$3t$
$\dfrac{Na^+(aq)\text{의 양(mol)}}{NaCl(s)\text{의 양(mol)}}$	㉠	1	

이에 대한 설명으로 옳은 것만을 〈보기〉에서 있는 대로 고른 것은? (단, 온도와 압력은 일정하고, 물의 증발은 무시한다.)

〈 보기 〉
ㄱ. ㉠ < 1이다.
ㄴ. $2t$일 때 NaCl의 용해 속도와 석출 속도는 같다.
ㄷ. $3t$일 때 $NaCl(s)$의 양은 $0.5n$ mol보다 작다.

① ㄱ   ② ㄴ   ③ ㄷ   ④ ㄱ, ㄴ   ⑤ ㄱ, ㄷ

32

다음은 적갈색의 $NO_2(g)$로부터 무색의 $N_2O_4(g)$가 생성되는 반응의 화학 반응식과 이와 관련된 실험이다.

○ 화학 반응식 : $2NO_2(g) \rightleftharpoons N_2O_4(g)$

[실험 과정 및 결과]
플라스크에 $NO_2(g)$를 넣고 마개로 막아 놓았더니 시간이 지남에 따라 기체의 색이 점점 옅어졌고, t초 이후에는 색이 변하지 않고 일정해졌다.

이에 대한 옳은 설명만을 〈보기〉에서 있는 대로 고른 것은? (단, 온도는 일정하다.)

〈 보기 〉
ㄱ. 반응 시작 후 t초까지는 전체 기체 분자 수가 증가한다.
ㄴ. t초 이후에는 $N_2O_4(g)$의 분자 수가 변하지 않는다.
ㄷ. t초 이후에는 정반응이 일어나지 않는다.

① ㄱ   ② ㄴ   ③ ㄱ, ㄷ   ④ ㄴ, ㄷ   ⑤ ㄱ, ㄴ, ㄷ

33

다음은 산 염기 반응 (가)~(다)의 화학 반응식이다.

(가) $HCl(g) + H_2O(l) \longrightarrow Cl^-(aq) + \boxed{\ \ \bigcirc\ \ }(aq)$

(나) $NH_3(g) + H_2O(l) \longrightarrow NH_4^+(aq) + OH^-(aq)$

(다) $NH_4^+(aq) + H_2O(l) \longrightarrow NH_3(aq) + H_3O^+(aq)$

이에 대한 옳은 설명만을 〈보기〉에서 있는 대로 고른 것은?

─〈 보기 〉─
ㄱ. ㉠은 H_3O^+이다.

ㄴ. $NH_3(g)$를 물에 녹인 수용액은 염기성이다.

ㄷ. (다)에서 H_2O은 브뢴스테드·로리 염기이다.

① ㄱ ② ㄴ ③ ㄱ, ㄷ ④ ㄴ, ㄷ ⑤ ㄱ, ㄴ, ㄷ

34

다음은 산 염기 반응 (가)~(다)의 화학 반응식이다.

(가) $HCl(g) + H_2O(l) \longrightarrow Cl^-(aq) + H_3O^+(aq)$

(나) $HCO_3^-(aq) + H_2O(l) \longrightarrow H_2CO_3(aq) + \boxed{\ \ \bigcirc\ \ }(aq)$

(다) $HCO_3^-(aq) + HCl(aq) \longrightarrow H_2CO_3(aq) + Cl^-(aq)$

이에 대한 설명으로 옳은 것만을 〈보기〉에서 있는 대로 고른 것은?

─〈 보기 〉─
ㄱ. (가)에서 HCl는 수소 이온(H^+)을 내어놓는다.

ㄴ. ㉠은 OH^-이다.

ㄷ. (나)와 (다)에서 HCO_3^-은 모두 브뢴스테드·로리 염기이다.

① ㄱ ② ㄷ ③ ㄱ, ㄴ ④ ㄴ, ㄷ ⑤ ㄱ, ㄴ, ㄷ

35

그림은 밀폐된 진공 용기에 $H_2O(l)$을 넣은 후 시간이 t일 때 A와 B를 나타낸 것이다. A와 B는 각각 H_2O의 증발 속도와 응축 속도 중 하나이고, $2t$일 때 $H_2O(l)$과 $H_2O(g)$는 동적 평형 상태에 도달하였다.

이에 대한 설명으로 옳은 것만을 〈보기〉에서 있는 대로 고른 것은? (단, 온도는 25 °C로 일정하다.)

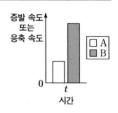

─〈 보기 〉─
ㄱ. A는 H_2O의 응축 속도이다.

ㄴ. t일 때 $H_2O(g)$가 $H_2O(l)$로 되는 반응은 일어나지 않는다.

ㄷ. $\dfrac{B}{A}$는 $2t$일 때가 t일 때보다 크다.

① ㄱ ② ㄴ ③ ㄱ, ㄴ ④ ㄱ, ㄷ ⑤ ㄴ, ㄷ

한눈에 정리하는
평가원 기출 경향

주제 \ 학년도	2025	2024	2023

물의 자동 이온화와 pH
$[H_3O^+]/[OH^-]$를 제시한 경우

2023

05 대표문제 · 2023학년도 수능 화I 16번

표는 25 °C의 물질 (가)~(다)에 대한 자료이다. (가)~(다)는 HCl(aq), $H_2O(l)$, NaOH(aq)을 순서 없이 나타낸 것이고, H_3O^+의 양(mol)은 (가)가 (나)의 200배이다.

물질	(가)	(나)	(다)
$\dfrac{[H_3O^+]}{[OH^-]}$ (상댓값)	10^8	1	10^{14}
부피(mL)	10	x	

이에 대한 설명으로 옳은 것을 〈보기〉에서 있는 대로 고른 것은? (단, 25 °C에서 물의 이온화 상수(K_w)는 1×10^{-14}이다.) [3점]

〈보기〉
ㄱ. (가)는 HCl(aq)이다.
ㄴ. $x=500$이다.
ㄷ. $\dfrac{(나)의\ pOH}{(다)의\ pH} > 1$이다.

① ㄱ ② ㄴ ③ ㄷ ④ ㄱ, ㄴ ⑤ ㄴ, ㄷ

---

29 · 2025학년도 수능 화I 16번

다음은 25 °C에서 수용액 (가)~(다)에 대한 자료이다.

○ (가), (나), (다)의 $\dfrac{pH}{pOH}$는 각각 $\dfrac{5}{2}$, $16k$, $9k$이다.
○ (가), (나), (다)에서 OH^-의 양(mol)은 각각 $100x$, x, y이다.
○ 수용액의 부피는 (가)와 (나)가 같고, (다)는 (나)의 10배이다.

이에 대한 설명으로 옳은 것은 〈보기〉에서 있는 대로 고른 것은? (단, 25 °C에서 물의 이온화 상수(K_w)는 1×10^{-14}이다.) [3점]

〈보기〉
ㄱ. $y=10x$이다.
ㄴ. (가)의 pH > 1이다.
ㄷ. $\dfrac{(나)에서\ OH^-의\ 양(mol)}{(다)에서\ H_3O^+의\ 양(mol)} = 1$이다.

① ㄱ ② ㄴ ③ ㄷ ④ ㄴ, ㄷ ⑤ ㄴ, ㄷ

16 대표문제 · 2024학년도 수능 화I 17번

다음은 25 °C에서 수용액 (가)~(다)에 대한 자료이다.

○ (가)~(다)의 액성은 모두 다르며, 각각 산성, 중성, 염기성 중 하나이다.
○ |pH − pOH|은 (가)가 (나)보다 4만큼 크다.

	(가)	(나)	(다)
$\dfrac{pH}{pOH}$	$\dfrac{3}{25}$	x	y
부피(L)	0.2	0.4	0.5
OH^-의 양(mol)	a	b	c

이에 대한 설명으로 옳은 것을 〈보기〉에서 있는 대로 고른 것은? (단, 25 °C에서 물의 이온화 상수(K_w)는 1×10^{-14}이다.) [3점]

〈보기〉
ㄱ. (나)의 액성은 중성이다.
ㄴ. $x+y=4$이다.
ㄷ. $\dfrac{b \times c}{a} = 100$이다.

① ㄱ ② ㄴ ③ ㄷ ④ ㄱ, ㄴ ⑤ ㄴ, ㄷ

25 · 2023학년도 9월 모평 화I 16번

표는 25 °C의 수용액 (가)와 (나)에 대한 자료이다.

수용액	pH	pOH	H_3O^+의 양(mol) (상댓값)	부피(mL)
(가)	x		50	100
(나)		$2x$	1	200

이에 대한 설명으로 옳은 것을 〈보기〉에서 있는 대로 고른 것은? (단, 25 °C에서 물의 이온화 상수(K_w)는 1×10^{-14}이다.) [3점]

〈보기〉
ㄱ. $x=5$이다.
ㄴ. (가)와 (나)의 액성은 모두 산성이다.
ㄷ. $\dfrac{(가)에서\ OH^-의\ 양(mol)}{(나)에서\ H_3O^+의\ 양(mol)} < 1 \times 10^{-5}$이다.

① ㄱ ② ㄴ ③ ㄷ ④ ㄱ, ㄴ ⑤ ㄴ, ㄷ

빈출

물의 자동 이온화와 pH
pH/pOH를 제시한 경우

18 대표문제 · 2025학년도 9월 모평 화I 17번

그림은 25 °C에서 HCl(aq) (가)~(다)의 $\dfrac{pH}{pOH}$를 나타낸 것이다. (가)는 x M HCl(aq) 10 mL이고, (나)는 (가)에 물을 추가하여 만든 수용액이며, (다)는 (나)에 물을 추가하여 만든 수용액이다. pH는 (다)가 (가)의 3배이다.

이에 대한 설명으로 옳은 것만을 〈보기〉에서 있는 대로 고른 것은? (단, 온도는 25 °C로 일정하고, 25 °C에서 물의 이온화 상수(K_w)는 1×10^{-14}이다.) [3점]

〈보기〉
ㄱ. $x=0.01$이다.
ㄴ. 수용액의 부피는 (나)가 (가)의 10배이다.
ㄷ. (다) 100 mL에서 H_3O^+의 양은 1×10^{-7} mol이다.

① ㄱ ② ㄴ ③ ㄱ, ㄷ ④ ㄴ, ㄷ ⑤ ㄱ, ㄴ, ㄷ

13 · 2024학년도 9월 모평 화I 17번

표는 25 °C에서 수용액 (가)와 (나)에 대한 자료이다.

수용액	$\dfrac{[H_3O^+]}{[OH^-]}$	pOH − pH	부피
(가)	$100a$	$2b$	V
(나)	a		$10V$

이에 대한 설명으로 옳은 것을 〈보기〉에서 있는 대로 고른 것은? (단, 25 °C에서 물의 이온화 상수(K_w)는 1×10^{-14}이다.) [3점]

〈보기〉
ㄱ. $\dfrac{a}{b}=50$이다.
ㄴ. (가)의 pH=4이다.
ㄷ. $\dfrac{(나)에서\ H_3O^+의\ 양(mol)}{(가)에서\ H_3O^+의\ 양(mol)} = 1$이다.

① ㄱ ② ㄴ ③ ㄷ ④ ㄱ, ㄷ ⑤ ㄴ, ㄷ

11 · 2023학년도 6월 모평 화I 16번

표는 25 °C의 물질 (가)~(다)에 대한 자료이다. (가)~(다)는 각각 HCl(aq), $H_2O(l)$, NaOH(aq) 중 하나이며, pH = $-\log[H_3O^+]$, pOH = $-\log[OH^-]$이다.

물질	(가)	(나)	(다)
$\dfrac{pH}{pOH}$	1	$\dfrac{1}{6}$	$\dfrac{5}{2}$
부피(mL)	100	200	400

이에 대한 설명으로 옳은 것을 〈보기〉에서 있는 대로 고른 것은? (단, 온도는 25 °C로 일정하고, 25 °C에서 물의 이온화 상수(K_w)는 1×10^{-14}이며, 혼합 용액의 부피는 혼합 전 물 또는 용액의 부피의 합과 같다.) [3점]

〈보기〉
ㄱ. (가)는 HCl(aq)이다.
ㄴ. $\dfrac{(나)에서\ H_3O^+의\ 양(mol)}{(다)에서\ OH^-의\ 양(mol)} = 50$이다.
ㄷ. (가)와 (다)를 모두 혼합한 수용액에서 pH < 10이다.

① ㄱ ② ㄴ ③ ㄷ ④ ㄱ, ㄴ ⑤ ㄴ, ㄷ

---

04 · 2025학년도 6월 모평 화I 15번

다음은 25 °C에서 수용액 (가)와 (나)에 대한 자료이다.

○ (가)와 (나)의 pH 합은 14.0이다.
○ H_3O^+의 양(mol)은 (가)가 (나)의 10배이다.
○ 수용액의 부피는 (가)가 (나)의 100배이다.

이에 대한 설명으로 옳은 것만을 〈보기〉에서 있는 대로 고른 것은? (단, 25 °C에서 물의 이온화 상수(K_w)는 1×10^{-14}이다.) [3점]

〈보기〉
ㄱ. (가)의 액성은 염기성이다.
ㄴ. $\dfrac{(나)의\ pH}{(가)의\ pH} = \dfrac{4}{3}$이다.
ㄷ. $\dfrac{(가)에서\ H_3O^+의\ 양(mol)}{(나)에서\ OH^-의\ 양(mol)} = 100$이다.

① ㄱ ② ㄴ ③ ㄱ, ㄷ ④ ㄴ, ㄷ ⑤ ㄴ, ㄷ

26 · 2024학년도 6월 모평 화I 17번

그림은 25 °C에서 수용액 (가)와 (나)의 부피와 OH^-의 양(mol)을 나타낸 것이다. pH는 (가) : (나) = 7 : 3이다.

이에 대한 설명으로 옳은 것만을 〈보기〉에서 있는 대로 고른 것은? (단, 25 °C에서 물의 이온화 상수(K_w)는 1×10^{-14}이다.) [3점]

〈보기〉
ㄱ. (가)의 액성은 산성이다.
ㄴ. (나)의 pOH는 11.5이다.
ㄷ. $\dfrac{(가)에서\ H_3O^+의\ 양(mol)}{(나)에서\ OH^-의\ 양(mol)} = 1 \times 10^7$이다.

① ㄱ ② ㄴ ③ ㄱ, ㄷ ④ ㄴ, ㄷ ⑤ ㄱ, ㄴ, ㄷ

2022 ~ 2019

02
2022학년도 9월 모평 화Ⅰ 13번

표는 25 °C에서 수용액 (가)~(다)에 대한 자료이다.

수용액	(가)	(나)	(다)
$\dfrac{[H_3O^+]}{[OH^-]}$	$\dfrac{1}{10}$	100	1
부피		V	$100V$

이에 대한 설명으로 옳은 것만을 〈보기〉에서 있는 대로 고른 것은? (단, 25 °C에서 물의 이온화 상수(K_w)는 1×10^{-14}이다.)

〈보기〉
ㄱ. (나)에서 $[OH^-]<1\times10^{-7}$ M이다.
ㄴ. $\dfrac{(가)에서 [H_3O^+]}{(나)에서 [H_3O^+]}=\dfrac{1}{1000}$ 이다.
ㄷ. $\dfrac{(나)에서 H_3O^+의 양(mol)}{(다)에서 H_3O^+의 양(mol)}=\dfrac{1}{10}$ 이다.

① ㄱ ② ㄷ ③ ㄱ, ㄴ ④ ㄱ, ㄷ ⑤ ㄴ, ㄷ

07
2021학년도 수능 화Ⅰ 15번

그림 (가)와 (나)는 수산화 나트륨 수용액(NaOH(aq))과 염산(HCl(aq))을 각각 나타낸 것이다. (가)에서 $\dfrac{[OH^-]}{[H_3O^+]}=1\times10^{10}$이다.

이에 대한 설명으로 옳은 것을 〈보기〉에서 있는 대로 고른 것은? (단, 온도는 25 °C로 일정하며, 25 °C에서 물의 이온화 상수(K_w)는 1×10^{-14}이다.) [3점]

〈보기〉
ㄱ. $a=0.2$이다.
ㄴ. $\dfrac{(가)의 pH}{(나)의 pH}>6$이다.
ㄷ. (나)에 물을 넣어 100 mL로 만든 HCl(aq)에서 $\dfrac{[Cl^-]}{[OH^-]}=1\times10^{10}$이다.

① ㄱ ② ㄴ ③ ㄷ ④ ㄱ, ㄴ ⑤ ㄴ, ㄷ

01
2021학년도 9월 모평 화Ⅰ 14번

표는 25 °C에서 3가지 수용액 (가)~(다)에 대한 자료이다.

수용액	(가)	(나)	(다)
$[H_3O^+]:[OH^-]$	$1:10^2$	$1:1$	$10^2:1$

이에 대한 설명으로 옳은 것만을 〈보기〉에서 있는 대로 고른 것은? (단, 온도는 25 °C로 일정하고, 25 °C에서 물의 이온화 상수(K_w)는 1×10^{-14}이다.)

〈보기〉
ㄱ. (나)는 중성이다.
ㄴ. (다)의 pH는 5.0이다.
ㄷ. $[OH^-]$는 (가) : (다) $= 10^4:1$이다.

① ㄱ ② ㄴ ③ ㄱ, ㄷ ④ ㄴ, ㄷ ⑤ ㄱ, ㄴ, ㄷ

27
2022학년도 수능 화Ⅰ 12번

표는 수용액 (가)와 (나)에 대한 자료이다. (가)와 (나)는 각각 NaOH(aq)과 HCl(aq) 중 하나이다.

수용액	(가)	(나)
몰 농도(M)	a	$\dfrac{1}{10}a$
pH	$2x$	x

이에 대한 설명으로 옳은 것만을 〈보기〉에서 있는 대로 고른 것은? (단, 온도는 25 °C로 일정하고, 25 °C에서 물의 이온화 상수(K_w)는 1×10^{-14}이다.) [3점]

〈보기〉
ㄱ. (나)는 HCl(aq)이다.
ㄴ. $x=4.0$이다.
ㄷ. $10a$ M NaOH(aq)에서 $\dfrac{[Na^+]}{[H_3O^+]}=1\times10^{9}$이다.

① ㄱ ② ㄴ ③ ㄷ ④ ㄱ, ㄷ ⑤ ㄴ, ㄷ

23
2022학년도 6월 모평 화Ⅰ 13번

표는 25 °C에서 수용액 (가)~(다)에 대한 자료이다.

수용액	pH	$[H_3O^+]$(M)	$[OH^-]$(M)
(가)	x	$100a$	
(나)	$3x$		a
(다)		b	b

이에 대한 설명으로 옳은 것만을 〈보기〉에서 있는 대로 고른 것은? (단, 온도는 25 °C로 일정하고, 25 °C에서 물의 이온화 상수(K_w)는 1×10^{-14}이다.) [3점]

〈보기〉
ㄱ. x는 4이다.
ㄴ. $\dfrac{a}{b}=100$이다.
ㄷ. pH는 (다)>(나)이다.

① ㄱ ② ㄴ ③ ㄷ ④ ㄱ, ㄴ ⑤ ㄴ, ㄷ

08
2021학년도 6월 모평 화Ⅰ 14번

그림 (가)~(다)는 물(H₂O(l)), 수산화 나트륨 수용액(NaOH(aq)), 염산(HCl(aq))을 각각 나타낸 것이다.

이에 대한 설명으로 옳은 것만을 〈보기〉에서 있는 대로 고른 것은? (단, 혼합 용액의 부피는 혼합 전 물 또는 용액의 부피의 합과 같고, 물과 용액의 온도는 25 °C로 일정하며, 25 °C에서 물의 이온화 상수(K_w)는 1×10^{-14}이다.)

〈보기〉
ㄱ. (가)에서 $[H_3O^+]=[OH^-]$이다.
ㄴ. (나)에서 $[OH^-]=1\times10^{-4}$ M이다.
ㄷ. (가)와 (다)를 모두 혼합한 수용액의 pH =5이다.

① ㄱ ② ㄷ ③ ㄱ, ㄴ ④ ㄴ, ㄷ ⑤ ㄱ, ㄴ, ㄷ

01

표는 25 °C에서 3가지 수용액 (가)~(다)에 대한 자료이다.

수용액	(가)	(나)	(다)
$[H_3O^+]:[OH^-]$	$1:10^2$	$1:1$	$10^2:1$

이에 대한 설명으로 옳은 것만을 〈보기〉에서 있는 대로 고른 것은? (단, 온도는 25 °C로 일정하고, 25 °C에서 물의 이온화 상수(K_w)는 $1×10^{-14}$이다.)

〈 보기 〉
ㄱ. (나)는 중성이다.
ㄴ. (다)의 pH는 5.0이다.
ㄷ. $[OH^-]$는 (가) : (다)=$10^4:1$이다.

① ㄱ   ② ㄴ   ③ ㄱ, ㄷ   ④ ㄴ, ㄷ   ⑤ ㄱ, ㄴ, ㄷ

02

표는 25 °C에서 수용액 (가)~(다)에 대한 자료이다.

수용액	(가)	(나)	(다)
$\dfrac{[H_3O^+]}{[OH^-]}$	$\dfrac{1}{10}$	100	1
부피		V	$100V$

이에 대한 설명으로 옳은 것만을 〈보기〉에서 있는 대로 고른 것은? (단, 25 °C에서 물의 이온화 상수(K_w)는 $1×10^{-14}$이다.)

〈 보기 〉
ㄱ. (나)에서 $[OH^-]<1×10^{-7}$ M이다.
ㄴ. $\dfrac{\text{(가)에서 }[H_3O^+]}{\text{(나)에서 }[H_3O^+]}=\dfrac{1}{1000}$이다.
ㄷ. $\dfrac{\text{(나)에서 }H_3O^+\text{의 양(mol)}}{\text{(다)에서 }H_3O^+\text{의 양(mol)}}=\dfrac{1}{10}$이다.

① ㄱ   ② ㄷ   ③ ㄱ, ㄴ   ④ ㄷ, ㄴ   ⑤ ㄴ, ㄷ

03

표는 25 °C에서 수용액 (가)와 (나)에 대한 자료이다. (가)와 (나)는 $HCl(aq)$과 $NaOH(aq)$을 순서 없이 나타낸 것이다.

수용액	몰 농도(M)	$\dfrac{[OH^-]}{[H_3O^+]}$(상댓값)	부피(mL)
(가)	10^{-5}	1	100
(나)	㉠	10^8	10

이에 대한 설명으로 옳은 것만을 〈보기〉에서 있는 대로 고른 것은? (단, 온도는 25 °C로 일정하고, 25 °C에서 물의 이온화 상수(K_w)는 $1×10^{-14}$이다.)

〈 보기 〉
ㄱ. (가)는 $HCl(aq)$이다.
ㄴ. ㉠=10^{-5}이다.
ㄷ. (가)와 (나)를 모두 혼합한 수용액의 pH는 7보다 크다.

① ㄱ   ② ㄷ   ③ ㄱ, ㄴ   ④ ㄴ, ㄷ   ⑤ ㄱ, ㄴ, ㄷ

04

다음은 25 °C에서 수용액 (가)와 (나)에 대한 자료이다.

○ (가)와 (나)의 pH 합은 14.0이다.
○ H_3O^+의 양(mol)은 (가)가 (나)의 10배이다.
○ 수용액의 부피는 (가)가 (나)의 100배이다.

이에 대한 설명으로 옳은 것만을 〈보기〉에서 있는 대로 고른 것은? (단, 25 °C에서 물의 이온화 상수(K_w)는 $1×10^{-14}$이다.) [3점]

〈 보기 〉
ㄱ. (가)의 액성은 염기성이다.
ㄴ. $\dfrac{\text{(가)의 pH}}{\text{(나)의 pH}}=\dfrac{4}{3}$이다.
ㄷ. $\dfrac{\text{(가)에서 }H_3O^+\text{의 양(mol)}}{\text{(나)에서 }OH^-\text{의 양(mol)}}=100$이다.

① ㄱ   ② ㄴ   ③ ㄱ, ㄴ   ④ ㄱ, ㄷ   ⑤ ㄴ, ㄷ

05 대표 문제

표는 25 °C의 물질 (가)~(다)에 대한 자료이다. (가)~(다)는 $HCl(aq)$, $H_2O(l)$, $NaOH(aq)$을 순서 없이 나타낸 것이고, H_3O^+의 양(mol)은 (가)가 (나)의 200배이다.

물질	(가)	(나)	(다)
$\dfrac{[H_3O^+]}{[OH^-]}$ (상댓값)	10^8	1	10^{14}
부피(mL)	10	x	

이에 대한 설명으로 옳은 것만을 〈보기〉에서 있는 대로 고른 것은? (단, 25 °C에서 물의 이온화 상수(K_w)는 1×10^{-14}이다.) [3점]

〈 보기 〉
ㄱ. (가)는 $HCl(aq)$이다.
ㄴ. $x = 500$이다.
ㄷ. $\dfrac{(나)의\ pOH}{(다)의\ pH} > 1$이다.

① ㄱ ② ㄴ ③ ㄷ ④ ㄱ, ㄴ ⑤ ㄴ, ㄷ

07

그림 (가)와 (나)는 수산화 나트륨 수용액($NaOH(aq)$)과 염산($HCl(aq)$)을 각각 나타낸 것이다. (가)에서 $\dfrac{[OH^-]}{[H_3O^+]} = 1 \times 10^{12}$이다.

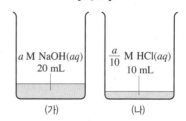

a M NaOH(aq) 20 mL	$\dfrac{a}{10}$ M HCl(aq) 10 mL
(가)	(나)

이에 대한 설명으로 옳은 것만을 〈보기〉에서 있는 대로 고른 것은? (단, 온도는 25 °C로 일정하며, 25 °C에서 물의 이온화 상수(K_w)는 1×10^{-14}이다.) [3점]

〈 보기 〉
ㄱ. $a = 0.2$이다.
ㄴ. $\dfrac{(가)의\ pH}{(나)의\ pH} > 6$이다.
ㄷ. (나)에 물을 넣어 100 mL로 만든 $HCl(aq)$에서 $\dfrac{[Cl^-]}{[OH^-]} = 1 \times 10^{10}$이다.

① ㄱ ② ㄴ ③ ㄷ ④ ㄱ, ㄴ ⑤ ㄴ, ㄷ

06

표는 25 °C에서 수용액 (가), (나)에 대한 자료이다. 25 °C에서 물의 이온화 상수(K_w)는 1×10^{-14}이다.

수용액	$\dfrac{[OH^-]}{[H_3O^+]}$	pH	부피(mL)
(가)	10^{-6}	x	y
(나)	y	$2x$	1000

25 °C에서 이에 대한 설명으로 옳은 것만을 〈보기〉에서 있는 대로 고른 것은?

〈 보기 〉
ㄱ. x는 6이다.
ㄴ. y는 100이다.
ㄷ. H_3O^+의 양(mol)은 (가)가 (나)의 1000배이다.

① ㄱ ② ㄴ ③ ㄱ, ㄷ ④ ㄴ, ㄷ ⑤ ㄱ, ㄴ, ㄷ

08

그림 (가)~(다)는 물($H_2O(l)$), 수산화 나트륨 수용액($NaOH(aq)$), 염산($HCl(aq)$)을 각각 나타낸 것이다.

H₂O(l) 90 mL pH=7	NaOH(aq) pH=10	HCl(aq) 10 mL pH=3
(가)	(나)	(다)

이에 대한 설명으로 옳은 것만을 〈보기〉에서 있는 대로 고른 것은? (단, 혼합 용액의 부피는 혼합 전 물 또는 용액의 부피의 합과 같고, 물과 용액의 온도는 25 °C로 일정하며, 25 °C에서 물의 이온화 상수(K_w)는 1×10^{-14}이다.)

〈 보기 〉
ㄱ. (가)에서 $[H_3O^+] = [OH^-]$이다.
ㄴ. (나)에서 $[OH^-] = 1 \times 10^{-4}$ M이다.
ㄷ. (가)와 (다)를 모두 혼합한 수용액의 pH $= 5$이다.

① ㄱ ② ㄷ ③ ㄱ, ㄴ ④ ㄴ, ㄷ ⑤ ㄱ, ㄴ, ㄷ

09

다음은 25 °C 수용액 (가)~(다)에 대한 자료이다.

○ (가)에서 pOH−pH=8.0이다.

○ $\dfrac{(가)의 [H_3O^+]}{(나)의 [OH^-]}=10$이다.

○ pOH는 (다)가 (나)의 3배이다.

이에 대한 옳은 설명만을 〈보기〉에서 있는 대로 고른 것은? (단, 25 °C에서 물의 이온화 상수(K_w)는 1×10^{-14}이다.) [3점]

─〈 보기 〉─

ㄱ. (가)는 염기성이다.

ㄴ. (나)의 pOH는 3.0이다.

ㄷ. (다)의 $[H_3O^+]$는 1×10^{-2} M이다.

① ㄱ ② ㄷ ③ ㄱ, ㄴ ④ ㄱ, ㄷ ⑤ ㄴ, ㄷ

11

표는 25 °C의 물질 (가)~(다)에 대한 자료이다. (가)~(다)는 각각 $HCl(aq)$, $H_2O(l)$, $NaOH(aq)$ 중 하나이고, $pH=-\log[H_3O^+]$, $pOH=-\log[OH^-]$이다.

물질	(가)	(나)	(다)
$\dfrac{pH}{pOH}$	1	$\dfrac{1}{6}$	$\dfrac{5}{2}$
부피(mL)	100	200	400

이에 대한 설명으로 옳은 것만을 〈보기〉에서 있는 대로 고른 것은? (단, 온도는 25 °C로 일정하고, 25 °C에서 물의 이온화 상수 (K_w)는 1×10^{-14}이며, 혼합 용액의 부피는 혼합 전 물 또는 용액의 부피의 합과 같다.) [3점]

─〈 보기 〉─

ㄱ. (가)는 $HCl(aq)$이다.

ㄴ. $\dfrac{(나)에서 H_3O^+의 양(mol)}{(다)에서 OH^-의 양(mol)}=50$이다.

ㄷ. (가)와 (다)를 모두 혼합한 수용액에서 pH<10이다.

① ㄱ ② ㄴ ③ ㄷ ④ ㄱ, ㄴ ⑤ ㄴ, ㄷ

10

그림 (가)와 (나)는 각각 $HCl(aq)$, $NaOH(aq)$을 나타낸 것이다.

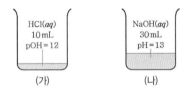

HCl(aq) 10 mL pOH=12	NaOH(aq) 30 mL pH=13
(가)	(나)

이에 대한 옳은 설명만을 〈보기〉에서 있는 대로 고른 것은? (단, 온도는 25 °C로 일정하고, 25 °C에서 물의 이온화 상수(K_w)는 1×10^{-14}이다.) [3점]

─〈 보기 〉─

ㄱ. (가)의 $[H_3O^+]=0.01$ M이다.

ㄴ. (나)에 들어 있는 OH^-의 양은 0.003 mol이다.

ㄷ. (가)에 물을 넣어 100 mL로 만든 $HCl(aq)$의 pH=4이다.

① ㄱ ② ㄷ ③ ㄱ, ㄴ ④ ㄴ, ㄷ ⑤ ㄱ, ㄴ, ㄷ

12

표는 25 °C에서 수용액 (가)~(다)에 대한 자료이다.

수용액	(가)	(나)	(다)
pH	a		$3a$
pOH		b	$2b$
|pH−pOH|	10.0	6.0	x

이에 대한 설명으로 옳은 것만을 〈보기〉에서 있는 대로 고른 것은? (단, 25 °C에서 물의 이온화 상수(K_w)는 1×10^{-14}이다.) [3점]

─〈 보기 〉─

ㄱ. $x=2.0$이다.

ㄴ. (나)의 액성은 염기성이다.

ㄷ. $\dfrac{(다)에서 [OH^-]}{(가)에서 [OH^-]}=1 \times 10^{-14}$이다.

① ㄱ ② ㄷ ③ ㄱ, ㄴ ④ ㄴ, ㄷ ⑤ ㄱ, ㄴ, ㄷ

13

표는 25 °C에서 수용액 (가)와 (나)에 대한 자료이다.

수용액	$\dfrac{[H_3O^+]}{[OH^-]}$	pOH−pH	부피
(가)	$100a$	$2b$	V
(나)	a	b	$10V$

이에 대한 설명으로 옳은 것만을 〈보기〉에서 있는 대로 고른 것은? (단, 25 °C에서 물의 이온화 상수(K_w)는 1×10^{-14}이다.) [3점]

〈 보기 〉
- ㄱ. $\dfrac{a}{b}=50$이다.
- ㄴ. (가)의 pH=4이다.
- ㄷ. $\dfrac{\text{(나)에서 H}_3\text{O}^+\text{의 양(mol)}}{\text{(가)에서 H}_3\text{O}^+\text{의 양(mol)}}=1$이다.

① ㄱ ② ㄷ ③ ㄱ, ㄴ ④ ㄱ, ㄷ ⑤ ㄴ, ㄷ

15

표는 25 °C에서 산성 또는 염기성 수용액 (가)~(다)에 대한 자료이다. (가)~(다) 중 산성 수용액은 2가지이고, pH는 (가)가 (다)의 3배이다.

수용액	(가)	(나)	(다)
$\dfrac{\text{pOH}}{\text{pH}}$(상댓값)	1	x	15
$\lvert\text{pH}-\text{pOH}\rvert$	$y+4$	$y-4$	y
부피(mL)	100	200	400

이에 대한 옳은 설명만을 〈보기〉에서 있는 대로 고른 것은? (단, 25 °C에서 물의 이온화 상수(K_w)는 1×10^{-14}이다.) [3점]

〈 보기 〉
- ㄱ. (나)는 산성 수용액이다.
- ㄴ. $x-y=2$이다.
- ㄷ. $\dfrac{\text{(다)에서 H}_3\text{O}^+\text{의 양(mol)}}{\text{(가)에서 OH}^-\text{의 양(mol)}}=\dfrac{1}{100}$이다.

① ㄱ ② ㄷ ③ ㄱ, ㄴ ④ ㄴ, ㄷ ⑤ ㄱ, ㄴ, ㄷ

14

표는 25 °C에서 수용액 (가)~(다)에 대한 자료이다. pOH는 (가)가 (나)의 5배이다.

수용액	(가)	(나)	(다)
액성	산성	염기성	㉠
$\dfrac{\text{pH}}{\text{pOH}}$(상댓값)	2	30	9
부피(mL)	100	200	200

이에 대한 옳은 설명만을 〈보기〉에서 있는 대로 고른 것은? (단, 25 °C에서 물의 이온화 상수(K_w)는 1×10^{-14}이다.) [3점]

〈 보기 〉
- ㄱ. pH는 (나)가 (가)의 3배이다.
- ㄴ. '염기성'은 ㉠으로 적절하다.
- ㄷ. $\dfrac{\text{(다)에 들어 있는 OH}^-\text{의 양(mol)}}{\text{(가)에 들어 있는 H}_3\text{O}^+\text{의 양(mol)}}=\dfrac{1}{5}$이다.

① ㄱ ② ㄴ ③ ㄱ, ㄷ ④ ㄴ, ㄷ ⑤ ㄱ, ㄴ, ㄷ

16 대표 문제

다음은 25 ℃에서 수용액 (가)~(다)에 대한 자료이다.

- ○ (가)~(다)의 액성은 모두 다르며, 각각 산성, 중성, 염기성 중 하나이다.
- ○ |pH−pOH|은 (가)가 (나)보다 4만큼 크다.

수용액	(가)	(나)	(다)
$\dfrac{\text{pH}}{\text{pOH}}$	$\dfrac{3}{25}$	x	y
부피(L)	0.2	0.4	0.5
OH^-의 양(mol)	a	b	c

이에 대한 설명으로 옳은 것만을 〈보기〉에서 있는 대로 고른 것은? (단, 25 ℃에서 물의 이온화 상수(K_w)는 1×10^{-14}이다.) [3점]

〈 보기 〉
- ㄱ. (나)의 액성은 중성이다.
- ㄴ. $x+y=4$이다.
- ㄷ. $\dfrac{b \times c}{a}=100$이다.

① ㄱ　　② ㄴ　　③ ㄷ　　④ ㄱ, ㄴ　　⑤ ㄴ, ㄷ

17

표는 25 ℃에서 물질 (가)~(다)에 대한 자료이다. (가)~(다)는 HCl(aq), H$_2$O(l), NaOH(aq)을 순서 없이 나타낸 것이다.

물질	(가)	(나)	(다)
$\dfrac{\text{pH}}{\text{pOH}}$ (상댓값)	3	11	1
부피(mL)		10	100

이에 대한 설명으로 옳은 것만을 〈보기〉에서 있는 대로 고른 것은? (단, 25 ℃에서 물의 이온화 상수(K_w)는 1×10^{-14}이다.) [3점]

〈 보기 〉
- ㄱ. (가)는 H$_2$O(l)이다.
- ㄴ. $\dfrac{(가)의\ \text{pH}}{(다)의\ \text{pOH}} > 1$이다.
- ㄷ. $\dfrac{(다)에서\ H_3O^+의\ 양(\text{mol})}{(나)에서\ OH^-의\ 양(\text{mol})} > 1$이다.

① ㄱ　　② ㄴ　　③ ㄱ, ㄷ　　④ ㄴ, ㄷ　　⑤ ㄱ, ㄴ, ㄷ

18 대표 문제

그림은 25 ℃에서 HCl(aq) (가)~(다)의 $\dfrac{\text{pH}}{\text{pOH}}$를 나타낸 것이다. (가)는 x M HCl(aq) 10 mL이고, (나)는 (가)에 물을 추가하여 만든 수용액이며, (다)는 (나)에 물을 추가하여 만든 수용액이다. pH는 (다)가 (가)의 3배이다. 이에 대한 설명으로 옳은 것만을 〈보기〉에서 있는 대로 고른 것은? (단, 온도는 25 ℃로 일정하고, 25 ℃에서 물의 이온화 상수(K_w)는 1×10^{-14}이다.) [3점]

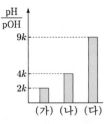

〈 보기 〉
- ㄱ. $x=0.01$이다.
- ㄴ. 수용액의 부피는 (나)가 (가)의 10배이다.
- ㄷ. (다) 100 mL에서 H$_3$O$^+$의 양은 1×10^{-7} mol이다.

① ㄱ　　② ㄴ　　③ ㄱ, ㄷ　　④ ㄴ, ㄷ　　⑤ ㄱ, ㄴ, ㄷ

19

표는 25 °C에서 수용액 (가)와 (나)에 대한 자료이다. (가)와 (나)의 액성은 각각 산성, 염기성 중 하나이며, $\dfrac{\text{(가)의 pH}}{\text{(나)의 pH}} < 1$이다.

수용액	(가)	(나)
|pH−pOH|	4	2
부피(mL)	100	500

이에 대한 설명으로 옳은 것만을 〈보기〉에서 있는 대로 고른 것은? (단, 온도는 25 °C로 일정하고, 25 °C에서 물의 이온화 상수(K_w)는 1×10^{-14}이다.) [3점]

〈 보기 〉
ㄱ. (가)는 산성이다.
ㄴ. H_3O^+의 양(mol)은 (가)가 (나)의 200배이다.
ㄷ. $[OH^-]$는 (가) : (나) $= 1 : 10^2$이다.

① ㄱ   ② ㄷ   ③ ㄱ, ㄴ   ④ ㄴ, ㄷ   ⑤ ㄱ, ㄴ, ㄷ

20

표는 25 °C 수용액 (가)와 (나)에 대한 자료이다. (가), (나)는 각각 $HCl(aq)$, $NaOH(aq)$ 중 하나이다.

수용액	(가)	(나)
pH−pOH	−8	10
부피(mL)	100	50

이에 대한 옳은 설명만을 〈보기〉에서 있는 대로 고른 것은? (단, 25 °C에서 물의 이온화 상수(K_w)는 1×10^{-14}이다.) [3점]

〈 보기 〉
ㄱ. (가)는 $HCl(aq)$이다.
ㄴ. (나)에서 $\dfrac{[OH^-]}{[H_3O^+]} = 10^{10}$이다.
ㄷ. $\dfrac{\text{(나)에서 } OH^- \text{의 양(mol)}}{\text{(가)에서 } H_3O^+ \text{의 양(mol)}} = 5$이다.

① ㄱ   ② ㄴ   ③ ㄱ, ㄷ   ④ ㄴ, ㄷ   ⑤ ㄱ, ㄴ, ㄷ

21

표는 25 °C에서 수용액 (가)와 (나)에 대한 자료이다. (가)와 (나)는 $HCl(aq)$과 $NaOH(aq)$을 순서 없이 나타낸 것이다.

수용액	몰 농도(M)	부피(mL)	OH^-의 양(mol) (상댓값)
(가)	a	100	10^5
(나)	$100a$	10	1

이에 대한 설명으로 옳은 것만을 〈보기〉에서 있는 대로 고른 것은? (단, 25 °C에서 물의 이온화 상수(K_w)는 1×10^{-14}이다.)

〈 보기 〉
ㄱ. (가)는 $HCl(aq)$이다.
ㄴ. $a = 1 \times 10^{-6}$이다.
ㄷ. $\dfrac{\text{(가)의 pH}}{\text{(나)의 pOH}} = \dfrac{5}{4}$이다.

① ㄴ   ② ㄷ   ③ ㄱ, ㄴ   ④ ㄱ, ㄷ   ⑤ ㄱ, ㄴ, ㄷ

22

다음은 25 °C에서 수용액 (가)와 (나)에 대한 자료이다.

○ (가)와 (나)는 각각 a M $HCl(aq)$, $\dfrac{1}{100}a$ M $NaOH(aq)$ 중 하나이다.

수용액	(가)	(나)
|pH−pOH|	8	12
부피(mL)	100V	V

이에 대한 설명으로 옳은 것만을 〈보기〉에서 있는 대로 고른 것은? (단, 25 °C에서 물의 이온화 상수(K_w)는 1×10^{-14}이다.) [3점]

〈 보기 〉
ㄱ. (가)는 $\dfrac{1}{100}a$ M $NaOH(aq)$이다.
ㄴ. $\dfrac{\text{(나)의 } [H_3O^+]}{\text{(가)의 } [OH^-]} = 100$이다.
ㄷ. H_3O^+의 양(mol)은 (나)가 (가)의 10^{10}배이다.

① ㄱ   ② ㄷ   ③ ㄱ, ㄴ   ④ ㄴ, ㄷ   ⑤ ㄱ, ㄴ, ㄷ

표는 25 °C에서 수용액 (가)~(다)에 대한 자료이다.

수용액	pH	$[H_3O^+]$(M)	$[OH^-]$(M)
(가)	x	$100a$	
(나)	$3x$		a
(다)		b	b

이에 대한 설명으로 옳은 것만을 〈보기〉에서 있는 대로 고른 것은? (단, 온도는 25 °C로 일정하고, 25 °C에서 물의 이온화 상수(K_w)는 1×10^{-14}이다.) [3점]

〈 보기 〉
ㄱ. x는 4이다.
ㄴ. $\dfrac{a}{b} = 100$이다.
ㄷ. pH는 (다) > (나)이다.

① ㄱ　　② ㄴ　　③ ㄷ　　④ ㄱ, ㄴ　　⑤ ㄴ, ㄷ

표는 25 °C 수용액 (가)와 (나)에 대한 자료이다.

수용액	pOH−pH	부피(mL)	H_3O^+의 양(mol)
(가)	x	$20V$	n
(나)	$2x$	V	$50n$

이에 대한 옳은 설명만을 〈보기〉에서 있는 대로 고른 것은? (단, 25 °C에서 물의 이온화 상수(K_w)는 1×10^{-14}이다.) [3점]

〈 보기 〉
ㄱ. pH는 (가) > (나)이다.
ㄴ. (가)와 (나)는 모두 산성이다.
ㄷ. $x = 3$이다.

① ㄱ　　② ㄷ　　③ ㄱ, ㄴ　　④ ㄴ, ㄷ　　⑤ ㄱ, ㄴ, ㄷ

표는 25 °C의 수용액 (가)와 (나)에 대한 자료이다.

수용액	pH	pOH	H_3O^+의 양(mol) (상댓값)	부피(mL)
(가)	x		50	100
(나)		$2x$	1	200

이에 대한 설명으로 옳은 것만을 〈보기〉에서 있는 대로 고른 것은? (단, 25 °C에서 물의 이온화 상수(K_w)는 1×10^{-14}이다.) [3점]

〈 보기 〉
ㄱ. $x = 5$이다.
ㄴ. (가)와 (나)의 액성은 모두 산성이다.
ㄷ. $\dfrac{\text{(가)에서 } OH^- \text{의 양(mol)}}{\text{(나)에서 } H_3O^+ \text{의 양(mol)}} < 1 \times 10^{-5}$이다.

① ㄱ　　② ㄴ　　③ ㄷ　　④ ㄱ, ㄴ　　⑤ ㄴ, ㄷ

그림은 25 °C에서 수용액 (가)와 (나)의 부피와 OH^-의 양(mol)을 나타낸 것이다. pH는 (가) : (나) = 7 : 3이다.

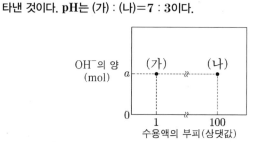

이에 대한 설명으로 옳은 것만을 〈보기〉에서 있는 대로 고른 것은? (단, 25 °C에서 물의 이온화 상수(K_w)는 1×10^{-14}이다.) [3점]

〈 보기 〉
ㄱ. (가)의 액성은 산성이다.
ㄴ. (나)의 pOH는 11.5이다.
ㄷ. $\dfrac{\text{(가)에서 } H_3O^+ \text{의 양(mol)}}{\text{(나)에서 } OH^- \text{의 양(mol)}} = 1 \times 10^7$이다.

① ㄱ　　② ㄴ　　③ ㄱ, ㄷ　　④ ㄴ, ㄷ　　⑤ ㄱ, ㄴ, ㄷ

27

2022학년도 수능 화I 12번

표는 수용액 (가)와 (나)에 대한 자료이다. (가)와 (나)는 각각 $NaOH(aq)$과 $HCl(aq)$ 중 하나이다.

수용액	(가)	(나)
몰 농도(M)	a	$\dfrac{1}{10}a$
pH	$2x$	x

이에 대한 설명으로 옳은 것만을 〈보기〉에서 있는 대로 고른 것은? (단, 온도는 25 °C로 일정하며, 25 °C에서 물의 이온화 상수(K_w)는 1×10^{-14}이다.) [3점]

〈 보기 〉
ㄱ. (나)는 $HCl(aq)$이다.
ㄴ. $x = 4.0$이다.
ㄷ. $10a$ M $NaOH(aq)$에서 $\dfrac{[Na^+]}{[H_3O^+]} = 1 \times 10^8$이다.

① ㄱ ② ㄴ ③ ㄷ ④ ㄱ, ㄷ ⑤ ㄴ, ㄷ

28

2021학년도 10월 학평 화I 16번

표는 25 °C에서 수용액 (가)와 (나)에 대한 자료이다. (가)와 (나)는 각각 $HCl(aq)$, $NaOH(aq)$ 중 하나이다.

수용액	몰 농도(M)	pOH	부피(mL)
(가)	a	x	V
(나)	$100a$	$3x$	$2V$

이에 대한 설명으로 옳은 것만을 〈보기〉에서 있는 대로 고른 것은? (단, 25 °C에서 물의 이온화 상수(K_w)는 1×10^{-14}이다.) [3점]

〈 보기 〉
ㄱ. (가)는 $HCl(aq)$이다.
ㄴ. pH는 (가)가 (나)의 5배이다.
ㄷ. $\dfrac{\text{(나)에서 } OH^- \text{의 양(mol)}}{\text{(가)에서 } H_3O^+ \text{의 양(mol)}} = \dfrac{1}{200}$이다.

① ㄱ ② ㄴ ③ ㄱ, ㄷ ④ ㄴ, ㄷ ⑤ ㄱ, ㄴ, ㄷ

29

2025학년도 수능 화I 16번

다음은 25 °C에서 수용액 (가)~(다)에 대한 자료이다.

○ (가), (나), (다)의 $\dfrac{\text{pH}}{\text{pOH}}$는 각각 $\dfrac{5}{2}$, $16k$, $9k$이다.

○ (가), (나), (다)에서 OH^-의 양(mol)은 각각 $100x$, x, y이다.

○ 수용액의 부피는 (가)와 (나)가 같고, (다)는 (나)의 10배이다.

이에 대한 설명으로 옳은 것만을 〈보기〉에서 있는 대로 고른 것은? (단, 25 °C에서 물의 이온화 상수(K_w)는 1×10^{-14}이다.) [3점]

〈 보기 〉
ㄱ. $y = 10x$이다.
ㄴ. $\dfrac{\text{(가)의 pH}}{\text{(나)의 pOH}} > 1$이다.
ㄷ. $\dfrac{\text{(나)에서 } OH^- \text{의 양(mol)}}{\text{(다)에서 } H_3O^+ \text{의 양(mol)}} = 1$이다.

① ㄱ ② ㄴ ③ ㄷ ④ ㄱ, ㄴ ⑤ ㄴ, ㄷ

21
일차

225

한눈에 정리하는
평가원 기출 경향

주제 \ 학년도	2025	2024	2023

빈출

중화 반응에서의 양적 관계
이온 수 모형과 이온 수비로 자료를 제시한 경우

2025

30 　2025학년도 수능 화I 18번

표는 $2x$ M HA(aq), x M H$_2$B(aq), y M NaOH(aq)의 부피를 달리하여 혼합한 수용액 (가)~(다)에 대한 자료이다.

혼합 수용액		(가)	(나)	(다)
혼합 전 수용액의 부피(mL)	$2x$ M HA(aq)	a	0	a
	x M H$_2$B(aq)	b	b	c
	y M NaOH(aq)	0	c	b
혼합 수용액에 존재하는 모든 이온 수의 비율		(원그래프)	(원그래프)	(원그래프)

$\dfrac{y}{x} \times \dfrac{\text{(나)에 존재하는 Na}^+\text{의 양(mol)}}{\text{(나)에 존재하는 B}^{2-}\text{의 양(mol)}}$ 은? (단, 수용액에서 HA는 H$^+$과 A$^-$으로, H$_2$B는 H$^+$과 B^{2-}으로 모두 이온화되며, 물의 자동 이온화는 무시한다.) [3점]

① $\dfrac{1}{12}$　② $\dfrac{1}{9}$　③ $\dfrac{1}{3}$　④ 9　⑤ 12

2024

04 대표 문제 　2024학년도 9월 화I 19번

표는 a M HCl(aq), b M NaOH(aq), c M KOH(aq)의 부피를 달리하여 혼합한 용액 (가)~(다)에 대한 자료이다. (가)의 액성은 중성이다.

혼합 전 용액의 부피(mL)		(가)	(나)	(다)
	HCl(aq)	10	x	x
	NaOH(aq)	10	20	
	KOH(aq)	10	30	y
혼합 용액에 존재하는 양이온의 비율		(원그래프)	(원그래프)	(원그래프)

$\dfrac{x}{y}$ 는? (단, 물의 자동 이온화는 무시한다.)

① 2　② $\dfrac{3}{2}$　③ 1　④ $\dfrac{1}{2}$　⑤ $\dfrac{1}{3}$

중화 반응에서의 양적 관계
그래프로 자료를 제시한 경우

빈출

중화 반응에서의 양적 관계
표로 자료를 제시한 경우

2025

29 대표 문제 　2025학년도 9월 화I 19번

표는 x M H$_2$A(aq)과 y M NaOH(aq)의 부피를 달리하여 혼합한 용액 (가)~(다)에 대한 자료이다.

혼합 용액		(가)	(나)	(다)
혼합 전 수용액의 부피(mL)	x M H$_2$A(aq)	10	20	30
	y M NaOH(aq)	30	20	10
액성		염기성		산성
혼합 용액에 존재하는 A^{2-}의 양(mol) / 모든 이온의 양(mol) (상댓값)		3	a	8

$a \times \dfrac{y}{x}$ 는? (단, 수용액에서 H$_2$A는 H$^+$과 A^{2-}으로 모두 이온화되고, 물의 자동 이온화는 무시한다.) [3점]

① $\dfrac{1}{12}$　② $\dfrac{3}{16}$　③ 2　④ $\dfrac{16}{3}$　⑤ 12

18 대표 문제 　2025학년도 6월 화I 19번

표는 x M NaOH(aq), 0.1 M H$_2$A(aq), 0.1 M HB(aq)의 부피를 달리하여 혼합한 용액 (가)와 (나)에 대한 자료이다. (가)의 액성은 염기성이다.

혼합 용액		(가)	(나)
혼합 전 용액의 부피(mL)	x M NaOH(aq)	V_1	$2V_1$
	0.1 M H$_2$A(aq)	40	20
	0.1 M HB(aq)	V_2	0
모든 이온의 수		$8N$	$19N$
모든 이온의 몰 농도(M) 합		$\dfrac{3}{50}$	$\dfrac{3}{20}$

$x \times \dfrac{V_1}{V_2}$ 는? (단, 혼합 용액의 부피는 혼합 전 각 용액의 부피의 합과 같고, 수용액에서 H$_2$A는 H$^+$과 A^{2-}으로, HB는 H$^+$과 B$^-$으로 모두 이온화되며, 물의 자동 이온화는 무시한다.)

① $\dfrac{1}{25}$　② $\dfrac{1}{10}$　③ $\dfrac{1}{5}$　④ $\dfrac{1}{3}$　⑤ $\dfrac{1}{2}$

2024

19 　2024학년도 6월 화I 19번

다음은 x M NaOH(aq), y M H$_2$A(aq), z M HCl(aq)의 부피를 달리하여 혼합한 수용액 (가)~(다)에 대한 자료이다.

○ 수용액에서 H$_2$A는 H$^+$과 A^{2-}으로 모두 이온화된다.

혼합 전 수용액의 부피(mL)		(가)	(나)	(다)
	x M NaOH(aq)	a	a	a
	y M H$_2$A(aq)	20	20	20
	z M HCl(aq)	10	20	40
모든 음이온의 몰 농도(M) 합			$\dfrac{2}{7}$	b

○ (가)~(다)의 액성은 모두 다르며, 각각 산성, 중성, 염기성 중 하나이다.
○ (가)에 존재하는 모든 음이온의 양은 0.02 mol이다.
○ (나)에 존재하는 모든 양이온의 양은 0.03 mol이다.

$a \times b$ 는? (단, 혼합 수용액의 부피는 혼합 전 각 수용액의 부피의 합과 같고, 물의 자동 이온화는 무시한다.) [3점]

① 10　② 20　③ 30　④ 40　⑤ 50

2023

23 　2023학년도 수능 화I 19번

다음은 a M HA(aq), b M H$_2$B(aq), $\dfrac{5}{2}a$ M NaOH(aq)의 부피를 달리하여 혼합한 용액 (가)~(다)에 대한 자료이다.

○ 수용액에서 HA는 H$^+$과 A$^-$으로, H$_2$B는 H$^+$과 B^{2-}으로 모두 이온화된다.

혼합 용액	혼합 전 수용액의 부피(mL)			모든 양이온의 몰 농도(M) 합 (상댓값)
	HA(aq)	H$_2$B(aq)	NaOH(aq)	
(가)	$3V$	V	$2V$	5
(나)	V	xV	$2xV$	9
(다)	xV	xV	$3V$	y

○ (가)는 중성이다.

$\dfrac{y}{x}$ 는? (단, 혼합 수용액의 부피는 혼합 전 각 수용액 부피의 합과 같고, 물의 자동 이온화는 무시한다.)

① 1　② 2　③ 3　④ 4　⑤ 5

13 　2023학년도 9월 화I 19번

다음은 a M HCl(aq), b M NaOH(aq), c M A(aq)의 부피를 달리하여 혼합한 용액 (가)~(다)에 대한 자료이다. A는 HBr 또는 KOH 중 하나이다.

○ 수용액에서 HBr는 H$^+$과 Br$^-$으로, KOH은 K$^+$과 OH$^-$으로 모두 이온화된다.

혼합 용액	혼합 전 용액의 부피(mL)			혼합 용액에 존재하는 모든 이온의 몰 농도(M) 비
	HCl(aq)	NaOH(aq)	A(aq)	
(가)	10	10	0	1 : 1 : 2
(나)	10	5	10	1 : 1 : 4 : 4
(다)	15	10	5	1 : 1 : 1 : 3

○ (가)는 산성이다.

(나) 5 mL와 (다) 5 mL를 혼합한 용액의 $\dfrac{\text{H}^+\text{의 몰 농도(M)}}{\text{Na}^+\text{의 몰 농도(M)}}$ 는? (단, 혼합 용액의 부피는 혼합 전 각 용액의 부피의 합과 같고, 물의 자동 이온화는 무시한다.) [3점]

① $\dfrac{1}{8}$　② $\dfrac{1}{4}$　③ $\dfrac{2}{7}$　④ $\dfrac{1}{3}$　⑤ $\dfrac{5}{8}$

2023

2022 ~ 2019

03
2021학년도 6월 모평 화Ⅰ 20번

표는 0.2 M $H_2A(aq)$ x mL와 y M 수산화 나트륨 수용액(NaOH(aq))의 부피를 달리하여 혼합한 용액 (가)~(다)에 대한 자료이다.

용액	(가)	(나)	(다)
$H_2A(aq)$의 부피(mL)	x	x	x
NaOH(aq)의 부피(mL)	20	30	60
pH		1	
용액에 존재하는 모든 이온의 몰 농도(M) 비			

(다)에서 ㉠에 해당하는 이온의 몰 농도(M)는? (단, 혼합 용액의 부피는 혼합 전 각 용액의 부피의 합과 같고, 혼합 전과 후의 온도 변화는 없다. H_2A는 수용액에서 H^+과 A^{2-}으로 모두 이온화되고, 물의 자동 이온화는 무시한다.) [3점]

① $\frac{1}{35}$ ② $\frac{1}{30}$ ③ $\frac{1}{25}$ ④ $\frac{1}{20}$ ⑤ $\frac{1}{15}$

---

07 (신유형) 문제
2020학년도 수능 화Ⅰ 18번

다음은 중화 반응 실험이다.

[실험 과정]
(가) HCl(aq), NaOH(aq), KOH(aq)을 준비한다.
(나) HCl(aq) 10 mL를 비커에 넣는다.
(다) (나)의 비커에 NaOH(aq) 5 mL를 조금씩 넣는다.
(라) (다)의 비커에 KOH(aq) 10 mL를 조금씩 넣는다.

[실험 결과]
○ (다)와 (라) 과정에서 첨가한 용액의 부피에 따른 혼합 용액의 단위 부피당 전체 이온 수

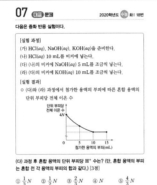

(라) 과정 후 혼합 용액의 단위 부피당 H^+ 수는? (단, 혼합 용액의 부피는 혼합 전 각 용액의 부피의 합과 같다.) [3점]

① $\frac{1}{3}N$ ② $\frac{1}{2}N$ ③ $\frac{2}{3}N$ ④ N ⑤ $\frac{4}{3}N$

06
2019학년도 수능 화Ⅰ 20번

다음은 중화 반응 실험이다.

[실험 과정]
(가) HCl(aq), NaOH(aq)을 준비한다.
(나) HCl(aq) V mL를 비커에 넣는다.
(다) (나)의 비커에 NaOH(aq) 15 mL를 조금씩 넣는다.

[실험 결과]
○ (다) 과정에서 NaOH(aq)의 부피에 따른 혼합 용액의 단위 부피당 전체 이온 수

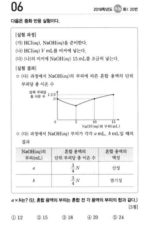

○ (다) 과정에서 NaOH(aq) 부피가 각각 a mL, b mL일 때의 결과

NaOH(aq)의 부피(mL)	혼합 용액의 단위 부피당 전체 이온 수	혼합 용액의 액성
a	$\frac{3}{4}N$	산성
b	$\frac{3}{4}N$	염기성

$a \times b$는? (단, 혼합 용액의 부피는 혼합 전 각 용액의 부피의 합과 같다.) [3점]

① 12 ② 15 ③ 18 ④ 20 ⑤ 24

05
2019학년도 6월 모평 화Ⅰ 18번

다음은 수용액 A~C와 관련된 실험이다. A~C는 각각 HCl(aq), HBr(aq), NaOH(aq) 중 하나이다.

[실험 과정]
(가) 수용액 A, B, C를 준비한다.
(나) (가)의 A a mL를 비커에 넣고, B b mL와 C c mL를 차례로 혼합한다.

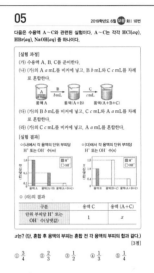

(다) (가)의 B b mL를 비커에 넣고, C c mL와 A a mL를 차례로 혼합한다.
(라) (가)의 C c mL를 비커에 넣고, A a mL를 혼합한다.

[실험 결과]
○(나)에서 각 용액의 단위 부피당 H^+ 또는 OH^- 수(n)

○(다)에서 각 용액의 단위 부피당 OH^- 수(n)

○ (라)의 결과

구분	용액 C	용액 (A+C)
단위 부피당 H^+ 또는 OH^- 수(상댓값)	1	x

x는? (단, 혼합 후 용액의 부피는 혼합 전 각 용액의 부피의 합과 같다.) [3점]

① $\frac{3}{4}$ ② $\frac{2}{3}$ ③ $\frac{1}{2}$ ④ $\frac{1}{3}$ ⑤ $\frac{1}{4}$

16
2023학년도 6월 모평 화Ⅰ 19번

표는 x M $H_2A(aq)$과 y M NaOH(aq)의 부피를 달리하여 혼합한 용액 (가)~(라)에 대한 자료이다.

혼합 용액		(가)	(나)	(다)	(라)
혼합 전 용액의 부피(mL)	$H_2A(aq)$	10	10	20	$2V$
	NaOH(aq)	30	40	V	30
모든 음이온의 몰 농도(M) 합(상댓값)		3	4	8	

(라)에 존재하는 이온 수의 비율로 가장 적절한 것은? (단, 혼합 전 각 용액의 부피는 혼합 전 각 용액의 부피의 합과 같고, H_2A는 수용액에서 H^+과 A^{2-}으로 모두 이온화되며, 물의 자동 이온화는 무시한다.) [3점]

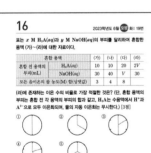

① ② ③ ④ ⑤

20
2022학년도 수능 화Ⅰ 20번

다음은 x M $H_2X(aq)$, 0.2 M YOH(aq), 0.3 M $Z(OH)_2(aq)$의 부피를 달리하여 혼합한 용액 Ⅰ~Ⅲ에 대한 자료이다.

○ 수용액에서 H_2X는 H^+과 X^{2-}으로, YOH는 Y^+과 OH^-으로, $Z(OH)_2$는 Z^{2+}과 OH^-으로 모두 이온화된다.

혼합 용액	혼합 전 수용액의 부피(mL)			모든 이온의 몰 농도(M) 합(상댓값)
	x M $H_2X(aq)$	0.2 M YOH(aq)	0.3 M $Z(OH)_2(aq)$	
Ⅰ	V	$4a$	0	5
Ⅱ	$2V$	$4a$	$2a$	4
Ⅲ	$2V$	a	$5a$	b

○ Ⅰ은 산성이다.
○ Ⅱ에서 $\dfrac{\text{모든 양이온의 양(mol)}}{\text{모든 음이온의 양(mol)}} = \dfrac{3}{2}$이다.
○ Ⅱ와 Ⅲ의 부피는 각각 100 mL이다.

$x \times b$는? (단, 혼합 용액의 부피는 혼합 전 각 용액의 부피의 합과 같고, 물의 자동 이온화는 무시하며, X^{2-}, Y^+, Z^{2+}은 반응하지 않는다.) [3점]

① 1 ② 2 ③ 3 ④ 4 ⑤ 5

01

다음은 중화 반응과 관련된 실험이다.

[실험 과정]

(가) a M HCl(aq), b M NaOH(aq), c M KOH(aq)을 준비한다.

(나) HCl(aq) 20 mL, NaOH(aq) 30 mL, KOH(aq) 10 mL 를 혼합하여 용액 Ⅰ을 만든다.

(다) 용액 Ⅰ에 KOH(aq) V mL를 첨가하여 용액 Ⅱ를 만든다.

[실험 결과]

○ 용액 Ⅰ에서 H_3O^+의 몰 농도는 $\frac{1}{12}a$ M이다.

○ 용액 Ⅰ과 Ⅱ에 들어 있는 이온의 몰비

용액	Ⅰ	Ⅱ
이온의 몰비	(원그래프: $\frac{1}{4}$, $\frac{1}{2}$, $\frac{1}{8}$, $\frac{1}{8}$)	(원그래프: $\frac{1}{3}$, $\frac{1}{3}$, $\frac{1}{6}$, $\frac{1}{6}$)

$V \times \dfrac{b}{c}$는? (단, 온도는 일정하고, 혼합한 용액의 부피는 혼합 전 각 용액의 부피의 합과 같으며, 물의 자동 이온화는 무시한다.) [3점]

① 10　　② 20　　③ 30　　④ 40　　⑤ 60

02

표는 HCl(aq), H_2SO_4(aq), NaOH(aq)의 부피를 달리하여 혼합한 용액 (가)~(다)에 존재하는 음이온 수의 비율을 이온의 종류에 관계없이 나타낸 것이다.

혼합 용액	(가)	(나)	(다)
HCl(aq) 부피(mL)	10	5	10
H_2SO_4(aq) 부피(mL)	10	20	y
NaOH(aq) 부피(mL)	10	x	20
음이온 수의 비율	(원그래프: $\frac{1}{5}$, $\frac{4}{5}$)	(원그래프: $\frac{3}{7}$, $\frac{2}{7}$, $\frac{2}{7}$)	(원그래프: $\frac{1}{5}$, $\frac{2}{5}$, $\frac{2}{5}$)

이에 대한 설명으로 옳은 것만을 〈보기〉에서 있는 대로 고른 것은? (단, 온도는 일정하고, 혼합 용액의 부피는 혼합 전 각 용액의 부피의 합과 같다.) [3점]

〈 보기 〉

ㄱ. $x : y = 3 : 4$이다.

ㄴ. 용액의 pH는 (나)가 (다)보다 크다.

ㄷ. (다)를 완전히 중화시키기 위해 필요한 HCl(aq)의 부피는 10 mL이다.

① ㄱ　　② ㄴ　　③ ㄱ, ㄷ　　④ ㄴ, ㄷ　　⑤ ㄱ, ㄴ, ㄷ

03

표는 0.2 M H_2A(aq) x mL와 y M 수산화 나트륨 수용액(NaOH(aq))의 부피를 달리하여 혼합한 용액 (가)~(다)에 대한 자료이다.

용액	(가)	(나)	(다)
H_2A(aq)의 부피(mL)	x	x	x
NaOH(aq)의 부피(mL)	20	30	60
pH		1	
용액에 존재하는 모든 이온의 몰 농도(M) 비	(원그래프)		(원그래프)

(다)에서 ㉠에 해당하는 이온의 몰 농도(M)는? (단, 혼합 용액의 부피는 혼합 전 각 용액의 부피의 합과 같고, 혼합 전과 후의 온도 변화는 없다. H_2A는 수용액에서 H^+과 A^{2-}으로 모두 이온화되고, 물의 자동 이온화는 무시한다.) [3점]

① $\dfrac{1}{35}$　　② $\dfrac{1}{30}$　　③ $\dfrac{1}{25}$　　④ $\dfrac{1}{20}$　　⑤ $\dfrac{1}{15}$

04 대표 문제

표는 a M HCl(aq), b M NaOH(aq), c M KOH(aq)의 부피를 달리하여 혼합한 용액 (가)~(다)에 대한 자료이다. (가)의 액성은 중성이다.

혼합 용액		(가)	(나)	(다)
혼합 전 용액의 부피(mL)	HCl(aq)	10	x	x
	NaOH(aq)	10	20	
	KOH(aq)	10	30	y
혼합 용액에 존재하는 양이온 수의 비율		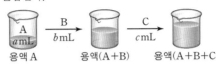		

$\dfrac{x}{y}$는? (단, 물의 자동 이온화는 무시한다.)

① 2 ② $\dfrac{3}{2}$ ③ 1 ④ $\dfrac{1}{2}$ ⑤ $\dfrac{1}{3}$

05

다음은 수용액 A~C와 관련된 실험이다. A~C는 각각 HCl(aq), HBr(aq), NaOH(aq) 중 하나이다.

[실험 과정]

(가) 수용액 A, B, C를 준비한다.

(나) (가)의 A a mL를 비커에 넣고, B b mL와 C c mL를 차례로 혼합한다.

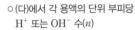

(다) (가)의 B b mL를 비커에 넣고, C c mL와 A a mL를 차례로 혼합한다.

(라) (가)의 C c mL를 비커에 넣고, A a mL를 혼합한다.

[실험 결과]

○ (나)에서 각 용액의 단위 부피당 H^+ 또는 OH^- 수(m)

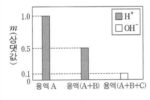

○ (다)에서 각 용액의 단위 부피당 H^+ 또는 OH^- 수(n)

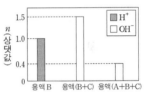

○ (라)의 결과

구분	용액 C	용액 (A+C)
단위 부피당 H^+ 또는 OH^- 수(상댓값)	1	x

x는? (단, 혼합 후 용액의 부피는 혼합 전 각 용액의 부피의 합과 같다.) [3점]

① $\dfrac{3}{4}$ ② $\dfrac{2}{3}$ ③ $\dfrac{1}{2}$ ④ $\dfrac{1}{3}$ ⑤ $\dfrac{1}{4}$

다음은 중화 반응 실험이다.

[실험 과정]

(가) HCl(aq), NaOH(aq)을 준비한다.

(나) HCl(aq) V mL를 비커에 넣는다.

(다) (나)의 비커에 NaOH(aq) 15 mL를 조금씩 넣는다.

[실험 결과]

○ (다) 과정에서 NaOH(aq)의 부피에 따른 혼합 용액의 단위 부피당 총 이온 수

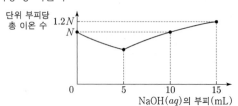

○ (다) 과정에서 NaOH(aq) 부피가 각각 a mL, b mL일 때의 결과

NaOH(aq)의 부피(mL)	혼합 용액의 단위 부피당 총 이온 수	혼합 용액의 액성
a	$\frac{3}{4}N$	산성
b	$\frac{3}{4}N$	염기성

$a \times b$는? (단, 혼합 용액의 부피는 혼합 전 각 용액의 부피의 합과 같다.) [3점]

① 12   ② 15   ③ 18   ④ 20   ⑤ 24

다음은 중화 반응 실험이다.

[실험 과정]

(가) HCl(aq), NaOH(aq), KOH(aq)을 준비한다.

(나) HCl(aq) 10 mL를 비커에 넣는다.

(다) (나)의 비커에 NaOH(aq) 5 mL를 조금씩 넣는다.

(라) (다)의 비커에 KOH(aq) 10 mL를 조금씩 넣는다.

[실험 결과]

○ (다)와 (라) 과정에서 첨가한 용액의 부피에 따른 혼합 용액의 단위 부피당 전체 이온 수

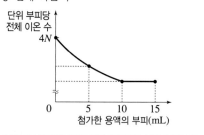

(다) 과정 후 혼합 용액의 단위 부피당 H^+ 수는? (단, 혼합 용액의 부피는 혼합 전 각 용액의 부피의 합과 같다.) [3점]

① $\frac{1}{3}N$ ② $\frac{1}{2}N$ ③ $\frac{2}{3}N$ ④ N ⑤ $\frac{4}{3}N$

08

다음은 중화 반응에 대한 실험이다.

[자료]

○ ㉠과 ㉡은 x M HA(aq)과 y M H_2B(aq) 중 하나이다.

○ 수용액에서 HA는 H^+과 A^-으로, H_2B는 H^+과 B^{2-}으로 모두 이온화된다.

[실험 과정]

(가) NaOH(aq), HA(aq), H_2B(aq)을 각각 준비한다.

(나) NaOH(aq) V mL에 ㉠ 10 mL를 조금씩 첨가한다.

(다) (나)의 혼합 용액에 ㉡ 20 mL를 조금씩 첨가한다.

[실험 결과]

○ 첨가한 용액의 부피(mL)에 따른 혼합 용액에 존재하는 모든 이온의 몰 농도(M)의 합

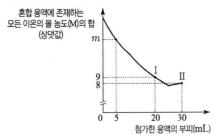

혼합 용액에 존재하는
모든 이온의 몰 농도(M)의 합
(상댓값)

○ 혼합 용액 Ⅰ과 Ⅱ에 존재하는 모든 음이온 수의 비

혼합 용액	Ⅰ	Ⅱ
음이온 수의 비	1 : 1 : 2	1 : 1

○ $V < 30$이다.

이에 대한 설명으로 옳은 것만을 〈보기〉에서 있는 대로 고른 것은? (단, 혼합 용액의 부피는 혼합 전 각 용액의 부피의 합과 같으며, 물의 자동 이온화는 무시한다.) [3점]

〈 보기 〉
ㄱ. $V = 10$이다.
ㄴ. $x : y = 2 : 1$이다.
ㄷ. $m = 16$이다.

① ㄱ ② ㄴ ③ ㄱ, ㄷ ④ ㄴ, ㄷ ⑤ ㄱ, ㄴ, ㄷ

09

표는 HCl(aq)과 NaOH(aq)을 부피를 달리하여 반응시켰을 때 혼합 용액 (가)~(다)에 대한 자료이다.

혼합 용액	혼합 전 용액의 부피(mL)		용액의 액성	전체 음이온 수
	HCl(aq)	NaOH(aq)		
(가)	80	30	산성	$2N$
(나)	30	20	염기성	N
(다)	40	10	㉠	N

이에 대한 옳은 설명만을 〈보기〉에서 있는 대로 고른 것은? (단, 온도는 일정하고, 물의 자동 이온화는 무시한다.) [3점]

〈 보기 〉
ㄱ. ㉠은 중성이다.
ㄴ. 혼합 전 용액의 몰 농도(M)는 NaOH(aq)이 HCl(aq)의 2배이다.
ㄷ. 생성된 물 분자 수는 (가)가 (다)의 1.5배이다.

① ㄱ ② ㄴ ③ ㄷ ④ ㄱ, ㄷ ⑤ ㄴ, ㄷ

10

표는 혼합 용액 (가)~(다)에 대한 자료이다.

혼합 용액		(가)	(나)	(다)
혼합 전 수용액의 부피(mL)	HCl(aq)	30	0	10
	HBr(aq)	0	15	10
	NaOH(aq)	20	10	x
혼합 용액의 액성		중성	산성	염기성
$[Na^+] + [H^+]$(상댓값)		3	6	5

이에 대한 옳은 설명만을 〈보기〉에서 있는 대로 고른 것은? (단, 온도는 일정하고, 혼합 용액의 부피는 혼합 전 각 용액의 부피의 합과 같으며, 물의 자동 이온화는 무시한다.) [3점]

〈 보기 〉
ㄱ. 몰 농도비는 HBr(aq) : NaOH(aq) = 4 : 3이다.
ㄴ. $x = 40$이다.
ㄷ. 생성된 물의 양(mol)은 (가)와 (다)에서 같다.

① ㄱ ② ㄷ ③ ㄱ, ㄴ ④ ㄴ, ㄷ ⑤ ㄱ, ㄴ, ㄷ

표는 a M HCl(aq), b M NaOH(aq), c M X(OH)$_2$(aq)의 부피를 달리하여 혼합한 용액 (가)~(다)에 대한 자료이다. 수용액에서 X(OH)$_2$는 X^{2+}과 OH$^-$으로 모두 이온화된다.

혼합 용액		(가)	(나)	(다)
혼합 전 수용액의 부피 (mL)	HCl(aq)	10	20	xV
	NaOH(aq)	30	40	yV
	X(OH)$_2$(aq)	0	20	V
단위 부피당 양이온 수 모형		▲ ○ ▲ / ○ ▲ ○	■ ○ / ○ ■	■ ▲ / ○ ■ / ▲ ■

$\dfrac{b+c}{a} \times \dfrac{y}{x}$ 는? (단, 혼합 용액의 부피는 혼합 전 각 용액의 부피의 합과 같고, 물의 자동 이온화는 무시하며, Cl$^-$, Na$^+$, X^{2+}은 반응하지 않는다.) [3점]

① $\dfrac{1}{3}$ ② $\dfrac{3}{5}$ ③ $\dfrac{3}{4}$ ④ $\dfrac{3}{2}$ ⑤ $\dfrac{5}{2}$

표는 2 M BOH(aq) 10 mL에 x M H$_2$A(aq)의 부피를 달리하여 혼합한 용액 (가)~(다)에 대한 자료이다.

혼합 용액		(가)	(나)	(다)
혼합 전 용액의 부피(mL)	2 M BOH(aq)	10	10	10
	x M H$_2$A(aq)	V	$3V$	$5V$
모든 이온의 수		$7n$	$9n$	
모든 이온의 몰 농도(M) 합			$\dfrac{9}{5}$	$\dfrac{15}{7}$

$\dfrac{x}{V}$ 는? (단, 혼합 용액의 부피는 혼합 전 각 용액의 부피의 합과 같고, 물의 자동 이온화는 무시한다. H$_2$A와 BOH는 수용액에서 완전히 이온화하고, A^{2-}, B$^+$은 반응에 참여하지 않는다.) [3점]

① $\dfrac{2}{15}$ ② $\dfrac{1}{5}$ ③ $\dfrac{1}{3}$ ④ $\dfrac{2}{3}$ ⑤ $\dfrac{3}{4}$

다음은 a M HCl(aq), b M NaOH(aq), c M A(aq)의 부피를 달리하여 혼합한 용액 (가)~(다)에 대한 자료이다. A는 HBr 또는 KOH 중 하나이다.

○ 수용액에서 HBr은 H^+과 Br^-으로, KOH은 K^+과 OH^-으로 모두 이온화된다.

혼합 용액	혼합 전 용액의 부피(mL)			혼합 용액에 존재하는 모든 이온의 몰 농도(M) 비
	HCl (aq)	NaOH (aq)	A (aq)	
(가)	10	10	0	1 : 1 : 2
(나)	10	5	10	1 : 1 : 4 : 4
(다)	15	10	5	1 : 1 : 1 : 3

○ (가)는 산성이다.

(나) 5 mL와 (다) 5 mL를 혼합한 용액의 $\dfrac{H^+\text{의 몰 농도(M)}}{Na^+\text{의 몰 농도(M)}}$는? (단, 혼합 용액의 부피는 혼합 전 각 용액의 부피의 합과 같고, 물의 자동 이온화는 무시한다.) [3점]

① $\dfrac{1}{8}$ ② $\dfrac{1}{4}$ ③ $\dfrac{2}{7}$ ④ $\dfrac{1}{3}$ ⑤ $\dfrac{5}{8}$

다음은 $H_2X(aq)$, $Y(OH)_2(aq)$, ZOH(aq)의 부피를 달리하여 혼합한 용액 (가), (나)에 대한 자료이다.

○ 수용액에서 H_2X는 H^+과 X^{2-}으로, $Y(OH)_2$는 Y^{2+}과 OH^-으로, ZOH는 Z^+과 OH^-으로 모두 이온화된다.

혼합 용액		(가)	(나)
혼합 전 수용액의 부피(mL)	0.5 M $H_2X(aq)$	30	30
	a M $Y(OH)_2(aq)$	10	15
	b M ZOH(aq)	0	15
H^+ 또는 OH^-의 몰 농도(M)		$\dfrac{1}{4}$	x

○ (가)에서 $\dfrac{\text{모든 음이온의 몰 농도(M) 합}}{\text{모든 양이온의 몰 농도(M) 합}} > 1$이다.

○ 모든 양이온의 양(mol)은 (가) : (나) = 4 : 9이다.

x는? (단, 혼합 용액의 부피는 혼합 전 각 용액의 부피의 합과 같고, 물의 자동 이온화는 무시하며, X^{2-}, Y^{2+}, Z^+은 반응하지 않는다.) [3점]

① $\dfrac{1}{4}$ ② $\dfrac{3}{4}$ ③ $\dfrac{5}{6}$ ④ $\dfrac{7}{6}$ ⑤ $\dfrac{4}{3}$

표는 0.8 M HX(aq), 0.1 M YOH(aq), a M Z(OH)$_2$(aq)을 부피를 달리하여 혼합한 용액 Ⅰ~Ⅲ에 대한 자료이다. 수용액에서 HX는 H$^+$과 X$^-$으로, YOH는 Y$^+$과 OH$^-$으로, Z(OH)$_2$는 Z^{2+}과 OH$^-$으로 모두 이온화된다.

혼합 용액		Ⅰ	Ⅱ	Ⅲ
혼합 전 수용액의 부피(mL)	0.8 M HX(aq)	5	1	4
	0.1 M YOH(aq)	0	4	6
	a M Z(OH)$_2$(aq)	5	5	6
모든 음이온의 몰 농도(M) 합(상댓값)		5	3	x

$a \times x$는? (단, 혼합 용액의 부피는 혼합 전 각 용액의 부피의 합과 같고, 물의 자동 이온화는 무시하며, X$^-$, Y$^+$, Z^{2+}은 반응하지 않는다.) [3점]

① $\dfrac{1}{3}$ ② $\dfrac{1}{2}$ ③ 1   ④ $\dfrac{3}{2}$ ⑤ $\dfrac{5}{2}$

표는 x M H$_2$A(aq)과 y M NaOH(aq)의 부피를 달리하여 혼합한 용액 (가)~(라)에 대한 자료이다.

혼합 용액		(가)	(나)	(다)	(라)
혼합 전 용액의 부피(mL)	H$_2$A(aq)	10	10	20	$2V$
	NaOH(aq)	30	40	V	30
모든 음이온의 몰 농도(M) 합(상댓값)		3	4	8	

(라)에 존재하는 이온 수의 비율로 가장 적절한 것은? (단, 혼합 용액의 부피는 혼합 전 각 용액의 부피의 합과 같고, H$_2$A는 수용액에서 H$^+$과 A^{2-}으로 모두 이온화되며, 물의 자동 이온화는 무시한다.) [3점]

①   ②   ③

④   ⑤

17

표는 a M HCl(aq), b M H_2A(aq), c M KOH(aq)을 혼합한 용액 (가)~(다)에 대한 자료이다. (나)의 액성은 중성이다.

혼합 용액		(가)	(나)	(다)
혼합 전 용액의 부피 (mL)	a M HCl(aq)	V	V	$2V$
	b M H_2A(aq)	V	$2V$	V
	c M KOH(aq)	0	$2V$	$2V$
모든 음이온의 몰 농도(M) 합 (상댓값)		15	8	㉠

㉠ $\times \dfrac{a}{b+c}$ 는? (단, 수용액에서 H_2A는 H^+과 A^{2-}으로 모두 이온화되고, 혼합 용액의 부피는 혼합 전 각 용액의 부피의 합과 같으며, 물의 자동 이온화는 무시한다.) [3점]

① $\dfrac{5}{2}$ ② 4 ③ 5 ④ $\dfrac{20}{3}$ ⑤ 8

18 대표문제

표는 x M NaOH(aq), 0.1 M H_2A(aq), 0.1 M HB(aq)의 부피를 달리하여 혼합한 용액 (가)와 (나)에 대한 자료이다. (가)의 액성은 염기성이다.

혼합 용액		(가)	(나)
혼합 전 용액의 부피(mL)	x M NaOH(aq)	V_1	$2V_1$
	0.1 M H_2A(aq)	40	20
	0.1 M HB(aq)	V_2	0
모든 이온의 수		$8N$	$19N$
모든 음이온의 몰 농도(M) 합		$\dfrac{3}{50}$	$\dfrac{3}{20}$

$x \times \dfrac{V_2}{V_1}$ 는? (단, 혼합 용액의 부피는 혼합 전 각 용액의 부피의 합과 같고, 수용액에서 H_2A는 H^+과 A^{2-}으로, HB는 H^+과 B^-으로 모두 이온화되며, 물의 자동 이온화는 무시한다.)

① $\dfrac{1}{25}$ ② $\dfrac{1}{10}$ ③ $\dfrac{1}{5}$ ④ $\dfrac{1}{3}$ ⑤ $\dfrac{1}{2}$

19

다음은 x M NaOH(aq), y M H$_2$A(aq), z M HCl(aq)의 부피를 달리하여 혼합한 수용액 (가)~(다)에 대한 자료이다.

○ 수용액에서 H$_2$A는 H$^+$과 A^{2-}으로 모두 이온화된다.

혼합 수용액		(가)	(나)	(다)
혼합 전 수용액의 부피(mL)	x M NaOH(aq)	a	a	a
	y M H$_2$A(aq)	20	20	20
	z M HCl(aq)	0	20	40
모든 음이온의 몰 농도(M) 합			$\dfrac{2}{7}$	b

○ (가)~(다)의 액성은 모두 다르며, 각각 산성, 중성, 염기성 중 하나이다.

○ (가)에 존재하는 모든 음이온의 양은 0.02 mol이다.

○ (나)에 존재하는 모든 양이온의 양은 0.03 mol이다.

$a \times b$는? (단, 혼합 수용액의 부피는 혼합 전 각 수용액의 부피의 합과 같고, 물의 자동 이온화는 무시한다.) [3점]

① 10 ② 20 ③ 30 ④ 40 ⑤ 50

20

다음은 x M H$_2$X(aq), 0.2 M YOH(aq), 0.3 M Z(OH)$_2$(aq)의 부피를 달리하여 혼합한 용액 Ⅰ~Ⅲ에 대한 자료이다.

○ 수용액에서 H$_2$X는 H$^+$과 X^{2-}으로, YOH는 Y$^+$과 OH$^-$으로, Z(OH)$_2$는 Z^{2+}과 OH$^-$으로 모두 이온화된다.

혼합 용액	혼합 전 수용액의 부피(mL)			모든 음이온의 몰 농도(M) 합 (상댓값)
	x M H$_2$X(aq)	0.2 M YOH(aq)	0.3 M Z(OH)$_2$(aq)	
Ⅰ	V	20	0	5
Ⅱ	$2V$	$4a$	$2a$	4
Ⅲ	$2V$	a	$5a$	b

○ Ⅰ은 산성이다.

○ Ⅱ에서 $\dfrac{\text{모든 양이온의 양(mol)}}{\text{모든 음이온의 양(mol)}} = \dfrac{3}{2}$ 이다.

○ Ⅱ와 Ⅲ의 부피는 각각 100 mL이다.

$x \times b$는? (단, 혼합 용액의 부피는 혼합 전 각 용액의 부피의 합과 같고, 물의 자동 이온화는 무시하며, X^{2-}, Y$^+$, Z^{2+}은 반응하지 않는다.) [3점]

① 1 ② 2 ③ 3 ④ 4 ⑤ 5

표는 NaOH(aq), HA(aq), H$_2$B(aq)의 부피를 달리하여 혼합한 용액 (가)~(다)에 대한 자료이다. 수용액에서 HA는 H$^+$과 A$^-$으로, H$_2$B는 H$^+$과 B^{2-}으로 모두 이온화된다.

혼합 용액		(가)	(나)	(다)
혼합 전 수용액의 부피(mL)	NaOH(aq)	30	10	20
	HA(aq)	20	x	15
	H$_2$B(aq)	10	y	5
음이온 수의 비		3 : 2 : 2	1 : 1	5 : 3 : 2
모든 양이온의 몰 농도(M) 합(상댓값)		1	1	

$x+y$는? (단, 혼합 용액의 부피는 혼합 전 각 용액의 부피의 합과 같고, 물의 자동 이온화는 무시한다.) [3점]

① 15 ② 20 ③ 25 ④ 30 ⑤ 35

표는 a M H$_2$X(aq), b M HCl(aq), $2b$ M NaOH(aq)의 부피를 달리하여 혼합한 수용액 (가)~(다)에 대한 자료이다. 수용액에서 H$_2$X는 H$^+$과 X^{2-}으로 모두 이온화된다.

혼합 수용액		(가)	(나)	(다)
혼합 전 수용액의 부피(mL)	a M H$_2$X(aq)	10	20	20
	b M HCl(aq)	20	10	20
	$2b$ M NaOH(aq)	10	10	40
모든 양이온의 몰 농도(M) 합 (상댓값)		3	3	㉠

$\dfrac{a}{b} \times ㉠$은? (단, 혼합 수용액의 부피는 혼합 전 각 수용액의 부피의 합과 같고, 물의 자동 이온화는 무시한다.) [3점]

① $\dfrac{4}{3}$ ② $\dfrac{3}{2}$ ③ 2 ④ $\dfrac{5}{2}$ ⑤ 4

다음은 a M HA(aq), b M H$_2$B(aq), $\frac{5}{2}a$ M NaOH(aq)의 부피를 달리하여 혼합한 수용액 (가)~(다)에 대한 자료이다.

○ 수용액에서 HA는 H$^+$과 A$^-$으로, H$_2$B는 H$^+$과 B^{2-}으로 모두 이온화된다.

혼합 수용액	혼합 전 수용액의 부피(mL)			모든 양이온의 몰 농도(M) 합 (상댓값)
	HA(aq)	H$_2$B(aq)	NaOH(aq)	
(가)	$3V$	V	$2V$	5
(나)	V	xV	$2xV$	9
(다)	xV	xV	$3V$	y

○ (가)는 중성이다.

$\dfrac{y}{x}$는? (단, 혼합 수용액의 부피는 혼합 전 각 수용액의 부피의 합과 같고, 물의 자동 이온화는 무시한다.)

① 1   ② 2   ③ 3   ④ 4   ⑤ 5

표는 a M HX(aq), 0.1 M H$_2$Y(aq), $\frac{4}{3}a$ M Z(OH)$_2$(aq)의 부피를 달리하여 혼합한 용액 (가)~(다)에 대한 자료이다. 수용액에서 HX는 H$^+$과 X$^-$으로, H$_2$Y는 H$^+$과 Y^{2-}으로, Z(OH)$_2$는 Z^{2+}과 OH$^-$으로 모두 이온화된다.

혼합 용액	혼합 전 수용액의 부피(mL)			모든 양이온의 몰 농도(M) 합 (상댓값)
	HX(aq)	H$_2$Y(aq)	Z(OH)$_2$(aq)	
(가)	20	10	30	10
(나)	20	30	50	11
(다)	b	20	20	19

$a \times b$는? (단, 혼합 용액의 부피는 혼합 전 각 용액의 부피의 합과 같고, 물의 자동 이온화는 무시하며, X$^-$, Y^{2-}, Z^{2+}은 반응하지 않는다.) [3점]

① $\dfrac{1}{2}$ ② $\dfrac{2}{3}$ ③ 1   ④ $\dfrac{3}{2}$ ⑤ 2

표는 $X(OH)_2(aq)$, $HY(aq)$, $H_2Z(aq)$의 부피를 달리하여 혼합한 용액 (가)와 (나)에 대한 자료이다.

혼합 용액		(가)	(나)
혼합 전 수용액의 부피(mL)	a M $X(OH)_2(aq)$	V	$2V$
	$2a$ M $HY(aq)$	15	㉠
	b M $H_2Z(aq)$	15	
모든 이온 수의 비		1 : 2 : 2	1 : 1 : 2 : 3
모든 양이온의 양(mol)		N	$2N$

$\dfrac{b}{a} \times$㉠은? (단, 수용액에서 $X(OH)_2$는 X^{2+}과 OH^-으로, HY는 H^+과 Y^-으로, H_2Z는 H^+과 Z^{2-}으로 모두 이온화하고, 물의 자동 이온화는 무시하며, X^{2+}, Y^-, Z^{2-}은 반응하지 않는다.) [3점]

① 5 　　② 10 　　③ 15 　　④ 20 　　⑤ 30

다음은 0.1 M $HA(aq)$, a M $XOH(aq)$, $3a$ M $Y(OH)_2(aq)$을 혼합한 용액 (가)와 (나)에 대한 자료이다.

○ 수용액에서 HA는 H^+과 A^-으로, XOH는 X^+과 OH^-으로, $Y(OH)_2$는 Y^{2+}과 OH^-으로 모두 이온화된다.

혼합 용액		(가)	(나)
혼합 전 수용액의 부피(mL)	0.1 M $HA(aq)$	50	50
	㉠	20	V
	㉡	30	20
$\dfrac{[X^+]+[Y^{2+}]}{[A^-]}$(상댓값)		18	7

○ ㉠과 ㉡은 각각 a M $XOH(aq)$, $3a$ M $Y(OH)_2(aq)$ 중 하나이다.

○ (나)는 중성이다.

$\dfrac{V}{a}$는? (단, 혼합 용액의 부피는 혼합 전 각 수용액의 부피의 합과 같고, X^+, Y^{2+}, A^-은 반응하지 않는다.) [3점]

① 30 　　② 40 　　③ 50 　　④ 100 　　⑤ 300

27

표는 a M $X(OH)_2(aq)$, b M $HY(aq)$, c M $H_2Z(aq)$의 부피를 달리하여 혼합한 용액 Ⅰ~Ⅲ에 대한 자료이다. ㉠, ㉡은 각각 b M $HY(aq)$, c M $H_2Z(aq)$ 중 하나이고, 수용액에서 $X(OH)_2$는 X^{2+}과 OH^-으로, HY는 H^+과 Y^-으로, H_2Z는 H^+과 Z^{2-}으로 모두 이온화된다.

혼합 용액		Ⅰ	Ⅱ	Ⅲ
혼합 전 수용액의 부피(mL)	a M $X(OH)_2(aq)$	V	V	V
	㉠	10	0	10
	㉡	0	20	20
$\dfrac{\text{음이온의 양(mol)}}{\text{양이온의 양(mol)}}$		$\dfrac{5}{4}$		$\dfrac{7}{6}$
Y^-과 Z^{2-}의 몰 농도(M)의 합 (상댓값)			5	7

$V \times \dfrac{b+c}{a}$ 는? (단, 혼합 용액의 부피는 혼합 전 각 용액의 부피의 합과 같고, 물의 자동 이온화는 무시하며, X^{2+}, Y^-, Z^{2-}은 반응하지 않는다.) [3점]

① $\dfrac{20}{3}$　　② 10　　③ $\dfrac{40}{3}$　　④ 50　　⑤ 80

28

다음은 a M $HA(aq)$과 b M $B(OH)_2(aq)$의 부피를 달리하여 혼합한 용액 (가)와 (나)에 대한 자료이다.

○ 수용액에서 HA는 H^+과 A^-으로, $B(OH)_2$는 B^{2+}과 OH^-으로 모두 이온화된다.

혼합 용액		(가)	(나)
혼합 전 수용액의 부피(mL)	a M $HA(aq)$	40	30
	b M $B(OH)_2(aq)$	10	10
$\dfrac{H^+ \text{ 또는 } OH^-\text{의 양(mol)}}{\text{가장 많이 존재하는 이온의 양(mol)}}$ (상댓값)		3	2
혼합 용액의 액성		산성	염기성

$\dfrac{b}{a}$ 는? (단, 물의 자동 이온화는 무시하며, A^-과 B^{2+}은 반응하지 않는다.) [3점]

① 1　　② $\dfrac{3}{2}$　　③ $\dfrac{8}{5}$　　④ $\dfrac{5}{3}$　　⑤ 2

표는 x M $H_2A(aq)$과 y M $NaOH(aq)$의 부피를 달리하여 혼합한 용액 (가)~(다)에 대한 자료이다.

혼합 용액		(가)	(나)	(다)
혼합 전 수용액의 부피(mL)	x M $H_2A(aq)$	10	20	30
	y M $NaOH(aq)$	30	20	10
액성		염기성		산성
혼합 용액에 존재하는 $\dfrac{A^{2-}의\ 양(mol)}{모든\ 이온의\ 양(mol)}$ (상댓값)		3	a	8

$a \times \dfrac{y}{x}$는? (단, 수용액에서 H_2A는 H^+과 A^{2-}으로 모두 이온화되고, 물의 자동 이온화는 무시한다.) [3점]

① $\dfrac{1}{12}$ ② $\dfrac{3}{16}$ ③ 2   ④ $\dfrac{16}{3}$ ⑤ 12

표는 $2x$ M $HA(aq)$, x M $H_2B(aq)$, y M $NaOH(aq)$의 부피를 달리하여 혼합한 수용액 (가)~(다)에 대한 자료이다.

혼합 수용액		(가)	(나)	(다)
혼합 전 수용액의 부피(mL)	$2x$ M $HA(aq)$	a	0	a
	x M $H_2B(aq)$	b	b	c
	y M $NaOH(aq)$	0	c	b
혼합 수용액에 존재하는 모든 이온 수의 비율		(원 그래프: $\frac{3}{5}$, $\frac{1}{5}$, $\frac{1}{5}$)		(원 그래프: $\frac{3}{5}$, $\frac{1}{5}$, $\frac{1}{5}$)

$\dfrac{y}{x} \times \dfrac{(나)에\ 존재하는\ Na^+의\ 양(mol)}{(나)에\ 존재하는\ B^{2-}의\ 양(mol)}$은? (단, 수용액에서 HA는 H^+과 A^-으로, H_2B는 H^+과 B^{2-}으로 모두 이온화되고, 물의 자동 이온화는 무시한다.) [3점]

① $\dfrac{1}{12}$ ② $\dfrac{1}{9}$ ③ $\dfrac{1}{3}$ ④ 9   ⑤ 12

한눈에 정리하는
평가원 기출 경향

주제 \ 학년도	2025	2024

빈출

중화 반응에서의 양적 관계
실험으로 자료를 제시한 경우

---

13 (신유형 문제) · 2025학년도 9월 평가원 화 I 13번

다음은 중화 적정을 이용하여 식초 A에 들어 있는 아세트산(CH_3COOH)의 질량을 알아보기 위한 실험이다.

[자료]
○ CH_3COOH의 분자량은 60이다.
○ 25 °C에서 식초 A의 밀도는 d g/mL이다.

[실험 과정]
(가) 25 °C에서 식초 A 10 mL에 물을 넣어 수용액 100 mL를 만든다.
(나) (가)에서 만든 수용액 20 mL를 삼각 플라스크에 넣고 페놀프탈레인 용액을 2~3 방울 떨어뜨린다.
(다) 그림과 같이 0.2 M KOH(aq)을 □ 에 넣고 꼭지를 열어 (나)의 삼각 플라스크에 한 방울씩 떨어뜨리면서 삼각 플라스크를 흔들어 준다.
(라) (다)의 삼각 플라스크 속 수용액 전체가 붉은색으로 변하는 순간까지 넣어 준 KOH(aq)의 부피(V)를 측정한다.

[실험 결과]
○ V: 10 mL
○ 식초 A 1 g에 들어 있는 CH_3COOH의 질량: w g

이에 대한 설명으로 옳은 것만을 <보기>에서 있는 대로 고른 것은? (단, 온도는 25 °C로 일정하고, 중화 적정 과정에서 식초 A에 포함된 물질 중 CH_3COOH만 KOH과 반응한다.)

<보기>
ㄱ. '꼭짓점'은 ⊙으로 적절하다.
ㄴ. (나)의 삼각 플라스크에 들어 있는 CH_3COOH의 양은 2×10^{-3} mol이다.
ㄷ. $w = \dfrac{1}{50d}$ 이다.

① ㄱ ② ㄷ ③ ㄱ, ㄴ ④ ㄴ, ㄷ ⑤ ㄱ, ㄴ, ㄷ

---

34 (신유형 문제) · 2024학년도 수능 화 I 18번

다음은 중화 반응 실험이다.

[자료]
○ 수용액에서 H_2A는 H^+과 A^{2-}으로 모두 이온화한다.

[실험 과정]
(가) x M $H_2A(aq)$과 y M NaOH(aq)을 준비한다.
(나) 3개의 비커에 (가)의 2가지 수용액의 부피를 달리하여 혼합한 용액 Ⅰ~Ⅲ을 만든다.

[실험 결과]
○ Ⅰ~Ⅲ의 액성은 모두 산성, 각각 산성, 중성, 염기성 중 하나이다.
○ 혼합 용액 Ⅰ~Ⅲ에 대한 자료

혼합 용액	혼합 전 수용액의 부피(mL)		모든 양이온의 몰 농도(M) 합
	x M $H_2A(aq)$	y M NaOH(aq)	
Ⅰ	V	10	5
Ⅱ	V	20	2
Ⅲ	$3V$	40	

$9 \times \dfrac{x}{y}$는? (단, 혼합 용액의 부피는 혼합 전 각 용액의 부피의 합과 같고, 물의 자동 이온화는 무시한다.) [3점]

① $\dfrac{4}{7}$ ② $\dfrac{5}{7}$ ③ $\dfrac{12}{7}$ ④ $\dfrac{15}{7}$ ⑤ $\dfrac{18}{7}$

빈출

중화 적정 실험

---

35 · 2025학년도 수능 화 I 17번

다음은 25 °C에서 식초 A, B 각 g에 들어 있는 아세트산(CH_3COOH)의 질량을 알아보기 위한 중화 적정 실험이다.

[자료]
○ CH_3COOH의 분자량은 60이다.
○ 25 °C에서 식초 A, B의 밀도(g/mL)는 각각 d_A, d_B이다.

[실험 과정]
(가) 식초 A, B를 준비한다.
(나) A 50 mL에 물을 넣어 수용액 Ⅰ 100 mL를 만든다.
(다) 10 mL의 Ⅰ에 페놀프탈레인 용액을 2~3방울 넣고 0.2 M NaOH(aq)으로 적정하였을 때, 수용액 전체가 붉게 변하는 순간까지 넣어 준 NaOH(aq)의 부피(V)를 측정한다.
(라) B 40 mL에 물을 넣어 수용액 Ⅱ 100 g을 만든다.
(마) 10 mL의 Ⅱ 대신 20 g의 Ⅱ를 이용하여 (다)를 반복한다.

[실험 결과]
○ (다)에서 V: 10 mL
○ (마)에서 V: 30 mL
○ 식초 A, B 각 g에 들어 있는 CH_3COOH의 질량

식초	A	B
CH_3COOH의 질량(g)	$8w$	x

$x \times \dfrac{d_A}{d_B}$는? (단, 온도는 25 °C로 일정하고, 중화 적정에서 식초 A, B에 포함된 물질 중 CH_3COOH만 NaOH과 반응한다.) [3점]

① $6w$ ② $9w$ ③ $12w$ ④ $15w$ ⑤ $18w$

---

32 · 2024학년도 수능 화 I 19번

다음은 25 °C에서 식초에 들어 있는 아세트산(CH_3COOH)의 질량을 알아보기 위한 중화 적정 실험이다.

[자료]
○ 25 °C에서 식초 A, B의 밀도(g/mL)는 각각 d_A, d_B이다.

[실험 과정]
(가) 식초 A, B를 준비한다.
(나) A 20 mL에 물을 넣어 수용액 Ⅰ 100 mL를 만든다.
(다) 50 mL의 Ⅰ에 페놀프탈레인 용액을 2~3방울 넣고 a M NaOH(aq)으로 적정하였을 때, 수용액 전체가 붉게 변하는 순간까지 넣어 준 NaOH(aq)의 부피(V)를 측정한다.
(라) B 20 mL에 물을 넣어 수용액 Ⅱ 100 g을 만든다.
(마) 50 mL의 Ⅰ 대신 50 g의 Ⅱ를 이용하여 (다)를 반복한다.

[실험 결과]
○ (다)에서 V: 10 mL
○ (마)에서 V: 25 mL

x는? (단, 온도는 25 °C로 일정하고, 중화 적정 과정에서 식초 A, B에 포함된 물질 중 CH_3COOH만 NaOH과 반응한다.)

① $\dfrac{d_A}{20d_B}$ ② $\dfrac{d_A}{10d_B}$ ③ $\dfrac{d_A}{5d_B}$ ④ $\dfrac{d_A}{20d_B}$ ⑤ $\dfrac{d_A}{10d_B}$

---

27 · 2024학년도 9월 평가원 화 I 15번

다음은 25 °C에서 식초 A 1 g에 들어 있는 아세트산(CH_3COOH)의 질량을 알아보기 위한 중화 적정 실험이다.

[실험 과정]
(가) 식초 A 10 g을 준비한다.
(나) (가)의 식초에 물을 넣어 25 °C에서 밀도가 d g/mL인 수용액 50 mL를 만든다.
(다) (나)에서 만든 수용액 20 mL에 페놀프탈레인 용액을 2~3방울 넣고 x M NaOH(aq)으로 적정한다.
(라) (다)의 수용액 전체가 붉게 변하는 순간까지 넣어 준 NaOH(aq)의 부피(V)를 측정한다.

[실험 결과]
○ V: 50 mL
○ (가)에서 식초 A 1 g에 들어 있는 CH_3COOH의 질량: a g

x는? (단, CH_3COOH의 분자량은 60이고, 온도는 25 °C로 일정하며, 중화 적정 과정에서 식초에 포함된 물질 중 CH_3COOH만 NaOH과 반응한다.)

① $\dfrac{ad}{3}$ ② $\dfrac{2ad}{3}$ ③ ad ④ $\dfrac{4ad}{3}$ ⑤ $\dfrac{5ad}{3}$

---

31 (신유형 문제) · 2025학년도 6월 평가원 화 I 17번

다음은 아세트산(CH_3COOH) 수용액 100 g에 들어 있는 용질의 질량을 알아보기 위한 중화 적정 실험이다. CH_3COOH의 분자량은 60이다.

[실험 과정]
(가) 25 °C에서 밀도가 d g/mL인 $CH_3COOH(aq)$을 준비한다.
(나) (가)의 수용액 10 mL에 물을 넣어 수용액 Ⅰ을 만든다.
(다) (나)에서 만든 수용액 20 mL에 페놀프탈레인 용액을 2~3방울 넣고 0.1 M NaOH(aq)으로 적정하였을 때, 수용액 전체가 붉게 변하는 순간까지 넣어 준 NaOH(aq)의 부피(V)를 측정한다.

[실험 결과]
○ V: a mL
○ (다) 과정 후 혼합 용액에 존재하는 Na^+의 몰 농도: 0.08 M
○ (가)의 수용액 100 g에 들어 있는 용질의 질량: g g

x는? (단, 온도는 25 °C로 일정하고, 혼합 용액의 부피는 혼합 전 각 용액의 부피의 합과 같으며, 넣어 준 페놀프탈레인 용액의 부피는 무시한다.) [3점]

① $\dfrac{4}{d}$ ② $\dfrac{24d}{5}$ ③ $\dfrac{24}{5d}$ ④ $12d$ ⑤ $\dfrac{12}{d}$

---

33 · 2024학년도 6월 평가원 화 I 16번

다음은 25 °C에서 식초 A, B 각 1 g에 들어 있는 아세트산(CH_3COOH)의 질량을 알아보기 위한 중화 적정 실험이다.

[자료]
○ CH_3COOH의 분자량은 60이다.
○ 25 °C에서 식초 A, B의 밀도(g/mL)는 각각 d_A, d_B이다.

[실험 과정]
(가) 식초 A, B를 준비한다.
(나) (가)의 A 10 mL에 물을 넣어 50 mL 수용액 Ⅰ, Ⅱ를 만든다.
(다) x mL의 Ⅰ에 페놀프탈레인 용액을 2~3방울 넣고 0.1 M NaOH(aq)으로 적정하였을 때, 수용액 전체가 붉게 변하는 순간까지 넣어 준 NaOH(aq)의 부피(V)를 측정한다.
(라) x mL의 Ⅰ 대신 y mL의 Ⅱ를 이용하여 (다)를 반복한다.

[실험 결과]
○ (다)에서 V: $4a$ mL
○ (라)에서 V: $5a$ mL
○ (가)에서 식초 A 1 g에 들어 있는 CH_3COOH의 질량

식초	A	B
CH_3COOH의 질량(g)	$16w$	$15w$

$\dfrac{x}{y}$는? (단, 온도는 25 °C로 일정하고, 중화 적정 과정에서 식초 A, B에 포함된 물질 중 CH_3COOH만 NaOH과 반응한다.)

① $\dfrac{4d_A}{3d_B}$ ② $\dfrac{6d_A}{5d_B}$ ③ $\dfrac{5d_A}{6d_B}$ ④ $\dfrac{3d_A}{4d_B}$ ⑤ $\dfrac{d_A}{2d_B}$

2023

2022 ~ 2019

28 2023학년도 9월 평가원 화1 17번

다음은 중화 적정을 이용하여 식초 1 g에 들어 있는 아세트산(CH_3COOH)의 질량을 알아보기 위한 실험이다.

[실험 과정]
(가) 25 ℃에서 밀도가 d g/mL인 식초를 준비한다.
(나) (가)의 식초 10 mL에 물을 넣어 100 mL 수용액을 만든다.
(다) (나)에서 만든 수용액 20 mL를 삼각 플라스크에 넣고 페놀프탈레인 용액을 2~3방울 떨어뜨린다.
(라) (다)의 삼각 플라스크에 0.25 M NaOH(aq)을 한 방울씩 떨어뜨리면서 삼각 플라스크를 흔들어 준다.
(마) (라)의 삼각 플라스크 속 수용액 전체가 붉은색으로 변하는 순간 적정을 멈추고 적정에 사용된 NaOH(aq)의 부피(V)를 측정한다.

[실험 결과]
○ V: a mL
○ (가)에서 식초 1 g에 들어 있는 CH_3COOH의 질량: x g

x는? (단, CH_3COOH의 분자량은 60이고, 온도는 25 ℃로 일정하며, 중화 적정 과정에서 식초에 포함된 물질 중 CH_3COOH만 NaOH과 반응한다.)

① $\frac{3a}{40d}$ ② $\frac{3a}{80d}$ ③ $\frac{3a}{200d}$ ④ $\frac{3a}{400d}$ ⑤ $\frac{3a}{2000d}$

04 2022학년도 9월 평가원 화1 19번

다음은 중화 반응에 대한 실험이다.

[자료]
○ 수용액 A와 B는 각각 0.25 M HY(aq)과 0.75 M $H_2Z(aq)$ 중 하나이다.
○ 수용액에서 X(OH)$_a$는 X^{a+}과 OH^-으로, HY는 H^+과 Y^-으로, H_2Z는 H^+과 Z^{2-}으로 모두 이온화한다.

[실험 과정]
(가) a M X(OH)$_a(aq)$ 10 mL에 수용액 A V mL를 첨가하여 혼합 용액 Ⅰ을 만든다.
(나) Ⅰ에 수용액 B $4V$ mL를 첨가하여 혼합 용액 Ⅱ를 만든다.
(다) a M X(OH)$_a(aq)$ 10 mL에 수용액 A $4V$ mL에 수용액 B V mL를 첨가하여 혼합 용액 Ⅲ를 만든다.

[실험 결과]
○ Ⅱ에 존재하는 모든 음이온의 몰비는 3 : 4 : 5이다.
○ Ⅰ에 존재하는 모든 양이온의 몰 농도의 합 = $\frac{15}{28}$이다.

$a+V$는? (단, 혼합 용액의 부피는 혼합 전 각 용액의 부피의 합과 같고, 물의 자동 이온화는 무시하며, X^{a+}, Y^-, Z^{2-}은 반응하지 않는다.) [3점]

① $\frac{9}{2}$ ② $\frac{45}{8}$ ③ $\frac{27}{4}$ ④ $\frac{63}{8}$ ⑤ 9

08 2022학년도 6월 평가원 화1 20번

다음은 중화 반응에 대한 실험이다.

[자료]
○ 수용액 A와 B는 각각 0.4 M YOH(aq)과 a M $Z(OH)_2(aq)$ 중 하나이다.
○ 수용액에서 H_2X는 H^+으로, YOH는 Y^+과 OH^-으로, $Z(OH)_2$는 Z^{2+}과 OH^-으로 모두 이온화한다.

[실험 과정]
(가) 0.3 M $H_2X(aq)$ V mL가 담긴 비커에 수용액 A 5 mL를 첨가하여 혼합 용액 Ⅰ을 만든다.
(나) Ⅰ에 수용액 B 15 mL를 첨가하여 혼합 용액 Ⅱ를 만든다.
(다) Ⅰ에 수용액 B b mL를 첨가하여 혼합 용액 Ⅲ를 만든다.

[실험 결과]
○ Ⅱ는 중성이다.
○ Ⅰ~Ⅲ에 대한 자료

혼합 용액	Ⅰ	Ⅲ
혼합 용액에 존재하는 모든 이온의 몰 농도(M) 합(상댓값)	8	5
혼합 용액에 $\frac{\text{음이온 수}}{\text{양이온 수}}$	$\frac{3}{5}$	$\frac{3}{5}$

$\frac{b}{V} \times a$는? (단, 혼합 용액의 부피는 혼합 전 각 용액의 부피의 합과 같고, 물의 자동 이온화는 무시하며, X^-, Y^+, Z^{2+}은 반응하지 않는다.) [3점]

① $\frac{1}{4}$ ② $\frac{1}{5}$ ③ $\frac{3}{20}$ ④ $\frac{1}{10}$ ⑤ $\frac{1}{20}$

07 2021학년도 수능 화1 18번

다음은 중화 반응에 대한 실험이다.

[자료]
○ 수용액에서 H_2A는 H^+과 A^{2-}으로, HB는 H^+과 B^-으로 두 이온화한다.

[실험 과정]
(가) 3개의 비커에 각각 NaOH(aq) x M $H_2A(aq)$, y M HB(aq)를 각각 준비한다.
(나) (가)의 3개의 비커에 각각 $H_2A(aq)$ V mL, $H_2A(aq)$ V mL, HB(aq) 30 mL를 첨가하여 혼합 용액 Ⅰ~Ⅲ을 만든다.

[실험 결과]
○ 혼합 용액 Ⅰ~Ⅲ에 존재하는 이온의 종류와 이온의 몰 농도(M)

이온의 종류		W	X	Y	Z
이온의 몰 농도(M)	Ⅰ		$2a$	0	$2a$	$2a$
	Ⅱ		$2a$	$2a$	0	a
	Ⅲ		a	a	0	0.2

$\frac{b}{x} \times (x+x)$는? (단, 혼합 용액의 부피는 혼합 전 용액의 부피의 합과 같고, 물의 자동 이온화는 무시한다.) [3점]

① 2 ② 3 ③ 4 ④ 5 ⑤ 6

06 2021학년도 9월 평가원 화1 20번

다음은 중화 반응에 대한 실험이다.

[자료]
○ ㉠과 ㉡은 각각 HA(aq), $H_2B(aq)$ 중 하나이다.
○ 수용액에서 HA는 H^+과 A^-으로, H_2B는 H^+과 B^{2-}으로 모두 이온화한다.

[실험 과정]
(가) NaOH(aq), HA(aq), $H_2B(aq)$를 각각 준비한다.
(나) NaOH(aq) 10 mL에 x M ㉠을 조금씩 첨가한다.
(다) NaOH(aq) 10 mL에 x M ㉡을 조금씩 첨가한다.

[실험 결과]
○ (나)와 (다)에서 첨가한 산 수용액의 부피에 따른 혼합 용액에 대한 자료

첨가한 산 수용액의 부피(mL)		0	V	$2V$	$3V$
혼합 용액에 존재하는 모든 이온의 몰 농도(M)의 합	(나)	1			$\frac{1}{2}$
	(다)	1	$\frac{3}{5}$	a	y

○ $a < \frac{y}{5}$이다.

y는? (단, 혼합 용액의 부피는 혼합 전 용액의 부피의 합과 같고, 물의 자동 이온화는 무시한다.) [3점]

① $\frac{1}{6}$ ② $\frac{1}{5}$ ③ $\frac{1}{4}$ ④ $\frac{1}{3}$ ⑤ $\frac{1}{2}$

01 2020학년도 9월 평가원 화1 18번

다음은 중화 반응 실험이다.

[실험 과정]
(가) HCl(aq), NaOH(aq), KOH(aq)를 준비한다.
(나) HCl(aq) V mL가 담긴 비커에 NaOH(aq) V mL를 넣는다.
(다) (나)의 비커에 NaOH(aq) V mL를 넣는다.
(라) (다)의 비커에 KOH(aq) $2V$ mL를 넣는다.

[실험 결과]
○ 각 과정 후 수용액에 대한 자료
○ (라) 과정 후 혼합 용액에 존재하는 양이온의 종류는 2가지이다.

과정	(나)	(다)
양이온 수비	1:1	1:2

이에 대한 설명으로 옳은 것만을 <보기>에서 있는 대로 고른 것은? (단, 혼합 용액의 부피는 혼합 전 각 용액의 부피의 합과 같다.) [3점]

ㄱ. (나) 과정 후 Na^+ 수와 H^+ 수비는 1 : 3이다.
ㄴ. (라) 과정 후 용액은 중성이다.
ㄷ. 혼합 용액의 단위 부피당 전체 이온 수비는 (나) 과정 후와 (라) 과정 후가 3 : 2이다.

① ㄱ ② ㄴ ③ ㄱ, ㄷ ④ ㄴ, ㄷ ⑤ ㄱ, ㄴ, ㄷ

02 2020학년도 6월 평가원 화1 17번

다음은 중화 반응 실험이다.

[실험 과정]
(가) HCl(aq), NaOH(aq)를 준비한다.
(나) HCl(aq) 10 mL에 물을 넣는다.
(다) (나)의 비커에 NaOH(aq) x mL를 넣는다.
(라) (다)의 비커에 NaOH(aq) y mL를 넣는다.

[실험 결과]
○ 각 과정 후 수용액에 대한 자료

과정		(나)	(다)	(라)
단위 부피당	A 이온	4	2	3
이온 수(상댓값)	B 이온	0	2	0

이에 대한 설명으로 옳은 것만을 <보기>에서 있는 대로 고른 것은? (단, 혼합 용액의 부피는 혼합 전 용액의 부피의 합과 같다.) [3점]

ㄱ. $a : b = 2 : 3$이다.
ㄴ. (가)에서 단위 부피당 이온 수는 HCl(aq) : NaOH(aq) = 1 : 3이다.
ㄷ. (라) 과정 후 수용액은 산성이다.

① ㄱ ② ㄴ ③ ㄷ ④ ㄱ, ㄷ ⑤ ㄴ, ㄷ

29 2023학년도 수능 화1 17번

다음은 25 ℃에서 식초 A 1 g에 들어 있는 아세트산(CH_3COOH)의 질량을 알아보기 위한 중화 적정 실험이다.

[자료]
○ 25 ℃에서 식초 A의 밀도: d g/mL
○ CH_3COOH의 분자량: 60

[실험 과정 및 결과]
(가) 식초 A 10 mL에 물을 넣어 수용액 50 mL를 만들었다.
(나) (가)의 수용액 20 mL에 페놀프탈레인 용액을 2~3방울 넣고 a M KOH(aq)으로 적정하였을 때, 수용액 전체가 붉게 변하는 순간까지 넣어 준 KOH(aq)의 부피는 30 mL이었다.
(다) (나)의 적정 결과로부터 구한 식초 A 1 g에 들어 있는 CH_3COOH의 질량은 0.05 g이었다.

a는? (단, 온도는 25 ℃로 일정하고, 중화 적정 과정에서 식초 A에 포함된 물질 중 CH_3COOH만이 KOH과 반응한다.) [3점]

① $\frac{d}{9}$ ② $\frac{d}{6}$ ③ $\frac{5d}{18}$ ④ $\frac{d}{3}$ ⑤ $\frac{5d}{9}$

16 2022학년도 수능 화1 13번

다음은 중화 적정 실험이다.

[실험 과정]
(가) x M $CH_3COOH(aq)$ 10 mL와 0.5 M $CH_3COOH(aq)$ 15 mL를 혼합한 후, 물을 넣어 50 mL 수용액을 만든다.
(나) 삼각 플라스크에 (가)에서 만든 수용액 20 mL를 넣고, 페놀프탈레인 용액을 2~3방울 떨어뜨린다.
(다) 0.1 M NaOH(aq)을 뷰렛에 넣고 (나)의 삼각 플라스크에 한 방울씩 떨어뜨리면서 삼각 플라스크를 흔들어 준다.
(라) (다)의 삼각 플라스크 속 수용액 전체가 붉은색으로 변하는 순간 적정을 멈추고 적정에 사용된 NaOH(aq)의 부피를 측정한다.

[실험 결과]
○ 적정에 사용된 NaOH(aq)의 부피: 38 mL

x는? (단, 온도는 25 ℃로 일정하다.) [3점]

① $\frac{1}{10}$ ② $\frac{1}{5}$ ③ $\frac{3}{10}$ ④ $\frac{2}{5}$ ⑤ $\frac{1}{2}$

24 2022학년도 9월 평가원 화1 8번

다음은 중화 적정 실험이다.

[실험 과정]
(가) x M $CH_3COOH(aq)$ 25 mL에 물을 넣어 100 mL 수용액을 만든다.
(나) 삼각 플라스크에 (가)에서 만든 수용액 40 mL를 넣고, 페놀프탈레인 용액을 2~3방울 떨어뜨린다.
(다) 0.2 M NaOH(aq)을 뷰렛에 넣고 (나)의 삼각 플라스크에 한 방울씩 떨어뜨리면서 삼각 플라스크를 흔들어 준다.
(라) (다)의 삼각 플라스크 속 수용액 전체가 붉은색으로 변하는 순간 적정을 멈추고, 적정에 사용된 NaOH(aq)의 부피를 측정한다.
(마) 0.2 M $CH_3COOH(aq)$과 y M NaOH(aq)을 사용하여 (나)~(라)를 반복하여 적정에 사용된 NaOH(aq)의 부피(V)를 측정한다.

[실험 결과]
○ V_1: 40 mL
○ V_2: 16 mL

$x+y$는? (단, 온도는 25 ℃로 일정하다.) [3점]

① $\frac{7}{10}$ ② $\frac{9}{10}$ ③ $\frac{11}{10}$ ④ $\frac{13}{10}$ ⑤ $\frac{3}{2}$

17 2021학년도 수능 화1 11번

다음은 아세트산($CH_3COOH(aq)$)의 중화 적정 실험이다.

[실험 과정]
(가) $CH_3COOH(aq)$을 준비한다.
(나) (가)의 수용액 x mL에 물을 넣어 50 mL 수용액을 만든다.
(다) (나)에 페놀프탈레인 용액을 2~3방울 떨어뜨린다.
(라) (다)의 삼각 플라스크에 0.1 M NaOH(aq)을 한 방울씩 떨어뜨리면서 삼각 플라스크를 흔들어 준다.
(마) (라)의 삼각 플라스크 속 수용액 전체가 붉은색으로 변하는 순간 적정을 멈추고 적정에 사용된 NaOH(aq)의 부피를 측정한다.

[실험 결과]
○ V: y mL
○ (가)에서 $CH_3COOH(aq)$의 몰 농도: a M

a는? (단, 온도는 25 ℃로 일정하다.)

① $\frac{y}{8x}$ ② $\frac{y}{6x}$ ③ $\frac{2y}{3x}$ ④ $\frac{y}{x}$ ⑤ $\frac{5y}{3x}$

21 2023학년도 6월 평가원 화1 15번

다음은 $CH_3COOH(aq)$에 대한 실험이다.

[실험 목적]
○ ㉠ 실험으로 $CH_3COOH(aq)$의 몰 농도를 구한다.

[실험 과정]
(가) $CH_3COOH(aq)$을 준비한다.
(나) (가)의 수용액 10 mL에 물을 넣어 100 mL 수용액을 만든다.
(다) (나)에서 만든 수용액 20 mL를 삼각 플라스크에 넣고 페놀프탈레인 용액을 2~3방울 떨어뜨린다.
(라) (다)의 삼각 플라스크 속 수용액 전체가 붉게 변하는 순간까지 0.2 M KOH(aq)을 넣는다.
(마) (라)의 삼각 플라스크에 넣어 준 KOH(aq)의 부피(V)를 측정한다.

[실험 결과]
○ V: x mL
○ (가)에서 $CH_3COOH(aq)$의 몰 농도: a M

다음 중 ㉠과 a로 가장 적절한 것은? (단, 온도는 일정하다.)

	㉠	a		㉠	a
①	중화 적정	x	②	산화 환원	$\frac{x}{10}$
③	중화 적정	$\frac{x}{10}$	④	산화 환원	$\frac{x}{100}$
⑤	중화 적정	$\frac{x}{100}$			

09 2021학년도 9월 평가원 화1 9번

다음은 아세트산(CH_3COOH) 수용액의 몰 농도(M)를 알아보기 위한 중화 적정 실험이다.

[실험 과정]
(가) $CH_3COOH(aq)$을 준비한다.
(나) (가)의 수용액 10 mL에 물을 넣어 100 mL 수용액을 만든다.
(다) (나)에서 만든 수용액 ㉠ mL를 삼각 플라스크에 넣고 페놀프탈레인 용액을 몇 방울 떨어뜨린다.
(라) 그림과 같이 ㉡ 에 들어 있는 0.2 M NaOH(aq)을 (다)의 삼각 플라스크에 한 방울씩 떨어뜨리면서 삼각 플라스크를 흔들어준다.
(마) (라)의 삼각 플라스크 속 수용액 전체가 붉은색으로 변하는 순간 적정을 멈추고 적정에 사용된 NaOH(aq)의 부피(V)를 측정한다.

[실험 결과]
○ V: 10 mL
○ (가)에서 $CH_3COOH(aq)$의 몰 농도: 1.0 M

다음 중 ㉠과 ㉡으로 적절한 것은? (단, 온도는 25 ℃로 일정하다.) [3점]

	㉠	㉡
①	2	뷰렛
②	2	피펫
③	20	뷰렛
④	20	피펫
⑤	40	뷰렛

01

다음은 중화 반응 실험이다.

[실험 과정]
(가) HCl(aq), NaOH(aq), KOH(aq)을 준비한다.
(나) HCl(aq) V mL가 담긴 비커에 NaOH(aq) V mL를 넣는다.
(다) (나)의 비커에 NaOH(aq) V mL를 넣는다.
(라) (다)의 비커에 KOH(aq) $2V$ mL를 넣는다.

[실험 결과]
○ (라) 과정 후 혼합 용액에 존재하는 양이온의 종류는 2가지이다.
○ (다)와 (라) 과정 후 혼합 용액에 존재하는 양이온 수비

과정	(다)	(라)
양이온 수비	1 : 1	1 : 2

이에 대한 설명으로 옳은 것만을 〈보기〉에서 있는 대로 고른 것은? (단, 혼합 용액의 부피는 혼합 전 각 용액의 부피의 합과 같다.) [3점]

〈 보기 〉
ㄱ. (나) 과정 후 Na$^+$ 수와 H$^+$ 수비는 1 : 3이다.
ㄴ. (라) 과정 후 용액은 중성이다.
ㄷ. 혼합 용액의 단위 부피당 전체 이온 수비는 (나) 과정 후와 (다) 과정 후가 3 : 2이다.

① ㄱ ② ㄴ ③ ㄱ, ㄷ ④ ㄴ, ㄷ ⑤ ㄱ, ㄴ, ㄷ

02

다음은 중화 반응 실험이다.

[실험 과정]
(가) HCl(aq), NaOH(aq)을 준비한다.
(나) HCl(aq) 10 mL를 비커에 넣는다.
(다) (나)의 비커에 NaOH(aq) x mL를 넣는다.
(라) (다)의 비커에 HCl(aq) y mL를 넣는다.

[실험 결과]
○ 각 과정 후 수용액에 대한 자료

과정		(나)	(다)	(라)
단위 부피당 음이온 수(상댓값)	A 이온	4	2	3
	B 이온	0	4	0

○ (다)와 (라) 과정에서 생성된 물 분자 수는 각각 a와 b이다.

이에 대한 설명으로 옳은 것만을 〈보기〉에서 있는 대로 고른 것은? (단, 혼합 용액의 부피는 혼합 전 각 용액의 부피의 합과 같다.) [3점]

〈 보기 〉
ㄱ. $a : b = 2 : 3$이다.
ㄴ. (가)에서 단위 부피당 이온 수는 HCl(aq) : NaOH(aq) = 1 : 3이다.
ㄷ. (라) 과정 후 수용액은 산성이다.

① ㄱ ② ㄴ ③ ㄷ ④ ㄱ, ㄷ ⑤ ㄴ, ㄷ

03

다음은 중화 반응 실험이다.

[자료]
○ 수용액에서 $X(OH)_2$는 X^{2+}과 OH^-으로 모두 이온화된다.

[실험 과정]
(가) a M $X(OH)_2(aq)$ V mL와 b M $HCl(aq)$ 50 mL를 혼합하여 용액 Ⅰ을 만든다.
(나) 용액 Ⅰ에 c M $NaOH(aq)$ 20 mL를 혼합하여 용액 Ⅱ를 만든다.

[실험 결과]
○ 용액 Ⅰ과 Ⅱ에 대한 자료

용액	Ⅰ	Ⅱ
$\dfrac{\text{음이온의 양(mol)}}{\text{양이온의 양(mol)}}$	$\dfrac{5}{3}$	$\dfrac{3}{2}$
모든 이온의 몰 농도의 합(상댓값)	1	1

$\dfrac{c}{a+b}$는? (단, X는 임의의 원소 기호이고, 혼합 용액의 부피는 혼합 전 각 용액의 부피의 합과 같으며, 물의 자동 이온화는 무시한다.) [3점]

① $\dfrac{3}{7}$　② $\dfrac{3}{5}$　③ $\dfrac{2}{3}$　④ $\dfrac{5}{7}$　⑤ $\dfrac{4}{5}$

04

다음은 중화 반응에 대한 실험이다.

[자료]
○ 수용액 A와 B는 각각 0.25 M $HY(aq)$과 0.75 M $H_2Z(aq)$ 중 하나이다.
○ 수용액에서 $X(OH)_2$는 X^{2+}과 OH^-으로, HY는 H^+과 Y^-으로, H_2Z는 H^+과 Z^{2-}으로 모두 이온화된다.

[실험 과정]
(가) a M $X(OH)_2(aq)$ 10 mL에 수용액 A V mL를 첨가하여 혼합 용액 Ⅰ을 만든다.
(나) Ⅰ에 수용액 B $4V$ mL를 첨가하여 혼합 용액 Ⅱ를 만든다.
(다) a M $X(OH)_2(aq)$ 10 mL에 수용액 A $4V$ mL와 수용액 B V mL를 첨가하여 혼합 용액 Ⅲ을 만든다.

[실험 결과]
○ Ⅱ에 존재하는 모든 이온의 몰비는 3 : 4 : 5이다.
○ $\dfrac{\text{Ⅰ에 존재하는 모든 양이온의 몰 농도의 합}}{\text{Ⅲ에 존재하는 모든 양이온의 몰 농도의 합}} = \dfrac{15}{28}$이다.

$a+V$는? (단, 혼합 용액의 부피는 혼합 전 각 용액의 부피의 합과 같고, 물의 자동 이온화는 무시하며, X^{2+}, Y^-, Z^{2-}은 반응하지 않는다.) [3점]

① $\dfrac{9}{2}$　② $\dfrac{45}{8}$　③ $\dfrac{27}{4}$　④ $\dfrac{63}{8}$　⑤ 9

다음은 중화 반응에 대한 실험이다.

[자료]

○ 수용액에서 AOH는 A^+과 OH^-으로, H_2B는 H^+과 B^{2-}으로, HC는 H^+과 C^-으로 모두 이온화된다.

[실험 과정]

(가) a M AOH(aq) 20 mL에 b M H_2B(aq) 5 mL를 첨가하여 혼합 용액 I을 만든다.

(나) I에 c M HC(aq) V mL를 첨가하여 혼합 용액 II를 만든다.

(다) II에 c M HC(aq) 10 mL를 첨가하여 혼합 용액 III을 만든다.

[실험 결과]

혼합 용액	II	III
$\dfrac{\text{음이온의 양(mol)}}{\text{양이온의 양(mol)}}$	$\dfrac{2}{3}$	$\dfrac{4}{5}$

○ 모든 음이온의 몰 농도(M)의 합은 I과 II가 같다.

$\dfrac{c}{a+b} \times V$는? (단, 혼합 용액의 부피는 혼합 전 각 용액의 부피의 합과 같고, 물의 자동 이온화는 무시하며, A^+, B^{2-}, C^-은 반응하지 않는다.) [3점]

① 3   ② 5   ③ 6   ④ 12   ⑤ 15

다음은 중화 반응에 대한 실험이다.

[자료]

○ ㉠과 ㉡은 각각 HA(aq)과 H_2B(aq) 중 하나이다.

○ 수용액에서 HA는 H^+과 A^-으로, H_2B는 H^+과 B^{2-}으로 모두 이온화된다.

[실험 과정]

(가) NaOH(aq), HA(aq), H_2B(aq)을 각각 준비한다.

(나) NaOH(aq) 10 mL에 x M ㉠을 조금씩 첨가한다.

(다) NaOH(aq) 10 mL에 x M ㉡을 조금씩 첨가한다.

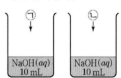

[실험 결과]

○ (나)와 (다)에서 첨가한 산 수용액의 부피에 따른 혼합 용액에 대한 자료

첨가한 산 수용액의 부피(mL)		0	V	$2V$	$3V$
혼합 용액에 존재하는 모든 이온의 몰 농도(M)의 합	(나)	1	$\dfrac{1}{2}$		$\dfrac{1}{2}$
	(다)	1	$\dfrac{3}{5}$	a	y

○ $a < \dfrac{3}{5}$이다.

y는? (단, 혼합 용액의 부피는 혼합 전 용액의 부피의 합과 같고, 물의 자동 이온화는 무시한다.) [3점]

① $\dfrac{1}{6}$ ② $\dfrac{1}{5}$ ③ $\dfrac{1}{4}$ ④ $\dfrac{1}{3}$ ⑤ $\dfrac{1}{2}$

07

다음은 중화 반응에 대한 실험이다.

[자료]

○ 수용액에서 H_2A는 H^+과 A^{2-}으로, HB는 H^+과 B^-으로 모두 이온화된다.

[실험 과정]

(가) x M NaOH(aq), y M H_2A(aq), y M HB(aq)을 각각 준비한다.

(나) 3개의 비커에 각각 NaOH(aq) 20 mL를 넣는다.

(다) (나)의 3개의 비커에 각각 H_2A(aq) V mL, HB(aq) V mL, HB(aq) 30 mL를 첨가하여 혼합 용액 Ⅰ～Ⅲ을 만든다.

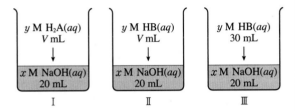

[실험 결과]

○ 혼합 용액 Ⅰ～Ⅲ에 존재하는 이온의 종류와 이온의 몰 농도(M)

이온의 종류		W	X	Y	Z
이온의 몰 농도(M)	Ⅰ	$2a$	0	$2a$	$2a$
	Ⅱ	$2a$	$2a$	0	0
	Ⅲ	a	b	0	0.2

$\dfrac{b}{a} \times (x+y)$는? (단, 혼합 용액의 부피는 혼합 전 각 용액의 부피의 합과 같고, 물의 자동 이온화는 무시한다.) [3점]

① 2   ② 3   ③ 4   ④ 5   ⑤ 6

08

다음은 중화 반응에 대한 실험이다.

[자료]

○ 수용액 A와 B는 각각 0.4 M YOH(aq)과 a M $Z(OH)_2$(aq) 중 하나이다.

○ 수용액에서 H_2X는 H^+과 X^{2-}으로, YOH는 Y^+과 OH^-으로, $Z(OH)_2$는 Z^{2+}과 OH^-으로 모두 이온화된다.

[실험 과정]

(가) 0.3 M H_2X(aq) V mL가 담긴 비커에 수용액 A 5 mL를 첨가하여 혼합 용액 Ⅰ을 만든다.

(나) Ⅰ에 수용액 B 15 mL를 첨가하여 혼합 용액 Ⅱ를 만든다.

(다) Ⅱ에 수용액 B x mL를 첨가하여 혼합 용액 Ⅲ을 만든다.

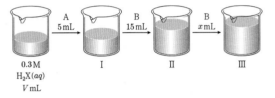

[실험 결과]

○ Ⅲ은 중성이다.

○ Ⅰ과 Ⅱ에 대한 자료

혼합 용액	Ⅰ	Ⅱ
혼합 용액에 존재하는 모든 이온의 몰 농도의 합(상댓값)	8	5
혼합 용액에서 $\dfrac{\text{음이온 수}}{\text{양이온 수}}$	$\dfrac{3}{5}$	$\dfrac{3}{5}$

$\dfrac{x}{V} \times a$는? (단, 혼합 용액의 부피는 혼합 전 각 용액의 부피의 합과 같고, 물의 자동 이온화는 무시하며, X^{2-}, Y^+, Z^{2+}은 반응하지 않는다.) [3점]

① $\dfrac{1}{4}$ ② $\dfrac{1}{5}$ ③ $\dfrac{3}{20}$ ④ $\dfrac{1}{10}$ ⑤ $\dfrac{1}{20}$

다음은 아세트산(CH_3COOH) 수용액의 몰 농도(M)를 알아보기 위한 중화 적정 실험이다.

[실험 과정]

(가) $CH_3COOH(aq)$을 준비한다.

(나) (가)의 수용액 10 mL에 물을 넣어 100 mL 수용액을 만든다.

(다) (나)에서 만든 수용액 $\boxed{㉠}$ mL를 삼각 플라스크에 넣고 페놀프탈레인 용액을 몇 방울 떨어뜨린다.

(라) 그림과 같이 $\boxed{㉡}$에 들어 있는 0.2 M $NaOH(aq)$을 (다)의 삼각 플라스크에 한 방울씩 떨어뜨리면서 삼각 플라스크를 흔들어준다.

(마) (라)의 삼각 플라스크 속 수용액 전체가 붉은색으로 변하는 순간 적정을 멈추고 적정에 사용된 $NaOH(aq)$의 부피(V)를 측정한다.

[실험 결과]

○ V: 10 mL

○ (가)에서 $CH_3COOH(aq)$의 몰 농도: 1.0 M

다음 중 ㉠과 ㉡으로 가장 적절한 것은? (단, 온도는 25 °C로 일정하다.) [3점]

	㉠	㉡		㉠	㉡
①	2	뷰렛	②	2	피펫
③	20	뷰렛	④	20	피펫
⑤	40	뷰렛			

다음은 3가지 실험 기구 A~C와 아세트산(CH_3COOH) 수용액의 중화 적정 실험이다. ㉠은 A~C 중 하나이다.

[실험 기구]

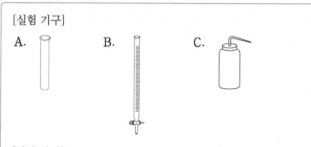

A.　　　　B.　　　　C.

[실험 과정]

(가) 삼각 플라스크에 x M $CH_3COOH(aq)$ 20 mL를 넣고 페놀프탈레인 용액을 2~3방울 떨어뜨린다.

(나) $\boxed{㉠}$에 들어 있는 0.5 M $NaOH(aq)$을 (가)의 삼각 플라스크에 한 방울씩 떨어뜨리면서 섞는다.

(다) (나)의 삼각 플라스크 속 용액 전체가 붉은색으로 변하는 순간까지 넣어 준 $NaOH(aq)$의 부피를 측정한다.

[실험 결과]

○ 중화점까지 넣어 준 $NaOH(aq)$의 부피: 40 mL

이에 대한 설명으로 옳은 것만을 〈보기〉에서 있는 대로 고른 것은? (단, 온도는 일정하다.)

─〈 보기 〉─

ㄱ. ㉠은 B이다.

ㄴ. 중화점까지 넣어 준 NaOH의 양은 0.02 mol이다.

ㄷ. $x = 0.25$이다.

① ㄱ　　② ㄷ　　③ ㄱ, ㄴ　　④ ㄴ, ㄷ　　⑤ ㄱ, ㄴ, ㄷ

다음은 중화 적정에 관한 탐구 활동지의 일부와 탐구 활동 후 선생님과 학생의 대화이다.

████████████ **탐구 활동지** ████████████

[탐구 주제] 중화 적정으로 $CH_3COOH(aq)$의 몰 농도(M) 구하기

[탐구 과정]
(가) 삼각 플라스크에 $CH_3COOH(aq)$ 10 mL를 넣고, 페놀프탈레인 용액 2~3방울을 떨어뜨린다.
(나) (가)의 삼각 플라스크에 0.5 M $NaOH(aq)$을 떨어뜨리면서 수용액 전체가 붉은색으로 변하는 순간 적정을 멈추고, 적정에 사용된 $NaOH(aq)$의 부피(V)를 측정한다.

[탐구 결과]
$V = 22$ mL

선생님: 탐구 활동으로부터 구한 $CH_3COOH(aq)$의 몰 농도를 말해 볼까요?

학 생: ⓐ M입니다.

선생님: 탐구 결과로부터 구한 값은 맞아요. 하지만 탐구 과정에서 사용한 $CH_3COOH(aq)$의 실제 몰 농도는 1 M입니다. 탐구 과정에서 한 가지만 잘못하여 오차가 발생했다고 가정할 때, 오차 발생한 원인에는 무엇이 있을까요?

학 생: 적정을 중화점 ⓑ 에 멈추어서 오차가 발생한 것 같습니다.

학생의 의견이 타당할 때, ⓐ과 ⓑ으로 가장 적절한 것은?

	ⓐ	ⓑ		ⓐ	ⓑ
①	0.9	전	②	0.9	후
③	1.1	전	④	1.1	후
⑤	1.5	전			

다음은 $CH_3COOH(aq)$의 몰 농도를 구하기 위한 실험이다.

[실험 과정]
(가) 0.1 M $NaOH(aq)$을 뷰렛에 넣은 다음, 꼭지를 잠시 열었다 닫고 처음 눈금을 읽는다.
(나) 피펫을 이용해 $CH_3COOH(aq)$ 10 mL를 삼각 플라스크에 넣고 페놀프탈레인 용액을 몇 방울 떨어뜨린다.
(다) 뷰렛의 꼭지를 열어 (나)의 삼각 플라스크에 $NaOH(aq)$을 조금씩 가하면서 삼각 플라스크를 잘 흔들어 주고, 혼합 용액 전체가 붉은색으로 변하는 순간 뷰렛의 꼭지를 닫고 나중 눈금을 읽는다.

0.1M $NaOH(aq)$

$CH_3COOH(aq)$
+ 페놀프탈레인 용액

[실험 결과]
○ (가)에서 뷰렛의 처음 눈금: 8.3 mL
○ (다)에서 뷰렛의 나중 눈금: 28.3 mL
○ $CH_3COOH(aq)$의 몰 농도: a M

이에 대한 옳은 설명만을 〈보기〉에서 있는 대로 고른 것은? (단, 온도는 25 °C로 일정하고, 물의 자동 이온화는 무시한다.) [3점]

――――〈 보기 〉――――

ㄱ. (다)에서 삼각 플라스크 속 용액의 pH는 증가한다.

ㄴ. $a = 0.05$이다.

ㄷ. (다)에서 생성된 H_2O의 양은 0.002 mol이다.

―――――――――――

① ㄱ   ② ㄴ   ③ ㄱ, ㄷ   ④ ㄴ, ㄷ   ⑤ ㄱ, ㄴ, ㄷ

다음은 중화 적정을 이용하여 식초 A에 들어 있는 아세트산(CH_3COOH)의 질량을 알아보기 위한 실험이다.

[자료]
○ CH_3COOH의 분자량은 60이다.
○ 25 ℃에서 식초 A의 밀도는 d g/mL이다.

[실험 과정]
(가) 25 ℃에서 식초 A 10 mL에 물을 넣어 수용액 100 mL를 만든다.

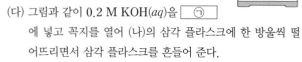

(나) (가)에서 만든 수용액 20 mL를 삼각 플라스크에 넣고 페놀프탈레인 용액을 2~3방울 떨어뜨린다.
(다) 그림과 같이 0.2 M KOH(aq)을 [㉠]에 넣고 꼭지를 열어 (나)의 삼각 플라스크에 한 방울씩 떨어뜨리면서 삼각 플라스크를 흔들어 준다.
(라) (다)의 삼각 플라스크 속 수용액 전체가 붉은색으로 변하는 순간까지 넣어 준 KOH(aq)의 부피(V)를 측정한다.

[실험 결과]
○ V: 10 mL
○ 식초 A 1 g에 들어 있는 CH_3COOH의 질량: w g

이에 대한 설명으로 옳은 것만을 〈보기〉에서 있는 대로 고른 것은? (단, 온도는 25 ℃로 일정하고, 중화 적정 과정에서 식초 A에 포함된 물질 중 CH_3COOH만 KOH과 반응한다.)

─〈 보기 〉─
ㄱ. '뷰렛'은 ㉠으로 적절하다.
ㄴ. (나)의 삼각 플라스크에 들어 있는 CH_3COOH의 양은 2×10^{-3} mol이다.
ㄷ. $w = \dfrac{3}{50d}$ 이다.

① ㄱ   ② ㄷ   ③ ㄱ, ㄴ   ④ ㄴ, ㄷ   ⑤ ㄱ, ㄴ, ㄷ

다음은 25 ℃에서 밀도가 d g/mL인 아세트산(CH_3COOH) 수용액 A에 들어 있는 용질의 질량을 구하기 위한 중화 적정 실험이다. CH_3COOH의 분자량은 60이다.

[실험 과정]
(가) 수용액 A 100 mL에 물을 넣어 500 mL 수용액 B를 만든다.
(나) B 20 mL를 삼각 플라스크에 넣고 페놀프탈레인 용액을 2~3방울 떨어뜨린다.
(다) (나)의 삼각 플라스크에 혼합 용액 전체가 붉은색으로 변하는 순간까지 0.1 M NaOH(aq)을 가하고, 적정에 사용된 NaOH(aq)의 부피를 측정한다.

[실험 결과]
○ 적정에 사용된 NaOH(aq)의 부피: 10 mL
○ A 100 g에 들어 있는 CH_3COOH의 질량: x g

이에 대한 옳은 설명만을 〈보기〉에서 있는 대로 고른 것은? (단, 온도는 25 ℃로 일정하다.) [3점]

─〈 보기 〉─
ㄱ. (다)에서 생성된 H_2O의 양은 0.001 mol이다.
ㄴ. A의 몰 농도는 0.5 M이다.
ㄷ. $x = \dfrac{3}{d}$ 이다.

① ㄱ   ② ㄴ   ③ ㄱ, ㄷ   ④ ㄴ, ㄷ   ⑤ ㄱ, ㄴ, ㄷ

15

다음은 25 ℃에서 $CH_3COOH(aq)$의 중화 적정 실험이다.

[실험 과정]

(가) x M $CH_3COOH(aq)$ 10 mL에 물을 넣어 ㉠100 mL 수용액을 만든다.

(나) (가)에서 만든 수용액 40 mL를 삼각 플라스크에 넣고, 페놀프탈레인 용액을 2~3 방울 떨어뜨린다.

(다) 그림과 같이 ┃ ㉡ ┃ 에 들어 있는 0.2 M $NaOH(aq)$을 (나)의 삼각 플라스크에 한 방울씩 떨어뜨리면서 삼각 플라스크를 흔들어 준다.

(라) (다)의 삼각 플라스크 속 수용액 전체가 붉게 변하는 순간 적정을 멈추고, 적정에 사용된 $NaOH(aq)$의 부피(V)를 측정한다.

[실험 결과]

○ V: 20 mL

이에 대한 설명으로 옳은 것만을 〈보기〉에서 있는 대로 고른 것은? (단, 온도는 25 ℃로 일정하다.)

〈 보기 〉

ㄱ. '뷰렛'은 ㉡으로 적절하다.

ㄴ. $x=0.1$이다.

ㄷ. ㉠을 200 mL로 달리하여 과정 (가)~(라)를 반복하면, $V=40$ mL이다.

① ㄱ ② ㄴ ③ ㄷ ④ ㄱ, ㄴ ⑤ ㄱ, ㄷ

16

다음은 중화 적정 실험이다.

[실험 과정]

(가) a M $CH_3COOH(aq)$ 10 mL와 0.5 M $CH_3COOH(aq)$ 15 mL를 혼합한 후, 물을 넣어 50 mL 수용액을 만든다.

(나) 삼각 플라스크에 (가)에서 만든 수용액 20 mL를 넣고 페놀프탈레인 용액을 2~3 방울 떨어뜨린다.

(다) 0.1 M $NaOH(aq)$을 뷰렛에 넣고 (나)의 삼각 플라스크에 한 방울씩 떨어뜨리면서 삼각 플라스크를 흔들어 준다.

(라) (다)의 삼각 플라스크 속 수용액 전체가 붉은색으로 변하는 순간 적정을 멈추고 적정에 사용된 $NaOH(aq)$의 부피를 측정한다.

[실험 결과]

○ 적정에 사용된 $NaOH(aq)$의 부피: 38 mL

a는? (단, 온도는 25 ℃로 일정하다.) [3점]

① $\frac{1}{10}$ ② $\frac{1}{5}$ ③ $\frac{3}{10}$ ④ $\frac{2}{5}$ ⑤ $\frac{1}{2}$

17

다음은 아세트산 수용액($CH_3COOH(aq)$)의 중화 적정 실험이다.

[실험 과정]

(가) $CH_3COOH(aq)$을 준비한다.

(나) (가)의 수용액 x mL에 물을 넣어 50 mL 수용액을 만든다.

(다) (나)에서 만든 수용액 30 mL를 삼각 플라스크에 넣고 페놀프탈레인 용액을 2~3방울 떨어뜨린다.

(라) (다)의 삼각 플라스크에 0.1 M $NaOH(aq)$을 한 방울씩 떨어뜨리면서 삼각 플라스크를 흔들어 준다.

(마) (라)의 삼각 플라스크 속 수용액 전체가 붉은색으로 변하는 순간 적정을 멈추고 적정에 사용된 $NaOH(aq)$의 부피(V)를 측정한다.

[실험 결과]

○ V : y mL

○ (가)에서 $CH_3COOH(aq)$의 몰 농도: a M

a는? (단, 온도는 25 ℃로 일정하다.) [3점]

① $\frac{y}{8x}$ ② $\frac{y}{6x}$ ③ $\frac{2y}{3x}$ ④ $\frac{y}{x}$ ⑤ $\frac{5y}{3x}$

18

다음은 중화 적정 실험이다. NaOH의 화학식량은 40이다.

[실험 과정]

(가) $NaOH(s)$ w g을 모두 물에 녹여 $NaOH(aq)$ 500 mL를 만든다.

(나) (가)에서 만든 $NaOH(aq)$을 뷰렛에 넣은 다음, 꼭지를 잠시 열었다 닫고 처음 눈금을 읽는다.

(다) 삼각 플라스크에 a M $CH_3COOH(aq)$ 20 mL를 넣고, 페놀프탈레인 용액을 2~3 방울 떨어뜨린다.

(라) 뷰렛의 꼭지를 열어 (다)의 삼각 플라스크에 $NaOH(aq)$을 조금씩 가하면서 삼각 플라스크를 잘 흔들어 준다.

(마) (라)의 삼각 플라스크 속 수용액 전체가 붉게 변하는 순간 뷰렛의 꼭지를 닫고 나중 눈금을 읽는다.

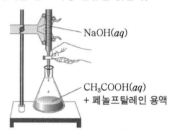

NaOH(aq)

$CH_3COOH(aq)$ + 페놀프탈레인 용액

[실험 결과]

○ (나)에서 뷰렛의 처음 눈금: 2.5 mL

○ (마)에서 뷰렛의 나중 눈금: 17.5 mL

a는? (단, 온도는 일정하다.)

① $\dfrac{3}{80}w$ ② $\dfrac{1}{15}w$ ③ $\dfrac{3}{40}w$ ④ $\dfrac{4}{3}w$ ⑤ $6w$

19

다음은 중화 적정 실험이다.

[실험 과정]

(가) x M $CH_3COOH(aq)$을 준비한다.

(나) (가)의 수용액 50 mL에 물을 넣어 200 mL를 만든다.

(다) (나)에서 만든 수용액 40 mL를 삼각 플라스크에 넣고 페놀프탈레인 용액을 2~3방울 떨어뜨린다.

(라) (다)의 삼각 플라스크에 0.1 M $NaOH(aq)$을 한 방울씩 떨어뜨리고, 용액 전체가 붉게 변하는 순간 적정을 멈춘 후 적정에 사용된 $NaOH(aq)$의 부피(V)를 측정한다.

[실험 결과]

○ V: 20 mL

x는? (단, 온도는 일정하다.)

① 0.05 ② 0.2 ③ 0.25 ④ 0.4 ⑤ 0.8

20

표는 25 °C에서 중화 적정을 이용하여 $CH_3COOH(aq)$의 몰 농도(M)를 구하는 실험 Ⅰ, Ⅱ에 대한 자료이다. 25 °C에서 x M $CH_3COOH(aq)$의 밀도는 d g/mL이다.

실험	중화 적정한 x M $CH_3COOH(aq)$의 양	중화점까지 넣어 준 0.1 M $NaOH(aq)$의 부피
Ⅰ	5 mL	10 mL
Ⅱ	w g	20 mL

$\dfrac{w}{x}$는? (단, 온도는 25 °C로 일정하다.)

① $\dfrac{1}{50d}$ ② $\dfrac{1}{20d}$ ③ $5d$ ④ $10d$ ⑤ $50d$

21

다음은 $CH_3COOH(aq)$에 대한 실험이다.

[실험 목적]

　□ㄱ　 실험으로 $CH_3COOH(aq)$의 몰 농도를 구한다.

[실험 과정]

(가) $CH_3COOH(aq)$을 준비한다.

(나) (가)의 수용액 10 mL에 물을 넣어 100 mL 수용액을 만든다.

(다) (나)에서 만든 수용액 20 mL를 삼각 플라스크에 넣고 페놀프탈레인 용액을 2~3방울 떨어뜨린다.

(라) (다)의 삼각 플라스크 속 수용액 전체가 붉게 변하는 순간까지 0.2 M $KOH(aq)$을 넣는다.

(마) (라)의 삼각 플라스크에 넣어 준 $KOH(aq)$의 부피(V)를 측정한다.

[실험 결과]

○ V: x mL

○ (가)에서 $CH_3COOH(aq)$의 몰 농도: a M

다음 중 ㉠과 a로 가장 적절한 것은? (단, 온도는 일정하다.)

	㉠	a		㉠	a
①	중화 적정	x	②	산화 환원	$\dfrac{x}{10}$
③	중화 적정	$\dfrac{x}{10}$	④	산화 환원	$\dfrac{x}{100}$
⑤	중화 적정	$\dfrac{x}{100}$			

22

다음은 $CH_3COOH(aq)$에 대한 중화 적정 실험이다.

[실험 과정]

(가) 밀도가 d g/mL인 $CH_3COOH(aq)$을 준비한다.

(나) (가)의 $CH_3COOH(aq)$ 20 mL를 취하여 삼각 플라스크에 넣고 페놀프탈레인 용액을 2~3방울 떨어뜨린다.

(다) (나)의 삼각 플라스크 속 용액 전체가 붉은색으로 변하는 순간까지 a M $NaOH(aq)$을 가하고, 적정에 사용된 $NaOH(aq)$의 부피를 구한다.

[실험 결과]

○ 적정에 사용된 $NaOH(aq)$의 부피: V mL

(가)의 $CH_3COOH(aq)$ 100 g에 포함된 CH_3COOH의 질량(g)은? (단, CH_3COOH의 분자량은 60이고, 온도는 일정하다.) [3점]

① $\dfrac{aV}{5d}$　② $\dfrac{3aV}{10d}$　③ $\dfrac{5aV}{3d}$　④ $\dfrac{5d}{3aV}$　⑤ $\dfrac{60d}{aV}$

23

다음은 아세트산(CH_3COOH) 수용액의 농도를 알아보기 위한 중화 적정 실험이다.

[실험 과정]

(가) a M $CH_3COOH(aq)$ V_1 mL에 물을 넣어 100 mL 수용액을 만든다.

(나) (가)에서 만든 수용액 20 mL를 삼각 플라스크에 넣고 페놀프탈레인 용액 2~3방울을 넣는다.

(다) (나)의 삼각 플라스크 속 수용액 전체가 붉은색으로 변하는 순간까지 b M $NaOH(aq)$을 가하고, 적정에 사용된 $NaOH(aq)$의 부피를 구한다.

[실험 결과]

○ 적정에 사용된 $NaOH(aq)$의 부피: V_2 mL

a는? (단, 온도는 25 ℃로 일정하다.)

① $\dfrac{bV_2}{5V_1}$　② $\dfrac{bV_2}{V_1}$　③ $\dfrac{5bV_2}{V_1}$　④ $\dfrac{V_1}{bV_2}$　⑤ $\dfrac{5V_1}{bV_2}$

다음은 중화 적정 실험이다.

[실험 과정]

(가) x M $CH_3COOH(aq)$ 25 mL에 물을 넣어 100 mL 수용액을 만든다.

(나) 삼각 플라스크에 (가)에서 만든 수용액 40 mL를 넣고, 페놀프탈레인 용액을 2~3 방울 떨어뜨린다.

(다) 0.2 M $NaOH(aq)$을 뷰렛에 넣고 (나)의 삼각 플라스크에 한 방울씩 떨어뜨리면서 삼각 플라스크를 흔들어 준다.

(라) (다)의 삼각 플라스크 속 수용액 전체가 붉게 변하는 순간 적정을 멈추고, 적정에 사용된 $NaOH(aq)$의 부피(V_1)를 측정한다.

(마) 0.2 M $NaOH(aq)$ 대신 y M $NaOH(aq)$을 사용해서 과정 (나)~(라)를 반복하여 적정에 사용된 $NaOH(aq)$의 부피(V_2)를 측정한다.

[실험 결과]

○ V_1: 40 mL

○ V_2: 16 mL

$x+y$는? (단, 온도는 25 °C로 일정하다.) [3점]

① $\dfrac{7}{10}$ ② $\dfrac{9}{10}$ ③ $\dfrac{11}{10}$ ④ $\dfrac{13}{10}$ ⑤ $\dfrac{3}{2}$

다음은 25 °C에서 식초 1 g에 들어 있는 아세트산(CH_3COOH)의 질량을 알아보기 위한 중화 적정 실험이다.

[실험 과정]

(가) 식초 10 g을 준비한다.

(나) (가)의 식초에 물을 넣어 25 °C에서 밀도가 d g/mL인 수용액 100 g을 만든다.

(다) (나)에서 만든 수용액 40 mL를 삼각 플라스크에 넣고 페놀프탈레인 용액을 2~3방울 떨어뜨린다.

(라) (다)의 삼각 플라스크에 0.2 M $NaOH(aq)$을 한 방울씩 떨어뜨리면서 삼각 플라스크를 흔들어 준다.

(마) (라)의 수용액 전체가 붉게 변하는 순간 적정을 멈추고 적정에 사용된 $NaOH(aq)$의 부피(V)를 측정한다.

[실험 결과]

○ V: x mL

○ (가)에서 식초 1 g에 들어 있는 CH_3COOH의 질량: 0.06 g

x는? (단, CH_3COOH의 분자량은 60이고, 온도는 25 °C로 일정하며, 중화 적정 과정에서 식초에 포함된 물질 중 CH_3COOH만 NaOH과 반응한다.)

① $10d$ ② $20d$ ③ $30d$ ④ $40d$ ⑤ $50d$

26

다음은 중화 적정 실험이다.

[실험 과정]
(가) a M $CH_3COOH(aq)$ 20 mL를 준비한다.
(나) (가)의 용액 x mL를 취하여 용액 I을 준비한다.
(다) (나)에서 사용하고 남은 (가)의 용액에 물을 넣어 b M $CH_3COOH(aq)$ 25 mL 용액 II를 만든다.
(라) 삼각 플라스크에 용액 I을 모두 넣고 페놀프탈레인 용액을 2~3 방울 떨어뜨린다.
(마) (라)의 용액에 0.1 M $NaOH(aq)$을 한 방울씩 떨어뜨리고, 용액 전체가 붉게 변하는 순간 적정을 멈춘 후 적정에 사용된 $NaOH(aq)$의 부피(V_1)를 측정한다.
(바) I 대신 II를 사용해서 과정 (라)와 (마)를 반복하여 적정에 사용된 $NaOH(aq)$의 부피(V_2)를 측정한다.

[실험 결과]
○ V_1: 25 mL
○ V_2: 75 mL

$\dfrac{b}{a} \times x$는? (단, 온도는 25 °C로 일정하다.) [3점]

① $\dfrac{1}{5}$　　② $\dfrac{1}{3}$　　③ 1　　④ 3　　⑤ 5

27

다음은 25 °C에서 식초 1 g에 들어 있는 아세트산(CH_3COOH)의 질량을 알아보기 위한 중화 적정 실험이다.

[실험 과정]
(가) 식초 10 g을 준비한다.
(나) (가)의 식초에 물을 넣어 25 °C에서 밀도가 d g/mL인 수용액 50 g을 만든다.
(다) (나)에서 만든 수용액 20 mL에 페놀프탈레인 용액을 2~3 방울 넣고 x M $NaOH(aq)$으로 적정한다.
(라) (다)의 수용액 전체가 붉게 변하는 순간까지 넣어 준 $NaOH(aq)$의 부피(V)를 측정한다.

[실험 결과]
○ V: 50 mL
○ (가)에서 식초 1 g에 들어 있는 CH_3COOH의 질량: a g

x는? (단, CH_3COOH의 분자량은 60이고, 온도는 25 °C로 일정하며, 중화 적정 과정에서 식초에 포함된 물질 중 CH_3COOH만 $NaOH$과 반응한다.)

① $\dfrac{ad}{3}$　　② $\dfrac{2ad}{3}$　　③ ad　　④ $\dfrac{4ad}{3}$　　⑤ $\dfrac{5ad}{3}$

다음은 중화 적정을 이용하여 식초 1 g에 들어 있는 아세트산(CH_3COOH)의 질량을 알아보기 위한 실험이다.

[실험 과정]

(가) 25 °C에서 밀도가 d g/mL인 식초를 준비한다.

(나) (가)의 식초 10 mL에 물을 넣어 100 mL 수용액을 만든다.

(다) (나)에서 만든 수용액 20 mL를 삼각 플라스크에 넣고 페놀프탈레인 용액을 2~3방울 떨어뜨린다.

(라) (다)의 삼각 플라스크에 0.25 M NaOH(aq)을 한 방울씩 떨어뜨리면서 삼각 플라스크를 흔들어 준다.

(마) (라)의 삼각 플라스크 속 수용액 전체가 붉은색으로 변하는 순간 적정을 멈추고 적정에 사용된 NaOH(aq)의 부피(V)를 측정한다.

[실험 결과]

○ V: a mL

○ (가)에서 식초 1 g에 들어 있는 CH_3COOH의 질량: x g

x는? (단, CH_3COOH의 분자량은 60이고, 온도는 25 °C로 일정하며, 중화 적정 과정에서 식초에 포함된 물질 중 CH_3COOH만 NaOH과 반응한다.)

① $\dfrac{3a}{40d}$　② $\dfrac{3a}{80d}$　③ $\dfrac{3a}{200d}$　④ $\dfrac{3a}{400d}$　⑤ $\dfrac{3a}{2000d}$

다음은 25 °C에서 식초 A 1 g에 들어 있는 아세트산(CH_3COOH)의 질량을 알아보기 위한 중화 적정 실험이다.

[자료]

○ 25 °C에서 식초 A의 밀도: d g/mL

○ CH_3COOH의 분자량: 60

[실험 과정 및 결과]

(가) 식초 A 10 mL에 물을 넣어 수용액 50 mL를 만들었다.

(나) (가)의 수용액 20 mL에 페놀프탈레인 용액을 2~3방울 넣고 a M KOH(aq)으로 적정하였을 때, 수용액 전체가 붉게 변하는 순간까지 넣어 준 KOH(aq)의 부피는 30 mL이었다.

(다) (나)의 적정 결과로부터 구한 식초 A 1 g에 들어 있는 CH_3COOH의 질량은 0.05 g이었다.

a는? (단, 온도는 25 °C로 일정하고, 중화 적정 과정에서 식초 A에 포함된 물질 중 CH_3COOH만 KOH과 반응한다.) [3점]

① $\dfrac{d}{9}$　② $\dfrac{d}{6}$　③ $\dfrac{5d}{18}$　④ $\dfrac{d}{3}$　⑤ $\dfrac{5d}{9}$

30

다음은 아세트산(CH_3COOH) 수용액 A 100 g에 들어 있는 CH_3COOH의 질량을 구하기 위한 중화 적정 실험이다.

[실험 과정]

(가) 수용액 A 100 g에 물을 넣어 500 mL 수용액 B를 만든다.

(나) 수용액 B 10 mL를 삼각 플라스크에 넣고 페놀프탈레인 용액을 2~3 방울 떨어뜨린다.

(다) (나)의 수용액에 0.2 M NaOH(aq)을 가하면서 삼각 플라스크를 잘 흔들어 주고, 혼합 용액 전체가 붉은색으로 변하는 순간까지 넣어 준 NaOH(aq)의 부피(V)를 측정한다.

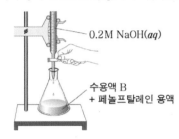

0.2M NaOH(aq)

수용액 B
+ 페놀프탈레인 용액

[실험 결과]

○ V: 20 mL

○ 수용액 A 100 g에 들어 있는 CH_3COOH의 질량: x g

x는? (단, CH_3COOH의 분자량은 60이고, 온도는 일정하다.)

① $\dfrac{3}{5}$　　② $\dfrac{6}{5}$　　③ 6　　④ 12　　⑤ 15

31 대표문제

다음은 아세트산(CH_3COOH) 수용액 100 g에 들어 있는 용질의 질량을 알아보기 위한 중화 적정 실험이다. CH_3COOH의 분자량은 60이다.

[실험 과정]

(가) 25 ℃에서 밀도가 d g/mL인 $CH_3COOH(aq)$을 준비한다.

(나) (가)의 수용액 10 mL에 물을 넣어 50 mL 수용액을 만든다.

(다) (나)에서 만든 수용액 20 mL에 페놀프탈레인 용액을 2~3 방울 넣고 0.1 M NaOH(aq)으로 적정하였을 때, 수용액 전체가 붉게 변하는 순간까지 넣어 준 NaOH(aq)의 부피(V)를 측정한다.

[실험 결과]

○ V: a mL

○ (다) 과정 후 혼합 용액에 존재하는 Na^+의 몰 농도: 0.08 M

○ (가)의 수용액 100 g에 들어 있는 용질의 질량: x g

x는? (단, 온도는 25 ℃로 일정하고, 혼합 용액의 부피는 혼합 전 각 용액의 부피의 합과 같으며, 넣어 준 페놀프탈레인 용액의 부피는 무시한다.) [3점]

① $\dfrac{4}{d}$　　② $\dfrac{24d}{5}$　　③ $\dfrac{24}{5d}$　　④ $12d$　　⑤ $\dfrac{12}{d}$

다음은 25 °C에서 식초에 들어 있는 아세트산(CH_3COOH)의 질량을 알아보기 위한 중화 적정 실험이다.

[자료]

○ 25 °C에서 식초 A, B의 밀도(g/mL)는 각각 d_A, d_B이다.

[실험 과정]

(가) 식초 A, B를 준비한다.

(나) A 20 mL에 물을 넣어 수용액 I 100 mL를 만든다.

(다) 50 mL의 I에 페놀프탈레인 용액을 2~3방울 넣고 a M NaOH(aq)으로 적정하였을 때, 수용액 전체가 붉게 변하는 순간까지 넣어 준 NaOH(aq)의 부피(V)를 측정한다.

(라) B 20 mL에 물을 넣어 수용액 II 100 g을 만든다.

(마) 50 mL의 I 대신 50 g의 II를 이용하여 (다)를 반복한다.

[실험 결과]

○ (다)에서 V: 10 mL

○ (마)에서 V: 25 mL

○ 식초 A, B 각 1 g에 들어 있는 CH_3COOH의 질량

식초	A	B
CH_3COOH의 질량(g)	0.02	x

x는? (단, 온도는 25 °C로 일정하고, 중화 적정 과정에서 식초 A, B에 포함된 물질 중 CH_3COOH만 NaOH과 반응한다.)

① $\dfrac{d_A}{20d_B}$ ② $\dfrac{d_A}{10d_B}$ ③ $\dfrac{d_B}{50d_A}$ ④ $\dfrac{d_B}{20d_A}$ ⑤ $\dfrac{d_B}{10d_A}$

다음은 25 °C에서 식초 A, B 각 1 g에 들어 있는 아세트산(CH_3COOH)의 질량을 알아보기 위한 중화 적정 실험이다.

[자료]

○ CH_3COOH의 분자량은 60이다.

○ 25 °C에서 식초 A, B의 밀도(g/mL)는 각각 d_A, d_B이다.

[실험 과정]

(가) 식초 A, B를 준비한다.

(나) (가)의 A, B 각 10 mL에 물을 넣어 각각 50 mL 수용액 I, II를 만든다.

(다) x mL의 I에 페놀프탈레인 용액을 2~3방울 넣고 0.1 M NaOH(aq)으로 적정하였을 때, 수용액 전체가 붉게 변하는 순간까지 넣어 준 NaOH(aq)의 부피(V)를 측정한다.

(라) x mL의 I 대신 y mL의 II를 이용하여 (다)를 반복한다.

[실험 결과]

○ (다)에서 V: $4a$ mL

○ (라)에서 V: $5a$ mL

○ (가)에서 식초 1 g에 들어 있는 CH_3COOH의 질량

식초	A	B
CH_3COOH의 질량(g)	$16w$	$15w$

$\dfrac{x}{y}$는? (단, 온도는 25 °C로 일정하고, 중화 적정 과정에서 식초 A, B에 포함된 물질 중 CH_3COOH만 NaOH과 반응한다.)

① $\dfrac{4d_B}{3d_A}$ ② $\dfrac{6d_B}{5d_A}$ ③ $\dfrac{5d_B}{6d_A}$ ④ $\dfrac{3d_B}{4d_A}$ ⑤ $\dfrac{d_B}{2d_A}$

다음은 중화 반응 실험이다.

[자료]

○ 수용액에서 H_2A는 H^+과 A^{2-}으로 모두 이온화된다.

[실험 과정]

(가) a M $H_2A(aq)$과 y M $NaOH(aq)$을 준비한다.

(나) 3개의 비커에 (가)의 2가지 수용액의 부피를 달리하여 혼합한 용액 Ⅰ~Ⅲ을 만든다.

[실험 결과]

○ Ⅰ~Ⅲ의 액성은 모두 다르며, 각각 산성, 중성, 염기성 중 하나이다.

○ 혼합 용액 Ⅰ~Ⅲ에 대한 자료

혼합 용액	혼합 전 수용액의 부피(mL)		모든 양이온의 몰 농도(M) 합
	x M $H_2A(aq)$	y M $NaOH(aq)$	
Ⅰ	V	10	2
Ⅱ	V	20	2
Ⅲ	$3V$	40	㉠

㉠ × $\dfrac{x}{y}$는? (단, 혼합 용액의 부피는 혼합 전 각 용액의 부피의 합과 같고, 물의 자동 이온화는 무시한다.) [3점]

① $\dfrac{4}{7}$ ② $\dfrac{8}{7}$ ③ $\dfrac{12}{7}$ ④ $\dfrac{15}{7}$ ⑤ $\dfrac{18}{7}$

다음은 25 °C에서 식초 A, B 각 1 g에 들어 있는 아세트산(CH_3COOH)의 질량을 알아보기 위한 중화 적정 실험이다.

[자료]

○ CH_3COOH의 분자량은 60이다.

○ 25 °C에서 식초 A, B의 밀도(g/mL)는 각각 d_A, d_B이다.

[실험 과정]

(가) 식초 A, B를 준비한다.

(나) A 50 mL에 물을 넣어 수용액 Ⅰ 100 mL를 만든다.

(다) 10 mL의 Ⅰ에 페놀프탈레인 용액을 2~3방울 넣고 0.2 M $NaOH(aq)$으로 적정하였을 때, 수용액 전체가 붉게 변하는 순간까지 넣어 준 $NaOH(aq)$의 부피(V)를 측정한다.

(라) B 40 mL에 물을 넣어 수용액 Ⅱ 100 g을 만든다.

(마) 10 mL의 Ⅰ 대신 20 g의 Ⅱ를 이용하여 (다)를 반복한다.

[실험 결과]

○ (다)에서 V: 10 mL

○ (마)에서 V: 30 mL

○ 식초 A, B 각 1 g에 들어 있는 CH_3COOH의 질량

식초	A	B
CH_3COOH의 질량(g)	$8w$	x

$x × \dfrac{d_B}{d_A}$는? (단, 온도는 25 °C로 일정하고, 중화 적정 과정에서 식초 A, B에 포함된 물질 중 CH_3COOH만 NaOH과 반응한다.) [3점]

① $6w$ ② $9w$ ③ $12w$ ④ $15w$ ⑤ $18w$

한눈에 정리하는
평가원 기출 경향

주제 \ 학년도	2025	2024	2023
산화수			
산화수 변화와 산화 환원 화학 반응식을 제시한 경우			
산화수 변화와 산화 환원 화학 반응식을 제시하고, 산화제, 환원제를 포함한 경우			
산화수 변화와 산화 환원 모식도를 제시한 경우			**16** 2023학년도 9월 평가원 화I 9번 그림 (가)와 (나)는 2가지 금속 이온 $X^{3+}(aq)$과 $Y^{m+}(aq)$이 각각 들어 있는 비커에 금속 Z(s)를 넣어 반응을 완결시켰을 때, 반응 전과 후 수용액에 존재하는 양이온의 종류와 양을 나타낸 것이다. 이에 대한 설명으로 옳은 것만을 〈보기〉에서 있는 대로 고른 것은? (단, X ~ Z는 임의의 원소 기호이고, X ~ Z는 물과 반응하지 않으며, 음이온은 반응에 참여하지 않는다.) 〈보기〉 ㄱ. $a=3N$이다. ㄴ. $m=1$이다. ㄷ. (가)와 (나)에서 모두 Z(s)는 산화제로 작용한다. ① ㄱ ② ㄴ ③ ㄱ, ㄷ ④ ㄴ, ㄷ ⑤ ㄱ, ㄴ, ㄷ

2022 ~ 2019

01
2020학년도 수능 화Ⅰ 9번

그림은 원소 X~Z로 이루어진 분자 (가)와 (나)의 구조식을 나타낸 것이다. (가)에서 X의 산화수는 −1이다.

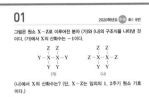

(나)에서 X의 산화수는? (단, X~Z는 임의의 1, 2주기 원소 기호이다.)

① −3 ② −1 ③ 0 ④ +1 ⑤ +3

03
2019학년도 수능 화Ⅰ 7번

다음은 3가지 화합물의 화학식과 이에 대한 학생과 선생님의 대화이다.

$$H_2O, \ Li_2O, \ CaCO_3$$

학 생: 제시된 모든 화합물에서 산소(O)의 산화수는 −2입니다. 따라서 O가 포함된 화합물에서 O는 항상 −2의 산화수를 가진다고 생각합니다.
선생님: 꼭 그렇지는 않아요. 예를 들어 ㉠ 에서 O의 산화수는 −2가 아닙니다.

㉠에 들어갈 화합물로 적절한 것만을 〈보기〉에서 있는 대로 고른 것은? [3점]

〈보기〉
ㄱ. H_2O_2 ㄴ. O_2F_2 ㄷ. CaO

① ㄱ ② ㄷ ③ ㄱ, ㄴ ④ ㄴ, ㄷ ⑤ ㄱ, ㄴ, ㄷ

04
2020학년도 6월 화Ⅰ 1번

다음은 2가지 반응의 화학 반응식이다.

○ $4Al + 3O_2 \longrightarrow 2Al_2O_3$
○ $2Mg + CO_2 \longrightarrow 2MgO + C$

두 반응에서 환원되는 물질만을 있는 대로 고른 것은?

① Al, Mg ② O_2, CO_2 ③ Al, CO_2
④ O_2 ⑤ CO_2

05
2019학년도 9월 화Ⅰ 14번

다음은 2가지 산화 환원의 화학 반응식과, 생성물에서 X의 산화수를 나타낸 것이다.

	생성물	X의 산화수
(가) $X_2 + 2Y_2 \longrightarrow X_2Y_4$	X_2Y_4	−2
(나) $X_2 + 3Z_2 \longrightarrow 2XZ_3$	XZ_3	+3

이에 대한 설명으로 옳은 것만을 〈보기〉에서 있는 대로 고른 것은? (단, X~Z는 임의의 1, 2주기 원소 기호이다.)

〈보기〉
ㄱ. X_2Y_4에서 Y의 산화수는 +2이다.
ㄴ. (나)에서 X_2는 산화된다.
ㄷ. 분자 YZ에서 Y의 산화수는 0보다 작다.

① ㄱ ② ㄴ ③ ㄱ, ㄷ ④ ㄴ, ㄷ ⑤ ㄱ, ㄴ, ㄷ

12
2022학년도 9월 화Ⅰ 10번

다음은 산화 환원 반응 (가)~(다)의 화학 반응식이다.

(가) $2H_2 + O_2 \longrightarrow 2H_2O$
                              ⓐ
(나) $O_2 + F_2 \longrightarrow O_2F_2$
       ⓑ   ⓒ
(다) $5H_2O_2 + 2MnO_4^- + 6H^+ \longrightarrow 2Mn^{2+} + 5O_2 + 8H_2O$
            ⓓ

이에 대한 설명으로 옳은 것만을 〈보기〉에서 있는 대로 고른 것은?

〈보기〉
ㄱ. (가)에서 O_2는 산화제이다.
ㄴ. (다)에서 Mn의 산화수는 감소한다.
ㄷ. ⓐ~ⓓ에서 O의 산화수 중 가장 큰 값은 +1이다.

① ㄱ ② ㄷ ③ ㄱ, ㄴ ④ ㄴ, ㄷ ⑤ ㄱ, ㄴ, ㄷ

11
2020학년도 수능 화Ⅰ 8번

다음은 산화 환원 반응 (가)~(다)의 화학 반응식이다.

(가) $CuO + H_2 \longrightarrow Cu + H_2O$
(나) $Fe_2O_3 + 3CO \longrightarrow 2Fe + 3CO_2$
(다) $MnO_2 + 4HCl \longrightarrow MnCl_2 + 2H_2O + Cl_2$

이에 대한 설명으로 옳은 것만을 〈보기〉에서 있는 대로 고른 것은?

〈보기〉
ㄱ. (가)에서 H_2는 산화된다.
ㄴ. (나)에서 CO는 산화제이다.
ㄷ. (다)에서 Mn의 산화수는 증가한다.

① ㄱ ② ㄴ ③ ㄱ, ㄴ ④ ㄴ, ㄷ ⑤ ㄱ, ㄴ, ㄷ

09
2020학년도 9월 화Ⅰ 13번

다음은 3가지 화학 반응식이다.

(가) $2Ca(s) + O_2(g) \longrightarrow 2CaO(s)$
(나) $CaCO_3(s) \longrightarrow CaO(s) + CO_2(g)$
(다) $Mg(s) + H_2O(l) \longrightarrow MgO(s) + H_2(g)$

(가)~(다)에 대한 설명으로 옳은 것만을 〈보기〉에서 있는 대로 고른 것은? [3점]

〈보기〉
ㄱ. (가)에서 Ca은 산화된다.
ㄴ. (나)에서 $CaCO_3$은 산화된다.
ㄷ. (다)에서 H_2O은 환원제이다.

① ㄱ ② ㄴ ③ ㄱ, ㄴ ④ ㄴ, ㄷ ⑤ ㄱ, ㄴ, ㄷ

07
2020학년도 6월 화Ⅰ 11번

다음은 2가지 반응의 화학 반응식이다.

(가) $3H_2S + 2HNO_3 \longrightarrow 3S + 2NO + 4H_2O$
(나) $2Li + 2H_2O \longrightarrow 2LiOH + H_2$

이에 대한 설명으로 옳은 것만을 〈보기〉에서 있는 대로 고른 것은? [3점]

〈보기〉
ㄱ. (가)는 산화 환원 반응이다.
ㄴ. (나)에서 Li은 환원된다.
ㄷ. (나)에서 H의 산화수는 모두 같다.

① ㄱ ② ㄷ ③ ㄱ, ㄴ ④ ㄴ, ㄷ ⑤ ㄱ, ㄴ, ㄷ

06
2019학년도 수능 화Ⅰ 4번

다음은 3가지 반응의 화학 반응식이다.

(가) $2C + O_2 \longrightarrow 2$ ㉠
(나) $Fe_2O_3 + 3$ ㉠ $\longrightarrow 2Fe + 3CO_2$
(다) $4Al + 3O_2 \longrightarrow 2Al_2O_3$

이에 대한 설명으로 옳은 것만을 〈보기〉에서 있는 대로 고른 것은?

〈보기〉
ㄱ. (가)에서 탄소(C)는 환원된다.
ㄴ. (나)에서 ㉠은 산화제로 작용한다.
ㄷ. (다)는 산화 환원 반응이다.

① ㄱ ② ㄷ ③ ㄱ, ㄴ ④ ㄴ, ㄷ ⑤ ㄱ, ㄴ, ㄷ

10
2019학년도 9월 화Ⅰ 3번

다음은 2가지 반응의 화학 반응식과 이에 대한 세 학생의 대화이다.

(가) $2Mg(s) + O_2(g) \longrightarrow 2MgO(s)$
(나) $2CuO(s) + C(s) \longrightarrow 2Cu(s) + CO_2(g)$

제시한 내용이 옳은 학생만을 있는 대로 고른 것은? [3점]

① A ② C ③ A, B ④ B, C ⑤ A, B, C

14
2019학년도 6월 화Ⅰ 2번

그림은 구리(Cu)와 관련된 반응 (가)와 (나)를 모식적으로 나타낸 것이다.

이에 대한 설명으로 옳은 것만을 〈보기〉에서 있는 대로 고른 것은?

〈보기〉
ㄱ. (가)에서 O_2는 환원된다.
ㄴ. CuO에서 Cu의 산화수는 +2이다.
ㄷ. (나)에서 ㉠은 환원제로 작용한다.

① ㄱ ② ㄷ ③ ㄱ, ㄴ ④ ㄴ, ㄷ ⑤ ㄱ, ㄴ, ㄷ

01

2020학년도 화I 9번

그림은 원소 X~Z로 이루어진 분자 (가)와 (나)의 구조식을 나타낸 것이다. (가)에서 X의 산화수는 -1이다.

$$
\begin{array}{ccc}
& Z & Z \\
& | & | \\
Y- & X-X & -Y \\
& | & | \\
& Y & Y
\end{array}
\qquad
\begin{array}{ccc}
& Z & Z \\
& | & | \\
Z- & X-X & -Z \\
& | & | \\
& Y & Y
\end{array}
$$

(가)   (나)

(나)에서 X의 산화수는? (단, X~Z는 임의의 1, 2주기 원소 기호이다.)

① -3 ② -1 ③ 0 ④ $+1$ ⑤ $+3$

02

2020학년도 4월 학평 화I 8번

표는 분자 (가), (나)에 대한 자료이다. 전기 음성도는 X > Y > Z이다.

분자	(가)	(나)
구조식	$X=Y-Z$	$\begin{array}{c} Z \\ \| \\ Z-Y-Z \end{array}$
Y의 산화수	a	b

$a+b$는? (단, X~Z는 임의의 원소 기호이다.)

① -6 ② -2 ③ 0 ④ $+2$ ⑤ $+6$

03

2019학년도 화I 7번

다음은 3가지 화합물의 화학식과 이에 대한 학생과 선생님의 대화이다.

$$H_2O, \ Li_2O, \ CaCO_3$$

학 생: 제시된 모든 화합물에서 산소(O)의 산화수는 -2입니다. 따라서 O가 포함된 화합물에서 O는 항상 -2의 산화수를 가진다고 생각합니다.

선생님: 꼭 그렇지는 않아요. 예를 들어 　⊙　 에서 O의 산화수는 -2가 아닙니다.

⊙에 들어갈 화합물로 적절한 것만을 〈보기〉에서 있는 대로 고른 것은? [3점]

〈 보기 〉

ㄱ. H_2O_2 ㄴ. O_2F_2 ㄷ. CaO

① ㄱ   ② ㄷ   ③ ㄱ, ㄴ   ④ ㄴ, ㄷ   ⑤ ㄱ, ㄴ, ㄷ

04

2020학년도 6월 화I 1번

다음은 2가지 반응의 화학 반응식이다.

○ $4Al + 3O_2 \longrightarrow 2Al_2O_3$

○ $2Mg + CO_2 \longrightarrow 2MgO + C$

두 반응에서 환원되는 물질만을 있는 대로 고른 것은?

① Al, Mg   ② O_2, CO_2 ③ Al, CO_2

④ O_2 ⑤ CO_2

05 대표 문제

다음은 2가지 산화 환원 반응의 화학 반응식과, 생성물에서 X의 산화수를 나타낸 것이다.

(가) $X_2 + 2Y_2 \longrightarrow X_2Y_4$

(나) $X_2 + 3Z_2 \longrightarrow 2XZ_3$

생성물	X의 산화수
X_2Y_4	-2
XZ_3	$+3$

이에 대한 설명으로 옳은 것만을 〈보기〉에서 있는 대로 고른 것은? (단, X~Z는 임의의 1, 2주기 원소 기호이다.)

〈 보기 〉

ㄱ. X_2Y_4에서 Y의 산화수는 $+2$이다.

ㄴ. (나)에서 X_2는 산화된다.

ㄷ. 분자 YZ에서 Y의 산화수는 0보다 작다.

① ㄱ ② ㄴ ③ ㄱ, ㄷ ④ ㄴ, ㄷ ⑤ ㄱ, ㄴ, ㄷ

06

다음은 3가지 반응의 화학 반응식이다.

(가) $2C + O_2 \longrightarrow 2\boxed{}$

(나) $Fe_2O_3 + 3\boxed{} \longrightarrow 2Fe + 3CO_2$

(다) $4Al + 3O_2 \longrightarrow 2Al_2O_3$

이에 대한 설명으로 옳은 것만을 〈보기〉에서 있는 대로 고른 것은?

〈 보기 〉

ㄱ. (가)에서 탄소(C)는 환원된다.

ㄴ. (나)에서 ㉠은 산화제로 작용한다.

ㄷ. (다)는 산화 환원 반응이다.

① ㄱ ② ㄷ ③ ㄱ, ㄴ ④ ㄴ, ㄷ ⑤ ㄱ, ㄴ, ㄷ

07

다음은 2가지 반응의 화학 반응식이다.

(가) $3H_2S + 2HNO_3 \longrightarrow 3S + 2NO + 4H_2O$

(나) $2Li + 2H_2O \longrightarrow 2LiOH + H_2$

이에 대한 설명으로 옳은 것만을 〈보기〉에서 있는 대로 고른 것은? [3점]

〈 보기 〉

ㄱ. (가)는 산화 환원 반응이다.

ㄴ. (나)에서 Li은 환원제이다.

ㄷ. (나)에서 H의 산화수는 모두 같다.

① ㄱ ② ㄷ ③ ㄱ, ㄴ ④ ㄴ, ㄷ ⑤ ㄱ, ㄴ, ㄷ

08

다음은 3가지 반응의 화학 반응식이다.

(가) $2Na + Cl_2 \longrightarrow 2NaCl$

(나) $Cl_2 + H_2O \longrightarrow HCl + HClO$

(다) $2NaCl + F_2 \longrightarrow 2NaF + Cl_2$

이에 대한 옳은 설명만을 〈보기〉에서 있는 대로 고른 것은?

〈 보기 〉

ㄱ. (가)에서 Cl_2는 환원된다.

ㄴ. (나)에서 O의 산화수는 증가한다.

ㄷ. (다)에서 NaCl은 산화제이다.

① ㄱ ② ㄷ ③ ㄱ, ㄴ ④ ㄱ, ㄷ ⑤ ㄴ, ㄷ

다음은 3가지 화학 반응식이다.

> (가) $2Ca(s) + O_2(g) \longrightarrow 2CaO(s)$
>
> (나) $CaCO_3(s) \longrightarrow CaO(s) + CO_2(g)$
>
> (다) $Mg(s) + H_2O(l) \longrightarrow MgO(s) + H_2(g)$

(가)~(다)에 대한 설명으로 옳은 것만을 〈보기〉에서 있는 대로 고른 것은? [3점]

〈 보기 〉
ㄱ. (가)에서 Ca은 산화된다.
ㄴ. (나)에서 $CaCO_3$은 산화된다.
ㄷ. (다)에서 H_2O은 환원제이다.

① ㄱ   ② ㄴ   ③ ㄱ, ㄷ   ④ ㄴ, ㄷ   ⑤ ㄱ, ㄴ, ㄷ

다음은 산화 환원 반응 (가)~(다)의 화학 반응식이다.

> (가) $CuO + H_2 \longrightarrow Cu + H_2O$
>
> (나) $Fe_2O_3 + 3CO \longrightarrow 2Fe + 3CO_2$
>
> (다) $MnO_2 + 4HCl \longrightarrow MnCl_2 + 2H_2O + Cl_2$

이에 대한 설명으로 옳은 것만을 〈보기〉에서 있는 대로 고른 것은?

〈 보기 〉
ㄱ. (가)에서 H_2는 산화된다.
ㄴ. (나)에서 CO는 산화제이다.
ㄷ. (다)에서 Mn의 산화수는 증가한다.

① ㄱ   ② ㄴ   ③ ㄱ, ㄷ   ④ ㄴ, ㄷ   ⑤ ㄱ, ㄴ, ㄷ

다음은 2가지 반응의 화학 반응식과 이에 대한 세 학생의 대화이다.

> (가) $2Mg(s) + O_2(g) \longrightarrow 2MgO(s)$
>
> (나) $2CuO(s) + C(s) \longrightarrow 2Cu(s) + CO_2(g)$

제시한 내용이 옳은 학생만을 있는 대로 고른 것은? [3점]

① A   ② C   ③ A, B   ④ B, C   ⑤ A, B, C

다음은 산화 환원 반응 (가)~(다)의 화학 반응식이다.

> (가) $2H_2 + O_2 \longrightarrow 2\underline{H_2O}$
>   ㉠
>
> (나) $\underline{O_2} + F_2 \longrightarrow \underline{O_2F_2}$
>   ㉡   ㉢
>
> (다) $5\underline{H_2O_2} + 2MnO_4^- + 6H^+ \longrightarrow 2Mn^{2+} + 5O_2 + 8H_2O$
>   ㉣

이에 대한 설명으로 옳은 것만을 〈보기〉에서 있는 대로 고른 것은?

〈 보기 〉
ㄱ. (가)에서 O_2는 산화제이다.
ㄴ. (다)에서 Mn의 산화수는 감소한다.
ㄷ. ㉠~㉣에서 O의 산화수 중 가장 큰 값은 $+1$이다.

① ㄱ   ② ㄷ   ③ ㄱ, ㄴ   ④ ㄴ, ㄷ   ⑤ ㄱ, ㄴ, ㄷ

2023

2022 ~ 2019

17
2023학년도 6월 모평 화I 13번

다음은 금속 M과 관련된 산화 환원 반응의 화학 반응식과 이에 대한 자료이다.

○ 화학 반응식:
$$2MO_4^- + aH_2C_2O_4 + bH^+ \longrightarrow 2M^{n+} + cCO_2 + dH_2O$$
$(a \sim d$는 반응 계수)

○ MO_4^- 1 mol이 반응할 때 생성된 H_2O의 양은 $2n$ mol이다.

$a+b$는? (단, M은 임의의 원소 기호이다.) [3점]

① 11 ② 12 ③ 13 ④ 14 ⑤ 15

28
2022학년도 수능 화I 16번

다음은 산화 환원 반응 (가)~(다)의 화학 반응식이다.

(가) $CO + 2H_2 \longrightarrow CH_3OH$
(나) $CO + H_2O \longrightarrow CO_2 + H_2$
(다) $aMnO_4^- + bSO_3^{2-} + H_2O$
$\qquad\qquad \longrightarrow aMnO_2 + bSO_4^{2-} + cOH^-$
$\qquad\qquad\qquad\qquad (a \sim c$는 반응 계수)

이에 대한 설명으로 옳은 것만을 〈보기〉에서 있는 대로 고른 것은?

〈보기〉
ㄱ. (가)에서 CO는 환원된다.
ㄴ. (나)에서 CO는 산화제이다.
ㄷ. (다)에서 $a+b+c=4$이다.

① ㄱ ② ㄴ ③ ㄱ, ㄷ ④ ㄴ, ㄷ ⑤ ㄱ, ㄴ, ㄷ

31
2022학년도 6월 모평 화I 15번

다음은 산화 환원 반응 (가)~(다)의 화학 반응식이다.

(가) $SO_2 + 2H_2O + Cl_2 \longrightarrow H_2SO_4 + 2HCl$
(나) $2F_2 + 2H_2O \longrightarrow O_2 + 4HF$
(다) $aMnO_4^- + bH^+ + cFe^{2+} \longrightarrow Mn^{2+} + cFe^{3+} + dH_2O$
$\qquad\qquad\qquad\qquad (a \sim d$는 반응 계수)

이에 대한 설명으로 옳은 것만을 〈보기〉에서 있는 대로 고른 것은?

〈보기〉
ㄱ. (가)에서 S의 산화수는 증가한다.
ㄴ. (나)에서 H_2O은 환원제이다.
ㄷ. $\dfrac{b}{a+c+d} < 1$이다.

① ㄱ ② ㄴ ③ ㄱ, ㄷ ④ ㄴ, ㄷ ⑤ ㄱ, ㄴ, ㄷ

26
2021학년도 수능 화I 16번

다음은 산화 환원 반응 (가)와 (나)의 화학 반응식이다.

(가) $O_2 + 2F_2 \longrightarrow 2OF_2$
(나) $BrO_3^- + aI^- + bH^+ \longrightarrow Br^- + cI_2 + dH_2O$
$\qquad\qquad\qquad\qquad (a \sim d$는 반응 계수)

이에 대한 설명으로 옳은 것만을 〈보기〉에서 있는 대로 고른 것은?

〈보기〉
ㄱ. (가)에서 O의 산화수는 증가한다.
ㄴ. (나)에서 I^-은 산화제로 작용한다.
ㄷ. $a+b+c+d=12$이다.

① ㄱ ② ㄴ ③ ㄱ, ㄷ ④ ㄴ, ㄷ ⑤ ㄱ, ㄴ, ㄷ

08
2021학년도 9월 모평 화I 15번

다음은 산화 환원 반응의 화학 반응식이다.
$$aCuS + bNO_3^- + cH^+ \longrightarrow 3Cu^{2+} + aSO_4^{2-} + bNO + dH_2O$$
$(a \sim d$는 반응 계수)

이에 대한 설명으로 옳은 것만을 〈보기〉에서 있는 대로 고른 것은? [3점]

〈보기〉
ㄱ. CuS는 환원제이다.
ㄴ. $c+d > a+b$이다.
ㄷ. NO_3^- 2 mol이 반응하면 SO_4^{2-} 1 mol이 생성된다.

① ㄱ ② ㄷ ③ ㄱ, ㄴ ④ ㄴ, ㄷ ⑤ ㄱ, ㄴ, ㄷ

29
2021학년도 6월 모평 화I 11번

다음은 산화 환원 반응 (가)~(다)의 화학 반응식이다.

(가) $Fe_2O_3 + 2Al \longrightarrow 2Fe + Al_2O_3$
(나) $Mg + 2HCl \longrightarrow MgCl_2 + H_2$
(다) $Cu + aNO_3^- + bH_3O^+ \longrightarrow Cu^{2+} + cNO_2 + dH_2O$
$\qquad\qquad\qquad\qquad (a \sim d$는 반응 계수)

이에 대한 설명으로 옳은 것만을 〈보기〉에서 있는 대로 고른 것은?

〈보기〉
ㄱ. (가)에서 Al은 산화된다.
ㄴ. (나)에서 Mg은 산화제이다.
ㄷ. (다)에서 $a+b+c+d=7$이다.

① ㄱ ② ㄴ ③ ㄷ ④ ㄱ, ㄴ ⑤ ㄱ, ㄷ

01

다음은 산화 환원 반응의 화학 반응식이다. YO_4^-에서 O의 산화수는 -2이다.

$$aX^{2+} + bYO_4^- + cH^+ \longrightarrow aX^{4+} + bY^{2+} + dH_2O$$

($a \sim d$는 반응 계수)

$\dfrac{b+d}{a+c}$는? (단, X, Y는 임의의 원소 기호이다.) [3점]

① $\dfrac{1}{3}$　　② $\dfrac{2}{5}$　　③ $\dfrac{10}{23}$　　④ $\dfrac{10}{21}$　　⑤ $\dfrac{1}{2}$

02

다음은 금속 M과 관련된 산화 환원 반응의 화학 반응식이다. M의 산화물에서 산소(O)의 산화수는 -2이다.

$$aM^{3+} + bClO_4^- + cH_2O \longrightarrow dCl^- + eMO^{2+} + fH^+$$

($a \sim f$는 반응 계수)

$\dfrac{d+f}{a+c}$는? (단, M은 임의의 원소 기호이다.) [3점]

① $\dfrac{5}{8}$　　② $\dfrac{3}{4}$　　③ $\dfrac{8}{9}$　　④ $\dfrac{9}{8}$　　⑤ $\dfrac{4}{3}$

03

다음은 산화 환원 반응의 화학 반응식이다.

$$aCu + bNO_3^- + cH^+ \longrightarrow aCu^{2+} + bNO + dH_2O$$

($a \sim d$는 반응 계수)

$\dfrac{b+d}{a+c}$는?

① $\dfrac{6}{11}$　　② $\dfrac{8}{13}$　　③ $\dfrac{10}{7}$　　④ $\dfrac{13}{6}$　　⑤ $\dfrac{9}{4}$

04 문제

다음은 X와 관련된 산화 환원 반응의 화학 반응식이다. X의 산화물에서 산소(O)의 산화수는 -2이다.

$$aX^{2-} + bNO_3^- + cH^+ \longrightarrow aXO_4^{2-} + bNO + dH_2O$$

($a \sim d$는 반응 계수)

$\dfrac{b+d}{a}$는? (단, X는 임의의 원소 기호이다.)

① 3　　② 4　　③ 5　　④ 6　　⑤ 7

05

다음은 산화 환원 반응의 화학 반응식이다.

$$aCrO_2^- + bClO^- + cH_2O \longrightarrow dCrO_4^{2-} + eCl_2 + fOH^-$$
$$(a{\sim}f \text{는 반응 계수})$$

$\dfrac{f}{a+b}$ 는?

① $\dfrac{1}{5}$　　② $\dfrac{1}{4}$　　③ $\dfrac{2}{5}$　　④ $\dfrac{1}{2}$　　⑤ $\dfrac{3}{4}$

06

다음은 $ANO_3(aq)$에 금속 B(s)를 넣었을 때 일어나는 반응의 화학 반응식이다. 금속 A의 원자량은 a이다.

$$2A^+(aq) + B(s) \longrightarrow 2A(s) + B^{m+}(aq)$$

이 반응에 대한 옳은 설명만을 〈보기〉에서 있는 대로 고른 것은? (단, A, B는 임의의 원소 기호이다.)

〈 보기 〉
ㄱ. $m=2$이다.
ㄴ. B(s)는 산화제이다.
ㄷ. B(s) 1 mol이 모두 반응하였을 때 생성되는 A(s)의 질량은 $\dfrac{1}{2}a$ g이다.

① ㄱ　　② ㄷ　　③ ㄱ, ㄴ　　④ ㄴ, ㄷ　　⑤ ㄱ, ㄴ, ㄷ

07

다음은 산화 환원 반응의 화학 반응식이다.

$$MnO_2 + 2I^- + 4H^+ \longrightarrow Mn^{n+} + I_2 + 2H_2O$$

이에 대한 옳은 설명만을 〈보기〉에서 있는 대로 고른 것은?

〈 보기 〉
ㄱ. I의 산화수는 감소한다.
ㄴ. $n=3$이다.
ㄷ. MnO_2는 산화제이다.

① ㄱ　　② ㄷ　　③ ㄱ, ㄴ　　④ ㄴ, ㄷ　　⑤ ㄱ, ㄴ, ㄷ

08

다음은 산화 환원 반응의 화학 반응식이다.

$$aCuS + bNO_3^- + cH^+ \longrightarrow 3Cu^{2+} + aSO_4^{2-} + bNO + dH_2O$$
$$(a{\sim}d \text{는 반응 계수})$$

이에 대한 설명으로 옳은 것만을 〈보기〉에서 있는 대로 고른 것은? [3점]

〈 보기 〉
ㄱ. CuS는 환원제이다.
ㄴ. $c+d>a+b$이다.
ㄷ. NO_3^- 2 mol이 반응하면 SO_4^{2-} 1 mol이 생성된다.

① ㄱ　　② ㄷ　　③ ㄱ, ㄴ　　④ ㄴ, ㄷ　　⑤ ㄱ, ㄴ, ㄷ

09

다음은 산화 환원 반응의 화학 반응식이다.

$$a\mathrm{MnO_4^-} + b\mathrm{H_2S} + c\mathrm{H^+} \longrightarrow a\mathrm{Mn^{2+}} + b\mathrm{S} + d\mathrm{H_2O}$$

$(a \sim d$는 반응 계수)

이에 대한 설명으로 옳은 것만을 〈보기〉에서 있는 대로 고른 것은?

─〈 보기 〉─
ㄱ. $\mathrm{H_2S}$는 산화제이다.
ㄴ. $\mathrm{MnO_4^-}$ 1 mol이 반응할 때 이동한 전자의 양은 5 mol이다.
ㄷ. $\dfrac{c+d}{a+b}=5$이다.

① ㄱ　　② ㄴ　　③ ㄷ　　④ ㄱ, ㄴ　　⑤ ㄴ, ㄷ

10

다음은 산화 환원 반응의 화학 반응식이다

$$a\mathrm{Cl_2O_7}(g) + b\mathrm{H_2O_2}(aq) + c\mathrm{OH^-}(aq)$$
$$\longrightarrow c\mathrm{ClO_2^-}(aq) + b\mathrm{O_2}(g) + d\mathrm{H_2O}(l)$$

$(a \sim d$는 반응 계수)

이에 대한 설명으로 옳은 것만을 〈보기〉에서 있는 대로 고른 것은? [3점]

─〈 보기 〉─
ㄱ. $\mathrm{H_2O_2}$는 환원제이다.
ㄴ. Cl의 산화수는 4만큼 감소한다.
ㄷ. $a+d=b+c$이다.

① ㄱ　　② ㄷ　　③ ㄱ, ㄴ　　④ ㄴ, ㄷ　　⑤ ㄱ, ㄴ, ㄷ

11

다음은 금속 X와 Y의 산화 환원 반응 실험이다.

[화학 반응식]
$$a\mathrm{X}^{m+}(aq) + b\mathrm{Y}(s) \longrightarrow a\mathrm{X}(s) + b\mathrm{Y^+}(aq)$$
$(a, b$는 반응 계수)

[실험 과정 및 결과]
X^{m+} N mol이 들어 있는 수용액에 충분한 양의 $\mathrm{Y}(s)$를 넣어 반응을 완결시켰을 때, $\mathrm{Y^+}$ $2N$ mol이 생성되었다.

이에 대한 설명으로 옳은 것만을 〈보기〉에서 있는 대로 고른 것은? (단, X와 Y는 임의의 원소 기호이고, X와 Y는 물과 반응하지 않으며, 음이온은 반응에 참여하지 않는다.)

─〈 보기 〉─
ㄱ. X의 산화수는 증가한다.
ㄴ. $\mathrm{Y}(s)$는 환원제이다.
ㄷ. $m=2$이다.

① ㄱ　　② ㄴ　　③ ㄱ, ㄷ　　④ ㄴ, ㄷ　　⑤ ㄱ, ㄴ, ㄷ

12

다음은 어떤 산화 환원 반응에 대한 자료이다.

ㅇ 화학 반응식:
$$a\mathrm{MnO_4^-} + b\mathrm{Cl^-} + c\mathrm{H^+} \longrightarrow a\mathrm{Mn}^{n+} + 5\mathrm{Cl_2} + d\mathrm{H_2O}$$
$(a \sim d$는 반응 계수)

ㅇ Mn의 산화수는 5만큼 감소한다.

이에 대한 설명으로 옳은 것만을 〈보기〉에서 있는 대로 고른 것은? [3점]

─〈 보기 〉─
ㄱ. n은 2이다.
ㄴ. Cl의 산화수는 2만큼 증가한다.
ㄷ. $a+c=b+d$이다.

① ㄱ　　② ㄴ　　③ ㄱ, ㄷ　　④ ㄴ, ㄷ　　⑤ ㄱ, ㄴ, ㄷ

13

다음은 금속 M과 관련된 산화 환원 반응에 대한 자료이다. M의 산화물에서 산소(O)의 산화수는 -2이다.

○ 화학 반응식

(가) $MO_2 + 4HCl \longrightarrow MCl_2 + 2H_2O + Cl_2$

(나) $2MO_2 + aI_2 + bOH^- \longrightarrow 2MO_x^- + cH_2O + dI^-$

(a~d는 반응 계수)

○ $\dfrac{\text{반응물에서 M의 산화수}}{\text{생성물에서 M의 산화수}}$ 는 (가) : (나)$=7 : 2$이다.

$\dfrac{b+d}{x}$ 는? (단, M은 임의의 원소 기호이다.) [3점]

① 4   ② $\dfrac{7}{2}$ ③ $\dfrac{9}{4}$ ④ $\dfrac{3}{2}$ ⑤ 1

14

다음은 금속 M과 관련된 산화 환원 반응에 대한 자료이다.

○ 화학 반응식:

$aM^{2+} + BrO_n^- + bH^+ \longrightarrow aM^{n+} + Br^- + cH_2O$

(a~c는 반응 계수)

○ Br의 산화수는 6만큼 감소한다.

$\dfrac{a+b}{c}$ 는? (단, M은 임의의 원소 기호이다.)

① 1   ② 2   ③ 3   ④ 4   ⑤ 5

15

다음은 금속 X, Y와 관련된 산화 환원 반응에 대한 자료이다. Y의 산화물에서 O의 산화수는 -2이다.

○ 화학 반응식:

$aX^{m+} + bYO_n^- + cH^+ \longrightarrow aX^{(m+2)+} + bY^{m+} + dH_2O$

(a~d는 반응 계수)

○ Y의 산화수는 $(n+1)$만큼 감소한다.

○ 산화제와 환원제는 $2 : (2m+1)$의 몰비로 반응한다.

$m+n$은? (단, X, Y는 임의의 원소 기호이다.) [3점]

① 3   ② 4   ③ 5   ④ 6   ⑤ 7

16

다음은 금속 M과 관련된 산화 환원 반응에 대한 자료이다.

○ 화학 반응식:

$\underset{\textcircled{\tiny ㉠}}{aM} + \underset{\textcircled{\tiny ㉡}}{bNO_3^-} + \underset{\textcircled{\tiny ㉢}}{cH^+} \longrightarrow aM^{x+} + bNO_2 + dH_2O$

(a~d는 반응 계수)

○ ㉠~㉢ 중 산화제와 환원제는 $2 : 1$의 몰비로 반응한다.

○ NO_3^- 1 mol이 반응할 때 생성된 H_2O의 양은 y mol이다.

$x+y$는? (단, M은 임의의 원소 기호이다.) [3점]

① $\dfrac{3}{2}$ ② 2   ③ $\dfrac{5}{2}$ ④ 3   ⑤ $\dfrac{7}{2}$

17

다음은 금속 M과 관련된 산화 환원 반응의 화학 반응식과 이에 대한 자료이다.

○ 화학 반응식:
$$2MO_4^- + aH_2C_2O_4 + bH^+ \longrightarrow 2M^{n+} + cCO_2 + dH_2O$$
$(a \sim d$는 반응 계수)

○ MO_4^- 1 mol이 반응할 때 생성된 H_2O의 양은 $2n$ mol이다.

$a+b$는? (단, M은 임의의 원소 기호이다.) [3점]

① 11 ② 12 ③ 13 ④ 14 ⑤ 15

18 대표 문제

다음은 원소 X, Y와 관련된 산화 환원 반응에 대한 자료이다. X와 Y의 산화물에서 산소(O)의 산화수는 -2이다.

○ 화학 반응식:
$$aXO_4^- + bYO_3^{m-} + cH_2O \longrightarrow aXO_m + bYO_4^{2-} + dOH^-$$
$(a \sim d$는 반응 계수)

○ $\dfrac{\text{생성물에서 X의 산화수}}{\text{반응물에서 Y의 산화수}} = 1$이다.

$\dfrac{b+c}{a+d}$는? (단, X와 Y는 임의의 원소 기호이다.)

① $\dfrac{5}{8}$ ② $\dfrac{4}{5}$ ③ 1 ④ $\dfrac{5}{4}$ ⑤ $\dfrac{5}{2}$

19

다음은 금속 X, Y와 관련된 산화 환원 반응에 대한 자료이다. X의 산화물에서 산소(O)의 산화수는 -2이다.

○ 화학 반응식:
$$aX_2O_m^{2-} + bY^{(n-1)+} + cH^+ \longrightarrow dX^{n+} + bY^{n+} + eH_2O$$
$(a \sim e$는 반응 계수)

○ $Y^{(n-1)+}$ 3 mol이 반응할 때 생성된 X^{n+}은 1 mol이다.

○ 반응물에서 $\dfrac{\text{X의 산화수}}{\text{Y의 산화수}} = 3$이다.

$m+n$은? (단, X와 Y는 임의의 원소 기호이다.) [3점]

① 6 ② 8 ③ 10 ④ 12 ⑤ 14

20

다음은 금속 M과 관련된 산화 환원 반응에 대한 자료이다. M의 산화물에서 산소(O)의 산화수는 -2이다.

○ 화학 반응식:
$$aM(OH)_4^- + bClO^- + cOH^- \longrightarrow aMO_x^{2-} + bCl^- + dH_2O$$
$(a \sim d$는 반응 계수)

○ 반응물 중 산화제와 환원제는 3 : 2의 몰비로 반응한다.

○ $M(OH)_4^-$ y mol이 반응할 때 생성된 H_2O의 양은 1 mol이다.

$\dfrac{y}{x}$는? (단, M은 임의의 원소 기호이다.) [3점]

① $\dfrac{1}{10}$ ② $\dfrac{5}{8}$ ③ $\dfrac{8}{5}$ ④ $\dfrac{5}{2}$ ⑤ 10

21 대표 문제

다음은 2가지 산화 환원 반응에 대한 자료이다. 원소 X와 Y의 산화물에서 산소(O)의 산화수는 -2이다.

○ 화학 반응식
(가) $3XO_3^{3-} + BrO_3^- \longrightarrow 3XO_4^{3-} + Br^-$
(나) $aX_2O_3 + 4YO_4^- + bH^+ \longrightarrow aX_2O_m + 4Y^{n+} + cH_2O$
   ($a{\sim}c$는 반응 계수)

○ $\dfrac{\text{생성물에서 X의 산화수}}{\text{반응물에서 X의 산화수}}$ 는 (가)에서와 (나)에서가 같다.

○ a는 (가)에서 각 원자의 산화수 중 가장 큰 값과 같다.

$\dfrac{m \times n}{b}$은? (단, X와 Y는 임의의 원소 기호이다.) [3점]

① $\dfrac{2}{3}$ ② $\dfrac{5}{6}$ ③ 1 ④ 2 ⑤ $\dfrac{5}{2}$

22

다음은 $X_2O_4^{2-}$과 YO_4^-의 산화 환원 반응에 대한 자료이다. 반응물과 생성물에서 산소(O)의 산화수는 모두 -2이다.

○ 화학 반응식:
$aX_2O_4^{2-} + bYO_4^- + cH^+ \longrightarrow dXO_n + eY^{2+} + fH_2O$
   ($a{\sim}f$는 반응 계수)
○ $X_2O_4^{2-}$ 1 mol이 반응하면 Y^{2+} 0.4 mol이 생성된다.

$n \times \dfrac{a}{f}$는? (단, X와 Y는 임의의 원소 기호이다.) [3점]

① $\dfrac{5}{8}$ ② $\dfrac{5}{4}$ ③ $\dfrac{15}{8}$ ④ $\dfrac{5}{2}$ ⑤ $\dfrac{7}{2}$

23

다음은 산화 환원 반응 (가)와 (나)의 화학 반응식이다.

(가) $2CH_3OH + 3O_2 \longrightarrow 2CO_2 + 4H_2O$
(나) $aSn^{2+} + bMnO_4^- + 16H^+$
    $\longrightarrow aSn^{4+} + bMn^{2+} + 8H_2O$
   (a, b는 반응 계수)

이에 대한 옳은 설명만을 〈보기〉에서 있는 대로 고른 것은? [3점]

〈 보기 〉
ㄱ. (가)에서 O_2는 환원제이다.
ㄴ. (나)에서 Mn의 산화수는 감소한다.
ㄷ. $a+b=3$이다.

① ㄴ ② ㄷ ③ ㄱ, ㄴ ④ ㄱ, ㄷ ⑤ ㄴ, ㄷ

24

다음은 산화 환원 반응 (가)와 (나)의 화학 반응식이다.

(가) $Cr_2O_3 + 3Cl_2 + 3C \longrightarrow 2Cr^{n+} + 6Cl^- + 3CO$
(나) $aCr_2O_7^{2-} + bFe^{2+} + cH^+ \longrightarrow dCr^{n+} + bFe^{3+} + eH_2O$
   ($a{\sim}e$는 반응 계수)

이에 대한 옳은 설명만을 〈보기〉에서 있는 대로 고른 것은? [3점]

〈 보기 〉
ㄱ. (가)에서 Cl_2는 산화제이다.
ㄴ. $n=3$이다.
ㄷ. $\dfrac{d+e}{a+b+c} = \dfrac{9}{20}$이다.

① ㄱ ② ㄷ ③ ㄱ, ㄴ ④ ㄴ, ㄷ ⑤ ㄱ, ㄴ, ㄷ

다음은 2가지 산화 환원 반응의 화학 반응식이다.

(가) $Cu + 2Ag^+ \longrightarrow Cu^{2+} + 2Ag$

(나) $aH_2O_2 + bI^- + cH^+ \longrightarrow dI_2 + eH_2O$

(a~e는 반응 계수)

이에 대한 옳은 설명만을 〈보기〉에서 있는 대로 고른 것은?

〈보기〉

ㄱ. (가)에서 Cu는 산화된다.

ㄴ. (나)에서 H_2O_2는 환원제이다.

ㄷ. (나)에서 $\dfrac{d+e}{a+b+c} = \dfrac{4}{7}$이다.

① ㄱ ② ㄷ ③ ㄱ, ㄴ ④ ㄱ, ㄷ ⑤ ㄴ, ㄷ

다음은 산화 환원 반응의 화학 반응식이다.

(가) $N_2 + 3H_2 \longrightarrow 2NH_3$

(나) $2H_2 + 2NO \longrightarrow 2H_2O + N_2$

(다) $aHNO_3 + bCO \longrightarrow aNO + bCO_2 + cH_2O$

(a~c는 반응 계수)

이에 대한 설명으로 옳은 것만을 〈보기〉에서 있는 대로 고른 것은?

〈보기〉

ㄱ. (가)에서 N의 산화수는 증가한다.

ㄴ. (나)에서 H_2는 환원제이다.

ㄷ. (다)에서 $\dfrac{b}{a+c} = 1$이다.

① ㄱ ② ㄴ ③ ㄱ, ㄷ ④ ㄴ, ㄷ ⑤ ㄱ, ㄴ, ㄷ

다음은 산화 환원 반응 (가)와 (나)의 화학 반응식이다.

(가) $O_2 + 2F_2 \longrightarrow 2OF_2$

(나) $BrO_3^- + aI^- + bH^+ \longrightarrow Br^- + cI_2 + dH_2O$

(a~d는 반응 계수)

이에 대한 설명으로 옳은 것만을 〈보기〉에서 있는 대로 고른 것은?

〈보기〉

ㄱ. (가)에서 O의 산화수는 증가한다.

ㄴ. (나)에서 I^-은 산화제로 작용한다.

ㄷ. $a+b+c+d = 12$이다.

① ㄱ ② ㄴ ③ ㄱ, ㄷ ④ ㄴ, ㄷ ⑤ ㄱ, ㄴ, ㄷ

다음은 산화 환원 반응 (가)~(다)의 화학 반응식이다.

(가) $CO + 2H_2 \longrightarrow CH_3OH$

(나) $CO + H_2O \longrightarrow CO_2 + H_2$

(다) $aMnO_4^- + bSO_3^{2-} + H_2O$
$\longrightarrow aMnO_2 + bSO_4^{2-} + cOH^-$

(a~c는 반응 계수)

이에 대한 설명으로 옳은 것만을 〈보기〉에서 있는 대로 고른 것은?

〈보기〉

ㄱ. (가)에서 CO는 환원된다.

ㄴ. (나)에서 CO는 산화제이다.

ㄷ. (다)에서 $a+b+c = 4$이다.

① ㄱ ② ㄴ ③ ㄱ, ㄷ ④ ㄴ, ㄷ ⑤ ㄱ, ㄴ, ㄷ

29

다음은 산화 환원 반응 (가)~(다)의 화학 반응식이다.

(가) $Fe_2O_3 + 2Al \longrightarrow 2Fe + Al_2O_3$

(나) $Mg + 2HCl \longrightarrow MgCl_2 + H_2$

(다) $Cu + aNO_3^- + bH_3O^+ \longrightarrow Cu^{2+} + cNO_2 + dH_2O$

($a \sim d$는 반응 계수)

이에 대한 설명으로 옳은 것만을 〈보기〉에서 있는 대로 고른 것은?

〈 보기 〉

ㄱ. (가)에서 Al은 산화된다.

ㄴ. (나)에서 Mg은 산화제이다.

ㄷ. (다)에서 $a+b+c+d=7$이다.

① ㄱ ② ㄴ ③ ㄷ ④ ㄱ, ㄴ ⑤ ㄱ, ㄷ

31

다음은 산화 환원 반응 (가)~(다)의 화학 반응식이다.

(가) $SO_2 + 2H_2O + Cl_2 \longrightarrow H_2SO_4 + 2HCl$

(나) $2F_2 + 2H_2O \longrightarrow O_2 + 4HF$

(다) $aMnO_4^- + bH^+ + cFe^{2+} \longrightarrow Mn^{2+} + cFe^{3+} + dH_2O$

($a \sim d$는 반응 계수)

이에 대한 설명으로 옳은 것만을 〈보기〉에서 있는 대로 고른 것은?

〈 보기 〉

ㄱ. (가)에서 S의 산화수는 증가한다.

ㄴ. (나)에서 H_2O은 환원제이다.

ㄷ. $\dfrac{b}{a+c+d} < 1$이다.

① ㄱ ② ㄴ ③ ㄱ, ㄷ ④ ㄴ, ㄷ ⑤ ㄱ, ㄴ, ㄷ

30

다음은 산화 환원 반응 (가)~(다)의 화학 반응식이다.

(가) $2Na + 2H_2O \longrightarrow 2NaOH + H_2$

(나) $Fe_2O_3 + 3CO \longrightarrow 2Fe + 3CO_2$

(다) $aSn^{2+} + 2MnO_4^- + bH^+$
$\longrightarrow cSn^{4+} + 2Mn^{2+} + dH_2O$

($a \sim d$는 반응 계수)

이에 대한 옳은 설명만을 〈보기〉에서 있는 대로 고른 것은?

〈 보기 〉

ㄱ. (가)에서 Na의 산화수는 증가한다.

ㄴ. (나)에서 CO는 산화제이다.

ㄷ. (다)에서 $\dfrac{c+d}{a+b} > \dfrac{2}{3}$이다.

① ㄱ ② ㄴ ③ ㄱ, ㄷ ④ ㄴ, ㄷ ⑤ ㄱ, ㄴ, ㄷ

32

다음은 원소 X, Y와 관련된 산화 환원 반응 실험이다.

[자료]

○ 화학 반응식:
$aXO_4^{2-} + bY^- + cH^+ \longrightarrow aX^{m+} + dY_2 + eH_2O$

($a \sim e$는 반응 계수)

○ X의 산화물에서 산소(O)의 산화수는 -2이다.

[실험 과정 및 결과]

○ XO_4^{2-} $2N$ mol을 충분한 양의 Y^-과 H^+이 들어 있는 수용액에 넣어 모두 반응시켰더니, Y_2 $3N$ mol이 생성되었다.

$m \times \dfrac{a}{c}$는? (단, X와 Y는 임의의 원소 기호이고, Y_2는 물과 반응하지 않는다.)

① $\dfrac{1}{8}$ ② $\dfrac{1}{4}$ ③ $\dfrac{3}{8}$ ④ $\dfrac{1}{2}$ ⑤ $\dfrac{3}{4}$

한눈에 정리하는
평가원 기출 경향

주제 \ 학년도	**2025**	**2024**

빈출

산화수 변화와 산화 환원

화학 반응을 글, 실험으로 제시한 경우

2025

27 2025학년도 수능 화I 13번

다음은 금속 A~C의 산화 환원 반응 실험이다.

[실험 과정]
(가) 비커에 0.1 M A^{a+}(aq) V mL를 넣는다.
(나) (가)의 비커에 충분한 양의 B(s)를 넣어 반응을 완결시킨다.
(다) (나)의 비커에 0.1 M C^{c+}(aq) V mL를 넣어 반응을 완결시킨다.

[실험 결과]
○ 각 과정 후 수용액에 들어 있는 모든 금속 양이온에 대한 자료

과정	(가)	(나)	(다)
양이온의 종류	A^{a+}	B^{b+}	B^{b+}
양이온의 양(mol)(상댓값)	1	2	3

이에 대한 설명으로 옳은 것만을 〈보기〉에서 있는 대로 고른 것은? (단, A~C는 임의의 원소 기호이고 물과 반응하지 않으며, 음이온은 반응에 참여하지 않는다.)

〈보기〉
ㄱ. (나)와 (다)에서 B(s)는 환원제로 작용한다.
ㄴ. $\frac{b}{c} = \frac{2}{3}$ 이다.
ㄷ. $\frac{\text{(다)에서 반응한 B(s)의 양(mol)}}{\text{(나)에서 생성된 A(s)의 양(mol)}}$ = 1이다.

① ㄱ ② ㄴ ③ ㄱ, ㄷ ④ ㄴ, ㄷ ⑤ ㄱ, ㄴ, ㄷ

---

08 2025학년도 9월 모평 화I 15번

다음은 금속 A~C의 산화 환원 반응 실험이다. B^{b+}과 C^{c+}의 b와 c는 3 이하의 서로 다른 자연수이다.

[실험 과정]
(가) A$^+$이 들어 있는 수용액 V mL를 준비한다.
(나) (가)의 비커에 B(s)를 넣어 반응을 완결시킨다.
(다) (나)의 비커에 C(s)를 넣어 반응을 완결시킨다.

[실험 결과]
○ (다)에서 B^{b+}은 C와 반응하지 않았다.
○ 각 과정 후 수용액 속에 들어 있는 금속 양이온에 대한 자료

과정	(가)	(나)	(다)
양이온의 종류	A$^+$	A$^+$, B^{b+}	B^{b+}, C^{c+}
전체 양이온의 양(mol)	16N	8N	7N

이에 대한 설명으로 옳은 것만을 〈보기〉에서 있는 대로 고른 것은? (단, A~C는 임의의 원소 기호이고 물과 반응하지 않으며, 음이온은 반응에 참여하지 않는다.) [3점]

〈보기〉
ㄱ. (나)와 (다)에서 B(s)는 산화제로 작용한다.
ㄴ. b : c = 2 : 3이다.
ㄷ. (다) 과정 후 양이온 수는 N mol이다.

① ㄱ ② ㄴ ③ ㄱ, ㄷ ④ ㄴ, ㄷ ⑤ ㄱ, ㄴ, ㄷ

---

09 대표 문제 2025학년도 6월 모평 화I 12번

다음은 금속 A와 B의 산화 환원 반응 실험이다.

[실험 과정]
(가) A$^+$이 들어 있는 수용액 V mL를 준비한다.
(나) (가)의 수용액에 B(s) w g을 넣어 반응을 완결시킨다.
(다) (나)의 수용액에 B(s) $\frac{1}{2}$ w g을 넣어 반응을 완결시킨다.

[실험 결과]
○ (나), (다) 과정에서 A$^+$은 ㉠ 로 작용하였다.
○ (나), (다) 과정 후 B는 모두 B^{b+}이 되었다.
○ 각 과정 후 수용액에 존재하는 금속 양이온에 대한 자료

과정	(나)	(다)
금속 양이온 종류	A$^+$, B^{b+}	A$^+$, B^{b+}
금속 양이온 수 비율		

다음 중 ㉠과 n으로 가장 적절한 것은? (단, A와 B는 임의의 원소 기호이고, 물과 반응하지 않으며, 음이온은 반응에 참여하지 않는다.)

	㉠	n			㉠	n
①	산화제	2		②	산화제	3
③	환원제	1		④	환원제	2
⑤	환원제	3				

2024

06 대표 문제 2024학년도 수능 화I 9번

다음은 금속 A~C의 산화 환원 반응 실험이다.

[실험 과정]
(가) A$^+$이 15N mol이 들어 있는 수용액 V mL를 준비한다.
(나) (가)의 비커에 B(s)를 넣어 반응을 완결시킨다.
(다) (나)의 비커에 C(s)를 넣어 반응을 완결시킨다.

[실험 결과 및 자료]
○ (나) 과정 후 B는 모두 B^{b+}이 되었고, (다) 과정에서 B^{b+}은 C와 반응하지 않았으며, (다) 과정 후 C^{c+}이 되었다.
○ 각 과정 후 수용액 속에 들어 있는 양이온의 수

과정	(나)	(다)
양이온의 종류	A$^+$, B^{b+}	B^{b+}, C^{c+}
전체 양이온 수(mol)	12N	6N

이에 대한 설명으로 옳은 것만을 〈보기〉에서 있는 대로 고른 것은? (단, A~C는 임의의 원소 기호이고 물과 반응하지 않으며, 음이온은 반응에 참여하지 않는다.)

〈보기〉
ㄱ. m=3이다.
ㄴ. (나)와 (다)에서 A$^+$은 산화제로 작용한다.
ㄷ. (다) 과정 후 B^{b+} : C^{c+}=1 : 1이다.

① ㄱ ② ㄷ ③ ㄱ, ㄴ ④ ㄴ, ㄷ ⑤ ㄱ, ㄴ, ㄷ

---

11 2024학년도 9월 모평 화I 9번

다음은 금속 A~C의 산화 환원 반응이다.

[실험 과정 및 결과]
(가) A^{a+} 3N mol이 들어 있는 수용액 V mL를 비커 I, II에 각각 넣는다.
(나) I과 II에 B(s)와 C(s)를 각각 조금씩 넣어 반응시킨다.
(다) (나) 과정 후 A^{a+}은 모두 A가 되었고, A^{a+}과 반응한 B와 C는 각각 B^{b+}과 C^{c+}이 되었다.
(라) (나)에서 넣어 준 금속 속의 양(mol)에 따른 수용액 속 전체 양이온의 양(mol)은 그림과 같다.

이에 대한 설명으로 옳은 것만을 〈보기〉에서 있는 대로 고른 것은? (단, A~C는 임의의 원소 기호이고 물과 반응하지 않으며, 음이온은 반응에 참여하지 않는다. a~c는 3 이하의 자연수이다.)

〈보기〉
ㄱ. (나)에서 A^{a+}은 산화제로 작용한다.
ㄴ. x=2N이다.
ㄷ. c>b이다.

① ㄱ ② ㄷ ③ ㄱ, ㄴ ④ ㄴ, ㄷ ⑤ ㄱ, ㄴ, ㄷ

---

01 대표 문제 2024학년도 6월 모평 화I 7번

표는 금속 양이온 A^{a+} 5N mol이 들어 있는 수용액에 금속 B 3N mol을 넣고 반응을 완결시켰을 때, 석출된 금속 또는 수용액에 존재하는 양이온에 대한 자료이다. B는 모두 B^{b+}이 되었고, ㉠과 ㉡은 각각 A와 B^{b+} 중 하나이다.

금속 또는 양이온	A^{a+}	㉠	㉡
양(mol)(상댓값)	3	3	2

이에 대한 설명으로 옳은 것만을 〈보기〉에서 있는 대로 고른 것은? (단, A와 B는 임의의 원소 기호이고, A와 B는 물과 반응하지 않으며, 음이온은 반응에 참여하지 않는다.)

〈보기〉
ㄱ. A^{a+}은 환원제로 작용한다.
ㄴ. ㉠은 B^{b+}이다.
ㄷ. n=3이다.

① ㄱ ② ㄴ ③ ㄷ ④ ㄱ, ㄷ ⑤ ㄴ, ㄷ

발열 반응과 흡열 반응

화학 반응에서 출입하는 열의 측정

02
2023학년도 9월 화Ⅰ 5번

다음은 금속 A~C의 산화 환원 반응 실험이다.

[실험 과정 및 결과]
(가) A²⁺ 3N mol이 들어 있는 수용액을 준비한다.
(나) (가)의 수용액에 충분한 양의 B(s)를 넣어 반응을 완결시켰더니 B^{a+} 2N mol이 생성되었다.
(다) (나)의 수용액에 충분한 양의 C(s)를 넣어 반응을 완결시켰더니 C^{c+} xN mol이 생성되었다.

이에 대한 설명으로 옳은 것만을 〈보기〉에서 있는 대로 고른 것은? (단, A~C는 임의의 원소 기호이고, A~C는 물과 반응하지 않으며, 음이온은 반응에 참여하지 않는다.) [3점]

〈보기〉
ㄱ. m=1이다.
ㄴ. x=3이다.
ㄷ. (다)에서 C(s)는 산화제이다.

① ㄱ ② ㄴ ③ ㄷ ④ ㄱ, ㄴ ⑤ ㄴ, ㄷ

13
2022학년도 화Ⅰ 1번

다음은 열의 출입과 관련된 현상에 대한 설명이다.

숯이 연소될 때 열이 발생하는 것처럼, 화학 반응이 일어날 때 주위로 열을 방출하는 반응을 (가) 반응이라 한다.

(가)로 가장 적절한 것은?
① 가역 ② 발열 ③ 분해 ④ 환원 ⑤ 흡열

17
2022학년도 9월 화Ⅰ 1번

다음은 열 출입 현상과 이에 대한 학생들의 대화이다.

○ 염화 암모늄을 물에 용해시켰더니 수용액의 온도가 낮아졌다.
○ 뷰테인을 연소시켰더니 열이 발생하였다.

제시한 내용이 옳은 학생만을 있는 대로 고른 것은?
① B ② C ③ A, B ④ A, C ⑤ B, C

14 대표문제
2021학년도 9월 화Ⅰ 2번

다음은 화학 반응에서 열의 출입에 대한 학생들의 대화이다.

제시한 내용이 옳은 학생만을 있는 대로 고른 것은?
① A ② B ③ A, C ④ B, C ⑤ A, B, C

16
2021학년도 6월 화Ⅰ 5번

다음은 반응 ㉠~㉢과 관련된 현상을 나타낸 것이다.

㉠ 뷰테인을 연소시켜 물을 끓였다.
㉡ 질산 암모늄을 물에 용해시켰더니 용액의 온도가 낮아졌다.
㉢ 진한 황산을 물에 용해시켰더니 용액의 온도가 높아졌다.

㉠~㉢ 중 발열 반응만을 있는 대로 고른 것은? [3점]
① ㉠ ② ㉡ ③ ㉠, ㉡ ④ ㉠, ㉢ ⑤ ㉡, ㉢

22
2022학년도 6월 화Ⅰ 3번

다음은 학생 A가 가설을 세우고 수행한 탐구 활동이다.

[가설]
○

[탐구 과정 및 결과]
○ 25 ℃의 물 100 g이 담긴 열량계에 25 ℃의 수산화 나트륨(NaOH(s)) 4 g을 넣어 녹인 후 수용액의 최고 온도를 측정하였다.
○ 수용액의 최고 온도: 35 ℃

[결론]
○ 가설은 옳다.

학생 A의 결론이 타당할 때, 다음 중 ㉠으로 가장 적절한 것은? (단, 열량계의 외부 온도는 25 ℃로 일정하다.)
① 수산화 나트륨(NaOH)이 물에 녹는 반응은 가역 반응이다.
② 수산화 나트륨(NaOH)이 물에 녹는 반응은 발열 반응이다.
③ 수산화 나트륨(NaOH)을 물에 녹인 수용액은 산성을 띤다.
④ 수산화 나트륨(NaOH)이 물에 녹는 반응은 산화 환원 반응이다.
⑤ 수산화 나트륨(NaOH)을 물에 녹인 수용액은 전기 전도성이 있다.

25 대표문제
2021학년도 9월 화Ⅰ 3번

다음은 염화 칼슘(CaCl₂)이 물에 용해되는 반응에 대한 실험과 이에 대한 세 학생의 대화이다.

[실험 과정]
(가) 그림과 같이 25 ℃의 물 100 g이 담긴 열량계를 준비한다.
(나) (가)의 열량계에 25 ℃의 CaCl₂(s) w g을 넣어 녹인 후 수용액의 최고 온도를 측정한다.

[실험 결과]
○ 수용액의 최고 온도: 30 ℃

학생 A: 열량계 내부의 온도 변화로 화학 반응에서의 열의 출입을 알 수 있어.
학생 B: CaCl₂(s)가 물에 용해되는 반응은 발열 반응이야.
학생 C: ㉠은 열량계 내부와 외부 사이의 열 출입을 막기 위해 사용해.

제시한 내용이 옳은 학생만을 있는 대로 고른 것은? (단, 열량계의 외부 온도는 25 ℃로 일정하다.)
① A ② B ③ A, C ④ B, C ⑤ A, B, C

01 대표 문제

표는 금속 양이온 A^{3+} $5N$ mol이 들어 있는 수용액에 금속 B $3N$ mol을 넣고 반응을 완결시켰을 때, 석출된 금속 또는 수용액에 존재하는 양이온에 대한 자료이다. B는 모두 B^{n+}이 되었고, ㉠과 ㉡은 각각 A와 B^{n+} 중 하나이다.

금속 또는 양이온	A^{3+}	㉠	㉡
양(mol)(상댓값)	3	3	2

이에 대한 설명으로 옳은 것만을 〈보기〉에서 있는 대로 고른 것은? (단, A와 B는 임의의 원소 기호이고, A와 B는 물과 반응하지 않으며, 음이온은 반응에 참여하지 않는다.)

〈 보기 〉
ㄱ. A^{3+}은 환원제로 작용한다.
ㄴ. ㉠은 B^{n+}이다.
ㄷ. $n=3$이다.

① ㄱ ② ㄴ ③ ㄷ ④ ㄱ, ㄷ ⑤ ㄴ, ㄷ

02

다음은 금속 A~C의 산화 환원 반응 실험이다.

[실험 과정 및 결과]
(가) A^{2+} $3N$ mol이 들어 있는 수용액을 준비한다.
(나) (가)의 수용액에 충분한 양의 B(s)를 넣어 반응을 완결시켰더니 B^{m+} $2N$ mol이 생성되었다.
(다) (나)의 수용액에 충분한 양의 C(s)를 넣어 반응을 완결시켰더니 C^{2+} xN mol이 생성되었다.

이에 대한 설명으로 옳은 것만을 〈보기〉에서 있는 대로 고른 것은? (단, A~C는 임의의 원소 기호이고, A~C는 물과 반응하지 않으며, 음이온은 반응에 참여하지 않는다.) [3점]

〈 보기 〉
ㄱ. $m=1$이다.
ㄴ. $x=3$이다.
ㄷ. (다)에서 C(s)는 산화제이다.

① ㄱ ② ㄴ ③ ㄷ ④ ㄱ, ㄴ ⑤ ㄴ, ㄷ

03

다음은 금속 A~C의 산화 환원 반응 실험이다.

[실험 과정]
(가) 비커에 A^+ n mol과 B^{b+} n mol이 들어 있는 수용액을 넣는다.
(나) (가)의 비커에 C(s) w g을 넣어 반응을 완결시킨다.
(다) (나)의 비커에 C(s) $2w$ g을 넣어 반응을 완결시킨다.

[실험 결과]
○ 각 과정 후 비커에 들어 있는 금속 양이온과 금속의 종류

과정	(나)	(다)
금속 양이온의 종류	B^{b+}, C^{2+}	C^{2+}
금속의 종류	A	A, B

이에 대한 옳은 설명만을 〈보기〉에서 있는 대로 고른 것은? (단, A~C는 임의의 원소 기호이고, A~C는 물과 반응하지 않으며, 음이온은 반응에 참여하지 않는다.)

〈 보기 〉
ㄱ. (나)에서 C(s)는 환원제로 작용한다.
ㄴ. $b=2$이다.
ㄷ. (다) 과정 후 수용액 속 C^{2+}의 양은 $\frac{3}{2}n$ mol이다.

① ㄱ ② ㄷ ③ ㄱ, ㄴ ④ ㄴ, ㄷ ⑤ ㄱ, ㄴ, ㄷ

04

다음은 금속 A~C의 산화 환원 반응 실험이다.

[실험 과정 및 결과]

(가) A^+ $10N$ mol이 들어 있는 수용액을 준비한다.

(나) (가)의 수용액에 B(s)를 넣은 후 반응을 완결시켰더니 B^{3+} $3N$ mol이 생성되었고, A(s) x mol이 석출되었다.

(다) (나)의 수용액에 충분한 양의 C(s)를 넣은 후 반응을 완결시켰더니 C^{m+} $5N$ mol이 생성되었고, 모든 A^+과 B^{3+}은 각각 A(s)와 B(s)로 석출되었다.

이에 대한 설명으로 옳은 것만을 〈보기〉에서 있는 대로 고른 것은? (단, A~C는 임의의 원소 기호이고, A~C는 물과 반응하지 않으며, 음이온은 반응에 참여하지 않는다.)

〈 보기 〉

ㄱ. (나)에서 B(s)는 산화제로 작용한다.

ㄴ. $x=9N$이다.

ㄷ. $m=2$이다.

① ㄱ ② ㄴ ③ ㄱ, ㄷ ④ ㄴ, ㄷ ⑤ ㄱ, ㄴ, ㄷ

05

그림은 금속 이온 A^{m+} $6N$ mol이 들어 있는 수용액에 금속 B(s)와 C(s)를 차례대로 넣는 과정을 나타낸 것이고, 표는 반응을 완결시켰을 때 수용액 (가)와 (나)에 들어 있는 양이온에 대한 자료이다. m과 n은 3 이하의 자연수이다.

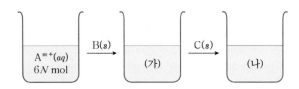

수용액	(가)	(나)
양이온의 종류	B^{n+}	B^{n+}, C^+
전체 양이온의 양(mol)	$9N$	$12N$

이에 대한 옳은 설명만을 〈보기〉에서 있는 대로 고른 것은? (단, A~C는 임의의 원소 기호이고 물과 반응하지 않으며, 음이온은 반응에 참여하지 않는다.) [3점]

〈 보기 〉

ㄱ. $A^{m+}(aq)$에 B(s)를 넣으면 A^{m+}이 환원된다.

ㄴ. $m+n=4$이다.

ㄷ. (나)에서 B^{n+}과 C^+의 양(mol)은 같다.

① ㄱ ② ㄴ ③ ㄱ, ㄷ ④ ㄴ, ㄷ ⑤ ㄱ, ㄴ, ㄷ

다음은 금속 A∼C의 산화 환원 반응 실험이다.

[실험 과정]

(가) $A^+(aq)$ $15N$ mol이 들어 있는 수용액 V mL를 준비한다.

(나) (가)의 비커에 $B(s)$를 넣어 반응시킨다.

(다) (나)의 비커에 $C(s)$를 넣어 반응시킨다.

[실험 결과 및 자료]

○ (나) 과정 후 B는 모두 B^{2+}이 되었고, (다) 과정에서 B^{2+}은 C와 반응하지 않으며, (다) 과정 후 C는 C^{m+}이 되었다.

○ 각 과정 후 수용액 속에 들어 있는 양이온의 종류와 수

과정	(나)	(다)
양이온의 종류	A^+, B^{2+}	B^{2+}, C^{m+}
전체 양이온 수(mol)	$12N$	$6N$

이에 대한 설명으로 옳은 것만을 〈보기〉에서 있는 대로 고른 것은? (단, A∼C는 임의의 원소 기호이고 물과 반응하지 않으며, 음이온은 반응에 참여하지 않는다.)

〈 보기 〉

ㄱ. $m=3$이다.

ㄴ. (나)와 (다)에서 A^+은 산화제로 작용한다.

ㄷ. (다) 과정 후 양이온 수 비는 B^{2+} : $C^{m+}=1$: 1이다.

① ㄱ   ② ㄷ   ③ ㄱ, ㄴ   ④ ㄴ, ㄷ   ⑤ ㄱ, ㄴ, ㄷ

다음은 금속 A∼C의 산화 환원 반응 실험이다. B와 C의 이온은 각각 B^{m+}과 C^{n+}이고, m과 n은 3 이하의 자연수이다.

[실험 과정]

(가) A^+ $10N$ mol이 들어 있는 수용액에 $B(s)$ x g을 넣어 반응을 완결시킨다.

(나) (가)의 수용액에 $C(s)$ y g을 넣어 반응을 완결시킨다.

[실험 결과]

○ 각 과정 후 수용액에 들어 있는 모든 양이온에 대한 자료

과정	(가)	(나)
양이온의 종류	B^{m+}	B^{m+}, C^{n+}
모든 양이온의 양(mol)	$5N$	$4N$

이에 대한 옳은 설명만을 〈보기〉에서 있는 대로 고른 것은? (단, A∼C는 임의의 원소 기호이고 물과 반응하지 않으며, 음이온은 반응에 참여하지 않는다.) [3점]

〈 보기 〉

ㄱ. (가)에서 $B(s)$는 산화제로 작용한다.

ㄴ. $m+n=5$이다.

ㄷ. C의 원자량은 $\dfrac{y}{2N}$이다.

① ㄱ   ② ㄴ   ③ ㄱ, ㄷ   ④ ㄴ, ㄷ   ⑤ ㄱ, ㄴ, ㄷ

2025학년도 9월 모평 화Ⅰ 15번

다음은 금속 A~C의 산화 환원 반응 실험이다. B^{b+}과 C^{c+}의 b와 c는 3 이하의 서로 다른 자연수이다.

[실험 과정]

(가) A^+이 들어 있는 수용액 V mL를 준비한다.

(나) (가)의 수용액에 B(s)를 넣어 반응을 완결시킨다.

(다) (나)의 수용액에 C(s)를 넣어 반응을 완결시킨다.

[실험 결과]

○ (다)에서 B^{b+}은 C와 반응하지 않았다.

○ 각 과정 후 수용액 속에 들어 있는 금속 양이온에 대한 자료

과정	(가)	(나)	(다)
양이온의 종류	A^+	A^+, B^{b+}	A^+, B^{b+}, C^{c+}
전체 양이온의 양(mol)	$16N$	$8N$	$7N$

이에 대한 설명으로 옳은 것만을 〈보기〉에서 있는 대로 고른 것은? (단, A~C는 임의의 원소 기호이고 물과 반응하지 않으며, 음이온은 반응에 참여하지 않는다.) [3점]

〈 보기 〉

ㄱ. (나)와 (다)에서 A^+은 산화제로 작용한다.

ㄴ. $b : c = 2 : 3$이다.

ㄷ. (다) 과정 후 A^+의 양은 N mol이다.

① ㄱ   ② ㄴ   ③ ㄱ, ㄷ   ④ ㄴ, ㄷ   ⑤ ㄱ, ㄴ, ㄷ

09

대표 문제 2025학년도 6월 모평 화Ⅰ 12번

다음은 금속 A와 B의 산화 환원 반응 실험이다.

[실험 과정]

(가) A^+이 들어 있는 수용액 V mL를 준비한다.

(나) (가)의 수용액에 B(s) w g을 넣어 반응을 완결시킨다.

(다) (나)의 수용액에 B(s) $\frac{1}{2}w$ g을 넣어 반응을 완결시킨다.

[실험 결과]

○ (나), (다) 과정에서 A^+은 ▢㉠▢ 로 작용하였다.

○ (나), (다) 과정 후 B는 모두 B^{n+}이 되었다.

○ 각 과정 후 수용액에 존재하는 금속 양이온에 대한 자료

과정	(나)	(다)
금속 양이온 종류	A^+, B^{n+}	A^+, B^{n+}
금속 양이온 수 비율	$\frac{3}{4}$ / $\frac{1}{4}$	$\frac{1}{2}$ / $\frac{1}{2}$

다음 중 ㉠과 n으로 가장 적절한 것은? (단, A와 B는 임의의 원소 기호이고, 물과 반응하지 않으며, 음이온은 반응에 참여하지 않는다.)

	㉠	n		㉠	n
①	산화제	2	②	산화제	3
③	환원제	1	④	환원제	2
⑤	환원제	3			

10

다음은 금속 A~C의 산화 환원 반응 실험이다.

[실험 Ⅰ]
○ A^{m+} $10N$ mol이 들어 있는 수용액에 C(s) w g을 넣어 반응을 완결시킨다.

[실험 Ⅱ]
○ B^+ $12N$ mol이 들어 있는 수용액에 C(s) w g을 넣어 반응을 완결시킨다.

[실험 결과]
○ Ⅰ과 Ⅱ에서 C(s)는 모두 C^{n+}이 되었다.
○ 반응이 완결된 후 수용액에 들어 있는 양이온의 종류와 양

실험	Ⅰ	Ⅱ
양이온의 종류	A^{m+}, C^{n+}	C^{n+}
전체 양이온의 양(mol)	$8N$	$4N$

이에 대한 설명으로 옳은 것만을 〈보기〉에서 있는 대로 고른 것은? (단, A~C는 임의의 원소 기호이고, 물과 반응하지 않으며, 음이온은 반응에 참여하지 않는다.)

〈 보기 〉
ㄱ. Ⅱ에서 B의 산화수는 감소한다.
ㄴ. Ⅰ에서 반응이 완결된 후 양이온 수 비는 A^{m+} : C^{n+}=1 : 1 이다.
ㄷ. $n>m$이다.

① ㄱ ② ㄷ ③ ㄱ, ㄴ ④ ㄴ, ㄷ ⑤ ㄱ, ㄴ, ㄷ

11

다음은 금속 A~C의 산화 환원 반응 실험이다.

[실험 과정 및 결과]
(가) A^{a+} $3N$ mol이 들어 있는 수용액 V mL를 비커 Ⅰ, Ⅱ에 각각 넣는다.
(나) Ⅰ과 Ⅱ에 B(s)와 C(s)를 각각 조금씩 넣어 반응시킨다.

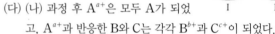
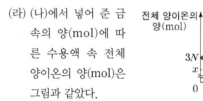
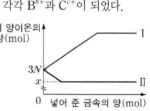

(다) (나) 과정 후 A^{a+}은 모두 A가 되었고, A^{a+}과 반응한 B와 C는 각각 B^{b+}과 C^{c+}이 되었다.
(라) (나)에서 넣어 준 금속의 양(mol)에 따른 수용액 속 전체 양이온의 양(mol)은 그림과 같았다.

이에 대한 설명으로 옳은 것만을 〈보기〉에서 있는 대로 고른 것은? (단, A~C는 임의의 원소 기호이고 물과 반응하지 않으며, 음이온은 반응에 참여하지 않는다. a~c는 3 이하의 자연수이다.)

〈 보기 〉
ㄱ. (나)에서 A^{a+}은 산화제로 작용한다.
ㄴ. $x=2N$이다.
ㄷ. $c>b$이다.

① ㄱ ② ㄷ ③ ㄱ, ㄴ ④ ㄴ, ㄷ ⑤ ㄱ, ㄴ, ㄷ

다음은 금속 A~C의 산화 환원 반응 실험이다.

[실험 Ⅰ]
○ A^{2+} $3N$ mol이 들어 있는 수용액에 충분한 양의 B(s)를 넣어 반응을 완결 시킨다.

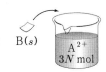

[실험 Ⅱ]
○ B^{m+} $3N$ mol이 들어 있는 수용액에 충분한 양의 C(s)를 넣어 반응을 완결 시킨다.

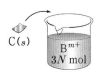

[실험 결과]
○ 반응이 완결된 후 수용액에 들어 있는 양이온의 종류와 양 (mol)

실험	Ⅰ	Ⅱ
양이온의 종류	B^{m+}	C^+
양이온의 양(mol)	$2N$	xN

이에 대한 설명으로 옳은 것만을 〈보기〉에서 있는 대로 고른 것은? (단, A~C는 임의의 원소 기호이고, A~C는 물과 반응하지 않으며, 음이온은 반응에 참여하지 않는다.) [3점]

〈 보기 〉
ㄱ. $m=3$이다.
ㄴ. $x=1$이다.
ㄷ. 실험 Ⅰ에서 B(s)는 산화제로 작용한다.

① ㄱ ② ㄴ ③ ㄱ, ㄷ ④ ㄴ, ㄷ ⑤ ㄱ, ㄴ, ㄷ

다음은 열의 출입과 관련된 현상에 대한 설명이다.

숯이 연소될 때 열이 발생하는 것처럼, 화학 반응이 일어날 때 주위로 열을 방출하는 반응을 [(가)] 반응이라 한다.

(가)로 가장 적절한 것은?

① 가역 ② 발열 ③ 분해 ④ 환원 ⑤ 흡열

다음은 화학 반응에서 열의 출입에 대한 학생들의 대화이다.

제시한 내용이 옳은 학생만을 있는 대로 고른 것은?

① A ② B ③ A, C ④ B, C ⑤ A, B, C

15

다음은 어떤 제품의 광고와 이에 대한 학생과 선생님의 대화이다.

봉지를 뜯고 찬물을 부어 주세요!
어디서든 음식을 데울 수 있습니다!

학 생: 봉지 안에 찬물을 부었는데 어떻게 음식이 데워질 수 있어요?

선생님: 봉지 안에는 산화 칼슘(CaO)이 들어 있어요. 물(H₂O)을 부으면 산화 칼슘과 물이 반응해서 열이 발생하는데, 그 열로 음식이 데워질 수 있는 거예요.

학 생: 산화 칼슘과 물의 반응은 주위로 열을 방출하는 반응이므로 [㉠] 반응이겠군요.

㉠으로 가장 적절한 것은?

① 발열   ② 산화   ③ 연소   ④ 중화   ⑤ 흡열

16

다음은 반응 ㉠~㉢과 관련된 현상을 나타낸 것이다.

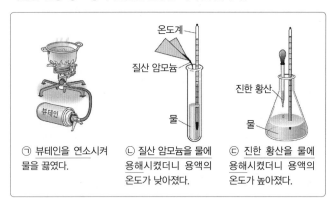

㉠ 뷰테인을 연소시켜 물을 끓였다.

㉡ 질산 암모늄을 물에 용해시켰더니 용액의 온도가 낮아졌다.

㉢ 진한 황산을 물에 용해시켰더니 용액의 온도가 높아졌다.

㉠~㉢ 중 발열 반응만을 있는 대로 고른 것은? [3점]

① ㉠   ② ㉡   ③ ㉠, ㉡   ④ ㉠, ㉢   ⑤ ㉡, ㉢

17

다음은 열 출입 현상과 이에 대한 학생들의 대화이다.

○ 염화 암모늄을 물에 용해시켰더니 수용액의 온도가 낮아졌다.
  ㉠

○ 뷰테인을 연소시켰더니 열이 발생하였다.
  ㉡

학생 A: ㉠은 발열 반응이야.

학생 B: ㉡은 흡열 반응이야.

학생 C: 흡열 반응은 화학 반응이 일어날 때 열을 흡수하는 반응이야.

제시한 내용이 옳은 학생만을 있는 대로 고른 것은?

① B   ② C   ③ A, B   ④ A, C   ⑤ B, C

18

다음은 2가지 반응에서 열의 출입을 알아보기 위한 실험이다.

실험	실험 과정 및 결과
(가)	물이 담긴 비커에 수산화 나트륨(NaOH)을 넣고 녹였더니 수용액의 온도가 올라갔다.
(나)	물이 담긴 비커에 질산 암모늄(NH₄NO₃)을 넣고 녹였더니 수용액의 온도가 내려갔다.

이에 대한 옳은 설명만을 〈보기〉에서 있는 대로 고른 것은?

〈 보기 〉
ㄱ. (가)에서 반응이 일어날 때 열이 방출된다.
ㄴ. (나)에서 일어나는 반응은 흡열 반응이다.
ㄷ. (나)에서 일어나는 반응을 이용하여 냉찜질 팩을 만들 수 있다.

① ㄱ   ② ㄷ   ③ ㄱ, ㄴ   ④ ㄴ, ㄷ   ⑤ ㄱ, ㄴ, ㄷ

19

다음은 화학 반응에서 출입하는 열을 이용하는 생활 속의 사례이다.

> (가) 휴대용 냉각 팩에 들어 있는 질산 암모늄이 물에 용해되면서 팩이 차가워진다.
> (나) 겨울철 도로에 쌓인 눈에 염화 칼슘을 뿌리면 염화 칼슘이 용해되면서 눈이 녹는다.
> (다) 아이스크림 상자에 드라이아이스를 넣으면 드라이아이스가 승화되면서 상자 안의 온도가 낮아진다.

이에 대한 옳은 설명만을 〈보기〉에서 있는 대로 고른 것은?

> ─〈 보기 〉─
> ㄱ. (가)에서 질산 암모늄의 용해 반응은 흡열 반응이다.
> ㄴ. (나)에서 염화 칼슘이 용해될 때 열을 방출한다.
> ㄷ. (다)에서 드라이아이스의 승화는 발열 반응이다.

① ㄱ   ② ㄴ   ③ ㄱ, ㄴ   ④ ㄴ, ㄷ   ⑤ ㄱ, ㄴ, ㄷ

21

다음은 반응의 열 출입을 이용하는 사례에 대한 설명이다.

> ○ ㉠ 산화 칼슘(CaO)과 물(H_2O)의 반응을 이용하여 음식을 데울 수 있다.
> ○ ㉡ 철(Fe)의 산화 반응을 이용하여 손난로를 만들 수 있다.
> ○ ㉢ 질산 암모늄(NH_4NO_3)의 용해 반응을 이용하여 냉각팩을 만들 수 있다.

㉠~㉢ 중 흡열 반응만을 있는 대로 고른 것은?

① ㉠   ② ㉢   ③ ㉠, ㉡   ④ ㉠, ㉢   ⑤ ㉡, ㉢

20

다음은 요소수와 관련된 설명이다.

> 경유를 연료로 사용하는 디젤 엔진에서는 대기 오염 물질인 질소 산화물이 생성된다. 디젤 엔진에 요소($(NH_2)_2CO$)와 물이 혼합된 요소수를 넣어 주면, ㉠연료의 연소 반응이 일어날 때 발생하는 열을 흡수하여 ㉡요소가 분해되면서 암모니아가 생성되는 반응이 일어난다. 이 과정에서 생성된 암모니아가 질소 산화물을 질소 기체로 변화시킨다.

이에 대한 옳은 설명만을 〈보기〉에서 있는 대로 고른 것은?

> ─〈 보기 〉─
> ㄱ. ㉠은 발열 반응이다.
> ㄴ. ㉡은 흡열 반응이다.
> ㄷ. 디젤 엔진에 요소수를 넣어 주면 대기 오염을 줄일 수 있다.

① ㄱ   ② ㄴ   ③ ㄱ, ㄷ   ④ ㄴ, ㄷ   ⑤ ㄱ, ㄴ, ㄷ

22

다음은 학생 A가 가설을 세우고 수행한 탐구 활동이다.

> [가설]
> ○ 　　　　　　　㉠　　　　　　　
>
> [탐구 과정 및 결과]
> ○ 25 ℃의 물 100 g이 담긴 열량계에 25 ℃의 수산화 나트륨($NaOH(s)$) 4 g을 넣어 녹인 후 수용액의 최고 온도를 측정하였다.
> ○ 수용액의 최고 온도: 35 ℃
>
> [결론]
> ○ 가설은 옳다.

학생 A의 결론이 타당할 때, 다음 중 ㉠으로 가장 적절한 것은? (단, 열량계의 외부 온도는 25 ℃로 일정하다.)

① 수산화 나트륨($NaOH$)이 물에 녹는 반응은 가역 반응이다.
② 수산화 나트륨($NaOH$)이 물에 녹는 반응은 발열 반응이다.
③ 수산화 나트륨($NaOH$)을 물에 녹인 수용액은 산성을 띤다.
④ 수산화 나트륨($NaOH$)이 물에 녹는 반응은 산화 환원 반응이다.
⑤ 수산화 나트륨($NaOH$)을 물에 녹인 수용액은 전기 전도성이 있다.

23

다음은 수산화 나트륨이 물에 녹을 때 발생하는 열량을 구하기 위해 학생 A가 수행한 실험 과정이다.

[실험 과정]
(가) 물 100 g을 준비하고, 물의 온도를 측정한다.
(나) 수산화 나트륨 1 g을 (가)의 물에 모두 녹인 후 용액의 최고 온도를 측정한다.

다음 중 학생 A가 사용한 실험 장치로 가장 적절한 것은?

①
②
③
④
⑤

24

다음은 실험 보고서의 일부이다.

[실험 제목]
　　　　　ㄱ

[실험 과정]
(가) 그림과 같이 간이 열량계에 물 100 g을 넣고 온도를 측정한다.
(나) 염화 칼슘 10 g을 (가)의 물에 녹이고 용액의 최고 온도를 측정한다.

25.0℃ 온도계
젓개

다음 중 ㄱ으로 가장 적절한 것은?

① 가역 반응 확인하기
② 용액의 pH 측정하기
③ 물질의 전기 전도성 확인하기
④ 중화 반응에서 양적 관계 확인하기
⑤ 화학 반응에서 열의 출입 측정하기

25 대표 문제

다음은 염화 칼슘($CaCl_2$)이 물에 용해되는 반응에 대한 실험과 이에 대한 세 학생의 대화이다.

[실험 과정]
(가) 그림과 같이 25 ℃의 물 100 g이 담긴 열량계를 준비한다.
(나) (가)의 열량계에 25 ℃의 $CaCl_2(s)$ w g을 넣어 녹인 후 수용액의 최고 온도를 측정한다.

온도계
젓개
물
㉠스타이로폼 컵

[실험 결과]
○ 수용액의 최고 온도: 30 ℃

학생 A: 열량계 내부의 온도 변화로 반응에서의 열의 출입을 알 수 있어.
학생 B: $CaCl_2(s)$이 물에 용해되는 반응은 발열 반응이야.
학생 C: ㉠은 열량계 내부와 외부 사이의 열 출입을 막기 위해 사용해.

제시한 내용이 옳은 학생만을 있는 대로 고른 것은? (단, 열량계의 외부 온도는 25 ℃로 일정하다.)

① A   ② B   ③ A, C   ④ B, C   ⑤ A, B, C

26

다음은 스타이로폼 컵 열량계를 이용하여 열의 출입을 측정하는 실험이다.

[실험 Ⅰ]

(가) 열량계에 물 48 g을 넣고 온도(t_1)를 측정한다.

(나) (가)에 A(s) 2 g을 넣고 젓개로 저어 완전히 녹인 후 수용액의 최고 온도(t_2)를 측정한다.

(다) 실험에서 출입한 열량을 계산한다.

[실험 Ⅱ]

○ 물의 질량을 98 g으로 바꾼 후 (가)~(다)를 수행한다.

[실험 결과 및 자료]

실험	물의 질량	t_1	t_2	출입한 열량
Ⅰ	48 g	22 ℃	29 ℃	a J
Ⅱ	98 g	22 ℃	x ℃	a J

○ 실험 Ⅰ과 Ⅱ에서 수용액의 비열은 같다.

이에 대한 설명으로 옳은 것만을 〈보기〉에서 있는 대로 고른 것은? (단, 용해 반응 이외의 반응은 일어나지 않으며, 반응에서 출입하는 열은 열량계 속 수용액의 온도만을 변화시킨다.)

〈보기〉

ㄱ. A(s)가 용해되는 반응은 흡열 반응이다.

ㄴ. $x < 29$이다.

ㄷ. 실험 Ⅰ에서 수용액의 비열(J g·℃)은 $\dfrac{a}{350}$이다.

① ㄱ　　② ㄴ　　③ ㄱ, ㄷ　　④ ㄴ, ㄷ　　⑤ ㄱ, ㄴ, ㄷ

27

다음은 금속 A~C의 산화 환원 반응 실험이다.

[실험 과정]

(가) 비커에 0.1 M $A^{a+}(aq)$ V mL를 넣는다.

(나) (가)의 비커에 충분한 양의 B(s)를 넣어 반응을 완결시킨다.

(다) (나)의 비커에 0.1 M $C^{c+}(aq)$ V mL를 넣어 반응을 완결시킨다.

[실험 결과]

○ 각 과정 후 수용액에 들어 있는 모든 금속 양이온에 대한 자료

과정	(가)	(나)	(다)
양이온의 종류	A^{a+}	B^{b+}	B^{b+}
양이온의 양(mol)(상댓값)	1	2	3

이에 대한 설명으로 옳은 것만을 〈보기〉에서 있는 대로 고른 것은? (단, A~C는 임의의 원소 기호이고 물과 반응하지 않으며, 음이온은 반응에 참여하지 않는다.)

〈보기〉

ㄱ. (나)와 (다)에서 B(s)는 환원제로 작용한다.

ㄴ. $\dfrac{b}{c} = \dfrac{2}{3}$이다.

ㄷ. $\dfrac{(다)에서\ 반응한\ B(s)의\ 양(mol)}{(나)에서\ 생성된\ A(s)의\ 양(mol)} = 1$이다.

① ㄱ　　② ㄴ　　③ ㄱ, ㄷ　　④ ㄴ, ㄷ　　⑤ ㄱ, ㄴ, ㄷ

01   정답률 38 %   2023학년도 6월 모평 화I 18번

표는 기체 (가)와 (나)에 대한 자료이다. (가)의 분자당 구성 원자 수는 7 이다.

기체	분자식	1 g에 들어 있는 전체 원자 수 (상댓값)	분자량 (상댓값)	구성 원소의 질량비
(가)	X_mY_{2n}	21	4	X : Y = 9 : 1
(나)	Z_nY_n	16	3	

$\dfrac{m}{n} \times \dfrac{\text{Z의 원자량}}{\text{X의 원자량}}$ 은? (단, X~Z는 임의의 원소 기호이다.)

① $\dfrac{7}{4}$ ② $\dfrac{7}{8}$ ③ $\dfrac{6}{7}$ ④ $\dfrac{7}{9}$ ⑤ $\dfrac{4}{7}$

02   정답률 37 %   2022학년도 6월 모평 화I 18번

다음은 $A(g)$~$C(g)$에 대한 자료이다.

○ $A(g)$~$C(g)$의 질량은 각각 x g이다.

○ $B(g)$ 1 g에 들어 있는 X 원자 수와 $C(g)$ 1 g에 들어 있는 Z 원자 수는 같다.

기체	구성 원소	분자당 구성 원자 수	단위 질량당 전체 원자 수 (상댓값)	기체에 들어 있는 Y의 질량(g)
$A(g)$	X	2	11	
$B(g)$	X, Y	3	12	$2y$
$C(g)$	Y, Z	5	10	y

이에 대한 설명으로 옳은 것만을 〈보기〉에서 있는 대로 고른 것은? (단, X~Z는 임의의 2주기 원소 기호이다.)

〈 보기 〉

ㄱ. $\dfrac{B(g)의 양(mol)}{A(g)의 양(mol)} = \dfrac{8}{11}$ 이다.

ㄴ. $C(g)$ 1 mol에 들어 있는 Y 원자의 양은 1 mol이다.

ㄷ. $\dfrac{x}{y} = \dfrac{11}{3}$ 이다.

① ㄱ   ② ㄷ   ③ ㄱ, ㄴ   ④ ㄴ, ㄷ   ⑤ ㄱ, ㄴ, ㄷ

03 정답률 21 %

2023학년도 화I 20번

표는 t °C, 1기압에서 실린더 (가)와 (나)에 들어 있는 기체에 대한 자료이다.

실린더	기체의 질량비	전체 기체의 밀도 (상댓값)	$\dfrac{X \text{ 원자 수}}{Y \text{ 원자 수}}$
(가)	$X_aY_{2b} : X_bY_c = 1 : 2$	9	$\dfrac{13}{24}$
(나)	$X_aY_{2b} : X_bY_c = 3 : 1$	8	$\dfrac{11}{28}$

$\dfrac{X_bY_c\text{의 분자량}}{X_aY_{2b}\text{의 분자량}} \times \dfrac{c}{a}$ 는? (단, X와 Y는 임의의 원소 기호이다.) [3점]

① $\dfrac{2}{3}$ ② $\dfrac{4}{3}$ ③ 2 ④ $\dfrac{8}{3}$ ⑤ $\dfrac{10}{3}$

04 정답률 33 %

2022학년도 화I 18번

표는 용기 (가)와 (나)에 들어 있는 기체에 대한 자료이다. (나)에서 $\dfrac{X\text{의 질량}}{Y\text{의 질량}} = \dfrac{15}{16}$ 이다.

용기	기체	기체의 질량(g)	$\dfrac{X \text{ 원자 수}}{Z \text{ 원자 수}}$	단위 질량당 Y 원자 수(상댓값)
(가)	XY_2, YZ_4	$55w$	$\dfrac{3}{16}$	23
(나)	XY_2, X_2Z_4	$23w$	$\dfrac{5}{8}$	11

이에 대한 설명으로 옳은 것만을 〈보기〉에서 있는 대로 고른 것은? (단, X~Z는 임의의 원소 기호이고, 모든 기체는 반응하지 않는다.)

〈보기〉

ㄱ. (가)에서 $\dfrac{X\text{의 질량}}{Y\text{의 질량}} = \dfrac{1}{2}$ 이다.

ㄴ. $\dfrac{(\text{나})\text{에 들어 있는 전체 분자 수}}{(\text{가})\text{에 들어 있는 전체 분자 수}} = \dfrac{3}{7}$ 이다.

ㄷ. $\dfrac{X\text{의 원자량}}{Y\text{의 원자량}+Z\text{의 원자량}} = \dfrac{4}{17}$ 이다.

① ㄱ ② ㄴ ③ ㄷ ④ ㄱ, ㄴ ⑤ ㄴ, ㄷ

해설편 504쪽

표는 같은 온도와 압력에서 실린더 (가)~(다)에 들어 있는 기체에 대한 자료이다.

실린더		(가)	(나)	(다)
기체의 질량(g)	X_aY_b(g)	$15w$	$22.5w$	
	X_aY_c(g)	$16w$	$8w$	
Y 원자 수(상댓값)		6	5	9
전체 원자 수		$10N$	$9N$	xN
기체의 부피(L)		$4V$	$4V$	$5V$

이에 대한 설명으로 옳은 것만을 〈보기〉에서 있는 대로 고른 것은? (단, X와 Y는 임의의 원소 기호이다.)

〈 보기 〉
ㄱ. $a=b$이다.
ㄴ. $\dfrac{X의\ 원자량}{Y의\ 원자량}=\dfrac{7}{8}$이다.
ㄷ. $x=14$이다.

① ㄱ　　② ㄴ　　③ ㄱ, ㄷ　　④ ㄴ, ㄷ　　⑤ ㄱ, ㄴ, ㄷ

표는 용기 (가)와 (나)에 들어 있는 화합물에 대한 자료이다.

용기		(가)	(나)
화합물의 질량(g)	X_aY_b	$38w$	$19w$
	X_aY_c	0	$23w$
원자 수 비율		$\frac{3}{5}\ \frac{2}{5}$	$\frac{7}{11}\ \frac{4}{11}$
$\dfrac{Y의\ 전체\ 질량}{X의\ 전체\ 질량}$(상댓값)		6	7
전체 원자 수		$10N$	$11N$

$\dfrac{c}{a}\times\dfrac{Y의\ 원자량}{X의\ 원자량}$은? (단, X, Y는 임의의 원소 기호이다.)

① $\dfrac{4}{11}$　　② $\dfrac{11}{12}$　　③ $\dfrac{12}{11}$　　④ $\dfrac{7}{4}$　　⑤ $\dfrac{16}{7}$

07 정답률 25 %

표는 실린더 (가)와 (나)에 들어 있는 기체에 대한 자료이다. 분자당 구성 원자 수 비는 $X : Y = 5 : 3$이다.

실린더	기체의 질량(g)		단위 부피당 전체 원자 수(상댓값)	전체 기체의 밀도(g/L)
	$X(g)$	$Y(g)$		
(가)	$3w$	0	5	d_1
(나)	w	$4w$	4	d_2

$\dfrac{Y의\ 분자량}{X의\ 분자량} \times \dfrac{d_2}{d_1}$ 는? (단, 실린더 속 기체의 온도와 압력은 일정하며, $X(g)$와 $Y(g)$는 반응하지 않는다.)

① $\dfrac{8}{5}$ ② 2 ③ $\dfrac{5}{2}$ ④ 5 ⑤ 10

08 정답률 34 %

다음은 t ℃, 1 기압에서 실린더 (가)와 (나)에 들어 있는 기체에 대한 자료이다.

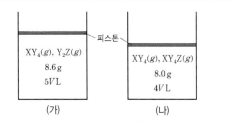

피스톤

(가) $XY_4(g)$, $Y_2Z(g)$ 8.6 g 5V L

(나) $XY_4(g)$, $XY_4Z(g)$ 8.0 g 4V L

○ Y 원자 수는 (가)에서가 (나)에서의 $\dfrac{7}{8}$배이다.

○ $\dfrac{Z\ 원자\ 수}{X\ 원자\ 수}$ 는 (가)에서가 (나)에서의 6배이다.

○ (가)에서 Z의 질량은 4.8 g이고, (나)에서 $XY_4(g)$의 질량은 w g이다.

$w \times \dfrac{X의\ 원자량}{Z의\ 원자량}$ 은? (단, X~Z는 임의의 원소 기호이다.) [3점]

① 1.2 ② 1.8 ③ 2.4 ④ 3.0 ⑤ 3.6

09 정답률 41 %

다음은 금속과 산의 반응에 대한 실험이다.

[화학 반응식]

○ $2A(s) + 6HCl(aq) \longrightarrow 2ACl_3(aq) + 3H_2(g)$

○ $B(s) + 2HCl(aq) \longrightarrow BCl_2(aq) + H_2(g)$

[실험 과정]

(가) 금속 $A(s)$ 1 g을 충분한 양의 $HCl(aq)$과 반응시켜 발생한 $H_2(g)$의 부피를 측정한다.

(나) $A(s)$ 대신 금속 $B(s)$를 이용하여 (가)를 반복한다.

(다) (가)와 (나)에서 측정한 $H_2(g)$의 부피를 비교한다.

이 실험으로부터 B의 원자량을 구하기 위해 반드시 이용해야 할 자료만을 〈보기〉에서 있는 대로 고른 것은? (단, A와 B는 임의의 원소 기호이고, 온도와 압력은 일정하다.) [3점]

─〈 보기 〉─

ㄱ. A의 원자량

ㄴ. H_2의 분자량

ㄷ. 사용한 $HCl(aq)$의 몰 농도(M)

① ㄱ   ② ㄷ   ③ ㄱ, ㄴ   ④ ㄴ, ㄷ   ⑤ ㄱ, ㄴ, ㄷ

10 정답률 19 %

다음은 $A(g)$와 $B(g)$가 반응하여 $C(g)$를 생성하는 반응의 화학 반응식이다.

$$A(g) + 2B(g) \longrightarrow 2C(g)$$

표는 실린더에 $A(g)$와 $B(g)$를 넣고 반응시켰을 때, 반응이 진행되는 동안 시간에 따른 실린더 속 기체에 대한 자료이다. $t_1 < t_2 < t_3 < t_4$이고, t_4에서 반응이 완결되었다.

시간	0	t_1	t_2	t_3	t_4
$\dfrac{B(g)의\ 질량}{A(g)의\ 질량}$	1	$\dfrac{7}{8}$	$\dfrac{7}{9}$	$\dfrac{1}{2}$	
전체 기체의 양(mol) (상댓값)	x	7	6.7	6.1	y

$\dfrac{A의\ 분자량}{C의\ 분자량} \times \dfrac{y}{x}$ 는? (단, 실린더 속 기체의 온도와 압력은 일정하다.) [3점]

① $\dfrac{3}{10}$ ② $\dfrac{2}{5}$ ③ $\dfrac{8}{15}$ ④ $\dfrac{7}{12}$ ⑤ $\dfrac{2}{3}$

11 정답률 21 %

다음은 $A(g)$와 $B(g)$가 반응하여 $C(g)$와 $D(g)$를 생성하는 반응의 화학 반응식이다.

$$A(g) + 4B(g) \longrightarrow 3C(g) + 2D(g)$$

표는 실린더에 $A(g)$와 $B(g)$를 넣고 반응을 완결시킨 실험 Ⅰ~Ⅲ에 대한 자료이다. Ⅰ과 Ⅱ에서 $B(g)$는 모두 반응하였고, Ⅰ에서 반응 후 생성물의 전체 질량은 $21w$ g이다.

실험	반응 전		반응 후
	$A(g)$의 질량(g)	$B(g)$의 질량(g)	$\dfrac{생성물의\ 전체\ 양(mol)}{남아\ 있는\ 반응물의\ 양(mol)}$ (상댓값)
Ⅰ	$15w$	$16w$	3
Ⅱ	$10w$	xw	2
Ⅲ	$10w$	$48w$	y

$x+y$는? [3점]

① 11   ② 12   ③ 13   ④ 14   ⑤ 15

다음은 $A(g)$와 $B(g)$가 반응하여 $C(s)$와 $D(g)$를 생성하는 반응의 화학 반응식이다.

$$A(g) + 3B(g) \longrightarrow C(s) + 3D(g)$$

표는 실린더에 $A(g)$와 $B(g)$를 넣고 반응을 완결시킨 실험 I ~ III에 대한 자료이다. I ~ III에서 $A(g)$는 모두 반응하였고, I에서 반응 후 생성된 $D(g)$의 질량은 $27w$ g이며, $\dfrac{\text{A의 화학식량}}{\text{C의 화학식량}} = \dfrac{2}{5}$이다.

실험	반응 전		반응 후
	$A(g)$의 질량(g)	$B(g)$의 질량(g)	$\dfrac{B(g)\text{의 양(mol)}}{D(g)\text{의 양(mol)}}$
I	$14w$	$96w$	
II	$7w$	xw	2
III	$7w$	$36w$	y

$x \times y$는? [3점]

① 42　　② 36　　③ 30　　④ 24　　⑤ 18

다음은 $A(g)$와 $B(g)$가 반응하여 $C(g)$를 생성하는 반응의 화학 반응식이다.

$$aA(g) + B(g) \longrightarrow 2C(g) \ (a\text{는 반응 계수})$$

표는 $A(g)$ $5w$ g이 들어 있는 용기에 $B(g)$의 질량을 달리하여 넣고 반응을 완결시킨 실험 I ~ III에 대한 자료이다.

실험	넣어 준 $B(g)$의 질량(g)	반응 후 $\dfrac{\text{전체 기체의 양(mol)}}{C(g)\text{의 양(mol)}}$
I	w	4
II	$4w$	1
III	$6w$	x

$x \times \dfrac{\text{C의 분자량}}{\text{A의 분자량}}$은? [3점]

① $\dfrac{7}{8}$　　② $\dfrac{9}{8}$　　③ $\dfrac{5}{4}$　　④ $\dfrac{7}{4}$　　⑤ $\dfrac{9}{4}$

14 [정답률 33%]

다음은 A(g)와 B(g)가 반응하여 C(g)와 D(g)를 생성하는 반응의 화학 반응식이다.

$$2A(g) + 3B(g) \longrightarrow 2C(g) + 2D(g)$$

표는 실린더에 A(g)와 B(g)를 넣고 반응을 완결시킨 실험 I과 II에 대한 자료이다. I과 II에서 남은 반응물의 종류는 서로 다르고, II에서 반응 후 생성된 D(g)의 질량은 $\frac{45}{8}$ g이다.

실험	반응 전		반응 후	
	A(g)의 부피(L)	B(g)의 질량(g)	A(g) 또는 B(g)의 질량(g)	전체 기체의 양(mol) C(g)의 양(mol)
I	$4V$	6	$17w$	3
II	$5V$	25	$40w$	x

$x \times \dfrac{\text{C의 분자량}}{\text{B의 분자량}}$ 은? (단, 실린더 속 기체의 온도와 압력은 일정하다.)

[3점]

① $\dfrac{3}{2}$ ② 3   ③ $\dfrac{9}{2}$ ④ 6   ⑤ 9

15 [정답률 27%]

다음은 A(s)와 B(g)가 반응하여 C(g)를 생성하는 반응의 화학 반응식이다.

$$A(s) + bB(g) \longrightarrow C(g) \quad (b: \text{반응 계수})$$

표는 실린더에 A(s)와 B(g)의 양(mol)을 달리하여 넣고 반응을 완결시킨 실험 I, II에 대한 자료이다. $\dfrac{\text{B의 분자량}}{\text{C의 분자량}} = \dfrac{1}{16}$이다.

실험	넣어 준 물질의 양(mol)		실린더 속 기체의 밀도(상댓값)	
	A(s)	B(g)	반응 전	반응 후
I	2	7	1	7
II	3	8	1	x

$b \times x$는? (단, 기체의 온도와 압력은 일정하다.) [3점]

① 15   ② 20   ③ 21   ④ 24   ⑤ 32

다음은 $A(g)$와 $B(g)$가 반응하여 $C(g)$를 생성하는 반응의 화학 반응식이다.

$$aA(g) + bB(g) \longrightarrow cC(g) \ (a, c는 반응 계수)$$

표는 실린더에 $A(g)$와 $B(g)$의 질량을 달리하여 넣고 반응을 완결시킨 실험 Ⅰ~Ⅲ에 대한 자료이다.

실험	반응 전		반응 후		
	A의 질량(g)	B의 질량(g)	A 또는 B의 질량(g)	C의 밀도 (상댓값)	전체 기체의 부피 (상댓값)
Ⅰ	1	w	$\frac{4}{5}$	17	6
Ⅱ	3	w	1	17	12
Ⅲ	4	$w+2$		x	17

$\dfrac{x}{c} \times \dfrac{\text{C의 분자량}}{\text{B의 분자량}}$은? (단, 온도와 압력은 일정하다.) [3점]

① $\dfrac{21}{4}$　　② $\dfrac{17}{2}$　　③ $\dfrac{39}{4}$　　④ $\dfrac{27}{2}$　　⑤ $\dfrac{39}{2}$

다음은 $A(g)$와 $B(g)$가 반응하여 $C(g)$를 생성하는 반응의 화학 반응식이다.

$$aA(g) + B(g) \longrightarrow 2C(g) \ (a는 반응 계수)$$

표는 실린더에 $A(g)$와 $B(g)$를 넣고 반응을 완결시킨 실험 Ⅰ, Ⅱ에 대한 자료이다.

실험	반응 전		반응 후		
	전체 기체의 질량(g)	전체 기체의 밀도(g/L)	A의 질량 (상댓값)	전체 기체의 부피(상댓값)	전체 기체의 밀도(g/L)
Ⅰ	$3w$	$5d_1$	1	5	$7d_1$
Ⅱ	$5w$	$9d_2$	5	9	$11d_2$

$a \times \dfrac{\text{B의 분자량}}{\text{C의 분자량}}$은? (단, 실린더 속 기체의 온도와 압력은 일정하다.) [3점]

① $\dfrac{1}{4}$　　② $\dfrac{4}{5}$　　③ $\dfrac{8}{9}$　　④ 1　　⑤ $\dfrac{10}{9}$

다음은 $A(g)$와 $B(g)$가 반응하여 $C(g)$와 $D(g)$를 생성하는 반응의 화학 반응식이다.

$$2A(g) + bB(g) \longrightarrow cC(g) + 6D(g) \ (b, c는 반응 계수)$$

그림 (가)는 실린더에 $A(g)$, $B(g)$, $D(g)$를 넣은 것을, (나)는 (가)의 실린더에서 반응을 완결시킨 것을 나타낸 것이다. (가)와 (나)에서 $\dfrac{\text{D의 양(mol)}}{\text{전체 기체의 양(mol)}}$은 각각 $\dfrac{2}{5}$, $\dfrac{3}{4}$이고, $\dfrac{\text{A의 분자량}}{\text{B의 분자량}}$은 $\dfrac{7}{4}$이다.

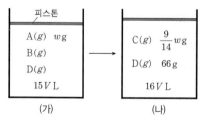

피스톤	
$A(g)$ wg	$C(g)$ $\frac{9}{14}wg$
$B(g)$	$D(g)$ $66g$
$D(g)$	
$15V$ L	$16V$ L
(가)	(나)

$\dfrac{b \times c}{w}$는? (단, 실린더 속 기체의 온도와 압력은 일정하다.) [3점]

① $\dfrac{3}{4}$　　② 1　　③ $\dfrac{7}{5}$　　④ $\dfrac{3}{2}$　　⑤ 2

19 정답률 39%

다음은 A(g)가 분해되어 B(g)와 C(g)를 생성하는 반응의 화학 반응식이고, $\dfrac{\text{C의 분자량}}{\text{A의 분자량}} = \dfrac{8}{27}$이다.

$$2A(g) \longrightarrow bB(g) + C(g) \quad (b\text{는 반응 계수})$$

그림 (가)는 실린더에 A(g) w g을 넣었을 때를, (나)는 반응이 진행되어 A와 C의 양(mol)이 같아졌을 때를, (다)는 반응이 완결되었을 때를 나타낸 것이다. (가)와 (다)에서 실린더 속 기체의 부피는 각각 2 L, 5 L 이다.

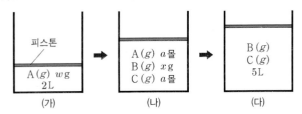

(가)　　　　(나)　　　　(다)

(나)에서 x는? (단, 기체의 온도와 압력은 일정하다.)

① $\dfrac{46}{81}w$　② $\dfrac{16}{27}w$　③ $\dfrac{2}{3}w$　④ $\dfrac{23}{27}w$　⑤ $\dfrac{73}{81}w$

20 정답률 18%

다음은 A(g)와 B(g)가 반응하여 C(g)와 D(g)를 생성하는 반응의 화학 반응식이다.

$$A(g) + xB(g) \longrightarrow C(g) + yD(g) \quad (x, y\text{는 반응 계수})$$

그림 (가)는 실린더에 A(g)와 B(g)가 각각 $9w$ g, w g이 들어 있는 것을, (나)는 (가)의 실린더에서 반응을 완결시킨 것을, (다)는 (나)의 실린더에 B(g) $2w$ g을 추가하여 반응을 완결시킨 것을 나타낸 것이다. (가), (나), (다) 실린더 속 기체의 밀도가 각각 d_1, d_2, d_3일 때, $\dfrac{d_2}{d_1} = \dfrac{5}{7}$, $\dfrac{d_3}{d_2} = \dfrac{14}{25}$이다. (다)의 실린더 속 C(g)와 D(g)의 질량비는 4 : 5이다.

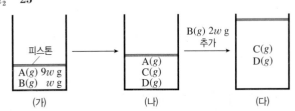

(가)　　　　(나)　　　　(다)

$\dfrac{\text{D의 분자량}}{\text{A의 분자량}} \times \dfrac{x}{y}$ 는? (단, 실린더 속 기체의 온도와 압력은 일정하다.)

[3점]

① $\dfrac{5}{54}$　② $\dfrac{4}{27}$　③ $\dfrac{7}{27}$　④ $\dfrac{10}{27}$　⑤ $\dfrac{25}{54}$

21 정답률 24%

다음은 A(g)와 B(g)가 반응하여 C(g)와 D(s)를 생성하는 반응의 화학 반응식이다.

$$A(g) + 2B(g) \longrightarrow 2C(g) + 3D(s)$$

그림 (가)는 실린더에 전체 기체의 질량이 w g이 되도록 A(g)와 B(g)를 넣은 것을, (나)는 (가)의 실린더에서 일부가 반응한 것을, (다)는 (나)의 실린더에서 반응을 완결시킨 것을 나타낸 것이다. 실린더 속 전체 기체의 부피비는 (나) : (다)=11 : 10이고, $\dfrac{\text{A의 분자량}}{\text{B의 분자량}} = \dfrac{32}{17}$이다.

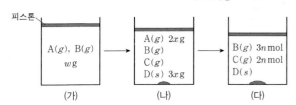

(가)　　　　(나)　　　　(다)

$x \times \dfrac{\text{C의 분자량}}{\text{A의 분자량}}$ 은? (단, 실린더 속 기체의 온도와 압력은 일정하다.)

[3점]

① $\dfrac{1}{104}w$　② $\dfrac{1}{64}w$　③ $\dfrac{1}{52}w$　④ $\dfrac{1}{13}w$　⑤ $\dfrac{3}{26}w$

22 정답률 33%

다음은 $A(g)$와 $B(g)$가 반응하여 $C(g)$를 생성하는 반응의 화학 반응식이다.

$$2A(g) + B(g) \longrightarrow 2C(g)$$

그림 (가)는 t °C, 1기압에서 실린더에 $A(g)$와 $B(g)$를 넣은 것을, (나)는 (가)의 실린더에서 반응을 완결시킨 것을, (다)는 (나)의 실린더에 $A(g)$를 추가하여 반응을 완결시킨 것을 나타낸 것이다. (가)와 (나)에서 실린더 속 전체 기체의 밀도(g/L)는 각각 $\dfrac{3w}{4}$, w이다.

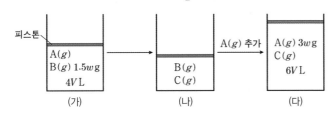

$V \times \dfrac{A의\ 분자량}{C의\ 분자량}$ 은? (단, 실린더 속 기체의 온도와 압력은 일정하다.)

[3점]

① $\dfrac{6}{5}$　　② $\dfrac{8}{5}$　　③ 2　　④ $\dfrac{12}{5}$　　⑤ 4

23 정답률 46%

다음은 A와 B가 반응하여 C를 생성하는 화학 반응식이다.

$$A + bB \longrightarrow cC \ (b,\ c는\ 반응\ 계수)$$

그림은 m몰의 B가 들어 있는 용기에 A를 넣어 반응을 완결시켰을 때, 넣어 준 A의 양(mol)에 따른 반응 후 $\dfrac{전체\ 물질의\ 양(mol)}{C의\ 양(mol)}$ 을 나타낸 것이다.

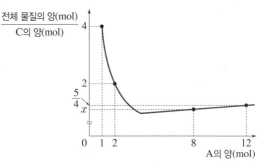

$m \times x$는? [3점]

① 36　　② 33　　③ 32　　④ 30　　⑤ 27

그림은 A(aq) (가)와 (나)의 몰 농도와 $\dfrac{\text{용매의 양(mol)}}{\text{용질의 양(mol)}}$ 을 나타낸 것이다.

(가)와 (나)의 밀도는 각각 1.1 g/mL, 1.2 g/mL이다.

a는? (단, A의 화학식량은 40이다.) [3점]

① $\dfrac{5}{7}$ ② $\dfrac{5}{4}$ ③ $\dfrac{17}{8}$ ④ $\dfrac{17}{6}$ ⑤ $\dfrac{19}{6}$

다음은 A(l)를 이용한 실험이다.

[실험 과정]

(가) 25 ℃에서 밀도가 d_1 g/mL인 A(l)를 준비한다.

(나) (가)의 A(l) 10 mL를 취하여 부피 플라스크에 넣고 물과 혼합하여 수용액 I 100 mL를 만든다.

(다) (가)의 A(l) 10 mL를 취하여 비커에 넣고 물과 혼합하여 수용액 II 100 g을 만든 후 밀도를 측정한다.

[실험 결과]

○ I의 몰 농도: x M

○ II의 밀도 및 몰 농도: d_2 g/mL, y M

$\dfrac{y}{x}$는? (단, A의 분자량은 a이고, 온도는 25 ℃로 일정하다.)

① $\dfrac{d_1}{d_2}$ ② $\dfrac{d_2}{d_1}$ ③ d_2 ④ $\dfrac{10}{d_1}$ ⑤ $\dfrac{10}{d_2}$

01 정답률 46 % 2024학년도 수능 화Ⅰ 14번

표는 원자 A~D에 대한 자료이다. A~D는 원소 X와 Y의 동위 원소이고, A~D의 중성자수 합은 76이다. 원자 번호는 X > Y이다.

원자	중성자수 − 원자 번호	질량수
A	0	$m-1$
B	1	$m-2$
C	2	$m+1$
D	3	m

이에 대한 설명으로 옳은 것만을 〈보기〉에서 있는 대로 고른 것은? (단, X와 Y는 임의의 원소 기호이고, A, B, C, D의 원자량은 각각 $m-1$, $m-2$, $m+1$, m이다.) [3점]

〈 보기 〉

ㄱ. B와 D는 Y의 동위 원소이다.

ㄴ. $\dfrac{1\,\text{g의 C에 들어 있는 중성자수}}{1\,\text{g의 A에 들어 있는 중성자수}} = \dfrac{20}{19}$이다.

ㄷ. $\dfrac{1\,\text{mol의 D에 들어 있는 양성자수}}{1\,\text{mol의 A에 들어 있는 양성자수}} < 1$이다.

① ㄱ   ② ㄴ   ③ ㄱ, ㄷ   ④ ㄴ, ㄷ   ⑤ ㄱ, ㄴ, ㄷ

02 정답률 43 % 2022학년도 9월 모평 화Ⅰ 17번

다음은 용기 속에 들어 있는 X_2Y에 대한 자료이다.

○ 용기 속 X_2Y를 구성하는 원자 X와 Y에 대한 자료

원자	^aX	^bX	^cY
양성자 수	n		$n+1$
중성자 수	$n+1$	n	$n+3$
$\dfrac{\text{중성자 수}}{\text{전자 수}}$ (상댓값)		4	5

○ 용기 속에는 $^aX^aX^cY$, $^aX^bX^cY$, $^bX^bX^cY$만 들어 있다.

○ $\dfrac{\text{용기 속에 들어 있는 }^aX\text{ 원자 수}}{\text{용기 속에 들어 있는 }^bX\text{ 원자 수}} = \dfrac{2}{3}$이다.

용기 속 $\dfrac{\text{전체 중성자 수}}{\text{전체 양성자 수}}$ 는? (단, X와 Y는 임의의 원소 기호이다.) [3점]

① $\dfrac{58}{55}$ ② $\dfrac{12}{11}$ ③ $\dfrac{62}{55}$ ④ $\dfrac{64}{55}$ ⑤ $\dfrac{6}{5}$

03 정답률 47 % 2023학년도 6월 모평 화Ⅰ 17번

다음은 분자 XY에 대한 자료이다.

○ XY를 구성하는 원자 X와 Y에 대한 자료

원자	^aX	^bY	^{b+2}Y
$\dfrac{\text{전자 수}}{\text{중성자수}}$ (상댓값)	5	5	4

○ ^aX와 ^{b+2}Y의 양성자수 차는 2이다.

○ $\dfrac{^aX^bY\ 1\ \text{mol에 들어 있는 전체 중성자수}}{^aX^{b+2}Y\ 1\ \text{mol에 들어 있는 전체 중성자수}} = \dfrac{7}{8}$이다.

$\dfrac{^{b+2}Y\text{의 중성자수}}{^aX\text{의 양성자수}}$ 는? (단, X와 Y는 임의의 원소 기호이다.) [3점]

① $\dfrac{3}{5}$ ② $\dfrac{4}{3}$ ③ $\dfrac{3}{2}$ ④ $\dfrac{5}{3}$ ⑤ $\dfrac{8}{3}$

다음은 자연계에 존재하는 수소(H)와 플루오린(F)에 대한 자료이다.

> ○ ^1_1H, ^2_1H, ^3_1H의 존재 비율(%)은 각각 a, b, c이다.
>
> ○ $a+b+c=100$이고, $a>b>c$이다.
>
> ○ F은 $^{19}_9F$으로만 존재한다.
>
> ○ ^1_1H, ^2_1H, ^3_1H, $^{19}_9F$의 원자량은 각각 1, 2, 3, 19이다.

이에 대한 설명으로 옳은 것만을 〈보기〉에서 있는 대로 고른 것은?

> ─〈 보기 〉─
>
> ㄱ. H의 평균 원자량은 $\dfrac{a+2b+3c}{100}$이다.
>
> ㄴ. $\dfrac{\text{분자량이 5인 } H_2\text{의 존재 비율(\%)}}{\text{분자량이 6인 } H_2\text{의 존재 비율(\%)}} > 2$이다.
>
> ㄷ. $\dfrac{1 \text{ mol의 } H_2 \text{ 중 분자량이 3인 } H_2\text{의 전체 중성자의 수}}{1 \text{ mol의 HF 중 분자량이 20인 HF의 전체 중성자의 수}}$
>
> $=\dfrac{b}{500}$이다.

① ㄱ   ② ㄷ   ③ ㄱ, ㄴ   ④ ㄴ, ㄷ   ⑤ ㄱ, ㄴ, ㄷ

그림은 수소 원자의 오비탈 (가) ~(라)의 $n+l$과 $\dfrac{n+l+m_l}{n}$을 나타낸 것이다. n은 주 양자수이고, l은 방위(부) 양자수이며, m_l은 자기 양자수이다.

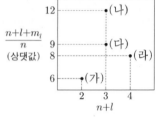

이에 대한 설명으로 옳은 것만을 〈보기〉에서 있는 대로 고른 것은? [3점]

> ─〈 보기 〉─
>
> ㄱ. (나)는 $3s$이다.
>
> ㄴ. 에너지 준위는 (가)와 (다)가 같다.
>
> ㄷ. m_l는 (가)와 (라)가 같다.

① ㄱ   ② ㄴ   ③ ㄷ   ④ ㄱ, ㄴ   ⑤ ㄴ, ㄷ

06 정답률 43 %

다음은 수소 원자의 오비탈 (가)~(라)에 대한 자료이다. n은 주 양자수, l은 방위(부) 양자수, m_l은 자기 양자수이다.

○ $n+l$는 (가)~(라)에서 각각 3 이하이고, (가)>(나)이다.

○ n는 (나)>(다)이고, 에너지 준위는 (나)=(라)이다.

○ m_l는 (라)>(나)이고, (가)~(라)의 m_l 합은 0이다.

이에 대한 설명으로 옳은 것만을 〈보기〉에서 있는 대로 고른 것은?

〈 보기 〉

ㄱ. (다)는 $1s$이다.

ㄴ. m_l는 (나)>(가)이다.

ㄷ. 에너지 준위는 (가)>(라)이다.

① ㄱ　　② ㄷ　　③ ㄱ, ㄴ　　④ ㄴ, ㄷ　　⑤ ㄱ, ㄴ, ㄷ

07 정답률 44 %

그림은 원자 A~E의 제1 이온화 에너지와 제2 이온화 에너지를 나타낸 것이다. A~E의 원자 번호는 각각 3, 4, 11, 12, 13 중 하나이다.

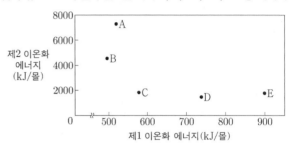

이에 대한 설명으로 옳은 것만을 〈보기〉에서 있는 대로 고른 것은? (단, A~E는 임의의 원소 기호이다.) [3점]

〈 보기 〉

ㄱ. 원자 번호는 B>A이다.

ㄴ. D와 E는 같은 주기 원소이다.

ㄷ. $\dfrac{\text{제3 이온화 에너지}}{\text{제2 이온화 에너지}}$ 는 C>D이다.

① ㄱ　　② ㄴ　　③ ㄱ, ㄷ　　④ ㄴ, ㄷ　　⑤ ㄱ, ㄴ, ㄷ

01 정답률 47 %

표는 25 ℃의 물질 (가)~(다)에 대한 자료이다. (가)~(다)는 HCl(aq), H₂O(l), NaOH(aq)을 순서 없이 나타낸 것이고, H_3O^+의 양(mol)은 (가)가 (나)의 200배이다.

물질	(가)	(나)	(다)
$\dfrac{[H_3O^+]}{[OH^-]}$ (상댓값)	10^8	1	10^{14}
부피(mL)	10	x	

이에 대한 설명으로 옳은 것만을 〈보기〉에서 있는 대로 고른 것은? (단, 25 ℃에서 물의 이온화 상수(K_w)는 1×10^{-14}이다.) [3점]

─〈 보기 〉─
ㄱ. (가)는 HCl(aq)이다.
ㄴ. $x=500$이다.
ㄷ. $\dfrac{\text{(나)의 pOH}}{\text{(다)의 pH}} > 1$이다.

① ㄱ ② ㄴ ③ ㄷ ④ ㄱ, ㄴ ⑤ ㄴ, ㄷ

02 정답률 38 %

다음은 25 ℃에서 수용액 (가)~(다)에 대한 자료이다.

○ (가)~(다)의 액성은 모두 다르며, 각각 산성, 중성, 염기성 중 하나이다.
○ |pH−pOH|은 (가)가 (나)보다 4만큼 크다.

수용액	(가)	(나)	(다)
$\dfrac{\text{pH}}{\text{pOH}}$	$\dfrac{3}{25}$	x	y
부피(L)	0.2	0.4	0.5
OH^-의 양(mol)	a	b	c

이에 대한 설명으로 옳은 것만을 〈보기〉에서 있는 대로 고른 것은? (단, 25 ℃에서 물의 이온화 상수(K_w)는 1×10^{-14}이다.) [3점]

─〈 보기 〉─
ㄱ. (나)의 액성은 중성이다.
ㄴ. $x+y=4$이다.
ㄷ. $\dfrac{b\times c}{a}=100$이다.

① ㄱ ② ㄴ ③ ㄷ ④ ㄱ, ㄴ ⑤ ㄴ, ㄷ

03 정답률 48 % 2024학년도 6월 모평 화I 17번

그림은 25 °C에서 수용액 (가)와 (나)의 부피와 OH⁻의 양(mol)을 나타낸 것이다. pH는 (가) : (나)=7 : 3이다.

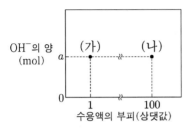

이에 대한 설명으로 옳은 것만을 〈보기〉에서 있는 대로 고른 것은? (단, 25 °C에서 물의 이온화 상수(K_w)는 1×10^{-14}이다.) [3점]

〈 보기 〉
ㄱ. (가)의 액성은 산성이다.
ㄴ. (나)의 pOH는 11.5이다.
ㄷ. $\dfrac{\text{(가)에서 } H_3O^+\text{의 양(mol)}}{\text{(나)에서 } OH^-\text{의 양(mol)}} = 1 \times 10^7$이다.

① ㄱ   ② ㄴ   ③ ㄱ, ㄷ   ④ ㄴ, ㄷ   ⑤ ㄱ, ㄴ, ㄷ

04 정답률 35 % 2021학년도 6월 모평 화I 20번

표는 0.2 M $H_2A(aq)$ x mL와 y M 수산화 나트륨 수용액($NaOH(aq)$)의 부피를 달리하여 혼합한 용액 (가)~(다)에 대한 자료이다.

용액	(가)	(나)	(다)
$H_2A(aq)$의 부피(mL)	x	x	x
$NaOH(aq)$의 부피(mL)	20	30	60
pH		1	
용액에 존재하는 모든 이온의 몰 농도(M) 비	◐		◑ ㉠

(다)에서 ㉠에 해당하는 이온의 몰 농도(M)는? (단, 혼합 용액의 부피는 혼합 전 각 용액의 부피의 합과 같고, 혼합 전과 후의 온도 변화는 없다. H_2A는 수용액에서 H^+과 A^{2-}으로 모두 이온화되고, 물의 자동 이온화는 무시한다.) [3점]

① $\dfrac{1}{35}$ ② $\dfrac{1}{30}$ ③ $\dfrac{1}{25}$ ④ $\dfrac{1}{20}$ ⑤ $\dfrac{1}{15}$

05 정답률 34 %

표는 a M HCl(aq), b M NaOH(aq), c M KOH(aq)의 부피를 달리하여 혼합한 용액 (가)~(다)에 대한 자료이다. (가)의 액성은 중성이다.

혼합 용액		(가)	(나)	(다)
혼합 전 용액의 부피(mL)	HCl(aq)	10	x	x
	NaOH(aq)	10	20	
	KOH(aq)	10	30	y
혼합 용액에 존재하는 양이온 수의 비율		$\frac{2}{3}$ $\frac{1}{3}$	$\frac{1}{6}$ $\frac{1}{2}$ $\frac{1}{3}$	$\frac{1}{3}$ $\frac{1}{3}$ $\frac{1}{3}$

$\dfrac{x}{y}$ 는? (단, 물의 자동 이온화는 무시한다.)

① 2 ② $\dfrac{3}{2}$ ③ 1 ④ $\dfrac{1}{2}$ ⑤ $\dfrac{1}{3}$

06 정답률 28 %

다음은 중화 반응 실험이다.

[실험 과정]

(가) HCl(aq), NaOH(aq), KOH(aq)을 준비한다.

(나) HCl(aq) 10 mL를 비커에 넣는다.

(다) (나)의 비커에 NaOH(aq) 5 mL를 조금씩 넣는다.

(라) (다)의 비커에 KOH(aq) 10 mL를 조금씩 넣는다.

[실험 결과]

○ (다)와 (라) 과정에서 첨가한 용액의 부피에 따른 혼합 용액의 단위 부피당 전체 이온 수

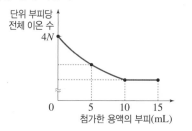

(다) 과정 후 혼합 용액의 단위 부피당 H^+ 수는? (단, 혼합 용액의 부피는 혼합 전 각 용액의 부피의 합과 같다.) [3점]

① $\dfrac{1}{3}N$ ② $\dfrac{1}{2}N$ ③ $\dfrac{2}{3}N$ ④ N ⑤ $\dfrac{4}{3}N$

다음은 a M HCl(aq), b M NaOH(aq), c M A(aq)의 부피를 달리하여 혼합한 용액 (가)~(다)에 대한 자료이다. A는 HBr 또는 KOH 중 하나이다.

○ 수용액에서 HBr은 H^+과 Br^-으로, KOH은 K^+과 OH^-으로 모두 이온화된다.

혼합 용액	혼합 전 용액의 부피(mL)			혼합 용액에 존재하는 모든 이온의 몰 농도 (M) 비
	HCl (aq)	NaOH (aq)	A (aq)	
(가)	10	10	0	1 : 1 : 2
(나)	10	5	10	1 : 1 : 4 : 4
(다)	15	10	5	1 : 1 : 1 : 3

○ (가)는 산성이다.

(나) 5 mL와 (다) 5 mL를 혼합한 용액의 $\dfrac{H^+의\ 몰\ 농도(M)}{Na^+의\ 몰\ 농도(M)}$는? (단, 혼합 용액의 부피는 혼합 전 각 용액의 부피의 합과 같고, 물의 자동 이온화는 무시한다.) [3점]

① $\dfrac{1}{8}$　　② $\dfrac{1}{4}$　　③ $\dfrac{2}{7}$　　④ $\dfrac{1}{3}$　　⑤ $\dfrac{5}{8}$

표는 x M H_2A(aq)과 y M NaOH(aq)의 부피를 달리하여 혼합한 용액 (가)~(라)에 대한 자료이다.

혼합 용액		(가)	(나)	(다)	(라)
혼합 전 용액의 부피(mL)	H_2A(aq)	10	10	20	$2V$
	NaOH(aq)	30	40	V	30
모든 음이온의 몰 농도(M) 합(상댓값)		3	4	8	

(라)에 존재하는 이온 수의 비율로 가장 적절한 것은? (단, 혼합 용액의 부피는 혼합 전 각 용액의 부피의 합과 같고, H_2A는 수용액에서 H^+과 A^{2-}으로 모두 이온화되며, 물의 자동 이온화는 무시한다.) [3점]

① 　② 　③

④ 　⑤

09 정답률 41 %

2025학년도 6월 모평 화I 19번

표는 x M NaOH(aq), 0.1 M H$_2$A(aq), 0.1 M HB(aq)의 부피를 달리하여 혼합한 용액 (가)와 (나)에 대한 자료이다. (가)의 액성은 염기성이다.

혼합 용액		(가)	(나)
혼합 전 용액의 부피(mL)	x M NaOH(aq)	V_1	$2V_1$
	0.1 M H$_2$A(aq)	40	20
	0.1 M HB(aq)	V_2	0
모든 이온의 수		$8N$	$19N$
모든 음이온의 몰 농도(M) 합		$\dfrac{3}{50}$	$\dfrac{3}{20}$

$x \times \dfrac{V_2}{V_1}$ 는? (단, 혼합 용액의 부피는 혼합 전 각 용액의 부피의 합과 같고, 수용액에서 H$_2$A는 H$^+$과 A^{2-}으로, HB는 H$^+$과 B$^-$으로 모두 이온화되며, 물의 자동 이온화는 무시한다.)

① $\dfrac{1}{25}$ ② $\dfrac{1}{10}$ ③ $\dfrac{1}{5}$ ④ $\dfrac{1}{3}$ ⑤ $\dfrac{1}{2}$

10 정답률 22 %

2024학년도 6월 모평 화I 19번

다음은 x M NaOH(aq), y M H$_2$A(aq), z M HCl(aq)의 부피를 달리하여 혼합한 수용액 (가)~(다)에 대한 자료이다.

○ 수용액에서 H$_2$A는 H$^+$과 A^{2-}으로 모두 이온화된다.

혼합 수용액		(가)	(나)	(다)
혼합 전 수용액의 부피(mL)	x M NaOH(aq)	a	a	a
	y M H$_2$A(aq)	20	20	20
	z M HCl(aq)	0	20	40
모든 음이온의 몰 농도(M) 합			$\dfrac{2}{7}$	b

○ (가)~(다)의 액성은 모두 다르며, 각각 산성, 중성, 염기성 중 하나이다.
○ (가)에 존재하는 모든 음이온의 양은 0.02 mol이다.
○ (나)에 존재하는 모든 양이온의 양은 0.03 mol이다.

$a \times b$는? (단, 혼합 수용액의 부피는 혼합 전 각 수용액의 부피의 합과 같고, 물의 자동 이온화는 무시한다.) [3점]

① 10   ② 20   ③ 30   ④ 40   ⑤ 50

11

정답률 19 %

다음은 x M $H_2X(aq)$, 0.2 M $YOH(aq)$, 0.3 M $Z(OH)_2(aq)$의 부피를 달리하여 혼합한 용액 Ⅰ~Ⅲ에 대한 자료이다.

○ 수용액에서 H_2X는 H^+과 X^{2-}으로, YOH는 Y^+과 OH^-으로, $Z(OH)_2$는 Z^{2+}과 OH^-으로 모두 이온화된다.

혼합 용액	혼합 전 수용액의 부피(mL)			모든 음이온의 몰 농도(M) 합 (상댓값)
	x M $H_2X(aq)$	0.2 M $YOH(aq)$	0.3 M $Z(OH)_2(aq)$	
Ⅰ	V	20	0	5
Ⅱ	$2V$	$4a$	$2a$	4
Ⅲ	$2V$	a	$5a$	b

○ Ⅰ은 산성이다.

○ Ⅱ에서 $\dfrac{\text{모든 양이온의 양(mol)}}{\text{모든 음이온의 양(mol)}} = \dfrac{3}{2}$이다.

○ Ⅱ와 Ⅲ의 부피는 각각 100 mL이다.

$x \times b$는? (단, 혼합 용액의 부피는 혼합 전 각 용액의 부피의 합과 같고, 물의 자동 이온화는 무시하며, X^{2-}, Y^+, Z^{2+}은 반응하지 않는다.) [3점]

① 1　　② 2　　③ 3　　④ 4　　⑤ 5

12

정답률 41 %

다음은 a M $HA(aq)$, b M $H_2B(aq)$, $\dfrac{5}{2}a$ M $NaOH(aq)$의 부피를 달리하여 혼합한 수용액 (가)~(다)에 대한 자료이다.

○ 수용액에서 HA는 H^+과 A^-으로, H_2B는 H^+과 B^{2-}으로 모두 이온화된다.

혼합 수용액	혼합 전 수용액의 부피(mL)			모든 양이온의 몰 농도(M) 합 (상댓값)
	$HA(aq)$	$H_2B(aq)$	$NaOH(aq)$	
(가)	$3V$	V	$2V$	5
(나)	V	xV	$2xV$	9
(다)	xV	xV	$3V$	y

○ (가)는 중성이다.

$\dfrac{y}{x}$는? (단, 혼합 수용액의 부피는 혼합 전 각 수용액의 부피의 합과 같고, 물의 자동 이온화는 무시한다.)

① 1　　② 2　　③ 3　　④ 4　　⑤ 5

표는 x M $H_2A(aq)$과 y M NaOH(aq)의 부피를 달리하여 혼합한 용액 (가)~(다)에 대한 자료이다.

혼합 용액		(가)	(나)	(다)
혼합 전 수용액의 부피(mL)	x M $H_2A(aq)$	10	20	30
	y M NaOH(aq)	30	20	10
액성		염기성		산성
혼합 용액에 존재하는 A^{2-}의 양(mol) 모든 이온의 양(mol) (상댓값)		3	a	8

$a \times \dfrac{y}{x}$는? (단, 수용액에서 H_2A는 H^+과 A^{2-}으로 모두 이온화되고, 물의 자동 이온화는 무시한다.) [3점]

① $\dfrac{1}{12}$ ② $\dfrac{3}{16}$ ③ 2   ④ $\dfrac{16}{3}$ ⑤ 12

다음은 중화 반응에 대한 실험이다.

[자료]
- 수용액 A와 B는 각각 0.25 M HY(aq)과 0.75 M $H_2Z(aq)$ 중 하나이다.
- 수용액에서 $X(OH)_2$는 X^{2+}과 OH^-으로, HY는 H^+과 Y^-으로, H_2Z는 H^+과 Z^{2-}으로 모두 이온화된다.

[실험 과정]
(가) a M $X(OH)_2(aq)$ 10 mL에 수용액 A V mL를 첨가하여 혼합 용액 Ⅰ을 만든다.
(나) Ⅰ에 수용액 B $4V$ mL를 첨가하여 혼합 용액 Ⅱ를 만든다.
(다) a M $X(OH)_2(aq)$ 10 mL에 수용액 A $4V$ mL와 수용액 B V mL를 첨가하여 혼합 용액 Ⅲ을 만든다.

[실험 결과]
- Ⅱ에 존재하는 모든 이온의 몰비는 3 : 4 : 5이다.
- $\dfrac{\text{Ⅰ에 존재하는 모든 양이온의 몰 농도의 합}}{\text{Ⅲ에 존재하는 모든 양이온의 몰 농도의 합}} = \dfrac{15}{28}$이다.

$a + V$는? (단, 혼합 용액의 부피는 혼합 전 각 용액의 부피의 합과 같고, 물의 자동 이온화는 무시하며, X^{2+}, Y^-, Z^{2-}은 반응하지 않는다.) [3점]

① $\dfrac{9}{2}$ ② $\dfrac{45}{8}$ ③ $\dfrac{27}{4}$ ④ $\dfrac{63}{8}$ ⑤ 9

다음은 중화 반응에 대한 실험이다.

[자료]

○ ㉠과 ㉡은 각각 HA(aq)과 H$_2$B(aq) 중 하나이다.

○ 수용액에서 HA는 H$^+$과 A$^-$으로, H$_2$B는 H$^+$과 B^{2-}으로 모두 이온화된다.

[실험 과정]

(가) NaOH(aq), HA(aq), H$_2$B(aq)을 각각 준비한다.

(나) NaOH(aq) 10 mL에 x M ㉠을 조금씩 첨가한다.

(다) NaOH(aq) 10 mL에 x M ㉡을 조금씩 첨가한다.

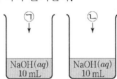

[실험 결과]

○ (나)와 (다)에서 첨가한 산 수용액의 부피에 따른 혼합 용액에 대한 자료

첨가한 산 수용액의 부피(mL)		0	V	$2V$	$3V$
혼합 용액에 존재하는 모든 이온의 몰 농도(M)의 합	(나)	1	$\frac{1}{2}$		$\frac{1}{2}$
	(다)	1	$\frac{3}{5}$	a	y

○ $a < \frac{3}{5}$이다.

y는? (단, 혼합 용액의 부피는 혼합 전 용액의 부피의 합과 같고, 물의 자동 이온화는 무시한다.) [3점]

① $\frac{1}{6}$　　② $\frac{1}{5}$　　③ $\frac{1}{4}$　　④ $\frac{1}{3}$　　⑤ $\frac{1}{2}$

다음은 중화 반응에 대한 실험이다.

[자료]

○ 수용액에서 H$_2$A는 H$^+$과 A^{2-}으로, HB는 H$^+$과 B$^-$으로 모두 이온화된다.

[실험 과정]

(가) x M NaOH(aq), y M H$_2$A(aq), y M HB(aq)을 각각 준비한다.

(나) 3개의 비커에 각각 NaOH(aq) 20 mL를 넣는다.

(다) (나)의 3개의 비커에 각각 H$_2$A(aq) V mL, HB(aq) V mL, HB(aq) 30 mL를 첨가하여 혼합 용액 Ⅰ~Ⅲ을 만든다.

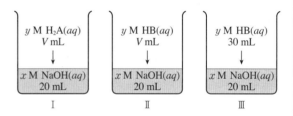

[실험 결과]

○ 혼합 용액 Ⅰ~Ⅲ에 존재하는 이온의 종류와 이온의 몰 농도(M)

이온의 종류		W	X	Y	Z
이온의 몰 농도(M)	Ⅰ	$2a$	0	$2a$	$2a$
	Ⅱ	$2a$	$2a$	0	0
	Ⅲ	a	b	0	0.2

$\dfrac{b}{a} \times (x+y)$는? (단, 혼합 용액의 부피는 혼합 전 각 용액의 부피의 합과 같고, 물의 자동 이온화는 무시한다.) [3점]

① 2　　② 3　　③ 4　　④ 5　　⑤ 6

17 정답률 35%

다음은 중화 반응에 대한 실험이다.

[자료]

○ 수용액 A와 B는 각각 0.4 M YOH(aq)과 a M Z(OH)$_2$(aq) 중 하나이다.

○ 수용액에서 H$_2$X는 H$^+$과 X^{2-}으로, YOH는 Y$^+$과 OH$^-$으로, Z(OH)$_2$는 Z^{2+}과 OH$^-$으로 모두 이온화된다.

[실험 과정]

(가) 0.3 M H$_2$X(aq) V mL가 담긴 비커에 수용액 A 5 mL를 첨가하여 혼합 용액 Ⅰ을 만든다.

(나) Ⅰ에 수용액 B 15 mL를 첨가하여 혼합 용액 Ⅱ를 만든다.

(다) Ⅱ에 수용액 B x mL를 첨가하여 혼합 용액 Ⅲ을 만든다.

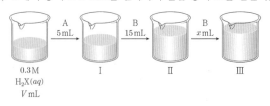

0.3 M
H$_2$X(aq)
V mL

[실험 결과]

○ Ⅲ은 중성이다.

○ Ⅰ과 Ⅱ에 대한 자료

혼합 용액	Ⅰ	Ⅱ
혼합 용액에 존재하는 모든 이온의 몰 농도의 합(상댓값)	8	5
혼합 용액에서 $\dfrac{\text{음이온 수}}{\text{양이온 수}}$	$\dfrac{3}{5}$	$\dfrac{3}{5}$

$\dfrac{x}{V} \times a$는? (단, 혼합 용액의 부피는 혼합 전 각 용액의 부피의 합과 같고, 물의 자동 이온화는 무시하며, X^{2-}, Y$^+$, Z^{2+}은 반응하지 않는다.) [3점]

① $\dfrac{1}{4}$　　② $\dfrac{1}{5}$　　③ $\dfrac{3}{20}$　　④ $\dfrac{1}{10}$　　⑤ $\dfrac{1}{20}$

18 정답률 38%

다음은 25 °C에서 식초 A 1 g에 들어 있는 아세트산(CH$_3$COOH)의 질량을 알아보기 위한 중화 적정 실험이다.

[자료]

○ 25 °C에서 식초 A의 밀도: d g/mL

○ CH$_3$COOH의 분자량: 60

[실험 과정 및 결과]

(가) 식초 A 10 mL에 물을 넣어 수용액 50 mL를 만들었다.

(나) (가)의 수용액 20 mL에 페놀프탈레인 용액을 2~3방울 넣고 a M KOH(aq)으로 적정하였을 때, 수용액 전체가 붉게 변하는 순간까지 넣어 준 KOH(aq)의 부피는 30 mL이었다.

(다) (나)의 적정 결과로부터 구한 식초 A 1 g에 들어 있는 CH$_3$COOH의 질량은 0.05 g이었다.

a는? (단, 온도는 25 °C로 일정하고, 중화 적정 과정에서 식초 A에 포함된 물질 중 CH$_3$COOH만 KOH과 반응한다.) [3점]

① $\dfrac{d}{9}$　　② $\dfrac{d}{6}$　　③ $\dfrac{5d}{18}$　　④ $\dfrac{d}{3}$　　⑤ $\dfrac{5d}{9}$

다음은 아세트산(CH_3COOH) 수용액 100 g에 들어 있는 용질의 질량을 알아보기 위한 중화 적정 실험이다. CH_3COOH의 분자량은 60이다.

[실험 과정]

(가) 25 °C에서 밀도가 d g/mL인 $CH_3COOH(aq)$을 준비한다.

(나) (가)의 수용액 10 mL에 물을 넣어 50 mL 수용액을 만든다.

(다) (나)에서 만든 수용액 20 mL에 페놀프탈레인 용액을 2~3방울 넣고 0.1 M $NaOH(aq)$으로 적정하였을 때, 수용액 전체가 붉게 변하는 순간까지 넣어 준 $NaOH(aq)$의 부피(V)를 측정한다.

[실험 결과]

○ V: a mL

○ (다) 과정 후 혼합 용액에 존재하는 Na^+의 몰 농도: 0.08 M

○ (가)의 수용액 100 g에 들어 있는 용질의 질량: x g

x는? (단, 온도는 25 °C로 일정하고, 혼합 용액의 부피는 혼합 전 각 용액의 부피의 합과 같으며, 넣어 준 페놀프탈레인 용액의 부피는 무시한다.) [3점]

① $\dfrac{4}{d}$　　② $\dfrac{24d}{5}$　　③ $\dfrac{24}{5d}$　　④ $12d$　　⑤ $\dfrac{12}{d}$

다음은 중화 반응 실험이다.

[자료]

○ 수용액에서 H_2A는 H^+과 A^{2-}으로 모두 이온화된다.

[실험 과정]

(가) a M $H_2A(aq)$과 y M $NaOH(aq)$을 준비한다.

(나) 3개의 비커에 (가)의 2가지 수용액의 부피를 달리하여 혼합한 용액 I~III을 만든다.

[실험 결과]

○ I~III의 액성은 모두 다르며, 각각 산성, 중성, 염기성 중 하나이다.

○ 혼합 용액 I~III에 대한 자료

혼합 용액	혼합 전 수용액의 부피(mL)		모든 양이온의 몰 농도(M) 합
	x M $H_2A(aq)$	y M $NaOH(aq)$	
I	V	10	2
II	V	20	2
III	$3V$	40	㉠

㉠ $\times \dfrac{x}{y}$는? (단, 혼합 용액의 부피는 혼합 전 각 용액의 부피의 합과 같고, 물의 자동 이온화는 무시한다.) [3점]

① $\dfrac{4}{7}$　　② $\dfrac{8}{7}$　　③ $\dfrac{12}{7}$　　④ $\dfrac{15}{7}$　　⑤ $\dfrac{18}{7}$

다음은 금속 M과 관련된 산화 환원 반응의 화학 반응식과 이에 대한 자료이다.

○ 화학 반응식:
$$2MO_4^- + aH_2C_2O_4 + bH^+ \longrightarrow 2M^{n+} + cCO_2 + dH_2O$$
$(a \sim d$는 반응 계수)

○ MO_4^- 1 mol이 반응할 때 생성된 H_2O의 양은 $2n$ mol이다.

$a+b$는? (단, M은 임의의 원소 기호이다.) [3점]

① 11 　　② 12 　　③ 13 　　④ 14 　　⑤ 15

다음은 금속 X, Y와 관련된 산화 환원 반응에 대한 자료이다. X의 산화물에서 산소(O)의 산화수는 -2이다.

○ 화학 반응식:
$$aX_2O_m{}^{2-} + bY^{(n-1)+} + cH^+ \longrightarrow dX^{n+} + bY^{n+} + eH_2O$$
$(a \sim e$는 반응 계수)

○ $Y^{(n-1)+}$ 3 mol이 반응할 때 생성된 X^{n+}은 1 mol이다.

○ 반응물에서 $\dfrac{X의 산화수}{Y의 산화수} = 3$이다.

$m+n$은? (단, X와 Y는 임의의 원소 기호이다.) [3점]

① 6 　　② 8 　　③ 10 　　④ 12 　　⑤ 14

우리는 남다른 상상과 혁신으로
교육 문화의 새로운 전형을 만들어
모든 이의 행복한 경험과 성장에 기여한다.
https://book.visang.com

Full수록

수능기출문제집

빠른 정답 확인을 펼쳐 놓고,
정답을 확인하면 편리합니다.

빠른
정답
확인

화학 I

visang

1일차 — 화학의 유용성, 화학식량과 몰(1) (문제편 008쪽~017쪽)

01 ④ 03 ③ 05 ④ 07 ④ 09 ③ 11 ③ 13 ① 15 ① 17 ⑤ 19 ② 21 ④ 23 ⑤ 25 ③ 27 ⑤ 29 ③ 31 ④
02 ④ 04 ③ 06 ⑤ 08 ③ 10 ② 12 ③ 14 ③ 16 ④ 18 ④ 20 ④ 22 ③ 24 ③ 26 ④ 28 ③ 30 ③ 32 ⑤
33 ③ 35 ⑤ 37 ④ 39 ④
34 ④ 36 ⑤ 38 ① 40 ⑤

2일차 — 화학식량과 몰(2) (문제편 020쪽~031쪽)

01 ④ 03 ③ 05 ⑤ 07 ④ 09 ④ 11 ① 13 ④ 15 ④ 17 ⑤ 19 ④ 21 ④ 22 ⑤ 23 ⑤ 24 ② 26 ⑤ 28 ③
02 ① 04 ② 06 ③ 08 ④ 10 ⑤ 12 ① 14 ② 16 ⑤ 18 ⑤ 20 ⑤ 25 ⑤ 27 ④
29 ② 31 ④ 33 ⑤ 35 ② 36 ⑤ 37 ① 38 ⑤ 39 ⑤
30 ④ 32 ④ 34 ①

3일차 — 화학 반응식 완성과 반응 계수 (문제편 034쪽~043쪽)

01 ① 03 ③ 05 ⑤ 07 ④ 09 ① 11 ④ 13 ③ 15 ② 17 ① 19 ① 21 ③ 23 ④ 25 ① 27 ② 29 ④ 30 ②
02 ② 04 ② 06 ④ 08 ④ 10 ① 12 ① 14 ① 16 ⑤ 18 ② 20 ③ 22 ④ 24 ① 26 ④ 28 ①
31 ② 32 ② 33 ① 34 ②

4일차 — 화학 반응에서의 양적 관계(1) (문제편 046쪽~053쪽)

01 ④ 03 ⑤ 05 ④ 06 ③ 07 ⑤ 08 ④ 09 ① 10 ④ 12 ④ 13 ② 14 ② 16 ④ 18 ④ 20 ⑤ 21 ④ 22 ①
02 ④ 04 ① 11 ③ 15 ④ 17 ⑤ 19 ②

5일차 — 화학 반응에서의 양적 관계(2) (문제편 056쪽~061쪽)

01 ② 03 ② 04 ⑤ 06 ③ 08 ① 09 ③ 11 ① 12 ② 14 ⑤ 15 ④ 16 ⑤ 17 ②
02 ② 05 ③ 07 ⑤ 10 ④ 13 ①

6일차 — 몰 농도 (문제편 064쪽~073쪽)

01 ② 03 ④ 05 ⑤ 07 ③ 09 ① 11 ⑤ 13 ⑤ 15 ④ 17 ③ 19 ④ 21 ④ 23 ⑤ 25 ① 27 ② 29 ② 31 ⑤
02 ⑤ 04 ① 06 ④ 08 ③ 10 ④ 12 ④ 14 ① 16 ② 18 ③ 20 ③ 22 ④ 24 ④ 26 ① 28 ④ 30 ① 32 ④
33 ④ 35 ③ 37 ③ 39 ②
34 ① 36 ② 38 ③

7일차 — 원자의 구성 입자, 동위 원소와 평균 원자량 (문제편 076쪽~087쪽)

01 ⑤ 03 ② 05 ⑤ 07 ⑤ 08 ④ 10 ⑤ 11 ② 13 ③ 15 ① 17 ③ 19 ⑤ 20 ④ 22 ④ 23 ② 25 ② 27 ⑤
02 ④ 04 ④ 06 ③ 09 ③ 12 ④ 14 ② 16 ① 18 ④ 21 ⑤ 24 ⑤ 26 ⑤ 28 ③
29 ④ 31 ④ 33 ⑤ 35 ③ 37 ⑤ 39 ① 40 ④ 42 ①
30 ② 32 ① 34 ② 36 ① 38 ② 41 ①

8일차 — 원자 모형 변천, 현대 원자 모형 (문제편 090쪽~097쪽)

01 ① 03 ⑤ 05 ② 07 ④ 09 ④ 11 ④ 13 ⑤ 15 ② 17 ② 19 ② 21 ② 23 ② 25 ⑤ 27 ⑤ 28 ⑤ 30 ⑤
02 ① 04 ③ 06 ③ 08 ① 10 ④ 12 ① 14 ② 16 ④ 18 ④ 20 ② 22 ⑤ 24 ④ 26 ① 29 ③

9일차 — 현대 원자 모형과 전자 배치 규칙 (문제편 100쪽~103쪽)

01 ④ 03 ⑤ 05 ⑤ 07 ⑤ 09 ⑤ 11 ① 13 ② 15 ①
02 ⑤ 04 ④ 06 ② 08 ② 10 ② 12 ① 14 ③ 16 ③

10일차 — 현대 원자 모형과 전자 배치 (문제편 106쪽~115쪽)

01 ④ 03 ① 05 ② 07 ⑤ 09 ⑤ 11 ③ 13 ④ 15 ⑤ 17 ⑤ 19 ② 21 ⑤ 22 ① 24 ② 26 ⑤ 27 ⑤ 29 ③
02 ② 04 ④ 06 ③ 08 ④ 10 ④ 12 ③ 14 ④ 16 ③ 18 ⑤ 20 ⑤ 23 ⑤ 25 ① 28 ① 30 ③
31 ③ 33 ① 35 ④ 36 ⑤
32 ② 34 ①

11일차 — 원소의 주기적 성질(1) (문제편 118쪽~123쪽)

01 ① 02 ④ 03 ④ 04 ① 06 ② 07 ④ 09 ① 11 ① 12 ④ 14 ③ 15 ③
05 ① 08 ② 10 ④ 13 ⑤

12일차 — 원소의 주기적 성질(2) (문제편 126쪽~133쪽)

01 ③ 02 ③ 04 ⑤ 06 ⑤ 08 ③ 10 ③ 12 ⑤ 14 ③ 16 ④ 18 ④ 20 ⑤ 21 ④ 23 ④ 25 ④ 26 ④ 27 ④
03 ③ 05 ③ 07 ③ 09 ② 11 ① 13 ⑤ 15 ⑤ 17 ① 19 ⑤ 22 ④ 24 ① 28

13일차 — 전자 배치, 주기적 성질과 주기율표 (문제편 136쪽~141쪽)

01 ⑤ 03 ① 05 ⑤ 07 ④ 09 ④ 11 ⑤ 13 ④ 15 ⑤ 17 ② 18 ① 20 ① 22 ②
02 ④ 04 ④ 06 ② 08 ② 10 ⑤ 12 ⑤ 14 ⑤ 16 ⑤ 19 ② 21 ①

14일차 — 화학 결합의 전기적 성질, 화학 결합의 종류 (문제편 144쪽~149쪽)

01 ④ 02 ① 04 ⑤ 06 ⑤ 07 ① 09 ⑤ 11 ③ 13 ② 15 ④ 17 ⑤ 19 ④ 20 ②
03 ⑤ 05 ② 08 ④ 10 ⑤ 12 ⑤ 14 ③ 16 ⑤ 18 ⑤ 21 ③

15일차 — 화학 결합의 종류에 따른 성질 (문제편 152쪽~161쪽)

01 ④ 03 ⑤ 05 ⑤ 07 ⑤ 09 ① 11 ⑤ 12 ① 14 ① 16 ③ 18 ③ 20 ② 22 ⑤ 24 ④ 26 ② 28 ③ 30 ⑤
02 ④ 04 ⑤ 06 ③ 08 ⑤ 10 ③ 13 ⑤ 15 ⑤ 17 ⑤ 19 ③ 21 ③ 23 ③ 25 ① 27 ④ 29 ④ 31 ⑤
32 ③ 34 ④ 36 ④
33 ④ 35 ③

16일차 — 전기 음성도와 결합의 극성 (문제편 164쪽~169쪽)

01 ④ 02 ③ 03 ① 05 ② 07 ③ 09 ④ 11 ① 12 ① 14 ③ 16 ③ 18 ⑤ 20 ②
04 ⑤ 06 ④ 08 ④ 10 ① 13 ③ 15 ① 17 ① 19 ③ 21 ⑤

17일차 — 분자의 구조와 극성(1) (문제편 172쪽~181쪽)

01 ④ 02 ④ 04 ② 06 ③ 08 ② 10 ④ 12 ① 14 ⑤ 16 ④ 18 ⑤ 20 ② 22 ③ 24 ④ 26 ① 28 ⑤ 30 ⑤
03 ① 05 ④ 07 ④ 09 ② 11 ② 13 ① 15 ⑤ 17 ④ 19 ⑤ 21 ⑤ 23 ④ 25 ⑤ 27 ④ 31 ⑤
32 ① 34 ④ 36 ④ 38 ②
33 ③ 35 ⑤ 37 ⑤

18일차 — 분자의 구조와 극성(2) (문제편 184쪽~193쪽)

01 ③ 03 ⑤ 05 ② 07 ① 09 ③ 11 ③ 13 ⑤ 15 ⑤ 17 ① 19 ② 21 ③ 23 ④ 24 ④ 26 ④ 28 ③ 30 ①
02 ④ 04 ⑤ 06 ② 08 ① 10 ② 12 ⑤ 14 ④ 16 ③ 18 ④ 20 ⑤ 22 ④ 25 ③ 27 ⑤ 29 ② 31 ④
32 ⑤ 34 ④ 36 ④ 38 ⑤
33 ⑤ 35 ④ 37 ⑤ 39 ④

19일차 — 분자의 구조와 극성(3) (문제편 196쪽~203쪽)

01 ② 03 ⑤ 05 ③ 07 ③ 09 ① 11 ① 13 ① 15 ① 17 ④ 19 ① 20 ② 21 ③ 23 ② 25 ④ 27 ① 28 ⑤
02 ⑤ 04 ② 06 ② 08 ① 10 ⑤ 12 ③ 14 ① 16 ⑤ 18 ② 22 ② 24 ① 26 ④

➔ 빠른 정답 확인 뒷면에 이어집니다.

공부하고자 책을 잡았다면, 최소한 하루 1일차 학습은 마무리하자.

20일차 — 가역 반응과 동적 평형, 산 염기 정의
문제편 206쪽~215쪽

01 ① 03 ① 05 ③ 06 ③ | 08 ③ 10 ① 12 ① 14 ① | 16 ① 17 ① 19 ② 21 ④ | 22 ④ 24 ④ 26 ④ 28 ②
02 ① 04 ③ 07 ⑤ | 09 ② 11 ③ 13 ① 15 ④ | 18 ③ 20 ① | 23 ② 25 ② 27 ①

29 ③ 31 ⑤ 33 ⑤ 35 ①
30 ① 32 ② 34 ⑤

21일차 — 물의 자동 이온화와 pH
문제편 218쪽~225쪽

01 ① 03 ③ 05 ② 07 ② | 09 ② 11 ⑤ 13 ④ 15 ③ | 16 ⑤ 18 ③ 19 ③ 21 ① | 23 ② 25 ③ 27 ④ 29 ②
02 ④ 04 ④ 06 ④ 08 ③ | 10 ③ 12 ③ 14 ⑤ | 17 ③ 20 ⑤ 22 ③ | 24 ③ 26 ③ 28 ②

22일차 — 중화 반응에서의 양적 관계(1)
문제편 228쪽~241쪽

01 ② 02 ③ 04 ① 05 ④ | 06 ④ 07 ① 08 ④ 09 ② | 11 ① 12 ② 13 ④ 14 ② | 15 ② 16 ⑤ 17 ③ 18 ①
03 ④ | 10 ⑤

19 ① 20 ② 21 ④ 22 ③ | 23 ② 24 ① 25 ② 26 ③ | 27 ④ 28 ④ 29 ⑤ 30 ④

23일차 — 중화 반응에서의 양적 관계(2), 중화 적정 실험
문제편 244쪽~259쪽

01 ③ 02 ② 03 ② 04 ① | 05 ① 06 ① 07 ② 08 ④ | 09 ③ 10 ③ 11 ④ 12 ③ | 13 ⑤ 14 ① 15 ① 16 ①
17 ②

18 ① 19 ② 21 ① 22 ② | 24 ④ 25 ② 26 ④ 27 ④ | 28 ④ 29 ① 30 ④ 31 ⑤ | 32 ① 33 ④ 34 ② 35 ④
20 ⑤ | 23 ③

24일차 — 산화수 변화와 산화 환원 반응(1)
문제편 262쪽~265쪽

01 ④ 03 ③ 05 ② 07 ③ | 09 ① 11 ① 13 ③ 15 ③
02 ② 04 ② 06 ② 08 ① | 10 ⑤ 12 ⑤ 14 ⑤ 16 ①

25일차 — 산화수 변화와 산화 환원 반응(2)
문제편 268쪽~275쪽

01 ④ 03 ① 05 ④ 07 ② | 09 ② 11 ④ 13 ② 15 ④ | 17 ① 19 ③ 21 ② 23 ① | 25 ① 27 ④ 29 ① 31 ⑤
02 ② 04 ② 06 ① 08 ③ | 10 ⑤ 12 ③ 14 ④ 16 ④ | 18 ③ 20 ① 22 ② 24 ③ | 26 ② 28 ① 30 ① 32 ③

26일차 — 산화수 변화와 산화 환원 반응(3), 화학 반응에서의 열의 출입
문제편 278쪽~287쪽

01 ② 03 ⑤ 04 ④ 05 ③ | 06 ⑤ 07 ④ 08 ① 09 ② | 10 ⑤ 11 ⑤ 12 ① 13 ② | 15 ① 17 ② 19 ③ 21 ②
02 ② | 14 ③ | 16 ① 18 ⑤ 20 ⑤ 22 ②

23 ② 25 ⑤ 26 ④ 27 ③
24 ⑤

정답률 낮은 문제, 한 번 더!
문제편 288쪽~312쪽

I단원 01 ① 02 ③ 03 ④ 04 ③ 05 ③ 06 ⑤ 07 ⑤ 08 ⑤ 09 ① 10 ③ 11 ① 12 ② 13 ⑤ 14 ④ 15 ② 16 ④ 17 ② 18 ⑤ 19 ② 20 ① 21 ③ 22 ①
23 ① 24 ④ 25 ③

II단원 01 ⑤ 02 ③ 03 ④ 04 ⑤ 05 ⑤ 06 ③ 07 ①

IV단원 01 ② 02 ⑤ 03 ③ 04 ④ 05 ① 06 ① 07 ② 08 ⑤ 09 ① 10 ① 11 ② 12 ③ 13 ⑤ 14 ① 15 ④ 16 ② 17 ④ 18 ① 19 ⑤ 20 ② 21 ① 22 ③

실전모의고사

1회 1 ⑤ 2 ③ 3 ④ 4 ② 5 ① 6 ⑤ 7 ① 8 ⑤ 9 ② 10 ③ 11 ③ 12 ② 13 ③ 14 ④ 15 ④ 16 ② 17 ⑤ 18 ③ 19 ① 20 ⑤
2회 1 ④ 2 ⑤ 3 ② 4 ⑤ 5 ① 6 ④ 7 ① 8 ③ 9 ③ 10 ④ 11 ② 12 ⑤ 13 ⑤ 14 ① 15 ① 16 ④ 17 ③ 18 ② 19 ⑤ 20 ①
3회 1 ⑤ 2 ④ 3 ③ 4 ② 5 ① 6 ③ 7 ① 8 ⑤ 9 ⑤ 10 ② 11 ③ 12 ① 13 ③ 14 ⑤ 15 ③ 16 ② 17 ④ 18 ④ 19 ② 20 ⑤

수능 준비 마무리 전략

☑ 새로운 것을 준비하기보다는 그동안 공부했던 내용들을 정리한다.

☑ 수능 시험일 기상 시간에 맞춰 일어나는 습관을 기른다.

☑ 수능 시간표에 생활 패턴을 맞춰 보면서 시험 당일 최적의 상태가 될 수 있도록 한다.

☑ 무엇보다 중요한 것은 체력 관리이다. 늦게까지 공부한다거나 과도한 스트레스를 받으면 집중력이 저하되어 몸에 무리가 올 수 있으므로 평소 수면 상태를 유지한다.

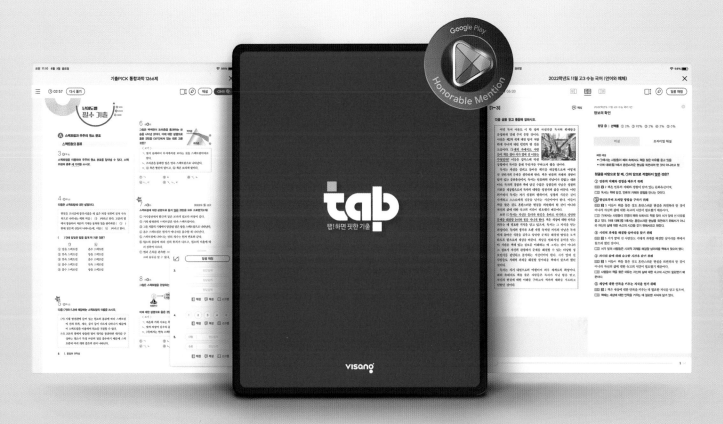

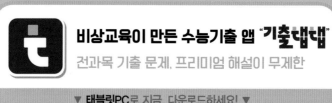

비상교육이 만든 수능기출 앱 "기출댑댑"
전과목 기출 문제, 프리미엄 해설이 무제한

▼ 태블릿PC로 지금, 다운로드하세요! ▼

 수·능·기·출·문·제·집 26일 내 완성, 평가원 기출 완전 정복 Full수록! 수능기출 완벽 마스터

비상교재
누리집에
방문해 보세요

https://book.visang.com/
발간 이후에 발견되는 오류 고등교재 〉 학습자료실 〉 정오표
본 교재의 정답 고등교재 〉 학습자료실 〉 정답과해설

품질혁신코드 VS01QI25

2026

수능대비
881제 26일 완성!

정답 확인
해설 이해
개념 복습

화학 I

visang

ABOVE IMAGINATION

우리는 남다른 상상과 혁신으로
교육 문화의 새로운 전형을 만들어
모든 이의 행복한 경험과 성장에 기여한다

1 일차

화학의 유용성, 화학식량과 몰(1)

문제편 008쪽~017쪽

01 ④	03 ③	05 ④	07 ④	09 ③	11 ③	13 ①	15 ⑤	17 ⑤	19 ②	21 ④	23 ⑤	25 ③	27 ⑤	29 ③	31 ④
02 ④	04 ③	06 ③	08 ②	10 ②	12 ③	14 ④	16 ④	18 ⑤	20 ④	22 ④	24 ③	26 ⑤	28 ⑤	30 ③	32 ⑤

33 ③	35 ⑤	37 ④	39 ④
34 ④	36 ⑤	38 ①	40 ⑤

2 일차

화학식량과 몰(2)

문제편 020쪽~031쪽

01 ①	03 ③	05 ⑤	07 ⑤	09 ⑤	11 ①	13 ④	15 ④	17 ③	19 ④	21 ⑤	22 ⑤	23 ③	24 ②	26 ⑤	28 ③
02 ④	04 ②	06 ③	08 ④	10 ⑤	12 ②	14 ②	16 ③	18 ⑤	20 ⑤				25 ⑤	27 ④	

29 ②	31 ④	33 ⑤	35 ②	36 ⑤	37 ①	38 ⑤	39 ⑤
30 ④	32 ④	34 ①					

3 일차

화학 반응식 완성과 반응 계수

문제편 034쪽~043쪽

01 ①	03 ②	05 ③	07 ②	09 ③	11 ④	13 ③	15 ⑤	17 ④	19 ③	21 ③	23 ④	25 ②	27 ③	29 ④	30 ②
02 ②	04 ②	06 ④	08 ④	10 ①	12 ②	14 ①	16 ⑤	18 ②	20 ③	22 ④	24 ①	26 ④	28 ①		

31 ②	32 ①	33 ⑤	34 ②

4 일차

화학 반응에서의 양적 관계(1)

문제편 046쪽~053쪽

01 ④	03 ③	05 ②	06 ⑤	07 ③	08 ④	09 ①	10 ④	12 ②	13 ②	14 ②	16 ②	18 ④	20 ⑤	21 ②	22 ①
02 ④	04 ①						11 ③			15 ④	17 ②	19 ②			

5 일차

화학 반응에서의 양적 관계(2)

문제편 056쪽~061쪽

01 ①	03 ②	04 ⑤	06 ③	08 ①	09 ③	11 ①	12 ②	14 ⑤	15 ④	16 ⑤	17 ②
02 ②		05 ③	07 ①		10 ④		13 ①				

6 일차

몰 농도

문제편 064쪽~073쪽

01 ②	03 ④	05 ⑤	07 ③	09 ①	11 ⑤	13 ⑤	15 ④	17 ③	19 ①	21 ①	23 ③	25 ①	27 ②	29 ②	31 ⑤
02 ③	04 ①	06 ③	08 ①	10 ③	12 ④	14 ①	16 ②	18 ③	20 ③	22 ④	24 ⑤	26 ②	28 ④	30 ①	32 ④

33 ④	35 ③	37 ③	39 ②
34 ①	36 ②	38 ③	

7 일차

원자의 구성 입자, 동위 원소와 평균 원자량

문제편 076쪽~087쪽

01 ⑤	03 ③	05 ⑤	07 ⑤	08 ④	10 ⑤	11 ②	13 ③	15 ①	17 ③	19 ⑤	20 ④	22 ④	23 ⑤	25 ②	27 ⑤
02 ⑤	04 ③	06 ③		09 ③		12 ④	14 ②	16 ①	18 ④		21 ⑤		24 ④	26 ③	28 ③

29 ④	31 ④	33 ⑤	35 ③	37 ⑤	39 ③	40 ⑤	42 ①
30 ②	32 ①	34 ②	36 ①	38 ②		41 ⑤	

8 일차

원자 모형 변천, 현대 원자 모형

문제편 090쪽~097쪽

01 ①	03 ①	05 ②	07 ④	09 ④	11 ④	13 ⑤	15 ②	17 ②	19 ③	21 ①	23 ③	25 ⑤	27 ②	28 ⑤	30 ⑤
02 ②	04 ③	06 ②	08 ②	10 ③	12 ①	14 ②	16 ④	18 ②	20 ②	22 ⑤	24 ②	26 ①		29 ②	

9 일차

현대 원자 모형과 전자 배치 규칙

문제편 100쪽~103쪽

01 ④	03 ①	05 ⑤	07 ⑤	09 ⑤	11 ①	13 ②	15 ①
02 ⑤	04 ④	06 ①	08 ②	10 ④	12 ④	14 ④	16 ③

10 일차 현대 원자 모형과 전자 배치

문제편 106쪽~115쪽

01 ④	03 ①	05 ②	07 ⑤
02 ④	04 ④	06 ③	08 ①

09 ⑤	11 ③	13 ④	15 ⑤
10 ④	12 ⑤	14 ④	16 ③

17 ⑤	19 ②	21 ⑤	22 ①
18 ⑤	20 ⑤		23 ⑤

24 ①	26 ⑤	27 ⑤	29 ③
25 ⑤		28 ①	30 ③

31 ③	33 ①	35 ④	36 ⑤
32 ②	34 ①		

11 일차 원소의 주기적 성질(1)

문제편 118쪽~123쪽

01 ①	02 ④	03 ①	04 ①
			05 ①

06 ②	07 ④	09 ①	11 ①
	08 ②	10 ④	

12 ③	14 ③	15 ③
13 ⑤		

12 일차 원소의 주기적 성질(2)

문제편 126쪽~133쪽

01 ③	02 ③	04 ⑤	06 ⑤
	03 ②	05 ③	07 ⑤

08 ③	10 ③	12 ⑤	14 ③
09 ②	11 ①	13 ⑤	15 ③

16 ④	18 ④	20 ③	21 ④
17 ①	19 ⑤		22 ②

23 ④	25 ④	26 ④	27 ④
24 ①			28 ③

13 일차 전자 배치, 주기적 성질과 주기율표

문제편 136쪽~141쪽

01 ⑤	03 ①	05 ⑤	07 ④
02 ④	04 ③	06 ②	08 ②

09 ③	11 ④	13 ⑤	15 ⑤
10 ③	12 ⑤	14 ⑤	16 ③

17 ②	18 ①	20 ④	22 ②
	19 ②	21 ①	

14 일차 화학 결합의 전기적 성질, 화학 결합의 종류

문제편 144쪽~149쪽

01 ⑤	02 ①	04 ⑤	06 ⑤
	03 ⑤	05 ②	

07 ①	09 ⑤	11 ③	13 ②
08 ④	10 ⑤	12 ⑤	14 ③

15 ④	17 ⑤	19 ④	20 ②
16 ⑤	18 ⑤		21 ③

15 일차 화학 결합의 종류에 따른 성질

문제편 152쪽~161쪽

01 ⑤	03 ④	05 ②	07 ⑤
02 ⑤	04 ⑤	06 ⑤	08 ⑤

09 ①	11 ③	12 ⑤	14 ⑤
10 ⑤		13 ⑤	15 ⑤

16 ⑤	18 ⑤	20 ③	22 ⑤
17 ⑤	19 ⑤	21 ⑤	23 ③

24 ④	26 ②	28 ③	30 ⑤
25 ①	27 ④	29 ⑤	31 ⑤

32 ③	34 ④	36 ④
33 ④	35 ③	

16 일차 전기 음성도와 결합의 극성

문제편 164쪽~169쪽

01 ④	02 ③	03 ①	05 ②
		04 ⑤	06 ④

07 ③	09 ④	11 ①	12 ①
08 ④	10 ①		13 ④

14 ③	16 ③	18 ⑤	20 ②
15 ⑤	17 ①	19 ③	21 ⑤

17 일차 분자의 구조와 극성(1)

문제편 172쪽~181쪽

01 ①	02 ②	04 ②	06 ③
	03 ①	05 ②	07 ④

08 ②	10 ④	12 ①	14 ⑤
09 ③	11 ①	13 ②	15 ⑤

16 ⑤	18 ⑤	20 ①	22 ③
17 ⑤	19 ⑤	21 ⑤	23 ④

24 ③	26 ①	28 ⑤	30 ⑤
25 ③	27 ④	29 ①	31 ⑤

32 ①	34 ③	36 ④	38 ②
33 ③	35 ⑤	37 ⑤	

18 일차 분자의 구조와 극성(2)

문제편 184쪽~193쪽

01 ④	03 ③	05 ⑤	07 ①
02 ②	04 ⑤	06 ⑤	08 ①

09 ③	11 ②	13 ③	15 ⑤
10 ②	12 ⑤	14 ④	16 ③

17 ②	19 ②	21 ②	23 ④
18 ④	20 ⑤	22 ④	

24 ③	26 ④	28 ④	30 ①
25 ⑤	27 ②	29 ①	31 ①

32 ⑤	34 ④	36 ④	38 ③
33 ③	35 ⑤	37 ④	39 ①

19 일차 분자의 구조와 극성(3)

문제편 196쪽~203쪽

01 ②	03 ③	05 ⑤	07 ③
02 ⑤	04 ②	06 ②	08 ①

09 ①	11 ⑤	13 ①	15 ①
10 ⑤	12 ③	14 ①	16 ②

17 ③	19 ①	20 ②	21 ③
18 ②			22 ②

23 ②	25 ④	27 ①	28 ⑤
24 ①	26 ④		

20 일차

가역 반응과 동적 평형, 산 염기 정의

문제편 206쪽~215쪽

01 ①	03 ①	05 ③	06 ③	08 ③	10 ①	12 ①	14 ①	16 ①	17 ①	19 ②	21 ④	22 ①	24 ①	26 ④	28 ②
02 ①	04 ③		07 ⑤	09 ①	11 ③	13 ③	15 ④		18 ③	20 ①		23 ③	25 ②	27 ①

29 ③	31 ⑤	33 ⑤	35 ①
30 ①	32 ②	34 ⑤	

21 일차

물의 자동 이온화와 pH

문제편 218쪽~225쪽

01 ①	03 ③	05 ②	07 ②	09 ②	11 ⑤	13 ④	15 ③	16 ⑤	18 ①	19 ③	21 ①	23 ②	25 ①	27 ④	29 ②
02 ④	04 ④	06 ④	08 ③	10 ②	12 ③	14 ⑤		17 ①		20 ⑤	22 ③	24 ①	26 ③	28 ①

22 일차

중화 반응에서의 양적 관계(1)

문제편 228쪽~241쪽

01 ②	02 ③	04 ①	05 ④	06 ④	07 ①	08 ④	09 ②	11 ①	12 ①	13 ③	14 ④	15 ①	16 ①	17 ③	18 ①
	03 ④						10 ⑤					

19 ①	20 ②	21 ④	22 ③	23 ②	24 ①	25 ②	26 ③	27 ④	28 ④	29 ⑤	30 ④

23 일차

중화 반응에서의 양적 관계(2), 중화 적정 실험

문제편 244쪽~259쪽

01 ③	02 ②	03 ②	04 ①	05 ①	06 ④	07 ②	08 ④	09 ③	10 ①	11 ④	12 ①	13 ⑤	14 ①	15 ①	16 ②
															17 ②

18 ①	19 ②	21 ③	22 ②	24 ④	25 ②	26 ④	27 ④	28 ④	29 ①	30 ④	31 ⑤	32 ①	33 ④	34 ②	35 ④
	20 ⑤		23 ③								

24 일차

산화수 변화와 산화 환원 반응(1)

문제편 262쪽~265쪽

01 ④	03 ③	05 ②	07 ③	09 ①	11 ①	13 ①	15 ③
02 ②	04 ②	06 ②	08 ①	10 ⑤	12 ⑤	14 ⑤	16 ①

25 일차

산화수 변화와 산화 환원 반응(2)

문제편 268쪽~275쪽

01 ④	03 ①	05 ④	07 ②	09 ②	11 ④	13 ④	15 ④	17 ①	19 ③	21 ④	23 ①	25 ①	27 ④	29 ①	31 ⑤
02 ②	04 ②	06 ①	08 ③	10 ⑤	12 ③	14 ④	16 ④	18 ③	20 ①	22 ②	24 ①	26 ①	28 ①	30 ①	32 ③

26 일차

산화수 변화와 산화 환원 반응(3), 화학 반응에서의 열의 출입

문제편 278쪽~287쪽

01 ②	03 ⑤	04 ④	05 ③	06 ⑤	07 ④	08 ①	09 ②	10 ⑤	11 ⑤	12 ①	13 ③	15 ①	17 ①	19 ③	21 ②
02 ①											14 ③	16 ④	18 ①	20 ⑤	22 ②

23 ②	25 ⑤	26 ④	27 ③
24 ⑤			

정답률 낮은 문제, 한 번 더!

문제편 288쪽~312쪽

I단원 01 ① 02 ③ 03 ④ 04 ⑤ 05 ③ 06 ⑤ 07 ⑤ 08 ⑤ 09 ① 10 ③ 11 ① 12 ② 13 ⑤ 14 ④ 15 ② 16 ④ 17 ② 18 ⑤ 19 ① 20 ① 21 ③ 22 ①
23 ① 24 ④ 25 ③

II단원 01 ⑤ 02 ③ 03 ④ 04 ⑤ 05 ⑤ 06 ③ 07 ①

IV단원 01 ② 02 ⑤ 03 ③ 04 ④ 05 ① 06 ⑦ 07 ② 08 ⑤ 09 ① 10 ① 11 ② 12 ② 13 ① 14 ① 15 ④ 16 ② 17 ④ 18 ① 19 ⑤ 20 ② 21 ① 22 ③

실전모의고사

1회 1 ⑤ 2 ③ 3 ④ 4 ② 5 ① 6 ⑤ 7 ① 8 ⑤ 9 ② 10 ③ 11 ⑤ 12 ⑤ 13 ① 14 ④ 15 ④ 16 ② 17 ⑤ 18 ③ 19 ① 20 ⑤

2회 1 ④ 2 ⑤ 3 ② 4 ⑤ 5 ① 6 ④ 7 ① 8 ③ 9 ③ 10 ① 11 ② 12 ⑤ 13 ③ 14 ① 15 ① 16 ④ 17 ⑤ 18 ② 19 ⑤ 20 ①

3회 1 ⑤ 2 ④ 3 ⑤ 4 ② 5 ① 6 ③ 7 ① 8 ⑤ 9 ⑤ 10 ③ 11 ① 12 ① 13 ③ 14 ⑤ 15 ① 16 ① 17 ④ 18 ④ 19 ② 20 ⑤

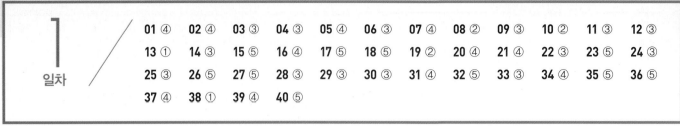

01 인류 문명의 발전에 기여한 화학 2021학년도 4월 학평 화I 1번 정답 ④ | 정답률 96 %

적용해야 할 개념 ②가지
① 암모니아 합성: 하버와 보슈는 고온, 고압에서 질소와 수소를 촉매와 함께 반응시켜 암모니아를 대량으로 합성하는 공정을 개발하였다. 이로부터 질소 비료를 대량으로 생산할 수 있었고, 식량 생산량이 증대되었다.
② 주거 문제의 해결: 나무, 흙, 돌과 같은 천연 재료만을 이용한 건축은 시간이 오래 걸리고 대규모 건축이 어려웠지만, 철, 시멘트, 콘크리트, 알루미늄과 같은 건축 자재의 발달로 대규모 건설이 가능해졌다.

문제 보기

다음은 실생활 해결에 기여한 물질에 대한 설명이다.

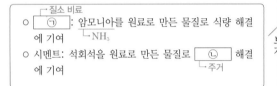

다음 중 ㉠과 ㉡으로 가장 적절한 것은?

<보기> 풀이

❶ 암모니아 합성에 대해 이해하기
질소 비료는 식물의 생장을 촉진시켜 과일이나 열매가 익는 시간을 단축시키거나 생산량을 증가시키는 역할을 한다. 질소 비료의 원료로 이용되는 물질은 암모니아(NH_3)로, 공기 중의 질소는 안정하여 상온, 상압에서는 암모니아를 합성하기 어렵다. 하버는 암모니아를 대량으로 합성할 수 있는 반응 조건을 찾았으며, 이를 통해 질소 비료를 대량으로 생산할 수 있었고, 이는 인류의 식량 문제 해결에 기여하였다.

❷ 건축 자재의 변화 이해하기
과거에는 돌이나 벽돌, 나무를 이용하여 집을 지었는데 집이나 건물의 높이가 높아질수록 중력의 영향으로 이들 재료들이 지탱하기 어려웠다. 그러나 석회석을 원료로 만든 시멘트가 등장하면서 건축 재료의 강도가 높아져 견고하고, 보다 규모가 큰 집이나 건물을 지을 수 있게 되어 주거 공간을 확대할 수 있게 되면서 인류의 주거 문제 해결에 기여하였다.

	㉠	㉡		㉠	㉡
✕	유리	의류	✕	질소 비료	의류
✕	유리	주거	④	질소 비료	주거
✕	석유	의류			

02 합성 섬유 2020학년도 7월 학평 화I 1번 정답 ④ | 정답률 93 %

적용해야 할 개념 ①가지
① 합성 섬유: 석유를 가공하는 과정에서 생성되는 분자량이 작은 탄화수소로부터 합성한 고분자 물질로, 나일론, 폴리에스터, 폴리아크릴 등이 있다.

문제 보기

다음은 인류 생활에 기여한 물질 (가)에 대한 설명이다.

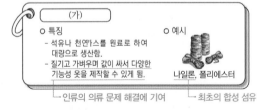

(가)로 가장 적절한 것은?

<보기> 풀이

나일론과 폴리에스터는 대표적인 합성 섬유로, 질기고 가벼우며 대량 생산이 가능하였다. 이러한 합성 섬유의 개발은 천연 섬유의 단점을 보완하여 인류의 의류 문제를 해결하는 데 기여하였다.

✕ 천연 섬유
➡ 천연 섬유는 흡습성과 촉감이 좋지만, 대량 생산이 어렵고 색깔이 단조로우며 질기지 않아 쉽게 닳는 단점이 있다.

✕ 건축 자재
➡ 철과 콘크리트 등 다양한 건축 자재가 개발되어 주거 문제를 해결하는 데 기여하였다.

✕ 화학 비료
➡ 암모니아를 대량으로 합성하면서 질소 비료와 같은 화학 비료를 대량 생산할 수 있었고, 인류의 식량 부족 문제를 개선하는 데 기여하였다.

④ 합성 섬유
➡ 나일론과 폴리에스터는 대표적인 합성 섬유이다.

✕ 인공 염료
➡ 인공 염료의 개발로 누구나 원하는 색깔의 옷을 입을 수 있게 되었다.

03 | 인류 문명의 발전에 기여한 화학 2021학년도 9월 모평 화I 1번 | 정답 ③ | 정답률 89%

적용해야 할 개념 ②가지

① 합성 섬유: 석유를 가공하는 과정에서 생성되는 분자량이 작은 탄화수소로부터 합성한 고분자 물질로, 나일론, 폴리에스터, 폴리아크릴 등이 있다.
② 암모니아의 합성: 하버와 보슈는 고온, 고압에서 질소와 수소를 촉매와 함께 반응시켜 암모니아를 대량으로 합성하는 공정을 개발하였다. 이로부터 질소 비료를 대량으로 생산할 수 있었고, 식량 생산량이 증대되었다.

문제 보기

다음은 화학의 유용성과 관련된 자료이다.

최초의 합성 섬유

○ 과학자들은 석유를 원료로 하여 ㉠나일론을 개발하였다.
○ 하버와 보슈는 질소 기체를 [㉡]와/과 반응시켜 ㉢암모니아를 대량으로 합성하는 제조 공정을 개발하였다. ── 질소 비료 대량 생산 가능 ── 수소 기체

이에 대한 설명으로 옳은 것만을 〈보기〉에서 있는 대로 고른 것은?

〈보기〉 풀이

나일론은 최초의 합성 섬유로 대량 생산이 가능하고 천연 섬유의 단점을 보완한 여러 가지 특징을 가지고 있어서 인류의 의류 문제를 해결하는 데 기여하였다. 하버와 보슈는 질소와 수소를 이용하여 암모니아를 대량으로 합성함으로써 공정을 개발하여 질소 비료의 대량 생산이 가능해졌다.

ㄱ. ㉠은 합성 섬유이다.
➡ 나일론은 인류가 최초로 개발한 합성 섬유이다.

✗ ㄴ. ㉡은 산소 기체이다.
➡ 암모니아의 화학식은 NH_3이므로 구성 원소는 질소(N)와 수소(H)이며, 질소 기체(N_2)와 수소 기체(H_2)를 반응시켜 암모니아 기체(NH_3)를 얻는다. 따라서 ㉡은 수소 기체이다.

ㄷ. ㉢은 인류의 식량 부족 문제를 개선하는 데 기여하였다.
➡ 암모니아를 대량으로 합성함으로써 식물 생장에 필요한 질소 비료를 대량으로 생산하게 되었으며, 이는 식량 생산량을 크게 증대시킴으로써 인류의 식량 부족 문제를 개선하는 데 기여하였다.

04 | 인류 문명의 발전에 기여한 화학 2020학년도 10월 학평 화I 1번 | 정답 ③ | 정답률 86%

적용해야 할 개념 ②가지

① 암모니아의 합성: 하버와 보슈는 고온, 고압에서 질소와 수소를 촉매와 함께 반응시켜 암모니아를 대량으로 합성하는 공정을 개발하였다. 이로부터 질소 비료를 대량으로 생산할 수 있었고, 식량 생산량이 증대되었다.
② 나일론: 캐러더스가 개발한 최초의 합성 섬유로 인류의 의류 문제 해결에 기여하였다.

문제 보기

다음은 화학이 실생활의 문제 해결에 기여한 사례이다.

→ 암모니아(NH_3) → 질소(N_2)

○ 하버는 공기 중의 [㉠] 기체를 수소 기체와 반응시켜 [㉡]을 대량 합성하는 방법을 개발하여 인류의 식량 문제 해결에 기여하였다.
○ 캐러더스는 최초의 합성 섬유인 [㉢]을 개발하여 인류의 의류 문제 해결에 기여하였다. → 나일론

이에 대한 옳은 설명만을 〈보기〉에서 있는 대로 고른 것은?

〈보기〉 풀이

하버와 보슈는 질소와 수소를 이용하여 암모니아를 대량으로 합성하는 공정을 개발함으로써 질소 비료의 대량 생산이 가능해졌다. 캐러더스는 최초의 합성 섬유인 나일론을 개발하여 인류의 의류 문제 해결하는 데 기여하였다.

ㄱ. ㉠은 질소이다.
➡ 암모니아의 화학식은 NH_3이므로 구성 원소는 질소(N)와 수소(H)이며, 질소 기체(N_2)와 수소 기체(H_2)를 반응시켜 암모니아 기체(NH_3)를 얻는다. 따라서 ㉠은 질소이다.

ㄴ. ㉢은 천연 섬유에 비해 대량 생산이 쉽다.
➡ ㉢은 나일론이다. 나일론을 비롯한 합성 섬유는 천연 섬유에 비해 대량 생산이 쉬워 인류의 의류 문제 해결에 기여하였다.

✗ ㄷ. 분자를 구성하는 원자 수는 ㉡이 ㉠의 4배이다.
➡ ㉠과 ㉡의 화학식은 각각 N_2, NH_3로 분자를 구성하는 원자 수는 각각 2, 4이다. 따라서 분자를 구성하는 원자 수는 ㉡이 ㉠의 2배이다.

05	탄소 화합물 2021학년도 수능 화I 1번	정답 ④	정답률 96%

적용해야 할 개념 ①가지

① 탄소 화합물: 탄소(C)를 주성분으로 하여 수소(H), 산소(O), 질소(N), 황(S)과 같은 원소를 포함한 화합물을 말하며, 유기 화합물이라고도 한다. 예 탄화수소, 에탄올(C_2H_5OH), 아세트산(CH_3COOH), 폼알데하이드(HCHO), 아세톤(CH_3COCH_3) 등

문제 보기

다음은 탄소 화합물에 대한 설명이다.

> 탄소 화합물이란 탄소(C)를 기본으로 수소(H), 산소(O), 질소(N) 등이 결합하여 만들어진 화합물이다.

다음 중 <u>탄소 화합물</u>은?
└ 화합물의 화학식에 탄소(C)가 포함되어 있는 물질

<보기> 풀이

탄소 화합물은 화합물의 화학식에 탄소(C)가 포함되어 있는 물질이다.

~~**산화 칼슘(CaO)**~~
➡ 산화 칼슘(CaO)의 구성 원소는 Ca(칼슘), O(산소)이다.

~~**염화 칼륨(KCl)**~~
➡ 염화 칼륨(KCl)의 구성 원소는 K(칼륨), Cl(염소)이다.

~~**암모니아(NH_3)**~~
➡ 암모니아(NH_3)의 구성 원소는 N(질소), H(수소)이다.

④ **에탄올(C_2H_5OH)**
➡ 에탄올(C_2H_5OH)은 술이나 의료용 소독제로 이용되며, 구성 원소는 C(탄소), H(수소), O(산소)이므로 탄소 화합물이다.

~~**물(H_2O)**~~
➡ 물(H_2O)의 구성 원소는 H(수소), O(산소)이다.

보기

06	탄소 화합물의 이용 2022학년도 6월 모평 화I 1번	정답 ③	정답률 96%

적용해야 할 개념 ①가지

① 탄소 화합물: 탄소(C)를 주성분으로 하여 수소(H), 산소(O), 질소(N), 황(S)과 같은 원소를 포함한 화합물을 말하며, 유기 화합물이라고도 한다. 예 탄화수소, 에탄올(C_2H_5OH), 아세트산(CH_3COOH), 폼알데하이드(HCHO), 아세톤(CH_3COCH_3) 등

문제 보기

다음은 일상생활에서 사용하는 제품과 이와 관련된 성분 (가)~(다)에 대한 자료이다.

(가) 설탕
($C_{12}H_{22}O_{11}$)

(나) 염화 나트륨
(NaCl)

(다) 아세트산
(CH_3COOH)

└ 탄소(C)를 포함하지 않는다.

(가)~(다) 중 <u>탄소 화합물</u>만을 있는 대로 고른 것은?
└ C를 중심으로 H, O, N, S 등이 결합하여 형성된 화합물

<보기> 풀이

탄소 화합물은 탄소(C)를 중심으로 수소(H), 산소(O), 질소(N), 황(S)과 같은 비금속 원소가 공유 결합하여 형성된 화합물이다. (가) 설탕의 화학식은 $C_{12}H_{22}O_{11}$이고, (나) 소금의 주성분인 염화 나트륨의 화학식은 NaCl이며, (다) 식초의 주성분인 아세트산의 화학식은 CH_3COOH이다. (가)~(다) 중 탄소 화합물은 탄소(C)를 포함한 (가)와 (다)이다.

보기

 ~~(가)~~ ~~(나)~~ ③ (가), (다) ~~(나), (다)~~ ~~(가), (나), (다)~~

07 탄소 화합물의 이용 2022학년도 3월 학평 화I 1번

정답 ④ | 정답률 93 %

적용해야 할 개념 ②가지

① 탄소 화합물: 탄소(C)를 주성분으로 하여 수소(H), 산소(O), 질소(N), 황(S)과 같은 원소를 포함한 화합물을 말하며, 유기 화합물이라고도 한다. 예 탄화수소, 에탄올(C_2H_5OH), 아세트산(CH_3COOH), 폼알데하이드(HCHO), 아세톤(CH_3COCH_3) 등

② 아세트산(CH_3COOH)의 성질: 일반적으로 에탄올을 발효시켜 얻으며, 물에 녹아 산성을 나타내므로 신맛이 난다. 녹는점이 17 ℃이므로 이보다 낮은 온도에서는 고체 상태로 존재하며, 식초의 성분, 의약품, 합성수지의 원료 등에 쓰인다.

문제 보기

다음은 물질 X에 대한 설명이다.

┌ C를 주성분으로 하여 H, O, N, S 등을 포함한 화합물

○ 탄소 화합물이다.
○ 구성 원소는 3가지이다.
○ 수용액은 산성이다.

다음 중 X로 가장 적절한 것은?

<보기> 풀이

탄소 화합물은 탄소(C)를 기본 원소로 하여 수소(H), 산소(O), 질소(N), 황(S)과 같은 비금속 원소를 포함하는 화합물을 말한다. 구성 원소가 3가지이므로 물질 X는 C를 제외한 2가지 원소가 더 포함되어 있다.

보기

✗ **메테인(CH_4)**
➡ 메테인(CH_4)은 액화 천연가스(LNG)의 주성분으로 탄소 화합물은 맞지만 구성 원소가 C, H 2가지이며, 물에 잘 녹지 않지만 수용액은 중성이다.

✗ **암모니아(NH_3)**
➡ 암모니아(NH_3)는 구성 원소가 N, H로 탄소 화합물이 아니며, NH_3를 물에 녹이면 OH^-이 생성되어 수용액은 염기성을 띤다.

✗ **염화 나트륨(NaCl)**
➡ 염화 나트륨(NaCl)은 Na^+과 Cl^-으로 이루어진 이온 결합 물질로 탄소 화합물이 아니며, 수용액은 중성이다.

④ **아세트산(CH_3COOH)**
➡ 아세트산(CH_3COOH)은 구성 원소가 C, H, O 3가지인 탄소 화합물이고, 물에 녹으면 H^+을 내놓아 수용액은 산성을 띤다. CH_3COOH은 주어진 조건을 만족하므로 물질 X로 가장 적절하다.

✗ **설탕($C_{12}H_{22}O_{11}$)**
➡ 설탕($C_{12}H_{22}O_{11}$)은 구성 원소가 C, H, O 3가지인 탄소 화합물이지만 수용액이 중성이다.

---

08 탄소 화합물의 이용 2020학년도 4월 학평 화I 1번

정답 ② | 정답률 94 %

적용해야 할 개념 ③가지

① 탄소 화합물: 탄소(C)를 주성분으로 하여 수소(H), 산소(O), 질소(N), 황(S)과 같은 원소를 포함한 화합물을 말하며, 유기 화합물이라고도 한다. 예 탄화수소, 에탄올(C_2H_5OH), 아세트산(CH_3COOH), 폼알데하이드(HCHO), 아세톤(CH_3COCH_3) 등

② 탄화수소: 탄소(C)와 수소(H)만으로 이루어진 화합물을 말한다. 예 메테인(CH_4), 에테인(C_2H_6), 프로페인(C_3H_8), 뷰테인(C_4H_{10}) 등

③ 메테인(CH_4)의 성질: 천연가스에서 주로 얻으며, 온실 기체 중 하나이다. 냄새와 색깔이 없고 물에 거의 녹지 않는다. 가정용 연료인 액화 천연가스(LNG)의 주성분이다.

문제 보기

다음은 물질 X에 대한 설명이다.

┌ 메테인(CH_4)

○ 액화 천연가스(LNG)의 주성분이다.
○ 구성 원소는 탄소와 수소이다.

X로 옳은 것은?

<보기> 풀이

가정용 연료나 난방에 이용되는 액화 천연가스(LNG)의 주성분은 메테인(CH_4)이며, 메테인(CH_4)은 탄소(C)와 수소(H)만으로 이루어진 탄화수소이다.

보기

✗ **나일론**
➡ 나일론은 최초의 합성 섬유로, 구성 원소는 탄소(C), 수소(H), 산소(O), 질소(N)이다.

② **메테인**
➡ 메테인(CH_4)은 액화 천연가스(LNG)의 주성분이며, 구성 원소는 탄소(C), 수소(H)이다.

✗ **에탄올**
➡ 에탄올(C_2H_5OH)은 술이나 의료용 소독제로 이용되며, 구성 원소는 탄소(C), 수소(H), 산소(O)이다.

✗ **아세트산**
➡ 아세트산(CH_3COOH)은 식초의 성분이며, 구성 원소는 탄소(C), 수소(H), 산소(O)이다.

✗ **암모니아**
➡ 암모니아(NH_3)는 질소 비료의 원료로 이용되며, 구성 원소는 질소(N), 수소(H)이다.

적용해야 할 개념 ②가지

① 메테인(CH_4)의 성질: 천연가스에서 주로 얻으며, 온실 기체 중 하나이다. 냄새와 색깔이 없고 물에 거의 녹지 않는다. 가정용 연료인 액화 천연가스(LNG)의 주성분이다.

② 아세트산(CH_3COOH)의 성질: 일반적으로 에탄올을 발효시켜 얻으며, 물에 녹아 산성을 나타내므로 신맛이 난다. 녹는점이 17 ℃이므로 이보다 낮은 온도에서는 고체 상태로 존재하며, 식초의 성분, 의약품, 합성수지의 원료 등에 쓰인다.

문제 보기

다음은 메테인(CH_4), 에탄올(C_2H_5OH), 아세트산(CH_3COOH)에 대한 세 학생의 대화이다.

제시한 내용이 옳은 학생만을 있는 대로 고른 것은?

<보기> 풀이

학생 Ⓐ 메테인은 가스 연료로 사용돼.
➡ 액화 천연가스(LNG)는 가정용 연료나 난방에 이용되는 도시가스이며, 자동차 연료로도 이용되는 대표적인 화석 연료이다. 메테인(CH_4)은 액화 천연가스(LNG)의 주성분이다.

학생 Ⓑ 에탄올은 구성 원소가 3가지야.
➡ 에탄올의 화학식은 C_2H_5OH로 에탄올을 구성하는 원소는 각각 탄소(C), 수소(H), 산소(O) 3가지이다.

학생 X̶ 아세트산 수용액은 중성이야.
➡ 아세트산(CH_3COOH)은 물에 녹아 아세트산 이온(CH_3COO^-)과 수소 이온(H^+)으로 이온화되므로 수용액의 액성은 산성이다.

적용해야 할 개념 ③가지

① 메테인(CH_4)의 성질: 천연가스에서 주로 얻으며, 온실 기체 중 하나이다. 냄새와 색깔이 없고 물에 거의 녹지 않는다. 가정용 연료인 액화 천연가스(LNG)의 주성분이다.

② 에탄올(C_2H_5OH)의 성질: 곡물이나 과일을 발효시켜 얻으며, 휘발성이 강하고 불에 잘 탄다. 살균, 소독 작용을 하며, 술의 성분, 소독용 의약품, 용매, 연료 등에 이용된다.

③ 아세트산(CH_3COOH)의 성질: 일반적으로 에탄올을 발효시켜 얻으며, 물에 녹아 산성을 나타내므로 신맛이 난다. 녹는점이 17 ℃이므로 이보다 낮은 온도에서는 고체 상태로 존재하며, 식초의 성분, 의약품, 합성수지의 원료 등에 쓰인다.

문제 보기

다음은 탄소 화합물 (가)~(다)에 대한 설명이다. (가)~(다)는 각각 메테인(CH_4), 에탄올(C_2H_5OH), 아세트산(CH_3COOH) 중 하나이다.

○ (가): 천연가스의 주성분이다. 메테인
○ (나): 수용액은 산성이다. 아세트산
○ (다): 손 소독제를 만드는 데 사용한다. 에탄올

(가)~(다)로 옳은 것은?

<보기> 풀이

❶ 메테인, 에탄올, 아세트산의 성질과 이용 알기
메테인(CH_4)은 액화 천연가스(LNG)의 주성분이다. 에탄올(C_2H_5OH)은 과일의 당 성분이 발효되는 과정에서 생성되며 의료용 소독제로 이용된다. 아세트산(CH_3COOH)은 에탄올을 발효시켜 얻을 수 있는 물질로 물에 녹아 아세트산 이온(CH_3COO^-)과 수소 이온(H^+)으로 이온화되므로 수용액의 액성은 산성이다.

❷ (가)~(다) 찾기
천연가스의 주성분인 (가)는 메테인이고, 수용액이 산성인 (나)는 아세트산이며, 손 소독제를 만드는 데 사용되는 (다)는 에탄올이다.

	(가)	(나)	(다)
X̶①	메테인	에탄올	아세트산
②	메테인	아세트산	에탄올
X̶③	에탄올	메테인	아세트산
X̶④	에탄올	아세트산	메테인
X̶⑤	아세트산	에탄올	메테인

11 탄소 화합물의 이용 2022학년도 수능 화I 2번 　　　　　정답 ③ | 정답률 96 %

적용해야 할 개념 ④가지

① 아세트산(CH_3COOH)의 성질: 일반적으로 에탄올을 발효시켜 얻으며, 물에 녹아 산성을 나타내므로 신맛이 난다. 녹는점이 17 ℃이므로 이보다 낮은 온도에서는 고체 상태로 존재하며, 식초의 성분, 의약품, 합성수지의 원료 등에 쓰인다.

② 암모니아 합성: 하버와 보슈는 고온, 고압에서 질소와 수소를 촉매와 함께 반응시켜 암모니아를 대량으로 합성하는 공정을 개발하였다. 이로부터 질소 비료를 대량으로 생산할 수 있었고, 식량 생산량이 증대되었다.

③ 에탄올(C_2H_5OH)의 성질: 곡물이나 과일을 발효시켜 얻으며, 휘발성이 강하고 불에 잘 탄다. 살균, 소독 작용을 하며, 술의 성분, 소독용 의약품, 용매, 연료 등에 이용된다.

④ 탄소 화합물: 탄소(C)를 주성분으로 하여 수소(H), 산소(O), 질소(N), 황(S)과 같은 원소를 포함한 화합물을 말하며, 유기 화합물이라고도 한다. 예 탄화수소, 에탄올(C_2H_5OH), 아세트산(CH_3COOH), 폼알데하이드(HCHO), 아세톤(CH_3COCH_3) 등

문제 보기

표는 일상생활에서 이용되고 있는 물질에 대한 자료이다.

　　　　　　　　물에 녹아 CH_3COO^-과 H^+으로 이온화된다.

물질	이용 사례
아세트산(CH_3COOH)	식초의 성분이다.
암모니아(NH_3)	질소 비료의 원료로 이용된다.
에탄올(C_2H_5OH)	㉠

이에 대한 설명으로 옳은 것만을 〈보기〉에서 있는 대로 고른 것은? [3점]

〈보기〉 풀이

ㄱ. CH_3COOH을 물에 녹이면 산성 수용액이 된다.
➡ CH_3COOH은 물에 녹아 아세트산 이온(CH_3COO^-)과 수소 이온(H^+)으로 이온화되므로 수용액의 액성은 산성이다.

✗ NH_3는 탄소 화합물이다.
➡ 탄소 화합물은 탄소(C)를 중심으로 수소(H), 산소(O), 질소(N), 황(S)과 같은 비금속 원소가 공유 결합하여 형성된 화합물이다. NH_3는 C 원자를 포함하지 않으므로 탄소 화합물이 아니다.

ㄷ. '의료용 소독제로 이용된다.'는 ㉠으로 적절하다.
➡ 에탄올(C_2H_5OH)은 과일의 당 성분이 발효되는 과정에서 생성되며 의료용 소독제로 이용된다. 따라서 '의료용 소독제로 이용된다.'는 ㉠으로 적절하다.

보기

---

12 탄소 화합물의 이용 2024학년도 수능 화I 1번 　　　　　정답 ③ | 정답률 87 %

적용해야 할 개념 ③가지

① 탄소 화합물: 탄소(C)를 주성분으로 하여 수소(H), 산소(O), 질소(N), 황(S)과 같은 원소를 포함한 화합물을 말하며, 유기 화합물이라고도 한다. 예 탄화수소, 에탄올(C_2H_5OH), 아세트산(CH_3COOH), 폼알데하이드(HCHO), 아세톤(CH_3COCH_3) 등

② 에탄올(C_2H_5OH)의 성질: 곡물이나 과일을 발효시켜 얻으며, 휘발성이 강하고 불에 잘 탄다. 살균, 소독 작용을 하며, 술의 성분, 소독용 의약품, 용매, 연료 등에 이용된다.

③ 발열 반응과 흡열 반응: 화학 반응이 일어날 때 주위로 열을 방출하는 반응을 발열 반응이라 하고, 주위로부터 열을 흡수하는 반응을 흡열 반응이라고 한다. 발열 반응이 일어나면 주위의 온도가 높아지고, 흡열 반응이 일어나면 주위의 온도가 낮아진다.

문제 보기

다음은 일상생활에서 사용되고 있는 물질에 대한 자료이다.

㉠ 에탄올(C_2H_5OH)이 주성분인 손 소독제를 손에 바르면, 에탄올이 증발하면서 손이 시원해진다.
└ 흡열 반응

손난로를 흔들면, 손난로 속에 있는 ㉡ 철가루(Fe)가 산화되면서 열을 방출한다.
└ 발열 반응

이에 대한 설명으로 옳은 것만을 〈보기〉에서 있는 대로 고른 것은?

〈보기〉 풀이

탄소 화합물은 탄소(C)를 중심으로 하여 수소(H), 산소(O), 질소(N), 황(S)과 같은 원소를 포함한 화합물을 말하며, 유기 화합물이라고도 한다.

ㄱ. ㉠은 탄소 화합물이다.
➡ ㉠ 에탄올은 C, H, O로 이루어진 물질로 탄소 화합물이다.

✗ ㉠이 증발할 때 주위로 열을 방출한다.
➡ ㉠ 에탄올이 증발할 때 주위로부터 열을 흡수하여 주위의 온도가 낮아진다. 따라서 에탄올이 주성분인 손 소독제를 손에 바르면 에탄올이 증발하면서 손이 시원해진다. 즉, 에탄올이 증발할 때 주위로부터 열을 흡수한다.

ㄷ. ㉡이 산화되는 반응은 발열 반응이다.
➡ ㉡ 철가루가 산화되면서 열을 방출하므로 철가루가 산화되는 반응은 발열 반응이다.

보기

적용해야 할 개념 ③가지

① 탄소 화합물: 탄소(C)를 주성분으로 하여 수소(H), 산소(O), 질소(N), 황(S)과 같은 원소를 포함한 화합물을 말하며, 유기 화합물이라고도 한다. 예 탄화수소, 에탄올(C_2H_5OH), 아세트산(CH_3COOH), 폼알데하이드(HCHO), 아세톤(CH_3COCH_3) 등

② 메테인(CH_4)의 성질: 천연가스에서 주로 얻으며, 온실 기체 중 하나이다. 냄새와 색깔이 없고 물에 거의 녹지 않는다. 가정용 연료인 액화천연가스(LNG)의 주성분이다.

③ 발열 반응과 흡열 반응: 화학 반응이 일어날 때 주위로 열을 방출하는 반응을 발열 반응이라 하고, 주위로부터 열을 흡수하는 반응을 흡열 반응이라고 한다. 발열 반응이 일어나면 주위의 온도가 높아지고, 흡열 반응이 일어나면 주위의 온도가 낮아진다.

문제 보기

다음은 일상생활에서 이용되고 있는 물질에 대한 자료와 이에 대한 학생들의 대화이다.

보기

발열 반응

○ ㉠ 메테인(CH_4)을 연소시켜 난방을 하거나 음식을 익힌다.

흡열 반응

○ ㉡ 질산 암모늄(NH_4NO_3)이 물에 용해되는 반응을 이용하여 냉찜질 주머니를 차갑게 만든다.

㉠은 탄소 화합물이야. / ㉠의 연소는 흡열 반응이야. / ㉡이 일어날 때 주위로 열이 방출돼.

학생 A / 학생 B / 학생 C

제시한 내용이 옳은 학생만을 있는 대로 고른 것은?

<보기> 풀이

탄소 화합물은 탄소(C)를 중심으로 하여 수소(H), 산소(O), 질소(N), 황(S)과 같은 원소를 포함한 화합물을 말하며, 연소 반응은 산소와 반응하여 빛과 열을 내는 반응으로 발열 반응이다.

학생 A. ㉠은 탄소 화합물이야.

➡ 메테인(CH_4)은 C와 H만으로 이루어진 탄화수소로 탄소 화합물이다.

학생 B ㉠의 연소는 흡열 반응이야.

➡ 메테인(CH_4)을 연소시켜 발생하는 열을 이용하여 난방을 하거나 음식을 익히므로 CH_4의 연소는 발열 반응이다.

학생 C ㉡이 일어날 때 주위로 열이 방출돼.

➡ 냉찜질 주머니는 질산 암모늄(NH_4NO_3)이 물에 용해되면서 주위로부터 열을 흡수하여 주위의 온도가 낮아지는 원리를 이용한 것이다. 따라서 냉찜질 주머니 속에서 일어나는 NH_4NO_3이 물에 용해되는 반응은 주위로부터 열을 흡수하는 흡열 반응이다.

적용해야 할 개념 ③가지

① 탄소 화합물: 탄소(C)를 주성분으로 하여 수소(H), 산소(O), 질소(N), 황(S)과 같은 원소를 포함한 화합물을 말하며, 유기 화합물이라고도 한다. 예 탄화수소, 에탄올(C_2H_5OH), 아세트산(CH_3COOH), 폼알데하이드(HCHO), 아세톤(CH_3COCH_3) 등

② 에탄올(C_2H_5OH)의 성질: 곡물이나 과일을 발효시켜 얻으며, 휘발성이 강하고 불에 잘 탄다. 살균, 소독 작용을 하며, 술의 성분, 소독용 의약품, 용매, 연료 등에 이용된다.

③ 발열 반응과 흡열 반응: 연소 반응과 같이 화학 반응을 통해 열을 방출하여 주위의 온도가 높아지는 반응을 발열 반응이라 하고, 베이킹 파우더의 주성분인 탄산수소 나트륨($NaHCO_3$)의 열분해 반응과 같이 화학 반응을 통해 열을 흡수하여 주위의 온도가 낮아지는 반응을 흡열 반응이라고 한다.

문제 보기

다음은 우리 생활에서 에탄올을 이용하는 사례이다.

물 / 에탄올

㉠ 에탄올(C_2H_5OH)이 연소할 때 발생하는 열을 이용하여 ㉡ 물(H_2O)을 가열한다.

H와 O만으로 이루어진 물질 / 발열 반응

이에 대한 설명으로 옳은 것만을 〈보기〉에서 있는 대로 고른 것은?

<보기> 풀이

탄소 화합물은 탄소(C)를 중심으로 하여 수소(H), 산소(O), 질소(N), 황(S)과 같은 원소를 포함한 화합물을 말하며, 유기 화합물이라고도 한다.

ㄱ ㉠은 의료용 소독제로 이용된다.

➡ ㉠ 에탄올(C_2H_5OH)은 손소독제와 같은 소독제로 이용된다.

ㄴ ㉠의 연소 반응은 발열 반응이다.

➡ 연소 반응은 산소와 반응하여 빛과 열을 내는 반응으로 종류에 관계 없이 연소 반응은 발열 반응이다. 따라서 C_2H_5OH의 연소 반응도 발열 반응이다.

ㄷ ㉡은 탄소 화합물이다.

➡ ㉡ 물(H_2O)은 H와 O만으로 이루어진 화합물로 탄소 화합물에 해당하지 않는다.

15 탄소 화합물의 이용 2025학년도 6월 모평 화I 1번

정답 ⑤ | 정답률 97 %

적용해야 할 개념 ③가지

① 탄소 화합물: 탄소(C)를 주성분으로 하여 수소(H), 산소(O), 질소(N), 황(S)과 같은 원소를 포함한 화합물을 말하며, 유기 화합물이라고도 한다. 예 메테인(CH_4), 에탄올(C_2H_5OH), 아세트산(CH_3COOH), 폼알데하이드($HCHO$), 아세톤(CH_3COCH_3) 등

② 나일론: 캐러더스가 개발한 최초의 합성 섬유로, 인류의 의류 문제 해결에 기여하였다.

③ 발열 반응과 흡열 반응: 연소 반응과 같이 화학 반응을 통해 열을 방출하여 주위의 온도가 높아지는 반응을 발열 반응이라 하고, 베이킹 파우더의 주성분인 탄산수소 나트륨($NaHCO_3$)의 열분해 반응과 같이 화학 반응을 통해 열을 흡수하여 주위의 온도가 낮아지는 반응을 흡열 반응이라고 한다.

문제 보기

그림은 학생 A가 작성한 캠핑 준비물 목록의 일부를 나타낸 것이다.

최초의 합성 섬유로 질기고 강하다.

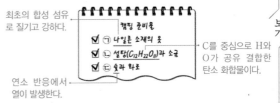

캠핑 준비물
☑ ㉠ 나일론 소재의 옷
☑ ㉡ 설탕($C_{12}H_{22}O_{11}$)과 소금
☑ ㉢ 숯과 라토

C를 중심으로 H와 O가 공유 결합한 탄소 화합물이다.

연소 반응에서 열이 발생한다.

이에 대한 설명으로 옳은 것만을 〈보기〉에서 있는 대로 고른 것은?

〈보기〉 풀이

탄소 화합물은 탄소(C)를 중심으로 하여 수소(H), 산소(O), 질소(N), 황(S)과 같은 원소가 공유 결합하여 형성된 화합물이다.

㉠ ㉠은 합성 섬유이다.
➡ 나일론은 기존의 천연 섬유를 보완하여 만들어진 최초의 합성 섬유로, 질기고 강하여 인류의 의류 문제 해결에 기여하였다.

㉡ ㉡은 탄소 화합물이다.
➡ 설탕($C_{12}H_{22}O_{11}$)은 C를 중심으로 H와 O가 공유 결합한 화합물이므로 ㉡은 탄소 화합물이다.

㉢ ㉢의 연소 반응은 발열 반응이다.
➡ 숯을 연소시키면 열이 발생하므로 ㉢의 연소 반응은 발열 반응이다.

16 탄소 화합물의 이용 2025학년도 9월 모평 화I 1번

정답 ④ | 정답률 95 %

적용해야 할 개념 ②가지

① 탄소 화합물: 탄소(C)를 주성분으로 하여 수소(H), 산소(O), 질소(N), 황(S)과 같은 원소를 포함한 화합물을 말하며, 유기 화합물이라고도 한다. 예 메테인(CH_4), 에탄올(C_2H_5OH), 아세트산(CH_3COOH), 폼알데하이드($HCHO$), 아세톤(CH_3COCH_3) 등

② 발열 반응과 흡열 반응: 연소 반응과 같이 화학 반응을 통해 열을 방출하여 주위의 온도가 높아지는 반응을 발열 반응이라 하고, 베이킹 파우더의 주성분인 탄산수소 나트륨($NaHCO_3$)의 열분해 반응과 같이 화학 반응을 통해 열을 흡수하여 주위의 온도가 낮아지는 반응을 흡열 반응이라고 한다.

문제 보기

다음은 일상생활에서 사용되고 있는 물질에 대한 자료이다.

버스 연료로 이용되는 액화 천연 가스(LNG)는 ㉠메테인(CH_4)이 주성분이다.
탄소 화합물
연소 반응은 발열 반응

의료용 알코올 솜으로 피부를 닦으면 주성분인 ㉡에탄올(C_2H_5OH)이 증발하면서 피부가 시원해진다.
탄소 화합물
흡열 반응

이에 대한 설명으로 옳은 것만을 〈보기〉에서 있는 대로 고른 것은?

〈보기〉 풀이

탄소 화합물은 탄소(C)를 중심으로 수소(H), 산소(O), 질소(N), 황(S)과 같은 원소가 공유 결합하여 형성된 화합물로 우리 주변에서 많이 사용되고 있다.

㉠ ㉠은 탄소 화합물이다.
➡ 메테인(CH_4)은 탄소(C)를 중심으로 수소(H)가 공유 결합되어 있으므로 탄소 화합물이다.

✗ ㉠의 연소 반응은 흡열 반응이다.
➡ 메테인(CH_4)의 연소 반응이 일어나면 열과 빛이 발생하므로 메테인(CH_4)의 연소 반응은 발열 반응이다.

㉢ ㉡이 증발할 때 주위로부터 열을 흡수한다.
➡ 에탄올(C_2H_5OH)이 증발할 때 피부로부터 열을 흡수하므로 피부가 시원해진다. 따라서 에탄올(C_2H_5OH)이 증발하는 반응은 주위로부터 열을 흡수하는 흡열 반응이다.

적용해야 할 개념 ③가지

① 탄소 화합물: 탄소(C)를 주성분으로 하여 수소(H), 산소(O), 질소(N), 황(S)과 같은 원소를 포함한 화합물을 말하며, 유기 화합물이라고도 한다. 예 메테인(CH_4), 에탄올(C_2H_5OH), 아세트산(CH_3COOH), 폼알데하이드(HCHO), 아세톤(CH_3COCH_3) 등

② 발열 반응과 흡열 반응: 화학 반응이 일어날 때 주위로 열을 방출하는 반응을 발열 반응이라 하고, 주위로부터 열을 흡수하는 반응을 흡열 반응이라고 한다. 발열 반응이 일어나면 주위의 온도가 높아지고, 흡열 반응이 일어나면 주위의 온도가 낮아진다.

③ 암모니아의 합성: 하버와 보슈는 고온, 고압에서 질소와 수소를 촉매와 함께 반응시켜 암모니아를 대량으로 합성하는 공정을 개발하였다. 암모니아는 물에 녹아 염기성을 나타내는 성질이 있고, 합성한 암모니아를 원료로 하여 질소 비료를 대량으로 생산하게 되어 식량 생산량이 증대되었다.

문제 보기

다음은 과학 축제에서 진행되는 프로그램의 일부이다.

㉠ 산화 칼슘(CaO)과 물의 반응으로 달걀 삶기 — 발생한 열로 달걀을 삶으므로 발열 반응

㉡ 설탕($C_{12}H_{22}O_{11}$)으로 달고나 만들기 — 탄소 화합물

㉢ 암모니아(NH_3)로 분수 만들기 — 질소 비료의 원료

이에 대한 옳은 설명만을 〈보기〉에서 있는 대로 고른 것은?

〈보기〉 풀이

발열 반응이 일어나면 열이 발생하므로 발생한 열로 음식을 조리할 수 있다.

ㄱ **㉠은 발열 반응이다.**
➡ 산화 칼슘(CaO)과 물이 반응하면 열이 발생하고, 발생한 열로 달걀을 삶을 수 있다. 따라서 ㉠은 발열 반응이다.

ㄴ **㉡은 탄소 화합물이다.**
➡ 설탕($C_{12}H_{22}O_{11}$)은 탄소(C)를 기본으로 수소(H), 산소(O)가 공유 결합하여 형성된 화합물이므로 탄소 화합물이다.

ㄷ **㉢은 질소 비료의 원료이다.**
➡ 암모니아(NH_3)에는 질소가 포함되어 있으므로 질소 비료의 원료로 이용된다.

적용해야 할 개념 ③가지

① 탄소 화합물: 탄소(C)를 주성분으로 하여 수소(H), 산소(O), 질소(N), 황(S)과 같은 원소를 포함한 화합물을 말하며, 유기 화합물이라고도 한다. 예 메테인(CH_4), 에탄올(C_2H_5OH), 아세트산(CH_3COOH), 폼알데하이드(HCHO), 아세톤(CH_3COCH_3) 등

② 메테인(CH_4)의 성질: 천연가스에서 주로 얻으며, 온실 기체 중 하나이다. 냄새와 색깔이 없고 물에 거의 녹지 않는다. 가정용 연료인 액화천연가스(LNG)의 주성분이다.

③ 발열 반응과 흡열 반응: 화학 반응이 일어날 때 주위로 열을 방출하는 반응을 발열 반응이라 하고, 주위로부터 열을 흡수하는 반응을 흡열 반응이라고 한다. 발열 반응이 일어나면 주위의 온도가 높아지고, 흡열 반응이 일어나면 주위의 온도가 낮아진다.

문제 보기

다음은 우리 주변에서 사용되고 있는 물질에 대한 자료이다.

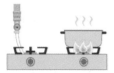

㉠ 가정에서 ㉠ 메테인(CH_4)을 연소시켜 물을 끓인다. — 탄소 화합물, 발열 반응

㉡ 산화 칼슘(CaO)과 물의 반응을 이용하여 캠핑용 도시락을 따뜻하게 한다. — 발열 반응

이에 대한 설명으로 옳은 것만을 〈보기〉에서 있는 대로 고른 것은?

〈보기〉 풀이

탄소 화합물은 탄소(C)를 중심으로 하여 수소(H), 산소(O), 질소(N), 황(S)과 같은 원소가 공유 결합하여 형성된 화합물이다.

ㄱ **㉠은 탄소 화합물이다.**
➡ 메테인(CH_4)은 C를 중심으로 H가 공유 결합한 화합물이므로 탄소 화합물이다.

ㄴ **㉠의 연소 반응은 발열 반응이다.**
➡ 메테인을 연소시키면 열이 발생하므로 물을 끓일 수 있다. 따라서 메테인의 연소 반응은 발열 반응이다.

ㄷ **㉡과 물이 반응하여 열을 방출한다.**
➡ 산화 칼슘(CaO)과 물의 반응에서 방출된 열로 도시락을 따뜻하게 한다. 따라서 산화 칼슘(CaO)과 물의 반응은 열이 방출되는 발열 반응이다.

19 탄소 화합물의 이용 2024학년도 5월 학평 화I 1번

정답 ② | 정답률 94%

적용해야 할 개념 ②가지

① 아세트산(CH_3COOH)의 성질: 일반적으로 에탄올을 발효시켜 얻으며, 물에 녹아 산성을 나타내므로 신맛이 난다. 녹는점이 17 ℃이므로 이보다 낮은 온도에서는 고체 상태로 존재하며, 식초의 성분, 의약품, 합성수지의 원료 등에 쓰인다.

② 발열 반응과 흡열 반응: 화학 반응이 일어날 때 주위로 열을 방출하는 반응을 발열 반응이라 하고, 주위로부터 열을 흡수하는 반응을 흡열 반응이라고 한다. 발열 반응이 일어나면 주위의 온도가 높아지고, 흡열 반응이 일어나면 주위의 온도가 낮아진다.

문제 보기

다음은 일상생활에서 이용되고 있는 물질에 대한 자료이다.

ⓣ 아세트산(CH_3COOH)이 들어 있는 식초는 음식을 조리하는 데 이용된다.
└ 탄소 화합물로 수용액은 산성이다.

ⓛ 산화 칼슘(CaO)이 물에 녹는 과정에서 발생한 열은 전염병 확산을 막는 데 이용된다.
└ 발열 반응

이에 대한 설명으로 옳은 것만을 〈보기〉에서 있는 대로 고른 것은?

〈보기〉 풀이

탄소 화합물은 탄소(C)를 중심으로 하여 수소(H), 산소(O), 질소(N), 황(S)과 같은 원소가 공유 결합하여 형성된 화합물이다.

✗ ㄱ. ㉠을 물에 녹이면 염기성 수용액이 된다.
➡ 아세트산(CH_3COOH)을 물에 녹이면 다음과 같은 반응이 일어난다.
$$CH_3COOH + H_2O \longrightarrow CH_3COO^- + H_3O^+$$
이때 수용액에 H_3O^+이 생성되므로 아세트산을 물에 녹이면 산성 수용액이 된다.

◯ ㄴ. ㉡이 물에 녹는 반응은 발열 반응이다.
➡ 산화 칼슘(CaO)이 물에 녹으면 열이 발생하므로 산화 칼슘(CaO)이 물에 녹는 반응은 발열 반응이다.

✗ ㄷ. ㉡은 탄소 화합물이다.
➡ 아세트산(CH_3COOH)은 탄소(C)가 있으므로 탄소 화합물이지만 산화 칼슘(CaO)은 탄소(C)가 없으므로 탄소 화합물이 아니다.

---

20 탄소 화합물의 이용 2024학년도 3월 학평 화I 1번

정답 ④ | 정답률 83%

적용해야 할 개념 ③가지

① 암모니아의 합성: 하버와 보슈는 고온, 고압에서 질소와 수소를 촉매와 함께 반응시켜 암모니아를 대량으로 합성하는 공정을 개발하였다. 암모니아는 물에 녹아 염기성을 나타내는 성질이 있고, 합성한 암모니아를 원료로 하여 질소 비료를 대량으로 생산하게 되어 식량 생산량이 증대되었다.

② 아세트산(CH_3COOH)의 성질: 일반적으로 에탄올을 발효시켜 얻으며, 물에 녹아 산성을 나타내므로 신맛이 난다. 녹는점이 17 ℃이므로 이보다 낮은 온도에서는 고체 상태로 존재하며, 식초의 성분, 의약품, 합성수지의 원료 등에 쓰인다.

③ 발열 반응과 흡열 반응: 화학 반응이 일어날 때 주위로 열을 방출하는 반응을 발열 반응이라 하고, 주위로부터 열을 흡수하는 반응을 흡열 반응이라고 한다. 발열 반응이 일어나면 주위의 온도가 높아지고, 흡열 반응이 일어나면 주위의 온도가 낮아진다.

문제 보기

다음은 화학의 유용성에 대한 자료이다.

└ 물에서 OH^-을 생성하므로 수용액은 염기성이다.

○ ㉠ 암모니아(NH_3)를 대량으로 합성하는 제조 공정의 개발은 식량 문제 해결에 기여하였다.

○ ㉡ 아세트산(CH_3COOH)은 식초를 만드는 데 이용된다. └ C 원자를 포함하고 있으므로 탄소 화합물이다.

○ ㉢ 산화 칼슘(CaO)과 물을 반응시켜 음식물을 데울 수 있다. └ 열이 발생하는 반응이 일어난다.

이에 대한 옳은 설명만을 〈보기〉에서 있는 대로 고른 것은?

〈보기〉 풀이

✗ ㄱ. ㉠의 수용액은 산성이다.
➡ 암모니아(NH_3)를 물에 넣으면 다음과 같은 반응이 일어난다.
$$NH_3 + H_2O \longrightarrow NH_4^+ + OH^-$$
수용액에서 OH^-이 생성되므로 암모니아의 수용액은 염기성이다.

◯ ㄴ. ㉡은 탄소 화합물이다.
➡ 탄소 화합물은 탄소(C)를 중심으로 수소(H), 산소(O), 질소(N), 황(S)과 같은 원소가 공유 결합하여 형성된 화합물이다. 아세트산(CH_3COOH)은 이에 해당하므로 탄소 화합물이다.

◯ ㄷ. ㉢과 물의 반응은 발열 반응이다.
➡ 산화 칼슘(CaO)과 물이 반응하면 열이 발생하므로 음식물을 데울 수 있다. 따라서 산화 칼슘(CaO)과 물의 반응은 발열 반응이다.

탄소 화합물의 이용 2023학년도 10월 학평 화I 1번 정답 ④ | 정답률 98%

적용해야 할 개념 ③가지

① 탄소 화합물: 탄소(C)를 주성분으로 하여 수소(H), 산소(O), 질소(N), 황(S)과 같은 원소를 포함한 화합물을 말하며, 유기 화합물이라고도 한다. 예 탄화수소, 에탄올(C_2H_5OH), 아세트산(CH_3COOH), 폼알데하이드(HCHO), 아세톤(CH_3COCH_3) 등

② 메테인(CH_4)의 성질: 천연가스에서 주로 얻으며, 온실 기체 중 하나이다. 냄새와 색깔이 없고 물에 거의 녹지 않는다. 가정용 연료인 액화 천연가스(LNG)의 주성분이다.

③ 암모니아(NH_3): 하버와 보슈는 고온, 고압에서 질소와 수소를 촉매와 함께 반응시켜 암모니아를 대량으로 합성하는 공정을 개발하였다. 이로부터 질소 비료를 대량으로 생산할 수 있었고, 식량 생산량이 증대되었다.

문제 보기

다음은 일상생활에서 사용하는 물질에 대한 자료이다. ㉠~㉢은 각각 메테인(CH_4), 암모니아(NH_3), 에탄올(C_2H_5OH) 중 하나이다. ㉢   ㉡   ㉠

○ ㉠은 의료용 소독제로 이용된다.
○ ㉡은 질소 비료의 원료로 이용된다.
○ ㉢은 액화 천연가스(LNG)의 주성분이다.

이에 대한 옳은 설명만을 〈보기〉에서 있는 대로 고른 것은?

〈보기〉 풀이

ㄱ. ㉠은 에탄올이다.
➡ 손 소독제를 비롯한 의료용 소독제로 이용되는 ㉠은 에탄올이다.

✗ ㉡은 탄소 화합물이다.
➡ 탄소 화합물은 C를 중심으로 H, O, N, S와 같은 원소를 포함한 화합물이다. 질소 비료의 원료로 이용하는 ㉡은 암모니아(NH_3)로, C가 없으므로 탄소 화합물이 아니다.

ㄷ. ㉢의 연소 반응은 발열 반응이다.
➡ 액화 천연가스(LNG)의 주성분인 ㉢은 메테인(CH_4)으로, 연소되면서 발생하는 열을 이용하여 가정용 연료나 자동차 연료로 이용된다. 따라서 ㉢의 연소 반응은 발열 반응이다.

22

탄소 화합물의 이용 2024학년도 6월 모평 화I 1번 정답 ③ | 정답률 89%

적용해야 할 개념 ④가지

① 탄소 화합물: 탄소(C)를 주성분으로 하여 수소(H), 산소(O), 질소(N), 황(S)과 같은 원소를 포함한 화합물을 말하며, 유기 화합물이라고도 한다. 예 탄화수소, 에탄올(C_2H_5OH), 아세트산(CH_3COOH), 폼알데하이드(HCHO), 아세톤(CH_3COCH_3) 등

② 에텐(C_2H_4): C 원자 사이에 C=C의 2중 결합이 있고, C_2H_4의 2중 결합 중 하나가 끊어져 이웃한 C_2H_4과 결합이 형성되면서 긴 사슬 모양의 고분자 물질을 합성할 수 있다. 이때 합성되는 고분자 물질을 통칭하여 합성수지 또는 플라스틱이라고 한다.

③ 아세트산(CH_3COOH)의 성질: 일반적으로 에탄올을 발효시켜 얻으며, 물에 녹아 산성을 나타내므로 신맛이 난다. 녹는점이 17 °C이므로 이보다 낮은 온도에서는 고체 상태로 존재하며, 식초의 성분, 의약품, 합성수지의 원료 등에 쓰인다.

④ 에탄올(C_2H_5OH)의 성질: 곡물이나 과일을 발효시켜 얻으며, 휘발성이 강하고 불에 잘 탄다. 살균, 소독 작용을 하며, 술의 성분, 소독용 의약품, 용매, 연료 등에 이용된다.

문제 보기

다음은 일상생활에서 사용되고 있는 물질에 대한 자료이다.

┌ 합성 고분자로 탄소 화합물이다.
○ ㉠ 에텐(C_2H_4)은 플라스틱의 원료로 사용된다.
○ ㉡ 아세트산(CH_3COOH)은 의약품 제조에 이용된다.
○ ㉢ 에탄올(C_2H_5OH)을 묻힌 솜으로 피부를 닦으면 에탄올이 기화되면서 피부가 시원해진다.
└ 주위의 열을 흡수하여 주위의 온도가 낮아진다. ➡ 흡열 반응

이에 대한 설명으로 옳은 것만을 〈보기〉에서 있는 대로 고른 것은?

〈보기〉 풀이

탄소 화합물은 탄소(C)를 중심으로 하여 수소(H), 산소(O), 질소(N), 황(S)과 같은 원소를 포함한 화합물을 말하며, 유기 화합물이라고도 한다. 에탄올(C_2H_5OH)과 아세트산(CH_3COOH)은 대표적인 탄소 화합물이며, 에탄올은 소독용 알코올로 이용되고, 아세트산(CH_3COOH)은 물에 희석시킨 수용액으로 신맛이 나는 조미료로 이용된다. 또한 아세트산은 살리실산과 함께 아스피린의 제조에 이용된다.

ㄱ. ㉠은 탄소 화합물이다.
➡ C_2H_4은 C와 H만으로 이루어진 탄화수소이며, 탄화수소도 탄소 화합물이다.

✗ ㉡을 물에 녹이면 염기성 수용액이 된다.
➡ 아세트산(CH_3COOH)은 식초의 성분으로 물에 녹으면 CH_3COO^-과 H^+으로 이온화된다. 따라서 아세트산(CH_3COOH) 수용액은 산성 수용액이다.

ㄷ. ㉢이 기화되는 반응은 흡열 반응이다.
➡ 에탄올(C_2H_5OH)은 상온에서 증발이 잘되는 액체 물질이다. 액체에서 기체로 상태 변화가 일어날 때 주위의 열을 흡수하여 주위의 온도가 낮아진다. 따라서 C_2H_5OH이 기화되는 반응은 흡열 반응이다.

23 | 탄소 화합물의 이용 2023학년도 4월 학평 1번

정답 ⑤ | 정답률 95 %

적용해야 할 개념 ③가지

① 탄소 화합물: 탄소(C)를 주성분으로 하여 수소(H), 산소(O), 질소(N), 황(S)과 같은 원소를 포함한 화합물을 말하며, 유기 화합물이라고도 한다. 예 탄화수소, 에탄올(C_2H_5OH), 아세트산(CH_3COOH), 폼알데하이드($HCHO$), 아세톤(CH_3COCH_3) 등

② 메테인(CH_4)의 성질: 천연가스에서 주로 얻으며, 온실 기체 중 하나이다. 냄새와 색깔이 없고 물에 거의 녹지 않는다. 가정용 연료인 액화천연가스(LNG)의 주성분이다.

③ 아세트산(CH_3COOH)의 성질: 일반적으로 에탄올을 발효시켜 얻으며, 물에 녹아 산성을 나타내므로 신맛이 난다. 녹는점이 17 ℃이므로 이보다 낮은 온도에서는 고체 상태로 존재하며, 식초의 성분, 의약품, 합성수지의 원료 등에 쓰인다.

문제 보기

그림은 일상생활에서 이용되고 있는 2가지 물질에 대한 자료이다.

㉠ 메테인(CH_4)은 가정용 연료로 이용된다.
└ 메테인의 연소로 발생하는 열을 이용하여 음식물을 조리한다. ➡ 메테인의 연소 반응에서 열을 방출한다.

㉡ 아세트산(CH_3COOH)은 의약품 제조에 이용된다.

이에 대한 설명으로 옳은 것만을 〈보기〉에서 있는 대로 고른 것은?

〈보기〉 풀이

아스피린은 살리실산과 함께 아세트산(CH_3COOH)을 이용하여 합성한다. 아세트산은 물에 녹아 H^+을 내놓는 물질이며, 신맛이 나는 조미료의 일종인 식초의 주성분이다.

ㄱ. ㉠의 연소 반응은 발열 반응이다.
➡ 메테인을 연소하는 과정에서 발생하는 열을 이용하여 음식물을 조리하거나 익히는 데 이용한다. 따라서 메테인의 연소 반응은 발열 반응이다.

ㄴ. ㉡을 물에 녹이면 산성 수용액이 된다.
➡ 아세트산(CH_3COOH)은 식초의 성분으로 물에 녹으면 CH_3COO^-과 H^+으로 이온화된다. 따라서 아세트산(CH_3COOH) 수용액은 산성 수용액이다.

ㄷ. ㉠과 ㉡은 모두 탄소 화합물이다.
➡ 탄소 화합물은 C 원소를 중심으로 하여 H, O, N, S 등이 결합된 화합물을 말한다. 따라서 ㉠과 ㉡은 모두 탄소 화합물이다.

---

24 | 탄소 화합물의 이용 2023학년도 3월 학평 화I 1번

정답 ③ | 정답률 60 %

적용해야 할 개념 ③가지

① 탄소 화합물: 탄소(C)를 주성분으로 하여 수소(H), 산소(O), 질소(N), 황(S)과 같은 원소를 포함한 화합물을 말하며, 유기 화합물이라고도 한다. 예 탄화수소, 에탄올(C_2H_5OH), 아세트산(CH_3COOH), 폼알데하이드($HCHO$), 아세톤(CH_3COCH_3) 등

② 아세트산(CH_3COOH)의 성질: 일반적으로 에탄올을 발효시켜 얻으며, 물에 녹아 산성을 나타내므로 신맛이 난다. 녹는점이 17 ℃이므로 이보다 낮은 온도에서는 고체 상태로 존재하며, 식초의 성분, 의약품, 합성수지의 원료 등에 쓰인다.

③ 발열 반응과 흡열 반응: 화학 반응이 일어날 때 주위로 열을 방출하는 반응을 발열 반응이라 하고, 주위로부터 열을 흡수하는 반응을 흡열 반응이라고 한다. 발열 반응이 일어나면 주위의 온도가 높아지고, 흡열 반응이 일어나면 주위의 온도가 낮아진다.

문제 보기

다음은 일상생활에서 이용되는 물질 ㉠~㉢에 대한 자료이다. ㉡과 ㉢은 각각 메테인(CH_4), 아세트산(CH_3COOH) 중 하나이다.

○ 냉각 팩에서 ㉠ 질산 암모늄(NH_4NO_3)이 물에 용해되면 온도가 낮아진다. 흡열 반응
○ CH_4 ㉡ 은 천연가스의 주성분이다.
○ ㉢ 은 식초의 성분이다.
  CH_3COOH

이에 대한 옳은 설명만을 〈보기〉에서 있는 대로 고른 것은?

〈보기〉 풀이

천연가스의 주성분인 ㉡은 메테인(CH_4)이고, 식초의 성분인 ㉢은 아세트산(CH_3COOH)으로 식초는 아세트산을 희석한 수용액이다.

ㄱ. ㉠이 물에 용해되는 반응은 흡열 반응이다.
➡ 냉각 팩은 질산 암모늄(NH_4NO_3)이 물에 용해될 때 주위로부터 열을 흡수하여 주위의 온도가 낮아지는 원리를 이용한 것이다. 따라서 NH_4NO_3이 물에 용해되는 반응은 주위로부터 열을 흡수하여 주위의 온도가 낮아지는 흡열 반응이다.

✘ ㉠과 ㉡은 모두 탄소 화합물이다.
➡ 탄소 화합물은 C 원소를 중심으로 H, O, N, S와 같은 비금속 원자가 결합하여 생성된 물질을 말한다. 따라서 N, H, O만으로 구성된 ㉠ 질산 암모늄(NH_4NO_3)은 탄소 화합물이 아니다.

ㄷ. ㉢의 수용액은 산성이다.
➡ ㉢은 아세트산(CH_3COOH)이며, CH_3COOH은 물에 용해되어 H^+을 내놓는 물질로 수용액은 산성이다.

적용해야 할 개념 ④가지

① 탄소 화합물: 탄소(C)를 주성분으로 하여 수소(H), 산소(O), 질소(N), 황(S)과 같은 원소를 포함한 화합물을 말하며, 유기 화합물이라고도 한다. 예 탄화수소, 에탄올(C_2H_5OH), 아세트산(CH_3COOH), 폼알데하이드(HCHO), 아세톤(CH_3COCH_3) 등

② 메테인(CH_4)의 성질: 천연가스에서 주로 얻으며 온실 기체 중 하나이다. 냄새와 색깔이 없고 물에 거의 녹지 않는다. 가정용 연료인 액화 천연가스(LNG)의 주성분이다.

③ 에탄올(C_2H_5OH)의 성질: 곡물이나 과일을 발효시켜 얻으며, 휘발성이 강하고 불에 잘 탄다. 살균, 소독 작용을 하며, 술의 성분, 소독용 의약품, 용매, 연료 등에 이용된다.

④ 제설제: 겨울철 쌓인 눈이 쉽게 녹을 수 있도록 뿌려 주는 것으로, 염화 칼슘($CaCl_2$)이 주성분이다.

문제 보기

다음은 일상생활에서 이용되고 있는 3가지 물질에 대한 자료이다.

- 에탄올(C_2H_5OH)은 [⊙]
- 제설제로 이용되는 ⓛ염화 칼슘($CaCl_2$)을 물에 용해시키면 열이 발생한다.
- ⓒ메테인(CH_4)은 액화 천연 가스(LNG)의 주성분이다.

이에 대한 설명으로 옳은 것만을 〈보기〉에서 있는 대로 고른 것은?

〈보기〉 풀이

탄소 화합물은 탄소(C)를 주성분으로 하여 수소(H), 산소(O), 질소(N), 황(S)과 같은 원소를 포함한 화합물을 말하며, 유기 화합물이라고도 한다.

ⓖ '의료용 소독제로 이용된다.'는 ⊙으로 적절하다.
➡ 에탄올(C_2H_5OH)은 의료용 소독제로 이용되고 있다.

ⓛ ⓛ이 물에 용해되는 반응은 발열 반응이다.
➡ 염화 칼슘($CaCl_2$)이 물에 녹으면 열이 발생하므로 염화 칼슘($CaCl_2$)의 용해 반응은 발열 반응이다.

✖ ⓛ과 ⓒ은 모두 탄소 화합물이다.
➡ 메테인(CH_4)은 탄소 화합물이지만 염화 칼슘($CaCl_2$)은 탄소 화합물이 아니다.

적용해야 할 개념 ③가지

① 탄소 화합물: 탄소(C)를 주성분으로 하여 수소(H), 산소(O), 질소(N), 황(S)과 같은 원소를 포함한 화합물을 말하며, 유기화합물이라고도 한다. 예 탄화수소, 에탄올(C_2H_5OH), 아세트산(CH_3COOH), 폼알데하이드(HCHO), 아세톤(CH_3COCH_3) 등

② 메테인(CH_4)의 성질: 천연가스에서 주로 얻으며, 온실 기체 중 하나이다. 냄새와 색깔이 없고 물에 거의 녹지 않는다. 가정용 연료인 액화 천연가스(LNG)의 주성분이다.

③ 뷰테인(C_4H_{10})의 성질: 석유가스에서 주로 얻으며, 물에 거의 녹지 않는다. 프로페인(C_3H_8)과 함께 가정용 연료나 차량 연료인 액화 석유가스(LPG)의 주성분이다.

문제 보기

다음은 일상생활에서 이용되고 있는 2가지 물질에 대한 자료이다.

     액화 천연가스(LNG)
- 메테인(CH_4)은 [⊙]의 주성분이다.
- ⓛ뷰테인(C_4H_{10})을 연소시켜 물을 끓인다.

구성 원소: C와 H   뷰테인이 연소할 때 열을 방출한다.

이에 대한 설명으로 옳은 것만을 〈보기〉에서 있는 대로 고른 것은?

〈보기〉 풀이

ⓖ '액화 천연가스(LNG)'는 ⊙으로 적절하다.
➡ 메테인(CH_4)은 액화 천연가스(LNG)의 주성분이다. 액화 천연가스(LNG)는 가정용 연료나 난방에 이용되는 도시가스이며, 자동차 연료로도 이용되는 대표적인 화석 연료이다. 따라서 '액화 천연가스(LNG)'는 ⊙으로 적절하다.

ⓛ ⓛ은 탄소 화합물이다.
➡ 탄소 화합물은 탄소(C)를 기본 원소로 하여 수소(H), 산소(O), 질소(N), 황(S)과 같은 비금속 원소를 포함하는 화합물을 말한다. 뷰테인(C_4H_{10})은 구성 원소가 C와 H이므로 탄소 화합물이다.

ⓒ ⓛ의 연소 반응은 발열 반응이다.
➡ 뷰테인(C_4H_{10})이 연소할 때 발생하는 열을 이용하여 물을 끓이는 것으로 보아 뷰테인의 연소 반응은 열을 방출하는 발열 반응이다.

27 탄소 화합물의 이용 2023학년도 6월 모평 화I 1번

정답 ⑤ | 정답률 95 %

적용해야 할 개념 ③가지

① 아세트산(CH_3COOH)의 성질: 일반적으로 에탄올을 발효시켜 얻으며, 물에 녹아 산성을 나타내므로 신맛이 난다. 녹는점이 17 ℃이므로 이보다 낮은 온도에서는 고체 상태로 존재하며, 식초의 성분, 의약품, 합성수지의 원료 등에 쓰인다.

② 에탄올(C_2H_5OH)의 성질: 곡물이나 과일을 발효시켜 얻으며, 휘발성이 강하고 불에 잘 탄다. 살균, 소독 작용을 하며, 술의 성분, 소독용 의약품, 용매, 연료 등에 이용된다.

③ 암모니아 합성: 하버와 보슈는 고온, 고압에서 질소와 수소를 촉매와 함께 반응시켜 암모니아를 대량으로 합성하는 공정을 개발하였다. 이로부터 질소 비료를 대량으로 생산할 수 있었고, 식량 생산량이 증대되었다.

문제 보기

다음은 화학의 유용성에 대한 자료이다.

○ ㉠에탄올(C_2H_5OH)을 산화시켜 만든 ㉡아세트산
(CH_3COOH)은 의약품 제조에 이용된다.
○ 질소(N_2)와 수소(H_2)를 반응시켜 만든 암모니아(NH_3)
는 [㉢ 질소 비료의 원료](으)로 이용된다.

이에 대한 설명으로 옳은 것만을 〈보기〉에서 있는 대로 고른 것은?

〈보기〉 풀이

ㄱ. ㉠은 탄소 화합물이다.
➡ 탄소 화합물은 탄소(C)를 기본 원소로 하여 수소(H), 산소(O), 질소(N), 황(S)과 같은 비금속 원소를 포함하는 화합물을 말한다. 에탄올(C_2H_5OH)은 C, H, O로 이루어진 화합물이며, 대표적인 탄소 화합물이다.

ㄴ. ㉡을 물에 녹이면 산성 수용액이 된다.
➡ 아세트산(CH_3COOH)은 식초의 주성분으로 물에 녹으면 CH_3COO^-과 H^+으로 이온화된다. 따라서 아세트산(CH_3COOH) 수용액은 산성이다.

ㄷ. '질소 비료의 원료'는 ㉢으로 적절하다.
➡ 암모니아(NH_3)를 원료로 하여 질소 비료의 주성분인 요소를 대량으로 생산할 수 있게 되었고, 이로 인해 식량 생산량이 증대되어 인류의 식량 문제 해결에 크게 기여하였다.

---

28 탄소 화합물의 이용 2022학년도 4월 학평 화I 1번

정답 ③ | 정답률 95 %

적용해야 할 개념 ②가지

① 탄소 화합물: 탄소(C)를 주성분으로 하여 수소(H), 산소(O), 질소(N), 황(S)과 같은 원소를 포함한 화합물을 말하며, 유기화합물이라고도 한다. 예 탄화수소, 에탄올(C_2H_5OH), 아세트산(CH_3COOH), 폼알데하이드(HCHO), 아세톤(CH_3COCH_3) 등

② 아세트산(CH_3COOH)의 성질: 일반적으로 에탄올을 발효시켜 얻으며, 물에 녹아 산성을 나타내므로 신맛이 난다. 녹는점이 17 ℃이므로 이보다 낮은 온도에서는 고체 상태로 존재하며, 식초의 성분, 의약품, 합성수지의 원료 등에 쓰인다.

문제 보기

그림은 식초의 식품 표시 정보의 일부를 나타낸 것이다.

┌ 합성 고분자 탄소 화합물

식품 유형	식초
포장 재질	㉠플라스틱
원재료명	정제수, ㉡아세트산(CH_3COOH), ㉢이산화 황(SO_2)

이에 대한 설명으로 옳은 것만을 〈보기〉에서 있는 대로 고른 것은?

〈보기〉 풀이

식초는 아세트산(CH_3COOH)을 물에 희석시킨 수용액으로, 신맛이 나는 조미료의 일종이다. 식초의 포장 재질인 플라스틱은 합성 고분자로 탄소 화합물에 해당한다.

ㄱ. ㉠은 대량 생산이 가능하다.
➡ 플라스틱은 합성 고분자 물질로 공업적으로 대량 생산이 가능하다.

ㄴ. ㉡을 물에 녹이면 산성 수용액이 된다.
➡ 아세트산(CH_3COOH)은 물에 녹아 아세트산 이온(CH_3COO^-)과 수소 이온(H^+)으로 이온화한다. 따라서 아세트산 수용액의 액성은 산성이다.

✗ ㉢은 탄소 화합물이다.
➡ 탄소 화합물은 탄소(C)를 기본 원소로 하여 수소(H), 산소(O), 질소(N), 황(S)과 같은 비금속 원소를 포함하는 화합물을 말한다. 이산화 황(SO_2)은 C를 포함하지 않으므로 탄소 화합물이 아니다.

적용해야 할 개념 ③가지

① 탄소 화합물: 탄소(C)를 주성분으로 하여 수소(H), 산소(O), 질소(N), 황(S)과 같은 원소를 포함한 화합물을 말하며, 유기 화합물이라고도 한다. 예 탄화수소, 에탄올(C_2H_5OH), 아세트산(CH_3COOH), 폼알데하이드(HCHO), 아세톤(CH_3COCH_3) 등

② 메테인(CH_4)의 성질: 천연가스에서 주로 얻으며, 온실 기체 중 하나이다. 냄새와 색깔이 없고 물에 거의 녹지 않는다. 가정용 연료인 액화 천연가스(LNG)의 주성분이다.

③ 아세트산(CH_3COOH)의 성질: 일반적으로 에탄올을 발효시켜 얻으며, 물에 녹아 산성을 나타내므로 신맛이 난다. 녹는점이 17 ℃이므로 이보다 낮은 온도에서는 고체 상태로 존재하며, 식초의 성분, 의약품, 합성수지의 원료 등에 쓰인다.

문제 보기

그림은 탄소 화합물 (가)~(다)의 분자 모형을 나타낸 것이다.

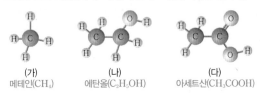

(가) 메테인(CH_4)   (나) 에탄올(C_2H_5OH)   (다) 아세트산(CH_3COOH)

(가)~(다)에 대한 옳은 설명만을 〈보기〉에서 있는 대로 고른 것은?

〈보기〉 풀이

(가)~(다)는 각각 메테인(CH_4), 에탄올(C_2H_5OH), 아세트산(CH_3COOH)이다.

ㄱ. (가)는 액화 천연가스(LNG)의 주성분이다.
➡ 액화 천연가스(LNG)는 가정용 연료나 난방에 이용되는 도시가스이며, 자동차 연료로도 이용되는 대표적인 화석 연료이다. (가)는 메테인(CH_4)으로 액화 천연가스(LNG)의 주성분이다.

ㄴ. (다)의 수용액은 산성이다.
➡ (다)는 아세트산(CH_3COOH)으로 물에 녹아 아세트산 이온(CH_3COO^-)과 수소 이온(H^+)으로 이온화되므로 수용액의 액성은 산성이다.

✗ $\dfrac{H \text{ 원자 수}}{C \text{ 원자 수}}$ 는 (나)가 가장 크다.

➡ (가)~(다)의 분자식은 각각 CH_4, C_2H_6O, $C_2H_4O_2$이므로 $\dfrac{H \text{ 원자 수}}{C \text{ 원자 수}}$ 는 각각 4, 3, 2이다.

    따라서 (가)~(다) 중 $\dfrac{H \text{ 원자 수}}{C \text{ 원자 수}}$ 는 (가)가 가장 크다.

적용해야 할 개념 ②가지

① 아세트산(CH_3COOH)의 성질: 일반적으로 에탄올을 발효시켜 얻으며, 물에 녹아 산성을 나타내므로 신맛이 난다. 녹는점이 17 ℃이므로 이보다 낮은 온도에서는 고체 상태로 존재하며, 식초의 성분, 의약품, 합성수지의 원료 등에 쓰인다.

② 에탄올(C_2H_5OH)의 성질: 곡물이나 과일을 발효시켜 얻으며, 휘발성이 강하고 불에 잘 탄다. 살균, 소독 작용을 하며, 술의 성분, 소독용 의약품, 용매, 연료 등에 이용된다.

문제 보기

그림은 탄소 화합물 (가)와 (나)의 분자 모형을 나타낸 것이다.

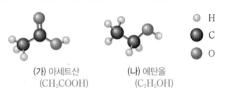

○ H
● C
○ O

(가) 아세트산   (나) 에탄올
(CH_3COOH)   (C_2H_5OH)

이에 대한 옳은 설명만을 〈보기〉에서 있는 대로 고른 것은?

〈보기〉 풀이

(가)와 (나)는 각각 아세트산(CH_3COOH), 에탄올(C_2H_5OH)이다.

ㄱ. (가)의 수용액은 산성이다.
➡ (가)는 아세트산(CH_3COOH)으로 물에 녹아 아세트산 이온(CH_3COO^-)과 수소 이온(H^+)으로 이온화되므로 수용액의 액성은 산성이다.

✗ 완전 연소 생성물의 가짓수는 (나) > (가)이다.
➡ (가)와 (나)는 성분 원소가 각각 C, H, O로 같다. 성분 원소가 C, H, O인 탄소 화합물의 완전 연소 생성물은 H_2O과 CO_2 2가지이다. 따라서 (가)와 (나)는 완전 연소 생성물의 가짓수가 서로 같다.

ㄷ. $\dfrac{H \text{ 원자 수}}{O \text{ 원자 수}}$ 는 (나)가 (가)의 3배이다.

➡ (가)와 (나)의 분자식은 각각 $C_2H_4O_2$, C_2H_6O이므로 $\dfrac{H \text{ 원자 수}}{O \text{ 원자 수}}$ 는 각각 2, 6으로 (나)가 (가)의 3배이다.

31 | 탄소 화합물의 이용 2021학년도 7월 학평 화I 5번

정답 ④ | 정답률 86%

적용해야 할 개념 ④가지

① 에탄올(C_2H_5OH)의 성질: 곡물이나 과일을 발효시켜 얻으며, 휘발성이 강하고 불에 잘 탄다. 살균, 소독 작용을 하며, 술의 성분, 소독용 의약품, 용매, 연료 등에 이용된다.

② 아세트산(CH_3COOH)의 성질: 일반적으로 에탄올을 발효시켜 얻으며, 물에 녹아 산성을 나타내므로 신맛이 난다. 녹는점이 17 °C이므로 이보다 낮은 온도에서는 고체 상태로 존재하며, 식초의 성분, 의약품, 합성수지의 원료 등에 쓰인다.

③ 메테인(CH_4)의 성질: 천연가스에서 주로 얻으며, 온실 기체 중 하나이다. 냄새와 색깔이 없고 물에 거의 녹지 않는다. 가정용 연료인 액화천연가스(LNG)의 주성분이다.

④ 분자의 극성과 용해성: 극성 물질은 극성 용매에 잘 혼합되고, 무극성 물질은 무극성 용매에 잘 혼합된다.

문제 보기

다음은 탄소 화합물 학습 카드와 탄소 화합물 A~C의 모형을 나타낸 것이다. A~C는 각각 메테인, 에탄올, 아세트산 중 하나이다.

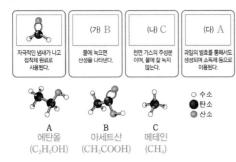

(가)~(다)에 해당하는 A~C의 모형을 옳게 고른 것은?

<보기> 풀이

A~C의 화학식은 각각 C_2H_5OH, CH_3COOH, CH_4으로 각각 에탄올, 아세트산, 메테인이다.

❶ **(가)의 특성에 해당하는 물질 찾기**

(가)는 아세트산이다. 아세트산은 물에 녹아 아세트산 이온(CH_3COO^-)과 수소 이온(H^+)으로 이온화되므로 수용액의 액성은 산성이다.

❷ **(나)의 특성에 해당하는 물질 찾기**

천연 가스의 주성분인 (나)는 메테인이다. 메테인은 무극성 분자로 극성 용매인 물에 잘 녹지 않는다.

❸ **(다)의 특성에 해당하는 물질 찾기**

(다)는 에탄올이다. 에탄올은 과일의 당 성분이 발효되는 과정에서 생성되며 의료용 소독제로 이용된다.

	(가)	(나)	(다)		(가)	(나)	(다)
①	A	B	C	③	A	C	B
②	B	A	C	④	B	C	A
⑤	C	B	A				

보기

---

32 | 탄소 화합물의 이용 2022학년도 10월 학평 화I 1번

정답 ⑤ | 정답률 94%

적용해야 할 개념 ③가지

① 메테인(CH_4)의 성질: 천연가스에서 주로 얻으며 온실 기체 중 하나이다. 냄새와 색깔이 없고 물에 거의 녹지 않는다. 가정용 연료인 액화천연가스(LNG)의 주성분이다.

② 아세트산(CH_3COOH)의 성질: 일반적으로 에탄올을 발효시켜 얻으며, 물에 녹아 산성을 나타내므로 신맛이 난다. 녹는점이 17 °C이므로 이보다 낮은 온도에서는 고체 상태로 존재하며, 식초의 성분, 의약품, 합성수지의 원료 등에 쓰인다.

③ 암모니아(NH_3): 하버와 보슈는 고온, 고압에서 질소와 수소를 촉매와 함께 반응시켜 암모니아를 대량으로 합성하는 공정을 개발하였다. 이로부터 질소 비료를 대량으로 생산할 수 있었고, 식량 생산량이 증대되었다.

문제 보기

그림은 물질 (가)~(다)를 분자 모형으로 나타낸 것이다.

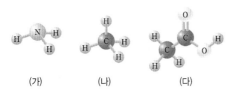

이에 대한 옳은 설명만을 <보기>에서 있는 대로 고른 것은?

<보기> 풀이

(가)~(다)는 각각 암모니아(NH_3), 메테인(CH_4), 아세트산(CH_3COOH)이다.

ㄱ **(가)는 질소 비료를 만드는 데 쓰인다.**

➡ 하버와 보슈는 질소(N_2)와 수소(H_2)로부터 암모니아(NH_3)를 대량으로 합성하는 공정을 개발하였고, 이로부터 질소 비료를 대량으로 생산할 수 있게 되었다.

ㄴ **(나)는 액화 천연가스(LNG)의 주성분이다.**

➡ (나)는 메테인으로, 액화 천연가스(LNG)의 주성분이다.

ㄷ **(다)의 수용액은 산성이다.**

➡ (다)는 아세트산(CH_3COOH)으로, 물에 녹으면 H^+과 CH_3COO^-으로 이온화되므로 산성을 띤다.

보기

적용해야 할 개념 ③가지

① 암모니아 합성: 하버와 보슈는 고온, 고압에서 질소와 수소를 촉매와 함께 반응시켜 암모니아를 대량으로 합성하는 공정을 개발하였다. 이로부터 질소 비료를 대량으로 생산할 수 있었고, 식량 생산량이 증대되었다.

② 아세트산(CH_3COOH)의 성질: 일반적으로 에탄올을 발효시켜 얻으며, 물에 녹아 산성을 나타내므로 신맛이 난다. 녹는점이 17 ℃이므로 이보디 낮은 온도에서는 고체 상태로 존재하며, 식초의 성분, 의약품, 합성수지의 원료 등에 쓰인다.

③ 탄소 화합물: 탄소(C)를 주성분으로 하여 수소(H), 산소(O), 질소(N), 황(S)과 같은 원소를 포함한 화합물을 말하며, 유기 화합물이라고도 한다. 예) 탄화수소, 에탄올(C_2H_5OH), 아세트산(CH_3COOH), 폼알데하이드(HCHO), 아세톤(CH_3COCH_3) 등

문제 보기

그림은 물질 (가)와 (나)의 구조식을 나타낸 것이다.

```
        H-N-H            H   O
           |             |   ‖
           H         H-C-C-O-H
                         |
                         H
         (가)              (나)
     암모니아(NH₃)       아세트산(CH₃COOH)
```

이에 대한 설명으로 옳은 것만을 〈보기〉에서 있는 대로 고른 것은?

〈보기〉 풀이

ㄱ. (가)는 질소 비료의 원료로 사용된다.

➡ (가)는 암모니아(NH_3)로 질소 비료의 원료로 이용된다. 암모니아의 대량 합성으로 질소 비료의 대량 생산이 가능해졌고, 식량 생산량이 증대되었다.

ㄴ. (나)를 물에 녹이면 산성 수용액이 된다.

➡ (나)는 아세트산(CH_3COOH)으로 물에 녹아 아세트산 이온(CH_3COO^-)과 수소 이온(H^+)으로 이온화되므로 수용액의 액성은 산성이다.

✗ (가)와 (나)는 모두 탄소 화합물이다.

➡ 탄소 화합물은 탄소(C)를 중심으로 수소(H), 산소(O), 질소(N), 황(S)과 같은 비금속 원소가 공유 결합하여 형성된 화합물이다. (가)는 탄소(C) 원자를 포함하지 않으므로 탄소 화합물이 아니다.

적용해야 할 개념 ③가지

① 탄소 화합물: 탄소(C)를 주성분으로 하여 수소(H), 산소(O), 질소(N), 황(S)과 같은 원소를 포함한 화합물을 말하며, 유기 화합물이라고도 한다. 예) 탄화수소, 에탄올(C_2H_5OH), 아세트산(CH_3COOH), 폼알데하이드(HCHO), 아세톤(CH_3COCH_3) 등

② 아세트산(CH_3COOH)의 성질: 일반적으로 에탄올을 발효시켜 얻으며, 물에 녹아 산성을 나타내므로 신맛이 난다. 녹는점이 17 ℃이므로 이보다 낮은 온도에서는 고체 상태로 존재하며, 식초의 성분, 의약품, 합성수지의 원료 등에 쓰인다.

③ 에탄올(C_2H_5OH)의 성질: 곡물이나 과일을 발효시켜 얻으며, 휘발성이 강하고 불에 잘 탄다. 살균, 소독 작용을 하며, 술의 성분, 소독용 의약품, 용매, 연료 등에 이용된다.

문제 보기

그림은 탄소 화합물 (가)~(다)의 구조식을 나타낸 것이다. (가)~(다)는 각각 메테인, 에탄올, 아세트산 중 하나이다.

```
      H           H   O           H   H
      |           |   ‖           |   |
  H-C-H       H-C-C-O-H       H-C-C-O-H
      |           |               |   |
      H           H               H   H
     (가)          (나)              (다)
  메테인(CH₄)  아세트산(CH₃COOH)  에탄올(C₂H₅OH)
```

이에 대한 설명으로 옳은 것만을 〈보기〉에서 있는 대로 고른 것은?

〈보기〉 풀이

(가)~(다)는 각각 메테인(CH_4), 아세트산(CH_3COOH), 에탄올(C_2H_5OH)이다.

ㄱ. (가)는 천연가스의 주성분이다.

➡ (가)는 메테인(CH_4)으로 액화 천연가스(LNG)의 주성분이다.

✗ (나)를 물에 녹이면 염기성 수용액이 된다.

➡ (나)는 아세트산(CH_3COOH)으로 물에 녹아 아세트산 이온(CH_3COO^-)과 수소 이온(H^+)으로 이온화되므로 수용액의 액성은 산성이다.

ㄷ. (다)는 손 소독제를 만드는 데 사용된다.

➡ (다)는 에탄올(C_2H_5OH)로 살균 작용을 하여 소독용 의약품으로 사용된다.

35 탄소 화합물의 이용 2020학년도 7월 학평 화I 2번 정답 ⑤ | 정답률 82%

적용해야 할 개념 ③가지

① 메테인(CH_4)의 성질: 천연가스에서 주로 얻으며, 온실 기체 중 하나이다. 냄새와 색깔이 없고 물에 거의 녹지 않는다. 가정용 연료인 액화 천연가스(LNG) 등의 주성분이다.

② 분자의 극성과 용해성: 극성 물질은 극성 용매에 잘 혼합되고, 무극성 물질은 무극성 용매에 잘 혼합된다.

③ 물질에 포함된 원자 수: 물질에 포함된 원자 수는 분자 수에 분자 1개당 원자 수를 곱한 값과 같다.

문제 보기

그림은 분자 (가)와 (나)의 구조식을 나타낸 것이고, (가)와 (나)는 각각 메테인과 에탄올 중 하나이다.

```
      H                    H   H
      |                    |   |
  H — C — H            H — C — C — O — H
      |                    |   |
      H                    H   H
     (가)                   (나)
   메테인(CH₄)            에탄올(C₂H₅OH)
  메테인 1몰에 포함된      에탄올 1몰에 포함된
  H 원자는 4몰           H 원자는 6몰
```

(가)와 (나)에 대한 설명으로 옳은 것만을 〈보기〉에서 있는 대로 고른 것은?

〈보기〉 풀이

(가)와 (나)는 각각 메테인(CH_4), 에탄올(C_2H_5OH)이다.

ㄱ. 액화 천연가스의 주성분은 (가)이다.

➡ (가)는 메테인(CH_4)으로 기체 상태인 메테인(CH_4)을 액화시켜 연료로 이용하는 것을 액화 천연가스(LNG)라 한다.

ㄴ. 실온에서 물에 대한 용해도는 (나)>(가)이다.

➡ (가) 메테인(CH_4)은 무극성 분자이고, (나) 에탄올(C_2H_5OH)은 극성 분자이다. 물은 극성 분자이므로 극성 분자인 (나)는 물에 잘 용해되지만 무극성 분자인 (가)는 물에 잘 용해되지 않는다. 따라서 실온에서 물에 대한 용해도는 (나)>(가)이다.

ㄷ. 1몰을 완전 연소시켰을 때 생성되는 H_2O의 분자 수비는 (가) : (나)=2 : 3이다.

➡ (가) 메테인(CH_4)의 1몰당 H 원자의 양(mol)은 4몰이고, (나) 에탄올(C_2H_5OH)의 1몰당 H 원자의 양(mol)은 6몰이다. 따라서 (가)와 (나) 1몰은 각각 완전 연소시켰을 때 생성되는 H_2O의 양(mol)은 각각 2몰, 3몰이므로 생성되는 H_2O의 분자 수비는 (가) : (나)=2 : 3이다.

36 탄소 화합물의 이용 2021학년도 4월 학평 화I 5번 정답 ⑤ | 정답률 95%

적용해야 할 개념 ③가지

① 탄소 화합물: 탄소(C)를 주성분으로 하여 수소(H), 산소(O), 질소(N), 황(S)과 같은 원소를 포함한 화합물을 말하며, 유기 화합물이라고도 한다. 예 탄화수소, 에탄올(C_2H_5OH), 아세트산(CH_3COOH), 폼알데하이드(HCHO), 아세톤(CH_3COCH_3) 등

② 메테인(CH_4)의 성질: 천연가스에서 주로 얻으며, 온실 기체 중 하나이다. 냄새와 색깔이 없고 물에 거의 녹지 않는다. 가정용 연료인 액화 천연가스(LNG)의 주성분이다.

③ 에탄올(C_2H_5OH)의 성질: 곡물이나 과일을 발효시켜 얻으며, 휘발성이 강하고 불에 잘 탄다. 살균, 소독 작용을 하며, 술의 성분, 소독용 의약품, 용매, 연료 등에 이용된다.

문제 보기

그림은 메테인(CH_4), 에탄올(C_2H_5OH), 물(H_2O)을 주어진 기준에 따라 분류한 것이다.

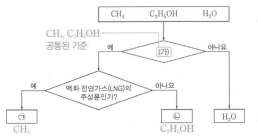

이에 대한 설명으로 옳은 것만을 〈보기〉에서 있는 대로 고른 것은?

〈보기〉 풀이

탄소 화합물은 탄소(C)를 중심으로 수소(H), 산소(O), 질소(N), 황(S)과 같은 비금속 원소가 공유 결합하여 형성된 화합물이다.

ㄱ. '탄소 화합물인가?'는 (가)로 적절하다.

➡ 분류 기준 (가)에 의해 CH_4과 C_2H_5OH이 '예'로 분류되고, H_2O이 '아니요'로 분류되었으므로 분류 기준 (가)는 CH_4과 C_2H_5OH만의 공통된 내용이어야 한다. 따라서 '탄소 화합물인가?'는 CH_4과 C_2H_5OH만의 공통된 내용이므로 (가)로 적절하다.

ㄴ. ㉠은 CH_4이다.

➡ 탄소 화합물이면서 액화 천연가스(LNG)의 주성분 물질인 ㉠은 CH_4이다.

ㄷ. ㉡은 손 소독제를 만드는 데 사용한다.

➡ ㉡은 C_2H_5OH이며, 에탄올(C_2H_5OH)은 살균 작용이 있어 의료용 손 소독제의 원료로도 이용된다.

적용해야 할 개념 ④가지

① 탄소 화합물: 탄소(C)를 주성분으로 하여 수소(H), 산소(O), 질소(N), 황(S)과 같은 원소를 포함한 화합물을 말하며, 유기 화합물이라고도 한다. 예 탄화수소, 에탄올(C_2H_5OH), 아세트산(CH_3COOH), 폼알데하이드(HCHO), 아세톤(CH_3COCH_3) 등

② 메테인(CH_4)의 성질: 천연가스에서 주로 얻으며, 온실 기체 중 하나이다. 냄새와 색깔이 없고 물에 거의 녹지 않는다. 가정용 연료인 액화 천연가스(LNG)의 주성분이나.

③ 에탄올(C_2H_5OH)의 성질: 곡물이나 과일을 발효시켜 얻으며, 휘발성이 강하고 불에 잘 탄다. 살균, 소독 작용을 하며, 술의 성분, 소독용 의약품, 용매, 연료 등에 이용된다.

④ 아세트산(CH_3COOH)의 성질: 일반적으로 에탄올을 발효시켜 얻으며, 물에 녹아 산성을 나타내므로 신맛이 난다. 녹는점이 17 ℃이므로 이보다 낮은 온도에서는 고체 상태로 존재하며, 식초의 성분, 의약품, 합성수지의 원료 등에 쓰인다.

문제 보기

다음은 탄소 화합물 X~Z에 대한 탐구 활동이다. X~Z는 각각 메테인, 에탄올, 아세트산 중 하나이다.

[탐구 과정]
○ 탄소 화합물 X~Z의 이용 사례를 조사하고, 퍼즐 ㉠~㉢을 사용하여 구조식을 완성한다.

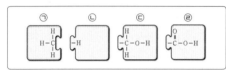

[탐구 결과]

탄소 화합물	아세트산	메테인	에탄올
	X	Y	Z
이용 사례	식초의 성분	(가)	
사용한 퍼즐			㉠과 ㉢

이에 대한 설명으로 옳은 것만을 〈보기〉에서 있는 대로 고른 것은? [3점]

〈보기〉 풀이

탄소 화합물은 탄소(C)를 기본 원소로 하여 탄소(C)에 수소(H), 산소(O), 질소(N), 황(S)과 같은 비금속 원소가 공유 결합하여 형성된 화합물이다. X~Z에 대한 자료는 다음 표와 같다.

탄소 화합물	X(아세트산)	Y(메테인)	Z(에탄올)
화합식	CH_3COOH	CH_4	C_2H_5OH
사용한 퍼즐	㉠과 ㉣	㉠과 ㉡	㉠과 ㉢

✗ **X의 구조식을 완성하기 위해 사용한 퍼즐은 ㉠과 ㉡이다.**
→ 식초의 성분인 X는 아세트산(CH_3COOH)이다. 따라서 X의 구조식을 완성하기 위해 사용한 퍼즐은 ㉠과 ㉣이다.

ㄴ. **'액화 천연가스의 주성분'은 (가)로 적절하다.**
→ X, Z가 각각 아세트산과 에탄올이므로 Y는 메테인(CH_4)이다. 메테인은 액화 천연가스(LNG)의 주성분이므로 Y의 이용 사례 (가)로 적절하다.

ㄷ. **Z는 물에 잘 녹는다.**
→ Z는 에탄올(C_2H_5OH)로 물에 매우 잘 녹는다.

보기

적용해야 할 개념 ②가지

① 원자량: 질량수가 12인 탄소(^{12}C) 원자의 질량을 12.00으로 정하고 이를 기준으로 하여 나타낸 원자의 상대적인 질량이다.

$$\text{원자 X의 원자량} = \frac{\text{X의 질량}}{^{12}\text{C의 질량}} \times 12.00$$

② 원자 1개의 질량과 1몰의 질량: 원자 1개의 질량에 아보가드로수를 곱한 값은 원자 1몰의 질량, 즉 원자량에 g을 붙인 값과 같다.

문제 보기

그림은 원자 X~Z의 질량 관계를 나타낸 것이다.

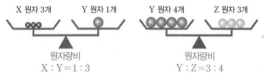

X 원자 3개   Y 원자 1개   Y 원자 4개   Z 원자 3개

원자량비 X : Y = 1 : 3   원자량비 Y : Z = 3 : 4

이에 대한 옳은 설명만을 〈보기〉에서 있는 대로 고른 것은? (단, X~Z는 임의의 원소 기호이다.)

〈보기〉 풀이

X 원자 3개와 Y 원자 1개의 질량이 같고, Y 원자 4개와 Z 원자 3개의 질량이 같으므로 X 원자 1개의 질량을 M g이라 하면 Y와 Z 원자 1개의 질량은 각각 $3M$ g, $4M$ g이다.

ㄱ. **원자 1개의 질량은 Y > X이다.**
→ X 원자 3개와 Y 원자 1개의 질량이 같으므로 원자 1개의 질량은 Y > X이다.

✗ **원자 1 mol의 질량은 Z가 X의 3배이다.**
→ 원자 1 mol의 질량비는 원자 1개의 질량비와 같다. 따라서 원자 1 mol의 질량비는 X : Z = M : $4M$ = 1 : 4이므로 Z가 X의 4배이다.

✗ **YZ_2에서 구성 원소의 질량비는 Y : Z = 3 : 4이다.**
→ 원자 1개의 질량비는 Y : Z = 3 : 4이므로 YZ_2에서 구성 원소의 질량비는 Y : Z = 3 : 8이다.

보기

39 화학식량과 몰 2020학년도 7월 학평 화I 4번 정답 ④ | 정답률 65 %

적용해야 할 개념 ②가지

① 몰과 질량, 기체의 부피 사이의 관계: 물질의 양(mol)$= \dfrac{질량(g)}{1몰의 질량(g/mol)} = \dfrac{기체의 부피(L)}{기체 1몰의 부피(L/mol)}$

② 밀도(g/mL)$= \dfrac{질량(g)}{부피(mL)}$이므로 질량(g)$=$밀도(g/mL)$\times$부피(mL)이고, 부피(mL)$= \dfrac{질량(g)}{밀도(g/mL)}$이다.

문제 보기

다음은 $t\ ^\circ\text{C}$, 1기압에서 3가지 물질 A~C에 대한 자료이다. $t\ ^\circ\text{C}$, 1기압에서 기체 1몰의 부피는 25 L이다.

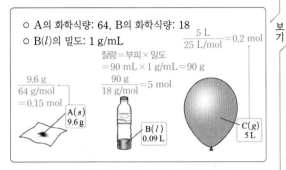

○ A의 화학식량: 64, B의 화학식량: 18
○ B(l)의 밀도: 1 g/mL

$\dfrac{5\ L}{25\ L/mol} = 0.2\ mol$

질량$=$부피$\times$밀도 $=90\ mL \times 1\ g/mL = 90\ g$

$\dfrac{9.6\ g}{64\ g/mol} = 0.15\ mol$

$\dfrac{90\ g}{18\ g/mol} = 5\ mol$

 A(s) 9.6 g

 B(l) 0.09 L

 C(g) 5 L

A~C의 양(몰)을 비교한 것으로 옳은 것은? (단, 풍선 내부의 압력은 1기압이다.)

<보기> 풀이

물질의 양(mol)$= \dfrac{질량(g)}{1몰의 질량(g/mol)} = \dfrac{질량(g)}{화학식량}$이고, 기체의 경우 $\dfrac{기체의 부피(L)}{기체 1몰의 부피(L/mol)}$이다.

❶ A~C의 양(mol) 구하기

A와 B의 화학식량이 각각 64, 18이고, B(l)의 밀도가 1 g/mL이므로 A와 B의 양(mol)은 각각 $\dfrac{9.6\ g}{64\ g/mol} = \boxed{0.15몰}$, $\dfrac{90\ mL \times 1\ g/mL}{18\ g/mol} = \boxed{5몰}$이다. 기체 1몰의 부피가 25 L이므로 C(g) 5 L의 양(mol)은 0.2몰이다.

❷ A~C의 양(mol) 비교하기

A의 양(mol)은 0.15몰, B의 양(mol)은 5몰, C의 양(mol)은 0.2몰이므로 B>C>A이다.

~~① A>B>C~~ ~~② A>C>B~~ ~~③ B>A>C~~

④ B>C>A ~~⑤ C>A>B~~

보기

---

40 탄소 화합물의 이용 2025학년도 수능 화I 1번 정답 ⑤ | 정답률 96 %

적용해야 할 개념 ②가지

① 탄소 화합물: 탄소(C)를 주성분으로 하여 수소(H), 산소(O), 질소(N), 황(S)과 같은 원소를 포함한 화합물을 말하며, 유기 화합물이라고도 한다. 예 메테인(CH_4), 에탄올(C_2H_5OH), 아세트산(CH_3COOH), 폼알데하이드(HCHO), 아세톤(CH_3COCH_3) 등

② 발열 반응과 흡열 반응: 화학 반응이 일어날 때 주위로 열을 방출하는 반응을 발열 반응이라 하고, 주위로부터 열을 흡수하는 반응을 흡열 반응이라고 한다. 발열 반응이 일어나면 주위의 온도가 높아지고, 흡열 반응이 일어나면 주위의 온도가 낮아진다.

문제 보기

다음은 일상생활에서 사용하는 제품과 이와 관련된 성분 (가)와 (나)에 대한 자료이다.

휴대용 연료로 사용되고 연소되면 열이 발생한다.

(가) 아세트산(CH_3COOH) 산, 탄소 화합물

(나) 뷰테인(C_4H_{10}) 탄소 화합물

이에 대한 설명으로 옳은 것만을 〈보기〉에서 있는 대로 고른 것은?

<보기> 풀이

발열 반응이 일어나면 열이 발생하고, 흡열 반응이 일어나면 열을 흡수한다.

✗ (가)의 수용액과 KOH(aq)의 중화 반응은 흡열 반응이다.

➡ 아세트산은 산이고, KOH은 염기이며, 산과 염기의 중화 반응이 일어나면 중화열이 발생한다. 따라서 아세트산의 수용액과 KOH(aq)의 중화 반응은 열이 발생하므로 발열 반응이다.

ㄴ (나)의 연소 반응이 일어날 때 주위로 열을 방출한다.

➡ 연료와 산소가 반응하는 연소 반응은 열이 발생하므로 발열 반응이다. 따라서 뷰테인의 연소 반응이 일어날 때 주위로 열을 방출한다.

ㄷ (가)와 (나)는 모두 탄소 화합물이다.

➡ (가)와 (나)는 모두 C 원자를 중심으로 H, O 원자가 공유 결합하고 있으므로 모두 탄소 화합물이다.

보기

2 일차	01 ①	02 ④	03 ③	04 ②	05 ⑤	06 ③	07 ⑤	08 ④	09 ⑤	10 ⑤	11 ①	12 ②
	13 ④	14 ②	15 ④	16 ③	17 ③	18 ⑤	19 ④	20 ⑤	21 ⑤	22 ⑤	23 ③	24 ②
	25 ⑤	26 ⑤	27 ④	28 ③	29 ②	30 ④	31 ④	32 ④	33 ⑤	34 ①	35 ②	36 ⑤
	37 ①	38 ⑤	39 ⑤									

문제편 020~031쪽

01 기체의 부피와 아보가드로 법칙 2019학년도 수능 화Ⅰ 9번　　　정답 ① | 정답률 75 %

적용해야 할 개념 ③가지

① 아보가드로 법칙: 온도와 압력이 같을 때 모든 기체는 같은 부피 속에 같은 수의 분자가 들어 있다. 따라서 기체의 부피는 기체의 양(mol)에 비례한다.

② 분자량과 물질의 양(mol): 물질의 양(mol)$=\dfrac{\text{질량(g)}}{\text{1몰의 질량(g/mol)}}$ 이므로 질량이 같은 경우 물질의 양(mol)은 분자량에 반비례한다.

③ 분자 1 g에 들어 있는 원자 수: $\dfrac{1\,g}{\text{1몰의 질량(g/mol)}}$, 즉 $\dfrac{1}{\text{분자량}}$(몰)에 분자 1개당 원자 수를 곱하여 구한다.

문제 보기

표는 같은 온도와 압력에서 질량이 같은 기체 (가)~(다)에 대한 자료이다. └ 분자량은 부피에 반비례한다.

기체	분자식	부피(L)
(가)	XY_4	22
(나)	Z_2	11
(다)	XZ_2	8

이에 대한 설명으로 옳은 것만을 〈보기〉에서 있는 대로 고른 것은? (단, X~Z는 임의의 원소 기호이다.)

기체의 양(mol)도 (가) : (나) : (다)=22 : 11 : 8이다.
➡ 질량이 같으므로 분자량의 비는
(가) : (나) : (다)$=\dfrac{1}{22}:\dfrac{1}{11}:\dfrac{1}{8}=4:8:11$이다.

〈보기〉 풀이

온도와 압력이 같을 때 기체의 부피는 기체의 양(mol)에 비례하므로 기체의 몰비는 (가) : (나) : (다)=22 : 11 : 8이다. 이때 세 기체의 질량이 같으므로 기체의 분자량은 기체의 양(mol), 즉 부피에 반비례한다. 따라서 분자량비는 (가) : (나) : (다)$=\dfrac{1}{22}:\dfrac{1}{11}:\dfrac{1}{8}=4:8:11$이다.

ㄱ **분자량은 $XZ_2 > XY_4$이다.**
➡ 같은 온도와 압력에서 질량이 같을 때 기체의 양(mol), 즉 부피는 분자량에 반비례하므로 분자량은 $XZ_2 > XY_4$이다.

✗ **1 g에 들어 있는 원자 수는 (가)가 (나)의 2.5배이다.**
➡ (가) XY_4와 (나) Z_2의 분자량비는 (가) : (나)=4 : 8이고, 분자 1개당 원자 수는 각각 5, 2이다. 따라서 분자량을 각각 $4M$, $8M$이라 하면, 1 g에 들어 있는 원자의 양(mol)은 각각 $\dfrac{5}{4M}$몰, $\dfrac{2}{8M}$몰이므로 1 g에 들어 있는 원자 수는 (가)가 (나)의 5배이다.

✗ **원자량은 X>Z이다.**
➡ (가)~(다)의 분자량을 각각 $4M$, $8M$, $11M$이라 하고 X~Z의 원자량을 각각 x~z라 하면, $x+4y=4M$, $2z=8M$, $x+2z=11M$이 성립한다. 이를 풀면 $x=3M$, $y=\dfrac{1}{4}M$, $z=4M$이므로 원자량은 Z>X이다.

02 화합물의 질량과 원자 수 2021학년도 3월 학평 화Ⅰ 7번　　　정답 ④ | 정답률 60 %

적용해야 할 개념 ③가지

① 물질의 양(mol)과 분자량: 물질의 양(mol)$=\dfrac{\text{질량(g)}}{\text{1몰의 질량(g/mol)}}$ ➡ 1몰의 질량(g/mol)$=\dfrac{\text{질량(g)}}{\text{물질의 양(mol)}}$

② 물질의 양(mol)과 분자 수: 물질 1몰에 해당하는 분자 수는 아보가드로수(N_A)와 같다.

③ 물질에 포함된 원자 수: 물질에 포함된 원자 수는 분자 수에 분자 1개당 원자 수를 곱한 값과 같다.

문제 보기

표는 물질 X_2와 X_2Y에 대한 자료이다.

물질	X_2 N_2	X_2Y N_2O
전체 원자 수	N_A	$6N_A$
질량(g)	14	88
분자의 양(mol)	0.5	2
분자량	28	44

이에 대한 옳은 설명만을 〈보기〉에서 있는 대로 고른 것은? (단, X와 Y는 임의의 원소 기호이고, N_A는 아보가드로수이다.)

〈보기〉 풀이

✗ **X_2의 양은 1 mol이다.**
➡ X_2에서 전체 원자 수가 N_A이므로 X 원자의 양(mol)은 1 mol이고, X_2의 양(mol)은 0.5 mol이다.

ㄴ **X_2Y의 분자량은 44이다.**
➡ X_2Y는 3원자 분자이고, 전체 원자 수가 $6N_A$이므로 분자의 양(mol)은 2 mol이다. 분자 1 mol의 질량 값이 분자량인데, 2 mol의 질량이 88 g이므로 X_2Y의 분자량은 $\dfrac{88}{2}=44$이다.

ㄷ **원자량은 Y>X이다.**
➡ X_2, X_2Y의 분자량이 각각 28, 44이므로 X, Y의 원자량은 각각 14, 16이다. 따라서 원자량은 Y>X이다.

03 화합물의 원자 수 2022학년도 4월 학평 화I 8번

적용해야 할 개념 ②가지

① 전체 원자 수: 분자당 원자 수에 분자 수를 곱한 값과 같다.

② 분자 1 g에 들어 있는 원자 수: $\dfrac{1\,g}{1\,mol의\ 질량(g/mol)}$, 즉 $\dfrac{1}{분자량}$(mol)에 분자 1개당 원자 수를 곱하여 구한다.

문제 보기

표는 분자 (가), (나)에 대한 자료이다.

분자	(가) A₂B	(나) AB₂
구성 원소	A, B	A, B
분자당 구성 원자 수	3	3
1 g에 들어 있는 B 원자 수(상댓값)	23	44

이에 대한 설명으로 옳은 것만을 〈보기〉에서 있는 대로 고른 것은? (단, A와 B는 임의의 원소 기호이다.) [3점]

〈보기〉 풀이

(가), (나)는 A, B로 이루어진 3원자 분자이므로 각각 AB_2, A_2B 중 하나이다. A, B의 원자량을 각각 a, b라고 하고, (가)와 (나)를 각각 AB_2, A_2B라고 가정하면, 1 g에 들어 있는 B 원자 수는 (가) : (나)$=\dfrac{2}{a+2b} : \dfrac{1}{2a+b}=23 : 44$이다. 이를 풀면 $153a=-42b$이므로 조건에 부합하지 않는다. 따라서 (가), (나)는 각각 A_2B, AB_2이다.

ㄱ (가)는 A_2B이다.
➡ (가)는 A_2B이고, (나)는 AB_2이다.

ㄴ 같은 질량에 들어 있는 분자 수는 (가) : (나)$=23 : 22$이다.
➡ 1 g에 들어 있는 B 원자 수는 1 g에 들어 있는 분자 수에 분자 1개당 B 원자 수를 곱한 값과 같다. 따라서 1 g에 들어 있는 분자 수는 1 g에 들어 있는 B 원자 수를 분자 1개당 B 원자 수로 나눈 값과 같다. (가), (나)가 각각 A_2B, AB_2이므로 분자 1개당 B 원자 수는 각각 1, 2이고, 같은 질량에 들어 있는 분자 수는 (가) : (나)$=\dfrac{23}{1} : \dfrac{44}{2}=23 : 22$이다.

✗ 원자량비는 A : B$=8 : 7$이다.
➡ 같은 질량에 들어 있는 분자 수는 분자량에 반비례한다. 같은 질량에 들어 있는 분자 수는 (가) : (나)$=23 : 22$이므로 (가)와 (나)의 분자량은 각각 $22k$, $23k$라 할 수 있다. A, B의 원자량을 각각 a, b라 하면 (가)와 (나)의 분자량은 $2a+b=22k$, $a+2b=23k$이고, 이를 풀면 $a=7k$, $b=8k$이므로 원자량비는 A : B$=7 : 8$이다.

04 화합물의 원자 수 2022학년도 10월 학평 화I 18번

적용해야 할 개념 ②가지

① 물질의 양(mol)과 질량: 물질의 양(mol)은 $\dfrac{질량(g)}{1\,mol의\ 질량(g/mol)}$, 즉 $\dfrac{질량(g)}{분자량}$이다.

② 분자 1 g에 들어 있는 원자 수: $\dfrac{1\,g}{1\,mol의\ 질량(g/mol)}$, 즉 $\dfrac{1}{분자량}$(mol)에 분자 1개당 원자 수를 곱하여 구한다.

문제 보기

표는 기체 (가)~(다)에 대한 자료이다. 1 g에 들어 있는 Y 원자 수 비는 (가) : (다)$=5 : 4$이다.

$\dfrac{40}{2} : \dfrac{24 \times n}{(2+n)} = 5 : 4$

기체	(가)	(나) ZX₄	(다) Z₂Y₄
분자식	XY	ZXₙ	Z₂Yₙ₌₄
1 g에 들어 있는 전체 원자 수(상댓값)	40	125	24
1 g당 분자 수(상댓값)	20	25	4
질량(g)	5	8	

분자량비 (가) : (나) : (다)$=5 : 4 : 25$

이에 대한 옳은 설명만을 〈보기〉에서 있는 대로 고른 것은? (단, X~Z는 임의의 원소 기호이다.) [3점]

〈보기〉 풀이

1 g에 들어 있는 전체 원자 수(상댓값)를 분자당 원자 수로 나눈 값은 1 g에 들어 있는 전체 분자 수(상댓값)와 같다. 이때 1 g에 들어 있는 전체 분자 수는 분자량에 반비례한다.

✗ $n=2$이다.
➡ (가)와 (다)의 분자식이 각각 XY, Z_2Y_n이고, 1 g에 들어 있는 전체 원자 수(상댓값)가 각각 40, 24이므로 1 g에 들어 있는 Y 원자 수 비는 (가) : (다)$=40 \times \dfrac{1}{2} : 24 \times \dfrac{n}{2+n}=5 : 4$이고, $n=4$이다.

ㄴ 기체의 양(mol)은 (나)가 (가)의 2배이다.
➡ $n=4$이므로 (가)와 (나)의 분자당 원자 수는 각각 2, 5이고, 1 g에 들어 있는 전체 원자 수(상댓값)가 각각 40, 125이므로 1 g에 들어 있는 전체 분자 수(상댓값)는 각각 20, 25이다. 이때 1 g에 들어 있는 전체 분자 수는 분자량에 반비례하므로 분자량비는 (가) : (나)$=5 : 4$이다. (가)와 (나)의 질량이 각각 5 g, 8 g이므로 기체의 몰비는 (가) : (나)$=\dfrac{5}{5} : \dfrac{8}{4}=1 : 2$이다.

✗ $\dfrac{Z의\ 원자량}{X의\ 원자량+Y의\ 원자량}=\dfrac{4}{5}$이다.
➡ (다)의 분자당 원자 수는 6이고 1 g에 들어 있는 전체 원자 수(상댓값)가 24이므로 1 g에 들어 있는 전체 분자 수는 4이다. (가)~(다)의 분자식은 각각 XY, ZX_4, Z_2Y_4이고, 분자량비는 (가) : (나) : (다)$=\dfrac{1}{20} : \dfrac{1}{25} : \dfrac{1}{4}=5 : 4 : 25$이다. (가)~(다)의 분자량을 각각 $5M$, $4M$, $25M$이라 하고, X~Z의 원자량을 각각 x~z라 하면 $x+y=5M$, $4x+z=4M$, $4y+2z=25M$이다.

이를 풀면 $x=\dfrac{M}{4}$, $y=\dfrac{19}{4}M$, $z=3M$이므로 $\dfrac{z}{x+y}=\dfrac{3M}{\dfrac{M}{4}+\dfrac{19}{4}M}=\dfrac{3}{5}$이다.

적용해야 할 개념 ②가지	① 몰과 부피: 온도와 압력이 같을 때 기체의 부피는 기체의 양(mol)에 비례한다.
	② 물질의 양(mol)과 분자량: 물질의 양(mol)$=\dfrac{\text{질량(g)}}{\text{1몰의 질량(g/mol)}}$ ➡ 1몰의 질량(g/mol)$=\dfrac{\text{질량(g)}}{\text{물질의 양(mol)}}$

문제 보기

표는 같은 온도와 압력에서 기체 C_2H_x, C_3H_y에 대한 자료이다.

기체	질량(g)	부피(L)	$\dfrac{\text{C의 질량}}{\text{H의 질량}}$
C_2H_x	$3w$	$2V$	
C_3H_y	$2w$	V	9

부피비가 2 : 1이므로 기체의 몰비도 2 : 1이다.

이에 대한 설명으로 옳은 것만을 [보기]에서 있는 대로 고른 것은?(단, H, C의 원자량은 각각 1, 12이다.) [3점]

<보기> 풀이

H, C의 원자량이 각각 1, 12이므로 C_2H_x, C_3H_y의 분자량은 각각 $24+x$, $36+y$이고, $\dfrac{\text{C의 질량}}{\text{H의 질량}}$은 각각 $\dfrac{24}{x}$, $\dfrac{36}{y}$이다.

ㄱ. 기체의 양(mol)은 C_2H_x가 C_3H_y의 2배이다.
➡ 온도와 압력이 같을 때 기체의 부피는 기체의 양(mol)에 비례한다. 기체의 부피비가 C_2H_x : $C_3H_y=2$: 1이므로 기체의 양(mol)은 C_2H_x가 C_3H_y의 2배이다.

ㄴ. 분자량비는 C_2H_x : $C_3H_y=3$: 4이다.
➡ 분자량비는 기체의 질량비를 몰비로 나눈 값과 같다. 주어진 자료에서 기체의 질량비가 C_2H_x : $C_3H_y=3$: 2이고, 몰비가 C_2H_x : $C_3H_y=2$: 1이므로 분자량비는 C_2H_x : $C_3H_y=\dfrac{3}{2}$: $\dfrac{2}{1}=3$: 4이다.

ㄷ. x는 6이다.
➡ C_3H_y에서 $\dfrac{\text{C의 질량}}{\text{H의 질량}}=\dfrac{36}{y}=9$이므로 $y=4$이고, C_3H_y의 분자량은 40이다. 분자량비가 C_2H_x : $C_3H_y=3$: 4이므로 C_2H_x의 분자량은 30이다. 따라서 $24+x=30$이므로 $x=6$이다.

적용해야 할 개념 ③가지	① 몰과 부피: 온도와 압력이 같을 때 기체의 부피는 기체의 양(mol)에 비례한다.
	② 아보가드로수(N_A): 질량수 12인 탄소(^{12}C) 원자 12 g에 들어 있는 ^{12}C 원자 수로, $\dfrac{12\,g}{^{12}C\ \text{원자 1개의 질량(g)}}$으로 구하며 6.02×10^{23}이다.
	③ 물질의 양(mol)과 분자 수: 물질 1몰에 해당하는 분자 수는 아보가드로수(N_A)와 같다.

문제 보기

표는 t ℃, 1기압에서 원소 A와 B로 이루어진 기체 (가)와 (나)에 대한 자료이다.

B의 원자량×B 원자 수 / A의 원자량×A 원자 수

기체	분자식	$\dfrac{\text{B의 질량}}{\text{A의 질량}}$	분자 1개의 질량(g)	기체 1 g의 부피(L)
(가)	AB	$x\dfrac{4}{3}$	w_1	V_1
(나)	AB_2	$\dfrac{8}{3}$	w_2	V_2

분자량비 (가) : (나)$=w_1$: w_2

이에 대한 옳은 설명만을 [보기]에서 있는 대로 고른 것은? (단, A와 B는 임의의 원소 기호이고, 아보가드로수는 N_A이다.) [3점]

<보기> 풀이

분자량은 분자 1개의 질량에 아보가드로수 N_A를 곱한 값과 같다. 또한 기체 1몰의 부피는 기체의 분자량에 기체 1 g의 부피(L)를 곱한 값과 같으며, 이는 온도와 압력이 같을 때 기체의 종류에 관계없이 같다.

ㄱ. $x=\dfrac{4}{3}$이다.
➡ $\dfrac{\text{B의 질량}}{\text{A의 질량}}=\dfrac{\text{B의 원자량×B 원자 수}}{\text{A의 원자량×A 원자 수}}$이다. 이때 $\dfrac{\text{B의 원자량}}{\text{A의 원자량}}$은 일정하고 $\dfrac{\text{B 원자 수}}{\text{A 원자 수}}$의 비가 (가) : (나)$=1$: 2이므로 $x=\dfrac{4}{3}$이다.

✗ ㄴ. $\dfrac{V_2}{V_1}=\dfrac{w_2}{w_1}$이다.
➡ (가)와 (나)의 분자 1개의 질량이 각각 w_1 g, w_2 g이므로 분자량은 각각 w_1N_A, w_2N_A이며, 기체 1 g의 부피가 각각 V_1 L, V_2 L이므로 (가)와 (나) 1몰의 부피는 각각 $w_1N_AV_1$ L, $w_2N_AV_2$ L이다. 온도와 압력이 같을 때 기체 1몰의 부피는 같으므로 $w_1N_AV_1=w_2N_AV_2$이다. 따라서 $\dfrac{V_2}{V_1}=\dfrac{w_1}{w_2}$이다.

ㄷ. t ℃, 1기압에서 기체 1몰의 부피(L)는 $w_1N_AV_1$이다.
➡ t ℃, 1기압에서 기체 1몰의 부피(L)는 $w_1N_AV_1=w_2N_AV_2$이다.

07 몰과 질량, 부피, 원자 수 2020학년도 6월 모평 화I 13번 정답 ⑤ | 정답률 58 %

적용해야 할 개념 ②가지

① 물질의 양(mol): 물질의 양(mol)은 $\dfrac{\text{질량(g)}}{\text{1몰의 질량(g/mol)}}$ 이다.

② 분자 1 g에 들어 있는 원자 수: $\dfrac{1\,g}{\text{1몰의 질량(g/mol)}}$, 즉 $\dfrac{1}{\text{분자량}}$ (몰)에 분자 1개당 원자 수를 곱하여 구한다.

문제 보기

표는 $AB_2(g)$에 대한 자료이다. AB_2의 분자량은 M이다.

질량	부피	1 g에 들어 있는 전체 원자 수
1 g	2 L	N

$\dfrac{1}{M}$몰

$\dfrac{1}{M}$몰의 부피=2 L

➡ 1몰의 부피=$2M$ L

$\dfrac{1}{M}$몰에 들어 있는 분자 수=$\dfrac{N}{3}$

➡ 1몰에 들어 있는 분자 수=$\dfrac{MN}{3}$

$AB_2(g)$에 대한 설명으로 옳은 것만을 〈보기〉에서 있는 대로 고른 것은? (단, A와 B는 임의의 원소 기호이며, 온도와 압력은 일정하다.) [3점]

〈보기〉 풀이

ㄱ 1 g에 들어 있는 B 원자 수는 $\dfrac{2N}{3}$이다.

➡ AB_2 1 g에 들어 있는 전체 원자 수가 N이며, 그 중 B 원자 수는 전체 원자 수의 $\dfrac{2}{3}$이므로 1 g에 들어 있는 B 원자 수는 $\dfrac{2N}{3}$이다.

ㄴ 1몰의 부피는 $2M$ L이다.

➡ 물질의 양(mol)은 $\dfrac{\text{질량(g)}}{\text{1몰의 질량(g/mol)}}$이므로 분자량이 M인 AB_2 1 g의 양(mol)은 $\dfrac{1}{M}$몰이다. 또한 온도와 압력이 일정할 때 기체의 부피는 기체의 양(mol)에 비례하는데, AB_2 1 g, 즉 $\dfrac{1}{M}$몰이 2 L이므로 AB_2 1몰의 부피는 $2M$ L이다.

ㄷ 1몰에 해당하는 분자 수는 $\dfrac{MN}{3}$이다.

➡ AB_2 $\dfrac{1}{M}$몰에 들어 있는 전체 원자 수가 N이므로 전체 분자 수는 $\dfrac{N}{3}$이다. 따라서 AB_2 1몰에 해당하는 전체 분자 수는 $\dfrac{MN}{3}$이다.

보기

---

08 몰과 질량, 부피, 입자 수 2019학년도 9월 모평 화I 10번 정답 ④ | 정답률 72 %

적용해야 할 개념 ②가지

① 몰과 입자 수, 질량, 기체의 부피 사이의 관계:

물질의 양(mol)=$\dfrac{\text{입자 수(개)}}{\text{아보가드로수(개/mol)}}=\dfrac{\text{질량(g)}}{\text{1몰의 질량(g/mol)}}=\dfrac{\text{기체의 부피(L)}}{\text{기체 1몰의 부피(L/mol)}}$

② 전체 원자 수: 분자 수에 분자 1개당 원자 수를 곱하여 구한다.

문제 보기

표는 t °C, 1기압에서 기체 (가)~(다)에 대한 자료이다.

전체 원자 수비
(가) : (다)=2 : 1=3 : 0.5(1+x)
➡ $x=2$

분자량 A_2B: 44, AB_x: 46
$2a+b=44$, $a+2b=46$
➡ $a=14$, $b=16$

기체	분자식	질량 (g)	부피 (L)	분자 수	전체 원자 수 (상댓값)
(가)	AB	y 45		$1.5N_A$ 1.5몰	4
(나)	A_2B	11	7 0.25몰		z 1
(다)	AB_x	23		$0.5N_A$ 0.5몰	2

AB의 분자량=30
➡ AB 1.5몰의 질량=45 g

전체 원자 수비 (가) : (나)
=1.5×2 : 0.25×3=4 : z
➡ $z=1$

$\dfrac{y}{x+z}$는? (단, t °C, 1기압에서 기체 1몰의 부피는 28 L이고, A와 B는 임의의 원소 기호이며, N_A는 아보가드로수이다.) [3점]

〈보기〉 풀이

❶ **(가)~(다)의 양(mol) 구하기**

(가)와 (다)의 분자 수가 각각 $1.5N_A$, $0.5N_A$이므로 기체의 양(mol)은 각각 1.5몰, 0.5몰이다. 또한 t °C, 1기압에서 기체 1몰의 부피가 28 L이므로 (나)의 양(mol)은 $\dfrac{7\,L}{28\,L/mol}$=0.25몰이다.

❷ **x 구하기**

(가)와 (다)의 분자식은 각각 AB, AB_x이고, 기체의 양(mol)이 각각 1.5몰, 0.5몰이므로 전체 원자의 양(mol)은 각각 3몰, 0.5(1+x)몰이다. 이때 전체 원자 수의 비가 2 : 1이므로 $x=2$이고, (다)의 분자식은 AB_2이다.

❸ **A, B의 원자량 구하기**

(나)와 (다)의 기체의 양(mol)은 각각 0.25몰, 0.5몰이며, 질량이 각각 11 g, 23 g이므로 분자량은 각각 44, 46이다. 따라서 A, B의 원자량을 각각 a, b라 하면, $2a+b=44$, $a+2b=46$이 성립하며, 이를 풀면 $a=14$, $b=16$이다.

❹ **y, z 구하기**

A, B의 원자량이 각각 14, 16이므로 AB의 분자량은 30이다. (가)에서 AB의 양(mol)이 1.5몰이므로 이에 해당하는 질량은 30 g/mol×1.5 mol=45 g이며, $y=45$이다. 또한 (나)에서 A_2B의 양(mol)은 0.25몰이므로 전체 원자의 양(mol)은 0.25몰×3=0.75몰이다. 이때 (가)에서 AB 1.5몰의 전체 원자의 양(mol)이 3.0몰인데 전체 원자 수(상댓값)가 4이므로 $z=1$이다.

$x=2$, $y=45$, $z=1$이므로 $\dfrac{y}{x+z}=\dfrac{45}{2+1}=15$이다.

 9   11   12 ④ 15   18

보기

적용해야 할 개념 ③가지	① 몰과 부피: 기체의 온도와 압력이 같을 때 기체의 부피는 기체의 양(mol)에 비례한다.
	② 물질의 양(mol)과 질량: 물질의 양(mol)은 $\dfrac{\text{질량(g)}}{\text{1몰의 질량(g/mol)}}$, 즉 $\dfrac{\text{질량(g)}}{\text{분자량}}$이다.
	③ 분자 1 g에 들어 있는 원자 수: $\dfrac{\text{질량(g)}}{\text{1몰의 질량(g/mol)}}$, 즉 $\dfrac{1}{\text{분자량}}$(몰)에 분자 1개당 원자 수를 곱하여 구한다.

문제 보기

표는 t ℃, 1기압에서 기체 (가)~(다)에 대한 자료이다.

$\frac{1}{3}$ 몰의 질량=18 g ➡ 1몰의 질량=54 g/mol

기체	분자식	질량(g)	분자량	부피(L)	전체 원자 수(상댓값)
(가)	XY_2	18	54	8	1
(나)	ZX_2	23	46	a 12	1.5
(다)	Z_2Y_4	26	104	6	b 1.5

전체 원자 수비 (가) : (나)=2 : 3
➡ 분자 수비=부피비 (가) : (나)=2 : 3 ➡ a=12
분자당 원자 수비 (나) : (다)=1 : 2, 몰비 (나) : (다)=2 : 1
➡ 전체 원자 수비=(나) : (다)=1 : 1 ➡ b=1.5

이에 대한 설명으로 옳은 것만을 [보기]에서 있는 대로 고른 것은? (단, X~Z는 임의의 원소 기호이고, t ℃, 1기압에서 기체 1 mol의 부피는 24 L이다.)

<보기> 풀이

t ℃, 1기압에서 기체 1몰의 부피가 24 L이므로 기체 (가)의 양(mol)은 $\frac{1}{3}$몰이다. 또한 물질의 양(mol)=$\dfrac{\text{질량(g)}}{\text{1몰의 질량(g/mol)}}=\dfrac{\text{질량(g)}}{\text{분자량}}$이므로 기체 (다)의 양(mol)은 $\frac{1}{4}$몰이다.

ㄱ. $a \times b$=18이다.
➡ (가)와 (나)는 모두 3원자 분자이고, 전체 원자 수비가 2 : 3이므로 분자 수비도 2 : 3이며, a=12이다. 또한 기체 (나)의 양(mol)은 $\frac{1}{2}$몰이고, (나)와 (다)에서 분자당 원자 수비는 1 : 2이고, 기체의 몰비는 2 : 1이므로 전체 원자 수는 (나)와 (다)가 같다. 따라서 b=1.5이므로, $a \times b$=18이다.

ㄴ. 1 g에 들어 있는 전체 원자 수는 (나)>(다)이다.
➡ (나)와 (다)의 분자량은 각각 46, 104이고, 분자당 원자 수는 각각 3, 6이다. 따라서 (나)와 (다) 1 g에 들어 있는 전체 원자 수는 각각 $\frac{3}{46}$ 몰, $\frac{6}{104}=\frac{3}{52}$몰이므로 (나)>(다)이다.

ㄷ. t ℃, 1기압에서 $X_2(g)$ 6 L의 질량은 8 g이다.
➡ XY_2의 분자량은 54, ZX_2의 분자량은 46, Z_2Y_4의 분자량은 104이다. X, Y, Z의 원자량을 x, y, z라 하면, $x+2y=54$, $z+2x=46$, $2z+4y=104$가 성립하므로, 이를 풀면 x=16이다. 따라서 X의 원자량은 16이므로, X_2의 분자량은 32이다. t ℃, 1기압에서 6 L는 $\frac{1}{4}$몰이므로 $X_2(g)$ 6 L의 질량은 8 g이다.

적용해야 할 개념 ③가지	① 몰과 부피: 기체의 온도와 압력이 같을 때 기체의 부피는 기체의 양(mol)에 비례한다.
	② 밀도와 분자량: 밀도=$\dfrac{\text{질량}}{\text{부피}}$이며, 온도와 압력이 같을 때 기체의 밀도는 분자량에 비례한다.
	③ 분자 1 g에 들어 있는 원자 수: $\dfrac{1\text{ g}}{\text{1몰의 질량(g/mol)}}$, 즉 $\dfrac{1}{\text{분자량}}$(몰)에 분자 1개당 원자 수를 곱하여 구한다.

문제 보기

표는 t ℃, 1기압에서 2가지 기체에 대한 자료이다.

$\frac{m+n}{32}N_A$ 분자량(상댓값)

기체	분자식	분자량	1 g에 들어 있는 전체 원자 수	단위 부피당 질량(상댓값)
(가)	X_mH_n	32	$\dfrac{3}{16}N_A$	8
(나)	$X_nY_nH_n$	a 108	$\dfrac{1}{9}N_A$	27

$\frac{3n}{108}N_A$

이에 대한 설명으로 옳은 것만을 <보기>에서 있는 대로 고른 것은? (단, H의 원자량은 1이고, X, Y는 임의의 원소 기호이며 N_A는 아보가드로수이다.) [3점]

<보기> 풀이

온도와 압력이 일정할 때 기체의 부피는 기체의 양(mol)에 비례하고, 같은 부피에는 종류에 관계없이 같은 분자 수가 존재한다. 따라서 온도와 압력이 일정할 때 밀도의 개념인 단위 부피당 질량(상댓값)은 분자량(상댓값)과 같다.

ㄱ. a=108이다.
➡ (가)와 (나)에서 분자량(상댓값)이 각각 8, 27이므로 분자량비는 32 : a=8 : 27이 성립하고, a=108이다.

ㄴ. m=2이다.
➡ 전체 원자 수는 전체 분자 수에 분자당 원자 수를 곱한 값과 같다. (가)와 (나)에서 분자당 원자 수는 각각 $m+n$, $3n$이고, 분자량이 각각 32, 108이므로 1 g에 들어 있는 전체 원자 수는 각각 $\frac{m+n}{32}N_A$, $\frac{3n}{108}N_A=\frac{n}{36}N_A$이다. 따라서 $\frac{m+n}{32}=\frac{3}{16}$, $\frac{n}{36}=\frac{1}{9}$이고, n=4, m=2이다.

ㄷ. 원자량 비는 X : Y=7 : 6이다.
➡ (가)와 (나)의 분자식은 각각 X_2H_4, $X_4Y_4H_4$이고, 분자량이 각각 32, 108이므로 X, Y의 원자량을 각각 x, y라 하면 $2x+4=32$, $4x+4y+4=108$이 성립하고, 이를 풀면 x=14, y=12이다. 따라서 원자량 비는 X : Y=7 : 6이다.

11 화학식량과 원자 수 2023학년도 6월 모평 화Ⅰ 18번

정답 ① | 정답률 38 %

적용해야 할 개념 ②가지	① 물질의 양(mol)과 질량: 물질의 양(mol)은 $\dfrac{\text{질량(g)}}{1 \text{ mol의 질량(g/mol)}}$, 즉 $\dfrac{\text{질량(g)}}{\text{분자량}}$ 이다.
	② 분자 1 g에 들어 있는 원자 수: $\dfrac{1 \text{ g}}{1 \text{ mol의 질량(g/mol)}}$, 즉 $\dfrac{1}{\text{분자량}}$ (mol)에 분자 1개당 원자 수를 곱하여 구한다.

문제 보기

표는 기체 (가)와 (나)에 대한 자료이다. (가)의 분자당 구성 원자 수는 7이다.

기체	분자식	1 g에 들어 있는 전체 원자 수 (상댓값)	분자량 (상댓값)	구성 원소의 질량비
(가)	X_mY_{2n} X_3Y_4	21	4	X : Y = 9 : 1
(나)	Z_nY_n Z_2Y_2	16	3	

구성 원소의 질량비를 구성 원자 수
비로 나눈 값은 원자량비와 같다.
➡ 원자량비 X : Y = 12 : 1

$\dfrac{m}{n} \times \dfrac{\text{Z의 원자량}}{\text{X의 원자량}}$ 은? (단, X~Z는 임의의 원소 기호이다.)

<보기> 풀이

❶ (가)와 (나)의 분자식 및 n, m 구하기

(가)와 (나)의 분자당 구성 원자 수가 각각 7($=m+2n$), $2n$이고, (가)와 (나)의 분자량(상댓값)이 각각 4, 3이므로 1 g에 들어 있는 전체 원자 수비는 $\dfrac{1}{4}\times 7 : \dfrac{1}{3}\times 2n = 21 : 16$이고, $n=2$이다.

따라서 $m=3$이고, (가)와 (나)의 분자식은 각각 X_3Y_4, Z_2Y_2이다.

❷ (가)의 분자식과 구성 원소의 질량비로 X, Y의 원자량비 구하기

분자의 구성 원소의 질량비를 구성 원자 수로 나눈 값은 각 원자의 원자량비와 같다. (가)의 분자식은 X_3Y_4로 분자당 원자 수비는 X : Y = 3 : 4이고, 구성 원소의 질량비가 X : Y = 9 : 1이므로 원자량비는 X : Y = $\dfrac{9}{3} : \dfrac{1}{4}$ = 12 : 1이다.

❸ X, Y의 원자량비로부터 $\dfrac{\text{Z의 원자량}}{\text{X의 원자량}}$ 구하기

원자량비가 X : Y = 12 : 1이므로 X, Y의 원자량을 각각 $12M$, M이라 하면, (가)의 분자량은 $40M$이다. 분자량비는 (가) : (나) = 4 : 3이므로 (나)의 분자량은 $30M$이다. 이때 (나)의 분자식이 Z_2Y_2이므로 Z의 원자량은 $14M$이다. 따라서 $\dfrac{\text{Z의 원자량}}{\text{X의 원자량}} = \dfrac{14M}{12M} = \dfrac{7}{6}$이고, $\dfrac{m}{n}$

$\times \dfrac{\text{Z의 원자량}}{\text{X의 원자량}} = \dfrac{3}{2}\times\dfrac{7}{6} = \dfrac{7}{4}$이다.

① $\dfrac{7}{4}$ ✗ $\dfrac{7}{8}$ ✗ $\dfrac{6}{7}$ ✗ $\dfrac{7}{9}$ ✗ $\dfrac{4}{7}$

---

12 몰과 질량, 부피, 원자 수 2020학년도 9월 모평 화Ⅰ 16번

정답 ② | 정답률 51 %

적용해야 할 개념 ②가지	① 몰과 부피: 기체의 온도와 압력이 같을 때 기체의 부피는 기체의 양(mol)에 비례한다.
	② 질량과 분자량: 온도와 압력이 같을 때 같은 부피에 들어 있는 기체 분자의 양(mol)이 같으므로 이때의 질량비는 분자량비와 같다.

문제 보기

표는 t ℃, 1기압에서 기체 (가)~(다)에 대한 자료이다.

부피비=몰비 (가) : (다)=1 : 2
➡ 전체 원자 수비 (가) : (다)=1×3 : 2×3=1 : y
➡ $y=2$

기체	분자식	질량(g)	부피(L)	전체 원자 수(상댓값)
(가)	AB_2	16	6	1
(나)	AB_3	30	x 9	2
(다)	CB_2	23	12	y 2

전체 원자 수비 (가) : (나)=6×3 : x×4=1 : 2
➡ $x=9$

이에 대한 설명으로 옳은 것만을 <보기>에서 있는 대로 고른 것은? (단, A~C는 임의의 원소 기호이다.) [3점]

<보기> 풀이

온도와 압력이 일정할 때 기체의 부피는 기체의 양(mol)에 비례한다. 따라서 온도, 압력이 같은 조건에서 부피가 같을 때의 질량비는 분자량비와 같다.

✗ $x+y=10$이다.

➡ (가)와 (다)는 부피비가 1 : 2이므로 기체 분자의 몰비도 1 : 2이며, 분자당 원자 수가 3으로 같으므로 전체 원자 수비도 1 : 2이다. 따라서 $y=2$이다.

(가)와 (나)에서 부피와 분자당 원자 수를 곱한 값의 비는 전체 원자 수비와 같으므로 (6×3) : $(x\times 4)=1$: 2이다. 따라서 $x=9$이며, $x+y=11$이다.

ㄴ. 원자량은 B>C이다.

➡ (가)~(다)의 부피가 12 L일 때의 질량은 각각 32 g, 40 g, 23 g이고, 이는 (가)~(다)의 분자량비와 같다. 따라서 (가)~(다)의 분자량을 각각 $32M$, $40M$, $23M$이라 하고, A~C의 원자량을 각각 a~c라 하면, $a+2b=32M$, $a+3b=40M$, $2b+c=23M$이 성립하며 이를 풀면 $a=16M$, $b=8M$, $c=7M$이다. 따라서 원자량은 B>C이다.

✗ 1 g에 들어 있는 B 원자 수는 (나)>(다)이다.

➡ (나)와 (다)의 분자량은 각각 $40M$, $23M$이므로 1 g에 들어 있는 B 원자의 양(mol)은 각각 $\dfrac{3}{40M}$ 몰, $\dfrac{2}{23M}$ 몰이다. 따라서 1 g에 들어 있는 B 원자 수는 (다)>(나)이다.

적용해야 할 개념 ③가지

① 물질의 양(mol)과 질량: 물질의 양(mol)은 $\dfrac{\text{질량(g)}}{1\ \text{mol의 질량(g/mol)}}$, 즉 $\dfrac{\text{질량(g)}}{\text{화학식량}}$ 이다.

② 온도와 압력이 일정할 때 기체의 부피는 기체의 양(mol)에 비례한다.

③ 전체 원자 수: 분자당 원자 수와 기체의 양(mol)을 곱한 값 또는 분자당 원자 수와 부피를 곱한 값에 비례한다.

문제 보기

표는 $t\ °C$, 1 atm에서 AB(g)와 AB$_2$(g)에 대한 자료이다.

$(2 \times 1) : (3 \times x) = N : \dfrac{3}{4}N = 1 : \dfrac{3}{4}$, $x = \dfrac{1}{2}$

분자당 원자 수	기체	부피(L)	전체 원자 수	질량(g)
2	AB	1	N	$14w$
3	AB$_2$	$x\ \dfrac{1}{2}$	$\dfrac{3}{4}N$	$11w$

분자량비 AB : AB$_2$ = $14w$: $22w$ 1 L의 질량: 22w g

이에 대한 옳은 설명만을 〈보기〉에서 있는 대로 고른 것은? (단, A, B는 임의의 원소 기호이다.) [3점]

보기

〈보기〉 풀이

온도와 압력이 일정할 때 기체의 부피는 기체의 양(mol)에 비례한다. 또한 전체 원자 수는 분자당 원자 수에 기체의 양(mol)이나 부피를 곱한 값에 비례한다.

✗ $x = 2$이다.

➡ AB(g)와 AB$_2$(g)의 분자당 원자 수는 각각 2와 3이고, $t\ °C$, 1 atm에서 부피는 각각 1 L와 x L이며, 전체 원자 수는 각각 N과 $\dfrac{3}{4}N$이므로 $(2 \times 1) : (3 \times x) = N : \dfrac{3}{4}N = 1 : \dfrac{3}{4}$이다.

따라서 $x = \dfrac{1}{2}$이다.

ㄴ 원자량은 B>A이다.

➡ $x = \dfrac{1}{2}$이므로 $t\ °C$, 1 atm에서 AB$_2$(g) 1 L의 질량은 $22w$ g이다. 따라서 분자량비는 AB : AB$_2$ = $14w$: $22w$이므로 AB와 AB$_2$의 분자량을 각각 $14k$와 $22k$라 하고, A와 B의 원자량을 각각 a, b라 하면 $a + b = 14k$, $a + 2b = 22k$이다. 따라서 $a = 6k$, $b = 8k$이므로 원자량은 B>A이다.

ㄷ 1 g에 들어 있는 A 원자 수는 AB>AB$_2$이다.

➡ AB와 AB$_2$의 분자량이 각각 $14k$와 $22k$이므로 1 g에 들어 있는 A 원자 수는 각각 $\dfrac{1}{14k}$ mol과 $\dfrac{1}{22k}$ mol이다. 따라서 1 g에 들어 있는 A 원자 수는 AB>AB$_2$이다.

적용해야 할 개념 ②가지

① 아보가드로 법칙: 온도와 압력이 같을 때 모든 기체는 같은 부피 속에 같은 수의 분자가 들어 있다. 따라서 기체의 부피는 기체의 양(mol)에 비례한다.

② 1 g의 부피와 밀도: 1 g의 부피는 밀도의 역수에 해당한다. 따라서 1 g의 부피는 분자량에 반비례한다.

문제 보기

분자량비 (가) : (나) = 22 : 15

표는 원소 X와 Y로 이루어진 분자 (가)~(다)에서 구성 원소의 질량비를 나타낸 것이다. $t\ °C$, 1 atm에서 기체 1 g의 부피비는 (가) : (나) = 15 : 22이고, (가)~(다)의 분자당 구성 원자 수는 각각 5 이하이다. 원자량은 Y가 X보다 크다.

분자	X$_2$Y (가)	XY (나)	X$_2$Y$_3$ (다)
$\dfrac{\text{Y의 질량}}{\text{X의 질량}}$ (상댓값)	1	2	3

$\dfrac{\text{Y의 양(mol)}}{\text{X의 양(mol)}}$ 의 비와 같다.

이에 대한 설명으로 옳은 것만을 〈보기〉에서 있는 대로 고른 것은? (단, X와 Y는 임의의 원소 기호이다.)

보기

〈보기〉 풀이

$\dfrac{\text{Y의 질량}}{\text{X의 질량}}$ (상댓값)은 $\dfrac{\text{Y의 양(mol)}}{\text{X의 양(mol)}}$ 의 비와 같다. 따라서 분자당 구성 원자 수가 5 이하인 (가)~(다)의 분자식은 각각 XY, XY$_2$, XY$_3$ 또는 X$_2$Y, XY, X$_2$Y$_3$ 중 하나이다. 이때 온도와 압력이 일정할 때 기체의 부피는 기체의 양(mol)에 비례하므로 기체 1 g의 부피비는 1 g의 몰비와 같다. 또한 이는 분자량비의 역수와 같으므로 (가)와 (나)의 분자량비는 22 : 15이다. (가)의 분자식이 XY라면 분자량비 조건을 만족하지 못하므로 (가)~(다)의 분자식은 각각 X$_2$Y, XY, X$_2$Y$_3$이다.

✗ $\dfrac{\text{Y의 원자량}}{\text{X의 원자량}} = \dfrac{4}{3}$이다.

➡ (가)와 (나)의 분자량비가 22 : 15이므로 분자량을 각각 $22M$, $15M$이라 하면, (가)와 (나)의 분자식이 각각 X$_2$Y, XY이므로 X, Y의 원자량은 각각 $7M$, $8M$이다. 따라서 $\dfrac{\text{Y의 원자량}}{\text{X의 원자량}} = \dfrac{8}{7}$이다.

ㄴ (나)의 분자식은 XY이다.

➡ (나)의 분자식은 XY이다.

✗ $\dfrac{\text{(다)의 분자량}}{\text{(가)의 분자량}} = \dfrac{38}{11}$이다.

➡ X, Y의 원자량이 각각 $7M$, $8M$이고, (가)와 (다)의 분자식이 각각 X$_2$Y, X$_2$Y$_3$이므로 분자량은 각각 $22M$, $38M$이다. 따라서 $\dfrac{\text{(다)의 분자량}}{\text{(가)의 분자량}} = \dfrac{38M}{22M} = \dfrac{19}{11}$이다.

15 몰과 부피, 원자 수 2021학년도 10월 화Ⅰ 학평 18번

정답 ④ | 정답률 54 %

적용해야 할 개념 ②가지

① 몰과 부피: 기체의 온도와 압력이 같을 때, 기체의 부피는 기체의 양(mol)에 비례한다.

② 분자 1 g에 들어 있는 원자 수: $\dfrac{1 \text{ g}}{1\text{몰의 질량(g/mol)}}$, 즉 $\dfrac{1}{\text{분자량}}$(몰)에 분자 1개당 원자 수를 곱하여 구한다.

문제 보기

표는 t ℃, 1 atm에서 원소 X~Z로 이루어진 기체 (가)~(다)에 대한 자료이다. (가)~(다)는 각각 분자당 구성 원자 수가 3 이하이고, 원자량은 Y>Z>X이다.

분자당 구성 원자 수비 (가) : (나) : (다)=2 : 3 : 3

기체	(가) XY	(나) XY₂	(다) YZ₂
구성 원소	X, Y	X, Y	Y, Z
1 g당 전체 원자 수	$22N$	$21N$	$21N$
1 g당 부피(상댓값)	11	7	7

분자량의 역수 비 ➡ 분자량비 (가) : (나) : (다)=7 : 11 : 11

이에 대한 옳은 설명만을 〈보기〉에서 있는 대로 고른 것은? (단, X~Z는 임의의 원소 기호이다.) [3점]

〈보기〉 풀이

분자당 구성 원자 수비는 (가) : (나) : (다)=$\dfrac{22}{11}$: $\dfrac{21}{7}$: $\dfrac{21}{7}$=2 : 3 : 3이다. 또한 온도와 압력이 일정할 때 기체의 부피는 기체의 양(mol)에 비례하므로 1 g당 부피(상댓값)는 1 g당 양(mol)(상댓값)과 같으며 이는 분자량의 역수 비와 같다. 따라서 (가)~(다)의 분자량비는 (가) : (나) : (다)=7 : 11 : 11이다. 분자당 구성 원자 수비가 (가) : (나)=2 : 3이고, 원자량은 X<Y이므로 (가)와 (나)의 분자식은 각각 XY, XY₂이다. 또한 (나)와 (다)의 분자량이 같으므로 (다)의 가능한 분자식은 YZ₂이다. 따라서 (가)~(다)의 분자량을 각각 $7M$, $11M$, $11M$이라 하면, X~Z의 원자량은 각각 $3M$, $4M$, $3.5M$이다.

✗ (가)의 분자식은 XY₂이다.

➡ (가)의 분자식은 XY이다.

ㄴ. 원자량 비는 X : Z=6 : 7이다.

➡ X와 Z의 원자량은 각각 $3M$, $3.5M$이므로 원자량 비는 X : Z=6 : 7이다.

ㄷ. 1 g당 Y 원자 수는 (나)가 (다)의 2배이다.

➡ (나)와 (다)의 분자식은 각각 XY₂, YZ₂로 분자당 Y 원자 수가 각각 2, 1이며, 분자량이 $11M$으로 같으므로 1 g당 Y 원자 수는 (나)가 (다)의 2배이다.

---

16 몰과 질량, 원자 수 2022학년도 6월 모평 화Ⅰ 18번

정답 ③ | 정답률 37 %

적용해야 할 개념 ②가지

① 전체 원자 수: 분자 수에 분자 1개당 원자 수를 곱하여 구한다.

② 단위 질량당 원자 수: ($\dfrac{1}{\text{분자량}}$×부피당 원자 수)에 비례한다.

문제 보기

다음은 A(g)~C(g)에 대한 자료이다.

단위 질량당 전체 원자 수를 분자당 구성 원자 수로 나눈 값은 단위 질량당 전체 분자 수($\propto \dfrac{1}{\text{분자량}}$)와 같다.

○ A(g)~C(g)의 질량은 각각 x g이다.
○ B(g) 1 g에 들어 있는 X 원자 수와 C(g) 1 g에 들어 있는 Z 원자 수는 같다.

기체	구성 원소	분자당 구성 원자 수	단위 질량당 전체 원자 수 (상댓값)	기체에 들어 있는 Y의 질량(g)
X₂A(g)	X	2	11	
X₂Y B(g)	X, Y	3	12	$2y$
YZ₄ C(g)	Y, Z	5	10	y

분자 수비 A : B : C=11 : 8 : 4
➡ 분자량비 A : B : C=8 : 11 : 22

이에 대한 설명으로 옳은 것만을 〈보기〉에서 있는 대로 고른 것은? (단, X~Z는 임의의 2주기 원소 기호이다.)

〈보기〉 풀이

단위 질량당 전체 원자 수(상댓값)를 분자당 구성 원자 수로 나눈 값은 단위 질량당 전체 분자 수와 같고, 이는 $\dfrac{1}{\text{분자량}}$에 비례한다. 따라서 단위 질량당 전체 분자 수비는 A : B : C=$\dfrac{11}{2}$: $\dfrac{12}{3}$: $\dfrac{10}{5}$=11 : 8 : 4이고, 분자량비는 A : B : C=$\dfrac{1}{11}$: $\dfrac{1}{8}$: $\dfrac{1}{4}$=8 : 11 : 22이다. A는 2원자 분자이므로 분자식이 X₂이고, B는 X₂Y, XY₂ 중 하나이다. 이때 B 1 g에 들어 있는 X 원자 수와 C 1 g에 들어 있는 Z 원자 수가 같고, 분자량은 C가 B의 2배이므로 B의 분자당 X 원자 수와 C의 분자당 Z 원자 수비는 1 : 2이어야 한다. 따라서 B가 X₂Y이면, C는 YZ₄이고, B가 XY₂이면, C는 Y₃Z₂이다. 이때 B와 C에서 x g에 들어 있는 Y의 질량비가 2 : 1이므로 분자당 Y 원자 수가 같아야 한다. 따라서 조건을 만족하는 B와 C의 분자식은 각각 X₂Y, YZ₄이다.

㉠ $\dfrac{\text{B}(g)\text{의 양(mol)}}{\text{A}(g)\text{의 양(mol)}}=\dfrac{8}{11}$이다.

➡ 단위 질량당 분자 수비가 A : B=11 : 8이고, A~C의 질량이 모두 x g으로 같으므로 A와 B의 몰비는 A : B=11 : 8이며, $\dfrac{\text{B}(g)\text{의 양(mol)}}{\text{A}(g)\text{의 양(mol)}}=\dfrac{8}{11}$이다.

㉡ C(g) 1 mol에 들어 있는 Y 원자의 양은 1 mol이다.

➡ C의 분자식이 YZ₄이므로 1 mol에 들어 있는 Y 원자의 양(mol)은 1 mol이다.

✗ $\dfrac{x}{y}=\dfrac{11}{3}$이다.

➡ A~C의 분자식이 각각 X₂, X₂Y, YZ₄이고, 분자량비가 A : B : C=8 : 11 : 22이므로 A~C의 분자량을 각각 $8M$, $11M$, $22M$이라 하면, X~Z의 원자량은 각각 $4M$, $3M$, $\dfrac{19}{4}M$이다. 이때, C x g에 들어 있는 Y의 질량이 y g이고, C 분자에서 Y가 차지하는 질량비가 $\dfrac{3}{22}$이므로 $x \times \dfrac{3}{22}=y$가 성립한다. 따라서 $\dfrac{x}{y}=\dfrac{22}{3}$이다.

2
일차

보기

17 몰과 질량, 원자 수 2023학년도 7월 학평 화I 18번

정답 ③ | 정답률 54 %

적용해야 할 개념 ③가지

① 물질의 양(mol)과 질량: 물질의 양(mol)은 $\dfrac{\text{질량(g)}}{1\text{ mol의 질량(g/mol)}}$, 즉 $\dfrac{\text{질량(g)}}{\text{화학식량}}$ 이다.

② 1 g에 들어 있는 전체 원자 수: $\left(\dfrac{1}{\text{분자량}} \times \text{분자당 원자 수}\right)$에 비례한다.

③ 구성 원소의 질량비(상댓값): 구성 원소의 몰비의 상댓값과 같다.

문제 보기

표는 원소 X와 Y로 이루어진 기체 (가)~(다)에 대한 자료이다. (가)~(다)의 분자당 구성 원자 수는 5 이하이다.

X 1 mol당 Y의 몰비 → / $\left(\dfrac{\text{분자당 원자 수}}{\text{분자량}}\right)$비 →

기체	분자량	$\dfrac{\text{Y의 질량}}{\text{X의 질량}}$(상댓값)	단위 질량당 전체 원자 수(상댓값)
(가) XY_2	x	4	22
(나) X_2Y	44	1	23
(다) X_2Y_3	76	3	

(가)~(다)는 각각 XY_4, XY, XY_3이거나 XY_2, X_2Y, X_2Y_3이다.

이에 대한 설명으로 옳은 것만을 〈보기〉에서 있는 대로 고른 것은? (단, X와 Y는 임의의 원소 기호이다.) [3점]

〈보기〉 풀이

$\dfrac{\text{Y의 질량}}{\text{X의 질량}}$(상댓값)은 X 1 mol당 Y의 몰비와 같다. 따라서 (가)~(다)는 각각 XY_4, XY, XY_3이거나 XY_2, X_2Y, X_2Y_3이다. (가)~(다)가 각각 XY_4, XY, XY_3이라면 (나)와 (다)의 분자량이 각각 44, 76이므로 X와 Y의 원자량을 각각 a와 b라고 할 때 $a+b=44$, $a+3b=76$이다. 따라서 $a=28$, $b=16$이므로 (가) XY_4의 분자량 $x=92$이다.

단위 질량당 전체 원자 수(상댓값)는 $\dfrac{\text{분자당 원자 수}}{\text{분자량}}$에 비례한다. 따라서 (가)와 (나)에서 $\dfrac{5}{92}$: $\dfrac{2}{44} \neq 22$: 23으로 조건을 만족하지 않으므로 (가)~(다)는 각각 XY_2, X_2Y, X_2Y_3이다.

ㄱ. Y의 원자량은 16이다. ◯

➡ (나)와 (다)의 분자식은 각각 X_2Y와 X_2Y_3이고, 분자량은 각각 44와 76이므로 X와 Y의 원자량을 각각 a와 b라고 하면 $2a+b=44$, $2a+3b=76$이고, $a=14$, $b=16$이다. 따라서 X의 원자량은 14이고, Y의 원자량은 16이다.

ㄴ. (나)의 분자식은 XY이다. ✗

➡ (나)의 분자식은 X_2Y이다.

ㄷ. $x=46$이다. ◯

➡ (가)의 분자식은 XY_2이고, X와 Y의 원자량은 각각 14와 16이므로 XY_2의 분자량 $x=46$이다.

18 몰과 질량, 원자 수 2022학년도 3월 학평 화I 17번

정답 ⑤ | 정답률 46 %

적용해야 할 개념 ②가지

① 물질의 양(mol)과 질량: 물질의 양(mol)은 $\dfrac{\text{질량(g)}}{1\text{ mol의 질량(g/mol)}}$, 즉 $\dfrac{\text{질량(g)}}{\text{분자량}}$ 이다.

② 분자량: 분자를 구성하는 원자들의 원자량을 모두 합한 값

문제 보기

원자량비 A : B=7 : 8 →

표는 용기 (가)와 (나)에 들어 있는 기체에 대한 자료이다. $\dfrac{\text{B의 원자량}}{\text{A의 원자량}} = \dfrac{8}{7}$이다.

분자량비 $AB : A_2B : CB_2 = 15 : 22 : 22$

용기	기체	기체의 질량(g)	$\dfrac{\text{B 원자 수}}{\text{A 원자 수}}$	AB의 양(mol)
(가)	AB, A_2B $5n$ $5n$	$37w$	$\dfrac{2}{3}$	$5n$
(나)	AB, CB_2 $4n$ $10n$	$56w$	6	$4n$

이에 대한 옳은 설명만을 〈보기〉에서 있는 대로 고른 것은? (단, A~C는 임의의 원소 기호이고, 모든 기체는 반응하지 않는다.) [3점]

〈보기〉 풀이

원자량비가 A : B=7 : 8이므로 분자량비는 $AB : A_2B=15 : 22$이다. (가)와 (나)에서 AB의 양(mol)이 각각 $5n$ mol, $4n$ mol이고, $\dfrac{\text{B 원자 수}}{\text{A 원자 수}}$가 각각 $\dfrac{2}{3}$, 6이므로 (가)에 들어 있는 A_2B와 (나)에 들어 있는 CB_2의 양(mol)을 각각 xn mol, yn mol이라고 하면 $\dfrac{5+x}{5+2x} = \dfrac{2}{3}$, $\dfrac{4+2y}{4} = 6$이 성립하고, 이를 풀면 $x=5$, $y=10$이다.

ㄱ. (가)에서 기체 분자 수는 AB와 A_2B가 같다. ◯

➡ (가)에서 AB와 A_2B의 양(mol)은 각각 $5n$ mol로 같다.

ㄴ. $\dfrac{\text{(가)에서 }A_2B\text{의 양(mol)}}{\text{(나)에서 }CB_2\text{의 양(mol)}} = \dfrac{1}{2}$이다. ◯

➡ (가)에 들어 있는 A_2B와 (나)에 들어 있는 CB_2의 양(mol)은 각각 $5n$ mol, $10n$ mol이므로 $\dfrac{\text{(가)에서 }A_2B\text{의 양(mol)}}{\text{(나)에서 }CB_2\text{의 양(mol)}} = \dfrac{5n}{10n} = \dfrac{1}{2}$이다.

ㄷ. $\dfrac{\text{C의 원자량}}{\text{B의 원자량}} = \dfrac{3}{4}$이다. ◯

➡ 분자량비는 $AB : A_2B=15 : 22$이다. (가)에서 AB와 A_2B의 양(mol)이 각각 $5n$ mol로 같으므로 AB와 A_2B의 질량은 분자량에 비례하여 각각 $15w$ g, $22w$ g이다. 또한 (가)와 (나)에서 AB의 양(mol)이 각각 $5n$ mol, $4n$ mol이므로 (나)에서 AB $4n$ mol의 질량은 $12w$ g이고, CB_2 $10n$ mol의 질량은 $44w(=56w-12w)$ g이다. 따라서 분자량비는 $AB : A_2B : CB_2 = 15 : 22 : 22$이고, 원자량비는 A : B : C=7 : 8 : 6이다. 따라서 $\dfrac{\text{C의 원자량}}{\text{B의 원자량}} = \dfrac{3}{4}$이다.

적용해야 할 개념 ③가지

① 몰(mol)과 부피: 기체의 온도와 압력이 같을 때 기체의 부피는 기체의 양(mol)에 비례한다.

② 밀도와 분자량: 밀도 $= \dfrac{\text{질량}}{\text{부피}}$ 이며, 온도와 압력이 같을 때 기체의 밀도는 분자량에 비례한다.

③ 전체 원자 수: 분자당 원자 수에 분자 수를 곱한 값과 같다.

2 일차

문제 보기

표는 t ℃, 1기압에서 실린더 (가)와 (나)에 들어 있는 기체에 대한 자료이다.

실린더	기체의 질량비	전체 기체의 밀도 (상댓값)	$\dfrac{\text{X 원자 수}}{\text{Y 원자 수}}$
(가)	$\underset{2n \text{ mol}}{X_aY_{2b}} : \underset{3n \text{ mol}}{X_bY_c} = \boxed{1:2}$ 3 : 6 $\boxed{9}$		$\dfrac{13}{24}$
(나)	$\underset{}{X_aY_{2b}} : \underset{4n \text{ mol}}{X_bY_c} = \boxed{3:1}$ $\underset{n \text{ mol}}{}$ 6 : 2 $\boxed{8}$		$\dfrac{11}{28}$

같은 양(mol)에 대한 질량비
(가) : (나) = 9 : 8

$\dfrac{X_bY_c \text{의 분자량}}{X_aY_{2b} \text{의 분자량}} \times \dfrac{c}{a}$ 는? (단, X와 Y는 임의의 원소 기호이다.) [3점]

<보기> 풀이

온도와 압력이 같을 때 기체의 부피는 기체의 양(mol)에 비례하고, 전체 기체의 양(mol)이 같을 때 전체 기체의 밀도비(상댓값)는 질량비와 같다.

❶ 전체 기체의 밀도(상댓값)로부터 (가)와 (나)의 질량비 구하기

(가)와 (나)에서 밀도비가 (가) : (나) = 9 : 8이므로 (가)와 (나)에 들어 있는 전체 기체의 양(mol)이 같다고 할 때 전체 기체의 질량비는 (가) : (나) = 9 : 8이다. 따라서 (가)와 (나)의 전체 기체의 질량을 각각 $9k$ g, $8k$ g이라 하면 (가)에서 X_aY_{2b}와 X_bY_c의 질량은 각각 $3k$ g, $6k$ g이고, (나)에서 X_aY_{2b}와 X_bY_c의 질량은 각각 $6k$ g, $2k$ g이다.

❷ (가)와 (나)에 들어 있는 기체의 몰비와 분자량 비 구하기

X_aY_{2b} $3k$ g과 X_bY_c $2k$ g의 양(mol)을 각각 m mol, n mol이라 하면, (가)와 (나)에 들어 있는 전체 기체의 양(mol)이 같아야 하므로 $m+3n = 2m+n$이고, $m=2n$이다. 따라서 (가)에 들어 있는 X_aY_{2b}와 X_bY_c의 질량은 각각 $3k$ g, $6k$ g이고, 양(mol)은 각각 $2n$ mol, $3n$ mol이므로 $\dfrac{X_bY_c \text{의 분자량}}{X_aY_{2b} \text{의 분자량}} = \dfrac{6k}{3n} \times \dfrac{2n}{3k} = \dfrac{4}{3}$ 이다.

❸ $\dfrac{\text{X 원자 수}}{\text{Y 원자 수}}$ 를 이용하여 $\dfrac{c}{a}$ 구하기

(가)에는 X_aY_{2b}와 X_bY_c가 각각 $2n$ mol, $3n$ mol, (나)에는 X_aY_{2b}와 X_bY_c가 각각 $4n$ mol, n mol 들어 있으므로 $\dfrac{\text{X 원자 수}}{\text{Y 원자 수}}$ 의 자료에서 $\dfrac{2an+3bn}{4bn+3cn} = \dfrac{13}{24}$, $\dfrac{4an+bn}{8bn+cn} = \dfrac{11}{28}$ 이 성립한다.

이를 정리하면 $20b = 39c - 48a$, $60b = 112a - 11c$이고, $\dfrac{c}{a} = \dfrac{256}{128} = 2$이다. 따라서 $\dfrac{X_bY_c \text{의 분자량}}{X_aY_{2b} \text{의 분자량}} \times \dfrac{c}{a} = \dfrac{4}{3} \times 2 = \dfrac{8}{3}$ 이다.

~~① $\dfrac{2}{3}$~~　　~~② $\dfrac{4}{3}$~~　　~~③ 2~~　　④ $\dfrac{8}{3}$　　~~⑤ $\dfrac{10}{3}$~~

적용해야 할 개념 ③가지

① 물질의 양(mol)과 질량: 물질의 양(mol)은 $\dfrac{\text{질량(g)}}{1\ \text{mol의 질량(g/mol)}}$, 즉 $\dfrac{\text{질량(g)}}{\text{분자량}}$ 이다.

② 분자 1 g에 들어 있는 원자 수: $\dfrac{1\ \text{g}}{1\ \text{mol의 질량(g/mol)}}$, 즉 $\dfrac{1}{\text{분자량}}$(mol)에 분자 1개당 원자 수를 곱하여 구한다.

③ 성분 원소의 질량비: 분자를 이루는 성분 원소의 몰비에 각 원소의 원자량을 곱하면 성분 원소의 질량비를 구할 수 있다.

문제 보기

표는 용기 (가)와 (나)에 들어 있는 기체에 대한 자료이다. 용기에 들어 있는 전체 기체 분자 수비는 (가) : (나)=4 : 3이다.

단위 질량당 X의 원자 수(상댓값)와 기체의 질량을 곱한 값은 X 원자 수 비와 같다.
➡ X 원자 수비 (가) : (나)=2 : 1

용기	기체	기체의 질량 (g)	단위 질량당 X의 원자 수 (상댓값)	용기에 들어 있는 Z의 질량 (g)
(가)	XY_2, XZ_4	$10w$	9	$\dfrac{38}{15}w$
(나)	YZ_2, XZ_4	$9w$	5	$\dfrac{19}{3}w$

Z 원자 수비 (가) : (나)=2 : 5

이에 대한 설명으로 옳은 것만을 〈보기〉에서 있는 대로 고른 것은? (단, X~Z는 임의의 원소 기호이고, 모든 기체는 반응하지 않는다.) [3점]

〈보기〉 풀이

(가)에 들어 있는 XY_2와 XZ_4의 양(mol)을 각각 a mol, b mol, (나)에 들어 있는 YZ_2와 XZ_4의 양(mol)을 각각 c mol, d mol이라 하면, 전체 분자 수비가 (가) : (나)=4 : 3이므로 $3(a+b)=4(c+d)$이다. 용기 (가)와 (나)에 들어 있는 단위 질량당 X의 원자 수(상댓값)와 기체의 질량을 곱하면 두 용기에 들어 있는 X 원자 수비와 같다. 따라서 두 용기에 들어 있는 X 원자 수비는 (가) : (나)=$(10w \times 9) : (9w \times 5)=2 : 1$이므로 $a+b=2d$이다. 또한 용기에 들어 있는 Z 원자의 질량으로부터 두 용기에 들어 있는 Z 원자 수비는 (가) : (나)=$\dfrac{38}{15}w : \dfrac{19}{3}w=2 : 5$이므로 $20b=2(2c+4d)$이다. c에 대해 정리하면, $a=3c$, $b=c$, $d=2c$이다. 따라서 (가)와 (나)에 들어 있는 기체의 종류와 양(mol)은 다음과 같다.

용기	기체의 종류와 양(mol)		
	XY_2	XZ_4	YZ_2
(가)	$3c$	c	0
(나)	0	$2c$	c

용기 (가)와 (나)의 기체의 질량에서 Z의 질량을 빼면, (가)에서 X $4c$ mol과 Y $6c$ mol의 질량 합은 $\dfrac{112}{15}w$ g이고, (나)에서 X $2c$ mol과 Y c mol의 질량 합은 $\dfrac{8}{3}w$ g이다. 이들 연립 방정식을 풀면 X, Y c mol의 질량은 각각 $\dfrac{16}{15}w$ g, $\dfrac{8}{15}w$ g이다. 또한 (가)에서 Z $4c$ mol의 질량이 $\dfrac{38}{15}w$ g이므로 Z c mol의 질량은 $\dfrac{19}{30}w$ g이다. 따라서 원자량 비는 X : Y : Z=32 : 16 : 19이다.

ㄱ. **XZ_4의 양(mol)은 (나)에서가 (가)에서의 2배이다.**

➡ (가)와 (나)의 용기에 들어 있는 XZ_4의 양(mol)은 각각 c mol, $2c$ mol이므로 (나)에서가 (가)에서의 2배이다.

ㄴ. $\dfrac{\text{YZ}_2\text{의 분자량}}{\text{XZ}_4\text{의 분자량}}=\dfrac{1}{2}$이다.

➡ X~Z의 원자량이 각각 $32M$, $16M$, $19M$이므로 YZ_2, XZ_4의 분자량은 각각 $54M$, $108M$이다. 따라서 $\dfrac{\text{YZ}_2\text{의 분자량}}{\text{XZ}_4\text{의 분자량}}=\dfrac{54\,M}{108\,M}=\dfrac{1}{2}$이다.

ㄷ. (나)에서 $\dfrac{\text{X의 질량(g)}}{\text{Y의 질량(g)}}=4$이다.

➡ (나)에 들어 있는 X와 Y의 양(mol)이 각각 $2c$ mol, c mol이고, 원자량은 X가 Y의 2배이므로 $\dfrac{\text{X의 질량(g)}}{\text{Y의 질량(g)}}=4$이다.

보기

적용해야 할 개념 ②가지
① 물질의 양(mol)과 질량: 물질의 양(mol)은 $\dfrac{\text{질량(g)}}{1\text{몰의 질량(g/mol)}}$, 즉 $\dfrac{\text{질량(g)}}{\text{분자량}}$ 이다.
② 전체 원자 수: 분자당 원자 수에 분자 수를 곱한 값과 같다.

문제 보기

표는 용기 (가)와 (나)에 들어 있는 기체에 대한 자료이다. (나)에서 $\dfrac{\text{X의 질량}}{\text{Y의 질량}} = \dfrac{15}{16}$ 이다.

분자의 몰비 $XY_2 : YZ_4 = 3 : 4$

용기	기체	기체의 질량(g)	$\dfrac{\text{X 원자 수}}{\text{Z 원자 수}}$	단위 질량당 Y 원자 수(상댓값)
(가)	$\overset{3n}{XY_2}, \overset{4n}{YZ_4}$	$55w$	$\dfrac{3}{16}$	23
(나)	$\overset{n}{XY_2}, \overset{2n}{X_2Z_4}$	$23w$	$\dfrac{5}{8}$	11

전체 Y 원자 수비
(가) : (나) $= 23 \times 55w : 11 \times 23w = 5 : 1$

이에 대한 설명으로 옳은 것만을 〈보기〉에서 있는 대로 고른 것은? (단, X~Z는 임의의 원소 기호이고, 모든 기체는 반응하지 않는다.)

보기

〈보기〉 풀이

단위 질량당 Y 원자 수(상댓값)에 전체 기체의 질량을 곱하면 (가)와 (나)의 전체 Y 원자 수(상댓값)와 같다. 따라서 전체 Y 원자 수비는 (가) : (나) $= (23 \times 55w) : (11 \times 23w) = 5 : 1$이다. 또한 (가)에서 $\dfrac{\text{X 원자 수}}{\text{Z 원자 수}} = \dfrac{3}{16}$이므로 기체의 몰비는 $XY_2 : YZ_4 = 3 : 4$이다. (가)에서 XY_2와 YZ_4의 양(mol)을 각각 $3n$ mol, $4n$ mol이라 하면 전체 Y 원자의 양(mol)이 $10n$ mol이므로 (나)에서 XY_2의 양(mol)은 n mol이다. 이때, (나)에서 $\dfrac{\text{X 원자 수}}{\text{Z 원자 수}} = \dfrac{5}{8}$이므로 X_2Z_4의 양(mol)은 $2n$ mol이다. X~Z의 원자량을 각각 x~z라 하면, (나)에서 X, Y의 몰비가 $X : Y = 5 : 2$이고, $\dfrac{\text{X의 질량}}{\text{Y의 질량}} = \dfrac{15}{16}$이므로 $\dfrac{5x}{2y} = \dfrac{15}{16}$이고, $\dfrac{x}{y} = \dfrac{3}{8}$이다. 또한 (가)와 (나)의 질량비를 고려하면 $3x + 10y + 16z = 55M$, $5x + 2y + 8z = 23M$이 성립하고, 이를 풀면 $x = M$, $y = \dfrac{8}{3}M$, $z = \dfrac{19}{12}M$이며, $x : y : z = 12 : 32 : 19$이다.

✗ (가)에서 $\dfrac{\text{X의 질량}}{\text{Y의 질량}} = \dfrac{1}{2}$이다.

➡ 원자량비가 $X : Y = 3 : 8$이고, (가)에 들어 있는 몰비는 $X : Y = 3 : 10$이므로 질량비는 $X : Y = (3 \times 3) : (8 \times 10) = 9 : 80$이다. 따라서 $\dfrac{\text{X의 질량}}{\text{Y의 질량}} = \dfrac{9}{80}$이다.

ㄴ. $\dfrac{\text{(나)에 들어 있는 전체 분자 수}}{\text{(가)에 들어 있는 전체 분자 수}} = \dfrac{3}{7}$이다.

➡ (가)에는 XY_2 $3n$ mol과 YZ_4 $4n$ mol이 들어 있고, (나)에는 XY_2 n mol과 X_2Z_4 $2n$ mol이 들어 있으므로 $\dfrac{\text{(나)에 들어 있는 전체 분자 수}}{\text{(가)에 들어 있는 전체 분자 수}} = \dfrac{3}{7}$이다.

ㄷ. $\dfrac{\text{X의 원자량}}{\text{Y의 원자량} + \text{Z의 원자량}} = \dfrac{4}{17}$이다.

➡ 원자량비는 $X : Y : Z = 12 : 32 : 19$이므로 $\dfrac{\text{X의 원자량}}{\text{Y의 원자량} + \text{Z의 원자량}} = \dfrac{12}{32 + 19} = \dfrac{4}{17}$이다.

적용해야 할 개념 ③가지

① 물질의 양(mol)과 질량: 물질의 양(mol)은 $\dfrac{\text{질량(g)}}{1 \text{ mol의 질량(g/mol)}}$, 즉 $\dfrac{\text{질량(g)}}{\text{분자량}}$ 이다.

② 밀도$=\dfrac{\text{질량}}{\text{부피}}$ 이므로 기체의 밀도는 기체의 부피에 반비례하고, 기체의 질량에 비례한다.

③ 기체의 양(mol)과 부피: 온도와 압력이 같을 때 기체의 부피는 기체의 양(mol)에 비례한다.

문제 보기

표는 t °C, 1기압에서 실린더 (가)~(다)에 들어 있는 기체에 대한 자료이다.

기체의 질량=밀도×기체의 부피
=밀도×기체의 양(mol)

실린더	기체의 종류	$\dfrac{\text{Y 원자 수}}{\text{X 원자 수}}$	Y 원자 수 (상댓값)	전체 기체의 밀도 (상댓값)
(가)	$4n$ mol X_2Y_2 X 원자 수 $8n$ mol	1	$8n$ mol	13 $13 \times 4n$
(나)	$2n$ mol $\quad 6n$ mol $\quad$ X 원자 수 $4n$ mol X_2Y_2, Y_2Z	4	2 $16n$ mol	10 $10 \times 8n$
(다)	XZ, Y_2Z X 원자 수 n mol	8	1 $8n$ mol	10 $10 \times 5n$
	n mol $\quad 4n$ mol			

이에 대한 설명으로 옳은 것만을 〈보기〉에서 있는 대로 고른 것은? (단, X~Z는 임의의 원소 기호이고, 모든 기체는 반응하지 않는다.) [3점]

〈보기〉 풀이

(다)에 들어 있는 Y 원자의 양(mol)을 $8n$ mol이라고 하면 Y 원자 수(상댓값)로부터 (가)와 (나)에 들어 있는 Y 원자의 양(mol)은 각각 $8n$ mol, $16n$ mol이다.

(가)에 들어 있는 Y 원자의 양(mol)이 $8n$ mol이고, (가)에 들어 있는 기체는 X_2Y_2이므로 (가)에 들어 있는 X_2Y_2의 양(mol)은 $4n$ mol이다.

(나)에 들어 있는 Y 원자의 양(mol)이 $16n$ mol이고, $\dfrac{\text{Y 원자 수}}{\text{X 원자 수}}=4$이므로 X 원자의 양(mol)은 $4n$ mol이다. 이때 (나)에 들어 있는 기체 중 X 원자가 포함된 기체는 X_2Y_2이므로 X_2Y_2의 양(mol)은 $2n$ mol이다. 또 (나)에 들어 있는 Y 원자의 양(mol)은 $16n$ mol이고, X_2Y_2에 들어 있는 Y 원자의 양(mol)은 $4n$ mol이므로 Y_2Z에 들어 있는 Y 원자의 양(mol)은 $12n$ mol이다. 따라서 (나)에 들어 있는 Y_2Z의 양(mol)은 $6n$ mol이다.

(다)에 들어 있는 Y 원자의 양(mol)은 $8n$ mol이고, $\dfrac{\text{Y 원자 수}}{\text{X 원자 수}}=8$이므로 X 원자의 양(mol)은 n mol이다. 이때 (다)에 들어 있는 기체 중 X 원자가 들어 있는 기체는 XZ이므로 XZ의 양(mol)은 n mol이다. 또 (다)에 들어 있는 기체 중 Y 원자가 들어 있는 기체는 Y_2Z이므로 Y_2Z의 양(mol)은 $4n$ mol이다. (가)~(다)에 들어 있는 기체의 양(mol)을 정리하면 다음과 같다.

실린더	(가)	(나)	(다)
기체의 양(mol)	X_2Y_2 $4n$	X_2Y_2 $2n$ Y_2Z $6n$	XZ n Y_2Z $4n$

ㄱ. 실린더 속 기체의 부피는 (다)가 (가)보다 크다.

➡ 실린더에 들어 있는 기체의 양(mol)은 (가)가 $4n$ mol, (다)가 $5n$ mol이다. 기체의 양(mol)과 부피는 비례하므로 실린더 속 기체의 부피는 (다)>(가)이다.

ㄴ. (가)~(다) 중 전체 기체의 질량은 (나)가 가장 크다.

➡ 기체의 질량=기체의 밀도×기체의 부피이고, (가)에 들어 있는 기체의 부피를 $4V$ L라고 하면 (나)와 (다)에 들어 있는 기체의 부피는 각각 $8V$ L, $5V$ L이다. (가)~(다)에 들어 있는 기체의 질량비는 (가) : (나) : (다)$=(13 \times 4V) : (10 \times 8V) : (10 \times 5V)=26 : 40 : 25$이다. 따라서 전체 기체의 질량은 (나)가 가장 크다.

ㄷ. $\dfrac{\text{X의 원자량}}{\text{Z의 원자량}}=\dfrac{3}{4}$이다.

➡ X~Z의 원자량을 각각 x, y, z라고 하면 X_2Y_2, Y_2Z, XZ의 분자량은 각각 $2x+2y$, $2y+z$, $x+z$이다. (가)~(다)에 들어 있는 기체의 질량비는 (가) : (나) : (다)$=4n(2x+2y)$: $2n(2x+2y)+6n(2y+z)$: $n(x+z)+4n(2y+z)=26 : 40 : 25$에서 $x : y : z=12 : 1 : 16$이다. 따라서 $\dfrac{\text{X의 원자량}}{\text{Z의 원자량}}=\dfrac{12}{16}=\dfrac{3}{4}$이다.

23 몰과 질량, 부피, 원자 수 2024학년도 수능 화I 19번

정답 ③ | 정답률 37%

적용해야 할 개념 ③가지

① 물질의 양(mol)과 질량: 물질의 양(mol)은 $\dfrac{\text{질량(g)}}{1 \text{ mol의 질량(g/mol)}}$, 즉 $\dfrac{\text{질량(g)}}{\text{화학식량}}$이다.

② 전체 원자 수: 분자당 원자 수에 분자 수를 곱한 값과 같다.

③ 기체의 양(mol)과 부피: 온도와 압력이 같을 때 기체의 부피는 기체의 양(mol)에 비례한다.

문제 보기

표는 같은 온도와 압력에서 실린더 (가)~(다)에 들어 있는 기체에 대한 자료이다.

실린더		(가)	(나)	(다)
기체의 질량(g)	$X_aY_b(g)$	15w 2n	22.5w 3n	
	$X_aY_c(g)$	16w 2n	8w n	
Y 원자 수(상댓값) X_aY_{2b}		6	5	9
전체 원자 수		10N	9N	14xN
기체의 부피(L)		4V	4V	5V

이에 대한 설명으로 옳은 것만을 〈보기〉에서 있는 대로 고른 것은? (단, X와 Y는 임의의 원소 기호이다.)

〈보기〉 풀이

온도와 압력이 일정할 때 기체의 부피는 기체의 양(mol)에 비례한다. X_aY_b 7.5w g을 y mol, X_aY_c 8w g을 z mol이라 하면, (가)와 (나)에서 $2y+2z=3y+z$이므로 $y=z$이다. 따라서 (가)에는 X_aY_b 2n mol과 X_aY_c 2n mol이 들어 있고, (나)에는 X_aY_b 3n mol과 X_aY_c n mol이 들어 있다.

ㄱ. $a=b$이다.

➡ (가)와 (나)에서 Y 원자 수비가 6 : 5이므로 $(2nb+2nc):(3nb+nc)=6:5$이고, $c=2b$이다. 따라서 X_aY_c는 X_aY_{2b}이다. 또한 (가)와 (나)에서 전체 원자 수가 각각 10N, 9N이므로 $4na+6nb=10N$, $4na+5nb=9N$이므로 $a=b$이고, $na=N$이다.

ㄴ. $\dfrac{\text{X의 원자량}}{\text{Y의 원자량}}=\dfrac{7}{8}$이다. ✗

➡ X_aY_b 2n mol과 $X_aY_c(X_aY_{2b})$ 2n mol의 질량이 각각 15w g과 16w g이므로 X_aY_b와 $X_aY_c(X_aY_{2b})$의 분자량을 각각 15k, 16k라 하고, X와 Y의 원자량을 각각 M_X, M_Y라고 하면, $aM_X+bM_Y=15k$, $aM_X+2bM_Y=16k$이다. 이때 $a=b$이므로 $M_X=\dfrac{14k}{a}$, $M_Y=\dfrac{k}{a}$이다. 따라서 $\dfrac{\text{X의 원자량}}{\text{Y의 원자량}}=14$이다.

ㄷ. $x=14$이다.

➡ (다)에 들어 있는 X_aY_b와 $X_aY_c(X_aY_{2b})$의 양(mol)을 각각 ㉠ mol, ㉡ mol이라고 하면, (가)에서 X_aY_b와 $X_aY_c(X_aY_{2b})$의 양(mol)이 각각 2n mol 들어 있을 때 기체의 부피가 4V L이고, Y 원자 수의 상댓값이 6인데, (다)의 기체의 부피가 5V L이고, Y 원자 수의 상댓값이 9이므로 ㉠+㉡=5n, ㉠+2㉡=9n에서 ㉠=n, ㉡=4n이다. 따라서 (다)에 들어 있는 전체 원자 수는 $2na+12na=14na$인데, $na=N$이므로 14N이다. 따라서 $x=14$이다.

---

24 몰과 부피, 분자 수 2024학년도 5월 학평 화I 15번

정답 ② | 정답률 68%

적용해야 할 개념 ③가지

① 물질의 양(mol)과 질량: 물질의 양(mol)은 $\dfrac{\text{질량(g)}}{1 \text{ mol의 질량(g/mol)}}$, 즉 $\dfrac{\text{질량(g)}}{\text{분자량}}$이다.

② 기체의 양(mol)과 부피: 온도와 압력이 같을 때 기체의 부피는 기체의 양(mol)에 비례한다.

③ 1 g당 분자 수: $\dfrac{1}{\text{분자량}}$ 또는 $\dfrac{\text{분자 수}}{\text{기체의 질량}}$에 비례한다.

문제 보기

다음은 t °C, 1기압에서 실린더 (가)와 (나)에 들어 있는 기체에 대한 자료이다.

실린더	기체	부피	1 g당 전체 분자 수	
(가)	N_2O_2 분자량 60	V	3N ㉠
(나)	NO_2, N_2O 분자량 46 · 분자량 44	2V	4N ㉡

○ ㉠과 ㉡은 서로 다르며, 각각 3N과 4N 중 하나이다.

$\dfrac{\text{(나) 속 } N_2O(g)\text{의 질량}}{\text{(가) 속 } N_2O_2(g)\text{의 질량}}$은?(단, N, O의 원자량은 각각 14, 16이다.) [3점]

〈보기〉 풀이

N_2O_2, NO_2, N_2O의 분자량은 각각 60, 46, 44이다.

❶ ㉠과 ㉡ 구하기

분자량은 N_2O_2가 NO_2와 N_2O보다 크고, 1 g당 전체 분자 수는 $\dfrac{1}{\text{분자량}}$에 비례하므로 ㉡>㉠이다. 따라서 ㉠은 3N이고, ㉡은 4N이다.

❷ (가)와 (나)에서 기체의 양(mol) 구하기

(가)에서 N_2O_2의 양(mol)을 n mol이라 하고, (나)에서 NO_2의 양(mol)을 x mol이라고 하면, (나)에서 N_2O의 양(mol)은 $(2n-x)$ mol이다. 1 g당 전체 분자 수는 $\dfrac{\text{분자 수}}{\text{기체의 질량}}$에 비례하므로 (가)와 (나)에서 1 g당 전체 분자 수비는 (가) : (나)$=\dfrac{n}{60n}:\dfrac{2n}{46x+44(2n-x)}=3N:4N=3:4$에서 $x=n$이다. 이를 통해 (가)와 (나)에서 N_2O_2, NO_2, N_2O의 양(mol)은 n mol로 모두 같다.

따라서 $\dfrac{\text{(나) 속 } N_2O(g)\text{의 질량}}{\text{(가) 속 } N_2O_2(g)\text{의 질량}}=\dfrac{n\times 44}{n\times 60}=\dfrac{11}{15}$이다.

 ① $\dfrac{5}{8}$ ② $\dfrac{11}{15}$ ③ $\dfrac{11}{10}$ ④ $\dfrac{23}{20}$ ⑤ $\dfrac{6}{5}$

적용해야 할 개념 ③가지

① 물질의 양(mol)과 질량: 물질의 양(mol)은 $\dfrac{\text{질량(g)}}{1\,\text{mol의 질량(g/mol)}}$, 즉 $\dfrac{\text{질량(g)}}{\text{화학식량}}$ 이다.

② 1 g에 들어 있는 전체 원자 수: $\left(\dfrac{1}{\text{분자량}}\times\text{분자당 원자 수}\right)$에 비례한다.

③ $\dfrac{\text{Y의 전체 질량}}{\text{X의 전체 질량}}$(상댓값): 같은 질량의 X에 대한 Y의 질량비의 상댓값을 말하며, $\dfrac{\text{Y의 전체 원자 수}}{\text{X의 전체 원자 수}}$(상댓값)과도 같다.

문제 보기

표는 용기 (가)와 (나)에 들어 있는 화합물에 대한 자료이다.

용기		(가) 전체 원자 수	(나) 전체 원자 수
화합물의 질량(g)	X_aY_b	38w 10N	19w 5N
	X_aY_c	0	23w 6N
원자 수 비율 X_2Y_4		$\frac{3}{5}$ $\frac{2}{5}$ (X, Y)	$\frac{7}{11}$ $\frac{4}{11}$ (X, Y)
$\dfrac{\text{Y의 전체 질량}}{\text{X의 전체 질량}}$(상댓값)		6	7
전체 원자 수		10N	11N

X: 4N, Y: 6N　　X: 4N, Y: 7N

$\dfrac{c}{a}\times\dfrac{\text{Y의 원자량}}{\text{X의 원자량}}$은? (단, X, Y는 임의의 원소 기호이다.)

<보기> 풀이

분자식은 분자를 구성하는 성분 원자 수를 원소 기호의 오른쪽 아래에 첨자로 표시한다. X_aY_b와 X_aY_c에서 분자당 X 원자 수는 서로 같다.

❶ (가)와 (나)에 들어 있는 질량당 원자 수 구하기

X와 Y로 이루어진 분자 X_aY_b와 X_aY_c가 들어 있는 용기 (가)와 (나)에 대한 자료에서 (가)에는 X_aY_b 38w g이 들어 있고, (나)에는 X_aY_b 19w g과 X_aY_c 23w g이 들어 있다. 이때 (가)에 들어 있는 X_aY_b 38w g의 전체 원자 수가 10N이므로 (나)에 들어 있는 X_aY_b 19w g의 전체 원자 수는 5N이다. 따라서 X_aY_c 23w g의 전체 원자 수는 6N이다.

❷ X_aY_b와 X_aY_c의 분자식 구하기

$\dfrac{\text{Y의 전체 질량}}{\text{X의 전체 질량}}$(상댓값)은 같은 질량의 X에 대한 Y의 질량비의 상댓값과 같으며, 이는 $\dfrac{\text{Y의 전체 원자 수}}{\text{X의 전체 원자 수}}$(상댓값)과도 같다. (가)에서 X_aY_b에 들어 있는 원자 수의 비가 3 : 2이므로 X_aY_b는 X_3Y_2와 X_2Y_3 중 하나이다. X_aY_b가 X_3Y_2라고 가정하면 X_aY_c는 X_3Y_c이고, (가)에 들어 있는 X와 Y의 전체 원자 수는 각각 6N과 4N이다. 이때 (나)에서의 원자 수 비율을 만족하기 위해서는 X_3Y_c가 X_3Y_{15}이거나 $X_3Y_{\frac{1}{2}}$이다. X_3Y_c가 X_3Y_{15}일 경우 (나)에 들어 있는 X와 Y의 전체 원자 수는 각각 4N과 7N이고, $X_3Y_{\frac{1}{2}}$일 경우 (나)에 들어 있는 X와 Y의 전체 원자 수는 각각 7N과 4N이다. 이때 $\dfrac{\text{Y의 전체 원자 수}}{\text{X의 전체 원자 수}}$(상댓값)은 각각 (가) : (나)$=\dfrac{4N}{6N}:\dfrac{7N}{4N}$ $=8:21$과 $\dfrac{4N}{6N}:\dfrac{4N}{7N}=7:6$으로 모두 조건을 만족하지 않는다. 따라서 X_aY_b는 X_2Y_3이고, 조건을 만족하는 X_aY_c는 X_2Y_4이다. 이때 각 용기에 들어 있는 X와 Y의 원자 수는 다음과 같다.

용기	(가)	(나)
$X_aY_b(X_2Y_3)$	X 4N, Y 6N	X 2N, Y 3N
$X_aY_c(X_2Y_4)$	0	X 2N, Y 4N

❸ 전체 원자 수와 질량을 통해 X와 Y의 원자량비 구하기

(가)에 들어 있는 X와 Y의 전체 원자 수는 각각 4N과 6N이고, (나)에 들어 있는 X와 Y의 전체 원자 수는 각각 4N과 7N이다. X와 Y의 원자량을 각각 x와 y라고 하면 $4Nx+6Ny=38w$, $4Nx+7Ny=42w$이므로 $Nx=3.5w$, $Ny=4w$이다. 따라서 원자량비는 X : Y$=7:8$이고, $a=2$, $b=3$, $c=4$이므로 $\dfrac{c}{a}\times\dfrac{\text{Y의 원자량}}{\text{X의 원자량}}=\dfrac{4}{2}\times\dfrac{8}{7}=\dfrac{16}{7}$이다.

① $\dfrac{4}{11}$　　② $\dfrac{11}{12}$　　③ $\dfrac{12}{11}$　　④ $\dfrac{7}{4}$　　⑤ $\dfrac{16}{7}$

적용해야 할 개념 ②가지

① 물질의 양(mol)과 질량: 물질의 양(mol)은 $\dfrac{\text{질량(g)}}{1 \text{ mol의 질량(g/mol)}}$, 즉 $\dfrac{\text{질량(g)}}{\text{분자량}}$ 이다.

② 전체 원자 수: 분자당 원자 수에 분자 수를 곱한 값과 같다.

문제 보기

전체 원자 수 비 ➡ (가) : (나)$=3a \times 5 : (a \times 5 + b \times 3)$

표는 실린더 (가)와 (나)에 들어 있는 기체에 대한 자료이다. 분자당 구성 원자 수 비는 $X : Y = 5 : 3$이다.

실린더	기체의 질량(g)		단위 부피당 전체 원자 수(상댓값)	전체 기체의 밀도(g/L)
	$X(g)$	$Y(g)$		
(가)	$3w$ $3a$	0	5	d_1
(나)	w a	$4w$ b	4	d_2

전체 원자 수 비 ➡ (가) : (나)$=3a \times 5 : (a+b) \times 4$

$\dfrac{\text{Y의 분자량}}{\text{X의 분자량}} \times \dfrac{d_2}{d_1}$ 는? (단, 실린더 속 기체의 온도와 압력은 일정하며, $X(g)$와 $Y(g)$는 반응하지 않는다.)

<보기> 풀이

❶ 기체의 양(mol)과 (가)와 (나)의 부피비 설정하기

$X(g)$ w g, $Y(g)$ $4w$ g의 양(mol)을 각각 a mol, b mol이라고 하면, (가)와 (나)에 들어 있는 전체 기체의 양(mol)은 각각 $3a$ mol, $(a+b)$ mol이다. 온도와 압력이 일정할 때 기체의 부피는 기체의 양(mol)에 비례하므로 실린더 속 기체의 부피비는 (가) : (나)$=3a : (a+b)$이다.

❷ (가)와 (나)에 들어 있는 전체 원자 수 비로 a, b의 관계식 구하기

부피비에 단위 부피당 전체 원자 수(상댓값)를 곱하면 전체 원자 수 비와 같으므로 전체 원자 수 비는 (가) : (나)$=3a \times 5 : (a+b) \times 4$이다. 또한 각 기체의 양(mol)에 분자당 구성 원자 수 비를 곱하면 전체 원자 수 비와 같으므로 전체 원자 수 비는 (가) : (나)$=3a \times 5 : (a \times 5 + b \times 3)$이다. 즉 $3a \times 5 : (a+b) \times 4 = 3a \times 5 : (a \times 5 + b \times 3)$이고, 이를 풀면 $a = b$이다. 따라서 실린더 속 기체의 부피비는 (가) : (나)$=3a : (a+a) = 3 : 2$이다.

❸ 기체의 양(mol)으로 $\dfrac{\text{Y의 분자량}}{\text{X의 분자량}}$과 $\dfrac{d_2}{d_1}$ 구하기

물질의 양(mol)은 $\dfrac{\text{질량(g)}}{\text{분자량}}$ 으로 같은 양(mol)의 질량비는 분자량비와 같다. $X(g)$ w g, $Y(g)$ $4w$ g의 양(mol)이 각각 a mol로 같으므로 $\dfrac{\text{Y의 분자량}}{\text{X의 분자량}} = \dfrac{4w}{w} = 4$이다. 밀도는 $\dfrac{\text{질량(g)}}{\text{부피(L)}}$ 이며, (가)와 (나)에 들어 있는 전체 기체의 질량이 각각 $3w$ g, $5w$ g이고, 부피비가 (가) : (나)$=3 : 2$이므로 $d_1 : d_2 = \dfrac{3w}{3} : \dfrac{5w}{2}$이고, $\dfrac{d_2}{d_1} = \dfrac{5}{2}$이다. 따라서 $\dfrac{\text{Y의 분자량}}{\text{X의 분자량}} \times \dfrac{d_2}{d_1} = 4 \times \dfrac{5}{2} = 10$이다.

 $\dfrac{8}{5}$ 2 $\dfrac{5}{2}$ 5 ⑤ 10

적용해야 할 개념 ③가지

① 물질의 양(mol)과 질량: 물질의 양(mol)은 $\dfrac{\text{질량(g)}}{1\,\text{mol의 질량(g/mol)}}$, 즉 $\dfrac{\text{질량(g)}}{\text{화학식량}}$ 이다.

② 기체의 밀도(상댓값): 온도와 압력이 일정할 때 기체의 부피는 기체의 양(mol)에 비례하므로 기체의 밀도(상댓값)는 분자량에 비례한다.

③ 혼합 기체의 평균 분자량: 혼합 기체의 평균 분자량은 각 성분 기체의 분사량에 몰비를 곱한 값의 합과 같다.

문제 보기

그림은 $\boxed{X_aY_{2a}(g)}$ N mol이 들어 있는 실린더에 $\boxed{X_bY_{2a}(g)}$를 조금씩 넣었을 때 $X_bY_{2a}(g)$의 양(mol)에 따른 혼합 기체의 밀도를 나타낸 것이다.

$\dfrac{X_bY_{2a}\ 1\,\text{g에 들어 있는 X 원자 수}}{X_aY_{2a}\ 1\,\text{g에 들어 있는 X 원자 수}} = \dfrac{21}{22}$ 이다.

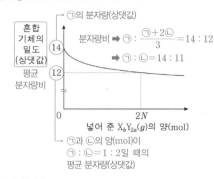

$\dfrac{b}{a} \times \dfrac{\text{X의 원자량}}{\text{Y의 원자량}}$ 은? (단, X, Y는 임의의 원소 기호이고, 두 기체는 반응하지 않으며, 실린더 속 기체의 온도와 압력은 일정하다.) [3점]

<보기> 풀이

온도와 압력이 일정할 때 기체의 부피는 기체의 양(mol)에 비례하므로 기체 반응에서 전체 기체의 밀도는 부피 또는 전체 기체의 양(mol)에 반비례한다. 따라서 기체의 밀도비는 분자량비와 같고, 혼합 기체의 평균 분자량은 각 성분 기체의 분자량에 $\dfrac{\text{성분 기체의 양(mol)}}{\text{전체 기체의 양(mol)}}$ 을 곱하여 더한 값과 같다.

❶ 혼합 기체의 밀도(상댓값)로부터 분자량비 구하기

넣어 준 X_bY_{2a}의 양(mol)이 0 mol일 때의 밀도(상댓값)와 $2N$ mol일 때의 밀도(상댓값)의 비는 X_aY_{2a}의 분자량과 X_aY_{2a} N mol과 X_bY_{2a} $2N$ mol의 혼합 기체의 평균 분자량의 비와 같다. 이때 X_aY_{2a}와 X_bY_{2a}의 분자량을 각각 ㉠과 ㉡이라고 하면 X_aY_{2a} N mol과 X_bY_{2a} $2N$ mol의 혼합 기체의 평균 분자량은 $\dfrac{㉠+2㉡}{3}$ 이다. 따라서 ㉠ : $\dfrac{㉠+2㉡}{3}$ = 14 : 12이고, ㉠ : ㉡ = 14 : 11이다.

❷ 분자량비로 a, b의 관계 구하기

화합물 1 g에 들어 있는 성분 원소의 원자 수는 $\dfrac{1\,\text{mol당 원자 수}}{\text{화학식량}}$ 에 비례하므로

$\dfrac{X_bY_{2a}\ 1\,\text{g에 들어 있는 X 원자 수}}{X_aY_{2a}\ 1\,\text{g에 들어 있는 X 원자 수}} = \dfrac{b}{11} \times \dfrac{14}{a} = \dfrac{21}{22}$ 이고, $\dfrac{b}{a} = \dfrac{3}{4}$ 이다.

❸ X와 Y의 원자량비 구하기

X_aY_{2a}와 X_bY_{2a}의 분자량을 각각 $14k$와 $11k$라 하고, X와 Y의 원자량을 각각 x와 y라고 하면 $ax + 2ay = 14k$, $bx + 2ay = 11k$이고, $3a = 4b$이므로 $x = \dfrac{12k}{a}$, $y = \dfrac{k}{a}$ 이다. 따라서 $\dfrac{b}{a} \times \dfrac{\text{X의 원자량}}{\text{Y의 원자량}} = \dfrac{3}{4} \times \dfrac{12}{1} = 9$이다.

 $\dfrac{3}{4}$ 1 $\dfrac{7}{6}$ ④ 9   16

적용해야 할 개념 ④가지

① 물질의 양(mol)과 질량: 물질의 양(mol)은 $\dfrac{질량(g)}{1\ mol의\ 질량(g/mol)}$, 즉 $\dfrac{질량(g)}{분자량}$ 이다.

② 기체의 양(mol)과 부피: 온도와 압력이 같을 때 기체의 부피는 기체의 양(mol)에 비례한다.

③ 1 g에 들어 있는 원자 수: $\dfrac{원자\ 수}{질량}$ 에 비례한다.

④ 단위 부피당 원자 수: $\dfrac{원자\ 수}{부피}$ 에 비례한다.

문제 보기

그림 (가)는 실린더에 $A_2B_4(g)$ w g이 들어 있는 것을, (나)는 (가)의 실린더에 $A_xB_{2x}(g)$ w g이 첨가된 것을, (다)는 (나)의 실린더에 $A_yB_x(g)$ $2w$ g이 첨가된 것을 나타낸 것이다. 실린더 속 기체 1 g에 들어 있는 A 원자 수 비는 (나) : (다)=16 : 15이다.

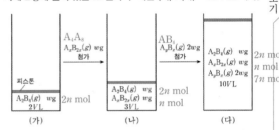

$\dfrac{(다)의\ 실린더\ 속\ 기체의\ 단위\ 부피당\ A\ 원자\ 수}{(가)의\ 실린더\ 속\ 기체의\ 단위\ 부피당\ B\ 원자\ 수}$ 는? (단, A와 B는 임의의 원소 기호이고, 실린더 속 기체의 온도와 압력은 일정하다.) [3점]

〈보기〉 풀이

온도와 압력이 일정할 때 기체의 양(mol)과 기체의 부피는 비례한다.

❶ **(가)와 (나)에서 기체의 양(mol)과 분자식 구하기**

(가)에서 $A_2B_4(g)$ w g의 양(mol)을 $2n$ mol이라고 하면 기체 $2n$ mol의 부피는 $2V$ L이다. (나)에서 전체 기체의 부피가 $3V$ L이므로 전체 기체의 양(mol)은 $3n$ mol이고, $A_xB_{2x}(g)$ w g의 양(mol)은 n mol이다. 분자량 $=\dfrac{질량}{기체의\ 양(mol)}$ 이므로 A_2B_4와 A_xB_{2x}의 분자량비는 A_2B_4 : $A_xB_{2x}=\dfrac{w}{2n}$: $\dfrac{w}{n}=1$: 2이다. 따라서 분자량은 A_xB_{2x}가 A_2B_4의 2배이므로 A_xB_{2x}는 A_4B_8이고, $x=4$이다.

❷ **(다)에서 기체의 양(mol)과 분자식 구하기**

(다)에서 전체 기체의 부피가 $10V$ L이므로 전체 기체의 양(mol)은 $10n$ mol이고 A_yB_x $2w$ g의 양은 $7n$ mol이다. (나)에 들어 있는 기체는 A_2B_4 $2n$ mol, A_4B_8 n mol이고, (다)에 들어 있는 기체는 A_2B_4 $2n$ mol, A_4B_8 n mol, A_yB_4 $7n$ mol이므로 실린더 속 기체 1 g에 들어 있는 A 원자 수 비는 (나) : (다)$=\dfrac{2\times2n+4\times n}{w+w}$: $\dfrac{2\times2n+4\times n+y\times7n}{w+w+2w}=16$: 15이므로 $y=1$이다.

따라서 (가)의 실린더 속 기체의 단위 부피당 B 원자 수 $=\dfrac{2n\times4}{2V}=\dfrac{4n}{V}$ 에 비례하고, (다)의 실린더 속 기체의 단위 부피당 A 원자 수 $=\dfrac{2n\times2+n\times4+7n\times1}{10V}=\dfrac{3n}{2V}$ 에 비례하므로 $\dfrac{(다)의\ 실린더\ 속\ 기체의\ 단위\ 부피당\ A\ 원자\ 수}{(가)의\ 실린더\ 속\ 기체의\ 단위\ 부피당\ B\ 원자\ 수}=\dfrac{3n}{2V}\times\dfrac{V}{4n}=\dfrac{3}{8}$ 이다.

 $\dfrac{3}{16}$　　 $\dfrac{1}{4}$　　③ $\dfrac{3}{8}$　　 $\dfrac{5}{3}$　　 $\dfrac{15}{8}$

적용해야 할 개념 ③가지

① 물질의 양(mol)과 질량: 물질의 양(mol)은 $\dfrac{\text{질량(g)}}{1\text{ mol의 질량(g/mol)}}$, 즉 $\dfrac{\text{질량(g)}}{\text{화학식량}}$이다.

② 전체 원자 수: 분자당 원자 수에 분자 수를 곱한 값과 같다.

③ 단위 질량당 원자 수: $\left(\dfrac{1}{\text{분자량}}\times\text{분자당 원자 수}\right)$에 비례한다.

문제 보기

그림 (가)는 실린더에 $C_aH_4(g)$, $C_4H_{10}(g)$의 혼합 기체 w g이 들어 있는 것을, (나)는 (가)의 실린더에 $C_2H_6(g)$ w g이 첨가된 것을 나타낸 것이다. **1 g당 C의 질량은 (가)에서와 (나)에서가 같다.**

전체 C의 몰비 (가) : (나)=1 : 2

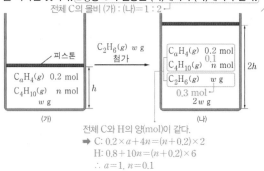

전체 C와 H의 양(mol)이 같다.
➡ C: $0.2\times a+4n=(n+0.2)\times 2$
H: $0.8+10n=(n+0.2)\times 6$
∴ $a=1$, $n=0.1$

w는? (단, H, C의 원자량은 각각 1, 12이고, 실린더 속 기체의 온도와 압력은 일정하며, 모든 기체는 반응하지 않는다.) [3점]

<보기> 풀이

온도와 압력이 일정할 때 기체의 부피는 기체의 양(mol)에 비례한다. 또한 물질의 양(mol)은 $\dfrac{\text{질량(g)}}{1\text{ mol의 질량(g/mol)}}=\dfrac{\text{질량(g)}}{\text{화학식량}}$이다.

❶ $C_2H_6(g)$ w g의 양(mol) 구하기

(가)와 (나)에서 피스톤의 높이비는 (가) : (나)$=h : 2h=1 : 2$이고, 질량비는 (가) : (나)$=w : 2w=1 : 2$이므로 (가)와 (나)에 들어 있는 전체 기체의 몰비와 질량비가 모두 (가) : (나)$=1 : 2$이다. 따라서 (가)에 들어 있는 전체 기체의 양(mol)과 $C_2H_6(g)$ w g의 양(mol)은 서로 같으므로 $C_2H_6(g)$ w g의 양(mol)은 $(n+0.2)$ mol이다.

❷ C, H의 몰비로부터 n, a 구하기

(가)와 (나)에서 1 g당 C의 질량이 같으므로 (가)에 있는 전체 기체 w g에 들어 있는 C와 H의 양(mol)은 $C_2H_6(g)$ w g에 들어 있는 C와 H의 양(mol)과 각각 같다. 따라서 C의 양(mol)은 $0.2\times a+4n=(n+0.2)\times 2$이고, H의 양(mol)은 $0.8+10n=(n+0.2)\times 6$이므로 $a=1$, $n=0.1$이다.

❸ n과 C_2H_6의 분자량으로부터 w 구하기

C_2H_6의 분자량은 30이고, $C_2H_6(g)$ w g의 양(mol)은 0.3 mol이므로 $w=0.3\times 30=9$이다.

 8 ② 9 10 12 15

적용해야 할 개념 ④가지

① 몰과 부피: 온도와 압력이 같을 때 기체의 부피는 기체의 양(mol)에 비례한다.

② 전체 원자 수: 분자 수에 분자 1개당 원자 수를 곱하여 구한다.

③ 물질의 양(mol)과 질량: 물질의 양(mol)은 $\dfrac{\text{질량(g)}}{1\text{몰의 질량(g/mol)}}$이므로, 질량이 같은 경우 분자량과 물질의 양(mol)은 반비례한다.

④ 실험식: 분자식에서 약분하여 원자의 개수비를 가장 간단한 정수비로 나타낸 화학식이다.

문제 보기

그림 (가)는 실린더에 $A_4B_8(g)$이 들어 있는 것을, (나)는 (가)의 실린더에 $A_nB_{2n}(g)$이 첨가된 것을 나타낸 것이다. (가)와 (나)에서 실린더 속 기체의 단위 부피당 전체 원자 수는 각각 x와 y이다. 두 기체는 반응하지 않는다.

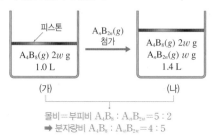

몰비=부피비 $A_4B_8 : A_nB_{2n}=5 : 2$
➡ 분자량비 $A_4B_8 : A_nB_{2n}=4 : 5$

$n\times\dfrac{x}{y}$는? (단, A와 B는 임의의 원소 기호이며, 기체의 온도와 압력은 일정하다.) [3점]

<보기> 풀이

❶ (나)에서 A_4B_8과 A_nB_{2n}의 몰비 구하기

온도와 압력이 일정할 때 기체의 부피는 기체의 양(mol)에 비례한다. (나)에서 w g의 A_nB_{2n}을 첨가했을 때 증가한 부피가 0.4 L이므로 A_4B_8과 A_nB_{2n}의 몰비(=부피비)는 $A_4B_8 : A_nB_{2n}=1 : 0.4=5 : 2$이다.

❷ A_4B_8과 A_nB_{2n}의 분자량비와 n 구하기

물질의 양(mol)은 $\dfrac{\text{질량(g)}}{1\text{몰의 질량(g/mol)}}$이므로 1몰의 질량에 해당하는 분자량비는 각 기체의 질량을 몰비로 나눈 값과 같다. 따라서 A_4B_8과 A_nB_{2n}의 분자량비는 $\dfrac{2w}{5} : \dfrac{w}{2}=4 : 5$이다. 이때 A_4B_8과 A_nB_{2n}은 실험식이 AB_2로 같으므로 A_nB_{2n}의 분자식은 A_5B_{10}이며, $n=5$이다.

❸ 단위 부피당 전체 원자 수 구하기

전체 원자 수는 분자 수에 분자 1개당 원자 수를 곱한 값과 같다. 따라서 A_4B_8과 A_5B_{10}의 양(mol)을 각각 $5k$몰, $2k$몰이라 하면, A_4B_8과 A_5B_{10}에서 전체 원자의 양(mol)은 각각 $5k\times 12=60k$몰, $2k\times 15=30k$몰이므로 (가)와 (나)에서 전체 원자의 양(mol)은 각각 $60k$몰, $90k$몰이다. 부피가 각각 1 L, 1.4 L이므로 단위 부피를 1 L라 하면 단위 부피당 전체 원자의 양(mol)은 각각 $60k$몰, $\dfrac{90k}{1.4}$몰이므로 $\dfrac{x}{y}=\dfrac{60k}{\dfrac{90k}{1.4}}=\dfrac{2.8}{3}$이다. 따라서 $n\times\dfrac{x}{y}=5\times\dfrac{2.8}{3}=\dfrac{14}{3}$이다.

 $\dfrac{7}{3}$ $\dfrac{10}{3}$  $\dfrac{21}{5}$ ④ $\dfrac{14}{3}$ $\dfrac{24}{5}$

31 | 몰과 질량, 원자 수 2021학년도 수능 화I 17번

정답 ④ | 정답률 65 %

적용해야 할 개념 ②가지

① 물질의 양(mol)과 질량: 물질의 양(mol)은 $\dfrac{\text{질량(g)}}{1\text{몰의 질량(g/mol)}}$, 즉 $\dfrac{\text{질량(g)}}{\text{분자량}}$이다.

② 전체 원자 수: 분자 수에 분자 1개당 원자 수를 곱하여 구한다.

문제 보기

분자량이 46이므로 C_2H_5OH 23 g의 양(mol)=0.5몰 · 분자량이 16이므로 CH_4 14.4 g의 양(mol)=0.9몰

그림 (가)는 강철 용기에 메테인($CH_4(g)$) **14.4 g**과 에탄올($C_2H_5OH(g)$) **23 g**이 들어 있는 것을, (나)는 (가)의 용기에 메탄올($CH_3OH(g)$) x g이 첨가된 것을 나타낸 것이다. 용기 속 기체의 $\dfrac{\text{산소(O) 원자 수}}{\text{전체 원자 수}}$는 (나)가 (가)의 2배이다.

분자량이 32이므로 CH_3OH x g의 양(mol)=$\dfrac{x}{32}$몰

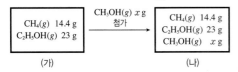

(가) → (나)

x는? (단, H, C, O의 원자량은 각각 1, 12, 16이다.) [3점]

<보기> 풀이

메테인(CH_4), 에탄올(C_2H_5OH), 메탄올(CH_3OH)의 분자량은 각각 16, 46, 32이다.

❶ 각 물질의 양(mol) 구하기

CH_4 14.4 g의 양(mol)은 $\dfrac{14.4\,\text{g}}{16\,\text{g/mol}}$=0.9몰이고, C_2H_5OH 23 g의 양(mol)은 $\dfrac{23\,\text{g}}{46\,\text{g/mol}}$=0.5몰이며, CH_3OH x g의 양(mol)은 $\dfrac{x}{32}$몰이다.

❷ (가)와 (나)의 전체 원자 수 구하기

(가)에는 CH_4 0.9몰과 C_2H_5OH 0.5몰이 들어 있고, CH_4과 C_2H_5OH의 분자당 전체 원자 수는 각각 5, 9이므로 전체 원자 수는 $(0.9\times5)+(0.5\times9)$=9몰이다. (나)에는 (가)에 CH_3OH $\dfrac{x}{32}$몰이 첨가되었으며, CH_3OH의 분자당 전체 원자 수는 6이므로 전체 원자 수는 $9+\left(\dfrac{x}{32}\times6\right)=$ $\left(9+\dfrac{3x}{16}\right)$몰이다.

❸ (가)와 (나)의 산소(O) 원자 수를 구하여 x 구하기

CH_4, C_2H_5OH, CH_3OH의 분자당 산소(O) 원자 수는 각각 0, 1, 1이므로 (가)의 산소(O) 원자 수는 0.5몰이고 (나)의 산소(O) 원자 수는 $\left(0.5+\dfrac{x}{32}\right)$몰이다. 이때 $\dfrac{\text{산소(O) 원자 수}}{\text{전체 원자 수}}$가 (가) :

(나)=1 : 2이므로 $\dfrac{0.5}{9}$: $\dfrac{\left(0.5+\dfrac{x}{32}\right)}{\left(9+\dfrac{3x}{16}\right)}$=1 : 2이고, x=48이다.

 16   24   32   ④ 48   64

---

32 | 몰과 부피, 질량 2021학년도 9월 모평 화I 17번

정답 ④ | 정답률 65 %

적용해야 할 개념 ③가지

① 몰과 부피: 기체의 온도와 압력이 같을 때 기체의 부피는 기체의 양(mol)에 비례한다.

② 물질의 양(mol)과 질량: 물질의 양(mol)은 $\dfrac{\text{질량(g)}}{1\text{몰의 질량(g/mol)}}$, 즉 $\dfrac{\text{질량(g)}}{\text{분자량}}$이다.

③ 질량과 분자량: 온도와 압력이 같을 때 같은 부피에 들어 있는 기체 분자의 양(mol)이 같으므로 이때의 질량비는 분자량비와 같다.

문제 보기

그림 (가)는 실린더에 $A_2B_4(g)$ **23 g**이 들어 있는 것을, (나)는 (가)의 실린더에 $AB(g)$ **10 g**이 첨가된 것을, (다)는 (나)의 실린더에 $A_2B(g)$ w g이 첨가된 것을 나타낸 것이다. (가)~(다)에서 실린더 속 기체의 부피는 V L, $\dfrac{7}{3}V$ L, $\dfrac{13}{3}V$ L이고, 모든 기체들은 반응하지 않는다.

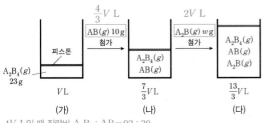

(가) (나) (다)

$4V$ L일 때 질량비 A_2B_4 : AB=92 : 30 → 분자량비 A_2B_4 : AB=46 : 15

이에 대한 설명으로 옳은 것만을 [보기]에서 있는 대로 고른 것은? (단, A와 B는 임의의 원소 기호이며, 온도와 압력은 일정하다.) [3점]

<보기> 풀이

A_2B_4 23 g의 부피가 V L이고, AB 10 g의 부피가 $\dfrac{4}{3}V$ L이므로 같은 온도와 압력에서 $4V$ L의 질량은 각각 92 g, 30 g이므로 분자량비는 A_2B_4 : AB=46 : 15이다.

✗ 원자량은 A>B이다.

→ 분자량비가 A_2B_4 : AB=46 : 15이므로 A_2B_4와 AB의 분자량을 각각 $46M$, $15M$이라 하고, A, B의 원자량을 각각 a, b라 하면 $a+2b=23M$, $a+b=15M$이고, $a=7M$, $b=8M$이다. 따라서 원자량은 A<B이다.

ㄴ. w=22이다.

→ (다)에서 A_2B w g의 부피는 $2V$ L이고, 분자량은 $22M$이다. (가)와 비교할 때 분자량비는 A_2B_4 : A_2B=$46M$: $22M$이고, 몰비(=부피비)는 A_2B_4 : A_2B=1 : 2이므로 질량비는 A_2B_4 : A_2B=23 : 22이다. 이때 (가)에서 A_2B_4의 질량이 23 g이므로 (다)에서 A_2B의 질량 w=22(g)이다.

ㄷ. (다)에서 실린더 속 기체의 $\dfrac{\text{A 원자 수}}{\text{전체 원자 수}}=\dfrac{1}{2}$이다.

→ 실험 조건의 온도와 압력에서 기체 $\dfrac{1}{3}V$ L의 양(mol)을 n몰이라 하면, (다)에서 A_2B_4, AB, A_2B의 양(mol)은 각각 $3n$몰, $4n$몰, $6n$몰이다. 따라서 A 원자 수는 $(3n\times2)+4n+(6n\times2)$=$22n$몰이고, 전체 원자 수는 $(3n\times6)+(4n\times2)+(6n\times3)$=$44n$몰이므로 $\dfrac{\text{A 원자 수}}{\text{전체 원자 수}}=\dfrac{22}{44}=\dfrac{1}{2}$이다.

적용해야 할 개념 ③가지	① 물질의 양(mol)과 질량: 물질의 양(mol)은 $\dfrac{질량(g)}{1몰의\ 질량(g/mol)}$, 즉 $\dfrac{질량(g)}{분자량}$이다.
	② 몰과 부피: 기체의 온도와 압력이 같을 때, 기체의 부피는 기체의 양(mol)에 비례한다.
	③ 전체 원자 수: 분자당 원자 수에 분자 수를 곱한 값과 같다.

문제 보기

그림은 $X(g)$가 들어 있는 실린더에 $Y_2(g)$, $ZY_3(g)$를 차례대로 넣은 것을 나타낸 것이다. 기체들은 서로 반응하지 않으며, 실린더 속 전체 원자 수 비는 (나) : (다)=3 : 7이다.

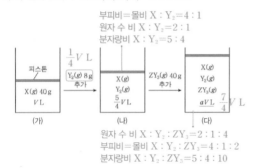

부피비=몰비 X : Y₂=4 : 1
원자 수 비 X : Y₂=2 : 1
분자량비 X : Y₂=5 : 4

원자 수 비 X : Y₂ : ZY₃=2 : 1 : 4
부피비=몰비 X : Y₂ : ZY₃=4 : 1 : 2
분자량비 X : Y₂ : ZY₃=5 : 4 : 10

이에 대한 옳은 설명만을 〈보기〉에서 있는 대로 고른 것은? (단, X~Z는 임의의 원소 기호이며, 실린더 속 기체의 온도와 압력은 일정하다.) [3점]

〈보기〉 풀이

(가)와 (나)의 부피가 각각 V L, $\dfrac{5}{4}V$ L이므로 $\dfrac{1}{4}V$ L에 해당하는 기체의 양(mol)을 n mol이라 하면, (나)에서 X와 Y_2의 양(mol)은 각각 $4n$ mol, n mol이다. 또한 전체 원자 수는 X : $Y_2=4n \times 1 : n \times 2 = 2 : 1$이고, (나)와 (다)에서 실린더 속 전체 원자 수 비가 (나) : (다)=3 : 7이므로 (다)에서 각 기체의 원자 수 비는 X : Y_2 : $ZY_3 = 2 : 1 : 4$이다. 따라서 (다)에서 3가지 기체 X, Y_2, ZY_3의 양(mol)은 각각 $4n$ mol, n mol, $2n$ mol이다.

ㄱ (다)에서 $a = \dfrac{7}{4}$이다.

➡ (다)에 들어 있는 전체 기체의 양(mol)은 $7n$ mol이다. 온도와 압력이 일정할 때 기체의 부피는 기체의 양(mol)에 비례하고, (가)에서 $4n$ mol의 부피가 V L이므로 (다)에서 전체 기체의 부피는 $\dfrac{7}{4}V$ L이고, $a = \dfrac{7}{4}$이다.

ㄴ 원자량 비는 X : Z=5 : 4이다.

➡ 몰비는 X : Y_2 : $ZY_3 = 4 : 1 : 2$이고, 질량이 각각 40 g, 8 g, 40 g이므로 분자량비는 X : Y_2 : $ZY_3 = \dfrac{40}{4} : \dfrac{8}{1} : \dfrac{40}{2} = 5 : 4 : 10$이다. 따라서 원자량 비는 X : Y : Z=5 : 2 : 4이다.

ㄷ 1 g에 들어 있는 전체 원자 수는 Y_2가 ZY_3보다 크다.

➡ 분자량비는 Y_2 : $ZY_3 = 4 : 10 = 2 : 5$이므로 각각의 분자량을 $2M$, $5M$이라 하면 Y_2와 ZY_3 1 g에 들어 있는 전체 원자 수는 각각 $\dfrac{2}{2M} = \dfrac{1}{M}$ mol, $\dfrac{4}{5M}$ mol이므로 Y_2가 ZY_3보다 크다.

적용해야 할 개념 ②가지	① 몰과 부피: 기체의 온도와 압력이 같을 때, 기체의 부피는 기체의 양(mol)에 비례한다.
	② 물질의 양(mol)과 질량: 물질의 양(mol)은 $\dfrac{질량(g)}{1몰의\ 질량(g/mol)}$, 즉 $\dfrac{질량(g)}{분자량}$이다.

문제 보기

그림 (가)는 실린더에 $C_xH_6(g)$이 들어 있는 것을, (나)는 (가)의 실린더에 $C_3H_4(g)$과 $C_4H_8(g)$이 첨가된 것을 나타낸 것이다. 표는 (가)와 (나)의 실린더 속 기체에 대한 자료이다. 모든 기체들은 반응하지 않는다.

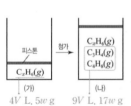

4V L, 5w g   9V L, 17w g

	(가)	(나)
전체 기체의 질량(g)	$5w$	$22w$
전체 기체의 부피(L)	$4V$	$13V$
H 원자 수	N	$3N$

이에 대한 설명으로 옳은 것만을 〈보기〉에서 있는 대로 고른 것은? (단, H, C의 원자량은 각각 1, 12이고, 실린더 속 기체의 온도와 압력은 일정하다.) [3점]

〈보기〉 풀이

기체 V L의 양(mol)을 n mol이라 하면, (가)에서 C_xH_6의 양(mol)은 $4n$ mol, 질량은 $5w$ g이다.

ㄱ 첨가된 $C_4H_8(g)$의 질량은 $7w$ g이다.

➡ (나)에서 첨가된 C_3H_4과 C_4H_8의 전체 양(mol)은 $9n$ mol이고, 질량은 $17w$ g이다. 이때, C_xH_6 $4n$ mol에 들어 있는 H $24n$ mol의 원자 수가 N이고, 첨가한 C_3H_4과 C_4H_8의 전체 H 원자 수가 $2N$이므로 양(mol)은 $48n$ mol이다. 이때 C_3H_4의 양(mol)을 y mol이라 하면, C_4H_8의 양(mol)은 $(9n-y)$ mol이므로 $4y+(9n-y)\times 8 = 48n$이고, $y = 6n$이다. 따라서 첨가한 C_3H_4과 C_4H_8의 몰비는 2 : 1이고, 분자량비는 40 : 56=5 : 7이므로 질량비는 10 : 7이다. 따라서 첨가된 C_4H_8의 질량은 $7w$ g이다.

✗ $x=3$이다.

➡ C_xH_6와 C_3H_4의 몰비는 $4n : 6n = 2 : 3$이고, 질량비는 $5w : 10w = 1 : 2$이므로 분자량비는 $\dfrac{1}{2} : \dfrac{2}{3} = 3 : 4$이다. 따라서 C_3H_4의 분자량이 40이므로 C_xH_6의 분자량은 30이고, $x=2$이다.

✗ (나)에서 실린더 속 전체 기체의 $\dfrac{H의\ 질량(g)}{C의\ 질량(g)} = \dfrac{1}{7}$이다.

➡ (나)에서 C_2H_6, C_3H_4, C_4H_8의 양(mol)이 각각 $4n$ mol, $6n$ mol, $3n$ mol이므로 실린더 속 전체 기체의 $\dfrac{H의\ 질량(g)}{C의\ 질량(g)} = \dfrac{1\times(6\times 4n + 4\times 6n + 8\times 3n)}{12\times(2\times 4n + 3\times 6n + 4\times 3n)} = \dfrac{72n}{12\times 38n} = \dfrac{3}{19}$이다.

적용해야 할 개념 ③가지

① 기체의 양(mol)과 부피: 온도와 압력이 같을 때 기체의 부피는 기체의 양(mol)에 비례한다.

② 실린더 속 전체 원자 수: 기체의 양(mol)×(기체 분자의 구성 원자 수)

③ 실린더 속 기체의 질량: 기체의 양(mol)×분자량

문제 보기

다음은 t °C, 1 기압에서 실린더 (가)와 (나)에 들어 있는 기체에 대한 자료이다.

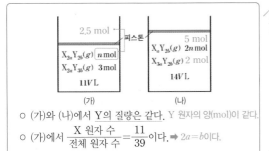

(가)　　　　(나)

○ (가)와 (나)에서 Y의 질량은 같다. ▶ Y 원자의 양(mol)이 같다.

○ (가)에서 $\dfrac{X \text{ 원자 수}}{\text{전체 원자 수}} = \dfrac{11}{39}$ 이다. ➡ $2a = b$이다.

○ (나)에서 $X_aY_{2b}(g)$와 $X_{3a}Y_{2b}(g)$의 질량은 같다. ➡ X와 Y의 원자량비는 12 : 1이다.

$\dfrac{\text{X의 원자량}}{\text{Y의 원자량}} \times \dfrac{b}{a}$ 는? (단, X와 Y는 임의의 원소 기호이다.)

<보기> 풀이

온도와 압력이 일정할 때 기체의 양(mol)과 기체의 부피는 비례한다.

❶ (가)와 (나)에서 기체의 양(mol) 구하기

(나)에서 $X_{3a}Y_{2b}$의 양(mol)을 x mol이라고 하면 기체의 양(mol)과 부피가 비례하므로 (가)와 (나)에 들어 있는 기체의 부피비는 (가) : (나)=$(n+3)$: $(2n+x)$=11V L : 14V L=11 : 14에서 $8n+11x=42$(①식)이다. 또 (가)와 (나)에서 Y의 질량은 같으므로 (가)와 (나)에 들어 있는 Y 원자의 양(mol)은 같다. 따라서 $(n \times 2b)+(3 \times 3b)=(2n \times 2b)+(x \times 2b)$에서 $2n+2x=9$(②식)이다. ①식과 ②식을 풀면 $n=2.5$, $x=2$이다.

❷ (가)에 들어 있는 기체의 분자식과 양(mol)으로부터 a와 b의 관계식 구하기

(가)에 들어 있는 $X_{2a}Y_{2b}$와 $X_{2a}Y_{3b}$의 양(mol)은 각각 2.5 mol, 3 mol이다. 따라서 (가)에서 $\dfrac{\text{X 원자 수}}{\text{전체 원자 수}} = \dfrac{2.5 \times 2a + 3 \times 2a}{2.5 \times (2a+2b) + 3 \times (2a+3b)} = \dfrac{11}{39}$에서 $2a=b$이다.

❸ (나)에 들어 있는 기체의 질량으로부터 X와 Y의 원자량비 구하기

X와 Y의 원자량을 각각 M_X, M_Y라고 하면, X_aY_{2b}의 분자량은 aM_X+2bM_Y이고, $X_{3a}Y_{2b}$의 분자량은 $3aM_X+2bM_Y$이다. (나)에서 X_aY_{2b}와 $X_{3a}Y_{2b}$의 양(mol)은 각각 5 mol, 2 mol이고, $2a=b$이며, X_aY_{2b}와 $X_{3a}Y_{2b}$의 질량이 같으므로 $5 \times (aM_X+2bM_Y)=2 \times (3aM_X+2bM_Y)$에서 $M_X=12M_Y$이다.

따라서 $\dfrac{\text{X의 원자량}}{\text{Y의 원자량}} \times \dfrac{b}{a}=12 \times 2=24$이다.

 28　　② 24　　 12　　 7　　 6

적용해야 할 개념 ②가지

① 물질의 양(mol)과 질량: 물질의 양(mol)은 $\dfrac{\text{질량(g)}}{\text{1 mol의 질량(g/mol)}}$, 즉 $\dfrac{\text{질량(g)}}{\text{화학식량}}$ 이다.

② 전체 원자 수: 분자당 원자 수에 분자 수를 곱한 값과 같다.

문제 보기

다음은 t °C, 1기압에서 실린더 (가)와 (나)에 들어 있는 기체에 대한 자료이다.

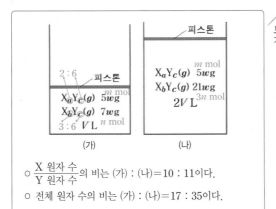

(가)　　　　(나)

○ $\dfrac{\text{X 원자 수}}{\text{Y 원자 수}}$ 의 비는 (가) : (나)=10 : 11이다.

○ 전체 원자 수의 비는 (가) : (나)=17 : 35이다.

$\dfrac{a}{b} \times \dfrac{\text{X의 원자량}}{\text{Y의 원자량}}$ 은? (단, X와 Y는 임의의 원소 기호이다.) [3점]

<보기> 풀이

온도와 압력이 같을 때 기체의 부피는 기체의 양(mol)에 비례한다.

❶ (가)와 (나)에 들어 있는 기체의 몰비 구하기

$X_aY_c(g)$ $5w$ g의 양을 m mol이라 하고, $X_bY_c(g)$ $7w$ g의 양을 n mol이라고 하면, (가)에 들어 있는 기체의 양은 $(m+n)$ mol이고, (나)에 들어 있는 기체의 양은 $(m+3n)$ mol이다. (가)와 (나)에 들어 있는 기체의 부피비는 1 : 2이므로 $(m+n)$: $(m+3n)$=1 : 2, $m=n$이다.

❷ 기체의 구성 원자 수비 구하기

(가)에 들어 있는 X 원자의 양(mol)은 $am+bn=(a+b)m$이고, Y 원자의 양(mol)은 $cm+cn=2cm$이다. (나)에 들어 있는 X 원자의 양(mol)은 $am+3bn=(a+3b)m$이고, Y 원자의 양(mol)은 $cm+3cn=4cm$이다. $\dfrac{\text{X 원자 수}}{\text{Y 원자 수}}$ 의 비는 (가) : (나)=$\dfrac{(a+b)m}{2cm}$: $\dfrac{(a+3b)m}{4cm}$=10 : 11이므로 $3a=2b$이다. 전체 원자 수의 비는 (가) : (나)=$(a+b)m+2cm$: $(a+3b)m+4cm$=17 : 35이므로 $c=2b$이다. 따라서 $a : b : c=\dfrac{2}{3}b : b : 2b=2 : 3 : 6$이다.

❸ X와 Y의 원자량 구하기

X와 Y의 원자량을 각각 x, y라고 하면 X_aY_c와 X_bY_c의 양(mol)이 m mol로 같을 때 질량비는 X_aY_c : X_bY_c=$(ax+cy)$: $(bx+cy)$=$5w$: $7w$=5 : 7이다. 이때 $a : b : c=2 : 3 : 6$이므로 $x=12y$이다. 즉, 원자량은 X가 Y의 12배이다.

따라서 $\dfrac{a}{b} \times \dfrac{\text{X의 원자량}}{\text{Y의 원자량}} = \dfrac{2}{3} \times \dfrac{12}{1}=8$이다.

 1　　 2　　 4　　 6　　⑤ 8

적용해야 할 개념 ③가지

① 기체의 양(mol)과 부피: 온도와 압력이 같을 때 기체의 부피는 기체의 양(mol)에 비례한다.

② 실린더 속 구성 원자 수: 기체의 양(mol)×(기체 분자의 구성 원자 수)

③ 1 g당 분자 수: $\dfrac{1}{분자량}$ 또는 $\dfrac{분자 수}{기체의 질량}$ 에 비례한다.

문제 보기

다음은 실린더 (가)와 (나)에 들어 있는 $XY_n(g)$와 $X_2Y_n(g)$의 혼합 기체에 대한 자료이다. (가)와 (나)에 들어 있는 기체의 온도와 압력은 같다.

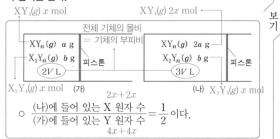

○ $\dfrac{\text{(나)에 들어 있는 X 원자 수}}{\text{(가)에 들어 있는 Y 원자 수}} = \dfrac{1}{2}$ 이다.

$\dfrac{4x+4x}{}$

이에 대한 옳은 설명만을 〈보기〉에서 있는 대로 고른 것은? (단, X와 Y는 임의의 원소 기호이다.)

〈보기〉 풀이

온도와 압력이 일정할 때 기체의 양(mol)과 기체의 부피는 비례한다.

ㄱ. **(가)에서 $XY_n(g)$와 $X_2Y_n(g)$의 양(mol)은 같다.**

➡ (가)에서 XY_n a g의 양(mol)을 x mol, X_2Y_n b g의 양(mol)을 y mol이라고 하면 (나)에서 XY_n와 X_2Y_n의 양(mol)은 각각 $2x$ mol, y mol이다. (가)와 (나)에서 전체 기체의 몰비는 기체의 부피비와 같으므로 $(x+y):(2x+y)=2V:3V=2:3$에서 $x=y$이다.

✗ **$n=2$이다.**

➡ (가)에 들어 있는 Y 원자의 양(mol)은 $(xn+yn)$ mol이고, (나)에 들어 있는 X 원자의 양(mol)은 $(2x+2y)$ mol이다. 실린더에 들어 있는 원자 수와 원자의 양(mol)은 비례하므로 $\dfrac{\text{(나)에 들어 있는 X 원자 수}}{\text{(가)에 들어 있는 Y 원자 수}} = \dfrac{2x+2y}{xn+yn} = \dfrac{1}{2}$, $n=4$이다.

✗ **$\dfrac{X_2Y_n \text{ 1 g에 들어 있는 분자 수}}{XY_n \text{ 1 g에 들어 있는 분자 수}} = \dfrac{b}{a}$ 이다.**

➡ XY_n x mol의 질량은 a g이므로 XY_n 1 g에 들어 있는 분자의 양(mol)은 $\dfrac{x}{a}$ mol이고, X_2Y_n y mol의 질량은 b g이므로 X_2Y_n 1 g에 들어 있는 분자의 양(mol)은 $\dfrac{y}{b}$ mol이다.

분자 수와 분자의 양(mol)은 비례하므로 $\dfrac{X_2Y_n \text{ 1 g에 들어 있는 분자 수}}{XY_n \text{ 1 g에 들어 있는 분자 수}} = \dfrac{\frac{y}{b}}{\frac{x}{a}} = \dfrac{a}{b}$ 이다.

적용해야 할 개념 ③가지

① 물질의 양(mol)과 질량: 물질의 양(mol)은 $\dfrac{질량(g)}{1 \text{ mol의 질량(g/mol)}}$, 즉 $\dfrac{질량(g)}{화학식량}$ 이다.

② 전체 원자 수: 분자당 원자 수에 분자 수를 곱한 값과 같다.

③ 기체의 양(mol)과 부피: 온도와 압력이 같을 때 기체의 부피는 기체의 양(mol)에 비례한다..

문제 보기

다음은 t ℃, 1 기압에서 실린더 (가)와 (나)에 들어 있는 기체에 대한 자료이다.

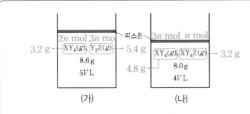

　　(가)　　　　　　(나)

○ Y 원자 수는 (가)에서가 (나)에서의 $\dfrac{7}{8}$ 배이다.

○ $\dfrac{\text{Z 원자 수}}{\text{X 원자 수}}$ 는 (가)에서가 (나)에서의 6배이다.

○ (가)에서 Z의 질량은 4.8 g이고, (나)에서 $XY_4(g)$의 질량은 w g이다.
　　└─ 4.8 g

$w \times \dfrac{\text{X의 원자량}}{\text{Z의 원자량}}$ 은? (단, X~Z는 임의의 원소 기호이다.) [3점]

보기

＜보기＞ 풀이

❶ (가)와 (나)에 들어 있는 각 기체의 양(mol) 구하기
온도와 압력이 일정할 때 기체의 부피는 기체의 양(mol)에 비례하므로 부피비는 기체의 몰비와 같다. 따라서 (가)에 들어 있는 $XY_4(g)$와 $Y_2Z(g)$의 양(mol)을 각각 a, b라 하고, (나)에 들어 있는 $XY_4(g)$와 $XY_4Z(g)$의 양(mol)을 각각 c, d라고 하면 $(a+b):(c+d)=5:4$에서 $c+d=\dfrac{4}{5}(a+b)(\cdots①)$이다. Y 원자 수의 비는 (가):(나)=7:8이므로 $(4a+2b):(4c+4d)=7:8$에서 $32a+16b=28c+28d(\cdots②)$이므로 ①과 ② 식에서 $3a=2b(\cdots③)$이고, 이를 이용하면 ① 식에서 $c+d=2a$이다. 또한 $\dfrac{\text{Z 원자 수}}{\text{X 원자 수}}$ 는 (가):(나)=6:1이므로 $\dfrac{b}{a}:\dfrac{d}{c+d}=\dfrac{b}{a}:\dfrac{d}{2a}=6:1$에서 $b=3d$이므로 $c=\dfrac{3}{2}a$, $d=\dfrac{1}{2}a$이다. 따라서 $a:b:c:d=a:\dfrac{3}{2}a:\dfrac{3}{2}a:\dfrac{1}{2}a=2:3:3:1$이므로 $a=2n$ mol, $b=3n$ mol, $c=3n$ mol, $d=n$ mol이라고 할 수 있다.

❷ (가)와 (나)에 들어 있는 XY_4와 Z의 질량으로부터 w 구하기
(가)에서 $Y_2Z(g)$의 양(mol)이 $3n$ mol이므로 Z의 양(mol)도 $3n$ mol이고, Z의 질량이 4.8 g이므로 Z n mol의 질량은 1.6 g이다. 이로부터 (나)에서 Z의 양(mol)이 n mol이므로 Z의 질량은 1.6 g이다. 따라서 (나)에서 전체 질량인 8.0 g에서 XY_4Z에 있는 Z의 질량 1.6 g을 뺀 6.4 g은 XY_4 $3n$ mol과 XY_4Z에서 Z를 제외한 XY_4 n mol의 질량의 합이므로 XY_4 $4n$ mol의 질량과 같다. 즉, XY_4 n mol의 질량은 1.6 g이다. 따라서 (나)에서 $XY_4(g)$의 양(mol)은 $3n$ mol이므로 그 질량(g)인 $w=4.8$이다.

❸ 각 원소의 질량과 양(mol)으로부터 X와 Z의 원자량비 구하기
(나)에서 $XY_4(g)$ $3n$ mol의 질량이 4.8 g이므로 (가)에서 $XY_4(g)$ $2n$ mol의 질량은 3.2 g이고, $Y_2Z(g)$ $3n$ mol의 질량은 5.4 g이며, Z $3n$ mol의 질량이 4.8 g이므로 Y $6n$ mol의 질량은 0.6 g이다. 이로부터 $XY_4(g)$ $3n$ mol의 질량 4.8 g 중 Y $12n$ mol의 질량은 1.2 g이므로 X $3n$ mol의 질량은 3.6 g이다. 따라서 $\dfrac{\text{X의 원자량}}{\text{Z의 원자량}}=\dfrac{3.6}{4.8}=\dfrac{3}{4}$이므로 $w \times \dfrac{\text{X의 원자량}}{\text{Z의 원자량}}=4.8 \times \dfrac{3}{4}=3.6$이다.

①̶ 1.2　　　②̶ 1.8　　　③̶ 2.4　　　④̶ 3.0　　　⑤ 3.6

적용해야 할 개념 ④가지

① 화학 반응식의 계수비＝분자 수비＝몰비＝(기체의) 부피비

② 기체의 양(mol)과 질량: 기체의 양(mol)은 $\dfrac{질량(g)}{1\ mol의\ 질량(g/mol)}$, 즉 $\dfrac{질량(g)}{분자량}$이다.

③ 단위 부피당 원자 수: $\dfrac{원자\ 수}{부피}$에 비례한다.

④ 전체 원자 수: 분자당 원자 수에 분자 수를 곱한 값과 같다.

문제 보기

다음은 t ℃, 1기압에서 실린더 (가)~(다)에 들어 있는 기체에 대한 자료이다.

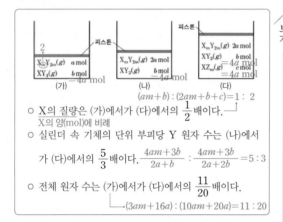

○ X의 질량은 (가)에서가 (다)에서의 $\dfrac{1}{2}$ 배이다. ┐
　　└ X의 양(mol)에 비례

○ 실린더 속 기체의 단위 부피당 Y 원자 수는 (나)에서가 (다)에서의 $\dfrac{5}{3}$ 배이다. $\dfrac{4am+3b}{2a+b} : \dfrac{4am+3b}{2a+2b} = 5 : 3$

○ 전체 원자 수는 (가)에서가 (다)에서의 $\dfrac{11}{20}$ 배이다.
　　└→ $(3am+16a) : (10am+20a) = 11 : 20$

$\dfrac{b}{a \times m}$는? (단, X~Z는 임의의 원소 기호이다.) [3점]

＜보기＞ 풀이

일정한 온도와 압력에서 기체의 양(mol)과 기체의 부피는 비례한다.

❶ (가)와 (다)에서 X의 질량 비교하기

X의 질량은 X의 양(mol)에 비례하므로 (가)와 (다)에서 X의 몰비는 (가) : (다)＝$(am+b)$: $(2am+b+c)$＝$\dfrac{1}{2}$: 1, $b=c$이다.

❷ (나)와 (다)에서 실린더 속 기체의 단위 부피당 Y 원자 수 비교하기

(나)에서 실린더 속 기체의 양(mol)은 $(2a+b)$ mol이고, (다)에서 실린더 속 기체의 양(mol)은 $(2a+2b)$ mol이다. (나)와 (다)에서 단위 부피당 Y 원자 수비는 (나) : (다)＝$\dfrac{4am+3b}{2a+b}$: $\dfrac{4am+3b}{2a+2b} = \dfrac{5}{3}$: 1, $4a=b$이다.

❸ (가)와 (다)에서 전체 원자 수 비교하기

(가)에서 전체 원자의 양(mol)은 $(3am+4b)$ mol＝$(3am+16a)$ mol이고, (다)에서 전체 원자의 양(mol)은 $(6am+4b+c \times (m+1))$ mol＝$(10am+20a)$ mol이다. (가)와 (다)에서 전체 원자 수비는 (가) : (다)＝$(3am+16a)$: $(10am+20a)$＝$\dfrac{11}{20}$: 1, $m=2$이다.

따라서 $\dfrac{b}{a \times m} = \dfrac{4a}{a \times 2} = 2$이다.

① $\dfrac{1}{12}$　　② $\dfrac{1}{8}$　　③ 1　　④ $\dfrac{4}{3}$　　⑤ 2

3
일차

3
일차

01 ①	02 ②	03 ②	04 ②	05 ③	06 ④	07 ②	08 ④	09 ①	10 ①	11 ④	12 ②
13 ③	14 ①	15 ②	16 ⑤	17 ④	18 ②	19 ③	20 ③	21 ③	22 ④	23 ④	24 ①
25 ②	26 ④	27 ②	28 ①	29 ②	30 ②	31 ②	32 ①	33 ⑤	34 ②		

문제편 034~043쪽

---

01 화학 반응식 완성하기 2020학년도 6월 모평 화I 2번 정답 ① | 정답률 88%

적용해야 할 개념 ①가지

① 화학 반응식 나타내는 방법
- 1단계: 반응물과 생성물을 화학식으로 나타낸다.
- 2단계: 화살표(→)를 기준으로 반응물은 왼쪽에, 생성물은 오른쪽에 쓰고, 물질 사이에는 '+'로 연결한다.
- 3단계: 반응 전후 원자의 종류와 수가 같도록 화학식 앞의 계수를 맞춘다. 계수는 가장 간단한 정수로 나타내고, 1이면 생략한다.
- 4단계: 물질의 상태는 ( ) 안에 기호를 써서 화학식 뒤에 표시한다. ➡ 고체: s, 액체: l, 기체: g, 수용액: aq

문제 보기

다음은 암모니아의 생성 반응을 화학 반응식으로 나타내는 과정이다.

○ 반응: 수소와 질소가 반응하여 암모니아가 생성된다.
반응물   생성물
[과정]
(가) 반응물과 생성물을 화학식으로 나타내고, 화살표를 기준으로 반응물을 왼쪽에, 생성물을 오른쪽에 쓴다.
$$N_2 + H_2 \longrightarrow \boxed{\phantom{\text{㉠}}} NH_3$$
(나) 화살표 양쪽의 원자의 종류와 개수가 같아지도록 계수를 맞춰 화학 반응식을 완성한다. → N 원자 수 먼저 맞춘 후 H 원자 수를 맞춘다.
$$N_2 + aH_2 \longrightarrow b \boxed{\phantom{\text{㉠}}} NH_3$$

H 원자 수가 6이 되도록 한다. ➡ $a=3$ N 원자 수가 2가 되도록 한다. ➡ $b=2$

이에 대한 설명으로 옳은 것만을 〈보기〉에서 있는 대로 고른 것은?

〈보기〉 풀이

ㄱ. ㉠은 NH_3이다.
➡ 반응물은 화살표의 왼쪽에, 생성물은 화살표의 오른쪽에 쓴다. 따라서 생성물은 암모니아이고, 화학식 ㉠은 NH_3이다.

✗ $a=2$이다.
➡ 반응물과 생성물을 구성하는 원소는 각각 N, H이며, 반응물에서 N 원자 수가 2이므로 $b=2$이다. 또한 생성물을 구성하는 전체 H 원자 수는 6이므로 반응 전 전체 H 원자 수가 6이 되기 위해 H_2의 계수는 3이어야 한다. 따라서 $a=3$이다.

✗ 반응한 분자 수는 생성된 분자 수보다 작다.
➡ 이 반응은 N_2 1분자와 H_2 3분자가 반응하여 NH_3 2분자가 생성되므로 반응한 분자 수가 생성된 분자 수보다 크다.

---

02 화학 반응식 완성하기 2020학년도 9월 모평 화I 1번 정답 ② | 정답률 95%

적용해야 할 개념 ①가지

① 화학 반응식의 계수 맞추기: 반응물과 생성물을 구성하는 원자의 종류와 수가 같도록 화학식 앞의 계수를 맞춘다. 계수는 가장 간단한 정수로 나타내고, 1이면 생략한다.

문제 보기

다음은 철의 제련과 관련된 화학 반응식이다.

반응물과 생성물을 구성하는 원자의 종류와 수가 같다.

$$Fe_2O_3(s) + aCO(g) \longrightarrow bFe(s) + cCO_2(g)$$
$$(a \sim c는 반응 계수)$$

$a+b+c$는?
Fe 원자 수: $2=b$
C 원자 수: $a=c$
O 원자 수: $3+a=2c$
➡ $a=3, b=2, c=3$

〈보기〉 풀이

화학 반응이 일어날 때 반응 후 원자가 새로 생겨나거나 없어지지 않으므로 반응물과 생성물을 구성하는 원자의 종류와 수가 같다. 따라서 화학 반응식에서 화살표 양쪽의 원자의 종류와 수가 같도록 화학식 앞의 계수를 맞춰 주어야 한다.

❶ 반응 계수 $a \sim c$ 구하기
반응물과 생성물을 구성하는 원소의 종류는 Fe, C, O 3가지이다. 먼저 반응 전 Fe 원자 수는 2이므로 $b=2$이며, 반응 전과 후 C 원자 수가 같아야 하므로 $a=c$이고, 반응 전과 후 O 원자 수가 같아야 하므로 $3+a=2c$이다. 이를 풀면 $a=3, b=2, c=3$이다.

❷ $a+b+c$ 구하기
완성된 화학 반응식은 $Fe_2O_3 + 3CO \longrightarrow 2Fe + 3CO_2$이다. 즉, $a=3, b=2, c=3$이므로 $a+b+c=3+2+3=8$이다.

7 ② 8 9 10 11

적용해야 할 개념 ①가지

① 화학 반응식의 계수 맞추기: 반응물과 생성물을 구성하는 원자의 종류와 수가 같도록 화학식 앞의 계수를 맞춘다. 계수는 가장 간단한 정수로 나타내고, 1이면 생략한다.

문제 보기

다음은 이산화 질소(NO_2)와 관련된 반응의 화학 반응식이다.

$$aNO_2 + bH_2O \longrightarrow cHNO_3 + NO \ (a \sim c: 반응 계수)$$

$a+b+c$는? [3점]

　　N 원자 수: $a=c+1$
　　O 원자 수: $2a+b=3c+1$
　　H 원자 수: $2b=c$

<보기> 풀이

화학 반응이 일어날 때 반응 후 원자가 새로 생겨나거나 없어지지 않으므로 반응물과 생성물을 구성하는 원자의 종류와 수가 같다. 따라서 화학 반응식에서 화살표 양쪽의 원자의 종류와 수가 같도록 화학식 앞의 계수를 맞춰 주어야 한다.

❶ 반응 전과 후 $a \sim c$ 구하기

반응 전과 후 N 원자 수를 같도록 맞추면 $a=c+1$이고, O 원자 수를 같도록 맞추면 $2a+b=3c+1$이며, H 원자 수를 같도록 맞추면 $2b=c$이다. 이를 풀면 $a=3$, $b=1$, $c=2$이다.

❷ $a+b+c$ 구하기

완성된 화학 반응식은 $3NO_2 + H_2O \longrightarrow 2HNO_3 + NO$이다. 따라서 반응 계수의 합 $a+b+c=3+1+2=6$이다.

 7　　② 6　　 5　　 4　　 3

적용해야 할 개념 ①가지

① 화학 반응식의 계수 맞추기: 반응물과 생성물을 구성하는 원자의 종류와 수가 같도록 화학식 앞의 계수를 맞춘다. 계수는 가장 간단한 정수로 나타내고, 1이면 생략한다.

문제 보기

다음은 2가지 반응의 화학 반응식이다.

　○ $2NaHCO_3 \longrightarrow Na_2CO_3 + \boxed{㉠} + CO_2$ 　(H_2O 표시)
　○ $MnO_2 + aHCl \longrightarrow MnCl_2 + b\boxed{㉠H_2O} + Cl_2$
　　　　　　　　(a, b는 반응 계수)

$\dfrac{b}{a}$는?

<보기> 풀이

화학 반응이 일어날 때 반응 후 원자가 새로 생겨나거나 없어지지 않으므로 반응물과 생성물을 구성하는 원자의 종류와 수가 같다.

❶ ㉠ 찾기

첫 번째 화학 반응식에서 반응물을 구성하는 성분 원소와 원자 수는 Na 원자 2개, H 원자 2개, C 원자 2개, O 원자 6개이다. 또한 생성물을 구성하는 원소와 원자 수는 Na과 C 원자가 각각 2개, O 원자가 5개이므로 H 원자 2개와 O 원자 1개가 부족하다. 따라서 ㉠은 H_2O이다.

❷ a, b 구하기

㉠이 H_2O이므로 두 번째 화학 반응식에서 Mn는 반응 전과 후 1개로 동일하고, H, O, Cl 원자 수의 관계에서 반응 계수 a와 b는 각각 4, 2이므로 $\dfrac{b}{a} = \dfrac{1}{2}$이다.

 $\dfrac{1}{3}$　　② $\dfrac{1}{2}$　　 $\dfrac{2}{3}$　　 1　　 2

05 화학 반응식과 반응 계수 2021학년도 7월 학평 화I 2번

정답 ③ | 정답률 92%

적용해야 할 개념 ②가지

① 화학 반응식의 계수비＝분자 수비＝몰비＝(기체의) 부피비

② 질량과 물질의 양(mol): 물질의 양(mol)＝$\dfrac{\text{질량(g)}}{\text{1몰의 질량(g/mol)}}$이다.

문제 보기

다음은 알루미늄(Al) 산화 반응의 화학 반응식이다.

$$4Al + 3O_2 \longrightarrow 2Al_2O_3$$
반응 몰비 Al : O_2 : Al_2O_3＝4 : 3 : 2

이 반응에서 1 mol의 Al_2O_3이 생성되었을 때 반응한 Al의 질량(g)은? (단, Al의 원자량은 27이다.)

＜보기＞ 풀이

화학 반응식에서 반응 계수비는 반응물과 생성물의 반응 몰비와 같다.

❶ **화학 반응식 해석하기**

Al과 O_2가 반응하여 Al_2O_3이 생성되는 반응의 화학 반응식에서 Al, O_2, Al_2O_3의 반응 계수가 각각 4, 3, 2이므로 반응이 진행될 때 반응물과 생성물의 반응 몰비는 Al : O_2 : Al_2O_3＝4 : 3 : 2이다.

❷ **반응한 Al의 질량 구하기**

Al과 Al_2O_3의 반응 몰비가 Al : Al_2O_3＝4 : 2＝2 : 1이므로 1 mol의 Al_2O_3이 생성되었을 때 반응한 Al의 양(mol)은 2 mol이다. Al의 원자량이 27이므로 반응한 Al의 질량은 54 g이다.

✗ 27 ✗ 48 ③ 54 ✗ 81 ✗ 108

06 화학 반응식과 반응 계수 2022학년도 10월 학평 화I 17번

정답 ④ | 정답률 61%

적용해야 할 개념 ②가지

① 화학 반응식의 계수비＝분자 수비＝몰비＝(기체의) 부피비

② 물질의 양(mol)과 질량, 기체의 부피 사이의 관계: 물질의 양(mol)＝$\dfrac{\text{질량(g)}}{\text{1 mol의 질량(g/mol)}}$＝$\dfrac{\text{기체의 부피(L)}}{\text{같은 조건에서 기체 1 mol의 부피(L/mol)}}$

문제 보기

다음은 금속 A, B와 관련된 실험이다. A, B의 원자량은 각각 24, 27이고, t °C, 1 atm에서 기체 1 mol의 부피는 25 L이다.

[화학 반응식]

○ $\underset{a\,\text{mol}}{A(s)}$ + 2HCl(aq) ⟶ ACl_2(aq) + $\underset{a\,\text{mol}}{H_2(g)}$

○ $\underset{b\,\text{mol}}{2B(s)}$ + 6HCl(aq) ⟶ $2BCl_3$(aq) + $\underset{\frac{3}{2}b\,\text{mol}}{3H_2(g)}$

[실험 과정 및 결과]

○ t °C, 1 atm에서 충분한 양의 HCl(aq)에 ㉠ 금속 A와 B의 혼합물 12.6 g을 넣어 모두 반응시켰더니 15 L의 $H_2(g)$가 발생하였다. $\underset{0.6\,\text{mol}}{24a+27b=12.6}$

㉠에 들어 있는 B의 양(mol)은? (단, A와 B는 임의의 원소 기호이고, 온도와 압력은 일정하다.) [3점]

＜보기＞ 풀이

❶ **생성된 $H_2(g)$ 15 L의 양(mol) 구하기**

t °C, 1 atm에서 기체 1 mol의 부피가 25 L이므로 생성된 $H_2(g)$ 15 L의 양(mol)은 $\dfrac{15}{25}$＝0.6 mol이다.

❷ **혼합물 12.6 g에 들어 있는 A와 B의 양(mol)을 설정하고 관계식 정리하기**

A와 B의 혼합물 12.6 g에 들어 있는 A와 B의 양(mol)을 각각 a mol, b mol이라 하면, A, B의 원자량이 각각 24, 27이므로 24a+27b=12.6이다. 화학 반응식에서 반응 계수비는 반응 몰비와 같다. A와 B가 모두 반응하였으므로 생성된 $H_2(g)$의 양(mol)은 $a+\dfrac{3}{2}b$=0.60이다.

❸ **혼합물 12.6 g에 들어 있는 B의 양(mol) 구하기**

a, b에 대한 연립 방정식을 풀면 a=0.3, b=0.20이다. 따라서 A와 B의 혼합물 12.6 g에 들어 있는 B의 양(mol)은 0.2 mol이다.

✗ 0.05 ✗ 0.1 ✗ 0.15 ④ 0.2 ✗ 0.3

적용해야 할 개념 ②가지

① 화학 반응식의 계수 맞추기: 반응물과 생성물을 구성하는 원자의 종류와 수가 같도록 화학식 앞의 계수를 맞춘다. 계수는 가장 간단한 정수로 나타내고, 1이면 생략한다.
② 화학 반응식의 계수비＝분자 수비＝몰비＝(기체의) 부피비

문제 보기

다음은 질산 암모늄(NH_4NO_3) 분해 반응의 화학 반응식이다.

$$\underset{1}{a}NH_4NO_3 \longrightarrow \underset{1}{a}N_2O + 2H_2O \ (a는 반응 계수)$$

반응 몰비 $NH_4NO_3 : H_2O = 1 : 2$

이 반응에서 생성된 H_2O의 양이 1 mol일 때 반응한 NH_4NO_3의 양(mol)은?

<보기> 풀이

❶ 반응 계수 a 구하기

화학 반응식에서 반응 전과 후 모든 원자의 종류와 수가 같아야 하므로 반응 전과 후 N 원자 수는 $2a = 2a$이고, H 원자 수는 $4a = 4$, O 원자 수는 $3a = a + 2$이다. 따라서 $a = 1$이다.

❷ 반응 계수비와 몰비의 관계로 반응한 NH_4NO_3의 양(mol) 구하기

$a = 1$이므로 NH_4NO_3과 H_2O의 반응 몰비는 1 : 2이다. 따라서 생성된 H_2O의 양이 1 mol일 때 반응한 NH_4NO_3의 양(mol)은 $\frac{1}{2}$ mol이다.

 $\frac{1}{4}$ ② $\frac{1}{2}$ 1   2   4

적용해야 할 개념 ②가지

① 화학 반응식의 계수 맞추기: 반응물과 생성물을 구성하는 원자의 종류와 수가 같도록 화학식 앞의 계수를 맞춘다. 계수는 가장 간단한 정수로 나타내고, 1이면 생략한다.
② 화학 반응식의 계수비＝분자 수비＝몰비＝(기체의) 부피비

문제 보기

다음은 아세틸렌(C_2H_2) 연소 반응의 화학 반응식이다.

$$2C_2H_2 + \underset{5}{a}O_2 \longrightarrow 4CO_2 + 2H_2O \ (a는 반응 계수)$$

이 반응에서 1 mol의 C_2H_2이 반응하여 x mol의 CO_2와 1 mol의 H_2O이 생성되었을 때, $a + x$는?

<보기> 풀이

화학 반응이 일어날 때 반응 후 원자가 새로 생겨나거나 없어지지 않으므로 반응물과 생성물을 구성하는 원소의 종류와 개수는 같다.

❶ 반응 계수 a 구하기

반응 전과 후 H, C, O 원자 수가 각각 모두 같아야 한다. 이때 H, C의 원자 수는 반응 전과 후가 같고, O 원자 수는 $2a = 4 \times 2 + 2 \times 1 = 10$이므로 $a = 5$이다.

❷ x 구하기

반응 계수 $a = 5$이므로 전체 화학 반응식을 완성하면 다음과 같다.

$$2C_2H_2 + 5O_2 \longrightarrow 4CO_2 + 2H_2O$$

이때 반응 계수비는 반응 몰비와 같으므로 C_2H_2과 CO_2의 반응 몰비는 1 : 2이다. 따라서 1 mol의 C_2H_2이 반응하여 생성되는 CO_2의 양(mol)은 2 mol이므로 $x = 2$이다. 따라서 $a + x = 5 + 2 = 7$이다.

 4   5   6   ④ 7   8

09 화학 반응식과 반응 계수 2021학년도 9월 모평 화I 5번

정답 ① | 정답률 89%

적용해야 할 개념 ②가지

① 화학 반응식의 계수 맞추기: 반응물과 생성물을 구성하는 원자의 종류와 수가 같도록 화학식 앞의 계수를 맞춘다. 계수는 가장 간단한 정수로 나타내고, 1이면 생략한다.

② 화학 반응식의 계수비＝분자 수비＝몰비＝(기체의) 부피비

문제 보기

다음은 아세트알데하이드(C_2H_4O) 연소 반응의 화학 반응식이다.

$$2C_2H_4O + \overset{5}{x}O_2 \longrightarrow 4CO_2 + 4H_2O \ (x는 \ 반응 \ 계수)$$
└─ O_2 5몰 반응 ➡ CO_2 4몰 생성

이 반응에서 1 mol의 CO_2가 생성되었을 때 반응한 O_2의 양(mol)은?

<보기> 풀이

화학 반응식에서 반응물과 생성물에 있는 원자의 종류와 수가 같도록 계수를 맞추어야 한다.

❶ 화학 반응식 완성하기

반응 전과 후의 O 원자 수는 같아야 하므로 $2+2x=8+4$이고, 이를 풀면 $x=5$이다. 따라서 완성된 반응의 화학 반응식은 다음과 같다.

$2C_2H_4O + 5O_2 \longrightarrow 4CO_2 + 4H_2O$

❷ 반응한 O_2의 양(mol) 구하기

화학 반응식에서 계수비는 몰비와 같다. 반응한 O_2와 생성된 CO_2의 계수비(＝몰비)는 5 : 4이므로 CO_2 1몰이 생성되기 위해 반응한 O_2의 양(mol)은 $\frac{5}{4}$ 몰이다.

① $\frac{5}{4}$ 1 $\frac{4}{5}$ $\frac{3}{4}$ $\frac{3}{5}$

---

10 화학 반응식과 반응 계수 2022학년도 4월 학평 화I 3번

정답 ① | 정답률 87%

적용해야 할 개념 ②가지

① 화학 반응식의 계수 맞추기: 반응물과 생성물을 구성하는 원자의 종류와 수가 같도록 화학식 앞의 계수를 맞춘다. 계수는 가장 간단한 정수로 나타내고, 1이면 생략한다.

② 화학 반응식의 계수비＝분자 수비＝몰비＝(기체의) 부피비

문제 보기

다음은 황세균의 광합성과 관련된 반응의 화학 반응식이다. a, b는 반응 계수이다.

$$\underset{12}{a}H_2S + 6CO_2 \longrightarrow \underset{1}{b}C_6H_{12}O_6 + 12S + 6H_2O$$

이 반응에서 12 mol의 H_2S가 모두 반응했을 때, 생성되는 $C_6H_{12}O_6$의 양(mol)은?

<보기> 풀이

❶ 화학 반응식 완성하기

반응 전과 후 모든 원소의 종류와 원자의 수가 같아야 한다. 반응 전과 후 C 원자 수는 $6=6b$이므로 $b=1$이고, 반응 전과 후 S 원자 수는 $a=12$이므로 전체 화학 반응식을 완성하면 다음과 같다.

$12H_2S + 6CO_2 \longrightarrow C_6H_{12}O_6 + 12S + 6H_2O$

❷ 반응 계수 이해하기

화학 반응식에서 반응 계수비는 반응 몰비와 같다. H_2S와 $C_6H_{12}O_6$의 반응 계수가 각각 12, 1이므로 반응하는 H_2S와 생성되는 $C_6H_{12}O_6$의 반응 몰비는 12 : 1이다. 따라서 12 mol의 H_2S가 모두 반응했을 때 생성되는 $C_6H_{12}O_6$의 양(mol)은 1 mol이다.

① 1   2   4   6   12

적용해야 할 개념 ②가지

① 화학 반응식의 계수 맞추기: 반응물과 생성물을 구성하는 원자의 종류와 수가 같도록 화학식 앞의 계수를 맞춘다. 계수는 가장 간단한 정수로 나타내고, 1은 생략한다.

② 화학 반응식의 계수비＝분자 수비＝몰비＝(기체의) 부피비

문제 보기

다음은 AB_2와 B_2가 반응하여 A_2B_5를 생성하는 반응의 화학 반응식이다.

$$\underset{4}{a}AB_2 + \underset{1}{b}B_2 \longrightarrow \underset{2}{c}A_2B_5 \ (a\sim c\text{는 반응 계수})$$

AB_2 4 mol과 B_2 1 mol이 반응

이 반응에서 용기에 AB_2 4 mol과 B_2 2 mol을 넣고 반응을 완결시켰을 때, $\dfrac{\text{남은 반응물의 양(mol)}}{\text{생성된 } A_2B_5\text{의 양(mol)}}$ 은? (단, A와 B는 임의의 원소 기호이다.)

분자: 남은 반응물 1 mol, 생성된 A_2B_5 2 mol

<보기> 풀이

화학 반응이 일어날 때 반응 후 원자가 새로 생겨나거나 없어지지 않으므로 반응물과 생성물을 구성하는 원자의 종류와 수가 같다.

❶ 화학 반응식 완성하기

반응 전과 후 원자의 종류와 수가 같으므로 A 원자에서 $a=2c$, B 원자에서 $2a+2b=5c$이다. $c=2$라고 하면 $a=4$, $b=1$이므로 화학 반응식은 다음과 같다.

$$4AB_2 + B_2 \longrightarrow 2A_2B_5$$

❷ 반응 전과 후 물질의 양(mol) 구하기

용기에 AB_2 4 mol과 B_2 2 mol을 넣고 반응을 완결시켰을 때 화학 반응의 양적 관계는 다음과 같다.

반응식	$4AB_2$	+	B_2	$\longrightarrow$	$2A_2B_5$
반응 전(mol)	4		2		
반응(mol)	-4		-1		$+2$
반응 후(mol)	0		1		2

반응 후 남은 반응물은 B_2 1 mol이고, 생성된 A_2B_5는 2 mol이다.

따라서 $\dfrac{\text{남은 반응물의 양(mol)}}{\text{생성된 } A_2B_5\text{의 양(mol)}} = \dfrac{1}{2}$ 이다.

① $\dfrac{1}{6}$ ② $\dfrac{1}{4}$ ③ $\dfrac{1}{3}$ ④ $\dfrac{1}{2}$ ⑤ 1

적용해야 할 개념 ②가지

① 화학 반응식의 계수비＝분자 수비＝몰비＝(기체의) 부피비

② 질량 보존 법칙: 화학 반응이 일어날 때 반응 전과 후 물질의 전체 질량은 일정하다.

문제 보기

다음은 과산화 수소(H_2O_2) 분해 반응의 화학 반응식이다.

산소 기체(O_2)가 발생한다.

$$2H_2O_2 \longrightarrow 2H_2O + \boxed{\ \text{㉠}\ } O_2$$

분자량: 34

이에 대한 설명으로 옳은 것만을 <보기>에서 있는 대로 고른 것은? (단, H와 O의 원자량은 각각 1과 16이다.) [3점]

<보기> 풀이

과산화 수소(H_2O_2)의 분해 반응의 화학 반응식은 $2H_2O_2 \longrightarrow 2H_2O + O_2$이다.

✗ ㉠은 H_2이다.

➡ H_2O_2가 분해되면 H_2O과 O_2가 생성된다.

ㄴ. 1 mol의 H_2O_2가 분해되면 1 mol의 H_2O가 생성된다.

➡ 화학 반응식에서 H_2O_2와 H_2O의 반응 계수가 2로 같으므로 반응 몰비는 1 : 1이다. 따라서 1 mol의 H_2O_2가 분해되면 1 mol의 H_2O이 생성된다.

✗ 0.5 mol의 H_2O_2가 분해되면 전체 생성물의 질량은 34 g이다.

➡ 화학 반응에서 반응 전과 후 물질의 전체 질량은 일정하게 보존된다. 반응물은 H_2O_2 1가지이고, H_2O_2의 분자량은 34이므로 0.5 mol의 H_2O_2가 분해되면 전체 생성물의 질량은 반응물의 질량과 같은 17 g이다.

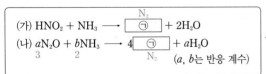

13 | 화학 반응식과 반응 계수 2021학년도 수능 화I 5번 | 정답 ③ | 정답률 95%

적용해야 할 개념 ②가지

① 화학 반응식의 계수 맞추기: 반응물과 생성물을 구성하는 원자의 종류와 수가 같도록 화학식 앞의 계수를 맞춘다.

② 화학 반응식의 계수비＝분자 수비＝몰비＝(기체의) 부피비

문제 보기

다음은 2가지 반응의 화학 반응식이다.

○ $Zn(s) + 2HCl(aq) \longrightarrow$ [㉠] $(aq) + H_2(g)$
　　　　　　　　　　　　　　　　　ZnCl₂
　└ Zn(s) 1몰 반응 ➡ H₂(g) 1몰 생성

○ $2Al(s) + aHCl(aq) \longrightarrow 2AlCl_3(aq) + bH_2(g)$
　　　　　　　　6　　　　　　　　　　　　　3
　└ Al(s) 1몰 반응 ➡ H₂(g) $\frac{3}{2}$몰 생성 (a, b는 반응 계수)

이에 대한 설명으로 옳은 것만을 〈보기〉에서 있는 대로 고른 것은?

보기

〈보기〉 풀이

화학 반응식을 쓸 때 반응물의 화학식은 화살표의 왼쪽에, 생성물의 화학식은 화살표의 오른쪽에 쓰고, 반응물과 생성물에 있는 원자의 종류와 수가 같도록 계수를 맞추어야 한다. 따라서 완성된 화학 반응식은 다음과 같다.

$Zn(s) + 2HCl(aq) \longrightarrow ZnCl_2(aq) + H_2(g)$

$2Al(s) + 6HCl(aq) \longrightarrow 2AlCl_3(aq) + 3H_2(g)$

㉠ **㉠은 ZnCl₂이다.**

➡ 생성물 ㉠의 화학식은 ZnCl₂이다.

ㄴ **$a+b=9$이다.**

➡ 2번째 화학 반응식에서 반응 계수 $a=6$, $b=3$이므로 $a+b=9$이다.

✗ 같은 양(mol)의 Zn(s)과 Al(s)을 각각 충분한 양의 HCl(aq)에 넣어 반응을 완결시 켰을 때 생성되는 H₂의 몰비는 1 : 2이다.

➡ 화학 반응식에서 반응 계수비는 반응물과 생성물의 몰비와 같다. Zn과 H₂의 계수비는 1 : 1 이고, Al과 H₂의 계수비는 2 : 3이므로 같은 양(mol)의 Zn(s)과 Al(s)을 각각 충분한 양의 HCl(aq)에 넣어 반응을 완결시켰을 때 생성되는 H₂의 몰비는 $1 : \frac{3}{2} = 2 : 3$이다.

---

14 | 화학 반응식과 반응 계수 2022학년도 수능 화I 5번 | 정답 ① | 정답률 81%

적용해야 할 개념 ②가지

① 화학 반응식의 계수 맞추기: 반응물과 생성물을 구성하는 원자의 종류와 수가 같도록 화학식 앞의 계수를 맞춘다. 계수는 가장 간단한 정수로 나타내고, 1이면 생략한다.

② 화학 반응식의 계수비＝분자 수비＝몰비＝(기체의) 부피비

문제 보기

다음은 2가지 반응의 화학 반응식이다.

(가) $HNO_2 + NH_3 \longrightarrow$ [㉠] $+ 2H_2O$
　　　　　　　　　　　　　　　　N₂

(나) $aN_2O + bNH_3 \longrightarrow 4$[㉠]$+ aH_2O$
　　　　3　　2　　　　　　　　N₂
　　　　　　　　　　(a, b는 반응 계수)

이에 대한 설명으로 옳은 것만을 〈보기〉에서 있는 대로 고른 것은? [3점]

보기

〈보기〉 풀이

㉠ **㉠은 N₂이다.**

➡ 반응 전 H, N, O 원자 수는 각각 4, 2, 2이고, 반응 후 H와 O 원자 수가 각각 4, 2이므로 ㉠ 은 N 원자 2개로 이루어진 N₂이다.

✗ $a+b=4$이다.

➡ (나)에서 반응 전과 후 H, N, O 원자 수가 각각 같아야 하고, ㉠이 N₂이므로 반응 후 전체 N 원자 수는 8이다. 따라서 $2a+b=8$, $3b=2a$가 성립하고, 이를 풀면 $a=3$, $b=2$이므로 $a+b=5$이다.

✗ (가)와 (나)에서 각각 NH₃ 1 g이 모두 반응했을 때 생성되는 H₂O의 질량은 (나)＞(가)이다.

➡ 화학 반응식의 반응 계수는 화학 반응에서 반응물과 생성물의 반응 몰비를 가장 간단한 정수 로 나타낸 것이다. 따라서 (가)와 (나)에서 NH₃와 H₂O의 반응 몰비는 각각 1 : 2, 1 : 1.5이 므로 1 g이 모두 반응했을 때 생성되는 H₂O의 질량은 (가)＞(나)이다.

15 화학 반응식과 반응 계수 2019학년도 9월 모평 화I 4번 정답 ② | 정답률 81%

적용해야 할 개념 ②가지
① 화학 반응식의 계수 맞추기: 반응물과 생성물을 구성하는 원자의 종류와 수가 같도록 화학식 앞의 계수를 맞춘다.
② 화학 반응식의 계수비＝분자 수비＝몰비＝(기체의) 부피비

문제 보기

다음은 2가지 반응의 화학 반응식이다.

(가) $\underset{2}{a}NaHCO_3 \longrightarrow Na_2CO_3 + CO_2 + \underset{1}{b}H_2O$
└ $NaHCO_3$ 1몰 반응 ➡ CO_2 0.5몰 생성 (a, b는 반응 계수)

(나) $Ca(HCO_3)_2 \longrightarrow \boxed{\underset{CaCO_3}{\bigcirc}} + CO_2 + H_2O$
└ $Ca(HCO_3)_2$ 1몰 반응 ➡ CO_2 1몰 생성

이에 대한 설명으로 옳은 것만을 〈보기〉에서 있는 대로 고른 것은?

〈보기〉 풀이

화학 반응식을 쓸 때 반응물의 화학식은 화살표의 왼쪽에, 생성물의 화학식은 화살표의 오른쪽에 쓰고, 반응물과 생성물에 있는 원자의 종류와 수가 같도록 계수를 맞추어야 한다. 따라서 완성된 화학 반응식은 다음과 같다.

(가) $2NaHCO_3 \longrightarrow Na_2CO_3 + CO_2 + H_2O$
(나) $Ca(HCO_3)_2 \longrightarrow CaCO_3 + CO_2 + H_2O$

✗ $a+b=4$이다.
➡ (가)에서 반응 전과 후의 Na, H, C, O의 원자 수가 같도록 계수를 맞추면 $a=2$, $b=1$이다. 따라서 $a+b=3$이다.

Ⓛ ㉠은 $CaCO_3$이다.
➡ (나)에서 $Ca(HCO_3)_2$이 분해될 때 CO_2와 H_2O이 생성되고, $CaCO_3$이 앙금으로 남는다.

✗ (가)와 (나)의 각 반응에서 반응물 1몰을 반응시켰을 때 생성되는 CO_2의 양(mol)은 같다.
➡ 화학 반응식에서 반응 계수비는 반응물과 생성물의 몰비와 같다. (가)에서 $NaHCO_3$과 CO_2의 계수비(＝몰비)는 2 : 1이므로 $NaHCO_3$ 1몰이 반응하면 CO_2 0.5몰이 생성된다. 또 (나)에서 $Ca(HCO_3)_2$과 CO_2의 계수비(＝몰비)는 1 : 1이므로 $Ca(HCO_3)_2$ 1몰이 반응하면 CO_2 1몰이 생성된다.

---

16 화학 반응식과 반응 계수 2024학년도 3월 학평 화I 6번 정답 ⑤ | 정답률 79%

적용해야 할 개념 ③가지
① 화학 반응식의 계수 맞추기: 반응물과 생성물을 구성하는 원자의 종류와 수가 같도록 화학식 앞의 계수를 맞춘다.
② 화학 반응식의 계수비＝분자 수비＝몰비＝(기체의) 부피비
③ 물질의 질량＝물질의 양(mol)×물질의 화학식량

문제 보기

다음은 반응 (가)와 (나)의 화학 반응식이다.

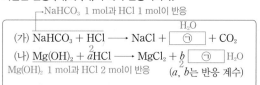

└ $NaHCO_3$ 1 mol과 HCl 1 mol이 반응
(가) $NaHCO_3 + HCl \longrightarrow NaCl + \boxed{\underset{H_2O}{\bigcirc}} + CO_2$
(나) $Mg(OH)_2 + \underset{2}{a}HCl \longrightarrow MgCl_2 + \underset{2}{b}\boxed{\bigcirc} H_2O$
$Mg(OH)_2$ 1 mol과 HCl 2 mol이 반응 (a, b는 반응 계수)

이에 대한 옳은 설명만을 〈보기〉에서 있는 대로 고른 것은? (단, $NaHCO_3$, $Mg(OH)_2$의 화학식량은 각각 84, 58이다.)

〈보기〉 풀이

화학 반응식에서 반응 전과 후 원자의 종류와 수 같아야 한다. (가)를 완성하면 다음과 같다.
(가) $NaHCO_3 + HCl \longrightarrow NaCl + H_2O + CO_2$
㉠은 H_2O이므로 (나)를 완성하면 다음과 같다.
(나) $Mg(OH)_2 + 2HCl \longrightarrow MgCl_2 + 2H_2O$

Ⓖ ㉠은 H_2O이다.
➡ (가)에서 반응 전과 후 원자의 종류와 수가 같아야 하므로 ㉠은 H_2O이다.

Ⓛ $a=b$이다.
➡ $a=2$, $b=2$이므로 $a=b$이다.

Ⓒ $\dfrac{(가)에서\ HCl\ 1\ mol과\ 반응하는\ NaHCO_3의\ 질량(g)}{(나)에서\ HCl\ 1\ mol과\ 반응하는\ Mg(OH)_2의\ 질량(g)} > 2$이다.

➡ (가)에서 $NaHCO_3$과 HCl의 반응 계수비가 1 : 1이므로 HCl 1 mol과 반응하는 $NaHCO_3$의 양(mol)은 1 mol이다. (나)에서 $Mg(OH)_2$과 HCl의 반응 계수비가 1 : 2이므로 HCl 1 mol과 반응하는 $Mg(OH)_2$의 양(mol)은 $\dfrac{1}{2}$mol이다. $NaHCO_3$과 $Mg(OH)_2$의 화학식량은 각각 84, 58이므로 $\dfrac{(가)에서\ HCl\ 1\ mol과\ 반응하는\ NaHCO_3의\ 질량(g)}{(나)에서\ HCl\ 1\ mol과\ 반응하는\ Mg(OH)_2의\ 질량(g)} = \dfrac{1 \times 84}{\frac{1}{2} \times 58} = \dfrac{84}{29} > 2$이다.

17 화학 반응식과 반응 계수 2024학년도 수능 화I 3번

정답 ④ | 정답률 79%

적용해야 할 개념 ④가지

① 화학 반응식의 계수 맞추기: 반응물과 생성물을 구성하는 원자의 종류와 수가 같도록 화학식 앞의 계수를 맞춘다.

② 질량 보존 법칙: 화학 반응이 일어날 때 반응 전과 후 물질의 전체 질량은 일정하다.

③ 기체의 양(mol)과 부피: 온도와 압력이 같을 때 기체의 부피는 기체의 양(mol)에 비례한다.

④ 물질의 양(mol)과 질량: 물질의 양(mol)은 $\dfrac{\text{질량}(g)}{1\ \text{mol의 질량}(g/\text{mol})}$, 즉 $\dfrac{\text{질량}(g)}{\text{화학식량}}$ 이다.

문제 보기

그림은 실린더에 $Al(s)$과 $HF(g)$를 넣고 반응을 완결시켰을 때, 반응 전과 후 실린더에 존재하는 물질을 나타낸 것이다.

피스톤
$HF(g)$
$Al(s)$ $x\,g$
반응 전

$H_2(g)$ $y\,g$
$AlF_3(s)$
반응 후

반응 몰비
Al : H = 1 : 3

질량비
Al : H = 27 : 3

화학 반응식
$2Al(s) + 6HF(g) \longrightarrow 2AlF_3(s) + 3H_2(g)$

$\dfrac{x}{y}$는? (단, H와 Al의 원자량은 각각 1, 27이다.) [3점]

<보기> 풀이

화학 반응식에서 반응 계수비는 반응 몰비와 같다. 반응 질량비는 반응 몰비에 각각의 화학식량을 곱한 비와 같다.

❶ 화학 반응식 완성하기

$Al(s)$과 $HF(g)$가 반응하여 $AlF_3(s)$와 $H_2(g)$가 생성되는 반응의 화학 반응식은 다음과 같다.

$2Al(s) + 6HF(g) \longrightarrow 2AlF_3(s) + 3H_2(g)$

❷ Al과 H의 전체 반응 몰비 구하기

이 반응에서 Al과 H 원자의 반응 몰비는 Al : H = 2 : 6 = 1 : 3이다.

❸ 원자량을 이용하여 $\dfrac{x}{y}$ 구하기

반응 전 $Al(s)$의 질량이 x g이고, 반응 후 생성된 $H_2(g)$의 질량이 y g이며, Al과 H의 원자량이 각각 27과 1이므로 $x : y = 1 \times 27 : 3 \times 1 = 9 : 1$이다. 따라서 $\dfrac{x}{y} = 9$이다.

~~$\dfrac{27}{2}$~~   ~~12~~   ~~$\dfrac{21}{2}$~~   ④ 9   ~~$\dfrac{9}{2}$~~

---

18 화학 반응식과 양적 관계 2024학년도 9월 모평 화I 3번

정답 ② | 정답률 81%

적용해야 할 개념 ③가지

① 화학 반응식의 계수 맞추기: 반응물과 생성물을 구성하는 원자의 종류와 수가 같도록 화학식 앞의 계수를 맞춘다.

② 기체의 양(mol)과 부피: 온도와 압력이 같을 때 기체의 부피는 기체의 양(mol)에 비례한다.

③ 화학 반응식의 계수비 = 분자 수비 = 몰비 = (기체의) 부피비

문제 보기

화학 반응식
$4AB_3(g) + 3C_2(g) \longrightarrow 6B_2(g) + 2A_2C_3(s)$

그림은 실린더에 $AB_3(g)$와 $C_2(g)$를 넣고 반응을 완결시켰을 때, 반응 전과 후 실린더에 존재하는 물질을 나타낸 것이다. 반응 전과 후 실린더 속 기체의 부피는 각각 V_1과 V_2이다.

기체의 몰비 = 부피비

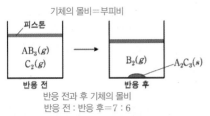

피스톤
$AB_3(g)$
$C_2(g)$
반응 전

$B_2(g)$
$A_2C_3(s)$
반응 후

반응 전과 후 기체의 몰비
반응 전 : 반응 후 = 7 : 6

$\dfrac{V_2}{V_1}$는? (단, A~C는 임의의 원소 기호이고, 실린더 속 기체의 온도와 압력은 일정하다.) [3점]

<보기> 풀이

화학 반응식에서 반응 계수비는 반응 몰비와 같다. 또한 온도와 압력이 같을 때 기체의 부피는 기체의 양(mol)에 비례하므로 기체 반응에서 반응 계수비는 반응하는 기체의 부피비와 같다.

❶ 화학 반응식 완성하기

화학 반응에서 반응 전과 후 질량이 같으므로 반응물과 생성물의 성분 원소와 각 원소의 원자 수가 같도록 계수를 정하여 화학 반응식을 완성한다. 따라서 $AB_3(g)$와 $C_2(g)$가 반응하여 $B_2(g)$와 $A_2C_3(s)$가 생성되는 반응의 화학 반응식은 다음과 같다.

$4AB_3(g) + 3C_2(g) \longrightarrow 6B_2(g) + 2A_2C_3(s)$

❷ 반응 계수를 이용하여 부피비 구하기

실린더에 넣은 $AB_3(g)$와 $C_2(g)$가 모두 반응하여 반응 후에는 $B_2(g)$와 $A_2C_3(s)$가 존재하며, 반응 전 기체 반응물의 전체 부피와 반응 후 기체 생성물의 전체 부피비는 반응 계수비와 같다. 따라서 반응 전과 후 실린더 속 기체의 부피비는 $V_1 : V_2 = 7 : 6$이므로 $\dfrac{V_2}{V_1} = \dfrac{6}{7}$이다.

~~$\dfrac{7}{8}$~~   ② $\dfrac{6}{7}$ ~~$\dfrac{3}{4}$~~   ~~$\dfrac{5}{7}$~~   ~~$\dfrac{4}{7}$~~

적용해야 할 개념 ③가지

① 화학 반응식의 계수 맞추기: 반응물과 생성물을 구성하는 원자의 종류와 수가 같도록 화학식 앞의 계수를 맞춘다.

② 기체의 양(mol)과 부피: 온도와 압력이 같을 때 기체의 부피는 기체의 양(mol)에 비례한다.

③ 화학 반응식의 계수비＝분자 수비＝몰비＝(기체의) 부피비

문제 보기

그림은 반응 전 실린더 속에 들어 있는 기체 XY와 Y_2를 모형으로 나타낸 것이고, 표는 반응 전과 후의 실린더 속 기체에 대한 자료이다. ㉠은 반응하고 남은 XY와 Y_2 중 하나이고, ㉡은 X를 포함하는 3원자 분자이며 기체이다.

생성물이며, XY_2 또는 X_2Y이다. ➡ XY_2만 성립한다.

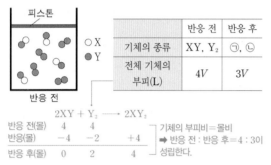

	반응 전	반응 후
기체의 종류	XY, Y_2	㉠, ㉡
전체 기체의 부피(L)	$4V$	$3V$

$$2XY + Y_2 \longrightarrow 2XY_2$$

반응 전(몰)	4	4	
반응(몰)	-4	-2	$+4$
반응 후(몰)	0	2	4

기체의 부피비＝몰비
➡ 반응 전 : 반응 후＝4 : 3이 성립한다.

㉠과 ㉡으로 옳은 것은? (단, X와 Y는 임의의 원소 기호이며, 반응 전과 후 기체의 온도와 압력은 일정하다.) [3점]

＜보기＞ 풀이

❶ 화학 반응식 완성하기

이 반응에서 반응물은 XY, Y_2이며, 생성물은 X를 포함한 3원자 분자이므로 생성물의 분자식은 XY_2 또는 X_2Y이다. 그런데 생성물이 X_2Y일 경우, $aXY + bY_2 \longrightarrow cX_2Y$의 화학 반응식에서 계수 $a \sim c$를 만족하는 수는 없으므로 생성물은 XY_2이다. 따라서 이 반응의 화학 반응식은 다음과 같다.

$$2XY + Y_2 \longrightarrow 2XY_2$$

❷ 반응한 물질의 양(mol) 구하기

화학 반응식에서 XY와 Y_2, XY_2의 반응 계수가 각각 2, 1, 2이므로 반응 몰비는 XY : Y_2 : XY_2＝2 : 1 : 2이다. 입자 모형 1개를 1몰이라 하면, 반응 전 XY와 Y_2 모형이 각각 4몰씩 들어 있으므로 XY 4몰과 Y_2 2몰이 반응하여 XY_2 4몰이 생성되고 Y_2 2몰이 남는다.

따라서 반응 후 실린더에 들어 있는 ㉠, ㉡은 각각 Y_2, XY_2이다.

	㉠	㉡			㉠	㉡
①	XY	XY_2		②	XY	X_2Y
③	Y_2	XY_2		④	Y_2	X_2Y
⑤	Y_2	X_3				

적용해야 할 개념 ③가지

① 화학 반응식의 계수 맞추기: 반응물과 생성물을 구성하는 원자의 종류와 수가 같도록 화학식 앞의 계수를 맞춘다.

② 화학 반응식의 계수비＝분자 수비＝몰비＝(기체의) 부피비

③ 기체의 양(mol)과 부피: 온도와 압력이 같을 때 기체의 부피는 기체의 양(mol)에 비례한다.

문제 보기

그림은 기체 XY와 Y_2가 반응한 후 실린더에 존재하는 기체를 모형으로 나타낸 것이고, 표는 반응 전과 후 실린더에 존재하는 기체에 대한 자료이다.

모형의 수 1에 해당하는 부피는 $2V$ L

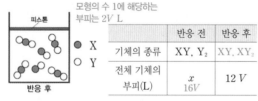

	반응 전	반응 후
기체의 종류	XY, Y_2	XY, XY_2
전체 기체의 부피(L)	x / $16V$	$12V$

이에 대한 설명으로 옳은 것만을 ＜보기＞에서 있는 대로 고른 것은? (단, X와 Y는 임의의 원소 기호이며, 반응 전과 후 기체의 온도와 압력은 일정하다.)

＜보기＞ 풀이

반응 후 실린더에 들어 있는 기체는 XY, XY_2이고, 반응 전 실린더에 넣은 기체는 XY, Y_2이므로 이 반응이 일어나면 XY_2가 생성된다.

ㄱ 생성물의 종류는 1가지이다.

➡ 이 반응에서 반응물은 XY, Y_2이고, 생성물은 XY_2이다. 따라서 생성물은 1가지이다.

ㄴ 1 mol의 Y_2가 모두 반응했을 때 생성되는 XY_2의 양은 1 mol이다.

➡ 이 반응의 화학 반응식은 $2XY + Y_2 \longrightarrow 2XY_2$이다. 화학 반응식에서 Y_2와 XY_2의 반응 계수비는 1 : 2이므로 1 mol의 Y_2가 모두 반응하면 2 mol의 XY_2가 생성된다.

ㄷ $x = 16V$이다.

➡ 반응 후 XY_2와 XY의 모형 수가 각각 4, 2이다. 반응 후 전체 모형의 수는 6이고, 전체 기체의 부피가 $12V$ L이므로 모형의 수 1에 해당하는 기체의 부피는 $2V$ L이다. 생성된 XY_2와 반응 후 남은 XY의 수로부터 화학 반응에서 양적 관계를 구하면 다음과 같다.

반응식	$2XY$	$+$ Y_2	$\longrightarrow$ $2XY_2$
반응 전(mol)	6	2	
반응(mol)	-4	-2	$+4$
반응 후(mol)	2	0	4

반응 전 전체 모형의 수는 8이므로 전체 기체의 부피는 $16V$ L이다. 따라서 $x = 16V$이다.

21 화학 반응식과 반응 계수 2023학년도 10월 학평 화Ⅰ 14번 정답 ③ | 정답률 74 %

적용해야 할 개념 ③가지

① 화학 반응식의 계수 맞추기: 반응물과 생성물을 구성하는 원자의 종류와 수가 같도록 화학식 앞의 계수를 맞춘다.

② 물질의 양(mol)과 질량, 기체의 부피 사이의 관계: 물질의 양(mol) = $\dfrac{\text{질량(g)}}{1 \text{ mol의 질량(g/mol)}}$ = $\dfrac{\text{기체의 부피(L)}}{\text{같은 조건에서 기체 1 mol의 부피(L/mol)}}$

③ 화학 반응식의 계수비=분자 수비=몰비=(기체의) 부피비

【문제 보기】

그림은 실린더에 $XY(g)$와 $ZY(g)$를 넣고 반응시켜 $X_aY_b(g)$와 $Z_2(g)$를 생성할 때, 반응 전과 후 단위 부피당 분자 모형을 나타낸 것이다. 반응 전과 후 실린더 속 기체의 온도와 압력은 일정하다.

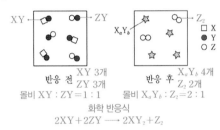

반응 전 XY 3개 ZY 3개
몰비 XY : ZY = 1 : 1

반응 후 X_aY_b 4개 Z_2 2개
몰비 $X_aY_b : Z_2 = 2 : 1$

화학 반응식
$2XY + 2ZY \longrightarrow 2XY_2 + Z_2$

$b - a$는? (단, X~Z는 임의의 원소 기호이다.) [3점]

〈보기〉 풀이

화학 반응식에서 반응 계수비는 반응 몰비와 같다.

❶ 반응 전과 후 기체의 몰비 구하기

반응 전과 후의 입자 모형에서 반응물 $XY(g)$와 $ZY(g)$가 모두 반응하였음을 알 수 있으며, 반응 전 실린더에 존재하는 몰비는 XY : ZY = 1 : 1이다. 또한 생성물은 $X_aY_b(g)$와 $Z_2(g)$이고 몰비는 $X_aY_b : Z_2 = 2 : 1$이다.

❷ 화학 반응식 완성하기

반응물과 생성물의 몰비로부터 화학 반응식을 정리하면 다음과 같다.

$nXY + nZY \longrightarrow 2mX_aY_b + mZ_2$

이때 반응 전과 후의 Z 원자 수가 같아야 하므로 $n = 2m$이다. 따라서 완성된 화학 반응식은 $2XY + 2ZY \longrightarrow 2X_aY_b + Z_2$이다.

❸ a, b 구하기

반응 전과 후 X와 Y의 원자 수가 같아야 하므로 $a = 1$, $b = 2$이다. 따라서 $b - a = 1$이다.

 -1　 0　③ 1　 2　 3

---

22 화학 반응식과 양적 관계 2024학년도 6월 모평 화Ⅰ 3번 정답 ④ | 정답률 74 %

적용해야 할 개념 ③가지

① 화학 반응식의 계수 맞추기: 반응물과 생성물을 구성하는 원자의 종류와 수가 같도록 화학식 앞의 계수를 맞춘다.

② 물질의 양(mol)과 질량, 기체의 부피 사이의 관계: 물질의 양(mol) = $\dfrac{\text{질량(g)}}{1 \text{ mol의 질량(g/mol)}}$ = $\dfrac{\text{기체의 부피(L)}}{\text{같은 조건에서 기체 1 mol의 부피(L/mol)}}$

③ 화학 반응식의 계수비=분자 수비=몰비=(기체의) 부피비

【문제 보기】

그림은 용기에 XY와 Y_2를 넣고 반응을 완결시켰을 때, 반응 전과 후 용기에 들어 있는 분자를 모형으로 나타낸 것이다.

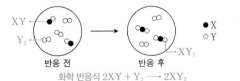

반응 전　　반응 후
●X
○Y

화학 반응식 $2XY + Y_2 \longrightarrow 2XY_2$

이 반응에 대한 설명으로 옳은 것만을 〈보기〉에서 있는 대로 고른 것은? (단, X와 Y는 임의의 원소 기호이다.) [3점]

〈보기〉 풀이

화학 반응식에서 반응 계수는 반응물과 생성물의 반응 몰비를 간단한 정수로 표현한 것으로 반응 계수비는 반응 몰비와 같다. 반응 전과 후의 분자 모형을 바탕으로 화학 반응식을 완성하면 다음과 같다.

$2XY + Y_2 \longrightarrow 2XY_2$

✗ 전체 분자 수는 반응 전과 후가 같다.

➡ 화학 반응식에서 XY 분자 2개와 Y_2 분자 1개가 반응하여 XY_2 분자 2개가 생성되므로 전체 분자 수는 반응 전이 반응 후보다 크다.

ㄴ. 생성물의 종류는 1가지이다.

➡ 반응 후 생성물은 XY_2 1가지이다.

ㄷ. 4 mol의 XY_2가 생성되었을 때, 반응한 Y_2의 양은 2 mol이다.

➡ 화학 반응식에서 Y_2와 XY_2의 반응 계수는 각각 1과 2이므로 4 mol의 XY_2가 생성되기 위해서는 2 mol의 Y_2가 반응해야 한다.

적용해야 할 개념 ③가지

① 화학 반응식의 계수 맞추기: 반응물과 생성물을 구성하는 원자의 종류와 수가 같도록 화학식 앞의 계수를 맞춘다.

② 물질의 양(mol)과 질량, 기체의 부피 사이의 관계: 물질의 양(mol)$=\dfrac{\text{질량(g)}}{\text{1 mol의 질량(g/mol)}}=\dfrac{\text{기체의 부피(L)}}{\text{같은 조건에서 기체 1 mol의 부피(L/mol)}}$

③ 화학 반응식의 계수비=분자 수비=몰비=(기체의) 부피비

문제 보기

그림은 $A_2(g)$와 $B_2(g)$가 들어 있는 실린더에서 반응을 완결시켰을 때, 반응 후 실린더 속 기체 V mL에 들어 있는 기체 분자를 모형으로 나타낸 것이다.

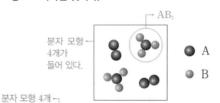

반응 전 실린더 속 기체 V mL에 들어 있는 기체 분자를 모형으로 나타낸 것으로 옳은 것은? (단, A, B는 임의의 원소 기호이고, 실린더 속 기체의 온도와 압력은 일정하다. 생성물은 기체이고, 반응 전과 후 기체는 각각 균일하게 섞여 있다.) [3점]

<보기> 풀이

화학 반응식에서 반응 전과 후 전체 질량은 일정하게 유지되므로 반응물과 생성물의 구성 원소의 종류와 각 원소의 원자 수가 같도록 반응 계수를 맞추어 반응식을 완성한다. 이때 반응 계수비는 반응물 사이의 반응 몰비와 같다.

❶ 화학 반응식 완성하기

A_2와 B_2가 반응하여 AB_3가 생성되었으므로 화학 반응식은 $A_2 + 3B_2 \longrightarrow 2AB_3$이다.

❷ 반응 전 분자 모형 찾기

반응 후 2개의 AB_3와 2개의 A_2가 들어 있으므로 반응 전 A_2와 B_2의 분자 수는 3으로 같다. 온도와 압력이 일정할 때 기체의 부피는 기체의 양(mol)에 비례한다. 따라서 같은 부피에는 종류에 관계없이 들어 있는 전체 분자 수가 같으므로 반응 전 V mL에 들어 있는 전체 기체 분자 모형의 수는 4이고, A_2와 B_2의 양(mol)이 같으므로 각각 분자 모형 2개씩 들어 있어야 한다.

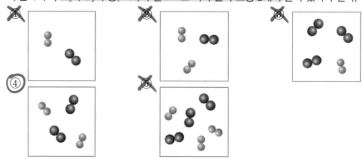

적용해야 할 개념 ②가지

① 화학 반응식의 계수 맞추기: 반응물과 생성물을 구성하는 원자의 종류와 수가 같도록 화학식 앞의 계수를 맞춘다. 계수는 가장 간단한 정수로 나타내고, 1이면 생략한다.

② 화학 반응식의 계수비=분자 수비=몰비=(기체의) 부피비

문제 보기

그림은 강철 용기에 에탄올(C_2H_5OH)과 산소(O_2)를 넣고 반응시켰을 때, 반응 전과 후 용기에 존재하는 물질과 양을 나타낸 것이다.

$$C_2H_5OH + 3O_2 \longrightarrow 2CO_2 + 3H_2O$$

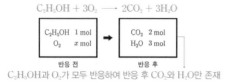

C_2H_5OH과 O_2가 모두 반응하여 반응 후 CO_2와 H_2O만 존재

x는?

<보기> 풀이

C, H, O로 이루어진 에탄올(C_2H_5OH)을 완전 연소시키면 CO_2와 H_2O이 생성된다.

❶ 화학 반응식 완성하기

에탄올(C_2H_5OH)의 연소 반응의 화학 반응식은 다음과 같다.

$$C_2H_5OH + 3O_2 \longrightarrow 2CO_2 + 3H_2O$$

❷ x 구하기

반응 계수비는 반응 몰비와 같다. 반응 전 C_2H_5OH의 양(mol)이 1 mol이고, 반응 후 생성된 CO_2와 H_2O의 양(mol)이 각각 2 mol, 3 mol이므로 1 mol의 C_2H_5OH이 모두 연소하기 위해 필요한 O_2의 양(mol) $x=3$이다.

① 3 ② 4 ③ 5 ④ 6 ⑤ 7

25 | 화학 반응식과 양적 관계 2025학년도 9월 모평 화Ⅰ 3번

정답 ② | 정답률 88 %

적용해야 할 개념 ②가지

① 화학 반응식의 계수 맞추기: 반응물과 생성물을 구성하는 원자의 종류와 수가 같도록 화학식 앞의 계수를 맞춘다.

② 물질의 양(mol)과 질량: 물질의 양(mol)은 $\dfrac{\text{질량(g)}}{1 \text{ mol의 질량(g/mol)}}$, 즉 $\dfrac{\text{질량(g)}}{\text{분자량}}$이다.

문제 보기

그림은 용기에 $SiH_4(g)$와 $HBr(g)$를 넣고 반응을 완결시켰을 때, 반응 전과 후 용기에 존재하는 물질을 나타낸 것이다.

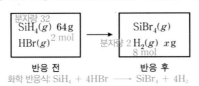

화학 반응식: $SiH_4 + 4HBr \longrightarrow SiBr_4 + 4H_2$

x는? (단, H, Si의 원자량은 각각 1, 28이다.)

<보기> 풀이

화학 반응이 일어날 때 반응 후 원자가 새로 생겨나거나 없어지지 않으므로 반응물과 생성물을 구성하는 원자의 종류와 수가 같다.

❶ 화학 반응식 완성하기

반응물은 SiH_4, HBr이고, 생성물은 $SiBr_4$, H_2이므로 화학 반응식은 다음과 같이 나타낼 수 있다.
$aSiH_4 + bHBr \longrightarrow cSiBr_4 + dH_2$

반응 전과 후 원자의 종류와 수가 같으므로 Si에서 $a=c$, H에서 $4a+b=2d$, Br에서 $b=4c$이다. $a=1$이라고 하면 $b=4$, $c=1$, $d=4$이므로 화학 반응식은 다음과 같다.

$SiH_4 + 4HBr \longrightarrow SiBr_4 + 4H_2$

❷ 반응 후 H_2의 질량 구하기

SiH_4의 분자량은 32이므로 SiH_4 64 g은 2 mol이다. 화학 반응식에서 SiH_4와 H_2의 반응 계수비가 1 : 4이므로 SiH_4 2 mol이 반응하면 생성되는 H_2의 양(mol)은 8 mol이다. H_2의 양(mol)$= \dfrac{H_2\text{의 질량(g)}}{H_2\text{의 분자량}}$이고, H_2의 분자량은 2이므로 H_2의 질량은 8 mol×2 g/mol=16 g이다.

따라서 $x=16$이다.

~~① 12~~ ② 16 ~~③ 24~~ ~~④ 28~~ ~~⑤ 32~~

26 | 화학 반응에서의 양적 관계 실험 2023학년도 3월 학평 화Ⅰ 5번

정답 ④ | 정답률 73 %

적용해야 할 개념 ②가지

① 화학 반응식의 계수비＝분자 수비＝몰비＝(기체의) 부피비

② 물질의 양(mol)과 질량, 기체의 부피 사이의 관계: 물질의 양(mol)$= \dfrac{\text{질량(g)}}{1 \text{ mol의 질량(g/mol)}} = \dfrac{\text{기체의 부피(L)}}{\text{같은 조건에서 기체 1 mol의 부피(L/mol)}}$

문제 보기

다음은 금속 M의 원자량을 구하는 실험이다.

[자료]
○ 화학 반응식:
$M(s) + 2HCl(aq) \longrightarrow MCl_2(aq) + H_2(g)$
○ t °C, 1 atm에서 기체 1 mol의 부피는 24 L이다.

[실험 과정]
○ (가) M(s) $\boxed{w \text{ g}}$ ⎡$\dfrac{w}{a}$ mol⎤ 을 충분한 양의 HCl(aq)에 넣어 반응을 완결시킨다.
○ (나) 생성된 $H_2(g)$의 부피를 측정한다.

[실험 결과]
○ t °C, 1 atm에서 $H_2(g)$의 부피: $\boxed{480 \text{ mL}}$ ⎡$\dfrac{0.48}{24}$ mol=0.02 mol⎤ ⟹ $\dfrac{w}{a}=0.02$
○ M의 원자량: a

a는? (단, M은 임의의 원소 기호이다.)

<보기> 풀이

화학 반응식에서 반응 계수비는 물질의 몰비와 같다. 물질의 양(mol)은 $\dfrac{\text{질량(g)}}{1 \text{ mol의 질량(g/mol)}}$이며, 1 mol의 질량(g/mol) 값은 화학식량과 같다. 온도와 압력이 일정할 때 기체의 부피는 기체의 양(mol)에 비례하므로 기체의 양(mol)은 $\dfrac{\text{부피(L)}}{1 \text{ mol의 부피(L/mol)}}$로 구한다.

❶ (가)에서 반응한 M(s)의 양(mol) 구하기

M의 원자량이 a이고, 반응한 M(s)의 질량이 w g이므로 반응한 M(s)의 양(mol)은 $\dfrac{w}{a}$ mol이다.

❷ (나)에서 생성된 $H_2(g)$의 양(mol) 구하기

t °C, 1 atm에서 기체 1 mol의 부피가 24 L이므로 생성된 $H_2(g)$ 480 mL의 양(mol)은 $\dfrac{0.48 \text{ L}}{24 \text{ L/mol}} = 0.02$ mol이다.

❸ 반응 계수비를 이용하여 M의 원자량 구하기

화학 반응식에서 M(s)과 $H_2(g)$의 반응 계수가 같으므로 반응한 M(s)의 양(mol)과 생성된 $H_2(g)$의 양(mol)이 같다. 따라서 $\dfrac{w}{a}=0.02$이므로 $a=50w$이다.

~~① 16w~~ ~~② 20w~~ ~~③ 32w~~ ④ 50w ~~⑤ 100w~~

적용해야 할 개념 ④가지

① 화학 반응식의 계수비＝분자 수비＝몰비＝(기체의) 부피비
② 질량 보존 법칙: 화학 반응이 일어날 때 반응 전과 후 물질의 전체 질량은 일정하게 유지된다.
③ 기체의 양(mol)과 부피: 온도와 압력이 같을 때 기체의 부피는 기체의 양(mol)에 비례한다.
④ 물질의 양(mol)과 질량: 물질의 양(mol)은 $\dfrac{\text{질량(g)}}{1\ \text{mol의 질량(g/mol)}}$, 즉 $\dfrac{\text{질량(g)}}{\text{분자량}}$ 이다.

문제 보기

다음은 XYZ_3의 반응을 이용하여 Y의 원자량을 구하는 실험이다.

[자료]
○ 화학 반응식: $XYZ_3(s) \longrightarrow XZ(s) + YZ_2(g)$
○ 원자량의 비는 X : Z＝5 : 2이다. — 원자량은 각각 $5m$, $2m$

[실험 과정]
(가) $XYZ_3(s)$ w g을 반응 용기에 넣고 모두 반응시킨다.
(나) 생성된 $XZ(s)$의 질량과 $YZ_2(g)$의 부피를 측정한다.

[실험 결과] — YZ_2의 질량: $0.44w$ g
○ $XZ(s)$의 질량: $0.56w$ g
○ $t\ ℃$, 1기압에서 $YZ_2(g)$의 부피: 120 mL
○ Y의 원자량: a — YZ_2의 양(mol): $\dfrac{1}{200}$ mol

a는? (단, X～Z는 임의의 원소 기호이고, $t\ ℃$, 1기압에서 기체 1 mol의 부피는 24 L이다.) [3점]

＜보기＞ 풀이

화학 반응식에서 반응 계수비는 반응 몰비와 같다. 또한 온도와 압력이 같을 때 기체의 부피는 기체의 양(mol)에 비례한다.

❶ XZ와 YZ_2의 화학량 비 구하기

화학 반응에서 반응 전과 후 전체 질량은 일정하게 유지된다. 따라서 w g의 XYZ_3가 모두 반응하여 XZ $0.56w$ g이 생성되었으므로 생성된 YZ_2의 질량은 $0.44w$ g이다. 이때 반응 계수가 같으므로 질량비는 각 물질의 화학식량 비와 같다. 따라서 화학식량 비는 XY : YZ_2＝56 : 44＝14 : 110이다.

❷ 생성된 YZ_2의 양(mol) 구하기

$t\ ℃$, 1기압에서 기체 1 mol의 부피가 24 L이고, 이 조건에서 생성된 $YZ_2(g)$의 부피가 120 mL이므로 이 기체의 양(mol)은 $\dfrac{0.12}{24}＝\dfrac{1}{200}$ mol이다.

❸ X～Z의 원자량 비를 이용하여 a 구하기

원자량 비가 X : Z＝5 : 2이므로 원자량을 각각 $5m$, $2m$이라 하면 XZ와 YZ_2의 화학식량은 각각 $7m$, $(a+4m)$이다. 따라서 $7m : (a+4m)＝14 : 11$이고, $m＝\dfrac{2}{3}a$이며, YZ_2의 분자량은 $\dfrac{11}{3}a$이다. 이때 YZ_2 $\dfrac{1}{200}$ mol의 질량이 $0.44w$ g이므로 $\dfrac{11}{3}a \times \dfrac{1}{200}＝0.44w$이고, $a＝24w$이다.

✗ ① $12w$ ② $24w$ ✗ ③ $32w$ ✗ ④ $40w$ ✗ ⑤ $44w$

적용해야 할 개념 ②가지

① 화학 반응식의 계수비＝분자 수비＝몰비＝(기체의) 부피비
② 물질의 양(mol)과 분자량: 물질의 양(mol)＝$\dfrac{\text{질량(g)}}{1\ \text{몰의 질량(g/mol)}}$ ➡ 1 mol의 질량(g/mol)＝$\dfrac{\text{질량(g)}}{\text{물질의 양(mol)}}$

문제 보기

다음은 금속과 산의 반응에 대한 실험이다.

반응 몰비
$\left(\begin{array}{l} A : H_2＝2 : 3 \\ B : H_2＝1 : 1 \end{array} \right)$ ➡ $\left(\begin{array}{l} H_2\ 1\ \text{mol당 반응한 금속의 양(mol)} \\ A＝\frac{2}{3}\ \text{mol, B＝1 mol} \end{array} \right)$

[화학 반응식]
○ $2A(s) + 6HCl(aq) \longrightarrow 2ACl_3(aq) + 3H_2(g)$
○ $B(s) + 2HCl(aq) \longrightarrow BCl_2(aq) + H_2(g)$

[실험 과정]
(가) 금속 $A(s)$ 1 g을 충분한 양의 $HCl(aq)$과 반응시켜 발생한 $H_2(g)$의 부피를 측정한다.
(나) $A(s)$ 대신 금속 $B(s)$를 이용하여 (가)를 반복한다.
(다) (가)와 (나)에서 측정한 $H_2(g)$의 부피를 비교한다.

이 실험으로부터 B의 원자량을 구하기 위해 반드시 이용해야 할 자료만을 ＜보기＞에서 있는 대로 고른 것은? (단, A와 B는 임의의 원소 기호이고, 온도와 압력은 일정하다.) [3점]

＜보기＞ 풀이

물질의 양(mol)은 $\dfrac{\text{질량(g)}}{1\ \text{몰의 질량(g/mol)}}$으로 1 mol의 질량(g/mol)은 물질의 화학식량을 의미한다. 따라서 A와 B의 원자량을 각각 M_A, M_B라 할 때 (가)와 (나)에서 반응한 A와 B 1 g의 양(mol)은 각각 $\dfrac{1}{M_A}$ mol, $\dfrac{1}{M_B}$ mol이다. 화학 반응식에서 계수비는 몰비와 같으므로 반응한 A, B와 생성된 H_2의 몰비는 각각 A : H_2＝2 : 3, B : H_2＝1 : 1이다. 생성된 $H_2(g)$ 1 mol당 반응한 A, B의 양(mol)은 각각 $\dfrac{2}{3}$ mol, 1 mol이므로 $H_2(g)$ 1 mol당 반응한 몰비는 A : B＝2 : 3이다. (가)와 (나)에서 측정한 $H_2(g)$의 부피비를 $a : b$라 하면 반응한 A, B의 몰비는 A : B＝$2a : 3b＝\dfrac{1}{M_A} : \dfrac{1}{M_B}$이다.

ㄱ A의 원자량
➡ 반응한 A, B의 몰비는 A : B＝$2a : 3b＝\dfrac{1}{M_A} : \dfrac{1}{M_B}$이므로 B의 원자량을 구하기 위해서는 A의 원자량에 대한 자료가 필요하다.

✗ **H_2의 분자량**
➡ (가)와 (나)에서 생성된 $H_2(g)$의 부피비를 통해 반응한 A, B의 몰비를 구할 수 있으므로 H_2의 분자량에 대한 자료는 필요하지 않다.

✗ **사용한 $HCl(aq)$의 몰 농도(M)**
➡ 사용한 $HCl(aq)$은 충분한 양으로 주어졌으므로 반응한 HCl의 양(mol)이나 $HCl(aq)$의 몰 농도(M)에 대한 자료는 필요하지 않다.

29 화학 반응에서의 양적 관계 실험 2022학년도 3월 학평 화I 5번   정답 ④ | 정답률 61%

적용해야 할 개념 ③가지

① 화학 반응 전후 구성 원소의 종류와 원자 수는 같다.

② 화학 반응식의 계수비＝분자 수비＝몰비＝(기체의) 부피비

③ 화학 반응에서의 질량, 기체의 부피 관계

| 질량(g) | ÷ | 1 mol의 질량 (화학식량) | = | 물질 A의 양(mol) | 계수비 =몰비 | 물질 B의 양(mol) | × | 1 mol의 질량 (화학식량) | = | 질량(g) |
| 기체의 부피(L) | ÷ | 실험 조건에서 기체 1 mol의 부피 | = | | | | × | 실험 조건에서 기체 1 mol의 부피 | = | 기체의 부피(L) |

문제 보기

다음은 금속 M의 원자량을 구하기 위한 실험이다. t ℃, 1 atm 에서 기체 1 mol의 부피는 24 L이다.

○ 화학 반응식

$M(s) + NaHCO_3(s) + H_2O(l)$

$\longrightarrow MCO_3(s) + Na^+(aq) + OH^-(aq) + \boxed{\bigcirc}(g)$ ← H_2

└─ M과 H₂의 몰비=1 : 1 ─┘

[실험 과정] M $\frac{w}{a}$ mol

(가) 그림과 같이 Y자관 한쪽에 M(s) $\boxed{w}$ g을, 다른 한쪽에 충분한 양의 $NaHCO_3(s)$과 $H_2O(l)$을 넣는다.

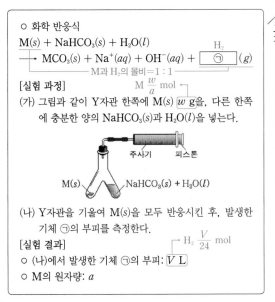

주사기   피스톤

M(s) $NaHCO_3(s) + H_2O(l)$

(나) Y자관을 기울여 M(s)을 모두 반응시킨 후, 발생한 기체 ㉠의 부피를 측정한다.

[실험 결과] ┌ H_2 $\frac{V}{24}$ mol

○ (나)에서 발생한 기체 ㉠의 부피: $\boxed{V}$ L

○ M의 원자량: a

이에 대한 옳은 설명만을 〈보기〉에서 있는 대로 고른 것은? (단, M은 임의의 원소 기호이고, 온도와 압력은 t ℃, 1 atm으로 일정하며, 피스톤의 마찰은 무시한다.) [3점]

〈보기〉 풀이

보기

✗ ㉠은 CO_2이다.

➡ 화학 반응에서 반응 전과 후 구성 원소의 종류와 원자 수가 같아야 한다. 반응물과 생성물을 구성하는 원소와 원자 수를 비교하면 H 원자 수는 반응물에서가 생성물에서보다 2만큼 크므로 ㉠은 H_2이다.

ㄴ. (나)에서 반응 후 용액의 액성은 염기성이다.

➡ 화학 반응식에서 생성물 중 $OH^-(aq)$이 존재하므로 반응 후 용액의 액성은 염기성이다.

ㄷ. $a = \dfrac{24w}{V}$ 이다.

➡ 원자량이 a인 M(s) w g이 반응하였으므로 반응한 M(s)의 양(mol)은 $\dfrac{w}{a}$ mol이다. t ℃, 1 atm에서 기체 1 mol의 부피가 24 L이고, $H_2(g)$ V L가 생성되었으므로 생성된 $H_2(g)$의 양(mol)은 $\dfrac{V}{24}$ mol이다. 화학 반응식의 계수비는 반응 몰비와 같으며, 주어진 화학 반응식에서 M(s)과 $H_2(g)$의 계수는 각각 1로 같다. 따라서 반응한 M(s)의 양(mol)과 생성된 $H_2(g)$ 양(mol)이 같아야 하므로 $\dfrac{w}{a} = \dfrac{V}{24}$ 이고, $a = \dfrac{24w}{V}$ 이다.

적용해야 할 개념 ③가지

① 기체의 양(mol)과 부피: 온도와 압력이 같을 때 기체의 부피는 기체의 양(mol)에 비례한다.

② 물질의 양(mol)과 질량: 물질의 양(mol)은 $\dfrac{질량(g)}{1몰의\ 질량(g/mol)}$ 이다.

③ 일정량의 반응물 A에 반응물 B의 양을 증가하면서 반응시킬 때
 • A가 모두 반응하기 전까지는 B가 모두 반응한다.
 • 전체 기체의 부피 변화율이 변하는 지점이 A와 B가 모두 반응한 지점이며, 이후에는 추가로 넣어 준 B의 양만큼 전체 부피가 증가한다.

문제 보기

다음은 기체 A와 B의 반응에 대한 자료와 실험이다.

[자료]
○ 화학 반응식: aA(g) + B(g) ⟶ 2C(g)
 (a는 반응 계수)
○ t ℃, 1기압에서 기체 1몰의 부피: 40 L
○ B의 분자량: x
[실험 과정 및 결과]
○ A(g) y L가 들어 있는 실린더에 B(g)의 질량을 달리하여 넣고 반응을 완결시켰을 때, 넣어 준 B의 질량에 따른 전체 기체의 부피는 그림과 같았다.

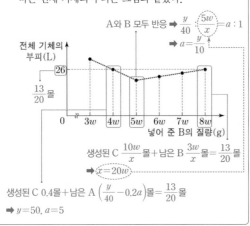

$\dfrac{y}{x}$ 는? (단, 온도와 실린더 속 전체 기체 압력은 t ℃, 1기압으로 일정하다.) [3점]

<보기> 풀이

❶ 반응 완결 지점에서의 몰비 구하기

실험 조건에서 A y L의 양(mol)은 $\dfrac{y}{40}$ 몰이다. 일정량의 A에 B를 넣어 반응시킨 결과 그래프의 꺾이는 지점에서 반응물이 모두 반응하고, 생성물만 존재한다. 따라서 A $\dfrac{y}{40}$ 몰과 B 5w g, 즉 $\dfrac{5w}{x}$ 몰이 모두 반응하며, 이때 반응 몰비는 A : B : C=a : 1 : 2이므로 $\dfrac{y}{40}$: $\dfrac{5w}{x}$=a : 1이 성립한다.

❷ B의 분자량 x 구하기

B 5w g을 넣었을 때 A는 모두 반응했으므로 B 8w g을 넣었을 때는 생성된 C $\dfrac{10w}{x}$ 몰과 B $\dfrac{3w}{x}$ 몰이 남아 있다. 이때 전체 기체의 부피가 26 L이므로 전체 기체의 양(mol)은 $\dfrac{26\ L}{40\ L/mol}$ =$\dfrac{13}{20}$ 몰이다. 따라서 $\dfrac{13w}{x}$=$\dfrac{13}{20}$ 이며, B의 분자량 x=20w이다. 그리고 ❶의 반응 몰비 식에서 $\dfrac{y}{40}$: $\dfrac{5w}{20w}$=a : 1이 성립하며, 이를 정리하면 a=$\dfrac{y}{10}$ 이다.

❸ B를 4w g 넣었을 때 양적 관계 구하기

B 4w g은 $\dfrac{4w\ g}{20w\ g/mol}$ =$\dfrac{1}{5}$ 몰이고, 이때 반응 전과 후의 양적 관계는 다음과 같다.

반응식	aA(g) +	B(g) ⟶	2C(g)
반응 전(몰)	$\dfrac{y}{40}$	0.2	0
반응(몰)	$-0.2a$	-0.2	$+0.4$
반응 후(몰)	$\dfrac{y}{40}-0.2a$	0	0.4

이때 반응 후 전체 기체의 양(mol)이 $\dfrac{13}{20}$ 몰이므로 $\dfrac{y}{40}-0.2a+0.4=\dfrac{13}{20}$ 이다. ❷에서 a=$\dfrac{y}{10}$ 이므로 이를 대입하여 풀면 y=50, a=5이다.

따라서 $\dfrac{y}{x}=\dfrac{50}{20w}=\dfrac{5}{2w}$ 이다.

① $\dfrac{3}{w}$ ② $\dfrac{5}{2w}$ ③ $\dfrac{2}{w}$ ④ $\dfrac{3}{2w}$ ⑤ $\dfrac{1}{w}$

적용해야 할 개념 ①가지

① 화학 반응식의 계수비＝분자 수비＝몰비＝(기체의) 부피비

문제 보기

다음은 $A(g)$와 $B(g)$의 반응에 대한 실험이다.

[화학 반응식]
$$\overset{2}{a}A(g) + \overset{3}{b}B(g) \longrightarrow 2C(g) + \overset{2}{a}D(g)$$
$(a,\ b$는 반응 계수$)$

└ 반응 계수가 같다. ➡ 실험 Ⅰ～Ⅲ에서
A＋D의 양(mol)은 x mol로 일정하다.

[실험 과정]
○ $A(g)$ x mol이 들어 있는 용기에 $B(g)$의 질량을 달리하여 넣고 반응을 완결시킨다.

[실험 결과]

실험	Ⅰ	Ⅱ	Ⅲ	Ⅳ
넣어 준 $B(g)$의 질량(g)	w	$2w$	$3w$	$4w$
반응 후 $\dfrac{C(g)의\ 양(mol)}{전체\ 기체의\ 양(mol)}$	$\dfrac{1}{4}$	$\dfrac{2}{5}$		$\dfrac{2}{5}$

○ 실험 Ⅲ에서 반응 후 용기에는 $C(g)$와 $D(g)$만 있다.

A x mol과 B $3y$ mol이 모두 반응 ➡ 반응 몰비
$A:B:C:D = x:3y:\dfrac{2}{a}x:x$

실험 Ⅰ에서 넣어 준 $B(g)$의 양을 y mol이라고 했을 때, $(a+b) \times \dfrac{y}{x}$는? [3점]

＜보기＞ 풀이

❶ 실험 Ⅰ에서 반응 전과 후의 양적 관계를 이용하여 반응 계수 a 구하기

A와 D의 반응 계수가 a로 같고, 실험 Ⅲ에서 반응 후 용기에 C와 D만 있으므로 실험 Ⅰ～Ⅲ에서 A＋D의 양(mol)은 x mol로 일정하다. 또한 실험 Ⅲ에서 A x mol과 B $3y$ mol 모두 반응하여 생성되는 C의 양(mol)이 $\dfrac{2}{a}x$ mol이므로 실험 Ⅰ에서 반응하는 A와 B의 양(mol)은 각각 $\dfrac{x}{3}$ mol, y mol이고, 생성되는 C의 양(mol)은 $\dfrac{2}{3a}x$ mol이다. 실험 Ⅰ에서 반응 전과 후의 양적 관계는 다음과 같다.

$$aA(g) + bB(g) \longrightarrow 2C(g) + aD(g)$$

반응 전	x	y		
반응	$-\dfrac{x}{3}$	$-y$	$+\dfrac{2}{3a}x$	$+\dfrac{x}{3}$
반응 후	$\dfrac{2}{3}x$	0	$\dfrac{2}{3a}x$	$\dfrac{x}{3}$

따라서 실험 Ⅰ의 반응 후 $\dfrac{C의\ 양(mol)}{전체\ 기체의\ 양(mol)} = \dfrac{\dfrac{2x}{3a}}{x+\dfrac{2x}{3a}} = \dfrac{2}{3a+2} = \dfrac{1}{4}$ 이고, $a=2$이다.

❷ 실험 Ⅳ에서 반응 전과 후의 양적 관계를 이용하여 $x,\ y$의 관계 구하기

실험 Ⅳ는 A x mol과 B $4y$ mol이 반응하여 C와 D가 각각 x mol씩 생성되고, B y mol이 남는다. 실험 Ⅳ에서 반응 전과 후의 양적 관계는 다음과 같다.

$$2A(g) + bB(g) \longrightarrow 2C(g) + 2D(g)$$

반응 전	x	$4y$		
반응	$-x$	$-3y$	$+x$	$+x$
반응 후	0	y	x	x

따라서 반응 후 $\dfrac{C의\ 양(mol)}{전체\ 기체의\ 양(mol)} = \dfrac{x}{2x+y} = \dfrac{2}{5}$ 이고, $x=2y$이다.

❸ 실험 Ⅲ에서 반응 전과 후의 양적 관계를 이용하여 반응 계수 b 구하기

실험 Ⅲ에서 A x mol과 B $3y$ mol이 모두 반응하고, 반응 계수비는 반응 몰비와 같으므로 $x:3y=a:b$이다. 이때 $x=2y$이고, $a=2$이므로 $b=3$이다. 따라서 $(a+b)\times\dfrac{y}{x}=(2+3)\times\dfrac{1}{2}$ $=\dfrac{5}{2}$이다.

❌ $\dfrac{3}{2}$ ② $\dfrac{5}{2}$ ❌ 3 ❌ $\dfrac{10}{3}$ ❌ $\dfrac{15}{4}$

적용해야 할 개념 ③가지	① 화학 반응식의 계수비=분자 수비=몰비=(기체의) 부피비
	② 질량 보존 법칙: 화학 반응이 일어날 때 반응 전과 후 물질의 전체 질량은 일정하게 유지된다.
	③ 분자량비: 반응 질량비를 반응 몰비(반응 계수비)로 나눈 값과 같다.

문제 보기

다음은 A와 B가 반응하여 C를 생성하는 반응 (가)와 C와 B가 반응하여 D를 생성하는 반응 (나)에 대한 실험이다. c, d는 반응 계수이다.

[화학 반응식]
(가) $A + B \longrightarrow cC$
(나) $2C + B \xrightarrow{1} dD$
$\qquad\qquad\qquad\;\; 2$

[실험 I] ┌ $8n$ mol

○ A $8w$ g이 들어 있는 용기 I에 B를 조금씩 넣어가면서 반응 (가)를 완결시켰을 때, 넣어 준 B의 총 질량에

따른 $\dfrac{\text{C의 양(mol)}}{\text{전체 물질의 양(mol)}}$은 다음과 같았다. A $2n$ mol

C $6n$ mol

넣어 준 B의 총 질량(g)	$3w$	$6w$	$16w$
$\dfrac{\text{C의 양(mol)}}{\text{전체 물질의 양(mol)}}$	$\dfrac{3}{8}$	$\dfrac{3}{4}$	$\dfrac{1}{2}$

┌ A $4n$ mol

[실험 II] ┌ $4n$ mol ┌ $3n$ mol C $3n$ mol

○ 용기 II에 C $8w$ g과 B $3w$ g을 넣고 반응 (나)를 완결

시켰을 때 $\dfrac{\text{D의 양(mol)}}{\text{전체 물질의 양(mol)}} = \dfrac{4}{5}$이었다.

$\dfrac{\text{D의 분자량}}{\text{C의 분자량}}$은? [3점]

보기

<보기> 풀이

❶ 실험 I 의 결과에서 반응 계수 c와 분자량비 구하기

A $8w$ g이 들어 있는 용기에 B $3w$ g과 $6w$ g을 넣어 반응을 완결시켰을 때 $\dfrac{\text{C의 양(mol)}}{\text{전체 물질의 양(mol)}}$

이 각각 $\dfrac{3}{8}$, $\dfrac{3}{4}$이므로 B $3w$ g을 넣었을 때 반응 후 생성된 C의 양(mol)을 $3n$ mol이라 하면, 반응 후 남은 A의 양(mol)은 $5n$ mol이다. B $6w$ g을 넣었을 때 B가 모두 반응하여 생성된 C의 양은 B가 $3w$ g일 때의 2배이므로 $6n$ mol이고, 반응 후 남은 A의 양(mol)은 $2n$ mol이며, 이때 $\dfrac{\text{C의 양(mol)}}{\text{전체 물질의 양(mol)}} = \dfrac{6n}{6n+2n} = \dfrac{3}{4}$의 조건을 만족한다. 또한 B $3w$ g이 반응할 때 A $3n$ mol이 반응하여 C $3n$ mol이 생성되었으므로 $c=1$이고, 처음 A $8w$ g의 양(mol)은 $8n$ mol 이며, A와 B의 반응 계수가 같으므로 B $3w$ g의 양(mol)은 $3n$ mol이다. 따라서 모든 반응 계수가 1로 같으므로 분자량비는 반응 질량비와 같고 분자량비는 A : B : C=1 : 1 : 2이다.

❷ 실험 II 의 결과와 B와 C의 분자량비를 이용하여 반응 계수 d 구하기

분자량비가 B : C=1 : 2이므로 B $3w$ g과 C $8w$ g의 양(mol)은 각각 $3n$ mol, $4n$ mol이다. 따라서 실험 II에서 반응 후 B n mol이 남고, D $2dn$ mol이 생성되므로 반응 후의

$\dfrac{\text{D의 양(mol)}}{\text{전체 물질의 양(mol)}} = \dfrac{2dn}{2dn+n} = \dfrac{4}{5}$이고, $d=2$이다.

❸ 반응 질량비를 통해 C와 D의 분자량비 구하기

실험 II에서 B $2w$ g과 C $8w$ g이 반응하여 D $10w$ g이 생성되므로 반응 질량비는 C : D=$8w$: $10w$=4 : 5이다. 또한 C와 D의 반응 계수가 같으므로 분자량비는 C : D=4 : 5이고,

$\dfrac{\text{D의 분자량}}{\text{C의 분자량}} = \dfrac{5}{4}$이다.

① $\dfrac{5}{4}$ ✗ $\dfrac{7}{5}$ ✗ $\dfrac{3}{2}$ ✗ $\dfrac{11}{7}$ ✗ $\dfrac{23}{14}$

33 기체 반응에서의 양적 관계 2024학년도 10월 학평 화I 20번 　　　정답 ⑤ | 정답률 57 %

적용해야 할 개념 ③가지

① 화학 반응식의 계수비＝분자 수비＝몰비＝(기체의) 부피비

② 기체의 양(mol)과 질량: 기체의 양(mol)은 $\dfrac{\text{질량(g)}}{\text{1 mol의 질량(g/mol)}}$, 즉 $\dfrac{\text{질량(g)}}{\text{분자량}}$ 이다.

③ 기체의 밀도와 부피: 기체의 밀도는 $\dfrac{\text{질량}}{\text{부피}}$ 이고, 기체의 양(mol)과 부피는 비례한다.

문제 보기

다음은 A(g)와 B(g)가 반응하여 C(g)를 생성하는 반응에 대한 실험이다.

[화학 반응식]
$\overset{2}{a}$A(g) + B(g) $\longrightarrow$ $\overset{2}{c}$C(g) (a, c는 반응 계수)

[실험 과정]　부피비 ➡ $\dfrac{8w}{8} : \dfrac{8w+14w}{11} : \dfrac{8w+28w}{9} = 1 : 2 : 4$

○ B(g) 8w g이 들어 있는 실린더에 A(g)의 질량을 달리하여 넣고 반응을 완결시킨다.

[실험 결과]
○ 넣어 준 A(g)의 질량에 따른 반응 후 전체 기체의 밀도
　　　B(g)만 존재┐　　　C(g)만 존재┐　┌A(g), C(g)만 존재

넣어 준 A(g)의 질량(g)	0	7w	14w	28w
전체 기체의 밀도(상댓값)	8	x	11	9

○ A(g) 14w g을 넣었을 때 반응 후 실린더에는 생성물만 존재한다.　A(g) 14w g과 B(g) 8w g이 모두 반응한다.

$x \times \dfrac{\text{B의 분자량}}{\text{A의 분자량}}$ 은? (단, 실린더 속 기체의 온도와 압력은 일정하다.) [3점]

＜보기＞ 풀이

A(g) 14w g을 넣었을 때 반응 후 생성물만 존재하므로 A(g) 14w g과 B(g) 8w g이 모두 반응한다.

❶ 기체의 부피 구하기

구분	(가)	(나)	(다)	(라)
넣어 준 A(g)의 질량(g)	0	7w	14w	28w

기체의 밀도＝$\dfrac{\text{질량}}{\text{부피}}$ 이므로 부피＝$\dfrac{\text{질량}}{\text{밀도}}$ 이다. 넣어 준 A(g)의 질량이 0, 7w g, 14w g, 28w g일 때를 각각 (가)~(라)라고 하면 (가), (다), (라)에서 전체 기체의 부피비는 (가) : (다) : (라)＝$\dfrac{8w}{8} : \dfrac{8w+14w}{11} : \dfrac{8w+28w}{9} = 1 : 2 : 4$이다. 따라서 A($g$)를 넣기 전 전체 기체의 부피를 V L라고 하면 (다)와 (라)에서 반응 후 전체 기체의 부피는 각각 $2V$ L, $4V$ L이다.

❷ 화학 반응식의 계수 구하기

(가)에서 B(g) 8w g의 부피는 V L이다. 또 (다)에서 A(g)와 B(g)가 모두 반응하여 반응 후 실린더에는 C(g) $2V$ L만 존재하므로 (다)에서 B(g) V L가 반응하면 C(g) $2V$ L가 생성된다. 따라서 B(g)와 C(g)의 반응 몰비가 1 : 2이므로 $c=2$이다. (라)는 (다)의 실린더에 A(g) 14w g을 첨가하였으므로 반응이 일어나지 않는다. 이때 증가한 부피가 A(g) 14w g의 부피이므로 A(g) 14w g의 부피는 $4V$ L$-2V$ L$=2V$ L이다. 즉, (다)에서 A(g) $2V$ L($=14w$ g)가 반응하면 C(g) $2V$ L가 생성되므로 A(g)와 C(g)의 반응 몰비가 1 : 1이다. 따라서 $a=2$이다. 이를 통해 화학 반응식을 완성하면 다음과 같다.

2A(g) + B(g) $\longrightarrow$ 2C(g)

❸ x 구하기

(나)에서 A(g) V L와 B(g) V L가 반응하므로 기체의 부피를 이용하여 화학 반응에서 양적 관계를 구하면 다음과 같다.

반응식	2A(g)	+	B(g)	$\longrightarrow$	2C(g)
반응 전(L)	V		V		
반응(L)	$-V$		$-\frac{1}{2}V$		$+V$
반응 후(L)	0		$\frac{1}{2}V$		V

(나)에서 반응 후 전체 기체의 부피는 $\dfrac{3}{2}V$ L이므로 (가)와 (나)에서 기체의 밀도비는 $\dfrac{8w}{V}$: $\dfrac{8w+7w}{\frac{3}{2}V}=8 : x$, $x=10$이다.

❹ A와 B의 분자량비 구하기

기체의 양(mol)은 기체의 부피에 비례하고, 기체의 양(mol)＝$\dfrac{\text{질량}}{\text{분자량}}$ 이므로 분자량은 $\dfrac{\text{질량}}{\text{기체의 부피}}$ 에 비례한다. 따라서 A와 B의 분자량비는 A : B＝$\dfrac{14w}{2V} : \dfrac{8w}{V}=7 : 8$이다.

따라서 $x \times \dfrac{\text{B의 분자량}}{\text{A의 분자량}}=10 \times \dfrac{8}{7}=\dfrac{80}{7}$ 이다.

① $\dfrac{38}{7}$　　② $\dfrac{40}{7}$　　③ $\dfrac{72}{7}$　　④ $\dfrac{76}{7}$　　⑤ $\dfrac{80}{7}$

적용해야 할 개념 ③가지

① 화학 반응식의 계수 맞추기: 반응물과 생성물을 구성하는 원자의 종류와 수가 같도록 화학식 앞의 계수를 맞춘다.

② 화학 반응식의 계수비＝분자 수비＝몰비＝(기체의) 부피비

③ 물질의 양(mol)과 질량: 물질의 양(mol)은 $\dfrac{질량(g)}{1\ mol의\ 질량(g/mol)}$, 즉 $\dfrac{질량(g)}{화학식량}$ 이다.

문제 보기

그림은 강철 용기에 $A_2(g)$와 $B(s)$를 넣고 반응을 완결시켰을 때, 반응 전과 후 용기에 존재하는 물질을 나타낸 것이다.

화학 반응식: $3A_2(g)+2B(s) \longrightarrow 2A_3B(g)$

$\dfrac{9.6}{32}=0.3\ mol$ ⎫
$A_2(g)\ 9.6g$
$\dfrac{9.6}{32}=0.3\ mol$ ⎭ $B(s)\ 9.6g$

반응 전

$A_3B(g)$
$B(s)\ x\,mol$
$=0.3\ mol$ ─ 0.2 mol
$=0.1\ mol$

반응 후

x는? (단, A와 B는 임의의 원소 기호이고, A와 B의 원자량은 각각 16, 32이다.)

<보기> 풀이

❶ 화학 반응식 완성하기

반응물은 $A_2(g)$, $B(s)$이고, 생성물은 $A_3B(g)$이므로 이 반응의 화학 반응식은 다음과 같다.

$aA_2(g) + bB(s) \longrightarrow cA_3B(g)$

A 원자에서 $2a=3c$, B 원자에서 $b=c$이고, $a=3$이라고 하면 $b=c=2$이다. 따라서 화학 반응식을 정리하면 다음과 같다.

$3A_2(g) + 2B(s) \longrightarrow 2A_3B(g)$

❷ 반응한 $A_2(g)$와 $B(s)$의 양(mol) 구하기

A_2와 B의 화학식량은 각각 32, 32이므로 $A_2(g)$ 9.6 g의 양(mol)과 B(s) 9.6 g의 양(mol)은 모두 $\dfrac{9.6\ g}{32}=0.3$ mol이다. 화학 반응에서 양적 관계를 구하면 다음과 같다.

반응식	$3A_2(g)$	$+\ 2B(s)$	$\longrightarrow 2A_3B(g)$
반응 전(mol)	0.3	0.3	
반응(mol)	-0.3	-0.2	$+0.2$
반응 후(mol)	0	0.1	0.2

따라서 반응 후 남은 B(s)의 양(mol)은 0.1 mol이므로 $x=0.1$이다.

~~①~~ $\dfrac{1}{12}$　　　② $\dfrac{1}{10}$　　　~~③~~ $\dfrac{1}{8}$　　　~~④~~ $\dfrac{1}{6}$　　　~~⑤~~ $\dfrac{1}{4}$

보기

4
일차

| 01 ④ | 02 ④ | 03 ③ | 04 ① | 05 ② | 06 ⑤ | 07 ③ | 08 ④ | 09 ① | 10 ④ | 11 ③ | 12 ② |
| 13 ② | 14 ② | 15 ④ | 16 ① | 17 ② | 18 ④ | 19 ② | 20 ⑤ | 21 ② | 22 ① | | |

문제편 046~053쪽

01 　화학 반응에서의 양적 관계 2022학년도 4월 학평 화Ⅰ 20번　　　　정답 ④ | 정답률 45 %

적용해야 할 개념 ②가지
① 화학 반응식의 계수비=분자 수비=몰비=(기체의) 부피비
② 분자량비: 반응 질량비를 반응 몰비(반응 계수비)로 나눈 값과 같다.

문제 보기

다음은 A(g)와 B(g)가 반응하여 C(g)와 D(g)를 생성하는 반응의 화학 반응식이다.

$$4\text{A}(g) + \underset{5}{b\text{B}(g)} \longrightarrow \underset{6}{c\text{C}(g)} + 4\text{D}(g)\ (b,\ c\text{는 반응 계수})$$

표는 실린더에 A(g)와 B(g)의 양을 달리하여 넣고 반응을 완결시킨 실험 Ⅰ, Ⅱ에 대한 자료이다. (가)는 A~D 중 하나이고,

$\dfrac{\text{D의 분자량}}{\text{C의 분자량}} = \dfrac{5}{3}$ 이다.

반응 몰비(=반응 계수비)는 C : D= 3 : 2이다. ➡ 반응 계수 $c=6$

실험	반응 전 A의 양 (mol)	반응 전 B의 양 (mol)	반응 후 (가)의 양 (mol)	반응 후 기체의 질량(g) C	반응 후 기체의 질량(g) D
Ⅰ	6	2	11n	9w	10w
Ⅱ	8	5	10n		x 25w

$\dfrac{x}{b \times n}$ 는? (단, 온도와 압력은 일정하며, n은 0이 아니다.) [3점]

<보기> 풀이

❶ 반응 후 생성물의 질량과 분자량비로부터 반응 계수 c 구하기

C와 D의 분자량비가 C : D=3 : 5이고, 실험 Ⅰ에서 반응 후 생성된 C와 D의 질량비가 C : D=9 : 10이므로 반응 몰비는 C : D= $\dfrac{9}{3} : \dfrac{10}{5}$ =3 : 2이다. 반응 몰비는 반응 계수비와 같으므로 반응 계수 $c=6$이다.

❷ 반응 전과 후의 양적 관계를 이용하여 (가)와 반응 계수 b 구하기

(가)가 C와 D 중 하나이면 반응물의 양(mol)이 실험 Ⅰ<Ⅱ이므로 반응 후 (가)의 양(mol)도 실험 Ⅰ<Ⅱ여야 하는데 조건을 만족하지 않으므로 (가)는 A와 B 중 하나이다. 즉 (가)는 실험 Ⅰ과 Ⅱ에서 반응 후 남은 기체의 종류와 같다. A가 모두 반응한다면 반응 후 남는 B의 양(mol)은 실험 Ⅰ과 Ⅱ에서 각각 $2-1.5b$ mol, $5-2b$ mol이고, 반응 후 B의 양(mol)이 실험 Ⅰ>Ⅱ이려면 B의 양(mol)이 음수가 되므로 조건을 만족하지 않는다. 따라서 실험 Ⅰ과 Ⅱ에서 모두 반응하는 기체는 B이고, 반응 후 남은 (가)는 A이다. 따라서 실험 Ⅰ과 Ⅱ에서 반응 전과 후의 양적 관계는 다음과 같다.

실험 Ⅰ

반응식	4A(g)	+	bB(g)	$\longrightarrow$	6C(g)	+	4D(g)
반응 전(mol)	6		2		0		0
반응(mol)	$-\dfrac{8}{b}$		-2		$+\dfrac{12}{b}$		$+\dfrac{8}{b}$
반응 후(mol)	$6-\dfrac{8}{b}$		0		$\dfrac{12}{b}$		$\dfrac{8}{b}$

실험 Ⅱ

반응식	4A(g)	+	bB(g)	$\longrightarrow$	6C(g)	+	4D(g)
반응 전(mol)	8		5		0		0
반응(mol)	$-\dfrac{20}{b}$		-5		$+\dfrac{30}{b}$		$+\dfrac{20}{b}$
반응 후(mol)	$8-\dfrac{20}{b}$		0		$\dfrac{30}{b}$		$\dfrac{20}{b}$

이때 실험 Ⅰ과 Ⅱ에서 반응 후 남은 A의 몰비는 $\left(6-\dfrac{8}{b}\right) : \left(8-\dfrac{20}{b}\right)$ =11 : 10이므로 $b=5$이다.

❸ 실험 Ⅱ에서 n 및 x 구하기

$b=5$이므로 실험 Ⅱ에서 반응 후 남은 A의 양(mol)은 $8-\dfrac{20}{5}$ =10n mol이고, $n=0.4$이다.

또한 실험 Ⅰ과 Ⅱ에서 반응 후 생성된 D의 몰비는 Ⅰ : Ⅱ= $\dfrac{8}{5} : \dfrac{20}{5}$ =2 : 5이므로 질량비도 Ⅰ : Ⅱ=10w : x=2 : 5이고, $x=25w$이다. 따라서 $\dfrac{x}{b \times n} = \dfrac{25w}{5 \times 0.4} = \dfrac{25}{2}w$이다.

 2w　　 5w　　 $\dfrac{15}{2}w$　　④ $\dfrac{25}{2}w$　　 15w

적용해야 할 개념 ③가지

① 질량 보존 법칙: 화학 반응이 일어날 때 반응 전과 후 물질의 전체 질량은 일정하게 유지된다.

② 물질의 양(mol)과 질량: 물질의 양(mol)은 $\dfrac{\text{질량(g)}}{\text{1몰의 질량(g/mol)}}$ 이므로, 질량이 같은 경우 분자량과 물질의 양(mol)은 반비례한다.

③ 실험식량: 실험식은 분자식에서 원자 수를 약분하여 가장 간단한 정수비로 표현한 화학식이며, 실험식량은 실험식에 표현된 모든 원자량의 합과 같다.

문제 보기

표는 탄화수소 X와 C, H, O로 이루어진 화합물 Y의 완전 연소 반응에 대한 자료이다.

X에서 생성물의 몰비
$$CO_2 : H_2O = \dfrac{55a}{44} : \dfrac{27a}{18} = 5 : 6$$

Y에서 생성물의 몰비
$$CO_2 : H_2O = \dfrac{11b}{44} : \dfrac{2b}{18} = 9 : 4$$

화합물	구성 원소	반응한 O_2의 질량(mg)	생성물의 질량(mg)		생성물의 총 양(mol)
			CO_2	H_2O	
X	C, H	256	55a	27a	11n
Y	C, H, O	288	11b	2b	13n

CO_2의 몰비 X : Y = 5 : 9
H_2O의 몰비 X : Y = 3 : 2
➡ $b = 9a$

$\dfrac{\text{X의 실험식량}}{\text{Y의 실험식량}}$ 은? (단, H, C, O의 원자량은 각각 1, 12, 16이다.)

<보기> 풀이

생성물 CO_2와 H_2O의 분자량은 각각 44, 18이므로 이들 생성물의 질량을 분자량으로 나누면 물질의 양(mol)을 구할 수 있으며, 각 생성물에서 O 원자의 질량비를 곱하여 더하면 반응 전 전체 O의 질량과 같다. X는 탄화수소이므로 CO_2와 H_2O에서의 전체 O의 질량은 반응한 O_2의 질량과 같다.

❶ X와 Y의 생성물의 질량으로부터 생성물의 몰비 구하기

X를 완전 연소시켜 생성된 CO_2와 H_2O의 질량이 각각 55a mg, 27a mg이고, 분자량이 각각 44, 18이므로 몰비는 $CO_2 : H_2O = \dfrac{55a}{44} : \dfrac{27a}{18} = 5 : 6$이고, 전체 생성물의 양(mol)이 11n몰이므로 CO_2와 H_2O의 양(mol)은 각각 5n몰, 6n몰이다. 또한 Y를 완전 연소시켜 생성된 CO_2와 H_2O의 질량이 각각 11b mg, 2b mg이므로 몰비는 $CO_2 : H_2O = \dfrac{11b}{44} : \dfrac{2b}{18} = 9 : 4$이고, 전체 생성물의 양(mol)이 13n몰이므로 CO_2와 H_2O의 양(mol)은 각각 9n몰, 4n몰이다.

❷ a, b 구하기

탄화수소인 X를 완전 연소시킨 반응에서 반응 후 전체 O의 질량은 $55a \times \dfrac{32}{44} + 27a \times \dfrac{16}{18} = 64a = 256$이므로 a = 4이다.

또한 X와 Y를 완전 연소시켜 생성된 CO_2의 몰비는 X : Y = 5 : 9 = 55a : 11b이고, H_2O의 몰비는 X : Y = 27a : 2b = 3 : 2이므로 b = 9a이고, a = 4이므로 b = 36이다.

❸ X와 Y의 실험식 구하기

X는 탄화수소이고 연소 결과 생성된 CO_2와 H_2O의 몰비가 5 : 6이므로 탄화수소를 구성하는 C와 H의 몰비는 5 : 12이다. 따라서 X의 실험식은 C_5H_{12}이다.

b = 36이므로 Y를 모두 연소시킨 후 생성된 CO_2와 H_2O의 질량은 각각 396 mg, 72 mg이다. 반응한 O_2의 질량이 288 mg이므로 연소된 Y의 질량은 (396 + 72 − 288) mg = 180 mg이다.

이때 생성된 CO_2와 H_2O의 질량으로부터 C, H의 질량을 구하면 각각 396 mg $\times \dfrac{12}{44} = 108$ mg, 72 mg $\times \dfrac{2}{18} = 8$ mg이므로 Y 180 mg에 포함된 O의 질량은 (180 − 108 − 8) mg = 64 mg이다.

Y 180 mg에 포함된 C, H, O의 질량을 각각의 원자량으로 나눈 몰비는 C : H : O = $\dfrac{108}{12}$: 8 : $\dfrac{64}{16}$ = 9 : 8 : 4이므로 Y의 실험식은 $C_9H_8O_4$이다.

따라서 X, Y의 실험식량은 각각 (5×12)+(12×1) = 72, (9×12)+(8×1)+(4×16) = 180이므로 $\dfrac{\text{X의 실험식량}}{\text{Y의 실험식량}} = \dfrac{72}{180} = \dfrac{2}{5}$ 이다.

❌ ① $\dfrac{9}{11}$ ❌ ② $\dfrac{3}{5}$ ❌ ③ $\dfrac{6}{11}$ ④ $\dfrac{2}{5}$ ❌ ⑤ $\dfrac{1}{5}$

적용해야 할 개념 ④가지

① 화학 반응식의 계수비＝분자 수비＝몰비＝(기체의) 부피비
② 질량 보존 법칙: 화학 반응이 일어날 때 반응 전과 후 물질의 전체 질량은 일정하게 유지된다.
③ 반응 질량비: 각 물질의 분자량에 반응 몰비(반응 계수비)를 곱한 값과 같다.
④ 분자량비: 반응 질량비를 반응 몰비(반응 계수비)로 나눈 값과 같다.

문제 보기

다음은 A(g)와 B(g)가 반응하여 C(g)를 생성하는 반응의 화학 반응식이다. 반응한 B의 양(mol)＝생성된 C의 양(mol)

$$A(g) + 2B(g) \longrightarrow 2C(g)$$

표는 실린더에 A(g)와 B(g)를 넣고 반응시켰을 때, 반응이 진행되는 동안 시간에 따른 실린더 속 기체에 대한 자료이다. $t_1 < t_2 < t_3 < t_4$이고, t_4에서 반응이 완결되었다.

보기

시간	0	t_1	t_2	t_3	t_4
$\dfrac{\text{B}(g)\text{의 질량}}{\text{A}(g)\text{의 질량}}$	1	$\dfrac{7}{8}$	$\dfrac{7}{9}$	$\dfrac{1}{2}$	
전체 기체의 양(mol) (상댓값)	x	7	6.7	6.1	y

0.3 감소 / 0.9 감소

반응한 A의 양(mol)(상댓값)만큼 감소 ➡ 반응한 A의 몰비 $t_1\sim t_2 : t_1\sim t_3 = 1:3$

$\dfrac{\text{A의 분자량}}{\text{C의 분자량}} \times \dfrac{y}{x}$은? (단, 실린더 속 기체의 온도와 압력은 일정하다.) [3점]

<보기> 풀이

화학 반응식의 반응 계수는 화학 반응에서 반응물과 생성물의 반응 몰비를 가장 간단한 정수비로 나타낸 것이다. 화학 반응식에서 반응물 B와 생성물 C의 반응 계수가 같으므로 반응한 B와 생성되는 C의 양(mol)은 같고, 전체 기체의 양(mol)은 반응한 A의 양(mol)만큼 감소한다. 따라서 반응이 완결되기 전 시간에 따른 전체 기체의 감소량비는 반응한 A의 몰비와 비례한다.

❶ $t_1\sim t_3$에서 감소한 전체 기체의 양(mol)(상댓값)을 이용해 반응 질량비 구하기

$t_1\sim t_2$와 $t_1\sim t_3$에서 전체 기체의 양(mol)(상댓값) 감소량이 각각 0.3, 0.9이므로 반응한 A의 몰비는 $t_1\sim t_2 : t_1\sim t_3 = 1:3$이다. 즉, $t_1\sim t_2$에서 반응한 A와 B의 질량을 각각 a g, b g이라고 하면, $t_1\sim t_3$에서 반응한 A와 B의 질량은 각각 $3a$ g, $3b$ g이다. 이때 t_1에서 A와 B의 질량을 각각 8 g, 7 g이라고 하면, t_2에서 A, B의 질량은 각각 $(8-a)$ g, $(7-b)$ g이고, t_3에서 A, B의 질량은 각각 $(8-3a)$ g, $(7-3b)$ g이다. 따라서 $\dfrac{\text{B}(g)\text{의 질량}}{\text{A}(g)\text{의 질량}}$ 은 t_2에서 $\dfrac{7-b}{8-a}=\dfrac{7}{9}$, t_3에서 $\dfrac{7-3b}{8-3a}=\dfrac{1}{2}$이고, 이를 풀면 $a=\dfrac{4}{5}$, $b=\dfrac{7}{5}$이므로 질량 보존 법칙에 따라 $t_1\sim t_2$에서 생성되는 C의 질량은 $\dfrac{11}{5}$ g이다. 이를 통해 반응 질량비는 A : B : C＝4 : 7 : 11이다.

❷ 반응 질량비로부터 $\dfrac{\text{A의 분자량}}{\text{C의 분자량}}$ 구하기

반응 계수비는 반응 몰비와 같고, 반응 몰비에 각 물질의 분자량을 곱하면 반응 질량비와 같다. 이 반응에서 반응 계수비가 A : B : C＝1 : 2 : 2이고, 반응 질량비는 A : B : C＝4 : 7 : 11이므로 분자량비는 A : B : C＝$\dfrac{4}{1}$: $\dfrac{7}{2}$: $\dfrac{11}{2}$＝8 : 7 : 11이다. 따라서 $\dfrac{\text{A의 분자량}}{\text{C의 분자량}}=\dfrac{8}{11}$이다.

❸ $\dfrac{y}{x}$ 구하기

분자량비가 A : B＝8 : 7이고, 반응 전 $\dfrac{\text{B}(g)\text{의 질량}}{\text{A}(g)\text{의 질량}}=1$이므로 반응 전 A와 B의 양(mol)을 각각 $7n$ mol, $8n$ mol이라고 하면, 반응 전과 후의 양적 관계는 다음과 같다.

반응식	A(g)	＋	2B(g)	⟶	2C(g)
반응 전(mol)	$7n$		$8n$		0
반응(mol)	$-4n$		$-8n$		$+8n$
반응 후(mol)	$3n$		0		$8n$

반응이 완결된 t_4에서 A와 C의 양(mol)은 각각 $3n$ mol, $8n$ mol이다. 이때 반응 전 전체 기체의 양(mol)은 $7n$ mol＋$8n$ mol＝$15n$ mol이고, t_4에서 전체 기체의 양(mol)은 $3n$ mol＋$8n$ mol＝$11n$ mol이므로 $\dfrac{y}{x}=\dfrac{11}{15}$이다. 따라서 $\dfrac{\text{A의 분자량}}{\text{C의 분자량}} \times \dfrac{y}{x}=\dfrac{8}{11} \times \dfrac{11}{15}=\dfrac{8}{15}$이다.

 $\dfrac{3}{10}$　　 $\dfrac{2}{5}$　　③ $\dfrac{8}{15}$　　✗ $\dfrac{7}{12}$　　 $\dfrac{2}{3}$

적용해야 할 개념 ④가지

① 화학 반응식의 계수비=분자 수비=몰비=(기체의) 부피비

② 질량 보존 법칙: 화학 반응이 일어날 때 반응 전과 후 물질의 전체 질량은 일정하게 유지된다.

③ 반응 질량비: 각 물질의 분자량에 반응 몰비(반응 계수비)를 곱한 값과 같다.

④ 분자량비: 반응 질량비를 반응 몰비(반응 계수비)로 나눈 값과 같다.

문제 보기

다음은 $A(g)$와 $B(g)$가 반응하여 $C(g)$와 $D(g)$를 생성하는 반응의 화학 반응식이다.

$$\underset{C_3H_4}{A(g)} + \underset{O_2}{4B(g)} \longrightarrow \underset{CO_2}{3C(g)} + \underset{H_2O}{2D(g)}$$

표는 실린더에 $A(g)$와 $B(g)$를 넣고 반응을 완결시킨 실험 I ~ III에 대한 자료이다. I 과 II에서 $B(g)$는 모두 반응하였고, I 에서 반응 후 생성물의 전체 질량은 $21w$ g이다.

실험	반응 전		반응 후	
	$A(g)$의 질량(g)	$B(g)$의 질량(g)	생성물의 전체 양(mol) / 남아 있는 반응물의 양(mol) (상댓값)	
I	$15w$ 5w	16w	3	A $10w$ g 남음
II	$10w$	8 x w	2	
III	$10w$	48w 32w	3 y	B $16w$ g 남음

└ 분자량 비 A : B=5 : 4

$x+y$는? [3점]

<보기> 풀이

화학 반응식의 반응 계수는 화학 반응에서 반응물과 생성물의 반응 몰비를 가장 간단한 정수비로 나타낸 것이다. 반응 질량비는 반응물의 분자량에 반응 계수비를 곱한 값과 같다.

❶ I 에서 반응 질량비와 분자량 비 구하기

I 에서 B가 모두 반응하였고, 반응 후 생성물의 전체 질량이 $21w$ g이므로 반응한 A와 B의 질량의 합도 $21w$ g이다. 따라서 I 에서 반응한 A와 B의 질량은 각각 $5w$ g, $16w$ g이고, 반응 후 남은 A의 질량은 $10w$ g이다. 이때 A와 B의 반응 계수비가 A : B=1 : 4이므로 분자량 비는 A : B=5 : 40이다.

❷ I 과 II의 반응 후 자료를 이용하여 x 구하기

반응 몰비는 A : B : (C+D)=1 : 4 : 5이므로 A $5w$ g과 B $4w$ g의 양(mol)을 각각 a mol이라 하면 I 에서 반응 후 A $2a$ mol이 남고, 생성물의 전체 양(mol)은 $5a$ mol이므로 $\dfrac{\text{생성물의 전체 양(mol)}}{\text{남아 있는 반응물의 양(mol)}} = \dfrac{5}{2}$이다. 이때 I 과 II에서 이 값의 상댓값이 각각 3, 2이므로 II에서 이 값의 실젯값은 $\dfrac{5}{3}$이다. 또한 II에서 B x w g의 양(mol)은 $\dfrac{x}{4}a$ mol이고, B가 모두 반응하였으므로 반응 후 남아 있는 A의 양(mol)은 $\left(2a - \dfrac{x}{16}a\right)$ mol이며, 반응 후 생성물의 전체 양(mol)은 $\dfrac{5x}{16}a$ mol이다. 따라서 $\dfrac{\dfrac{5x}{16}a}{2a - \dfrac{x}{16}a} = \dfrac{5}{3}$이고, $x=8$이다.

❸ III의 자료로부터 y 구하기

III에서 반응 전 A $10w$ g과 B $48w$ g의 양(mol)은 각각 $2a$ mol, $12a$ mol이며, 반응 후 B $4a$ mol이 남고, 생성물의 전체 양(mol)은 $10a$ mol이므로 $\dfrac{\text{생성물의 전체 양(mol)}}{\text{남아 있는 반응물의 양(mol)}} = \dfrac{5}{2}$로 I 과 같다. 따라서 $y=3$이고, $x+y=8+3=11$이다.

① 11 12 13 14 15

적용해야 할 개념 ④가지

① 화학 반응식의 계수비＝분자 수비＝몰비＝(기체의) 부피비

② 질량 보존 법칙: 화학 반응이 일어날 때 반응 전과 후 물질의 전체 질량은 일정하다.

③ 반응 질량비: 각 물질의 분자량에 반응 몰비(＝반응 계수비)를 곱한 값과 같다.

④ 분자량비: 반응 질량비를 반응 몰비(＝반응 계수비)로 나눈 값과 같다.

문제 보기

질량비 A : B : C : D＝14 : 48 : 35 : 27
화학식량비 A : B : C : D＝14 : 16 : 35 : 9

다음은 $A(g)$와 $B(g)$가 반응하여 $C(s)$와 $D(g)$를 생성하는 반응의 화학 반응식이다.

$14w$ g $48w$ g $35w$ g $27w$ g
$$A(g) + 3B(g) \longrightarrow C(s) + 3D(g)$$

표는 실린더에 $A(g)$와 $B(g)$를 넣고 반응을 완결시킨 실험 I ~ III에 대한 자료이다. I ~ III에서 $A(g)$는 모두 반응하였고, I 에서 반응 후 생성된 $D(g)$의 질량은 $27w$ g이며, $\dfrac{\text{A의 화학식량}}{\text{C의 화학식량}} = \dfrac{2}{5}$이다.

실험	반응 전		반응 후	
	A(g)의 질량(g)	B(g)의 질량(g)	B(g)의 양(mol) / C(s)의 질량(g)	D(g)의 양(mol) / D(g)의 질량(g)
I	$14w$	$96w - 48w$	$35w$	$27w$
II	$7w$	$72w$ x $\bar{x}w$ $-24w$	$\dfrac{35w}{2}$ 2	$\dfrac{27w}{2}$
III	$7w$	$36w - 24w$	$\dfrac{35w}{2}$ y	$\dfrac{27w}{2}$ 0.5

$x \times y$는? [3점]

<보기> 풀이

화학 반응식의 반응 계수는 화학 반응에서 반응물과 생성물의 반응 몰비를 가장 간단한 정수비로 나타낸 것이다. 반응 질량비는 화학식량에 반응 계수를 곱한 비와 같다. 또한 반응 전과 후 전체 질량의 총합은 같다.

❶ 단서와 실험 I 의 자료로부터 반응 질량비와 화학식량비 구하기

A와 C의 반응 계수가 같고, 화학식량비가 A : C＝2 : 5이므로 실험 I 에서 A $14w$ g이 모두 반응할 때 생성된 C와 D의 질량은 각각 $35w$ g과 $27w$ g이다. 이때 반응한 B의 질량은 질량 보존 법칙을 적용하면 $35w$ g＋$27w$ g－$14w$ g＝$48w$ g이다. 따라서 반응 질량비는 A : B : C : D＝14 : 48 : 35 : 27이다. 화학식량비는 반응 질량비를 반응 계수비로 나눈 값과 같으므로 화학식량비는 A : B : C : D＝14 : 16 : 35 : 9이다.

❷ 실험 II와 III에서 반응 후 질량 구하기

실험 II와 III에서 반응한 A의 질량이 실험 I 의 절반이므로 반응한 B의 질량과 생성된 C와 D의 질량도 실험 I 의 절반이다. 반응 전과 후 각 물질의 질량은 다음과 같다.

실험	반응 전		반응한	반응 후		
	A(g)의 질량(g)	B(g)의 질량(g)	B(g)의 질량(g)	B(g)의 질량(g)	C(g)의 질량(g)	D(g)의 질량(g)
I	$14w$	$96w$	$48w$	$48w$	$35w$	$27w$
II	$7w$	xw	$24w$	$(x-24)w$	$\dfrac{35}{2}w$	$\dfrac{27}{2}w$
III	$7w$	$36w$	$24w$	$12w$	$\dfrac{35}{2}w$	$\dfrac{27}{2}w$

❸ x, y 구하기

화학식량비가 A : B : C : D＝14 : 16 : 35 : 9이므로 B와 D의 화학식량을 각각 $16k$와 $9k$라고 하면, 실험 II와 III에서 반응 후 남은 B의 질량(g)은 각각 $(x-24)w$와 $12w$이고, 생성된 D의 질량(g)은 모두 $\dfrac{27}{2}w$이므로 $\dfrac{(x-24)w}{16k} \times \dfrac{9k}{\dfrac{27}{2}w} = 2$이고, $\dfrac{12w}{16k} \times \dfrac{9k}{\dfrac{27}{2}w} = y$이다. 따라서

$x = 72$, $y = \dfrac{1}{2}$이므로 $x \times y = 36$이다.

 42　　 ② 36　　 30　　 24　　 18

적용해야 할 개념 ④가지

① 화학 반응식의 계수비＝분자 수비＝몰비＝(기체의) 부피비

② 물질의 질량＝물질의 양(mol)×물질의 화학식량

③ 질량 보존 법칙: 화학 반응이 일어날 때 반응 전과 후 물질의 전체 질량은 일정하다.

④ 화학 반응식이 aA ＋ bB ⟶ cC(a~c는 반응 계수)이고, A~C의 반응 질량비가 A : B : C＝x : y : z인 경우 반응 몰비(반응 계수비)는 A : B : C＝a : b : c이고, 분자량비는 A : B : C＝$\dfrac{x}{a}$: $\dfrac{y}{b}$: $\dfrac{z}{c}$이다.

문제 보기

다음은 A(g)와 B(g)가 반응하여 C(g)를 생성하는 반응의 화학 반응식이다.

$$\overset{2}{a}\text{A}(g) + \text{B}(g) \longrightarrow 2\text{C}(g) \ (a\text{는 반응 계수})$$
$$\underset{8n \text{ mol}}{}$$

표는 A(g) $5w$ g이 들어 있는 용기에 B(g)의 질량을 달리하여 넣고 반응을 완결시킨 실험 I~III에 대한 자료이다.

실험	넣어 준 B(g)의 질량(g)	반응 후 $\dfrac{\text{전체 기체의 양(mol)}}{\text{C}(g)\text{의 양(mol)}}$
I	w　n mol	4　B가 모두 반응
II	$4w$　$4n$ mol	1
III	$6w$　$6n$ mol	x　$\dfrac{5}{4}$

$x \times \dfrac{\text{C의 분자량}}{\text{A의 분자량}}$ 은? [3점]

반응 후 C만 존재(A와 B는 모두 반응)

＜보기＞ 풀이

II에서 반응 후 $\dfrac{\text{전체 기체의 양(mol)}}{\text{C}(g)\text{의 양(mol)}}=1$이므로 A와 B는 모두 반응하고 반응 후 용기에는 C만 존재한다.

보기

❶ **I에서 모두 반응하는 물질 찾기**

II에서 A와 B가 모두 반응하고, I에서 B의 질량이 II에서보다 작으므로 I에서는 B가 모두 반응한다.

❷ **반응 전과 후 기체의 양(mol)을 구해 x 구하기**

A $5w$ g을 m mol, B w g을 n mol이라고 할 때 I에서는 B n mol이 반응하고, II에서는 B $4n$ mol이 반응한다면 I과 II에서 화학 반응의 양적 관계는 다음과 같다.

I	반응식	aA(g)	＋	B(g)	⟶	2C(g)
반응 전(mol)		m		n		
반응(mol)		$-an$		$-n$		$+2n$
반응 후(mol)		$m-an$		0		$2n$

II	반응식	aA(g)	＋	B(g)	⟶	2C(g)
반응 전(mol)		m		$4n$		
반응(mol)		$-4an$		$-4n$		$+8n$
반응 후(mol)		$m-4an$		0		$8n$

II에서는 A도 모두 반응하므로 $m-4an=0$에서 $m=4an$이다.

I에서 반응 후 $\dfrac{\text{전체 기체의 양(mol)}}{\text{C}(g)\text{의 양(mol)}}=\dfrac{m-an+2n}{2n}=\dfrac{3an+2n}{2n}=4$이므로 $a=2$이고, $m=8n$이다.

III에서 화학 반응의 양적 관계는 다음과 같다.

III	반응식	2A(g)	＋	B(g)	⟶	2C(g)
반응 전(mol)		$8n$		$6n$		
반응(mol)		$-8n$		$-4n$		$+8n$
반응 후(mol)		0		$2n$		$8n$

반응 후 $\dfrac{\text{전체 기체의 양(mol)}}{\text{C}(g)\text{의 양(mol)}}=\dfrac{2n+8n}{8n}=\dfrac{5}{4}=x$이다.

❸ **A와 C의 분자량비 구하기**

질량 보존 법칙에 의해 II에서 반응 후 C의 질량은 $5w$ g＋$4w$ g＝$9w$ g이다. 따라서 II에서 반응 질량비는 A : C＝$5w$: $9w$＝5 : 9이고, 반응 몰비는 반응 계수비와 같은 A : C＝1 : 1이므로 분자량비는 A : C＝$\dfrac{5}{1}$: $\dfrac{9}{1}$＝5 : 9이다.

따라서 $x \times \dfrac{\text{C의 분자량}}{\text{A의 분자량}}=\dfrac{5}{4}\times\dfrac{9}{5}=\dfrac{9}{4}$이다.

① $\dfrac{7}{8}$　　② $\dfrac{9}{8}$　　③ $\dfrac{5}{4}$　　④ $\dfrac{7}{4}$　　⑤ $\dfrac{9}{4}$

적용해야 할 개념 ③가지

① 화학 반응식의 계수비=분자 수비=몰비=(기체의) 부피비

② 질량 보존 법칙: 화학 반응이 일어날 때 반응 전과 후 물질의 전체 질량은 일정하다.

③ 기체의 양(mol)과 부피: 온도와 압력이 같을 때 기체의 부피는 기체의 양(mol)에 비례한다.

문제 보기

다음은 A(g)와 B(g)가 반응하여 C(g)와 D(g)를 생성하는 반응의 화학 반응식이다.

$$A(g) + 3B(g) \longrightarrow \overset{2}{x}C(g) + \overset{2}{x}D(g)\ (x\text{는 반응 계수})$$

표는 실린더에 A(g)와 B(g)를 놓고 반응을 완결시킨 실험 I, II에 대한 자료이다. I, II에서 반응 후 생성된 C(g)의 질량은 **22w g으로 서로 같다.** I, II에서 반응한 A와 B의 양(mol)이 같다.

실험	반응 전		반응 후
	A의 질량(g)	B의 질량(g)	남아 있는 반응물의 양(mol) / 전체 기체의 부피(L) (상댓값)
	2a mol	3a mol	
I	14w	24w	A a mol, C 2a mol, D 2a mol → 3
	a mol	5a mol	
II	7w	40w	B 2a mol, C 2a mol, D 2a mol → 5

모두 반응 (14w, 24w 아래) · 모두 반응 (7w 아래)

$x \times \dfrac{\text{B의 분량량}}{\text{D의 분자량}}$ 은? (단, 실린더 속 기체의 온도와 압력은 일정하다.) [3점]

<보기> 풀이

I, II에서 반응 후 생성된 C(g)의 질량은 22w g으로 같으므로 반응한 A(g)와 B(g)의 양(mol)이 같다.

❶ I과 II에서 모두 반응하는 물질 찾기

I과 II에서 반응한 A(g)와 B(g)의 양(mol)이 같으므로 I에서 B 24w g이 모두 반응하고, II에서 A 7w g이 모두 반응한다. I과 II에서 A 7w g과 B 24w g이 반응하므로 I에서 반응 후 A 7w g이 남고, II에서 반응 후 B 16w g이 남는다.

❷ 반응 전과 후 기체의 양(mol)을 이용하여 x 구하기

A 7w g을 a mol, B 8w g을 b mol이라고 하면 I에서 A 14w g 중 A 7w g이 반응했으므로 화학 반응의 양적 관계를 구하면 다음과 같다.

I	반응식	A(g)	+	3B(g)	$\longrightarrow$	xC(g)	+	xD(g)
반응 전(mol)		$2a$		$3b$				
반응(mol)		$-a$		$-3a$		$+ax$		$+ax$
반응 후(mol)		a		$(3b-3a)$		ax		ax

이때 $3b-3a=0$이므로 $a=b$이다. II에서 화학 반응의 양적 관계를 구하면 다음과 같다.

II	반응식	A(g)	+	3B(g)	$\longrightarrow$	xC(g)	+	xD(g)
반응 전(mol)		a		$5b(=5a)$				
반응(mol)		$-a$		$-3a$		$+ax$		$+ax$
반응 후(mol)		0		$2a$		ax		ax

기체의 부피는 기체의 양(mol)에 비례하므로 I과 II에서 반응 후 $\dfrac{\text{남아 있는 반응물의 양(mol)}}{\text{전체 기체의 부피(L)}}$ 의 비는 I : II $= \dfrac{a}{a+ax+ax} : \dfrac{2a}{2a+ax+ax} = 3 : 5$에서 $x=2$이다.

❸ B와 D의 분자량비 구하기

I에서 반응 전 전체 기체의 질량이 14w g+24w g=38w g이다. 또 반응 후 전체 기체의 질량은 남은 A의 질량+C의 질량+D의 질량=7w+22w+D의 질량인데, 질량 보존 법칙에 의해 '38w=29w+D의 질량'이므로 D의 질량은 9w g이다. 화학 반응식에서 B와 D의 반응 계수비는

3 : 2이고 I에서 B 24w g이 반응하여 D 9w g이 생성되므로 $\dfrac{\text{B의 분자량}}{\text{D의 분자량}} = \dfrac{\frac{24w}{3}}{\frac{9w}{2}} = \dfrac{16}{9}$ 이다.

따라서 $x \times \dfrac{\text{B의 분자량}}{\text{D의 분자량}} = 2 \times \dfrac{16}{9} = \dfrac{32}{9}$ 이다.

~~① $\dfrac{12}{11}$~~　~~② $\dfrac{24}{11}$~~　③ $\dfrac{32}{9}$　~~④ $\dfrac{16}{3}$~~　~~⑤ $\dfrac{64}{9}$~~

적용해야 할 개념 ④가지

① 화학 반응식의 계수비＝분자 수비＝몰비＝(기체의) 부피비

② 질량 보존 법칙: 화학 반응이 일어날 때 반응 전과 후 물질의 전체 질량은 일정하다.

③ 반응 질량비: 각 물질의 분자량에 반응 몰비(＝반응 계수비)를 곱한 값과 같다.

④ 분자량비: 반응 질량비를 반응 몰비(＝반응 계수비)로 나눈 값과 같다.

문제 보기

다음은 $A(g)$와 $B(g)$가 반응하여 $C(g)$와 $D(g)$를 생성하는 반응의 화학 반응식이다.

$$2A(g) + 3B(g) \longrightarrow 2C(g) + 2D(g)$$

표는 실린더에 $A(g)$와 $B(g)$를 넣고 반응을 완결시킨 실험 Ⅰ과 Ⅱ에 대한 자료이다. Ⅰ과 Ⅱ에서 남은 반응물의 종류는 서로 다르고, Ⅱ에서 반응 후 생성된 $D(g)$의 질량은 $\frac{45}{8}$ g이다.

실험	반응 전		반응 후	
	$A(g)$의 부피(L)	$B(g)$의 질량(g)	$A(g)$ 또는 $B(g)$의 질량(g)	전체 기체의 양(mol) / $C(g)$의 양(mol)
Ⅰ	$4V$ $4n$	6 $3n$	A $17w$ $2n$	C $2n$ 3
Ⅱ	$5V$ $5n$	25 $12.5n$	B $40w$ $5n$	C $5n$ $\cancel{x}$ 3

$x \times \dfrac{\text{C의 분자량}}{\text{B의 분자량}}$ 은? (단, 실린더 속 기체의 온도와 압력은 일정하다.) [3점]

<보기> 풀이

화학 반응식의 반응 계수는 화학 반응에서 반응물과 생성물의 반응 몰비를 가장 간단한 정수비로 나타낸 것이다. 반응 질량비는 각 물질의 분자량에 반응 계수를 곱한 값의 비와 같다.

❶ 각 실험에서 남은 물질의 종류 파악하고 몰비 구하기

$\dfrac{B(g)\text{의 질량}}{A(g)\text{의 부피}}$ 은 Ⅱ > Ⅰ이므로 Ⅰ과 Ⅱ에서 반응 후 남는 기체는 각각 A와 B이다. 따라서 Ⅰ에서 모두 반응하는 $B(g)$ 6 g의 양(mol)을 $3n$ mol이라 하면, 반응 후 생성되는 $C(g)$와 $D(g)$의 양(mol)은 각각 $2n$ mol, $2n$ mol이다. 이때 $\dfrac{\text{전체 기체의 양(mol)}}{C(g)\text{의 양(mol)}}$＝3이므로 반응 후 남은 $A(g)$ $17w$ g의 양(mol)도 $2n$ mol이다. 따라서 반응 전 $A(g)$ $4V$ L의 양(mol)은 $4n$ mol이다.

❷ Ⅰ과 Ⅱ의 자료로부터 x 구하기

반응 전 $A(g)$ $4V$ L의 양(mol)이 $4n$ mol이므로 Ⅱ에서 $A(g)$ $5V$ L의 양(mol)은 $5n$ mol이다. 또한 $B(g)$ 25 g의 양(mol)은 $12.5n$ mol이므로, Ⅱ에서 $A(g)$ $5n$ mol과 $B(g)$ $7.5n$ mol이 반응하여 생성된 $C(g)$와 $D(g)$의 양(mol)은 각각 $5n$ mol씩이고, 반응 후 남은 $B(g)$의 양(mol)도 $5n$ mol이다. 따라서 반응 후 $\dfrac{\text{전체 기체의 양(mol)}}{C(g)\text{의 양(mol)}} = \dfrac{5n+5n+5n}{5n} = 3$이므로 $x=3$이다.

❸ 반응 질량비로부터 분자량비 구하기

$B(g)$ 6 g의 양(mol)이 $3n$ mol이므로 Ⅱ에서 반응 후 남은 $B(g)$ $5n$ mol의 질량(g) $40w=10$에서 $w=\dfrac{1}{4}$이다. 또한 Ⅰ에서 반응 후 남은 $A(g)$ $17w$ g이 $2n$ mol이므로 Ⅱ에서 반응 전 $A(g)$ $5n$ mol의 질량은 $17w \times \dfrac{5}{2} = \dfrac{85}{2}w = \dfrac{85}{8}$ g이다. 따라서 Ⅱ에서 $A(g)$ $\dfrac{85}{8}$ g과 $B(g)$ 15 g이 반응하여 $D(g)$ $\dfrac{45}{8}$ g이 생성되었으므로 질량 보존 법칙에 의해 생성된 $C(g)$의 질량은 20 g이다.

이를 통해 반응 질량비는 B : C＝15 : 20이므로 분자량비는 B : C＝$\dfrac{15}{3} : \dfrac{20}{2} = 1 : 2$이다. 따라서 $x \times \dfrac{\text{C의 분자량}}{\text{B의 분자량}} = 3 \times 2 = 6$이다.

 $\dfrac{3}{2}$ 3 $\dfrac{9}{2}$ ④ 6   9

적용해야 할 개념 ③가지	① 화학 반응식의 계수 맞추기: 반응물과 생성물을 구성하는 원자의 종류와 수가 같도록 화학식 앞의 계수를 맞춘다.
	② 화학 반응식의 계수비＝분자 수비＝몰비＝(기체의) 부피비
	③ 기체의 양(mol)과 부피: 기체의 온도와 압력이 같을 때 기체의 부피는 기체의 양(mol)에 비례한다.

문제 보기

표는 실린더에 $A_2(g)$와 $BC_3(g)$를 넣고 반응을 완결시켰을 때, 반응 전과 후 실린더에 들어 있는 모든 물질에 대한 자료이다. 반응물과 생성물은 모두 기체이다.

	반응물		생성물		
	반응 전		**반응 후**		
	A_2	BC_3	BC_3	AC	B_2
물질의 양(mol)	n	㉠	n	$2n$	㉡
전체 기체의 부피(L)	V　$\frac{5}{3}n$		$\frac{5}{4}kV$　$\frac{1}{3}n$		

> 전체 기체의 몰비와 기체의 부피비가 같다.

$\frac{㉡}{㉠} \times k$는? (단, A~C는 임의의 원소 기호이고, 실린더 속 기체의 온도와 압력은 일정하다.) [3점]

＜보기＞ 풀이

화학 반응이 일어날 때 반응 후 원자가 새로 생겨나거나 없어지지 않으므로 반응물과 생성물을 구성하는 원자의 종류와 수가 같다.

❶ 화학 반응식 완성하기

반응 후 AC, B_2가 생성되었으므로 반응물은 A_2, BC_3이고, 생성물은 AC, B_2이다. 이 반응의 화학 반응식은 다음과 같이 나타낼 수 있다.

$$aA_2 + bBC_3 \longrightarrow cAC + dB_2$$

반응 전과 후 원자의 종류와 수가 같으므로 A에서 $2a=c$, B에서 $b=2d$, C에서 $3b=c$이다. $a=1$이라고 하면 $c=2$이고, $b=\frac{2}{3}$, $d=\frac{1}{3}$이므로 화학 반응식은 다음과 같다.

$$A_2 + \frac{2}{3}BC_3 \longrightarrow 2AC + \frac{1}{3}B_2$$

이 식에서 반응 계수비를 가장 간단한 정수로 나타내면 화학 반응식은 다음과 같다.

$$3A_2 + 2BC_3 \longrightarrow 6AC + B_2$$

❷ 반응 전과 후 반응물과 생성물의 양(mol) 구하기

반응 후 A_2는 없으므로 A_2가 모두 반응한다. 화학 반응에서 양적 관계를 구하면 다음과 같다.

반응식　　$3A_2$　$+$　$2BC_3$　$\longrightarrow$　$6AC$　$+$　B_2

반응 전(mol)　n　　　　㉠

반응(mol)　$-n$　　$-\frac{2}{3}n$　　$+2n$　　$+\frac{1}{3}n$

반응 후(mol)　0　　㉠$-\frac{2}{3}n$　　$2n$　　$\frac{1}{3}n$

반응 후 BC_3와 B_2의 양(mol)은 각각 n, ㉡이므로 ㉠$-\frac{2}{3}n=n$, $\frac{1}{3}n=$㉡이다. 이 식을 풀면 ㉠$=\frac{5}{3}n$, ㉡$=\frac{1}{3}n$이다.

❸ 반응 후 전체 기체의 양(mol) 구하기

일정한 온도와 압력에서 기체의 부피와 기체의 양(mol)은 비례하므로 반응 전과 후 기체의 몰비는 기체의 부피비와 같다. 반응 전과 후 기체의 몰비는 $(n+\frac{5}{3}n):(n+2n+\frac{1}{3}n)=V:kV=1:k$에서 $k=\frac{5}{4}$이다.

따라서 $\frac{㉡}{㉠} \times k = \frac{\frac{1}{3}n}{\frac{5}{3}n} \times \frac{5}{4} = \frac{1}{4}$이다.

① $\frac{1}{4}$　　 $\frac{2}{3}$　　✗ 1　　✗ $\frac{3}{2}$　　 2

적용해야 할 개념 ④가지

① 화학 반응식의 계수비＝분자 수비＝몰비＝(기체의) 부피비

② 질량 보존 법칙: 화학 반응이 일어날 때 반응 전과 후 물질의 전체 질량은 일정하게 유지된다.

③ 기체의 양(mol)과 부피: 기체의 온도와 압력이 같을 때, 기체의 부피는 기체의 양(mol)에 비례한다.

④ 밀도＝$\dfrac{질량}{부피}$이므로 질량이 같을 때 밀도와 부피는 반비례한다.

문제 보기

다음은 A(g)와 B(g)가 반응하여 C(g)를 생성하는 반응의 화학 반응식이다.

$$a\text{A}(g) + \text{B}(g) \longrightarrow 2\text{C}(g) \ (a는 \ 반응 \ 계수)$$

표는 실린더에 A(g)와 B(g)를 질량을 달리하여 넣고 반응을 완결시킨 실험 Ⅰ과 Ⅱ에 대한 자료이다.

실험	반응 전			반응 후	
	A의 질량(g)	B의 질량(g)	전체 기체의 밀도	남은 반응물의 질량(g)	전체 기체의 밀도
Ⅰ	6 3n	1 n	xd	A 2n C 5 g	7d
Ⅱ	8 4n	4 4n	yd	B 2 2n 10 g	6d

실험 Ⅰ과 Ⅱ에서 반응한 반응물의 몰비는 1 : 2이다.

$a \times \dfrac{x}{y}$는? (단, 온도와 압력은 일정하다.) [3점]

〈보기〉 풀이

❶ 반응 질량비 구하기

화학 반응에서 반응 전과 후 물질의 전체 질량은 일정하다. 실험 Ⅰ과 Ⅱ에서 반응물의 전체 질량이 각각 7 g, 12 g이고, 반응 후 남은 반응물의 질량이 각각 2 g, 2 g이므로 생성된 C의 질량은 각각 5 g, 10 g이다.

실험 Ⅰ과 Ⅱ에서 생성된 C의 몰비가 1 : 2이므로 반응한 반응물의 몰비도 1 : 2이다. 즉 실험 Ⅰ에서 B 1 g이 모두 반응하고, A 4 g이 반응하며 2 g은 남는다. 또한 실험 Ⅱ에서 A 8 g이 모두 반응하고, B 2 g이 반응하며 2 g은 남는다. 따라서 반응 질량비는 A : B : C＝4 : 1 : 5이다.

❷ 반응 몰비와 a 구하기

실험 Ⅰ과 Ⅱ에서 반응 전 전체 기체의 질량은 각각 7 g, 12 g이다. 이때 반응 후 전체 기체의 밀도가 각각 7d, 6d이고, 밀도는 $\dfrac{질량}{부피}$이므로 실험 Ⅰ과 Ⅱ에서 반응 후 전체 기체의 부피비는

$$\text{Ⅰ} : \text{Ⅱ} = \frac{7}{7d} : \frac{12}{6d} = 1 : 2$$

이다. 실험 Ⅰ과 Ⅱ에서 생성된 C의 몰비도 1 : 2이므로 반응 후 남은 반응물의 몰비도 1 : 2이다. 따라서 A, B 2 g의 양(mol)을 각각 n, 2n mol이라고 하면, 실험 Ⅰ에서 반응 전과 후의 양적 관계는 다음과 같다.

실험 Ⅰ

반응식	$a\text{A}(g)$	＋	$\text{B}(g)$	$\longrightarrow$	$2\text{C}(g)$
반응 전(mol)	3n		n		0
반응(mol)	$-2n$		$-n$		$+2n$
반응 후(mol)	n		0		2n

따라서 반응 몰비는 A : B : C＝2 : 1 : 2이며, a＝2이다.

❸ $\dfrac{x}{y}$ 구하기

실험 Ⅰ과 Ⅱ에서 반응 전 전체 기체의 양(mol)은 각각 4n, 8n mol이고, 전체 기체의 밀도는 각각 xd, yd이다. 온도와 압력이 일정할 때 기체의 부피는 기체의 양(mol)에 비례하므로 실험 Ⅰ과 Ⅱ에서 밀도비는 $xd : yd = \dfrac{7}{4n} : \dfrac{12}{8n}$가 성립하고, 이를 풀면 $\dfrac{x}{y} = \dfrac{7}{6}$이다. 따라서 $a \times \dfrac{x}{y}$ ＝$2 \times \dfrac{7}{6} = \dfrac{7}{3}$이다.

✗ ① $\dfrac{6}{5}$ ✗ ② $\dfrac{11}{6}$ ✗ ③ $\dfrac{13}{7}$ ④ $\dfrac{7}{3}$ ✗ ⑤ $\dfrac{12}{5}$

적용해야 할
개념 ④가지

① 화학 반응식의 계수비＝분자 수비＝몰비＝(기체의) 부피비

② 몰과 부피: 기체의 온도와 압력이 같을 때, 기체의 부피는 기체의 양(mol)에 비례한다.

③ 밀도＝$\dfrac{질량}{부피}$이며, 온도와 압력이 같고 질량이 같을 때 기체의 밀도는 부피 또는 기체의 양(mol)에 반비례한다.

④ 반응 질량비: 각 물질의 분자량에 반응 몰비(＝반응 계수비)를 곱한 값의 비와 같다.

문제 보기

다음은 A(g)와 B(g)가 반응하여 C(g)를 생성하는 반응의 화학 반응식이다.

$$A(g) + bB(g) \longrightarrow cC(g) \ (b, c\text{는 반응 계수})$$

표는 실린더에 A(g)와 B(g)의 질량을 달리하여 넣고 반응을 완결시킨 실험 Ⅰ, Ⅱ에 대한 자료이다.

보기

부피비 Ⅰ : Ⅱ ＝ $\dfrac{36}{72d}$: $\dfrac{45}{75d}$ ＝ 5 : 6 ｜ 반응 질량비(＝부피 변화량비) Ⅰ : Ⅱ ＝ 2 : 3

실험	반응 전			반응 후	
	A(g)의 질량(g)	B(g)의 질량(g)	전체 기체의 밀도	C(g)의 질량(g)	전체 기체의 밀도
Ⅰ	8	28	72d	22	$x d$ 90
Ⅱ	24	y 21	75d	33	100d

12 g 반응 ┘ └ 14 g 반응 ┘ 밀도비 반응 전 : 반응 후＝3 : 4
➡ 부피비 반응 전 : 반응 후＝4 : 3

$\dfrac{x}{y}$는? (단, 실린더 속 기체의 온도와 압력은 일정하다.) [3점]

<보기> 풀이

❶ 각 실험에서 반응물의 반응 질량 구하기

실험 Ⅰ과 Ⅱ에서 생성물인 C의 질량이 각각 22 g, 33 g이므로 실험 Ⅰ에서 A 8 g이 모두 반응하고, B는 14 g이 반응하며 14 g이 남는다. 또한 실험 Ⅰ과 Ⅱ에서 생성물의 질량비가 2 : 3이므로 반응한 반응물의 질량비도 2 : 3이다. 따라서 Ⅱ에서 반응한 A와 B의 질량은 각각 12 g, 21 g이므로 y＝21이다.

❷ 각 실험에서 반응 전 전체 기체의 부피 구하기

실험 Ⅰ과 Ⅱ에서 반응 전 전체 기체의 질량은 각각 36 g, 45 g이다. 이때 전체 기체의 밀도가 각각 72d, 75d이고, 밀도는 $\dfrac{질량}{부피}$이므로 실험 Ⅰ과 Ⅱ에서 반응 전 전체 기체의 부피비는 Ⅰ : Ⅱ ＝ $\dfrac{36}{72d}$: $\dfrac{45}{75d}$ ＝ 5 : 6이다. 따라서 Ⅰ에서 반응 전 전체 기체의 부피를 5V L라고 하면 Ⅱ에서 반응 전 기체의 부피는 6V L이다.

❸ x 구하기

기체 반응에서 반응물과 생성물의 계수 합이 다르면 반응 전과 후의 부피가 달라진다. 실험 Ⅱ에서 전체 기체의 밀도가 반응 후가 반응 전보다 크므로 기체의 부피는 반응 후가 반응 전보다 작으며, 반응 계수 합은 생성물이 반응물보다 작다. 반응 전과 후 전체 질량은 일정하므로 밀도비와 부피비는 반비례하고, 실험 Ⅱ에서 반응 전과 후의 밀도비가 3 : 4이므로 부피비는 4 : 3이고, 반응 후 전체 기체의 부피는 6V L에서 4.5V L로 부피가 1.5V L 감소한다. 이때 반응 전과 후의 부피 변화량은 생성물의 생성된 양(mol)에 비례하는데 실험 Ⅰ과 Ⅱ에서 생성물의 몰비는 2 : 3이므로 부피 변화량도 2 : 3이다. 실험 Ⅰ에서 부피 감소량은 V L이고, 반응 후 전체 기체의 부피는 4V L이므로 실험 Ⅰ에서 반응 전과 후의 부피비는 5 : 4이다. 이때 밀도비는 4 : 5이며 72 : x＝4 : 5이므로 x＝90이고, $\dfrac{x}{y}＝\dfrac{90}{21}＝\dfrac{30}{7}$이다.

 $\dfrac{25}{7}$　　 4　　③ $\dfrac{30}{7}$　　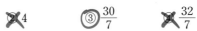 $\dfrac{32}{7}$　　 5

적용해야 할 개념 ⑤가지

① 화학 반응식의 계수비=분자 수비=몰비=(기체의) 부피비

② 물질의 질량=물질의 양(mol)×물질의 화학식량

③ 질량 보존 법칙: 화학 반응이 일어날 때 반응 전과 후 물질의 전체 질량은 일정하다.

④ 밀도$=\dfrac{\text{질량}}{\text{부피}}$이므로 기체의 밀도는 기체의 부피에 반비례하고, 기체의 질량에 비례한다.

⑤ 기체의 양(mol)과 부피: 온도와 압력이 같을 때 기체의 부피는 기체의 양(mol)에 비례한다.

문제 보기

다음은 A(g)와 B(g)가 반응하여 C(g)를 생성하는 반응의 화학 반응식이다.

$$A(g) + 2B(g) \longrightarrow 2C(g)$$

표는 실린더에 A(g)와 B(g)의 질량을 달리하여 넣고 반응을 완결시킨 실험 I, II에 대한 자료이다.

실험	반응 전		반응 후
	A(g)의 질량(g)	B(g)의 질량(g)	전체 기체의 밀도 (상댓값)
I	2m mol=n mol 64w	n mol 56w	25
II	3m mol=1.5n mol 96w	2n mol 112w	26

└ B가 모두 반응

부피비 ➡ I : II $=\dfrac{64w+56w}{25} : \dfrac{96w+112w}{26} = 3 : 5$

$\dfrac{\text{B의 분자량}+\text{C의 분자량}}{\text{A의 분자량}}$은? (단, 실린더 속 기체의 온도와 압력은 일정하다.) [3점]

보기

<보기> 풀이

전체 기체의 부피$=\dfrac{\text{전체 기체의 질량}}{\text{전체 기체의 밀도}}$이므로 실험 I과 II에서 반응 후 전체 기체의 부피비는

I : II $=\dfrac{64w+56w}{25} : \dfrac{96w+112w}{26} = 3 : 5$이다. 기체의 부피와 양(mol)은 비례하므로 I과 II에서 반응 후 기체의 몰비는 I : II=3 : 5이다.

❶ I, II에서 모두 반응하는 물질 찾기

A 64w g과 B 56w g을 각각 2m mol, n mol이라고 하면 I에서 반응 전 A와 B의 양(mol)은 각각 2m mol, n mol이고, II에서 반응 전 A와 B의 양(mol)은 각각 3m mol, 2n mol이다. I과 II에서 A가 모두 반응하거나 B가 모두 반응한다. 또는 반응 전 A의 양(mol)에 비해 B의 양(mol)은 II에서가 I에서보다 크므로 I에서 B가 모두 반응하고, II에서 A가 모두 반응한다. 각 경우를 살펴보면 다음과 같다.

① I과 II에서 A가 모두 반응할 때

실험 I				실험 II			
반응식	A(g) +	2B(g) ⟶	2C(g)	반응식	A(g) +	2B(g) ⟶	2C(g)
반응 전(mol)	2m	n		반응 전(mol)	3m	2n	
반응(mol)	−2m	−4m	+4m	반응(mol)	−3m	−6m	+6m
반응 후(mol)	0	n−4m	4m	반응 후(mol)	0	2n−6m	6m

반응 후 기체의 몰비는 I : II=(n−4m+4m) : (2n−6m+6m)=1 : 2≠3 : 5이므로 모순이다.

② I에서 B가 모두 반응하고 II에서 A가 모두 반응할 때

실험 I				실험 II			
반응식	A(g) +	2B(g) ⟶	2C(g)	반응식	A(g) +	2B(g) ⟶	2C(g)
반응 전(mol)	2m	n		반응 전(mol)	3m	2n	
반응(mol)	$-\frac{1}{2}n$	−n	+n	반응(mol)	−3m	−6m	+6m
반응 후(mol)	$2m-\frac{1}{2}n$	0	n	반응 후(mol)	0	2n−6m	6m

반응 후 기체의 몰비는 I : II$=(2m-\frac{1}{2}n+n) : (2n-6m+6m)=3 : 5$, 20m=7n이다. 이 경우 II에서 반응 후 B의 양 (2n−6m) mol이 0보다 작아 모순이다. 따라서 I과 II에서 B가 모두 반응한다.

❷ 반응 전과 후 기체의 양(mol) 구하기

I과 II에서 화학 반응의 양적 관계는 다음과 같다.

실험 I				실험 II			
반응식	A(g) +	2B(g) ⟶	2C(g)	반응식	A(g) +	2B(g) ⟶	2C(g)
반응 전(mol)	2m	n		반응 전(mol)	3m	2n	
반응(mol)	$-\frac{1}{2}n$	−n	+n	반응(mol)	−n	−2n	+2n
반응 후(mol)	$2m-\frac{1}{2}n$	0	n	반응 후(mol)	3m−n	0	2n

반응 후 기체의 몰비는 I : II$=(2m-\frac{1}{2}n+n) : (3m-n+2n)=3 : 5$, 2m=n이다.

❸ A~C의 분자량비 구하기

I에서 반응 전 A n mol과 B n mol의 질량은 각각 64w g, 56w g이므로 분자량비는 A : B=64w : 56w=8 : 7이다. A와 B의 분자량을 각각 8M, 7M이라고 하면 화학 반응식은 A(g) + 2B(g) ⟶ 2C(g)이므로 C의 분자량은 $\dfrac{8M+2\times7M}{2}=$ 11M이다.

따라서 $\dfrac{\text{B의 분자량}+\text{C의 분자량}}{\text{A의 분자량}} = \dfrac{7M+11M}{8M} = \dfrac{9}{4}$이다.

✗ $\dfrac{15}{11}$　② $\dfrac{9}{4}$　✗ $\dfrac{19}{7}$　✗ $\dfrac{11}{4}$　✗ $\dfrac{9}{2}$

적용해야 할 개념 ④가지

① 화학 반응식의 계수비＝분자 수비＝몰비＝(기체의) 부피비

② 질량 보존 법칙: 화학 반응이 일어날 때 반응 전과 후 물질의 전체 질량은 일정하다.

③ 기체의 양(mol)과 부피: 온도와 압력이 같을 때 기체의 부피는 기체의 양(mol)에 비례한다.

④ 밀도＝$\dfrac{질량}{부피}$ 이므로 질량이 같을 때 밀도와 부피는 반비례한다.

문제 보기

다음은 A(g)와 B(g)가 반응하여 C(g)를 생성하는 반응의 화학 반응식이다.

$$\overset{2}{a}A(g) + B(g) \longrightarrow 2C(g) \ (a는 \ 반응 \ 계수)$$

표는 실린더에 A(g)와 B(g)를 넣고 반응을 완결시킨 실험 (가)와 (나)에 대한 자료이다. (나)에서 A(g)가 모두 반응하였다.

$\dfrac{반응 \ 후 \ 전체 \ 기체의 \ 부피}{반응 \ 전 \ 전체 \ 기체의 \ 부피} = \dfrac{4}{5}$

실험	반응 전 기체의 질량(g)		반응 후 전체 기체의 밀도 / 반응 전 전체 기체의 밀도
	A(g)	B(g)	
(가) 모두 반응	15w / 2n mol	24w / 3n mol	$\dfrac{5}{4}$
(나)	30w / 4n mol	32w / 4n mol	$\dfrac{4}{3}$

$\dfrac{반응 \ 후 \ 전체 \ 기체의 \ 부피}{반응 \ 전 \ 전체 \ 기체의 \ 부피} = \dfrac{3}{4}$

$a \times \dfrac{C의 \ 분자량}{B의 \ 분자량}$ 은? (단, 실린더 속 기체의 온도와 압력은 일정하다.) [3점]

<보기> 풀이

화학 반응식의 반응 계수는 화학 반응에서 반응물과 생성물의 반응 몰비를 가장 간단한 정수비로 나타낸 것이다. 반응 질량비는 화학식량에 반응 계수를 곱한 비와 같다. 또 반응 전과 후 전체 질량은 같다.

❶ (가)와 (나)에서 모두 반응하는 물질 찾기

$\dfrac{B(g)의 \ 질량(g)}{A(g)의 \ 질량(g)}$ 은 (가)가 $\dfrac{24}{15}$ 이고, (나)가 $\dfrac{16}{15}$ 이므로 (가)는 (나)보다 반응 전 A(g)의 질량에 비해 B(g)의 질량이 크다. 따라서 (나)에서 A(g)가 모두 반응하였으므로 (가)에서도 A(g)가 모두 반응한다.

❷ 화학 반응식에서 반응 계수 구하기

(가)에서 A(g) 15w g을 m mol, B(g) 24w g을 3n mol이라고 하면 (나)에서 반응 전 기체의 양(mol)은 A(g) 2m mol, B(g) 4n mol이다. (가)와 (나)에서 화학 반응의 양적 관계를 구하면 다음과 같다.

(가)	반응식	aA(g)	+	B(g)	$\longrightarrow$	2C(g)
	반응 전(mol)	m		$3n$		
	반응(mol)	$-m$		$-\dfrac{m}{a}$		$+\dfrac{2m}{a}$
	반응 후(mol)	0		$3n-\dfrac{m}{a}$		$\dfrac{2m}{a}$

(나)	반응식	aA(g)	+	B(g)	$\longrightarrow$	2C(g)
	반응 전(mol)	$2m$		$4n$		
	반응(mol)	$-2m$		$-\dfrac{2m}{a}$		$+\dfrac{4m}{a}$
	반응 후(mol)	0		$4n-\dfrac{2m}{a}$		$\dfrac{4m}{a}$

밀도＝$\dfrac{질량}{부피}$ 이고, 질량 보존 법칙에 의해 반응 전과 반응 후 기체의 질량은 일정하므로 기체의 밀도비의 역수는 기체의 부피비이다. 또 기체의 양(mol)과 기체의 부피는 비례하므로

$\dfrac{반응 \ 후 \ 전체 \ 기체의 \ 부피}{반응 \ 전 \ 전체 \ 기체의 \ 부피}$ 는 (가)에서가 $\dfrac{3n-\dfrac{m}{a}+\dfrac{2m}{a}}{m+3n} = \dfrac{4}{5}$ 이고, (나)에서가 $\dfrac{4n-\dfrac{2m}{a}+\dfrac{4m}{a}}{2m+4n}$

$= \dfrac{3}{4}$ 이다. 이 식을 풀면 $m=2n$, $a=2$이다.

❸ 기체의 분자량 구하기

(가)에서 반응 전 A(g)와 B(g)의 양은 각각 $2n(=m)$ mol, $3n$ mol이고, A(g)와 B(g)의 질량은 각각 15w g, 24w g이므로 A와 B의 분자량비는 A : B＝$\dfrac{15w}{2n} : \dfrac{24w}{3n}$＝15 : 16이다. 화학 반응식은 2A($g$) + B($g$) $\longrightarrow$ 2C(g)이므로 (2×A의 분자량)＋B의 분자량＝(2×C의 분자량)이다. 즉, B와 C의 분자량비는 B : C＝16 : 23이다. 따라서 $a \times \dfrac{C의 \ 분자량}{B의 \ 분자량} = 2 \times \dfrac{23}{16} = \dfrac{23}{8}$ 이다.

 $\dfrac{15}{8}$ ② $\dfrac{23}{8}$ 5    $\dfrac{23}{4}$ $\dfrac{15}{2}$

적용해야 할 개념 ④가지

① 화학 반응식의 계수비=분자 수비=몰비=(기체의) 부피비

② 기체의 양(mol)과 부피: 온도와 압력이 일정할 때 기체의 부피는 기체의 양(mol)에 비례한다.

③ 기체의 밀도는 $\dfrac{\text{기체의 질량}}{\text{기체의 양(mol)}}$에 비례한다.

④ 반응물의 화학식량과 반응 계수를 곱한 값의 총합은 생성물의 화학식량과 반응 계수를 곱한 값의 총합과 같다.

문제 보기

다음은 $A(s)$와 $B(g)$가 반응하여 $C(g)$를 생성하는 반응의 화학 반응식이다.

$$\underset{\underset{(16-b)M}{\text{분자량}}}{A(s)} + \underset{M}{\overset{2}{b}B(g)} \longrightarrow \underset{16M}{C(g)} \quad (b: \text{반응 계수})$$

표는 실린더에 $A(s)$와 $B(g)$의 양(mol)을 달리하여 넣고 반응을 완결시킨 실험 I, II에 대한 자료이다. $\dfrac{B\text{의 분자량}}{C\text{의 분자량}} = \dfrac{1}{16}$이다.

기체의 부피는 기체의 양(mol)에 비례한다.
→ $\dfrac{\text{기체의 질량}}{\text{기체의 양(mol)}}$에 비례한다.

실험	넣어 준 물질의 양(mol)		실린더 속 기체의 밀도 (상댓값)	
	$A(s)$	$B(g)$	반응 전	반응 후
I	2	7	1	7
II	3	8	1	x

$b \times x$는? (단, 기체의 온도와 압력은 일정하다.) [3점]

<보기> 풀이

온도와 압력이 일정할 때 기체의 부피는 기체의 양(mol)에 비례한다. 따라서 기체의 밀도는 $\dfrac{\text{기체의 질량}}{\text{기체의 양(mol)}}$에 비례한다. 또한 질량 보존 법칙에 따라 (A의 분자량)$+b\times$(B의 분자량)$=$(C의 분자량)이다. 이때 B의 분자량을 M이라 하면, C의 분자량은 $16M$이므로 A의 분자량은 $(16-b)M$이다.

❶ **I에서 양적 관계로 b 구하기**

실험 I에서 $A(s)$ 2몰이 모두 반응한다고 가정하면, B는 $2b$몰이 반응하고 $(7-2b)$몰이 남으며, C는 2몰이 생성된다. 따라서 반응 전과 후 전체 기체의 양(mol)은 각각 **7몰**, $(9-2b)$몰이고, 반응 전과 후의 기체의 질량은 각각 $7M$ g, $(7-2b)\times M$ g$+2\times16M$ g$=(39-2b)M$ g이므로 반응 전과 후의 기체의 밀도비는 $\dfrac{7M}{7} : \dfrac{(39-2b)M}{(9-2b)} = 1 : 7$이다. 따라서 이를 풀면 $b=2$이다.

❷ **II에서 x 구하기**

$b=2$이므로 화학 반응식은 $A(s) + 2B(g) \longrightarrow C(g)$이고, A~C의 분자량은 각각 $14M$, M, $16M$이다. 실험 II에서 $A(s)$ 3몰과 $B(g)$ 6몰이 반응하여 $C(g)$ 3몰이 생성되고, $B(g)$ 2몰이 남으므로 반응 전 기체의 양(mol)과 질량은 각각 **8몰**, $8M$ g이고, 반응 후 기체의 양(mol)과 질량은 각각 5몰, $2\times M$ g$+3\times16M$ g$=50M$ g이다. 기체의 밀도비는 $\dfrac{8M}{8} : \dfrac{50M}{5} = 1 : 10 = 1 : x$이므로 $x=10$이다. 따라서 $b \times x = 20$이다.

 15　　 ② 20　　 21　　 24　　 32

적용해야 할 개념 ②가지	① 화학 반응식의 계수비＝분자 수비＝몰비＝(기체의) 부피비
	② 몰과 부피: 기체의 온도와 압력이 같을 때, 기체의 부피는 기체의 양(mol)에 비례한다.

문제 보기

다음은 $A(g)$와 $B(g)$가 반응하여 $C(g)$가 생성되는 반응의 화학 반응식이다.

$$aA(g) + B(g) \longrightarrow 2C(g) \ (a는 반응 계수)$$

표는 $B(g)$ x g이 들어 있는 실린더에 $A(g)$의 질량을 달리하여 넣고 반응을 완결시킨 실험 Ⅰ~Ⅳ에 대한 자료이다. Ⅱ에서 반응 후 남은 $B(g)$의 질량은 Ⅲ에서 반응 후 남은 $A(g)$의 질량의 $\frac{1}{4}$배이다.

                A가 모두 반응 B가 모두 반응

실험	Ⅰ	Ⅱ	Ⅲ	Ⅳ
넣어 준 $A(g)$의 질량(g)	w	$2w$	$3w$	$4w$
반응 후 $\dfrac{\text{생성물의 양(mol)}}{\text{전체 기체의 부피(L)}}$ (상댓값)	$\dfrac{4}{7}$	$\dfrac{8}{9}$		$\dfrac{5}{8}$

반응한 A의 질량비 Ⅰ : Ⅱ＝1 : 2
➡ 생성된 C의 몰비(＝부피비) Ⅰ : Ⅱ＝1 : 2

$a \times x$는? (단, 실린더 속 기체의 온도와 압력은 일정하다.) [3점]

<보기> 풀이

화학 반응식의 반응 계수는 화학 반응에서 반응물과 생성물의 반응 몰비를 가장 간단한 정수로 나타낸 것이다. 또한 기체 반응의 경우 온도와 압력이 일정하면 기체의 부피는 기체의 양(mol)에 비례한다.

❶ 실험 Ⅰ과 Ⅱ에서 반응한 B의 질량 구하기

실험 Ⅱ에서 반응 후 B가 남아 있으므로 실험 Ⅰ과 Ⅱ에서 넣어 준 A가 모두 반응하며 이때 반응한 A의 질량비 및 몰비가 1 : 2이므로 생성된 C의 몰비도 1 : 2이고, 반응 후 C의 부피비도 1 : 2이다. 실험 Ⅰ과 Ⅱ에서 반응 후 $\dfrac{\text{생성물의 양(mol)}}{\text{전체 기체의 부피(L)}}$(상댓값)이 각각 $\dfrac{4}{7}$, $\dfrac{8}{9}$이므로 실험 Ⅰ과 Ⅱ에서 생성된 C의 양(mol)을 각각 $4n$ mol, $8n$ mol이라 하면, 반응한 B의 양(mol)은 각각 $2n$ mol, $4n$ mol이고, 반응 후 남은 B의 양(mol)은 각각 $3n$ mol, n mol이다. 따라서 B x g의 양(mol)은 $5n$ mol이고, 실험 Ⅰ과 Ⅱ에서 반응한 B의 질량은 각각 $\dfrac{2}{5}x$ g, $\dfrac{4}{5}x$ g이다.

❷ x 구하기

반응 질량비는 A : B＝w : $\dfrac{2}{5}x$이고, 실험 Ⅱ에서 반응 후 남은 B의 질량은 $\dfrac{1}{5}x$ g이므로 A w g을 추가하면 A $\dfrac{w}{2}$ g만 반응하고, A $\dfrac{w}{2}$ g이 남는다. 이때, 실험 Ⅲ에서 반응 후 남은 A의 질량은 실험 Ⅱ에서 반응 후 남은 B의 질량의 4배이므로 $\dfrac{w}{2} = \dfrac{4}{5}x$이고, $x = \dfrac{5}{8}w$이다.

❸ a 구하기

실험 Ⅰ과 Ⅱ에서 생성된 C의 양(mol)이 각각 $4n$ mol, $8n$ mol이고, B x g이 모두 반응하면 생성되는 C의 양(mol)은 $10n$ mol이다. 실험 Ⅳ에서 B는 모두 반응하고, A $\dfrac{3}{2}w$ g이 남게 되며, A $\dfrac{3}{2}w$ g의 양(mol)을 m mol이라 하면, 반응 후 $\dfrac{\text{생성물의 양(mol)}}{\text{전체 기체의 부피(L)}}$(상댓값)$= \dfrac{10n}{m+10n} = \dfrac{5}{8}$이므로 $m = 6n$이다. 따라서 A w g의 양(mol)은 $4n$ mol이며, 실험 Ⅰ에서 반응한 A의 양(mol)과 생성된 C의 양(mol)이 같으므로 A와 C의 반응 계수는 같고, $a = 2$이다. 따라서 $a \times x = 2 \times \dfrac{5}{8}w = \dfrac{5}{4}w$이다.

①̶ $\dfrac{3}{8}w$ ②̶ $\dfrac{5}{8}w$ ③̶ $\dfrac{3}{4}w$ ④ $\dfrac{5}{4}w$ ⑤̶ $\dfrac{5}{2}w$

적용해야 할 개념 ③가지

① 화학 반응식의 계수비＝분자 수비＝몰비＝(기체의) 부피비

② 질량 보존 법칙: 화학 반응이 일어날 때 반응 전과 후 물질의 전체 질량은 일정하게 유지된다.

③ 기체의 양(mol)과 부피: 기체의 온도와 압력이 같을 때 기체의 부피는 기체의 양(mol)에 비례한다.

문제 보기

다음은 기체 A와 B가 반응하여 기체 C를 생성하는 반응의 화학 반응식이다.

$$A(g) + bB(g) \longrightarrow 2C(g) \quad (b는 \text{ 반응 계수})$$

표는 실린더에 A(g)와 B(g)를 넣고 반응을 완결시킨 실험 I, II에 대한 자료이다.

$$\frac{\text{II에서 반응 후 전체 기체의 부피}}{\text{I에서 반응 전 전체 기체의 부피}} = \frac{3}{11}\text{이다.}$$

→ A $2w$ g과 B 6 g 반응

실험	반응 전 기체의 질량(g)		반응 후 남은 반응물의 질량(g)
	A(g)	B(g)	
I	$2w$ 28	20	B w 14
II	$4w$ 56	6	A $2w$ 28

↳ $2w$ g 반응　↳ 모두 반응

➡ 반응 질량비 A : B : C = 28 : 6 : 34

$\dfrac{w}{b} \times \dfrac{\text{B의 분자량}}{\text{A의 분자량}}$ 은? (단, 실린더 속 기체의 온도와 압력은 일정하다.) [3점]

<보기> 풀이

화학 반응에서 반응 전과 후 물질의 전체 질량은 일정하게 유지되고, 온도와 압력이 일정할 때 기체의 부피는 기체의 양(mol)에 비례한다. 화학 반응식에서 반응 계수비는 반응 몰비와 같고, 반응 질량비를 반응 계수비로 나눈 값은 화학식량비와 같다.

❶ 각 실험에서 남은 반응물을 찾고 w 구하기

실험 II에서 A가 모두 반응한다면 실험 I에서도 A가 모두 반응하고 반응 후 남은 반응물의 질량은 실험 I에서가 실험 II에서보다 커야 하는데, 반응 후 남은 반응물의 질량은 실험 I < 실험 II이다. 따라서 실험 II에서 모두 반응한 것은 B 6 g이고, 반응 후 남은 A의 질량이 $2w$ g이다. 따라서 실험 I에서는 A $2w$ g과 B 6 g이 반응하고 B 14 g이 남게 되므로 $w=14$이다.

❷ 각 실험에서 반응 전과 후의 양적 관계 구하기

실험 I과 II에서 반응 전 A의 질량은 각각 28 g과 56 g이고, 반응 후 실험 I에서는 B 14 g이 남고, C 34 g이 생성되며, 실험 II에서는 A 28 g이 남고, C 34 g이 생성된다. 이때 A 28 g을 n mol, B 2 g을 m mol이라고 하면 실험 I과 II에서 반응 전 후 기체의 양(mol)은 다음과 같다.

실험	반응 전	반응 후
I	A n mol, B $10m$ mol	B $7m$ mol, C $2n$ mol
II	A $2n$ mol, B $3m$ mol	A n mol, C $2n$ mol

따라서 $\dfrac{3n}{n+10m} = \dfrac{3}{11}$ 이므로 $n=m$ 이다.

❸ 반응 질량비로부터 분자량비와 반응 계수 b 구하기

$n=m$ 이므로 반응 몰비는 A : B : C = 1 : 3 : 2이고, 반응 계수 $b=3$이다. 반응 질량비는 A : B : C = 28 : 6 : 34이므로 분자량비는 $A : B : C = \dfrac{28}{1} : \dfrac{6}{3} : \dfrac{34}{2} = 28 : 2 : 17$이다. 따라서

$\dfrac{w}{b} \times \dfrac{\text{B의 분자량}}{\text{A의 분자량}} = \dfrac{14}{3} \times \dfrac{2}{28} = \dfrac{1}{3}$ 이다.

① $\dfrac{1}{4}$　　② $\dfrac{1}{3}$　　③ $\dfrac{1}{2}$　　④ $\dfrac{2}{3}$　　⑤ $\dfrac{3}{4}$

적용해야 할 개념 ③가지

① 질량 보존 법칙: 화학 반응이 일어날 때 반응 전과 후 물질의 전체 질량은 일정하게 유지된다.

② 화학 반응식의 계수비＝분자 수비＝몰비＝(기체의) 부피비

③ 물질의 질량(g)＝물질의 양(mol)×1몰의 질량(g/mol)

문제 보기

다음은 A와 B가 반응하여 C를 생성하는 반응의 화학 반응식 이다.

$$2A(g) + B(g) \longrightarrow \overset{2}{c}C(g) \ (c\text{는 반응 계수})$$

표는 실린더에 $A(g)$와 $B(g)$의 질량을 달리하여 넣고 반응을 완 결시킨 실험 I, II에 대한 자료이다. $\dfrac{A\text{의 분자량}}{C\text{의 분자량}} = \dfrac{4}{5}$이고, 실 험 II에서 B는 모두 반응하였다.

전체 양(mol)에 비례 ┐

실험	반응 전 A의 질량(g)	반응 전 B의 질량(g)	반응 후 $\dfrac{C\text{의 양(mol)}}{\text{전체 기체의 양 (mol)}}$	반응 후 전체 기체의 부피(L)
I	$4w$	$6w$	$\dfrac{2}{7}$	V_1
II	$9w$	$2w$	$\dfrac{8}{9}$	V_2

반응 질량비 A : B : C＝4 : 1 : 5

➡ 분자량비 A : B : C＝$\dfrac{4}{2}$: $\dfrac{1}{1}$: $\dfrac{5}{2}$＝4 : 2 : 5

$c \times \dfrac{V_2}{V_1}$는? (단, 온도와 압력은 일정하다.)

<보기> 풀이

❶ 반응 계수 구하기

실험 II에서 B $2w$ g이 모두 반응하였고, 반응한 A의 질량을 x g이라 하면, 생성된 C의 질량은 $(x+2w)$ g이다. 분자량비에 따라 A, C의 분자량을 각각 $4M$, $5M$이라 하면, 반응 후 A와 C의 양(mol)은 각각 $\dfrac{(9w-x)}{4M}$ 몰, $\dfrac{(x+2w)}{5M}$ 몰이고, $\dfrac{C\text{의 양(mol)}}{\text{전체 기체의 양(mol)}} = \dfrac{8}{9}$이므로 $x=8w$이다.

또한 반응 몰비가 A : C＝1 : 1이므로 반응 계수 $c=2$이다.

❷ 반응 후 전체 기체의 양(mol) 구하기

반응 질량비가 A : B : C＝4 : 1 : 5이고, 반응 계수비가 A : B : C＝2 : 1 : 2이므로 분자량 비는 A : B : C＝$\dfrac{4}{2}$: $\dfrac{1}{1}$: $\dfrac{5}{2}$＝4 : 2 : 5이다. 따라서 A w g을 n몰이라 하면, B w g은 $2n$몰 이므로 실험 I과 II에서 반응 전과 후의 양적 관계는 다음과 같다.

	실험 I			실험 II		
반응식	$2A(g)$ +	$B(g)$ $\longrightarrow$	$2C(g)$	$2A(g)$ +	$B(g)$ $\longrightarrow$	$2C(g)$
반응 전(몰)	$4n$	$12n$	0	$9n$	$4n$	0
반응(몰)	$-4n$	$-2n$	$+4n$	$-8n$	$-4n$	$+8n$
반응 후(몰)	0	$10n$	$4n$	n	0	$8n$

이때 실험 I과 II에서 반응 후 전체 기체의 양(mol)은 각각 $14n$ mol, $9n$ mol이고, 온도와 압 력이 일정하므로 기체의 부피는 기체의 양(mol)에 비례한다. 따라서 $V_1 : V_2 = 14 : 9$이다.

❸ $c \times \dfrac{V_2}{V_1}$ 구하기

$c=2$이고, $V_1 : V_2 = 14 : 9$이므로 $c \times \dfrac{V_2}{V_1} = 2 \times \dfrac{9}{14} = \dfrac{9}{7}$이다.

① $\dfrac{8}{5}$ ② $\dfrac{9}{7}$ ③ $\dfrac{8}{9}$ ④ $\dfrac{5}{9}$ ⑤ $\dfrac{3}{8}$

적용해야 할 개념 ④가지

① 화학 반응식의 계수비=분자 수비=몰비=(기체의) 부피비

② 질량 보존 법칙: 화학 반응이 일어날 때 반응 전과 후 물질의 전체 질량은 일정하다.

③ 몰과 부피: 기체의 온도와 압력이 같을 때, 기체의 부피는 기체의 양(mol)에 비례한다.

④ 밀도$=\dfrac{질량}{부피}$이며, 온도와 압력이 같고 질량이 같을 때 기체의 밀도는 부피 또는 기체의 양(mol)에 반비례한다.

문제 보기

다음은 A(g)와 B(g)가 반응하여 C(g)를 생성하는 반응의 화학 반응식이다.

$$a\mathrm{A}(g) + \mathrm{B}(g) \longrightarrow c\mathrm{C}(g) \ (a, c는 \ 반응 \ 계수)$$

표는 실린더에 A(g)와 B(g)의 질량을 달리하여 넣고 반응을 완결시킨 실험 Ⅰ~Ⅲ에 대한 자료이다.

실험	반응 전		반응 후		
	A의 질량(g)	B의 질량(g)	A 또는 B의 질량(g)	C의 밀도 (상댓값)	전체 기체의 부피 (상댓값)
Ⅰ	1	w 1.6	$\frac{4}{5}$ B	17 1.8	6
Ⅱ	3	w	1 A	17 3.6	12
Ⅲ	4	$w+2$	0.4 B	24 x 7.2	17

반응 질량비 A : B : C = 5 : 4 : 9
반응 몰비 A : B : C = 2 : 1 : 2
➡ 분자량비 A : B : C = 5 : 8 : 9

$\dfrac{x}{c} \times \dfrac{\text{C의 분자량}}{\text{B의 분자량}}$은? (단, 온도와 압력은 일정하다.) [3점]

<보기> 풀이

❶ w와 A, B, C의 반응 질량비 구하기

실험 Ⅰ과 Ⅱ에서 반응 후 전체 기체의 부피비가 1 : 2이고, C의 밀도가 서로 같으므로 생성된 C의 질량비도 1 : 2이다. 따라서 실험 Ⅰ에서는 A가 모두 반응하고, 실험 Ⅱ에서는 B가 모두 반응하며, 실험 Ⅰ과 Ⅱ에서 반응한 A 및 B의 질량비도 모두 1 : 2이다. 따라서 $w=1.6$이고, 실험 Ⅰ과 Ⅱ에서 반응 후 남은 기체는 각각 B 0.8 g, A 1 g이며 생성된 C의 질량은 각각 1.8 g, 3.6 g이다. 따라서 반응 질량비는 A : B : C=1 : 0.8 : 1.8=5 : 4 : 9이다.

❷ x 구하기

반응 질량비가 A : B : C=5 : 4 : 9이고, 실험 Ⅲ에서 반응 전 A와 B의 질량이 각각 4 g, 3.6 g이므로 반응 후 B 0.4 g이 남고 생성된 C의 질량은 7.2 g이다. 이때, 실험 Ⅰ과 Ⅲ에서 생성된 C의 질량비는 1 : 4이고, 부피비는 6 : 17이므로 C의 밀도비는 17 : $x=\dfrac{1}{6}$: $\dfrac{4}{17}$이고, $x=24$이다.

❸ 반응 계수와 분자량비 구하기

실험 Ⅰ과 Ⅱ에서 반응 후 전체 기체의 부피비가 1 : 2이고, C의 몰비도 1 : 2이므로 남아 있는 기체의 몰비도 1 : 2이다. 따라서 실험 Ⅰ에서 반응 후 B 0.8 g과 C 1.8 g의 양(mol)을 각각 n mol, m mol이라 하면, 실험 Ⅱ에서 반응 후 A 1 g의 양(mol)은 $2n$ mol이다. 따라서 실험 Ⅲ에서 반응 후 B 0.4 g과 C 7.2 g의 양(mol)은 각각 $\dfrac{n}{2}$ mol, $4m$ mol이므로 실험 Ⅰ과 Ⅲ에서 $(n+m) : (\dfrac{n}{2}+4m)=6 : 17$이고, 정리하면 $m=2n$이다. 따라서 실험 Ⅰ에서 A 1 g과 B 0.8 g이 반응하여 C 1.8 g이 생성되므로 A $2n$ mol과 B n mol이 반응하여 C $2n$ mol이 생성된다. 반응 몰비는 A : B : C=2 : 1 : 2이므로 반응 계수 $a=2$, $c=2$이다. 또한 B n mol, C $2n$ mol의 질량이 각각 0.8 g, 1.8 g이므로 $\dfrac{\text{C의 분자량}}{\text{B의 분자량}}=\dfrac{1.8}{2n}\times\dfrac{n}{0.8}=\dfrac{9}{8}$이다. 따라서 $\dfrac{x}{c}$ $\times\dfrac{\text{C의 분자량}}{\text{B의 분자량}}=\dfrac{24}{2}\times\dfrac{9}{8}=\dfrac{27}{2}$이다.

① $\dfrac{21}{4}$　　② $\dfrac{17}{2}$　　③ $\dfrac{39}{4}$　　④ $\dfrac{27}{2}$　　⑤ $\dfrac{39}{2}$

적용해야 할 개념 ④가지

① 화학 반응식의 계수비＝분자 수비＝몰비＝(기체의) 부피비

② 질량 보존 법칙: 화학 반응이 일어날 때 반응 전과 후 물질의 전체 질량은 일정하게 유지된다.

③ 몰과 부피: 기체의 온도와 압력이 같을 때, 기체의 부피는 기체의 양(mol)에 비례한다.

④ 밀도＝$\dfrac{\text{질량}}{\text{부피}}$이며, 온도와 압력이 같고 질량이 같을 때 기체의 밀도는 부피 또는 기체의 양(mol)에 반비례한다.

문제 보기

다음은 실린더에 A(g)와 B(g)의 질량을 달리하여 넣고 반응을 완결시킨 실험 I ～ III에 대한 자료이다.

○ 화학 반응식

A(g) + bB(g) ⟶ C(g) + dD(g) (b, d는 반응 계수)
　　　　2　　　　　　　　　2
밀도가 같으므로 반응 전과 후 부피가 같다. → $b=d$ ⟶

실험	넣어준 물질의 질량(g)		전체 기체의 밀도 (상댓값)	
	A(g)	B(g)	반응 전	반응 후
I	2w 모두반응	12w	$\dfrac{7}{2}$	$\dfrac{7}{2}$
II	4w	8w 모두반응	3	
III	4w	12w		x $\dfrac{16}{5}$

부피비(＝몰비) I : II = 1 : 1

○ 실험 I과 II에서 반응 후 생성된 C(g)의 양이 같다.

$\dfrac{x}{b+d}$는? (단, 실린더 속 기체의 온도와 압력은 일정하다.) [3점]

<보기> 풀이

❶ 반응 계수 b와 d 구하기

실험 I에서 반응 전과 후 전체 기체의 밀도(상댓값)가 $\dfrac{7}{2}$로 같으므로 반응 전과 후 전체 기체의 부피 및 양(mol)은 서로 같다. 따라서 반응물의 전체 반응 계수 합과 생성물의 전체 반응 계수 합은 같으므로 $b=d$이다. 실험 I과 II에서 전체 기체의 질량비가 I : II ＝ 14w : 12w ＝ 7 : 6이고, 밀도(상댓값)비가 I : II ＝ $\dfrac{7}{2}$: 3 ＝ 7 : 6이므로 부피비는 I : II ＝ 1 : 1이다. 따라서 A 2w g의 양과 B 4w g의 양을 각각 y mol, z mol이라 하고, 실험 I과 II에서 전체 기체의 양(mol)을 4n mol이라 하면, $y+3z=4n$, $2y+2z=4n$이므로 $y=z=n$이다. 이때 반응 후 실험 I과 II에서 생성된 C의 양(mol)이 같으므로 I에서는 A 2w g이 모두 반응하고, II에서는 B 8w g이 모두 반응한다. 따라서 조건을 만족하는 반응 몰비는 A : B = 1 : 2이어야 하며, $b=d=2$이다.

❷ 실험 II와 III의 반응 전 전체 기체의 부피비 구하기

A 2w g의 양(mol)과 B 4w g의 양(mol)이 각각 n mol이므로 실험 III에서 반응 전 A와 B의 양(mol)은 각각 2n mol, 3n mol이고, 전체 기체의 양(mol)은 5n mol이다. 온도와 압력이 일정할 때 기체의 부피는 기체의 양(mol)에 비례하므로 실험 II와 III에서 전체 기체의 부피비는 II : III = 4 : 5이다.

❸ x 구하기

실험 III에서 반응 전과 후의 밀도는 같으므로 반응 전 전체 기체의 밀도(상댓값)도 x이다. 실험 II와 III에서 밀도비는 각각의 질량비를 부피비로 나눈 값과 같으므로 3 : x ＝ $\dfrac{12w}{4}$: $\dfrac{16w}{5}$이고, $x=\dfrac{16}{5}$이다. 따라서 $\dfrac{x}{b+d}=\dfrac{16}{5}\times\dfrac{1}{4}=\dfrac{4}{5}$이다.

 $\dfrac{3}{5}$　　② $\dfrac{4}{5}$　　 1　　✗ $\dfrac{6}{5}$　　✗ $\dfrac{5}{4}$

적용해야 할 개념 ④가지

① 화학 반응식의 계수비=분자 수비=몰비=(기체의) 부피비

② 기체의 양(mol)과 부피: 온도와 압력이 같을 때 기체의 부피는 기체의 양(mol)에 비례한다.

③ 분자량비: 반응 질량비를 반응 몰비(=반응 계수비)로 나눈 값과 같다.

④ 같은 화학 반응의 두 실험에서 반응 전과 후의 부피 변화량은 반응한 물질의 양(mol)에 비례한다.

문제 보기

다음은 $A(g)$와 $B(g)$의 양을 달리하여 반응을 완결시킨 실험 I ~ III에 대한 자료이다.

○ 화학 반응식: $A(g) + \overset{2}{b}B(g) \longrightarrow \overset{2}{c}C(g)$

                          (b, c는 반응 계수)

실험	반응 전 물질의 양		전체 기체의 부피	
	$A(g)$	$B(g)$	반응 전	반응 후
I	$2n$몰 A가 남음	n몰	$3V \xrightarrow{-0.5V} \frac{5}{2}V$	
II	n몰	$3n$몰 B가 남음	$4V \xrightarrow{-V} 3V$	
III	x g	x g		$\frac{45}{8}V$

반응한 물질의 양은 실험 II가 실험 I의 2배이다.

○ 실험 III에서 반응 후 $A(g)$는 $\frac{3}{4}x$ g이 남았다.

  └ 반응 질량비 $A:B:C = \frac{1}{4}x : x : \frac{5}{4}x = 1:4:5$

      반응 몰비 $A:B:C = 1:2:2$

      ➡ 분자량비 $A:B:C = \frac{1}{1} : \frac{4}{2} : \frac{5}{2} = 2:4:5$

이에 대한 설명으로 옳은 것만을 〈보기〉에서 있는 대로 고른 것은? (단, 반응 전과 후의 온도와 압력은 모두 같다.) [3점]

〈보기〉 풀이

온도와 압력이 같을 때 기체의 부피는 기체의 양(mol)에 비례한다. 반응 후 부피 감소량이 실험 II(V)가 실험 I($0.5V$)의 2배이므로 반응한 양도 실험 II가 실험 I의 2배이다. 따라서 실험 I과 II에서 각각 A, B가 남으며, 반응 전과 후의 양적 관계는 다음과 같다.

	실험 I			실험 II		
반응식	$A(g) +$	$bB(g) \longrightarrow$	$cC(g)$	$A(g) +$	$bB(g) \longrightarrow$	$cC(g)$
반응 전(몰)	$2n$	n	0	n	$3n$	0
반응(몰)	$-\frac{n}{b}$	$-n$	$+\frac{cn}{b}$	$-n$	$-bn$	$+cn$
반응 후(몰)	$2n-\frac{n}{b}$	0	$\frac{cn}{b}$	0	$(3-b)n$	cn

부피 V에 해당하는 양(mol)을 n몰이라 가정하면 $2n+\frac{(c-1)n}{b} = \frac{5}{2}n$, $(3-b+c)n = 3n$이 성립하며, 이를 풀면 $b=c=2$이다.

✗ $b=4$이다.

➡ $b=c=2$이다.

◯ ㄴ. 분자량은 C가 A의 2.5배이다.

➡ 실험 III에서 반응 후 A는 $\frac{3}{4}x$ g 남았으므로 A $\frac{1}{4}x$ g과 B x g이 반응하여 C $\frac{5}{4}x$ g이 생성되었다. 따라서 반응 질량비는 $A:B:C = \frac{x}{4} : x : \frac{5}{4}x = 1:4:5$이며, 반응 몰비(=반응 계수비)는 $A:B:C = 1:2:2$이므로 분자량비는 $A:B:C = 2:4:5$이다. 따라서 분자량은 C가 A의 2.5배이다.

◯ ㄷ. 반응 후 생성된 C의 몰비는 II : III = 8 : 9이다.

➡ 분자량비가 $A:B = 1:2$이므로 실험 III에서 반응 전 몰비는 $A:B = 2:1$이다. 실험 III에서 반응 전 A, B를 각각 $2a$몰, a몰이라 하면, 반응 후 A $1.5a$몰이 남고 C a몰이 생성되므로 $2.5a = \frac{45}{8}n$이고, $a = \frac{9}{4}n$이다. 실험 II에서 생성된 C는 $2n$몰이므로 반응 후 생성된 C의 몰비는 II : III $= 2n : \frac{9}{4}n = 8 : 9$이다.

적용해야 할 개념 ④가지

① 화학 반응식의 계수비＝분자 수비＝몰비＝(기체의) 부피비
② 질량 보존 법칙: 화학 반응이 일어날 때 반응 전과 후 물질의 전체 질량은 일정하게 유지된다.
③ 기체의 양(mol)과 부피: 기체의 온도와 압력이 같을 때, 기체의 부피는 기체의 양(mol)에 비례한다.
④ 같은 화학 반응의 두 실험에서 반응 전과 후의 전체 부피 변화량이 서로 같으면 두 실험에서 반응한 물질의 양(mol)이 서로 같다.

문제 보기

다음은 $A(g)$와 $B(g)$가 반응하여 $C(g)$를 생성하는 반응의 화학 반응식이다.

$$a A(g) + B(g) \longrightarrow 2C(g) \ (a는 반응 계수)$$

표는 실린더에 $A(g)$와 $B(g)$를 넣고 반응을 완결시킨 실험 Ⅰ, Ⅱ에 대한 자료이다.

실험 Ⅰ 부피 ➡ 반응 후: $5V$, 반응 전: $7V$ 　부피 변화량이 같다. ➡
실험 Ⅱ 부피 ➡ 반응 후: $9V$, 반응 전: $11V$ 　생성된 C의 양(mol)이 같다.

실험	반응 전		B 모두 반응	반응 후	
	전체 기체의 A질량(g) B	전체 기체의 밀도(g/L)	A의 질량 (상댓값)	전체 기체의 부피(상댓값)	전체 기체의 밀도(g/L)
Ⅰ	$5n$ $3w$ $2n$	$5d_1$	1	5	$7d_1$
Ⅱ	$9n$ $5w$ $2n$	$9d_2$	5	9	$11d_2$

→ $(5M_A + 2M_B) : (9M_A + 2M_B) = 3w : 5w$

$a \times \dfrac{\text{B의 분자량}}{\text{C의 분자량}}$ 은? (단, 실린더 속 기체의 온도와 압력은 일정하다.) [3점]

보기

<보기> 풀이

화학 반응 전과 후의 전체 질량은 변하지 않으므로 전체 기체의 밀도와 전체 기체의 부피의 곱은 같아야 한다. 반응 후 전체 기체의 부피비가 실험 Ⅰ : Ⅱ＝5 : 9이므로, 실험 Ⅰ에서 반응 후 전체 기체의 부피를 $5V$라고 하면 실험 Ⅰ과 Ⅱ에서 반응 전 전체 기체의 부피는 각각 $7V$, $11V$이다. 이때 실험 Ⅰ과 Ⅱ에서 반응 후 모두 A가 남고, B는 모두 반응하였으며, 반응 전과 후 부피 변화량이 같으므로 생성된 C의 양(mol)도 같다.

❶ 반응 전과 후 부피(상댓값) 변화로 반응 계수 a 구하기

실험 Ⅰ과 Ⅱ에서 반응 전과 후 전체 기체의 부피비는 각각 7 : 5, 11 : 9이며, 기체의 온도와 압력이 일정할 때 기체의 부피는 기체의 양(mol)에 비례하므로 실험 Ⅰ에서 반응 후 전체 기체의 양(mol)을 $5n$ mol이라고 하면 실험 Ⅱ에서 반응 후 전체 기체의 양(mol)은 $9n$ mol이다. 또한 실험 Ⅰ과 Ⅱ에서 반응 전 전체 기체의 양(mol)은 각각 $7n$ mol, $11n$ mol이다.

실험 Ⅰ과 Ⅱ에서 반응 후 남은 A의 양(mol)을 각각 x mol, $5x$ mol이라 하고, 생성된 C의 양 (mol)을 y mol이라 하면 $x+y=5n$, $5x+y=9n$이므로 이를 풀면 $x=n$, $y=4n$이다. 실험 Ⅰ과 Ⅱ에서 반응 전과 후의 양적 관계는 다음과 같다.

	실험 Ⅰ			실험 Ⅱ		
반응식	$a A(g)$ +	$B(g)$ $\longrightarrow$	$2C(g)$	$a A(g)$ +	$B(g)$ $\longrightarrow$	$2C(g)$
반응 전(mol)	$5n$	$2n$	0	$9n$	$2n$	0
반응(mol)	$-4n$	$-2n$	$+4n$	$-4n$	$-2n$	$+4n$
반응 후(mol)	n	0	$4n$	$5n$	0	$4n$

따라서 반응 몰비는 $A : B : C = 2 : 1 : 2$이고, $a = 2$이다.

❷ 전체 기체 질량과 반응 몰비를 이용해 $\dfrac{\text{B의 분자량}}{\text{C의 분자량}}$ 구하기

실험 Ⅰ과 Ⅱ에서 반응 전 전체 기체의 질량이 각각 $3w$ g, $5w$ g이고, A와 B의 분자량을 각각 M_A, M_B라 하면 $(5M_A + 2M_B) : (9M_A + 2M_B) = 3 : 5$이다. 이를 풀면 $M_A = 2M_B$이다. 반응 몰비는 $A : B : C = 2 : 1 : 2$이고, C의 분자량을 M_C라 하면 $(2 \times M_A) + (1 \times M_B) = (2 \times M_C)$이므로 $\dfrac{M_B}{M_C} = \dfrac{2}{5}$, 즉 $\dfrac{\text{B의 분자량}}{\text{C의 분자량}} = \dfrac{2}{5}$이다. 따라서 $a \times \dfrac{\text{B의 분자량}}{\text{C의 분자량}} = 2 \times \dfrac{2}{5} = \dfrac{4}{5}$이다.

✖ $\dfrac{1}{4}$　② $\dfrac{4}{5}$　✖ $\dfrac{8}{9}$　✖ 1　✖ $\dfrac{10}{9}$

적용해야 할 개념 ④가지

① 화학 반응식의 계수비＝분자 수비＝몰비＝(기체의) 부피비

② 질량 보존 법칙: 화학 반응이 일어날 때 반응 전과 후 물질의 전체 질량은 일정하다.

③ 기체의 양(mol)과 부피: 온도와 압력이 같을 때 기체의 부피는 기체의 양(mol)에 비례한다.

④ 분자량비: 반응 질량비를 반응 몰비(＝반응 계수비)로 나눈 값과 같다.

문제 보기

다음은 $A(g)$와 $B(g)$가 반응하여 $C(g)$를 생성하는 반응의 화학 반응식이다.

$$2A(g) + B(g) \longrightarrow \overset{2}{c}C(g) \quad (c\text{는 반응 계수})$$

표는 실린더에 $A(g)$와 $B(g)$를 넣고 반응을 완결시킨 실험 I ～ III에 대한 자료이다. II에서 $B(g)$는 모두 반응하였다.

실험	반응 전 반응물의 질량(g)		$\dfrac{\text{반응 후 전체 기체의 부피}}{\text{반응 전 전체 기체의 부피}}$
	A	B	
I	8n 7	1 n	$\dfrac{8}{9}$
II	8n 7	2 2n	$\dfrac{4}{5}$
III	8n 7	4 4n	㉠ $\dfrac{2}{3}$

$\dfrac{\text{A의 분자량}}{\text{B의 분자량}} \times$㉠은? (단, 기체의 온도와 압력은 일정하다.) [3점]

→ 분자량비는 $A : B = \dfrac{7}{8} : \dfrac{1}{1} = 7 : 8$

	실험 I				실험 II		
	$2A(g)$	$+ B(g)$	$\longrightarrow cC(g)$		$2A(g)$	$+ B(g)$	$\longrightarrow cC(g)$
	m	n	0		m	$2n$	0
	$-2n$	$-n$	$+cn$		$-4n$	$-2n$	$+2cn$
	$m-2n$	0	cn		$m-4n$	0	$2cn$

→ $\dfrac{m-2n+cn}{m+n} = \dfrac{8}{9}$, $\dfrac{m-4n+2cn}{m+2n} = \dfrac{4}{5}$ 이므로 $c=2$, $m=8n$

	$2A(g)$	$+ B(g)$	$\longrightarrow 2C(g)$
	$8n$	$4n$	0
	$-8n$	$-4n$	$+8n$
	0	0	$8n$

→ ㉠ $= \dfrac{8n}{12n} = \dfrac{2}{3}$

＜보기＞ 풀이

화학 반응식의 반응 계수는 화학 반응에서 반응물과 생성물의 반응 몰비를 가장 간단한 정수비로 나타낸 것이다. 이때 기체 반응의 경우 온도와 압력이 일정하면 기체의 부피는 기체의 양(mol)에 비례하므로 반응 계수비는 반응 몰비 또는 반응 부피비와도 같으며, 질량비와는 같지 않다. 반응 질량비는 반응물의 분자량에 반응 계수를 곱한 값의 비와 같다.

❶ 실험 I 과 II의 결과로부터 반응 전 A와 B의 양(mol)과 반응 계수 c 구하기

반응 전 A 7 g과 B 1 g의 양(mol)을 각각 m mol, n mol이라고 하면 실험 II에서 B가 모두 반응하였으므로 실험 I 에서도 B가 모두 반응하였다. 따라서 실험 I 과 II에서 반응 전과 후의 양적 관계는 다음과 같다.

	실험 I			실험 II		
화학 반응식	$2A(g)$ $+$ $B(g)$ $\longrightarrow$ $cC(g)$			$2A(g)$ $+$ $B(g)$ $\longrightarrow$ $cC(g)$		
반응 전(mol)	m	n	0	m	$2n$	0
반응(mol)	$-2n$	$-n$	$+cn$	$-4n$	$-2n$	$+2cn$
반응 후(mol)	$m-2n$	0	cn	$m-4n$	0	$2cn$

이때 실험 I 과 II에서 $\dfrac{m-2n+cn}{m+n} = \dfrac{8}{9}$, $\dfrac{m-4n+2cn}{m+2n} = \dfrac{4}{5}$ 이므로 $c=2$, $m=8n$이다.

❷ 반응 전 기체의 양(mol)으로부터 A와 B의 분자량비 구하기

$m=8n$이므로 반응 전 A 7 g과 B 1g의 몰비가 $A : B = 8 : 1$이다. 따라서 분자량비는 $A : B = \dfrac{7}{8} : \dfrac{1}{1} = 7 : 8$이므로 $\dfrac{\text{A의 분자량}}{\text{B의 분자량}} = \dfrac{7}{8}$이다.

❸ 실험 III에서 ㉠ 구하기

반응 계수 $c=2$이므로 실험 III에서 반응 전과 후의 양적 관계는 다음과 같다.

화학 반응식	$2A(g)$	$+$ $B(g)$	$\longrightarrow 2C(g)$
반응 전(mol)	$8n$	$4n$	0
반응(mol)	$-8n$	$-4n$	$+8n$
반응 후(mol)	0	0	$8n$

따라서 ㉠ $= \dfrac{8n}{12n} = \dfrac{2}{3}$이므로 $\dfrac{\text{A의 분자량}}{\text{B의 분자량}} \times$㉠ $= \dfrac{7}{8} \times \dfrac{2}{3} = \dfrac{7}{12}$이다.

 ① $\dfrac{7}{12}$ ② $\dfrac{2}{3}$ ③ $\dfrac{6}{7}$ ④ $\dfrac{3}{2}$ ⑤ $\dfrac{12}{7}$

5
일차

| 01 ② | 02 ② | 03 ② | 04 ⑤ | 05 ③ | 06 ③ | 07 ① | 08 ① | 09 ③ | 10 ④ | 11 ① | 12 ② |
| 13 ① | 14 ⑤ | 15 ④ | 16 ⑤ | 17 ② | | | | | | | |

문제편 056∼061쪽

---

01 기체 반응에서의 양적 관계 2023학년도 7월 학평 화Ⅰ 13번

정답 ② | 정답률 66 %

적용해야 할 개념 ④가지

① 아보가드로 법칙: 온도와 압력이 같을 때 모든 기체는 같은 부피 속에 같은 수의 분자가 들어 있다. 따라서 기체의 부피는 기체의 양(mol)에 비례한다.

② 질량 보존 법칙: 화학 반응이 일어날 때 반응 전과 후 물질의 전체 질량은 일정하다.

③ 물질의 양(mol)과 질량, 기체의 부피 사이의 관계: 물질의 양(mol) $= \dfrac{\text{질량(g)}}{\text{1 mol의 질량(g/mol)}} = \dfrac{\text{기체의 부피(L)}}{\text{같은 조건에서 기체 1 mol의 부피(L/mol)}}$

④ 화학 반응식의 계수비=분자 수비=몰비=(기체의) 부피비

［문제 보기］

다음은 A(g)와 B(g)가 반응하여 C(g)가 생성되는 반응의 화학 반응식이다.

$$\overset{2}{a}\text{A}(g) + \text{B}(g) \longrightarrow \overset{2}{c}\text{C}(g) \quad (a, c\text{는 반응 계수})$$

그림은 실린더에 A(g)와 B(g)를 넣고 반응시켰을 때, 반응 전과 후 실린더에 존재하는 물질과 양을 나타낸 것이다. 분자량은 A가 B의 2배이다.

$\Big\rceil M_B = \dfrac{1}{2} M_A$

보기

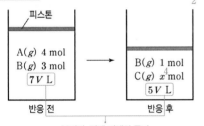

피스톤

| A(g) 4 mol
B(g) 3 mol
7V L | → | B(g) 1 mol
C(g) x^{4}mol
5V L |

반응 전   반응 후

부피비, 전체 기체의 몰비
반응 전 : 반응 후=7 : 5 ➡ $x=4$
➡ 반응 계수비 A : B : C=a : 1 : c=4 : 2 : 4
➡ $a=c=2$

$x \times \dfrac{\boxed{\text{C의 분자량}}}{\boxed{\text{A의 분자량}}}$ 은? (단, 실린더 속 기체의 온도와 압력은 일정하다.)

반응 전과 후 전체 질량
➡ $2 \times M_A + \dfrac{1}{2} M_A = 2 \times M_C$

＜보기＞ 풀이

화학 반응에서 반응 전과 후 전체 질량은 일정하게 유지된다. 반응 계수는 반응 몰비를 간단한 정수비로 나타낸 것으로 반응 계수비는 반응 몰비와 같고, 온도와 압력이 일정할 때 기체의 부피는 기체의 양(mol)에 비례하므로 기체 반응에서 부피비와도 같다. 반응 질량비는 반응 계수에 분자량을 곱한 비와 같다.

❶ 아보가드로 법칙으로부터 x 구하기

온도와 압력이 일정하므로 기체의 부피는 종류에 관계없이 기체의 양(mol)에 비례한다. 따라서 반응 전과 후의 부피비가 7 : 5이므로 전체 기체의 몰비도 반응 전 : 반응 후=7 : 5이고, $x=4$이다.

❷ 반응 계수 a, c 구하기

반응 전 A(g)와 B(g)의 양이 각각 4 mol, 3 mol이고, 반응 후 B(g) 1 mol이 남고, C(g) 4 mol이 생성되었으므로 A(g), B(g), C(g)의 반응 계수비는 $a : 1 : c = 4 : 2 : 4$이다. 따라서 $a=c=2$이다.

❸ 질량 보존 법칙으로부터 분자량비 구하기

분자량은 A가 B의 2배이므로 A와 C의 분자량을 각각 M_A, M_C라고 하면 B의 분자량은 $\dfrac{1}{2} M_A$이다. 이때 반응 전과 후 전체 질량은 같아야 하므로 $2 \times M_A + \dfrac{1}{2} M_A = 2 \times M_C$이다. 따라서 $\dfrac{\text{C의 분자량}}{\text{A의 분자량}} = \dfrac{M_C}{M_A} = \dfrac{5}{4}$이므로 $x \times \dfrac{\text{C의 분자량}}{\text{A의 분자량}} = 4 \times \dfrac{5}{4} = 5$이다.

 2   ②5   7   8   10

적용해야 할 개념 ④가지

① 화학 반응식의 계수 맞추기: 반응물과 생성물을 구성하는 원자의 종류와 수가 같도록 화학식 앞에 계수를 맞춘다.

② 밀도 = $\dfrac{\text{질량}}{\text{부피}}$ ➡ 질량 = 밀도 × 부피

③ 질량 보존 법칙: 화학 반응이 일어날 때 반응 전과 후 물질의 전체 질량은 일정하게 유지된다.

④ 화학 반응식의 계수비 = 분자 수비 = 몰비 = (기체의) 부피비

문제 보기

그림은 실린더에 $AB(g)$와 $B_2(g)$를 넣고 반응을 완결시켰을 때, 반응 전과 후 실린더에 존재하는 물질을 나타낸 것이다. 반응 전과 후 실린더 속 전체 기체의 밀도는 각각 d_1과 d_2이다.

화학 반응식: $2AB(g) + B_2(g) \longrightarrow 2AB_2(g)$
    └─ 부피비(=반응 계수비)
      ➡ 반응 전 : 반응 후 = 3 : 2

```
        피스톤
    ┌──────────┐      ┌──────────┐
    │          │      │          │
    │  AB(g)   │  →   │          │
    │  B₂(g)   │      │  AB₂(g)  │
    └──────────┘      └──────────┘
      반응 전            반응 후
```
    └─ 반응 전과 후의 질량은 같다.

$\dfrac{d_2}{d_1}$는? (단, A와 B는 임의의 원소 기호이고, 실린더 속 기체의 온도와 압력은 일정하다.)

<보기> 풀이

❶ 화학 반응식 구하기

화학 반응식에서 반응 전과 후 모든 원소의 종류와 원자의 수가 같아야 한다. 따라서 $AB(g)$와 $B_2(g)$가 반응하여 $AB_2(g)$가 생성되는 반응의 화학 반응식은 다음과 같다.

$2AB(g) + B_2(g) \longrightarrow 2AB_2(g)$

❷ 반응 계수를 이용하여 부피비 구하기

화학 반응식에서 반응 계수비는 반응 몰비와 같다. 또한 온도와 압력이 같을 때 기체의 부피는 기체의 양(mol)에 비례하므로 기체 반응에서 반응 계수비는 반응하는 기체의 부피비와 같다. 따라서 반응 전 실린더에 존재하는 $AB(g)$와 $B_2(g)$가 모두 반응하여 반응 후 실린더에 $AB_2(g)$만 존재하므로 기체의 부피비는 반응 전 : 반응 후 = 3 : 2이다.

❸ 반응 전과 후 실린더 속 기체의 밀도비 구하기

반응 전과 후 전체 기체의 질량은 같으므로 밀도비는 부피비에 반비례한다. 따라서 반응 전과 후 실린더 속 기체의 밀도비는 $d_1 : d_2 = 2 : 3$이므로 $\dfrac{d_2}{d_1} = \dfrac{3}{2}$이다.

 2   ② $\dfrac{3}{2}$ $\dfrac{4}{3}$ 1 $\dfrac{2}{3}$

적용해야 할 개념 ③가지

① 화학 반응식의 계수비 = 분자 수비 = 몰비 = (기체의) 부피비

② 질량 보존 법칙: 화학 반응이 일어날 때 반응 전과 후 물질의 전체 질량은 일정하다.

③ 기체의 양(mol)과 부피: 온도와 압력이 같을 때 기체의 부피는 기체의 양(mol)에 비례한다.

문제 보기

다음은 $A(g)$와 $B(g)$가 반응하여 $C(g)$를 생성하는 반응의 화학 반응식이다.

$$A(g) + bB(g) \longrightarrow 2C(g) \quad (b는 \text{ 반응 계수})$$

그림 (가)는 실린더에 $A(g)$ $4w$ g을 넣은 것을, (나)는 (가)의 실린더에 $B(g)$ 4.8 g을 넣고 반응을 완결시킨 것을, (다)는 (나)의 실린더에 $A(g)$ w g을 넣고 반응을 완결시킨 것을 나타낸 것이다.

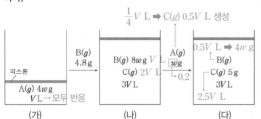

반응 질량비 $A : B : C = 5w : 20w : 5 = 1 : 4 : 5$

➡ 분자량비 $A : B : C = 1 : \dfrac{4}{2} : \dfrac{5}{2} = 2 : 4 : 5$

$\dfrac{w}{b} \times \dfrac{\text{B의 분자량}}{\text{A의 분자량}}$은? (단, 실린더 속 기체의 온도와 압력은 일정하다.) [3점]

<보기> 풀이

화학 반응식의 반응 계수는 화학 반응에서 반응물과 생성물의 반응 몰비를 가장 간단한 정수비로 나타낸 것이다. 이때 반응 질량비를 반응 계수로 나누면 분자량비와 같다.

❶ (나)와 (다)로부터 반응 계수 b 구하기

$B(g)$ $8w$ g이 남아 있는 (나)에 $A(g)$ w g을 넣어 반응시켰더니 $A(g)$ w g이 모두 반응하여 $C(g)$가 생성되었다. 이때 전체 기체의 부피가 변하지 않았으므로 반응한 $B(g)$의 양(mol)과 생성된 $C(g)$의 양(mol)이 같다. 따라서 B와 C의 반응 계수가 같으므로 $b=2$이다.

❷ 질량 보존 법칙으로부터 w 구하기

$A(g)$ $4w$ g이 들어 있는 (가)에 $B(g)$ 4.8 g을 넣어 반응시켰을 때 (나)에 $A(g)$가 존재하지 않으므로 부피가 V L인 $A(g)$ $4w$ g이 모두 반응한 것이며, 이때 반응 몰비가 $A(g) : C(g) = 1 : 2$이므로 $C(g)$ $2V$ L가 생성되고, 남아 있는 $B(g)$ $8w$ g에 해당하는 부피는 V L이다. 따라서 $A(g)$ w g을 추가로 반응시키면 $C(g)$ $0.5V$ L가 생성되므로 (다)에서 $C(g)$ 5 g에 해당하는 부피는 $2.5V$ L이고, 남아 있는 $B(g)$의 부피가 $0.5V$ L이므로 질량은 $4w$ g이다. 이를 통해 $A(g)$ w g과 반응하는 $B(g)$의 질량은 $4w$ g이므로 $A(g)$ $5w$ g과 반응하는 $B(g)$의 질량은 $20w$ g이다. 따라서 반응 전과 후 $B(g)$의 질량은 일정하므로 $4.8 = 20w + 4w$에서 $w = 0.2$이다.

❸ 반응 질량비와 반응 계수로부터 분자량비 구하기

$w = 0.2$이므로 반응 질량비는 $A : B : C = 5w : 20w : 5 = 1 : 4 : 5$이다. 반응 질량비를 반응 계수로 나눈 값은 분자량비와 같으므로 분자량비는 $A : B : C = 1 : \dfrac{4}{2} : \dfrac{5}{2} = 2 : 4 : 5$이다. 따라서 $\dfrac{w}{b} \times \dfrac{\text{B의 분자량}}{\text{A의 분자량}} = \dfrac{0.2}{2} \times \dfrac{4}{2} = \dfrac{1}{5}$이다.

 $\dfrac{2}{15}$ ② $\dfrac{1}{5}$ $\dfrac{3}{10}$ $\dfrac{1}{2}$ $\dfrac{3}{5}$

적용해야 할 개념 ③가지

① 아보가드로 법칙: 온도와 압력이 같을 때 모든 기체는 같은 부피 속에 같은 수의 분자가 들어 있다. 따라서 기체의 부피는 기체의 양(mol)에 비례한다.
② 화학 반응식의 계수비＝분자 수비＝몰비＝(기체의) 부피비
③ 질량 보존 법칙: 화학 반응이 일어날 때 반응 전과 후 물질의 전체 질량은 일정하게 유지된다.

문제 보기

다음은 $A(g)$와 $B(g)$가 반응하여 $C(g)$와 $D(g)$를 생성하는 반응의 화학 반응식이다.

$$2A(g) + bB(g) \longrightarrow cC(g) + 6D(g) \ (b, c\text{는 반응 계수})$$

그림 (가)는 실린더에 $A(g)$, $B(g)$, $D(g)$를 넣은 것을, (나)는 (가)의 실린더에서 반응을 완결시킨 것을 나타낸 것이다. (가)와 (나)에서 $\dfrac{\text{D의 양(mol)}}{\text{전체 기체의 양(mol)}}$ 은 각각 $\dfrac{2}{5}$, $\dfrac{3}{4}$이고, $\dfrac{\text{A의 분자량}}{\text{B의 분자량}}$ 은 $\dfrac{7}{4}$이다.

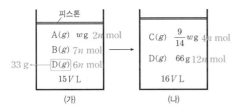

(가)   (나)

$\dfrac{b \times c}{w}$ 는? (단, 실린더 속 기체의 온도와 압력은 일정하다.)

[3점]

<보기> 풀이

❶ (가)와 (나)에서 D의 양(mol) 구하기

온도와 압력이 일정할 때 기체의 부피는 기체의 양(mol)에 비례한다. 기체 V L의 양(mol)을 n mol이라 하면, (가)와 (나)에서 전체 기체의 양(mol)은 각각 $15n$ mol, $16n$ mol이다. 이때, (가)와 (나)에서 $\dfrac{\text{D의 양(mol)}}{\text{전체 기체의 양(mol)}}$ 이 각각 $\dfrac{2}{5}$, $\dfrac{3}{4}$이므로 (가)와 (나)에서 D의 양(mol)은 각각 $6n$ mol, $12n$ mol이다.

❷ 반응 계수 b와 c 구하기

반응 계수는 반응이 일어날 때 반응물과 생성물의 몰비를 나타낸 것이다. 이때 (가)에서 A와 B가 모두 반응하여 D $6n$ mol이 생성되었으며, A와 D의 반응 계수가 각각 2, 6이므로 (가)에서 반응한 A의 양(mol)은 $2n$ mol이다. 따라서 (가)에서 전체 기체의 양(mol)이 $15n$ mol이므로 B의 양(mol)은 $7n$ mol이다. (나)에서 D의 양(mol)이 $12n$ mol이고, 전체 기체의 양(mol)이 $16n$ mol이므로 생성된 C의 양(mol)은 $4n$ mol이다. 따라서 A~D의 반응 몰비는 A : B : C : D＝2 : 7 : 4 : 6이고, 반응 계수 $b=7$, $c=4$이다.

❸ w 구하기

화학 반응이 진행될 때 반응 전과 후의 질량은 같다. 따라서 (가)에서 반응 전 B의 질량을 x g라고 하면 $w+x+33=\dfrac{9}{14}w+66$이므로 $x=33-\dfrac{5}{14}w$이다. (가)에서 A와 B의 양(mol)은 각각 $2n$ mol, $7n$ mol이고, 분자량은 $\dfrac{\text{질량(g)}}{\text{분자의 양(mol)}}$ 이므로 분자량비 A : B $=\dfrac{w}{2n}:\dfrac{(33-\frac{5}{14}w)}{7n}$ $=7:4$이고, 정리하면 $33-\dfrac{5}{14}w=2w$이며 $w=14$이다. 따라서 $\dfrac{b \times c}{w}=\dfrac{7 \times 4}{14}=2$이다.

 $\dfrac{3}{4}$ 1 $\dfrac{7}{5}$ $\dfrac{3}{2}$ ⑤ 2

적용해야 할 개념 ②가지

① 기체의 양(mol)과 부피: 온도와 압력이 같을 때 기체의 부피는 기체의 양(mol)에 비례한다.
② 화학 반응식의 계수비=분자 수비=몰비=(기체의) 부피비

문제 보기

다음은 A와 B가 반응하는 화학 반응식이다.

$$A(g) + \underset{3}{b}B(g) \longrightarrow \underset{2}{c}C(g) \; (b, c는 \; 반응 \; 계수)$$

그림 (가)와 같이 실린더에 기체 A와 B를 넣어 반응을 완결시켰더니 (나)와 같이 되었다. (나)에 B x몰을 더 넣어 반응을 완결시켰더니 (다)와 같이 되었다.

보기

부피비=몰비 (가) : (나)=3 : 2=2 : 2n ∴ $n=\dfrac{2}{3}$

➡ 반응 몰비 A : B : C=$\dfrac{1}{3}$: 1 : $\dfrac{2}{3}$ = 1 : 3 : 2

피스톤

(가)		(나)		(다)
A 1몰 B 1몰 3V L	$\xrightarrow{\frac{2}{3}몰}$	A n몰 C n몰 2V L	$\xrightarrow[\frac{2}{3}몰]{\text{B } x몰}$	2.5V L $\frac{5}{3}$몰

	A	+	3B	→	2C (B가 모두 반응)
반응 전(몰)	$\dfrac{2}{3}$		x		$\dfrac{2}{3}$
반응(몰)	$-\dfrac{x}{3}$		$-x$		$+\dfrac{2x}{3}$
반응 후(몰)	$\left(\dfrac{2}{3}-\dfrac{x}{3}\right)$		0		$\left(\dfrac{2}{3}+\dfrac{2x}{3}\right)$

➡ 전체 합이 $\dfrac{5}{3}$몰이므로 $x=1$이다.

x는? (단, 온도와 대기압은 일정하며, 피스톤의 질량과 마찰은 무시한다.) [3점]

<보기> 풀이

❶ (나)에서 n 구하기

온도와 압력이 일정할 때 기체의 부피는 기체의 양(mol)에 비례하므로 몰비는 (가) : (나)=3 : 2이다. 따라서 $n=\dfrac{2}{3}$이다.

❷ 반응 계수 b, c 구하기

(나)에서 A, C가 각각 $\dfrac{2}{3}$몰 존재하므로 (가)에서 A $\dfrac{1}{3}$몰과 B 1몰이 반응하여 C $\dfrac{2}{3}$몰이 생성되었다. 따라서 반응 몰비는 A : B : C=1 : 3 : 2이며, $b=3, c=2$이다.

❸ x 구하기

B x몰을 추가해서 A가 모두 반응한다면 생성되는 C가 2몰이므로 부피는 $3V$ L 이상이어야 한다.

따라서 (다)에서 B가 모두 반응하며, 남아 있는 A는 $\left(\dfrac{2}{3}-\dfrac{x}{3}\right)$몰, 전체 C는 $\left(\dfrac{2}{3}+\dfrac{2x}{3}\right)$몰이다.

온도와 압력이 일정할 때 기체의 부피는 기체의 양(mol)에 비례하므로 (다)에서 전체 기체는 $\dfrac{5}{3}$몰이다. 따라서 $\left(\dfrac{2}{3}-\dfrac{x}{3}\right)+\left(\dfrac{2}{3}+\dfrac{2x}{3}\right)=\dfrac{5}{3}$가 성립하며, 이를 풀면 $x=1$이다.

❌ $\dfrac{1}{2}$ ❌ $\dfrac{2}{3}$ ③ 1   ❌ $\dfrac{5}{3}$ ❌ 2

적용해야 할 개념 ④가지

① 아보가드로 법칙: 온도와 압력이 같을 때 모든 기체는 같은 부피 속에 같은 수의 분자가 들어 있다. 따라서 기체의 부피는 기체의 양(mol)에 비례한다.

② 화학 반응식의 계수비＝분자 수비＝몰비＝(기체의) 부피비

③ 질량 보존 법칙: 화학 반응이 일어날 때 반응 전과 후 물질의 전체 질량은 일정하게 유지된다.

④ 밀도＝$\dfrac{\text{질량}}{\text{부피}}$이다.

문제 보기

다음은 기체 A와 B가 반응하여 기체 C가 생성되는 반응의 화학 반응식이다.

$$A(g) + bB(g) \longrightarrow 2C(g) \ (b\text{는 반응 계수})$$

그림 (가)는 실린더에 A(g) x g과 B(g) y g을 넣은 것을, (나)는 (가)의 실린더에서 반응을 완결시킨 것을, (다)는 (나)의 실린더에 ㉠ 1 L를 추가하여 반응을 완결시킨 것을 나타낸 것이다. ㉠은 A(g), B(g) 중 하나이고, 실린더 속 기체의 밀도비는 (나) : (다)＝1 : 2이다.

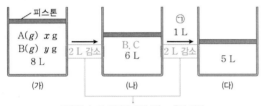

반응한 A 및 생성된 C의 양(mol)이 같다.
➡ ㉠ 1 L는 A x g이다.

$b \times \dfrac{y}{x}$는? (단, 온도와 압력은 t ℃, 1 atm으로 일정하고, 피스톤의 질량과 마찰은 무시한다.) [3점]

<보기> 풀이

❶ (나)에 남아 있는 기체의 종류와 ㉠ 구하기

(나)에 ㉠ 1 L를 넣은 순간 전체 기체의 부피는 7 L이므로 (나) → (다)에서 반응 전과 후 기체의 부피 변화는 2 L이다. 이는 (가) → (나)에서 반응 전과 후 부피 변화량과 같으며, 생성된 C의 양(mol)이 같음을 의미한다. 또한 A와 C의 반응 계수비가 1 : 2이므로 (나)에 남아 있는 기체가 A라고 하면, (가) → (나)에서 반응 후 기체의 부피는 증가해야 하므로 (나)에 남아 있는 기체는 B이며, (나)에 추가한 ㉠은 A(g)이다.

❷ x, y 구하기

(가) → (나)와 (나) → (다)에서 반응 후 생성된 C의 양(mol)이 같으므로 (가) → (나)와 (나) → (다)에서 반응한 A(g)의 양(mol)도 같다. 따라서 (나)에 추가한 A(g) 1 L의 질량은 x g이고, (다)에서 전체 기체의 질량은 $(2x+y)$ g이다. (나)와 (다)의 밀도비가 $\dfrac{x+y}{6} : \dfrac{2x+y}{5} = 1 : 2$이므로 $x=2y$이다.

❸ 반응 계수 b 구하기

t ℃, 1 atm에서 A(g) x g의 부피가 1 L이므로 (가)에서 B(g) y g의 부피는 7 L이다. 따라서 (가)에서 A(g) 1 L가 반응하여 C(g) 2 L가 생성되고 (나)에서 전체 기체의 부피가 6 L이므로 (가) → (나)에서 반응한 B(g)는 3 L이다. 따라서 반응 계수 $b=3$이고, $b \times \dfrac{y}{x} = 3 \times \dfrac{1}{2} = \dfrac{3}{2}$이다.

 $\dfrac{1}{2}$　　 $\dfrac{5}{4}$　　③ $\dfrac{3}{2}$　　 10　　 12

적용해야 할 개념 ②가지	① 기체의 양(mol)과 부피: 온도와 압력이 같을 때 기체의 부피는 기체의 양(mol)에 비례한다.
	② 질량 보존 법칙: 화학 반응이 일어날 때 반응 전과 후 물질의 전체 질량은 일정하다.

문제 보기

다음은 $A(g)$가 분해되어 $B(g)$와 $C(g)$를 생성하는 반응의 화학

반응식이고, $\dfrac{C의\ 분자량}{A의\ 분자량} = \dfrac{8}{27}$이다. 반응(몰) $\begin{array}{c} 2A \longrightarrow bB + C \\ 2n \qquad bn \quad n \\ 5n \Rightarrow b=4 \end{array}$

$$2A(g) \longrightarrow \underset{4}{b}B(g) + C(g)\ (b는\ 반응\ 계수)$$

그림 (가)는 실린더에 $A(g)$ w g을 넣었을 때를, (나)는 반응이
진행되어 A와 C의 양(mol)이 같아졌을 때를, (다)는 반응이 완
결되었을 때를 나타낸 것이다. (가)와 (다)에서 실린더 속 기체의
부피는 각각 2 L, 5 L이다.

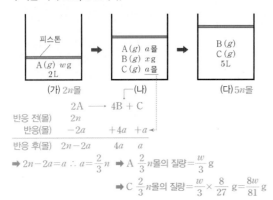

(가) $2n$몰   (나)   (다) $5n$몰

$\begin{array}{c} 2A \longrightarrow 4B + C \\ 반응\ 전(몰) \quad 2n \\ 반응(몰) \quad -2a \quad +4a\ +a \\ 반응\ 후(몰) \quad 2n-2a \quad 4a \quad a \end{array}$

➡ $2n-2a=a$ ∴ $a=\dfrac{2}{3}n$ ➡ A $\dfrac{2}{3}n$몰의 질량 $=\dfrac{w}{3}$ g

➡ C $\dfrac{2}{3}n$몰의 질량 $=\dfrac{w}{3}\times\dfrac{8}{27}$ g $=\dfrac{8w}{81}$ g

(나)에서 x는? (단, 기체의 온도와 압력은 일정하다.)

└ (가)의 질량=(나)의 질량

➡ $x=w-\dfrac{w}{3}-\dfrac{8w}{81}$

<보기> 풀이

온도와 압력이 일정할 때 기체의 부피는 기체의 양(mol)에 비례한다. 따라서 반응 전과 후의 몰
비는 (가) : (다)=2 : 5이다.

❶ 반응 계수 b 구하기

1 L에 해당하는 기체의 양(mol)을 n몰이라 하면, 반응 전 A는 $2n$몰이고, A가 모두 분해되면 B
bn몰과 C n몰이 생성된다. 이때 $bn+n=5n$이므로 $b=4$이며, 완성된 화학 반응식은 2A ⟶
4B + C이다.

❷ (나)에서 a 구하기

(나)에서 반응 전과 후의 양적 관계는 다음과 같다.

반응식	$2A(g)$	$\longrightarrow$ $4B(g)$	$+ C(g)$
반응 전(몰)	$2n$	0	0
반응(몰)	$-2a$	$+4a$	$+a$
반응 후(몰)	$2n-2a$	$4a$	a

이때 A도 a몰 존재하므로 $2n-2a=a$에서 $a=\dfrac{2}{3}n$이다.

❸ x 구하기

(가)에서 A $2n$몰의 질량이 w g이므로 (나)에서 A $\dfrac{2}{3}n$몰의 질량은 $\dfrac{w}{3}$ g이다. 분자량비가 A :

C=27 : 8이므로 C $\dfrac{2}{3}n$몰의 질량은 $\dfrac{w}{3}\times\dfrac{8}{27}=\dfrac{8w}{81}$ g이다.

따라서 질량 보존 법칙에 따라 $x=w-\dfrac{w}{3}-\dfrac{8w}{81}=\dfrac{46}{81}w$이다.

① $\dfrac{46}{81}w$ ② $\dfrac{16}{27}w$ ③ $\dfrac{2}{3}w$ ④ $\dfrac{23}{27}w$ ⑤ $\dfrac{73}{81}w$

보기

적용해야 할 개념 ④가지

① 화학 반응식의 계수비＝분자 수비＝몰비＝(기체의) 부피비

② 질량 보존 법칙: 화학 반응이 일어날 때 반응 전과 후 물질의 전체 질량은 일정하다.

③ 밀도＝$\dfrac{질량}{부피}$ 이며, 온도와 압력이 같고 질량이 같을 때 기체의 밀도는 부피 또는 기체의 양(mol)에 반비례한다.

④ 분자량비: 반응 질량비를 반응 몰비(＝반응 계수비)로 나눈 값과 같다.

문제 보기

다음은 $A(g)$와 $B(g)$가 반응하여 $C(g)$와 $D(g)$를 생성하는 반응의 화학 반응식이다.

$$A(g) + \overset{2}{x}B(g) \longrightarrow C(g) + \overset{4}{y}D(g) \ (x, y는 반응 계수)$$

그림 (가)는 실린더에 $A(g)$와 $B(g)$가 각각 $9w$ g, w g이 들어 있는 것을, (나)는 (가)의 실린더에서 반응을 완결시킨 것을, (다)는 (나)의 실린더에 $B(g)$ $2w$ g을 추가하여 반응을 완결시킨 것을 나타낸 것이다. (가), (나), (다) 실린더 속 기체의 밀도가 각각 d_1, d_2, d_3일 때, $\dfrac{d_2}{d_1}=\dfrac{5}{7}$, $\dfrac{d_3}{d_2}=\dfrac{14}{25}$ 이다. (다)의 실린더 속 $C(g)$와 $D(g)$의 질량비는 4 : 5이다.

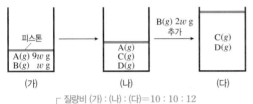

질량비 (가) : (나) : (다)＝10 : 10 : 12
밀도비 (가) : (나) : (다)＝35 : 25 : 14
➡ 부피비 (가) : (나) : (다)＝5 : 7 : 15

$\dfrac{D의\ 분자량}{A의\ 분자량} \times \dfrac{x}{y}$ 는? (단, 실린더 속 기체의 온도와 압력은 일정하다.) [3점]

〈보기〉 풀이

❶ (가)~(다)의 부피비 구하기

반응 전후 질량은 보존되므로 (가)~(다)의 전체 기체의 질량은 각각 $10w$ g, $10w$ g, $12w$ g이고, $\dfrac{d_2}{d_1}=\dfrac{5}{7}$, $\dfrac{d_3}{d_2}=\dfrac{14}{25}$ 이므로 밀도비는 (가) : (나) : (다)＝35 : 25 : 14이다. 따라서 부피비는 (가) : (나) : (다)＝$\dfrac{10w}{35} : \dfrac{10w}{25} : \dfrac{12w}{14}=5 : 7 : 15$이다.

❷ 반응 계수 x, y 구하기

(가)~(다)의 부피를 각각 $5V$, $7V$, $15V$라 하면, (가)와 (나)에서 B w g이 모두 반응할 때 부피가 $2V$ 증가하였으므로 (다)에서 B $3w$ g이 모두 반응할 때 반응 전보다 부피는 $6V$가 증가해야 한다. 따라서 (다)의 반응 전 A $9w$ g과 B $3w$ g의 부피는 $9V$이다. (가)에서 A $9w$ g과 B w g의 부피는 $5V$이고, (다)에서 반응 전 A $9w$ g과 B $3w$ g의 부피는 $9V$이므로 A $9w$ g, B $3w$ g의 부피는 각각 $3V$, $6V$이다. 온도와 압력이 같을 때 기체의 부피는 기체의 양(mol)에 비례하므로 (다)의 반응 전 A와 B의 양(mol)을 각각 $3n$몰, $6n$몰이라 하면 A $3n$몰과 B $6n$몰이 모두 반응하여 C와 D가 생성되고, A와 C의 반응 계수가 같으므로 생성된 C의 양(mol)도 $3n$몰이다. 전체 기체의 부피가 $15V$이므로 전체 기체의 양(mol)은 $15n$몰이고, 생성된 D의 양(mol)은 $12n$몰이다. 반응물의 반응 몰비는 반응 계수비와 같으므로 반응 계수비는 A : B : C : D＝$3n : 6n : 3n : 12n=1 : 2 : 1 : 4$이므로 $x=2, y=4$이다.

❸ A와 D의 분자량비 구하기

(다)의 실린더 속 C와 D의 질량비가 4 : 5이고, 전체 기체의 질량이 $12w$ g이므로 D의 질량＝$12w \times \dfrac{5}{9}=\dfrac{20w}{3}$ g이다. 반응 질량비를 반응 계수비로 나누면 분자량비와 같으므로 분자량비는 A : D＝$\dfrac{9w}{1} : \dfrac{\frac{20w}{3}}{4}=27 : 5$이다. 따라서 $\dfrac{D의\ 분자량}{A의\ 분자량} \times \dfrac{x}{y}=\dfrac{5}{27} \times \dfrac{2}{4}=\dfrac{5}{54}$ 이다.

① $\dfrac{5}{54}$ ❌ $\dfrac{4}{27}$ ❌ $\dfrac{7}{27}$ ❌ $\dfrac{10}{27}$ ❌ $\dfrac{25}{54}$

적용해야 할 개념 ④가지

① 화학 반응식의 계수비=분자 수비=몰비=(기체의) 부피비
② 질량 보존 법칙: 화학 반응이 일어날 때 반응 전과 후 물질의 전체 질량은 일정하다.
③ 기체의 양(mol)과 부피: 온도와 압력이 같을 때 기체의 부피는 기체의 양(mol)에 비례한다.
④ 분자량비: 반응 질량비를 반응 몰비(=반응 계수비)로 나눈 값과 같다.

문제 보기

다음은 A(g)와 B(g)가 반응하여 C(g)와 D(s)를 생성하는 반응의 화학 반응식이다.

$$A(g) + 2B(g) \longrightarrow 2C(g) + 3D(s)$$

그림 (가)는 실린더에 전체 기체의 질량이 w g이 되도록 A(g)와 B(g)를 넣은 것을, (나)는 (가)의 실린더에서 일부가 반응한 것을, (다)는 (나)의 실린더에서 반응을 완결시킨 것을 나타낸 것이다. 실린더 속 전체 기체의 부피비는 (나) : (다)=11 : 10이고, $\dfrac{A의 \ 분자량}{B의 \ 분자량} = \dfrac{32}{17}$이다. 보기

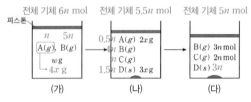

전체 기체 6n mol   전체 기체 5.5n mol   전체 기체 5n mol

피스톤

(가) n 5n A(g), B(g) wg   4x g

(나) 0.5n A(g) 2xg   4n B(g) n C(g)   1.5n D(s) 3xg

(다) B(g) 3n mol   C(g) 2n mol   D(s) 3n

$x \times \dfrac{C의 \ 분자량}{A의 \ 분자량}$은? (단, 실린더 속 기체의 온도와 압력은 일정하다.) [3점]

<보기> 풀이

화학 반응식의 반응 계수는 화학 반응에서 반응물과 생성물의 반응 몰비를 가장 간단한 정수비로 나타낸 것이다. 이때 기체 반응의 경우 온도와 압력이 일정하면 기체의 부피는 기체의 양(mol)에 비례하므로 반응 계수비는 반응 몰비 또는 반응 부피비와도 같으며, 질량비와는 같지 않다. 반응 질량비는 반응물의 분자량에 반응 계수를 곱한 비와 같다.

❶ (다)로부터 (가)에 들어 있는 A와 B의 양(mol)과 질량 구하기

A와 C의 반응 계수가 각각 1과 2이고, A가 모두 반응하고 생성된 C의 양(mol)이 2n mol이므로 (가)에서 반응 전 A의 양(mol)은 n mol이다. 또한 B의 반응 계수가 2이므로 반응한 B의 양(mol)과 생성된 C의 양(mol)이 같다. 따라서 (가)에서 반응 전 B의 양(mol)은 5n mol이다. 이때 분자량비가 A : B=32 : 17이므로 (가)에 들어 있는 기체의 질량비는 A : B=32 : 85이고, A와 B의 질량은 각각 $\dfrac{32}{117}w$ g과 $\dfrac{85}{117}w$ g이다.

❷ 양적 관계로부터 (나)에 들어 있는 물질의 양(mol)과 x 구하기

온도와 압력이 일정할 때 기체의 부피는 기체의 양(mol)에 비례한다. (가)와 (다)에서 전체 기체의 양(mol)은 각각 6n mol과 5n mol이고, 부피비는 (나) : (다)=11 : 10이므로 (나)에 들어 있는 전체 기체의 양(mol)은 5.5n mol이다. 일정한 온도와 압력에서 기체의 반응에서 반응이 진행되면서 전체 기체의 양(mol)이 변화될 때 변화된 기체의 양(mol)은 반응한 물질의 양(mol)에 비례한다. (가)와 (다)를 비교할 때, A n mol이 반응하여 전체 기체의 양(mol)이 n mol 감소하였고, (가)와 (나)를 비교할 때 전체 기체의 양(mol)이 0.5n mol 감소하였으므로 이 과정에서 반응한 A의 양(mol)이 0.5n mol이다. 따라서 (나)에 들어 있는 A~D의 양(mol)은 각각 순서대로 0.5n mol, 4n mol, n mol, 1.5n mol이다. 이때 A 0.5n mol의 질량값 $2x = \dfrac{16}{117}w$이므로 $x = \dfrac{8}{117}w$이다.

❸ 질량 보존 법칙과 반응 질량비로부터 A와 C의 분자량비 구하기

화학 반응 전과 후 물질의 전체 질량은 일정하므로 (나)에 들어 있는 물질의 전체 질량은 w g이고, (가)에서 A n mol의 질량은 $4x$ g$= \dfrac{32}{117}w$ g이므로 B 5n mol의 질량은 w g$- \dfrac{32}{117}w$ g $= \dfrac{85}{117}w$ g이다. (나)에서 $x = \dfrac{8}{117}w$이므로 A와 D의 질량 값의 합 $5x = \dfrac{40}{117}w$ g이고, B 4n mol의 질량은 $\dfrac{85}{117}w \times \dfrac{4}{5} = \dfrac{68}{117}w$ g이다. 이때 C n mol의 질량을 c g이라고 하면 $w = \dfrac{40}{117}w + \dfrac{68}{117}w + c$이므로 $c = \dfrac{9}{117}w$이고, 분자량비는 A : C$= \dfrac{32}{117}w : \dfrac{9}{117}w = 32 : 9$이다. 따라서 $x \times \dfrac{C의 \ 분자량}{A의 \ 분자량} = \dfrac{8}{117}w \times \dfrac{9}{32} = \dfrac{1}{52}w$이다.

① $\dfrac{1}{104}w$ ② $\dfrac{1}{64}w$ ③ $\dfrac{1}{52}w$ ④ $\dfrac{1}{13}w$ ⑤ $\dfrac{3}{26}w$

적용해야 할 개념 ③가지

① 화학 반응식의 계수 맞추기: 반응물과 생성물을 구성하는 원자의 종류와 수가 같도록 화학식 앞의 계수를 맞춘다.
② 화학 반응식의 계수비＝분자 수비＝몰비＝(기체의) 부피비
③ 물질의 질량＝물질의 양(mol)×물질의 화학식량

문제 보기

다음은 $C_2H_6(g)$와 $O_2(g)$가 반응하여 $CO_2(g)$와 $H_2O(l)$이 생성되는 반응의 화학 반응식이다.

$$2C_2H_6(g) + \overset{7}{a}O_2(g) \longrightarrow \overset{4}{b}CO_2(g) + 6H_2O(l)$$

(a, b는 반응 계수)

그림은 실린더에 $C_2H_6(g)$와 $O_2(g)$를 넣고 반응을 완결시켰을 때, 반응 전과 후 실린더에 존재하는 모든 물질을 나타낸 것이다. 실린더 속 기체의 부피는 반응 전 : 반응 후＝9 : V이다.

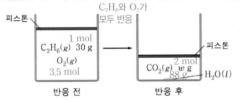

$\dfrac{w}{V}$는? (단, H, C, O의 원자량은 각각 1, 12, 16이고, 실린더 속 기체의 온도와 압력은 일정하다.) [3점]

<보기> 풀이

화학 반응이 일어날 때 반응 후 원자가 새로 생겨나거나 없어지지 않으므로 반응물과 생성물을 구성하는 원자의 종류와 수가 같다.

❶ 화학 반응식 완성하기

반응 전과 후 원자의 종류와 수 같으므로 C 원자의 수는 2×2＝b이므로 b＝4이고, O 원자의 수는 2×a＝2×b＋6이므로 a＝7이다. 따라서 화학 반응식은 다음과 같다.

$$2C_2H_6(g) + 7O_2(g) \longrightarrow 4CO_2(g) + 6H_2O(l)$$

❷ 반응 전과 후 물질의 양(mol) 구하기

C_2H_6의 분자량은 30이므로 C_2H_6 30 g은 1 mol이다. 반응 후 실린더에는 반응물인 C_2H_6, O_2가 남아 있지 않으므로 C_2H_6와 O_2는 모두 반응한다. 화학 반응식에서 C_2H_6 : O_2 : CO_2의 반응 계수비는 2 : 7 : 4이므로 반응 전 C_2H_6의 양(mol)은 1 mol, O_2의 양(mol)은 3.5 mol이고, 반응 후 CO_2의 양(mol)은 2 mol이다. CO_2의 분자량은 44이므로 생성된 CO_2의 질량은 88 g(＝w)이다.

❸ 반응 전과 후 기체의 부피비 구하기

반응 전과 후 실린더 속 기체의 몰비는 기체의 부피비와 같다. 반응 전 실린더에는 C_2H_6 1 mol과 O_2 3.5 mol이 들어 있고, 반응 후 실린더에는 CO_2 2 mol이 들어 있으므로 (1＋3.5) : 2＝9 : V, V＝4이다.

따라서 $\dfrac{w}{V} = \dfrac{88}{4} = 22$이다.

 $\dfrac{11}{4}$　　 $\dfrac{11}{2}$　　 11　　④ 22　　 44

적용해야 할 개념 ④가지

① 화학 반응식의 계수비＝분자 수비＝몰비＝(기체의) 부피비

② 기체의 양(mol)과 질량: 기체의 양(mol)은 $\dfrac{질량(g)}{1\ \text{mol의 질량(g/mol)}}$, 즉 $\dfrac{질량(g)}{분자량}$ 이다.

③ 질량 보존 법칙: 화학 반응이 일어날 때 반응 전과 후 물질의 전체 질량은 일정하다.

④ 화학 반응식이 $a\text{A}+b\text{B} \longrightarrow c\text{C}(a{\sim}c$는 반응 계수)이고, A$\sim$C의 반응 질량비가 A : B : C$=x:y:z$일 경우 반응 몰비(반응 계수비)는 A : B : C$=a:b:c$이고, 분자량비는 A : B : C$=\dfrac{x}{a}:\dfrac{y}{b}:\dfrac{z}{c}$ 이다.

문제 보기

다음은 A(g)와 B(g)가 반응하여 C(g)를 생성하는 반응의 화학 반응식이다.

$$2\text{A}(g) + \text{B}(g) \longrightarrow 2\text{C}(g)$$

그림 (가)는 t ℃, 1기압에서 실린더에 A(g)와 B(g)를 넣은 것을, (나)는 (가)의 실린더에서 반응을 완결시킨 것을, (다)는 (나)의 실린더에 A(g)를 추가하여 반응을 완결시킨 것을 나타낸 것이다. (가)와 (나)에서 실린더 속 전체 기체의 밀도(g/L)는 각각 $\dfrac{3w}{4}$, w이다.

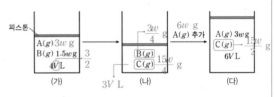

(가)   3V L   (나)   (다)

$V \times \dfrac{\text{A의 분자량}}{\text{C의 분자량}}$ 은? (단, 실린더 속 기체의 온도와 압력은 일정하다.) [3점]

＜보기＞ 풀이

(가) → (나)에서 A(g)가 모두 반응하고, (나) → (다)에서 B(g)가 모두 반응한다.

❶ **(나)에서 실린더 속 기체의 부피 구하기**

질량 보존 법칙에 의해 실린더에 들어 있는 기체의 질량은 (가)에서와 (나)에서가 같다. 이때 부피$=\dfrac{질량}{밀도}$이므로 (가)와 (나)에서 실린더 속 기체의 부피비는 (가) : (나)$=\dfrac{4}{3w}:\dfrac{1}{w}=4:3$이다. 따라서 (나)에서 실린더 속 기체의 부피는 $3V$ L이다.

❷ **(가) → (나)와 (나) → (다)에서 반응 전과 후 기체의 양(mol) 구하기**

(가)에서 A(g)와 B(g)의 양(mol)을 각각 $2a$ mol, b mol이라고 하면 (가) → (나)에서 화학 반응의 양적 관계를 구하면 다음과 같다.

반응식	$2\text{A}(g)$	$+$ $\text{B}(g)$	$\longrightarrow$ $2\text{C}(g)$
반응 전(mol)	$2a$	b	
반응(mol)	$-2a$	$-a$	$+2a$
반응 후(mol)	0	$b-a$	$2a$

(가)와 (나)에서 실린더 속 기체의 부피비는 (가) : (나)$=(2a+b):(b+a)=4V:3V=4:3$에서 $2a=b$이다. (나)에서 실린더에 B(g) a mol, C(g) $2a$ mol이 있고, (나)에서 실린더 속 기체의 부피가 $3V$ L이므로 기체 a mol의 부피는 V L이다. (나) → (다)에서 추가한 A(g)의 양을 x mol이라고 하면 (나) → (다)에서 화학 반응의 양적 관계를 구하면 다음과 같다.

반응식	$2\text{A}(g)$	$+$ $\text{B}(g)$	$\longrightarrow$ $2\text{C}(g)$
반응 전(mol)	x	a	$2a$
반응(mol)	$-2a$	$-a$	$+2a$
반응 후(mol)	$x-2a$	0	$4a$

(다)에서 실린더 속 기체의 부피는 $6V$ L이므로 실린더 속 기체의 양은 $6a$ mol이다. 따라서 $x-2a+4a=6a$, $x=4a$이므로 (다)에서 A(g) $2a$ mol의 질량은 $3w$ g이다.

❸ **(가)에서 V 구하기**

(가)에서 실린더에 A(g) $2a$ mol이 있으므로 실린더 속 기체의 질량은 $3w$ g$+1.5w$ g$=4.5w$ g이다. 따라서 (가)에서 실린더 속 전체 기체의 밀도는 $\dfrac{질량}{부피}=\dfrac{4.5w}{4V}=\dfrac{3w}{4}$, $V=\dfrac{3}{2}$이다.

❹ **A$\sim$C의 분자량비 구하기**

(가) → (나)에서 A(g) $3w$ g과 B(g) $\dfrac{3w}{4}$ g$\left(=\dfrac{1.5w}{2}\ \text{g}\right)$이 반응하여 C($g$) $\dfrac{15w}{4}$ g$\left(=3w\ \text{g}+\dfrac{1.5w}{2}\ \text{g}\right)$이 생성된다. 화학 반응식에서 A($g$)$\sim$C($g$)의 반응 계수비가 2 : 1 : 2이므로 A$\sim$C의 분자량비는 A : B : C$=\dfrac{3w}{2}:\dfrac{3w}{4}:\dfrac{15w}{8}=4:2:5$이다.

따라서 $V\times\dfrac{\text{A의 분자량}}{\text{C의 분자량}}=\dfrac{3}{2}\times\dfrac{4}{5}=\dfrac{6}{5}$이다.

① $\dfrac{6}{5}$ ② $\dfrac{8}{5}$ ③ 2 ④ $\dfrac{12}{5}$ ⑤ 4

적용해야 할 개념 ④가지

① 기체의 양(mol)과 부피: 온도와 압력이 같을 때 기체의 부피는 기체의 양(mol)에 비례한다.

② 화학 반응식의 계수비＝분자 수비＝몰비＝(기체의) 부피비

③ 일정량의 반응물 A에 반응물 B의 양을 증가하면서 반응시킬 때
   • A가 모두 반응하기 전까지는 B가 모두 반응한다.
   • 전체 기체의 밀도 변화 곡선이 꺾이는 지점이 A와 B가 모두 반응한 지점이다.

④ 분자량비: 반응 질량비를 반응 몰비(＝반응 계수비)로 나눈 값과 같다.

문제 보기

다음은 $A(g)$와 $B(g)$가 반응하여 $C(g)$를 생성하는 화학 반응식이다. 분자량은 A가 B의 2배이다.

└ 같은 질량의 몰비 A : B = 1 : 2

$$\underset{2}{a}A(g) + B(g) \longrightarrow \underset{2}{a}C(g) \ (a\text{는 반응 계수})$$

그림은 $A(g)$ V L가 들어 있는 실린더에 $B(g)$를 넣어 반응을 완결시켰을 때, 넣어 준 $B(g)$의 질량에 따른 반응 후 전체 기체의 밀도를 나타낸 것이다. P에서 실린더의 부피는 $2.5V$ L이다.

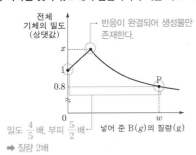

전체 기체의 밀도 (상댓값)
→ 반응이 완결되어 생성물만 존재한다.
밀도 $\frac{4}{5}$배, 부피 $\frac{5}{2}$배
→ 질량 2배
넣어 준 $B(g)$의 질량(g)

$a \times x$는? (단, 기체의 온도와 압력은 일정하다.)

〈보기〉 풀이

온도와 압력이 같을 때 기체의 부피는 기체의 양(mol)에 비례한다. 반응 전과 P에서 기체의 부피는 각각 V, $2.5V$이므로 전체 기체의 몰비는 2 : 5이다.

❶ A V L의 질량 구하기

A V L의 질량을 m g이라 하면, 반응 전과 P에서 전체 기체의 질량은 각각 m g, $(m+w)$ g이고, 전체 기체의 부피는 각각 V L, $2.5V$ L이므로 밀도비에 따라 $\frac{m}{V} : \frac{(m+w)}{2.5V} = 1 : 0.8$이 성립한다.

이를 풀면 $m=w$이다.

❷ 반응 계수 a 구하기

분자량이 A : B = 2 : 1이고, 반응 전 A의 질량이 P에서 B의 질량과 같은 w g이므로 P에서 반응 전 A와 B의 양(mol)을 각각 n몰, $2n$몰이라 하면 반응 전과 후의 양적 관계는 다음과 같다.

반응식	$aA(g)$	$+$	$B(g)$	$\longrightarrow$	$aC(g)$
반응 전(몰)	n		$2n$		0
반응(몰)	$-n$		$-\dfrac{n}{a}$		$+n$
반응 후(몰)	0		$2n-\dfrac{n}{a}$		n

이때 반응 전 A n몰의 부피가 V L이고, P에서 반응 후 전체 기체의 부피가 $2.5V$ L이므로 $3n-\dfrac{n}{a}=3V-\dfrac{V}{a}=2.5V$이다. 따라서 $a=2$이다.

❸ x 구하기

전체 반응식이 $2A(g) + B(g) \longrightarrow 2C(g)$이고, n몰의 A를 모두 반응시키기 위해 필요한 B의 양(mol)은 $\dfrac{1}{2}n$몰이다. 이때 B $2n$몰의 질량이 w g이므로 B $\dfrac{1}{2}n$몰의 질량은 $\dfrac{w}{4}$ g이고, A와 B가 모두 반응하는 지점에서 반응하는 A만큼 C가 생성되었으므로 반응 전과 후의 전체 기체의 부피는 V L로 일정하다. 또한 질량은 w g에서 $\dfrac{5}{4}w$ g으로 증가했으므로 $x=\dfrac{5}{4}$이다. 따라서 $a \times x = 2 \times \dfrac{5}{4} = \dfrac{5}{2}$이다.

~~① $\dfrac{3}{2}$~~   ② $\dfrac{5}{2}$ ~~③ $\dfrac{7}{2}$~~   ~~④ $\dfrac{15}{2}$~~   ~~⑤ $\dfrac{25}{4}$~~

적용해야 할 개념 ②가지

① 화학 반응식의 계수비＝분자 수비＝몰비＝(기체의) 부피비

② 일정량의 반응물 B에 반응물 A의 양을 증가하면서 반응시킬 때
· B가 모두 반응하기 전까지는 A가 모두 반응한다.
· $\dfrac{\text{전체 물질의 양(mol)}}{\text{생성물의 양(mol)}}$의 변화 곡선이 꺾이는 지점이 A와 B가 모두 반응한 지점이다.

문제 보기

다음은 A와 B가 반응하여 C를 생성하는 화학 반응식이다.

$$\underset{8}{A} + \underset{8}{bB} \longrightarrow cC \ (b, c\text{는 반응 계수})$$

그림은 m몰의 B가 들어 있는 용기에 A를 넣어 반응을 완결시켰을 때, 넣어 준 A의 양(mol)에 따른 반응 후 $\dfrac{\text{전체 물질의 양(mol)}}{\text{C의 양(mol)}}$을 나타낸 것이다.

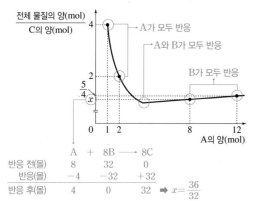

	A	+	8B	⟶	8C
반응 전(몰)	8		32		0
반응(몰)	−4		−32		+32
반응 후(몰)	4		0		32

$\Rightarrow x=\dfrac{36}{32}$

$m \times x$는? [3점]

<보기> 풀이

일정량의 B에 A를 넣어 반응을 완결시킬 때 A의 양(mol)에 따른 $\dfrac{\text{전체 물질의 양(mol)}}{\text{C의 양}}$의 그래프에서 곡선이 꺾이는 지점이 A와 B가 모두 반응한 지점이다.

❶ **각 지점에서 모두 반응하는 물질 찾기**
넣어 준 A의 양(mol)이 각각 1몰, 2몰일 때는 A가 모두 반응하고, 넣어 준 A의 양(mol)이 8몰, 12몰일 때는 B가 모두 반응한다.

❷ **m과 반응 계수 b, c 구하기**
넣어 준 A의 양(mol)이 각각 1몰, 2몰, 12몰일 때의 반응 전과 후의 양적 관계는 다음과 같다.

	A가 1몰일 때				A가 2몰일 때		
반응식	A + bB ⟶ cC				A + bB ⟶ cC		
반응 전(몰)	1	m	0		2	m	0
반응(몰)	−1	−b	+c		−2	−$2b$	+$2c$
반응 후(몰)	0	$m-b$	c		0	$m-2b$	$2c$

	A가 12몰일 때		
반응식	A + bB ⟶ cC		
반응 전(몰)	12	m	0
반응(몰)	$-\dfrac{m}{b}$	$-m$	$+\dfrac{cm}{b}$
반응 후(몰)	$12-\dfrac{m}{b}$	0	$\dfrac{cm}{b}$

이때 $\dfrac{m-b+c}{c}=4$, $\dfrac{m-2b+2c}{2c}=2$, $\left(12-\dfrac{m}{b}+\dfrac{cm}{b}\right)\times\dfrac{b}{cm}=\dfrac{5}{4}$가 성립한다. 첫 번째 식과 두 번째 식을 정리하면 $m=b+3c$, $m=2b+2c$이므로 $b=c$, $m=4b$이다. 세 번째 식에 이를 대입하면 $(12-4+m)\times\dfrac{1}{m}=\dfrac{5}{4}$이고, 이를 풀면 $m=32$, $b=c=8$이다.

❸ **x 구하기**
화학 반응식이 A + 8B ⟶ 8C이므로 넣어 준 A가 8몰일 때 B 32몰과 A 4몰이 반응하여 C 32몰이 생성되고 A 4몰이 남으므로 반응 후 전체 물질의 양(mol)은 36몰이다. 따라서 $x=\dfrac{36}{32}=\dfrac{9}{8}$이며, $m \times x=32\times\dfrac{9}{8}=36$이다.

① 36 　~~② 33~~　~~③ 32~~　~~④ 30~~　~~⑤ 27~~

14 기체 반응에서의 양적 관계 2021학년도 4월 학평 화I 20번

정답 ⑤ | 정답률 23 %

적용해야 할 개념 ③가지

① 화학 반응식의 계수비=분자 수비=몰비=(기체의) 부피비

② 일정량의 반응물 A에 반응물 B의 양을 증가하면서 반응시킬 때
  · A가 모두 반응하기 전까지는 B가 모두 반응한다.
  · $\dfrac{\text{생성물의 양(mol)}}{\text{전체 물질의 양(mol)}}$ 의 변화 곡선이 꺾이는 지점이 A와 B가 모두 반응한 지점이다.

③ 분자량비: 반응 질량비를 반응 몰비(=반응 계수비)로 나눈 값과 같다.

문제 보기

다음은 기체 A와 B로부터 기체 C와 D가 생성되는 반응의 화학 반응식이다. b, d는 반응 계수이며, 자연수이다.

$$A(g) + bB(g) \longrightarrow C(g) + dD(g)$$

그림은 A $3w$ g이 들어 있는 용기에 B를 넣어 반응을 완결시켰을 때, 넣어 준 B의 질량에 따른 $\dfrac{\text{⊙의 양(mol)}}{\text{전체 물질의 양(mol)}}$ 을 나타낸 것이다. ⊙은 C, D 중 하나이다.

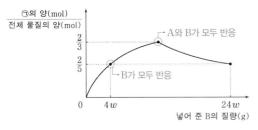

$b \times \dfrac{\text{B의 분자량}}{\text{A의 분자량}}$ 은? [3점]

<보기> 풀이

기체 반응의 경우 온도와 압력이 일정하면 기체의 부피는 기체의 양(mol)에 비례하므로 반응 계수비는 반응 몰비 또는 반응 부피비와도 같으며, 질량비와 같지 않다. 반응 질량비는 반응물의 분자량에 반응 계수를 곱한 값의 비와 같다.

❶ 반응 계수 d 구하기

일정량의 A에 B를 넣어줄 때 넣어 준 B의 질량에 따른 $\dfrac{\text{⊙의 양(mol)}}{\text{전체 물질의 양(mol)}}$ 을 나타낸 그래프에서 변곡점은 반응물이 모두 반응한 상태를 나타낸다. 따라서 이 지점에서는 반응물은 존재하지 않고, 생성물인 C와 D만 존재한다. C와 D의 반응 계수가 각각 1, d이고, ⊙이 C라면 $\dfrac{\text{⊙의 양(mol)}}{\text{전체 물질의 양(mol)}}$ 은 $\dfrac{1}{1+d}=\dfrac{2}{3}$ 가 되어야 한다. 그러나 반응 계수 d는 자연수여야 하므로 ⊙은 D이고, $\dfrac{\text{⊙의 양(mol)}}{\text{전체 물질의 양(mol)}}=\dfrac{d}{1+d}=\dfrac{2}{3}$ 이므로 $d=2$이다.

❷ 반응 계수 b 구하기

B의 질량이 $4w$ g일 때와 $24w$ g일 때 $\dfrac{\text{D의 양(mol)}}{\text{전체 물질의 양(mol)}}$ 이 $\dfrac{2}{5}$ 로 같고, $4w$ g일 때는 B가 모두 반응하고, $24w$ g일 때는 A가 모두 반응한 상태이다. A $3w$ g과 B $4w$ g의 양(mol)을 각각 n mol, m mol이라 하면 B의 질량이 $4w$ g일 때와 $24w$ g일 때의 양적 관계는 다음과 같다.

	B가 $4w$ g일 때				B가 $24w$ g일 때			
반응식	A	+ bB	⟶ C	+ 2D	A	+ bB	⟶ C	+ 2D
반응 전(mol)	n	m	0	0	n	$6m$	0	0
반응(mol)	$-\dfrac{m}{b}$	$-m$	$+\dfrac{m}{b}$	$+\dfrac{2m}{b}$	$-n$	$-bn$	$+n$	$+2n$
반응 후(mol)	$n-\dfrac{m}{b}$	0	$\dfrac{m}{b}$	$\dfrac{2m}{b}$	0	$6m-bn$	n	$2n$

이때 $\dfrac{\text{D의 양(mol)}}{\text{전체 물질의 양(mol)}}=\dfrac{2}{5}$ 이므로 $\dfrac{\dfrac{2m}{b}}{\left(n+\dfrac{2m}{b}\right)}=\dfrac{2}{5}$, $\dfrac{2n}{6m-bn+3n}=\dfrac{2}{5}$ 가 성립하고, 정리하면 $bn=3m$, $6m=bn+2n$이다. 따라서 $3m=2n$이고, $b=2$이다.

❸ A와 B의 분자량비 구하기

A $3w$ g과 B $4w$ g의 양(mol)이 각각 n mol, m mol이고, $3m=2n$이므로 $n:m=3:2$이다. 따라서 분자량비는 A : B$=\dfrac{3w}{3}:\dfrac{4w}{2}=1:2$이므로 $b \times \dfrac{\text{B의 분자량}}{\text{A의 분자량}}=2\times\dfrac{2}{1}=4$이다.

 $\dfrac{1}{4}$　 $\dfrac{1}{2}$　 1　 2　⑤ 4

적용해야 할 개념 ②가지	① 화학 반응식의 계수비＝분자 수비＝몰비＝(기체의) 부피비
	② 일정량의 반응물 A에 반응물 B의 양을 증가하면서 반응시킬 때: A가 모두 반응하기 전까지는 B가 모두 반응한다.

문제 보기

다음은 A(g)와 B(s)가 반응하여 C(s)를 생성하는 화학 반응식이다.

$$A(g) + 2B(s) \longrightarrow cC(s) \quad (c는 반응 계수)$$

그림은 V L의 A(g)가 들어 있는 실린더에 B(s)를 넣어 반응을 완결시켰을 때, 넣어 준 B(s)의 양(mol)에 따른 반응 후 남은 A(g)의 부피(L)와 생성된 C(s)의 양(mol)의 곱을 나타낸 것이다.

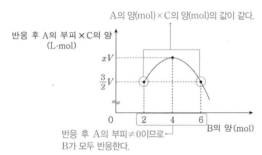

A의 양(mol)×C의 양(mol)의 값이 같다.

반응 후 A의 부피 ≠ 0이므로 B가 모두 반응한다.

$c \times x$는? (단, 온도와 압력은 일정하다.) [3점]

<보기> 풀이

❶ **각 지점에서 모두 반응하는 물질 찾기**

넣어 준 B의 양(mol)이 2몰, 4몰, 6몰일 때 반응 후 남은 A의 부피(L)와 생성된 C의 양(mol)을 곱한 값이 0이 아니므로 각 지점에서 B가 모두 반응하고, A가 남는다.

❷ **2몰, 6몰에서 A의 부피와 반응 계수 c 구하기**

A V L의 양(mol)을 n몰이라 하면, 넣어 준 B가 각각 2몰, 6몰일 때 반응 전과 후의 양적 관계는 다음과 같다.

	B가 2몰일 때			B가 6몰일 때		
반응식	A(g) +	2B(s) →	cC(s)	A(g) +	2B(s) →	cC(s)
반응 전(몰)	n	2	0	n	6	0
반응(몰)	-1	-2	$+c$	-3	-6	$+3c$
반응 후(몰)	$n-1$	0	c	$n-3$	0	$3c$

온도와 압력이 같을 때 기체의 부피는 기체의 양(mol)에 비례하므로 $(n-1) \times c = (n-3) \times 3c$이고, $n=4$이다. A 4몰의 부피가 V L이므로 넣어 준 B의 양(mol)이 2몰일 때 반응 후 남은 A 3몰의 부피는 $\frac{3}{4}V$ L이다. 따라서 $\frac{3}{4}V \times c = \frac{3}{2}V$이고, $c=2$이다.

❸ **x 구하기**

화학 반응식은 A(g) + 2B(s) → 2C(s)이므로 넣어 준 B의 양(mol)이 4몰일 때 A 2몰이 반응하고, 2몰이 남으며, C 4몰이 생성된다. 따라서 남은 A의 부피는 $\frac{V}{2}$ L이고, 생성된 C의 양(mol)이 4몰이므로 $xV = \frac{1}{2}V \times 4$가 되어, $x=2$이다. 따라서 $c \times x = 2 \times 2 = 4$이다.

 $\frac{5}{3}$ 2 $\frac{5}{2}$ ④ 4   6

16 기체 반응에서의 양적 관계 2023학년도 7월 학평 화I 19번 정답 ⑤ | 정답률 32%

적용해야 할 개념 ④가지

① 화학 반응식의 계수비=분자 수비=몰비=(기체의) 부피비

② 질량 보존 법칙: 화학 반응이 일어날 때 반응 전과 후 물질의 전체 질량은 일정하다.

③ 기체의 양(mol)과 부피: 기체의 온도와 압력이 같을 때, 기체의 부피는 기체의 양(mol)에 비례한다.

④ 밀도$=\dfrac{\text{질량(g)}}{\text{부피(mL)}}$ 이므로 밀도에 기체의 부피를 곱하면 질량(g)이고, 밀도의 역수에 질량(g)을 곱하면 기체의 부피와 같다.

문제 보기

다음은 $A(g)$와 $B(g)$가 반응하여 $C(g)$가 생성되는 반응의 화학 반응식이다.

$$A(g)+bB(g) \longrightarrow cC(g) \ (b, c는 반응 계수)$$

그림은 $A(g)$ $8w$ g이 들어 있는 실린더에 $B(g)$를 넣어 반응을 완결시켰을 때, 넣어 준 $B(g)$의 질량에 따른 전체 기체의 $\dfrac{1}{밀도}$ 을 나타낸 것이다.

질량을 곱한 값은 기체의 양(mol)에 비례한다.

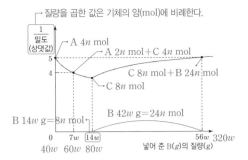

이에 대한 설명으로 옳은 것만을 〈보기〉에서 있는 대로 고른 것은? (단, 실린더 속 기체의 온도와 압력은 일정하다.) [3점]

〈보기〉 풀이

화학 반응식의 반응 계수는 화학 반응에서 반응물과 생성물의 반응 몰비를 가장 간단한 정수비로 나타낸 것이다. 이때 기체 반응의 경우 온도와 압력이 일정할 때 기체의 부피는 기체의 양(mol)에 비례하므로 반응 계수비는 반응 몰비와 같다. 또한 $\dfrac{1}{밀도}$ 은 $\dfrac{부피}{질량}$ 이므로 이 값의 상댓값에 전체 기체의 질량을 곱한 값은 전체 기체의 양(mol)의 상댓값과 같다. 그래프에서 변곡점인 $B(g)$ $14w$ g을 넣었을 때 $A(g)$ $8w$ g과 $B(g)$ $14w$ g이 모두 반응하여 $C(g)$ $22w$ g이 생성되어 실린더에 $C(g)$만 남게 된다. 따라서 $B(g)$ $7w$ g을 넣었을 때에는 $A(g)$는 $4w$ g이 남고 $C(g)$는 $B(g)$를 $14w$ g 넣었을 때의 절반($11w$ g)만 생성된다. 각 지점에서 기체의 양적 관계는 다음과 같다.

넣어 준 B의 질량(g)	0	$7w$	$14w$	$56w$
남은 A의 질량(g)	$8w$	$4w$	0	0
남은 B의 질량(g)	0	0	0	$42w$
생성된 C의 질량(g)	0	$11w$	$22w$	$22w$
$\dfrac{1}{밀도}$(상댓값)	5	4		5
$\dfrac{1}{밀도}$(상댓값)×(전체 질량)	$40w$	$60w$	$80w$	$320w$
기체의 양(mol)	A($4n$)	A($2n$), C($4n$)	C($8n$)	B($24n$), C($8n$)

ㄱ. $c=2$이다.

➡ 넣어 준 $B(g)$의 질량에 따른 양적 관계에서 $B(g)$ $42w$ g의 양(mol)이 $24n$ mol이므로 $B(g)$ $14w$ g의 양(mol)은 $8n$ mol이다. 따라서 반응 몰비는 $A:B:C=4n:8n:8n=1:2:2=1:b:c$이므로 $b=c=2$이다.

ㄴ. $\dfrac{A의 분자량}{B의 분자량}=\dfrac{8}{7}$이다.

➡ 반응 질량비는 $A:B:C=8w:14w:22w$이고, 반응 계수비가 $A:B:C=1:2:2$이므로 분자량비는 $A:B:C=8w:\dfrac{14w}{2}:\dfrac{22w}{2}=8:7:11$이다. 따라서 $\dfrac{A의 분자량}{B의 분자량}=\dfrac{8}{7}$이다.

ㄷ. $A(g)$ $24w$ g 과 $B(g)$ $21w$ g을 완전히 반응시켰을 때, 반응 후 $\dfrac{C의\ 양(mol)}{전체\ 기체의\ 양(mol)}=\dfrac{2}{3}$이다.

➡ $A(g)$ $24w$ g과 $B(g)$ $21w$ g의 양(mol)은 각각 $12n$ mol과 $12n$ mol이므로 완전히 반응시키면 $A(g)$ $6n$ mol과 $B(g)$ $12n$ mol이 반응하여 $A(g)$ $6n$ mol이 남고, $C(g)$ $12n$ mol이 생성되므로 $\dfrac{C의\ 양(mol)}{전체\ 기체의\ 양(mol)}=\dfrac{12n}{6n+12n}=\dfrac{2}{3}$이다.

적용해야 할 개념 ③가지

① 화학 반응식의 계수비=분자 수비=몰비=(기체의) 부피비

② 기체의 양(mol)과 질량: 기체의 양(mol)은 $\dfrac{\text{질량(g)}}{\text{1 mol의 질량(g/mol)}}$, 즉 $\dfrac{\text{질량(g)}}{\text{분자량}}$이다.

③ 기체의 밀도와 부피: 기체의 밀도는 $\dfrac{\text{질량}}{\text{부피}}$이고, 기체의 양(mol)과 부피는 비례한다.

문제 보기

다음은 A(g)로부터 B(g)와 C(g)가 생성되는 반응의 화학 반응식이다. 분자량비 ➡ A : B : C = 5 : 4 : 2

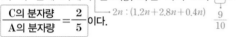
$$2A(g) \longrightarrow 2B(g) + C(g)$$

그림 (가)는 실린더에 B(g)를 넣은 것을, (나)는 (가)의 실린더에 A(g) 10w g을 첨가하여 일부가 반응한 것을, (다)는 (나)의 실린더에서 반응을 완결시킨 것을 나타낸 것이다. 실린더 속 전체 기체의 부피비는 (가) : (나) = 5 : 11이고, (가)와 (다)에서 실린더 속 전체 기체의 밀도(g/L)는 각각 d와 $\boxed{x}d$이며,

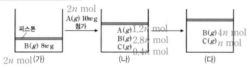
$\dfrac{\text{C의 분자량}}{\text{A의 분자량}} = \dfrac{2}{5}$이다.
$2n : (1.2n + 2.8n + 0.4n)$
$\dfrac{9}{10}$

$x \times \dfrac{\text{(다)의 실린더 속 B}(g)\text{의 질량(g)}}{\text{(나)의 실린더 속 C}(g)\text{의 질량(g)}}$은? (단, 실린더 속 기체의 온도와 압력은 일정하다.)

<보기> 풀이

화학 반응식에서 계수비는 반응하는 분자 수와 생성되는 분자 수의 비와 같다.

❶ B의 분자량 구하기

$\dfrac{\text{C의 분자량}}{\text{A의 분자량}} = \dfrac{2}{5}$이므로 A의 분자량을 $5M$이라고 하면 C의 분자량은 $2M$이다. 화학 반응식이 $2A(g) \longrightarrow 2B(g) + C(g)$이므로 $2 \times$A의 분자량$= 2 \times$B의 분자량$+$C의 분자량이다. 따라서 $2 \times 5M = 2 \times$B의 분자량$+ 2M$이므로 B의 분자량은 $4M$이다.

❷ (가) → (나)에서 반응한 분자의 양(mol) 구하기

A와 B의 분자량비가 A : B $= 5M : 4M = 5 : 4$이므로 B(g) 8w g의 양(mol)을 $2n$ mol이라고 하면 A(g) 10w g의 양(mol)은 $2n$ mol이다. (가) → (나)에서 반응한 A(g)의 양을 $2a$ mol이라고 하면 화학 반응에서 양적 관계는 다음과 같다.

반응식	2A(g)	$\longrightarrow$	2B(g)	+	C(g)
반응 전(mol)	$2n$		$2n$		
반응(mol)	$-2a$		$+2a$		$+a$
반응 후(mol)	$2n-2a$		$2n+2a$		a

실린더 속 전체 기체의 부피비는 (가) : (나) $= 2n : (2n-2a+2n+2a+a) = 2n : (4n+a) = 5 : 11$, $a = 0.4n$이다.

❸ (가) → (다)에서 반응한 분자의 양(mol)과 x 구하기

(가) → (다)에서 반응이 완결되었을 때 화학 반응의 양적 관계는 다음과 같다.

반응식	2A(g)	$\longrightarrow$	2B(g)	+	C(g)
반응 전(mol)	$2n$		$2n$		
반응(mol)	$-2n$		$+2n$		$+n$
반응 후(mol)	0		$4n$		n

기체의 양(mol)과 부피는 비례하므로 (가)와 (다)에서 실린더 속 전체 기체의 밀도비는 (가) : (다)
$= \dfrac{8w \text{ g}}{2n \text{ mol}} : \dfrac{8w \text{ g} + 10w \text{ g}}{5n \text{ mol}} = d : xd$에서 $x = \dfrac{9}{10}$이다.

❹ (나)와 (다)에서 실린더 속 기체의 질량 구하기

(나)의 실린더 속 C(g)의 질량은 C(g)의 양(mol)$\times$분자량$= 0.4n \times 2M = 0.8nM$(g)이고, (다)의 실린더 속 B(g)의 질량은 B(g)의 양(mol)$\times$분자량$= 4n \times 4M = 16nM$(g)이다.

따라서 $x \times \dfrac{\text{(다)의 실린더 속 B}(g)\text{의 질량(g)}}{\text{(나)의 실린더 속 C}(g)\text{의 질량(g)}} = \dfrac{9}{10} \times \dfrac{16nM}{0.8nM} = 18$이다.

 ① 9   ② 18   ③ 21   ④ 24   ⑤ 27

6
일차

01 ②	02 ③	03 ④	04 ①	05 ⑤	06 ③	07 ③	08 ①	09 ①	10 ④	11 ⑤	12 ④
13 ⑤	14 ①	15 ④	16 ②	17 ③	18 ③	19 ①	20 ③	21 ①	22 ④	23 ⑤	24 ④
25 ①	26 ①	27 ②	28 ④	29 ②	30 ③	31 ⑤	32 ④	33 ④	34 ①	35 ③	36 ②
37 ③	38 ③	39 ②									

문제편 064~073쪽

6
일차

---

01 용액의 희석 2021학년도 3월 학평 화Ⅰ 13번

정답 ② | 정답률 58 %

적용해야 할 개념 ①가지

① 용액의 희석: 어떤 용액에 물을 가하여 희석하면 용액의 농도는 변하지만 용질의 양은 변하지 않는다.

문제 보기

표는 포도당 수용액 (가)와 (나)에 대한 자료이다.

수용액	(가)	(나)
부피(mL)	20	30
단위 부피당 포도당 분자 모형	★	★★★ ★★
포도당 분자의 양(mol)	$20n$	$180n$

(가)와 (나)를 모두 혼합하고 물을 추가하여 용액의 부피가 100 mL가 되도록 만든 수용액의 단위 부피당 포도당 분자 모형으로 옳은 것은? (단, 온도는 일정하다.) [3점]

<보기> 풀이

(가)와 (나)에 들어 있는 포도당 분자의 양(mol)은 단위 부피당 분자의 양(mol)에 수용액의 부피를 곱한 값과 같다.

❶ (가)와 (나)의 포도당 분자 수 구하기

단위 부피를 1 mL라 하고, 단위 부피당 들어 있는 분자 모형 1개의 양을 n mol이라 하면, (가)와 (나)에 들어 있는 포도당 분자의 양(mol)은 각각 $20n$ mol, $180n$ mol이다.

❷ 혼합 용액에 들어 있는 전체 분자 수 구하기

(가)와 (나)를 혼합하면 혼합 용액에 들어 있는 포도당의 양(mol)은 혼합 전 포도당의 양(mol)의 합과 같으므로 $200n$ mol이다.

❸ 100 mL 용액에서 단위 부피당 분자 모형 구하기

(가)와 (나)의 혼합 용액에 물을 추가하여 전체 부피가 100 mL이므로 단위 부피당 들어 있는 포도당의 양(mol)은 $\frac{200n}{100}=2n$ mol이다. 따라서 단위 부피당 포도당 분자 모형의 수는 2이다.

---

02 용액의 몰 농도 비교 2020학년도 3월 학평 화Ⅰ 15번

정답 ③ | 정답률 79 %

적용해야 할 개념 ②가지

① 몰 농도(M)$=\dfrac{\text{용질의 양(mol)}}{\text{용액의 부피(L)}}$ ➡ 용질의 양(mol)=몰 농도(mol/L)×용액의 부피(L)

② 용액의 희석: 어떤 용액에 물을 가하여 희석하면 용액의 농도는 변하지만 용질의 양은 변하지 않는다.

문제 보기

그림은 포도당 수용액 (가)~(다)를 나타낸 것이다.

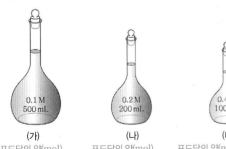 

(가)
포도당의 양(mol)
$=0.1$ mol/L $\times 0.5$ L
$=0.05$몰

(나)
포도당의 양(mol)
$=0.2$ mol/L $\times 0.2$ L
$=0.04$몰

(다)
포도당의 양(mol)
$=0.4$ mol/L $\times 0.1$ L
$=0.04$몰

이에 대한 옳은 설명만을 <보기>에서 있는 대로 고른 것은? (단, 포도당의 분자량은 180이고, 수용액의 온도는 일정하다.)

<보기> 풀이

수용액에 녹아 있는 용질의 양(mol)은 용액의 몰 농도(M)에 부피(L)를 곱한 값과 같다.

ㄱ. (가)에 녹아 있는 포도당의 질량은 9 g이다.

➡ (가)는 0.1 M 포도당 수용액 500 mL이므로 (가)에 녹아 있는 포도당의 양(mol)은 0.1 mol/L×0.5 L=0.05몰이다. 이때 포도당의 분자량은 180이므로 (가)에 녹아 있는 포도당의 질량은 0.05 mol×180 g/mol=9 g이다.

ㄴ. 수용액에 녹아 있는 포도당의 양(mol)은 (나)와 (다)가 같다.

➡ (나)와 (다)에서 수용액의 몰 농도(M)는 (다)가 (나)의 2배이고, 수용액의 부피는 (나)가 (다)의 2배이므로 녹아 있는 포도당의 양(mol)은 (나)와 (다)가 같다.

ㄷ. (나)와 (다)를 혼합한 후 증류수를 가해 전체 부피를 500 mL로 만든 수용액의 몰 농도는 0.08 M이다.

➡ (나)와 (다)에 녹아 있는 포도당의 양(mol)은 각각 0.04몰로 같다. 따라서 (나)와 (다)를 혼합한 용액에 녹아 있는 포도당의 양(mol)은 0.08몰이고, 수용액의 부피가 500 mL이므로 이 혼합 용액의 몰 농도(M)는 $\dfrac{0.08\ \text{mol}}{0.5\ \text{L}}=0.16$ M이다.

적용해야 할 개념 ②가지

① 몰 농도(M)=$\dfrac{\text{용질의 양(mol)}}{\text{용액의 부피(L)}}$ ➡ 용질의 양(mol)=몰 농도(mol/L)×용액의 부피(L)

② 용액은 용질과 용매의 균일 혼합물이므로 용액의 양에 관계없이 용질과 용매의 비율이 일정하다. ➡ 용액에 녹아 있는 용질의 양은 용액의 부피에 비례한다.

문제 보기

다음은 수산화 나트륨 수용액($NaOH(aq)$)에 관한 실험이다.

수용액 x mL에 NaOH 0.6몰이 녹아 있는 용액 ┐

(가) 2 M $NaOH(aq)$ 300 mL에 물을 넣어 1.5 M $NaOH(aq)$ x mL를 만든다. (400)

(나) 2 M $NaOH(aq)$ 200 mL에 NaOH(s) y g과 물을 넣어 2.5 M $NaOH(aq)$ 400 mL를 만든다. (24)

(다) (가)에서 만든 수용액과 (나)에서 만든 수용액을 모두 혼합하여 $\dfrac{z}{2}$ M $NaOH(aq)$을 만든다.

└ 수용액 400 mL에 NaOH 1몰이 녹아 있는 용액

$\dfrac{y \times z}{x}$ 는? (단, NaOH의 화학식량은 40이고, 온도는 일정하며, 혼합 용액의 부피는 혼합 전 각 용액의 부피의 합과 같다.) [3점]

＜보기＞ 풀이

❶ (가)에서 x 구하기

2 M $NaOH(aq)$에 물을 넣어도 용액 속 용질 양(mol)은 변하지 않으므로 수용액에 들어 있는 NaOH의 양(mol)은 0.6몰로 일정하다. 따라서 2 mol/L×0.3 L=1.5 mol/L×x mL이므로 $x=400$이다.

❷ (나)에서 추가한 NaOH(aq)의 질량 y 구하기

2 M $NaOH(aq)$ 200 mL와 2.5 M $NaOH(aq)$ 400 mL에 들어 있는 NaOH의 양(mol)은 각각 2 mol/L×0.2 L=0.4몰, 2.5 mol/L×0.4 L=1몰이므로 추가로 넣어 준 NaOH의 양(mol)은 0.6몰이다. NaOH의 화학식량이 40이므로 $y=0.6 \text{ mol} \times 40 \text{ g/mol}=24$ g이다.

❸ (다)에서 혼합 수용액의 몰 농도(M) z 구하기

(다)에서 전체 수용액의 부피는 800 mL이고, 녹아 있는 NaOH의 양(mol)은 1.6몰이므로 몰 농도(M) $z=\dfrac{1.6 \text{ mol/L}}{0.8 \text{ L}}=2$이다. 따라서 $\dfrac{y \times z}{x}=\dfrac{24 \times 2}{400}=\dfrac{3}{25}$ 이다.

✗ ① $\dfrac{12}{25}$　　✗ ② $\dfrac{9}{25}$　　✗ ③ $\dfrac{6}{25}$　　④ $\dfrac{3}{25}$　　✗ ⑤ $\dfrac{1}{25}$

적용해야 할 개념 ④가지

① 몰 농도(M)=$\dfrac{\text{용질의 양(mol)}}{\text{용액의 부피(L)}}$ ➡ 용질의 양(mol)=몰 농도(mol/L)×용액의 부피(L)

② 물질의 양(mol)과 질량: 물질의 양(mol)은 $\dfrac{\text{질량(g)}}{1 \text{ mol의 질량(g/mol)}}$, 즉 $\dfrac{\text{질량(g)}}{\text{분자량}}$ 이다.

③ 용액은 용질과 용매의 균일 혼합물이므로 용액의 양에 관계없이 용질과 용매의 비율이 일정하다. ➡ 용액에 녹아 있는 용질의 양은 용액의 부피에 비례한다.

④ 용액의 희석: 어떤 용액에 물을 가하여 희석하면 용액의 농도는 변하지만 용질의 양은 변하지 않는다.

문제 보기

다음은 a M $NaOH(aq)$을 만드는 2가지 방법을 나타낸 것이다. NaOH의 화학식량은 40이다.

┌ NaOH 0.05 mol

○ NaOH(s) 2 g을 소량의 물에 모두 녹인 후 500 mL 부피 플라스크에 모두 넣고 표선까지 물을 가하여 a M $NaOH(aq)$을 만든다. a M=$\dfrac{0.05 \text{ mol}}{0.5 \text{ L}}=0.1$ M ┘

○ 2 M $NaOH(aq)$ V mL를 200 mL 부피 플라스크에 넣고 표선까지 물을 가하여 a M $NaOH(aq)$을 만든다.

2 M $NaOH(aq)$ V mL

NaOH의 양(mol)　　NaOH의 양(mol)
$2 \times V \times 10^{-3}$ mol=$0.1 \times 200 \times 10^{-3}$ mol

$a \times V$는? (단, 온도는 일정하다.)

＜보기＞ 풀이

❶ NaOH(s) 2 g의 양(mol) 구하기

NaOH의 화학식량이 40이므로 NaOH(s) 2 g의 양(mol)은 $\dfrac{2}{40}=0.05$ mol이다.

❷ NaOH(aq)의 몰 농도(M) a 구하기

첫 번째로 만든 수용액은 a M $NaOH(aq)$ 500 mL이므로 이 수용액에 들어 있는 NaOH(s)의 양(mol)은 a M×0.5 L=0.05 mol이다. 따라서 $a=0.1$이다.

❸ 용액의 희석에서 몰 농도와 부피의 관계를 이용하여 V 구하기

용액에 물을 넣어 희석시킬 때 용질의 양은 변하지 않으므로 용액의 몰 농도(M)는 용액의 부피에 반비례한다. 두 번째로 만든 수용액은 2 M $NaOH(aq)$ V mL에 물을 넣어 a M $NaOH(aq)$ 200 mL를 만들었으므로 $a:2=V:200$이고, $a=0.1$이므로 $V=10$이다. 따라서 $a \times V=0.1 \times 10=1$이다.

① 1　　✗ ② 2　　✗ ③ 4　　✗ ④ 6　　✗ ⑤ 8

05 용액의 희석 2021학년도 7월 학평 화I 11번

적용해야 할 개념 ③가지

① 몰 농도(M) = $\dfrac{용질의 양(mol)}{용액의 부피(L)}$ ➡ 용질의 양(mol) = 몰 농도(mol/L) × 용액의 부피(L)

② 물질의 양(mol)과 질량: 물질의 양(mol)은 $\dfrac{질량(g)}{1몰의 질량(g/mol)}$, 즉 $\dfrac{질량(g)}{분자량}$ 이다.

③ 용액의 희석: 어떤 용액에 물을 가하여 희석하면 용액의 농도는 변하지만 용질의 양은 변하지 않는다.

문제 보기

다음은 NaOH(s) 4 g을 이용하여 2가지 농도의 NaOH(aq)을 만드는 실험이다. ㉠과 ㉡은 각각 250 mL, 500 mL 중 하나이다.

(가) 소량의 물에 NaOH(s) $\overset{3}{w}$ g을 녹인 후 $\boxed{㉠}$ $\overset{250\ mL}{}$ 부피 플라스크에 넣고 표시된 눈금선까지 물을 넣고 섞어 0.3 M NaOH(aq)을 만든다. $\quad \overset{\ulcorner 1\ g = \frac{1}{40}\ mol}{}$

(나) 소량의 물에 (가)에서 사용하고 남은 NaOH(s)을 모두 녹인 후 $\boxed{㉡}$ $\overset{500\ mL}{}$ 부피 플라스크에 넣고 표시된 눈금선까지 물을 넣고 섞어 $\overset{a}{\underset{0.05}{}}$ M NaOH(aq)을 만든다.

이에 대한 설명으로 옳은 것만을 〈보기〉에서 있는 대로 고른 것은? (단, NaOH의 화학식량은 40이다.) [3점]

〈보기〉 풀이

ㄱ. $w = 3$이다.

➡ (가)에서 용액의 부피 ㉠이 500 mL이면, 용질의 양(mol)은 $0.3 \times 0.5 = 0.15$ mol이고, NaOH의 화학식량이 40이므로 질량은 6 g이다. 조건을 만족하지 않으므로 ㉠은 250 mL이고, 용질의 양(mol)은 $0.3 \times 0.25 = 0.075$ mol이다. 따라서 NaOH의 질량(g) $w = 0.075 \times 40 = 3$이다.

ㄴ. ㉡은 500 mL이다.

➡ ㉠이 250 mL이므로 ㉡은 500 mL이다.

ㄷ. $a = 0.05$이다.

➡ (나)에서 용질의 질량은 1 g으로 $\dfrac{1}{40}$ mol이고, 수용액의 부피가 500 mL이므로 몰 농도(M)

$a = \dfrac{1}{40} \times \dfrac{2}{1} = \dfrac{1}{20} = 0.05$이다.

---

06 용액의 희석 2022학년도 6월 모평 화I 12번

적용해야 할 개념 ③가지

① 몰 농도(M) = $\dfrac{용질의 양(mol)}{용액의 부피(L)}$ ➡ 용질의 양(mol) = 몰 농도(mol/L) × 용액의 부피(L)

② 용액은 용질과 용매의 균일 혼합물이므로 용액의 양에 관계없이 용질과 용매의 비율이 일정하다. ➡ 용액에 녹아 있는 용질의 양은 용액의 부피에 비례한다.

③ 용액의 희석: 어떤 용액에 물을 가하여 희석하면 용액의 농도는 변하지만 용질의 양은 변하지 않는다.

문제 보기

다음은 A(aq)에 관한 실험이다.

[실험 과정] $\ulcorner$ 수용액 1 L에 A 1 mol이 녹아 있는 용액

(가) 1 M A(aq)을 준비한다.

(나) (가)의 A(aq) x mL를 취하여 100 mL 부피 플라스크에 모두 넣는다. $\llcorner$ A의 양(mol)=0.001x mol

(다) (나)의 부피 플라스크에 표시된 눈금선까지 물을 넣고 섞어 수용액 Ⅰ을 만든다. $\llcorner \dfrac{x}{100}$ M

(라) (가)의 A(aq) y mL를 취하여 250 mL 부피 플라스크에 모두 넣는다. $\llcorner$ A의 양(mol)=0.001y mol

(마) (라)의 부피 플라스크에 표시된 눈금선까지 물을 넣고 섞어 수용액 Ⅱ를 만든다. $\llcorner \dfrac{y}{250}$ M

[실험 결과 및 자료]

○ $x + y = 70$이다.

○ Ⅰ과 Ⅱ의 몰 농도는 모두 $\overset{a}{\underset{0.2}{}}$ M이다.

이에 대한 설명으로 옳은 것만을 〈보기〉에서 있는 대로 고른 것은? (단, 온도는 25 °C로 일정하다.) [3점]

〈보기〉 풀이

A(aq) 1 M에서 x mL를 취하면 A의 양(mol)은 0.001x mol이고, y mL를 취하면 A의 양(mol)은 0.001y mol이다. 따라서 수용액 Ⅰ과 Ⅱ의 몰 농도는 각각 $\dfrac{x}{100}$ M, $\dfrac{y}{250}$ M이다.

ㄱ. $x = 20$이다.

➡ 수용액 Ⅰ과 Ⅱ의 몰 농도가 a M로 서로 같으므로 $\dfrac{x}{100} = \dfrac{y}{250}$이고, $x + y = 70$이므로 $x = 20$, $y = 50$이다.

✗ $a = 0.1$이다.

➡ $x = 20$이므로 수용액 Ⅰ의 몰 농도(M) $a = \dfrac{20}{100} = 0.2$이다.

ㄷ. Ⅰ과 Ⅱ를 모두 혼합한 수용액에 포함된 A의 양(mol)은 0.07 mol이다.

➡ Ⅰ과 Ⅱ의 몰 농도가 모두 0.2 M이고, 부피가 각각 100 mL, 250 mL이므로 두 수용액을 혼합한 수용액에 포함된 A의 양(mol)은 $0.2 \times 0.1 + 0.2 \times 0.25 = 0.07$ mol이다.

적용해야 할 개념 ③가지

① 몰 농도(M) = $\dfrac{\text{용질의 양(mol)}}{\text{용액의 부피(L)}}$ ➡ 용질의 양(mol) = 몰 농도(mol/L) × 용액의 부피(L)

② 물질이 양(mol)과 질량: 물질의 양(mol)은 $\dfrac{\text{질량(g)}}{1\text{ mol의 질량(g/mol)}}$, 즉 $\dfrac{\text{질량(g)}}{\text{화학식량}}$ 이다.

③ 용액은 용질과 용매의 균일 혼합물이므로 용액의 양에 관계없이 용질과 용매의 비율이 일정하다. ➡ 용액에 녹아 있는 용질의 양은 용액의 부피에 비례한다.

문제 보기

표는 $t\ ^\circ$C에서 포도당 수용액 (가)와 (나)에 대한 자료이다.

수용액	용질의 질량(g)	부피(mL)	몰 농도(M)
(가)	w n mol	250	1
(나)	$3w$ $3n$ mol	500	a 1.5

(3배 ↗ / 2배 ↘)

a는?

<보기> 풀이

몰 농도(M) = $\dfrac{\text{용질의 양(mol)}}{\text{용액의 부피(L)}}$ 이므로 몰 농도는 용질의 양(mol)에 비례하고, 용액의 부피에 반비례한다.

❶ (가)와 (나)에 들어 있는 용질의 양(mol) 구하기

(가)와 (나)는 모두 포도당 수용액으로 용질의 종류가 같다. 따라서 (가)와 (나)에 들어 있는 용질의 양(mol)은 용질의 질량에 비례하므로 (가)와 (나)에 들어 있는 용질의 몰비는 (가) : (나) = w : $3w$ = 1 : 3이다.

❷ (가)와 (나)의 몰 농도비를 통해 a 구하기

(가)와 (나)에 들어 있는 포도당의 양(mol)을 각각 n mol과 $3n$ mol이라고 하면 몰 농도는 각각 $\dfrac{n\text{ mol}}{0.25\text{ L}} = 4n$ M과 $\dfrac{3n\text{ mol}}{0.5\text{ L}} = 6n$ M이다. 이때 (가)와 (나)의 몰 농도(M)가 각각 1과 a이므로 $4n : 6n = 1 : a$이고, $a = \dfrac{3}{2}$이다.

✗ $\dfrac{1}{3}$　　✗ $\dfrac{2}{3}$　　③ $\dfrac{3}{2}$　　✗ 3　　✗ 6

적용해야 할 개념 ③가지

① 몰 농도(M) = $\dfrac{\text{용질의 양(mol)}}{\text{용액의 부피(L)}}$ ➡ 용질의 양(mol) = 몰 농도(mol/L) × 용액의 부피(L)

② 물질의 양(mol)과 질량: 물질의 양(mol)은 $\dfrac{\text{질량(g)}}{1\text{ mol의 질량(g/mol)}}$, 즉 $\dfrac{\text{질량(g)}}{\text{화학식량}}$ 이다.

③ 용액은 용질과 용매의 균일 혼합물이므로 용액의 양에 관계없이 용질과 용매의 비율이 일정하다. ➡ 용액에 녹아 있는 용질의 양은 용액의 부피에 비례한다.

문제 보기

표는 $t\ ^\circ$C에서 A(aq)과 B(aq)에 대한 자료이다. A와 B의 화학식량은 각각 $3a$와 a이다.

수용액	몰 농도 (M)	용질의 질량(g)	용액의 질량(g)	용액의 밀도(g/mL)
A(aq)	x	w_1	$2w_2$	d_A
B(aq)	y	$2w_1$	w_2	d_B

(A: $\dfrac{w_1}{3a}$ mol / 부피: $\dfrac{2w_2}{d_A}$ mL)
(B: $\dfrac{2w_1}{a}$ mol / 부피: $\dfrac{w_2}{d_B}$ mL)

$\dfrac{x}{y}$는? [3점]

<보기> 풀이

몰 농도(M) = $\dfrac{\text{용질의 양(mol)}}{\text{용액의 부피(L)}}$ 이다. 물질의 양(mol) = $\dfrac{\text{질량}}{\text{화학식량}}$ 이고, 밀도 = $\dfrac{\text{질량(g)}}{\text{부피(mL)}}$ 이므로 용액의 부피 = $\dfrac{\text{질량}}{\text{밀도}}$ 이다.

❶ A(aq)과 B(aq)에 들어 있는 용질의 양(mol) 구하기

A와 B의 화학식량이 각각 $3a$와 a이고, A(aq)과 B(aq)에 들어 있는 용질의 질량이 각각 w_1 g과 $2w_1$ g이므로 수용액에 녹아 있는 용질의 양(mol)은 각각 $\dfrac{w_1}{3a}$ mol과 $\dfrac{2w_1}{a}$ mol이다.

❷ A(aq)과 B(aq)의 부피 구하기

A(aq)과 B(aq)의 질량은 각각 $2w_2$ g과 w_2 g이고, 밀도가 각각 d_A g/mL와 d_B g/mL이므로 수용액의 부피는 각각 $\dfrac{2w_2}{d_A}$ mL와 $\dfrac{w_2}{d_B}$ mL이다.

❸ A(aq)과 B(aq)의 몰 농도(M)비 $\dfrac{x}{y}$ 구하기

A(aq)의 몰 농도(M) $x = \dfrac{w_1}{3a} \times \dfrac{d_A}{2w_2} \times 10^3$이고, B($aq$)의 몰 농도(M) $y = \dfrac{2w_1}{a} \times \dfrac{d_B}{w_2} \times 10^3$이다. 따라서 $\dfrac{x}{y} = \dfrac{w_1}{3a} \times \dfrac{d_A}{2w_2} \times \dfrac{a}{2w_1} \times \dfrac{w_2}{d_B} = \dfrac{d_A}{12d_B}$이다.

① $\dfrac{d_A}{12d_B}$　　✗ $\dfrac{d_A}{4d_B}$　　✗ $\dfrac{3d_A}{4d_B}$　　✗ $\dfrac{d_B}{12d_A}$　　✗ $\dfrac{4d_B}{3d_A}$

적용해야 할 개념 ④가지

① 몰 농도(M)= $\dfrac{\text{용질의 양(mol)}}{\text{용액의 부피(L)}}$ ➡ 용질의 양(mol)=몰 농도(mol/L)×용액의 부피(L)

② 물질의 양(mol)과 질량: 물질의 양(mol)은 $\dfrac{\text{질량(g)}}{\text{1 mol의 질량(g/mol)}}$, 즉 $\dfrac{\text{질량(g)}}{\text{화학식량}}$ 이다.

③ 용액은 용질과 용매의 균일 혼합물이므로 용액의 양에 관계없이 용질과 용매의 비율이 일정하다. ➡ 용액에 녹아 있는 용질의 양은 용액의 부피에 비례한다.

④ 용액의 희석: 어떤 용액에 물을 가하여 희석하면 용액의 농도는 변하지만 용질의 양은 변하지 않는다.

문제 보기

표는 t °C에서 X(aq) (가)~(다)에 대한 자료이다.

$0.4V_1 : 0.3V_2 = 1 : 3$ ➡ $V_2 = 4V_1$

수용액	(가)	(나)	(다)
부피(L)	V_1	V_2	V_2
몰 농도(M)	0.4	0.3	0.2
용질의 질량(g)	w	$3w$	
용질의 양(mol)	$0.4V_1$	$0.3V_2$	$0.2V_2=0.8V_1$

(가)와 (다)를 혼합한 용액의 몰 농도(M)는? (단, 혼합 용액의 부피는 혼합 전 각 용액의 부피의 합과 같다.)

<보기> 풀이

몰 농도(M)는 $\dfrac{\text{용질의 양(mol)}}{\text{용액의 부피(L)}}$ 이므로 수용액에 들어 있는 용질의 양(mol)은 몰 농도에 용액의 부피(L)를 곱한 값과 같다.

❶ 용질 X의 질량을 이용해 V_1과 V_2의 관계 구하기

(가)와 (나)에 들어 있는 용질 X의 양(mol)은 각각 $0.4V_1$ mol, $0.3V_2$ mol이고, 질량은 각각 w g과 $3w$ g이므로 $0.4V_1 : 0.3V_2 = 1 : 3$이다. 따라서 $V_2 = 4V_1$이다.

❷ (다)에 들어 있는 용질 X의 양(mol) 구하기

(다)에 들어 있는 용질 X의 양(mol)은 $0.2V_2$ mol$=0.8V_1$ mol이다.

❸ (가)와 (다)의 혼합 용액의 몰 농도(M) 구하기

(가)와 (다)를 혼합한 용액에 들어 있는 용질 X의 양(mol)은 $0.4V_1$ mol$+0.8V_1$ mol$=1.2V_1$ mol이고, 용액의 부피는 V_1 L$+4V_1$ L$=5V_1$ L이므로 몰 농도(M)는 $\dfrac{1.2V_1 \text{ mol}}{5V_1 \text{ L}}=\dfrac{1.2 \text{ mol}}{5 \text{ L}}$

$=\dfrac{6}{25}$ M이다.

① $\dfrac{6}{25}$ ② $\dfrac{4}{15}$ ③ $\dfrac{2}{7}$ ④ $\dfrac{3}{10}$ ⑤ $\dfrac{1}{3}$

적용해야 할 개념 ②가지

① 몰 농도(M)= $\dfrac{\text{용질의 양(mol)}}{\text{용액의 부피(L)}}$ ➡ 용질의 양(mol)=몰 농도(mol/L)×용액의 부피(L)

② 물질의 양(mol)과 질량: 물질의 양(mol)은 $\dfrac{\text{질량(g)}}{\text{1 mol의 질량(g/mol)}}$, 즉 $\dfrac{\text{질량(g)}}{\text{화학식량}}$ 이다.

문제 보기

표는 t °C에서 A(aq)과 B(aq)에 대한 자료이다. A와 B의 화학식량은 각각 $2a$와 $3a$이다.

$=\dfrac{1}{V} \times \dfrac{x}{2a}$ 용질의 양(mol)$=\dfrac{x}{2a}$

수용액	몰 농도(M)	부피(L)	용질의 질량(g)
A(aq)	0.2	V	x
B(aq)	0.05	$2V$	$3w$

$=\dfrac{1}{2V} \times \dfrac{3w}{3a}$ 용질의 양(mol)$=\dfrac{3w}{3a}$

x는?

<보기> 풀이

수용액의 몰 농도(M)= $\dfrac{\text{용질의 양(mol)}}{\text{용액의 부피(L)}}=\dfrac{\frac{\text{용질의 질량(g)}}{\text{화학식량}}}{\text{용액의 부피(L)}}$ 이다.

❶ A(aq)에서 몰 농도(M) 구하기

A의 화학식량은 $2a$이므로 A(aq)의 몰 농도는 $\dfrac{\frac{x}{2a}}{V}=0.2$이므로 $V=\dfrac{5x}{2a}$(①식)이다.

❷ B(aq)에서 몰 농도(M) 구하기

B의 화학식량은 $3a$이므로 B(aq)의 몰 농도는 $\dfrac{\frac{3w}{3a}}{2V}=0.05$이므로 $V=\dfrac{10w}{a}$(②식)이다.

①식과 ②식을 풀면 $x=4w$이다.

① $\dfrac{1}{4}w$ ② $\dfrac{1}{2}w$ ③ $2w$ ④ $4w$ ⑤ $8w$

| 적용해야 할 개념 ②가지 | ① 몰 농도(M)= $\dfrac{\text{용질의 양(mol)}}{\text{용액의 부피(L)}}$ ➡ 용질의 양(mol)=몰 농도(mol/L)×용액의 부피(L) |
| | ② 물질의 양(mol)과 질량: 물질의 양(mol)은 $\dfrac{\text{질량(g)}}{1 \text{ mol의 질량(g/mol)}}$, 즉 $\dfrac{\text{질량(g)}}{\text{분자량}}$ 이다. |

문제 보기

표는 t °C에서 수용액 (가)~(다)에 대한 자료이다.

분자량은 Y가 X의 3배

수용액	(가)	(나)	(다)
용질	X	Y	Y
용질의 질량(g)	$\frac{1}{3}w$	w	$2w$
부피(L)	0.25	0.25	V
몰 농도(M)	a	a	0.1

$\dfrac{\text{Y의 분자량}}{\text{X의 분자량}} \times \dfrac{a}{V}$ 는? [3점]

$\dfrac{a}{V}=0.2$

<보기> 풀이

몰 농도(M)= $\dfrac{\text{용질의 양(mol)}}{\text{용액의 부피(L)}}=\dfrac{\frac{\text{질량(g)}}{\text{분자량}}}{\text{용액의 부피(L)}}$ 이다.

❶ (가)와 (나)에서 X와 Y의 분자량의 비 구하기

X와 Y의 분자량을 각각 M_X, M_Y라고 하면 (가)와 (나)의 몰 농도가 같으므로 $\dfrac{\frac{1}{3}w}{M_X}=\dfrac{w}{M_Y}$

에서 $3M_X=M_Y$이다. 따라서 분자량은 Y가 X의 3배이다.

❷ (나)와 (다)에서 $\dfrac{a}{V}$ 구하기

(나)의 몰 농도는 $a=\dfrac{\frac{w}{M_Y}}{0.25}$ 이므로 $\dfrac{w}{M_Y}=\dfrac{a}{4}$ 이다. (다)의 몰 농도는 $0.1=\dfrac{\frac{2w}{M_Y}}{V}$ 이고, $\dfrac{w}{M_Y}$

$=\dfrac{a}{4}$ 이므로 $\dfrac{a}{V}=0.2$이다.

따라서 $\dfrac{\text{Y의 분자량}}{\text{X의 분자량}}\times\dfrac{a}{V}=3\times0.2=\dfrac{3}{5}$ 이다.

❌ $\dfrac{1}{15}$ ❌ $\dfrac{2}{15}$ ❌ $\dfrac{1}{5}$ ❌ $\dfrac{2}{5}$ ⑤ $\dfrac{3}{5}$

---

12 몰 농도와 농도 변환 2021학년도 4월 학평 화I 7번 정답 ④ | 정답률 50%

적용해야 할 개념 ③가지	① 질량 퍼센트 농도(%)= $\dfrac{\text{용질의 질량(g)}}{\text{용액의 질량(g)}}\times100$ ➡ 용질의 질량(g)= $\dfrac{\text{퍼센트 농도(%)}}{100}\times$용액의 질량(g)
	② 몰 농도(M)= $\dfrac{\text{용질의 양(mol)}}{\text{용액의 부피(L)}}$ ➡ 용질의 양(mol)=몰 농도(mol/L)×용액의 부피(L)
	③ 용액의 밀도= $\dfrac{\text{용액의 질량}}{\text{용액의 부피}}$ ➡ 용액의 부피= $\dfrac{\text{용액의 질량}}{\text{용액의 밀도}}$

문제 보기

표는 A 수용액 (가), (나)에 대한 자료이다. A의 화학식량은 100이고, (가)의 밀도는 d g/mL이다.

수용액	물의 질량(g)	A의 질량(g)	농도(%)
(가)	60	a 20	$3b$
(나)	200	$2a$	$2b$

퍼센트 농도비=(가) : (나)= $\dfrac{a}{60+a} : \dfrac{2a}{200+2a}=3:2$ ➡ $a=20$

(가)의 몰 농도(M)는? [3점]

<보기> 풀이

❶ a 구하기

(가)와 (나)의 퍼센트 농도비가 (가) : (나)=3 : 2이므로 $\dfrac{a}{60+a} : \dfrac{2a}{200+2a}=3:2$이고, $a=20$

이다.

❷ 수용액 (가)의 부피 구하기

(가)의 밀도가 d g/mL이고, 용액의 질량이 80 g이므로 수용액의 부피는 $\dfrac{80}{d}$ mL이다.

❸ (가)에 들어 있는 A의 양(mol)과 수용액의 몰 농도(M) 구하기

(가)에 들어 있는 A의 질량이 20 g이고, 화학식량이 100이므로 양(mol)은 0.2 mol이다. (가)의

부피가 $\dfrac{80}{d}$ mL이므로 몰 농도(M)는 $0.2 \text{ mol}\times\dfrac{d}{80 \text{ mL}}\times1000=\dfrac{5}{2}d$ M이다.

❌ $\dfrac{1}{600}d$ ❌ $\dfrac{1}{400}d$ ❌ $\dfrac{5}{3}d$ ④ $\dfrac{5}{2}d$ ❌ $\dfrac{15}{2}d$

13 용액의 혼합과 농도 계산 2020학년도 10월 학평 화I 16번 　　　정답 ⑤ | 정답률 82%

적용해야 할 개념 ③가지

① 질량 퍼센트 농도(%)=$\dfrac{용질의\ 질량(g)}{용액의\ 질량(g)}\times 100$ ➡ 용질의 질량(g)=$\dfrac{퍼센트\ 농도(\%)}{100}\times$용액의 질량(g)

② 몰 농도(M)=$\dfrac{용질의\ 양(mol)}{용액의\ 부피(L)}$ ➡ 용질의 양(mol)=몰 농도(mol/L)×용액의 부피(L)

③ 용액의 희석: 어떤 용액에 물을 가하여 희석하면 용액의 농도는 변하지만 용질의 양은 변하지 않는다.

문제 보기

그림은 용질 A를 녹인 수용액 (가)와 (나)를 혼합한 후 물을 추가하여 수용액 (다)를 만드는 과정을 나타낸 것이다. A의 화학식량은 60이다.

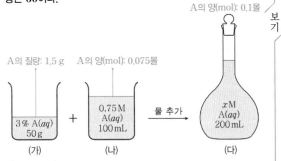

이에 대한 옳은 설명만을 〈보기〉에서 있는 대로 고른 것은? [3점]

〈보기〉 풀이

용액의 % 농도는 $\dfrac{용질의\ 질량(g)}{용액의\ 질량(g)}\times 100$이므로 (가)에서 3 % A(*aq*) 50 g에 들어 있는 A의 질량은 1.5 g이다. 몰 농도(M)는 $\dfrac{용질의\ 양(mol)}{용액의\ 부피(mL)}\times 1000$이므로 (나)에서 0.75 M A(*aq*) 100 mL에 들어 있는 A의 양(mol)은 0.075몰이다.

ㄱ. (가)에 들어 있는 A의 양은 0.025mol이다.

➡ (가)에 들어 있는 A의 질량이 1.5 g이고, A의 화학식량이 60이므로 A의 양(mol)은 $\dfrac{1.5}{60}=$ 0.025몰이다.

ㄴ. (나)에 들어 있는 A의 질량은 4.5 g이다.

➡ (나)에 들어 있는 A의 양(mol)이 0.075몰이고, A 0.075몰의 질량은 0.075 mol×60 g/mol =4.5 g이다.

ㄷ. *x*=0.5이다.

➡ (다)에 들어 있는 A의 양(mol)은 0.1몰이고, 수용액의 부피가 200 mL이므로 몰 농도(M) $x=\dfrac{0.1\ mol}{0.2\ L}=0.5$이다.

---

14 몰 농도와 농도 변환 2020학년도 9월 모평 화II 16번 　　　정답 ① | 정답률 57%

적용해야 할 개념 ③가지

① 몰 농도(M)=$\dfrac{용질의\ 양(mol)}{용액의\ 부피(L)}$

② 질량 퍼센트 농도(%)=$\dfrac{용질의\ 질량(g)}{용액의\ 질량(g)}\times 100$ ➡ 용질의 질량(g)=$\dfrac{퍼센트\ 농도(\%)}{100}\times$용액의 질량(g)

③ 용액의 밀도=$\dfrac{용액의\ 질량}{용액의\ 부피}$ ➡ 용액의 부피=$\dfrac{용질의\ 질량}{용액의\ 밀도}$

문제 보기

다음은 NaOH(*aq*)에 대한 실험이다.

― 수용액 60 g 중 NaOH 6 g=0.15몰

(가) 10 % NaOH(*aq*) 60 g을 준비하였다.

(나) 밀도가 1.02 g/mL인 0.5 M NaOH(*aq*) 100 mL 를 준비하였다. ― 수용액 100 mL 중 NaOH 0.05몰

(다) (가)와 (나)의 수용액을 모두 혼합한 후, 증류수 *x* mL를 추가하여 밀도가 1.05 g/mL인 1.2 M NaOH(*aq*)을 만들었다. ➡ 수용액 중 NaOH 0.2몰

$1.2\ M=\dfrac{0.2\ mol}{\left(\dfrac{162+x}{1.05\times 10^{3}}\right)L}$

― 질량=(60+102+*x*)g

➡ 부피=$\dfrac{질량}{밀도}=\left(\dfrac{162+x}{1.05\times 10^{3}}\right)L$

*x*는? (단, NaOH의 화학식량은 40이고, 증류수의 밀도는 1.00 g/mL이다.) [3점]

〈보기〉 풀이

❶ (가)와 (나)에서 NaOH의 질량 및 양(mol) 구하기

(가)의 수용액은 10 % NaOH(*aq*) 60 g이므로 이 수용액에 들어 있는 NaOH의 질량은 6 g이며, 이는 $\dfrac{6\ g}{40\ g/mol}=$0.15몰이다. (나)의 수용액은 0.5 M NaOH(*aq*) 100 mL이므로 이 수용액에 들어 있는 NaOH의 양(mol)은 0.05몰이다.

❷ (다)에서 전체 수용액의 질량 및 부피 구하기

증류수의 밀도는 1.00 g/mL이므로 증류수 *x* mL의 질량은 *x* g이다. (가) 수용액의 질량이 60 g 이고, (나) 수용액은 밀도가 1.02 g/mL이며, 100 mL이므로 질량은 102 g이다. 따라서 (다)에서 혼합 수용액의 전체 질량은 (60+102+*x*) g이며, 밀도가 1.05 g/mL이므로 전체 수용액의 부피 는 $\dfrac{(162+x)}{1.05}$ mL이다.

❸ *x* 구하기

(다) 수용액의 몰 농도가 1.2 M이므로 $0.2\times\dfrac{1.05}{(162+x)}\times 1000=1.2$가 성립하고, 이를 정리하면 6*x*=78이다. 따라서 *x*=13이다.

 ① 13 　　 ② 15 　　 ③ 17 　　 ④ 19 　　 ⑤ 21

적용해야 할 개념 ③가지

① 질량 퍼센트 농도(%)= $\dfrac{\text{용질의 질량(g)}}{\text{용액의 질량(g)}} \times 100$ ➡ 용질의 질량(g)= $\dfrac{\text{퍼센트 농도(%)}}{100} \times$ 용액의 질량(g)

② 몰 농도(M)= $\dfrac{\text{용질의 양(mol)}}{\text{용액의 부피(L)}}$

③ 용액의 밀도= $\dfrac{\text{용액의 질량}}{\text{용액의 부피}}$ ➡ 용액의 질량=용액의 밀도×용액의 부피

문제 보기

그림은 황산(H_2SO_4)이 들어 있는 시약병을 나타낸 것이다.

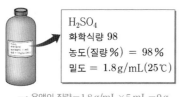

H_2SO_4
화학식량 98
농도(질량%) = 98 %
밀도 = 1.8 g/mL(25℃)

→ 용액의 질량=1.8 g/mL × 5 mL=9 g
용질의 질량= $\left(9 \times \dfrac{98}{100}\right)$ g
➡ 몰 농도= $\dfrac{\left(9 \times \dfrac{98}{100} \times \dfrac{1}{98}\right) \text{mol}}{1 \text{L}}$ =0.09 M

시약병에서 98 % H_2SO_4 5 mL를 취한 후 증류수로 희석하여 x M $H_2SO_4(aq)$ 1 L를 만들었다.
x는? (단, 온도는 25 ℃로 일정하다.)

<보기> 풀이

퍼센트 농도는 $\dfrac{\text{용질의 질량(g)}}{\text{용액의 질량(g)}} \times 100$이므로 98 % 수용액은 용액 100 g에 용질 98 g이 녹아 있는 용액이다.

❶ 98 % H_2SO_4 5 mL의 질량 구하기
25 ℃에서 98 % H_2SO_4의 밀도가 1.8 g/mL이므로 이 수용액 5 mL의 질량은 1.8 g/mL×5 mL =9 g이다.

❷ 98 % H_2SO_4 5 mL에 녹아 있는 H_2SO_4의 양(mol) 구하기
98 % H_2SO_4 9 g에 녹아 있는 H_2SO_4의 질량은 $\left(\dfrac{98}{100} \times 9\right)$ g이고, H_2SO_4의 화학식량이 98이므로 H_2SO_4의 양(mol)은 $\left(\dfrac{98}{100} \times 9\right)$ g $\times \dfrac{1}{98 \text{g/mol}}$ =0.09몰이다.

❸ 희석한 용액 1 L의 몰 농도(M) x 구하기
H_2SO_4 0.09몰이 녹아 있는 수용액에 물을 넣어 1 L로 희석시킨 수용액의 몰 농도(M)는
$\dfrac{0.09 \text{mol}}{1 \text{L}}$ =0.09 M이다.

~~① 0.18~~   ~~② 0.15~~   ~~③ 0.10~~   ④ 0.09   ~~⑤ 0.05~~

적용해야 할 개념 ④가지

① 포화 용액: 용질이 용매에 최대한 녹아 용해와 석출이 동적 평형을 이룬 상태이다.

② 몰 농도(M)= $\dfrac{\text{용질의 양(mol)}}{\text{용액의 부피(L)}}$

③ 질량 퍼센트 농도(%)= $\dfrac{\text{용질의 질량(g)}}{\text{용액의 질량(g)}} \times 100$

④ 용액의 밀도= $\dfrac{\text{용액의 질량}}{\text{용액의 부피}}$ ➡ 용액의 질량=용액의 밀도×용액의 부피

문제 보기

그림은 포도당($C_6H_{12}O_6$) 수용액을 나타낸 것이다. 이 수용액에 X를 a g 추가한 후 평형에 도달한 수용액의 농도는 18 %이다. X는 $C_6H_{12}O_6(s)$과 $H_2O(l)$ 중 하나이다.

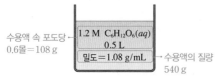

수용액 속 포도당
0.6몰=108 g

1.2 M $C_6H_{12}O_6(aq)$
0.5 L
밀도=1.08 g/mL

→ 수용액의 질량 540 g

X와 a는? (단, $C_6H_{12}O_6$의 분자량은 180이다.) [3점]

<보기> 풀이

몰 농도(M)는 $\dfrac{\text{용질의 양(mol)}}{\text{용액의 부피(L)}}$이다. 따라서 1.2 M 포도당 수용액은 수용액 1 L에 포도당 1.2몰이 녹아 있는 수용액으로, 0.5 L에 녹아 있는 포도당의 양(mol)은 0.6몰이다.

❶ 수용액의 질량과 수용액 속 포도당의 질량 구하기
주어진 포도당 수용액 0.5 L에 녹아 있는 포도당은 0.6몰이고, 포도당의 분자량이 180이므로 질량은 0.6 mol×180 g/mol=108 g이다. 또한 이 수용액의 밀도가 1.08 g/mL이므로 수용액 전체의 질량은 500 mL×1.08 g/mL=540 g이다.

❷ x와 a 구하기
이 수용액의 질량 퍼센트 농도는 $\dfrac{108 \text{g}}{540 \text{g}} \times 100$=20 %이다. 이때 X a g을 넣었을 때 농도가 18 %로 묽어졌으므로 추가로 넣어 준 X는 $H_2O(l)$이다. 따라서 이때의 질량 퍼센트 농도는 $\dfrac{108 \text{g}}{(540+a) \text{g}} \times 100$=18 %이므로 이를 풀면 a=60이다.

	X	a		X	a
~~①~~	$H_2O(l)$	40	②	$H_2O(l)$	60
~~③~~	$C_6H_{12}O_6(s)$	20	~~④~~	$C_6H_{12}O_6(s)$	40
~~⑤~~	$C_6H_{12}O_6(s)$	60			

17 몰 농도 2024학년도 5월 학평 화I 6번   정답 ③ | 정답률 84 %

적용해야 할 개념 ②가지

① 몰 농도(M)=$\dfrac{\text{용질의 양(mol)}}{\text{용액의 부피(L)}}$ ➡ 용질의 양(mol)=몰 농도(mol/L)×용액의 부피(L)

② 혼합 용액에 들어 있는 용질의 양(mol)은 혼합 전 용액에 들어 있는 용질의 양(mol)의 합과 같다.
➡ $aV+a'V'=a''V''$ (a, a': 혼합 전 용액의 몰 농도(M), a'': 혼합 용액의 몰 농도(M), V, V': 혼합 전 용액의 부피(L), V': 혼합 용액의 부피(L))

문제 보기

그림은 **0.1 M A(aq) 100 mL**에 서로 다른 부피의 a M A(aq)을 추가하여 수용액 (가)와 (나)를 만드는 과정을 나타낸 것이다.

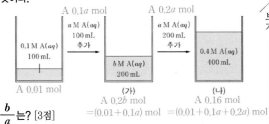

$\dfrac{b}{a}$ 는? [3점]

<보기> 풀이

혼합 전 각 용액에 들어 있는 용질의 양(mol)의 합은 혼합 용액에 들어 있는 용질의 양(mol)과 같다.

❶ (가) 수용액에 들어 있는 용질의 양(mol)의 관계식 구하기
0.1 M A(aq) 100 mL에 들어 있는 A의 양(mol)은 0.1 M×0.1 L=0.01 mol이고, a M A(aq) 100 mL에 들어 있는 A의 양(mol)은 a M×0.1 L=0.1a mol이다. 따라서 (가) 수용액에 들어 있는 용질의 양(mol)은 0.01+0.1a=b×0.2가 성립하므로 a+0.1=2b(①식)이다.

❷ (나) 수용액에 들어 있는 용질의 양(mol) 구하기
(가) 수용액에 들어 있는 용질의 양(mol)은 (0.01+0.1a) mol이고, a M A(aq) 200 mL에 들어 있는 A의 양(mol)은 a M×0.2 L=0.2a mol이다. 따라서 (나) 수용액에 들어 있는 용질의 양(mol)은 (0.01+0.1a+0.2a) mol=0.4 M×0.4 L에서 a=0.5이다. a=0.5를 ①식에 대입하면 b=0.3이다.

따라서 $\dfrac{b}{a}=\dfrac{0.3}{0.5}=\dfrac{3}{5}$ 이다.

① $\dfrac{1}{3}$ ② $\dfrac{1}{2}$ ③ $\dfrac{3}{5}$ ④ $\dfrac{2}{3}$ ⑤ $\dfrac{3}{4}$

---

18 몰 농도 2023학년도 9월 모평 화I 12번   정답 ③ | 정답률 53 %

적용해야 할 개념 ②가지

① 몰 농도(M)=$\dfrac{\text{용질의 양(mol)}}{\text{용액의 부피(L)}}$ ➡ 용질의 양(mol)=몰 농도(mol/L)×용액의 부피(L)

② 용액의 희석: 어떤 용액에 물을 가하여 희석하면 용액의 농도는 변하지만 용질의 양은 변하지 않는다.

문제 보기

그림은 a M X(aq)에 ㉠~㉢을 순서대로 추가하여 수용액 (가)~(다)를 만드는 과정을 나타낸 것이다. ㉠~㉢은 각각 $H_2O(l)$, 3a M X(aq), 5a M X(aq) 중 하나이고, 수용액에 포함된 X의 질량비는 (나) : (다)=2 : 3이다.

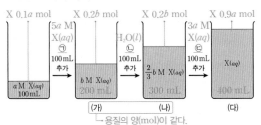

㉢과 b로 옳은 것은? (단, 온도는 일정하고, 혼합 용액의 부피는 혼합 전 각 용액의 부피의 합과 같다.)

<보기> 풀이

a M X(aq), 3a M X(aq), 5a M X(aq) 각각 100 mL에 들어 있는 X의 양(mol)은 각각 0.1a mol, 0.3a mol, 0.5a mol이다.

❶ (가)와 (나)의 몰 농도(M) 관계로부터 ㉡ 찾기
(가)와 (나)의 몰 농도(M)가 각각 b M, $\dfrac{2}{3}b$ M이고, 부피가 각각 200 mL, 300 mL이므로 수용액에 들어 있는 X의 양(mol)은 각각 b M×$\dfrac{200}{1000}$ L=$\dfrac{2}{3}b$ M×$\dfrac{300}{1000}$ L=0.2b mol로 같다.

따라서 용질의 양(mol)이 변하지 않았으므로 ㉡은 $H_2O(l)$이다.

❷ (나)와 (다)에 포함된 X의 질량비로부터 ㉠, ㉢ 찾기
㉡이 $H_2O(l)$이므로 (가)와 (나)에 들어 있는 X의 질량은 같다. 또한 같은 물질의 질량비는 몰비와 같고, 수용액에 포함된 X의 질량비는 (나) : (다)=2 : 3이므로 수용액에 포함된 X의 몰비는 (가) : (다)=2 : 3이다. 따라서 (다)에 들어 있는 X의 양(mol)은 0.3b mol이다. ㉠이 3a M X(aq)이라면 ㉢이 5a M X(aq)이고, (가)에서 X의 양(mol)은 0.4a mol(=0.1a mol+0.3a mol)=0.2b mol이며, (다)에서 X의 양(mol)은 0.9a mol(=0.4a mol+0.5a mol)=0.3b mol이므로 모순이다. 따라서 ㉠은 5a M X(aq), ㉢은 3a M X(aq)이고, (가)와 (다)에 들어 있는 X의 양(mol)은 각각 0.6a mol(=0.1a mol+0.5a mol), 0.9a mol(=0.6a mol+0.3a mol)이다.

❸ (가)의 몰 농도(M) b 구하기
(가)의 부피는 200 mL이고, 들어 있는 X의 양(mol)은 0.6a mol이므로 몰 농도(M)는 $\dfrac{0.6a \text{ mol}}{0.2 \text{ L}}$=3$a$ M이다. 따라서 b=3a이다.

	㉢	b		㉢	b
①	$H_2O(l)$	2a	④	3a M X(aq)	2a
③	3a M X(aq)	3a	⑤	5a M X(aq)	2a
②	5a M X(aq)	3a			

적용해야 할 개념 ④가지

① 몰 농도(M)$=\dfrac{\text{용질의 양(mol)}}{\text{용액의 부피(L)}}$ ➡ 용질의 양(mol)=몰 농도(mol/L)×용액의 부피(L)

② 물질이 양(mol)과 질량: 물질의 양(mol)은 $\dfrac{\text{질량(g)}}{\text{1 mol의 질량(g/mol)}}$, 즉 $\dfrac{\text{질량(g)}}{\text{화학식량}}$이다.

③ 용액은 용질과 용매의 균일 혼합물이므로 용액의 양에 관계없이 용질과 용매의 비율이 일정하다. ➡ 용액에 녹아 있는 용질의 양은 용액의 부피에 비례한다.

④ 용액의 희석: 어떤 용액에 물을 가하여 희석하면 용액의 농도는 변하지만 용질의 양은 변하지 않는다.

문제 보기

그림은 0.3 M A(aq) V mL에 물질 (가)와 (나)를 순서대로 넣었을 때, A(aq)의 전체 부피에 따른 혼합된 A(aq)의 몰 농도(M)를 나타낸 것이다. (가)와 (나)는 H₂O(l)과 x M A(aq)을 순서 없이 나타낸 것이다.

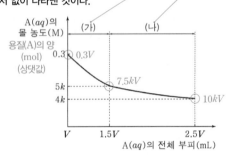

(가)와 x로 옳은 것은? (단, 온도는 일정하고, 혼합 용액의 부피는 혼합 전 물 또는 용액의 부피의 합과 같다.) [3점]

<보기> 풀이

몰 농도(M)$=\dfrac{\text{용질의 양(mol)}}{\text{용액의 부피(L)}}$ 이므로 수용액에 들어 있는 용질의 양(mol)은 몰 농도(M)에 용액의 부피(L)를 곱한 값과 같다. 또한 용액을 희석시킬 때 용액의 몰 농도는 변하지만 용액에 들어 있는 용질의 양(mol)은 변하지 않는다. 따라서 용액의 몰 농도는 수용액의 부피에 반비례하고, 희석 전과 후 용액의 농도와 부피 곱이 같다.

❶ V, $1.5V$, $2.5V$에서 용질의 양(mol) 구하기

A(aq)에 들어 있는 A의 양(mol)은 몰 농도(M)와 용액의 부피의 곱과 같다. 따라서 A(aq)의 전체 부피가 V mL, $1.5V$ mL, $2.5V$ mL일 때 용액에 들어 있는 A의 양(mol)은 각각 $0.3V \times 10^{-3}$ mol, $7.5kV \times 10^{-3}$ mol, $10kV \times 10^{-3}$ mol이다.

❷ (가)와 (나)의 물질 종류 구분하기

수용액에 물을 넣어 희석시킬 경우 용질의 양(mol)은 변하지 않고 일정하다. A(aq)의 전체 부피가 $1.5V$ mL와 $2.5V$ mL일 때 용액에 들어 있는 A의 양(mol)은 각각 $7.5kV \times 10^{-3}$ mol과 $10kV \times 10^{-3}$ mol로 서로 같지 않다. 따라서 (가)와 (나)는 각각 H₂O(l)과 x M A(aq)이다.

❸ k, x 구하기

(가)가 H₂O(l)이므로 A(aq)의 전체 부피가 V mL와 $1.5V$ mL일 때 용액에 들어 있는 A의 양(mol)은 같으므로 $0.3V=7.5kV$이고, $k=\dfrac{1}{25}$이다. (나)가 x M A(aq)이고, 추가된 용액의 부피 V mL에 들어 있는 A의 양(mol)은 $xV \times 10^{-3}$ mol이다. 따라서 $7.5kV \times 10^{-3}+xV \times 10^{-3}=10kV \times 10^{-3}$이므로 $x=2.5k=2.5 \times \dfrac{1}{25}=0.1$이다.

	(가)	x		(가)	x
①	H₂O(l)	0.1	②	x M A(aq)	0.1
③	H₂O(l)	0.2	④	x M A(aq)	0.2
⑤	H₂O(l)	0.3			

적용해야 할 개념 ③가지

① 몰 농도(M)=$\dfrac{\text{용질의 양(mol)}}{\text{용액의 부피(L)}}$ ➡ 용질의 양(mol)=몰 농도(mol/L)×용액의 부피(L)

② 물질의 양(mol)과 질량: 물질의 양(mol)은 $\dfrac{\text{질량(g)}}{\text{1몰의 질량(g/mol)}}$, 즉 $\dfrac{\text{질량(g)}}{\text{분자량}}$ 이다.

③ 용액은 용질과 용매의 균일 혼합물이므로 용액의 양에 관계없이 용질과 용매의 비율이 일정하다. ➡ 용액에 녹아 있는 용질의 양은 용액의 부피에 비례한다.

문제 보기

그림은 A(s) x g을 모두 물에 녹여 10 mL로 만든 0.3 M A(aq)에 a M A(aq)을 넣었을 때, 넣어 준 a M A(aq)의 부피에 따른 혼합된 A(aq)의 몰 농도(M)를 나타낸 것이다. A의 화학식량은 180이다.

A의 양(mol)=0.3 M×$\dfrac{10}{1000}$ L=0.003 mol

➡ A의 질량(g) x=0.003×180=0.54

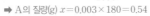

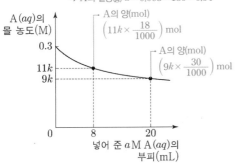

$\dfrac{x}{a}$ 는? (단, 온도는 일정하며, 혼합 용액의 부피는 혼합 전 각 용액의 부피의 합과 같다.)

<보기> 풀이

❶ x 구하기

A(s) x g을 모두 녹여 만든 10 mL 수용액의 몰 농도(M)가 0.3 M이므로 이 수용액에 들어 있는 A의 양(mol)은 0.3 M×$\dfrac{10}{1000}$ L=0.003 mol이다. A의 화학식량이 180이므로 A의 질량은 0.003 mol×180=0.54 g이고, x=0.54이다.

❷ a 구하기

0.3 M A(aq) 10 mL에 a M A(aq) 8 mL와 20 mL를 혼합한 수용액의 몰 농도(M)가 각각 $11k$ M, $9k$ M이므로 각 혼합 용액에 들어 있는 A의 양(mol)은 각각 ($11k$×$\dfrac{18}{1000}$) mol, ($9k$×$\dfrac{30}{1000}$) mol이다. 두 혼합 용액에 들어 있는 A의 양(mol)의 차는 a M A(aq) 12 mL에 들어 있는 A의 양(mol)인 (a×$\dfrac{12}{1000}$) mol과 같으므로 $270k-198k=12a$이고, $k=\dfrac{1}{6}a$이다. 이때, 0.3 M A(aq) 10 mL와 a M A(aq) 20 mL를 혼합한 수용액에 들어 있는 A의 양(mol)인 ($9k$×$\dfrac{30}{1000}$) mol은 0.3 M A(aq) 10 mL에 들어 있는 A의 양(mol)과 a M A(aq) 20 mL에 들어 있는 A의 양(mol)의 합과 같으므로 $270k=3+20a$이고, $a=\dfrac{3}{25}$이다. 따라서 $\dfrac{x}{a}$ $=\dfrac{54}{100}×\dfrac{25}{3}=\dfrac{9}{2}$이다.

① $\dfrac{7}{3}$ ② $\dfrac{7}{2}$ ③ $\dfrac{9}{2}$ ④ $\dfrac{27}{4}$ ⑤ $\dfrac{27}{2}$

적용해야 할 개념 ④가지

① 몰 농도(M)$=\dfrac{\text{용질의 양(mol)}}{\text{용액의 부피(L)}}$ ➡ 용질의 양(mol)$=$몰 농도(mol/L)$\times$용액의 부피(L)

② 물질의 양(mol)과 질량: 물질의 양(mol)은 $\dfrac{\text{질량(g)}}{\text{1 mol의 질량(g/mol)}}$, 즉 $\dfrac{\text{질량(g)}}{\text{화학식량}}$이다.

③ 용액은 용질과 용매의 균일 혼합물이므로 용액의 양에 관계없이 용질과 용매의 비율이 일정하다. ➡ 용액에 녹아 있는 용질의 양은 용액의 부피에 비례한다.

④ 용액의 희석: 어떤 용액에 물을 가하여 희석하면 용액의 농도는 변하지만 용질의 양은 변하지 않는다.

문제 보기

그림은 0.4 M A(aq) x mL와 0.2 M B(aq) 300 mL에 각각 물을 넣을 때, 넣어 준 물의 부피에 따른 각 용액의 몰 농도를 나타낸 것이다. A와 B의 화학식량은 각각 $3a$와 a이다.

몰 농도가 $\dfrac{1}{4}$배로 감소 ➡ $x:(x+150)=1:4,\ x=50$

$\dfrac{x\times 0.4}{(x+V)}=\dfrac{300\times 0.2}{(300+V)}$

몰 농도(M)

0.4 — A(aq)
0.2
0.1 — B(aq)
0 　 V 　 150
넣어 준 물의 부피(mL)

이에 대한 설명으로 옳은 것만을 〈보기〉에서 있는 대로 고른 것은? (단, 온도는 일정하고, 혼합 용액의 부피는 혼합 전 용액과 넣어 준 물의 부피의 합과 같다.)

〈보기〉풀이

보기

몰 농도(M)$=\dfrac{\text{용질의 양(mol)}}{\text{용액의 부피(L)}}$이므로 수용액에 들어 있는 용질의 양(mol)은 몰 농도(M)에 용액의 부피(L)를 곱한 값과 같다. 0.4 M A(aq) x mL에 들어 있는 A의 양(mol)은 $\dfrac{0.4\times x}{1000}$ mol이고, 0.2 M B(aq) 300 mL에 들어 있는 B의 양(mol)은 $\dfrac{0.2\times 300}{1000}$ mol이다.

ㄱ. $x=50$이다.

➡ 용액에 물을 넣어 희석시킬 때 용질의 양(mol)은 일정하므로 용액의 몰 농도는 용액의 부피에 반비례한다. 0.4 M A(aq) x mL에 물 150 mL를 추가했을 때 몰 농도가 0.1 M로 $\dfrac{1}{4}$배로 감소했으므로 수용액의 부피는 $x:(x+150)=1:4$이다. 따라서 $x=50$이다.

✗ $V=80$이다.

➡ 0.4 M A(aq) 50 mL에 물 V mL를 추가했을 때와 0.2 M B(aq) 300 mL에 물 V mL를 추가했을 때의 몰 농도가 서로 같으므로 $\dfrac{50}{50+V}\times 0.4=\dfrac{300}{300+V}\times 0.20$이다. 따라서 $V=75$이다.

✗ 용질의 질량은 B(aq)에서가 A(aq)에서보다 크다.

➡ 0.4 M A(aq) 50 mL에 들어 있는 A의 양(mol)은 $\dfrac{0.4\times 50}{1000}=0.02$ mol이고, 0.2 M B(aq) 300 mL에 들어 있는 B의 양(mol)은 $\dfrac{0.2\times 300}{1000}=0.06$ mol이다. A와 B의 화학식량이 각각 $3a$와 a이므로 각 용액에 들어 있는 용질의 질량은 $0.02\times 3a=0.06\times a=\dfrac{3}{50}a$로 서로 같다.

22 몰 농도 2025학년도 9월 모평 화I 16번

정답 ④ | 정답률 45 %

적용해야 할 개념 ②가지

① 몰 농도(M)=$\dfrac{\text{용질의 양(mol)}}{\text{용액의 부피(L)}}$ ➡ 용질의 양(mol)=몰 농도(mol/L)×용액의 부피(L)

② 용액의 밀도=$\dfrac{\text{용액의 질량}}{\text{용액의 부피}}$ ➡ 용액의 질량=용액의 밀도×용액의 부피

문제 보기

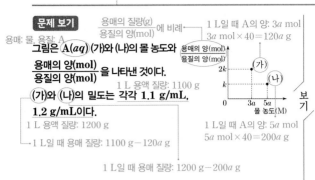

용매: 물, 용질: A

그림은 A(aq) (가)와 (나)의 몰 농도와 $\dfrac{\text{용매의 양(mol)}}{\text{용질의 양(mol)}}$을 나타낸 것이다.

(가)와 (나)의 밀도는 각각 **1.1 g/mL**, **1.2 g/mL**이다.

*a*는? (단, A의 화학식량은 40이다.) [3점]

<보기> 풀이

❶ (가)와 (나)에서 1 L에 녹아 있는 A의 양(mol) 구하기

(가)와 (나)의 몰 농도가 각각 3*a* M, 5*a* M이므로 (가)와 (나)에서 1 L에 녹아 있는 A의 양(mol)은 각각 3*a* mol, 5*a* mol이다.

❷ (가)와 (나)에서 1 L에 들어 있는 물의 질량 구하기

(가)와 (나)의 밀도는 각각 1.1 g/mL, 1.2 g/mL이므로 (가)와 (나)에서 수용액 1 L의 질량은 각각 1100 g(=1.1 g/mL×1000 mL), 1200 g(=1.2 g/mL×1000 mL)이다. A의 화학식량이 40이므로 (가)에 녹아 있는 A의 질량은 3*a* mol×40=120*a* g이고, (나)에 녹아 있는 A의 질량은 5*a* mol×40=200*a* g이다. 따라서 (가) 1 L에 들어 있는 물의 질량은 (1100−120*a*) g이고, (나) 1 L에 들어 있는 물의 질량은 (1200−200*a*) g이다.

❸ (가)와 (나)에서 $\dfrac{\text{용매의 양(mol)}}{\text{용질의 양(mol)}}$ 비교하기

(가)와 (나)에서 용매의 종류는 물로 같으므로 용매의 양(mol)과 용매의 질량은 비례한다. $\dfrac{\text{용매의 양(mol)}}{\text{용질의 양(mol)}}$은 $\dfrac{\text{용매의 질량(g)}}{\text{용질의 양(mol)}}$에 비례하므로 (가)와 (나)에서 $\dfrac{\text{용매의 질량(g)}}{\text{용질의 양(mol)}}$의 비는 (가) : (나)=$\dfrac{1100-120a}{3a}$: $\dfrac{1200-200a}{5a}$=2*k* : *k*=2 : 1이다. 따라서 *a*=$\dfrac{17}{6}$이다.

① $\dfrac{5}{7}$ ② $\dfrac{5}{4}$ ③ $\dfrac{17}{8}$ ④ $\dfrac{17}{6}$ ⑤ $\dfrac{19}{6}$

---

23 표준 용액 만들기 2021학년도 4월 학평 화I 4번

정답 ⑤ | 정답률 79 %

적용해야 할 개념 ③가지

① 표준 용액: 용질의 질량과 용액의 부피를 정확하게 측정하여 제작된 몰 농도(M)가 정확한 용액을 말한다.

② 몰 농도(M)=$\dfrac{\text{용질의 양(mol)}}{\text{용액의 부피(L)}}$

③ 특정 몰 농도의 수용액 만드는 과정(예 0.1 M 수용액 1 L)

(가) 물질 0.1몰만큼의 질량을 정확히 측정한다.

(나) 비커에 증류수를 절반 정도 넣고 (가)의 물질을 넣어 잘 녹인다.

(다) 1 L 부피 플라스크에 (나)의 용액을 넣고, 증류수로 비커의 안쪽 벽을 헹구어 넣는다.

(라) 부피 플라스크의 표시선까지 증류수를 채운 후 마개를 막고 흔들어 잘 섞어 준다.

문제 보기

수용액 1 L에 포도당 0.1 mol이 녹아 있는 용액

다음은 **0.1 M 포도당 수용액**을 만드는 과정에 대한 원격 수업 장면의 일부이다.

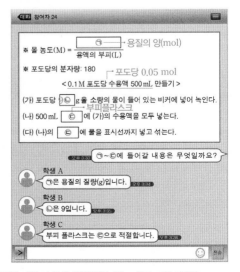

제시한 내용이 옳은 학생만을 있는 대로 고른 것은?

<보기> 풀이

학생 **A** ㉠은 용질의 질량(g)입니다.

➡ 몰 농도의 정의는 용액 1 L당 들어 있는 용질의 양(mol)으로 ㉠은 용질의 양(mol)이다.

학생 **B** ㉡은 **9**입니다.

➡ 용액에 들어 있는 용질의 양(mol)은 몰 농도(M)에 용액의 부피(L)를 곱한 값과 같다. 만들고자 하는 표준 용액은 0.1 M 포도당 수용액 500 mL이므로 이 수용액에 들어 있는 포도당의 양(mol)은 0.1×0.5=0.05 mol이다. 포도당의 분자량이 180이므로 이 수용액에 필요한 포도당의 질량(g) ㉡은 180×0.05=9이다.

학생 **C** 부피 플라스크는 ㉢으로 적절합니다.

➡ 표준 용액을 만들 때 수용액의 부피가 정확해야 하는데, 이때 이용하는 실험 기구 ㉢은 특정 부피가 정확하게 표시된 부피 플라스크이다.

119

적용해야 할 개념 ③가지

① 몰 농도(M)= $\dfrac{\text{용질의 양(mol)}}{\text{용액의 부피(L)}}$ ➡ 용질의 양(mol)=몰 농도(mol/L)×용액의 부피(L)

② 물질의 양(mol)과 질량: 물질의 양(mol)은 $\dfrac{\text{질량(g)}}{\text{1몰의 실량(g/mol)}}$, 즉 $\dfrac{\text{질량(g)}}{\text{분자량}}$ 이다.

③ 용액의 희석: 어떤 용액에 물을 가하여 희석하면 용액의 농도는 변하지만 용질의 양은 변하지 않는다.

문제 보기

다음은 수산화 나트륨(NaOH) 수용액을 만드는 실험이다.

[실험 과정] — NaOH 양(mol)= $\dfrac{w}{40}$ mol
(가) NaOH(s) w g을 물 100 mL에 모두 녹인다.
(나) (가)의 수용액을 모두 V mL 부피 플라스크에 넣고 표시선까지 물을 넣는다.

[실험 결과] NaOH의 양(mol)= $a \times \dfrac{V}{1000}$ mol
○ (나)에서 만든 NaOH(aq)의 몰 농도는 a M이다.

V는? (단, NaOH의 화학식량은 40이다.)

<보기> 풀이

❶ NaOH w g의 양(mol) 구하기

(가)에서 NaOH의 화학식량이 40이므로 NaOH w g의 양(mol)은 $\dfrac{w}{40}$ mol이다.

❷ a M NaOH(aq) V mL에 들어 있는 NaOH의 양(mol) 구하기

용액의 몰 농도(M)는 $\dfrac{\text{용질의 양(mol)}}{\text{용액의 부피(L)}}$ 이므로 용액에 들어 있는 용질의 양(mol)은 용액의 몰 농도(M)에 용액의 부피(L)를 곱한 값과 같다. 따라서 (나)에서 만든 a M NaOH(aq) V mL에 들어 있는 NaOH의 양(mol)은 $a \times \dfrac{V}{1000}$ mol이다.

❸ V 구하기

(가)에서 만든 수용액과 (나)에서 만든 수용액에서 용질의 양(mol)은 같으므로 $\dfrac{w}{40} = a \times \dfrac{V}{1000}$

이고, $V = \dfrac{w}{a} \times \dfrac{1000}{40} = \dfrac{25w}{a}$ 이다.

① ~~$\dfrac{w}{40a}$~~ ② ~~$\dfrac{w}{4a}$~~ ③ ~~$\dfrac{10w}{a}$~~ ④ $\dfrac{25w}{a}$ ⑤ ~~$\dfrac{40w}{a}$~~

적용해야 할 개념 ③가지

① 몰 농도(M)= $\dfrac{\text{용질의 양(mol)}}{\text{용액의 부피(L)}}$ ➡ 용질의 양(mol)=몰 농도(mol/L)×용액의 부피(L)

② 특정 몰 농도의 수용액 만드는 과정(예 0.1 M 수용액 1 L)
(가) 물질 0.1몰만큼의 질량을 정확히 측정한다.
(나) 비커에 증류수를 절반 정도 넣고 (가)의 물질을 넣어 잘 녹인다.
(다) 1 L 부피 플라스크에 (나)의 용액을 넣고, 증류수로 비커의 안쪽 벽을 헹구어 넣는다.
(라) 부피 플라스크의 표시선까지 증류수를 채운 후 마개를 막고 흔들어 잘 섞어 준다.

③ 용액은 용질과 용매의 균일 혼합물이므로 용액의 양에 관계없이 용질과 용매의 비율이 일정하다. ➡ 용액에 녹아 있는 용질의 양은 용액의 부피에 비례한다.

잘 흔든다.
표시선 — 증류수
1 L → 1 L

문제 보기

다음은 **0.1 M 포도당(C₆H₁₂O₆) 수용액을 만드는 실험 과정이다.**
— 수용액 250 mL에 포도당($C_6H_{12}O_6$) 0.025몰(=4.5 g)이 녹아 있는 용액

[실험 과정]
(가) 전자 저울을 이용하여 $C_6H_{12}O_6$ x g을 준비한다.
(나) 준비한 $C_6H_{12}O_6$ x g을 비커에 넣고 소량의 물을 부어 모두 녹인다. 부피 플라스크
(다) 250 mL [㉠]에 (나)의 용액을 모두 넣는다.
(라) 물로 (나)의 비커에 묻어 있는 용액을 몇 번 씻어 (다)의 [㉠]에 모두 넣고 섞는다.
(마) (라)의 [㉠]에 표시된 표시선까지 물을 넣고 섞는다.

이에 대한 설명으로 옳은 것만을 [보기]에서 있는 대로 고른 것은? (단, $C_6H_{12}O_6$의 분자량은 180이다.) [3점]

<보기> 풀이

0.1 M 포도당 수용액은 수용액 1 L에 포도당 0.1몰이 들어 있는 용액을 말한다. 이때 만들고자 하는 포도당 수용액의 전체 부피는 250 mL이므로 실제 필요한 포도당의 양(mol)은 0.025몰이다.

㉠ '부피 플라스크'는 ㉠으로 적절하다.
➡ 정확한 몰 농도의 수용액을 만들기 위해 필요한 실험 기구는 부피 플라스크이다. 따라서 '부피 플라스크'는 ㉠으로 적절하다.

✗ $x=9$이다.
➡ 0.1 M 포도당 수용액 250 mL를 만들기 위해 필요한 포도당의 양(mol)은 0.025몰이다. 포도당의 분자량이 180이므로 포도당 0.025몰의 질량 $x=180$ g/mol $\times 0.025$ mol $=4.5$ g이다.

✗ (마) 과정 후의 수용액 100 mL에 들어 있는 $C_6H_{12}O_6$의 양은 0.02 mol이다.
➡ 수용액에 들어 있는 용질의 양(mol)은 수용액의 부피에 비례한다. 250 mL에 들어 있는 포도당의 양(mol)이 0.025몰이므로 100 mL에 들어 있는 포도당의 양(mol)은 0.01몰이다.

26 표준 용액 만들기 2020학년도 4월 학평 화I 12번

정답 ① | 정답률 72 %

적용해야 할 개념 ②가지

① 표준 용액: 용질의 질량과 용액의 부피를 정확하게 측정하여 제작된 몰 농도(M)가 정확한 용액을 말한다.

② 몰 농도(M)$=\dfrac{\text{용질의 양(mol)}}{\text{용액의 부피(L)}}$ ➡ 용질의 양(mol)=몰 농도(mol/L)×용액의 부피(L)

문제 보기

다음은 A(aq)에 대한 실험이다. A의 화학식량은 **100**이다.

[실험 과정 및 결과]

250 mL 부피 플라스크에 x M A(aq) 100 mL와 A(s) 4 g을 넣어 녹인 후, 표시선까지 물을 추가하여 0.2 M A(aq)을 만들었다.

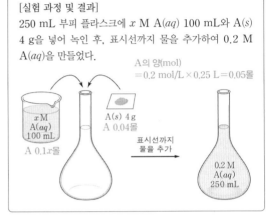

A의 양(mol)
$=0.2$ mol/L×0.25 L=0.05몰

x M
A(aq)
100 mL
A 0.1x몰

A(s) 4 g
A 0.04몰

표시선까지 물을 추가

0.2 M
A(aq)
250 mL

x는?

<보기> 풀이

몰 농도(M)는 $\dfrac{\text{용질의 양(mol)}}{\text{용액의 부피(L)}}$이므로, 수용액에 녹아 있는 용질의 양(mol)은 용액의 몰 농도(M)에 부피(L)를 곱한 값과 같다.

❶ 0.2 M A(aq)에 녹아 있는 A의 양(mol) 구하기

최종적으로 만든 A(aq)은 0.2 M, 250 mL이다. 따라서 이 수용액에 녹아 있는 A의 양(mol)은 0.2 mol/L×0.25 L=0.05몰이다.

❷ A 4 g의 양(mol) 구하기

A의 화학식량이 100이므로 4 g에 해당하는 A의 양(mol)은 0.04몰이다.

❸ x 구하기

최종적으로 만든 A(aq)에 녹아 있는 A의 양(mol)은 x M A(aq) 100 mL에 녹아 있는 A의 양(mol)과 4 g에 해당하는 A의 양(mol)의 합과 같다. 이때 x M A(aq) 100 mL에 녹아 있는 A의 양(mol)은 0.1x몰이므로 0.1x몰+0.04몰=0.05몰이고, 이를 풀면 x=0.1이다.

① 0.1　　 0.2　　 0.3　　 0.4　　 0.5

---

27 표준 용액 만들기 2022학년도 4월 학평 화I 14번

정답 ② | 정답률 71 %

적용해야 할 개념 ③가지

① 몰 농도(M)$=\dfrac{\text{용질의 양(mol)}}{\text{용액의 부피(L)}}$ ➡ 용질의 양(mol)=몰 농도(mol/L)×용액의 부피(L)

② 물질의 양(mol)과 질량: 물질의 양(mol)은 $\dfrac{\text{질량(g)}}{1 \text{ mol의 질량(g/mol)}}$, 즉 $\dfrac{\text{질량(g)}}{\text{분자량}}$이다.

③ 용액의 희석: 어떤 용액에 물을 가하여 희석하면 용액의 농도는 변하지만 용질의 양은 변하지 않는다.

문제 보기

┌ NaOH의 양(mol)$=0.25a$ mol

그림은 a M NaOH(aq) 250 mL에 NaOH(s) 5 g을 넣어 녹인 후, 물을 추가하여 0.3 M NaOH(aq) 500 mL를 만드는 과정을 나타낸 것이다.

└ NaOH의 양(mol)$=0.15$ mol

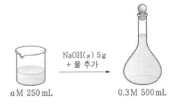

NaOH(s) 5 g
+ 물 추가

a M 250 mL　　0.3 M 500 mL

a는? (단, NaOH의 화학식량은 40이다.)

<보기> 풀이

몰 농도(M)는 $\dfrac{\text{용질의 양(mol)}}{\text{용액의 부피(L)}}$이므로 용액에 들어 있는 용질의 양(mol)은 몰 농도(M)에 용액의 부피(L)를 곱한 값과 같다. 물질의 양(mol)은 $\dfrac{\text{질량}}{\text{화학식량}}$이므로 질량은 물질의 양(mol)에 화학식량을 곱한 값과 같다.

❶ a M NaOH(aq) 250 mL에 들어 있는 용질의 질량 구하기

a M NaOH(aq) 250 mL에 들어 있는 NaOH의 양(mol)은 $a\times\dfrac{250}{1000}=\dfrac{a}{4}$ mol이다. NaOH의 화학식량이 40이므로 a M NaOH(aq) 250 mL에 들어 있는 NaOH의 질량은 $\dfrac{a}{4}$ mol×40 g/mol=10a g이다.

❷ 0.3 M NaOH(aq) 500 mL에 들어 있는 용질의 질량 구하기

0.3 M NaOH(aq) 500 mL에 들어 있는 NaOH의 양(mol)은 $0.3\times\dfrac{500}{1000}=0.15$ mol이므로 0.3 M NaOH(aq) 500 mL에 들어 있는 NaOH의 질량은 0.15 mol×40 g/mol=6 g이다.

❸ a 구하기

a M NaOH(aq) 250 mL에 NaOH(s) 5 g을 넣고 물을 추가하여 0.3 M NaOH(aq) 500 mL를 만들었으므로 10a+5=6이고, a=0.1이다.

 0.05　　② 0.1　　 0.15　　 0.4　　 0.6

6
일차

적용해야 할 개념 ②가지

① 몰 농도(M) = $\dfrac{\text{용질의 양(mol)}}{\text{용액의 부피(L)}}$ ➡ 용질의 양(mol) = 몰 농도(mol/L) × 용액의 부피(L)

② 용액은 용질과 용매의 균일 혼합물이므로 용액의 양에 관계없이 용질과 용매의 비율이 일정하다. ➡ 용액에 녹아 있는 용질의 양은 용액의 부피에 비례한다.

문제 보기

다음은 0.3 M A 수용액을 만드는 실험이다.
└ 수용액 500 mL에 A 0.15몰(=9 g)이 녹아 있는 용액

> (가) 소량의 물에 고체 A x g을 모두 녹인다.
> (나) 250 mL 부피 플라스크에 (가)의 수용액을 모두 넣고 표시된 눈금선까지 물을 넣고 섞는다.
> (다) (나)의 수용액 50 mL를 취하여 500 mL 부피 플라스크에 모두 넣는다.
> (라) (다)의 500 mL 부피 플라스크에 표시된 표시선까지 물을 넣고 섞어 0.3 M A 수용액을 만든다.

x는? (단, A의 화학식량은 60이고, 온도는 25 ℃로 일정하다.)
[3점]

<보기> 풀이

❶ (라)의 500 mL에 녹아 있는 A의 질량 구하기

(라)에서 만든 수용액은 0.3 M A 500 mL이다. 따라서 이 수용액에 들어 있는 A의 양(mol)은 0.15몰이고, A의 화학식량이 60이므로 질량은 0.15 mol × 60 g/mol = 9 g이다.

❷ (나)의 250 mL에 녹아 있는 A의 질량 구하기

(라)에서 필요한 A의 질량 9 g은 (나)에서 만든 A 수용액 250 mL 중 50 mL에 들어 있는 A의 질량이다. 따라서 (나)에서 만든 A 수용액 250 mL에 들어 있는 A의 질량 x = 9 × 5 = 45이다.

 9 18 30 ④ 45 50

적용해야 할 개념 ②가지

① 몰 농도(M) = $\dfrac{\text{용질의 양(mol)}}{\text{용액의 부피(L)}}$ ➡ 용질의 양(mol) = 몰 농도(mol/L) × 용액의 부피(L)

② 용액은 용질과 용매의 균일 혼합물이므로 용액의 양에 관계없이 용질과 용매의 비율이 일정하다. ➡ 용액에 녹아 있는 용질의 양은 용액의 부피에 비례한다.

문제 보기

다음은 0.06 M A(aq)을 만드는 실험이다.

> [실험 과정]
> (가) A(s) w g을 소량의 증류수가 들어 있는 비커에 녹인다.
> (나) (가)의 수용액을 100 mL 부피 플라스크에 모두 넣은 후 표시선까지 증류수를 가하여 1.5 M A(aq)을 만든다. 수용액 100 mL에 A 0.15몰(=6 g)이 녹아 있는 용액
> (다) (나)의 수용액 V mL를 취하여 500 mL 부피 플라스크에 넣은 후 표시선까지 증류수를 가하여 0.06 M A(aq)을 만든다. 수용액 500 mL에 A 0.03몰 (=1.2 g)이 녹아 있는 용액

$\dfrac{w}{V}$는? (단, A의 화학식량은 40이고, 온도는 일정하다.) [3점]

<보기> 풀이

몰 농도(M) = $\dfrac{\text{용질의 양(mol)}}{\text{용액의 부피(L)}}$ 이다. 농도가 일정할 때 수용액에 녹아 있는 용질의 질량이나 양(mol)은 수용액의 부피에 비례한다.

❶ A의 질량 w 구하기

(나)에서 만든 수용액은 1.5 M A 100 mL이다. 1.5 M는 수용액 1 L에 A가 1.5몰이 녹아 있는 수용액이므로 100 mL에는 0.15몰의 A가 녹아 있다. A의 화학식량이 40이므로 1.5 M A 100 mL에 녹아 있는 A의 질량 w = 0.15 mol × 40 g/mol = 6 g이다.

❷ (다)에서 취한 A(aq)의 부피 V 구하기

(다)에서 최종적으로 만든 수용액은 0.06 M A 500 mL이다. 이 수용액을 만들기 위해 필요한 A의 양(mol)은 0.03몰이다. (나)에서 만든 수용액 1.5 M A 100 mL에 들어 있는 A의 양(mol)은 0.15몰이므로 (나)에서 만든 수용액 중 필요한 부피 $V = 100 \times \dfrac{0.03}{0.15} = 20$ mL이다. 따라서

$\dfrac{w}{V} = \dfrac{6}{20} = \dfrac{3}{10}$ 이다.

 $\dfrac{1}{5}$ ② $\dfrac{3}{10}$ $\dfrac{2}{5}$ $\dfrac{3}{2}$ 3

적용해야 할 개념 ④가지

① 몰 농도(M)=$\dfrac{\text{용질의 양(mol)}}{\text{용액의 부피(L)}}$ ➡ 용질의 양(mol)=몰 농도(mol/L)×용액의 부피(L)

② 물질의 양(mol)과 질량: 물질의 양(mol)은 $\dfrac{\text{질량(g)}}{\text{1 mol의 질량(g/mol)}}$, 즉 $\dfrac{\text{질량(g)}}{\text{화학식량}}$이다.

③ 용액은 용질과 용매의 균일 혼합물이므로 용액의 양에 관계없이 용질과 용매의 비율이 일정하다. ➡ 용액에 녹아 있는 용질의 양은 용액의 부피에 비례한다.

④ 용액의 희석: 어떤 용액에 물을 가하여 희석하면 용액의 농도는 변하지만 용질의 양은 변하지 않는다.

문제 보기

다음은 A(aq)을 만드는 실험이다. A의 화학식량은 40이다.

[실험 과정] $\dfrac{w}{40}\text{ mol}=(x\times0.1)\text{ mol}$
(가) A(s) $\boxed{w\text{ g}}$을 모두 물에 녹여 $\boxed{x\text{ M A}(aq)\text{ 100 mL}}$를 만든다. $x:y=5:1,\ x=5y$
(나) x M A(aq) 20 mL를 100 mL 부피 플라스크에 넣고 표시된 눈금까지 물을 넣어 $\boxed{y}$ M A(aq)을 만든다.
(다) y M A(aq) 50 mL와 0.3 M A(aq) 50 mL를 혼합하고 물을 넣어 $\boxed{0.1\text{ M A}(aq)\text{ 200 mL}}$를 만든다.

   $(y\times50)+(0.3\times50)=0.1\times200$
   $50y+15=20,\ y=0.1$

w는? (단, 온도는 일정하다.) [3점]

보기 풀이   보기

몰 농도는 $\dfrac{\text{용질의 양(mol)}}{\text{용액의 부피(L)}}$이므로 용액에 들어 있는 용질의 양(mol)은 몰 농도(mol/L)×용액의 부피(L)와 같다. 용액에 용매인 물을 가하여 희석하면 용액의 농도는 변하지만 용질의 양(mol)은 변하지 않는다. 따라서 희석할 때 용액의 몰 농도(M)는 부피에 반비례한다. 또한 두 수용액을 혼합하고 희석할 때 혼합 용액에 들어 있는 용질의 양(mol)은 혼합 전 두 수용액에 들어 있는 용질의 양(mol)의 합과 같다.

❶ (가)에서 x 구하기

A의 화학식량이 40이므로 (가)에서 A w g의 양(mol)은 $\dfrac{w}{40}$ mol이며, 최종 수용액의 부피가 100 mL이고 몰 농도가 x M이므로 $\dfrac{w}{40}=x\times0.1$이다. 따라서 $x=\dfrac{w}{4}$이다.

❷ (나)에서 x와 y의 관계 구하기

(나)에서 x M A(aq) 20 mL에 물을 넣어 희석하여 y M A(aq) 100 mL를 만들었으므로 $x:y=5:1$이고, $x=5y$이다.

❸ (다)에서 x와 w 구하기

$x=\dfrac{w}{4}=5y$이고, (다)에서 y M A(aq) 50 mL와 0.3 M A(aq) 50 mL에 들어 있는 A의 양(mol)의 합은 0.1 M A(aq) 200 mL에 들어 있는 A의 양(mol)과 같으므로 $(y\times50)+(0.3\times50)=0.1\times200$이고, $y=0.1$이다. 따라서 $w=4\times5\times0.1=2$이다.

① 2   ② 6   ③ 10   ④ 12   ⑤ 20

적용해야 할 개념 ④가지

① 몰 농도(M)= $\dfrac{\text{용질의 양(mol)}}{\text{용액의 부피(L)}}$ ➡ 용질의 양(mol)=몰 농도(mol/L)×용액의 부피(L)

② 물질이 양(mol)과 질량: 물질의 양(mol)은 $\dfrac{\text{질량(g)}}{\text{1몰의 질량(g/mol)}}$, 즉 $\dfrac{\text{질량(g)}}{\text{분자량}}$ 이다.

③ 용액은 용질과 용매의 균일 혼합물이므로 용액의 양에 관계없이 용질과 용매의 비율이 일정하다. ➡ 용액에 녹아 있는 용질의 양은 용액의 부피에 비례한다.

④ 용액의 희석: 어떤 용액에 물을 가하여 희석하면 용액의 농도는 변하지만 용질의 양은 변하지 않는다.

문제 보기

다음은 A(aq)을 만드는 실험이다. A의 화학식량은 a이다.

(가) A(s) x g을 모두 물에 녹여 A(aq) 500 mL를 만든다.

(나) (가)에서 만든 A(aq) 100 mL에 A(s) $\dfrac{x}{2}$ g을 모두 녹이고 물을 넣어 A(aq) 500 mL를 만든다.
└ A(s)의 질량= $\dfrac{x}{5}$ g

(다) (가)에서 만든 A(aq) 50 mL와 (나)에서 만든 A(aq) 200 mL를 혼합하고 물을 넣어 0.2 M A(aq) 500 mL를 만든다.
└ A(s)의 질량= $\dfrac{x}{10}$ g
└ A(s)의 질량= $\dfrac{7x}{25}$ g ・ A(s)의 질량= $\dfrac{a}{10}$ g

x는? (단, 온도는 일정하다.) [3점]

＜보기＞ 풀이

보기

❶ (나)에서 만든 A(aq)에 녹아 있는 A(s)의 질량 구하기

(가)에서 만든 A(aq) 500 mL에 A(s) x g이 녹아 있으므로 이 용액 100 mL에 녹아 있는 A(s)의 질량은 $\dfrac{x}{5}$ g이고, 여기에 A(s) $\dfrac{x}{2}$ g을 녹여 500 mL를 만들었으므로 (나)에서 만든 A(aq) 500 mL에 녹아 있는 A(s)의 질량은 $\dfrac{7}{10}x$ g이다.

❷ (다)에서 만든 A(aq)에 녹아 있는 A(s)의 질량 구하기

(가)에서 만든 A(aq) 50 mL에 녹아 있는 A(s)의 질량은 $\dfrac{x}{10}$ g이고, (나)에서 만든 A(aq) 200 mL에 녹아 있는 A(s)의 질량은 $\dfrac{7}{10}x \times \dfrac{2}{5} = \dfrac{7}{25}x$ g이다. 따라서 이를 혼합하여 물을 넣어 만든 0.2 M A(aq) 500 mL에 녹아 있는 A(s)의 질량은 $\dfrac{x}{10} + \dfrac{7}{25}x = \dfrac{19}{50}x$ g이다.

❸ x 구하기

(다)에서 만든 수용액 0.2 M A(aq) 500 mL에 녹아 있는 A(s)의 양(mol)은 0.1 mol이고, A의 화학식량이 a이므로 A(s)의 질량은 $\dfrac{a}{10}$ g이다. 따라서 $\dfrac{a}{10} = \dfrac{19}{50}x$이므로 $x = \dfrac{5}{19}a$이다.

✗ ① $\dfrac{1}{19}a$ ✗ ② $\dfrac{2}{19}a$ ✗ ③ $\dfrac{3}{19}a$ ✗ ④ $\dfrac{4}{19}a$ ⑤ $\dfrac{5}{19}a$

32 표준 용액 만들기와 용액의 희석 2023학년도 7월 학평 화I 11번
정답 ④ | 정답률 76%

적용해야 할 개념 ③가지

① 몰 농도(M)= $\dfrac{\text{용질의 양(mol)}}{\text{용액의 부피(L)}}$ ➡ 용질의 양(mol)=몰 농도(mol/L)×용액의 부피(L)

② 물질의 양(mol)과 질량: 물질의 양(mol)은 $\dfrac{\text{질량(g)}}{\text{1 mol의 질량(g/mol)}}$, 즉 $\dfrac{\text{질량(g)}}{\text{화학식량}}$ 이다.

③ 용액의 희석: 어떤 용액에 물을 가하여 희석하면 용액의 농도는 변하지만 용질의 양은 변하지 않는다.

문제 보기

다음은 2가지 농도의 A(aq)을 만드는 실험이다. A의 화학식량은 100이다.

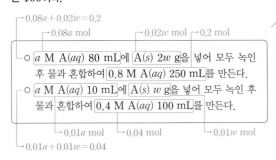

- 0.08a+0.02w=0.2
- 0.08a mol, 0.02w mol, 0.2 mol
- a M A(aq) 80 mL에 A(s) 2w g을 넣어 모두 녹인 후 물과 혼합하여 0.8 M A(aq) 250 mL를 만든다.
- a M A(aq) 10 mL에 A(s) w g을 넣어 모두 녹인 후 물과 혼합하여 0.4 M A(aq) 100 mL를 만든다.
- 0.01a mol, 0.04 mol, 0.01w mol
- 0.01a+0.01w=0.04

$\dfrac{w}{a}$ 는? (단, 온도는 일정하다.) [3점]

<보기> 풀이

몰 농도(M)는 $\dfrac{\text{용질의 양(mol)}}{\text{용액의 부피(L)}}$ 이므로 수용액에 들어 있는 용질의 양(mol)은 몰 농도에 용액의 부피(L)를 곱한 값과 같다. a M A(aq)에 들어 있는 용질의 양(mol)과 추가로 넣은 A(s)의 양(mol)의 합은 최종 용액에 들어 있는 용질의 양(mol)과 같다.

❶ 0.8 M A(aq) 250 mL에 들어 있는 A의 양(mol) 구하기

a M A(aq) 80 mL에 들어 있는 A의 양(mol)은 a mol/L×0.08 L=0.08a mol이고, A의 화학식량이 100이므로 추가로 넣은 A(s) 2w g의 양(mol)은 0.02w mol이다. 또한 0.8 M A(aq) 250 mL에 들어 있는 A의 양(mol)은 0.8 mol/L×0.25 L=0.2 mol이므로 0.08a+0.02w=0.2가 성립한다.

❷ 0.4 M A(aq) 100 mL에 들어 있는 A의 양(mol) 구하기

a M A(aq) 10 mL에 들어 있는 A의 양(mol)은 a mol/L×0.01 L=0.01a mol이고, 추가로 넣은 A(s) w g의 양(mol)은 0.01w mol이다. 또한 0.4 M A(aq) 100 mL에 들어 있는 A의 양(mol)은 0.4 mol/L×0.1 L=0.04 mol이므로 0.01a+0.01w=0.04가 성립한다.

❸ 연립 방정식으로 w와 a 구하기

위에서 구한 두 연립 방정식을 풀면 a=w=2이므로 $\dfrac{w}{a}$ =1이다.

① $\dfrac{1}{5}$　② $\dfrac{1}{2}$　③ $\dfrac{4}{5}$　④ 1　⑤ $\dfrac{5}{2}$

---

33 표준 용액 만들기와 용액의 희석 2022학년도 10월 학평 화I 8번
정답 ④ | 정답률 74%

적용해야 할 개념 ④가지

① 몰 농도(M)= $\dfrac{\text{용질의 양(mol)}}{\text{용액의 부피(L)}}$ ➡ 용질의 양(mol)=몰 농도(mol/L)×용액의 부피(L)

② 물질의 양(mol)과 질량: 물질의 양(mol)은 $\dfrac{\text{질량(g)}}{\text{1 mol의 질량(g/mol)}}$, 즉 $\dfrac{\text{질량(g)}}{\text{분자량}}$ 이다.

③ 용액은 용질과 용매의 균일 혼합물이므로 용액의 양에 관계없이 용질과 용매의 비율이 일정하다. ➡ 용액에 녹아 있는 용질의 양은 용액의 부피에 비례한다.

④ 용액의 희석: 어떤 용액에 물을 가하여 희석하면 용액의 농도는 변하지만 용질의 양은 변하지 않는다.

문제 보기

다음은 A(aq)을 만드는 실험이다. A의 분자량은 180이다.

- 0.2 mol=0.2a mol
- (가) A(s) 36 g을 모두 물에 녹여 a M A(aq) 200 mL를 만든다. (1)
- (나) (가)의 A(aq) x mL에 물을 넣어 0.2 M A(aq) 50 mL를 만든다. 1×x=0.2×50
- (다) (가)의 A(aq) y mL에 A(s) 18 g을 모두 녹이고 물을 넣어 a M A(aq) 200 mL를 만든다. 0.1 mol / 0.1 mol / 0.2 mol

$\dfrac{y}{x}$ 는? (단, 온도는 일정하다.)

<보기> 풀이

❶ (가)의 A(aq)의 몰 농도 a 구하기

A의 분자량이 180이므로 A 36 g의 양(mol)은 $\dfrac{36}{180}$ =0.2 mol이다. (가)에서 만든 A(aq)의 부피가 200 mL이므로 이 수용액의 몰 농도(M)는 $\dfrac{0.2 \text{ mol}}{0.2 \text{ L}}$ =1 M이고, a=1이다.

❷ (나)에서 A(aq)의 부피 x 구하기

(나)에서 1 M A(aq) x mL에 물을 넣어 0.2 M A(aq) 50 mL를 만들었으므로 희석 전과 후 수용액에 들어 있는 A의 양(mol)은 같다. 따라서 1×x=0.2×50이고 x=10이다.

❸ y 및 $\dfrac{y}{x}$ 구하기

(다)에서 만든 1 M A(aq) 200 mL에 들어 있는 A의 양(mol)은 (가)의 1 M A(aq) y mL에 들어 있는 A의 양(mol)과 A 18 g에 해당하는 A의 양(mol)의 합과 같다. 따라서 1×0.2= 1× $\dfrac{y}{1000}$ + $\dfrac{18}{180}$ 이고, y=100이다. $\dfrac{y}{x}$ = $\dfrac{100}{10}$ =10이다.

① 0.2　② 0.5　③ 2　④ 10　⑤ 20

125

적용해야 할 개념 ④가지

① 물질의 양(mol)과 질량: 물질의 양(mol)은 $\dfrac{\text{질량(g)}}{1\,\text{mol의 질량(g/mol)}}$, 즉 $\dfrac{\text{질량(g)}}{\text{분자량}}$이다.

② 몰 농도(M)=$\dfrac{\text{용질의 양(mol)}}{\text{용액의 부피(L)}}$ ➡ 용질의 양(mol)=몰 농도(mol/L)×용액의 부피(L)

③ 용액은 용질과 용매의 균일 혼합물이므로 용액의 양에 관계없이 용질과 용매의 비율이 일정하다. ➡ 용액에 녹아 있는 용질의 양은 용액의 부피에 비례한다.

④ 용액의 희석: 어떤 용액에 물을 가하여 희석하면 용액의 농도는 변하지만 용질의 양은 변하지 않는다.

문제 보기

다음은 A(aq)에 관한 실험이다. A의 화학식량은 40이다.

┌ A 0.1 mol   ┌ A (x×0.1) mol

(가) A(s) 4 g을 모두 물에 녹여 x M A(aq) 100 mL를 만든다.

(나) x M A(aq) 25 mL에 물을 넣어 y M A(aq) 200 mL를 만든다. ┌ A $\left(y\times\dfrac{V}{1000}\right)$ mol

(다) x M A(aq) 50 mL와 y M A(aq) V mL를 혼합하고 물을 넣어 0.3 M A(aq) 200 mL를 만든다.

└ A (x×0.05) mol   └ A 0.06 mol

$\dfrac{y}{x}\times V$는? (단, 온도는 일정하다.) [3점]

<보기> 풀이

❶ (가)에서 x 구하기

A의 화학식량이 40이므로 (가)에서 A 4 g의 양(mol)은 $\dfrac{4}{40}=0.1$ mol이고, A(aq)의 부피가 100 mL이며 몰 농도(M)가 x M이므로 $x=\dfrac{0.1}{0.1}=1$이다.

❷ (나)에서 y 구하기

(나)에서 1 M A(aq) 25 mL에 물을 넣어 y M A(aq) 200 mL를 만들었으므로 희석 전 1 M A(aq) 25 mL에 들어 있는 A의 양(mol)과 희석 후 y M A(aq) 200 mL에 들어 있는 A의 양(mol)은 같다. 따라서 $1\times0.025=y\times0.2$이고, $y=0.125$이다.

❸ (다)에서 V 구하기

$x=1$, $y=0.125$이고, (다)에서 1 M A(aq) 50 mL와 0.125 M A(aq) V mL에 들어 있는 A의 양(mol)의 합은 0.3 M A(aq) 200 mL에 들어 있는 A의 양(mol)과 같으므로 $(1\times0.05)+\left(0.125\times\dfrac{V}{1000}\right)=0.3\times0.2$이고, $V=80$이다. 따라서 $\dfrac{y}{x}\times V=\dfrac{0.125}{1}\times80=100$이다.

① 10　　　❌ 40　　　❌ 50　　　❌ 80　　　❌ 100

적용해야 할 개념 ④가지

① 몰 농도(M)=$\dfrac{\text{용질의 양(mol)}}{\text{용액의 부피(L)}}$ ➡ 용질의 양(mol)=몰 농도(mol/L)×용액의 부피(L)

② 물질의 양(mol)과 질량: 물질의 양(mol)은 $\dfrac{\text{질량(g)}}{1\,\text{mol의 질량(g/mol)}}$, 즉 $\dfrac{\text{질량(g)}}{\text{분자량}}$이다.

③ 용액은 용질과 용매의 균일 혼합물이므로 용액의 양(mol)에 관계없이 용질과 용매의 비율이 일정하다. ➡ 용액에 녹아 있는 용질의 양(mol)은 용액의 부피에 비례한다.

④ 용액의 희석: 어떤 용액에 물을 가하여 희석하면 용액의 농도는 변하지만 용질의 양(mol)은 변하지 않는다.

문제 보기

다음은 A(l)를 이용한 실험이다.

[실험 과정]

(가) 25 °C에서 밀도가 d_1 g/mL인 A(l)를 준비한다.

(나) (가)의 A(l) 10 mL를 취하여 부피 플라스크에 넣고 물과 혼합하여 수용액 Ⅰ 100 mL를 만든다.

(다) (가)의 A(l) 10 mL를 취하여 비커에 넣고 물과 혼합하여 수용액 Ⅱ 100 g을 만든 후 밀도를 측정한다.

┌ $\dfrac{100}{d_2}$ mL

[실험 결과]

○ Ⅰ의 몰 농도: x M

○ Ⅱ의 밀도 및 몰 농도: d_2 g/mL, y M

(나)와 (다)의 수용액에 들어 있는 용질의 양(mol)은 같다.

$\dfrac{y}{x}$는? (단, A의 분자량은 a이고, 온도는 25 °C로 일정하다.)

<보기> 풀이

몰 농도(M)는 $\dfrac{\text{용질의 양(mol)}}{\text{용액의 부피(L)}}$이므로 수용액에 들어 있는 용질의 양(mol)은 몰 농도(M)에 용액의 부피(L)를 곱한 값과 같다.

❶ (나)에서 만든 수용액 Ⅰ에 들어 있는 A의 양(mol) 구하기

(나)에서 만든 수용액 Ⅰ의 몰 농도(M)는 x M이고, 부피가 100 mL이므로 이 수용액에 들어 있는 A의 양(mol)은 0.1x mol이다.

❷ (나)와 (다)에서 만든 수용액 Ⅰ과 Ⅱ에 들어 있는 A의 양(mol) 비교하기

(나)와 (다)에서 만든 수용액 Ⅰ과 Ⅱ에서 용해시킨 A(l)의 양(mol)이 같으므로 수용액 Ⅰ과 Ⅱ에 들어 있는 A의 양(mol)은 0.1x mol로 같다.

❸ $\dfrac{y}{x}$ 구하기

(다)에서 만든 수용액 Ⅱ의 밀도가 d_2 g/mL이고, 질량이 100 g이므로 수용액 Ⅱ의 부피는 $\dfrac{100}{d_2}$ mL이고, 몰 농도가 y M이다. 수용액 Ⅰ과 Ⅱ에 들어 있는 A의 양(mol)이 같으므로 $0.1x=y\times\dfrac{100}{d_2}\times\dfrac{1}{1000}=\dfrac{0.1y}{d_2}$이다. 따라서 $\dfrac{y}{x}=d_2$이다.

❌ $\dfrac{d_1}{d_2}$　　　❌ $\dfrac{d_2}{d_1}$　　　③ d_2　　　❌ $\dfrac{10}{d_1}$　　　❌ $\dfrac{10}{d_2}$

36 표준 용액 만들기와 용액의 희석 2023학년도 6월 모평 화I 11번 | 정답 ② | 정답률 57 %

적용해야 할 개념 ④가지

① 몰 농도(M)= $\dfrac{\text{용질의 양(mol)}}{\text{용액의 부피(L)}}$ ➡ 용질의 양(mol)=몰 농도(mol/L)×용액의 부피(L)

② 용액의 밀도= $\dfrac{\text{용액의 질량}}{\text{용액의 부피}}$ ➡ 용액의 부피= $\dfrac{\text{용액의 질량}}{\text{용액의 밀도}}$

③ 용액은 용질과 용매의 균일 혼합물이므로 용액의 양에 관계없이 용질과 용매의 비율이 일정하다. ➡ 용액에 녹아 있는 용질의 양은 용액의 부피에 비례한다.

④ 용액의 희석: 어떤 용액에 물을 가하여 희석하면 용액의 농도는 변하지만 용질의 양은 변하지 않는다.

문제 보기

다음은 A(aq)을 만드는 실험이다.

[자료]
○ t ℃에서 a M A(aq)의 밀도: d g/mL

[실험 과정]
(가) A(s) 1 mol이 녹아 있는 100 g의 a M A(aq)을 준비한다. $\rightarrow a=10d$ $\dfrac{100}{d}$ mL

(나) (가)의 A(aq) x mL와 물을 혼합하여 0.1 M A(aq) 500 mL를 만든다. A의 양(mol)=0.05 mol

(다) (나)에서 만든 A(aq) 250 mL와 (가)의 A(aq) y mL를 혼합하고 물을 넣어 0.2 M A(aq) 500 mL를 만든다. A의 양(mol)=0.025 mol   A의 양(mol)=0.1 mol

$x+y$는? (단, 용액의 온도는 t ℃로 일정하다.)

<보기> 풀이

❶ (가)에서 만든 A(aq) 100 g의 부피로 a 구하기

t ℃에서 a M A(aq)의 밀도가 d g/mL이므로 (가)에서 만든 a M A(aq) 100 g의 부피는 $\dfrac{100}{d}$ mL이다. 이때 이 수용액에 들어 있는 A의 양(mol)이 1 mol이므로 $a \times \dfrac{100}{d} \times \dfrac{1}{1000} = \dfrac{a}{10d} = 1$이고, $a=10d$이다.

❷ (나)에서 만든 A(aq)의 몰 농도(M)로 부피 x 구하기

(나)에서는 0.1 M A(aq) 500 mL를 만들었으며, 이 수용액에 들어 있는 A의 양(mol)은 $0.1 \times \dfrac{500}{1000} = 0.05$ mol이다. 용액을 희석할 때 용질의 양은 변하지 않으므로 (가)의 A(aq) x mL에 들어 있는 A의 양(mol)도 0.05 mol이다. 용액에 들어 있는 용질의 양(mol)은 용액의 부피에 비례하므로 $\dfrac{100}{d} : x = 1 : 0.05$이고, $x = \dfrac{5}{d}$이다.

❸ (다)에서 만든 A(aq)의 몰 농도(M)로 부피 y 구하기

(다)에서는 0.2 M A(aq) 500 mL를 만들었으며, 이 수용액에 들어 있는 A의 양(mol)은 $0.2 \times \dfrac{500}{1000} = 0.1$ mol이다. 이때 (나)에서 만든 A(aq) 250 mL에 들어 있는 A의 양(mol)은 0.025 mol이므로 (가)의 A(aq) y mL에 들어 있는 A의 양(mol)은 0.075 mol(=0.1 mol−0.025 mol)이다. 따라서 $\dfrac{100}{d} : y = 1 : 0.075$이고, $y = \dfrac{15}{2d}$이므로 $x+y = \dfrac{5}{d} + \dfrac{15}{2d} = \dfrac{25}{2d}$이다.

 $\dfrac{25}{d}$ ② $\dfrac{25}{2d}$ $\dfrac{25}{3d}$  $\dfrac{25}{4d}$ $\dfrac{5}{d}$

적용해야 할 개념 ②가지	① 몰 농도(M)$=\dfrac{\text{용질의 양(mol)}}{\text{용액의 부피(L)}}$ ➡ 용질의 양(mol)=몰 농도(mol/L)×용액의 부피(L)
	② 물질의 양(mol)과 질량: 물질의 양(mol)은 $\dfrac{\text{질량(g)}}{1\ \text{mol의 질량(g/mol)}}$, 즉 $\dfrac{\text{질량(g)}}{\text{화학식량}}$이다.

문제 보기

다음은 A(aq)을 만드는 실험이다. A의 화학식량은 180이다.

> (가) 물에 A(s)를 녹여 a M A(aq) 100 mL를 만든다.
> (나) a M A(aq) 20 mL에 물을 넣어 0.06 M A(aq) 100 mL를 만든다.
> (다) (나)에서 만든 A(aq) 50 mL에 A(s) w g을 모두 녹인 후, 물을 넣어 0.04 M A(aq) 200 mL를 만든다.

A의 양(mol)
$=a$ M×0.02 L
$=0.02a$ mol

A의 양(mol)=
0.04 M×0.2 L=0.008 mol

A의 양(mol)$=\dfrac{w}{180}$ mol

A의 양(mol)=0.06 M×0.05 L=0.003 mol

$\dfrac{w}{a}$는? (단, 수용액의 온도는 t ℃로 일정하다.) [3점]

<보기> 풀이

용질의 양(mol)은 용액의 몰 농도(M)×용액의 부피(L)이다.

❶ **(나)에서 0.06 M A(aq) 100 mL에 녹아 있는 용질의 양(mol) 구하기**
0.06 M A(aq) 100 mL에 녹아 있는 A의 양(mol)은 0.06 M×0.1 L=0.006 mol이다. 또 0.06 M A(aq) 100 mL는 a M A(aq) 20 mL에 물을 넣어 만들었으므로 a M A(aq) 20 mL에 녹아 있는 A의 양(mol)은 0.006 mol이다. 따라서 a M×0.02 L=0.006 mol이므로 $a=0.3$이다.

❷ **(다)에서 0.04 M A(aq) 200 mL에 녹아 있는 용질의 양(mol) 구하기**
0.04 M A(aq) 200 mL에 녹아 있는 A의 양(mol)은 0.04 M×0.2 L=0.008 mol이다. 또 0.04 M A(aq) 200 mL는 (나)에서 만든 0.06 M A(aq) 50 mL와 A(s) w g으로 만들었으므로 0.06 M A(aq) 50 mL와 A(s) w g에 포함된 A의 양(mol)의 합은 0.008 mol이다. 따라서 0.06 M×0.05 L$+\dfrac{w}{180}$ mol=0.008 mol이므로 $w=0.9$이다.

$\dfrac{w}{a}=\dfrac{0.9}{0.3}=30$이다.

1　　2　　③3　　4　　5

적용해야 할 개념 ③가지	① 몰 농도(M)$=\dfrac{\text{용질의 양(mol)}}{\text{용액의 부피(L)}}$ ➡ 용질의 양(mol)=몰 농도(mol/L)×용액의 부피(L)
	② 용액의 밀도$=\dfrac{\text{용액의 질량}}{\text{용액의 부피}}$ ➡ 용액의 질량=용액의 밀도×용액의 부피
	③ 용액의 희석: 어떤 용액에 물을 가하여 희석하면 용액의 농도는 변하지만 용질의 양은 변하지 않는다.

문제 보기

다음은 A(aq)을 만드는 실험이다.

> [자료]
> ○ t ℃에서 a M A(aq)의 밀도: d g/mL　$\dfrac{\text{질량(g)}}{\text{부피(mL)}}$
> [실험 과정]
> (가) t ℃에서 A(s) 10 g을 모두 물에 녹여 A(aq) 100 mL를 만든다. ── A 0.25a mol(A 5 g)
> (나) (가)에서 만든 A(aq) 50 mL에 물을 넣어 a M A(aq) 250 mL를 만든다. ── A$\dfrac{w}{50d}$ g
> (다) (나)에서 만든 A(aq) w g에 A(s) 18 g을 모두 녹이고 물을 넣어 2a M A(aq) 500 mL를 만든다.
> A a mol(A 20 g)

w는? (단, 온도는 t ℃로 일정하다.) [3점]

<보기> 풀이

용액에 들어 있는 용질의 양(mol)은 몰 농도(M)×용액의 부피(L)이다.

❶ **(나)에서 만든 용액에 들어 있는 A의 질량 구하기**
(가)에서 만든 A(aq) 100 mL에 들어 있는 A의 질량은 10 g이므로 (가)에서 만든 A(aq) 50 mL에 들어 있는 A의 질량은 5 g이다. 따라서 (나)에서 만든 a M A(aq) 250 mL에 들어 있는 A의 질량은 5 g이다.

❷ **(다)에서 만든 용액에 들어 있는 A의 질량 구하기**
(나)에서 만든 a M A(aq) 250 mL의 질량은 밀도×부피=d g/mL×250 mL=250d g이다. a M A(aq) 250d g에 들어 있는 A의 질량이 5 g이므로 a M A(aq) 1 g에 들어 있는 A의 질량은 $\dfrac{5}{250d}$ g=$\dfrac{1}{50d}$ g이고, a M A(aq) w g에 들어 있는 A의 질량은 $\dfrac{w}{50d}$ g이다. 따라서 (나)에서 만든 A(aq) w g에 A 18 g을 녹인 용액에 들어 있는 A의 질량은 $\left(\dfrac{w}{50d}+18\right)$ g이다.

❸ **(다)에서 만든 2a M A(aq) 500 mL에 들어 있는 A의 질량 구하기**
(나)에서 만든 a M A(aq) 250 mL에 들어 있는 A의 양(mol)은 a M×0.25 L=0.25a mol이고, A의 질량은 5 g이다. (다)에서 만든 2a M A(aq) 500 mL에 들어 있는 A의 양(mol)은 2a M×0.5 L=a mol이므로 A의 질량은 4×5=20(g)이다.

따라서 (다)에서 만든 용액에 들어 있는 A의 질량 $\dfrac{w}{50d}+18=20$이므로 $w=100d$이다.

50d　　75d　　③100d　　125d　　150d

적용해야 할 개념 ③가지

① 몰 농도(M)=$\dfrac{\text{용질의 양(mol)}}{\text{용액의 부피(L)}}$ ➡ 용질의 양(mol)=몰 농도(mol/L)×용액의 부피(L)

② 용액의 희석: 어떤 용액에 물을 가하여 희석하면 용액의 농도는 변하지만 용질의 양은 변하지 않는다.

③ 혼합 용액에 들어 있는 용질의 양(mol)은 혼합 전 용액에 들어 있는 용질의 양(mol)의 합과 같다.
➡ $aV+a'V'=a''V''$(a, a': 혼합 전 용액의 몰 농도(M), a'': 혼합 용액의 몰 농도(M), V, V': 혼합 전 용액의 부피(L), V'': 혼합 용액의 부피(L))

6 일차

문제 보기

다음은 용액의 몰 농도에 대한 학생 A와 B의 실험이다.

[학생 A의 실험 과정]　　　　　　　　몰 농도: $\dfrac{1}{2}a$ M
(가) a M X(aq) 100 mL에 물을 넣어 200 mL 수용액을 만든다.
(나) (가)에서 만든 수용액 200 mL와 0.2 M X(aq) 50 mL를 혼합하여 수용액 Ⅰ을 만든다.

[학생 B의 실험 과정]　┐몰 농도: $\dfrac{10a+1}{25}$ M
(가) a M X(aq) 200 mL와 0.2 M X(aq) 50 mL를 혼합하여 수용액을 만든다.　몰 농도: $\dfrac{20a+1}{25}$ M
(나) (가)에서 만든 수용액 250 mL에 물을 넣어 500 mL 수용액 Ⅱ를 만든다.
[실험 결과]　┐몰 농도: $\dfrac{20a+1}{50}$ M
○ A가 만든 Ⅰ의 몰 농도(M): $8k$ → $\dfrac{10a+1}{25}$ M
○ B가 만든 Ⅱ의 몰 농도(M): $7k$ → $\dfrac{20a+1}{50}$ M

$\dfrac{k}{a}$는? (단, 온도는 일정하고, 혼합 용액의 부피는 혼합 전 각 용액의 부피의 합과 같다.) [3점]

<보기> 풀이

몰 농도(M)=$\dfrac{\text{용질의 양(mol)}}{\text{용액의 부피(L)}}$ 이므로 몰 농도는 용액의 부피에 반비례한다.

보기

❶ **수용액 Ⅰ의 몰 농도 구하기**
학생 A의 실험 과정 (가)에서 a M X(aq) 100 mL에 물을 넣어 부피가 2배로 증가하므로 몰 농도는 $\dfrac{1}{2}a$ M이다. Ⅰ의 몰 농도를 x M이라고 하면 (나)에서 혼합 용액에 들어 있는 용질의 양은 일정하므로 $\dfrac{1}{2}a$ M×0.2 L+0.2 M×0.05 L=x×(0.2 L+0.05 L)이 성립한다. 따라서 $x=\dfrac{10a+1}{25}$이므로 Ⅰ의 몰 농도는 $\dfrac{10a+1}{25}$ M이다.

❷ **수용액 Ⅱ의 몰 농도 구하기**
학생 B의 실험 과정 (가)에서 혼합 용액의 몰 농도를 y M이라고 하면 a M×0.2 L+0.2 M×0.05 L=y M×(0.2 L+0.05 L), $y=\dfrac{20a+1}{25}$이다. (나)에서 수용액에 물을 넣어 부피가 2배로 증가하므로 Ⅱ의 몰 농도는 $\dfrac{20a+1}{50}$ M이다.

❸ **Ⅰ과 Ⅱ의 몰 농도 비교하기**
Ⅰ과 Ⅱ의 몰 농도는 각각 $8k$ M, $7k$ M이므로 Ⅰ:Ⅱ=$\dfrac{10a+1}{25}$: $\dfrac{20a+1}{50}$=$8k:7k$, $a=\dfrac{3}{10}$이다. 이때 Ⅰ에서 $\dfrac{10a+1}{25}=8k$이므로 $k=\dfrac{1}{50}$이다.

따라서 $\dfrac{k}{a}=\dfrac{1}{50}\times\dfrac{10}{3}=\dfrac{1}{15}$이다.

① ~~$\dfrac{1}{30}$~~　② $\dfrac{1}{15}$　③ ~~$\dfrac{1}{10}$~~　④ ~~$\dfrac{2}{15}$~~　⑤ ~~$\dfrac{1}{3}$~~

7
일차

01 ⑤	02 ⑤	03 ②	04 ③	05 ⑤	06 ③	07 ⑤	08 ④	09 ③	10 ⑤	11 ②	12 ④
13 ③	14 ②	15 ①	16 ①	17 ③	18 ④	19 ⑤	20 ④	21 ⑤	22 ④	23 ⑤	24 ⑤
25 ②	26 ⑤	27 ⑤	28 ③	29 ④	30 ②	31 ④	32 ①	33 ⑤	34 ②	35 ③	36 ①
37 ⑤	38 ②	39 ③	40 ⑤	41 ⑤	42 ①						

문제편 076~087쪽

---

01 원자의 구성 입자　2022학년도 7월 학평 화Ⅰ 9번　　　정답 ⑤ | 정답률 72 %

적용해야 할 개념 ④가지

① 원자는 전기적으로 중성이므로 양성자수와 전자 수는 같다.
② 원자 번호는 양성자수(전자 수)와 같다.
③ 질량수는 양성자수＋중성자수이다.
④ 동위 원소: 양성자수(원자 번호)는 같지만 중성자수가 달라 질량수가 다른 원소

문제 보기

표는 원자 또는 이온 (가)~(다)에 대한 자료이다. (가)~(다)는 각각 $^{14}_{7}N$, $^{15}_{7}N$, $^{16}_{8}O^{2-}$ 중 하나이고, ㉠~㉢은 각각 양성자수, 중성자수, 전자 수 중 하나이다.

원자 또는 이온	(가) $^{16}_{8}O^{2-}$	(나) $^{14}_{7}N$	(다) $^{15}_{7}N$
중성자수 ─㉠─㉡─양성자수	0	0	1
양성자수 ─㉡─㉢─전자 수	−2	0	0

이에 대한 설명으로 옳은 것만을 〈보기〉에서 있는 대로 고른 것은?

〈보기〉 풀이

원자는 전기적으로 중성이므로 양성자수와 전자 수가 같고, 원자 번호는 양성자수와 같다. 질량수는 양성자수와 중성자수의 합과 같다. 따라서 $^{14}_{7}N$, $^{15}_{7}N$, $^{16}_{8}O^{2-}$의 양성자수, 중성자수, 전자 수는 다음 표와 같다.

원자 또는 이온	$^{14}_{7}N$	$^{15}_{7}N$	$^{16}_{8}O^{2-}$
양성자수	7	7	8
중성자수	7	8	8
전자 수	7	7	10

주어진 자료의 (다)에서 ㉠−㉡이 1이므로 (다)는 $^{15}_{7}N$, ㉠은 중성자수이고, ㉡, ㉢은 각각 전자 수, 양성자수 중 하나이며, (가)와 (나)는 각각 $^{14}_{7}N$, $^{16}_{8}O^{2-}$ 중 하나이다. (나)에서 ㉡−㉢이 0이므로 (나)는 $^{14}_{7}N$이고, (가)는 $^{16}_{8}O^{2-}$이며, (가)에서 ㉠−㉡이 0이므로 ㉡, ㉢은 각각 양성자수, 전자 수이다.

ㄱ. ㉢은 전자 수이다.
➡ ㉠은 중성자수, ㉡은 양성자수, ㉢은 전자 수이다.

ㄴ. ㉠은 (가)와 (다)가 같다.
➡ (가)와 (다)는 각각 $^{16}_{8}O^{2-}$, $^{15}_{7}N$이므로 중성자수인 ㉠은 각각 8로 같다.

ㄷ. (나)와 (다)는 동위 원소이다.
➡ (나)와 (다)는 각각 $^{14}_{7}N$, $^{15}_{7}N$로 양성자수는 같지만 중성자수가 달라 질량수가 다른 동위 원소이다.

---

02 원자의 구성 입자　2020학년도 9월 모평 화Ⅰ 4번　　　정답 ⑤ | 정답률 94 %

적용해야 할 개념 ④가지

① 원자는 전기적으로 중성이므로 양성자수와 전자 수가 같다.
② 질량수는 양성자수와 중성자수의 합이다.
③ 이온의 전자 수: 음이온의 전자 수는 양성자수보다 전하수만큼 크고, 양이온의 전자 수는 양성자수보다 전하수만큼 작다.
④ 동위 원소: 원자핵을 구성하는 양성자수는 같고 중성자수가 달라 질량수가 다른 원소이다.

문제 보기

표는 원자 X~Z에 대한 자료이다.

원자는 전기적으로 중성이므로 전자 수와 양성자수가 같다.
➡ X의 양성자수는 6이다.

원자	중성자수	질량수	전자 수
X	6	㉠ 12	6
Y	7	13	6
Z	9	17	8

이에 대한 설명으로 옳은 것만을 〈보기〉에서 있는 대로 고른 것은? (단, X~Z는 임의의 원소 기호이다.)

〈보기〉 풀이

ㄱ. ㉠은 12이다.
➡ X의 양성자수는 전자 수와 같은 6이고, 중성자수가 6이므로 질량수 ㉠은 12이다.

ㄴ. Y는 X의 동위 원소이다.
➡ Y의 질량수가 13이고, 중성자수가 7이므로 양성자수는 6이다. 이로부터 Y와 X는 양성자수가 같고 중성자수가 다른 동위 원소이다.

ㄷ. Z^{2-}의 전자 수는 10이다.
➡ Z의 질량수가 17이고, 중성자수가 9이므로 양성자수는 8이다. 이로부터 Z의 전자 수는 양성자수와 같은 8이므로 Z 원자가 전자 2개를 얻어 형성된 Z^{2-}의 전자 수는 10이다.

03 원자와 이온의 구성 입자 2021학년도 7월 학평 화Ⅰ 3번 | 정답 ② | 정답률 76 %

적용해야 할 개념 ⑤가지

① 이온의 전자 수: 음이온의 전자 수는 양성자수보다 전하수만큼 크고, 양이온의 전자 수는 양성자수보다 전하수만큼 작다.

② 화학 결합과 구성 원소

화학 결합	금속 결합	공유 결합	이온 결합
구성 원소	금속 원소	비금속 원소	금속 원소, 비금속 원소

③ 금속의 연성(뽑힘성)과 전성(펴짐성): 금속에 힘을 가하면 금속의 모양이 변형되면서 금속 결합이 유지되도록 자유 전자가 이동하므로 부서지지 않는다.

④ 전기 음성도: 공유 결합을 형성한 두 원자가 공유 전자쌍을 끌어당기는 힘의 크기를 상대적으로 비교하여 나타낸 값

⑤ 극성 공유 결합에서 부분 전하: 전기 음성도가 큰 원자는 부분적인 음전하(δ^-)를 띠고, 전기 음성도가 작은 원자는 부분적인 양전하(δ^+)를 띤다.

문제 보기

표는 1, 2주기 원소 A~D의 원자 또는 이온에 대한 자료이다.

양성자수－전자 수＝1 ┐   ┌양성자수＝전자 수┐

원자 또는 이온	A^+ H$^+$	B Li	C^{2-} O^2	D F
양성자수＋전자 수	1	6	18	18

└ 양성자수－전자 수＝－2 ┘

이에 대한 설명으로 옳은 것만을 〈보기〉에서 있는 대로 고른 것은? (단, A~D는 임의의 원소 기호이다.)

〈보기〉 풀이

이온의 전하＝양성자수－전자 수이므로 [양성자수－전자 수]는 A^+이 1, B와 D가 0, C^{2-}이 －2이다. [양성자수＋전자 수]는 A^+이 1, B가 6, C^{2-}이 18, D가 18이므로 양성자수는 A^+이 1, B가 3, C^{2-}이 8, D가 9이다. 양성자수는 원자 번호와 같으므로 A^+은 H^+, B는 Li, C^{2-}은 O^{2-}, D는 F이다.

✕ **A₂C는 이온 결합 물질이다.**

➡ A₂C(H₂O)는 모두 비금속 원소로 이루어져 있으므로 공유 결합 물질이다.

ㄴ **B(s)는 전성(펴짐성)이 있다.**

➡ B(s)(Li)는 금속이므로 전성(펴짐성)과 연성(뽑힘성)이 있다.

✕ **CD₂에서 C는 부분적인 음전하(δ^-)를 띤다.**

➡ 전기 음성도는 C(O)＜D(F)이므로 CD₂(OF₂)에서 C(O)는 부분적인 양전하(δ^+)를 띠고, D(F)는 부분적인 음전하(δ^-)를 띤다.

04 원자의 구성 입자와 동위 원소 2019학년도 6월 모평 화Ⅰ 12번 | 정답 ③ | 정답률 76 %

적용해야 할 개념 ③가지

① 동위 원소: 원자핵을 구성하는 양성자수는 같고, 중성자수가 달라 질량수가 다른 원소이다.

② 질량수＝양성자수(＝전자 수)＋중성자수이므로 $\dfrac{중성자수}{전자 수}=1$인 원자의 양성자수와 중성자수는 같다.

③ 3주기 원자는 원자 번호가 11~18이므로 양성자수가 11~18이다.

문제 보기

┌ 원자 번호(양성자수) 11~18

다음은 3주기 원자 A~D에 대한 자료이다. (가)와 (나)는 각각 양성자수와 중성자수 중 하나이고, ㉠~㉣은 각각 A~D 중 하나이다.

○ A는 B의 동위 원소이다.

○ C와 D의 $\dfrac{중성자수}{전자 수}=1$이다.

○ 질량수는 B＞C＞A＞D이다.

○ A~D의 양성자수와 중성자수

┌㉢에서 (가)가 20이므로 (가)는 양성자수일 수 없다. ➡ (나)가 양성자수

원자	㉠	㉡	㉢	㉣
(가)	18		20	
(나)	17	18		16

└ $\dfrac{중성자수}{전자 수}=1$인 C와 D는 양성자수와 중성자수가 같다. ➡ ㉠은 C와 D일 수 없다.

이에 대한 설명으로 옳은 것만을 〈보기〉에서 있는 대로 고른 것은? (단, A~D는 임의의 원소 기호이다.)

〈보기〉 풀이

❶ ㉢에서 (가)의 값은 20이고, (가)가 양성자수라면 ㉢의 원자 번호가 20으로 4주기 원소가 되어 조건에 맞지 않으므로 (가)는 중성자수이다.

❷ ㉠, ㉡, ㉣의 양성자수는 각각 17, 18, 16이고, C와 D에서 양성자수와 중성자수가 같은데 ㉠에서는 $\dfrac{중성자수}{전자 수}=1$이 아니고, ㉢에서는 (나)의 값이 20이 될 수 없으므로 ㉡과 ㉣이 각각 C, D이다. 따라서 ㉡에서 (가)는 18, ㉣에서 (가)는 16이고 질량수는 ㉡이 36, ㉣이 32이다.

❸ ㉠과 ㉢이 A와 B가 되고 A는 B의 동위 원소이므로 ㉢의 양성자수 (나)의 값은 17이다. 이때 질량수가 B＞C＞A＞D이므로 이를 바탕으로 ㉠~㉣의 (가)와 (나)를 완성하면 다음과 같다.

원자	㉠ A	㉡ C	㉢ B	㉣ D
(가)＝중성자수	18	18	20	16
(나)＝양성자수	17	18	17	16
질량수	35	36	37	32

ㄱ **(가)는 중성자수이다.**

➡ (가)는 중성자수이다.

ㄴ **B의 질량수는 37이다.**

➡ ㉢이 원자 B이므로 질량수는 37이다.

✕ **D의 원자 번호는 18이다.**

➡ ㉣이 원자 D이고, 양성자수는 16이므로 원자 번호는 16이다.

적용해야 할 개념 ③가지

① 원자는 전기적으로 중성이므로 양성자수와 전자 수는 같다.

② 원자 번호는 양성자수(＝전자 수)와 같고, 질량수는 양성자수와 중성자수의 합과 같다.

③ 원자의 표현 방법

$$\text{원자 번호}^{\text{질량수}}X$$

문제 보기

질량수＝양성자수＋중성자수
양성자가 전자 수보다 1만큼 크다.

그림은 $^3_2He^+$을 모형으로 나타낸 것이다. ●, ○, ● 는 양성자, 중성자, 전자를 순서 없이 나타낸 것이다.

원자 번호＝양성자수

중성자수＝3−1＝2

다음 중 ^3_1H의 모형으로 가장 적절한 것은?

양성자수＝1

(그림: 중성자, 전자, 양성자, 원자 번호＝양성자수 표시된 원자 모형)

<보기> 풀이

$^3_2He^+$의 원자 번호는 2이고, 질량수는 3이며, 이온의 전하가 ＋1이다. 원자 번호는 양성자수와 같고, 질량수는 양성자수와 중성자수의 합이므로 $^3_2He^+$의 양성자수는 2, 중성자수는 1이다. 또 $^3_2He^+$의 이온의 전하가 ＋1이므로 양성자수가 전자 수보다 1만큼 크므로 전자 수는 1이다. $^3_2He^+$의 모형에서 ●, ○, ●의 수는 각각 1, 2, 1이므로 ●, ○, ●은 각각 중성자, 양성자, 전자이다. ^3_1H는 원자 번호가 1이고, 질량수가 3인 원자이다. 원자는 양성자수와 전자 수가 같으므로 ^3_1H의 양성자(○)수와 전자(●) 수는 각각 1이고, 중성자(●)수는 2이다. 이에 해당하는 모형은 ⑤이다.

(선택지 모형 그림들: ①~⑤, ⑤에 동그라미 표시)

적용해야 할 개념 ④가지

① 원자는 전기적으로 중성이므로 양성자수와 전자 수는 같다.

② 원자 번호: 양성자수(＝원자일 때 전자 수)와 같다.

③ 질량수는 양성자수와 중성자수의 합과 같다.

④ 동위 원소: 양성자수(＝원자 번호)는 같지만 중성자수가 서로 달라 질량수가 다른 원소

문제 보기

다음은 원자 A~D에 대한 자료이다.

동위 원소 A, C   동위 원소 B, D

○ A~D는 원소 X와 Y의 동위 원소이고, 원자 번호는 X>Y이다.

○ A와 B의 중성자수는 같다.
양성자수 17
중성자수 18

○ A~D의 (중성자수−전자 수)와 질량수
양성자수 18
중성자수 20

원자	양성자수 18 중성자수 18 A	B	C	D
중성자수−전자 수	0	1	2	3
질량수	a 36	b 35	c 38	d 37

○ $b+c=73$이고, $c>d$이다.
양성자수 17
중성자수 20

이에 대한 설명으로 옳은 것만을 〈보기〉에서 있는 대로 고른 것은? (단, X와 Y는 임의의 원소 기호이고, A, B, C, D의 원자량은 각각 a, b, c, d이다.) [3점]

<보기> 풀이

A와 B의 중성자수가 같으므로 A의 중성자수를 n이라고 하면 B의 중성자수도 n이다. 원자에서 양성자수와 전자 수가 같으므로 A는 양성자수와 중성자수가 n으로 같다. B는 중성자수가 양성자수보다 1만큼 크므로 B의 양성자수는 $n-1$이다. A와 B의 양성자수는 각각 n, $n-1$이고, 원자 번호는 X>Y이므로 A는 X의 동위 원소이고, B는 Y의 동위 원소이다. 또 질량수−(중성자수−전자 수)는 양성자수에 비례한다. C와 D의 질량수는 C>D이고, (중성자수−전자 수)는 D>C이므로 양성자수는 C>D이다. 따라서 C의 양성자수는 n이고, 중성자수는 양성자수보다 2만큼 큰 $n+2$이다. D의 양성자수는 $n-1$이고, 중성자수는 양성자수보다 3만큼 큰 $n+2$이다. 이를 정리하면 A~D의 양성자수와 중성자수는 다음과 같다.

원자	A	B	C	D
양성자수	n	$n-1$	n	$n-1$
중성자수	n	n	$n+2$	$n+2$

ㄱ. A와 C는 X의 동위 원소이다.

원자 번호는 X>Y이고, A와 C는 양성자수가 n으로 같으므로 A와 C는 X의 동위 원소이다.

ㄴ. $\dfrac{1\text{ mol의 D에 들어 있는 중성자수}}{1\text{ mol의 A에 들어 있는 중성자수}}=\dfrac{10}{9}$이다.

B의 질량수는 $2n-1(=n-1+n)$이고, C의 질량수는 $2n+2(=n+n+2)$이므로 $b+c=2n-1+2n+2=4n+1=73$에서 $n=18$이다.

따라서 $\dfrac{1\text{ mol의 D에 들어 있는 중성자수}}{1\text{ mol의 A에 들어 있는 중성자수}}=\dfrac{18+2}{18}=\dfrac{10}{9}$이다.

ㄷ. $\dfrac{1\text{ g의 D에 들어 있는 양성자수}}{1\text{ g의 B에 들어 있는 양성자수}}=\dfrac{37}{35}$이다.

B와 D의 원자량은 질량수와 같으므로 각각 35, 37이다. 1 g의 원자에 들어 있는 양성자수는

$\dfrac{\text{양성자수}}{\text{원자량}}$에 비례하므로 $\dfrac{1\text{ g의 D에 들어 있는 양성자수}}{1\text{ g의 B에 들어 있는 양성자수}}=\dfrac{\frac{17}{37}}{\frac{17}{35}}=\dfrac{35}{37}$이다.

적용해야 할 개념 ④가지

① 원자는 전기적으로 중성이므로 양성자수와 전자 수는 같다.
② 원자 번호는 양성자수(＝전자 수)와 같다.
③ 질량수는 양성자수와 중성자수의 합과 같다.
④ 동위 원소: 원자핵을 구성하는 양성자수는 같고, 중성자수가 달라 질량수가 다른 원소이다.

문제 보기

다음은 원소 X와 Y에 대한 자료이다.

＝양성자수

○ X, Y의 원자 번호는 각각 9, 35이다. $n=79$
○ 자연계에서 X는 ^{19}X로만 존재하고, Y는 ^{n}Y와 ^{n+2}Y 로 존재한다.   중성자수: 10   중성자수: $n-35, n-33$
○ XY의 평균 분자량은 99이다.   Y의 평균 원자량: 80
○ $\dfrac{^{19}X^{n+2}Y \text{ 1 mol에 들어 있는 전체 중성자수}}{^{19}X^{n}Y \text{ 1 mol에 들어 있는 전체 중성자수}} = \dfrac{28}{27}$ 이다.

$\dfrac{10+n-33}{10+n-35} = \dfrac{28}{27}, \ n=79$

이에 대한 설명으로 옳은 것만을 〈보기〉에서 있는 대로 고른 것은? (단, X, Y는 임의의 원소 기호이고, ^{19}X, ^{n}Y, ^{n+2}Y의 원자량은 각각 19, n, $n+2$이다.)

〈보기〉 풀이

원자 번호는 양성자수와 같고, 질량수는 양성자수와 중성자수의 합과 같다. 따라서 ^{19}X, ^{n}Y, ^{n+2}Y의 양성자수, 중성자수는 다음과 같다.

원자	^{19}X	^{n}Y	^{n+2}Y
양성자수	9	35	35
중성자수	10	$n-35$	$n-33$

이때 XY의 평균 분자량이 99이고, X는 ^{19}X만 존재하므로 Y의 평균 원자량은 80이다. 또한 $\dfrac{^{19}X^{n+2}Y \text{ 1 mol에 들어 있는 전체 중성자수}}{^{19}X^{n}Y \text{ 1 mol에 들어 있는 전체 중성자수}} = \dfrac{28}{27}$ 이므로 $\dfrac{10+n-33}{10+n-35} = \dfrac{28}{27}$ 이고 $n=79$이다.

ㄱ Y₂의 평균 분자량은 160이다.

➡ Y의 평균 원자량이 80이므로 Y_2의 평균 분자량은 160이다.

ㄴ $\dfrac{1 \text{ g의 } ^{n}Y^{n+2}Y \text{에 들어 있는 전체 양성자수}}{1 \text{ g의 } ^{n+2}Y^{n+2}Y \text{에 들어 있는 전체 양성자수}} = \dfrac{81}{80}$ 이다.

➡ 동위 원소는 양성자수가 같고 양성자수는 원자 번호와 같다. 따라서 $^{n}Y^{n+2}Y$와 $^{n+2}Y^{n+2}Y$의 분자당 양성자수는 서로 같고, 1 g에 들어 있는 양성자수는 분자량에 반비례한다. $^{n}Y^{n+2}Y$와 $^{n+2}Y^{n+2}Y$의 분자량은 각각 160과 162이므로 $\dfrac{1 \text{ g의 } ^{n}Y^{n+2}Y \text{에 들어 있는 전체 양성자수}}{1 \text{ g의 } ^{n+2}Y^{n+2}Y \text{에 들어 있는 전체 양성자수}} = \dfrac{162}{160} = \dfrac{81}{80}$ 이다.

ㄷ 자연계에서 $\dfrac{^{n}Y \text{의 존재 비율}}{^{n+2}Y \text{의 존재 비율}} = 1$이다.

➡ $n=79$이므로 자연계에 존재하는 Y의 동위 원소는 ^{79}Y와 ^{81}Y이고, 이들의 존재 비율을 각각 x %, y %라고 하면 $x+y=100$, $79 \times \dfrac{x}{100} + 81 \times \dfrac{y}{100} = 80$이므로 $x=y=50$이다. 따라서 $\dfrac{^{n}Y \text{의 존재 비율}}{^{n+2}Y \text{의 존재 비율}} = 1$이다.

적용해야 할 개념 ③가지

① 원자량: 질량수가 12인 탄소(^{12}C) 원자의 질량을 12라 하고, 이를 기준으로 하여 나타낸 원자들의 상대적 질량이다. 같은 원소라도 중성자 수가 달라 질량수가 다른 동위 원소가 존재하므로 동위 원소의 존재 비율을 고려한 평균 원자량으로 나타낸다.

② 동위 원소: 원자핵을 구성하는 양성자수(＝원자 번호)는 같지만 중성자수가 서로 달라 질량수가 다른 원소

③ 평균 원자량: 자연계에 존재하는 동위 원소의 존재 비율을 고려하여 평균값으로 나타낸 것

➡ 평균 원자량 구하는 방법: 동위 원소의 원자량에 존재 비율(%)을 곱한 값을 모두 더한 다음 100으로 나누어 구한다.

예
$$\binom{\text{Cl의}}{\text{평균 원자량}} = \binom{^{35}\text{Cl의}}{\text{원자량}} \times \binom{^{35}\text{Cl의}}{\text{존재 비율}} + \binom{^{37}\text{Cl의}}{\text{원자량}} \times \binom{^{37}\text{Cl의}}{\text{존재 비율}}$$
$$= 35.0 \times \frac{75.76}{100} + 37.0 \times \frac{24.24}{100} \fallingdotseq 35.5$$

문제 보기

다음은 원자량에 대한 학생과 선생님의 대화이다.

학 생: ^{12}C의 원자량은 12.00인데 주기율표에는 왜 C의 원자량이 12.01인가요?

선생님: 아래 표의 ^{13}C와 같이, ^{12}C와 원자 번호는 같지만 질량수가 다른 동위 원소가 존재합니다. 따라서 주기율표에 제시된 원자량은 동위 원소가 자연계에 존재하는 비율을 고려하여 평균값으로 나타낸 것입니다.

동위 원소	^{12}C	^{13}C
양성자수	a 6	b 6
중성자수	c 6	d 7

이에 대한 설명으로 옳은 것만을 〈보기〉에서 있는 대로 고른 것은? (단, C의 동위 원소는 ^{12}C와 ^{13}C만 존재한다고 가정한다.)

〈보기〉 풀이

동위 원소는 양성자수가 같고 질량수가 다른 원소이다. 질량수는 양성자수＋중성자수이므로 질량수가 큰 동위 원소의 중성자수가 크다. 또 평균 원자량은 각 원자의 원자량에 존재 비율을 고려하여 구한 평균값이다.

✘ $b > a$이다.
➡ 동위 원소는 양성자수가 같으므로 $a = b$이다.

ㄴ $d > c$이다.
➡ 동위 원소에서 질량수가 클수록 중성자수가 크다.

ㄷ 자연계에서 ^{12}C의 존재 비율은 ^{13}C보다 크다.
➡ ^{12}C와 ^{13}C의 존재 비율을 고려하여 구한 평균값이 12.01로 ^{12}C의 질량수에 가까운 것으로 보아 자연계에서 존재 비율은 ^{12}C가 ^{13}C보다 크다.

09 동위 원소와 평균 원자량 2020학년도 10월 학평 화I 8번

정답 ③ | 정답률 80 %

적용해야 할 개념 ③가지

① 동위 원소: 양성자수(=원자 번호)는 같지만 중성자수가 서로 달라 질량수가 다른 원소
② 질량수는 양성자수와 중성자수의 합과 같다.
③ 평균 원자량: 자연계에 존재하는 동위 원소의 존재 비율을 고려하여 평균값으로 나타낸 것

문제 보기

다음은 구리(Cu)에 대한 자료이다.

○ 자연계에 존재하는 구리의 동위 원소는 ^{63}Cu, ^{65}Cu 2가지이다. └ 질량수가 클수록 중성자수가 크다.┘
○ ^{63}Cu, ^{65}Cu의 원자량은 각각 62.9, 64.9이다.
○ Cu의 평균 원자량은 63.5이다.
└ 평균 원자량이 63.5로 ^{63}Cu에 가까우므로 자연계에 존재하는 비율은 ^{63}Cu>^{65}Cu이다.

이에 대한 옳은 설명만을 〈보기〉에서 있는 대로 고른 것은?

〈보기〉 풀이

ㄱ. 중성자수는 ^{65}Cu > ^{63}Cu이다.
➡ 질량수는 양성자수와 중성자수의 합과 같고, 동위 원소는 양성자수가 같으므로 질량수가 클수록 중성자수가 크다. 따라서 중성자수는 ^{63}Cu>^{65}Cu이다.

✗ 자연계에 존재하는 비율은 ^{65}Cu > ^{63}Cu이다.
➡ Cu의 동위 원소가 ^{63}Cu, ^{65}Cu 2가지이고, 평균 원자량이 63.5로 ^{63}Cu에 가까우므로 자연계에 존재하는 비율은 ^{63}Cu>^{65}Cu이다.

ㄷ. $\dfrac{^{63}\text{Cu 1 g에 들어 있는 원자 수}}{^{65}\text{Cu 1 g에 들어 있는 원자 수}}$ > 1이다.
➡ 원자량이 작을수록 1 g에 들어 있는 원자 수는 크다. 따라서 원자량은 ^{65}Cu>^{63}Cu이므로 1 g에 들어 있는 원자 수는 ^{63}Cu>^{65}Cu이고, $\dfrac{^{63}\text{Cu 1 g에 들어 있는 원자 수}}{^{65}\text{Cu 1 g에 들어 있는 원자 수}}$ > 1이다.

보기 ㄱ

---

10 동위 원소와 평균 원자량 2021학년도 6월 모평 화I 15번

정답 ⑤ | 정답률 66 %

적용해야 할 개념 ③가지

① 동위 원소: 양성자수(=원자 번호)는 같지만 중성자수가 서로 달라 질량수가 다른 원소
② 질량수는 양성자수와 중성자수의 합과 같다.
③ 평균 원자량: 자연계에 존재하는 동위 원소의 존재 비율을 고려하여 평균값으로 나타낸 것

문제 보기

다음은 원자 X의 평균 원자량을 구하기 위해 수행한 탐구 활동이다.

[탐구 과정]
(가) 자연계에 존재하는 X의 동위 원소와 각각의 원자량을 조사한다.
(나) 원자량에 따른 X의 동위 원소 존재 비율을 조사한다.
(다) X의 평균 원자량을 구한다.

[탐구 결과 및 자료]
○ X의 동위 원소

동위 원소	원자량	존재 비율(%)
^{a}X	A	19.9
^{b}X	B	80.1

└ 중성자수 차=(b−a)
○ $b>a$이다.
○ 평균 원자량은 w이다. $w=(0.199×\text{A}+0.801×\text{B})$

이에 대한 설명으로 옳은 것만을 〈보기〉에서 있는 대로 고른 것은? (단, X는 임의의 원소 기호이다.) [3점]

〈보기〉 풀이

ㄱ. $w=(0.199×\text{A})+(0.801×\text{B})$이다.
➡ ^{a}X와 ^{b}X의 동위 원소의 원자량이 각각 A, B이고, 존재 비율이 각각 19.9 %, 80.1 %이므로 평균 원자량 $w=(0.199×\text{A})+(0.801×\text{B})$이다.

✗ 중성자수는 ^{a}X > ^{b}X이다.
➡ 두 동위 원소의 질량수는 $b>a$이고, 동위 원소는 양성자수가 같으므로 질량수가 클수록 중성자수가 크다. 따라서 중성자수는 ^{b}X>^{a}X이다.

ㄷ. $\dfrac{1\text{ g의 }^{a}\text{X에 들어 있는 전체 양성자수}}{1\text{ g의 }^{b}\text{X에 들어 있는 전체 양성자수}}$ > 1이다.
➡ 동위 원소는 양성자수는 같고 중성자수가 서로 다르므로 1 g에 들어 있는 두 동위 원소의 전체 양성자수비는 전체 원자 수비와 같다. ^{a}X와 ^{b}X의 원자량이 각각 A, B이므로 1 g에 들어 있는 전체 원자 수는 각각 $\dfrac{1}{\text{A}}$몰, $\dfrac{1}{\text{B}}$몰이다. 따라서 $\dfrac{1\text{ g의 }^{a}\text{X에 들어 있는 전체 양성자수}}{1\text{ g의 }^{b}\text{X에 들어 있는 전체 양성자수}}=\dfrac{\text{B}}{\text{A}}>1$이다.

보기 ㄱ

적용해야 할 개념 ③가지

① 동위 원소: 양성자수(＝원자 번호)는 같지만 중성자수가 서로 달라 질량수가 다른 원소

② 평균 원자량: 자연계에 존재하는 동위 원소의 존재 비율을 고려하여 평균값으로 나타낸 것

③ 동위 원소의 종류 수에 따른 분자량이 다른 분자의 수: 동위 원소가 2가지인 경우 분자량이 다른 3가지 분자가 가능하다.

문제 보기

다음은 자연계에 존재하는 모든 X_2에 대한 자료이다.

→ 2원자 분자의 분자량이 3가지이면 동위 원소는 2가지이다.

○ X_2는 분자량이 서로 다른 (가), (나), (다)로 존재한다.
○ X_2의 분자량: (가) > (나) > (다)
○ 자연계에서 $\dfrac{\text{(다)의 존재 비율(\%)}}{\text{(나)의 존재 비율(\%)}} = 1.5$이다.

└ 존재 비율 (나) : (다) = 2 : 3

이에 대한 설명으로 옳은 것만을 〈보기〉에서 있는 대로 고른 것은? (단, X는 임의의 원소 기호이다.) [3점]

〈보기〉 풀이

✘ X의 동위 원소는 3가지이다.

➡ 2원자 분자의 분자량이 3가지이면 동위 원소는 2가지이다.

○ㄴ X의 평균 원자량은 $\dfrac{\text{(나)의 분자량}}{2}$ 보다 작다.

➡ X의 2가지 동위 원소를 각각 ^mX, ^nX이라 하고, 원자량이 $^mX > ^nX$이라 하면 (가)~(다)는 각각 $^mX_2$, $^mX^nX$(또는 $^nX^mX$), $^nX_2$이다. 이때 ^mX, ^nX의 존재 비율을 각각 $1-x$, x라 하면 (가)~(다)의 존재 비율은 각각 $(1-x)^2$, $2x(1-x)$, x^2이다. 이때 (나)와 (다)의 존재 비율이 (나) : (다) = 2 : 3이므로 $2x(1-x) : x^2 = 2 : 3$이고, $x = \dfrac{3}{4}$이다. ^mX, ^nX의 존재 비율이 각각 $\dfrac{1}{4}$, $\dfrac{3}{4}$이므로 X의 평균 원자량은 $\dfrac{\text{(나)의 분자량}}{2}$ 보다 작다.

✘ 자연계에서 $\dfrac{\text{(나)의 존재 비율(\%)}}{\text{(가)의 존재 비율(\%)}} = 2$이다.

➡ ^mX, ^nX의 존재 비율이 각각 $\dfrac{1}{4}$, $\dfrac{3}{4}$이므로 (가)~(다)의 존재 비율은 각각 $\dfrac{1}{16}$, $\dfrac{6}{16}$, $\dfrac{9}{16}$이다. 따라서 $\dfrac{\text{(나)의 존재 비율(\%)}}{\text{(가)의 존재 비율(\%)}} = \dfrac{\frac{6}{16} \times 100}{\frac{1}{16} \times 100} = 6$이다.

적용해야 할 개념 ④가지

① 동위 원소: 양성자수(＝원자 번호)는 같지만 중성자수가 달라 질량수가 다른 원소이다. 동위 원소는 화학적 성질은 같고, 물리적 성질은 다르다.

② 평균 원자량: 자연계에 존재하는 동위 원소의 존재 비율을 고려하여 평균값으로 나타낸 것

③ 분자량: 분자를 구성하는 모든 원자들의 원자량의 합

④ 동위 원소의 종류 수에 따른 분자량이 다른 분자의 수: 동위 원소가 2가지인 경우 분자량이 다른 3가지 분자가 가능하다.

문제 보기

다음은 자연계에 존재하는 원소 X에 대한 자료이다.

○ X의 동위 원소의 원자량과 존재 비율

동위 원소	^aX	^{a+2}X
원자량	a	$a+2$
존재 비율(%)	b 75	$100-b$ 25

└ $\dfrac{^{a+2}X^{a+2}X}{^aX^aX}$

○ $\dfrac{\text{분자량이 } 2a+4 \text{인 } X_2\text{의 존재 비율(\%)}}{\text{분자량이 } 2a \text{인 } X_2\text{의 존재 비율(\%)}} = \dfrac{1}{9}$이다.

└ $^aX^aX$

이에 대한 설명으로 옳은 것만을 〈보기〉에서 있는 대로 고른 것은? (단, X는 임의의 원소 기호이다.) [3점]

〈보기〉 풀이

✘ 분자량이 서로 다른 X_2는 4가지이다.

➡ X의 동위 원소가 2가지이므로 분자량이 서로 다른 X_2의 분자량은 각각 $2a$, $2a+2$, $2a+4$ 3가지이다.

○ㄴ $b > 50$이다.

➡ 분자량이 $2a$인 X_2와 $2a+4$인 X_2의 존재 비율은 각 동위 원소의 존재 비율의 제곱과 같다. 따라서 $b^2 : (100-b)^2 = 9 : 1$이므로 이를 풀면 $b = 75$이다. 따라서 $b > 50$이다.

○ㄷ X의 평균 원자량은 $a + \dfrac{1}{2}$이다.

➡ 평균 원자량은 동위 원소의 원자량에 존재 비율을 곱한 값의 합과 같다. ^aX와 ^{a+2}X의 존재 비율이 각각 75 %, 25 %이므로 X의 평균 원자량은 $a \times \dfrac{75}{100} + (a+2) \times \dfrac{25}{100} = a + \dfrac{1}{2}$이다.

보기

13 동위 원소와 평균 원자량 2024학년도 6월 모평 화I 9번

정답 ③ | 정답률 71%

적용해야 할 개념 ③가지

① 동위 원소: 양성자수(＝원자 번호)는 같지만 중성자수가 서로 달라 질량수가 다른 원소
② 원자 번호는 양성자수(＝전자 수)와 같고 질량수는 양성자수와 중성자수의 합과 같다.
③ 평균 원자량: 자연계에 존재하는 동위 원소의 존재 비율을 고려하여 원자량을 평균값으로 나타낸 것
⇒ 평균 원자량은 동위 원소의 원자량에 존재 비율(%)을 곱한 값을 모두 더한 다음 100으로 나누어 구한다.

문제 보기

표는 원소 X의 동위 원소에 대한 자료이다. X의 평균 원자량은 $m+\dfrac{1}{2}$이고, $a+b=100$이다. — $m\times\dfrac{a}{100}+(m+2)\times\dfrac{b}{100}=m+\dfrac{1}{2}$

동위 원소	원자량	자연계에 존재하는 비율(%)
$^m X$	m	a 75
^{m+2}X	$m+2$	b 25

이에 대한 설명으로 옳은 것만을 〈보기〉에서 있는 대로 고른 것은? (단, X는 임의의 원소 기호이다.)

〈보기〉 풀이

동위 원소는 양성자수가 같고 중성자수가 달라 질량수가 다른 원소이다. 따라서 동위 원소는 원자 번호가 같아 같은 원소 기호를 사용하며, $^m X$와 ^{m+2}X는 서로 동위 원소이다. 평균 원자량은 동위 원소의 원자량에 자연계에 존재하는 비율을 각각 곱하여 합한 값이다.

ⓐ $a>b$이다.

⇒ X의 평균 원자량은 $m\times\dfrac{a}{100}+(m+2)\times\dfrac{b}{100}=m+\dfrac{1}{2}$이고, $a+b=100$이므로 $a=75$, $b=25$이다. 따라서 $a>b$이다.

ⓑ $\dfrac{1\,g의\ ^m X에\ 들어\ 있는\ 양성자수}{1\,g의\ ^{m+2}X에\ 들어\ 있는\ 양성자수}>1$이다.

⇒ 동위 원소는 양성자수가 같으므로 1 g에 들어 있는 양성자수는 각 동위 원소의 원자량이 클수록 작다. 따라서 $\dfrac{1\,g의\ ^m X에\ 들어\ 있는\ 양성자수}{1\,g의\ ^{m+2}X에\ 들어\ 있는\ 양성자수}>1$이다.

✗ $\dfrac{1\,mol의\ ^m X에\ 들어\ 있는\ 전자\ 수}{1\,mol의\ ^{m+2}X에\ 들어\ 있는\ 전자\ 수}>1$이다.

⇒ 원자에서 양성자수와 전자 수는 같다. 따라서 모든 동위 원소는 전자 수가 같으므로 $\dfrac{1\,mol의\ ^m X에\ 들어\ 있는\ 전자\ 수}{1\,mol의\ ^{m+2}X에\ 들어\ 있는\ 전자\ 수}=1$이다.

〈보기〉

---

14 동위 원소와 평균 원자량 2022학년도 6월 모평 화I 17번

정답 ② | 정답률 56%

적용해야 할 개념 ③가지

① 동위 원소: 양성자수가 같아 화학적 성질이 같고, 중성자수가 달라 질량수가 다르며 물리적 성질이 다른 원소이다.
② 질량수: 양성자수와 중성자수의 합과 같다.
③ 전체 원자 양(mol): 분자 양(mol)에 분자 1개당 원자 수를 곱하여 구한다.

문제 보기

다음은 용기 (가)와 (나)에 각각 들어 있는 Cl_2에 대한 자료이다.

양성자수 17
중성자수 18

양성자수 17
중성자수 20

○ (가)에는 $^{35}Cl_2$와 $^{37}Cl_2$의 혼합 기체가, (나)에는 $^{35}Cl^{37}Cl$ 기체가 들어 있다.
○ (가)와 (나)에 들어 있는 기체의 총 양은 각각 1 mol이다.

(가)
$^{35}Cl_2\ 0.75\,mol$
$^{37}Cl_2\ 0.25\,mol$
1 mol

(나)
$^{35}Cl^{37}Cl$
1 mol

○ ^{35}Cl 원자의 양(mol)은 (가)에서가 (나)에서의 $\dfrac{3}{2}$배이다. — ^{35}Cl 원자의 양(mol)은 (나)에서 1 mol이므로 (가)에서 1.5 mol이다.

이에 대한 설명으로 옳은 것만을 〈보기〉에서 있는 대로 고른 것은? [3점]

〈보기〉 풀이

✗ (가)에서 $\dfrac{^{35}Cl_2\ 분자\ 수}{^{37}Cl_2\ 분자\ 수}=4$이다.

⇒ (나)에서 ^{35}Cl와 ^{37}Cl 원자의 양(mol)은 각각 1 mol이고, ^{35}Cl 원자의 양(mol)이 (가)에서가 (나)에서의 $\dfrac{3}{2}$배이므로 (가)에서 ^{35}Cl 원자의 양(mol)은 1.5 mol이다. 따라서 (가)에서 $^{35}Cl_2$ 분자의 양(mol)은 0.75 mol이고, $^{37}Cl_2$ 분자의 양(mol)은 0.25 mol이므로 $\dfrac{^{35}Cl_2\ 분자\ 수}{^{37}Cl_2\ 분자\ 수}=\dfrac{0.75}{0.25}=3$이다.

ⓑ ^{37}Cl 원자 수는 (나)에서가 (가)에서의 2배이다.

⇒ (가)에서 $^{37}Cl_2$ 분자의 양(mol)은 0.25 mol이므로 ^{37}Cl 원자의 양(mol)은 0.5 mol이다. 따라서 ^{37}Cl 원자 수는 (나)에서가 (가)에서의 2배이다.

✗ 중성자의 양은 (나)에서가 (가)에서보다 2 mol만큼 크다.

⇒ Cl의 원자 번호가 17이므로 ^{35}Cl와 ^{37}Cl의 중성자수는 각각 18, 20이다. 중성자의 양(mol)은 (가)에서 $(18\times1.5)+(20\times0.5)=37$ mol이고, (나)에서 $(18\times1)+(20\times1)=38$ mol이다. 따라서 중성자의 양(mol)은 (나)에서가 (가)에서보다 1 mol만큼 크다.

〈보기〉

적용해야 할 개념 ③가지

① 동위 원소: 양성자수(원자 번호)는 같지만 중성자수가 달라 질량수가 다른 원소
② 질량수는 양성자수와 중성자수의 합과 같다.
③ 물질의 양(mol)은 물질의 질량(g)을 몰 질량(g/mol)으로 나누어서 구할 수 있다.

문제 보기

다음은 X의 동위 원소에 대한 자료이다.

○ ^{44}X, ^{a}X의 원자량은 각각 44, a이다.
○ ^{44}X, ^{a}X 각 w g에 들어 있는 양성자와 중성자의 양

22 g = ^{44}X 0.5 mol   X의 원자 번호 = 20

동위 원소	질량(g)	양성자의 양(mol)	중성자의 양(mol)
^{44}X	w	10	12
^{a}X	w	11	11

양성자수 20

이에 대한 설명으로 옳은 것만을 〈보기〉에서 있는 대로 고른 것은? (단, X는 임의의 원소 기호이다.) [3점]

〈보기〉 풀이

동위 원소는 양성자수는 같지만 중성자수가 달라 질량수가 다른 원소이다.

Ⓛ X의 원자 번호는 20이다.

➡ ^{44}X w g에 들어 있는 양성자와 중성자의 양(mol)이 각각 10 mol, 12 mol로 전체 양성자와 중성자 양(mol)의 합이 22 mol이다. ^{44}X의 원자량이 44이므로 ^{44}X 1 mol에 들어 있는 양성자와 중성자의 총 양(mol)이 44 mol이다. 따라서 ^{44}X w g의 양(mol)은 0.5 mol이고, ^{44}X 1 mol에 들어 있는 양성자의 양(mol)은 20 mol이므로 X의 원자 번호는 20이다.

✗ w는 20이다.

➡ ^{44}X w g의 양(mol)은 0.5 mol이고, ^{44}X의 원자량이 44이므로 $\frac{w}{44} = \frac{1}{2}$이고, w=22이다.

✗ a는 42이다.

➡ ^{a}X와 ^{44}X는 동위 원소로 같은 질량에 들어 있는 양성자와 중성자의 총 양(mol)은 같다. ^{a}X 22 g에 들어 있는 중성자의 양(mol)이 11 mol이므로 양성자의 양(mol)은 $\frac{22}{a} \times 20 = 11$ mol이고, a=40이다.

다른 풀이

동위 원소인 ^{44}X와 ^{a}X의 양성자수는 같으므로 ^{a}X의 양성자수는 20이고, 중성자수는 $(a-20)$이다. ^{a}X 22 g에 들어 있는 중성자의 양(mol)이 11 mol이므로 $\frac{22}{a}$ mol $\times (a-20) = 11$ mol이 성립하고, a=40이다.

적용해야 할 개념 ③가지

① 동위 원소: 양성자수(=원자 번호)는 같지만 중성자수가 서로 달라 질량수가 다른 원소
② 질량수는 양성자수와 중성자수의 합과 같다.
③ 평균 원자량: 자연계에 존재하는 동위 원소의 존재 비율을 고려하여 평균값으로 나타낸 것
   ➡ 평균 원자량은 동위 원소의 원자량에 존재 비율(%)을 곱한 값을 모두 더한 다음 100으로 나누어 구한다.

문제 보기

표는 원자 (가)~(다)에 대한 자료이다. (가)~(다)는 $_4Be$ 또는 $_5B$이며, ㉠은 양성자수와 중성자수 중 하나이다.

              동위 원소

원자	㉠중성자수	질량수	존재 비율(%)
(가)$^{10}_{5}B$	5	10	20
(나)$^{9}_{4}Be$	5	b 9	100
(다)$^{11}_{5}B$	a 6	11	80

동위 원소가 존재하지 않는다.

이에 대한 설명으로 옳은 것만을 〈보기〉에서 있는 대로 고른 것은? (단, 원자량은 질량수와 같다.)

〈보기〉 풀이

존재 비율이 100 %인 (나)는 동위 원소가 존재하지 않으며, (가)와 (다)는 서로 동위 원소이다. 따라서 서로 다른 원소 (가)와 (나)에서 5로 같은 ㉠은 중성자수이고, (가)~(다)는 각각 $^{10}_{5}B$, $^{9}_{4}Be$, $^{11}_{5}B$이다.

Ⓛ $a+b$=15이다.

➡ 질량수는 양성자수와 중성자수의 합과 같다. (나)와 (다)가 각각 $^{9}_{4}Be$, $^{11}_{5}B$이므로 a=6, b=9이다. 따라서 $a+b$=15이다.

✗ $_5B$의 평균 원자량은 9이다.

➡ $^{10}_{5}B$와 $^{11}_{5}B$의 원자량은 각각 10, 11이고, 존재 비율이 각각 20 %, 80 %이므로 $_5B$의 평균 원자량은 $\frac{(10 \times 20) + (11 \times 80)}{100}$ = 10.8이다.

✗ $\frac{㉠}{전자 수}$은 (다) > (나)이다.

➡ (나)와 (다)는 각각 $^{9}_{4}Be$, $^{11}_{5}B$로 전자 수는 양성자수인 원자 번호와 같고, ㉠인 중성자수는 각각 5, 6이므로 (나)와 (다)의 $\frac{㉠}{전자 수}$은 각각 $\frac{5}{4}$, $\frac{6}{5}$이다. 따라서 (나) > (다)이다.

17 동위 원소와 평균 원자량 2020학년도 4월 학평 화I 9번 · 정답 ③ | 정답률 65 %

적용해야 할 개념 ③가지

① 동위 원소: 양성자수(＝원자 번호)는 같지만 중성자수가 서로 달라 질량수가 다른 원소
② 질량수는 양성자수와 중성자수의 합과 같다.
③ 평균 원자량: 자연계에 존재하는 동위 원소의 존재 비율을 고려하여 평균값으로 나타낸 것
　➡ 평균 원자량은 동위 원소의 원자량에 존재 비율(%)을 곱한 값을 모두 더한 다음 100으로 나누어 구한다.

문제 보기

표는 원자 (가)~(다)에 대한 자료이다. (가)~(다)는 각각 ^mX, ^nX, ^lY 중 하나이고, X의 평균 원자량은 63.6이며 원자량은 $^mX > ^nX$이다.

원자	(가)^nX	(나)^lY	(다)^mX
원자량	63	64	65
중성자수	a	a	b

X의 평균 원자량은 63.6이고, 원자량이 $^mX > ^nX$이므로 (가)는 ^nX이다.

이에 대한 설명으로 옳은 것만을 〈보기〉에서 있는 대로 고른 것은? (단, X와 Y는 임의의 원소 기호이고, 자연계에서 X의 동위 원소는 ^mX과 ^nX만 존재한다고 가정한다.) [3점]

〈보기〉 풀이

^mX와 ^nX의 동위 원소가 존재하는 X의 평균 원자량이 63.6이고, 원자량이 $^mX > ^nX$이므로 (가)는 ^nX이다. (가)와 (나)는 원자량은 다르고 중성자수는 같으므로 서로 다른 원소이다. 따라서 (나)와 (다)는 각각 ^lY, ^mX이다.

ㄱ. **(가)는 ^nX이다.**
➡ X의 평균 원자량이 63.6이므로 2개의 동위 원소 중 하나의 원자량은 63이다. 이때 원자량은 $^mX > ^nX$이므로 (가)는 ^nX이다.

✗. **전자 수는 (나)와 (다)가 같다.**
➡ (나)와 (다)는 각각 ^lY, ^mX이다. 원자는 전기적으로 중성이므로 전자 수는 양성자수와 같다. (나)와 (다)는 서로 다른 원소이므로 양성자수 및 전자 수가 같지 않다.

ㄷ. **X의 동위 원소 중 ^mX의 존재 비율은 30 %이다.**
➡ X의 동위 원소는 (가)와 (다)로 각각 ^nX, ^mX이고, 원자량은 각각 63, 65이다. ^mX의 존재 비를 x라 하면 ^nX의 존재 비는 $1-x$이므로 평균 원자량은 $63(1-x)+65x=63.6$이 되어 $x=0.3$이다. 따라서 ^mX의 존재 비율은 30 %이다.

18 동위 원소로 이루어진 분자 2019학년도 9월 모평 화I 15번 · 정답 ④ | 정답률 69 %

적용해야 할 개념 ③가지

① 원자 번호는 양성자수(＝전자 수)와 같다.
② 질량수는 양성자수와 중성자수의 합과 같다.
③ 동위 원소: 양성자수(＝원자 번호)는 같지만 중성자수가 달라 질량수가 다른 원소

문제 보기

그림은 용기 속에 ^4He과, ^1H, ^{12}C, ^{13}C만으로 이루어진 CH_4이 들어 있는 것을 나타낸 것이다.

He 0.1몰
CH_4 0.4몰
ㅏ^4He의 양성자수＝2
ㅏ^4He의 중성자수＝2
ㅏ$^{12}C^1H_4$ 0.2몰
ㄴ$^{13}C^1H_4$ 0.2몰

용기 속에 들어 있는 ^{12}C와 ^{13}C의 원자 수비가 1 : 1일 때, 용기 속 $\dfrac{전체\ 중성자수}{전체\ 양성자수}$ 는? [3점]

〈보기〉 풀이

^4He, ^1H, ^{12}C, ^{13}C의 양성자수와 중성자수는 다음과 같다.

원자	^4He	^1H	^{12}C	^{13}C
양성자수	2	1	6	6
중성자수	2	0	6	7

용기 속 CH_4이 총 0.4몰이고, ^{12}C와 ^{13}C의 원자 수비가 1 : 1이므로 $^{12}C^1H_4$이 0.2몰, $^{13}C^1H_4$이 0.2몰 들어 있다.

이로부터 용기 속 양성자의 양(mol)과 중성자의 양(mol)은 다음과 같다.

	^4He: 2×0.1몰$=0.2$몰	
양성자의 양(mol)	^1H: 1×0.4몰$\times 4 = 1.6$몰	4.2몰
	^{12}C: 6×0.2몰$=1.2$몰	
	^{13}C: 6×0.2몰$=1.2$몰	
	^4He: 2×0.1몰$=0.2$몰	
중성자의 양(mol)	^1H: 0	2.8몰
	^{12}C: 6×0.2몰$=1.2$몰	
	^{13}C: 7×0.2몰$=1.4$몰	

따라서 $\dfrac{전체\ 중성자수}{전체\ 양성자수}=\dfrac{2.8}{4.2}=\dfrac{2}{3}$이다.

 $\dfrac{5}{6}$　 $\dfrac{4}{5}$　 $\dfrac{3}{4}$　④ $\dfrac{2}{3}$　 $\dfrac{2}{5}$

적용해야 할 개념 ③가지

① 동위 원소: 양성자수(＝원자 번호)는 같지만 중성자수가 서로 달라 질량수가 다른 원소
② 질량수는 양성자수와 중성자수의 합과 같다.
③ 전체 원자 양(mol): 분자 양(mol)에 분자 1개당 원자 수를 곱하여 구한다.

문제 보기

다음은 용기 (가)와 (나)에 각각 들어 있는 O_2와 H_2O에 대한 자료이다.

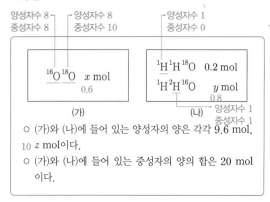

양성자수 8
중성자수 8   양성자수 8
             중성자수 10   양성자수 1
                          중성자수 0

$^{16}O\,^{18}O$ x mol
0.6

$^{1}H\,^{1}H\,^{18}O$ 0.2 mol
$^{1}H\,^{2}H\,^{16}O$ y mol
0.8

(가)   (나)   양성자수 1
              중성자수 1

○ (가)와 (나)에 들어 있는 양성자의 양은 각각 9.6 mol, 10 z mol이다.
○ (가)와 (나)에 들어 있는 중성자의 양의 합은 20 mol 이다.

이에 대한 설명으로 옳은 것만을 〈보기〉에서 있는 대로 고른 것은? (단, H, O의 원자 번호는 각각 1, 8이고, ^{1}H, ^{2}H, ^{16}O, ^{18}O의 원자량은 각각 1, 2, 16, 18이다.) [3점]

〈보기〉 풀이

^{1}H, ^{2}H의 양성자수는 각각 1로 같고, 중성자수는 각각 0, 1이다. ^{16}O, ^{18}O의 양성자수는 각각 8로 같고, 중성자수는 각각 8, 10이다. 따라서 (가)의 $^{16}O\,^{18}O$ x mol에 들어 있는 양성자의 양(mol)은 $16x$ mol이므로 $16x=9.6$이고, (나)의 $^{1}H\,^{1}H\,^{18}O$ 0.2 mol과 $^{1}H\,^{2}H\,^{16}O$ y mol에 들어 있는 양성자의 양(mol)은 $(2+10y)$ mol이므로 $2+10y=z$이다. 또한 (가)와 (나)에 들어 있는 중성자의 양(mol)의 합은 20 mol이므로 $18x+2+9y=20$이고, $2x+y=2$이다.

ㄱ $z=10$이다.

➡ $16x=9.6$, $2x+y=2$, $2+10y=z$이므로 $x=0.6$, $y=0.8$, $z=10$이다.

ㄴ (나)에 들어 있는 $\dfrac{^{1}H\ 원자\ 수}{^{2}H\ 원자\ 수}=\dfrac{3}{2}$이다.

➡ $y=0.8$이므로 (나)에 들어 있는 ^{1}H, ^{2}H의 양(mol)은 각각 1.2 mol, 0.8 mol이다. 따라서 (나)에 들어 있는 $\dfrac{^{1}H\ 원자\ 수}{^{2}H\ 원자\ 수}=\dfrac{3}{2}$이다.

ㄷ $\dfrac{(나)에\ 들어\ 있는\ H_2O의\ 질량}{(가)에\ 들어\ 있는\ O_2의\ 질량}=\dfrac{16}{17}$이다.

➡ (가)에는 분자량이 34인 O_2가 0.6 mol 들어 있으므로 (가)에 들어 있는 O_2의 질량은 20.4 g이고, (나)에는 분자량이 19, 20인 H_2O의 양(mol)이 각각 0.8 mol, 0.2 mol 들어 있으므로 전체 H_2O의 질량은 $(19\times0.8)+(20\times0.2)=19.2$ g이다.

따라서 $\dfrac{(나)에\ 들어\ 있는\ H_2O의\ 질량}{(가)에\ 들어\ 있는\ O_2의\ 질량}=\dfrac{16}{17}$이다.

20 동위 원소로 이루어진 분자 2019학년도 수능 화I 14번

적용해야 할 개념 ⑤가지

① 동위 원소: 양성자수(=원자 번호)는 같지만 중성자수가 달라 질량수가 다른 원소
② 기체의 온도와 압력이 같을 때 같은 부피 속에 들어 있는 기체 분자 수는 같다.
③ 분자량: 분자를 구성하는 모든 원자들의 원자량의 합
④ 질량수는 양성자수와 중성자수의 합이다.
⑤ 물질의 양(mol)은 물질의 질량을 몰 질량(g/mol)으로 나누어서 구할 수 있다.

문제 보기

그림은 부피가 동일한 용기 (가)와 (나)에 기체가 각각 들어 있는 것을 나타낸 것이다. 두 용기 속 기체의 온도와 압력은 같고, 두 용기 속 기체의 질량비는 (가) : (나)=45 : 46이다.

> (가)와 (나)에서 기체의 온도와 압력, 부피가 같으므로 들어 있는 기체 분자 수가 같다.

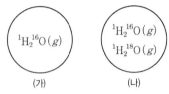

(가)   (나)

$^1H_2^{16}O$의 분자량은 $1\times2+16=18$이고,
$^1H_2^{18}O$의 분자량은 $1\times2+18=20$이다.

(나)에 들어 있는 기체의 $\dfrac{\text{전체 중성자수}}{\text{전체 양성자수}}$ 는? (단, H, O의 원자 번호는 각각 1, 8이고, ^1H, ^{16}O, ^{18}O의 원자량은 각각 1, 16, 18이다.)

<보기> 풀이

(가)와 (나)에 들어 있는 $^1H_2^{16}O$의 분자량은 18이고, $^1H_2^{18}O$의 분자량은 20이다. (가)와 (나)에서 기체의 온도, 압력, 부피가 같으므로 들어 있는 기체의 양(mol)이 같다. 이때 질량비가 (가) : (나)= 45 : 46이므로 (가)에 들어 있는 기체의 질량을 45 g이라고 하면 (나)에 들어 있는 기체의 질량은 46 g이다.

$^1H_2^{16}O$의 분자량은 18이므로 45 g의 양은 2.5몰이고, (나)에 들어 있는 전체 기체의 양 또한 2.5몰이다. (나)에 들어 있는 $^1H_2^{16}O$의 양을 x몰이라고 하면 $^1H_2^{18}O$의 양은 $(2.5-x)$몰이고 각 질량의 합은 $18x+(2.5-x)\times20=46$이므로 $x=2$이다. 즉, (나)에 들어 있는 $^1H_2^{16}O$의 양은 2몰이고, $^1H_2^{18}O$의 양은 0.5몰이므로 양성자와 중성자의 양(mol)은 다음과 같다.

양성자의 양(mol)	$^1H_2^{16}O$ 2몰 $1\times2\times2몰+8\times2몰=20몰$	25몰
	$^1H_2^{18}O$ 0.5몰 $1\times2\times0.5몰+8\times0.5몰=5몰$	
중성자의 양(mol)	$^1H_2^{16}O$ 2몰 $8\times2몰=16몰$	21몰
	$^1H_2^{18}O$ 0.5몰 $10\times0.5몰=5몰$	

따라서 전체 중성자수가 21일 때 양성자수가 25이므로 $\dfrac{\text{전체 중성자수}}{\text{전체 양성자수}}$ 는 $\dfrac{21}{25}$ 이다.

✗ $\dfrac{8}{15}$ ✗ $\dfrac{17}{29}$ ✗ $\dfrac{19}{27}$ ④ $\dfrac{21}{25}$ ✗ $\dfrac{8}{9}$

보기

적용해야 할 개념 ③가지

① 원자 번호는 양성자수(＝전자 수)와 같고, 질량수는 양성자수와 중성자수의 합과 같다.
② 동위 원소: 양성자수(＝원자 번호)는 같지만 중성자수가 달라 질량수가 다른 원소
③ 양성자는 (＋)전하를, 전자는 (－)전하를 띠며, 서로 다른 전하를 띤 입자 사이에는 전기적 인력이 작용한다.

문제 보기

그림 (가)는 기체가 실린더에 각각 들어 있는 것을, (나)는 실린더 전체에 들어 있는 양성자수, 중성자수, 전자 수를 상댓값으로 나타낸 것이다. X~Z는 각각 양성자, 중성자, 전자 중 하나이다.

$^{13}C^1H_4$과 $^{12}C^1H_4$의 부피비가 3 : 2이므로 몰비는 3 : 2이다.
➡ $^{13}C^1H_4$의 양을 3몰이라고 하면 $^{12}C^1H_4$의 양은 2몰이다.

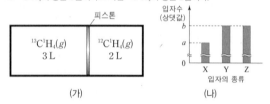

(가)   (나)

이에 대한 설명으로 옳은 것만을 〈보기〉에서 있는 대로 고른 것은? (단, H, C의 원자 번호는 각각 1, 6이며, 온도는 일정하고, 피스톤의 마찰은 무시한다.)

〈보기〉 풀이

ㄱ. X는 중성자이다.

➡ 분자를 구성하는 원자에서 양성자수와 전자 수가 같으므로 Y와 Z는 양성자, 전자 중 하나이다. 따라서 X는 중성자이다.

ㄴ. Y와 Z 사이에는 전기적 인력이 작용한다.

➡ Y와 Z는 각각 양성자, 전자이므로 전기적 인력이 작용한다.

ㄷ. $\dfrac{a}{b} = \dfrac{33}{50}$ 이다.

➡ ^1H, ^{12}C, ^{13}C의 양성자수와 중성자수는 다음과 같다.

원자	^1H	^{12}C	^{13}C
양성자수	1	6	6
중성자수	0	6	7
전자 수	1	6	6

(가)에서 온도와 압력이 같을 때 기체의 부피비는 몰비와 같으므로 $^{12}C^1H_4$가 2몰일 때, $^{13}C^1H_4$이 3몰 들어 있다. 이로부터 실린더 속 양성자, 중성자, 전자의 양(mol)은 다음과 같다.

양성자의 양(mol)	^1H: $1 \times 4 \times 5$몰＝20몰	50몰
	^{12}C: 6×2몰＝12몰	
	^{13}C: 6×3몰＝18몰	
중성자의 양(mol)	^1H: 0	33몰
	^{12}C: 6×2몰＝12몰	
	^{13}C: 7×3몰＝21몰	

실린더 속 중성자의 양이 33몰일 때 양성자의 양(＝전자의 양)이 50몰이므로 $\dfrac{a}{b} = \dfrac{33}{50}$ 이다.

22 동위 원소와 평균 원자량, 동위 원소로 이루어진 분자 2024학년도 3월 학평 화I 8번 정답 ④ | 정답률 74%

적용해야 할 개념 ④가지

① 동위 원소: 양성자수(＝원자 번호)는 같지만 중성자수가 서로 달라 질량수가 다른 원소
② 원자 번호는 양성자수(＝전자 수)와 같고 질량수는 양성자수와 중성자수의 합과 같다.
③ 평균 원자량: 자연계에 존재하는 동위 원소의 존재 비율을 고려하여 원자량을 평균값으로 나타낸 것
  ➡ 평균 원자량은 동위 원소의 원자량에 존재 비율(%)을 곱한 값을 모두 더한 다음 100으로 나누어 구한다.
④ 분자의 존재 비율: 분자를 구성하는 동위 원소의 존재 비율의 곱

문제 보기

다음은 자연계에 존재하는 $^{12}C_2{}^1H_3A_a$에 대한 자료이다.

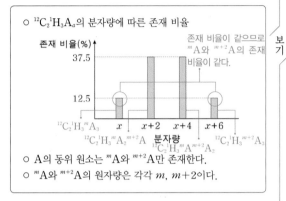

○ $^{12}C_2{}^1H_3A_a$의 분자량에 따른 존재 비율

존재 비율이 같으므로 ^mA와 ^{m+2}A의 존재 비율이 같다.

존재 비율(%) 37.5, 12.5
분자량: $^{12}C_2{}^1H_3{}^mA_3$, x, $x+2$, $x+4$, $x+6$
$^{12}C_2{}^1H_3{}^mA_2{}^{m+2}A$, $^{12}C_2{}^1H_3{}^mA{}^{m+2}A_2$, $^{12}C_2{}^1H_3{}^{m+2}A_3$

○ A의 동위 원소는 ^mA와 ^{m+2}A만 존재한다.
○ ^mA와 ^{m+2}A의 원자량은 각각 m, $m+2$이다.

이에 대한 옳은 설명만을 〈보기〉에서 있는 대로 고른 것은? (단, A는 임의의 원소 기호이다.)

〈보기〉 풀이

질량수는 양성자수와 중성자수의 합이다.

✗ **중성자수는 ^mA가 ^{m+2}A보다 크다.**
➡ ^mA와 ^{m+2}A는 동위 원소이므로 양성자수는 ^mA와 ^{m+2}A가 같고, 질량수는 ^{m+2}A가 ^mA보다 2만큼 크므로 중성자수는 ^{m+2}A가 ^mA보다 2만큼 크다.

ㄴ **$a=3$이다.**
➡ A의 동위 원소가 2가지이므로 $^{12}C_2{}^1H_3A_2$로 가능한 분자는 $^{12}C_2{}^1H_3{}^mA_2$, $^{12}C_2{}^1H_3{}^mA{}^{m+2}A$, $^{12}C_2{}^1H_3{}^{m+2}A_2$ 3가지이고, $^{12}C_2{}^1H_3A_3$으로 가능한 분자는 $^{12}C_2{}^1H_3{}^mA_3$, $^{12}C_2{}^1H_3{}^mA_2{}^{m+2}A$, $^{12}C_2{}^1H_3{}^mA{}^{m+2}A_2$, $^{12}C_2{}^1H_3{}^{m+2}A_3$의 4가지이다. 제시된 자료에서 $^{12}C_2{}^1H_3A_a$의 가능한 분자량이 4가지이므로 $a=3$이다.

ㄷ **A의 평균 원자량은 $m+1$이다.**
➡ ^mA와 ^{m+2}A의 존재 비율을 각각 X, Y라고 하면 $^{12}C_2{}^1H_3{}^mA_3$와 $^{12}C_2{}^1H_3{}^{m+2}A_3$의 존재 비율의 비는 (X×X×X) : (Y×Y×Y)＝12.5 : 12.5＝1 : 1이다. 이때 X＝Y이므로 ^mA와 ^{m+2}A의 존재 비율은 같다. 따라서 A의 평균 원자량은 $\frac{1}{2}m+\frac{1}{2}(m+2)=m+1$이다.

23 동위 원소와 평균 원자량 2021학년도 3월 학평 화I 10번 정답 ③ | 정답률 80%

적용해야 할 개념 ③가지

① 동위 원소: 양성자수가 같아 화학적 성질이 같고, 중성자수가 달라 질량수가 다르며 물리적 성질이 다른 원소이다.
② 질량수는 양성자수와 중성자수의 합과 같다.
③ 평균 원자량: 자연계에 존재하는 동위 원소의 존재 비율을 고려하여 평균값으로 나타낸 것 ➡ 평균 원자량은 동위 원소의 원자량에 존재 비율(%)을 곱한 값을 모두 더한 다음 100으로 나누어 구한다.

문제 보기

다음은 자연계에 존재하는 염화 나트륨(NaCl)과 관련된 자료이다. NaCl은 화학식량이 다른 (가)와 (나)가 존재한다.

양성자수 11 중성자수 12
양성자수 17 중성자수 18
양성자수 17 중성자수 20

○ Na은 ^{23}Na으로만, Cl는 ^{35}Cl와 ^{37}Cl로만 존재한다.
○ Cl의 평균 원자량은 35.5이다. 존재 비율 $^{35}Cl : {}^{37}Cl＝3 : 1$
○ (가)와 (나)의 화학식량과 존재 비율

NaCl	(가) $^{23}Na^{35}Cl$	(나) $^{23}Na^{37}Cl$
화학식량	58	x 60
존재 비율(%)	a 75	b 25

이에 대한 옳은 설명만을 〈보기〉에서 있는 대로 고른 것은? (단, ^{23}Na, ^{35}Cl, ^{37}Cl의 원자량은 각각 23, 35, 37이다.)

〈보기〉 풀이

(가)와 (나)의 화학식은 각각 $^{23}Na^{35}Cl$, $^{23}Na^{37}Cl$이다.

ㄱ **$\dfrac{(나)\ 1\ mol에\ 들어\ 있는\ 중성자수}{(가)\ 1\ mol에\ 들어\ 있는\ 중성자수} > 1$이다.**
➡ (가)와 (나)에서 ^{23}Na는 동일하고, Cl는 각각 ^{35}Cl, ^{37}Cl로 중성자수는 $^{35}Cl < {}^{37}Cl$이므로 $\dfrac{(나)\ 1\ mol에\ 들어\ 있는\ 중성자수}{(가)\ 1\ mol에\ 들어\ 있는\ 중성자수} > 1$이다.

ㄴ **$x=60$이다.**
➡ (나)의 화학식은 $^{23}Na^{37}Cl$이므로 화학식량 $x=23+37=60$이다.

✗ **$b>a$이다.**
➡ 평균 원자량은 동위 원소의 원자량에 존재 비율을 곱하여 합한 값과 같다. Cl의 평균 원자량이 35.5이고, Cl의 동위 원소는 ^{35}Cl, ^{37}Cl 2가지이므로 (가)와 (나)의 존재 비율(%) a, b는 각각 ^{35}Cl, ^{37}Cl의 존재 비율(%)과 같다. 따라서 $35 \times \frac{a}{100} + 37 \times \frac{b}{100} = 35.5$이고, $a+b=100$이므로 $a=75$, $b=25$이다. 따라서 $a>b$이다.

143

적용해야 할 개념 ④가지

① 동위 원소: 양성자수(원자 번호)는 같지만 중성자수가 달라 질량수가 다른 원소
② 질량수는 양성자수와 중성자수의 합과 같다.
③ 평균 원자량: 자연계에 존재하는 동위 원소의 존재 비율을 고려하여 평균값으로 나타낸 것
④ 분자량: 분자를 구성하는 모든 원자들의 원자량의 합

문제 보기

다음은 자연계에 존재하는 붕소(B)의 동위 원소와 플루오린(F)에 대한 자료이다.

○ B의 동위 원소

동위 원소	양성자수 5 ⌐ 중성자수 5 $^{10}_{5}B$	양성자수 5 ⌐ 중성자수 6 $^{11}_{5}B$
원자량	10	11
존재 비율(%)	20	80

○ F은 $^{19}_{9}F$만 존재한다.

이에 대한 옳은 설명만을 〈보기〉에서 있는 대로 고른 것은?

〈보기〉 풀이

ㄱ. 분자량이 다른 BF_3는 2가지이다.
➡ B는 $^{10}_{5}B$, $^{11}_{5}B$ 2가지 동위 원소가 존재하고, F은 $^{19}_{9}F$만 존재한다. 따라서 BF_3는 분자량이 각각 67, 68 2가지가 존재한다.

ㄴ. B의 평균 원자량은 10.8이다.
➡ $^{10}_{5}B$, $^{11}_{5}B$의 원자량은 각각 10, 11이고, 존재 비율이 각각 20 %, 80 %이다. 따라서 B의 평균 원자량은 $10 \times \frac{20}{100} + 11 \times \frac{80}{100} = 10.80$이다.

ㄷ. $\frac{^{10}_{5}B \ 1 \ g에 \ 들어 \ 있는 \ 양성자수}{^{11}_{5}B \ 1 \ g에 \ 들어 \ 있는 \ 양성자수} > 1$이다.
➡ $^{10}_{5}B$, $^{11}_{5}B$는 동위 원소이므로 원자 1개에 들어 있는 양성자수는 각각 5로 같다. 이때 $^{10}_{5}B$, $^{11}_{5}B$의 원자량이 각각 10, 11이므로 1 g에 들어 있는 원자의 양(mol)은 각각 $\frac{1}{10}$ mol, $\frac{1}{11}$ mol이고, $^{10}_{5}B$ 1 g에 들어 있는 양성자수는 $\frac{5}{10}$ mol, $^{11}_{5}B$ 1 g에 들어 있는 양성자수는 $\frac{5}{11}$ mol이다. 따라서 $\frac{^{10}_{5}B \ 1 \ g에 \ 들어 \ 있는 \ 양성자수}{^{11}_{5}B \ 1 \ g에 \ 들어 \ 있는 \ 양성자수} > 1$이다.

적용해야 할 개념 ④가지

① 원자 번호는 양성자수(＝전자 수)와 같다.
② 질량수: 양성자수와 중성자수의 합과 같다.
③ 동위 원소: 양성자수(＝원자 번호)는 같지만 중성자수가 달라 질량수가 다른 원소이다.
④ 평균 원자량: 자연계에 존재하는 동위 원소의 존재 비율을 고려하여 평균값으로 나타낸 것
➡ 평균 원자량은 동위 원소의 원자량에 존재 비율(%)을 곱한 값을 모두 더한 다음 100으로 나누어 구한다.

문제 보기

다음은 실린더 (가)에 들어 있는 $BF_3(g)$에 대한 자료이다.

○ 자연계에서 B는 ^{10}B와 ^{11}B로만 존재하고, F은 ^{19}F으로만 존재한다.
○ B와 F의 각 동위 원소의 존재 비율은 자연계에서와 (가)에서가 같다.
○ (가)에 들어 있는 $BF_3(g)$의 온도, 압력, 밀도는 각각 t ℃, 1 기압, 3 g/L이다.
○ t ℃, 1 기압에서 기체 1 mol의 부피는 22.6 L이다.

피스톤
$BF_3(g)$
11.3 L
0.5 mol
(가)

BF_3의 1 mol의 질량＝평균 분자량＝$3 \times 22.6 = 67.8$

이에 대한 설명으로 옳은 것만을 〈보기〉에서 있는 대로 고른 것은? (단, B와 F의 원자 번호는 각각 5와 9이고, ^{10}B, ^{11}B, ^{19}F의 원자량은 각각 10.0, 11.0, 19.0이다.)

〈보기〉 풀이

동위 원소는 양성자수가 같고 중성자수가 달라 질량수가 다른 원소이다. BF_3의 평균 분자량은 실린더 (가)에 들어 있는 기체 1 mol의 질량과 같고, t ℃, 1 atm에서 1 mol의 부피와 밀도가 각각 22.6 L, 3 g/L이므로 BF_3의 평균 분자량은 $3 \times 22.6 = 67.8$이다. 평균 분자량은 각 원소의 평균 원자량의 합과 같고, F은 동위 원소가 존재하지 않아 원자량이 19이므로 B의 평균 원자량은 $67.8 - (19 \times 3) = 10.80$이다. 이때 ^{10}B와 ^{11}B의 존재 비율을 각각 a, b라고 하면 $a + b = 1$이고, $10a + 11b = 10.80$이므로 $a = \frac{1}{5}$, $b = \frac{4}{5}$이다.

✗ 자연계에서 $\frac{^{11}B의 \ 존재 \ 비율}{^{10}B의 \ 존재 \ 비율} = 5$이다.
➡ 자연계에서 ^{10}B와 ^{11}B의 존재 비율이 각각 $\frac{1}{5}$, $\frac{4}{5}$이므로 $\frac{^{11}B의 \ 존재 \ 비율}{^{10}B의 \ 존재 \ 비율} = 4$이다.

ㄴ. B의 평균 원자량은 10.8이다.
➡ BF_3의 평균 분자량이 67.8이고, F의 원자량이 19이므로 B의 평균 원자량을 x라고 하면, $x + 19 \times 3 = 67.80$이고, $x = 10.80$이다.

✗ (가)에 들어 있는 중성자의 양(mol)은 35.8 mol이다.
➡ B의 동위 원소의 존재비는 $^{10}B : {^{11}B} = 1 : 4$이고, (가)에 들어 있는 BF_3의 양(mol)은 0.5 mol이므로 ^{10}B, ^{11}B, ^{19}F의 양(mol)은 각각 0.1 mol, 0.4 mol, 1.5 mol이다. 또한 ^{10}B, ^{11}B, ^{19}F의 원자 번호(＝양성자수)가 각각 5, 5, 9이므로 중성자수(＝질량수－양성자수)는 각각 5, 6, 10이다. 따라서 (가)에 들어 있는 중성자의 양(mol)은 5×0.1 mol $+ 6 \times 0.4$ mol $+ 10 \times 1.5$ mol $= 17.9$ mol이다.

26 동위 원소의 구성 입자 2025학년도 6월 모평 화I 11번

정답 ③ | 정답률 75%

적용해야 할 개념 ③가지

① 동위 원소: 양성자수(＝원자 번호)는 같지만 중성자수가 서로 달라 질량수가 다른 원소

② 원자 번호는 양성자수(＝전자 수)와 같고 질량수는 양성자수와 중성자수의 합과 같다.

③ 기체의 양(mol)과 부피: 온도와 압력이 같을 때 기체의 부피는 기체의 양(mol)에 비례한다.

[문제 보기]

그림은 실린더 (가)와 (나)에 들어 있는 t ℃, 1기압의 기체를 나타낸 것이다. (가)와 (나)에 들어 있는 전체 기체의 밀도는 같다.

(나)에 들어 있는 기체의 질량은 46 g이다.

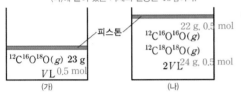

(나)에 들어 있는 전체 기체의 중성자 양(mol)은? (단, C, O의 원자 번호는 각각 6, 8이고, ^{12}C, ^{16}O, ^{18}O의 원자량은 각각 12, 16, 18이다.)

[<보기> 풀이]

밀도＝$\dfrac{질량}{부피}$ 이고 기체의 밀도는 (가)와 (나)가 같으며, 부피는 (나)가 (가)의 2배이므로 (나)에 들어 있는 전체 기체의 질량은 46 g이다.

❶ (가)와 (나)에 들어 있는 기체의 양(mol) 구하기

$^{12}C^{16}O^{18}O$의 분자량은 46이므로 (가)에 들어 있는 기체의 양(mol)은 0.5 mol이다. 기체의 부피는 (나)가 (가)의 2배이므로 (나)에 들어 있는 전체 기체의 양(mol)은 1 mol이다. (나)에서 $^{12}C^{16}O^{16}O$의 양(mol)을 n mol이라고 하면 $^{12}C^{18}O^{18}O$의 양(mol)은 $(1-n)$ mol이다. $^{12}C^{16}O^{16}O$, $^{12}C^{18}O^{18}O$의 분자량은 각각 44, 48이므로 (나)에 들어 있는 전체 기체의 질량은 $44 \times n + 48 \times (1-n) = 46$이므로 $n = 0.5$이다.

❷ $^{12}C^{16}O^{16}O$와 $^{12}C^{18}O^{18}O$의 중성자수 구하기

C, O의 원자 번호가 각각 6, 8이므로 $^{12}C^{16}O^{16}O$의 중성자수는 $12+16+16-(6+8+8)=22$이고, $^{12}C^{18}O^{18}O$의 중성자수는 $12+18+18-(6+8+8)=26$이다. 따라서 (나)에서 $^{12}C^{16}O^{16}O$에 들어 있는 중성자 양(mol)은 $0.5 \times 22 = 11$(mol)이고, $^{12}C^{18}O^{18}O$에 들어 있는 중성자 양(mol)은 $0.5 \times 26 = 13$(mol)이므로 (나)에 들어 있는 전체 기체의 중성자 양(mol)은 11 mol＋13 mol＝24 mol이다.

 22   23   ③ 24   25   26

---

27 동위 원소와 평균 원자량 2024학년도 수능 화I 14번

정답 ⑤ | 정답률 46%

적용해야 할 개념 ②가지

① 동위 원소: 양성자수(＝원자 번호)는 같지만 중성자수가 서로 달라 질량수가 다른 원소

② 원자 번호는 양성자수(＝전자 수)와 같고, 질량수는 양성자수＋중성자수이다.

[문제 보기]

표는 원자 A~D에 대한 자료이다. A~D는 원소 X와 Y의 동위 원소이고, A~D의 중성자수 합은 76이다. 원자 번호는 X＞Y이다.

원자	중성자수－원자 번호			질량수
^{36}X A	18	0	18	37 $\boxed{m}-1=36$
^{35}Y B	18	1	17	$m-2=35$
^{38}X C	20	2	18	$m+1=38$
^{37}Y D	20	3	17	$m=37$

이에 대한 설명으로 옳은 것만을 〈보기〉에서 있는 대로 고른 것은? (단, X와 Y는 임의의 원소 기호이고, A, B, C, D의 원자량은 각각 $m-1$, $m-2$, $m+1$, m이다.) [3점]

[<보기> 풀이]

동위 원소는 양성자수가 같고 중성자수가 달라 질량수가 다른 원소이다. 양성자수는 원자 번호와 같고, 질량수는 양성자수와 중성자수의 합과 같으므로 (중성자수－원자 번호) 값이 0인 A의 원자 번호(＝양성자수)는 $\dfrac{m-1}{2}$이다. 또한 B~D의 원자 번호(＝양성자수)는 각각 $\dfrac{m-3}{2}$, $\dfrac{m-1}{2}$, $\dfrac{m-3}{2}$이다. 따라서 A~D의 중성자수는 각각 $\dfrac{m-1}{2}$, $\dfrac{m-1}{2}$, $\dfrac{m+3}{2}$, $\dfrac{m+3}{2}$이고, 전체 중성자수의 합 $\dfrac{4m+4}{2}=76$이므로 $m=37$이며, A~D는 각각 ^{36}X, ^{35}Y, ^{38}X, ^{37}Y이다.

ㄱ. B와 D는 Y의 동위 원소이다.

➡ 원자 번호는 X＞Y이므로 B와 D는 각각 Y의 동위 원소이다.

ㄴ. $\dfrac{1\ g의\ C에\ 들어\ 있는\ 중성자수}{1\ g의\ A에\ 들어\ 있는\ 중성자수}=\dfrac{20}{19}$이다.

➡ A와 C는 각각 ^{36}X와 ^{38}X이고, 원자 번호는 18이므로 중성자수는 각각 18과 20이다. 따라서 $\dfrac{1\ g의\ C에\ 들어\ 있는\ 중성자수}{1\ g의\ A에\ 들어\ 있는\ 중성자수}=\dfrac{20}{38}\times\dfrac{36}{18}=\dfrac{20}{19}$이다.

ㄷ. $\dfrac{1\ mol의\ D에\ 들어\ 있는\ 양성자수}{1\ mol의\ A에\ 들어\ 있는\ 양성자수}<1$이다.

➡ A와 D는 각각 ^{36}X와 ^{37}Y이고, 양성자수는 각각 18과 17이다. 따라서 $\dfrac{1\ mol의\ D에\ 들어\ 있는\ 양성자수}{1\ mol의\ A에\ 들어\ 있는\ 양성자수}=\dfrac{17}{18}<1$이다.

적용해야 할 개념 ②가지

① 원자 번호는 양성자수(＝전자 수)와 같다.

② 동위 원소: 양성자수(＝원자 번호)는 같지만 중성자수가 달라 질량수가 다른 원소이다. 동위 원소는 화학적 성질은 같고, 물리적 성질은 다르다.

문제 보기

다음은 용기 속에 들어 있는 X_2Y에 대한 자료이다.

> ○ 용기 속 X_2Y를 구성하는 원자 X와 Y에 대한 자료
>
> | 원자 | ^aX | ^bX | ^cY |
> |---|---|---|---|
> | 양성자 수 | n 7 | n 7 | $n+1$ 8 |
> | 중성자 수 | $n+1$ 8 | n 7 | $n+3$ 10 |
> | $\dfrac{\text{중성자 수}}{\text{전자 수}}$(상댓값) | | 4 | 5 |
>
> ○ 용기 속에는 $^aX^aX^cY$, $^aX^bX^cY$, $^bX^bX^cY$만 들어 있다.
>
> ○ $\dfrac{\text{용기 속에 들어 있는 }^aX \text{ 원자 수}}{\text{용기 속에 들어 있는 }^bX \text{ 원자 수}} = \dfrac{2}{3}$이다.

　└ 용기 속에 들어 있는 X_2Y의 구성 원자 수의 비는
　　$^aX : ^bX : ^cY = 2 : 3 : 2.5$

용기 속 $\dfrac{\text{전체 중성자 수}}{\text{전체 양성자 수}}$ 는? (단, X와 Y는 임의의 원소 기호이다.) [3점]

<보기> 풀이

^aX와 ^bX는 동위 원소이므로 ^bX의 양성자 수는 n이다. 원자는 전기적으로 중성이므로 양성자 수와 전자 수가 같다. 따라서 ^bX의 전자 수도 n이다.

❶ n 구하기

^bX의 전자 수가 n이므로 ^bX의 $\dfrac{\text{중성자 수}}{\text{전자 수}} = 1$이고, ^cY의 $\dfrac{\text{중성자 수}}{\text{전자 수}} = \dfrac{5}{4}$이다. 따라서 $\dfrac{n+3}{n+1} = \dfrac{5}{4}$이므로 $n=7$이다.

❷ 용기 속에 들어 있는 ^aX, ^bX, ^cY 원자 수비 구하기

용기 속 X_2Y를 구성하는 X와 Y의 존재 비율이 2 : 1이고, $\dfrac{\text{용기 속에 들어 있는 }^aX \text{ 원자 수}}{\text{용기 속에 들어 있는 }^bX \text{ 원자 수}} = \dfrac{2}{3}$이므로 용기 속에 들어 있는 X_2Y의 구성 원자 수의 비는 $^aX : ^bX : ^cY = 2 : 3 : 2.5$이다.

❸ 용액 속 $\dfrac{\text{전체 중성자 수}}{\text{전체 양성자 수}}$ 구하기

용기 속에 들어 있는 ^aX, ^bX, ^cY의 양(mol)을 각각 2 mol, 3 mol, 2.5 mol이라 하면 전체 양성자 수는 $7 \times 2 + 7 \times 3 + 8 \times 2.5 = 55$ mol이고, 전체 중성자 수는 $8 \times 2 + 7 \times 3 + 10 \times 2.5 = 62$ mol이다. 따라서 용기 속 $\dfrac{\text{전체 중성자 수}}{\text{전체 양성자 수}} = \dfrac{62}{55}$이다.

❌ $\dfrac{58}{55}$　　　❌ $\dfrac{12}{11}$　　　③ $\dfrac{62}{55}$　　　❌ $\dfrac{64}{55}$　　　❌ $\dfrac{6}{5}$

29 원자의 구성 입자와 동위 원소 2023학년도 6월 모평 화I 17번   정답 ④ | 정답률 47%

적용해야 할 개념 ②가지	① 동위 원소: 양성자수(원자 번호)는 같지만 중성자수가 달라 질량수가 다른 원소 ② 질량수는 양성자수와 중성자수의 합과 같다.

문제 보기

다음은 분자 XY에 대한 자료이다.

중성자수는 ^{b+2}Y가 ^bY보다 2가 크다.

○ XY를 구성하는 원자 X와 Y에 대한 자료

원자	^aX	^bY	^{b+2}Y
$\dfrac{\text{전자 수}}{\text{중성자수}}$ (상댓값)	5	5	4

○ ^aX와 ^{b+2}Y의 양성자수 차는 2이다.

○ $\dfrac{^aX^bY \text{ 1 mol에 들어 있는 전체 중성자수}}{^aX^{b+2}Y \text{ 1 mol에 들어 있는 전체 중성자수}} = \dfrac{7}{8}$ 이다.

분모와 분자의 중성자수 차는 2 mol이다.

$\dfrac{^{b+2}Y\text{의 중성자수}}{^aX\text{의 양성자수}}$ 는? (단, X와 Y는 임의의 원소 기호이다.) [3점]

<보기> 풀이

동위 원소는 양성자수는 같지만 중성자수가 달라 질량수가 다른 원소이다. 따라서 동위 원소는 원자 번호가 같아 같은 원소 기호를 사용하므로 ^bY와 ^{b+2}Y는 서로 동위 원소이다. 질량수는 양성자수와 중성자수의 합과 같다. 이때 원자는 전기적으로 중성이므로 양성자수와 전자 수가 같다.

❶ ^aX, ^bY, ^{b+2}Y의 중성자수 구하기

^bY와 ^{b+2}Y의 전자 수는 같고, 중성자수는 ^{b+2}Y가 ^bY보다 2가 크므로 ^bY의 중성자수를 y라고 하면, ^bY와 ^{b+2}Y의 중성자수비는 $y : y+2 = 4 : 5$이고, $y=8$이다. 따라서 ^bY, ^{b+2}Y의 중성자수는 각각 8, 10이다. 또한 $^aX^bY$ 1 mol과 $^aX^{b+2}Y$ 1 mol에 들어 있는 전체 중성자수는 $^aX^{b+2}Y$가 $^aX^bY$보다 2 mol 더 크므로 $\dfrac{^aX^bY \text{ 1 mol에 들어 있는 전체 중성자수}}{^aX^{b+2}Y \text{ 1 mol에 들어 있는 전체 중성자수}} = \dfrac{7}{8} = \dfrac{14}{16}$이다. 즉 $^aX^bY$ 1 mol에 들어 있는 전체 중성자수는 14 mol이고, ^bY 1 mol에 들어 있는 중성자수가 8 mol이므로 ^aX 1 mol에 들어 있는 중성자수는 6 mol이며, ^aX의 중성자수는 6이다.

❷ ^aX와 ^bY의 양성자수 구하기

^aX와 ^bY의 중성자수는 각각 6, 8이고, 양성자수 차는 2이며, $\dfrac{\text{양성자수(=전자 수)}}{\text{중성자수}}$의 값이 같으므로 ^aX의 양성자수는 6, ^bY의 양성자수는 8이다.

❸ $\dfrac{^{b+2}Y\text{의 중성자수}}{^aX\text{의 양성자수}}$ 구하기

^aX의 양성자수는 6이고, ^{b+2}Y의 중성자수는 10이므로 $\dfrac{^{b+2}Y\text{의 중성자수}}{^aX\text{의 양성자수}} = \dfrac{10}{6} = \dfrac{5}{3}$이다.

✗ $\dfrac{3}{5}$　　✗ $\dfrac{4}{3}$　　✗ $\dfrac{3}{2}$　　④ $\dfrac{5}{3}$　　✗ $\dfrac{8}{3}$

---

30 원자의 구성 입자와 동위 원소 2022학년도 10월 학평 화I 16번   정답 ② | 정답률 55%

적용해야 할 개념 ③가지	① 원자 번호는 양성자수(=전자 수)와 같다. ② 질량수는 양성자수와 중성자수의 합과 같다. ③ 동위 원소: 양성자수(=원자 번호)는 같지만 중성자수가 달라 질량수가 다른 원소이다.

문제 보기

다음은 용기에 들어 있는 기체 XY에 대한 자료이다.

○ XY를 구성하는 원자는 ^aX, ^{a+2}X, ^bY, ^{b+2}Y이다.
○ ^aX, ^{a+2}X, ^bY, ^{b+2}Y의 원자량은 각각 a, $a+2$, b, $b+2$이다.
○ 양성자수는 ^bY가 ^aX보다 2만큼 크다. → $b-(a+2)=2$
○ 중성자수는 ^{a+2}X와 ^bY가 같다. → $a:b+2=2:3$
○ 질량수 비는 $^aX : ^{b+2}Y = 2 : 3$이다.

이에 대한 옳은 설명만을 <보기>에서 있는 대로 고른 것은? (단, X와 Y는 임의의 원소 기호이다.) [3점]

<보기> 풀이

✗ $b=a+2$이다.
➡ 질량수는 양성자수와 중성자수의 합과 같다. 양성자수는 ^bY가 ^aX보다 2만큼 크고, 중성자수는 ^{a+2}X와 ^bY가 같으므로 질량수는 ^bY가 ^{a+2}X보다 2만큼 크다. 따라서 $b=a+4$이다.

ㄴ. 질량수 비는 $^{a+2}X : ^bY = 7 : 8$이다.
➡ 질량수 비가 $^aX : ^{b+2}Y = 2 : 3$이므로 $a : b+2 = 2 : 3$이고, $b=a+4$이다. 따라서 $a=12$, $b=16$이므로 질량수 비는 $^{a+2}X : ^bY = a+2 : b = 14 : 16 = 7 : 8$이다.

✗ 분자량이 다른 XY는 4가지이다.
➡ $a=12$, $b=16$이므로 XY의 분자량은 각각 28($^{12}X^{16}Y$), 30($^{14}X^{16}Y$ 또는 $^{12}X^{18}Y$), 32($^{14}X^{18}Y$) 3가지가 가능하다.

적용해야 할 개념 ②가지	① 동위 원소: 양성자수(=원자 번호)는 같지만 중성자수가 달라 질량수가 다른 원소이다. 동위 원소는 화학적 성질은 같고, 물리적 성질은 다르다.
	② 평균 원자량: 자연계에 존재하는 동위 원소의 존재 비율을 고려하여 평균값으로 나타낸 것

문제 보기

다음은 자연계에 존재하는 X와 Y에 대한 자료이다.

> ○ X의 동위 원소는 ^{35}X, ^{37}X 2가지이다.
> ○ X의 평균 원자량은 35.5이다. → 존재 비율 ^{35}X : ^{37}X=3 : 1
> ○ Y의 동위 원소는 ^{79}Y, ^{81}Y 2가지이다. ^{79}Y^{81}Y↲
> ○ 분자량이 160인 Y_2의 존재 비율(%) / 분자량이 162인 Y_2의 존재 비율(%) =2이다.
> ^{81}Y₂↲ 존재 비율 ^{79}Y : ^{81}Y=1 : 1

보기

$\dfrac{^{35}\text{X의 존재 비율(%)}}{^{81}\text{Y의 존재 비율(%)}}$ 은? (단, 원자량은 질량수와 같고, X와 Y는 임의의 원소 기호이다.) [3점]

<보기> 풀이

❶ ^{35}X, ^{37}X의 존재 비율(%) 구하기

자연계에 존재하는 X의 동위 원소는 ^{35}X와 ^{37}X 2가지이므로 ^{35}X의 존재 비율을 x %라 하면, ^{37}X의 존재 비율은 $(100-x)$ %이다. 평균 원자량은 $35 \times \dfrac{x}{100} + 37 \times \dfrac{(100-x)}{100} = 35.50$이므로 $x=75$이다. 따라서 X의 동위 원소의 존재 비율은 ^{35}X : ^{37}X $=75 : 25 = 3 : 1$이다.

❷ ^{79}Y, ^{81}Y의 존재 비율(%) 구하기

분자량이 160인 Y_2는 ^{79}Y^{81}Y이고, 분자량이 162인 Y_2는 ^{81}Y₂이다. ^{81}Y의 존재 비율을 y %라 하면 ^{79}Y의 존재 비율은 $(100-y)$ %이다. 이때 분자량이 162인 Y_2의 존재 비율은 $\left(\dfrac{y}{100}\right)^2$이고, 분자량이 160인 Y_2의 존재 비율은 $\dfrac{2y(100-y)}{100^2}$이다. 따라서 $\dfrac{\frac{2y(100-y)}{100^2}}{\left(\frac{y}{100}\right)^2}=2$이므로 $y=50$이다.

❸ $\dfrac{^{35}\text{X의 존재 비율(%)}}{^{81}\text{Y의 존재 비율(%)}}$ 구하기

^{35}X와 ^{81}Y의 존재 비율은 각각 75 %, 50 %이므로 $\dfrac{^{35}\text{X의 존재 비율(%)}}{^{81}\text{Y의 존재 비율(%)}} = \dfrac{75}{50} = \dfrac{3}{2}$이다.

❌ $\dfrac{1}{2}$ ❌ $\dfrac{3}{4}$ ❌ 1   ④ $\dfrac{3}{2}$ ❌ 3

적용해야 할 개념 ③가지	① 동위 원소: 양성자수(=원자 번호)는 같지만 중성자수가 서로 달라 질량수가 다른 원소
	② 원자 번호는 양성자수(=전자 수)와 같고, 질량수는 양성자수+중성자수이다.
	③ 평균 원자량: 자연계에 존재하는 동위 원소의 존재 비율을 고려하여 원자량을 평균값으로 나타낸 것 ⇒ 평균 원자량은 동위 원소의 원자량에 존재 비율(%)을 곱한 값을 모두 더한 다음 100으로 나누어 구한다.

문제 보기

다음은 원소 X와 Y의 동위 원소에 대한 자료이다. 자연계에 존재하는 X와 Y의 동위 원소는 각각 2가지이다.

$x+x-40=100, x=70$↲

○ X와 Y의 동위 원소의 원자량과 자연계에 존재하는 비율

평균 원자량

원소	동위 원소	원자량	존재 비율(%)
X	^{a}X	a 2. a	x 70
	$^{a+b}$X	$a+b$ ⓑ $a+0.3b$	$x-40$
Y	$^{a+3b}$Y	$a+3b$	60
	$^{a+4b}$Y	$a+4b$ $a+3.4b$	40

○ X와 Y의 평균 원자량의 차는 6.2이다.
○ 원자 번호는 Y가 X보다 2만큼 크다. ➡ 양성자수 차: 2

이에 대한 옳은 설명만을 <보기>에서 있는 대로 고른 것은? (단, X, Y는 임의의 원소 기호이다.) [3점]

<보기> 풀이

ㄱ. $x=70$이다.

➡ 자연계에 존재하는 X의 동위 원소가 2가지이므로 각 동위 원소의 존재 비율(%)의 합은 100이다. 따라서 $x+x-40=100$이므로 $x=70$이다.

❌ $b=1$이다.

➡ ^{a}X와 $^{a+b}$X의 존재 비율(%)이 각각 70과 30이므로 X의 평균 원자량은 $a \times \dfrac{70}{100} + (a+b) \times \dfrac{30}{100} = a+0.3b$이다. 또한 $^{a+3b}$Y와 $^{a+4b}$Y의 존재 비율(%)이 각각 60과 40이므로 Y의 평균 원자량은 $(a+3b) \times \dfrac{60}{100} + (a+4b) \times \dfrac{40}{100} = a+3.4b$이다. 이때 X와 Y의 평균 원자량의 차가 6.2이므로 $(a+3.4b)-(a+0.3b)=3.1b=6.2$이다. 따라서 $b=2$이다.

❌ ^{a}X와 $^{a+3b}$Y의 중성자수의 차는 6이다.

➡ 질량수는 양성자수와 중성자수의 합이므로 중성자수는 질량수에서 양성자수를 뺀 값과 같고, 원자 번호는 양성자수와 같다. 원자 번호는 Y가 X보다 2만큼 크므로 X의 양성자수를 m이라 하면 Y의 양성자수는 $m+2$이다. 따라서 ^{a}X의 중성자수는 $a-m$이고, $^{a+3b}$Y의 중성자수는 $a+3b-(m+2)=a-m+4$이다. 따라서 ^{a}X와 $^{a+3b}$Y의 중성자수의 차는 4이다.

33 동위 원소와 평균 원자량 2023학년도 4월 학평 12번

정답 ⑤ | 정답률 66%

적용해야 할 개념 ③가지

① 동위 원소: 양성자수(＝원자 번호)는 같지만 중성자수가 서로 달라 질량수가 다른 원소
② 원자 번호는 양성자수(＝전자 수)와 같고 질량수는 양성자수와 중성자수의 합과 같다.
③ 평균 원자량: 자연계에 존재하는 동위 원소의 존재 비율을 고려하여 원자량을 평균값으로 나타낸 것
➡ 평균 원자량은 동위 원소의 원자량에 존재 비율(%)을 곱한 값을 모두 더한 다음 100으로 나누어 구한다.

문제 보기

다음은 원소 X와 Y에 대한 자료이다.

○ X의 동위 원소와 평균 원자량에 대한 자료

동위 원소	원자량	자연계 존재 비율	X의 평균 원자량
^{a}X	a 79	50 %	80
$^{a+2}$X	81 $a+2$	50 %	

○ 양성자수는 X가 Y보다 4만큼 크다. └ X: m, Y: $m-4$

○ 중성자수의 비는 ^{a}X : $^{a-8}$Y＝11 : 10이다. └ $(a-m)$: $(a-8-(m-4))$

X의 원자 번호는? (단, X, Y는 임의의 원소 기호이다.) [3점]
└ 양성자수

＜보기＞ 풀이

동위 원소는 양성자수가 같고, 중성자수가 다른 원소이다. 질량수는 양성자수와 중성자수의 합과 같으므로 동위 원소는 질량수가 다르며, 질량수 차는 중성자수 차와 같다. 원소의 평균 원자량은 자연계에 존재하는 각 동위 원소의 존재 비율을 고려한 평균값으로 나타낸다.

❶ 평균 원자량으로부터 a 구하기
^{a}X와 $^{a+2}$X의 존재 비율은 각각 50 %로 같으므로 평균 원자량은 $a \times \dfrac{50}{100} + (a+2) \times \dfrac{50}{100}$
＝$a+1$＝80이다. 따라서 $a＝79$이다.

❷ X와 Y의 양성자수 정하기
양성자수는 X가 Y보다 4만큼 크므로 X의 양성자수(＝원자 번호)를 m이라 하면 Y의 양성자수(＝원자 번호)는 $m-4$이다.

❸ ^{a}X와 $^{a-8}$Y의 중성자수의 비로부터 X의 양성자수(＝원자 번호) 구하기
$a＝79$이므로 $^{a-8}$Y의 질량수는 71이며, 중성자수＝질량수－양성자수이므로 ^{a}X와 $^{a-8}$Y의 중성자수는 각각 $79-m$과 $71-(m-4)＝75-m$이다. 따라서 $(79-m) : (75-m)＝11 : 10$이고, $m＝35$이다. 따라서 X의 원자 번호는 35이다.

 31   32   33   34 ⑤ 35

34 동위 원소와 평균 원자량 2023학년도 3월 학평 화I 6번

정답 ② | 정답률 74%

적용해야 할 개념 ③가지

① 동위 원소: 양성자수(＝원자 번호)는 같지만 중성자수가 서로 달라 질량수가 다른 원소
② 질량수는 양성자수와 중성자수의 합과 같다.
③ 평균 원자량: 자연계에 존재하는 동위 원소의 존재 비율을 고려하여 원자량을 평균값으로 나타낸 것
➡ 평균 원자량은 동위 원소의 원자량에 존재 비율(%)을 곱한 값을 모두 더한 다음 100으로 나누어 구한다.

문제 보기

표는 원소 X와 Y에 대한 자료이다.

질량수＝양성자수＋중성자수 ➡ 중성자수＝질량수－양성자수

원소	원자 번호 ＝양성자수	동위 원소 중성자수	자연계에 존재하는 비율(%)	평균 원자량
X	29	^{63}X 34	a 70	63.6
		^{65}X 36	$100-a$	
Y	35	^{79}Y 44	50	y 80
		^{81}Y 46	50	

이에 대한 옳은 설명만을 ＜보기＞에서 있는 대로 고른 것은? (단, X, Y는 임의의 원소 기호이고, ^{63}X, ^{65}X, ^{79}Y, ^{81}Y의 원자량은 각각 63, 65, 79, 81이다.)

＜보기＞ 풀이

동위 원소는 양성자수가 같고 중성자수가 다른 원소이다. 질량수는 양성자수와 중성자수의 합과 같으므로 동위 원소는 질량수가 다르며, 질량수 차는 중성자수 차와 같다. 원소의 평균 원자량은 자연계에 존재하는 각 동위 원소의 존재 비율을 고려한 평균값으로 나타낸다.

✗ $\dfrac{\text{양성자수}}{\text{중성자수}}$는 ^{79}Y＞^{65}X이다.

➡ ^{65}X와 ^{79}Y의 원자 번호가 각각 29와 35이므로 중성자수는 각각 36(＝65－29)과 44(＝79－35)이다. 따라서 ^{65}X와 ^{79}Y의 $\dfrac{\text{양성자수}}{\text{중성자수}}$는 각각 $\dfrac{29}{36}$와 $\dfrac{35}{44}$이므로 ^{65}X＞^{79}Y이다.

✗ $a<50$이다.

➡ ^{63}X와 ^{65}X의 원자량은 각각 63과 65이고, 존재 비율이 각각 a %와 $(100-a)$ %이므로 X의 평균 원자량은 $63 \times \dfrac{a}{100} + 65 \times \dfrac{(100-a)}{100} ＝ 63.6$이다. 따라서 $a＝70$이므로 $a>50$이다.

ⓒ $y＝80$이다.

➡ ^{79}Y와 ^{81}Y의 원자량은 각각 79와 81이고, 존재 비율이 각각 50 %로 같으므로 Y의 평균 원자량 $y＝79 \times \dfrac{50}{100} + 81 \times \dfrac{50}{100} ＝ 80$이다.

적용해야 할 개념 ③가지	① 동위 원소: 양성자수(=원자 번호)는 같지만 중성자수가 서로 달라 질량수가 다른 원소
	② 원자 번호는 양성자수(=전자 수)와 같고 질량수는 양성자수와 중성자수의 합과 같다.
	③ 평균 원자량: 자연계에 존재하는 동위 원소의 존재 비율을 고려하여 원자량을 평균값으로 나타낸 것
	➡ 평균 원자량은 동위 원소의 원자량에 존재 비율(%)을 곱한 값을 모두 더한 다음 100으로 나누어 구한다.

문제 보기

표는 원소 X와 Y에 대한 자료이고, $a+b+c=100$이다.

존재 비율은 a가 가장 크다.

원소	동위 원소	원자량	자연계 존재 비율(%)	평균 원자량
X	^{24}X	24	a	
	^{25}X	25	b	24.3
	^{26}X	26	c	
Y	^{m}Y	m	75	㉠
	$^{m+2}$Y	$m+2$	25	

└ 질량수 차가 2이고 중성자수 차가 2이다.

$$m \times \frac{75}{100} + (m+2) \times \frac{25}{100} = m + \frac{1}{2}$$

이에 대한 설명으로 옳은 것만을 〈보기〉에서 있는 대로 고른 것은? (단, X와 Y는 임의의 원소 기호이다.) [3점]

〈보기〉 풀이

동위 원소는 양성자수가 같고, 중성자수가 다른 원소이다. 질량수는 양성자수와 중성자수의 합과 같으므로 동위 원소는 질량수가 다르며, 질량수 차는 중성자수 차와 같다. 원소의 평균 원자량은 자연계에 존재하는 각 동위 원소의 존재 비율을 고려한 평균값으로 나타낸다.

ㄱ. ㉠$=m+\frac{1}{2}$이다. (○)

➡ Y의 평균 원자량은 $m \times \frac{75}{100} + (m+2) \times \frac{25}{100} = m + \frac{1}{2}$이다.

ㄴ. $^{m+2}$Y$_2$와 ^{m}Y$_2$의 중성자수 차는 2이다. (✗)

➡ ^{m}Y와 $^{m+2}$Y는 동위 원소이므로 양성자수는 같다. ^{m}Y와 $^{m+2}$Y의 질량수는 각각 m, $m+2$이고, 질량수는 양성자수와 중성자수의 합이므로 중성자수는 $^{m+2}$Y가 ^{m}Y보다 2만큼 크다. 따라서 $^{m+2}$Y$_2$와 ^{m}Y$_2$의 중성자수 차는 4이다.

ㄷ. $a>b+c$이다. (○)

➡ $a=b+c$라면 X의 평균 원자량은 $c=0$일 때 가장 작은 값을 가지고, 이때 평균 원자량은 24.5이다. X의 평균 원자량은 24.5보다 작은 24.3이므로 ^{24}X의 존재 비율이 다른 동위 원소보다 더 크다. 따라서 $a>b+c$이다.

적용해야 할 개념 ③가지	① 동위 원소: 양성자수(=원자 번호)는 같지만 중성자수가 서로 달라 질량수가 다른 원소
	② 평균 원자량: 자연계에 존재하는 동위 원소의 존재 비율을 고려하여 원자량을 평균값으로 나타낸 것
	➡ 평균 원자량은 동위 원소의 원자량에 존재 비율(%)을 곱한 값을 모두 더한 다음 100으로 나누어 구한다.
	③ 화학식량: 화학식을 구성하는 원자들의 평균 원자량의 합

문제 보기

다음은 자연계에 존재하는 원소 X와 Y에 대한 자료이다.

○ X와 Y의 동위 원소에 대한 자료와 평균 원자량

원소	X		Y	
동위 원소	$^{8m-n}$X	$^{8m+n}$X	$^{4m+3n}$Y	$^{5m-3n}$Y
원자량	$8m-n$	$8m+n$	$4m+3n$ =35	$5m-3n$ =37
존재 비율(%)	70	30	a 75	b 25
평균 원자량	$8m-\frac{2}{5}$		$4m+\frac{7}{2}$ =35.5	

○ XY$_2$의 화학식량은 134.6이고, $a+b=100$이다.

└ $m=8$, $n=1$

$\dfrac{a}{m+n}$는? (단, X와 Y는 임의의 원소 기호이다.)

〈보기〉 풀이

❶ X의 평균 원자량과 XY$_2$의 화학식량을 이용하여 m, n 구하기

X의 평균 원자량은 $\dfrac{70 \times (8m-n) + 30 \times (8m+n)}{100} = 8m - \dfrac{2}{5}$에서 $n=1$이다. 또 XY$_2$의 화학식량은 X의 평균 원자량$+2 \times$(Y의 평균 원자량)이므로 $8m - \dfrac{2}{5} + 2 \times \left(4m + \dfrac{7}{2}\right) = 134.6$에서 $m=8$이다.

❷ Y의 동위 원소의 존재 비율 구하기

Y의 동위 원소는 ^{35}Y, ^{37}Y이므로 평균 원자량은 $\dfrac{a \times 35 + b \times 37}{100} = 35.5$이고, $a+b=100$이다. 이 식을 풀면 $a=75$, $b=25$이다.

따라서 $\dfrac{a}{m+n} = \dfrac{75}{8+1} = \dfrac{25}{3}$이다.

① $\dfrac{25}{3}$ ✗ $\dfrac{15}{2}$ ✗ $\dfrac{25}{4}$ ✗ 5 ✗ $\dfrac{25}{9}$

37 동위 원소와 평균 원자량 2023학년도 수능 화I 15번
정답 ⑤ | 정답률 52%

적용해야 할 개념 ④가지

① 동위 원소: 양성자수(원자 번호)는 같지만 중성자수가 달라 질량수가 다른 원소
② 질량수는 양성자수와 중성자수의 합이다.
③ 평균 원자량: 자연계에 존재하는 동위 원소의 존재 비율을 고려하여 평균값으로 나타낸 것
④ 원자 번호는 양성자수(전자 수)와 같다.

문제 보기

표는 원소 X와 Y에 대한 자료이고, $a+b=c+d=100$이다.

[다른 풀이] $35+2\times\dfrac{b}{100}=35.5,\ b=25$

원소	원자 번호	동위 원소 중성자수	자연계에 존재하는 비율(%)	평균 원자량
X	양성자수 17	^{35}X 18	a 75	35.5
		^{37}X 20	b 25	
Y	31	^{69}Y 38	c 60	69.8
		^{71}Y 40	d 40	

[다른 풀이] $69+2\times\dfrac{d}{100}=69.8,\ d=40$

이에 대한 설명으로 옳은 것만을 〈보기〉에서 있는 대로 고른 것은? (단, X와 Y는 임의의 원소 기호이고, ^{35}X, ^{37}X, ^{69}Y, ^{71}Y의 원자량은 각각 35.0, 37.0, 69.0, 71.0이다.)

〈보기〉 풀이

동위 원소는 양성자수가 같고 중성자수가 달라 질량수가 다른 원소이다. 평균 원자량은 동위 원소의 원자량에 각 동위 원소의 존재 비율을 곱한 합과 같다.

㉠ $\dfrac{d}{c}=\dfrac{2}{3}$이다.

➡ 자연계에서 ^{69}Y와 ^{71}Y의 존재 비율(%)이 각각 c, d이고, 평균 원자량이 69.8이므로

$69\times\dfrac{c}{100}+71\times\dfrac{(100-c)}{100}=69.8$이다. 따라서 $c=60$이고, $d=100-60=40$이므로 $\dfrac{d}{c}=\dfrac{2}{3}$이다.

㉡ $\dfrac{1\text{ g의 }^{69}\text{Y에 들어 있는 양성자수}}{1\text{ g의 }^{71}\text{Y에 들어 있는 양성자수}}>1$이다.

➡ ^{69}Y와 ^{71}Y는 동위 원소이므로 원자 당 양성자수는 서로 같다. 원자량이 ^{71}Y $>$ ^{69}Y이고 1 g에 들어 있는 원자 수는 ^{69}Y $>$ ^{71}Y이므로 $\dfrac{1\text{ g의 }^{69}\text{Y에 들어 있는 양성자수}}{1\text{ g의 }^{71}\text{Y에 들어 있는 양성자수}}>1$이다.

㉢ X$_2$ 1 mol에 들어 있는 ^{35}X와 ^{37}X의 존재 비율(%)이 각각 a, b일 때, 중성자의 양은 37 mol이다.

➡ 자연계에서 ^{35}X와 ^{37}X의 존재 비율(%)이 각각 a, b이고, 평균 원자량이 35.5이므로

$35\times\dfrac{a}{100}+37\times\dfrac{(100-a)}{100}=35.5$이다. 따라서 $a=75$이고, $b=100-75=25$이다. X$_2$ 1 mol에 들어 있는 전체 X의 양(mol)은 2 mol이므로 ^{35}X와 ^{37}X의 양(mol)은 각각 1.5 mol, 0.5 mol이다. 따라서 전체 중성자의 양(mol)은 $(18\times1.5)+(20\times0.5)=37$ mol이다.

38 동위 원소와 평균 원자량 2024학년도 10월 학평 화I 8번
정답 ② | 정답률 84%

적용해야 할 개념 ②가지

① 동위 원소: 양성자수(=원자 번호)는 같지만 중성자수가 서로 달라 질량수가 다른 원소
② 평균 원자량: 자연계에 존재하는 동위 원소의 존재 비율을 고려하여 원자량을 평균값으로 나타낸 것
➡ 평균 원자량은 동위 원소의 원자량에 존재 비율(%)을 곱한 값을 모두 더한 다음 100으로 나누어 구한다.

문제 보기

표는 자연계에 존재하는 원소 X와 Y에 대한 자료이다.

질량수와 중성자수가 ^{m}X보다 1만큼 크다.

원소	동위 원소	존재 비율(%)	평균 원자량
X	^{m}X	7.5	6.925
	$^{m+1}$X	92.5	$\dfrac{m\times7.5+(m+1)\times92.5}{100}$
Y	^{63}Y	a $a>50$	63.546
	^{65}Y	$100-a$	65보다 63에 가깝다.

이에 대한 옳은 설명만을 〈보기〉에서 있는 대로 고른 것은? (단, X와 Y는 임의의 원소 기호이고, ^{m}X, $^{m+1}$X, ^{63}Y, ^{65}Y의 원자량은 각각 m, $m+1$, 63, 65이다.)

〈보기〉 풀이

양성자수는 원자 번호와 같고, 질량수는 양성자수와 중성자수의 합과 같다.

✗ $\dfrac{\text{양성자수}}{\text{중성자수}}$ 는 $^{m+1}$X가 ^{m}X보다 크다.

➡ ^{m}X와 $^{m+1}$X는 동위 원소이므로 양성자수가 같다. 질량수는 $^{m+1}$X가 ^{m}X보다 1만큼 크므로 중성자수는 $^{m+1}$X가 ^{m}X보다 1만큼 크다. 따라서 $\dfrac{\text{양성자수}}{\text{중성자수}}$ 는 ^{m}X가 $^{m+1}$X보다 크다.

㉡ $m=6$이다.

➡ $m=6$이면 ^{m}X와 $^{m+1}$X의 원자량은 각각 6, 7이고, X의 평균 원자량은 $\dfrac{6\times7.5+7\times92.5}{100}=6.925$이다. 따라서 $m=6$이다.

✗ $a<50$이다.

➡ ^{63}Y와 ^{65}Y의 원자량은 각각 63, 65이고, Y의 평균 원자량은 63.546으로 65보다 63에 가깝다. 따라서 자연계에 존재하는 비율은 ^{63}Y가 ^{65}Y보다 크므로 $a>50$이다.

적용해야 할 개념 ③가지

① 동위 원소: 양성자수(＝원자 번호)는 같지만 중성자수가 서로 달라 질량수가 다른 원소
② 원자 번호는 양성자수(＝전자 수)와 같고 질량수는 양성자수＋중성자수이다.
③ 평균 원자량: 자연계에 존재하는 동위 원소의 존재 비율을 고려하여 원자량을 평균값으로 나타낸 것
  ➡ 평균 원자량은 동위 원소의 원자량에 존재 비율(%)을 곱한 값을 모두 더한 다음 100으로 나누어 구한다.

문제 보기

다음은 자연계에 존재하는 원소 X와 Y에 대한 자료이다.

○ X와 Y의 동위 원소 존재 비율과 평균 원자량

원소	동위 원소	존재 비율(%)	평균 원자량
X	^{79}X	a 50	80
	^{81}X	b 50	
Y	^{m}Y	c 75	
	^{m+2}Y	d 25	

○ $a+b=c+d=100$이다.

○ $\dfrac{\text{XY 중 분자량이 } m+81\text{인 XY의 존재 비율(\%)}}{Y_2 \text{ 중 분자량이 } 2m+4\text{인 } Y_2\text{의 존재 비율(\%)}}=8$

이다. $\dfrac{(a\times d+b\times c)}{d^2}=\dfrac{5000}{d^2}$

이에 대한 설명으로 옳은 것만을 〈보기〉에서 있는 대로 고른 것은? (단, X와 Y는 임의의 원소 기호이고, ^{79}X, ^{81}X, ^{m}Y, ^{m+2}Y의 원자량은 각각 79, 81, m, $m+2$이다.)

〈보기〉 풀이

동위 원소는 양성자수는 같고 중성자수가 달라 질량수가 다른 원소이다. 평균 원자량은 각 동위 원소의 원자량에 존재 비율을 곱한 값의 합과 같다. ^{79}X와 ^{81}X의 존재 비율(%)이 각각 a와 b이므로 평균 원자량은 $79\times\dfrac{a}{100}+81\times\dfrac{b}{100}=80$이고, $a+b=100$이므로 $a=b=50$이다. ^{m}Y와 ^{m+2}Y의 존재 비율(%)은 각각 c와 d이고, $c+d=100$이다. XY 중 분자량이 $m+81$인 XY는 $^{79}X^{m+2}Y$와 $^{81}X^{m}Y$이고, 이 2가지 분자의 존재 비율(%)은 각각 $\dfrac{ad}{100}$와 $\dfrac{bc}{100}$이다. 또한 Y_2 중 분자량이 $2m+4$인 Y_2는 $^{m+2}Y^{m+2}Y$이며, 이 분자의 존재 비율(%)은 $\dfrac{d^2}{100}$이므로 $\dfrac{ad+bc}{d^2}=\dfrac{50\times(c+d)}{d^2}=\dfrac{5000}{d^2}=8$이다. 따라서 $d=25$이고, $c+d=100$이므로 $c=75$이다.

ㄱ 자연계에서 분자량이 서로 다른 XY는 3가지이다.
➡ 자연계에서 존재하는 XY는 $^{79}X^{m}Y$, $^{79}X^{m+2}Y$, $^{81}X^{m}Y$, $^{81}X^{m+2}Y$의 4가지이므로 분자량은 $m+79$, $m+81$, $m+83$ 3가지가 존재한다.

✗ Y의 평균 원자량은 $m+1$이다.
➡ $c=75$, $d=25$이므로 Y의 평균 원자량은 $m\times\dfrac{75}{100}+(m+2)\times\dfrac{25}{100}=m+\dfrac{1}{2}$이다.

ㄷ 자연계에서 1 mol의 XY 중 $\dfrac{^{81}X^{m}Y\text{의 전체 중성자수}}{^{79}X^{m+2}Y\text{의 전체 중성자수}}=3$이다.
➡ ^{79}X와 ^{m}Y의 중성자수를 각각 x와 y라고 하면 ^{81}X와 ^{m+2}Y의 중성자수는 각각 $x+2$와 $y+2$이다. 자연계에서 $^{81}X^{m}Y$와 $^{79}X^{m+2}Y$의 존재 비율(%)은 각각 $\dfrac{bc}{100}=\dfrac{75}{2}$, $\dfrac{ad}{100}=\dfrac{25}{2}$이므로 1 mol에 들어 있는 두 분자의 몰비는 $^{81}X^{m}Y : {^{79}X^{m+2}Y}=3 : 1$이다. $^{81}X^{m}Y$와 $^{79}X^{m+2}Y$의 양(mol)을 각각 $3n$ mol, n mol이라고 하면 전체 중성자의 양(mol)은 각각 $3n(x+2+y)$ mol, $n(x+y+2)$ mol이므로 $\dfrac{^{81}X^{m}Y\text{의 전체 중성자수}}{^{79}X^{m+2}Y\text{의 전체 중성자수}}=3$이다.

40 동위 원소와 평균 원자량 2021학년도 수능 화I 18번

정답 ⑤ | 정답률 29 %

적용해야 할 개념 ③가지

① 동위 원소: 양성자수(=원자 번호)는 같지만 중성자수가 서로 달라 질량수가 다른 원소

② 질량수: 양성자수와 중성자수의 합과 같다.

③ 평균 원자량: 자연계에 존재하는 동위 원소의 존재 비율을 고려하여 평균값으로 나타낸 것

➡ 평균 원자량은 동위 원소의 원자량에 존재 비율(%)을 곱한 값을 모두 더한 다음 100으로 나누어 구한다.

문제 보기

다음은 자연계에 존재하는 수소(H)와 플루오린(F)에 대한 자료이다.

중성자수
0 1 2
○ $_1^1H$, $_1^2H$, $_1^3H$의 존재 비율(%)은 각각 a, b, c이다.
○ $a+b+c=100$이고, $a>b>c$이다.
○ F은 $_9^{19}F$으로만 존재한다.
○ $_1^1H$, $_1^2H$, $_1^3H$, $_9^{19}F$의 원자량은 각각 1, 2, 3, 19이다.
중성자수: 10

이에 대한 설명으로 옳은 것만을 〈보기〉에서 있는 대로 고른 것은?

보기

〈보기〉 풀이

ㄱ. H의 평균 원자량은 $\dfrac{a+2b+3c}{100}$이다.

➡ $_1^1H$, $_1^2H$, $_1^3H$의 원자량은 각각 1, 2, 3이고 존재 비율이 각각 a %, b %, c %이므로 H의 평균 원자량은 $\dfrac{a+2b+3c}{100}$이다.

ㄴ. $\dfrac{\text{분자량이 5인 } H_2\text{의 존재 비율(%)}}{\text{분자량이 6인 } H_2\text{의 존재 비율(%)}} > 2$이다.

➡ 분자량이 5인 H_2는 원자량이 2와 3인 H 원자로 이루어진 $_1^2H_1^3H$와 $_1^3H_1^2H$ 2가지가 가능하므로 존재 비율은 $\left(\dfrac{b}{100} \times \dfrac{c}{100} \times 2\right)$이고, 분자량이 6인 H_2는 원자량이 3인 H 원자만으로 이루어진 $_1^3H_1^3H$ 1가지만 가능하므로 존재 비율은 $\left(\dfrac{c}{100} \times \dfrac{c}{100}\right)$이다.

$b>c$이므로 $\dfrac{\text{분자량이 5인 } H_2\text{의 존재 비율(%)}}{\text{분자량이 6인 } H_2\text{의 존재 비율(%)}} = \dfrac{2b}{c} > 2$이다.

ㄷ. $\dfrac{1 \text{ mol의 } H_2 \text{ 중 분자량이 3인 } H_2\text{의 전체 중성자의 수}}{1 \text{ mol의 HF 중 분자량이 20인 HF의 전체 중성자의 수}} = \dfrac{b}{500}$이다.

➡ 1 mol의 H_2가 있을 때 분자량이 3인 H_2는 원자량이 1과 2인 H 원자로 이루어진 $_1^1H_1^2H$, $_1^2H_1^1H$ 2가지가 가능하므로 존재 비율은 $\left(\dfrac{a}{100} \times \dfrac{b}{100} \times 2\right)$이다. 즉, 분자량이 3인 H_2의 양(mol)은 $\dfrac{ab}{5000}$ mol이고, $_1^1H$와 $_1^2H$의 중성자수는 각각 0, 1이므로 1 mol의 H_2 중 분자량이 3인 H_2의 전체 중성자의 수는 $\dfrac{ab}{5000}$ mol이다.

1 mol의 HF가 있을 때 분자량이 20인 HF는 $_1^1H_9^{19}F$ 1가지만 가능하므로 존재 비율은 $\left(\dfrac{a}{100} \times 1\right)$이고, $_1^1H$와 $_9^{19}F$의 중성자수는 각각 0, 10이므로 1 mol의 HF 중 분자량이 20인 HF의 전체 중성자의 수는 $\dfrac{a}{10}$ mol이다.

따라서 $\dfrac{1 \text{ mol의 } H_2 \text{ 중 분자량이 3인 } H_2\text{의 전체 중성자의 수}}{1 \text{ mol의 HF 중 분자량이 20인 HF의 전체 중성자의 수}} = \dfrac{\dfrac{ab}{5000}}{\dfrac{a}{10}} = \dfrac{b}{500}$이다.

적용해야 할 개념 ②가지

① 동위 원소: 양성자수(=원자 번호)는 같지만 중성자수가 달라 질량수가 다른 원소이다. 동위 원소는 화학적 성질은 같고, 물리적 성질은 다르다.

② 평균 원자량: 자연계에 존재하는 동위 원소의 존재 비율을 고려하여 평균값으로 나타낸 것

문제 보기

다음은 자연계에 존재하는 분자 XCl_3와 관련된 자료이다.

○ X와 Cl의 동위 원소의 존재 비율과 원자량

동위 원소		존재 비율	원자량
X의 동위 원소	^mX	a 20	m
	^{m+1}X	$100-a$ 80	$m+1$
Cl의 동위 원소	^{35}Cl	75	35
	^{37}Cl	25	37

○ $\dfrac{\overset{^{m+1}X^{37}Cl_3}{\text{분자량이 가장 큰 } XCl_3\text{의 존재 비율}}}{\underset{^mX^{35}Cl_3}{\text{분자량이 가장 작은 } XCl_3\text{의 존재 비율}}} = \dfrac{4}{27}$

X의 평균 원자량은? (단, X는 임의의 원소 기호이다.) [3점]

<보기> 풀이

❶ 분자량이 가장 작은 XCl_3와 분자량이 가장 큰 XCl_3 찾기

분자량이 가장 작은 XCl_3은 $^mX^{35}Cl_3$이고, 분자량이 가장 큰 XCl_3은 $^{m+1}X^{37}Cl_3$이다.

❷ ^mX의 존재 비율 a 구하기

$^mX^{35}Cl_3$의 존재 비율은 $\dfrac{a}{100}\times\left(\dfrac{75}{100}\right)^3$이고, $^{m+1}X^{37}Cl_3$의 존재 비율은 $\left(\dfrac{100-a}{100}\right)\times\left(\dfrac{25}{100}\right)^3$

이다. $\dfrac{\text{분자량이 가장 큰 } XCl_3\text{의 존재 비율}}{\text{분자량이 가장 작은 } XCl_3\text{의 존재 비율}}=\dfrac{(100-a)25^3}{a75^3}=\dfrac{100-a}{27a}=\dfrac{4}{27}$이므로 $a=20$

이다.

❸ X의 평균 원자량 구하기

$a=20$이므로 ^mX, ^{m+1}X의 존재 비율은 각각 20 %, 80 %이다. 따라서 X의 평균 원자량은

$\left(m\times\dfrac{20}{100}\right)+\left((m+1)\times\dfrac{80}{100}\right)=m+\dfrac{4}{5}$이다.

 $m+\dfrac{1}{5}$  $m+\dfrac{1}{4}$ $m+\dfrac{1}{3}$ $m+\dfrac{2}{3}$ ⑤ $m+\dfrac{4}{5}$

적용해야 할 개념 ③가지

① 동위 원소: 양성자수(=원자 번호)는 같지만 중성자수가 서로 달라 질량수가 다른 원소

② 원자 번호는 양성자수(=전자 수)와 같고 질량수는 양성자수와 중성자수의 합과 같다.

③ 원자 1 g에 들어 있는 구성 입자 수: $\dfrac{\text{구성 입자 수}}{\text{원자량}}$에 비례한다.

문제 보기

그림은 원자 A~D의 중성자수(a)와 전자 수(b)의 차($a-b$)와 질량수를 나타낸 것이다. A~D는 원소 X의 동위 원소이고, A~D의 중성자수 합은 96이다.

$\dfrac{1}{2}m-2+\dfrac{1}{2}m+\dfrac{1}{2}m+4+\dfrac{1}{2}m+6=96 \Rightarrow m=44$

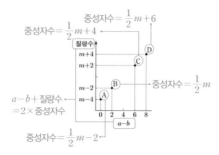

$\dfrac{1 \text{ g의 A에 들어 있는 중성자수}}{1 \text{ g의 D에 들어 있는 중성자수}}$는? (단, X는 임의의 원소 기호이고, A, B, C, D의 원자량은 각각 $m-4$, $m-2$, $m+2$, $m+4$이다.) [3점]

<보기> 풀이

원자는 양성자수와 전자 수가 같고, 질량수는 양성자수와 중성자수의 합과 같다.

❶ 중성자수 구하기

중성자수와 전자 수의 차($a-b$)는 중성자수와 양성자수의 차와 같다. $a-b$와 질량수를 합하면 (2×중성자수)이다. A~D의 자료를 정리하면 다음과 같다.

원자	A	B	C	D
$a-b$	0	2	6	8
질량수	$m-4$	$m-2$	$m+2$	$m+4$
2×(중성자수)	$m-4$	m	$m+8$	$m+12$
중성자수	$\dfrac{1}{2}m-2$	$\dfrac{1}{2}m$	$\dfrac{1}{2}m+4$	$\dfrac{1}{2}m+6$

A~D의 중성자수의 합은 $\dfrac{1}{2}m-2+\dfrac{1}{2}m+\dfrac{1}{2}m+4+\dfrac{1}{2}m+6=96$이므로 $m=44$이다.

따라서 A~D의 중성자수는 각각 20, 22, 26, 28이다.

❷ 1 g의 원자에 들어 있는 중성자수 구하기

1 g의 A에 들어 있는 중성자수는 $\dfrac{\text{A의 중성자수}}{\text{A의 원자량}}$에 비례하므로 $\dfrac{20}{44-4}=\dfrac{1}{2}$에 비례하고, 1 g

의 D에 들어 있는 중성자수는 $\dfrac{\text{D의 중성자수}}{\text{D의 원자량}}=\dfrac{28}{44+4}=\dfrac{7}{12}$에 비례한다.

따라서 $\dfrac{1 \text{ g의 A에 들어 있는 중성자수}}{1 \text{ g의 D에 들어 있는 중성자수}}=\dfrac{1}{2}\times\dfrac{12}{7}=\dfrac{6}{7}$이다.

① $\dfrac{6}{7}$ $\dfrac{7}{8}$ $\dfrac{8}{7}$ $\dfrac{6}{5}$ $\dfrac{4}{3}$

01 ①	02 ②	03 ①	04 ③	05 ②	06 ③	07 ④	08 ①	09 ④	10 ①	11 ④	12 ①
13 ⑤	14 ②	15 ②	16 ④	17 ②	18 ③	19 ③	20 ②	21 ①	22 ⑤	23 ③	24 ④
25 ⑤	26 ①	27 ②	28 ⑤	29 ③	30 ⑤

문제편 090~097쪽

---

01 양자수와 오비탈 2022학년도 9월 모평 화Ⅰ 4번   정답 ① | 정답률 96 %

적용해야 할 개념 ②가지

① 주 양자수(n): 오비탈의 에너지 준위를 결정하는 양자수로, 보어 모형에서 전자 껍질에 해당한다.

② 수소 원자의 에너지 준위: 주 양자수(n)가 같으면 모양에 관계없이 에너지 준위는 같다.

문제 보기

다음은 학생 A가 가설을 세우고 수행한 탐구 활동이다.

[가설]
○ 수소 원자의 오비탈 에너지 준위는 ⟨　㉠　⟩가 커질
수록 높아진다.   주 양자수(n)

[탐구 과정]
(가) 수소 원자에서 주 양자수(n)가 1~3인 모든 오비탈
종류와 에너지 준위를 조사한다.
(나) (가)에서 조사한 오비탈 에너지 준위를 비교한다.

[탐구 결과]   주 양자수(n)이 2인 오비탈은
2s와 2p 종류이다.

주 양자수(n)	1	2	2	3	3	3
오비탈 종류	s	㉡s	p	s	p	d

○ 오비탈 에너지 준위: $1s<2s=2p<3s=3p=3d$

[결론]
○ 가설은 옳다.

학생 A의 결론이 타당할 때, ㉠과 ㉡으로 가장 적절한 것은?
[3점]

〈보기〉 풀이

❶ ㉠ 완성하기

탐구 결과 수소 원자의 오비탈의 에너지 준위가 $1s<2s=2p<3s=3p=3d$로 다전자 원자의 오비탈의 에너지 준위와 달리 주 양자수(n)가 같은 2s, 2p 오비탈의 에너지 준위가 같고, 3s, 3p, 3d 오비탈의 에너지 준위가 같다. 또한 결론에서 탐구 결과에 따른 가설이 옳다고 하였으므로 가설에서 ㉠에 해당하는 양자수는 주 양자수(n)이다.

❷ ㉡ 찾기

오비탈의 종류를 나타내는 방위(부) 양자수(l)는 주 양자수가 n일 때 0~($n-1$)까지 총 n개가 존재한다. 이때 $l=0$이 s, $l=1$이 p, $l=2$가 d 오비탈이다. 따라서 주 양자수(n)가 2인 오비탈은 2s와 2p 2종류이므로 ㉡은 s이다.

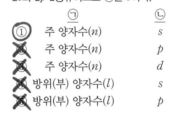

	㉠	㉡
①	주 양자수(n)	s
②	주 양자수(n)	p
③	주 양자수(n)	d
④	방위(부) 양자수(l)	s
⑤	방위(부) 양자수(l)	p

적용해야 할 개념 ④가지

① 주 양자수(n): 오비탈의 에너지 준위를 결정하는 양자수로, 보어 모형에서 전자 껍질에 해당한다.

② 방위(부) 양자수(l): 오비탈의 모양을 결정하는 양자수이다. 주 양자수가 n인 경우 방위(부) 양자수는 $0, 1, 2, \cdots(n-1)$까지 n개 존재한다.

③ 수소 원자의 에너지 준위: 주 양자수(n)가 같으면 모양에 관계없이 에너지 준위는 같다.

④ s 오비탈, p 오비탈의 특징

구분	특징
s 오비탈	공 모양으로 방향성이 없다. 모든 전자 껍질에 존재한다. 방위(부) 양자수(l)가 0이다.
p 오비탈	아령 모양으로 방향성이 있다. $n=2$인 L 전자 껍질부터 존재한다. 방위(부) 양자수(l)가 1이다.

문제 보기

그림은 수소 원자의 오비탈 (가)~(다)를 모형으로 나타낸 것이다. (가)~(다)는 각각 $1s, 2s, 2p_z$ 오비탈 중 하나이다. 수소 원자의 바닥상태 전자 배치에서 전자는 (다)에 들어 있다.

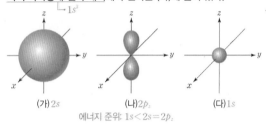

(가) $2s$　　　(나) $2p_z$　　　(다) $1s$

에너지 준위: $1s<2s=2p_z$

이에 대한 설명으로 옳은 것만을 〈보기〉에서 있는 대로 고른 것은? [3점]

〈보기〉 풀이

수소 원자는 전자 수가 1이므로 바닥상태 전자 배치는 $1s^1$이다. 따라서 (가)~(다)는 각각 $2s$, $2p_z$, $1s$이다.

~~ㄱ.~~ 주 양자수(n)는 (나)>(가)이다.

➡ (가)와 (나)는 각각 $2s$, $2p_z$이므로 주 양자수(n)는 2로 같다.

ㄴ. 방위(부) 양자수(l)는 (가)=(다)이다.

➡ (가)와 (다)는 각각 $2s$, $1s$이다. 방위(부) 양자수(l)는 오비탈의 종류를 나타내는 것으로 $l=0$은 s 오비탈, $l=1$은 p 오비탈이다. 따라서 (가)와 (다)의 방위(부) 양자수(l)는 0으로 같다.

~~ㄷ.~~ 에너지 준위는 (나)>(가)이다.

➡ (가)와 (나)는 각각 $2s$, $2p_z$이고, 수소 원자에서 에너지 준위는 주 양자수(n)에만 영향을 받으므로 에너지 준위는 (가)=(나)이다.

적용해야 할 개념 ①가지

① 오비탈과 양자수

양자수	의미	존재 가능한 값
주 양자수(n)	오비탈의 에너지 준위를 결정하는 양자수	$1, 2, 3 \cdots$의 자연수 값을 가진다.
방위(부) 양자수(l)	오비탈의 모양을 결정하는 양자수(오비탈의 모양은 s, p, d, f 등의 기호를 이용하여 나타낸다.)	주 양자수(n)에 의해 결정되며, $0, 1, 2, \cdots(n-1)$까지 n개 존재한다.
자기 양자수(m_l)	오비탈의 공간 방향을 결정하는 양자수	방위(부) 양자수(l)에 의해 결정되며, $-l, \cdots -2, -1, 0, 1, 2, \cdots +l$까지 $(2l+1)$개 존재한다.
스핀 자기 양자수(m_s)	전자의 스핀 방향을 결정하는 양자수	$+\frac{1}{2}, -\frac{1}{2}$ 두 가지가 있으며, 1개의 오비탈에는 같은 스핀을 갖는 전자가 들어갈 수 없으므로 전자가 최대 2개까지만 들어갈 수 있다.

문제 보기

그림은 오비탈 (가), (나)를 모형으로 나타낸 것이고, 표는 오비탈 A, B에 대한 자료이다. (가), (나)는 각각 A, B 중 하나이다.

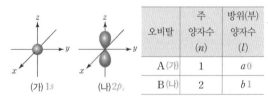

(가) $1s$　　　(나) $2p_z$

오비탈	주 양자수 (n)	방위(부) 양자수 (l)
A (가)	1	a 0
B (나)	2	b 1

이에 대한 설명으로 옳은 것만을 〈보기〉에서 있는 대로 고른 것은? [3점]

〈보기〉 풀이

ㄱ. (가)는 A이다.

➡ 주 양자수(n)가 1인 오비탈은 $1s$뿐이므로 (가)는 A이다.

~~ㄴ.~~ $a+b=2$이다.

➡ A와 B는 각각 (가) $1s$, (나) $2p_z$이므로 방위(부) 양자수(l)는 각각 0, 1이다. 따라서 $a+b=1$이다.

~~ㄷ.~~ (나)의 자기 양자수(m_l)는 $+\frac{1}{2}$이다.

➡ 자기 양자수(m_l)는 오비탈의 방향성과 관련된 양자수로 방위(부) 양자수가 l일 때 $-l$부터 l까지의 정수로 정의되는 양자수이다. $+\frac{1}{2}$과 $-\frac{1}{2}$은 전자의 회전과 관련된 스핀 자기 양자수(m_s)이다.

04 오비탈의 모양과 특성 2020학년도 10월 학평 화I 10번 정답 ③ | 정답률 86%

적용해야 할 개념 ③가지

① 주 양자수(n): 오비탈의 에너지 준위를 결정하는 양자수로, 보어 모형에서 전자 껍질에 해당한다.

② 오비탈의 에너지 준위: 다전자 원자의 경우 오비탈의 모양이 같으면 주 양자수가 클수록 에너지 준위가 높고, 주 양자수가 같으면 $s \to p \to d$로 갈수록 에너지 준위가 높아진다.

③ s 오비탈, p 오비탈의 특징

구분	특징
s 오비탈	공 모양으로 방향성이 없다. 모든 전자 껍질에 존재한다. 방위(부) 양자수(l)가 0이다.
p 오비탈	아령 모양으로 방향성이 있다. $n=2$인 L 전자 껍질부터 존재한다. 방위(부) 양자수(l)가 1이다.

문제 보기

→ 전자 배치: $1s^2 2s^2 2p^6 3s^1$

그림은 바닥상태 나트륨($_{11}$Na) 원자에서 전자가 들어 있는 오비탈 중 (가)~(다)를 모형으로 나타낸 것이다. (가)~(다) 중 에너지 준위는 (가)가 가장 높다.

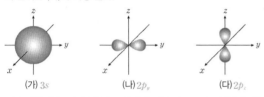

(가) $3s$ (나) $2p_y$ (다) $2p_z$

이에 대한 옳은 설명만을 〈보기〉에서 있는 대로 고른 것은? [3점]

〈보기〉 풀이

$_{11}$Na의 바닥상태 전자 배치는 $1s^2 2s^2 2p^6 3s^1$이고, (가)~(다) 중 에너지 준위는 (가)가 가장 높으므로 (가)~(다)는 각각 $3s$, $2p_y$, $2p_z$이다.

ㄱ. **주 양자수(n)는 (가)>(나)이다.**

➡ (가)는 $3s$이므로 주 양자수(n)가 3이고, (나)는 $2p_y$이므로 주 양자수(n)가 2이다. 따라서 주 양자수(n)는 (가)>(나)이다.

✗ **(나)에 들어 있는 전자 수는 1이다.**

➡ $_{11}$Na의 바닥상태 전자 배치는 $1s^2 2s^2 2p_x^2 2p_y^2 2p_z^2 3s^1$이므로 (나) $2p_y$에 들어 있는 전자 수는 2이다.

ㄷ. **에너지 준위는 (나)와 (다)가 같다.**

➡ (나)와 (다)는 각각 $2p_y$, $2p_z$로 에너지 준위가 같다.

보기

---

05 오비탈의 모양과 특성 2020학년도 3월 학평 화I 8번 정답 ② | 정답률 72%

적용해야 할 개념 ④가지

① 주 양자수(n): 오비탈의 에너지 준위를 결정하는 양자수로, 보어 모형에서 전자 껍질에 해당한다.

② 방위(부) 양자수(l): 오비탈의 모양을 결정하는 양자수이다. 주 양자수가 n인 경우 방위(부) 양자수는 0, 1, 2, ···$(n-1)$까지 n개 존재한다.

③ 오비탈의 에너지 준위: 다전자 원자의 경우 오비탈의 모양이 같으면 주 양자수가 클수록 에너지 준위가 높고, 주 양자수가 같으면 $s \to p \to d$로 갈수록 에너지 준위가 높아진다.

④ s 오비탈, p 오비탈의 특징

구분	특징
s 오비탈	공 모양으로 방향성이 없다. 모든 전자 껍질에 존재한다. 방위(부) 양자수(l)가 0이다.
p 오비탈	아령 모양으로 방향성이 있다. $n=2$인 L 전자 껍질부터 존재한다. 방위(부) 양자수(l)가 1이다.

문제 보기

→ 전자 배치: $1s^2 2s^2 2p^6 3s^1$

그림은 바닥상태 나트륨($_{11}$Na) 원자에서 전자가 들어 있는 오비탈 (가), (나)를 모형으로 나타낸 것이다. 에너지 준위는 (가)가 (나)보다 높다.

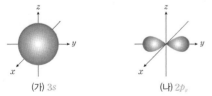

(가) $3s$ (나) $2p_y$

이에 대한 설명으로 옳은 것만을 〈보기〉에서 있는 대로 고른 것은? [3점]

〈보기〉 풀이

$_{11}$Na의 바닥상태 전자 배치는 $1s^2 2s^2 2p^6 3s^1$이다. (나)는 $2p_y$이고, 오비탈의 에너지 준위는 $1s<2s<2p<3s$이므로 (가)는 $3s$이다.

✗ **(가)와 (나)에 들어 있는 전자의 주 양자수(n)는 같다.**

➡ (가)와 (나)는 각각 $3s$, $2p_y$이므로 주 양자수(n)는 각각 3, 2이다. 따라서 전자의 주 양자수(n)는 (가)가 (나)보다 크다.

ㄴ. **오비탈에 들어 있는 전자 수는 (나)가 (가)의 2배이다.**

➡ $_{11}$Na의 바닥상태 전자 배치는 $1s^2 2s^2 2p_x^2 2p_y^2 2p_z^2 3s^1$이므로 $3s$와 $2p_y$에 들어 있는 전자 수는 각각 1, 2이다. 따라서 오비탈에 들어 있는 전자 수는 (나)가 (가)의 2배이다.

✗ **(가)에 들어 있는 전자의 방위(부) 양자수(l)는 1이다.**

➡ (가)는 $3s$이다. 방위(부) 양자수(l)는 오비탈의 종류와 관련된 양자수로 s 오비탈의 방위(부) 양자수(l)는 0이다.

보기

06 양자수와 오비탈 2022학년도 수능 화I 9번

정답 ③ | 정답률 89%

적용해야 할 개념 ⑤가지

① 주 양자수(n): 오비탈의 에너지 준위를 결정하는 양자수로, 보어 모형에서 전자 껍질에 해당한다.

② 방위(부) 양자수(l): 오비탈의 모양을 결정하는 양자수이다. 주 양자수가 n인 경우 방위(부) 양자수는 $0, 1, 2, \cdots (n-1)$까지 n개 존재한다.

③ 자기 양자수(m_l): 오비탈의 공간 방향을 결정하는 양자수로, 방위(부) 양자수(l)에 의해 결정되며, $-l, \cdots -2, -1, 0, 1, 2, \cdots +l$까지 $(2l+1)$개 존재한다.

④ 수소 원자의 에너지 준위: 주 양자수(n)가 같으면 모양에 관계없이 에너지 준위는 같다.

⑤ s 오비탈, p 오비탈의 특징

구분	특징
s 오비탈	공 모양으로 방향성이 없다. 모든 전자 껍질에 존재한다. 방위(부) 양자수(l)가 0이다.
p 오비탈	아령 모양으로 방향성이 있다. $n=2$인 L 전자 껍질부터 존재한다. 방위(부) 양자수(l)가 1이다.

문제 보기

다음은 수소 원자의 오비탈 (가)~(다)에 대한 자료이다. n은 주 양자수이고, l은 방위(부) 양자수이다.

○ (가)~(다)는 각각 $2s, 2p, 3s$ 중 하나이다.
○ 에너지 준위는 (가)>(나)이다.
  $\;\;\;\;\;\;\;\;\;\;\;\;\;\; 3s$
○ $n+l$은 (나)>(다)이다.
  $\;\;\;\;\;\;\;\;\;\;\; 2p \;\;\; 2s$

이에 대한 설명으로 옳은 것만을 〈보기〉에서 있는 대로 고른 것은?

〈보기〉 풀이

수소 원자에서 오비탈의 에너지 준위는 주 양자수(n)에만 영향을 받으며, 주 양자수(n)가 같으면 오비탈의 종류에 관계없이 에너지 준위는 같다. 따라서 (가)는 $3s$이고, (나)는 $2s, 2p$ 중 하나이다. $2s, 2p$의 $n+l$는 각각 2, 3이므로 (나)와 (다)는 각각 $2p, 2s$이다.

ㄱ **(가)의 자기 양자수(m_l)는 0이다.**
➡ (가)는 $3s$로 방위(부) 양자수(l)가 0이므로 자기 양자수(m_l)도 0이다.

✗ **(나)의 $n+l=2$이다.**
➡ (나)는 $2p$로 주 양자수(n)는 2이고, 방위(부) 양자수(l)는 1이므로 $n+l=3$이다.

ㄷ **(다)의 모양은 구형이다.**
➡ (다)는 $2s$로 모양은 구형이다.

07 양자수와 오비탈 2022학년도 6월 모평 화I 9번

정답 ④ | 정답률 77%

적용해야 할 개념 ③가지

① 주 양자수(n): 오비탈의 에너지 준위를 결정하는 양자수로, 보어 모형에서 전자 껍질에 해당한다.

② 방위(부) 양자수(l): 오비탈의 모양을 결정하는 양자수이다. 주 양자수가 n인 경우 방위(부) 양자수는 $0, 1, 2, \cdots(n-1)$까지 n개 존재한다.

③ 수소 원자의 에너지 준위: 주 양자수(n)가 같으면 모양에 관계없이 에너지 준위는 같다.

문제 보기

다음은 수소 원자의 오비탈 (가)~(다)에 대한 자료이다. n은 주 양자수이고, l은 방위(부) 양자수이다.

주 양자수(n)	2	2	3	3
방위 양자수(l)	0	1	0	1

○ (가)~(다)는 각각 $2s, 2p, 3s, 3p$ 중 하나이다.
○ (나)의 모양은 구형이다.
○ $n-l$는 (다)>(나)>(가)이다.
  $\;\;\;\;\;\;\;\;\;\;\;\; 3s \;\;\; 2s \;\;\; 2p$

(가)~(다)의 에너지 준위를 비교한 것으로 옳은 것은?

〈보기〉 풀이

주 양자수(n)는 전자 껍질을, 방위(부) 양자수(l)는 오비탈의 종류를 나타낸다. 이때 $l=0$은 s 오비탈, $l=1$은 p 오비탈이다.

❶ **$2s, 2p, 3s, 3p$ 오비탈의 $n-l$ 구하기**
$2s, 2p, 3s, 3p$ 오비탈의 주 양자수(n)는 각각 2, 2, 3, 3이고, 방위(부) 양자수(l)는 각각 0, 1, 0, 1이다. 따라서 이들 오비탈의 $n-l$는 각각 2, 1, 3, 2이다.

❷ **오비탈 (가)~(다) 찾기**
(나)의 모양이 구형이므로 (나)는 $2s, 3s$ 중 하나이다. 이때 $n-l$가 (다)>(나)>(가)이므로 (나)가 $3s$이면 (다)가 존재하지 않으므로 (나)는 $2s$이고, (다)는 $3s$이며, (가)는 $2p$이다.

❸ **오비탈 (가)~(다)의 에너지 준위 비교하기**
(가)~(다)는 각각 $2p, 2s, 3s$이다. 수소 원자에서 오비탈의 에너지 준위는 주 양자수(n)에 의해서만 결정되므로 n가 클수록 에너지 준위가 높다. 따라서 오비탈의 에너지 준위는 $3s>2s=2p$이므로 (다)>(가)=(나)이다.

✗ ① (가)=(나)>(다)
✗ ② (나)>(가)>(다)
✗ ③ (나)>(다)>(가)
④ (다)>(가)=(나)
✗ ⑤ (다)>(가)>(나)

적용해야 할 개념 ③가지	① 주 양자수(n): 오비탈의 에너지 준위를 결정하는 양자수로, 보어 모형에서 전자 껍질에 해당한다.
	② 방위(부) 양자수(l): 오비탈의 모양을 결정하는 양자수이다. 주 양자수가 n인 경우 방위(부) 양자수는 0, 1, 2, … $(n-1)$까지 n개 존재한다.
	③ 수소 원자의 에너지 준위: 주 양자수(n)가 같으면 모양에 관계없이 에너지 준위는 같다.

문제 보기

다음은 수소 원자의 오비탈 (가)~(다)에 대한 자료이다. n은 주 양자수이고, l은 방위(부) 양자수이다.

○ (가)~(다)의 $n+l$

	3s	1s	2p
오비탈	(가)	(나)	(다)
$n+l$	3	a	3

○ (가)의 모양은 구형이다.   *s* 오비탈
○ 에너지 준위는 (가)>(다)>(나)이다.

이에 대한 설명으로 옳은 것만을 〈보기〉에서 있는 대로 고른 것은?

〈보기〉 풀이

수소 원자의 오비탈에서 $n+l$가 3인 (가)와 (다)는 각각 2p와 3s 중 하나인데 (가)의 모양이 구형이므로 (가)는 3s, (다)는 2p이다. 수소 원자에서 오비탈의 에너지 준위는 주 양자수(n)에 의해서만 결정되고, (가)>(다)>(나)이므로 (나)는 주 양자수 $n=1$인 1s이다.

ㄱ. (가)는 3s이다.
➡ 오비탈의 모양이 구형이고, $n+l=3$인 (가)는 3s이다.

✗ $a=2$이다.
➡ (나)는 1s이므로 $n+l=1+0=1$이다. 따라서 $a=1$이다.

✗ (다)의 l는 0이다.
➡ 방위(부) 양자수 l는 오비탈의 모양을 결정하는 양자수로 $l=0$은 s 오비탈, $l=1$은 p 오비탈이다. (다)는 2p이므로 $l=1$이다.

적용해야 할 개념 ③가지	① 주 양자수(n): 오비탈의 에너지 준위를 결정하는 양자수로, 보어 모형에서 전자 껍질에 해당한다.
	② 방위(부) 양자수(l): 오비탈의 모양을 결정하는 양자수이다. 주 양자수가 n인 경우 방위(부) 양자수는 0, 1, 2, …$(n-1)$까지 n개 존재한다.
	③ 수소 원자의 에너지 준위: 주 양자수(n)가 같으면 모양에 관계없이 에너지 준위는 같다.

문제 보기

표는 수소 원자의 서로 다른 오비탈 (가)~(라)에 대한 자료이다. (가)~(라)는 각각 2s, 2p, 3s, 3p 중 하나이며 n은 주 양자수이고, l은 방위(부) 양자수이다.

$n+l=3$인 오비탈은 2p, 3s 중 하나

오비탈	(가) 2s	(나) 3s	(다) 2p	(라) 3p
$n+l$	a 2	3	3	
$2l+1$	1	1		b 3

$2l+1=1$은 $l=0$인 오비탈로 2s, 3s 중 하나

이에 대한 설명으로 옳은 것만을 〈보기〉에서 있는 대로 고른 것은?
[3점]

〈보기〉 풀이

$n+l=3$인 (나)와 (다)는 각각 2p, 3s 중 하나이고, $2l+1=1$인 (가)와 (나)는 $l=0$인 2s, 3s 중 하나이므로 (가)~(라)는 각각 2s, 3s, 2p, 3p이다.

✗ (라)는 2p이다.
➡ (라)는 3p이다.

ㄴ. $a+b=5$이다.
➡ (가)와 (라)는 각각 2s, 3p이다. 따라서 2s인 (가)의 $n+l$의 값 $a=2+0=2$이고, 3p인 (라)의 $2l+1$의 값 $b=2\times1+1=3$이므로 $a+b=5$이다.

ㄷ. 에너지 준위는 (나)>(다)이다.
➡ 수소 원자에서 오비탈의 에너지 준위는 주 양자수(n)에만 영향을 받으며, 주 양자수(n)가 클수록 에너지 준위가 높아진다. (나)와 (다)는 각각 3s, 2p이므로 에너지 준위는 (나)>(다)이다.

적용해야 할 개념 ⑤가지

① 주 양자수(n): 오비탈의 에너지 준위를 결정하는 양자수로, 보어 모형에서 전자 껍질에 해당한다.

② 방위(부) 양자수(l): 오비탈의 모양을 결정하는 양자수이다. 주 양자수가 n인 경우 방위(부) 양자수는 0, 1, 2, ···$(n-1)$까지 n개 존재한다.

③ 자기 양자수(m_l): 오비탈의 공간 방향을 결정하는 양자수로, 방위(부) 양자수(l)에 의해 결정되며, $-l$, ··· -2, -1, 0, 1, 2, ··· $+l$까지 $(2l+1)$개 존재한다.

④ 수소 원자의 에너지 준위: 주 양자수(n)가 같으면 모양에 관계없이 에너지 준위는 같다.

⑤ s 오비탈, p 오비탈의 특징

구분	특징
s 오비탈	공 모양으로 방향성이 없다. 모든 전자 껍질에 존재한다. 방위(부) 양자수(l)가 0이다.
p 오비탈	아령 모양으로 방향성이 있다. $n=2$인 L 전자 껍질부터 존재한다. 방위(부) 양자수(l)가 1이다.

문제 보기

표는 수소 원자의 오비탈 (가)~(다)에 대한 자료이다. n, l, m_l는 각각 주 양자수, 방위(부) 양자수, 자기 양자수이다.

	$n+l$	$l+m_l$
(가) $1s$	1	0
(나) $2s$	2	0
(다) $2p$	3	1

이에 대한 설명으로 옳은 것만을 〈보기〉에서 있는 대로 고른 것은? [3점]

〈보기〉 풀이

(가)는 $n=1$, $l=0$, $m_l=0$인 $1s$이고, (나)는 $n=2$, $l=0$, $m_l=0$인 $2s$이며, (다)는 $n=2$, $l=1$, $m_l=0$인 $2p$이다.

ㄱ. 방위(부) 양자수(l)는 (가)=(나)이다.

➡ (가), (나)는 각각 $1s$, $2s$이므로 방위(부) 양자수(l)는 각각 0으로 같다.

✗ 에너지 준위는 (가)>(나)이다.

➡ 수소 원자에서 에너지 준위는 주 양자수(n)에 의해서만 결정되므로 에너지 준위는 (나)>(가)이다.

✗ (다)의 모양은 구형이다.

➡ (다)는 $2p$ 오비탈로 모양은 아령형이다.

적용해야 할 개념 ④가지

① 주 양자수(n): 오비탈의 에너지 준위를 결정하는 양자수로, 보어 모형에서 전자 껍질에 해당한다.

② 방위(부) 양자수(l): 오비탈의 모양을 결정하는 양자수이다. 주 양자수가 n인 경우 방위(부) 양자수는 0, 1, 2, ··· $(n-1)$까지 n개 존재한다.

③ 자기 양자수(m_l): 오비탈의 공간 방향을 결정하는 양자수로, 방위(부) 양자수(l)에 의해 결정되며, $-l$, ··· -2, -1, 0, 1, 2, ··· $+l$까지 $(2l+1)$개 존재한다.

④ 수소 원자의 에너지 준위: 주 양자수(n)가 같으면 모양에 관계없이 에너지 준위는 같다.

문제 보기

표는 수소 원자의 오비탈 (가)~(다)에 대한 자료이다. n은 주 양자수, l은 방위(부) 양자수, m_l은 자기 양자수이다.

오비탈	$n+l$	$n+m_l$	$l+m_l$
(가) $1s$	ⓐ 1		0
(나) $2p_{+1}$	$4-a$ 3		$1+1=2$
(다) $3p_{-1}$	$5-a$ 4	$3-1=2$	

이에 대한 옳은 설명만을 〈보기〉에서 있는 대로 고른 것은?

〈보기〉 풀이

수소 원자에서 오비탈의 에너지 준위는 오비탈의 모양에 관계없이 주 양자수(n)의 영향만 받으므로 $1s<2s=2p<3s=3p=3d<···$이다. p 오비탈에서 m_l가 -1, 0, $+1$인 오비탈을 각각 순서대로 p_{-1}, p_0, p_{+1}이라고 하면, $n+l=1$인 오비탈은 $1s$ 1가지이고, $n+l=2$인 오비탈은 $2s$ 1가지이며, $n+l=3$인 오비탈은 $2p_{-1}$, $2p_0$, $2p_{+1}$, $3s$ 중 하나이고, $n+l=4$인 오비탈은 $3p_{-1}$, $3p_0$, $3p_{+1}$, $4s$ 중 하나이다.

✗ $a=2$이다.

➡ n는 1부터 자연수로 나타내고, l는 0부터 $n-1$까지의 정수로 나타내므로 $n+l$은 최솟값이 1이다. 따라서 a는 1, 2, 3 중 하나이다. $a=2$이면 (가)와 (나)가 모두 $2s$로 같으므로 적합하지 않고, $a=3$이면 (나)가 $1s$인데 l와 m_l가 모두 0으로 $l+m_l=0$이므로 조건에 맞지 않다. 따라서 $a=1$이고, 조건을 만족하는 (가)~(다)는 각각 순서대로 $1s$, $2p_{+1}$, $3p_{-1}$이다.

ㄴ. (가)의 모양은 구형이다.

➡ (가)는 $1s$이므로 모양은 구형이다.

ㄷ. 에너지 준위는 (다)>(나)이다.

➡ (나)와 (다)는 각각 $2p_{+1}$과 $3p_{-1}$이다. 수소 원자에서 오비탈의 에너지 준위는 n에 의해서만 결정되고 n가 클수록 에너지 준위가 높으므로 (다)>(나)이다.

12 양자수와 오비탈 2022학년도 7월 학평 화I 11번 정답 ① | 정답률 58%

적용해야 할 개념 ④가지

① 주 양자수(n): 오비탈의 에너지 준위를 결정하는 양자수로, 보어 모형에서 전자 껍질에 해당한다.

② 방위(부) 양자수(l): 오비탈의 모양을 결정하는 양자수이다. 주 양자수가 n인 경우 방위(부) 양자수는 0, 1, 2, …$(n-1)$까지 n개 존재한다.

③ 자기 양자수(m_l): 오비탈의 공간 방향을 결정하는 양자수로, 방위(부) 양자수(l)에 의해 결정되며, $-l$, … -2, -1, 0, 1, 2, … $+l$까지 $(2l+1)$개 존재한다.

④ 수소 원자의 에너지 준위: 주 양자수(n)가 같으면 모양에 관계없이 에너지 준위는 같다.

문제 보기

그림은 수소 원자의 오비탈 (가)~(라)에 대한 자료이다. n, l, m_l는 각각 주 양자수, 방위(부) 양자수, 자기 양자수이다.

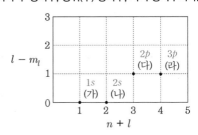

이에 대한 설명으로 옳은 것만을 〈보기〉에서 있는 대로 고른 것은? [3점]

〈보기〉 풀이

수소 원자의 오비탈에서 $n+l$가 1과 2인 (가)와 (나)는 각각 1s, 2s이며, 3인 (다)는 2p, 3s 중 하나이고, 4인 (라)는 3p, 4s 중 하나이다. 이때 s 오비탈의 $l=m_l=0$이므로 $l-m_l=0$이다. 따라서 (다)와 (라)는 각각 2p, 3p이다.

보기

ㄱ. **(가)의 모양은 구형이다.**

➡ s 오비탈의 모양은 구형이고, p 오비탈의 모양은 아령형이다. (가)는 1s이므로 오비탈의 모양은 구형이다.

✗ **자기 양자수(m_l)는 (다)와 (라)가 다르다.**

➡ (다)와 (라)는 각각 2p, 3p이고, l가 모두 1이다. 이때 (다)와 (라)의 $l-m_l$가 모두 1이므로 (다)와 (라)의 m_l는 모두 0으로 같다.

✗ **에너지 준위는 (다) > (나)이다.**

➡ 수소 원자에서 오비탈의 에너지 준위는 주 양자수(n)에만 영향을 받으며, 주 양자수(n)가 같으면 모양에 관계없이 에너지 준위가 같다. (나)와 (다)는 각각 2s, 2p로 n가 2로 같으므로 에너지 준위는 (나)=(다)이다.

13 양자수와 오비탈 2023학년도 수능 화I 11번 정답 ⑤ | 정답률 41%

적용해야 할 개념 ④가지

① 주 양자수(n): 오비탈의 에너지 준위를 결정하는 양자수로, 보어 모형에서 전자 껍질에 해당한다.

② 방위(부) 양자수(l): 오비탈의 모양을 결정하는 양자수이다. 주 양자수가 n인 경우 방위(부) 양자수는 0, 1, 2, …$(n-1)$까지 n개 존재한다.

③ 자기 양자수(m_l): 오비탈의 공간 방향을 결정하는 양자수로, 방위(부) 양자수(l)에 의해 결정되며 $-l$, -2, -1, 0, 1, 2, …, l까지 $(2l+1)$개 존재한다.

④ 수소 원자의 에너지 준위: 주 양자수(n)가 같으면 모양에 관계없이 에너지 준위는 같다.

문제 보기

그림은 수소 원자의 오비탈 (가)~(라)의 $n+l$과 $\dfrac{n+l+m_l}{n}$ 을 나타낸 것이다. n은 주 양자수이고, l은 방위(부) 양자수이며, m_l은 자기 양자수이다.

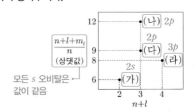

이에 대한 설명으로 옳은 것만을 〈보기〉에서 있는 대로 고른 것은? [3점]

〈보기〉 풀이

s 오비탈의 방위(부) 양자수 $l=0$이고, 자기 양자수 $m_l=0$이므로 주 양자수(n)에 관계없이 모든 s 오비탈의 $\dfrac{n+l+m_l}{n}$는 1이다. 또한 $n+l$가 2인 (가)는 2s 뿐이므로 $\dfrac{n+l+m_l}{n}$(상댓값)은 실젯값의 6배이다.

보기

✗ **(나)는 3s이다.**

➡ (나)의 $n+l$가 3이므로 2p, 3s 중 하나이다. (나)가 3s이면 $\dfrac{n+l+m_l}{n}$(상댓값)이 (가)와 같아야 하므로 (나)는 3s가 아니다. (나)의 $\dfrac{n+l+m_l}{n}$(실젯값)은 2이므로 $l=1$, $m_l=1$인 2p 오비탈이다.

ㄴ. **에너지 준위는 (가)와 (다)가 같다.**

➡ (가)는 2s이고, (다)의 $\dfrac{n+l+m_l}{n}$(실젯값)은 $\dfrac{3}{2}$이므로 (다)는 $l=1$, $m_l=0$인 2p 오비탈이다. 수소 원자에서 오비탈의 에너지 준위는 2s=2p이므로 (가)와 (다)의 에너지 준위는 같다.

ㄷ. **m_l는 (가)와 (라)가 같다.**

➡ $n+l$가 4인 (라)는 4s, 3p 중 하나이다. (라)가 4s이면 $\dfrac{n+l+m_l}{n}$(상댓값)이 (가)와 같아야 하므로 (라)는 4s가 아니다. (라)의 $\dfrac{n+l+m_l}{n}$(상댓값)은 $\dfrac{4}{3}$이므로 (라)는 $l=1$, $m_l=0$인 3p 오비탈이다. 따라서 (가)와 (라)는 $m_l=0$으로 같다.

적용해야 할 개념 ③가지

① 주 양자수(n): 오비탈의 에너지 준위를 결정하는 양자수로, 보어 모형에서 전자 껍질에 해당한다.

② 방위(부) 양자수(l): 오비탈의 모양을 결정하는 양자수이다. 주 양자수가 n인 경우 방위(부) 양자수는 0, 1, 2, $\cdots$ $(n-1)$까지 n개 존재한다.

③ 자기 양자수(m_l): 오비탈의 공간 방향을 결정하는 양자수로, 방위(부) 양자수(l)에 의해 결정되며, $-l$, $\cdots$ -2, -1, 0, 1, 2, $\cdots$ $+l$까지 $(2l+1)$개 존재한다.

문제 보기

┌─ 전자 배치 $1s^2 2s^2 2p^6 3s^2 3p^5$

다음은 <u>바닥상태 염소($_{17}$Cl) 원자에서 전자가 들어 있는 오비탈</u> (가)~(다)에 대한 자료이다. n, l은 각각 주 양자수, 방위(부) 양자수이다.

○ (가)~(다)의 n의 총합은 8이다. → n는 3, 3, 2 중 하나
○ $n+l$은 (나)>(가)=(다)이다.
○ l는 (가)=(나)이다.

이에 대한 설명으로 옳은 것만을 〈보기〉에서 있는 대로 고른 것은?

[3점]

〈보기〉 풀이

바닥상태 $_{17}$Cl의 전자 배치는 $1s^2 2s^2 2p^6 3s^2 3p^5$이다. 오비탈 (가)~(다)의 n의 총합이 8이므로 (가)~(다) 중 2가지는 각각 $3s$, $3p$ 중 하나이고, 나머지 1가지는 $2s$, $2p$ 중 하나이다. 이때 $n+l$이 (나)>(가)=(다)인데, $2s$, $2p$, $3s$, $3p$의 $n+l$은 각각 2, 3, 3, 4이므로 (가)와 (다)는 각각 $2p$, $3s$ 중 하나이고, (나)는 $3p$이다. 또한 l는 (가)=(나)이므로 (가)~(다)는 각각 $2p$, $3p$, $3s$이다.

✗ **(가)는 $3s$이다.**
➡ (가)는 $2p$이다.

✗ **(다)의 자기 양자수(m_l)는 1이다.**
➡ (다)는 $3s$이다. 자기 양자수(m_l)는 방위(부) 양자수가 l일 때 $-l$부터 $+l$까지의 정수를 갖는다. s 오비탈의 $l=0$이므로 (다)의 자기 양자수(m_l)는 0 한 가지이다.

ⓒ **n는 (나)와 (다)가 같다.**
➡ (나)와 (다)는 각각 $3p$, $3s$이므로 주 양자수(n)가 3으로 같다.

적용해야 할 개념 ③가지

① 주 양자수(n): 오비탈의 에너지 준위를 결정하는 양자수로, 보어 모형에서 전자 껍질에 해당한다.

② 방위(부) 양자수(l): 오비탈의 모양을 결정하는 양자수이다. 주 양자수가 n인 경우 방위(부) 양자수는 0, 1, 2, $\cdots$ $(n-1)$까지 n개 존재한다.

③ 수소 원자의 에너지 준위: 주 양자수(n)가 같으면 모양에 관계없이 에너지 준위는 같다.

문제 보기

다음은 수소 원자의 오비탈 (가)~(다)에 대한 자료이다. n은 주 양자수, l은 방위(부) 양자수이다.

○ (가)~(다)는 각각 $2p$, $3s$, $3p$ 오비탈 중 하나이다.
○ 에너지 준위는 (가)>(나)이다.
○ $n+l$은 (나)와 (다)가 같다. ^{2p}
     $2p<3s=3p$ $3s$

이에 대한 옳은 설명만을 〈보기〉에서 있는 대로 고른 것은?

〈보기〉 풀이

수소 원자에서 오비탈의 에너지 준위는 주 양자수(n)에 의해서만 영향을 받으므로 $1s<2s=2p<3s=3p=3d<\cdots$이다. (가)~(다)가 각각 $2p$, $3s$, $3p$ 중 하나이고, 에너지 준위가 (가)>(나)이므로 (나)는 $2p$이고, (나)와 $n+l(=3)$이 같은 (다)는 $3s$이며 (가)는 $3p$이다.

✗ **(가)의 모양은 구형이다.**
➡ s 오비탈은 구형이고, p 오비탈은 아령형이다. $3p$인 (가)의 모양은 아령형이다.

✗ **에너지 준위는 (가)>(다)이다.**
➡ (가)와 (다)는 각각 $3p$, $3s$이므로 에너지 준위는 (가)=(다)이다.

ⓒ **l은 (나)>(다)이다.**
➡ 방위(부) 양자수 l은 오비탈의 모양을 결정하는 양자수로 $l=0$은 s 오비탈, $l=1$은 p 오비탈을 나타낸다. (나)와 (다)는 각각 $2p$, $3s$이므로 l은 (나)>(다)이다.

적용해야 할 개념 ①가지

① 오비탈과 양자수

양자수	의미	존재 가능한 값
주 양자수(n)	오비탈의 에너지 준위를 결정하는 양자수	1, 2, 3 …의 자연수 값을 가진다.
방위(부) 양자수(l)	오비탈의 모양을 결정하는 양자수(오비탈의 모양은 s, p, d, f 등의 기호를 이용하여 나타낸다.)	주 양자수(n)에 의해 결정되며, 0, 1, 2, …($n-1$)까지 n개 존재한다.
자기 양자수(m_l)	오비탈의 공간 방향을 결정하는 양자수	방위(부) 양자수(l)에 의해 결정되며, $-l$, … -2, -1, 0, 1, 2, $+l$까지 ($2l+1$)개 존재한다.
스핀 자기 양자수(m_s)	전자의 스핀 방향을 결정하는 양자수	$+\dfrac{1}{2}$, $-\dfrac{1}{2}$ 두 가지가 있으며, 1개의 오비탈에는 같은 스핀을 갖는 전자가 들어갈 수 없으므로 전자가 최대 2개까지만 들어갈 수 있다.

문제 보기

└ 전자 배치 $1s^2 2s^2 2p_x^2 2p_y^2 2p_z^2 3s^2 3p_x^1 3p_y^1 3p_z^1$

표는 바닥상태의 인($_{15}$P) 원자에서 전자가 들어 있는 오비탈 중 3가지 오비탈 (가)~(다)에 대한 자료이다. n, l, m_l는 각각 주 양자수, 방위(부) 양자수, 자기 양자수이다.

	$n+l$	$n+m_l$	$l+m_l$
(가)2s	2	a2	0
(나)2p	3	2	b1
(다)3p	c4	4	2

$a+b+c$는?

<보기> 풀이

방위(부) 양자수 l는 주 양자수 n에 의해 결정되며 0부터 ($n-1$)까지의 정수로 나타낸다. 이때 s 오비탈의 $l=0$이고, p 오비탈의 $l=1$이다. 자기 양자수 m_l는 방위(부) 양자수 l에 의해 결정되며, $-l$부터 l까지의 정수로 표현된다. 이때 s 오비탈의 m_l는 0 1가지이고, p 오비탈의 m_l는 -1, 0, 1 3가지이다.

❶ $_{15}$P의 바닥상태 전자 배치 나타내기

P의 바닥상태 전자 배치는 $1s^2 2s^2 2p_x^2 2p_y^2 2p_z^2 3s^2 3p_x^1 3p_y^1 3p_z^1$이므로 오비탈 (가)~(다)는 각각 $1s$, $2s$, $2p_x$, $2p_y$, $2p_z$, $3s$, $3p_x$, $3p_y$, $3p_z$ 중 하나이다.

❷ (가)~(다)에 해당하는 오비탈 찾기

$n+l$이 2인 (가)는 $2s$ 오비탈 1가지이므로 (가)는 $2s$이다. $n+l=3$인 (나)는 $2p$, $3s$ 중 하나이다. $3s$ 오비탈의 $n+m_l=3$이므로 (나)는 $2p$ 오비탈이다. (다)에서 $n+m_l=4$이고, 주 양자수(n)가 3 이하이므로 (다)는 $m_l=1$인 $3p$ 오비탈이다.

❸ a~c 구하기

(가)~(다)는 각각 $2s$, $2p$, $3p$이고, (나)와 (다)의 $2p$, $3p$ 오비탈의 자기 양자수(m_l)는 각각 0, 1이므로 $a=n+m_l=2+0=2$이고, $b=l+m_l=1+0=1$이며, $c=n+l=3+1=4$이다. 따라서 $a+b+c=2+1+4=7$이다.

4   5   6   ④7   8

163

17 양자수와 오비탈 2021학년도 4월 학평 화I 16번 정답 ② | 정답률 57%

적용해야 할 개념 ①가지

① 오비탈과 양자수

양자수	의미	존재 가능한 값
주 양자수(n)	오비탈의 에너지 준위를 결정하는 양자수	1, 2, 3 …의 자연수 값을 가진다.
방위(부) 양자수(l)	오비탈의 모양을 결정하는 양자수(오비탈의 모양은 s, p, d, f 등의 기호를 이용하여 나타낸다.)	주 양자수(n)에 의해 결정되며, 0, 1, 2, …($n-1$)까지 n개 존재한다.
자기 양자수(m_l)	오비탈의 공간 방향을 결정하는 양자수	방위(부) 양자수(l)에 의해 결정되며, $-l$, … -2, -1, 0, 1, 2, $+l$까지 $(2l+1)$개 존재한다.
스핀 자기 양자수(m_s)	전자의 스핀 방향을 결정하는 양자수	$+\frac{1}{2}$, $-\frac{1}{2}$ 두 가지가 있으며, 1개의 오비탈에는 같은 스핀을 갖는 전자가 들어갈 수 없으므로 전자가 최대 2개까지만 들어갈 수 있다.

문제 보기

└→ 전자 배치 $1s^22s^22p^63s^23p^1$

표는 바닥상태 알루미늄($_{13}$Al) 원자에서 전자가 들어 있는 오비탈 (가)~(다)에 대한 자료이다. ㉠은 주 양자수(n)와 방위(부) 양자수(l) 중 하나이다.

오비탈	(가)2s	(나)2p	(다)3p
㉠방위(부) 양자수(l)		1	
$n+l$	$a-12$	$a3$	$a+14$

이에 대한 설명으로 옳은 것만을 〈보기〉에서 있는 대로 고른 것은? [3점]

보기

〈보기〉 풀이

방위(부) 양자수(l)는 주 양자수(n)에 의해 결정되는데, l는 0부터 ($n-1$)의 정수값을 갖는다. 따라서 모든 오비탈에서 $n > l$이며, 바닥상태 $_{13}$Al에서 전자가 들어 있는 오비탈은 $1s$, $2s$, $2p$, $3s$, $3p$ 5가지이고, 이들 오비탈의 $n+l$는 각각 1, 2, 3, 3, 4이다.

❌ **㉠은 n이다.**

➡ $a=2$라고 하면, (가)~(다)의 $n+l$는 각각 1, 2, 3이고, (나)의 오비탈은 $2s$이다. $2s$ 오비탈은 $n=2$이고, $l=0$이므로 ㉠=1의 조건을 만족하지 않는다. 따라서 $a=3$이고, (가)~(다)의 $n+l$는 각각 2, 3, 4이며, (나)의 오비탈은 $2p$, $3s$ 중 하나이다. 이들 오비탈의 n은 각각 2, 3이고, l는 각각 1, 0이므로 조건을 만족하는 (나)는 $2p$이고, ㉠은 방위(부) 양자수(l)이다.

Ⓛ **(가)의 자기 양자수(m_l)는 0이다.**

➡ 자기 양자수(m_l)는 오비탈의 방향을 나타내는 것으로 방위(부) 양자수(l)에 의해 결정된다. l에 따라 m_l는 $-l$부터 l까지의 정수값을 가진다. (가)는 $2s$ 오비탈로 s 오비탈의 $l=0$이므로 자기 양자수(m_l)는 0 뿐이다.

❌ **(다)에 들어 있는 전자 수는 2이다.**

➡ (다)는 $3p$ 오비탈이며, $_{13}$Al은 $3p$ 오비탈에 들어 있는 전자 수는 1이다.

---

18 양자수와 오비탈 2021학년도 10월 학평 화I 12번 정답 ③ | 정답률 76%

적용해야 할 개념 ④가지

① 주 양자수(n): 오비탈의 에너지 준위를 결정하는 양자수로, 보어 모형에서 전자 껍질에 해당한다.
② 방위(부) 양자수(l): 오비탈의 모양을 결정하는 양자수이다. 주 양자수가 n인 경우 방위(부) 양자수는 0, 1, 2, …($n-1$)까지 n개 존재한다.
③ 바닥상태: 에너지가 가장 낮은 안정한 상태로, 파울리 배타 원리에 따르면서 쌓음 원리와 훈트 규칙에 따라 전자가 배치된 상태이다.
④ 오비탈의 에너지 준위: 다전자 원자의 경우 오비탈의 모양이 같으면 주 양자수가 클수록 에너지 준위가 높고, 주 양자수가 같으면 $s \rightarrow p \rightarrow d$로 갈수록 에너지 준위가 높아진다.

문제 보기

다음은 3주기 바닥상태 원자 X의 전자가 들어 있는 오비탈 (가)~(다)에 대한 자료이다. n, l은 각각 주 양자수, 방위(부) 양자수이다.

---
o n은 (가)~(다)가 모두 다르다.   ┌ (가) 3s
o ($n+l$)은 (가)와 (나)가 같다. 2p, 3s 중 하나 ┤ (나) 2p
o ($n-l$)은 (나)와 (다)가 같다. 1s, 2p 중 하나 └ (다) 1s
o 오비탈에 들어 있는 전자 수는 (다)>(가)이다. ┐
                              X의 전자 배치 $1s^22s^22p^63s^1$

이에 대한 옳은 설명만을 〈보기〉에서 있는 대로 고른 것은? (단, X는 임의의 원소 기호이다.) [3점]

보기

〈보기〉 풀이

3주기 바닥상태 원자 X에서 오비탈 (가)~(다)의 주 양자수(n)가 모두 다르고, (가)와 (나)는 ($n+l$)이 같으므로 각각 $2p$, $3s$ 중 하나이다. 또한 (나)와 (다)는 ($n-l$)이 같으므로 각각 $1s$, $2p$ 중 하나이다. 따라서 공통인 (나)는 $2p$이고, (가)와 (다)는 각각 $3s$, $1s$이다. 이때 오비탈에 들어 있는 전자 수는 (다)>(가)이므로 (가)인 $3s$에 들어 있는 전자 수는 1이다. 따라서 바닥상태 원자 X의 전자 배치는 $1s^22s^22p^63s^1$이고, Na이다.

㉠ **l은 (나)>(가)이다.**

➡ (가)와 (나)는 각각 $3s$, $2p$이고, 오비탈의 종류를 나타내는 방위(부) 양자수 l은 각각 0, 1이므로 (나)>(가)이다.

❌ **에너지 준위는 (다)>(가)이다.**

➡ (가)와 (다)는 각각 $3s$, $1s$이므로 오비탈의 에너지 준위는 (가)>(다)이다.

㉢ **X의 홀전자 수는 1이다.**

➡ X는 Na으로 바닥상태 전자 배치는 $1s^22s^22p^63s^1$이므로 홀전자 수는 1이다.

164

19 양자수와 오비탈 2024학년도 수능 화Ⅰ 10번 　　　　정답 ③ | 정답률 73 %

적용해야 할 개념 ④가지

① 주 양자수(n): 오비탈의 에너지 준위를 결정하는 양자수로, 보어 모형에서 전자 껍질에 해당한다.

② 방위(부) 양자수(l): 오비탈의 모양을 결정하는 양자수이다. 주 양자수가 n인 경우 방위(부) 양자수는 0, 1, 2, … $(n-1)$까지 n개 존재한다.

③ 자기 양자수(m_l): 오비탈의 공간 방향을 결정하는 양자수로, 방위(부) 양자수(l)에 의해 결정되며 $-l$, … -2, -1, 0, 1, 2, … $+l$까지 $(2l+1)$개 존재한다.

④ 바닥상태: 에너지가 가장 낮은 안정한 상태로, 파울리 배타 원리에 따르면서 쌓음 원리와 훈트 규칙에 따라 전자가 배치된 상태이다.

문제 보기

다음은 바닥상태 탄소(C) 원자의 전자 배치에서 전자가 들어 있는 오비탈 (가)~(라)에 대한 자료이다. n은 주 양자수, l은 방위(부) 양자수, m_l은 자기 양자수이다.

○ $n-l$는 $\overset{2s}{\boxed{(가)}} > \overset{1s}{(나)}$이다.

○ $l-m_l$는 (다) > (나) = (라)이다.

○ $\dfrac{n+l+m_l}{n}$는 $\underset{2p_{+1}}{\boxed{(라)}} > (나) = \underset{2p_{-1}}{\boxed{(다)}}$이다.

이에 대한 설명으로 옳은 것만을 〈보기〉에서 있는 대로 고른 것은? [3점]

〈보기〉 풀이

C의 바닥상태 전자 배치는 $1s^2 2s^2 2p^2$이다. 이때 $2p$ 오비탈에서 m_l가 -1, 0, $+1$인 오비탈을 각각 $2p_{-1}$, $2p_0$, $2p_{+1}$이라고 하면, $n-l$는 $1s$는 1, $2s$는 2이고, 나머지 $2p_{-1}$, $2p_0$, $2p_{+1}$은 모두 1이다. 따라서 (가)는 $2s$이다. 또한 $1s$, $2p_{-1}$, $2p_0$, $2p_{+1}$의 $l-m_l$와 $\dfrac{n+l+m_l}{n}$는 다음과 같다.

오비탈	$1s$	$2p_{-1}$	$2p_0$	$2p_{+1}$
$l-m_l$	0	2	1	0
$\dfrac{n+l+m_l}{n}$	1	1	$\dfrac{3}{2}$	2

따라서 조건을 만족하는 (나)~(라)는 각각 $1s$, $2p_{-1}$, $2p_{+1}$이다.

ㄱ (나)는 $1s$이다.
➡ (나)는 $1s$이다.

✗ (다)에 들어 있는 전자 수는 2이다.
➡ (다)는 $2p_{-1}$이므로 들어 있는 전자 수는 1이다.

ㄷ 에너지 준위는 (라) > (가)이다.
➡ (가)와 (라)는 각각 $2s$와 $2p_{+1}$이므로 에너지 준위는 (라) > (가)이다.

---

20 양자수와 오비탈 2024학년도 9월 모평 화Ⅰ 7번 　　　　정답 ② | 정답률 58 %

적용해야 할 개념 ④가지

① 주 양자수(n): 오비탈의 에너지 준위를 결정하는 양자수로, 보어 모형에서 전자 껍질에 해당한다.

② 방위(부) 양자수(l): 오비탈의 모양을 결정하는 양자수이다. 주 양자수가 n인 경우 방위(부) 양자수는 0, 1, 2, … $(n-1)$까지 n개 존재한다.

③ 자기 양자수(m_l): 오비탈의 공간 방향을 결정하는 양자수로, 방위(부) 양자수(l)에 의해 결정되며, $-l$, … -2, -1, 0, 1, 2, … $+l$까지 $(2l+1)$개 존재한다.

④ 바닥상태: 에너지가 가장 낮은 안정한 상태로, 파울리 배타 원리에 따르면서 쌓음 원리와 훈트 규칙에 따라 전자가 배치된 상태이다.

문제 보기

다음은 바닥상태 Mg의 전자 배치에서 전자가 들어 있는 오비탈 (가)~(라)에 대한 자료이다. n은 주 양자수, l은 방위(부) 양자수, m_l은 자기 양자수이다.

　$\overset{1s,\ 2s,\ 2p_{-1},\ 2p_0,\ 2p_{+1},\ 3s\ 중\ 하나}{}$

○ $n+l$는 $\overset{2s}{(가)} > \overset{1s}{(나)} > (다)$이다.

○ m_l는 $\underset{0}{(나) = (라)} > (가)$이다.

○ (가)~(라) 중 $l+m_l$는 $\underset{2p_{-1}\quad 2p_0}{\overset{-1}{(라)}}$가 가장 크다.

이에 대한 설명으로 옳은 것만을 〈보기〉에서 있는 대로 고른 것은? [3점]

〈보기〉 풀이

Mg의 바닥상태 전자 배치는 $1s^2 2s^2 2p^6 3s^2$이다. 이때 $2p$ 오비탈에서 m_l가 -1, 0, 1인 오비탈을 각각 순서대로 $2p_{-1}$, $2p_0$, $2p_{+1}$이라고 하면, $n+l$는 $1s$는 1, $2s$는 2이고, 나머지 $2p_{-1}$, $2p_{+1}$, $3s$는 모두 3이다. 따라서 (나)와 (다)는 각각 $2s$, $1s$이고, (가)와 (라)는 각각 $2p_{-1}$, $2p_0$, $2p_{+1}$, $3s$ 중 하나이다. 이때 m_l는 (나) = (라) = 0이고, (가) = -1이며, $l+m_l$는 (라)가 가장 크므로 (가)와 (라)는 각각 $2p_{-1}$과 $2p_0$이다. 따라서 (가)~(라)는 각각 $2p_{-1}$, $2s$, $1s$, $2p_0$이다.

✗ 에너지 준위는 (가) = (나)이다.
➡ (가)와 (나)는 각각 $2p_{-1}$과 $2s$이고, 다전자 원자의 오비탈 에너지 준위는 $n+l$가 클수록 높으므로 (가) > (나)이다.

ㄴ (가)의 $l+m_l = 0$이다.
➡ (가)는 $2p_{-1}$이므로 $l=1$, $m_l = -1$이다. 따라서 (가)의 $l+m_l = 0$이다.

✗ (라)는 $3s$이다.
➡ (라)는 m_l가 0인 $2p$이다.

| 적용해야 할 개념 ②가지 | ① $1s$, $2s$, $2p$, $3s$, $3p$ 오비탈의 $n+l$(n: 주양자수, l: 방위(부) 양자수) |

오비탈	$1s$	$2s$	$2p$	$3s$	$3p$
$n+l$	1	2	3	3	4

② 자기 양자수(m_l): s 오비탈의 m_l는 0이고, p 오비탈의 m_l는 -1, 0, $+1$ 3가지이다.

문제 보기

다음은 바닥상태 질소(N) 원자의 전자 배치에서 전자가 들어 있는 오비탈 (가)~(다)에 대한 자료이다. n은 주 양자수, l은 방위(부) 양자수, m_l은 자기 양자수이다.

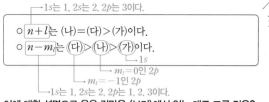

- $n+l$는 (나)=(다)>(가)이다.
- $n-m_l$는 (다)>(나)>(가)이다.

이에 대한 설명으로 옳은 것만을 〈보기〉에서 있는 대로 고른 것은?

〈보기〉 풀이

바닥상태 질소(N) 원자의 전자 배치는 $1s^2 2s^2 2p^3$이므로 (가)~(다)는 각각 $1s$, $2s$, $2p$ 중 하나이다. $1s$, $2s$, $2p$ 오비탈의 $n+l$는 각각 1, 2, 3이다. $n+l$는 (나)=(다)>(가)이므로 (나)와 (다)는 $n+l$가 같다. 따라서 모두 $2p$ 오비탈이고, (가)는 $1s$ 오비탈과 $2s$ 오비탈 중 하나이다. $1s$, $2s$ 오비탈의 m_l는 0이고, $2p$ 오비탈의 m_l는 -1, 0, $+1$이므로 $n-m_l$는 $1s$ 오비탈이 1, 2, $2s$ 오비탈이 2, $2p$ 오비탈이 1, 2, 3이다. $n-m_l$는 (다)>(나)>(가)이므로 (나)의 $n-m_l$가 1이면 (가)의 $n-m_l$는 0이어야 하므로 모순이다. 따라서 (나)의 $n-m_l=2$이고, (다)의 $n-m_l=3$이며, (가)의 $n-m_l=1$이므로 (가)는 $1s$, (나)는 $m_l=0$인 $2p$, (다)는 $m_l=-1$인 $2p$이다.

ㄱ. (가)는 $1s$이다.
➡ (가)는 $1s$, (나)와 (다)는 $2p$이다.

✗ (나)의 m_l는 $+1$이다.
➡ (가)~(다)의 m_l는 각각 0, 0, -1이다.

✗ 에너지 준위는 (나)>(다)이다.
➡ N와 같이 다전자 원자는 오비탈의 에너지 준위가 $2p>2s>1s$이다. (나)와 (다)는 모두 $2p$이므로 에너지 준위는 (나)와 (다)가 같다.

적용해야 할 개념 ③가지	① 주 양자수(n): 오비탈의 에너지 준위를 결정하는 양자수로, 보어 모형에서 전자 껍질에 해당한다.
	② 방위(부) 양자수(l): 오비탈의 모양을 결정하는 양자수이다. 주 양자수가 n인 경우 방위(부) 양자수는 0, 1, 2, … $(n-1)$까지 n개 존재한다.
	③ 자기 양자수(m_l): 오비탈의 공간 방향을 결정하는 양자수로, 방위(부) 양자수(l)에 의해 결정되며 $-l$, … -2, -1, 0, 1, 2, … $+l$까지 $(2l+1)$개 존재한다.

문제 보기

다음은 바닥상태 네온(Ne)의 전자 배치에서 전자가 들어 있는 오비탈 (가)~(다)에 대한 자료이다. n은 주 양자수이고, m_l은 자기 양자수이다.

$m_l=+1$인 $2p$
$m_l=-1$인 $2p$ $1s$
- n는 (가)=(나)>(다)이다.
- $n+m_l$는 (가)=(다)이다.
  $3-1=1$ $1+0=1$
- (가)~(다)의 m_l 합은 0이다.

이에 대한 설명으로 옳은 것만을 〈보기〉에서 있는 대로 고른 것은?

〈보기〉 풀이

네온(Ne)의 전자 배치는 $1s^2 2s^2 2p^6$이므로 (가)~(다)는 각각 $1s$, $2s$, $2p$ 중 하나이다. n는 (가)=(나)>(다)이므로 (가)와 (나)는 각각 $2s$, $2p$ 중 하나이고, (다)는 $1s$이다. s 오비탈의 $m_l=0$이므로 (다)의 $n+m_l=1$이다. (가)가 $2s$이면 $n+m_l=2+0=2$가 되어 (가)와 (다)의 $n+m_l$는 같을 수가 없다. 따라서 (가)는 $m_l=-1$인 $2p$이다. 이를 통해 (가)~(다)의 m_l의 합은 0이므로 (나)는 $m_l=+1$인 $2p$이다.

ㄱ. (나)의 m_l는 $+1$이다.
➡ (가)~(다)의 m_l는 각각 -1, $+1$, 0이다.

ㄴ. (다)는 $1s$이다.
➡ (가)~(다)는 각각 $2p$, $2p$, $1s$이다.

ㄷ. 방위(부) 양자수(l)는 (가)>(다)이다.
➡ (가)~(다)의 방위(부) 양자수(l)는 각각 1, 1, 0이므로 (가)>(다)이다.

적용해야 할 개념 ③가지

① 주 양자수(n): 오비탈의 에너지 준위를 결정하는 양자수로, 보어 모형에서 전자 껍질에 해당한다.
② 방위(부) 양자수(l): 오비탈의 모양을 결정하는 양자수이다. 주 양자수가 n인 경우 방위(부) 양자수는 0, 1, 2, ⋯ $(n-1)$까지 n개 존재한다.
③ 수소 원자의 에너지 준위: 주 양자수(n)가 같으면 모양에 관계없이 에너지 준위는 같다.

문제 보기

다음은 수소 원자의 오비탈 (가)~(라)에 대한 자료이다. n은 주 양자수, l은 방위(부) 양자수, m_l은 자기 양자수이다.

┌ 1s, 2s, 2p, 3s 중 하나   2p(m_l가 −1) ┌ 2s

o $n+l$는 (가)~(라)에서 각각 3 이하이고, (가)>(나)
  이다. ┌ 1s
o n는 (나)>(다)이고, 에너지 준위는 (나)=(라)이다.
o m_l는 (라)>(나)이고, (가)~(라)의 m_l 합은 0이다.
  └ 2p(m_l가 +1)

이에 대한 설명으로 옳은 것만을 〈보기〉에서 있는 대로 고른 것은?

〈보기〉 풀이

오비탈 (가)~(라)는 $n+l=3$ 이하이므로 각각 순서에 관계없이 1s, 2s, 2p(m_l가 −1인 2p, m_l가 0인 2p, m_l가 +1인 2p), 3s 오비탈 중 하나이다. 에너지 준위가 (나)=(라)이므로 (나)와 (라)는 각각 2s와 2p(m_l가 −1인 2p, m_l가 0인 2p, m_l가 +1인 2p 중 하나) 오비탈 중 하나이다. 또한 n가 (나)>(다)이므로 (다)는 1s 오비탈이고, $n+l$가 (가)>(나)이므로 (가)는 2p(m_l가 −1인 2p, m_l가 0인 2p, m_l가 +1인 2p 중 하나) 오비탈, (나)는 2s 오비탈이다. 이때 (나)는 2s 오비탈이고, (다)는 1s 오비탈이며, (가)~(라)의 m_l 합이 0이므로 (가)와 (라)는 각각 m_l가 −1인 2p 오비탈과 m_l가 +1인 2p 오비탈 중 하나이다. 그런데 m_l가 (라)>(나)이므로 (라)는 m_l가 +1인 2p 오비탈이고, (가)는 m_l가 −1인 2p 오비탈이다.

ㄱ (다)는 1s이다.
➡ (가)~(라)는 각각 m_l가 −1인 2p 오비탈, 2s 오비탈, 1s 오비탈, m_l가 +1인 2p 오비탈이다.

ㄴ m_l는 (나)>(가)이다.
➡ (가)와 (나)는 각각 m_l가 −1인 2p 오비탈과 2s 오비탈이므로 m_l는 각각 −1과 0이다. 따라서 m_l는 (나)>(가)이다.

✗ 에너지 준위는 (가)>(라)이다.
➡ 수소 원자에서 오비탈의 에너지 준위는 주 양자수(n)에만 영향을 받으며, 주 양자수(n)가 같으면 모양에 관계없이 에너지 준위가 같다. (가)와 (라)는 m_l가 다를 뿐 같은 2p 오비탈이므로 에너지 준위는 같다.

적용해야 할 개념 ③가지

① 주 양자수(n): 오비탈의 에너지 준위를 결정하는 양자수로, 보어 모형에서 전자 껍질에 해당한다.
② 방위(부) 양자수(l): 오비탈의 모양을 결정하는 양자수이다. 주 양자수가 n인 경우 방위(부) 양자수는 0, 1, 2, ⋯$(n-1)$까지 n개 존재한다.
③ 바닥상태: 에너지가 가장 낮은 안정한 상태로, 파울리 배타 원리에 따르면서 쌓음 원리와 훈트 규칙에 따라 전자가 배치된 상태이다.

문제 보기

표는 2, 3주기 바닥상태 원자 X~Z에 대한 자료이다.

원자	X N	Y F	Z Na
모든 전자의 주 양자수(n)의 합	a 12	$a+4$ 16	$a+9$ 21

(X→Y: 4증가, Y→Z: 5증가)

└ 원자 번호가 1씩 증가할 때 2주기에서는 2씩 증가하고, 3주기에서는 3씩 증가한다.

X~Z에 대한 옳은 설명만을 〈보기〉에서 있는 대로 고른 것은? (단, X~Z는 임의의 원소 기호이다.) [3점]

〈보기〉 풀이

주 양자수(n)는 전자 껍질을 나타낸다. 2주기 원소는 주 양자수 $n=2$인 오비탈에 전자가 채워지고, 3주기 원소는 주 양자수 $n=3$인 오비탈에 전자가 채워진다. 따라서 X와 Y에서 모든 전자의 주 양자수(n)의 합의 차가 4이므로 Y는 X에 비해 $n=2$인 오비탈에 2개의 전자가 더 많은 것이고, Z는 Y에 비해 모든 전자의 주 양자수(n)의 합이 5가 더 크므로 $n=2$인 오비탈과 $n=3$인 오비탈에 각각 전자 1개씩 더 채워진 상태이다. 따라서 Z는 Na이고, 전자 수의 차는 원자 번호의 차이므로 X, Y는 각각 N, F이며 $a=12$이다.

ㄱ 3주기 원소는 1가지이다.
➡ X~Z는 각각 N, F, Na이므로 3주기 원소는 Z 1가지이다.

✗ 전자가 들어 있는 오비탈 수는 Y>X이다.
➡ X, Y는 각각 N, F으로 바닥상태 전자 배치는 각각 $1s^2 2s^2 2p^3$, $1s^2 2s^2 2p^5$로 전자가 들어 있는 오비탈 수는 각각 5로 같다.

ㄷ 모든 전자의 방위(부) 양자수(l)의 합은 Z가 X의 2배이다.
➡ 방위(부) 양자수(l)는 오비탈의 모양을 결정하는 양자수로 s 오비탈의 $l=0$, p 오비탈의 $l=1$이다. 따라서 2, 3주기 원소의 모든 전자의 방위(부) 양자수(l)의 합은 p 오비탈의 전자 수와 같으므로 X, Z는 각각 3, 6이며, Z가 X의 2배이다.

적용해야 할 개념 ③가지

① 주 양자수(n): 오비탈의 에너지 준위를 결정하는 양자수로, 보어 모형에서 전자 껍질에 해당한다.

② 방위(부) 양자수(l): 오비탈의 모양을 결정하는 양자수이다. 주 양자수가 n인 경우 방위(부) 양자수는 0, 1, 2, ⋯ $(n-1)$까지 n개 존재한다.

③ 자기 양자수(m_l): 오비탈의 공간 방향을 결정하는 양자수로, 방위(부) 양자수(l)에 의해 결정되며 $-l$, ⋯ -2, -1, 0, 1, 2, ⋯ $+l$까지 $(2l+1)$개 존재한나.

문제 보기

표는 2, 3주기 바닥상태 원자 A~C에 대한 자료이다. n은 주 양자수, l은 방위(부) 양자수, m_l은 자기 양자수이다.

Al Ne

2s, 3p 오비탈 원자	A	B	C
$n-l=2$인 오비탈에 들어 있는 전자 수	$2s^2 3 3p^1$	$x\ 2$	$7\ 3p^5$
$n+l=3$인 오비탈에 들어 있는 전자 수		6	

2p, 3s 오비탈

이에 대한 설명으로 옳은 것만을 〈보기〉에서 있는 대로 고른 것은? (단, A~C는 임의의 원소 기호이다.) [3점]

〈보기〉 풀이

2, 3주기 바닥상태 원자에서 전자가 들어 있는 오비탈은 $1s$, $2s$, $2p$, $3s$, $3p$ 오비탈이다. $1s$, $2s$, $2p$, $3s$, $3p$ 오비탈의 $n-l$과 $n+l$은 다음과 같다.

오비탈	1s	2s	2p	3s	3p
$n-l$	1	2	1	3	2
$n+l$	1	2	3	3	4

$n-l=2$인 오비탈에 들어 있는 전자 수가 3인 원자는 $2s$ 오비탈에 전자가 2개 들어 있고, $3p$ 오비탈에 전자가 1개 들어 있으므로 Al($1s^2 2s^2 2p^6 3s^2 3p^1$)이다. $n-l=2$인 오비탈에 들어 있는 전자 수가 7인 원자는 $2s$ 오비탈에 전자가 2개 들어 있고, $3p$ 오비탈에 전자가 5개 들어 있으므로 Cl($1s^2 2s^2 2p^6 3s^2 3p^5$)이다. $n+l=3$인 오비탈에 들어 있는 전자 수가 6인 원자는 $2p$ 오비탈에 전자가 6개 들어 있으므로 Ne($1s^2 2s^2 2p^6$)이다. 따라서 A~C는 각각 Al, Ne, Cl이다.

ㄱ) $x=2$이다.
➡ Ne은 $n-l=2$인 $2s$ 오비탈에 전자가 2개 들어 있으므로 $x=2$이다.

ㄴ) 전자가 들어 있는 s 오비탈 수는 A와 C가 같다.
➡ 전자가 들어 있는 s 오비탈 수는 A(Al)와 C(Cl)가 3으로 같다.

ㄷ) B에서 전자가 들어 있는 오비탈 중 $l+m_l=2$인 오비탈이 있다.
➡ B(Ne)에서 전자가 들어 있는 오비탈 중 $m_l=+1$인 p 오비탈($l=1$)은 $l+m_l=2$이다. 따라서 B에서 전자가 들어 있는 오비탈 중 $l+m_l=2$인 오비탈이 있다.

적용해야 할 개념 ④가지

① 주 양자수(n): 오비탈의 에너지 준위를 결정하는 양자수로, 보어 모형에서 전자 껍질에 해당한다.

② 방위(부) 양자수(l): 오비탈의 모양을 결정하는 양자수이다. 주 양자수가 n인 경우 방위(부) 양자수는 0, 1, 2, ⋯ $(n-1)$까지 n개 존재한다.

③ 자기 양자수(m_l): 오비탈의 공간 방향을 결정하는 양자수로, 방위(부) 양자수(l)에 의해 결정되며 $-l$, ⋯ -2, -1, 0, 1, 2, ⋯ $+l$까지 $(2l+1)$개 존재한다.

④ 다전자 원자에서 오비탈의 에너지 준위: $1s < 2s < 2p < 3s < 3p < 4s < 3d$ ⋯

문제 보기

표는 바닥상태 질소(N) 원자의 전자 배치에서 전자가 들어 있는 오비탈 (가)~(라)에 대한 자료이다. n은 주 양자수, l은 방위(부) 양자수, m_l은 자기 양자수이다.

오비탈	(가) 1s	(나) 2p	(다) 2p	(라) 2s
$n+l$	1	3	3	$x\ 2$
$\dfrac{2l+m_l+1}{n}$	$m_l=0$ 1	$m_l=-1$ 1	$m_l=+1$ $\dfrac{x}{2}$	$m_l=0$ $\dfrac{1}{2}$

이에 대한 옳은 설명만을 〈보기〉에서 있는 대로 고른 것은? [3점]

〈보기〉 풀이

바닥상태 질소(N) 원자의 전자 배치는 $1s^2 2s^2 2p^3$이고, $1s$, $2s$, $2p$ 오비탈에 대한 자료는 다음과 같다.

오비탈	1s	2s	2p		
$n+l$	1	2	3		
m_l	0	0	-1	0	$+1$
$\dfrac{2l+m_l+1}{n}$	1	$\dfrac{1}{2}$	1	$\dfrac{3}{2}$	2

따라서 (가)는 $1s$, (나)는 $m_l=-1$인 $2p$이고, (라)는 $2s$이므로 $x=2$이고, (다)는 $m_l=+1$인 $2p$이다.

ㄱ) $x=2$이다.
➡ (라)는 $2s$이므로 $x=2$이다.

✗ m_l는 (가)와 (다)가 같다.
➡ (가)의 $m_l=0$이고, (다)의 $m_l=+1$이다. 따라서 m_l는 (가)와 (다)가 다르다.

✗ 에너지 준위는 (나)와 (라)가 같다.
➡ (나)는 $2p$이고, (라)는 $2s$이다. 다전자 원자에서 오비탈의 에너지는 준위는 $2p > 2s$이므로 에너지 준위는 (나)>(라)이다.

적용해야 할 개념 ④가지

① 주 양자수(n): 오비탈의 에너지 준위를 결정하는 양자수로, 보어 모형에서 전자 껍질에 해당한다.

② 방위(부) 양자수(l): 오비탈의 모양을 결정하는 양자수이다. 주 양자수가 n인 경우 방위(부) 양자수는 0, 1, 2, ⋯ $(n-1)$까지 n개 존재한다.

③ 자기 양자수(m_l): 오비탈의 공간 방향을 결정하는 양자수로, 방위(부) 양자수(l)에 의해 결정되며 $-l$, ⋯ -2, -1, 0, 1, 2, ⋯ $+l$까지 $(2l+1)$개 존재한다.

④ $1s$, $2s$, $2p$, $3s$, $3p$, $4s$ 오비탈의 주 양자수(n)와 방위(부) 양자수(l)의 합과 차

오비탈	$1s$	$2s$	$2p$	$3s$	$3p$	$4s$
$n+l$	1	2	3	3	4	4
$n-l$	1	2	1	3	2	4

문제 보기

표는 바닥상태 질소(N) 원자에서 전자가 들어 있는 오비탈 (가)~(다)에 대한 자료이다. n은 주 양자수, l은 방위(부) 양자수, m_l은 자기 양자수이다.

$m_l=-1$인 $2p$ 오비탈　$2s$ 오비탈　$m_l=0$인 $2p$ 오비탈

오비탈	(가)	(나)	(다)
$n+l$	x 3	2	x 3
$n-l$	1	$x-1$ 2	㉠ 1
$n+m_l$	$x-2$ 1	2	$x-1$ 2

이에 대한 옳은 설명만을 〈보기〉에서 있는 대로 고른 것은?

〈보기〉 풀이

바닥상태 질소(N) 원자의 전자 배치는 $1s^2 2s^2 2p^3$이므로 (가)~(다)에 해당하는 오비탈은 각각 $1s$, $2s$, $2p$ 중 하나이다. 각 오비탈의 $n+l$, $n-l$, $n+m_l$는 다음과 같다.

오비탈	$1s$	$2s$	$2p$		
			$m_l=-1$	$m_l=0$	$m_l=+1$
$n+l$	1	2	3	3	3
$n-l$	1	2	1	1	1
$n+m_l$	1	2	1	2	3

(가)는 $m_l=-1$인 $2p$ 오비탈이고, $x=3$이다. (나)는 $2s$ 오비탈이고, (다)는 $m_l=0$인 $2p$ 오비탈이다.

✘ (가)에 들어 있는 전자 수는 2이다.

➡ 바닥상태 질소 원자는 3개의 $2p$ 오비탈에 전자가 각각 1개씩 들어 있으므로 (가)에 들어 있는 전자 수는 1이다.

✘ '$x-1$'은 ㉠으로 적절하다.

➡ (다)의 $n-l=1$이므로 ㉠은 $x-2$이다.

ⓒ m_l는 (나)와 (다)가 같다.

➡ (나)는 s 오비탈이므로 $m_l=0$이고, (다)의 $m_l=0$이다. 따라서 m_l는 (나)와 (다)가 0으로 같다.

적용해야 할 개념 ③가지

① 바닥상태: 에너지가 가장 낮은 안정한 상태로, 파울리 배타 원리에 따르면서 쌓음 원리와 훈트 규칙에 따라 전자가 배치된 상태이다.

② 주 양자수(n): 오비탈의 에너지 준위를 결정하는 양자수로, 보어 모형에서 전자 껍질에 해당한다.

③ 방위(부) 양자수(l): 오비탈의 모양을 결정하는 양자수이다. 주 양자수가 n인 경우 방위(부) 양자수는 0, 1, 2, ⋯$(n-1)$까지 n개 존재한다.

문제 보기

다음은 ㉠과 ㉡에 대한 설명과 2주기 바닥상태 원자 X~Z에 대한 자료이다. n은 주 양자수이고, l은 방위(부) 양자수이다.

n=2인 오비탈

○ ㉠: 각 원자의 바닥상태 전자 배치에서 전자가 들어 있는 오비탈 중 n이 가장 큰 오비탈

○ ㉡: 각 원자의 바닥상태 전자 배치에서 전자가 들어 있는 오비탈 중 $n+l$이 가장 큰 오비탈

1, 2족: 2s 오비탈, 13~18족: 2p 오비탈

원자	X	Y	Z
	Be	C	Ne
㉠에 들어 있는 전자 수(상댓값)	1	2	4
㉡에 들어 있는 전자 수(상댓값)	1	1	3

이에 대한 설명으로 옳은 것만을 〈보기〉에서 있는 대로 고른 것은? (단, X~Z는 임의의 원소 기호이다.) [3점]

〈보기〉 풀이

바닥상태 전자 배치에서 전자가 들어 있는 오비탈 중 n이 가장 큰 오비탈인 ㉠은 $n=2$인 오비탈을 의미한다. 따라서 ㉠에 들어 있는 전자 수는 가장 바깥 껍질에 들어 있는 전자 수이다. 또한 바닥상태 2주기 원자에서 전자가 들어 있을 수 있는 오비탈은 1s, 2s, 2p이므로 $n+l$이 가장 큰 오비탈 ㉡은 1, 2족의 경우 2s 오비탈이고, 13~18족은 2p 오비탈이다. X, Y의 가장 바깥 껍질에 들어 있는 전자 수가 각각 1, 2라고 할 때 각각 Li, Be이고, 2s 오비탈에 들어 있는 전자 수가 각각 1, 2이므로 조건을 만족하지 않는다. X, Y의 가장 바깥 껍질에 들어 있는 전자 수가 각각 2, 4라고 할 때 각각 Be, C이고, Be은 2s 오비탈에 들어 있는 전자 수가 2, C는 2p 오비탈에 들어 있는 전자 수가 2이므로 조건을 만족한다. X, Y의 가장 바깥 껍질에 들어 있는 전자 수가 각각 2, 4이므로 Z는 가장 바깥 껍질에 들어 있는 전자 수가 8인 Ne이며, 2p 오비탈에 들어 있는 전자 수가 6으로 조건을 만족한다. 따라서 X~Z는 각각 Be, C, Ne이다.

㉠ Z는 18족 원소이다.
➡ Z는 Ne으로 18족 원소이다.

㉡ 홀전자 수는 X와 Z가 같다.
➡ X, Z는 각각 Be, Ne으로 바닥상태 전자 배치는 각각 $1s^2 2s^2$, $1s^2 2s^2 2p^6$이고, 홀전자 수는 각각 0으로 같다.

㉢ 전자가 들어 있는 오비탈 수 비는 X : Y=1 : 2이다.
➡ X, Y는 각각 Be, C로 바닥상태 전자 배치는 각각 $1s^2 2s^2$, $1s^2 2s^2 2p^2$이고, 전자가 들어 있는 오비탈 수는 각각 2, 4이다. 따라서 전자가 들어 있는 오비탈 수 비는 X : Y=2 : 4=1 : 2이다.

적용해야 할 개념 ③가지

① 주 양자수(n): 오비탈의 에너지 준위를 결정하는 양자수로, 보어 모형에서 전자 껍질에 해당한다.

② 방위(부) 양자수(l): 오비탈의 모양을 결정하는 양자수이다. 주 양자수가 n인 경우 방위(부) 양자수는 0, 1, 2, ⋯$(n-1)$까지 n개 존재한다.

③ 자기 양자수(m_l): 오비탈의 공간 방향을 결정하는 양자수로 방위(부) 양자수(l)에 의해 결정되며 $-l$, ⋯, -1, 0, 1, ⋯, l까지 $(2l+1)$개 존재한다.

문제 보기

표는 2, 3주기 바닥상태 원자 A~C에 대한 자료이다. n은 주 양자수이고, l은 방위(부) 양자수이며, m_l은 자기 양자수이다.

1s, 2p 오비탈

원자	A	B	C
	O	Be	Si
$n-l=1$인 오비탈에 들어 있는 전자 수	6	x 2	8
$n-l=2$인 오비탈에 들어 있는 전자 수	x 2	2	$2x$ 4

2s, 3p 오비탈

이에 대한 설명으로 옳은 것만을 〈보기〉에서 있는 대로 고른 것은? (단, A~C는 임의의 원소 기호이다.) [3점]

〈보기〉 풀이

바닥상태 2, 3주기 원자에서 전자가 들어 있을 수 있는 오비탈은 1s, 2s, 2p, 3s, 3p이다. $n-l=1$인 오비탈은 1s 오비탈, 2p 오비탈이고, $n-l=2$인 오비탈은 2s 오비탈, 3p 오비탈이다. 이때 1s 오비탈과 2p 오비탈에 들어 있는 전체 전자 수가 6인 A는 전자 배치 규칙에 따라 1s 오비탈에 2개, 2p 오비탈에 4개의 전자가 들어 있는 원자로 전자 배치가 $1s^2 2s^2 2p^4$인 O이다. 따라서 바닥상태 O에서 2s 오비탈과 3p 오비탈에 들어 있는 전자 수는 각각 2, 0이므로 $x=2$이다. 또한 1s 오비탈과 2p 오비탈에 들어 있는 전체 전자 수와 2s 오비탈과 3p 오비탈에 들어 있는 전체 전자 수가 모두 2인 B의 전자 배치는 $1s^2 2s^2$로 Be이다. 마지막으로 2s 오비탈과 3p 오비탈에 들어 있는 전체 전자 수가 4인 C는 바닥상태에서 2s 오비탈에 2개, 3p 오비탈에 2개의 전자가 들어 있으므로 전자 배치가 $1s^2 2s^2 2p^6 3s^2 3p^2$인 Si이다.

㉠ $x=2$이다.
➡ A(O)에서 2s 오비탈과 3p 오비탈에 들어 있는 전자 수는 각각 2, 0이므로 $x=2$이다.

㉡ A에서 전자가 들어 있는 오비탈 중 $l+m_l=1$인 오비탈이 있다.
➡ $l=0$인 s 오비탈에는 $m_l=0$만 존재하고, $l=1$인 p 오비탈에는 m_l가 -1, 0, 1 3개 존재한다. 따라서 $l+m_l=1$인 오비탈은 $l=1$, $m_l=0$인 p 오비탈이다. A(O)의 전자 배치는 $1s^2 2s^2 2p^4$로 3개의 2p 오비탈에 모두 전자가 들어 있으므로 A에서 전자가 들어 있는 오비탈 중 $l+m_l=1$인 오비탈이 있다.

✗ 원자가 전자 수는 B와 C가 같다.
➡ B(Be)와 C(Si)의 원자가 전자 수는 각각 2, 4이므로 원자가 전자 수는 B<C이다.

적용해야 할 개념 ④가지

① 주 양자수(n): 오비탈의 에너지 준위를 결정하는 양자수로, 보어 모형에서 전자 껍질에 해당한다.

② 방위(부) 양자수(l): 오비탈의 모양을 결정하는 양자수이다. 주 양자수가 n인 경우 방위(부) 양자수는 0, 1, 2, … $(n-1)$까지 n개 존재한다.

③ 자기 양자수(m_l): 오비탈의 공간 방향을 결정하는 양자수로, 방위(부) 양자수(l)에 의해 결정되며 $-l$, … -2, -1, 0, 1, 2, … $+l$까지 $(2l+1)$개 존재한다.

④ $1s$, $2s$, $2p$, $3s$, $3p$, $4s$ 오비탈의 $n+m_l$과 $n+l+m_l$

오비탈	$1s$	$2s$	$2p$			$3s$	$3p$			$4s$
			$m_l=-1$	$m_l=0$	$m_l=+1$		$m_l=-1$	$m_l=0$	$m_l=+1$	
$n+m_l$	1	2	1	2	3	3	2	3	4	4
$n+l+m_l$	1	2	2	3	4	3	3	4	5	4

문제 보기

표는 바닥상태 마그네슘(Mg) 원자의 전자 배치에서 전자가 들어 있는 오비탈 (가)~(라)에 대한 자료이다. n은 주 양자수, l은 방위(부) 양자수, m_l은 자기 양자수이다.

오비탈	(가)	(나)	(다)	(라)
$\dfrac{1}{n+m_l}$ (상댓값)	2	a	a	$2a$
$n+l+m_l$	4	3	2	2

(위: $m_l=+1$인 $2p$ / $m_l=0$인 $2p$ / $2s$ / $m_l=-1$인 $2p$) 보기

이에 대한 설명으로 옳은 것만을 〈보기〉에서 있는 대로 고른 것은?

〈보기〉 풀이

바닥상태 Mg 원자의 전자 배치에서 전자가 들어 있는 오비탈은 $1s$, $2s$, $2p$, $3s$이다. 각 오비탈의 $\dfrac{1}{n+m_l}$, $n+l+m_l$은 다음과 같다.

오비탈	$1s$	$2s$	$2p$			$3s$
			$m_l=-1$	$m_l=0$	$m_l=+1$	
$\dfrac{1}{n+m_l}$	1	$\dfrac{1}{2}$	1	$\dfrac{1}{2}$	$\dfrac{1}{3}$	$\dfrac{1}{3}$
$n+l+m_l$	1	2	2	3	4	3

(가)는 $m_l=+1$인 $2p$ 오비탈이고, (나)~(라)는 각각 $m_l=0$인 $2p$ 오비탈, $2s$ 오비탈, $m_l=-1$인 $2p$ 오비탈이다.

ㄱ (가)의 l는 1이다.
➡ (가)는 $2p$ 오비탈이므로 $l=1$이다.

ㄴ m_l는 (나)와 (다)가 같다.
➡ s 오비탈은 $m_l=0$이므로 (나)($m_l=0$인 $2p$ 오비탈)와 (다)($2s$ 오비탈)의 $m_l=0$이다.

ㄷ 에너지 준위는 (라)>(다)이다.
➡ 다전자 원자에서 오비탈의 에너지 준위는 $1s<2s<2p<3s<3p<4s$…이다. 따라서 에너지 준위는 (라)($2p$ 오비탈)>(다)($2s$ 오비탈)이다.

9 일차

01 ④　02 ⑤　03 ①　04 ④　05 ⑤　06 ①　07 ⑤　08 ②　09 ⑤　10 ④　11 ①　12 ④
13 ②　14 ③　15 ①　16 ③

문제편 100~103쪽

01　바닥상태 전자 배치 규칙　2021학년도 9월 모평 화Ⅰ 2번　　정답 ④ | 정답률 82 %

적용해야 할 개념 ④가지

① 바닥상태: 에너지가 가장 낮은 안정한 상태로, 파울리 배타 원리를 따르면서 쌓음 원리와 훈트 규칙에 따라 전자가 배치된 상태이다.

② 쌓음 원리: 바닥상태 원자는 에너지 준위가 낮은 오비탈부터 차례로 전자가 배치된다.

　➡ 전자가 배치되는 순서: $1s → 2s → 2p → 3s → 3p → 4s → 3d → 4p$ …

③ 파울리 배타 원리: 1개의 오비탈에 들어갈 수 있는 전자 수는 최대 2개이며, 이때 두 전자의 스핀 방향은 반대여야 한다.

④ 훈트 규칙: 에너지 준위가 같은 오비탈에 전자가 채워질 때 홀전자 수가 가장 큰 배치를 한다.

문제 보기

그림은 학생들이 그린 원자 $_6$C의 전자 배치 (가)~(다)를 나타낸 것이다.

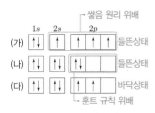

이에 대한 설명으로 옳은 것만을 〈보기〉에서 있는 대로 고른 것은?

〈보기〉 풀이

✗ **(가)는 쌓음 원리를 만족한다.**

➡ (가)는 에너지 준위가 낮은 2s 오비탈에 전자가 모두 채워지지 않은 상태에서 상대적으로 에너지 준위가 높은 2p 오비탈에 전자가 채워졌으므로 쌓음 원리를 만족하지 못하는 들뜬상태 전자 배치이다.

ㄴ **(다)는 바닥상태 전자 배치이다.**

➡ (다)는 쌓음 원리, 파울리 배타 원리, 훈트 규칙을 모두 만족하는 $_6$C 원자의 바닥상태 전자 배치이다.

ㄷ **(가)~(다) 모두 파울리 배타 원리를 만족한다.**

➡ (가)~(다)에서 1개의 오비탈에 최대 2개의 전자가 채워져 있고, 전자쌍을 형성하는 오비탈에서 전자의 스핀 방향이 모두 반대이므로 모두 파울리 배타 원리를 만족한다.

02　바닥상태 전자 배치 규칙　2021학년도 수능 화Ⅰ 3번　　정답 ⑤ | 정답률 88 %

적용해야 할 개념 ④가지

① 바닥상태 전자 배치: 파울리 배타 원리를 따르면서 쌓음 원리, 훈트 규칙을 모두 만족하는 가장 안정한 상태의 전자 배치이다.

② 쌓음 원리: 바닥상태 원자는 에너지 준위가 낮은 오비탈부터 차례로 전자가 배치된다.

　➡ 전자가 배치되는 순서: $1s → 2s → 2p → 3s → 3p → 4s → 3d → 4p$ …

③ 파울리 배타 원리: 1개의 오비탈에 들어갈 수 있는 전자 수는 최대 2개이며, 이때 두 전자의 스핀 방향은 반대여야 한다.

④ 훈트 규칙: 에너지 준위가 같은 오비탈에 전자가 배치될 때 홀전자 수가 가장 큰 배치를 한다.

문제 보기

그림 (가)~(라)는 학생들이 그린 산소(O) 원자의 전자 배치이다.

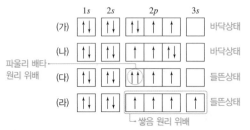

이에 대한 설명으로 옳은 것만을 〈보기〉에서 있는 대로 고른 것은? [3점]

〈보기〉 풀이

ㄱ **(가)와 (나)는 모두 바닥상태의 전자 배치이다.**

➡ 3개의 2p 오비탈은 에너지 준위가 같으므로 어느 곳에 먼저 전자가 배치되어도 훈트 규칙을 만족하면 바닥상태 전자 배치이다. 따라서 (가)와 (나)는 모두 훈트 규칙을 만족하는 바닥상태의 전자 배치이다.

ㄴ **(다)는 파울리 배타 원리에 어긋난다.**

➡ (다)의 2p 오비탈의 전자쌍에서 스핀 방향이 같으므로 파울리 배타 원리에 어긋난다.

ㄷ **(라)는 들뜬상태의 전자 배치이다.**

➡ (라)는 에너지 준위가 낮은 2p 오비탈에 전자가 모두 채워지지 않은 상태에서 상대적으로 에너지 준위가 높은 3s 오비탈에 전자가 채워졌으므로 쌓음 원리를 만족하지 못하는 들뜬상태의 전자 배치이다.

03 바닥상태 전자 배치 규칙 2022학년도 3월 학평 화I 4번

정답 ① | 정답률 77%

적용해야 할 개념 ④가지

① 바닥상태와 들뜬상태: 파울리 배타 원리를 따르면서 쌓음 원리와 훈트 규칙에 따라 전자가 채워진 상태가 바닥상태, 파울리 배타 원리에 따르지만 쌓음 원리나 훈트 규칙에 어긋나는 전자 배치가 들뜬상태이다.

② 쌓음 원리: 바닥상태 원자는 에너지 준위가 낮은 오비탈부터 차례로 전자가 배치된다.
➡ 전자가 배치되는 순서: $1s \rightarrow 2s \rightarrow 2p \rightarrow 3s \rightarrow 3p \rightarrow 4s \rightarrow 3d \rightarrow 4p \cdots$

③ 파울리 배타 원리: 1개의 오비탈에 들어갈 수 있는 전자 수는 최대 2개이며, 이때 두 전자의 스핀 방향은 반대여야 한다.

④ 훈트 규칙: 에너지 준위가 같은 오비탈에 전자가 배치될 때 홀전자 수가 가장 큰 배치를 한다.

문제 보기

그림은 원자 X의 전자 배치 (가)와 (나)를 나타낸 것이다.
→ Si

	$1s$	$2s$	$2p$	$3s$	$3p$	
(가)	↑↓	↑↓	↑↓ ↑↓ ↑↓	↑	↑ ↑	바닥상태
(나)	↑↓	↑↓	↑↓ ↑↓ ↑↓		↑ ↑	쌓음 원리 위배

이에 대한 옳은 설명만을 〈보기〉에서 있는 대로 고른 것은? (단, n, l은 각각 주 양자수, 방위(부) 양자수이고, X는 임의의 원소 기호이다.)

〈보기〉 풀이

ㄱ. X는 14족이다.
➡ X의 원자가 전자 수는 4이므로 X는 14족이다.

✗ (가)와 (나)는 모두 들뜬상태의 전자 배치이다.
➡ 훈트 규칙에 따라 에너지 준위가 같은 오비탈에 전자가 채워질 때에는 홀전자 수가 최대일 때 안정하다. 이때 에너지 준위가 같은 3개의 $3p$ 오비탈에 전자가 채워지는 순서는 관계 없다. 따라서 (가)는 쌓음 원리, 파울리 배타 원리, 훈트 규칙을 모두 만족하는 바닥상태 전자 배치이다. 하지만 (나)에서 상대적으로 에너지 준위가 낮은 $3s$ 오비탈에 전자가 모두 채워지지 않은 상태에서 $3p$ 오비탈에 전자가 채워졌으므로 (나)는 쌓음 원리에 어긋나는 들뜬상태 전자 배치이다.

✗ X는 바닥상태에서 $n+l=4$인 전자 수가 3이다.
➡ $n+l=4$인 전자는 $3p$ 오비탈에 들어 있는 전자이다. X의 바닥상태 전자 배치는 (가)와 같으므로 $3p$ 오비탈에 들어 있는 전자 수는 2이다.

04 바닥상태 전자 배치 규칙 2019학년도 수능 화I 3번

정답 ④ | 정답률 82%

적용해야 할 개념 ④가지

① 바닥상태 전자 배치: 파울리 배타 원리를 따르면서 쌓음 원리, 훈트 규칙을 만족하는 전자 배치로 가장 안정한 상태의 전자 배치이다.

② 쌓음 원리: 바닥상태 원자는 에너지 준위가 낮은 오비탈부터 차례로 전자가 배치된다.
➡ 전자가 배치되는 순서: $1s \rightarrow 2s \rightarrow 2p \rightarrow 3s \rightarrow 3p \rightarrow 4s \rightarrow 3d \rightarrow 4p \cdots$

③ 파울리 배타 원리: 1개의 오비탈에 들어갈 수 있는 전자 수는 최대 2개이며, 이때 두 전자의 스핀 방향은 반대여야 한다.

④ 훈트 규칙: 에너지 준위가 같은 오비탈에 전자가 배치될 때 홀전자 수가 가장 큰 배치를 한다.

문제 보기

다음은 학생 X가 그린 3가지 원자의 전자 배치 (가)~(다)와 이에 대한 세 학생의 대화이다.

→ 쌓음 원리 위배

		$1s$	$2s$	$2p$	$3s$
들뜬상태	(가) $_4$Be	↑↓	↑	↑	
바닥상태	(나) $_6$C	↑↓	↑↓	↑ ↑	
	(다) $_{12}$Mg	↑↓	↑↓	↑↓ ↑↓ ↑↓	↑↑

파울리 배타 원리 위배

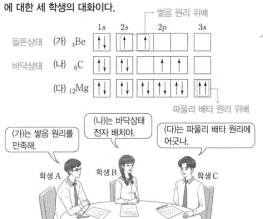

(가)는 쌓음 원리를 만족해. (나)는 바닥상태 전자 배치야. (다)는 파울리 배타 원리에 어긋나.

학생 A   학생 B   학생 C

학생 A~C 중 제시한 내용이 옳은 학생만을 있는 대로 고른 것은? [3점]

〈보기〉 풀이

(나)는 바닥상태 전자 배치이고, (가)는 들뜬상태 전자 배치이며, (다)는 파울리 배타 원리에 어긋나는 전자 배치로 실제 존재할 수 없는 전자 배치이다.

학생 ✗ (가)는 쌓음 원리를 만족해.
➡ (가)는 $2s$ 오비탈에 2개의 전자가 모두 채워지기 전에 $2p$ 오비탈에 전자가 배치되었으므로 쌓음 원리를 만족하지 않는다.

학생 Ⓑ (나)는 바닥상태 전자 배치야.
➡ 3개의 $2p$ 오비탈은 에너지 준위가 같으므로 어느 곳에 먼저 전자가 배치되어도 훈트 규칙을 만족하므로 바닥상태 전자 배치이다.

학생 Ⓒ (다)는 파울리 배타 원리에 어긋나.
➡ (다)는 $3s$ 오비탈에 2개 전자의 스핀 방향이 같으므로 파울리 배타 원리에 어긋난다.

적용해야 할 개념 ④가지

① 바닥상태와 들뜬상태: 파울리 배타 원리를 따르면서 쌓음 원리와 훈트 규칙에 따라 전자가 채워진 상태가 바닥상태, 파울리 배타 원리에 따르지만 쌓음 원리나 훈트 규칙에 어긋나는 전자 배치가 들뜬상태이다.

② 쌓음 원리: 바닥상태 원자는 에너지 준위가 낮은 오비탈부터 차례로 전자가 배치된다.
➡ 전자가 배치되는 순서: $1s \rightarrow 2s \rightarrow 2p \rightarrow 3s \rightarrow 3p \rightarrow 4s \rightarrow 3d \rightarrow 4p \cdots$

③ 파울리 배타 원리: 1개의 오비탈에 들어갈 수 있는 전자 수는 최대 2개이며, 이때 두 전자의 스핀 방향은 반대여야 한다.

④ 훈트 규칙: 에너지 준위가 같은 오비탈에 전자가 배치될 때 홀전자 수가 가장 큰 배치를 한다.

문제 보기

그림은 학생들이 그린 3가지 원자의 전자 배치 (가)~(다)를 나타낸 것이다.

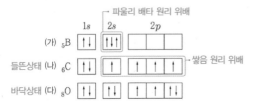

(가)~(다) 중 바닥상태 전자 배치(㉠)와 들뜬상태 전자 배치(㉡)로 옳은 것은?

<보기> 풀이

바닥상태 전자 배치는 파울리 배타 원리를 따르면서 쌓음 원리, 훈트 규칙을 모두 만족하는 전자 배치이다.

❶ 바닥상태 전자 배치 규칙 알기
파울리 배타 원리에 따르면 1개의 오비탈에 최대 2개의 전자가 채워질 수 있으며, 이때 두 전자의 스핀 방향은 서로 반대여야 한다. 이러한 파울리 배타 원리는 오비탈 전자 배치의 기본 규칙으로, 바닥상태와 들뜬상태에서 모두 만족해야 하는 규칙이다. 쌓음 원리는 전자가 채워질 때 에너지 준위가 낮은 오비탈부터 모두 채워진 후 다음 에너지 준위의 오비탈이 채워지는 원리를 말한다. 훈트 규칙은 에너지 준위가 같은 여러 개의 오비탈에 전자가 채워질 때 순서에 상관없이 홀전자 수가 최대가 되도록 채워지는 규칙을 말한다.

❷ 바닥상태 전자 배치와 들뜬상태 전자 배치 찾기
(가)는 $2s$ 오비탈에 3개의 전자가 들어 있어 파울리 배타 원리에 위배되는 것으로 실제 존재할 수 없는 전자 배치이다. (나)는 오비탈의 에너지 준위가 $2s<2p$인데 $2s$ 오비탈에 전자 2개가 모두 채워지지 않은 상태에서 $2p$ 오비탈에 전자가 채워졌으므로 쌓음 원리에 위배되는 들뜬상태 전자 배치이다. (다)는 파울리 배타 원리, 쌓음 원리, 훈트 규칙을 모두 만족하는 바닥상태 전자 배치이다. 따라서 ㉠, ㉡은 각각 (다), (나)이다.

	㉠	㉡		㉠	㉡
✕	(가)	(나)	✕	(나)	(가)
✕	(나)	(다)	✕	(다)	(가)
⑤	(다)	(나)			

적용해야 할 개념 ④가지

① 바닥상태: 에너지가 가장 낮은 안정한 상태로, 파울리 배타 원리를 따르면서 쌓음 원리와 훈트 규칙에 따라 전자가 배치된 상태이다.

② 쌓음 원리: 바닥상태 원자는 에너지 준위가 낮은 오비탈부터 차례로 전자가 배치된다.
➡ 전자가 배치되는 순서: $1s \rightarrow 2s \rightarrow 2p \rightarrow 3s \rightarrow 3p \rightarrow 4s \rightarrow 3d \rightarrow 4p \cdots$

③ 훈트 규칙: 에너지 준위가 같은 오비탈에 전자가 배치될 때 홀전자 수가 가장 큰 배치를 한다.

④ 홀전자: 오비탈에서 쌍을 이루지 않은 전자

문제 보기

그림은 원자 X~Z의 전자 배치를 나타낸 것이다.

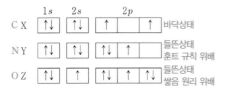

X~Z에 대한 옳은 설명만을 <보기>에서 있는 대로 고른 것은? (단, X~Z는 임의의 원소 기호이다.)

<보기> 풀이

원자는 중성이므로 양성자수와 전자 수가 같다. 따라서 전자 수는 원자 번호와 같고, X~Z의 전자 수가 각각 순서대로 6, 7, 8이므로 X~Z는 각각 C, N, O이다.

㉠ X의 전자 배치는 쌓음 원리를 만족한다.
➡ X는 C의 바닥상태 전자 배치로 쌓음 원리뿐만 아니라 훈트 규칙도 만족한다.

✕ Y의 전자 배치는 훈트 규칙을 만족한다.
➡ Y의 전자 배치에서 3개의 $2p$ 오비탈 중 하나가 비어 있는 상태에서 $2p$ 오비탈에 전자쌍이 존재하므로 훈트 규칙을 만족하지 않는다.

✕ 바닥상태 원자의 홀전자 수는 Z>Y이다.
➡ Y와 Z는 각각 N과 O로 바닥상태 전자 배치는 각각 $1s^22s^22p_x{}^12p_y{}^12p_z{}^1$과 $1s^22s^22p_x{}^22p_y{}^12p_z{}^1$로 바닥상태 원자의 홀전자 수는 각각 3과 2이다. 따라서 바닥상태 원자의 홀전자 수는 Y>Z이다.

07 바닥상태 전자 배치 규칙 2021학년도 3월 학평 화I 3번

정답 ⑤ | 정답률 79 %

적용해야 할 개념 ④가지

① 바닥상태와 들뜬상태: 파울리 배타 원리에 따르면서 쌓음 원리와 훈트 규칙에 따라 전자가 배치된 상태가 바닥상태, 파울리 배타 원리에 따르지만 쌓음 원리나 훈트 규칙에 어긋나는 전자 배치가 들뜬상태이다.

② 쌓음 원리: 바닥상태 원자는 에너지 준위가 낮은 오비탈부터 차례로 전자가 배치된다.

➡ 전자가 배치되는 순서: $1s \rightarrow 2s \rightarrow 2p \rightarrow 3s \rightarrow 3p \rightarrow 4s \rightarrow 3d \rightarrow 4p \cdots$

③ 파울리 배타 원리: 1개의 오비탈에 들어갈 수 있는 전자 수는 최대 2개이며, 이때 두 전자의 스핀 방향은 반대여야 한다.

④ 훈트 규칙: 에너지 준위가 같은 오비탈에 전자가 채워질 때 홀전자 수가 가장 큰 배치를 한다.

문제 보기

그림은 원자 X~Z의 전자 배치를 나타낸 것이다.

	$1s$	$2s$	$2p$	
B X	↑↓	↑　↑　↑		쌓음 원리 위배
C Y	↑↓	↑↓	↑　　↑	바닥상태
N Z	↑↓	↑↓	↑↓　↑	훈트 규칙 위배

이에 대한 옳은 설명만을 〈보기〉에서 있는 대로 고른 것은? (단, X~Z는 임의의 원소 기호이다.)

〈보기〉 풀이

X~Z의 전자 수가 각각 5, 6, 7이므로 X~Z는 각각 B, C, N이다.

ㄱ. X는 들뜬상태이다.

➡ 오비탈의 에너지 준위는 $1s<2s<2p$인데 X의 전자 배치에서 에너지 준위가 낮은 $2s$ 오비탈에 전자가 모두 채워지지 않은 상태에서 $2p$ 오비탈에 전자가 들어 있어 쌓음 원리를 만족하지 않으므로 들뜬상태이다.

ㄴ. Y는 훈트 규칙을 만족한다.

➡ 훈트 규칙에 따라 에너지 준위가 같은 오비탈에 전자가 채워질 때에는 홀전자 수가 최대일 때 안정하다. 이때 3개의 $2p$ 오비탈에 전자가 채워지는 순서는 관계없다. 따라서 Y는 훈트 규칙을 만족하며, 바닥상태이다.

ㄷ. Z는 바닥상태일 때 홀전자 수가 3이다.

➡ Z는 N로 바닥상태 전자 배치는 $1s^2 2s^2 2p_x{}^1 2p_y{}^1 2p_z{}^1$이므로 홀전자 수는 3이다.

보기

---

08 바닥상태 전자 배치 2020학년도 10월 학평 화I 2번

정답 ② | 정답률 82 %

적용해야 할 개념 ⑤가지

① 바닥상태: 에너지가 가장 낮은 안정한 상태로, 파울리 배타 원리를 따르면서 쌓음 원리와 훈트 규칙에 따라 전자가 배치된 상태이다.

② 쌓음 원리: 바닥상태 원자는 에너지 준위가 낮은 오비탈부터 차례로 전자가 배치된다.

➡ 전자가 배치되는 순서: $1s \rightarrow 2s \rightarrow 2p \rightarrow 3s \rightarrow 3p \rightarrow 4s \rightarrow 3d \rightarrow 4p \cdots$

③ 파울리 배타 원리: 1개의 오비탈에 들어갈 수 있는 전자 수는 최대 2개이며, 이때 두 전자의 스핀 방향은 반대여야 한다.

④ 훈트 규칙: 에너지 준위가 같은 오비탈에 전자가 채워질 때 홀전자 수가 가장 큰 배치를 한다.

⑤ 홀전자: 오비탈에서 쌍을 이루지 않은 전자

문제 보기

그림은 원자 X~Z의 전자 배치를 나타낸 것이다.

이에 대한 옳은 설명만을 〈보기〉에서 있는 대로 고른 것은?(단, X~Z는 임의의 원소 기호이다.) [3점]

〈보기〉 풀이

X~Z는 각각 순서대로 C, N, O이다. Y는 바닥상태 전자 배치이고, X, Z는 들뜬상태 전자 배치이다.

✗ X는 15족 원소이다.

➡ X는 쌓음 원리에 위배된 C의 들뜬상태 전자 배치이다. C는 14족 원소이다.

ㄴ. Y의 전자 배치는 훈트 규칙을 만족한다.

➡ Y는 파울리 배타 원리를 따르면서 쌓음 원리와 훈트 규칙을 모두 만족하는 N의 바닥상태 전자 배치이다.

✗ 바닥상태에서 홀전자 수는 X > Z이다.

➡ X, Z는 각각 C, O로 바닥상태에서 홀전자 수는 각각 2로 같다.

보기

적용해야 할 개념 ③가지

① 바닥상태와 들뜬상태: 파울리 배타 원리에 따르면서 쌓음 원리와 훈트 규칙에 따라 전자가 배치된 상태가 바닥상태, 파울리 배타 원리에 따르지만 쌓음 원리나 훈트 규칙에 어긋나는 전자 배치가 들뜬상태이다.

② 파울리 배타 원리: 1개의 오비탈에 들어갈 수 있는 전자 수는 최대 2개이며, 이때 두 전자의 스핀 방향이 반대여야 한다.

③ 이온의 전자 배치: 양이온이 될 때는 원자가 전자를 잃고, 음이온이 될 때는 비어 있는 오비탈 중 에너지 준위가 가장 낮은 오비탈에 전자가 채워진다.

문제 보기

그림은 학생이 그린 원자 C, N와 이온 Al^{3+}의 전자 배치 (가)~(다)를 나타낸 것이다.

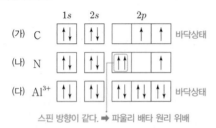

스핀 방향이 같다. ➡ 파울리 배타 원리 위배

이에 대한 설명으로 옳은 것만을 〈보기〉에서 있는 대로 고른 것은? (단, C, N, Al의 원자 번호는 각각 6, 7, 13이다.) [3점]

〈보기〉 풀이

학생이 그린 전자 배치에서 (가)와 (다)는 바닥상태 전자 배치이고, (나)는 파울리 배타 원리에 어긋나는 전자 배치이다.

ㄱ (가)는 바닥상태 전자 배치이다.
➡ (가)는 C의 바닥상태 전자 배치이다.

ㄴ (나)는 파울리 배타 원리에 어긋난다.
➡ (나)에서 2p 오비탈에 스핀 방향이 같은 전자쌍이 존재하므로 파울리 배타 원리에 어긋난다.

ㄷ 바닥상태의 원자 Al에서 전자가 들어 있는 오비탈 수는 7이다.
➡ 바닥상태의 Al의 전자 배치는 $1s^2 2s^2 2p_x^2 2p_y^2 2p_z^2 3s^2 3p_x^1$으로 전자가 들어 있는 오비탈 수는 7이다.

적용해야 할 개념 ④가지

① 바닥상태와 들뜬상태: 파울리 배타 원리에 따르면서 쌓음 원리와 훈트 규칙에 따라 전자가 배치된 상태가 바닥상태, 파울리 배타 원리에 따르지만 쌓음 원리나 훈트 규칙에 어긋나는 전자 배치가 들뜬상태이다.

② 쌓음 원리: 바닥상태 원자는 에너지 준위가 낮은 오비탈부터 차례로 전자가 배치된다.
➡ 전자가 배치되는 순서: $1s \rightarrow 2s \rightarrow 2p \rightarrow 3s \rightarrow 3p \rightarrow 4s \rightarrow 3d \rightarrow 4p \cdots$

③ 파울리 배타 원리: 1개의 오비탈에 들어갈 수 있는 전자 수는 최대 2개이며, 이때 두 전자의 스핀 방향은 반대여야 한다.

④ 훈트 규칙: 에너지 준위가 같은 오비탈에 전자가 배치될 때 홀전자 수가 가장 큰 배치를 한다.

문제 보기

그림 (가)~(다)는 3가지 원자의 전자 배치를 나타낸 것이다.

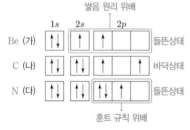

훈트 규칙 위배

(가)~(다)에 대한 설명으로 옳은 것은? [3점]

〈보기〉 풀이

(가)~(다)는 각각 순서대로 Be, C, N의 전자 배치이다.

✗ 바닥상태 전자 배치는 2가지이다.
➡ (나)는 바닥상태 전자 배치이고, (가)는 쌓음 원리, (다)는 훈트 규칙에 위배되는 전자 배치로 들뜬상태 전자 배치이다.

✗ 전자가 들어 있는 오비탈 수는 모두 같다.
➡ 전자가 들어 있는 오비탈 수는 (가)가 3, (나)와 (다)가 4이다.

✗ (가)는 쌓음 원리를 만족한다.
➡ (가)는 2s 오비탈이 완전히 채워지지 않고, 2p 오비탈에 전자가 배치되므로 쌓음 원리를 만족하지 않는 들뜬상태이다.

④ (나)에서 p 오비탈에 있는 두 전자의 에너지는 같다.
➡ 3개의 2p 오비탈의 에너지 준위는 같으므로 (나)에서 p 오비탈에 있는 두 전자의 에너지는 같다.

✗ (다)는 훈트 규칙을 만족한다.
➡ (다)는 2p 오비탈에 3개의 전자가 모두 홀전자로 있을 때 안정하므로, 훈트 규칙을 만족하지 않는다.

11 바닥상태 전자 배치 규칙 2021학년도 7월 학평 화I 4번   정답 ① | 정답률 77%

적용해야 할 개념 ④가지

① 바닥상태: 에너지가 가장 낮은 안정한 상태로, 파울리 배타 원리를 따르면서 쌓음 원리와 훈트 규칙에 따라 전자가 배치된 상태이다.

② 쌓음 원리: 바닥상태 원자는 에너지 준위가 낮은 오비탈부터 차례로 전자가 배치된다.

　➡ 전자가 배치되는 순서: $1s \rightarrow 2s \rightarrow 2p \rightarrow 3s \rightarrow 3p \rightarrow 4s \rightarrow 3d \rightarrow 4p \cdots$

③ 파울리 배타 원리: 1개의 오비탈에 들어갈 수 있는 전자 수는 최대 2개이며, 이때 두 전자의 스핀 방향은 반대여야 한다.

④ 훈트 규칙: 에너지 준위가 같은 오비탈에 전자가 채워질 때 홀전자 수가 가장 큰 배치를 한다.

문제 보기

그림은 바닥상태 원자 X~Z의 전자 배치의 일부이다. X~Z의 홀전자 수의 합은 6이다.

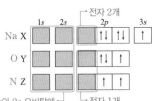

쌓음 원리에 따라 $1s$와 $2s$ 오비탈에 모두 전자 2개씩 존재

이에 대한 설명으로 옳은 것만을 〈보기〉에서 있는 대로 고른 것은? (단, X~Z는 임의의 원소 기호이다.) [3점]

〈보기〉 풀이

바닥상태 전자 배치에서 홀전자 수는 오비탈에 전자가 1개 채워진 전자 수를 말한다. 따라서 X의 홀전자 수는 1이고, X~Z의 홀전자 수의 합이 6이므로 Y, Z의 홀전자 수는 각각 2, 3 중 하나이다. 이때 Y에서 $2p$ 오비탈에 전자쌍이 1개 존재하므로 Y의 홀전자 수는 2이고, Z의 홀전자 수는 3이다. 또한 바닥상태 전자 배치는 쌓음 원리를 만족하므로 X~Z에서 $1s$와 $2s$ 오비탈에는 모두 전자 2개가 채워진다. 따라서 조건을 만족하는 X~Z는 각각 Na, O, N이다.

ㄱ. **X의 원자 번호는 11이다.**

➡ X는 Na으로 바닥상태 전자 배치는 $1s^2 2s^2 2p^6 3s^1$이다. 원자 번호는 전자 수와 같으므로 X의 원자 번호는 11이다.

✗ **Y는 17족 원소이다.**

➡ Y는 O이므로 16족 원소이다.

✗ **전자가 들어 있는 오비탈 수는 Y>Z이다.**

➡ Y, Z는 각각 O, N이다. 바닥상태 2주기 원소 중 15족~18족 원소는 전자가 들어 있는 오비탈 수가 5로 모두 같다. 따라서 전자가 들어 있는 오비탈 수는 Y=Z=5이다.

보기

적용해야 할 개념 ④가지

① 바닥상태: 에너지가 가장 낮은 안정한 상태로, 파울리 배타 원리를 따르면서 쌓음 원리와 훈트 규칙에 따라 전자가 배치된 상태이다.

② 쌓음 원리: 바닥상태 원자는 에너지 준위가 낮은 오비탈부터 차례로 전자가 배치된다.
➡ 전자가 배치되는 순서: $1s \rightarrow 2s \rightarrow 2p \rightarrow 3s \rightarrow 3p \rightarrow 4s \rightarrow 3d \rightarrow 4p \cdots$

③ 파울리 배타 원리: 1개의 오비탈에 들어갈 수 있는 전자 수는 최대 2개이며, 이때 두 전자의 스핀 방향은 반대여야 한다.

④ 훈트 규칙: 에너지 준위가 같은 오비탈에 전자가 채워질 때 홀전자 수가 가장 큰 배치를 한다.

문제 보기

표는 2주기 바닥상태 원자 X, Y의 전자 배치에 대한 자료이다.

원자	X C	Y O
전자가 들어 있는 오비탈 수	n 4	$n+1$
홀전자 수	2	2

└ 홀전자 수가 2인 2주기 바닥상태 원자는 C, O이다.

바닥상태 원자 Y의 전자 배치로 옳은 것은? (단, X, Y는 임의의 원소 기호이다.)

보기

<보기> 풀이

❶ **전자가 들어 있는 오비탈 수 n 구하기**

홀전자 수가 2인 2주기 바닥상태 원자 X와 Y는 각각 C, O 중 하나이며, 이들 원자의 바닥상태에서 전자가 들어 있는 오비탈 수는 각각 4, 5이므로 $n=4$이다.

❷ **X, Y 구하기**

$n=4$이므로 X와 Y는 각각 C, O이다.

❸ **Y의 바닥상태 전자 배치 나타내기**

Y는 O이므로 전자 수는 8이다. 따라서 쌓음 원리와 훈트 규칙, 파울리 배타 원리를 모두 만족하는 Y의 바닥상태 전자 배치는 ④이다.

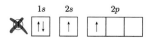

➡ 주어진 전자 배치는 $1s^2 2s^1 2p_x^1$으로 전자 수가 4이므로 Be이고, 쌓음 원리에 위배된 들뜬상태 전자 배치이다.

➡ 주어진 전자 배치는 $1s^2 2s^2 2p_x^1 2p_y^1$으로 C의 바닥상태 전자 배치이다.

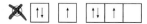

➡ 주어진 전자 배치는 $1s^2 2s^1 2p_x^2 2p_y^1$으로 쌓음 원리와 훈트 규칙에 모두 위배된 C의 들뜬상태 전자 배치이다.

④ ↑↓ ↑↓ ↑↓ ↑ ↑

➡ 주어진 전자 배치는 $1s^2 2s^2 2p_x^2 2p_y^1 2p_z^1$으로 O의 바닥상태 전자 배치이다.

↑↓ ↑ ↑↓ ↑↓ ↑

➡ 주어진 전자 배치는 $1s^2 2s^1 2p_x^2 2p_y^2 2p_z^1$으로 쌓음 원리에 위배된 O의 들뜬상태 전자 배치이다.

13 바닥상태 전자 배치 규칙 2020학년도 수능 화I 5번   정답 ② | 정답률 91%

적용해야 할
개념 ④가지

① 바닥상태 전자 배치: 파울리 배타 원리에 따르면서 쌓음 원리, 훈트 규칙을 만족하는 전자 배치로, 가장 안정한 상태의 전자 배치이다.
  ➡ 전자가 배치되는 순서: $1s \rightarrow 2s \rightarrow 2p \rightarrow 3s \rightarrow 3p \rightarrow 4s \rightarrow 3d \rightarrow 4p \cdots$
② 쌓음 원리: 바닥상태 원자는 에너지 준위가 낮은 오비탈부터 차례로 전자가 배치된다.
③ 파울리 배타 원리: 1개의 오비탈에 들어갈 수 있는 전자 수는 최대 2개이며, 이때 두 전자의 스핀 방향은 반대여야 한다.
④ 훈트 규칙: 에너지 준위가 같은 오비탈에 전자가 배치될 때 홀전자 수가 가장 큰 배치를 한다.

문제 보기

다음은 2주기 바닥상태 원자 X와 Y에 대한 자료이다.
  C   N

○ X와 Y의 홀전자 수의 합은 5이다.
  └ X, Y 중 하나는 N, 나머지는 C, O 중 하나
○ 전자가 들어 있는 p 오비탈 수는 Y>X이다.

바닥상태 원자 X의 전자 배치로 적절한 것은? (단, X와 Y는 임의의 원소 기호이다.) [3점]

보기

<보기> 풀이

2주기 원소의 바닥상태 전자 배치와 홀전자 수, 전자가 들어 있는 p 오비탈 수는 다음과 같다.

원소	Li	Be	B	C	N	O	F	Ne
전자 배치	$1s^2 2s^1$	$1s^2 2s^2$	$1s^2 2s^2$ $2p^1$	$1s^2 2s^2$ $2p^2$	$1s^2 2s^2$ $2p^3$	$1s^2 2s^2$ $2p^4$	$1s^2 2s^2$ $2p^5$	$1s^2 2s^2$ $2p^6$
홀전자 수	1	0	1	2	3	2	1	0
전자가 들어 있는 p 오비탈 수	0	0	1	2	3	3	3	3

2주기 바닥상태 원자의 홀전자 수의 합이 5이므로 X, Y는 C, N이거나 N, O이다.
그런데 전자가 들어 있는 p 오비탈 수가 다르므로 X, Y는 N, O가 될 수 없으며, p 오비탈 수가 Y>X이므로 X는 C, Y는 N이다.
X(C)는 전자 수가 6이므로 바닥상태 원자 C의 전자 배치는 $1s^2 2s^2 2p^2$이며, ②와 같이 쌓음 원리에 따라 $1s$, $2s$ 오비탈에 2개씩의 전자가 채워진 후 훈트 규칙에 따라 $2p$ 오비탈에 홀전자 수가 최대가 되는 배치를 한다.

➡ 주어진 전자 배치는 $1s^2 2s^1 2p_x^1$으로 전자 수가 4이므로 Be이고, 쌓음 원리에 위배된 들뜬상태이다.

➡ 주어진 전자 배치는 $1s^2 2s^2 2p_x^1 2p_y^1$으로 C의 바닥상태 전자 배치이다.

➡ 주어진 전자 배치는 $1s^2 2s^1 2p_x^2 2p_y^1$으로 쌓음 원리와 훈트 규칙에 모두 위배된 전자 배치로 C의 들뜬상태 전자 배치이다.

➡ 주어진 전자 배치는 $1s^2 2s^2 2p_x^1 2p_y^1 2p_z^1$으로 Y인 N의 바닥상태 전자 배치이다.

➡ 주어진 전자 배치는 $1s^2 2s^2 2p_x^2 2p_y^1 2p_z^1$으로 O의 바닥상태 전자 배치이다.

적용해야 할 개념 ④가지

① 바닥상태 전자 배치: 파울리 배타 원리를 따르면서 쌓음 원리, 훈트 규칙을 모두 만족하는 가장 안정한 상태의 전자 배치이다.

② 쌓음 원리: 바닥상태 원자는 에너지 준위가 낮은 오비탈부터 차례로 전자가 배치된다.
→ 전자가 배치되는 순서: $1s \rightarrow 2s \rightarrow 2p \rightarrow 3s \rightarrow 3p \rightarrow 4s \rightarrow 3d \rightarrow 4p \cdots$

③ 파울리 배타 원리: 1개의 오비탈에 들어갈 수 있는 전자 수는 최대 2개이며, 이때 두 전자의 스핀 방향은 반대여야 한다.

④ 훈트 규칙: 에너지 준위가 같은 오비탈에 전자가 배치될 때 홀전자 수가 가장 큰 배치를 한다.

문제 보기

다음은 원자 (가)~(다)의 전자 배치를 나타내기 위해 필요한 전자 배치 카드에 대한 자료이다.

○ 전자 배치 카드 종류

s 오비탈 카드 [s ↑] [s ↑↓]   p 오비탈 카드 [p ↑] [p ↑↓]

○ (가)~(다)의 바닥상태 전자 배치에 필요한 카드의 종류와 수

원자	전자 배치 카드의 종류와 수					
(가)	[s ↑↓]	2개	[p ↑]	a개 \newline 1	[p ↑↓]	2개
(나)	[s ↑]	1개	[s ↑↓]	2개	[p ↑↓]	b개 \newline 3
(다)	[s ↑↓]	3개	[p ↑]	c개 \newline 2	[p ↑↓]	4개

$a+b+c$는?

<보기> 풀이

보기

❶ a 구하기

오비탈의 에너지 준위가 $1s < 2s < 2p < 3s < 3p < \cdots$이며, 쌍을 이루고 있는 s 오비탈 카드 수가 2개이므로 $2p$ 오비탈에 전자가 채워지는데 쌍을 이루고 있는 p 오비탈 카드가 2개이므로 빈 p 오비탈은 없어야 한다. 따라서 (가)의 바닥상태 전자 배치는 $1s^2 2s^2 2p_x{}^2 2p_y{}^2 2p_z{}^1$로 홀전자의 p 오비탈의 개수 $a=1$이고, (가)는 F이다.

❷ b 구하기

(나)에서 쌍을 이루고 있는 s 오비탈 카드가 2개, 홀전자의 s 오비탈 카드가 1개이므로 $3s$ 오비탈에 홀전자가 존재한다. 따라서 $2p$ 오비탈에는 전자가 모두 채워져 있으므로 (나)의 바닥상태 전자 배치는 $1s^2 2s^2 2p_x{}^2 2p_y{}^2 2p_z{}^2 3s^1$로 $b=3$이고, (나)는 Na이다.

❸ c 구하기

(다)에서 전자쌍을 이루고 있는 s 오비탈 카드가 3개이고, 전자쌍을 이루고 있는 p 오비탈 카드가 4개이므로 $3p$ 오비탈에 전자가 들어 있어야 한다. 또한 $3p$ 오비탈에 전자쌍이 1개 있으므로 2개의 $3p$ 오비탈에는 홀전자로 존재해야 한다. 따라서 (다)의 바닥상태 전자 배치는 $1s^2 2s^2 2p_x{}^2 2p_y{}^2 2p_z{}^2 3s^2 3p_x{}^2 3p_y{}^1 3p_z{}^1$이므로 $c=2$이고, (다)는 S이다. 따라서 $a+b+c = 1+3+2 = 6$이다.

~~① 4~~   ~~② 5~~   ③ 6   ~~④ 7~~   ~~⑤ 8~~

15 양자수와 전자 배치 2020학년도 7월 학평 화I 15번

적용해야 할 개념 ②가지

① 오비탈과 양자수

양자수	의미	존재 가능한 값
주 양자수(n)	오비탈의 에너지 준위를 결정하는 양자수	1, 2, 3 …의 자연수 값을 가진다.
방위(부) 양자수(l)	오비탈의 모양을 결정하는 양자수(오비탈의 모양은 s, p, d, f 등의 기호를 이용하여 나타낸다.)	주 양자수(n)에 의해 결정되며, 0, 1, 2, …$(n-1)$까지 n개 존재한다.
자기 양자수(m_l)	오비탈의 공간 방향을 결정하는 양자수	방위(부) 양자수(l)에 의해 결정되며, $-l, \cdots -2, -1, 0, 1, 2, \cdots +l$까지 $(2l+1)$개 존재한다.
스핀 자기 양자수(m_s)	전자의 스핀 방향을 결정하는 양자수	$+\frac{1}{2}, -\frac{1}{2}$ 두 가지가 있으며, 1개의 오비탈에는 같은 스핀을 갖는 전자가 들어갈 수 없으므로 전자가 최대 2개까지만 들어갈 수 있다.

② 바닥상태: 에너지가 가장 낮은 안정한 상태로, 파울리 배타 원리에 따르면서 쌓음 원리와 훈트 규칙에 따라 전자가 배치된 상태이다.

문제 보기

다음은 전자의 양자수를 나타낸 카드의 종류와 원자 (가)~(다)의 전자 배치에 필요한 카드를 나타낸 자료이다. ㉠~㉨에 나타낸 전자의 양자수(n, l, m_l, m_s) 조합은 서로 다르다.

○ 카드의 종류

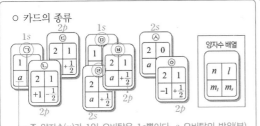

→ 주 양자수(n)가 1인 오비탈은 1s뿐이다. s 오비탈의 방위(부) 양자수(l)은 0이므로 자기 양자수(m_l)도 0이다. ➡ $a=0$

○ 원자 (가)~(다)의 전자 배치에 필요한 카드

원자	전자 배치	필요한 카드
(가)	1s ↑↓ 2s ↑ 2p ↑	㉠ ㉣ ㉤ ㉥
(나)	−	㉠ ㉡ ㉢ ㉣ ㉤
(다)	−	㉠ ㉢ ㉤ ㉥ ㉦ ㉧

이에 대한 설명으로 옳은 것만을 〈보기〉에서 있는 대로 고른 것은? [3점]

〈보기〉 풀이

방위(부) 양자수(l)는 오비탈의 종류를 나타내는 것으로 $l=0$은 s 오비탈, $l=1$은 p 오비탈이다. (가)의 전자 배치와 필요한 카드로 볼 때, ㉥은 2p 오비탈의 전자에 대한 양자수 카드이므로 ㉣은 2s 오비탈의 전자에 대한 양자수 카드이다. ㉦도 2s 오비탈의 전자에 대한 양자수 카드이므로 ㉦은 $-\frac{1}{2}$의 스핀 자기 양자수(m_s)를 갖는다. 또한 ㉠과 ㉧은 1s 오비탈에 있는 2개의 전자에 대한 양자수 카드이다.

㉠ $a=0$이다.

➡ ㉠에서 주 양자수(n)가 1인 오비탈은 1s뿐이다. s 오비탈의 방위(부) 양자수(l)은 0이므로 자기 양자수(m_l)도 0이다. 따라서 $a=0$ 이다.

✗ (나)에서 오비탈의 에너지 준위는 ㉣에 해당하는 전자가 ㉢에 해당하는 전자보다 높다.

➡ ㉣은 2s에 들어 있는 전자에 대한 양자수 카드이고, ㉢은 방위(부) 양자수 $l=1$이므로 2p 오비탈에 들어 있는 전자에 대한 양자수 카드이다. 따라서 오비탈의 에너지 준위는 ㉢에 해당하는 전자가 ㉣에 해당하는 전자보다 높다.

✗ (가)~(다) 중 바닥상태 전자 배치를 갖는 원자는 2개이다.

➡ (가)는 쌓음 원리에 위배된 전자 배치로 들뜬상태의 전자 배치이다. 전자 수가 5인 (나)는 전자 배치에서 2s에 해당하는 양자수 카드 ㉣과 ㉦ 중 1개만 이용되었으므로 쌓음 원리에 위배되어 들뜬상태의 전자 배치이다. (다)는 2개의 1s(㉠, ㉧)와 2개의 2s(㉣, ㉦), 그리고 2p(㉢, ㉥) 오비탈의 전자에 대한 양자수 카드가 모두 이용되었으며, 2개의 2p 오비탈의 전자에 대한 양자수 카드에서 스핀 자기 양자수(m_s)가 모두 $+\frac{1}{2}$이므로 모든 조건을 만족하는 바닥상태 전자 배치이다. 따라서 (가)~(다) 중 바닥상태 전자 배치를 갖는 원자는 (다) 1개이다.

적용해야 할 개념 ④가지

① 바닥상태와 들뜬상태: 파울리 배타 원리에 따르면서 쌓음 원리와 훈트 규칙에 따라 전자가 배치된 상태가 바닥상태, 파울리 배타 원리에 따르지만 쌓음 원리나 훈트 규칙에 어긋나는 전자 배치가 들뜬상태이다.

② 쌓음 원리: 바닥상태 원자는 에너지 준위가 낮은 오비탈부터 차례로 전자가 배치된다.
   ➡ 전자가 배치되는 순서: $1s \rightarrow 2s \rightarrow 2p \rightarrow 3s \rightarrow 3p \rightarrow 4s \rightarrow 3d \rightarrow 4p \cdots$

③ 파울리 배타 원리: 1개의 오비탈에 들어갈 수 있는 전자 수는 최대 2개이며, 이때 두 전자의 스핀 방향은 반대여야 한다.

④ 훈트 규칙: 에너지 준위가 같은 오비탈에 전자가 배치될 때 홀전자 수가 가장 큰 배치를 한다.

문제 보기

그림은 학생 A가 그린 3가지 원자의 전자 배치 (가)~(다)를 나타낸 것이다.

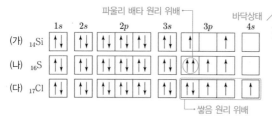

(가)~(다)에 대한 설명으로 옳은 것만을 〈보기〉에서 있는 대로 고른 것은? [3점]

〈보기〉풀이

(가)는 바닥상태 전자 배치이고, (다)는 들뜬상태 전자 배치이며, (나)는 파울리 배타 원리에 어긋나는 전자 배치로 실제 존재할 수 없는 전자 배치이다.

ㄱ **(가)는 훈트 규칙을 만족한다.**
➡ (가)는 바닥상태이므로 훈트 규칙을 만족한다.

ㄴ **(나)는 파울리 배타 원리에 어긋난다.**
➡ (나)는 $3p$ 오비탈에 스핀 방향이 같은 전자쌍이 존재하므로 파울리 배타 원리에 어긋난다.

✗ **(다)는 바닥상태 전자 배치이다.**
➡ 오비탈의 에너지 준위는 $3p < 4s$이다. (다)는 에너지 준위가 낮은 $3p$ 오비탈에 홀전자로 존재하면서 에너지 준위가 높은 $4s$ 오비탈에 전자가 배치되어 있으므로 쌓음 원리를 만족하지 않는 들뜬상태 전자 배치이다.

10
일차

01 ④	02 ②	03 ①	04 ④	05 ②	06 ③	07 ⑤	08 ①	09 ⑤	10 ④	11 ③	12 ③
13 ④	14 ③	15 ⑤	16 ③	17 ⑤	18 ⑤	19 ②	20 ⑤	21 ⑤	22 ①	23 ⑤	24 ①
25 ⑤	26 ⑤	27 ⑤	28 ①	29 ③	30 ①	31 ④	32 ②	33 ①	34 ①	35 ④	36 ⑤

문제편 106~115쪽

10
일차

01　원자 모형과 전자 배치　2024학년도 7월 학평 화I 2번　　　**정답 ④** | 정답률 87 %

적용해야 할 개념 ③가지

① 이온의 전하: (양성자수−전자 수)를 나타내는 값으로, 전하가 (+)이면 양성자수가 전자 수보다 큰 양이온이고, (−)이면 전자 수가 양성자 수보다 큰 음이온이다.
② 원자 번호는 양성자수(=원자일 때 전자 수)와 같다.
③ 물질은 전기적으로 중성이므로 이온 결합 물질을 구성하는 양이온의 전하와 음이온의 전하의 합이 0이다.

문제 보기

그림은 이온 X^{2-}, Y^{2+}, Z^-의 전자 배치를 모형으로 나타낸 것이다.

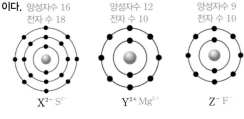

양성자수 16
전자 수 18

양성자수 12
전자 수 10

양성자수 9
전자 수 10

X^{2-} S^{2-}　　Y^{2+} Mg^{2+}　　Z^- F^-

이에 대한 설명으로 옳은 것만을 〈보기〉에서 있는 대로 고른 것은? (단, X~Z는 임의의 원소 기호이다.)

〈보기〉 풀이

X^{2-}, Y^{2+}, Z^-의 전자 수는 각각 18, 10, 10이다. X^{2-}은 전자 수가 양성자수보다 2만큼 크므로 X의 양성자수는 16이다. Y^{2+}은 양성자수가 전자 수보다 2만큼 크므로 Y의 양성자수는 12이다. Z^-은 전자 수가 양성자수보다 1만큼 크므로 Z의 양성자수는 9이다. 따라서 X^{2-}, Y^{2+}, Z^-은 각각 S^{2-}, Mg^{2+}, F^-이다.

ㄱ. **X는 2족 원소이다.**
➡ X는 원자가 전자 수가 6인 16족 원소이다.

ㄴ. **Z는 플루오린(F)이다.**
➡ Z는 양성자수가 9이므로 원자 번호가 9인 F이다.

ㄷ. **X와 Y는 1 : 1로 결합하여 안정한 화합물을 형성한다.**
➡ X는 비금속 원소이고, Y는 금속 원소이므로 X와 Y로 이루어진 화합물은 X^{2-}과 Y^{2+}으로 이루어진 이온 결합 물질이다. 이온 결합 물질을 구성하는 양이온의 전하와 음이온의 전하의 합은 0이므로 X^{2-}과 Y^{2+}은 1 : 1로 결합하여 YX라는 화합물을 형성한다.

보기

02　원자 모형과 전자 배치　2024학년도 수능 화I 5번　　　**정답 ②** | 정답률 84 %

적용해야 할 개념 ③가지

① 이온의 전자 수와 이온의 전하에 따른 원자의 전자 수

이온의 전하		−3	−2	−1	+1	+2	+3
전자 수	이온	a	b	c	d	e	f
	원자	$a-3$	$b-2$	$c-1$	$d+1$	$e+2$	$f+3$

예 X^+의 전자 수가 10이면 X 원자의 전자 수는 10+1=11이다.
② 전기 음성도의 주기성: 같은 주기에서 원자 번호가 커질수록 전기 음성도가 대체로 커지고, 같은 족에서 원자 번호가 커질수록 전기 음성도가 대체로 작아진다.
③ 원자가 전자가 느끼는 유효 핵전하의 주기성: 같은 주기에서 원자 번호가 커질수록 원자가 전자가 느끼는 유효 핵전하가 커진다.

문제 보기

그림은 이온 X^+, Y^{2-}, Z^{2-}의 전자 배치를 모형으로 나타낸 것이다.

X^+ Na^+　　Y^{2-} O^{2-}　　Z^{2-} S^{2-}
3주기 1족 원소　2주기 16족 원소　3주기 16족 원소

이에 대한 설명으로 옳은 것만을 〈보기〉에서 있는 대로 고른 것은? (단, X~Z는 임의의 원소 기호이다.) [3점]

〈보기〉 풀이

X^+은 X 원자가 전자를 1개 잃어 생성되는 이온이고, Y^{2-}은 Y 원자가 전자를 2개 얻어 생성되는 이온이며, Z^{2-}은 Z 원자가 전자를 2개 얻어 생성되는 이온이다. X^+과 Y^{2-}의 전자 배치는 Ne과 같으므로 X 원자는 전자가 11개인 Na이고, Y 원자는 전자가 6개인 O이다. Z^{2-}의 전자 배치는 Ar과 같으므로 Z 원자는 전자가 16개인 S이다.

ㄱ. **X와 Y는 같은 주기 원소이다.**
➡ X(Na)는 3주기 원소이고, Y(O)는 2주기 원소이다.

ㄴ. **전기 음성도는 Y > Z이다.**
➡ Y(O)와 Z(S)는 16족 원소로, 주기는 Z(S) > Y(O)이다. 같은 족 원소에서 주기가 커질수록 전기 음성도가 작아지므로 전기 음성도는 Y > Z이다.

ㄷ. **원자가 전자가 느끼는 유효 핵전하는 X > Z이다.**
➡ 같은 주기에서 원자 번호가 커질수록 원자가 전자가 느끼는 유효 핵전하는 커진다. X(Na)와 Z(S)는 모두 3주기 원소이고, 원자 번호는 Z > X이므로 원자가 전자가 느끼는 유효 핵전하는 Z > X이다.

보기

적용해야 할 개념 ④가지

① 바닥상태: 에너지가 가장 낮은 안정한 상태로, 파울리 배타 원리에 따르면서 쌓음 원리와 훈트 규칙에 따라 전자가 배치된 상태이다.

② 전자 껍질: 원자핵 주위의 전자가 원운동하는 특정한 에너지를 갖는 궤도로, 전자가 들어 있는 전자 껍질 수는 주기 번호와 같다.

③ 원자가 전자: 원자의 바닥상태 전자 배치에서 주 양자수(n)가 가장 큰 ns, np 오비탈에 들어 있어 반응에 참여하는 전자

④ 홀전자: 오비탈에서 쌍을 이루지 않은 전자

문제 보기

다음은 바닥상태 원자 X~Z의 전자 배치이다.

F X: $1s^2 2s^2 2p^5$

Mg Y: $1s^2 2s^2 2p^6 3s^2$

Al Z: $1s^2 2s^2 2p^6 3s^2 3p^1$

바닥상태 원자 X~Z에 대한 설명으로 옳은 것만을 〈보기〉에서 있는 대로 고른 것은? (단, X~Z는 임의의 원소 기호이다.)

〈보기〉 풀이

X, Y, Z의 전자 수는 각각 9, 12, 13이므로 순서대로 F, Mg, Al이다.

ㄱ. **전자가 들어 있는 전자 껍질 수는 Y > X이다.**

➡ X와 Y는 각각 F, Mg으로 각각 2주기, 3주기 원소이다. 따라서 전자 껍질 수는 Y > X이다.

ㄴ. **원자가 전자 수는 Y > Z이다.**

➡ 바닥상태 전자 배치에서 원자가 전자 수는 전자가 들어 있는 오비탈 중 주 양자수(n)가 최대인 ns, np 오비탈에 들어 있는 전자 수와 같다. 따라서 Y와 Z의 원자가 전자 수는 각각 2, 3이므로 Y < Z이다.

ㄷ. **홀전자 수는 X > Z이다.**

➡ 전자 배치에서 X와 Z의 홀전자 수는 각각 1로 같다. 따라서 홀전자 수는 X = Z이다.

보기

적용해야 할 개념 ④가지

① 주 양자수(n): 오비탈의 에너지 준위를 결정하는 양자수로, 보어 모형에서 전자 껍질에 해당한다.

② 원자가 전자 수: 원자의 바닥상태 전자 배치에서 주 양자수(n)가 가장 큰 ns, np 오비탈에 들어 있어 반응에 참여하는 전자 수의 합

③ 구성 원소에 따른 화학 결합

결합의 종류	이온 결합	공유 결합	금속 결합
구성 원소	금속 원소+비금속 원소	비금속 원소	금속 원소

④ 이온 결합 화합물의 화학식: 양이온의 전하와 음이온의 전하의 합이 0이 되도록 양이온의 전하 값을 음이온의 수로 두고, 음이온의 전하 값을 양이온의 수로 두어 화학식을 완성한다. ➡ A^{a+}과 B^{b-}의 이온 결합 화합물의 화학식: $A_b B_a$

문제 보기

다음은 바닥상태 원자 A~D의 전자 배치이다.

O A: $1s^2 2s^2 2p^4$

F B: $1s^2 2s^2 2p^5$

Na C: $1s^2 2s^2 2p^6 3s^1$

Cl D: $1s^2 2s^2 2p^6 3s^2 3p^5$

이에 대한 설명으로 옳은 것만을 〈보기〉에서 있는 대로 고른 것은? (단, A~D는 임의의 원소 기호이다.)

〈보기〉 풀이

바닥상태 전자 배치에서 주 양자수(n)가 최대인 s 오비탈과 p 오비탈에 들어 있는 전자 수의 합이 원자가 전자 수이며, 원자가 전자 수는 족의 1의 자리 수와 같다. 또한 원자가 전자가 들어 있는 오비탈의 주 양자수(n)는 주기를 의미한다. 따라서 A는 2주기 16족인 O, B는 2주기 17족인 F, C는 3주기 1족인 Na, D는 3주기 17족인 Cl이다.

ㄱ. **AB_2는 이온 결합 물질이다.**

➡ A, B는 각각 O, F으로 AB_2는 OF_2이다. 따라서 비금속 원소로만 이루어진 AB_2는 공유 결합 물질이다.

ㄴ. **C와 D는 같은 주기 원소이다.**

➡ C와 D는 각각 Na, Cl로 같은 3주기 원소이다.

ㄷ. **B와 C는 1 : 1로 결합하여 안정한 화합물을 형성한다.**

➡ B와 C는 각각 F, Na으로 이온이 형성될 때 각각 F^-, Na^+이 된다. 따라서 B와 C는 이온 결합 물질을 형성할 때 1 : 1로 결합하여 안정한 화합물을 형성한다.

보기

05 전자 배치와 원자의 규칙성 2023학년도 4월 학평 5번

정답 ② | 정답률 83 %

적용해야 할 개념 ④가지

① 바닥상태와 들뜬상태: 파울리 배타 원리를 따르면서 쌓음 원리와 훈트 규칙에 따라 전자가 채워진 상태가 바닥상태, 파울리 배타 원리에 따르지만 쌓음 원리나 훈트 규칙에 어긋나는 전자 배치가 들뜬상태이다.

② 쌓음 원리: 바닥상태 원자는 에너지 준위가 낮은 오비탈부터 차례로 전자가 배치된다.
➡ 전자가 배치되는 순서: $1s \rightarrow 2s \rightarrow 2p \rightarrow 3s \rightarrow 3p \rightarrow 4s \rightarrow 3d \rightarrow 4p \cdots$

③ 파울리 배타 원리: 1개의 오비탈에 들어갈 수 있는 전자 수는 최대 2개이며, 이때 두 전자의 스핀 방향은 반대여야 한다.

④ 훈트 규칙: 에너지 준위가 같은 오비탈에 전자가 배치될 때 홀전자 수가 가장 큰 배치를 한다.

문제 보기

다음은 바닥상태 원자 X와 Y에 대한 설명이다. l은 방위(부) 양자수이다.

○ X와 Y는 같은 주기 원소이다. $1s^2$ $1s^1$
○ $l=0$인 오비탈에 들어 있는 전자 수는 X가 Y의 2배   He   H
  이다. └ s 오비탈

$\dfrac{X의 양성자수}{Y의 양성자수}$ 는? (단, X, Y는 임의의 원소 기호이다.) [3점]

〈보기〉 풀이

바닥상태 전자 배치는 파울리 배타 원리를 따르면서 쌓음 원리, 훈트 규칙을 모두 만족하는 전자 배치이다.

❶ 같은 주기 원소의 방위(부) 양자수(l) 파악하기

같은 주기 원소의 원자가 전자 수는 주 양자수가 같은 ns, np 오비탈에 들어 있는 전자 수이다. 이때 $l=0$인 오비탈은 s 오비탈이고, $l=1$인 오비탈은 p 오비탈이다. 따라서 같은 주기 바닥상태 원자 X와 Y에서 ns 오비탈에 들어 있는 전자 수는 1과 2 중 하나이다.

❷ X와 Y 전자 배치 및 원소 찾기

같은 주기 원자 X와 Y가 2주기 원소라면 $1s$ 오비탈에 모두 2개의 전자가 채워져 있으므로 $l=0$인 오비탈(s 오비탈)에 들어 있는 전자 수는 3과 4 중 하나이다. 또한 X와 Y가 3주기 원소라면 $1s$와 $2s$ 오비탈에 모두 2개씩의 전자가 채워져 있으므로 $l=0$인 오비탈(s 오비탈)에 들어 있는 전자 수는 5와 6 중 하나이다. 이를 일반화할 경우 X와 Y가 n주기 원소라면 $l=0$인 오비탈(s 오비탈)에 들어 있는 전자 수는 $2n-1$과 $2n$ 중 하나이다. 조건을 만족하는 X와 Y는 1주기 원소이고, 전자 배치는 각각 $1s^2$와 $1s^1$이므로 각각 He과 H이다. 따라서 $\dfrac{X의 양성자수}{Y의 양성자수}=2$이다.

 1.5   ② 2   3   4   6

---

06 전자 배치와 원자의 규칙성 2022학년도 6월 모평 화I 11번

정답 ③ | 정답률 77 %

적용해야 할 개념 ②가지

① 2주기 원자의 바닥상태 전자 배치

2주기 원자	Li	Be	B	C	N	O	F	Ne
전자 배치	$1s^22s^1$	$1s^22s^2$	$1s^22s^22p^1$	$1s^22s^22p^2$	$1s^22s^22p^3$	$1s^22s^22p^4$	$1s^22s^22p^5$	$1s^22s^22p^6$
전자가 들어 있는 s 오비탈 수	2	2	2	2	2	2	2	2
전자가 2개 들어 있는 오비탈 수	1	2	2	2	2	3	4	5
홀전자 수	1	0	1	2	3	2	1	0

② 원자가 전자 수: 바닥상태 전자 배치에서 주 양자수(n)가 가장 큰 ns, np 오비탈에 들어 있어 반응에 참여하는 전자 수의 합

문제 보기

다음은 2주기 바닥상태 원자 X와 Y에 대한 자료이다.

○ X의 홀전자 수는 0이다. ┐ X는 Be, Ne 중 하나
○ 전자가 2개 들어 있는 오비탈 수는 Y가 X의 2배이다.
         F   Be

이에 대한 설명으로 옳은 것만을 〈보기〉에서 있는 대로 고른 것은? (단, X와 Y는 임의의 원소 기호이다.)

〈보기〉 풀이

같은 주기에서 1~2족, 13~18족 원소의 홀전자 수는 각각 1, 0, 1, 2, 3, 2, 1, 0이다.

ㄱ. X는 베릴륨(Be)이다.

➡ 홀전자 수가 0인 2주기 원자 X는 Be, Ne 중 하나이다. 전자가 2개 들어 있는 오비탈 수가 클수록 원자 번호가 크므로 2주기 원자 Y는 X보다 원자 번호가 크다. 따라서 조건을 만족하는 X는 Be이다.

ㄴ. Y의 원자가 전자 수는 7이다.

➡ X가 Be이고 바닥상태 전자 배치는 $1s^22s^2$이므로 전자가 2개 들어 있는 오비탈 수는 2이다. 따라서 Y는 전자가 2개 들어 있는 오비탈 수가 4이므로 Y의 바닥상태 전자 배치는 $1s^22s^22p^5$이고, F이다. 따라서 Y의 원자가 전자 수는 7이다.

ㄷ. s 오비탈에 들어 있는 전자 수는 Y>X이다.

➡ X, Y는 각각 Be, F으로 전자 배치는 각각 $1s^22s^2$, $1s^22s^22p^5$이므로 s 오비탈에 들어 있는 전자 수는 4로 같다.

적용해야 할 개념 ③가지

① 전기 음성도의 주기성: 같은 주기에서는 원자 번호가 커질수록 대체로 증가하고, 같은 족에서는 원자 번호가 커질수록 대체로 감소한다.

② 족에 따른 홀전자 수

족	1	2	13	14	15	16	17	18
홀전자 수	1	0	1	2	3	2	1	0

③ 2, 3주기 원소의 전자가 들어 있는 p 오비탈 수

원소	Li	Be	B	C	N	O	F	Ne
전자가 들어 있는 p 오비탈 수	0	0	1	2	3	3	3	3
원소	Na	Mg	Al	Si	P	S	Cl	Ar
전자가 들어 있는 p 오비탈 수	3	3	4	5	6	6	6	6

문제 보기

다음은 바닥상태 원자 X~Z에 대한 자료이다. X~Z의 원자 번호는 각각 6~15 중 하나이다.

○ 전기 음성도는 X~Z 중 X가 가장 크다.
○ 홀전자 수는 X가 Y의 2배이다. 　X는 2, Y는 1
　　　　　　　　　　　　　　　　　　　O　Al
○ 전자가 들어 있는 p 오비탈 수는 Y가 Z의 2배이다. 　Y는 4, Z는 2
　　　　　　　　　　　　　　　　　　　　　　　　　Al　C

X~Z에 대한 설명으로 옳은 것만을 〈보기〉에서 있는 대로 고른 것은? (단, X~Z는 임의의 원소 기호이다.) [3점]

〈보기〉 풀이

원자 번호 6~15에 해당하는 원소는 C, N, O, F, Ne, Na Mg, Al, Si, P이다. 이 원소들의 홀전자 수는 0~3이고 X가 Y의 2배이므로 X는 홀전자 수가 2인 C, O, Si 중 하나이고, Y는 홀전자 수가 1인 F, Na, Al 중 하나이다. 전자가 들어 있는 p 오비탈 수는 F, Na, Al이 각각 3, 3, 4이고, 전자가 들어 있는 p 오비탈 수는 Y가 Z의 2배이므로 Y는 Al이고, Z는 전자가 들어 있는 p 오비탈 수가 2인 C이다. X는 Y와 Z보다 전기 음성도가 커야 하므로 O이다. 따라서 X~Z는 각각 O, Al, C이다.

(ㄱ) 원자가 전자가 느끼는 유효 핵전하는 X > Z이다.
➡ 원자가 전자가 느끼는 유효 핵전하는 같은 주기에서 원자 번호가 클수록 크므로 X(O) > Z(C)이다.

(ㄴ) 원자 반지름은 Y가 가장 크다.
➡ 주기율표상에서 왼쪽으로 갈수록, 아래쪽으로 갈수록 원자 반지름이 커지므로 원자 반지름은 Y(Al)가 가장 크다.

(ㄷ) Ne의 전자 배치를 갖는 이온의 반지름은 X > Y이다.
➡ 전자 배치가 같은 이온의 반지름은 원자 번호가 클수록 작아지므로 이온 반지름은 X(O) > Y(Al)이다.

보기

08 전자 배치와 홀전자 수 2022학년도 7월 학평 화I 7번

정답 ① | 정답률 77%

적용해야 할 개념 ③가지

① 바닥상태: 에너지가 가장 낮은 안정한 상태로, 파울리 배타 원리에 따르면서 쌓음 원리와 훈트 규칙에 따라 전자가 배치된 상태이다.

② 전자 껍질: 원자핵 주위의 전자가 원운동하는 특정한 에너지를 갖는 궤도로, 전자가 들어 있는 전자 껍질 수는 주기 번호와 같다.

③ 홀전자: 오비탈에서 쌍을 이루지 않은 전자

문제 보기

표는 원자 번호가 20이하인 바닥상태 원자 X와 Y의 전자 배치에 대한 자료이다.

원자	X C	Y S
전자가 들어 있는 전자 껍질 수	a 2	$a+1$ 3
p 오비탈에 들어 있는 전자 수(상댓값)	1	5
p 오비탈에 들어 있는 전자 수(실젯값)	2	10

이에 대한 설명으로 옳은 것만을 〈보기〉에서 있는 대로 고른 것은? (단, X, Y는 임의의 원소 기호이다.)

〈보기〉 풀이

전자가 들어 있는 전자 껍질 수는 주기의 번호를 말한다. 따라서 X와 Y는 각각 1, 2주기이거나, 2, 3주기, 혹은 3, 4주기 원소이다. 또한 p 오비탈에 들어 있는 전자 수비가 X : Y＝1 : 5이고, 원자 번호 20 이하인 원소의 바닥상태 전자 배치에서 p 오비탈에 들어 있는 전자 수의 최댓값은 12이므로 가능한 X와 Y의 p 오비탈에 들어 있는 전자 수 조합은 (1, 5), (2, 10) 2가지이다. 따라서 모든 조건을 만족하는 X, Y의 전자 배치는 각각 $1s^2 2s^2 2p^2$, $1s^2 2s^2 2p^6 3s^2 3p^4$이고, X, Y는 각각 C, S이다.

ㄱ. **홀전자 수는 X와 Y가 같다.**

➡ X, Y의 홀전자 수는 각각 2로 같다.

✗ **X와 Y는 같은 족 원소이다.**

➡ X, Y는 각각 C, S로 각각 14족, 16족 원소이다.

✗ **전자가 2개 들어 있는 오비탈 수는 Y가 X의 2배이다.**

➡ 바닥상태 X, Y의 전자 배치는 각각 $1s^2 2s^2 2p^2$, $1s^2 2s^2 2p^6 3s^2 3p^4$이므로 전자가 2개 들어 있는 오비탈 수는 각각 2, 7이다.

보기

09 전자 배치와 원자의 규칙성 2023학년도 3월 학평 화I 11번

정답 ⑤ | 정답률 54%

적용해야 할 개념 ③가지

① 바닥상태와 들뜬상태: 파울리 배타 원리에 따르면서 쌓음 원리와 훈트 규칙에 따라 전자가 채워진 상태가 바닥상태이고, 파울리 배타 원리에 따르지만 쌓음 원리나 훈트 규칙에 어긋나는 전자 배치가 들뜬상태이다.

② 쌓음 원리: 바닥상태 원자는 에너지 준위가 낮은 오비탈부터 차례로 전자가 배치된다.

➡ 전자가 배치되는 순서: $1s \rightarrow 2s \rightarrow 2p \rightarrow 3s \rightarrow 3p \rightarrow 4s \rightarrow 3d \rightarrow 4p \cdots$

③ 주 양자수(n)와 방위(부) 양자수(l): n은 오비탈의 에너지 준위를 결정하는 양자수로, 보어 모형에서 전자 껍질에 해당하고, l은 오비탈의 모양을 결정하는 양자수이다.

문제 보기

표는 2, 3주기 바닥상태 원자 X~Z에 대한 자료이다. n은 주 양자수이고, l은 방위(부) 양자수이다.

원자		O	Si	S
	원자	X	Y	Z
$2s$	$n+l$＝2인 전자 수	a 2		
$2p, 3s$	$n+l$＝3인 전자 수	b 4	$2b$ 8	
$3p$	$n+l$＝4인 전자 수		a 2	b 4

이에 대한 옳은 설명만을 〈보기〉에서 있는 대로 고른 것은? (단, X~Z는 임의의 원소 기호이다.) [3점]

보기

〈보기〉 풀이

$n+l$＝2는 $2s$ 오비탈을 의미하고, $n+l$＝3은 $2p$ 오비탈과 $3s$ 오비탈을 의미하며, $n+l$＝4는 $3p$ 오비탈과 $4s$ 오비탈을 의미한다. 이때 X~Z가 2, 3주기 원자이므로 $n+l$＝4는 $3p$ 오비탈이다. X는 $2p$ 오비탈과 $3s$ 오비탈에 전자가 들어 있으므로 쌓음 원리에 따라 $2s$ 오비탈에 전자가 모두 채워진 상태이다. 따라서 a＝2이다. 또한 Y 원자는 $3p$ 오비탈에 들어 있는 전자 수가 2이므로 바닥상태 전자 배치는 $1s^2 2s^2 2p^6 3s^2 3p^2$이고, 규소(Si)이다. 따라서 $2p$ 오비탈과 $3s$ 오비탈에 들어 있는 전자 수 $2b$＝8이므로 b＝4이다. X는 $2p$ 오비탈과 $3s$ 오비탈에 들어 있는 전자 수가 4이므로 바닥상태 전자 배치는 $1s^2 2s^2 2p^4$이고, 산소(O)이다. Z는 $3p$ 오비탈에 들어 있는 전자 수가 4이므로 바닥상태 전자 배치는 $1s^2 2s^2 2p^6 3s^2 3p^4$이고, 황(S)이다. 따라서 X~Z는 각각 O, Si, S이다.

ㄱ. **b＝$2a$이다.**

➡ a＝2, b＝4이므로 b＝$2a$이다.

ㄴ. **X와 Z는 원자가 전자 수가 같다.**

➡ X와 Z는 각각 O와 S로 모두 16족 원소이다. 원자가 전자 수는 족의 1의 자리 수와 같으므로 같은 족 원소인 X와 Z는 원자가 전자 수가 같다.

ㄷ. **$n-l$＝2인 전자 수는 Z가 Y의 $\frac{3}{2}$배이다.**

➡ $n-l$＝2는 $2s$ 오비탈과 $3p$ 오비탈을 의미한다. Y와 Z는 각각 Si와 S로 바닥상태 전자 배치는 각각 $1s^2 2s^2 2p^6 3s^2 3p^2$와 $1s^2 2s^2 2p^6 3s^2 3p^4$이다. 따라서 Y와 Z의 $n-l$＝2인 전자 수는 각각 4와 6으로 Z가 Y의 $\frac{3}{2}$배이다.

10 | 바닥상태 전자 배치 | 2025학년도 6월 모평 화I 14번

정답 ④ | 정답률 81%

적용해야 할 개념 ②가지

① 2주기 원자의 바닥상태 전자 배치에서 전자가 들어 있는 오비탈 중 $n+l$가 가장 큰 오비탈(㉠)에 대한 자료

2주기 원자	Li	Be	B	C	N	O	F	Ne
㉠	2s	2s	2p	2p	2p	2p	2p	2p
㉠에 들어 있는 전자 수	1	2	1	2	3	4	5	6

② 2주기 원자의 전자가 들어 있는 오비탈 수

2주기 원자	Li	Be	B	C	N	O	F	Ne
전자가 들어 있는 오비탈 수	2	2	3	4	5	5	5	5

문제 보기

다음은 ㉠에 대한 설명과 2주기 바닥상태 원자 X~Z에 대한 자료이다. n은 주 양자수이고, l은 방위(부) 양자수이다.

Li, Be은 2s 오비탈
B, C, N, O, F, Ne은 2p 오비탈

○ ㉠: 각 원자의 바닥상태 전자 배치에서 전자가 들어 있는 오비탈 중 $n+l$가 가장 큰 오비탈

원자	X C	Y O	Z F
㉠에 들어 있는 전자 수	a 2	2a 4	5
전자가 들어 있는 오비탈 수	2a 4	b 5	b 5

$a+b$는? (단, X~Z는 임의의 원소 기호이다.) [3점]

<보기> 풀이

❶ X와 Z에 해당하는 원자 찾기

전자가 들어 있는 오비탈 수가 ㉠에 들어 있는 전자 수의 2배가 되는 원자는 Li과 C이고, ㉠에 들어 있는 전자 수가 5인 원자는 F이다.

원자	Li	C	F
㉠에 들어 있는 전자 수	1	2	5
전자가 들어 있는 오비탈 수	2	4	5

따라서 $a=1$ 또는 $a=2$이고, $b=5$이다.

❷ Y에 해당하는 원자 찾기

$a=1$이면 X는 Li이고, ㉠에 들어 있는 전자 수가 2인 Y는 Be, C 중 하나이다. 그러나 Be과 C는 전자가 들어 있는 오비탈 수 5가 아니므로 모순이다. 따라서 $a=2$이고, X와 Y는 각각 C, O이므로 $a+b=2+5=7$이다.

 4   5   6 ④ 7   8

---

11 | 전자 배치와 원자의 규칙성 | 2024학년도 5월 학평 화I 16번

정답 ③ | 정답률 73%

적용해야 할 개념 ②가지

① 주 양자수(n): 오비탈의 에너지 준위를 결정하는 양자수로, 보어 모형에서 전자 껍질에 해당한다.

② 방위(부) 양자수(l): 오비탈의 모양을 결정하는 양자수이다. 주 양자수가 n인 경우 방위(부) 양자수는 0, 1, 2, … $(n-1)$까지 n개 존재한다.

문제 보기

다음은 바닥상태 원자 X에 대한 자료이다. n은 주 양자수, l은 방위(부) 양자수이다. $1s^2 2s^2 2p^6 3s^2 3p^1$

○ $n=x$인 오비탈에 들어 있는 전자 수는 3이다. (3 위)
○ $l=y$인 오비탈에 들어 있는 전자 수는 6이다. (0 위)

$x+y$는? (단, X는 임의의 원소 기호이다.) [3점]

<보기> 풀이

$y=0$이면 $l=0$인 오비탈에 들어 있는 전자 수가 6이므로 원자 X는 1s, 2s, 3s 오비탈에 전자가 2개씩 모두 채워진다. 3s 오비탈까지 전자가 채워지므로 $n=3$인 오비탈에 들어 있는 전자 수가 3이 된다. 이때 원자 X의 전자 배치는 $1s^2 2s^2 2p^6 3s^2 3p^1$이다.

$y=1$이면 $l=1$인 오비탈에 들어 있는 전자 수가 6이므로 원자 X는 2p 오비탈에 전자가 6개 모두 채워진다. 2p 오비탈까지 전자가 채워지므로 $n=3$인 오비탈에 들어 있는 전자 수가 3이 된다. 이때 원자 X의 전자 배치는 $1s^2 2s^2 2p^6 3s^2 3p^1$이 되지만, 이 경우 $l=1$인 오비탈에 들어 있는 전자 수가 7이 되어 모순이다.

$y=2$이면 $l=2$인 오비탈에 들어 있는 전자 수가 6이므로 원자 X는 3d 오비탈에 전자가 6개 채워진다. 3d 오비탈에 전자가 일부 채워지므로 $n=3$인 오비탈에 들어 있는 전자 수는 3s 오비탈에 2개, 3p 오비탈에 6개, 3d 오비탈에 6개이고, $n=4$인 오비탈에 들어 있는 전자 수는 4s 오비탈에 2개이므로 모순이다.

따라서 $x=3$, $y=0$이므로 $x+y=3$이다.

 1   2 ③ 3   4   5

적용해야 할 개념 ①가지

① 2, 3주기 원자의 바닥상태 전자 배치

2주기 원자	Li	Be	B	C	N	O	F	Ne
전자 배치	$1s^22s^1$	$1s^22s^2$	$1s^22s^22p^1$	$1s^22s^22p^2$	$1s^22s^22p^3$	$1s^22s^22p^4$	$1s^22s^22p^5$	$1s^22s^22p^6$
s 오비탈 수	2	2	2	2	2	2	2	2
p 오비탈 수	0	0	1	2	3	3	3	3
홀전자 수	1	0	1	2	3	2	1	0
원자가 전자 수	1	2	3	4	5	6	7	0
3주기 원자	Na	Mg	Al	Si	P	S	Cl	Ar
전자 배치	$1s^22s^22p^6$ $3s^1$	$1s^22s^22p^6$ $3s^2$	$1s^22s^22p^6$ $3s^23p^1$	$1s^22s^22p^6$ $3s^23p^2$	$1s^22s^22p^6$ $3s^23p^3$	$1s^22s^22p^6$ $3s^23p^4$	$1s^22s^22p^6$ $3s^23p^5$	$1s^22s^22p^6$ $3s^23p^6$
s 오비탈 수	3	3	3	3	3	3	3	3
p 오비탈 수	3	3	4	5	6	6	6	6
홀전자 수	1	0	1	2	3	2	1	0
원자가 전자 수	1	2	3	4	5	6	7	0

문제 보기

다음은 2, 3주기 바닥상태 원자 X~Z의 전자 배치에 대한 자료이다.

○ X~Z의 홀전자 수의 합은 6이다.
○ 전자가 들어 있는 s 오비탈 수와 p 오비탈 수의 비

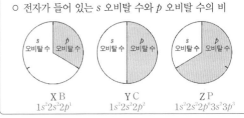

X B
$1s^22s^22p^1$

Y C
$1s^22s^22p^2$

Z P
$1s^22s^22p^63s^23p^3$

X~Z에 대한 옳은 설명만을 〈보기〉에서 있는 대로 고른 것은? (단, X~Z는 임의의 원소 기호이다.) [3점]

〈보기〉 풀이

2~3주기 원소 중 바닥상태에서 전자가 들어 있는 오비탈 수의 비가 $s:p=2:1$인 X의 전자 배치는 $1s^22s^22p^1$ 1가지 뿐이며, X는 B이다. X~Z의 홀전자 수의 합이 6이고, X의 홀전자 수는 1이므로 Y, Z의 홀전자 수는 각각 2, 3 중 하나이다. 이때 전자가 들어 있는 오비탈 수의 비가 $s:p=1:1$인 Y의 전자 배치는 $1s^22s^22p^2$, $1s^22s^22p^63s^1$, $1s^22s^22p^63s^2$ 중 하나인데, 홀전자 수가 2 이상이어야 하므로 Y의 전자 배치는 $1s^22s^22p^2$이고, Y는 C이다. 마지막으로 Z는 홀전자 수가 3이고, 전자가 들어 있는 오비탈 수의 비가 $s:p=1:2$이므로 Z의 전자 배치는 $1s^22s^22p^63s^23p^3$이며, Z는 P이다.

ㄱ. **2주기 원소는 2가지이다.**
➡ X~Z는 각각 B, C, P이므로 2주기 원소는 X, Y 2가지이다.

✗ **원자가 전자 수는 X > Y이다.**
➡ X, Y는 각각 B, C로 원자가 전자 수는 각각 3, 4이다. 따라서 원자가 전자 수는 X < Y이다.

ㄷ. **홀전자 수는 Z > Y이다.**
➡ Y, Z는 각각 C, P으로 홀전자 수는 각각 2, 3이다. 따라서 홀전자 수는 Z > Y이다.

보기

적용해야 할 개념 ③가지

① 바닥상태: 에너지가 가장 낮은 안정한 상태로, 파울리 배타 원리를 따르면서 쌓음 원리와 훈트 규칙에 따라 전자가 배치된 상태이다.

② 2주기 원자의 바닥상태 전자 배치

2주기 원자	Li	Be	B	C	N	O	F	Ne
전자 배치	$1s^22s^1$	$1s^22s^2$	$1s^22s^22p^1$	$1s^22s^22p^2$	$1s^22s^22p^3$	$1s^22s^22p^4$	$1s^22s^22p^5$	$1s^22s^22p^6$
전자가 들어 있는 s 오비탈 수	2	2	2	2	2	2	2	2
전자가 들어 있는 p 오비탈 수	0	0	1	2	3	3	3	3

③ 이온의 전자 배치: 양이온이 될 때는 원자가 전자를 잃고, 음이온이 될 때는 비어 있는 오비탈 중 에너지 준위가 가장 낮은 오비탈에 전자가 채워진다.

문제 보기

다음은 바닥상태 원자 X에 대한 자료이다.

> ○ 2주기 원소이다.
> ○ $\dfrac{\text{전자가 들어 있는 } p \text{ 오비탈 수}}{\text{전자가 들어 있는 } s \text{ 오비탈 수}}=1$이다.
> └ s 오비탈 수=p 오비탈 수

다음 중 X⁻의 바닥상태 전자 배치로 적절한 것은? (단, X는 임의의 원소 기호이다.)
└ C⁻의 전자 수: 7

보기

<보기> 풀이

❶ 2주기 원소 X에 전자가 들어 있는 s 오비탈 수와 p 오비탈 수 구하기

2주기 원소에서 p 오비탈에 전자가 채워지는 원소는 13족 이상이고, 쌓음 원리에 따라 이미 $1s$와 $2s$ 오비탈에 전자가 채워져 있으므로 전자가 들어 있는 s 오비탈 수는 2이다. 따라서 X에서 전자가 들어 있는 p 오비탈 수도 2이다.

❷ X 찾기

3개의 $2p$ 오비탈에 전자가 채워질 때 훈트 규칙에 따라 홀전자 수가 최대가 되도록 채워지므로 13족~18족에서 전자가 들어 있는 p 오비탈 수는 각각 1, 2, 3, 3, 3, 3이다. 따라서 조건을 만족하는 X는 2주기 14족 원소인 C이다.

❸ X⁻의 바닥상태 전자 배치 나타내기

X는 C 원자로 원자 번호가 6이므로 전자 수가 6이다. 따라서 X⁻의 전자 수는 7이므로 바닥상태 전자 배치 규칙에 따라 전자를 채우면 $1s^22s^22p_x^12p_y^12p_z^1$으로 N과 같은 전자 배치를 가진다. 따라서 X⁻의 바닥상태 전자 배치로 적절한 것은 ④번이다.

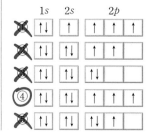

적용해야 할 개념 ①가지

① 2, 3주기 원자의 바닥상태 전자 배치

2주기 원자	Li	Be	B	C	N	O	F	Ne
전자 배치	$1s^22s^1$	$1s^22s^2$	$1s^22s^22p^1$	$1s^22s^22p^2$	$1s^22s^22p^3$	$1s^22s^22p^4$	$1s^22s^22p^5$	$1s^22s^22p^6$
s 오비탈에 들어 있는 전자 수	3	4	4	4	4	4	4	4
p 오비탈에 들어 있는 전자 수	0	0	1	2	3	4	5	6
전자가 들어 있는 오비탈 수	2	2	3	4	5	5	5	5
홀전자 수	1	0	1	2	3	2	1	0
원자가 전자 수	1	2	3	4	5	6	7	0
3주기 원자	**Na**	**Mg**	**Al**	**Si**	**P**	**S**	**Cl**	**Ar**
전자 배치	$1s^22s^22p^6$ $3s^1$	$1s^22s^22p^6$ $3s^2$	$1s^22s^22p^6$ $3s^23p^1$	$1s^22s^22p^6$ $3s^23p^2$	$1s^22s^22p^6$ $3s^23p^3$	$1s^22s^22p^6$ $3s^23p^4$	$1s^22s^22p^6$ $3s^23p^5$	$1s^22s^22p^6$ $3s^23p^6$
s 오비탈에 들어 있는 전자 수	5	6	6	6	6	6	6	6
p 오비탈에 들어 있는 전자 수	6	6	7	8	9	10	11	12
전자가 들어 있는 오비탈 수	6	6	7	8	9	9	9	9
홀전자 수	1	0	1	2	3	2	1	0
원자가 전자 수	1	2	3	4	5	6	7	0

문제 보기

다음은 원자 번호가 20 이하인 바닥상태 원자 X~Z에 대한 자료이다.

○ X~Z 각각의 전자 배치에서 ┌ Ne$=\dfrac{6}{4}$ P$=\dfrac{9}{6}$ Ca$=\dfrac{12}{8}$
$\dfrac{p \text{ 오비탈에 들어 있는 전자 수}}{s \text{ 오비탈에 들어 있는 전자 수}}=\dfrac{3}{2}$ 으로 같다.

○ 원자 번호는 X>Y>Z이다.
　　Ca> P >Ne

이에 대한 설명으로 옳은 것만을 〈보기〉에서 있는 대로 고른 것은? (단, X~Z는 임의의 원소 기호이다.) [3점]

〈보기〉 풀이

$\dfrac{p \text{ 오비탈에 들어 있는 전자 수}}{s \text{ 오비탈에 들어 있는 전자 수}}=\dfrac{3}{2}$인 X~Z는 각각 Ne$\left(=\dfrac{6}{4}\right)$, P$\left(=\dfrac{9}{6}\right)$, Ca$\left(=\dfrac{12}{8}\right)$ 중 하나이며, 원자 번호는 X>Y>Z이므로 X~Z는 각각 Ca, P, Ne이다.

ㄱ. X의 원자가 전자 수는 2이다.
➡ 원자가 전자 수는 주로 바닥상태 전자 배치에서 최대 주 양자수(n)의 s 오비탈과 p 오비탈에 들어 있는 전자 수의 합과 같으며, 18족 원자의 원자가 전자 수는 0이다. X는 Ca이며, Ca의 바닥상태 전자 배치는 $1s^22s^22p^63s^23p^64s^2$이다. 따라서 X의 원자가 전자 수는 2이다.

✗ Y의 홀전자 수는 0이다.
➡ Y는 P이며, P의 바닥상태 전자 배치는 $1s^22s^22p^63s^23p^3$이다. 이때 훈트 규칙에 따라 3개의 $3p$ 오비탈에 전자가 각각 1개씩 채워지므로 홀전자 수는 3이다.

ㄷ. Z에서 전자가 들어 있는 오비탈 수는 5이다.
➡ Z는 Ne이며, Ne의 바닥상태 전자 배치는 $1s^22s^22p^6$이다. 따라서 전자가 들어 있는 오비탈 수는 $1s$, $2s$, 3개의 $2p$ 오비탈로 총 5이다.

보기

10 일차

적용해야 할 개념 ④가지

① 바닥상태: 에너지가 가장 낮은 안정한 상태로, 파울리 배타 원리에 따르면서 쌓음 원리와 훈트 규칙에 따라 전자가 배치된 상태이다.

② 같은 주기 원소는 주 양자수(n)가 같으므로 전자가 들어 있는 전자 껍질 수가 같다.

③ 홀전자: 오비탈에서 쌍을 이루지 않은 전자

④ 원자가 전자: 원자의 바닥상태 전자 배치에서 주 양자수(n)가 가장 큰 ns, np 오비탈에 들어 있는 전자

문제 보기

다음은 2, 3주기 13~15족 바닥상태 원자 W~Z에 대한 자료이다.

> B P
> ○ W와 X는 다른 주기 원소이고, 원자가 전자 수는 X > Y 이다.
>
> ○ W와 X의 $\dfrac{\text{홀전자 수}}{\text{전자가 들어 있는 오비탈 수}}$ 는 같다. ($\frac{1}{3}$)
>
> ○ $\dfrac{s \text{ 오비탈에 들어 있는 전자 수}}{\text{홀전자 수}}$ 의 비는 X : Y : Z = 1 : 1 : 3이다.
> C Al

이에 대한 설명으로 옳은 것만을 〈보기〉에서 있는 대로 고른 것은? (단, W~Z는 임의의 원소 기호이다.)

〈보기〉 풀이

2, 3주기 13~15족 원소 W~Z는 각각 B, C, N, Al, Si, P 중 하나이고, 바닥상태인 B, C, N, Al, Si, P의 홀전자 수와 전자가 들어 있는 오비탈 수, s 오비탈에 들어 있는 전자 수는 다음과 같다.

원자	B	C	N	Al	Si	P
홀전자 수	1	2	3	1	2	3
전자가 들어 있는 오비탈 수	3	4	5	7	8	9
s 오비탈에 들어 있는 전자 수	4	4	4	6	6	6

따라서 조건을 만족하는 W~Z는 각각 순서대로 B, P, C, Al이다.

✘ **Y는 3주기 원소이다.**
➡ Y는 C로 2주기 원소이다.

Ⓛ **홀전자 수는 W와 Z가 같다.**
➡ W와 Z는 각각 B, Al이므로 홀전자 수는 1로 같다.

Ⓒ **s 오비탈에 들어 있는 전자 수의 비는 X : Y = 3 : 2이다.**
➡ X, Y는 각각 P, C로 바닥상태 전자 배치는 각각 $1s^2 2s^2 2p^6 3s^2 3p^3$, $1s^2 2s^2 2p^2$이므로 s 오비탈에 들어 있는 전자 수의 비는 X : Y = 3 : 2이다.

적용해야 할 개념 ②가지

① 2, 3주기 원자의 p 오비탈에 들어 있는 전자 수, 전자가 2개 들어 있는 오비탈 수, 홀전자 수

2주기 원자	Li	Be	B	C	N	O	F	Ne
p 오비탈에 들어 있는 전자 수	0	0	1	2	3	4	5	6
전자가 2개 들어 있는 오비탈 수	1	2	2	2	2	3	4	5
홀전자 수	1	0	1	2	3	2	1	0
3주기 원자	Na	Mg	Al	Si	P	S	Cl	Ar
p 오비탈에 들어 있는 전자 수	6	6	7	8	9	10	11	12
전자가 2개 들어 있는 오비탈 수	5	6	6	6	6	7	8	9
홀전자 수	1	0	1	2	3	2	1	0

② 원자가 전자가 느끼는 유효 핵전하: 같은 주기와 족에서 원자 번호가 클수록 커진다.

문제 보기

다음은 2, 3주기 14~16족 바닥상태 원자 X~Z에 대한 자료이다. (C, N, O, Si, P, S)

> ○ X~Z는 서로 다른 원소이다.
>
> ○ $\dfrac{\text{홀전자 수}}{p \text{ 오비탈에 들어 있는 전자 수}}$ 의 비는 X : Y = 2 : 3이다. (P : O = $\frac{1}{3}$: $\frac{1}{2}$)
>
> ○ 전자가 2개 들어 있는 오비탈 수는 Z가 Y의 2배이다. (Si가 6, O가 3)

이에 대한 설명으로 옳은 것만을 〈보기〉에서 있는 대로 고른 것은? (단, X~Z는 임의의 원소 기호이다.) [3점]

〈보기〉 풀이

2, 3주기 14~16족 원자는 C, N, O, Si, P, S이다. C, N, O, Si, P, S의 $\dfrac{\text{홀전자 수}}{p \text{ 오비탈에 들어 있는 전자 수}}$ 는 각각 1, 1, $\frac{1}{2}$, $\frac{1}{4}$, $\frac{1}{3}$, $\frac{1}{5}$ 이다.

X와 Y의 $\dfrac{\text{홀전자 수}}{p \text{ 오비탈에 들어 있는 전자 수}}$ 의 비는 2 : 3이므로 X와 Y는 각각 P, O이다. 전자가 2개 들어 있는 오비탈 수는 Y(O)가 3이고, Z는 Y의 2배인 6이므로 Si 또는 P이다. X~Z는 서로 다른 원소이므로 Z는 Si이다.

Ⓖ **원자가 전자 수는 Y > X이다.**
➡ X(P)와 Y(O)의 원자가 전자 수는 각각 5, 6이므로 Y > X이다.

✘ **Y와 Z는 같은 주기 원소이다.**
➡ Y(O)는 2주기 원소이고, Z(Si)는 3주기 원소이다.

Ⓒ **원자가 전자가 느끼는 유효 핵전하는 X > Z이다.**
➡ 같은 주기에서 원자 번호가 클수록 원자가 전자가 느끼는 유효 핵전하가 크다. 원자 번호는 X(P) > Z(Si)이므로 원자가 전자가 느끼는 유효 핵전하는 X > Z이다.

적용해야 할 개념 ②가지

① 한 오비탈에 들어갈 수 있는 최대 전자 수는 파울리 배타 원리에 따라 2개이다.

② 유효 핵전하: 전자가 실제 느끼는 핵전하로, 같은 주기에서 원자가 전자가 느끼는 유효 핵전하는 원자 번호가 클수록 커진다.

문제 보기

그림은 2, 3주기 원소의 바닥상태 원자에서 전자가 모두 채워진 오비탈 수와 $\dfrac{\text{전자가 들어 있는 } p \text{ 오비탈 수}}{\text{전자가 들어 있는 } s \text{ 오비탈 수}}$ 를 나타낸 것이다.

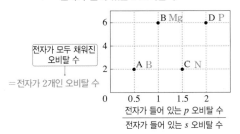

이에 대한 설명으로 옳은 것만을 〈보기〉에서 있는 대로 고른 것은? (단, A~D는 임의의 원소 기호이다.) [3점]

〈보기〉 풀이

2, 3주기 원소의 바닥상태 전자 배치에서 전자가 모두 채워진 오비탈 수(㉠), 전자가 들어 있는 s 오비탈 수(㉡), p 오비탈 수(㉢)

2주기 원소	Li	Be	B	C	N	O	F	Ne
㉠	1	2	2	2	2	3	4	5
㉡	2	2	2	2	2	2	2	2
㉢	0	0	1	2	3	3	3	3
$\dfrac{㉢}{㉡}$	0	0	0.5	1	1.5	1.5	1.5	1.5
3주기 원소	Na	Mg	Al	Si	P	S	Cl	Ar
㉠	5	6	6	6	6	7	8	9
㉡	3	3	3	3	3	3	3	3
㉢	3	3	4	5	6	6	6	6
$\dfrac{㉢}{㉡}$	1	1	$\dfrac{4}{3}$	$\dfrac{5}{3}$	2	2	2	2

전자가 모두 채워진 오비탈 수는 2개의 전자가 채워진 오비탈 수를 의미한다. 따라서 주어진 조건을 만족하는 A~D는 각각 순서대로 B($1s^2 2s^2 2p^1$), Mg($1s^2 2s^2 2p^6 3s^2$), N($1s^2 2s^2 2p^3$), P($1s^2 2s^2 2p^6 3s^2 3p^3$)이다.

㉠ B는 Mg이다.

➡ B는 전자가 들어 있는 s 오비탈 수와 p 오비탈 수가 각각 3으로 같으면서 모든 오비탈에 전자가 2개씩 채워진 상태이므로 Mg($1s^2 2s^2 2p^6 3s^2$)이다.

㉡ D는 15족 원소이다.

➡ D는 전자가 들어 있는 오비탈수비가 $s : p = 1 : 2$이며, 전자가 2개 모두 채워진 오비탈 수가 6이므로 가능한 전자 배치는 $1s^2 2s^2 2p^6 3s^2 3p^3$으로 P이며, P은 3주기 15족 원소이다.

㉢ 원자가 전자가 느끼는 유효 핵전하는 C가 A보다 크다.

➡ A와 C는 각각 B, N로 같은 2주기 원소이다. 원자가 전자가 느끼는 유효 핵전하는 같은 주기에서 원자 번호가 클수록 크므로 C가 A보다 크다.

적용해야 할 개념 ②가지

① 2, 3주기 원자의 바닥상태 전자 배치

2주기 원자	Li	Be	B	C	N	O	F	Ne
전자 배치	$1s^22s^1$	$1s^22s^2$	$1s^22s^22p^1$	$1s^22s^22p^2$	$1s^22s^22p^3$	$1s^22s^22p^4$	$1s^22s^22p^5$	$1s^22s^22p^6$
s 오비탈 수	2	2	2	2	2	2	2	2
p 오비탈 수	0	0	1	2	3	3	3	3
s 오비탈에 들어 있는 전자 수	3	4	4	4	4	4	4	4
p 오비탈에 들어 있는 전자 수	0	0	1	2	3	4	5	6
홀전자 수	1	0	1	2	3	2	1	0
3주기 원자	Na	Mg	Al	Si	P	S	Cl	Ar
전자 배치	$1s^22s^22p^6$ $3s^1$	$1s^22s^22p^6$ $3s^2$	$1s^22s^22p^6$ $3s^23p^1$	$1s^22s^22p^6$ $3s^23p^2$	$1s^22s^22p^6$ $3s^23p^3$	$1s^22s^22p^6$ $3s^23p^4$	$1s^22s^22p^6$ $3s^23p^5$	$1s^22s^22p^6$ $3s^23p^6$
s 오비탈 수	3	3	3	3	3	3	3	3
p 오비탈 수	3	3	4	5	6	6	6	6
s 오비탈에 들어 있는 전자 수	5	6	6	6	6	6	6	6
p 오비탈에 들어 있는 전자 수	6	6	7	8	9	10	11	12
홀전자 수	1	0	1	2	3	2	1	0

② 유효 핵전하: 전자가 실제 느끼는 핵전하로, 같은 주기에서 원자가 전자가 느끼는 유효 핵전하는 원자 번호가 클수록 커진다.

문제 보기

그림은 바닥상태 원자 W~Z의 전자 배치에 대한 자료를 나타낸 것이다. W~Z는 각각 N, O, Na, Mg 중 하나이다.

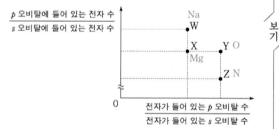

W~Z에 대한 옳은 설명만을 〈보기〉에서 있는 대로 고른 것은?

[3점]

〈보기〉 풀이

N, O, Na, Mg의 $\dfrac{p \text{ 오비탈에 들어 있는 전자 수}}{s \text{ 오비탈에 들어 있는 전자 수}}$ 와 $\dfrac{\text{전자가 들어 있는 } p \text{ 오비탈 수}}{\text{전자가 들어 있는 } s \text{ 오비탈 수}}$ 는 다음과 같다.

원자	N	O	Na	Mg
$\dfrac{p \text{ 오비탈에 들어 있는 전자 수}}{s \text{ 오비탈에 들어 있는 전자 수}}$	$\dfrac{3}{4}$	1	$\dfrac{6}{5}$	1
$\dfrac{\text{전자가 들어 있는 } p \text{ 오비탈 수}}{\text{전자가 들어 있는 } s \text{ 오비탈 수}}$	$\dfrac{3}{2}$	$\dfrac{3}{2}$	1	1

따라서 조건을 만족하는 W~Z는 각각 Na, Mg, O, N이다.

ㄱ. 홀전자 수는 W > X이다.
➡ W와 X는 각각 Na과 Mg으로 홀전자 수는 각각 1과 0이므로 W > X이다.

ㄴ. 전자가 들어 있는 오비탈 수는 X > Y이다.
➡ X와 Y는 각각 Mg과 O로 전자가 들어 있는 오비탈 수는 각각 6과 5이므로 X > Y이다.

ㄷ. 원자가 전자가 느끼는 유효 핵전하는 Y > Z이다.
➡ Y와 Z는 각각 O와 N이다. 같은 주기에서 원자가 전자가 느끼는 유효 핵전하는 원자 번호가 클수록 크므로 Y > Z이다.

19 전자 배치와 원자의 규칙성 2023학년도 7월 학평 화I 8번 정답 ② | 정답률 80 %

적용해야 할 개념 ③가지

① 바닥상태: 에너지가 가장 낮은 안정한 상태로, 파울리 배타 원리에 따르면서 쌓음 원리와 훈트 규칙에 따라 전자가 배치된 상태이다.

② 같은 주기 원소는 주 양자수가 같으므로 전자가 들어 있는 전자 껍질 수가 같다.

③ 원자가 전자: 바닥상태에서 가장 바깥 전자 껍질에 들어 있는 전자로 화학 결합과 관련된 전자이며, 바닥상태 전자 배치에서 주 양자수(n)가 가장 큰 ns 오비탈과 np 오비탈의 전자를 말한다.

문제 보기

그림은 2, 3주기 원자 X~Z의 바닥상태 전자 배치에서 홀전자 수와 $\dfrac{\text{전자가 2개 들어 있는 오비탈 수}}{s \text{ 오비탈에 들어 있는 전자 수}}$ 를 나타낸 것이다.

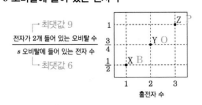

이에 대한 설명으로 옳은 것만을 〈보기〉에서 있는 대로 고른 것은? (단, X~Z는 임의의 원소 기호이다.) [3점]

〈보기〉 풀이

바닥상태 2, 3주기 원자 중 홀전자 수가 3인 Z는 N와 P 중 하나이다. N와 P의 바닥상태 전자 배치는 각각 $1s^2 2s^2 2p^3$과 $1s^2 2s^2 2p^6 3s^2 3p^3$으로 전자가 2개 들어 있는 오비탈 수와 s 오비탈에 들어 있는 전자 수가 같아 $\dfrac{\text{전자가 2개 들어 있는 오비탈 수}}{s \text{ 오비탈에 들어 있는 전자 수}}$ 가 1인 것은 P이다. 따라서 Z는 P이다. 또한 X와 Y는 $\dfrac{\text{전자가 2개 들어 있는 오비탈 수}}{s \text{ 오비탈에 들어 있는 전자 수}}$ 가 각각 $\dfrac{1}{2}$과 $\dfrac{3}{4}$이고, 홀전자 수가 각각 1과 2이므로 이 조건을 만족하는 원자는 각각 B와 O이며, 바닥상태 전자 배치는 각각 $1s^2 2s^2 2p^1$, $1s^2 2s^2 2p^4$이다. 즉, X~Z는 각각 B, O, P이다.

✗ **Y의 원자가 전자 수는 4이다.**

➡ Y는 O로, 바닥상태 전자 배치는 $1s^2 2s^2 2p^4$이다. 원자가 전자 수는 전자가 들어 있는 오비탈 중 주 양자수(n)가 가장 큰 ns 오비탈과 np 오비탈의 전자 수를 말하므로 Y의 원자가 전자 수는 6 이다.

ㄴ **X와 Y는 같은 주기 원소이다.**

➡ X와 Y는 각각 B와 O로 모두 2주기 원소이다.

✗ **p 오비탈에 들어 있는 전자 수는 Z가 X의 3배이다.**

➡ X와 Z는 각각 B와 P으로 바닥상태 전자 배치는 각각 $1s^2 2s^2 2p^1$과 $1s^2 2s^2 2p^6 3s^2 3p^3$이다. 따라서 p 오비탈에 들어 있는 전자 수는 각각 1과 9이므로 Z가 X의 9배이다.

20 전자 배치와 홀전자 수 2020학년도 4월 학평 화I 15번 정답 ⑤ | 정답률 78 %

적용해야 할 개념 ②가지

① 바닥상태: 에너지가 가장 낮은 안정한 상태로, 파울리 배타 원리에 따르면서 쌓음 원리와 훈트 규칙에 따라 전자가 배치된 상태이다.

② 홀전자: 오비탈에서 쌍을 이루지 않은 전자

문제 보기

그림은 원자 번호가 연속인 3주기 바닥상태 원자 (가)~(라)의 원자 번호에 따른 $\dfrac{p \text{ 오비탈의 총 전자 수}}{s \text{ 오비탈의 총 전자 수}}$ 를 나타낸 것이다.

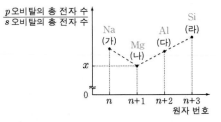

이에 대한 설명으로 옳은 것만을 〈보기〉에서 있는 대로 고른 것은? [3점]

〈보기〉 풀이

3주기 원자의 p 오비탈의 총 전자 수와 s 오비탈의 총 전자 수는 다음과 같다.

원자	Na	Mg	Al	Si	P	S	Cl	Ar
p 오비탈의 총 전자 수	6	6	7	8	9	10	11	12
s 오비탈의 총 전자 수	5	6	6	6	6	6	6	6

따라서 조건을 만족하는 (가)~(라)는 각각 Na, Mg, Al, Si이고, Na의 원자 번호는 11이므로 $n=11$이다.

ㄱ **x는 1이다.**

➡ (나)는 Mg으로 바닥상태 Mg 원자에서 p 오비탈과 s 오비탈의 총 전자 수는 각각 6으로 같다. 따라서 $\dfrac{p \text{ 오비탈의 총 전자 수}}{s \text{ 오비탈의 총 전자 수}}$인 $x=1$이다.

ㄴ **(다)에서 전자가 들어 있는 오비탈 수는 7이다.**

➡ (다)는 Al으로, 바닥상태 전자 배치는 $1s^2 2s^2 2p^6 3s^2 3p^1$이므로 전자가 들어 있는 오비탈 수는 7이다.

ㄷ **홀전자 수는 (라)>(가)이다.**

➡ (가)와 (라)는 각각 Na, Si로, 전자 배치는 각각 $1s^2 2s^2 2p^6 3s^1$, $1s^2 2s^2 2p^6 3s^2 3p^2$이므로 홀전자 수는 각각 1, 2이다. 따라서 홀전자 수는 (라)>(가)이다.

적용해야 할 개념 ②가지

① 2, 3주기 원자의 바닥상태 전자 배치에 대한 자료

2주기 원자	Li	Be	B	C	N	O	F	Ne
$\dfrac{p \text{ 오비탈에 들어 있는 전자 수}}{s \text{ 오비탈에 들어 있는 전자 수}}$	0	0	$\dfrac{1}{4}$	$\dfrac{1}{2}$	$\dfrac{3}{4}$	1	$\dfrac{5}{4}$	$\dfrac{3}{2}$
홀전자 수	1	0	1	2	3	2	1	0
3주기 원자	Na	Mg	Al	Si	P	S	Cl	Ar
$\dfrac{p \text{ 오비탈에 들어 있는 전자 수}}{s \text{ 오비탈에 들어 있는 전자 수}}$	$\dfrac{6}{5}$	1	$\dfrac{7}{6}$	$\dfrac{4}{3}$	$\dfrac{3}{2}$	$\dfrac{5}{3}$	$\dfrac{11}{6}$	2
홀전자 수	1	0	1	2	3	2	1	0

② $1s$, $2s$, $2p$, $3s$, $3p$ 오비탈의 $n-l$(n: 주양자수, l: 방위(부) 양자수)

오비탈	$1s$	$2s$	$2p$	$3s$	$3p$
$n-l$	1	2	1	3	2

문제 보기

다음은 2, 3주기 바닥상태 원자 X~Z에 대한 자료이다. (가)와 (나)는 각각 s 오비탈과 p 오비탈 중 하나이고, n은 주 양자수이며, l은 방위(부) 양자수이다.

○ (가)와 (나)에 들어 있는 전자 수의 비율(%)

O X	50	50
P Y	60	40
NeZ	60	40

□ (가) p 오비탈
□ (나) s 오비탈

○ 각 원자에서 전자가 들어 있는 오비탈의 $n-l$ 중 가장 큰 값은 Y>X=Z이다. $2s$, $2p$, $3s$, $3p$의 값은 각각 2, 1, 3, 2

이에 대한 설명으로 옳은 것만을 <보기>에서 있는 대로 고른 것은? (단, X~Z는 임의의 원소 기호이다.) [3점]

<보기> 풀이

(가)와 (나)가 각각 s 오비탈, p 오비탈이라면 $\dfrac{p \text{ 오비탈에 들어 있는 전자 수}}{s \text{ 오비탈에 들어 있는 전자 수}}$ 는 Y가 $\dfrac{2}{3}$이고, 이에 해당하는 원소가 2, 3주기에는 없으므로 모순이다. 따라서 (가)와 (나)는 각각 p 오비탈, s 오비탈이고, $\dfrac{p \text{ 오비탈에 들어 있는 전자 수}}{s \text{ 오비탈에 들어 있는 전자 수}}$ 는 X가 1, Y가 $\dfrac{3}{2}$, Z가 $\dfrac{3}{2}$이다. 이를 통해 X는 O, Mg 중 하나이고, Y와 Z는 각각 Ne, P 중 하나이다. O, Mg, Ne, P의 전자가 들어 있는 오비탈의 $n-l$ 중 가장 큰 값은 다음과 같다.

원자	O	Mg	Ne	P
전자가 들어 있는 오비탈의 $n-l$ 중 가장 큰 값	2	3	2	3
전자가 들어 있는 오비탈의 $n-l$ 중 가장 큰 값인 오비탈	$2s$	$3s$	$2s$	$3s$

각 원자에서 전자가 들어 있는 오비탈의 $n-l$ 중 가장 큰 값은 Y>X=Z이므로 X는 O, Y는 P, Z는 Ne이다.

ㄱ **X와 Z는 같은 주기 원소이다.**
➡ X(O)와 Z(Ne)는 2주기 원소이므로 같은 주기 원소이다.

ㄴ **홀전자 수는 Y>Z이다.**
➡ 홀전자 수는 Y(P)가 3, Z(Ne)가 0이므로 Y>Z이다.

ㄷ **전자가 2개 들어 있는 오비탈 수는 Y가 X의 2배이다.**
➡ X(O)의 바닥상태 전자 배치는 $1s^2 2s^2 2p^4$이므로 전자가 2개 들어 있는 오비탈 수는 3이다. Y(P)의 바닥상태 전자 배치는 $1s^2 2s^2 2p^6 3s^2 3p^3$이므로 전자가 2개 들어 있는 오비탈 수는 6이다. 따라서 전자가 2개 들어 있는 오비탈 수는 Y가 X의 2배이다.

22 전자 배치와 홀전자 수 2024학년도 9월 모평 화I 10번

정답 ① | 정답률 84%

적용해야 할 개념 ③가지

① 바닥상태: 에너지가 가장 낮은 안정한 상태로, 파울리 배타 원리에 따르면서 쌓음 원리와 훈트 규칙에 따라 전자가 배치된 상태이다.
② 같은 주기 원소는 주 양자수가 같으므로 전자가 들어 있는 전자 껍질 수가 같다.
③ 홀전자 수: 같은 주기에서 원소들의 홀전자 수는 순서대로 1, 0, 1, 2, 3, 2, 1, 0으로 주기성을 갖는다.

문제 보기

┌ 14~16족 원소의 홀전자 수는 각각 2, 3, 2

표는 2, 3주기 <u>14~16족</u> 바닥상태 원자 X~Z에 대한 자료이다.

원자	X O	Y P	Z Si
$\dfrac{p\ \text{오비탈에 들어 있는 전자 수}}{\text{홀전자 수}}$	2	3	4

X~Z에 대한 설명으로 옳은 것만을 〈보기〉에서 있는 대로 고른 것은? (단, X~Z는 임의의 원소 기호이다.)

〈보기〉 풀이

2, 3주기 14~16족 바닥상태 원자의 p 오비탈에 들어 있는 전자 수와 홀전자 수는 다음과 같다.

원자	C	N	O	Si	P	S
p 오비탈에 들어 있는 전자 수	2	3	4	8	9	10
홀전자 수	2	3	2	2	3	2

따라서 $\dfrac{p\ \text{오비탈에 들어 있는 전자 수}}{\text{홀전자 수}}$ 가 각각 2, 3, 4인 X~Z는 각각 O, P, Si이다.

ㄱ. **3주기 원소는 2가지이다.**
➡ X~Z는 각각 O, P, Si이므로 3주기 원소는 Y(P), Z(Si) 2가지이다.

ㄴ. ✗ **홀전자 수는 X > Y이다.**
➡ X와 Y는 각각 O와 P이므로 홀전자 수는 Y(3) > X(2)이다.

ㄷ. ✗ **전자가 들어 있는 오비탈 수는 Z가 X의 2배이다.**
➡ X와 Z는 각각 O, Si로 바닥상태 전자 배치는 각각 $1s^2 2s^2 2p^4$와 $1s^2 2s^2 2p^6 3s^2 3p^2$이다. 따라서 전자가 들어 있는 오비탈 수는 각각 5와 8이므로 Z가 X의 2배보다 작다.

23 전자 배치와 홀전자 수 2023학년도 4월 학평 14번

정답 ⑤ | 정답률 79%

적용해야 할 개념 ③가지

① 주 양자수(n): 오비탈의 에너지 준위를 결정하는 양자수로, 보어 모형에서 전자 껍질에 해당한다.
② 방위(부) 양자수(l): 오비탈의 모양을 결정하는 양자수로, $l=0$은 s 오비탈, $l=1$은 p 오비탈이다.
③ 바닥상태: 에너지가 가장 낮은 안정한 상태로, 파울리 배타 원리에 따르면서 쌓음 원리와 훈트 규칙에 따라 전자가 배치된 상태이다.

문제 보기

표는 2, 3주기 바닥상태 원자 X~Z에 대한 자료이다.

원자	X C (2주기)	Y P (3주기)	Z Si
s 오비탈에 들어 있는 전자 수	④	⑥	
$\dfrac{\text{홀전자 수}}{\text{전자가 들어 있는 오비탈 수}}$	$\dfrac{1}{2}$	$\dfrac{1}{3}$	$\dfrac{1}{4}$

이에 대한 설명으로 옳은 것만을 〈보기〉에서 있는 대로 고른 것은? (단, X~Z는 임의의 원소 기호이다.) [3점]

〈보기〉 풀이

바닥상태에서 홀전자가 존재하면서 s 오비탈에 들어 있는 전자 수가 4인 X는 2주기 13족~17족 원소 중 하나이고, s 오비탈에 들어 있는 전자 수가 6인 Y는 3주기 13족~17족 원소 중 하나이다. 또한 바닥상태에서 홀전자 수는 1, 2, 3 중 하나이며, 2주기 원자인 X는 전자가 들어 있는 오비탈 수가 3~5 중 하나이고, 3주기 원자인 Y는 전자가 들어 있는 오비탈 수가 7~9 중 하나이다.

ㄱ. **X는 C이다.**
➡ 2주기 원자인 X는 전자가 들어 있는 오비탈 수가 3~5 중 하나이고, 홀전자 수는 1~3 중 하나이므로 $\dfrac{\text{홀전자 수}}{\text{전자가 들어 있는 오비탈 수}} = \dfrac{1}{2}$ 조건을 만족하는 X의 바닥상태 전자 배치는 전자가 들어 있는 오비탈 수와 홀전자 수가 각각 4와 2인 $1s^2 2s^2 2p^2$로 C이다.

ㄴ. **Z는 3주기 원소이다.**
➡ 전자가 들어 있는 오비탈 수가 4인 것은 C이고, C는 바닥상태 전자 배치가 $1s^2 2s^2 2p^2$로 홀전자 수는 2이므로 $\dfrac{\text{홀전자 수}}{\text{전자가 들어 있는 오비탈 수}} = \dfrac{1}{4}$ 조건을 만족하지 않는다. 따라서 Z는 전자가 들어 있는 오비탈 수와 홀전자 수가 각각 8과 2로 바닥상태 전자 배치는 $1s^2 2s^2 2p^6 3s^2 3p^2$이고, 3주기 원소인 Si이다.

ㄷ. **원자가 전자 수는 Y > Z이다.**
➡ 3주기 원자인 Y는 전자가 들어 있는 오비탈 수가 7~9 중 하나이고, 홀전자 수는 1~3 중 하나이므로 $\dfrac{\text{홀전자 수}}{\text{전자가 들어 있는 오비탈 수}} = \dfrac{1}{3}$ 조건을 만족하는 Y의 바닥상태 전자 배치는 전자가 들어 있는 오비탈 수와 홀전자 수가 각각 9와 3인 $1s^2 2s^2 2p^6 3s^2 3p^3$으로 P이다. 따라서 원자가 전자 수는 Y(5) > Z(4)이다.

① 바닥상태: 에너지가 가장 낮은 안정한 상태로, 파울리 배타 원리에 따르면서 쌓음 원리와 훈트 규칙에 따라 전자가 배치된 상태이다.

② 2, 3주기 원자의 바닥상태 전자 배치

2주기 원자	Li	Be	B	C	N	O	F	Ne
전자 배치	$1s^2 2s^1$	$1s^2 2s^2$	$1s^2 2s^2 2p^1$	$1s^2 2s^2 2p^2$	$1s^2 2s^2 2p^3$	$1s^2 2s^2 2p^4$	$1s^2 2s^2 2p^5$	$1s^2 2s^2 2p^6$
s 오비탈에 들어 있는 전자 수	3	4	4	4	4	4	4	4
p 오비탈에 들어 있는 전자 수	0	0	1	2	3	4	5	6
전자가 들어 있는 오비탈 수	2	2	3	4	5	5	5	5
홀전자 수	1	0	1	2	3	2	1	0
원자가 전자 수	1	2	3	4	5	6	7	0

3주기 원자	Na	Mg	Al	Si	P	S	Cl	Ar
전자 배치	$1s^2 2s^2 2p^6$ $3s^1$	$1s^2 2s^2 2p^6$ $3s^2$	$1s^2 2s^2 2p^6$ $3s^2 3p^1$	$1s^2 2s^2 2p^6$ $3s^2 3p^2$	$1s^2 2s^2 2p^6$ $3s^2 3p^3$	$1s^2 2s^2 2p^6$ $3s^2 3p^4$	$1s^2 2s^2 2p^6$ $3s^2 3p^5$	$1s^2 2s^2 2p^6$ $3s^2 3p^6$
s 오비탈에 들어 있는 전자 수	5	6	6	6	6	6	6	6
p 오비탈에 들어 있는 전자 수	6	6	7	8	9	10	11	12
전자가 들어 있는 오비탈 수	6	6	7	8	9	9	9	9
홀전자 수	1	0	1	2	3	2	1	0
원자가 전자 수	1	2	3	4	5	6	7	0

적용해야 할 개념 ③가지

③ p 오비탈에 전자가 들어 있는 2, 3주기 바닥상태 원자 중 B, C, N를 제외하고, $\dfrac{s \text{ 오비탈에 들어 있는 전자 수}}{p \text{ 오비탈에 들어 있는 전자 수}}$ 는 대부분 1 이하이다.

문제 보기

표는 2, 3주기 바닥상태 원자 X~Z의 전자 배치에 대한 자료이다. ㉠과 ㉡은 각각 s 오비탈과 p 오비탈 중 하나이고, 원자 번호는 Y>X이다.

원자	X Ne	Y P	Z S
㉠에 들어 있는 전자 수 ← s 오비탈	$\dfrac{2}{3}$	$\dfrac{2}{3}$	$\dfrac{3}{5}$
㉡에 들어 있는 전자 수			

p 오비탈 ← 2, 3주기 원소 중 B, C, N를 제외하고 모두 p 오비탈의 전자 수가 s 오비탈의 전자 수보다 크거나 같다.

X~Z에 대한 설명으로 옳은 것만을 〈보기〉에서 있는 대로 고른 것은? (단, X~Z는 임의의 원소 기호이다.) [3점]

〈보기〉 풀이

p 오비탈에 전자가 들어 있는 2, 3주기 바닥상태 원자 중 B, C, N를 제외하고 $\dfrac{s \text{ 오비탈에 들어 있는 전자 수}}{p \text{ 오비탈에 들어 있는 전자 수}}$ 는 대부분 1 이하이다. 따라서 ㉠과 ㉡은 각각 s 오비탈과 p 오비탈이다. 이때 $\dfrac{s \text{ 오비탈에 들어 있는 전자 수}}{p \text{ 오비탈에 들어 있는 전자 수}}$ 가 $\dfrac{2}{3}$ 인 X와 Y는 각각 Ne과 P 중 하나인데, 원자 번호가 Y>X이므로 X는 Ne, Y는 P이다. 또한 $\dfrac{s \text{ 오비탈에 들어 있는 전자 수}}{p \text{ 오비탈에 들어 있는 전자 수}}$ 가 $\dfrac{3}{5}$ 인 Z는 S 이다.

㉠ **2주기 원소는 1가지이다.**
➡ X~Z는 각각 Ne, P, S이므로 2주기 원소는 Ne 1가지이다.

✗ **X에는 홀전자가 존재한다.**
➡ X는 Ne으로 바닥상태 전자 배치는 $1s^2 2s^2 2p^6$ 이고, 홀전자가 존재하지 않는다.

✗ **원자가 전자 수는 Y>Z이다.**
➡ Y와 Z는 각각 P과 S이므로 원자가 전자 수는 Z(6)>Y(5)이다.

보기

적용해야 할 개념 ②가지

① 2, 3주기 원자의 s 오비탈과 p 오비탈에 들어 있는 전자 수, 홀전자 수, 원자가 전자 수

2주기 원자	Li	Be	B	C	N	O	F	Ne
s 오비탈에 들어 있는 전자 수	3	4	4	4	4	4	4	4
p 오비탈에 들어 있는 전자 수	0	0	1	2	3	4	5	6
홀전자 수	1	0	1	2	3	2	1	0
원자가 전자 수	1	2	3	4	5	6	7	0
3주기 원자	Na	Mg	Al	Si	P	S	Cl	Ar
s 오비탈에 들어 있는 전자 수	5	6	6	6	6	6	6	6
p 오비탈에 들어 있는 전자 수	6	6	7	8	9	10	11	12
홀전자 수	1	0	1	2	3	2	1	0
원자가 전자 수	1	2	3	4	5	6	7	0

② 홀전자: 오비탈에서 쌍을 이루지 않은 전자

문제 보기

표는 2, 3주기 바닥상태 원자 X~Z에 대한 자료이다.

원자	X O	Y F	Z P	
$\dfrac{p \text{ 오비탈에 들어 있는 전자 수}}{s \text{ 오비탈에 들어 있는 전자 수}}$	1	$\dfrac{5}{4}$	$\dfrac{3}{2}$	보기
홀전자 수	a 2	$a-1=1$	$a+1=3$	

이에 대한 옳은 설명만을 〈보기〉에서 있는 대로 고른 것은? (단, X~Z는 임의의 원소 기호이다.) [3점]

〈보기〉 풀이

2, 3주기 바닥상태 원자 중 $\dfrac{p \text{ 오비탈에 들어 있는 전자 수}}{s \text{ 오비탈에 들어 있는 전자 수}}$가 1인 원자는 O, Mg이고, $\dfrac{5}{4}$인 원자는 F이며, $\dfrac{3}{2}$인 원자는 Ne, P이다. Y(F)의 홀전자 수는 1이므로 X는 홀전자 수가 2인 O이고, Z는 홀전자 수가 3인 P이다.

ㄱ $a=2$이다.

➡ Y(F)의 홀전자 수는 1이므로 $a-1=1$에서 $a=2$이다.

ㄴ 원자가 전자 수는 X>Z이다.

➡ 원자가 전자 수는 X(O)가 6이고, Z(P)가 5이므로 X>Z이다

ㄷ 전자가 들어 있는 오비탈 수는 Z>Y이다.

➡ Y(F)의 전자 배치는 $1s^2 2s^2 2p^5$이고, Z(P)의 전자 배치는 $1s^2 2s^2 2p^6 3s^2 3p^3$이므로 Y(F)는 전자가 들어 있는 오비탈 수가 5이고, Z(P)는 전자가 들어 있는 오비탈 수가 9이다. 따라서 전자가 들어 있는 오비탈 수는 Z>Y이다.

적용해야 할 개념 ②가지

① 2, 3주기 원자의 전자가 들어 있는 p 오비탈 수, 전자가 2개 들어 있는 오비탈 수, 홀전자 수

2주기 원자	Li	Be	B	C	N	O	F	Ne
전자가 들어 있는 p 오비탈 수	0	0	1	2	3	3	3	3
전자가 2개 들어 있는 오비탈 수	1	2	2	2	2	3	4	5
홀전자 수	1	0	1	2	3	2	1	0
3주기 원자	Na	Mg	Al	Si	P	S	Cl	Ar
전자가 들어 있는 p 오비탈 수	3	3	4	5	6	6	6	6
전자가 2개 들어 있는 오비탈 수	5	6	6	6	6	7	8	9
홀전자 수	1	0	1	2	3	2	1	0

② 원자 반지름의 주기성: 주기율표에서 왼쪽으로 갈수록, 아래쪽으로 갈수록 커진다.

문제 보기

표는 바닥상태 원자 X~Z에 대한 자료이다. X~Z는 각각 2, 3 주기 13~15족 원자 중 하나이다. ⟶ B, C, N, Al, Si, P

원자	Al X	Si Y	C Z
$\dfrac{\text{전자가 들어 있는 } p \text{ 오비탈 수}}{\text{전자가 2개 들어 있는 오비탈 수}}$ (상댓값)	$\dfrac{2}{3}$ 4	$\dfrac{5}{6}$ 5	$\dfrac{1}{6}$ 6
홀전자 수	1 ㉠		2

이에 대한 설명으로 옳은 것만을 〈보기〉에서 있는 대로 고른 것은? (단, X~Z는 임의의 원소 기호이다.) [3점]

〈보기〉 풀이

2, 3주기 13~15족 원자의 $\dfrac{\text{전자가 들어 있는 } p \text{ 오비탈 수}}{\text{전자가 2개 들어 있는 오비탈 수}}$ 와 홀전자 수는 다음과 같다.

원자	B	C	N	Al	Si	P
$\dfrac{\text{전자가 들어 있는 } p \text{ 오비탈 수}}{\text{전자가 2개 들어 있는 오비탈 수}}$	$\dfrac{1}{2}$	1	$\dfrac{3}{2}$	$\dfrac{2}{3}$	$\dfrac{5}{6}$	1
홀전자 수	1	2	3	1	2	3

$\dfrac{\text{전자가 들어 있는 } p \text{ 오비탈 수}}{\text{전자가 2개 들어 있는 오비탈 수}}$ (상댓값)는 X, Y, Z가 각각 4, 5, 6이므로 X는 Al, Y는 Si이고, Z는 C 또는 P이다. Z의 홀전자 수가 2이므로 Z는 C이다.

ㄱ ㉠=1이다.
➡ X(Al)의 홀전자 수는 1이다.

ㄴ X~Z 중 원자 번호는 Y가 가장 크다.
➡ X(Al), Y(Si), Z(C)의 원자 번호는 Y>X>Z이므로 Y가 가장 크다.

ㄷ 원자 반지름은 X>Z이다.
➡ 원자 반지름은 주기율표에서 왼쪽으로 갈수록, 아래쪽으로 갈수록 커진다. 따라서 X(Al)> Y(Si)>Z(C)이다.

적용해야 할 개념 ③가지

① 2, 3주기 바닥상태 원자의 전자가 들어 있는 s 오비탈 수와 p 오비탈 수

2주기 원자	Li	Be	B	C	N	O	F	Ne
전자가 들어 있는 s 오비탈 수	2	2	2	2	2	2	2	2
전자가 들어 있는 p 오비탈 수	0	0	1	2	3	3	3	3
3주기 원자	Na	Mg	Al	Si	P	S	Cl	Ar
전자가 들어 있는 s 오비탈 수	3	3	3	3	3	3	3	3
전자가 들어 있는 p 오비탈 수	3	3	4	5	6	6	6	6

② 이온의 전하는 (양성자수－전자 수)와 같다.

③ 전기 음성도의 주기성: 같은 주기에서는 원자 번호가 커질수록 대체로 증가하고, 같은 족에서는 원자 번호가 커질수록 대체로 감소한다.

문제 보기

표는 원자 번호가 20 이하인 원소 A~D의 이온의 바닥상태 전자 배치에 대한 자료이다. A~D의 이온은 모두 18족 원소의 전자 배치를 갖는다.

이온	$\overset{Li^+}{A^+}$	$\overset{F^-}{B^-}$	$\overset{K^+}{C^+}$	$\overset{Cl^-}{D^-}$
$\dfrac{\text{전자가 들어 있는 }p\text{ 오비탈 수}}{\text{전자가 들어 있는 }s\text{ 오비탈 수}}$	0	$\dfrac{3}{2}$	$2=\dfrac{6}{3}$	$2=\dfrac{6}{3}$

보기

A~D에 대한 옳은 설명만을 〈보기〉에서 있는 대로 고른 것은? (단, A~D는 임의의 원소 기호이다.)

〈보기〉 풀이

18족 원소의 전자 배치를 갖는 이온이 될 때 전하가 ＋1인 이온은 Li^+, Na^+, K^+이고, 전하가 －1인 이온은 F^-, Cl^-이다. 전자 배치는 Li^+이 $1s^2$, Na^+이 $1s^22s^22p^6$, K^+이 $1s^22s^22p^63s^23p^6$, F^-이 $1s^22s^22p^6$, Cl^-이 $1s^22s^22p^63s^23p^6$이다. 이 5가지 이온의 $\dfrac{\text{전자가 들어 있는 }p\text{ 오비탈 수}}{\text{전자가 들어 있는 }s\text{ 오비탈 수}}$는 다음과 같다.

이온	Li^+	Na^+	K^+	F^-	Cl^-
$\dfrac{\text{전자가 들어 있는 }p\text{ 오비탈 수}}{\text{전자가 들어 있는 }s\text{ 오비탈 수}}$	0	$\dfrac{3}{2}$	2	$\dfrac{3}{2}$	2

따라서 A^+, B^-, C^+, D^-은 각각 Li^+, F^-, K^+, Cl^-이다.

ㄱ **C는 칼륨(K)이다.**

➡ A~D는 각각 Li, F, K, Cl이다.

ㄴ **2주기 원소는 2가지이다.**

➡ 2주기 원소는 A(Li), B(F) 2가지이다.

ㄷ **전기 음성도는 B＞D이다.**

➡ 전기 음성도는 주기율표에서 오른쪽으로 갈수록, 위쪽으로 갈수록 대체로 크다. 따라서 전기 음성도는 F＞Cl＞Li＞K이므로 B(F)＞D(Cl)이다.

적용해야 할 개념 ③가지

① 2, 3주기 원자의 바닥상태 전자 배치

2주기 원자	Li	Be	B	C	N	O	F	Ne
전자 배치	$1s^22s^1$	$1s^22s^2$	$1s^22s^22p^1$	$1s^22s^22p^2$	$1s^22s^22p^3$	$1s^22s^22p^4$	$1s^22s^22p^5$	$1s^22s^22p^6$
s 오비탈 수	2	2	2	2	2	2	2	2
p 오비탈 수	0	0	1	2	3	3	3	3
s 오비탈에 들어 있는 전자 수	3	4	4	4	4	4	4	4
p 오비탈에 들어 있는 전자 수	0	0	1	2	3	4	5	6
홀전자 수	1	0	1	2	3	2	1	0
3주기 원자	Na	Mg	Al	Si	P	S	Cl	Ar
전자 배치	$1s^22s^22p^6$ $3s^1$	$1s^22s^22p^6$ $3s^2$	$1s^22s^22p^6$ $3s^23p^1$	$1s^22s^22p^6$ $3s^23p^2$	$1s^22s^22p^6$ $3s^23p^3$	$1s^22s^22p^6$ $3s^23p^4$	$1s^22s^22p^6$ $3s^23p^5$	$1s^22s^22p^6$ $3s^23p^6$
s 오비탈 수	3	3	3	3	3	3	3	3
p 오비탈 수	3	3	4	5	6	6	6	6
s 오비탈에 들어 있는 전자 수	5	6	6	6	6	6	6	6
p 오비탈에 들어 있는 전자 수	6	6	7	8	9	10	11	12
홀전자 수	1	0	1	2	3	2	1	0

② 홀전자: 오비탈에서 쌍을 이루지 않은 전자

③ 원자가 전자: 바닥상태 전자 배치에서 전자가 채워진 오비탈 중 주 양자수(n)가 최대인 ns, np 오비탈에 들어 있는 전자

문제 보기

다음은 2, 3주기 15~17족 바닥상태 원자 W~Z에 대한 자료이다.

○ W와 Y는 다른 주기 원소이다.

○ W와 Y의 $\dfrac{p\ \text{오비탈에 들어 있는 전자 수}}{\text{홀전자 수}}$ 는 같다.
F

○ X~Z의 전자 배치에 대한 자료

| | N | S | Cl |
원자	X	Y	Z
$\dfrac{\text{홀전자 수}}{s\ \text{오비탈에 들어 있는 전자 수}}$ (상댓값)	9	4	2

W~Z에 대한 설명으로 옳은 것만을 〈보기〉에서 있는 대로 고른 것은? (단, W~Z는 임의의 원소 기호이다.)

〈보기〉 풀이

2, 3주기 15~17족 원자 W~Z는 각각 N, O, F, P, S, Cl 중 하나이고, 바닥상태인 N, O, F, P, S, Cl의 홀전자 수, s 오비탈에 들어 있는 전자 수, p 오비탈에 들어 있는 전자 수는 다음과 같다.

원자	N	O	F	P	S	Cl
홀전자 수	3	2	1	3	2	1
s 오비탈에 들어 있는 전자 수	4	4	4	6	6	6
p 오비탈에 들어 있는 전자 수	3	4	5	9	10	11

따라서 조건을 만족하는 W~Z는 각각 F, N, S, Cl이다.

ㄱ **3주기 원소는 2가지이다.**

➡ 3주기 원소는 Y(S), Z(Cl) 2가지이다.

✗ **원자가 전자 수는 W > Z이다.**

➡ W와 Z는 각각 F, Cl이므로 원자가 전자 수는 7로 같다.

✗ **전자가 들어 있는 오비탈 수는 X > Y이다.**

➡ X, Y는 각각 N, S으로 바닥상태 전자 배치는 각각 $1s^22s^22p^3$, $1s^22s^22p^63s^23p^4$이다. 따라서 전자가 들어 있는 오비탈 수는 각각 5와 9로 Y > X이다.

적용해야 할 개념 ③가지

① 바닥상태: 에너지가 가장 낮은 안정한 상태로, 파울리 배타 원리를 따르면서 쌓음 원리와 훈트 규칙에 따라 전자가 배치된 상태이다.

② 다전자 원자에서 오비탈에 전자가 배치되는 순서: 에너지 준위가 낮은 오비탈부터 차례로 전자가 배치되며, 1개의 오비탈에 들어갈 수 있는 전자 수는 최대 2개이다.

➡ 전자가 배치되는 순서: $1s \rightarrow 2s \rightarrow 2p \rightarrow 3s \rightarrow 3p \rightarrow 4s \rightarrow 3d \rightarrow 4p \cdots$

③ 홀전자: 오비탈에서 쌍을 이루지 않은 전자

문제 보기

표는 2주기 바닥상태 원자 W~Z에 대한 자료이다.

원자	Li W	C X	B Y	O Z
전자가 2개 들어 있는 오비탈 수	a 1 $1s^2 2s^1$	1 $1s^2 2s^2 2p^2$	$2a$ 2 $1s^2 2s^2 2p^3$	2 $1s^2 2s^2 2p^4$
$\dfrac{\text{홀전자 수}}{\text{원자가 전자 수}}$	1	$\dfrac{1}{2}$	$\dfrac{1}{3}$	$\dfrac{1}{3}$

이에 대한 옳은 설명만을 〈보기〉에서 있는 대로 고른 것은? (단, W~Z는 임의의 원소 기호이다.) [3점]

〈보기〉 풀이

바닥상태 2주기 원자의 홀전자 수와 원자가 전자 수는 다음과 같다.

원자	Li	Be	B	C	N	O	F	Ne
홀전자 수	1	0	1	2	3	2	1	0
원자가 전자 수	1	2	3	4	5	6	7	0

$\dfrac{\text{홀전자 수}}{\text{원자가 전자 수}} = 1$인 W는 Li이고, $\dfrac{\text{홀전자 수}}{\text{원자가 전자 수}} = \dfrac{1}{2}$인 X는 C이며, $\dfrac{\text{홀전자 수}}{\text{원자가 전자 수}} = \dfrac{1}{3}$인 Y와 Z는 각각 B와 O 중 하나이다. 이때 W(Li)의 바닥상태 전자 배치는 $1s^2 2s^1$로 전자가 2개 들어 있는 오비탈 수 $a = 1$이므로 전자가 2개 들어 있는 오비탈 수가 2($= 2a$)인 Y는 바닥상태 전자 배치가 $1s^2 2s^2 2p^3$인 B이고, Z는 바닥상태 전자 배치가 $1s^2 2s^2 2p^4$인 O이다. 따라서 조건을 만족하는 W~Z는 각각 Li, C, B, O이다.

ㄱ. $a = 1$이다.

➡ W는 Li으로 바닥상태 전자 배치가 $1s^2 2s^1$이므로 전자가 2개 들어 있는 오비탈 수 $a = 1$이다.

✗ 전자가 들어 있는 오비탈 수는 Y > X이다.

➡ X와 Y는 각각 C와 B로 바닥상태 전자 배치는 각각 $1s^2 2s^2 2p^2$와 $1s^2 2s^2 2p^1$이다. 따라서 X와 Y에서 전자가 들어 있는 오비탈 수는 각각 4와 3이므로 X > Y이다.

ㄷ. p 오비탈에 들어 있는 전자 수는 Z가 X의 2배이다.

➡ X와 Z는 각각 C와 O로 바닥상태 전자 배치는 각각 $1s^2 2s^2 2p^2$와 $1s^2 2s^2 2p^4$이다. 따라서 p 오비탈에 들어 있는 전자 수는 Z가 4, X가 2로, Z가 X의 2배이다.

적용해야 할 개념 ②가지	① 바닥상태: 에너지가 가장 낮은 안정한 상태로, 파울리 배타 원리에 따르면서 쌓음 원리와 훈트 규칙에 따라 전자가 배치된 상태이다.
	② 2~3주기 원소 중 $\dfrac{p \text{ 오비탈에 들어 있는 전자 수}}{s \text{ 오비탈에 들어 있는 전자 수}}$ 가 같은 원소: O와 Mg이 1로 같고, Ne과 P이 $\dfrac{3}{2}$ 으로 같다.

문제 보기

표는 바닥상태 원자 X~Z에 대한 자료이다. X~Z의 원자 번호는 각각 8~15 중 하나이다.

원자	X Mg	Y Ne	Z P
s 오비탈에 들어 있는 전자 수	a 6		a 6
p 오비탈에 들어 있는 전자 수		a 6	
$\dfrac{p \text{ 오비탈에 들어 있는 전자 수}}{s \text{ 오비탈에 들어 있는 전자 수}}$	①	b $\dfrac{3}{2}$	b $\dfrac{3}{2}$

O, Mg 중 하나이다. ➡ X가 O이면 a=4이고, Y도 O이므로 X는 Mg이다.

이에 대한 설명으로 옳은 것만을 〈보기〉에서 있는 대로 고른 것은? (단, X~Z는 임의의 원소 기호이다.) [3점]

〈보기〉 풀이

원자 번호 8~15의 s 오비탈과 p 오비탈에 들어 있는 전자 수에 대한 자료는 다음과 같다.

원자	^{8}O	^{9}F	^{10}Ne	^{11}Na	^{12}Mg	^{13}Al	^{14}Si	^{15}P
s 오비탈에 들어 있는 전자 수	4	4	4	5	6	6	6	6
p 오비탈에 들어 있는 전자 수	4	5	6	6	6	7	8	9
$\dfrac{p \text{ 오비탈에 들어 있는 전자 수}}{s \text{ 오비탈에 들어 있는 전자 수}}$	1	$\dfrac{5}{4}$	$\dfrac{3}{2}$	$\dfrac{6}{5}$	1	$\dfrac{7}{6}$	$\dfrac{4}{3}$	$\dfrac{3}{2}$

$\dfrac{p \text{ 오비탈에 들어 있는 전자 수}}{s \text{ 오비탈에 들어 있는 전자 수}}$ 가 1인 X는 O, Mg 중 하나이다. 이때 X가 O이면 a=4이고, p 오비탈에 들어 있는 전자 수가 a(=4)인 Y는 O뿐이므로 조건을 만족하지 않는다. 따라서 X는 Mg이고, a=6이다.

ㄱ $b = \dfrac{3}{2}$ 이다.

➡ a=6이므로 p 오비탈에 들어 있는 전자 수가 6인 Y는 Ne, Na 중 하나이다. Y가 Na일 경우 $\dfrac{p \text{ 오비탈에 들어 있는 전자 수}}{s \text{ 오비탈에 들어 있는 전자 수}} = \dfrac{6}{5}$ 이고, 원자 번호 8~15 중 같은 조건의 원소가 존재하지 않으므로 Y는 Ne이다. Ne은 $\dfrac{p \text{ 오비탈에 들어 있는 전자 수}}{s \text{ 오비탈에 들어 있는 전자 수}} = \dfrac{3}{2}$ 이므로 $b = \dfrac{3}{2}$ 이다.

✗ Y와 Z는 같은 주기 원소이다.

➡ Y와 Z는 $\dfrac{p \text{ 오비탈에 들어 있는 전자 수}}{s \text{ 오비탈에 들어 있는 전자 수}}$ 의 값 b가 $\dfrac{3}{2}$ 으로 같고, Z의 s 오비탈에 들어 있는 전자 수가 6이므로 Y, Z는 각각 Ne, P이다. 따라서 Y는 2주기, Z는 3주기 원소이다.

ㄷ 전자가 들어 있는 p 오비탈 수는 Z가 X의 2배이다.

➡ X, Z는 각각 Mg, P으로 바닥상태 전자 배치는 각각 $1s^2 2s^2 2p^6 3s^2$, $1s^2 2s^2 2p^6 3s^2 3p^3$ 이다. 따라서 전자가 들어 있는 p 오비탈 수는 각각 3, 6으로 Z가 X의 2배이다.

적용해야 할 개념 ③가지	① 바닥상태: 에너지가 가장 낮은 안정한 상태로, 파울리 배타 원리에 따르면서 쌓음 원리와 훈트 규칙에 따라 전자가 배치된 상태이다.
	② 홀전자: 오비탈에서 쌍을 이루지 않는 전자
	③ 원자가 전자 수: 원자의 바닥상태 전자 배치에서 주 양자수(n)가 가장 큰 ns, np 오비탈에 들어 있어 반응에 참여하는 전자 수의 합

문제 보기

표는 2주기 바닥상태 원자 X~Z의 전자 배치에 대한 자료이다.

원자	X C	Y O	Z F
전자가 2개 들어 있는 오비탈 수	a=2	a+1	a+2
p 오비탈에 들어 있는 홀전자 수	a	a	b=1

이에 대한 설명으로 옳은 것만을 〈보기〉에서 있는 대로 고른 것은? (단, X~Z는 임의의 원소 기호이다.)

〈보기〉 풀이

2주기 바닥상태 원자에서 전자가 2개 들어 있는 오비탈 수와 p 오비탈에 들어 있는 홀전자 수는 다음과 같다.

원자	Li	Be	B	C	N	O	F	Ne
전자가 2개 들어 있는 오비탈 수	1	2	2	2	2	3	4	5
p 오비탈에 들어 있는 홀전자 수	0	0	1	2	3	2	1	0

따라서 전자가 2개 들어 있는 오비탈 수와 p 오비탈에 들어 있는 홀전자 수가 같은 X는 C이고, Y, Z는 각각 O, F이다.

ㄱ $a+b$=3이다.

➡ X는 C이므로 a=2이고, Z는 F이므로 b=1이다. 따라서 $a+b$=3이다.

✗ X의 원자가 전자 수는 2이다.

➡ X는 C이므로 원자가 전자 수는 4이다.

ㄷ 전자가 들어 있는 오비탈 수는 Y와 Z가 같다.

➡ Y와 Z는 각각 O, F이다. 따라서 전자가 들어 있는 오비탈 수는 각각 5로 같다.

32 전자 배치와 홀전자 수 2022학년도 10월 학평 화I 9번 정답 ② | 정답률 78 %

적용해야 할 개념 ③가지

① 바닥상태: 에너지가 가장 낮은 안정한 상태로, 파울리 배타 원리에 따르면서 쌓음 원리와 훈트 규칙에 따라 전자가 배치된 상태이다.
② 같은 주기 원소는 주 양자수(n)가 같으므로 전자가 들어 있는 전자 껍질 수가 같다.
③ 홀전자: 오비탈에서 쌍을 이루지 않은 전자

문제 보기

표는 2, 3주기 바닥상태 원자 X~Z에 대한 자료이다.

원자	X S	Y Na	Z C
홀전자 수	a 2	1	2
전자가 2개 들어 있는 오비탈 수 / p 오비탈에 들어 있는 전자 수	$\frac{7}{10}$	$\frac{5}{6}$	1

이에 대한 옳은 설명만을 〈보기〉에서 있는 대로 고른 것은? (단, X~Z는 임의의 원소 기호이다.) [3점]

〈보기〉 풀이

2, 3주기 바닥상태 원자에서 p 오비탈에 들어 있는 전자 수의 최댓값은 12이고, 전자가 2개 들어 있는 오비탈 수의 최댓값은 9이다. 따라서 $\frac{\text{전자가 2개 들어 있는 오비탈 수}}{p \text{ 오비탈에 들어 있는 전자 수}} = \frac{7}{10}$인 X는 S으로 전자 배치는 $1s^2 2s^2 2p^6 3s^2 3p^4$이다. 또한 $\frac{5}{6}$인 Y는 Ne, Na 중 하나인데 홀전자 수가 1이므로 Y는 Na이다. 마지막으로 1인 Z는 C, Mg 중 하나인데, 홀전자 수가 2이므로 Z는 C이다.

✗ $a=3$이다.
➡ X는 S이므로 홀전자 수 $a=2$이다.

Ⓛ X~Z 중 3주기 원소는 2가지이다.
➡ X~Z는 각각 S, Na, C이므로 X~Z 중 3주기 원소는 X(S), Y(Na) 2가지이다.

✗ s 오비탈에 들어 있는 전자 수는 Z>Y이다.
➡ Y, Z는 각각 Na, C로 전자 배치는 각각 $1s^2 2s^2 2p^6 3s^1$, $1s^2 2s^2 2p^2$이므로 s 오비탈에 들어 있는 전자 수는 Y>Z이다.

---

33 전자 배치와 홀전자 수 2019학년도 6월 모평 화I 14번 정답 ① | 정답률 55 %

적용해야 할 개념 ②가지

① 바닥상태: 에너지가 가장 낮은 안정한 상태로, 파울리 배타 원리에 따르면서 쌓음 원리와 훈트 규칙에 따라 전자가 배치된 상태이다.
② 원자 번호는 원자핵 속의 양성자수로 나타내며, 양성자수는 전자 수와 같다.

문제 보기

표는 2, 3주기 바닥상태 원자 X~Z에 대한 자료이다.

원자	X P	Y B	Z Li
$\frac{s \text{ 오비탈의 전자 수}}{\text{전체 전자 수}}$ (상댓값)	2	4	5
홀전자 수	③	a	a

└ 최대 1을 넘지 않는다. └ 15족 원소

이에 대한 설명으로 옳은 것만을 〈보기〉에서 있는 대로 고른 것은? (단, X~Z는 임의의 원소 기호이다.)

〈보기〉 풀이

2, 3주기 원소의 전체 전자 수, s 오비탈의 전자 수, 홀전자 수는 다음과 같다.

2주기 원소	전체 전자 수	s 오비탈의 전자 수	홀전자 수	3주기 원소	전체 전자 수	s 오비탈의 전자 수	홀전자 수
Li	3	3	1	Na	11	5	1
Be	4	4	0	Mg	12	6	0
B	5	4	1	Al	13	6	1
C	6	4	2	Si	14	6	2
N	7	4	3	P	15	6	3
O	8	4	2	S	16	6	2
F	9	4	1	Cl	17	6	1
Ne	10	4	0	Ar	18	6	0

홀전자 수가 3인 X는 15족 원소이므로 N, P 중 하나이다. X가 N이면, $\frac{s \text{ 오비탈의 전자 수}}{\text{전체 전자 수}} = \frac{4}{7}$

이다. 이때 X~Z의 상댓값이 각각 2, 4, 5이므로 X가 N일 때 Y, Z의 실제값은 각각 $\frac{8}{7}$, $\frac{10}{7}$인 데, $\frac{s \text{ 오비탈의 전자 수}}{\text{전체 전자 수}}$는 최대 1을 넘지 않는다. 따라서 X는 P이고, $\frac{s \text{ 오비탈의 전자 수}}{\text{전체 전자 수}} = \frac{6}{15}$

$= \frac{2}{5}$이며, Y, Z의 실제값은 각각 $\frac{4}{5}$, 1이다. 이때 Y는 B이고, Z는 Li, Be 중 하나인데 Y와 Z의 홀전자 수가 a로 같으므로 $a=1$이고, Z는 Li이다.

Ⓖ $a=1$이다.
➡ Y, Z는 각각 B, Li이므로 홀전자 수 $a=1$이다.

✗ X와 Y는 같은 주기 원소이다.
➡ X와 Y는 각각 P, B이고, 각각 3주기, 2주기 원소이다.

✗ 전자가 들어 있는 오비탈 수는 Z>Y이다.
➡ Y, Z는 각각 B, Li으로 전자 배치는 각각 $1s^2 2s^2 2p^1$, $1s^2 2s^1$으로 전자가 들어 있는 오비탈 수는 Y>Z이다.

적용해야 할 개념 ①가지

① 2주기 원자의 바닥상태 전자 배치

2주기 원자	Li	Be	B	C	N	O	F	Ne
전자 배치	$1s^22s^1$	$1s^22s^2$	$1s^22s^22p^1$	$1s^22s^22p^2$	$1s^22s^22p^3$	$1s^22s^22p^4$	$1s^22s^22p^5$	$1s^22s^22p^6$
s 오비탈에 들어 있는 전자 수	3	4	4	4	4	4	4	4
p 오비탈에 들어 있는 전자 수	0	0	1	2	3	4	5	6
전자가 들어 있는 오비탈 수	2	2	3	4	5	5	5	5
홀전자 수	1	0	1	2	3	2	1	0
원자가 전자 수	1	2	3	4	5	6	7	0

문제 보기

표는 2주기 바닥상태 원자 X~Z에 대한 자료이다.

원자	X C	Y B	Z O
$\dfrac{\text{홀전자 수}}{\text{전자가 들어 있는 오비탈 수}}$	$\dfrac{1}{2}$	$a\ \dfrac{1}{3}$	$\dfrac{2}{5}$
$\dfrac{p \text{ 오비탈의 전자 수}}{s \text{ 오비탈의 전자 수}}$ (상댓값)	2	1	$b\ 4$

이에 대한 옳은 설명만을 〈보기〉에서 있는 대로 고른 것은? (단, X~Z는 임의의 원소 기호이다.) [3점]

〈보기〉 풀이

2주기 바닥상태 원자에서 전자가 들어 있는 오비탈 수는 2~5이고, 홀전자 수는 0~3이다. 따라서 $\dfrac{\text{홀전자 수}}{\text{전자가 들어 있는 오비탈 수}}$가 $\dfrac{2}{5}$인 Z는 O이고, $\dfrac{1}{2}$인 X는 Li, C 중 하나인데, Li은 p 오비탈에 전자가 없으므로 $\dfrac{p \text{ 오비탈의 전자 수}}{s \text{ 오비탈의 전자 수}}$가 0이다. 따라서 X는 C이다. 이때 C의 $\dfrac{p \text{ 오비탈의 전자 수}}{s \text{ 오비탈의 전자 수}}$는 $\dfrac{1}{2}$이므로 이 값의 상댓값은 실젯값에 4를 곱한 것과 같다. 따라서 Y의 $\dfrac{p \text{ 오비탈의 전자 수}}{s \text{ 오비탈의 전자 수}}$(상댓값)가 1이므로 실젯값은 $\dfrac{1}{4}$이고, Y는 B이다.

Y(B)의 $\dfrac{\text{홀전자 수}}{\text{전자가 들어 있는 오비탈 수}}$인 $a=\dfrac{1}{3}$이고, Z(O)의 $\dfrac{p \text{ 오비탈의 전자 수}}{s \text{ 오비탈의 전자 수}}$는 실젯값이 1이므로 상댓값인 $b=4$이다.

ㄱ $ab=\dfrac{4}{3}$이다.

➡ $a=\dfrac{1}{3}$, $b=4$이므로 $ab=\dfrac{4}{3}$이다.

✗ 원자 번호는 Y>X이다.

➡ X, Y는 각각 C, B이므로 원자 번호는 X>Y이다.

✗ 전자가 2개 들어 있는 오비탈 수는 Z가 Y의 2배이다.

➡ Y, Z는 각각 B, O이므로 전자가 2개 들어 있는 오비탈 수는 각각 2, 3으로 Z가 Y의 $\dfrac{3}{2}$배이다.

35 전자 배치와 양자수 2020학년도 10월 학평 화I 17번

정답 ④ | 정답률 77%

적용해야 할 개념 ③가지	① 바닥상태: 에너지가 가장 낮은 안정한 상태로, 파울리 배타 원리에 따르면서 쌓음 원리와 훈트 규칙에 따라 전자가 배치된 상태이다.
	② 주 양자수(n): 오비탈의 에너지 준위를 결정하는 양자수로, 보어 모형에서 전자 껍질에 해당한다.
	③ 방위(부) 양자수(l): 오비탈의 모양을 결정하는 양자수이다. 주 양자수가 n인 경우 방위 양자수는 0, 1, 2, ⋯ $(n-1)$까지 n개 존재한다.

문제 보기

표는 2, 3주기 바닥상태 원자 A~C의 전자 배치에 대한 자료이다. n은 주 양자수, l은 방위(부) 양자수이다.

원자	A P	B Ne	C S	
$\dfrac{p \text{ 오비탈의 전자 수}}{s \text{ 오비탈의 전자 수}}$	$\dfrac{3}{2}$	㉠ $\dfrac{3}{2}$	$\dfrac{5}{3}$	보기
$n+l=3$인 전자 수	㉡ 8	6	㉢ 8	

└ 2p, 3s 오비탈에 들어 있는 전자 수

이에 대한 옳은 설명만을 〈보기〉에서 있는 대로 고른 것은? (단, A~C는 임의의 원소 기호이다.) [3점]

〈보기〉 풀이

$n+l=3$인 전자 수는 각각 $2p$, $3s$ 오비탈에 들어 있는 전자 수를 의미한다. 따라서 바닥상태에서 $n+l=3$인 전자 수가 6인 B는 Ne($1s^2 2s^2 2p^6$)이다.

✗ A~C 중 3주기 원소는 1가지이다.

➡ $\dfrac{p \text{ 오비탈의 전자 수}}{s \text{ 오비탈의 전자 수}} = \dfrac{3}{2}$인 A는 Ne($1s^2 2s^2 2p^6$), P($1s^2 2s^2 2p^6 3s^2 3p^3$) 중 하나인데, B가 Ne 이므로 A는 P이다. $\dfrac{p \text{ 오비탈의 전자 수}}{s \text{ 오비탈의 전자 수}} = \dfrac{5}{3}$인 C는 S($1s^2 2s^2 2p^6 3s^2 3p^4$)이다. 따라서 A~C 중 3주기 원소는 2가지이다.

ㄴ. ㉠ = $\dfrac{3}{2}$이다.

➡ B는 Ne($1s^2 2s^2 2p^6$)이므로 $\dfrac{p \text{ 오비탈의 전자 수}}{s \text{ 오비탈의 전자 수}} = \dfrac{3}{2}$이다. 따라서 ㉠은 $\dfrac{3}{2}$이다.

ㄷ. ㉡ = ㉢이다.

➡ A는 P($1s^2 2s^2 2p^6 3s^2 3p^3$)이므로 ㉡은 8이고, C는 S($1s^2 2s^2 2p^6 3s^2 3p^4$)이므로 ㉢은 8이다. 따라서 ㉡ = ㉢이다.

적용해야 할 개념 ②가지

① $1s$, $2s$, $2p$, $3s$, $3p$, $4s$ 오비탈의 주 양자수(n)와 방위(부) 양자수(l)의 합

오비탈	$1s$	$2s$	$2p$	$3s$	$3p$	$4s$
$n+l$	1	2	3	3	4	4

② 2, 3주기 원자의 $\dfrac{p\ \text{오비탈에 들어 있는 전자 수}}{s\ \text{오비탈에 들어 있는 전자 수}}$와 홀전자 수

2주기 원자	Li	Be	B	C	N	O	F	Ne
$\dfrac{p\ \text{오비탈에 들어 있는 전자 수}}{s\ \text{오비탈에 들어 있는 전자 수}}$	0	0	$\dfrac{1}{4}$	$\dfrac{1}{2}$	$\dfrac{3}{4}$	1	$\dfrac{5}{4}$	$\dfrac{3}{2}$
홀전자 수	1	0	1	2	3	2	1	0

3주기 원자	Na	Mg	Al	Si	P	S	Cl	Ar
$\dfrac{p\ \text{오비탈에 들어 있는 전자 수}}{s\ \text{오비탈에 들어 있는 전자 수}}$	$\dfrac{6}{5}$	1	$\dfrac{7}{6}$	$\dfrac{4}{3}$	$\dfrac{3}{2}$	$\dfrac{5}{3}$	$\dfrac{11}{6}$	2
홀전자 수	1	0	1	2	3	2	1	0

문제 보기

다음은 ㉠과 ㉡에 대한 설명과 2, 3주기 1, 15, 16족 바닥상태 원자 W~Z에 대한 자료이다. n은 주 양자수이고, l은 방위(부) 양자수이다.

┌ $1s$는 1, $2s$는 2
$2p$와 $3s$는 3
$3p$는 4

○ ㉠: 각 원자의 바닥상태 전자 배치에서 전자가 들어 있는 오비탈의 $n+l$ 중 가장 큰 값
○ ㉡: 원자의 바닥상태 전자 배치에서 $n+l$이 가장 큰 오비탈에 들어 있는 전체 전자 수

원자	W Li	X N	Y Na	Z S
㉠	2 $2s^1$	3 $2p^3$	3 $2p^6 3s^1$	4 $3p^4$
㉡	1	3	7	4

이에 대한 설명으로 옳은 것만을 〈보기〉에서 있는 대로 고른 것은? (단, W~Z는 임의의 원소 기호이다.) [3점]

〈보기〉 풀이

2, 3주기 1, 15, 16족 바닥상태 원자는 Li, N, O, Na, P, S이다. 이 원자들의 ㉠과 ㉡은 다음과 같다.

오비탈	Li	N	O	Na	P	S
㉠	2	3	3	3	4	4
㉡	1	3	4	7	3	4

따라서 W~Z는 각각 Li, N, Na, S이다.

ㄱ W와 Y는 같은 족 원소이다.
➡ W(Li)와 Y(Na)는 모두 1족 원소이다.

ㄴ 홀전자 수는 X > Z이다.
➡ X(N)의 홀전자 수는 3이고, Z(S)의 홀전자 수는 2이다. 따라서 홀전자 수는 X > Z이다.

ㄷ $\dfrac{p\ \text{오비탈에 들어 있는 전자 수}}{s\ \text{오비탈에 들어 있는 전자 수}}$의 비는 X : Y = 5 : 8이다.
➡ X(N)는 s 오비탈에 들어 있는 전자 수가 4이고, p 오비탈에 들어 있는 전자 수가 3이다. Y(Na)는 s 오비탈에 들어 있는 전자 수가 5이고, p 오비탈에 들어 있는 전자 수가 6이다.
따라서 $\dfrac{p\ \text{오비탈에 들어 있는 전자 수}}{s\ \text{오비탈에 들어 있는 전자 수}}$의 비는 X : Y = $\dfrac{3}{4}$: $\dfrac{6}{5}$ = 5 : 8이다.

보기

문제편 118~123쪽

01　원자 반지름의 주기성　2023학년도 9월 모평 화Ⅰ 2번　　정답 ① | 정답률 83 %

적용해야 할 개념 ②가지

① 유효 핵전하: 다전자 원자에서 전자가 느끼는 실제 핵전하
➡ 같은 족과 주기에서 원자 번호가 커질수록 원자가 전자가 느끼는 유효 핵전하가 커진다.

② 원자 반지름의 주기성: 같은 주기에서 원자 번호가 클수록 원자 반지름이 작아지고, 같은 족에서 원자 번호가 클수록 원자 반지름이 커진다.

문제 보기

다음은 학생 A가 수행한 탐구 활동이다.

[가설]　B, C, N, O, F ➡ 2주기 원소
○ 원자 번호가 5~9인 원자들은 원자가 전자가 느끼는 유효 핵전하가 커질수록 원자 반지름이 　①　.

[탐구 과정]　같은 주기에서 원자 번호가 클수록 커진다.
(가) 원자 번호가 5~9인 원자들의 원자 반지름과 원자가 전자가 느끼는 유효 핵전하를 조사한다.
(나) (가)에서 조사한 각 원자들의 원자 반지름을 원자가 전자가 느끼는 유효 핵전하에 따라 점으로 표시한다.

[탐구 결과]　같은 주기에서 원자 번호가 클수록 작아진다.

[결론]
○ 가설은 옳다.

학생 A의 결론이 타당할 때, ①과 X의 원자 번호로 가장 적절한 것은? (단, X는 임의의 원소 기호이다.) [3점]

<보기> 풀이

원자 번호가 5~9인 원소들은 각각 B, C, N, O, F이고, 이 원소들은 모두 2주기 원소이다. 같은 주기 원소는 원자 번호가 클수록 원자의 핵전하량이 커지기 때문에 원자가 전자가 느끼는 유효 핵전하가 커지고, 유효 핵전하가 클수록 전자를 원자핵 쪽으로 끌어당기는 힘이 커지기 때문에 원자 반지름이 작아진다. 즉, 같은 주기의 원자들은 원자가 전자가 느끼는 유효 핵전하가 클수록 원자 반지름이 작아진다. 따라서 ①은 '작아진다.'가 적절하다. 또한 X는 B, C, N, O, F 중 원자 반지름이 2번째로 큰 원자이고, 원자가 전자가 느끼는 유효 핵전하가 2번째로 작은 원자이므로 원자 번호가 6인 C이다.

	①	X의 원자 번호
①	작아진다	6
②	작아진다	8
③	커진다	6
④	커진다	7
⑤	커진다	8

적용해야 할 개념 ③가지

① 원자 반지름의 주기성: 같은 주기에서 원자 번호가 클수록 작아지고, 같은 족에서 원자 번호가 클수록 커진다.

② 원자가 전자가 느끼는 유효 핵전하: 같은 주기와 족에서 원자 번호가 클수록 커진다.

③ 같은 주기에서 원소들의 제2 이온화 에너지: 2족 원소<14족 원소<13족 원소<15족 원소<17족 원소<16족 원소<18족 원소<1족 원소

문제 보기

그림은 원자 A~E의 원자 반지름을 나타낸 것이다. A~E의 원자 번호는 각각 7, 8, 9, 11, 12 중 하나이다.

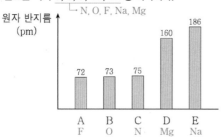

↳ N, O, F, Na, Mg

이에 대한 옳은 설명만을 〈보기〉에서 있는 대로 고른 것은? (단, A~E는 임의의 원소 기호이다.)

〈보기〉 풀이

원자 번호가 7, 8, 9, 11, 12인 원소는 각각 N, O, F, Na, Mg이다. 원자 반지름은 같은 주기에서 원자 번호가 클수록 작아지고, 같은 족에서 원자 번호가 클수록 커지므로 F<O<N<Mg<Na이다. 따라서 A~E는 각각 F, O, N, Mg, Na이다.

✗ ㄱ. 원자 번호는 B>A이다.

➡ 원자 번호는 A(F)가 9, B(O)가 8이다. 따라서 원자 번호는 A>B이다.

⃝ ㄴ. 원자가 전자가 느끼는 유효 핵전하는 D>E이다.

➡ 같은 주기에서 원자 번호가 클수록 원자가 전자가 느끼는 유효 핵전하가 크다. 원자 번호는 D(Mg)>E(Na)이므로 원자가 전자가 느끼는 유효 핵전하는 D>E이다.

✗ ㄷ. 제2 이온화 에너지는 B>C이다.

➡ 같은 주기에서 원자 번호가 클수록 제1 이온화 에너지가 큰 경향을 보이지만 2족과 13족, 15족과 16족은 경향이 반대이므로 제1 이온화 에너지는 C(N)>B(O)이다. 제2 이온화 에너지는 원소에서 전자를 1개 떼어낸 상태에서의 이온화 에너지이므로 C(N)<B(O)이다. 따라서 제2 이온화 에너지는 B>C이다.

적용해야 할 개념 ②가지

① 원소의 주기에 따른 원자가 전자의 주 양자수(n)

주기	1	2	3	4
주 양자수(n)	1	2	3	4

② 원자 반지름의 주기성: 같은 주기에서 원자 번호가 클수록 원자 반지름이 작아지고, 같은 족에서 원자 번호가 클수록 원자 반지름이 커진다.

문제 보기

다음은 원소 A~E에 대해 학생이 수행한 탐구 활동이다. A~E는 각각 $_3$Li, $_4$Be, $_{11}$Na, $_{12}$Mg, $_{13}$Al 중 하나이다.

↳ 2주기 원자 반지름: $_3$Li>$_4$Be

↳ 3주기 원자 반지름: $_{11}$Na>$_{12}$Mg>$_{13}$Al

[탐구 자료]

자료 I	자료 II

원자 반지름 (pm) 150 100 0 A B C D E

바닥 상태에서 원자가 전자의 주 양자수(n)

원자	n
A	
B	③
C	
D	③
E	

↳ 3주기 원소

[탐구 과정]

ㅇ A~E를 같은 주기로 분류하고, 같은 주기에서 원자 반지름의 크기를 비교한다.
원자 번호가 증가할수록 원자 반지름이 감소한다.

ㅇ 같은 주기에서 원자 번호가 증가하는 순서로 원소를 배열한다.

2주기	3주기
(가)	—

[결론]

ㅇ 같은 주기에서 원자 번호가 증가할수록 원자 반지름은 감소한다.

(가)로 옳은 것은? [3점]

〈보기〉 풀이

같은 주기에서 원자 번호가 증가할수록 원자 반지름이 감소하므로 원자 반지름은 2주기에서 $_3$Li>$_4$Be, 3주기에서 $_{11}$Na>$_{12}$Mg>$_{13}$Al이다. 같은 족에서 원자 번호가 클수록 원자 반지름이 커지므로 원자 반지름은 $_{11}$Na>$_3$Li이고, 5가지 원소 중 $_{11}$Na의 원자 반지름이 가장 크다. A~E 중 원자 반지름은 E가 가장 크므로 E는 $_{11}$Na이다. E($_{11}$Na)는 바닥상태에서 원자가 전자의 주 양자수(n)가 3이므로 A와 C는 각각 바닥상태에서 원자가 전자의 주 양자수(n)가 2인 $_3$Li, $_4$Be 중 하나이다. 원자 반지름은 C>A이므로 C는 $_3$Li이고, A는 $_4$Be이다. 따라서 원자 번호가 증가하는 순서로 배열하면 (가)는 C($_3$Li), A($_4$Be)이다.

✗ ① A, C   ✗ ② A, E   ③ C, A   ✗ ④ C, E   ✗ ⑤ E, C

04 이온 반지름의 주기성 2020학년도 3월 학평 화I 5번
정답 ① | 정답률 84 %

적용해야 할 개념 ②가지

① 금속 원소와 비금속 원소의 원자 반지름과 이온 반지름: 금속 원소는 원자 반지름이 이온 반지름보다 크고, 비금속 원소는 이온 반지름이 원자 반지름보다 크다.

② 등전자 이온의 반지름: 원자 번호가 작을수록 반지름이 커진다.

문제 보기

다음은 이온 반지름에 대한 세 학생의 대화이다.

금속: 원자 반지름 > 이온 반지름

├─ 비금속: 이온 반지름 > 원자 반지름

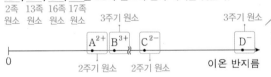

나트륨 이온 (Na⁺)의 반지름은 Na의 원자 반지름 보다 작아.

플루오린화 이온 (F⁻)의 반지름은 F의 원자 반지름 보다 작아.

이온 반지름은 Na⁺이 F⁻보다 커.

학생 A   학생 B   학생 C

전자 배치 Ne, 원자핵 전하 Na⁺ > F⁻
➡ 이온 반지름 Na⁺ < F⁻

제시한 내용이 옳은 학생만을 있는 대로 고른 것은?

<보기> 풀이

학생 A. 나트륨 이온(Na⁺)의 반지름은 Na의 원자 반지름보다 작아.

➡ 금속 원자는 전자를 잃으면 전자 껍질 수가 감소하므로 반지름이 감소한다. 따라서 Na의 원자 반지름은 Na⁺의 반지름보다 크다.

학생 B. 플루오린화 이온(F⁻)의 반지름은 F의 원자 반지름보다 작아.

➡ 비금속 원자는 전자를 얻으면 전자 사이의 반발력이 증가하므로 반지름이 증가한다. 따라서 F의 원자 반지름은 F⁻의 반지름보다 작다.

학생 C. 이온 반지름은 Na⁺이 F⁻보다 커.

➡ Na⁺과 F⁻은 전자 배치가 Ne과 같지만, 원자핵의 전하는 Na⁺이 F⁻보다 크므로 이온 반지름은 F⁻이 Na⁺보다 크다.

---

05 원자 반지름과 이온 반지름의 주기성 2019학년도 3월 학평 화I 13번
정답 ① | 정답률 44 %

적용해야 할 개념 ④가지

① 족에 따른 이온의 전하: 1족, 2족, 13족 원소의 이온의 전하는 각각 +1, +2, +3이다. 15족, 16족, 17족 원소의 이온의 전하는 각각 −3, −2, −1이다. 같은 주기에서 양이온의 전하량이 작을수록 원자 번호가 작고, 음이온의 전하량의 절댓값이 클수록 원자 번호가 작다.

② 같은 주기에서 이온 반지름: 음이온이 양이온보다 이온 반지름이 크며, 전하의 종류가 같을 때 원자 번호가 작은 원자일수록 이온 반지름이 크다.

③ 등전자 이온의 반지름: 원자 번호가 작을수록 반지름이 커진다.

④ 원자 반지름의 주기성: 주기율표에서 왼쪽으로 갈수록, 아래쪽으로 갈수록 커진다.

문제 보기

그림은 2, 3주기 원소 A~D의 이온 반지름을 나타낸 것이다. A²⁺, B³⁺, C²⁻, D⁻은 18족 원소의 전자 배치를 갖는다.

2족 13족 16족 17족
원소 원소 원소 원소   3주기 원소   3주기 원소

[A²⁺][B³⁺]   [C²⁻]   [D⁻]

0   2주기 원소   2주기 원소   이온 반지름

A~D에 대한 옳은 설명만을 〈보기〉에서 있는 대로 고른 것은? (단, A~D는 임의의 원소 기호이다.) [3점]

<보기> 풀이

A²⁺, B³⁺, C²⁻, D⁻은 각각 2족, 13족, 16족, 17족 원소이다. 같은 주기에서 이온 반지름은 16족 원소 > 17족 원소 > 2족 원소 > 13족 원소이다. 양이온 반지름은 B³⁺ > A²⁺이므로 B는 3주기 13족 원소, A는 2주기 2족 원소이다. 음이온 반지름은 D⁻ > C²⁻이므로 D는 3주기 17족 원소, C는 2주기 16족 원소이다.

ㄱ. A는 2주기 원소이다.

➡ A는 2주기 2족 원소이다.

ㄴ. 원자 번호는 C가 B보다 크다.

➡ B는 3주기 원소, C는 2주기 원소이므로 원자 번호는 B가 C보다 크다.

ㄷ. 원자 반지름은 D가 B보다 크다.

➡ B와 D는 3주기 원소이고, 원자 번호는 D가 B보다 크므로 원자 반지름은 B가 D보다 크다.

적용해야 할 개념 ④가지

① 이온일 때 Ne의 전자 배치를 갖는 원자의 원자 반지름: Na>Mg>Al>N>O>F
② 이온일 때 Ne의 전자 배치를 갖는 원자의 이온 반지름: N>O>F>Na>Mg>Al
③ 금속 원소와 비금속 원소의 원자 반지름과 이온 반지름: 금속 원소는 원자 반지름이 이온 반지름보다 크고, 비금속 원소는 이온 반지름이 원자 반지름보다 크다.
④ 원자가 전자가 느끼는 유효 핵전하: 같은 주기와 족에서 원자 번호가 클수록 커진다.

[문제 보기]

그림은 원소 W~Z의 원자 반지름과 이온 반지름을 나타낸 것이다. W~Z는 각각 O, F, Na, Mg 중 하나이고, W~Z의 이온은 모두 Ne의 전자 배치를 갖는다.

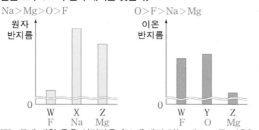

W~Z에 대한 옳은 설명만을 〈보기〉에서 있는 대로 고른 것은? [3점]

〈보기〉 풀이

O, F, Na, Mg의 원자 반지름은 Na>Mg>O>F이고, 이온 반지름은 O>F>Na>Mg이다. 원자 반지름에서 X를 Mg이라고 하면 Z는 O이고, W는 F이며, Y는 Na이다. 이 경우 Z(O)의 이온 반지름이 가장 커야 하는데 제시된 자료는 그렇지 않으므로 모순이다. 따라서 X는 Na이다. 또 Z를 O라고 하면 W는 F이고, Y는 Mg이다. 이 경우 Z(O)의 이온 반지름이 가장 커야 하는데 제시된 자료는 그렇지 않으므로 모순이다. 따라서 Z는 Mg이다. 이온 반지름은 Y>W이므로 Y는 O이고, W는 F이다. 따라서 W~Z는 각각 F, Na, O, Mg이다.

✗ 원자 번호는 W가 가장 작다.
➡ 원자 번호는 Y(O)가 가장 작다.

ㄴ. $\dfrac{\text{이온 반지름}}{\text{원자 반지름}}$ 은 Y>X이다.

➡ 금속 원소는 원자 반지름>이온 반지름이므로 $\dfrac{\text{이온 반지름}}{\text{원자 반지름}}$<1이고, 비금속 원소는 이온 반지름>원자 반지름이므로 $\dfrac{\text{이온 반지름}}{\text{원자 반지름}}$>1이다. $\dfrac{\text{이온 반지름}}{\text{원자 반지름}}$ 은 X(Na)가 1보다 작고, Y(O)가 1보다 크므로 $\dfrac{\text{이온 반지름}}{\text{원자 반지름}}$ 은 Y>X이다.

✗ 원자가 전자가 느끼는 유효 핵전하는 X>Z이다.
➡ 같은 주기에서 원자 번호가 클수록 원자가 전자가 느끼는 유효 핵전하가 크다. X(Na)와 Z(Mg)는 모두 3주기 원소이고, 원자 번호는 Z>X이므로 원자가 전자가 느끼는 유효 핵전하는 Z>X이다.

적용해야 할 개념 ③가지

① 원자 반지름의 주기성: 같은 주기에서 원자 번호가 클수록 작아지고, 같은 족에서 원자 번호가 클수록 커진다.
② 등전자 이온의 반지름: 원자 번호가 클수록 작아진다.
③ 원자가 전자가 느끼는 유효 핵전하: 같은 주기와 족에서 원자 번호가 클수록 커진다.

[문제 보기]

그림은 원자 A~D에 대한 자료이다. A~D는 각각 원자 번호가 15, 16, 19, 20 중 하나이고, A~D 이온의 전자 배치는 모두 Ar과 같다.

└ 3주기 비금속 원소의 음이온과 4주기 금속 원소의 양이온

이에 대한 설명으로 옳은 것만을 〈보기〉에서 있는 대로 고른 것은? (단, A~D는 임의의 원소 기호이다.)

〈보기〉 풀이

원자 번호가 15, 16, 19, 20인 원소는 각각 P, S, K, Ca이다. P^{3-}, S^{2-}, K^{+}, Ca^{2+}의 이온 반지름은 P^{3-}>S^{2-}>K^{+}>Ca^{2+}이므로 A는 K, B는 P, C는 S, D는 Ca이다.

ㄱ. '원자가 전자 수'는 (가)로 적절하다.
➡ 원자가 전자 수는 K이 1, P이 5, S이 6, Ca이 2이므로 C(S)>B(P)>D(Ca)>A(K)이다. 따라서 (가)는 '원자가 전자 수'로 적절하다.

✗ 원자가 전자가 느끼는 유효 핵전하는 A>D이다.
➡ 같은 주기에서 원자 번호가 클수록 원자가 전자가 느끼는 유효 핵전하가 커지므로 원자가 전자가 느끼는 유효 핵전하는 D(Ca)>A(K)이다.

ㄷ. 원자 반지름은 D>C이다.
➡ 원자 반지름은 A(K)>D(Ca)>B(P)>C(S)이므로 D(Ca)>C(S)이다.

08 원자 반지름과 이온 반지름의 주기성 2023학년도 3월 학평 화I 12번

정답 ② | 정답률 57 %

적용해야 할 개념 ④가지

① 족에 따른 원자가 전자 수

족	1	2	13	14	15	16	17
원자가 전자 수	1	2	3	4	5	6	7

② 원자 반지름의 주기성: 같은 주기에서 원자 번호가 클수록 작아지고, 같은 족에서 원자 번호가 클수록 커진다.

③ 등전자 이온의 반지름: 원자 번호가 클수록 작아진다.

④ 원자가 전자가 느끼는 유효 핵전하: 같은 주기와 같은 족에서 원자 번호가 클수록 커진다.

문제 보기

다음은 원소 W~Z에 대한 자료이다. W~Z는 각각 O, F, Na, Mg 중 하나이고, 이온은 모두 Ne의 전자 배치를 갖는다.

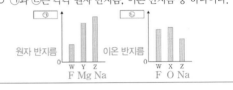

○ 원자가 전자 수는 W>X>Y이다.

○ ㉠과 ㉡은 각각 원자 반지름, 이온 반지름 중 하나이다.

이에 대한 옳은 설명만을 〈보기〉에서 있는 대로 고른 것은? [3점]

〈보기〉 풀이

원자가 전자 수는 F>O>Mg>Na이고, 원자 반지름은 Na>Mg>O>F이며, 이온 반지름은 O>F>Na>Mg이다. W의 원자가 전자 수는 X와 Y보다 크므로 W는 O 또는 F이다. W가 O이면 이온 반지름은 가장 커야 하는데, ㉠과 ㉡에서 그렇지 않으므로 모순이다. 따라서 W는 F이다. W가 F이면 ㉠은 W가 가장 작으므로 원자 반지름이고, ㉡은 이온 반지름이다. W보다 이온 반지름이 큰 X는 O이고, 원자 반지름은 Z>Y이므로 Z는 Na, Y는 Mg이다. 따라서 W~Z는 각각 F, O, Mg, Na이다.

✗ ㉠은 이온 반지름이다.

➡ ㉠은 원자 반지름이고, ㉡은 이온 반지름이다.

ㄴ. W와 X는 같은 주기 원소이다.

➡ W(F)와 X(O)는 모두 2주기 원소이므로 같은 주기 원소이다.

✗ 원자가 전자가 느끼는 유효 핵전하는 Z>Y이다.

➡ 같은 주기에서 원자 번호가 클수록 원자가 전자가 느끼는 유효 핵전하가 크다. 따라서 원자가 전자가 느끼는 유효 핵전하는 Y(Mg)>Z(Na)이다.

---

09 원자 반지름과 이온 반지름의 주기성 2018학년도 10월 학평 화I 10번

정답 ① | 정답률 79 %

적용해야 할 개념 ③가지

① 원자 반지름의 주기성: 같은 주기에서 원자 번호가 클수록 작아지고, 같은 족에서 원자 번호가 클수록 커진다.

② 이온 반지름의 주기성

• 같은 주기: 양이온과 음이온의 반지름은 모두 원자 번호가 클수록 작아진다.

• 같은 족: 양이온과 음이온의 반지름은 모두 원자 번호가 클수록 커진다.

③ 등전자 이온의 반지름: 원자 번호가 클수록 작아진다.

문제 보기

그림은 나트륨(Na), 염소(Cl)의 원자 반지름과 이온 반지름을 나타낸 것이다.

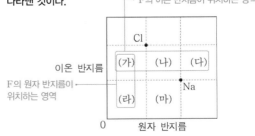

영역 (가)~(마) 중 플루오린(F)의 원자 반지름과 이온 반지름이 위치하는 영역은? (단, F, Na, Cl의 이온은 각각 F^-, Na^+, Cl^-이다.)

〈보기〉 풀이

• F과 Cl는 같은 족 원소이고, 원자 번호는 Cl가 F보다 크므로 원자 반지름은 Cl가 F보다 크다. F의 원자 반지름이 위치하는 영역은 (가), (라) 중 하나이다.

• F과 Cl는 같은 족 원소이므로 원자 번호가 큰 Cl가 F보다 이온 반지름이 크다. F^-과 Na^+의 전자 배치는 Ne과 같으므로 원자 번호가 작은 F^-이 Na^+보다 이온 반지름이 크다. F의 이온 반지름이 위치하는 영역은 (가)~(다) 중 1가지이다. 따라서 F은 (가) 영역에 위치한다.

① (가) ✗ (나) ✗ (다) ✗ (라) ✗ (마)

적용해야 할 개념 ③가지

① 원자 반지름의 주기성: 주기율표에서 왼쪽으로 갈수록, 아래쪽으로 갈수록 커진다.

② 등전자 이온의 반지름: 원자 번호가 작을수록 커진다.

③ 금속 원소와 비금속 원소의 원자 반지름과 이온 반지름 비교

· 금속 원소: 원자 반지름 > 이온 반지름 ⟹ 전자가 들어 있는 전자 껍질 수가 감소하기 때문

· 비금속 원소: 원자 반지름 < 이온 반지름 ⟹ 전자 수가 증가하여 전자 사이의 반발력이 증가하기 때문

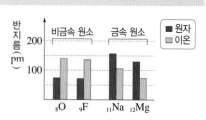

문제 보기

그림은 원자 A~E의 원자 반지름과 이온 반지름을 나타낸 것이고, (가)와 (나)는 각각 원자 반지름과 이온 반지름 중 하나이다. A~E의 원자 번호는 각각 **15, 16, 17, 19, 20** 중 하나이고, A~E의 이온은 모두 **Ar의 전자 배치**를 가진다.

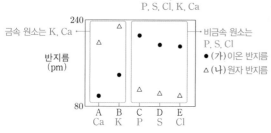

이에 대한 설명으로 옳은 것만을 〈보기〉에서 있는 대로 고른 것은? (단, A~E는 임의의 원소 기호이다.)

〈보기〉 풀이

원자 번호가 각각 15, 16, 17, 19, 20인 원소는 각각 P, S, Cl, K, Ca이다. 이 중 3주기 비금속 원소는 P, S, Cl로 3가지이고, 4주기 금속 원소는 K, Ca으로 2가지이다. 제시된 자료에서 (나)가 (가)보다 큰 원소는 2가지이므로 (나)는 원자 반지름, (가)는 이온 반지름이다. 원자 반지름은 B가 A보다 크므로 A와 B는 각각 Ca, K이고, 원자 반지름은 C>D>E이므로 C~E는 각각 P, S, Cl이다. 따라서 A~E는 각각 Ca, K, P, S, Cl이다.

✘ **(가)는 원자 반지름이다.**

➡ (가)는 이온 반지름, (나)는 원자 반지름이다.

○ ㄴ. **A의 이온은 A²⁺이다.**

➡ A(Ca)는 이온이 되면 Ar의 전자 배치를 가지므로 A(Ca)의 이온은 A²⁺(Ca²⁺)이다.

○ ㄷ. **원자가 전자 수는 E가 D보다 크다.**

➡ 원자가 전자 수는 D(S)가 6, E(Cl)가 7이므로 원자가 전자 수는 E(Cl)가 D(S)보다 크다.

적용해야 할 개념 ③가지

① |이온의 전하|: 1족 원소와 17족 원소는 |이온의 전하|가 1이고, 2족 원소와 16족 원소는 |이온의 전하|가 2이며, 13족 원소와 15족 원소는 |이온의 전하|가 3이다.

② 원자 반지름의 주기성: 주기율표에서 왼쪽으로 갈수록, 아래쪽으로 갈수록 커진다.

③ 등전자 이온의 반지름: 원자 번호가 작을수록 커진다.

문제 보기

다음은 2, 3주기 원소 A~C에 대한 자료이다. X, Y는 각각 원자 반지름과 이온 반지름 중 하나이다.

○ A~C 이온은 모두 Ne의 전자 배치를 갖는다.

○ A~C 이온의 전하의 절댓값

Al³⁺ 또는 N³⁻

구분	A 이온	B 이온	C 이온
|이온의 전하|	1	2	3

Na⁺ 또는 F⁻ Mg²⁺ 또는 O²⁻

○ A~C의 원자 반지름과 이온 반지름

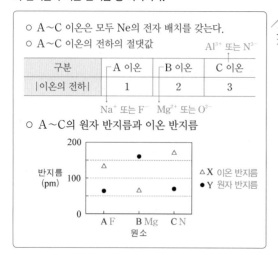

이에 대한 설명으로 옳은 것만을 〈보기〉에서 있는 대로 고른 것은? (단, A~C는 임의의 원소 기호이다.) [3점]

〈보기〉 풀이

같은 주기의 비금속 원소, 같은 주기의 금속 원소는 각각 원자 번호가 작을수록 원자 반지름과 이온 반지름이 커진다. Ne의 전자 배치를 갖는 2주기 원소와 3주기 원소의 이온 반지름은 원자 번호가 작을수록 커진다. 원자 반지름과 이온 반지름의 변화 경향이 같은 A와 C는 같은 주기의 비금속 원소 또는 금속 원소이고, |이온의 전하|가 차례로 1, 2, 3이므로 A~C는 각각 Na, O, Al이거나 F, Mg, N이다. 이 중 C가 A보다 원자 반지름과 이온 반지름이 모두 큰 것은 F, N이고, X는 이온 반지름, Y는 원자 반지름이다. A~C는 각각 F, Mg, N이다.

○ ㄱ. **X는 이온 반지름이다.**

➡ X는 이온 반지름, Y는 원자 반지름이다.

✘ **이온의 전하는 A 이온이 B 이온보다 크다.**

➡ 이온의 전하는 A 이온(F⁻)이 −1, B 이온(Mg²⁺)이 +2, C 이온(N³⁻)이 −3이다. 따라서 이온의 전하는 B 이온이 A 이온보다 크다.

✘ **C는 3주기 원소이다.**

➡ A(F)와 C(N)는 2주기 원소이고, B(Mg)는 3주기 원소이다.

12 이온 반지름의 주기성 2023학년도 4월 학평 9번

정답 ③ | 정답률 74 %

적용해야 할 개념 ④가지

① 이온일 때 Ne의 전자 배치를 갖는 원자의 원자 반지름: Na>Mg>Al>N>O>F

② 이온일 때 Ne의 전자 배치를 갖는 원자의 이온 반지름: N>O>F>Na>Mg>Al

③ 2, 3주기 원소의 |이온의 전하|

|이온의 전하|	1	2
원소	Li, Na, F, Cl	Be, Mg, O, S

④ 원자 반지름의 주기성: 같은 주기에서 원자 번호가 클수록 작아지고, 같은 족에서 원자 번호가 클수록 커진다.

문제 보기

다음은 바닥상태 원자 W~Z에 대한 자료이다. W~Z는 O, F, Na, Mg을 순서 없이 나타낸 것이고, 이온의 전자 배치는 모두 Ne과 같다.

┌─ Na=Mg>F>O

                                        Mg F O
○ p 오비탈에 들어 있는 전자 수는 W>X>Y이다.
                          ┌─ O>F>Na>Mg
○ $\dfrac{\text{이온 반지름}}{|\text{이온의 전하}|}$ 은 Z>Y이다.
                                Na O
└─ O=Mg>F=Na

W~Z에 대한 설명으로 옳은 것만을 〈보기〉에서 있는 대로 고른 것은?

〈보기〉 풀이

O, F, Na, Mg의 p 오비탈에 들어 있는 전자 수는 각각 4, 5, 6, 6이다. p 오비탈에 들어 있는 전자 수는 Na=Mg>F>O이므로 W는 Na, Mg 중 하나이고, X는 F이며, Y는 O이다. 이온 반지름은 O>Na>Mg이고, O, Na, Mg의 |이온의 전하|는 각각 2, 1, 2이므로 |이온의 전하|가 같은 O와 Mg의 $\dfrac{\text{이온 반지름}}{|\text{이온의 전하}|}$ 은 O>Mg이다. 따라서 Y(O)보다 $\dfrac{\text{이온 반지름}}{|\text{이온의 전하}|}$ 이 큰 Z는 Na이고, W는 Mg이다.

ㄱ. X는 F이다.
➡ W~Z는 각각 Mg, F, O, Na이다.

✗ 바닥상태 원자 W의 홀전자 수는 1이다.
➡ 바닥상태일 때 W~Z의 홀전자 수는 각각 0, 1, 2, 1이다.

ㄷ. 원자 반지름은 Z가 가장 크다.
➡ 원자 반지름은 같은 주기에서 원자 번호가 클수록 작아지고, 같은 족에서 원자 번호가 클수록 커진다. 즉, 주기율표에서 왼쪽으로 갈수록, 아래쪽으로 갈수록 크므로 Z(Na)>W(Mg)>Y(O)>X(F)이다. 따라서 원자 반지름은 Z가 가장 크다.

13 원자 반지름과 이온 반지름의 주기성 2019학년도 9월 모평 화I 11번

정답 ⑤ | 정답률 80 %

적용해야 할 개념 ④가지

① 금속 원소는 $\dfrac{\text{원자 반지름}}{\text{이온 반지름}}$ 이 1보다 크고, 비금속 원소는 $\dfrac{\text{원자 반지름}}{\text{이온 반지름}}$ 이 1보다 작다.

② |이온의 전하|: 1족 원소와 17족 원소는 |이온의 전하|가 1이고, 2족 원소와 16족 원소는 |이온의 전하|가 2이며, 13족 원소와 15족 원소는 |이온의 전하|가 3이다.

③ 등전자 이온의 반지름: 원자 번호가 작을수록 커진다.

④ 원자가 전자가 느끼는 유효 핵전하: 같은 주기와 족에서 원자 번호가 클수록 커진다.

문제 보기

그림은 원자 A~C에 대하여 $\dfrac{\text{원자 반지름}}{\text{이온 반지름}}$ 과 $\dfrac{\text{이온 반지름}}{|\text{이온의 전하}|}$ 을 나타낸 것이다. A~C는 각각 O, Na, Al 중 하나이며, A~C 이온의 전자 배치는 모두 Ne과 같다.
└─ 1보다 크면 금속 원소
      1보다 작으면 비금속 원소

이온 반지름: Na⁺>Al³⁺
이온의 전하: Na⁺은 +1, Al³⁺은 +3

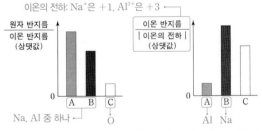

Na, Al 중 하나   O
                    Al Na

이에 대한 설명으로 옳은 것만을 〈보기〉에서 있는 대로 고른 것은? [3점]

〈보기〉 풀이

금속 원소인 Na, Al은 $\dfrac{\text{원자 반지름}}{\text{이온 반지름}}$ >1이고, 비금속 원소인 O는 $\dfrac{\text{원자 반지름}}{\text{이온 반지름}}$ <1이다. A~C 중 $\dfrac{\text{원자 반지름}}{\text{이온 반지름}}$ 은 C가 가장 작으므로 C는 O이다. 이온 반지름은 Na⁺이 Al³⁺보다 크고, |이온의 전하|는 Al³⁺이 Na⁺보다 크므로 $\dfrac{\text{이온 반지름}}{|\text{이온의 전하}|}$ 은 Na⁺이 Al³⁺보다 크다. 따라서 A와 B는 각각 Al, Na이다.

✗ 원자가 전자가 느끼는 유효 핵전하는 B>A이다.
➡ 원자가 전자가 느끼는 유효 핵전하는 같은 주기에서 원자 번호가 클수록 크므로 A(Al)가 B(Na)보다 크다.

ㄴ. 이온 반지름은 C 이온이 A 이온보다 크다.
➡ 2주기 비금속 원소인 C와 3주기 금속 원소인 A는 이온의 전자 배치가 모두 Ne과 같다. 같은 전자 배치를 갖는 이온은 원자 번호가 작을수록 이온 반지름이 커진다. 따라서 이온 반지름은 C 이온(O^{2-})이 A 이온(Al^{3+})보다 크다.

ㄷ. 원자가 전자 수는 C>B이다.
➡ 원자가 전자 수는 B(Na)가 1, C(O)가 6이다. 따라서 원자가 전자 수는 C가 B보다 크다.

적용해야 할 개념 ④가지

① 원자 반지름의 주기성: 주기율표에서 왼쪽으로 갈수록, 아래쪽으로 갈수록 커진다.

② 등전자 이온의 반지름: 원자 번호가 클수록 작아진다.

③ 같은 주기에서 원소들의 제1 이온화 에너지: 1족 원소<13족 원소<2족 원소<14족 원소<16족 원소<15족 원소<17족 원소<18족 원소

④ 같은 주기에서 원자가 전자가 느끼는 유효 핵전하: 원자 번호가 클수록 커진다.

문제 보기

다음은 원자 W~Z에 대한 자료이다. W~Z는 각각 O, F, Mg, Al 중 하나이다.

→Mg>Al>O>F

       Mg Al O
- 원자 반지름은 W>X>Y이다.
                          O F Al
- Ne의 전자 배치를 갖는 이온의 반지름은 Y>Z>X 이다.   └O>F>Mg>Al

이에 대한 옳은 설명만을 〈보기〉에서 있는 대로 고른 것은?

[3점]

〈보기〉 풀이

원자 반지름은 주기율표에서 왼쪽으로 갈수록, 아래쪽으로 갈수록 커지므로 O, F, Mg, Al의 원자 반지름은 Mg>Al>O>F이다. 등전자 이온의 반지름은 원자 번호가 클수록 작아지므로 이온 반지름은 O>F>Mg>Al이다.

Y는 원자 반지름이 W, X보다 작지만 이온 반지름은 X, Z보다 크므로 O 또는 F이다. Y가 F이면 X는 Y보다 원자 반지름이 크고 W보다 원자 반지름이 작으며 Y보다 이온 반지름이 작으므로 Al이고, W는 Mg이다. 그런데 이온 반지름은 Y>Z>X이므로 Z도 Mg이 되어 모순이다. 따라서 Y는 O이고, W와 X는 각각 Mg, Al이며 Z는 F이다.

ㄱ **Y는 O이다.**

➡ W~Z는 각각 Mg, Al, O, F이다.

ㄴ **제1 이온화 에너지는 W>X이다.**

➡ 같은 주기에서 제1 이온화 에너지는 2족 원소>13족 원소이므로 W(Mg)>X(Al)이다.

ㄷ̶ **원자가 전자가 느끼는 유효 핵전하는 Y>Z이다.**

➡ 같은 주기에서 원자 번호가 클수록 원자핵의 핵전하량이 증가하므로 원자가 전자가 느끼는 유효 핵전하가 증가한다. Y(O)와 Z(F)는 2주기 원소이고 원자 번호는 Z>Y이므로 원자가 전자가 느끼는 유효 핵전하는 Z>Y이다.

보기

15 원자의 전자 배치와 주기성 2025학년도 6월 모평 화I 10번   정답 ③ | 정답률 68%

적용해야 할 개념 ⑤가지

① N, O, F, Na, Mg의 홀전자 수

홀전자 수	0	1	2	3
원자	Mg	F, Na	O	N

② 금속 원소와 비금속 원소의 원자 반지름과 이온 반지름: 금속 원소는 원자 반지름이 이온 반지름보다 크고, 비금속 원소는 이온 반지름이 원자 반지름보다 크다.

③ 이온일 때 Ne의 전자 배치를 갖는 원자의 원자 반지름: Na > Mg > Al > N > O > F

④ 이온일 때 Ne의 전자 배치를 갖는 원자의 제1 이온화 에너지: F > N > O > Mg > Al > Na

⑤ 전기 음성도의 주기성: 같은 주기에서는 원자 번호가 커질수록 대체로 증가하고, 같은 족에서는 원자 번호가 커질수록 대체로 감소한다.

문제 보기

다음은 원자 X~Z에 대한 자료이다. X~Z는 각각 N, O, F, Na, Mg 중 하나이고, X~Z의 이온은 모두 Ne의 전자 배치를 갖는다.

> N, O, Mg 중 하나이거나 N, F, Na 중 하나

○ 바닥상태 전자 배치에서 X~Z의 홀전자 수 합은 5이다.
○ 제1 이온화 에너지는 X~Z 중 Y가 가장 크다.
○ (가)와 (나)는 각각 원자 반지름과 이온 반지름 중 하나 이다.

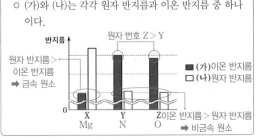

(보기)

이에 대한 설명으로 옳은 것만을 〈보기〉에서 있는 대로 고른 것은? [3점]

〈보기〉 풀이

X~Z의 홀전자 수의 합은 5이므로 X~Z는 각각 N, O, Mg 중 하나이거나 N, F, Na 중 하나 이다. 두 경우 모두 비금속 원소가 2가지이다.

ㄱ. (가)는 이온 반지름이다.

➡ 금속 원소는 원자 반지름 > 이온 반지름이고, 비금속 원소는 이온 반지름 > 원자 반지름이다. X~Z에는 비금속 원소가 2가지이므로 이온 반지름이 원자 반지름보다 큰 원소가 2가지이 다. 따라서 (가)는 이온 반지름이고, (나)는 원자 반지름이다.

✗ X는 Na이다.

➡ 이온 반지름은 Y > Z이므로 원자 번호는 Z > Y이다. X~Z가 N, F, Na 중 하나이면 Y와 Z 는 각각 N, F이고, 제1 이온화 에너지는 Z가 가장 크므로 모순이다. 따라서 X~Z는 각각 N, O, Mg 중 하나인데, 원자 반지름은 Mg > N > O이므로 X~Z는 각각 Mg, N, O이다.

ㄷ. 전기 음성도는 Z > Y이다.

➡ 전기 음성도는 주기율표에서 오른쪽으로 갈수록, 위쪽으로 갈수록 커지므로 Z(O) > Y(N) > X(Mg)이다.

12 일차

01 ③	02 ③	03 ②	04 ⑤	05 ③	06 ⑤	07 ③	08 ③	09 ②	10 ③	11 ①	12 ⑤
13 ⑤	14 ③	15 ⑤	16 ④	17 ①	18 ④	19 ⑤	20 ③	21 ④	22 ④	23 ④	24 ①
25 ④	26 ④	27 ④	28 ③								

문제편 126~133쪽

01 이온화 에너지의 주기성 2020학년도 수능 화Ⅰ 10번 정답 ③ | 정답률 90 %

적용해야 할 개념 ②가지

① 2, 3주기에서 원소들의 제1 이온화 에너지: 1족 원소＜13족 원소＜2족 원소＜14족 원소＜16족 원소＜15족 원소＜17족 원소＜18족 원소이다. ➡ 원자 번호가 클수록 제1 이온화 에너지가 커지나 2족 원소와 13족 원소, 15족 원소와 16족 원소에서 예외적인 경향이 나타난다.

② 같은 족에서 원소들의 제1 이온화 에너지: 원자 번호가 클수록 작아진다.

문제 보기

다음은 이온화 에너지와 관련하여 학생 A가 세운 가설과 이를 검증하기 위해 수행한 탐구 활동이다.

[가설]
○ 15~17족에 속한 원자들은
　　　　　　　　㉠

[탐구 과정]
(가) 15~17족에 속한 각 원자의 제1 이온화 에너지(E_1)를 조사한다.
(나) 조사한 각 원자의 E_1를 족에 따라 구분하여 점으로 표시한 후, 표시한 점을 각 주기별로 연결한다.

[탐구 결과]

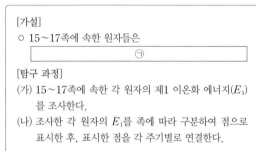

같은 주기에서 원자 번호가 크다고 해서 반드시 제1 이온화 에너지가 큰 것은 아니다.

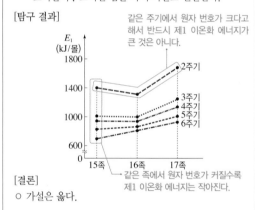

같은 족에서 원자 번호가 커질수록 제1 이온화 에너지는 작아진다.

[결론]
○ 가설은 옳다.

학생 A의 결론이 타당할 때, ㉠으로 가장 적절한 것은?

<보기> 풀이

❌ 원자량이 커질수록 제1 이온화 에너지가 커진다.

➡ 원자량에 대한 자료가 제시되지 않았으며, 2, 3주기 원소에서 원자 번호가 클수록 원자량이 증가함을 유추하더라도 2, 3주기 원소의 제1 이온화 에너지의 크기가 15족 원소＞16족 원소이므로 가설로 적절하지 않다.

❌ 원자 번호가 커질수록 제1 이온화 에너지가 커진다.

➡ 2, 3주기에서 원자 번호가 큰 16족 원소의 제1 이온화 에너지가 15족 원소보다 작으며, 같은 족에서 원자 번호가 클수록 제1 이온화 에너지가 작아지므로 가설로 적절하지 않다.

③ 같은 족에서 원자 번호가 커질수록 제1 이온화 에너지가 작아진다.

➡ 15족 원소들은 주기가 커질수록(원자 번호가 커질수록) 제1 이온화 에너지가 작아지고, 16족 원소와 17족 원소에서도 마찬가지 경향을 보인다. 따라서 ㉠은 '같은 족에서 원자 번호가 커질수록 제1 이온화 에너지가 작아진다.'가 적절하다.

❌ 같은 주기에서 유효 핵전하가 커질수록 제1 이온화 에너지가 커진다.

➡ 같은 주기에서 원자 번호가 클수록 유효 핵전하가 증가하지만 2, 3주기에서 제1 이온화 에너지는 15족 원소＞16족 원소이므로 가설로 적절하지 않다.

❌ 같은 주기에서 원자가 전자 수가 커질수록 제1 이온화 에너지가 작아진다.

➡ 2, 3주기에서 원자가 전자 수가 큰 16족 원소의 제1 이온화 에너지가 15족 원소보다 작으므로 가설로 적절하지 않다.

적용해야 할 개념 ②가지

① 이온화 에너지(E): 기체 상태의 원자 1몰에서 전자 1몰을 떼어내는 데 필요한 최소한의 에너지

$$M(g) + E \longrightarrow M^+(g) + e^-$$

• 원자핵과 전자 사이의 인력이 클수록 이온화 에너지가 크다.
• 이온화 에너지가 작은 원자일수록 양이온이 되기 쉽다.

② 같은 주기에서 원소들의 제1 이온화 에너지: 원자 번호가 커질수록 증가하나, 예외적 경향이 두 군데 나타난다.

➡ 1족 원소<13족 원소<2족 원소<14족 원소<16족 원소<15족 원소<17족 원소<18족 원소

• 2족 원소>13족 원소: 에너지가 높은 p 오비탈에 전자가 있는 13족 원소가 에너지가 낮은 s 오비탈에 전자가 있는 2족 원소보다 전자를 떼어내기 쉽다.
• 15족 원소>16족 원소: 16족 원소는 p 오비탈에 쌍을 이룬 전자 사이의 반발력 때문에 홀전자만 있는 15족 원소보다 전자를 떼어내기 쉽다.

문제 보기

다음은 학생 A가 수행한 탐구 활동이다.

[가설]
○ 3주기에서 원자 번호가 큰 원자일수록 항상 제1 이온화 에너지(E_1)가 크다.

[활동]
○ 3주기에서 원자 번호에 따른 원자의 E_1를 조사하고, 원자 번호가 다른 2개 원자의 E_1를 비교한다.

[결과]
○ 3주기 원자의 E_1

제1 이온화 에너지: (나)>(다)

제1 이온화 에너지: (마)>(바)

원자	(가)	(나)	(다)	(라)	(마)	(바)	(사)	(아)
원자 번호	11	12	13	14	15	16	17	18
E_1(kJ/몰)	496	738	578	787	1012	1000	1251	1521

○ 원자 번호가 다른 2개의 원자에 대한 비교 결과

구분	원자 번호가 큰 원자가 E_1가 크다.	원자 번호가 큰 원자가 E_1가 작다.
비교한 2개의 원자	(가)와 (나), …	(나)와 (다), ㉠ (마)와 (바)

[결론]
○ 가설에 어긋나는 비교 결과가 있으므로 가설은 옳지 않다.

다음 중 ㉠으로 가장 적절한 것은?

<보기> 풀이

원자 번호가 11인 원소는 3주기 1족 원소이고, 원자 번호가 18인 원소는 3주기 18족 원소이다. 즉, 제시된 결과는 3주기 1족부터 18족 원소의 제1 이온화 에너지를 비교한 것이다. 같은 주기에서 제1 이온화 에너지는 원자 번호가 커질수록 증가하나 예외적으로 2족 원소>13족 원소, 15족 원소>16족 원소이다. 따라서 문제에서 제시된 가설에 해당하지 않는 원소는 2족 원소와 13족 원소, 15족 원소와 16족 원소이므로 (나)와 (다), (마)와 (바)에서 원자 번호가 큰 원자가 E_1가 작다.

보기

✗ (다)와 (라)
✗ (라)와 (마)
③ (마)와 (바)
✗ (바)와 (사)
✗ (사)와 (아)

적용해야 할 개념 ②가지

① 원자가 전자가 느끼는 유효 핵전하: 같은 주기와 족에서 원자 번호가 클수록 커진다.

② 같은 주기에서 원소들의 제1 이온화 에너지: 1족 원소<13족 원소<2족 원소<14족 원소<16족 원소<15족 원소<17족 원소<18족 원소

문제 보기

다음은 Ne을 제외한 2주기 원소에 대한 자료이다.

> Li Be B C N O F
>
> 같은 주기에서 원자 번호가 클수록 크다.
>
> ○ 제시된 원소 중 원자가 전자가 느끼는 유효 핵전하가 O보다 큰 원소의 가짓수는 ㉠ 1 이다.
>   F
> ○ 제시된 원소 중 제1 이온화 에너지가 B보다 크고, N 보다 작은 원소의 가짓수는 ㉡ 3 이다.
>   Be, C, O

㉠+㉡은?

<보기> 풀이

원자 번호는 Li<Be<B<C<N<O<F이다.

❶ 원자가 전자가 느끼는 유효 핵전하 비교하기

같은 주기에서 원자 번호가 클수록 원자가 전자가 느끼는 유효 핵전하가 크다. O보다 원자 번호가 큰 원소는 F 1가지이므로 ㉠=1이다.

❷ 제1 이온화 에너지 비교하기

같은 주기에서 원자 번호가 클수록 이온화 에너지가 크지만, 예외로 2족과 13족 사이, 15족과 16족 사이에서는 원자 번호가 크면 이온화 에너지가 작다. 따라서 이온화 에너지는 Li<B<Be<C<O<N<F이므로 제1 이온화 에너지가 B보다 크고, N보다 작은 원소는 Be, C, O 3가지이므로 ㉡=3이다.

따라서 ㉠+㉡=1+3=4이다.

 2   ② 4   6   7   8

---

04 이온화 에너지와 주기율표 2020학년도 9월 모평 화Ⅰ 14번   정답 ⑤ | 정답률 76%

적용해야 할 개념 ②가지

① 같은 주기에서 원소들의 제1 이온화 에너지: 1족 원소<13족 원소<2족 원소<14족 원소<16족 원소<15족 원소<17족 원소<18족 원소

② $\dfrac{\text{제}n \text{ 이온화 에너지}}{\text{제}(n-1)\text{ 이온화 에너지}}$ 가 최대인 원소: 원자가 전자 수가 $(n-1)$인 원소

문제 보기

그림 (가)는 원자 A~D의 제1 이온화 에너지를, (나)는 주기율표에 원소 ㉠~㉣을 나타낸 것이다. A~D는 각각 ㉠~㉣ 중 하나이다.

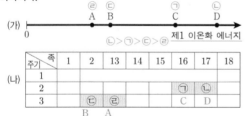

이에 대한 설명으로 옳은 것만을 <보기>에서 있는 대로 고른 것은? (단, A~D는 임의의 원소 기호이다.) [3점]

<보기> 풀이

A~D의 제1 이온화 에너지는 D>C> B>A이므로 ㉠~㉣은 각각 C, D, B, A이다.

㉠ D는 ㉡이다.

➡ A~D는 각각 ㉣, ㉢, ㉠, ㉡이다.

㉡ C와 D는 같은 주기 원소이다.

➡ ㉠과 ㉡은 2주기 원소이므로 C와 D는 같은 주기 원소이다.

㉢ $\dfrac{\text{제3 이온화 에너지}}{\text{제2 이온화 에너지}}$ 는 B>A이다.

➡ A는 13족 원소이고, B는 2족 원소이다. 제2 이온화 에너지는 A>B이고, 제3 이온화 에너지는 B>A이므로 $\dfrac{\text{제3 이온화 에너지}}{\text{제2 이온화 에너지}}$ 는 B>A이다.

05 순차 이온화 에너지와 원소의 주기성 2023학년도 6월 모평 화I 10번 | 정답 ③ | 정답률 56%

적용해야 할 개념 ②가지

① 순차 이온화 에너지와 원자가 전자 수: 순차 이온화 에너지 중 제n 이온화 에너지가 크게 증가하는 원소는 원자가 전자 수가 $(n-1)$이다.

② 같은 주기에서 원소들의 제1 이온화 에너지: 1족 원소<13족 원소<2족 원소<14족 원소<16족 원소<15족 원소<17족 원소<18족 원소 순이고, 같은 족에서 원자 번호가 작을수록 커진다.

문제 보기

표는 2, 3주기 원자 X~Z의 제n 이온화 에너지(E_n)에 대한 자료이다. X~Z의 원자가 전자 수는 각각 3 이하이다.

E_3가 크게 증가하므로 2족 원소

원자	$E_n(10^3$ kJ/mol)			
	E_1	E_2	E_3	E_4
X Mg	0.74	1.45	7.72	10.52
Y B	0.80	2.42	3.65	24.98
Z Be	0.90	1.75	14.82	20.97

같은 족에서는 주기가 커질수록 이온화 에너지가 작아지므로 X는 3주기, Z는 2주기 원소이다.

E_4가 크게 증가하므로 13족 원소

이에 대한 설명으로 옳은 것만을 〈보기〉에서 있는 대로 고른 것은? (단, X~Z는 임의의 원소 기호이다.) [3점]

〈보기〉 풀이

X는 제3 이온화 에너지가 크게 증가하므로 2족 원소이고, Y는 제4 이온화 에너지가 크게 증가하므로 13족 원소이며, Z는 제3 이온화 에너지가 크게 증가하므로 2족 원소이다. 같은 족 원소는 원자 번호가 작을수록 제1 이온화 에너지가 크므로 Z는 2주기 2족 원소인 Be이고, X는 3주기 2족 원소인 Mg이다. 같은 주기에서 제1 이온화 에너지는 2족 원소>13족 원소이고, 제1 이온화 에너지는 X<Y<Z이므로 Y는 2주기 13족 원소인 B이다. 따라서 X~Z는 각각 Mg, B, Be이다.

✗ **Y는 Al이다.**
➡ Y는 B이다.

✗ **Z는 3주기 원소이다.**
➡ Z(Be)는 2주기 원소이다.

ㄷ. **원자가 전자 수는 Y>X이다.**
➡ 원자가 전자 수는 X(Mg)가 2, Y(B)가 3이므로 Y(B)>X(Mg)이다.

06 순차 이온화 에너지 2023학년도 7월 학평 화I 16번 | 정답 ⑤ | 정답률 69%

적용해야 할 개념 ④가지

① 순차 이온화 에너지와 원자가 전자 수: 순차 이온화 에너지 중 제n 이온화 에너지가 크게 증가하는 원소는 원자가 전자 수가 $(n-1)$이다.

② 같은 주기에서 원소들의 제1 이온화 에너지: 1족 원소<13족 원소<2족 원소<14족 원소<16족 원소<15족 원소<17족 원소<18족 원소

③ 같은 주기에서 원소들의 제2 이온화 에너지: 2족 원소<14족 원소<13족 원소<15족 원소<17족 원소<16족 원소<18족 원소<1족 원소

④ 같은 주기에서 원소들의 제3 이온화 에너지: 13족 원소<15족 원소<14족 원소<16족 원소<18족 원소<17족 원소<1족 원소<2족 원소

문제 보기

표는 2, 3주기 원자 W~Z에 대한 자료이다. 원자 번호는 X>Z이다.

원자	W B	X Al	Y Si	Z N
원자가 전자 수	a 3	a 3	$a+1$ 4	$a+2$ 5
제3 이온화 에너지 $(10^3$ kJ/mol)	2주기 3.66 >	3주기 2.74	3.23	4.58
제4 이온화 에너지 $(10^3$ kJ/mol)	25.03	11.58	4.36	7.48
제5 이온화 에너지 $(10^3$ kJ/mol)	32.83	14.83	16.09	9.44

➡ W와 X는 13족 원소

크게 증가

제3 이온화 에너지가 W>Y이므로 Y는 W와 다른 주기 원소 ➡ Y는 3주기 14족 원소

이에 대한 설명으로 옳은 것만을 〈보기〉에서 있는 대로 고른 것은? (단, W~Z는 임의의 원소 기호이다.) [3점]

〈보기〉 풀이

W와 X는 제4 이온화 에너지가 크게 증가하므로 원자가 전자 수가 3인 13족 원소이다. 같은 족에서 원자 번호가 클수록 이온화 에너지가 작아지므로 W는 2주기 13족 원소인 B이고, X는 3주기 13족 원소인 Al이다. Y와 Z의 원자가 전자 수는 각각 4, 5이므로 Y는 14족 원소이고, Z는 15족 원소이다. W(B)와 Y가 같은 주기 원소라면 제3 이온화 에너지는 Y>W이어야 하는데 그렇지 않으므로 Y는 3주기 14족 원소이다. 또한 원자 번호는 X>Z이므로 Z는 2주기 15족 원소이다. 따라서 Y와 Z는 각각 Si, N이다.

ㄱ. **$a=3$이다.**
➡ W(B)와 X(Al)는 원자가 전자 수가 3이므로 $a=3$이다.

ㄴ. **W와 Z는 같은 주기 원소이다.**
➡ W(B)와 Z(N)는 모두 2주기 원소이다.

ㄷ. $\dfrac{제2\ 이온화\ 에너지}{제1\ 이온화\ 에너지}$ **는 X>Y이다.**
➡ 제1 이온화 에너지는 Y(Si)>X(Al)이고, 제2 이온화 에너지는 X(Al)>Y(Si)이므로 $\dfrac{제2\ 이온화\ 에너지}{제1\ 이온화\ 에너지}$ 는 X>Y이다.

적용해야 할 개념 ③가지

① 순차 이온화 에너지와 원자가 전자 수: 순차 이온화 에너지 중 제n 이온화 에너지가 크게 증가하는 원소는 원자가 전자 수가 $(n-1)$이다.

② 같은 족에서 원소들의 제n 이온화 에너지 : 주기가 클수록 이온화 에너지가 작아진다.

③ 같은 주기에서 원소들의 제1 이온화 에너지: 1족 원소<13족 원소<2족 원소<14족 원소<16족 원소<15족 원소<17족 원소<18족 원소

문제 보기

표는 원자 X~Z의 순차 이온화 에너지(E_n)를 나타낸 것이다. X~Z는 각각 Na, Al, K 중 하나이다.

┌ 같은 족에서 원자 번호가 클수록 E_1는 작아진다.

원자	순차적 이온화 에너지(E_n, kJ/mol)			
	E_1	E_2	E_3	E_4
X K	419	3051		5877
Y Na	496		6912	
Z Al	a	1817	2745	11578

$a>496$ ┘ E_4가 크게 증가하므로 13족 원소이다. ┘

이에 대한 설명으로 옳은 것만을 〈보기〉에서 있는 대로 고른 것은? [3점]

〈보기〉 풀이

Z는 제4 이온화 에너지(E_4)가 크게 증가하므로 원자가 전자 수가 3인 13족 원소이다. 따라서 Z는 Al이다. 같은 족에서 원자 번호가 클수록 이온화 에너지는 작아지므로 X는 K, Y는 Na이다.

ㄱ. **X의 원자가 전자 수는 1이다.**
➡ X는 K이므로 원자가 전자 수는 1이다.

ㄴ. **Y는 K이다.** ✕
➡ Y는 Na이다.

ㄷ. **a는 496보다 크다.**
➡ 같은 주기에서 제1 이온화 에너지(E_1)는 1족 원소<13족 원소이므로 제1 이온화 에너지는 Y(Na)<Z(Al)이다. 따라서 $a>496$이다.

보기

적용해야 할 개념 ③가지

① 제2 이온화 에너지의 주기성: 같은 주기에서 2족 원소<14족 원소<13족 원소<15족 원소<17족 원소<16족 원소<18족 원소<1족 원소이고, 같은 족에서 원자 번호가 작을수록 커진다.

② $\dfrac{\text{제}n \text{ 이온화 에너지}}{\text{제}(n-1) \text{ 이온화 에너지}}$: 제n 이온화 에너지가 최대이고, 제$(n-1)$ 이온화 에너지가 최소인 원소는 원자가 전자 수가 $(n-1)$인 원소이므로 $\dfrac{\text{제}n \text{ 이온화 에너지}}{\text{제}(n-1) \text{ 이온화 에너지}}$ 가 최대인 원소는 원자가 전자 수가 $(n-1)$인 원소이다.

③ 원자가 전자가 느끼는 유효 핵전하: 같은 주기와 족에서 원자 번호가 클수록 커진다.

문제 보기

표는 원자 X~Z의 제2 이온화 에너지에 대한 자료이다. X~Z는 각각 Cl, K, Ca 중 하나이다. 1족 원소가 가장 크다.

원자	X Ca	Y Cl	Z K
제2 이온화 에너지(kJ/mol)	1140	2300	3050

X~Z에 대한 옳은 설명만을 〈보기〉에서 있는 대로 고른 것은?

〈보기〉 풀이

18족 원소의 전자 배치를 가진 상태에서 전자를 떼어낼 때 이온화 에너지가 가장 크므로 Cl, K, Ca 중 제2 이온화 에너지는 1족 원소인 K이 가장 크다. 17족 원소인 Cl는 제2 이온화 에너지가 2번째로 크며, 2족 원소인 Ca은 제2 이온화 에너지가 가장 작다.

ㄱ. **Y는 Cl이다.**
➡ 제2 이온화 에너지는 K>Cl>Ca이므로 X는 Ca, Y는 Cl, Z는 K이다.

ㄴ. **$\dfrac{\text{제3 이온화 에너지}}{\text{제2 이온화 에너지}}$ 는 X가 가장 크다.**
➡ 2족 원소인 X(Ca)는 제2 이온화 에너지가 가장 작고, 제3 이온화 에너지가 가장 크므로 $\dfrac{\text{제3 이온화 에너지}}{\text{제2 이온화 에너지}}$ 는 X가 가장 크다.

ㄷ. **원자가 전자가 느끼는 유효 핵전하는 Z>X이다.** ✕
➡ 같은 주기에서 원자 번호가 클수록 원자가 전자가 느끼는 유효 핵전하가 크다. X(Ca)와 Z(K)는 4주기 원소이고, 원자 번호는 X>Z이므로 원자가 전자가 느끼는 유효 핵전하는 X>Z이다.

보기

09 순차 이온화 에너지 2025학년도 6월 모평 화I 16번

정답 ② | 정답률 66%

적용해야 할 개념 ③가지

① 2주기 원소들의 제1 이온화 에너지: 1족 원소<13족 원소<2족 원소<14족 원소<16족 원소<15족 원소<17족 원소<18족 원소

② 2주기 원소들의 제2 이온화 에너지: 2족 원소<14족 원소<13족 원소<15족 원소<17족 원소<16족 원소<18족 원소<1족 원소

③ $\dfrac{\text{제}n \text{ 이온화 에너지}}{\text{제}(n-1) \text{ 이온화 에너지}}$: 제n 이온화 에너지가 최대이고, 제$(n-1)$ 이온화 에너지가 최소인 원소는 원자가 전자 수가 $(n-1)$인 원소이므로 $\dfrac{\text{제}n \text{ 이온화 에너지}}{\text{제}(n-1) \text{ 이온화 에너지}}$ 가 최대인 원소는 원자가 전자 수가 $(n-1)$인 원소이다.

문제 보기

표는 원자 X~Z의 제n 이온화 에너지(E_n)에 대한 자료이다. E_a, E_b는 각각 E_2, E_3 중 하나이고, X~Z는 각각 Be, B, C 중 하나이다. $\dfrac{E_3}{E_2}$는 Be>C>B이다.

원자	X Be	Y C	Z B
$\dfrac{E_a}{E_1}$ E_2	2.0	2.2	3.0
$\dfrac{E_b}{E_1}$ E_3	16.5	4.3	4.6

$\dfrac{E_3}{E_1}$ 를 $\dfrac{E_2}{E_1}$ 로 나눈 값은 $\dfrac{E_3}{E_2}$ 이다.

X~Z에 대한 설명으로 옳은 것만을 〈보기〉에서 있는 대로 고른 것은?

〈보기〉 풀이

보기

원자에서 전자를 떼어 낼수록 전자 사이의 반발력이 감소하여 전자를 떼어 내기가 어려우므로 순차 이온화 에너지는 커진다. 원자 X에서 $\dfrac{E_b}{E_1}>\dfrac{E_a}{E_1}$이므로 E_a는 E_2이고, E_b는 E_3이다.

✗ **Y는 B이다.**

→ $\dfrac{E_3}{E_1}$ 를 $\dfrac{E_2}{E_1}$ 로 나눈 값은 $\dfrac{E_3}{E_2}$이다. X~Z의 $\dfrac{E_3}{E_2}$는 각각 8.25, 약 1.95, 약 1.530이므로 $\dfrac{E_3}{E_2}$가 가장 큰 X는 2족 원소인 Be이다. 또 E_2는 B>C이고, E_3는 C>B이므로 $\dfrac{E_3}{E_2}$는 C>B이다. 따라서 Y는 C이고, Z는 B이다.

ㄴ **원자가 전자가 느끼는 유효 핵전하는 Y>X이다.**

→ 같은 주기에서 원자 번호가 클수록 원자가 전자가 느끼는 유효 핵전하가 크다. 원자 번호는 Y(C)>Z(B)>X(Be)이므로 원자가 전자가 느끼는 유효 핵전하는 Y>Z>X이다.

✗ **E_1는 Z가 가장 크다.**

→ E_1는 Y(C)>X(Be)>Z(B)이므로 Y가 가장 크다.

10 원자, 이온 반지름과 이온화 에너지 2021학년도 수능 화I 14번

정답 ③ | 정답률 77%

적용해야 할 개념 ④가지

① 원자 반지름의 주기성: 주기율표에서 왼쪽으로 갈수록, 아래쪽으로 갈수록 커진다

② 등전자 이온의 반지름: 원자 번호가 작을수록 커진다.

③ 같은 주기에서 원소들의 제2 이온화 에너지: 2족 원소<14족 원소<13족 원소<15족원소<17족 원소<16족 원소<18족 원소<1족 원소

④ 원자가 전자가 느끼는 유효 핵전하: 같은 주기와 족에서 원자 번호가 클수록 커진다.

문제 보기

다음은 원자 A~D에 대한 자료이다. A~D의 원자 번호는 각각 7, 8, 12, 13 중 하나이고, A~D의 이온은 모두 Ne의 전자 배치를 갖는다. N, O, Mg, Al

○ 원자 반지름은 A가 가장 크다. Mg>Al>N>O
○ 이온 반지름은 B가 가장 작다. N>O>Mg>Al
○ 제2 이온화 에너지는 D가 가장 크다. O>N>Al>Mg

A~D에 대한 설명으로 옳은 것만을 〈보기〉에서 있는 대로 고른 것은? (단, A~D는 임의의 원소 기호이다.)

〈보기〉 풀이

보기

원자 번호가 7, 8, 12, 13인 원소는 각각 N, O, Mg, Al이다. 원자 반지름은 주기가 클수록 크고, 같은 주기에서 원자 번호가 작을수록 크므로 Mg>Al>N>O이다. 같은 전자 배치를 가지는 이온의 반지름은 원자 번호가 작을수록 크므로 N>O>Mg>Al이다. 원자 반지름이 가장 큰 A는 Mg이고, 이온 반지름이 가장 작은 B는 Al이다. C와 D는 각각 N, O 중 하나이다. 제1 이온화 에너지는 N>O이지만, 제2 이온화 에너지는 O>N이므로 D는 O이고, C는 N이다.

ㄱ **이온 반지름은 C가 가장 크다.**

→ A~D는 각각 Mg, Al, N, O이므로 이온 반지름은 원자 번호가 가장 작은 C(N)가 가장 크다.

✗ **제2 이온화 에너지는 A>B이다.**

→ 제1 이온화 에너지는 2족 원소인 A(Mg)가 13족 원소인 B(Al)보다 크지만, 제2 이온화 에너지는 13족 원소인 B(Al)가 2족 원소인 A(Mg)보다 크다.

ㄷ **원자가 전자가 느끼는 유효 핵전하는 D>C이다.**

→ 같은 주기에서 원자 번호가 클수록 원자가 전자가 느끼는 유효 핵전하가 크다. 따라서 원자가 전자가 느끼는 유효 핵전하는 D(O)>C(N)이다.

적용해야 할 개념 ⑤가지

① 원자 반지름의 주기성: 주기율표에서 왼쪽으로 갈수록, 아래쪽으로 갈수록 커진다.

② 등전자 이온 반지름: 원자 번호가 클수록 작아진다.

③ N, O, F, Ne, Na, Mg, Al의 제2 이온화 에너지: Mg<Al<N<F<O<Na

④ 전기 음성도의 주기성: 주기율표에서 오른쪽으로 갈수록, 위쪽으로 갈수록 전기 음성도가 대체로 커진다.

⑤ $\dfrac{\text{제}n\ \text{이온화 에너지}}{\text{제}(n-1)\ \text{이온화 에너지}}$: 제n 이온화 에너지가 최대이고, 제$(n-1)$ 이온화 에너지가 최소인 원소는 원자가 전자 수가 $(n-1)$인 원소이므로

$\dfrac{\text{제}n\ \text{이온화 에너지}}{\text{제}(n-1)\ \text{이온화 에너지}}$ 가 최대인 원소는 원자가 전자 수가 $(n-1)$인 원소이다.

문제 보기

다음은 바닥상태 원자 A~E에 대한 자료이다. A~E의 원자 번호는 각각 8, 9, 11, 12, 13 중 하나이고, A~E의 이온은 모두 Ne의 전자 배치를 갖는다. O, F, Na, Mg, Al

○ 전기 음성도는 C>D>E이다. F Al Na
○ 이온 반지름은 B>C>A>D이다. O F Mg Al
○ 제2 이온화 에너지는 C>A이다. F Mg

이에 대한 설명으로 옳은 것만을 〈보기〉에서 있는 대로 고른 것은? (단, A~E는 임의의 원소 기호이다.)

<보기> 풀이

원자 번호가 8, 9, 11, 12, 13인 원자는 O, F, Na, Mg, Al이다. 이 원자의 전기 음성도는 F>O>Al>Mg>Na이고, 이온 반지름은 O>F>Na>Mg>Al이며, 제2 이온화 에너지는 Na>O>F>Al>Mg이다. 이온 반지름은 B>C>A>D이므로 B는 F 또는 O이다. B가 F 이면, 이온 반지름에서 C, A, D는 각각 Na, Mg, Al이고, E는 O이다. 그러나 전기 음성도에서 C(Na)>D(Al)>E(O)는 성립하지 않으므로 모순이다. 따라서 B는 O이다. 이때 C는 Na 또는 F이다. C가 Na이면 전기 음성도는 C(Na)가 가장 작아야 하므로 모순이다. 따라서 C는 F이다. 또 A는 Na 또는 Mg이다. A가 Na이면 제2 이온화 에너지는 A(Na)가 C(F)보다 작아야 하므로 모순이다. 따라서 A는 Mg이다. D와 E는 각각 Al과 Na 중 하나인데 전기 음성도가 D>E 이므로 D는 Al이며, E는 Na이다.

㉠ **D는 3주기 원소이다.**

➡ A~E는 각각 Mg, O, F, Al, Na이므로 D(Al)는 3주기 원소이다.

✘ **원자 반지름은 C>B이다.**

➡ 같은 주기에서 원자 번호가 클수록 원자 반지름이 작아진다. 따라서 B(O)와 C(F)의 원자 반지름은 B>C이다.

✘ $\dfrac{\text{제3 이온화 에너지}}{\text{제2 이온화 에너지}}$ **는 E>A이다.**

➡ 2족 원소인 A(Mg)는 제3 이온화 에너지가 가장 크고, 제2 이온화 에너지가 가장 작다. 따라서 $\dfrac{\text{제3 이온화 에너지}}{\text{제2 이온화 에너지}}$ 는 A가 가장 크므로 A>E이다.

12 순차 이온화 에너지 2020학년도 3월 학평 화I 11번 정답 ⑤ | 정답률 74%

적용해야 할 개념 ④가지

① $\dfrac{\text{제}n\ \text{이온화 에너지}}{\text{제}(n-1)\ \text{이온화 에너지}}$ 가 최대인 원소: 원자가 전자 수가 $(n-1)$인 원소

② 같은 주기에서 원소들의 제1 이온화 에너지: 1족 원소<13족 원소<2족 원소<14족 원소<16족 원소<15족 원소<17족 원소<18족 원소

③ 같은 주기에서 원소들의 제2 이온화 에너지: 2족 원소<14족 원소<13족 원소<15족 원소<17족 원소<16족 원소<18족 원소<1족 원소

④ 원자가 전자가 느끼는 유효 핵전하: 같은 주기와 족에서 원자 번호가 클수록 커진다.

문제 보기

다음은 원자 A~C에 대한 자료이다. A~C는 각각 Na, Mg, Al 중 하나이다.

○ $\dfrac{\text{제2 이온화 에너지}}{\text{제1 이온화 에너지}}$ 는 A가 가장 크다.
┌ Na>Al>Mg Na
└ Mg>Al>Na

○ 원자가 전자가 느끼는 유효 핵전하는 B>C이다.
└ Al>Mg>Na Al Mg

A~C에 대한 옳은 설명만을 〈보기〉에서 있는 대로 고른 것은? [3점]

〈보기〉 풀이

같은 주기에서 원자 번호가 클수록 제1 이온화 에너지가 크지만, 2족 원소와 13족 원소, 15족 원소와 16족 원소는 경향이 반대이므로 제1 이온화 에너지는 Mg>Al>Na이다. 제2 이온화 에너지는 Na, Mg, Al에서 전자를 1개 떼어낸 후 다시 떼어낼 때 필요한 에너지이다. Na, Mg, Al에서 전자를 1개 떼어내면 전자 배치는 각각 Ne, Na, Mg과 같으므로 제2 이온화 에너지는 Na>Al>Mg이다. $\dfrac{\text{제2 이온화 에너지}}{\text{제1 이온화 에너지}}$ 는 제1 이온화 에너지가 가장 작고, 제2 이온화 에너지가 가장 큰 Na이 가장 크다.

같은 주기에서 원자 번호가 클수록 원자가 전자가 느끼는 유효 핵전하가 크므로 원자가 전자가 느끼는 유효 핵전하는 Al>Mg>Na이다. 따라서 A~C는 각각 Na, Al, Mg이다.

ㄱ. 원자가 전자 수는 B가 가장 크다.
➡ 원자가 전자 수는 B(Al)가 3으로 가장 크다.

ㄴ. 원자 반지름은 A>C이다.
➡ 같은 주기에서 원자 번호가 작을수록 원자 반지름이 크므로 원자 반지름은 A(Na)>C(Mg)>B(Al)이다.

ㄷ. 제1 이온화 에너지는 C>B이다.
➡ 제1 이온화 에너지는 예외적으로 2족 원소가 13족 원소보다 크고, 15족 원소가 16족 원소보다 크므로 C(Mg)>B(Al)이다.

---

13 제2 이온화 에너지의 주기성 2019학년도 수능 화I 15번 정답 ⑤ | 정답률 80%

적용해야 할 개념 ③가지

① 같은 주기에서 원소들의 제1 이온화 에너지: 1족 원소<13족 원소<2족 원소<14족 원소<16족 원소<15족 원소<17족 원소<18족 원소

② 같은 주기에서 원소들의 제2 이온화 에너지: 원자 번호가 1씩 증가된 원소로 옮겨진 형태와 유사하게 나타난다.
➡ 2족 원소<14족 원소<13족 원소<15족 원소<17족 원소<16족 원소<18족 원소<1족 원소

③ 같은 주기에서 원자가 전자가 느끼는 유효 핵전하: 원자 번호가 클수록 커진다.

문제 보기

그림은 원자 V~Z의 제2 이온화 에너지를 나타낸 것이다. V~Z는 각각 원자 번호 9~13의 원소 중 하나이다.
F, Ne, Na, Mg, Al

제2 이온화 에너지는 1족 원소가 가장 크다.

제2 이온화 에너지 (상댓값)				
V	W	X	Y	Z
Mg	Al	F	Ne	Na

이에 대한 설명으로 옳은 것만을 〈보기〉에서 있는 대로 고른 것은? (단, V~Z는 임의의 원소 기호이다.) [3점]

〈보기〉 풀이

원자 번호 9~13인 원소는 각각 F, Ne, Na, Mg, Al이다. F, Ne, Na, Mg, Al의 제1 이온화 에너지는 Na<Al<Mg<F<Ne이고, 제2 이온화 에너지는 차례로 전자가 8~12개인 F^+, Ne^+, Na^+, Mg^+, Al^+에서
$\underset{8}{} \quad \underset{9}{} \quad \underset{10}{} \quad \underset{11}{} \quad \underset{12}{}$
전자를 1개 떼어내는 데 필요한 에너지이므로 Mg<Al<F<Ne<Na이다. 따라서 V~Z는 각각 Mg, Al, F, Ne, Na이다.

ㄱ. Z는 1족 원소이다.
➡ Z(Na)는 원자가 전자 수가 1인 1족 원소이다.

ㄴ. X와 Y는 같은 주기 원소이다.
➡ X(F)와 Y(Ne)는 2주기 원소이다.

ㄷ. 원자가 전자가 느끼는 유효 핵전하는 W>V이다.
➡ 원자가 전자가 느끼는 유효 핵전하는 원자 번호가 클수록 커지므로 W(Al)가 V(Mg)보다 크다.

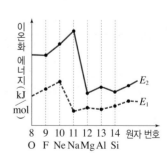

225

적용해야 할 개념 ④가지

① 같은 주기에서 원소들의 제1 이온화 에너지: 1족 원소＜13족 원소＜2족 원소＜14족 원소＜16족 원소＜15족 원소＜17족 원소＜18족 원소

② 같은 주기에서 원소들의 제2 이온화 에너지: 2족 원소＜14족 원소＜13족 원소＜15족 원소＜17족 원소＜16족 원소＜18족 원소＜1족 원소

③ 원자 반지름의 주기성: 같은 주기에서는 원자 번호가 클수록 작아지고, 같은 족에서는 원자 번호가 클수록 커진다.

④ 원자가 전자가 느끼는 유효 핵전하: 같은 주기와 족에서 원자 번호가 클수록 커진다.

문제 보기

그림은 원자 W~Z의 이온화 에너지를 나타낸 것이다. W~Z는 각각 C, F, Na, Mg 중 하나이다.

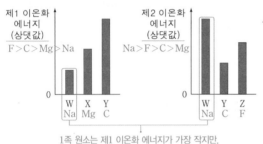

1족 원소는 제1 이온화 에너지가 가장 작지만, 제2 이온화 에너지가 가장 크다. ➡ W는 Na

이에 대한 설명으로 옳은 것만을 〈보기〉에서 있는 대로 고른 것은? [3점]

〈보기〉 풀이

제1 이온화 에너지는 F＞C＞Mg＞Na이고, 제2 이온화 에너지는 Na＞F＞C＞Mg이다. W는 제1 이온화 에너지가 가장 작지만, 제2 이온화 에너지가 가장 크므로 1족 원소인 Na이다. X와 Y가 각각 C, F일 경우 Z는 Mg이다. 하지만 제2 이온화 에너지는 Y(F)＞Z(Mg)가 되어 제시된 자료에 부합하지 않는다. X와 Y가 각각 Mg, F일 경우 Z는 C이다. 하지만 제2 이온화 에너지는 Y(F)＞Z(C)가 되어 제시된 자료에 부합하지 않는다. 따라서 X~Z는 각각 Mg, C, F이다.

ㄱ. W는 Na이다.

➡ W~Z는 각각 Na, Mg, C, F이다.

ㄴ. 원자 반지름은 X＞Z이다.

➡ 3주기 금속 원소인 X(Mg)의 원자 반지름이 2주기 비금속 원소인 Z(F)보다 크다.

✕ 원자가 전자가 느끼는 유효 핵전하는 Y＞Z이다.

➡ 같은 주기에서 원자 번호가 클수록 원자가 전자가 느끼는 유효 핵전하가 크다. Y(C)와 Z(F)는 2주기 원소이고, 원자 번호는 Z(F)가 Y(C)보다 크므로 원자가 전자가 느끼는 유효 핵전하는 Y(C)＜Z(F)이다.

적용해야 할 개념 ③가지

① 같은 주기에서 원소들의 제1 이온화 에너지: 1족 원소＜13족 원소＜2족 원소＜14족 원소＜16족 원소＜15족 원소＜17족 원소＜18족 원소

② 같은 주기에서 원소들의 제2 이온화 에너지: 2족 원소＜14족 원소＜13족 원소＜15족 원소＜17족 원소＜16족 원소＜18족 원소＜1족 원소

③ $\dfrac{\text{제}(n-1)\ \text{이온화 에너지}}{\text{제}n\ \text{이온화 에너지}}$: 제n 이온화 에너지가 최대이고, 제$(n-1)$ 이온화 에너지가 최소인 원소는 원자가 전자 수가 $(n-1)$인 원소이므로 $\dfrac{\text{제}(n-1)\ \text{이온화 에너지}}{\text{제}n\ \text{이온화 에너지}}$가 최소인 원소는 원자가 전자 수가 $(n-1)$인 원소이다.

문제 보기

그림은 원자 W~Z의 $\dfrac{\text{제1 이온화 에너지}(E_1)}{\text{제2 이온화 에너지}(E_2)}$ 를 나타낸 것이다. W~Z는 각각 Li, Be, B, C 중 하나이고, 제1 이온화 에너지는 Y＞Z이다.

W~Z에 대한 설명으로 옳은 것만을 〈보기〉에서 있는 대로 고른 것은? [3점]

〈보기〉 풀이

제1 이온화 에너지(E_1)는 C＞Be＞B＞Li이고, 제2 이온화 에너지(E_2)는 Li＞B＞C＞Be이다. 4가지 원소 중에서 Li은 E_1이 가장 작고, E_2가 가장 크므로 $\dfrac{E_1}{E_2}$가 가장 작다. 따라서 W는 Li이다. Be, B, C 중 B는 E_1이 가장 작고, E_2가 가장 크므로 $\dfrac{E_1}{E_2}$가 Li 다음으로 작다. 따라서 X는 B이다. Y와 Z는 각각 Be, C 중 하나인데, 제1 이온화 에너지는 C＞Be이므로 Y는 C이고, Z는 Be이다.

ㄱ. W는 Li이다.

➡ W~Z는 각각 Li, B, C, Be이다.

ㄴ. 원자가 전자가 느끼는 유효 핵전하는 Y＞X이다.

➡ 같은 주기에서 원자 번호가 클수록 원자가 전자가 느끼는 유효 핵전하가 크다. 따라서 원자가 전자가 느끼는 유효 핵전하는 Y(C)＞X(B)이다.

✕ 원자 반지름은 Z가 가장 작다.

➡ 같은 주기에서 원자 번호가 클수록 원자 반지름이 작아지므로 원자 반지름은 W(Li)＞Z(Be)＞X(B)＞Y(C)이다. 따라서 원자 반지름은 Y(C)가 가장 작다.

226

16 순차 이온화 에너지와 원소의 주기성 2021학년도 3월 학평 화I 17번 | 정답 ④ | 정답률 49%

적용해야 할 개념 ③가지

① 같은 주기에서 원소들의 제1 이온화 에너지: 1족 원소<13족 원소<2족 원소<14족 원소<16족 원소<15족 원소<17족 원소<18족 원소

② 같은 주기에서 원소들의 제2 이온화 에너지: 2족 원소<14족 원소<13족 원소<15족 원소<17족 원소<16족 원소<18족 원소<1족 원소

③ $\dfrac{\text{제}n \text{ 이온화 에너지}}{\text{제}(n-1) \text{ 이온화 에너지}}$ 가 최대인 원소: 원자가 전자 수가 $(n-1)$인 원소

문제 보기

그림은 2주기 원소 중 6가지 원소에 대한 자료이다.

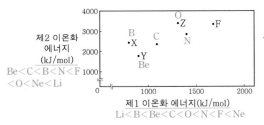

Be<C<B<N<F<O<Ne<Li

Li<B<Be<C<O<N<F<Ne

이에 대한 옳은 설명만을 〈보기〉에서 있는 대로 고른 것은? (단, X~Z는 임의의 원소 기호이다.) [3점]

〈보기〉 풀이

2주기 원소의 제1 이온화 에너지는 Li<B<Be<C<O<N<F<Ne이고, 제2 이온화 에너지는 Be<C<B<N<F<O<Ne<Li이다. 제1 이온화 에너지가 가장 작은 X는 제2 이온화 에너지가 가장 크지 않으므로 X는 Li이 아니라 B이다. Y는 X보다 제1 이온화 에너지가 크지만 제2 이온화 에너지가 6가지 원소 중 가장 작으므로 Be이다. Z는 제1 이온화 에너지가 F보다 작지만, 제2 이온화 에너지가 6가지 원소 중 가장 크므로 O이다.

✗ **X는 Be이다.**

➡ X~Z는 각각 B, Be, O이다.

ㄴ **Y와 Z의 원자 번호의 차는 4이다.**

➡ Y(Be)는 원자 번호가 4이고, Z(O)는 원자 번호가 8이다. 따라서 Y(Be)와 Z(O)의 원자 번호의 차는 4이다.

ㄷ $\dfrac{\text{제2 이온화 에너지}}{\text{제1 이온화 에너지}}$ 는 X>Y이다.

➡ 제1 이온화 에너지는 X(B)<Y(Be)이고, 제2 이온화 에너지는 X(B)>Y(Be)이다. 따라서 $\dfrac{\text{제2 이온화 에너지}}{\text{제1 이온화 에너지}}$ 는 X(B)>Y(Be)이다.

---

17 순차 이온화 에너지와 원소의 주기성 2020학년도 6월 모평 화I 16번 | 정답 ① | 정답률 45%

적용해야 할 개념 ③가지

① 제1 이온화 에너지의 주기성: 같은 주기에서 1족 원소<13족 원소<2족 원소<14족 원소<16족 원소<15족 원소<17족 원소<18족 원소이고, 같은 족에서 원자 번호가 작을수록 커진다.

② 제2 이온화 에너지의 주기성: 같은 주기에서 2족 원소<14족 원소<13족 원소<15족 원소<17족 원소<16족 원소<18족 원소<1족 원소이고, 같은 족에서 원자 번호가 작을수록 커진다.

③ $\dfrac{\text{제}n \text{ 이온화 에너지}}{\text{제}(n-1) \text{ 이온화 에너지}}$ 가 최대인 원소: 원자가 전자 수가 $(n-1)$인 원소

문제 보기

그림은 원자 A~E의 제1 이온화 에너지와 제2 이온화 에너지를 나타낸 것이다. A~E의 원자 번호는 각각 3, 4, 11, 12, 13 중 하나이다.

Li, Be, Na, Mg, Al

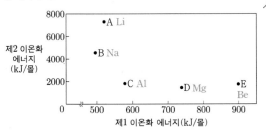

이에 대한 설명으로 옳은 것만을 〈보기〉에서 있는 대로 고른 것은? (단, A~E는 임의의 원소 기호이다.) [3점]

〈보기〉 풀이

원자 번호가 3, 4, 11, 12, 13인 원소는 각각 Li, Be, Na, Mg, Al이다. 2주기에서 제1 이온화 에너지는 Li<Be이고, 3주기에서 제1 이온화 에너지는 Na<Al<Mg이다. 제2 이온화 에너지는 1족 원소인 Li, Na이 나머지 원소보다 크고, 원자 번호가 작은 Li이 Na보다 제2 이온화 에너지가 크다. A는 Li, B는 Na이다. Mg과 같은 족이지만 원자 번호가 작은 Be이 Mg보다 제1 이온화 에너지가 크므로 제1 이온화 에너지는 Al<Mg<Be이다. C~E는 각각 Al, Mg, Be이다.

ㄱ **원자 번호는 B>A이다.**

➡ 원자 번호는 B(Na)가 A(Li)보다 크다.

✗ **D와 E는 같은 주기 원소이다.**

➡ D(Mg)는 3주기 원소, E(Be)는 2주기 원소이다.

✗ $\dfrac{\text{제3 이온화 에너지}}{\text{제2 이온화 에너지}}$ 는 C>D이다.

➡ $\dfrac{\text{제3 이온화 에너지}}{\text{제2 이온화 에너지}}$ 는 원자가 전자 수가 2인 2족 원소가 다른 원소보다 크다. C(Al)는 원자가 전자 수가 3, D(Mg)는 원자가 전자 수가 2이므로 $\dfrac{\text{제3 이온화 에너지}}{\text{제2 이온화 에너지}}$ 는 D(Mg)가 C(Al)보다 크다.

적용해야 할 개념 ③가지

① 순차 이온화 에너지와 원자가 전자 수: 순차 이온화 에너지 중 제n 이온화 에너지가 크게 증가하는 원소는 원자가 전자 수가 $(n-1)$이다.

② 제2 이온화 에너지의 주기성: 같은 주기에서 2족 원소<14족 원소<13족 원소<15족 원소<17족 원소<16족 원소<18족 원소<1족 원소 순이고, 같은 족에서 원자 번호가 작을수록 커진다.

③ 원자 반지름: 주기율표의 왼쪽으로 갈수록, 아래쪽으로 갈수록 커진다.

문제 보기

그림 (가)는 원자 W~Y의 제3~제5 이온화 에너지(E_3~E_5)를, (나)는 원자 X~Z의 원자 반지름을 나타낸 것이다. W~Z는 C, O, Si, P을 순서 없이 나타낸 것이다.

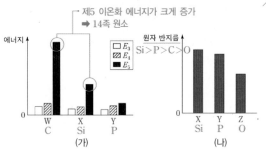

이에 대한 설명으로 옳은 것만을 〈보기〉에서 있는 대로 고른 것은?

〈보기〉 풀이

(가)에서 W와 X는 제5 이온화 에너지가 크게 증가하므로 원자가 전자 수가 4인 C 또는 Si이다. 2주기 원소인 C가 3주기 원소인 Si보다 E_5가 크므로 W는 C, X는 Si이다. O, Si, P의 원자 반지름은 Si>P>O이고, (나)에서 원자 반지름은 X>Y>Z이므로 Y는 P, Z는 O이다.

ㄱ. **X는 Si이다.**
➡ W~Z는 각각 C, Si, P, O이다.

ㄴ. **W와 Y는 같은 주기 원소이다.**
➡ W(C)는 2주기 원소, Y(P)는 3주기 원소이다.

ㄷ. **제2 이온화 에너지는 Z>Y이다.**
➡ O와 S은 같은 족 원소이고, 주기는 S>O이므로 제2 이온화 에너지는 O>S이다. 같은 주기에서 제1 이온화 에너지는 15족 원소>16족 원소이지만 제2 이온화 에너지는 16족 원소>15족 원소이다. P은 3주기 15족 원소, S은 3주기 16족 원소이므로 제2 이온화 에너지는 S>P이다. 따라서 제2 이온화 에너지는 Z(O)>Y(P)이다.

적용해야 할 개념 ③가지

① N, O, F, Na, Mg, Al의 이온 반지름: 원자 번호가 작을수록 이온 반지름이 크다. ➡ 이온 반지름: N>O>F>Na>Mg>Al

② N, O, F, Na, Mg, Al의 |이온의 전하|

|이온의 전하|	1	2	3
원자	F, Na	O, Mg	N, Al

③ N, O, F, Na, Mg, Al의 $\dfrac{\text{제2 이온화 에너지}}{\text{제1 이온화 에너지}}$: 1족 원소인 Na이 가장 큰 값을 갖는다.

문제 보기

다음은 원자 W~Z에 대한 자료이다.

○ W~Z는 각각 O, F, Na, Al 중 하나이다.

○ W~Z의 이온은 모두 Ne의 전자 배치를 갖는다.

○ ㉠과 ㉡은 각각 $\dfrac{\text{이온 반지름}}{|\text{이온의 전하}|}$ 과 $\dfrac{\text{제2 이온화 에너지}}{\text{제1 이온화 에너지}}$ 중 하나이다.
    └ Al이 가장 작다.   └ Na이 가장 크다.

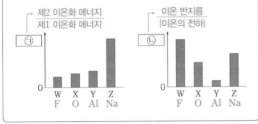

이에 대한 옳은 설명만을 〈보기〉에서 있는 대로 고른 것은? [3점]

〈보기〉 풀이

$\dfrac{\text{제2 이온화 에너지}}{\text{제1 이온화 에너지}}$ 는 Na이 가장 크므로 ㉠이 $\dfrac{\text{제2 이온화 에너지}}{\text{제1 이온화 에너지}}$ 이면 Z가 Na이고, ㉡이 $\dfrac{\text{제2 이온화 에너지}}{\text{제1 이온화 에너지}}$ 이면 W가 Na이다. 만약 W가 Na이면 ㉠은 $\dfrac{\text{이온 반지름}}{|\text{이온의 전하}|}$ 인데, 이때 이온 반지름은 Na>Al이고, |이온의 전하|는 Na이 1, Al이 3이므로 $\dfrac{\text{이온 반지름}}{|\text{이온의 전하}|}$ 은 Na>Al이어야 하는데, W(Na)가 가장 작아 모순이다. 따라서 ㉠과 ㉡은 각각 $\dfrac{\text{제2 이온화 에너지}}{\text{제1 이온화 에너지}}$, $\dfrac{\text{이온 반지름}}{|\text{이온의 전하}|}$ 이고, Z는 Na이다. 이온 반지름은 Al이 가장 작고, |이온의 전하|는 Al이 가장 크므로 $\dfrac{\text{이온 반지름}}{|\text{이온의 전하}|}$ 은 Al이 가장 작다. 따라서 Y는 Al이다. W와 X는 각각 O, F 중 하나인데, 제1 이온화 에너지는 F>O이고, 제2 이온화 에너지는 O>F이므로 $\dfrac{\text{제2 이온화 에너지}}{\text{제1 이온화 에너지}}$ 는 O>F이다. 따라서 W는 F이고, X는 O이다.

ㄱ ㉠은 $\dfrac{\text{제2 이온화 에너지}}{\text{제1 이온화 에너지}}$ 이다.

➡ ㉠과 ㉡은 각각 $\dfrac{\text{제2 이온화 에너지}}{\text{제1 이온화 에너지}}$, $\dfrac{\text{이온 반지름}}{|\text{이온의 전하}|}$ 이다.

ㄴ W는 F이다.

➡ W~Z는 각각 F, O, Al, Na이다.

ㄷ 원자 반지름은 Y>X이다.

➡ 원자 반지름은 3주기 원소인 Y(Al)가 2주기 원소인 X(O)보다 크다.

적용해야 할 개념 ③가지

① $\dfrac{\text{제}n \text{ 이온화 에너지}}{\text{제}(n-1) \text{ 이온화 에너지}}$ 가 최대인 원소: 원자가 전자 수가 $(n-1)$인 원소

② 같은 주기에서 원자 반지름: 원자 번호가 클수록 작아진다.

③ 같은 주기에서 원소들의 제2 이온화 에너지: 2족 원소<14족 원소<13족 원소<15족 원소<17족 원소<16족 원소<18족 원소<1족 원소

문제 보기

다음은 원자 번호가 연속인 2주기 원자 W~Z의 이온화 에너지에 대한 자료이다. 원자 번호는 W<X<Y<Z이다.

○ 제n 이온화 에너지(E_n)

제1 이온화 에너지(E_1): $M(g) + E_1 \longrightarrow M^+(g) + e^-$

제2 이온화 에너지(E_2): $M^+(g) + E_2 \longrightarrow M^{2+}(g) + e^-$

제3 이온화 에너지(E_3): $M^{2+}(g) + E_3 \longrightarrow M^{3+}(g) + e^-$

○ W~Z의 $\dfrac{E_3}{E_2}$

$\dfrac{E_3}{E_2}$가 가장 큰 원소는 원자가 전자 수가 2인 Be이다.

이에 대한 설명으로 옳은 것만을 〈보기〉에서 있는 대로 고른 것은? (단, W~Z는 임의의 원소 기호이다.) [3점]

〈보기〉 풀이

X는 $\dfrac{E_3}{E_2}$가 가장 크므로 2족 원소인 Be이다. 원자 번호는 W<X<Y<Z이므로 W~Z는 각각 Li, Be, B, C이다.

ㄱ. 원자 반지름은 W>X이다.

➡ 같은 주기에서 원자 번호가 클수록 원자 반지름이 작아지므로 원자 반지름은 W(Li)>X(Be)이다.

ㄴ. E_2는 Y>Z이다.

➡ Y(B)와 Z(C)에 E_1를 가하면 각각 Y$^+$(B$^+$)과 Z$^+$(C$^+$)이 된다. Y$^+$(B$^+$)과 Z$^+$(C$^+$)의 전자 배치는 각각 2족 원소인 Be, 13족 원소인 B와 같으므로 E_2는 Y(B)>Z(C)이다.

ㄷ. $\dfrac{E_2}{E_1}$는 Z>W이다.

➡ E_2는 W(Li)>Y(B)>Z(C)>X(Be)이고, E_1은 Z(C)>X(Be)>Y(B)>W(Li)이다. E_2는 W(Li)가 가장 크고, E_1은 W(Li)가 가장 작으므로 $\dfrac{E_2}{E_1}$는 W(Li)가 가장 크다. 따라서 $\dfrac{E_2}{E_1}$는 W(Li)>Z(C)이다.

보기

21 순차 이온화 에너지 2023학년도 3월 학평 화I 8번 정답 ④ | 정답률 71%

적용해야 할 개념 ④가지

① 족에 따른 홀전자 수

족	1	2	13	14	15	16	17
홀전자 수	1	0	1	2	3	2	1

② 전기 음성도: 공유 결합을 형성한 두 원자가 공유 전자쌍을 끌어당기는 힘의 크기를 상대적으로 비교하여 나타낸 값

③ 전기 음성도의 주기성: 같은 주기에서는 원자 번호가 커질수록 대체로 증가하고, 같은 족에서는 원자 번호가 커질수록 대체로 감소한다.

④ $\dfrac{\text{제}n \text{ 이온화 에너지}}{\text{제}(n-1) \text{ 이온화 에너지}}$: 제$n$ 이온화 에너지가 최대이고, 제$(n-1)$ 이온화 에너지가 최소인 원소는 원자가 전자 수가 $(n-1)$인 원소이므로 $\dfrac{\text{제}n \text{ 이온화 에너지}}{\text{제}(n-1) \text{ 이온화 에너지}}$가 최대인 원소는 원자가 전자 수가 $(n-1)$인 원소이다.

문제 보기

그림은 바닥상태 원자 A~E의 홀전자 수와 전기 음성도를 나타낸 것이다. A~E의 원자 번호는 각각 11~17 중 하나이다.

Na, Mg, Al, Si, P, S, Cl

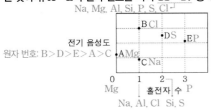

원자 번호: B>D>E>A>C

A~E에 대한 옳은 설명만을 〈보기〉에서 있는 대로 고른 것은? (단, A~E는 임의의 원소 기호이다.)

〈보기〉 풀이

원자 번호가 11~17인 원소는 Na, Mg, Al, Si, P, S, Cl이다. 같은 주기인 3주기에서 원자 번호가 클수록 전기 음성가 크므로 전기 음성도는 Cl>S>P>Si>Al>Mg>Na이다. 이 원자 중 홀전자 수가 0인 원자는 Mg이고, 홀전자 수가 1인 원자는 Na, Al, Cl이다. 홀전자 수가 2인 원자는 Si, S이고, 홀전자 수가 3인 원자는 P이다. 따라서 A는 Mg이고, E는 P이며, E(P)보다 전기 음성도가 큰 D는 S이다. 또한 B는 D(S)보다 전기 음성도가 크므로 Cl이고, C는 A(Mg)보다 전기 음성도가 작으므로 Na이다. 따라서 A~E는 각각 Mg, Cl, Na, S, P이다.

✗ ㄱ. B는 금속 원소이다.

➡ A(Mg)와 C(Na)는 금속 원소이고, B(Cl), D(S), E(P)는 비금속 원소이다.

ㄴ. $\dfrac{\text{제2 이온화 에너지}}{\text{제1 이온화 에너지}}$는 C가 가장 크다.

➡ Mg, Cl, Na, S, P 중 제1 이온화 에너지는 Na이 가장 작다. 그리고 Na에서 전자를 1개 떼어 내면 전자 배치가 Ne과 같아지므로 제2 이온화 에너지는 Na이 가장 크다. 따라서 $\dfrac{\text{제2 이온화 에너지}}{\text{제1 이온화 에너지}}$는 C(Na)가 가장 크다.

ㄷ. 원자가 전자 수는 D>E이다.

➡ 원자가 전자 수는 D(S)가 6이고, E(P)가 5이므로 D>E이다.

---

22 순차 이온화 에너지 2023학년도 4월 학평 17번 정답 ④ | 정답률 58%

적용해야 할 개념 ③가지

① 같은 주기에서 원소들의 제1 이온화 에너지: 1족 원소<13족 원소<2족 원소<14족 원소<16족 원소<15족 원소<17족 원소<18족 원소

② 같은 주기에서 원소들의 제2 이온화 에너지: 2족 원소<14족 원소<13족 원소<15족 원소<17족 원소<16족 원소<18족 원소<1족 원소

③ 같은 주기에서 원자 반지름의 주기성: 원자 번호가 클수록 원자 반지름이 작아진다.

문제 보기

그림은 원자 W~Z의 제1~제3 이온화 에너지(E_1~E_3)를 나타낸 것이다. W~Z는 Mg, Al, Si, P을 순서 없이 나타낸 것이다.

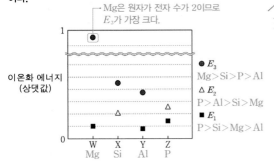

이에 대한 설명으로 옳은 것만을 〈보기〉에서 있는 대로 고른 것은? [3점]

〈보기〉 풀이

제1 이온화 에너지(E_1)는 P>Si>Mg>Al이고, 제2 이온화 에너지(E_2)는 P>Al>Si>Mg이며, 제3 이온화 에너지(E_3)는 Mg>Si>P>Al이다. Mg의 원자가 전자 수는 2로 Mg의 E_3는 다른 원자에 비해 매우 크므로 W는 Mg이다. Y는 W(Mg)보다 E_1가 작으므로 Al이다. Si와 P의 E_2는 P>Si이므로 X는 Si이고, Z는 P이다.

✗ ㄱ. Z는 Si이다.

➡ W~Z는 각각 Mg, Si, Al, P이므로 Z는 P이다.

ㄴ. 원자 반지름은 W>Y이다.

➡ 같은 주기에서 원자 번호가 클수록 원자 반지름이 작아지므로 원자 반지름은 Mg>Al>Si>P이다. 따라서 원자 반지름은 W(Mg)>Y(Al)이다.

ㄷ. E_1는 X>Y이다.

➡ E_1은 Z(P)>X(Si)>W(Mg)>Y(Al)이므로 X>Y이다.

적용해야 할 개념 ③가지

① 같은 주기에서 원소들의 제1 이온화 에너지: 1족 원소<13족 원소<2족 원소<14족 원소<16족 원소<15족 원소<17족 원소<18족 원소

② 같은 주기에서 원소들의 제2 이온화 에너지: 2족 원소<14족 원소<13족 원소<15족 원소<17족 원소<16족 원소<18족 원소<1족 원소

③ 원자가 전자가 느끼는 유효 핵전하: 같은 주기와 족에서 원자 번호가 클수록 커진다.

문제 보기

그림은 2, 3주기 원자 A~E의 원자가 전자 수와 제2 이온화 에너지를 나타낸 것이다.

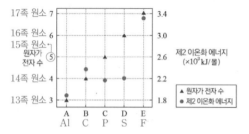

이에 대한 설명으로 옳은 것만을 〈보기〉에서 있는 대로 고른 것은? (단, A~E는 임의의 원소 기호이다.) [3점]

〈보기〉 풀이

A~E는 원자가 전자 수가 각각 3, 4, 5, 6, 7이므로 각각 13족 원소, 14족 원소, 15족 원소, 16족 원소, 17족 원소이다. 같은 주기에서 제2 이온화 에너지는 13족 원소>14족 원소이지만 제2 이온화 에너지는 A<B이므로 A는 3주기 13족 원소인 Al이고, B는 2주기 14족 원소인 C이다. 같은 주기에서 제2 이온화 에너지는 14족 원소<15족 원소이지만 제2 이온화 에너지는 B>C이므로 C는 3주기 15족 원소인 P이다. D가 2주기 원소이면 제2 이온화 에너지는 B보다 커야 하지만 제2 이온화 에너지는 B>D이므로 D는 3주기 16족 원소인 S이다. 같은 주기에서 제2 이온화 에너지는 16족 원소>17족 원소이지만 제2 이온화 에너지는 D<E이므로 E는 2주기 17족 원소인 F이다. 따라서 A~E는 각각 Al, C, P, S, F이다.

✗ 원자가 전자의 유효 핵전하는 A>C이다.
➡ 같은 주기에서 원자 번호가 클수록 원자가 전자의 유효 핵전하가 크므로 원자가 전자의 유효 핵전하는 A(Al)<C(P)이다.

ㄴ B와 E는 2주기 원소이다.
➡ B(C)와 E(F)는 2주기 원소이다.

ㄷ 제1 이온화 에너지는 C>D이다.
➡ 같은 주기에서 제1 이온화 에너지는 15족 원소>16족 원소이므로 제1 이온화 에너지는 C(P)>D(S)이다.

보기

적용해야 할 개념 ③가지

① 같은 주기에서 원소들의 제1 이온화 에너지: 1족 원소<13족 원소<2족 원소<14족 원소<16족 원소<15족 원소<17족 원소<18족 원소

② 같은 주기에서 원소들의 제2 이온화 에너지: 2족 원소<14족 원소<13족 원소<15족 원소<17족 원소<16족 원소<18족 원소<1족 원소

③ 원자 반지름: 주기율표의 왼쪽으로 갈수록, 아래쪽으로 갈수록 커진다.

문제 보기

그림은 2, 3주기 원소 W~Z에 대한 자료를 나타낸 것이다. 원자 번호는 W>X이다.

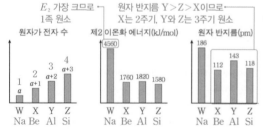

이에 대한 옳은 설명만을 〈보기〉에서 있는 대로 고른 것은? (단, W~Z는 임의의 원소 기호이다.) [3점]

〈보기〉 풀이

W는 원자가 전자 수가 가장 작지만 제2 이온화 에너지가 가장 크므로 1족 원소이다. X는 W보다 원자가 전자 수가 1만큼 크고 원자 번호는 W>X이므로 W는 3주기 1족 원소인 Na이고, X는 2주기 2족 원소인 Be이다. $a=1$이므로 Y는 원자가 전자 수가 3인 13족 원소이고, Z는 원자가 전자 수가 4인 14족 원소이다. 같은 주기에서 원자 번호가 클수록 원자 반지름은 작아진다. 원자 반지름은 Y와 Z가 X보다 크므로 Y와 Z는 3주기 원소이다. 따라서 Y와 Z는 각각 3주기 13족 원소인 Al, 3주기 14족 원소인 Si이다.

ㄱ $a=1$이다.
➡ W(Na)의 원자가 전자 수가 1이므로 $a=1$이다.

✗ W~Z 중 3주기 원소는 2가지이다.
➡ W~Z는 각각 Na, Be, Al, Si이므로 3주기 원소는 W(Na), Y(Al), Z(Si) 3가지이다.

✗ 제1 이온화 에너지는 Y>Z이다.
➡ 같은 주기에서 제1 이온화 에너지는 13족 원소<14족 원소이므로 제1 이온화 에너지는 Y(Al)<Z(Si)이다.

보기

232

적용해야 할 개념 ④가지

① 같은 주기에서 원소들의 제1 이온화 에너지: 1족 원소<13족 원소<2족 원소<14족 원소<16족 원소<15족 원소<17족 원소<18족 원소

② 같은 주기에서 원소들의 제2 이온화 에너지: 2족 원소<14족 원소<13족 원소<15족 원소<17족 원소<16족 원소<18족 원소<1족 원소

③ 원자가 전자가 느끼는 유효 핵전하: 같은 주기와 족에서 원자 번호가 클수록 커진다.

④ 등전자 이온의 반지름: 원자 번호가 작을수록 커진다.

문제 보기

다음은 원자 ㉠~㉪의 카드를 이용한 탐구 활동이다.

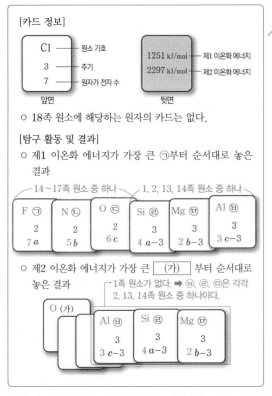

[카드 정보]

Cl — 원소 기호
3 — 주기
7 — 원자가 전자 수
(앞면)

1251 kJ/mol — 제1 이온화 에너지
2297 kJ/mol — 제2 이온화 에너지
(뒷면)

○ 18족 원소에 해당하는 원자의 카드는 없다.

[탐구 활동 및 결과]

○ 제1 이온화 에너지가 가장 큰 ㉠부터 순서대로 놓은 결과

    ┌── 14~17족 원소 중 하나 ──┐ ┌── 1, 2, 13, 14족 원소 중 하나 ──┐

F ㉠	N ㉡	O ㉢	Si ㉣	Mg ㉤	Al ㉥
2	2	2	3	3	3
7 a	5 b	6 c	4 $a-3$	2 $b-3$	3 $c-3$

○ 제2 이온화 에너지가 가장 큰 (가) 부터 순서대로 놓은 결과

    ── 1족 원소가 없다. ➡ ㉥, ㉣, ㉤은 각각 2, 13, 14족 원소 중 하나이다.

O (가)	Al ㉥	Si ㉣	Mg ㉤
	3	3	3
	3 $c-3$	4 $a-3$	2 $b-3$

이에 대한 설명으로 옳은 것만을 <보기>에서 있는 대로 고른 것은? [3점]

<보기> 풀이

㉠~㉪에는 18족 원소에 해당하는 카드가 없고, a~c는 2주기 원소의 원자가 전자 수이므로 a~c는 7 이하의 자연수이다. ㉣, ㉤, ㉥의 원자가 전자 수는 각각 $a-3$, $b-3$, $c-3$이므로 각각 1, 2, 3, 4 중 하나이다. $a-3$, $b-3$, $c-3$ 중에 1이 있으면 해당 원자는 1족 원소이므로 제2 이온화 에너지가 가장 크다. 이는 조건에 만족하지 않으므로 $a-3$, $b-3$, $c-3$는 각각 2, 3, 4 중 하나이고 ㉣, ㉤, ㉥은 각각 Mg, Al, Si 중 하나이다. 제1 이온화 에너지는 Si>Mg>Al이고, 제2 이온화 에너지는 Al>Si>Mg이므로 ㉣은 Si, ㉤은 Mg, ㉥은 Al이다. a~c는 각각 7, 5, 6이므로 ㉠은 F, ㉡은 N, ㉢은 O이다.

✗ (가)는 ㉡이다.

➡ 제2 이온화 에너지는 O>F>N>Al>Si>Mg이므로 (가)는 ㉢이다.

○ ㄴ 원자가 전자가 느끼는 유효 핵전하는 ㉠>㉢이다.

➡ 같은 주기에서 원자 번호가 클수록 원자가 전자가 느끼는 유효 핵전하가 크므로 원자가 전자가 느끼는 유효 핵전하는 ㉠(F)>㉢(O)이다.

○ ㄷ Ne의 전자 배치를 갖는 이온 반지름은 ㉤>㉥이다.

➡ 등전자 이온의 반지름은 원자 번호가 작을수록 커지므로 Ne의 전자 배치를 갖는 이온 반지름은 N>O>F>Mg>Al이다. 따라서 이온 반지름은 ㉤(Mg)>㉥(Al)이다.

적용해야 할 개념 ③가지

① 이온일 때 Ne의 전자 배치를 갖는 원자의 제1 이온화 에너지: F>N>O>Mg>Al>Na
② 이온일 때 Ne의 전자 배치를 갖는 원자의 제2 이온화 에너지: Na>O>F>N>Al>Mg
③ 금속 원소와 비금속 원소의 원자 반지름과 이온 반지름: 금속 원소는 원자 반지름이 이온 반지름보다 크고, 비금속 원소는 이온 반지름이 원자 반지름보다 크다.

문제 보기

그림 (가)는 원자 W~Y의 ㉠을, (나)는 원자 X~Z의 제2 이온화 에너지(E_2)를 나타낸 것이다. W~Z는 F, Na, Mg, Al을 순서 없이 나타낸 것이고, W~Y의 이온은 모두 Ne의 전자 배치를 갖는다. ㉠은 $\dfrac{\text{원자 반지름}}{\text{이온 반지름}}$과 $\dfrac{\text{이온 반지름}}{\text{원자 반지름}}$ 중 하나이다.

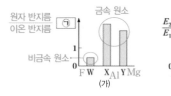

이에 대한 설명으로 옳은 것만을 〈보기〉에서 있는 대로 고른 것은? [3점]

〈보기〉 풀이

금속 원소는 원자 반지름이 이온 반지름보다 크므로 $\dfrac{\text{원자 반지름}}{\text{이온 반지름}}>1$이고, $\dfrac{\text{이온 반지름}}{\text{원자 반지름}}<1$이다.

비금속 원소는 이온 반지름이 원자 반지름보다 크므로 $\dfrac{\text{원자 반지름}}{\text{이온 반지름}}<1$이고, $\dfrac{\text{이온 반지름}}{\text{원자 반지름}}>1$이다. F, Na, Mg, Al 중 비금속 원소는 F이고, 금속 원소는 Na, Mg, Al이다. (가)에서 ㉠이 $\dfrac{\text{이온 반지름}}{\text{원자 반지름}}$이면 X와 Y는 비금속 원소이어야 하는데, W~Z에는 비금속 원소가 1가지이므로 모순이다. 따라서 ㉠은 $\dfrac{\text{원자 반지름}}{\text{이온 반지름}}$이며, W는 비금속 원소인 F이고, X와 Y는 금속 원소이다. X~Z는 각각 Na, Mg, Al 중 하나이고, $\dfrac{E_2}{E_1}$는 Na>Al>Mg이므로 (나)에서 X~Z는 각각 Al, Mg, Na이다.

❌ ㉠은 $\dfrac{\text{이온 반지름}}{\text{원자 반지름}}$이다.
➡ ㉠은 $\dfrac{\text{원자 반지름}}{\text{이온 반지름}}$이다.

⭕ ㄴ 원자가 전자가 느끼는 유효 핵전하는 X>Y이다.
➡ 같은 주기에서 원자 번호가 클수록 원자가 전자가 느끼는 유효 핵전하가 크다. 원자 번호는 X(Al)>Y(Mg)이므로 원자가 전자가 느끼는 유효 핵전하는 X>Y이다.

⭕ ㄷ 원자가 전자 수는 Y>Z이다.
➡ 원자가 전자 수는 Y(Mg)가 2이고, Z(Na)가 1이므로 Y>Z이다.

적용해야 할 개념 ④가지

① O, F, Na, Mg, Al의 제1 이온화 에너지와 제2 이온화 에너지: 제1 이온화 에너지는 F>O>Mg>Al>Na이고, 제2 이온화 에너지는 Na>O>F>Al>Mg이다.
② O, F, Na, Mg, Al의 전기 음성도: 주기율표에서 오른쪽으로 갈수록, 위쪽으로 갈수록 전기 음성도가 커지므로 F>O>Al>Mg>Na이다.
③ O, F, Na, Mg, Al의 원자 반지름: 주기율표에서 왼쪽으로 갈수록, 아래쪽으로 갈수록 원자 반지름이 커지므로 Na>Mg>Al>O>F이다.
④ O, F, Na, Mg, Al의 이온 반지름: 같은 전자 배치를 갖는 이온의 반지름은 원자 번호가 작을수록 크므로 O>F>Na>Mg>Al이다.

문제 보기

그림 (가)는 원자 A~D의 제2 이온화 에너지(E_2)와 ㉠을, (나)는 원자 C~E의 전기 음성도를 나타낸 것이다. A~E는 O, F, Na, Mg, Al을 순서 없이 나타낸 것이고, A~E의 이온은 모두 Ne의 전자 배치를 갖는다. ㉠은 원자 반지름과 이온 반지름 중 하나이다.

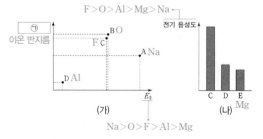

이에 대한 설명으로 옳은 것만을 〈보기〉에서 있는 대로 고른 것은?

〈보기〉 풀이

O, F, Na, Mg, Al의 제2 이온화 에너지는 Na>O>F>Al>Mg이고, 전기 음성도는 F>O>Al>Mg>Na이다. 따라서 A는 Na 또는 O이다. A가 O이면 제2 이온화 에너지의 크기로부터 B는 F이다. 그런데 원자 반지름과 이온 반지름은 O>F이므로 (가)에서 ㉠의 크기는 A>B이어야 하지만, 그렇지 않으므로 모순이다. 따라서 A는 Na이다. 이때 (가)에서 ㉠이 원자 반지름이라면, A(Na)가 가장 커야 하지만, 그렇지 않으므로 ㉠은 이온 반지름이다. 제2 이온화 에너지는 B>C이고, 이온 반지름도 B>C이므로 B는 O, C는 F이다. 전기 음성도는 D>E이므로 D는 Al, E는 Mg이다.

⭕ ㄱ B는 산소(O)이다.
➡ A~E는 각각 Na, O, F, Al, Mg이다.

❌ ㉠은 원자 반지름이다.
➡ ㉠은 이온 반지름이다.

⭕ ㄷ $\dfrac{\text{제3 이온화 에너지}}{\text{제2 이온화 에너지}}$는 E>D이다.
➡ 제3 이온화 에너지는 Mg이 가장 크고, 제2 이온화 에너지는 Al>Mg이므로 $\dfrac{\text{제3 이온화 에너지}}{\text{제2 이온화 에너지}}$는 E(Mg)>D(Al)이다.

적용해야 할 개념 ④가지

① 이온일 때 Ne의 전자 배치를 갖는 원자의 원자 반지름: Na>Mg>Al>N>O>F

② 이온일 때 Ne의 전자 배치를 갖는 원자의 이온 반지름: N>O>F>Na>Mg>Al

③ N, O, F, Ne, Na, Mg, Al, Si의 제1 이온화 에너지: Na<Al<Mg<Si<O<N<F<Ne

④ 2, 3주기 원자의 |이온의 전하|

|이온의 전하|	1	2	3
원자	Li, Na, F, Cl	Be, Mg, O, S	Al, N

문제 보기

원자 반지름: Mg>Al>O>F
제1 이온화 에너지: F>O>Mg>Al

그림 (가)는 원자 W~Y의 <u>제1 이온화 에너지 / 원자 반지름</u>를, (나)는 원자 X~Z의 <u>이온 반지름 / |이온의 전하|</u>을 나타낸 것이다. W~Z는 O, F, Mg, Al을 순서 없이 나타낸 것이고, W~Z의 이온은 모두 Ne의 전자 배치를 갖는다.

이온 반지름: O>F>Mg>Al
|이온의 전하|: Al>O=Mg>F

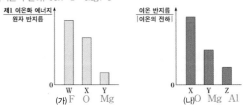

(가) F O Mg   (나) O Mg Al

이에 대한 설명으로 옳은 것만을 〈보기〉에서 있는 대로 고른 것은?

〈보기〉 풀이

원자 반지름은 Mg>Al>O>F이고, 제1 이온화 에너지는 F>O>Mg>Al이므로 <u>제1 이온화 에너지 / 원자 반지름</u>은 F이 가장 크고, O가 두 번째로 크며, Mg과 Al은 서로 비교할 수 없다. 이온 반지름은 O>F>Mg>Al이고, |이온의 전하|는 Al이 3, O와 Mg이 2, F이 1이다. 따라서 <u>이온 반지름 / |이온의 전하|</u>은 Al이 가장 작고, Mg이 2번째로 작으며, O와 F은 서로 비교할 수 없다. W가 O라면 (가)에서 X와 Y는 각각 Mg, Al 중 하나이다. (나)에서 X와 Y 중 하나인 Al이 가장 작아야 하는데, Z가 가장 작으므로 모순이다. 따라서 W는 F이고, (나)에서 X, Y, Z는 각각 O, Mg, Al이다.

ㄱ **W는 F이다.**
➡ W~Z는 각각 F, O, Mg, Al이다.

✗ **제3 이온화 에너지 / 제2 이온화 에너지 는 X>Y이다.**
➡ 제2 이온화 에너지는 X(O)>Y(Mg)이고, 제3 이온화 에너지는 Y(Mg)>X(O)이므로 <u>제3 이온화 에너지 / 제2 이온화 에너지</u> 는 Y>X이다.

ㄷ **원자가 전자가 느끼는 유효 핵전하는 Z>Y이다.**
➡ 같은 주기에서 원자 번호가 클수록 원자가 전자가 느끼는 유효 핵전하가 크다. Y(Mg)와 Z(Al)는 같은 주기 원소이고 원자 번호는 Z>Y이므로 원자가 전자가 느끼는 유효 핵전하는 Z>Y이다.

13 일차

01 ⑤	02 ④	03 ①	04 ③	05 ⑤	06 ②	07 ④	08 ②	09 ③	10 ③	11 ④	12 ⑤
13 ⑤	14 ⑤	15 ②	16 ③	17 ②	18 ①	19 ②	20 ①	21 ①	22 ②		

문제편 136~141쪽

---

01 주기율표 2021학년도 6월 모평 화I 1번

정답 ⑤ | 정답률 84 %

적용해야 할 개념 ③가지

① 멘델레예프, 모즐리, 현대의 주기율표에서 원소 배열 기준

	멘델레예프	모즐리	현대
원소 배열 기준	원자량	원자 번호(=양성자수)	원자 번호(=양성자수)

② 주기율표에서 족: 주기율표의 세로줄로, 같은 족 원소들은 원자가 전자 수가 같다.
➡ 원자가 전자 수는 족 번호의 끝자리 수와 같다.

③ 주기율표에서 주기: 주기율표의 가로줄로, 같은 주기 원소들은 전자가 들어 있는 전자 껍질 수가 같다.
➡ 전자가 들어 있는 전자 껍질 수는 주기 번호와 같다.

문제 보기

다음은 주기율표에 대한 세 학생의 대화이다.

제시한 내용이 옳은 학생만을 있는 대로 고른 것은?

<보기> 풀이

주기율표는 원소를 일정한 기준에 따라 나열하여 나타낸 것이다.

학생 Ⓐ 멘델레예프는 원소를 원자량 순서대로 배열해서 주기율표를 만들었어.
➡ 멘델레예프는 원자의 상대적 질량인 원자량 순서대로 원소를 배열한 주기율표를 만들었다.

학생 Ⓑ 현대 주기율표는 원소를 원자 번호 순서대로 배열하고 있어.
➡ 현대 주기율표는 주기율을 바탕으로 하여 원소들을 원자 번호 순으로 배열한 표이다.

학생 Ⓒ 현대 주기율표에서는 세로줄을 족, 가로줄을 주기라고 해.
➡ 주기율표에서 화학적 성질이 비슷한 원소를 세로로 배열하고, 전자 껍질 수가 같은 원소를 가로로 배열한다. 이 때 세로줄을 족, 가로줄을 주기라고 한다.

---

02 원자의 홀전자 수와 유효 핵전하 2020학년도 4월 학평 화I 11번

정답 ④ | 정답률 68 %

적용해야 할 개념 ③가지

① 족에 따른 홀전자 수

족	1	2	13	14	15	16	17
홀전자 수	1	0	1	2	3	2	1

② 유효 핵전하: 다전자 원자에서 전자가 느끼는 실제 핵전하
➡ 같은 족과 주기에서 원자 번호가 커질수록 원자가 전자가 느끼는 유효 핵전하가 커진다.

③ 원자 반지름의 주기성: 같은 주기에서 원자 번호가 클수록 원자 반지름이 작아지고, 같은 족에서 원자 번호가 클수록 원자 반지름이 커진다.

문제 보기

표는 바닥상태 원자 (가)~(라)에 대한 자료이다. (가)~(라)는 각각 O, F, Mg, Al 중 하나이다.

	Al	O	F	Mg
원자	(가)	(나)	(다)	(라)
홀전자 수	1	2	1	0
원자가 전자가 느끼는 유효 핵전하	4.07	4.45	5.10	x $x < 4.07$

└ 같은 주기에서 원자 번호가 클수록 크다.

이에 대한 설명으로 옳은 것만을 <보기>에서 있는 대로 고른 것은? [3점]

<보기> 풀이

O, F, Mg, Al의 홀전자 수는 각각 2, 1, 0, 1이다. (나)와 (라)의 홀전자 수는 각각 2, 0이므로 (나)와 (라)는 각각 O, Mg이다. 같은 주기에서 원자 번호가 클수록 원자가 전자가 느끼는 유효 핵전하가 크므로 (다)는 F이고, (가)는 Al이다.

ㄱ (라)는 **Mg**이다.
➡ (가)~(라)는 각각 Al, O, F, Mg이다.

ㄴ x는 **4.07**보다 크다.
➡ Mg인 (라)는 Al인 (가)보다 원자 번호가 작으므로 원자가 전자가 느끼는 유효 핵전하는 4.07보다 작다. 따라서 $x < 4.07$이다.

ㄷ 원자 반지름은 (가) > (다)이다.
➡ 같은 주기에서 원자 번호가 클수록 원자 반지름이 작아지고, 같은 족에서 원자 번호가 클수록 원자 반지름이 커지므로 Al인 (가)가 F인 (다)보다 원자 반지름이 크다.

03 주기율표와 원소의 주기성 2024학년도 10월 학평 화I 4번 정답 ① | 정답률 84%

적용해야 할 개념 ③가지

① 족에 따른 홀전자 수와 원자가 전자 수

족	1	2	13	14	15	16	17	18
홀전자 수	1	0	1	2	3	2	1	0
원자가 전자 수	1	2	3	4	5	6	7	0

② 같은 주기에서 제1 이온화 에너지: 1족 원소<13족 원소<2족 원소<14족 원소<16족 원소<15족 원소<17족 원소<18족 원소

③ 같은 주기에서 제2 이온화 에너지: 2족 원소<14족 원소<13족 원소<15족 원소<17족 원소<16족 원소<18족 원소<1족 원소

문제 보기

다음은 주기율표의 일부를 나타낸 것이다. 바닥상태 원자 X의 전자 배치에서 $\dfrac{홀전자 수}{원자가 전자 수}=\dfrac{1}{2}$이다. 이에 대한 옳은 설명만을 〈보기〉에서 있는 대로 고른 것은? (단, W~Z는 임의의 원소 기호이다.)

주기 \ 족	a 13	$a+1$ 14
2	W B	X C
3	Y Al	Z Si

〈보기〉

14족 원소

〈보기〉 풀이

2주기 원소의 족에 따른 $\dfrac{홀전자 수}{원자가 전자 수}$는 다음과 같다.

족	1	2	13	14	15	16	17	18
$\dfrac{홀전자 수}{원자가 전자 수}$	1	0	$\dfrac{1}{3}$	$\dfrac{1}{2}$	$\dfrac{3}{5}$	$\dfrac{1}{3}$	$\dfrac{1}{7}$	—

ㄱ. $a=13$이다.

→ X의 $\dfrac{홀전자 수}{원자가 전자 수}=\dfrac{1}{2}$이므로 X는 14족 원소이다. 따라서 $a=13$이다.

✗ 바닥상태 원자 Z에서 전자가 들어 있는 오비탈 수는 9이다.

→ Z는 3주기 14족 원소인 Si이다. Si의 전자 배치는 $1s^2 2s^2 2p^6 3s^2 3p^2$이므로 전자가 들어 있는 오비탈 수는 8이다.

✗ $\dfrac{제2 이온화 에너지}{제1 이온화 에너지}$는 X>W이다.

→ W는 2주기 13족 원소인 B이고, X는 2주기 14족 원소인 C이다. 제1 이온화 에너지는 C>B이고 제2 이온화 에너지는 B>C이므로 $\dfrac{제2 이온화 에너지}{제1 이온화 에너지}$는 W(B)>X(C)이다.

---

04 원소의 전자 배치와 주기성 2022학년도 9월 모평 화I 16번 정답 ③ | 정답률 77%

적용해야 할 개념 ⑤가지

① 족에 따른 홀전자 수

족	1	2	13	14	15	16	17
홀전자 수	1	0	1	2	3	2	1

② 원자 반지름: 주기율표의 왼쪽으로 갈수록, 아래쪽으로 갈수록 커진다.

③ 원자가 전자가 느끼는 유효 핵전하: 같은 주기와 족에서 원자 번호가 클수록 커진다.

④ 등전자 이온의 반지름: 원자 번호가 작을수록 커진다.

⑤ $\dfrac{제n 이온화 에너지}{제(n-1) 이온화 에너지}$가 최대인 원소: 원자가 전자 수가 $(n-1)$인 원소

문제 보기

다음은 바닥상태 원자 W~Z에 대한 자료이다. W~Z는 각각 O, F, Na, Mg 중 하나이다.

○ 홀전자 수는 W>Y>X이다. ┌O>F=Na>Mg
○ 원자 반지름은 Y>X>Z이다. └Na>Mg>O>F

이에 대한 설명으로 옳은 것만을 〈보기〉에서 있는 대로 고른 것은? (단, W~Z의 이온은 모두 Ne의 전자 배치를 갖는다.)

〈보기〉 풀이

홀전자 수는 O가 2, F과 Na이 1, Mg이 0이다. 홀전자 수는 W>Y>X이므로 W와 X는 각각 O, Mg이고, Y는 F, Na 중 하나이다. 원자 반지름은 Y>X>Z이므로 Y는 Na이고, Z는 F이다.

ㄱ. 원자가 전자가 느끼는 유효 핵전하는 X>Y이다.

→ 같은 주기에서 원자 번호가 클수록 원자가 전자가 느끼는 유효 핵전하가 크다. 원자 번호는 X(Mg)>Y(Na)이므로 원자가 전자가 느끼는 유효 핵전하는 X(Mg)>Y(Na)이다.

✗ 이온 반지름은 X>W이다.

→ W~Z 이온의 전자 배치가 같으므로 이온 반지름은 원자 번호가 작을수록 크다. 이온 반지름은 W(O)>Z(F)>Y(Na)>X(Mg)이다.

ㄷ. $\dfrac{제2 이온화 에너지}{제1 이온화 에너지}$는 Y>W>Z이다.

→ 제1 이온화 에너지는 Z(F)>W(O)>X(Mg)>Y(Na)이다. 1족 원소의 제2 이온화 에너지가 가장 크므로 제2 이온화 에너지는 Y(Na)>W(O)>Z(F)>X(Mg)이다. 따라서 $\dfrac{제2 이온화 에너지}{제1 이온화 에너지}$는 Y(Na)>W(O)>Z(F)이다.

적용해야 할 개념 ⑤가지

① 족에 따른 홀전자 수

족	1	2	13	14	15	16	17
홀전자 수	1	0	1	2	3	2	1

② 원자 반지름: 주기율표의 왼쪽으로 갈수록, 아래쪽으로 갈수록 커진다.

③ 제1 이온화 에너지의 주기성: 같은 주기에서 1족 원소<13족 원소<2족 원소<14족 원소<16족 원소<15족 원소<17족 원소<18족 원소이고, 같은 족에서 원자 번호가 작을수록 커진다.

④ 제2 이온화 에너지의 주기성: 같은 주기에서 2족 원소<14족 원소<13족 원소<15족 원소<17족 원소<16족 원소<18족 원소<1족 원소 순이고, 같은 족에서 원자 번호가 작을수록 커진다.

⑤ 등전자 이온의 반지름: 같은 수의 전자를 가지고 있어 전자 배치가 같은 이온을 등전자 이온이라고 하며, 원자 번호가 작을수록 이온 반지름이 커진다.

문제 보기

다음은 바닥상태 원자 W~Z에 대한 자료이다. W~Z는 각각 N, O, F, Na 중 하나이다.

> ┌N>O>F=Na
> ○ 홀전자 수는 X>Y이다. ·Na>N>O>F
> ○ 원자 반지름은 Y>Z>W이다.
> ·Na>O>F>N
> ○ $\dfrac{\text{제2 이온화 에너지}}{\text{제1 이온화 에너지}}$ 는 X>Z이다.
> ·F>N>O>Na

이에 대한 설명으로 옳은 것만을 〈보기〉에서 있는 대로 고른 것은? (단, W~Z는 임의의 원소 기호이다.) [3점]

〈보기〉 풀이

원자 반지름은 Na>N>O>F이므로 W~Z는 각각 (F, Na, N, O), (F, N, Na, O), (F, O, Na, N), (O, F, Na, N) 중 하나이다. 홀전자 수는 X>Y이므로 W~Z는 각각 (F, N, Na, O), (F, O, Na, N) 중 하나이다. $\dfrac{\text{제2 이온화 에너지}}{\text{제1 이온화 에너지}}$ 는 X>Z이고, X와 Z는 각각 N와 O 중 하나이다. 제1 이온화 에너지는 N>O이고, 제2 이온화 에너지는 N<O이므로 $\dfrac{\text{제2 이온화 에너지}}{\text{제1 이온화 에너지}}$ 는 O>N이다. 따라서 W~Z는 각각 F, O, Na, N이다.

ㄱ X는 O이다.
➡ W~Z는 각각 F, O, Na, N이다.

ㄴ Ne의 전자 배치를 갖는 이온 반지름은 Z>Y이다.
➡ 이온 반지름은 Z(N)>X(O)>W(F)>Y(Na)이다.

ㄷ 원자가 전자가 느끼는 유효 핵전하는 W>Z이다.
➡ 같은 주기에서 원자 번호가 클수록 원자가 전자가 느끼는 유효 핵전하가 커진다. 따라서 원자가 전자가 느끼는 유효 핵전하는 W(F)>Z(N)이다.

보기

06 원소의 전자 배치와 주기성 2022학년도 수능 화I 14번   정답 ② | 정답률 54 %

적용해야 할 개념 ④가지

① 족에 따른 원자가 전자 수

족	1	2	13	14	15	16	17	18
원자가 전자 수	1	2	3	4	5	6	7	0

② 원자 반지름의 주기성: 주기율표에서 왼쪽으로 갈수록, 아래쪽으로 갈수록 커진다

③ 같은 족에서 원소들의 제1 이온화 에너지: 주기가 클수록 이온화 에너지가 작아진다.

④ 같은 주기에서 원소들의 제1 이온화 에너지: 1족 원소<13족 원소<2족 원소<14족 원소<16족 원소<15족 원소<17족 원소<18족 원소

문제 보기

다음은 바닥상태 원자 W~Z에 대한 자료이다. W~Z는 각각 O, F, P, S 중 하나이다.

┌ F>O=S>P

○ 원자가 전자 수는 W>X이다.
○ 원자 반지름은 W>Y이다.   P>S>O>F
○ 제1 이온화 에너지는 Z>Y>W이다.

└ F>O>P>S

이에 대한 설명으로 옳은 것만을 〈보기〉에서 있는 대로 고른 것은? (단, W~Z는 임의의 원소 기호이다.) [3점]

〈보기〉 풀이

O, F, P, S의 원자가 전자 수는 각각 6, 7, 5, 6이므로 원자가 전자 수는 F>O=S>P이다. O와 F은 2주기 원소, P과 S은 3주기 원소이고, 원자 번호는 S>P>F>O이므로 원자 반지름은 P>S>O>F이다. 같은 족에서 원소의 제1 이온화 에너지는 주기가 클수록 작아지고, 같은 주기에서 원소의 제1 이온화 에너지는 17족 원소>15족 원소>16족 원소이므로 제1 이온화 에너지는 F>O>P>S이다. W는 P과 S 중 하나이다. W가 P이면 원자가 전자 수는 P이 가장 작으므로 원자가 전자 수가 W>X라는 조건에 모순이다. 따라서 W는 S이고, 원자가 전자 수에서 W(S)보다 작은 값을 가지는 X는 P이다. 제1 이온화 에너지에서 W(S)보다 큰 값을 가지는 Z와 Y는 각각 F, O이다. 따라서 W~Z는 각각 S, P, O, F이다.

✗ Y는 P이다.
➡ Y는 O이다.

(ㄴ.) W와 X는 같은 주기 원소이다.
➡ W(S)와 X(P)는 모두 3주기 원소이다.

✗ 원자가 전자가 느끼는 유효 핵전하는 Y>Z이다.
➡ 같은 주기에서 원자 번호가 클수록 원자가 전자가 느끼는 유효 핵전하가 커진다. 따라서 원자가 전자가 느끼는 유효 핵전하는 Y(O)<Z(F)이다.

적용해야 할 개념 ③가지

① 족에 따른 홀전자 수

족	1	2	13	14	15	16	17	18
홀전자 수	1	0	1	2	3	2	1	0

② 전기 음성도의 주기성: 같은 주기에서는 원자 번호가 커질수록 대체로 증가하고, 같은 족에서는 원자 번호가 커질수록 대체로 감소한다.

③ 2, 3주기 원자에서 전자가 2개 들어 있는 오비탈 수

2주기 원자	Li	Be	B	C	N	O	F	Ne
전자가 2개 들어 있는 오비탈 수	1	2	2	2	2	3	4	5
3주기 원자	Na	Mg	Al	Si	P	S	Cl	Ar
전자가 2개 들어 있는 오비탈 수	5	6	6	6	6	7	8	9

문제 보기

다음은 바닥상태 원자 W~Z에 대한 자료이다. W~Z의 원자 번호는 각각 8~14 중 하나이다.

○ W~Z에는 모두 홀전자가 존재한다.
○ 전기 음성도는 W~Z 중 W가 가장 크고, X가 가장 작다. └F>O>Si>Al F   Al
○ 전자가 2개 들어 있는 오비탈 수의 비는 X : Y : Z = 2 : 2 : 1이다. Al, Si 중 하나┘ └O

이에 대한 설명으로 옳은 것만을 〈보기〉에서 있는 대로 고른 것은? (단, W~Z는 임의의 원소 기호이다.) [3점]

〈보기〉 풀이

W~Z에는 모두 홀전자가 존재하므로 W~Z는 각각 O, F, Na, Al, Si 중 하나이다. O, F, Na, Al, Si는 전자가 2개 들어 있는 오비탈 수가 각각 3, 4, 5, 6, 6이다. 전자가 2개 들어 있는 오비탈 수의 비는 X : Y : Z = 2 : 2 : 1이므로 X와 Y는 전자가 2개 들어 있는 오비탈 수가 6이고, Z는 전자가 2개 들어 있는 오비탈 수가 3이다. 따라서 X와 Y는 각각 Al, Si 중 하나이고, Z는 O이다. 전기 음성도는 O>Si>Al이므로 X는 Al이고, Y는 Si이다. W의 전기 음성도는 Z(O)보다 크므로 W는 F이다.

ㄱ. **Z는 2주기 원소이다.**
➡ W~Z는 각각 F, Al, Si, O이므로 W와 Z는 2주기 원소이고, X와 Y는 3주기 원소이다.

✗ **Ne의 전자 배치를 갖는 이온의 반지름은 X>W이다.**
➡ 같은 전자 배치를 갖는 이온은 원자 번호가 작을수록 이온 반지름이 크다. 따라서 Ne의 전자 배치를 갖는 이온의 반지름은 W(F)>X(Al)이다.

ㄷ. **원자가 전자가 느끼는 유효 핵전하는 Y>X이다.**
➡ 같은 주기에서 원자 번호가 클수록 원자가 전자가 느끼는 유효 핵전하가 크다. X(Al)와 Y(Si)는 3주기 원소이고, 원자 번호는 Y>X이므로 원자가 전자가 느끼는 유효 핵전하는 Y>X이다.

08 원소의 전자 배치와 주기성 2023학년도 6월 모평 화I 14번 | 정답 ② | 정답률 59%

적용해야 할 개념 ④가지

① 족에 따른 홀전자 수와 원자가 전자 수

족	1	2	13	14	15	16	17	18
홀전자 수	1	0	1	2	3	2	1	0
원자가 전자 수	1	2	3	4	5	6	7	0

② 같은 주기에서 원소들의 제1 이온화 에너지: 1족 원소<13족 원소<2족 원소<14족 원소<16족 원소<15족 원소<17족 원소<18족 원소 순이고, 같은 족에서 원자 번호가 작을수록 커진다.

③ 이온이 같은 전자 배치를 가지는 원소 중 제2 이온화 에너지가 가장 큰 원소는 1족 원소이다.

④ 등전자 이온의 반지름: 원자 번호가 작을수록 커진다.

문제 보기

다음은 바닥상태 원자 W~Z에 대한 자료이다. W~Z의 원자 번호는 각각 7~13 중 하나이다.

○ W~Z의 홀전자 수

원자	W Na	X F	Y O	Z N
홀전자 수	a 1	a 1	b 2	$a+b$ 3

○ W는 홀전자 수와 원자가 전자 수가 같다.
○ 제1 이온화 에너지는 X>Y>W이다.
○ Ne의 전자 배치를 갖는 이온의 반지름은 Y>X이다.
└─ F>N>O>Na   └─ N>O>F>Na

W~Z에 대한 설명으로 옳은 것만을 〈보기〉에서 있는 대로 고른 것은? (단, W~Z는 임의의 원소 기호이다.)

〈보기〉 풀이

원자 번호가 7~13인 원소는 N, O, F, Ne, Na, Mg, Al이다. 이 중 홀전자 수와 원자가 전자 수가 같은 원소는 Ne과 Na이다. W가 Ne이면 홀전자 수가 같은 X는 Mg이고, 제1 이온화 에너지는 Ne>Mg이므로 조건에 부합하지 않는다. 따라서 W는 Na이고, $a=1$이다. X는 W(Na)와 홀전자 수가 같으므로 F 또는 Al이다. 원자 번호가 7~13인 원소의 제1 이온화 에너지는 Na<Al<Mg<O<N<F<Ne이므로 X가 Al이면 Y에 해당하는 원소가 없어 모순이다. 따라서 X는 F이다. Y는 X(F)보다 제1 이온화 에너지가 작고, 이온 반지름이 크므로 O와 N 중 하나이다. Z의 홀전자 수는 X와 Y의 홀전자 수의 합으로 $a+b≦3$이다. 따라서 Y는 O이고, $b=2$이며, Z의 홀전자 수는 $a+b=3$이므로 Z는 N이다.

✗ Z는 17족 원소이다.
➡ Z(N)은 15족 원소이다.

ㄴ 제2 이온화 에너지는 W가 가장 크다.
➡ W(Na)는 1족 원소이므로 W~Z 중에서 제2 이온화 에너지가 가장 크다.

✗ 원자 반지름은 Y>Z이다.
➡ 같은 주기에서 원자 번호가 클수록 원자 반지름이 작으므로 원자 반지름은 Y(O)<Z(N)이다.

보기

09 원소의 전자 배치와 주기성 2022학년도 4월 학평 화I 17번 | 정답 ③ | 정답률 59%

적용해야 할 개념 ③가지

① 족에 따른 원자가 전자 수

족	1	2	13	14	15	16	17	18
원자가 전자 수	1	2	3	4	5	6	7	0

② 원자 반지름의 주기성: 같은 주기에서 원자 번호가 클수록 작아지고, 같은 족에서 원자 번호가 클수록 커진다.

③ 같은 주기에서 원소들의 제1 이온화 에너지: 1족 원소<13족 원소<2족 원소<14족 원소<16족 원소<15족 원소<17족 원소<18족 원소 순이고, 같은 족에서 원자 번호가 작을수록 커진다.

문제 보기

다음은 2, 3주기 원자 W~Z에 대한 자료이다.

○ W~Z의 원자가 전자 수

원자	W Be	X Mg	Y B	Z P
원자가 전자 수	a 2	a 2	$a+1$ 3	$a+3$ 5

└ 같은 족 2주기 원소>3주기 원소
○ W~Z는 18족 원소가 아니다.
○ 제1 이온화 에너지는 W>Y>X이다.
○ 원자 반지름은 Z>Y이다. └ 같은 주기 2족 원소>13족 원소
3주기 원소 ┘ └2주기 원소

이에 대한 설명으로 옳은 것만을 〈보기〉에서 있는 대로 고른 것은? (단, W~Z는 임의의 원소 기호이다.) [3점]

〈보기〉 풀이

W와 X는 원자가 전자 수가 같으므로 같은 족 원소이고, 제1 이온화 에너지는 W>X이므로 W는 2주기 원소, X는 3주기 원소이다. Z는 Y보다 원자가 전자 수가 크고, 원자 반지름이 Z>Y이므로 Y는 2주기 원소, Z는 3주기 원소이다. W와 Y는 2주기 원소이고, 원자 번호가 1만큼 큰 Y가 W보다 제1 이온화 에너지가 작으므로 W와 Y는 각각 2족, 13족 원소이거나 15족, 16족 원소이다. W와 Y가 각각 15족 원소, 16족 원소이면 Z는 18족 원소가 되어 자료에 부합하지 않으므로 W와 Y는 각각 2주기 2족 원소인 Be, 2주기 13족 원소인 B이고, X와 Z는 각각 3주기 2족 원소인 Mg, 3주기 15족 원소인 P이다.

ㄱ W는 2족 원소이다.
➡ W(Be)는 2주기 2족 원소이다.

ㄴ Z는 3주기 원소이다.
➡ Z(P)는 3주기 15족 원소이다.

✗ 바닥상태 전자 배치에서 Y의 홀전자 수는 2이다.
➡ Y(B)의 바닥상태 전자 배치는 $1s^2 2s^2 2p^1$이므로 Y(B)의 홀전자 수는 1이다.

보기

적용해야 할 개념 ③가지

① 주기율표에서 족과 주기: 원자가 전자 수는 족 번호의 끝자리 수와 같고(단, 18족 원소 제외), 전자가 들어 있는 전자 껍질 수는 주기 번호와 같다.

② 같은 주기에서 원소들의 제1 이온화 에너지: 1족 원소<13족 원소<2족 원소<14족 원소<16족 원소<15족 원소<17족 원소<18족 원소

③ 같은 주기에서 원소들의 제2 이온화 에너지: 2족 원소<14족 원소<13족 원소<15족 원소<17족 원소<16족 원소<18족 원소<1족 원소

문제 보기

다음은 원소 $W \sim Z$에 대한 자료이다.

○ $W \sim Z$가 위치한 주기율표의 일부

주기＼족	n 15	$n+1$ 16
m 2	W N	X O
$m+1$ 3	Y P	Z S

○ 바닥상태 원자 Y에서 전자가 들어 있는 오비탈 수는 9이다.   P, S, Cl, Ar 중 하나

○ 제1 이온화 에너지는 $W > X$이다.   15족 원소   16족 원소

이에 대한 설명으로 옳은 것만을 〈보기〉에서 있는 대로 고른 것은? (단, $W \sim Z$는 임의의 원소 기호이다.) [3점]

〈보기〉 풀이

3주기 바닥상태 원자에서 전자가 들어 있는 오비탈 수는 다음과 같다.

원자	Na	Mg	Al	Si	P	S	Cl	Ar
전자가 들어 있는 오비탈 수	6	7	8		9			

Y는 전자가 들어 있는 오비탈 수가 9이므로 Y는 P, S, Cl, Ar 중 하나이다. 제1 이온화 에너지는 원자 번호가 작은 W가 X보다 크므로 W는 2주기 15족 원소인 N이고, X는 2주기 16족 원소인 O이다. $W \sim Z$는 각각 N, O, P, S이다.

ㄱ. $m + n = 17$이다.
➡ $m = 2$, $n = 15$이므로 $m + n = 17$이다.

ㄴ. 제2 이온화 에너지는 $X > Y$이다.
➡ 제2 이온화 에너지는 X(O)가 W(N)보다 크고, 같은 족이지만 2주기 원소인 W(N)가 3주기 원소인 Y(P)보다 크므로 제2 이온화 에너지는 X(O)가 Y(P)보다 크다.

✗ 바닥상태 전자 배치에서 홀전자 수는 W가 Z의 2배이다.
➡ 홀전자 수는 W(N)가 3, Z(S)가 2이다.

적용해야 할 개념 ④가지

① 같은 주기에서 원자의 총 전자 수와 원자가 전자 수: 18족 원소를 제외한 원자에서 총 전자 수가 증가하면 원자가 전자 수도 증가한다.

② 족에 따른 원자가 전자 수와 홀전자 수

족	1	2	13	14	15	16	17	18
원자가 전자 수	1	2	3	4	5	6	7	0
홀전자 수	1	0	1	2	3	2	1	0

③ 같은 주기 원소에서 원자가 전자가 느끼는 유효 핵전하: 원자 번호가 클수록 커진다.

④ 원자 반지름: 주기율표의 왼쪽으로 갈수록, 아래쪽으로 갈수록 커진다.

문제 보기

다음은 2, 3주기 바닥상태 원자 $A \sim C$에 대한 자료이다.

원자	A O	B Na	C P
총 전자 수	$x+3$ 8	$x+6$ 11	$x+10$ 15
원자가 전자 수	$x+1$ 6	$x-4$ 1	x 5

○ $A \sim C$는 18족 원소가 아니다.

○ $A \sim C$ 중 원자가 전자 수와 홀전자 수가 같은 것이 1가지 존재한다.   1족 원소

이에 대한 설명으로 옳은 것만을 〈보기〉에서 있는 대로 고른 것은? (단, $A \sim C$는 임의의 원소 기호이다.)

〈보기〉 풀이

B는 A보다 총 전자 수가 3만큼 증가하지만 원자가 전자 수는 5만큼 감소하므로 A는 2주기 원소, B는 3주기 원소이다. C는 B보다 총 전자 수와 원자가 전자 수가 모두 4만큼 증가하므로 3주기 원소이다. 원자가 전자 수와 홀전자 수가 같은 원소는 1족 원소이므로 B는 3주기 1족 원소인 Na이고, $x = 5$이다. A는 총 전자 수가 8인 O이고, C는 총 전자 수가 15인 P이다.

ㄱ. 원자 반지름은 $B > A$이다.
➡ 원자 반지름은 3주기 원소인 B(Na)가 2주기 원소인 A(O)보다 크다.

✗ 홀전자 수는 $A > C$이다.
➡ 홀전자 수는 A(O)가 2, C(P)가 3이다.

ㄷ. 원자가 전자가 느끼는 유효 핵전하는 $C > B$이다.
➡ 원자가 전자가 느끼는 유효 핵전하는 같은 주기에서 원자 번호가 클수록 커지므로 C(P)가 B(Na)보다 크다.

적용해야 할 개념 ④가지

① 금속 원소와 비금속 원소의 원자 반지름과 이온 반지름: 금속 원소는 원자 반지름이 이온 반지름보다 크므로 $\dfrac{\text{이온 반지름}}{\text{원자 반지름}} < 1$이고, 비금속 원소는 이온 반지름이 원자 반지름보다 크므로 $\dfrac{\text{이온 반지름}}{\text{원자 반지름}} > 1$이다.

② 원자 반지름: 주기율표의 왼쪽으로 갈수록, 아래쪽으로 갈수록 커진다.

③ 등전자 이온의 반지름: 원자 번호가 작을수록 커진다.

④ 원자가 전자가 느끼는 유효 핵전하: 같은 주기와 족에서 원자 번호가 클수록 커진다.

문제 보기

다음은 원소 A~C에 대한 자료이다.

○ A~C는 각각 Cl, K, Ca 중 하나이다.

○ A~C의 이온은 모두 Ar의 전자 배치를 갖는다.
└ Cl는 1보다 크고, K과 Ca은 1보다 작다.

○ $\dfrac{\text{이온 반지름}}{\text{원자 반지름}}$ 은 B가 가장 크다.
└ Cl

○ 바닥상태 원자에서 $\dfrac{p\ \text{오비탈의 전자 수}}{s\ \text{오비탈의 전자 수}}$ 는 A>C이다.
└ K Ca
└ Cl는 $\dfrac{11}{6}$, K은 $\dfrac{12}{7}$, Ca은 $\dfrac{3}{2}$

A~C에 대한 옳은 설명만을 〈보기〉에서 있는 대로 고른 것은?

[3점]

〈보기〉 풀이

비금속 원소인 Cl는 $\dfrac{\text{이온 반지름}}{\text{원자 반지름}} > 1$이고, 금속 원소인 K과 Ca은 $\dfrac{\text{이온 반지름}}{\text{원자 반지름}} < 1$이므로 B는 Cl이다. 3주기 비금속 원소와 4주기 금속 원소의 s 오비탈의 전자 수, p 오비탈의 전자 수, $\dfrac{p\ \text{오비탈의 전자 수}}{s\ \text{오비탈의 전자 수}}$ 는 다음과 같다.

원자	P	S	Cl	Ar	K	Ca
s 오비탈의 전자 수	6	6	6	6	7	8
p 오비탈의 전자 수	9	10	11	12	12	12
$\dfrac{p\ \text{오비탈의 전자 수}}{s\ \text{오비탈의 전자 수}}$	$\dfrac{3}{2}$	$\dfrac{5}{3}$	$\dfrac{11}{6}$	2	$\dfrac{12}{7}$	$\dfrac{3}{2}$

$\dfrac{p\ \text{오비탈의 전자 수}}{s\ \text{오비탈의 전자 수}}$ 는 K이 $\dfrac{12}{7}$이고, Ca이 $\dfrac{3}{2}$이므로 A는 K, C는 Ca이다.

ㄱ 원자가 전자 수는 B가 가장 크다.
➡ 원자가 전자 수는 A(K)가 1, B(Cl)가 7, C(Ca)가 2이다.

ㄴ 원자 반지름은 A가 가장 크다.
➡ 원자 반지름은 A(K)>C(Ca)>B(Cl)이다.

ㄷ 원자가 전자가 느끼는 유효 핵전하는 C>A이다.
➡ 같은 주기에서 원자 번호가 클수록 원자가 전자가 느끼는 유효 핵전하가 크다. 따라서 원자가 전자가 느끼는 유효 핵전하는 C(Ca)>A(K)이다.

적용해야 할 개념 ③가지

① 족에 따른 $\dfrac{\text{홀전자 수}}{\text{원자가 전자 수}}$

족	1	2	13	14	15	16	17
$\dfrac{\text{홀전자 수}}{\text{원자가 전자 수}}$	1	0	$\dfrac{1}{3}$	$\dfrac{1}{2}$	$\dfrac{3}{5}$	$\dfrac{1}{3}$	$\dfrac{1}{7}$

② 같은 주기에서 원소들의 제1 이온화 에너지: 원자 번호가 커질수록 증가하지만, 2족 원소와 13족 원소, 15족 원소와 16족 원소에서는 경향이 반대이다. ➡ 1족 원소 < 13족 원소 < 2족 원소 < 14족 원소 < 16족 원소 < 15족 원소 < 17족 원소 < 18족 원소

③ 같은 족에서 원소들의 제1 이온화 에너지: 원자 번호가 작을수록 커진다.

문제 보기

표는 2, 3주기 바닥상태 원자 X~Z에 대한 자료이다.

원자	X O	Y Na	Z Si
원자 번호	$m-3$ 8	m 11	$m+3$ 14
$\dfrac{\text{홀전자 수}}{\text{원자가 전자 수}}$(상댓값)	⊙ 2	6	3

이에 대한 설명으로 옳은 것만을 〈보기〉에서 있는 대로 고른 것은? (단, X~Z는 임의의 원소 기호이다.)

〈보기〉 풀이

18족 원소의 원자가 전자 수는 0이므로 18족 원소를 제외한 2, 3주기 원소의 $\dfrac{\text{홀전자 수}}{\text{원자가 전자 수}}$는 다음과 같다.

원자	Li	Be	B	C	N	O	F
$\dfrac{\text{홀전자 수}}{\text{원자가 전자 수}}$	1	0	$\dfrac{1}{3}$	$\dfrac{1}{2}$	$\dfrac{3}{5}$	$\dfrac{1}{3}$	$\dfrac{1}{7}$
원자	Na	Mg	Al	Si	P	S	Cl
$\dfrac{\text{홀전자 수}}{\text{원자가 전자 수}}$	1	0	$\dfrac{1}{3}$	$\dfrac{1}{2}$	$\dfrac{3}{5}$	$\dfrac{1}{3}$	$\dfrac{1}{7}$

$\dfrac{\text{홀전자 수}}{\text{원자가 전자 수}}$(상댓값)은 Y가 Z의 2배이고, Y보다 원자 번호가 작은 X가 있으므로 Y와 Z는 각각 Na, Si이다. X는 Y보다 원자 번호가 3만큼 작으므로 O이다.

✗ ⊙은 1이다.

➡ $\dfrac{\text{홀전자 수}}{\text{원자가 전자 수}}$는 X(O)가 $\dfrac{1}{3}$이고, Y(Na)가 1이므로 X(O)가 Y(Na)의 $\dfrac{1}{3}$이다. 따라서 ⊙ $=6 \times \dfrac{1}{3}=2$이다.

ㄴ 홀전자 수는 X와 Z가 같다.

➡ X(O)의 바닥상태 전자 배치는 $1s^2 2s^2 2p^4$이고, Z(Si)의 바닥상태 전자 배치는 $1s^2 2s^2 2p^6 3s^2 3p^2$이므로 X(O)와 Z(Si)의 홀전자 수는 2로 같다.

ㄷ 제1 이온화 에너지는 X > Z > Y이다.

➡ Z(Si)와 같은 14족 원소인 C의 제1 이온화 에너지는 X(O)보다 작고, 같은 족에서 원자 번호가 클수록 이온화 에너지가 작으므로 제1 이온화 에너지는 X(O) > Z(Si)이다. 또한 같은 주기에서 제1 이온화 에너지는 1족 원소가 가장 작으므로 제1 이온화 에너지는 X(O) > Z(Si) > Y(Na)이다.

보기

적용해야 할 개념 ③가지

① 족에 따른 홀전자 수

족	1	2	13	14	15	16	17	18
홀전자 수	1	0	1	2	3	2	1	0

② 전기 음성도의 주기성: 같은 주기에서는 원자 번호가 커질수록 대체로 증가하고, 같은 족에서는 원자 번호가 커질수록 대체로 감소한다.

③ $\dfrac{\text{제}n\text{ 이온화 에너지}}{\text{제}(n-1)\text{ 이온화 에너지}}$ 가 최대인 원소: 원자가 전자 수가 $(n-1)$인 원소

문제 보기

↱ s 오비탈에 들어 있는 전자 수가 3~6이다.

다음은 2, 3주기 바닥상태 원자 W~Z에 대한 자료이다.

○ W~Z의 전자 배치에 대한 자료

               Cl Al B Li

원자	W	X	Y	Z
$\dfrac{\text{홀전자 수}}{s\text{ 오비탈에 들어 있는 전자 수}}$	$\dfrac{1}{6}$	$\dfrac{1}{6}$	$\dfrac{1}{4}$	$\dfrac{1}{3}$

○ 전기 음성도는 W>Y>X이다.

○ Y와 Z는 같은 주기 원소이다.

W~Z에 대한 설명으로 옳은 것만을 〈보기〉에서 있는 대로 고른 것은? (단, W~Z는 임의의 원소 기호이다.) [3점]

〈보기〉 풀이

보기

2, 3주기 바닥상태 원자는 s 오비탈에 들어 있는 전자 수가 3~6이다.

W와 X는 $\dfrac{\text{홀전자 수}}{s\text{ 오비탈에 들어 있는 전자 수}}=\dfrac{1}{6}$이므로 s 오비탈에 들어 있는 전자 수가 6이고, 홀전자 수가 1이다. 따라서 W와 X는 각각 Al, Cl 중 하나이다.

Y는 $\dfrac{\text{홀전자 수}}{s\text{ 오비탈에 들어 있는 전자 수}}=\dfrac{1}{4}$이므로 s 오비탈에 들어 있는 전자 수가 4이고, 홀전자 수가 1이다. 따라서 Y는 B, F 중 하나이다.

Z는 $\dfrac{\text{홀전자 수}}{s\text{ 오비탈에 들어 있는 전자 수}}=\dfrac{1}{3}$이므로 s 오비탈에 들어 있는 전자 수와 홀전자 수가 각각 3, 1이거나 6, 2이다. 따라서 Z는 Li, Si, S 중 하나이다.

전기 음성도는 주기율표의 오른쪽으로 갈수록, 위쪽으로 갈수록 대체로 커지므로 Al, Cl, B, F의 전기 음성도는 F>Cl>B>Al이다. 자료에서 전기 음성도는 W>Y>X이므로 W는 Cl, Y는 B, X는 Al이다. 또한 Z는 Y(B)와 같은 주기 원소이므로 Li이다.

ㄱ. W는 Cl이다.

➡ W~Z는 각각 Cl, Al, B, Li이다.

ㄴ. X와 Y는 같은 족 원소이다.

➡ X(Al)와 Y(B)는 모두 13족 원소이다.

ㄷ. $\dfrac{\text{제2 이온화 에너지}}{\text{제1 이온화 에너지}}$ 는 Z>Y이다.

➡ Y(B)와 Z(Li)는 2주기 원소이고, 2주기 원소 중 제2 이온화 에너지는 1족 원소인 Li이 가장 크고, 제1 이온화 에너지는 1족 원소인 Li이 가장 작으므로 $\dfrac{\text{제2 이온화 에너지}}{\text{제1 이온화 에너지}}$ 는 Z>Y이다.

적용해야 할 개념 ③가지

① 2, 3주기 원자의 전자가 2개 들어 있는 오비탈 수와 홀전자 수

2주기 원자	Li	Be	B	C	N	O	F	Ne
전자가 2개 들어 있는 오비탈 수	1	2	2	2	2	3	4	5
홀전자 수	1	0	1	2	3	2	1	0
3주기 원자	Na	Mg	Al	Si	P	S	Cl	Ar
전자가 2개 들어 있는 오비탈 수	5	6	6	6	6	7	8	9
홀전자 수	1	0	1	2	3	2	1	0

② 원자 반지름의 주기성: 주기율표에서 왼쪽으로 갈수록, 아래쪽으로 갈수록 커진다.

③ 등전자 이온의 이온 반지름: 원자 번호가 클수록 작아진다.

문제 보기

그림은 원자 번호가 연속인 2, 3주기 바닥상태 원자 A~E의 전자 배치에서 전자가 2개 들어 있는 오비탈 수(x)와 홀전자 수(y)의 차($|x-y|$)를 원자 번호에 따라 나타낸 것이다.

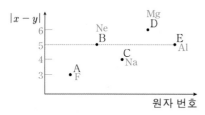

이에 대한 옳은 설명만을 〈보기〉에서 있는 대로 고른 것은? (단, A~E는 임의의 원소 기호이다.) [3점]

〈보기〉 풀이

2, 3주기 원자에서 전자가 2개 들어 있는 오비탈 수(x)와 홀전자 수(y)의 차($|x-y|$)는 다음과 같다.

원자	Li	Be	B	C	N	O	F	Ne
$|x-y|$	0	2	1	0	1	1	3	5

원자	Na	Mg	Al	Si	P	S	Cl	Ar
$|x-y|$	4	6	5	4	3	5	7	9

A~E는 원자 번호가 연속인 2, 3주기 원자이므로 각각 F, Ne, Na, Mg, Al이다.

✗ **B의 홀전자 수는 2이다.**

➡ B(Ne)의 홀전자 수는 0이다.

✗ **원자 반지름은 E > C이다.**

➡ 같은 주기에서 원자 번호가 클수록 원자 반지름이 작으므로 원자 반지름은 C(Na) > E(Al)이다.

ⓒ **Ne의 전자 배치를 갖는 이온의 반지름은 A > D이다.**

➡ 같은 전자 배치를 갖는 이온의 반지름은 원자 번호가 작을수록 크다. 따라서 이온의 반지름은 A(F) > D(Mg)이다.

16 원소의 전자 배치와 주기성 2019학년도 6월 모평 화Ⅰ 17번 정답 ③ | 정답률 45 %

적용해야 할 개념 ④가지

① 2, 3주기 원자에서 전자가 들어 있는 p 오비탈 수에 따른 원자의 분류

전자가 들어 있는 p 오비탈 수	0	1	2	3	4	5	6
원자	Li, Be	B	C	N, O, F, Ne, Na, Mg	Al	Si	P, S, Cl, Ar

② 족에 따른 홀전자 수

족	1	2	13	14	15	16	17	18
홀전자 수	1	0	1	2	3	2	1	0

③ 제1 이온화 에너지의 주기성: 같은 주기에서 1족 원소<13족 원소<2족 원소<14족 원소<16족 원소<15족 원소<17족 원소<18족 원소이고, 같은 족에서 원자 번호가 작을수록 커진다.

④ 제2 이온화 에너지의 주기성: 같은 주기에서 2족 원소<14족 원소<13족 원소<15족 원소<17족 원소<16족 원소<18족 원소<1족 원소 순이고, 같은 족에서 원자 번호가 작을수록 커진다.

문제 보기

다음은 탄소(C)와 2, 3주기 원자 V~Z에 대한 자료이다.

○ 모든 원자는 바닥상태이다. ┌ Li, Be, B, C, N, O, F,
○ 전자가 들어 있는 p 오비탈 수는 3 이하이다. └ Ne, Na, Mg
○ 홀전자 수와 제1 이온화 에너지

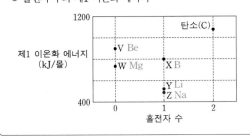

제1 이온화 에너지 (kJ/몰), 가로축: 홀전자 수, 탄소(C), V Be, W Mg, X B, Y Li, Z Na

이에 대한 설명으로 옳은 것만을 〈보기〉에서 있는 대로 고른 것은? (단, V~Z는 임의의 원소 기호이다.)

〈보기〉 풀이

V~Z는 홀전자 수가 0 또는 1이고, 전자가 들어 있는 p 오비탈 수가 3 이하이므로 각각 Be, Ne, Mg, Li, B, F, Na 중 하나이다. 또한 V~Z는 제1 이온화 에너지가 탄소(C)보다 작으므로 각각 Be, Mg, Li, B, Na 중 하나이다. 이중에서 홀전자 수가 0인 원자는 Be, Mg이고, 제1 이온화 에너지는 V>W이므로 V와 W는 각각 Be, Mg이다. 홀전자 수가 1인 원자는 Li, B, Na이고 제1 이온화 에너지는 X>Y>Z이므로 X~Z는 각각 B, Li, Na이다.

ㄱ. **X는 13족 원소이다.**
➡ X는 B이므로 13족 원소이다.

ㄴ. **원자 반지름은 W>X>V이다.**
➡ 3주기 원소인 W(Mg)의 원자 반지름이 가장 크다. 2주기에서 원자 번호가 작은 V(Be)가 X(B)보다 원자 반지름이 크다. 따라서 원자 반지름은 W(Mg)>V(Be)>X(B)이다.

ㄷ. **제2 이온화 에너지는 Y>Z>X이다.**
➡ 제2 이온화 에너지는 1족 원소가 다른 족 원소보다 크고, 같은 족에서는 원자 번호가 작을수록 이온화 에너지가 크다. 따라서 제2 이온화 에너지는 Y(Li)>Z(Na)>X(B)이다.

적용해야 할 개념 ④가지

① 2주기 원자의 바닥상태 전자 배치에서 전자가 들어 있는 오비탈 중 $n+l$가 가장 큰 오비탈(n과 l은 각각 주 양자수, 방위(부) 양자수)

원자	Li	Be	B	C	N	O	F	Ne
$n+l$가 가장 큰 오비탈	2s	2s	2p	2p	2p	2p	2p	2p
$n+l$가 가장 큰 오비탈에 들어 있는 전자 수	1	2	1	2	3	4	5	6

② 원자 반지름의 주기성: 같은 주기에서는 원자 번호가 클수록 원자 반지름이 작아지고, 같은 족에서는 원자 번호가 클수록 원자 반지름이 커진다.

③ 같은 주기에서 원자가 전자가 느끼는 유효 핵전하: 원자 번호가 클수록 커진다.

④ 전기 음성도의 주기성: 같은 주기에서는 원자 번호가 커질수록 대체로 증가하고, 같은 족에서는 원자 번호가 커질수록 대체로 감소한다.

문제 보기

다음은 ㉠에 대한 설명과 2주기 바닥상태 원자 W~Z에 대한 자료이다. n은 주 양자수이고, l은 방위(부) 양자수이다.

> ─ Li, Be은 2s 오비탈
> B, C, N, O, F, Ne은 2p 오비탈
>
> ○ ㉠: 바닥상태 전자 배치에서 전자가 들어 있는 오비탈 중 $n+l$가 가장 큰 오비탈
> ○ ㉠에 들어 있는 전자 수와 원자가 전자가 느끼는 유효 핵전하(Z^*)
>
>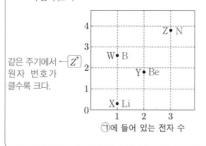
>
> 같은 주기에서 Z^* 원자 번호가 클수록 크다.

이에 대한 설명으로 옳은 것만을 〈보기〉에서 있는 대로 고른 것은? (단, W~Z는 임의의 원소 기호이다.) [3점]

〈보기〉 풀이

2주기 원자 중 Li, Be은 바닥상태 전자 배치에서 전자가 들어 있는 오비탈 중 $n+l$가 가장 큰 오비탈(㉠)이 2s 오비탈이고, B, C, N, O, F, Ne은 바닥상태 전자 배치에서 전자가 들어 있는 오비탈 중 $n+l$가 가장 큰 오비탈(㉠)이 2p 오비탈이다. ㉠에 들어 있는 전자 수가 1인 W와 X는 각각 Li, B 중 하나이고, ㉠에 들어 있는 전자 수가 2인 Y는 Be, C 중 하나이며, ㉠에 들어 있는 전자 수가 3인 Z는 N이다. 같은 주기에서 원자 번호가 클수록 원자가 전자가 느끼는 유효 핵전하가 크므로 원자 번호는 Z>W>Y>X이다. 따라서 W~Z는 각각 B, Li, Be, N이다.

✗ **Y는 탄소(C)이다.**
➡ Y는 Be이다.

ㄴ. **원자 반지름은 X>Z이다.**
➡ 같은 주기에서 원자 번호가 클수록 원자 반지름이 작으므로 원자 반지름은 X(Li)>Z(N)이다.

✗ **전기 음성도는 Y>W이다.**
➡ 같은 주기에서 원자 번호가 클수록 전기 음성도가 크므로 전기 음성도는 W(B)>Y(Be)이다.

적용해야 할 개념 ④가지

① 족에 따른 홀전자 수

족	1	2	13	14	15	16	17
홀전자 수	1	0	1	2	3	2	1

② 제1 이온화 에너지의 주기성: 같은 주기에서 1족 원소< 13족 원소< 2족 원소< 14족 원소< 16족 원소< 15족 원소< 17족 원소< 18족 원소이고, 같은 족에서 원자 번호가 작을수록 커진다.

③ 제2 이온화 에너지의 주기성: 같은 주기에서 2족 원소< 14족 원소< 13족 원소< 15족 원소< 17족 원소< 16족 원소< 18족 원소< 1족 원소 순이고, 같은 족에서 원자 번호가 작을수록 커진다.

④ 원자 반지름: 주기율표의 왼쪽으로 갈수록, 아래쪽으로 갈수록 커진다.

문제 보기

다음은 바닥상태 원자 W ~ Z에 대한 자료이다.

○ W ~ Z의 원자 번호는 각각 7 ~ 14 중 하나이다.
○ W ~ Z의 홀전자 수와 제2 이온화 에너지

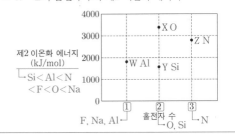

이에 대한 설명으로 옳은 것만을 〈보기〉에서 있는 대로 고른 것은?
(단, W ~ Z는 임의의 원소 기호이다.) [3점]

〈보기〉 풀이

원자 번호 7~14인 원소는 N, O, F, Ne, Na, Mg, Al, Si이다. 이 중 홀전자 수가 1인 원소는 F, Na, Al이고, 홀전자 수가 2인 원소는 O, Si이며, 홀전자 수가 3인 원소는 N이다. F, Na, Al, O, Si, N의 제2 이온화 에너지는 Si< Al< N< F< O< Na이므로 X는 O, Y는 Si, Z는 N이다. W의 제2 이온화 에너지는 Y(Si)보다 크고 Z(N)보다 작으므로 W는 Al이다.

㉠ **W는 13족 원소이다.**

➡ W(Al)는 13족 원소이다.

✗ **원자 반지름은 X > Y이다.**

➡ X(O)는 2주기 원소이고, Y(Si)는 3주기 원소이므로 원자 반지름은 X(O)< Y(Si)이다.

✗ **제2 이온화 에너지 / 제1 이온화 에너지 는 Z > X이다.**

➡ 제1 이온화 에너지는 X(O)< Z(N)이고, 제2 이온화 에너지는 X(O)> Z(N)이므로 제2 이온화 에너지 / 제1 이온화 에너지 는 X(O)> Z(N)이다.

적용해야 할 개념 ④가지

① 이온이 Ne의 전자 배치를 가지는 원소의 원자가 전자 수와 홀전자 수

원소	N	O	F	Na	Mg	Al
원자가 전자 수	5	6	7	1	2	3
홀전자 수	3	2	1	1	0	1

② 등전자 이온의 반지름: 원자 번호가 작을수록 커진다.

③ 원자가 전자가 느끼는 유효 핵전하: 같은 주기에서 원자 번호가 클수록 커진다.

④ 같은 주기에서 원소들의 제2 이온화 에너지: 2족 원소 < 14족 원소 < 13족 원소 < 15족 원소 < 17족 원소 < 16족 원소 < 18족 원소 < 1족 원소

문제 보기

다음은 바닥상태 원자 W ~ Z에 대한 자료이다.

○ W ~ Z의 원자 번호는 각각 8 ~ 13 중 하나이다.
  O, F, Ne, Na, Mg, Al
○ W, X, Y의 홀전자 수는 모두 같다.
  F, Na, Al 홀전자 수 = 1
○ 각 원자의 이온은 모두 Ne의 전자 배치를 갖는다.
○ ㉠과 ㉡은 각각 원자가 전자 수와 이온 반지름 중 하나이다.

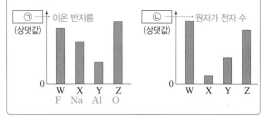

이에 대한 설명으로 옳은 것만을 〈보기〉에서 있는 대로 고른 것은? (단, W ~ Z는 임의의 원소 기호이다.) [3점]

〈보기〉 풀이

원자 번호 8 ~ 13에 해당하는 원소는 각각 O, F, Ne, Na, Mg, Al이고 이중 홀전자 수가 같은
            홀전자 수 2   1   0   0   1   1
원소 W, X, Y는 각각 F, Na, Al 중 하나이다. F, Na, Al의 원자가 전자 수는 F > Al > Na이고, 이온 반지름은 F > Na > Al이다. W ~ Y에 해당하지 않는 원소 O는 이온 반지름이 6가지 원소 중 가장 크고, 원자가 전자 수는 F 다음으로 크다. Mg은 이온 반지름과 원자 반지름이 Na과 Al의 사이이다. 따라서 W ~ Z는 각각 F, Na, Al, O이고, ㉠은 이온 반지름, ㉡은 원자가 전자 수이다.

✘ ㉠은 원자가 전자 수이다.
➡ ㉠은 이온 반지름이다.

ㄴ 제2 이온화 에너지는 Z > W이다.
➡ Z(O), W(F)의 제2 이온화 에너지는 전자 배치가 $1s^2 2s^2 2p^3$인 O^+과 전자 배치가 $1s^2 2s^2 2p^4$인 F^+에서 전자를 떼어내는 데 필요한 에너지이므로 15족, 16족 원소의 제1 이온화 에너지의 크기 경향과 같다. 따라서 제2 이온화 에너지는 Z(O) > W(F)이다.

✘ 원자가 전자가 느끼는 유효 핵전하는 X > Y이다.
➡ 같은 주기에서 원자 번호가 클수록 원자가 전자가 느끼는 유효 핵전하가 크다. 따라서 원자가 전자가 느끼는 유효 핵전하는 Y(Al) > X(Na)이다.

적용해야 할 개념 ②가지

① 등전자 이온의 반지름: 원자 번호가 작을수록 커진다.
② 원자가 전자가 느끼는 유효 핵전하: 같은 주기에서 원자 번호가 클수록 커진다.

문제 보기

다음은 원자 W ~ Z에 대한 자료이다.

○ W ~ Z는 각각 N, O, Na, Mg 중 하나이다.
○ 각 원자의 이온은 모두 Ne의 전자 배치를 갖는다.
○ ㉠, ㉡은 각각 이온 반지름, 제1 이온화 에너지 중 하나이다.
  N > O > Na > Mg   N > O > Mg > Na

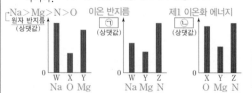

이에 대한 설명으로 옳은 것을 〈보기〉에서 있는 대로 고른 것은? [3점]

〈보기〉 풀이

원자 반지름은 Na > Mg > N > O이고, 첫 번째 그래프에서 W > Y > X이므로 Y는 Mg, N 중 하나이다. 이온 반지름은 N > O > Na > Mg이고, 제1 이온화 에너지는 N > O > Mg > Na이다. 두 번째 그래프와 세 번째 그래프에서 Z > Y이므로 Y가 N이면 Z가 존재할 수 없다. 따라서 Y는 Mg이고, W는 Na, X는 O, Z는 N이다.

ㄱ ㉠은 이온 반지름이다.
➡ ㉠은 W(Na) > Y(Mg)이므로 이온 반지름이고, ㉡은 제1 이온화 에너지이다.

✘ 제2 이온화 에너지는 Y > W이다.
➡ 원자가 전자 수가 1인 원소는 제2 이온화 에너지가 크게 증가하므로 제2 이온화 에너지는 W(Na) > Y(Mg)이다.

✘ 원자가 전자가 느끼는 유효 핵전하는 Z > X이다.
➡ 같은 주기에서 원자가 전자가 느끼는 유효 핵전하는 원자 번호가 클수록 크다. 따라서 원자가 전자가 느끼는 유효 핵전하는 X(O) > Z(N)이다.

| 21 | 원소의 전자 배치와 주기성 | 2020학년도 10월 학평 화I 15번 | | | 정답 ① | 정답률 82 % |

적용해야 할 개념 ③가지

① 족에 따른 홀전자 수

족	1	2	13	14	15	16	17
홀전자 수	1	0	1	2	3	2	1

② 같은 주기에서 원소들의 제1 이온화 에너지: 1족 원소＜13족 원소＜2족 원소＜14족 원소＜16족 원소＜15족 원소＜17족 원소＜18족 원소

③ 등전자 이온의 반지름: 원자 번호가 작을수록 커진다.

문제 보기

그림은 바닥상태 원자 A~D의 홀전자 수와 원자 반지름을 나타낸 것이다. A~D는 각각 O, Na, Mg, Al 중 하나이다.

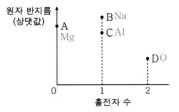

이에 대한 설명으로 옳은 것만을 〈보기〉에서 있는 대로 고른 것은?

〈보기〉 풀이

홀전자 수는 O가 2, Na이 1, Mg이 0, Al이 1이므로 A는 Mg이고, B와 C는 각각 Na, Al 중 하나이며, D는 O이다. 같은 주기에서 원자 번호가 작을수록 원자 반지름이 크므로 원자 반지름은 Na＞Al이다. 따라서 A~D는 각각 Mg, Na, Al, O이다.

보기

ㄱ. 원자 번호는 C＞B이다.

➡ 원자 번호는 C(Al)＞B(Na)이다.

✗ 이온화 에너지는 C＞A이다.

➡ 같은 주기에서 이온화 에너지는 2족 원소＞13족 원소이므로 이온화 에너지는 A(Mg)＞C(Al)이다.

✗ Ne의 전자 배치를 갖는 이온의 반지름은 B＞D이다.

➡ 같은 전자 배치를 갖는 이온은 원자 번호가 작을수록 이온 반지름이 크다. 따라서 이온 반지름은 B(Na)＜D(O)이다.

적용해야 할 개념 ④가지

① 원자 반지름의 주기성: 주기율표에서 왼쪽으로 갈수록, 아래쪽으로 갈수록 커진다.

② 등전자 이온의 반지름: 원자 번호가 작을수록 커진다.

③ Ne과 전자 배치가 같은 이온의 전하

원소	N	O	F	Na	Mg	Al
이온의 전하	−3	−2	−1	+1	+2	+3

④ 원자가 전자가 느끼는 유효 핵전하: 같은 주기와 족에서 원자 번호가 클수록 커진다.

문제 보기

그림은 2, 3주기 원소 A~D에 대한 자료이다. A~D는 각각 O, F, Na, Al 중 하나이며, 이온의 전자 배치는 모두 Ne과 같다.

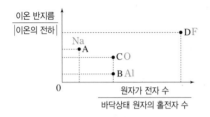

A~D에 대한 옳은 설명만을 〈보기〉에서 있는 대로 고른 것은?
[3점]

〈보기〉 풀이

|이온의 전하|는 Na과 F이 1, O가 2, Al이 3이고, 이온 반지름은 O>F>Na>Al이므로 $\dfrac{\text{이온 반지름}}{|\text{이온의 전하}|}$ 은 Al이 가장 작다. B는 Al이다.

Al의 원자가 전자 수와 바닥상태 원자의 홀전자 수는 각각 3, 1이므로 $\dfrac{\text{원자가 전자 수}}{\text{바닥상태 원자의 홀전자 수}}$ =3이다. O, F, Na의 원자가 전자 수는 각각 6, 7, 1이고 바닥상태 원자의 홀전자 수는 각각 2, 1, 1이므로 $\dfrac{\text{원자가 전자 수}}{\text{바닥상태 원자의 홀전자 수}}$ =3인 C는 O이다. F은 $\dfrac{\text{원자가 전자 수}}{\text{바닥상태 원자의 홀전자 수}}$ 가 가장 크므로 D는 F이다.

A~D는 각각 Na, Al, O, F이다.

✗ 바닥상태 원자의 홀전자 수는 A가 가장 크다.
➡ 바닥상태 원자의 홀전자 수는 A(Na) 1, B(Al) 1, C(O) 2, D(F) 1이므로 C가 가장 크다.

ㄴ 원자 반지름은 B가 C보다 크다.
➡ 원자 반지름은 3주기 원소인 B(Al)가 2주기 원소인 C(O)보다 크다.

✗ 원자가 전자가 느끼는 유효 핵전하는 C가 D보다 크다.
➡ 같은 주기에서 원자 번호가 클수록 원자가 전자가 느끼는 유효 핵전하가 크므로 원자가 전자가 느끼는 유효 핵전하는 D(F)가 C(O)보다 크다.

14 일차

01 ⑤	02 ①	03 ⑤	04 ⑤	05 ②	06 ⑤	07 ①	08 ④	09 ⑤	10 ⑤	11 ③	12 ⑤
13 ②	14 ③	15 ④	16 ⑤	17 ⑤	18 ⑤	19 ④	20 ②	21 ③			

14 일차

01 화학 결합의 전기적 성질 2021학년도 6월 모평 화I 4번

정답 ⑤ | 정답률 89 %

적용해야 할 개념 ②가지

① 물의 전기 분해: 물에 Na_2SO_4과 같은 전해질을 넣고 전류를 흘려 주면 물이 분해되어 (−)극에서 $H_2(g)$, (+)극에서 $O_2(g)$가 생성되며, 생성되는 $H_2(g)$와 $O_2(g)$의 몰비는 2 : 1이다.

(−)극 : $4H_2O + 4e^- \longrightarrow 2H_2 + 4OH^-$

(+)극 : $2H_2O \longrightarrow O_2 + 4H^+ + 4e^-$

전체 반응 : $2H_2O \longrightarrow 2H_2 + O_2$

② 공유 결합과 전자: 물 분자를 이루는 수소 원자와 산소 원자가 전기적인 상호 작용으로 결합하고 있으므로 전기 분해하면 공유 결합이 끊어지면서 전자를 잃거나 얻는 반응이 일어나 성분 물질로 분해된다. 즉, 공유 결합에 전자가 관여함을 알 수 있다.

문제 보기

다음은 물(H_2O)의 전기 분해 실험이다.

[실험 과정]

(가) 비커에 물을 넣고, 황산 나트륨을 소량 녹인다.

(나) (가)의 수용액으로 가득 채운 시험관 A와 B에 전극을 설치하고 전류를 흘려 주어 생성되는 기체를 그림과 같이 시험관에 각각 모은다.

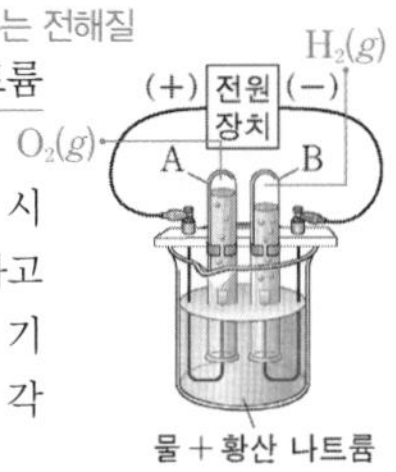

(다) (나)의 각 시험관에 모은 기체의 종류를 확인하고 부피를 측정한다.

[실험 결과]

○ 각 시험관에 모은 기체는 각각 수소(H_2)와 산소(O_2)였다.

○ 시험관에 각각 모은 기체의 부피(V)비는 $V_A : V_B =$ 1 : 2였다. $O_2(g) : H_2(g)$

이에 대한 설명으로 옳은 것만을 〈보기〉에서 있는 대로 고른 것은?

〈보기〉 풀이

물을 전기 분해하면 (+)극에서 $O_2(g)$가 생성되고, (−)극에서 $H_2(g)$가 생성된다. H_2O을 구성하는 원자 수비는 H : O = 2 : 1이므로 생성되는 기체의 몰비는 $H_2 : O_2 = 2 : 1$이다.

ㄱ. **A에서 모은 기체는 산소(O_2)이다.**

➡ A와 B는 각각 (+)극, (−)극과 연결되어 있으므로 A에서 모은 기체는 O_2이고, B에서 모은 기체는 H_2이다.

ㄴ. **이 실험으로 물이 화합물이라는 것을 알 수 있다.**

➡ 물을 전기 분해하면 H_2와 O_2가 생성되므로 물은 원소 H와 O로 이루어진 화합물이라는 것을 알 수 있다.

ㄷ. **물을 이루고 있는 수소(H) 원자와 산소(O) 원자 사이의 화학 결합에는 전자가 관여한다.**

➡ 물에 전류를 흘려 주었더니 H 원자와 O 원자 사이의 공유 결합이 끊어져 $H_2(g)$와 $O_2(g)$가 생성되므로 H 원자와 O 원자 사이의 화학 결합에는 전자가 관여함을 알 수 있다.

적용해야 할 개념 ②가지

① 물의 전기 분해: 물에 Na_2SO_4(또는 NaOH)을 넣고 전기 분해하면 (−)극에서 $H_2(g)$, (+)극에서 $O_2(g)$가 생성되며, 생성되는 $H_2(g)$와 $O_2(g)$의 몰비는 2 : 1이다.

$$(-)극: 4H_2O + 4e^- \longrightarrow 2H_2 + 4OH^-$$
$$(+)극: 2H_2O \longrightarrow O_2 + 4H^+ + 4e$$
$$\overline{전체\ 반응: 2H_2O \longrightarrow 2H_2 + O_2}$$

② 공유 결합과 전자: 물 분자를 이루는 수소 원자와 산소 원자가 전기적인 상호 작용으로 결합하고 있으므로 전기 분해하면 공유 결합이 끊어지면서 전자를 잃거나 얻는 반응이 일어나 성분 물질로 분해된다. 즉, 공유 결합에 전자가 관여함을 알 수 있다.

문제 보기

다음은 물(H_2O)의 전기 분해 실험이다.

[실험 과정] ┌ 물에 전류가 흐르도록 넣어 주는 전해질
(가) 소량의 황산 나트륨을 녹인 물을 준비한다.
(나) (가)의 수용액을 2개의 시험관에 가득 채운 후, 전원 장치를 사용해 전류를 흘려 주어 그림과 같이 발생한 기체를 시험관에 각각 모은다.

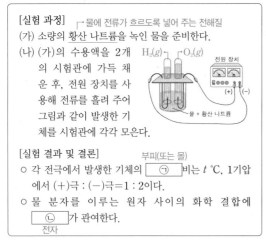

[실험 결과 및 결론]
○ 각 전극에서 발생한 기체의 〔 ㉠ 〕비는 t °C, 1기압에서 (+)극 : (−)극=1 : 2이다. 부피(또는 몰)
○ 물 분자를 이루는 원자 사이의 화학 결합에 〔 ㉡ 〕가 관여한다. 전자

다음 중 ㉠과 ㉡으로 가장 적절한 것은?

<보기> 풀이

황산 나트륨을 넣은 물(H_2O)을 전기 분해하면 (−)극에서 $H_2(g)$가 발생하고, (+)극에서 $O_2(g)$가 발생한다. 물을 구성하는 H 원자와 O 원자의 몰비는 2 : 1이므로 생성되는 $H_2(g)$와 $O_2(g)$의 몰비도 2 : 1이다. 같은 온도와 압력에서 기체의 몰비는 부피비와 같으므로 생성된 $H_2(g)$와 $O_2(g)$의 부피비도 2 : 1이다. 물에 전류를 흘려주면 물 분자를 이루는 H 원자와 O 원자 사이의 화학 결합이 분해되므로 물 분자를 이루는 원자 사이의 화학 결합에 전자가 관여함을 알 수 있다. 따라서 ㉠은 부피(또는 몰)이고, ㉡은 전자이다.

	㉠	㉡
①	부피	전자
②	질량	전자
③	부피	중성자
④	질량	중성자
⑤	밀도	양성자

정답 ⑤ | 정답률 84 %

적용해야 할 개념 ③가지

① 물의 전기 분해: 물에 Na_2SO_4과 같은 전해질을 넣고 전류를 흘려 주면 물이 분해되어 (−)극에서 $H_2(g)$, (+)극에서 $O_2(g)$가 생성되며, 생성되는 $H_2(g)$와 $O_2(g)$의 몰비는 2 : 1이다.

(−)극 : $4H_2O + 4e^- \longrightarrow 2H_2 + 4OH^-$

(+)극 : $2H_2O \longrightarrow O_2 + 4H^+ + 4e^-$

전체 반응 : $2H_2O \longrightarrow 2H_2 + O_2$

② 물에 전해질을 넣는 까닭: 순수한 물은 전류가 흐르지 않으므로 전류가 잘 흐르도록 하기 위해 물보다 전기 분해되기 어려운 $NaOH$, Na_2SO_4 등과 같은 전해질을 넣는다.

③ 공유 결합과 전자: 물 분자를 이루는 수소 원자와 산소 원자가 전기적인 상호 작용으로 결합하고 있으므로 전기 분해하면 공유 결합이 끊어지면서 전자를 잃거나 얻는 반응이 일어나 성분 물질로 분해된다. 즉, 공유 결합에 전자가 관여함을 알 수 있다.

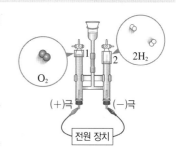

14 일차

문제 보기

다음은 어떤 학생이 작성한 보고서의 일부이다.

[실험 과정]
물에 전류가 흐르도록 넣어 주는 전해질

○ 소량의 ㉠ 황산 나트륨(Na_2SO_4)을 녹인 물(H_2O)을 넣고 전기 분해한다.

[실험 결과 및 해석]

○ 각 전극에서 생성된 물질과 부피비

생성된 물질		부피비
(+)극	(−)극	$O_2(g)$: $H_2(g)$
O_2	H_2	$a : b$ 1 : 2

○ 물의 전기 분해 실험으로 물 분자를 이루는 수소와 산소 사이의 화학 결합은 ⓛ 이/가 관여함을 알 수 있다.
전자

이에 대한 설명으로 옳은 것만을 〈보기〉에서 있는 대로 고른 것은?

〈보기〉 풀이

물은 전기 전도성이 없으므로 황산 나트륨(Na_2SO_4)을 넣어 주면 물에 전류가 흘러 물을 전기 분해할 수 있다. 물을 전기 분해하면 (−)극과 (+)극에서 각각 $H_2(g)$와 $O_2(g)$가 2 : 1의 몰비로 생성된다.

ㄱ. ㉠은 전기 전도성이 있다.

➡ Na_2SO_4을 물에 녹이면 Na^+과 SO_4^{2-}이 생성되므로 Na_2SO_4을 녹인 물은 전기 전도성이 있다.

ㄴ. $a : b = 1 : 2$이다.

➡ H_2O을 전기 분해하면 생성되는 $O_2(g)$와 $H_2(g)$의 몰비는 1 : 2이다.

ㄷ. '전자'는 ⓛ으로 적절한다.

➡ 물에 전류를 흐르게 하면 전자가 이동하면서 수소와 산소 사이의 공유 결합을 끊어 물이 성분 물질로 분해된다. 따라서 물 분자를 이루는 수소와 산소 사이의 화학 결합에 전자가 관여함을 알 수 있다.

보기

적용해야 할 개념 ③가지

① 물의 전기 분해: 물에 Na_2SO_4과 같은 전해질을 넣고 전류를 흘려 주면 물이 분해되어 (−)극에서 $H_2(g)$, (+)극에서 $O_2(g)$가 생성되며, 생성되는 $H_2(g)$와 $O_2(g)$의 몰비는 2 : 1이다.

(−)극 : $4H_2O + 4e^- \longrightarrow 2H_2 + 4OH^-$

(+)극 : $2H_2O \longrightarrow O_2 + 4H^+ + 4e^-$

전체 반응 : $2H_2O \longrightarrow 2H_2 + O_2$

② 공유 결합과 전자: 물 분자를 이루는 수소 원자와 산소 원자가 전기적인 상호 작용으로 결합하고 있으므로 전기 분해하면 공유 결합이 끊어지면서 전자를 잃거나 얻는 반응이 일어나 성분 물질로 분해된다. 즉, 공유 결합에 전자가 관여함을 알 수 있다.

③ 화학 반응식의 계수비=분자 수비=몰비=(기체의) 부피비

문제 보기

다음은 물(H_2O)의 전기 분해 실험이다.

[실험 과정]

(가) 비커에 물을 넣고, 황산 나트륨을 소량 녹인다.

(나) 그림과 같이 (가)의 수용액으로 가득 채운 시험관에 전극 A와 B를 설치하고, 전류를 흘려 생성되는 기체를 각각의 시험관에 모은다.

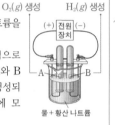

$O_2(g)$ 생성 $H_2(g)$ 생성

물＋황산 나트륨

[실험 결과] 생성된 기체의 몰비 ➡ $H_2 : O_2 = 2 : 1$

○ (나)에서 생성된 기체는 수소(H_2)와 산소(O_2)였다.

○ 각 전극에서 생성된 기체의 양(mol) $(0 < t_1 < t_2)$

전류를 흘려 준 시간		t_1	t_2
기체의 양 (mol)	전극 A O_2	$x \frac{1}{2} N$	N
	전극 B H_2	N	$y 2N$

└ 생성된 기체의 몰비 ➡ 전극 A : 전극 B = 1 : 2

이에 대한 설명으로 옳은 것만을 〈보기〉에서 있는 대로 고른 것은?

〈보기〉 풀이

$H_2O(l)$을 전기 분해하면 다음과 같은 반응이 일어난다.

$2H_2O(l) \longrightarrow 2H_2(g) + O_2(g)$

이때 (−)극에서 $H_2(g)$가 생성되고, (+)극에서 $O_2(g)$가 생성되며, 생성되는 기체의 몰비는 $H_2 : O_2 = 2 : 1$이다.

ㄱ 전극 A에서 생성된 기체는 O_2이다.

➡ 전극 A는 (+)극과 연결되어 있으므로 전극 A에서 $O_2(g)$가 생성되고, 전극 B는 (−)극과 연결되어 있으므로 전극 B에서 $H_2(g)$가 생성된다.

ㄴ H_2O을 이루고 있는 H 원자와 O 원자 사이의 화학 결합에는 전자가 관여한다.

➡ H_2O에 전류를 흘려주었더니 H_2O의 H 원자와 O 원자 사이의 화학 결합이 끊어져 $H_2(g)$와 $O_2(g)$가 생성되므로 H_2O을 이루고 있는 H 원자와 O 원자 사이의 화학 결합에는 전자가 관여함을 알 수 있다.

ㄷ $\dfrac{x}{y} = \dfrac{1}{4}$이다.

➡ 전극 A와 전극 B에서 생성되는 기체는 각각 O_2, H_2이므로 전극 A와 전극 B에서 생성되는 기체의 몰비는 1 : 2이다. 따라서 t_1일 때 $x : N = 1 : 2$에서 $x = \frac{1}{2}N$이고, t_2일 때 $N : y = 1 : 2$에서 $y = 2N$이므로 $\dfrac{x}{y} = \dfrac{\frac{1}{2}N}{2N} = \dfrac{1}{4}$이다.

적용해야 할 개념 ②가지

① 물의 전기 분해 : 물에 Na_2SO_4과 같은 전해질을 넣고 전류를 흘려주면 물이 분해되어 (−)극에서 $H_2(g)$, (+)극에서 $O_2(g)$가 생성되며, 생성되는 $H_2(g)$와 $O_2(g)$의 몰비는 2 : 1이다.

(−)극 : $4H_2O + 4e^- \longrightarrow 2H_2 + 4OH^-$

(+)극 : $2H_2O \longrightarrow O_2 + 4H^+ + 4e^-$

전체 반응 : $2H_2O \longrightarrow 2H_2 + O_2$

② 물질의 양(mol)과 질량: 물질의 양(mol)$= \dfrac{질량(g)}{1몰의 질량(g/mol)}$, 즉 $\dfrac{질량(g)}{분자량}$이다. ➡ 질량(g)=물질의 양(mol)×분자량

문제 보기

그림은 물(H_2O)을 전기 분해하는 것을 나타낸 것이다.

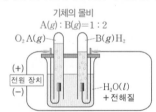

기체의 몰비
A(g) : B(g) = 1 : 2
O_2 A(g)   B(g) H_2
(+)
전원 장치
(−)
$H_2O(l)$ ＋전해질

$\dfrac{(-)극에서 생성된 기체 B의 질량}{(+)극에서 생성된 기체 A의 질량}$ 은? (단, H, O의 원자량은 각각 1, 16이다.)

〈보기〉 풀이

물을 전기 분해하면 (+)극에서 $O_2(g)$가 생성되고, (−)극에서 $H_2(g)$가 생성된다. 따라서 기체 A는 O_2, 기체 B는 H_2이다. H_2O를 구성하는 원자 수비는 H : O = 2 : 1이므로 생성되는 기체의 몰비는 $H_2 : O_2 = 2 : 1$이다. $H_2(g)$와 $O_2(g)$의 분자량은 각각 2, 32이고, 기체의 질량은 기체의 양(mol)×분자량이므로

$\dfrac{(-)극에서 생성된 기체 B의 질량}{(+)극에서 생성된 기체 A의 질량} = \dfrac{2 \text{ mol} \times 2 \text{ g/mol}}{1 \text{ mol} \times 32 \text{ g/mol}} = \dfrac{1}{8}$이다.

 $\dfrac{1}{16}$ ② $\dfrac{1}{8}$ 2   8   16

적용해야 할 개념 ③가지

① 이온 결합 물질에서 양이온과 음이온의 전하량 크기가 같을 경우 이온 사이의 거리가 가까울수록 이온 사이의 정전기적 인력이 커지고, 녹는점이 높아진다.

② 이온 결합 물질에서 이온 사이의 거리가 비슷할 경우 양이온과 음이온의 전하량 크기가 클수록 이온 사이의 정전기적 인력이 커지고 녹는점이 높아진다.

③ 이온 결합 물질의 화학식 : 이온 결합 물질은 전기적으로 중성이므로 양이온의 전체 전하의 양과 음이온의 전체 전하의 양이 같아지는 이온 수비로 결합한다. ➡ A^{m+}과 B^{n-}이 결합하여 생성되는 이온 결합 물질의 화학식은 A_nB_m이다.

문제 보기

다음은 이온 결합 물질과 관련하여 학생 A가 세운 가설과 이를 검증하기 위해 수행한 탐구 활동이다.

[가설]
○ Na과 할로젠 원소(X)로 구성된 이온 결합 물질(NaX)은 　　　㉠　　　
　　　이온 사이의 거리가 가까울수록 녹는점이 높다.

[탐구 과정]
○ 4가지 고체 NaF, NaCl, NaBr, NaI의 이온 사이의 거리와 1 atm에서의 녹는점을 조사하고 비교한다.

[탐구 결과]

이온 결합 물질	NaF	NaCl	NaBr	NaI
이온 사이의 거리(pm)	231	282	299	324
녹는점(℃)	996	802	747	661

[결론]
이온 사이의 거리: NaF<NaCl<NaBr<NaI
➡ 정전기적 인력: NaF>NaCl>NaBr>NaI
○ 가설은 옳다. ➡ 녹는점: NaF>NaCl>NaBr>NaI

학생 A의 결론이 타당할 때, 이에 대한 설명으로 옳은 것만을 〈보기〉에서 있는 대로 고른 것은? [3점]

〈보기〉 풀이

이온 결합 물질을 구성하는 양이온과 음이온 사이의 정전기적 인력은 이온의 전하량 크기가 클수록 커지고, 이온 사이의 거리가 가까울수록 커진다. 이온 사이의 정전기적 인력이 커지면 녹는점이 높아진다.

ㄱ. NaCl을 구성하는 양이온 수와 음이온 수는 같다.
➡ NaCl을 구성하는 양이온과 음이온은 각각 Na^+, Cl^-이므로 NaCl을 구성하는 양이온과 음이온의 수비는 1 : 1이다.

ㄴ. '이온 사이의 거리가 가까울수록 녹는점이 높다.'는 ㉠으로 적절하다.
➡ 탐구 결과에서 이온 사이의 거리는 NaF<NaCl<NaBr<NaI이고, 녹는점은 NaF>NaCl>NaBr>NaI이므로 '이온 사이의 거리가 가까울수록 녹는점이 높다'는 ㉠으로 적절하다.

ㄷ. NaF, NaCl, NaBr, NaI 중 이온 사이의 정전기적 인력이 가장 큰 물질은 NaF이다.
➡ 이온 사이의 정전기적 인력이 클수록 녹는점이 높아진다. 녹는점은 NaF이 가장 높으므로 이온 사이의 정전기적 인력은 NaF이 가장 크다.

적용해야 할 개념 ①가지

① 이온 결합 물질에서 이온 사이의 거리에 따른 에너지
- 양이온과 음이온 사이의 거리가 가까울수록 정전기적 인력이 커져 에너지가 낮아진다.
- 두 이온 사이의 거리가 너무 가까워지면 반발력이 커져 에너지가 급격하게 높아진다.
- 인력과 반발력이 균형을 이루어 에너지가 낮은 거리(r_0)에서 이온 결합이 형성된다.

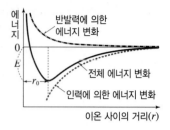

문제 보기

그림은 NaCl에서 이온 사이의 거리에 따른 에너지를 나타낸 것이다.

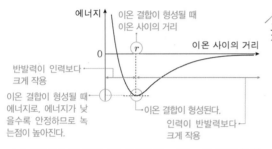

이에 대한 옳은 설명만을 〈보기〉에서 있는 대로 고른 것은? [3점]

〈보기〉 풀이

이온 결합 물질에서 이온 사이의 거리에 따른 에너지가 가장 낮을 때 이온 사이의 인력과 반발력이 균형을 이루어서 가장 안정하므로 이온 결합이 형성된다. 이온 결합이 형성될 때 에너지가 낮을수록 더 안정해지므로 이온 결합 물질의 녹는점이 높아진다.

ㄱ. **NaCl에서 이온 결합을 형성할 때 이온 사이의 거리는 r이다.**
➡ 이온 사이의 거리에 따른 에너지가 가장 낮을 때 이온 사이의 거리가 r이므로 NaCl에서 이온 결합을 형성할 때 이온 사이의 거리는 r이다.

✗ **이온 사이의 거리가 r일 때 Na^+과 Cl^- 사이에 반발력이 작용하지 않는다.**
➡ 이온 사이의 거리가 r일 때 이온 사이의 인력과 반발력이 균형을 이루므로 NaCl에서 이온 결합이 형성될 때 이온 사이에는 인력과 반발력이 모두 작용한다.

✗ **KCl에서 이온 결합을 형성할 때 이온 사이의 거리는 r보다 작다.**
➡ Na은 2주기 원소이고 K은 3주기 원소이므로 이온 반지름은 $Na^+ < K^+$이다. 이온 사이의 거리는 NaCl < KCl이므로 KCl에서 이온 결합을 형성할 때 이온 사이의 거리는 r보다 크다.

적용해야 할 개념 ②가지

① 이온 결합 물질에서 이온 사이의 거리에 따른 에너지
- 양이온과 음이온 사이의 거리가 가까울수록 정전기적 인력이 커져 에너지가 낮아진다.
- 두 이온 사이의 거리가 너무 가까워지면 반발력이 커져 에너지가 급격하게 높아진다.
- 인력과 반발력이 균형을 이루어 에너지가 낮은 거리(r_0)에서 이온 결합이 형성된다.
② 이온 결합 물질의 양이온과 음이온의 전하량 크기가 같을 경우 이온 사이의 거리가 가까울수록 이온 사이의 정전기적 인력이 커지고, 녹는점이 높아진다.

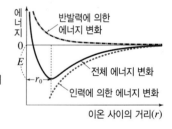

문제 보기

그림은 $Na^+(g)$와 $X^-(g)$ 사이의 거리에 따른 에너지 변화를, 표는 NaX(g)와 NaY(g)가 가장 안정한 상태일 때 각 물질에서 양이온과 음이온 사이의 거리를 나타낸 것이다.

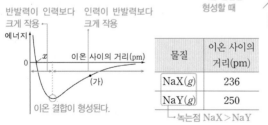

물질	이온 사이의 거리(pm)
NaX(g)	236
NaY(g)	250

└ 녹는점 NaX > NaY

이에 대한 설명으로 옳은 것만을 〈보기〉에서 있는 대로 고른 것은? (단, X와 Y는 임의의 원소 기호이다.)

〈보기〉 풀이

이온 결합 물질에서 이온 사이의 거리에 따른 에너지가 가장 낮을 때 이온 사이의 인력과 반발력이 균형을 이루어서 가장 안정하므로 이온 결합이 형성된다. 이온 결합이 형성될 때보다 이온 사이의 거리가 멀면 이온 사이의 인력이 반발력보다 크게 작용하고, 이온 사이의 거리가 가까우면 이온 사이의 반발력이 인력보다 크게 작용한다.

ㄱ. **(가)에서 Na^+과 X^- 사이에 작용하는 힘은 인력이 반발력보다 우세하다.**
➡ (가)에서 이온 사이의 거리는 이온 결합이 형성되는 거리보다 멀기 때문에 Na^+과 X^- 사이에 작용하는 힘은 인력이 반발력보다 우세하다.

✗ **x는 236이다.**
➡ x에서 에너지가 0이고 이온 결합이 형성될 때보다 이온 사이의 거리가 가까우므로 $x < 236$이다.

ㄷ. **1기압에서 녹는점은 NaX > NaY이다.**
➡ 이온 결합 물질은 이온의 전하량 크기가 같을 경우 이온 사이의 거리가 멀수록 녹는점이 낮아진다. 이온 사이의 거리는 NaX < NaY이므로 녹는점은 NaX > NaY이다.

09 공유 결합의 형성 2020학년도 수능 화I 2번

정답 ⑤ | 정답률 95 %

적용해야 할 개념 ②가지

① 옥텟 규칙: 원자가 전자를 잃거나 얻어 가장 바깥 전자 껍질에 전자 8개를 채워 안정해지려는 경향
② 공유 결합: 비금속 원소의 원자들이 각각 전자를 내놓아 전자쌍을 만들고, 이 전자쌍을 서로 공유하여 형성되는 결합

문제 보기

다음은 물 분자의 화학 결합 모형과 이에 대한 세 학생의 대화이다.

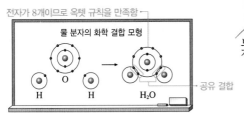

제시한 내용이 옳은 학생만을 있는 대로 고른 것은?

<보기> 풀이

학생 Ⓐ 물 분자 1개는 수소 원자 2개와 산소 원자 1개로 이루어져 있어.

➡ 분자식은 분자를 이루는 원자의 종류와 개수를 나타낸 식이다. 물 분자의 분자식은 H_2O이므로 물 분자 1개는 H 원자 2개와 O 원자 1개로 이루어져 있다.

학생 Ⓑ 물 분자 내에서 수소와 산소의 결합은 공유 결합이야.

➡ 비금속 원소인 수소(H)와 산소(O)는 공유 결합을 형성한다. 물 분자는 O 원자 1개와 H 원자 2개가 각각 전자쌍 1개를 공유하여 생성된 공유 결합 물질이다.

학생 Ⓒ 물 분자 내에서 산소는 옥텟 규칙을 만족해.

➡ 물 분자에서 O 원자는 가장 바깥 전자 껍질에 전자가 8개이므로 옥텟 규칙을 만족한다.

---

10 이온 결합 물질의 성질 2019학년도 4월 학평 화I 4번

정답 ⑤ | 정답률 92 %

적용해야 할 개념 ②가지

① 불꽃 반응: 일부 금속 원소나 금속 원소를 포함하는 물질을 겉불꽃에 넣었을 때 특유의 불꽃색이 나타나는 현상이다. 불꽃색은 Li이 빨간색, Na이 노란색, K이 보라색이다.
② 이온 결합 물질의 전기 전도성: 고체 상태에서 전기 전도성이 없지만, 액체 상태와 수용액에서 전기 전도성이 있다.

문제 보기

다음은 물질 X의 성질을 알아보기 위한 실험이다.

[실험 과정]
(가) X의 불꽃 반응의 불꽃색을 확인한다.
(나) 그림과 같이 장치한 후 X의 상태에 따라 전구가 켜지는지를 확인한다.

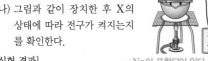

[실험 결과]
○ X의 불꽃 반응의 불꽃색은 노란색이다. ┐ Na이 포함되어 있다.
○ X의 상태에 따른 전구의 켜짐 여부

상태	고체	액체
결과	켜지지 않음	켜짐

└ X는 이온 결합 물질이다.

다음 중 X로 가장 적절한 것은?

<보기> 풀이

X의 불꽃색이 노란색이므로 X에는 Na이 포함되어 있다. X는 고체 상태에서 전기 전도성이 없지만, 액체 상태에서 전기 전도성이 있으므로 이온 결합 물질이다. X는 Na을 포함하고 있는 이온 결합 물질이므로 가장 적절한 것은 ⑤번인 NaCl이다.

┌ 이온 결합 물질이나 불꽃색이 보라색이다.

적용해야 할 개념 ②가지

① 불꽃 반응: 일부 금속 원소나 금속 원소를 포함하는 물질을 겉불꽃에 넣었을 때 특유의 불꽃색이 나타나는 현상이다. 불꽃색은 Li이 빨간색, Na이 노란색, K이 보라색이다.

② 이온 결합 물질의 성질

결정의 쪼개짐과 부서짐	이온 결정은 단단하나 외부에서 힘을 가하면 쉽게 쪼개지거나 부서진다. ➡ 외부에서 힘을 가하면 이온들이 이동하여 같은 전하를 띠는 이온 사이에 반발력이 작용하기 때문
물에 대한 용해성	대체로 물에 잘 녹는다.
전기 전도성	고체 상태에서는 전기 전도성이 없으나, 액체 상태나 수용액에서는 전기 전도성이 있다. ➡ 액체 상태나 수용액에서는 이온들이 자유롭게 움직일 수 있기 때문
녹는점과 끓는점	녹는점과 끓는점이 매우 높아 실온에서 고체로 존재한다.

문제 보기

다음은 염화 나트륨(NaCl)의 성질 (가)~(다)에 대한 설명이다.

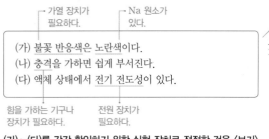

가열 장치가 필요하다.　　　Na 원소가 있다.

(가) 불꽃 반응색은 노란색이다.
(나) 충격을 가하면 쉽게 부서진다.
(다) 액체 상태에서 전기 전도성이 있다.

힘을 가하는 기구나 장치가 필요하다.　　전원 장치가 필요하다.

(가)~(다)를 각각 확인하기 위한 실험 장치로 적절한 것을 〈보기〉에서 고른 것은?

〈보기〉 풀이

구분	실험 과정	실험 장치
(가)	불꽃 반응색을 알아보기 위해서는 토치의 겉불꽃에 시료를 묻힌 백금선이나 니크롬선을 넣는다.	ㄴ. NaCl
(나)	NaCl 결정을 망치로 두드려 부서지는지를 확인한다.	ㄱ. NaCl
(다)	도가니에 NaCl을 넣고 가열하여 용융시킨 다음 전원 장치를 연결하여 전류가 흐르는지를 관찰한다.	ㄷ. NaCl 전원 장치

	(가)	(나)	(다)			(가)	(나)	(다)
✕	ㄱ	ㄴ	ㄷ		✕	ㄱ	ㄷ	ㄴ
③	ㄴ	ㄱ	ㄷ		✕	ㄴ	ㄷ	ㄱ
✕	ㄷ	ㄱ	ㄴ					

적용해야 할 개념 ②가지

① 이온 결합 물질을 구성하는 입자: 금속 양이온과 비금속 음이온
② 이온 결합 물질의 화학식: 이온 결합 물질은 양이온과 음이온의 총 전하량의 합이 0이 되는 이온 수비로 결합한다.
➡ A^{m+}과 B^{n-}으로 이루어진 화합물의 화학식은 A_nB_m이다.

문제 보기

그림은 같은 주기 원소 A와 B로 이루어진 이온 결합 물질 X(s)를 물에 녹였을 때, X(aq)의 단위 부피당 이온 모형을 나타낸 것이다. A^{2+}과 B^{n-}은 각각 Ne 또는 Ar과 같은 전자 배치를 갖는다.

이온 결합 물질은 전기적으로 중성이다.
➡ $3 \times (A^{2+}$의 전하$) + 6 \times (B^{n-}$의 전하$) = 0$
➡ $n = 1$

　　　●A^{2+}　▲B^{n-}
Mg^{2+}　　　　Cl⁻

이에 대한 설명으로 옳은 것만을 〈보기〉에서 있는 대로 고른 것은? (단, A와 B는 임의의 원소 기호이다.) [3점]

〈보기〉 풀이

X(aq)의 단위 부피당 이온 모형에 들어 있는 A^{2+}과 B^{n-}의 개수 비는 3 : 6 = 1 : 2이다. 이온 결합 물질은 전기적으로 중성이므로 양이온의 전하의 합과 음이온의 전하의 합은 0이다. 따라서 $3 \times (+2) + 6 \times (-n) = 0$이고, $n = 1$이다.

✕ X의 화학식은 A_2B이다.
➡ A^{2+}과 B^-으로 이루어진 화합물의 화학식은 AB_2이다.

ㄴ. B는 3주기 원소이다.
➡ A와 B는 같은 주기 원소이다. A가 A^{2+}이 되면 전자 껍질 수가 감소하므로 A^{2+}의 전자 배치는 원자 번호가 작은 Ne과 같고, B^-의 전자 배치는 원자 번호가 큰 Ar과 같다. 따라서 A와 B는 각각 Mg, Cl이고 모두 3주기 원소이다.

ㄷ. 원자 번호는 B > A이다.
➡ 원자 번호는 A(Mg)가 12, B(Cl)가 17이다. 따라서 원자 번호는 B(Cl) > A(Mg)이다.

13 금속의 성질 2022학년도 수능 화I 3번

정답 ② | 정답률 97%

적용해야 할 개념 ②가지

① 금속 결합: 금속 양이온과 자유 전자 사이의 정전기적 인력에 의한 결합
→ 자유 전자: 금속 원자에서 떨어져 나온 전자로, 한 원자에 속해 있지 않고 수많은 금속 양이온 사이를 자유롭게 이동할 수 있다.
② 금속의 전기 전도성: 고체 상태와 액체 상태에서 모두 전기 전도성이 있다.

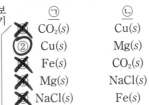
금속 양이온
자유 전자

문제 보기

다음은 학생 A가 금속의 성질을 알아보기 위해 수행한 탐구 활동이다.

[가설]
○ 고체 상태 금속은 전기 전도성이 있다.

[탐구 과정]
○ 3가지 금속 ⑤ , ⑥ , Al(s)의 전기 전도성을 조사한다. └ Cu(s), Mg(s), Fe(s)과 같은 금속

[탐구 결과]

금속	⑤	⑥	Al(s)
전기 전도성	있음	있음	있음

[결론]
○ 가설은 옳다.

학생 A의 결론이 타당할 때, 다음 중 ⑤과 ⑥으로 가장 적절한 것은?

<보기> 풀이

학생 A는 고체 상태 금속은 전기 전도성이 있다는 가설을 세웠고, 탐구 결과 ⑤과 ⑥은 고체 상태에서 전기 전도성이 있으며, 가설은 옳으므로 ⑤과 ⑥은 모두 금속이다. 제시된 물질 중 $Cu(s)$, $Mg(s)$, $Fe(s)$은 금속이고, $CO_2(s)$는 공유 결합 물질이며, $NaCl(s)$은 이온 결합 물질이다.

	⑤	⑥
✗	$CO_2(s)$	$Cu(s)$
②	$Cu(s)$	$Mg(s)$
✗	$Fe(s)$	$CO_2(s)$
✗	$Mg(s)$	$NaCl(s)$
✗	$NaCl(s)$	$Fe(s)$

14 화학 결합에 따른 물질의 성질 2025학년도 6월 모평 화I 2번

정답 ③ | 정답률 92%

적용해야 할 개념 ①가지

① 화학 결합의 종류와 물질의 상태에 따른 전기 전도성

구분		이온 결합	공유 결합	금속 결합
구성 원소		금속 원소+비금속 원소	비금속 원소	금속 원소
전기 전도성	고체 상태	없다.	없다(단, 흑연 제외).	있다.
	액체 상태	있다.	없다.	있다.

문제 보기

다음은 학생 A가 세운 가설과 탐구 과정이다.

[가설] ┌ 가설 검증을 하려면 X는 금속 결합 물질, Y는 이온 결합 물질을 선택해야 한다.
○ 금속 결합 물질과 이온 결합 물질은 고체 상태에서의 전기 전도성 유무에 따라 구분된다.

[탐구 과정]
(가) 고체 상태의 금속 결합 물질 X와 이온 결합 물질 Y를 준비한다.
(나) 전기 전도성 측정 장치를 이용하여 고체 상태 X와 Y의 전기 전도성 유무를 각각 확인한다.

다음 중 학생 A가 세운 가설을 검증하기 위하여 탐구 과정에서 사용할 X와 Y로 가장 적절한 것은?

<보기> 풀이

가설을 검증하기 위해서 X는 금속 결합 물질을, Y는 이온 결합 물질을 선택하여 전기 전도성 유무를 확인해야 한다.
Cu, Mg은 금속 결합 물질, LiF은 이온 결합 물질, H_2O, CO_2는 공유 결합 물질이므로 X로는 Cu, Mg이, Y로는 LiF이 적절하다.

	X	Y		X	Y
✗	Cu	Mg	✗	Cu	H_2O
③	Cu	LiF	✗	CO_2	H_2O
✗	H_2O	LiF			

적용해야 할 개념 ③가지

① 루이스 구조식: 공유 결합을 편리하게 나타내기 위해 공유 전자쌍은 결합선(—)으로 나타내고, 비공유 전자쌍은 그대로 나타내거나 생략한 식

② 공유 전자쌍과 비공유 전자쌍: 공유 결합에 참여하는 전자쌍을 공유 전자쌍, 공유 결합에 참여하지 않고 한 원자에만 속해 있는 전자쌍을 비공유 전자쌍이라고 한다.

③ 분자에서 1, 2주기 원자에 있는 공유 전자쌍 수와 비공유 전자쌍 수

원자	H	B	C	N	O	F
공유 전자쌍 수	1	3	4	3	2	1
비공유 전자쌍 수	0	0	0	1	2	3

문제 보기

그림은 폼산($HCOOH$)의 구조식을 나타낸 것이다.

비공유 전자쌍
$$\overset{\displaystyle \overset{\cdot\cdot}{O}}{\underset{}{\parallel}}$$
$$H-C-\overset{\cdot\cdot}{O}-H$$

$HCOOH$에서 비공유 전자쌍 수는? [3점]

<보기> 풀이

구조식에서 결합선(—)은 공유 전자쌍을 의미한다. $HCOOH$에서 O에 있는 비공유 전자쌍 수는 2이고, O 원자가 2개이므로 $HCOOH$에서 비공유 전자쌍 수는 4이다.

보기

 1　　 2　　 3　　④ 4　　 5

---

16 전자 배치를 통한 화학 결합의 구분 2024학년도 9월 모평 화I 6번　　　　　정답 ⑤ | 정답률 81 %

적용해야 할 개념 ②가지

① 이온 결합 물질에서 이온의 전하의 합: 화합물은 전기적으로 중성이므로 이온 결합을 구성하는 양이온과 음이온의 전하의 합은 0이다.
→ (양이온의 전하×양이온 수)+(음이온의 전하×음이온 수)=0

② A^{m+}과 B^{n-}으로 이루어진 화합물의 화학식: A_nB_m

문제 보기

Ne의 전자 배치

그림은 원자 X~Z의 안정한 이온 X^{a+}, Y^{b+}, Z^{c-}의 전자 배치를 모형으로 나타낸 것이고, 표는 이온 결합 화합물 (가)와 (나)에 대한 자료이다.

→ $2\times(+a)+3\times(-c)=0$에서 $2a=3c$

화합물	(가)	(나)
구성 원소	X, Z	Y, Z
이온 수비	$X^{a+} : Z^{c-} = 2 : 3$	$Y^{b+} : Z^{c-} = 2 : 1$
	Al^{3+}　O^{2-}	Na^+　O^{2-}

$2\times(+b)+1\times(-c)=0$에서 $2b=c$

이에 대한 설명으로 옳은 것만을 〈보기〉에서 있는 대로 고른 것은? (단, X~Z는 임의의 원소 기호이고, a~c는 3 이하의 자연수이다.)

<보기> 풀이

이온 결합 물질을 구성하는 양이온의 전하와 음이온의 전하의 합은 0이다. (가)를 구성하는 이온은 X^{a+}과 Z^{c-}이므로 $2\times(+a)+3\times(-c)=0$에서 $2a=3c$이다. 이때 a~c는 3 이하의 자연수이므로 $a=3$, $c=2$이다. (나)를 구성하는 이온은 Y^{b+}과 Z^{c-}이므로 $2\times(+b)+1\times(-c)=0$에서 $2b=c$이다. 이때 $c=2$이므로 $b=1$이다.

보기

✗ $a=2$이다.
→ $a=3$, $b=1$, $c=2$이다.

ㄴ Z는 산소(O)이다.
→ X^{3+}, Y^+, Z^{2-}의 전자 배치는 Ne과 같으므로 X~Z는 각각 Al, Na, O이다.

ㄷ 원자가 전자 수는 X > Y이다.
→ X(Al)는 13족 원소이므로 원자가 전자 수가 3이고, Y(Na)는 1족 원소이므로 원자가 전자 수가 1이다. 따라서 원자가 전자 수는 X > Y이다.

17 이온 결합 물질의 성질 2025학년도 6월 모평 화I 6번   정답 ⑤ | 정답률 82%

적용해야 할 개념 ②가지

① 이온 결합 물질: 금속 원소의 양이온과 비금속 원소의 음이온이 정전기적 인력으로 결합한 물질

② 이온 결합 물질의 화학식: 이온 결합 물질은 전기적으로 중성이므로 양이온의 전체 전하량과 음이온의 전체 전하량이 같아지는 이온 수비로 결합한다. ➡ M^{a+}과 X^{b-}이 결합하여 형성된 이온 결합 물질의 화학식은 M_bX_a이다. (단, a와 b는 가장 간단한 정수비로 나타낸다.)

문제 보기

표는 원소 **X**와 염소(Cl)로 구성된 이온 결합 화합물에 대한 자료이다. XCl_2

구성 이온	화합물 1 mol에 들어 있는 전체 이온의 양 (mol)	화합물 1 mol에 들어 있는 전체 전자의 양 (mol)
X^{2+}, Cl^-	3 a	46

Cl의 원자 번호가 17이므로 Cl^-의 전자 수는 18
➡ X^{2+} 1 mol에 들어 있는 전자의 양(mol)은 10 mol
➡ X는 원자 번호가 12인 Mg

이에 대한 설명으로 옳은 것만을 〈보기〉에서 있는 대로 고른 것은? (단, Cl의 원자 번호는 17이고, X는 임의의 원소 기호이다.)
[3점]

〈보기〉 풀이

X^{2+}과 Cl^-은 1 : 2로 결합하여 이온 결합 화합물을 형성하므로 자료에 제시된 화합물의 화학식은 XCl_2이다.

ㄱ $a=3$이다.

➡ 화합물의 화학식은 XCl_2이므로 화합물 1 mol에 들어 있는 전체 이온의 양(mol)은 3 mol이다. 따라서 $a=3$이다.

ㄴ X(s)는 전성(펴짐성)이 있다.

➡ 이온 결합 물질은 금속 원소와 비금속 원소로 이루어진 물질인데, Cl는 비금속 원소이므로 X는 금속 원소이다. 따라서 X(s)는 전성(펴짐성)이 있다.

ㄷ X는 3주기 원소이다.

➡ Cl의 원자 번호가 17이므로 Cl^-의 전자 수는 18이고, XCl_2에 들어 있는 Cl^-의 양(mol)은 2 mol이므로 Cl^- 2 mol에 들어 있는 전자의 양(mol)은 36 mol이다. 따라서 X^{2+} 1 mol에 들어 있는 전자의 양(mol)은 10 mol이다. 이로부터 X는 원자 번호가 12인 금속 원소 Mg이므로 3주기 2족 원소이다.

18 이온 형성 과정 모형 2024학년도 수능 화I 2번   정답 ⑤ | 정답률 91%

적용해야 할 개념 ③가지

① 금속 원소와 비금속 원소의 원자 반지름과 이온 반지름: 금속 원소가 전자를 잃어 이온이 되면 전자 껍질 수가 감소하여 반지름이 감소하므로 금속 원소의 원자 반지름은 이온 반지름보다 크다. 비금속 원소가 전자를 얻어 이온이 되면 전자 사이의 반발력이 증가하여 반지름이 증가하므로 비금속 원소의 원자 반지름은 이온 반지름보다 작다.

② 이온이 될 때 Ne의 전자 배치를 갖는 원소: 2주기 비금속 원소는 전자를 얻어 Ne의 전자 배치를 갖고, 3주기 금속 원소는 전자를 잃어 Ne의 전자 배치를 갖는다.

③ 이온 결합 물질의 화학식: 이온 결합 물질은 전기적으로 중성이므로 양이온의 전체 전하의 양과 음이온의 전체 전하의 양이 같아지는 이온 수비로 결합한다. ➡ A^{m+}과 B^{n-}이 결합하여 생성되는 이온 결합 물질의 화학식은 A_nB_m이다.

문제 보기

그림은 원자 **X**, **Y**로부터 Ne의 전자 배치를 갖는 이온이 형성되는 과정을 모형으로 나타낸 것이다.

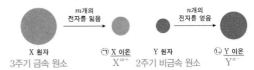

이에 대한 설명으로 옳은 것만을 〈보기〉에서 있는 대로 고른 것은? (단, X와 Y는 임의의 원소 기호이고, m과 n은 3 이하의 자연수이다.)

〈보기〉 풀이

X 원자는 전자를 잃어 Ne의 전자 배치를 갖는 X 이온이 되므로 X는 3주기 금속 원소이고, X 이온의 화학식은 X^{m+}이다. Y 원자는 전자를 얻어 Ne의 전자 배치를 갖는 Y 이온이 되므로 Y는 2주기 비금속 원소이고, Y 이온의 화학식은 Y^{n-}이다.

ㄱ X(s)는 전성(펴짐성)이 있다.

➡ X는 금속이므로 힘을 가하여 모양을 변형시켜도 자유 전자가 이동하여 금속 결합을 유지시킨다. 따라서 X(s)는 전성(펴짐성)이 있다.

ㄴ ⓒ은 음이온이다.

➡ Y 원자가 전자를 얻어 Y 이온이 되므로 Y 이온은 음이온이다.

ㄷ ㉠과 ⓒ으로부터 X_2Y가 형성될 때, $m : n=1 : 2$이다.

➡ X^{m+}과 Y^{n-}이 결합하여 형성되는 화합물의 화학식은 X_nY_m이다. 따라서 ㉠(X^{m+})과 ⓒ(Y^{n-})으로부터 X_2Y가 형성될 때, $m : n=1 : 2$이다.

적용해야 할 개념 ③가지

① 옥텟 규칙: 원자가 전자를 잃거나 얻어 비활성 기체와 같이 가장 바깥 전자 껍질에 전자 8개를 채워 안정해지려는 경향

② 루이스 전자점식: 원소 기호 주위에 원자가 전자를 점으로 나타낸 식

③ 구성 원자가 옥텟 규칙을 만족하는 분자의 공유 전자쌍 수와 비공유 전자쌍 수: 구성 원자의 원자가 전자 수의 합(a)과 공유 전자 수를 더하면 구성 원자가 옥텟 규칙을 만족하기 위해서 필요한 총 전자 수($8n$)와 같으므로 공유 전자 수$=8n-a$, 공유 전자쌍 수$=\dfrac{8n-a}{2}$이다. 구성원자의 공유 전자 수와 비공유 전자 수의 합은 구성 원자의 원자가 전자 수의 합(a)과 같으므로 비공유 전자 수$=a-$공유 전자 수$=a-$공유 전자쌍 수$\times 2=2a-8n$, 비공유 전자쌍 수$=\dfrac{2a-8n}{2}=a-4n$이다.

구성 원자 수	구성 원자의 원자가 전자 수 합	공유 전자쌍 수	비공유 전자쌍 수
n	a	$\dfrac{8n-a}{2}$	$a-4n\left(=\dfrac{2a-8n}{2}\right)$

문제 보기

다음은 루이스 전자점식과 관련하여 학생 A가 세운 가설과 이를 검증하기 위해 수행한 탐구 활동이다.

[가설]

○ O_2, F_2, OF_2의 루이스 전자점식에서 각 분자의 구성 원자 수(a), 분자를 구성하는 원자들의 원자가 전자 수 합(b), 공유 전자쌍 수(c) 사이에는 관계식 [(가)]가 성립한다. $8a=b+2c$

[탐구 과정]

○ O_2, F_2, OF_2의 a, b, c를 각각 조사한다.

○ 각 분자의 a, b, c 사이에 관계식 [(가)]가 성립하는지 확인한다. $8a=b+2c$

[탐구 결과]

분자	구성 원자 수(a)	원자가 전자 수 합(b)	공유 전자쌍 수(c)
O_2	2	12	2
F_2	2	14	1
OF_2	3	20	2

[결론]

○ 가설은 옳다.

학생 A의 결론이 타당할 때, 다음 중 (가)로 가장 적절한 것은?

<보기> 풀이

OF_2에서 구성 원자는 모두 옥텟 규칙을 만족하므로 각 원자 주위에 전자가 8개 존재해야 한다. 따라서 OF_2에서 옥텟 규칙을 만족하는 구성 원자의 총 전자 수$=8\times$분자의 구성 원자 수(a)$=8\times3=24$이다. OF_2를 구성하는 원자의 원자가 전자 수 합(b)은 20이고, 원자 사이에 공유 전자 수는 옥텟 규칙을 만족하는 구성 원자의 총 전자 수를 구할 때 두 번 더해졌으므로 (20+공유 전자 수)$=24$이고, 공유 전자 수$=24-20=4$이다. 공유 전자쌍 수는 공유된 전자 수의 $\dfrac{1}{2}$배인 2이다. 이것을 일반화하여 정리하면 공유 전자쌍 수(c)$=$[옥텟 규칙을 만족하는 총 전자 수($8a$)$-$구성 원자의 원자가 전자 수의 합(b)]$\times\dfrac{1}{2}$이다. 따라서 $c=\dfrac{8a-b}{2}$이므로 $8a=b+2c$이다.

~~① $8a=b-c$~~

~~② $8a=b-2c$~~

~~③ $8a=2b-c$~~

④ $8a=b+2c$

~~⑤ $8a=2b+c$~~

보기

264

20 이온 결합 물질의 성질   2021학년도 수능 화I 12번   정답 ② | 정답률 79 %

적용해야 할 개념 ③가지

① 이온 결합 물질의 화학식: 이온 결합 물질은 전기적으로 중성이므로 양이온의 전체 전하의 양과 음이온의 전체 전하의 양이 같아지는 이온 수비로 결합한다. ➡ A^{m+}과 B^{n-}이 결합하여 생성되는 이온 결합 물질의 화학식은 A_nB_m이다.
② 등전자 이온의 반지름: 원자 번호가 작을수록 커진다.
③ 이온 결합 물질의 양이온과 음이온의 전하량 크기가 같을 경우 이온 사이의 거리가 가까울수록 이온 사이의 정전기적 인력이 커지고, 녹는점이 높아진다.

문제 보기

다음은 원자 W~Z에 대한 자료이다.

○ W~Z는 각각 O, F, Na, Mg 중 하나이다.
○ 각 원자의 이온은 모두 Ne의 전자 배치를 갖는다.
○ Y와 Z는 2주기 원소이다. 각각 O, F 중 하나
○ X와 Z는 2 : 1로 결합하여 안정한 화합물을 형성한다.
   Na O $X_2Z(Na_2O)$

이에 대한 설명으로 옳은 것만을 <보기>에서 있는 대로 고른 것은? (단, W~Z는 임의의 원소 기호이다.)

<보기> 풀이

Y와 Z는 2주기 원소이므로 각각 O, F 중 하나이고, W와 X는 각각 Na, Mg 중 하나이다. X와 Z는 2 : 1로 결합하여 안정한 화합물을 형성하므로 X는 Na, Z는 O이고, W와 Y는 각각 Mg, F이다.

✗ W는 Na이다.
➡ W~Z는 각각 Mg, Na, F, O이다.

ㄴ 녹는점은 WZ가 CaO보다 높다.
➡ 이온 결합 물질에서 이온의 전하량이 같을 경우 이온 사이의 거리가 가까울수록 녹는점이 높다. WZ(MgO)와 CaO에서 양이온의 전하는 +2, 음이온의 전하는 -2로 같다. 주기는 Ca>Mg이므로 이온 반지름은 $Ca^{2+}>Mg^{2+}$이다. 이온 사이의 거리는 WZ(MgO)가 CaO보다 가까우므로 녹는점은 WZ(MgO)가 CaO보다 높다.

✗ X와 Y의 안정한 화합물은 XY_2이다.
➡ X(Na)와 Y(F)의 안정한 화합물은 XY(NaF)이다.

21 이온 결합 물질의 성질   2025학년도 수능 화I 3번   정답 ③ | 정답률 87 %

적용해야 할 개념 ②가지

① 이온 결합: 금속 원소의 양이온과 비금속 원소의 음이온 사이의 정전기적 인력에 의해 형성되는 결합
② 이온 결합 화합물을 구성하는 이온의 전자 배치: 금속 원소는 자신이 속한 주기의 이전 주기에 속하는 비활성 기체와 같은 전자 배치를 이루고, 비금속 원소는 자신이 속한 주기의 비활성 기체와 같은 전자 배치를 이룬다.

문제 보기

표는 이온 결합 화합물 (가)~(다)에 대한 자료이다.
(가)를 구성하는 K^+ 1 mol에 들어 있는 전자의 양: 18 mol ➡ X^- 1 mol에 들어 있는 전자의 양: 10 mol ➡ X 1 mol의 전자의 양: 9 mol ➡ X는 원자 번호가 9인 F

화합물	구성 이온	화합물 1 mol에 들어 있는 전체 이온의 양(mol)	화합물 1 mol에 들어 있는 전체 전자의 양(mol)
(가)	K^+, X^- F	⊙ 2	28
(나)	K^+, Y^- Cl		36
(다)	Ca^{2+}, O^{2-}	ⓛ 2	ⓒ 28

(나)를 구성하는 K^+ 1 mol에 들어 있는 전자의 양: 18 mol ➡ Y^- 1 mol에 들어 있는 전자의 양: 18 mol ➡ Y는 원자 번호가 17인 Cl

이에 대한 설명으로 옳은 것만을 <보기>에서 있는 대로 고른 것은? (단, O, K, Ca의 원자 번호는 각각 8, 19, 20이고, X와 Y는 임의의 원소 기호이다.)

<보기> 풀이

K^+과 X^-은 1 : 1로 결합하여 (가)를 형성하므로 (가) 1 mol에 들어 있는 전체 이온의 양은 2 mol이고, ⊙은 2이다. 한편 (가)를 구성하는 K^+ 1 mol에 들어 있는 전자의 양은 18 mol이므로 X^- 1 mol에 들어 있는 전자의 양은 10 mol이다. 이로부터 X 1 mol의 전자의 양은 9 mol이므로 X는 원자 번호가 9인 F이다.

K^+과 Y^-은 1 : 1로 결합하여 (나)를 형성하므로 (나) 1 mol에 들어 있는 K^+과 Y^-의 양은 각각 1 mol이고, K^+ 1 mol에 들어 있는 전자의 양은 18 mol이므로 Y^- 1 mol에 들어 있는 전자의 양도 18 mol이다. 이로부터 Y는 원자 번호가 17인 Cl이다.

Ca^{2+}과 O^{2-}은 1 : 1로 결합하여 (다)를 형성하므로 (다) 1 mol에 들어 있는 전체 이온의 양은 2 mol이다. 따라서 ⓛ은 2이다.

ㄱ Y는 3주기 원소이다.
➡ Y는 원자 번호가 17인 Cl이므로 3주기 원소이다.

✗ ⊙>ⓛ이다.
➡ ⊙과 ⓛ은 모두 2이므로 ⊙=ⓛ이다.

ㄷ ⓒ은 28이다.
➡ Ca^{2+} 1 mol에 들어 있는 전자의 양은 18 mol이고, O^{2-} 1 mol에 들어 있는 전자의 양은 10 mol이므로 (다) 1 mol에 들어 있는 전체 전자의 양은 28 mol이다. 따라서 ⓒ=28이다.

15 일차

01 ⑤	02 ⑤	03 ⑤	04 ⑤	05 ②	06 ③
07 ⑤	08 ⑤	09 ①	10 ⑤	11 ⑤	12 ⑤
13 ⑤	14 ①	15 ⑤	16 ⑤	17 ⑤	18 ⑤
19 ③	20 ③	21 ③	22 ②	23 ③	24 ④
25 ①	26 ②	27 ④	28 ③	29 ③	30 ⑤
31 ⑤	32 ③	33 ④	34 ④	35 ③	36 ④

문제편 152~161쪽

---

01 화학 결합에 따른 물질의 성질 2024학년도 9월 모평 화Ⅰ 2번

정답 ⑤ | 정답률 95 %

적용해야 할 개념 ②가지

① 금속 결합 물질과 공유 결합 물질

물질	금속 결합 물질	공유 결합 물질
구성 원소	금속 원소	비금속 원소
구성 단위	금속 양이온, 자유 전자	원자

② 금속의 연성(뽑힘성)과 전성(펴짐성): 금속에 힘을 가하여 모양을 변형시켜도 자유 전자가 이동하여 금속 결합을 유지시키므로 금속은 연성(뽑힘성)과 전성(펴짐성)이 있다.

문제 보기

그림은 2가지 물질을 결합 모형으로 나타낸 것이다.

이에 대한 설명으로 옳은 것만을 〈보기〉에서 있는 대로 고른 것은? [3점]

〈보기〉 풀이

은(Ag)은 금속 양이온과 자유 전자가 전기적 인력에 의해 결합하여 이루어진 금속 결합 물질이고, 다이아몬드는 탄소(C) 원자가 공유 결합을 하여 이루어진 공유 결합 물질이다.

ㄱ. ㉠은 자유 전자이다.
➡ 금속은 금속 양이온과 자유 전자로 이루어지므로 ㉠은 자유 전자이다.

ㄴ. Ag(s)은 전성(펴짐성)이 있다.
➡ 금속은 힘을 가하여 모양을 변형시켜도 자유 전자가 이동하여 금속 결합을 유지시키므로 전성(펴짐성)이 있다.

ㄷ. C(s, 다이아몬드)를 구성하는 원자는 공유 결합을 하고 있다.
➡ 다이아몬드는 구성 원자인 C 원자가 반복적으로 공유 결합하여 이루어진 물질이다. 비금속 원소로 이루어진 물질에서 구성 원자는 공유 결합을 하고 있다.

---

02 화학 결합에 따른 물질의 성질 2020학년도 4월 학평 화Ⅰ 2번

정답 ⑤ | 정답률 80 %

적용해야 할 개념 ②가지

① 결정성 고체의 분류: 구성 입자들이 규칙적으로 배열되어 있는 고체를 결정성 고체라고 하며, 결정을 구성하는 입자의 결합 방식에 따라 이온 결정, 분자 결정, 공유(원자) 결정, 금속 결정으로 분류한다.

② 공유(원자) 결정과 금속 결정의 성질

구분		공유(원자) 결정	금속 결정
결정의 구성 단위		원자	금속 양이온과 자유 전자
결합력		공유 결합	정전기적 인력
전기 전도성	고체	없다(흑연은 제외).	있다.
	액체	없다.	있다.
예		흑연, 다이아몬드 등	Na, Fe, Mg 등

문제 보기

그림은 나트륨의 결합 모형과 다이아몬드의 구조 모형을 나타낸 것이다.

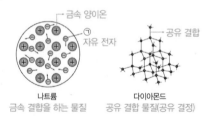

나트륨
금속 결합을 하는 물질

다이아몬드
공유 결합 물질(공유 결정)

이에 대한 설명으로 옳은 것만을 〈보기〉에서 있는 대로 고른 것은?

〈보기〉 풀이

나트륨(Na)은 금속 원소로 이루어진 금속 결합을 하는 물질이고, 다이아몬드(C)는 C 원자 사이에 공유 결합으로 이루어진 공유 결합 물질이다.

ㄱ. ㉠은 자유 전자이다.
➡ 금속 결합을 하는 물질의 구성 입자는 금속 양이온과 자유 전자이다. 자유 전자는 금속 양이온 사이를 자유롭게 이동하므로 ㉠은 자유 전자이다.

ㄴ. 다이아몬드는 공유 결합 물질이다.
➡ 다이아몬드는 C 원자 사이에 전자를 공유하여 이루어진 물질이므로 공유 결합 물질이다.

ㄷ. 고체 상태에서 전기 전도성은 나트륨이 다이아몬드보다 크다.
➡ 금속은 고체 상태에서 전기 전도성이 있지만, 공유 결합 물질은 고체 상태에서 전기 전도성이 없다. 따라서 고체 상태에서 전기 전도성은 나트륨이 다이아몬드보다 크다.

03 화학 결합에 따른 물질의 성질 2021학년도 수능 화I 4번

적용해야 할 개념 ③가지

① 구성 원소에 따른 화학 결합

결합의 종류	이온 결합	공유 결합	금속 결합
구성 원소	금속 원소＋비금속 원소	비금속 원소	금속 원소

② 금속의 연성(뽑힘성)과 전성(펴짐성): 금속에 힘을 가하면 금속의 모양이 변형되면서 금속 결합이 유지되도록 자유 전자가 이동하므로 부서지지 않는다.

③ 액체 상태에서 전기 전도성: 금속과 이온 결합 물질은 전기 전도성이 있지만, 공유 결합 물질은 전기 전도성이 없다.

문제 보기

다음은 3가지 물질이다.

구리(Cu)   염화 나트륨(NaCl)   다이아몬드(C)
금속 결합   이온 결합   공유 결합

이에 대한 설명으로 옳은 것만을 〈보기〉에서 있는 대로 고른 것은? [3점]

보기

〈보기〉 풀이

구리(Cu)는 구성 원소가 금속이므로 금속 결합을 하고, 염화 나트륨(NaCl)은 구성 원소가 금속과 비금속이므로 이온 결합을 하며, 다이아몬드(C)는 구성 원소기 비금속이므로 공유 결합을 한다.

ㄱ. **Cu(s)는 연성(뽑힘성)이 있다.**
➡ Cu(s)는 금속이므로 힘을 가하면 자유 전자에 의해 금속 결합이 유지되면서 늘어난다. 따라서 Cu(s)는 연성(뽑힘성)이 있다.

ㄴ. **NaCl(l)은 전기 전도성이 있다.**
➡ NaCl(l)은 이온 결합 물질이므로 액체 상태에서 전기 전도성이 있다.

ㄷ. **C(s, 다이아몬드)를 구성하는 원자는 공유 결합을 하고 있다.**
➡ C(다이아몬드)는 비금속 원소이므로 다이아몬드를 구성하는 C 원자 사이에는 공유 결합이 있다.

04 화학 결합에 따른 물질의 성질 2020학년도 3월 학평 화I 12번

적용해야 할 개념 ②가지

① 구성 원소에 따른 화학 결합

결합의 종류	이온 결합	공유 결합	금속 결합
구성 원소	금속 원소＋비금속 원소	비금속 원소	금속 원소

② 화학 결합과 물질의 상태에 따른 전기 전도성

구분	고체 상태	액체 상태	수용액
이온 결합 물질	없다.	있다.	있다.
공유 결합 물질	없다(단, 흑연 제외).	없다.	없다.(단, 산의 수용액은 있다.)
금속 결합 물질	있다.	있다.	

문제 보기

표는 물질 (가)~(다)에 대한 자료이다. (가)~(다)는 각각 구리(Cu), 설탕($C_{12}H_{22}O_{11}$), 염화 칼슘($CaCl_2$) 중 하나이다.
금속   공유 결합 물질   이온 결합 물질

금속, 이온 결합 물질은 전기 전도성이 있다.

물질	전기 전도성	
	고체 상태	액체 상태
(가) $C_{12}H_{22}O_{11}$	없음	없음
(나) $CaCl_2$	없음	있음
(다) Cu	있음	있음

금속만 전기 전도성이 있다.

이에 대한 옳은 설명만을 〈보기〉에서 있는 대로 고른 것은?

보기

〈보기〉 풀이

구리(Cu)는 구성 원소가 금속 원소이므로 금속 결합을 하는 물질이다. 설탕($C_{12}H_{22}O_{11}$)은 구성 원소가 비금속 원소이므로 공유 결합 물질이다. 염화 칼슘($CaCl_2$)은 구성 원소가 금속 원소와 비금속 원소이므로 이온 결합 물질이다. Cu는 고체 상태와 액체 상태에서 전기 전도성이 있으므로 (다)이고, $C_{12}H_{22}O_{11}$은 고체 상태와 액체 상태에서 전기 전도성이 없으므로 (가)이며, $CaCl_2$은 액체 상태에서만 전기 전도성이 있으므로 (나)이다.

ㄱ. **(가)는 설탕이다.**
➡ (가)~(다)는 각각 $C_{12}H_{22}O_{11}$, $CaCl_2$, Cu이다.

ㄴ. **(나)는 수용액 상태에서 전기 전도성이 있다.**
➡ $CaCl_2$의 수용액에는 Ca^{2+}과 Cl^-이 있으므로 $CaCl_2$의 수용액은 전기 전도성이 있다.

ㄷ. **(다)는 금속 결합 물질이다.**
➡ Cu는 금속 원소로 이루어진 금속 결합 물질이다.

적용해야 할 개념 ③가지

① 화학 결합과 구성 원소

화학 결합	금속 결합	공유 결합	이온 결합
구성 원소	금속 원소	비금속 원소	금속 원소, 비금속 원소

② 이온 결합 물질의 화학식: 이온 결합 물질은 양이온과 음이온의 총 전하량의 합이 0이 되는 이온 수비로 결합한다.
➡ A^{m+}과 B^{n-}으로 이루어진 화합물의 화학식은 A_nB_m이다.

③ 액체 상태에서 전기 전도성: 금속과 이온 결합 물질은 전기 전도성이 있지만, 공유 결합 물질은 전기 전도성이 없다.

문제 보기

표는 원소 A~D로 이루어진 3가지 화합물에 대한 자료이다. A~D는 각각 O, F, Na, Mg 중 하나이다.

화합물	AB_2 MgF₂	CB NaF	DB_2 OF₂
액체의 전기 전도성	있음	㉠ 있음	없음
	이온 결합 물질	이온 결합 물질	공유 결합 물질

이에 대한 옳은 설명만을 〈보기〉에서 있는 대로 고른 것은?

〈보기〉 풀이

DB_2는 액체의 전기 전도성이 없으므로 공유 결합 물질이다. 공유 결합 물질은 비금속 원소로 이루어지므로 DB_2는 OF_2이고, B와 D는 각각 F, O이다. AB_2는 액체의 전기 전도성이 있으므로 이온 결합 물질이다. B는 F이므로 A는 Mg이고, C는 Na이며, AB_2는 MgF_2이다.

✗ ㉠은 '없음'이다.
➡ CB(NaF)는 이온 결합 물질이므로 액체의 전기 전도성이 있다. 따라서 ㉠은 '있음'이다.

✗ A는 Na이다.
➡ A~D는 각각 Mg, F, Na, O이다.

ㄷ C_2D는 이온 결합 물질이다.
➡ $C_2D(Na_2O)$는 금속 원소인 Na과 비금속 원소인 O로 이루어져 있으므로 이온 결합 물질이다.

보기

적용해야 할 개념 ②가지

① 구성 원소에 따른 화학 결합과 물질의 상태에 따른 전기 전도성

결합의 종류		이온 결합	공유 결합	금속 결합
구성 원소		금속 원소＋비금속 원소	비금속 원소	금속 원소
전기 전도성	고체 상태	없다.	없다(단, 흑연 제외).	있다.
	액체 상태	있다.	없다.	있다.

② 이온 결합 물질의 화학식: 이온 결합 물질은 전기적으로 중성이므로 양이온의 전체 전하의 양과 음이온의 전체 전하의 양이 같아지는 이온 수비로 결합한다. ➡ A^{m+}과 B^{n-}이 결합하여 생성되는 이온 결합 물질의 화학식은 A_nB_m이다.

문제 보기

그림은 바닥상태 원자 W~Z의 전자 배치를 모형으로 나타낸 것이다.

W O　　X Na　　Y Al　　Z Cl

이에 대한 설명으로 옳은 것만을 〈보기〉에서 있는 대로 고른 것은? (단, W~Z는 임의의 원소 기호이다.)

〈보기〉 풀이

W~Z는 각각 O, Na, Al, Cl이다.

ㄱ XZ(l)는 전기 전도성이 있다.
➡ X(Na)는 금속 원소이고, Z(Cl)는 비금속 원소이므로 XZ(NaCl)는 이온 결합 물질이다. 이온 결합 물질은 액체 상태에서 전기 전도성이 있으므로 XZ(l)는 전기 전도성이 있다.

✗ Z_2W는 이온 결합 물질이다.
➡ W(O)와 Z(Cl)는 모두 비금속 원소이므로 $Z_2W(Cl_2O)$는 공유 결합 물질이다.

ㄷ W와 Y는 3 : 2로 결합하여 안정한 화합물을 형성한다.
➡ W(O)는 비금속 원소이고, Y(Al)는 금속 원소이므로 W와 Y로 이루어진 화합물은 이온 결합 물질이다. 이온 결합 물질을 이룰 때 W와 Y는 각각 $W^{2-}(O^{2-})$과 $Y^{3+}(Al^{3+})$ 상태로 결합하고, 이온 결합 물질에서 양이온과 음이온의 전하량 합은 0이 되어야 하므로 W와 Y로 이루어진 화합물의 화학식은 $Y_2W_3(Al_2O_3)$이다. 따라서 W와 Y는 3 : 2로 결합하여 안정한 화합물을 형성한다.

보기

07 화학 결합에 따른 물질의 성질 2020학년도 7월 학평 화I 11번
정답 ⑤ | 정답률 79 %

적용해야 할 개념 ③가지

① 구성 원소에 따른 화학 결합

결합의 종류	이온 결합	공유 결합	금속 결합
구성 원소	금속 원소+비금속 원소	비금속 원소	금속 원소

② 전기 음성도의 주기성: 같은 주기에서는 원자 번호가 커질수록 대체로 증가하고, 같은 족에서는 원자 번호가 커질수록 대체로 감소한다.

③ 고체 결정의 부서짐과 연성, 전성: 공유 결합 물질(분자 결정)과 이온 결합 물질은 외부에서 힘을 가하면 쉽게 부서지지만, 금속 결합 물질은 연성, 전성이 있어 외부에서 힘을 가해도 쉽게 부서지지 않는다.

문제 보기

다음은 원소 A~E로 이루어진 물질에 대한 자료이다.

	CO_2 OF_2	Mg Na	MgO NaF
물질	AD_2, DE_2	B, C	BD, CE
화학 결합의 종류	공유 결합	㉠ 금속 결합	㉡ 이온 결합

○ A~E의 원자 번호는 각각 6, 8, 9, 11, 12 중 하나이다.
   C, O, F, Na, Mg

○ ㉠과 ㉡은 각각 이온 결합과 금속 결합 중 하나이다.

이에 대한 설명으로 옳은 것만을 〈보기〉에서 있는 대로 고른 것은? (단, A~E는 임의의 원소 기호이다.)

〈보기〉 풀이

A~E는 각각 C, O, F, Na, Mg 중 하나이다. AD_2, DE_2는 공유 결합을 하므로 A, D, E는 비금속 원소인 C, O, F 중 하나이다. AD_2와 DE_2를 만족하는 분자식은 각각 CO_2, OF_2이므로 A, D, E는 각각 C, O, F이다. B와 C는 각각 금속 원소인 Na, Mg 중 하나이므로 ㉠은 금속 결합이고, ㉡은 이온 결합이다. 이온 결합 물질인 BD와 CE에서 B와 D, C와 E는 각각 1 : 1의 원자수비로 결합하므로 B는 Mg, C는 Na이다.

ㄱ. **전기 음성도는 D>A이다.**
➡ 같은 주기에서 원자 번호가 클수록 전기 음성도가 크므로 전기 음성도는 D(O)>A(C)이다.

ㄴ. **고체 상태의 B와 C는 전기 전도성이 있다.**
➡ B(Mg)와 C(Na)는 금속이므로 고체 상태에서 전기 전도성이 있다.

ㄷ. **고체 상태의 BD와 CE는 외부에서 힘을 가하면 쉽게 부서진다.**
➡ BD(MgO)와 CE(NaF)는 이온 결합 물질이므로 외부에서 힘을 가하면 이온 층이 밀리면서 같은 전하를 띠는 이온 사이에 반발력이 작용하여 쉽게 부서진다.

---

08 화학 결합에 따른 물질의 성질 2021학년도 10월 학평 화I 10번
정답 ⑤ | 정답률 70 %

적용해야 할 개념 ②가지

① 구성 원소에 따른 화학 결합과 물질의 상태에 따른 전기 전도성

결합의 종류		이온 결합	공유 결합	금속 결합
구성 원소		금속 원소+비금속 원소	비금속 원소	금속 원소
전기 전도성	고체 상태	없다.	없다(단, 흑연 제외).	있다.
	액체 상태	있다.	없다.	있다.

② 2, 3주기 원소의 이온의 전자 배치: 2주기 금속 양이온의 전자 배치는 헬륨(He)과 같고, 2주기 비금속 음이온과 3주기 금속 양이온의 전자 배치는 네온(Ne)과 같으며, 3주기 비금속 음이온의 전자 배치는 아르곤(Ar)과 같다.

문제 보기

다음은 2, 3주기 원소 X~Z로 이루어진 화합물과 관련된 자료이다. 화합물에서 X~Z는 모두 옥텟 규칙을 만족한다.

○ X~Z의 이온은 모두 18족 원소의 전자 배치를 갖는다.
○ 이온의 전자 수

이온	X 이온 Mg^{2+}	Y 이온 O^{2-}	Z 이온 Cl^-
전자 수	n 10	n 10	$n+8$ 18

○ 액체 상태에서의 전기 전도성

화합물	XY MgO	XZ_2 $MgCl_2$	YZ_2 OCl_2
액체 상태에서의 전기 전도성	있음	㉠ 있음	없음

Y와 Z는 비금속 원소

이에 대한 설명으로 옳은 것만을 〈보기〉에서 있는 대로 고른 것은? (단, X~Z는 임의의 원소 기호이다.) [3점]

〈보기〉 풀이

YZ_2는 액체 상태에서 전기 전도성이 없으므로 공유 결합 물질이고, XY는 액체 상태에서 전기 전도성이 있으므로 이온 결합 물질이다. 공유 결합 물질은 비금속 원소로 이루어지고, 이온 결합 물질은 금속 원소와 비금속 원소로 이루어지므로 X는 금속 원소이고, Y와 Z는 비금속 원소이다. 2주기 금속 원소는 이온일 때 전자 배치가 He과 같고, 2주기 비금속 원소와 3주기 금속 원소는 이온일 때 전자 배치가 Ne과 같으며, 3주기 비금속 원소는 이온일 때 전자 배치가 Ar과 같다. X 이온과 Y 이온은 전자 수가 같으므로 X는 3주기 금속 원소이고, Y는 2주기 비금속 원소이다. Z 이온은 전자 수가 X 이온과 Y 이온보다 8만큼 크므로 Z는 3주기 비금속 원소이다. XZ_2는 금속 원소인 X와 비금속 원소인 Z로 이루어지므로 이온 결합 물질이고, X와 Z가 1 : 2의 개수비로 결합하므로 X는 Mg, Z는 Cl이다. XY에서 X와 Y가 1 : 1의 개수비로 결합하므로 Y는 O이다.

ㄱ. **X는 3주기 원소이다.**
➡ X~Z는 각각 Mg, O, Cl이므로 X(Mg)는 3주기 원소이다.

ㄴ. **'있음'은 ㉠으로 적절하다.**
➡ XZ_2($MgCl_2$)는 이온 결합 물질이므로 액체 상태에서 전기 전도성이 있다. 따라서 '있음'은 ㉠으로 적절하다.

ㄷ. **원자가 전자 수는 Z>Y이다.**
➡ 원자가 전자 수는 Y(O)는 6이고, Z(Cl)는 7이다. 따라서 원자가 전자 수는 Z>Y이다.

적용해야 할 개념 ②가지

① 구성 원소에 따른 화학 결합과 물질의 상태에 따른 전기 전도성

결합의 종류		이온 결합	공유 결합	금속 결합
구성 원소		금속 원소＋비금속 원소	비금속 원소	금속 원소
전기 전도성	고체 상태	없다.	없다(단, 흑연 제외).	있다.
	액체 상태	있다.	없다.	있다.

② 고체 결정의 부서짐과 연성, 전성: 공유 결합 물질(분자 결정)과 이온 결합 물질은 외부에서 힘을 가하면 쉽게 부서지지만, 금속 결합 물질은 연성, 전성이 있어 외부에서 힘을 가해도 쉽게 부서지지 않는다.

문제 보기

그림은 염화 나트륨(NaCl)의 전기 분해 과정을 나타낸 것이다.

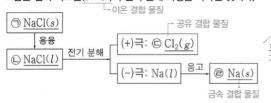

이에 대한 설명으로 옳은 것만을 〈보기〉에서 있는 대로 고른 것은?

[3점]

〈보기〉 풀이

염화 나트륨(NaCl)을 구성하는 원소는 금속 원소인 Na과 비금속 원소인 Cl이므로 NaCl은 이온 결합 물질이다.

ㄱ. ©은 공유 결합 물질이다.
➡ ©인 Cl_2를 구성하는 원소는 비금속 원소인 Cl이므로 Cl_2는 공유 결합 물질이다.

✗ 전기 전도성은 ㉠이 ㉡보다 크다.
➡ 이온 결합 물질은 고체 상태에서 양이온과 음이온이 강하게 결합되어 있어 자유롭게 움직일 수 없으므로 전기 전도성이 없다. 하지만 액체 상태에서는 양이온과 음이온이 자유롭게 움직일 수 있으므로 전기 전도성이 있다. 따라서 ㉠인 NaCl(s)은 전기 전도성이 없고, ㉡인 NaCl(l)은 전기 전도성이 있다. 즉, 전기 전도성은 ㉡이 ㉠보다 크다.

✗ 연성(뽑힘성)은 ㉠이 ㉣보다 크다.
➡ 이온 결합 물질에 힘을 가하면 이온 층이 밀리면서 같은 전하를 띤 이온 사이에 반발력이 작용하므로 이온 결합 물질은 쉽게 부서진다. 이로부터 이온 결합 물질은 연성(뽑힘성)이 작다는 것을 알 수 있다. 금속 결합 물질에 힘을 가하면 자유 전자가 이동하여 금속 결합을 유지시키므로 금속 결합 물질은 연성(뽑힘성)이 크다. 따라서 연성(뽑힘성)은 금속 결합 물질인 ㉣이 이온 결합 물질인 ㉠보다 크다.

적용해야 할 개념 ②가지

① 구성 원소에 따른 화학 결합과 물질의 상태에 따른 전기 전도성

결합의 종류		이온 결합	공유 결합	금속 결합
구성 원소		금속 원소＋비금속 원소	비금속 원소	금속 원소
전기 전도성	고체 상태	없다.	없다(단, 흑연 제외).	있다.
	액체 상태	있다.	없다.	있다.

② 금속의 연성(뽑힘성)과 전성(펴짐성): 금속에 힘을 가하면 자유 전자가 이동하여 금속 결합을 유지시키므로 금속이 부서지지 않고 모양이 변한다.

문제 보기

그림은 3가지 물질을 주어진 기준에 따라 분류한 것이다.

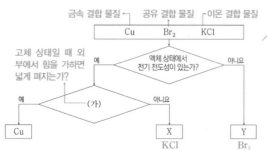

이에 대한 설명으로 옳은 것만을 〈보기〉에서 있는 대로 고른 것은?

〈보기〉 풀이

Cu, Br_2, KCl 중 액체 상태에서 전기 전도성이 있는 물질은 금속 결합 물질인 Cu와 이온 결합 물질인 KCl이다. 따라서 X와 Y는 각각 KCl, Br_2이다.

ㄱ. '고체 상태일 때 외부에서 힘을 가하면 넓게 펴지는가?'는 (가)로 적절하다.
➡ Cu는 금속 결합 물질이므로 펴짐성(전성)이 커서 고체 상태일 때 외부에서 힘을 가하면 넓게 펴진다. KCl은 이온 결합 물질이므로 외부에서 힘을 가하면 이온 층이 밀리면서 같은 전하를 띠는 이온 사이에 반발력이 작용하여 쉽게 부서진다.

ㄴ. Y는 Br_2이다.
➡ Y는 액체 상태에서 전기 전도성이 없으므로 공유 결합 물질인 Br_2이다.

ㄷ. X는 이온 결합 물질이다.
➡ X(KCl)는 금속 원소인 K과 비금속 원소인 Cl로 이루어진 이온 결합 물질이다.

적용해야 할 개념 ①가지

① 화학 결합과 물질의 상태에 따른 전기 전도성

결합의 종류	이온 결합 물질	공유 결합 물질	금속 결합 물질
고체 상태	없다.	없다(단, 흑연 제외).	있다.
액체 상태	있다.	없다.	있다.
수용액 상태	있다.	*	—

* 공유 결합 물질의 수용액 상태에서의 전기 전도성: 물에 녹아 분자 상태로 존재하는 포도당, 설탕, 에탄올 등은 전기 전도성이 없고, 물에 녹아 이온화하는 염화 수소, 암모니아, 아세트산 등은 전기 전도성이 있다.

문제 보기

다음은 학생 X가 수행한 탐구 활동이다. A와 B는 각각 염화 칼륨(KCl)과 포도당($C_6H_{12}O_6$) 중 하나이다.

[가설]

○ KCl과 $C_6H_{12}O_6$은 ⎡고체⎤ 상태에서 전기 전도성 유무로 구분할 수 없지만, ⎡㉠⎤ 상태에서는 전기 전도성 유무로 구분할 수 있다. 수용액

[탐구 과정 및 결과]

(가) 그림과 같이 전류가 흐르면 LED 램프가 켜지는 전기 전도성 측정 장치를 준비한다.

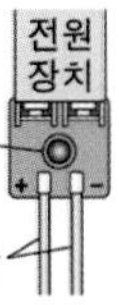

전원 장치
LED 램프
전극

(나) KCl(s)에 전극을 대어 LED 램프가 켜지는지 확인하고, 결과를 표로 정리한다.

(다) KCl(s) 대신 KCl(aq), $C_6H_{12}O_6$(s), $C_6H_{12}O_6$(aq)을 이용하여 (나)를 반복한다.

물질	이온 결합 A 물질		B 공유 결합 물질	
	고체 상태	수용액 상태	고체 상태	수용액 상태
LED 램프	×	○	×	×

(○: 켜짐, ×: 켜지지 않음)

[결론]

○ 가설은 옳다.

학생 X의 탐구 과정 및 결과와 결론이 타당할 때, 이에 대한 설명으로 옳은 것만을 〈보기〉에서 있는 대로 고른 것은? [3점]

보기

〈보기〉 풀이

ㄱ '수용액'은 ㉠으로 적절하다.

➡ 학생 X는 KCl에 대해 KCl(s), KCl(aq)으로 전기 전도성 유무를 확인하는 실험을 수행하고, $C_6H_{12}O_6$에 대해 $C_6H_{12}O_6$(s), $C_6H_{12}O_6$(aq)으로 전기 전도성 유무를 확인하는 실험을 수행하여 얻은 결과로 가설이 옳다는 결론에 도달하였다. 이때 학생 X의 결론이 타당하므로 ㉠은 '수용액'이 적절하다.

ㄴ A는 KCl이다.

➡ A는 고체 상태에서는 전기 전도성이 없지만 수용액 상태에서는 전기 전도성이 있으므로 이온 결합 물질인 KCl이다.

ㄷ B는 공유 결합 물질이다.

➡ B는 고체 상태와 수용액 상태에서 모두 전기 전도성이 없는 것으로 보아 공유 결합 물질인 $C_6H_{12}O_6$이다.

적용해야 할 개념 ②가지

① 금속의 성질: 자유 전자가 있으므로 고체 상태와 액체 상태에서 전기 전도성이 있고, 금속에 힘을 가하여 모양을 변형시켜도 자유 전자가 이동하여 금속 결합을 유지시키므로 연성(뽑힘성)과 전성(펴짐성)이 크다.

② 화학 결합과 구성 원소

화학 결합	이온 결합	공유 결합	금속 결합
구성 원소	금속 원소＋비금속 원소	비금속 원소	금속 원소

문제 보기

그림은 화합물 AB_2와 AC를 화학 결합 모형으로 나타낸 것이다.

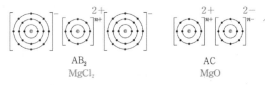

AB₂
MgCl₂

AC
MgO

이에 대한 옳은 설명만을 〈보기〉에서 있는 대로 고른 것은?
(단, A～C는 임의의 원소 기호이다.)

〈보기〉 풀이

AB_2에서 양이온과 음이온의 전하의 합은 0이므로 $n=2$이고, A^{n+}은 Mg^{2+}이다. AC는 A^{n+}과 C^{n-}으로 이루어지고, A^{n+}은 Mg^{2+}이므로 C^{n-}은 O^{2-}이다. 따라서 AB₂는 MgCl₂이고, AC는 MgO이므로 A～C는 각각 Mg, Cl, O이다.

ㄱ. $n=2$이다.
➡ A^{n+}은 Mg^{2+}이므로 $n=2$이다.

ㄴ. $A(s)$는 전기 전도성이 있다.
➡ A(Mg)는 금속이므로 고체 상태에서 전기 전도성이 있다.

ㄷ. B와 C로 구성된 화합물은 공유 결합 물질이다.
➡ B(Cl)와 C(O)는 비금속 원소이므로 B와 C로 구성된 화합물은 공유 결합 물질이다.

보기

적용해야 할 개념 ②가지

① 금속의 전성(펴짐성)과 연성(뽑힘성): 금속에 힘을 가하여 모양을 변형시켜도 자유 전자가 이동하여 금속 결합을 유지시키므로 금속은 전성(펴짐성)과 연성(뽑힘성)이 크다.

② 이온 결합 물질과 공유 결합 물질의 구성 원소와 전기 전도성

구분		이온 결합 물질	공유 결합 물질
구성 원소		금속 원소＋비금속 원소	비금속 원소
전기 전도성	고체 상태	없다.	없다(단, 흑연 제외).
	액체 상태	있다.	없다.

문제 보기

그림은 화합물 ABC와 DC를 화학 결합 모형으로 나타낸 것이다.

NaOCl HCl

A⁺ Na⁺   BC⁻ OCl⁻   D H C Cl

이에 대한 설명으로 옳은 것만을 〈보기〉에서 있는 대로 고른 것은? (단, A～D는 임의의 원소 기호이다.)

〈보기〉 풀이

A^+은 Na^+이고, BC^-은 OCl^-이며, DC는 HCl이다. 따라서 A～D는 각각 Na, O, Cl, H이다.

ㄱ. $A(s)$는 전성(펴짐성)이 있다.
➡ A(Na)는 금속이므로 고체 상태에서 전성(펴짐성)이 있다.

ㄴ. $AC(l)$는 전기 전도성이 있다.
➡ AC(NaCl)는 금속 원소인 Na과 비금속 원소인 Cl로 이루어졌으므로 이온 결합 물질이다. 이온 결합 물질은 액체 상태에서 전기 전도성이 있으므로 $AC(l)$는 전기 전도성이 있다.

ㄷ. D_2B는 공유 결합 물질이다.
➡ $D_2B(H_2O)$를 구성하는 원소인 H, O는 비금속 원소이므로 D_2B는 공유 결합 물질이다.

보기

14 화학 결합 모형 2024학년도 6월 모평 화I 2번 | 정답 ① | 정답률 87%

적용해야 할 개념 ③가지

① 이온 결합 물질의 전자 배치 모형에서 구성 원자의 원자가 전자 수: 금속 원자는 '잃은 전자 수'이고, 비금속 원자는 '8−얻은 전자 수'이다.

② 이온이 Ne의 전자 배치를 갖는 원소의 이온

원소	O	F	Na	Mg
이온	O^{2-}	F^-	Na^+	Mg^{2+}

③ 화학 결합과 구성 원소

화학 결합	금속 결합	공유 결합	이온 결합
구성 원소	금속 원소	비금속 원소	금속 원소+비금속 원소

문제 보기

그림은 화합물 **AB**와 **CD**를 화학 결합 모형으로 나타낸 것이다.

┌MgO ┌NaF

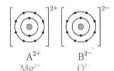

A^{2+} B^{2-} C^+ D^-
Mg^{2+} O^{2-} Na^+ F^-

이에 대한 설명으로 옳은 것만을 〈보기〉에서 있는 대로 고른 것은? (단, A~D는 임의의 원소 기호이다.)

〈보기〉 풀이

AB와 CD는 각각 MgO, NaF이므로 A~D는 각각 Mg, O, Na, F이다.

ㄱ. **A~D에서 2주기 원소는 2가지이다.**
➡ B(O)와 D(F)는 2주기 원소이고, A(Mg)와 C(Na)는 3주기 원소이다.

✗ **A는 비금속 원소이다.**
➡ 금속 원소는 A(Mg)와 C(Na)이고, 비금속 원소는 B(O)와 D(F)이다.

✗ **BD_2는 이온 결합 물질이다.**
➡ 이온 결합 물질은 금속 원소와 비금속 원소로 이루어지고, 공유 결합 물질은 비금속 원소로 이루어진다. BD_2(OF_2)는 비금속 원소인 B(O)와 D(F)로 이루어지므로 공유 결합 물질이다.

보기

15 화학 결합 모형 2023학년도 4월 학평 3번 | 정답 ⑤ | 정답률 80%

적용해야 할 개념 ②가지

① 족에 따른 원자가 전자 수

족	1	2	13	14	15	16	17
원자가 전자 수	1	2	3	4	5	6	7

② 화학 결합과 물질의 상태에 따른 전기 전도성

구분	이온 결합	공유 결합	금속 결합
고체 상태	없다.	없다(단, 흑연 제외).	있다.
액체 상태	있다.	없다.	있다.

문제 보기

OCl₂ LiOCl
그림은 화합물 **AB₂**와 **CAB**를 화학 결합 모형으로 나타낸 것이다.

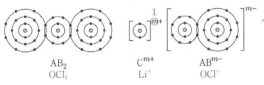

AB_2 C^{m+} AB^{m-}
OCl_2 Li^+ OCl^-

이에 대한 설명으로 옳은 것만을 〈보기〉에서 있는 대로 고른 것은? (단, A~C는 임의의 원소 기호이다.)

〈보기〉 풀이

AB_2는 OCl_2이므로 A와 B는 각각 O, Cl이다. AB^{m-}은 OCl_2에서 Cl 1개가 빠져나가고 전자 1개가 들어가 생성된 것으로 볼 수 있으므로 OCl^-이다. 따라서 $m=1$이므로 C^{m+}은 Li^+이고, C는 Li이다.

ㄱ. **고체 상태에서 전기 전도성은 C>AB_2이다.**
➡ C(Li)는 금속이므로 고체 상태에서 전기 전도성이 있지만, AB_2(OCl_2)는 비금속 원소로 이루어진 공유 결합 물질이므로 고체 상태에서 전기 전도성이 없다. 따라서 고체 상태에서 전기 전도성은 C(Li)>AB_2(OCl_2)이다.

ㄴ. **A_2의 공유 전자쌍 수는 2이다.**
➡ A_2(O_2)에는 2중 결합이 있으므로 A_2의 공유 전자쌍 수는 2이다.

ㄷ. **$m=1$이다.**
➡ CAB는 Li^+과 OCl^-으로 이루어졌으므로 $m=1$이다.

보기

적용해야 할 개념 ③가지

① 족에 따른 원자가 전자 수

족	1	2	13	14	15	16	17	18
원자가 전자 수	1	2	3	4	5	6	7	0

② 금속의 연성(뽑힘성)과 전성(펴짐성): 금속에 힘을 가하여 모양을 변형시켜도 자유 전자가 이동하여 금속 결합을 유지시키므로 금속은 연성(뽑힘성)과 전성(펴짐성)이 있다.

③ 이온 결합 물질의 화학식

구성 원소	금속	1족 원소 A	1족 원소 A	2족 원소 B	2족 원소 B	13족 원소 C	13족 원소 C
	비금속	16족 원소 X	17족 원소 Y	16족 원소 X	17족 원소 Y	16족 원소 X	17족 원소 Y
화학식		A_2X	AY	BX	BY_2	C_2X_3	CY_3

문제 보기

그림은 화합물 ABC와 CD를 화학 결합 모형으로 나타낸 것이다.

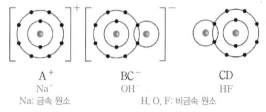

A⁺   BC⁻   CD
Na⁺   OH⁻   HF
Na: 금속 원소   H, O, F: 비금속 원소

이에 대한 옳은 설명만을 〈보기〉에서 있는 대로 고른 것은? (단, A~D는 임의의 원소 기호이다.)

〈보기〉 풀이

A~D는 각각 Na, O, H, F이다.

ㄱ. A(s)는 전성(펴짐성)이 있다.
➡ A(Na)는 금속이므로 모양을 변형시켜도 자유 전자가 이동하여 금속 결합을 유지시킨다. 따라서 A(s)는 전성(펴짐성)이 있다.

ㄴ. A~D 중 2주기 원소는 2가지이다.
➡ C(H)는 1주기 원소이고, B(O)와 D(F)는 2주기 원소이며, A(Na)는 3주기 원소이다. 따라서 2주기 원소는 B(O)와 D(F) 2가지이다.

ㄷ. A와 D로 구성된 안정한 화합물은 AD이다.
➡ A(Na)는 금속 원소이고, D(F)는 비금속 원소이므로 A와 D가 화합물을 형성할 때 A는 전자 1개를 잃어 $A^+(Na^+)$이 되고 D는 전자 1개를 얻어 $D^-(F^-)$이 된다. 따라서 A^+과 D^-으로 이루어진 화합물의 화학식은 AD(NaF)이다.

적용해야 할 개념 ③가지

① 금속의 연성(뽑힘성)과 전성(펴짐성): 금속에 힘을 가하면 자유 전자가 이동하여 금속 결합을 유지시키므로 금속이 부서지지 않고 모양이 변한다.

② 이온 결합 물질의 화학식: 이온 결합 물질은 양이온과 음이온의 총 전하량의 합이 0이 되는 이온 수비로 결합한다.
➡ A^{m+}과 B^{n-}으로 이루어진 화합물의 화학식은 A_nB_m이다.

③ 화학 결합과 구성 원소

화학 결합	금속 결합	공유 결합	이온 결합
구성 원소	금속 원소	비금속 원소	금속 원소, 비금속 원소

문제 보기

그림은 화합물 A_2B와 CBD를 화학 결합 모형으로 나타낸 것이다.

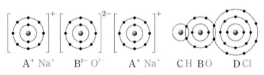

A⁺ Na⁺   B²⁻ O²⁻   A⁺ Na⁺   C H B O   D Cl

이에 대한 설명으로 옳은 것만을 〈보기〉에서 있는 대로 고른 것은? (단, A~D는 임의의 원소 기호이다.)

〈보기〉 풀이

A는 Na, B는 O, C는 H, D는 Cl이다.

ㄱ. A(s)는 전성(펴짐성)이 있다.
➡ 금속은 외부에서 힘을 가하면 부서지지 않고 넓게 펴지는 전성이 있다. A(Na)는 금속이므로 전성이 있다.

ㄴ. A와 D의 안정한 화합물은 AD이다.
➡ A(Na)와 D(Cl)의 안정한 이온은 각각 Na^+과 Cl^-이므로 A와 D의 안정한 화합물은 AD(NaCl)이다.

ㄷ. C_2B는 공유 결합 물질이다.
➡ $C_2B(H_2O)$를 구성하는 원소는 모두 비금속 원소이므로 $C_2B(H_2O)$는 공유 결합 물질이다.

| 18 | 화학 결합 모형 2023학년도 6월 모평 화I 3번 | | | 정답 ⑤ \| 정답률 85% |

적용해야 할 개념 ②가지

① 구성 원소에 따른 화학 결합과 물질의 상태에 따른 전기 전도성

결합의 종류		이온 결합	공유 결합	금속 결합
구성 원소		금속 원소+비금속 원소	비금속 원소	금속 원소
전기 전도성	고체 상태	없다.	없다(단, 흑연 제외).	있다.
	액체 상태	있다.	없다.	있다.

② 금속의 연성(뽑힘성)과 전성(펴짐성): 금속에 힘을 가하면 자유 전자가 이동하여 금속 결합을 유지시키므로 금속이 부서지지 않고 모양이 변한다.

문제 보기

그림은 화합물 A_2B와 CD를 화학 결합 모형으로 나타낸 것이다.

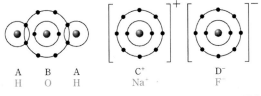

A B A
H O H

C^+ D^-
Na^+ F^-

이에 대한 설명으로 옳은 것만을 〈보기〉에서 있는 대로 고른 것은? (단, A~D는 임의의 원소 기호이다.)

〈보기〉 풀이

A_2B에서 B 원자는 2개의 A 원자와 각각 1개의 전자쌍을 공유하여 결합하므로 A와 B는 각각 H, O이다. CD는 C가 전자 1개를 잃어 생성된 C^+과 D가 전자를 1개 얻어 생성된 D^-의 결합으로 형성되며, 이때 두 이온의 전자 배치는 Ne과 같으므로 C와 D는 각각 Na, F이다.

ㄱ. A_2B는 공유 결합 물질이다.
➡ A(H)와 B(O)는 비금속 원소이므로 $A_2B(H_2O)$는 공유 결합 물질이다.

ㄴ. C(s)는 연성(뽑힘성)이 있다.
➡ C(Na)는 금속 원소이므로 C(s)에 힘을 가하면 자유 전자가 이동하여 금속 결합을 유지시킨다. 따라서 C(s)는 연성(뽑힘성)과 전성(펴짐성)이 있다.

ㄷ. $C_2B(l)$는 전기 전도성이 있다.
➡ $C_2B(Na_2O)$는 금속 원소와 비금속 원소로 이루어진 이온 결합 물질이다. 이온 결합 물질은 액체 상태에서 전기 전도성이 있으므로 $C_2B(l)$는 전기 전도성이 있다.

보기

| 19 | 화학 결합 모형 2020학년도 9월 모평 화I 5번 | | | 정답 ③ \| 정답률 89% |

적용해야 할 개념 ②가지

① 구성 원소에 따른 화학 결합: 공유 결합을 구성하는 원소는 비금속 원소이고, 이온 결합을 구성하는 원소는 금속 원소와 비금속 원소이며, 금속 결합을 구성하는 원소는 금속 원소이다.
② 이원자 분자의 공유 전자쌍 수: H_2와 F_2은 공유 전자쌍 수가 1이고, O_2는 공유 전자쌍 수가 2이며, N_2는 공유 전자쌍 수가 3이다.

문제 보기

그림은 화합물 AB, C_2D를 화학 결합 모형으로 나타낸 것이다.

1주기 원소로 공유 전자쌍 수가 1이므로
원자가 전자 수가 1인 H

2주기 원소로 비공유 전자쌍 수가 2, 공유 전자쌍 수가 2이므로 원자가 전자 수가 6인 O

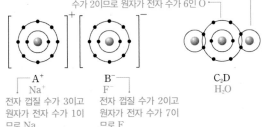

A^+ B^- C_2D
Na^+ F^- H_2O

전자 껍질 수가 3이고   전자 껍질 수가 2이고
원자가 전자 수가 1이   원자가 전자 수가 7이
므로 Na   므로 F

이에 대한 설명으로 옳은 것만을 〈보기〉에서 있는 대로 고른 것은? (단, A~D는 임의의 원소 기호이다.) [3점]

〈보기〉 풀이

A^+과 B^-은 각각 Na^+, F^-이므로 화합물 AB는 NaF이다. C와 D는 각각 H, O이므로 C_2D는 H_2O이다.

ㄱ. C_2D의 공유 전자쌍 수는 2이다.
➡ $C_2D(H_2O)$에서 C(H)와 D(O) 사이에 공유 전자쌍이 1개씩 있으므로 $C_2D(H_2O)$의 공유 전자쌍 수는 2이다.

ㄴ. A_2D는 이온 결합 화합물이다.
➡ A(Na)는 금속 원소, D(O)는 비금속 원소이므로 $A_2D(Na_2O)$는 이온 결합 화합물이다.

✗. B_2에는 2중 결합이 있다.
➡ $B_2(F_2)$에는 단일 결합이 있다.

보기

적용해야 할 개념 ④가지

① 이온 결합 물질의 전자 배치 모형에서 구성 원자의 원자가 전자 수: 금속 원자는 '잃은 전자 수'이고, 비금속 원자는 '8−얻은 전자 수'이다.

② 공유 결합 물질의 전자 배치 모형에서 구성 원자의 원자가 전자 수: 비공유 전자쌍 수×2＋공유 전자쌍 수

③ 이원자 분자의 공유 전자쌍 수: H_2와 F_2은 공유 전자쌍 수가 1이고, O_2는 공유 전자쌍 수가 2이며, N_2는 공유 전자쌍 수가 3이다.

④ 구성 원소에 따른 화학 결합과 물질의 상태에 따른 전기 전도성

결합의 종류		이온 결합	공유 결합	금속 결합
구성 원소		금속 원소＋비금속 원소	비금속 원소	금속 원소
전기 전도성	고체 상태	없다.	없다(단, 흑연 제외).	있다.
	액체 상태	있다.	없다.	있다.

문제 보기

그림은 화합물 AB와 CD_3를 화학 결합 모형으로 나타낸 것이다.

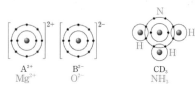

이에 대한 설명으로 옳은 것만을 〈보기〉에서 있는 대로 고른 것은? (단, A~D는 임의의 원소 기호이다.)

〈보기〉 풀이

A는 원자가 전자 수가 2인 3주기 원소 Mg이고, B는 원자가 전자 수가 6인 2주기 원소 O이다. C는 2주기 원소로 비공유 전자쌍 수가 1, 공유 전자쌍 수가 3이므로 원자가 전자 수가 5인 N인 고, D는 1주기 원소로 공유 전자쌍 수가 1이므로 H이다. 즉, AB는 MgO이고, CD_3는 NH_3이다.

ㄱ. AB는 이온 결합 물질이다.

➡ AB는 금속 원소의 양이온인 $A^{2+}(Mg^{2+})$과 비금속 원소의 음이온인 $B^{2-}(O^{2-})$이 결합하여 형성된 이온 결합 물질이다.

ㄴ. C_2에는 2중 결합이 있다.

➡ $C_2(N_2)$에는 3중 결합이 있다.

ㄷ. A(s)는 전기 전도성이 있다.

➡ A(Mg)는 금속 원소이므로 고체 상태에서 전기 전도성이 있다.

적용해야 할 개념 ④가지

① 이온 결합 물질의 전자 배치 모형에서 구성 원자의 원자가 전자 수: 금속 원자는 '잃은 전자 수'이고, 비금속 원자는 '8−얻은 전자 수'이다.

② 공유 결합 물질의 전자 배치 모형에서 구성 원자의 원자가 전자 수: 비공유 전자쌍 수×2＋공유 전자쌍 수

③ 금속의 연성과 전성: 금속에 힘을 가하여 모양을 변형시켜도 자유 전자가 이동하여 금속 결합을 유지시키므로 금속은 연성과 전성이 크다.

④ 액체 상태에서 물질의 전기 전도성: 금속과 이온 결합 물질은 전기 전도성이 있지만, 공유 결합 물질은 전기 전도성이 없다.

문제 보기

그림은 화합물 ABC와 H_2B를 화학 결합 모형으로 나타낸 것이다.

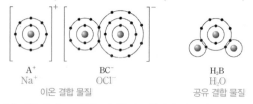

이에 대한 설명으로 옳은 것만을 〈보기〉에서 있는 대로 고른 것은? (단, A~C는 임의의 원소 기호이다.)

〈보기〉 풀이

H_2B에서 H 원자와 B 원자 사이에 공유 전자쌍 수가 각각 1이므로 B는 원자가 전자 수가 6인 2주기 원소 O이다. A는 원자가 전자 수가 1인 3주기 원소 Na이다. BC^-은 B와 C가 공유 결합한 후 전자 1개를 얻은 이온이고, B는 원자가 전자 수가 6이므로 C는 원자가 전자 수가 7인 3주기 원소 Cl이다.

ㄱ. A(s)는 외부에서 힘을 가하면 넓게 펴지는 성질이 있다.

➡ 금속은 외부에서 힘을 가하면 부서지지 않고 넓게 펴지는 전성이 크다. A(Na)는 금속이므로 전성이 있다.

ㄴ. B_2와 C_2에는 모두 2중 결합이 있다.

➡ B(O)는 원자가 전자 수가 6이므로 $B_2(O_2)$에는 2중 결합이 있지만, C(Cl)는 원자가 전자 수가 7이므로 $C_2(Cl_2)$에는 단일 결합이 있다.

ㄷ. AC(l)는 전기 전도성이 있다.

➡ AC(NaCl)는 금속 원소인 A(Na)와 비금속 원소인 C(Cl)로 이루어진 이온 결합 물질이다. 이온 결합 물질은 액체 상태에서 전기 전도성이 있으므로 AC(l)는 전기 전도성이 있다.

22 화학 결합 모형 2020학년도 6월 모평 화I 9번

정답 ② | 정답률 73%

적용해야 할 개념 ④가지

① 이온 결합 물질의 전자 배치 모형에서 구성 원자의 원자가 전자 수: 금속 원자는 '잃은 전자 수'이고, 비금속 원자는 '8－얻은 전자 수'이다.

② 공유 결합 물질의 전자 배치 모형에서 구성 원자의 원자가 전자 수: 비공유 전자쌍 수×2＋공유 전자쌍 수

③ 액체 상태에서 물질의 전기 전도성: 금속과 이온 결합 물질은 전기 전도성이 있지만, 공유 결합 물질은 전기 전도성이 없다.

④ 공유 전자쌍과 비공유 전자쌍: 두 원자가 서로 공유하는 전자쌍을 공유 전자쌍, 원자의 원자가 전자 중 공유 결합에 참여하지 않고 한 원자에만 속해 있는 전자쌍을 비공유 전자쌍이라고 한다.

문제 보기

그림은 화합물 AB와 CDB를 화학 결합 모형으로 나타낸 것이다.

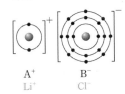

A$^+$ B$^-$
Li$^+$ Cl$^-$

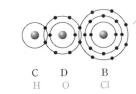

C   D   B
H   O   Cl

이에 대한 설명으로 옳은 것만을 〈보기〉에서 있는 대로 고른 것은? (단, A~D는 임의의 원소 기호이다.) [3점]

〈보기〉 풀이

AB는 LiCl, CDB는 HOCl이다.

✗ **A와 C는 1주기 원소이다.**

➡ A(Li)는 2주기 원소이고, C(H)는 1주기 원소이다.

ㄴ. **AB는 액체 상태에서 전기 전도성이 있다.**

➡ AB(LiCl)는 이온 결합 물질이므로 액체 상태에서 전기 전도성이 있다.

✗ **비공유 전자쌍 수는 CB＞D$_2$이다.**

➡ CB(HCl)의 비공유 전자쌍 수는 3, D$_2$(O$_2$)의 비공유 전자쌍 수는 4이다. CB와 D$_2$의 루이스 전자점식은 다음과 같다.

└─비공유 전자쌍

보기

---

23 화학 결합 모형 2022학년도 7월 학평 화I 4번

정답 ③ | 정답률 87%

적용해야 할 개념 ②가지

① 화학 결합과 구성 원소

화학 결합	금속 결합	공유 결합	이온 결합
구성 원소	금속 원소	비금속 원소	금속 원소, 비금속 원소

② 이온 결합 물질의 화학식: 이온 결합 물질은 양이온과 음이온의 총 전하량의 합이 0이 되는 이온 수비로 결합한다.

➡ A^{m+}과 B^{n-}으로 이루어진 화합물의 화학식은 A$_n$B$_m$이다.

문제 보기

그림은 화합물 AB와 CBD를 화학 결합 모형으로 나타낸 것이다.

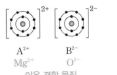

A^{2+} B^{2-}
Mg^{2+} O^{2-}
이온 결합 물질

C   B   D
H   O   Cl
공유 결합 물질

이에 대한 설명으로 옳은 것만을 〈보기〉에서 있는 대로 고른 것은? (단, A~D는 임의의 원소 기호이다.)

〈보기〉 풀이

A와 B는 각각 Mg, O이고, C와 D는 각각 H, Cl이다.

ㄱ. **CBD는 공유 결합 물질이다.**

➡ CBD(HClO)를 구성하는 원소는 모두 비금속 원소이므로 CBD는 공유 결합 물질이다.

✗ **B와 D는 같은 족 원소이다.**

➡ B(O)는 16족 원소이고, D(Cl)는 17족 원소이다.

ㄷ. **A와 D는 1 : 2로 결합하여 안정한 화합물을 생성한다.**

➡ A(Mg)와 D(Cl)로 이루어진 안정한 화합물의 화학식은 AD$_2$(MgCl$_2$)이므로 A와 D는 1 : 2로 결합한다.

보기

24 화학 결합 모형 2022학년도 수능 화I 4번 정답 ④ | 정답률 55 %

적용해야 할 개념 ④가지

① 이온 결합 물질의 전자 배치 모형에서 구성 원자의 원자가 전자 수: 금속 원자는 '잃은 전자 수'이고, 비금속 원자는 '8−얻은 전자 수'이다.

② 공유 결합 물질의 전자 배치 모형에서 구성 원자의 원자가 전자 수: 비공유 전자쌍 수×2＋공유 전자쌍 수

③ 화학 결합과 구성 원소

화학 결합	이온 결합	공유 결합	금속 결합
구성 원소	금속 원소, 비금속 원소	비금속 원소	금속 원소

④ 이온 결합 물질의 화학식: 이온 결합 물질은 양이온과 음이온의 총 전하량의 합이 0이 되는 이온 수비로 결합한다.
➡ A^{m+}과 B^{n-}으로 이루어진 화합물의 화학식은 A_nB_m이다.

문제 보기

그림은 화합물 AB와 BC₂를 화학 결합 모형으로 나타낸 것이다.

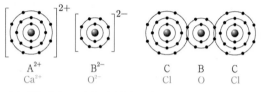

이에 대한 설명으로 옳은 것만을 〈보기〉에서 있는 대로 고른 것은?
(단, A~C는 임의의 원소 기호이다.)

보기

〈보기〉 풀이

A^{2+}의 전자 배치는 Ar과 같으므로 A는 Ca, B^{2-}의 전자 배치는 Ne과 같으므로 B는 O이며, C는 Cl이다. 제시된 화합물의 화학식은 각각 CaO, OCl₂이다.

✗ **A는 3주기 원소이다.**
➡ Ca^{2+}은 3개의 전자 껍질에 전자가 모두 채워져 있고, Ca은 Ca^{2+}보다 전자가 2개 더 많으므로 전자가 들어 있는 전자 껍질이 4개이다. 따라서 A(Ca)는 4주기 원소이다.

ㄴ. **AB는 이온 결합 물질이다.**
➡ A(Ca)는 금속 원소, B(O)는 비금속 원소이므로 AB(CaO)는 이온 결합 물질이다.

ㄷ. **A와 C는 1 : 2로 결합하여 안정한 화합물을 형성한다.**
➡ A(Ca)와 C(Cl)로 이루어진 화합물의 화학식은 AC₂(CaCl₂)이다. 따라서 A와 C는 1 : 2로 결합하여 안정한 화합물을 형성한다.

---

25 화학 결합 모형 2019학년도 9월 모평 화I 8번 정답 ① | 정답률 78 %

적용해야 할 개념 ④가지

① 이온 결합: 금속 양이온과 비금속 음이온 사이의 정전기적 인력에 의해 형성되는 결합

② 공유 결합: 비금속 원소의 원자들이 각각 전자를 내놓아 전자쌍을 만들고, 이 전자쌍을 서로 공유하여 형성되는 결합

③ 공유 전자쌍과 비공유 전자쌍: 두 원자가 서로 공유하는 전자쌍을 공유 전자쌍, 원자의 원자가 전자 중 공유 결합에 참여하지 않고 한 원자에만 속해 있는 전자쌍을 비공유 전자쌍이라고 한다.

④ 옥텟 규칙: 원자들이 전자를 잃거나 얻어 비활성 기체와 같이 가장 바깥 전자 껍질에 전자 8개를 채워 안정해지려는 경향으로, 원자들은 화학 결합을 통해 옥텟 규칙을 만족하는 안정한 전자 배치를 이룬다.

문제 보기

그림은 화합물 XY와 Z₂Y₂를 화학 결합 모형으로 나타낸 것이다.

 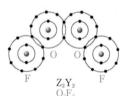

이에 대한 설명으로 옳은 것만을 〈보기〉에서 있는 대로 고른 것은? (단, X~Z는 임의의 원소 기호이다.) [3점]

보기

〈보기〉 풀이

X~Z는 각각 Li, F, O이다. XY는 LiF이고, Z₂Y₂는 O₂F₂이다.

ㄱ. **XY에서 Y⁻과 Z₂Y₂에서 Y는 모두 옥텟 규칙을 만족한다.**
➡ XY(LiF)에서 Y⁻(F⁻)과 Z₂Y₂(O₂F₂)에서 Y(F)는 가장 바깥 전자 껍질에 전자가 8개이므로 모두 옥텟 규칙을 만족한다.

✗ **Z₂Y₂는 이온 결합 화합물이다.**
➡ Z₂Y₂(O₂F₂)는 전자쌍을 공유하여 결합이 이루어지므로 공유 결합 물질이다.

✗ **분자 Z₂에서 구성 원자가 모두 옥텟 규칙을 만족할 때 $\dfrac{공유\ 전자쌍\ 수}{비공유\ 전자쌍\ 수} = \dfrac{1}{6}$이다.**
➡ Z₂(O₂)는 공유 전자쌍 수가 2, 비공유 전자쌍 수가 4이므로 $\dfrac{공유\ 전자쌍\ 수}{비공유\ 전자쌍\ 수} = \dfrac{1}{2}$이다.

26 화학 결합 모형 2021학년도 7월 학평 화I 7번 정답 ② | 정답률 74 %

적용해야 할 개념 ③가지

① 구성 원소에 따른 화학 결합과 물질의 상태에 따른 전기 전도성

결합의 종류		이온 결합	공유 결합	금속 결합
구성 원소		금속 원소+비금속 원소	비금속 원소	금속 원소
전기 전도성	고체 상태	없다.	없다(단, 흑연 제외).	있다.
	액체 상태	있다.	없다.	있다.

② 산화수: 물질 중에 원자가 어느 정도 산화 또는 환원되었는지를 나타내는 값으로 전기 음성도가 큰 쪽이 (−)값, 전기 음성도가 작은 쪽이 (+)값이다.

③ 다중 결합: 두 원자 사이에 여러 개의 전자쌍을 공유하는 결합으로, 2중 결합과 3중 결합을 통틀어 다중 결합이라고 한다.

문제 보기

그림은 화합물 WXY와 ZYW를 화학 결합 모형으로 나타낸 것이다.

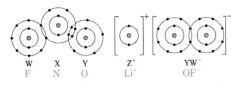

W X Y   Z⁺ YW⁻
N N O   Li⁺ OF⁻

이에 대한 설명으로 옳은 것만을 〈보기〉에서 있는 대로 고른 것은? (단, W~Z는 임의의 원소 기호이다.)

〈보기〉 풀이

W는 원자가 전자 수가 7이므로 F이고, X는 원자가 전자 수가 5이므로 N이며, Y는 원자가 전자 수가 6이므로 O이다. Z⁺은 Li⁺이고, YW⁻은 OF⁻이다.

✗ **ㄱ. WXY에서 X의 산화수는 −3이다.**
➡ F, N, O의 전기 음성도는 N<O<F이다. W−X=Y(F−N=O)에서 W(F)와 X(N) 사이의 공유 전자쌍은 W(F)가 모두 차지한다고 가정하고, X(N)와 Y(O) 사이의 공유 전자쌍은 Y(O)가 모두 차지한다고 가정하면 산화수는 W(F)가 −1, X(N)가 +3, Y(O)가 −2이다.

✗ **ㄴ. Y₂W₂에는 다중 결합이 있다.**
➡ Y_2W_2는 O_2F_2이다. O_2F_2(F−O−O−F)에는 단일 결합만 있다.

Ⓓ **ㄷ. Z₂Y(l)는 전기 전도성이 있다.**
➡ Z_2Y(Li_2O)는 금속 원소인 Z(Li)와 비금속 원소인 Y(O)로 이루어져 있으므로 이온 결합 물질이다. 이온 결합 물질은 액체 상태에서 전기 전도성이 있으므로 Z_2Y(Li_2O)(l)는 전기 전도성이 있다.

---

27 화학 결합 모형 2019학년도 수능 화I 11번 정답 ④ | 정답률 90 %

적용해야 할 개념 ②가지

① 이온 결합: 금속 양이온과 비금속 음이온 사이의 정전기적 인력에 의해 형성되는 결합

② 2주기 이원자 분자의 공유 전자쌍 수

F_2	원자가 전자가 7개인 F은 다른 원자와 전자 1개를 공유하면 옥텟 규칙을 만족하므로 F_2 분자를 형성할 때 전자쌍 1개를 공유하는 단일 결합을 한다.
O_2	원자가 전자가 6개인 O는 다른 원자와 전자 2개를 공유하면 옥텟 규칙을 만족하므로 O_2 분자를 형성할 때 전자쌍 2개를 공유하는 2중 결합을 한다.
N_2	원자가 전자가 5개인 N는 다른 원자와 전자 3개를 공유하면 옥텟 규칙을 만족하므로 N_2 분자를 형성할 때 전자쌍 3개를 공유하는 3중 결합을 한다.

문제 보기

그림은 화합물 AB₂와 CA를 화학 결합 모형으로 나타낸 것이다.

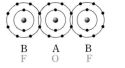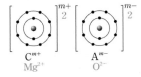

B A B   Cᵐ⁺ Aᵐ⁻
F O F   Mg²⁺ O²⁻

이에 대한 설명으로 옳은 것만을 〈보기〉에서 있는 대로 고른 것은? (단, A~C는 임의의 원소 기호이다.) [3점]

〈보기〉 풀이

CA를 구성하는 음이온은 A^{2-}이므로 양이온은 C^{2+}이다. C는 전자 2개를 잃어 Ne과 같은 전자 배치를 이루므로 3주기 2족 원소인 Mg이다.

✗ **ㄱ. m은 1이다.**
➡ CA를 구성하는 이온은 C^{2+}(Mg^{2+})과 A^{2-}(O^{2-})이다. 즉, m=2이다.

Ⓛ **ㄴ. CB₂는 이온 결합 화합물이다.**
➡ CB_2(MgF_2)는 금속 원소와 비금속 원소의 화합물이므로 이온 결합 화합물이다.

Ⓓ **ㄷ. 공유 전자쌍 수는 A₂가 B₂의 2배이다.**
➡ 공유 전자쌍 수는 A_2(O_2)가 2, B_2(F_2)가 1이다.

적용해야 할 개념 ③가지

① 이온 결합 물질의 화학식: 이온 결합 물질은 양이온과 음이온의 총 전하량의 합이 0이 되는 이온 수비로 결합한다.
➡ A^{m+}과 B^{n-}으로 이루어진 화합물의 화학식은 A_nB_m이다.

② 이온 결합 물질의 전기 전도성: 고체 상태에서 전기 전도성이 없지만, 액체 상태와 수용액에서 전기 전도성이 있다.

③ 등전자 이온의 반지름: 같은 수의 전자를 가지고 있어서 전자 배치가 같은 이온을 등전자 이온이라고 하며, 원자 번호가 작을수록 이온 반지름이 커진다.

문제 보기

그림은 화합물 AB와 CD를 화학 결합 모형으로 나타낸 것이다. 양이온의 반지름은 $A^{n+}>C^{2+}$이다.

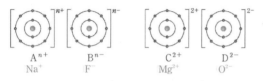

$$A^{n+} \quad B^{n-} \quad C^{2+} \quad D^{2-}$$
$$Na^+ \quad F^- \quad Mg^{2+} \quad O^{2-}$$

이에 대한 옳은 설명만을 〈보기〉에서 있는 대로 고른 것은? (단, A~D는 임의의 원소 기호이다.)

〈보기〉 풀이

CD의 화학 결합 모형에서 C는 전자 2개를 잃고 C^{2+}이 되었으므로 C의 전자 수는 12이고, D는 전자 2개를 얻어 D^{2-}이 되었으므로 D의 전자 수는 8이다. 따라서 C와 D는 각각 Mg, O이다. 이온 반지름은 A^{n+}이 $C^{2+}(Mg^{2+})$보다 크므로 A^{n+}은 Na^+이다. AB를 구성하는 이온의 전하량 합은 0이므로 B^{n-}은 F^-이다.

보기

ㄱ. CD(l)는 전기 전도성이 있다.
➡ CD(MgO)는 이온 결합 물질이므로 액체 상태에서 전기 전도성이 있다.

ㄴ. $n=1$이다.
➡ AB를 구성하는 이온은 $A^+(Na^+)$과 $B^-(F^-)$이므로 $n=1$이다.

✘. 음이온의 반지름은 $B^{n-}>D^{2-}$이다.
➡ 원자 번호는 D(O)가 B(F)보다 작고, 등전자 이온의 반지름은 원자 번호가 작을수록 크므로 음이온의 반지름은 $B^{n-}(F^-)<D^{2-}(O^{2-})$이다.

적용해야 할 개념 ②가지

① 족에 따른 원자가 전자 수

족	1	2	13	14	15	16	17	18
원자가 전자 수	1	2	3	4	5	6	7	0

② 구성 원소에 따른 화학 결합과 물질의 상태에 따른 전기 전도성

결합의 종류		이온 결합	공유 결합	금속 결합
구성 원소		금속 원소+비금속 원소	비금속 원소	금속 원소
전기 전도성	고체 상태	없다.	없다(단, 흑연 제외).	있다.
	액체 상태	있다.	없다.	있다.

문제 보기

그림은 화합물 XY_4ZX를 화학 결합 모형으로 나타낸 것이다.

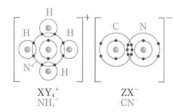

$$XY_4^+ \quad ZX^-$$
$$NH_4^+ \quad CN^-$$

이에 대한 옳은 설명만을 〈보기〉에서 있는 대로 고른 것은? (단, X~Z는 임의의 원소 기호이다.)

〈보기〉 풀이

XY_4^+은 NH_4^+이고, ZX^-은 CN^-이므로 X~Z는 각각 N, H, C이다.

ㄱ. 원자가 전자 수는 X>Z이다.
➡ 원자가 전자 수는 X(N)가 5, Y(H)가 1, Z(C)가 4이다.

✘. XY_4ZX는 고체 상태에서 전기 전도성이 있다.
➡ XY_4ZX는 양이온인 XY_4^+과 음이온인 ZX^-이 결합하여 이루어진 이온 결합 물질이다. 이온 결합 물질은 고체 상태에서 전기 전도성이 없고, 액체 상태에서 전기 전도성이 있으므로 XY_4ZX는 고체 상태에서 전기 전도성이 없다.

ㄷ. Z_2Y_2의 공유 전자쌍 수는 5이다.
➡ $Z_2Y_2(C_2H_2)$의 구조식은 다음과 같다.
$$H-C \equiv C-H$$
Z_2Y_2의 공유 전자쌍 수는 5이다.

30 화학 반응식과 화학 결합 모형 2025학년도 9월 모평 화I 2번

정답 ⑤ | 정답률 91%

적용해야 할 개념 ③가지

① 이온 결합: 금속 원소의 양이온과 비금속 원소의 음이온이 정전기적 인력으로 결합한 물질

② 이온 결합 물질의 화학식
  • 이온 결합 물질의 화학식에서 총 전하량이 0이 되는 이온의 개수비로 양이온과 음이온이 결합한다.
  • M^{a+}과 X^{b-}이 결합하여 형성된 이온 결합 물질의 화학식은 M_bX_a이다. (단, a와 b는 가장 간단한 정수비로 나타낸다.)

$$M^{a+} \quad X^{b-}$$
$$M_bX_a$$

③ 금속 결합 물질의 연성(뽑힘성)과 전성(펴짐성): 금속 결합 물질에 외부에서 힘을 가하면 자유 전자가 이동하여 금속 결합을 유지시키므로 금속이 부서지지 않고 모양이 변한다.

문제 보기

다음은 XOH와 HY가 반응하여 XY와 H_2O을 생성하는 반응의 반응물을 화학 결합 모형으로 나타낸 화학 반응식이다.

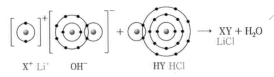

$$\to \quad XY + H_2O$$
$$\text{LiCl}$$

X^+ Li^+ OH^- HY HCl

이에 대한 설명으로 옳은 것만을 〈보기〉에서 있는 대로 고른 것은? (단, X와 Y는 임의의 원소 기호이다.) [3점]

〈보기〉 풀이

반응물의 화학 결합 모형으로부터 X는 2주기 1족 원소, Y는 3주기 17족 원소이다.

ㄱ. **X(s)는 전성(펴짐성)이 있다.**
➡ X(s)는 금속 결합 물질이므로 외부에서 힘을 가하면 부서지지 않고 넓게 펴지는 전성(펴짐성)이 있다.

ㄴ. **XY는 이온 결합 물질이다.**
➡ XY는 금속 원소와 비금속 원소로 이루어진 이온 결합 물질이다.

ㄷ. **X와 O는 2:1로 결합하여 안정한 화합물을 형성한다.**
➡ X의 안정한 이온은 X^+이고, 네온의 전자 배치를 이루는 O의 이온은 O^{2-}이다. 이때 이온 결합 물질은 전기적으로 중성이므로 X와 O는 2 : 1로 결합하여 안정한 화합물을 형성한다.

보기

---

31 화학 반응식과 화학 결합 모형 2022학년도 9월 모평 화I 7번

정답 ⑤ | 정답률 87%

적용해야 할 개념 ③가지

① 화학 결합과 구성 원소

화학 결합	금속 결합	공유 결합	이온 결합
구성 원소	금속 원소	비금속 원소	금속 원소, 비금속 원소

② 이온 결합 물질의 화학식: 이온 결합 물질은 양이온과 음이온의 총 전하량의 합이 0이 되는 이온 수비로 결합한다.

③ 금속의 연성(뽑힘성)과 전성(펴짐성): 금속에 힘을 가하면 금속의 모양이 변형되면서 금속 결합이 유지되도록 자유 전자가 이동하므로 부서지지 않는다.

문제 보기

다음은 Na과 ㉠이 반응하여 ㉡과 H_2를 생성하는 반응의 화학 반응식이고, 그림 (가)와 (나)는 ㉠과 ㉡을 각각 화학 결합 모형으로 나타낸 것이다.

$$2Na + 2\boxed{㉠} \to 2\boxed{㉡} + H_2$$

O
H   H
(가)
H_2O

Na^+ OH^-
(나)
NaOH

이에 대한 설명으로 옳은 것만을 〈보기〉에서 있는 대로 고른 것은?

보기

〈보기〉 풀이

(가)는 H_2O이고, (나)는 NaOH이다. 화학 반응식에서 반응물에는 Na이 있으므로 생성물인 ㉡은 Na이 포함된 물질이다. 따라서 ㉠은 (가), ㉡은 (나)이다.

ㄱ. **Na(s)은 전성(펴짐성)이 있다.**
➡ Na은 금속이므로 Na(s)은 전성(펴짐성)과 연성(뽑힘성)이 있다.

ㄴ. **㉠은 공유 결합 물질이다.**
➡ ㉠은 H_2O이다. H_2O은 비금속 원소로만 이루어져 있으므로 공유 결합 물질이다.

ㄷ. **(나)에서 양이온의 총 전자 수와 음이온의 총 전자 수는 같다.**
➡ (나)에서 양이온은 Na^+이다. Na의 원자 번호는 11이고 Na^+은 양성자수가 전자 수보다 1만큼 크므로 Na^+의 전자 수는 11-1=10이다. (나)에서 음이온은 OH^-이다. O와 H의 원자 번호는 각각 8, 1이고, OH^-은 O와 H가 공유 결합한 후 전자를 1개 받아 생성된 이온이므로 OH^-의 전자 수는 8+1+1=10이다.

적용해야 할 개념 ③가지

① 화학 결합과 구성 원소

화학 결합	금속 결합	공유 결합	이온 결합
구성 원소	금속 원소	비금속 원소	금속 원소, 비금속 원소

② 이온 결합 물질의 화학식: 이온 결합 물질은 양이온과 음이온의 총 전하량의 합이 0이 되는 이온 수비로 결합한다.
➡ A^{m+}과 B^{n-}으로 이루어진 화합물의 화학식은 A_nB_m이다.

③ 1~3주기 원소의 2원자 분자의 공유 전자쌍 수와 비공유 전자쌍 수

분자	H_2	N_2	O_2	F_2	Cl_2
공유 전자쌍 수	1	3	2	1	1
비공유 전자쌍 수	0	2	4	6	6

문제 보기

다음은 AB와 CD의 반응을 화학 반응식으로 나타낸 것이고, 그림은 AB와 CD를 결합 모형으로 나타낸 것이다.

$$2AB + CD \longrightarrow (가) + A_2D$$
$$2HCl + MgO \longrightarrow MgCl_2 + H_2O$$

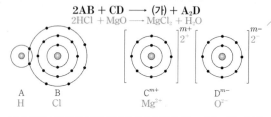

이에 대한 설명으로 옳은 것만을 〈보기〉에서 있는 대로 고른 것은? (단, A~D는 임의의 원소 기호이다.) [3점]

〈보기〉 풀이

화학 결합 모형에서 A는 H, B는 Cl이다. 화학 반응식에서 생성물에 A_2D가 있으므로 D는 O이고, C^{m+}과 D^{m-}은 각각 Mg^{2+}, O^{2-}이다. 화학 반응식은 $2HCl + MgO \longrightarrow MgCl_2 + H_2O$이다.

ㄱ **$m=2$이다.**
➡ C^{m+}과 D^{m-}은 각각 Mg^{2+}, O^{2-}이므로 $m=2$이다.

✗ **(가)는 공유 결합 물질이다.**
➡ (가)($MgCl_2$)를 구성하는 원소는 금속 원소인 Mg과 비금속 원소인 Cl이므로 (가)($MgCl_2$)는 이온 결합 물질이다.

ㄷ **비공유 전자쌍 수는 $B_2 > D_2$이다.**
➡ B_2(Cl_2)의 공유 전자쌍 수는 1, 비공유 전자쌍 수는 6이고, D_2(O_2)의 공유 전자쌍 수는 2, 비공유 전자쌍 수는 4이다.

적용해야 할 개념 ③가지

① 이온 결합 물질: 금속 원소의 양이온과 비금속 원소의 음이온이 정전기적 인력으로 결합한 물질이다.
② 공유 결합 물질: 비금속 원소의 원자가 전자쌍을 공유하여 형성된 물질이다.
③ 금속 결합 물질의 전기 전도성: 금속 결합 물질에는 자유 전자가 존재하여 고체 상태에서도 전기 전도성이 있다.

문제 보기

다음은 A와 (가)가 반응하여 (나)와 B_2를 생성하는 반응의 화학 반응식이다.

$$\underset{Mg}{A} + 2\;\underset{HCl}{(가)} \longrightarrow \underset{MgCl_2}{(나)} + \underset{H_2}{B_2}$$

그림은 (가)와 (나)를 화학 결합 모형으로 나타낸 것이다.

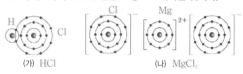

이에 대한 옳은 설명만을 〈보기〉에서 있는 대로 고른 것은? (단, A와 B는 임의의 원소 기호이다.) [3점]

〈보기〉 풀이

화학 결합 모형으로부터 (가)는 HCl이고, (나)는 $MgCl_2$이다.

✗ **B는 염소(Cl)이다.**
➡ (가)는 반응물이고, (나)는 생성물이므로 화학 반응식은 다음과 같다.
$$A + 2HCl \longrightarrow MgCl_2 + B_2$$
화학 반응 전후 원자의 종류와 수가 같아야 하므로 A는 Mg이고, B_2는 H_2이다. 따라서 B는 H이다.

ㄴ **$A(s)$는 전기 전도성이 있다.**
➡ $A(s)$는 $Mg(s)$이다. $Mg(s)$은 금속 결합 물질로 자유 전자가 존재하므로 전기 전도성이 있다.

ㄷ **(나)를 구성하는 원소는 모두 3주기 원소이다.**
➡ (나)에서 양이온은 전하가 +2이고 네온과 전자 배치가 같으므로 3주기 2족 원소의 양이온이며, 음이온은 전하가 −1이고 아르곤과 전자 배치가 같으므로 3주기 17족 원소의 음이온이다. 따라서 (나)를 구성하는 원소는 모두 3주기 원소이다.

34 화학 반응식과 화학 결합 모형 2019학년도 6월 모평 화I 8번

정답 ④ | 정답률 72 %

적용해야 할 개념 ②가지

① 구성 원소에 따른 화학 결합

결합의 종류	이온 결합	공유 결합	금속 결합
구성 원소	금속 원소＋비금속 원소	비금속 원소	금속 원소

② 1, 2주기 원소의 이원자 분자의 공유 전자쌍 수: H_2와 F_2은 1이고, O_2는 2이며, N_2는 3이다.

문제 보기

그림은 어떤 반응의 화학 반응식을 화학 결합 모형으로 나타낸 것이다.

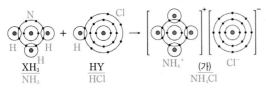

이에 대한 설명으로 옳은 것만을 〈보기〉에서 있는 대로 고른 것은? (단, X, Y는 임의의 원소 기호이다.) [3점]

〈보기〉 풀이

XH_3는 NH_3이고, HY는 HCl이므로 X와 Y는 각각 N, Cl이다.
화학 반응식은 $NH_3 + HCl \longrightarrow NH_4Cl$이므로 (가)는 NH_4Cl이다.

✗ HY는 이온 결합 화합물이다.
➡ HY(HCl)는 전자쌍 1개를 공유하여 생성된 공유 결합 물질이다.

ㄴ (가)에서 X는 옥텟 규칙을 만족한다.
➡ (가)에서 X(N)는 가장 바깥 전자 껍질에 전자가 8개 있으므로 옥텟 규칙을 만족한다.

ㄷ X_2에는 3중 결합이 있다.
➡ $X_2(N_2)$는 공유 전자쌍이 3이므로 $X_2(N_2)$에는 3중 결합이 있다.

```
          ┌비공유 전자쌍
    :N ⋮⋮ N:
        └공유 전자쌍
```

35 화학 결합 모형 2024학년도 7월 학평 화I 8번

정답 ③ | 정답률 83 %

적용해야 할 개념 ②가지

① 이온 결합 물질의 화학식
• 이온 결합 물질의 화학식에서 총 전하량이 0이 되는 이온의 개수비로 양이온과 음이온이 결합한다.
• M^{a+}과 X^{b-}이 결합하여 형성된 이온 결합 물질의 화학식은 M_bX_a이다. (단, a와 b는 가장 간단한 정수비로 나타낸다.)

② 금속 결합 물질의 전기 전도성: 금속 결합 물질은 자유 전자가 존재하여 고체 상태와 액체 상태에서 모두 전기 전도성이 있다.

문제 보기

다음은 안정한 이온 결합 화합물 (가)와 (나)에 대한 자료이다. 원자 Z의 안정한 이온 Z^{n+}은 Ar의 전자 배치를 갖는다.

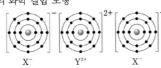

○ (나)는 Z^{n+}과 X^-으로 이루어져 있다.
○ 화합물을 구성하는 $\dfrac{음이온 수}{양이온 수}$ 는 (가)가 (나)의 2배이다.

X는 3주기 17족 원소, Y는 4주기 2족 원소, (가)를 구성하는 $\dfrac{음이온 수}{양이온 수}$ ＝2 ➡ (나)를 구성하는 $\dfrac{음이온 수}{양이온 수}$ ＝1

이에 대한 설명으로 옳은 것만을 〈보기〉에서 있는 대로 고른 것은? (단, X~Z는 임의의 원소 기호이다.)

〈보기〉 풀이

(가)의 화학 결합 모형으로부터 X는 3주기 17족 원소, Y는 4주기 2족 원소이다.

ㄱ 원자 번호는 Y＞Z이다.
➡ (가)를 구성하는 $\dfrac{음이온 수}{양이온 수}$ 는 2이므로 (나)를 구성하는 $\dfrac{음이온 수}{양이온 수}$ 는 1이다. 이로부터 (나)에서 Z^{n+}과 X^-는 1 : 1로 결합하므로 $n=1$이다. $Z^{n+}(=Z^+)$의 전자 배치가 3주기 18족 원소인 Ar과 같으므로 Z는 4주기 1족 원소이다. 따라서 원자 번호는 Y＞Z이다.

ㄴ Z(s)는 전기 전도성이 있다.
➡ Z는 4주기 1족 원소로 금속 원소이므로 Z(s)에는 자유 전자가 존재한다. 따라서 Z(s)는 전기 전도성이 있다.

✗ $\dfrac{(가)\ 1\ mol에\ 들어\ 있는\ X^-의\ 양(mol)}{(나)\ 1\ mol에\ 들어\ 있는\ 전체\ 이온의\ 양(mol)}$ ＝2이다.
➡ (가)의 화학식은 YX_2이고, (나)의 화학식은 ZX이므로 (가) 1 mol에 들어 있는 X^-의 양(mol)은 2 mol이고, (나) 1 mol에 들어 있는 전체 이온의 양(mol)은 2 mol이다.
따라서 $\dfrac{(가)\ 1\ mol에\ 들어\ 있는\ X^-의\ 양(mol)}{(나)\ 1\ mol에\ 들어\ 있는\ 전체\ 이온의\ 양(mol)}$ ＝1이다.

적용해야 할 개념 ②가지

① 이온 결합: 금속 원소의 양이온과 비금속 원소의 음이온 사이의 정전기적 인력에 의해 형성되는 결합

② 금속 결합 물질의 전기 전도성: 금속 결합 물질에는 자유 전자가 존재하여 고체 상태에서도 전기 전도성이 있다.

문제 보기

다음은 원소 X와 Y에 대한 자료이다.

> ○ X와 Y는 3주기 원소이다.
> ○ X(s)는 전성(펴짐성)이 있고, Y의 원자가 전자 수는 7이다.   X는 금속 원소   Y는 17족에 속하는 비금속 원소
> ○ 바닥상태 원자의 전자 배치에서 홀전자 수는 Y>X이다.

다음 중 X와 Y가 결합하여 형성된 안정한 화합물의 화학 결합 모형으로 가장 적절한 것은? (단, X와 Y는 임의의 원소 기호이다.) [3점]

<보기> 풀이

X(s)는 전성(펴짐성)이 있으므로 금속 원소이고, Y는 원자가 전자 수가 7이므로 주기율표의 17족에 속하는 할로젠이다. Y의 원자가 전자 수는 7이고, 바닥상태 전자 배치에서 홀전자 수가 1이다. 이때 바닥상태 전자 배치에서 홀전자 수는 Y>X이므로 X의 홀전자 수는 0이다. 이로부터 X는 3주기 2족 원소이므로 X와 Y로 이루어진 안정한 화합물은 X^{2+}과 Y^-이 1:2로 결합한 이온 결합 물질이며, X^{2+}의 전자 배치는 네온(Ne)과 같고, Y^-의 전자 배치는 아르곤(Ar)과 같다. 따라서 X와 Y로 이루어진 안정한 화합물의 화학 결합 모형으로 ④가 가장 적절하다.

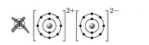

16 일차

---

01 | 전기 음성도와 결합의 극성 2023학년도 수능 화Ⅰ 4번

정답 ④ | 정답률 83 %

적용해야 할 개념 ④가지

① 무극성 공유 결합과 극성 공유 결합: 같은 원자 사이의 공유 결합은 무극성 공유 결합, 다른 원자 사이의 공유 결합은 극성 공유 결합이다.

② 극성 공유 결합에서 부분 전하: 전기 음성도가 큰 원자는 부분적인 음전하(δ^-), 전기 음성도가 작은 원자는 부분적인 양전하(δ^+)를 띤다.

③ 전기 음성도: 공유 결합을 형성한 두 원자가 공유 전자쌍을 끌어당기는 힘의 크기를 상대적으로 비교하여 나타낸 값

④ 전기 음성도의 주기성: 같은 주기에서는 원자 번호가 커질수록 대체로 증가하고, 같은 족에서는 원자 번호가 커질수록 대체로 감소한다.

문제 보기

다음은 학생 A가 수행한 탐구 활동이다.

[학습 내용]

○ 극성 공유 결합을 형성한 두 원자는 각각 부분적인 양전하와 음전하를 띤다. ← 전기 음성도가 큰 원자 / 전기 음성도가 작은 원자

○ 부분적인 양전하는 δ^+ 부호로, 부분적인 음전하는 δ^- 부호로 나타낸다.

[가설] ← 서로 다른 원자 사이의 공유 결합

○ 극성 공유 결합을 형성한 어떤 원자의 부분적인 전하의 부호는 다른 분자에서 극성 공유 결합을 형성할 때도 바뀌지 않는다.

[탐구 과정]

(가) 1, 2주기 원소로 구성된 분자 중 극성 공유 결합이 있는 분자를 찾는다.

(나) (가)에서 찾은 분자 중 같은 원자를 포함하는 분자 쌍을 선택하여, 해당 원자의 부분적인 전하의 부호를 확인한다.

[탐구 결과]

가설에 일치하는 분자 쌍	가설에 어긋나는 분자 쌍
HF와 CH₄ / HF와 OF₂ ⋮	$^{\delta^+}$OF₂와 CO₂$^{\delta^-}$ / ㉠ ⋮

[결론]

○ 가설에 어긋나는 분자 쌍이 있으므로 가설은 옳지 않다.

학생 A의 결론이 타당할 때, 다음 중 ㉠으로 적절한 것은? [3점]

<보기> 풀이

공유 결합에서 전기 음성도가 큰 원자가 공유 전자쌍을 끌어당기므로 부분적인 음전하(δ^-)를 띠고, 전기 음성도가 작은 원자는 부분적인 양전하(δ^+)를 띤다. 가설에 의하면 극성 공유 결합을 형성한 어떤 원자의 부분적인 전하의 부호가 변하지 않아야 하므로 가설에 일치하는 분자 쌍은 두 분자에서 공통된 원자의 부분적인 전하가 같아야 하고, 가설에 어긋나는 분자 쌍은 두 분자에서 공통된 원자의 부분적인 전하가 달라야 한다.

① H₂O과 CH₄

➡ 전기 음성도는 O>C>H이므로 H₂O과 CH₄에서 H는 부분적인 양전하(δ^+)를 띤다. 따라서 이 분자들은 가설에 일치하는 분자 쌍이다.

② H₂O과 CO₂

➡ 전기 음성도는 O>C>H이므로 H₂O과 CO₂에서 O는 부분적인 음전하(δ^-)를 띤다. 따라서 이 분자들은 가설에 일치하는 분자 쌍이다.

③ CO₂와 CF₄

➡ 전기 음성도는 F>O>C이므로 CO₂와 CF₄에서 C는 부분적인 양전하(δ^+)를 띤다. 따라서 이 분자들은 가설에 일치하는 분자 쌍이다.

④ NH₃와 NF₃

➡ 전기 음성도는 F>N>H이므로 NH₃에서 N는 부분적인 음전하(δ^-)를 띠고 NF₃에서 N는 부분적인 양전하(δ^+)를 띤다. 따라서 이 분자들은 가설에 어긋나는 분자 쌍이다.

⑤ NF₃와 OF₂

➡ 전기 음성도는 F>O>N이므로 NF₃와 OF₂에서 F은 부분적인 음전하(δ^-)를 띤다. 따라서 이 분자들은 가설에 일치하는 분자 쌍이다.

적용해야 할 개념 ④가지

① 전기 음성도: 공유 결합을 형성한 두 원자가 공유 전자쌍을 끌어당기는 힘의 크기를 상대적으로 비교하여 나타낸 값

② 전기 음성도의 주기성: 같은 주기에서는 원자 번호가 커질수록 대체로 증가하고, 같은 족에서는 원자 번호가 커질수록 대체로 감소한다.

③ 무극성 공유 결합과 극성 공유 결합: 같은 원자 사이의 공유 결합은 무극성 공유 결합이고, 다른 원자 사이의 공유 결합은 극성 공유 결합이다.

④ 극성 공유 결합에서 부분 전하: 전기 음성도가 큰 원자는 부분적인 음전하(δ^-)를 띠고, 전기 음성도가 작은 원자는 부분적인 양전하(δ^+)를 띤다.

문제 보기

다음은 학생 A가 수행한 탐구 활동이다.

[가설]
○ 18족을 제외한 2, 3주기에 속한 원자들은 같은 주기에서 원자 번호가 커질수록 ㉠ 전기 음성도가 커진다.

[탐구 과정]
(가) 18족을 제외한 2, 3주기에 속한 원자의 전기 음성도를 조사한다.
(나) (가)에서 조사한 각 원자의 전기 음성도를 원자 번호에 따라 점으로 표시한 후, 표시한 점을 각 주기별로 연결한다.

[탐구 결과]

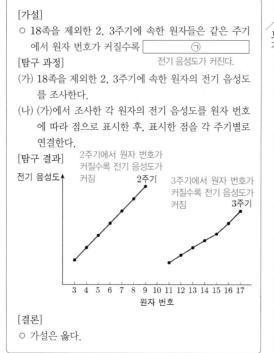

2주기에서 원자 번호가 커질수록 전기 음성도가 커짐
3주기에서 원자 번호가 커질수록 전기 음성도가 커짐

[결론]
○ 가설은 옳다.

학생 A의 결론이 타당할 때, 이에 대한 설명으로 옳은 것만을 〈보기〉에서 있는 대로 고른 것은?

〈보기〉 풀이

일반적으로 같은 주기에서는 원자 번호가 커질수록 전기 음성도가 커지고, 같은 족에서는 원자 번호가 커질수록 전기 음성도가 작아진다.

ㄱ. '전기 음성도가 커진다.'는 ㉠으로 적절하다.

➡ 탐구 결과로부터 2주기 원소에서 원자 번호가 커질수록 전기 음성도가 커지고, 3주기 원소에서 원자 번호가 커질수록 전기 음성도가 커지는 것을 알 수 있다. 따라서 '전기 음성도가 커진다.'는 ㉠으로 적절하다.

ㄴ. CO_2에서 C는 부분적인 음전하(δ^-)를 띤다.

➡ 공유 결합을 형성하는 원자 중 전기 음성도가 큰 원자는 부분적인 음전하(δ^-)를 띠고, 전기 음성도가 작은 원자는 부분적인 양전하(δ^+)를 띤다. 전기 음성도는 C<O이므로 CO_2에서 C는 부분적인 양전하(δ^+)를 띤다.

ㄷ. PF_3에는 극성 공유 결합이 있다.

➡ PF_3에서 P과 F 사이의 공유 결합은 극성 공유 결합이다. 따라서 PF_3에는 극성 공유 결합이 있다.

보기

03 전기 음성도와 결합의 극성 2020학년도 4월 학평 화I 3번 정답 ① | 정답률 83 %

적용해야 할 개념 ④가지

① 전기 음성도: 공유 결합을 형성한 두 원자가 공유 전자쌍을 끌어당기는 힘의 크기를 상대적으로 비교하여 나타낸 값
② 극성 공유 결합에서 부분 전하: 전기 음성도가 큰 원자는 부분적인 음전하(δ^-)를 띠고, 전기 음성도가 작은 원자는 부분적인 양전하(δ^+)를 띤다.
③ 무극성 공유 결합과 극성 공유 결합: 같은 원자 사이의 공유 결합은 무극성 공유 결합이고, 다른 원자 사이의 공유 결합은 극성 공유 결합이다.
④ 쌍극자 모멘트: 결합의 극성 정도를 나타내는 값으로 무극성 분자의 쌍극자 모멘트는 0이고, 극성 분자의 쌍극자 모멘트는 0보다 크다.

문제 보기

그림은 분자 AB, BC의 모형에 부분적인 양전하(δ^+)와 부분적인 음전하(δ^-)를 표시한 모습을 나타낸 것이다.

전기 음성도: A＜B

δ^+ A B δ^-

AB
극성 분자
쌍극자 모멘트＞0

전기 음성도: B＜C

δ^+ B C δ^-

BC
극성 분자
쌍극자 모멘트＞0

이에 대한 설명으로 옳은 것만을 〈보기〉에서 있는 대로 고른 것은? (단, A~C는 임의의 원소 기호이다.) [3점]

〈보기〉 풀이

공유 결합에서 전기 음성도가 큰 원자가 부분적인 음전하(δ^-)를 띠고, 전기 음성도가 작은 원자가 부분적인 양전하(δ^+)를 띤다. AB에서 A는 부분적인 양전하(δ^+)를 띠고, B는 부분적인 음전하(δ^-)를 띠므로 전기 음성도는 A＜B이다. BC에서 B는 부분적인 양전하(δ^+)를 띠고, C는 부분적인 음전하(δ^-)를 띠므로 전기 음성도는 B＜C이다. 따라서 전기 음성도는 A＜B＜C이다.

보기

ㄱ. **AB에는 극성 공유 결합이 있다.**
➡ AB에는 다른 원자 사이의 공유 결합이 있으므로 극성 공유 결합이 있다.

✗ **BC의 쌍극자 모멘트는 0이다.**
➡ 무극성 분자는 쌍극자 모멘트가 0이고, 극성 분자는 쌍극자 모멘트가 0보다 크다. BC는 극성 분자이므로 쌍극자 모멘트가 0보다 크다.

✗ **전기 음성도는 A＞C이다.**
➡ 전기 음성도는 A＜B이고, B＜C이므로 A＜C이다.

04 이온 결합의 형성 2020학년도 3월 학평 화I 6번 정답 ⑤ | 정답률 81 %

적용해야 할 개념 ④가지

① 이온 결합 물질: 금속 원소의 양이온과 비금속 원소의 음이온이 정전기적 인력으로 결합하여 생성되는 물질
② 전기 음성도: 공유 결합을 형성한 두 원자가 공유 전자쌍을 끌어당기는 힘의 크기를 상대적으로 비교하여 나타낸 값
③ 전기 음성도의 주기성: 같은 주기에서는 원자 번호가 커질수록 대체로 증가하고, 같은 족에서는 원자 번호가 커질수록 대체로 감소한다.
④ 무극성 공유 결합과 극성 공유 결합: 같은 원자 사이의 공유 결합은 무극성 공유 결합이고, 다른 원자 사이의 공유 결합은 극성 공유 결합이다.

문제 보기

그림은 주기율표의 일부를 나타낸 것이다.

주기＼족	1	2	13	14	15	16	17	18
2	Ⓐ Li			Ⓑ C		Ⓒ O		
3							Ⓓ Cl	

┗금속 원소   ┗비금속 원소

이에 대한 옳은 설명만을 〈보기〉에서 있는 대로 고른 것은? (단, A~D는 임의의 원소 기호이다.)

〈보기〉 풀이

A~D는 각각 Li, C, O, Cl이다.

ㄱ. **AD는 이온 결합 물질이다.**
➡ A(Li)는 금속 원소, D(Cl)는 비금속 원소이므로 AD(LiCl)는 이온 결합 물질이다.

ㄴ. **전기 음성도는 C＞B이다.**
➡ 주기율표에서 오른쪽 위쪽으로 갈수록 전기 음성도는 커진다. 따라서 전기 음성도는 C(O)＞B(C)이다.

ㄷ. **BD₄에는 극성 공유 결합이 있다.**
➡ BD₄(CCl_4)는 쌍극자 모멘트가 0인 무극성 분자이지만 분자 내 B(C)와 D(Cl) 사이의 공유 결합은 다른 원자 사이의 공유 결합이므로 BD₄(CCl_4)에는 극성 공유 결합이 있다.

적용해야 할 개념 ④가지

① 전기 음성도: 공유 결합을 형성한 두 원자가 공유 전자쌍을 끌어당기는 힘의 크기를 상대적으로 비교하여 나타낸 값

② 전기 음성도의 주기성: 같은 주기에서는 원자 번호가 커질수록 대체로 증가하고, 같은 족에서는 원자 번호가 커질수록 대체로 감소한다.

③ 극성 공유 결합에서 부분 전하: 전기 음성도가 큰 원자는 부분적인 음전하(δ^-)를 띠고, 전기 음성도가 작은 원자는 부분적인 양전하(δ^+)를 띤다.

④ 무극성 공유 결합과 극성 공유 결합: 같은 원자 사이의 공유 결합은 무극성 공유 결합이고, 다른 원자 사이의 공유 결합은 극성 공유 결합이다.

문제 보기

전기 음성도 → C<Cl<O<F

다음은 원자 W~Z에 대한 자료이다. W~Z는 각각 C, O, F, Cl 중 하나이고, 분자 내에서 옥텟 규칙을 만족한다.

> Cl   F
> ○ Y와 Z는 같은 족 원소이다.
> ○ 전기 음성도는 X>Y>W이다.
>   O > Cl > C

이에 대한 설명으로 옳은 것만을 〈보기〉에서 있는 대로 고른 것은? (단, W~Z는 임의의 원소 기호이다.)

〈보기〉 풀이

C, O, F, Cl의 전기 음성도 크기는 C<Cl<O<F이다. Y와 Z는 같은 족 원소이므로 Y와 Z는 각각 F, Cl 중 하나이다. Y가 F이면 전기 음성도는 Y(F)가 가장 크므로 제시된 자료에 부합하지 않는다. 따라서 Y는 Cl, Z는 F이고, X와 W는 각각 O, C이다.

✗ **W는 산소(O)이다.**
➡ W~Z는 각각 C, O, Cl, F이다.

ㄴ. **XY₂에서 X는 부분적인 음전하(δ^-)를 띤다.**
➡ 전기 음성도는 X(O)>Y(Cl)이므로 XY₂(OCl₂)에서 X(O)는 부분적인 음전하(δ^-)를 띤다.

✗ **WZ₄에서 W와 Z의 결합은 무극성 공유 결합이다.**
➡ WZ₄(CF₄)는 무극성 분자이지만, WZ₄(CF₄)에 있는 공유 결합은 다른 원자 사이의 결합이므로 극성 공유 결합이다.

보기

적용해야 할 개념 ④가지

① 전기 음성도: 공유 결합을 형성한 두 원자가 공유 전자쌍을 끌어당기는 힘의 크기를 상대적으로 비교하여 나타낸 값

② 전기 음성도의 주기성: 같은 주기에서는 원자 번호가 커질수록 대체로 증가하고, 같은 족에서는 원자 번호가 커질수록 대체로 감소한다.
➡ 2주기 원소의 전기 음성도: Li<Be<B<C<N<O<F

③ 이원자 분자에서 부분 전하: 전기 음성도가 큰 원자는 부분적인 음전하(δ^-)를 띠고, 전기 음성도가 작은 원자는 부분적인 양전하(δ^+)를 띤다.

④ H, C, N, O로 구성된 분자의 분자 모양과 결합각

분자	CH₄	NH₃	H₂O	CO₂
분자 모양	정사면체형	삼각뿔형	굽은 형	직선형
입체/평면	입체	입체	평면	평면
결합각	109.5°	107°	104.5°	180°

문제 보기

다음은 수소(H)와 2주기 원소 X, Y로 구성된 3가지 분자의 분자식이다. 분자에서 모든 X와 Y는 옥텟 규칙을 만족하고, 전기 음성도는 X>H이다.
C   O

> CH₄   H₂O   CO₂
> XH₄   YH₂   XY₂
> 결합각 109.5°   104.5°   180°

이에 대한 설명으로 옳은 것만을 〈보기〉에서 있는 대로 고른 것은? (단, X와 Y는 임의의 원소 기호이다.) [3점]

〈보기〉 풀이

분자에서 모든 X와 Y는 옥텟 규칙을 만족하므로 XH₄는 CH₄이고, YH₂는 H₂O이다. 따라서 X와 Y는 각각 C, O이므로 XY₂는 CO₂이다.

ㄱ. **전기 음성도는 Y>X이다.**
➡ 2주기에서 원자 번호가 클수록 전기 음성도가 커지므로 전기 음성도는 Y(O)>X(C)이다.

✗ **YH₂에서 Y는 부분적인 양전하(δ^+)를 띤다.**
➡ 전기 음성도는 Y(O)>X(C), X>H이므로 Y>X>H이다. 화학 결합에서 전기 음성도가 큰 원자는 부분적인 음전하(δ^-)를 띠고, 전기 음성도가 작은 원자는 부분적인 양전하(δ^+)를 띤다. 따라서 YH₂에서 Y는 부분적인 음전하(δ^-)를 띤다.

ㄷ. **결합각은 XY₂>XH₄이다.**
➡ XY₂(CO₂)의 분자 모양이 직선형이므로 XY₂는 결합각이 180°이다. XH₄(CH₄)의 분자 모양이 정사면체형이므로 XH₄는 결합각이 109.5°이다. 따라서 결합각은 XY₂>XH₄이다.

보기

07 전기 음성도와 결합의 극성 2021학년도 6월 모평 화I 13번   정답 ③ | 정답률 76 %

적용해야 할 개념 ③가지

① 전기 음성도의 주기성: 같은 주기에서는 원자 번호가 커질수록 대체로 증가하고, 같은 족에서는 원자 번호가 커질수록 대체로 감소한다.

② 극성 공유 결합에서 부분 전하: 전기 음성도가 큰 원자는 부분적인 음전하(δ^-)를 띠고, 전기 음성도가 작은 원자는 부분적인 양전하(δ^+)를 띤다.

③ 무극성 공유 결합과 극성 공유 결합: 같은 원자 사이의 공유 결합은 무극성 공유 결합이고, 다른 원자 사이의 공유 결합은 극성 공유 결합이다.

문제 보기

그림은 2, 3주기 원자 W~Z의 전기 음성도를 나타낸 것이다. W와 X는 14족, Y와 Z는 17족 원소이다.
└ 같은 족에서 원자 번호가 클수록 전기 음성도가 작다.
➡ 2주기 원자: X, Z
➡ 3주기 원자: W, Y

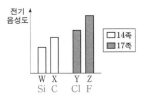

이에 대한 설명으로 옳은 것만을 〈보기〉에서 있는 대로 고른 것은? (단, W~Z는 임의의 원소 기호이다.) [3점]

〈보기〉 풀이

같은 족에서 원자 번호가 클수록 전기 음성도가 작으므로 W와 X는 각각 3주기 14족 원소인 Si, 2주기 14족 원소인 C이고, Y와 Z는 각각 3주기 17족 원소인 Cl, 2주기 17족 원소인 F이다.

보기

ㄱ. **W는 3주기 원소이다.**
➡ 2주기 원소는 X(C)와 Z(F)이고, 3주기 원소는 W(Si)와 Y(Cl)이다.

ㄴ. **XY₄에는 극성 공유 결합이 있다.**
➡ XY₄(CCl₄)는 무극성 분자이지만, 분자 내 X(C)와 Y(Cl)의 공유 결합은 다른 원자 사이의 공유 결합이므로 XY₄(CCl₄)에는 극성 공유 결합이 있다.

ㄷ. **YZ에서 Z는 부분적인 양전하(δ^+)를 띤다.**
➡ 전기 음성도는 Z(F)＞Y(Cl)이므로 YZ에서 공유 전자쌍은 Z(F) 쪽으로 치우친다. 따라서 YZ에서 Y(Cl)는 부분적인 양전하(δ^+)를 띠고, Z(F)는 부분적인 음전하(δ^-)를 띤다.

---

08 전기 음성도와 결합의 극성 2022학년도 10월 학평 화I 5번   정답 ④ | 정답률 82 %

적용해야 할 개념 ④가지

① 전기 음성도: 공유 결합을 형성한 두 원자가 공유 전자쌍을 끌어당기는 힘의 크기를 상대적으로 비교하여 나타낸 값

② 극성 공유 결합에서 부분 전하: 전기 음성도가 큰 원자는 부분적인 음전하(δ^-)를 띠고, 전기 음성도가 작은 원자는 부분적인 양전하(δ^+)를 띤다.

③ 무극성 공유 결합과 극성 공유 결합: 같은 원자 사이의 공유 결합은 무극성 공유 결합이고, 다른 원자 사이의 공유 결합은 극성 공유 결합이다.

④ 공유 결합으로 이루어진 분자에서 산화수는 전기 음성도가 큰 원자가 공유 전자쌍을 모두 가져갔다고 가정할 때 각 원자가 가지는 전하이다.

문제 보기

표는 4가지 원자의 전기 음성도를 나타낸 것이다.

원자	H	C	O	F
전기 음성도	2.1	2.5	3.5	4.0

이에 대한 옳은 설명만을 〈보기〉에서 있는 대로 고른 것은?

〈보기〉 풀이

보기

ㄱ. **HF에서 H는 부분적인 음전하(δ^-)를 띤다.**
➡ 전기 음성도는 F＞H이므로 공유 전자쌍은 F 쪽으로 치우친다. 따라서 F은 부분적인 음전하(δ^-)를 띠고 H는 부분적인 양전하(δ^+)를 띤다.

ㄴ. **H₂O₂에는 무극성 공유 결합이 있다.**
➡ H₂O₂(H－O－O－H)에서 H와 O 사이의 공유 결합은 극성 공유 결합이고, O와 O 사이의 공유 결합은 무극성 공유 결합이다.

ㄷ. **CH₂O에서 C의 산화수는 0이다.**
➡ CH₂O의 구조식은 다음과 같다.

$$
\begin{array}{c}
\text{:O:} \\
\parallel \\
\text{H－C－H}
\end{array}
$$

공유 결합으로 이루어진 분자에서 원자의 산화수는 전기 음성도가 큰 원자가 공유 전자쌍을 모두 가져갔다고 가정할 때 각 원자가 가지는 전하이다. 전기 음성도는 O＞C＞H이므로 산화수는 H가 ＋1, O가 －2, C가 0이다.

적용해야 할 개념 ④가지

① 전기 음성: 공유 결합을 형성한 두 원자가 공유 전자쌍을 끌어당기는 힘의 크기를 상대적으로 비교하여 나타낸 값

② 전기 음성도의 주기성: 같은 주기에서는 원자 번호가 커질수록 대체로 증가하고, 같은 족에서는 원자 번호가 커질수록 대체로 감소한다.

③ 극성 공유 결합에서 부분 전하: 전기 음성도가 큰 원자는 부분적인 음전하(δ^-)를 띠고, 전기 음성도가 작은 원자는 부분적인 양전하(δ^+)를 띤다.

④ 무극성 공유 결합과 극성 공유 결합: 같은 원자 사이의 공유 결합은 무극성 공유 결합이고, 다른 원자 사이의 공유 결합은 극성 공유 결합이다.

문제 보기

표는 4가지 각각의 분자에서 플루오린(F)의 전기 음성도(a)와 나머지 구성 원소의 전기 음성도(b) 차($a-b$)를 나타낸 것이다.

전기 음성도: O>Cl>P

분자	CF_4	OF_2	PF_3	ClF
전기 음성도 차($a-b$)	x	0.5	1.9	1.0

전기 음성도는 O>C이므로 $x>0.5$이다.

이에 대한 설명으로 옳은 것만을 〈보기〉에서 있는 대로 고른 것은? [3점]

〈보기〉 풀이

모든 원소 중 F의 전기 음성도가 가장 크므로 분자에서 F과의 전기 음성도 차이가 클수록 전기 음성도가 작은 원소이다. F과의 전기 음성도 차는 $PF_3 > ClF > OF_2$이므로 전기 음성도는 O>Cl>P이다.

✗ $x < 0.5$이다.

➡ 같은 주기에서 원자 번호가 클수록 전기 음성도가 크다. C와 O는 2주기 원소이고 원자 번호는 O>C이므로 전기 음성도는 O>C이다. CF_4에서 구성 원소의 전기 음성도 차는 OF_2의 전기 음성도 차보다 크다. 따라서 $x > 0.5$이다.

ㄴ. PF_3에는 극성 공유 결합이 있다.

➡ 같은 원자 사이의 공유 결합을 무극성 공유 결합이라고 하고, 다른 원자 사이의 공유 결합을 극성 공유 결합이라고 한다. PF_3의 P과 F 사이에는 극성 공유 결합이 있다.

ㄷ. Cl_2O에서 Cl는 부분적인 양전하(δ^+)를 띤다.

➡ 전기 음성도는 O>Cl이므로 Cl_2O에서 Cl는 부분적인 양전하(δ^+)를 띠고, O는 부분적인 음전하(δ^-)를 띤다.

적용해야 할 개념 ③가지

① 전기 음성: 공유 결합을 형성한 두 원자가 공유 전자쌍을 끌어당기는 힘의 크기를 상대적으로 비교하여 나타낸 값

② 무극성 공유 결합과 극성 공유 결합: 같은 원자 사이의 공유 결합은 무극성 공유 결합이고, 다른 원자 사이의 공유 결합은 극성 공유 결합이다.

③ 이원자 분자에서 부분 전하: 전기 음성도가 큰 원자는 부분적인 음전하(δ^-)를 띠고, 전기 음성도가 작은 원자는 부분적인 양전하(δ^+)를 띤다.

문제 보기

표는 원소 W~Z로 이루어진 3가지 분자에서 W의 전기 음성도(a)와 나머지 구성 원소의 전기 음성도(b) 차($a-b$)를 나타낸 것이다.

W보다 전기 음성도가 0.5만큼 크다. W보다 전기 음성도가 0.5만큼 작다.

분자	WX_2	Y_2W	Z_2W
$a-b$	-0.5	0.5	1.4

W보다 전기 음성도가 1.4만큼 작다.

이에 대한 설명으로 옳은 것만을 〈보기〉에서 있는 대로 고른 것은? (단, W~Z는 임의의 원소 기호이다.) [3점]

〈보기〉 풀이

WX_2, Y_2W, Z_2W에서 W의 전기 음성도(a)와 나머지 구성 원소의 전기 음성도 차($a-b$)를 비교하면 전기 음성도의 크기는 X>W>Y>Z이다.

ㄱ. Y_2W에는 극성 공유 결합이 있다.

➡ Y_2W에서 Y와 W 사이의 공유 결합은 극성 공유 결합이다. 따라서 Y_2W에는 극성 공유 결합이 있다.

✗ 전기 음성도는 Y가 X보다 크다.

➡ X는 W보다 전기 음성도가 크고, Y는 W보다 전기 음성도가 작으므로 전기 음성도는 X가 Y보다 크다.

✗ ZX에서 Z는 부분적인 음전하(δ^-)를 띤다.

➡ 이원자 분자에서 전기 음성도가 큰 원자는 부분적인 음전하(δ^-)를 띠고, 전기 음성도가 작은 원자는 부분적인 양전하(δ^+)를 띤다. 전기 음성도는 X가 Z보다 크므로 ZX에서 X는 부분적인 음전하(δ^-)를 띠고, Z는 부분적인 양전하(δ^+)를 띤다.

적용해야 할 개념 ④가지

① 전기 음성도: 공유 결합을 형성한 두 원자가 공유 전자쌍을 끌어당기는 힘의 크기를 상대적으로 비교하여 나타낸 값

② 전기 음성도의 주기성: 같은 주기에서는 원자 번호가 커질수록 대체로 증가하고, 같은 족에서는 원자 번호가 커질수록 대체로 감소한다.

③ 2주기 14족~17족 원소의 수소 화합물의 분자식

족	14	15	16	17
원자	C	N	O	F
수소 화합물의 분자식	CH_4	NH_3	H_2O	HF

④ 극성 공유 결합에서 부분 전하: 전기 음성도가 큰 원자는 부분적인 음전하(δ^-)를 띠고, 전기 음성도가 작은 원자는 부분적인 양전하(δ^+)를 띤다.

문제 보기

다음은 원자 W~Z와 수소(H)로 이루어진 분자 H_aW, H_bX, H_cY, H_dZ에 대한 자료이다. W~Z는 각각 O, F, S, Cl 중 하나이고, 분자 내에서 옥텟 규칙을 만족한다. W, Y는 같은 주기 원소이다.

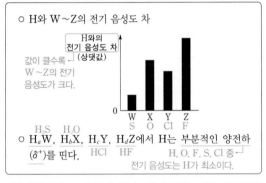

○ H와 W~Z의 전기 음성도 차

값이 클수록 W~Z의 전기 음성도가 크다.

W X Y Z
S O Cl F

○ H_aW, H_bX, H_cY, H_dZ에서 H는 부분적인 양전하 (δ^+)를 띤다. HCl HF H, O, F, S, Cl 중 전기 음성도는 H가 최소이다.

H_2S H_2O

이에 대한 설명으로 옳은 것만을 〈보기〉에서 있는 대로 고른 것은?

〈보기〉 풀이

전기 음성도는 2주기 원소에서 O<F, 3주기 원소에서 S<Cl이다. 또한 전기 음성도는 16족 원소에서 O>S, 17족 원소에서 F>Cl이다. 4가지 화합물에서 H는 부분적인 양전하(δ^+)를 띠므로 전기 음성도는 H가 O, F, S, Cl보다 작다. 따라서 H와의 전기 음성도 차이가 가장 큰 Z는 F이고, 가장 작은 W는 S이다. W와 Y는 같은 주기 원소이므로 Y는 Cl이고, X는 O이다.

ㄱ. 전기 음성도는 X>W이다.

➡ 같은 족에서 원자 번호가 작을수록 전기 음성도가 크므로 X(O)>W(S)이다.

✗. $c>a$이다.

➡ H_aW, H_bX, H_cY, H_dZ는 각각 H_2S, H_2O, HCl, HF이므로 $a=2$, $c=1$이다. 따라서 $a>c$이다.

✗. YZ에서 Y는 부분적인 음전하(δ^-)를 띤다.

➡ 전기 음성도는 Y(Cl)<Z(F)이므로 YZ에서 Y(Cl)는 부분적인 양전하(δ^+)를 띤다.

적용해야 할 개념 ③가지

① 옥텟 규칙: 원소들이 전자를 잃거나 얻어 비활성 기체와 같이 가장 바깥 전자 껍질에 전자 8개를 채워 안정해지려는 경향

② 공유 결합의 종류: 전자쌍 1개를 공유한 단일 결합, 전자쌍 2개를 공유한 2중 결합, 전자쌍 3개를 공유한 3중 결합이 있다.

③ 무극성 공유 결합과 극성 공유 결합: 같은 원자 사이의 공유 결합은 무극성 공유 결합이고, 다른 원자 사이의 공유 결합은 극성 공유 결합이다.

문제 보기

그림은 분자 (가)~(다)의 구조식을 단일 결합과 다중 결합의 구분 없이 나타낸 것이다. (가)~(다)에서 모든 원자는 옥텟 규칙을 만족한다.

3중 결합
F-C-C-F   F-Ö-Ö-F   F-N-N-F
(가)   (나)   (다)
공유 전자쌍 수: 5   공유 전자쌍 수: 3   공유 전자쌍 수: 5

이에 대한 설명으로 옳은 것만을 〈보기〉에서 있는 대로 고른 것은?

〈보기〉 풀이

보기

ㄱ. (가)에는 극성 공유 결합이 있다.
➡ (가)에서 C 원자와 F 원자 사이의 결합은 극성 공유 결합이다.

✗ (나)에는 3중 결합이 있다.
➡ (나)에서 각 O 원자에 비공유 전자쌍이 2개씩 존재하므로 (나)에는 단일 결합만 있다.

✗ 공유 전자쌍 수는 (다) > (가)이다.
➡ F은 단일 결합만 형성하므로 (가)에서 C 원자 사이에는 3중 결합이 있다. 따라서 (가)에서 공유 전자쌍 수는 5이다. 한편 (다)에서 각 N 원자에 비공유 전자쌍이 1개씩 존재하므로 (다)에는 단일 결합만 있다. 따라서 (다)에서 공유 전자쌍 수는 5이다. 이로부터 공유 전자쌍 수는 (가)와 (다)가 같다.

적용해야 할 개념 ④가지

① 전자 배치 모형에서 원자 번호: 원자는 양성자수와 전자 수가 같으며, 양성자수를 원자 번호로 정한다.

② 옥텟 규칙: 원자들이 전자를 잃거나 얻어 비활성 기체와 같이 가장 바깥 전자 껍질에 전자 8개를 채워 안정해지려는 경향으로, 원자들은 화학 결합을 통해 옥텟 규칙을 만족하는 안정한 전자 배치를 이룬다.

③ 무극성 공유 결합과 극성 공유 결합: 같은 원자 사이의 공유 결합은 무극성 공유 결합이고, 다른 원자 사이의 공유 결합은 극성 공유 결합이다.

④ 공유 전자쌍과 비공유 전자쌍: 공유 결합에 참여하는 전자쌍을 공유 전자쌍, 공유 결합에 참여하지 않고 한 원자에만 속해 있는 전자쌍을 비공유 전자쌍이라고 한다.

문제 보기

그림은 원자 X~Z의 전자 배치 모형을 나타낸 것이고, 표는 X~Z로 이루어진 분자 (가)와 (나)에 대한 자료이다. (가)와 (나)에서 Y, Z는 옥텟 규칙을 만족한다.

X H   Y O   Z F

분자	(가) H_2O_2	(나) HF
구성 원소	X, Y	X, Z
공유 전자쌍의 수	3	1

이에 대한 설명으로 옳은 것만을 〈보기〉에서 있는 대로 고른 것은? (단, X~Z는 임의의 원소 기호이다.) [3점]

〈보기〉 풀이

보기

X~Z는 각각 원자 번호가 1인 H, 원자 번호가 8인 O, 원자 번호가 9인 F이다. (가)는 구성 원소가 H, O이고 공유 전자쌍 수가 3이므로 H_2O_2이다. (나)는 구성 원소가 H, F이고 공유 전자쌍 수가 1이므로 HF이다.

선 1개는 공유 전자쌍 1개와 같다.

H–Ö–Ö–H   H–F̈:
(가)   (나)

ㄱ. (가)의 분자식은 X_2Y_2이다.
➡ X(H), Y(O)로 이루어진 분자 중 공유 전자쌍 수가 3인 분자는 X_2Y_2(H_2O_2)이다.

ㄴ. (나)에는 극성 공유 결합이 존재한다.
➡ (나)는 HF이고, (나)의 공유 결합은 다른 원자 사이의 공유 결합이므로 극성 공유 결합이다.

✗ 비공유 전자쌍의 수는 (나) > (가)이다.
➡ 비공유 전자쌍의 수는 (가)가 4, (나)가 3이다.

14 화학 결합 모형 2024학년도 5월 학평 화I 3번

정답 ③ | 정답률 90 %

적용해야 할 개념 ④가지

① 공유 결합 물질: 비금속 원소의 원자가 전자쌍을 공유하여 결합한 물질
② 공유 결합 물질의 화학 결합 모형에서 각 구성 원자의 원자가 전자 수: 비공유 전자쌍 수×2+공유 전자쌍 수
③ 이온 결합: 금속 원소의 양이온과 비금속 원소의 음이온이 정전기적 인력으로 결합한 물질
④ 이온 결합 물질의 화학 결합 모형에서 각 이온의 전하: 구성 원자의 양성자수(원자 번호)−이온의 전체 전자 수

문제 보기

그림은 화합물 WXY와 ZXY를 화학 결합 모형으로 나타낸 것이다.

W H X C Y N Z^{n+} Na⁺ XY^{n-} CN⁻

XY^{n-}에서 전체 전자 수는 14이고, C와 N의 양성자수의 합은 6+7=13이므로 $n=1$이다.

이에 대한 설명으로 옳은 것만을 〈보기〉에서 있는 대로 고른 것은? (단, W~Z는 임의의 원소 기호이다.)

〈보기〉 풀이

화학 결합 모형으로부터 W는 1주기 1족 원소인 H, X는 2주기 14족 원소인 C, Y는 2주기 15족 원소인 N이다.

ㄱ. **WXY는 공유 결합 물질이다.**
➡ WXY는 원자 사이에 전자쌍을 공유하면서 결합한 물질로 공유 결합 물질이다.

ㄴ. **$n=1$이다.**
➡ W는 H, X는 C, Y는 N이다. 또 ZXY를 구성하는 XY^{n-}에서 전체 전자 수는 14이고, C와 N의 양성자수의 합은 6+7=13이므로 $n=1$이다.

ㄷ. **W~Z 중 원자가 전자 수는 X가 가장 크다.**
➡ Z^+의 전자 수가 10이므로 Z는 3주기 1족 원소인 Na이다. 따라서 W~Z의 원자가 전자 수는 각각 1, 4, 5, 1이므로 원자가 전자 수가 가장 큰 원소는 Y이다.

〈보기〉

---

15 화학 결합 모형 2021학년도 수능 화I 9번

정답 ⑤ | 정답률 86 %

적용해야 할 개념 ④가지

① 공유 결합 물질의 전자 배치 모형에서 구성 원자의 원자가 전자 수: 비공유 전자쌍 수×2+ 공유 전자쌍 수
② 부분적인 전하: 극성 공유 결합에서 전자가 완전히 이동하는 것이 아니라 전자쌍이 치우쳐 전하를 띠는 것을 부분적인 전하라고 하며, 전기 음성도가 큰 원자는 부분적인 음전하(δ^-)를, 전기 음성도가 작은 원자는 부분적인 양전하(δ^+)를 띤다.
③ 전기 음성도의 주기성: 같은 주기에서는 원자 번호가 커질수록 대체로 증가하고, 같은 족에서는 원자 번호가 커질수록 대체로 감소한다.
④ 무극성 공유 결합과 극성 공유 결합: 같은 원자 사이의 공유 결합은 무극성 공유 결합이고, 다른 원자 사이의 공유 결합은 극성 공유 결합이다.

문제 보기

그림은 화합물 WX와 WYZ를 화학 결합 모형으로 나타낸 것이다.

2주기 원소로 비공유 전자쌍 수가 3, 공유 전자쌍 수가 1이므로 원자가 전자 수가 7인 F

2주기 원소로 비공유 전자쌍 수가 1, 공유 전자쌍 수가 3이므로 원자가 전자 수가 5인 N

 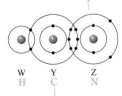

W H X F   W H Y C Z N

1주기 원소로 공유 전자쌍 수가 1이므로 원자가 전자 수가 1인 H

2주기 원소로 공유 전자쌍 수가 4이므로 원자가 전자 수가 4인 C

이에 대한 설명으로 옳은 것만을 〈보기〉에서 있는 대로 고른 것은? (단, W~Z는 임의의 원소 기호이다.) [3점]

〈보기〉 풀이

WX는 HF이고, WYZ는 HCN이다.

ㄱ. **WX에서 W는 부분적인 양전하(δ^+)를 띤다.**
➡ 전기 음성도는 F>H이므로 WX(HF)에서 W(H)는 부분적인 양전하(δ^+)를 띠고, X(F)는 부분적인 음전하(δ^-)를 띤다.

ㄴ. **전기 음성도는 Z>Y이다.**
➡ 같은 주기에서 원자 번호가 클수록 전기 음성도가 크므로 전기 음성도는 Z(N)>Y(C)이다.

ㄷ. **YW_4에는 극성 공유 결합이 있다.**
➡ $YW_4(CH_4)$에는 다른 원자 사이의 공유 결합이 있으므로 극성 공유 결합이 있다.

〈보기〉

적용해야 할 개념 ③가지

① 전기 음성도: 공유 결합을 형성한 두 원자가 공유 전자쌍을 끌어당기는 힘의 크기를 상대적으로 비교하여 나타낸 값

② 전기 음성도의 주기성: 같은 주기에서는 원자 번호가 커질수록 대체로 증가하고, 같은 족에서는 원자 번호가 커질수록 대체로 감소한다.

③ 극성 공유 결합에서 부분 전하: 전기 음성도가 큰 원자는 부분적인 음전하(δ^-)를 띠고, 전기 음성도가 작은 원자는 부분적인 양전하(δ^+)를 띤다.

문제 보기

그림은 화합물 AB_2와 CB_2를 화학 결합 모형으로 나타낸 것이다. 전기 음성도는 C>B이다.

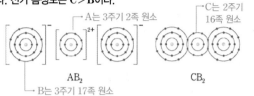

A는 3주기 2족 원소
B는 3주기 17족 원소
C는 2주기 16족 원소

AB_2　　　CB_2

이에 대한 옳은 설명만을 〈보기〉에서 있는 대로 고른 것은? (단, A~C는 임의의 원소 기호이다.)

〈보기〉 풀이

화학 결합 모형으로부터 A는 3주기 2족 원소, B는 3주기 17족 원소, C는 2주기 16족 원소이다.

ㄱ. A와 B는 같은 주기 원소이다.

➡ A는 3주기 2족 원소이고, B는 3주기 17족 원소이므로 A와 B는 모두 3주기 원소로 같은 주기 원소이다.

✗ AC(s)는 전기 전도성이 있다.

➡ AC는 3주기 2족의 금속 원소인 A의 양이온과 2주기 16족의 비금속 원소인 C의 음이온이 정전기적 인력으로 결합한 이온 결합 물질이다. 따라서 고체 상태에서는 이온이 이동할 수 없으므로 전기 전도성이 없다.

ㄷ. CB_2에서 C는 부분적인 음전하(δ^-)를 띤다.

➡ CB_2에서 B 원자와 C 원자 사이의 결합은 극성 공유 결합이고, 전기 음성도는 C>B이므로 전자쌍은 C 원자에 치우쳐 있어 C는 부분적인 음전하(δ^-)를 띤다.

보기

적용해야 할 개념 ③가지

① 구성 원소에 따른 화학 결합과 물질의 상태에 따른 전기 전도성

결합의 종류		이온 결합	공유 결합	금속 결합
구성 원소		금속 원소+비금속 원소	비금속 원소	금속 원소
전기 전도성	고체 상태	없다.	없다(단, 흑연 제외).	있다.
	액체 상태	있다.	없다.	있다.

② 이원자 분자에서 부분 전하: 전기 음성도가 큰 원자는 부분적인 음전하(δ^-)를 띠고, 전기 음성도가 작은 원자는 부분적인 양전하(δ^+)를 띤다.

③ 이원자 분자의 공유 전자쌍 수: H_2와 F_2은 공유 전자쌍 수가 1이고, O_2는 공유 전자쌍 수가 2이며, N_2는 공유 전자쌍 수가 3이다.

문제 보기

그림은 물질 AB와 CD를 화학 결합 모형으로 나타낸 것이다.

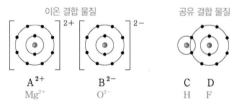

이온 결합 물질　　　　공유 결합 물질

A^{2+}　B^{2-}　　C　D
Mg^{2+}　O^{2-}　　H　F

이에 대한 옳은 설명만을 〈보기〉에서 있는 대로 고른 것은? (단, A~D는 임의의 원소 기호이다.)

〈보기〉 풀이

A^{2+}과 B^{2-}은 각각 Mg^{2+}, O^{2-}이고, C와 D는 각각 H, F이다.

ㄱ. A(s)는 전기 전도성이 있다.

➡ A(Mg)는 금속이므로 고체 상태에서 전기 전도성이 있다.

✗ CD에서 C는 부분적인 음전하(δ^-)를 띤다.

➡ 전기 음성도는 C(H)< D(F)이므로 CD(HF)에서 C(H)는 부분적인 양전하(δ^+)를 띠고, D(F)는 부분적인 음전하(δ^-)를 띤다.

✗ 분자당 공유 전자쌍 수는 D_2가 B_2보다 크다.

➡ $B_2(O_2)$에는 2중 결합이 있으므로 분자당 공유 전자쌍 수는 2이다. $D_2(F_2)$에는 단일 결합이 있으므로 분자당 공유 전자쌍 수는 1이다.

보기

18 화학 결합 모형 2018학년도 3월 학평 화I 10번 정답 ⑤ | 정답률 72%

적용해야 할 개념 ④가지

① 이온 결합 물질의 전자 배치 모형에서 구성 원자의 원자가 전자 수: 금속 원자는 '잃은 전자 수'이고, 비금속 원자는 '8−얻은 전자 수'이다.
② 공유 결합 물질의 전자 배치 모형에서 구성 원자의 원자가 전자 수: 비공유 전자쌍 수×2+공유 전자쌍 수
③ 이온 결합: 금속 양이온과 비금속 음이온 사이의 정전기적 인력에 의해 형성되는 결합
④ 무극성 공유 결합과 극성 공유 결합: 같은 원자 사이의 공유 결합은 무극성 공유 결합이고, 다른 원자 사이의 공유 결합은 극성 공유 결합이다.

문제 보기

그림은 화합물 ABC와 DE의 결합 모형을 각각 나타낸 것이다.

2주기 원소로 비공유 전자쌍 수가 1, 공유 전자쌍 수가 3이므로 원자가 전자 수가 5인 N

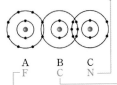 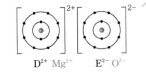

A B C D^{2+} Mg^{2+} E^{2-} O^{2-}
F C N

2주기 원소로 비공유 전자쌍 수가 3, 공유 전자쌍 수가 1이므로 원자가 전자 수가 7인 F

2주기 원소로 공유 전자쌍 수가 4이므로 원자가 전자 수가 4인 C

이에 대한 옳은 설명만을 〈보기〉에서 있는 대로 고른 것은? (단, A∼E는 임의의 원소 기호이다.)

〈보기〉 풀이

ABC는 FCN, DE는 MgO이다.

ㄱ. DA_2는 이온 결합 물질이다.
➡ $DA_2(MgF_2)$는 금속 원소와 비금속 원소의 화합물이므로 이온 결합 물질이다.

ㄴ. BE_2에는 극성 공유 결합이 있다.
➡ $BE_2(CO_2)$에는 다른 원자 사이의 공유 결합이 있으므로 극성 공유 결합이 있다.

ㄷ. C_2와 CA_3는 공유 전자쌍 수가 같다.
➡ $C_2(N_2)$와 $CA_3(NF_3)$는 공유 전자쌍 수가 모두 3이다.

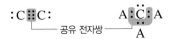
공유 전자쌍

---

19 화학 결합 모형 2021학년도 10월 학평 화I 5번 정답 ③ | 정답률 79%

적용해야 할 개념 ②가지

① 극성 공유 결합에서 부분 전하: 전기 음성도가 큰 원자는 부분적인 음전하(δ^-)를 띠고, 전기 음성도가 작은 원자는 부분적인 양전하(δ^+)를 띤다.
② 무극성 공유 결합과 극성 공유 결합: 같은 원자 사이의 공유 결합은 무극성 공유 결합이고, 다른 원자 사이의 공유 결합은 극성 공유 결합이다.

문제 보기

그림은 화합물 ABC와 B_2D_2의 화학 결합 모형을 나타낸 것이다.

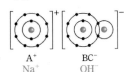 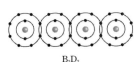

A^+ BC^- B_2D_2
Na^+ OH^- O_2F_2

이에 대한 설명으로 옳은 것만을 〈보기〉에서 있는 대로 고른 것은? (단, A∼D는 임의의 원소 기호이다.)

〈보기〉 풀이

A^+은 Na^+이고, BC^-은 OH^-이므로 ABC는 NaOH이고, A∼C는 각각 Na, O, H이다. B_2D_2는 O_2F_2이므로 D는 F이다.

ㄱ. A와 C는 같은 족 원소이다.
➡ A(Na)와 C(H)는 원자가 전자 수가 1인 1족 원소이다.

ㄴ. B_2D_2에는 무극성 공유 결합이 있다.
➡ 같은 원자 사이의 공유 결합을 무극성 공유 결합이라고 한다. $B_2D_2(O_2F_2)$에는 B 원자(O 원자) 사이의 공유 결합이 있으므로 B_2D_2에는 무극성 공유 결합이 있다.

✗ BD_2에서 B는 부분적인 음전하(δ^-)를 띤다.
➡ 전기 음성도는 O<F이므로 $BD_2(OF_2)$에서 B(O)는 부분적인 양전하(δ^+)를 띠고, D(F)는 부분적인 음전하(δ^-)를 띤다.

20 화학 반응식과 화학 결합 모형 2019학년도 10월 학평 화I 13번

정답 ② | 정답률 78%

적용해야 할 개념 ④가지

① 이온 결합 물질의 전자 배치 모형에서 구성 원자의 원자가 전자 수: 금속 원자는 '잃은 전자 수'이고, 비금속 원자는 '8-얻은 전자 수'이다.

② 공유 결합 물질의 전자 배치 모형에서 구성 원자의 원자가 전자 수: 비공유 전자쌍 수×2+ 공유 전자쌍 수

③ 화학 결합에 따른 물질의 전기 전도성: 이온 결합 물질은 액체 상태와 수용액에서 전기 전도성이 있고, 공유 결합 물질은 액체 상태에서 전기 전도성이 없다.

④ 부분적인 전하: 극성 공유 결합에서 전자가 완전히 이동하는 것이 아니라 전자쌍이 치우쳐 전하를 띠는 것을 부분적인 전하라고 하며, 전기 음성도가 큰 원자는 부분적인 음전하(δ^-)를, 전기 음성도가 작은 원자는 부분적인 양전하(δ^+)를 띤다.

문제 보기

그림은 ABC와 CD의 반응을 화학 결합 모형으로 나타낸 것이다.

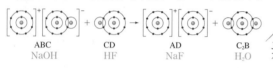

| ABC | CD | AD | C_2B |
| NaOH | HF | NaF | H_2O |

이에 대한 옳은 설명만을 〈보기〉에서 있는 대로 고른 것은? (단, A~D는 임의의 원소 기호이다.)

〈보기〉 풀이

ABC는 NaOH, CD는 HF, AD는 NaF, C_2B는 H_2O이므로 A~D는 각각 Na, O, H, F이다.
화학 반응식은 NaOH + HF ⟶ NaF + H_2O이다.

✗ **A와 B는 같은 주기 원소이다.**

➡ A(Na)는 3주기 원소, B(O)는 2주기 원소이다.

ㄴ. **AD는 액체 상태에서 전기 전도성이 있다.**

➡ AD(NaF)는 금속 원소인 Na과 비금속 원소인 F으로 이루어지므로 이온 결합 물질이다. 이온 결합 물질은 액체 상태에서 전기 전도성이 있다.

✗ **C_2B에서 B는 부분적인 (+)전하를 띤다.**

➡ 전기 음성도는 O>H이므로 $C_2B(H_2O)$에서 C(H)는 부분적인 (+)전하를 띠고, B(O)는 부분적인 (−)전하를 띤다.

---

21 전기 음성도와 결합의 극성 2025학년도 수능 화I 8번

정답 ⑤ | 정답률 84%

적용해야 할 개념 ③가지

① 전기 음성도: 공유 결합을 형성한 두 원자가 공유 전자쌍을 끌어당기는 힘의 크기를 상대적으로 나타낸 값

② 옥텟 규칙: 원소들이 전자를 잃거나 얻어 비활성 기체와 같이 가장 바깥 전자 껍질에 전자 8개를 채워 안정해지려는 경향

③ 분자에서 H, C, F, Cl에 있는 공유 전자쌍 수와 비공유 전자쌍 수

원자	H	C	F	Cl
공유 전자쌍 수	1	4	1	1
비공유 전자쌍 수	0	0	3	3

문제 보기

그림은 수소(H)와 원소 X~Z로 구성된 분자 (가)~(라)의 공유 전자쌍 수와 구성 원소의 전기 음성도 차를 나타낸 것이다. (가)~(라)는 각각 H_aX_a, H_bX, HY, HZ 중 하나이고, 분자에서 X~Z는 옥텟 규칙을 만족한다. X~Z는 C, F, Cl를 순서 없이 나타낸 것이고, 전기 음성도는 Y>Z>H이다.

전기 음성도: F>Cl ➡ Y: F, Z: Cl

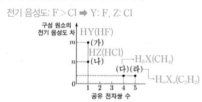

이에 대한 설명으로 옳은 것만을 〈보기〉에서 있는 대로 고른 것은? [3점]

〈보기〉 풀이

ㄱ. **$a=2$이다.**

➡ 수소 원자와 할로젠에 있는 공유 전자쌍 수는 모두 1이므로 (가)와 (나)는 각각 HY, HZ 중 하나이고, Y와 Z는 할로젠인 F, Cl 중 하나이다. 이때 전기 음성도는 Y>Z이고, 구성 원소의 전기 음성도 차는 (가)>(나)이므로 (가)는 HY(HF)이고, (나)는 HZ(HCl)이다. 이때 X~Z는 C, F, Cl 중 하나이므로 X는 C이다. H_bX는 X(C) 원자 1개와 수소 원자 b개가 결합한 옥텟 규칙을 만족하는 분자인데, 공유 전자쌍 수는 4 또는 5가 되어야 하므로 (다)는 $H_bX(CH_4)$이다. 따라서 (라)는 H_aX_a이다. 이때 H_aX_a는 공유 전자쌍 수가 5이면서 구성 원자 수는 H와 C가 같으므로 가능한 분자는 $C_2H_2(H-C≡C-H)$이다. 이로부터 $a=2$이다.

ㄴ. **(라)에는 무극성 공유 결합이 있다.**

➡ (라) C_2H_2에는 C 원자 사이의 결합인 무극성 공유 결합이 있다.

ㄷ. **YZ에서 구성 원소의 전기 음성도 차는 $m-n$이다.**

➡ H, Y, Z의 전기 음성도를 각각 h, y, z라고 하면 구성 원소의 전기 음성도 차는 (가)에서 $y-h$이고, (나)에서 $z-h$이다. 이로부터 $m=y-h$이고, $n=z-h$이므로 $m-n=(y-h)-(z-h)=y-z$이고, 이는 YZ에서 구성 원소의 전기 음성도 차와 같다.

17
일차

01 ⑤	02 ②	03 ①	04 ②	05 ②	06 ③	07 ④	08 ②	09 ③	10 ④	11 ②	12 ①
13 ②	14 ⑤	15 ⑤	16 ⑤	17 ⑤	18 ⑤	19 ⑤	20 ①	21 ⑤	22 ③	23 ④	24 ③
25 ③	26 ①	27 ④	28 ⑤	29 ①	30 ⑤	31 ⑤	32 ①	33 ③	34 ③	35 ⑤	36 ④
37 ⑤	38 ②										

문제편 172~181쪽

01 전자쌍 반발 이론 2021학년도 7월 학평 화Ⅰ 6번

정답 ⑤ | 정답률 86 %

적용해야 할 개념 ③가지

① 전자쌍 반발 이론에 따른 전자쌍의 공간 배치

전자쌍 수	2	3	4
전자쌍 배치	180° 전자쌍이 중심 원자를 중심으로 서로 정반대 위치에 배치될 때 가장 안정하다.	120° 전자쌍이 중심 원자를 중심으로 서로 정삼각형 꼭짓점에 배치될 때 가장 안정하다.	109.5° 전자쌍이 중심 원자를 중심으로 서로 정사면체 꼭짓점에 배치될 때 가장 안정하다.
결합각	180°	120°	109.5°
분자 구조	직선형	평면 삼각형	정사면체

② 전자쌍 사이의 반발력: 전자쌍의 종류에 따라 전자쌍 사이의 반발력이 다르고, 비공유 전자쌍 사이의 반발력이 공유 전자쌍 사이의 반발력보다 크다. ➡ 비공유－비공유 전자쌍 사이의 반발력＞비공유－공유 전자쌍 사이의 반발력＞공유－공유 전자쌍 사이의 반발력

문제 보기

다음은 학생 A가 수행한 탐구 활동이다.

[가설]
○ 중심 원자의 공유 전자쌍 수가 많을수록 분자의 결합각이 작아진다.

[탐구 과정]
○ 중심 원자가 Be, B, C, N, O인 분자 (가)~(마)의 자료를 조사하고, 중심 원자의 공유 전자쌍 수에 따른 분자의 결합각 크기를 비교한다.

[자료 및 결과]

분자	(가)	(나)	(다)	(라)	(마)
분자식	BeF_2	BCl_3	CH_4	NH_3	H_2O
중심 원자의 공유 전자쌍 수	2	3	4	3	2
결합각	180°	120°	109.5°	107°	104.5°

○ 중심 원자의 공유 전자쌍 수 다른 3개의 분자에 대한 비교 결과

비교한 3개의 분자	비교 결과
(가), (나), (다)	중심 원자의 공유 전자쌍 수가 많을수록 분자의 결합각이 작아진다.
㉠ (다), (라), (마)	중심 원자의 공유 전자쌍 수가 많을수록 분자의 결합각이 커진다.

[결론]
○ 가설에 어긋나는 비교 결과가 있으므로 가설은 옳지 않다.

다음 중 ㉠으로 가장 적절한 것은?

<보기> 풀이

(가), (나), (다)를 비교하면 중심 원자의 공유 전자쌍 수는 (가)＜(나)＜(다)이고, 분자의 결합각은 (가)＞(나)＞(다)이므로 중심 원자의 공유 전자쌍 수가 많을수록 분자의 결합각이 작아진다. 그러나 (다), (라), (마)를 비교하면 중심 원자의 공유 전자쌍 수는 (다)＞(라)＞(마)이고, 분자의 결합각은 (다)＞(라)＞(마)이므로 중심 원자의 공유 전자쌍 수가 많을수록 분자의 결합각이 커진다. (가), (나), (다)를 비교하면 가설이 타당하지만, (다), (라), (마)를 비교하면 가설이 어긋난다. 따라서 ㉠은 (다), (라), (마)이다.

✗ (가), (나), (라)　　　✗ (가), (다), (라)
✗ (나), (다), (라)　　　✗ (나), (다), (마)
⑤ (다), (라), (마)

적용해야 할 개념 ③가지

① 전자쌍 반발 이론: 분자 또는 이온에서 중심 원자를 둘러싸고 있는 전자쌍들은 모두 (−)전하를 띠므로 정전기적 반발력을 최소로 하기 위해 가능한 한 서로 멀리 떨어져 배치되려 한다는 이론

② 전자쌍 사이의 반발력: 전자쌍의 종류에 따라 전자쌍 사이의 반발력이 다르고, 비공유 전자쌍 사이의 반발력이 공유 전자쌍 사이의 반발력보다 크다. ➡ 비공유−비공유 전자쌍 사이의 반발력＞비공유−공유 진자쌍 사이의 반발력＞공유−공유 전자쌍 사이의 반발력

③ CH_4, NH_3, H_2O에 대한 자료

분자	CH_4	NH_3	H_2O
분자 모형	109.5°	비공유 전자쌍 107°	비공유 전자쌍 104.5°
분자 모양	정사면체형	삼각뿔형	굽은 형
결합각	109.5°	107°	104.5°

문제 보기

다음은 학생 A가 전자쌍 반발 이론을 학습한 후 수행한 탐구 활동이다.

반발력: 비공유 전자쌍−비공유 전자쌍＞비공유 전자쌍−공유 전자쌍＞공유 전자쌍−공유 전자쌍

[가설]
○ 단일 결합으로만 이루어진 분자에서 중심 원자의 전자쌍 수가 같을 때 중심 원자의 비공유 전자쌍 수가 많을 수록 결합각의 크기는 작아진다.

[탐구 과정] ┌→ 공유 전자쌍 수＋비공유 전자쌍 수
(가) 중심 원자의 전자쌍 수가 같은 분자 X~Z에서 중심 원자의 비공유 전자쌍 수를 조사한다.
(나) X~Z의 결합각을 조사하여 비교한다.

[탐구 결과]

분자	X	Y	Z
중심 원자의 비공유 전자쌍 수	0	1	2

○ 결합각의 크기: X＞Y＞Z

학생 A의 가설이 옳다는 결론을 얻었을 때, 다음 중 X~Z로 가장 적절한 것은?

＜보기＞ 풀이

전자쌍 반발 이론에 의하면 전자쌍 사이의 반발력의 크기는 비공유 전자쌍−비공유 전자쌍＞비공유 전자쌍−공유 전자쌍＞공유 전자쌍−공유 전자쌍이다. 제시된 BF_3, NF_3, H_2O, CH_4, NH_3, CF_4, OF_2의 중심 원자의 공유 전자쌍 수와 비공유 전자쌍 수는 다음과 같다.

분자	BF_3	NF_3	H_2O	CH_4
중심 원자의 공유 전자쌍 수	3	3	2	4
중심 원자의 비공유 전자쌍 수	0	1	2	0

분자	NH_3	CF_4	OF_2
중심 원자의 공유 전자쌍 수	3	4	2
중심 원자의 비공유 전자쌍 수	1	0	2

가설에서 X~Z의 중심 원자의 전자쌍 수가 같고, 탐구 결과에서 중심 원자의 비공유 전자쌍 수는 X가 0, Y가 1, Z가 2이다. 따라서 CH_4, NH_3, H_2O은 각각 X~Z로 적절하다.

	X	Y	Z		X	Y	Z
✗	BF_3	NF_3	H_2O	②	CH_4	NH_3	H_2O
✗	CF_4	BF_3	OF_2	✗	NF_3	H_2O	CF_4
✗	OF_2	CH_4	NH_3				

03 | 분자의 구조 2024학년도 9월 모평 화I 12번 | 정답 ① | 정답률 82 %

적용해야 할 개념 ②가지

① OF_2, NF_3, CF_4, FCN, COF_2의 구조식과 분자 모양

분자	OF_2	NF_3	CF_4	FCN	COF_2
구조식	:F̈–Ö–F̈:	:F̈–N̈–F̈: (F 위)	F̈–C̈–F̈ (F 위아래)	:F̈–C≡N:	:Ö: 위, :F̈–C̈–F̈:
분자 모양	굽은 형	삼각뿔형	정사면체형	직선형	평면 삼각형

② OF_2, NF_3, COF_2의 공유 전자쌍 수와 비공유 전자쌍 수

분자	OF_2	NF_3	COF_2
공유 전자쌍 수	2	3	4
비공유 전자쌍 수	8	10	8

문제 보기

표는 탄소(C), 플루오린(F), X, Y로 구성된 분자 (가)~(다)에 대한 자료이다. X와 Y는 질소(N)와 산소(O) 중 하나이고, 분자에서 모든 원자는 옥텟 규칙을 만족한다.

분자	분자식	모든 결합의 종류	결합의 수
(가) 굽은 형	XF_2 OF_2	F과 X 사이의 단일 결합	2
(나) 평면 삼각형	CXF_m COF_2	C와 F 사이의 단일 결합	2
		C와 X 사이의 2중 결합	1
(다) 삼각뿔형	YF_3 NF_3	F과 Y 사이의 단일 결합	3

이에 대한 설명으로 옳은 것만을 〈보기〉에서 있는 대로 고른 것은? [3점]

〈보기〉 풀이

XF_2에서 모든 원자는 옥텟 규칙을 만족하고, F과 X 사이에 단일 결합이 2개이므로 XF_2는 OF_2이다. X가 O이므로 Y는 N이고, YF_3는 NF_3이다. CXF_m에서 C와 X 사이에 2중 결합이 있고, C와 F 사이에 단일 결합이 2개이므로 CXF_m은 COF_2이다. 따라서 (가)~(다)는 각각 OF_2, COF_2, NF_3이고, 구조식은 다음과 같다.

:F̈–Ö–F̈:   :Ö: / :F̈–C̈–F̈:   :F̈: / :F̈–N̈–F̈:

OF_2 COF_2 NF_3

ㄱ. (가)의 분자 구조는 굽은 형이다.

⇒ (가)(OF_2)의 중심 원자인 O에는 비공유 전자쌍이 있으므로 (가)는 굽은 형이다.

✗ $m=3$이다.

⇒ (나)의 분자식은 COF_2이므로 $m=2$이다.

✗ $\dfrac{공유\ 전자쌍\ 수}{비공유\ 전자쌍\ 수}$ 는 (다) > (나)이다.

⇒ (나)(COF_2)는 공유 전자쌍 수와 비공유 전자쌍 수가 각각 4, 8이므로 $\dfrac{공유\ 전자쌍\ 수}{비공유\ 전자쌍\ 수}$가 $\dfrac{1}{2}$이다. (다)(NF_3)는 공유 전자쌍 수와 비공유 전자쌍 수가 각각 3, 10이므로 $\dfrac{공유\ 전자쌍\ 수}{비공유\ 전자쌍\ 수}$가 $\dfrac{3}{10}$이다. 따라서 $\dfrac{공유\ 전자쌍\ 수}{비공유\ 전자쌍\ 수}$는 (나) > (다)이다.

적용해야 할 개념 ②가지

① 전자쌍 사이의 반발력: 전자쌍의 종류에 따라 전자쌍 사이의 반발력이 다르고, 비공유 전자쌍 사이의 반발력이 공유 전자쌍 사이의 반발력보다 크다. ➡ 비공유－비공유 전자쌍 사이의 반발력＞비공유－공유 전자쌍 사이의 반발력＞공유－공유 전자쌍 사이의 반발력

② 분자의 모형, 구조, 결합각

분자	BCl_3	CH_4	NH_3	H_2O
분자 모형				
분자 구조	평면 삼각형	정사면체	삼각뿔형	굽은 형
결합각	120°	109.5°	107°	104.5°

문제 보기

그림은 BCl_3, NH_3의 결합각을 기준으로 분류한 영역 Ⅰ~Ⅲ을 나타낸 것이다. α, β는 각각 BCl_3, NH_3의 결합각 중 하나이다.

결합각 120°
결합각 107°

결합각 109.5°
결합각 104.5°

H_2O과 CH_4의 결합각이 속하는 영역으로 옳은 것은?

<보기> 풀이

BCl_3는 평면 삼각형 구조, NH_3는 삼각뿔형 구조, H_2O은 굽은 형 구조, CH_4은 정사면체 구조이다. 결합각은 BCl_3가 120°, NH_3가 107°, H_2O이 104.5°, CH_4이 109.5°이므로 결합각은 $BCl_3 > CH_4 > NH_3 > H_2O$이다. α, β는 각각 NH_3의 결합각인 107°, BCl_3의 결합각인 120°이다. H_2O은 결합각이 가장 작으므로 Ⅰ 영역에 해당하고, CH_4은 결합각이 NH_3보다 크고 BCl_3보다 작으므로 Ⅱ 영역에 해당한다.

	H_2O의 결합각	CH_4의 결합각
①	Ⅰ	Ⅰ
②	Ⅰ	Ⅱ
③	Ⅱ	Ⅱ
④	Ⅱ	Ⅲ
⑤	Ⅲ	Ⅰ

적용해야 할 개념 ①가지

① C_2H_2, N_2H_2, H_2O_2, N_2H_4의 공유 전자쌍 수와 비공유 전자쌍 수

분자	C_2H_2	N_2H_2	H_2O_2	N_2H_4
구조식	$H-C\equiv C-H$	$H-\ddot{N}=\ddot{N}-H$	$H-\ddot{O}-\ddot{O}-H$	$\begin{matrix} H & & H \\ & N-N & \\ H & & H \end{matrix}$
공유 전자쌍 수	5	4	3	5
비공유 전자쌍 수	0	2	4	2

문제 보기

그림은 수소(H)와 원소 X~Z로 구성된 분자 (가)~(다)의 구조식을 단일 결합과 다중 결합의 구분 없이 나타낸 것이다. X~Z는 C, N, O를 순서 없이 나타낸 것이고, (가)~(다)에서 X~Z는 옥텟 규칙을 만족한다. 비공유 전자쌍 수는 (가)＞(나)이다.

(가)는 X 원자 사이의 결합은 단일 결합이고, X 원자에 비공유 전자쌍이 1개 있는 N_2H_4, (나)는 Y 원자 사이의 결합은 3중 결합이고, 비공유 전자쌍이 없는 C_2H_2

$$\begin{matrix} H & H \\ | & | \\ H-X-X-H \\ N \end{matrix} \quad\quad H-Y-Y-H \quad\quad H-Z-Z-H$$

(가) N_2H_4 (나) C_2H_2 (다) H_2O_2

이에 대한 설명으로 옳은 것만을 〈보기〉에서 있는 대로 고른 것은? [3점]

<보기> 풀이

(가)~(다)에서 중심 원자가 모두 옥텟 규칙을 만족하므로 (가)의 가능한 구조는 X 원자 사이에 2중 결합이 있고 비공유 전자쌍이 없거나, X 원자 사이의 결합이 단일 결합이고 X 원자에 비공유 전자쌍이 1개 있는 경우이다. 마찬가지로 (나)의 가능한 구조는 Y 원자 사이에 3중 결합이 있고 비공유 전자쌍이 없거나, Y 원자 사이의 결합이 단일 결합이고 비공유 전자쌍이 2개 있는 경우이다. 이때 비공유 전자쌍 수가 (가)＞(나)이므로 (가)는 X 원자 사이의 결합은 단일 결합이고, X 원자에 비공유 전자쌍이 1개 있는 N_2H_4이고, (나)는 Y 원자 사이의 결합은 3중 결합이고, 비공유 전자쌍이 없는 C_2H_2이다. 이로부터 (다)는 H_2O_2이다.

✗ X는 C이다.
➡ (가)는 N_2H_4이므로 X는 N이다.

ㄴ 공유 전자쌍 수는 (나)＞(다)이다.
➡ 공유 전자쌍 수는 (나) C_2H_2가 5이고, (다) H_2O_2가 3이므로 공유 전자쌍 수는 (나)＞(다)이다.

✗ (다)에는 다중 결합이 있다.
➡ (다) H_2O_2에서 구성 원자 사이의 결합은 모두 단일 결합이므로 다중 결합이 없다.

06 분자의 구조 2024학년도 10월 학평 화I 14번   정답 ③ | 정답률 85%

적용해야 할 개념 ②가지

① 옥텟 규칙: 원자들이 전자를 얻거나 잃어 비활성 기체와 같이 가장 바깥 전자 껍질에 전자를 8개 채워 안정해지려는 경향

② CO_2, OF_2, C_2F_2의 구조식과 공유 전자쌍 수, 비공유 전자쌍 수

분자	CO_2	OF_2	C_2F_2
구조식	Ö=C=Ö	:F̈−Ö−F̈:	:F̈−C≡C−F̈:
공유 전자쌍 수	4	2	5
비공유 전자쌍 수	4	8	6

문제 보기

표는 2주기 원소 X~Z로 구성된 분자 (가)~(다)에 대한 자료이다. 구조식은 단일 결합과 다중 결합의 구분 없이 나타낸 것이고, (가)~(다)에서 모든 원자는 옥텟 규칙을 만족한다.

분자	(가)	(나)	(다)
구조식	OY−X−Y	FZ−Y−Z	Z−X−X−Z
비공유 전자쌍 수 / 공유 전자쌍 수	1	4	a

공유 전자쌍 수와 비공유 전자쌍 수가 같고, X, Y는 옥텟 규칙을 만족하므로 X는 C, Y는 O이다.

비공유 전자쌍 수가 공유 전자쌍 수의 4배이므로 Z는 F이다.

이에 대한 옳은 설명만을 <보기>에서 있는 대로 고른 것은? (단, X~Z는 임의의 원소 기호이다.)

<보기> 풀이

ㄱ. (가)에는 2중 결합이 있다.

→ (가)에서 구성 원자가 모두 옥텟 규칙을 만족하고 공유 전자쌍 수와 비공유 전자쌍 수가 같으므로 X 원자와 Y 원자 사이의 결합은 2중 결합이고, 각 Y 원자에는 비공유 전자쌍이 2개씩 있다. 이로부터 X는 C이고 Y는 O이다. 따라서 (가)에는 2중 결합이 있다.

✗ (나)에서 Y는 부분적인 음전하(δ^-)를 띤다.

→ (나)에서 구성 원자가 모두 옥텟 규칙을 만족하고 비공유 전자쌍 수가 공유 전자쌍 수의 4배이므로 Y 원자와 Z 원자 사이의 결합은 단일 결합이고, Y 원자에는 비공유 전자쌍이 2개, Z 원자에는 비공유 전자쌍이 3개씩 있다. 이로부터 Z는 F이다. 전기 음성도는 Z>Y이므로 Y는 부분적인 양전하(δ^+)를 띤다.

ㄷ. $a = \dfrac{6}{5}$ 이다.

→ (다)는 X(C)와 Z(F)로 이루어진 분자이므로 X 원자 사이의 결합은 3중 결합이고, 각 Z 원자에는 비공유 전자쌍이 3개씩 있다. 따라서 (다)에서 공유 전자쌍 수는 5이고, 비공유 전자쌍 수는 6이므로 $a = \dfrac{6}{5}$ 이다.

---

07 화학 결합 모형 2022학년도 4월 학평 화I 5번   정답 ④ | 정답률 72%

적용해야 할 개념 ②가지

① NH_3, H_2O, HCN의 구조

분자	NH_3	H_2O	HCN
모양	삼각뿔형	굽은 형	직선형
구조	입체	평면	평면
결합각	107°	104.5°	180°

② 분자의 극성: 결합의 쌍극자 모멘트 합이 0인 분자는 무극성 분자이고, 0보다 큰 분자는 극성 분자이다.

문제 보기

그림은 분자 (가)~(다)를 화학 결합 모형으로 나타낸 것이다.

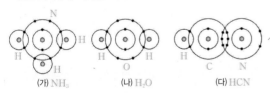

(가) NH_3 (나) H_2O (다) HCN

이에 대한 설명으로 옳은 것만을 <보기>에서 있는 대로 고른 것은? [3점]

<보기> 풀이

(가)~(다)의 분자식은 각각 NH_3, H_2O, HCN이다.

✗ (가)의 분자 모양은 평면 삼각형이다.

→ 분자 모양은 (가)가 삼각뿔형이고, (나)가 굽은 형이며, (다)가 직선형이다.

ㄴ. (나)는 극성 분자이다.

→ H_2O은 분자 모양이 굽은 형이고, 상대적으로 전기 음성도가 큰 O가 부분적인 음전하(δ^-)를 띠며, 전기 음성도가 작은 H가 부분적인 양전하(δ^+)를 띤다. 따라서 H_2O은 쌍극자 모멘트의 합이 0보다 큰 극성 분자이다.

ㄷ. 결합각은 (다)가 (나)보다 크다.

→ (나)는 분자 모양이 굽은 형이므로 결합각이 104.5°이고, (다)는 분자 모양이 직선형이므로 결합각이 180°이다. 따라서 결합각은 (다)>(나)이다.

적용해야 할 개념 ③가지

① H_2O, HNO, CO_2 분자의 중심 원자에 있는 전자쌍의 종류와 수, 분자 모양, 분자의 극성

분자	H_2O	HNO	CO_2
공유 전자쌍 수	2	3	4
비공유 전자쌍 수	2	1	0
분자 모양/분자의 극성	굽은 형/극성 분자	굽은 형/극성 분자	직선형/무극성 분자

② 전기 음성도의 주기성: 같은 주기에서는 원자 번호가 커질수록 대체로 증가하고, 같은 족에서는 원자 번호가 커질수록 대체로 감소한다.

③ 극성 공유 결합에서 부분 전하: 전기 음성도가 큰 원자는 부분적인 음전하(δ^-)를 띠고, 전기 음성도가 작은 원자는 부분적인 양전하(δ^+)를 띤다.

문제 보기

그림은 원소 W~Z로 구성된 분자를 화학 결합 모형으로 나타낸 것이다.

굽은 형 W_2X H_2O 굽은 형 WYX HNO   직선형 ZX_2 CO_2

이에 대한 설명으로 옳은 것만을 〈보기〉에서 있는 대로 고른 것은? (단, W~Z는 임의의 원소 기호이다.) [3점]

〈보기〉 풀이

WYX와 ZX_2의 화학 결합 모형으로부터 각 원자의 전자 수를 확인해 보면 W는 H, X는 O, Y는 N, Z는 C이다.

✗ **W_2X는 무극성 분자이다.**

➡ W_2X의 중심 원자인 X에는 비공유 전자쌍이 존재하므로 W_2X의 분자 모양은 굽은 형이다. 따라서 W_2X 분자의 쌍극자 모멘트는 0이 아니므로 W_2X는 극성 분자이다.

ㄴ **WYX에서 X는 부분적인 음전하(δ^-)를 띤다.**

➡ X는 O, Y는 N이므로 전기 음성도는 X(O)>Y(N)이다. 따라서 WYX에서 X는 부분적인 음전하(δ^-)를 띤다.

✗ **결합각은 WYX가 ZX_2보다 크다.**

➡ WYX에서 중심 원자인 Y에는 비공유 전자쌍이 1개 있으므로 분자 모양은 굽은 형이다. 또 ZX_2에서 중심 원자에 결합한 원자 수는 2이고, 비공유 전자쌍이 존재하지 않으므로 분자 모양은 직선형이다. 따라서 결합각은 ZX_2가 WYX보다 크다.

적용해야 할 개념 ③가지

① C_2F_2, N_2F_2, O_2F_2의 구조식

분자	C_2F_2	N_2F_2	O_2F_2
구조식	$:\!\ddot{F}\!-\!C\!\equiv\!C\!-\!\ddot{F}\!:$	$:\!\ddot{F}\!-\!\ddot{N}\!=\!\ddot{N}\!-\!\ddot{F}\!:$	$:\!\ddot{F}\!-\!\ddot{O}\!-\!\ddot{O}\!-\!\ddot{F}\!:$

② 무극성 공유 결합과 극성 공유 결합: 같은 원자 사이의 공유 결합은 무극성 공유 결합이고, 다른 원자 사이의 공유 결합은 극성 공유 결합이다.

③ 중심 원자에 원자 2개가 결합한 분자 구조: 중심 원자가 공유 전자쌍만 포함하는 경우는 직선형 구조이고, 비공유 전자쌍 2개를 포함하는 경우는 굽은 형 구조이다.

문제 보기

그림은 분자 X_2Y_2와 Z_2Y_2를 화학 결합 모형으로 나타낸 것이다.

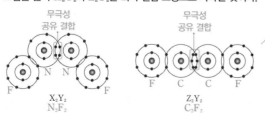

X_2Y_2 N_2F_2 Z_2Y_2 C_2F_2

이에 대한 설명으로 옳은 것만을 〈보기〉에서 있는 대로 고른 것은? (단, X~Z는 임의의 원소 기호이다.)

〈보기〉 풀이

X_2Y_2를 구성하는 원소는 N, F이고, Z_2Y_2를 구성하는 원소는 C, F이다. X_2Y_2와 Z_2Y_2의 공통된 원소인 Y는 F이고, X와 Z는 각각 N, C이다. X_2Y_2와 Z_2Y_2는 각각 N_2F_2, C_2F_2이다.

ㄱ **X_2Y_2와 Z_2Y_2에는 모두 무극성 공유 결합이 있다.**

➡ $X_2Y_2(N_2F_2)$와 $Z_2Y_2(C_2F_2)$에는 같은 원자 사이의 공유 결합이 있으므로 모두 무극성 공유 결합이 있다.

ㄴ **X_2에는 다중 결합이 있다.**

➡ $X_2(N_2)$는 X(N) 원자 사이에 공유 전자쌍 수가 3이므로 $X_2(N_2)$에는 3중 결합이 있다. 따라서 $X_2(N_2)$에는 다중 결합이 있다.

✗ **YZX의 분자 구조는 굽은 형이다.**

➡ YZX(FCN)에서 중심 원자인 Z(C)에는 비공유 전자쌍이 없으므로 YZX(FCN)의 분자 구조는 직선형이다.

$$:\!\ddot{Y}\!-\!Z\!\equiv\!X:$$

10 화학 결합 모형 2020학년도 10월 학평 화I 14번 정답 ④ | 정답률 87 %

적용해야 할 개념 ③가지

① 이온 결합 물질의 전자 배치 모형에서 구성 원자의 원자가 전자 수: 금속 원자는 '잃은 전자 수'이고, 비금속 원자는 '8−얻은 전자 수'이다.

② 공유 결합 물질의 전자 배치 모형에서 구성 원자의 원자가 전자 수: 비공유 전자쌍 수×2+공유 전자쌍 수

③ 중심 원자의 전자쌍의 종류와 수에 따른 구조

구분	중심 원자에 공유 전자쌍만 있는 경우			중심 원자에 비공유 전자쌍이 있는 경우	
공유 전자쌍 수	2	3	4	3	2
비공유 전자쌍 수	0	0	0	1	2
분자 구조	직선형	평면 삼각형	정사면체	삼각뿔형	굽은 형

문제 보기

그림은 화합물 WX와 YXZ_2를 화학 결합 모형으로 나타낸 것이다.

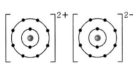 

W^{2+} Mg^{2+} X^{2-} O^{2-} YXZ_2 COF_2

이에 대한 옳은 설명만을 〈보기〉에서 있는 대로 고른 것은? (단, W~Z는 임의의 원소 기호이다.) [3점]

〈보기〉 풀이

W^{2+}과 X^{2-}의 전자 배치는 Ne과 같으므로 W와 X는 각각 Mg, O이다. YXZ_2에서 Y는 중심 원자로 원자가 전자 수가 4인 C이고, Z는 원자가 전자 수가 7인 F이다.

ㄱ 원자가 전자 수는 X>Y이다.
➡ 원자가 전자 수는 X(O)가 6이고, Y(C)가 4이므로 X>Y이다.

ㄴ W와 Y는 같은 주기 원소이다.
➡ W(Mg)는 3주기 원소이고, Y(C)는 2주기 원소이다.

ㄷ YXZ_2 분자에서 모든 원자는 동일 평면에 존재한다.
➡ YXZ_2(COF_2)는 평면 삼각형 구조이므로 모든 원자는 동일 평면에 존재한다.

---

11 화학 결합 모형 2018학년도 7월 학평 화I 5번 정답 ② | 정답률 67 %

적용해야 할 개념 ⑤가지

① 이온 결합 물질의 전자 배치 모형에서 구성 원자의 원자가 전자 수: 금속 원자는 '잃은 전자 수'이고, 비금속 원자는 '8−얻은 전자 수'이다.

② 공유 결합 물질의 전자 배치 모형에서 구성 원자의 원자가 전자 수: 비공유 전자쌍 수×2+공유 전자쌍 수

③ 이온 결합 물질의 전기 전도성: 고체 상태에서 전기 전도성이 없고, 액체 상태와 수용액에서 전기 전도성이 있다.

④ 쌍극자 모멘트: 무극성 분자의 쌍극자 모멘트는 0이고, 극성 분자의 쌍극자 모멘트는 0보다 크다.

⑤ 산화수: 물질 중에 원자가 어느 정도 산화 또는 환원되었는지를 나타내는 값으로 전기 음성도가 큰 쪽이 (−)값, 전기 음성도가 작은 쪽이 (+)값이다.

문제 보기

그림은 화합물 WX_2Y와 Z_2Y의 화학 결합을 모형으로 나타낸 것이다.

WX_2Y Z_2Y
CH_2O Na_2O

이에 대한 설명으로 옳은 것만을 〈보기〉에서 있는 대로 고른 것은? (단, W~Z는 임의의 원소 기호이다.)

〈보기〉 풀이

WX_2Y를 구성하는 원자는 H, C, O이고, Z_2Y를 구성하는 이온은 Na^+, O^{2-}이다. WX_2Y와 Z_2Y의 공통된 원소인 Y는 O이고, W는 C, X는 H, Z는 Na이다. WX_2Y와 Z_2Y는 각각 CH_2O, Na_2O이다.

ㄱ Z_2Y는 고체 상태에서 전기 전도성이 있다.
➡ Z_2Y(Na_2O)는 이온 결합 물질이므로 고체 상태에서 전기 전도성이 없다.

ㄴ WY_2 분자의 쌍극자 모멘트는 0이다.
➡ WY_2(CO_2) 분자는 무극성 분자이므로 쌍극자 모멘트가 0이다.

ㄷ ZX에서 X의 산화수는 +1이다.
➡ ZX(NaH)는 Z^+(Na^+)과 X^-(H^-)이 결합한 화합물이므로 Z(Na)의 산화수는 +1, X(H)의 산화수는 −1이다.

적용해야 할 개념 ③가지

① 브뢴스테드·로리 산 염기 정의

구분	산	염기
정의	다른 물질에게 수소 이온(H^+, 양성자)을 내놓는 물질	다른 물질로부터 수소 이온(H^+, 양성자)을 받는 물질

② 쌍극자 모멘트: 결합의 극성 정도를 나타내는 값으로 무극성 분자의 쌍극자 모멘트는 0이고, 극성 분자의 쌍극자 모멘트는 0보다 크다.

③ 이원자 분자의 공유 전자쌍 수: H_2와 F_2은 공유 전자쌍 수가 1이고, O_2는 공유 전자쌍 수가 2이며, N_2는 공유 전자쌍 수가 3이다.

문제 보기

다음은 물질 AB와 CDA가 반응하여 CB와 A_2D를 생성하는 반응에서 생성물을 화학 결합 모형으로 나타낸 화학 반응식이다.

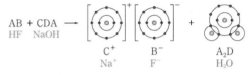

$$AB + CDA \longrightarrow \left[\cdots \right]^+ \left[\cdots \right]^- + \cdots$$
HF   NaOH C^+ B^- A_2D
                     Na^+ F^- H_2O

이에 대한 설명으로 옳은 것만을 〈보기〉에서 있는 대로 고른 것은?
(단, A~D는 임의의 원소 기호이다.)

〈보기〉 풀이

C^+은 Na^+, B^-은 F^-이고, A_2D는 H_2O이다. A~D는 각각 H, F, Na, O이다.

ㄱ. **AB는 브뢴스테드·로리 산이다.**

➡ AB(HF)는 NaOH의 OH^-에게 양성자(H^+)를 주므로 브뢴스테드·로리 산이다.

✗ **DB_2의 쌍극자 모멘트는 0이다.**

➡ $DB_2(OF_2)$는 굽은 형 구조이므로 극성 분자이다. 극성 분자는 분자의 쌍극자 모멘트가 0보다 크다.

✗ **공유 전자쌍 수는 $A_2 > D_2$이다.**

➡ $A_2(H_2)$의 공유 전자쌍 수는 1이고, $D_2(O_2)$의 공유 전자쌍 수는 2이다.

적용해야 할 개념 ②가지

① 중심 원자의 전자쌍의 종류와 수에 따른 분자 구조

구분	중심 원자에 공유 전자쌍만 있는 경우			중심 원자에 비공유 전자쌍이 있는 경우	
공유 전자쌍 수	2	3	4	3	2
비공유 전자쌍 수	0	0	0	1	2
분자 구조	직선형	평면 삼각형	정사면체	삼각뿔형	굽은 형

② 무극성 분자의 쌍극자 모멘트는 0이고, 극성 분자의 쌍극자 모멘트는 0보다 크다.

문제 보기

다음은 어떤 화학 반응을 화학 결합 모형으로 나타낸 것이다.

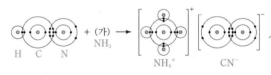

H   C   N   + (가) $\longrightarrow$ $\left[\cdots \right]^+$ $\left[\cdots \right]^-$
            NH_3 NH_4^+ CN^-

(가)에 해당하는 물질에 대한 설명으로 옳은 것만을 〈보기〉에서 있는 대로 고른 것은?

〈보기〉 풀이

반응물은 HCN와 (가)이고, 생성물은 NH_4^+과 CN^-으로 이루어진 NH_4CN이다. 화학 반응식에서 반응 전과 후 원자의 종류와 개수가 같아야 하므로 (가)는 NH_3이다.

✗ **분자 모양은 정사면체이다.**

➡ NH_3는 중심 원자 N 주위에 공유 전자쌍 3개, 비공유 전자쌍 1개가 있으므로 분자 모양이 삼각뿔형이다.

ㄴ. **공유 전자쌍 수는 3이다.**

➡ N와 H 사이에는 공유 전자쌍 수가 1이므로 NH_3는 공유 전자쌍 수가 3이다.

$$H - \overset{\displaystyle ..}{N} - H$$
$$|$$
$$H$$

✗ **분자의 쌍극자 모멘트는 0이다.**

➡ NH_3는 분자 구조가 삼각뿔형으로 극성 분자이므로 분자의 쌍극자 모멘트가 0보다 크다.

14 원자의 루이스 전자점식 2023학년도 3월 학평 화I 7번

정답 ⑤ | 정답률 66 %

적용해야 할 개념 ②가지

① 루이스 전자점식: 원소 기호 주위에 원자가 전자를 점으로 나타낸 것으로, 루이스 전자점식에서 점의 개수는 원자가 전자 수와 같다.

Li· ·Be· ·B· ·Ċ· ·Ṅ· ·Ö: :Ḟ·

② 화학 결합과 물질의 상태에 따른 전기 전도성

구분	이온 결합	공유 결합	금속 결합
고체 상태	없다.	없다(단, 흑연 제외).	있다.
액체 상태	있다.	없다.	있다.

문제 보기

그림은 2주기 원자 W~Z의 루이스 전자점식을 나타낸 것이다.

Li	C	O	F
W·	·X·	·Y·	:Z·

이에 대한 옳은 설명만을 〈보기〉에서 있는 대로 고른 것은? (단, W~Z는 임의의 원소 기호이다.)

〈보기〉 풀이

W~Z는 각각 Li, C, O, F이다.

ㄱ. $W_2Y(l)$는 전기 전도성이 있다.
➡ $W_2Y(Li_2O)$는 금속 원소인 W(Li)와 비금속 원소인 Y(O)로 이루어지므로 이온 결합 물질이다. 이온 결합 물질은 액체 상태에서 전기 전도성이 있으므로 $W_2Y(l)$는 전기 전도성이 있다.

ㄴ. X_2Z_4에는 2중 결합이 있다.
➡ $X_2Z_4(C_2F_4)$의 구조식은 다음과 같다.

F   F
  \   /
   C = C
  /   \
F   F

따라서 X_2Z_4에는 X(C) 원자 사이에 2중 결합이 있다.

ㄷ. YZ_2는 극성 분자이다.
➡ $YZ_2(OF_2)$에서 중심 원자인 O에 비공유 전자쌍이 있으므로 YZ_2의 분자 모양은 굽은 형이고, YZ_2는 극성 분자이다.

```
        ─── 비공유 전자쌍
      ··O··
     /      \
   F          F
```

15 원자의 루이스 전자점식 2024학년도 7월 학평 화I 12번

정답 ⑤ | 정답률 73 %

적용해야 할 개념 ①가지

① CO_2, OF_2, C_2F_2, O_2F_2, COF_2의 구성 원소의 가짓수, 분자당 원자 수와 비공유 전자쌍 수

분자	CO_2	OF_2	C_2F_2	O_2F_2	COF_2
구성 원소의 가짓수	2	2	2	2	3
분자당 원자 수	3	3	4	4	4
비공유 전자쌍 수	4	8	6	10	8

문제 보기

그림은 2주기 원자 X~Z의 루이스 전자점식을 나타낸 것이다.

·Ẍ· C   ·Ÿ: O   ·Ż: F

표는 X~Z로 구성된 분자 (가)~(다)에 대한 자료이다. (가)~(다)에서 모든 원자는 옥텟 규칙을 만족한다.

분자	OF₂ (가)	O₂F₂ (나)	COF₂ (다)
구성 원소의 가짓수	2	2	3
분자당 원자 수	3	4	4
비공유 전자쌍 수(상댓값)	4	5	a

 비공유 전자쌍 수의 비가 (가) : (나)=4 : 5 ➡ (가): OF₂, (나): O₂F₂

이에 대한 설명으로 옳은 것만을 〈보기〉에서 있는 대로 고른 것은? (단, X~Z는 임의의 원소 기호이다.) [3점]

〈보기〉 풀이

X~Z는 각각 C, O, F이고, C, O, F로 이루어진 3원자 분자는 CO_2와 OF_2이므로 (가)는 CO_2와 OF_2 중 하나이다. (나)는 2가지 원소로 이루어진 4원자 분자이므로 (나)는 C_2F_2와 O_2F_2 중 하나이다. 이때 비공유 전자쌍 수의 비가 (가) : (나)=4 : 5이므로 (가)는 OF_2이고, (나)는 O_2F_2이며, (다)는 구성 원소의 가짓수가 3이고, 4원자 분자인 COF_2이다.

ㄱ. $a=4$이다.
➡ (다)에 있는 비공유 전자쌍 수의 실젯값은 8이므로 상댓값은 4이다. 따라서 $a=4$이다.

ㄴ. (가)~(다)에서 다중 결합이 있는 분자는 1가지이다.
➡ (가)~(다)에서 다중 결합이 있는 분자는 (다) COF_2 1가지이다.

ㄷ. (나)에는 무극성 공유 결합이 있다.
➡ (나)의 구조식은 F−O−O−F이고, O 원자 사이의 결합은 무극성 공유 결합이다.

16 원자의 루이스 전자점식 2022학년도 3월 학평 화I 11번 | 정답 ⑤ | 정답률 75 %

적용해야 할 개념 ④가지

① 루이스 전자점식: 원소 기호 주위에 원자가 전자를 점으로 나타낸 것으로, 루이스 전자점식에서 점의 개수는 원자가 전자 수와 같다.

② 금속의 전기 전도성: 고체 상태와 액체 상태에서 모두 전기 전도성이 있다.

③ 전기 음성도의 주기성: 같은 주기에서는 원자 번호가 커질수록 대체로 증가하고, 같은 족에서는 원자 번호가 커질수록 대체로 감소한다.

④ 분자에서 부분적인 양전하와 부분적인 음전하: 분자에서 전기 음성도가 큰 원자가 전자쌍을 강하게 끌어당겨 부분적인 음전하(δ^-)를 띠고, 전기 음성도가 작은 원자가 부분적인 양전하(δ^+)를 띤다.

문제 보기

그림은 2주기 원자 A~D의 루이스 전자점식을 나타낸 것이다.

$$A\cdot \quad \cdot \ddot{B} \cdot \quad :\ddot{C}\cdot \quad :\ddot{D}:$$
$$Li \quad\quad N \quad\quad O \quad\quad F$$

이에 대한 옳은 설명만을 〈보기〉에서 있는 대로 고른 것은? (단, A~D는 임의의 원소 기호이다.)

〈보기〉 풀이

A~D는 모두 2주기 원소이고 원자가 전자 수가 각각 1, 5, 6, 7이다. 따라서 A~D는 각각 Li, N, O, F이다.

ㄱ **A(s)는 전기 전도성이 있다.**

➡ A(Li)는 금속이므로 고체 상태에서 전류를 흘려주면 자유 전자가 이동하여 전류가 흐른다. 따라서 A(s)는 전기 전도성이 있다.

ㄴ **BD₃에서 B는 부분적인 양전하(δ^+)를 띤다.**

➡ BD₃(NF₃)를 구성하는 원소의 전기 음성도는 B(N)<D(F)이다. 극성 공유 결합을 이루는 두 원자 중 전기 음성도가 작은 원자는 부분적인 양전하(δ^+)를 띠므로 BD₃에서 B는 부분적인 양전하(δ^+)를 띤다.

ㄷ **분자당 공유 전자쌍 수는 B₂D₂>C₂D₂이다.**

➡ B₂D₂(N₂F₂)의 공유 전자쌍 수는 4이고, C₂D₂(O₂F₂)의 공유 전자쌍 수는 3이다. 따라서 분자당 공유 전자쌍 수는 B₂D₂>C₂D₂이다.

$$D-B=B-D \quad\quad D-C-C-D$$

---

17 원자의 루이스 전자점식 2022학년도 10월 학평 화I 13번 | 정답 ⑤ | 정답률 73 %

적용해야 할 개념 ③가지

① 루이스 전자점식: 원소 기호 주위에 원자가 전자를 점으로 나타낸 것으로, 루이스 전자점식에서 점의 개수는 원자가 전자 수와 같다.

② 구성 원소에 따른 화학 결합

결합의 종류	이온 결합	공유 결합	금속 결합
구성 원소	금속 원소+비금속 원소	비금속 원소	금속 원소

③ 중심 원자의 전자쌍의 종류와 수에 따른 분자 모양

구분	중심 원자에 공유 전자쌍만 있는 경우			중심 원자에 비공유 전자쌍이 있는 경우	
공유 전자쌍 수	2	3	4	3	2
비공유 전자쌍 수	0	0	0	1	2
분자 모양	직선형	평면 삼각형	정사면체형	삼각뿔형	굽은 형

문제 보기

그림은 1, 2주기 원자 A~D의 루이스 전자점식을 나타낸 것이다. AD는 이온 결합 물질이다.

$$A\cdot \quad B\cdot \quad :\ddot{C}\cdot \quad :\ddot{D}\cdot$$
$$Li \quad\quad H \quad\quad O \quad\quad F$$

이에 대한 옳은 설명만을 〈보기〉에서 있는 대로 고른 것은? (단, A~D는 임의의 원소 기호이다.)

〈보기〉 풀이

A와 B는 원자가 전자 수가 1이므로 각각 H, Li 중 하나이다. C와 D는 각각 원자가 전자 수가 6, 7이므로 각각 O, F이다. AD는 이온 결합 물질이고 D(F)는 비금속 원소이므로 A는 금속 원소인 Li이고, B는 비금속 원소인 H이나.

ㄱ **원자 번호는 A>B이다.**

➡ 원자 번호는 A(Li)가 3이고, B(H)가 1이다.

ㄴ **CD₂의 분자 모양은 굽은 형이다.**

➡ CD₂(OF₂)에서 중심 원자인 C(O)에는 공유 전자쌍이 2개, 비공유 전자쌍이 2개 있다. 따라서 CD₂의 분자 모양은 굽은 형이다.

$$:\ddot{F}-\ddot{O}:$$
$$|$$
$$:\ddot{F}:$$

ㄷ **$\dfrac{\text{비공유 전자쌍 수}}{\text{공유 전자쌍 수}}$ 는 D₂가 C₂의 3배이다.**

➡ C₂(O₂)는 공유 전자쌍 수가 2, 비공유 전자쌍 수가 4이므로 $\dfrac{\text{비공유 전자쌍 수}}{\text{공유 전자쌍 수}}=2$이다.

D₂(F₂)는 공유 전자쌍 수가 1, 비공유 전자쌍 수가 6이므로 $\dfrac{\text{비공유 전자쌍 수}}{\text{공유 전자쌍 수}}=6$이다.

18 원자의 루이스 전자점식 2020학년도 10월 학평 화I 7번 정답 ⑤ | 정답률 85%

적용해야 할 개념 ④가지

① 루이스 전자점식: 원소 기호 주위에 전자를 점으로 나타낸 것으로, 루이스 전자점식에서 점의 개수는 원자가 전자 수와 같다.

② 구성 원소에 따른 화학 결합과 물질의 상태에 따른 전기 전도성

결합의 종류		이온 결합	공유 결합	금속 결합
구성 원소		금속 원소+비금속 원소	비금속 원소	금속 원소
전기 전도성	고체 상태	없다.	없다(단, 흑연 제외).	있다.
	액체 상태	있다.	없다.	있다.

③ 전기 음성도의 주기성: 같은 주기에서는 원자 번호가 커질수록 대체로 증가하고, 같은 족에서는 원자 번호가 커질수록 대체로 감소한다.

④ 극성 공유 결합에서 부분 전하: 전기 음성도가 큰 원자는 부분적인 음전하(δ^-)를 띠고, 전기 음성도가 작은 원자는 부분적인 양전하(δ^+)를 띤다.

문제 보기

그림은 2주기 원자 A~D의 루이스 전자점식을 나타낸 것이다.

A· ·B· ·C: :D·
Li N   O   F

이에 대한 설명으로 옳은 것만을 〈보기〉에서 있는 대로 고른 것은? (단, A~D는 임의의 원소 기호이다.)

〈보기〉 풀이

A~D는 원자가 전자 수가 각각 1, 5, 6, 7이므로 각각 Li, N, O, F이다.

ㄱ 고체 상태에서 전기 전도성은 A>AD이다.

➡ A(Li)는 금속이므로 고체 상태에서 전기 전도성이 있고, AD(LiF)는 이온 결합 물질이므로 고체 상태에서 전기 전도성이 없다.

ㄴ BD₃ 분자에서 B는 부분적인 (+)전하를 띤다.

➡ 같은 주기에서 원자 번호가 커질수록 전기 음성도가 대체로 증가하므로 전기 음성도는 D>C>B>A이다. BD₃(NF₃)에서 구성 원자의 전기 음성도는 D(F)>B(N)이므로 B(N)는 부분적인 (+)전하를 띠고, D(F)는 부분적인 (−)전하를 띤다.

ㄷ CD₂ 분자에서 비공유 전자쌍 수는 8이다.

➡ CD₂(OF₂) 분자에서 C(O)에 있는 비공유 전자쌍 수는 2이고, D(F)에 있는 비공유 전자쌍 수는 3이므로 CD₂(OF₂) 분자에서 비공유 전자쌍 수는 8이다.

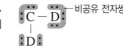
비공유 전자쌍

---

19 원자의 루이스 전자점식 2020학년도 7월 학평 화I 13번 정답 ⑤ | 정답률 61%

적용해야 할 개념 ④가지

① 루이스 전자점식: 원소 기호 주위에 전자를 점으로 나타낸 것으로, 루이스 전자점식에서 점의 개수는 원자가 전자 수와 같다.

② 원소의 주기에 따른 원자가 전자의 주 양자수(n)

주기	1	2	3	4
주 양자수(n)	1	2	3	4

③ 전기 음성도의 주기성: 같은 주기에서는 원자 번호가 커질수록 대체로 증가하고, 같은 족에서는 원자 번호가 커질수록 대체로 감소한다.

④ 이원자 분자에서 부분 전하: 전기 음성도가 큰 원자는 부분적인 음전하(δ^-)를 띠고, 전기 음성도가 작은 원자는 부분적인 양전하(δ^+)를 띤다.

문제 보기

다음은 2, 3주기 원소 X~Z의 루이스 전자점식과 분자 (가)~(다)에 대한 자료이다. (가)~(다)를 구성하는 모든 원자는 옥텟 규칙을 만족한다.

○ X~Z의 루이스 전자점식

:X: :Y· ·Z·
17족 원소 17족 원소 15족 원소

○ (가)~(다)에 대한 자료

분자	(가)Cl₂	(나)ClF	(다)NF₃
원소의 종류	X Cl	Cl X, Y F	F Y, Z N
분자 1몰에 들어 있는 전자의 양(mol)	a 34	26	a 34

이에 대한 설명으로 옳은 것만을 〈보기〉에서 있는 대로 고른 것은? (단, X~Z는 임의의 원소 기호이다.) [3점]

〈보기〉 풀이

X와 Y는 원자가 전자 수가 7이므로 F, Cl 중 하나이고, Z는 원자가 전자 수가 5이므로 N 또는 P이다. (가)와 (나)를 구성하는 모든 원자는 옥텟 규칙을 만족하므로 (가)와 (나)는 분자식이 각각 X₂, XY이고, (다)는 분자식이 ZY₃, Z₂Y₂, Z₂Y₄ 중 하나이다. X가 F이면 X₂(F₂) 분자 1몰에 들어 있는 전자의 양(mol)은 18몰이고, Cl이면 X₂(Cl₂) 분자 1몰에 들어 있는 전자의 양(mol)은 34몰이다. (다)가 NF₃일 때 분자 1몰에 들어 있는 전자의 양(mol)이 34몰이 되어 (가)가 Cl₂일 때 분자 1몰에 들어 있는 전자의 양(mol)과 같아진다. 따라서 (가) X₂는 Cl₂, (나) ZY₃는 NF₃이고, X~Z는 각각 Cl, F, N이다.

ㄱ $a=34$이다.

➡ X₂(Cl₂)와 ZY₃(NF₃) 1몰에 들어 있는 전자의 양(mol)은 34몰이다.

ㄴ 바닥상태에서 원자가 전자의 주 양자수(n)는 X>Z이다.

➡ X(Cl)는 3주기 원소이므로 원자가 전자의 주 양자수(n)는 3이고, Z(N)는 2주기 원소이므로 원자가 전자의 주 양자수(n)는 2이다.

ㄷ (나)에서 Y는 부분적인 (−)전하를 띤다.

➡ 같은 족에서 원자 번호가 커질수록 전기 음성도가 감소하므로 전기 음성도는 X(Cl)<Y(F)이다. 따라서 XY에서 X(Cl)는 부분적인 (+)전하를 띠고, Y(F)는 부분적인 (−)전하를 띤다.

① 2주기 원소의 수소 화합물의 구조

화합물	CH_4	NH_3	H_2O	HF
분자 구조	정사면체	삼각뿔형	굽은 형	직선형
분자의 성질	무극성	극성	극성	극성

② 무극성 분자: 분자 내에 전하가 고르게 분포하여 부분 전하를 띠지 않는 분자
- 이원자 분자의 경우: 종류가 같은 원자끼리 무극성 공유 결합을 하여 생성된 분자 예 H_2, N_2 등
- 다원자 분자의 경우: 분자 구조가 대칭을 이루어 쌍극자 모멘트 합이 0이 되는 분자

적용해야 할 개념 ④가지

예	염화 베릴륨($BeCl_2$)	삼염화 붕소(BCl_3)	메테인(CH_4)	이산화 탄소(CO_2)
분자 모형				
분자 구조	직선형 – 대칭	평면 삼각형 – 대칭	정사면체 – 대칭	직선형 – 대칭
결합의 극성	Be−Cl: 극성 공유 결합	B−Cl: 극성 공유 결합	C−H: 극성 공유 결합	C=O: 극성 공유 결합

③ 극성 분자: 분자 내에 전하의 분포가 고르지 않아 부분적인 전하를 띠는 분자
- 이원자 분자의 경우: 종류가 다른 원자끼리 극성 공유 결합을 하여 생성된 분자 예 HCl, HF 등
- 다원자 분자의 경우: 분자 구조가 비대칭이어서 쌍극자 모멘트 합이 0이 되지 않는 분자

예	물(H_2O)	암모니아(NH_3)	사이안화 수소(HCN)	클로로메테인(CH_3Cl)
분자 모형				
분자 구조	굽은 형 – 비대칭	삼각뿔형 – 비대칭	직선형 – 비대칭	사면체 – 비대칭
결합의 극성	H−O: 극성 공유 결합	N−H: 극성 공유 결합	C−H, C≡N: 극성 공유 결합	C−H, C−Cl: 극성 공유 결합

④ 전자쌍 사이의 반발력: 비공유−비공유 전자쌍 사이의 반발력 > 비공유−공유 전자쌍 사이의 반발력 > 공유−공유 전자쌍 사이의 반발력

문제 보기

그림은 분자 (가)~(다)의 루이스 전자점식을 나타낸 것이다.

이에 대한 설명으로 옳은 것만을 〈보기〉에서 있는 대로 고른 것은?

〈보기〉 풀이

ㄱ (가)는 극성 분자이다.
➡ (가)와 (나)는 극성 분자이고, (다)는 무극성 분자이다.

✗ (나)의 분자 구조는 평면 삼각형이다.
➡ 분자의 구조는 (가)가 직선형, (나)가 삼각뿔형, (다)가 정사면체이다.

✗ 결합각은 (나) > (다)이다.
➡ 비공유 전자쌍과 공유 전자쌍 사이의 반발력이 공유 전자쌍과 공유 전자쌍 사이의 반발력보다 크므로 결합각은 (다)가 (나)보다 크다. 결합각은 (나)가 107°, (다)가 109.5°이다.

21 분자의 루이스 전자점식 2020학년도 6월 모평 화Ⅰ 6번

정답 ⑤ | 정답률 79%

적용해야 할 개념 ②가지

① 2주기 원소의 수소 화합물의 분자 구조

분자식	CH_4	NH_3	H_2O	HF
분자 구조	정사면체	삼각뿔형	굽은 형	직선형

② 무극성 공유 결합과 극성 공유 결합: 같은 원자 사이의 공유 결합은 무극성 공유 결합, 다른 원자 사이의 공유 결합은 극성 공유 결합이다.

문제 보기

그림은 분자 (가)와 (나)의 루이스 전자점식을 나타낸 것이다.

109.5° → H
H : C : H
      H
(가)

약 120° → H   H
H : C :: C : H
무극성 공유 결합
(나)

이에 대한 설명으로 옳은 것만을 〈보기〉에서 있는 대로 고른 것은? [3점]

〈보기〉 풀이

(가)는 CH_4, (나)는 C_2H_4이다.

ㄱ **(가)의 분자 모양은 정사면체이다.**

➡ CH_4은 중심 원자 C에 4개의 공유 전자쌍이 있으므로 분자 모양이 정사면체이다.

ㄴ **(나)에는 무극성 공유 결합이 있다.**

➡ (나)에는 C 원자 사이의 결합이 있으므로 무극성 공유 결합이 있다.

ㄷ **결합각 ∠HCH는 (나)>(가)이다.**

➡ (가)는 정사면체 구조로 결합각 ∠HCH가 109.5°이다. (나)에서 C 원자는 1개의 C 원자, 2개의 H 원자와 결합하므로 평면 삼각형 구조로 결합각 ∠HCH는 약 120°이다.

        H
        |
H — C — H
     |
     H
109.5°

약 120°   H   H
            C = C
          H   H

22 분자의 루이스 전자점식 2024학년도 10월 학평 화Ⅰ 6번

정답 ③ | 정답률 84%

적용해야 할 개념 ②가지

① 전기 음성도가 서로 다른 두 원자 사이의 공유 결합에서 전기 음성도가 큰 원자 쪽으로 전자가 치우치는 결합은 극성 공유 결합이다.
② 같은 원자 사이의 공유 결합에서 전자가 두 원자 사이에 균등하게 분포하는 결합은 무극성 공유 결합이다.

문제 보기

그림은 1, 2주기 원소 W~Z로 구성된 분자 W_2X_2와 Y_2Z_2의 루이스 구조식이다.

    H   O
W — X — X — W
      무극성 공유 결합

    F   N
:Z — Y = Y — Z:

이에 대한 옳은 설명만을 〈보기〉에서 있는 대로 고른 것은? (단, W~Z는 임의의 원소 기호이다.)

〈보기〉 풀이

W_2X_2와 Y_2Z_2의 루이스 구조식에서 W의 결합선 수가 1이고, 비공유 전자쌍이 없으므로 W는 H이다. X의 결합선 수가 2이고, 각 X 원자의 비공유 전자쌍 수가 2이므로 X는 원자가 전자 수가 6인 O이다. 마찬가지로 Y는 N, Z는 F이다.

ㄱ **W_2X_2에는 무극성 공유 결합이 있다.**

➡ W_2X_2에서 X 원자 사이의 결합은 같은 원자 사이의 결합으로 무극성 공유 결합이다.

✗ **Y_2Z_2의 분자 모양은 직선형이다.**

➡ Y_2Z_2에서 중심 원자인 각 Y 원자에 결합한 원자 수는 2이고, Y에 비공유 전자쌍이 존재하므로 Y에 결합한 두 원자는 굽은 형으로 배열한다. 따라서 Y_2Z_2의 분자 모양은 직선형이 아니다.

ㄷ **결합각은 YW_3가 W_2X보다 크다.**

➡ YW_3의 중심 원자인 Y에는 비공유 전자쌍 1개, 공유 전자쌍 3개가 있고, W_2X의 중심 원자인 X에는 비공유 전자쌍 2개, 공유 전자쌍 2개가 있다. 따라서 분자 모양은 YW_3가 삼각뿔형, W_2X가 굽은 형이므로 결합각은 YW_3가 W_2X보다 크다.

적용해야 할 개념 ②가지

① 루이스 전자점식: 원소 기호 주위에 전자를 점으로 나타낸 것으로, 루이스 전자점식에서 점의 개수는 원자가 전자 수와 같다.

② 화합물에서 2주기 원자의 공유 전자쌍 수와 비공유 전자쌍 수

원자	C	N	O	F
공유 전자쌍 수	4	3	2	1
비공유 전자쌍 수	0	1	2	3

문제 보기

그림은 2주기 원소 X~Z로 구성된 분자 (가)와 (나)의 루이스 전자점식을 나타낸 것이다.

$$:\ddot{X}::Y::\ddot{X}:$$

(가)

$$:\ddot{Z}:Y:\ddot{Z}:$$ (with :X: on top)

(나)

이에 대한 설명으로 옳은 것만을 〈보기〉에서 있는 대로 고른 것은? (단, X~Z는 임의의 원소 기호이다.)

〈보기〉 풀이

(가)는 CO_2이고, (나)는 COF_2이므로 X~Z는 각각 O, C, F이다.

ㄱ. **X는 산소(O)이다.**
➡ X는 원자가 전자 수가 6인 O이다.

✗ **(나)에서 단일 결합의 수는 3이다.**
➡ (나)(COF_2)에서 X(O)와 Y(C) 사이에 2중 결합이 1개 있고, Y(C)와 Z(F) 사이에 단일 결합이 2개 있다. 따라서 (나)에서 단일 결합의 수는 2이다.

ㄷ. **비공유 전자쌍 수는 (나)가 (가)의 2배이다.**
➡ (가)(CO_2)에서 공유 전자쌍 수는 4이고 비공유 전자쌍 수는 4이다. (나)(COF_2)에서 공유 전자쌍 수는 4이고, 비공유 전자쌍 수는 8이다. 따라서 비공유 전자쌍 수는 (나)가 (가)의 2배이다.

적용해야 할 개념 ②가지

① 루이스 전자점식: 원소 기호 주위에 원자가 전자를 점으로 나타낸 것으로, 루이스 전자점식에서 점의 개수는 원자가 전자 수와 같다.

② 화합물에서 1, 2주기 원자에 있는 공유 전자쌍 수와 비공유 전자쌍 수

원자	H	C	N	O	F
공유 전자쌍 수	1	4	3	2	1
비공유 전자쌍 수	0	0	1	2	3

문제 보기

그림은 1, 2주기 원소로 구성된 분자 W_2X와 XYZ를 루이스 전자점식으로 나타낸 것이다.

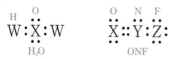

H_2O ONF

이에 대한 옳은 설명만을 〈보기〉에서 있는 대로 고른 것은? (단, W~Z는 임의의 원소 기호이다.)

〈보기〉 풀이

W_2X는 H_2O이고, XYZ는 ONF이므로 W~Z는 각각 H, O, N, F이다.

ㄱ. **W와 Z의 원자가 전자 수의 합은 8이다.**
➡ W(H)의 원자가 전자 수는 1이고, Z(F)의 원자가 전자 수는 7이므로 W와 Z의 원자가 전자 수의 합은 1+7=8이다.

✗ **공유 전자쌍 수는 $X_2 > Y_2$이다.**
➡ $X_2(O_2)$의 구조식은 O=O이므로 공유 전자쌍 수는 2이다. $Y_2(N_2)$의 구조식은 N≡N이므로 공유 전자쌍 수는 3이다. 따라서 공유 전자쌍 수는 $Y_2 > X_2$이다.

ㄷ. **YW_3의 분자 모양은 삼각뿔형이다.**
➡ $YW_3(NH_3)$는 중심 원자인 Y(N)에 공유 전자쌍 수가 3이고, 비공유 전자쌍 수가 1이므로 분자 모양은 삼각뿔형이다.

25 분자의 루이스 전자점식 2023학년도 7월 학평 화I 2번 정답 ③ | 정답률 89%

적용해야 할 개념 ③가지

① 루이스 전자점식: 원소 기호 주위에 원자가 전자를 점으로 나타낸 것으로, 루이스 전자점식에서 점의 개수는 원자가 전자 수와 같다.

② 족에 따른 원자가 전자 수

족	1	2	13	14	15	16	17
원자가 전자 수	1	2	3	4	5	6	7

③ N_2와 CF_4의 구조

분자	N_2		CF_4	
분자 모형과 분자 모양		직선형		정사면체형

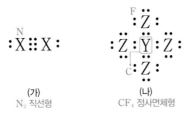

문제 보기

그림은 2주기 원소 X~Z로 구성된 분자 (가)와 (나)의 루이스 전자점식을 나타낸 것이다.

N
:X:::X:

(가)
N_2 직선형

F
:Z:
:Z:Y:Z:
:Z:
C

(나)
CF_4 정사면체형

이에 대한 설명으로 옳은 것만을 〈보기〉에서 있는 대로 고른 것은? (단, X~Z는 임의의 원소 기호이다.)

〈보기〉풀이

X~Z의 원자가 전자 수는 각각 5, 4, 7이므로 각각 N, C, F이다.

ㄱ X는 15족 원소이다.
➡ X(N)는 원자가 전자 수가 5이므로 15족 원소이다.

ㄴ (나)의 분자 모양은 정사면체형이다.
➡ (나)(CF_4)는 중심 원자가 C이고 결합각이 109.5°이므로 (나)의 분자 모양은 정사면체형이다.

✗ Z_2에는 다중 결합이 있다.
➡ Z_2(F_2)를 구성하는 Z(F)는 원자가 전자 수가 7이므로 Z_2에는 단일 결합이 있다.

:Z:Z:

---

26 분자의 루이스 전자점식 2020학년도 수능 화I 4번 정답 ① | 정답률 89%

적용해야 할 개념 ④가지

① 루이스 전자점식: 원소 기호 주위에 원자가 전자를 점으로 나타낸 것으로, 루이스 전자점식에서 점의 개수는 원자가 전자 수와 같다.

② 공유 결합 물질의 루이스 전자점식에서 구성 원자의 원자가 전자 수: 비공유 전자쌍 수×2+공유 전자쌍 수

③ 쌍극자 모멘트: 무극성 분자의 쌍극자 모멘트는 0이고, 극성 분자의 쌍극자 모멘트는 0보다 크다.

④ 다중 결합: 두 원자 사이에 여러 개의 전자쌍을 공유하는 결합으로, 2중 결합과 3중 결합을 통틀어 다중 결합이라고 한다.

문제 보기

그림은 2주기 원소 X~Z로 이루어진 분자 (가)와 (나)를 루이스 전자점식으로 나타낸 것이다.

□ 비공유 전자쌍 ■ 공유 전자쌍

N N

(가)
무극성 분자
쌍극자 모멘트=0

F O F

(나)
극성 분자
쌍극자 모멘트>0

이에 대한 설명으로 옳은 것만을 〈보기〉에서 있는 대로 고른 것은? (단, X~Z는 임의의 원소 기호이다.) [3점]

〈보기〉풀이

(가)에서 X의 원자가 전자 수는 5, (나)에서 Y와 Z의 원자가 전자 수는 각각 6, 7이므로 X~Z는 각각 N, O, F이다.

ㄱ (가)의 쌍극자 모멘트는 0이다.
➡ (가)인 X_2(N_2)는 종류가 같은 원자끼리 무극성 공유 결합을 하여 생성된 이원자 분자이므로 무극성 분자이다. 무극성 분자는 분자의 쌍극자 모멘트가 0이다.

✗ 공유 전자쌍 수는 (나)>(가)이다.
➡ (가)(N_2)는 공유 전자쌍 수가 3이고, (나)(OF_2)는 공유 전자쌍 수가 2이다. 따라서 공유 전자쌍 수는 (가)>(나)이다.

✗ Z_2에는 다중 결합이 있다.
➡ Z(F)는 원자가 전자 수가 7로 부족한 전자 1개를 다른 원자와 공유하면 옥텟 규칙을 만족하므로 Z_2(F_2) 분자를 형성할 때 전자쌍 1개를 공유하는 단일 결합을 한다. 따라서 Z_2(F_2)에는 다중 결합이 없다.

적용해야 할 개념 ②가지

① 중심 원자 주위의 전자쌍의 종류와 수에 따른 분자 구조와 결합각

구분	중심 원자에 공유 전자쌍만 있는 경우			중심 원자에 비공유 전자쌍이 있는 경우	
공유 전자쌍 수	2	3	4	3	2
비공유 전자쌍 수	0	0	0	1	2
분자 구조	직선형	평면 삼각형	정사면체	삼각뿔형	굽은 형
결합각	180°	120°	109.5°	109.5°보다 작음	

② 평면 구조와 입체 구조: 분자를 이루는 모든 원자들이 동일 평면에 배열되는 구조인 직선형, 굽은 형, 평면 삼각형 구조는 평면 구조이고, 삼각뿔형과 사면체는 입체 구조이다.

문제 보기

그림은 4가지 분자 (가)~(라)를 루이스 전자점식으로 나타낸 것이다. W~Z는 임의의 2주기 원소 기호이다.

비공유 전자쌍 수가 1, 공유 전자쌍 수가 3이므로 원자가 전자 수가 5인 N

비공유 전자쌍 수가 2, 공유 전자쌍 수가 2이므로 원자가 전자 수가 6인 O

(가) NF₃ (나) CF₄ (다) CO₂ (라) OF₂

비공유 전자쌍 수가 3, 공유 전자쌍 수가 1이므로 원자가 전자 수가 7인 F

공유 전자쌍 수가 4이므로 원자가 전자 수가 4인 C

이에 대한 설명으로 옳은 것만을 〈보기〉에서 있는 대로 고른 것은?

〈보기〉 풀이

(가)는 NF₃, (나)는 CF₄, (다)는 CO₂, (라)는 OF₂이다. (가)의 중심 원자에는 공유 전자쌍이 3개, 비공유 전자쌍이 1개이므로 삼각뿔형 구조이고, (나)의 중심 원자에는 공유 전자쌍만 4개이므로 정사면체 구조이다. (다)의 중심 원자에는 공유 전자쌍만 2개이므로(2중 결합은 단일 결합으로 간주) 직선형 구조, (라)의 중심 원자에는 공유 전자쌍이 2개, 비공유 전자쌍이 2개이므로 굽은 형 구조이다.

ㄱ (가)~(라) 중 무극성 분자는 2가지이다.
➡ 극성 분자는 (가), (라)이고, 무극성 분자는 (나), (다)이다.

✗ (가)에서 4개의 원자는 동일 평면에 있다.
➡ (가)는 삼각뿔형이므로 4개의 원자는 동일 평면에 존재하지 않는다.

ㄷ (라)는 굽은 형 구조이다.
➡ (라)의 중심 원자에는 비공유 전자쌍이 있고, 중심 원자는 2개의 원자와 결합하므로 굽은 형 구조이다.

적용해야 할 개념 ③가지

① 옥텟 규칙: 18족 원소 이외의 원자들이 18족 원소와 같이 가장 바깥 전자 껍질에 전자 8개를 채워 안정한 전자 배치를 가지려는 경향
② 삼원자 분자의 구조: 중심 원자에 비공유 전자쌍이 있으면 굽은 형, 비공유 전자쌍이 없으면 직선형이다.
③ 2주기 원소의 이원자 분자의 공유 전자쌍 수

F₂	F은 다른 원자와 전자 1개를 공유하면 옥텟 규칙을 만족하므로 F₂ 분자를 형성할 때 전자쌍 1개를 공유하는 단일 결합을 한다.
O₂	O는 다른 원자와 전자 2개를 공유하면 옥텟 규칙을 만족하므로 O₂ 분자를 형성할 때 전자쌍 2개를 공유하는 2중 결합을 한다.
N₂	N는 다른 원자와 전자 3개를 공유하면 옥텟 규칙을 만족하므로 N₂ 분자를 형성할 때 전자쌍 3개를 공유하는 3중 결합을 한다.

문제 보기

그림은 1, 2주기 원소 W~Z로 이루어진 분자 (가)와 (나)의 루이스 전자점식을 나타낸 것이다.

H C N
W:X::Y:
(가)

H O H
W:Z:W
(나)

이에 대한 옳은 설명만을 〈보기〉에서 있는 대로 고른 것은? (단, W~Z는 임의의 원소 기호이다.)

〈보기〉 풀이

(가)의 분자식은 HCN이고, (나)의 분자식은 H_2O이므로 W~Z는 각각 H, C, N, O이다.

ㄱ 결합각은 (가)가 (나)보다 크다.
➡ (가)는 중심 원자인 X(C)에 비공유 전자쌍이 없으므로 직선형 구조이고, 결합각이 180°이다. (나)는 중심 원자인 Z(O)에 비공유 전자쌍이 2개 있으므로 굽은 형 구조이고, 결합각이 104.5°이다.

ㄴ 공유 전자쌍 수는 Y₂가 Z₂보다 크다.
➡ 공유 전자쌍 수는 Y₂(N₂)가 3이고, Z₂(O₂)가 2이다.

ㄷ YW₃에서 Y는 옥텟 규칙을 만족한다.
➡ YW₃(NH₃)에서 Y(N) 주위에는 전자가 8개이므로 Y(N)는 옥텟 규칙을 만족한다.

29 분자의 루이스 전자점식 2022학년도 수능 화I 8번

정답 ① | 정답률 93 %

적용해야 할 개념 ③가지

① 루이스 전자점식: 원소 기호 주위에 원자가 전자를 점으로 나타낸 것으로, 루이스 전자점식에서 점의 개수는 원자가 전자 수와 같다.

② 공유 결합 물질의 루이스 전자점식에서 구성 원자의 원자가 전자 수: 비공유 전자쌍 수×2＋공유 전자쌍 수

③ 화합물에서 2주기 원자의 공유 전자쌍 수와 비공유 전자쌍 수

원자	C	N	O	F
공유 전자쌍 수	4	3	2	1
비공유 전자쌍 수	0	1	2	3

문제 보기

표는 원자 X와 Y의 원자가 전자 수를 나타낸 것이고, 그림은 원자 W~Z로 이루어진 분자 (가)와 (나)를 루이스 전자점식으로 나타낸 것이다. W~Z는 각각 C, N, O, F 중 하나이다.

원자	X C	Y F
원자가 전자 수	a 4	a+3 7

□ 비공유 전자쌍
■ 공유 전자쌍

(가) FCN   (나) COF₂

이에 대한 설명으로 옳은 것만을 〈보기〉에서 있는 대로 고른 것은? (단, W~Z는 임의의 원소 기호이다.) [3점]

〈보기〉 풀이

(가)에서 X와 Y 사이에 공유 전자쌍 수가 1이고, X와 W 사이에 공유 전자쌍 수가 3이므로 원자가 전자 수는 W가 5, X가 4, Y가 7이다. (나)에서 X와 Z 사이에 공유 전자쌍 수가 2이므로 원자가 전자 수는 Z가 6이다. W~Z는 각각 N, C, F, O이고, (가)와 (나)는 각각 FCN, COF₂이다.

ㄱ. $a=4$이다.

➡ X(C)의 원자가 전자 수는 4이므로 $a=4$이다.

ㄴ. Z는 N이다.

➡ Z는 원자가 전자 수가 6인 O이다.

ㄷ. 비공유 전자쌍 수는 (나)가 (가)의 $\frac{8}{3}$배이다.

➡ (가)(FCN)의 공유 전자쌍 수는 4, 비공유 전자쌍 수는 4이다. (나)(COF₂)의 공유 전자쌍 수는 4, 비공유 전자쌍 수는 8이다. 따라서 비공유 전자쌍 수는 (나)가 (가)의 2배이다.

보기

---

30 분자의 루이스 전자점식 2022학년도 4월 학평 화I 7번

정답 ⑤ | 정답률 75 %

적용해야 할 개념 ②가지

① 루이스 전자점식: 원소 기호 주위에 원자가 전자를 점으로 나타낸 것으로, 루이스 전자점식에서 점의 개수는 원자가 전자 수와 같다.

② 원소의 족에 따른 원자가 전자 수와 안정한 이온일 때의 전하

족	1	2	13	14	15	16	17	18
원자가 전자 수	1	2	3	4	5	6	7	0
이온의 전하	+1	+2	+3	－	−3	−2	−1	－

문제 보기

그림은 2, 3주기 원소 X~Z로 이루어진 화합물 XY와 이온 ZY⁻의 루이스 전자점식을 나타낸 것이다. 원자 번호는 Z>X>Y이다.

$$X^{2+}\left[:\ddot{Y}:\right]^{2-} \qquad \left[:\ddot{Z}:\ddot{Y}:\right]^{-}$$

MgO   ClO⁻

이에 대한 설명으로 옳은 것만을 〈보기〉에서 있는 대로 고른 것은? (단, X~Z는 임의의 원소 기호이다.)

〈보기〉 풀이

화합물 XY에서 X 이온과 Y 이온의 전하는 각각 +2, −2이므로 X는 2족 원소이고, Y는 16족 원소이다. Y는 Z와 공유 결합하여 ZY⁻을 형성하는데, Y의 원자가 전자 수가 6, Z의 원자가 전자 수는 7이므로 Z는 17족 원소이다. 원자 번호는 Z>X>Y이므로 Z는 3주기 17족 원소인 Cl이고, X는 3주기 2족 원소인 Mg이며, Y는 2주기 16족 원소인 O이다.

ㄱ. X는 Mg이다.

➡ X~Z는 각각 Mg, O, Cl이다.

ㄴ. Y는 비금속 원소이다.

➡ Y(O)는 16족 원소이므로 비금속 원소이다.

ㄷ. Z의 원자 번호는 17이다.

➡ X(Mg)의 원자 번호는 12이고, Y(O)의 원자 번호는 8이며, Z(Cl)의 원자 번호는 17이다.

보기

적용해야 할 개념 ③가지

① 루이스 전자점식: 원소 기호 주위에 원자가 전자를 점으로 나타낸 것으로, 루이스 전자점식에서 점의 개수는 원자가 전자 수와 같다.

② 화학 결합의 종류에 따른 루이스 전자점식의 표현
- 이온 결합: 양이온과 음이온을 구분하기 위해 [ ]를 사용하고, [ ]의 오른쪽 위에 전하를 표시한다.
- 공유 결합: 공유 전자쌍은 두 원자의 원소 기호 사이에 표시하고, 비공유 전자쌍은 각 원소 기호 주변에 표시한다.

③ 공유 결합 물질의 루이스 전자점식과 원자가 전자 수: 각 원자의 원자가 전자 수는 '비공유 전자쌍 수×2＋공유 전자쌍 수'이다.

문제 보기

그림은 2주기 원소 X~Z로 구성된 물질 XY와 ZY₃를 루이스 전자점식으로 나타낸 것이다.

이에 대한 설명으로 옳은 것만을 〈보기〉에서 있는 대로 고른 것은? (단, X~Z는 임의의 원소 기호이다.)

〈보기〉 풀이

루이스 전자점식으로부터 X는 2주기 1족 원소인 Li이고, Y는 2주기 17족 원소인 F이며, Z는 2주기 15족 원소인 N이다.

ㄱ. **Y는 F이다.**
→ Y는 17족 원소인 F이다.

ㄴ. **Z₂에는 3중 결합이 있다.**
→ Z₂는 N₂(N≡N)이므로 3중 결합이 있다.

ㄷ. **고체 상태에서 전기 전도성은 X＞XY이다.**
→ X(Li)는 금속 결합 물질이고, XY(LiF)는 이온 결합 물질이므로 고체 상태에서 전기 전도성은 X＞XY이다.

보기

적용해야 할 개념 ②가지

① NH_4^+, NH_3, H_3O^+, H_2O의 분자 모양과 결합각

분자	NH_4^+	NH_3	H_3O^+	H_2O
분자 모양	정사면체형	삼각뿔형	삼각뿔형	굽은 형
입체/평면 구조	입체 구조	입체 구조	입체 구조	평면 구조
결합각	109.5°	107°	약 107°	104.5°

② 1, 2주기 비금속 원자 1 mol에 들어 있는 전자의 양(mol)

원자	H	C	N	O	F
1 mol에 들어 있는 전자의 양(mol)	1	6	7	8	9

문제 보기

그림은 1, 2주기 원소 X~Z로 이루어진 이온 X_3Y^+과 분자 ZX_4를 루이스 전자점식으로 나타낸 것이다.

이에 대한 설명으로 옳은 것만을 〈보기〉에서 있는 대로 고른 것은? (단, X~Z는 임의의 원소 기호이다.)

〈보기〉 풀이

X_3Y^+은 H_3O^+이므로 X와 Y는 각각 H, O이다. ZX_4는 CH_4이므로 Z는 C이다.

ㄱ. **Y의 원자가 전자 수는 6이다.**
→ Y(O)는 16족 원소이므로 원자가 전자 수는 6이다.

ㄴ. **X_3Y^+ 1 mol에 들어 있는 전자의 양은 8 mol이다.**
→ X_3Y^+의 루이스 전자점식에서 Y(O) 원자 주변에 전자가 8개 있다. 루이스 전자점식에 표시된 전자는 원자가 전자이므로 Y(O)에는 루이스 전자점식에 표시되지 않은 전자(1s 오비탈에 들어 있는 전자)가 2개 더 있다. X_3Y^+ 1개에 들어 있는 전자는 10개이므로 X_3Y^+ 1 mol에 들어 있는 전자의 양은 10 mol이다.

ㄷ. **ZX_4의 결합각은 90°이다.**
→ ZX_4(CH_4)는 정사면체형 구조이므로 결합각이 109.5°이다.

보기

33 분자의 루이스 전자점식 2023학년도 6월 모평 화I 7번 　　　정답 ③ | 정답률 78%

적용해야 할 개념 ③가지

① 루이스 전자점식: 원소 기호 주위에 원자가 전자를 점으로 나타낸 것으로, 루이스 전자점식에서 점의 개수는 원자가 전자 수와 같다.

② 원소의 족에 따른 원자가 전자 수와 안정한 이온일 때의 전하

족	1	2	13	14	15	16	17	18
원자가 전자 수	1	2	3	4	5	6	7	0
이온의 전하	+1	+2	+3	−	−3	−2	−1	−

③ 단일 결합과 다중 결합: 두 원자 사이에 1개의 전자쌍을 공유하면 단일 결합, 2개의 전자쌍을 공유하면 2중 결합, 3개의 전자쌍을 공유하면 3중 결합이라고 한다. 이때 2중 결합과 3중 결합을 다중 결합이라고 한다.

문제 보기

그림은 1, 2주기 원소 W~Z로 이루어진 물질 WXY와 YZX의 루이스 전자점식을 나타낸 것이다.

$$W^+ \left[\ddot{X}:Y \right]^- \qquad Y:\ddot{Z}::\ddot{X}:$$
　Li⁺　　OH⁻　　　　　H　N　O

이에 대한 설명으로 옳은 것만을 〈보기〉에서 있는 대로 고른 것은? (단, W~Z는 임의의 원소 기호이다.) [3점]

〈보기〉 풀이

W⁺은 Li⁺이고, XY⁻은 OH⁻이다. YZX에서 중심 원자인 Z는 3개의 공유 전자쌍과 1개의 비공유 전자쌍을 가지므로 N이다. 따라서 W~Z는 각각 Li, O, H, N이다.

ㄱ **W와 Y는 같은 족 원소이다.**

➡ W(Li)와 Y(H)는 모두 원자가 전자 수가 1인 1족 원소이다.

ㄴ **Z₂에는 3중 결합이 있다.**

➡ Z_2(N_2)에서 Z(N) 원자 사이에 있는 공유 전자쌍 수가 3이므로 Z_2에는 3중 결합이 있다.

　　　　　┌─비공유 전자쌍
　:[N ▪▪▪ N]:
　　공유 전자쌍

✗ **Y₂X₂의 $\dfrac{\text{비공유 전자쌍 수}}{\text{공유 전자쌍 수}}=1$이다.**

➡ Y_2X_2(H_2O_2)의 공유 전자쌍 수는 3이고, 비공유 전자쌍 수는 4이므로 $\dfrac{\text{비공유 전자쌍 수}}{\text{공유 전자쌍 수}}=\dfrac{4}{3}$이다.

보기

---

34 물질의 루이스 전자점식 2020학년도 3월 학평 화I 7번 　　　정답 ③ | 정답률 85%

적용해야 할 개념 ②가지

① 루이스 전자점식: 원소 기호 주위에 전자를 점으로 나타낸 것으로, 루이스 전자점식에서 점의 개수는 원자가 전자 수와 같다.

② 구성 원소에 따른 화학 결합

결합의 종류	이온 결합	공유 결합	금속 결합
구성 원소	금속 원소+비금속 원소	비금속 원소	금속 원소

문제 보기

그림은 2, 3주기 원소 X~Z로 이루어진 3가지 물질의 루이스 전자점식을 나타낸 것이다. 원자 번호는 X>Y>Z이다.

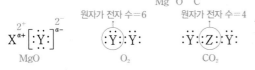
　　　　　　　　　　Mg　O　C
　　　　　　원자가 전자 수=6　　원자가 전자 수=4
$$X^{a+}\left[:\ddot{Y}:\right]^{2-}_{a-} \qquad :\ddot{Y}::\ddot{Y}: \qquad :\ddot{Y}:\ddot{Z}:\ddot{Y}:$$
　　MgO　　　　　　O₂　　　　　　CO₂

이에 대한 옳은 설명만을 〈보기〉에서 있는 대로 고른 것은? (단, X~Z는 임의의 원소 기호이다.)

〈보기〉 풀이

Y_2를 구성하는 Y 원자는 원자가 전자 수가 6이고, ZY_2에서 Z의 원자가 전자 수는 4이다. XY에서 X는 금속 원소이고, 원자 번호가 X>Y>Z이므로 X는 Mg, Y는 O, Z는 C이다.

ㄱ **a=2이다.**

➡ XY(MgO)에서 X(Mg)는 전자 2개를 잃어 X^{2+}(Mg^{2+})이 되고, Y(O)는 전자 2개를 얻어 Y^{2-}(O^{2-})이 되므로 a=2이다.

ㄴ **X~Z 중 2주기 원소는 2가지이다.**

➡ X(Mg)는 3주기 원소이고, Y(O)와 Z(C)는 2주기 원소이다. 따라서 X~Z 중 2주기 원소는 Y(O), Z(C) 2가지이다.

✗ **원자가 전자 수는 Z>Y이다.**

➡ Y(O)와 Z(C)의 원자가 전자 수는 각각 6, 4이다. 따라서 원자가 전자 수는 Y(O)>Z(C)이다.

보기

35 | 물질의 루이스 전자점식 2020학년도 4월 학평 화I 6번

적용해야 할 개념 ④가지

① 루이스 전자점식: 원소 기호 주위에 전자를 점으로 나타낸 것으로, 루이스 전자점식에서 점의 개수는 원자가 전자 수와 같다.

② 이온의 전하: 양성자 수＞전자 수이면 (＋) 전하를 띠고 전자 수＞양성자 수이면 (－) 전하를 띤다.

③ 옥텟 규칙: 18족 원소 이외의 원자들이 18족 원소와 같이 가장 바깥 전자 껍질에 전자 8개를 채워 안정한 전자 배치를 가지려는 경향

④ 1, 2주기 원소의 이원자 분자의 공유 전자쌍 수: H_2와 F_2은 1이고, O_2는 2이며, N_2는 3이다.

문제 보기

그림은 1, 2주기 원소 X～Z로 이루어진 분자 XY_4와 이온 ZY_4^+의 루이스 전자점식을 나타낸 것이다.

$$
\begin{matrix}
 & Y & \\
Y & :X: & Y \\
 & Y & \\
 & CH_4 &
\end{matrix}
\qquad
\left[
\begin{matrix}
 & Y & \\
Y & :Z: & Y \\
 & Y &
\end{matrix}
\right]^+
\quad NH_4^+
$$

이에 대한 설명으로 옳은 것만을 〈보기〉에서 있는 대로 고른 것은? (단, X～Z는 임의의 원소 기호이다.) [3점]

〈보기〉 풀이

XY_4는 분자이므로 X와 Y는 비금속 원소이다. X는 원자가 전자 수가 4인 C이고, Y는 원자가 전자 수가 1인 H이다. ZY_4^+은 ZY_4에서 전자 1개를 잃어 생성되므로 Z는 원자가 전자 수가 5인 N이다. 따라서 XY_4와 ZY_4^+은 각각 CH_4, NH_4^+이다.

ㄱ. **XY_4에서 X는 옥텟 규칙을 만족한다.**
➡ XY_4에서 X 주위에 있는 전자 수는 8이므로 X는 옥텟 규칙을 만족한다.

ㄴ. **Z는 원자가 전자 수가 5이다.**
➡ Z는 N이므로 원자가 전자 수가 5이다.

ㄷ. **공유 전자쌍 수는 Z_2가 Y_2의 3배이다.**
➡ 공유 전자쌍 수는 $Y_2(H_2)$가 1이고, $Z_2(N_2)$가 3이다.

보기

---

36 | 루이스 전자점식 2021학년도 10월 학평 화I 8번

적용해야 할 개념 ②가지

① 루이스 전자점식: 원소 기호 주위에 전자를 점으로 나타낸 것으로, 루이스 전자점식에서 점의 개수는 원자가 전자 수와 같다.

② NH_4^+의 분자 구조

$$
H-\overset{\cdot\cdot}{\underset{\underset{H}{|}}{N}}-H \ \overset{107°}{} \ + \ ^+H \longrightarrow
\left[
H-\overset{\overset{H}{|}}{\underset{\underset{H}{|}}{N}}-H \ ^{109.5°}
\right]^+
$$

삼각뿔형　　　　　　　　　정사면체

• NH_3의 비공유 전자쌍에 H^+이 결합하면 N 주위에 4개의 공유 전자쌍만 있으므로 분자 구조가 삼각뿔형에서 정사면체로 된다.

문제 보기

그림은 1, 2주기 원소 W～Z로 이루어진 분자 (가)와 이온 (나)의 루이스 전자점식을 나타낸 것이다.

```
      :X-F
  :X:W:X-C
      :X
   (가)
   CF4
  정사면체
 결합각 109.5°
```
```
   [ H-
      Z
    N-+
   Z:Y:Z ]+
      Z
   (나)
   NH4+
  정사면체
 결합각 109.5°
```

이에 대한 옳은 설명만을 〈보기〉에서 있는 대로 고른 것은? (단, W～Z는 임의의 원소 기호이다.)

〈보기〉 풀이

W～Z는 1, 2주기 원소이므로 (가)에서 W는 C, X는 F이고, (가)는 CF_4이다. (나)는 YZ_4에서 전자 1개를 잃어 ＋1의 전하를 띠므로 Y의 원자가 전자 수는 4＋1＝5이다. (나)에서 Y는 N, Z는 H이고, (나)는 NH_4^+이다.

ㄱ. **원자가 전자 수가 X와 Z가 같다.**
➡ X(F)는 원자가 전자 수가 7, Z(H)는 원자가 전자 수가 1이다.

ㄴ. **분자의 결합각은 (가)가 YZ_3보다 크다.**
➡ (가)(CF_4)는 정사면체 구조이므로 결합각이 109.5°이고, $YZ_3(NH_3)$는 삼각뿔형 구조이므로 결합각이 107°이다. 따라서 결합각은 (가)＞YZ_3이다.

ㄷ. **ZWY의 분자 모양은 직선형이다.**
➡ ZWY(HCN)의 구조식은 다음과 같다.

$$H-C\equiv N:$$

따라서 ZWY(HCN)의 분자 모양은 직선형이다.

보기

적용해야 할 개념 ②가지

① 루이스 전자점식: 원소 기호 주위에 전자를 점으로 나타낸 것으로, 루이스 전자점식에서 점의 개수는 원자가 전자 수와 같다.

② 화합물에서 1, 2주기 원자에 있는 공유 전자쌍 수와 비공유 전자쌍 수

원자	H	C	N	O	F
공유 전자쌍 수	1	4	3	2	1
비공유 전자쌍 수	0	0	1	2	3

문제 보기

그림은 1, 2주기 원소 A~C로 이루어진 이온 (가)와 분자 (나)의 루이스 전자점식을 나타낸 것이다.

$$\left[:\overset{..}{A}:B\right]^{-} \qquad B:\overset{..}{C}:$$
O H   H F
(가)   (나)
OH⁻   HF

이에 대한 설명으로 옳은 것만을 〈보기〉에서 있는 대로 고른 것은? (단, A~C는 임의의 원소 기호이다.)

〈보기〉 풀이

(나)에서 B와 C 사이에 공유 전자쌍 수가 1이고, A~C는 1, 2주기 원소이므로 B는 H, C는 F이다. (가)의 전하는 −1이므로 A는 전자를 1개 더 받아 F의 전자 배치를 가지므로 O이다. 따라서 A~C는 각각 O, H, F이다.

ㄱ. **1 mol에 들어 있는 전자 수는 (가)와 (나)가 같다.**

→ (가)는 OH⁻이므로 1 mol에 들어 있는 전자 수는 8+1+1=10이고, (나)는 HF이므로 1 mol에 들어 있는 전자 수는 1+9=10이다. 따라서 1 mol에 들어 있는 전자 수는 (가)와 (나)가 10으로 같다.

ㄴ. **A와 C는 같은 족 원소이다.**

→ A(O)는 16족 원소이고, C(F)는 17족 원소이다.

ㄷ. **AC₂의** $\dfrac{비공유\ 전자쌍\ 수}{공유\ 전자쌍\ 수}$**=4이다.**

→ AC₂(OF₂)는 공유 전자쌍 수가 2, 비공유 전자쌍 수가 8이므로 AC₂의 $\dfrac{비공유\ 전자쌍\ 수}{공유\ 전자쌍\ 수}$=4이다.

$$:\overset{..}{C}-\overset{..}{\underset{..}{A}}-\overset{..}{C}:$$

보기

적용해야 할 개념 ③가지

① 이온 결합 물질의 양이온과 음이온의 전하량 크기가 같을 경우 이온 사이의 거리가 가까울수록 이온 사이의 전기적 인력이 커지고, 녹는점이 높아진다.

② 이원자 분자에서 부분 전하: 전기 음성도가 큰 원자는 부분적인 음전하(δ^-)를 띠고, 전기 음성도가 작은 원자는 부분적인 양전하(δ^+)를 띤다.

③ 구성 원소에 따른 화학 결합과 물질의 상태에 따른 전기 전도성

결합의 종류		이온 결합	공유 결합	금속 결합
구성 원소		금속 원소+비금속 원소	비금속 원소	금속 원소
전기 전도성	고체 상태	없다.	없다(단, 흑연 제외).	있다.
	액체 상태	있다.	없다.	있다.

문제 보기

그림은 2, 3주기 원소 X~Z로 이루어진 물질 XY, XZ의 루이스 전자점식을 나타낸 것이다. 1기압에서 녹는점은 XY>XZ 이다.

이온 사이의 거리: XY<XZ
➡ 이온 반지름: $Y^-<Z^-$

$$\underset{\text{Li}^+ \text{ 또는 Na}^+}{X^+} \left[: \overset{\displaystyle\cdot\cdot}{\underset{\displaystyle\cdot\cdot}{\text{Y}}} : \right]^- \qquad X^+ \left[: \overset{\displaystyle\cdot\cdot}{\underset{\displaystyle\cdot\cdot}{\text{Z}}} : \right]^-$$

F^- $\qquad$ Cl^-

이에 대한 설명으로 옳은 것만을 〈보기〉에서 있는 대로 고른 것은? (단, X~Z는 임의의 원소 기호이다.) [3점]

〈보기〉 풀이

X는 이온의 전하가 +1이므로 1족 원소이고, Y와 Z는 이온의 전하가 −1이므로 17족 원소이다. X는 Li 또는 Na이고, Y와 Z는 각각 F, Cl 중 하나이다. 이온의 전하량 크기가 같을 경우 이온 사이의 거리가 멀수록 이온 결합 물질의 녹는점이 낮아지므로 이온 사이의 거리는 XY<XZ 이고, 이온 반지름은 $Y^-<Z^-$이다. 따라서 Y와 Z는 각각 F, Cl이다.

✗ **원자 번호는 Y>Z이다.**

➡ 원자 번호는 Y(F)<Z(Cl)이다.

ㄴ. **YZ에서 Y는 부분적인 음전하(δ^-)를 띤다.**

➡ 전기 음성도는 Y(F)>Z(Cl)이므로 YZ(FCl)에서 Y(F)는 부분적인 음전하(δ^-)를 띤다.

✗ **전기 전도성은 $Z_2(s)>X(s)$이다.**

➡ $Z_2(Cl_2)$는 공유 결합 물질이므로 고체 상태에서 전기 전도성이 없고, X(s)는 금속이므로 고체 상태에서 전기 전도성이 있다.

18
일차

01 ④	02 ②	03 ③	04 ⑤	05 ②	06 ②	07 ①	08 ①	09 ③	10 ②	11 ②	12 ⑤
13 ③	14 ④	15 ⑤	16 ④	17 ③	18 ④	19 ②	20 ⑤	21 ⑤	22 ④	23 ④	24 ③
25 ⑤	26 ④	27 ②	28 ④	29 ④	30 ①	31 ①	32 ⑤	33 ③	34 ④	35 ⑤	36 ④
37 ②	38 ③	39 ①

문제편 184~193쪽

18
일차

01 루이스 구조식 2023학년도 4월 학평 4번 정답 ④ | 정답률 91 %

적용해야 할 개념 ③가지

① 분자에서 1, 2주기 원자의 구조식

원자	H	C	N	O	F
구조식	$-H$	$-\overset{\mid}{\underset{\mid}{C}}-$	$-\overset{\mid}{N}-$	$-\overset{..}{\underset{..}{O}}-$	$-\overset{..}{\underset{..}{F}}:$

② 극성 공유 결합과 무극성 공유 결합: 다른 원자 사이의 공유 결합을 극성 공유 결합이라 하고, 같은 원자 사이의 공유 결합을 무극성 공유 결합이라고 한다.

③ 분자의 쌍극자 모멘트: 무극성 분자는 분자의 쌍극자 모멘트가 0이고, 극성 분자는 분자의 쌍극자 모멘트가 0보다 크다.

문제 보기

그림은 이산화 탄소(CO_2)의 구조식이다.

극성 공유 결합
$$O = C = O$$
2중 결합

CO_2 분자에 대한 설명으로 옳은 것만을 〈보기〉에서 있는 대로 고른 것은?

〈보기〉 풀이

CO_2의 루이스 전자점식은 다음과 같다.

$$:\overset{..}{O}::C::\overset{..}{O}:$$

✗ 단일 결합이 있다.
➡ CO_2에서 C 원자와 O 원자 사이의 공유 결합은 2중 결합이므로 CO_2에는 단일 결합이 없다.

Ⓛ 극성 공유 결합이 있다.
➡ 같은 원자 사이의 공유 결합을 무극성 공유 결합이라 하고, 다른 원자 사이의 공유 결합을 극성 공유 결합이라고 한다. CO_2에는 무극성 공유 결합은 없고, 극성 공유 결합이 있다.

Ⓒ 분자의 쌍극자 모멘트는 0이다.
➡ CO_2는 무극성 분자이므로 분자의 쌍극자 모멘트는 0이다.

02 루이스 구조식 2021학년도 9월 모평 화Ⅰ 4번 정답 ② | 정답률 79 %

적용해야 할 개념 ③가지

① 결합선: 공유 전자쌍을 선으로 나타낸 것으로, 단일 결합은 결합선 1개로 나타내고, 2중 결합은 결합선 2개, 3중 결합은 결합선 3개로 나타낸다.

② 삼원자 분자의 구조: 중심 원자에 비공유 전자쌍이 있으면 굽은 형, 비공유 전자쌍이 없으면 직선형이다.

③ 무극성 분자와 극성 분자: 분자 내에 전하가 고르게 분포하여 부분적인 전하를 띠지 않는 분자를 무극성 분자, 분자 내에 전하의 분포가 고르지 않아 부분적인 전하를 띠는 분자를 극성 분자라고 한다.

문제 보기

그림은 분자 (가)~(다)의 구조식을 나타낸 것이다.

$H-\overset{..}{O}-H$ $\overset{..}{O}=C=\overset{..}{O}$ $H-C\equiv N:$
(가) H_2O (나) CO_2 (다) HCN
굽은 형 구조   직선형 구조   직선형 구조
극성 분자   무극성 분자   극성 분자

(가)~(다)에 대한 설명으로 옳은 것만을 〈보기〉에서 있는 대로 고른 것은? [3점]

〈보기〉 풀이

(가)는 H_2O, (나)는 CO_2, (다)는 HCN이다.

✗ 중심 원자에 비공유 전자쌍이 존재하는 분자는 2가지이다.
➡ 분자 (가)~(다) 중에서 중심 원자에 비공유 전자쌍이 존재하는 분자는 H_2O 1가지이다.

Ⓛ 분자 모양이 직선형인 분자는 2가지이다.
➡ 분자 모양은 H_2O이 굽은 형, CO_2와 HCN가 직선형이다. 분자 모양이 직선형인 분자는 CO_2, HCN 2가지이다.

✗ 극성 분자는 1가지이다.
➡ 극성 분자는 H_2O과 HCN이고, 무극성 분자는 CO_2이다. 극성 분자는 H_2O, HCN 2가지이다.

적용해야 할 개념 ④가지

① 결합각: 원자가 3개 이상 결합한 분자에서 중심 원자의 원자핵과 이와 결합한 두 원자의 원자핵을 연결한 선이 이루는 각으로, 결합각은 전자쌍 반발 이론에 의해 결정된다.

② 전자쌍 사이의 반발력: 전자쌍의 종류에 따라 전자쌍 사이의 반발력이 다르고, 비공유 전자쌍 사이의 반발력이 공유 전자쌍 사이의 반발력보다 크다. ➡ 비공유－비공유 전자쌍 사이의 반발력＞비공유－공유 전자쌍 사이의 반발력＞공유－공유 전자쌍 사이의 반발력

③ 중심 원자 주위의 전자쌍의 종류와 수에 따른 분자의 모양과 결합각

구분	중심 원자에 공유 전자쌍만 있는 경우			중심 원자에 비공유 전자쌍이 있는 경우	
공유 전자쌍 수	2	3	4	3	2
비공유 전자쌍 수	0	0	0	1	2
분자 구조	직선형	평면 삼각형	정사면체	삼각뿔형	굽은 형
결합각	180°	120°	109.5°	109.5°보다 작음	

④ 무극성 분자와 극성 분자: 분자 내에 전하가 고르게 분포하여 부분적인 전하를 띠지 않는 분자를 무극성 분자, 분자 내에 전하의 분포가 고르지 않아 부분적인 전하를 띠는 분자를 극성 분자라고 한다.

문제 보기

그림은 3가지 분자 (가)～(다)의 구조식을 나타낸 것이다.

$$H-\overset{\displaystyle H}{\underset{\displaystyle H}{C}}-H \qquad H-O-H \qquad H-C\equiv N$$

(가)	(나)	(다)
CH_4	H_2O	HCN
정사면체형	굽은 형	직선형
결합각 109.5°	결합각 104.5°	결합각 180°
무극성 분자	극성 분자	극성 분자

(가)～(다)에 대한 설명으로 옳은 것만을 〈보기〉에서 있는 대로 고른 것은? [3점]

〈보기〉 풀이

(가)는 CH_4, (나)는 H_2O, (다)는 HCN이다.

ㄱ. **(가)의 분자 모양은 정사면체형이다.**
➡ (가)는 C 원자와 결합한 4개의 H 원자가 정사면체의 꼭짓점 위치에 배열되어 있으므로 분자 모양이 정사면체형이다.

ㄴ. **결합각은 (나)와 (다)가 같다.** ✗
➡ (나)의 중심 원자에는 비공유 전자쌍이 2개 있으므로 (나)의 결합각은 104.5°이다. (다)의 중심 원자에는 비공유 전자쌍이 없으므로 (다)의 결합각은 180°이다.

ㄷ. **극성 분자는 2가지이다.**
➡ (가)는 무극성 분자, (나)와 (다)는 극성 분자이다. 따라서 극성 분자는 2가지이다.

적용해야 할 개념 ③가지

① 무극성 분자와 극성 분자: 분자 내에 전하가 고르게 분포하여 부분적인 전하를 띠지 않는 분자를 무극성 분자, 분자 내에 전하의 분포가 고르지 않아 부분적인 전하를 띠는 분자를 극성 분자라고 한다.

② 전자쌍 사이의 반발력: 비공유－비공유 전자쌍 사이의 반발력＞비공유－공유 전자쌍 사이의 반발력＞공유－공유 전자쌍 사이의 반발력

③ HCN, BF_3, CF_4의 분자 구조, 성질, 결합각

분자	분자 구조	분자의 성질	결합각
HCN	직선형	극성	180°
BF_3	평면 삼각형	무극성	120°
CF_4	정사면체	무극성	109.5°

문제 보기

그림은 분자 (가)～(다)의 구조식을 나타낸 것이다.

(가)	(나)	(다)
결합각 180°	결합각 120°	결합각 109.5°
직선형 구조	평면 삼각형 구조	정사면체 구조
극성 분자	무극성 분자	무극성 분자

이에 대한 설명으로 옳은 것만을 〈보기〉에서 있는 대로 고른 것은?

〈보기〉 풀이

(가)는 HCN, (나)는 BF_3, (다)는 CF_4이다.

ㄱ. **(가)의 분자 모양은 굽은 형이다.** ✗
➡ (가)는 중심 원자에 비공유 전자쌍이 없고, 중심 원자가 2개의 다른 원자와 공유 결합하고 있으므로 직선형 구조이다.

ㄴ. **(나)는 무극성 분자이다.**
➡ (나)는 평면 삼각형 구조로 쌍극자 모멘트가 0이므로 무극성 분자이다.

ㄷ. **결합각은 (나)＞(다)이다.**
➡ (나)의 결합각은 120°이고, (다)의 결합각은 109.5°이다. 따라서 결합각은 (나)＞(다)이다.

적용해야 할 개념 ②가지

① CO_2, NF_3, CF_4의 분자 구조, 성질, 결합각

분자	분자 구조	분자의 성질	결합각
CO_2	직선형	무극성	180°
NF_3	삼각뿔형	극성	약 107°
CF_4	정사면체	무극성	109.5°

② 분자에서 1, 2주기 원자에 있는 공유 전자쌍 수와 비공유 전자쌍 수

원자	H	C	N	O	F
공유 전자쌍 수	1	4	3	2	1
비공유 전자쌍 수	0	0	1	2	3

문제 보기

그림은 분자 (가)~(다)의 구조식을 나타낸 것이다.

$$:\ddot{O}=C=\ddot{O}:$$

(가)
직선형
결합각 180°

F-N-F 구조식

(나)
삼각뿔형
결합각 약 107°

F-C-F 구조식

(다)
정사면체
결합각 109.5°

(가)~(다)에 대한 설명으로 옳은 것만을 〈보기〉에서 있는 대로 고른 것은?

〈보기〉 풀이

(가)는 CO_2, (나)는 NF_3, (다)는 CF_4이다.

✗ 극성 분자는 2가지이다.
➡ CO_2와 CF_4는 무극성 분자이고, NF_3는 극성 분자이다.

ㄴ. 결합각은 (가)가 가장 크다.
➡ 결합각은 (가)가 180°, (나)가 약 107°, (다)가 109.5°이므로 결합각은 (가)가 가장 크다.

✗ 중심 원자에 비공유 전자쌍이 존재하는 분자는 2가지이다.
➡ (가)와 (다)의 중심 원자인 C의 공유 전자쌍 수는 4, 비공유 전자쌍 수는 0이다. (나)의 중심 원자인 N의 공유 전자쌍 수는 3, 비공유 전자쌍 수는 1이다. 따라서 중심 원자에 비공유 전자쌍이 존재하는 분자는 (나) 1가지이다.

적용해야 할 개념 ②가지

① 중심 원자 주위의 전자쌍 종류와 수에 따른 분자 모양과 결합각

구분	중심 원자에 공유 전자쌍만 있는 경우			중심 원자에 비공유 전자쌍이 있는 경우	
공유 전자쌍 수	2	3	4	3	2
비공유 전자쌍 수	0	0	0	1	2
분자 모양	직선형	평면 삼각형	정사면체형	삼각뿔형	굽은 형
결합각	180°	120°	109.5°	109.5°보다 작음	

② 다원자 분자의 극성: 분자 모양이 대칭인 경우는 무극성 분자이고, 비대칭인 경우는 극성 분자이다.

문제 보기

그림은 분자 (가)~(다)의 구조식을 나타낸 것이다.

약 120° 구조식 H-C-H
(가)
CH_2O
평면 삼각형
극성 분자

120° 구조식 F-B-F
(나)
BF_3
평면 삼각형
무극성 분자

107° 구조식 H-N-H
(다)
NH_3
삼각뿔형
극성 분자

(가)~(다)에 대한 설명으로 옳은 것만을 〈보기〉에서 있는 대로 고른 것은?

〈보기〉 풀이

분자의 구조를 파악할 때 다중 결합은 단일 결합처럼 취급한다. (가)에서 C 원자와 (나)에서 B 원자에는 비공유 전자쌍이 없으므로 (가)와 (나)의 분자 모양은 평면 삼각형이다. (다)에서 N 원자에는 비공유 전자쌍이 1개 있으므로 (다)의 분자 모양은 삼각뿔형이다.

✗ (가)의 분자 모양은 삼각뿔형이다.
➡ (가)의 분자 모양은 평면 삼각형이다.

ㄴ. 결합각은 (나)>(다)이다.
➡ (나)의 분자 모양은 평면 삼각형이므로 결합각은 120°이다. (다)의 분자 모양은 삼각뿔형이므로 결합각은 107°이다. 따라서 결합각은 (나)>(다)이다.

✗ 극성 분자는 1가지이다.
➡ (가)와 (다)는 극성 분자이고, (나)는 무극성 분자이다. 따라서 극성 분자는 2가지이다.

적용해야 할 개념 ②가지

① 분자에서 옥텟 규칙을 만족하는 2주기 원자에 있는 공유 전자쌍 수와 비공유 전자쌍 수

원자	C	N	O	F
공유 전자쌍 수	4	3	2	1
비공유 전자쌍 수	0	1	2	3

② 중심 원자 1개와 Cl만으로 이루어진 분자의 모양과 극성

중심 원자	공유 전자쌍 수	4	3	2
	비공유 전자쌍 수	0	1	2
분자 모양		정사면체형	삼각뿔형	굽은 형
분자의 극성		무극성	극성	극성

문제 보기

그림은 분자 (가)~(다)의 구조식을 나타낸 것이다.

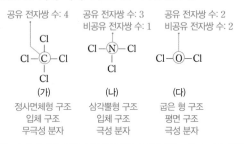

공유 전자쌍 수: 4

공유 전자쌍 수: 3
비공유 전자쌍 수: 1

공유 전자쌍 수: 2
비공유 전자쌍 수: 2

(가)
정사면체형 구조
입체 구조
무극성 분자

(나)
삼각뿔형 구조
입체 구조
극성 분자

(다)
굽은 형 구조
평면 구조
극성 분자

(가)~(다)에 대한 옳은 설명만을 〈보기〉에서 있는 대로 고른 것은?

〈보기〉 풀이

(가)의 중심 원자인 C에는 공유 전자쌍이 4개 있으므로 (가)는 정사면체형 구조이다. (나)의 중심 원자인 N에는 공유 전자쌍이 3개, 비공유 전자쌍이 1개 있으므로 (나)는 삼각뿔형 구조이다. (다)의 중심 원자인 O에는 공유 전자쌍이 2개, 비공유 전자쌍이 2개 있으므로 (다)는 굽은 형 구조이다.

✗ 중심 원자의 비공유 전자쌍 수는 (나)가 가장 크다.
➡ 중심 원자의 비공유 전자쌍 수는 (가)가 0, (나)가 1, (다)가 2이다. 따라서 중심 원자의 비공유 전자쌍 수는 (다)가 가장 크다.

ㄴ 극성 분자는 2가지이다.
➡ 정사면체형 구조인 (가)는 무극성 분자이고, 삼각뿔형 구조인 (나)와 굽은 형 구조인 (다)는 극성 분자이다. 따라서 극성 분자는 2가지이다.

✗ 구성 원자가 모두 동일한 평면에 있는 분자는 2가지이다.
➡ (가)와 (나)는 입체 구조이고, (다)는 평면 구조이다. 따라서 구성 원자가 모두 동일한 평면에 있는 분자는 (다) 1가지이다.

적용해야 할 개념 ④가지

① 분자에서 C, O, F 원자에 있는 공유 전자쌍 수와 비공유 전자쌍 수

원자	C	O	F
공유 전자쌍 수	4	2	1
비공유 전자쌍 수	0	2	3

② 전기 음성도의 주기성: 같은 주기에서 원자 번호가 클수록 전기 음성도가 커지고, 같은 족에서 원자 번호가 클수록 전기 음성도가 작아진다.
③ 결합의 극성: 같은 원자 사이의 공유 결합은 무극성 공유 결합, 다른 원자 사이의 공유 결합은 극성 공유 결합이라고 한다.
④ 분자의 쌍극자 모멘트: 무극성 분자는 분자의 쌍극자 모멘트가 0이고, 극성 분자는 분자의 쌍극자 모멘트가 0보다 크다.

문제 보기

그림은 2주기 원소 X~Z와 수소(H)로 구성된 분자 (가)와 (나)의 구조식을 나타낸 것이다. X~Z는 각각 C, O, F 중 하나이고, (가)와 (나)에서 X~Z는 모두 옥텟 규칙을 만족한다.

분자에서 공유 전자쌍 수가 각각 4, 2, 1이다.

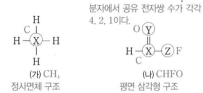

(가) CH₄
정사면체 구조

(나) CHFO
평면 삼각형 구조

이에 대한 옳은 설명만을 〈보기〉에서 있는 대로 고른 것은?

〈보기〉 풀이

분자에서 C, O, F에 있는 공유 전자쌍 수는 각각 4, 2, 1이므로 X는 C, Y는 O, Z는 F이다.

ㄱ 전기 음성도는 Z > Y > X이다.
➡ 같은 주기에서 원자 번호가 클수록 전기 음성도가 대체로 증가한다. 원자 번호는 Z(F) > Y(O) > X(C)이므로 전기 음성도는 Z > Y > X이다.

✗ 분자의 쌍극자 모멘트는 (가) > (나)이다.
➡ (가)(CH₄)는 정사면체형 구조이고, 무극성 분자이다. (나)(CHFO)는 평면 삼각형 구조이고, 극성 분자이다. 분자의 쌍극자 모멘트는 무극성 분자가 0, 극성 분자가 0보다 크므로 (가) < (나)이다.

✗ (나)에는 무극성 공유 결합이 있다.
➡ (나)에 있는 공유 결합은 H와 C, C와 O, C와 F 사이에서 이루어지므로 모두 극성 공유 결합이다. 따라서 (나)에는 무극성 공유 결합이 없다.

적용해야 할 개념 ③가지

① 옥텟 규칙: 원소들이 전자를 잃거나 얻어 비활성 기체와 같이 가장 바깥 전자 껍질에 전자 8개를 채워 안정해지려는 경향

② 중심 원자 주위의 전자쌍 종류와 수에 따른 분자 모양과 결합각

구분	중심 원자에 공유 전자쌍만 있는 경우			중심 원자에 비공유 전자쌍이 있는 경우	
공유 전자쌍 수	2	3	4	3	2
비공유 전자쌍 수	0	0	0	1	2
분자 모양	직선형	평면 삼각형	사면체형, 정사면체형	삼각뿔형	굽은 형

③ 무극성 공유 결합과 극성 공유 결합: 같은 원자 사이의 공유 결합은 무극성 공유 결합이고, 다른 원자 사이의 공유 결합은 극성 공유 결합이다.

문제 보기

다음은 수소(H)와 2주기 원소 X, Y로 구성된 분자 (가)와 (나)의 구조식을 나타낸 것이다. (가)와 (나)에서 X와 Y는 옥텟 규칙을 만족한다.

옥텟 규칙을 만족하므로 (가), (나)에서 각 X 원자에는 비공유 전자쌍이 2개씩 존재한다.

이에 대한 옳은 설명만을 〈보기〉에서 있는 대로 고른 것은? (단, X와 Y는 임의의 원소 기호이다.)

〈보기〉풀이

X와 Y는 옥텟 규칙을 만족하므로 (가)와 (나)에서 각 X 원자에는 공유 전자쌍 수가 2, 비공유 전자쌍 수가 2이다.

ㄱ (가)와 (나)에는 모두 무극성 공유 결합이 있다.
➡ (가)에서 X 원자 사이의 결합과 (나)에서 Y 원자 사이의 결합은 무극성 공유 결합이다.

ㄴ 비공유 전자쌍 수는 (가)가 (나)의 2배이다.
➡ (가)와 (나)에서 X는 옥텟 규칙을 만족하므로 각 X 원자에는 비공유 전자쌍이 2개씩 있다. 이로부터 비공유 전자쌍 수는 (가)에서 4, (나)에서 2이므로 비공유 전자쌍 수는 (가)가 (나)의 2배이다.

✕ (가)의 분자 모양은 직선형이다.
➡ (가)에서 X 원자에는 공유 전자쌍 수가 2, 비공유 전자쌍 수가 2이므로 각 X 원자에 결합한 2개의 원자는 굽은 형으로 배열한다. 따라서 (가)의 분자 모양은 직선형이 아니다.

적용해야 할 개념 ③가지

① 옥텟 규칙: 원자들이 전자를 얻거나 잃어 비활성 기체와 같이 가장 바깥 전자 껍질에 전자를 8개 채워 안정해지려는 경향

② 중심 원자 주위의 전자쌍의 종류와 수에 따른 분자 모양과 결합각

공유 전자쌍 수	2	3	4	3	2
비공유 전자쌍 수	0	0	0	1	2
분자 모형 예	180° BeF₂	Cl 120° BCl₃	109.5° CH₄	비공유 전자쌍 107° NH₃	비공유 전자쌍 104.5° H₂O
분자 모양	직선형	평면 삼각형	정사면체형	삼각뿔형	굽은 형

③ 극성 공유 결합에서 부분 전하: 전기 음성도가 큰 원자는 부분적인 음전하(δ^-)를 띠고, 전기 음성도가 작은 원자는 부분적인 양전하(δ^+)를 띤다.

문제 보기

그림은 수소(H)와 2주기 원소 X~Z로 구성된 분자 (가)~(다)의 구조식을 단일 결합과 다중 결합의 구분 없이 나타낸 것이다. (가)~(다)에서 중심 원자는 옥텟 규칙을 만족한다.

(가)~(다)에 대한 설명으로 옳은 것만을 〈보기〉에서 있는 대로 고른 것은? (단, X~Z는 임의의 원소 기호이다.) [3점]

〈보기〉풀이

원자가 전자 수가 1인 H는 다른 원자와 단일 결합만을 형성하고, 중심 원자는 옥텟 규칙을 만족하므로 (나)에서 Y에는 비공유 전자쌍이 1개 있어야 한다. 또 (다)에서 중심 원자 X 주위의 전자쌍이 4개이므로 X는 탄소(C)이고, Z에는 비공유 전자쌍이 3개 있어야 한다. 이로부터 Y는 질소(N), Z는 플루오린(F)이다. 따라서 (가)는 HCN, (나)는 NH₃, (다)는 CHF₃이다.

✕ (가)의 분자 구조는 굽은 형이다.
➡ (가)에서 중심 원자 X는 탄소 원자이고, Y는 질소 원자이므로 X에는 비공유 전자쌍이 존재하지 않고 X에 결합한 원자 수가 2이므로 (가)의 분자 구조는 직선형이다.

ㄴ 중심 원자에 비공유 전자쌍이 있는 분자는 1가지이다.
➡ 중심 원자에 비공유 전자쌍이 있는 분자는 (나) 1가지이다.

✕ (다)에서 Z는 부분적인 양전하(δ^+)를 띤다.
➡ 전기 음성도는 같은 주기에서 원자 번호가 클수록 크므로 전기 음성도는 Z>X이다. 따라서 X 원자와 Z 원자 사이의 전자쌍은 전기 음성도가 큰 원자 쪽으로 치우치므로 (다)에서 Z는 부분적인 음전하(δ^-)를 띤다.

적용해야 할 개념 ③가지

① 분자에서 옥텟 규칙을 만족하는 2주기 원자에 있는 공유 전자쌍 수와 비공유 전자쌍 수

원자	C	N	O	F
공유 전자쌍 수	4	3	2	1
비공유 전자쌍 수	0	1	2	3

② 중심 원자 주위의 전자쌍 종류와 수에 따른 분자 모양과 결합각

구분	중심 원자에 공유 전자쌍만 있는 경우			중심 원자에 비공유 전자쌍이 있는 경우	
공유 전자쌍 수	2	3	4	3	2
비공유 전자쌍 수	0	0	0	1	2
분자 모양	직선형	평면 삼각형	정사면체형	삼각뿔형	굽은 형
결합각	180°	120°	109.5°	109.5°보다 작음	

③ 무극성 분자와 극성 분자: 분자 내에 전하가 고르게 분포하여 부분적인 전하를 띠지 않는 분자를 무극성 분자, 분자 내에 전하의 분포가 고르지 않아 부분적인 전하를 띠는 분자를 극성 분자라고 한다.

문제 보기

그림은 2주기 원소 W~Z로 구성된 분자 (가)~(다)의 구조식을 나타낸 것이다. (가)~(다)에서 모든 원자는 옥텟 규칙을 만족한다.

$$\text{(가) } NF_3 \quad \text{(나) } OF_2 \quad \text{(다) } CNF$$

(가) NF₃ 삼각뿔형　(나) OF₂ 굽은 형　(다) CNF 직선형

(가)~(다)에 대한 설명으로 옳은 것만을 〈보기〉에서 있는 대로 고른 것은? (단, W~Z는 임의의 원소 기호이다.)

〈보기〉 풀이

(가)~(다)에서 모든 원자는 옥텟 규칙을 만족하므로 (가)의 중심 원자인 W에는 비공유 전자쌍이 1개 있고, (나)의 중심 원자인 Y에는 비공유 전자쌍이 2개 있으며, (다)의 중심 원자인 Z에는 비공유 전자쌍이 없다. 따라서 (가)~(다)의 분자 모양은 각각 삼각뿔형, 굽은 형, 직선형이다.
(가)는 NF_3, (나)는 OF_2, (다)는 CNF이고, W~Z는 각각 N, F, O, C이다.

✗ **(가)의 분자 모양은 평면 삼각형이다.**
→ (가)(NF_3)는 중심 원자인 W(N)에 공유 전자쌍 3개와 비공유 전자쌍 1개가 있으므로 (가)의 분자 모양은 삼각뿔형이다.

ㄴ. **결합각은 (다) > (나)이다.**
→ (나)의 분자 모양은 굽은 형이므로 결합각이 109.5°보다 작고, (다)의 분자 모양은 직선형이므로 결합각이 180°이다. 따라서 결합각은 (다)>(나)이다.

✗ **극성 분자는 2가지이다.**
→ (가)(NF_3), (나)(OF_2), (다)(CNF)는 모두 결합의 쌍극자 모멘트 합이 0보다 크므로 극성 분자이다. 따라서 (가)~(다) 중 극성 분자는 3가지이다.

적용해야 할 개념 ②가지

① 분자에서 옥텟 규칙을 만족하는 2주기 원자에 있는 공유 전자쌍(결합선) 수와 비공유 전자쌍 수

원자	C	N	O	F
공유 전자쌍 수	4	3	2	1
비공유 전자쌍 수	0	1	2	3

② 중심 원자 주위의 전자쌍 종류와 수에 따른 분자 모양과 결합각

구분	중심 원자에 공유 전자쌍만 있는 경우			중심 원자에 비공유 전자쌍이 있는 경우	
공유 전자쌍 수	2	3	4	3	2
비공유 전자쌍 수	0	0	0	1	2
분자 모양	직선형	평면 삼각형	정사면체형	삼각뿔형	굽은 형
결합각	180°	120°	109.5°	109.5°보다 작음	

문제 보기

그림은 2주기 원소 $X \sim Z$로 구성된 분자 (가)~(다)의 구조식을 나타낸 것이다. (가)~(다)에서 모든 원자는 옥텟 규칙을 만족한다.

$$O \quad C \quad O$$
$$Y = X = Y$$
(가)CO_2

$$F \quad O \quad F$$
$$Z - Y - Z$$
(나)OF_2

$$\begin{array}{c} Y O \\ \| \\ Z - X - Z \\ F \quad \text{(다)} \quad F \\ COF_2 \end{array}$$

(가)~(다)에 대한 설명으로 옳은 것만을 〈보기〉에서 있는 대로 고른 것은? (단, $X \sim Z$는 임의의 원소 기호이다.)

〈보기〉 풀이

2주기 원소 중 분자에서 옥텟 규칙을 만족하는 것은 C, N, O, F이므로 $X \sim Z$는 각각 C, N, O, F 중 하나이다. (가)는 CO_2이므로 X와 Y는 각각 C, O이다. (나)는 OF_2이고, Z는 F이다. (다)는 COF_2이다. 각 분자의 분자 모양은 CO_2는 직선형, OF_2는 굽은 형, COF_2는 평면 삼각형이고, CO_2는 무극성 분자, OF_2와 COF_2는 극성 분자이다.

ㄱ **극성 분자는 2가지이다.**

→ (가)(CO_2)는 무극성 분자이고, (나)(OF_2)와 (다)(COF_2)는 극성 분자이다.

ㄴ **결합각은 (가) > (나)이다.**

→ (가)(CO_2)는 직선형 구조이므로 결합각이 180°이다. (나)(OF_2)는 굽은 형 구조이므로 결합각이 180°보다 작다. 따라서 결합각은 (가)>(나)이다.

ㄷ **중심 원자에 비공유 전자쌍이 있는 분자는 1가지이다.**

→ (가)와 (다)는 중심 원자가 X(C)이므로 중심 원자에 비공유 전자쌍이 없다. (나)는 중심 원자가 Y(O)이므로 중심 원자에 비공유 전자쌍이 있다. 따라서 중심 원자에 비공유 전자쌍이 있는 분자는 (나) 1가지이다.

보기

18
일차

적용해야 할 개념 ②가지

① 분자에서 2주기 원자에 있는 공유 전자쌍(결합선) 수와 비공유 전자쌍 수

원자	C	N	O	F
공유 전자쌍 수	4	3	2	1
비공유 전자쌍 수	0	1	2	3

② 분자에서 옥텟 규칙을 만족하는 중심 원자의 공유 전자쌍 수에 따른 비공유 전자쌍 수

공유 전자쌍 수	2	3	4
비공유 전자쌍 수	2	1	0

문제 보기

다음은 2주기 원소 X~Z로 구성된 3가지 분자 Ⅰ~Ⅲ의 루이스 구조식과 관련된 탐구 활동이다.

[탐구 과정]
(가) 중심 원자와 주변 원자들을 각각 하나의 선으로 연결한다. 하나의 선은 하나의 공유 전자쌍을 의미한다.

$$Y-X-Y \qquad Z-X-Z \qquad Z-Y-Z$$
(with Y above the first X)

(나) 각 원자의 원자가 전자 수를 고려하여 모든 원자가 옥텟 규칙을 만족하도록 비공유 전자쌍과 다중 결합을 그린다. └ 원자 주위의 전자 수가 8이 되도록

(다) (나)에서 그린 구조로부터 중심 원자의 비공유 전자쌍 수를 조사한다.

[탐구 결과]

분자	Ⅰ	Ⅱ	Ⅲ
분자식	XY_2 (CO_2)	XYZ_2 (COF_2)	YZ_2 (OF_2)
중심 원자의 비공유 전자쌍 수	0	a 0	2

이에 대한 설명으로 옳은 것만을 〈보기〉에서 있는 대로 고른 것은? (단, X~Z는 임의의 원소 기호이다.)

〈보기〉 풀이

XY_2는 중심 원자의 비공유 전자쌍 수가 0이므로 X와 Y 사이에는 2중 결합이 있다. X와 Y는 각각 C, O이다. XYZ_2에서 X와 Y가 각각 C, O이므로 Z는 F이다. XY_2, XYZ_2, YZ_2는 각각 CO_2, COF_2, OF_2이고, 루이스 구조식은 다음과 같다.

$$:\ddot{O}=C=\ddot{O}: \qquad \begin{matrix} :\ddot{O}: \\ \parallel \\ :\ddot{F}-C-\ddot{F}: \end{matrix} \qquad :\ddot{F}-\ddot{O}-\ddot{F}:$$

Ⅰ   Ⅱ   Ⅲ

ㄱ.(○) Y는 산소(O)이다.
➡ X~Z는 각각 C, O, F이다.

ㄴ.(○) $a=0$이다.
➡ XYZ_2(COF_2)의 중심 원자인 X(C)에는 비공유 전자쌍이 없다.

ㄷ.(✕) Ⅰ~Ⅲ 중 다중 결합이 있는 것은 1가지이다.
➡ XY_2(CO_2)와 XYZ_2(COF_2)에는 2중 결합이 있으므로 Ⅰ~Ⅲ 중 다중 결합이 있는 것은 2가지이다.

14 루이스 구조식과 결합각 2022학년도 6월 모평 화I 4번 정답 ④ | 정답률 76 %

적용해야 할 개념 ②가지

① 분자에서 옥텟 규칙을 만족하는 2주기 원자에 있는 공유 전자쌍(결합선) 수와 비공유 전자쌍 수

원자	C	N	O	F
공유 전자쌍 수	4	3	2	1
비공유 전자쌍 수	0	1	2	3

② 중심 원자 주위의 전자쌍의 종류와 수에 따른 분자의 모양과 결합각

구분	중심 원자에 공유 전자쌍만 있는 경우			중심 원자에 비공유 전자쌍이 있는 경우	
공유 전자쌍 수	2	3	4	3	2
비공유 전자쌍 수	0	0	0	1	2
분자 구조	직선형	평면 삼각형	정사면체	삼각뿔형	굽은 형
결합각	180°	120°	109.5°	109.5°보다 작음	

문제 보기

그림은 3가지 분자의 구조식을 나타낸 것이다.

NH₃
삼각뿔형
결합각 107°

COF₂
평면 삼각형
결합각 약 120°

CCl₄
정사면체
결합각 109.5°

결합각 $\alpha \sim \gamma$의 크기를 비교한 것으로 옳은 것은? [3점]

<보기> 풀이

NH_3는 중심 원자 N에 공유 전자쌍이 3개, 비공유 전자쌍이 1개 있으므로 분자 모양이 삼각뿔형이고, 결합각이 107°이다. COF_2는 중심 원자 C에 공유 전자쌍이 4개, 비공유 전자쌍이 없으므로 분자 모양이 평면 삼각형이며, 결합각이 약 120°이다. CCl_4는 중심 원자 C에 공유 전자쌍이 4개, 비공유 전자쌍이 없으므로 분자 모양이 정사면체이고, 결합각이 109.5°이다. 따라서 결합각의 크기는 $\beta > \gamma > \alpha$이다.

~~① $\alpha > \beta > \gamma$~~
~~② $\alpha > \gamma > \beta$~~
~~③ $\beta > \alpha > \gamma$~~
④ $\beta > \gamma > \alpha$
~~⑤ $\gamma > \alpha > \beta$~~

---

15 루이스 구조식 2024학년도 5월 학평 화I 5번 정답 ⑤ | 정답률 74 %

적용해야 할 개념 ④가지

① 옥텟 규칙: 원소들이 전자를 잃거나 얻어 비활성 기체와 같이 가장 바깥 전자 껍질에 전자 8개를 채워 안정해지려는 경향
② 전기 음성도의 주기성: 같은 주기에서는 원자 번호가 커질수록 대체로 증가하고, 같은 족에서는 원자 번호가 커질수록 대체로 감소한다.
③ 극성 공유 결합에서 부분 전하: 전기 음성도가 큰 원자는 부분적인 음전하(δ^-)를 띠고, 전기 음성도가 작은 원자는 부분적인 양전하(δ^+)를 띤다.
④ 무극성 공유 결합과 극성 공유 결합: 같은 원자 사이의 공유 결합은 무극성 공유 결합이고, 다른 원자 사이의 공유 결합은 극성 공유 결합이다.

문제 보기

다음은 2, 3주기 원소 X~Z로 이루어진 분자 (가)와 (나)에 대한 자료이다.

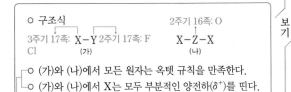

○ 구조식
3주기 17족: X—Y 2주기 17족: F   2주기 16족: O
Cl   (가)   X—Z—X
                                (나)

○ (가)와 (나)에서 모든 원자는 옥텟 규칙을 만족한다.
○ (가)와 (나)에서 X는 모두 부분적인 양전하(δ^+)를 띤다.

└ (가)에서 X, Y는 비공유 전자쌍이 3개씩 있고, X는 부분적인 양전하(δ^+)를 띠므로 전기 음성도는 Y>X이다. (나)에서 Z 원자에는 비공유 전자쌍이 2개 있으므로 16족 원소인데, X가 부분적인 양전하(δ^+)를 띠므로 전기 음성도는 Z>X이다.

이에 대한 설명으로 옳은 것만을 <보기>에서 있는 대로 고른 것은? (단, X~Z는 임의의 원소 기호이다.)

<보기> 풀이

(가)에서 X, Y는 옥텟 규칙을 만족하므로 각 원자에는 비공유 전자쌍이 3개씩 있고, 단일 결합을 형성하는 X, Y는 17족 원소이다. 한편 (가)에서 X는 부분적인 양전하(δ^+)를 띠므로 전기 음성도가 Y>X이고, 같은 족에서 전기 음성도는 원자 번호가 클수록 작아지므로 X는 3주기 17족 원소이고, Y는 2주기 17족 원소이다. (나)에서 Z 원자에는 비공유 전자쌍이 2개 있으므로 16족 원소인데, X가 부분적인 양전하(δ^+)를 띠므로 전기 음성도는 Z>X이다. 이때 Z가 3주기 17족 원소라고 하면 같은 주기에서 전기 음성도는 원자 번호가 클수록 커지므로 타당하지 않다. 이로부터 Z는 2주기 16족 원소이다.

ㄱ. X는 Cl이다.
➡ X는 3주기 17족 원소이므로 Cl이다.

ㄴ. 전기 음성도는 Y>Z이다.
➡ Y는 2주기 17족 원소인 F이고, Z는 2주기 16족 원소인 O이며, 같은 주기에서 전기 음성도는 원자 번호가 클수록 크므로 전기 음성도는 Y>Z이다.

ㄷ. Z_2Y_2에는 무극성 공유 결합이 있다.
➡ Z_2Y_2는 O_2F_2(F—O—O—F)이므로 같은 원자 사이의 결합인 무극성 공유 결합이 있다.

적용해야 할 개념 ②가지

① 분자에서 1, 2주기 원자에 있는 공유 전자쌍 수와 비공유 전자쌍 수

원자	H	B	C	N	O	F
공유 전자쌍 수	1	3	4	3	2	1
비공유 전자쌍 수	0	0	0	1	2	3

② CO_2, COF_2, O_2F_2의 구조식과 분자의 극성

분자	CO_2	COF_2	O_2F_2
구조식	:Ö=C=Ö:	:F̈—C—F̈: (with ·Ö· double bond above C)	:F̈—Ö—Ö—F̈:
분자의 극성	무극성	극성	극성

문제 보기

그림은 탄소(C)와 2주기 원소 X, Y로 구성된 분자 (가)~(다)의 구조식을 단일 결합과 다중 결합의 구분 없이 나타낸 것이다. (가)~(다)에서 모든 원자는 옥텟 규칙을 만족한다.

(가)~(다)에 대한 설명으로 옳은 것만을 〈보기〉에서 있는 대로 고른 것은? (단, X와 Y는 임의의 원소 기호이다.) [3점]

〈보기〉 풀이

C는 분자에서 4개의 공유 결합을 가지므로 (가)에서 C와 X 사이의 공유 결합은 2중 결합이다. 분자에서 옥텟 규칙을 만족하는 2주기 원소 중 2개의 공유 결합을 형성하는 것은 O이므로 X는 O이다. (나)에서 C와 X 사이의 결합은 2중 결합이므로 C와 Y 사이의 결합은 단일 결합이다. 옥텟 규칙을 만족하는 2주기 원소 중 1개의 공유 결합을 형성하는 것은 F이므로 Y는 F이다. 따라서 (가)~(다)는 각각 CO_2, COF_2, O_2F_2이다.

ㄱ. 다중 결합이 있는 분자는 2가지이다.
➡ (가)와 (나)에서 C와 X(O) 사이에 2중 결합이 있고, (다)에서는 원자 사이의 모든 결합이 단일 결합이다. 따라서 다중 결합이 있는 분자는 (가)와 (나) 2가지이다.

ㄴ. (가)는 무극성 분자이다.
➡ (가)(CO_2)는 분자 모양이 직선형이므로 무극성 분자이다.

✗ 공유 전자쌍 수는 (나)와 (다)가 같다.
➡ (나)는 공유 전자쌍 수가 4이고, (다)는 공유 전자쌍 수가 3이다. 따라서 공유 전자쌍 수는 (나)>(다)이다.

적용해야 할 개념 ④가지

① 옥텟 규칙: 18족 원소 이외의 원자들이 18족 원소와 같이 가장 바깥 전자 껍질에 전자 8개를 채워 안정한 전자 배치를 가지려는 경향
② 삼원자 분자의 구조: 중심 원자에 비공유 전자쌍이 있으면 굽은 형, 비공유 전자쌍이 없으면 직선형이다.
③ 분자의 쌍극자 모멘트: 무극성 분자는 분자의 쌍극자 모멘트가 0이고, 극성 분자는 분자의 쌍극자 모멘트가 0보다 크다.
④ 공유 결합 물질에서 산화수: 구성 원자 중 전기 음성도가 더 큰 원자가 공유 전자쌍을 모두 차지하는 것으로 가정할 때 각 원자가 갖는 전하이다. 플루오린은 전기 음성도가 가장 크므로 항상 −1의 산화수를 갖는다.

문제 보기

표는 2주기 원소 W~Z로 이루어진 분자 (가)~(다)에 대한 자료이다. (가)~(다)에서 모든 원자는 옥텟 규칙을 만족한다.

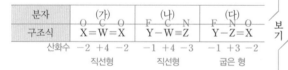

분자	(가)	(나)	(다)
구조식	X=W=X (O C O)	Y—W≡Z (F C N)	Y—Z=X (F N O)
산화수	−2 +4 −2	−1 +4 −3	−1 +3 −2
	직선형	직선형	굽은 형

이에 대한 옳은 설명만을 〈보기〉에서 있는 대로 고른 것은? (단, W~Z는 임의의 원소 기호이다.) [3점]

〈보기〉 풀이

(가)는 CO_2, (나)는 FCN, (다)는 FNO이고, W~Z는 각각 C, O, F, N이다.
(가)~(다)의 루이스 구조식은 다음과 같다.

:Ö=C=Ö: (가)   :F̈—C≡N: (나)   :F̈—N̈=Ö: (다)

ㄱ. (나)의 분자 모양은 직선형이다.
➡ (나)(FCN)의 중심 원자인 W(C)에는 비공유 전자쌍이 없으므로 (나)의 분자 모양은 직선형이다.

ㄴ. 분자의 쌍극자 모멘트는 (다)가 (가)보다 크다.
➡ (가)(CO_2)는 무극성 분자이므로 분자의 쌍극자 모멘트는 0이다. (다)(FNO)는 극성 분자이므로 분자의 쌍극자 모멘트는 0보다 크다. 따라서 분자의 쌍극자 모멘트는 (다)가 (가)보다 크다.

✗ (나)와 (다)에서 Z의 산화수는 같다.
➡ 같은 주기에서 원자 번호가 클수록 전기 음성도가 크므로 전기 음성도는 Y(F)>X(O)>Z(N)>W(C)이다. 공유 결합 물질에서 산화수는 전기 음성도가 큰 원자가 공유 전자쌍을 모두 가진다고 가정하여 구하므로 (나)에서 산화수는 Y(F)가 −1, W(C)가 +4, Z(N)가 −3이다. (다)에서 산화수는 Y(F)가 −1, Z(N)가 +3, X(O)가 −2이다. 따라서 (나)와 (다)에서 Z(N)의 산화수는 다르다.

적용해야 할 개념 ②가지

① 분자에서 2주기 원자에 있는 공유 전자쌍 수와 비공유 전자쌍 수

원자	C	N	O	F
공유 전자쌍 수	4	3	2	1
비공유 전자쌍 수	0	1	2	3

② 결합각: 원자가 3개 이상 결합한 분자에서 중심 원자의 원자핵과 이와 결합한 두 원자의 원자핵을 연결한 선이 이루는 각으로, 결합각은 전자쌍 반발 이론에 의해 결정된다. 전자쌍 사이의 반발력은 비공유-비공유 전자쌍 사이의 반발력>비공유-공유 전자쌍 사이의 반발력> 공유-공유 전자쌍 사이의 반발력이므로 비공유 전자쌍 수가 많을수록 결합각이 작아진다.

문제 보기

표는 원소 W~Z로 이루어진 분자 (가)와 (나)에 대한 자료이다. W~Z는 각각 C, N, O, F 중 하나이고, (가)와 (나)를 구성하는 모든 원자는 옥텟 규칙을 만족한다.

$$F-C\equiv C-F$$
결합각 180°
(가)

$$O=N-F$$
결합각은 180°보다 작다.
(나)

분자	(가)	(나)
구조식	W-X-X-W	Y-Z-W
$\dfrac{\text{비공유 전자쌍 수}}{\text{공유 전자쌍 수}}$	$\dfrac{6}{5}$	2

이에 대한 설명으로 옳은 것만을 〈보기〉에서 있는 대로 고른 것은? (단, 구조식에서 비공유 전자쌍과 다중 결합은 표시하지 않았다.) [3점]

〈보기〉 풀이

(나)의 구성 원소가 3가지이므로 C, O, N, F으로 생성될 수 있는 분자는 FCN, ONF 2가지가 가능하다. FCN, ONF의 구조식과 공유 전자쌍 수, 비공유 전자쌍 수는 다음과 같다.

분자	FCN	ONF
구조식	$F-C\equiv N$	$O=N-F$
공유/비공유 전자쌍 수	4/4	3/6
$\dfrac{\text{비공유 전자쌍 수}}{\text{공유 전자쌍 수}}$	1	2

따라서 (나)는 ONF이다. Z는 N이고, Y와 W는 각각 O, F 중 하나이며, X는 C이다. W가 O이면 (가)의 구조식은 O=C=C=O이고, $\dfrac{\text{비공유 전자쌍 수}}{\text{공유 전자쌍 수}}=\dfrac{2}{3}$이므로 자료에 부합하지 않는다.

따라서 W는 F이고, (가)의 구조식은 $F-C\equiv C-F$이다.

✗ **(가)에는 2중 결합이 있다.**
➡ (가)에는 단일 결합과 3중 결합이 있다.

◯ ㄴ **결합각은 (가)>(나)이다.**
➡ (가)는 직선형 구조이므로 결합각이 180°이다. (나)는 중심 원자인 N에 비공유 전자쌍이 있으므로 결합각이 180°보다 작다.

◯ ㄷ **비공유 전자쌍 수는 (가)와 (나)가 같다.**
➡ (가)와 (나)의 구조식에 비공유 전자쌍을 나타내면 다음과 같다. 비공유 전자쌍 수는 (가)와 (나)가 6으로 같다.

$$:\ddot{W}-X\equiv X-\ddot{W}:$$
(가)

$$:\ddot{Y}=\ddot{Z}-\ddot{W}:$$
(나)

보기

적용해야 할 개념 ②가지

① H₂O, CO₂, BF₃의 구조

분자	분자 구조	분자의 성질	결합각
H_2O	굽은 형	극성	104.5°
CO_2	직선형	무극성	180°
BF_3	평면 삼각형	무극성	120°

② 분자의 쌍극자 모멘트 : 무극성 분자는 분자의 쌍극자 모멘트가 0이고, 극성 분자는 분자의 쌍극자 모멘트가 0보다 크다.

문제 보기

다음은 분자 (가)~(다)에 대한 자료이다. (가)~(다)는 각각 H_2O, CO_2, BF_3 중 하나이다.

○ 구성 원자 수는 (나)>(가)이다.   BF₃ CO₂
○ 중심 원자의 원자 번호는 (다)>(가)이다.
                                    H₂O CO₂

이에 대한 옳은 설명만을 〈보기〉에서 있는 대로 고른 것은?

〈보기〉 풀이

구성 원자 수는 H_2O과 CO_2가 3이고, BF_3가 4이다. 구성 원자 수는 (나)>(가)이므로 (가)는 H_2O 또는 CO_2이고, (나)는 BF_3이다. 중심 원자의 원자 번호는 (다)>(가)이므로 (가)는 CO_2이고, (다)는 H_2O이다. 따라서 (가)~(다)는 각각 CO_2, BF_3, H_2O이고, 루이스 구조식은 다음과 같다.

$$\ddot{O}=C=\ddot{O} \qquad :\!\ddot{F}-B-\ddot{F}\!: \qquad H-\ddot{O}-H$$
$$\qquad\qquad\qquad\quad |\qquad\qquad$$
$$\qquad\qquad\qquad :\!\ddot{F}\!:\qquad\qquad$$
(가)   (나)   (다)

✗ (가)는 H_2O이다.
➡ (가)는 CO_2이다.

ㄴ 결합각은 (가)>(다)이다.
➡ CO_2는 직선형으로 결합각은 180°, H_2O는 굽은 형으로 결합각은 104.5°이다.

✗ 분자의 쌍극자 모멘트는 (나)>(다)이다.
➡ (가)와 (나)는 무극성 분자이므로 분자의 쌍극자 모멘트는 0이고, (다)는 극성 분자이므로 분자의 쌍극자 모멘트는 0보다 크다. 따라서 분자의 쌍극자 모멘트는 (다)>(가)=(나)이다.

(보기)

적용해야 할 개념 ③가지

① 전기 음성도의 주기성: 같은 주기에서는 원자 번호가 커질수록 대체로 증가하고, 같은 족에서는 원자 번호가 커질수록 대체로 감소한다.

② 무극성 공유 결합과 극성 공유 결합: 같은 원자 사이의 공유 결합은 무극성 공유 결합이고, 다른 원자 사이의 공유 결합은 극성 공유 결합이다.

③ 극성 공유 결합에서 부분 전하: 전기 음성도가 큰 원자는 부분적인 음전하(δ^-)를 띠고, 전기 음성도가 작은 원자는 부분적인 양전하(δ^+)를 띤다.

문제 보기

표는 원소 A~E에 대한 자료이다.

족\주기	15	16	17
2	A N	B O	C F
3	D P		E Cl

이에 대한 설명으로 옳은 것만을 〈보기〉에서 있는 대로 고른 것은? (단, A~E는 임의의 원소 기호이다.) [3점]

〈보기〉 풀이

A~E는 각각 N, O, F, P, Cl이다.

ㄱ 전기 음성도는 B>A>D이다.
➡ 전기 음성도는 같은 주기에서 원자 번호가 클수록 커지므로 B>A이다. 전기 음성도는 같은 족에서 원자 번호가 작을수록 커지므로 A>D이다. 따라서 전기 음성도는 B>A>D이다.

ㄴ BC_2에는 극성 공유 결합이 있다.
➡ 다른 원자 사이의 공유 결합을 극성 공유 결합이라고 한다. $BC_2(OF_2)$에서 B(O)와 C(F) 사이에 공유 결합이 있으므로 BC_2에는 극성 공유 결합이 있다.

ㄷ EC에서 C는 부분적인 음전하(δ^-)를 띤다.
➡ 전기 음성도는 C(F)>E(Cl)이므로 EC(ClF)에서 C(F)는 부분적인 음전하(δ^-)를 띠고, E(Cl)는 부분적인 양전하(δ^+)를 띤다.

(보기)

적용해야 할 개념 ②가지

① 무극성 공유 결합과 극성 공유 결합: 같은 원자 사이의 공유 결합은 무극성 공유 결합이고, 다른 원자 사이의 공유 결합은 극성 공유 결합이다.

② 극성 분자와 무극성 분자

극성 분자	극성 공유 결합을 하는 분자 중 결합의 쌍극자 모멘트가 상쇄되지 않는 비대칭 구조의 분자 예 HCl, H_2O, NH_3 등
무극성 분자	무극성 공유 결합을 하는 이원자 분자나 극성 공유 결합을 하는 분자 중 결합의 쌍극자 모멘트가 상쇄되어 분자의 쌍극자 모멘트가 0이 되는 대칭 구조의 분자 예 H_2, CO_2, BCl_3 등

문제 보기

다음은 학생 A가 수행한 탐구 활동이다.

[가설]
○ 극성 공유 결합이 있는 분자는 모두 극성 분자이다.

[탐구 과정 및 결과]
(가) 극성 공유 결합이 있는 분자를 찾고, 각 분자의 극성 여부를 조사하였다. └ 다른 원자 사이의 공유 결합이 있는 분자

(나) (가)에서 조사한 내용을 표로 정리하였다.

분자	H_2O	NH_3	㉠ HCl	㉡ CF_4	…
분자의 극성 여부	극성	극성	극성	무극성	…

[결론]
○ 가설에 어긋나는 분자가 있으므로 가설은 옳지 않다.

학생 A의 탐구 과정 및 결과와 결론이 타당할 때, ㉠과 ㉡으로 적절한 것은? [3점]

보기

<보기> 풀이

무극성 공유 결합은 같은 원자 사이의 공유 결합이고, 극성 공유 결합은 다른 원자 사이의 공유 결합이다. (가) 과정에서 극성 공유 결합이 있는 분자를 찾아 조사하므로 ㉠과 ㉡은 극성 공유 결합이 있는 분자이다. 보기에 제시된 분자인 O_2, CF_4, HCl 중 극성 공유 결합이 있는 분자는 CF_4와 HCl이므로 ㉠과 ㉡은 각각 CF_4, HCl 중 하나이다. 이때 ㉠은 극성 분자이고, ㉡은 무극성 분자이므로 ㉠과 ㉡은 각각 HCl, CF_4이다.

	㉠	㉡	
✗	O_2	CF_4	➡ O_2에는 무극성 공유 결합이 있으므로 적절하지 않다.
✗	CF_4	O_2	➡ O_2에는 무극성 공유 결합이 있으므로 적절하지 않다.
✗	CF_4	HCl	➡ CF_4는 무극성 분자이고, HCl는 극성 분자이므로 적절하지 않다.
✗	HCl	O_2	➡ O_2에는 무극성 공유 결합이 있으므로 적절하지 않다.
⑤	HCl	CF_4	➡ HCl는 극성 분자이고, CF_4는 무극성 분자이므로 적절하다.

적용해야 할 개념 ②가지

① 중심 원자의 결합 원자 수에 따른 분자 모양

중심 원자의 결합 원자 수	2		3		4
중심 원자의 비공유 전자쌍 수	0	2	0	1	0
분자 모양	직선형	굽은 형	평면 삼각형	삼각뿔형	정사면체형, 사면체형

② 분자 모양에 따른 무극성 분자와 극성 분자의 예

분자 모양	직선형	평면 삼각형	굽은 형	정사면체형	사면체형
무극성 분자	CO_2	BCl_3	—	CCl_4	—
극성 분자	—	CH_2O	OF_2	—	CH_3Cl

문제 보기

다음은 학생 A가 수행한 탐구 활동이다.

[가설]
○ 중심 원자가 1개인 분자에서 중심 원자에 비공유 전자쌍이 없는 분자는 모두 무극성 분자이다.

[탐구 과정 및 결과]
(가) 중심 원자에 비공유 전자쌍이 없는 분자를 찾아 극성 여부를 조사하였다. CH_3Cl, CCl_4, CH_2O, CO_2

(나) (가)에서 조사한 내용을 표로 정리하였다.

분자	BCl_3	㉠	㉡	…
분자의 극성 여부	무극성	무극성	극성	…

㉠: CCl_4, CO_2 ㉡: CH_3Cl, CH_2O

[결론]
○ 가설에 어긋나는 분자가 있으므로 가설은 옳지 않다.

학생 A의 탐구 과정 및 결과와 결론이 타당할 때, 다음 중 ㉠과 ㉡으로 적절한 것은?

<보기> 풀이

학생 A의 탐구 과정에서 중심 원자에 비공유 전자쌍이 없는 분자를 조사하였으므로 ㉠, ㉡에 해당하는 분자는 각각 중심 원자에 비공유 전자쌍이 없는 무극성 분자, 중심 원자에 비공유 전자쌍이 없는 극성 분자이다. 보기에 제시된 분자에 대한 자료는 다음과 같다.

분자	중심 원자에 비공유 전자쌍 유무	분자의 극성
CH_3Cl	없음	극성
CCl_4	없음	무극성
OF_2	있음	극성
CH_2O	없음	극성
CO_2	없음	무극성

따라서 ㉠으로 적절한 분자는 CCl_4, CO_2이고, ㉡으로 적절한 분자는 CH_3Cl, CH_2O이다.

	㉠	㉡		㉠	㉡
✗	CH_3Cl	OF_2	✗	CH_3Cl	CH_2O
✗	CCl_4	CO_2	④	CCl_4	CH_2O
✗	CCl_4	OF_2			

적용해야 할 개념 ②가지

① 중심 원자의 결합 원자 수에 따른 분자 모양

중심 원자의 결합 원자 수	2		3		4
중심 원자의 비공유 전자쌍 수	0	2	0	1	0
분자 모양	직선형	굽은 형	평면 삼각형	삼각뿔형	정사면체형, 사면체형

② 분자 구조에 따른 무극성 분자와 극성 분자의 예

분자 모양	직선형	평면 삼각형	삼각뿔형	정사면체형	사면체형
무극성 분자	CO_2	BF_3	−	CH_4	−
극성 분자	HCN	HCHO	NH_3	−	CH_3Cl

문제 보기

다음은 학생 A가 수행한 탐구 활동이다.

[가설]
○ 구조가 직선형인 분자와 평면 삼각형인 분자는 모두 무극성 분자이다.

[탐구 과정 및 결과] ┌HCN ┌BCl_3, HCHO
(가) 구조가 직선형인 분자와 평면 삼각형인 분자를 찾고, 각 분자의 극성 여부를 조사하였다.
(나) (가)에서 조사한 분자를 구조와 극성 여부에 따라 분류하였다.

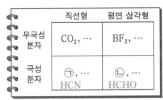

[결론]
○ 가설에 어긋나는 분자가 있으므로 가설은 옳지 않다.

학생 A의 탐구 과정 및 결과와 결론이 타당할 때, 다음 중 ㉠과 ㉡으로 적절한 것은?

<보기> 풀이

보기

H_2O, BCl_3, HCHO, HCN, NH_3의 구조식과 분자 모양은 다음과 같다.

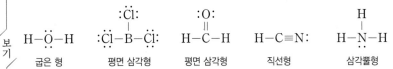

5가지 분자 중 구조가 직선형인 분자는 HCN이고, 평면 삼각형인 분자는 BCl_3와 HCHO이다. 또한 5가지 분자 중 무극성 분자는 BCl_3이고, 극성 분자는 H_2O, HCHO, HCN, NH_3이다. 따라서 ㉠에 해당하는 분자는 HCN이고, ㉡에 해당하는 분자는 HCHO이다.

333

적용해야 할 개념 ②가지

① H_2O, CF_4, CH_2O, HCN의 분자 모양과 성질

분자	H_2O	CF_4	CH_2O	HCN
분자 모양	굽은 형	정사면체형	평면 삼각형	직선형
입체/평면 구조	평면 구조	입체 구조	평면 구조	평면 구조
분자의 성질	극성	무극성	극성	극성

② 무극성 분자와 극성 분자: 분자 내에 전하가 고르게 분포하여 부분적인 전하를 띠지 않는 분자를 무극성 분자, 분자 내에 전하의 분포가 고르지 않아 부분적인 전하를 띠는 분자를 극성 분자라고 한다.

문제 보기

그림은 분자 구조와 성질에 관한 수업 장면이다.

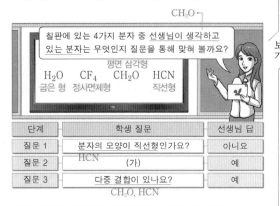

(가)로 적절한 것만을 〈보기〉에서 있는 대로 고른 것은?

〈보기〉 풀이

H_2O, CF_4, CH_2O, HCN의 구조식과 분자 모양은 다음과 같다.

질문 1을 통해 분자의 모양이 직선형이 아니므로 선생님이 생각하는 분자는 H_2O, CF_4, CH_2O 중 하나이다. 또한 CH_2O에는 C 원자와 O 원자 사이에 2중 결합이 있고, HCN에는 C 원자와 N 원자 사이에 3중 결합이 있으므로 다중 결합이 있는 분자는 CH_2O와 HCN이다. 따라서 질문 3을 통해 선생님이 생각하는 분자는 CH_2O이다.

ㄱ 극성 분자인가요?
➡ H_2O, CF_4, CH_2O, HCN 중 무극성 분자는 CF_4이고, 나머지는 모두 극성 분자이므로 CH_2O는 극성 분자이다. 따라서 (가)로 '극성 분자인가요?'는 적절하다.

✗ 중심 원자에 비공유 전자쌍이 있나요?
➡ CH_2O의 중심 원자는 C이므로 비공유 전자쌍이 없다. 따라서 (가)로 '중심 원자에 비공유 전자쌍이 있나요?'는 적절하지 않다.

ㄷ 분자를 구성하는 모든 원자가 동일 평면에 존재하나요?
➡ CH_2O는 평면 구조이므로 분자를 구성하는 모든 원자가 동일 평면에 존재한다. 따라서 (가)로 '분자를 구성하는 모든 원자가 동일 평면에 존재하나요?'는 적절하다.

적용해야 할 개념 ②가지

① 극성 분자와 무극성 분자

극성 분자	분자 내에 전하 분포가 고르지 않아 부분적인 전하를 띠는 분자로, 분자의 쌍극자 모멘트가 0이 아닌 분자
	극성 공유 결합을 하는 분자 중 결합의 쌍극자 모멘트가 상쇄되지 않는 비대칭 구조의 분자 예 HCl, H_2O, NH_3 등
무극성 분자	분자 내에 전하가 고르게 분포되어 있어 부분적인 전하를 띠지 않는 분자로, 분자의 쌍극자 모멘트가 0인 분자
	무극성 공유 결합을 하는 이원자 분자나 극성 공유 결합을 하는 분자 중 결합의 쌍극자 모멘트가 상쇄되어 분자의 쌍극자 모멘트가 0이 되는 대칭 구조의 분자 예 H_2, CO_2, BCl_3 등

② 2주기 원소의 이원자 분자의 공유 결합 종류: F_2에는 단일 결합, O_2에는 2중 결합, N_2에는 3중 결합이 있다.

문제 보기

다음은 2주기 원소 W~Z로 이루어진 분자 (가)~(다)의 분자식을 나타낸 것이다. 전기 음성도는 X > Y > W이고, 분자 내 모든 원자는 옥텟 규칙을 만족한다.

O > N > C

WX_2　　YZ_3　　XZ_2
(가) CO_2　(나) NF_3　(다) OF_2

이에 대한 설명으로 옳은 것만을 〈보기〉에서 있는 대로 고른 것은? (단, W~Z는 임의의 원소 기호이다.)

〈보기〉 풀이

2주기 원소로 이루어진 분자 중 WX_2, XZ_2와 같은 분자식을 갖는 분자는 CO_2와 OF_2이다. 전기 음성도는 X > Y > W이므로 WX_2는 CO_2, XZ_2는 OF_2이다. W, X, Z는 각각 C, O, F이므로 YZ_3는 NF_3이고, Y는 N이다. (가)~(다)는 각각 $WX_2(CO_2)$, $YZ_3(NF_3)$, $XZ_2(OF_2)$이다.

✗ (가)에는 공유 전자쌍이 2개 있다.
➡ $WX_2(CO_2)$에는 2중 결합이 2개 있으므로 공유 전자쌍이 4개 있다.

ㄴ (가)~(다) 중 극성 분자는 2가지이다.
➡ 극성 분자는 $YZ_3(NF_3)$와 $XZ_2(OF_2)$이고, 무극성 분자는 $WX_2(CO_2)$이다.

ㄷ Y_2에는 다중 결합이 있다.
➡ $Y_2(N_2)$에는 다중 결합인 3중 결합이 있다.

26 분자의 구조와 극성 2023학년도 9월 모평 화I 8번 정답 ④ | 정답률 81%

적용해야 할 개념 ③가지

① 전기 음성도: 공유 결합을 형성한 두 원자가 공유 전자쌍을 끌어당기는 힘의 크기를 상대적으로 비교하여 나타낸 값

② 무극성 분자와 극성 분자: 분자 내에 전하가 고르게 분포하여 부분적인 전하를 띠지 않는 분자를 무극성 분자, 분자 내에 전하의 분포가 고르지 않아 부분적인 전하를 띠는 분자를 극성 분자라고 한다.

③ 부분적인 전하: 극성 공유 결합에서 전자가 완전히 이동하는 것이 아니라 전자쌍이 치우쳐 전하를 띠는 것을 부분적인 전하라고 하며, 전기 음성도가 큰 원자는 부분적인 음전하(δ^-)를, 전기 음성도가 작은 원자는 부분적인 양전하(δ^+)를 띤다.

문제 보기

다음은 2주기 원자 W~Z로 이루어진 3가지 분자의 분자식이다. 분자에서 모든 원자는 옥텟 규칙을 만족하고, 전기 음성도는 W > Y이다.

WX_3	XYW	YZX_2
NF_3	FCN	COF_2
극성 분자	극성 분자	극성 분자
삼각뿔형	직선형	평면 삼각형
결합각 약 107°	결합각 180°	결합각 약 120°

이에 대한 설명으로 옳은 것만을 〈보기〉에서 있는 대로 고른 것은? (단, W~Z는 임의의 원소 기호이다.) [3점]

〈보기〉 풀이

2주기 원자 중 분자에서 옥텟 규칙을 만족하는 원자는 C, N, O, F이다. C, N, O, F 중 2가지 원소로 이루어진 WX_3는 NF_3이고, W와 X는 각각 N, F이다. 또한 Y는 W(N)보다 전기 음성도가 작으므로 C이고, XYW는 FCN이다. YZX_2에서 중심 원자인 Y(C)는 4개의 공유 결합을 한다. 이때 Y는 2개의 X(F)와 공유 결합하므로 Y와 2개의 공유 결합을 해야 하는 Z는 O이고, YZX_2는 COF_2이다. NF_3, FCN, COF_2의 루이스 구조는 각각 다음과 같다.

보기

(ㄱ) WX_3는 극성 분자이다.
➡ WX_3(NF_3)의 중심 원자에는 비공유 전자쌍이 존재하므로 분자 모양은 삼각뿔형이고, 극성 분자이다.

(ㄴ) YZX_2에서 X는 부분적인 음전하(δ^-)를 띤다.
➡ Y(C), Z(O), X(F)의 전기 음성도는 X > Z > Y이므로 전기 음성도가 작은 Y와 공유 결합한 X와 Z는 모두 부분적인 음전하(δ^-)를 띤다.

✗ 결합각은 WX_3가 XYW보다 크다.
➡ WX_3(NF_3)는 삼각뿔형 구조이므로 결합각이 약 107°이고, XYW(FCN)는 직선형 구조이므로 결합각이 180°이다. 따라서 결합각은 XYW > WX_3이다.

27 분자의 구조와 극성 2023학년도 10월 학평 화I 11번 정답 ② | 정답률 87%

적용해야 할 개념 ③가지

① 2주기 원소의 전기 음성도: 같은 주기에서 원자 번호가 클수록 전기 음성도가 커지므로 Li < Be < B < C < N < O < F이다.

② 극성 공유 결합에서 각 원자의 부분 전하: 전기 음성도가 큰 원자는 부분적인 음전하(δ^-)를 띠고, 전기 음성도가 작은 원자는 부분적인 양전하(δ^+)를 띤다.

③ NF_3, CO_2, OF_2의 분자 모양, 분자의 성질, 공유 결합의 종류와 결합 수

분자	NF_3	CO_2	OF_2
분자 모양/분자의 성질	삼각뿔형/극성	직선형/무극성	굽은 형/극성
단일 결합 수	3	0	2
2중 결합 수	0	2	0

문제 보기

표는 2주기 원소 W~Z로 구성된 분자 (가)~(다)에 대한 자료이다. (가)~(다)에서 모든 원자는 옥텟 규칙을 만족한다.

분자	(가)	(나)	(다)
	단일 결합 수 3	2중 결합 수 2	단일 결합 수 2
분자식	WX_3 NF_3	YZ_2 CO_2	ZX_2 OF_2
2중 결합	없음	있음	없음
	극성 분자	무극성 분자	극성 분자

(가)~(다)에 대한 옳은 설명만을 〈보기〉에서 있는 대로 고른 것은? (단, W~Z는 임의의 원소 기호이다.)

〈보기〉 풀이

2주기 원소로 구성되었고, 구성 원자가 옥텟 규칙을 만족하므로 WX_3는 NF_3이고, YZ_2와 ZX_2는 각각 CO_2, OF_2 중 하나이다. CO_2에는 2중 결합이 있고, OF_2에는 2중 결합이 없으므로 YZ_2는 CO_2이고, ZX_2는 OF_2이다. 따라서 W~Z는 각각 N, F, C, O이다.

보기

✗ (가)에서 W는 부분적인 음전하(δ^-)를 띤다.
➡ 전기 음성도는 X(F) > W(N)이므로 X는 부분적인 음전하(δ^-)를 띠고, W는 부분적인 양전하(δ^+)를 띤다.

(ㄴ) 결합각은 (나) > (다)이다.
➡ (나)(CO_2)는 분자 모양이 직선형이므로 결합각이 180°이고, (다)(OF_2)는 분자 모양이 굽은 형이므로 결합각이 180°보다 작다. 따라서 결합각은 (나) > (다)이다.

✗ 분자의 쌍극자 모멘트가 0인 것은 2가지이다.
➡ 분자의 쌍극자 모멘트가 0인 분자는 무극성 분자이다. (가)(NF_3)의 분자 모양이 삼각뿔형이고, (다)(OF_2)의 분자 모양이 굽은 형이므로 (가)와 (다)는 극성 분자이다. (나)(CO_2)의 분자 모양이 직선형이므로 (나)는 무극성 분자이다. 따라서 분자의 쌍극자 모멘트가 0인 것은 (나)(CO_2) 1가지이다.

적용해야 할 개념 ②가지

① 극성 분자와 무극성 분자

극성 분자	극성 공유 결합을 하는 분자 중 결합의 쌍극자 모멘트가 상쇄되지 않는 분자 예 HCl, H_2O, NH_3 등
무극성 분자	무극성 공유 결합을 하는 이원자 분자나 극성 공유 결합을 하는 분자 중 결합의 쌍극자 모멘트가 상쇄되어 분자의 쌍극자 모멘트가 0이 되는 분자 예 H_2, CO_2, BCl_3 등

② BF_3, NF_3, CO_2, CH_2O의 분자 모양, 비공유 전자쌍 수, 분자의 극성

분자식	BF_3	NF_3	CO_2	CH_2O
분자 모양	평면 삼각형	삼각뿔형	직선형	평면 삼각형
비공유 전자쌍 수	9	10	4	2
분자의 극성	무극성	극성	무극성	극성

문제 보기

다음은 4가지 분자를 주어진 기준에 따라 분류한 것이다.

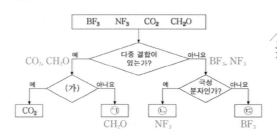

이에 대한 옳은 설명만을 〈보기〉에서 있는 대로 고른 것은?

〈보기〉 풀이

BF_3, NF_3, CO_2, CH_2O의 루이스 구조식과 분자 모양은 다음과 같다.

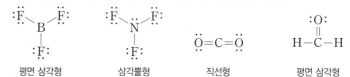

평면 삼각형   삼각뿔형   직선형   평면 삼각형

ㄱ. '분자 모양이 직선형인가?'는 (가)로 적절하다.

➡ 다중 결합이 있는 CO_2와 CH_2O 중 분자 모양이 직선형인 것은 CO_2이므로 '분자 모양이 직선형인가?'는 (가)로 적절하다.

✗ ㉠은 무극성 분자이다.

➡ ㉠은 다중 결합이 있는 CH_2O이다. CH_2O는 중심 원자에 결합한 원자의 종류가 달라 결합의 극성이 상쇄되지 않으므로 극성 분자이다.

ㄷ. 비공유 전자쌍 수는 ㉡〉㉢이다.

➡ 다중 결합이 없는 BF_3와 NF_3의 분자 모양은 각각 평면 삼각형, 삼각뿔형이므로 결합의 극성이 상쇄되는 분자 모양을 가진 BF_3는 무극성 분자이고, 결합의 극성이 상쇄되지 않는 분자 모양을 가진 NF_3는 극성 분자이다. 이로부터 ㉡은 NF_3이고, ㉢은 BF_3이다. 비공유 전자쌍 수는 NF_3가 10, BF_3가 9이므로 ㉡〉㉢이다.

적용해야 할 개념 ②가지

① 원소의 전기 음성도와 결합의 극성: 전기 음성도가 서로 다른 두 원자 사이의 결합은 극성 공유 결합이며, 이때 전기 음성도가 큰 원자는 부분적인 음전하(δ^-)를 띠고, 전기 음성도가 작은 원자는 부분적인 양전하(δ^+)를 띤다.

② 극성 분자와 무극성 분자

극성 분자	극성 공유 결합을 하는 분자 중 결합의 쌍극자 모멘트가 상쇄되지 않는 분자 예 HCl, H_2O, NH_3 등
무극성 분자	무극성 공유 결합을 하는 이원자 분자나 극성 공유 결합을 하는 분자 중 결합의 쌍극자 모멘트가 상쇄되어 분자의 쌍극자 모멘트가 0이 되는 분자 예 H_2, CO_2, BCl_3 등

문제 보기

그림은 4가지 분자를 주어진 기준에 따라 분류한 것이다. 전기 음성도는 N〉H이다.

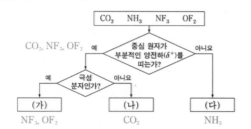

이에 대한 설명으로 옳은 것만을 〈보기〉에서 있는 대로 고른 것은?

〈보기〉 풀이

같은 주기에서 원자 번호가 클수록 전기 음성도가 크므로 전기 음성도는 F〉O〉N〉C이다. 따라서 CO_2, NF_3, OF_2에서는 중심 원자가 모두 부분적인 양전하(δ^+)를 띤다. 또 전기 음성도가 N〉H이므로 NH_3에서는 중심 원자인 N이 부분적인 음전하(δ^-)를 띤다. 이로부터 (다)에는 NH_3가 해당한다. CO_2, NF_3, OF_2의 분자 구조는 각각 직선형, 삼각뿔형, 굽은 형이다. 이때 결합의 극성이 상쇄되지 않는 분자 구조를 가진 NF_3, OF_2는 극성 분자이고, 결합의 극성이 상쇄되는 분자 구조를 가진 CO_2는 무극성 분자이다. 이로부터 (가)에는 NF_3와 OF_2가 해당하고, (나)에는 CO_2가 해당한다.

ㄱ. (가)에 해당하는 분자는 2가지이다.

➡ (가)에 해당하는 분자는 NF_3와 OF_2 2가지이다.

✗ (나)에는 무극성 공유 결합이 있는 분자가 있다.

➡ (나)에 해당하는 분자는 CO_2이고, CO_2에는 극성 공유 결합만 있다.

✗ (다)에는 쌍극자 모멘트가 0인 분자가 있다.

➡ (다)에 해당하는 분자는 NH_3이고, NH_3의 분자 구조는 삼각뿔형이므로 결합의 극성이 상쇄되지 않는다. 따라서 분자의 쌍극자 모멘트는 0이 아니다.

적용해야 할 개념 ④가지

① 중심 원자 주위의 전자쌍의 종류와 수에 따른 분자의 모양과 결합각

구분	중심 원자에 공유 전자쌍만 있는 경우			중심 원자에 비공유 전자쌍이 있는 경우	
공유 전자쌍 수	2	3	4	3	2
비공유 전자쌍 수	0	0	0	1	2
분자 구조	직선형	평면 삼각형	정사면체	삼각뿔형	굽은 형
결합각	180°	120°	109.5°	109.5°보다 작음	

② 평면 구조와 입체 구조: 분자를 이루는 모든 원자들이 동일 평면에 배열되는 구조인 직선형, 굽은 형, 평면 삼각형 구조는 평면 구조이고, 삼각뿔형과 사면체는 입체 구조이다.

③ 극성 분자와 무극성 분자

극성 분자	극성 공유 결합을 하는 분자 중 결합의 쌍극자 모멘트가 상쇄되지 않는 분자 예 HCl, H_2O, NH_3 등
무극성 분자	무극성 공유 결합을 하는 이원자 분자나 극성 공유 결합을 하는 분자 중 결합의 쌍극자 모멘트가 상쇄되어 분자의 쌍극자 모멘트가 0이 되는 분자 예 H_2, CO_2, BCl_3 등

④ 무극성 공유 결합과 극성 공유 결합: 같은 원자 사이의 공유 결합은 무극성 공유 결합이고, 다른 원자 사이의 공유 결합은 극성 공유 결합이다.

문제 보기

그림은 3가지 분자를 주어진 기준에 따라 분류한 것이다.

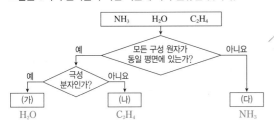

이에 대한 옳은 설명만을 〈보기〉에서 있는 대로 고른 것은?

〈보기〉 풀이

NH_3는 삼각뿔형 구조, H_2O은 굽은 형 구조, C_2H_4은 C 원자 1개와 결합하는 2개의 H 원자와 다른 C 원자에서 평면 삼각형 구조이다. NH_3, H_2O, C_2H_4 중 모든 구성 원자가 동일 평면에 있는 분자는 H_2O, C_2H_4이다. H_2O은 분자의 쌍극자 모멘트가 0보다 크므로 극성 분자이고, C_2H_4은 분자의 쌍극자 모멘트가 0이므로 무극성 분자이다.

✗ (가)는 $\dfrac{\text{비공유 전자쌍 수}}{\text{공유 전자쌍 수}} < 1$이다.

➡ (가)(H_2O)는 공유 전자쌍 수가 2, 비공유 전자쌍 수가 2이다. 따라서 $\dfrac{\text{비공유 전자쌍 수}}{\text{공유 전자쌍 수}} = 1$이다.

ㄴ. (나)에는 무극성 공유 결합이 있다.

➡ 같은 원자 사이의 공유 결합을 무극성 공유 결합이라고 한다. (나)(C_2H_4)에는 C 원자 사이의 공유 결합이 있으므로 무극성 공유 결합이 있다.

✗ 결합각은 (가)가 (다)보다 크다.

➡ (가)(H_2O)의 결합각은 104.5°이고, (다)(NH_3)의 결합각은 107°이므로 결합각은 (가) < (다)이다.

적용해야 할 개념 ②가지

① BF_3, NF_3, FCN, C_2F_2의 구조식, 분자 모양과 분자의 극성

분자	BF_3	NF_3	FCN	C_2F_2
구조식	:F: B—F: :F:	:F: F: N :F:	:F—C≡N:	:F—C≡C—F:
분자 모양	평면 삼각형	삼각뿔형	직선형	직선형
분자의 극성	무극성 분자	극성 분자	극성 분자	무극성 분자

② BF_3, NF_3, FCN, C_2F_2의 공유 전자쌍 수와 비공유 전자쌍 수

분자	BF_3	NF_3	FCN	C_2F_2
공유 전자쌍 수	3	3	4	5
비공유 전자쌍 수	9	10	4	6

문제 보기

그림은 4가지 분자를 몇 가지 기준에 따라 분류한 것이다.

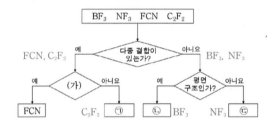

이에 대한 옳은 설명만을 〈보기〉에서 있는 대로 고른 것은?

〈보기〉 풀이

다중 결합이 있는 분자는 FCN(F—C≡N), C_2F_2(F—C≡C—F)이므로 ㉠은 C_2F_2이다. 다중 결합이 없는 BF_3와 NF_3의 분자 구조는 각각 평면 구조인 평면 삼각형과 입체 구조인 삼각뿔형이므로 ㉡은 BF_3이고, ㉢은 NF_3이다.

㉠ **'극성 분자인가?'는 (가)로 적절하다.**
➡ 다중 결합이 있는 분자인 FCN과 C_2F_2 중에서 FCN은 극성 분자이고, C_2F_2은 무극성 분자이다. 따라서 FCN과 C_2F_2 중 FCN은 '예', C_2F_2은 '아니요'로 분류할 수 있는 기준 (가)로 '극성 분자인가?'는 적절하다.

✗ **㉠에는 2중 결합이 있다.**
➡ ㉠은 C_2F_2이고, C_2F_2에는 3중 결합이 있다.

✗ **결합각은 ㉢이 ㉡보다 크다.**
➡ ㉡은 BF_3이고, ㉢은 NF_3이므로 결합각은 ㉡이 ㉢보다 크다.

32	분자의 구조와 극성에 따른 분류 2019학년도 6월 모평 화I 7번	정답 ⑤ | 정답률 75%

적용해야 할 개념 ③가지

① 무극성인 분자의 구조: 중심 원자에 결합한 원자의 종류가 모두 같을 경우 직선형 구조, 평면 삼각형 구조, 정사면체 구조는 무극성이다.

② 평면 구조와 입체 구조: 분자를 이루는 모든 원자들이 동일 평면에 배열되는 구조인 직선형, 굽은 형, 평면 삼각형 구조는 평면 구조이고, 삼각뿔형과 사면체는 입체 구조이다.

문제 보기

그림은 4가지 물질을 주어진 기준에 따라 분류한 것이다.

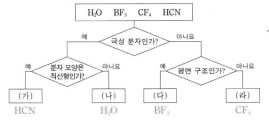

이에 대한 설명으로 옳은 것만을 〈보기〉에서 있는 대로 고른 것은?

〈보기〉 풀이

극성 분자는 H_2O, HCN이고, 무극성 분자는 BF_3, CF_4이다. 분자 모양이 직선형인 분자는 HCN이고, 평면 구조인 분자는 H_2O, HCN, BF_3이다. (가)~(라)는 각각 HCN, H_2O, BF_3, CF_4이다.

ㄱ (가)는 HCN이다.

➡ (가)는 극성 분자이면서 직선형 구조인 HCN이다.

ㄴ (다)에는 극성 공유 결합이 있다.

➡ (다)의 공유 결합은 다른 원자 사이의 공유 결합이므로 극성 공유 결합이다.

ㄷ 결합각은 (라)>(나)이다.

➡ (나)의 분자 구조는 굽은 형으로 결합각은 104.5°이고, (라)의 분자 구조는 정사면체로 결합각은 109.5°이다.

33	분자의 구조와 극성에 따른 분류 2020학년도 수능 화I 11번	정답 ③ | 정답률 90%

적용해야 할 개념 ②가지

① CCl_4, CO_2, FCN, NH_3의 분자 구조와 성질

분자	CCl_4	CO_2	FCN	NH_3
분자 구조	정사면체	직선형	직선형	삼각뿔형
입체/평면 구조	입체 구조	평면 구조	평면 구조	입체 구조
분자의 성질	무극성	무극성	극성	극성

② 삼원자 분자의 구조: 중심 원자에 비공유 전자쌍이 있으면 굽은 형이고, 비공유 전자쌍이 없으면 직선형이다.

문제 보기

그림은 4가지 분자를 주어진 기준에 따라 분류한 것이다. ⓙ~ⓒ은 각각 CO_2, FCN, NH_3 중 하나이다.

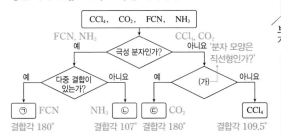

이에 대한 설명으로 옳은 것만을 〈보기〉에서 있는 대로 고른 것은? [3점]

〈보기〉 풀이

CCl_4, CO_2, FCN, NH_3의 구조식은 다음과 같다.

$$\begin{array}{c} Cl \\ | \\ Cl-C-Cl \\ | \\ Cl \end{array} \qquad O=C=O \qquad F-C\equiv N \qquad \begin{array}{c} H-N-H \\ | \\ H \end{array}$$

극성 분자는 FCN, NH_3이고, 이중 다중 결합이 있는 분자는 FCN이다. 따라서 ⓙ과 ⓛ은 각각 FCN, NH_3이고, ⓒ은 CO_2이다.

ㄱ '분자 모양은 직선형인가?'는 (가)로 적절하다.

➡ ⓒ은 CO_2이고, CO_2와 CCl_4의 분자 모양은 각각 직선형, 정사면체이므로 '분자 모양은 직선형인가?'는 (가)로 적절하다.

ㄴ ⓙ은 FCN이다.

➡ ⓙ은 극성 분자이면서 다중 결합이 있는 분자이므로 FCN이다.

✗ 결합각은 ⓛ>ⓒ이다.

➡ ⓛ은 NH_3이므로 결합각이 107°이다. ⓒ은 CO_2이므로 결합각이 180°이다. 따라서 결합각은 ⓒ>ⓛ이다.

적용해야 할 개념 ②가지

① CH_4, NH_3, CO_2 분자 구조와 성질

분자	CH_4	NH_3	CO_2
분자의 구조	정사면체	삼각뿔형	직선형
분자의 성질	무극성	극성	무극성

② 분자에서 1, 2주기 원자에 있는 공유 전자쌍 수와 비공유 전자쌍 수

원자	H	Be	B	C	N	O	F
공유 전자쌍 수	1	2	3	4	3	2	1
비공유 전자쌍 수	0	0	0	0	1	2	3

문제 보기

그림은 3가지 분자를 기준 (가)와 (나)에 따라 분류한 것이다.

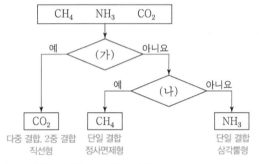

다음 중 (가)와 (나)로 가장 적절한 것은?

〈보기〉 풀이

CH_4은 정사면체형 구조이고, 무극성 분자이며, 공유 전자쌍 수가 4이다. NH_3는 삼각뿔형 구조이고, 극성 분자이며, 공유 전자쌍 수가 3이다. CO_2는 직선형 구조이고, 무극성 분자이며, 공유 전자쌍 수가 4이다. 3가지 분자 중 다중 결합이 존재하는 분자는 CO_2뿐이므로 '다중 결합이 존재하는가?'는 (가)로 적절하다. CH_4은 분자 모양이 정사면체형이고, NH_3는 분자 모양이 삼각뿔형이므로 '분자 모양이 정사면체형인가?'는 (나)로 적절하다.

	(가)	(나)
✕	무극성 분자인가?	공유 전자쌍 수는 3인가?
✕	공유 전자쌍 수는 4인가?	무극성 분자인가?
✕	분자 모양이 직선형인가?	비공유 전자쌍 수는 4인가?
④	다중 결합이 존재하는가?	분자 모양이 정사면체형인가?
✕	비공유 전자쌍 수는 4인가?	다중 결합이 존재하는가?

적용해야 할 개념 ③가지

① 1, 2주기 비금속 원소의 공유 결합의 형성

H, F	H와 F은 전자쌍 1개를 공유하는 단일 결합을 한다.
O	O는 다른 2개의 원자와 결합할 때는 단일 결합을, 산소 원자끼리 결합하거나 다른 원자 1개와 결합할 때는 2중 결합을 한다.
N	N는 다른 3개의 원자와 결합할 때는 단일 결합을, 질소 원자끼리 결합하거나 다른 원자 1개와 결합할 때는 3중 결합을 한다.
C	C는 다른 원자 4개와 결합할 때는 단일 결합, 다른 원자 3개와 결합할 때는 단일 결합 2개와 2중 결합 1개, 다른 원자 2개와 결합할 때는 2중 결합 2개를 형성하거나, 3중 결합 1개와 단일 결합 1개를 형성한다.

② 무극성 공유 결합과 극성 공유 결합: 같은 원자 사이의 공유 결합은 무극성 공유 결합이고, 다른 원자 사이의 공유 결합은 극성 공유 결합이다.

③ 분자의 쌍극자 모멘트: 무극성 분자는 분자의 쌍극자 모멘트가 0이고, 극성 분자는 분자의 쌍극자 모멘트가 0보다 크다.

문제 보기

그림은 4가지 분자를 3가지 분류 기준 (가)~(다)로 분류한 것이다. ㉠~㉣은 각각 C_2H_2, $COCl_2$, FCN, N_2 중 하나이고, A~C는 각각 (가)~(다) 중 하나이다.

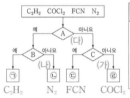

분류 기준
(가) 3중 결합이 있는가?
(나) 극성 공유 결합이 있는가?
(다) 분자의 쌍극자 모멘트는 0인가?

A~C로 옳은 것은?

〈보기〉 풀이

3중 결합이 있는 분자는 C_2H_2(H－C≡C－H), FCN(F－C≡N), N_2(N≡N)이다. 극성 공유 결합이 있는 분자는 C_2H_2, $COCl_2$, FCN이고, 분자의 쌍극자 모멘트가 0인 분자는 C_2H_2, N_2이다.

· A에 의해 4가지 분자가 2가지씩 분류되어야 하므로 A는 (다)이다.
· A에 의해 '예'로 분류된 C_2H_2과 N_2는 (나)에 의해 분류되므로 B는 (나)이다.
· A에 의해 '아니요'로 분류된 $COCl_2$, FCN은 (가)에 의해 분류되므로 C는 (가)이다.

따라서 A~C는 각각 (다), (나), (가)이다.

	A	B	C
✕	(가)	(다)	(나)
✕	(나)	(가)	(다)
✕	(나)	(다)	(가)
✕	(다)	(가)	(나)
⑤	(다)	(나)	(가)

적용해야 할 개념 ②가지

① C_2H_2, CH_2O, CH_2Cl_2의 분자 구조와 성질

분자	C_2H_2	CH_2O	CH_2Cl_2
분자 구조	직선형	평면 삼각형	사면체
입체/평면 구조	평면 구조	평면 구조	입체 구조
분자의 성질	무극성	극성	극성

② 무극성 분자와 극성 분자: 분자 내에 전하가 고르게 분포하여 부분적인 전하를 띠지 않는 분자를 무극성 분자, 분자 내에 전하의 분포가 고르지 않아 부분적인 전하를 띠는 분자를 극성 분자라고 한다.

문제 보기

표는 3가지 분자 C_2H_2, CH_2O, CH_2Cl_2을 기준에 따라 분류한 것이다.

분류 기준	예	아니요
(가)2중 결합이 있는가?	CH_2O	C_2H_2, CH_2Cl_2
모든 구성 원자가 동일 평면에 있는가?	㉠C_2H_2, CH_2O	㉡CH_2Cl_2
극성 분자인가?	㉢CH_2O, CH_2Cl_2	㉣C_2H_2

보기

이에 대한 옳은 설명만을 〈보기〉에서 있는 대로 고른 것은?

〈보기〉 풀이

C_2H_2, CH_2O, CH_2Cl_2의 구조식은 다음과 같다.

$$H-C\equiv C-H \qquad \begin{array}{c} O \\ \| \\ H-C-H \end{array} \qquad \begin{array}{c} Cl \\ | \\ H-C-H \\ | \\ Cl \end{array}$$

C_2H_2에는 3중 결합이, CH_2O에는 2중 결합이 있다. C_2H_2은 직선형 구조이므로 평면 구조이고, 무극성 분자이다. CH_2O는 평면 삼각형 구조이므로 평면 구조이며, 극성 분자이다. CH_2Cl_2은 사면체 구조이므로 입체 구조이고, C에 결합한 4개의 원자가 모두 같지 않으므로 극성 분자이다.

✘ '다중 결합이 있는가?'는 (가)로 적절하다.

➡ 다중 결합이 있는 분자는 C_2H_2과 CH_2O이므로 '다중 결합이 있는가?'는 (가)로 적절하지 않다.

ㄴ ㉠에 해당하는 분자는 2가지이다.

➡ 모든 구성 원자가 동일 평면에 있는 분자는 평면 구조의 분자이다. 따라서 ㉠에 해당하는 분자는 C_2H_2, CH_2O 2가지이다.

ㄷ ㉡과 ㉢에 공통으로 해당하는 분자는 CH_2Cl_2이다.

➡ ㉡에 해당하는 분자는 CH_2Cl_2이고, ㉢에 해당하는 분자는 CH_2O, CH_2Cl_2이므로 ㉡과 ㉢에 공통으로 해당하는 분자는 CH_2Cl_2이다.

적용해야 할 개념 ②가지

① 분자에서 1, 2주기 원자에 있는 공유 전자쌍 수와 비공유 전자쌍 수

원자	H	Be	B	C	N	O	F
공유 전자쌍 수	1	2	3	4	3	2	1
비공유 전자쌍 수	0	0	0	0	1	2	3

② CH_4, NH_3, HCN의 분자 구조와 성질

분자	CH_4	NH_3	HCN
분자 구조/입체, 평면	정사면체/입체	삼각뿔형/입체	직선형/평면
분자의 성질	무극성	극성	극성

문제 보기

다음은 3가지 분자 Ⅰ~Ⅲ에 대한 자료이다.

○ 분자식

Ⅰ	Ⅱ	Ⅲ
CH_4	NH_3	HCN
공유 전자쌍 수: 4	공유 전자쌍 수: 3	공유 전자쌍 수: 4
비공유 전자쌍 수: 0	비공유 전자쌍 수: 1	비공유 전자쌍 수: 1
단일 결합	단일 결합	단일 결합, 3중 결합
입체 구조	입체 구조	평면 구조
무극성 분자	극성 분자	극성 분자

○ Ⅰ~Ⅲ의 특성을 나타낸 벤 다이어그램

(가): Ⅰ과 Ⅱ만의 공통된 특성
(나): Ⅰ과 Ⅲ만의 공통된 특성
(다): Ⅱ와 Ⅲ만의 공통된 특성

이에 대한 설명으로 옳지 <u>않은</u> 것은? [3점]

<보기> 풀이

CH_4은 공유 전자쌍 수가 4, 비공유 전자쌍 수가 0이고, CH_4에는 단일 결합만 존재한다. CH_4은 무극성 분자이고, 정사면체 구조이므로 입체 구조이다. NH_3는 공유 전자쌍 수가 3, 비공유 전자쌍 수가 1이고, NH_3에는 단일 결합만 존재한다. NH_3는 극성 분자이고, 삼각뿔형 구조이므로 입체 구조이다. HCN는 공유 전자쌍 수가 4, 비공유 전자쌍 수가 1이고, HCN에는 단일 결합과 3중 결합이 존재한다. HCN는 극성 분자이고, 직선형 구조이므로 평면 구조이다.

① '단일 결합만 존재한다.'는 (가)에 속한다.
➡ CH_4, NH_3에는 단일 결합만 존재한다.

② '입체 구조이다.'는 (나)에 속한다.
➡ CH_4은 입체 구조이지만, HCN는 평면 구조이다.

③ '공유 전자쌍 수가 4이다.'는 (나)에 속한다.
➡ CH_4과 HCN는 공유 전자쌍 수가 4이다.

④ '극성 분자이다.'는 (다)에 속한다.
➡ NH_3와 HCN는 극성 분자이다.

⑤ '비공유 전자쌍 수가 1이다.'는 (다)에 속한다.
➡ NH_3와 HCN는 비공유 전자쌍 수가 1이다.

38   분자의 구조와 극성   2025학년도 수능 화I 6번   정답 ③ | 정답률 89%

적용해야 할 개념 ②가지

① 분자의 극성
- 무극성 공유 결합만 있는 경우 ➡ 무극성 분자
- 극성 결합이 있고, 분자 구조가 결합의 극성을 상쇄할 수 있는 경우 ➡ 무극성 분자
- 극성 결합이 있고, 분자 구조가 결합의 극성을 상쇄할 수 없는 경우 ➡ 극성 분자

② H_2O, HCN, CH_2O의 분자 모양, 공유 전자쌍 수, 분자의 극성

분자	H_2O	HCN	CH_2O
분자 모양	굽은 형	직선형	평면 삼각형
공유 전자쌍 수	2	4	4
분자의 극성	극성	극성	극성

문제 보기

그림은 수소(H)와 원소 X~Z로 구성된 분자 (가)~(다)의 구조식을 단일 결합과 다중 결합의 구분 없이 나타낸 것이다. X~Z는 C, N, O를 순서 없이 나타낸 것이고, (가)~(다)에서 X~Z는 옥텟 규칙을 만족한다.

```
      O  Y
      |  |                              C   N
H — X — C — H        H — Y — H        H — X — Z
      |
      CH2O             (나)               (다)
     (가)              H2O               HCN
```

(가)~(다)에 대한 설명으로 옳은 것만을 〈보기〉에서 있는 대로 고른 것은? [3점]

〈보기〉 풀이

(가)에서 X와 Y가 옥텟 규칙을 만족하기 위해 X 원자와 Y 원자 사이에 2중 결합이 있고, X 원자에 비공유 전자쌍이 없거나, X 원자와 Y 원자 사이에 단일 결합이 있고, X 원자에 비공유 전자쌍이 1개 있어야 한다. X 원자와 Y 원자 사이에 단일 결합이 있는 경우 Y는 비공유 전자쌍 수가 3이어야 하는데 (나)에서 Y 원자가 수소 원자와 단일 결합을 형성하므로 모순이 된다. 따라서 X는 C, Y는 O가 되므로 Z는 N이다. 이로부터 (다)에서 X 원자와 Z 원자 사이에는 3중 결합이 있고, (가)~(다)의 분자식은 각각 CH_2O, H_2O, HCN이다.

ㄱ **극성 분자는 3가지이다.**
➡ (가)~(다)는 모두 극성 분자이므로 극성 분자는 3가지이다.

✗ **공유 전자쌍 수 비는 (가) : (나)=3 : 2이다.**
➡ 공유 전자쌍 수는 (가) CH_2O에서 4, (나) H_2O에서 2이므로 공유 전자쌍 수 비는 (가) : (나)= 2 : 1이다.

ㄷ **결합각은 (다)>(나)이다.**
➡ 분자 모양은 (나) H_2O이 굽은 형이고, (다) HCN가 직선형이므로 결합각은 (다)>(나)이다.

---

39   분자의 모양   2025학년도 수능 화I 7번   정답 ① | 정답률 89%

적용해야 할 개념 ①가지

① BeF_2, CO_2, OF_2, HNO의 공유 전자쌍 수, 중심 원자에 있는 비공유 전자쌍 수, 분자 모양

분자식	BeF_2	CO_2	OF_2	HNO
공유 전자쌍 수	2	4	2	3
중심 원자에 있는 비공유 전자쌍 수	0	0	2	1
분자 모양	직선형	직선형	굽은 형	굽은 형

문제 보기

다음은 학생 A가 수행한 탐구 활동이다.

[가설]
○ 분자당 구성 원자 수가 3인 분자의 분자 모양은 모두 ⊙ 이다.
   직선형

[탐구 과정 및 결과]
(가) 분자당 구성 원자 수가 3인 분자를 찾고, 각 분자의 분자 모양을 조사하였다.
(나) (가)에서 조사한 내용을 표로 정리하였다.

가설에 일치하는 분자	가설에 어긋나는 분자
BeF_2, CO_2, …	OF_2, ⓛ, …

[결론] ─ 학생 A가 설정한 가설에 일치하는 3원자 분자의 모양은 모두 직선형이다.
○ 가설에 어긋나는 분자가 있으므로 가설은 옳지 않다.

학생 A의 탐구 과정 및 결과와 결론이 타당할 때, 다음 중 ⊙과 ⓛ으로 가장 적절한 것은?

〈보기〉 풀이

학생 A가 설정한 가설에 일치하는 3원자 분자인 BeF_2, CO_2는 모두 중심 원자에 비공유 전자쌍이 없고, 중심 원자에 결합한 원자 수가 2이며, 분자 모양이 직선형이다. 따라서 학생 A가 설정한 가설에서 ⊙은 직선형이 적절하다. 이로부터 가설에 어긋나는 분자는 3원자 분자이면서 분자 모양이 직선형이 아닌 것이고, 3원자 분자에서 중심 원자에 비공유 전자쌍이 있는 분자의 모양은 직선형이 아니다.

	⊙	ⓛ		⊙	ⓛ
①	직선형	HNO	✗	직선형	CF_4
✗	굽은 형	HOF	✗	굽은 형	FCN
✗	평면 삼각형	FCN			

19 일차

01 ②	02 ⑤	03 ③	04 ②	05 ⑤	06 ②
07 ③	08 ①	09 ①	10 ⑤	11 ⑤	12 ③
13 ①	14 ①	15 ①	16 ②	17 ①	18 ②
19 ①	20 ②	21 ③	22 ②	23 ②	24 ①
25 ④	26 ④	27 ①	28 ⑤		

문제편 196~203쪽

01　분자의 구조와 극성　2022학년도 3월 학평 화Ⅰ 8번

정답 ② | 정답률 69 %

적용해야 할 개념 ③가지

① 분자에서 H, C, N, O에 있는 공유 전자쌍 수와 비공유 전자쌍 수

원자	H	C	N	O
공유 전자쌍 수	1	4	3	2
비공유 전자쌍 수	0	0	1	2

② 전자쌍 사이의 반발력: 전자쌍의 종류에 따라 전자쌍 사이의 반발력이 다르고, 비공유 전자쌍 사이의 반발력이 공유 전자쌍 사이의 반발력보다 크다. ➡ 비공유－비공유 전자쌍 사이의 반발력＞비공유－공유 전자쌍 사이의 반발력＞공유－공유 전자쌍 사이의 반발력

③ 중심 원자 주위의 전자쌍 종류와 수에 따른 분자 모양과 결합각

구분	중심 원자에 공유 전자쌍만 있는 경우			중심 원자에 비공유 전자쌍이 있는 경우	
공유 전자쌍 수	2	3	4	3	2
비공유 전자쌍 수	0	0	0	1	2
분자 모양	직선형	평면 삼각형	정사면체형	삼각뿔형	굽은 형
결합각	180°	120°	109.5°	109.5°보다 작음	

문제 보기

표는 분자 (가)~(다)에 대한 자료이다. (가)~(다)는 각각 HCN, NH₃, CH₂O 중 하나이다.

분자	(가)NH₃	(나)HCN	(다)CH₂O
공유 전자쌍 수	a 3	$a+1$ 4	4
비공유 전자쌍 수	1	b 1	$2b$ 2

보기

이에 대한 옳은 설명만을 〈보기〉에서 있는 대로 고른 것은?

〈보기〉 풀이

HCN, NH₃, CH₂O의 루이스 구조식은 다음과 같다.

$$H-C\equiv N: \qquad H-\underset{\underset{H}{|}}{N}-H \qquad H-\underset{\|}{\overset{:O:}{C}}-H$$

　　HCN　　　　　NH₃　　　　　CH₂O

HCN, NH₃, CH₂O의 공유 전자쌍 수는 각각 4, 3, 4이고, 비공유 전자쌍 수는 각각 1, 1, 2이다. 공유 전자쌍 수는 (나)가 (가)보다 1만큼 크므로 (가)는 NH₃이고, $a=3$이다. 비공유 전자쌍 수는 (다)가 (나)의 2배이므로 (다)는 CH₂O, (나)는 HCN이고, $b=1$이다.

✗ (다)는 HCN이다.

➡ (가)~(다)는 각각 NH₃, HCN, CH₂O이다.

ㄴ $a+b=4$이다.

➡ $a=3$, $b=1$이므로 $a+b=4$이다.

✗ 결합각은 (가)＞(나)이다.

➡ (가)(NH₃)는 분자 모양이 삼각뿔형이므로 결합각이 107°이고 (나)(HCN)는 분자 모양이 직선형이므로 결합각이 180°이다. 따라서 결합각은 (가)＜(나)이다.

02 분자의 구조와 극성 2022학년도 4월 학평 화I 18번

적용해야 할 개념 ②가지

① 분자에서 옥텟 규칙을 만족하는 2주기 원자에 있는 공유 전자쌍 수와 비공유 전자쌍 수

원자	C	N	O	F
공유 전자쌍 수	4	3	2	1
비공유 전자쌍 수	0	1	2	3

② 단일 결합과 다중 결합: 두 원자 사이에 1개의 전자쌍을 공유하면 단일 결합, 2개의 전자쌍을 공유하면 2중 결합, 3개의 전자쌍을 공유하면 3중 결합이라고 한다. 이때 2중 결합과 3중 결합을 다중 결합이라고 한다.

문제 보기

표는 2주기 원소 X~Z로 이루어진 분자 (가)~(다)에 대한 자료이다. (가)~(다)에서 모든 원자는 옥텟 규칙을 만족한다.

	N_2 (가)	N_2F_2 (나)	O_2F_2 (다)
분자	(가)	(나)	(다)
분자식	X_2	X_2Y_2	Z_2Y_2
비공유 전자쌍 수	㉠2	8	10

이에 대한 설명으로 옳은 것만을 〈보기〉에서 있는 대로 고른 것은? (단, X~Z는 임의의 원소 기호이다.)

〈보기〉 풀이

옥텟 규칙을 만족하는 2주기 원소는 C, N, O, F이고, 분자에서 비공유 전자쌍 수는 각각 0, 1, 2, 3이다. (나)(X_2Y_2)의 비공유 전자쌍 수는 8이므로 (나)는 N_2F_2이고, (다)(Z_2Y_2)의 비공유 전자쌍 수는 10이므로 (다)는 O_2F_2이다. X~Z는 각각 N, F, O이고, (가)는 N_2이다.

$$:N \equiv N: \qquad :\ddot{F}-\ddot{N}=\ddot{N}-\ddot{F}: \qquad :\ddot{F}-\ddot{O}-\ddot{O}-\ddot{F}:$$
(가)　　　　　　　(나)　　　　　　　　　(다)

ㄱ ㉠은 2이다.

➡ (가)(N_2)의 비공유 전자쌍 수는 2이므로 ㉠은 2이다.

ㄴ (가)~(다)에서 다중 결합이 존재하는 분자는 2가지이다.

➡ (가)(N_2)에는 N 원자 사이에 3중 결합이 있고, (나)(N_2F_2)에는 N 원자 사이에 2중 결합이 있으며, (다)(O_2F_2)에는 단일 결합만 있다. 따라서 (가)~(다)에서 다중 결합이 존재하는 분자는 (가)와 (나) 2가지이다.

ㄷ ZY_2의 $\dfrac{\text{비공유 전자쌍 수}}{\text{공유 전자쌍 수}}$ 는 4이다.

➡ ZY_2(OF_2)의 공유 전자쌍 수는 2, 비공유 전자쌍 수는 8이므로 $\dfrac{\text{비공유 전자쌍 수}}{\text{공유 전자쌍 수}} = \dfrac{8}{2} = 4$ 이다.

$$:\ddot{F}-\ddot{O}-\ddot{F}:$$

적용해야 할 개념 ③가지

① 분자에서 옥텟 규칙을 만족하는 2주기 원자에 있는 공유 전자쌍 수와 비공유 전자쌍 수

원자	C	N	O	F
공유 전자쌍 수	4	3	2	1
비공유 전자쌍 수	0	1	2	3

② 전기 음성도의 주기성: 같은 주기에서는 원자 번호가 커질수록 대체로 증가하고, 같은 족에서는 원자 번호가 커질수록 대체로 감소한다.

③ 중심 원자의 전자쌍의 종류와 수에 따른 분자 구조

구분	중심 원자에 공유 전자쌍만 있는 경우			중심 원자에 비공유 전자쌍이 있는 경우	
공유 전자쌍 수	2	3	4	3	2
비공유 전자쌍 수	0	0	0	1	2
분자 구조	직선형	평면 삼각형	정사면체	삼각뿔형	굽은 형

문제 보기

표는 2주기 원소 W~Z로 이루어진 분자 (가)~(라)에 대한 자료이다. (가)~(라)의 모든 원자는 옥텟 규칙을 만족한다.

	CO_2	COF_2	OF_2	FCN
분자	(가)	(나)	(다)	(라)
분자식	WX_2	WXZ_2	XZ_2	ZWY
비공유 전자쌍 수 (상댓값)	1	2	2	$x1$
	직선형	평면 삼각형	굽은 형	직선형

이에 대한 설명으로 옳은 것만을 〈보기〉에서 있는 대로 고른 것은? (단, W~Z는 임의의 원소 기호이다.) [3점]

〈보기〉 풀이

옥텟 규칙을 만족하는 2주기 원소는 C, N, O, F이다. 구성 원자 수비가 1 : 2인 분자는 CO_2, OF_2이므로 WX_2와 XZ_2는 각각 CO_2, OF_2 중 하나이다. WXZ_2는 COF_2이므로 W, X, Z는 각각 C, O, F이다. ZWY는 FCN이므로 Y는 N이다. 따라서 (가)~(라)는 각각 CO_2, COF_2, OF_2, FCN이고, W~Z는 각각 C, O, N, F이다.

ㄱ **전기 음성도는 X > Y이다.**

⇒ 같은 주기에서 원자 번호가 클수록 전기 음성도가 크므로 전기 음성도는 W(C) < Y(N) < X(O) < Z(F)이다.

✗ $x = 4$이다.

⇒ 비공유 전자쌍 수는 (가)(CO_2)가 4, (나)(COF_2)가 8, (다)(OF_2)가 8, (라)(FCN)가 4이다. 비공유 전자쌍 수의 상댓값은 (가)가 1, (나)가 2, (다)가 2이므로 (라)는 1이다. 따라서 $x = 1$이다.

ㄷ **(가)~(라) 중 분자 모양이 직선형인 분자는 2가지이다.**

⇒ 분자 모양은 (가)(CO_2)가 직선형, (나)(COF_2)가 평면 삼각형, (다)(OF_2)가 굽은 형, (라)(FCN)가 직선형이다. 따라서 (가)~(라) 중 분자 모양이 직선형인 분자는 (가)와 (라) 2가지이다.

보기

04 분자의 구조와 극성 2021학년도 3월 학평 화Ⅰ 14번

정답 ② | 정답률 54 %

적용해야 할 개념 ②가지

① 분자에서 옥텟 규칙을 만족하는 2주기 원자에 있는 공유 전자쌍 수와 비공유 전자쌍 수

원자	C	N	O	F
공유 전자쌍 수	4	3	2	1
비공유 전자쌍 수	0	1	2	3

② 단일 결합과 다중 결합: 두 원자 사이에 1개의 전자쌍을 공유하면 단일 결합, 2개의 전자쌍을 공유하면 2중 결합, 3개의 전자쌍을 공유하면 3중 결합이라고 한다.

문제 보기

표는 2주기 원소 X와 Y로 이루어진 분자 (가)~(다)에 대한 자료이다. (가)~(다)에서 모든 원자는 옥텟 규칙을 만족한다.

분자	분자식	비공유 전자쌍 수
(가)	$X_a Y_a N_2 F_2$	8
(나)	$X_a Y_{a+2} N_2 F_4$	14
(다)	$X_b Y_{a+1} NF_3$	10

이에 대한 옳은 설명만을 〈보기〉에서 있는 대로 고른 것은? (단, X와 Y는 임의의 원소 기호이다.) [3점]

〈보기〉 풀이

(나)는 (가)보다 Y 원자 수가 2개 더 많고, 비공유 전자쌍이 6개 더 많으므로 Y는 비공유 전자쌍 수가 3인 F이다. (가)에서 비공유 전자쌍 수가 8이므로 (가)의 분자식은 N_2F_2이고, X는 N, $a=2$ 이다.

✗ X는 16족 원소이다.

➡ X와 Y는 각각 15족 원소인 N, 17족 원소인 F이다.

ㄴ $a+b=3$이다.

➡ $a=2$이다. (다)는 비공유 전자쌍 수가 10이므로 NF_3이고, $b=1$이다. 따라서 $a+b=3$이다.

✗ (가)~(다)에서 다중 결합이 있는 분자는 2가지이다.

➡ (가)~(다)의 구조식은 다음과 같다.

$$F-N=N-F$$

(가)

```
    F       F
     \     /
      N - N
     /     \
    F       F
```
(나)

```
F - N - F
    |
    F
```
(다)

이 중 다중 결합이 있는 분자는 (가) 1가지이다.

05 분자의 구조와 극성 2020학년도 3월 학평 화Ⅰ 14번

정답 ⑤ | 정답률 64 %

적용해야 할 개념 ②가지

① 분자 모양에 따른 구조: 직선형, 평면 삼각형, 굽은 형은 평면 구조이고, 정사면체, 삼각뿔형은 입체 구조이다.
② 삼원자 분자의 구조: 중심 원자에 비공유 전자쌍이 있으면 굽은 형, 비공유 전자쌍이 없으면 직선형이다.

문제 보기

표는 분자 (가)~(다)에 대한 자료이다. X~Z는 2주기 원소이고, (가)~(다)의 중심 원자는 옥텟 규칙을 만족한다.

분자	(가) HCN	(나) NH₃	(다) H₂O
구성 원소	H, X, Y (C) (N)	H, Y (N)	H, Z (O)
전체 원자 수	3	4	3
H 원자 수	1	3	2
	직선형 극성	삼각뿔형 극성	굽은 형 극성

(가)~(다)에 대한 옳은 설명만을 〈보기〉에서 있는 대로 고른 것은? (단, X~Z는 임의의 원소 기호이다.) [3점]

〈보기〉 풀이

(가)~(다)의 분자식은 각각 HXY, YH₃, H₂Z이다. (나)와 (다)에서 중심 원자인 Y와 Z는 옥텟 규칙을 만족하므로 Y와 Z는 각각 N, O이고, (나)와 (다)의 분자식은 각각 NH₃, H₂O이다. (가)에서 중심 원자인 X는 옥텟 규칙을 만족하므로 C이고, (가)의 분자식은 HCN이다. HCN, NH₃, H₂O의 루이스 구조식은 다음과 같다.

$$H-C\equiv N:$$

(가)

```
    H - N̈ - H
        |
        H
```
(나)

$$H-\ddot{O}-H$$

(다)

ㄱ $\dfrac{\text{공유 전자쌍 수}}{\text{비공유 전자쌍 수}} > 1$인 것은 2가지이다.

➡ $\dfrac{\text{공유 전자쌍 수}}{\text{비공유 전자쌍 수}}$는 (가)가 $4\left(=\dfrac{4}{1}\right)$, (나)가 $3\left(=\dfrac{3}{1}\right)$, (다)가 $1\left(=\dfrac{2}{2}\right)$이다.

ㄴ 분자를 구성하는 모든 원자가 동일 평면에 존재하는 것은 2가지이다.

➡ (가)는 직선형 구조이고, (나)는 삼각뿔형 구조, (다)는 굽은 형 구조이다. 분자를 구성하는 모든 원자가 동일 평면에 존재하는 것은 (가)와 (다)이다.

ㄷ (가)~(다)는 모두 극성 분자이다.

➡ (가)는 C와 결합한 원자의 종류가 다르므로 쌍극자 모멘트가 0이 되지 않아 극성 분자이다. (나)와 (다)는 중심 원자에 비공유 전자쌍이 있으므로 쌍극자 모멘트가 0이 되지 않아 극성 분자이다.

적용해야 할 개념 ②가지

① OF_2, CO_2, COF_2, CF_4의 구조식과 분자 모양

분자	OF_2	CO_2	COF_2	CF_4
구조식	:F̈–Ö–F̈:	Ö=C=Ö	(F C=O, F 하단)	(:F̈: 상단, :F̈–C–F̈:, :F̈: 하단)
분자 모양	굽은 형	직선형	평면 삼각형	정사면체형

② OF_2, CO_2, COF_2, CF_4의 공유 전자쌍 수와 비공유 전자쌍 수

분자	OF_2	CO_2	COF_2	CF_4
공유 전자쌍 수	2	4	4	4
비공유 전자쌍 수	8	4	8	12

문제 보기

표는 원소 X~Z로 구성된 분자 (가)~(라)에 대한 자료이고, 그림은 주사위의 전개도를 나타낸 것이다. X~Z는 각각 C, O, F 중 하나이고, (가)~(라)에서 모든 원자는 옥텟 규칙을 만족한다.

C, O, F로 이루어진 3원자 분자는 CO_2와 OF_2이다.

분자	구성 원소	구성 원자 수	중심 원자
OF_2 (가)	X O, Y F	3	X
CO_2 (나)	X, Z C	3	Z
COF_2 (다)	X, Y, Z	4	Z
CF_4 (라)	Y, Z	5	Z

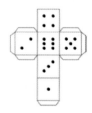

(가)~(라)를 $\dfrac{\text{비공유 전자쌍 수}}{\text{공유 전자쌍 수}}$ 와 같은 수의 눈이 그려진 주사위의 면에 대응시킬 때, 서로 마주 보는 면에 대응되는 두 분자로 옳은 것은? [3점]

<보기> 풀이

F은 원자가 전자 수가 7로 단일 결합만을 형성하므로 중심 원자가 될 수 없다. C, O, F으로 이루어진 3원자 분자는 CO_2와 OF_2이므로 (가)와 (나)에서 공통으로 들어 있는 X는 O이며, (가)는 O가 중심 원자인 OF_2이고, (나)는 CO_2이다. 이로부터 Y는 F, Z는 C이므로 (다)는 COF_2이고, (라)는 CF_4이다. 따라서 (가)~(라)의 공유 전자쌍 수, 비공유 전자쌍 수는 다음과 같다.

분자	(가)	(나)	(다)	(라)
분자식	OF_2	CO_2	COF_2	CF_4
공유 전자쌍 수	2	4	4	4
비공유 전자쌍 수	8	4	8	12
$\dfrac{\text{비공유 전자쌍 수}}{\text{공유 전자쌍 수}}$	4	1	2	3

(가)~(라)의 $\dfrac{\text{비공유 전자쌍 수}}{\text{공유 전자쌍 수}}$ 를 전개도에 표시하면 다음과 같으므로 서로 마주 보는 면에 대응되는 두 분자는 (가)와 (라)이다.

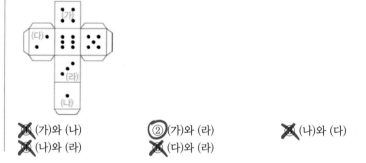

① (가)와 (나)   ② (가)와 (라)   ③ (나)와 (다)
④ (나)와 (라)   ⑤ (다)와 (라)

적용해야 할 개념 ②가지

① 분자에서 옥텟 규칙을 만족하는 2주기 원자에 있는 공유 전자쌍 수와 비공유 전자쌍 수

원자	C	N	O	F
공유 전자쌍 수	4	3	2	1
비공유 전자쌍 수	0	1	2	3

② 무극성 분자와 극성 분자: 분자 내에 전하가 고르게 분포하여 부분적인 전하를 띠지 않는 분자를 무극성 분자, 분자 내에 전하의 분포가 고르지 않아 부분적인 전하를 띠는 분자를 극성 분자라고 한다.

문제 보기

표는 2주기 원소 X~Z로 이루어진 분자 (가)~(다)에 대한 자료이다. (가)~(다)에서 X~Z는 모두 옥텟 규칙을 만족한다.

분자	(가)	(나)	(다)
분자식	X_2 O_2	YX_2 CO_2	Y_2Z_4 C_2F_4
공유 전자쌍 수	a 2	$2a$ 4	$2a+2$ 6

이에 대한 옳은 설명만을 〈보기〉에서 있는 대로 고른 것은? (단, X~Z는 임의의 원소 기호이다.) [3점]

보기

〈보기〉 풀이

옥텟 규칙을 만족하는 2주기 원소로 이루어진 분자 중 분자식이 Y_2Z_4인 것은 C_2F_4, N_2F_4이다. C_2F_4와 N_2F_4의 구조식은 다음과 같으므로 C_2F_4와 N_2F_4의 공유 전자쌍 수는 각각 6, 5이다.

(다)가 C_2F_4이면 $a=2$이고, N_2F_4이면 $a=\dfrac{3}{2}$이다. 분자의 공유 전자쌍 수는 정수이므로 $a=2$이고, (다)는 C_2F_4이며 Y와 Z는 각각 C, F이다. (가)는 O_2이고, X는 O이며, (나)는 CO_2이다.

ㄱ. $a=2$이다.
➡ (가)(O_2)의 공유 전자쌍 수는 2이므로 $a=2$이다.

✗ (나)는 극성 분자이다.
➡ (나)(CO_2)는 직선형 구조이고, 쌍극자 모멘트 합이 0이므로 무극성 분자이다.

ㄷ. 비공유 전자쌍 수는 (다)가 (가)의 3배이다.
➡ 분자에서 C, O, F에 있는 비공유 전자쌍 수는 각각 0, 2, 3이다. (가)(O_2)의 비공유 전자쌍 수는 4이고, (다)(C_2F_4)의 비공유 전자쌍 수는 12이다. 따라서 비공유 전자쌍 수는 (다)가 (가)의 3배이다.

적용해야 할 개념 ③가지

① 화합물에서 2주기 원자의 공유 전자쌍 수와 비공유 전자쌍 수

원자	C	N	O	F
공유 전자쌍 수	4	3	2	1
비공유 전자쌍 수	0	1	2	3

② 중심 원자 주위의 전자쌍 종류와 수에 따른 분자 모양과 결합각

구분	중심 원자에 공유 전자쌍만 있는 경우			중심 원자에 비공유 전자쌍이 있는 경우	
공유 전자쌍 수	2	3	4	3	2
비공유 전자쌍 수	0	0	0	1	2
분자 모양	직선형	평면 삼각형	정사면체형	삼각뿔형	굽은 형
결합각	180°	120°	109.5°	109.5°보다 작음	

③ 무극성 분자와 극성 분자: 분자 내에 전하가 고르게 분포하여 부분적인 전하를 띠지 않는 분자를 무극성 분자, 분자 내에 전하의 분포가 고르지 않아 부분적인 전하를 띠는 분자를 극성 분자라고 한다.

문제 보기

표는 수소(H)와 2주기 원소 $X \sim Z$로 구성된 분자 (가)~(다)에 대한 자료이다. (가)~(다)의 중심 원자는 모두 옥텟 규칙을 만족한다.

분자	(가) H_2O	(나) NH_3	(다) CH_4
분자식	XH_a	YH_b	ZH_c
공유 전자쌍 수	2	3	4
	굽은 형 결합각 104.5° 극성 분자	삼각뿔형 결합각 107° 극성 분자	정사면체형 결합각 109.5° 무극성 분자

(가)~(다)에 대한 설명으로 옳은 것만을 〈보기〉에서 있는 대로 고른 것은? (단, $X \sim Z$는 임의의 원소 기호이다.)

〈보기〉 풀이

$X \sim Z$는 2주기 원소이고 분자에서 모두 옥텟 규칙을 만족하므로 C, N, O, F 중 하나이다. (가)는 분자식이 XH_a이고 공유 전자쌍 수가 2이므로 H_2O이다. (나)는 분자식이 YH_b이고 공유 전자쌍 수가 3이므로 NH_3이다. (다)는 분자식이 ZH_c이고 공유 전자쌍 수가 4이므로 CH_4이다. 따라서 $X \sim Z$는 각각 O, N, C이고, $a=2$, $b=3$, $c=4$이다.

✗ (가)의 분자 모양은 직선형이다.
➡ (가)(H_2O)는 중심 원자인 X(O)에 공유 전자쌍 2개와 비공유 전자쌍 2개가 있으므로 (가)의 분자 모양은 굽은 형이다.

ㄴ 결합각은 (다)＞(나)이다.
➡ (나)(NH_3)는 분자 모양이 삼각뿔형이므로 결합각이 107°이고, (다)(CH_4)는 분자 모양이 정사면체형이므로 결합각이 109.5°이다. 따라서 결합각은 (다)＞(나)이다.

✗ 극성 분자는 3가지이다.
➡ (가)(H_2O)와 (나)(NH_3)는 분자 모양이 각각 굽은 형, 삼각뿔형이므로 분자의 쌍극자 모멘트가 0보다 큰 극성 분자이다. (다)(CH_4)는 분자 모양이 정사면체형이므로 분자의 쌍극자 모멘트가 0인 무극성 분자이다. 따라서 극성 분자는 (가)(H_2O)와 (나)(NH_3) 2가지이다.

09 분자의 구조와 극성 2022학년도 10월 학평 화I 14번

정답 ① | 정답률 78 %

적용해야 할 개념 ②가지

① 분자에서 옥텟 규칙을 만족하는 2주기 원자에 있는 공유 전자쌍 수와 비공유 전자쌍 수

원자	C	N	O	F
공유 전자쌍 수	4	3	2	1
비공유 전자쌍 수	0	1	2	3

② 중심 원자의 전자쌍의 종류와 수에 따른 분자 모양

구분	중심 원자에 공유 전자쌍만 있는 경우			중심 원자에 비공유 전자쌍이 있는 경우	
공유 전자쌍 수	2	3	4	3	2
비공유 전자쌍 수	0	0	0	1	2
분자 모양	직선형	평면 삼각형	정사면체형	삼각뿔형	굽은 형

문제 보기

표는 원소 W~Z로 구성된 분자 (가)~(다)에 대한 자료이다. W~Z는 각각 C, N, O, F 중 하나이고, (가)~(다)에서 중심 원자는 각각 1개이며, 모든 원자는 옥텟 규칙을 만족한다.

분자	(가)NF_3	(나)FCN	(다)COF_2
구성 원소	W, X N F	W, X, Y N F C	X, Y, Z F C O
구성 원자 수	4	3	4
공유 전자쌍 수	3	4	4

이에 대한 옳은 설명만을 〈보기〉에서 있는 대로 고른 것은? [3점]

〈보기〉 풀이

(가)는 구성 원소 수가 2이고, 구성 원자 수가 4이므로 1가지 원자가 중심 원자이고, 나머지 원자가 중심 원자에 공유 결합되어 있다. (가)의 공유 전자쌍 수가 3이므로 (가)는 NF_3이다. (나)는 구성 원소 수가 3이고, 구성 원자 수가 3이므로 NOF, FCN 중 하나이다. NOF(F—N=O)의 공유 전자쌍 수는 3이고, FCN(F—C≡N)의 공유 전자쌍 수는 4이므로 (나)는 FCN이다. W와 X는 각각 N, F 중 하나이고, Y는 C이다. (다)는 구성 원소 수가 3이고, 구성 원자 수가 4이며, 공유 전자쌍 수가 4이므로 COF_2이다. 따라서 X는 F이고, Z는 O이며, W는 N이다.

ㄱ. **W는 N이다.**
→ W~Z는 각각 N, F, C, O이다.

ㄴ. **(다)에는 3중 결합이 있다.**
→ (다)(COF_2)의 구조식은 다음과 같다.

$$:\!O\!:$$
$$\|$$
$$:\!F\!-\!C\!-\!F\!:$$

(다)에는 단일 결합과 2중 결합이 있지만 3중 결합은 없다.

ㄷ. **결합각은 (가) > (나)이다.**
→ (가)(NF_3)는 삼각뿔형 구조이므로 결합각이 약 107°이고, (나)(FCN)는 직선형 구조이므로 결합각이 180°이다. 따라서 결합각은 (나) > (가)이다.

---

10 분자의 구조와 극성 2022학년도 6월 모평 화I 7번

정답 ⑤ | 정답률 83 %

적용해야 할 개념 ②가지

① 분자에서 옥텟 규칙을 만족하는 2주기 원자에 있는 공유 전자쌍 수와 비공유 전자쌍 수

원자	C	N	O	F
공유 전자쌍 수	4	3	2	1
비공유 전자쌍 수	0	1	2	3

② 단일 결합과 다중 결합: 두 원자 사이에 1개의 전자쌍을 공유하면 단일 결합, 2개의 전자쌍을 공유하면 2중 결합, 3개의 전자쌍을 공유하면 3중 결합이라고 한다.

문제 보기

표는 수소(H)가 포함된 3가지 분자 (가)~(다)에 대한 자료이다. X와 Y는 2주기 원자이고, 분자 내에서 옥텟 규칙을 만족한다.

분자	구성 원자 수			공유 전자쌍 수	비공유 전자쌍 수
	X C	Y O	H		
(가) CH_4	1	0	a 4	a 4	0
(나) H_2O	0	1	b 2	b 2	2
(다) CH_2O	1	c 1	2	4	2

이에 대한 설명으로 옳은 것만을 〈보기〉에서 있는 대로 고른 것은? (단, X와 Y는 임의의 원소 기호이다.) [3점]

〈보기〉 풀이

분자에서 H 원자는 비공유 전자쌍이 없고, (가)에서 비공유 전자쌍이 없으므로 X는 C이다. C 원자 1개와 H 원자로 이루어진 분자는 CH_4이므로 $a=4$이다. (나)에서 비공유 전자쌍 수는 2이므로 Y 원자 1개에는 비공유 전자쌍이 2개 있다. Y는 O이고, (나)는 H_2O이며, $b=2$이다. (다)는 C 원자 1개, H 원자 2개와 O 원자로 이루어지므로 CH_2O이고, $c=1$이다.

ㄱ. **$a=b+c$이다.**
→ $a=4$, $b=2$, $c=1$이므로 $a>b+c$이다.

ㄴ. **(다)에는 2중 결합이 있다.**
→ (다)(CH_2O)에서 C 원자와 O 원자 사이에 2중 결합이 있다.

ㄷ. **XY_2의 공유 전자쌍 수는 4이다.**
→ XY_2(CO_2)에서 C 원자와 O 원자 사이에 2중 결합이 있으므로 XY_2(CO_2)의 공유 전자쌍 수는 4이다.

적용해야 할 개념 ③가지

① 분자에서 N, O, F에 있는 공유 전자쌍 수와 비공유 전자쌍 수

원자	N	O	F
공유 전자쌍 수	3	2	1
비공유 전자쌍 수	1	2	3

② 중심 원자의 공유 전자쌍 수와 비공유 전자쌍 수에 따른 분자 구조

중심 원자	공유 전자쌍 수	3	4	3	2
	비공유 전자쌍 수	0	0	1	2
분자 구조		평면 삼각형	사면체	삼각뿔형	굽은 형

③ 무극성 공유 결합과 극성 공유 결합: 같은 원자 사이의 공유 결합은 무극성 공유 결합이고, 다른 원자 사이의 공유 결합은 극성 공유 결합이다.

문제 보기

표는 분자 (가)~(다)에 대한 자료이다. (가)~(다)의 모든 원자는 옥텟 규칙을 만족하고, 분자당 구성 원자 수는 4 이하이다.

분자	(가) N_2F_2	(나) NF_3	(다) O_2F_2
구성 원소	N, F	N, F	O, F
구성 원자 수	a 4	4	4
공유 전자쌍 수	a 4	b 3	b 3

이에 대한 설명으로 옳은 것만을 〈보기〉에서 있는 대로 고른 것은? [3점]

〈보기〉 풀이

N와 F으로 이루어진 분자 중 분자당 구성 원자 수가 4 이하인 것은 NF_3, N_2F_2이다. NF_3의 구성 원자 수는 4이고, 공유 전자쌍 수는 3이다. N_2F_2의 구성 원자 수는 4이고, 공유 전자쌍 수는 4이다. (가)는 N_2F_2이고, a=4이다. (나)는 NF_3이고, b=3이다. O와 F으로 이루어진 분자 중 분자당 구성 원자 수가 4 이하인 것은 OF_2, O_2F_2이다. 이 중 공유 전자쌍 수가 3인 분자는 O_2F_2이므로 (다)는 O_2F_2이다.

ㄱ a=4이다.
➡ a=4, b=3이다.

ㄴ (나)의 분자 모양은 삼각뿔형이다.
➡ (나)는 중심 원자에 공유 전자쌍 수가 3, 비공유 전자쌍 수가 1인 NF_3이므로 분자 모양은 삼각뿔형이다.

ㄷ (다)에는 무극성 공유 결합이 있다.
➡ 같은 원자 사이의 공유 결합을 무극성 공유 결합이라고 한다. (다)(O_2F_2)에는 O 원자 사이의 공유 결합이 있으므로 무극성 공유 결합이 있다.

적용해야 할 개념 ②가지

① 옥텟 규칙: 원자들이 전자를 얻거나 잃어 비활성 기체와 같이 가장 바깥 전자 껍질에 전자를 8개 채워 안정해지려는 경향

② CF_4, COF_2, FCN의 비공유 전자쌍 수, 분자 모양

분자식	CF_4	COF_2	FCN
비공유 전자쌍 수	12	8	4
분자 모양	정사면체형	평면 삼각형	직선형

문제 보기

표는 원소 W~Z로 구성된 분자 (가)~(다)에 대한 자료이다. (가)~(다)의 중심 원자는 W이고, 분자에서 모든 원자는 옥텟 규칙을 만족한다. W~Z는 C, N, O, F을 순서 없이 나타낸 것이다.

분자	(가) CF_4	(나) COF_2	(다) FCN
구성 원소	C W, X F	W, X, Y O	W, X, Z N
분자당 구성 원자 수	5	4	3
비공유 전자쌍 수	12	8	4

이에 대한 설명으로 옳은 것만을 〈보기〉에서 있는 대로 고른 것은?

〈보기〉 풀이

(가)에서 C, N, O, F으로 이루어진 5원자 분자 중 비공유 전자쌍 수가 12인 분자는 CF_4이고, 중심 원자는 C이므로 W는 C이고, X는 F이다. (나)에서 C, F을 포함한 옥텟 규칙을 만족하는 4원자 분자는 COF_2이므로 Y는 O이다. 따라서 Z는 N이므로 (다)는 C, N, F로 이루어진 FCN이다.

ㄱ Z는 N이다.
➡ W~Z는 각각 C, F, O, N이다.

✗ 결합각은 (가) > (다)이다.
➡ (가) CF_4의 분자 모양은 정사면체형이고, (다) FCN의 분자 모양은 직선형이므로 결합각은 (다) > (가)이다.

ㄷ (나)의 분자 모양은 평면 삼각형이다.
➡ (나) COF_2의 분자 모양은 평면 삼각형이다.

적용해야 할 개념 ②가지

① $OFCl$, $COCl_2$, $CFCl_3$의 구조식과 분자 모양

분자	OFCl	COCl$_2$	CFCl$_3$
구조식	$\ddot{F}-\ddot{O}-\ddot{C}l$	$\begin{array}{c}\ddot{C}l\\ \backslash\\ C=\ddot{O}\\ /\\ \ddot{C}l\end{array}$	$\begin{array}{c}\ddot{F}\\ \vert\\ \ddot{C}l-C-\ddot{C}l\\ \vert\\ \ddot{C}l\end{array}$
분자 모양	굽은 형	평면 삼각형	사면체형

② $OFCl$, $COCl_2$, $CFCl_3$의 공유 전자쌍 수와 비공유 전자쌍 수

분자	OFCl	COCl$_2$	CFCl$_3$
공유 전자쌍 수	2	4	4
비공유 전자쌍 수	8	8	12

문제 보기

표는 염소(Cl)가 포함된 3가지 분자 (가)~(다)에 대한 자료이다. (가)~(다)에서 중심 원자는 각각 1개이며, 분자에서 모든 원자는 옥텟 규칙을 만족한다. X~Z는 C, O, F을 순서 없이 나타낸 것이다.

	OFCl	COCl$_2$	CFCl$_3$
분자	(가)	(나)	(다)
구성 원소	X, Y, Cl (O, F)	X, Z, Cl (C)	Y, Z, Cl
중심 원자에 결합한 Cl의 수	1	2	3
공유 전자쌍 수	2	4	4

이에 대한 설명으로 옳은 것만을 〈보기〉에서 있는 대로 고른 것은? [3점]

〈보기〉 풀이

Cl 원자는 다른 원자와 단일 결합만을 형성하고, (가)에 있는 공유 전자쌍 수가 2이므로 (가)에서 중심 원자에 결합한 원자는 단일 결합을 형성한다. 이로부터 (가)의 중심 원자는 O이고, O 원자와 결합한 Cl를 제외한 원자는 F이므로 X와 Y는 각각 O와 F 중 하나이다. 또 (나)에서 중심 원자에 결합한 Cl 원자 수가 2이고, 공유 전자쌍 수가 4이므로 중심 원자는 C이고, C와 결합한 Cl를 제외한 원자는 C 원자와 2중 결합을 형성한다. 이로부터 (나)에는 O 원자가 포함되므로 (가)와 (나)에 공통으로 존재하는 X는 O이고, Y는 F이며, (나)에서 Z는 C이다. 따라서 (가)는 OFCl(F-O-Cl), (나)는 COCl$_2$, (다)는 CFCl$_3$이다.

✗ **(가)의 분자 모양은 직선형이다.**

➡ (가) OFCl(F-O-Cl)에서 중심 원자에는 비공유 전자쌍이 2개 존재하므로 분자 모양은 굽은 형이다.

ㄴ **X는 O이다.**

➡ X는 O, Y는 F, Z는 C이다.

✗ **비공유 전자쌍 수는 (나)와 (다)가 같다.**

➡ (나) COCl$_2$에서 비공유 전자쌍은 O 원자에 2개, Cl 원자에 3개씩 있으므로 비공유 전자쌍 수는 8이다. (다) CFCl$_3$에서 비공유 전자쌍은 F과 Cl 원자에 3개씩 있으므로 비공유 전자쌍 수는 12이다. 따라서 (나)와 (다)의 비공유 전자쌍 수는 서로 다르다.

보기

적용해야 할 개념 ②가지

① C_2F_2, N_2F_2, O_2F_2, COF_2에 대한 자료

분자	C_2F_2	N_2F_2	O_2F_2	COF_2
구조식	$:\ddot{F}-C\equiv C-\ddot{F}:$	$:\ddot{F}-\ddot{N}=\ddot{N}-\ddot{F}:$	$:\ddot{F}-\ddot{O}-\ddot{O}-\ddot{F}:$	$\begin{matrix}\cdot\ddot{O}\cdot\\ \|\\ :\ddot{F}-C-\ddot{F}:\end{matrix}$
공유 전자쌍 수	5	4	3	4
비공유 전자쌍 수	6	8	10	8
공유 전자쌍 수×비공유 전자쌍 수	30	32	30	32

② 무극성 공유 결합과 극성 공유 결합: 같은 원자 사이의 공유 결합은 무극성 공유 결합이고, 다른 원자 사이의 공유 결합은 극성 공유 결합이다.

문제 보기

표는 2주기 원소 W~Z로 구성된 분자 (가)~(다)에 대한 자료이다. (가)~(다)에서 모든 원자는 옥텟 규칙을 만족하고, 원자 번호는 Y>X이다.
(O) (N)

극성 공유 결합만 있음 ┐
무극성 공유 결합이 있음 ┐

분자	(가)	(나)	(다)
	(C_2F_2)	(N_2F_2)	(COF_2)
분자식	W_2Z_2	X_2Z_2	WYZ_2
공유 전자쌍 수×비공유 전자쌍 수	30	32	32
	5×6	4×8	4×8

(가)~(다)에 대한 옳은 설명만을 〈보기〉에서 있는 대로 고른 것은? (단, W~Z는 임의의 원소 기호이다.) [3점]

〈보기〉 풀이

2주기 원소 중 3가지로 이루어지고 분자식이 WYZ_2인 분자는 COF_2이다. COF_2의 공유 전자쌍 수와 비공유 전자쌍 수는 각각 4, 8이므로 공유 전자쌍 수×비공유 전자쌍 수=32로 자료에 부합한다. 2주기 원소 중 2가지 원소가 각각 2개씩 결합하여 이루어진 분자는 C_2F_2, N_2F_2, O_2F_2이다. C_2F_2, N_2F_2, O_2F_2의 공유 전자쌍 수는 각각 5, 4, 3이고, 비공유 전자쌍 수는 각각 6, 8, 10이므로 공유 전자쌍 수×비공유 전자쌍 수는 각각 30, 32, 30이다. 따라서 (나)는 N_2F_2이고, X와 Z는 각각 N, F이다. W와 Y는 각각 C, O 중 하나인데, 원자 번호는 Y>X이므로 W는 C, Y는 O이고, W_2Z_2는 C_2F_2이다.

ㄱ. **무극성 공유 결합이 있는 것은 2가지이다.**
➡ 무극성 공유 결합은 같은 원자 사이의 공유 결합이므로 무극성 공유 결합이 있는 분자는 (가)(C_2F_2)와 (나)(N_2F_2) 2가지이다.

✗ **(나)에는 3중 결합이 있다.**
➡ (나)(N_2F_2)의 구조식은 $F-N=N-F$이므로 (나)에는 2중 결합이 있다.

✗ $\dfrac{비공유\ 전자쌍\ 수}{공유\ 전자쌍\ 수}$ **는 (가)>(다)이다.**

➡ $\dfrac{비공유\ 전자쌍\ 수}{공유\ 전자쌍\ 수}$ 는 (가)(C_2F_2)가 $\dfrac{6}{5}$이고, (다)(COF_2)가 $\dfrac{8}{4}=2$이므로 $\dfrac{비공유\ 전자쌍\ 수}{공유\ 전자쌍\ 수}$ 는 (다)>(가)이다.

15 | 분자의 구조와 극성 2023학년도 9월 모평 화I 5번

적용해야 할 개념 ②가지

① 분자에서 2주기 원자에 있는 공유 전자쌍(결합선) 수와 비공유 전자쌍 수

원자	C	N	O	F
공유 전자쌍 수	4	3	2	1
비공유 전자쌍 수	0	1	2	3

② 단일 결합과 다중 결합: 두 원자 사이에 1개의 전자쌍을 공유하면 단일 결합, 2개의 전자쌍을 공유하면 2중 결합, 3개의 전자쌍을 공유하면 3중 결합이라고 한다. 이때 2중 결합과 3중 결합을 다중 결합이라고 한다.

문제 보기

표는 2주기 원자 X와 Y로 이루어진 분자 (가)~(다)의 루이스 전자점식과 관련된 자료이다. (가)~(다)에서 모든 원자는 옥텟 규칙을 만족한다.

분자	구성 원소	분자당 구성 원자 수	비공유 전자쌍 수 −공유 전자쌍 수
(가) O_2	X O	2	4−2=2
(나) F_2	Y F	2	6−1=a 5
(다) OF_2	X, Y O, F	3	8−2=6

이에 대한 설명으로 옳은 것만을 〈보기〉에서 있는 대로 고른 것은? (단, W~Z는 임의의 원소 기호이다.) [3점]

〈보기〉 풀이

2주기 원자로 이루어진 분자 중 구성 원소가 1가지이고, 분자당 구성 원자 수가 2이며, 옥텟 규칙을 만족하는 분자는 N_2, O_2, F_2이다. 이때 N_2, O_2, F_2의 공유 전자쌍 수는 각각 3, 2, 1이고 비공유 전자쌍 수는 각각 2, 4, 6이므로 N_2, O_2, F_2의 (비공유 전자쌍 수−공유 전자쌍 수)는 각각 −1, 2, 5이다. 따라서 (가)는 O_2이고, X는 O이다. 2주기 원자로 이루어진 분자 중 구성 원소가 2가지이고, 분자당 구성 원자 수가 3이며, 옥텟 규칙을 만족하는 분자는 CO_2, OF_2이다. 이때 CO_2와 OF_2의 공유 전자쌍 수는 각각 4, 2이고 비공유 전자쌍 수는 각각 4, 8이므로 CO_2와 OF_2의 (비공유 전자쌍 수−공유 전자쌍 수)는 각각 0, 6이다. 따라서 (다)는 OF_2이고, Y는 F이다.

ㄱ. **$a=5$이다.**

➡ Y는 F이므로 (나)는 F_2이고, F_2의 공유 전자쌍 수는 1, 비공유 전자쌍 수는 6이므로 (비공유 전자쌍 수−공유 전자쌍 수)=5이다. 따라서 $a=5$이다.

✗ **(나)에는 다중 결합이 있다.**

➡ (나)는 F_2이고, F_2에서 F 원자 사이의 결합은 단일 결합이므로 (나)에는 다중 결합이 없다.

✗ **공유 전자쌍 수는 (다)>(가)이다.**

➡ (가)(O_2)의 공유 전자쌍 수는 2이고, (다)(OF_2)의 공유 전자쌍 수는 2이다. 따라서 공유 전자쌍 수는 (가)와 (다)가 같다.

---

16 | 분자의 구조와 극성 2022학년도 3월 학평 화I 12번

적용해야 할 개념 ②가지

① 분자에서 옥텟 규칙을 만족하는 2주기 원자에 있는 공유 전자쌍 수와 비공유 전자쌍 수

원자	C	N	O	F
공유 전자쌍 수	4	3	2	1
비공유 전자쌍 수	0	1	2	3

② 단일 결합과 다중 결합: 두 원자 사이에 1개의 전자쌍을 공유하면 단일 결합, 2개의 전자쌍을 공유하면 2중 결합, 3개의 전자쌍을 공유하면 3중 결합이라고 한다. 이때 2중 결합과 3중 결합을 다중 결합이라고 한다.

문제 보기

표는 2주기 원소 X~Z로 구성된 분자 (가)~(다)에 대한 자료이다. (가)~(다)에서 X~Z는 모두 옥텟 규칙을 만족한다.

분자	(가)	(나)	(다)
분자식	XY_2 OF_2	ZX_2 CO_2	ZXY_2 COF_2
공유 전자쌍 수 / 비공유 전자쌍 수	$\dfrac{1}{4}$ $\dfrac{2}{8}$	1 $\dfrac{4}{4}$	a $\dfrac{4}{8}=\dfrac{1}{2}$

이에 대한 옳은 설명만을 〈보기〉에서 있는 대로 고른 것은? (단, X~Z는 임의의 원소 기호이다.) [3점]

〈보기〉 풀이

옥텟 규칙을 만족하는 2주기 원소는 C, N, O, F이고, (가)와 (나)는 2주기 원소 2가지로 이루어진 3원자 분자이므로 각각 CO_2, OF_2 중 하나이다. $\dfrac{공유 전자쌍 수}{비공유 전자쌍 수}$는 CO_2가 1, OF_2가 $\dfrac{1}{4}$이므로 (가)와 (나)는 각각 OF_2, CO_2이고, X~Z는 각각 O, F, C이다. (다)는 COF_2이다.

(가) (나) (다)

✗ **(가)에는 다중 결합이 있다.**

➡ (가)(OF_2)에는 단일 결합만 있으므로 다중 결합이 없다.

ㄴ. **$a=\dfrac{1}{2}$이다.**

➡ (다)(COF_2)의 공유 전자쌍 수는 4, 비공유 전자쌍 수는 8이므로 $\dfrac{공유 전자쌍 수}{비공유 전자쌍 수}=\dfrac{4}{8}=\dfrac{1}{2}$이다.

✗ **공유 전자쌍 수는 (가)가 (나)의 2배이다.**

➡ 공유 전자쌍 수는 (가)(OF_2)가 2이고, (나)(CO_2)가 4이다. 따라서 공유 전자쌍 수는 (나)가 (가)의 2배이다.

적용해야 할 개념 ②가지

① 분자에서 옥텟 규칙을 만족하는 2주기 원자에 있는 공유 전자쌍 수와 비공유 전자쌍 수

원자	C	N	O	F
공유 전자쌍 수	4	3	2	1
비공유 전자쌍 수	0	1	2	3

② 단일 결합과 다중 결합: 두 원자 사이에 1개의 전자쌍을 공유하면 단일 결합, 2개의 전자쌍을 공유하면 2중 결합, 3개의 전자쌍을 공유하면 3중 결합이라고 한다. 이때 2중 결합과 3중 결합을 다중 결합이라고 한다.

문제 보기

다음은 C, N, O, F으로 이루어진 분자 (가)~(라)에 대한 자료이다. (가)~(라)의 모든 원자는 옥텟 규칙을 만족한다.

○ (가)~(라)에서 중심 원자는 각각 1개이고, 나머지 원자들은 모두 중심 원자와 결합한다.
○ X~Z는 각각 C, N, O 중 하나이다.

분자	(가)	(나)	(다)	(라)
	NOF	COF_2	CF_4	OF_2
중심 원자	X N	Y C	Y C	Z O
중심 원자와 결합한 원자 수	2	3	4	2
$\dfrac{\text{비공유 전자쌍 수}}{\text{공유 전자쌍 수}}$	2	2	3	4

이에 대한 설명으로 옳은 것만을 〈보기〉에서 있는 대로 고른 것은? (단, X~Z는 임의의 원소 기호이다.) [3점]

〈보기〉 풀이

(다)에서 Y는 4개의 원자와 결합하므로 C이고, (다)는 $\dfrac{\text{비공유 전자쌍 수}}{\text{공유 전자쌍 수}}=3$이므로 CF_4이다.

(나)에서 Y(C)와 결합한 원자 수가 3이므로 Y는 1개의 원자와 2중 결합을 하고, 2개의 원자와 단일 결합을 한다. (나)는 $\dfrac{\text{비공유 전자쌍 수}}{\text{공유 전자쌍 수}}=2$이므로 COF_2이다. Z는 N 또는 O이고, (라)에서 Z와 결합한 원자 수가 2이고, $\dfrac{\text{비공유 전자쌍 수}}{\text{공유 전자쌍 수}}=4$이므로 (라)는 OF_2이다. Z는 O이므로 X는 N이고, (가)에서 X(N)와 결합한 원자 수가 2이므로 X는 1개의 원자와 2중 결합을 하고 1개의 원자와 단일 결합을 한다. (가)는 $\dfrac{\text{비공유 전자쌍 수}}{\text{공유 전자쌍 수}}=2$이므로 NOF이다.

ㄱ. **Y는 C이다.**
➡ X~Z는 각각 N, C, O이다.

ㄴ. **공유 전자쌍 수는 (라)>(가)이다.** ✕
➡ (가)(F−N=O)의 공유 전자쌍 수는 3이고, (라)(F−O−F)의 공유 전자쌍 수는 2이다. 따라서 공유 전자쌍 수는 (가)>(라)이다.

ㄷ. **(가)~(라) 중 다중 결합이 있는 것은 2가지이다.**
➡ (가)(NOF)에는 N 원자와 O 원자 사이에 2중 결합이 있고, (나)(COF_2)에는 C 원자와 O 원자 사이에 2중 결합이 있다. (다)(CF_4)와 (라)(OF_2)에는 단일 결합만 있으므로 (가)~(라) 중 다중 결합이 있는 것은 (가)와 (나) 2가지이다.

적용해야 할 개념 ②가지

① 분자에서 2주기 원자에 있는 공유 전자쌍 수와 비공유 전자쌍 수

원자	B	C	N	O	F
공유 전자쌍 수	3	4	3	2	1
비공유 전자쌍 수	0	0	1	2	3

② 무극성 공유 결합과 극성 공유 결합: 같은 원자 사이의 공유 결합은 무극성 공유 결합이고, 다른 원자 사이의 공유 결합은 극성 공유 결합이다.

문제 보기

표는 2주기 원소 X~Z로 이루어진 분자 (가)~(다)에 대한 자료이다. (가)~(다)의 모든 원자는 옥텟 규칙을 만족한다.

	FCN (가)	C_2F_2 (나)	N_2F_2 (다)
분자	(가)	(나)	(다)
구성 원소	X, Y, Z F C N	X, Y F C	X, Z F N
구성 원자 수	3	4	4
$\dfrac{\text{비공유 전자쌍 수}}{\text{공유 전자쌍 수}}$ (상댓값)	$5\ \dfrac{4}{4}$	$6\ \dfrac{6}{5}$	$10\ \dfrac{8}{4}$

(가)~(다)에 대한 옳은 설명만을 〈보기〉에서 있는 대로 고른 것은? (단, X~Z는 임의의 원소 기호이다.) [3점]

〈보기〉 풀이

(가)는 2주기 원소 3가지로 이루어진 3원자 분자이므로 ONF, FCN 중 하나이다. $\dfrac{\text{비공유 전자쌍 수}}{\text{공유 전자쌍 수}}$ 는 ONF가 $2\left(=\dfrac{6}{3}\right)$, FCN이 $1\left(=\dfrac{4}{4}\right)$이다. (가)가 ONF이면 (나)와 (다)는 각각 O_2F_2, N_2F_2, NF_3 중 하나이다. O_2F_2, N_2F_2, NF_3의 $\dfrac{\text{비공유 전자쌍 수}}{\text{공유 전자쌍 수}}$ 는 각각 $\dfrac{10}{3}$, $2\left(=\dfrac{8}{4}\right)$, $\dfrac{10}{3}$이므로 (가)~(다)의 $\dfrac{\text{비공유 전자쌍 수}}{\text{공유 전자쌍 수}}$ (상댓값) 자료를 만족하지 못한다. 따라서 (가)는 FCN이고, (나)와 (다)는 각각 C_2F_2, N_2F_2, NF_3 중 하나이다. C_2F_2, N_2F_2, NF_3의 $\dfrac{\text{비공유 전자쌍 수}}{\text{공유 전자쌍 수}}$ 는 각각 $\dfrac{6}{5}$, 2, $\dfrac{10}{3}$이므로 (나)와 (다)는 각각 C_2F_2, N_2F_2이고, X~Z는 각각 F, C, N이다. FCN, C_2F_2, N_2F_2의 루이스 구조식은 다음과 같다.

$$:\!\ddot{F}\!-\!C\!\equiv\!N:\qquad :\!\ddot{F}\!-\!C\!\equiv\!C\!-\!\ddot{F}:\qquad :\!\ddot{F}\!-\!\ddot{N}\!=\!\ddot{N}\!-\!\ddot{F}:$$
$$\text{(가)}\qquad\qquad\quad\text{(나)}\qquad\qquad\quad\text{(다)}$$

✘ (가)의 분자 모양은 굽은 형이다.
➡ FCN은 중심 원자에 비공유 전자쌍이 없으므로 직선형이다.

Ⓛ 무극성 공유 결합이 있는 것은 2가지이다.
➡ C_2F_2에는 C 원자 사이의 결합이 있고, N_2F_2에는 N 원자 사이의 결합이 있으므로 (나)와 (다)에는 무극성 공유 결합이 있다.

✘ 다중 결합이 있는 것은 2가지이다.
➡ FCN과 C_2F_2에는 3중 결합이 있고, N_2F_2에는 2중 결합이 있으므로 (가)~(다)에는 모두 다중 결합이 있다.

보기

적용해야 할 개념 ③가지

① 2주기 원소로 이루어진 이원자 분자의 $\dfrac{공유\ 전자쌍\ 수}{비공유\ 전자쌍\ 수}$

구분	N_2	O_2	F_2
$\dfrac{공유\ 전자쌍\ 수}{비공유\ 전자쌍\ 수}$	$\dfrac{3}{2}$	$\dfrac{1}{2}$	$\dfrac{1}{6}$

② 2주기 원소로 이루어진 삼원자 분자의 공유 전자쌍 수와 비공유 전자쌍 수

구성 원소의 가짓수	2		3	
분자식	CO_2	OF_2	ONF	FCN
공유 전자쌍 수	4	2	3	4
비공유 전자쌍 수	4	8	6	4

③ C_2F_2, N_2F_2, O_2F_2의 공유 전자쌍 수와 비공유 전자쌍 수

분자	C_2F_2	N_2F_2	O_2F_2
공유 전자쌍 수	5	4	3
비공유 전자쌍 수	6	8	10

문제 보기

표는 2주기 원소 W~Z로 구성된 분자 (가)~(라)에 대한 자료이다. (가)~(라)에서 W~Z는 옥텟 규칙을 만족한다.

분자	(가)	(나)	(다)	(라)
분자식	O_2W_2	N_2X_2	YW_2 CO_2	X_2Z_2 N_2F_2
$\dfrac{공유\ 전자쌍\ 수}{비공유\ 전자쌍\ 수}$ (상댓값)	$1\dfrac{1}{2}$	$3\dfrac{3}{2}$	$2\,1$	$1\dfrac{1}{2}$

보기

(가)~(라)에 대한 옳은 설명만을 〈보기〉에서 있는 대로 고른 것은? (단, W~Z는 임의의 원소 기호이다.) [3점]

〈보기〉 풀이

2주기 원소 중 분자에서 옥텟 규칙을 만족하는 것은 C, N, O, F이다. 2주기 원소로 이루어진 이원자 분자는 N_2, O_2, F_2이고, 2가지 원자로 이루어진 삼원자 분자는 CO_2, OF_2이다. 이 5가지 분자의 $\dfrac{공유\ 전자쌍\ 수}{비공유\ 전자쌍\ 수}$ 는 다음과 같다.

분자	N_2	O_2	F_2	CO_2	OF_2
$\dfrac{공유\ 전자쌍\ 수}{비공유\ 전자쌍\ 수}$	$\dfrac{3}{2}$	$\dfrac{1}{2}$	$\dfrac{1}{6}$	1	$\dfrac{1}{4}$

(가)~(다)의 $\dfrac{공유\ 전자쌍\ 수}{비공유\ 전자쌍\ 수}$ (상댓값)이 각각 1, 3, 2이므로 (가)는 O_2, (나)는 N_2, (다)는 CO_2이다. 따라서 W~Y는 각각 O, N, C이고, Z는 F이다. (가)(O_2)의 $\dfrac{공유\ 전자쌍\ 수}{비공유\ 전자쌍\ 수}=\dfrac{1}{2}$이고, $\dfrac{공유\ 전자쌍\ 수}{비공유\ 전자쌍\ 수}$ (상댓값)=1이므로 (라)의 $\dfrac{공유\ 전자쌍\ 수}{비공유\ 전자쌍\ 수}=\dfrac{1}{2}$ 이다. 따라서 (라)는 구성 원자가 N, F이고 $\dfrac{공유\ 전자쌍\ 수}{비공유\ 전자쌍\ 수}=\dfrac{1}{2}$이므로 N_2F_2이다.

ㄱ.(가)와 (다)는 비공유 전자쌍 수가 같다.
➡ (가)(O_2)의 비공유 전자쌍 수는 4이고, (다)(CO_2)의 비공유 전자쌍 수도 4이다.

✗ 무극성 공유 결합이 있는 분자는 2가지이다.
➡ 같은 원자 사이의 공유 결합을 무극성 공유 결합이라 하고, 다른 원자 사이의 공유 결합을 극성 공유 결합이라고 한다. 따라서 무극성 공유 결합이 있는 분자는 (가)(O_2), (나)(N_2), (라)(F−N=N−F) 3가지이다.

✗ 다중 결합이 있는 분자는 3가지이다.
➡ (가)(O=O)에는 2중 결합이 있고, (나)(N≡N)에는 3중 결합이 있다. (다)(O=C=O)에는 2중 결합이 있고, (라)(F−N=N−F)에는 2중 결합이 있다. 따라서 다중 결합이 있는 분자는 4가지이다.

적용해야 할 개념 ③가지

① 분자에서 C, O, F 원자에 있는 공유 전자쌍 수와 비공유 전자쌍 수

원자	C	O	F
공유 전자쌍 수	4	2	1
비공유 전자쌍 수	0	2	3

② 분자의 쌍극자 모멘트 : 무극성 분자는 분자의 쌍극자 모멘트가 0이고, 극성 분자는 분자의 쌍극자 모멘트가 0보다 크다.

③ 분자 모양에 따른 구조: 직선형, 평면 삼각형, 굽은 형은 평면 구조이고, 정사면체, 삼각뿔형은 입체 구조이다.

문제 보기

표는 원소 X~Z로 이루어진 분자 (가)~(라)에 대한 자료이다. X~Z는 각각 C, O, F 중 하나이며, 분자당 구성 원자 수는 4 이하이다. (가)~(라)의 모든 원자는 옥텟 규칙을 만족한다.

분자	구성 원소	$\dfrac{\text{비공유 전자쌍 수}}{\text{공유 전자쌍 수}}$	분자의 쌍극자 모멘트
(가)C_2F_2 F C	X, Y	$\dfrac{6}{5}$	0 무극성
(나)O_2F_2 F O	X, Z	$\dfrac{10}{3}$	—
(다)CO_2 C O	Y, Z	1	0 무극성
(라)COF_2 F C O	X, Y, Z	2	—

(가)~(라)에 관한 설명으로 옳은 것만을 〈보기〉에서 있는 대로 고른 것은? [3점]

보기

〈보기〉 풀이

(가)는 $\dfrac{\text{비공유 전자쌍 수}}{\text{공유 전자쌍 수}} = \dfrac{6}{5}$이고, 분자당 구성 원자 수가 4 이하이므로 공유 전자쌍 수와 비공유 전자쌍 수의 합이 16 이하여야 한다. 따라서 (가)는 공유 전자쌍 수가 5이고, 비공유 전자쌍 수가 6이며, 무극성 분자이다. 이를 만족하는 분자는 C_2F_2이다. (나)는 구성 원소 1가지가 (가)와 같으므로 (나)의 구성 원소는 C, O이거나 O, F이다. (나)의 구성 원소가 C, O이면 분자식이 CO_2, C_2O_2가 되어 $\dfrac{\text{비공유 전자쌍 수}}{\text{공유 전자쌍 수}}$는 $\dfrac{10}{3}$이 되지 못한다. 따라서 (나)의 구성 원소는 O, F이고, $\dfrac{\text{비공유 전자쌍 수}}{\text{공유 전자쌍 수}} = \dfrac{10}{3}$으로부터 (나)는 O_2F_2이다. X~Z는 각각 F, C, O이므로 (다)는 CO_2, (라)는 COF_2이다. (가)~(라)의 구조식은 다음과 같다.

:F−C≡C−F: :F−O−O−F: :O=C=O: :F−C−F:‖O

(가)   (나)   (다)   (라)

✗ ㄱ. 다중 결합이 있는 분자는 2가지이다.

➡ 다중 결합이 있는 분자는 (가), (다), (라) 3가지이다.

✗ ㄴ. (다)와 (라)는 입체 구조이다.

➡ (다)는 직선형 구조이고, (라)는 평면 삼각형 구조이므로 (다)와 (라)는 모두 평면 구조이다.

Ⓒ ㄷ. 분자당 구성 원자 수가 같은 분자는 3가지이다.

➡ (가), (나), (라)는 분자당 구성 원자 수가 4로 같다. 따라서 분자당 구성 원자 수가 같은 분자는 3가지이다.

적용해야 할 개념 ②가지

① 2주기 원소로 이루어진 이원자 분자의 $\dfrac{\text{비공유 전자쌍 수}}{\text{공유 전자쌍 수}}$

구분	N_2	O_2	F_2
$\dfrac{\text{비공유 전자쌍 수}}{\text{공유 전자쌍 수}}$	$\dfrac{2}{3}$	$2\left(=\dfrac{4}{2}\right)$	$6\left(=\dfrac{6}{1}\right)$

② OF_2, ONF, NCF의 구조식과 분자 모양

분자	OF_2	ONF	NCF
구조식	$:\!\ddot{F}\!-\!\ddot{O}\!-\!\ddot{F}\!:$	$:\!\ddot{O}\!=\!\ddot{N}\!-\!\ddot{F}\!:$	$:\!N\!\equiv\!C\!-\!\ddot{F}\!:$
분자 모양	굽은 형	굽은 형	직선형

문제 보기

표는 원소 W~Z로 구성된 분자 (가)~(라)에 대한 자료이다. (가)~(라)의 분자당 구성 원자 수는 각각 3 이하이고, 분자에서 모든 원자는 옥텟 규칙을 만족한다. W~Z는 각각 C, N, O, F 중 하나이다.

분자	구성 원소	중심 원자	$\dfrac{\text{비공유 전자쌍 수}}{\text{공유 전자쌍 수}}$
F_2(가)	F W		6
OF_2(나)	F W, X O	X O	4
ONF(다)	F W, X, Y N	Y N	2
NCF(라)	F W, Y, Z C	Z C	1

이에 대한 설명으로 옳은 것만을 〈보기〉에서 있는 대로 고른 것은?

〈보기〉풀이

(가)는 W로 이루어진 분자이며, $\dfrac{\text{비공유 전자쌍 수}}{\text{공유 전자쌍 수}}=6$이므로 F_2이고, W는 F이다. (가)~(라)는 분자당 구성 원자 수는 각각 3 이하이며, (나)는 W(F), X가 구성 원소이고, $\dfrac{\text{비공유 전자쌍 수}}{\text{공유 전자쌍 수}}=4$이므로 (나)는 OF_2이고, X는 O이다. (다)는 W(F), X(O), Y가 구성 원소이고, $\dfrac{\text{비공유 전자쌍 수}}{\text{공유 전자쌍 수}}=2$이므로 (다)는 ONF이고, Y는 N이다. (라)는 W(F), Y(N), Z가 구성 원소이고, $\dfrac{\text{비공유 전자쌍 수}}{\text{공유 전자쌍 수}}=1$이므로 (라)는 NCF이고, Z는 C이다.

ㄱ **Z는 탄소(C)이다.**
➡ W~Z는 각각 F, O, N, C이다.

✗ **(다)의 분자 모양은 직선형이다.**
➡ (다)(ONF)의 구조식은 다음과 같다.

$$:\!\ddot{O}\!=\!\ddot{N}\!-\!\ddot{F}\!:$$

중심 원자인 Y(N)에 비공유 전자쌍이 있으므로 (다)의 분자 모양은 굽은 형이다.

ㄷ **결합각은 (라)>(나)이다.**
➡ (나)(OF_2)와 (라)(NCF)의 구조식은 다음과 같다.

$$:\!\ddot{F}\!-\!\ddot{O}\!-\!\ddot{F}\!: \qquad :\!N\!\equiv\!C\!-\!\ddot{F}\!:$$
$$\text{(나)} \qquad\qquad \text{(라)}$$

(나)의 분자 모양은 굽은 형이므로 결합각은 180°보다 작고, (라)의 분자 모양은 직선형이므로 결합각은 180°이다. 따라서 결합각은 (라)>(나)이다.

22 분자의 구조와 극성 2024학년도 수능 화I 6번 | 정답 ② | 정답률 81 %

적용해야 할 개념 ③가지

① 2주기 원자 1개와 수소(H)로 이루어진 화합물(2주기 원소는 옥텟 규칙을 만족)

분자식	CH₄	NH₃	H₂O	HF
구조식	H | H−C−H | H	H−N̈−H | H	H−Ö−H	H−F̈:
분자 모양	정사면체형	삼각뿔형	굽은 형	직선형

② 무극성 공유 결합과 극성 공유 결합: 같은 원자 사이의 공유 결합은 무극성 공유 결합이고, 다른 원자 사이의 공유 결합은 극성 공유 결합이다.

③ 결합의 극성: 전기 음성도가 큰 원자는 부분적인 음전하(δ^-)를 띠고, 전기 음성도가 작은 원자는 부분적인 양전하(δ^+)를 띤다.

문제 보기

다음은 수소(H)와 2주기 원소 X, Y로 구성된 분자 (가)~(다)에 대한 자료이다. (가)~(다)에서 X와 Y는 옥텟 규칙을 만족한다.

○ (가)~(다)의 분자당 구성 원자 수는 각각 4 이하이다.
○ (가)와 (나)에서 분자당 X와 Y의 원자 수는 같다.
○ 각 분자 1 mol에 존재하는 원자 수 비 1개

(가) HF

(나) H₂O

(다) HOF

이에 대한 설명으로 옳은 것만을 〈보기〉에서 있는 대로 고른 것은? (단, X와 Y는 임의의 원소 기호이다.) [3점]

〈보기〉 풀이

(나)를 구성하는 원자 수비는 H : Y=2 : 1이므로 (나)는 H₂Y이고, Y는 옥텟 규칙을 만족하므로 O이다. (가)와 (나)에서 분자당 X와 Y의 원자 수는 같으므로 (가)의 분자식은 HX이고, X는 옥텟 규칙을 만족하므로 F이다. (다)는 HYX(HOF)이고, 구조식은 다음과 같다.

H−Ö−F̈:

✗ **(가)에는 2중 결합이 있다.**
➡ (가)(HF)의 결합은 단일 결합이다.

✗ **(나)에는 무극성 공유 결합이 있다.**
➡ (나)(H₂O)의 결합은 H와 Y(O)의 공유 결합이므로 (나)에는 극성 공유 결합이 있다.

ⓒ **(다)에서 X는 부분적인 음전하(δ^-)를 띤다.**
➡ (다)(HOF)를 구성하는 원소들의 전기 음성도는 X(F)>Y(O)>H이므로 X(F)는 부분적인 음전하(δ^-)를 띤다.

---

23 분자의 구조와 극성 2022학년도 9월 모평 화I 12번 | 정답 ② | 정답률 90 %

적용해야 할 개념 ②가지

① 분자에서 H, C, N, O, Cl에 있는 공유 전자쌍 수와 비공유 전자쌍 수

원자	H	C	N	O	Cl
공유 전자쌍 수	1	4	3	2	1
비공유 전자쌍 수	0	0	1	2	3

② 단일 결합과 다중 결합: 두 원자 사이에 1개의 전자쌍을 공유하면 단일 결합, 2개의 전자쌍을 공유하면 2중 결합, 3개의 전자쌍을 공유하면 3중 결합이라고 한다.

문제 보기

그림은 분자 (가)~(라)의 루이스 전자점식에서 공유 전자쌍 수와 비공유 전자쌍 수를 나타낸 것이다. (가)~(라)는 각각 N₂, HCl, CO₂, CH₂O 중 하나이고, C, N, O, Cl는 분자 내에서 옥텟 규칙을 만족한다.

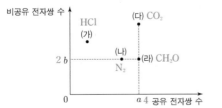

이에 대한 설명으로 옳은 것만을 〈보기〉에서 있는 대로 고른 것은?

〈보기〉 풀이

N₂, HCl, CO₂, CH₂O의 공유 전자쌍 수는 각각 3, 1, 4, 4이고, 비공유 전자쌍 수는 각각 2, 3, 4, 2이다. 따라서 (가)~(라)는 각각 HCl, N₂, CO₂, CH₂O이다.

H−C̈l: :N≡N: Ö=C=Ö   (:O:
H−C−H)
(가)   (나)   (다)   (라)

✗ ***a*+*b*=4이다.**
➡ (다)와 (라)는 공유 전자쌍 수가 4이고, (나)와 (라)는 비공유 전자쌍 수가 2이므로 $a+b=4+2=6$이다.

ⓒ **(다)는 CO₂이다.**
➡ (다)는 비공유 전자쌍 수가 가장 크므로 CO₂이다.

✗ **(가)와 (나)에는 모두 다중 결합이 있다.**
➡ (가)(HCl)에는 단일 결합만 있고, (나)(N₂)에는 N 원자 사이에 3중 결합이 있다. 따라서 (가)와 (나) 중 (나)에만 다중 결합이 있다.

24 분자의 구조와 극성 2021학년도 7월 학평 화I 12번

정답 ① | 정답률 78%

적용해야 할 개념 ③가지

① 분자에서 H, C, N, O에 있는 공유 전자쌍 수와 비공유 전자쌍 수

원자	H	C	N	O
공유 전자쌍 수	1	4	3	2
비공유 전자쌍 수	0	0	1	2

② 분자의 쌍극자 모멘트: 무극성 분자는 분자의 쌍극자 모멘트가 0이고, 극성 분자는 분자의 쌍극자 모멘트가 0보다 크다.

③ 평면 구조와 입체 구조: 분자를 이루는 모든 원자들이 동일 평면에 배열되는 구조인 직선형, 굽은 형, 평면 삼각형 구조는 평면 구조이고, 삼각뿔형과 사면체는 입체 구조이다.

문제 보기

다음은 6가지 분자를 규칙에 맞게 배치하는 탐구 활동이다.

```
공유 전자쌍 수  3  2  2  4  3  4
○ 6가지 분자: N₂, O₂, H₂O, HCN, NH₃, CH₄
              └무극성 분자┘ └극성 분자┘ └무극성 분자┘
[규칙]
○ 분자의 공유 전자쌍 수는 그 분자가 들어갈 위치에 연
  결된 선의 개수와 같다.
○ 분자의 쌍극자 모멘트가 0인 분자는 같은 가로줄에 배
  치한다.  └무극성 분자
[분자의 배치도]
```

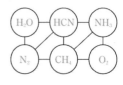

이에 대한 설명으로 옳은 것만을 〈보기〉에서 있는 대로 고른 것은?

〈보기〉 풀이

N_2, O_2, H_2O, HCN, NH_3, CH_4의 공유 전자쌍 수는 각각 3, 2, 2, 4, 3, 4이다. 쌍극자 모멘트가 0인 무극성 분자는 N_2, O_2, CH_4이고, 쌍극자 모멘트가 0보다 큰 극성 분자는 H_2O, HCN, NH_3이다. 주어진 조건에 맞춰 분자를 배치하면 다음과 같다.

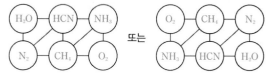

또는

ㄱ) **H₂O과 O₂는 이웃하지 않는다.**
➡ H_2O과 O_2는 이웃하지 않고 멀리 떨어져 있다.

✗ **NH₃와 HCN는 같은 세로줄에 위치한다.**
➡ NH_3와 HCN는 같은 가로줄에 위치한다.

✗ **입체 구조인 분자는 같은 가로줄에 위치한다.**
➡ 입체 구조인 분자는 NH_3, CH_4이다. NH_3와 CH_4은 서로 다른 가로줄에 위치한다.

---

25 분자의 구조와 극성 2022학년도 7월 학평 화I 10번

정답 ④ | 정답률 76%

적용해야 할 개념 ③가지

① 분자에서 옥텟 규칙을 만족하는 2주기 원자의 원자가 전자 수

원자	C	N	O	F
원자가 전자 수	4	5	6	7

② 무극성 공유 결합과 극성 공유 결합: 같은 원자 사이의 공유 결합은 무극성 공유 결합이고, 다른 원자 사이의 공유 결합은 극성 공유 결합이다.

③ 부분적인 전하: 극성 공유 결합에서 전자가 완전히 이동하는 것이 아니라 전자쌍이 치우쳐 전하를 띠는 것을 부분적인 전하라고 하며, 전기 음성도가 큰 원자는 부분적인 음전하(δ^-)를, 전기 음성도가 작은 원자는 부분적인 양전하(δ^+)를 띤다.

문제 보기

표는 2주기 원소 X~Z로 이루어진 3가지 분자에 대한 자료이다.

	N₂	NF₃	NOF
분자	X_2	XY_3	YXZ
원자가 전자 수 합	a 10	26	$a+8$ 18

└ N은 5, O는 6, F은 7

이에 대한 설명으로 옳은 것만을 〈보기〉에서 있는 대로 고른 것은?
(단, X~Z는 임의의 원소 기호이며, 분자 내에서 모든 원자는 옥텟 규칙을 만족한다.) [3점]

〈보기〉 풀이

2주기 원소로 이루어진 분자 내에서 모든 원자가 옥텟 규칙을 만족하는 XY_3는 NF_3이고, X와 Y는 각각 N, F이다. $X_2(N_2)$의 원자가 전자 수 합이 10이므로 $a=10$이다. YXZ의 원자가 전자 수 합은 18이므로 Z의 원자가 전자 수는 6이고, Z는 O이다.

✗ **$a=12$이다.**
➡ X~Z는 각각 N, F, O이므로 X~Z의 원자가 전자 수는 각각 5, 7, 6이다. 따라서 $X_2(N_2)$의 원자가 전자 수 합인 a는 10이다.

ㄴ) **XY₃에는 극성 공유 결합이 있다.**
➡ 같은 원자 사이의 공유 결합을 무극성 공유 결합이라고 하고, 다른 원자 사이의 공유 결합을 극성 공유 결합이라고 한다. XY_3에는 X와 Y 원자 사이의 공유 결합이 있으므로 극성 공유 결합이 있다.

ㄷ) **YXZ에서 X는 부분적인 양전하(δ^+)를 띤다.**
➡ YXZ(F−N=O)를 구성하는 원소의 전기 음성도는 N<O<F이므로 YXZ에서 Y(F)와 Z(O)는 부분적인 음전하(δ^-)를 띠고, X(N)는 부분적인 양전하(δ^+)를 띤다.

362

26 분자의 구조와 극성 2024학년도 6월 모평 화I 6번

정답 ④ | 정답률 87 %

적용해야 할 개념 ②가지

① 족에 따른 원자가 전자 수

족	1	2	13	14	15	16	17
원자가 전자 수	1	2	3	4	5	6	7

② 분자에서 옥텟 규칙을 만족하는 2주기 원자에 있는 공유 전자쌍 수와 비공유 전자쌍 수

원자	C	N	O	F
공유 전자쌍 수	4	3	2	1
비공유 전자쌍 수	0	1	2	3

문제 보기

표는 원소 W~Z로 구성된 3가지 분자에 대한 자료이다. W~Z는 C, N, O, F을 순서 없이 나타낸 것이고, 분자에서 모든 원자는 옥텟 규칙을 만족한다.

분자	WX_2 CO_2	YZ_3 NF_3	YWZ NCF
중심 원자	W C	Y N	W C
전체 구성 원자의 원자가 전자 수 합	㉠ 16	26	16

이에 대한 설명으로 옳은 것만을 〈보기〉에서 있는 대로 고른 것은? [3점]

〈보기〉 풀이

YWZ는 3가지 원자로 이루어진 삼원자 분자이므로 NCF, ONF 중 하나이다. 원자가 전자 수는 NCF가 16이고, ONF가 18이므로 YWZ는 NCF이며, W는 C이고, Y와 Z는 각각 N, F 중 하나이다. X는 O이므로 WX_2는 CO_2이고, ㉠은 16이다. YZ_3의 구성 원자는 N, F이므로 YZ_3는 NF_3이고, Y와 Z는 각각 N, F이다. CO_2, NF_3, NCF의 루이스 구조식은 다음과 같다.

$$\ddot{O}=C=\ddot{O} \quad CO_2$$
$$:\ddot{F}-N-\ddot{F}: \quad :\ddot{F}: \quad NF_3$$
$$:N{\equiv}C-\ddot{F}: \quad NCF$$

✗ X는 F이다.
➡ W~Z는 각각 C, O, N, F이므로 X는 O이다.

ㄴ. YWZ의 비공유 전자쌍 수는 4이다.
➡ YWZ(NCF)에서 N에는 비공유 전자쌍이 1개, F에는 비공유 전자쌍이 3개 있으므로 YWZ의 비공유 전자쌍 수는 4이다.

ㄷ. ㉠은 16이다.
➡ WX_2(CO_2)의 전체 구성 원자의 원자가 전자 수 합(㉠)은 $4+6{\times}2=16$이다.

27 분자의 구조와 극성 2023학년도 7월 학평 화I 10번

정답 ① | 정답률 77 %

적용해야 할 개념 ①가지

① CO_2, OF_2, FCN, ONF에 대한 자료

분자	CO_2	OF_2	FCN	ONF
구조식	O=C=O	F-O-F (굽은형)	F-C≡N	O=N-F
분자의 성질	무극성	극성	극성	극성
분자를 구성하는 원자의 원자가 전자 수 합	16	20	16	18

문제 보기

표는 2주기 원소 W~Z로 이루어진 분자 (가)~(다)에 대한 자료이다. (가)~(다)의 분자당 구성 원자 수는 3이고, 원자 번호는 W<X이다. (가)~(다)에서 모든 원자는 옥텟 규칙을 만족한다.

분자	FCN (가)	CO_2 (나)	OF_2 (다)
구성 원소	W, X, Z / C N F	W, Y / C O	Y, Z / O F
분자를 구성하는 원자의 원자가 전자 수 합	16	16	20

이에 대한 설명으로 옳은 것만을 〈보기〉에서 있는 대로 고른 것은? (단, W~Z는 임의의 원소 기호이다.) [3점]

〈보기〉 풀이

2주기 원소로 이루어진 분자 중 분자의 구성 원소가 3가지이고, 구성 원자 수가 3인 분자는 FCN, ONF이다. 분자의 구성 원소가 2가지이고, 구성 원자 수가 3인 분자는 CO_2, OF_2이다. 분자를 구성하는 원자의 원자가 전자 수 합은 FCN이 16, ONF가 18이고, CO_2가 16, OF_2가 20이다. 따라서 (가)~(다)는 각각 FCN, CO_2, OF_2이고, W~Z는 각각 C, N, O, F이다.

㉠ (가)에는 극성 공유 결합이 있다.
➡ (가)(FCN)의 구조식은 F-C≡N이다. 다른 원자 사이의 공유 결합은 극성 공유 결합이므로 (가)의 공유 결합은 모두 극성 공유 결합이다.

✗ (나)는 극성 분자이다.
➡ (나)(CO_2)의 구조식은 O=C=O이다. (나)의 분자 모양은 직선형이고, 중심 원자인 C와 2개의 O 원자가 각각 2중 결합을 형성하므로 (나)는 무극성 분자이다.

✗ (다)에서 Y는 부분적인 음전하(δ^-)를 띤다.
➡ 같은 주기에서 원자 번호가 클수록 전기 음성도가 크므로 C, N, O, F의 전기 음성도는 F>O>N>C이다. 공유 결합을 이루는 원자 중 전기 음성도가 큰 원자는 부분적인 음전하(δ^-)를 띠고, 전기 음성도가 작은 원자는 부분적인 양전하(δ^+)를 띤다. (다)(OF_2)에서 전기 음성도는 Z(F)>Y(O)이므로 Y는 부분적인 양전하(δ^+)를 띤다.

적용해야 할 개념 ②가지

① FCN, NF₃, CF₄에 대한 자료

분자	FCN	NF₃	CF₄
구조식	$:\ddot{F}-C\equiv N:$	$:\ddot{F}-\overset{\displaystyle ..}{N}-\ddot{F}:$ 아래 $:\ddot{F}:$	$:\ddot{F}:$ 위, $:\ddot{F}-C-\ddot{F}:$, $:\ddot{F}:$ 아래
분자 모양	직선형	삼각뿔형	정사면체형

② 다중 결합: 2중 결합과 3중 결합을 다중 결합이라고 한다.

문제 보기

표는 2주기 원소 X~Z로 구성된 분자 (가)~(다)에 대한 자료이다. (가)~(다)에서 X~Z는 옥텟 규칙을 만족한다.

분자	구성 원자	구성 원자 수	구성 원자의 원자가 전자 수의 합
FCN(가)	X, Y, Z	3	직선형 16 평면 구조
NF₃(나)	X, Y	4	삼각뿔형 26 입체 구조
CF₄(다)	X, Z	5	정사면체형 32 입체 구조

(X, Y, Z 아래: F, N, C)

(가)~(다)에 대한 옳은 설명만을 <보기>에서 있는 대로 고른 것은? (단, X~Z는 임의의 원소 기호이다.)

<보기> 풀이

2주기 원소 중 분자에서 옥텟 규칙을 만족하는 것은 C, N, O, F이다. (가)는 3가지 원자로 이루어져 있고, 구성 원자 수가 3이며, 구성 원자의 원자가 전자 수의 합은 16이므로 FCN이다. (다)는 2가지 원자로 이루어져 있고, 구성 원자 수가 5이며, 구성 원자의 원자가 전자 수의 합은 32이므로 CF₄이다. X와 Z는 각각 C, F 중 하나이고, Y는 N이다. (나)는 N이 포함되고, 구성 원자 수가 4이며, 구성 원자의 원자가 전자 수의 합이 26이므로 NF₃이다. 따라서 X~Z는 각각 F, N, C이고, (가)~(다)는 각각 FCN, NF₃, CF₄이다.

ㄱ (가)의 분자 모양은 직선형이다.
➡ (가) F−C≡N의 분자 모양은 직선형이다.

ㄴ 중심 원자의 비공유 전자쌍 수는 (나)>(다)이다.
➡ (나) NF₃의 중심 원자는 N이므로 비공유 전자쌍 수가 1이다. (다) CF₄의 중심 원자는 C이므로 비공유 전자쌍 수가 0이다. 따라서 중심 원자의 비공유 전자쌍 수는 (나)>(다)이다.

ㄷ 모든 구성 원자가 동일 평면에 있는 분자는 1가지이다.
➡ FCN은 분자 모양이 직선형이므로 모든 구성 원자가 동일 평면에 있는 평면 구조이다. NF₃와 CF₄는 분자 모양이 각각 삼각뿔형, 정사면체형이므로 입체 구조이다.

01 ①	02 ①	03 ①	04 ③	05 ③	06 ③	07 ⑤	08 ③	09 ②	10 ①	11 ③	12 ①
13 ①	14 ③	15 ④	16 ①	17 ①	18 ③	19 ②	20 ①	21 ④	22 ①	23 ②	24 ①
25 ②	26 ④	27 ①	28 ②	29 ③	30 ①	31 ⑤	32 ②	33 ⑤	34 ⑤	35 ①	

20
일차

문제편 206~215 쪽

20
일차

---

01 상평형 2021학년도 6월 모평 화Ⅰ 16번

정답 ① | 정답률 75 %

적용해야 할 개념 ③가지

① 가역 반응: 반응 조건에 따라 정반응과 역반응이 모두 일어날 수 있는 반응
② 액체와 기체의 상평형: 액체의 증발 속도와 기체의 응축 속도가 같아 겉보기에는 변화가 일어나지 않는 것처럼 보이지만 액체와 기체가 공존하는 상태
③ 동적 평형에서 반응물과 생성물의 양: 동적 평형 상태에서 정반응 속도와 역반응 속도가 같아 반응물과 생성물의 양이 일정하게 유지된다.

문제 보기

표는 밀폐된 용기 안에 $H_2O(l)$을 넣은 후 시간에 따른 H_2O의 증발 속도와 응축 속도에 대한 자료이고, $a > b > 0$이다. 그림은 시간이 $2t$일 때 용기 안의 상태를 나타낸 것이다.

시간	t	$2t$	$4t$
증발 속도	a	a	a
응축 속도	b	a	x a

보기

물의 상변화에서 동적 평형에 도달하면
물의 증발 속도와 응축 속도가 같아진다.

이에 대한 설명으로 옳은 것만을 〈보기〉에서 있는 대로 고른 것은? (단, 온도는 일정하다.) [3점]

〈보기〉 풀이

일정 온도에서 물의 증발 속도는 a로 일정하다. 밀폐된 용기에 $H_2O(l)$을 넣어두면 처음에는 일정한 속도로 물이 증발하다가 용기 속 수증기 수가 증가하면서 응축 속도가 빨라진다. 일정 시간 후 물의 증발 속도와 응축 속도가 같아지면 동적 평형에 도달한다. 증발 속도와 응축 속도가 a로 같아지는 $2t$에서 동적 평형에 도달함을 알 수 있다.

ㄱ. **H_2O의 상변화는 가역 반응이다.**
➡ 같은 조건에서 H_2O이 액체에서 기체로 되는 증발과 기체에서 액체로 되는 응축이 모두 일어나므로 H_2O의 상변화는 가역 반응이다.

✗ **용기 내 $H_2O(l)$의 양(mol)은 t에서와 $2t$에서가 같다.**
➡ 시간 t에서는 증발 속도 > 응축 속도이므로 동적 평형에 도달하기 이전 상태이고, $2t$에서 증발 속도 = 응축 속도이므로 동적 평형에 도달한다. 따라서 $t \sim 2t$에서 증발되는 물의 양이 있으므로 용기 속 $H_2O(l)$의 양(mol)은 t에서가 $2t$에서보다 크다.

✗ **$x = 2a$이다.**
➡ $2t$에서 동적 평형에 도달하므로 $4t$에서도 동적 평형 상태이다. 따라서 $x = a$이다.

적용해야 할 개념 ③가지

① 가역 반응: 반응 조건에 따라 정반응과 역반응이 모두 일어날 수 있는 반응

② 액체와 기체의 상평형: 액체의 증발 속도와 기체의 응축 속도가 같아 겉보기에는 변화가 일어나지 않는 것처럼 보이지만 액체와 기체가 공존하는 상태

③ 동적 평형에서 반응물과 생성물의 양: 동적 평형 상태에서 정반응 속도와 역반응 속도가 같아 반응물과 생성물의 양이 일정하게 유지된다.

문제 보기

표는 밀폐된 진공 용기 안에 $H_2O(l)$을 넣은 후 시간에 따른 $H_2O(l)$과 $H_2O(g)$의 양에 대한 자료이다. $0<t_1<t_2<t_3$이고, t_2일 때 $H_2O(l)$과 $H_2O(g)$는 동적 평형 상태에 도달하였다.

시간	t_1	t_2	t_3
$H_2O(l)$의 양(mol)	a	b	b
$H_2O(g)$의 양(mol)	c	d	d

t_2 이후 용기 안에 $H_2O(l)$과 $H_2O(g)$의 양(mol)은 일정하다.

이에 대한 설명으로 옳은 것만을 〈보기〉에서 있는 대로 고른 것은? (단, 온도는 일정하다.) [3점]

〈보기〉 풀이

일정 온도에서 $H_2O(l)$의 증발 속도는 일정하다. 밀폐된 용기에 $H_2O(l)$을 넣어두면 처음에는 일정한 속도로 $H_2O(l)$이 증발하다가 용기 속 $H_2O(g)$의 양(mol)이 증가하면서 응축 속도가 빨라진다. 일정 시간 후 H_2O의 증발 속도와 응축 속도가 같아지면 동적 평형에 도달한다. t_2일 때 $H_2O(l)$과 $H_2O(g)$는 동적 평형 상태에 도달하므로 $H_2O(l)$의 양(mol)은 일정하게 유지되고, $H_2O(g)$의 양(mol) 또한 일정하게 유지되므로 t_3일 때 $H_2O(g)$의 양(mol)은 d이다.

ㄱ. t_1일 때 $\dfrac{응축\ 속도}{증발\ 속도}<1$이다.

➡ t_1일 때는 동적 평형 상태에 도달하기 이전 상태이므로 H_2O의 증발 속도가 응축 속도보다 크다. 따라서 $\dfrac{응축\ 속도}{증발\ 속도}<1$이다.

✗ t_3일 때 $H_2O(l)$이 $H_2O(g)$가 되는 반응은 일어나지 않는다.

➡ t_3일 때는 동적 평형 상태이므로 H_2O의 증발과 응축이 같은 속도로 일어난다.

✗ $\dfrac{a}{c}=\dfrac{b}{d}$이다.

➡ t_2에서 동적 평형 상태에 도달하므로 $H_2O(l)$의 양(mol)은 $a>b$이고, $H_2O(g)$의 양(mol)은 $c<d$이다. 따라서 $\dfrac{a}{c}>\dfrac{b}{d}$이다.

보기

적용해야 할 개념 ③가지

① 액체와 기체의 상평형: 액체의 증발 속도와 기체의 응축 속도가 같아 겉보기에는 변화가 일어나지 않는 것처럼 보이지만 액체와 기체가 공존하는 상태

② 상평형에서 증발 속도와 응축 속도: 상평형에서는 증발 속도와 응축 속도가 같으므로 $\dfrac{응축\ 속도}{증발\ 속도}=1$이다.

③ 동적 평형에서 반응물과 생성물의 양: 동적 평형 상태에서 정반응 속도와 역반응 속도가 같아 반응물과 생성물의 양이 일정하게 유지된다.

문제 보기

표는 밀폐된 진공 용기 안에 $H_2O(l)$을 넣은 후 시간에 따른 ㉠을, 그림은 시간이 t일 때 용기 안의 상태를 나타낸 것이다. $a>b$이고, $2t$에서 동적 평형 상태에 도달하였다.

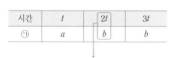

시간	t	$2t$	$3t$
㉠	a	b	b

$H_2O(g)$
$H_2O(l)$

$2t$일 때 동적 평형 상태에 도달하였으므로 $2t$까지 용기 속 $H_2O(l)$의 양(mol)은 감소하고, $H_2O(g)$의 양(mol)은 증가한다.

㉠으로 적절한 것만을 〈보기〉에서 있는 대로 고른 것은? (단, 온도는 일정하다.)

〈보기〉 풀이

$2t$일 때 동적 평형 상태에 도달하였으므로 용기 속 $H_2O(l)$의 양(mol)은 $2t$까지 감소하다가 일정해지고, $H_2O(g)$의 양(mol)은 $2t$까지 증가하다가 일정해진다. 또한 $H_2O(l)$의 증발 속도는 일정하고 $H_2O(g)$의 응축 속도는 동적 평형에 도달할 때까지 증가하다가 일정해진다.

ㄱ. $H_2O(l)$의 질량

➡ $2t$일 때 동적 평형 상태에 도달하였으므로 용기 속 $H_2O(l)$의 양(mol)은 $2t$까지 감소하다가 일정해진다. 이때 $a>b$이므로 $H_2O(l)$의 질량은 ㉠으로 적절하다.

✗ $H_2O(g)$의 분자 수

➡ $2t$일 때 동적 평형 상태에 도달하였으므로 용기 속 $H_2O(g)$의 양(mol)은 $2t$까지 증가하다가 일정해진다. 이때 $a>b$이므로 $H_2O(g)$의 분자 수는 ㉠으로 적절하지 않다.

✗ $\dfrac{H_2O(g)의\ 응축\ 속도}{H_2O(l)의\ 증발\ 속도}$

➡ $H_2O(l)$의 증발 속도는 일정하고 $H_2O(g)$의 응축 속도는 동적 평형 상태에 도달할 때까지 증가하다가 일정해진다. 이때 $a>b$이므로 ㉠으로 $\dfrac{H_2O(l)의\ 증발\ 속도}{H_2O(g)의\ 응축\ 속도}$가 적절하고 $\dfrac{H_2O(g)의\ 응축\ 속도}{H_2O(l)의\ 증발\ 속도}$는 적절하지 않다.

보기

적용해야 할 개념 ③가지

① 고체와 기체의 동적 평형: 고체 → 기체의 승화 속도와 기체 → 고체의 승화 속도가 같아 겉보기에는 변화가 일어나지 않는 것처럼 보이지만 고체와 기체가 공존하는 상태이다.

② 상평형에서 고체 → 기체의 승화 속도와 기체 → 고체의 승화 속도: 상평형에서는 고체 → 기체의 승화 속도와 기체 → 고체의 승화 속도가 같으므로 $\dfrac{\text{고체가 기체로 승화되는 속도}}{\text{기체가 고체로 승화되는 속도}}=1$이다.

③ 동적 평형에서 반응물과 생성물의 양: 동적 평형 상태에서 정반응 속도와 역반응 속도가 같아 반응물과 생성물의 양이 일정하게 유지된다.

[문제 보기]

표는 25 °C에서 밀폐된 진공 용기에 $I_2(s)$을 넣은 후 시간에 따른 $I_2(g)$의 양(mol)에 대한 자료이다. $2t$일 때 $I_2(s)$과 $I_2(g)$은 동적 평형 상태에 도달하였고, $b>a>0$이다. 그림은 $2t$일 때 용기 안의 상태를 나타낸 것이다.

시간	t	$2t$	$3t$
$I_2(g)$의 양(mol)	a	b	x

$2t$일 때 동적 평형 상태에 도달하였으므로 $2t$까지 용기 속 $I_2(g)$의 양(mol)은 증가하다가 일정해진다. ➡ $a<b=x$

이에 대한 설명으로 옳은 것만을 〈보기〉에서 있는 대로 고른 것은? (단, 온도는 25 °C로 일정하다.)

[〈보기〉 풀이]

$2t$일 때 동적 평형 상태에 도달하였으므로 $2t$까지 용기 속 $I_2(g)$의 양(mol)은 증가하다가 $2t$ 이후 일정해진다.

ㄱ. $x>a$이다.

➡ $2t$일 때 동적 평형 상태에 도달하였으므로 용기 속 $I_2(g)$의 양(mol)은 $2t$ 이후 일정하다. 즉, $x=b$이고, $b>a$이므로 $x>a$이다.

✗ t일 때 $I_2(g)$이 $I_2(s)$으로 승화되는 반응은 일어나지 않는다.

➡ $I_2(s)$이 $I_2(g)$으로 되는 반응과 $I_2(g)$이 $I_2(s)$으로 되는 반응이 가역적으로 일어나므로 t일 때 $I_2(s) \longrightarrow I_2(g)$과 $I_2(g) \longrightarrow I_2(s)$은 모두 일어난다.

ㄷ. $2t$일 때 $\dfrac{I_2(s)\text{이 }I_2(g)\text{으로 승화되는 속도}}{I_2(g)\text{이 }I_2(s)\text{으로 승화되는 속도}}=1$이다.

➡ $2t$일 때 동적 평형 상태이므로 $I_2(s) \longrightarrow I_2(g)$ 반응의 반응 속도와 $I_2(g) \longrightarrow I_2(s)$ 반응의 반응 속도가 같다. 따라서 $\dfrac{I_2(s)\text{이 }I_2(g)\text{으로 승화되는 속도}}{I_2(g)\text{이 }I_2(s)\text{으로 승화되는 속도}}=1$이다.

보기

적용해야 할 개념 ③가지

① 액체와 기체의 상평형: 액체의 증발 속도와 기체의 응축 속도가 같아 겉보기에는 변화가 일어나지 않는 것처럼 보이지만 액체와 기체가 공존하는 상태

② 상평형에서 증발 속도와 응축 속도: 상평형에서는 증발 속도와 응축 속도가 같은 속도로 일어나므로 $\dfrac{\text{응축 속도}}{\text{증발 속도}}=1$이다.

③ 동적 평형에서 반응물과 생성물의 양: 동적 평형 상태에서 정반응 속도와 역반응 속도가 같아 반응물과 생성물의 양이 일정하게 유지된다.

문제 보기

다음은 학생 A가 동적 평형을 학습한 후 수행한 탐구 활동이다.

> **[가설]**
> ○ 밀폐된 진공 용기 안에 $H_2O(l)$을 넣으면, 일정한 시간이 지난 후 $H_2O(l)$과 $H_2O(g)$는 동적 평형에 도달한다.
>
> **[탐구 과정]**
> ○ 밀폐된 진공 용기 안에 $H_2O(l)$을 넣은 후, 시간에 따른 $H_2O(l)$의 양(mol)을 구하고 증발 속도와 응축 속도를 비교하여 동적 평형 상태에 도달하였는지 확인한다.
>
> **[탐구 결과]** *t_2 이후 용기 내 $H_2O(l)$의 양(mol)은 일정하다.*
>
> | 시간 | t_1 | t_2 | t_3 |
> |---|---|---|---|
> | $H_2O(l)$의 양(mol) | $1.5n$ | $1.2n$ | |
>
> ○ $0<t_1<t_2<t_3$이다.
>
> ○ t_2일 때 $\dfrac{\text{응축 속도}}{\text{증발 속도}}=1$이다. → *$t_2$일 때 동적 평형에 도달한다.*
>
> **[결론]**
> ○ 가설은 옳다.

학생 A의 결론이 타당할 때, 이에 대한 설명으로 옳은 것만을 〈보기〉에서 있는 대로 고른 것은? (단, 온도는 일정하다.)

보기

〈보기〉 풀이

ㄱ. t_1일 때 증발 속도는 응축 속도보다 크다.

➡ t_1일 때 동적 평형에 도달하기 이전 상태이므로 증발 속도는 응축 속도보다 크다.

ㄴ. t_2일 때 용기 내에서 $H_2O(l)$과 $H_2O(g)$는 동적 평형을 이루고 있다.

➡ t_2일 때 $\dfrac{\text{응축 속도}}{\text{증발 속도}}=1$이므로 동적 평형 상태에 도달한다. 따라서 t_2일 때 용기 내에서 $H_2O(l)$과 $H_2O(g)$는 동적 평형을 이루고 있다.

✗ t_3일 때 용기 내 $H_2O(l)$의 양은 $1.2n$ mol보다 작다.

➡ t_2일 때 동적 평형에 도달하므로 t_3에서도 동적 평형 상태이다. 따라서 t_3일 때 용기 속 $H_2O(l)$의 양은 t_2일 때와 같은 $1.2n$ mol이다.

06 상평형 2023학년도 7월 학평 화I 7번
정답 ③ | 정답률 86 %

적용해야 할 개념 ③가지

① 액체와 기체의 상평형: 액체의 증발 속도와 기체의 응축 속도가 같아 겉보기에는 변화가 일어나지 않는 것처럼 보이지만 액체와 기체가 공존하는 상태

② 상평형에서 증발 속도와 응축 속도: 상평형에서는 증발 속도와 응축 속도가 같으므로 $\dfrac{응축\ 속도}{증발\ 속도}=1$이다.

③ 동적 평형에서 반응물과 생성물의 양: 동적 평형 상태에서 정반응 속도와 역반응 속도가 같아 반응물과 생성물의 양이 일정하게 유지된다.

문제 보기

표는 밀폐된 진공 용기 안에 $H_2O(l)$을 넣은 후 시간에 따른 X의 양(mol)을 나타낸 것이다. X는 $H_2O(l)$ 또는 $H_2O(g)$이고, $0<t_1<t_2<t_3$이다. t_2일 때 $H_2O(l)$과 $H_2O(g)$는 동적 평형 상태에 도달하였다.

t_2일 때 동적 평형에 도달하였으므로 t_2까지 용기 속 $H_2O(l)$의 양(mol)은 점차 감소하다 일정해지고, $H_2O(g)$의 양은 점차 증가하다 일정해진다.

시간	t_1	t_2	t_3
X의 양(mol)	1.5n	감소→ 1.2n	1.2n

└→ $H_2O(l)$

이에 대한 설명으로 옳은 것만을 〈보기〉에서 있는 대로 고른 것은? (단, 온도는 일정하다.)

보기

〈보기〉 풀이

일정 온도에서 $H_2O(l)$의 증발 속도는 일정하다. 밀폐된 용기에 $H_2O(l)$을 넣어 두면 처음에는 일정한 속도로 $H_2O(l)$이 증발하다가 용기 속 $H_2O(g)$의 양(mol)이 증가하면서 응축 속도가 빨라진다. 일정 시간이 지난 후 H_2O의 증발 속도와 응축 속도가 같아지면 동적 평형에 도달한다.

ㄱ. X는 $H_2O(l)$이다.

➡ t_2일 때 동적 평형 상태에 도달하였으므로 용기 속 $H_2O(l)$의 양은 점차 감소하다가 t_2 이후 일정해진다. X의 양(mol)은 t_1일 때가 t_2일 때보다 크므로 X는 $H_2O(l)$이다.

ㄴ. H_2O의 $\dfrac{증발\ 속도}{응축\ 속도}$는 t_2일 때가 t_1일 때보다 작다.

➡ 일정 온도에서 $H_2O(l)$의 증발 속도는 일정하고, $H_2O(g)$의 응축 속도는 용기 속 $H_2O(g)$의 양에 비례한다. 따라서 $H_2O(l)$의 증발 속도는 t_1일 때와 t_2일 때가 같고, $H_2O(g)$의 응축 속도는 t_2일 때가 t_1일 때보다 크므로 H_2O의 $\dfrac{증발\ 속도}{응축\ 속도}$는 t_2일 때가 t_1일 때보다 작다.

✘ t_3일 때 X의 양은 1.2n mol보다 작다.

➡ t_3일 때는 $H_2O(l)$과 $H_2O(g)$가 동적 평형을 이루고 있으므로 t_3일 때 X, 즉 $H_2O(l)$의 양(mol)은 t_2일 때와 같은 1.2n mol이다.

---

07 상평형 2022학년도 수능 화I 6번
정답 ⑤ | 정답률 89 %

적용해야 할 개념 ②가지

① 액체와 기체의 상평형: 액체의 증발 속도와 기체의 응축 속도가 같아 겉보기에는 변화가 일어나지 않는 것처럼 보이지만 액체와 기체가 공존하는 상태

② 동적 평형과 시간에 따른 증발 속도와 응축 속도: 일정한 온도에서 액체의 증발은 일정한 속도로 일어나고, 기체의 응축은 용기 속 기체의 양(mol)에 비례하므로 동적 평형에 도달할 때까지 액체의 양(mol)은 감소하다가 일정해지고, 기체의 양(mol)은 증가하다가 일정해진다.

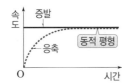

문제 보기

표는 밀폐된 진공 용기 안에 $H_2O(l)$을 넣은 후 시간에 따른 $H_2O(g)$의 양(mol)을 나타낸 것이다. $0<t_1<t_2<t_3$이고, t_2일 때 $H_2O(l)$과 $H_2O(g)$는 동적 평형 상태에 도달하였다.

시간	t_1	t_2	t_3
$H_2O(g)$의 양(mol)	a	b	b

t_2 이후 용기 안에 $H_2O(l)$과 $H_2O(g)$의 양(mol)은 일정하다.

이에 대한 설명으로 옳은 것만을 〈보기〉에서 있는 대로 고른 것은? (단, 온도는 일정하다.)

보기

〈보기〉 풀이

ㄱ. b>a이다.

➡ t_2일때 $H_2O(l)$과 $H_2O(g)$가 동적 평형을 이루므로 $H_2O(g)$의 양(mol)은 t_2일 때가 t_1일 때보다 크다. 따라서 b>a이다.

ㄴ. $\dfrac{응축\ 속도}{증발\ 속도}$는 t_2일 때가 t_1일 때보다 크다.

➡ t_2일 때 증발 속도=응축 속도이고, t_1일 때 증발 속도>응축 속도이므로 $\dfrac{응축\ 속도}{증발\ 속도}$는 t_2일 때가 t_1일 때보다 크다.

ㄷ. 용기 내 $H_2O(l)$의 양(mol)은 t_2일 때와 t_3일 때가 같다.

➡ t_2일 때와 t_3일 때는 모두 동적 평형에 도달한 상태이므로 용기 속 $H_2O(l)$의 양(mol)은 t_2일 때와 t_3일 때가 같다.

적용해야 할 개념 ③가지

① 액체와 기체의 상평형: 액체의 증발 속도와 기체의 응축 속도가 같아 겉보기에는 변화가 일어나지 않는 것처럼 보이지만 액체와 기체가 공존하는 상태

② 동적 평형에서 반응물과 생성물의 양: 동적 평형 상태에서 정반응 속도와 역반응 속도가 같아 반응물과 생성물의 양이 일정하게 유지된다.

③ 동적 평형과 시간에 따른 증발 속도와 응축 속도: 일정한 온도에서 액체의 증발은 일정한 속도로 일어나고, 기체의 응축은 용기 속 기체의 양(mol)에 비례하므로 동적 평형에 도달할 때까지 액체의 양(mol)은 감소하다가 일정해지고, 기체의 양(mol)은 증가하다가 일정해진다.

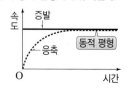

문제 보기

표는 밀폐된 진공 용기에 $C_2H_5OH(l)$을 넣은 후 시간에 따른 $C_2H_5OH(g)$의 양(mol)을 나타낸 것이다. t_2일 때 동적 평형 상태에 도달하였고, 이때 $\dfrac{C_2H_5OH(g)의\ 양(mol)}{C_2H_5OH(l)의\ 양(mol)}=x$이다.

시간	t_1	t_2	t_3
$C_2H_5OH(g)$의 양(mol)	a	b	b

동적 평형 상태에서 용기 속 $C_2H_5OH(l)$의 양(mol)과 $C_2H_5OH(g)$의 양(mol)은 일정하다.

이에 대한 옳은 설명만을 〈보기〉에서 있는 대로 고른 것은? (단, 온도는 일정하고, $0<t_1<t_2<t_3$이다.)

〈보기〉 풀이

ㄱ. $b>a$이다.

➡ t_2에서 동적 평형 상태에 도달하므로 t_1에서 $C_2H_5OH(g)$의 응축 속도는 $C_2H_5OH(l)$의 증발 속도보다 작다. 따라서 $C_2H_5OH(g)$의 양(mol)은 t_2일 때가 t_1일 때보다 크므로 $b>a$이다.

ㄴ. t_1일 때 $\dfrac{C_2H_5OH(g)의\ 응축\ 속도}{C_2H_5OH(l)의\ 증발\ 속도}<1$이다.

➡ t_1은 동적 평형 상태에 도달하기 이전이므로 $C_2H_5OH(g)$의 응축 속도는 $C_2H_5OH(l)$의 증발 속도보다 작다.

✘ t_3일 때 $\dfrac{C_2H_5OH(g)의\ 양(mol)}{C_2H_5OH(l)의\ 양(mol)}>x$이다.

➡ t_2에서 C_2H_5OH의 증발 속도와 응축 속도가 같아지는 동적 평형 상태에 도달하므로 용기 속 $C_2H_5OH(l)$의 양(mol)과 $C_2H_5OH(g)$의 양(mol)은 t_2 이후에 일정하다. 따라서 t_3일 때도 동적 평형 상태이므로 $\dfrac{C_2H_5OH(g)의\ 양(mol)}{C_2H_5OH(l)의\ 양(mol)}$은 t_2일 때와 같은 x이다.

적용해야 할 개념 ③가지

① 액체와 기체의 상평형: 액체의 증발 속도와 기체의 응축 속도가 같아 겉보기에는 변화가 일어나지 않는 것처럼 보이지만 액체와 기체가 공존하는 상태

② 상평형에서 증발 속도와 응축 속도: 상평형에서는 증발 속도와 응축 속도가 같으므로 $\dfrac{응축\ 속도}{증발\ 속도}=1$이다.

③ 동적 평형에서 반응물과 생성물의 양: 동적 평형 상태에서 정반응 속도와 역반응 속도가 같아 반응물과 생성물의 양이 일정하게 유지된다.

문제 보기

표는 밀폐된 진공 용기에 $H_2O(l)$을 넣은 후 시간에 따른 $\dfrac{H_2O(g)의\ 양(mol)}{H_2O(l)의\ 양(mol)}$을 나타낸 것이다. $0<t_1<t_2<t_3$이고, t_2일 때 $H_2O(l)$과 $H_2O(g)$는 동적 평형에 도달하였다.

시간	t_1	t_2	t_3
$\dfrac{H_2O(g)의\ 양(mol)}{H_2O(l)의\ 양(mol)}$	a	b	c

t_2일 때 동적 평형에 도달하였으므로 t_2일 때와 t_3일 때 $\dfrac{H_2O(g)의\ 양(mol)}{H_2O(l)의\ 양(mol)}$이 같다.

이에 대한 옳은 설명만을 〈보기〉에서 있는 대로 고른 것은? (단, 온도는 일정하다.)

〈보기〉 풀이

동적 평형 상태일 때는 물의 증발과 수증기의 응축이 같은 속도로 일어나므로 동적 평형에 도달한 이후 용기 속 액체의 양(mol)과 기체의 양(mol)은 일정하게 유지된다.

✘ $c>b$이다.

➡ t_2일 때 동적 평형 상태에 도달하였으므로 t_2 이후 용기 속 $H_2O(g)$의 양(mol)과 $H_2O(l)$의 양(mol)은 각각 일정하다. 또한 $t_2<t_3$이므로 $H_2O(g)$의 양(mol)과 $H_2O(l)$의 양(mol)은 각각 t_2일 때와 t_3일 때 같다. 따라서 $c=b$이다.

ㄴ. $H_2O(g)$의 양(mol)은 t_2일 때가 t_1일 때보다 많다.

➡ 밀폐된 진공 용기에 일정량의 $H_2O(l)$을 넣으면 시간이 지날수록 $H_2O(l)$의 양(mol)은 감소하고, $H_2O(g)$의 양(mol)은 증가하다가 동적 평형 상태 이후 $H_2O(l)$의 양(mol)과 $H_2O(g)$의 양(mol)이 일정해진다. 따라서 용기 속 $H_2O(g)$의 양(mol)은 동적 평형 상태인 t_2일 때가 동적 평형 상태에 도달하기 전인 t_1일 때보다 많다.

✘ $\dfrac{H_2O(g)의\ 응축\ 속도}{H_2O(l)의\ 증발\ 속도}$는 t_1일 때가 t_3일 때보다 크다.

➡ t_3일 때는 $H_2O(l)$의 증발 속도와 $H_2O(g)$의 응축 속도가 같고, t_1일 때는 동적 평형에 도달하기 전이므로 $H_2O(l)$의 증발 속도가 $H_2O(g)$의 응축 속도보다 크다. 따라서 $\dfrac{H_2O(g)의\ 응축\ 속도}{H_2O(l)의\ 증발\ 속도}$는 t_3일 때가 t_1일 때보다 크다.

10 상평형 2023학년도 10월 학평 화I 6번 　　　　　정답 ① | 정답률 88%

적용해야 할 개념 ③가지

① 액체와 기체의 상평형: 액체의 증발 속도와 기체의 응축 속도가 같아 겉보기에는 변화가 일어나지 않는 것처럼 보이지만 액체와 기체가 공존하는 상태

② 상평형에서 증발 속도와 응축 속도: 상평형에서는 증발 속도와 응축 속도가 같으므로 $\dfrac{\text{응축 속도}}{\text{증발 속도}}=1$이다.

③ 동적 평형에서 반응물과 생성물의 양: 동적 평형 상태에서 정반응 속도와 역반응 속도가 같아 반응물과 생성물의 양이 일정하게 유지된다.

문제 보기

표는 25 ℃에서 밀폐된 진공 용기에 X(l)를 넣은 후, X(l)와 X(g)의 질량을 시간 순서 없이 나타낸 것이다. 시간이 $2t$일 때 X(l)와 X(g)는 동적 평형 상태에 도달하였고, ㉠과 ㉡은 각각 t, $3t$ 중 하나이다.

시간	$2t$	㉠ $3t$	㉡ t
X(l)의 질량(g)	a	$=$ a	b
X(g)의 질량(g)	c		d

$2t$일 때 X(l)와 X(g)는 동적 평형 상태에 도달하므로 $2t$ 이후 X(l)와 X(g)의 질량은 일정하다. ➡ ㉠은 $3t$

이에 대한 옳은 설명만을 〈보기〉에서 있는 대로 고른 것은? (단, 온도는 25 ℃로 일정하다.)

보기

〈보기〉 풀이

ㄱ. ㉠은 $3t$이다.

➡ 시간이 $2t$일 때 X(l)와 X(g)는 동적 평형 상태에 도달하므로 $2t$ 이후 X(l)와 X(g)의 질량은 일정하다. 이로부터 X(l)의 질량이 a g으로 $2t$일 때와 같은 ㉠은 $3t$이다.

✗ ㄴ. $d>c$이다.

➡ ㉠이 $3t$이므로 ㉡은 t이다. 시간이 t일 때는 동적 평형 상태에 도달하기 이전이므로 밀폐 용기 속 X(g)의 질량은 시간이 $2t$일 때보다 작다. 따라서 $c>d$이다.

✗ ㄷ. 시간이 ㉡일 때 $\dfrac{\text{X}(g)\text{의 응축 속도}}{\text{X}(l)\text{의 증발 속도}}=1$이다.

➡ 시간이 ㉡일 때, 즉 t일 때는 동적 평형 상태에 도달하기 이전이므로 X(l)의 증발 속도가 X(g)의 응축 속도보다 크다. 따라서 $\dfrac{\text{X}(g)\text{의 응축 속도}}{\text{X}(l)\text{의 증발 속도}}<1$이다.

---

11 상평형 2023학년도 9월 모평 화I 7번 　　　　　정답 ③ | 정답률 83%

적용해야 할 개념 ④가지

① 가역 반응: 반응 조건에 따라 정반응과 역반응이 모두 일어날 수 있는 반응

② 액체와 기체의 상평형: 액체의 증발 속도와 기체의 응축 속도가 같아 겉보기에는 변화가 일어나지 않는 것처럼 보이지만 액체와 기체가 공존하는 상태

③ 동적 평형에서 반응물과 생성물의 양: 동적 평형 상태에서 정반응 속도와 역반응 속도가 같아 반응물과 생성물의 양이 일정하게 유지된다.

④ 동적 평형과 시간에 따른 증발 속도와 응축 속도: 일정한 온도에서 액체의 증발은 일정한 속도로 일어나고, 기체의 응축은 용기 속 기체의 양(mol)에 비례하므로 동적 평형에 도달할 때까지 액체의 양(mol)은 감소하다가 일정해지고, 기체의 양(mol)은 증가하다가 일정해진다.

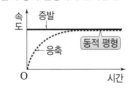

문제 보기

표는 밀폐된 진공 용기에 H$_2$O(l)을 넣은 후 시간에 따른 $\dfrac{\text{B}}{\text{A}}$를 나타낸 것이다. A와 B는 각각 H$_2$O의 증발 속도와 응축 속도 중 하나이고, t_2일 때 H$_2$O(l)과 H$_2$O(g)는 동적 평형 상태에 도달하였다. $x>y$이고, $0<t_1<t_2<t_3$이다.

t_2일 때 동적 평형 상태에 도달하였으므로 A와 B는 같다. ➡ $y=1$이다.

시간	t_1	t_2	t_3
$\dfrac{\text{B}}{\text{A}}$	x	y 1	z 1

동적 평형에 도달하기 전이므로 증발 속도>응축 속도이다.

이에 대한 설명으로 옳은 것만을 〈보기〉에서 있는 대로 고른 것은? (단, 온도는 일정하다.)

보기

〈보기〉 풀이

ㄱ. $x>1$이다.

➡ t_2일 때 동적 평형 상태에 도달하였으므로 증발 속도＝응축 속도이고, $y=1$이다. 이때 $x>y$이므로 $x>1$이다.

✗ ㄴ. B는 H$_2$O의 응축 속도이다.

➡ t_1일 때 $x>1$이고, 동적 평형에 도달하기 이전 상태이므로 증발 속도>응축 속도이다. 따라서 A는 H$_2$O의 응축 속도이고, B는 H$_2$O의 증발 속도이다.

ㄷ. $y=z$이다.

➡ t_3일 때도 동적 평형 상태이므로 $\dfrac{\text{B}}{\text{A}}=1$이고, $y=z=1$이다.

적용해야 할 개념 ②가지

① 액체와 기체의 상평형: 액체의 증발 속도와 기체의 응축 속도가 같아 겉보기에는 변화가 일어나지 않는 것처럼 보이지만 액체와 기체가 공존하는 상태

② 동적 평형과 시간에 따른 증발 속도와 응축 속도: 일정한 온도에서 액체의 증발은 일정한 속도로 일어나고, 기체의 응축은 용기 속 기체의 양(mol)에 비례하므로 동적 평형에 도달할 때까지 액체의 양(mol)은 감소하다가 일정해지고, 기체의 양(mol)은 증가하다가 일정해진다.

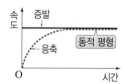

문제 보기

표는 밀폐된 진공 용기 안에 X(l)를 넣은 후 시간에 따른 X의 응축 속도 와 $\dfrac{\text{X}(g)\text{의 양(mol)}}{\text{X}(l)\text{의 양(mol)}}$ 에 대한 자료이다. $0 < t_1 < t_2 < t_3$ 이고, $c > 1$이다.

시간	t_1	t_2	t_3
$\dfrac{\text{응축 속도}}{\text{증발 속도}}$	a	b	1
$\dfrac{\text{X}(g)\text{의 양(mol)}}{\text{X}(l)\text{의 양(mol)}}$		1	c

$\dfrac{\text{응축 속도}}{\text{증발 속도}}$=1인 시점은 동적 평형 상태이므로 $b < 1$이다.

이에 대한 설명으로 옳은 것만을 〈보기〉에서 있는 대로 고른 것은? (단, 온도는 일정하다.)

보기

〈보기〉 풀이

$\dfrac{\text{응축 속도}}{\text{증발 속도}}$=1일 때 상평형에 도달하므로 t_3은 동적 평형 상태이다. t_2일 때 $\dfrac{\text{X}(g)\text{의 양(mol)}}{\text{X}(l)\text{의 양(mol)}}$=1 이고 t_3에서 $\dfrac{\text{X}(g)\text{의 양(mol)}}{\text{X}(l)\text{의 양(mol)}}$ 의 값 $c > 1$이므로 $t_2 \sim t_3$에서 증발 속도>응축 속도이다.

ㄱ. $a < 1$이다.
➡ t_2는 동적 평형에 도달하기 이전 시점이다. 시간이 $0 < t_1 < t_2 < t_3$이므로 $a < b$이고, $b < 1$이므로 $a < 1$이다.

✗ $b = 1$이다.
➡ t_2일 때 증발 속도>응축 속도이므로 $b < 1$이다.

✗ t_2일 때, X(l)와 X(g)는 동적 평형을 이루고 있다.
➡ t_2일 때는 동적 평형에 도달하기 이전 시점이다.

적용해야 할 개념 ③가지

① 액체와 기체의 상평형: 액체의 증발 속도와 기체의 응축 속도가 같아 겉보기에는 변화가 일어나지 않는 것처럼 보이지만 액체와 기체가 공존하는 상태

② 동적 평형에서 반응물과 생성물의 양: 동적 평형 상태에서 정반응 속도와 역반응 속도가 같아 반응물과 생성물의 양이 일정하게 유지된다.

③ 동적 평형과 시간에 따른 증발 속도와 응축 속도: 일정한 온도에서 액체의 증발은 일정한 속도로 일어나고, 기체의 응축은 용기 속 기체의 양(mol)에 비례하므로 동적 평형에 도달할 때까지 액체의 양(mol)은 감소하다가 일정해지고, 기체의 양(mol)은 증가하다가 일정해진다.

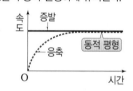

문제 보기

표는 크기가 다른 두 밀폐된 진공 용기 (가)와 (나)에 각각 X(l) 를 넣은 후 시간에 따른 $\dfrac{\text{X}(l)\text{의 양(mol)}}{\text{X}(g)\text{의 양(mol)}}$ 을 나타낸 것이다. (가)에서는 $2t$일 때, (나)에서는 $3t$일 때 X(l)와 X(g)는 동적 평형 상태에 도달하였다.

시간		t	$2t$	$3t$	$4t$
$\dfrac{\text{X}(l)\text{의 양(mol)}}{\text{X}(g)\text{의 양(mol)}}$ (상댓값)	(가)	a		1	
	(나)			b	c

동적 평형 상태에서 용기 속 X(l)의 양(mol)과 X(g)의 양(mol)은 일정하다.

이에 대한 설명으로 옳은 것만을 〈보기〉에서 있는 대로 고른 것은? (단, 온도는 일정하다.)

보기

〈보기〉 풀이

ㄱ. $a > 1$이다.
➡ 동적 평형에 도달할 때까지 X(l)의 양(mol)은 감소하고, X(g)의 양(mol)은 증가한다. (가)에서 $2t$일 때 동적 평형 상태에 도달하므로 X(l)의 양(mol)은 t일 때가 $2t$일 때보다 크고, X(g)의 양(mol)은 $2t$일 때가 t일 때보다 크다. 따라서 $\dfrac{\text{X}(l)\text{의 양(mol)}}{\text{X}(g)\text{의 양(mol)}}$ 의 값은 t일 때가 $2t$일 때보다 크고, $2t$일 때와 $3t$일 때가 같으므로 $a > 1$이다.

✗ $b > c$이다.
➡ (나)에서 $3t$일 때 동적 평형 상태에 도달하므로 X(l)의 양(mol)은 $3t$일 때와 $4t$일 때가 같고, X(g)의 양(mol) 또한 $3t$일 때와 $4t$일 때가 같다. 따라서 $b = c$이다.

✗ $2t$일 때, X의 $\dfrac{\text{응축 속도}}{\text{증발 속도}}$ 는 (나)에서가 (가)에서보다 크다.
➡ (가)에서는 $2t$일 때 동적 평형 상태에 도달하므로 X의 $\dfrac{\text{응축 속도}}{\text{증발 속도}}$=1이다. (나)에서는 $2t$일 때 동적 평형 상태에 도달하기 이전이므로 X(l)의 증발 속도>X(g)의 응축 속도이며, X의 $\dfrac{\text{응축 속도}}{\text{증발 속도}}$ < 1이다. 따라서 $2t$일 때 X의 $\dfrac{\text{응축 속도}}{\text{증발 속도}}$ 는 (가)에서가 (나)에서보다 크다.

14 상평형 2022학년도 10월 학평 화I 6번 정답 ③ | 정답률 84%

적용해야 할 개념 ③가지

① 액체와 기체의 상평형: 액체의 증발 속도와 기체의 응축 속도가 같아 겉보기에는 변화가 일어나지 않는 것처럼 보이지만 액체와 기체가 공존하는 상태

② 동적 평형에서 반응물과 생성물의 양: 동적 평형 상태에서 정반응 속도와 역반응 속도가 같아 반응물과 생성물의 양이 일정하게 유지된다.

③ 동적 평형과 시간에 따른 증발 속도와 응축 속도: 일정한 온도에서 액체의 증발은 일정한 속도로 일어나고, 기체의 응축은 용기 속 기체의 양(mol)에 비례하므로 동적 평형에 도달할 때까지 액체의 양(mol)은 감소하다가 일정해지고, 기체의 양(mol)은 증가하다가 일정해진다.

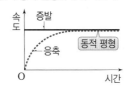

문제 보기

표는 부피가 다른 밀폐된 진공 용기 (가)와 (나)에 각각 같은 양(mol)의 X(l)를 넣은 후 시간에 따른 $\dfrac{\text{X}(g)\text{의 양(mol)}}{\text{X}(l)\text{의 양(mol)}}$을 나타낸 것이다. $c>b>a$이다.

(가)에서는 2t일 때 동적 평형에 도달 ⌐

시간		t	$2t$	$3t$	$4t$
X(g)의 양(mol)	(가)	a	b	b	
X(l)의 양(mol)	(나)		b	c	c

└ (나)에서는 3t일 때 동적 평형에 도달 ⌐

이에 대한 옳은 설명만을 〈보기〉에서 있는 대로 고른 것은? (단, 온도는 일정하다.)

〈보기〉 풀이

ㄱ (가)에서 X(g)의 양(mol)은 $2t$일 때가 t일 때보다 크다.

➡ 밀폐된 진공 용기에 일정량의 X(l)를 넣으면 시간이 지날수록 X(l)의 양(mol)은 감소하고, X(g)의 양(mol)은 증가하다가 동적 평형 상태 이후 X(l)의 양(mol)과 X(g)의 양(mol)이 일정해진다. (가)에서는 $2t$부터 $\dfrac{\text{X}(g)\text{의 양(mol)}}{\text{X}(l)\text{의 양(mol)}}$이 b로 일정하므로 $2t$일 때 동적 평형에 도달한다. 따라서 X(g)의 양(mol)은 $2t$일 때가 t일 때보다 크다.

ㄴ X(l)와 X(g)가 동적 평형에 도달하는 데 걸린 시간은 (나)>(가)이다.

➡ (나)에서 $\dfrac{\text{X}(g)\text{의 양(mol)}}{\text{X}(l)\text{의 양(mol)}}$은 $3t$ 이후 c로 일정하므로 $3t$일 때 동적 평형에 도달한다. 따라서 X(l)와 X(g)가 동적 평형에 도달하는 데 걸린 시간은 (나)>(가)이다.

✗ (가)에서 $4t$일 때 $\dfrac{\text{X}(g)\text{의 응축 속도}}{\text{X}(l)\text{의 증발 속도}}>1$이다.

➡ $4t$일 때 (가)에서는 X(l)와 X(g)가 동적 평형을 이루고 있으므로 X(l)의 증발 속도와 X(g)의 응축 속도는 같다. 따라서 $\dfrac{\text{X}(g)\text{의 응축 속도}}{\text{X}(l)\text{의 증발 속도}}=1$이다.

---

15 상평형 2021학년도 3월 학평 화I 5번 정답 ④ | 정답률 64%

적용해야 할 개념 ②가지

① 액체와 기체의 상평형: 액체의 증발 속도와 기체의 응축 속도가 같아 겉보기에는 변화가 일어나지 않는 것처럼 보이지만 액체와 기체가 공존하는 상태

② 동적 평형과 시간에 따른 증발 속도와 응축 속도: 일정한 온도에서 액체의 증발은 일정한 속도로 일어나고, 기체의 응축은 용기 속 기체의 양(mol)에 비례하므로 동적 평형에 도달할 때까지 액체의 양(mol)은 감소하다가 일정해지고, 기체의 양(mol)은 증가하다가 일정해진다.

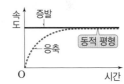

문제 보기

그림은 밀폐된 진공 용기에 X(l)를 넣은 후 X(g)의 응축 속도를 시간에 따라 나타낸 것이다. 온도는 일정하고, t_2에서 X(l)와 X(g)는 동적 평형을 이루고 있다.

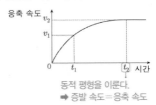

동적 평형을 이룬다.
➡ 증발 속도=응축 속도

이에 대한 옳은 설명만을 〈보기〉에서 있는 대로 고른 것은?

〈보기〉 풀이

일정 온도에서 X(l)의 증발 속도는 일정하다. 밀폐된 용기에 X(l)를 넣어두면 처음에는 일정한 속도로 X(l)가 증발되다가 용기 속 X(g) 수가 증가하면서 응축 속도가 빨라진다. 일정 시간 후 X(l)의 증발 속도와 X(g)의 응축 속도가 같아지면 동적 평형에 도달한다. 증발 속도와 응축 속도가 v_2로 같아지는 t_2에서 동적 평형에 도달한다.

ㄱ t_1에서 X(l)의 증발 속도는 v_1보다 크다.

➡ 일정 온도에서 X(l)의 증발 속도는 v_2로 일정하므로 X(l)의 증발 속도는 v_1보다 크다.

✗ t_2에서 X(l)의 증발이 일어나지 않는다.

➡ t_2에서 동적 평형에 도달하므로 X의 증발과 응축이 같은 속도로 일어나고 있다.

ㄷ X(g)의 양(mol)은 t_2에서가 t_1에서보다 크다.

➡ X(g)의 응축 속도는 t_2에서가 t_1에서보다 크므로 용기 속 X(g)의 양(mol)은 t_2에서가 t_1에서보다 크다.

적용해야 할 개념 ③가지

① 액체와 기체의 상평형: 액체의 증발 속도와 기체의 응축 속도가 같아 겉보기에는 변화가 일어나지 않는 것처럼 보이지만 액체와 기체가 공존하는 상태

② 동적 평형에서 반응물과 생성물의 양: 동적 평형 상태에서 정반응 속도와 역반응 속도가 같아 반응물과 생성물의 양이 일정하게 유지된다.

③ 동적 평형과 시간에 따른 증발 속도와 응축 속도: 일정한 온도에서 액체의 증발은 일정한 속도로 일어나고, 기체의 응축은 용기 속 기체의 양(mol)에 비례하므로 동적 평형에 도달할 때까지 액체의 양(mol)은 감소하다가 일정해지고, 기체의 양(mol)은 증가하다가 일정해진다.

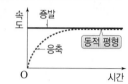

문제 보기

그림은 온도가 다른 두 밀폐된 진공 용기 (가)와 (나)에 각각 같은 양(mol)의 $H_2O(l)$을 넣은 후 시간에 따른 $\dfrac{H_2O(l)의\ 양(mol)}{H_2O(g)의\ 양(mol)}$을 나타낸 것이다. (가)에서는 t_2일 때, (나)에서는 t_3일 때 $H_2O(l)$과 $H_2O(g)$는 동적 평형 상태에 도달하였다. $0 < t_1 < t_2 < t_3$이다.

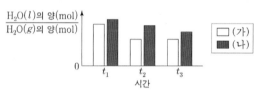

이에 대한 설명으로 옳은 것만을 〈보기〉에서 있는 대로 고른 것은? (단, 두 용기의 온도는 각각 일정하다.)

보기

〈보기〉 풀이

ㄱ (가)에서 $H_2O(g)$의 양(mol)은 t_2일 때가 t_1일 때보다 많다.
➡ (가)에서는 t_2일 때 동적 평형 상태에 도달하였고, t_1은 동적 평형 상태에 도달하기 전이므로 용기 속 $H_2O(g)$의 양은 t_2일 때가 t_1일 때보다 많다.

✗ (나)에서 t_3일 때 $H_2O(g)$가 $H_2O(l)$로 되는 반응은 일어나지 않는다.
➡ (나)에서는 t_3일 때 동적 평형 상태에 도달하였으므로 증발과 응축이 같은 속도로 일어난다.

✗ t_2일 때 H_2O의 $\dfrac{증발\ 속도}{응축\ 속도}$는 (가)에서가 (나)에서보다 크다.

➡ t_2일 때 (가)에서는 H_2O의 증발 속도와 응축 속도가 같으므로 $\dfrac{증발\ 속도}{응축\ 속도}=1$이다. 또 t_2일 때 (나)에서는 동적 평형 상태에 도달하기 전이므로 H_2O의 증발 속도는 응축 속도보다 크고 $\dfrac{증발\ 속도}{응축\ 속도}>1$이다. 따라서 t_2일 때 H_2O의 $\dfrac{증발\ 속도}{응축\ 속도}$는 (나)에서가 (가)에서보다 크다.

적용해야 할 개념 ②가지

① 액체와 기체의 상평형: 액체의 증발 속도와 기체의 응축 속도가 같아 겉보기에는 변화가 일어나지 않는 것처럼 보이지만 액체와 기체가 공존하는 상태

② 동적 평형과 시간에 따른 증발 속도와 응축 속도: 일정한 온도에서 액체의 증발은 일정한 속도로 일어나고, 기체의 응축은 용기 속 기체의 양(mol)에 비례하므로 동적 평형에 도달할 때까지 액체의 양(mol)은 감소하다가 일정해지고, 기체의 양(mol)은 증가하다가 일정해진다.

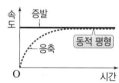

문제 보기

그림은 밀폐된 진공 용기 안에 $X(l)$를 넣은 후 X의 증발과 응축이 일어날 때, 시간 t_1, t_2, t_3에서의 물질의 양(mol)을 나타낸 것이다. $0 < t_1 < t_2 < t_3$이고 t_3일 때 동적 평형 상태이다. A와 B는 각각 $X(l)$와 $X(g)$ 중 하나이다.

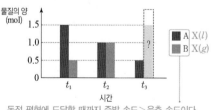

동적 평형에 도달할 때까지 증발 속도 > 응축 속도이다.
➡ $X(l)$의 양(mol)은 감소하다가 일정해지고, $X(g)$의 양(mol)은 증가하다가 일정해진다.

이에 대한 설명으로 옳은 것만을 〈보기〉에서 있는 대로 고른 것은? (단, 온도는 일정하다.)

보기

〈보기〉 풀이

일정 온도에서 $X(l)$의 증발 속도는 일정하다. 밀폐된 용기에 $X(l)$를 넣어두면 처음에는 일정한 속도로 $X(l)$가 증발하다가 용기 속 $X(g)$ 수가 증가하면서 응축 속도가 빨라진다. 일정 시간 후 $X(l)$의 증발 속도와 $X(g)$의 응축 속도가 같아지면 동적 평형에 도달한다. 이로부터 $X(l)$의 양(mol)은 $t_1 > t_2 > t_3$이고, $X(g)$의 양(mol)은 $t_1 < t_2 < t_3$이다.

ㄱ A는 $X(l)$이다.
➡ 시간이 지나면서 물질의 양(mol)이 감소하는 A가 $X(l)$이고, 물질의 양(mol)이 증가하는 B는 $X(g)$이다.

✗ t_2에서 $\dfrac{응축\ 속도}{증발\ 속도}=1$이다.
➡ t_2는 동적 평형에 도달하기 이전 상태이므로 X의 증발 속도가 응축 속도보다 크다. 따라서 $\dfrac{응축\ 속도}{증발\ 속도}<1$이다.

✗ t_3에서 B의 양(mol)은 0.5 mol이다.
➡ X는 밀폐된 용기 안에 들어 있으므로 각 시간에서 $X(l)$의 양(mol)과 $X(g)$의 양(mol)의 합은 같다. 따라서 t_3에서 B의 양(mol)은 1.5 mol이다.

18 상평형 2024학년도 9월 모평 화Ⅰ 5번 정답 ③ | 정답률 86%

적용해야 할 개념 ②가지

① 고체와 기체의 동적 평형: 고체 → 기체의 승화 속도와 기체 → 고체의 승화 속도가 같아 겉보기에는 변화가 일어나지 않는 것처럼 보이지만 고체와 기체가 공존하는 상태이다.

② 상평형에서 승화 속도: 일정한 온도에서 밀폐된 진공 용기에 고체를 넣은 경우 상평형에 도달할 때까지 고체 → 기체의 승화 속도는 일정하고, 기체 → 고체의 승화 속도는 용기 속 기체의 양에 비례한다. 상평형 상태에서 $\dfrac{\text{기체가 고체로 되는 승화 속도}}{\text{고체가 기체로 되는 승화 속도}} = 1$이다.

문제 보기

그림 (가)는 $-70\ ^\circ\text{C}$에서 밀폐된 진공 용기에 드라이아이스($CO_2(s)$)를 넣은 후 시간에 따른 용기 속 ㉠의 양(mol)을, (나)는 t_3일 때 용기 속 상태를 나타낸 것이다. ㉠은 $CO_2(s)$와 $CO_2(g)$ 중 하나이고, t_2일 때 $CO_2(s)$와 $CO_2(g)$는 동적 평형 상태에 도달하였다.

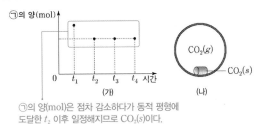

㉠의 양(mol)은 점차 감소하다가 동적 평형에 도달한 t_2 이후 일정해지므로 $CO_2(s)$이다.

이에 대한 설명으로 옳은 것만을 〈보기〉에서 있는 대로 고른 것은? (단, 온도는 일정하다.)

〈보기〉 풀이

일정 온도에서 밀폐된 진공 용기에 $CO_2(s)$를 넣으면 처음에는 $CO_2(s)$가 $CO_2(g)$로 되는 승화가 일어나다가 용기 속 $CO_2(g)$의 양(mol)이 증가하면서 $CO_2(g)$가 $CO_2(s)$로 되는 승화 속도가 빨라진다. 일정 시간 후 $CO_2(s)$가 $CO_2(g)$로 되는 승화 속도와 $CO_2(g)$가 $CO_2(s)$로 되는 승화 속도가 같아지면 동적 평형 상태에 도달한다.

ㄱ. ㉠은 $CO_2(s)$이다.

➡ ㉠의 양(mol)은 점차 감소하다가 동적 평형 상태에 도달하는 t_2 이후 일정해지는 것으로 보아 $CO_2(s)$이다.

✗ t_1일 때 $\dfrac{CO_2(g)\text{가 } CO_2(s)\text{로 승화되는 속도}}{CO_2(s)\text{가 } CO_2(g)\text{로 승화되는 속도}} > 1$이다.

➡ t_1일 때는 동적 평형에 도달하기 이전 상태이므로 $CO_2(s)$가 $CO_2(g)$로 승화되는 속도가 $CO_2(g)$가 $CO_2(s)$로 승화되는 속도보다 빠르다. 따라서 $\dfrac{CO_2(g)\text{가 } CO_2(s)\text{로 승화되는 속도}}{CO_2(s)\text{가 } CO_2(g)\text{로 승화되는 속도}} < 1$이다.

ㄷ. $CO_2(g)$의 양(mol)은 t_3일 때와 t_4일 때가 같다.

➡ t_3일 때와 t_4일 때는 모두 동적 평형 상태이므로 용기 속 $CO_2(g)$의 양(mol)은 같다.

19 상평형 2024학년도 7월 학평 화Ⅰ 9번 정답 ② | 정답률 91%

적용해야 할 개념 ②가지

① 고체와 기체의 동적 평형: 고체 → 기체의 승화 속도와 기체 → 고체의 승화 속도가 같아 겉보기에는 변화가 일어나지 않는 것처럼 보이지만 고체와 기체가 공존하는 상태이다.

② 상평형에서 승화 속도: 일정한 온도에서 밀폐된 진공 용기에 고체를 넣은 경우 상평형에 도달할 때까지 고체 → 기체의 승화 속도는 일정하고, 기체 → 고체의 승화 속도는 용기 속 기체의 양에 비례한다. 상평형 상태에서 $\dfrac{\text{기체가 고체로 되는 승화 속도}}{\text{고체가 기체로 되는 승화 속도}} = 1$이다.

문제 보기

표는 $-70\ ^\circ\text{C}$에서 밀폐된 진공 용기에 드라이아이스($CO_2(s)$)를 넣은 후 시간에 따른 $CO_2(g)$의 양(mol)에 대한 자료이다. $2t$일 때 $CO_2(s)$와 $CO_2(g)$는 동적 평형 상태에 도달하였고, $t > 0$이다.

시간	t	$2t$	$3t$
$CO_2(g)$의 양(mol)	a		b

$2t$일 때 동적 평형 상태에 도달하므로 $CO_2(g)$의 양(mol)은 $2t$일 때가 t일 때보다 크다. ➡ $3t$일 때도 동적 평형 상태 ➡ $b > a$

이에 대한 설명으로 옳은 것만을 〈보기〉에서 있는 대로 고른 것은? (단, 온도는 $-70\ ^\circ\text{C}$로 일정하다.)

〈보기〉 풀이

일정 온도에서 밀폐된 용기에 $CO_2(s)$를 넣으면 처음에는 $CO_2(s)$가 $CO_2(g)$로 되는 승화가 일어나다가 용기 속 $CO_2(g)$의 양이 증가하면서 $CO_2(g)$가 $CO_2(s)$로 되는 승화 속도가 빨라진다. 일정 시간 후 $CO_2(s)$가 $CO_2(g)$로 되는 승화 속도와 $CO_2(g)$가 $CO_2(s)$로 되는 승화 속도가 같아지면 동적 평형 상태에 도달한다.

✗ $a > b$이다.

➡ $2t$일 때 $CO_2(s)$와 $CO_2(g)$는 동적 평형 상태에 도달하므로 용기 속 $CO_2(g)$의 양은 $2t$일 때가 t일 때보다 크다. 또 $2t$일 때와 $3t$일 때는 모두 동적 평형 상태이므로 용기 속 $CO_2(g)$의 양(mol)은 같다. 따라서 $b > a$이다.

ㄴ. $\dfrac{CO_2(g)\text{가 } CO_2(s)\text{로 승화되는 속도}}{CO_2(s)\text{가 } CO_2(g)\text{로 승화되는 속도}}$ 는 t일 때가 $2t$일 때보다 작다.

➡ $CO_2(s)$가 $CO_2(g)$로 승화되는 속도는 t일 때와 $2t$일 때가 같고, $CO_2(g)$가 $CO_2(s)$로 승화되는 속도는 $2t$일 때가 t일 때보다 크므로 $\dfrac{CO_2(g)\text{가 } CO_2(s)\text{로 승화되는 속도}}{CO_2(s)\text{가 } CO_2(g)\text{로 승화되는 속도}}$ 는 t일 때가 $2t$일 때보다 작다.

✗ $3t$일 때 $CO_2(s)$가 $CO_2(g)$로 승화되는 반응은 일어나지 않는다.

➡ $3t$일 때도 $CO_2(s)$와 $CO_2(g)$는 동적 평형 상태이므로 $CO_2(s)$가 $CO_2(g)$로 승화되는 반응과 $CO_2(g)$가 $CO_2(s)$로 승화되는 반응은 같은 속도로 일어난다.

적용해야 할 개념 ②가지

① 고체와 기체의 동적 평형: 고체 → 기체의 승화 속도와 기체 → 고체의 승화 속도가 같아 겉보기에는 변화가 일어나지 않는 것처럼 보이지만 고체와 기체가 공존하는 상태이다.

② 상평형에서 승화 속도: 일정 온도에서 밀폐된 진공 용기에 고체를 넣은 경우 상평형에 도달할 때까지 고체 → 기체의 승화 속도는 일정하고, 기체 → 고체의 승화 속도는 용기 속 기체의 양에 비례한다. 상평형 상태에서 $\dfrac{\text{기체가 고체로 되는 승화 속도}}{\text{고체가 기체로 되는 승화 속도}}=1$이다.

문제 보기

표는 -70 ℃에서 밀폐된 진공 용기에 드라이아이스($CO_2(s)$)를 넣은 후 시간에 따른 $CO_2(g)$의 양(mol)에 대한 자료이다. $2t$일 때 <u>$CO_2(s)$와 $CO_2(g)$는 동적 평형 상태에 도달하였다.</u>

　└─ $CO_2(g)$의 양(mol)은 점점 증가하다가 동적 평형 상태에 도달하면 그 양이 일정해진다.

시간	t	$2t$	$3t$
$CO_2(g)$의 양(mol)	a	b	b

　└ $2t$일 때 동적 평형 상태이다.
　➡ $3t$일 때도 동적 평형 상태이다.

이에 대한 옳은 설명만을 〈보기〉에서 있는 대로 고른 것은? (단, 온도는 일정하다.)

〈보기〉 풀이

일정 온도에서 밀폐된 용기에 $CO_2(s)$를 넣으면 처음에는 $CO_2(s)$가 $CO_2(g)$로 되는 승화가 일어나다가 용기 속 $CO_2(g)$의 양이 증가하면서 $CO_2(g)$가 $CO_2(s)$로 되는 승화 속도가 빨라진다. 일정 시간 후 $CO_2(s)$가 $CO_2(g)$로 되는 승화 속도와 $CO_2(g)$가 $CO_2(s)$로 되는 승화 속도가 같아지면 동적 평형 상태에 도달한다.

〔ㄱ〕 $CO_2(s)$가 $CO_2(g)$로 되는 반응은 가역 반응이다.

➡ $CO_2(s)$가 $CO_2(g)$로 승화되고, $CO_2(g)$가 $CO_2(s)$로 승화되므로 $CO_2(s)$가 $CO_2(g)$로 되는 반응은 가역 반응이다.

✗ $a>b$이다.

➡ 일정 온도에서 $CO_2(s)$가 $CO_2(g)$로 승화되는 속도는 일정하고, $CO_2(g)$가 $CO_2(s)$로 승화되는 속도는 용기 속 $CO_2(g)$의 양에 비례한다. 일정 온도에서 처음에는 $CO_2(s)$가 $CO_2(g)$로 승화되면서 $CO_2(g)$의 양이 점점 증가하므로 $a<b$이다.

✗ $3t$일 때 $\dfrac{CO_2(g)\text{가 }CO_2(s)\text{로 승화되는 속도}}{CO_2(s)\text{가 }CO_2(g)\text{로 승화되는 속도}} >1$이다.

➡ $3t$일 때는 동적 평형 상태이므로 $CO_2(s)$가 $CO_2(g)$로 승화되는 속도와 $CO_2(g)$가 $CO_2(s)$로 승화되는 속도는 같다. 따라서 $\dfrac{CO_2(g)\text{가 }CO_2(s)\text{로 승화되는 속도}}{CO_2(s)\text{가 }CO_2(g)\text{로 승화되는 속도}} =1$이다.

적용해야 할 개념 ②가지

① 고체와 기체의 동적 평형: 고체 → 기체의 승화 속도와 기체 → 고체의 승화 속도가 같아 겉보기에는 변화가 일어나지 않는 것처럼 보이지만 고체와 기체가 공존하는 상태이다.

② 상평형에서 승화 속도: 일정 온도에서 용기에 고체를 넣은 경우 상평형에 도달할 때까지 고체가 기체로 승화되는 속도는 일정하고, 기체가 고체로 승화되는 속도는 용기 속 기체의 양(mol)에 비례한다. 상평형에서 $\dfrac{\text{기체가 고체로 승화되는 속도}}{\text{고체가 기체로 승화되는 속도}}=1$이다.

문제 보기

다음은 학생 A가 수행한 탐구 활동이다.

　[학습 내용]
　○ 이산화 탄소(CO_2)의 상변화에 따른 동적 평형:
　　$CO_2(s) \rightleftharpoons CO_2(g)$
　[가설]
　○ 밀폐된 용기에서 드라이아이스($CO_2(s)$)와 $CO_2(g)$가 동적 평형 상태에 도달하면 　⟨　　㉠　　⟩
　[탐구 과정]
　○ -70 ℃에서 밀폐된 진공 용기에 $CO_2(s)$를 넣고, 온도를 -70 ℃로 유지하며 시간에 따른 $CO_2(s)$의 질량을 측정한다.
　[탐구 결과]
　○ t_2일 때 동적 평형 상태에 도달하였고, 시간에 따른 $CO_2(s)$의 질량은 그림과 같았다.

　[결론]
　○ 가설은 옳다.

　└─ $CO_2(s)$의 질량이 감소하다가 일정해지기 시작하는 t_2일 때 동적 평형 상태에 도달한다.

학생 A의 결론이 타당할 때, 이에 대한 설명으로 옳은 것만을 〈보기〉에서 있는 대로 고른 것은?

〈보기〉 풀이

〔ㄱ〕 '$CO_2(s)$의 질량이 변하지 않는다.'는 ㉠으로 적절하다.

➡ 일정 온도에서 $CO_2(s)$가 $CO_2(g)$로 승화되는 속도는 일정하고, $CO_2(g)$가 $CO_2(s)$로 승화되는 속도는 용기 속 $CO_2(g)$의 양(mol)에 비례한다. 따라서 동적 평형 상태에 도달할 때까지 용기 속 $CO_2(s)$의 질량은 감소하다가 일정해지므로 '$CO_2(s)$의 질량이 변하지 않는다.'는 ㉠으로 적절하다.

〔ㄴ〕 t_1일 때 $\dfrac{CO_2(g)\text{가 }CO_2(s)\text{로 승화되는 속도}}{CO_2(s)\text{가 }CO_2(g)\text{로 승화되는 속도}} <1$이다.

➡ t_1일 때는 동적 평형에 도달하기 이전 상태이므로 $CO_2(s)$가 $CO_2(g)$로 승화되는 속도가 $CO_2(g)$가 $CO_2(s)$로 승화되는 속도보다 크다. 따라서 $\dfrac{CO_2(g)\text{가 }CO_2(s)\text{로 승화되는 속도}}{CO_2(s)\text{가 }CO_2(g)\text{로 승화되는 속도}} <$ 1이다.

✗ t_3일 때 $CO_2(s)$가 $CO_2(g)$로 승화되는 반응은 일어나지 않는다.

➡ t_3일 때는 동적 평형 상태이므로 $CO_2(s)$가 $CO_2(g)$로 승화되는 반응과 $CO_2(g)$가 $CO_2(s)$로 승화되는 반응이 같은 속도로 일어난다.

22 상평형 2022학년도 9월 모평 화I 5번   정답 ① | 정답률 92%

적용해야 할 개념 ④가지

① 가역 반응: 반응 조건에 따라 정반응과 역반응이 모두 일어날 수 있는 반응
② 액체와 기체의 상평형: 액체의 증발 속도와 기체의 응축 속도가 같아 겉보기에는 변화가 일어나지 않는 것처럼 보이지만 액체와 기체가 공존하는 상태
③ 동적 평형에서 반응물과 생성물의 양: 동적 평형 상태에서 정반응 속도와 역반응 속도가 같아 반응물과 생성물의 양이 일정하게 유지된다.
④ 동적 평형과 시간에 따른 증발 속도와 응축 속도: 일정한 온도에서 액체의 증발은 일정한 속도로 일어나고, 기체의 응축은 용기 속 기체의 양(mol)에 비례하므로 동적 평형에 도달할 때까지 액체의 양(mol)은 감소하다가 일정해지고, 기체의 양(mol)은 증가하다가 일정해진다.

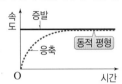

문제 보기

그림은 밀폐된 진공 용기 안에 $H_2O(l)$을 넣은 후 시간에 따른 $\dfrac{H_2O(l)\text{의 양(mol)}}{H_2O(g)\text{의 양(mol)}}$ 을 나타낸 것이다. 시간이 t_2일 때 $H_2O(l)$과 $H_2O(g)$는 동적 평형 상태에 도달하였다.

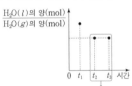

t_2일 때 동적 평형 상태이다.
➡ t_3일 때도 동적 평형 상태이다.

이에 대한 설명으로 옳은 것만을 〈보기〉에서 있는 대로 고른 것은? (단, 온도는 일정하다.)

〈보기〉 풀이

t_2일 때 $H_2O(l)$과 $H_2O(g)$가 동적 평형을 이루므로 $H_2O(g)$의 응축 속도는 $t_1 < t_2 = t_3$이다.

ㄱ. H_2O의 상변화는 가역 반응이다.
➡ H_2O의 증발과 응축은 조건에 따라 모두 일어나는 가역 반응이다.

ㄴ. t_1일 때 $\dfrac{H_2O(l)\text{의 증발 속도}}{H_2O(g)\text{의 응축 속도}} = 1$이다.
➡ t_1일 때는 동적 평형에 도달하기 이전 상태이므로 $H_2O(l)$의 증발 속도는 $H_2O(g)$의 응축 속도보다 크다. 따라서 $\dfrac{H_2O(l)\text{의 증발 속도}}{H_2O(g)\text{의 응축 속도}} > 1$이다.

ㄷ. $\dfrac{t_3\text{일 때 } H_2O(g)\text{의 양(mol)}}{t_2\text{일 때 } H_2O(g)\text{의 양(mol)}} < 1$이다.
➡ t_2일 때와 t_3일 때는 모두 동적 평형 상태이므로 용기 속 $H_2O(l)$의 양(mol)과 $H_2O(g)$의 양(mol)은 t_2일 때와 t_3일 때가 같다. 따라서 $\dfrac{t_3\text{일 때 } H_2O(g)\text{의 양(mol)}}{t_2\text{일 때 } H_2O(g)\text{의 양(mol)}} = 1$이다.

23 상평형 2022학년도 4월 학평 화I 15번   정답 ② | 정답률 83%

적용해야 할 개념 ②가지

① 액체와 기체의 상평형: 액체의 증발 속도와 기체의 응축 속도가 같아 겉보기에는 변화가 일어나지 않는 것처럼 보이지만 액체와 기체가 공존하는 상태
② 동적 평형에서 반응물과 생성물의 양: 동적 평형 상태에서 정반응 속도와 역반응 속도가 같아 반응물과 생성물의 양이 일정하게 유지된다.

문제 보기

그림은 밀폐된 진공 용기 안에 $H_2O(l)$을 넣은 모습을 나타낸 것이다. 시간이 t일 때 $H_2O(l)$과 $H_2O(g)$는 동적 평형 상태에 도달하였다.

다음 중 시간에 따른 용기 속 $\dfrac{H_2O(g)\text{의 질량}}{H_2O(l)\text{의 질량}}$

(a)을 나타낸 것으로 가장 적절한 것은? (단, 온도는 일정하다.)

동적 평형 상태에 도달할 때까지 $H_2O(l)$의 양(mol)은 감소하다가 일정해지고, $H_2O(g)$의 양(mol)은 증가하다가 일정해진다.

〈보기〉 풀이

밀폐된 진공 용기 안에 $H_2O(l)$을 넣으면 처음에는 $H_2O(l)$의 양(mol)이 감소하고, $H_2O(g)$의 양(mol)이 증가하므로 $\dfrac{H_2O(g)\text{의 질량}}{H_2O(l)\text{의 질량}}$ 은 증가한다. 시간이 t일 때 동적 평형 상태에 도달하면 $H_2O(l)$의 양(mol)과 $H_2O(g)$의 양(mol)은 일정하게 유지된다.

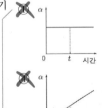
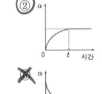

24

용해 평형 2021학년도 10월 학평 화I 7번

정답 ① | 정답률 76%

적용해야 할 개념 ③가지

① 용해 평형: 용해 반응이 일어날 때 용질의 용해 속도와 석출 속도가 같아 겉보기에는 변화가 일어나지 않는 것처럼 보이는 상태

② 포화 용액: 포화 용액은 용매에 용질이 최대한 녹아 있어 더 이상의 용질이 녹지 않는 상태의 용액으로 동적 평형에 도달한 액이다. 포화 용액에서는 실제로 끊임없이 용해와 석출이 일어나고 있다.

② 용해 평형에서 수용액의 몰 농도(M): 용해 평형에 도달한 수용액에 용질을 더 넣어 주어도 용액 속 용질의 양이 일정하므로 용액의 몰 농도(M)는 일정하다.

문제 보기

그림은 물에 $X(s)$ w g을 넣었을 때, 시간에 따른 용해된 X의 질량을 나타낸 것이다. $w > a$이다.

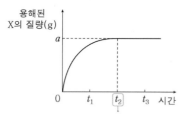

용액 속으로 녹아 들어 가는 용질의 질량이 증가하지 않는다.
➡ t_2일 때 용해 평형에 도달한다.

이에 대한 옳은 설명만을 〈보기〉에서 있는 대로 고른 것은? (단, 온도는 일정하고, X의 용해에 따른 수용액의 부피 변화와 물의 증발은 무시한다.)

〈보기〉 풀이

일정 온도에서 일정량의 물에 $X(s)$를 넣고 녹일 때 용액 속 용질의 양(mol)이 증가하다가 용해 평형에 도달하면 용액 속 용질의 양(mol)이 일정해진다.

✗ X의 석출 속도는 t_1일 때와 t_2일 때가 같다.

➡ t_2에서 용해 평형에 도달하므로 t_1일 때는 용해 평형에 도달하기 이전 상태이다. 따라서 석출 속도는 $t_1 < t_2 = t_3$이다.

ㄴ) $X(aq)$의 몰 농도는 t_3일 때가 t_1일 때보다 크다.

➡ t_3일 때는 용해 평형을 이룬 상태이고, t_1일 때는 용해 평형에 도달하기 이전 상태이므로 $X(aq)$의 몰 농도(M)는 t_3일 때가 t_1일 때보다 크다.

✗ 녹지 않고 남아 있는 $X(s)$의 질량은 t_2일 때가 t_3일 때보다 크다.

➡ t_2일 때와 t_3일 때는 모두 용해 평형을 이룬 상태이므로 용액 속 녹지 않고 남아 있는 $X(s)$의 질량은 같다.

보기

25

상평형 2024학년도 10월 학평 화I 2번

정답 ② | 정답률 94%

적용해야 할 개념 ②가지

① 액체와 기체의 상평형: 액체의 증발 속도와 기체의 응축 속도가 같아 겉보기에는 변화가 일어나지 않는 것처럼 보이지만 액체와 기체가 공존하는 상태

② 상평형에서 증발 속도와 응축 속도: 일정 온도에서 진공 용기에 액체를 넣은 경우 상평형에 도달할 때까지 액체가 기체로 되는 증발 속도는 일정하고, 기체가 액체로 되는 응축 속도는 용기 속 기체의 양에 비례한다. 상평형 상태에서 $\dfrac{응축\ 속도}{증발\ 속도} = 1$이다.

문제 보기

그림은 밀폐된 진공 용기 안에 $X(l)$를 넣은 후 시간에 따른 $\dfrac{ⓛ의\ 양(mol)}{㉠의\ 양(mol)}$을 나타낸 것이다. ㉠과 ⓛ은 각각 $X(l)$와 $X(g)$ 중 하나이다.

동적 평형에 도달할 때까지 $X(l)$의 양(mol)은 점점 감소하다가 일정해지고, $X(g)$의 양(mol)은 점점 증가하다가 일정해진다. ➡ ㉠은 $X(l)$, ⓛ은 $X(g)$

t_2 이후 $\dfrac{ⓛ의\ 양(mol)}{㉠의\ 양(mol)}$이 일정해진다. ➡ 동적 평형 상태

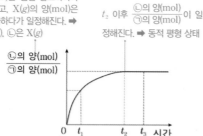

이에 대한 옳은 설명만을 〈보기〉에서 있는 대로 고른 것은? (단, 온도는 일정하다.)

〈보기〉 풀이

일정 온도에서 $X(l)$가 $X(g)$로 증발하는 속도는 일정하고, $X(g)$가 $X(l)$로 응축하는 속도는 용기 속 $X(g)$의 양(mol)이 많을수록 증가하다가 $X(l)$가 $X(g)$로 증발하는 속도와 $X(g)$가 $X(l)$로 응축하는 속도가 같아지는 동적 평형 상태에 도달한 이후 일정해진다.

✗ ⓛ은 $X(l)$이다.

➡ 시간에 따라 $\dfrac{ⓛ의\ 양(mol)}{㉠의\ 양(mol)}$이 점점 증가하다가 일정해지는 것으로 보아 ㉠은 $X(l)$이고, ⓛ은 $X(g)$이다.

ㄴ) $X(g)$의 양(mol)은 t_2일 때가 t_1일 때보다 많다.

➡ t_2 이후 $\dfrac{ⓛ의\ 양(mol)}{㉠의\ 양(mol)}$이 일정해지는 것으로 보아 $X(l)$와 $X(g)$가 동적 평형 상태에 도달하므로 t_1일 때는 동적 평형 상태에 도달하기 전이다. 따라서 용기 속 $X(g)$의 양(mol)은 t_2일 때가 t_1일 때보다 많다.

✗ t_3일 때 $\dfrac{X(g)의\ 응축\ 속도}{X(l)의\ 증발\ 속도} > 1$이다.

➡ t_3일 때는 동적 평형 상태이므로 X의 증발 속도와 응축 속도가 같다. 따라서 t_3일 때 $\dfrac{X(g)의\ 응축\ 속도}{X(l)의\ 증발\ 속도} = 1$이다.

보기

26 상평형 2025학년도 9월 모평 화I 6번

적용해야 할 개념 ③가지

① 액체와 기체의 상평형: 액체의 증발 속도와 기체의 응축 속도가 같아 겉보기에는 변화가 일어나지 않는 것처럼 보이지만 액체와 기체가 공존하는 상태

② 상평형에서 증발 속도와 응축 속도: 상평형에서는 증발 속도와 응축 속도가 같으므로 $\dfrac{\text{응축 속도}}{\text{증발 속도}}=1$이다.

③ 동적 평형에서 반응물과 생성물의 양: 동적 평형 상태에서 정반응 속도와 역반응 속도가 같아 반응물과 생성물의 양이 일정하게 유지된다.

문제 보기

그림 (가)는 밀폐된 진공 플라스크에 $H_2O(l)$을 넣은 후 시간에 따른 H_2O 분자의 증발과 응축을 모형으로, (나)는 (가)에서 시간에 따른 플라스크 속 ㉠ 분자 수를 나타낸 것이다. (가)에서 Ⅲ은 (나)에서 t_1일 때 모습을 나타낸 것이고, t_1일 때 $H_2O(l)$과 $H_2O(g)$는 동적 평형 상태에 도달하였다. ㉠은 $H_2O(l)$과 $H_2O(g)$ 중 하나이다.

㉠은 동적 평형에 도달하는 t_1까지 증가하다가 이후 일정해지는 것으로 보아 $H_2O(g)$이다.

동적 평형 상태 이전 · Ⅰ · $H_2O(l)$ · (가) · Ⅱ · $H_2O(g)$ · Ⅲ · 동적 평형 상태 · ㉠ 분자 수 · $H_2O(g)$ · 0 · t_1 · 시간 · (나)

이에 대한 설명으로 옳은 것만을 〈보기〉에서 있는 대로 고른 것은? (단, 온도는 일정하다.)

보기

〈보기〉 풀이

일정 온도에서 $H_2O(l)$이 $H_2O(g)$로 증발하는 속도는 일정하고 $H_2O(g)$가 $H_2O(l)$로 응축하는 속도는 용기 속 $H_2O(g)$의 양(mol)이 커질수록 증가하다가 $H_2O(l)$이 $H_2O(g)$로 증발하는 속도와 $H_2O(g)$가 $H_2O(l)$로 응축하는 속도가 같아지는 동적 평형 상태에 도달한 이후 일정해진다.

㉠ ㉠은 $H_2O(g)$이다.
➡ t_1일 때 $H_2O(l)$과 $H_2O(g)$는 동적 평형 상태에 도달하므로 t_1일 때까지 증가하다가 이후 일정해지는 ㉠은 $H_2O(g)$이다.

㉡ Ⅱ에서 H_2O의 $\dfrac{\text{증발 속도}}{\text{응축 속도}}>1$이다.
➡ (가)의 Ⅲ은 동적 평형 상태인 t_1일 때이므로 Ⅱ는 동적 평형에 도달하기 이전 상태이다. 따라서 $H_2O(l)$의 증발 속도가 $H_2O(g)$의 응축 속도보다 크므로 Ⅱ에서 H_2O의 $\dfrac{\text{증발 속도}}{\text{응축 속도}}>1$이다.

✗ t_1일 때 $H_2O(l)$이 $H_2O(g)$가 되는 반응은 일어나지 않는다.
➡ 동적 평형 상태인 t_1일 때 $H_2O(l)$이 $H_2O(g)$로 되는 증발과 $H_2O(g)$가 $H_2O(l)$로 되는 응축이 같은 속도로 일어난다.

---

27 용해 평형 2021학년도 4월 학평 화I 11번

적용해야 할 개념 ③가지

① 용해 평형: 용해 반응이 일어날 때 용질의 용해 속도와 석출 속도가 같아 겉보기에는 변화가 일어나지 않는 것처럼 보이는 상태

② 포화 용액: 포화 용액은 용매에 용질이 최대한 녹아 있어 더 이상의 용질이 녹지 않는 상태의 용액으로 동적 평형에 도달한 용액이다. 포화 용액에서는 실제로 끊임없이 용해와 석출이 일어나고 있다.

③ 용해 평형에서 수용액의 몰 농도(M): 용해 평형에 도달한 수용액에 용질을 더 넣어 주어도 용액 속 용질의 양이 일정하므로 용액의 몰 농도(M)는 일정하다.

문제 보기

그림 (가)는 설탕 수용액이 용해 평형에 도달한 모습을, (나)는 (가)의 수용액에 설탕을 추가로 넣은 모습을, (다)는 (나)의 수용액이 충분한 시간이 흐른 후의 모습을 나타낸 것이다.

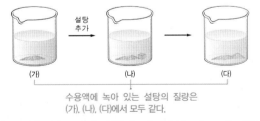

(가) · 설탕 추가 · (나) · (다) · 수용액에 녹아 있는 설탕의 질량은 (가), (나), (다)에서 모두 같다.

이에 대한 설명으로 옳은 것만을 〈보기〉에서 있는 대로 고른 것은? (단, 온도는 일정하고, 물의 증발은 무시한다.) [3점]

보기

〈보기〉 풀이

(가)의 수용액이 용해 평형에 도달한 상태이므로 (나)와 (다) 또한 용해 평형을 이룬 상태이다.

✗ (나)에서 설탕은 용해되지 않는다.
➡ (나)는 용해 평형을 이룬 상태로 설탕의 용해와 석출이 같은 속도로 끊임없이 일어나고 있다.

㉡ $\dfrac{\text{설탕의 용해 속도}}{\text{설탕의 석출 속도}}$ 는 (가)에서와 (다)에서가 같다.
➡ (가)와 (다)는 모두 용해 평형을 이룬 상태이므로 설탕의 용해 속도와 설탕의 석출 속도가 같다. 따라서 $\dfrac{\text{설탕의 용해 속도}}{\text{설탕의 석출 속도}}$ 는 (가)와 (다)에서 1로 같다.

✗ 수용액에 녹아 있는 설탕의 질량은 (다)에서가 (나)에서보다 크다.
➡ 온도가 일정하므로 수용액에 녹아 있는 설탕의 질량은 (가), (나), (다)에서 모두 같다.

적용해야 할 개념 ②가지	① 용해 평형: 용해 반응이 일어날 때 용질의 용해 속도와 석출 속도가 같아 겉보기에는 변화가 일어나지 않는 것처럼 보이는 상태
	② 용해 평형에서 수용액의 몰 농도: 용해 평형에 도달한 수용액에 용질을 더 넣어 주어도 용액 속 용질의 양이 일정하므로 용액의 몰 농도는 일정하다.

문제 보기

다음은 설탕의 용해에 대한 실험이다.

[실험 과정]
(가) 25 °C의 물이 담긴 비커에 충분한 양의 설탕을 넣고 유리 막대로 저어준다.
(나) 시간에 따른 비커 속 고체 설탕의 양을 관찰하고 설탕 수용액의 몰 농도(M)를 측정한다.

[실험 결과]

용해 평형 상태
➡ 용해 속도＝석출 속도

시간	t	$4t$	$8t$
관찰 결과	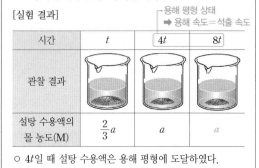		
설탕 수용액의 몰 농도(M)	$\frac{2}{3}a$	a	a

○ $4t$일 때 설탕 수용액은 용해 평형에 도달하였다.

이에 대한 설명으로 옳은 것만을 〈보기〉에서 있는 대로 고른 것은? (단, 온도는 25 °C로 일정하고, 물의 증발은 무시한다.)

〈보기〉 풀이

$4t$일 때 용해 평형에 도달하므로 용해 평형에 도달하기 이전 상태인 t일 때 용해 속도가 석출 속도보다 빠르다.

✗ t일 때 설탕의 석출 속도는 0이다.
➡ t일 용해 평형에 도달하기 이전 상태로 석출 속도는 0이 아니고 용해 속도보다 작다.

✗ $4t$일 때 설탕의 용해 속도는 석출 속도보다 크다.
➡ $4t$일 때 용해 평형에 도달하므로 설탕의 용해 속도와 석출 속도는 같다.

ㄷ. 녹지 않고 남아 있는 설탕의 질량은 $4t$일 때와 $8t$일 때가 같다.
➡ $4t$에서 용해 평형에 도달하므로 $8t$에서도 용해 평형 상태이다. 용해 평형 이후 용액에 녹아 있는 용질의 양(mol)이 일정하므로 녹지 않고 남아 있는 용질의 양(mol)도 같다.

보기

적용해야 할 개념 ②가지	① 액체와 기체의 상평형: 액체의 증발 속도와 기체의 응축 속도가 같아 겉보기에는 변화가 일어나지 않는 것처럼 보이지만 액체와 기체가 공존하는 상태
	② 용해 평형: 용해 반응이 일어날 때 용질의 용해 속도와 석출 속도가 같아 겉보기에는 변화가 일어나지 않는 것처럼 보이는 상태

문제 보기

그림은 t °C에서 $H_2O(l)$이 들어 있는 밀폐 용기에 $NaCl(s)$을 녹인 후 충분한 시간이 지난 상태를 나타낸 것이다.

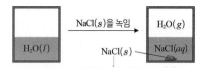

$NaCl(s)$이 존재하므로 용액은 포화 용액이다. (가)
➡ 용해 평형을 이룬 상태이다.

(가)에 대한 설명으로 옳은 것만을 〈보기〉에서 있는 대로 고른 것은? (단, 온도는 일정하다.) [3점]

〈보기〉 풀이

ㄱ. $H_2O(g)$의 분자 수는 일정하다.
➡ 일정 온도에서 $H_2O(l)$과 $H_2O(g)$가 상평형을 이루고 있으므로 용기 속 $H_2O(g)$의 분자 수는 일정하다.

✗ $NaCl$의 용해 속도는 석출 속도보다 크다.
➡ (가)의 용액에서 $NaCl(s)$이 존재하므로 용해 평형을 이룬 포화 용액이다. 따라서 $NaCl$의 용해 속도는 석출 속도와 같다.

ㄷ. 동적 평형 상태이다.
➡ (가)는 상평형과 용해 평형을 이룬 동적 평형 상태이다.

보기

30 용해 평형 2025학년도 6월 모평 화I 5번

정답 ① | 정답률 86 %

적용해야 할 개념 ③가지

① 용해 속도: 고체 상태인 용질이 일정 온도에서 물에 녹아 들어가는 용해 속도는 일정하다.

② 석출 속도: 용액 속 용질이 고체로 석출되는 석출 속도는 용액 속 용질의 양(mol)에 비례한다.

③ 용해 평형: 일정 온도에서 고체 용질을 물에 넣어 용해시킬 때 용해 평형에 도달할 때까지 용해 속도는 일정하고, 석출 속도는 증가하다가 용해 평형 상태에 도달하면 $\dfrac{\text{석출 속도}}{\text{용해 속도}} = 1$이 된다.

문제 보기

표는 서로 다른 질량의 물이 담긴 비커 (가)와 (나)에 a g의 고체 설탕을 각각 넣은 후, 녹지 않고 남아 있는 고체 설탕의 질량을 시간에 따라 나타낸 것이다. (가)에서는 t_1일 때, (나)에서는 t_2일 때 고체 설탕과 용해된 설탕은 동적 평형 상태에 도달하였다. $0 < t_1 < t_2$이다. (가)에서 t_1일 때 용해 평형에 도달하므로 녹지 않고 남아 있는 고체 설탕의 질량은 t_1일 때와 t_2일 때가 같다.

시간		0	t_1	t_2
고체 설탕의 질량(g)	(가)	a	b	x
	(나)	a		c

t_2일 때는 (가)와 (나) 모두 용해 평형 상태이다.

이에 대한 설명으로 옳은 것만을 <보기>에서 있는 대로 고른 것은? (단, 온도는 일정하고, 물의 증발은 무시한다.) [3점]

보기

<보기> 풀이

설탕 수용액에서 설탕의 용해 속도와 석출 속도가 같을 때 용해 평형에 도달한다.

ㄱ **$x = b$이다.**

➡ (가)에서 t_1일 때 용해 평형에 도달하므로 녹지 않고 남아 있는 고체 설탕의 질량은 t_1일 때와 t_2일 때가 같다. 따라서 $x = b$이다.

✗ **t_1일 때 (나)에서 설탕이 석출되는 반응은 일어나지 않는다.**

➡ t_1일 때 (나)에서는 용해 평형에 도달하기 전이며, 설탕이 용해되는 반응과 석출되는 반응이 모두 일어난다.

✗ **t_2일 때 설탕의 $\dfrac{\text{석출 속도}}{\text{용해 속도}}$는 (가)에서가 (나)에서보다 크다.**

➡ (가)에서는 t_1일 때 용해 평형 상태이므로 $\dfrac{\text{석출 속도}}{\text{용해 속도}} = 1$이고, (나)에서는 t_2일 때 용해 평형 상태이므로 $\dfrac{\text{석출 속도}}{\text{용해 속도}} = 1$이다. 따라서 t_2일 때는 (가)와 (나)에서 모두 용해 평형 상태이므로 $\dfrac{\text{석출 속도}}{\text{용해 속도}} = 1$로 같다.

31 용해 평형 2024학년도 5월 학평 화I 9번

정답 ⑤ | 정답률 70 %

적용해야 할 개념 ③가지

① 용해 속도: 고체 상태인 용질이 일정 온도에서 물에 녹아 들어가는 용해 속도는 일정하다.

② 석출 속도: 용액 속 용질이 고체로 석출되는 석출 속도는 용액 속 용질의 양에 비례한다.

③ 용해 평형: 일정 온도에서 고체 용질을 물에 넣어 용해시킬 때 용해 평형에 도달할 때까지 용해 속도는 일정하고, 석출 속도는 증가하다가 용해 평형 상태에 도달하면 $\dfrac{\text{석출 속도}}{\text{용해 속도}} = 1$이 된다.

문제 보기

표는 물이 담긴 비커에 n mol의 NaCl(s)을 넣은 후 시간에 따른 $\dfrac{\text{Na}^+(aq)\text{의 양(mol)}}{\text{NaCl}(s)\text{의 양(mol)}}$을 나타낸 것이다. $3t$일 때 NaCl(aq)은 용해 평형 상태에 도달하였다. $3t$에 도달할 때까지 NaCl(s)의 양(mol)은 감소하고, Na$^+$(aq)의 양(mol)은 증가한다.

시간	t	$2t$	$3t$
$\dfrac{\text{Na}^+(aq)\text{의 양(mol)}}{\text{NaCl}(s)\text{의 양(mol)}}$	㉠	1	

이에 대한 설명으로 옳은 것만을 <보기>에서 있는 대로 고른 것은? (단, 온도와 압력은 일정하고, 물의 증발은 무시한다.)

보기

<보기> 풀이

$3t$일 때 용해 평형 상태이므로 물이 담긴 비커에 NaCl(s)을 넣으면 $3t$에 도달할 때까지 NaCl(s)의 양(mol)은 감소하고, Na$^+$(aq)의 양(mol)은 증가한다.

ㄱ **㉠ < 1이다.**

➡ $3t$에 도달할 때까지 NaCl(s)의 양(mol)은 감소하고, Na$^+$(aq)의 양(mol)은 증가하므로 $\dfrac{\text{Na}^+(aq)\text{의 양(mol)}}{\text{NaCl}(s)\text{의 양(mol)}}$은 점점 증가한다. 따라서 ㉠은 1보다 작다.

✗ **$2t$일 때 NaCl의 용해 속도와 석출 속도는 같다.**

➡ $2t$일 때는 용해 평형에 도달하기 이전 상태이므로 NaCl의 용해 속도가 석출 속도보다 크다.

ㄷ **$3t$일 때 NaCl(s)의 양은 $0.5n$ mol보다 작다.**

➡ $2t$일 때 용액 속 Na$^+$(aq)의 양(mol)을 x mol이라고 하면 NaCl(s)의 양(mol)은 $(n-x)$ mol이고, $\dfrac{\text{Na}^+(aq)\text{의 양(mol)}}{\text{NaCl}(s)\text{의 양(mol)}} = 1$이므로 $x = 0.5n$이다. 따라서 NaCl(s)의 양(mol)은 $0.5n$ mol이다. 한편 $2t$일 때는 용해 평형에 도달하기 이전 상태이므로 NaCl(s)의 양(mol)은 $3t$일 때보다 크다. 따라서 $3t$일 때 NaCl의 양(mol)은 $0.5n$ mol보다 작다.

적용해야 할 개념 ③가지

① 가역 반응: 반응 조건에 따라 정반응과 역반응이 모두 일어날 수 있는 반응

② 가역 반응의 표현: 화학 반응식에서 '⇌'로 나타낸다.

③ 화학 평형: 화학 반응에서 정반응과 역반응이 같은 속도로 일어나서 반응물과 생성물의 농도가 일정하게 유지되는 상태

문제 보기

다음은 적갈색의 $NO_2(g)$로부터 무색의 $N_2O_4(g)$가 생성되는 반응의 화학 반응식과 이와 관련된 실험이다.

○ 화학 반응식 : $2NO_2(g) \rightleftharpoons N_2O_4(g)$

[실험 과정 및 결과]
플라스크에 $NO_2(g)$를 넣고 마개로 막아 놓았더니 시간이 지남에 따라 기체의 색이 점점 옅어졌고, t초 이후에는 색이 변하지 않고 일정해졌다. → 색이 변하지 않는 지점은 동적 평형 상태이다.

이에 대한 옳은 설명만을 〈보기〉에서 있는 대로 고른 것은? (단, 온도는 일정하다.)

〈보기〉 풀이

$NO_2(g)$가 결합하여 $N_2O_4(g)$를 생성하는 반응과 $N_2O_4(g)$가 분해되어 $NO_2(g)$가 생성되는 반응은 가역적으로 일어난다. 즉 반응 초기 적갈색의 $NO_2(g)$를 용기에 넣고 반응시킬 때 처음에는 정반응만 일어나다가 정반응 속도는 점차 느려지고 $N_2O_4(g)$가 분해되는 역반응 속도가 점차 빨라지다가 정반응 속도와 역반응 속도가 같아지는 화학 평형 상태에 도달한다. 화학 평형 상태에서 반응물과 생성물의 농도가 일정하게 유지되므로 색이 일정해진다. 따라서 t초 이후는 동적 평형에 도달한 상태이다.

✘ 반응 시작 후 t초까지는 전체 기체 분자 수가 증가한다.

➡ 반응 초기부터 t초까지는 동적 평형에 도달하기 이전 상태이므로 정반응 속도가 역반응 속도보다 빠르다. 정반응은 기체 분자 2개가 반응하여 기체 분자 1개를 생성하는 반응이므로 반응 시작 후 t초까지는 전체 분자 수가 감소한다.

ㄴ t초 이후에는 $N_2O_4(g)$의 분자 수가 변하지 않는다.

➡ t초 이후는 동적 평형에 도달한 상태이므로 기체 분자 수가 일정하게 유지된다. 따라서 용기 속 N_2O_4 분자 수와 NO_2 분자 수는 변하지 않는다.

✘ t초 이후에는 정반응이 일어나지 않는다.

➡ t초 이후에는 동적 평형으로 정반응이나 역반응이 일어나지 않은 것이 아니라 같은 속도로 일어나고 있어 반응이 일어나지 않은 것처럼 보이는 상태이다.

적용해야 할 개념 ②가지

① 화학 반응식에서 반응물과 생성물을 구성하는 원자의 종류와 수가 같다.

② 브뢴스테드·로리 산 염기 정의

구분	산	염기
정의	다른 물질에게 수소 이온(H^+, 양성자)을 내놓는 물질	다른 물질로부터 수소 이온(H^+, 양성자)을 받는 물질

문제 보기

다음은 산 염기 반응 (가)~(다)의 화학 반응식이다.

(가) $HCl(g) + H_2O(l) \longrightarrow Cl^-(aq) + \boxed{\text{㉠}}^{H_3O^+}(aq)$

(나) $NH_3(g) + H_2O(l) \longrightarrow NH_4^+(aq) + OH^-(aq)$

(다) $\underset{\text{산}}{NH_4^+(aq)} + \overset{H^+}{\underset{\text{염기}}{H_2O(l)}} \longrightarrow NH_3(aq) + H_3O^+(aq)$

이에 대한 옳은 설명만을 〈보기〉에서 있는 대로 고른 것은?

〈보기〉 풀이

ㄱ ㉠은 H_3O^+이다.

➡ (가)에서 반응 전후 원자의 종류와 수가 같도록 ㉠을 완성하면 H_3O^+이다.

ㄴ $NH_3(g)$를 물에 녹인 수용액은 염기성이다.

➡ (나)에서 NH_3가 H_2O과 반응하여 OH^-을 생성하므로 $NH_3(g)$를 물에 녹인 수용액은 염기성이다.

ㄷ (다)에서 H_2O은 브뢴스테드·로리 염기이다.

➡ (다)에서 H_2O은 NH_4^+으로부터 H^+을 받으므로 브뢴스테드·로리 염기이다.

34 산 염기 정의 2022학년도 6월 모평 화I 10번

정답 ⑤ | 정답률 83%

적용해야 할 개념 ②가지

① 화학 반응식에서 반응물과 생성물을 구성하는 원자의 종류와 수가 같다.

② 브뢴스테드·로리 산 염기 정의

구분	산	염기
정의	다른 물질에게 수소 이온(H^+, 양성자)을 내놓는 물질	다른 물질로부터 수소 이온(H^+, 양성자)을 받는 물질

문제 보기

다음은 산 염기 반응 (가)~(다)의 화학 반응식이다.

$$\text{(가) } \underset{\text{산}}{HCl(g)} + \underset{\text{염기}}{\overset{\displaystyle H^+}{H_2O(l)}} \longrightarrow Cl^-(aq) + H_3O^+(aq)$$

$$\text{(나) } \underset{\text{염기}}{HCO_3^-(aq)} + \underset{\text{산}}{\overset{\displaystyle H^+}{H_2O(l)}} \longrightarrow H_2CO_3(aq) + \boxed{\overset{\displaystyle OH^-}{\text{㉠}}}(aq)$$

$$\text{(다) } \underset{\text{염기}}{HCO_3^-(aq)} + \underset{\text{산}}{\overset{\displaystyle H^+}{HCl(aq)}} \longrightarrow H_2CO_3(aq) + Cl^-(aq)$$

이에 대한 설명으로 옳은 것만을 〈보기〉에서 있는 대로 고른 것은?

〈보기〉 풀이

보기

ㄱ **(가)에서 HCl는 수소 이온(H^+)을 내어놓는다.**

➡ (가)에서 HCl가 반응 후 Cl^-으로 된 것으로 보아 H^+을 내어놓는다.

ㄴ **㉠은 OH^-이다.**

➡ (나)에서 HCO_3^-이 H_2CO_3로 된 것으로 보아 H_2O로부터 H^+를 받는다. 따라서 ㉠은 H_2O이 H^+을 내어놓고 형성된 OH^-이다.

ㄷ **(나)와 (다)에서 HCO_3^-은 모두 브뢴스테드·로리 염기이다.**

➡ (나)에서 HCO_3^-은 H_2O로부터 H^+를 받으므로 브뢴스테드·로리 염기이다. (다)에서 HCO_3^-은 HCl로부터 H^+를 받으므로 브뢴스테드·로리 염기이다.

---

35 상평형 2025학년도 수능 화I 5번

정답 ① | 정답률 90%

적용해야 할 개념 ②가지

① 액체와 기체의 상평형: 액체의 증발 속도와 기체의 응축 속도가 같아 겉보기에는 변화가 일어나지 않는 것처럼 보이지만 액체와 기체가 공존하는 상태

② 상평형에서 증발 속도와 응축 속도: 일정 온도에서 밀폐된 진공 용기에 액체를 넣는 경우 상평형에 도달할 때까지 액체가 기체로 되는 증발 속도는 일정하고, 기체가 액체로 응축되는 속도는 용기 속 기체의 양에 비례한다. 상평형 상태에서 $\dfrac{증발 \ 속도}{응축 \ 속도}=1$이다.

문제 보기

그림은 밀폐된 진공 용기에 $H_2O(l)$을 넣은 후 시간이 t일 때 A와 B를 나타낸 것이다. A와 B는 각각 H_2O의 증발 속도와 응축 속도 중 하나이고, $2t$일 때 $H_2O(l)$과 $H_2O(g)$는 동적 평형 상태에 도달하였다.

2t일 때 $H_2O(l)$과 $H_2O(g)$는 동적 평형 상태에 도달하므로 t일 때는 동적 평형 상태에 도달하기 전이다. ➡ t일 때 H_2O의 증발 속도>응축 속도 ➡ A: 응축 속도, B: 증발 속도

이에 대한 설명으로 옳은 것만을 〈보기〉에서 있는 대로 고른 것은? (단, 온도는 25 °C로 일정하다.)

〈보기〉 풀이

보기

일정 온도에서 $H_2O(l)$이 $H_2O(g)$로 증발하는 속도는 일정하고, $H_2O(g)$가 $H_2O(l)$로 응축하는 속도는 용기 속 $H_2O(g)$의 양(mol)이 클수록 증가하다가 $H_2O(l)$이 $H_2O(g)$로 증발하는 속도와 $H_2O(g)$가 $H_2O(l)$로 응축하는 속도가 같아지는 동적 평형 상태에 도달한 이후 일정해진다.

ㄱ **A는 H_2O의 응축 속도이다.**

➡ $2t$일 때 $H_2O(l)$과 $H_2O(g)$는 동적 평형 상태에 도달하므로 t일 때는 동적 평형 상태에 도달하기 전이다. 따라서 t일 때 H_2O의 증발 속도가 응축 속도보다 크므로 A는 응축 속도이고, B는 증발 속도이다.

✗ **t일 때 $H_2O(g)$가 $H_2O(l)$로 되는 반응은 일어나지 않는다.**

➡ H_2O의 증발과 응축은 가역 반응이므로 시간이 t일 때 $H_2O(l)$이 $H_2O(g)$로 증발되는 반응과 $H_2O(g)$가 $H_2O(l)$로 응축되는 반응은 모두 일어난다.

✗ **$\dfrac{B}{A}$는 $2t$일 때가 t일 때보다 크다.**

➡ B(증발 속도)는 t일 때와 $2t$일 때가 같고, A(응축 속도)는 $2t$일 때가 t일 때보다 크므로 $\dfrac{B}{A}$는 t일 때가 $2t$일 때보다 크다.

21 일차

01 ①	02 ④	03 ③	04 ④	05 ②	06 ④	07 ②	08 ③	09 ②	10 ③	11 ⑤	12 ③
13 ④	14 ⑤	15 ③	16 ⑤	17 ③	18 ③	19 ③	20 ⑤	21 ①	22 ③	23 ②	24 ③
25 ②	26 ③	27 ④	28 ②	29 ②

문제편 218~225쪽

---

01 물의 자동 이온화와 pH 2021학년도 9월 모평 화Ⅰ 14번

정답 ① | 정답률 71 %

적용해야 할 개념 ②가지

① 수용액의 pH $=-\log[\mathrm{H_3O^+}]$이다.

② 일정 온도에서 증류수나 수용액에서 $[\mathrm{H_3O^+}][\mathrm{OH^-}]$의 값은 항상 일정한 값을 갖는데 이를 물의 이온화 상수 K_w라고 하며, 25 °C에서 $K_\mathrm{w}=1\times10^{-14}$이다.

문제 보기

표는 25 °C에서 3가지 수용액 (가)~(다)에 대한 자료이다.

$[\mathrm{H_3O^+}]$를 x M이라고 하면 $[\mathrm{OH^-}]$는 $100x$ M이고, $[\mathrm{H_3O^+}][\mathrm{OH^-}]=100x^2$ M $=1\times10^{-14}$ M이므로 $x=1\times10^{-8}$이다.

수용액	(가)	(나) 중성	(다)
$[\mathrm{H_3O^+}]:[\mathrm{OH^-}]$	$1:10^2$	$1:1$	$10^2:1$

$[\mathrm{OH^-}]$를 y M이라고 하면 $[\mathrm{H_3O^+}]=100y$ M이고, $[\mathrm{H_3O^+}][\mathrm{OH^-}]=100y^2$ M $=1\times10^{-14}$ M이므로 $y=1\times10^{-8}$이다.

이에 대한 설명으로 옳은 것만을 〈보기〉에서 있는 대로 고른 것은? (단, 온도는 25 °C로 일정하고, 25 °C에서 물의 이온화 상수(K_w)는 1×10^{-14}이다.)

〈보기〉 풀이

25 °C에서 $[\mathrm{H_3O^+}][\mathrm{OH^-}]=1\times10^{-14}$ M로 일정하므로 (가)에서 $[\mathrm{H_3O^+}]$를 x M이라고 하면 $[\mathrm{OH^-}]$는 $100x$ M이므로 다음 관계식이 성립한다.

$[\mathrm{H_3O^+}][\mathrm{OH^-}]=100x^2$ M $=1\times10^{-14}$ M

이 식을 풀면 $x=1\times10^{-8}$ M이다.

ㄱ (나)는 중성이다.

➡ (나)에서 $[\mathrm{H_3O^+}]=[\mathrm{OH^-}]$이므로 중성이다.

✖ (다)의 pH는 5.0이다.

➡ (다)에서 $[\mathrm{OH^-}]$를 y M이라고 하면 $[\mathrm{H_3O^+}]=100y$ M이므로 다음 관계식이 성립한다.

$[\mathrm{H_3O^+}][\mathrm{OH^-}]=100y^2$ M $=1\times10^{-14}$ M

이 식을 풀면 $y=1\times10^{-8}$ M이므로 $[\mathrm{H_3O^+}]=1\times10^{-6}$ M이고, pH는 6.0이다.

✖ $[\mathrm{OH^-}]$는 (가) : (다) $=10^4:1$이다.

➡ $[\mathrm{OH^-}]$는 (가)에서 1×10^{-6} M이고, (다)에서 1×10^{-8} M이다. 따라서 (가) : (다) $=10^2:1$이다.

---

02 물의 자동 이온화와 pH 2022학년도 9월 모평 화Ⅰ 13번

정답 ④ | 정답률 64 %

적용해야 할 개념 ③가지

① 수용액의 pH $=-\log[\mathrm{H_3O^+}]$이다.

② 25 °C에서 물의 이온화 상수(K_w)$=[\mathrm{H_3O^+}][\mathrm{OH^-}]=1\times10^{-14}$이므로 pH+pOH$=14$의 관계식이 성립한다.

③ 수용액 속 용질의 양(mol)은 용액의 몰 농도(mol/L)와 용액의 부피(L)의 곱으로 구한다.

문제 보기

표는 25 °C에서 수용액 (가)~(다)에 대한 자료이다.

$[\mathrm{H_3O^+}]$를 x M이라고 하면 $[\mathrm{OH^-}]$는 $10x$ M이고, $10x^2=1\times10^{-14}$이므로 $x=1\times10^{-7.5}$이다.

수용액	(가)	(나)	(다) 중성
$\dfrac{[\mathrm{H_3O^+}]}{[\mathrm{OH^-}]}$	$\dfrac{1}{10}$	100	1
부피		V	$100V$

$[\mathrm{OH^-}]$를 y M이라고 하면 $[\mathrm{H_3O^+}]$는 $100y$ M이고, $100y^2=1\times10^{-14}$이므로 $y=1\times10^{-8}$이다.

이에 대한 설명으로 옳은 것만을 〈보기〉에서 있는 대로 고른 것은? (단, 25 °C에서 물의 이온화 상수(K_w)는 1×10^{-14}이다.)

〈보기〉 풀이

(가)에서 $[\mathrm{OH^-}]$는 $[\mathrm{H_3O^+}]$의 10배이므로 $[\mathrm{H_3O^+}]$를 x M이라고 하면 $[\mathrm{OH^-}]$는 $10x$ M이고, $10x^2=1\times10^{-14}$이므로 $x=1\times10^{-7.5}$이다. (나)에서 $[\mathrm{H_3O^+}]$는 $[\mathrm{OH^-}]$의 100배이므로 $[\mathrm{OH^-}]$를 y M이라고 하면 $[\mathrm{H_3O^+}]$는 $100y$ M이고, $100y^2=1\times10^{-14}$이므로 $y=1\times10^{-8}$이다. (다)에서 $[\mathrm{H_3O^+}]$와 $[\mathrm{OH^-}]$이 같으므로 $[\mathrm{H_3O^+}]=1\times10^{-7}$이다.

ㄱ (나)에서 $[\mathrm{OH^-}]<1\times10^{-7}$ M이다.

➡ (나)에서 $[\mathrm{OH^-}]=1\times10^{-8}$이므로 $[\mathrm{OH^-}]<1\times10^{-7}$ M이다.

✖ $\dfrac{\text{(가)에서 }[\mathrm{H_3O^+}]}{\text{(나)에서 }[\mathrm{H_3O^+}]}=\dfrac{1}{1000}$이다.

➡ (가)에서 $[\mathrm{H_3O^+}]=1\times10^{-7.5}$ M이고, (나)에서 $[\mathrm{OH^-}]=1\times10^{-8}$이므로 $[\mathrm{H_3O^+}]=1\times10^{-6}$ M이다. 따라서 $\dfrac{\text{(가)에서 }[\mathrm{H_3O^+}]}{\text{(나)에서 }[\mathrm{H_3O^+}]}=\dfrac{10^{-7.5}}{10^{-6}}=10^{-1.5}$이다.

ㄷ $\dfrac{\text{(나)에서 }\mathrm{H_3O^+}\text{의 양(mol)}}{\text{(다)에서 }\mathrm{H_3O^+}\text{의 양(mol)}}=\dfrac{1}{10}$이다.

➡ (나)에서 $[\mathrm{H_3O^+}]=1\times10^{-6}$ M이고, 부피가 V이므로 $\mathrm{H_3O^+}$의 양(mol)은 $1\times10^{-6}V$ mol이다. (다)에서 $[\mathrm{H_3O^+}]=1\times10^{-7}$ M이고, 부피가 $100V$이므로 $\mathrm{H_3O^+}$의 양(mol)은 $1\times10^{-5}V$ mol이다. 따라서 $\dfrac{\text{(나)에서 }\mathrm{H_3O^+}\text{의 양(mol)}}{\text{(다)에서 }\mathrm{H_3O^+}\text{의 양(mol)}}=\dfrac{10^{-6}V}{10^{-5}V}=\dfrac{1}{10}$이다.

03 물의 자동 이온화와 pH 2023학년도 4월 학평 16번

정답 ③ | 정답률 51 %

적용해야 할 개념 ③가지

① 수용액의 pH $=-\log[\mathrm{H_3O^+}]$이다.
② 25 ℃에서 물의 이온화 상수(K_w) $=[\mathrm{H_3O^+}][\mathrm{OH^-}]=1\times10^{-14}$이므로 pH+pOH=14의 관계식이 성립한다.
③ 수용액 속 용질의 양(mol)은 용액의 몰 농도(mol/L)와 용액의 부피(L)의 곱으로 구한다.

문제 보기

표는 25 ℃에서 수용액 (가)와 (나)에 대한 자료이다. (가)와 (나)는 HCl(aq)과 NaOH(aq)을 순서 없이 나타낸 것이다.

$[\mathrm{H_3O^+}]=10^{-5}$ M ㄱ
$[\mathrm{OH^-}]=10^{-9}$ M
이 값이 큰 (나)가 NaOH(aq)

수용액	몰 농도(M)	$\dfrac{[\mathrm{OH^-}]}{[\mathrm{H_3O^+}]}$(상댓값)	부피(mL)
HCl(aq) (가)	10^{-5}	1 10^{-4}	100
NaOH(aq) (나)	10^{-5} ㉠	$10^8\ 10^4$	10

$[\mathrm{H_3O^+}]=x$ M이라고 하면 $[\mathrm{OH^-}]=10^4x$ M
➡ $x\times10^4x=1\times10^{-14}$에서 $x=10^{-9}$
➡ $[\mathrm{H_3O^+}]=10^{-9}$ M, $[\mathrm{OH^-}]=10^{-5}$ M

이에 대한 설명으로 옳은 것만을 〈보기〉에서 있는 대로 고른 것은? (단, 온도는 25 ℃로 일정하고, 25 ℃에서 물의 이온화 상수(K_w)는 1×10^{-14}이다.)

〈보기〉 풀이

ㄱ. (가)는 HCl(aq)이다.

➡ $[\mathrm{OH^-}]$는 NaOH(aq)>HCl(aq)이고, $[\mathrm{H_3O^+}]$는 HCl(aq)>NaOH(aq)이므로 $\dfrac{[\mathrm{OH^-}]}{[\mathrm{H_3O^+}]}$이 더 큰 값을 갖는 (나)는 NaOH($aq$)이고, (가)는 HCl($aq$)이다.

ㄴ. ㉠=10^{-5}이다.

➡ (가) HCl(aq)의 몰 농도가 10^{-5} M이므로 $[\mathrm{H_3O^+}]=10^{-5}$ M이고, $[\mathrm{OH^-}]=10^{-9}$ M이므로 (가)의 $\dfrac{[\mathrm{OH^-}]}{[\mathrm{H_3O^+}]}=10^{-4}$이다. 이때 (가)의 $\dfrac{[\mathrm{OH^-}]}{[\mathrm{H_3O^+}]}$의 상댓값이 1이므로 (나)의 $\dfrac{[\mathrm{OH^-}]}{[\mathrm{H_3O^+}]}=10^4$이다. 또한 (나) NaOH($aq$)에서 $[\mathrm{H_3O^+}]=x$ M이라고 하면 $[\mathrm{OH^-}]=10^4x$ M이므로 $[\mathrm{H_3O^+}][\mathrm{OH^-}]=x\times10^4x=1\times10^{-14}$에서 $x=10^{-9}$이다. 따라서 (나)의 $[\mathrm{H_3O^+}]=10^{-9}$ M이고, $[\mathrm{OH^-}]=10^{-5}$ M이므로 ㉠=10^{-5}이다.

✗ (가)와 (나)를 모두 혼합한 수용액의 pH는 7보다 크다.

➡ (가)와 (나)의 몰 농도는 10^{-5} M로 같고 부피는 HCl(aq)이 NaOH(aq)의 10배이므로 (가)와 (나)를 혼합한 수용액에는 반응하지 않은 HCl(aq) 90 mL가 존재한다. 따라서 (가)와 (나)를 모두 혼합한 수용액의 pH는 7보다 작다.

---

04 물의 자동 이온화와 pH 2025학년도 6월 모평 화I 15번

정답 ④ | 정답률 65 %

적용해야 할 개념 ③가지

① 수용액 속 용질의 양(mol)은 용액의 몰 농도(mol/L)와 용액의 부피(L)의 곱으로 구한다.
② 수용액의 pH $=-\log[\mathrm{H_3O^+}]$이고, pOH $=-\log[\mathrm{OH^-}]$이다.
③ 25 ℃에서 물의 이온화 상수(K_w) $=[\mathrm{H_3O^+}][\mathrm{OH^-}]=1\times10^{-14}$이므로 pH+pOH=14의 관계식이 성립한다.

문제 보기

다음은 25 ℃에서 수용액 (가)와 (나)에 대한 자료이다.

- (가)와 (나)의 pH 합은 14.0이다.
- $\mathrm{H_3O^+}$의 양(mol)은 (가)가 (나)의 10배이다.
- 수용액의 부피는 (가)가 (나)의 100배이다.

(나)의 $\mathrm{H_3O^+}$의 양(mol)을 a mol, 부피를 V L라고 하면 (가)의 $\mathrm{H_3O^+}$의 양(mol)은 $10a$ mol, 부피는 $100V$ L

➡ $[\mathrm{H_3O^+}]$는 (가) $\dfrac{10a}{100V}$ M, (나) $\dfrac{a}{V}$ M
➡ $[\mathrm{H_3O^+}]$는 (나)가 (가)의 10배

이에 대한 설명으로 옳은 것만을 〈보기〉에서 있는 대로 고른 것은? (단, 25 ℃에서 물의 이온화 상수(K_w)는 1×10^{-14}이다.)

[3점]

〈보기〉 풀이

(나)의 $\mathrm{H_3O^+}$의 양(mol)을 a mol이라고 하면 (가)의 $\mathrm{H_3O^+}$의 양(mol)은 $10a$ mol이고, (나)의 부피를 V L라고 하면 (가)의 부피는 $100V$ L이다. 이로부터 $[\mathrm{H_3O^+}]$는 (가)가 $\dfrac{10a}{100V}$ M이고, (나)가 $\dfrac{a}{V}$ M이므로 $[\mathrm{H_3O^+}]$는 (나)가 (가)의 10배이다.

ㄱ. (가)의 액성은 염기성이다.

➡ $[\mathrm{H_3O^+}]$가 10배 증가할 때 pH는 1만큼 감소하므로 (가)의 pH를 x라고 하면 (나)의 pH는 $x-1$이다. 이때 (가)와 (나)의 pH 합은 $x+(x-1)=14$이므로 $x=7.50$이다. 이로부터 (가)의 pH는 7.50이고, (나)의 pH는 6.50이므로 (가)의 액성은 염기성이다.

✗ $\dfrac{\text{(가)의 pH}}{\text{(나)의 pH}}=\dfrac{4}{3}$이다.

➡ (가)의 pH는 7.50이고 (나)의 pH는 6.50이므로 $\dfrac{\text{(가)의 pH}}{\text{(나)의 pH}}=\dfrac{7.5}{6.5}=\dfrac{15}{13}$이다.

ㄷ. $\dfrac{\text{(가)에서 }\mathrm{H_3O^+}\text{의 양(mol)}}{\text{(나)에서 }\mathrm{OH^-}\text{의 양(mol)}}=100$이다.

➡ (가)의 pH가 7.50이므로 $[\mathrm{H_3O^+}]=10^{-7.5}$ M이고, (나)의 pH가 6.50이므로 $[\mathrm{H_3O^+}]=10^{-6.5}$ M이다. 이로부터 (나)의 $[\mathrm{OH^-}]=10^{-7.5}$ M이다. (가)에서 $\mathrm{H_3O^+}$의 양(mol)이 $(10^{-7.5}\times100\,V)$ mol일 때 (나)의 $\mathrm{OH^-}$의 양(mol)은 $(10^{-7.5}\times V)$ mol이므로 $\dfrac{\text{(가)에서 }\mathrm{H_3O^+}\text{의 양(mol)}}{\text{(나)에서 }\mathrm{OH^-}\text{의 양(mol)}}=100$이다.

적용해야 할 개념 ③가지

① 수용액의 pH$=-\log[\text{H}_3\text{O}^+]$이고, pOH$=-\log[\text{OH}^-]$이다.

② 25 °C에서 물의 이온화 상수(K_w)$=[\text{H}_3\text{O}^+][\text{OH}^-]$이므로 pH$+pOH=14$의 관계식이 성립한다.

③ 몰 농도(M)$=\dfrac{\text{용질의 양(mol)}}{\text{용액의 부피(L)}}$ ➡ 용질의 양(mol)$=$몰 농도(mol/L)$\times$용액의 부피(L)

문제 보기

표는 25 °C의 물질 (가)~(다)에 대한 자료이다. (가)~(다)는 HCl(aq), H$_2$O(l), NaOH(aq)을 순서 없이 나타낸 것이고, H$_3$O$^+$의 양(mol)은 (가)가 (나)의 200배이다.

물질	H$_2$O(l) (가)	NaOH(aq) (나)	HCl(aq) (다)
$\dfrac{[\text{H}_3\text{O}^+]}{[\text{OH}^-]}$ (상댓값)	10^8	1	10^{14}
부피(mL)	10	x	

이에 대한 설명으로 옳은 것만을 〈보기〉에서 있는 대로 고른 것은? (단, 25 °C에서 물의 이온화 상수(K_w)는 1×10^{-14}이다.) [3점]

〈보기〉 풀이

✗ **(가)는 HCl(aq)이다.**

➡ [H$_3$O$^+$]는 HCl(aq)>H$_2$O(l)>NaOH(aq)이고 [OH$^-$]는 NaOH(aq)>H$_2$O(l)>HCl(aq)이므로 $\dfrac{[\text{H}_3\text{O}^+]}{[\text{OH}^-]}$는 HCl($aq$)>H$_2$O($l$)>NaOH($aq$)이다. 따라서 $\dfrac{[\text{H}_3\text{O}^+]}{[\text{OH}^-]}$의 값이 가장 작은 (나)는 NaOH($aq$)이고, $\dfrac{[\text{H}_3\text{O}^+]}{[\text{OH}^-]}$의 값이 가장 큰 (다)는 HCl($aq$)이며, (가)는 H$_2$O($l$)이다.

ㄴ **$x=500$이다.**

➡ H$_2$O(l)에서 $\dfrac{[\text{H}_3\text{O}^+]}{[\text{OH}^-]}=1$인데 (가)에서 $\dfrac{[\text{H}_3\text{O}^+]}{[\text{OH}^-]}$의 상댓값이 10^8이므로 (나)의 $\dfrac{[\text{H}_3\text{O}^+]}{[\text{OH}^-]}=10^{-8}$이다. (나)에서 [OH$^-$]를 y M이라고 하면 [H$_3O^+$]$=\dfrac{10^{-14}}{y}$이고, $\dfrac{[\text{H}_3\text{O}^+]}{[\text{OH}^-]}=\dfrac{10^{-14}}{y^2}=10^{-8}$이므로 $y=10^{-3}$이다. 따라서 (나)에서 [H$_3$O$^+$]$=10^{-11}$ M이고 H$_3$O$^+$의 양(mol)은 $10^{-11}\times x\times10^{-3}$ mol이다. 한편 (가)에서 [H$_3$O$^+$]$=10^{-7}$ M이고 부피가 10 mL이므로 H$_3$O$^+$의 양(mol)은 10^{-9} mol이다. H$_3$O$^+$의 양(mol)은 (가)가 (나)의 200배이므로 $10^{-9}=200\times10^{-14}\times x$이고, $x=500$이다.

✗ $\dfrac{\text{(나)의 pOH}}{\text{(다)의 pH}}>1$이다.

➡ (나)의 [OH$^-$]$=10^{-3}$ M이므로 pOH$=3$이다. H$_2$O(l)에서 $\dfrac{[\text{H}_3\text{O}^+]}{[\text{OH}^-]}=1$인데 (다)에서 $\dfrac{[\text{H}_3\text{O}^+]}{[\text{OH}^-]}$의 상댓값이 10^{14}이므로 (다)의 $\dfrac{[\text{H}_3\text{O}^+]}{[\text{OH}^-]}=10^6$이다. (다)에서 [H$_3O^+$]$=z$ M이라고 하면 [OH$^-$]$=\dfrac{10^{-14}}{z}$이고 $\dfrac{[\text{H}_3\text{O}^+]}{[\text{OH}^-]}=\dfrac{z^2}{10^{-14}}=10^6$이므로 $z=10^{-4}$이다. 이로부터 [H$_3$O$^+$]$=10^{-4}$ M이므로 pH$=4$이다. 따라서 $\dfrac{\text{(나)의 pOH}}{\text{(다)의 pH}}=\dfrac{3}{4}<1$이다.

적용해야 할 개념 ③가지

① 수용액의 pH$=-\log[\text{H}_3\text{O}^+]$이다.

② 25 °C에서 물의 이온화 상수(K_w)$=[\text{H}_3\text{O}^+][\text{OH}^-]$이므로 pH$+pOH=14$의 관계식이 성립한다.

③ 수용액 속 용질의 양(mol)은 용액의 몰 농도(M)(mol/L)와 용액의 부피(L)의 곱으로 구한다.

문제 보기

표는 25 °C에서 수용액 (가), (나)에 대한 자료이다. 25 °C에서 물의 이온화 상수(K_w)는 1×10^{-14}이다.

→ (가)에서 [H$_3$O$^+$]$=a$ M이면 [OH$^-$]$=1\times10^{-6}\,a$ M이고, $1\times10^{-6}\,a^2=1\times10^{-14}$이므로 $a=1\times10^{-4}$ M이다. ➡ (가)의 pH$=4$이고, (나)의 pH$=8$이다.

수용액	$\dfrac{[\text{OH}^-]}{[\text{H}_3\text{O}^+]}$	pH	부피(mL)
(가)	10^{-6}	x 4	y 100
(나)	y 100	$2x$ 8	1000

25 °C에서 이에 대한 설명으로 옳은 것만을 〈보기〉에서 있는 대로 고른 것은?

〈보기〉 풀이

25 °C에서 $K_\text{w}=[\text{H}_3\text{O}^+][\text{OH}^-]=1\times10^{-14}$이므로 pH$+pOH=14$이다.

✗ **x는 6이다.**

➡ (가)에서 [H$_3$O$^+$]$=a$ M이라고 하면 [OH$^-$]$=1\times10^{-6}\,a$ M이고, [H$_3$O$^+$][OH$^-$]$=1\times10^{-6}\,a^2=1\times10^{-14}$이므로 $a=1\times10^{-4}$ M이다. 이로부터 (가)의 pH$=4$이므로 $x=4$이다.

ㄴ **y는 100이다.**

➡ $x=4$이므로 (나)의 pH$=8$이다. (나)에서 [H$_3$O$^+$]$=1\times10^{-8}$ M, [OH$^-$]$=1\times10^{-6}$ M이므로 $\dfrac{[\text{OH}^-]}{[\text{H}_3\text{O}^+]}=100$이다. 따라서 $y=100$이다.

ㄷ **H$_3$O$^+$의 양(mol)은 (가)가 (나)의 1000배이다.**

➡ (가)에서 [H$_3$O$^+$]$=1\times10^{-4}$ M이고, 부피가 100 mL이므로 H$_3$O$^+$의 양(mol)은 1×10^{-5} mol이다. (나)에서 [H$_3$O$^+$]$=1\times10^{-8}$ M이고, 부피가 1000 mL이므로 H$_3$O$^+$의 양(mol)은 1×10^{-8} mol이다. 따라서 H$_3$O$^+$의 양(mol)은 (가)가 (나)의 1000배이다.

07 물의 자동 이온화와 pH 2021학년도 수능 화I 15번 정답 ② | 정답률 59 %

적용해야 할 개념 ③가지

① 수용액의 pH$=-\log[H_3O^+]$이다.
② 일정 온도에서 증류수나 수용액에서 $[H_3O^+][OH^-]$의 값은 항상 일정한 값을 갖는데 이를 물의 이온화 상수 K_w라고 하며, 25 °C에서 $K_w=1\times10^{-14}$이다.
③ 수용액 속 용질의 양(mol)은 용액의 몰 농도(mol/L)와 용액의 부피(L)의 곱으로 구한다.

문제 보기

그림 (가)와 (나)는 수산화 나트륨 수용액(NaOH(aq))과 염산 (HCl(aq))을 각각 나타낸 것이다. (가)에서 $\dfrac{[OH^-]}{[H_3O^+]}=1\times10^{12}$이다.

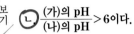

$[H_3O^+]$를 x M, $[OH^-]$는 $1\times10^{12}x$라고 하면, $[H_3O^+][OH^-]$ $=1\times10^{12}\times x^2$ M$=1\times10^{-14}$ M이다. ➡ $x=1\times10^{-13}$

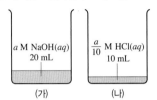

(가)   (나)

이에 대한 설명으로 옳은 것만을 〈보기〉에서 있는 대로 고른 것은? (단, 온도는 25 °C로 일정하며, 25 °C에서 물의 이온화 상수(K_w)는 1×10^{-14}이다.) [3점]

〈보기〉 풀이

✗ $a=0.2$이다.

➡ (가)에서 $[H_3O^+]$를 x M이라고 하면 $[OH^-]$는 $1\times10^{12}x$ M이고, $[H_3O^+][OH^-]=1\times10^{12}\times x^2$ M$=1\times10^{-14}$ M이므로 $x=1\times10^{-13}$이다. 이로부터 $[OH^-]$는 0.1 M이므로 $a=0.1$이다.

ㄴ $\dfrac{(가)의\ pH}{(나)의\ pH}>6$이다.

➡ (가)에서 $[H_3O^+]=1\times10^{-13}$ M이므로 pH는 13이다. (나)에서 HCl(aq)의 몰 농도(M)는 0.01 M이므로 $[H_3O^+]=0.01$ M이고 pH는 2이다. 따라서 $\dfrac{(가)의\ pH}{(나)의\ pH}=\dfrac{13}{2}>6$이다.

✗ (나)에 물을 넣어 100 mL로 만든 HCl(aq)에서 $\dfrac{[Cl^-]}{[OH^-]}=1\times10^{10}$이다.

➡ (나)에 물을 넣어 HCl(aq) 100 mL를 만들더라도 용액 속 용질의 양(mol)은 변하지 않으므로 희석한 용액의 몰 농도(M)를 x M이라고 하면 다음 관계식이 성립한다.
0.01 mol/L × 0.01 L $= x$ mol/L × 0.1 L
이 식을 풀면 $x=0.001$이다.
즉, $[H_3O^+]=[Cl^-]=1\times10^{-3}$ M이므로 $[OH^-]=1\times10^{-11}$ M이다.
따라서 $\dfrac{[Cl^-]}{[OH^-]}=1\times10^8$이다.

08 물의 자동 이온화와 pH 2021학년도 6월 모평 화I 14번 정답 ③ | 정답률 77 %

적용해야 할 개념 ③가지

① 수용액의 pH$=-\log[H_3O^+]$이다.
② 일정 온도에서 증류수나 수용액에서 $[H_3O^+][OH^-]$의 값은 항상 일정한 값을 갖는데 이를 물의 이온화 상수 K_w라고 하며, 25 °C에서 $K_w=1\times10^{-14}$이다.
③ 수용액 속 용질의 양(mol)은 용액의 몰 농도(mol/L)와 용액의 부피(L)의 곱으로 구한다.

문제 보기

그림 (가)~(다)는 물(H$_2$O(l)), 수산화 나트륨 수용액(NaOH(aq)), 염산(HCl(aq))을 각각 나타낸 것이다.

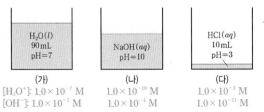

(가)   (나)   (다)

$[H_3O^+]$: 1.0×10^{-7} M 1.0×10^{-10} M 1.0×10^{-3} M
$[OH^-]$: 1.0×10^{-7} M 1.0×10^{-4} M 1.0×10^{-11} M

이에 대한 설명으로 옳은 것만을 〈보기〉에서 있는 대로 고른 것은? (단, 혼합 용액의 부피는 혼합 전 물 또는 용액의 부피의 합과 같고, 물과 용액의 온도는 25 °C로 일정하며, 25 °C에서 물의 이온화 상수(K_w)는 1×10^{-14}이다.)

〈보기〉 풀이

ㄱ (가)에서 $[H_3O^+]=[OH^-]$이다.

➡ (가)의 pH가 7이므로 물 속 $[H_3O^+]=1\times10^{-7}$ M이고, 25 °C에서 물의 $K_w=[H_3O^+][OH^-]$ $=1\times10^{-14}$ M이므로 $[OH^-]=1\times10^{-7}$ M이다. 따라서 $[H_3O^+]=[OH^-]$이다.

ㄴ (나)에서 $[OH^-]=1\times10^{-4}$ M이다.

➡ (나)의 pH가 10이므로 pOH는 4이다. 따라서 $[OH^-]=1\times10^{-4}$ M이다.

✗ (가)와 (다)를 모두 혼합한 수용액의 pH$=5$이다.

➡ pH$=-\log[H_3O^+]$이고, 수용액 속 $[H_3O^+]$는 수용액 속 H_3O^+의 양(mol)을 용액의 부피(L)로 나누어서 구한다. (가)는 순수한 물이고, (다)는 $[H_3O^+]$가 1×10^{-3} M이므로 용액 속 H_3O^+의 양(mol)은 1×10^{-3} mol/L × 10 mL × 10^{-3} L/mL$=1\times10^{-5}$몰이다. (가)와 (다)를 혼합한 용액의 부피는 100 mL이므로 $[H_3O^+]=\dfrac{1\times10^{-5}\ mol}{0.1\ L}=1\times10^{-4}$ M이며, pH$=4$이다.

적용해야 할 개념 ③가지

① 수용액 속 용질의 양(mol)은 용액의 몰 농도(mol/L)와 용액의 부피(L)의 곱으로 구한다.
② 수용액의 pH $= -\log[\mathrm{H_3O^+}]$이고, pOH $= -\log[\mathrm{OH^-}]$이다.
③ 25 °C에서 물의 이온화 상수(K_w)=$[\mathrm{H_3O^+}][\mathrm{OH^-}]=1\times10^{-14}$이므로 pH+pOH=14의 관계식이 성립한다.

문제 보기

다음은 25 °C 수용액 (가)~(다)에 대한 자료이다.

> → (가)의 pH를 x라고 하면 pOH=14.0$-x$이고,
>   pOH$-$pH=14.0$-x-x$=8.0에서 x=3.0이다.

- (가)에서 pOH$-$pH=8.0이다.
- $\dfrac{\text{(가)의 }[\mathrm{H_3O^+}]}{\text{(나)의 }[\mathrm{OH^-}]}=10$이다. $^{10^{-3}\,\mathrm{M}}$ ➡ (나)의 $[\mathrm{OH^-}]=10^{-4}$ M ➡ (나)의 pOH=4.0
- pOH는 (다)가 (나)의 3배이다.
  └ 12.0

이에 대한 옳은 설명만을 〈보기〉에서 있는 대로 고른 것은? (단, 25 °C에서 물의 이온화 상수(K_w)는 1×10^{-14}이다.) [3점]

〈보기〉 풀이

✗ (가)는 염기성이다.
➡ (가)의 pH를 x라고 하면 pOH=14.0$-x$이고, pOH$-$pH=14.0$-x-x$=8.0이다. 따라서 x=3.0이므로 (가)는 산성이다.

✗ (나)의 pOH는 3.0이다.
➡ (가)의 pH=3.0이므로 $[\mathrm{H_3O^+}]=10^{-3}$ M이고, $\dfrac{\text{(가)의 }[\mathrm{H_3O^+}]}{\text{(나)의 }[\mathrm{OH^-}]}=10$에서 (나)의 $[\mathrm{OH^-}]=10^{-4}$ M이다. 따라서 (나)의 pOH는 4.0이다.

ⓓ (다)의 $[\mathrm{H_3O^+}]$는 1×10^{-2} M이다.
➡ (나)의 pOH는 4.0이고, pOH는 (다)가 (나)의 3배이므로 (다)의 pOH는 12.0이다. 따라서 (다)의 pH는 2.0이므로 (다)의 $[\mathrm{H_3O^+}]=1\times10^{-2}$ M이다.

적용해야 할 개념 ④가지

① 수용액의 pH $= -\log[\mathrm{H_3O^+}]$이고, pOH $= -\log[\mathrm{OH^-}]$이다.
② 25 °C에서 물의 이온화 상수(K_w)=$[\mathrm{H_3O^+}][\mathrm{OH^-}]$이므로 pH+pOH=14의 관계식이 성립한다.
③ 수용액 속 용질의 양(mol)은 용액의 몰 농도(mol/L)와 용액의 부피(L)의 곱으로 구한다.
④ 용액의 희석: 어떤 용액에 물을 가하여 희석하면 용액의 농도는 변하지만 용질의 양은 변하지 않는다.

문제 보기

그림 (가)와 (나)는 각각 HCl(aq), NaOH(aq)을 나타낸 것이다.

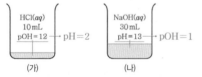

이에 대한 옳은 설명만을 〈보기〉에서 있는 대로 고른 것은? (단, 온도는 25 °C로 일정하고, 25 °C에서 물의 이온화 상수(K_w)는 1×10^{-14}이다.) [3점]

〈보기〉 풀이

ⓖ (가)의 $[\mathrm{H_3O^+}]$=0.01 M이다.
➡ 25 °C에서 $[\mathrm{H_3O^+}][\mathrm{OH^-}]=1\times10^{-14}$로 일정하므로 pH+pOH=14이다. 이로부터 (가)의 pH=14$-$12=2이고, $[\mathrm{H_3O^+}]$=0.01 M이다.

ⓛ (나)에 들어 있는 $\mathrm{OH^-}$의 양은 0.003 mol이다.
➡ (나)의 pOH=14$-$13=1이므로 $[\mathrm{OH^-}]$=0.1 M이고, 부피가 30 mL이므로 (나)에 들어 있는 $\mathrm{OH^-}$의 양은 0.1 M$\times$0.03 L=0.003 mol이다.

✗ (가)에 물을 넣어 100 mL로 만든 HCl(aq)의 pH=4이다.
➡ (가)에 물을 넣어 100 mL로 만들면 $\dfrac{1}{10}$로 희석된다. 따라서 물을 넣어 100 mL로 만든 HCl(aq)의 $[\mathrm{H_3O^+}]$=0.001 M이므로 pH=3이다.

11 물의 자동 이온화와 pH 2023학년도 6월 모평 화I 16번

정답 ⑤ | 정답률 50 %

적용해야 할 개념 ④가지

① 수용액의 $pH = -\log[H_3O^+]$이다.
② 25 ℃에서 물의 이온화 상수$(K_w) = [H_3O^+][OH^-]$이므로 $pH + pOH = 14$의 관계식이 성립한다.
③ 수용액 속 용질의 양(mol)은 용액의 몰 농도(mol/L)와 용액의 부피(L)의 곱으로 구한다.
④ 용액의 희석: 어떤 용액에 물을 가하여 희석하면 용액의 농도는 변하지만 용질의 양은 변하지 않는다.

문제 보기

표는 25 ℃의 물질 (가)~(다)에 대한 자료이다. (가)~(다)는 각각 $HCl(aq)$, $H_2O(l)$, $NaOH(aq)$ 중 하나이고, $pH = -\log[H_3O^+]$, $pOH = -\log[OH^-]$이다.

물질	$H_2O(l)$ (가)	$HCl(aq)$ (나)	$NaOH(aq)$ (다)
$\dfrac{pH}{pOH}$	1	$\dfrac{1}{6}$	$\dfrac{5}{2}$
부피(mL)	100	200	400
pH	7	2	10

이에 대한 설명으로 옳은 것만을 〈보기〉에서 있는 대로 고른 것은? (단, 온도는 25 ℃로 일정하고, 25 ℃에서 물의 이온화 상수(K_w)는 1×10^{-14}이며, 혼합 용액의 부피는 혼합 전 물 또는 용액의 부피의 합과 같다.) [3점]

〈보기〉 풀이

(가)는 $\dfrac{pH}{pOH} = 1$이므로 $pH = pOH$이고, $H_2O(l)$이다.

(나)는 $\dfrac{pH}{pOH} < 1$이므로 $pH < pOH$이고, $HCl(aq)$이다.

(다)는 $\dfrac{pH}{pOH} > 1$이므로 $pH > pOH$이고, $NaOH(aq)$이다.

✗ **(가)는 $HCl(aq)$이다.**

➡ (가)는 $pH = pOH$이므로 중성인 $H_2O(l)$이다.

ㄴ. **$\dfrac{(나)에서\ H_3O^+의\ 양(mol)}{(다)에서\ OH^-의\ 양(mol)} = 50$이다.**

➡ (나)는 $\dfrac{pH}{pOH} = \dfrac{1}{6}$이므로 $pH = x$라고 하면 $pOH = 6x$이고, $pH + pOH = 7x = 14$, $x = 2$이다. 이로부터 (나)의 pH = 2이고, $[H_3O^+] = 0.01$ M이며 부피가 200 mL이므로 (나)에서 H_3O^+의 양(mol)은 0.01 M $\times 200 \times 10^{-3}$ L $= 2 \times 10^{-3}$ mol이다.

(다)는 $\dfrac{pH}{pOH} = \dfrac{5}{2}$이므로 $pOH = 2y$라고 하면 $pH = 5y$이고, $pH + pOH = 7y = 14$, $y = 2$이다. 이로부터 (다)의 pOH = 4이고, $[OH^-] = 1 \times 10^{-4}$ M이며 부피가 400 mL이므로 OH^-의 양(mol)은 1×10^{-4} M $\times 400 \times 10^{-3}$ L $= 4 \times 10^{-5}$ mol이다.

따라서 $\dfrac{(나)에서\ H_3O^+의\ 양(mol)}{(다)에서\ OH^-의\ 양(mol)} = \dfrac{2 \times 10^{-3}}{4 \times 10^{-5}} = 50$이다.

ㄷ. **(가)와 (다)를 모두 혼합한 수용액에서 pH < 10이다.**

➡ (가)와 (다)를 모두 혼합한 용액 속 OH^-의 양(mol)은 4×10^{-5} mol이고 혼합 용액의 부피는 500 mL이므로 $[OH^-] = \dfrac{4}{5} \times 10^{-4}$ M로 pOH는 4보다 크다. 따라서 (가)와 (다)를 모두 혼합한 수용액에서 pH < 10이다.

12 물의 자동 이온화와 pH 2023학년도 7월 학평 화I 15번

정답 ③ | 정답률 75 %

적용해야 할 개념 ③가지

① 수용액의 $pH = -\log[H_3O^+]$이고, $pOH = -\log[OH^-]$이다.
② 25 ℃에서 물의 이온화 상수$(K_w) = [H_3O^+][OH^-] = 1 \times 10^{-14}$이므로 $pH + pOH = 14$의 관계식이 성립한다.
③ 수용액 속 용질의 양(mol)은 용액의 몰 농도(mol/L)와 용액의 부피(L)의 곱으로 구한다.

문제 보기

표는 25 ℃에서 수용액 (가)~(다)에 대한 자료이다.

수용액	(가)	(나)	(다)
pH	2.0 a	10.0	6.0 $3a$
pOH	$14-a$	4.0 b	8.0 $2b$ $b=4.0$
|pH−pOH|	10.0	6.0	2.0 x

$|pOH-pOH| = |a-(14-a)| = 10.0$이므로 $a = 2.0$ 또는 $a = 12.0$이다. a가 12.0이면 (다)의 pH = 36.00이므로 $a = 2.0$이다.

이에 대한 설명으로 옳은 것만을 〈보기〉에서 있는 대로 고른 것은? (단, 25 ℃에서 물의 이온화 상수(K_w)는 1×10^{-14}이다.) [3점]

〈보기〉 풀이

25 ℃에서 $K_w = 1 \times 10^{-14}$이므로 $pH + pOH = 14$이다.

ㄱ. **$x = 2.0$이다.**

➡ (가)의 pH = a이므로 pOH = $14-a$이다. (가)의 $|pH-pOH| = |a-(14-a)| = 10.0$이므로 $a = 2.0$ 또는 $a = 12.0$인데, $a = 12.0$인 경우 (다)의 pH가 36.00이 되므로 타당하지 않다. 따라서 $a = 2.0$이고, (다)의 pH = 6.0, pOH = 8.00이므로 $x = 2.0$이다.

ㄴ. **(나)의 액성은 염기성이다.**

➡ (다)의 pOH = 8.00이므로 $b = 4.00$이다. 따라서 (나)의 pOH = 4.00이고, pH = 10.0이므로 (나)의 액성은 염기성이다.

✗ **$\dfrac{(다)에서\ [OH^-]}{(가)에서\ [OH^-]} = 1 \times 10^{-4}$이다.**

➡ (가)의 pH = 2.00이므로 pOH = 12.00이고, (다)의 pOH = 8.00이므로 (가)에서 $[OH^-] = 10^{-12}$ M이고, (다)에서 $[OH^-] = 10^{-8}$ M이다. 따라서 $\dfrac{(다)에서\ [OH^-]}{(가)에서\ [OH^-]} = \dfrac{1 \times 10^{-8}}{1 \times 10^{-12}} = 1 \times 10^4$이다.

적용해야 할 개념 ③가지

① 수용액 속 용질의 양(mol)은 용질의 몰 농도(mol/L)와 용액의 부피(L)의 곱으로 구한다.
② 수용액의 pH$=-\log[H_3O^+]$이고, pOH$=-\log[OH^-]$이다.
③ 25 °C에서 물의 이온화 상수(K_w)$=[H_3O^+][OH^-]=1\times10^{-14}$이므로 pH$+pOH=14$의 관계식이 성립한다.

문제 보기

표는 25 °C에서 수용액 (가)와 (나)에 대한 자료이다.

→ pH를 y라고 하면 pOH$=14-y$이고,
$[H_3O^+]=10^{-y}$ M, $[OH^-]=10^{-(14-y)}$ M이다.

→ $14-y-y=14-2y$

수용액	$\dfrac{[H_3O^+]}{[OH^-]}$	pOH−pH	부피
(가)	$100a$	$\boxed{2b}$	V
(나)	a	$\boxed{b}$	$10V$

→ $14-x-x=14-2x$

→ pH를 x라고 하면 pOH$=14-x$이고,
$[H_3O^+]=10^{-x}$ M, $[OH^-]=10^{-(14-x)}$ M이다.

이에 대한 설명으로 옳은 것만을 〈보기〉에서 있는 대로 고른 것은? (단, 25 °C에서 물의 이온화 상수(K_w)는 1×10^{-14}이다.) [3점]

〈보기〉 풀이

(나)의 pH를 x라고 하면 pOH$=14-x$이고, $[H_3O^+]=10^{-x}$ M, $[OH^-]=10^{-(14-x)}$ M이다. 이때 (나)의 pOH$-$pH$=14-x-x=14-2x=b$이고, $\dfrac{[H_3O^+]}{[OH^-]}=\dfrac{10^{-x}}{10^{-(14-x)}}=10^{14-2x}=a$이다.

한편 (가)의 pH를 y라고 하면 pOH$=14-y$이고, $[H_3O^+]=10^{-y}$ M, $[OH^-]=10^{-(14-y)}$ M이다. 이때 (가)의 pOH$-$pH$=14-y-y=14-2y=2b=2\times(14-2x)=28-4x$이므로 $y=2x-7(\cdots①)$이고, $\dfrac{[H_3O^+]}{[OH^-]}=\dfrac{10^{-y}}{10^{-(14-y)}}=10^{14-2y}=100a=100\times10^{14-2x}$이므로 $14-2y=16-2x(\cdots②)$이다. ①, ② 식을 풀면 $x=6$, $y=5$이다.

㉠ $\dfrac{a}{b}=50$이다.

➡ $x=6$, $y=5$이므로 $a=10^{14-2x}=100$이고, $2b=14-2y=4$에서 $b=2$이므로 $\dfrac{a}{b}=50$이다.

✗ (가)의 pH$=4$이다.

➡ $y=5$이므로 (가)의 pH는 5이다.

㉢ $\dfrac{\text{(나)에서 } H_3O^+\text{의 양(mol)}}{\text{(가)에서 } H_3O^+\text{의 양(mol)}}=1$이다.

➡ (가)에서 $[H_3O^+]=10^{-5}$ M이고 부피가 V이므로 H_3O^+의 양(mol)은 $10^{-5}V$ mol이고, (나)에서 $[H_3O^+]=10^{-6}$ M이고 부피가 $10V$이므로 H_3O^+의 양(mol)은 $10^{-5}V$ mol이다. 따라서 $\dfrac{\text{(나)에서 } H_3O^+\text{의 양(mol)}}{\text{(가)에서 } H_3O^+\text{의 양(mol)}}=1$이다.

적용해야 할 개념 ③가지

① 수용액 속 용질의 양(mol)은 용액의 몰 농도(mol/L)와 용액의 부피(L)의 곱으로 구한다.
② 수용액의 pH$=-\log[H_3O^+]$이고, pOH$=-\log[OH^-]$이다.
③ 25 °C에서 물의 이온화 상수(K_w)$=[H_3O^+][OH^-]=1\times10^{-14}$이므로 pH$+pOH=14$의 관계식이 성립한다.

문제 보기

표는 25 °C에서 수용액 (가)~(다)에 대한 자료이다. **pOH는 (가)가 (나)의 5배이다.**

(나)의 pOH를 a라고 하면 pH는 $14-a$,
(가)의 pOH는 $5a$, pH는 $14-5a$

수용액	(가)	(나)	(다)
액성	산성	염기성	㉠
$\dfrac{pH}{pOH}$ (상댓값)	pH 4 $2\dfrac{2}{5}$ pOH 10	12 $30\,6$ 2	9 $9\dfrac{9}{5}$ 5
부피(mL)	100	200	200

(가) : (나)$=2:30$이므로 $\dfrac{14-5a}{5a}:\dfrac{14-a}{a}=2:30$ ➡ $a=2$

이에 대한 옳은 설명만을 〈보기〉에서 있는 대로 고른 것은? (단, 25 °C에서 물의 이온화 상수(K_w)는 1×10^{-14}이다.) [3점]

〈보기〉 풀이

pOH는 (가)가 (나)의 5배이므로 (나)의 pOH를 a라고 하면 pH는 $14-a$이며, (가)의 pOH는 $5a$이고 pH는 $14-5a$이다. 이때 $\dfrac{pH}{pOH}$의 비는 (가) : (나)$=2:30$이므로 $\dfrac{14-5a}{5a}:\dfrac{14-a}{a}=2:30$이고, 이 식을 풀면 $a=2$이다. (가)의 $\dfrac{pH}{pOH}$의 실젯값이 $\dfrac{2}{5}$이므로 (다)의 $\dfrac{pH}{pOH}$의 실젯값을 x라고 하면 $\dfrac{2}{5}:2=x:9$, $x=\dfrac{9}{5}$이다. 이로부터 (다)의 pH$=9$, pOH$=5$이다.

㉠ pH는 (나)가 (가)의 3배이다.

➡ (가)~(다)의 pH는 각각 4, 12, 9이고, pOH는 각각 10, 2, 5이며, $\dfrac{pH}{pOH}$는 각각 $\dfrac{2}{5}$, 6, $\dfrac{9}{5}$이다. 따라서 pH는 (나)가 (가)의 3배이다.

㉡ '염기성'은 ㉠으로 적절하다.

➡ (다)는 pH>7이므로 염기성 용액이다.

㉢ $\dfrac{\text{(다)에 들어 있는 } OH^-\text{의 양(mol)}}{\text{(가)에 들어 있는 } H_3O^+\text{의 양(mol)}}=\dfrac{1}{5}$이다.

➡ (가)의 pH$=4$이고 부피가 100 mL이므로 $[H_3O^+]=10^{-4}$ M이고, H_3O^+의 양(mol)은 $10^{-4}\times0.1=1\times10^{-5}$ mol이다. (다)의 pOH$=5$이고 부피가 200 mL이므로 $[OH^-]=10^{-5}$ M이고, OH^-의 양(mol)은 0.2×10^{-5} mol이다. 따라서 $\dfrac{\text{(다)에 들어 있는 } OH^-\text{의 양(mol)}}{\text{(가)에 들어 있는 } H_3O^+\text{의 양(mol)}}=\dfrac{0.2\times10^{-5}}{1\times10^{-5}}=\dfrac{1}{5}$이다.

15 물의 자동 이온화와 pH 2024학년도 3월 학평 화I 17번

정답 ③ | 정답률 56%

적용해야 할 개념 ③가지

① 수용액 속 용질의 양(mol)은 용액의 몰 농도(mol/L)와 용액의 부피(L)의 곱으로 구한다.
② 수용액의 pH=$-\log[H_3O^+]$이고, pOH=$-\log[OH^-]$이다.
③ 25 °C에서 물의 이온화 상수(K_w)=$[H_3O^+][OH^-]=1\times10^{-14}$이므로 pH+pOH=14의 관계식이 성립한다.

문제 보기

표는 25 °C에서 산성 또는 염기성 수용액 (가)~(다)에 대한 자료이다. (가)~(다) 중 산성 수용액은 2가지이고, pH는 (가)가 (다)의 3배이다.

수용액	(가) 염기성	(나) 산성	(다) 산성
$\dfrac{pOH}{pH}$(상댓값)	실젯값 $\dfrac{1}{6}$ 1	실젯값 $\dfrac{4}{3}$ x 8	15
|pH−pOH|	$y+4$	$y-4$	y 6
부피(mL)	100	200	400

(다)의 pH를 a라고 하면 pOH=$14-a$이고, (가)의 pH=$3a$, pOH=$14-3a$이다. ➡ $\dfrac{14-3a}{3a}:\dfrac{14-a}{a}=1:15$, $a=4$

이에 대한 옳은 설명만을 〈보기〉에서 있는 대로 고른 것은? (단, 25 °C에서 물의 이온화 상수(K_w)는 1×10^{-14}이다.) [3점]

〈보기〉 풀이

ㄱ (나)는 산성 수용액이다.

➡ (다)의 pH를 a라고 하면 pOH=$14-a$이고, $\dfrac{pOH}{pH}=\dfrac{14-a}{a}$이다. 또 pH는 (가)가 (다)의 3배이므로 (가)의 pH=$3a$, pOH=$14-3a$이고, $\dfrac{pOH}{pH}=\dfrac{14-3a}{3a}$이다.

이로부터 $\dfrac{14-3a}{3a}:\dfrac{14-a}{a}=1:15$이고, 이 식을 풀면 $a=4$이므로 (가)의 pH는 12이고, (다)의 pH는 4이다. 따라서 (가)는 염기성 수용액이고, (다)는 산성 수용액이며, (가)~(다) 중 산성 수용액이 2가지이므로 (나)는 산성 수용액이다.

ㄴ $x-y=2$이다.

➡ (다)의 \|pH−pOH\|=\|4−10\|=6이므로 $y=6$이다. 따라서 (나)의 \|pH−pOH\|=$y-4=2$이다. (나)의 pH를 b라고 하면 pOH=$14-b$이고 (나)는 산성 수용액이므로 pOH>pH이다. 이로부터 $14-b-b=2$이고, 이 식을 풀면 $b=6$이므로 pH=6이고, pOH=8이다. (나)의 $\dfrac{pOH}{pH}$의 실젯값은 $\dfrac{8}{6}=\dfrac{4}{3}$이고, (가)의 $\dfrac{pOH}{pH}$의 실젯값은 $\dfrac{2}{12}=\dfrac{1}{6}$이며, 상댓값이 1이므로 (나)의 $\dfrac{pOH}{pH}$의 상댓값(x)은 $\dfrac{4}{3}\times6=8$이다. 따라서 $x-y=8-6=2$이다.

✗ $\dfrac{(다)에서\ H_3O^+의\ 양(mol)}{(가)에서\ OH^-의\ 양(mol)}=\dfrac{1}{100}$이다.

➡ (가)의 $[OH^-]=10^{-2}$ M이고 부피는 0.1 L이며, (다)의 $[H_3O^+]=10^{-4}$ M이고 부피는 0.4 L이므로 $\dfrac{(다)에서\ H_3O^+의\ 양(mol)}{(가)에서\ OH^-의\ 양(mol)}=\dfrac{10^{-4}\times0.4}{10^{-2}\times0.1}=\dfrac{1}{25}$이다.

---

16 물의 자동 이온화와 pH 2024학년도 수능 화I 17번

정답 ⑤ | 정답률 38%

적용해야 할 개념 ③가지

① 수용액 속 용질의 양(mol)은 용질의 몰 농도(mol/L)와 용액의 부피(L)의 곱으로 구한다.
② 수용액의 pH=$-\log[H_3O^+]$이고, pOH=$-\log[OH^-]$이다.
③ 25 °C에서 물의 이온화 상수(K_w)=$[H_3O^+][OH^-]=1\times10^{-14}$이므로 pH+pOH=14의 관계식이 성립한다.

문제 보기

다음은 25 °C에서 수용액 (가)~(다)에 대한 자료이다.

(가)의 pH를 $3x$라고 하면 pOH=$25x$이고, pH+pOH=$28x$=14이므로 $x=0.50$이다. ➡ (가)의 pH=1.5, pOH=12.5 ➡ (가)는 산성

○ (가)~(다)의 액성은 모두 다르며, 각각 산성, 중성, 염기성 중 하나이다.
○ \|pH−pOH\|은 (가)가 (나)보다 4만큼 크다.

수용액	(가) 산성	(나) 염기성	(다) 중성
$\dfrac{pH}{pOH}$	$\dfrac{3}{25}$	x	y
부피(L)	0.2	0.4	0.5
OH^-의 양(mol)	a	b	c

(가)의 \|pH−pOH\|=11이므로 (나)의 \|pH−pOH\|=7 ➡ (나)는 염기성, (다)는 중성

이에 대한 설명으로 옳은 것만을 〈보기〉에서 있는 대로 고른 것은? (단, 25 °C에서 물의 이온화 상수(K_w)는 1×10^{-14}이다.) [3점]

〈보기〉 풀이

✗ (나)의 액성은 중성이다.

➡ (가)의 pH를 $3x$라고 하면 pOH=$25x$이고, pH+pOH=$28x$=14이므로 $x=0.50$이다. 이로부터 (가)의 pH=1.5, pOH=12.50이므로 (가)의 액성은 산성이다. 또한 (가)의 \|pH−pOH\|=11인데, \|pH−pOH\|은 (가)가 (나)보다 4만큼 크므로 (나)의 \|pH−pOH\|=7이다. 이때 (나)는 중성 또는 염기성인데, (나)가 중성이라면 \|pH−pOH\|=0이 되어야 하므로 (나)는 염기성이고 (다)는 중성이다.

ㄴ $x+y=4$이다.

➡ (나)의 pOH를 z라고 하면 pH=$14-z$이고, pH>pOH이므로 $14-z-z=14-2z=7$이다. 따라서 $z=3.50$이다. 이로부터 (나)의 pH=10.50이고, pOH=3.50이므로 $\dfrac{pH}{pOH}(x)=\dfrac{10.5}{3.5}=3$이다. 또한 (다)는 중성이므로 $\dfrac{pH}{pOH}(y)=1$이다. 따라서 $x+y=3+1=4$이다.

ㄷ $\dfrac{b\times c}{a}=100$이다.

➡ (가)~(다)의 pOH는 각각 12.5, 3.5, 7.0이므로 $[OH^-]$는 각각 $10^{-12.5}$ M, $10^{-3.5}$ M, $10^{-7.0}$ M이고, 부피는 각각 0.2 L, 0.4 L, 0.5 L이므로 $\dfrac{b\times c}{a}=\dfrac{4\times10^{-4.5}\times5\times10^{-8.0}}{2\times10^{-13.5}}=100$이다.

적용해야 할 개념 ③가지

① 수용액 속 용질의 양(mol)은 용액의 몰 농도(mol/L)와 용액의 부피(L)의 곱으로 구한다.
② 수용액의 pH=−log[H_3O^+]이고, pOH=−log[OH^-]이다.
③ 25 ℃에서 물의 이온화 상수(K_w)=[H_3O^+][OH^-]=1×10^{-14}이므로 pH+pOH=14의 관계식이 성립한다.

문제 보기

표는 25 ℃에서 물질 (가)~(다)에 대한 자료이다. (가)~(다)는 HCl(aq), $H_2O(l)$, NaOH(aq)을 순서 없이 나타낸 것이다.

물질	(가) $H_2O(l)$	(나)	(다) HCl(aq)
$\dfrac{pH}{pOH}$ (상댓값)	실젯값 1 ➡ 3	11	1
부피(mL)		10	100

(나)의 $\dfrac{pH}{pOH}$의 실젯값: $\dfrac{11}{3}$ ➡ pH=11, pOH=3

(다)의 pH를 x라고 하면 pOH는 $3x$, pH+pOH=$x+3x$=14에서 x=3.5 ➡ pH=3.5, pOH=10.5

이에 대한 설명으로 옳은 것만을 <보기>에서 있는 대로 고른 것은? (단, 25 ℃에서 물의 이온화 상수(K_w)는 1×10^{-14}이다.) [3점]

<보기> 풀이

ㄱ. (가)는 $H_2O(l)$이다.

➡ 25 ℃에서 pH는 NaOH(aq)>$H_2O(l)$>NaOH(aq)이고, pOH는 HCl(aq)>$H_2O(l)$>NaOH(aq)이다. 이로부터 $\dfrac{pH}{pOH}$는 NaOH(aq)>$H_2O(l)$>HCl(aq)이므로 (가)는 $H_2O(l)$, (나)는 NaOH(aq), (다)는 HCl(aq)이다.

✗ $\dfrac{(가)의\ pH}{(다)의\ pOH}$>1이다.

➡ $H_2O(l)$의 $\dfrac{pH}{pOH}$의 실젯값은 1이므로 (나)의 $\dfrac{pH}{pOH}$의 실젯값은 $\dfrac{11}{3}$이고, (다)의 $\dfrac{pH}{pOH}$의 실젯값은 $\dfrac{1}{3}$이다. 이로부터 (다)의 pH를 x라고 하면 pOH는 $3x$이고, pH+pOH=$x+3x$=14에서 x=3.50이다. 따라서 (다)의 pH=3.50이고, pOH=10.50이다. 한편 (가)는 $H_2O(l)$이므로 (가)의 pH=7이다. 따라서 $\dfrac{(가)의\ pH}{(다)의\ pOH}=\dfrac{7}{10.5}$<1이다.

ㄷ. $\dfrac{(다)에서\ H_3O^+의\ 양(mol)}{(나)에서\ OH^-의\ 양(mol)}$>1이다.

➡ (나)의 $\dfrac{pH}{pOH}$의 실젯값은 $\dfrac{11}{3}$이므로 pH=11, pOH=3이다. 이로부터 (나)의 [OH^-]=10^{-3} M이고 부피는 0.01 L이다. 또 (다)의 [H_3O^+]=$10^{-3.5}$ M이고 부피는 0.1 L이므로 $\dfrac{(다)에서\ H_3O^+의\ 양(mol)}{(나)에서\ OH^-의\ 양(mol)}=\dfrac{10^{-3.5} \times 0.1}{10^{-3} \times 0.01}$>1이다.

적용해야 할 개념 ③가지

① 수용액 속 용질의 양(mol)은 용액의 몰 농도(mol/L)와 용액의 부피(L)의 곱으로 구한다.
② 수용액의 pH=−log[H_3O^+]이고, pOH=−log[OH^-]이다.
③ 25 ℃에서 물의 이온화 상수(K_w)=[H_3O^+][OH^-]=1×10^{-14}이므로 pH+pOH=14의 관계식이 성립한다.

문제 보기

그림은 25 ℃에서 HCl(aq) (가)~(다)의 $\dfrac{pH}{pOH}$를 나타낸 것이다. (가)는 x M HCl(aq) 10 mL이고, (나)는 (가)에 물을 추가하여 만든 수용액이며, (다)는 (나)에 물을 추가하여 만든 수용액이다. pH는 (다)가 (가)의 3배이다.

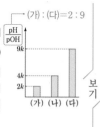

(가)의 pH를 a라고 하면 pOH는 14−a, (다)의 pH는 $3a$이고 pOH는 14−$3a$ ➡ $\dfrac{pH}{pOH}$는 (가):(다)=$\dfrac{a}{14-a}:\dfrac{3a}{14-3a}$=2:9, a=2

이에 대한 설명으로 옳은 것만을 <보기>에서 있는 대로 고른 것은? (단, 온도는 25 ℃로 일정하고, 25 ℃에서 물의 이온화 상수(K_w)는 1×10^{-14}이다.) [3점]

<보기> 풀이

(가)의 pH를 a라고 하면 pOH는 14−a이고, pH는 (다)가 (가)의 3배이므로 (다)의 pH는 $3a$이고 pOH는 14−$3a$이다. 이때 $\dfrac{pH}{pOH}$는 (가):(다)=2:9이므로 $\dfrac{a}{14-a}:\dfrac{3a}{14-3a}$=2:9이고, 이 식을 풀면 a=2이다.

ㄱ. x=0.01이다.

➡ (가)의 pH=2이므로 x M HCl(aq) 10 mL의 [H_3O^+]=0.01 M이다. 따라서 x=0.01이다.

✗ 수용액의 부피는 (나)가 (가)의 10배이다.

➡ (가)의 pH=2, pOH=12이므로 $\dfrac{pH}{pOH}=\dfrac{1}{6}$이고, $\dfrac{pH}{pOH}$는 (나)가 (가)의 2배이므로 (나)의 $\dfrac{pH}{pOH}=\dfrac{1}{3}$이다. (나)의 pH를 b라고 하면 pOH는 14−b이고, $\dfrac{pH}{pOH}=\dfrac{b}{14-b}=\dfrac{1}{3}$이므로 b=3.50이다. 이때 (나)는 (가)에 물을 추가한 용액이므로 용질의 양(mol)은 일정하다. 따라서 (나)의 부피를 V mL라고 하면 $10^{-2} \times 10=10^{-3.5} \times V$에서 $V=10^{2.5}$ mL이다. 따라서 수용액의 부피는 (나)가 (가)의 10배보다 크다.

ㄷ. (다) 100 mL에서 H_3O^+의 양은 1×10^{-7} mol이다.

➡ (다)의 pH는 6이므로 [H_3O^+]=10^{-6} M이다. 따라서 (다) 100 mL에서 H_3O^+의 양(mol)은 10^{-6} mol/L $\times$ 0.1 L=10^{-7} mol이다.

19 물의 자동 이온화와 pH 2021학년도 7월 학평 화I 14번

적용해야 할 개념 ③가지

① 수용액의 pH$=-\log[H_3O^+]$이고, pOH$=-\log[OH^-]$이다.
② 25 °C에서 물의 이온화 상수$(K_w)=[H_3O^+][OH^-]=1\times10^{-14}$이므로 pH+pOH=14의 관계식이 성립한다.
③ 수용액 속 용질의 양(mol)은 용액의 몰 농도(mol/L)와 용액의 부피(L)의 곱으로 구한다.

문제 보기

표는 25 °C에서 수용액 (가)와 (나)에 대한 자료이다. (가)와 (나)
의 액성은 각각 산성, 염기성 중 하나이며, $\dfrac{\text{(가)의 pH}}{\text{(나)의 pH}}<1$이다.

pH는 (가)<(나)이다. ➡ (가)는 산성, (나)는 염기성┐

수용액	(가)	(나)
|pH−pOH|	4	2
부피(mL)	100	500
$[H_3O^+]$(M)	1×10^{-5}	1×10^{-8}

이에 대한 설명으로 옳은 것만을 <보기>에서 있는 대로 고른 것은?
(단, 온도는 25 °C로 일정하고, 25 °C에서 물의 이온화 상수
(K_w)는 1×10^{-14}이다.) [3점]

<보기> 풀이

$\dfrac{\text{(가)의 pH}}{\text{(나)의 pH}}<1$이므로 pH는 (가)<(나)이고 (가)는 산성, (나)는 염기성이다. 25 °C에서 $[H_3O^+]$
$[OH^-]=1\times10^{-14}$로 일정하므로 pH+pOH=14이고, 산성 수용액의 pH는 7보다 작으므로
pOH는 7보다 크다. 이때 (가)의 |pH−pOH|가 4이므로 (가)의 pH를 x라고 하면 pOH는 $x+4$
이다. 즉 (가)에서 $x+x+4=14$이고, 이 식을 풀면 $x=5$이다.
(나)는 염기성이므로 pH는 7보다 크고 pOH는 7보다 작다. 이때 (나)의 pOH를 y라고 하면 pH
는 $y+2$이다. 즉 (나)에서 $y+y+2=14$이고, 이 식을 풀면 $y=6$이다. 이로부터 (가)의 pH=5,
(나)의 pH=8이므로 $[H_3O^+]$과 $[OH^-]$는 다음과 같다.

수용액	(가)	(나)
pH	5	8
$[H_3O^+]$(M)	1×10^{-5}	1×10^{-8}
$[OH^-]$(M)	1×10^{-9}	1×10^{-6}

ㄱ. (가)는 산성이다.
➡ $\dfrac{\text{(가)의 pH}}{\text{(나)의 pH}}<1$이므로 pH는 (가)<(나)이고 (가)는 산성, (나)는 염기성이다.

ㄴ. H_3O^+의 양(mol)은 (가)가 (나)의 **200배**이다.
➡ H_3O^+의 양(mol)은 (가)에서 1×10^{-5} M$\times0.1$ L$=1\times10^{-6}$ mol이고, (나)에서 1×10^{-8} M
$\times0.5$ L$=5\times10^{-9}$ mol이다. 따라서 H_3O^+의 양(mol)은 (가)가 (나)의 200배이다.

✗ $[OH^-]$는 (가) : (나)$=1:10^2$이다.
➡ $[OH^-]$는 (가) : (나)$=1\times10^{-9}:1\times10^{-6}$이므로 (가) : (나)$=1:10^3$이다.

20 물의 자동 이온화와 pH 2022학년도 10월 학평 화I 10번

적용해야 할 개념 ③가지

① 수용액의 pH$=-\log[H_3O^+]$이고, pOH$=-\log[OH^-]$이다.
② 25 °C에서 물의 이온화 상수$(K_w)=[H_3O^+][OH^-]=1\times10^{-14}$이므로 pH+pOH=14의 관계식이 성립한다.
③ 수용액 속 용질의 양(mol)은 용액의 몰 농도(mol/L)와 용액의 부피(L)의 곱으로 구한다.

문제 보기

표는 25 °C 수용액 (가)와 (나)에 대한 자료이다. (가), (나)는 각
각 HCl(aq), NaOH(aq) 중 하나이다.

수용액	(가) HCl(aq)	(나) NaOH(aq)
pH−pOH	−8	10
부피(mL)	100	50

이에 대한 옳은 설명만을 <보기>에서 있는 대로 고른 것은? (단,
25 °C에서 물의 이온화 상수(K_w)는 1×10^{-14}이다.) [3점]

<보기> 풀이

ㄱ. (가)는 HCl(aq)이다.
➡ 산의 수용액은 pH<7이고, pOH>7이므로 pH−pOH가 작은 (가)는 HCl(aq)이고 (나)는
NaOH(aq)이다.

ㄴ. (나)에서 $\dfrac{[OH^-]}{[H_3O^+]}=10^{10}$이다.
➡ (나)의 pOH를 y라고 하면 pH$=14-y$이고 pH−pOH$=(14-y)-y=10$이며 이 식을 풀
면 $y=2$이다. 이로부터 (나)의 $[OH^-]=1\times10^{-2}$ M이고, $[H_3O^+]=1\times10^{-12}$ M이다. 따라서
(나)에서 $\dfrac{[OH^-]}{[H_3O^+]}=10^{10}$이다.

ㄷ. $\dfrac{\text{(나)에서 }OH^-\text{의 양(mol)}}{\text{(가)에서 }H_3O^+\text{의 양(mol)}}=5$이다.
➡ (가)의 pH를 x라고 하면 pOH$=14-x$이고 pH−pOH$=x-(14-x)=-8$이며 이 식을
풀면 $x=3$이다. 이로부터 (가)의 $[H_3O^+]=1\times10^{-3}$ M이다. 이때 (가)의 부피는 100 mL이
므로 H_3O^+의 양(mol)은 1×10^{-4} mol이다. 한편 (나)의 $[OH^-]=1\times10^{-2}$ M이고, (나)의 부
피가 50 mL이므로 OH^-의 양(mol)은 5×10^{-4} mol이다. 따라서 $\dfrac{\text{(나)에서 }OH^-\text{의 양(mol)}}{\text{(가)에서 }H_3O^+\text{의 양(mol)}}$
$=5$이다.

적용해야 할 개념 ③가지

① 수용액 속 용질의 양(mol)은 용액의 몰 농도(mol/L)와 용액의 부피(L)의 곱으로 구한다.

② 수용액의 pH$=-\log[\text{H}_3\text{O}^+]$이고, pOH$=-\log[\text{OH}^-]$이다.

③ 25 °C에서 물의 이온화 상수(K_w)$=[\text{H}_3\text{O}^+][\text{OH}^-]=1\times10^{-14}$이므로 pH$+pOH=14$의 관계식이 성립한다.

문제 보기

표는 25 °C에서 수용액 (가)와 (나)에 대한 자료이다. (가)와 (나)는 HCl(aq)과 NaOH(aq)을 순서 없이 나타낸 것이다.

수용액	몰 농도(M)	부피(mL)	OH⁻의 양(mol) (상댓값)
~~NaOH(aq)~~ (가)	a	100	10^5
~~HCl(aq)~~ (나)	$100a$	10	1

(가)의 [OH⁻]의 상댓값이 $\dfrac{10^5\ \text{mol}}{0.1\ \text{L}}=10^6$ M일 때 (나)의 [OH⁻]의 상댓값은 $\dfrac{1\ \text{mol}}{0.01\ \text{L}}=10^2$ M

➡ (가): NaOH(aq), (나): HCl(aq)

이에 대한 설명으로 옳은 것만을 〈보기〉에서 있는 대로 고른 것은? (단, 25 °C에서 물의 이온화 상수(K_w)는 1×10^{-14}이다.) [3점]

〈보기〉 풀이

✗ **(가)는 HCl(aq)이다.**

➡ (가)와 (나)의 [OH⁻]의 상댓값은 OH⁻의 양(mol)을 각 수용액의 부피로 나누어 구할 수 있다. 즉, (가)의 [OH⁻]의 상댓값이 $\dfrac{10^5\ \text{mol}}{0.1\ \text{L}}=10^6$ M일 때 (나)의 [OH⁻]의 상댓값은 $\dfrac{1\ \text{mol}}{0.01\ \text{L}}=10^2$ M이다. 따라서 [OH⁻]가 큰 (가)는 염기성인 NaOH(aq)이고, (나)는 HCl(aq)이다.

〇 **ㄴ $a=1\times10^{-6}$이다.**

➡ (나)의 몰 농도가 $100a$ M이므로 $[\text{H}_3\text{O}^+]=100a$ M이고, $[\text{OH}^-]=\dfrac{10^{-14}}{100a}$ M이다. (가)와 (나)의 OH⁻의 양(mol)의 상댓값은 [OH⁻]와 용액 부피의 곱에 비례하므로 다음 관계식이 성립한다.

$\left(a\times100\right):\left(\dfrac{10^{-14}}{100a}\times10\right)=10^5:1$, 이 식을 풀면 $a=1\times10^{-6}$이다.

✗ **$\dfrac{\text{(가)의 pH}}{\text{(나)의 pOH}}=\dfrac{5}{4}$이다.**

➡ (가)의 $[\text{OH}^-]=1\times10^{-6}$ M이므로 $[\text{H}_3\text{O}^+]=1\times10^{-8}$ M이고, pH$=8$이다. 또 (나)의 $[\text{H}_3\text{O}^+]=1\times10^{-4}$ M이므로 $[\text{OH}^-]=1\times10^{-10}$ M이고, pOH$=10$이다. 따라서 $\dfrac{\text{(가)의 pH}}{\text{(나)의 pOH}}=\dfrac{8}{10}=\dfrac{4}{5}$이다.

적용해야 할 개념 ③가지	① 수용액의 pH$=-\log[H_3O^+]$이고, pOH$=-\log[OH^-]$이다.
	② 25 °C에서 물의 이온화 상수(K_w)$=[H_3O^+][OH^-]=1\times10^{-14}$이므로 pH$+pOH=14$의 관계식이 성립한다.
	③ 수용액 속 용질의 양(mol)은 용액의 몰 농도(mol/L)와 용액의 부피(L)의 곱으로 구한다.

문제 보기

다음은 25 °C에서 수용액 (가)와 (나)에 대한 자료이다.

> pH$=x$라고 하면, pOH$=14-x$이고,
> |pH$-$pOH|$=14-2x$이다.

ο (가)와 (나)는 각각 a M HCl(aq), $\dfrac{1}{100}a$ M NaOH(aq) 중 하나이다.

수용액	(가) $\dfrac{1}{100}a$ M NaOH(aq)	(나) a M HCl(aq)
|pH$-$pOH|	8	12
부피(mL)	100V	V

> pOH$=x+2$, pH$=12-x$이고,
> |pH$-$pOH|$=10-2x$이다.

이에 대한 설명으로 옳은 것만을 〈보기〉에서 있는 대로 고른 것은? (단, 25 °C에서 물의 이온화 상수(K_w)는 1×10^{-14}이다.) [3점]

〈보기〉 풀이

수용액의 pH$=-\log[H_3O^+]$이고, pOH$=-\log[OH^-]$이다.

ㄱ (가)는 $\dfrac{1}{100}a$ M NaOH(aq)이다.

⇒ a M HCl(aq)의 pH$=x$라고 하면 pOH$=14-x$이다. $\dfrac{1}{100}a$ M NaOH(aq)의 몰 농도(M)는 a M HCl(aq)의 몰 농도(M)의 $\dfrac{1}{100}$이므로 $\dfrac{1}{100}a$ M NaOH(aq)의 pOH$=x+2$이고, pH$=12-x$이다. 이로부터 a M HCl(aq)의 |pH$-$pOH|$=|x-(14-x)|=14-2x$이고, $\dfrac{1}{100}a$ M NaOH(aq)의 |pH$-$pOH|$=|12-x-(x+2)|=10-2x$이다. 따라서 |pH$-$pOH| 값이 더 작은 (가)는 $\dfrac{1}{100}a$ M NaOH(aq)이고, (나)는 a M HCl(aq)이다.

ㄴ $\dfrac{\text{(나)의 }[H_3O^+]}{\text{(가)의 }[OH^-]}=100$이다.

⇒ (가)는 $\dfrac{1}{100}a$ M NaOH(aq)이고, |pH$-$pOH|$=10-2x=8$이므로 $x=1$이다. 즉 $\dfrac{1}{100}a$ M NaOH(aq)의 pOH$=3$이므로 $[OH^-]=1\times10^{-3}$ M이고, $a=0.1$이다. (나)는 a M HCl(aq)이고, pH$=1$이므로 (나)의 $[H_3O^+]=0.1$ M이다. 따라서 $\dfrac{\text{(나)의 }[H_3O^+]}{\text{(가)의 }[OH^-]}=\dfrac{1\times10^{-1}}{1\times10^{-3}}=100$이다.

✗ H_3O^+의 양(mol)은 (나)가 (가)의 10^{10}배이다.

⇒ (가)의 $[H_3O^+]=1\times10^{-11}$ M이고, 부피가 $0.1V$ L이므로 H_3O^+의 양(mol)은 $1\times10^{-12}V$ mol이다. (나)의 $[H_3O^+]=0.1$ M이고, 부피가 $0.001V$ L이므로 H_3O^+의 양(mol)은 $1\times10^{-4}V$ mol 이다. 따라서 H_3O^+의 양(mol)은 (나)가 (가)의 10^8배이다.

적용해야 할 개념 ②가지

① 수용액의 pH$=-\log[H_3O^+]$이고, pOH$=-\log[OH^-]$이다.
② 25 °C에서 물의 이온화 상수(K_w)$=[H_3O^+][OH^-]=1\times10^{-14}$이므로 pH$+pOH=14$의 관계식이 성립한다.

문제 보기

표는 25 °C 수용액 (가)~(다)에 대한 자료이다.

pH$=-\log[H_3O^+]$이므로 $a=10^{-(x+2)}$이다.

수용액	pH	[H$_3$O$^+$](M)	[OH$^-$](M)
(가)	x 3	$100a$	
(나)	$3x$ 9		a
(다)	7	b	b

[H$_3$O$^+$]는 $\dfrac{10^{-14}}{a}$ M이므로 $a=10^{3x-14}$이다.

이에 대한 설명으로 옳은 것만을 〈보기〉에서 있는 대로 고른 것은? (단, 온도는 25 °C로 일정하고, 25 °C에서 물의 이온화 상수(K_w)는 1×10^{-14}이다.) [3점]

〈보기〉 풀이

✗ x는 4이다.

➡ pH는 $-\log[H_3O^+]$이고, (가)의 [H$_3$O$^+$]는 $100a$ M이므로 (가)에서 $10^{-x}=100a$이다. 이로부터 $a=10^{-(x+2)}$이다. 또한 (나)에서 [OH$^-$]가 a M이므로 [H$_3$O$^+$]는 $\dfrac{10^{-14}}{a}$이고, pH가 $3x$이므로 $\dfrac{10^{-14}}{a}=10^{-3x}$이며, $a=10^{3x-14}$이다. 이로부터 $10^{-(x+2)}=10^{3x-14}$이므로 $4x=12$이다. 따라서 $x=3$이다.

ㄴ $\dfrac{a}{b}=100$이다.

➡ (다)에서 [H$_3$O$^+$]$=$[OH$^-$]이므로 $b=1\times10^{-7}$(M)이다. 또한 $a=10^{-(x+2)}=10^{-(3+2)}=1\times10^{-5}$(M)이므로 $\dfrac{a}{b}=\dfrac{1\times10^{-5}}{1\times10^{-7}}=100$이다.

✗ pH는 (다)>(나)이다.

➡ (나)에서 [H$_3$O$^+$]는 1×10^{-9} M이므로 pH는 9이고, (다)에서 [H$_3$O$^+$]는 1×10^{-7} M이므로 pH는 7이다. 따라서 pH는 (나)>(다)이다.

적용해야 할 개념 ③가지

① 수용액의 pH$=-\log[H_3O^+]$이다.
② 25 °C에서 물의 이온화 상수(K_w)$=[H_3O^+][OH^-]=1\times10^{-14}$이므로 pH$+pOH=14$의 관계식이 성립한다.
③ 수용액 속 용질의 양(mol)은 용액의 몰 농도(mol/L)와 용액의 부피(L)의 곱으로 구한다.

문제 보기

표는 25 °C 수용액 (가)와 (나)에 대한 자료이다.

수용액	pOH$-$pH	부피(mL)	H$_3$O$^+$의 양(mol)
(가)	x	$20V$	n
(나)	$2x$	V	$50n$

(가)의 pH$=a$, (나)의 pH$=b$라고 하면
$(14-2a):(14-2b)=1:2$

$(10^{-a}\times20V):(10^{-b}\times V)$
$=1:50$

이에 대한 옳은 설명만을 〈보기〉에서 있는 대로 고른 것은? (단, 25 °C에서 물의 이온화 상수(K_w)는 1×10^{-14}이다.) [3점]

〈보기〉 풀이

25 °C에서 $K_w=[H_3O^+][OH^-]=1\times10^{-14}$이므로 pH$+pOH=14$이고, 수용액 속 용질의 양(mol)$=$용액의 몰 농도(M)$\times$용액의 부피(L)이다.

ㄱ pH는 (가)>(나)이다.

➡ (가)의 pH$=a$라고 하면 pOH$=14-a$이므로 (가)에서 pOH$-$pH$=14-a-a=14-2a$이다. 또한 (나)의 pH$=b$라고 하면 pOH$=14-b$이므로 (나)에서 pOH$-$pH$=14-b-b=14-2b$이다. (가)와 (나)의 pOH$-$pH 값의 비는 (가) : (나)$=(14-2a):(14-2b)=x:2x=1:2$이므로 $b=2a-7(\cdots$①)이다. 또한 (가)와 (나)의 H$_3$O$^+$의 양(mol)의 비는 (가) : (나)$=(10^{-a}\times20V):(10^{-b}\times V)=n:50n=1:50$이므로 $10^{-b}=10^{3-a}$이고, $b=a-3(\cdots$②)이다. ①, ② 식을 풀면 $a=4$이고, $b=1$이다. 이로부터 (가)의 pH는 4이고, (나)의 pH는 1이므로 pH는 (가)>(나)이다.

ㄴ (가)와 (나)는 모두 산성이다.

➡ (가)의 pH는 4이고, (나)의 pH는 1로, (가)와 (나)는 pH가 모두 7보다 작으므로 모두 산성이다.

✗ $x=3$이다.

➡ (가)의 pH는 4이고 pOH는 10($=14-4$)이므로 pOH$-$pH$=6$이다. 따라서 $x=6$이다.

| **25** | 물의 자동 이온화와 pH 2023학년도 9월 모평 화I 16번 | 정답 ② ǀ 정답률 57% |

적용해야 할 개념 ③가지

① 수용액의 pH$=-\log[H_3O^+]$이고, pOH$=-\log[OH^-]$이다.
② 25 ℃에서 물의 이온화 상수$(K_w)=[H_3O^+][OH^-]=1\times10^{-14}$이므로 pH+pOH$=14$의 관계식이 성립한다.
③ 수용액 속 용질의 양(mol)은 용액의 몰 농도(mol/L)와 용액의 부피(L)의 곱으로 구한다.

문제 보기

표는 25 ℃의 수용액 (가)와 (나)에 대한 자료이다.

$[H_3O^+]$비는 (가) : (나)$=\dfrac{50}{100}:\dfrac{1}{200}=100:1$이므로 pH는 (나)가 (가)보다 2만큼 크다. ➡ $x+2=14-2x$이므로 $x=4$이다.

수용액	pH	pOH	H₃O⁺의 양(mol) (상댓값)	부피(mL)
(가) 산성	~~x~~ 4		50	100
(나) 산성	6	~~$2x$~~ 8	1	200

이에 대한 설명으로 옳은 것만을 〈보기〉에서 있는 대로 고른 것은? (단, 25 ℃에서 물의 이온화 상수(K_w)는 1×10^{-14}이다.) [3점]

보기

〈보기〉 풀이

✘ $x=5$이다.
➡ (가)의 pH$=x$이므로 pOH$=14-x$이다. 또한 (나)의 pOH$=2x$이므로 pH$=14-2x$이다.
$[H_3O^+]$비는 (가) : (나)$=\dfrac{50}{100}:\dfrac{1}{200}=100:1$이므로 pH는 (나)가 (가)보다 2만큼 크다. 이로부터 $x+2=14-2x$이므로 $x=4$이다.

ㄴ. (가)와 (나)의 액성은 모두 산성이다.
➡ (가)의 pH$=4$이므로 (가)의 액성은 산성이다. (나)의 pH$=14-8=6$이므로 (나)의 액성은 산성이다. 따라서 (가)와 (나)의 액성은 모두 산성이다.

✘ $\dfrac{\text{(가)에서 OH}^-\text{의 양(mol)}}{\text{(나)에서 H}_3\text{O}^+\text{의 양(mol)}}<1\times10^{-5}$이다.
➡ (가)의 pH$=4$이므로 $[H_3O^+]=1\times10^{-4}$ M이다. 따라서 $[OH^-]=1\times10^{-10}$ M이고, 부피가 0.1 L이므로 OH⁻의 양(mol)은 1×10^{-10} M$\times0.1$ L$=1\times10^{-11}$ mol이다. 또한 (나)의 pH$=6$이므로 $[H_3O^+]=1\times10^{-6}$ M이고, 용액의 부피가 0.2 L이므로 H₃O⁺의 양(mol)은 1×10^{-6} M$\times0.2$ L$=2\times10^{-7}$ mol이다.
따라서 $\dfrac{\text{(가)에서 OH}^-\text{의 양(mol)}}{\text{(나)에서 H}_3\text{O}^+\text{의 양(mol)}}=\dfrac{1\times10^{-11}\text{ mol}}{2\times10^{-7}\text{ mol}}=5\times10^{-5}$이므로
$\dfrac{\text{(가)에서 OH}^-\text{의 양(mol)}}{\text{(나)에서 H}_3\text{O}^+\text{의 양(mol)}}>1\times10^{-5}$이다.

| **26** | 물의 자동 이온화와 pH 2024학년도 6월 모평 화I 17번 | 정답 ③ ǀ 정답률 48% |

적용해야 할 개념 ③가지

① 수용액의 pH$=-\log[H_3O^+]$이고, pOH$=-\log[OH^-]$이다.
② 25 ℃에서 물의 이온화 상수$(K_w)=[H_3O^+][OH^-]=1\times10^{-14}$이므로 pH+pOH$=14$의 관계식이 성립한다.
③ 수용액 속 용질의 양(mol)은 용액의 몰 농도(mol/L)와 용액의 부피(L)의 곱으로 구한다.

문제 보기

$(14-k):(12-k)=7:3$에서 $k=10.5$

그림은 25 ℃에서 수용액 (가)와 (나)의 부피와 OH⁻의 양(mol)을 나타낸 것이다. pH는 (가) : (나)$=7:3$이다.

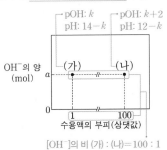

이에 대한 설명으로 옳은 것만을 〈보기〉에서 있는 대로 고른 것은? (단, 25 ℃에서 물의 이온화 상수(K_w)는 1×10^{-14}이다.) [3점]

보기

〈보기〉 풀이

수용액 속 OH⁻의 양(mol)은 OH⁻의 몰 농도(mol/L)와 부피(L)의 곱과 같은데, (가)와 (나)의 OH⁻의 양(mol)은 a mol로 같고 수용액의 부피는 (가) : (나)$=1:100$이므로 $[OH^-]$의 비는 (가) : (나)$=100:1$이다.

ㄱ. (가)의 액성은 산성이다.
➡ $[OH^-]$의 비는 (가) : (나)$=100:1$이므로 (가)의 pOH를 k라고 하면 (나)의 pOH는 $k+2$이다. 또한 25 ℃에서 pH+pOH$=14$이므로 (가)와 (나)의 pH는 각각 $14-k$, $14-(k+2)$이고, $(14-k):(12-k)=7:3$에서 $k=10.50$이다. 따라서 (가)의 pH$=3.5$로 7보다 작으므로 (가)의 액성은 산성이다.

✘ (나)의 pOH는 11.5이다.
➡ (나)의 pOH는 $k+2$이고, $k=10.50$이므로 pOH$=12.50$이다.

ㄷ. $\dfrac{\text{(가)에서 H}_3\text{O}^+\text{의 양(mol)}}{\text{(나)에서 OH}^-\text{의 양(mol)}}=1\times10^7$이다.
➡ (가)의 pH는 3.5이므로 $[H_3O^+]=10^{-3.5}$ M이고 (나)의 pOH는 12.50이므로 $[OH^-]=10^{-12.5}$이다. 또한 수용액의 부피는 (나)가 (가)의 100배이므로 $\dfrac{\text{(가)에서 H}_3\text{O}^+\text{의 양(mol)}}{\text{(나)에서 OH}^-\text{의 양(mol)}}=\dfrac{1\times10^{-3.5}\times V}{1\times10^{-12.5}\times100V}=1\times10^7$이다.

적용해야 할 개념 ③가지	① 수용액의 pH$=-\log[H_3O^+]$이고, pOH$=-\log[OH^-]$이다. ② 25 °C에서 물의 이온화 상수(K_w)$=[H_3O^+][OH^-]$이므로 pH$+$pOH$=14$의 관계식이 성립한다. ③ 수용액 속 용질의 양(mol)은 용액의 몰 농도(mol/L)와 용액의 부피(L)의 곱으로 구한다.

문제 보기

표는 수용액 (가)와 (나)에 대한 자료이다. (가)와 (나)는 각각 NaOH(aq)과 HCl(aq) 중 하나이다.

┌ (가) NaOH(aq)의 $[OH^-]$
  $=a=10^{-(14-2x)}$ M이다.

수용액	(가)	(나)
몰 농도(M)	a	$\frac{1}{10}a$
pH	$2x$	x

pH가 큰 (가)가 염기성 용액인   (나) HCl(aq)의 $[H_3O^+]$
NaOH(aq)이다. $=\frac{1}{10}a=10^{-x}$ M 이다.

이에 대한 설명으로 옳은 것만을 〈보기〉에서 있는 대로 고른 것은? (단, 온도는 25 °C로 일정하며, 25 °C에서 물의 이온화 상수(K_w)는 1×10^{-14}이다.) [3점]

〈보기〉 풀이

ㄱ. **(나)는 HCl(aq)이다.**

➡ (가)와 (나)는 각각 NaOH(aq)과 HCl(aq) 중 하나이고, 산성 용액의 pH<7, 염기성 용액의 pH>7이므로 pH가 큰 (가)는 염기성 용액인 NaOH(aq)이고, (나)는 산성 용액인 HCl(aq)이다.

ㄴ. ~~$x=4.0$이다.~~

➡ (가)에서 pOH$=14-2x$이고, $[OH^-]=a=10^{-(14-2x)}$ M이다. (나)에서 pH$=x$이고, $[H_3O^+]=\frac{1}{10}a=10^{-x}$ M이므로 $x=5.00$이다.

ㄷ. **10a M NaOH(aq)에서 $\frac{[Na^+]}{[H_3O^+]}=1\times10^8$이다.**

➡ a M NaOH(aq)에서 $[Na^+]=[OH^-]=10^{-4}$ M이므로 10a M NaOH(aq)에서 $[Na^+]=[OH^-]=10^{-3}$ M이고, $[H_3O^+]=10^{-11}$ M이다. 따라서 $\frac{[Na^+]}{[H_3O^+]}=\frac{10^{-3}}{10^{-11}}=1\times10^8$이다.

적용해야 할 개념 ③가지	① 수용액의 pH$=-\log[H_3O^+]$이고, pOH$=-\log[OH^-]$이다. ② 25 °C에서 물의 이온화 상수(K_w)$=[H_3O^+][OH^-]=1\times10^{-14}$이므로 pH$+pOH=14$의 관계식이 성립한다. ③ 수용액 속 용질의 양(mol)은 용액의 몰 농도(mol/L)와 용액의 부피(L)의 곱으로 구한다.

문제 보기

표는 25 °C에서 수용액 (가)와 (나)에 대한 자료이다. (가)와 (나)는 각각 HCl(aq), NaOH(aq) 중 하나이다.

(가) NaOH(aq)의 $[OH^-]$ pOH가 큰 (나)가 산성 용액인
$=a=10^{-x}$ M이다.   HCl(aq)이다.

수용액	몰 농도(M)	pOH	부피(mL)
(가)	a	x 4	V
(나)	$100a$	$3x$ 12	$2V$

(나) HCl(aq)의 $[H_3O^+]=100a=10^{-(14-3x)}$ M이다.

이에 대한 설명으로 옳은 것만을 〈보기〉에서 있는 대로 고른 것은? (단, 25 °C에서 물의 이온화 상수(K_w)는 1×10^{-14}이다.) [3점]

〈보기〉 풀이

ㄱ. ~~(가)는 HCl(aq)이다.~~

➡ (가)와 (나)는 각각 HCl(aq), NaOH(aq) 중 하나이고, 산성 용액의 pH<7, pOH>7이다. 이로부터 pOH가 큰 (나)는 산성 용액인 HCl(aq)이고, (가)는 염기성 용액인 NaOH(aq)이다.

ㄴ. **pH는 (가)가 (나)의 5배이다.**

➡ (가) NaOH(aq)의 $[OH^-]=a=10^{-x}$ M이고, (나) HCl(aq)의 $[H_3O^+]=100a=10^{-(14-3x)}$ M이므로 $100\times10^{-x}=10^{2-x}=10^{-(14-3x)}$이고, $x=4$이다. (가)의 pOH가 4이므로 pH는 10이고, (나)의 pOH가 12이므로 pH는 2이다. 따라서 pH는 (가)가 (나)의 5배이다.

ㄷ. ~~$\frac{(나)에서\ OH^-의\ 양(mol)}{(가)에서\ H_3O^+의\ 양(mol)}=\frac{1}{200}$이다.~~

➡ (가)에서 $[OH^-]=10^{-4}$ M이므로 $[H_3O^+]=10^{-10}$ M이고, (나)에서 $[H_3O^+]=10^{-2}$ M이므로 $[OH^-]=10^{-12}$ M이다. 따라서 $\frac{(나)에서\ OH^-의\ 양(mol)}{(가)에서\ H_3O^+의\ 양(mol)}=\frac{10^{-12}\times2V}{10^{-10}\times V}=\frac{1}{50}$이다.

적용해야 할 개념 ③가지

① 수용액 속 용질의 양(mol)은 용액의 몰 농도(mol/L)와 용액의 부피(L)의 곱으로 구한다.

② 수용액의 pH=$-\log[H_3O^+]$이고, pOH=$-\log[OH^-]$이다.

③ 25 ℃에서 물의 이온화 상수(K_w)=$[H_3O^+][OH^-]=1\times10^{-14}$이므로 pH+pOH=14의 관계식이 성립한다.

문제 보기

다음은 25 ℃에서 수용액 (가)~(다)에 대한 자료이다.

(가)의 pOH를 $2a$라고 하면 pH는 $5a$이고, pH+pOH=$5a+2a=14$이므로 $a=2$이다. ➡ pH=10, pOH=4

○ (가), (나), (다)의 $\dfrac{pH}{pOH}$는 각각 $\boxed{\dfrac{5}{2}}$, $16k$, $9k$이다.

○ (가), (나), (다)에서 OH^-의 양(mol)은 각각 $100x$, x, y이다.

○ 수용액의 부피는 (가)와 (나)가 같고, (다)는 (나)의 10배이다.

(나)의 pOH를 b라고 하면 $[OH^-]=10^{-b}$ M이고, (가)와 (나)의 부피를 각각 V L라고 하면 OH^-의 양(mol)은 (가)가 (나)의 100배이므로 $10^{-4}\times V=(10^{-b}\times V)\times100$, $b=6$ ➡ pOH=6, pH=8

이에 대한 설명으로 옳은 것만을 〈보기〉에서 있는 대로 고른 것은? (단, 25 ℃에서 물의 이온화 상수(K_w)는 1×10^{-14}이다.)

[3점]

〈보기〉 풀이

(가)의 $\dfrac{pH}{pOH}$가 $\dfrac{5}{2}$이므로 (가)의 pOH를 $2a$라고 하면 pH는 $5a$이고, pH+pOH=$5a+2a=14$이므로 $a=2$이다. 이로부터 (가)의 pH=10, pOH=4이다.

(나)의 pOH를 b라고 하면 $[OH^-]=10^{-b}$ M이고, (가)와 (나)의 부피를 각각 V L라고 하면 (다)의 부피는 $10V$ L이다. 한편 OH^-의 양(mol)은 (가)가 (나)의 100배이므로 다음 관계식이 성립한다.

$$10^{-4}\times V=(10^{-b}\times V)\times100,\ b=6$$

따라서 (나)의 pOH=6, pH=8이다. 또 (다)의 $\dfrac{pH}{pOH}$를 z라고 하면 (나)와 (다)의 $\dfrac{pH}{pOH}$비는 다음 관계식이 성립한다.

$$(나):(다)=\dfrac{8}{6}:z=16k:9k=16:9,\ z=\dfrac{3}{4}$$

(다)의 pH를 $3c$라고 하면 pOH는 $4c$이고, $3c+4c=14$에서 $c=2$이므로 pH=6, pOH=8이고, (가)~(다)의 pH, pOH, 부피는 다음과 같다.

수용액	(가)	(나)	(다)
pH	10	8	6
pOH	4	6	8
부피(L)	V	V	$10V$

✗ **$y=10x$이다.**

➡ (나)에서 OH^-의 양(mol)은 $(10^{-6}\times V)$ mol이고, (다)에서 OH^-의 양(mol)은 $(10^{-8}\times10V)$ mol이므로 OH^-의 양(mol)은 (나)에서가 (다)에서의 10배이다. 따라서 $x=10y$이다.

ㄴ **$\dfrac{(가)의\ pH}{(나)의\ pOH}>1$이다.**

➡ $\dfrac{(가)의\ pH}{(나)의\ pOH}=\dfrac{10}{6}>1$이다.

✗ **$\dfrac{(나)에서\ OH^-의\ 양(mol)}{(다)에서\ H_3O^+의\ 양(mol)}=1$이다.**

➡ $\dfrac{(나)에서\ OH^-의\ 양(mol)}{(다)에서\ H_3O^+의\ 양(mol)}=\dfrac{10^{-6}\times V}{10^{-6}\times10V}=\dfrac{1}{10}$이다.

22 일차

01 ②	02 ③	03 ④	04 ①	05 ④	06 ④	07 ①	08 ④	09 ①	10 ⑤	11 ①	12 ②
13 ②	14 ②	15 ②	16 ⑤	17 ③	18 ①	19 ①	20 ②	21 ④	22 ③	23 ②	24 ①
25 ②	26 ③	27 ④	28 ④	29 ⑤	30 ④						

문제편 228~241쪽

01　중화 반응에서의 이온 수 비율　2021학년도 3월 학평 화I 19번　　정답 ② | 정답률 41%

적용해야 할 개념 ⑤가지

① 중화 반응의 양적 관계: 산이 내놓은 H^+과 염기가 내놓은 OH^-이 1 : 1의 몰비로 반응한다.
② 구경꾼 이온: 중화 반응에서 반응에 참여하지 않는 산의 음이온과 염기의 양이온이다.
③ 산과 염기의 혼합 용액은 전기적으로 중성이므로 1과 산과 1가 염기를 혼합한 용액 속에 들어 있는 양이온의 총수와 음이온의 총수는 같다.
④ 산이 내놓은 H^+의 양(mol): 산의 가수×산 수용액의 몰 농도(M)×산 수용액의 부피(L)
⑤ 염기가 내놓은 OH^-의 양(mol): 염기의 가수×염기 수용액의 몰 농도(M)×염기 수용액의 부피(L)

문제 보기

다음은 중화 반응과 관련된 실험이다.

[실험 과정]
(가) a M HCl(aq), b M NaOH(aq), c M KOH(aq)을 준비한다.
(나) HCl(aq) 20 mL, NaOH(aq) 30 mL, KOH(aq) 10 mL를 혼합하여 용액 Ⅰ을 만든다.
(다) 용액 Ⅰ에 KOH(aq) V mL를 첨가하여 용액 Ⅱ를 만든다.

[실험 결과]

H_3O^+의 양(mol)$=5a \times \dfrac{1}{1000}$ mol

○ 용액 Ⅰ에서 H_3O^+의 몰 농도는 $\dfrac{1}{12}a$ M이다.

○ 용액 Ⅰ과 Ⅱ에 들어 있는 이온의 몰비

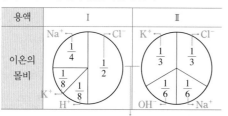

용액	Ⅰ	Ⅱ
이온의 몰비		

Ⅰ과 Ⅱ에서 Na$^+$의 양(mol)과 Cl$^-$의 양(mol)은 같고, K$^+$의 양(mol)은 증가하므로 Na$^+$과 Cl$^-$의 몰비는 감소하고, K$^+$의 몰비는 증가한다.

$V \times \dfrac{b}{c}$는? (단, 온도는 일정하고, 혼합한 용액의 부피는 혼합 전 각 용액의 부피의 합과 같으며, 물의 자동 이온화는 무시한다.) [3점]

<보기> 풀이

❶ 용액 Ⅰ에 존재하는 H^+과 Cl^-의(mol) 양(mol) 파악하기

a M HCl(aq) 20 mL, b M NaOH(aq) 30 mL, c M KOH(aq) 10 mL를 넣은 혼합 용액 Ⅰ에서 H_3O^+의 몰 농도(M)가 $\dfrac{1}{12}a$ M이므로 H_3O^+의 양(mol)$=\dfrac{1}{12}a$ M×(20+30+10) mL $\times \dfrac{1}{1000} = 5a \times \dfrac{1}{1000}$ mol이고, Cl^-의 양(mol)은 $20a \times \dfrac{1}{1000}$ mol이다. 또한 용액 Ⅰ의 액성이 산성이므로 용액 속 음이온은 Cl^-뿐이고, 그 비율이 $\dfrac{1}{2}$로 가장 큰 이온은 Cl^-이며, H_3O^+의 양(mol)의 비는 $\dfrac{1}{8}$이다.

❷ 용액 Ⅰ과 용액 Ⅱ의 이온 수 변화로 이온의 종류 찾기

혼합 용액 Ⅰ에 KOH(aq) V mL를 넣어 혼합 용액 Ⅱ를 만들었으므로 Ⅰ과 Ⅱ에서 Na$^+$의 양(mol)과 Cl$^-$의 양(mol)은 같고, K$^+$의 양(mol)은 증가하므로 Na$^+$과 Cl$^-$의 몰비는 감소하고, K$^+$의 몰비는 증가한다. 이로부터 Ⅰ에서 $\dfrac{1}{8}$의 몰비는 갖는 이온은 K$^+$이고, $\dfrac{1}{4}$의 몰비는 갖는 이온은 Na$^+$이다. 용액 Ⅰ에서 이온의 종류에 따른 이온의 양(mol)×1000은 다음과 같다.

이온	Cl^-	H_3O^+	Na$^+$	K$^+$
양(mol)×1000	$20a$	$5a$	$10a$	$5a$

또한 용액 Ⅱ에서 Cl^-과 Na$^+$의 양(mol)은 Ⅰ에서와 같으므로 그 비가 $\dfrac{1}{3}$인 이온은 Cl^-이고, 그 비가 $\dfrac{1}{6}$인 이온은 Na$^+$이다. 이로부터 이온의 종류에 따른 이온의 양(mol)×1000은 다음과 같다.

이온	Cl^-	OH^-	Na$^+$	K$^+$
양(mol)×1000	$20a$	$10a$	$10a$	$20a$

❸ Ⅱ에서 이온의 몰비를 이용하여 용액의 몰 농도(M) 비와 V 구하기

K$^+$의 양(mol)은 용액 Ⅱ가 용액 Ⅰ의 4배이므로 (다)에서 넣어 준 KOH(aq)의 부피(mL) $V=30$이다. 또한 b M NaOH(aq) 30 mL에 들어 있는 Na$^+$의 양(mol)이 $10a \times \dfrac{1}{1000}$ mol일 때 c M KOH(aq) 10 mL에 들어 있는 K$^+$의 양(mol)이 $5a \times \dfrac{1}{1000}$ mol이므로 같은 부피에 들어 있는 이온의 양(mol)은 KOH(aq)이 NaOH(aq)의 1.5배이다. 따라서 $\dfrac{b}{c} = \dfrac{2}{3}$이므로 $V \times \dfrac{b}{c} = 30 \times \dfrac{2}{3} = 20$이다.

 10　　② 20　　 30　　 40　　 50

적용해야 할 개념 ③가지	① 중화 반응의 양적 관계: 산이 내놓은 H^+과 염기가 내놓은 OH^-이 1 : 1의 몰비로 반응한다.
	② 구경꾼 이온: 중화 반응에서 반응에 참여하지 않는 산의 음이온과 염기의 양이온이다.
	③ 용액의 pH: 산성 용액은 pH<7, 중성 용액은 pH=7, 염기성 용액은 pH>7이다.

문제 보기

표는 $HCl(aq)$, $H_2SO_4(aq)$, $NaOH(aq)$의 부피를 달리하여 혼합한 용액 (가)~(다)에 존재하는 음이온 수의 비율을 이온의 종류에 관계없이 나타낸 것이다.

혼합 용액	(가)	(나)	(다)
$HCl(aq)$ 부피 (mL)	10	5	10
$H_2SO_4(aq)$ 부피 (mL)	10	20	y 20
$NaOH(aq)$ 부피 (mL)	10	x 15	20
음이온 수의 비율	SO_4^{2-} $\frac{1}{5}$ / $\frac{4}{5}$ Cl^-	Cl^- $\frac{3}{7}$ / $\frac{2}{7}$ / $\frac{2}{7}$ OH^- SO_4^{2-}	Cl^- SO_4^{2-} $\frac{2}{5}$ / $\frac{1}{5}$ / $\frac{2}{5}$ OH^-

이에 대한 설명으로 옳은 것만을 〈보기〉에서 있는 대로 고른 것은? (단, 온도는 일정하고, 혼합 용액의 부피는 혼합 전 각 용액의 부피의 합과 같다.) [3점]

〈보기〉 풀이

(가)에 존재하는 음이온의 종류가 2가지이므로 Cl^-과 SO_4^{2-}이고 액성은 중성 또는 산성이다. (나)와 (다)에 존재하는 음이온은 Cl^-, SO_4^{2-}, OH^-이다.

❶ **(가)와 (나)의 음이온 수 비율과 산 수용액의 부피를 비교하여 일정 부피의 $HCl(aq)$과 $H_2SO_4(aq)$에 들어 있는 이온 수 파악하기**

(가)에서 $HCl(aq)$ 10 mL에 들어 있는 Cl^- 수(=H^+ 수)를 n, $H_2SO_4(aq)$ 10 mL에 들어 있는 SO_4^{2-} 수를 $4n$이라고 하면 (나)에서 이온 수 비율과 맞지 않는다. 따라서 $HCl(aq)$ 10 mL에 들어 있는 Cl^- 수(=H^+ 수)를 $4n$이라고 하면 $H_2SO_4(aq)$ 10 mL에 들어 있는 SO_4^{2-} 수는 n이다. (가)에 존재하는 음이온은 2종류이므로 $NaOH(aq)$ 10 mL에 들어 있는 OH^- 수는 $6n$ 이하이다.

❷ **$NaOH(aq)$에 들어 있는 OH^- 이온 수 구하기**

(나)에서 $HCl(aq)$ 5 mL에 들어 있는 Cl^- 수(=H^+ 수)는 $2n$, $H_2SO_4(aq)$ 20 mL에 들어 있는 SO_4^{2-} 수는 $2n$이므로 그 비율이 $\frac{3}{7}$인 이온은 OH^-이고, 혼합 용액 속 OH^- 수는 $3n$이다. 이때 혼합 전 $HCl(aq)$ 5 mL에 들어 있는 H^+ 수가 $2n$, $H_2SO_4(aq)$ 20 mL에 들어 있는 H^+ 수가 $4n$이므로 혼합 전 $NaOH(aq)$ x mL에 들어 있는 OH^- 수는 $9n$이다.

(다)에서 $HCl(aq)$ 10 mL에 들어 있는 Cl^- 수(=H^+ 수)가 $4n$이고, $NaOH(aq)$ 10 mL에 들어 있는 OH^- 수는 $6n$ 이하였으므로 $NaOH(aq)$ 20 mL에 들어 있는 OH^- 수는 $12n$ 이하이다. 이때 음이온 수비가 1 : 2 : 2이므로 혼합 용액 속 OH^- 수는 $4n$이다. 이로부터 SO_4^{2-} 수는 $2n$이므로 $H_2SO_4(aq)$ y mL에 들어 있는 SO_4^{2-} 수가 $2n$, H^+ 수가 $4n$이고, 혼합 전 $NaOH(aq)$ 20 mL에 들어 있는 OH^- 수는 $12n$이다. 따라서 (다)에서 Cl^- 수는 $4n$, SO_4^{2-} 수는 $2n$, OH^- 수는 $4n$이다.

ㄱ. $x : y = 3 : 4$이다.

➡ (나)에서 $NaOH(aq)$ x mL에 들어 있는 OH^- 수가 $9n$이고, (가)에서 $NaOH(aq)$ 10 mL에 들어 있는 OH^- 수는 $6n$이므로 $x=15$이다. (다)에서 $H_2SO_4(aq)$ y mL에 들어 있는 SO_4^{2-} 수가 $2n$이므로 $y=20$이다. 따라서 $x : y = 3 : 4$이다.

✘ 용액의 pH는 (나)가 (다)보다 크다.

➡ OH^- 수는 (나)에서 $3n$이고, (다)에서 $4n$이다. 이때 용액의 전체 부피는 (나)는 40 mL이고, (다)는 50 mL이다. 이로부터 OH^-의 농도비는 (나) : (다) = $\frac{3n}{40} : \frac{4n}{50}$ = 15 : 16이므로 용액의 pH는 (다)가 (나)보다 크다.

ㄷ. (다)를 완전히 중화시키기 위해 필요한 $HCl(aq)$의 부피는 10 mL이다.

➡ (다)에 들어 있는 OH^- 수는 $4n$이므로 완전히 중화되기 위해 필요한 H^+ 수는 $4n$이다. H^+ $4n$을 포함한 $HCl(aq)$의 부피는 10 mL이다.

적용해야 할 개념 ③가지

① 중화 반응의 양적 관계: 산이 내놓은 H^+과 염기가 내놓은 OH^-이 1 : 1의 몰비로 반응한다.
② 산이 내놓은 H^+의 양(mol): 산의 가수×산 수용액의 몰 농도(M)×산 수용액의 부피(L)
③ 염기가 내놓은 OH^-의 양(mol): 염기의 가수×염기 수용액의 몰 농도(M)×염기 수용액의 부피(L)

문제 보기

표는 0.2 M $H_2A(aq)$ x mL와 y M 수산화 나트륨 수용액
(NaOH(aq))의 부피를 달리하여 혼합한 용액 (가)~(다)에 대한
자료이다.

(나)에서보다 넣은 NaOH(aq)의 부피가
작다. ➡ (가)는 산성 용액

용액	(가)	(나)	(다)
$H_2A(aq)$의 부피(mL)	x 20	x 20	x 20
NaOH(aq)의 부피(mL)	20	30	60
pH			1
용액에 존재하는 모든 이온의 몰 농도(M) 비	(원그래프) A^{2-}, H^+, $2N$, $3N$, N, Na^+		(원그래프) A^{2-}, Na^+, $2N$, $\bigcirc$, $3N$, N, H^+

(다)에서 ⊙에 해당하는 이온의 몰 농도(M)는? (단, 혼합 용액의
부피는 혼합 전 각 용액의 부피의 합과 같고, 혼합 전과 후의 온
도 변화는 없다. H_2A는 수용액에서 H^+과 A^{2-}으로 모두 이온
화되고, 물의 자동 이온화는 무시한다.) [3점]

\<보기\> 풀이

❶ (나)의 액성으로부터 (가)의 액성을 파악하여 몰 농도(M)비에 부합하는 각 이온 찾기

0.2 M $H_2A(aq)$ x mL에 NaOH(aq) 30 mL를 넣은 용액은 pH가 1인 산성 용액이므로
NaOH(aq)의 부피가 (나)보다 작은 (가) 또한 산성 용액이다. (가)에 존재하는 이온의 몰 농도(M)
비가 3 : 2 : 1이고, 몰 농도(M)가 가장 큰 이온은 Na^+이 될 수 없으므로 몰 농도(M)가 가장 큰
이온은 H^+ 또는 A^{2-}이다. (가)에서 몰 농도(M)가 가장 큰 이온을 A^{2-}이라고 하고, 그 양(mol)을
$3N$몰이라고 하고, Na^+의 양(mol)을 N몰이라고 하면 H^+의 양(mol)은 $5N$몰이 되며, Na^+의
양(mol)을 $2N$몰이라고 하면 H^+의 양(mol)은 $4N$몰이 되므로 A^{2-}의 몰 농도(M)가 가장 크지
않아 모순이다. 따라서 몰 농도(M)가 가장 큰 이온은 H^+이고, 그 양(mol)을 $3N$몰이라고 하면
Na^+의 양(mol)은 N몰이고, A^{2-}의 양(mol)은 $2N$몰이다.

❷ (다)의 ⊙ 이온 찾기

0.2 M $H_2A(aq)$ x mL에 들어 있는 H^+의 양(mol)이 $4N$몰일 때, A^{2-}의 양(mol)은 $2N$몰
이고, y M NaOH(aq) 20 mL에 들어 있는 Na^+과 OH^-의 양(mol)은 각각 N몰이다. y M
NaOH(aq) 60 mL에 들어 있는 Na^+과 OH^-의 양(mol)은 각각 $3N$몰이므로 (다)에는 Na^+
$3N$몰, A^{2-} $2N$몰, H^+ N몰이 들어 있다. 따라서 ⊙은 A^{2-}이다.

❸ (나)의 pH와 (가)의 이온의 몰 농도(M)비로부터 x를 구하여 (다)에서 ⊙ 이온의 몰 농도(M) 구하기

(나)의 pH가 1이므로 혼합 용액 속 [H^+]=0.1 M이다. 0.2 M $H_2A(aq)$ x mL가 내놓는 H^+의
양(mol)과 y M NaOH(aq) 30 mL가 내놓는 OH^-의 양(mol) 차는 (나)에 들어 있는 H^+의 양
(mol)과 같으므로 다음 관계식이 성립한다.

$$\left(2\times0.2\times\frac{x}{1000}\right)-\left(1\times y\times\frac{30}{1000}\right)=0.1\times\frac{(x+30)}{1000},\ 0.3x=30y+3 \cdots ①$$

(가)에서 A^{2-}의 양(mol)과 Na^+의 양(mol)의 비가 2 : 1이므로 다음 관계식이 성립한다.

$$0.2\times\frac{x}{1000} : y\times\frac{20}{1000}=2:1,\ 40y=0.2x \cdots ②$$

①과 ②를 풀면 $x=20$, $y=0.1$이다.

(다)에서 ⊙은 A^{2-}이고, 혼합 전 0.2 M $H_2A(aq)$ 20 mL에 들어 있는 A^{2-}의 양(mol)은 $0.2\times\frac{20}{1000}=0.004$몰이다.

(다)의 전체 부피가 80 mL이므로 (다)에서 A^{2-}의 몰 농도(M)는 $\frac{0.004\ \text{mol}}{0.08\ \text{L}}=\frac{1}{20}$ M이다.

~~$\frac{1}{35}$~~　　~~$\frac{1}{30}$~~　　~~$\frac{1}{25}$~~　　④ $\frac{1}{20}$　　~~$\frac{1}{15}$~~

적용해야 할 개념 ③가지

① 중화 반응의 양적 관계: 산이 내놓은 H^+과 염기가 내놓은 OH^-이 1 : 1의 몰비로 반응한다.
② 산이 내놓은 H^+의 양(mol): 산의 가수×산 수용액의 몰 농도(M)×산 수용액의 부피(L)
③ 염기가 내놓은 OH^-의 양(mol): 염기의 가수×염기 수용액의 몰 농도(M)×염기 수용액의 부피(L)

문제 보기

$a : b : c = 3 : 1 : 2$

표는 a M HCl(aq), b M NaOH(aq), c M KOH(aq)의 부피를 달리하여 혼합한 용액 (가)~(다)에 대한 자료이다. (가)의 액성은 중성이다.

		중성	산성	산성
		(가)	(나)	(다)
혼합 전 용액의 부피(mL)	HCl(aq)	10	x 40	x
	NaOH(aq)	10	20	$2y$
	KOH(aq)	10	30	y 20
혼합 용액에 존재하는 양이온 수의 비율				

<보기> 풀이

❶ **혼합 용액 (가)의 액성과 (가)와 (나)의 양이온 수의 비를 이용하여 a, b, c의 비 구하기**
(가)의 액성이 중성이므로 용액 속 양이온은 Na^+과 K^+이고, (나)와 (다)에 존재하는 양이온의 종류가 3가지이므로 (나)와 (다)의 액성은 모두 산성이다. 양이온 수의 비는 (가)에서 1 : 2이고, (나)에서는 1 : 2 : 3이므로 (가)에서 Na^+ : K^+=1 : 2이고, $b : c$=1 : 2이다. 또한 (가)에서 혼합 전 H^+의 양(mol)은 Na^+과 K^+의 양(mol)의 합과 같으므로 $a : b : c$=3 : 1 : 2이다.

❷ **혼합 용액 (가)와 (나)에 존재하는 양이온 수의 비로부터 x 구하기**
$a : b : c$=3 : 1 : 2이므로 HCl(aq), NaOH(aq), KOH(aq)의 몰 농도는 각각 $3b$ M, b M, $2b$ M이고, (가)와 (나)에서 혼합 전 각 용액에 존재하는 이온의 종류와 양(mol)×1000과 혼합 후 용액에 존재하는 양이온의 종류와 양(mol)×1000은 다음과 같다.

혼합 용액		(가)	(나)
혼합 전	a M(=$3b$ M) HCl(aq)	10 mL	x mL
		H^+: $30b$, Cl^-: $30b$	H^+: $3bx$, Cl^-: $3bx$
	b M NaOH(aq)	10 mL	20 mL
		Na^+: $10b$, OH^-: $10b$	Na^+: $20b$, OH^-: $20b$
	c M(=$2b$ M) KOH(aq)	10 mL	30 mL
		K^+: $20b$, OH^-: $20b$	K^+: $60b$, OH^-: $60b$
혼합 후		Na^+: $10b$, K^+: $20b$	H^+: $3bx-80b$, Na^+: $20b$, K^+: $60b$

(나)에서 3가지 양이온 수의 비가 3 : 2 : 1인데, Na^+ : K^+=1 : 3이므로 H^+ : Na^+ : K^+=2 : 1 : 3이고, H^+의 양(mol)×1000은 $40b$이다. 따라서 $3bx-80b=40b$이므로 $x=40$이다.

❸ **혼합 용액 (다)에 존재하는 양이온 수의 비로부터 y 구하기**
(다)에 존재하는 모든 양이온의 양이 같으므로 넣어 준 NaOH(aq)의 부피는 $2y$ mL이고, 혼합 전 각 용액에 존재하는 이온의 종류와 양(mol)×1000과 혼합 후 용액에 존재하는 양이온의 종류와 양(mol)×1000은 다음과 같다.

혼합 용액		(다)
혼합 전	a M(=$3b$ M) HCl(aq)	x(=40) mL
		H^+: $120b$, Cl^-: $120b$
	b M NaOH(aq)	$2y$ mL
		Na^+: $2by$, OH^-: $2by$
	c M(=$2b$ M) KOH(aq)	y mL
		K^+: $2by$, OH^-: $2by$
혼합 후		H^+: $120b-4by$, Na^+: $2by$, K^+: $2by$

이로부터 $120b-4by=2by$이므로 $y=20$이다. 따라서 $\dfrac{x}{y}=2$이다.

$\dfrac{x}{y}$는? (단, 물의 자동 이온화는 무시한다.)

① 2 　　$\dfrac{3}{2}$ 　　1 　　$\dfrac{1}{2}$ 　　$\dfrac{1}{3}$

적용해야 할 개념 ③가지

① 중화 반응의 양적 관계: 산이 내놓은 H^+과 염기가 내놓은 OH^-이 1 : 1의 몰비로 반응한다.

② 같은 양의 산 수용액과 염기 수용액을 혼합한 용액은 총 부피가 같고, 단위 부피당 H^+ 수 또는 OH^- 수도 같다.

③ 중화 반응에서 혼합 용액이 염기성인 경우 용액 속 OH^- 수는 혼합 전 염기 수용액의 OH^- 수에서 혼합 전 산 수용액의 H^+ 수를 뺀 값과 같다.

문제 보기

다음은 수용액 A~C와 관련된 실험이다. A~C는 각각 $HCl(aq)$, $HBr(aq)$, $NaOH(aq)$ 중 하나이다.

산성 용액 ➡ 용액 A, B   염기성 용액 ➡ 용액 C

[실험 과정]

(가) 수용액 A, B, C를 준비한다.

(나) (가)의 A a mL를 비커에 넣고, B b mL와 C c mL를 차례로 혼합한다.

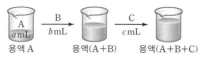

용액 A   용액(A+B)   용액(A+B+C)

(다) (가)의 B b mL를 비커에 넣고, C c mL와 A a mL를 차례로 혼합한다.

(라) (가)의 C c mL를 비커에 넣고, A a mL를 혼합한다.

[실험 결과]

ㅇ (나)에서 각 용액의 단위 부피당 H^+ 또는 OH^- 수(m)   ㅇ (다)에서 각 용액의 단위 부피당 H^+ 또는 OH^- 수(n)

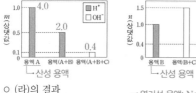

산성 용액   산성 용액

ㅇ (라)의 결과   ┌ 염기성 용액: $NaOH(aq)$

구분	용액 C	용액 (A+C)
단위 부피당 H^+ 또는 OH^- 수(상댓값)	1	x

x는? (단, 혼합 후 용액의 부피는 혼합 전 각 용액의 부피의 합과 같다.) [3점]

＜보기＞ 풀이

❶ 수용액 A a mL와 수용액 B b mL 속 H^+ 수 구하기

(나)와 (다)의 실험 결과에서 수용액 A와 수용액 B에는 H^+만 들어 있으므로 모두 산성 용액이고, 나머지 수용액 C는 염기성 용액이다. (나)와 (다)에서 넣어 준 용액 A, B, C의 각 부피가 서로 같으므로 (나)에서 용액 (A+B+C)의 전체 부피와 (다)에서 용액 (A+B+C)의 전체 부피가 같고, 용액 (A+B+C)에는 모두 OH^-이 있으므로 염기성 용액이다. 따라서 (나)와 (다)의 혼합 용액 (A+B+C)의 단위 부피당 OH^- 수가 서로 같다. 이때 실험 결과 (나)에서 단위 부피당 OH^- 수의 상댓값이 0.1이고, (다)에서 단위 부피당 OH^- 수의 상댓값이 0.4이므로, (나)의 값을 (다)의 값에 같게 맞추어주면 용액 A: 1.0, 용액 (A+B): 0.5, 용액 (A+B+C): 0.1에서 용액 A: 4.0, 용액 (A+B): 2.0, 용액 (A+B+C): 0.4가 된다.

따라서 용액 A의 단위 부피당 H^+ 수의 상댓값이 4일 때 용액 B의 단위 부피당 H^+ 수의 상댓값이 10이다. 이로부터 용액 A a mL에 들어 있는 H^+ 수를 $4a$라고 하면 용액 B b mL에 들어 있는 H^+ 수는 b이다.

(나)에서 용액 (A+B)의 전체 부피가 $(a+b)$ mL이고, 단위 부피당 H^+ 수가 2.0이므로 이 용액 속 H^+ 수는 $2(a+b)$이다. 여기에서 용액 A a mL에 들어 있는 H^+ 수 $4a$를 뺀 값이 용액 B b mL에 들어 있는 H^+ 수이며, 용액 B b mL에 들어 있는 H^+ 수는 b이므로 다음 식이 성립한다. $2(a+b)-4a=b$, 따라서 $2a=b$이다.

이로부터 용액 A a mL에 들어 있는 H^+ 수가 $4a$일 때 용액 B b mL에 들어 있는 H^+ 수는 $2a$이다.

❷ 수용액 C c mL 속 OH^- 수 구하기

용액 B b mL에 들어 있는 H^+ 수는 $2a$이므로 용액 C c mL에 들어 있는 OH^- 수를 y라고 하면, (다)에서 용액 (B+C)에 들어 있는 OH^- 수는 $y-2a$이고, 단위 부피당 OH^- 수가 1.5이므로 다음 식이 성립한다.

$y-2a=1.5(b+c)$ ······ ①

마찬가지로 용액 A a mL에 들어 있는 H^+ 수가 $4a$이고, 용액 B b mL에 들어 있는 H^+ 수가 $2a$이므로 용액 (A+B+C)에서 OH^- 수는 $y-6a$이고, 단위 부피당 OH^- 수가 0.4이므로 다음 식이 성립한다.

$y-6a=0.4(a+b+c)$ ······ ②

이때 $2a=b$를 대입하여 ①과 ② 식을 풀면 $c=2a$이고, $y=8a$이다. 따라서 용액 C c mL에 들어 있는 OH^- 수는 $8a$이다.

❸ (라)에서 용액 C c mL 속 OH^- 수와 용액 (A+C) 속 OH^- 수 구하기

용액 A a mL에 들어 있는 H^+ 수가 $4a$, 용액 C c mL에 들어 있는 OH^- 수가 $8a$이므로 (라)에서 용액 C의 단위 부피당 OH^- 수가 $\dfrac{8a}{c}=\dfrac{8a}{2a}=4$일 때 용액 (A+C)의 단위 부피당 OH^- 수는 $\dfrac{8a-4a}{a+c}=\dfrac{4a}{3a}=\dfrac{4}{3}$이다. 따라서 x는 $4:\dfrac{4}{3}=1:x$에서 $x=\dfrac{1}{3}$이다.

✗ $\dfrac{3}{4}$ ✗ $\dfrac{2}{3}$ ✗ $\dfrac{1}{2}$ ④ $\dfrac{1}{3}$ ✗ $\dfrac{1}{4}$

적용해야 할 개념 ③가지

① 중화 반응의 양적 관계: 산이 내놓은 H^+과 염기가 내놓은 OH^-이 1 : 1의 몰비로 반응한다.

② 1가 산과 1가 염기의 중화 반응에서의 총 이온 수 변화: 일정량의 산 수용액에 염기 수용액을 넣을 때 반응한 H^+ 수만큼 염기의 양이온이 들어오므로 중화 반응이 완결될 때까지 총 이온 수는 일정하다가 중화점 이후 증가한다.

③ 1가 산과 1가 염기의 혼합 용액의 액성에 따른 총 이온 수

혼합 용액이 산성일 때	혼합 용액이 염기성일 때
혼합 전 산 수용액에 들어 있는 총 이온 수와 같다.	혼합 전 염기 수용액에 들어 있는 총 이온 수와 같다.

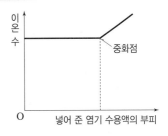

문제 보기

다음은 중화 반응 실험이다.

[실험 과정]
(가) $HCl(aq)$, $NaOH(aq)$을 준비한다.
(나) $HCl(aq)$ V mL를 비커에 넣는다.
(다) (나)의 비커에 $NaOH(aq)$ 15 mL를 조금씩 넣는다.

[실험 결과]
○ (다) 과정에서 $NaOH(aq)$의 부피에 따른 혼합 용액의 단위 부피당 총 이온 수

단위 부피를 1 mL라고 하면 $HCl(aq)$ V mL에 들어 있는 총 이온 수는 VN이다. ➡ 중화 반응이 완결될 때까지 용액 속 총 이온 수는 VN이다.

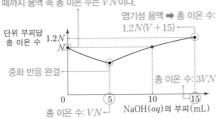

○ (다) 과정에서 $NaOH(aq)$ 부피가 각각 a mL, b mL일 때의 결과   총 이온 수=산 용액의 총 이온 수=$10N$

$NaOH(aq)$의 부피(mL)	혼합 용액의 단위 부피당 총 이온 수	혼합 용액의 액성
$a=\dfrac{10}{3}$	$\dfrac{3}{4}N$	산성
$b=6$	$\dfrac{3}{4}N$	염기성

총 이온 수=염기 용액의 총 이온 수=$2bN$

$a \times b$는? (단, 혼합 용액의 부피는 혼합 전 각 용액의 부피의 합과 같다.) [3점]

〈보기〉 풀이

❶ **중화 반응이 완결될 때까지 용액 속 총 이온 수가 일정하다는 것을 파악하여 중화점 찾기**

단위 부피를 1 mL라고 하면 $HCl(aq)$ V mL에 들어 있는 총 이온 수는 VN이다. 중화 반응이 완결될 때까지 총 이온 수가 일정하고, 용액의 부피가 증가하므로 단위 부피당 총 이온 수는 점점 감소한다. 이로부터 $HCl(aq)$ V mL를 완전히 중화시키는 데 사용된 $NaOH(aq)$의 부피는 5 mL이고, 여기에 들어 있는 총 이온 수도 VN이다.

❷ **염기성 혼합 용액의 총 이온 수는 반응 전 염기 수용액 속 총 이온 수와 같음을 이용하여 V 구하기**

$NaOH(aq)$ 5 mL에 들어 있는 총 이온 수는 VN이고, 혼합 용액이 염기성일 때 총 이온 수는 반응 전 $NaOH(aq)$에 들어 있는 이온 수와 같으므로 $NaOH(aq)$ 15 mL를 넣었을 때 총 이온 수는 $3VN$이다. 이때 단위 부피당 총 이온 수가 $1.2N$이므로 혼합 용액 속 총 이온 수는 $1.2N(V+15)$이다. 이로부터 $1.2N(V+15)=3VN$이므로 $V=10$이다.

❸ **산성 혼합 용액의 총 이온 수는 반응 전 산 수용액 속 총 이온 수와 같음을 이용하여 a, b 구하기**

$NaOH(aq)$ a mL를 넣었을 때 혼합 용액의 액성이 산성이므로 중화점에 도달하기 전이다. $HCl(aq)$ $V(=10)$ mL에 들어 있는 총 이온 수가 $10N$이고, $NaOH(aq)$ a mL를 넣었을 때 총 이온 수가 $\dfrac{3}{4}N(10+a)$인데, 중화점까지는 총 이온 수가 일정하므로 $NaOH(aq)$ a mL를 넣었을 때의 총 이온 수는 $10N$이다. 따라서 $\dfrac{3}{4}N(10+a)=10N$이므로 $a=\dfrac{10}{3}$이다.

또한 $NaOH(aq)$ b mL를 넣었을 때 혼합 용액의 액성이 염기성이므로 중화점을 지난 후이다. $NaOH(aq)$ b mL를 넣었을 때 혼합 용액의 총 이온 수는 $\dfrac{3}{4}N(10+b)$이고, 용액이 염기성이므로 이 값은 $NaOH(aq)$ b mL에 들어 있는 총 이온 수인 $2bN$와 같다. 따라서 $\dfrac{3}{4}N(10+b)=2bN$이므로 $b=6$이다. 이때 $NaOH(aq)$ 5 mL에 들어 있는 총 이온 수가 $VN(=10N)$이므로 $NaOH(aq)$ b mL에 들어 있는 총 이온 수는 $2bN$인 것이다.

$a=\dfrac{10}{3}$이고, $b=6$이므로 $a \times b = \dfrac{10}{3} \times 6 = 20$이다.

12   15   18   ④20   24

적용해야 할 개념 ②가지

① 중화 반응의 양적 관계: 산이 내놓은 H^+과 염기가 내놓은 OH^-이 1 : 1의 몰비로 반응한다.

② 일정량의 1가 산 수용액에 1가 염기 수용액을 넣을 때 중화점까지 전체 이온 수는 일정하므로 단위 부피당 전체 이온 수는 중화점에서 최솟값을 갖는다.

문제 보기

다음은 중화 반응 실험이다.

[실험 과정]
(가) $HCl(aq)$, $NaOH(aq)$, $KOH(aq)$을 준비한다.
(나) $HCl(aq)$ 10 mL를 비커에 넣는다.
(다) (나)의 비커에 $NaOH(aq)$ 5 mL를 조금씩 넣는다.
(라) (다)의 비커에 $KOH(aq)$ 10 mL를 조금씩 넣는다.

[실험 결과]
○ (다)와 (라) 과정에서 첨가한 용액의 부피에 따른 혼합 용액의 단위 부피당 전체 이온 수

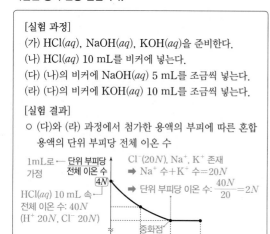

(다) 과정 후 혼합 용액의 단위 부피당 H^+ 수는? (단, 혼합 용액의 부피는 혼합 전 각 용액의 부피의 합과 같다.) [3점]

<보기> 풀이

❶ **(나)에서 $HCl(aq)$ 10 mL에 들어 있는 H^+ 수 구하기**

(나)에서 단위 부피를 1 mL라고 하면 $HCl(aq)$ 10 mL에 들어 있는 전체 이온 수는 $40N$이다. 따라서 $HCl(aq)$ 10 mL에 들어 있는 H^+ 수와 Cl^- 수는 각각 $20N$이다.

❷ **첨가한 용액의 부피에 따른 단위 부피당 전체 이온 수로부터 염기 수용액 속 이온 수 구하기**

중화점까지 전체 이온 수가 일정하다가 중화점 이후 넣어 준 염기 수용액 속 이온에 의해 이온 수가 증가하므로 단위 부피당 전체 이온 수가 최솟점인 지점이 중화점이다. 따라서 첨가한 염기 수용액의 부피가 10 mL인 지점, 즉 $NaOH(aq)$ 5 mL와 $KOH(aq)$ 5 mL를 넣어 준 지점이 중화점이고, 중화점에서 전체 이온 수는 염기를 첨가하기 전 $HCl(aq)$ 10 mL에 들어 있는 전체 이온 수와 같은 $40N$이다. 이때 중화점에서 존재하는 이온은 Cl^-, Na^+, K^+이고, 그 수의 합이 $40N$인데, Cl^- 수는 $20N$이므로 Na^+ 수와 K^+ 수의 합은 $20N$이다.

중화점에서 전체 부피는 20 mL이고, 전체 이온 수는 $40N$이므로 단위 부피당 전체 이온 수는 $2N$이다. 그리고 중화점 이후 $KOH(aq)$ 5 mL를 추가한 용액의 단위 부피당 전체 이온 수도 $2N$이므로 염기 수용액을 15 mL를 첨가한 지점의 전체 이온 수는 $50N$이다. 즉, $KOH(aq)$ 5 mL에 들어 있는 전체 이온 수는 $10N$이다. 따라서 $KOH(aq)$ 5 mL에 들어 있는 K^+ 수와 OH^- 수는 각각 $5N$이며, 중화점에서 Na^+ 수와 K^+ 수의 합이 $20N$이므로 $NaOH(aq)$ 5 mL에 들어 있는 Na^+ 수와 OH^- 수는 각각 $15N$이다.

❸ **(다) 과정 후 혼합 용액의 단위 부피당 H^+ 수 구하기**

(다) 과정에서는 $HCl(aq)$ 10 mL에 들어 있는 H^+ $20N$과 $NaOH(aq)$ 5 mL에 들어 있는 OH^- $15N$이 반응하므로 반응 후 혼합 용액에 들어 있는 H^+ 수는 $20N - 15N = 5N$이고, 용액의 부피는 15 mL이므로 단위 부피당 H^+ 수는 $\frac{5N}{15} = \frac{1}{3}N$이다.

① $\frac{1}{3}N$ ✕ $\frac{1}{2}N$ ✕ $\frac{2}{3}N$ ✕ N ✕ $\frac{4}{3}N$

적용해야 할 개념 ④가지

① 중화 반응의 양적 관계: 산이 내놓은 H^+과 염기가 내놓은 OH^-이 1 : 1의 몰비로 반응한다.
② 산이 내놓은 H^+의 양: 산의 가수×산 수용액의 몰 농도(M)×산 수용액의 부피
③ 산과 염기의 혼합 용액의 액성이 산성일 때 들어 있는 이온은 H^+, 산의 음이온, 염기의 양이온이고, 혼합 용액의 액성이 염기성일 때 들어 있는 이온은 OH^-, 산의 음이온, 염기의 양이온이다.
④ 산성 용액과 염기성 용액의 혼합 용액은 전기적으로 중성이므로 양이온의 총 전하량과 음이온의 총 전하량은 같다.

문제 보기

다음은 중화 반응에 대한 실험이다.

[자료]
○ ⊙과 ⓒ은 x M HA(aq)과 y M H_2B(aq) 중 하나이다.
○ 수용액에서 HA는 H^+과 A^-으로, H_2B는 H^+과 B^{2-}으로 모두 이온화된다.

[실험 과정]
(가) NaOH(aq), HA(aq), H_2B(aq)을 각각 준비한다.
(나) NaOH(aq) V mL에 ⊙ 10 mL를 조금씩 첨가한다.
(다) (나)의 혼합 용액에 ⓒ 20 mL를 조금씩 첨가한다.

[실험 결과]
○ 첨가한 용액의 부피(mL)에 따른 혼합 용액에 존재하는 모든 이온의 몰 농도(M)의 합

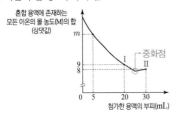

○ 혼합 용액 I과 II에 존재하는 모든 음이온 수의 비

일정량의 NaOH(aq)에 산 수용액을 첨가할 때 음이온의 종류가 3가지이다. ➡ 용액 I은 염기성

혼합 용액	I	II
음이온 수의 비	1 : 1 : 2	1 : 1

모든 이온의 몰 농도(M)의 합이 최솟값을 지녔다.
➡ 용액 II는 산성

○ $V < 30$이다.

이에 대한 설명으로 옳은 것만을 〈보기〉에서 있는 대로 고른 것은? (단, 혼합 용액의 부피는 혼합 전 각 용액의 부피의 합과 같으며, 물의 자동 이온화는 무시한다.) [3점]

〈보기〉 풀이

❶ 용액 I의 액성으로부터 I에 존재하는 이온의 종류와 양(mol)을 파악하여 두 산 수용액의 몰 농도(M)비 구하기

NaOH(aq) V mL에 x M HA(aq) 10 mL와 y M H_2B(aq) 10 mL를 넣은 혼합 용액 I에서 음이온 수의 비가 1 : 1 : 2이므로 I은 염기성 용액이다. 용액 II에서 산 수용액 10 mL를 첨가했을 때 음이온 수비가 1 : 1이 되므로 용액 I에서 그 양(mol)이 가장 많은 음이온은 OH^-이 될 수 없다. 이로부터 용액 I에서 산 수용액의 음이온 수비는 1 : 2이고, 두 산 수용액의 몰 농도(M) 비는 1 : 2이다. 한편 용액 II에서 산 수용액 10 mL를 첨가했을 때 음이온 수비가 1 : 1이 되므로 ⓒ은 몰 농도(M)가 작은 산 수용액이다. 또한 용액 II는 모든 이온의 몰 농도(M)의 합(상댓값)이 최솟값을 지난 용액이므로 산성 용액이다. ⓒ이 HA(aq)일 경우 용액 II는 중성 용액이므로 ⓒ은 H_2B(aq)가 되어야 한다. 용액 II에 들어 있는 B^{2-}의 수를 $2k$ mol이라고 하면 용액 I과 II에 들어 있는 이온 수는 다음과 같다.

용액	I				II			
이온	A^-	B^{2-}	OH^-	Na^+	A^-	B^{2-}	Na^+	H^+
이온 수	$2k$	k	k	$5k$	$2k$	$2k$	$5k$	k

이로부터 $x : y = 2 : 1$이다.

❷ 용액 I과 용액 II의 몰 농도(M)의 합으로 V 구하기

용액 I에서 전체 이온의 양(mol)은 $9k$ mol이고, 용액 II에서 전체 이온의 양(mol)은 $10k$ mol이다. 이때 각 용액에서 몰 농도(M)의 합(상댓값)이 각각 9, 8이고, 용액의 부피는 각각 $(V+20)$ mL, $(V+30)$ mL이므로 $\dfrac{9k}{V+20} : \dfrac{10k}{V+30} = 9 : 8$이다. 이 식을 풀면 $V = 20$이다.

✗ $V = 10$이다.
➡ $V = 20$이다.

Ⓛ $x : y = 2 : 1$이다.
➡ 용액 I과 II에 들어있는 음이온 수의 비로부터 $x : y = 2 : 1$이다.

Ⓒ $m = 16$이다.
➡ 반응 전 NaOH(aq) V($=20$) mL에 들어 있는 Na^+과 OH^- 수는 각각 $5k$이고, ⊙ HA(aq) 5 mL에 들어 있는 H^+과 A^- 수는 각각 k이므로 HA(aq) 5 mL를 첨가한 용액 속 이온 수는 다음과 같다.

이온	Na^+	OH^-	A^-
이온 수	$5k$	$4k$	k

따라서 이 혼합 용액에서 모든 이온의 몰 농도(M)의 합(상댓값)은 $\dfrac{10k}{25}$이므로

$\dfrac{2k}{5} : \dfrac{9k}{40} = m : 9$이고, 이 식을 풀면 $m = 16$이다.

적용해야 할 개념 ③가지

① 중화 반응의 양적 관계: 산이 내놓은 H^+과 염기가 내놓은 OH^-이 1 : 1의 몰비로 반응한다.

② 1가 산과 1가 염기의 혼합 용액의 액성에 따른 음이온 수

혼합 용액이 산성일 때	혼합 용액이 염기성일 때
혼합 전 산 수용액에 들어 있는 음이온 수와 같다.	(혼합 전 산 수용액에 들어 있는 음이온 수+반응 후 남은 염기 수용액의 OH^- 수)와 같다.

③ 혼합 용액의 액성에 따른 생성된 물 분자 수

혼합 용액이 산성일 때	혼합 용액이 염기성일 때
혼합 전 염기 수용액에 들어 있는 OH^- 수와 같다.	혼합 전 산 수용액에 들어 있는 H^+ 수와 같다.

문제 보기

표는 $HCl(aq)$과 $NaOH(aq)$을 부피를 달리하여 반응시켰을 때 혼합 용액 (가)~(다)에 대한 자료이다.

산성 용액에서 음이온은 산의 음이온만 존재한다. ➡ 전체 음이온 수=Cl^- $2N$

혼합 용액	혼합 전 용액의 부피(mL)				용액의 액성	전체 음이온 수
	$HCl(aq)$ H^+	Cl^-	$NaOH(aq)$ Na^+	OH^-		
(가)	$2N$ 80 $2N$		$\frac{3}{2}N$ 30 $\frac{3}{2}N$		산성	$2N$
(나)	$\frac{3}{4}N$ 30 $\frac{3}{4}N$		N 20 N		염기성	N
(다)	N 40 N		$\frac{1}{2}N$ 10 $\frac{1}{2}N$		㉠산성	N

염기성 용액에서 음이온은 산의 음이온과 넣어준 산 수용액 속 H^+ 수만큼 반응하고 남은 OH^-이 존재한다.
➡ 전체 음이온 수=Cl^- $\frac{3}{4}N$+OH^- $\frac{1}{4}N$

이에 대한 옳은 설명만을 〈보기〉에서 있는 대로 고른 것은? (단, 온도는 일정하고, 물의 자동 이온화는 무시한다.) [3점]

〈보기〉 풀이

✗ ㉠은 중성이다.

➡ (가)는 산성 수용액이므로 수용액에 존재하는 음이온은 Cl^- 뿐이다. 이로부터 $HCl(aq)$ 80 mL에 들어 있는 H^+ 수와 Cl^- 수는 각각 $2N$이다. (나)는 염기성 수용액이므로 수용액 속에 Cl^-과 OH^-이 함께 존재한다. 이때 $HCl(aq)$ 30 mL에 들어 있는 Cl^- 수는 $\frac{3}{4}N$이고, (나)에 들어 있는 OH^- 수는 $\frac{1}{4}N$이므로 혼합 전 $NaOH(aq)$ 20 mL에 들어 있는 OH^- 수는 N이다. (다)에서 혼합 전 $HCl(aq)$ 40 mL에 들어 있는 H^+ 수와 Cl^- 수는 각각 N이고, $NaOH(aq)$ 10 mL에 들어 있는 Na^+ 수와 OH^- 수는 각각 $\frac{1}{2}N$이다. 따라서 (다)에는 H^+이 $\frac{1}{2}N$ 존재하므로 (다)의 액성인 ㉠은 산성이다.

◎ ㄴ. 혼합 전 용액의 몰 농도(M)는 $NaOH(aq)$이 $HCl(aq)$의 2배이다.

➡ $NaOH(aq)$ 30 mL에 들어 있는 Na^+와 OH^- 수는 각각 $\frac{3}{2}N$이고, $HCl(aq)$ 30 mL에 들어 있는 H^+와 Cl^- 수는 각각 $\frac{3}{4}N$이다. 즉 같은 부피에 들어 있는 이온 수가 $NaOH(aq)$이 $HCl(aq)$의 2배이므로 용액의 몰 농도(M)는 $NaOH(aq)$이 $HCl(aq)$의 2배이다.

✗ 생성된 물 분자 수는 (가)가 (다)의 1.5배이다.

➡ (가)와 (다)는 모두 산성이므로 생성된 물 분자 수는 염기 수용액 속 OH^- 수와 같다. (가)와 (다)에서 사용한 $NaOH(aq)$의 농도가 같으므로 수용액 속 OH^- 수는 수용액의 부피에 비례한다. 따라서 생성된 물 분자 수는 (가)가 (다)의 3배이다.

적용해야 할 개념 ③가지

① 중화 반응의 양적 관계: 산이 내놓은 H^+과 염기가 내놓은 OH^-이 1 : 1의 몰비로 반응한다.

② 1가 산과 1가 염기의 혼합 용액의 액성에 따른 양이온 수

혼합 용액이 산성일 때	혼합 용액이 염기성일 때
(혼합 전 염기 수용액에 들어 있는 양이온 수＋반응 후 남은 산 수용액의 H^+ 수)와 같다.	혼합 전 염기 수용액에 들어 있는 양이온 수와 같다.

③ 혼합 용액의 액성에 따른 생성된 물 분자 수

혼합 용액이 산성일 때	혼합 용액이 염기성일 때
혼합 전 염기 수용액에 들어 있는 OH^- 수와 같다.	혼합 전 산 수용액에 들어 있는 H^+ 수와 같다.

문제 보기

표는 혼합 용액 (가)~(다)에 대한 자료이다.

혼합 용액		(가)	(나)	(다)
혼합 전 수 용액의 부 피(mL)	HCl(aq)	30	0	10
	HBr(aq)	0	15	10
	NaOH(aq)	20	10	x 40
혼합 용액의 액성		중성	산성	염기성
$[Na^+]+[H^+]$(상댓값)		3	6	5

액성이 중성이므로 혼합 용액의
$[Na^+]+[H^+]$＝혼합 전 $[Na^+]$이다.

액성이 산성이므로 혼합 용액의
$[Na^+]+[H^+]$＝혼합 전 $[Br^-]$이다.

액성이 염기성이므로 혼합 용액의 $[Na^+]+[H^+]$＝혼합 전 $[Na^+]$이다.

이에 대한 옳은 설명만을 〈보기〉에서 있는 대로 고른 것은? (단, 온도는 일정하고, 혼합 용액의 부피는 혼합 전 각 용액의 부피의 합과 같으며, 물의 자동 이온화는 무시한다.) [3점]

〈보기〉 풀이

(가)의 액성이 중성이므로 혼합 용액의 $[Na^+]+[H^+]$＝혼합 전 $[Na^+]$이다. (나)의 액성이 산성이고, 실험에 사용한 산과 염기가 모두 1가 산, 1가 염기이므로 혼합 용액의 $[Na^+]+[H^+]$＝혼합 전 $[Br^-]$이다. 용액 속 용질의 양(mol)은 몰 농도(M)와 부피의 곱에 비례하므로 NaOH(aq) 20 mL에 들어 있는 Na^+의 양(mol)을 $3\times50=150$몰이라고 할 때, HBr(aq) 15 mL에 들어 있는 Br^-의 양(mol)은 $6\times25=150$몰이다. 몰 농도(M)는 단위 부피당 용질의 양(mol)을 의미하므로 몰 농도(M)비는 HBr(aq) : NaOH(aq)＝$\dfrac{150}{15} : \dfrac{150}{20}=4 : 3$이다. (가)에서 NaOH(aq) 20 mL에 들어 있는 Na^+의 양(mol)과 HCl(aq) 30 mL에 들어 있는 Cl^-의 양(mol)이 같으므로 몰 농도(M)비는 HCl(aq) : NaOH(aq)＝2 : 3이다.

ㄱ. **몰 농도비는 HBr(aq) : NaOH(aq)＝4 : 3이다.**

➡ NaOH(aq) 20 mL에 들어 있는 Na^+의 양(mol)을 150몰이라고 할 때 HBr(aq) 15 mL에 들어 있는 Br^-의 양(mol)은 150몰(mol)이다. 따라서 몰 농도(M)비는 HBr(aq) : NaOH(aq) ＝$\dfrac{150}{15} : \dfrac{150}{20}=4 : 3$이다.

ㄴ. **$x=40$이다.**

➡ (다)의 액성이 염기성이므로 혼합 용액의 $[Na^+]+[H^+]$＝혼합 전 $[Na^+]$이다. (가)와 (다)에 들어 있는 Na^+의 양(mol)의 비는 실험에서 사용한 NaOH(aq)의 부피비와 같으므로 다음과 같은 관계식이 성립한다.

$$20 : x=3\times50 : 5\times(20+x)$$

이 식을 풀면 $x=40$이다.

ㄷ. **생성된 물의 양(mol)은 (가)가 (다)에서 같다.**

➡ (가)의 액성이 중성이므로 생성된 물의 양(mol)은 반응한 NaOH의 양(mol)과 같고, (다)의 액성이 염기성이므로 생성된 물의 양(mol)은 반응한 HCl과 HBr의 양(mol)의 합과 같다. 이때 각 수용액의 몰 농도(M)비는 HCl(aq) : HBr(aq) : NaOH(aq)＝2 : 4 : 3이다. 이로부터 (가)에서 생성된 물의 양(mol)을 $3\times20=60$몰이라고 할 때 (다)에서 생성된 물의 양(mol)은 $2\times10+4\times10=60$몰이다. 따라서 생성된 물의 양(mol)은 (가)와 (다)에서 같다.

적용해야 할 개념 ③가지

① 중화 반응의 양적 관계: 산이 내놓은 H^+과 염기가 내놓은 OH^-이 $1:1$의 몰비로 반응한다.
② 산이 내놓은 H^+의 양(mol): 산의 가수×산 수용액의 몰 농도(M)×산 수용액의 부피(L)
③ 염기가 내놓은 OH^-의 양(mol): 염기의 가수×염기 수용액의 몰 농도(M)×염기 수용액의 부피(L)

문제 보기

표는 a M HCl(aq), b M NaOH(aq), c M X(OH)$_2$(aq)의 부피를 달리하여 혼합한 용액 (가)~(다)에 대한 자료이다. 수용액에서 X(OH)$_2$는 X^{2+}과 OH^-으로 모두 이온화된다.

혼합 용액		(가)	(나)	(다)
혼합 전 수용액의 부피 (mL)	HCl(aq)	10	20	xV
	NaOH(aq)	30	40	yV
	X(OH)$_2$(aq)	0	20	V
단위 부피당 양이온 수 모형				

$10a:30b=2:1,\ a=6b$ $40b:20c=1:1,\ c=2b$

$H^+(\blacktriangle):Na^+(\circ):X^{2+}(\blacksquare)=2:1:3$이므로 $axV-$
$(byV+2cV):byV:cV=2:1:3$

$\dfrac{b+c}{a}\times\dfrac{y}{x}$는? (단, 혼합 용액의 부피는 혼합 전 각 용액의 부피의 합과 같고, 물의 자동 이온화는 무시하며, Cl^-, Na^+, X^{2+}은 반응하지 않는다.) [3점]

<보기> 풀이

❶ (가)~(다) 수용액에 들어 있는 양이온 모형의 종류 알아내기

(가)~(다) 수용액에 공통으로 들어 있는 양이온은 Na^+이므로 ○는 Na^+이고, (가)는 HCl(aq)과 NaOH(aq)을 혼합한 용액이므로 ▲는 H^+이고, (나)에 존재하는 ■는 X^{2+}이다.

❷ (가)~(다) 수용액 속 양이온 수를 이용하여 a, b, c의 관계 구하기

(가) 수용액에 들어 있는 Na^+(○)의 수와 H^+(▲)의 수가 같으므로 a M HCl(aq) 10 mL에 들어 있는 H^+의 수는 b M NaOH(aq) 30 mL에 들어 있는 Na^+의 수(=OH^-의 수)의 2배이다. 용액 속 용질의 양(mol)은 용액의 몰 농도(M)와 부피(L)의 곱에 비례하므로 다음 관계식이 성립한다.
$10a:30b=2:1,\ \boxed{a=6b}$

(나) 수용액에 들어 있는 Na^+(○)의 수와 X^{2+}(■)의 수가 같으므로 다음 관계식이 성립한다.
$40b:20c=1:1,\ \boxed{c=2b}$

❸ (다) 수용액 속 양이온 수비를 이용하여 x, y 구하기

(다) 수용액에서 혼합 전과 후 각 용액에 존재하는 이온의 종류와 양(mol)×1000은 다음과 같다.

혼합 전	a M HCl(aq)	xV mL
		H^+: axV, Cl^-: axV
	b M NaOH(aq)	yV mL
		Na^+: byV, OH^-: byV
	c M X(OH)$_2$(aq)	V mL
		X^{2+}: cV, OH^-: $2cV$
혼합 후		H^+: $axV-(byV+2cV)$
		Cl^-: axV
		Na^+: byV
		X^{2+}: cV

(다) 수용액에 들어 있는 양이온 수비는 H^+(▲):Na^+(○):X^{2+}(■)$=2:1:3$이므로 $axV-(byV+2cV):byV:cV=2:1:3$이고, $a=6b$와 $c=2b$를 이용하여 이 식을 풀면 $\boxed{x=1,\ y=\dfrac{2}{3}}$

이다. 따라서 $\dfrac{b+c}{a}\times\dfrac{y}{x}=\dfrac{b+2b}{6b}\times\dfrac{2}{3}=\dfrac{1}{3}$이다.

① $\dfrac{1}{3}$ ✗ $\dfrac{3}{5}$ ✗ $\dfrac{3}{4}$ ✗ $\dfrac{3}{2}$ ✗ $\dfrac{5}{2}$

적용해야 할 개념 ③가지

① 중화 반응의 양적 관계: 산이 내놓은 H^+과 염기가 내놓은 OH^-이 1 : 1의 몰비로 반응한다.
② 산이 내놓은 H^+의 양(mol): 산의 가수 × 산 수용액의 몰 농도(M) × 산 수용액의 부피(L)
③ 염기가 내놓은 OH^-의 양(mol): 염기의 가수 × 염기 수용액의 몰 농도(M) × 염기 수용액의 부피(L)

문제 보기

표는 2 M BOH(aq) 10 mL에 x M H_2A(aq)의 부피를 달리하여 혼합한 용액 (가)~(다)에 대한 자료이다.

혼합 용액		염기성 (가)	산성 (나)	산성 (다)
혼합 전 용액의 부피(mL)	2 M BOH(aq)	10	10	10
	x M H_2A(aq)	V	$3V$	$5V$
모든 이온의 수		$7n$	$9n$	$15n$
모든 이온의 몰 농도(M) 합			$\dfrac{9}{5}$	$\dfrac{15}{7}$

(가)에서 (나)로 될 때 전체 이온 수가 증가한다. ➡ (나)는 중화점 이후 산 수용액을 더 넣어준 산성 용액이다.

$\dfrac{x}{V}$는? (단, 혼합 용액의 부피는 혼합 전 각 용액의 부피의 합과 같고, 물의 자동 이온화는 무시한다. H_2A와 BOH는 수용액에서 완전히 이온화하고, A^{2-}, B^+은 반응에 참여하지 않는다.)

[3점]

＜보기＞ 풀이

일정량의 BOH(aq)에 2가산 H_2A(aq)을 첨가할 때 넣어준 산 수용액의 H^+ 2개가 염기 수용액 속 OH^- 2개와 반응할 때 음이온 A^{2-} 1개가 들어오므로 중화점까지 전체 이온 수는 감소하고 중화점에서 모든 이온의 몰 농도(M) 합은 최솟값을 갖는다. 또한 중화점 이후에 이온 수는 넣어준 H_2A(aq) 속 이온 수만큼 증가한다. 이로부터 (나)는 중화점이 지난 용액으로 산성이다. 혼합 용액이 산성일 때 혼합 용액 속 전체 이온 수는 첨가한 산 수용액의 부피에 비례하므로 (다)에서 전체 이온 수는 $15n$이다. 모든 이온의 몰 농도(M) 합은 용액 속 전체 이온 수를 혼합 용액의 부피로 나누어 구하므로 다음 관계가 성립한다.

$$\frac{9n}{10+3V} : \frac{15n}{10+5V} = \frac{9}{5} : \frac{15}{7},$$ 이 식을 풀면 $V=5$이다.

이로부터 (나)와 (다)의 부피는 각각 25 mL, 35 mL이므로 전체 이온의 양(mol)은 (나)가 $\dfrac{9}{5}$ × 25 × 10^{-3} = 45 × 10^{-3} mol이고 (다)가 $\dfrac{15}{7}$ × 35 × 10^{-3} = 75 × 10^{-3} mol이다. 이때 (다)와 (나)의 전체 이온의 양(mol)의 변화는 x M H_2A(aq) 10 mL(=35 mL−25 mL)에 들어 있는 전체 이온의 양(mol)과 같으므로 x × 10 × 3 × 10^{-3} = 30 × 10^{-3}이다. 이식을 풀면 $x=1$이다. 따라서 $\dfrac{x}{V} = \dfrac{1}{5}$이다.

❌ ① $\dfrac{2}{15}$ ②⃝ $\dfrac{1}{5}$ ❌ ③ $\dfrac{1}{3}$ ❌ ④ $\dfrac{2}{3}$ ❌ ⑤ $\dfrac{3}{4}$

적용해야 할 개념 ④가지	① 중화 반응의 양적 관계: 산이 내놓은 H^+과 염기가 내놓은 OH^-이 1 : 1의 몰비로 반응한다. ② 산이 내놓은 H^+의 양(mol): 산의 가수×산 수용액의 몰 농도(M)×산 수용액의 부피(L) ③ 염기가 내놓은 OH^-의 양(mol): 염기의 가수×염기 수용액의 몰 농도(M)×염기 수용액의 부피(L) ④ 수용액은 전기적으로 중성이므로 양이온의 전하와 음이온의 전하의 합은 항상 0이다

문제 보기

다음은 a M HCl(aq), b M NaOH(aq), c M A(aq)의 부피를 달리하여 혼합한 용액 (가)~(다)에 대한 자료이다. A는 HBr 또는 KOH 중 하나이다.

○ 수용액에서 HBr은 H^+과 Br^-으로, KOH은 K^+과 OH^-으로 모두 이온화된다.

혼합 용액	혼합 전 용액의 부피(mL)			혼합 용액에 존재 하는 모든 이온의 몰 농도(M) 비
	HCl (aq)	NaOH (aq)	A (aq)	
산성 (가)	10	10	0	H^+ Na^+ 1:1:2 Cl^-
염기성 (나)	10	5	10	1:1:4:4
산성 (다)	15	10	5	1:1:1:3 Cl^-

H^+, Na^+, K^+
Na^+, OH^- Cl^-, K^+

○ (가)는 산성이다.

└ 가장 많은 수로 존재하는 이온은 산의 음이온이다. ➡ (가)에서 이온의 몰 농도(M)비는 H^+ : Na^+ : Cl^- = 1 : 1 : 2이다.

(나) 5 mL와 (다) 5 mL를 혼합한 용액의 $\dfrac{H^+의\ 몰\ 농도(M)}{Na^+의\ 몰\ 농도(M)}$ 는? (단, 혼합 용액의 부피는 혼합 전 각 용액의 부피의 합과 같고, 물의 자동 이온화는 무시한다.) [3점]

<보기> 풀이

❶ 혼합 용액 (가)가 산성임을 이용하여 a와 b의 관계식 구하기

한 용액에서 용액의 부피는 일정하므로 혼합 용액에 존재하는 모든 이온의 몰 농도(M) 비는 각 이온의 양(mol)의 비와 같다. 혼합 용액 (가)의 액성이 산성이므로 혼합 용액에 존재하는 이온은 H^+, Cl^-, Na^+이고, 수용액에서 양이온의 전하와 음이온의 전하의 합은 항상 0이므로 가장 많은 수로 존재하는 이온은 Cl^-이다. 이로부터 용액 (가)에서 이온의 몰 농도(M) 비는 H^+ : Na^+ : Cl^-=1 : 1 : 2이고, $a=2b$이다.

❷ 혼합 용액 (나)와 (다)에 존재하는 모든 이온의 몰 농도(M) 비로부터 A 찾기

혼합 용액 (나)에서 혼합 전 $2b$ M HCl(aq) 10 mL에 존재하는 이온의 양(mol)×1000은 H^+ 20b, Cl^- 20b이고, b M NaOH(aq) 5 mL에 존재하는 이온의 양(mol)×1000은 Na^+ 5b, OH^- 5b이다. 혼합 용액 (나)에서 이온의 몰 농도(M) 비는 Na^+ : Cl^-=5b : 20b=1 : 4이고, A를 c M HBr이라고 하면, (나)에서 이온의 몰 농도(M) 비는 H^+ : Br^-=(20b−5b+10c) : 10c=4 : 1이므로 $b=2c$가 되며, $a : b : c$=4 : 2 : 1이다. 그러나 이 경우에는 혼합 용액 (다)에 존재하는 모든 이온의 몰 농도(M) 비가 Br^- : Na^+ : H^+ : Cl^-=5b : 20b : 45b : 60b=1 : 4 : 9 : 12이므로 조건에 부합하지 않는다. 따라서 A는 KOH이고, 혼합 용액 (나)에 존재하는 이온의 몰 농도(M) 비는 K^+ : OH^-=4 : 1이며, 넣어 준 HCl(aq)과 KOH(aq)의 부피가 10 mL로 같고, 이온의 몰 농도(M) 비가 Cl^- : K^+=4 : 4이므로 HCl(aq)과 KOH(aq)의 몰 농도(M)는 같다. 이로부터 혼합 용액 (나), (다)에서 혼합 전과 후의 각 용액에 존재하는 이온의 종류와 이온의 양(mol)×1000은 다음과 같다.

혼합 용액		(나)	(다)
혼합 전	$2b$ M HCl(aq)	10 mL	15 mL
		H^+: 20b, Cl^-: 20b	H^+: 30b, Cl^-: 30b
	b M NaOH(aq)	5 mL	10 mL
		Na^+: 5b, OH^-: 5b	Na^+: 10b, OH^-: 10b
	$2b$ M KOH(aq)	10 mL	5 mL
		K^+: 20b, OH^-: 20b	K^+: 10b, OH^-: 10b
혼합 후		Cl^-: 20b, Na^+: 5b, K^+: 20b, OH^-: 5b	H^+: 10b, Cl^-: 30b, Na^+: 10b, K^+: 10b

❸ (나) 5 mL와 (다) 5 mL를 혼합한 용액의 $\dfrac{H^+의\ 몰\ 농도(M)}{Na^+의\ 몰\ 농도(M)}$ 구하기

혼합 용액 (나)의 전체 부피는 25 mL, 혼합 용액 (다)의 전체 부피는 30 mL이므로 (나)와 (다) 각각 5 mL에 들어 있는 이온의 종류와 이온의 양(mol)×1000은 다음과 같다.

구분	H^+	Cl^-	Na^+	K^+	OH^-
(나)	−	4b	b	4b	b
(다)	$\dfrac{5}{3}b$	5b	$\dfrac{5}{3}b$	$\dfrac{5}{3}b$	−

따라서 (나) 5 mL와 (다) 5 mL를 혼합한 용액에 존재하는 Na^+과 H^+의 양(mol)×1000은 각각 $\dfrac{8b}{3}\left(=b+\dfrac{5}{3}b\right)$, $\dfrac{2b}{3}\left(=\dfrac{5}{3}b-b\right)$이므로 $\dfrac{H^+의\ 몰\ 농도(M)}{Na^+의\ 몰\ 농도(M)}=\dfrac{\frac{2b}{3}}{\frac{8b}{3}}=\dfrac{1}{4}$이다.

① $\dfrac{1}{8}$ ② $\dfrac{1}{4}$ ③ $\dfrac{2}{7}$ ④ $\dfrac{1}{3}$ ⑤ $\dfrac{5}{8}$

적용해야 할 개념 ④가지

① 중화 반응의 양적 관계: 산이 내놓은 H^+과 염기가 내놓은 OH^-이 1 : 1의 몰비로 반응한다.
② 산이 내놓은 H^+의 양(mol): 산의 가수×산 수용액의 몰 농도(M)×산 수용액의 부피(L)
③ 염기가 내놓은 OH^-의 양(mol): 염기의 가수×염기 수용액의 몰 농도(M)×염기 수용액의 부피(L)
④ 수용액은 전기적으로 중성이므로 양이온의 전하와 음이온의 전하의 합은 항상 0이다.

문제 보기

다음은 $H_2X(aq)$, $Y(OH)_2(aq)$, $ZOH(aq)$의 부피를 달리하여 혼합한 용액 (가), (나)에 대한 자료이다.

○ 수용액에서 H_2X는 H^+과 X^{2-}으로, $Y(OH)_2$는 Y^{2+}과 OH^-으로, ZOH는 Z^+과 OH^-으로 모두 이온화된다.

혼합 용액		염기성 (가)	염기성 (나)
혼합 전 수용액의 부피(mL)	0.5 M $H_2X(aq)$	30	30
	$_2a$ M $Y(OH)_2(aq)$	10	15
	$_1b$ M $ZOH(aq)$	0	15
H^+ 또는 OH^-의 몰 농도(M)		$\dfrac{1}{4}$	x
OH^-의 양(mol)×1000		10	$60x$

×부피

○ (가)에서 $\dfrac{\text{모든 음이온의 몰 농도(M) 합}}{\text{모든 양이온의 몰 농도(M) 합}}>1$이다. → (가)는 염기성

○ 모든 양이온의 양(mol)은 (가) : (나)=4 : 9이다.

x는? (단, 혼합 용액의 부피는 혼합 전 각 용액의 부피의 합과 같고, 물의 자동 이온화는 무시하며, X^{2-}, Y^{2+}, Z^+은 반응하지 않는다.) [3점]

<보기> 풀이

혼합 용액 (가)에서 $\dfrac{\text{모든 음이온의 몰 농도의 합(M)}}{\text{모든 양이온의 몰 농도의 합(M)}}>1$이므로 용액 속 음이온의 양(mol)이 양이온의 양(mol)보다 크다. 수용액은 전기적으로 중성이므로 양이온의 전하와 음이온의 전하의 합은 항상 0이다. (가)의 액성이 염기성일 때 혼합 용액 속에 X^{2-}, OH^-, Y^{2+}이 존재하고, 용액 속 음이온의 양(mol)이 양이온의 양(mol)보다 커서 이온의 전하의 합이 0이 되므로 (가)는 염기성 용액이다. 혼합 용액 (가)의 부피가 40 mL이므로 (가)에서 OH^-의 양(mol)은 $\dfrac{1}{4}$ M×0.04 L =0.01 mol이다. (가)에서 혼합 전과 후 각 용액에 존재하는 이온의 종류와 양(mol)×1000은 다음과 같다.

혼합 용액		(가)
혼합 전	0.5 M $H_2X(aq)$ 30 mL	H^+: 30, X^{2-}: 15
	a M $Y(OH)_2(aq)$ 10 mL	Y^{2+}: $10a$, OH^-: $20a$
혼합 후		X^{2-}: 15, Y^{2+}: $10a$, OH^-: $20a-30$

혼합 용액 (가)에서 OH^-의 양(mol)×1000은 $20a-30=10$이므로 $a=2$이고, 모든 양이온의 양(mol)×1000은 20이다. 이때 모든 양이온의 양(mol)은 (가) : (나)=4 : 9이므로 혼합 용액 (나)에서 모든 양이온의 양(mol)×1000은 45이다.
한편 혼합 용액 (나)는 염기성 용액인 (가)보다 넣어 준 염기의 양(mol)이 더 많으므로 혼합 용액 (나)의 액성도 염기성이다. (나)에서 혼합 전과 후 각 용액에 존재하는 이온의 종류와 양(mol)×1000은 다음과 같다.

혼합 용액		(나)
혼합 전	0.5 M $H_2X(aq)$ 30 mL	H^+: 30, X^{2-}: 15
	2 M $Y(OH)_2(aq)$ 15 mL	Y^{2+}: 30, OH^-: 60
	b M $ZOH(aq)$ 15 mL	Z^+: $15b$, OH^-: $15b$
혼합 후		X^{2-}: 15, Y^{2+}: 30, Z^+: $15b$, OH^-: $30+15b$

혼합 용액 (나)에서 모든 양이온의 양(mol)×1000은 $30+15b=45$이므로 $b=1$이다.
이로부터 (나)에서 OH^-의 양(mol)×1000은 $30+15b=45$이고, 용액의 부피가 60 mL이므로 OH^-의 몰 농도(M)는 $x=\dfrac{45\times10^{-3} \text{ mol}}{0.06 \text{ L}}=\dfrac{3}{4}$이다.

 $\dfrac{1}{4}$ ② $\dfrac{3}{4}$ $\dfrac{5}{6}$ $\dfrac{7}{6}$ $\dfrac{4}{3}$

적용해야 할 개념 ③가지	① 중화 반응의 양적 관계: 산이 내놓은 H^+과 염기가 내놓은 OH^-이 1 : 1의 몰비로 반응한다.
	② 산이 내놓은 H^+의 양(mol): 산의 가수×산 수용액의 몰 농도(M)×산 수용액의 부피(L)
	③ 염기가 내놓은 OH^-의 양(mol): 염기의 가수×염기 수용액의 몰 농도(M)×염기 수용액의 부피(L)

문제 보기

표는 0.8 M HX(aq), 0.1 M YOH(aq), a M Z(OH)$_2(aq)$을 부피를 달리하여 혼합한 용액 I~III에 대한 자료이다. 수용액에서 HX는 H^+과 X^-으로, YOH는 Y^+과 OH^-으로, Z(OH)$_2$는 Z^{2+}과 OH^-으로 모두 이온화된다.

	혼합 용액	I (산성)	II (염기성)	III
혼합 전 수용액의 부피(mL)	0.8 M HX(aq)	5	1	4
	0.1 M YOH(aq)	0	4	6
	a M Z(OH)$_2(aq)$ 0.2	5	5	6
모든 음이온의 몰 농도(M) 합(상댓값)		5	3	x $\frac{5}{2}$

혼합 용액 I과 II의 부피가 같다. ➡ 모든 음이온의 몰 농도(M) 합은 모든 음이온의 양(mol) 합에 비례한다.

$a \times x$는? (단, 혼합 용액의 부피는 혼합 전 각 용액의 부피의 합과 같고, 물의 자동 이온화는 무시하며, X^-, Y^+, Z^{2+}은 반응하지 않는다.) [3점]

<보기> 풀이

❶ 모든 음이온의 몰 농도(M) 합을 이용하여 혼합 용액 I과 II의 액성 파악하기

혼합 용액 I과 II의 부피가 같으므로 모든 음이온의 몰 농도(M) 합은 혼합 용액 속 모든 음이온의 양(mol) 합에 비례한다. 혼합 용액 I의 액성을 염기성이라고 하면, 혼합 용액 II는 I보다 산 수용액의 부피가 작고 염기 수용액의 부피가 크므로 II의 액성도 염기성이 되며, 혼합 용액 속 모든 음이온의 양(mol) 합이 II가 I보다 커야 하므로 모순이다. 이로부터 **혼합 용액 I의 액성은 산성 또는 중성**이고, 혼합 용액 속에 존재하는 음이온은 X^-뿐이다. 또한 혼합 용액 II의 액성이 산성이거나 중성이라면 모든 음이온의 몰 농도(M) 합의 비가 I : II=5 : 1이어야 하므로 모순이다. 따라서 **혼합 용액 II의 액성은 염기성**이고, 혼합 용액에 존재하는 음이온은 X^-과 OH^-이다.

❷ 혼합 용액 I ~ III에 존재하는 이온의 양(mol)을 파악하여 a와 x 구하기

혼합 용액 속 이온의 양(mol)은 (산 또는 염기의 가수×수용액의 몰 농도(M)×부피(L))와 같으므로 I과 II에서 혼합 전 각 용액에 존재하는 이온의 종류와 양(mol)×1000, 혼합 후 각 용액에 존재하는 음이온의 종류와 양(mol)×1000은 다음과 같다.

혼합 용액		I	II
0.8 M HX(aq)		5 mL	1 mL
		H^+: 4	H^+: 0.8
		X^-: 4	X^-: 0.8
0.1 M YOH(aq)		—	4 mL
			Y^+: 0.4
			OH^-: 0.4
a M Z(OH)$_2(aq)$		5 mL	5 mL
		Z^{2+}: $5a$	Z^{2+}: $5a$
		OH^-: $10a$	OH^-: $10a$
혼합 후 음이온의 종류와 양(mol)		X^-: 4	X^-: 0.8 OH^-: $10a-0.4$

혼합 용액 I과 II의 부피가 같으므로 모든 음이온의 몰 농도(M) 합의 비는 모든 음이온의 양(mol) 합의 비와 같다. 따라서 I : II=5 : 3=4 : (10a+0.4)이고, 이 식을 풀면 a=0.2이다.

III에서 혼합 전 각 용액에 존재하는 이온의 종류와 양(mol)×1000, 혼합 후 각 용액에 존재하는 음이온의 종류와 양(mol)×1000은 다음과 같다.

혼합 용액		III
0.8 M HX(aq)		4 mL
		H^+: 3.2, X^-: 3.2
0.1 M YOH(aq)		6 mL
		Y^+: 0.6, OH^-: 0.6
0.2 M Z(OH)$_2(aq)$		6 mL
		Z^{2+}: 1.2, OH^-: 2.4
혼합 후 음이온의 종류와 양(mol)		X^-: 3.2

혼합 용액 III에서 모든 음이온의 양(mol)×1000은 3.2이고, 혼합 용액의 부피가 16 mL이므로 혼합 용액 I과 III에서 모든 음이온의 몰 농도(M) 합의 비는 I : III=5 : $x=\frac{4}{10} : \frac{3.2}{16}$이므로 $x=\frac{5}{2}$이다. 따라서 $a \times x=\frac{1}{5} \times \frac{5}{2}=\frac{1}{2}$이다.

 $\frac{1}{3}$ ②  $\frac{1}{2}$ 1 $\frac{3}{2}$ $\frac{5}{2}$

적용해야 할 개념 ④가지

① 중화 반응의 양적 관계: 산이 내놓은 H^+과 염기가 내놓은 OH^-이 1 : 1의 몰비로 반응한다.

② 산이 내놓은 H^+의 양(mol): 산의 가수×산 수용액의 몰 농도(M)×산 수용액의 부피(L)

③ 염기가 내놓은 OH^-의 양(mol): 염기의 가수×염기 수용액의 몰 농도(M)×염기 수용액의 부피(L)

④ 일정량의 산 수용액에 염기 수용액을 첨가할 때 OH^-은 중화점까지 존재하지 않고, 중화점 이후 넣어 준 염기 수용액의 부피에 따라 그 양(mol)이 증가한다.

문제 보기

표는 x M $H_2A(aq)$과 y M $NaOH(aq)$의 부피를 달리하여 혼합 용액 (가)~(라)에 대한 자료이다.

혼합 용액		(가)	(나)	(다)	(라)
혼합 전 용액의 부피(mL)	$H_2A(aq)$	10	10	20	$2V$ 20
	$NaOH(aq)$	30	40	V 10	30
모든 음이온의 몰 농도(M) 합 ×부피 (상댓값)		3	4	8	
모든 음의온의 양(mol) 합		$12n$	$20n$	$0.8n$ $(20+V)$	

일정량의 산 수용액에 염기 수용액을 넣어 줄 때 모든 음이온의 양(mol) 합은 중화점까지 일정하다가 중화점 이후부터 증가한다. ➡ (나)는 염기성

(라)에 존재하는 이온 수의 비율로 가장 적절한 것은? (단, 혼합 용액의 부피는 혼합 전 각 용액의 부피의 합과 같고, H_2A는 수용액에서 H^+과 A^{2-}으로 모두 이온화되며, 물의 자동 이온화는 무시한다.) [3점]

<보기> 풀이

❶ **모든 음이온의 몰 농도(M) 합을 이용하여 혼합 용액 (가)와 (나)의 액성 파악하기**

용액 속에 존재하는 모든 음이온의 양(mol) 합은 (모든 음이온의 몰 농도(M)의 합(상댓값))×(혼합 용액의 부피(L))에 비례한다. 모든 음이온의 양(mol) 합의 비는 (가) : (나) : (다)=3×0.04 L : 4×0.05 L : 8×(20+V)×10^{-3} L=3 : 5 : 0.2×(20+V)이므로 혼합 용액 (가)~(다)에 존재하는 모든 음이온의 양(mol) 합을 각각 $12n$ mol, $20n$ mol, $0.8n(20+V)$ mol이라고 가정할 수 있다. 일정량의 산 수용액에 염기 수용액을 넣어 줄 때 모든 음이온의 양(mol) 합은 중화점까지 일정하다가 중화점 이후부터 증가하므로 혼합 용액 (나)의 액성은 염기성이다. 혼합 용액 (가)의 액성이 염기성이라면 용액 속에 존재하는 음이온은 A^{2-}과 OH^-이고, 혼합 용액 (가)와 (나)에 존재하는 모든 음이온의 양(mol) 합이 각각 $0.03y-0.01x=12n$, $0.04y-0.01x=20n$이다. 이를 연립하면 $x=1200n$, $y=800n$이므로 (가)와 (나)에서 혼합 전과 후 각 용액에 존재하는 이온의 종류와 양(mol)은 다음과 같다.

혼합 용액		(가)	(나)
혼합 전	$1200n$ M $H_2A(aq)$	0.01 L	0.01 L
		H^+: $24n$, A^{2-}: $12n$	H^+: $24n$, A^{2-}: $12n$
	$800n$ M $NaOH(aq)$	0.03 L	0.04 L
		Na^+: $24n$, OH^-: $24n$	Na^+: $32n$, OH^-: $32n$
혼합 후		Na^+: $24n$, A^{2-}: $12n$	Na^+: $32n$, A^{2-}: $12n$ OH^-: $32n-24n$

(가)에는 구경꾼 이온만 존재하므로 혼합 용액 (가)의 액성은 중성이다.

❷ **혼합 용액 (다)의 액성을 파악하여 V 구하기**

혼합 용액 (다)의 액성을 염기성이라고 가정하면 혼합 용액에 존재하는 A^{2-}과 OH^-의 양(mol)이 각각 $24n$ mol, $0.8nV-48n$ mol이고, 그 합이 $0.8n(20+V)$ mol이어야 하므로 식이 성립하지 않는다. 따라서 혼합 용액 (다)의 액성은 산성 또는 중성이며, 혼합 용액에 존재하는 음이온의 양(mol)은 A^{2-} $24n$ mol뿐이다. $24n=0.8n(20+V)$이므로 $V=10$이다.

❸ **혼합 용액 (라)에서 이온의 양(mol) 파악하기**

(라)에서 혼합 전과 후 각 용액에 존재하는 이온의 종류와 양(mol)은 다음과 같다.

혼합 용액		(라)
혼합 전	$1200n$ M $H_2A(aq)$	0.02 L
		H^+: $48n$, A^{2-}: $24n$
	$800n$ M $NaOH(aq)$	0.03 L
		Na^+: $24n$, OH^-: $24n$
혼합 후		H^+: $24n$, Na^+: $24n$, A^{2-}: $24n$

따라서 혼합 용액 (라)에 존재하는 이온 수의 비는 H^+ : Na^+ : A^{2-}=1 : 1 : 1이다.

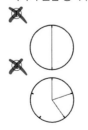

⑤

적용해야 할 개념 ③가지

① 중화 반응의 양적 관계: 산이 내놓은 H^+과 염기가 내놓은 OH^-이 1 : 1의 몰비로 반응한다.
② 산이 내놓은 H^+의 양(mol): 산의 가수×산 수용액의 몰 농도(M)×산 수용액의 부피(L)
③ 염기가 내놓은 OH^-의 양(mol): 염기의 가수×염기 수용액의 몰 농도(M)×염기 수용액의 부피(L)

문제 보기

표는 a M HCl(aq), b M H_2A(aq), c M KOH(aq)을 혼합한 용액 (가)~(다)에 대한 자료이다. (나)의 액성은 중성이다.

(나)에 들어 있는 음이온은 Cl^-과 A^{2-}이고, 혼합 전 각 용액 속 H^+의 양(mol)의 합과 OH^-의 양(mol)이 같다.

혼합 용액		(가)	(나)	(다)
혼합 전 용액의 부피(mL)	a M HCl(aq) $\begin{matrix}H^+\\Cl^-\end{matrix}$	$\begin{matrix}aV\\aV\end{matrix}$ V	$\begin{matrix}aV\\aV\end{matrix}$ V	$\begin{matrix}2aV\\2aV\end{matrix}$ $2V$
	b M H_2A(aq) $\begin{matrix}H^+\\A^{2-}\end{matrix}$	V $\begin{matrix}2bV\\bV\end{matrix}$	$2V$ $\begin{matrix}4bV\\2bV\end{matrix}$	V $\begin{matrix}2bV\\bV\end{matrix}$
	c M KOH(aq) $\begin{matrix}K^+\\OH^-\end{matrix}$	0 $\begin{matrix}0\\0\end{matrix}$	$2V$ $\begin{matrix}2cV\\2cV\end{matrix}$	$2V$ $\begin{matrix}2cV\\2cV\end{matrix}$
모든 음이온의 몰 농도(M) 합 (상댓값)		15	8	㉠

(가)와 (나)의 모든 음이온의 몰 농도(M) 합의 비는

(가) : (나) $= \dfrac{(a+b)V}{2V} : \dfrac{(a+2b)V}{5V} = 15 : 8$ ➡ $a=2b$

㉠$\times\dfrac{a}{b+c}$는? (단, 수용액에서 H_2A는 H^+과 A^{2-}으로 모두 이온화되고, 혼합 용액의 부피는 혼합 전 각 용액의 부피의 합과 같으며, 물의 자동 이온화는 무시한다.) [3점]

<보기> 풀이

❶ (가)~(다)에 들어 있는 이온의 종류와 양 구하기

용액 속 이온의 양(mol)은 이온의 몰 농도(M)와 부피(L)의 곱과 같으므로 (가)~(다)에서 혼합 전 각 용액에 들어 있는 이온의 종류와 양(mol)×1000은 다음과 같다.

혼합 용액	HCl(aq)		H_2A(aq)		KOH(aq)	
	H^+	Cl^-	H^+	A^{2-}	K^+	OH^-
(가)	aV	aV	$2bV$	bV	0	0
(나)	aV	aV	$4bV$	$2bV$	$2cV$	$2cV$
(다)	$2aV$	$2aV$	$2bV$	bV	$2cV$	$2cV$

❷ (가)와 (나)의 모든 음이온의 몰 농도(M) 합의 비를 이용하여 a와 b의 관계식 구하기

(가)에 들어 있는 모든 음이온의 양(mol)×1000은 $(a+b)V$이고, 전체 부피는 $2V$ mL이다. 또 (나)의 액성은 중성이므로 들어 있는 음이온은 Cl^-과 A^{2-}이며, 모든 음이온의 양(mol)×1000은 $(a+2b)V$이고, 전체 부피는 $5V$ mL이다. 이로부터 (가)와 (나)의 모든 음이온의 몰 농도(M) 합의 비는 (가) : (나)$= \dfrac{(a+b)V}{2V} : \dfrac{(a+2b)V}{5V} = 15 : 8$이므로 $a=2b$이다.

❸ (나)의 액성이 중성임을 이용하여 b와 c의 관계식을 구하고, (가)와 (다)의 모든 음이온의 몰 농도(M) 합의 비를 이용하여 ㉠ 구하기

(나)의 액성이 중성이므로 혼합 전 각 용액 속 H^+의 양(mol)×1000의 합과 OH^-의 양(mol)×1000이 같다. 따라서 $(a+4b)V=2cV$이며, $a=2b$이므로 $6bV=2cV$이고, $c=3b$이다. 이를 통해 혼합 전과 후 (다)에 들어 있는 각 이온의 양(mol)×1000은 다음과 같다.

	HCl(aq)		H_2A(aq)		KOH(aq)	
	H^+	Cl^-	H^+	A^{2-}	K^+	OH^-
혼합 전	$2aV=4bV$	$2aV=4bV$	$2bV$	bV	$2cV=6bV$	$2cV=6bV$
혼합 후	0	$4bV$	0	bV	$6bV$	0

이로부터 (가)와 (다)에 있는 모든 음이온의 몰 농도(M) 합의 비는 $\dfrac{3bV}{2V} : \dfrac{5bV}{5V} = 15 : ㉠$이므로 ㉠$=10$이다.

따라서 ㉠$\times\dfrac{a}{b+c} = 10 \times \dfrac{2b}{b+3b} = 10 \times \dfrac{1}{2} = 5$이다.

 $\dfrac{5}{2}$ 4   ③5    $\dfrac{20}{3}$ 8

적용해야 할 개념 ③가지

① 중화 반응의 양적 관계: 산이 내놓은 H^+과 염기가 내놓은 OH^-이 1 : 1의 몰비로 반응한다.

② 산이 내놓은 H^+의 양(mol): 산의 가수×산 수용액의 몰 농도(M)×산 수용액의 부피(L)

③ 염기가 내놓은 OH^-의 양(mol): 염기의 가수×염기 수용액의 몰 농도(M)×염기 수용액의 부피(L)

문제 보기

표는 x M NaOH(aq), 0.1 M H_2A(aq), 0.1 M HB(aq)의 부피를 달리하여 혼합한 용액 (가)와 (나)에 대한 자료이다. (가)의 액성은 염기성이다.

혼합 용액		염기성 (가)	염기성 (나)
혼합 전 용액의 부피(mL)	$^{0.2}x$ M NaOH(aq)	V_1 50	$2V_1$
	0.1 M H_2A(aq)	40	20
	0.1 M HB(aq)	V_2 10	0
모든 이온의 수		$8N$	$19N$
모든 음이온의 몰 농도(M) 합		$\dfrac{3}{50}$	$\dfrac{3}{20}$

· (가)의 액성이 염기성 ➡ (가)에 존재하는 음이온: A^{2-}, B^-, OH^-
· (나)에서 사용된 염기 수용액의 부피는 (가)에서보다 크고, 산 수용액의 부피는 (가)에서보다 작으므로 (나)의 액성도 염기성 ➡ (나)에 존재하는 음이온: A^{2-}, OH^-

$x \times \dfrac{V_2}{V_1}$ 는? (단, 혼합 용액의 부피는 혼합 전 각 용액의 부피의 합과 같고, 수용액에서 H_2A는 H^+과 A^{2-}으로, HB는 H^+과 B^-으로 모두 이온화되며, 물의 자동 이온화는 무시한다.)

<보기> 풀이

❶ (가)의 액성이 염기성임을 이용하여 (나)의 액성을 파악하여 용액 속 이온의 종류와 양(mol) 구하기

(가)의 액성이 염기성이므로 (가)에 존재하는 음이온은 A^{2-}, B^-, OH^-이고, 혼합 전과 후 각 용액에 존재하는 이온의 종류와 양(mol)×1000은 다음과 같다.

혼합 전	x M NaOH(aq) V_1 mL	Na^+: xV_1, OH^-: xV_1
	0.1 M H_2A(aq) 40 mL	H^+: 8, A^{2-}: 4
	0.1 M HB(aq) V_2 mL	H^+: $0.1V_2$, B^-: $0.1V_2$
혼합 후		Na^+: xV_1, OH^-: $xV_1-(8+0.1V_2)$, A^{2-}: 4, B^-: $0.1V_2$

따라서 (가)에서 모든 이온의 양(mol)×1000은 $2xV_1-4$이고, 모든 음이온의 몰 농도의 합은 $\dfrac{xV_1-4}{V_1+V_2+40}$ 이다.

(가)의 액성은 염기성이며, (나)에서 사용된 염기 수용액의 부피는 (가)에서보다 크고, 산 수용액의 부피는 (가)에서보다 작으므로 (나)의 액성 또한 염기성이다. (나)에 존재하는 음이온은 A^{2-}, OH^-이고, 혼합 전과 후 각 용액에 존재하는 이온의 종류와 양(mol)×1000은 다음과 같다.

혼합 전	x M NaOH(aq) $2V_1$ mL	Na^+: $2xV_1$, OH^-: $2xV_1$
	0.1 M H_2A(aq) 20 mL	H^+: 4, A^{2-}: 2
	0.1 M HB(aq) 0 mL	H^+: 0, B^-: 0
혼합 후		Na^+: $2xV_1$, OH^-: $2xV_1-4$, A^{2-}: 2

따라서 (나)에서 모든 이온의 양(mol)×1000은 $4xV_1-2$이고, 모든 음이온의 몰 농도(M)의 합은 $\dfrac{2xV_1-2}{2V_1+20}$ 이다.

❷ (가)와 (나)의 모든 이온 수비와 모든 음이온의 몰 농도(M) 합을 이용하여 x, V_1, V_2 구하기

모든 이온 수의 비는 (가) : (나)=$(2xV_1-4)$: $(4xV_1-2)$=8 : 19이므로 $xV_1=10$이다. 따라서 (나)에서 모든 음이온의 몰 농도(M)의 합은 $\dfrac{2xV_1-2}{2V_1+20}=\dfrac{(2\times10)-2}{2V_1+20}=\dfrac{18}{2V_1+20}=\dfrac{3}{20}$ 이므로 $V_1=50$이고, $x=0.2$이다.

한편 모든 음이온의 몰 농도 합의 비는 (가) : (나)=$\dfrac{xV_1-4}{V_1+V_2+40}$: $\dfrac{2xV_1-2}{2V_1+20}=\dfrac{6}{V_2+90}$: $\dfrac{18}{120}$=2 : 5이므로 $V_2=10$이다.

따라서 $x\times\dfrac{V_2}{V_1}=0.2\times\dfrac{10}{50}=\dfrac{1}{25}$ 이다.

① $\dfrac{1}{25}$ ✗ $\dfrac{1}{10}$ ✗ $\dfrac{1}{5}$ ✗ $\dfrac{1}{3}$ ✗ $\dfrac{1}{2}$

적용해야 할 개념 ③가지

① 중화 반응의 양적 관계: 산이 내놓은 H^+과 염기가 내놓은 OH^-이 1 : 1의 몰비로 반응한다.
② 산이 내놓은 H^+의 양(mol): 산의 가수×산 수용액의 몰 농도(M)×산 수용액의 부피(L)
③ 염기가 내놓은 OH^-의 양(mol): 염기의 가수×염기 수용액의 몰 농도(M)×염기 수용액의 부피(L)

문제 보기

다음은 x M NaOH(aq), y M H_2A(aq), z M HCl(aq)의 부피를 달리하여 혼합한 수용액 (가)~(다)에 대한 자료이다.

○ 수용액에서 H_2A는 H^+과 A^{2-}으로 모두 이온화된다.

혼합 수용액		염기성 (가)	중성 (나)	산성 (다)
혼합 전 수용액의 부피(mL)	x M NaOH(aq)	30a	a	a
	y M H_2A(aq)	20	20	20
	z M HCl(aq)	0	20	40
모든 음이온의 몰 농도(M) 합			$\frac{2}{7}$	$\frac{1}{3}b$

○ (가)~(다)의 액성은 모두 다르며, 각각 산성, 중성, 염기성 중 하나이다.

○ (가)에 존재하는 모든 음이온의 양은 0.02 mol이다. $30-20y=20$

○ (나)에 존재하는 모든 양이온의 양은 0.03 mol이다.

                $ax=40y+20z=30$

$a×b$는? (단, 혼합 수용액의 부피는 혼합 전 각 수용액의 부피의 합과 같고, 물의 자동 이온화는 무시한다.) [3점]

<보기> 풀이

보기

❶ **혼합 전 수용액의 부피를 이용하여 (가)~(다)의 액성 파악하기**

(가)~(다)의 액성은 모두 다르고 염기 수용액의 부피와 산 수용액 중 H_2A(aq)의 부피가 일정하므로 넣어 준 산 수용액 중 HCl(aq)의 부피가 가장 큰 (다)는 산성, 가장 작은 (가)는 염기성, (나)는 중성이다.

❷ **혼합 수용액 (가)~(다)에 존재하는 이온의 양(mol)을 파악하여 a와 b 구하기**

(나)의 액성은 중성이고, 혼합 전과 후 각 수용액에 존재하는 이온의 종류와 양(mol)×1000은 다음과 같다.

혼합 수용액		(나)
혼합 전	x M NaOH(aq) a mL	Na^+: ax, OH^-: ax
	y M H_2A(aq) 20 mL	H^+: $40y$, A^{2-}: $20y$
	z M HCl(aq) 20 mL	H^+: $20z$, Cl^-: $20z$
혼합 후		Na^+: ax, A^{2-}: $20y$, Cl^-: $20z$

(나)에 존재하는 음이온은 A^{2-}과 Cl^-이므로 모든 음이온의 양(mol)은 $20(y+z)\times10^{-3}$ mol이고, 혼합 수용액의 부피가 $(40+a)$ mL이므로 모든 음이온의 몰 농도(M) 합은 $\dfrac{20(y+z)\times10^{-3}}{(40+a)\times10^{-3}}$

$=\dfrac{2}{7}$에서 $20(y+z)=\dfrac{2}{7}(40+a)(\cdots$ ①)이다.

또한 (나)에 존재하는 양이온은 Na^+뿐이고, (나)에 존재하는 모든 양이온의 양은 0.03 mol이므로 (나)에 존재하는 양이온의 양(mol)×1000은 $ax=0.03×1000=30$이고, 넣어 준 OH^-의 양(mol)과 H^+의 양(mol)이 같으므로 $ax=40y+20z=30(\cdots$ ②)이다.

(가)의 액성은 염기성이고, 혼합 전과 후 각 수용액에 존재하는 이온의 종류와 양(mol)×1000은 다음과 같다.

혼합 수용액		(가)
혼합 전	x M NaOH(aq) a mL	Na^+: $ax(=30)$, OH^-: $ax(=30)$
	y M H_2A(aq) 20 mL	H^+: $40y$, A^{2-}: $20y$
	z M HCl(aq) 0 mL	H^+: 0, Cl^-: 0
혼합 후		Na^+: 30, OH^-: $30-40y$, A^{2-}: $20y$

(가)에 존재하는 모든 음이온의 양은 0.02 mol이므로 (가)에 존재하는 음이온의 양(mol)×1000은 $30-20y=0.02×1000=20$에서 $y=0.5$이다. 이를 ② 식에 대입하면 $z=0.5$이고, 이 값을 ① 식에 대입하면 $a=30$이다. 이로부터 (다)에서 혼합 전과 후 각 수용액에 존재하는 이온의 종류와 양(mol)×1000은 다음과 같다.

혼합 수용액		(다)
혼합 전	x M NaOH(aq) a mL	Na^+: 30, OH^-: 30
	y M H_2A(aq) 20 mL	H^+: $40y(=20)$, A^{2-}: $20y(=10)$
	z M HCl(aq) 40 mL	H^+: $40z(=20)$, Cl^-: $40z(=20)$
혼합 후		Na^+: 30, A^{2-}: 10, Cl^-: 20, H^+: 10

이때 혼합 용액 속 모든 음이온의 양(mol)은 30×10^{-3} mol이고 수용액의 부피가 90 mL이므로 모든 음이온의 몰 농도(M)의 합 $b=\dfrac{30}{90}=\dfrac{1}{3}$이다. 따라서 $a×b=30\times\dfrac{1}{3}=10$이다.

①10   20   30   40   50

적용해야 할 개념 ③가지

① 중화 반응의 양적 관계: 산이 내놓은 H^+과 염기가 내놓은 OH^-이 1 : 1의 몰비로 반응한다.
② 산이 내놓은 H^+의 양: 산의 가수×산 수용액의 몰 농도(M)×산 수용액의 부피(L)
③ 염기가 내놓은 OH^-의 양: 염기의 가수×염기 수용액의 몰 농도(M)×염기 수용액의 부피(L)

문제 보기

다음은 x M $H_2X(aq)$, 0.2 M $YOH(aq)$, 0.3 M $Z(OH)_2(aq)$ 의 부피를 달리하여 혼합한 용액 Ⅰ~Ⅲ에 대한 자료이다.

○ 수용액에서 H_2X는 H^+과 X^{2-}으로, YOH는 Y^+과 OH^-으로, $Z(OH)_2$는 Z^{2+}과 OH^-으로 모두 이온화 된다.

혼합 용액	혼합 전 수용액의 부피(mL)			모든 음이온의 몰 농도(M) 합 (상댓값)
	0.3 x M $H_2X(aq)$	0.2 M $YOH(aq)$	0.3 M $Z(OH)_2(aq)$	
산성 Ⅰ	V 20	20	0	5
산성 Ⅱ	$2V$ 40	$4a$ 40	$2a$ 20	4
염기성 Ⅲ	$2V$ 40	a 10	$5a$ 50	b

○ Ⅰ은 산성이다. → 음이온은 X^{2-}만 존재한다.

○ Ⅱ에서 $\dfrac{\text{모든 양이온의 양(mol)}}{\text{모든 음이온의 양(mol)}} = \dfrac{3}{2}$이다.

○ Ⅱ와 Ⅲ의 부피는 각각 100 mL이다. → $2V + 6a = 100$이다.

→ 용액 Ⅱ는 산성이므로 $\dfrac{H^+, Y^+, Z^{2+}\text{의 양(mol)}}{X^{2-}\text{의 양(mol)}}$
$= \dfrac{80x-6}{40x} = \dfrac{2}{3}$이다. ➡ $x = 0.3$

$x \times b$는? (단, 혼합 용액의 부피는 혼합 전 각 용액의 부피의 합과 같고, 물의 자동 이온화는 무시하며, X^{2-}, Y^+, Z^{2+}은 반응하지 않는다.) [3점]

<보기> 풀이

용액 Ⅰ은 산성이므로 음이온은 X^{2-}만 존재한다. 용액 Ⅰ에서 X^{2-}의 양(mol)은 $xV \times \dfrac{1}{1000}$ mol이고, 부피가 $(V+20)$ mL이므로 모든 음이온의 몰 농도(M) 합$= \dfrac{xV}{V+20}$을 5라고 하면, $xV = 5(V+20)$이다.

혼합 전 용액 Ⅱ에서 x M $H_2X(aq)$ $2V$ mL에 들어 있는 H^+과 X^{2-}의 양(mol)×1000은 각각 $4xV$, $2xV$이고, 0.2 M $YOH(aq)$ $4a$ mL에 들어 있는 Y^+과 OH^-의 양(mol)×1000은 각각 $0.8a$, $0.8a$이며, 0.3 M $Z(OH)_2(aq)$ $2a$ mL에 들어 있는 Z^{2+}과 OH^-의 양(mol)×1000은 각각 $0.6a$, $1.2a$이다. 용액 Ⅱ가 염기성이면 음이온은 X^{2-}과 OH^-이 존재하므로 모든 음이온의 몰 농도(M) 합$= \dfrac{2xV + 2a - 4xV}{100} = 4$이다. 이때, $xV = 5(V+20)$이고, 용액 Ⅱ의 부피(mL)는 $(2V + 6a) = 100$이므로 $a = \dfrac{50-V}{3}$이다. 이를 대입하면 V는 음수가 나오므로 모순이다. 따라서 용액 Ⅱ는 산성이고, 음이온은 X^{2-}만 존재한다. 모든 음이온의 몰 농도(M) 합의 비는 Ⅰ : Ⅱ $= \dfrac{xV}{V+20} : \dfrac{2xV}{100} = 5 : 4$이므로 $V = 20$이다. 또한 $(2V + 6a) = 100$이므로 $a = 10$이다. 이로부터 용액 Ⅰ~Ⅲ의 조성은 다음과 같다.

혼합 용액	혼합 전 수용액의 부피(mL)			이온의 양(mol)×1000
	x M $H_2X(aq)$	0.2 M $YOH(aq)$	0.3 M $Z(OH)_2(aq)$	
Ⅰ	20	20	0	$X^{2-}: 20x$ $Y^+: 4$ $H^+: 40x-4$
Ⅱ	40	40	20	$X^{2-}: 40x$ $Y^+: 8$ $Z^{2+}: 6$ $H^+: 80x-20$
Ⅲ	40	10	50	

용액 Ⅱ에서 $\dfrac{\text{모든 양이온의 양(mol)}}{\text{모든 음이온의 양(mol)}} = \dfrac{3}{2}$이므로 $\dfrac{80x-6}{40x} = \dfrac{3}{2}$이고, $x = 0.3$이다.

혼합 전 용액 Ⅲ에서 0.3 M $H_2X(aq)$ 40 mL에 들어 있는 H^+과 X^{2-}의 양(mol)×1000은 각각 24, 12이고, 0.2 M $YOH(aq)$ 10 mL에 들어 있는 Y^+과 OH^-의 양(mol)×1000은 각각 2, 2이며, 0.3 M $Z(OH)_2(aq)$ 50 mL에 들어 있는 Z^{2+}과 OH^-의 양(mol)×1000은 각각 15, 30이다. 이로부터 용액 Ⅲ은 염기성이고, 음이온은 X^{2-}과 OH^-이 존재하므로 모든 음이온의 양(mol)×1000은 20이다. 이때, 용액 Ⅲ의 부피가 100 mL이므로 모든 음이온의 몰 농도(M) 합은 $\dfrac{20}{100} = \dfrac{1}{5}$ M이다.

용액 Ⅰ에서 모든 음이온의 몰 농도(M)의 합은 $\dfrac{6}{40} = \dfrac{3}{20}$ M이고, 모든 음이온의 몰 농도(M) 합의 상댓값이 5이므로 용액 Ⅲ에서 $\dfrac{1}{5}$ M의 상댓값인 $b = \dfrac{20}{3}$이다. 따라서 $x \times b = 0.3 \times \dfrac{20}{3} = 2$이다.

 1 ② 2 3 4 5

적용해야 할 개념 ③가지

① 중화 반응의 양적 관계: 산이 내놓은 H^+과 염기가 내놓은 OH^-이 1:1의 몰비로 반응한다.
② 산이 내놓은 H^+의 양(mol): 산의 가수×산 수용액의 몰 농도(M)×산 수용액의 부피(L)
③ 염기가 내놓은 OH^-의 양(mol): 염기의 가수×염기 수용액의 몰 농도(M)×염기 수용액의 부피(L)

문제 보기

표는 $NaOH(aq)$, $HA(aq)$, $H_2B(aq)$의 부피를 달리하여 혼합한 용액 (가)~(다)에 대한 자료이다. 수용액에서 HA는 H^+과 A^-으로, H_2B는 H^+과 B^{2-}으로 모두 이온화된다.

$a=3k, b=k, c=2k$

혼합 용액		염기성 (가)	산성 (나)	염기성 (다)
혼합 전 수용액의 부피(mL)	a M NaOH(aq)	Na^+ 30 $\frac{30a}{30a}$	10 $\frac{30k}{30k}$	20 $\frac{20a}{20a}$
	OH^-			
	b M HA(aq)	H^+ 20 $\frac{20b}{20b}$	x $\frac{xk}{xk}$	15 $\frac{15b}{15b}$
	c M H₂B(aq)	H^+ 10 $\frac{20c}{10c}$ B^{2-}	y $\frac{4yk}{2yk}$	5 $\frac{10c}{5c}$
음이온 수의 비		3:2:2 $\overline{OH^-\ A^-\ B^{2-}}$	1:1 $\overline{A^-\ B^{2-}}$	5:3:2 $\overline{OH^-\ A^-\ B^{2-}}$
모든 양이온의 몰 농도(M) 합(상댓값)		1	1	

(가와 (다)에 존재하는 음이온의 종류가 3가지이므로 액성은 모두 염기성이고, (나)의 액성은 중성 또는 산성이다.

$\dfrac{90k}{60} : \dfrac{6yk}{10+3y} = 1:1$

$x+y$는? (단, 혼합 용액의 부피는 혼합 전 각 용액의 부피의 합과 같고, 물의 자동 이온화는 무시한다.) [3점]

<보기> 풀이

❶ 혼합 용액 (가)와 (다)의 음이온 수의 비에 해당하는 각 이온 찾기

혼합 용액 (가)와 (다)에 존재하는 음이온의 종류가 3가지이므로 OH^-이 존재하는 것이다. 따라서 (가)와 (다)의 액성은 모두 염기성이고, (나)는 중성 또는 산성이다. $NaOH(aq)$, $HA(aq)$, $H_2B(aq)$의 몰 농도를 각각 a M, b M, c M이라고 하면 (가)와 (다)에서 혼합 전 각 수용액에 존재하는 이온의 종류와 양(mol)×1000과 혼합 후 혼합 용액에 존재하는 음이온의 종류와 양(mol)×1000은 다음과 같다.

혼합 용액		(가)	(다)
혼합 전	a M NaOH(aq)	30 mL	20 mL
		Na^+: $30a$, OH^-: $30a$	Na^+: $20a$, OH^-: $20a$
	b M HA(aq)	20 mL	15 mL
		H^+: $20b$, A^-: $20b$	H^+: $15b$, A^-: $15b$
	c M H₂B(aq)	10 mL	5 mL
		H^+: $20c$, B^{2-}: $10c$	H^+: $10c$, B^{2-}: $5c$
혼합 후 음이온		OH^-: $30a-(20b+20c)$, A^-: $20b$, B^{2-}: $10c$	OH^-: $20a-(15b+10c)$, A^-: $15b$, B^{2-}: $5c$

혼합 용액 (가)에서 A^-과 B^{2-}의 이온 수비를 2:2라고 가정하면 $b:c=1:2$이고, (다)에서 이온 수비는 $A^-:B^{2-}=3:2$가 된다. 그러면 (가)에서 이온 수비는 $OH^-:A^-=3:2$가 되고, $b=k$라고 하면 $c=2k$이므로 $30a-(20b+20c):20b=30a-(20k+40k):20k=3:2$, $a=3k$이다. 또한 혼합 용액 (다)에서 이온 수비는 $OH^-:A^-=20a-(15b+10c):15b=60k-(15k+20k):15k=25k:15k=5:3$이 되어 가정이 타당하다.

❷ 혼합 용액 (나)의 음이온 수의 비와 모든 양이온의 몰 농도(M) 합을 이용하여 x와 y 구하기

$a=3k$, $b=k$, $c=2k$이므로 혼합 용액 (나)에서 혼합 전과 후 각 수용액에 존재하는 이온의 종류와 양(mol)×1000은 다음과 같다.

혼합 용액	(나)	
	혼합 전	혼합 후
a M(=3k M) NaOH(aq)	10 mL	
	Na^+: $30k$, OH^-: $30k$	Na^+: $30k$, A^-: xk,
b M(=k M) HA(aq)	x mL	B^{2-}: $2yk$,
	H^+: xk, A^-: xk	H^+: $(xk+4yk)-30k$
c M(=2k M) H₂B(aq)	y mL	
	H^+: $4yk$, B^{2-}: $2yk$	

혼합 용액 (나)에서 음이온 수의 비가 1:1이므로 $A^-:B^{2-}=xk:2yk=1:1$이고, $x=2y$이다. (나)의 액성이 중성이라면 H^+의 양은 $(xk+4yk)-30k=6yk-30k=0$, $y=5$가 된다. 또한 (가)의 액성이 염기성이므로 양이온은 Na^+뿐이고 모든 양이온의 몰 농도(M) 합은 $\dfrac{90k}{60}$이며, (나)의 양이온 또한 Na^+뿐이므로 모든 양이온의 몰 농도(M) 합의 비로부터 $\dfrac{90k}{60}:\dfrac{30k}{10+3y}=1:1$이다. 이 식을 풀면 $y=\dfrac{10}{3}$이므로 타당하지 않다. 이로부터 (나)의 액성은 산성이고 (나)에서 모든 양이온의 양은 $6yk$이므로 $\dfrac{90k}{60}:\dfrac{6yk}{10+3y}=1:1$이며, 이 식을 풀면 $y=10$이다. 따라서 $x+y=20+10=30$이다.

15　　20　　25　　④ 30　　35

적용해야 할 개념 ③가지	① 중화 반응의 양적 관계: 산이 내놓은 H^+과 염기가 내놓은 OH^-이 1 : 1의 몰비로 반응한다.
	② 산이 내놓은 H^+의 양(mol): 산의 가수×산 수용액의 몰 농도(M)×산 수용액의 부피(L)
	③ 염기가 내놓은 OH^-의 양(mol): 염기의 가수×염기 수용액의 몰 농도(M)×염기 수용액의 부피(L)

문제 보기

표는 a M $H_2X(aq)$, b M $HCl(aq)$, $2b$ M $NaOH(aq)$의 부피를 달리하여 혼합한 수용액 (가)~(다)에 대한 자료이다. 수용액에서 H_2X는 H^+과 X^{2-}으로 모두 이온화된다.

혼합 수용액		(가)	(나)	(다)
혼합 전 수용액의 부피(mL)	a M $H_2X(aq)$ H^+ X^{2-}	10 $\frac{20a}{10a}$	20 $\frac{40a}{20a}$	20 $\frac{40a}{20a}$
	b M $HCl(aq)$ (=2a) H^+ Cl^-	20 $\frac{20b}{20b}$	10 $\frac{10b}{10b}$	20 $\frac{40a}{40a}$
	$2b$ M $NaOH(aq)$ (=4a) Na^+ OH^-	10 $\frac{20b}{20b}$	10 $\frac{20b}{20b}$	40 $\frac{160a}{160a}$
모든 양이온의 몰 농도(M) 합 (상댓값)		③	3	⊙

보기

(가)와 (나)의 전체 부피가 같고 모든 양이온의 몰 농도(M) 합이 같으므로 수용액 속 양이온의 양(mol)이 같다.
➡ $20a = 40a - 10b$, $b = 2a$

(가) : (다) $= \frac{60a}{40} : \frac{160a}{80} = 3 :$ ⊙, ⊙$=4$

$\frac{a}{b} \times$ ⊙은? (단, 혼합 수용액의 부피는 혼합 전 각 수용액의 부피의 합과 같고, 물의 자동 이온화는 무시한다.) [3점]

\<보기\> 풀이

❶ (가)와 (나)에 존재하는 양이온의 양(mol)으로부터 a와 b의 관계 구하기

(가)와 (나)에서 혼합 전 각 용액에 존재하는 이온의 종류와 양(mol)×1000과 혼합 후 용액에 존재하는 양이온의 종류와 양(mol)×1000은 다음과 같다.

혼합 수용액		(가)	(나)
혼합 전	a M $H_2X(aq)$	10 mL	20 mL
		H^+: $20a$, X^{2-}: $10a$	H^+: $40a$, X^{2-}: $20a$
	b M $HCl(aq)$	20 mL	10 mL
		H^+: $20b$, Cl^-: $20b$	H^+: $10b$, Cl^-: $10b$
	$2b$ M $NaOH(aq)$	10 mL	10 mL
		Na^+: $20b$, OH^-: $20b$	Na^+: $20b$, OH^-: $20b$
혼합 후		H^+: $20a$, Na^+: $20b$	H^+: $40a-10b$, Na^+: $20b$

이때 (가)와 (나)에서 전체 부피는 40 mL로 같고, 모든 양이온의 몰 농도(M) 합은 3으로 같으므로 수용액 속 양이온의 양(mol)은 같다. 이때 (가)와 (나)에서 Na^+의 양(mol)이 같으므로 H^+의 양(mol)도 같다. 따라서 $20a = 40a - 10b$이므로 $b = 2a$이다.

❷ (다)에 존재하는 양이온의 양(mol) 구하기

(다)에서 혼합 전 각 용액에 존재하는 이온의 종류와 양(mol)×1000과 혼합 후 용액에 존재하는 양이온의 종류와 양(mol)×1000은 다음과 같다.

혼합 수용액		(다)
혼합 전	a M $H_2X(aq)$	20 mL
		H^+: $40a$, X^{2-}: $20a$
	b M(=$2a$ M) $HCl(aq)$	20 mL
		H^+: $40a$, Cl^-: $40a$
	$2b$ M(=$4a$ M) $NaOH(aq)$	40 mL
		Na^+: $160a$, OH^-: $160a$
혼합 후		Na^+: $160a$

❸ (가)와 (다)의 모든 양이온의 몰 농도(M) 합의 비로부터 ⊙ 구하기

(다)의 전체 부피가 80 mL이므로 (가)와 (다)의 모든 양이온의 몰 농도(M) 합의 비는 (가) :
(다) $= \frac{60a}{40} : \frac{160a}{80} = 3 :$ ⊙이고, ⊙$=4$이다. 따라서 $\frac{a}{b} \times$ ⊙$= \frac{a}{2a} \times 4 = 2$이다.

 $\frac{4}{3}$ $\frac{3}{2}$ ③ 2 $\frac{5}{2}$ 4

적용해야 할 개념 ③가지

① 중화 반응의 양적 관계: 산이 내놓은 H^+과 염기가 내놓은 OH^-이 1 : 1의 몰비로 반응한다.
② 산이 내놓은 H^+의 양(mol): 산의 가수×산 수용액의 몰 농도(M)×산 수용액의 부피(L)
③ 염기가 내놓은 OH^-의 양(mol): 염기의 가수×염기 수용액의 몰 농도(M)×염기 수용액의 부피(L)

문제 보기

다음은 a M HA(aq), b M H_2B(aq), $\frac{5}{2}a$ M NaOH(aq)의 ($a=b$)

부피를 달리하여 혼합한 수용액 (가)~(다)에 대한 자료이다.

○ 수용액에서 HA는 H^+과 A^-으로, H_2B는 H^+과 B^{2-}으로 모두 이온화된다.

혼합 수용액	혼합 전 수용액의 부피(mL)			모든 양이온의 몰 농도(M) 합 (상댓값)
	HA(aq)	H_2B(aq)	NaOH(aq)	
(가)	$3V$	V	$2V$	5
(나)	V	$3xV$	$62xV$	9
(다)	$3xV$	$3xV$	$3V$	y

○ (가)는 중성이다.

$\frac{y}{x}$는? (단, 혼합 수용액의 부피는 혼합 전 각 수용액의 부피의

합과 같고, 물의 자동 이온화는 무시한다.)

<보기> 풀이

보기

❶ **(가)가 중성인 것을 이용하여 a와 b의 관계 구하기**

(가)의 액성이 중성이므로 (가)에서 산이 내놓은 H^+의 양(mol)과 염기가 내놓은 OH^-의 양(mol)이 같다.

a M HA(aq) $3V$ mL가 내놓은 H^+의 양(mol)×1000은 $3aV$이고, b M H_2B(aq) V mL가 내놓은 H^+의 양(mol)×1000은 $2bV$이며, $\frac{5}{2}a$ M NaOH(aq) $2V$ mL가 내놓은 OH^-의 양(mol)×1000은 $5aV$이므로 $3aV+2bV=5aV$이고, $a=b$이다.

❷ **모든 양이온의 몰 농도(M) 합(상댓값)을 이용하여 x 구하기**

$\frac{5}{2}a$ M NaOH(aq) $2V$ mL와 $2xV$ mL가 내놓은 Na^+의 양(mol)×1000은 각각 $5aV$, $5axV$이다. (나)의 액성이 중성이나 염기성일 때 용액 속 양이온은 Na^+뿐이고, (가)와 (나)에서 모든 양이온의 몰 농도(M) 합의 비는 $\frac{5aV}{6V} : \frac{5axV}{(1+3x)V}=5 : 9$이고, $x=3$이다.

(나)의 액성이 산성이라고 하면 용액 속 양이온은 H^+과 Na^+이다. a M HA(aq) V mL가 내놓은 H^+의 양(mol)×1000은 aV이고, a M H_2B(aq) xV mL가 내놓은 H^+의 양(mol)×1000은 $2axV$이며, $\frac{5}{2}a$ M NaOH(aq) $2xV$ mL가 내놓은 OH^-과 Na^+의 양(mol)×1000은 각각 $5axV$이므로 (나)에서 전체 양이온의 양(mol)×1000은 $(1+2x)aV$이다. (가)와 (나)에서 모든 양이온의 몰 농도(M) 합의 비는 $\frac{5aV}{6V} : \frac{(1+2x)aV}{(1+3x)V}=5 : 9$이고, 이 식을 만족하는 x는 음의 값을 가지므로 타당하지 않다.

❸ **모든 양이온의 몰 농도(M) 합(상댓값)을 이용하여 y 구하기**

(다)에서 a M HA(aq) $3V$ mL가 내놓은 H^+의 양(mol)×1000은 $3aV$이고, a M H_2B(aq) $3V$ mL가 내놓은 H^+의 양(mol)×1000은 $6aV$이며, $\frac{5}{2}a$ M NaOH(aq) $3V$ mL가 내놓은 OH^-과 Na^+의 양(mol)×1000은 각각 $\frac{15}{2}aV$이다. (다)의 액성은 산성이므로 (다)에서 전체 양이온의 양(mol)×1000은 $9aV$이다. (가)와 (다)에서 모든 양이온의 몰 농도(M) 합의 비는 $\frac{5aV}{6V}$

$: \frac{9aV}{9V}=5 : y$이므로 $y=6$이다. 따라서 $\frac{y}{x}=\frac{6}{3}=2$이다.

1 ②2 3 4 5

적용해야 할 개념 ③가지	① 중화 반응의 양적 관계: 산이 내놓은 H^+과 염기가 내놓은 OH^-이 1 : 1의 몰비로 반응한다.
	② 산이 내놓은 H^+의 양(mol): 산의 가수×산 수용액의 몰 농도(M)×산 수용액의 부피(L)
	③ 염기가 내놓은 OH^-의 양(mol): 염기의 가수×염기 수용액의 몰 농도(M)×염기 수용액의 부피(L)

문제 보기

표는 a M HX(aq), 0.1 M H_2Y(aq), $\frac{4}{3}a$ M Z(OH)$_2$(aq)의 부피를 달리하여 혼합한 용액 (가)~(다)에 대한 자료이다. 수용액에서 HX는 H^+과 X^-으로, H_2Y는 H^+과 Y^{2-}으로, Z(OH)$_2$는 Z^{2+}과 OH^-으로 모두 이온화된다.

용액 속 모든 양이온의 양(mol)은 양이온의 몰 농도(M)의 합과 부피(L)의 곱에 비례한다. ➡ (가)와 (나) 속 모든 양이온의 몰비는 (가):(나)=6:

$11 ➡ 40a : \left(6 - \frac{140}{3}a\right) = 6 : 11, \ a = \frac{1}{20}$

혼합 용액	혼합 전 수용액의 부피(mL)			모든 양이온의 몰 농도(M) 합 (상댓값)
	HX(aq)	H_2Y(aq)	Z(OH)$_2$(aq)	
	H^+ X^-	H^+ Y^{2-}	Z^{2+} OH^-	
(가)	1 20 1	2 10 1	2 30 4	10
(나)	1 20 1	6 30 3	$\frac{10}{3}$ 50 $\frac{20}{3}$	11
(다)	$\frac{1}{20}b$ b $\frac{1}{20}b$	4 20 2	$\frac{4}{3}$ 20 $\frac{8}{3}$	19

(가) 염기성
(나) 산성
(다) 산성

$a×b$는? (단, 혼합 용액의 부피는 혼합 전 각 용액의 부피의 합과 같고, 물의 자동 이온화는 무시하며, X^-, Y^{2-}, Z^{2+}은 반응하지 않는다.) [3점]

<보기> 풀이

❶ (가), (나)의 액성을 알아내고 이를 이용하여 a 구하기

용액 속 모든 양이온의 양(mol)은 모든 양이온의 몰 농도(M)의 합과 부피(L)의 곱과 같으므로 (가)와 (나)에 들어 있는 모든 양이온의 몰비는 (가):(나)=6:11이다. 한편 (가)~(다)에서 혼합 전 각 수용액에 들어 있는 이온의 종류와 양(mol)×1000은 다음과 같다.

혼합 용액	HX(aq)		H_2Y(aq)		Z(OH)$_2$(aq)	
	H^+	X^-	H^+	Y^{2-}	Z^{2+}	OH^-
(가)	$20a$	$20a$	2	1	$40a$	$80a$
(나)	$20a$	$20a$	6	3	$\frac{200}{3}a$	$\frac{400}{3}a$
(다)	ba	ba	4	2	$\frac{80}{3}a$	$\frac{160}{3}a$

이때 (가)와 (나)의 액성이 모두 염기성이거나 중성이라고 하면 각 용액에 들어 있는 양이온은 Z^{2+}뿐이므로 모든 양이온의 몰비는 3:5이어야 하므로 모순이다. 또 (가)와 (나)의 액성이 모두 산성이라고 하면 각 용액에 들어 있는 양이온은 H^+과 Z^{2+}이고, (가)에서 모든 양이온의 양(mol)×1000은 $(20a+2-80a)+40a = 2-20a$이며, (나)에서 모든 양이온의 양(mol)×1000은 $(20a+6-\frac{400}{3}a)+\frac{200}{3}a = 6-\frac{140}{3}a$이다. 이로부터 $(2-20a):\left(6-\frac{140}{3}a\right)=6:11$이고, 이 식을 만족하는 $a = \frac{7}{30}$이다. $a = \frac{7}{30}$일 때 (가)에서 H^+의 양(mol)이 OH^-의 양(mol)보다 작아져 (가)의 액성이 산성이라는 가정과 모순이다. 이로부터 (가)와 (나)의 액성은 서로 달라야 하는데, (가)와 (나)에서 HX(aq)의 부피는 같고 2가 산인 H_2Y(aq)의 부피는 (나)가 (가)의 3배이고 2가 염기인 Z(OH)$_2$(aq)의 부피는 (나)가 (가)의 $\frac{5}{3}$배이므로 (가)는 염기성이고, (나)는 산성이다. 이를 이용하면 모든 양이온의 양(mol)×1000은 (가)에서는 $40a$이고, (나)에서는 $\left(6-\frac{140}{3}a\right)$이므로 $40a : \left(6-\frac{140}{3}a\right)=6:11$이고, 이 식을 만족하는 $a = \frac{1}{20}$이다. 이를 적용하면 (가)~(다)의 이온의 종류와 양(mol)×1000은 다음과 같다.

혼합 용액	HX(aq)		H_2Y(aq)		Z(OH)$_2$(aq)	
	H^+	X^-	H^+	Y^{2-}	Z^{2+}	OH^-
(가)	1	1	2	1	2	4
(나)	1	1	6	3	$\frac{10}{3}$	$\frac{20}{3}$
(다)	$\frac{1}{20}b$	$\frac{1}{20}b$	4	2	$\frac{4}{3}$	$\frac{8}{3}$

❷ (다)의 액성을 알아내고 이를 이용하여 b 구하기

(다)에서 Z(OH)$_2$(aq)가 내놓은 OH^-의 양(mol)보다 H_2Y(aq)가 내놓은 H^+의 양(mol)이 크므로 (다)는 산성이고, (나)와 (다)의 모든 양이온의 몰비 사이에는 다음 관계식이 성립한다.

$$\left(7 - \frac{20}{3} + \frac{10}{3}\right) : \left(\frac{1}{20}b + 4 - \frac{8}{3} + \frac{4}{3}\right) = 1100 : 19 \times (40+b)$$

이 식을 풀면 $b=10$이다. 따라서 $a×b = \frac{1}{20} × 10 = \frac{1}{2}$이다.

① $\frac{1}{2}$ $\frac{2}{3}$ ✖ 1 ✖ $\frac{3}{2}$ ✖ 2

적용해야 할 개념 ③가지	① 중화 반응의 양적 관계: 산이 내놓은 H^+과 염기가 내놓은 OH^-이 $1:1$의 몰비로 반응한다. ② 산이 내놓은 H^+의 양(mol): 산의 가수×산 수용액의 몰 농도(M)×산 수용액의 부피(L) ③ 염기가 내놓은 OH^-의 양(mol): 염기의 가수×염기 수용액의 몰 농도(M)×염기 수용액의 부피(L)

문제 보기

표는 $X(OH)_2(aq)$, $HY(aq)$, $H_2Z(aq)$의 부피를 달리하여 혼합한 용액 (가)와 (나)에 대한 자료이다.

$H^+ \frac{2}{3}N$ $Y^- \frac{2}{3}N$

혼합 용액		(가) 중성	(나)
혼합 전 수용액의 부피(mL)	a M $X(OH)_2(aq)$	$X^{2+} NV \frac{OH^-}{2N}$	$X^{2+}\ \frac{OH^-}{4N}$ $2N\ 2V$
	$2a$ M $HY(aq)$	$H^+ N\ 15\ Y^-\ N$	㉠
	b M $H_2Z(aq)$	$H^+ N\ 15\ \frac{Z^{2-}}{0.5N}$	$H^+\frac{8}{3}N\ Z^{2-}\frac{4}{3}N$
모든 이온 수의 비		$1:2:2$	$1:1:2:3$
모든 양이온의 양(mol)		N	$2N$

$Z^{2-}:X^{2+}:Y^-=1:2:2$

$OH^-:Y^-:Z^{2-}:X^{2+}=1:1:2:3$

$\dfrac{b}{a}\times㉠$은? (단, 수용액에서 $X(OH)_2$는 X^{2+}과 OH^-으로, HY는 H^+과 Y^-으로, H_2Z는 H^+과 Z^{2-}으로 모두 이온화하고, 물의 자동 이온화는 무시하며, X^{2+}, Y^-, Z^{2-}은 반응하지 않는다.)

[3점]

<보기> 풀이

❶ 혼합 용액 (가)의 모든 이온 수의 비와 모든 양이온의 양(mol)을 이용하여 a와 b의 관계와 V 구하기

(가)에 존재하는 모든 이온의 종류가 3가지이므로 존재하는 이온은 각각 X^{2+}, Y^-, Z^{2-}이고, 용액의 액성은 중성이다. (가)에 존재하는 양이온은 X^{2+}뿐이고, 이온 수비가 $1:2:2$이므로 이 조건을 만족하는 혼합 전과 후 각 용액에 존재하는 이온의 종류와 양(mol)×1000은 다음과 같다. 이때 모든 양이온의 양(mol)은 N mol이므로 X^{2+}의 양(mol)이 N mol이며, X^{2+} $aV\times10^{-3}$ mol을 N mol로 나타냈고, 같은 비율로 다른 이온의 양을 나타냈다.

혼합 용액		(가)
혼합 전	a M $X(OH)_2(aq)$	V mL
		$X^{2+}: aV(=N)$, $OH^-: 2aV(=2N)$
	$2a$ M $HY(aq)$	15 mL
		$H^+: 30a(=N)$, $Y^-: 30a(=N)$
	b M $H_2Z(aq)$	15 mL
		$H^+: 30b(=N)$, $Z^{2-}: 15b(=0.5N)$
혼합 후		$X^{2+}: aV(=N)$, $Y^-: 30a(=N)$, $Z^{2-}: 15b(=0.5N)$

이온 수비가 $1:2:2$이므로 $Z^{2-}:X^{2+}:Y^-=1:2:2$이다. 이때 Y^-의 양(mol)이 Z^{2-}의 양(mol)의 2배이므로 $30a=30b$에서 $a=b$이고, OH^-의 양(mol)과 H^+의 양(mol)이 같으므로 $2aV=30a+30b=60a$에서 $V=30$이다.

❷ 혼합 용액 (나)의 모든 이온 수의 비와 모든 양이온의 양(mol)을 이용하여 ㉠ 구하기

(나)에 존재하는 모든 양이온의 양(mol)은 (가)에서의 2배이며, 넣어 준 a M $X(OH)_2(aq)$의 부피가 2배이므로 X^{2+}의 양(mol)은 $2N$ mol이고, 존재하는 이온의 종류가 4가지이므로 (나)에 존재하는 이온은 X^{2+}, Y^-, Z^{2-}, OH^-이다. 이온 수비가 $1:1:2:3$이 되어야 하며, 이를 만족하는 혼합 전과 후 각 용액에 존재하는 이온의 종류와 양(mol)×1000은 다음과 같다. 이때 X^{2+} $30a\times10^{-3}$ mol을 N mol로 나타냈고, 같은 비율로 다른 이온의 양을 나타냈다.

혼합 용액		(나)
혼합 전	a M $X(OH)_2(aq)$	$2V(=60)$ mL
		$X^{2+}: 60a(=2N)$, $OH^-: 120a(=4N)$
	$2a$ M $HY(aq)$	$H^+: \frac{2}{3}N$, $Y^-: \frac{2}{3}N$
	b M $H_2Z(aq)$	$H^+: \frac{8}{3}N$, $Z^{2-}: \frac{4}{3}N$
혼합 후		$X^{2+}: 2N$, $OH^-: \frac{2}{3}N$, $Y^-: \frac{2}{3}N$, $Z^{2-}: \frac{4}{3}N$

이온 수비가 $1:1:2:3$이므로 $OH^-:Y^-:Z^{2-}:X^{2+}=1:1:2:3$이다. 이로부터 혼합 용액 (나)에서 Y^-의 양(mol)이 (가)에서의 $\frac{2}{3}$이므로 넣어 준 $2a$ M $HY(aq)$의 부피 ㉠은 $15\times\frac{2}{3}=10$이다. 따라서 $\dfrac{b}{a}\times㉠=10$이다.

 5   10   15   20   30

적용해야 할 개념 ③가지

① 중화 반응의 양적 관계: 산이 내놓은 H^+과 염기가 내놓은 OH^-이 1:1의 몰비로 반응한다.

② 산이 내놓은 H^+의 양(mol): 산의 가수×산 수용액의 몰 농도(M)×산 수용액의 부피(L)

③ 염기가 내놓은 OH^-의 양(mol): 염기의 가수×염기 수용액의 몰 농도(M)×염기 수용액의 부피(L)

문제 보기

다음은 0.1 M HA(aq), a M XOH(aq), $3a$ M Y(OH)$_2$(aq)을 혼합한 용액 (가)와 (나)에 대한 자료이다.

○ 수용액에서 HA는 H^+과 A^-으로, XOH는 X^+과 OH^-으로, Y(OH)$_2$는 Y^{2+}과 OH^-으로 모두 이온화된다.

혼합 용액		(가)	(나)
혼합 전 수용액의 부피(mL)	0.1 M HA(aq)	H^+ 5 A^- 5	H^+ 5 A^- 5
	⊙3a M Y(OH)$_2$(aq)	Y^{2+} 20 $\frac{OH^-}{120a}$	Y^{2+} V5 $\frac{OH^-}{6aV}$
	⊙a M XOH(aq)	X^+ 30 $\frac{OH^-}{30a}$	X^+ 20 $\frac{OH^-}{20a}$
$\frac{[X^+]+[Y^{2+}]}{[A^-]}$(상댓값)		18	7

○ ⊙과 ⊙은 각각 a M XOH(aq), $3a$ M Y(OH)$_2$(aq) 중 하나이다.

○ (나)는 중성이다. ➡ $6aV+20a=5$

(가)와 (나)에서 사용한 산 수용액의 부피가 같으므로 (가)와 (나)에서 A^-의 양(mol)은 같다. ➡ $\frac{[X^+]+[Y^{2+}]}{[A^-]}$ 비는 수용액 속 X^+의 양(mol)과 Y^{2+}의 양(mol)의 합의 비와 같다. ➡ $90a : (3aV+20a)=18 : 7$

$\frac{V}{a}$는? (단, 혼합 용액의 부피는 혼합 전 각 수용액의 부피의 합과 같고, X^+, Y^{2+}, A^-은 반응하지 않는다.) [3점]

<보기> 풀이

(가)와 (나)에서 산 수용액인 0.1 M HA(aq)의 부피가 50 mL로 같으므로 수용액 속 A^-의 양(mol)이 같고, $\frac{[X^+]+[Y^{2+}]}{[A^-]}$의 비는 각 염기 수용액이 내놓은 양이온의 양(mol)의 합의 비와 같다.

❶ (가)와 (나)의 $\frac{[X^+]+[Y^{2+}]}{[A^-]}$ 값의 비로 V 구하기

⊙을 $3a$ M Y(OH)$_2$(aq)이라고 가정하면 ⊙이 a M XOH(aq)이므로 (가)와 (나)에서 혼합 전 각 수용액이 내놓은 이온의 종류와 양(mol)×1000은 다음과 같다.

혼합 용액	(가)	(나)
0.1 M HA(aq)	H^+: 5, A^-: 5	H^+: 5, A^-: 5
⊙(3a M Y(OH)$_2$(aq))	Y^{2+}: 60a, OH^-: 120a	Y^{2+}: $3aV$, OH^-: $6aV$
⊙(a M XOH(aq))	X^+: 30a, OH^-: 30a	X^+: 20a, OH^-: 20a

이때 $\frac{[X^+]+[Y^{2+}]}{[A^-]}$의 비는 X^+의 양(mol)과 Y^{2+}의 양(mol)의 합의 비와 같으므로 (가) :

(나)=90a : (3aV+20a)=18 : 7에서 V=5이다.

만약 ⊙을 a M XOH(aq)이라고 가정하면 ⊙이 $3a$ M Y(OH)$_2$(aq)이므로 (가)와 (나)에서 혼합 전 각 수용액이 내놓은 이온의 종류와 양(mol)×1000은 다음과 같다.

혼합 용액	(가)	(나)
0.1 M HA(aq)	H^+: 5, A^-: 5	H^+: 5, A^-: 5
⊙(a M XOH(aq))	X^+: 20a, OH^-: 20a	X^+: aV, OH^-: aV
⊙(3a M Y(OH)$_2$(aq))	Y^{2+}: 90a, OH^-: 180a	Y^{2+}: 60a, OH^-: 120a

이때 $\frac{[X^+]+[Y^{2+}]}{[A^-]}$의 비는 X^+의 양(mol)과 Y^{2+}의 양(mol)의 합의 비와 같으므로 (가) :

(나)=110a : (aV+60a)=18 : 7에서 V가 음의 값이 나와 타당하지 않다.

❷ (나)의 액성이 중성임을 이용하여 a 구하기

(나)의 액성이 중성이므로 산이 내놓은 H^+의 양(mol)과 염기가 내놓은 OH^-의 양(mol)이 같다. H^+의 양(mol)×1000은 5이고, OH^-의 양(mol)×1000은 (6aV+20a)인데 V=5이므로

$6aV+20a=50a=5$에서 a=0.1이다. 따라서 $\frac{V}{a}=\frac{5}{0.1}$=50이다.

30   40   ③ 50   100   300

적용해야 할 개념 ③가지

① 중화 반응의 양적 관계: 산이 내놓은 H^+과 염기가 내놓은 OH^-이 1 : 1의 몰비로 반응한다.
② 산이 내놓은 H^+의 양(mol): 산의 가수×산 수용액의 몰 농도(M)×산 수용액의 부피(L)
③ 염기가 내놓은 OH^-의 양(mol): 염기의 가수×염기 수용액의 몰 농도(M)×염기 수용액의 부피(L)

문제 보기

표는 a M $X(OH)_2(aq)$, b M $HY(aq)$, c M $H_2Z(aq)$의 부피를 달리하여 혼합한 용액 Ⅰ~Ⅲ에 대한 자료이다. ㉠, ㉡은 각각 b M $HY(aq)$, c M $H_2Z(aq)$ 중 하나이고, 수용액에서 $X(OH)_2$는 X^{2+}과 OH^-으로, HY는 H^+과 Y^-으로, H_2Z는 H^+과 Z^{2-}으로 모두 이온화된다.

혼합 용액		Ⅰ	Ⅱ	Ⅲ
혼합 전 수용액의 부피 (mL)	a M $X(OH)_2(aq)$	V	V	V
	$H_2Z(aq)$ ㉠	10	0	10
	$HY(aq)$ ㉡	0	20	20
$\dfrac{\text{음이온의 양(mol)}}{\text{양이온의 양(mol)}}$		$\dfrac{5}{4}$		$\dfrac{7}{6}$
Y^-과 Z^{2-}의 몰 농도(M)의 합 (상댓값)			5	7

> 2가 염기 수용액에 1가 산 수용액을 넣는 경우 중성과 염기성에서 $\dfrac{\text{음이온의 양(mol)}}{\text{양이온의 양(mol)}}$=2이다.

(염기성 ... 산성 — 표 상단 라벨)

$V \times \dfrac{b+c}{a}$는? (단, 혼합 용액의 부피는 혼합 전 각 용액의 부피의 합과 같고, 물의 자동 이온화는 무시하며, X^{2+}, Y^-, Z^{2-}은 반응하지 않는다.) [3점]

<보기> 풀이

❶ 혼합 용액 Ⅰ에서 $\dfrac{\text{음이온의 양(mol)}}{\text{양이온의 양(mol)}}=\dfrac{5}{4}$임을 이용하여 혼합 용액 Ⅰ의 액성과 ㉠을 파악하기

일정량의 $X(OH)_2(aq)$ 속 $\dfrac{\text{음이온의 양(mol)}}{\text{양이온의 양(mol)}}$=2이므로 ㉠이 $HY(aq)$인 경우 중화 반응이 완결될 때까지 혼합 용액 속 $\dfrac{\text{음이온의 양(mol)}}{\text{양이온의 양(mol)}}$은 2가 된다. 또 ㉠이 $H_2Z(aq)$인 경우 혼합 용액 속 $\dfrac{\text{음이온의 양(mol)}}{\text{양이온의 양(mol)}}$은 중화 반응이 완결될 때 1이 된다.

㉠이 $HY(aq)$라 가정하고 문제를 풀면 V 값이 0보다 작아지므로 모순이다.

㉠은 $H_2Z(aq)$이고, 혼합 용액 Ⅰ에서 $\dfrac{\text{음이온의 양(mol)}}{\text{양이온의 양(mol)}}$이 $\dfrac{5}{4}$이므로 혼합 용액 Ⅰ의 액성은 염기성이다. 염기성 용액에서 존재하는 양이온은 X^{2+}뿐이므로 $X(OH)_2(aq)$ V mL 속 X^{2+}의 양(mol)을 $4k$ mol이라고 하면 혼합 용액 Ⅰ에서 혼합 전과 후 각 이온의 종류와 양(mol)은 다음과 같다.

$X(OH)_2(aq)$ V mL	$H_2Z(aq)$ 10 mL	혼합 용액 Ⅰ
X^{2+} $4k$	H^+ $2x$	X^{2+} $4k$
OH^- $8k$	Z^{2-} x	OH^- $8k-2x$, Z^{2-} x

혼합 용액 Ⅰ에서 음이온의 양(mol)은 $5k$이므로 $8k-x=5k$이고, $x=3k$이다.

또 혼합 용액 Ⅰ의 액성은 염기성인데 혼합 용액 Ⅰ과 Ⅲ의 $\dfrac{\text{음이온의 양(mol)}}{\text{양이온의 양(mol)}}$이 다르므로 혼합 용액 Ⅲ의 액성은 산성이다. 혼합 용액 Ⅲ에서 ㉡은 $HY(aq)$이고, $HY(aq)$ 20 mL 속 Y^-의 양(mol)을 y mol이라고 하면 혼합 용액 Ⅲ에서 혼합 전과 후 이온의 종류와 양(mol)은 다음과 같다.

$X(OH)_2(aq)$ V mL	$H_2Z(aq)$ 10 mL	$HY(aq)$ 20 mL	혼합 용액 Ⅲ
X^{2+} $4k$	H^+ $6k$	H^+ y	X^{2+} $4k$, H^+ $y-2k$
OH^- $8k$	Z^{2-} $3k$	Y^- y	Z^{2-} $3k$, Y^- y

혼합 용액 Ⅲ에서 $\dfrac{\text{음이온의 양(mol)}}{\text{양이온의 양(mol)}}=\dfrac{7}{6}$이므로 $\dfrac{3k+y}{2k+y}=\dfrac{7}{6}$이고, $y=4k$이다.

❷ Y^-과 Z^{2-}의 몰 농도의 합으로 V 구하기

혼합 용액 Ⅱ에는 Y^-이 $4k$ mol 들어 있고, 혼합 용액 Ⅲ에는 Y^-이 $4k$ mol, Z^{2-}이 $3k$ mol 들어 있으므로 $\dfrac{4k}{V+20}:\dfrac{7k}{V+30}=5:7$이고, $V=20$이다.

❸ a, b, c의 비 구하기

a M $X(OH)_2(aq)$ 20 mL에 들어 있는 X^{2+}의 양(mol)은 $4k$ mol, b M $HY(aq)$ 20 mL에 들어 있는 Y^-의 양(mol)은 $4k$ mol, c M $H_2Z(aq)$ 10 mL에 들어 있는 Z^{2-}의 양(mol)은 $3k$ mol이므로 $a:b:c=2:2:3$이다. 따라서 $V \times \dfrac{b+c}{a}=20\times\dfrac{2+3}{2}=50$이다.

 $\dfrac{20}{3}$ 10 $\dfrac{40}{3}$ ④ 50   80

적용해야 할 개념 ③가지

① 중화 반응의 양적 관계: 산이 내놓은 H^+과 염기가 내놓은 OH^-이 1 : 1의 몰비로 반응한다.

② 산이 내놓은 H^+의 양(mol): 산의 가수×산 수용액의 몰 농도(M)×산 수용액의 부피(L)

③ 염기가 내놓은 OH^-의 양(mol): 염기의 가수×염기 수용액의 몰 농도(M)×염기 수용액의 부피(L)

문제 보기

다음은 a M HA(aq)과 b M B(OH)$_2$(aq)의 부피를 달리하여 혼합한 용액 (가)와 (나)에 대한 자료이다.

○ 수용액에서 HA는 H^+과 A^-으로, B(OH)$_2$는 B^{2+}과 OH^-으로 모두 이온화된다.

혼합 용액		(가)	(나)
혼합 전 수용액의 부피(mL)	a M HA(aq)	40	30
	b M B(OH)$_2$(aq)	10	10
H^+ 또는 OH^-의 양(mol) 가장 많이 존재하는 이온의 양(mol) (상댓값)		3	2
혼합 용액의 액성		산성	염기성

혼합 후 (가): H^+: $40a-20b$, A^-: $40a$, B^{2+}: $10b$
(나): A^-: $30a$, B^{2+}: $10b$, OH^-: $20b-30a$

$\dfrac{b}{a}$는? (단, 물의 자동 이온화는 무시하며, A^-과 B^{2+}은 반응하지 않는다.) [3점]

<보기> 풀이

❶ 수용액 (가)에서 $\dfrac{H^+ \text{ 또는 } OH^-\text{의 양(mol)}}{\text{가장 많이 존재하는 이온의 양(mol)}}$ 구하기

수용액 (가)의 액성이 산성이므로 수용액에 가장 많이 존재하는 이온은 산의 음이온인 A^-이고, 수용액 속 용질의 양(mol)은 용액의 몰 농도(M)와 부피(L)의 곱에 비례하므로 (가) 수용액에서 혼합 전과 후 각 용액에 존재하는 이온의 종류와 양(mol)×1000은 다음과 같다.

혼합 전	a M HA(aq)	40 mL
		H^+: $40a$, A^-: $40a$
	b M B(OH)$_2$(aq)	10 mL
		B^{2+}: $10b$, OH^-: $20b$
혼합 후		H^+: $40a-20b$
		A^-: $40a$
		B^{2+}: $10b$

따라서 수용액 (가)에서 $\dfrac{H^+ \text{ 또는 } OH^-\text{의 양(mol)}}{\text{가장 많이 존재하는 이온의 양(mol)}}=\dfrac{40a-20b}{40a}$이다.

❷ 수용액 (나)에서 $\dfrac{H^+ \text{ 또는 } OH^-\text{의 양(mol)}}{\text{가장 많이 존재하는 이온의 양(mol)}}$ 구하기

수용액 (나)의 액성이 염기성이므로 혼합 전과 후 각 용액에 존재하는 이온의 종류와 양(mol)×1000은 다음과 같다.

혼합 전	a M HA(aq)	30 mL
		H^+: $30a$, A^-: $30a$
	b M B(OH)$_2$(aq)	10 mL
		B^{2+}: $10b$, OH^-: $20b$
혼합 후		A^-: $30a$
		B^{2+}: $10b$
		OH^-: $20b-30a$

이때 수용액 (나)의 액성이 염기성이므로 $30a<20b<40a$이고, (나)에서 가장 많이 존재하는 이온은 A^-이다. 이로부터 (나)에서 $\dfrac{H^+ \text{ 또는 } OH^-\text{의 양(mol)}}{\text{가장 많이 존재하는 이온의 양(mol)}}=\dfrac{20b-30a}{30a}$이다.

❸ 수용액 (가)와 (나)의 $\dfrac{H^+ \text{ 또는 } OH^-\text{의 양(mol)}}{\text{가장 많이 존재하는 이온의 양(mol)}}$ 의 비를 이용하여 a와 b의 비 구하기

$\dfrac{40a-20b}{40a} : \dfrac{20b-30a}{30a} = 3 : 2$이고, 이 식을 풀면 $3b=5a$이므로 $\dfrac{b}{a}=\dfrac{5}{3}$이다.

 ① 1   ② $\dfrac{3}{2}$ ③ $\dfrac{8}{5}$ ④ $\dfrac{5}{3}$ ⑤ 2

적용해야 할 개념 ③가지

① 중화 반응의 양적 관계: 산이 내놓은 H^+과 염기가 내놓은 OH^-이 1 : 1의 몰비로 반응한다.
② 산이 내놓은 H^+의 양(mol): 산의 가수×산 수용액의 몰 농도(M)×산 수용액의 부피(L)
③ 염기가 내놓은 OH^-의 양(mol): 염기의 가수×염기 수용액의 몰 농도(M)×염기 수용액의 부피(L)

［문제 보기］

표는 x M $H_2A(aq)$과 y M $NaOH(aq)$의 부피를 달리하여 혼합한 용액 (가)~(다)에 대한 자료이다.

혼합 용액		(가)	(나)	(다)
혼합 전 수용액의 부피(mL)	x M $H_2A(aq)$	10	20	30
	y M $NaOH(aq)$	30	20	10
액성		염기성	산성	산성
혼합 용액에 존재하는 $\dfrac{A^{2-}의\ 양(mol)}{모든\ 이온의\ 양(mol)}$ (상댓값)	실젯값	3	$\dfrac{1}{3}$	$\dfrac{1}{8}$
			a	

$\dfrac{A^{2-}의\ 양(mol)}{모든\ 이온의\ 양(mol)}$ 의 비

➡ (가) : (다) $= \dfrac{10x}{60y-10x} : \dfrac{30x}{90x} = 3 : 8$에서 $x = \dfrac{2}{3}y$

$a \times \dfrac{y}{x}$ 는? (단, 수용액에서 H_2A는 H^+과 A^{2-}으로 모두 이온화되고, 물의 자동 이온화는 무시한다.) [3점]

＜보기＞ 풀이

❶ $H_2A(aq)$과 $NaOH(aq)$의 몰 농도와 부피를 이용하여 (가)~(다)에 들어 있는 이온의 종류와 양 구하기

(가)~(다) 수용액에서 혼합 전 각 용액에 들어 있는 이온의 종류와 양(mol)×1000은 다음과 같다.

혼합 용액	x M $H_2A(aq)$	y M $NaOH(aq)$
(가)	10 mL	30 mL
	H^+: $20x$, A^{2-}: $10x$	Na^+: $30y$, OH^-: $30y$
(나)	20 mL	20 mL
	H^+: $40x$, A^{2-}: $20x$	Na^+: $20y$, OH^-: $20y$
(다)	30 mL	10 mL
	H^+: $60x$, A^{2-}: $30x$	Na^+: $10y$, OH^-: $10y$

❷ (가)와 (다)의 액성을 이용하여 용액 속 이온의 종류와 양, 농도비 구하기

(가)는 염기성, (다)는 산성이므로 (가)와 (다)에서 혼합 후 수용액에 존재하는 이온의 종류와 양(mol)×1000은 다음과 같다.

혼합 용액	H^+	A^{2-}	Na^+	OH^-	모든 이온
(가)	0	$10x$	$30y$	$30y-20x$	$60y-10x$
(다)	$60x-10y$	$30x$	$10y$	0	$90x$

$\dfrac{A^{2-}의\ 양(mol)}{모든\ 이온의\ 양(mol)}$ 은 (가)에서 $\dfrac{10x}{60y-10x}$ 이고, (다)에서 $\dfrac{30x}{90x}$ 이며, $\dfrac{A^{2-}의\ 양(mol)}{모든\ 이온의\ 양(mol)}$ 의 비가 (가) : (다) $= 3 : 8$이므로 $\dfrac{10x}{60y-10x} : \dfrac{30x}{90x} = 3 : 8$에서 $x = \dfrac{2}{3}y$이다.

❸ 산 수용액과 염기 수용액의 농도비를 적용하여 (나)에 들어 있는 이온의 종류와 양 구하기

(나)에서 혼합 전과 후 수용액에 존재하는 이온의 종류와 양(mol)×1000은 다음과 같다.

혼합 용액	H^+	A^{2-}	Na^+	OH^-	모든 이온
혼합 전	$40x$	$20x$	$20y=30x$	$20y=30x$	
혼합 후	$10x$	$20x$	$30x$	0	$60x$

이로부터 (나)는 산성이고, A^{2-}의 양(mol)×1000은 $20x$이며, 모든 이온의 양(mol)×1000은 $60x$이므로 (나)에서 $\dfrac{A^{2-}의\ 양(mol)}{모든\ 이온의\ 양(mol)}$ 의 실젯값은 $\dfrac{1}{3}$이다. (다)에서 $\dfrac{A^{2-}의\ 양(mol)}{모든\ 이온의\ 양(mol)}$ 의 실젯값도 $\dfrac{1}{3}$이므로 $a = 8$이다. 따라서 $a \times \dfrac{y}{x} = 8 \times \dfrac{3}{2} = 12$이다.

 $\dfrac{1}{12}$ $\dfrac{3}{16}$ 2 $\dfrac{16}{3}$ ⑤ 12

30 중화 반응에서의 양적 관계 2025학년도 수능 화I 18번

적용해야 할 개념 ③가지

① 중화 반응의 양적 관계: 산이 내놓은 H^+과 염기가 내놓은 OH^-이 1 : 1의 몰비로 반응한다.
② 산이 내놓은 H^+의 양(mol): 산의 가수×산 수용액의 몰 농도(M)×산 수용액의 부피(L)
③ 염기가 내놓은 OH^-의 양(mol): 염기의 가수×염기 수용액의 몰 농도(M)×염기 수용액의 부피(L)

문제 보기

표는 $2x$ M HA(aq), x M H_2B(aq), y M NaOH(aq)의 부피를 달리하여 혼합한 수용액 (가)~(다)에 대한 자료이다.

혼합 수용액		(가) 산성	(나)	(다) 중성
혼합 전 수용액의 부피(mL)	$2x$ M HA(aq)	a	0	a
	x M H_2B(aq)	b	b	c
	y M NaOH(aq)	0	c	b
혼합 수용액에 존재하는 모든 이온 수의 비율		3/5 1/5 1/5		3/5 1/5 1/5

$H^+ : A^- : B^{2-} = 3 : 1 : 1$
➡ $b=2a$

$Na^+ : A^- : B^{2-} = 3 : 1 : 1$
➡ $c=2a, y=3x$

$\dfrac{y}{x} \times \dfrac{\text{(나)에 존재하는 } Na^+\text{의 양(mol)}}{\text{(나)에 존재하는 } B^{2-}\text{의 양(mol)}}$ 은? (단, 수용액에서 HA는 H^+과 A^-으로, H_2B는 H^+과 B^{2-}으로 모두 이온화되고, 물의 자동 이온화는 무시한다.) [3점]

<보기> 풀이

❶ (가)~(다)에 들어 있는 이온의 종류와 양 구하기

용액 속 이온의 양(mol)은 이온의 몰 농도(M)와 부피(L) 곱과 같으므로 (가)~(다)에서 혼합 전 각 수용액에 들어 있는 이온의 종류와 양(mol)×1000은 다음과 같다.

혼합 수용액	HA(aq)		H_2B(aq)		NaOH(aq)	
	H^+	A^-	H^+	B^{2-}	Na^+	OH^-
(가)	$2ax$	$2ax$	$2bx$	bx	0	0
(나)	0	0	$2bx$	bx	cy	cy
(다)	$2ax$	$2ax$	$2cx$	cx	by	by

❷ (가)의 액성과 모든 이온 수의 비율을 이용하여 a와 b의 관계식 구하기

(가)의 액성은 산성이므로 가장 많은 수로 존재하는 이온은 H^+이고, (가)에 들어 있는 모든 이온 수의 비가 1 : 1 : 3이므로 A^- 수와 B^{2-} 수는 같다. 이로부터 $2ax=bx$이고, $b=2a$이다. 따라서 (가)~(다)에서 혼합 전 각 수용액에 들어 있는 이온의 종류와 양(mol)×1000은 다음과 같이 나타낼 수 있다.

혼합 수용액	HA(aq)		H_2B(aq)		NaOH(aq)	
	H^+	A^-	H^+	B^{2-}	Na^+	OH^-
(가)	$2ax$	$2ax$	$4ax$	$2ax$	0	0
(나)	0	0	$4ax$	$2ax$	cy	cy
(다)	$2ax$	$2ax$	$2cx$	cx	$2ay$	$2ay$

❸ (다)의 모든 이온 수의 비율을 이용하여 a와 c의 관계식을 구하고, x와 y의 관계식과 (나)에 존재하는 이온의 양 구하기

(다)에서 모든 이온 수의 비가 1 : 1 : 3으로 존재하므로 이온의 종류가 3가지이다. 따라서 (다)의 액성은 중성이다. 이로부터 혼합 전 용액의 H^+의 양(mol)과 OH^-의 양(mol)이 같으므로 $2(a+c)x=2ay$에서 $ay=(a+c)x$이고, (다)에 존재하는 A^-, B^{2-}, Na^+의 양(mol)×1000은 다음과 같다.

A^-	B^{2-}	Na^+
$2ax$	cx	$2(a+c)x$

이때 Na^+ 수 > A^- 수이므로 이온 수비는 $Na^+ : A^- : B^{2-} = 3 : 1 : 1$이고, $2(a+c)x=3cx$에서 $c=2a$이다. 따라서 $ay=(a+c)x$에서 $y=3x$이고, (나)에서 혼합 전 각 이온의 양(mol)×1000은 다음과 같다.

H^+	B^{2-}	Na^+	OH^-
$4ax$	$2ax$	$cy=6ax$	$cy=6ax$

따라서 $\dfrac{y}{x} \times \dfrac{\text{(나)에 존재하는 } Na^+\text{의 양(mol)}}{\text{(나)에 존재하는 } B^{2-}\text{의 양(mol)}} = \dfrac{3x}{x} \times \dfrac{6ax}{2ax} = 9$이다.

 $\dfrac{1}{12}$ $\dfrac{1}{9}$ $\dfrac{1}{3}$ ④ 9   12

23 일차

01 ③	02 ②	03 ②	04 ①	05 ①	06 ④	07 ②	08 ④	09 ③	10 ③	11 ④	12 ③
13 ⑤	14 ①	15 ①	16 ②	17 ②	18 ①	19 ②	20 ⑤	21 ③	22 ②	23 ③	24 ④
25 ②	26 ④	27 ④	28 ④	29 ①	30 ④	31 ②	32 ①	33 ④	34 ②	35 ④	

문제편 244~259쪽

01 중화 반응에서의 양적 관계 2020학년도 9월 모평 화I 18번 | 정답 ③ | 정답률 50 %

적용해야 할 개념 ③가지

① 중화 반응의 양적 관계: 산이 내놓은 H^+과 염기가 내놓은 OH^-이 1 : 1의 몰비로 반응한다.

② 중화 반응에서 산의 음이온과 염기의 양이온은 반응에 참여하지 않으므로 그 수가 일정하게 유지된다.

③ 한 종류의 산과 염기를 혼합한 용액에 존재하는 양이온이 2종류이면 그 양이온은 H^+과 염기의 양이온이고, 한 종류의 산과 두 종류의 염기를 혼합한 용액에 존재하는 양이온이 2종류이면 그 양이온은 두 종류 염기의 양이온들이다.

문제 보기

다음은 중화 반응 실험이다.

[실험 과정]
(가) HCl(aq), NaOH(aq), KOH(aq)을 준비한다.
(나) HCl(aq) V mL가 담긴 비커에 NaOH(aq) V mL를 넣는다.
(다) (나)의 비커에 NaOH(aq) V mL를 넣는다.
(라) (다)의 비커에 KOH(aq) $2V$ mL를 넣는다.

[실험 결과]
○ (라) 과정 후 혼합 용액에 존재하는 양이온의 종류는 2가지이다.
$\underset{Na^+,\ K^+}{}$
○ (다)와 (라) 과정 후 혼합 용액에 존재하는 양이온 수비

과정	(다)	(라)
양이온 수비	1 : 1	1 : 2

$\underset{H^+ : Na^+ = 1:1}{}$ $\underset{양이온\ 2가지}{}$ $\underset{Na^+ : K^+ = 1:2}{}$

이에 대한 설명으로 옳은 것만을 〈보기〉에서 있는 대로 고른 것은? (단, 혼합 용액의 부피는 혼합 전 각 용액의 부피의 합과 같다.) [3점]

〈보기〉 풀이

(다) 과정 후 혼합 용액 속 양이온의 종류는 2가지이므로 H^+과 Na^+이고, 양이온 수비가 1 : 1이므로 2가지 양이온의 수가 같다. 따라서 HCl(aq) V mL에 들어 있는 H^+ 수와 Cl^- 수를 각각 $4N$이라고 가정하면 NaOH(aq) $2V$ mL에 들어 있는 Na^+ 수와 OH^- 수는 각각 $2N$이다.

(라) 과정 후 혼합 용액 속 양이온의 종류는 2가지이므로 Na^+과 K^+이다. 그리고 양이온 수비가 1 : 2인데, 비율이 큰 이온을 Na^+이라고 하면 $K^+ : Na^+ = 1 : 2$이고, Na^+ 수가 $2N$이므로 K^+ 수가 N이어야 한다. 즉, 혼합 용액에 존재하는 이온 수가 다음과 같다고 할 수 있다.

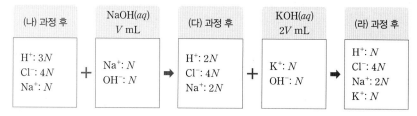

(나) 과정 후		NaOH(aq) V mL		(다) 과정 후		KOH(aq) $2V$ mL		(라) 과정 후
H^+: $3N$ Cl^-: $4N$ Na^+: N	+	Na^+: N OH^-: N	➡	H^+: $2N$ Cl^-: $4N$ Na^+: $2N$	+	K^+: N OH^-: N	➡	H^+: N Cl^-: $4N$ Na^+: $2N$ K^+: N

이때 (라) 과정 후 혼합 용액의 액성은 산성이고, 용액 속 양이온의 종류는 3가지가 되므로 제시된 조건에 부합하지 않는다. 따라서 이온 수 비율이 큰 이온은 K^+이므로 $Na^+ : K^+ = 1 : 2$이고, (라) 과정 후 Na^+ 수는 (다) 과정 후와 같은 $2N$이므로 K^+ 수는 $4N$이다. 이로부터 KOH(aq) $2V$ mL에 들어 있는 K^+ 수와 OH^- 수는 각각 $4N$이다.

따라서 각 과정 후 혼합 용액에 들어 있는 이온 수는 다음과 같다.

(나)	(다)	(라)
H^+: $3N$ Cl^-: $4N$ Na^+: N	H^+: $2N$ Cl^-: $4N$ Na^+: $2N$	Cl^-: $4N$ Na^+: $2N$ K^+: $4N$ OH^-: $2N$

ㄱ **(나) 과정 후 Na^+ 수와 H^+ 수비는 1 : 3이다.**
➡ (나) 과정 후 혼합 용액 속에 들어 있는 Na^+ 수와 H^+ 수비는 $N : 3N = 1 : 3$이다.

✗ **(라) 과정 후 용액은 중성이다.**
➡ (라) 과정 후 혼합 용액에는 OH^-이 존재하므로 염기성이다.

ㄷ **혼합 용액의 단위 부피당 전체 이온 수비는 (나) 과정 후와 (다) 과정 후가 3 : 2이다.**
➡ (나) 과정 후 전체 이온 수가 $8N$, 혼합 용액의 부피가 $2V$ mL이고, (다) 과정 후 전체 이온 수가 $8N$, 혼합 용액의 부피가 $3V$ mL이다. 따라서 혼합 용액의 단위 부피당 전체 이온 수비는 (나) 과정 후와 (다) 과정 후가 $\dfrac{8N}{2V} : \dfrac{8N}{3V} = 3 : 2$이다.

02 | 중화 반응에서의 양적 관계 2020학년도 6월 모평 화I 17번   정답 ② | 정답률 41%

적용해야 할 개념 ③가지

① 중화 반응의 양적 관계: 산이 내놓은 H^+과 염기가 내놓은 OH^-이 1 : 1의 몰비로 반응한다.

② 일정량의 산 수용액에 염기 수용액을 넣어도 산의 음이온 수는 일정하다.

③ 산과 염기를 혼합한 용액의 액성이 염기성일 때 이 혼합 용액에 산 수용액을 넣으면 혼합 용액 속 OH^- 수는 감소하고, 염기 수용액을 넣으면 혼합 용액 속 OH^- 수는 증가한다.

문제 보기

다음은 중화 반응 실험이다.

[실험 과정]

(가) HCl(aq), NaOH(aq)을 준비한다. → 혼합 용액에서 음이온: OH^- 또는 Cl^-

(나) HCl(aq) 10 mL를 비커에 넣는다.
   H^+ 수: 40, Cl^- 수: 40

(다) (나)의 비커에 NaOH(aq) x mL를 넣는다. $\dfrac{40}{10+x}=2$

(라) (다)의 비커에 HCl(aq) y mL를 넣는다.   20 mL   ➡ $x=10$

[실험 결과] 단위 부피당 Cl^- 수: $\dfrac{40+80}{40}=3$

○ 각 과정 후 수용액에 대한 자료

1 mL로 가정 과정		(나) 총수	(다) 총수	(라)
단위 부피당 음이온 수(상댓값)	A 이온 Cl^-	4 40	2 40	3
	B 이온 OH^-	0	4 80 → 0	0

(라)에서 넣어 준 H^+ 수: 최소 80 → Cl^- 수: 최소 80

○ (다)와 (라) 과정에서 생성된 물 분자 수는 각각 a와 b이다.

이에 대한 설명으로 옳은 것만을 〈보기〉에서 있는 대로 고른 것은? (단, 혼합 용액의 부피는 혼합 전 각 용액의 부피의 합과 같다.) [3점]

보기

〈보기〉 풀이

❶ A 이온과 B 이온을 확인하여 HCl(aq) 10 mL 속 이온 수 구하기

혼합 용액 속 음이온은 OH^- 또는 Cl^-이다. HCl(aq)과 NaOH(aq)의 반응에서 Cl^-은 반응에 참여하지 않으므로 (나)와 (라)에서 그 수가 0이 되는 B 이온은 OH^-이고, A 이온이 Cl^-이다. 단위 부피를 1 mL라고 하면 (나)에서 Cl^- 수는 40이고, HCl(aq) 10 mL에 들어 있는 H^+ 수와 Cl^- 수는 각각 40이다.

❷ A 이온 수로부터 (다)에서 넣어 준 NaOH(aq)의 부피 x 구하기

Cl^- 수는 (다)에서도 40이며, 단위 부피당 이온 수가 2이므로 (다)의 전체 부피는 20 mL가 되어야 한다. 따라서 (다)에서 넣어 준 NaOH(aq)의 부피 $x=10$이다.

❸ A 이온 수와 B 이온 수로부터 (라)에서 넣어 준 HCl(aq)의 부피 y 구하기

(다)에서 단위 부피당 OH^- 수는 4이고, 전체 부피는 20 mL이므로 용액 속 OH^- 수는 $4 \times 20 = 80$이다. 이때 HCl(aq) 10 mL에 들어 있는 H^+ 수가 40이므로 (다)에서 넣어 준 NaOH(aq) 10 mL에 들어 있는 Na^+ 수와 OH^- 수는 각각 120이다.

(라)에서 OH^- 수가 0이므로 넣어 준 HCl(aq) 속 H^+ 수는 최소 80 이상이어야 하는데, 단위 부피당 Cl^- 수가 3이므로 넣어 준 HCl(aq)의 부피 $y=20$ mL이다. 이때 HCl(aq) 10 mL에 들어 있는 Cl^- 수는 40이므로 HCl(aq) 20 mL를 더 넣어 주면 Cl^- 수가 80이 더 첨가되므로 전체 Cl^- 수는 120이고, 용액의 부피는 40 mL이므로 단위 부피당 Cl^- 수가 3이 되는 것이다.

이로부터 (나)~(라) 과정 후 혼합 용액에 들어 있는 이온 수는 다음과 같다.

구분	(나)	(다)	(라)
HCl(aq)	H^+ 수: 40 Cl^- 수: 40	H^+ 수: 0 Cl^- 수: 40	H^+ 수: 0 Cl^- 수: 120
NaOH(aq)	Na^+ 수: 0 OH^- 수: 0	Na^+ 수: 120 OH^- 수: 80	Na^+ 수: 120 OH^- 수: 0

✘ $a : b = 2 : 3$이다.

➡ (나)에 존재하는 H^+ 수는 40이며, (다)에서 이 H^+이 모두 중화 반응하여 존재하지 않으므로 (다) 과정에서 생성된 물 분자 수 a는 40이다. 그리고 (다)에 존재하는 OH^- 수는 80이며, (라)에서 이 OH^-이 모두 중화 반응하여 존재하지 않으므로 (라) 과정에서 생성된 물 분자 수 b는 80이다. 따라서 $a : b = 40 : 80 = 1 : 2$이다.

Ⓛ (가)에서 단위 부피당 이온 수는 HCl(aq) : NaOH(aq) = 1 : 3이다.

➡ HCl(aq) 10 mL에 들어 있는 H^+ 수와 Cl^- 수가 각각 40일 때 NaOH(aq) 10 mL에 들어 있는 Na^+ 수와 OH^- 수는 각각 120이다. 따라서 단위 부피당 이온 수는 HCl(aq) : NaOH(aq) = 1 : 3이다.

✘ (라) 과정 후 수용액은 산성이다.

➡ (라) 과정 후 수용액에는 H^+이나 OH^-이 존재하지 않으므로 중성이다.

적용해야 할 개념 ③가지

① 중화 반응의 양적 관계: 산이 내놓은 H^+과 염기가 내놓은 OH^-이 1 : 1의 몰비로 반응한다.

② 산이 내놓은 H^+의 양(mol): 산의 가수 × 산 수용액의 몰 농도(M) × 산 수용액의 부피(L)

③ 염기가 내놓은 OH^-의 양(mol): 염기의 가수 × 염기 수용액의 몰 농도(M) × 염기 수용액의 부피(L)

문제 보기

다음은 중화 반응 실험이다.

[자료]

○ 수용액에서 $X(OH)_2$는 X^{2+}과 OH^-으로 모두 이온화 된다.

[실험 과정] ┌─ 중화점에 도달할 때까지 $\dfrac{음이온의 양(mol)}{양이온의 양(mol)} = 2$이다.

(가) a M $X(OH)_2(aq)$ V mL와 b M $HCl(aq)$ 50 mL 를 혼합하여 용액 I을 만든다.

(나) 용액 I에 c M $NaOH(aq)$ 20 mL를 혼합하여 용 액 II를 만든다.

[실험 결과]

○ 용액 I과 II에 대한 자료

용액	I	II
		산성 염기성
$\dfrac{음이온의 양(mol)}{양이온의 양(mol)}$	$\dfrac{5}{3}$	$\dfrac{3}{2}$
모든 이온의 몰 농도의 합(상댓값)	1	1

$\dfrac{c}{a+b}$는? (단, X는 임의의 원소 기호이고, 혼합 용액의 부피는 혼합 전 각 용액의 부피의 합과 같으며, 물의 자동 이온화는 무 시한다.) [3점]

<보기> 풀이

일정량의 $X(OH)_2(aq)$ 속 $\dfrac{음이온의 양(mol)}{양이온의 양(mol)} = 2$이고, 1가산인 $HCl(aq)$을 가하면 넣어준 H^+의 양(mol)만큼 OH^-의 양(mol)이 감소하고, 감소한 OH^-의 양(mol)만큼 Cl^- 양(mol)이 첨가되므 로 중화점까지 용액 속 음이온의 양(mol)은 일정하다. 즉 일정량의 $X(OH)_2(aq)$에 $HCl(aq)$을 가 해 중화점에 도달할 때까지 $\dfrac{음이온의 양(mol)}{양이온의 양(mol)} = 2$이다. 이때 $\dfrac{음이온의 양(mol)}{양이온의 양(mol)}$이 용액 I에서 $\dfrac{5}{3}$이고, 용액 II에서 $\dfrac{3}{2}$으로 서로 다르므로 용액 I은 산성이고, 용액 II는 염기성이다.

용액 I은 산성 용액으로 용액 속 음이온은 Cl^-뿐이므로 b M $HCl(aq)$ 50 mL에 들어 있는 Cl^- 의 양(mol)을 $5k$ mol라고 하면 용액 I에 들어 있는 이온의 종류와 이온의 양(mol)은 다음과 같다.

이온	X^{2+}	H^+	Cl^-
이온의 양(mol)	$2k$	k	$5k$

용액 II는 염기성 용액이므로 용액 속 양이온은 X^{2+}과 Na^+이고, 음이온은 Cl^-과 OH^-이다. c M $NaOH(aq)$ 20 mL에 들어 있는 Na^+과 OH^-의 양(mol)을 각각 x mol라고 하면 양이 온의 양(mol)은 $(2k+x)$ mol이고, 음이온의 양(mol)은 $5k+(x-k)$ mol이다. 주어진 자료에서 용액 II의 $\dfrac{음이온의 양(mol)}{양이온의 양(mol)} = \dfrac{3}{2}$이므로 $\dfrac{5k+(x-k)}{2k+x} = \dfrac{3}{2}$이고, 이를 계산하면 $x=2k$이다.

용액 II에 들어 있는 이온의 종류와 이온의 양(mol)은 다음과 같다.

이온	X^{2+}	Na^+	Cl^-	OH^-
이온의 양(mol)	$2k$	$2k$	$5k$	k

용액 I에서 모든 이온의 양(mol)의 합은 $8k$ mol, 부피는 $(V+50)$ mL이다. 용액 II에서 모든 이온의 양(mol)의 합은 $10k$ mol, 부피는 $(V+70)$ mL이고, 용액 I과 II에서 모든 이온의 몰 농도의 합(M)이 같으므로 다음 관계식이 성립한다.

$\dfrac{8k}{V+50} = \dfrac{10k}{V+70}$, $V=30$이다.

따라서 a M $X(OH)_2(aq)$ 30 mL에 들어 있는 X^{2+}의 양(mol)이 $2k$ mol, b M $HCl(aq)$ 50 mL에 들어 있는 Cl^-의 양(mol)은 $5k$ mol, c M $NaOH(aq)$ 20 mL에 들어 있는 Na^+의 양 (mol)은 $2k$ mol이므로 $a:b:c = \dfrac{2k}{30} : \dfrac{5k}{50} : \dfrac{2k}{20} = 2:3:3$이다. 따라서 $\dfrac{c}{a+b} = \dfrac{3}{5}$이다.

 $\dfrac{3}{7}$ ② $\dfrac{3}{5}$ $\dfrac{2}{3}$ $\dfrac{5}{7}$ $\dfrac{4}{5}$

적용해야 할 개념 ④가지

① 중화 반응의 양적 관계: 산이 내놓은 H^+과 염기가 내놓은 OH^-이 1 : 1의 몰비로 반응한다.
② 산이 내놓은 H^+의 양(mol): 산의 가수×산 수용액의 몰 농도(M)×산 수용액의 부피(L)
③ 염기가 내놓은 OH^-의 양(mol): 염기의 가수×염기 수용액의 몰 농도(M)×염기 수용액의 부피(L)
④ 중화점에서 혼합 용액의 액성은 중성이며 구경꾼 이온만 존재한다.

문제 보기

다음은 중화 반응에 대한 실험이다.

Y^-과 Z^{2-}은 반응에 참여하지 않고, 몰 농도(M)비는 HY(aq) : H₂Z(aq) =1 : 3이므로 같은 부피 속 이온의 몰비는 Y^- : Z^{2-}=1 : 3이다.

[자료]
○ 수용액 A와 B는 각각 0.25 M HY(aq)과 0.75 M H₂Z(aq)중 하나이다.
○ 수용액에서 X(OH)₂는 X^{2+}과 OH^-으로, HY는 H^+과 Y^-으로, H₂Z는 H^+과 Z^{2-}으로 모두 이온화된다.

[실험 과정]
(가) a M X(OH)₂(aq) 10 mL에 수용액 A V mL를 첨가하여 혼합 용액 Ⅰ을 만든다.
(나) Ⅰ에 수용액 B 4V mL를 첨가하여 혼합 용액 Ⅱ를 만든다.
(다) a M X(OH)₂(aq) 10 mL에 수용액 A 4V mL와 수용액 B V mL를 첨가하여 혼합 용액 Ⅲ을 만든다.

구경꾼 이온인 X^{2+}, Y^-, Z^{2-}만 존재
➡ Ⅱ는 중성, Ⅰ은 염기성 용액

[실험 결과]
○ Ⅱ에 존재하는 모든 이온의 몰비는 3 : 4 : 5이다.
○ $\dfrac{\text{Ⅰ에 존재하는 모든 양이온의 몰 농도의 합}}{\text{Ⅲ에 존재하는 모든 양이온의 몰 농도의 합}} = \dfrac{15}{28}$ 이다.

$a+V$는? (단, 혼합 용액의 부피는 혼합 전 각 용액의 부피의 합과 같고, 물의 자동 이온화는 무시하며, X^{2+}, Y^-, Z^{2-}은 반응하지 않는다.) [3점]

보기

<보기> 풀이

❶ 혼합 용액 Ⅱ에 존재하는 모든 이온의 몰비로부터 혼합 용액 Ⅰ의 액성과 수용액 A, B 판단하기

혼합 용액 Ⅱ는 X(OH)₂(aq)에 HY(aq)과 H₂Z(aq)을 첨가한 용액이고, 이때 존재하는 모든 이온의 가짓수가 3이므로 용액에는 구경꾼 이온인 X^{2+}, Y^-, Z^{2-}만 존재한다. 따라서 혼합 용액 Ⅱ는 중성, Ⅰ은 염기성 용액이다.

0.25 M HY(aq) V mL에 들어 있는 H^+의 양(mol)을 k라고 하면 HY(aq)과 H₂Z(aq)의 몰 농도(M)비가 1 : 3이므로 각 수용액 V mL, 4V mL에 들어 있는 H^+, Y^-, Z^{2-}의 양(mol)은 다음과 같다.

	0.25 M HY(aq)		0.75 M H₂Z(aq)	
V mL	H^+: k	Y^-: k	H^+: 6k	Z^{2-}: 3k
4V mL	H^+: 4k	Y^-: 4k	H^+: 24k	Z^{2-}: 12k

혼합 용액 Ⅱ에 존재하는 모든 이온의 몰비가 3 : 4 : 5이므로 그 비가 3인 이온은 Z^{2-}이고, 4인 이온은 Y^-이므로 5인 이온은 X^{2+}이다. 따라서 V mL를 첨가한 수용액 A는 0.75 M H₂Z(aq)이고, 4V mL를 첨가한 수용액 B는 0.25 M HY(aq)이다.

❷ 혼합 용액 Ⅱ가 중성인 것을 이용하여 X(OH)₂(aq)의 몰 농도(M) a 구하기

혼합 용액 Ⅱ에 존재하는 X^{2+} : Y^- : Z^{2-}=5 : 4 : 3이므로 0.25 M HY(aq) 4V mL에 들어 있는 Y^-의 양(mol)과 a M X(OH)₂(aq) 10 mL에 들어 있는 X^{2+}의 양(mol)의 비는 4 : 5이다. 따라서 0.25×4V : 10a=4 : 5이고, V=8a이다.

❸ 혼합 용액 Ⅰ과 Ⅲ에 존재하는 모든 양이온의 양(mol)과 모든 양이온의 몰 농도의 합으로부터 V 구하기

혼합 용액 Ⅰ은 염기성 용액이므로 양이온은 X^{2+}뿐이고, 그 양(mol)을 5k라고 하면 과정 (다)의 혼합 전 용액과 각 수용액에 들어 있는 이온의 양(mol)은 다음과 같다.

a M X(OH)₂(aq) 10 mL	0.75 M H₂Z(aq) 4V mL	0.25 M HY(aq) V mL
X^{2+}: 5k	H^+: 24k	H^+: k
OH^-: 10k	Z^{2-}: 12k	Y^-: k

이로부터 혼합 용액 Ⅲ에서 모든 양이온의 양(mol)은 20k이며, 혼합 용액 Ⅰ에 존재하는 모든 양이온의 몰 농도의 합을 $\dfrac{5k}{10+V}$ 라고 하면 혼합 용액 Ⅲ에 존재하는 모든 양이온의 몰 농도의 합은 $\dfrac{20k}{10+5V}$ 이다. 따라서 $\dfrac{\text{Ⅰ에 존재하는 모든 양이온의 몰 농도의 합}}{\text{Ⅲ에 존재하는 모든 양이온의 몰 농도의 합}}=\dfrac{15}{28}$ 이므로 $\dfrac{\dfrac{5k}{10+V}}{\dfrac{20k}{10+5V}}$

$=\dfrac{15}{28}$ 이고, V=4이며, V=8a이므로 $a=\dfrac{1}{2}$ 이다. 따라서 $a+V=\dfrac{9}{2}$ 이다.

① $\dfrac{9}{2}$ $\dfrac{45}{8}$ $\dfrac{27}{4}$ $\dfrac{63}{8}$ 9

적용해야 할 개념 ③가지

① 중화 반응의 양적 관계: 산이 내놓은 H^+과 염기가 내놓은 OH^-이 1 : 1의 몰비로 반응한다.
② 산이 내놓은 H^+의 양(mol): 산의 가수×산 수용액의 몰 농도(M)×산 수용액의 부피(L)
③ 염기가 내놓은 OH^-의 양(mol): 염기의 가수×염기 수용액의 몰 농도(M)×염기 수용액의 부피(L)

문제 보기

다음은 중화 반응에 대한 실험이다.

[자료]
○ 수용액에서 AOH는 A^+과 OH^-으로, H_2B는 H^+과 B^{2-}으로, HC는 H^+과 C^-으로 모두 이온화된다.

[실험 과정]
(가) a M AOH(aq) 20 mL에 b M H_2B(aq) 5 mL를 첨가하여 혼합 용액 I을 만든다.
(나) I에 c M HC(aq) V mL를 첨가하여 혼합 용액 II를 만든다.
(다) II에 c M HC(aq) 10 mL를 첨가하여 혼합 용액 III을 만든다.

[실험 결과]

혼합 용액	산성 II	산성 III
$\dfrac{\text{음이온의 양(mol)}}{\text{양이온의 양(mol)}}$	$\dfrac{2}{3}$	$\dfrac{4}{5}$

○ 모든 음이온의 몰 농도(M)의 합은 I과 II가 같다.

혼합 용액의 부피는 I < II이다. ➡ 음이온의 양(mol)은 I < II이다. ➡ 혼합 용액 II의 액성은 산성이다.

$\dfrac{c}{a+b} \times V$는? (단, 혼합 용액의 부피는 혼합 전 각 용액의 부피의 합과 같고, 물의 자동 이온화는 무시하며, A^+, B^{2-}, C^-은 반응하지 않는다.) [3점]

<보기> 풀이

❶ 혼합 용액 I과 II에서 모든 음이온의 몰 농도(M)의 합이 같다는 것을 이용하여 혼합 용액 II와 III의 액성 파악하기

혼합 용액 I과 II에서 모든 음이온의 몰 농도(M)의 합은 같고, 부피는 혼합 용액 II가 I보다 크므로 용액 속 음이온의 양(mol)은 혼합 용액 II가 I보다 크다.

AOH(aq)와 H_2B(aq)의 혼합 용액에 HC(aq)를 첨가하면 중화점까지 OH^-은 H^+과 반응해서 없어지고, OH^-이 없어지는 양(mol)만큼 C^-이 첨가되므로 음이온의 양(mol)은 일정하다. 중화점 이후에는 첨가한 HC(aq)의 양(mol)만큼 C^-의 양(mol)이 증가하므로 음이온의 양(mol)이 증가한다. 혼합 용액 I에 c M HC(aq) V mL만큼 넣었을 때 음이온의 양(mol)이 증가하였으므로 혼합 용액 II의 액성은 산성이다. 산성 용액인 II에 산성 용액 HC(aq)를 첨가한 혼합 용액 III의 액성 또한 산성이다.

❷ 혼합 용액 I~III에 들어 있는 이온의 종류와 양(mol) 파악하여 b, c, V 구하기

혼합 용액 II와 III에 들어 있는 이온의 종류와 양(mol)×1000은 다음과 같다.

혼합 용액	II	III
H^+	$10b-20a+Vc$	$10b-20a+Vc+10c$
A^+	$20a$	$20a$
B^{2-}	$5b$	$5b$
C^-	Vc	$Vc+10c$

$\dfrac{\text{음이온의 양(mol)}}{\text{양이온의 양(mol)}}$은 혼합 용액 II에서 $\dfrac{5b+Vc}{10b+Vc}=\dfrac{2}{3}$이고, 혼합 용액 III에서 $\dfrac{5b+Vc+10c}{10b+Vc+10c}=\dfrac{4}{5}$이다. 이 두 식을 풀면 $b=c$, $V=5$이다.

❸ 혼합 용액 I에 들어 있는 이온의 종류와 양(mol) 파악하여 a 구하기

혼합 용액 I의 액성이 산성 또는 중성이면, 혼합 용액 속 음이온의 양(mol)은 B^{2-} $5b \times 10^{-3}$ mol이고, 혼합 용액 I과 II에서 모든 음이온의 몰 농도(M)의 합은 각각 $\dfrac{5b}{25}$, $\dfrac{10b}{30}$이므로 혼합 용액 I과 II에서 모든 음이온의 몰 농도(M)의 합이 같다는 조건에 부합하지 않는다. 이로부터 혼합 용액 I의 액성은 염기성이고, 혼합 용액 I에 들어 있는 이온의 종류와 양(mol)은 A^+ $20a \times 10^{-3}$ mol, OH^- $(20a-10b) \times 10^{-3}$ mol, B^{2-} $5b \times 10^{-3}$ mol이다. 혼합 용액 I과 II에서 모든 음이온의 몰 농도(M)의 합이 같으므로 $\dfrac{20a-5b}{25}=\dfrac{10b}{30}$이고, $a=\dfrac{2}{3}b$이다. 따라서

$$\dfrac{c}{a+b} \times V = \dfrac{b}{\dfrac{2}{3}b+b} \times 5 = 3$$이다.

 ① 3   5   6   12   15

06 중화 반응에서 양적 관계 2021학년도 9월 모평 화I 20번

정답 ④ | 정답률 41 %

적용해야 할 개념 ③가지

① 중화 반응의 양적 관계: 산이 내놓은 H^+과 염기가 내놓은 OH^-이 1 : 1의 몰비로 반응한다.
② 용액의 액성과 중화점: 1가 염기에 1가 산을 넣어 반응시키는 경우 중화점까지 전체 이온의 양이 같으므로 몰 농도는 감소하고, 중화점 이후 혼합 용액의 몰 농도는 일정하다.
③ 1가 염기 수용액에 같은 몰 농도의 1가 산 수용액과 2가 산 수용액을 같은 부피로 각각 넣어 반응시킬 때 이온의 양은 2가 산을 넣은 경우 더 크게 감소한다.

문제 보기

다음은 중화 반응에 대한 실험이다.

[자료]
○ ㉠과 ㉡은 각각 $HA(aq)$과 $H_2B(aq)$ 중 하나이다.
○ 수용액에서 HA는 H^+과 A^-으로, H_2B는 H^+과 B^{2-}으로 모두 이온화된다.

[실험 과정]
(가) $NaOH(aq)$, $HA(aq)$, $H_2B(aq)$을 각각 준비한다.
(나) $NaOH(aq)$ 10 mL에 x M ㉠을 조금씩 첨가한다.
(다) $NaOH(aq)$ 10 mL에 x M ㉡을 조금씩 첨가한다.

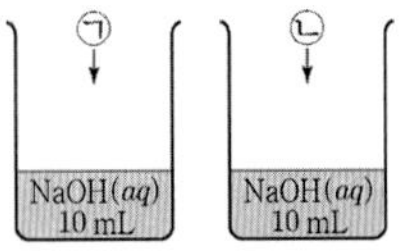

[실험 결과]
○ (나)와 (다)에서 첨가한 산 수용액의 부피에 따른 혼합 용액에 대한 자료

산 수용액 V mL를 넣은 용액 → 중화점 이전 → 염기성
산 수용액 $3V$ mL를 넣은 용액 → 중화점 이후 → 산성

첨가한 산 수용액의 부피(mL)		0	V	$2V$	$3V$
혼합 용액에 존재하는 모든 이온의 몰 농도(M)의 합	(나)	1	$\frac{1}{2}$		$\frac{1}{2}$
	(다)	1	$\frac{3}{5}$	a	y $\frac{1}{3}$

○ $a<\frac{3}{5}$이다.

산 수용액을 V mL를 넣었을 때 혼합 용액의 부피가 같으므로 용액의 몰 농도(M)비는 용액 속 전체 이온의 양(mol)에 비례한다.
➡ ㉠ $H_2B(aq)$, ㉡ $HA(aq)$

y는? (단, 혼합 용액의 부피는 혼합 전 용액의 부피의 합과 같고, 물의 자동 이온화는 무시한다.) [3점]

<보기> 풀이

❶ (나)와 (다)에 넣어준 산 수용액의 종류 찾기

(나)에서 $NaOH(aq)$ 10 mL에 산 수용액 V mL를 넣었을 때와 $3V$ mL를 넣었을 때 용액의 몰 농도(M)가 같으므로 산 수용액 V mL를 넣은 용액의 액성은 염기성이다. (다)에서 산 수용액 V mL를 넣었을 때의 몰 농도(M)보다 $2V$ mL를 넣었을 때 용액의 몰 농도(M)가 작으므로 이 용액의 액성 또한 염기성이다.

(나)와 (다)에서 산 수용액 V mL를 넣었을 때 두 혼합 용액의 부피가 같으므로 용액의 몰 농도(M)는 용액 속 전체 이온의 양(mol)에 비례한다. 전체 이온 수비가 (나) : (다)=5 : 6이므로 이온의 양(mol)이 더 크게 감소한 (나)에서 넣어준 ㉠은 $H_2B(aq)$이고, (다)에서 넣어준 ㉡은 $HA(aq)$이다.

❷ 산 수용액의 몰 농도(M) 구하기

$NaOH(aq)$ 10 mL에 들어 있는 Na^+과 OH^-의 양(mol)을 각각 n몰이라고 하자. 이때 $HA(aq)$과 $H_2B(aq)$의 몰 농도(M)가 같으므로 V mL에 들어 있는 A^-과 B^{2-}의 양(mol)은 같고, 그 양(mol)을 x몰이라고 하면 V mL를 넣기 전후 (나)와 (다)에서 이온의 몰비는 다음과 같다.

	넣기 전					넣은 후				
	Na^+	OH^-	H^+	A^-	B^{2-}	Na^+	OH^-	H^+	A^-	B^{2-}
(나)	n	n	$2x$		x	n	$n-2x$	0		x
(다)	n	n	x	x		n	$n-x$	0	x	

V mL를 넣은 후 전체 이온의 양(mol)은 (나)에서 $2n-x$몰이고, (다)에서 $2n$몰이며 그 비가 5 : 6이므로 다음 관계식이 성립한다.

$2n-x : 2n=5 : 6$

이 식을 풀면 $x=\frac{1}{3}n$이다.

❸ V와 y 구하기

(나)에서 $H_2B(aq)$ V mL에 들어 있는 H^+과 B^{2-}의 양(mol)은 각각 $\frac{2}{3}n$몰, $\frac{1}{3}n$몰이므로 $H_2B(aq)$ $3V$ mL에 들어 있는 H^+와 B^{2-}의 양(mol)은 각각 $2n$몰, n몰이다. 이로부터 $H_2B(aq)$ $3V$ mL를 넣었을 때 혼합 용액 속 이온의 양(mol)은 Na^+이 n몰, H^+이 n몰, B^{2-}이 n몰로 총 $3n$몰이다. (나)에서 $H_2B(aq)$ V mL를 넣었을 때와 $3V$ mL를 넣었을 때 용액의 몰 농도(M)가 같으므로 용액 속 이온의 양(mol)은 부피에 비례한다. 따라서 다음 관계식이 성립한다.

$\frac{5}{3}n : 3n=(10+V) : (10+3V)$

이 식을 풀면 $V=\frac{20}{3}$이다.

(다)에서 $HA(aq)$ $3V$ mL를 넣었을 때 전체 용액의 부피는 30 mL이고, 전체 이온의 양(mol)은 산 수용액을 넣기 전과 같은 $2n$몰이므로 y는 혼합 전 수용액의 몰 농도(M)의 $\frac{1}{3}$이다. 따라서 y는 $\frac{1}{3}$이다.

~~① $\frac{1}{6}$~~ ~~② $\frac{1}{5}$~~ ~~③ $\frac{1}{4}$~~ ④ $\frac{1}{3}$ ~~⑤ $\frac{1}{2}$~~

적용해야 할 개념 ④가지

① 중화 반응의 양적 관계: 산이 내놓은 H^+과 염기가 내놓은 OH^-이 1 : 1의 몰비로 반응한다.
② 구경꾼 이온: 산의 음이온과 염기의 양이온은 구경꾼 이온으로 반응 전후 그 양이 같다.
③ 산이 내놓은 H^+의 양(mol): 산의 가수×산 수용액의 몰 농도(M)×산 수용액의 부피(L)
④ 염기가 내놓은 OH^-의 양(mol): 염기의 가수×염기 수용액의 몰 농도(M)×염기 수용액의 부피(L)

문제 보기

다음은 중화 반응에 대한 실험이다.

[자료]
○ 수용액에서 H_2A는 H^+과 A^{2-}으로, HB는 H^+과 B^-으로 모두 이온화된다.

[실험 과정]
(가) x M NaOH(aq), y M H_2A(aq), y M HB(aq)을 각각 준비한다.
(나) 3개의 비커에 각각 NaOH(aq) 20 mL를 넣는다.
(다) (나)의 3개의 비커에 각각 H_2A(aq) V mL, HB(aq) V mL, HB(aq) 30 mL를 첨가하여 혼합 용액 Ⅰ~Ⅲ을 만든다.

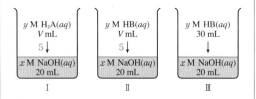

[실험 결과]
○ 혼합 용액 Ⅰ~Ⅲ에 존재하는 이온의 종류와 이온의 몰 농도(M)

이온의 종류		W Na^+	X B^-	Y A^{2-}	Z H^+
이온의 몰 농도(M)	Ⅰ	$2a$	0	$2a$	$2a$
	Ⅱ	$2a$	$2a$	0	0
	Ⅲ	a	b	0	0.2

W(Na^+)의 몰 농도(M)는 Ⅱ : Ⅲ = 2 : 1이므로 혼합 용액의 부피는 Ⅱ : Ⅲ = 1 : 2이다. ➡ $V=5$이다.

$\dfrac{b}{a}×(x+y)$는? (단, 혼합 용액의 부피는 혼합 전 각 용액의 부피의 합과 같고, 물의 자동 이온화는 무시한다.) [3점]

<보기> 풀이

Ⅰ~Ⅲ에 들어 있는 NaOH(aq)의 몰 농도(M)와 부피가 같으므로 용액 속 Na^+의 양(mol)은 모두 같다.

❶ 이온의 종류 찾기

Ⅰ에 존재할 수 있는 이온은 Na^+, A^{2-}, OH^- 또는 H^+이고, 혼합 용액 Ⅱ와 Ⅲ에 존재할 수 있는 이온은 Na^+, B^-, OH^- 또는 H^+이다.

Ⅰ과 Ⅱ의 부피가 같으므로 구경꾼 이온인 Na^+의 몰 농도(M)도 같다. 따라서 W는 Na^+이다. Ⅰ에 구경꾼 이온인 A^{2-}이 들어 있어야 하므로 Ⅰ에는 존재하지만 Ⅱ와 Ⅲ에는 존재하지 않는 Y는 A^{2-}이다. 또한 Ⅰ에 Na^+ $2a$ M, A^{2-} $2a$ M이 들어 있고, 용액 속 양이온의 전하량과 음이온의 전하량의 합은 0이므로 Z는 H^+이다. 이로부터 Ⅲ에 존재하는 이온은 Na^+(W), H^+(Z), X이므로 X는 B^-이다.

❷ 수용액의 부피 V와 $\dfrac{b}{a}$ 구하기

Ⅰ과 Ⅲ에 들어 있는 Na^+(W)의 양(mol)은 같고, 용질의 양(mol)은 몰 농도(M)와 부피를 곱하여 구하므로 다음 관계식이 성립한다.
$$2a(V+20)=a(30+20)$$
이 식을 풀면 $V=5$이다.

이로부터 Ⅱ와 Ⅲ에서 넣어 준 y M HB(aq)의 부피가 각각 5 mL, 30 mL이므로 혼합 용액 속 B^-(X)의 양(mol)도 Ⅲ에서가 Ⅱ에서의 6배이다. 따라서 $2a×25 : b×50=1 : 6$이고, 이를 풀면 $\dfrac{b}{a}=6$이다.

❸ x, y 구하기

Ⅱ에서 Na^+(W)과 B^-(X)의 몰 농도(M)가 같으므로 Ⅱ의 액성은 중성이다. 즉, Ⅱ에서 반응이 완결되므로 중화 반응의 양적 관계는 다음과 같다.
$$1×y×5=1×x×20$$
이 식을 풀면 $y=4x$이다.

Ⅲ에서 H^+(Z)의 양(mol)은 0.2 mol/L×0.05 L=0.01몰이고, Ⅲ에 들어 있는 H^+(Z)의 양(mol)은 y M HB(aq) 30 mL가 내놓는 H^+의 양(mol)과 x M NaOH(aq) 30 mL가 내놓는 OH^-의 양(mol) 차와 같으므로 다음 관계식이 성립한다.
$$\left(1×y×\dfrac{30}{1000}\right)-\left(1×x×\dfrac{20}{1000}\right)=\left(1×4x×\dfrac{30}{1000}\right)-\left(1×x×\dfrac{20}{1000}\right)=0.01$$
이 식을 풀면 $x=0.1$, $y=0.4$이므로 $\dfrac{b}{a}×(x+y)=6×0.5=3$이다.

 2 ② 3   4   5   6

적용해야 할 개념 ③가지	① 중화 반응의 양적 관계: 산이 내놓은 H^+과 염기가 내놓은 OH^-이 1 : 1의 몰비로 반응한다.
	② 산이 내놓은 H^+의 양(mol): 산의 가수 × 산 수용액의 몰 농도(M) × 산 수용액의 부피(L)
	③ 염기가 내놓은 OH^-의 양(mol): 염기의 가수 × 염기 수용액의 몰 농도(M) × 염기 수용액의 부피(L)

문제 보기

다음은 중화 반응에 대한 실험이다.

[자료]
○ 수용액 A와 B는 각각 0.4 M YOH(aq)과 a M Z(OH)$_2$(aq) 중 하나이다.
○ 수용액에서 H_2X는 H^+과 X^{2-}으로, YOH는 Y^+과 OH^-으로, Z(OH)$_2$는 Z^{2+}과 OH^-으로 모두 이온화된다.

[실험 과정]
(가) 0.3 M H_2X(aq) V mL가 담긴 비커에 수용액 A 5 mL를 첨가하여 혼합 용액 I을 만든다.
(나) I에 수용액 B 15 mL를 첨가하여 혼합 용액 II를 만든다.
(다) II에 수용액 B x mL를 첨가하여 혼합 용액 III을 만든다.

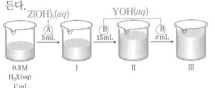

[실험 결과]
○ III은 중성이다. → I과 II의 액성은 산성이다.
○ I과 II에 대한 자료

혼합 용액	I 산성	II 산성
혼합 용액에 존재하는 모든 이온의 몰 농도의 합(상댓값)	8	5
혼합 용액에서 $\dfrac{\text{음이온 수}}{\text{양이온 수}}$	$\dfrac{3}{5}$	$\dfrac{3}{5}$

I에 염기 B를 넣을 때 감소한 H^+ 수, 즉 넣어준 수만큼 양이온 OH^- 수가 증가 ➡ B는 YOH, A는 Z(OH)$_2$

$\dfrac{x}{V} \times a$는? (단, 혼합 용액의 부피는 혼합 전 각 용액의 부피의 합과 같고, 물의 자동 이온화는 무시하며, X^{2-}, Y^+, Z^{2+}은 반응하지 않는다.) [3점]

<보기> 풀이

❶ 혼합 용액 I과 II에서 $\dfrac{\text{음이온 수}}{\text{양이온 수}}$의 변화로부터 A와 B를 찾고, 각 용액에 존재하는 양이온과 음이온 파악하기

혼합 용액 I과 II에서 $\dfrac{\text{음이온 수}}{\text{양이온 수}}$가 $\dfrac{3}{5}$으로 같으므로 혼합 용액 I에 염기 B를 넣을 때 감소한 H^+ 수, 즉 넣어 준 OH^- 수 만큼 양이온 수가 증가한 것이므로 B는 1가 염기인 YOH(aq)이고, A는 2가 염기인 Z(OH)$_2$(aq)이다. 또한 혼합 용액 III의 액성이 중성이고, 혼합 용액 I과 II는 산성이므로 용액 속 음이온은 X^{2-} 뿐이다.

이로부터 혼합 용액에 존재하는 양이온과 음이온의 종류는 다음과 같다.

혼합 용액	I	II	III
양이온	H^+, Z^{2+}	H^+, Z^{2+}, Y^+	Z^{2+}, Y^+
음이온	X^{2-}	X^{2-}	X^{2-}

❷ 혼합 용액 I과 용액 II의 모든 이온의 몰 농도(M) 합으로부터 a와 V 구하기

반응 전 0.3 M H_2X(aq) V mL 안에 들어 있는 H^+의 양(mol)은 $0.6V \times \dfrac{1}{1000}$ mol이고, X^{2-}의 양(mol)은 $0.3V \times \dfrac{1}{1000}$ mol이다. a M Z(OH)$_2$ 5 mL에 들어 있는 Z^{2+}의 양(mol)은 $5a \times \dfrac{1}{1000}$ mol이고, OH^-의 양(mol)은 $10a \times \dfrac{1}{1000}$ mol이다. 한편 0.4 M YOH(aq) 15 mL에 들어 있는 Y^+과 OH^-의 양(mol)은 각각 $6 \times \dfrac{1}{1000}$ mol이다. 이로부터 혼합 용액 I과 II에 존재하는 양이온과 음이온의 양(mol)은 다음과 같다.

혼합 용액	I	II
양이온의 양(mol) × 1000	H^+: $0.6V - 10a$ Z^{2+}: $5a$	H^+: $0.6V - 10a - 6$ Z^{2+}: $5a$ Y^+: 6
음이온의 양(mol) × 1000	X^{2-}: $0.3V$	X^{2-}: $0.3V$

혼합 용액 I에서 $\dfrac{\text{음이온 수}}{\text{양이온 수}}$가 $\dfrac{3}{5}$이므로 I에서 양이온의 양(mol)은 $0.5V \times \dfrac{1}{1000}$ mol이다. 이로부터 $0.6V - 10a + 5a = 0.5V$이고, 이를 풀면 $V = 50a$이므로 혼합 용액 I과 II에서 모든 이온의 양(mol)의 합은 $40a \times \dfrac{1}{1000}$ mol로 같다. 이때 모든 이온의 몰 농도(M)의 합의 비가 I : II = 8 : 5이므로 부피비는 I : II = 5 : 8이다. $V + 5 : V + 20 = 5 : 8$이고, 이 식을 풀면 $V = 20$이며, $V = 50a$이므로 $a = 0.4$이다.

❸ 혼합 용액 III의 액성이 중성임을 이용하여 x 구하기

혼합 용액 II에 존재하는 H^+의 양(mol)은 $2 \times \dfrac{1}{1000}$ mol이고, 혼합 용액 III은 중성이다. 따라서 혼합 용액 II에 넣어 준 0.4 M YOH(aq) x mL에 들어 있는 OH^-의 양(mol)도 $2 \times \dfrac{1}{1000}$ mol이어야 한다. 이로부터 $0.4 \times x = 2$이므로 $x = 5$이다.

따라서 $\dfrac{x}{V} \times a = \dfrac{5}{20} \times 0.4 = \dfrac{1}{10}$이다.

 $\dfrac{1}{4}$ $\dfrac{1}{5}$ 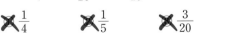 $\dfrac{3}{20}$ ④ $\dfrac{1}{10}$ $\dfrac{1}{20}$

09 중화 적정 실험 2021학년도 9월 모평 화I 9번

정답 ③ | 정답률 64 %

적용해야 할 개념 ③가지

① 중화 적정 실험: 농도를 알고 있는 산 또는 염기 수용액을 이용하여 염기 또는 산 수용액의 농도를 알아내는 실험

② 중화 반응의 양적 관계: 산이 내놓은 H^+과 염기가 내놓은 OH^-이 1 : 1의 몰비로 반응한다.

③ 산과 염기가 완전히 중화되려면 산이 내놓는 H^+양(mol)과 염기가 내놓는 OH^-의 양(mol)이 같아야 하므로 $n_1M_1V_1=n_2M_2V_2$(n: 가수, M: 몰 농도, V: 부피)의 관계식이 성립한다.

문제 보기

다음은 아세트산(CH_3COOH) 수용액의 몰 농도(M)를 알아보기 위한 중화 적정 실험이다.

[실험 과정]

(가) $CH_3COOH(aq)$을 준비한다.

(나) (가)의 수용액 10 mL에 물을 넣어 100 mL 수용액을 만든다. → 10배 희석 ➡ (나)에서 $CH_3COOH(aq)$의 몰 농도: 0.1 M

(다) (나)에서 만든 수용액 [㉠ 20] mL를 삼각 플라스크에 넣고 페놀프탈레인 용액을 몇 방울 떨어뜨린다.

(라) 그림과 같이 [㉡ 뷰렛]에 들어 있는 0.2 M NaOH(aq)을 (다)의 삼각 플라스크에 한 방울씩 떨어뜨리면서 삼각 플라스크를 흔들어준다.

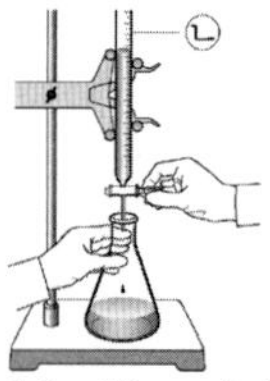

(마) (라)의 삼각 플라스크 속 수용액 전체가 붉은색으로 변하는 순간 적정을 멈추고 적정에 사용된 NaOH(aq)의 부피(V)를 측정한다.

[실험 결과]

○ V: 10 mL

○ (가)에서 $CH_3COOH(aq)$의 몰 농도: 1.0 M

다음 중 ㉠과 ㉡으로 가장 적절한 것은? (단, 온도는 25 ℃로 일정하다.) [3점]

<보기> 풀이

중화 적정 실험에서 농도를 정확히 알고 있는 표준 용액을 뷰렛에 넣어 농도를 모르는 용액을 적정한다. 따라서 실험 기구 ㉡은 뷰렛이다. 중화점까지 사용된 0.2 M NaOH(aq)의 부피가 10 mL이고, (가)에서 $CH_3COOH(aq)$의 몰 농도는 1.0 M이고, 이 용액을 10배로 희석하였으므로 (나)에서 사용한 용액의 몰 농도는 0.1 M이다. 이때 실험에 사용된 $CH_3COOH(aq)$의 부피를 x mL라고 하면 다음과 같은 양적 관계가 성립한다.

$1\times0.2\times10=1\times0.1\times x$

이 식을 풀면 $x=20$이다.

	㉠	㉡
①	2	뷰렛
②	2	피펫
③	20	뷰렛
④	20	피펫
⑤	40	뷰렛

적용해야 할 개념 ②가지

① 중화 적정 실험: 농도를 알고 있는 산 또는 염기 수용액을 이용하여 염기 또는 산 수용액의 농도를 알아내는 실험

② 산과 염기가 완전히 중화되려면 산이 내놓는 H^+의 양(mol)과 염기가 내놓는 OH^-의 양(mol)이 같아야 하므로 $n_1 M_1 V_1 = n_2 M_2 V_2$ (n: 가수, M: 몰 농도, V: 부피)의 관계식이 성립한다.

문제 보기

다음은 3가지 실험 기구 A~C와 아세트산(CH_3COOH) 수용액의 중화 적정 실험이다. ㉠은 A~C 중 하나이다.

[실험 기구]

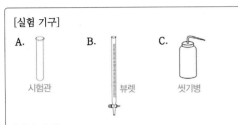

A.   B.   C.

시험관   뷰렛   씻기병

[실험 과정]

(가) 삼각 플라스크에 x M $CH_3COOH(aq)$ 20 mL를 넣고 페놀프탈레인 용액을 2~3방울 떨어뜨린다.

(나) ㉠ B 에 들어 있는 0.5 M $NaOH(aq)$을 (가)의 삼각 플라스크에 한 방울씩 떨어뜨리면서 섞는다.

(다) (나)의 삼각 플라스크 속 용액 전체가 붉은색으로 변하는 순간까지 넣어 준 $NaOH(aq)$의 부피를 측정한다. └중화점

[실험 결과]

○ 중화점까지 넣어 준 $NaOH(aq)$의 부피: 40 mL

이에 대한 설명으로 옳은 것만을 〈보기〉에서 있는 대로 고른 것은? (단, 온도는 일정하다.)

〈보기〉 풀이

A는 시험관, B는 뷰렛, C는 씻기병이다.

ㄱ. ㉠은 **B**이다.

➡ 표준 용액을 넣어 사용하는 실험 기구는 뷰렛이고, A~C 중 뷰렛은 B이다.

ㄴ. 중화점까지 넣어 준 **NaOH의 양(mol)은 0.02 mol**이다.

➡ 중화점까지 사용된 0.5 M $NaOH(aq)$의 부피가 40 mL이므로 중화점까지 넣어준 $NaOH$의 양(mol)은 0.5 mol/L $\times$ 40 $\times$ 10^{-3} L = 0.02 mol이다.

✗ **$x = 0.25$이다.**

➡ x M $CH_3COOH(aq)$ 20 mL를 완전 중화시키는 데 사용된 0.5 M $NaOH(aq)$의 부피는 40 mL이므로 다음과 같은 양적 관계가 성립한다.

$$1 \times x \times 20 = 1 \times 0.5 \times 40$$

이 식을 풀면 $x = 10$이다.

적용해야 할 개념 ③가지

① 중화 적정 실험: 농도를 알고 있는 산 또는 염기 수용액을 이용하여 염기 또는 산 수용액의 농도를 알아내는 실험

② 중화 반응의 양적 관계: 산이 내놓은 H^+과 염기가 내놓은 OH^-이 1 : 1의 몰비로 반응한다.

③ 산과 염기가 완전히 중화되려면 산이 내놓는 H^+의 양(mol)과 염기가 내놓는 OH^-의 양(mol)이 같아야 하므로 $n_1 M_1 V_1 = n_2 M_2 V_2$($n$: 가수, M: 몰 농도, V: 부피)의 관계식이 성립한다.

문제 보기

다음은 중화 적정에 관한 탐구 활동지의 일부와 탐구 활동 후 선생님과 학생의 대화이다.

┌─────────────────────────────┐
│ ▪▪▪▪▪▪▪▪▪ **탐구 활동지** ▪▪▪▪▪▪▪▪▪ │
│   │
│ [탐구 주제] 중화 적정으로 $CH_3COOH(aq)$의 몰 농도(M) 구하기 │
│   │
│ [탐구 과정]   │
│ (가) 삼각 플라스크에 $CH_3COOH(aq)$ 10 mL를 넣고, 페놀프탈레인 │
│ 용액 2~3방울을 떨어뜨린다.   │
│ (나) (가)의 삼각 플라스크에 0.5 M $NaOH(aq)$을 떨어뜨리면서 수용액 │
│ 전체가 붉은색으로 변하는 순간 적정을 멈추고, 적정에 사용된 │
│ $NaOH(aq)$의 부피(V)를 측정한다.   │
│   │
│ [탐구 결과]   │
│ $V = 22$ mL   │
└─────────────────────────────┘

선생님: 탐구 활동으로부터 구한 $CH_3COOH(aq)$의 몰 농도를 말해 볼까요?

학 생: ⊙ 1.1 M입니다.

선생님: 탐구 결과로부터 구한 값은 맞아요. 하지만 탐구 과정에서 사용한 $CH_3COOH(aq)$의 실제 몰 농도는 1 M입니다. 탐구 과정에서 한 가지만 잘못하여 오차가 발생했다고 가정할 때, 오차가 발생한 원인에는 무엇이 있을까요?

학 생: 적정을 중화점 ⓒ 후 에 멈추어서 오차가 발생한 것 같습니다.

학생의 의견이 타당할 때, ⊙과 ⓒ으로 가장 적절한 것은?

<보기> 풀이

❶ 탐구 결과로부터 $CH_3COOH(aq)$의 몰 농도(M) 구하기

실험에 사용한 $CH_3COOH(aq)$의 몰 농도(M)를 a M이라고 한다면 a M $CH_3COOH(aq)$ 10 mL를 완전 중화시키는 데 사용된 0.5 M $NaOH(aq)$의 부피는 22 mL이므로 다음과 같은 양적 관계가 성립한다.

$1 \times a\,\text{M} \times 0.01\,\text{L} = 1 \times 0.5\,\text{M} \times 0.022\,\text{L}$

이 식을 풀면 $a = 1.1$이므로 ⊙은 1.1이다.

❷ 오차가 발생한 원인 파악하기

실험에 사용한 $CH_3COOH(aq)$의 실제 몰 농도(M)가 1 M이고, 1 M $CH_3COOH(aq)$ 10 mL를 완전히 중화시키는 데 필요한 0.5 M $NaOH(aq)$의 부피는 20 mL이다. 즉 중화점은 $NaOH(aq)$을 20 mL 넣어 준 시점이므로, 실험에서 오차가 발생한 까닭은 적정을 중화점 후에 멈추었기 때문이다.

	⊙	ⓒ		⊙	ⓒ
✗	0.9	전	✗	0.9	후
✗	1.1	전	④	1.1	후
✗	1.5	전			

적용해야 할 개념 ④가지

① 수용액의 pH$=-\log[H_3O^+]$이다.
② 중화 적정: 농도를 알고 있는 산 또는 염기 수용액을 이용하여 농도를 모르는 염기 또는 산 수용액의 농도를 알아내는 실험
③ 중화 반응의 양적 관계: 산이 내놓은 H^+과 염기가 내놓은 OH^-이 1 : 1의 몰비로 반응한다.
④ 산과 염기가 완전히 중화되려면 산이 내놓는 H^+의 양(mol)과 염기가 내놓는 OH^-의 양(mol)이 같아야 하므로 $n_1M_1V_1=n_2M_2V_2$(n: 가수, M: 몰 농도, V: 부피)의 관계식이 성립한다.

문제 보기

다음은 $CH_3COOH(aq)$의 몰 농도를 구하기 위한 실험이다.

[실험 과정]
(가) 0.1 M NaOH(aq)을 뷰렛에 넣은 다음, 꼭지를 잠시 열었다 닫고 처음 눈금을 읽는다.
(나) 피펫을 이용해 $CH_3COOH(aq)$ 10 mL를 삼각 플라스크에 넣고 페놀프탈레인 용액을 몇 방울 떨어뜨린다.
(다) 뷰렛의 꼭지를 열어 (나)의 삼각 플라스크에 NaOH(aq)을 조금씩 가하면서 삼각 플라스크를 잘 흔들어 주고, 혼합 용액 전체가 붉은색으로 변하는 순간 뷰렛의 꼭지를 닫고 나중 눈금을 읽는다.

0.1M NaOH(aq)

$CH_3COOH(aq)$
+ 페놀프탈레인 용액

[실험 결과]
○ (가)에서 뷰렛의 처음 눈금: 8.3 mL ⌉
○ (다)에서 뷰렛의 나중 눈금: 28.3 mL ⌐
○ $CH_3COOH(aq)$의 몰 농도: a M

사용된 NaOH(aq) 부피는 20 mL(=28.3 mL−8.3 mL)이다.

이에 대한 옳은 설명만을 〈보기〉에서 있는 대로 고른 것은? (단, 온도는 25 °C로 일정하고, 물의 자동 이온화는 무시한다.) [3점]

〈보기〉 풀이

ㄱ **(다)에서 삼각 플라스크 속 용액의 pH는 증가한다.**
→ 산 수용액이 들어 있는 삼각 플라스크에 염기 수용액을 넣어 주면 용액 속 $[H_3O^+]$가 감소하므로 용액의 pH는 증가한다.

✗ **$a=0.05$이다.**
→ a M $CH_3COOH(aq)$ 10 mL를 완전히 중화시키는 데 사용된 0.1 M NaOH(aq)의 부피는 20 mL(28.3 mL−8.3 mL)이므로 다음과 같은 양적 관계가 성립한다.
$1\times a$ M$\times 0.01$ L$=1\times 0.1$ M$\times 0.02$ L
이 식을 풀면 $a=0.2$이다.

ㄷ **(다)에서 생성된 H_2O의 양은 0.002 mol이다.**
→ (다)에서 생성된 H_2O의 양(mol)은 반응한 CH_3COOH의 양(mol)과 같다. 따라서 생성된 H_2O의 양(mol)은 1×0.2 M$\times 0.01$ L$=0.002$ mol이다.

적용해야 할 개념 ③가지

① 중화 적정 실험: 농도를 알고 있는 산 또는 염기 수용액을 이용하여 염기 또는 산 수용액의 농도를 알아내는 실험

② 중화 반응의 양적 관계: 산이 내놓은 H^+과 염기가 내놓은 OH^-이 1 : 1의 몰비로 반응한다.

③ 밀도가 d g/mL인 수용액 1 L=1000 mL의 질량은 $1000d$ g이다.

문제 보기

다음은 중화 적정을 이용하여 식초 A에 들어 있는 아세트산 (CH_3COOH)의 질량을 알아보기 위한 실험이다.

[자료] 식초 A의 1 L의 질량: $1000d$ g

○ CH_3COOH의 분자량은 60이다.

○ 25 ℃에서 식초 A의 밀도는 d g/mL이다.

[실험 과정] 식초 A의 $CH_3COOH(aq)$의 몰 농도: 1 M

(가) 25 ℃에서 식초 A 10 mL에 물을 넣어 수용액 100 mL를 만든다.

(나) (가)에서 만든 수용액 20 mL를 삼각 플라스크에 넣고 페놀프탈레인 용액을 2~3방울 떨어뜨린다.

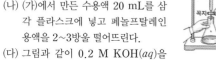

(다) 그림과 같이 0.2 M $KOH(aq)$을 ⊙ 에 넣고 꼭지를 열어 (나)의 삼각 플라스크에 한 방울씩 떨어뜨리면서 삼각 플라스크를 흔들어 준다.

(라) (다)의 삼각 플라스크 속 수용액 전체가 붉은색으로 변하는 순간까지 넣어 준 $KOH(aq)$의 부피(V)를 측정한다.

[실험 결과] (나)의 삼각 플라스크에 들어 있는 CH_3COOH 의 양: 0.2 mol/L×0.01 L=$2×10^{-3}$ mol

○ V: 10 mL → 몰 농도: 0.1 M

○ 식초 A 1 g에 들어 있는 CH_3COOH의 질량: w g

식초 A 1 g에 들어 있는 CH_3COOH의 질량: $\dfrac{60}{1000d}$ g=$\dfrac{3}{50d}$ g

이에 대한 설명으로 옳은 것만을 〈보기〉에서 있는 대로 고른 것은? (단, 온도는 25 ℃로 일정하고, 중화 적정 과정에서 식초 A에 포함된 물질 중 CH_3COOH만 KOH과 반응한다.)

〈보기〉 풀이

ㄱ '뷰렛'은 ⊙으로 적절하다.

➡ 중화 적정 실험에서 농도를 정확히 알고 있는 표준 용액을 넣어 사용하는 실험 기구는 뷰렛이므로 '뷰렛'은 ⊙으로 적절하다.

ㄴ (나)의 삼각 플라스크에 들어 있는 CH_3COOH의 양은 $2×10^{-3}$ mol이다.

➡ 실험 결과 (나)의 삼각 플라스크에 들어 있는 CH_3COOH을 완전 중화시키는 데 사용된 0.2 M $KOH(aq)$의 부피가 10 mL이므로 (나)의 삼각 플라스크에 들어 있는 CH_3COOH의 양은 0.2 mol/L×0.01 L=$2×10^{-3}$ mol이다.

ㄷ $w=\dfrac{3}{50d}$이다.

➡ 과정 (나)에서 $CH_3COOH(aq)$의 부피는 20 mL이고, 수용액 속 CH_3COOH의 양이 $2×10^{-3}$ mol이므로 몰 농도는 0.1 M이다. 한편 과정 (나)의 $CH_3COOH(aq)$은 식초 A를 $\dfrac{1}{10}$로 희석한 용액이므로 식초 A의 $CH_3COOH(aq)$의 몰 농도는 1 M이다. 따라서 식초 A 1 L, 즉 $1000d$ g에 들어 있는 CH_3COOH의 양은 1 mol이고, 질량은 60 g이므로 식초 A 1 g에 들어 있는 CH_3COOH의 질량은 $\dfrac{60}{1000d}$ g=$\dfrac{3}{50d}$ g이다.

보기

14 중화 적정 실험 2024학년도 10월 학평 화I 12번

정답 ① | 정답률 78 %

적용해야 할 개념 ③가지

① 중화 적정: 농도를 알고 있는 산 또는 염기 수용액을 이용하여 농도를 모르는 염기 또는 산 수용액의 농도를 알아내는 실험
② 중화 반응의 양적 관계: 산이 내놓은 H^+과 염기가 내놓은 OH^-이 1 : 1의 몰비로 반응한다.
③ 밀도가 d g/mL인 수용액 1 L = 1000 mL의 질량은 $1000d$ g이다.

문제 보기

다음은 25 ℃에서 밀도가 d g/mL인 아세트산(CH_3COOH) 수용액 A에 들어 있는 용질의 질량을 구하기 위한 중화 적정 실험이다. CH_3COOH의 분자량은 60이다.

[실험 과정]
(가) 수용액 A 100 mL에 물을 넣어 500 mL 수용액 B를 만든다. A의 몰 농도는 B의 몰 농도의 5배이다.
(나) B 20 mL를 삼각 플라스크에 넣고 페놀프탈레인 용액을 2~3방울 떨어뜨린다.
(다) (나)의 삼각 플라스크에 혼합 용액 전체가 붉은색으로 변하는 순간까지 0.1 M NaOH(aq)을 가하고, 적정에 사용된 NaOH(aq)의 부피를 측정한다.

[실험 결과]
○ 적정에 사용된 NaOH(aq)의 부피: 10 mL
○ A 100 g에 들어 있는 CH_3COOH의 질량: x g

적정에 사용된 NaOH의 양은 0.1 M × 0.01 L = 0.001 mol이므로 B 20 mL에 들어 있는 CH_3COOH의 양도 0.001 mol이다.

이에 대한 옳은 설명만을 〈보기〉에서 있는 대로 고른 것은? (단, 온도는 25 ℃로 일정하다.) [3점]

〈보기〉 풀이

ㄱ (다)에서 생성된 H_2O의 양은 0.001 mol이다.
➡ 적정 실험에서 B 20 mL를 완전 중화시키는 데 사용된 0.1 M NaOH(aq)의 부피가 10 mL이므로 중화 반응한 NaOH의 양(mol), B 20 mL에 들어 있는 CH_3COOH의 양(mol), 생성된 H_2O의 양(mol)은 모두 0.1 mol/L × 0.01 L = 0.001 mol이다.

✗ A의 몰 농도는 0.5 M이다.
➡ B 20 mL에 들어 있는 CH_3COOH의 양(mol)이 0.001 mol이므로 B의 몰 농도는 $\dfrac{0.001 \text{ mol}}{20 \times 10^{-3} \text{ L}} = 0.05$ M이다. 이때 B는 A 100 mL에 물을 넣어 500 mL로 희석한 용액이므로 A의 몰 농도는 B의 몰 농도의 5배이다. 따라서 A의 몰 농도는 0.25 M이다.

✗ $x = \dfrac{3}{d}$ 이다.
➡ A의 몰 농도가 0.25 M이므로 A 1 L, 즉 1000 mL에 들어 있는 CH_3COOH의 양(mol)은 0.25 mol이다. A 1000 mL의 질량은 $1000d$ g이고, CH_3COOH 0.25 mol의 질량은 15 g이므로 다음 관계식이 성립한다.
$$1000d : 15 = 100 : x, \quad x = \dfrac{3}{2d} \text{ 이다.}$$

보기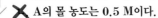

---

15 중화 적정 실험 2024학년도 5월 학평 화I 7번

정답 ① | 정답률 69 %

적용해야 할 개념 ③가지

① 중화 적정 실험: 농도를 알고 있는 산 또는 염기 수용액을 이용하여 염기 또는 산 수용액의 농도를 알아내는 실험
② 중화 반응의 양적 관계: 산이 내놓은 H^+과 염기가 내놓은 OH^-이 1 : 1의 몰비로 반응한다.
③ 산과 염기가 완전히 중화되려면 산이 내놓는 H^+의 양(mol)과 염기가 내놓는 OH^-의 양(mol)이 같아야 하므로 $n_1 M_1 V_1 = n_2 M_2 V_2$($n$: 가수, M: 몰 농도, V: 부피)의 관계식이 성립한다.

문제 보기

다음은 25 ℃에서 $CH_3COOH(aq)$의 중화 적정 실험이다.

[실험 과정]
(가) x M $CH_3COOH(aq)$ 10 mL에 물을 넣어 ㉠ <u>100 mL</u> 수용액을 만든다. 수용액의 몰 농도: $0.1x$ M
(나) (가)에서 만든 수용액 40 mL를 삼각 플라스크에 넣고, 페놀프탈레인 용액을 2~3 방울 떨어뜨린다.
(다) 그림과 같이 ㉡ 에 들어 있는 0.2 M NaOH(aq)을 (나)의 삼각 플라스크에 한 방울씩 떨어뜨리면서 삼각 플라스크를 흔들어 준다.

(라) (다)의 삼각 플라스크 속 수용액 전체가 붉게 변하는 순간 적정을 멈추고, 적정에 사용된 NaOH(aq)의 부피(V)를 측정한다.

[실험 결과]
○ V: 20 mL $1 \times 0.1x \times 40 = 1 \times 0.2 \times 20 \Rightarrow x = 1$

이에 대한 설명으로 옳은 것만을 〈보기〉에서 있는 대로 고른 것은? (단, 온도는 25 ℃로 일정하다.)

보기

〈보기〉 풀이

ㄱ '뷰렛'은 ㉡으로 적절하다.
➡ 중화 적정 실험에서 농도를 알고 있는 표준 용액을 넣을 때 사용하는 실험 기구는 뷰렛이다.

✗ $x = 0.1$이다.
➡ 과정 (가)에서 x M $CH_3COOH(aq)$ 10 mL를 희석하여 100 mL로 만들었으므로 (가)에서 만든 수용액의 몰 농도는 $0.1x$ M이다. 따라서 과정 (다)에서 $0.1x$ M $CH_3COOH(aq)$ 40 mL를 적정하는 데 사용된 0.2 M NaOH(aq)의 부피가 20 mL이므로 다음과 같은 양적 관계가 성립한다.
$1 \times 0.1x \times 40 = 1 \times 0.2 \times 20$, 이 식을 풀면 $x = 1$이다.

✗ ㉠을 200 mL로 달리하여 과정 (가)~(라)를 반복하면, $V = 40$ mL이다.
➡ ㉠을 200 mL로 하면 과정 (가)에서 만든 수용액의 몰 농도는 0.05 M이므로 중화 적정에 사용된 0.2 M NaOH(aq)의 부피 V mL는 다음 관계식을 만족한다.
$1 \times 0.05 \times 40 = 1 \times 0.2 \times V$, 이 식을 풀면 $V = 10$이다.

적용해야 할 개념 ③가지	① 중화 적정 실험: 농도를 알고 있는 산 또는 염기 수용액을 이용하여 염기 또는 산 수용액의 농도를 알아내는 실험 ② 중화 반응의 양적 관계: 산이 내놓은 H^+과 염기가 내놓은 OH^-이 1 : 1의 몰비로 반응한다. ③ 산과 염기가 완전히 중화되려면 산이 내놓는 H^+의 양(mol)과 염기가 내놓는 OH^-의 양(mol)이 같아야 하므로 $n_1M_1V_1=n_2M_2V_2$(n: 가수, M: 몰 농도, V: 부피)의 관계식이 성립한다.

문제 보기

다음은 중화 적정 실험이다.

[실험 과정]

CH_3COOH의 양(mol)은 $\left(10a\times\dfrac{1}{1000}\right)$mol이다. CH_3COOH의 양(mol)은 $\left(7.5\times\dfrac{1}{1000}\right)$mol이다.

(가) a M $\underline{CH_3COOH(aq)}$ 10 mL와 $\underline{0.5\ M}$ $\underline{CH_3COOH(aq)}$ 15 mL를 혼합한 후, 물을 넣어 50 mL 수용액을 만든다.

(나) 삼각 플라스크에 (가)에서 만든 수용액 20 mL를 넣고 페놀프탈레인 용액을 2~3 방울 떨어뜨린다.

(다) 0.1 M $NaOH(aq)$을 뷰렛에 넣고 (나)의 삼각 플라스크에 한 방울씩 떨어뜨리면서 삼각 플라스크를 흔들어 준다.

(라) (다)의 삼각 플라스크 속 수용액 전체가 붉은색으로 변하는 순간 적정을 멈추고 적정에 사용된 $NaOH(aq)$의 부피를 측정한다.

[실험 결과] ── 물을 넣어 희석하더라도 용액 속 용질의 양(mol)은 변하지 않는다.

○ 적정에 사용된 $NaOH(aq)$의 부피: 38 mL

a는? (단, 온도는 25 °C로 일정하다.) [3점]

<보기> 풀이

(가)에서 희석한 $CH_3COOH(aq)$의 몰 농도(M)를 b M이라고 하면, b M $CH_3COOH(aq)$ 20 mL를 완전 중화시키는 데 사용한 0.1 M $NaOH(aq)$의 부피가 38 mL이므로 다음과 같은 양적 관계가 성립한다.

$1\times b\times 20=1\times 0.1\times 38$

이 식을 풀면 $b=0.19$이다.

a M $CH_3COOH(aq)$ 10 mL에 들어 있는 CH_3COOH의 양(mol)과 0.5 M $CH_3COOH(aq)$ 15 mL에 들어 있는 CH_3COOH의 양(mol)의 합은 b M $CH_3COOH(aq)$ 50 mL에 들어 있는 CH_3COOH의 양(mol)과 같으므로 다음과 같은 양적 관계가 성립한다.

$a\times 10+0.5\times 15=0.19\times 50$

이 식을 풀면 $a=0.20$이다.

 $\dfrac{1}{10}$ ② $\dfrac{1}{5}$ $\dfrac{3}{10}$ $\dfrac{2}{5}$ $\dfrac{1}{2}$

적용해야 할 개념 ③가지	① 중화 적정 실험: 농도를 알고 있는 산 또는 염기 수용액을 이용하여 염기 또는 산 수용액의 농도를 알아내는 실험 ② 중화 반응의 양적 관계: 산이 내놓은 H^+과 염기가 내놓은 OH^-이 1 : 1의 몰비로 반응한다. ③ 산과 염기가 완전히 중화되려면 산이 내놓는 H^+의 양(mol)과 염기가 내놓는 OH^-의 양(mol)이 같아야 하므로 $n_1M_1V_1=n_2M_2V_2$(n: 가수, M: 몰 농도, V: 부피)의 관계식이 성립한다.

문제 보기

다음은 아세트산 수용액($CH_3COOH(aq)$)의 중화 적정 실험이다.

[실험 과정]

(가) $CH_3COOH(aq)$을 준비한다.

(나) (가)의 수용액 x mL에 물을 넣어 50 mL 수용액을 만든다.

(다) (나)에서 만든 수용액 30 mL를 삼각 플라스크에 넣고 페놀프탈레인 용액을 2~3방울 떨어뜨린다.

(라) (다)의 삼각 플라스크에 0.1 M $NaOH(aq)$을 한 방울씩 떨어뜨리면서 삼각 플라스크를 흔들어 준다.

(마) (라)의 삼각 플라스크 속 수용액 전체가 붉은색으로 변하는 순간 적정을 멈추고 적정에 사용된 $NaOH(aq)$의 부피(V)를 측정한다.

[실험 결과] ── 물을 넣어 희석하더라도 용액 속 용질의 양(mol)은 변하지 않는다. ➡ (다)에서 CH_3COOH의 양(mol)은 (가)의 $\dfrac{3}{5}$이다.

○ V : y mL

○ (가)에서 $CH_3COOH(aq)$의 몰 농도: a M

a는? (단, 온도는 25 °C로 일정하다.) [3점]

<보기> 풀이

(가)에서 $CH_3COOH(aq)$ x mL를 취해 물을 넣어 희석하더라도 용액 속 용질의 양(mol)은 변하지 않는다. (다)에서 취한 용액의 부피가 50 mL 중 30 mL이므로 적정에 사용한 $CH_3COOH(aq)$ 속 CH_3COOH의 양(mol)은 (가)의 $\dfrac{3}{5}$이다.

a M $CH_3COOH(aq)$ x mL가 내놓은 H^+의 양(mol)의 $\dfrac{3}{5}$과 0.2 M $NaOH(aq)$ y mL가 내놓은 OH^-의 양(mol)이 같으므로 다음과 같은 양적 관계가 성립한다.

$\dfrac{3}{5}\times\left(1\times a\times\dfrac{x}{1000}\right)=1\times 0.1\times\dfrac{y}{1000}$

이 식을 풀면 $a=\dfrac{y}{6x}$이다.

 $\dfrac{y}{8x}$ ② $\dfrac{y}{6x}$ $\dfrac{2y}{3x}$ $\dfrac{y}{x}$ $\dfrac{5y}{3x}$

18 중화 적정 실험 2022학년도 10월 학평 화I 11번   정답 ① | 정답률 66 %

적용해야 할 개념 ③가지

① 중화 적정: 농도를 알고 있는 산 또는 염기 수용액을 이용하여 농도를 모르는 염기 또는 산 수용액의 농도를 알아내는 실험

② 중화 반응의 양적 관계: 산이 내놓은 H^+과 염기가 내놓은 OH^-이 1 : 1의 몰비로 반응한다.

③ 산과 염기가 완전히 중화되려면 산이 내놓는 H^+의 양(mol)과 염기가 내놓은 OH^-의 양(mol)이 같아야 하므로 $n_1 M_1 V_1 = n_2 M_2 V_2$ (n: 가수, M: 몰 농도, V: 부피)의 관계식이 성립한다.

문제 보기

다음은 중화 적정 실험이다. **NaOH의 화학식량은 40이다.**

[실험 과정]

(가) $NaOH(s)$ w g을 모두 물에 녹여 $NaOH(aq)$ 500 mL를 만든다.

(나) (가)에서 만든 $NaOH(aq)$을 뷰렛에 넣은 다음, 꼭지를 잠시 열었다 닫고 처음 눈금을 읽는다.

(다) 삼각 플라스크에 a M $CH_3COOH(aq)$ 20 mL를 넣고, 페놀프탈레인 용액을 2~3 방울 떨어뜨린다.

(라) 뷰렛의 꼭지를 열어 (다)의 삼각 플라스크에 $NaOH(aq)$을 조금씩 가하면서 삼각 플라스크를 잘 흔들어 준다.

(마) (라)의 삼각 플라스크 속 수용액 전체가 붉게 변하는 순간 뷰렛의 꼭지를 닫고 나중 눈금을 읽는다.

NaOH(aq)

CH₃COOH(aq) + 페놀프탈레인 용액

[실험 결과]

○ (나)에서 뷰렛의 처음 눈금: 2.5 mL

○ (마)에서 뷰렛의 나중 눈금: 17.5 mL

↳ 사용된 $NaOH(aq)$의 부피는 15 mL(=17.5 mL−2.5 mL)이다.

a는? (단, 온도는 일정하다.)

<보기> 풀이

(가)에서 NaOH w g의 양(mol)은 $\dfrac{w}{40}$ mol이고, 수용액의 부피가 0.5 L이므로 $NaOH(aq)$의 몰 농도(M)는 $\dfrac{w}{20}$ M이다.

a M $CH_3COOH(aq)$ 20 mL를 완전 중화시키는 데 사용된 $\dfrac{w}{20}$ M $NaOH(aq)$의 부피가 15 mL이므로 다음과 같은 양적 관계가 성립한다.

$$1 \times \frac{w}{20} \times 15 = 1 \times a \times 20$$

이 식을 풀면 $a = \dfrac{3}{80} w$이다.

① $\dfrac{3}{80} w$ ✗ $\dfrac{1}{15} w$ ✗ $\dfrac{3}{40} w$ ✗ $\dfrac{4}{3} w$ ✗ $6w$

적용해야 할 개념 ③가지	① 중화 적정 실험: 농도를 알고 있는 산 또는 염기 수용액을 이용하여 염기 또는 산 수용액의 농도를 알아내는 실험
	② 중화 반응의 양적 관계: 산이 내놓은 H^+과 염기가 내놓은 OH^-이 1:1의 몰비로 반응한다.
	③ 산과 염기가 완전히 중화되려면 산이 내놓는 H^+의 양(mol)과 염기가 내놓는 OH^-의 양(mol)이 같아야 하므로 $n_1 M_1 V_1 = n_2 M_2 V_2$ (n: 가수, M: 몰 농도, V: 부피)의 관계식이 성립한나.

문제 보기

다음은 중화 적정 실험이다.

> [실험 과정]
> (가) x M $CH_3COOH(aq)$을 준비한다.
> (나) (가)의 수용액 50 mL에 물을 넣어 200 mL를 만든다. → 희석한 수용액의 몰 농도는 $\frac{1}{4}x$ M이다.
> (다) (나)에서 만든 수용액 40 mL를 삼각 플라스크에 넣고 페놀프탈레인 용액을 2~3방울 떨어뜨린다.
> (라) (다)의 삼각 플라스크에 0.1 M $NaOH(aq)$을 한 방울씩 떨어뜨리고, 용액 전체가 붉게 변하는 순간 적정을 멈춘 후 적정에 사용된 $NaOH(aq)$의 부피(V)를 측정한다.
>
> [실험 결과]
> ○ V: 20 mL → $1 \times \frac{1}{4} x \times 40 = 1 \times 0.1 \times 20$, $x=0.2$

x는? (단, 온도는 일정하다.)

<보기> 풀이

(나)에서 희석한 수용액의 몰 농도는 $\frac{1}{4}x$ M이고, $\frac{1}{4}x$ M $CH_3COOH(aq)$ 40 mL를 완전히 중화시키는 데 사용된 0.1 M $NaOH(aq)$의 부피가 20 mL이므로 다음과 같은 양적 관계가 성립한다.

$1 \times \frac{1}{4} x \times 40 = 1 \times 0.1 \times 20$, $x=0.20$이다.

 0.05   ② 0.2   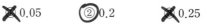 0.25   0.4   0.8

적용해야 할 개념 ③가지	① 중화 적정 실험: 농도를 알고 있는 산 또는 염기 수용액을 이용하여 염기 또는 산 수용액의 농도를 알아내는 실험
	② 중화 반응의 양적 관계: 산이 내놓은 H^+과 염기가 내놓은 OH^-이 1:1의 몰비로 반응한다.
	③ 산과 염기가 완전히 중화되려면 산이 내놓는 H^+의 양(mol)과 염기가 내놓는 OH^-의 양(mol)이 같아야 하므로 $n_1 M_1 V_1 = n_2 M_2 V_2$ (n: 가수, M: 몰 농도, V: 부피)의 관계식이 성립한다.

문제 보기

표는 25 °C에서 중화 적정을 이용하여 $CH_3COOH(aq)$의 몰 농도(M)를 구하는 실험 Ⅰ, Ⅱ에 대한 자료이다. 25 °C에서 x M $CH_3COOH(aq)$의 밀도는 d g/mL이다.

→ $1 \times x \times 5 = 1 \times 0.1 \times 10$, $x=0.2$

실험	중화 적정한 x M $CH_3COOH(aq)$의 양	중화점까지 넣어 준 0.1 M $NaOH(aq)$의 부피
Ⅰ	5 mL	10 mL
Ⅱ	$10d$ g $\boxed{w}$ g	20 mL

→ $1 \times 0.2 \times$부피$= 1 \times 0.1 \times 20$, 부피$=10$ mL ➡ $10d$ g

$\frac{w}{x}$는? (단, 온도는 25 °C로 일정하다.)

<보기> 풀이

실험 Ⅰ에서 x M $CH_3COOH(aq)$ 5 mL를 완전히 중화시키는 데 사용된 0.1 M $NaOH(aq)$의 부피가 10 mL이므로 다음과 같은 양적 관계가 성립한다.

$1 \times x \times 5 = 1 \times 0.1 \times 10$, $x=0.2$

실험 Ⅱ에서 중화 적정에 사용된 0.1 M $NaOH(aq)$의 부피가 20 mL이므로 실험 Ⅱ에서 사용된 x M(=0.2 M) $CH_3COOH(aq)$의 부피는 10 mL이다. x M(=0.2 M) $CH_3COOH(aq)$의 밀도가 d g/mL이므로 10 mL의 질량은 $10d$ g이다. 따라서 $w=10d$이므로 $\frac{w}{x} = \frac{10d}{0.2} = 50d$이다.

 $\frac{1}{50d}$ $\frac{1}{20d}$ $5d$ $10d$ ⑤ $50d$

21 중화 적정 실험 2023학년도 6월 모평 화I 15번   정답 ③ | 정답률 66 %

적용해야 할 개념 ③가지	① 중화 적정 : 농도를 알고 있는 산 또는 염기 수용액을 이용하여 농도를 모르는 염기 또는 산 수용액의 농도를 알아내는 실험
	② 용액의 희석: 어떤 용액에 물을 가하여 희석하면 용액의 농도는 변하지만 용질의 양은 변하지 않는다.
	③ 산과 염기가 완전히 중화되려면 산이 내놓는 H^+의 양(mol)과 염기가 내놓는 OH^-의 양(mol)이 같아야 하므로 $n_1M_1V_1=n_2M_2V_2$(n: 가수, M: 몰 농도, V: 부피)의 관계식이 성립한다.

문제 보기

다음은 $CH_3COOH(aq)$에 대한 실험이다.

─ 중화 적정
[실험 목적]
　 ⊙ 　 실험으로 $CH_3COOH(aq)$의 몰 농도를 구한다.
[실험 과정]
(가) $CH_3COOH(aq)$을 준비한다.
(나) (가)의 수용액 10 mL에 물을 넣어 100 mL 수용액을 만든다.
(다) (나)에서 만든 수용액 20 mL를 삼각 플라스크에 넣고 페놀프탈레인 용액을 2~3방울 떨어뜨린다.
(라) (다)의 삼각 플라스크 속 수용액 전체가 붉게 변하는 순간까지 0.2 M $KOH(aq)$을 넣는다.
(마) (라)의 삼각 플라스크에 넣어 준 $KOH(aq)$의 부피(V)를 측정한다.
[실험 결과]
○ V: x mL
○ (가)에서 $CH_3COOH(aq)$의 몰 농도: a M

└─ 물을 넣어 희석하더라도 용액 속 용질의 양(mol)은 변하지 않는다. ➡ (다)에서 CH_3COOH의 양(mol)은 $0.1a$ M$\times0.02$ L$=0.002a$ mol이다.

다음 중 ⊙과 a로 가장 적절한 것은? (단, 온도는 일정하다.)

<보기> 풀이

몰 농도를 알고 있는 $KOH(aq)$을 이용하여 농도를 모르는 $CH_3COOH(aq)$의 몰 농도를 구하기 위한 실험이므로 ⊙은 중화 적정이 적절하다.

(나)에서 만든 $CH_3COOH(aq)$은 (가)의 a M $CH_3COOH(aq)$을 $\frac{1}{10}$로 희석했으므로 몰 농도(M)는 $\frac{1}{10}a$ M이다. $\frac{1}{10}a$ M $CH_3COOH(aq)$ 20 mL를 완전 중화시키는 데 사용된 0.2 M $KOH(aq)$의 부피가 x mL이므로 다음과 같은 양적 관계가 성립한다.

$$1\times\frac{1}{10}a \text{ M}\times\frac{20}{1000}\text{ L}=1\times\frac{2}{10}\text{ M}\times\frac{x}{1000}\text{ L}$$

이 식을 풀면 $a=\frac{x}{10}$이다.

	⊙	a		⊙	a
✗	중화 적정	x	✗	산화 환원	$\frac{x}{10}$
③	중화 적정	$\frac{x}{10}$	✗	산화 환원	$\frac{x}{100}$
✗	중화 적정	$\frac{x}{100}$			

---

22 중화 적정 실험 2023학년도 3월 학평 화I 14번   정답 ② | 정답률 46 %

적용해야 할 개념 ③가지	① 중화 적정 실험: 농도를 알고 있는 산 또는 염기 수용액을 이용하여 염기 또는 산 수용액의 농도를 알아내는 실험
	② 중화 반응의 양적 관계: 산이 내놓은 H^+과 염기가 내놓은 OH^-이 1 : 1의 몰비로 반응한다.
	③ 산과 염기가 완전히 중화되려면 산이 내놓는 H^+의 양(mol)과 염기가 내놓는 OH^-의 양(mol)이 같아야 하므로 $n_1M_1V_1=n_2M_2V_2$(n: 가수, M: 몰 농도, V: 부피)의 관계식이 성립한다.

문제 보기

다음은 $CH_3COOH(aq)$에 대한 중화 적정 실험이다.

$CH_3COOH(aq)$의 몰 농도를 b M이라고 하면
$1\times b\times20=1\times a\times V$, $b=\frac{aV}{20}$이다.

$20d$ g ➡ 포함된 CH_3COOH의 양(mol): $\frac{aV}{20}\times\frac{20}{1000}=\frac{aV}{1000}$(mol)

[실험 과정]
(가) 밀도가 d g/mL인 $CH_3COOH(aq)$을 준비한다.
(나) (가)의 $CH_3COOH(aq)$ 20 mL를 취하여 삼각 플라스크에 넣고 페놀프탈레인 용액을 2~3방울 떨어뜨린다.
(다) (나)의 삼각 플라스크 속 용액 전체가 붉은색으로 변하는 순간까지 a M $NaOH(aq)$을 가하고, 적정에 사용된 $NaOH(aq)$의 부피를 구한다.
[실험 결과]
○ 적정에 사용된 $NaOH(aq)$의 부피: V mL

(가)의 $CH_3COOH(aq)$ 100 g에 포함된 CH_3COOH의 질량(g)은? (단, CH_3COOH의 분자량은 60이고, 온도는 일정하다.) [3점]

<보기> 풀이

$CH_3COOH(aq)$의 몰 농도를 b M이라고 하면 b M $CH_3COOH(aq)$ 20 mL를 완전히 중화시키는 데 사용된 a M $NaOH(aq)$의 부피가 V mL이므로 다음과 같은 양적 관계가 성립한다.

$$1\times b\times20=1\times a\times V, b=\frac{aV}{20}$$

b M $CH_3COOH(aq)$의 밀도가 d g/mL이므로 20 mL의 질량은 $20d$ g이고, $20d$ g에 포함된 CH_3COOH의 양(mol)은 $\frac{aV}{20}$ mol/L $\times\frac{20}{1000}$ L $=\frac{aV}{1000}$ mol이며, $\frac{aV}{1000}$ mol의 질량은 $\frac{aV}{1000}$ mol$\times60$ g/mol$=\frac{3aV}{50}$ g이다. 따라서 $CH_3COOH(aq)$ 100 g에 포함된 질량을 x g이라고 하면 $20d:\frac{3aV}{50}=100:x$, $x=\frac{3aV}{10d}$이다.

 $\frac{aV}{5d}$ ② $\frac{3aV}{10d}$  $\frac{5aV}{3d}$ $\frac{5d}{3aV}$ $\frac{60d}{aV}$

적용해야 할 개념 ③가지	① 중화 적정 실험: 농도를 알고 있는 산 또는 염기 수용액을 이용하여 염기 또는 산 수용액의 농도를 알아내는 실험
	② 중화 반응의 양적 관계: 산이 내놓은 H^+과 염기가 내놓은 OH^-이 1 : 1의 몰비로 반응한다.
	③ 산과 염기가 완전히 중화되려면 산이 내놓는 H^+의 양(mol)과 염기가 내놓는 OH^-의 양(mol)이 같아야 하므로 $n_1 M_1 V_1 = n_2 M_2 V_2$($n$: 가수, M: 몰 농도, V: 부피)의 관계식이 성립한나.

문제 보기

다음은 아세트산(CH_3COOH) 수용액의 농도를 알아보기 위한 중화 적정 실험이다.

> (가)에서 희석한 수용액의 몰 농도를 c M이라고 하면
>
> $a \times V_1 = c \times 100$, $c = \dfrac{aV_1}{100}$

[실험 과정]
(가) a M $CH_3COOH(aq)$ V_1 mL에 물을 넣어 100 mL 수용액을 만든다.
(나) (가)에서 만든 수용액 20 mL를 삼각 플라스크에 넣고 페놀프탈레인 용액 2~3방울을 넣는다.
(다) (나)의 삼각 플라스크 속 수용액 전체가 붉은색으로 변하는 순간까지 b M $NaOH(aq)$을 가하고, 적정에 사용된 $NaOH(aq)$의 부피를 구한다.

[실험 결과]
○ 적정에 사용된 $NaOH(aq)$의 부피: V_2 mL

> $1 \times c \times 20 = 1 \times b \times V_2$, $c = \dfrac{bV_2}{20}$

a는? (단, 온도는 25 °C로 일정하다.)

<보기> 풀이

(가)에서 물을 넣어 희석한 수용액의 몰 농도를 c M이라고 하면 다음과 같은 양적 관계가 성립한다.

$$a \times V_1 = c \times 100, \quad c = \dfrac{aV_1}{100}$$

c M $CH_3COOH(aq)$ 20 mL를 완전히 중화하는 데 사용된 b M $NaOH(aq)$의 부피가 V_2 mL이므로 다음과 같은 양적 관계가 성립한다.

$$1 \times c \times 20 = 1 \times b \times V_2, \quad c = \dfrac{bV_2}{20}$$

따라서 $\dfrac{aV_1}{100} = \dfrac{bV_2}{20}$이므로 $a = \dfrac{5bV_2}{V_1}$이다.

 $\dfrac{bV_2}{5V_1}$
 $\dfrac{bV_2}{V_1}$
③ $\dfrac{5bV_2}{V_1}$
 $\dfrac{V_1}{bV_2}$
 $\dfrac{5V_1}{bV_2}$

적용해야 할 개념 ③가지	① 중화 적정 실험: 농도를 알고 있는 산 또는 염기 수용액을 이용하여 염기 또는 산 수용액의 농도를 알아내는 실험
	② 용액의 희석: 어떤 용액에 물을 가하여 희석하면 용액의 농도는 변하지만 용질의 양은 변하지 않는다.
	③ 산과 염기가 완전히 중화되려면 산이 내놓는 H^+의 양(mol)과 염기가 내놓는 OH^-의 양(mol)이 같아야 하므로 $n_1 M_1 V_1 = n_2 M_2 V_2$($n$: 가수, M: 몰 농도, V: 부피)의 관계식이 성립한다.

문제 보기

다음은 중화 적정 실험이다.

[실험 과정] 4배 희석 ➡ (가)에서 $CH_3COOH(aq)$ 몰 농도: $\dfrac{1}{4}x$ M
(가) x M $CH_3COOH(aq)$ 25 mL에 물을 넣어 100 mL 수용액을 만든다.
(나) 삼각 플라스크에 (가)에서 만든 수용액 40 mL를 넣고, 페놀프탈레인 용액을 2~3 방울 떨어뜨린다.
(다) 0.2 M $NaOH(aq)$을 뷰렛에 넣고 (나)의 삼각 플라스크에 한 방울씩 떨어뜨리면서 삼각 플라스크를 흔들어 준다.
(라) (다)의 삼각 플라스크 속 수용액 전체가 붉게 변하는 순간 적정을 멈추고, 적정에 사용된 $NaOH(aq)$의 부피(V_1)를 측정한다.
(마) 0.2 M $NaOH(aq)$ 대신 y M $NaOH(aq)$을 사용해서 과정 (나)~(라)를 반복하여 적정에 사용된 $NaOH(aq)$의 부피(V_2)를 측정한다.

[실험 결과]
○ V_1: 40 mL
○ V_2: 16 mL

$x+y$는? (단, 온도는 25 °C로 일정하다.) [3점]

<보기> 풀이

일정 농도의 수용액에 물을 넣어 희석할 때 용질의 양(mol)은 변하지 않고, 산이 내놓은 H^+과 염기가 내놓은 OH^-은 1 : 1의 몰비로 반응한다.

(가)에서 x M $CH_3COOH(aq)$ 25 mL에 물을 넣어 100 mL로 희석하였으므로 (가)에서 만든 수용액의 몰 농도(M)는 $\dfrac{1}{4}x$ M이다. $\dfrac{1}{4}x$ M $CH_3COOH(aq)$ 40 mL를 0.2 M $NaOH(aq)$으로 완전 중화시킬 때 사용된 $NaOH(aq)$의 부피가 40 mL이므로 다음의 양적 관계가 성립한다.

$$1 \times \dfrac{1}{4}x \times 40 = 1 \times 0.2 \times 40$$

이 식을 풀면 $x=0.8$이다. 또한 (마)에서는 다음의 양적 관계가 성립한다.

$$1 \times 0.2 \times 40 = 1 \times y \times 16$$

이 식을 풀면 $y=0.5$이다. 따라서 $x+y=0.8+0.5=1.30$이다.

 $\dfrac{7}{10}$
 $\dfrac{9}{10}$
 $\dfrac{11}{10}$
④ $\dfrac{13}{10}$
 $\dfrac{3}{2}$

적용해야 할 개념 ③가지

① 중화 적정 실험: 농도를 알고 있는 산 또는 염기 수용액을 이용하여 염기 또는 산 수용액의 농도를 알아내는 실험

② 중화 반응의 양적 관계: 산이 내놓은 H^+과 염기가 내놓은 OH^-이 1 : 1의 몰비로 반응한다.

③ 밀도가 d g/mL인 수용액 100 g의 부피는 $\frac{100}{d}$ mL이다.

문제 보기

다음은 25 °C에서 식초 **1 g**에 들어 있는 아세트산(CH_3COOH)의 질량을 알아보기 위한 중화 적정 실험이다.

[실험 과정]

(가) 식초 10 g을 준비한다.   부피: $\frac{100}{d}$ mL

(나) (가)의 식초에 물을 넣어 25 °C에서 <u>밀도가 d g/mL인 수용액 100 g</u>을 만든다.

(다) (나)에서 만든 수용액 40 mL를 삼각 플라스크에 넣고 페놀프탈레인 용액을 2~3방울 떨어뜨린다.

(라) (다)의 삼각 플라스크에 0.2 M $NaOH(aq)$을 한 방울씩 떨어뜨리면서 삼각 플라스크를 흔들어 준다.

(마) (라)의 수용액 전체가 붉게 변하는 순간 적정을 멈추고 적정에 사용된 $NaOH(aq)$의 부피(V)를 측정한다.

[실험 결과]

○ V: x mL ┌─ $1 \times 0.2 \times \frac{x}{1000} = \frac{d}{250}$, $x = 20d$

○ (가)에서 식초 1 g에 들어 있는 CH_3COOH의 질량:

<u>0.06 g</u> (가)에서 식초 1 g에 들어 있는 CH_3COOH의 질량이 0.06 g ➡ (가)에서 준비한 식초 10 g에 들어 있는 CH_3COOH의 질량: 0.6 g ➡ 0.01 mol

x는? (단, CH_3COOH의 분자량은 60이고, 온도는 25 °C로 일정하며, 중화 적정 과정에서 식초에 포함된 물질 중 CH_3COOH만 $NaOH$과 반응한다.)

<보기> 풀이

실험 결과 (가)에서 식초 1 g에 들어 있는 CH_3COOH의 질량이 0.06 g이므로 (가)에서 준비한 식초 10 g에 들어 있는 CH_3COOH의 질량은 0.6 g이다. CH_3COOH의 분자량이 60이므로 그 양(mol)은 0.01 mol이다.

(나)에서 만든 수용액 100 g의 부피는 $\frac{100}{d}$ mL이고, 여기에 들어 있는 CH_3COOH의 양(mol)이 0.01 mol이다. 이때 $\frac{100}{d}$ mL 중 40 mL만 중화 적정에 사용했으므로 40 mL에 들어 있는 CH_3COOH의 양(mol)은 $\frac{d}{250}$ mol이다. 따라서 다음 관계식이 성립한다.

$1 \times 0.2 \times \frac{x}{1000} = \frac{d}{250}$, $x = 20d$

 $10d$ ② $20d$  $30d$ $40d$ $50d$

적용해야 할 개념 ④가지

① 중화 적정 실험: 농도를 알고 있는 산 또는 염기 수용액을 이용하여 염기 또는 산 수용액의 농도를 알아내는 실험

② 용액의 희석: 어떤 용액에 물을 가하여 희석하면 용액의 농도는 변하지만 용질의 양은 변하지 않는다.

③ 중화 반응의 양적 관계: 산이 내놓은 H^+과 염기가 내놓은 OH^-이 1 : 1의 몰비로 반응한다.

④ 산과 염기가 완전히 중화되려면 산이 내놓는 H^+의 양(mol)과 염기가 내놓는 OH^-의 양(mol)이 같아야 하므로 $n_1 M_1 V_1 = n_2 M_2 V_2$($n$: 가수, M: 몰 농도, V: 부피)의 관계식이 성립한다.

문제 보기

다음은 중화 적정 실험이다.

[실험 과정]
(가) a M $CH_3COOH(aq)$ 20 mL를 준비한다.
(나) (가)의 용액 x mL를 취하여 용액 I을 준비한다.
(다) (나)에서 사용하고 남은 (가)의 용액에 물을 넣어 b M $CH_3COOH(aq)$ 25 mL 용액 II를 만든다.
(라) 삼각 플라스크에 용액 I을 모두 넣고 페놀프탈레인 용액을 2~3 방울 떨어뜨린다.
(마) (라)의 용액에 0.1 M $NaOH(aq)$을 한 방울씩 떨어뜨리고, 용액 전체가 붉게 변하는 순간 적정을 멈춘 후 적정에 사용된 $NaOH(aq)$의 부피(V_1)를 측정한다.
(바) I 대신 II를 사용해서 과정 (라)와 (마)를 반복하여 적정에 사용된 $NaOH(aq)$의 부피(V_2)를 측정한다.

[실험 결과]
○ V_1: 25 mL   물을 넣어 희석하더라도 용액 속
○ V_2: 75 mL   용질의 양(mol)은 변하지 않는다.
                   ➡ $a \times (20-x) = b \times 25$

$\dfrac{b}{a} \times x$는? (단, 온도는 25 °C로 일정하다.) [3점]

<보기> 풀이

용액 I인 a M $CH_3COOH(aq)$ x mL를 완전 중화시키는 데 사용된 0.1 M $NaOH(aq)$의 부피가 25 mL이므로 다음과 같은 양적 관계가 성립한다.

$1 \times a \times x = 1 \times 0.1 \times 25$ …①

용액에 물을 넣어 희석하더라도 용액 속 용질의 양은 변하지 않는다. 따라서 a M $CH_3COOH(aq)$ $(20-x)$ mL에 들어 있는 용질의 양(mol)과 b M $CH_3COOH(aq)$ 25 mL에 들어 있는 용질의 양(mol)이 같으므로 다음과 같은 양적 관계가 성립한다.

$a \times (20-x) = b \times 25$ … ②

용액 II인 b M $CH_3COOH(aq)$ 25 mL를 완전 중화시키는 데 사용된 0.1 M $NaOH(aq)$의 부피가 75 mL이므로 다음과 같은 양적 관계가 성립한다.

$1 \times b \times 25 = 1 \times 0.1 \times 75$ …③

③의 식을 풀면 $b = 0.3$이고, b를 대입하여 ①, ②의 식을 풀면 $a = 0.5$, $x = 5$이다. 따라서 $\dfrac{b}{a} \times x = \dfrac{0.3}{0.5} \times 5 = 3$이다.

 $\dfrac{1}{5}$  $\dfrac{1}{3}$ 1   ④3   5

적용해야 할 개념 ③가지

① 중화 적정 실험: 농도를 알고 있는 산 또는 염기 수용액을 이용하여 농도를 모르는 염기 또는 산 수용액의 농도를 알아내는 실험

② 중화 반응의 양적 관계: 산이 내놓은 H^+과 염기가 내놓은 OH^-이 1 : 1의 몰비로 반응한다.

③ 산과 염기가 완전히 중화되려면 산이 내놓는 H^+의 양(mol)과 염기가 내놓는 OH^-의 양(mol)이 같아야 하므로 $n_1 M_1 V_1 = n_2 M_2 V_2$ (n: 가수, M: 몰 농도, V: 부피)의 관계식이 성립한다.

문제 보기

다음은 25 °C에서 식초 1 g에 들어 있는 아세트산(CH_3COOH)의 질량을 알아보기 위한 중화 적정 실험이다.

(나)에서 만든 수용액의 몰 농도를 b M이라고 하면

[실험 과정] $1 \times b \times 20 = 1 \times x \times 50,\ b = \dfrac{5x}{2}$이다.

(가) 식초 10 g을 준비한다.

(나) (가)의 식초에 물을 넣어 25 °C에서 밀도가 d g/mL인 수용액 50 g을 만든다. └ 부피는 $\dfrac{50}{d}$ mL

(다) (나)에서 만든 수용액 20 mL에 페놀프탈레인 용액을 2~3방울 넣고 x M $NaOH(aq)$으로 적정한다.

(라) (다)의 수용액 전체가 붉게 변하는 순간까지 넣어 준 $NaOH(aq)$의 부피(V)를 측정한다.

[실험 결과]

○ V: 50 mL

○ (가)에서 식초 1 g에 들어 있는 CH_3COOH의 질량: a g

x는? (단, CH_3COOH의 분자량은 60이고, 온도는 25 °C로 일정하며, 중화 적정 과정에서 식초에 포함된 물질 중 CH_3COOH만 $NaOH$과 반응한다.)

<보기> 풀이

(나)에서 식초에 물을 넣어 희석한 수용액의 몰 농도를 b M이라고 하면 다음과 같은 양적 관계가 성립한다.

$$1 \times b \times 20 = 1 \times x \times 50,\ b = \frac{5x}{2}$$

(나)에서 만든 수용액의 몰 농도는 $\dfrac{5x}{2}$ M이고, 부피는 $\dfrac{50}{d}$ mL이므로 이 수용액 $\dfrac{50}{d}$ mL에 들어 있는 CH_3COOH의 양(mol)은 $\dfrac{5x}{2}$ mol/L $\times \dfrac{50}{d} \times 10^{-3}$ L $= \dfrac{x}{8d}$ mol이다. 이 양(mol)은 식초 10 g에 들어 있는 CH_3COOH의 양(mol)과 같으므로 식초 10 g에 들어 있는 CH_3COOH의 질량은 $\dfrac{x}{8d}$ mol $\times 60$ g/mol $= \dfrac{15x}{2d}$ g이다. 따라서 식초 1 g에 들어 있는 CH_3COOH의 질량은 $\dfrac{3x}{4d}$ g이므로 $a = \dfrac{3x}{4d}$이고, $x = \dfrac{4ad}{3}$이다.

 $\dfrac{ad}{3}$　　 $\dfrac{2ad}{3}$　　✗ ad　　④ $\dfrac{4ad}{3}$　　 $\dfrac{5ad}{3}$

적용해야 할 개념 ④가지

① 중화 적정 : 농도를 알고 있는 산 또는 염기 수용액을 이용하여 농도를 모르는 염기 또는 산 수용액의 농도를 알아내는 실험

② 용액의 희석: 어떤 용액에 물을 가하여 희석하면 용액의 농도는 변하지만 용질의 양은 변하지 않는다.

③ 산과 염기가 완전히 중화되려면 산이 내놓는 H^+의 양(mol)과 염기가 내놓는 OH^-의 양(mol)이 같아야 하므로 $n_1M_1V_1=n_2M_2V_2$(n: 가수, M: 몰 농도, V: 부피)의 관계식이 성립한다.

④ 밀도$=\dfrac{질량}{부피}$ ➡ $\dfrac{부피}{질량}=\dfrac{1}{밀도}$

문제 보기

다음은 중화 적정을 이용하여 식초 1 g에 들어 있는 아세트산(CH_3COOH)의 질량을 알아보기 위한 실험이다.

[실험 과정]

(가) 25 °C에서 밀도가 d g/mL인 식초를 준비한다.

(나) (가)의 식초 10 mL에 물을 넣어 100 mL 수용액을 만든다.

(다) (나)에서 만든 수용액 20 mL를 삼각 플라스크에 넣고 페놀프탈레인 용액을 2~3방울 떨어뜨린다.

(라) (다)의 삼각 플라스크에 0.25 M $NaOH(aq)$을 한 방울씩 떨어뜨리면서 삼각 플라스크를 흔들어 준다.

(마) (라)의 삼각 플라스크 속 수용액 전체가 붉은색으로 변하는 순간 적정을 멈추고 적정에 사용된 $NaOH(aq)$의 부피(V)를 측정한다.

[실험 결과]

○ V: a mL

○ (가)에서 식초 1 g에 들어 있는 CH_3COOH의 질량: x g

(가)의 식초에 물을 넣어 $\dfrac{1}{10}$로 희석하였다. ➡ (가)의 식초 속 $CH_3COOH(aq)$의 몰 농도(M)를 b M이라고 하면, (나)에서 만든 식초 속 $CH_3COOH(aq)$의 몰 농도(M)는 $\dfrac{1}{10}b$ M이다.

x는? (단, CH_3COOH의 분자량은 60이고, 온도는 25 °C로 일정하며, 중화 적정 과정에서 식초에 포함된 물질 중 CH_3COOH만 NaOH과 반응한다.)

<보기> 풀이

(가)의 식초에 물을 넣어 $\dfrac{1}{10}$로 희석하였다. (가)의 식초 속 $CH_3COOH(aq)$의 몰 농도(M)를 b M이라고 하면, (나)에서 만든 식초 속 $CH_3COOH(aq)$의 몰 농도(M)는 $\dfrac{1}{10}b$ M이다. $\dfrac{1}{10}b$ M $CH_3COOH(aq)$ 20 mL를 완전히 중화시키는 데 사용된 0.25 M $NaOH(aq)$의 부피가 a mL이므로 다음과 같은 양적 관계가 성립한다.

$$1\times\dfrac{1}{10}b\times20=1\times0.25\times a$$

이 식을 풀면 $b=\dfrac{1}{8}a$이다.

$\dfrac{1}{8}a$ M인 식초의 밀도가 d g/mL이므로 식초 1 g의 부피는 $\dfrac{1}{1000d}$ L이고, $\dfrac{1}{1000d}$ L에 들어 있는 CH_3COOH의 양(mol)은 $\dfrac{1}{8}a$ mol/L$\times\dfrac{1}{1000d}$ L$=\dfrac{a}{8000d}$ mol이다. CH_3COOH의 분자량이 60이므로 $\dfrac{a}{8000d}$ mol의 질량 $x=\dfrac{a}{8000d}\times60=\dfrac{3a}{400d}$ 이다.

① ~~$\dfrac{3a}{40d}$~~ ② ~~$\dfrac{3a}{80d}$~~ ③ ~~$\dfrac{3a}{200d}$~~ ④ $\dfrac{3a}{400d}$ ⑤ ~~$\dfrac{3a}{2000d}$~~

적용해야 할 개념 ③가지

① 중화 적정 실험: 농도를 알고 있는 산 또는 염기 수용액을 이용하여 염기 또는 산 수용액의 농도를 알아내는 실험

② 중화 반응의 양적 관계: 산이 내놓은 H^+과 염기가 내놓은 OH^-이 1 : 1의 몰비로 반응한다.

③ 산과 염기가 완전히 중화되려면 산이 내놓는 H^+의 양(mol)과 염기가 내놓는 OH^-의 양(mol)이 같아야 하므로 $n_1 M_1 V_1 = n_2 M_2 V_2$ (n: 가수, M: 몰 농도, V: 부피)의 관계식이 성립한다.

문제 보기

다음은 25 °C에서 식초 **A** 1 g에 들어 있는 아세트산 (CH_3COOH)의 질량을 알아보기 위한 중화 적정 실험이다.

[자료]

○ 25 °C에서 식초 A의 밀도: d g/mL

○ CH_3COOH의 분자량: 60

[실험 과정 및 결과]

(가) 식초 A 10 mL에 물을 넣어 수용액 50 mL를 만들었다.

(나) (가)의 수용액 20 mL에 페놀프탈레인 용액을 2~3방울 넣고 a M $KOH(aq)$으로 적정하였을 때, 수용액 전체가 붉게 변하는 순간까지 넣어 준 $KOH(aq)$의 부피는 30 mL이었다.

(다) (나)의 적정 결과로부터 구한 식초 A 1 g에 들어 있는 CH_3COOH의 질량은 0.05 g이었다.

a는? (단, 온도는 25 °C로 일정하고, 중화 적정 과정에서 식초 A에 포함된 물질 중 CH_3COOH만 KOH과 반응한다.) [3점]

<보기> 풀이

식초 A 속 $CH_3COOH(aq)$의 몰 농도를 b M이라고 하면 (가)에서 만든 식초의 몰 농도는 $\frac{1}{5}b$ M이다.

$\frac{1}{5}b$ M $CH_3COOH(aq)$ 20 mL를 완전 중화시키는 데 사용된 a M $KOH(aq)$의 부피가 30 mL이므로 다음과 같은 양적 관계가 성립한다.

$$1 \times \frac{1}{5}b \times 20 = 1 \times a \times 30$$

이로부터 $b = \frac{15}{2}a$이다.

$\frac{15}{2}a$ M인 식초의 밀도가 d g/mL이므로 1 g의 부피는 $\frac{1}{1000d}$ L이고 $\frac{1}{1000d}$ L에 들어 있는 CH_3COOH의 양(mol)은 $\frac{15}{2}a$ mol/L $\times \frac{1}{1000d}$ L $= \frac{3a}{400d}$ mol이다. CH_3COOH의 분자량이 60이므로 $\frac{3a}{400d}$ mol의 질량은 $\frac{3a}{400d} \times 60 = \frac{9a}{20d}$ g이다. 따라서 $\frac{9a}{20d} = 0.05$이므로 $a = \frac{d}{9}$이다.

① $\frac{d}{9}$ $\frac{d}{6}$  $\frac{5d}{18}$ $\frac{d}{3}$ $\frac{5d}{9}$

적용해야 할 개념 ③가지

① 중화 적정 실험: 농도를 알고 있는 산 또는 염기 수용액을 이용하여 염기 또는 산 수용액의 농도를 알아내는 실험

② 중화 반응의 양적 관계: 산이 내놓은 H^+과 염기가 내놓은 OH^-이 1 : 1의 몰비로 반응한다.

③ 산과 염기가 완전히 중화되려면 산이 내놓는 H^+의 양(mol)과 염기가 내놓는 OH^-의 양(mol)이 같아야 하므로 $n_1 M_1 V_1 = n_2 M_2 V_2$($n$: 가수, M: 몰 농도, V: 부피)의 관계식이 성립한다.

문제 보기

다음은 아세트산(CH_3COOH) 수용액 A 100 g에 들어 있는 CH_3COOH의 질량을 구하기 위한 중화 적정 실험이다.

[실험 과정] ── 들어 있는 CH_3COOH의 질량: $\frac{x}{50}$ g

(가) 수용액 A 100 g에 물을 넣어 500 mL 수용액 B를 만든다. ── 들어 있는 CH_3COOH의 질량: x g

(나) 수용액 B 10 mL를 삼각 플라스크에 넣고 페놀프탈레인 용액을 2~3 방울 떨어뜨린다.

(다) (나)의 수용액에 0.2 M NaOH(aq)을 가하면서 삼각 플라스크를 잘 흔들어 주고, 혼합 용액 전체가 붉은색으로 변하는 순간까지 넣어 준 NaOH(aq)의 부피(V)를 측정한다.

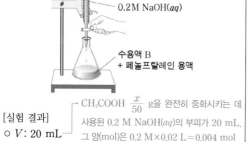

0.2M NaOH(aq)

수용액 B + 페놀프탈레인 용액

[실험 결과]

○ V: 20 mL ── CH_3COOH $\frac{x}{50}$ g을 완전히 중화시키는 데 사용된 0.2 M NaOH(aq)의 부피가 20 mL, 그 양(mol)은 0.2 M×0.02 L=0.004 mol

○ 수용액 A 100 g에 들어 있는 CH_3COOH의 질량: x g

x는? (단, CH_3COOH의 분자량은 60이고, 온도는 일정하다.)

<보기> 풀이

아세트산(CH_3COOH) 수용액 A 100 g에 물을 넣어 희석해도 CH_3COOH의 질량은 일정하므로 수용액 B 500 mL에 들어 있는 CH_3COOH의 질량은 x g이다. (나)에서 수용액 B 10 mL를 사용했으므로 (나)에서 사용한 수용액에 들어 있는 CH_3COOH의 질량은 $\frac{x}{50}$ g이다. 따라서 CH_3COOH $\frac{x}{50}$ g을 완전히 중화시키는 데 사용된 0.2 M NaOH(aq)의 부피가 20 mL이고, 그 양(mol)은 0.2 M×0.02 L=0.004 mol이므로 CH_3COOH $\frac{x}{50}$ g의 양(mol)도 0.004 mol이다. 따라서 CH_3COOH의 분자량이 60이므로 $\frac{\frac{x}{50}}{60}=0.004$에서 $x=12$이다.

~~$\frac{3}{5}$~~   ~~$\frac{6}{5}$~~   ~~6~~   ④12   ~~15~~

31 중화 적정 실험 2025학년도 6월 모평 화I 17번

정답 ⑤ | 정답률 45%

적용해야 할 개념 ③가지

① 중화 적정 실험: 농도를 알고 있는 산 또는 염기 수용액을 이용하여 염기 또는 산 수용액의 농도를 알아내는 실험

② 중화 반응의 양적 관계: 산이 내놓은 H^+과 염기가 내놓은 OH^-이 1 : 1의 몰비로 반응한다.

③ 산과 염기가 완전히 중화되려면 산이 내놓는 H^+의 양(mol)과 염기가 내놓는 OH^-의 양(mol)이 같아야 하므로 $n_1M_1V_1=n_2M_2V_2$(n: 가수, M: 몰 농도, V: 부피)의 관계식이 성립한다.

문제 보기

다음은 아세트산(CH_3COOH) 수용액 100 g에 들어 있는 용질의 질량을 알아보기 위한 중화 적정 실험이다. CH_3COOH의 분자량은 60이다.

(가)에서 준비한 $CH_3COOH(aq)$의 몰 농도를 b M라고 하면 (나)에서 만든 수용액의 몰 농도는 $\frac{1}{5}b$ M ➡ $\frac{1}{5}b\times20=0.1\times80$, $b=2$

[실험 과정]

(가) 25 ℃에서 밀도가 d g/mL인 $\underset{\text{몰 농도: 2 M}}{CH_3COOH(aq)}$을 준비한다.

(나) (가)의 수용액 10 mL에 물을 넣어 50 mL 수용액을 만든다.

(다) (나)에서 만든 수용액 20 mL에 페놀프탈레인 용액을 2~3방울 넣고 0.1 M $NaOH(aq)$으로 적정하였을 때, 수용액 전체가 붉게 변하는 순간까지 넣어 준 $NaOH(aq)$의 부피(V)를 측정한다.

[실험 결과] ➡ $NaOH(aq)$ 속 Na^+은 반응 전후 그 양(mol)이 같다. $0.1\times a=0.08\times(20+a)$, $a=80$

○ V: a mL

○ (다) 과정 후 혼합 용액에 존재하는 Na^+의 몰 농도: 0.08 M

○ (가)의 수용액 100 g에 들어 있는 용질의 질량: x g

$1000d : 120=100 : x$, $x=\frac{12}{d}$

x는? (단, 온도는 25 ℃로 일정하고, 혼합 용액의 부피는 혼합 전 각 용액의 부피의 합과 같으며, 넣어 준 페놀프탈레인 용액의 부피는 무시한다.) [3점]

<보기> 풀이

❶ Na^+의 양(mol)은 반응 전후 일정하다는 것을 적용하여 중화 적정에 사용된 $NaOH(aq)$의 부피 구하기

$NaOH(aq)$ 속 Na^+은 반응에 참여하지 않으므로 반응 전과 후 그 양(mol)이 같다. (다) 과정 후 혼합 용액에 존재하는 Na^+의 몰 농도가 0.08 M이고, 혼합 용액의 부피는 $(20+a)$ mL이므로 다음과 같은 관계식이 성립한다.

$0.1\times a=0.08\times(20+a)$, 따라서 $a=80$이다.

❷ 중화 반응의 양적 관계를 이용하여 $CH_3COOH(aq)$의 몰 농도(M) 구하기

(가)에서 준비한 $CH_3COOH(aq)$의 몰 농도를 b M라고 하면 (나)에서 만든 수용액의 몰 농도는 $\frac{1}{5}b$ M이다. 따라서 $\frac{1}{5}b$ M $CH_3COOH(aq)$ 20 mL를 완전히 중화시키는 데 사용된 0.1 M $NaOH(aq)$의 부피가 a mL, 즉 80 mL이므로 중화 반응의 양적 관계는 다음과 같다.

$\frac{1}{5}b\times20=0.1\times80$, 따라서 $b=2$이다.

❸ $CH_3COOH(aq)$의 몰 농도(M)를 이용하여 일정 질량 속 용질의 질량 구하기

(가)에서 준비한 $CH_3COOH(aq)$의 몰 농도는 2 M이므로 용액 1000 mL에 들어 있는 용질 CH_3COOH의 질량은 2 mol×60 g/mol=120 g이다. (가)에서 준비한 $CH_3COOH(aq)$의 밀도가 d g/mL이므로 용액 1000 mL의 질량은 $1000d$ g이다. 따라서 용액 100 g에 들어 있는 용질의 질량(x)은 다음과 같다.

$1000d : 120=100 : x$, $x=\frac{12}{d}$이다.

 $\frac{4}{d}$ $\frac{24d}{5}$ $\frac{24}{5d}$ $12d$ ⑤ $\frac{12}{d}$

455

적용해야 할 개념 ③가지

① 중화 적정 실험: 농도를 알고 있는 산 또는 염기 수용액을 이용하여 염기 또는 산 수용액의 농도를 알아내는 실험

② 중화 반응의 양적 관계: 산이 내놓은 H^+과 염기가 내놓은 OH^-이 1 : 1의 몰비로 반응한다.

③ 산과 염기가 완전히 중화되려면 산이 내놓는 H^+의 양(mol)과 염기가 내놓는 OH^-의 양(mol)이 같아야 하므로 $n_1 M_1 V_1 = n_2 M_2 V_2$($n$: 가수, M: 몰 농도, V: 부피)의 관계식이 성립한다.

문제 보기

다음은 25 °C에서 식초에 들어 있는 아세트산(CH_3COOH)의 질량을 알아보기 위한 중화 적정 실험이다.

[자료]
○ 25 °C에서 식초 A, B의 밀도(g/mL)는 각각 d_A, d_B이다.

[실험 과정]
(가) 식초 A, B를 준비한다.
(나) A 20 mL에 물을 넣어 수용액 I 100 mL를 만든다.
(다) 50 mL의 I 에 페놀프탈레인 용액을 2~3방울 넣고 a M NaOH(aq)으로 적정하였을 때, 수용액 전체가 붉게 변하는 순간까지 넣어 준 NaOH(aq)의 부피(V)를 측정한다.
(라) B 20 mL에 물을 넣어 수용액 II 100 g을 만든다.
(마) 50 mL의 I 대신 50 g의 II를 이용하여 (다)를 반복한다.

[실험 결과]
○ (다)에서 V: 10 mL
○ (마)에서 V: 25 mL
○ 식초 A, B 각 1 g에 들어 있는 CH_3COOH의 질량

식초	A	B
CH_3COOH의 질량(g)	0.02	x

식초 A의 몰 농도를 b M이라고 하면 (나)에서 만든 수용액 I 의 몰 농도는 $\frac{b}{5}$ M이다. ➡ $1 \times \frac{b}{5} \times 50 = 1 \times a \times 10$, $b = a$

x는? (단, 온도는 25 °C로 일정하고, 중화 적정 과정에서 식초 A, B에 포함된 물질 중 CH_3COOH만 NaOH과 반응한다.)

<보기> 풀이

식초 A의 몰 농도를 b M이라고 하면, (나)에서 만든 수용액 I 의 몰 농도는 $\frac{b}{5}$ M이고, (다)에서 $\frac{b}{5}$ M 수용액 50 mL를 완전히 중화시키는 데 사용된 a M NaOH(aq)의 부피가 10 mL이므로 다음과 같은 양적 관계가 성립한다.

$$1 \times \frac{b}{5} \times 50 = 1 \times a \times 10, \quad b = a$$

(라)에서 식초 B 20 mL에 물을 넣어 희석하여 만든 수용액 II 100 g 중 (마)에서 사용한 양은 $\frac{1}{2}$인 50 g이고, 이때 중화 적정에 사용된 a M NaOH(aq)의 부피는 수용액 I 의 $\frac{5}{2}$ 배이므로 식초 B의 몰 농도는 $\frac{5}{2}a$ M이다.

CH_3COOH의 분자량을 M_A라고 하면, 식초 A의 몰 농도는 a M이고, 식초 B의 몰 농도는 $\frac{5}{2}a$ M이므로 식초 A 1 L(=1000 mL), 즉 $1000d_A$ g 속에 들어 있는 CH_3COOH의 질량은 aM_A g이고 식초 B 1 L(=1000 mL), 즉 $1000d_B$ g 속에 들어 있는 CH_3COOH의 질량은 $\frac{5}{2}aM_A$ g이다. 따라서 $\frac{aM_A}{1000d_A} : 0.02 = \frac{\frac{5}{2}aM_A}{1000d_B} : x$, $x = \frac{d_A}{20d_B}$이다.

① $\frac{d_A}{20d_B}$ ✕ $\frac{d_A}{10d_B}$ ✕ $\frac{d_B}{50d_A}$ ✕ $\frac{d_B}{20d_A}$ ✕ $\frac{d_B}{10d_A}$

적용해야 할 개념 ③가지

① 중화 적정 실험: 농도를 알고 있는 산 또는 염기 수용액을 이용하여 염기 또는 산 수용액의 농도를 알아내는 실험

② 중화 반응의 양적 관계: 산이 내놓은 H^+과 염기가 내놓은 OH^-이 1 : 1의 몰비로 반응한다.

③ 산과 염기가 완전히 중화되려면 산이 내놓는 H^+의 양(mol)과 염기가 내놓는 OH^-의 양(mol)이 같아야 하므로 $n_1M_1V_1=n_2M_2V_2$(n: 가수, M: 몰 농도, V: 부피)의 관계식이 성립한다.

문제 보기

다음은 25 °C에서 식초 A, B 각 1 g에 들어 있는 아세트산 (CH_3COOH)의 질량을 알아보기 위한 중화 적정 실험이다.

[자료]

○ CH_3COOH의 분자량은 60이다.

○ 25 °C에서 식초 A, B의 밀도(g/mL)는 각각 d_A, d_B 이다. → 식초 1 L의 질량은 각각 $1000d_A$ g, $1000d_B$ g

[실험 과정]

(가) 식초 A, B를 준비한다.

(나) (가)의 A, B 각 10 mL에 물을 넣어 각각 50 mL 수용액 I, II를 만든다. → 식초 A, B를 5배로 희석

(다) x mL의 I에 페놀프탈레인 용액을 2~3방울 넣고 0.1 M NaOH(aq)으로 적정하였을 때, 수용액 전체가 붉게 변하는 순간까지 넣어 준 NaOH(aq)의 부피(V)를 측정한다.

(라) x mL의 I 대신 y mL의 II를 이용하여 (다)를 반복한다.

[실험 결과]

○ (다)에서 V: $4a$ mL ── $1 \times n_1 \times x = 1 \times 0.1 \times 4a$, $n_1 = \dfrac{0.4a}{x}$

○ (라)에서 V: $5a$ mL → $1 \times n_2 \times y = 1 \times 0.1 \times 5a$, $n_2 = \dfrac{0.5a}{y}$

○ (가)에서 식초 1 g에 들어 있는 CH_3COOH의 질량

식초	A	B
CH_3COOH의 질량(g)	$16w$	$15w$
식초 1 L에 들어 있는 질량(g)	$16000wd_A$	$15000wd_B$

$\dfrac{x}{y}$는? (단, 온도는 25 °C로 일정하고, 중화 적정 과정에서 식초 A, B에 포함된 물질 중 CH_3COOH만 NaOH과 반응한다.)

<보기> 풀이

수용액 I x mL를 완전히 중화시키는 데 사용된 0.1 M NaOH(aq)의 부피가 $4a$ mL이므로 수용액 I의 몰 농도를 n_1 M이라고 하면 다음과 같은 양적 관계가 성립한다.

$$1 \times n_1 \times x = 1 \times 0.1 \times 4a, \quad n_1 = \frac{0.4a}{x}$$

마찬가지로 수용액 II의 몰 농도를 n_2 M이라고 하면 다음과 같은 양적 관계가 성립한다.

$$1 \times n_2 \times y = 1 \times 0.1 \times 5a, \quad n_2 = \frac{0.5a}{y}$$

수용액 I, II는 식초 A, B를 각각 5배로 희석한 용액이므로 식초 A, B의 몰 농도는 각각 $\dfrac{2a}{x}$ M, $\dfrac{2.5a}{y}$ M이다. 즉, 식초 A, B 1 L에 들어 있는 CH_3COOH의 양(mol)은 각각 $\dfrac{2a}{x}$ mol, $\dfrac{2.5a}{y}$ mol이고, CH_3COOH의 분자량은 60이므로 질량은 각각 $\dfrac{120a}{x}$ g, $\dfrac{150a}{y}$ g이다.

식초 A, B 1 g에 들어 있는 CH_3COOH의 질량(g)이 각각 $16w$, $15w$이므로 식초 A, B 1 L, 즉 $1000d_A$ g, $1000d_B$ g에 들어 있는 질량은 각각 $16000wd_A$ g, $15000wd_B$ g이며, $\dfrac{120a}{x}$ $= 16000wd_A$에서 $x = \dfrac{3a}{400wd_A}$이고, $\dfrac{150a}{y} = 15000wd_B$에서 $y = \dfrac{a}{100wd_B}$이다. 따라서 $\dfrac{x}{y} = \dfrac{3d_B}{4d_A}$이다.

① ~~$\dfrac{4d_B}{3d_A}$~~ ② ~~$\dfrac{6d_B}{5d_A}$~~ ③ ~~$\dfrac{5d_B}{6d_A}$~~ ④ $\dfrac{3d_B}{4d_A}$ ⑤ ~~$\dfrac{d_B}{2d_A}$~~

34 중화 반응에서의 양적 관계 2024학년도 수능 화I 18번

정답 ② | 정답률 38%

적용해야 할 개념 ③가지

① 중화 반응의 양적 관계: 산이 내놓은 H^+과 염기가 내놓은 OH^-이 1 : 1의 몰비로 반응한다.
② 산이 내놓은 H^+의 양(mol): 산의 가수×산 수용액의 몰 농도(M)×산 수용액의 부피(L)
③ 염기가 내놓은 OH^-의 양(mol): 염기의 가수×염기 수용액의 몰 농도(M)×염기 수용액의 부피(L)

문제 보기

다음은 중화 반응 실험이다.

[자료]
○ 수용액에서 H_2A는 H^+과 A^{2-}으로 모두 이온화된다.

[실험 과정]
(가) a M $H_2A(aq)$과 y M $NaOH(aq)$을 준비한다.
(나) 3개의 비커에 (가)의 2가지 수용액의 부피를 달리하여 혼합한 용액 Ⅰ~Ⅲ을 만든다.

[실험 결과]
○ Ⅰ~Ⅲ의 액성은 모두 다르며, 각각 산성, 중성, 염기성 중 하나이다.
○ 혼합 용액 Ⅰ~Ⅲ에 대한 자료

혼합 용액	혼합 전 수용액의 부피(mL)		모든 양이온의 몰 농도(M) 합
	x M $H_2A(aq)$	y M $NaOH(aq)$	
산성 Ⅰ	V	10	2
염기성 Ⅱ	V	20	2
중성 Ⅲ	$3V$	40	㉠

Ⅰ과 Ⅱ에서 산 수용액의 부피를 $3V$ mL라고 가정하면 염기 수용액의 부피는 각각 30 mL, 60 mL이다. ➡ 일정량($3V$ mL)의 산 수용액에 넣어 준 염기 수용액의 부피는 Ⅱ > Ⅲ > Ⅰ ➡ Ⅰ은 산성, Ⅱ는 염기성, Ⅲ은 중성

㉠ × $\dfrac{x}{y}$는? (단, 혼합 용액의 부피는 혼합 전 각 용액의 부피의 합과 같고, 물의 자동 이온화는 무시한다.) [3점]

보기

<보기> 풀이

❶ Ⅰ~Ⅲ의 혼합 전 수용액의 부피를 이용하여 용액의 액성 구하기

Ⅰ~Ⅲ의 액성이 모두 다르고, 각각 산성, 중성, 염기성 중 하나인데, Ⅰ과 Ⅱ에서 산 수용액의 부피를 Ⅲ과 같이 $3V$ mL라고 가정하면 염기 수용액의 부피는 각각 30 mL, 60 mL이다. 이로부터 일정량($3V$ mL)의 산 수용액에 넣어 준 염기 수용액의 부피는 Ⅱ > Ⅲ > Ⅰ이므로 **Ⅰ은 산성, Ⅱ는 염기성, Ⅲ은 중성**이다.

❷ Ⅲ의 액성이 중성인 것과 Ⅰ, Ⅱ의 모든 양이온의 몰 농도(M) 합이 같음을 이용하여 x와 y의 관계식과 V 구하기

Ⅲ에서 혼합 전 각 용액에 존재하는 이온의 종류와 양(mol)×1000과 혼합 후 용액에 존재하는 양이온의 종류와 양(mol)×1000은 다음과 같다.

혼합 용액		Ⅲ(중성)
혼합 전	x M $H_2A(aq)$	$3V$ mL
		H^+: $6xV$, A^{2-}: $3xV$
	y M $NaOH(aq)$	40 mL
		Na^+: $40y$, OH^-: $40y$
혼합 후		Na^+: $40y$

이때 Ⅲ의 액성이 중성이므로 $6xV = 40y$에서 $xV = \dfrac{20}{3}y(\cdots①)$이다. 또한 Ⅰ과 Ⅱ에서 혼합 전 각 용액에 존재하는 이온의 종류와 양(mol)×1000과 혼합 후 용액에 존재하는 양이온의 종류와 양(mol)×1000은 다음과 같다.

혼합 용액		Ⅰ (산성)	Ⅱ(염기성)
혼합 전	x M $H_2A(aq)$	V mL	V mL
		H^+: $2xV$, A^{2-}: xV	H^+: $2xV$, A^{2-}: xV
	y M $NaOH(aq)$	10 mL	20 mL
		Na^+: $10y$, OH^-: $10y$	Na^+: $20y$, OH^-: $20y$
혼합 후		H^+: $2xV-10y$, Na^+: $10y$	Na^+: $20y$

이때 Ⅰ과 Ⅱ에서 모든 양이온의 몰 농도(M) 합이 같으므로 $\dfrac{2xV}{V+10} = \dfrac{20y}{V+20}(\cdots②)$이다. ①, ② 식을 풀면 $V = 10$, $x = \dfrac{2}{3}y$이다.

❸ Ⅱ와 Ⅲ의 모든 양이온의 몰 농도(M) 합의 비를 이용하여 ㉠ 구하기

Ⅱ와 Ⅲ의 모든 양이온의 몰 농도 합의 비는 $\dfrac{20y}{30} : \dfrac{40y}{70} = 2 : ㉠$이므로 ㉠ $= \dfrac{12}{7}$이다. 따라서 ㉠ × $\dfrac{x}{y} = \dfrac{12}{7} × \dfrac{\frac{2y}{3}}{y} = \dfrac{8}{7}$이다.

① $\dfrac{4}{7}$ ② $\dfrac{8}{7}$ ③ $\dfrac{12}{7}$ ④ $\dfrac{15}{7}$ ⑤ $\dfrac{18}{7}$

35 중화 적정 실험 2025학년도 수능 화I 17번

정답 ④ | 정답률 75 %

적용해야 할 개념 ③가지

① 중화 적정: 농도를 알고 있는 산 또는 염기 수용액을 이용하여 농도를 모르는 염기 또는 산 수용액의 농도를 알아내는 실험

② 중화 반응의 양적 관계: 산이 내놓은 H^+과 염기가 내놓은 OH^-이 1 : 1의 몰비로 반응한다.

③ 밀도가 d g/mL인 수용액 1 L=1000 mL의 질량은 $1000d$ g이나.

문제 보기

다음은 25 ℃에서 식초 A, B 각 1 g에 들어 있는 아세트산 (CH₃COOH)의 질량을 알아보기 위한 중화 적정 실험이다.

[자료]

○ CH₃COOH의 분자량은 60이다.

○ 25 ℃에서 식초 A, B의 밀도(g/mL)는 각각 d_A, d_B 이다.

[실험 과정]

(가) 식초 A, B를 준비한다.

(나) A 50 mL에 물을 넣어 수용액 I 100 mL를 만든다.

(다) 10 mL의 I에 페놀프탈레인 용액을 2~3방울 넣고 0.2 M NaOH(aq)으로 적정하였을 때, 수용액 전체가 붉게 변하는 순간까지 넣어 준 NaOH(aq)의 부피(V)를 측정한다.

(라) B 40 mL에 물을 넣어 수용액 II 100 g을 만든다.

(마) 10 mL의 I 대신 20 g의 II를 이용하여 (다)를 반복한다.

[실험 결과]

○ (다)에서 V: 10 mL

○ (마)에서 V: 30 mL

○ 식초 A, B 각 1 g에 들어 있는 CH₃COOH의 질량

식초	A	B
CH₃COOH의 질량(g)	$8w$	x

└→ 수용액 I의 몰 농도를 a M이라고 하면 $1 \times a \times 10 = 1 \times 0.2 \times 10$, $a=0.2$ ➡ 수용액 I은 식초 A를 $\frac{1}{2}$로 희석한 용액이므로 식초 A의 몰 농도는 0.4 M이다.

└→ 수용액 II 20 g에 들어 있는 CH₃COOH의 양(mol)은 $0.2 \times 30 \times 10^{-3}$ mol=6×10^{-3} mol이고, 질량은 6×10^{-3} mol $\times 60$ g/mol=0.36 g

$x \times \dfrac{d_B}{d_A}$는? (단, 온도는 25 ℃로 일정하고, 중화 적정 과정에서 식초 A, B에 포함된 물질 중 CH₃COOH만 NaOH과 반응한다.) [3점]

<보기> 풀이

❶ 식초 A의 밀도 d_A 구하기

(나)에서 만든 수용액 I의 몰 농도를 a M이라고 하면 수용액 I 10 mL를 완전 중화시키는 데 사용된 0.2 M NaOH(aq)의 부피가 10 mL이므로 다음과 같은 양적 관계가 성립한다.

$1 \times a \times 10 = 1 \times 0.2 \times 10$, $a=0.2$

이때 수용액 I은 식초 A를 $\frac{1}{2}$로 희석한 용액이므로 식초 A의 몰 농도는 0.4 M이다. 즉, 식초 A 1 L(=1000 mL)에 들어 있는 CH₃COOH의 양(mol)은 0.4 mol이므로 식초 $1000d_A$ g에 들어 있는 CH₃COOH의 질량은 0.4 mol $\times 60$ g/mol=24 g이고, 식초 A 1 g에 들어 있는 CH₃COOH의 질량은 다음 관계식을 만족한다.

$1000d_A : 24 = 1 : 8w$, $d_A = \dfrac{3}{1000w}$

❷ x 구하기

수용액 II 20 g을 완전 중화시키는 데 사용된 0.2 M NaOH(aq)의 부피가 30 mL이므로 수용액 II 20 g에 들어 있는 CH₃COOH의 양(mol)은 $0.2 \times 30 \times 10^{-3}$ mol=6×10^{-3} mol이고, 질량은 6×10^{-3} mol $\times 60$ g/mol=0.36 g이다. 이때 (라)에서 만든 수용액 II 100 g 중 20 g만 중화 적정에 사용하였으므로 식초 B 40 mL에 들어 있는 CH₃COOH의 질량은 0.36 g $\times 5$=1.8 g이다. 또 식초 B의 밀도가 d_B이므로 40 mL의 질량은 $40d_B$ g이고, 식초 B 1 g에 들어 있는 CH₃COOH의 질량 x는 $\dfrac{1.8}{40d_B} = \dfrac{9}{200d_B}$이다.

따라서 $x \times \dfrac{d_B}{d_A} = \dfrac{9}{200d_B} \times \dfrac{d_B}{\dfrac{3}{1000w}} = 15w$이다.

 6w　　 9w　　 12w　　④ 15w　　 18w

24 일차

| 01 ④ | 02 ② | 03 ③ | 04 ② | 05 ② | 06 ② | 07 ③ | 08 ① | 09 ① | 10 ⑤ | 11 ① | 12 ⑤ |
| 13 ① | 14 ⑤ | 15 ③ | 16 ① |

문제편 262~265쪽

---

01 산화수 2020학년도 수능 화Ⅰ 9번 　　정답 ④ | 정답률 88%

적용해야 할 개념 ③가지

① 전기 음성도: 공유 결합을 형성한 두 원자가 공유 전자쌍을 끌어당기는 힘의 크기를 상대적으로 비교하여 정한 값

② 공유 결합 물질의 분자에서 산화수는 전기 음성도가 큰 원자가 공유 전자쌍을 모두 가져갔다고 가정할 때 각 원자가 가지는 전하이다.

③ 공유 결합하는 두 원자에서 전기 음성도가 큰 원자는 음(−)의 산화수를 가지고, 전기 음성도가 작은 원자는 양(+)의 산화수를 가진다.

문제 보기

그림은 원소 X~Z로 이루어진 분자 (가)와 (나)의 구조식을 나타낸 것이다. (가)에서 X의 산화수는 −1이다.

$$Y{=}\overset{Z}{\underset{\underset{Y}{|}}{X}}{-}\overset{Z}{\underset{\underset{Y}{|}}{X}}{=}Y$$
$$(가)$$

$$Z{=}\overset{Z}{\underset{\underset{Y}{|}}{X}}{-}\overset{Z}{\underset{\underset{Y}{|}}{X}}{=}Z$$
$$(나)$$

└─ X−Y 결합에서 X가 전자쌍을 가져가고,
　 X−Z 결합에서 Z가 전자쌍을 가져간다.
➡ 전기 음성도: Z>X>Y

(나)에서 X의 산화수는? (단, X~Z는 임의의 1, 2주기 원소 기호이다.)

<보기> 풀이

(가)에서 X의 산화수가 −1이므로 X−Y 결합에서는 X가 전자쌍을 가져가고, X−Z 결합에서는 Z가 전자쌍을 가져간다. X−Y 결합에서 Y가 전자쌍을 가져가고, X−Z 결합에서 X가 전자쌍을 가져간다면 X의 산화수가 +1이 되므로 옳지 않다. 따라서 전기 음성도는 Z>X>Y이다.

전기 음성도를 이용하면 (나)에서 X−Z 결합에서는 Z가 전자쌍을 가져가고, X−Y 결합에서는 X가 전자쌍을 가져가므로 X의 산화수는 +1이다.

 −3　　 −1　　 0　　④ +1　　 +3

---

02 전기 음성도와 산화수 2020학년도 4월 학평 화Ⅰ 8번 　　정답 ② | 정답률 72%

적용해야 할 개념 ②가지

① 원소의 산화수는 0이고, 화합물에서 각 원자의 산화수 합은 0이다.

② 화합물에서 전기 음성도가 큰 원자는 음(−)의 산화수를, 전기 음성도가 작은 원자는 양(+)의 산화수를 갖는다.

문제 보기

표는 분자 (가), (나)에 대한 자료이다. 전기 음성도는 X>Y>Z이다.

X=Y 결합에서 X가 전자쌍을 가져가고,
Y−Z 결합에서 Y가 전자쌍을 가져간다.

분자	(가)	(나)
구조식	$\underset{-2}{X}{=}\underset{+1}{Y}{-}Z$	$\underset{+1}{Z}{-}\underset{}{Y}{-}\underset{+1}{Z}\ \overset{\overset{Z\ {+1}}{|}}{}$
Y의 산화수	$a+1$	$b-3$

$a+b$는? (단, X~Z는 임의의 원소 기호이다.)

<보기> 풀이

전기 음성도는 X>Y>Z이므로 분자 (가)의 X=Y 결합에서 전자쌍은 X가 모두 가져가고, Y−Z 결합에서 전자쌍은 Y가 모두 가져간다. 즉 (가)에서 Y는 전자 2개를 잃고, 1개를 얻으므로 산화수는 +1이다. (나)에서 각 Y−Z 결합에서 전자쌍을 Y가 모두 가져가므로 Y는 전자 3개를 얻는 것과 같으므로 산화수는 −3이다. 이로부터 $a=+1$, $b=-3$이므로 $a+b=-2$이다.

 −6　　② −2　　 0　　 +2　　 +6

03 산화수 2019학년도 수능 화I 7번

적용해야 할 개념 ⑤가지

① 화합물에서 각 원자의 산화수 합은 0이다.

② 화합물에서 플루오린의 산화수는 항상 −1이다.

③ 화합물에서 수소의 산화수는 +1이다. (단, 금속의 수소화물에서는 −1이다.)

④ 화합물에서 산소의 산화수는 −2이다. (단, 과산화물에서는 −1이고, 전기 음성도가 더 큰 플루오린과 결합했을 때는 +2이다.)

⑤ 이온 결합 물질에서 산화수: 물질을 구성하고 있는 각 이온의 전하와 같다.

문제 보기

다음은 3가지 화합물의 화학식과 이에 대한 학생과 선생님의 대화이다.

$$\underset{+1\ -2}{H_2O},\ \underset{+1\ -2}{Li_2O},\ \underset{+2\ +2\ -2}{CaCO_3}$$ (CaCO₃의 C 위에 +4)

학 생: 제시된 모든 화합물에서 산소(O)의 산화수는 −2입니다. 따라서 O가 포함된 화합물에서 O는 항상 −2의 산화수를 가진다고 생각합니다.

선생님: 꼭 그렇지는 않아요. 예를 들어 　⊙　 에서 O의 산화수는 −2가 아닙니다.

⊙에 들어갈 화합물로 적절한 것만을 〈보기〉에서 있는 대로 고른 것은? [3점]

〈보기〉 풀이

O은 F을 제외하고 전기 음성도가 큰 원자이므로 화합물에서 대부분 −2의 산화수를 가진다. 그런데 −O−O− 결합을 갖는 과산화물이나 O보다 전기 음성도가 큰 F과 결합한 화합물에서는 −2의 산화수를 가지지 않는다.

ㄱ. H_2O_2

➡ H의 산화수가 +1이고, 화합물에서 산화수의 합이 0이므로 O의 산화수는 −1이다.

ㄴ. O_2F_2

➡ F이 O보다 전기 음성도가 크고, 화합물에서 F의 산화수는 항상 −1이므로 O의 산화수는 +1이다.

✗ CaO

➡ Ca^{2+}과 O^{2-}이 결합한 이온 결합 화합물이므로 O의 산화수는 −2이다.

---

04 산화수 변화와 산화 환원 반응식 2020학년도 6월 모평 화I 1번

적용해야 할 개념 ①가지

① 산화 환원 반응

구분	산소 이동	전자 이동	산화수 변화
산화	산소를 얻음	전자를 잃음	산화수 증가
환원	산소를 잃음	전자를 얻음	산화수 감소

문제 보기

다음은 2가지 반응의 화학 반응식이다.

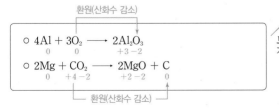

두 반응에서 환원되는 물질만을 있는 대로 고른 것은?

〈보기〉 풀이

물질을 구성하는 원자의 산화수가 변하는 반응은 산화 환원 반응이다. 이때 산화수가 증가하는 원자를 포함한 물질은 산화되고, 산화수가 감소하는 원자를 포함한 물질은 환원된다.

첫 번째 반응에서 Al의 산화수는 원소 상태인 Al에서 0이고, Al_2O_3에서 +3이다. 따라서 Al의 산화수가 증가하므로 Al이 산화된다. O의 산화수는 O_2에서 0이고, Al_2O_3에서 −2이다. 따라서 O_2를 구성하는 O의 산화수가 감소하므로 O_2가 환원된다.

두 번째 반응에서 Mg의 산화수는 원소 상태인 Mg에서 0이고, MgO에서 +2이다. 따라서 Mg의 산화수가 증가하므로 Mg이 산화된다. C의 산화수는 CO_2에서 +4이고, 원소 상태인 C에서 0이다. 따라서 CO_2를 구성하는 C의 산화수가 감소하므로 CO_2가 환원된다.

✗ Al, Mg　　　　② O_2, CO_2　　　　✗ Al, CO_2
✗ O_2　　　　✗ CO_2

적용해야 할 개념 ③가지

① 화합물에서 구성 원자의 산화수의 합은 0이다.
② 산화수가 증가하는 원자를 포함한 물질은 산화된다.
③ 화합물에서 전기 음성도가 큰 원자는 음(−)의 산화수를 가지고, 전기 음성도가 작은 원자는 양(+)의 산화수를 가진다.

문제 보기

다음은 2가지 산화 환원 반응의 화학 반응식과, 생성물에서 X의 산화수를 나타낸 것이다.

$$\text{(가)} \ \overset{0}{X_2} + \overset{0}{2Y_2} \longrightarrow \overset{-2\ +1}{X_2Y_4}$$
$$\text{(나)} \ \overset{0}{X_2} + \overset{0}{3Z_2} \longrightarrow \overset{+3\ -1}{2XZ_3}$$
산화(산화수 증가)

생성물	X의 산화수
X_2Y_4	−2
XZ_3	+3

이에 대한 설명으로 옳은 것만을 〈보기〉에서 있는 대로 고른 것은? (단, X~Z는 임의의 1, 2주기 원소 기호이다.)

〈보기〉 풀이

화합물에서 구성 원자의 산화수의 합은 0인데, X_2Y_4에서 X의 산화수가 −2이므로 Y의 산화수를 x라고 하면 $2 \times (-2) + 4 \times x = 0$에서 Y의 산화수($x$)는 +1이고, X_2Y_4에서 X는 음(−)의 산화수를 가지므로 전기 음성도는 X>Y이다.

XZ_3에서 X의 산화수가 +3이므로 Z의 산화수를 y라고 하면 $+3 + y \times 3 = 0$에서 Z의 산화수(y)는 −1이고, XZ_3에서 X는 양(+)의 산화수를 가지므로 전기 음성도는 Z>X이다.

✘ X_2Y_4에서 Y의 산화수는 +2이다.

➡ 화합물에서 구성 원자의 산화수의 합은 0인데, X_2Y_4에서 X의 산화수가 −2이므로 Y의 산화수는 +1이다.

Ⓛ (나)에서 X_2는 산화된다.

➡ (나)에서 X의 산화수는 X_2에서 0이고, XZ_3에서 +3이다. 따라서 X의 산화수가 증가하므로 X_2는 산화된다.

✘ 분자 YZ에서 Y의 산화수는 0보다 작다.

➡ (가)의 생성물 X_2Y_4에서 X가 음(−)의 산화수를 가지므로 전기 음성도는 X>Y이다. (나)의 생성물 XZ_3에서 X가 양(+)의 산화수를 가지므로 전기 음성도는 Z>X이다. 따라서 전기 음성도는 Z>Y이므로 분자 YZ에서 전기 음성도가 작은 Y의 산화수는 양(+)의 값을 가진다. 즉, Y의 산화수는 0보다 크다.

적용해야 할 개념 ②가지

① 산화수와 산화 환원: 산화수가 증가하는 반응이 산화, 산화수가 감소하는 반응이 환원이다.
② 산화제와 환원제

산화제	환원제
자신은 환원되면서 다른 물질을 산화시키는 물질	자신은 산화되면서 다른 물질을 환원시키는 물질

문제 보기

다음은 3가지 반응의 화학 반응식이다.

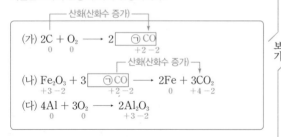

이에 대한 설명으로 옳은 것만을 〈보기〉에서 있는 대로 고른 것은?

〈보기〉 풀이

화학 반응 전후에 원자의 종류와 수가 같도록 화학 반응식을 완성하면 ㉠은 CO이다.

✘ (가)에서 탄소(C)는 환원된다.

➡ ㉠은 CO이며, (가)에서 원소 상태인 C의 산화수는 0이고, CO를 구성하는 C의 산화수는 +2이다. 따라서 C는 산화수가 증가하므로 산화된다.

✘ (나)에서 ㉠은 산화제로 작용한다.

➡ (나)에서 ㉠(CO)을 구성하는 C의 산화수는 +2이고, CO_2를 구성하는 C의 산화수는 +4이므로 C의 산화수는 증가한다. 따라서 ㉠(CO)은 산화되므로 자신이 산화되면서 다른 물질을 환원시키는 환원제로 작용한다.

Ⓔ (다)는 산화 환원 반응이다.

➡ (다)에서 Al의 산화수는 0에서 +3으로 증가하고, O의 산화수는 0에서 −2로 감소한다. 따라서 (다)는 구성 원자의 산화수가 변하므로 산화 환원 반응이다.

07 산화수 변화와 산화 환원 반응식, 산화제와 환원제 2020학년도 6월 모평 화I 11번

정답 ③ | 정답률 82%

적용해야 할 개념 ②가지

① 산화수가 변하는 원자가 포함된 반응이 산화 환원 반응이다.

② 산화제와 환원제

산화제	환원제
자신은 환원되면서 다른 물질을 산화시키는 물질	자신은 산화되면서 다른 물질을 환원시키는 물질

문제 보기

다음은 2가지 반응의 화학 반응식이다.

$$(가)\ 3H_2S + 2HNO_3 \longrightarrow 3S + 2NO + 4H_2O$$

$$(나)\ 2Li + 2H_2O \longrightarrow 2LiOH + H_2$$

— 산화(산화수 증가) —

이에 대한 설명으로 옳은 것만을 〈보기〉에서 있는 대로 고른 것은? [3점]

〈보기〉 풀이

산화수가 변하는 원자가 포함된 반응은 산화 환원 반응이고, 산화수가 변하는 원자가 없으면 산화 환원 반응이 아니다.

ㄱ. **(가)는 산화 환원 반응이다.**

➡ (가)에서 S의 산화수는 H_2S에서 -2이고, 원소 상태인 S에서 0이다. 따라서 (가)는 산화수가 변하는 원자가 있으므로 산화 환원 반응이다.

ㄴ. **(나)에서 Li은 환원제이다.**

➡ (나)에서 Li의 산화수는 원소인 Li에서 0이고, LiOH에서는 $+1$이다. 따라서 Li은 산화수가 증가하므로 자신은 산화되면서 다른 물질을 환원시키는 환원제이다.

✗ **(나)에서 H의 산화수는 모두 같다.**

➡ (나)에서 H는 화합물과 원소를 구성하는 원자이므로 산화수가 같지 않다. 즉, H_2O과 LiOH에서는 $+1$이고, H_2에서는 0이다.

---

08 산화수 변화와 산화 환원 반응식, 산화제와 환원제 2019학년도 10월 학평 화I 8번

정답 ① | 정답률 69%

적용해야 할 개념 ②가지

① 산화수와 산화 환원: 산화수가 증가하는 반응이 산화, 산화수가 감소하는 반응이 환원이다.

② 산화제와 환원제

산화제	환원제
자신은 환원되면서 다른 물질을 산화시키는 물질	자신은 산화되면서 다른 물질을 환원시키는 물질

문제 보기

다음은 3가지 반응의 화학 반응식이다.

$$(가)\ 2Na + Cl_2 \longrightarrow 2NaCl$$

$$(나)\ Cl_2 + H_2O \longrightarrow HCl + HClO$$

$$(다)\ 2NaCl + F_2 \longrightarrow 2NaF + Cl_2$$

이에 대한 옳은 설명만을 〈보기〉에서 있는 대로 고른 것은?

〈보기〉 풀이

(가)에서 Na과 Cl, (나)에서 Cl는 반응물에서는 원소를 이루고 있어 산화수가 0이고, 생성물에서는 화합물을 이루고 있으므로 산화수가 변한다. (다)에서 F은 반응물에서는 원소를, 생성물에서는 화합물을 이루고 있으며, Cl는 반응물에서는 화합물을, 생성물에서는 원소를 이루고 있으므로 산화수가 변한다. 따라서 (가)~(다)는 모두 산화 환원 반응이다.

ㄱ. **(가)에서 Cl_2는 환원된다.**

➡ (가)에서 Cl의 산화수는 Cl_2에서 0이고, NaCl에서 -1로 감소하므로 Cl_2는 환원된다.

다른 풀이 (가)의 반응은 금속 원소와 비금속 원소가 반응하여 이온 결합 물질을 형성하는 반응으로, 비금속 원소인 Cl_2의 구성 원자인 Cl는 전자를 얻어 환원된다.

✗ **(나)에서 O의 산화수는 증가한다.**

➡ (나)에서 O의 산화수는 H_2O과 HClO에서 모두 -2로 같으므로 일정하다.

✗ **(다)에서 NaCl은 산화제이다.**

➡ (다)에서 Cl의 산화수는 NaCl에서 -1이고, Cl_2에서 0으로 증가하므로 NaCl은 산화된다. 따라서 NaCl은 자신이 산화되면서 다른 물질을 환원시키는 환원제이다.

적용해야 할 개념 ②가지

① 산화수와 산화 환원: 산화수가 증가하는 반응이 산화, 산화수가 감소하는 반응이 환원이다.

② 산화제와 환원제

산화제	환원제
자신은 환원되면서 다른 물질을 산화시키는 물질	자신은 산화되면서 다른 물질을 환원시키는 물질

문제 보기

다음은 3가지 화학 반응식이다.

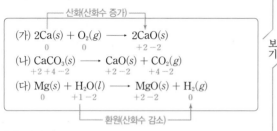

(가)~(다)에 대한 설명으로 옳은 것만을 〈보기〉에서 있는 대로 고른 것은? [3점]

〈보기〉 풀이

(가)와 (다)의 반응물에서 Ca과 Mg은 원소 상태로 산화수가 0이고, 생성물에서 Ca과 Mg은 화합물을 이루고 있으므로 산화수가 변한다. 따라서 (가)와 (다)는 산화 환원 반응이다.

ㄱ **(가)에서 Ca은 산화된다.**

➡ (가)에서 Ca의 산화수는 원소 상태인 Ca에서 0이고, CaO에서 +2이다. 따라서 Ca은 산화수가 증가하므로 산화된다.

✗ **(나)에서 $CaCO_3$은 산화된다.**

➡ (나)에서 Ca의 산화수는 $CaCO_3$과 CaO에서 모두 +2이고, C의 산화수는 $CaCO_3$과 CO_2에서 모두 +4이며, O의 산화수는 $CaCO_3$, CaO, CO_2에서 모두 −2이다. 따라서 $CaCO_3$을 이루는 원자의 산화수는 변하지 않으므로 $CaCO_3$은 산화되거나 환원되지 않는다.

✗ **(다)에서 H_2O은 환원제이다.**

➡ (다)에서 H의 산화수는 H_2O에서 +1이고, H_2에서 0이므로 H의 산화수는 감소한다. 따라서 H_2O은 환원되므로 자신이 환원되면서 다른 물질을 산화시키는 산화제이다.

적용해야 할 개념 ②가지

① 산화수가 변하는 원자가 포함된 반응이 산화 환원 반응이다.

② 산화제와 환원제

산화제	환원제
자신은 환원되면서 다른 물질을 산화시키는 물질	자신은 산화되면서 다른 물질을 환원시키는 물질

문제 보기

다음은 2가지 반응의 화학 반응식과 이에 대한 세 학생의 대화이다.

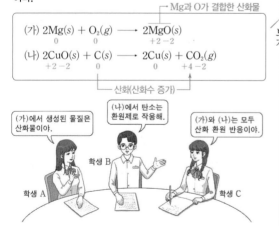

제시한 내용이 옳은 학생만을 있는 대로 고른 것은? [3점]

〈보기〉 풀이

물질을 구성하는 원자의 산화수가 변하는 반응은 산화 환원 반응이다. 이때 산화수가 증가하는 원자를 포함한 물질은 산화되고, 산화수가 감소하는 원자를 포함한 물질은 환원된다.

학생 Ⓐ (가)에서 생성된 물질은 산화물이야.

➡ 산소가 다른 원소와 결합된 화합물을 산화물이라고 한다. (가)에서 생성물 MgO은 Mg이 산소와 결합하여 형성되었으므로 산화물이다.

학생 Ⓑ (나)에서 탄소는 환원제로 작용해.

➡ (나)에서 원소 상태인 C는 산화수가 0이고, CO_2를 구성하는 C는 산화수가 +4이므로 C는 산화된다. 따라서 C는 자신이 산화되면서 다른 물질을 환원시키는 환원제로 작용한다.

학생 Ⓒ (가)와 (나)는 모두 산화 환원 반응이야.

➡ (가)에서 Mg이 MgO으로 될 때 Mg의 산화수가 0에서 +2로 증가하고, (나)에서 C가 CO_2로 될 때 C의 산화수가 0에서 +4로 증가한다. 따라서 (가)와 (나)는 모두 산화수가 변하는 원자가 있으므로 산화 환원 반응이다.

11 산화수 변화와 산화 환원 반응식, 산화제와 환원제 2020학년도 수능 화I 8번

정답 ① | 정답률 92 %

적용해야 할 개념 ③가지

① 산화 환원 반응

구분	산소 이동	전자 이동	산화수 변화
산화	산소를 얻음	전자를 잃음	산화수 증가
환원	산소를 잃음	전자를 얻음	산화수 감소

② 원소를 구성하는 원자의 산화수는 0이고, 화합물에서 각 원자의 산화수의 합은 0이다.

③ 산화제와 환원제

산화제	환원제
자신은 환원되면서 다른 물질을 산화시키는 물질	자신은 산화되면서 다른 물질을 환원시키는 물질

문제 보기

다음은 산화 환원 반응 (가)~(다)의 화학 반응식이다.

산화(산화수 증가)
(가) $CuO + H_2 \longrightarrow Cu + H_2O$
　　 $+2 -2 \quad 0 \qquad 0 \quad +1 -2$

산화(산화수 증가)
(나) $Fe_2O_3 + 3CO \longrightarrow 2Fe + 3CO_2$
　　 $+3 -2 \quad +2 -2 \qquad 0 \quad +4 -2$

(다) $MnO_2 + 4HCl \longrightarrow MnCl_2 + 2H_2O + Cl_2$
　　 $+4 -2 \quad +1 -1 \qquad +2 -1 \quad +1 -2 \quad 0$

이에 대한 설명으로 옳은 것만을 〈보기〉에서 있는 대로 고른 것은?

〈보기〉 풀이

산화수 변화가 있는 원자가 포함되어 있으면 산화 환원 반응이다.

ㄱ **(가)에서 H_2는 산화된다.**

➡ (가)에서 H의 산화수는 H_2에서 0이고, H_2O에서 +1이므로 산화수가 증가한다. 따라서 H_2는 산화된다. 산소의 이동으로 설명하면 H_2는 산소를 얻어 H_2O이 되므로 산화된다.

✘ **(나)에서 CO는 산화제이다.**

➡ (나)에서 C의 산화수는 CO에서 +2이고, CO_2에서 +4이므로 산화수가 증가하여 CO는 산화된다. 산소의 이동으로 설명하면 CO는 산소를 얻어 CO_2가 되므로 산화된다. 따라서 CO는 자신이 산화되면서 다른 물질을 환원시키는 환원제이다.

✘ **(다)에서 Mn의 산화수는 증가한다.**

➡ 화합물에서 각 원자의 산화수의 합은 0이다. 따라서 금속의 산화물에서 O의 산화수는 −2이므로 MnO_2에서 Mn의 산화수는 +4이고, $MnCl_2$에서 Cl의 산화수는 −1이므로 Mn의 산화수는 +2이다. 즉, Mn의 산화수는 +4에서 +2로 감소한다.

보기

---

12 산화수 변화와 산화 환원 반응식 2022학년도 9월 모평 화I 10번

정답 ⑤ | 정답률 78 %

적용해야 할 개념 ③가지

① 원소의 산화수는 0이고, 화합물에서 각 원자의 산화수 합은 0이다.

② 산화수와 산화 환원: 산화수가 증가하는 반응이 산화, 산화수가 감소하는 반응이 환원이다.

③ 산화제와 환원제

산화제	환원제
자신은 환원되면서 다른 물질을 산화시키는 물질	자신은 산화되면서 다른 물질을 환원시키는 물질

문제 보기

다음은 산화 환원 반응 (가)~(다)의 화학 반응식이다.

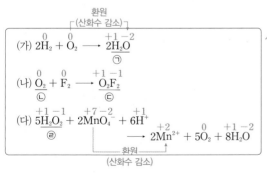

환원
(산화수 감소)
(가) $2H_2 + O_2 \longrightarrow 2H_2O$
　　 $0 \quad\quad 0 \qquad +1 -2$
　　　　　　　　　　　㉠

(나) $O_2 + F_2 \longrightarrow O_2F_2$
　　 $0 \quad 0 \qquad +1 -1$
　　㉡　　　　　　㉢

(다) $5H_2O_2 + 2MnO_4^- + 6H^+$
　　 $+1 -1 \quad\quad +7 -2 \quad +1$
　　㉣
　　 $\longrightarrow 2Mn^{2+} + 5O_2 + 8H_2O$
　　　　　　 $+2 \qquad 0 \quad +1 -2$
환원
(산화수 감소)

이에 대한 설명으로 옳은 것만을 〈보기〉에서 있는 대로 고른 것은?

〈보기〉 풀이

ㄱ **(가)에서 O_2는 산화제이다.**

➡ (가)에서 O의 산화수는 O_2에서 0이고, H_2O에서 −2이다. 즉 O의 산화수는 감소하므로 O_2는 자신이 환원되면서 다른 물질을 산화시키는 산화제이다.

ㄴ **(다)에서 Mn 산화수는 감소한다.**

➡ (다)에서 Mn의 산화수는 MnO_4^-에서 +7이고, Mn^{2+}에서 +2이므로 산화수는 5만큼 감소한다.

ㄷ **㉠~㉣에서 O의 산화수 중 가장 큰 값은 +1이다.**

➡ O의 산화수는 ㉠ H_2O에서 −2, ㉡ O_2에서 0, ㉢ O_2F_2에서 +1, ㉣ H_2O_2에서 −1이다. 따라서 O의 산화수 중 가장 큰 값은 +1이다.

보기

적용해야 할 개념 ②가지

① 산화수가 변하는 원자가 포함된 반응이 산화 환원 반응이다.

② 산화제와 환원제

산화제	환원제
자신은 환원되면서 다른 물질을 산화시키는 물질	자신은 산화되면서 다른 물질을 환원시키는 물질

문제 보기

그림은 염소(Cl_2)와 관련된 반응 (가)와 (나)를 모식적으로 나타낸 것이다.

$$H_2 \quad Cl_2 \quad H_2O$$
$$0 \quad\quad 0 \quad\quad +1 \; -2$$
$$(가) \quad\quad (나)$$
$$-2$$
$$HCl \quad HClO$$
$$+1 -1 \quad +1 +1$$

이에 대한 설명으로 옳은 것만을 〈보기〉에서 있는 대로 고른 것은? [3점]

〈보기〉 풀이

반응 (가)와 (나)의 화학 반응식은 다음과 같다.

(가) $H_2 + Cl_2 \longrightarrow 2HCl$

(나) $Cl_2 + H_2O \longrightarrow HCl + HClO$

보기

⊙ **(가)에서 H_2는 환원제이다.**
➡ (가)에서 H의 산화수는 H_2에서 0이고, HCl에서 +1이므로 H의 산화수가 증가한다. 따라서 H_2는 산화되므로 자신이 산화되면서 다른 물질을 환원시키는 환원제이다.

✘ **(나)에서 H_2O은 산화된다.**
➡ (나)에서 H의 산화수는 H_2O과 HClO에서 모두 +1이고, O의 산화수는 모두 −2이다. 따라서 H_2O을 구성하는 H와 O의 산화수는 변하지 않으므로 H_2O은 산화되거나 환원되지 않는다.

✘ **HClO에서 Cl의 산화수는 −1이다.**
➡ HClO에서 H의 산화수는 +1, O의 산화수는 −2이므로 Cl의 산화수는 +1이다.

적용해야 할 개념 ③가지

① 산화수와 산화 환원: 산화수가 증가하는 반응이 산화, 산화수가 감소하는 반응이 환원이다.

② 이온 결합 물질에서 산화수: 물질을 구성하고 있는 각 이온의 전하와 같다.

③ 산화제와 환원제

산화제	환원제
자신은 환원되면서 다른 물질을 산화시키는 물질	자신은 산화되면서 다른 물질을 환원시키는 물질

문제 보기

그림은 구리(Cu)와 관련된 반응 (가)와 (나)를 모식적으로 나타낸 것이다.

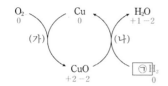

이에 대한 설명으로 옳은 것만을 〈보기〉에서 있는 대로 고른 것은?

〈보기〉 풀이

반응 (가)와 (나)의 화학 반응식은 다음과 같다.

(가) $2Cu + O_2 \longrightarrow 2CuO$

(나) $CuO + ㉠ \longrightarrow Cu + H_2O$

보기

이때 반응 전후 원자의 종류와 수가 같아야 하므로 ㉠의 화학식은 H_2이다.

⊙ **(가)에서 O_2는 환원된다.**
➡ (가)에서 O_2를 구성하는 O 원자는 금속 Cu로부터 전자를 얻어 O^{2-}으로 되므로 산화수가 감소한다. 즉, O_2를 구성하는 O 원자의 산화수는 0이고, CuO를 구성하는 O 원자의 산화수는 −2이다. 따라서 O_2는 환원된다.

⊙ **CuO에서 Cu의 산화수는 +2이다.**
➡ CuO는 Cu^{2+}과 O^{2-}으로 이루어진 이온 결합 물질이므로 Cu의 산화수는 +2이다.

⊙ **(나)에서 ㉠은 환원제로 작용한다.**
➡ ㉠은 H_2이며, H_2를 구성하는 H의 산화수는 0이고, 생성물인 H_2O을 구성하는 H의 산화수는 +1이므로 H의 산화수는 증가한다. 따라서 H_2는 산화되므로 자신이 산화되면서 다른 물질을 환원시키는 환원제이다.

15 산화수 변화와 산화 환원 반응, 산화제와 환원제 2023학년도 4월 학평 13번

정답 ③ | 정답률 69%

적용해야 할 개념 ③가지

① 산화수와 산화 환원: 산화수가 증가하는 반응이 산화, 산화수가 감소하는 반응이 환원이다.

② 산화제와 환원제

산화제	환원제
자신은 환원되면서 다른 물질을 산화시키는 물질	자신은 산화되면서 다른 물질을 환원시키는 물질

③ 금속과 금속염 수용액의 반응에서 산화된 금속이 잃은 전자의 양(mol)과 환원된 금속 이온이 얻은 전자의 양(mol)은 같다. ➡ 음이온이 반응하지 않을 때 금속 양이온의 전하량 총합은 반응 전후 같다.

문제 보기

그림은 금속 이온 $X^{2+}(aq)$이 들어 있는 비커에 금속 $Y(s)$를 넣어 반응을 완결시켰을 때, 반응 전과 후 수용액에 존재하는 금속 양이온만을 모형으로 나타낸 것이다.

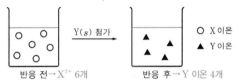

반응 전→X^{2+} 6개   반응 후→Y 이온 4개

○ X 이온 ▲ Y 이온

X^{2+} 6개의 전하량의 총합은 Y 이온 4개의 전하량의 총합과 같다. ➡ $6 \times (+2) = 4 \times$(Y 이온의 전하)

이 반응에 대한 설명으로 옳은 것만을 〈보기〉에서 있는 대로 고른 것은? (단, X, Y는 임의의 원소 기호이고, X, Y는 물과 반응하지 않으며, 음이온은 반응에 참여하지 않는다.)

〈보기〉 풀이

ㄱ. X의 산화수는 감소한다.

➡ X^{2+}이 Y와 반응하여 Y 이온이 생성되었으므로 Y는 전자를 잃고 산화되고 X^{2+}은 전자를 얻어 환원된다. 따라서 X의 산화수는 감소한다.

✗ $Y(s)$는 산화제이다.

➡ $Y(s)$는 전자를 잃고 산화되므로 자신이 산화되면서 다른 물질을 환원시키는 환원제이다.

ㄷ. Y 이온의 산화수는 $+3$이다.

➡ X^{2+} 6개가 반응하여 Y 이온 4개가 생성되었으므로 반응 몰비는 X^{2+} : Y 이온 = 3 : 2이다. 이때 반응 전후 양이온의 전하량의 총합이 같으므로 Y 이온의 전하는 $+3$이다. 따라서 Y 이온의 산화수는 $+3$이다.

---

16 산화수 변화와 산화 환원 반응, 산화제와 환원제 2023학년도 9월 모평 화I 9번

정답 ① | 정답률 61%

적용해야 할 개념 ③가지

① 산화수와 산화 환원: 산화수가 증가하는 반응이 산화, 산화수가 감소하는 반응이 환원이다.

② 산화제와 환원제

산화제	환원제
자신은 환원되면서 다른 물질을 산화시키는 물질	자신은 산화되면서 다른 물질을 환원시키는 물질

③ 금속과 금속염 수용액의 반응에서 산화된 금속이 잃은 전자의 양(mol)과 환원된 금속 이온이 얻은 전자의 양(mol)은 같다. ➡ 음이온이 반응하지 않을 때 금속 양이온의 전하량 총합은 반응 전후 같다.

문제 보기

그림 (가)와 (나)는 2가지 금속 이온 $X^{2+}(aq)$과 $Y^{m+}(aq)$이 각각 들어 있는 비커에 금속 $Z(s)$를 넣어 반응을 완결시켰을 때, 반응 전과 후 수용액에 존재하는 양이온의 종류와 양을 나타낸 것이다.

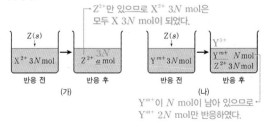

Z^{2+}만 있으므로 X^{2+} $3N$ mol은 모두 X $3N$ mol이 되었다.

Y^{m+}이 N mol이 남아 있으므로 Y^{m+} $2N$ mol만 반응하였다.

이에 대한 설명으로 옳은 것만을 〈보기〉에서 있는 대로 고른 것은? (단, X~Z는 임의의 원소 기호이고, X~Z는 물과 반응하지 않으며, 음이온은 반응에 참여하지 않는다.)

〈보기〉 풀이

ㄱ. $a = 3N$이다.

➡ X^{2+} $3N$ mol이 모두 반응하여 X $3N$ mol로 될 때 이동한 전자의 양(mol)은 $6N$ mol이다. $Z(s)$ 1 mol이 Z^{2+} 1 mol로 될 때 이동한 전자의 양(mol)은 2 mol이고, $Z(s)$가 Z^{2+} a mol로 될 때 이동한 전자의 양(mol) 또한 $6N$ mol이므로 $a = 3N$이다.

다른 풀이 (가)에서 X^{2+}의 전하량 총합과 Z^{2+}의 전하량 총합이 같으므로 $a = 3N$이다.

✗ $m = 1$이다.

➡ (나)에서 Y^{m+} $3N$ mol 중 N mol이 반응하지 않았으므로 Y^{m+} $2N$ mol만 반응하여 Y $2N$ mol로 된다. 이때 생성된 Z^{2+}의 양(mol)이 $3N$ mol이므로 $Z(s)$가 Z^{2+} $3N$ mol로 될 때 이동한 전자의 양(mol)은 $6N$ mol이다. 따라서 Y^{m+} $2N$ mol이 Y $2N$ mol로 될 때 이동한 전자의 양(mol) 또한 $6N$ mol이므로 $m = 3$이다.

✗ (가)와 (나)에서 모두 $Z(s)$는 산화제로 작용한다.

➡ (가)와 (나)에서 $Z(s)$는 모두 전자를 잃고 Z^{2+}으로 산화되므로 자신이 산화되면서 다른 물질을 환원시키는 환원제로 작용한다.

24 일차

467

문제편 268~275쪽

25 일차

01 ④	02 ②	03 ①	04 ②	05 ④	06 ①	07 ②	08 ③	09 ②	10 ⑤	11 ④	12 ③
13 ②	14 ④	15 ④	16 ④	17 ①	18 ③	19 ③	20 ①	21 ②	22 ②	23 ①	24 ③
25 ①	26 ①	27 ④	28 ①	29 ①	30 ①	31 ⑤	32 ③				

---

01 산화수 변화와 산화 환원 반응식 2023학년도 10월 학평 화Ⅰ 5번 정답 ④ | 정답률 86 %

적용해야 할 개념 ③가지

① 산화수와 산화 환원: 산화수가 증가하는 반응이 산화, 산화수가 감소하는 반응이 환원이다.
② 산화된 물질이 잃은 전자의 양(mol)과 환원된 물질이 얻은 전자의 양(mol)은 같다.
③ 화학 반응 전후 전하량의 총합은 같다.

문제 보기

다음은 산화 환원 반응의 화학 반응식이다. YO_4^-에서 O의 산화수는 -2이다.

전체 산화수 $2a$ 증가
$$aX^{2+} + bYO_4^- + cH^+ \longrightarrow aX^{4+} + bY^{2+} + dH_2O$$
전체 산화수 $5b$ 감소
(a~d는 반응 계수)

$\dfrac{b+d}{a+c}$는? (단, X, Y는 임의의 원소 기호이다.) [3점]

<보기> 풀이

Y의 산화수는 YO_4^-에서 $+7$이고 Y^{2+}에서 $+2$이며, 반응에 참여한 Y 원자 수는 b이므로 전체 산화수는 $5b$만큼 감소한다. X의 산화수는 X^{2+}에서 $+2$이고 X^{4+}에서 $+4$이며, 반응에 참여한 X 원자 수는 a이므로 전체 산화수는 $2a$만큼 증가한다. 산화 환원 반응에서 증가한 산화수와 감소한 산화수는 같으므로 $2a=5b$이다. 또한 반응에 참여하지 않는 H와 O의 원자 수가 같으므로 H 원자 수에 의해 $c=2d$, O 원자 수에 의해 $4b=d$이며, 반응 전후 전하량의 총합이 같으므로 $2a-b+c=4a+2b$에서 $c=2a+3b$이다. 따라서 $a=\dfrac{5}{2}b$, $c=8b$, $d=4b$이므로 $\dfrac{b+d}{a+c}=\dfrac{10}{21}$이다.

✗ $\dfrac{1}{3}$ ✗ $\dfrac{2}{5}$ ✗ $\dfrac{10}{23}$ ④ $\dfrac{10}{21}$ ✗ $\dfrac{1}{2}$

---

02 산화수 변화와 산화 환원 반응식 2024학년도 6월 모평 화Ⅰ 14번 정답 ② | 정답률 69 %

적용해야 할 개념 ③가지

① 원소의 산화수는 0이고, 화합물에서 각 원자의 산화수 합은 0이다.
② 산화수와 산화 환원: 산화수가 증가하는 반응이 산화, 산화수가 감소하는 반응이 환원이다.
③ 산화 환원 반응에서 증가한 산화수와 감소한 산화수가 같아지도록 산화 환원 반응식을 완성한다.

문제 보기

다음은 금속 M과 관련된 산화 환원 반응의 화학 반응식이다. M의 산화물에서 산소(O)의 산화수는 -2이다.

전체 산화수 증가: a
$$aM^{3+} + bClO_4^- + cH_2O \longrightarrow dCl^- + eMO^{2+} + fH^+$$
전체 산화수 감소: $8b$
(a~f는 반응 계수)

$\dfrac{d+f}{a+c}$는? (단, M은 임의의 원소 기호이다.) [3점]

<보기> 풀이

M의 산화수는 M^{3+}에서 $+3$이고, MO^{2+}에서 $+4$이며, M 원자 수가 a이므로 전체 산화수 증가는 a이다. Cl의 산화수는 ClO_4^-에서 $+7$이고, Cl^-에서 -1이므로 8 감소이며, Cl 원자 수가 b이므로 전체 산화수 감소는 $8b$이다. 이때 증가한 전체 산화수와 감소한 전체 산화수가 같으므로 $a=8b$이다.
또한 반응 전후 같은 원소의 원자 수가 같으므로 M 원자 수에 의해 $a=e$, Cl 원자 수에 의해 $b=d$, H 원자 수에 의해 $2c=f$, O 원자 수에 의해 $4b+c=e$이다. $4b+c=e$에서 $a=e=8b$이므로 $c=4b$이다. 따라서 $a=8b$, $c=4b$, $d=b$, $e=8b$, $f=2c=8b$이므로 $\dfrac{d+f}{a+c}=\dfrac{b+8b}{8b+4b}=\dfrac{3}{4}$이다.

✗ $\dfrac{5}{8}$ ② $\dfrac{3}{4}$ ✗ $\dfrac{8}{9}$ ✗ $\dfrac{9}{8}$ ✗ $\dfrac{3}{4}$

03 산화수 변화와 산화 환원 반응식 2023학년도 3월 학평 화I 13번 정답 ① | 정답률 64%

적용해야 할 개념 ③가지
① 원소의 산화수는 0이고, 화합물에서 각 원자의 산화수 합은 0이다.
② 산화수와 산화 환원: 산화수가 증가하는 반응이 산화, 산화수가 감소하는 반응이 환원이다.
③ 산화 환원 반응에서 증가한 산화수와 감소한 산화수가 같아지도록 산화 환원 반응식을 완성한다.

문제 보기

다음은 산화 환원 반응의 화학 반응식이다.

$$a\text{Cu} + b\text{NO}_3^- + c\text{H}^+ \longrightarrow a\text{Cu}^{2+} + b\text{NO} + d\text{H}_2\text{O}$$

산화(산화수 증가): Cu $0 \to +2$
NO_3^- $+5 \quad -2$, H^+ $+1$, Cu^{2+} $+2$, NO $+2 \quad -2$, H_2O $+1 \quad -2$
환원(산화수 감소)
($a \sim d$는 반응 계수)

$\dfrac{b+d}{a+c}$는?

<보기> 풀이

Cu의 산화수는 0에서 +2로 2만큼 증가하고, N의 산화수는 +5에서 +2로 3만큼 감소하며, 산화 환원 반응식에서 증가한 전체 산화수와 감소한 전체 산화수는 같으므로 화학 반응식은 다음과 같다.

$$3\text{Cu} + 2\text{NO}_3^- + c\text{H}^+ \longrightarrow 3\text{Cu}^{2+} + 2\text{NO} + d\text{H}_2\text{O}$$

따라서 $a=3$, $b=2$이다. 또한 반응 전후 산화수 변화가 없는 H, O 원자 수가 같으므로 H 원자에 의해 $c=2d$이고, O 원자에 의해 $2+d=6$이다. 따라서 $d=4$, $c=8$이므로 $\dfrac{b+d}{a+c} = \dfrac{2+4}{3+8} = \dfrac{6}{11}$이다.

① $\dfrac{6}{11}$ ② $\dfrac{8}{13}$ ③ $\dfrac{10}{7}$ ④ $\dfrac{13}{6}$ ⑤ $\dfrac{9}{4}$

---

04 산화수 변화와 산화 환원 반응식 2025학년도 6월 모평 화I 9번 정답 ② | 정답률 82%

적용해야 할 개념 ③가지
① 산화수 구하기: 단원자 이온의 산화수는 그 이온의 전하와 같고, 다원자 이온에서 구성 원자의 산화수의 합은 이온의 전하와 같다. 또 화합물에서 구성 원자의 산화수의 합은 0이다.
② 산화 환원 반응에서 증가한 산화수 합과 감소한 산화수 합이 같아지도록 산화 환원 반응식을 완성한다.
③ 반응 전후 전하량의 총합은 같다.

문제 보기

다음은 X와 관련된 산화 환원 반응의 화학 반응식이다. X의 산화물에서 산소(O)의 산화수는 −2이다.

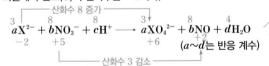

$$a\text{X}^{2-} + b\text{NO}_3^- + c\text{H}^+ \longrightarrow a\text{XO}_4^{2-} + b\text{NO} + d\text{H}_2\text{O}$$

산화수 8 증가: X $-2 \to$, NO_3^- $+5$, XO_4^{2-} $+6$, NO $+2$
산화수 3 감소
($a \sim d$는 반응 계수)

$\dfrac{b+d}{a}$는? (단, X는 임의의 원소 기호이다.)

<보기> 풀이

X의 산화수는 X^{2-}에서 −2이고, XO_4^{2-}에서 +6으로 산화수는 8 증가한다. N의 산화수는 NO_3^-에서 +5이고 NO에서 +2로 산화수는 3 감소한다. 이때 증가한 산화수 합과 감소한 산화수 합이 같아야 하므로 산화 환원 반응의 화학 반응식은 다음과 같다.

$$3\text{X}^{2-} + 8\text{NO}_3^- + c\text{H}^+ \longrightarrow 3\text{XO}_4^{2-} + 8\text{NO} + d\text{H}_2\text{O}$$

반응 전후 H 원자 수와 O 원자 수가 같아야 하므로 H 원자 수에 의해 $c=2d$이고, O 원자 수에 의해 $24=12+8+d$이므로 $c=8$, $d=4$이다. 따라서 $a=3$, $b=8$, $d=4$이므로 $\dfrac{b+d}{a} = \dfrac{8+4}{3} = 4$이다.

① 3   ② 4 ③ 5   ④ 6   ⑤ 7

적용해야 할 개념 ③가지

① 산화수 구하기: 단원자 이온의 산화수는 그 이온의 전하와 같고, 다원자 이온에서 구성 원자의 산화수의 합은 이온의 전하와 같다. 또 화합물에서 구성 원자의 산화수의 합은 0이다.

② 산화 환원 반응에서 증가한 산화수와 감소한 산화수가 같아지도록 산화 환원 반응식을 완성한다.

③ 반응 전후 전하량의 총합은 같다.

문제 보기

다음은 산화 환원 반응의 화학 반응식이다.

$$a\text{CrO}_2^- + b\text{ClO}^- + c\text{H}_2\text{O} \longrightarrow d\text{CrO}_4^{2-} + e\text{Cl}_2 + f\text{OH}^-$$

산화수 1 감소
산화수 3 증가
$+3 \quad +1 \qquad\qquad +6 \quad 0$

($a\sim f$는 반응 계수)

$\dfrac{f}{a+b}$는?

<보기> 풀이

Cl의 산화수는 ClO^-에서 $+1$이고 Cl_2에서 0이므로 Cl의 산화수는 1 감소한다. 또 Cr의 산화수는 CrO_2^-에서 $+3$이고, CrO_4^{2-}에서 $+6$이므로 Cr의 산화수는 3 증가한다.

반응 전후 원자의 종류와 수가 같고, 증가한 산화수 합과 감소한 산화수 합이 같아야 하므로 산화 환원 반응식은 다음과 같다.

$$2\text{CrO}_2^- + 6\text{ClO}^- + c\text{H}_2\text{O} \longrightarrow 2\text{CrO}_4^{2-} + 3\text{Cl}_2 + f\text{OH}^-$$

반응 전후 전하량의 총합은 같아야 하므로 $f=4$이고, 반응 전후 H의 수가 같아야 하므로 $c=2$이다. 따라서 $\dfrac{f}{a+b} = \dfrac{4}{2+6} = \dfrac{1}{2}$이다.

✗ $\dfrac{1}{5}$ ✗ $\dfrac{1}{4}$ ✗ $\dfrac{2}{5}$ ④ $\dfrac{1}{2}$ ✗ $\dfrac{3}{4}$

적용해야 할 개념 ③가지

① 산화수와 산화 환원: 산화수가 증가하는 반응이 산화, 산화수가 감소하는 반응이 환원이다.

② 산화된 물질이 잃은 전자의 양(mol)과 환원된 물질이 얻은 전자의 양(mol)은 같다.

③ 산화제와 환원제

산화제	환원제
자신은 환원되면서 다른 물질을 산화시키는 물질	자신은 산화되면서 다른 물질을 환원시키는 물질

문제 보기

다음은 $\text{ANO}_3(aq)$에 금속 B(s)를 넣었을 때 일어나는 반응의 화학 반응식이다. 금속 A의 원자량은 a이다.

반응 전후 이온의 전하량의 총합은 같으므로
$2 \times (+1) = 1 \times (+m)$에서 $m=2$이다.

산화(산화수 증가)
$$2\text{A}^+(aq) + \text{B}(s) \longrightarrow 2\text{A}(s) + \text{B}^{m+}(aq)$$
환원(산화수 감소)

이 반응에 대한 옳은 설명만을 〈보기〉에서 있는 대로 고른 것은? (단, A, B는 임의의 원소 기호이다.)

<보기> 풀이

ㄱ. $m=2$이다.
➡ 반응 전후 이온의 전하량의 총합은 같으므로 $m=2$이다.

✗ B(s)는 산화제이다.
➡ B(s)는 자신이 전자를 잃고 B^{m+}(B^{2+})으로 산화되면서 다른 물질을 환원시키므로 환원제이다.

✗ B(s) 1 mol이 모두 반응하였을 때 생성되는 A(s)의 질량은 $\dfrac{1}{2}a$ g이다.
➡ 화학 반응식으로부터 반응 몰비는 B(s) : A(s)=1 : 2이므로 B(s) 1 mol이 모두 반응하였을 때 생성되는 A(s)의 양(mol)은 2 mol이다. 이때 금속 A의 원자량이 a이므로 생성되는 A(s)의 질량은 $2a$ g이다.

07 산화수 변화와 산화 환원 반응식, 산화제와 환원제 2024학년도 3월 학평 화I 5번 정답 ② | 정답률 75%

적용해야 할 개념 ③가지

① 산화수 구하기: 단원자 이온의 산화수는 그 이온의 전하와 같고, 다원자 이온에서 구성 원자의 산화수의 합은 이온의 전하와 같다. 또 화합물에서 구성 원자의 산화수의 합은 0이다.

② 산화제와 환원제

산화제	환원제
자신은 환원되면서 다른 물질을 산화시키는 물질	자신은 산화되면서 다른 물질을 환원시키는 물질

③ 화학 반응 전후 전하량의 총합은 같다.

문제 보기

다음은 산화 환원 반응의 화학 반응식이다.

반응 전후 전하량의 총합은 같아야 하므로 $n=2$이다.

산화(산화수 증가)

$$MnO_2 + 2I^- + 4H^+ \longrightarrow Mn^{n+} + I_2 + 2H_2O$$
$$+4-2 \quad -1 \quad +1 \qquad +2 \qquad 0 \quad +1-2$$

환원(산화수 감소)

이에 대한 옳은 설명만을 〈보기〉에서 있는 대로 고른 것은?

〈보기〉 풀이

✗ I의 산화수는 감소한다.
➡ I의 산화수는 I^-에서 -1이고, I_2에서 0이다. 따라서 I의 산화수는 증가한다.

✗ $n=3$이다.
➡ 반응 전후 전하량의 총합은 같아야 하므로 $n=2$이다.

ⓒ MnO_2는 산화제이다.
➡ Mn의 산화수는 MnO_2에서 $+4$이고, $Mn^{n+}(Mn^{2+})$에서 $+2$이므로 산화수가 감소한다. 따라서 MnO_2는 자신이 환원되면서 다른 물질을 산화시키는 산화제이다.

08 산화수 변화와 산화 환원 반응식, 산화제와 환원제 2021학년도 9월 모평 화I 15번 정답 ③ | 정답률 69%

적용해야 할 개념 ④가지

① 화학 반응 전후 원자의 종류와 수는 같다.

② 산화수와 산화 환원: 산화수가 증가하는 반응이 산화, 산화수가 감소하는 반응이 환원이다.

③ 산화제와 환원제

산화제	환원제
자신은 환원되면서 다른 물질을 산화시키는 물질	자신은 산화되면서 다른 물질을 환원시키는 물질

④ 화학 반응식의 계수비: 반응물과 생성물의 몰비와 같다.

문제 보기

다음은 산화 환원 반응의 화학 반응식이다.

산화(산화수 증가)

$$a\mathrm{CuS} + b\mathrm{NO_3^-} + c\mathrm{H^+} \longrightarrow$$
$$3 \quad -2 \quad 8+5 \qquad 8$$
$$3\mathrm{Cu^{2+}} + a\mathrm{SO_4^{2-}} + b\mathrm{NO} + d\mathrm{H_2O}$$
$$3+6 \qquad 8+2 \quad 4$$

($a \sim d$는 반응 계수)

이에 대한 설명으로 옳은 것만을 〈보기〉에서 있는 대로 고른 것은? [3점]

〈보기〉 풀이

S의 산화수는 CuS에서 -2이고, SO_4^{2-}에서 $+6$이므로 S의 산화수 변화는 8 증가이다. N의 산화수는 NO_3^-에서 $+5$이고, NO에서 $+2$이므로 산화수 변화는 3 감소이다. 이때 증가한 산화수와 감소한 산화수가 같아야 하므로 반응 계수 a와 b는 각각 3, 8이다.

$$3\mathrm{CuS} + 8\mathrm{NO_3^-} + c\mathrm{H^+} \longrightarrow 3\mathrm{Cu^{2+}} + 3\mathrm{SO_4^{2-}} + 8\mathrm{NO} + d\mathrm{H_2O}$$

산화수 변화가 없는 H와 O의 원자 수는 반응물과 생성물에서 같으므로 다음 관계식이 성립한다.

H 원자 수: $c=2d$, O 원자 수: $24=12+8+d$

이 두 식을 풀면 $c=8$, $d=4$이고, 완성된 산화 환원 반응식은 다음과 같다.

$$3\mathrm{CuS} + 8\mathrm{NO_3^-} + 8\mathrm{H^+} \longrightarrow 3\mathrm{Cu^{2+}} + 3\mathrm{SO_4^{2-}} + 8\mathrm{NO} + 4\mathrm{H_2O}$$

ㄱ CuS는 환원제이다.
➡ S의 산화수는 CuS에서 -2이고, SO_4^{2-}에서 $+6$이므로 S의 산화수 변화는 8 증가이다. 즉 자신이 산화되면서 다른 물질을 환원시키는 환원제이다.

ㄴ $c+d>a+b$이다.
➡ $a=3$, $b=8$, $c=8$, $d=4$이므로 $c+d>a+b$이다.

✗ NO_3^- 2 mol이 반응하면 SO_4^{2-} 1 mol이 생성된다.
➡ 완성된 산화 환원 반응식에서 NO_3^-와 SO_4^{2-}의 반응 몰비가 8 : 3이므로 NO_3^- 2 mol이 반응하면 SO_4^{2-} $\dfrac{3}{4}$ mol이 생성된다.

적용해야 할 개념 ④가지

① 화학 반응 전후 원자의 종류와 수는 같다.
② 원소의 산화수는 0이고, 화합물에서 각 원자의 산화수 합은 0이다.
③ 산화수와 산화 환원: 산화수가 증가하는 반응이 산화, 산화수가 감소하는 반응이 환원이다.
④ 산화제와 환원제

산화제	환원제
자신은 환원되면서 다른 물질을 산화시키는 물질	자신은 산화되면서 다른 물질을 환원시키는 물질

문제 보기

다음은 산화 환원 반응의 화학 반응식이다.

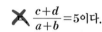

$$2aMnO_4^- + 5bH_2S + 6cH^+ \longrightarrow 2aMn^{2+} + 5bS + 8dH_2O$$

산화(산화수 증가)

$+7-2 \quad +1-2 \quad +1 \quad +2 \quad 0 \quad +1-2$

($a \sim d$는 반응 계수)

이에 대한 설명으로 옳은 것만을 〈보기〉에서 있는 대로 고른 것은?

〈보기〉 풀이

✗ H_2S는 산화제이다.

➡ S의 산화수는 H_2S에서 -2이고, S에서 0이다. 즉 S의 산화수 변화는 2 증가이므로 H_2S는 자신은 산화되면서 다른 물질을 환원시키는 환원제이다.

ㄴ) MnO_4^- 1 mol이 반응할 때 이동한 전자의 양(mol)은 5 mol이다.

➡ Mn의 산화수는 MnO_4^-에서 $+7$이고, Mn^{2+}에서 $+2$이다. 즉 MnO_4^- 1 mol이 반응할 때 1 mol의 Mn^{2+}이 생성되므로 이동한 전자의 양(mol)은 5 mol이다.

✗ $\dfrac{c+d}{a+b}=5$이다.

➡ S의 산화수 변화는 2증가이고, Mn의 산화수 변화는 5감소이다. 감소한 산화수와 증가한 산화수가 같도록 계수를 맞추면 다음과 같다.

$2MnO_4^- + 5H_2S + cH^+ \longrightarrow 2Mn^{2+} + 5S + dH_2O$

또한 반응물과 생성물에서 산화수 변화가 없는 H와 O의 원자 수가 같도록 계수를 맞추면 다음과 같다.

$2MnO_4^- + 5H_2S + 6H^+ \longrightarrow 2Mn^{2+} + 5S + 8H_2O$

a, b, c, d는 각각 2, 5, 6, 8이므로 $\dfrac{c+d}{a+b}=2$이다.

적용해야 할 개념 ④가지

① 화학 반응 전후 원자의 종류와 수는 같다.
② 원소의 산화수는 0이고, 화합물에서 각 원자의 산화수 합은 0이다.
③ 산화수와 산화 환원: 산화수가 증가하는 반응이 산화, 산화수가 감소하는 반응이 환원이다.
④ 산화제와 환원제

산화제	환원제
자신은 환원되면서 다른 물질을 산화시키는 물질	자신은 산화되면서 다른 물질을 환원시키는 물질

문제 보기

다음은 산화 환원 반응의 화학 반응식이다

산화(산화수 증가)

$aCl_2O_7(g) + bH_2O_2(aq) + cOH^-(aq)$

$1+7-2 \quad 4+1-1 \quad -2-2+1$

$\longrightarrow cClO_2^-(aq) + bO_2(g) + dH_2O(l)$

$2+3-2 \quad 4\ 0 \quad 5+1-2$

($a \sim d$는 반응 계수)

이에 대한 설명으로 옳은 것만을 〈보기〉에서 있는 대로 고른 것은? [3점]

〈보기〉 풀이

ㄱ) H_2O_2는 환원제이다.

➡ O의 산화수는 H_2O_2에서 -1이고, O_2에서 0이다. O의 산화수는 1 증가하므로 H_2O_2는 자신이 산화되면서 다른 물질을 환원시키는 환원제이다.

ㄴ) Cl의 산화수는 4만큼 감소한다.

➡ Cl의 산화수는 Cl_2O_7에서 $+7$이고, ClO_2^-에서 $+3$이다. Cl의 산화수는 4만큼 감소한다.

ㄷ) $a+d=b+c$이다.

➡ 반응 전 원자의 종류와 수가 같으므로 각 원자 수는 다음과 같다.

원자	Cl	O	H
반응 전	$2a$	$7a+2b+c$	$2b+c$
반응 후	c	$2c+2b+d$	$2d$

이로부터 $c=2a$, $7a+2b+c=2c+2b+d$, $2b+c=2d$이고, $c=2a$, $d=5a$, $b=4a$이다.
$a+5a=4a+2a$이므로 $a+d=b+c$이다.

11 산화수 변화와 산화 환원 반응식 2023학년도 6월 모평 화I 8번

정답 ④ | 정답률 78 %

적용해야 할 개념 ⑤가지

① 원소를 구성하는 원자의 산화수는 0이고, 1원자 이온의 산화수는 그 이온의 전하와 같다.

② 산화수와 산화 환원: 산화수가 증가하는 반응이 산화, 산화수가 감소하는 반응이 환원이다.

③ 산화제와 환원제

산화제	환원제
자신은 환원되면서 다른 물질을 산화시키는 물질	자신은 산화되면서 다른 물질을 환원시키는 물질

④ 화학 반응식의 계수비: 반응물과 생성물의 몰비와 같다.

⑤ 산화 환원 반응에서 증가한 산화수와 감소한 산화수가 같아지도록 산화 환원 반응식을 완성한다.

문제 보기

다음은 금속 X와 Y의 산화 환원 반응 실험이다.

[화학 반응식]

산화(산화수 증가)

$a\mathrm{X}^{m+}(aq) + b\mathrm{Y}(s) \longrightarrow a\mathrm{X}(s) + b\mathrm{Y}^{+}(aq)$

(a, b는 반응 계수)

[실험 과정 및 결과]

X^{m+} N mol이 들어 있는 수용액에 충분한 양의 Y(s)를 넣어 반응을 완결시켰을 때, Y^{+} $2N$ mol이 생성되었다.

반응 몰비 $\mathrm{X}^{m+} : \mathrm{Y}^{+} = 1 : 2$
→ $a : b = 1 : 2$

이에 대한 설명으로 옳은 것만을 〈보기〉에서 있는 대로 고른 것은? (단, X와 Y는 임의의 원소 기호이고, X와 Y는 물과 반응하지 않으며, 음이온은 반응에 참여하지 않는다.)

〈보기〉 풀이

✗ X의 산화수는 증가한다.

➡ X의 산화수는 X^{m+}에서 $+m$이고, X에서 0이므로 X의 산화수는 m만큼 감소한다.

ㄴ. Y(s)는 환원제이다.

➡ Y의 산화수는 Y에서 0이고, Y^{+}에서 $+1$이므로 산화수는 1만큼 증가한다. 즉 Y(s)는 자신이 산화되면서 다른 물질을 환원시키는 환원제이다.

ㄷ. $m = 2$이다.

➡ X^{m+} N mol이 반응하여 Y^{+} $2N$ mol이 생성되므로 X^{m+}과 Y^{+}의 반응 몰비는 1 : 2이고, $a=1$, $b=2$이다. 산화 환원 반응에서 산화수 변화가 같아지도록 증가한 전체 산화수와 감소한 전체 산화수가 같아야 한다. 따라서 Y의 전체 산화수는 2만큼 증가하므로 X의 전체 산화수도 2만큼 감소해야 한다. 이때 X^{m+}의 반응 계수가 1이므로 $m=2$이다.

---

12 산화수 변화와 산화 환원 반응식 2022학년도 4월 학평 화I 9번

정답 ③ | 정답률 56 %

적용해야 할 개념 ③가지

① 원소의 산화수는 0이고, 화합물에서 각 원자의 산화수 합은 0이다.

② 산화수와 산화 환원: 산화수가 증가하는 반응이 산화, 산화수가 감소하는 반응이 환원이다.

③ 산화 환원 반응에서 산화수 변화가 같아지도록 산화 환원 반응식을 완성한다.

문제 보기

다음은 어떤 산화 환원 반응에 대한 자료이다.

○ 화학 반응식:

산화(산화수 증가)

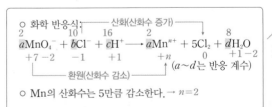

$a\mathrm{MnO_4^-} + b\mathrm{Cl^-} + c\mathrm{H^+} \longrightarrow a\mathrm{Mn}^{n+} + 5\mathrm{Cl_2} + d\mathrm{H_2O}$

환원(산화수 감소)　　($a{\sim}d$는 반응 계수)

○ Mn의 산화수는 5만큼 감소한다. → $n=2$

이에 대한 설명으로 옳은 것만을 〈보기〉에서 있는 대로 고른 것은? [3점]

〈보기〉 풀이

ㄱ. n은 2이다.

➡ Mn의 산화수는 $\mathrm{MnO_4^-}$에서 $+7$이고, Mn^{n+}에서 $+n$이다. Mn의 산화수는 5만큼 감소하므로 $7-n=5$이고, $n=2$이다.

✗ Cl의 산화수는 2만큼 증가한다.

➡ Cl의 산화수는 $\mathrm{Cl^-}$에서 -1이고, $\mathrm{Cl_2}$에서 0이므로 산화수는 1만큼 증가한다.

ㄷ. $a+c=b+d$이다.

➡ 산화 환원 반응식에서 증가한 전체 산화수와 감소한 전체 산화수는 같다. Cl의 산화수는 1만큼 증가하고, 반응식에서 증가한 Cl의 전체 산화수는 10이므로 반응 계수 $b=10$이다. Mn의 산화수는 5만큼 감소하고, 반응식에서 감소한 Mn의 전체 산화수는 10이여야 하므로 반응 계수 $a=2$이다. 이로부터 산화 환원 반응식은 다음과 같다.

$2\mathrm{MnO_4^-} + 10\mathrm{Cl^-} + c\mathrm{H^+} \longrightarrow 2\mathrm{Mn}^{2+} + 5\mathrm{Cl_2} + d\mathrm{H_2O}$

반응물과 생성물에서 산화수 변화가 없는 H와 O의 원자 수가 같도록 계수를 맞추면 다음과 같다.

$2\mathrm{MnO_4^-} + 10\mathrm{Cl^-} + 16\mathrm{H^+} \longrightarrow 2\mathrm{Mn}^{2+} + 5\mathrm{Cl_2} + 8\mathrm{H_2O}$

산화 환원 반응식을 완성하면 $a=2$, $b=10$, $c=16$, $d=8$이므로 $a+c=b+d$이다.

적용해야 할 개념 ④가지

① 산화수와 산화 환원: 산화수가 증가하는 반응이 산화, 산화수가 감소하는 반응이 환원이다.
② 산화된 물질이 잃은 전자의 양(mol)과 환원된 물질이 얻은 전자의 양(mol)은 같다.
③ 산화제와 환원제

산화제	환원제
자신은 환원되면서 다른 물질을 산화시키는 물질	자신은 산화되면서 다른 물질을 환원시키는 물질

④ 화학 반응 전후 전하량의 총합은 같다.

문제 보기

다음은 금속 M과 관련된 산화 환원 반응에 대한 자료이다. M의 산화물에서 산소(O)의 산화수는 -2이다.

○ 화학 반응식
(가) $MO_2 + 4HCl \longrightarrow MCl_2 + 2H_2O + Cl_2$
$\qquad \overset{+4}{M}O_2 \qquad\qquad \overset{+2}{M}Cl_2$
(나) $2MO_2 + aI_2 + bOH^- \longrightarrow 2MO_x^- + cH_2O + dI^-$
$\qquad \overset{+4}{M}O_2 \qquad$ ($a \sim d$는 반응 계수)

○ $\dfrac{\text{반응물에서 M의 산화수}}{\text{생성물에서 M의 산화수}}$ 는 (가) : (나) $= 7 : 2$이다.

→ (가)와 (나)에서 반응물 MO_2에서 M의 산화수는 모두 $+4$이므로 생성물에서 M의 산화수비는 (가) : (나) $= 2 : 7$이다. ➡ (나)의 MO_x^-에서 M의 산화수는 $+7$이다. ➡ M의 산화수는 $2x-1$이므로 $x=4$이다.

$\dfrac{b+d}{x}$ 는? (단, M은 임의의 원소 기호이다.) [3점]

＜보기＞ 풀이

(가)에서 반응물 MO_2에서 M의 산화수는 $+4$이고, 생성물 MCl_2에서 M의 산화수는 $+2$이다.

(나)에서 반응물 MO_2에서 M의 산화수는 $+4$이고, $\dfrac{\text{반응물에서 M의 산화수}}{\text{생성물에서 M의 산화수}}$ 는 (가) : (나) $= 7 :$ 2이므로 생성물에서 M의 산화수비는 (가) : (나) $= 2 : 7$이다. 따라서 (나)에서 생성물 MO_x^-에서 M의 산화수는 $+7$이다. MO_x^-에서 (M의 산화수) $-2x = -1$이고, M의 산화수는 $+7$이므로 $x=4$이다.

(나)에서 반응 전후 전하량의 총합이 같으므로 $b = 2+d$이고, 반응 전후 원자의 종류와 수가 같으므로 H의 원자 수에 의해 $b = 2c$, O의 원자 수에 의해 $4+b = 8+c$, I의 원자 수에 의해 $2a = d$이고, 이 식들을 풀면 $a=3, b=8, c=4, d=6$이다. 따라서 $\dfrac{b+d}{x} = \dfrac{8+6}{4} = \dfrac{7}{2}$이다.

 4 ② $\dfrac{7}{2}$ $\dfrac{9}{4}$ $\dfrac{3}{2}$ 1

적용해야 할 개념 ③가지

① 산화수와 산화 환원: 산화수가 증가하는 반응이 산화, 산화수가 감소하는 반응이 환원이다.
② 산화된 물질이 잃은 전자의 양(mol)과 환원된 물질이 얻은 전자의 양(mol)은 같다.
③ 화학 반응 전후 원자의 종류와 수는 같다.

문제 보기

다음은 금속 M과 관련된 산화 환원 반응에 대한 자료이다.

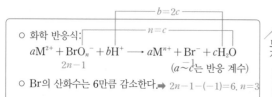

○ 화학 반응식:
$aM^{2+} + BrO_n^- + bH^+ \longrightarrow aM^{n+} + Br^- + cH_2O$
$\qquad\qquad \overset{2n-1}{}$ ($a \sim c$는 반응 계수)
○ Br의 산화수는 6만큼 감소한다. ➡ $2n-1-(-1)=6, n=3$

$\dfrac{a+b}{c}$ 는? (단, M은 임의의 원소 기호이다.)

＜보기＞ 풀이

Br의 산화수는 BrO_n^-에서 $2n-1$이고, Br^-에서 -1이며, Br의 산화수는 6만큼 감소하므로 $2n-1-(-1)=6$이고, $n=3$이다. 이로부터 제시된 산화 환원 반응식은 다음과 같다.
$aM^{2+} + BrO_3^- + bH^+ \longrightarrow aM^{3+} + Br^- + cH_2O$
반응 전후 O 원자 수와 H 원자 수는 각각 같으므로 O 원자 수에 의해 $c=3$이고, H 원자 수에 의해 $b=6$이다. 이로부터 제시된 산화 환원 반응식은 다음과 같다.
$aM^{2+} + BrO_3^- + 6H^+ \longrightarrow aM^{3+} + Br^- + 3H_2O$
반응물과 생성물의 전하량의 총합이 같으므로 $2a-1+6 = 3a-1$이고, $a=6$이다. 따라서 $\dfrac{a+b}{c} = \dfrac{6+6}{3} = 4$이다.

 1   2   3 ④ 4   5

15 산화수 변화와 산화 환원 반응식, 산화제와 환원제 2023학년도 4월 학평 18번   정답 ④ | 정답률 47%

적용해야 할 개념 ③가지

① 산화수와 산화 환원: 산화수가 증가하는 반응이 산화, 산화수가 감소하는 반응이 환원이다.

② 산화된 물질이 잃은 전자의 양(mol)과 환원된 물질이 얻은 전자의 양(mol)은 같다.

③ 산화제와 환원제

산화제	환원제
자신은 환원되면서 다른 물질을 산화시키는 물질	자신은 산화되면서 다른 물질을 환원시키는 물질

문제 보기

다음은 금속 X, Y와 관련된 산화 환원 반응에 대한 자료이다. Y의 산화물에서 O의 산화수는 -2이다.

○ 화학 반응식:

산화(산화수 2 증가)

$a\mathrm{X}^{m+} + b\mathrm{YO}_n{}^- + c\mathrm{H}^+ \longrightarrow a\mathrm{X}^{(m+2)+} + b\mathrm{Y}^{m+} + d\mathrm{H}_2\mathrm{O}$

환원제 $2n-1$ 산화제 $+m$ ($a{\sim}d$는 반응 계수)

환원(산화수 감소)

○ Y의 산화수는 $(n+1)$만큼 감소한다.

○ 산화제와 환원제는 $2 : (2m+1)$의 몰비로 반응한다.

$\rightarrow (2n-1)-m=n+1$

$2\times(2m+1)=(n+1)\times2$

$m+n$은? (단, X, Y는 임의의 원소 기호이다.) [3점]

<보기> 풀이

X의 산화수는 $+m$에서 $+(m+2)$로 2만큼 증가하므로 X^{m+}은 자신은 산화되면서 다른 물질을 환원시키는 환원제이다. 또한 H의 산화수는 반응 전후 $+1$로 같으므로 $\mathrm{YO}_n{}^-$은 자신은 환원되면서 다른 물질을 산화시키는 산화제이다.

반응물 $\mathrm{YO}_n{}^-$에서 Y의 산화수를 y라고 하면 $y+(-2)\times n=-1$이므로 $y=2n-1$이고, 생성물 Y^{m+}에서 Y의 산화수는 $+m$이며, Y의 산화수는 $(n+1)$만큼 감소하므로 $(2n-1)-m=n+1$이다. 따라서 $m=(2n-1)-(n+1)=n-2$에서 $n=m+2(\cdots$ ①)이다.

산화제 $\mathrm{YO}_n{}^-$과 환원제 X^{m+}이 $2 : (2m+1)$의 몰비로 반응하며, X의 산화수는 2만큼 증가하고, Y의 산화수는 $(n+1)$만큼 감소하므로 $2\times(2m+1)=(n+1)\times2$이다. 따라서 $n=2m(\cdots$ ②)이다. ①과 ② 식을 풀면 $m=2$, $n=4$이므로 $m+n=6$이다.

 3   4   5   ④ 6   7

---

16 산화수 변화와 산화 환원 반응식 2023학년도 9월 모평 화I 13번   정답 ④ | 정답률 70%

적용해야 할 개념 ④가지

① 화학 반응 전후 원소의 종류와 원자의 수는 같다.

② 원소의 산화수는 0이고, 화합물에서 각 원자의 산화수 합은 0이다.

③ 산화수와 산화 환원: 산화수가 증가하는 반응이 산화, 산화수가 감소하는 반응이 환원이다.

④ 산화제와 환원제

산화제	환원제
자신은 환원되면서 다른 물질을 산화시키는 물질	자신은 산화되면서 다른 물질을 환원시키는 물질

문제 보기

다음은 금속 M과 관련된 산화 환원 반응에 대한 자료이다.

○ 화학 반응식:

산화(산화수 증가)

$a\mathrm{M} + b\mathrm{NO}_3{}^- + c\mathrm{H}^+ \longrightarrow a\mathrm{M}^{x+} + b\mathrm{NO}_2 + d\mathrm{H}_2\mathrm{O}$

0 ⊙   2 ⓛ   4 ⓒ $+x$ 1   ($a{\sim}d$는 반응 계수)

환원(산화수 감소)

○ ⊙~ⓒ 중 산화제와 환원제는 $2 : 1$의 몰비로 반응한다. $\mathrm{NO}_3{}^-$ M $a:b=1:2$

○ $\mathrm{NO}_3{}^-$ 1 mol이 반응할 때 생성된 $\mathrm{H}_2\mathrm{O}$의 양은 y mol 이다. $\rightarrow b:d=1:y$

$x+y$는? (단, M은 임의의 원소 기호이다.) [3점]

<보기> 풀이

M의 산화수는 M에서 0이고, M^{x+}에서 $+x$로 산화수가 증가하므로 M은 자신은 산화되면서 다른 물질을 환원시키는 환원제이다. N의 산화수는 $\mathrm{NO}_3{}^-$에서 $+5$이고, NO_2에서 $+4$로 산화수가 감소하므로 $\mathrm{NO}_3{}^-$은 자신은 환원되면서 다른 물질을 산화시키는 산화제이다. 산화제 $\mathrm{NO}_3{}^-$과 환원제 M의 반응 몰비는 $2:1$이므로 반응 계수비는 $a:b=1:2$이다. 또한 $\mathrm{NO}_3{}^-$ 1 mol이 반응할 때 생성된 $\mathrm{H}_2\mathrm{O}$의 양(mol)이 y mol이므로 $\mathrm{NO}_3{}^-$ 2 mol이 반응할 때 생성된 $\mathrm{H}_2\mathrm{O}$의 양(mol)이 $2y$ mol이고, 화학 반응식은 다음과 같다.

$\mathrm{M} + 2\mathrm{NO}_3{}^- + c\mathrm{H}^+ \longrightarrow \mathrm{M}^{x+} + 2\mathrm{NO}_2 + 2y\mathrm{H}_2\mathrm{O}$

산화수 변화가 없는 H와 O의 원자 수는 반응 전후 같으므로 O 원자 수로부터 $6=4+2y$가 성립하고, $y=1$이다. 또한 H 원자 수로부터 $c=4$이다. 이로부터 화학 반응식은 다음과 같다.

$\mathrm{M} + 2\mathrm{NO}_3{}^- + 4\mathrm{H}^+ \longrightarrow \mathrm{M}^{x+} + 2\mathrm{NO}_2 + 2\mathrm{H}_2\mathrm{O}$

이때 반응 전과 후 전하의 총합은 같으므로 $x=2$이다. 따라서 $x+y=2+1=3$이다.

 $\dfrac{3}{2}$ 2 $\dfrac{5}{2}$ ④ 3 $\dfrac{7}{2}$

적용해야 할 개념 ④가지

① 원소의 산화수는 0이고, 화합물에서 각 원자의 산화수 합은 0이다.
② 산화수와 산화 환원: 산화수가 증가하는 반응이 산화, 산화수가 감소하는 반응이 환원이다.
③ 화학 반응식의 계수비: 반응물과 생성물의 몰비와 같다.
④ 산화 환원 반응에서 증가한 산화수와 감소한 산화수가 같아지도록 산화 환원 반응식을 완성한다.

문제 보기

다음은 금속 M과 관련된 산화 환원 반응의 화학 반응식과 이에 대한 자료이다.

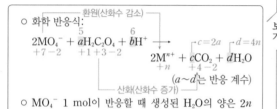

○ MO_4^- 1 mol이 반응할 때 생성된 H_2O의 양은 $2n$ mol이다.

$a+b$는? (단, M은 임의의 원소 기호이다.) [3점]

\<보기\> 풀이

❶ 산화 환원 반응에서 산화수 변화 파악하기

$H_2C_2O_4$에서 C의 산화수를 x라고 하면 $2 \times (+1) + 2x + 4 \times (-2) = 0$이므로 $x = +3$이다. 한편 CO_2에서 C의 산화수는 $+4$이므로 C의 산화수 변화는 1 증가이다.

또한 반응 전후 원자의 종류와 수가 같아야 하고, C 원자 수는 반응물에서 $2a$이고 생성물에서 c이므로 $2a = c$이다. 이로부터 C 원자 수는 c이므로 C의 전체 산화수 변화는 c 증가이다.

M의 산화수는 MO_4^-에서 $+7$이고, M^{n+}에서 $+n$이므로 M의 산화수 변화는 $(7-n)$ 감소이고, M 원자 수가 2이므로 M의 전체 산화수 변화는 $2 \times (7-n)$ 감소이다.

이때 증가한 산화수와 감소한 산화수가 같아야 하므로 $2 \times (7-n) = 2a$이고, $a = 7-n$이다.

❷ 반응 몰비를 이용해 a, b, n으로만 화학 반응식 나타내기

MO_4^- 1 mol이 반응할 때 생성된 H_2O의 양(mol)이 $2n$ mol이므로 반응 몰비는 $MO_4^- : H_2O = 1 : 2n$이고, $d = 4n$이다. 이로부터 화학 반응식은 다음과 같다.

$$2MO_4^- + aH_2C_2O_4 + bH^+ \longrightarrow 2M^{n+} + 2aCO_2 + 4nH_2O$$

❸ 화학 반응식에서 반응 전후 원자의 수와 종류가 같다는 것을 이용해 a, b, n 구하기

산화수 변화가 없는 H와 O의 원자 수는 반응물과 생성물에서 같아야 하므로 다음 관계식이 성립한다.

O 원자 수		H 원자 수	
반응물	생성물	반응물	생성물
$8+4a$	$4a+4n$	$2a+b$	$8n$

이로부터 $8+4a = 4a+4n$, $2a+b = 8n$이고, $n = 2$이다.
$a = 7-n = 7-2 = 5$, $2a+b = (2 \times 5) + b = 16$이므로 $b = 6$이다. 따라서 $a+b = 5+6 = 11$이다.

① 11 12 13 14 15

적용해야 할 개념 ③가지

① 산화수 구하기: 단원자 이온의 산화수는 그 이온의 전하와 같고, 다원자 이온에서 구성 원자의 산화수의 합은 이온의 전하와 같다. 또 화합물에서 구성 원자의 산화수의 합은 0이다.
② 환원제의 증가한 산화수 합은 산화제의 감소한 산화수 합과 같다.
③ 화학 반응 전후 전하량의 총합은 같다.

문제 보기

다음은 원소 X, Y와 관련된 산화 환원 반응에 대한 자료이다. X와 Y의 산화물에서 산소(O)의 산화수는 -2이다.

○ 화학 반응식:
$$aXO_4^- + bYO_3^{m-} + cH_2O \longrightarrow aXO_m + bYO_4^{2-} + 2dOH^-$$
($a \sim d$는 반응 계수)

○ $\dfrac{\text{생성물에서 X의 산화수}}{\text{반응물에서 Y의 산화수}} = 1$이다.

└ 생성물에서 X의 산화수와 반응물에서 Y의 산화수가 같다.

YO_3^{m-}에서 Y의 산화수를 y라고 하면 $y = 6-m$. XO_m에서 X의 산화수를 x라고 하면 $x = 2m$ ➡ $6-m = 2m$, $m = 2$

$\dfrac{b+c}{a+d}$는? (단, X와 Y는 임의의 원소 기호이다.)

\<보기\> 풀이

X와 Y의 산화물에서 O의 산화수가 -2이므로 YO_3^{m-}에서 Y의 산화수를 y라고 하면 $y = 6-m$이고, XO_m에서 X의 산화수를 x라고 하면 $x = 2m$이다. 이때 반응물에서 Y의 산화수와 생성물에서 X의 산화수가 같으므로 $6-m = 2m$이고, $m = 2$이다. 이를 적용하여 제시된 산화 환원 반응식을 나타내면 다음과 같다.

$$aXO_4^- + bYO_3^{2-} + cH_2O \longrightarrow aXO_2 + bYO_4^{2-} + dOH^-$$

X의 산화수는 XO_4^-에서 $+7$이고, XO_2에서 $+4$이므로 전체 산화수는 $3a$만큼 감소한다. 한편 Y의 산화수는 YO_3^{2-}에서 $+4$이고 YO_4^{2-}에서 $+6$이므로 전체 산화수는 $2b$만큼 증가한다. 산화제의 감소한 산화수 합과 환원제의 증가한 산화수 합이 같아야 하므로 $a : b = 2 : 3$이다. $a = 2$, $b = 3$이라 가정하고 산화 환원 반응식을 나타내면 다음과 같다.

$$2XO_4^- + 3YO_3^{2-} + cH_2O \longrightarrow 2XO_2 + 3YO_4^{2-} + dOH^-$$

이때 산화수 변화가 없는 H, O 원자 수는 반응 전후 같으므로 O 원자 수에 의해 $8+9+c = 4+12+d$이고, H 원자 수에 의해 $2c = d$이다.

이 두 식을 풀면 $c = 1$, $d = 2$이므로 $\dfrac{b+c}{a+d} = \dfrac{3+1}{2+2} = 1$이다.

 $\dfrac{5}{8}$ $\dfrac{4}{5}$ ③ 1 $\dfrac{5}{4}$ $\dfrac{5}{2}$

19 산화수 변화와 산화 환원 반응식 2023학년도 수능 화I 14번

적용해야 할 개념 ④가지

① 화학 반응 전후 원자의 종류와 수는 같다.

② 원소의 산화수는 0이고, 화합물에서 각 원자의 산화수 합은 0이다.

③ 산화수와 산화 환원: 산화수가 증가하는 반응이 산화, 산화수가 감소하는 반응이 환원이다.

④ 산화제와 환원제

산화제	환원제
자신은 환원되면서 다른 물질을 산화시키는 물질	자신은 산화되면서 다른 물질을 환원시키는 물질

문제 보기

다음은 금속 X, Y와 관련된 산화 환원 반응에 대한 자료이다. X의 산화물에서 산소(O)의 산화수는 -2이다.

○ 화학 반응식:

$a\mathrm{X}_2\mathrm{O}_m{}^{2-} + b\mathrm{Y}^{(n-1)+} + c\mathrm{H}^+$
$\longrightarrow d\mathrm{X}^{n+} + b\mathrm{Y}^{n+} + e\mathrm{H}_2\mathrm{O}$
($a \sim e$는 반응 계수)

$b : d = 3 : 1$

○ $\mathrm{Y}^{(n-1)+}$ 3 mol이 반응할 때 생성된 X^{n+}은 1 mol이다.

○ 반응물에서 $\dfrac{\mathrm{X의\ 산화수}}{\mathrm{Y의\ 산화수}} = 3$이다.

$m+n$은? (단, X와 Y는 임의의 원소 기호이다.) [3점]

<보기> 풀이

X의 산화물에서 O의 산화수가 -2이므로 X의 산화수를 x라고 하면 $2x + (-2) \times m = -2$이고, $x = m - 1$이다.

반응물에서 X 원자 수는 $2a$이고 반응 전후 원자의 종류와 수가 같으므로 $2a = d$이다. 또 반응 몰비가 $\mathrm{Y}^{(n-1)+} : \mathrm{X}^{n+} = 3 : 1$이므로 $b : 2a = 3 : 1$이고 $b = 6a$이며, 화학 반응식은 다음과 같다.

$a\mathrm{X}_2\mathrm{O}_m{}^{2-} + 6a\mathrm{Y}^{(n-1)+} + c\mathrm{H}^+ \longrightarrow 2a\mathrm{X}^{n+} + 6a\mathrm{Y}^{n+} + e\mathrm{H}_2\mathrm{O}$

반응물에서 Y의 산화수는 $(n-1)$이므로 $\dfrac{\mathrm{X의\ 산화수}}{\mathrm{Y의\ 산화수}} = \dfrac{x}{n-1} = 3$이고, $x = 3(n-1)$이다.

$x = m-1$, $x = 3(n-1)$에서 $m = 3n - 2$이다. …①

반응에 참여하지 않는 H, O 원자 수가 반응 전후 같으므로 O 원자 수는 $am = e$, H 원자 수는 $c = 2e$이고 화학 반응식은 다음과 같다.

$a\mathrm{X}_2\mathrm{O}_m{}^{2-} + 6a\mathrm{Y}^{(n-1)+} + 2am\mathrm{H}^+ \longrightarrow 2a\mathrm{X}^{n+} + 6a\mathrm{Y}^{n+} + am\mathrm{H}_2\mathrm{O}$

➡ $\mathrm{X}_2\mathrm{O}_m{}^{2-} + 6\mathrm{Y}^{(n-1)+} + 2m\mathrm{H}^+ \longrightarrow 2\mathrm{X}^{n+} + 6\mathrm{Y}^{n+} + m\mathrm{H}_2\mathrm{O}$

반응 전후 전하량의 총합이 같으므로 $-2 + 6(n-1) + 2m = 2n + 6n$이다. …②

①, ②를 풀면 $m = 7$, $n = 3$이므로 $m + n = 10$이다.

 6   8   ③ 10   12   14

적용해야 할 개념 ④가지

① 산화수 구하기: 단원자 이온의 산화수는 그 이온의 전하와 같고, 다원자 이온에서 구성 원자의 산화수의 합은 이온의 전하와 같다. 또 화합물에서 구성 원자의 산화수의 합은 0이다.

② 산화제와 환원제

산화제	환원제
자신은 환원되면서 다른 물질을 산화시키는 물질	자신은 산화되면서 다른 물질을 환원시키는 물질

③ 환원제의 증가한 산화수는 산화제의 감소한 산화수와 같다.

④ 화학 반응 전후 전하량의 총합은 같다.

문제 보기

다음은 금속 M과 관련된 산화 환원 반응에 대한 자료이다. M의 산화물에서 산소(O)의 산화수는 -2이다.

○ 화학 반응식:
$$a\overset{2}{M}(OH)_4{}^- + b\overset{3}{Cl}O^- + cOH^- \longrightarrow$$
$$a\overset{2}{M}O_x{}^{2-} + b\overset{}{Cl}^- + dH_2O \ (a{\sim}d\text{는 반응 계수})$$

○ 반응물 중 산화제와 환원제는 3 : 2의 몰비로 반응한다.

○ $M(OH)_4{}^-$ y mol이 반응할 때 생성된 H_2O의 양은 1 mol이다.

산화제 ClO^-과 환원제 $M(OH)_4{}^-$은 3 : 2의 몰비로 반응하므로
$a : b = 2 : 3$ ➡ $3 \times 2 = 2 \times (2x-5)$, $x=4$
$M(OH)_4{}^-$ 2 mol이 반응할 때 생성된 H_2O의 양은 5 mol
➡ H_2O 1 mol이 생성될 때 반응한 $M(OH)_4{}^-$의 양은 $\dfrac{2}{5}$ mol
➡ $y = \dfrac{2}{5}$

$\dfrac{y}{x}$는? (단, M은 임의의 원소 기호이다.) [3점]

<보기> 풀이

❶ 산화제와 환원제 찾기

Cl의 산화수는 ClO^-에서 $+1$이고, Cl^-에서 -1이므로 Cl의 산화수는 2만큼 감소한다. 따라서 ClO^-은 자신이 환원되면서 다른 물질을 산화시키는 산화제이다. 한편 $MO_x{}^{2-}$에서 O의 산화수가 -2이므로 M의 산화수는 $2x-2$이고, $M(OH)_4{}^-$에서 M의 산화수는 $+3$이므로 M의 산화수는 $(2x-2)-3 = 2x-5$만큼 증가한다. 따라서 $M(OH)_4{}^-$은 자신이 산화되면서 다른 물질을 환원시키는 환원제이다.

❷ 산화제와 환원제의 반응 몰비를 이용하여 x, y 구하기

산화제 ClO^-과 환원제 $M(OH)_4{}^-$은 3 : 2의 몰비로 반응하므로 $a : b = 2 : 3$이다. 산화제의 전체 산화수 감소와 환원제의 전체 산화수 증가는 같으므로 다음 관계식이 성립한다.

$3 \times 2 = 2 \times (2x-5)$, $x=4$

이로부터 산화 환원 반응식은 다음과 같다.

$$2M(OH)_4{}^- + 3ClO^- + cOH^- \longrightarrow 2MO_4{}^{2-} + 3Cl^- + dH_2O$$

산화수 변화가 없는 H와 O의 원자 수는 반응 전후 같으므로 H 원자 수에 의해 $8+c=2d$이고, O 원자 수에 의해 $8+3+c=8+d$이다. 이 두 식을 풀면 $c=2$, $d=5$이다. 이로부터 $M(OH)_4{}^-$ 2 mol이 반응할 때 생성된 H_2O의 양은 5 mol이므로 H_2O 1 mol이 생성될 때 반응한 $M(OH)_4{}^-$의 양은 $\dfrac{2}{5}$ mol이고, $y=\dfrac{2}{5}$이다.

따라서 $\dfrac{y}{x} = \dfrac{\frac{2}{5}}{4} = \dfrac{1}{10}$이다.

① $\dfrac{1}{10}$ ✕ $\dfrac{5}{8}$ ✕ $\dfrac{8}{5}$ ✕ $\dfrac{5}{2}$ ✕ 10

21 산화수 변화와 산화 환원 반응식 2024학년도 수능 화I 12번 　　　정답 ② | 정답률 71 %

적용해야 할 개념 ③가지

① 단원자 이온의 산화수는 그 이온의 전하와 같고, 다원자 이온에서 구성 원자의 산화수의 합은 이온의 전하와 같다. 또한 화합물에서 구성 원자의 산화수 합은 0이다.
② 환원제의 증가한 산화수와 산화제의 감소한 산화수는 같다.
③ 화학 반응 전후 전하량의 총합은 같다.

문제 보기

다음은 2가지 산화 환원 반응에 대한 자료이다. 원소 X와 Y의 산화물에서 산소(O)의 산화수는 -2이다.

○ 화학 반응식
(가) $3XO_3^{3-} + BrO_3^- \longrightarrow 3XO_4^{3-} + Br^-$
　　　$+3 -2$　$+5 -2$　　$+5 -2$　-1
(나) $aX_2O_3 + 4YO_4^- + bH^+$
　　　$+3 -2$　$+7 -2$
　　　　　　$\longrightarrow aX_2O_m + 4Y^{n+} + cH_2O$
　　　　　　　　　　$+5$　　$+n$　($a\sim c$는 반응 계수)
　　$2\times5+m\times(-2)=0,\ m=5$

○ $\dfrac{\text{생성물에서 X의 산화수}}{\text{반응물에서 X의 산화수}}$ 는 (가)에서와 (나)에서가 같다.
　　　　$\dfrac{5}{3}$　　　　$\dfrac{5}{3}$

○ a는 (가)에서 각 원자의 산화수 중 가장 큰 값과 같다.
　　$+5$

$\dfrac{m\times n}{b}$ 은? (단, X와 Y는 임의의 원소 기호이다.) [3점]

보기

<보기> 풀이

❶ (가)와 (나)의 반응물과 생성물에서 X의 산화수비를 이용해 m 구하기

(가)에서 X의 산화수는 XO_3^{3-}에서 $+3$이고, XO_4^{3-}에서는 $+5$이므로 $\dfrac{\text{생성물에서 X의 산화수}}{\text{반응물에서 X의 산화수}}$ $=\dfrac{5}{3}$이다. 또한 (나)에서 X의 산화수는 X_2O_3에서 $+3$이고, $\dfrac{\text{생성물에서 X의 산화수}}{\text{반응물에서 X의 산화수}}$ 는 (가)에서와 (나)에서가 같으므로 생성물 X_2O_m에서 X의 산화수는 $+5$이다. X_2O_m에서 구성 원자의 산화수 합은 0이므로 $2\times5+m\times(-2)=0$이고, $m=5$이다.

❷ 증가한 산화수와 감소한 산화수가 같음을 이용해 n 구하기

(가)에서 Br의 산화수는 BrO_3^-에서 $+5$이고, Br^-에서 -1이므로 (가)에서 각 원자의 산화수 중 가장 큰 값은 5이다. 이로부터 반응 계수 a는 5이므로 (나)의 화학 반응식은 다음과 같다.
$$5X_2O_3 + 4YO_4^- + bH^+ \longrightarrow 5X_2O_5 + 4Y^{n+} + cH_2O$$
이때 X의 산화수는 $+3$에서 $+5$로 2 증가이고 X 원자 수가 10이므로 전체 증가한 산화수는 20이다. 또한 Y의 산화수는 YO_4^-에서 $+7$이고, Y^{n+}에서 $+n$으로 감소하고 Y 원자 수가 4이므로 전체 감소한 산화수는 $4\times(7-n)$이다. 이때 증가한 전체 산화수와 감소한 전체 산화수가 같으므로 $4\times(7-n)=20$이고, $n=2$이다. 따라서 화학 반응식은 다음과 같다.
$$5X_2O_3 + 4YO_4^- + bH^+ \longrightarrow 5X_2O_5 + 4Y^{2+} + cH_2O$$

❸ 화학 반응 전후 전하량의 총합이 같음을 이용해 b 구하기

화학 반응식에서 반응 전후 전하량의 총합이 같아야 하므로 $b-4=8$이고, $b=12$이다. 따라서 $\dfrac{m\times n}{b}=\dfrac{5\times2}{12}=\dfrac{5}{6}$이다.

 $\dfrac{2}{3}$　　　② $\dfrac{5}{6}$　　　 1　　　 2　　　 $\dfrac{5}{2}$

적용해야 할 개념 ③가지

① 산화수 구하기: 일원자 이온의 산화수는 그 이온의 전하와 같고, 다원자 이온에서 구성 원자의 산화수의 합은 이온의 전하와 같다. 또 화합물에서 구성 원자의 산화수의 합은 0이다.

② 환원제의 증가한 산화수는 산화제의 감소한 산화수와 같다.

③ 화학 반응 전후 전하량의 총합은 같다.

문제 보기

다음은 $X_2O_4^{2-}$과 YO_4^-의 산화 환원 반응에 대한 자료이다. 반응물과 생성물에서 산소(O)의 산화수는 모두 -2이다.

○ 화학 반응식:
$$\overset{5}{a}X_2O_4^{2-} + \overset{2}{b}YO_4^- + \overset{16}{c}H^+ \longrightarrow \overset{10}{d}XO_n + \overset{2}{e}Y^{2+} + \overset{8}{f}H_2O$$
$(a{\sim}f$는 반응 계수)

○ $X_2O_4^{2-}$ 1 mol이 반응하면 Y^{2+} 0.4 mol이 생성된다.

반응 몰비는 $X_2O_4^{2-} : Y^{2+} = 5 : 2$이다. 또 반응 전후 Y 원자 수가 같아야 하므로 $a : b : e = 5 : 2 : 2$이다.

$n \times \dfrac{a}{f}$는? (단, X와 Y는 임의의 원소 기호이다.) [3점]

<보기> 풀이

$X_2O_4^{2-}$ 1 mol이 반응하면 Y^{2+}이 0.4 mol이 생성되므로 반응 몰비는 $X_2O_4^{2-} : Y^{2+} = 5 : 2$이다. 또 반응 전후 Y 원자 수가 같아야 하므로 $a : b : e = 5 : 2 : 2$이고, 이를 적용하여 화학 반응식을 나타내면 다음과 같다.

$5X_2O_4^{2-} + 2YO_4^- + cH^+ \longrightarrow 10XO_n + 2Y^{2+} + fH_2O$

산화수 변화가 없는 H, O 원자 수는 반응 전후 같으므로 O 원자 수에 의해 $20+8=10n+f$(①식), H 원자 수에 의해 $c=2f$(②식)이다. 또 반응물과 생성물의 전하의 총합이 같아야 하므로 $c-10-2=4$(③식)이다. ①, ②, ③을 풀면 $c=16, f=8, n=2$이다.

따라서 $n \times \dfrac{a}{f} = 2 \times \dfrac{5}{8} = \dfrac{5}{4}$이다.

①̶ $\dfrac{5}{8}$ ② $\dfrac{5}{4}$ ③̶ $\dfrac{15}{8}$ ④̶ $\dfrac{5}{2}$ ⑤̶ $\dfrac{7}{2}$

적용해야 할 개념 ④가지

① 원소의 산화수는 0이고, 화합물에서 각 원자의 산화수 합은 0이다.

② 산화수와 산화 환원: 산화수가 증가하는 반응이 산화, 산화수가 감소하는 반응이 환원이다.

③ 산화제와 환원제

산화제	환원제
자신은 환원되면서 다른 물질을 산화시키는 물질	자신은 산화되면서 다른 물질을 환원시키는 물질

④ 산화 환원 반응에서 증가한 산화수와 감소한 산화수가 같아지도록 산화 환원 반응식을 완성한다.

문제 보기

다음은 산화 환원 반응 (가)와 (나)의 화학 반응식이다.

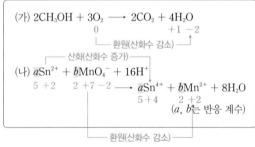

이에 대한 옳은 설명을 <보기>에서 있는 대로 고른 것은? [3점]

<보기> 풀이

✗ (가)에서 O_2는 환원제이다.
➡ (가)에서 O의 산화수는 O_2에서 0이고, CO_2, H_2O에서 각각 -2이다. O_2를 구성하는 O는 산화수가 감소하므로 O_2는 자신은 환원되면서 다른 물질을 산화시키는 산화제이다.

ㄴ (나)에서 Mn의 산화수는 감소한다.
➡ (나)에서 Mn의 산화수는 MnO_4^-에서 $+7$이고, Mn^{2+}에서 $+2$이다. 따라서 Mn의 산화수는 5만큼 감소한다.

✗ $a+b=3$이다.
➡ (나)에서 Mn의 산화수는 5만큼 감소하고, Sn의 산화수는 $+2$에서 $+4$로 2만큼 증가한다. 이때 감소한 산화수와 증가한 산화수가 같도록 계수를 맞추면 다음과 같다.
$5Sn^{2+} + 2MnO_4^- + 16H^+ \longrightarrow 5Sn^{4+} + 2Mn^{2+} + 8H_2O$
산화 환원 반응식을 완성하면 a, b는 각각 5, 2이므로 $a+b=7$이다.

24   산화수 변화와 산화 환원 반응식, 산화제와 환원제   2022학년도 10월 학평 화I 15번   정답 ③ | 정답률 68 %

적용해야 할 개념 ④가지

① 원소의 산화수는 0이고, 화합물에서 각 원자의 산화수 합은 0이다.

② 산화수와 산화 환원: 산화수가 증가하는 반응이 산화, 산화수가 감소하는 반응이 환원이다.

③ 산화제와 환원제

산화제	환원제
자신은 환원되면서 다른 물질을 산화시키는 물질	자신은 산화되면서 다른 물질을 환원시키는 물질

④ 산화 환원 반응에서 증가한 산화수와 감소한 산화수가 같아지도록 산화 환원 반응식을 완성한다.

문제 보기

다음은 산화 환원 반응 (가)와 (나)의 화학 반응식이다.

환원(산화수 감소)

(가) $Cr_2O_3 + 3\underset{0}{Cl_2} + 3C \longrightarrow 2Cr^{n+} + 6\underset{-1}{Cl^-} + 3CO$

(나) $a\underset{+6}{Cr_2O_7^{2-}} + b\underset{+2}{Fe^{2+}} + c\underset{14}{H^+}$
$\longrightarrow d\underset{+3}{Cr^{n+}} + b\underset{+3}{Fe^{3+}} + e\underset{7}{H_2O}$
($a \sim e$는 반응 계수)

이에 대한 옳은 설명만을 〈보기〉에서 있는 대로 고른 것은?

[3점]

〈보기〉 풀이

ㄱ. **(가)에서 Cl_2는 산화제이다.**

➡ (가)에서 Cl의 산화수는 Cl_2에서 0이고 Cl^-에서 −1이므로 산화수가 감소한다. 따라서 Cl_2는 자신은 환원되면서 다른 물질을 산화시키는 산화제이다.

ㄴ. **$n=3$이다.**

➡ 반응 전후 전하량의 총합은 같으므로 (가)에서 생성물의 전하량의 총합은 0이다. 이로부터 $n=3$이다.

✗ $\dfrac{d+e}{a+b+c} = \dfrac{9}{20}$이다.

➡ (나)에서 Cr의 산화수는 $Cr_2O_7^{2-}$에서 +6이고, Cr^{3+}에서 +3이므로 Cr의 산화수는 3만큼 감소한다. 또 Fe의 산화수는 Fe^{2+}에서 +2이고 Fe^{3+}에서 +3이므로 Fe의 산화수는 1만큼 증가한다. 증가한 산화수와 감소한 산화수가 같도록 계수를 맞추면 다음과 같다.
$Cr_2O_7^{2-} + 6Fe^{2+} + cH^+ \longrightarrow 2Cr^{3+} + 6Fe^{3+} + eH_2O$
산화수 변화가 없는 H와 O의 원자 수가 같도록 계수를 맞추면 다음과 같다.
$Cr_2O_7^{2-} + 6Fe^{2+} + 14H^+ \longrightarrow 2Cr^{3+} + 6Fe^{3+} + 7H_2O$
이로부터 $a=1$, $b=6$, $c=14$, $d=2$, $e=7$이므로 $\dfrac{d+e}{a+b+c} = \dfrac{2+7}{1+6+14} = \dfrac{9}{21}$이다.

---

25   산화수 변화와 산화 환원 반응식   2021학년도 3월 학평 화I 15번   정답 ① | 정답률 62 %

적용해야 할 개념 ④가지

① 화학 반응 전후 원자의 종류와 수는 같다.

② 원소의 산화수는 0이고, 화합물에서 각 원자의 산화수 합은 0이다.

③ 산화수와 산화 환원: 산화수가 증가하는 반응이 산화, 산화수가 감소하는 반응이 환원이다.

④ 산화제와 환원제

산화제	환원제
자신은 환원되면서 다른 물질을 산화시키는 물질	자신은 산화되면서 다른 물질을 환원시키는 물질

문제 보기

다음은 2가지 산화 환원 반응의 화학 반응식이다.

산화(산화수 증가)

(가) $\underset{0}{Cu} + 2\underset{+1}{Ag^+} \longrightarrow \underset{+2}{Cu^{2+}} + 2\underset{0}{Ag}$

(나) $a\underset{1+1-1}{H_2O_2} + b\underset{2-1}{I^-} + c\underset{2+1}{H^+} \longrightarrow d\underset{1\ 0}{I_2} + e\underset{2+1-2}{H_2O}$
($a \sim e$는 반응 계수)

환원(산화수 감소)

이에 대한 옳은 설명만을 〈보기〉에서 있는 대로 고른 것은?

〈보기〉 풀이

ㄱ. **(가)에서 Cu는 산화된다.**

➡ (가)에서 Cu의 산화수가 0에서 +2로 증가하므로 Cu는 산화된다.

✗ **(나)에서 H_2O_2는 환원제이다.**

➡ (나)에서 O의 산화수는 H_2O_2에서 −1이고, H_2O에서 −2이므로 O의 산화수는 1 감소이다. 즉 H_2O_2는 산화수가 감소하는 원자를 포함하므로 자신은 환원되면서 다른 물질을 산화시키는 산화제이다.

✗ **(나)에서 $\dfrac{d+e}{a+b+c} = \dfrac{4}{7}$이다.**

➡ (나)에서 I의 산화수 변화는 1 증가이고, 반응물과 생성물에서 I 원자 수가 같도록 계수를 맞추면 $b=2$, $d=1$이며, I의 전체 산화수 변화는 2 증가이다. 또한 O의 산화수 변화는 1 감소인데 H_2O_2에서 O 원자 수가 2이므로 전체 산화수 변화는 2 감소이다. 감소한 산화수와 증가한 산화수가 같도록 계수를 맞추면 다음과 같다.
$H_2O_2 + 2I^- + cH^+ \longrightarrow I_2 + 2H_2O$
또한 반응물과 생성물에서 산화수 변화가 없는 H의 원자 수가 같도록 계수를 맞추면 다음과 같다.
$H_2O_2 + 2I^- + 2H^+ \longrightarrow I_2 + 2H_2O$
$a=1$, $b=2$, $c=2$, $d=1$, $e=2$이므로 $\dfrac{d+e}{a+b+c} = \dfrac{3}{5}$이다.

적용해야 할 개념 ③가지

① 화학 반응 전후 원자의 종류와 수는 같다.

② 산화수와 산화 환원: 산화수가 증가하는 반응이 산화, 산화수가 감소하는 반응이 환원이다.

③ 산화제와 환원제

산화제	환원제
자신은 환원되면서 다른 물질을 산화시키는 물질	자신은 산화되면서 다른 물질을 환원시키는 물질

문제 보기

다음은 산화 환원 반응 (가)와 (나)의 화학 반응식이다.

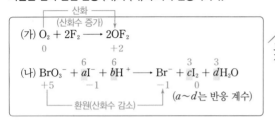

이에 대한 설명으로 옳은 것만을 〈보기〉에서 있는 대로 고른 것은?

〈보기〉 풀이

ㄱ. **(가)에서 O의 산화수는 증가한다.**

➡ (가)에서 O의 산화수는 반응물인 O_2에서 0이고, 생성물인 OF_2에서 전기 음성도는 F > O 이므로 +2이다. 따라서 (가)에서 O의 산화수 변화는 2 증가이다.

✗ **(나)에서 I^-은 산화제로 작용한다.**

➡ (나)에서 I의 산화수는 반응물인 I^-에서 −1이고, 생성물인 I_2에서 0이므로 산화수 변화는 1 증가이다. 따라서 I^-은 자신이 산화되면서 다른 물질을 환원시키는 환원제로 작용한다.

✗ **$a+b+c+d=12$이다.**

➡ (나)에서 BrO_3^-의 계수가 1이므로 반응물에서 O 원자 수는 3이다. 이로부터 생성물에서 O 원자를 포함하는 H_2O의 계수 $d=3$이고, 생성물에서 H 원자 수가 6이므로 계수 $b=6$이다. 또한 I 원자 수가 반응 전후 같아야 하므로 $a=2c$이다. 이때 Br의 산화수 변화는 +5에서 −1로 6 감소이고 I의 산화수 변화는 −1에서 0으로 1 증가이다. 증가한 산화수와 감소한 산화수가 같아야 하므로 $a=6$, $c=3$이고, $a+b+c+d=6+6+3+3=18$이다.

적용해야 할 개념 ④가지

① 원소의 산화수는 0이고, 화합물에서 각 원자의 산화수 합은 0이다.

② 산화수와 산화 환원: 산화수가 증가하는 반응이 산화, 산화수가 감소하는 반응이 환원이다.

③ 산화제와 환원제

산화제	환원제
자신은 환원되면서 다른 물질을 산화시키는 물질	자신은 산화되면서 다른 물질을 환원시키는 물질

④ 산화 환원 반응에서 증가한 산화수와 감소한 산화수가 같아지도록 산화 환원 반응식을 완성한다.

문제 보기

다음은 산화 환원 반응의 화학 반응식이다.

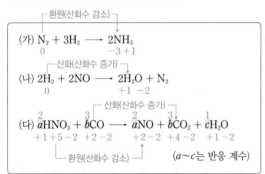

이에 대한 설명으로 옳은 것만을 〈보기〉에서 있는 대로 고른 것은?

〈보기〉 풀이

✗ **(가)에서 N의 산화수는 증가한다.**

➡ (가)에서 N의 산화수는 N_2에서 0이고, NH_3에서 −3이므로 산화수는 3만큼 감소한다.

ㄴ. **(나)에서 H_2는 환원제이다.**

➡ (나)에서 H의 산화수는 H_2에서 0이고, H_2O에서 +1이다. 따라서 H를 포함한 H_2는 자신이 산화되면서 다른 물질을 환원시키는 환원제이다.

ㄷ. **(다)에서 $\dfrac{b}{a+c}=1$이다.**

➡ (다)에서 N의 산화수는 HNO_3에서 +5이고, NO에서 +2이므로 N의 산화수는 3만큼 감소한다. C의 산화수는 CO에서 +2이고, CO_2에서 +4이므로 C의 산화수는 2만큼 증가한다. 증가한 산화수와 감소한 산화수가 같도록 계수를 맞추면 다음과 같이 $a=2$, $b=3$이다.

$2HNO_3 + 3CO \longrightarrow 2NO + 3CO_2 + cH_2O$

산화수 변화가 없는 H, O의 원자 수가 같도록 계수를 맞추면 다음과 같이 $c=1$이다.

$2HNO_3 + 3CO \longrightarrow 2NO + 3CO_2 + H_2O$

따라서 $\dfrac{b}{a+c}=\dfrac{3}{2+1}=1$이다.

28 산화수 변화와 산화 환원 반응식, 산화제와 환원제 2022학년도 수능 화I 16번 | 정답 ① | 정답률 80 %

적용해야 할 개념 ④가지

① 화학 반응 전후 원자의 종류와 수는 같다.

② 원소의 산화수는 0이고, 화합물에서 각 원자의 산화수 합은 0이다.

③ 산화수와 산화 환원: 산화수가 증가하는 반응이 산화, 산화수가 감소하는 반응이 환원이다.

④ 산화제와 환원제

산화제	환원제
자신은 환원되면서 다른 물질을 산화시키는 물질	자신은 산화되면서 다른 물질을 환원시키는 물질

문제 보기

다음은 산화 환원 반응 (가)~(다)의 화학 반응식이다.

(가) $\underset{+2\,-2}{CO} + 2\underset{0}{H_2} \longrightarrow \underset{-2+1\,-2+1}{CH_3OH}$ (환원(산화수 감소))

(나) $\underset{+2\,-2}{CO} + \underset{+1\,-2}{H_2O} \longrightarrow \underset{+4\,-2}{CO_2} + \underset{0}{H_2}$ (산화(산화수 증가))

(다) $a\underset{2+7}{MnO_4^-} + b\underset{3+4}{SO_3^{2-}} + H_2O \longrightarrow a\underset{2+4}{MnO_2} + b\underset{3+6}{SO_4^{2-}} + c\underset{2}{OH^-}$
(a~c는 반응 계수)
(환원(산화수 감소)) (산화(산화수 증가))

이에 대한 설명으로 옳은 것만을 〈보기〉에서 있는 대로 고른 것은?

〈보기〉 풀이

보기

ㄱ. **(가)에서 CO는 환원된다.**

➡ (가)에서 C의 산화수는 CO에서 $+2$이고, CH_3OH에서 -2이다. C의 산화수는 감소하므로 (가)에서 CO는 환원된다.

✗ **(나)에서 CO는 산화제이다.**

➡ (나)에서 C의 산화수는 CO에서 $+2$이고, CO_2에서 $+4$이다. C의 산화수는 증가하므로 CO는 자신이 산화되면서 다른 물질을 환원시키는 환원제이다.

✗ **(다)에서 $a+b+c=4$이다.**

➡ (다)에서 Mn의 산화수는 $+7$에서 $+4$로 3만큼 감소하고, S의 산화수는 $+4$에서 $+6$으로 2만큼 증가한다. 증가한 산화수와 감소한 산화수가 같도록 계수를 맞추고, 산화수 변화가 없는 H, O의 원자 수가 같도록 계수를 맞추면 다음과 같다.

$2MnO_4^- + 3SO_3^{2-} + H_2O \longrightarrow 2MnO_2 + 3SO_4^{2-} + 2OH^-$

$a=2$, $b=3$, $c=2$이므로 $a+b+c=2+3+2=7$이다.

---

29 산화수 변화와 산화 환원 반응식, 산화제와 환원제 2021학년도 6월 모평 화I 11번 | 정답 ① | 정답률 52 %

적용해야 할 개념 ③가지

① 화학 반응 전후 원자의 종류와 수는 같다.

② 산화수와 산화 환원: 산화수가 증가하는 반응이 산화, 산화수가 감소하는 반응이 환원이다.

③ 산화제와 환원제

산화제	환원제
자신은 환원되면서 다른 물질을 산화시키는 물질	자신은 산화되면서 다른 물질을 환원시키는 물질

문제 보기

다음은 산화 환원 반응 (가)~(다)의 화학 반응식이다.

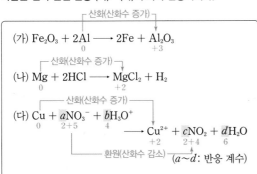

이에 대한 설명으로 옳은 것만을 〈보기〉에서 있는 대로 고른 것은?

〈보기〉 풀이

보기

(다)에서 Cu의 산화수 변화는 2 증가이다. N의 산화수는 NO_3^-에서 $+5$이고, NO_2에서 $+4$이므로 산화수 변화는 1 감소이다. 이때 증가한 산화수와 감소한 산화수가 같아야 하므로 반응 계수 a와 c는 각각 2이다.

$Cu + 2NO_3^- + bH_3O^+ \longrightarrow Cu^{2+} + 2NO_2 + dH_2O$

산화수 변화가 없는 H, O의 원자 수는 반응물과 생성물에서 같으므로 다음 관계식이 성립한다.

H 원자수: $3b=2d$, O 원자수: $6+b=4+d$

두 식을 풀면 $b=4$, $d=6$이고, 완성된 산화 환원 반응식은 다음과 같다.

$Cu + 2NO_3^- + 4H_3O^+ \longrightarrow Cu^{2+} + 2NO_2 + 6H_2O$

ㄱ. **(가)에서 Al은 산화된다.**

➡ (가)에서 반응물인 Al의 산화수는 0이고, 생성물인 Al_2O_3에서 $+3$이므로 산화수가 증가한다. 즉, Al은 산화된다.

✗ **(나)에서 Mg은 산화제이다.**

➡ (나)에서 Mg은 산화수가 0에서 $+2$로 증가하므로 자신이 산화되면서 다른 물질을 환원시키는 환원제이다.

✗ **(다)에서 $a+b+c+d=7$이다.**

➡ 산화 환원 반응식을 완성하면 $a=2$, $b=4$, $c=2$, $d=6$이므로 $a+b+c+d=2+4+2+6=14$이다.

30

산화수 변화와 산화 환원 반응식 2021학년도 10월 학평 화I 11번 정답 ① | 정답률 77 %

적용해야 할 개념 ④가지

① 화학 반응 전후 원자의 종류와 수는 같다.
② 원소의 산화수는 0이고, 화합물에서 각 원자의 산화수 합은 0이다.
③ 산화수와 산화 환원: 산화수가 증가하는 반응이 산화, 산화수가 감소하는 반응이 환원이다.
④ 산화제와 환원제

산화제	환원제
자신은 환원되면서 다른 물질을 산화시키는 물질	자신은 산화되면서 다른 물질을 환원시키는 물질

문제 보기

다음은 산화 환원 반응 (가)~(다)의 화학 반응식이다.

┌─ 산화(산화수 증가) ─┐
(가) $2Na + 2H_2O \longrightarrow 2NaOH + H_2$
  0   +1−2   +1−2+1

┌─ 산화(산화수 증가) ─┐
(나) $Fe_2O_3 + 3CO \longrightarrow 2Fe + 3CO_2$
  +3−2   +2−2   0   +4−2

(다) $aSn^{2+} + 2MnO_4^- + bH^+$
  5+2   +7−2   16+1
      $\longrightarrow cSn^{4+} + 2Mn^{2+} + dH_2O$
             5+4   +2   8+1−2
          ($a \sim d$는 반응 계수)

이에 대한 설명으로 옳은 것만을 〈보기〉에서 있는 대로 고른 것은?

보기

〈보기〉 풀이

ㄱ. (가)에서 Na의 산화수는 증가한다.

➡ (가)에서 Na의 산화수는 0에서 +1로 1만큼 증가한다.

✗ (나)에서 CO는 산화제이다.

➡ (나)에서 C의 산화수는 CO에서 +2이고, CO_2에서 +4이다. 즉 CO는 자신이 산화되면서 다른 물질을 환원시키는 환원제이다.

✗ (다)에서 $\dfrac{c+d}{a+b} > \dfrac{2}{3}$이다.

➡ (다)에서 Sn의 산화수는 +2에서 +4로 2만큼 증가하고, Mn의 산화수는 +7에서 +2로 5만큼 감소한다.
증가한 산화수와 감소한 산화수가 같도록 계수를 맞추면 다음과 같다.
$5Sn^{2+} + 2MnO_4^- + bH^+ \longrightarrow 5Sn^{4+} + 2Mn^{2+} + dH_2O$
산화수 변화가 없는 H, O의 원자 수가 같도록 계수를 맞추면 다음과 같다.
$5Sn^{2+} + 2MnO_4^- + 16H^+ \longrightarrow 5Sn^{4+} + 2Mn^{2+} + 8H_2O$
$a=5$, $b=16$, $c=5$, $d=8$이므로 $\dfrac{c+d}{a+b} = \dfrac{5+8}{5+16} = \dfrac{13}{21} < \dfrac{2}{3}$이다.

31

산화수 변화와 산화 환원 반응식 2022학년도 6월 모평 화I 15번 정답 ⑤ | 정답률 69 %

적용해야 할 개념 ④가지

① 화학 반응 전후 원자의 종류와 수는 같다.
② 원소의 산화수는 0이고, 화합물에서 각 원자의 산화수 합은 0이다.
③ 산화수와 산화 환원: 산화수가 증가하는 반응이 산화, 산화수가 감소하는 반응이 환원이다.
④ 산화제와 환원제

산화제	환원제
자신은 환원되면서 다른 물질을 산화시키는 물질	자신은 산화되면서 다른 물질을 환원시키는 물질

문제 보기

다음은 산화 환원 반응 (가)~(다)의 화학 반응식이다.

┌── 산화(산화수 증가) ──┐
(가) $SO_2 + 2H_2O + Cl_2 \longrightarrow H_2SO_4 + 2HCl$
  +4−2   +1−2   0   +1+6−2   +1−1

┌── 산화(산화수 증가) ──┐
(나) $2F_2 + 2H_2O \longrightarrow O_2 + 4HF$
  0   +1−2   0   +1−1

┌── 환원(산화수 감소) ──┐
(다) $aMnO_4^- + bH^+ + cFe^{2+}$
  1+7−2   8+1   5+2
      $\longrightarrow Mn^{2+} + cFe^{3+} + dH_2O$
          +2   5↑+3   4+1−2
        ($a \sim d$는 반응 계수)
      └── 산화 ──┘
      (산화수 증가)

이에 대한 설명으로 옳은 것만을 〈보기〉에서 있는 대로 고른 것은?

보기

〈보기〉 풀이

ㄱ. (가)에서 S의 산화수는 증가한다.

➡ (가)에서 S의 산화수는 SO_2에서 +4이고, H_2SO_4에서 +6이다. 즉 S의 산화수 변화는 2 증가이다.

ㄴ. (나)에서 H_2O은 환원제이다.

➡ (나)에서 O의 산화수는 H_2O에서 −2이고, O_2에서 0이다. 즉 O의 산화수는 증가하므로 O 원자를 포함한 H_2O은 자신이 산화되면서 다른 물질을 환원시키는 환원제이다.

ㄷ. $\dfrac{b}{a+c+d} < 1$이다.

➡ (다)에서 Mn의 산화수는 MnO_4^-에서 +7이고, Mn^{2+}에서 +2이다. 즉 Mn의 산화수 변화는 5 감소이다. 또한 Fe의 산화수는 Fe^{2+}에서 +2이고, Fe^{3+}에서 +3이므로 Fe의 산화수 변화는 1 증가이다. 감소한 산화수와 증가한 산화수가 같도록 계수를 맞추면 다음과 같다.
$MnO_4^- + bH^+ + 5Fe^{2+} \longrightarrow Mn^{2+} + 5Fe^{3+} + dH_2O$
또한 반응물과 생성물에서 산화수 변화가 없는 H와 O의 원자 수가 같도록 계수를 맞추면 다음과 같다.
$MnO_4^- + 8H^+ + 5Fe^{2+} \longrightarrow Mn^{2+} + 5Fe^{3+} + 4H_2O$
a, b, c, d는 각각 1, 8, 5, 4이므로 $\dfrac{b}{a+c+d} = \dfrac{8}{10} < 1$이다.

32 산화수 변화와 산화 환원 반응식 2025학년도 수능 화I 11번   정답 ③ | 정답률 80 %

적용해야 할
개념 ③가지

① 산화수 구하기: 일원자 이온의 산화수는 그 이온의 전하와 같고, 다원자 이온에서 구성 원자의 산화수의 합은 이온의 전하와 같다. 또 화합물에서 구성 원자의 산화수의 합은 0이다.
② 환원제의 증가한 산화수는 산화제의 감소한 산화수와 같다.
③ 화학 반응 전후 전하량의 총합은 같다.

문제 보기

다음은 원소 X, Y와 관련된 산화 환원 반응 실험이다.

> [자료]
> ○ 화학 반응식:
> $$\underset{+6}{a\mathrm{XO}_4^{2-}} + \underset{-1}{b\mathrm{Y}^-} + c\mathrm{H}^+ \longrightarrow \underset{+m}{a\mathrm{X}^{m+}} + d\mathrm{Y}_2 + e\mathrm{H}_2\underset{O}{O}$$
> ($a\sim e$는 반응 계수)
> ○ X의 산화물에서 산소(O)의 산화수는 −2이다.
>
> [실험 과정 및 결과]
> ○ XO_4^{2-} $2N$ mol을 충분한 양의 Y^-과 H^+이 들어 있는 수용액에 넣어 모두 반응시켰더니, Y_2 $3N$ mol이 생성되었다.

XO_4^{2-} $2N$ mol이 반응할 때 Y_2 $3N$ mol이 생성되므로
반응 계수비 ➡ $a:d=2:3$

$m \times \dfrac{a}{c}$는? (단, X와 Y는 임의의 원소 기호이고, Y_2는 물과 반응하지 않는다.)

<보기> 풀이

XO_4^{2-} $2N$ mol이 반응할 때 Y_2 $3N$ mol이 생성되므로 반응 계수비는 $a:d=2:3$이다. 이를 적용하여 반응식을 쓰면 다음과 같다.

$$2\mathrm{XO}_4^{2-} + 6\mathrm{Y}^- + c\mathrm{H}^+ \longrightarrow 2\mathrm{X}^{m+} + 3\mathrm{Y}_2 + d\mathrm{H}_2\mathrm{O}$$

X의 산화수는 XO_4^{2-}에서 +6이고, X^{m+}에서 $+m$이며, Y의 산화수는 Y^-에서 −1이고, Y_2에서 0이다. 이로부터 X의 전체 산화수는 $2\times(6-m)$ 감소이고, Y의 전체 산화수는 6 증가이며, 감소한 전체 산화수와 증가한 전체 산화수가 같으므로 $2\times(6-m)=6$, $m=3$이다.

산화수 변화가 없는 H, O 원자 수는 반응 전후 같으므로 O 원자 수에 의해 $d=8$이고, H 원자 수에 의해 $c=2d$이므로 $c=16$이다. 따라서 $m\times\dfrac{a}{c}=3\times\dfrac{2}{16}=\dfrac{3}{8}$이다.

 $\dfrac{1}{8}$ $\dfrac{1}{4}$ ③ $\dfrac{3}{8}$  $\dfrac{1}{2}$ $\dfrac{3}{4}$

26 일차

01 ②	02 ②	03 ⑤	04 ④	05 ③	06 ⑤	07 ④	08 ①	09 ②	10 ⑤	11 ⑤	12 ①
13 ②	14 ③	15 ①	16 ④	17 ②	18 ⑤	19 ③	20 ⑤	21 ②	22 ②	23 ②	24 ⑤
25 ⑤	26 ④	27 ③									

문제편 278~287쪽

---

01 산화수 변화와 산화 환원 반응, 산화제와 환원제 2024학년도 6월 모평 화Ⅰ 7번

정답 ② | 정답률 62%

적용해야 할 개념 ③가지

① 산화수와 산화 환원: 산화수가 증가하는 반응이 산화, 산화수가 감소하는 반응이 환원이다.

② 산화제와 환원제

산화제	환원제
자신은 환원되면서 다른 물질을 산화시키는 물질	자신은 산화되면서 다른 물질을 환원시키는 물질

③ 금속과 금속염 수용액의 반응에서 산화된 금속이 잃은 전자의 양(mol)과 환원된 금속 이온이 얻은 전자의 양(mol)은 같다. ➡ 음이온이 반응하지 않을 때 금속 양이온의 전하량 총합은 반응 전후 같다.

문제 보기

표는 금속 양이온 A^{3+} $5N$ mol이 들어 있는 수용액에 금속 B $3N$ mol을 넣고 반응을 완결시켰을 때, 석출된 금속 또는 수용액에 존재하는 양이온에 대한 자료이다. B는 모두 B^{n+}이 되었고, ⊙과 ⓒ은 각각 A와 B^{n+} 중 하나이다.

금속 또는 양이온	A^{3+}	⊙ B^{n+}	ⓒ A
양(mol)(상댓값)	3	3	2

A^{3+} $5N$ mol 중 $3N$ mol이 남았으므로 반응한 A^{3+}은 $2N$ mol이고, 생성된 A의 양은 $2N$ mol이다. ➡ ⓒ은 A이다.

이에 대한 설명으로 옳은 것만을 〈보기〉에서 있는 대로 고른 것은? (단, A와 B는 임의의 원소 기호이고, A와 B는 물과 반응하지 않으며, 음이온은 반응에 참여하지 않는다.)

보기

〈보기〉 풀이

반응 후 A^{3+}이 남아 있으므로 B $3N$ mol은 모두 반응하여 B^{n+} $3N$ mol이 된다. 이때 반응 후 A^{3+}의 양(mol)과 A의 양(mol)의 합이 $5N$ mol이고, B^{n+}의 양(mol)이 $3N$ mol이어야 하므로 ⊙은 B^{n+}이고, ⓒ은 금속 A이다.

✗ A^{3+}은 환원제로 작용한다.

➡ A^{3+}은 그 양(mol)이 $5N$ mol에서 $3N$ mol로 감소하면서 금속 A로 환원되므로 A^{3+}은 자신이 전자를 얻어 환원되면서 다른 물질을 산화시키는 산화제이다.

ⓛ ⊙은 B^{n+}이다.

➡ ⊙은 B^{n+}이고, ⓒ은 금속 A이다.

✗ $n=3$이다.

➡ A^{3+} $2N$ mol이 반응하여 생성된 B^{n+}의 양(mol)이 $3N$ mol이고, 반응 전후 금속 양이온의 전하량 총합이 같아야 하므로 $(+3)×5N=(+3)×3N+(+n)×3N$에서 $n=2$이다.

---

02 산화수 변화와 산화 환원 반응 실험 2023학년도 수능 화Ⅰ 5번

정답 ② | 정답률 77%

적용해야 할 개념 ③가지

① 산화수와 산화 환원: 산화수가 증가하는 반응이 산화, 산화수가 감소하는 반응이 환원이다.

② 산화제와 환원제

산화제	환원제
자신은 환원되면서 다른 물질을 산화시키는 물질	자신은 산화되면서 다른 물질을 환원시키는 물질

③ 금속과 금속염 수용액의 반응에서 산화된 금속이 잃은 전자의 양(mol)과 환원된 금속 이온이 얻은 전자의 양(mol)은 같다. ➡ 음이온이 반응하지 않을 때 금속 양이온의 전하량 총합은 반응 전후 같다.

문제 보기

다음은 금속 A~C의 산화 환원 반응 실험이다.

[실험 과정 및 결과]
(가) A^{2+} $3N$ mol이 들어 있는 수용액을 준비한다.
(나) (가)의 수용액에 충분한 양의 B(s)를 넣어 반응을 완결시켰더니 B^{m+} $2N$ mol이 생성되었다.
(다) (나)의 수용액에 충분한 양의 C(s)를 넣어 반응을 완결시켰더니 C^{2+} xN mol이 생성되었다.

이에 대한 설명으로 옳은 것만을 〈보기〉에서 있는 대로 고른 것은? (단, A~C는 임의의 원소 기호이고, A~C는 물과 반응하지 않으며, 음이온은 반응에 참여하지 않는다.) [3점]

보기

〈보기〉 풀이

✗ $m=1$이다.

➡ 반응 전후 이온의 전하량의 총합은 같고, 음이온은 반응에 참여하지 않으므로 반응 전후 양이온의 전하량의 총합은 같다. A^{2+} $3N$ mol이 모두 반응하여 B^{m+} $2N$ mol이 생성되었으므로 $+2×3N=+m×2N$이다. 따라서 $m=3$이다.

ⓛ $x=3$이다.

➡ (다)에서 수용액 속 B^{3+} $2N$ mol이 모두 반응하여 C^{2+} xN mol이 생성되고, 반응 전후 양이온의 전하량의 총합이 같으므로 $+3×2N=+2×xN$이다. 따라서 $x=3$이다.

✗ (다)에서 C(s)는 산화제이다.

➡ (다)에서 C(s)는 전자를 잃고 C^{2+}으로 산화되면서 B^{3+}을 B(s)로 환원시키므로 환원제이다.

적용해야 할 개념 ④가지

① 산화수와 산화 환원: 산화수가 증가하는 반응이 산화, 산화수가 감소하는 반응이 환원이다.

② 산화된 물질이 잃은 전자의 양(mol)과 환원된 물질이 얻은 전자의 양(mol)은 같다.

③ 산화제와 환원제

산화제	환원제
자신은 환원되면서 다른 물질을 산화시키는 물질	자신은 산화되면서 다른 물질을 환원시키는 물질

④ 화학 반응 전후 전하량의 총합은 같다.

문제 보기

다음은 금속 A~C의 산화 환원 반응 실험이다.

[실험 과정]

(가) 비커에 A^+ n mol과 B^{b+} n mol이 들어 있는 수용액을 넣는다.

(나) (가)의 비커에 C(s) w g을 넣어 반응을 완결시킨다.

(다) (나)의 비커에 C(s) $2w$ g을 넣어 반응을 완결시킨다.

[실험 결과]

○ 각 과정 후 비커에 들어 있는 금속 양이온과 금속의 종류

과정	(나)	(다)
금속 양이온의 종류	B^{b+}, C^{2+}	C^{2+}
금속의 종류	A	A, B

넣어 준 C(s) w g은 A^+ n mol과 모두 반응한다.
➡ 반응 몰비 A^+ : C^{2+}=2 : 1
➡ C(s) w g의 양(mol): $\frac{1}{2}n$ mol
➡ C(s) $2w$ g의 양(mol) : n mol

넣어 준 C(s) $2w$ g(=n mol)과 B^{b+} n mol이 모두 반응한다.
➡ B^{b+}과 C^{2+}의 산화수가 같다.
➡ b=2

이에 대한 옳은 설명만을 〈보기〉에서 있는 대로 고른 것은? (단, A~C는 임의의 원소 기호이고, A~C는 물과 반응하지 않으며, 음이온은 반응에 참여하지 않는다.)

〈보기〉 풀이

ㄱ (나)에서 C(s)는 환원제로 작용한다.

➡ (나)에서 C(s)는 A^+과 반응하여 C^{2+}이 되므로 자신은 전자를 잃고 산화되면서 A^+을 A로 환원시키는 환원제이다.

ㄴ b=2이다.

➡ (나) 과정 후 비커에는 금속 C가 존재하지 않고 금속 A만 존재하며, 금속 양이온은 B^{b+}과 C^{2+}만 존재하므로 넣어 준 C(s) w g은 A^+ n mol과 모두 반응한다. 이때 반응 몰비는 A^+ : C^{2+}=2 : 1이므로 C(s) w g의 양(mol)은 $\frac{1}{2}n$ mol이고, C(s) $2w$ g의 양(mol)은 n mol이다.

(다) 과정 후 비커에는 금속 C가 존재하지 않고 금속 A, B만 존재하며, 금속 양이온은 C^{2+}만 존재하므로 넣어 준 C(s) $2w$ g(=n mol)과 B^{b+} n mol이 모두 반응한다. 따라서 B^{b+}과 C^{2+}의 산화수가 같으므로 b=2이다.

ㄷ (다) 과정 후 수ㅋ용액 속 C^{2+}의 양은 $\frac{3}{2}n$ mol이다.

➡ (나) 과정에서 C^{2+} $\frac{1}{2}n$ mol이 생성되고, (다) 과정에서 C^{2+} n mol이 생성되므로 (다) 과정 후 수용액 속 C^{2+}의 양은 $\frac{3}{2}n$ mol이다.

적용해야 할 개념 ③가지

① 산화수 구하기: 단원자 이온의 산화수는 그 이온의 전하와 같고, 다원자 이온에서 구성 원자의 산화수의 합은 이온의 전하와 같다. 또 화합물에서 구성 원자의 산화수의 합은 0이다.

② 산화제와 환원제

산화제	환원제
자신은 환원되면서 다른 물질을 산화시키는 물질	자신은 산화되면서 다른 물질을 환원시키는 물질

③ 화학 반응 전후 전하량의 총합은 같다.

문제 보기

다음은 금속 A~C의 산화 환원 반응 실험이다.

→ (나)에서 생성된 B^{3+}이 $3N$ mol이므로 반응한 A^+의 양(mol)은 $9N$ mol ➡ 석출된 A(s)의 양(mol)은 $9N$ mol ➡ $x=9N$

[실험 과정 및 결과]

(가) A^+ $10N$ mol이 들어 있는 수용액을 준비한다.

(나) (가)의 수용액에 B(s)를 넣은 후 반응을 완결시켰더니 B^{3+} $3N$ mol이 생성되었고, A(s) x mol이 석출되었다.

(다) (나)의 수용액에 충분한 양의 C(s)를 넣은 후 반응을 완결시켰더니 C^{m+} $5N$ mol이 생성되었고, 모든 A^+과 B^{3+}은 각각 A(s)와 B(s)로 석출되었다.

→ (다)에서 반응한 A^+과 생성된 C^{m+}의 반응 몰비는 m : 1, 반응한 B^{3+}과 생성된 C^{m+}의 반응 몰비는 m : 3 ➡ A^+ N mol과 반응하여 생성된 C^{m+}의 양(mol)은 $\frac{N}{m}$ mol, B^{3+} $3N$ mol과 반응하여 생성된 C^{m+}의 양(mol)은 $\frac{9N}{m}$ mol ➡ 생성된 C^{m+}의 양(mol)은 $\frac{10N}{m}=5N$ ➡ $m=2$

이에 대한 설명으로 옳은 것만을 〈보기〉에서 있는 대로 고른 것은? (단, A~C는 임의의 원소 기호이고, A~C는 물과 반응하지 않으며, 음이온은 반응에 참여하지 않는다.)

〈보기〉 풀이

✗ (나)에서 B(s)는 산화제로 작용한다.
➡ (나)에서 B(s)는 자신은 B^{3+}으로 산화되면서 A^+을 A(s)로 환원시키는 환원제이다.

◯ ㄴ $x=9N$이다.
➡ 증가한 산화수와 감소한 산화수가 같아야 하므로 반응한 A^+과 생성된 B^{3+}의 반응 몰비는 3 : 1이고, (나)에서 생성된 B^{3+}이 $3N$ mol이므로 반응한 A^+의 양(mol)은 $9N$ mol이다. 따라서 석출된 A(s)의 양(mol)은 $9N$ mol이므로 $x=9N$이다.

◯ ㄷ $m=2$이다.
➡ (나) 과정 후 수용액에 존재하는 양이온은 A^+ N mol과 B^{3+} $3N$ mol이다. (다)에서 넣어 준 C(s)는 차례대로 A^+, B^{3+}과 반응하고, 반응 전후 전하량의 합이 같아야 한다. 반응한 A^+과 생성된 C^{m+}의 반응 몰비는 m : 1이므로 A^+ N mol과 반응하여 생성된 C^{m+}의 양(mol)은 $\frac{N}{m}$ mol이다. 또 반응한 B^{3+}과 생성된 C^{m+}의 반응 몰비는 m : 3이므로 B^{3+} $3N$ mol과 반응하여 생성된 C^{m+}의 양(mol)은 $\frac{9N}{m}$ mol이다. 이로부터 (다)에서 생성된 C^{m+}의 양(mol)은 $\frac{10N}{m}=5N$이므로 $m=2$이다.

적용해야 할 개념 ②가지

① 산화된 물질이 잃은 전자의 양(mol)과 환원된 물질이 얻은 전자의 양(mol)은 같다.

② 화학 반응 전후 전하량의 총합은 같다.

문제 보기

그림은 금속 이온 A^{m+} $6N$ mol이 들어 있는 수용액에 금속 B(s)와 C(s)를 차례대로 넣는 과정을 나타낸 것이고, 표는 반응을 완결시켰을 때 수용액 (가)와 (나)에 들어 있는 양이온에 대한 자료이다. m과 n은 3 이하의 자연수이다.

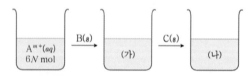

수용액	(가)	(나)
양이온의 종류	B^{n+}	B^{2+} B^{n+}, C^+ $6N$
전체 양이온의 양(mol)	$9N$	$6N$ $12N$

(가)에는 B^{n+}만 존재하므로 A^{m+} $6N$ mol이 모두 반응하여 B^{n+} $9N$ mol을 생성한다. ➡ $m \times 6N=n \times 9N$ ➡ m : $n=3$: 2 ➡ $m=3$, $n=2$

이에 대한 옳은 설명만을 〈보기〉에서 있는 대로 고른 것은? (단, A~C는 임의의 원소 기호이고 물과 반응하지 않으며, 음이온은 반응에 참여하지 않는다.) [3점]

〈보기〉 풀이

◯ ㄱ $A^{m+}(aq)$에 B(s)를 넣으면 A^{m+}이 환원된다.
➡ 수용액 (가)에는 B^{n+}만 존재하므로 A^{m+} $6N$ mol이 모두 반응하여 B^{n+} $9N$ mol이 생성된다. 즉, B(s)는 B^{n+}으로 산화되고 A^{m+}은 A(s)로 환원된다.

✗ $m+n=4$이다.
➡ 반응 전후 전하량의 총합이 같으므로 A^{m+} $6N$ mol의 전하량과 B^{n+} $9N$ mol의 전하량은 같다. 따라서 $m \times 6N=n \times 9N$이므로 m : $n=3$: 2이고, m과 n은 3 이하의 자연수이므로 $m=3$, $n=2$이다. 따라서 $m+n=5$이다.

◯ ㄷ (나)에서 B^{n+}과 C^+의 양(mol)은 같다.
➡ 수용액 (가)에 C(s)를 넣어 줄 때 (나)에는 B^{2+}이 존재하므로 반응한 B^{2+}의 양(mol)을 xN mol이라고 하면 다음과 같은 양적 관계가 성립한다.

반응식 $B^{2+}(aq)$ + $2C(s)$ ⟶ $B(s)$ + $2C^+(aq)$

반응 전(mol)	$9N$			
반응(mol)	$-xN$			$+2xN$
반응 후(mol)	$(9-x)N$			$2xN$

이때 전체 양이온의 양은 $(9+x)N=12N$이므로 $x=3$이다. 따라서 (나)에 들어 있는 B^{2+}과 C^+의 양(mol)은 각각 $6N$ mol로 같다.

적용해야 할 개념 ③가지

① 산화된 물질이 잃은 전자의 양(mol)과 환원된 물질이 얻은 전자의 양(mol)은 같다.

② 산화제와 환원제

산화제	환원제
자신은 환원되면서 다른 물질을 산화시키는 물질	자신은 산화되면서 다른 물질을 환원시키는 물질

③ 화학 반응 전후 전하량의 총합은 같다.

문제 보기

다음은 금속 $A \sim C$의 산화 환원 반응 실험이다.

[실험 과정]
(가) $A^+(aq)$ $15N$ mol이 들어 있는 수용액 V mL를 준비한다.
(나) (가)의 비커에 $B(s)$를 넣어 반응시킨다.
(다) (나)의 비커에 $C(s)$를 넣어 반응시킨다.

[실험 결과 및 자료]
○ (나) 과정 후 B는 모두 B^{2+}이 되었고, (다) 과정에서 B^{2+}은 C와 반응하지 않으며, (다) 과정 후 C는 C^{m+}이 되었다.
○ 각 과정 후 수용액 속에 들어 있는 양이온의 종류와 수

과정	(나)	(다)
양이온의 종류	A^+, B^{2+}	B^{2+}, C^{m+}
	$9N$ $3N$	$3N$ $3N$
전체 양이온 수(mol)	$12N$	$6N$

(나)에서 생성된 B^{2+}의 양(mol)을 x mol이라고 하면 반응한 A^+의 양(mol)은 $2x$ mol이다. ➡ (나)에 들어 있는 A^+의 양은 $(15N-2x)$ mol이므로 $(15N-2x)+x=12N$, $x=3N$이다.

이에 대한 설명으로 옳은 것만을 〈보기〉에서 있는 대로 고른 것은? (단, $A \sim C$는 임의의 원소 기호이고 물과 반응하지 않으며, 음이온은 반응에 참여하지 않는다.)

〈보기〉 풀이

ㄱ. $m=3$이다.

➡ (나)에서 반응 후 A^+이 존재하므로 넣어 준 $B(s)$는 모두 반응한다. 이때 생성된 B^{2+}의 양(mol)을 x mol이라고 하면, 반응 몰비는 $A^+ : B^{2+} = 2 : 1$이므로 (나)에 들어 있는 A^+의 양은 $(15N-2x)$ mol이다. 이때 전체 양이온의 양(mol)이 $12N$ mol이므로 $(15N-2x)+x=12N$, $x=3N$이다. 이로부터 (나)에 들어 있는 A^+의 양(mol)은 $9N$ mol이고, B^{2+}의 양(mol)은 $3N$ mol이다. (다)에서 B^{2+}은 반응하지 않고 반응 후 C^{m+}이 존재한다. 이때 (다)에 들어 있는 B^{2+}의 양(mol)은 $3N$ mol이고, 전체 양이온의 양(mol)이 $6N$ mol이므로 C^{m+}의 양(mol)은 $3N$ mol이다. 이로부터 A^+ $9N$ mol이 반응하여 C^{m+} $3N$ mol이 생성되므로 반응 몰비는 $A^+ : C^{m+} = 3 : 1$이다. 따라서 $m=3$이다.

ㄴ. (나)와 (다)에서 A^+은 산화제로 작용한다.

➡ (나)와 (다)에서 A^+은 자신이 환원되므로 다른 물질을 산화시키는 산화제로 작용한다.

ㄷ. (다) 과정 후 양이온 수 비는 $B^{2+} : C^{m+} = 1 : 1$이다.

➡ (다) 과정 후 수용액에 들어 있는 양이온의 양(mol)은 B^{2+}과 C^{m+}이 $3N$ mol로 같으므로 $B^{2+} : C^{m+} = 1 : 1$이다.

489

적용해야 할 개념 ③가지

① 산화된 물질이 잃은 전자의 양(mol)과 환원된 물질이 얻은 전자의 양(mol)은 같다.

② 산화제와 환원제

산화제	환원제
자신은 환원되면서 다른 물질을 산화시키는 물질	자신은 산화되면서 다른 물질을 환원시키는 물질

③ 화학 반응 전후 전하량의 총합은 같다.

문제 보기

다음은 금속 A~C의 산화 환원 반응 실험이다. B와 C의 이온은 각각 B^{m+}과 C^{n+}이고, m과 n은 3 이하의 자연수이다.

[실험 과정]
(가) A^+ $10N$ mol이 들어 있는 수용액에 $B(s)$ x g을 넣어 반응을 완결시킨다.
(나) (가)의 수용액에 $C(s)$ y g을 넣어 반응을 완결시킨다.

[실험 결과]
○ 각 과정 후 수용액에 들어 있는 모든 양이온에 대한 자료

과정	(가)	(나)
양이온의 종류	B^{m+}	B^{m+}, C^{n+}
모든 양이온의 양(mol)	$5N$	$4N$

A^+ $10N$ mol이 모두 반응하여 B^{m+} $5N$ mol이 생성되었으므로 A^+과 B^{m+}은 $2:1$의 몰비로 반응 ➡ $m=2$

$C(s)$는 $B^{m+}(B^{2+})$ $5N$ mol 중 일부와 반응하여 C^{n+}으로 되고, 전체 양이온의 양(mol)이 감소한다. ➡ 반응한 $B^{m+}(B^{2+})$의 양(mol)은 생성된 C^{n+}의 양(mol)보다 크다. ➡ $n=3$

이에 대한 옳은 설명만을 〈보기〉에서 있는 대로 고른 것은? (단, A~C는 임의의 원소 기호이고 물과 반응하지 않으며, 음이온은 반응에 참여하지 않는다.) [3점]

〈보기〉 풀이

보기

✘ **(가)에서 B(s)는 산화제로 작용한다.**
➡ (가)에서 넣어 준 $B(s)$는 A^+과 반응하여 B^{m+}으로 산화되므로 $B(s)$는 자신이 산화되면서 다른 물질을 환원시키는 환원제로 작용한다.

ㄴ $m+n=5$이다.
➡ (가)에서 A^+ $10N$ mol이 모두 반응하여 B^{m+} $5N$ mol이 생성되었으므로 A^+과 B^{m+}은 $2:1$의 몰비로 반응한다. 따라서 $m=2$이다. 한편 (나)에서 넣어 준 $C(s)$는 $B^{m+}(B^{2+})$ $5N$ mol 중 일부와 반응하여 C^{n+}으로 되는데, 이때 전체 양이온의 양(mol)이 감소하는 것으로 보아 반응한 $B^{m+}(B^{2+})$의 양(mol)은 생성된 C^{n+}의 양(mol)보다 크다. 이로부터 n은 2보다 큰 자연수이고, m과 n은 3 이하의 자연수이므로 $n=3$이다. 따라서 $m+n=5$이다.

ㄷ C의 원자량은 $\dfrac{y}{2N}$이다.
➡ (나)에서 반응한 $B^{m+}(B^{2+})$의 양을 $3aN$ mol이라고 하면 반응의 양적 관계는 다음과 같다.

반응식	$3B^{2+}$	+	$2C$	⟶	$3B$	+	$2C^{3+}$
반응 전(mol)	$5N$						
반응(mol)	$-3aN$						$+2aN$
반응 후(mol)	$(5-3a)N$						$2aN$

(나) 과정 후 모든 양이온의 양이 $4N$ mol이므로 $5-a=4$에서 $a=1$이고, (나)에서 생성된 C^{3+}의 양은 $2N$ mol이다. 이때 수용액에는 B^{2+}이 존재하므로 넣어 준 $C(s)$가 모두 반응한 것이다. 즉, C $2N$ mol의 질량이 y g이므로 1 mol의 질량은 $\dfrac{y}{2N}$ g이다. 따라서 C의 원자량은 $\dfrac{y}{2N}$이다.

적용해야 할 개념 ③가지

① 산화된 물질이 잃은 전자의 양(mol)과 환원된 물질이 얻은 전자의 양(mol)은 같다.

② 산화제와 환원제

산화제	환원제
자신은 환원되면서 다른 물질을 산화시키는 물질	자신은 산화되면서 다른 물질을 환원시키는 물질

③ 화학 반응 전후 전하량의 총합은 같다.

문제 보기

다음은 금속 A~C의 산화 환원 반응 실험이다. B^{b+}과 C^{c+}의 b와 c는 3 이하의 서로 다른 자연수이다.

[실험 과정]
(가) A^+이 들어 있는 수용액 V mL를 준비한다.
(나) (가)의 수용액에 B(s)를 넣어 반응을 완결시킨다.
(다) (나)의 수용액에 C(s)를 넣어 반응을 완결시킨다.

[실험 결과]
○ (다)에서 B^{b+}은 C와 반응하지 않았다.
○ 각 과정 후 수용액 속에 들어 있는 금속 양이온에 대한 자료

과정	(가)	(나)	(다)
양이온의 종류	A^+	A^+, B^{b+} 4N	A^+, B^{b+}, C^{c+} N
		4N 4N	2N 4N
전체 양이온의 양(mol)	16N	8N	7N

(가)에서 (다)로 갈수록 전체 양이온의 양(mol)이 감소하므로 b와 c는 각각 2 이상의 서로 다른 자연수 ➡ b=3이라 하면, 반응 몰비는 A^+ : B^{b+}=3 : 1이고, (나)에 들어 있는 B^{b+}의 양을 xN mol이라고 하면 반응한 A^+의 양은 $3xN$ mol, 반응 후 남은 A^+의 양은 $(16-3x)N$ mol이므로 전체 양이온의 양 $(16-3x)N+xN=8N$에서 $x=4$ ➡ (나)에서 수용액 속 A^+의 양은 $4N$ mol, B^{b+}의 양은 $4N$ mol ➡ b와 c는 서로 다른 자연수이고, b=3이므로 c=2

이에 대한 설명으로 옳은 것만을 〈보기〉에서 있는 대로 고른 것은? (단, A~C는 임의의 원소 기호이고 물과 반응하지 않으며, 음이온은 반응에 참여하지 않는다.) [3점]

〈보기〉풀이

ㄱ. (나)와 (다)에서 A^+은 산화제로 작용한다.

➡ (나)와 (다)에서 넣어 준 B(s), C(s)는 각각 A^+과 반응하여 B^{b+}, C^{c+}으로 되므로 A^+은 자신이 환원되면서 다른 물질을 산화시키는 산화제로 작용한다.

✗ ㄴ. $b : c$=2 : 3이다.

➡ (가)의 수용액에 들어 있는 A^+의 양이 $16N$ mol이고, (나)의 수용액에 들어 있는 전체 양이온의 양이 $8N$ mol, (다)의 수용액에 들어 있는 전체 양이온의 양이 $7N$ mol이므로 반응할 때 전체 양이온의 양(mol)이 감소한다. 따라서 b와 c는 각각 2 이상의 서로 다른 자연수이다. b=2라고 가정하면, 반응 몰비는 A^+ : B^{b+}=2 : 1이며, (나)의 수용액에 들어 있는 B^{b+}의 양을 xN mol이라고 하면 반응한 A^+의 양은 $2xN$ mol이고, 반응 후 남은 A^+의 양은 $(16-2x)N$ mol이다. 이때 전체 양이온의 양이 $(16-2x)N$ mol$+xN$ mol$=8N$ mol이므로 $16-x=8$이고, $x=8$이 되어 모순이다.

b=3이라고 가정하면, 반응 몰비는 A^+ : B^{b+}=3 : 1이며, (나)의 수용액에 들어 있는 B^{b+}의 양을 xN mol이라고 하면 반응한 A^+의 양은 $3xN$ mol이고, 반응 후 남은 A^+의 양은 $(16-3x)N$ mol이다. 이때 전체 양이온의 양이 $(16-3x)N$ mol$+xN$ mol$=8N$ mol이므로 $16-2x=8$이고, $x=4$이다. 따라서 (나)에서 수용액 속 A^+의 양은 $4N$ mol, B^{b+}의 양은 $4N$mol이 되어 타당하다.

b와 c는 서로 다른 자연수이고, b=3이므로 c=2이다. 따라서 $b : c$=3 : 2이다.

✗ ㄷ. (다) 과정 후 A^+의 양은 N mol이다.

➡ (다)에서 반응하여 생성된 $C^{c+}(C^{2+})$의 양을 yN mol이라고 하면, 반응한 A^+의 양은 $2yN$ mol이고, 전체 양이온의 양은 $(4-2y)N$ mol$+4N$ mol$+yN$ mol$=7N$ mol이므로 $8-y=7$이고, $y=1$이다. 따라서 (다) 과정 후 A^+의 양은 $2N$ mol이다.

26 일차

적용해야 할 개념 ③가지

① 산화수 구하기: 단원자 이온의 산화수는 그 이온의 전하와 같고, 다원자 이온에서 구성 원자의 산화수의 합은 이온의 전하와 같다. 또 화합물에서 구성 원자의 산화수의 합은 0이다.

② 산화 환원 반응에서 증가한 산화수와 감소한 산화수가 같아지도록 산화 환원 반응식을 완성한다.

③ 반응 전후 전하량의 총합은 같다.

문제 보기

다음은 금속 A와 B의 산화 환원 반응 실험이다.

→ (다)에서 사용한 B(s)의 질량이 (나)에서 사용한 질량의 절반이고, (나)와 (다)에는 모두 A^+이 존재하므로 넣어 준 B(s)는 모두 반응하여 B^{n+}을 생성한다.

[실험 과정]

(가) A^+이 들어 있는 수용액 V mL를 준비한다.

(나) (가)의 수용액에 B(s) w g을 넣어 반응을 완결시킨다.

(다) (나)의 수용액에 B(s) $\frac{1}{2}w$ g을 넣어 반응을 완결시킨다.

[실험 결과]

○ (나), (다) 과정에서 A^+은 ⊙ (산화제) 로 작용하였다.

○ (나), (다) 과정 후 B는 모두 B^{n+}이 되었다.

○ 각 과정 후 수용액에 존재하는 금속 양이온에 대한 자료

과정	(나)	(다)
금속 양이온 종류	A^+, B^{n+}	A^+, B^{n+}
금속 양이온 수 비율		

다음 중 ⊙과 n으로 가장 적절한 것은? (단, A와 B는 임의의 원소 기호이고, 물과 반응하지 않으며, 음이온은 반응에 참여하지 않는다.)

<보기> 풀이

❶ **산화제와 환원제 구분하기**

(나)와 (다)에서 넣어 준 B(s)는 전자를 잃고 B^{n+}으로 산화되므로 A^+은 A(s)로 환원되면서 B(s)를 산화시키는 산화제이다.

❷ **(나)와 (다)에서 금속 양이온 수 비율을 이용하여 n 구하기**

(나)와 (다)에는 모두 A^+이 존재하므로 넣어 준 B(s)는 모두 반응하여 B^{n+}으로 된다. 한편 넣어 준 B(s)의 양은 (나)에서가 (다)에서의 2배이므로, 과정 (나) 이후 수용액에 존재하는 B^{n+}의 수를 $2N$이라고 하면 넣어 준 B(s) w g에 들어 있는 B 원자 수가 $2N$이다. 따라서 (다) 과정에서 넣어 준 B(s) $\frac{1}{2}w$ g에 들어 있는 B 원자 수는 N이다. 이로부터 (다) 과정 후 수용액에 존재하는 B^{n+}의 수는 $3N$이므로 A^+의 수도 $3N$이다. (나)에서 (다)로 될 때 B^{n+} 수는 증가하고, A^+ 수는 감소하며, (나) 과정 후 수용액 속 이온 수비는 $A^+ : B^{n+} = 3 : 1$이므로 A^+의 수는 $6N$이다. 이로부터 반응한 A^+의 수가 $3N$일 때 생성된 B^{n+}의 수가 N이고, 반응 전후 전하량의 총합이 같아야 하므로 $n=3$이다.

	⊙	n			⊙	n
①	산화제	2		②	산화제	3
③	환원제	1		④	환원제	2
⑤	환원제	3				

보기

492

적용해야 할 개념 ③가지

① 산화된 물질이 잃은 전자의 양(mol)과 환원된 물질이 얻은 전자의 양(mol)은 같다.

② 산화제와 환원제

산화제	환원제
자신은 환원되면서 다른 물질을 산화시키는 물질	자신은 산화되면서 다른 물질을 환원시키는 물질

③ 화학 반응 전후 전하량의 총합은 같다.

문제 보기

다음은 금속 A~C의 산화 환원 반응 실험이다.

[실험 Ⅰ]
○ A^{m+} 10N mol이 들어 있는 수용액에 C(s) w g을 넣어 반응을 완결시킨다.

[실험 Ⅱ]
○ B^+ 12N mol이 들어 있는 수용액에 C(s) w g을 넣어 반응을 완결시킨다. C(s) w g에 들어 있는 C 원자의 양(mol): 4N mol

[실험 결과]
○ Ⅰ과 Ⅱ에서 C(s)는 모두 C^{n+}이 되었다.
○ 반응이 완결된 후 수용액에 들어 있는 양이온의 종류와 양

실험	Ⅰ	Ⅱ
양이온의 종류	A^{m+}, C^{n+} 4N 4N	C^{n+}
전체 양이온의 양(mol)	8N	4N

Ⅰ에서 반응 후 수용액에 A^{m+}과 C^{n+}이 존재하므로 넣어준 C(s) 4N mol이 모두 반응하여 C^{n+} 4N mol이 되고, 반응 후 남은 A^{m+}도 4N mol ➡ 반응 후 양이온 수 비는 A^{m+} : C^{n+}=1 : 1

Ⅱ에서 반응 후 수용액에는 C^{n+}만 존재하므로 B^+ 12N mol이 모두 반응하여 C^{n+} 4N mol을 생성한다. ➡ n=3

이에 대한 설명으로 옳은 것만을 〈보기〉에서 있는 대로 고른 것은? (단, A~C는 임의의 원소 기호이고, 물과 반응하지 않으며, 음이온은 반응에 참여하지 않는다.)

〈보기〉 풀이

Ⅱ에서 반응 후 수용액에는 C^{n+}만 존재하므로 B^+ 12N mol이 모두 전자를 얻어 B(s)로 환원되고, C(s)는 전자를 잃고 산화되어 C^{n+} 4N mol을 생성한다. 또 반응 전후 금속 양이온의 전하량의 총합은 같고, Ⅱ에서 반응 몰비는 B^+ : C^{n+}=3 : 1이므로 n=3이며, C(s) w g에 들어 있는 C 원자의 양(mol)은 4N mol이다.

ㄱ **Ⅱ에서 B의 산화수는 감소한다.**

➡ Ⅱ에서 B^+이 B(s)로 환원되므로 B의 산화수는 +1에서 0으로 1만큼 감소한다.

ㄴ **Ⅰ에서 반응이 완결된 후 양이온 수 비는 A^{m+} : C^{n+}=1 : 1이다.**

➡ Ⅰ에서 반응 후 수용액에 A^{m+}과 C^{n+}이 존재하므로 넣어 준 C(s) w g에 들어 있는 C 원자 4N mol이 모두 반응하였고, 수용액 속 C^{n+}의 양(mol)은 4N mol이다. 따라서 반응 후 남은 A^{m+}의 양(mol) 또한 4N mol이므로 Ⅰ에서 반응이 완결된 후 양이온 수 비는 A^{m+} : C^{n+}=4N : 4N=1 : 1이다.

ㄷ **$n > m$이다.**

➡ Ⅰ에서 A^{m+} 6N mol이 반응하여 C^{n+}(C^{3+}) 4N mol이 생성되므로 반응 몰비는 A^{m+} : C^{3+}=3 : 2이다. 따라서 m=2이므로 $n > m$이다.

적용해야 할 개념 ④가지

① 산화수와 산화 환원: 산화수가 증가하는 반응이 산화, 산화수가 감소하는 반응이 환원이다.

② 산화된 물질이 잃은 전자의 양(mol)과 환원된 물질이 얻은 전자의 양(mol)은 같다.

③ 산화제와 환원제

산화제	환원제
자신은 환원되면서 다른 물질을 산화시키는 물질	자신은 산화되면서 다른 물질을 환원시키는 물질

④ 화학 반응 전후 전하량의 총합은 같다.

문제 보기

다음은 금속 A~C의 산화 환원 반응 실험이다.

[실험 과정 및 결과]

(가) A^{a+} $3N$ mol이 들어 있는 수용액 V mL를 비커 I, II에 각각 넣는다.

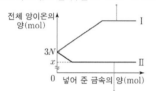

(나) I과 II에 B(s)와 C(s)를 각각 조금씩 넣어 반응시킨다.

(다) (나) 과정 후 A^{a+}은 모두 A가 되었고, A^{a+}과 반응한 B와 C는 각각 B^{b+}과 C^{c+}이 되었다.

(라) (나)에서 넣어 준 금속의 양(mol)에 따른 수용액 속 전체 양이온의 양(mol)은 그림과 같았다.

> A^{a+} $3N$ mol과 반응하여 생성된 B^{b+}의 양(mol)은 $3N$ mol보다 크다. ➡ 산화수는 $A^{a+} > B^{b+}$ ➡ $a > b$

(그래프: 전체 양이온의 양(mol) 세로축, 넣어 준 금속의 양(mol) 가로축. $3N$, x 표시, I, II 곡선)

> A^{a+} $3N$ mol과 반응하여 생성된 C^{c+}의 양(mol)은 $3N$ mol보다 작다. ➡ 산화수는 $A^{a+} < C^{c+}$ ➡ $c > a$

이에 대한 설명으로 옳은 것만을 〈보기〉에서 있는 대로 고른 것은? (단, A~C는 임의의 원소 기호이고 물과 반응하지 않으며, 음이온은 반응에 참여하지 않는다. $a~c$는 3 이하의 자연수이다.)

〈보기〉 풀이

A^{a+} $3N$ mol이 들어 있는 비커 I에 B(s)를 넣었을 때 전체 양이온의 양(mol)이 증가하므로 B^{b+}의 산화수는 A^{a+}보다 작다. 또한 A^{a+} $3N$ mol이 들어 있는 비커 II에 C(s)를 넣었을 때 전체 양이온의 양(mol)이 감소하므로 C^{c+}의 산화수는 A^{a+}보다 크다. 따라서 $c > a > b$이고, $a~c$는 3 이하의 자연수이므로 $a~c$는 각각 2, 1, 3이다.

ㄱ. **(나)에서 A^{a+}은 산화제로 작용한다.**

➡ (나)에서 A^{a+}은 자신은 환원되면서 B와 C를 각각 B^{b+}, C^{c+}으로 산화시키므로 A^{a+}은 산화제로 작용한다.

ㄴ. **$x = 2N$이다.**

➡ $a~c$는 각각 2, 1, 3이므로 비커 II에서 $A^{a+}(A^{2+})$과 $C^{c+}(C^{3+})$의 반응 몰비는 3 : 2이다. 따라서 $A^{a+}(A^{2+})$ $3N$ mol이 모두 반응하여 생성된 $C^{c+}(C^{3+})$의 양(mol)은 $2N$ mol이므로 $x = 2N$이다.

ㄷ. **$c > b$이다.**

➡ $c > a > b$이므로 $c > b$이다.

12 산화수 변화와 산화 환원 반응 실험 2023학년도 7월 학평 화I 5번   정답 ① | 정답률 68 %

적용해야 할 개념 ③가지

① 산화수와 산화 환원: 산화수가 증가하는 반응이 산화, 산화수가 감소하는 반응이 환원이다.

② 산화제와 환원제

산화제	환원제
자신은 환원되면서 다른 물질을 산화시키는 물질	자신은 산화되면서 다른 물질을 환원시키는 물질

③ 금속과 금속염 수용액의 반응에서 산화된 금속이 잃은 전자의 양(mol)과 환원된 금속 이온이 얻은 전자의 양(mol)은 같다. ➡ 음이온이 반응하지 않을 때 금속 양이온의 전하량 총합은 반응 전후 같다.

문제 보기

다음은 금속 A∼C의 산화 환원 반응 실험이다.

[실험 I]
○ A^{2+} $3N$ mol이 들어 있는 수용액에 충분한 양의 $B(s)$를 넣어 반응을 완결시킨다. $B(s)$ A^{2+} $3N$ mol

[실험 II]
○ B^{m+} $3N$ mol이 들어 있는 수용액에 충분한 양의 $C(s)$를 넣어 반응을 완결시킨다. $C(s)$ B^{m+} $3N$ mol

[실험 결과]
○ 반응이 완결된 후 수용액에 들어 있는 양이온의 종류와 양(mol)

B^{3+} $3N$ mol은 C xN mol과 모두 반응
A^{2+} $3N$ mol은 B $2N$ mol과 모두 반응

실험	I		II
양이온의 종류	B^{m+}	B^{3+}	C^+
양이온의 양(mol)	$2N$		xN

반응 몰비 $A^{2+} : B^{m+} = 3 : 2$, 반응 전후 양이온의 전하량의 총합은 같다. ➡ $m = 3$

반응 몰비 $B^{3+} : C^+ = 3 : x$, 반응 전후 양이온의 전하량의 총합은 같다. ➡ $x = 9$

이에 대한 설명으로 옳은 것만을 〈보기〉에서 있는 대로 고른 것은? (단, A∼C는 임의의 원소 기호이고, A∼C는 물과 반응하지 않으며, 음이온은 반응에 참여하지 않는다.) [3점]

〈보기〉 풀이

ㄱ. $m=3$이다.
➡ 실험 I에서 반응 후 비커 안에 존재하는 양이온은 B^{m+} $2N$ mol뿐이므로 A^{2+} $3N$ mol은 $B(s)$ $2N$ mol과 모두 반응하였다. 이로부터 반응 몰비는 $A^{2+} : B^{m+} = 3 : 2$이고, 반응 전후 양이온의 전하량의 총합이 같으므로 $m=3$이다.

✗ $x=1$이다.
➡ 실험 II에서 반응 후 비커 안에 존재하는 양이온은 C^+ xN mol뿐이므로 $B^{m+}(B^{3+})$ $3N$ mol은 $C(s)$ xN mol과 모두 반응하였다. 이때 반응 전후 양이온의 전하량의 총합이 같으므로 $x=9$이다.

✗ 실험 I에서 $B(s)$는 산화제로 작용한다.
➡ 실험 I에서 $B(s)$는 전자를 잃고 $B^{m+}(B^{3+})$으로 산화되므로 자신은 산화되면서 다른 물질을 환원시키는 환원제로 작용한다.

보기

적용해야 할 개념 ②가지	① 발열 반응과 흡열 반응: 화학 반응이 일어날 때 열을 방출하는 반응은 발열 반응, 열을 흡수하는 반응은 흡열 반응이다.
	② 발열 반응의 예: 연소, 금속의 산화, 중화 반응, 금속과 산의 반응, 산의 용해, 수산화 나트륨의 용해 등

문제 보기

다음은 열의 출입과 관련된 현상에 대한 설명이다.

> 숯이 연소될 때 열이 발생하는 것처럼, 화학 반응이 일어날 때 주위로 열을 방출하는 반응을 (가) 반응이라 한다.
> 발열

(가)로 가장 적절한 것은?

<보기> 풀이

화학 반응이 일어날 때 열을 방출하여 주위의 온도가 높아지는 반응은 발열 반응이다. 숯의 연소 반응은 발열 반응의 예이다.

✕ 가역   ② 발열   ✕ 분해   ✕ 환원   ✕ 흡열

보기

적용해야 할 개념 ②가지	① 발열 반응과 흡열 반응: 화학 반응이 일어날 때 열을 방출하는 반응은 발열 반응, 열을 흡수하는 반응은 흡열 반응이다.
	② 발열 반응의 예: 연소, 금속의 산화, 중화 반응, 금속과 산의 반응, 산의 용해, 수산화 나트륨의 용해 등

문제 보기

다음은 화학 반응에서 열의 출입에 대한 학생들의 대화이다.

발열 반응은 화학 반응이 일어날 때 주위로 열을 방출하는 반응이야.

화학 반응은 모두 발열 반응이야.

메테인(CH₄)의 연소 반응은 발열 반응이야.

학생 A   학생 B   학생 C

화학 반응이 일어날 때 열의 출입이 따른다.

제시한 내용이 옳은 학생만을 있는 대로 고른 것은?

<보기> 풀이

학생 Ⓐ 발열 반응은 화학 반응이 일어날 때 주위로 열을 방출하는 반응이야.
➡ 발열 반응은 화학 반응이 일어날 때 열을 방출하는 반응이므로, 주위의 온도가 높아진다.

학생 ✕ 화학 반응은 모두 발열 반응이야.
➡ 화학 반응에는 열을 방출하는 발열 반응과 열을 흡수하는 흡열 반응이 있다.

학생 Ⓒ 메테인(CH_4)의 연소 반응은 발열 반응이야.
➡ 메테인(CH_4)의 연소 반응에서는 열이 방출되므로 주위의 온도가 높아진다.

보기

15 화학 반응에서의 열의 출입 2022학년도 7월 학평 화I 1번

정답 ① | 정답률 97 %

적용해야 할 개념 ②가지

① 발열 반응과 흡열 반응: 화학 반응이 일어날 때 열을 방출하는 반응은 발열 반응, 열을 흡수하는 반응은 흡열 반응이다.

② 발열 반응이 일어날 때 주위의 온도가 높아지고, 흡열 반응이 일어날 때 주위의 온도가 낮아진다.

문제 보기

다음은 어떤 제품의 광고와 이에 대한 학생과 선생님의 대화이다.

봉지를 뜯고 찬물을 부어 주세요!
어디든 음식을 데울 수 있습니다!

학 생: 봉지 안에 찬물을 부었는데 어떻게 음식이 데워질 수 있어요?

선생님: 봉지 안에는 산화 칼슘(CaO)이 들어 있어요. 물(H$_2$O)을 부으면 산화 칼슘과 물이 반응해서 열이 발생하는데, 그 열로 음식이 데워질 수 있는 거예요.⌐열 방출

학 생: 산화 칼슘과 물의 반응은 주위로 열을 방출하는 반응이므로 ⑤ 반응이겠군요.
       └발열

⑤으로 가장 적절한 것은?

<보기> 풀이

광고의 제품은 산화 칼슘과 물이 반응할 때 발생하는 열을 이용해 음식을 데운다. 산화 칼슘과 물이 반응할 때 열이 주위로 방출되므로 산화 칼슘과 물의 반응은 발열 반응이다.

보기

① 발열 산화 연소 중화 흡열

---

16 화학 반응에서의 열의 출입 2021학년도 6월 모평 화I 5번

정답 ④ | 정답률 86 %

적용해야 할 개념 ②가지

① 발열 반응과 흡열 반응: 화학 반응이 일어날 때 열을 방출하는 반응은 발열 반응, 열을 흡수하는 반응은 흡열 반응이다.

② 발열 반응의 예: 연소, 금속의 산화, 중화 반응, 금속과 산의 반응, 산의 용해, 수산화 나트륨의 용해 등

문제 보기

다음은 반응 ⑤~ⓒ과 관련된 현상을 나타낸 것이다.

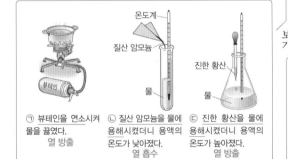

⑤ 뷰테인을 연소시켜 물을 끓였다.
열 방출

ⓛ 질산 암모늄을 물에 용해시켰더니 용액의 온도가 낮아졌다.
열 흡수

ⓒ 진한 황산을 물에 용해시켰더니 용액의 온도가 높아졌다.
열 방출

⑤~ⓒ 중 발열 반응만을 있는 대로 고른 것은? [3점]

<보기> 풀이

⑤ 뷰테인이 연소할 때 방출하는 열을 이용하여 물을 끓이는 것으로 보아 뷰테인의 연소 반응은 발열 반응이다.

ⓛ 질산 암모늄이 물에 용해될 때 용액의 온도가 낮아지는 것으로 보아 질산 암모늄의 용해 과정은 열을 흡수하는 흡열 반응이다.

ⓒ 진한 황산이 물에 용해될 때 용액의 온도가 높아지는 것으로 보아 진한 황산의 용해 과정은 열을 방출하는 발열 반응이다.

따라서 발열 반응은 ⑤, ⓒ이고, 흡열 반응은 ⓛ이다.

보기

 ⑤ ⓛ ⑤, ⓛ ④ ⑤, ⓒ ⓛ, ⓒ

| **17** | 화학 반응에서의 열의 출입 2022학년도 9월 모평 화I 1번 | 정답 ② \| 정답률 92 % |

| 적용해야 할
개념 ②가지 | ① 발열 반응과 흡열 반응: 화학 반응이 일어날 때 열을 방출하는 반응은 발열 반응, 열을 흡수하는 반응은 흡열 반응이다.
② 발열 반응이 일어날 때 주위의 온도가 높아지고, 흡열 반응이 일어날 때 주위의 온도가 낮아진다. |

문제 보기

다음은 열 출입 현상과 이에 대한 학생들의 대화이다.

> ○ 염화 암모늄을 물에 용해시켰더니 수용액의 온도가 낮
>   ㉠
>   아졌다. 열 흡수
> ○ 뷰테인을 연소시켰더니 열이 발생하였다. 열 방출
>   ㉡

㉠은 발열 반응이야.　　㉡은 흡열 반응이야.　　흡열 반응은 화학 반응이 일어날 때 열을 흡수하는 반응이야.

학생 A　　학생 B　　학생 C

제시한 내용이 옳은 학생만을 있는 대로 고른 것은?

〈보기〉 풀이

학생 ✗ ㉠은 발열 반응이야.
➡ 염화 암모늄의 용해 과정에서 수용액의 온도가 낮아졌으므로 ㉠은 열을 흡수하는 흡열 반응이다.

학생 ✗ ㉡은 흡열 반응이야.
➡ 뷰테인의 연소 과정에서 열이 발생하였으므로 발열 반응이다.

학생 Ⓒ 흡열 반응은 화학 반응이 일어날 때 열을 흡수하는 반응이야.
➡ 화학 반응이 일어날 때 주위의 온도가 낮아지는 것은 열을 흡수하는 흡열 반응이다.

| **18** | 화학 반응에서의 열의 출입 2021학년도 3월 학평 화I 2번 | 정답 ⑤ \| 정답률 81 % |

| 적용해야 할
개념 ②가지 | ① 발열 반응과 흡열 반응: 화학 반응이 일어날 때 열을 방출하는 반응은 발열 반응, 열을 흡수하는 반응은 흡열 반응이다.
② 발열 반응이 일어날 때 주위의 온도가 높아지고, 흡열 반응이 일어날 때 주위의 온도가 낮아진다. |

문제 보기

다음은 2가지 반응에서 열의 출입을 알아보기 위한 실험이다.

실험	실험 과정 및 결과
(가)	물이 담긴 비커에 수산화 나트륨(NaOH)을 넣고 녹였더니 수용액의 온도가 올라갔다. 열 방출
(나)	물이 담긴 비커에 질산 암모늄(NH_4NO_3)을 넣고 녹였더니 수용액의 온도가 내려갔다. 열 흡수

이에 대한 옳은 설명만을 〈보기〉에서 있는 대로 고른 것은?

〈보기〉 풀이

㉠ (가)에서 반응이 일어날 때 열이 방출된다.
➡ (가)에서 반응이 일어날 때 수용액의 온도가 올라간 것으로 보아 이 반응은 열을 방출하는 발열 반응이다.

㉡ (나)에서 일어나는 반응은 흡열 반응이다.
➡ (나)에서 반응이 일어날 때 수용액의 온도가 내려간 것으로 보아 이 반응은 열을 흡수하는 흡열 반응이다.

㉢ (나)에서 일어나는 반응을 이용하여 냉찜질 팩을 만들 수 있다.
➡ (나)에서 일어나는 반응은 흡열 반응으로 반응이 일어날 때 주위의 온도가 낮아지므로 이를 이용하여 냉찜질 팩을 만들 수 있다.

19 화학 반응에서의 열의 출입 2021학년도 10월 학평 화I 2번

정답 ③ | 정답률 92%

적용해야 할 개념 ②가지

① 발열 반응과 흡열 반응: 화학 반응이 일어날 때 열을 방출하는 반응은 발열 반응, 열을 흡수하는 반응은 흡열 반응이다.
② 발열 반응이 일어날 때 주위의 온도가 높아지고, 흡열 반응이 일어날 때 주위의 온도가 낮아진다.

문제 보기

다음은 화학 반응에서 출입하는 열을 이용하는 생활 속의 사례이다.

(가) 휴대용 냉각 팩에 들어 있는 질산 암모늄이 물에 용해되면서 팩이 차가워진다. 열 흡수
(나) 겨울철 도로에 쌓인 눈에 염화 칼슘을 뿌리면 염화 칼슘이 용해되면서 눈이 녹는다. 열 방출
(다) 아이스크림 상자에 드라이아이스를 넣으면 드라이아이스가 승화되면서 상자 안의 온도가 낮아진다. 열 흡수

이에 대한 옳은 설명만을 〈보기〉에서 있는 대로 고른 것은?

보기

〈보기〉 풀이

ㄱ (가)에서 질산 암모늄의 용해 반응은 흡열 반응이다.
➡ (가)에서 질산 암모늄이 용해될 때 주위의 온도가 낮아지므로 질산 암모늄의 용해 반응은 흡열 반응이다.

ㄴ (나)에서 염화 칼슘이 용해될 때 열을 방출한다.
➡ (나)에서 염화 칼슘이 용해될 때 열이 발생하여 눈이 녹으므로 염화 칼슘이 용해될 때 열을 방출한다.

✗ (다)에서 드라이아이스의 승화는 발열 반응이다.
➡ (다)에서 드라이아이스가 승화될 때 주위의 온도가 낮아지므로 드라이아이스의 승화는 흡열 반응이다.

20 화학 반응에서의 열의 출입 2022학년도 3월 학평 화I 3번

정답 ⑤ | 정답률 77%

적용해야 할 개념 ③가지

① 발열 반응과 흡열 반응: 화학 반응이 일어날 때 열을 방출하는 반응은 발열 반응, 열을 흡수하는 반응은 흡열 반응이다.
② 발열 반응의 예: 연소, 금속의 산화, 중화 반응, 금속과 산의 반응, 산의 용해, 수산화 나트륨의 용해 등
③ 흡열 반응의 예: 열분해, 질산 암모늄(또는 염화 암모늄)의 용해, 광합성, 물의 전기 분해 반응 등

문제 보기

다음은 요소수와 관련된 설명이다.

발열 반응

경유를 연료로 사용하는 디젤 엔진에서는 대기 오염 물질인 질소 산화물이 생성된다. 디젤 엔진에 요소 ((NH₂)₂CO)와 물이 혼합된 요소수를 넣어 주면, ⊙연료의 연소 반응이 일어날 때 발생하는 열을 흡수하여 ⓛ요소가 분해되면서 암모니아가 생성되는 반응이 일어난다. 이 과정에서 생성된 암모니아가 질소 산화물을 질소 기체로 변화시킨다.

흡열 반응

이에 대한 옳은 설명만을 〈보기〉에서 있는 대로 고른 것은?

보기

〈보기〉 풀이

ㄱ ⊙은 발열 반응이다.
➡ 연료의 연소 반응은 열을 방출하는 발열 반응이다.

ㄴ ⓛ은 흡열 반응이다.
➡ 반응 ⓛ이 일어날 때 연소 반응에서 방출한 열을 흡수하므로 ⓛ은 흡열 반응이다.

ㄷ 디젤 엔진에 요소수를 넣어 주면 대기 오염을 줄일 수 있다.
➡ 요소가 분해되어 생성된 암모니아가 대기 오염 물질인 질소 산화물을 질소 기체로 변화시키므로 디젤 엔진에 요소수를 넣어 주면 대기 오염을 줄일 수 있다.

21 | 화학 반응에서의 열의 출입 2022학년도 10월 학평 화I 2번 | 정답 ② | 정답률 85 %

적용해야 할 개념 ③가지

① 발열 반응과 흡열 반응: 화학 반응이 일어날 때 열을 방출하는 반응은 발열 반응, 열을 흡수하는 반응은 흡열 반응이다.
② 발열 반응의 예: 연소, 금속의 산화, 중화 반응, 금속과 산의 반응, 산의 용해, 수산화 나트륨의 용해 등
③ 흡열 반응의 예: 열분해, 질산 암모늄(또는 염화 암모늄)의 용해, 광합성, 물의 전기 분해 반응 등

문제 보기

다음은 반응의 열 출입을 이용하는 사례에 대한 설명이다.

○ ㉠ 산화 칼슘(CaO)과 물(H_2O)의 반응을 이용하여 음식을 데울 수 있다.
○ ㉡ 철(Fe)의 산화 반응을 이용하여 손난로를 만들 수 있다.
○ ㉢ 질산 암모늄(NH_4NO_3)의 용해 반응을 이용하여 냉각팩을 만들 수 있다.

㉠~㉢ 중 흡열 반응만을 있는 대로 고른 것은?

<보기> 풀이

㉠의 반응에서 출입하는 열을 이용하여 음식을 데울 수 있는 것으로 보아 ㉠의 반응이 일어날 때 열을 방출한다. ㉠은 발열 반응이다.
㉡의 반응에서 출입하는 열을 이용하여 손난로를 만들 수 있는 것으로 보아 ㉡의 반응이 일어날 때 열을 방출한다. ㉡은 발열 반응이다.
㉢의 반응에서 출입하는 열을 이용하여 냉각팩을 만들 수 있는 것으로 보아 ㉢의 반응이 일어날 때 열을 흡수하여 주위의 온도가 낮아진다. ㉢은 흡열 반응이다.

 ㉠   ② ㉢   ㉠, ㉡    ㉠, ㉢   ㉡, ㉢

---

22 | 화학 반응에서 출입하는 열의 측정 2022학년도 6월 모평 화I 3번 | 정답 ② | 정답률 92 %

적용해야 할 개념 ③가지

① 발열 반응과 흡열 반응: 화학 반응이 일어날 때 열을 방출하는 반응은 발열 반응, 열을 흡수하는 반응은 흡열 반응이다.
② 발열 반응이 일어날 때 주위의 온도가 높아지고, 흡열 반응이 일어날 때 주위의 온도가 낮아진다.
③ 화학 반응에서 출입하는 열의 측정: 열량계 안에서 화학 반응이 일어날 때 출입하는 열은 모두 열량계 속 물의 온도 변화에 이용된다고 가정하여 열량을 구한다.

문제 보기

다음은 학생 A가 가설을 세우고 수행한 탐구 활동이다.

[가설]
수산화 나트륨(NaOH)이 물에 녹는 반응은 발열 반응이다.
○ ㉠

[탐구 과정 및 결과]
○ 25 ℃의 물 100 g이 담긴 열량계에 25 ℃의 수산화 나트륨(NaOH(s)) 4 g을 넣어 녹인 후 수용액의 최고 온도를 측정하였다.
○ 수용액의 최고 온도: 35 ℃ 열 방출

[결론]
○ 가설은 옳다.

학생 A의 결론이 타당할 때, 다음 중 ㉠으로 가장 적절한 것은? (단, 열량계의 외부 온도는 25 ℃로 일정하다.)

<보기> 풀이

일정량의 물이 담긴 열량계에 수산화 나트륨(NaOH(s))을 넣고 녹였을 때 수용액의 최고 온도가 용해 전보다 높아졌다. 이 실험 결과 학생 A는 가설이 옳다는 결론에 도달했으므로 학생 A가 세운 가설은 '수산화 나트륨(NaOH)이 물에 녹는 반응은 열을 방출하는 발열 반응이다.'가 적절하다.

수산화 나트륨(NaOH)이 물에 녹는 반응은 가역 반응이다.
➡ 가역 반응을 확인하기 위해서는 정반응뿐만 아니라 역반응이 일어나는지 확인해야 한다.

② 수산화 나트륨(NaOH)이 물에 녹는 반응은 발열 반응이다.
➡ 용해 후 수용액의 최고 온도가 용해 전보다 높으므로 학생 A가 세운 가설로 적절하다.

수산화 나트륨(NaOH)을 물에 녹인 수용액은 산성을 띤다.
➡ 용액의 액성과 관련된 가설을 세웠다면 용해 전후 물과 수용액의 pH를 측정해야 한다.

수산화 나트륨(NaOH)이 물에 녹는 반응은 산화 환원 반응이다.
➡ 산화 환원 반응을 확인하려면 반응 전후 수산화 나트륨(NaOH)을 구성하는 원자의 산화수를 조사하는 활동을 해야 한다.

수산화 나트륨(NaOH)을 물에 녹인 수용액은 전기 전도성이 있다.
➡ 용액의 전기 전도성을 확인하려면 간이 전기 전도계를 이용하여 전류가 흐르는지 확인해야 한다.

23 화학 반응에서 출입하는 열의 측정 2022학년도 4월 학평 화I 2번

정답 ② | 정답률 93%

적용해야 할 개념 ②가지

① 화학 반응에서 출입하는 열량을 구할 때는 열량계를 사용한다.
② 물질이 용해될 때 출입하는 열량을 구할 때 사용하는 간이 열량계는 열량계, 온도계, 젓개로 구성된다.

문제 보기

다음은 수산화 나트륨이 물에 녹을 때 발생하는 열량을 구하기 위해 학생 A가 수행한 실험 과정이다.

[실험 과정]
(가) 물 100 g을 준비하고, 물의 온도를 측정한다.
(나) 수산화 나트륨 1 g을 (가)의 물에 모두 녹인 후 용액의 최고 온도를 측정한다. └발열 반응

다음 중 학생 A가 사용한 실험 장치로 가장 적절한 것은?

<보기> 풀이

간이 열량계에 물과 일정량의 수산화 나트륨을 넣고 용해할 때 용해 전후 온도 변화를 측정하면 수산화 나트륨이 물에 녹을 때 발생하는 열량을 구할 수 있다.

보기

 물질의 극성을 확인하는 실험 장치

 ② 물질이 용해될 때 출입하는 열량을 측정하는 실험 장치

 수용액의 전기 전도성을 확인하는 실험 장치

물의 전기 분해 실험 장치

 중화 적정 실험 장치

24 화학 반응에서 출입하는 열의 측정 2021학년도 4월 학평 화I 2번

정답 ⑤ | 정답률 91%

적용해야 할 개념 ③가지

① 발열 반응과 흡열 반응: 화학 반응이 일어날 때 열을 방출하는 반응은 발열 반응, 열을 흡수하는 반응은 흡열 반응이다.
② 발열 반응이 일어날 때 주위의 온도가 높아지고, 흡열 반응이 일어날 때 주위의 온도가 낮아진다.
③ 화학 반응에서 출입하는 열의 측정: 열량계 안에서 화학 반응이 일어날 때 출입하는 열은 모두 열량계 속 물의 온도 변화에 이용된다고 가정하여 열량을 구한다.

문제 보기

다음은 실험 보고서의 일부이다.

[실험 제목] 화학 반응에서 열의 출입 측정하기
━━━━━━━━━━━━━━━━━━━━━
⊙
━━━━━━━━━━━━━━━━━━━━━

[실험 과정] 반응에서 출입하는 열을 측정하는 기구
(가) 그림과 같이 간이 열량계에 물 100 g을 넣고 온도를 측정한다.
(나) 염화 칼슘 10 g을 (가)의 물에 녹이고 용액의 최고 온도를 측정한다.

다음 중 ⊙으로 가장 적절한 것은?

<보기> 풀이

간이 열량계에 물과 일정량의 염화 칼슘을 넣고 용해 전후 온도 변화를 측정하는 실험을 한 것으로 보아 화학 반응에서 열의 출입을 측정한 실험이다.

보기

✗ ① 가역 반응 확인하기
➡ 가역 반응을 확인하기 위해서는 정반응뿐만 아니라 역반응이 일어나는지 확인해야한다.

✗ ② 용액의 pH 측정하기
➡ 용액의 pH는 pH 미터기를 이용하여 측정해야 한다.

✗ ③ 물질의 전기 전도성 확인하기
➡ 용액의 전기 전도성을 확인하려면 간이 전기 전도계를 이용하여 전류가 흐르는지 확인해야 한다.

✗ ④ 중화 반응에서 양적 관계 확인하기
➡ 중화 반응에서 양적 관계를 확인하려면 농도를 알고 있는 일정량의 산 수용액 또는 염기 수용액을 완전 중화시키는데 사용된 염기 수용액 또는 산 수용액의 부피를 측정해야 한다.

⑤ 화학 반응에서 열의 출입 측정하기
➡ 용해 전후 온도를 측정한 것으로 보아 이 실험은 화학 반응에서 열의 출입을 측정하는 실험이다.

적용해야 할 개념 ②가지

① 발열 반응: 화학 반응이 일어날 때 열을 방출하는 반응으로, 주위의 온도가 높아진다.

② 화학 반응에서 출입하는 열의 측정: 열량계 안에서 화학 반응이 일어날 때 출입하는 열은 모두 열량계 속 물의 온도 변화에 이용된다고 가정하여 열량을 구한다.

[문제 보기]

다음은 염화 칼슘($CaCl_2$)이 물에 용해되는 반응에 대한 실험과 이에 대한 세 학생의 대화이다.

[실험 과정]

반응에서 출입하는 열을 측정하는 기구
온도계
젓개
물
ⓒ스타이로폼 컵

(가) 그림과 같이 25 °C의 물 100 g이 담긴 열량계를 준비한다.

(나) (가)의 열량계에 25 °C의 $CaCl_2(s)$ w g을 넣어 녹인 후 수용액의 최고 온도를 측정한다.

[실험 결과]

○ 수용액의 최고 온도 : 30 °C 열 방출

제시한 내용이 옳은 학생만을 있는 대로 고른 것은? (단, 열량계의 외부 온도는 25 °C로 일정하다.)

[보기]

<보기> 풀이

학생 Ⓐ 열량계 내부의 온도 변화로 반응에서의 열의 출입을 알 수 있어.

➡ 열량계 속 물의 온도 변화로 반응에서의 열을 출입을 알 수 있다.

학생 Ⓑ $CaCl_2(s)$이 물에 용해되는 반응은 발열 반응이야.

➡ $CaCl_2(s)$이 물에 녹은 수용액의 온도가 녹이기 전보다 높아진 것으로 보아 $CaCl_2(s)$이 물에 용해되는 반응은 열을 방출하는 발열 반응이다.

학생 Ⓒ ㉠은 열량계 내부와 외부 사이의 열 출입을 막기 위해 사용해.

➡ 열량계의 스타이로폼은 단열재로 열량계 내부와 외부 사이의 열 출입을 막아 반응에서 출입하는 열이 열량계 속 물의 온도 변화에만 사용되도록 한다.

적용해야 할 개념 ③가지

① 발열 반응과 흡열 반응: 화학 반응이 일어날 때 열을 방출하는 반응은 발열 반응, 열을 흡수하는 반응은 흡열 반응이다.

② 화학 반응에서 출입하는 열의 측정: 열량계 안에서 화학 반응이 일어날 때 출입하는 열은 모두 열량계 속 물의 온도 변화에 이용된다고 가정하여 열량을 구한다.

③ 열량계에서 시료가 연소될 때 방출하는 열량(Q)=용액이 얻은 열량 ➡ 용액이 얻은 열량(Q)=비열(J/g·°C)×질량(g)×온도 변화(°C)

[문제 보기]

다음은 스타이로폼 컵 열량계를 이용하여 열의 출입을 측정하는 실험이다.

[실험 Ⅰ]

온도계 22°C 젓개
뚜껑
물
스타이로폼 컵

(가) 열량계에 물 48 g을 넣고 온도(t_1)를 측정한다.

(나) (가)에 A(s) 2 g을 넣고 젓개로 저어 완전히 녹인 후 수용액의 최고 온도(t_2)를 측정한다.

(다) 실험에서 출입한 열량을 계산한다.

[실험 Ⅱ]

○ 물의 질량을 98 g으로 바꾼 후 (가)~(다)를 수행한다.

[실험 결과 및 자료]

열 방출 ➡ 실험 Ⅰ: 발열 반응

실험	물의 질량	용액의 질량	t_1	t_2	출입한 열량
Ⅰ	48 g	50 g	22 °C	29 °C	a J
Ⅱ	98 g	100 g	22 °C	x °C	a J

○ 실험 Ⅰ과 Ⅱ에서 수용액의 비열은 같다.

이에 대한 설명으로 옳은 것만을 〈보기〉에서 있는 대로 고른 것은? (단, 용해 반응 이외의 반응은 일어나지 않으며, 반응에서 출입하는 열은 열량계 속 수용액의 온도만을 변화시킨다.)

<보기> 풀이

실험 Ⅰ에서 수용액의 비열을 c라고 하면 실험 Ⅰ에서 출입한 열량 $a=c$ J/g·°C×50 g×(29−22) °C=350c J이므로 수용액의 비열 c는 $\frac{a}{350}$ J/g·°C이다.

✗ A(s)가 용해되는 반응은 흡열 반응이다.

➡ 실험 Ⅰ에서 A(s)가 용해될 때 용액의 온도가 높아지므로 열을 방출하는 발열 반응이다.

ㄴ. $x<29$이다.

➡ 실험 Ⅱ에서 수용액의 비열은 Ⅰ에서와 같은 $\frac{a}{350}$ J/g·°C이므로 출입한 열량 $a=\frac{a}{350}$ J/g·°C×100 g×(x−22) °C이고, x=25.5이다. 따라서 $x<29$이다.

ㄷ. 실험 Ⅰ에서 수용액의 비열(J/g·°C)은 $\frac{a}{350}$이다.

➡ 실험 Ⅰ에서 수용액의 비열은 $\frac{a}{350}$ J/g·°C이다.

적용해야 할 개념 ③가지

① 산화된 물질이 잃은 전자의 양과 환원된 물질이 얻은 전자의 양은 같다.

② 산화제와 환원제

산화제	환원제
자신은 환원되면서 다른 물질을 산화시키는 물질	자신은 산화되면서 다른 물질을 환원시키는 물질

③ 화학 반응 전후 전하량의 총합은 같다.

문제 보기

다음은 금속 A~C의 산화 환원 반응 실험이다.

[실험 과정]
(가) 비커에 0.1 M $A^{a+}(aq)$ V mL를 넣는다.
(나) (가)의 비커에 충분한 양의 B(s)를 넣어 반응을 완결시킨다.
(다) (나)의 비커에 0.1 M $C^{c+}(aq)$ V mL를 넣어 반응을 완결시킨다.

[실험 결과]
○ 각 과정 후 수용액에 들어 있는 모든 금속 양이온에 대한 자료

과정	(가)	(나)	(다)
양이온의 종류	A^{a+}	B^{b+}	B^{b+}
양이온의 양(mol)(상댓값)	1	2	3

(가)에 들어 있는 A^{a+}의 양(mol)을 1 mol이라고 하면 (나)에 들어 있는 B^{b+}의 양(mol)이 2 mol ➡ A^{a+} 1 mol이 모두 반응하여 B^{b+} 2 mol을 생성하고, 반응물과 생성물의 전하의 총합이 같다. ➡ $a : b = 2 : 1$

이에 대한 설명으로 옳은 것만을 〈보기〉에서 있는 대로 고른 것은? (단, A~C는 임의의 원소 기호이고 물과 반응하지 않으며, 음이온은 반응에 참여하지 않는다.)

〈보기〉 풀이

보기

ㄱ. **(나)와 (다)에서 B(s)는 환원제로 작용한다.**
➡ (나)와 (다)에서 B(s)는 B^{b+}으로 산화되면서 각각 A^{a+}과 C^{c+}을 A(s)와 C(s)로 환원시키는 환원제로 작용한다.

ㄴ. ✕ $\dfrac{b}{c} = \dfrac{2}{3}$**이다.**
➡ (가)에 들어 있는 A^{a+}의 양(mol)을 1 mol이라고 하면 0.1 M 수용액 V mL에 들어 있는 각 이온의 양(mol)은 1 mol이다. (나)에 들어 있는 B^{b+}의 양(mol)이 2 mol이므로 A^{a+} 1 mol이 모두 반응하여 B^{b+} 2 mol을 생성하고, 반응물과 생성물의 전하의 총합이 같으므로 $a : b = 2 : 1$이다. (다)에서 추가로 생성된 B^{b+}의 양(mol)이 1 mol이고, 반응한 C^{c+}의 양(mol)도 1 mol이므로 (다)에서 반응한 B(s)의 양 또한 1 mol이고, $b = c$이다. 따라서 $\dfrac{b}{c} = 1$이다.

ㄷ. **$\dfrac{\text{(다)에서 반응한 B}(s)\text{의 양(mol)}}{\text{(나)에서 생성된 A}(s)\text{의 양(mol)}} = 1$이다.**
➡ (나)에서 반응한 A^{a+}의 양(mol)이 1 mol이므로 생성된 A(s)의 양(mol)은 1 mol이고, (다)에서 추가로 생성된 B^{b+}의 양(mol)이 1 mol이므로 반응한 B(s)의 양(mol)은 1 mol이다. 따라서 $\dfrac{\text{(다)에서 반응한 B}(s)\text{의 양(mol)}}{\text{(나)에서 생성된 A}(s)\text{의 양(mol)}} = 1$이다.

Ⅰ	화학의 첫걸음			문제편 288쪽~298쪽	
01 ①	**02** ③	**03** ④	**04** ⑤	**05** ③	**06** ⑤
07 ⑤	**08** ⑤	**09** ①	**10** ③	**11** ①	**12** ②
13 ⑤	**14** ④	**15** ③	**16** ④	**17** ②	**18** ⑤
19 ①	**20** ①	**21** ③	**22** ①	**23** ①	**24** ④
25 ③					

---

01 화학식량과 원자 수   정답 ①

선택 비율 | ①38 % | ② 20 % | ③ 12 % | ④ 21 % | ⑤ 8 %

문제 풀이 TIP
- 1 g에 들어 있는 전체 원자 수(상댓값)와 분자량(상댓값)을 이용하여 (가)와 (나)의 분자식 및 n, m을 구한다.
- (가)에서 구성 원소의 질량비와 분자식을 이용하여 X, Y의 원자량(상댓값)을 구한다.
- (가)와 (나)의 분자량(상댓값)을 이용하여 (나)에서 Z의 원자량(상댓값)을 구한다.

〈보기〉 풀이

❶ (가)와 (나)의 분자식 및 n, m 구하기
(가)와 (나)의 분자당 구성 원자 수가 각각 $7(=m+2n)$, $2n$이고, (가)와 (나)의 분자량(상댓값)이 각각 4, 3이므로 1 g에 들어 있는 전체 원자 수비는 $\frac{1}{4}$ $\times 7 : \frac{1}{3} \times 2n = 21 : 16$이고, $n=2$이다. 따라서 $m=3$이고, (가)와 (나)의 분자식은 각각 X_3Y_4, Z_2Y_2이다.

❷ (가)의 분자식과 구성 원소의 질량비로 X, Y의 원자량비 구하기
분자의 구성 원소의 질량비를 구성 원자 수비로 나눈 값은 각 원자의 원자량비와 같다. (가)의 분자식은 X_3Y_4로 분자당 원자 수비는 X : Y = 3 : 4이고, 구성 원소의 질량비가 X : Y = 9 : 1이므로 원자량비는 X : Y = $\frac{9}{3} : \frac{1}{4} = 12 : 1$이다.

❸ X, Y의 원자량비로부터 $\dfrac{Z의 원자량}{X의 원자량}$ 구하기
원자량비가 X : Y = 12 : 1이므로 X, Y의 원자량을 각각 $12M$, M이라 하면, (가)의 분자량은 $40M$이다. 분자량비는 (가) : (나) = 4 : 3이므로 (나)의 분자량은 $30M$이다. 이때 (나)의 분자식이 Z_2Y_2이므로 Z의 원자량은 $14M$이다. 따라서 $\dfrac{Z의 원자량}{X의 원자량} = \dfrac{14M}{12M} = \dfrac{7}{6}$이고, $\dfrac{m}{n} \times \dfrac{Z의 원자량}{X의 원자량} = \dfrac{3}{2} \times \dfrac{7}{6} = \dfrac{7}{4}$이다.

선배의 TMI 이것만 알고 가자! 분자 1 g에 들어 있는 전체 원자 수

이 문제에는 주의해야 할 점이 있어요~ 분자에서 구성 원소의 질량비를 분자당 구성 원자 수비로 나눈 값은 각 원소의 원자량비와 같다는 것을 알아야 합니다. 또한 1 g에 들어 있는 전체 원자 수비는 분자량(상댓값)의 역수에 분자당 원자 수를 곱한 값과 같다는 것도 알아야 합니다. 이를 이용하면 (가)의 분자식과 X, Z의 원자량비를 쉽게 구할 수 있습니다.

문제 풀이 TIP
- 단위 질량당 전체 원자 수(상댓값)를 분자당 구성 원자 수로 나누어 단위 질량당 전체 분자 수(상댓값)를 구하고, A~C의 분자량비를 구한다.
- B와 C 1 g에 들어 있는 X와 Z의 원자 수가 같다는 자료와 B와 C x g에 들어 있는 Y의 질량비를 이용하여 B와 C의 분자식을 찾는다.
- 분자 내에서 특정 원자의 질량이 $\dfrac{원자량}{분자량} \times$(구성 원자 수)$\times$(전체 질량)임을 이용하여 B와 C x g에 들어 있는 Y의 질량을 구한다.

〈보기〉 풀이

단위 질량당 전체 원자 수(상댓값)를 분자당 구성 원자 수로 나눈 값은 단위 질량당 전체 분자 수와 같고, 이는 $\dfrac{1}{분자량}$에 비례한다. 따라서 단위 질량당 전체 분자 수비는 A : B : C = $\dfrac{11}{2} : \dfrac{12}{3} : \dfrac{10}{5} = 11 : 8 : 4$이고, 분자량비는 A : B : C = $\dfrac{1}{11} : \dfrac{1}{8} : \dfrac{1}{4} = 8 : 11 : 22$이다. A는 2원자 분자이므로 분자식이 X_2이고, B는 X_2Y, XY_2 중 하나이다. 이때 B 1 g에 들어 있는 X 원자 수와 C 1 g에 들어 있는 Z 원자 수가 같고, 분자량은 C가 B의 2배이므로 B의 분자당 X 원자 수와 C의 분자당 Z 원자 수비는 1 : 2이어야 한다. 따라서 B가 X_2Y이면, C는 YZ_4이고, B가 XY_2이면, C는 Y_3Z_2이다. 이때 B와 C에서 x g에 들어 있는 Y의 질량비가 2 : 1이므로 분자당 Y 원자 수가 같아야 한다. 따라서 조건을 만족하는 B와 C의 분자식은 각각 X_2Y, YZ_4이다.

ⓖ $\dfrac{B(g)의 양(mol)}{A(g)의 양(mol)} = \dfrac{8}{11}$이다.

➡ 단위 질량당 분자 수비가 A : B = 11 : 8이고, A~C의 질량이 모두 x g으로 같으므로 A와 B의 몰비는 A : B = 11 : 8이며, $\dfrac{B(g)의 양(mol)}{A(g)의 양(mol)} = \dfrac{8}{11}$이다.

ⓛ C(g) 1 mol에 들어 있는 Y 원자의 양은 1 mol이다.

➡ C의 분자식이 YZ_4이므로 1 mol에 들어 있는 Y 원자의 양(mol)은 1 mol이다.

✗ $\dfrac{x}{y} = \dfrac{11}{3}$이다.

➡ A~C의 분자식이 각각 X_2, X_2Y, YZ_4이고, 분자량비가 A : B : C = 8 : 11 : 22이므로 A~C의 분자량을 각각 $8M$, $11M$, $22M$이라 하면, X~Z의 원자량은 각각 $4M$, $3M$, $\dfrac{19}{4}M$이다. 이때, C x g에 들어 있는 Y의 질량이 y g이고, C 분자에서 Y가 차지하는 질량비가 $\dfrac{3}{22}$이므로 $x \times \dfrac{3}{22} = y$가 성립한다. 따라서 $\dfrac{x}{y} = \dfrac{22}{3}$이다.

선배의 TMI 이것만 알고 가자! 단위 질량당 원자 수와 분자량의 관계

이 문제에는 주의해야 할 점이 있어요~ 3가지 기체 A~C의 단위 질량당 원자 수(상댓값)를 분자당 구성 원자 수로 나눈 값이 단위 질량당 분자 수(상댓값)라는 것을 알고, 이는 분자량에 반비례한다는 개념을 정확하게 알고 있어야 분자량과 원자량을 구할 수 있습니다. 분자량과 원자량을 알면 나머지 양적 관계는 화학식량과 몰의 기본 개념으로 충분히 해석이 가능합니다.

---

02 몰과 질량, 원자 수   정답 ③

선택 비율 | ① 10 % | ② 10 % | ③37 % | ④ 21 % | ⑤ 21 %

---

03 몰과 질량, 원자 수   정답 ④

선택 비율 | ① 11 % | ② 31 % | ③ 21 % | ④21 % | ⑤ 13 %

<보기> 풀이

온도와 압력이 같을 때 기체의 부피는 기체의 양(mol)에 비례하고, 전체 기체의 양(mol)이 같을 때 전체 기체의 밀도비(상댓값)는 질량비와 같다.

❶ 전체 기체의 밀도(상댓값)로부터 (가)와 (나)의 질량비 구하기

(가)와 (나)에서 밀도비가 (가) : (나)=9 : 8이므로 (가)와 (나)에 들어 있는 전체 기체의 양(mol)이 같다고 할 때 전체 기체의 질량비는 (가) : (나)=9 : 8이다. 따라서 (가)와 (나)의 전체 기체의 질량을 각각 $9k$ g, $8k$ g이라 하면 (가)에서 X_aY_{2b}와 X_bY_c의 질량은 각각 $3k$ g, $6k$ g이고, (나)에서 X_aY_{2b}와 X_bY_c의 질량은 각각 $6k$ g, $2k$ g이다.

❷ (가)와 (나)에 들어 있는 기체의 몰비와 분자량 비 구하기

X_aY_{2b} $3k$ g과 X_bY_c $2k$ g의 양(mol)을 각각 m mol, n mol이라 하면, (가)와 (나)에 들어 있는 전체 기체의 양(mol)이 같아야 하므로 $m+3n=2m+n$이고, $m=2n$이다. 따라서 (가)에 들어 있는 X_aY_{2b}와 X_bY_c의 질량은 각각 $3k$ g, $6k$ g이고, 양(mol)은 각각 $2n$ mol, $3n$ mol이므로 $\dfrac{X_bY_c\text{의 분자량}}{X_aY_{2b}\text{의 분자량}}$

$=\dfrac{6k}{3n}\times\dfrac{2n}{3k}=\dfrac{4}{3}$이다.

❸ $\dfrac{\text{X 원자 수}}{\text{Y 원자 수}}$를 이용하여 $\dfrac{c}{a}$ 구하기

(가)에는 X_aY_{2b}와 X_bY_c가 각각 $2n$ mol, $3n$ mol, (나)에는 X_aY_{2b}와 X_bY_c가 각각 $4n$ mol, n mol 들어 있으므로 $\dfrac{\text{X 원자 수}}{\text{Y 원자 수}}$의 자료에서 $\dfrac{2an+3bn}{4bn+3cn}$

$=\dfrac{13}{24}$, $\dfrac{4an+bn}{8bn+cn}=\dfrac{11}{28}$이 성립한다. 이를 정리하면 $20b=39c-48a$, $60b=112a-11c$이고, $\dfrac{c}{a}=\dfrac{256}{128}=2$이다. 따라서 $\dfrac{X_bY_c\text{의 분자량}}{X_aY_{2b}\text{의 분자량}}\times\dfrac{c}{a}$

$=\dfrac{4}{3}\times2=\dfrac{8}{3}$이다.

선배의 TMI 이것만 알고 가자! 밀도의 상댓값과 질량비의 관계

이 문제에는 주의해야 할 점이 있어요~ 밀도의 상댓값이 제시되었을 때 실린더에 들어 있는 기체의 양(mol)이 같다고 설정하여 질량비를 유도해야 한다는 것을 알아야 합니다. 따라서 이를 이용하여 각 기체의 초기 양(mol)을 설정하여 간단하게 비례식으로 구할 수 있습니다. 화학식량과 몰 단원에서 이러한 관계를 이해할 수 있도록 유사한 문제를 반복적으로 풀어보는 것이 중요합니다.

---

04 몰과 질량, 원자 수   정답 ⑤

선택 비율	① 5 %	② 25 %	③ 10 %	④ 24 %	⑤ 33 %

<보기> 풀이

단위 질량당 Y 원자 수(상댓값)에 전체 기체의 질량을 곱하면 (가)와 (나)의 전체 Y 원자 수(상댓값)와 같다. 따라서 전체 Y 원자 수비는 (가) : (나)=$(23\times 55w) : (11\times23w)$=5 : 1이다. 또한 (가)에서 $\dfrac{\text{X 원자 수}}{\text{Z 원자 수}}=\dfrac{3}{16}$이므로 기체의 몰비는 $XY_2 : YZ_4$=3 : 4이다. (가)에서 XY_2와 YZ_4의 양(mol)을 각각 $3n$ mol, $4n$ mol이라 하면 전체 Y 원자의 양(mol)이 $10n$ mol이므로 (나)에서 XY_2의 양(mol)은 n mol이다. 이때, (나)에서 $\dfrac{\text{X 원자 수}}{\text{Z 원자 수}}=\dfrac{5}{8}$이므로 X_2Z_4의 양(mol)은 $2n$ mol이다. X~Z의 원자량을 각각 x~z라 하면, (나)에서 X, Y의 몰비가 X : Y=5 : 2이고, $\dfrac{\text{X의 질량}}{\text{Y의 질량}}=\dfrac{15}{16}$이므로 $\dfrac{5x}{2y}=\dfrac{15}{16}$이고, $\dfrac{x}{y}=\dfrac{3}{8}$이다. 또한 (가)와 (나)의 질량비를 고려하면 $3x+10y+16z=55M$, $5x+2y+8z=23M$이 성립하고, 이를 풀면 $x=M$, $y=\dfrac{8}{3}M$, $z=\dfrac{19}{12}M$이며, $x:y:z$=12 : 32 : 19이다.

✘ (가)에서 $\dfrac{\text{X의 질량}}{\text{Y의 질량}}=\dfrac{1}{2}$이다.

➡ 원자량비가 X : Y=3 : 8이고, (가)에 들어 있는 몰비는 X : Y=3 : 10이므로 질량비는 X : Y=$(3\times3) : (8\times10)$=9 : 80이다. 따라서 $\dfrac{\text{X의 질량}}{\text{Y의 질량}}=\dfrac{9}{80}$이다.

ㄴ $\dfrac{\text{(나)에 들어 있는 전체 분자 수}}{\text{(가)에 들어 있는 전체 분자 수}}=\dfrac{3}{7}$이다.

➡ (가)에는 XY_2 $3n$ mol과 YZ_4 $4n$ mol이 들어 있고, (나)에는 XY_2 n mol과 X_2Z_4 $2n$ mol이 들어 있으므로 $\dfrac{\text{(나)에 들어 있는 전체 분자 수}}{\text{(가)에 들어 있는 전체 분자 수}}=\dfrac{3}{7}$이다.

ㄷ $\dfrac{\text{X의 원자량}}{\text{Y의 원자량+Z의 원자량}}=\dfrac{4}{17}$이다.

➡ 원자량비는 X : Y : Z=12 : 32 : 19이므로 $\dfrac{\text{X의 원자량}}{\text{Y의 원자량+Z의 원자량}}=\dfrac{12}{32+19}=\dfrac{4}{17}$이다.

선배의 TMI 이것만 알고 가자! 단위 질량당 원자 수와 기체 질량의 곱

(가)와 (나)에 들어 있는 혼합 기체에서 단위 질량당 Y 원자 수(상댓값)에 전체 기체의 질량을 곱한 값이 각 혼합 기체에서 전체 Y 원자 수(상댓값)라는 것을 알고, 이를 바탕으로 (가)와 (나)에서 XY_2, YZ_4의 몰비와 XY_2, Y_2Z_4의 몰비를 구할 수 있습니다. (나)에서 $\dfrac{\text{X의 질량}}{\text{Y의 질량}}$을 이용하여 X, Y, Z의 원자량비를 구하면 나머지 양적 관계는 화학식량과 몰의 기본 개념으로 충분히 해석이 가능합니다.

---

05 몰과 질량, 부피, 원자 수   정답 ③

선택 비율	① 11 %	② 13 %	③ 37 %	④ 19 %	⑤ 20 %

〈보기〉 풀이

온도와 압력이 일정할 때 기체의 부피는 기체의 양(mol)에 비례한다. X_aY_b 7.5w g을 y mol, X_aY_c 8w g을 z mol이라 하면, (가)와 (나)에서 $2y+2z=3y+z$이므로 $y=z$이다. 따라서 (가)에는 X_aY_b $2n$ mol과 X_aY_c $2n$ mol이 들어 있고, (나)에는 X_aY_b $3n$ mol과 X_aY_c n mol이 들어 있다.

ㄱ. $a=b$이다.

➡ (가)와 (나)에서 Y 원자 수비가 6 : 5이므로 $(2nb+2nc)$: $(3nb+nc)=6:5$이고, $c=2b$이다. 따라서 X_aY_c는 X_aY_{2b}이다. 또한 (가)와 (나)에서 전체 원자 수가 각각 $10N$, $9N$이므로 $4na+6nb=10N$, $4na+5nb=9N$이므로 $a=b$이고, $na=N$이다.

✗. $\dfrac{\text{X의 원자량}}{\text{Y의 원자량}}=\dfrac{7}{8}$이다.

➡ X_aY_b $2n$ mol과 $X_aY_c(X_aY_{2b})$ $2n$ mol의 질량이 각각 $15w$ g과 $16w$ g이므로 X_aY_b와 $X_aY_c(X_aY_{2b})$의 분자량을 각각 $15k$, $16k$라 하고, X와 Y의 원자량을 각각 M_X, M_Y라고 하면, $aM_X+bM_Y=15k$, $aM_X+2bM_Y=16k$이다. 이때 $a=b$이므로 $M_X=\dfrac{14k}{a}$, $M_Y=\dfrac{k}{a}$이다. 따라서 $\dfrac{\text{X의 원자량}}{\text{Y의 원자량}}=14$이다.

ㄷ. $x=14$이다.

➡ (다)에 들어 있는 X_aY_b와 $X_aY_c(X_aY_{2b})$의 양(mol)을 각각 ㉠ mol, ㉡ mol이라고 하면, (가)에서 X_aY_b와 $X_aY_c(X_aY_{2b})$의 양(mol)이 각각 $2n$ mol 들어 있을 때 기체의 부피가 $4V$ L이고, Y 원자 수의 상댓값이 6인데, (다)의 기체의 부피가 $5V$ L이고, Y 원자 수의 상댓값이 9이므로 ㉠$+$㉡$=5n$, ㉠$+2$㉡$=9n$에서 ㉠$=n$, ㉡$=4n$이다. 따라서 (다)에 들어 있는 전체 원자 수는 $2na+12na=14na$인데, $na=N$이므로 $14N$이다. 따라서 $x=14$이다.

선배의 TMI 알아두면 쓸 데 있다! **기체의 질량과 양(mol)**

이 문제에는 주의할 점이 있어요. 실린더 속 기체의 부피가 주어졌기 때문에 기체의 질량을 이용해서 문제를 풀려고 하지 말고, 기체의 질량을 기체의 양(mol)으로 바꾼 후 기체의 양(mol)을 이용해서 문제를 풀면 각 실린더에 들어 있는 기체의 양(mol)을 구할 수 있습니다. 기체의 양(mol)과 제시된 자료를 이용하여 차근차근 풀다보면 a, b, c의 관계를 구할 수 있습니다.

---

06 몰과 질량, 원자 수 정답 ⑤

선택 비율	① 9 %	② 21 %	③ 16 %	④ 22 %	⑤ 33 %

문제 풀이 TIP

- (가)와 (나)에서 전체 원자 수와 X_aY_b의 질량비를 통해 X와 Y의 원자 수비를 구한다.
- (가)와 (나)에서 $\dfrac{\text{Y의 전체 질량}}{\text{X의 전체 질량}}$의 비는 $\dfrac{\text{Y의 전체 원자 수}}{\text{X의 전체 원자 수}}$의 비와 같음을 파악한다.

〈보기〉 풀이

분자식은 분자를 구성하는 성분 원자 수를 원소 기호의 오른쪽 아래에 첨자로 표시한다. X_aY_b와 X_aY_c에서 분자당 X 원자 수는 서로 같다.

❶ (가)와 (나)에 들어 있는 질량당 원자 수 구하기

X와 Y로 이루어진 분자 X_aY_b와 X_aY_c가 들어 있는 용기 (가)와 (나)에 대한 자료에서 (가)에는 X_aY_b 38w g이 들어 있고, (나)에는 X_aY_b 19w g과 X_aY_c 23w g이 들어 있다. 이때 (가)에 들어 있는 X_aY_b 38w g의 전체 원자 수가 $10N$이므로 (나)에 들어 있는 X_aY_b 19w g의 전체 원자 수는 $5N$이다. 따라서 X_aY_c 23w g의 전체 원자 수는 $6N$이다.

❷ X_aY_b와 X_aY_c의 분자식 구하기

$\dfrac{\text{Y의 전체 질량}}{\text{X의 전체 질량}}$(상댓값)은 같은 질량의 X에 대한 Y의 질량비의 상댓값과 같

으며, 이는 $\dfrac{\text{Y의 전체 원자 수}}{\text{X의 전체 원자 수}}$(상댓값)과도 같다. (가)에서 X_aY_b에 들어 있는 원자 수의 비가 3 : 2이므로 X_aY_b는 X_3Y_2와 X_2Y_3 중 하나이다. X_aY_b가 X_3Y_2라고 가정하면 X_aY_c는 X_3Y_c이고, (가)에 들어 있는 X와 Y의 전체 원자 수는 각각 $6N$과 $4N$이다. 이때 (나)에서의 원자 수 비율을 만족하기 위해서는 X_3Y_c가 X_3Y_{15}이거나 $X_3Y_{\frac{1}{2}}$이다. X_3Y_c가 X_3Y_{15}일 경우 (나)에 들어 있는 X와 Y의 전체 원자 수는 각각 $4N$과 $7N$이고, $X_3Y_{\frac{1}{2}}$일 경우 (나)에 들어 있는 X와 Y의 전체 원자 수는 각각 $7N$과 $4N$이다. 이때 $\dfrac{\text{Y의 전체 원자 수}}{\text{X의 전체 원자 수}}$(상댓값)은 각각 (가) : (나)$=\dfrac{4N}{6N}:\dfrac{7N}{4N}=8:21$과 $\dfrac{4N}{6N}:\dfrac{4N}{7N}=7:6$으로 모두 조건을 만족하지 않는다. 따라서 X_aY_b는 X_2Y_3이고, 조건을 만족하는 X_aY_c는 X_2Y_4이다. 이때 각 용기에 들어 있는 X와 Y의 원자 수는 다음과 같다.

용기	(가)	(나)
$X_aY_b(X_2Y_3)$	X $4N$, Y $6N$	X $2N$, Y $3N$
$X_aY_c(X_2Y_4)$	0	X $2N$, Y $4N$

❸ 전체 원자 수와 질량을 통해 X와 Y의 원자량비 구하기

(가)에 들어 있는 X와 Y의 전체 원자 수는 각각 $4N$과 $6N$이고, (나)에 들어 있는 X와 Y의 전체 원자 수는 각각 $4N$과 $7N$이다. X와 Y의 원자량을 각각 x와 y라고 하면 $4Nx+6Ny=38w$, $4Nx+7Ny=42w$이므로 $Nx=3.5w$, $Ny=4w$이다. 따라서 원자량비는 X : Y$=7:8$이고, $a=2$, $b=3$, $c=4$이므로 $\dfrac{c}{a}\times\dfrac{\text{Y의 원자량}}{\text{X의 원자량}}=\dfrac{4}{2}\times\dfrac{8}{7}=\dfrac{16}{7}$이다.

선배의 TMI 이것만 알고 가자! **질량비, 전체 원자 수와 원자 수비의 관계**

(가)와 (나)에서 X_aY_b의 질량비와 전체 원자 수를 통해 X와 Y의 원자 수비를 구할 수 있습니다. 자료에서 (가)와 (나)에 들어 있는 원자 수의 비만 제시되었기 때문에 여러 가지 경우가 가능합니다. 이때 $\dfrac{\text{Y의 전체 질량}}{\text{X의 전체 질량}}$(상댓값)이 $\dfrac{\text{Y의 전체 원자 수}}{\text{X의 전체 원자 수}}$(상댓값)과 같음을 알아야 조건에 맞는 1가지 경우를 찾을 수 있습니다. (가)와 (나)에서 X와 Y의 원자 수비를 알면 각 물질의 분자식은 물론 각각의 원자량을 이용한 전체 질량을 이용해 연립 방정식을 세워 원자량비를 구할 수 있습니다.

---

07 몰과 질량, 원자 수 정답 ⑤

선택 비율	① 12 %	② 21 %	③ 19 %	④ 21 %	⑤ 25 %

문제 풀이 TIP

- X w g과 Y $4w$ g의 양(mol)을 각각 a mol, b mol로 설정하여 (가)와 (나)의 부피비를 구한다.
- 분자의 양(mol)에 분자당 구성 원자 수 비를 곱하여 (가)와 (나)의 전체 원자 수 비를 구한다.
- 부피비에 단위 부피당 전체 원자 수(상댓값)를 곱하여 (가)와 (나)의 전체 원자 수 비를 구하고, a, b의 관계를 구한다.
- a, b의 관계를 이용하여 X와 Y의 분자량비와 (가)와 (나)의 밀도비를 구한다.

〈보기〉 풀이

❶ 기체의 양(mol)과 (가)와 (나)의 부피비 설정하기

X(g) w g, Y(g) $4w$ g의 양(mol)을 각각 a mol, b mol이라고 하면, (가)와 (나)에 들어 있는 전체 기체의 양(mol)은 각각 $3a$ mol, $(a+b)$ mol이다. 온도와 압력이 일정할 때 기체의 부피는 기체의 양(mol)에 비례하므로 실린더 속 기체의 부피비는 (가) : (나)$=3a:(a+b)$이다.

506

❷ (가)와 (나)에 들어 있는 전체 원자 수 비로 a, b의 관계식 구하기

부피비에 단위 부피당 전체 원자 수(상댓값)를 곱하면 전체 원자 수 비와 같으므로 전체 원자 수 비는 (가) : (나)$=3a \times 5 : (a+b) \times 4$이다. 또한 각 기체의 양(mol)에 분자당 구성 원자 수 비를 곱하면 전체 원자 수 비와 같으므로 전체 원자 수 비는 (가) : (나)$=3a \times 5 : (a \times 5 + b \times 3)$이다. 즉 $3a \times 5 : (a+b) \times 4 = 3a \times 5 : (a \times 5 + b \times 3)$이고, 이를 풀면 $a=b$이다. 따라서 실린더 속 기체의 부피비는 (가) : (나)$=3a : (a+a)=3 : 2$이다.

❸ 기체의 양(mol)으로 $\dfrac{\text{Y의 분자량}}{\text{X의 분자량}}$과 $\dfrac{d_2}{d_1}$ 구하기

물질의 양(mol)은 $\dfrac{\text{질량(g)}}{\text{분자량}}$으로 같은 양(mol)의 질량비는 분자량비와 같다.

X(g) w g, Y(g) $4w$ g의 양(mol)이 각각 a mol로 같으므로 $\dfrac{\text{Y의 분자량}}{\text{X의 분자량}}=\dfrac{4w}{w}=4$이다. 밀도는 $\dfrac{\text{질량(g)}}{\text{부피(L)}}$이며, (가)와 (나)에 들어 있는 전체 기체의 질량이 각각 $3w$ g, $5w$ g이고, 부피비가 (가) : (나)$=3 : 2$이므로 $d_1 : d_2 = \dfrac{3w}{3} : \dfrac{5w}{2}$이고, $\dfrac{d_2}{d_1}=\dfrac{5}{2}$이다. 따라서 $\dfrac{\text{Y의 분자량}}{\text{X의 분자량}} \times \dfrac{d_2}{d_1} = 4 \times \dfrac{5}{2}=10$이다.

08 몰과 질량, 부피, 원자 수   정답 ⑤

선택 비율 | ① 7 % | ② 23 % | ③ 20 % | ④ 15 % | ⑤ 34 %

문제 풀이 TIP
- (가)에 들어 있는 XY₄(g)와 Y₂Z(g)의 양(mol)을 각각 a mol, b mol로, (나)에 들어 있는 XY₄(g)와 XY₄Z(g)의 양(mol)을 각각 c mol, d mol로 설정하여 부피비를 구한다.
- (가)와 (나)에 들어 있는 Y 원자 수의 비와 X와 Z 원자 수의 비를 이용하여 a, b, c, d의 관계를 구한다.
- 각 기체의 양(mol)과 질량을 이용하여 X와 Z의 원자량비를 구한다.

<보기> 풀이

❶ (가)와 (나)에 들어 있는 각 기체의 양(mol) 구하기

온도와 압력이 일정할 때 기체의 부피는 기체의 양(mol)에 비례하므로 부피비는 기체의 몰비와 같다. 따라서 (가)에 들어 있는 XY₄(g)와 Y₂Z(g)의 양(mol)을 각각 a, b라 하고, (나)에 들어 있는 XY₄(g)와 XY₄Z(g)의 양(mol)을 각각 c, d라고 하면 $(a+b) : (c+d) = 5 : 4$에서 $c+d=\dfrac{4}{5}(a+b)(\cdots①)$이다. Y 원자 수의 비는 (가) : (나)$=7 : 8$이므로 $(4a+2b) : (4c+4d) = 7 : 8$에서 $32a+16b=28c+28d(\cdots②)$이므로 ①과 ② 식에서 $3a=2b(\cdots③)$이고, 이를 이용하면 ① 식에서 $c+d=2a$이다. 또한 $\dfrac{\text{Z 원자 수}}{\text{X 원자 수}}$는 (가) : (나)$=6 : 1$이므로 $\dfrac{b}{a} : \dfrac{d}{c+d} = \dfrac{b}{a} : \dfrac{d}{2a} = 6 : 1$에서 $b=3d$이므로 $c=\dfrac{3}{2}a$, $d=\dfrac{1}{2}a$이다. 따라서 $a : b : c : d = a : \dfrac{3}{2}a : \dfrac{3}{2}a : \dfrac{1}{2}a = 2 : 3 : 3 : 1$이므로 $a=2n$ mol, $b=3n$ mol, $c=3n$ mol, $d=n$ mol이라고 할 수 있다.

❷ (가)와 (나)에 들어 있는 XY₄와 Z의 질량으로부터 w 구하기

(가)에서 Y₂Z(g)의 양(mol)이 $3n$ mol이므로 Z의 양(mol)도 $3n$ mol이고, Z의 질량이 4.8 g이므로 Z n mol의 질량은 1.6 g이다. 이로부터 (나)에서 Z

의 양(mol)이 n mol이므로 Z의 질량은 1.6 g이다. 따라서 (나)에서 전체 질량인 8.0 g에서 XY₄Z에 있는 Z의 질량 1.6 g을 뺀 6.4 g은 XY₄ $3n$ mol과 XY₄Z에서 Z를 제외한 XY₄ n mol의 질량의 합이므로 XY₄ $4n$ mol의 질량과 같다. 즉, XY₄ n mol의 질량은 1.6 g이다. 따라서 (나)에서 XY₄(g)의 양(mol)은 $3n$ mol이므로 그 질량(g)인 $w=4.8$이다.

❸ 각 원소의 질량과 양(mol)으로부터 X와 Z의 원자량비 구하기

(나)에서 XY₄(g) $3n$ mol의 질량이 4.8 g이므로 (가)에서 XY₄(g) $2n$ mol의 질량은 3.2 g이고, Y₂Z(g) $3n$ mol의 질량은 5.4 g이며, Z $3n$ mol의 질량이 4.8 g이므로 Y $6n$ mol의 질량은 0.6 g이다. 이로부터 XY₄(g) $3n$ mol의 질량 4.8 g 중 Y $12n$ mol의 질량은 1.2 g이므로 X $3n$ mol의 질량은 3.6 g이다. 따라서 $\dfrac{\text{X의 원자량}}{\text{Z의 원자량}}=\dfrac{3.6}{4.8}=\dfrac{3}{4}$이므로 $w \times \dfrac{\text{X의 원자량}}{\text{Z의 원자량}}=4.8 \times \dfrac{3}{4}=3.6$이다.

09 화학 반응에서의 양적 관계 실험   정답 ①

선택 비율 | ① 41 % | ② 6 % | ③ 26 % | ④ 14 % | ⑤ 14 %

문제 풀이 TIP
- 화학 반응식에서 계수비가 몰비와 같음을 이해한다.
- 기체의 경우 온도와 압력이 일정할 때 기체의 부피는 기체의 양(mol)에 비례하므로 기체의 부피는 몰비와 같음을 이해하고, 2가지 반응에서 생성되는 H₂(g)의 부피비를 이용해 반응하는 A, B의 몰비를 구한다.
- 물질의 양(mol)에 대한 개념을 적용하여, 반응하는 A, B의 몰비를 이용해 B의 원자량을 구하기 위해 필요한 자료를 파악한다.

<보기> 풀이

물질의 양(mol)은 $\dfrac{\text{질량(g)}}{1 \text{ 몰의 질량(g/mol)}}$으로 1 mol의 질량(g/mol)은 물질의 화학식량을 의미한다. 따라서 A와 B의 원자량을 각각 M_A, M_B라 할 때 (가)와 (나)에서 반응한 A와 B 1 g의 양(mol)은 각각 $\dfrac{1}{M_A}$ mol, $\dfrac{1}{M_B}$ mol이다. 화학 반응식에서 계수비는 몰비와 같으므로 반응한 A, B와 생성된 H₂의 몰비는 각각 A : H₂$=2 : 3$, B : H₂$=1 : 1$이다. 생성된 H₂(g) 1 mol당 반응한 A, B의 양(mol)은 각각 $\dfrac{2}{3}$ mol, 1 mol이므로 H₂(g) 1 mol당 반응한 몰비는 A : B$=2 : 3$이다. (가)와 (나)에서 측정한 H₂(g)의 부피비를 $a : b$라 하면 반응한 A, B의 몰비는 A : B$=2a : 3b = \dfrac{1}{M_A} : \dfrac{1}{M_B}$이다.

ㄱ. **A의 원자량**
➡ 반응한 A, B의 몰비는 A : B$=2a : 3b = \dfrac{1}{M_A} : \dfrac{1}{M_B}$이므로 B의 원자량을 구하기 위해서는 A의 원자량에 대한 자료가 필요하다.

✗ **H₂의 분자량**
➡ (가)와 (나)에서 생성된 H₂(g)의 부피비를 통해 반응한 A, B의 몰비를 구할 수 있으므로 H₂의 분자량에 대한 자료는 필요하지 않다.

✗ **사용한 HCl(aq)의 몰 농도(M)**
➡ 사용한 HCl(aq)은 충분한 양으로 주어졌으므로 반응한 HCl의 양(mol)이나 HCl(aq)의 몰 농도(M)에 대한 자료는 필요하지 않다.

이 문제에는 주의해야 할 점이 있어요~ 온도와 압력이 일정할 때 기체의 부피는 기체의 양(mol)에 비례하므로 (가)와 (나)에서 반응 후 생성된 $H_2(g)$의 부피비를 임의로 설정하여, 실제 1 g의 A와 B의 양(mol)과 몰비를 이용해 A와 B의 원자량의 관계를 알아내야 합니다. 따라서 (가)와 (나)에서 측정한 $H_2(g)$의 부피비를 $a:b$라 하면, 반응한 A, B의 몰비는 $A:B=2a:3b=\dfrac{1}{M_A}:\dfrac{1}{M_B}$로 정리되며, 이를 통해 B의 원자량을 구하기 위해 필요한 자료를 쉽게 추론할 수 있습니다. 이러한 관계를 이해할 수 있도록 유사한 문제를 반복적으로 풀어보는 게 중요합니다.

---

10 화학 반응에서의 양적 관계   정답 ③

선택 비율 | ① 14 % | ② 30 % | ③19 % | ④ 26 % | ⑤ 8 %

문제 풀이 TIP

- 화학 반응식에서 B와 C의 반응 계수가 같으므로 감소한 전체 기체 양(mol)은 반응한 A의 양(mol)과 같다는 것을 파악한다.
- $t_1 \sim t_3$에서 반응한 A와 B의 질량을 임의로 설정하고, 주어진 $\dfrac{B(g)의 \ 질량}{A(g)의 \ 질량}$을 이용해 반응 질량비를 구한다.
- 반응 질량비와 반응 계수, 분자량의 관계를 이용해 분자량비를 구하고, 반응 전과 후의 양적 관계로 0과 t_4에서 전체 기체의 몰비를 구한다.

<보기> 풀이

화학 반응식에서 반응물 B와 생성물 C의 반응 계수가 같으므로 반응한 B와 생성되는 C의 양(mol)은 같고, 전체 기체의 양(mol)은 반응한 A의 양(mol)만큼 감소한다. 따라서 반응이 완결되기 전 시간에 따른 전체 기체의 감소량비는 반응한 A의 몰비와 비례한다.

❶ $t_1 \sim t_3$에서 감소한 전체 기체의 양(mol)(상댓값)을 이용해 반응 질량비 구하기

$t_1 \sim t_2$와 $t_1 \sim t_3$에서 전체 기체의 양(mol)(상댓값) 감소량이 각각 0.3, 0.9이므로 반응한 A의 몰비는 $t_1 \sim t_2 : t_1 \sim t_3 = 1 : 3$이다. 즉, $t_1 \sim t_2$에서 반응한 A와 B의 질량을 각각 a g, b g이라고 하면, $t_1 \sim t_3$에서 반응한 A와 B의 질량은 각각 $3a$ g, $3b$ g이다. 이때 t_1에서 A와 B의 질량을 각각 8 g, 7 g이라고 하면, t_2에서 A, B의 질량은 각각 $(8-a)$ g, $(7-b)$ g이고, t_3에서 A, B의 질량은 각각 $(8-3a)$ g, $(7-3b)$ g이다. 따라서 $\dfrac{B(g)의 \ 질량}{A(g)의 \ 질량}$은 t_2에서 $\dfrac{7-b}{8-a}=\dfrac{7}{9}$, t_3에서 $\dfrac{7-3b}{8-3a}=\dfrac{1}{2}$이고, 이를 풀면 $a=\dfrac{4}{5}$, $b=\dfrac{7}{5}$이므로 질량 보존 법칙에 따라 $t_1 \sim t_2$에서 생성되는 C의 질량은 $\dfrac{11}{5}$ g이다. 이를 통해 반응 질량비는 A : B : C=4 : 7 : 11이다.

❷ 반응 질량비로부터 $\dfrac{A의 \ 분자량}{C의 \ 분자량}$ 구하기

반응 계수비는 반응 몰비와 같고, 반응 몰비에 각 물질의 분자량을 곱하면 반응 질량비와 같다. 이 반응에서 반응 계수비가 A : B : C=1 : 2 : 2이고, 반응 질량비는 A : B : C=4 : 7 : 11이므로 분자량비는 A : B : C=$\dfrac{4}{1} : \dfrac{7}{2} : \dfrac{11}{2}$=8 : 7 : 11이다. 따라서 $\dfrac{A의 \ 분자량}{C의 \ 분자량}=\dfrac{8}{11}$이다.

❸ $\dfrac{y}{x}$ 구하기

분자량비가 A : B=8 : 7이고, 반응 전 $\dfrac{B(g)의 \ 질량}{A(g)의 \ 질량}=1$이므로 반응 전 A와 B의 양(mol)을 각각 $7n$ mol, $8n$ mol이라고 하면, 반응 전과 후의 양적 관계는 다음과 같다.

반응식	A(g)	+	2B(g)	⟶	2C(g)
반응 전(mol)	$7n$		$8n$		0
반응(mol)	$-4n$		$-8n$		$+8n$
반응 후(mol)	$3n$		0		$8n$

반응이 완결된 t_4에서 A와 C의 양(mol)은 각각 $3n$ mol, $8n$ mol이다. 이때 반응 전 전체 기체의 양(mol)은 $7n$ mol$+8n$ mol$=15n$ mol이고, t_4에서 전체 기체의 양(mol)은 $3n$ mol$+8n$ mol$=11n$ mol이므로 $\dfrac{y}{x}=\dfrac{11}{15}$이다.

따라서 $\dfrac{A의 \ 분자량}{C의 \ 분자량} \times \dfrac{y}{x}=\dfrac{8}{11} \times \dfrac{11}{15}=\dfrac{8}{15}$이다.

이 문제에서는 가장 먼저 화학 반응식에서 B와 C의 반응 계수가 같으므로 감소한 전체 기체 양(mol)은 반응한 A의 양(mol)과 같다는 것을 파악해야 합니다. 또한 $t_1 \sim t_2$와 $t_1 \sim t_3$에서 전체 기체의 양(mol)(상댓값) 감소량을 이용해 반응 질량비를 구하고, 반응 계수를 이용해 분자량비를 구할 수 있습니다. 문제에서 질량 자료가 제시되면 질량 보존 법칙을 이용해 반응 질량비를 구하는 경우가 많으므로 유사한 문제를 반복적으로 풀어보는 것이 중요합니다.

---

11 화학 반응의 양적 관계   정답 ①

선택 비율 | ①21 % | ② 29 % | ③ 22 % | ④ 14 % | ⑤ 11 %

문제 풀이 TIP

- 질량 보존 법칙을 적용하여 실험 Ⅰ에서 반응한 A와 B의 질량을 구하고 반응 후 남아 있는 기체의 종류를 파악한다.
- 반응 질량비와 반응 계수를 이용하여 분자량비를 구하고, 분자량비에 해당하는 양(mol)을 a mol로 설정하고 실험 Ⅰ과 Ⅱ의 반응 후 양적 관계를 이용하여 x를 구한다.
- 실험 Ⅲ에서 반응 후 양적 관계를 이용하여 y를 구한다.

<보기> 풀이

화학 반응식의 반응 계수는 화학 반응에서 반응물과 생성물의 반응 몰비를 가장 간단한 정수비로 나타낸 것이다. 반응 질량비는 반응물의 분자량에 반응 계수비를 곱한 값과 같다.

❶ Ⅰ에서 반응 질량비와 분자량 비 구하기

Ⅰ에서 B가 모두 반응하였고, 반응 후 생성물의 전체 질량이 $21w$ g이므로 반응한 A와 B의 질량의 합도 $21w$ g이다. 따라서 Ⅰ에서 반응한 A와 B의 질량은 각각 $5w$ g, $16w$ g이고, 반응 후 남은 A의 질량은 $10w$ g이다. 이때 A와 B의 반응 계수비가 A : B=1 : 4이므로 분자량 비는 A : B=5 : 4이다.

❷ Ⅰ과 Ⅱ의 반응 후 자료를 이용하여 x 구하기

반응 몰비는 A : B : (C+D)=1 : 4 : 5이므로 A $5w$ g과 B $4w$ g의 양(mol)을 각각 a mol이라 하면 Ⅰ에서 반응 후 A $2a$ mol이 남고, 생성물의 전체 양(mol)은 $5a$ mol이므로 $\dfrac{생성물의 \ 전체 \ 양(mol)}{남아 \ 있는 \ 반응물의 \ 양(mol)}=\dfrac{5}{2}$이다. 이때 Ⅰ과 Ⅱ에서 이 값의 상댓값이 각각 3, 2이므로 Ⅱ에서 이 값의 실젯값은 $\dfrac{5}{3}$이다.

또한 Ⅱ에서 B xw g의 양(mol)은 $\dfrac{x}{4}a$ mol이고, B가 모두 반응하였으므로 반응 후 남아 있는 A의 양(mol)은 $\left(2a-\dfrac{x}{16}a\right)$ mol이며, 반응 후 생성물의 전체양(mol)은 $\dfrac{5x}{16}a$ mol이다. 따라서 $\dfrac{\dfrac{5x}{16}a}{2a-\dfrac{x}{16}a}=\dfrac{5}{3}$이고, $x=8$이다.

❸ Ⅲ의 자료로부터 y 구하기

Ⅲ에서 반응 전 A $10w$ g과 B $48w$ g의 양(mol)은 각각 $2a$ mol, $12a$ mol이며, 반응 후 B $4a$ mol이 남고, 생성물의 전체 양(mol)은 $10a$ mol이므로

508

$\dfrac{\text{생성물의 전체 양(mol)}}{\text{남아 있는 반응물의 양(mol)}} = \dfrac{5}{2}$로 I 과 같다. 따라서 $y=3$이고, $x+y=8+3=11$이다.

반응 질량비와 분자량비

이 문제에는 주의해야 할 점이 있어요~ 반응 질량비를 반응 계수로 나눈 값이 분자량비와 같다는 것을 알아야 합니다. 또한 질량 보존 법칙을 이용하여 반응 전과 후 질량 관계와 남은 기체의 종류를 파악해야 합니다. 따라서 이를 이용하여 각 기체의 양적 관계를 간단하게 비례식으로 구할 수 있습니다. 화학식량과 몰 단원에서 이러한 관계를 이해할 수 있도록 유사한 문제를 반복적으로 풀어보는 것이 중요합니다.

12 화학 반응에서의 양적 관계 정답 ②

선택 비율 | ① 6 % | ②45 % | ③ 18 % | ④ 19 % | ⑤ 12 %

문제 풀이 TIP

- 반응 계수와 화학식량의 곱이 질량비와 같다는 것과 질량 보존 법칙을 이용하여 실험 I에서 반응 후 생성물의 질량 및 반응한 B의 질량을 구한다.
- 실험 I에서 구한 반응 질량비와 반응 계수를 이용하여 화학식량비를 구한다.
- 질량비를 이용하여 실험 II와 III에서 반응한 B의 질량 및 생성물의 질량을 구하고, 남아 있는 B의 질량을 이용하여 반응 후 B와 D의 몰비를 구해 x와 y를 구한다.

<보기> 풀이

화학 반응식의 반응 계수는 화학 반응에서 반응물과 생성물의 반응 몰비를 가장 간단한 정수비로 나타낸 것이다. 반응 질량비는 화학식량에 반응 계수를 곱한 비와 같다. 또한 반응 전과 후 전체 질량의 총합은 같다.

❶ 단서와 실험 I의 자료로부터 반응 질량비와 화학식량비 구하기

A와 C의 반응 계수가 같고, 화학식량비가 A : C = 2 : 5이므로 실험 I에서 A $14w$ g이 모두 반응할 때 생성된 C와 D의 질량은 각각 $35w$ g과 $27w$ g이다. 이때 반응한 B의 질량은 질량 보존 법칙을 적용하면 $35w$ g$+27w$ g$-14w$ g$=48w$ g이다. 따라서 반응 질량비는 A : B : C : D $=14 : 48 : 35 : 27$이다. 화학식량비는 반응 질량비를 반응 계수로 나눈 값과 같으므로 화학식량비는 A : B : C : D $=14 : 16 : 35 : 9$이다.

❷ 실험 II와 III에서 반응 후 질량 구하기

실험 II와 III에서 반응한 A의 질량이 실험 I의 절반이므로 반응한 B의 질량과 생성된 C와 D의 질량도 실험 I의 절반이다. 반응 전과 후 각 물질의 질량은 다음과 같다.

실험	반응 전		반응한	반응 후		
	A(g)의 질량(g)	B(g)의 질량(g)	B(g)의 질량(g)	B(g)의 질량(g)	C(g)의 질량(g)	D(g)의 질량(g)
I	$14w$	$96w$	$48w$	$48w$	$35w$	$27w$
II	$7w$	xw	$24w$	$(x-24)w$	$\dfrac{35}{2}w$	$\dfrac{27}{2}w$
III	$7w$	$36w$	$24w$	$12w$	$\dfrac{35}{2}w$	$\dfrac{27}{2}w$

❸ x, y 구하기

화학식량비가 A : B : C : D $=14 : 16 : 35 : 9$이므로 B와 D의 화학식량을 각각 $16k$와 $9k$라고 하면, 실험 II와 III에서 반응 후 남은 B의 질량(g)은 각각 $(x-24)w$와 $12w$이고, 생성된 D의 질량(g)은 모두 $\dfrac{27}{2}w$이므로 $\dfrac{(x-24)w}{16k} \times \dfrac{9k}{\dfrac{27}{2}w}=2$이고, $\dfrac{12w}{16k} \times \dfrac{9k}{\dfrac{27}{2}w}=y$이다. 따라서 $x=72$, $y=\dfrac{1}{2}$이므로 $x \times y=36$이다.

반응 질량비와 화학식량비

이 문제에는 주의해야 할 점이 있어요~ A와 C의 반응 계수가 같으므로 반응 질량비는 화학식량비와 같다는 것을 알아야 합니다. 따라서 이를 이용하여 실험 I에서 전체 반응물과 생성물의 반응 질량비와 화학식량비를 구할 수 있습니다. 화학식량과 질량 관계가 정리되면 반응 후 각 물질의 몰비도 쉽게 구할 수 있습니다. 이러한 관계를 이해할 수 있도록 유사한 문제를 반복적으로 풀어보는 것이 중요합니다.

13 기체 반응에서의 양적 관계 정답 ⑤

선택 비율 | ① 16 % | ② 15 % | ③ 12 % | ④ 18 % | ⑤39 %

문제 풀이 TIP

- 실험 II에서 반응물이 모두 반응한 것을 찾은 후 실험 I에서 모두 반응하는 물질과 반응 후 남는 물질을 찾는다.
- 반응물의 질량을 양(mol)으로 변화시킨 후 화학 반응에서 양적 관계를 구한다.
- 반응 계수비와 반응 질량비를 이용하여 반응물과 생성물의 분자량비를 구한다.

<보기> 풀이

II에서 반응 후 $\dfrac{\text{전체 기체의 양(mol)}}{\text{C}(g)\text{의 양(mol)}}=1$이므로 A와 B는 모두 반응하고 반응 후 용기에는 C만 존재한다.

❶ I에서 모두 반응하는 물질 찾기

II에서 A와 B가 모두 반응하고, I에서 B의 질량이 II에서보다 작으므로 I에서는 B가 모두 반응한다.

❷ 반응 전과 후 기체의 양(mol)을 구해 x 구하기

A $5w$ g을 m mol, B w g을 n mol이라고 할 때 I에서는 B n mol이 반응하고, II에서는 B $4n$ mol이 반응한다면 I과 II에서 화학 반응의 양적 관계는 다음과 같다.

I	반응식	aA(g)	+	B(g)	→	2C(g)
	반응 전(mol)	m		n		
	반응(mol)	$-an$		$-n$		$+2n$
	반응 후(mol)	$m-an$		0		$2n$

II	반응식	aA(g)	+	B(g)	→	2C(g)
	반응 전(mol)	m		$4n$		
	반응(mol)	$-4an$		$-4n$		$+8n$
	반응 후(mol)	$m-4an$		0		$8n$

II에서는 A도 모두 반응하므로 $m-4an=0$에서 $m=4an$이다.

I에서 반응 후 $\dfrac{\text{전체 기체의 양(mol)}}{\text{C}(g)\text{의 양(mol)}}=\dfrac{m-an+2n}{2n}=\dfrac{3an+2n}{2n}=4$이므로 $a=2$이고, $m=8n$이다.

III에서 화학 반응의 양적 관계는 다음과 같다.

III	반응식	2A(g)	+	B(g)	→	2C(g)
	반응 전(mol)	$8n$		$6n$		
	반응(mol)	$-8n$		$-4n$		$+8n$
	반응 후(mol)	0		$2n$		$8n$

반응 후 $\dfrac{\text{전체 기체의 양(mol)}}{\text{C}(g)\text{의 양(mol)}}=\dfrac{2n+8n}{8n}=\dfrac{5}{4}=x$이다.

❸ A와 C의 분자량비 구하기

질량 보존 법칙에 의해 II에서 반응 후 C의 질량은 $5w$ g$+4w$ g$=9w$ g이다. 따라서 II에서 반응 질량비는 A : C $=5w : 9w=5 : 9$이고, 반응 몰비는 반응 계수비와 같은 $A : C = 1 : 1$이므로 분자량비는 $A : C = \dfrac{5}{1} : \dfrac{9}{1} = 5 : 9$이다.

따라서 $x \times \dfrac{C의\ 분자량}{A의\ 분자량} = \dfrac{5}{4} \times \dfrac{9}{5} = \dfrac{9}{4}$이다.

반응 계수의 의미

이 문제에는 주의해야 할 점이 있어요~ 실험 Ⅱ에서 반응 후 전체 기체의 양 (mol)과 C의 양(mol)이 같다는 것을 통해 $A(g)$와 $B(g)$가 모두 반응하여 반응 후 남지 않는다는 것을 찾아야 합니다. 이로부터 실험 Ⅰ, Ⅲ에서 넣어 준 $B(g)$의 질량을 실험 Ⅱ와 비교하여 실험 Ⅰ에서는 $B(g)$가 모두 반응하고, 실험 Ⅲ에서는 $A(g)$가 모두 반응한다는 것을 알아낼 수 있어야 합니다. $A(g)$와 $B(g)$의 질량을 양(mol)으로 변화시켜 화학 반응식의 양적 관계를 구하면 반응 계수 a를 구할 수 있고, A~C의 반응 질량비를 화학 반응식의 반응 계수비로 나누면 A~C의 분자량비를 구할 수 있습니다. 각 실험에서 모두 반응하는 물질을 구한 후 화학 반응의 양적 관계를 이용하면 문제를 풀 수 있으므로 이 풀이 과정이 익숙해지도록 충분한 연습이 필요합니다.

---

14 | 화학 반응에서의 양적 관계 | 정답 ④

선택 비율	① 18 %	② 20 %	③ 12 %	④ 33 %	⑤ 17 %

문제 풀이 TIP
- 화학 반응식에서 계수비가 몰비와 같음을 이해한다.
- 각 실험에서 모두 반응하는 물질(한계 반응물)을 찾은 후 반응물을 양(mol)으로 바꾸어서 양적 관계를 구한다.
- 남은 반응물의 질량과 Ⅱ에서 반응 후 생성된 $D(g)$의 질량, 화학 반응식을 이용하여 A~D의 분자량을 구한다.

<보기> 풀이

화학 반응식의 반응 계수는 화학 반응에서 반응물과 생성물의 반응 몰비를 가장 간단한 정수비로 나타낸 것이다. 반응 질량비는 각 물질의 분자량에 반응 계수를 곱한 값의 비와 같다.

❶ 각 실험에서 남은 물질의 종류 파악하고 몰비 구하기

$\dfrac{B(g)의\ 질량}{A(g)의\ 부피}$ 은 Ⅱ > Ⅰ이므로 Ⅰ과 Ⅱ에서 반응 후 남는 기체는 각각 A와 B

이다. 따라서 Ⅰ에서 모두 반응하는 $B(g)$ 6 g의 양(mol)을 $3n$ mol이라 하면, 반응 후 생성되는 $C(g)$와 $D(g)$의 양(mol)은 각각 $2n$ mol, $2n$ mol이다. 이때 $\dfrac{전체\ 기체의\ 양(mol)}{C(g)의\ 양(mol)} = 3$이므로 반응 후 남은 $A(g)$ $17w$ g의 양(mol)도

$2n$ mol이다. 따라서 반응 전 $A(g)$ $4V$ L의 양(mol)은 $4n$ mol이다.

❷ Ⅰ과 Ⅱ의 자료로부터 x 구하기

반응 전 $A(g)$ $4V$ L의 양(mol)이 $4n$ mol이므로 Ⅱ에서 $A(g)$ $5V$ L의 양(mol)은 $5n$ mol이다. 또한 $B(g)$ 25 g의 양(mol)은 $12.5n$ mol이므로, Ⅱ에서 $A(g)$ $5n$ mol과 $B(g)$ $7.5n$ mol이 반응하여 생성된 $C(g)$와 $D(g)$의 양(mol)은 각각 $5n$ mol씩이고, 반응 후 남은 $B(g)$의 양(mol)도 $5n$ mol이다.

따라서 반응 후 $\dfrac{전체\ 기체의\ 양(mol)}{C(g)의\ 양(mol)} = \dfrac{5n+5n+5n}{5n} = 3$이므로 $x = 3$이다.

❸ 반응 질량비로부터 분자량비 구하기

$B(g)$ 6 g의 양(mol)이 $3n$ mol이므로 Ⅱ에서 반응 후 남은 $B(g)$ $5n$ mol의 질량(g) $40w = 10$에서 $w = \dfrac{1}{4}$이다. 또한 Ⅰ에서 반응 후 남은 $A(g)$ $17w$ g이

$2n$ mol이므로 Ⅱ에서 반응 전 $A(g)$ $5n$ mol의 질량은 $17w \times \dfrac{5}{2} = \dfrac{85}{2}$에서

$w = \dfrac{85}{8}$ g이다. 따라서 Ⅱ에서 $A(g)$ $\dfrac{85}{8}$ g과 $B(g)$ 15 g이 반응하여 $D(g)$

$\dfrac{45}{8}$ g이 생성되었으므로 질량 보존 법칙에 의해 생성된 $C(g)$의 질량은 20 g이다. 이를 통해 반응 질량비는 $B : C = 15 : 20$이므로 분자량비는 $B :$

$C = \dfrac{15}{3} : \dfrac{20}{2} = 1 : 2$이다. 따라서 $x \times \dfrac{C의\ 분자량}{B의\ 분자량} = 3 \times 2 = 6$이다.

반응 계수의 의미

이 문제에는 주의해야 할 점이 있어요~ 2가지 실험에서 남은 반응물이 다르다는 조건을 이용하여 각 실험에서 모두 반응한 물질을 찾을 수 있어야 합니다. 그리고 반응 전 $A(g)$와 $B(g)$의 양을 각각 부피와 질량으로 제시하였지만, 실험 Ⅰ과 Ⅱ에서 $A(g)$와 $B(g)$를 양(mol)으로 바꾼 후 화학 반응의 양적 관계를 구하면 남은 반응물과 생성물을 모두 양(mol)으로 구할 수 있게 되어서 각 물질의 분자량을 추론할 수 있습니다. 계산 과정이 복잡하지만 기체의 양(mol)을 이용해서 문제를 풀이한다는 점은 다른 양적 관계 문제와 비슷하므로 유사한 문제를 반복적으로 풀어보는 게 중요합니다.

---

15 | 화학 반응에서의 양적 관계 | 정답 ②

선택 비율	① 5 %	② 27 %	③ 19 %	④ 43 %	⑤ 5 %

문제 풀이 TIP
- 온도와 압력이 일정할 때 기체의 부피는 기체의 양(mol)에 비례함을 적용하여 기체의 밀도가 $\dfrac{질량}{기체의\ 양(mol)}$에 비례함을 파악한다.
- B와 C의 분자량비 조건과 질량 보존 법칙을 적용하여, B와 C의 분자량을 각각 M, $16M$이라 할 때, A의 분자량이 $(16-b)M$임을 파악한다.
- 실험 Ⅰ의 조건에서 A가 모두 반응할 때의 반응 전과 후의 질량 및 기체의 양(mol)을 구하여 밀도(상댓값)비로부터 b와 x를 구한다.

<보기> 풀이

온도와 압력이 일정할 때 기체의 부피는 기체의 양(mol)에 비례한다. 따라서 기체의 밀도는 $\dfrac{기체의\ 질량}{기체의\ 양(mol)}$에 비례한다. 또한 질량 보존 법칙에 따라 (A의 분자량)$+b\times$(B의 분자량)$=$(C의 분자량)이다. 이때 B의 분자량을 M이라 하면, C의 분자량은 $16M$이므로 A의 분자량은 $(16-b)M$이다.

❶ Ⅰ에서 양적 관계로 b 구하기

실험 Ⅰ에서 $A(s)$ 2몰이 모두 반응한다고 가정하면, B는 $2b$몰이 반응하고 $(7-2b)$몰이 남으며, C는 2몰이 생성된다. 따라서 반응 전과 후 전체 기체의 양(mol)은 각각 7몰, $(9-2b)$몰이고, 반응 전과 후의 기체의 질량은 각각 $7M$ g, $(7-2b)\times M$ g$+2\times16M$ g$=(39-2b)M$ g이므로 반응 전과 후의 기체의 밀도비는 $\dfrac{7M}{7} : \dfrac{(39-2b)M}{(9-2b)} = 1 : 7$이다. 따라서 이를 풀면 $b = 2$이다.

❷ Ⅱ에서 x 구하기

$b = 2$이므로 화학 반응식은 $A(s) + 2B(g) \longrightarrow C(g)$이고, A~C의 분자량은 각각 $14M$, M, $16M$이다. 실험 Ⅱ에서 $A(s)$ 3몰과 $B(g)$ 6몰이 반응하여 $C(g)$ 3몰이 생성되고, $B(g)$ 2몰이 남으므로 반응 전 기체의 양(mol)과 질량은 각각 8몰, $8M$ g이고, 반응 후 기체의 양(mol)과 질량은 각각 5몰, $2\times Mg +$ $3\times16Mg = 50M$ g이다. 따라서 기체의 밀도비는 $\dfrac{8M}{8} : \dfrac{50M}{5} = 1 : 10$이고 $1 : x$이므로 $x = 10$이다. 따라서 $b \times x = 20$이다.

고체를 포함한 화학 반응식

이 문제에는 중요한 함정이 있어요. $A(s)$가 고체라는 점을 놓쳐서는 안돼요! 자료에서 실린더 속 기체의 밀도나 반응 전 기체의 양(mol)과 질량 등을 고려할 때 A는 해당되지 않고 B만 해당된다는 것에 유념해야 합니다.

---

16 | 화학 반응에서의 양적 관계 | 정답 ④

선택 비율	① 20 %	② 26 %	③ 11 %	④ 34 %	⑤ 9 %

문제 풀이 TIP
- 온도와 압력이 일정할 때 기체의 부피는 기체의 양(mol)에 비례한다는 것을 이용하여 A~C의 질량에 따른 양(mol)을 구한다.
- 질량에 따른 A~C의 양(mol)을 구하여 분자량비와 반응 계수를 구한다.

❶ w와 A, B, C의 반응 질량비 구하기

실험 Ⅰ과 Ⅱ에서 반응 후 전체 기체의 부피 비가 1 : 2이고, C의 밀도가 서로 같으므로 생성된 C의 질량비도 1 : 2이다. 따라서 실험 Ⅰ에서는 A가 모두 반응하고, 실험 Ⅱ에서는 B가 모두 반응하며, 실험 Ⅰ과 Ⅱ에서 반응한 A 및 B의 질량비도 모두 1 : 2이다. 따라서 $w=1.6$이고, 실험 Ⅰ과 Ⅱ에서 반응 후 남은 기체는 각각 B 0.8 g, A 1 g이며 생성된 C의 질량은 각각 1.8 g, 3.6 g 이다. 따라서 반응 질량비는 A : B : C=1 : 0.8 : 1.8=5 : 4 : 9이다.

❷ x 구하기

반응 질량비가 A : B : C=5 : 4 : 9이고, 실험 Ⅲ에서 반응 전 A와 B의 질량이 각각 4 g, 3.6 g이므로 반응 후 B 0.4 g이 남고 생성된 C의 질량은 7.2 g이다. 이때, 실험 Ⅰ과 Ⅲ에서 생성된 C의 질량비는 1 : 4이고, 부피비는 6 : 17이므로 C의 밀도비는 $17 : x = \dfrac{1}{6} : \dfrac{4}{17}$이고, $x=24$이다.

❸ 반응 계수와 분자량비 구하기

실험 Ⅰ과 Ⅱ에서 반응 후 전체 기체의 부피비가 1 : 2이고, C의 몰비도 1 : 2이므로 남아 있는 기체의 몰비도 1 : 2이다. 따라서 실험 Ⅰ에서 반응 후 B 0.8 g과 C 1.8 g의 양(mol)을 각각 n mol, m mol이라 하면, 실험 Ⅱ에서 반응 후 A 1 g의 양(mol)은 $2n$ mol이다. 따라서 실험 Ⅲ에서 반응 후 B 0.4 g과 C 7.2 g의 양(mol)은 각각 $\dfrac{n}{2}$ mol, $4m$ mol이므로 실험 Ⅰ과 Ⅲ에서 $(n+m) : (\dfrac{n}{2}+4m)=6 : 17$이고, 정리하면 $m=2n$이다. 따라서 실험 Ⅰ에서 A 1 g과 B 0.8 g이 반응하여 C 1.8 g이 생성되므로 A $2n$ mol과 B n mol이 반응하여 C $2n$ mol이 생성된다. 반응 몰비는 A : B : C=2 : 1 : 2이므로 반응 계수 $a \sim c$는 각각 2, 1, 2이다. 또한 B n mol, C $2n$ mol의 질량이 각각 0.8 g, 1.8 g이므로 $\dfrac{\text{C의 분자량}}{\text{B의 분자량}}=\dfrac{1.8}{2n}\times\dfrac{n}{0.8}=\dfrac{9}{8}$이다. 따라서 $\dfrac{x}{c}$

$\times \dfrac{\text{C의 분자량}}{\text{B의 분자량}}=\dfrac{24}{2}\times\dfrac{9}{8}=\dfrac{27}{2}$이다.

몰비와 계수비의 관계

C의 밀도(상댓값)과 부피(상댓값)을 이용하여 x를 구하는 것은 어렵지 않지만 실험 Ⅰ과 Ⅱ에서 반응 후 전체 기체의 부피비가 1 : 2이고, 생성된 C의 몰비도 1 : 2이므로 반응 후 남아 있는 기체의 몰비도 1 : 2라는 점을 알아야 하고, 각각의 양(mol)을 임의의 기호(n, m)로 설정하여 실험 Ⅲ을 통해 설정한 임의의 양(mol)의 관계를 유도하는 과정이 핵심입니다.

17	기체 반응에서의 양적 관계	정답 ②

선택 비율	① 14 %	②36 %	③ 15 %	④ 24 %	⑤ 12 %

문제 풀이 TIP

- 질량 보존 법칙과 밀도의 정의를 이용하여 반응 전 전체 기체의 부피(상댓값)를 구한다.
- 반응 전과 후의 부피 변화량은 생성되는 생성물의 양(mol)에 비례함을 이용하여 반응 계수 a를 구한다.
- 반응 몰비와 분자량, 질량비의 관계를 이용하여 분자량비를 구한다.

화학 반응 전과 후의 전체 질량은 변하지 않으므로 전체 기체의 밀도와 전체 기체의 부피의 곱은 같아야 한다. 반응 후 전체 기체의 부피비가 실험 Ⅰ : Ⅱ =5 : 9이므로, 실험 Ⅰ에서 반응 후 전체 기체의 부피를 $5V$라고 하면 실험 Ⅰ과 Ⅱ에서 반응 전 전체 기체의 부피는 각각 $7V$, $11V$이다. 이때 실험 Ⅰ과 Ⅱ에서 반응 후 모두 A가 남고, B는 모두 반응하였으며, 반응 전과 후 부피 변화량이 같으므로 생성된 C의 양(mol)도 같다.

---

❶ 반응 전과 후 부피(상댓값) 변화로 반응 계수 a 구하기

실험 Ⅰ과 Ⅱ에서 반응 전과 후 전체 기체의 부피비는 각각 7 : 5, 11 : 9이며, 기체의 온도와 압력이 일정할 때 기체의 부피는 기체의 양(mol)에 비례하므로 실험 Ⅰ에서 반응 후 전체 기체의 양(mol)을 $5n$ mol이라고 하면 실험 Ⅱ에서 반응 후 전체 기체의 양(mol)은 $9n$ mol이다. 또한 실험 Ⅰ과 Ⅱ에서 반응 전 전체 기체의 양(mol)은 각각 $7n$ mol, $11n$ mol이다.

실험 Ⅰ과 Ⅱ에서 반응 후 남은 A의 양(mol)을 각각 x mol, $5x$ mol이라 하고, 생성된 C의 양(mol)을 y mol이라 하면 $x+y=5n$, $5x+y=9n$이므로 이를 풀면 $x=n$, $y=4n$이다. 실험 Ⅰ과 Ⅱ에서 반응 전과 후의 양적 관계는 다음과 같다.

실험 Ⅰ

	$aA(g)$	$+$	$B(g)$	$\longrightarrow$	$2C(g)$
반응식					
반응 전(mol)	$5n$		$2n$		0
반응(mol)	$-4n$		$-2n$		$+4n$
반응 후(mol)	n		0		$4n$

실험 Ⅱ

	$aA(g)$	$+$	$B(g)$	$\longrightarrow$	$2C(g)$
반응식					
반응 전(mol)	$9n$		$2n$		0
반응(mol)	$-4n$		$-2n$		$+4n$
반응 후(mol)	$5n$		0		$4n$

따라서 반응 몰비는 A : B : C=2 : 1 : 2이고, $a=2$이다.

❷ 전체 기체 질량과 반응 몰비를 이용해 $\dfrac{\text{B의 분자량}}{\text{C의 분자량}}$ 구하기

실험 Ⅰ과 Ⅱ에서 반응 전 전체 기체의 질량이 각각 $3w$ g, $5w$ g이고, A와 B의 분자량을 각각 M_A, M_B라 하면 $(5M_A+2M_B) : (9M_A+2M_B)=3 : 5$이다. 이를 풀면 $M_A=2M_B$이다. 반응 몰비는 A : B : C=2 : 1 : 2이고, C의 분자량을 M_C라 하면 $(2\times M_A)+(1\times M_B)=(2\times M_C)$이므로 $\dfrac{M_B}{M_C}=\dfrac{2}{5}$, 즉 $\dfrac{\text{B의 분자량}}{\text{C의 분자량}}=\dfrac{2}{5}$이다. 따라서 $a\times\dfrac{\text{B의 분자량}}{\text{C의 분자량}}=2\times\dfrac{2}{5}=\dfrac{4}{5}$이다.

반응 전과 후의 전체 부피 변화량

이 문제에는 주의해야 할 점이 있어요~ 온도와 압력이 일정할 때 기체의 부피는 기체의 양(mol)에 비례하므로 기체 반응에서 반응 전과 후 기체 부피의 변화량이 같으면 생성된 생성물의 양(mol)이 같다는 것을 알아야 합니다. 실험 Ⅰ과 Ⅱ에서 생성된 C의 양(mol)이 동일함을 이용하여, 반응 전과 후 A, B의 양(mol) 및 반응 계수 a를 구하고, 반응 몰비, 분자량과 질량비의 관계를 통해 각 물질의 분자량비를 쉽게 구할 수 있습니다.

18	기체 반응에서의 양적 관계	정답 ⑤

선택 비율	① 10 %	② 14 %	③ 16 %	④ 29 %	⑤31 %

문제 풀이 TIP

- 온도와 압력이 일정할 때 기체의 부피는 기체의 양(mol)에 비례함을 이용하여 (가)와 (나)에서 C와 D의 양(mol)을 구한다.
- 반응 계수가 반응 몰비와 같다는 개념을 이용하여 A와 D의 반응 계수로 (가)에서 A의 양(mol)을 구하고, 남은 B의 양(mol)도 구하여 반응 계수 b와 c를 구한다.
- 질량 보존 법칙을 이용하여 (가)에서 B의 질량을 구하고, A와 B의 분자량비를 이용하여 w를 구한다.

❶ (가)와 (나)에서 D의 양(mol) 구하기

온도와 압력이 일정할 때 기체의 부피는 기체의 양(mol)에 비례한다. 기체 V L의 양(mol)을 n mol이라 하면, (가)와 (나)에서 전체 기체의 양(mol)은 각각 $15n$ mol, $16n$ mol이다. 이때, (가)와 (나)에서 $\dfrac{\text{D의 양(mol)}}{\text{전체 기체의 양(mol)}}$ 이 각각 $\dfrac{2}{5}$, $\dfrac{3}{4}$이므로 (가)와 (나)에서 D의 양(mol)은 각각 $6n$ mol, $12n$ mol이다.

❷ 반응 계수 b와 c 구하기

반응 계수는 반응이 일어날 때 반응물과 생성물의 몰비를 나타낸 것이다. 이 때 (가)에서 A와 B가 모두 반응하여 D가 $6n$ mol이 생성되었으며, A와 D의 반응 계수가 각각 2, 6이므로 (가)에서 반응한 A의 양(mol)은 $2n$ mol이다. 따라서 (가)에서 전체 기체의 양(mol)이 $15n$ mol이므로 B의 양(mol)은 $7n$ mol이다. (나)에서 D의 양(mol)이 $12n$ mol이고, 전체 기체의 양(mol)이 $16n$ mol이므로 생성된 C의 양(mol)은 $4n$ mol이다. 따라서 A~D의 반응 몰비는 A : B : C : D=2 : 7 : 4 : 6이고, 반응 계수 $b=7$, $c=4$이다.

❸ w 구하기

화학 반응이 진행될 때 반응 전과 후의 질량은 같다. 따라서 (가)에서 반응 전 B의 질량을 x g이라고 하면 $w+x+33=\dfrac{9}{14}w+66$이고, $x=33-\dfrac{5}{14}w$이다. (가)에서 A와 B의 양(mol)은 각각 $2n$ mol, $7n$ mol이고, 분자량은

$\dfrac{\text{질량(g)}}{\text{분자의 양(mol)}}$ 이므로 분자량비 A : B=$\dfrac{w}{2n}$: $\dfrac{(33-\frac{5}{14}w)}{7n}$ =7 : 4이고, 정리하면 $33-\dfrac{5}{14}w=2w$이며 $w=14$이다. 따라서 $\dfrac{b\times c}{w}=\dfrac{7\times4}{14}=2$이다.

아보가드로 법칙과 반응 계수

이 문제에는 주의해야 할 점이 있어요~ 화학 반응식과 반응 계수가 생소하여 접근하기 어려운 부분이 있지만 아보가드로 법칙의 개념을 이용하여 (가)와 (나)에서 각 기체의 양(mol)을 구하면 반응 계수를 찾을 수 있습니다. 따라서 이들 개념을 정확하게 이해하고 적용할 수 있어야 합니다.

---

19 **기체 반응에서의 양적 관계** 정답 ①

선택 비율 | ① 39 % | ② 29 % | ③ 9 % | ④ 14 % | ⑤ 7 %

문제 풀이 TIP
- 온도와 압력이 일정할 때 기체의 부피는 기체의 양(mol)에 비례함을 적용하여 (다)에서 B와 C의 몰비를 파악하고, 반응 계수 b를 구한다.
- 반응 조건에서 기체 1 L의 양(mol)을 n몰이라 정하고, (나)에서 양적 관계를 적용하여 A, B, C의 양(mol)과 질량을 파악한다.
- 질량 보존 법칙을 적용하여 x를 구한다.

온도와 압력이 일정할 때 기체의 부피는 기체의 양(mol)에 비례한다. 따라서 반응 전과 후의 몰비는 (가) : (다)=2 : 5이다.

❶ 반응 계수 b 구하기

1 L에 해당하는 기체의 양(mol)을 n몰이라 하면, 반응 전 A는 $2n$몰이고, A가 모두 분해되면 B bn몰과 C n몰이 생성된다. 이때 $bn+n=5n$이므로 $b=4$이며, 완성된 화학 반응식은 2A $\longrightarrow$ 4B + C이다.

❷ (나)에서 a 구하기

(나)에서 반응 전과 후의 양적 관계는 다음과 같다.

반응식	$2A(g)$	$\longrightarrow$	$4B(g)$	+	$C(g)$
반응 전(몰)	$2n$		0		0
반응(몰)	$-2a$		$+4a$		$+a$
반응 후(몰)	$2n-2a$		$4a$		a

이때 A도 a몰 존재하므로 $2n-2a=a$에서 $a=\dfrac{2}{3}n$이다.

❸ x 구하기

(가)에서 A $2n$몰의 질량이 w g이므로 (나)에서 A $\dfrac{2}{3}n$몰의 질량은 $\dfrac{w}{3}$ g이다.

분자량비가 A : C=27 : 8이므로 C $\dfrac{2}{3}n$몰의 질량은 $\dfrac{w}{3}\times\dfrac{8}{27}=\dfrac{8w}{81}$ g이다.

따라서 질량 보존 법칙에 따라 $x=w-\dfrac{w}{3}-\dfrac{8w}{81}=\dfrac{46}{81}w$이다.

질량 보존 법칙

(다)에서는 A가 모두 분해되어 존재하지 않고 B와 C만 존재하므로 B와 C의 몰비를 이용하여 반응 계수 b를 판단해야 해요! 그리고 질량 보존 법칙에 의해 분해된 A의 질량은 생성된 B와 C의 질량의 합과 같다는 것을 이용하여 x를 구해요. 이처럼 질량 보존 법칙이 적용되는 문제들이 종종 나오고 있으므로 질량으로 제시되는 자료가 많으면 질량 보존 법칙을 떠올리면 됩니다.

---

20 **화학 반응에서의 양적 관계** 정답 ①

선택 비율 | ① 18 % | ② 29 % | ③ 17 % | ④ 23 % | ⑤ 13 %

문제 풀이 TIP
- (가)~(다)의 질량비와 밀도비를 이용하여 부피비를 구한다.
- 아보가드로 법칙을 적용하여 (가)~(다)의 부피비를 이용해 반응 전 A와 B의 질량에 따른 부피 및 양(mol)을 구한다.
- 화학 반응의 양적 관계에서 반응물의 양(mol)과 반응 전과 후의 부피 변화량이 비례함을 이용하여 반응 전과 후의 반응 몰비를 구하고 이를 바탕으로 반응 계수 x, y를 구한다.
- 반응 질량비를 반응 계수비로 나눈 값이 분자량비와 같음을 이용하여 (다)에서 C와 D의 질량비를 이용해 C의 질량을 구한 후 A와 B의 분자량비를 구한다.

❶ (가)~(다)의 부피비 구하기

(가)~(다)의 전체 기체의 질량은 각각 $10w$ g, $10w$ g, $12w$ g이고, $\dfrac{d_2}{d_1}=\dfrac{5}{7}$, $\dfrac{d_3}{d_2}=\dfrac{14}{25}$이므로 밀도비는 (가) : (나) : (다)= 35 : 25 : 14이다. 따라서 부피비는 (가) : (나) : (다)= $\dfrac{10w}{35}$: $\dfrac{10w}{25}$: $\dfrac{12w}{14}$ =5 : 7 : 15이다.

❷ 반응 계수 x, y 구하기

(가)~(다)의 부피를 각각 $5V$, $7V$, $15V$라 하면, (가)와 (나)에서 B w g이 모두 반응할 때 부피가 $2V$ 증가하였으므로 (다)에서 B $3w$ g이 모두 반응할 때 반응 전보다 부피는 $6V$가 증가해야 한다. 따라서 (다)의 반응 전 A $9w$ g과 $3w$ g의 부피는 $9V$이다. (가)에서 A $9w$ g과 B w g의 부피는 $5V$이고, (다)에서 반응 전 A $9w$ g과 B $3w$ g의 부피는 $9V$이므로 A $9w$ g, B $3w$ g의 부피는 각각 $3V$, $6V$이다. 온도와 압력이 같을 때 기체의 부피는 기체의 양(mol)에 비례하므로 (다)의 반응 전 A와 B의 양(mol)을 각각 $3n$몰, $6n$몰이라 하면 A $3n$몰과 B $6n$몰이 모두 반응하여 C와 D가 생성되고, A와 C의 반응 계수가 같으므로 생성된 C의 양(mol)도 $3n$몰이다. 전체 기체의 부피가 $15V$이므로 전체 기체의 양(mol)은 $15n$몰이고, 생성된 D의 양(mol)은 $12n$몰이다. 반응물의 반응 몰비는 반응 계수비와 같으므로 반응 계수비는 A : B : C : D=$3n$: $6n$: $3n$: $12n$=1 : 2 : 1 : 4이므로 $x=2$, $y=4$이다.

❸ A와 D의 분자량비 구하기

(다)의 실린더 속 C와 D의 질량비가 4 : 5이고, 전체 기체의 질량이 $12w$ g이므로 D의 질량=$12w\times\dfrac{5}{9}=\dfrac{20w}{3}$ g이다. 반응 질량비를 반응 계수비로 나누

면 분자량비와 같으므로 분자량비는 $A:D=\dfrac{9w}{1}:\dfrac{\frac{20w}{3}}{4}=27:5$이다. 따라서 $\dfrac{D의\ 분자량}{A의\ 분자량}\times\dfrac{x}{y}=\dfrac{5}{27}\times\dfrac{2}{4}=\dfrac{5}{54}$이다.

선배의 TMI 이것만 알고 가자! **밀도비와 부피비의 관계**

(가)와 (나)의 질량은 $10w$ g으로 같고, (다)의 질량이 $12w$ g이며, (가)와 (나), (나)와 (다)의 밀도비를 이용해 (가)~(다)의 부피비를 파악하는 것이 중요합니다. 또한 (가)와 (나)의 관계에서 B w g이 모두 반응할 때 부피 변화량이 $2V$ L라면, (다)에서 B $3w$ g이 모두 반응할 때 부피 변화량이 $6V$ L라는 것을 알아야 합니다. 이들 관계에서 B w g이 차지하는 부피가 $2V$ L라는 것을 파악해야 전체적인 양적 관계는 물론 반응 계수 x, y를 구할 수 있습니다.

---

21 화학 반응에서의 양적 관계   정답 ③

선택 비율 | ① 9 % | ② 28 % | ③ 24 % | ④ 27 % | ⑤ 12 %

문제 풀이 TIP

- 반응 계수를 통해 (다)에서 D의 양(mol) 및 (가)에서 반응 전 A와 B의 양(mol)을 구한다.
- (나)와 (다)의 전체 기체의 부피비를 이용하여 (나)에서 각 물질의 양(mol)과 x를 구한다.
- 질량 보존 법칙과 각 물질의 질량 관계를 이용해 A와 C의 분자량비를 구한다.

<보기> 풀이

❶ (다)로부터 (가)에 들어 있는 A와 B의 양(mol)과 질량 구하기

A와 C의 반응 계수가 각각 1과 2이고, A가 모두 반응하고 생성된 C의 양(mol)이 $2n$ mol이므로 (가)에서 반응 전 A의 양(mol)은 n mol이다. 또한 B의 반응 계수가 2이므로 반응한 B의 양(mol)과 생성된 C의 양(mol)이 같다. 따라서 (가)에서 반응 전 B의 양(mol)은 $5n$ mol이다. 이때 분자량비가 A : B = 32 : 17이므로 (가)에 들어 있는 기체의 질량비는 A : B = 32 : 85이고, A와 B의 질량은 각각 $\dfrac{32}{117}w$ g과 $\dfrac{85}{117}w$ g이다.

❷ 양적 관계로부터 (나)에 들어 있는 물질의 양(mol)과 x 구하기

온도와 압력이 일정할 때 기체의 부피는 기체의 양(mol)에 비례한다. (가)와 (다)에서 전체 기체의 양(mol)은 각각 $6n$ mol과 $5n$ mol이고, 부피비는 (나) : (다) = 11 : 10이므로 (나)에 들어 있는 전체 기체의 양(mol)은 $5.5n$ mol이다. 일정한 온도와 압력에서 기체의 반응에서 반응이 진행되면서 전체 기체의 양(mol)이 변화될 때 변화된 기체의 양(mol)은 반응한 물질의 양(mol)에 비례한다. (가)와 (다)를 비교할 때, A n mol이 반응하여 전체 기체의 양(mol)이 n mol 감소하였고, (가)와 (나)를 비교할 때 전체 기체의 양(mol)이 $0.5n$ mol 감소하였으므로 이 과정에서 반응한 A의 양(mol)이 $0.5n$ mol이다. 따라서 (나)에 들어 있는 A~D의 양(mol)은 각각 순서대로 $0.5n$ mol, $4n$ mol, n mol, $1.5n$ mol이다. 이때 A $0.5n$ mol의 질량값 $2x=\dfrac{16}{117}w$이므로 $x=\dfrac{8}{117}w$이다.

❸ 질량 보존 법칙과 반응 질량비로부터 A와 C의 분자량비 구하기

화학 반응 전과 후 물질의 전체 질량은 일정하므로 (나)에 들어 있는 물질의 전체 질량은 w g이고, (가)에서 A n mol의 질량이 $4x$ g $=\dfrac{32}{117}w$ g이므로 B $5n$ mol의 질량은 w g $-\dfrac{32}{117}w$ g $=\dfrac{85}{117}w$ g이다. (나)에서 $x=\dfrac{8}{117}w$이므로 A와 D의 질량 값의 합 $5x=\dfrac{40}{117}w$이고, B $4n$ mol의 질량은 $\dfrac{85}{117}$

$w\times\dfrac{4}{5}=\dfrac{68}{117}w$ g이다. 이때 C n mol의 질량을 c g이라고 하면 $w=\dfrac{40}{117}$

$w+\dfrac{68}{117}w+c$이므로 $c=\dfrac{9}{117}w$이고, 분자량비는 A : C $=\dfrac{32}{117}w:\dfrac{9}{117}$

$w=32:9$이다. 따라서 $x\times\dfrac{C의\ 분자량}{A의\ 분자량}=\dfrac{8}{117}w\times\dfrac{9}{32}=\dfrac{1}{52}w$이다.

선배의 TMI 이것만 알고 가자! **기체의 양(mol)과 부피의 관계**

온도와 압력이 일정할 때 기체의 부피는 기체의 양(mol)에 비례하므로 (나)와 (다)에서 전체 기체의 부피비를 통해 (나)에서 전체 기체의 양이 $5.5n$ mol임을 알 수 있습니다. 또한 반응 계수비를 통해 (가)에서 A, B의 양(mol)이 각각 n mol, $5n$ mol이고, (다)에서 D의 양(mol)이 $3n$ mol임을 알 수 있으며, 반응 전과 후 양적 관계를 통해 (나)에서 A~D의 양(mol)과 x를 구할 수 있습니다. 이후에 질량 보존 법칙과 각 물질의 질량 관계를 이용하여 A와 C의 분자량비를 구할 수 있습니다. 계산하기 불편한 복잡한 유리수라 하더라도 주어진 조건과 알고 있는 개념을 잘 활용하면 충분히 해결할 수 있으며, 유사한 기출 문제의 반복적 풀이를 통해 익숙해지는 과정이 필요합니다.

---

22 기체 반응에서의 양적 관계   정답 ①

선택 비율 | ① 33 % | ② 25 % | ③ 14 % | ④ 22 % | ⑤ 6 %

문제 풀이 TIP

- 질량 보존 법칙과 밀도를 이용하여 (나)에서 실린더 속 기체의 부피를 구한다.
- 반응물의 양(mol)을 이용하여 화학 반응에서 양적 관계를 구한다.
- 반응 계수비와 반응 질량비를 이용하여 반응물과 생성물의 분자량비를 구한다.

<보기> 풀이

(가) → (나)에서 A(g)가 모두 반응하고, (나) → (다)에서 B(g)가 모두 반응한다.

❶ (나)에서 실린더 속 기체의 부피 구하기

질량 보존 법칙에 의해 실린더에 들어 있는 기체의 질량은 (가)에서와 (나)에서가 같다. 이때 부피 $=\dfrac{질량}{밀도}$이므로 (가)와 (나)에서 실린더 속 기체의 부피비는

(가) : (나) $=\dfrac{4}{3w}:\dfrac{1}{w}=4:3$이다. 따라서 (나)에서 실린더 속 기체의 부피는 $3V$ L이다.

❷ (가) → (나)와 (나) → (다)에서 반응 전과 후 기체의 양(mol) 구하기

(가)에서 A(g)와 B(g)의 양(mol)을 각각 $2a$ mol, b mol이라고 하면 (가) → (나)에서 화학 반응의 양적 관계를 구하면 다음과 같다.

반응식	2A(g)	+ B(g)	⟶ 2C(g)
반응 전(mol)	$2a$	b	
반응(mol)	$-2a$	$-a$	$+2a$
반응 후(mol)	0	$b-a$	$2a$

(가)와 (나)에서 실린더 속 기체의 부피비는 (가) : (나) $=(2a+b):(b+a)=4V$: $3V=4:3$에서 $2a=b$이다. (나)에서 실린더에 B(g) a mol, C(g) $2a$ mol이 있고, (나)에서 실린더 속 기체의 부피가 $3V$ L이므로 기체 a mol의 부피는 V L이다. (나) → (다)에서 추가한 A(g)의 양을 x mol이라고 하면 (나) → (다)에서 화학 반응의 양적 관계를 구하면 다음과 같다.

반응식	2A(g)	+ B(g)	⟶ 2C(g)
반응 전(mol)	x	a	$2a$
반응(mol)	$-2a$	$-a$	$+2a$
반응 후(mol)	$x-2a$	0	$4a$

(다)에서 실린더 속 기체의 부피는 $6V$ L이므로 실린더 속 기체의 양은 $6a$ mol이다. 따라서 $x-2a+4a=6a$, $x=4a$이므로 (다)에서 A(g) $2a$ mol의 질량은 $3w$ g이다.

❸ (가)에서 V 구하기

(가)에서 실린더에 A(g) $2a$ mol이 있으므로 실린더 속 기체의 질량은 $3w$ g$+1.5w$ g$=4.5w$ g이다. 따라서 (가)에서 실린더 속 전체 기체의 밀도는 $\dfrac{질량}{부피}=\dfrac{4.5w}{4V}=\dfrac{3w}{4}$, $V=\dfrac{3}{2}$이다.

❹ A~C의 분자량비 구하기

(가) → (나)에서 A(g) $3w$ g과 B(g) $\dfrac{3w}{4}$ g$\left(=\dfrac{1.5w}{2}\ \text{g}\right)$이 반응하여 C($g$) $\dfrac{15w}{4}$ g$\left(=3w\ \text{g}+\dfrac{1.5w}{2}\ \text{g}\right)$이 생성된다. 화학 반응식에서 A($g$)~C($g$)의 반응 계수비가 2 : 1 : 2이므로 A~C의 분자량비는 A : B : C$=\dfrac{3w}{2}:\dfrac{3w}{4}:\dfrac{15w}{8}=4:2:5$이다.

따라서 $V\times\dfrac{\text{A의 분자량}}{\text{C의 분자량}}=\dfrac{3}{2}\times\dfrac{4}{5}=\dfrac{6}{5}$이다.

선배의 TMI 알아두면 쓸 데 있다! **반응물의 양(mol)을 이용한 양적 관계**

이 문제에는 주의해야 할 점이 있어요~ 먼저 (가)와 (나)에서 실린더 속 기체의 질량이 같고, 기체의 밀도는 부피와 반비례한다는 것을 이용하여 (나)에서 실린더 속 기체의 부피를 구해야 합니다. 부피를 구한 후 A(g)와 B(g)의 양(mol)을 가정하여 (가) → (나)에서와 (나) → (다)에서 화학 반응의 양적 관계를 구하면 (가)~(다)에서 실린더 속 기체의 양(mol)을 알 수 있습니다. 실린더 속 기체의 양(mol)과 질량을 이용하여 반응 질량비를 구하면 화학 반응식으로부터 A~C의 분자량비를 구할 수 있습니다. 각 반응에서 반응하는 물질의 양(mol)과 생성되는 물질의 양(mol)을 구하는 과정은 화학 반응의 양적 관계에서 필수적입니다. 물질의 양(mol)을 이용하여 화학 반응의 양적 관계를 구하는 연습을 충분히 해야 합니다.

23	화학 반응에서의 양적 관계	정답 ①

선택 비율	①46 %	② 10 %	③ 16 %	④ 20 %	⑤ 6 %

문제 풀이 TIP

• 그래프의 곡선이 꺾이는 지점에서 반응물 A와 B가 모두 반응하여 C만 존재함을 파악한다.
• A가 1몰, 2몰일 때 A가 모두 반응하고, 8몰, 12몰일 때 B m몰이 모두 반응하므로 이때의 양적 관계를 적용한다.

<보기> 풀이

일정량의 B에 A를 넣어 반응을 완결시킬 때 넣어 준 A의 양(mol)에 따른 $\dfrac{\text{전체 물질의 양(mol)}}{\text{C의 양(mol)}}$의 그래프에서 곡선이 꺾이는 지점이 A와 B가 모두 반응한 지점이다.

❶ 각 지점에서 모두 반응하는 물질 찾기

넣어 준 A의 양(mol)이 각각 1몰, 2몰일 때는 A가 모두 반응하고, 넣어 준 A의 양(mol)이 8몰, 12몰일 때는 B가 모두 반응한다.

❷ m과 반응 계수 b, c 구하기

넣어 준 A의 양(mol)이 각각 1몰, 2몰, 12몰일 때의 반응 전과 후의 양적 관계는 다음과 같다.

	A가 1몰일 때			A가 2몰일 때		
반응식	A	$+\ b$B	$\longrightarrow$ cC	A	$+\ b$B	$\longrightarrow$ cC
반응 전(몰)	1	m	0	2	m	0
반응(몰)	-1	$-b$	$+c$	-2	$-2b$	$+2c$
반응 후(몰)	0	$m-b$	c	0	$m-2b$	$2c$

	A가 12몰일 때		
반응식	A	$+\ b$B	$\longrightarrow$ cC
반응 전(몰)	12	m	0
반응(몰)	$-\dfrac{m}{b}$	$-m$	$+\dfrac{cm}{b}$
반응 후(몰)	$12-\dfrac{m}{b}$	0	$\dfrac{cm}{b}$

이때 $\dfrac{m-b+c}{c}=4$, $\dfrac{m-2b+2c}{2c}=2$, $\left(12-\dfrac{m}{b}+\dfrac{cm}{b}\right)\times\dfrac{b}{cm}=\dfrac{5}{4}$가 성립한다. 첫 번째 식과 두 번째 식을 정리하면 $m=b+3c$, $m=2b+2c$이므로 $b=c$, $m=4b$이다. 세 번째 식에 이를 대입하면 $(12-4+m)\times\dfrac{1}{m}=\dfrac{5}{4}$이고, 이를 풀면 $m=32$, $b=c=8$이다.

❸ x 구하기

화학 반응식이 A $+$ 8B $\longrightarrow$ 8C이므로 넣어 준 A가 8몰일 때 B 32몰과 A 4몰이 반응하여 C 32몰이 생성되고 A 4몰이 남으므로 반응 후 전체 물질의 양(mol)은 36몰이다. 따라서 $x=\dfrac{36}{32}=\dfrac{9}{8}$이며, $m\times x=32\times\dfrac{9}{8}=36$이다.

선배의 TMI 알아두면 쓸 데 있다! **반응 후 전체 부피(또는 몰) 변화 그래프**

일정량의 반응물에 다른 반응물을 조금씩 넣어 주는 반응에서 결과가 그래프로 제시되는 문제에서는 반응물이 모두 반응한 지점을 의외로 쉽게 찾을 수 있어요. 즉, 그래프의 기울기가 갑자기 크게 변하는 지점에서 반응물이 모두 반응하고, 그 지점을 전후로 모두 반응하는 반응물의 종류가 달라지죠. 이것만 해결되면 반응 전과 후의 양적 관계에 의한 계산으로 풀어나가면 됩니다.

24	몰 농도	정답 ④

선택 비율	① 5 %	② 27 %	③ 18 %	④45 %	⑤ 5 %

문제 풀이 TIP

• (가)와 (나)의 부피를 1 L라고 가정한 후 $\dfrac{\text{용매의 양(mol)}}{\text{용질의 양(mol)}}$을 비교한다.
• 용액의 몰 농도와 화학식량을 이용하여 (가)와 (나)에 녹아 있는 용질의 질량을 구한다.
• 용액의 밀도와 용질의 질량을 이용하여 용매의 질량을 구한다.

<보기> 풀이

A(aq)의 용매는 물이고, 용질은 A이다.

❶ (가)와 (나)에서 1 L에 녹아 있는 A의 양(mol) 구하기

(가)와 (나)의 몰 농도가 각각 $3a$ M, $5a$ M이므로 (가)와 (나)에서 1 L에 녹아 있는 A의 양(mol)은 각각 $3a$ mol, $5a$ mol이다.

❷ (가)와 (나)에서 1 L에 들어 있는 물의 질량 구하기

(가)와 (나)의 밀도는 각각 1.1 g/mL, 1.2 g/mL이므로 (가)와 (나)에서 수용액 1 L의 질량은 각각 1100 g$(=1.1$ g/mL$\times1000$ mL), 1200 g$(=1.2$ g/mL$\times1000$ mL)이다. A의 화학식량이 40이므로 (가)에 녹아 있는 A의 질량은 $3a$ mol$\times40=120a$ g이고, (나)에 녹아 있는 A의 질량은 $5a$ mol$\times40=200a$ g이다. 따라서 (가) 1 L에 들어 있는 물의 질량은 $(1100-120a)$ g 이고, (나) 1 L에 들어 있는 물의 질량은 $(1200-200a)$ g이다.

❸ (가)와 (나)에서 $\dfrac{\text{용매의 양(mol)}}{\text{용질의 양(mol)}}$ 비교하기

(가)와 (나)에서 용매의 종류는 물로 같으므로 용매의 양(mol)과 용매의 질량은 비례한다. $\dfrac{\text{용매의 양(mol)}}{\text{용질의 양(mol)}}$은 $\dfrac{\text{용매의 질량(g)}}{\text{용질의 양(mol)}}$에 비례하므로 (가)와 (나)에서 $\dfrac{\text{용매의 질량(g)}}{\text{용질의 양(mol)}}$의 비는 (가) : (나)$=\dfrac{1100-120a}{3a}:\dfrac{1200-200a}{5a}=2k:$ $k=2:1$이다. 따라서 $a=\dfrac{17}{6}$이다.

이 문제에는 주의해야 할 점이 있어요~ 용액의 부피를 1 L로 가정해야 1 L에 녹아 있는 용질의 양(mol)과 용매의 양(mol)을 구할 수 있어 $\dfrac{\text{용매의 양(mol)}}{\text{용질의 양(mol)}}$ 을 비교할 수 있습니다. 용질의 양(mol)은 용액의 부피와 용액의 몰 농도(M)를 이용하여 구할 수 있고, 용질의 질량은 용질의 양(mol)과 화학식량으로부터 구할 수 있으며, 용액의 질량은 용액의 부피와 밀도로부터 구할 수 있습니다. 용액의 질량에서 용질의 질량을 빼면 용매의 질량이 나오므로 (가)와 (나)에서 $\dfrac{\text{용매의 양(mol)}}{\text{용질의 양(mol)}}$ 을 비교할 수 있습니다. 이 문제를 풀기 위해서는 몰 농도를 구하는 식, 물질의 양(mol)을 구하는 식, 용액의 밀도를 구하는 식을 적절하게 이용해야 하므로 관련된 문제를 충분히 풀어 식을 변형하여 사용하는 연습을 해야 합니다.

---

25 용액의 희석과 몰 농도   정답 ③

선택 비율 | ① 4 % | ② 20 % | ③ 47 % | ④ 11 % | ⑤ 15 %

문제 풀이 TIP

- 몰 농도(M)의 정의에 따라 (나)에서 만든 x M A(aq) 100 mL에 들어 있는 A(l)의 양(mol)을 구한다.
- (다)에서 만든 A(aq)의 밀도 d_2와 몰 농도 y M을 이용하여 수용액 Ⅱ에 들어 있는 A(l)의 양(mol)을 구한다.
- 수용액 Ⅰ과 Ⅱ에 들어 있는 A(l)의 양(mol)이 같음을 이용하여 $\dfrac{y}{x}$ 를 구한다.

＜보기＞ 풀이

몰 농도(M)는 $\dfrac{\text{용질의 양(mol)}}{\text{용액의 부피(L)}}$ 이므로 수용액에 들어 있는 용질의 양(mol)은 몰 농도(M)에 용액의 부피(L)를 곱한 값과 같다.

❶ (나)에서 만든 수용액 Ⅰ에 들어 있는 A의 양(mol) 구하기

(나)에서 만든 수용액 Ⅰ의 몰 농도(M)는 x M이고, 부피가 100 mL이므로 이 수용액에 들어 있는 A의 양(mol)은 $0.1x$ mol이다.

❷ (나)와 (다)에서 만든 수용액 Ⅰ과 Ⅱ에 들어 있는 A의 양(mol) 비교하기

(나)와 (다)에서 만든 수용액 Ⅰ과 Ⅱ에서 용해시킨 A(l)의 양(mol)이 같으므로 수용액 Ⅰ과 Ⅱ에 들어 있는 A의 양(mol)은 $0.1x$ mol로 같다.

❸ $\dfrac{y}{x}$ 구하기

(다)에서 만든 수용액 Ⅱ의 밀도가 d_2 g/mL이고, 질량이 100 g이므로 수용액 Ⅱ의 부피는 $\dfrac{100}{d_2}$ mL이고, 몰 농도가 y M이다. 수용액 Ⅰ과 Ⅱ에 들어 있는 A의 양(mol)이 같으므로 $0.1x = y \times \dfrac{100}{d_2} \times \dfrac{1}{1000} = \dfrac{0.1y}{d_2}$ 이다. 따라서 $\dfrac{y}{x} = d_2$ 이다.

이 문제에는 주의해야 할 점이 있어요~ 일반적인 문항과 달리 용질이 액체라는 점에 주의해야 하고, 수용액에 물을 추가하여 희석할 경우 용질의 양(mol)은 일정하다는 것을 알아야 합니다. 또한 몰 농도(M)는 용액의 부피에 대한 용질의 양(mol)을 나타낸 것으로 질량이 주어졌을 경우 부피로 변환해야 한다는 것도 알아야 해요. 따라서 이를 이용하여 방정식으로 쉽게 구할 수 있습니다. 몰 농도 단원에서 이러한 관계를 이해할 수 있도록 유사한 문제를 반복적으로 풀어보는 것이 중요합니다.

| 01 ⑤ | 02 ③ | 03 ④ | 04 ⑤ | 05 ⑤ | 06 ③ | 07 ① |

01 동위 원소와 평균 원자량   정답 ⑤

선택 비율 | ① 9 % | ② 7 % | ③ 24 % | ④ 13 % | ⑤ 46 %

문제 풀이 TIP

- 양성자수는 원자 번호와 같고, 질량수는 양성자수와 중성자수의 합과 같음을 이용하여 양성자수가 같은 동위 원소를 찾는다.
- 각 원자의 중성자를 구한 후 모든 원자의 중성자수의 합을 이용하여 원자의 양성자수와 중성자수를 구한다.
- 1 g의 원자에 들어 있는 중성자수는 $\left(\dfrac{1}{\text{원자량}} \times \text{원자의 중성자수} \right)$ 에 비례한다는 것을 이용한다.

＜보기＞ 풀이

동위 원소는 양성자수가 같고 중성자수가 달라 질량수가 다른 원소이다. 양성자수는 원자 번호와 같고, 질량수는 양성자수와 중성자수의 합과 같으므로 (중성자수－원자 번호) 값이 0인 A의 원자 번호(＝양성자수)는 $\dfrac{m-1}{2}$ 이다. 또한 B~D의 원자 번호(＝양성자수)는 각각 $\dfrac{m-3}{2}$, $\dfrac{m-1}{2}$, $\dfrac{m-3}{2}$ 이다. 따라서 A~D의 중성자수는 각각 $\dfrac{m-1}{2}$, $\dfrac{m-1}{2}$, $\dfrac{m+3}{2}$, $\dfrac{m+3}{2}$ 이고, 전체 중성자수의 합 $\dfrac{4m+4}{2} = 76$ 이므로 $m=37$ 이며, A~D는 각각 ^{36}X, ^{35}Y, ^{38}X, ^{37}Y이다.

ㄱ. B와 D는 Y의 동위 원소이다.

➡ 원자 번호는 X＞Y이므로 B와 D는 각각 Y의 동위 원소이다.

ㄴ. $\dfrac{\text{1 g의 C에 들어 있는 중성자수}}{\text{1 g의 A에 들어 있는 중성자수}} = \dfrac{20}{19}$ 이다.

➡ A와 C는 각각 ^{36}X와 ^{38}X이고, 원자 번호는 18이므로 중성자수는 각각 18과 20이다. 따라서 $\dfrac{\text{1 g의 C에 들어 있는 중성자수}}{\text{1 g의 A에 들어 있는 중성자수}} = \dfrac{20}{38} \times \dfrac{36}{18} = \dfrac{20}{19}$ 이다.

ㄷ. $\dfrac{\text{1 mol의 D에 들어 있는 양성자수}}{\text{1 mol의 A에 들어 있는 양성자수}} < 1$ 이다.

➡ A와 D는 각각 ^{36}X와 ^{37}Y이고, 양성자수는 각각 18과 17이다. 따라서 $\dfrac{\text{1 mol의 D에 들어 있는 양성자수}}{\text{1 mol의 A에 들어 있는 양성자수}} = \dfrac{17}{18} < 1$ 이다.

이 문제에는 주의해야 할 점이 있어요. 제시된 자료가 복잡해 보이지만 (중성자수－원자 번호)는 (중성자수－양성자수)와 같고, 질량수는 (양성자수＋중성자수)와 같으므로 이 두 식을 이용하면 각 원자의 양성자수와 중성자수를 구할 수 있습니다. 양성자수와 중성자수를 구하면 나머지는 어렵지 않게 풀 수 있습니다.

---

02 원자의 구성 입자와 동위 원소   정답 ③

선택 비율 | ① 15 % | ② 18 % | ③ 43 % | ④ 17 % | ⑤ 7 %

<보기> 풀이

^aX와 ^bX는 동위 원소이므로 ^bX의 양성자 수는 n이다.

❶ n 구하기

^bX의 전자 수가 n이므로 ^bX의 $\dfrac{\text{중성자 수}}{\text{전자 수}}=1$이고, ^cY의 $\dfrac{\text{중성자 수}}{\text{전자 수}}=\dfrac{5}{4}$이다. 따라서 $\dfrac{n+3}{n+1}=\dfrac{5}{4}$이므로 $n=7$이다.

❷ 용기 속에 들어 있는 ^aX, ^bX, ^cY 원자 수비 구하기

용기 속 X_2Y를 구성하는 X와 Y의 존재 비율이 2 : 1이고, $\dfrac{\text{용기 속에 들어 있는 }^aX \text{ 원자 수}}{\text{용기 속에 들어 있는 }^bX \text{ 원자 수}}=\dfrac{2}{3}$이므로 용기 속에 들어 있는 X_2Y의 구성 원자 수의 비는 $^aX : {}^bX : {}^cY = 2 : 3 : 2.5$이다.

❸ 용기 속 $\dfrac{\text{전체 중성자 수}}{\text{전체 양성자 수}}$ 구하기

용기 속에 들어 있는 ^aX, ^bX, ^cY의 양(mol)을 각각 2 mol, 3 mol, 2.5 mol 이라 하면 전체 양성자 수는 $7\times2+7\times3+8\times2.5=55$ mol이고, 전체 중성자 수는 $8\times2+7\times3+10\times2.5=62$ mol이다. 따라서 용기 속 $\dfrac{\text{전체 중성자 수}}{\text{전체 양성자 수}}=\dfrac{62}{55}$이다.

선배의 TMI 이것만 알고 가자! 화학식과 구성 원자 수비의 관계

^aX와 ^bX는 동위 원소이므로 양성자수가 같고, 이를 이용해 $\dfrac{\text{중성자 수}}{\text{전자 수}}$(상댓값)의 실젯값을 구하는 것까지는 일반적인 동위 원소 문제와 다르지 않습니다. 이 문제에서는 용기 속 X_2Y를 구성하는 X와 Y의 존재 비율이 2 : 1이고, $\dfrac{\text{용기 속에 들어 있는 }^aX \text{ 원자 수}}{\text{용기 속에 들어 있는 }^bX \text{ 원자 수}}=\dfrac{2}{3}$라는 조건을 이용하여 용기 속에 들어 있는 X_2Y의 구성 원자 수비가 $^aX : {}^bX : {}^cY = 2 : 3 : 2.5$임을 알아내는 것이 이 핵심입니다.

---

03 원자의 구성 입자와 동위 원소　　정답 ④

선택 비율	① 12 %	② 20 %	③ 12 %	④ 47 %	⑤ 8 %

<보기> 풀이

동위 원소는 양성자수는 같지만 중성자수가 달라 질량수가 다른 원소이다. 따라서 동위 원소는 원자 번호가 같아 같은 원소 기호를 사용하므로 ^bY와 ^{b+2}Y는 서로 동위 원소이다. 질량수는 양성자수와 중성자수의 합과 같다. 이때 원자는 전기적으로 중성이므로 양성자수와 전자 수가 같다.

❶ ^aX, ^bY, ^{b+2}Y의 중성자수 구하기

^bY와 ^{b+2}Y의 전자 수는 같고, 중성자수는 ^{b+2}Y가 ^bY보다 2가 크므로 ^bY의 중성자수를 y라고 하면, ^bY와 ^{b+2}Y의 중성자수비는 $y : y+2 = 4 : 5$이고, $y=8$이다. 따라서 ^bY, ^{b+2}Y의 중성자수는 각각 8, 10이다. 또한 $^aX^bY$ 1 mol과 $^aX^{b+2}Y$ 1 mol에 들어 있는 전체 중성자수는 $^aX^{b+2}Y$가 $^aX^bY$보다 2 mol 더 크므로 $\dfrac{^aX^bY \text{ 1 mol에 들어 있는 전체 중성자수}}{^aX^{b+2}Y \text{ 1 mol에 들어 있는 전체 중성자수}}=\dfrac{7}{8}=\dfrac{14}{16}$이다. 즉 $^aX^bY$ 1 mol에 들어 있는 전체 중성자수는 14 mol이고, ^bY 1 mol에 들어 있는 중성자수가 8 mol이므로 ^aX 1 mol에 들어 있는 중성자수는 6 mol 이며, ^aX의 중성자수는 6이다.

❷ ^aX와 ^bY의 양성자수 구하기

^aX와 ^bY의 중성자수는 각각 6, 8이고, 양성자수 차는 2이며, $\dfrac{\text{양성자수(=전자 수)}}{\text{중성자수}}$의 값이 같으므로 ^aX의 양성자수는 6, ^bY의 양성자수는 8이다.

❸ $\dfrac{^{b+2}Y \text{의 중성자수}}{^aX \text{의 양성자수}}$ 구하기

^aX의 양성자수는 6이고, ^{b+2}Y의 중성자수는 10이므로 $\dfrac{^{b+2}Y \text{의 중성자수}}{^aX \text{의 양성자수}} = \dfrac{10}{6}=\dfrac{5}{3}$이다.

선배의 TMI 이것만 알고 가자! $\dfrac{\text{전자 수}}{\text{중성자수}}$의 상댓값에서 실젯값 구하기

이 문제에는 주의해야 할 점이 있어요~ 동위 원소는 양성자수(=전자 수)는 같지만 중성자수가 다르다는 것을 이용하여 ^bY와 ^{b+2}Y의 중성자수비가 4 : 5임을 알면 ^aX, ^bY, ^{b+2}Y의 양성자수와 중성자수를 쉽게 구할 수 있습니다. 이러한 관계를 이해할 수 있도록 유사한 문제를 반복적으로 풀어보는 게 중요합니다.

---

04 동위 원소와 평균 원자량　　정답 ⑤

선택 비율	① 17 %	② 10 %	③ 32 %	④ 12 %	⑤ 29 %

<보기> 풀이

ㄱ H의 평균 원자량은 $\dfrac{a+2b+3c}{100}$이다.

➡ ^1_1H, ^2_1H, ^3_1H의 원자량은 각각 1, 2, 3이고 존재 비율이 각각 a %, b %, c %이므로 H의 평균 원자량은 $\dfrac{a+2b+3c}{100}$이다.

ㄴ $\dfrac{\text{분자량이 5인 }H_2\text{의 존재 비율(\%)}}{\text{분자량이 6인 }H_2\text{의 존재 비율(\%)}}>2$이다.

➡ 분자량이 5인 H_2는 원자량이 2와 3인 H 원자로 이루어진 $^2_1H^3_1H$와 $^3_1H^2_1H$ 2가지가 가능하므로 존재 비율은 $\left(\dfrac{b}{100}\times\dfrac{c}{100}\times2\right)$이고, 분자량이 6인 H_2는 원자량이 3인 H 원자만으로 이루어진 $^3_1H^3_1H$ 1가지만 가능하므로 존재 비율은 $\left(\dfrac{c}{100}\times\dfrac{c}{100}\right)$이다.

$b>c$이므로 $\dfrac{\text{분자량이 5인 }H_2\text{의 존재 비율(\%)}}{\text{분자량이 6인 }H_2\text{의 존재 비율(\%)}}=\dfrac{2b}{c}>2$이다.

ㄷ. $\dfrac{1\,\text{mol의 }H_2\text{ 중 분자량이 3인 }H_2\text{의 전체 중성자의 수}}{1\,\text{mol의 HF 중 분자량이 20인 HF의 전체 중성자의 수}}=\dfrac{b}{500}$ 이다.

➡ 1 mol의 H_2가 있을 때 분자량이 3인 H_2는 원자량이 1과 2인 H 원자로 이루어진 $^1_1H^2_1H$, $^2_1H^1_1H$ 2가지가 가능하므로 존재 비율은 $\left(\dfrac{a}{100}\times\dfrac{a}{100}\times2\right)$ 이다. 즉, 분자량이 3인 H_2의 양(mol)은 $\dfrac{ab}{5000}$ mol이고, ^1_1H와 ^2_1H의 중성 자수는 각각 0, 1이므로 1 mol의 H_2 중 분자량이 3인 H_2의 전체 중성자 의 수는 $\dfrac{ab}{5000}$ mol이다.

1 mol의 HF가 있을 때 분자량이 20인 HF는 $^1_1H^{19}_9F$ 1가지만 가능하므로 존재 비율은 $\left(\dfrac{a}{100}\times1\right)$ 이고, ^1_1H와 $^{19}_9F$의 중성자수는 각각 0, 10이므로 1 mol의 HF 중 분자량이 20인 HF의 전체 중성자의 수는 $\dfrac{a}{10}$ mol이다.

따라서 $\dfrac{1\,\text{mol의 }H_2\text{ 중 분자량이 3인 }H_2\text{의 전체 중성자의 수}}{1\,\text{mol의 HF 중 분자량이 20인 HF의 전체 중성자의 수}}=\dfrac{\frac{b}{500}}{\frac{a}{10}}$
$=\dfrac{b}{500}$이다.

<선배의 TMI 이것만 알고 가자!> **동위 원소와 분자의 존재 비율**

분자량이 5인 H_2는 $^2_1H^3_1H$와 $^3_1H^2_1H$ 2가지, 6인 H_2는 $^3_1H^3_1H$ 1가지가 있음을 알 고, 이들 분자들의 존재 비율이 각각 $\dfrac{bc}{5000}$, $\dfrac{c^2}{10000}$ 이라는 것을 알아야 합 니다. 또한 질량수는 중성자수와 양성자수의 합이라는 것을 알고, 각 원자의 중성자수를 파악해야 합니다. 또한 1mol의 H_2와 HF 중 분자량이 3인 H_2와 분자량이 20인 HF의 전체 중성자수는 각각의 존재 비율에 1mol을 곱하고, 해당 분자 한 개당 중성자수를 곱하여 구한다는 것을 아는 것이 중요합니다.

---

05 양자수와 오비탈   정답 ⑤

선택 비율 | ① 4 % | ② 13 % | ③ 27 % | ④ 12 % | ⑤ 41 %

문제 풀이 TIP

• $n+l$가 2인 (가)가 $2s$ 오비탈임을 알고 (가)~(라)의 $\dfrac{n+l+m_l}{n}$의 실 젯값을 구한다.

• s 오비탈의 경우 l과 m_l가 모두 0이므로 $\dfrac{n+l+m_l}{n}=1$로 같음을 알 고, (나)~(라)를 찾는다.

<보기> 풀이

s 오비탈의 방위(부) 양자수 $l=0$이고, 자기 양자수 $m_l=0$이므로 주 양자수 (n)에 관계없이 모든 s 오비탈의 $\dfrac{n+l+m_l}{n}$는 1이다. 또한 $n+l$가 2인 (가) 는 $2s$ 뿐이므로 $\dfrac{n+l+m_l}{n}$ (상댓값)은 실젯값의 6배이다.

✘ (나)는 $3s$이다.
➡ (나)의 $n+l$가 3이므로 $2p$, $3s$ 중 하나이다. (나)가 $3s$이면 $\dfrac{n+l+m_l}{n}$(상 댓값)이 (가)와 같아야 하므로 (나)는 $3s$가 아니다. (나)의 $\dfrac{n+l+m_l}{n}$(실젯 값)은 2이므로 $l=1$, $m_l=1$인 $2p$ 오비탈이다.

ㄴ. 에너지 준위는 (가)와 (다)가 같다.
➡ (가)는 $2s$이고, (다)의 $\dfrac{n+l+m_l}{n}$(실젯값)은 $\dfrac{3}{2}$이므로 (다)는 $l=1$, $m_l=0$인 $2p$ 오비탈이다. 수소 원자에서 오비탈의 에너지 준위는 $2s=2p$ 이므로 (가)와 (다)의 에너지 준위는 같다.

ㄷ. m_l는 (가)와 (라)가 같다.
➡ $n+l$가 4인 (라)는 $4s$, $3p$ 중 하나이다. (라)가 $4s$이면 $\dfrac{n+l+m_l}{n}$(상대 값)이 (가)와 같아야 하므로 (라)는 $4s$가 아니다. (라)의 $\dfrac{n+l+m_l}{n}$(상대 값)은 $\dfrac{4}{3}$이므로 (라)는 $l=1$, $m_l=0$인 $3p$ 오비탈이다. 따라서 (가)와 (라) 는 $m_l=0$으로 같다.

<선배의 TMI 이것만 알고 가자!> **3개의 p 오비탈의 구분**

이 문제에는 주의해야 할 점이 있어요~ 이전의 기출 문항과 달리 3개의 p 오 비탈을 각각 구분하도록 출제되었습니다. 따라서 p 오비탈에서 방위(부) 양자 수(m_l)를 인지하고 있어야 합니다. 또한 s 오비탈의 경우 l와 m_l가 모두 0이 라는 것을 알아야 합니다. 따라서 이를 이용하여 각 오비탈을 쉽게 찾을 수 있어 요. 원자 구조와 오비탈 단원에서 이러한 관계를 이해할 수 있도록 유사한 문제를 반복적으로 풀어보는 것이 중요합니다.

---

06 양자수와 오비탈   정답 ③

선택 비율 | ① 13 % | ② 6 % | ③ 43 % | ④ 7 % | ⑤ 32 %

문제 풀이 TIP

• $n+l$가 3 이하인 (가)~(라)는 $1s$, $2s$, $2p(m_l$가 -1, m_l가 0, m_l가 $+1)$, $3s$ 오비탈의 6개 중 하나임을 알아야 한다.

• m_l의 합이 0이라는 조건에서 p 오비탈의 경우 m_l가 -1인 것과 $+1$인 것이 같이 있을 수 있는 경우까지 고려해야 한다.

• 수소 원자에서 오비탈의 에너지 준위는 주 양자수(n)에만 영향을 받으 므로 (다)가 $1s$임을 파악할 수 있다.

<보기> 풀이

오비탈 (가)~(라)는 $n+l=3$ 이하이므로 각각 순서에 관계없이 $1s$, $2s$, $2p(m_l$가 -1인 $2p$, m_l가 0인 $2p$, m_l가 $+1$인 $2p)$, $3s$ 오비탈 중 하나이 다. 에너지 준위가 (나)=(라)이므로 (나)와 (라)는 각각 $2s$와 $2p(m_l$가 -1인 $2p$, m_l가 0인 $2p$, m_l가 $+1$인 $2p$ 중 하나) 오비탈 중 하나이다. 또한 n가 (나)>(다)이므로 (다)는 $1s$ 오비탈이고, $n+l$가 (가)>(나)이므로 (가)는 $2p(m_l$ 가 -1인 $2p$, m_l가 0인 $2p$, m_l가 $+1$인 $2p$ 중 하나) 오비탈, (나)는 $2s$ 오비 탈이다. 이때 (나)는 $2s$ 오비탈이고, (다)는 $1s$ 오비탈이며, (가)~(라)의 m_l 합 이 0이므로 (가)와 (라)는 각각 m_l가 -1인 $2p$ 오비탈과 m_l가 $+1$인 $2p$ 오비 탈 중 하나이다. 그런데 m_l가 (라)>(나)이므로 (라)는 m_l가 $+1$인 $2p$ 오비탈 이고, (가)는 m_l가 -1인 $2p$ 오비탈이다.

ㄱ. (다)는 $1s$이다.
➡ (가)~(라)는 각각 m_l가 -1인 $2p$ 오비탈, $2s$ 오비탈, $1s$ 오비탈, m_l가 $+1$인 $2p$ 오비탈이다.

ㄴ. m_l는 (나)>(가)이다.
➡ (가)와 (나)는 각각 m_l가 -1인 $2p$ 오비탈과 $2s$ 오비탈이므로 m_l는 각각 -1과 0이다. 따라서 m_l는 (나)>(가)이다.

✘ 에너지 준위는 (가)>(라)이다.
➡ 수소 원자에서 오비탈의 에너지 준위는 주 양자수(n)에만 영향을 받으며, 주 양자수(n)가 같으면 모양에 관계없이 에너지 준위가 같다. (가)와 (라)는 m_l가 다를 뿐 같은 $2p$ 오비탈이므로 에너지 준위는 같다.

01 ②	**02** ⑤	**03** ③	**04** ④	**05** ①	**06** ①
07 ②	**08** ⑤	**09** ①	**10** ①	**11** ②	**12** ②
13 ⑤	**14** ①	**15** ④	**16** ②	**17** ④	**18** ①
19 ⑤	**20** ②	**21** ①	**22** ③		

선배의 TMI 이것만 알고 가자! 오비탈의 자기 양자수(m_l)

최근 기출에서 오비탈의 자기 양자수(m_l)와 관련된 문제들의 출제 빈도가 높아지고 있습니다. 이는 p 오비탈에서 3개의 오비탈을 구분하는 문제가 출제될 가능성이 높음을 시사하고 있으며, 실제 이 문항에서 $2p$ 오비탈의 m_l가 -1인 오비탈과 m_l가 $+1$인 오비탈이 제시되었습니다. 기존처럼 $n+l=3$인 오비탈을 단순하게 $2p$와 $3s$만으로 한정하고 각 오비탈을 특징짓는 과성 속에서 약간의 시간을 소모하도록 유도한 문항이라고 할 수 있습니다. 따라서 이와 같이 양자수와 오비탈의 문항에서 m_l 조건이 주어졌을 경우 $2p$ 오비탈의 3가지를 각각 구분하여 생각하는 것이 필요합니다.

---

01 물의 자동 이온화와 pH 정답 ②

선택 비율 ① 9 % ②47 % ③ 12 % ④ 17 % ⑤ 13 %

문제 풀이 TIP
- 제시된 3가지 물질 HCl(aq), $H_2O(l)$, NaOH(aq)의 액성이 각각 산성, 중성, 염기성인 것을 파악하여 3가지 물질의 $[H_3O^+]$와 $[OH^-]$의 크기를 비교하고, $\dfrac{[H_3O^+]}{[OH^-]}$으로부터 (가)~(다)에 해당하는 물질을 찾는다.
- 중성인 $H_2O(l)$에서 $\dfrac{[H_3O^+]}{[OH^-]}$의 실젯값이 1인 점을 적용하여 HCl(aq)과 NaOH(aq)에서 $\dfrac{[H_3O^+]}{[OH^-]}$의 실젯값을 알아내고, 각 수용액의 $[H_3O^+]$를 구한다.
- 수용액 속 용질의 양(mol)은 몰 농도(M)와 부피(L)의 곱과 같음을 적용하여 (나)의 부피 x를 구한다.

<보기> 풀이

✗ (가)는 HCl(aq)이다.
➡ $[H_3O^+]$는 HCl(aq)>$H_2O(l)$>NaOH(aq)이고 $[OH^-]$는 NaOH(aq)>$H_2O(l)$>HCl(aq)이므로 $\dfrac{[H_3O^+]}{[OH^-]}$는 HCl(aq)>$H_2O(l)$>NaOH(aq)이다. 따라서 $\dfrac{[H_3O^+]}{[OH^-]}$의 값이 가장 작은 (나)는 NaOH(aq)이고, $\dfrac{[H_3O^+]}{[OH^-]}$의 값이 가장 큰 (다)는 HCl(aq)이며, (가)는 $H_2O(l)$이다.

◯ ㄴ. $x=500$이다.
➡ $H_2O(l)$에서 $\dfrac{[H_3O^+]}{[OH^-]}=1$인데 (가)에서 $\dfrac{[H_3O^+]}{[OH^-]}$의 상댓값이 10^8이므로 (나)의 $\dfrac{[H_3O^+]}{[OH^-]}=10^{-8}$이다. (나)에서 $[OH^-]$를 y M이라고 하면 $[H_3O^+]=\dfrac{10^{-14}}{y}$이고, $\dfrac{[H_3O^+]}{[OH^-]}=\dfrac{10^{-14}}{y^2}=10^{-8}$이므로 $y=10^{-3}$이다. 따라서 (나)에서 $[H_3O^+]=10^{-11}$ M이고 H_3O^+의 양(mol)은 $10^{-11}\times x\times 10^{-3}$ mol이다. 한편 (가)에서 $[H_3O^+]=10^{-7}$ M이고 부피가 10 mL이므로 H_3O^+의 양(mol)은 10^{-9} mol이다. H_3O^+의 양(mol)은 (가)가 (나)의 200배이므로 $10^{-9}=200\times 10^{-14}\times x$이고, $x=500$이다.

✗ $\dfrac{\text{(나)의 pOH}}{\text{(다)의 pH}}>1$이다.
➡ (나)의 $[OH^-]=10^{-3}$ M이므로 pOH=3이다.
$H_2O(l)$에서 $\dfrac{[H_3O^+]}{[OH^-]}=1$인데 (다)에서 $\dfrac{[H_3O^+]}{[OH^-]}$의 상댓값이 10^{14}이므로 (다)의 $\dfrac{[H_3O^+]}{[OH^-]}=10^6$이다. (다)에서 $[H_3O^+]=z$ M이라고 하면 $[OH^-]=\dfrac{10^{-14}}{z}$이고 $\dfrac{[H_3O^+]}{[OH^-]}=\dfrac{z^2}{10^{-14}}=10^6$이므로 $z=10^{-4}$이다. 이로부터 $[H_3O^+]=10^{-4}$ M이므로 pH=4이다. 따라서 $\dfrac{\text{(나)의 pOH}}{\text{(다)의 pH}}=\dfrac{3}{4}<1$이다.

---

07 순차 이온화 에너지와 원소의 주기성 정답 ①

선택 비율 ①44 % ② 9 % ③ 15 % ④ 13 % ⑤ 17 %

문제 풀이 TIP
- 원자 번호에 해당하는 원소가 속한 족을 찾은 후 1족 원소는 제2 이온화 에너지가 크게 증가한다는 것을 이용하여 1족 원소를 찾는다.
- 같은 주기에서 제1 이온화 에너지는 1족 원소<13족 원소<2족 원소이고, 같은 족 원소는 원자 번호가 작을수록 이온화 에너지가 크다는 것을 이용하여 A~E에 해당하는 원소를 찾는다.

<보기> 풀이

원자 번호가 3, 4, 11, 12, 13인 원소는 각각 Li, Be, Na, Mg, Al이다. 2주기에서 제1 이온화 에너지는 Li<Be이고, 3주기에서 제1 이온화 에너지는 Na<Al<Mg이다. 제2 이온화 에너지는 1족 원소인 Li, Na이 나머지 원소보다 크고, 원자 번호가 작은 Li이 Na보다 제2 이온화 에너지가 크다. 따라서 A는 Li, B는 Na이다. Mg과 같은 족이지만 원자 번호가 작은 Be이 Mg보다 제1 이온화 에너지가 크므로 제1 이온화 에너지는 Al<Mg<Be이다. 따라서 C~E는 각각 Al, Mg, Be이다.

◯ ㄱ. 원자 번호는 B>A이다.
➡ 원자 번호는 B(Na)가 A(Li)보다 크다.

✗ D와 E는 같은 주기 원소이다.
➡ D(Mg)는 3주기 원소, E(Be)는 2주기 원소이다.

✗ $\dfrac{\text{제3 이온화 에너지}}{\text{제2 이온화 에너지}}$는 C>D이다.
➡ $\dfrac{\text{제3 이온화 에너지}}{\text{제2 이온화 에너지}}$는 원자가 전자 수가 2인 2족 원소가 다른 원소보다 크다. C(Al)는 원자가 전자 수가 3, D(Mg)는 원자가 전자 수가 2이므로 $\dfrac{\text{제3 이온화 에너지}}{\text{제2 이온화 에너지}}$는 D(Mg)가 C(Al)보다 크다.

선배의 TMI 이것만 알고 가자! 순차 이온화 에너지

순차 이온화 에너지가 제시되는 문제는 제($n+1$) 이온화 에너지가 급격하게 증가하는 원소의 원자가 전자 수는 n이라는 것을 이용하여 원자가 속한 족을 알아내는 것이 핵심입니다. 또한 같은 주기에서 제1 이온화 에너지는 원자 번호가 증가할수록 증가하나 2족 원소>13족 원소, 15족 원소>16족 원소인 예외적인 부분이 나타나는 구간이 있다는 것을 이용하면 문제의 대부분이 풀립니다.

(가)~(다)에 해당하는 물질을 찾는 것이 문제 풀이의 시작입니다. 제시된 3가지 물질은 액성이 각각 산성, 중성, 염기성인 것을 파악해야 합니다. 그러면 3가지 물질의 $[H_3O^+]$와 $[OH^-]$의 크기를 비교할 수 있어요. (가)~(다)에 해당하는 물질을 파악한 후에는 H_3O^+의 양(mol)은 $[H_3O^+]$와 부피(L)의 곱과 같다는 것을 적용해서 (나)의 부피 x를 구할 수 있습니다.

---

02 물의 자동 이온화와 pH   정답 ⑤

선택 비율	① 7 %	② 30 %	③ 10 %	④ 14 %	⑤ 38 %

문제 풀이 TIP

- (가)의 pH와 pOH의 비를 이용하여 pH와 pOH를 구하고, (가)의 액성을 판단한다.
- 중성 용액의 |pH−pOH|=0이 되는 것을 적용하고, |pH−pOH|은 (가)가 (나)보다 4만큼 큰 것을 적용하여 (나)와 (다)의 pH와 pOH를 구하고, (나)와 (다)의 액성을 판단한다.
- 용액 속 용질의 양(mol)은 몰 농도와 부피의 곱임을 적용하여 각 수용액 속 OH^-의 양(mol)의 비를 구한다.

<보기> 풀이

✖ **(나)의 액성은 중성이다.**

➡ (가)의 pH를 $3x$라고 하면 pOH=$25x$이고, pH+pOH=$28x$=14이므로 x=0.5이다. 이로부터 (가)의 pH=1.5, pOH=12.5이므로 (가)의 액성은 산성이다.
또한 (가)의 |pH−pOH|=11인데, |pH−pOH|은 (가)가 (나)보다 4만큼 크므로 (나)의 |pH−pOH|=7이다. 이때 (나)는 중성 또는 염기성인데, (나)가 중성이라면 |pH−pOH|=0이 되어야 하므로 (나)는 염기성이고 (다)는 중성이다.

⊙ $x+y=4$**이다.**

➡ (나)의 pOH를 z라고 하면 pH=$14-z$이고, pH>pOH이므로 $14-z-z=14-2z$=7이다. 따라서 z=3.5이다. 이로부터 (나)의 pH=10.5이고, pOH=3.5이므로 $\dfrac{pH}{pOH}(x)=\dfrac{10.5}{3.5}$=3이다. 또한 (다)는 중성이므로 $\dfrac{pH}{pOH}(y)$=1이다. 따라서 $x+y$=3+1=4이다.

⊙ $\dfrac{b \times c}{a}=100$**이다.**

➡ (가)~(다)의 pOH는 각각 12.5, 3.5, 7.0이므로 $[OH^-]$는 각각 $10^{-12.5}$ M, $10^{-3.5}$ M, $10^{-7.0}$ M이고, 부피는 각각 0.2 L, 0.4 L, 0.5 L이므로 $\dfrac{b \times c}{a}=\dfrac{4\times10^{-4.5}\times5\times10^{-8.0}}{2\times10^{-13.5}}$=100이다.

이 문제는 (가)의 $\dfrac{pH}{pOH}$가 주어졌으므로 (가)의 pH와 pOH를 구할 수 있고, 이로부터 (가)의 액성을 판단할 수 있습니다. (가)~(다)의 액성이 모두 다르다는 조건을 적용하고, 중성 용액의 경우 |pH−pOH|=0인 것을 이용하면 (나)의 액성을 알 수 있어요. 문제가 다소 복잡하다고 여겨질 수 있지만 pH+pOH=14와 산성, 중성, 염기성 용액의 pH의 크기만 잘 적용하면 해결할 수 있습니다.

---

03 물의 자동 이온화와 pH   정답 ③

선택 비율	① 10 %	② 14 %	③ 48 %	④ 19 %	⑤ 8 %

문제 풀이 TIP

- 염기 수용액 속 OH^-의 양(mol)은 $[OH^-]$와 부피의 곱과 같다는 것을 적용하여 (가)와 (나)의 $[OH^-]$의 비를 구한다.
- pOH=$-\log[OH^-]$이므로 $[OH^-]$가 10배 커질 때 pOH는 1만큼 감소한다는 것을 적용하여 (가)와 (나)의 pH를 구한다.

<보기> 풀이

수용액 속 OH^-의 양(mol)은 OH^-의 몰 농도(mol/L)와 부피(L)의 곱과 같은데, (가)와 (나)의 OH^-의 양(mol)은 a mol로 같고 수용액의 부피는 (가) : (나)=1 : 100이므로 $[OH^-]$의 비는 (가) : (나)=100 : 1이다.

⊙ **(가)의 액성은 산성이다.**

➡ $[OH^-]$의 비는 (가) : (나)=100 : 1이므로 (가)의 pOH를 k라고 하면 (나)의 pOH는 $k+2$이다. 또한 25 ℃에서 pH+pOH=14이므로 (가)와 (나)의 pH는 각각 $14-k$, $14-(k+2)$이고, $(14-k):(12-k)$=7 : 3에서 k=10.5이다. 따라서 (가)의 pH=3.5로 7보다 작으므로 (가)의 액성은 산성이다.

✖ **(나)의 pOH는 11.5이다.**

➡ (나)의 pOH는 $k+2$이고, k=10.5이므로 pOH=12.5이다.

⊙ $\dfrac{(가)에서 H_3O^+의 양(mol)}{(나)에서 OH^-의 양(mol)}=1\times10^7$**이다.**

➡ (가)의 pH는 3.5이므로 $[H_3O^+]=10^{-3.5}$ M이고 (나)의 pOH는 12.5이므로 $[OH^-]=10^{-12.5}$ 이다. 또한 수용액의 부피는 (나)가 (가)의 100배이므로 $\dfrac{(가)에서 H_3O^+의 양(mol)}{(나)에서 OH^-의 양(mol)}=\dfrac{1\times10^{-3.5}\times V}{1\times10^{-12.5}\times100V}=1\times10^7$이다.

OH^-의 양(mol)이 (가)와 (나)에서 같고, 부피비를 알고 있으므로 (가)와 (나)의 $[OH^-]$의 비를 구할 수 있습니다. $[OH^-]$가 10배만큼 커질 때 pOH는 1만큼 작아지고, pH=14−pOH로 구할 수 있다는 것을 적용합니다.

---

04 중화 반응에서 양적 관계   정답 ④

선택 비율	① 7 %	② 35 %	③ 16 %	④ 35 %	⑤ 7 %

문제 풀이 TIP

- (나)의 pH가 1이므로 혼합 용액 속 $[H^+]$=0.1 M이고 그 양(mol)은 몰 농도(M)와 용액의 부피의 곱과 같다는 것을 적용한다.
- (나)의 액성이 산성이므로 일정량의 산 수용액에 (나)보다 더 적은 부피의 염기 수용액을 넣은 (가)의 액성도 산성이라는 것을 파악한다.
- 산성 용액에서 가장 많은 수로 존재하는 이온은 염기의 양이온이 될 수 없다는 것을 착안하여 이온의 몰 농도(M)비(또는 몰비)에 부합하는 이온의 종류를 찾는다.

<보기> 풀이

❶ **(나)의 액성으로부터 (가)의 액성을 파악하여 몰 농도(M)비에 부합하는 각 이온 찾기**

0.2 M $H_2A(aq)$ x mL에 NaOH(aq) 30 mL를 넣은 용액은 pH가 1인 산성 용액이므로 NaOH(aq)의 부피가 (나)보다 작은 (가) 또한 산성 용액이다. (가)에 존재하는 이온의 몰 농도(M) 비가 3 : 2 : 1이고, 몰 농도(M)가 가장 큰 이온은 Na^+이 될 수 없으므로 몰 농도(M)가 가장 큰 이온은 H^+ 또는 A^{2-}이다. (가)에서 몰 농도(M)가 가장 큰 이온을 A^{2-}이라고 하고, 그 양(mol)을 $3N$

몰이라고 하고, Na^+의 양(mol)을 N몰이라고 하면 H^+의 양(mol)은 $5N$몰이 되며, Na^+의 양(mol)을 $2N$몰이라고 하면 H^+의 양(mol)은 $4N$몰이 되므로 A^{2-}의 몰 농도(M)가 가장 크지 않아 모순이다. 따라서 몰 농도(M)가 가장 큰 이온은 H^+이고, 그 양(mol)을 $3N$몰이라고 하면 A^{2-}의 양(mol)은 $2N$몰이고, Na^+의 양(mol)은 N몰이다.

❷ (다)의 ㉠ 이온 찾기

0.2 M $H_2A(aq)$ x mL에 들어 있는 H^+의 양(mol)이 $4N$몰일 때, A^{2-}의 양(mol)은 $2N$몰이고, y M $NaOH(aq)$ 20 mL에 들어 있는 Na^+과 OH^-의 양(mol)은 각각 N몰이다. y M $NaOH(aq)$ 60 mL에 들어 있는 Na^+과 OH^-의 양(mol)은 각각 $3N$몰이므로 (다)에는 Na^+ $3N$몰, A^{2-} $2N$몰, H^+ N몰이 들어 있다. 따라서 ㉠은 A^{2-}이다.

❸ (나)의 pH와 (가)의 이온의 몰 농도(M)비로부터 x를 구하여 (다)에서 ㉠ 이온의 몰 농도(M) 구하기

(나)의 pH가 1이므로 혼합 용액 속 $[H^+]=0.1$ M이다. 0.2 M $H_2A(aq)$ x mL가 내놓는 H^+의 양(mol)과 y M $NaOH(aq)$ 30 mL가 내놓는 OH^-의 양(mol) 차는 (나)에 들어 있는 H^+의 양(mol)과 같으므로 다음 관계식이 성립한다.

$$\left(2 \times 0.2 \times \frac{x}{1000}\right) - \left(1 \times y \times \frac{30}{1000}\right) = 0.1 \times \frac{(x+30)}{1000}, \ 0.3x = 30y + 3 \cdots ①$$

(가)에서 A^{2-}의 양(mol)과 Na^+의 양(mol)의 비가 2 : 1이므로 다음 관계식이 성립한다.

$$0.2 \times \frac{x}{1000} : y \times \frac{20}{1000} = 2 : 1, \ 40y = 0.2x \cdots ②$$

①과 ②를 풀면 $x=20$, $y=0.1$이다.

(다)에서 ㉠은 A^{2-}이고, 혼합 전 0.2 M $H_2A(aq)$ 20 mL에 들어 있는 A^{2-}의 양(mol)은 $0.2 \times \frac{20}{1000} = 0.004$몰이다.

(다)의 전체 부피가 80 mL이므로 (다)에서 A^{2-}의 몰 농도(M)는 $\dfrac{0.004 \ \text{mol}}{0.08 \ \text{L}}$ $= \dfrac{1}{20}$ M이다.

> **선배의 TMI 이것만 알고 가자!** **몰 농도(M), 부피, 이온의 양(mol)의 관계**
>
> 중화 반응에서 산이 내놓은 H^+과 염기가 내놓은 OH^-의 양(mol)이 같은 몰 비로 반응한다는 기본 개념과 용액 속 이온의 양(mol)은 용액의 몰 농도(M)와 부피의 곱으로 구한다는 것을 적용할 수 있어야 합니다. 이 문제에서는 2가 산이 사용되고 있어 H^+의 양(mol)을 구할 때 가수를 고려해야 합니다.

---

05 중화 반응에서의 양적 관계			정답 ①

문제 풀이 TIP

- (가)가 중성이라는 단서를 이용하여 수용액 속 양이온의 종류와 수의 비를 파악하고, Cl^- 수(=H^+ 수)의 비를 파악한다.
- 염기의 양이온인 Na^+과 K^+의 수는 혼합 전후 같으므로 (나)에서 양이온 수의 비에 적합한 이온 수를 판단하여 a, b, c의 비를 구한다.
- (나)와 (다)에 존재하는 양이온의 종류가 3가지인 것으로 용액의 액성이 산성임을 판단하여 이온 수비에 맞는 수용액의 부피를 구한다.

<보기> 풀이

❶ 혼합 용액 (가)의 액성과 (가)와 (나)의 양이온 수의 비를 이용하여 a, b, c의 비 구하기

(가)의 액성이 중성이므로 용액 속 양이온은 Na^+과 K^+이고, (나)와 (다)에 존재하는 양이온의 종류가 3가지이므로 (나)와 (다)의 액성은 모두 산성이다. 양이온 수의 비는 (가)에서 1 : 2이고, (나)에서는 1 : 2 : 3이므로 (가)에서 $Na^+ : K^+ = 1 : 2$이고, $b : c = 1 : 2$이다. 또한 (가)에서 혼합 전 H^+의 양(mol)은 Na^+과 K^+의 양(mol)의 합과 같으므로 $a : b : c = 3 : 1 : 2$이다.

❷ 혼합 용액 (가)와 (나)에 존재하는 양이온 수의 비로부터 x 구하기

$a : b : c = 3 : 1 : 2$이므로 $HCl(aq)$, $NaOH(aq)$, $KOH(aq)$의 몰 농도는 각각 $3b$ M, b M, $2b$ M이고, (가)와 (나)에서 혼합 전 각 용액에 존재하는 이온의 종류와 양(mol)×1000과 혼합 후 용액에 존재하는 양이온의 종류와 양(mol)×1000은 다음과 같다.

혼합 용액		(가)	(나)
혼합 전	a M(=$3b$ M) $HCl(aq)$	10 mL	x mL
		H^+: $30b$, Cl^-: $30b$	H^+: $3bx$, Cl^-: $3bx$
	b M $NaOH(aq)$	10 mL	20 mL
		Na^+: $10b$, OH^-: $10b$	Na^+: $20b$, OH^-: $20b$
	c M(=$2b$ M) $KOH(aq)$	10 mL	30 mL
		K^+: $20b$, OH^-: $20b$	K^+: $60b$, OH^-: $60b$
혼합 후		Na^+: $10b$, K^+: $20b$	H^+: $3bx-80b$, Na^+: $20b$, K^+: $60b$

(나)에서 3가지 양이온 수의 비가 3 : 2 : 1인데, $Na^+ : K^+ = 1 : 3$이므로 $H^+ : Na^+ : K^+ = 2 : 1 : 3$이고, H^+의 양(mol)×1000은 $40b$이다. 따라서 $3bx - 80b = 40b$이므로 $x=40$이다.

❷ 혼합 용액 (다)에 존재하는 양이온 수의 비로부터 y 구하기

(다)에 존재하는 모든 양이온의 양이 같으므로 넣어 준 $NaOH(aq)$의 부피는 $2y$ mL이고, 혼합 전 각 용액에 존재하는 이온의 종류와 양(mol)×1000과 혼합 후 용액에 존재하는 양이온의 종류와 양(mol)×1000은 다음과 같다.

혼합 용액		(다)
혼합 전	a M(=$3b$ M) $HCl(aq)$	x(=40) mL
		H^+: $120b$, Cl^-: $120b$
	b M $NaOH(aq)$	$2y$ mL
		Na^+: $2by$, OH^-: $2by$
	c M(=$2b$ M) $KOH(aq)$	y mL
		K^+: $2by$, OH^-: $2by$
혼합 후		H^+: $120b-4by$, Na^+: $2by$, K^+: $2by$

이로부터 $120b - 4by = 2by$이므로 $y=20$이다. 따라서 $\dfrac{x}{y} = 2$이다.

> **선배의 TMI 이것만 알고 가자!** **중화 반응에서 이온 수 분석**
>
> (가)의 액성이 중성이므로 (가)에 존재하는 양이온은 Na^+과 K^+이고, 혼합 전 H^+의 양(mol)은 Na^+과 K^+의 양(mol)의 합과 같다는 것을 알아야 합니다. (가)의 이온 수비로부터 $Na^+ : K^+ = 1 : 2$이거나 $Na^+ : K^+ = 2 : 1$인데, $Na^+ : K^+ = 2 : 1$인 경우는 (나)의 결과와 부합되지 않는 것을 찾아내야 합니다. 또한 (나)와 (다)에서 양이온의 종류가 3가지이므로 용액의 액성은 모두 산성이고, 용액에 존재하는 H^+의 양(mol)은 혼합 전 산 수용액 속 H^+의 양(mol)에서 염기 수용액 속 OH^-의 양(mol)을 뺀 것과 같다는 것을 기억해야 합니다.

---

06 중화 반응에서의 이온 수 변화			정답 ①

문제 풀이 TIP

- 염기 수용액을 첨가하기 전 일정 부피의 산 수용액에 들어 있는 전체 이온 수는 산 용액의 부피와 단위 부피당 전체 이온 수의 곱과 같다는 것을 이용하여 $HCl(aq)$ 10 mL에 들어 있는 전체 이온 수를 구한다.
- 혼합 용액 속 전체 이온 수는 중화점까지는 혼합 전 산 수용액 속 전체 이온 수와 같고, 염기 수용액을 첨가할수록 혼합 용액의 부피가 증가하므로 중화점에서 단위 부피당 전체 이온 수는 최솟값을 갖는다는 것을 알아내는 것이 중요하다.

<보기> 풀이

❶ (나)에서 HCl(aq) 10 mL에 들어 있는 H⁺ 수 구하기

(나)에서 단위 부피를 1 mL라고 하면 HCl(aq) 10 mL에 들어 있는 전체 이온 수는 $40N$이다. 따라서 HCl(aq) 10 mL에 들어 있는 H⁺ 수와 Cl⁻ 수는 각각 $20N$이다.

❷ 첨가한 용액의 부피에 따른 단위 부피당 전체 이온 수로부터 염기 수용액 속 이온 수 구하기

중화점까지 전체 이온 수가 일정하다가 중화점 이후 넣어 준 염기 수용액 속 이온에 의해 이온 수가 증가하므로 단위 부피당 전체 이온 수가 최솟점인 지점이 중화점이다. 따라서 첨가한 염기 수용액의 부피가 10 mL인 지점, 즉 NaOH(aq) 5 mL와 KOH(aq) 5 mL를 넣어 준 지점이 중화점이고, 중화점에서 전체 이온 수는 염기를 첨가하기 전 HCl(aq) 10 mL에 들어 있는 전체 이온 수와 같은 $40N$이다. 이때 중화점에서 존재하는 이온은 Cl⁻, Na⁺, K⁺이고, 그 수의 합이 $40N$인데, Cl⁻ 수는 $20N$이므로 Na⁺ 수와 K⁺ 수의 합은 $20N$이다.

중화점에서 전체 부피는 20 mL이고, 전체 이온 수는 $40N$이므로 단위 부피당 전체 이온 수는 $2N$이다. 그리고 중화점 이후 KOH(aq) 5 mL를 추가한 용액의 단위 부피당 전체 이온 수도 $2N$이므로 염기 수용액을 15 mL를 첨가한 지점의 전체 이온 수는 $50N$이다. 즉, KOH(aq) 5 mL에 들어 있는 전체 이온 수는 $10N$이다. 따라서 KOH(aq) 5 mL에 들어 있는 K⁺ 수와 OH⁻ 수는 각각 $5N$이며, 중화점에서 Na⁺ 수와 K⁺ 수의 합이 $20N$이므로 NaOH(aq) 5 mL에 들어 있는 Na⁺ 수와 OH⁻ 수는 각각 $15N$이다.

❸ (다) 과정 후 혼합 용액의 단위 부피당 H⁺ 수 구하기

(다) 과정에서는 HCl(aq) 10 mL에 들어 있는 H⁺ $20N$과 NaOH(aq) 5 mL에 들어 있는 OH⁻ $15N$이 반응하므로 반응 후 혼합 용액에 들어 있는 H⁺ 수는 $20N-15N=5N$이고, 액체의 부피는 15 mL이므로 단위 부피당 H⁺ 수는 $\dfrac{5N}{15}=\dfrac{1}{3}N$이다.

선배의 TMI 이것만 알고 가자! 중화 반응과 전체 이온 수

일정량의 1가 산 수용액에 1가 염기 수용액을 첨가할 때 넣어 준 염기 수용액 속 OH⁻과 반응하여 소모된 H⁺만큼 양이온이 첨가되므로 전체 이온 수는 일정합니다. 따라서 중화점에서는 단위 부피당 전체 이온 수가 최솟값을 갖게 됩니다. 이후 염기 수용액을 계속 넣어 주면 반응이 일어나지 않으므로 단위 부피당 전체 이온 수가 일정하게 됩니다. 중화점에서의 단위 부피당 전체 이온 수와 첨가한 염기 수용액의 부피를 알면 염기 수용액에 들어 있는 이온 수를 구할 수 있습니다.

---

07 중화 반응에서의 양적 관계   정답 ②

선택 비율	① 10 %	② 38 %	③ 14 %	④ 26 %	⑤ 9 %

문제 풀이 TIP

- 혼합 용액 (가)의 액성이 산성임을 이용하여 용액에 존재하는 각 이온의 양(mol)의 비를 구하고, Cl⁻과 Na⁺의 이온 양(mol)의 비로부터 HCl(aq)과 NaOH(aq)의 몰 농도(M) 비를 구한다.
- A를 HBr 또는 KOH로 가정한 후 (나)와 (다)의 이온의 몰 농도(M) 비를 비교하여 HCl(aq)과 A(aq)의 몰 농도(M) 비를 구한다.

<보기> 풀이

❶ 혼합 용액 (가)가 산성임을 이용하여 a와 b의 관계식 구하기

한 용액에서 용액의 부피는 일정하므로 혼합 용액에 존재하는 모든 이온의 몰 농도(M) 비는 각 이온의 양(mol)의 비와 같다. 혼합 용액 (가)의 액성이 산성

이므로 혼합 용액에 존재하는 이온은 H⁺, Cl⁻, Na⁺이고, 수용액에서 양이온의 전하와 음이온의 전하의 합은 항상 0이므로 가장 많은 수로 존재하는 이온은 Cl⁻이다. 이로부터 용액 (가)에서 이온의 몰 농도(M) 비는 H⁺ : Na⁺ : Cl⁻ $=1:1:2$이고, $a=2b$이다.

❷ 혼합 용액 (나)와 (다)에 존재하는 모든 이온의 몰 농도(M) 비로부터 A 찾기

혼합 용액 (나)에서 혼합 전 $2b$ M HCl(aq) 10 mL에 존재하는 이온의 양(mol)$\times1000$은 H⁺ $20b$, Cl⁻ $20b$이고, b M NaOH(aq) 5 mL에 존재하는 이온의 양(mol)$\times1000$은 Na⁺ $5b$, OH⁻ $5b$이다.

혼합 용액 (나)에서 이온의 몰 농도(M) 비는 Na⁺ : Cl⁻ $=5b:20b=1:4$이고, A를 c M HBr이라고 하면, (나)에서 이온의 몰 농도(M) 비는 H⁺ : Br⁻ $=(20b-5b+10c):10c=4:1$이므로 $b=2c$가 되며, $a:b:c=4:2:1$이다. 그러나 이 경우에는 혼합 용액 (다)에 존재하는 모든 이온의 몰 농도(M) 비가 Br⁻ : Na⁺ : H⁺ : Cl⁻ $=5b:20b:45b:60b=1:4:9:12$이므로 조건에 부합하지 않는다.

따라서 A는 KOH이고, 혼합 용액 (나)에 존재하는 이온의 몰 농도(M) 비는 K⁺ : OH⁻ $=4:1$이며, 넣어 준 HCl(aq)과 KOH(aq)의 부피가 10 mL로 같고, 이온의 몰 농도(M) 비가 Cl⁻ : K⁺ $=4:4$이므로 HCl(aq)과 KOH(aq)의 몰 농도(M)는 같다.

이로부터 혼합 용액 (나), (다)에서 혼합 전과 후의 각 용액에 존재하는 이온의 종류와 이온의 양(mol)$\times1000$은 다음과 같다.

혼합 용액		(나)	(다)
혼합 전	$2b$ M HCl(aq)	10 mL	15 mL
		H⁺: 20b, Cl⁻: 20b	H⁺: 30b, Cl⁻: 30b
	b M NaOH(aq)	5 mL	10 mL
		Na⁺: 5b, OH⁻: 5b	Na⁺: 10b, OH⁻: 10b
	$2b$ M KOH(aq)	10 mL	5 mL
		K⁺: 20b, OH⁻: 20b	K⁺: 10b, OH⁻: 10b
혼합 후		Cl⁻: 20b, Na⁺: 5b, K⁺: 20b, OH⁻: 5b	H⁺: 10b, Cl⁻: 30b, Na⁺: 10b, K⁺: 10b

❸ (나) 5 mL와 (다) 5 mL를 혼합한 용액의 $\dfrac{\text{H}^+\text{의 몰 농도(M)}}{\text{Na}^+\text{의 몰 농도(M)}}$ 구하기

혼합 용액 (나)의 전체 부피는 25 mL, 혼합 용액 (다)의 전체 부피는 30 mL이므로 (나)와 (다) 각각 5 mL에 들어 있는 이온의 종류와 이온의 양(mol)$\times1000$은 다음과 같다.

구분	H⁺	Cl⁻	Na⁺	K⁺	OH⁻
(나)	—	$4b$	b	$4b$	b
(다)	$\dfrac{5}{3}b$	$5b$	$\dfrac{5}{3}b$	$\dfrac{5}{3}b$	—

따라서 (나) 5 mL와 (다) 5 mL를 혼합한 용액에 존재하는 Na⁺과 H⁺의 양(mol)$\times1000$은 각각 $\dfrac{8b}{3}\left(=b+\dfrac{5}{3}b\right)$, $\dfrac{2b}{3}\left(=\dfrac{5}{3}b-b\right)$이므로

$$\dfrac{\text{H}^+\text{의 몰 농도(M)}}{\text{Na}^+\text{의 몰 농도(M)}}=\dfrac{\dfrac{2b}{3}}{\dfrac{8b}{3}}=\dfrac{1}{4}\text{이다.}$$

선배의 TMI 이것만 알고 가자! 중화 반응에서 이온 수 분석

수용액은 전기적으로 중성이므로 양이온의 전하와 음이온의 전하의 합은 0입니다. 따라서 혼합 용액이 산성일 때 전하량의 크기는 '염기의 구경꾼 이온(양이온)+남은 H⁺=산의 구경꾼 이온(음이온)'이고, 혼합 용액이 염기성일 때 전하량의 크기는 '염기의 구경꾼 이온(양이온)=산의 구경꾼 이온(음이온)+남은 OH⁻'입니다. 혼합 용액에 존재하는 모든 이온의 몰 농도(M) 비가 자료로 주어질 경우 이온 수 분석을 이용하면 용액의 액성을 쉽게 예측할 수 있습니다.

문제 풀이 TIP
- 혼합 용액 (가)와 (나)에 존재할 수 있는 음이온의 종류를 파악하고, (모든 음이온의 몰 농도(M) 합)×(혼합 용액의 부피(L))로 용액 속 모든 음이온의 양(mol) 합의 비를 구하여 혼합 용액 (가)와 (나)의 액성을 파악한다.
- 혼합 용액 (가)와 (나)의 모든 음이온의 양(mol) 합과 혼합 전과 후 각 용액에 존재하는 이온의 종류와 양(mol)을 이용하여 x와 y의 비를 구한다.

<보기> 풀이

❶ 모든 음이온의 몰 농도(M) 합을 이용하여 혼합 용액 (가)와 (나)의 액성 파악하기

용액 속에 존재하는 모든 음이온의 양(mol) 합은 (모든 음이온의 몰 농도(M)의 합(상댓값))×(혼합 용액의 부피(L))에 비례한다. 모든 음이온의 양(mol) 합의 비는 (가) : (나) : (다)=$3×0.04$ L : $4×0.05$ L : $8×(20+V)×10^{-3}$ L $=3 : 5 : 0.2×(20+V)$이므로 혼합 용액 (가)~(다)에 존재하는 모든 음이온의 양(mol) 합을 각각 $12n$ mol, $20n$ mol, $0.8n(20+V)$ mol이라고 가정할 수 있다. 일정량의 산 수용액에 염기 수용액을 넣어 줄 때 모든 음이온의 양(mol) 합은 중화점까지 일정하다가 중화점 이후부터 증가하므로 혼합 용액 (나)의 액성은 염기성이다.

혼합 용액 (가)의 액성이 염기성이라면 용액 속에 존재하는 음이온은 A^{2-}과 OH^-이고, 혼합 용액 (가)와 (나)에 존재하는 모든 음이온의 양(mol) 합이 각각 $0.03y-0.01x=12n$, $0.04y-0.01x=20n$이다. 이를 연립하면 $x=1200n$, $y=800n$이므로 (가)와 (나)에서 혼합 전과 후 각 용액에 존재하는 이온의 종류와 양(mol)은 다음과 같다.

혼합 용액		(가)	(나)
혼합 전	1200n M H₂A(aq)	0.01 L	0.01 L
		H⁺: 24n, A²⁻: 12n	H⁺: 24n, A²⁻: 12n
	800n M NaOH(aq)	0.03 L	0.04 L
		Na⁺: 24n, OH⁻: 24n	Na⁺: 32n, OH⁻: 32n
혼합 후		Na⁺: 24n, A²⁻: 12n	Na⁺: 32n, A²⁻: 12n OH⁻: 32n−24n

(가)에는 구경꾼 이온만 존재하므로 혼합 용액 (가)의 액성은 중성이다.

❷ 혼합 용액 (다)의 액성을 파악하여 V 구하기

혼합 용액 (다)의 액성을 염기성이라고 가정하면 혼합 용액에 존재하는 A^{2-}과 OH^-의 양(mol)이 각각 $24n$ mol, $0.8nV-48n$ mol이고, 그 합이 $0.8n(20+V)$ mol이어야 하므로 식이 성립하지 않는다.

따라서 혼합 용액 (다)의 액성은 산성 또는 중성이며, 혼합 용액에 존재하는 음이온의 양(mol)은 A^{2-} $24n$ mol뿐이다. $24n=0.8n(20+V)$이므로 $V=10$이다.

❸ 혼합 용액 (라)에서 이온의 양(mol) 파악하기

(라)에서 혼합 전과 후 각 용액에 존재하는 이온의 종류와 양(mol)은 다음과 같다.

혼합 용액		(라)
혼합 전	1200n M H₂A(aq)	0.02 L
		H⁺: 48n, A²⁻: 24n
	800n M NaOH(aq)	0.03 L
		Na⁺: 24n, OH⁻: 24n
혼합 후		H⁺: 24n, Na⁺: 24n, A²⁻: 24n

따라서 혼합 용액 (라)에 존재하는 이온 수의 비는 $H^+ : Na^+ : A^{2-}=1 : 1 : 1$이다.

용액 속 이온의 양(mol)은 용액의 몰 농도(M)와 부피(L)의 곱에 비례한다는 것을 적용했을 때 (나)는 (가)와 산 수용액의 부피는 같지만 음이온의 양(mol) 합이 크므로 혼합 용액 (나)의 액성을 염기성으로 판단해야 합니다. 혼합 용액 (가)의 액성을 염기성이라고 가정하면, 용액 속에 존재하는 음이온은 A^{2-}과 OH^-이고, 혼합 용액 (가)와 (나) 각각에 존재하는 모든 음이온의 양(mol) 합을 구해 연립하면 (가)에는 구경꾼 이온만 존재합니다. 이로부터 (가)의 액성은 중성이라는 것을 알 수 있습니다.

문제 풀이 TIP
- (가)의 액성이 염기성임을 이용하여 용액 속 이온의 종류와 양을 구한다.
- (가)와 (나)에서 사용한 산 수용액과 염기 수용액의 부피를 비교하여 (나)의 액성을 파악하고, (나) 용액 속 이온의 종류와 양을 구한다.

<보기> 풀이

❶ (가)의 액성이 염기성임을 이용하여 (나)의 액성을 파악하여 용액 속 이온의 종류와 양(mol) 구하기

(가)의 액성이 염기성이므로 (가)에 존재하는 음이온은 A^{2-}, B^-, OH^-이고, 혼합 전과 후 각 용액에 존재하는 이온의 종류와 양(mol)×1000은 다음과 같다.

혼합 전	x M NaOH(aq) V₁ mL	Na⁺: xV₁, OH⁻: xV₁
	0.1 M H₂A(aq) 40 mL	H⁺: 8, A²⁻: 4
	0.1 M HB(aq) V₂ mL	H⁺: 0.1V₂, B⁻: 0.1V₂
혼합 후		Na⁺: xV₁, OH⁻: xV₁−(8+0.1V₂), A²⁻: 4, B⁻: 0.1V₂

따라서 (가)에서 모든 이온의 양(mol)×1000은 $2xV_1-4$이고, 모든 음이온의 몰 농도의 합은 $\dfrac{xV_1-4}{V_1+V_2+40}$이다.

(가)의 액성은 염기성이며, (나)에서 사용된 염기 수용액의 부피는 (가)에서보다 크고, 산 수용액의 부피는 (가)에서보다 작으므로 (나)의 액성 또한 염기성이다. (나)에 존재하는 음이온은 A^{2-}, OH^-이고, 혼합 전과 후 각 용액에 존재하는 이온의 종류와 양(mol)×1000은 다음과 같다.

혼합 전	x M NaOH(aq) 2V₁ mL	Na⁺: 2xV₁, OH⁻: 2xV₁
	0.1 M H₂A(aq) 20 mL	H⁺: 4, A²⁻: 2
	0.1 M HB(aq) 0 mL	H⁺: 0, B⁻: 0
혼합 후		Na⁺: 2xV₁, OH⁻: 2xV₁−4, A²⁻: 2

따라서 (나)에서 모든 이온의 양(mol)×1000은 $4xV_1-2$이고, 모든 음이온의 몰 농도(M)의 합은 $\dfrac{2xV_1-2}{2V_1+20}$이다.

❷ (가)와 (나)의 모든 이온 수비와 모든 음이온의 몰 농도(M) 합을 이용하여 x, V_1, V_2 구하기

모든 이온 수의 비는 (가) : (나)=$(2xV_1-4) : (4xV_1-2)=8 : 19$이므로 $xV_1=10$이다. 따라서 (나)에서 모든 음이온의 몰 농도(M)의 합은 $\dfrac{2xV_1-2}{2V_1+20}=\dfrac{(2×10)-2}{2V_1+20}=\dfrac{18}{2V_1+20}=\dfrac{3}{20}$이므로 $V_1=50$이고, $x=0.2$이다.

한편 모든 음이온의 몰 농도 합의 비는 (가) : (나)=$\dfrac{xV_1-4}{V_1+V_2+40}$: $\dfrac{2xV_1-2}{2V_1+20}=\dfrac{6}{V_2+90}$: $\dfrac{18}{120}=2 : 5$이므로 $V_2=10$이다.

따라서 $x×\dfrac{V_2}{V_1}=0.2×\dfrac{10}{50}=\dfrac{1}{25}$이다.

선배의 TMI 알아두면 쓸 데 있다! **중화 반응에서의 이온 수 분석**

산 수용액과 염기 수용액의 혼합 용액의 액성이 염기성일 때 용액에 존재하는 이온은 염기의 양이온, 산의 음이온, OH^-라는 것을 판단할 수 있어야 합니다. 이 문제의 경우 (가)의 액성이 염기성이므로 (가)보다 염기 수용액의 부피가 크고, 산 수용액의 부피가 작은 경우에는 염기성이 된다는 것을 알고, (나)의 액성을 파악해야 합니다.

---

10 중화 반응에서의 양적 관계   정답 ①

선택 비율	① 22 %	② 26 %	③ 16 %	④ 25 %	⑤ 10 %

문제 풀이 TIP

• (가)~(다)의 액성이 다르며, (가)~(다)에서 염기 수용액의 부피가 같고 산 수용액의 부피가 (가)<(나)<(다)이므로 (가)~(다)는 각각 염기성, 중성, 산성임을 파악한다.
• 혼합 수용액 중 염기성 수용액에 존재하는 음이온은 혼합한 산의 음이온과, 산의 H^+과 반응하고 남은 염기의 OH^-이고, 중성 수용액에 존재하는 양이온은 혼합한 염기의 양이온임을 파악한다.

<보기> 풀이

❶ 혼합 전 수용액의 부피를 이용하여 (가)~(다)의 액성 파악하기

(가)~(다)의 액성은 모두 다르고 염기 수용액의 부피와 산 수용액 중 $H_2A(aq)$의 부피가 일정하므로 넣어 준 산 수용액 중 $HCl(aq)$의 부피가 가장 큰 (다)는 산성, 가장 작은 (가)는 염기성, (나)는 중성이다.

❷ 혼합 수용액 (가)~(다)에 존재하는 이온의 양(mol)을 파악하여 a와 b 구하기

(나)의 액성은 중성이고, 혼합 전과 후 각 수용액에 존재하는 이온의 종류와 양(mol)×1000은 다음과 같다.

혼합 수용액		(나)
	x M NaOH(aq) a mL	Na^+: ax, OH^-: ax
혼합 전	y M H_2A(aq) 20 mL	H^+: $40y$, A^{2-}: $20y$
	z M HCl(aq) 20 mL	H^+: $20z$, Cl^-: $20z$
혼합 후		Na^+: ax, A^{2-}: $20y$, Cl^-: $20z$

(나)에 존재하는 음이온은 A^{2-}과 Cl^-이므로 모든 음이온의 양(mol)은 $20(y+z) \times 10^{-3}$ mol이고, 혼합 수용액의 부피가 $(40+a)$ mL이므로 모든 음이온의 몰 농도(M) 합은 $\dfrac{20(y+z) \times 10^{-3}}{(40+a) \times 10^{-3}} = \dfrac{2}{7}$에서 $20(y+z) = \dfrac{2}{7}(40+a)$ (… ①)이다.

또한 (나)에 존재하는 양이온은 Na^+뿐이고, (나)에 존재하는 모든 양이온의 양은 0.03 mol이므로 (나)에 존재하는 양이온의 양(mol)×1000은 $ax = 0.03 \times 1000 = 30$이고, 넣어 준 OH^-의 양(mol)과 H^+의 양(mol)이 같으므로 $ax = 40y + 20z = 30$ (… ②)이다.

(가)의 액성은 염기성이고, 혼합 전과 후 각 수용액에 존재하는 이온의 종류와 양(mol)×1000은 다음과 같다.

혼합 수용액		(가)
	x M NaOH(aq) a mL	Na^+: $ax(=30)$, OH^-: $ax(=30)$
혼합 전	y M H_2A(aq) 20 mL	H^+: $40y$, A^{2-}: $20y$
	z M HCl(aq) 0 mL	H^+: 0, Cl^-: 0
혼합 후		Na^+: 30, OH^-: $30-40y$, A^{2-}: $20y$

(가)에 존재하는 모든 음이온의 양은 0.02 mol이므로 (가)에 존재하는 음이온의 양(mol)×1000은 $30 - 20y = 0.02 \times 1000 = 20$에서 $y = 0.5$이다. 이를 ② 식에 대입하면 $z = 0.5$이고, 이 값을 ① 식에 대입하면 $a = 30$이

다. 이로부터 (다)에서 혼합 전과 후 각 수용액에 존재하는 이온의 종류와 양(mol)×1000은 다음과 같다.

혼합 수용액		(다)
	x M NaOH(aq) a mL	Na^+: 30, OH^-: 30
혼합 전	y M H_2A(aq) 20 mL	H^+: $40y(=20)$, A^{2-}: $20y(=10)$
	z M HCl(aq) 40 mL	H^+: $40z(=20)$, Cl^-: $40z(=20)$
혼합 후		Na^+: 30, A^{2-}: 10, Cl^-: 20, H^+: 10

이때 혼합 용액 속 모든 음이온의 양(mol)은 30×10^{-3} mol이고 수용액의 부피가 90 mL이므로 모든 음이온의 몰 농도(M)의 합 $b = \dfrac{30}{90} = \dfrac{1}{3}$이다. 따라서 $a \times b = 30 \times \dfrac{1}{3} = 10$이다.

선배의 TMI 이것만 알고 가자! **중화 반응에서 혼합 용액의 액성**

(가)~(다)의 액성이 모두 다르므로 (가)~(다)에 넣어 준 산 수용액과 염기 수용액의 부피를 파악하면 (가)~(다)의 액성을 판단할 수 있습니다. 제시된 정보는 혼합 수용액 속 음이온의 양(mol)과 양이온의 양(mol)이므로 염기성 수용액으로 파악한 (가)에 존재하는 음이온은 염기의 OH^- 중 산의 H^+과 반응하고 남은 것과 산의 음이온인 것을 알아야 합니다. 또한 (나)는 중성 수용액이므로 산이 내놓은 H^+의 양(mol)과 염기가 내놓은 OH^-의 양(mol)이 같고, 존재하는 양이온은 염기의 양이온인 것을 알아야 합니다.

---

11 중화 반응에서의 양적 관계   정답 ②

선택 비율	① 12 %	② 19 %	③ 13 %	④ 38 %	⑤ 14 %

문제 풀이 TIP

• 용액 I의 액성이 산성이므로 용액 I에 존재하는 음이온은 X^{2-}뿐임을 파악하고, 모든 음이온의 몰 농도(M) 합(상댓값)과 용액의 부피(L)의 곱으로 모든 음이온의 양(mol) 합(상댓값)을 구한다.
• 용액 II의 부피(L)와 몰 농도(M)의 곱으로 용액 II에 존재하는 양이온과 음이온의 양(mol)을 구하고, 용액 I과 II의 모든 음이온의 몰 농도(M) 합(상댓값)을 비교하여 용액 II의 액성을 파악한다.

<보기> 풀이

용액 I은 산성이므로 음이온은 X^{2-}만 존재한다. 용액 I에서 X^{2-}의 양(mol)은 $xV \times \dfrac{1}{1000}$ mol이고, 부피가 $(V+20)$ mL이므로 모든 음이온의 몰 농도(M) 합 $\dfrac{xV}{V+20}$을 5라고 하면, $xV = 5(V+20)$이다.

혼합 전 용액 II에서 x M $H_2X(aq)$ $2V$ mL에 들어 있는 H^+과 X^{2-}의 양(mol)×1000은 각각 $4xV$, $2xV$이고, 0.2 M $YOH(aq)$ $4a$ mL에 들어 있는 Y^+과 OH^-의 양(mol)×1000은 각각 $0.8a$, $0.8a$이며, 0.3 M $Z(OH)_2(aq)$ $2a$ mL에 들어 있는 Z^{2+}과 OH^-의 양(mol)×1000은 각각 $0.6a$, $1.2a$이다. 용액 II가 염기성이면 음이온은 X^{2-}과 OH^-이 존재하므로 모든 음이온의 몰 농도(M) 합 $\dfrac{2xV + 2a - 4xV}{100} = 4$이다. 이때, $xV = 5(V+20)$이고, 용액 II의 부피(mL)는 $(2V+6a) = 100$이므로 $a = \dfrac{50-V}{3}$이다. 이를 대입하면 V는 음수가 나오므로 모순이다. 따라서 용액 II는 산성이고, 음이온은 X^{2-}만 존재한다. 모든 음이온의 몰 농도(M) 합의 비는 I : II $= \dfrac{xV}{V+20} : \dfrac{2xV}{100}$ $= 5 : 4$이므로 $V = 20$이다. 또한 $(2V+6a) = 100$이므로 $a = 10$이다. 이로부터 용액 I~III의 조성은 다음과 같다.

혼합 용액	혼합 전 수용액의 부피(mL)			이온의 양 (mol)×1000
	x M $H_2X(aq)$	0.2 M $YOH(aq)$	0.3 M $Z(OH)_2(aq)$	
I	20	20	0	X^{2-}: $20x$ Y^+: 4 H^+: $40x-4$
II	40	40	20	X^{2-}: $40x$ Y^+: 8 Z^{2+}: 6 H^+: $80x-20$
III	40	10	50	

용액 II에서 $\dfrac{\text{모든 양이온의 양(mol)}}{\text{모든 음이온의 양(mol)}}=\dfrac{3}{2}$ 이므로 $\dfrac{80x-6}{40x}=\dfrac{3}{2}$ 이고, $x=0.3$이다.

혼합 전 용액 III에서 0.3 M $H_2X(aq)$ 40 mL에 들어 있는 H^+과 X^{2-}의 양 (mol)×1000은 각각 24, 12이고, 0.2 M $YOH(aq)$ 10 mL에 들어 있는 Y^+과 OH^-의 양(mol)×1000은 각각 2, 2이며, 0.3 M $Z(OH)_2(aq)$ 50 mL에 들어 있는 Z^{2+}과 OH^-의 양(mol)×1000은 각각 15, 30이다. 이로부터 용액 III은 염기성이고, 음이온은 X^{2-}과 OH^-이 존재하므로 모든 음이온의 양 (mol)×1000은 20이다. 이때, 용액 III의 부피가 100 mL이므로 모든 음이온 의 몰 농도(M) 합은 $\dfrac{20}{100}=\dfrac{1}{5}$ M이다.

용액 I에서 모든 음이온의 몰 농도(M)의 합은 $\dfrac{6}{40}=\dfrac{3}{20}$ M이고, 모든 음이 온의 몰 농도(M) 합의 상댓값이 5이므로 용액 III에서 $\dfrac{1}{5}$ M의 상댓값인 $b=\dfrac{20}{3}$이다. 따라서 $x\times b=0.3\times\dfrac{20}{3}=2$이다.

선배의 TMI 이것만 알고 가자! **혼합 용액의 액성에 따른 이온의 종류**

이번 문제에는 용액 I의 액성이 산성임이 주어졌으므로 용액 I에 존재하는 음이온의 종류를 우선 파악하고, 모든 음이온의 몰 농도(M) 합(상댓값)과 용액 의 부피(L)를 곱해서 모든 음이온의 양(mol) 합(상댓값)을 구합니다.
또한 용액의 액성이 산성인 I과 II에 존재하는 음이온은 X^{2-}뿐이고, 넣어 준 용액 속 X^{2-}의 양(mol)은 넣어 준 산 수용액의 부피에 비례한다는 것을 파악 해야 합니다.

---

12 중화 반응에서의 양적 관계   정답 ②

선택 비율	① 9 %	② 41 %	③ 22 %	④ 15 %	⑤ 10 %

문제 풀이 TIP

- 산이 내놓은 H^+의 양(mol)이나 염기가 내놓은 OH^-의 양(mol)은 산(염 기) 수용액의 몰 농도와 부피의 곱과 같다는 것을 이용하여 혼합 전 H^+ 의 양(mol)과 OH^-의 양(mol)을 구한다.
- 중성인 (가)에서는 혼합 전 H^+과 OH^-의 양(mol)이 서로 같다는 것을 이용하여 a, b의 비를 구한다.
- 제시된 용액을 혼합했을 때 중성과 염기성 혼합 용액에 존재하는 양 이온은 Na^+뿐이라는 것과 (가)와 (나)의 모든 양이온의 몰 농도(M) 합 의 비를 이용하여 x를 구한다.
- 모든 양이온의 몰 농도의 합은 모든 양이온의 양(mol)을 부피(L)로 나 눈 값과 같다는 것을 적용하여 y를 구한다.

<보기> 풀이

❶ (가)가 중성인 것을 이용하여 a와 b의 관계 구하기

(가)의 액성이 중성이므로 (가)에서 산이 내놓은 H^+의 양(mol)과 염기가 내놓 은 OH^-의 양(mol)이 같다.

---

a M $HA(aq)$ $3V$ mL가 내놓은 H^+의 양(mol)×1000은 $3aV$이고, b M $H_2B(aq)$ V mL가 내놓은 H^+의 양(mol)×1000은 $2bV$이며, $\dfrac{5}{2}a$ M $NaOH(aq)$ $2V$ mL가 내놓은 OH^-의 양(mol)×1000은 $5aV$이므로 $3aV+2bV=5aV$이고, $a=b$이다.

❷ 모든 양이온의 몰 농도(M) 합(상댓값)을 이용하여 x 구하기

$\dfrac{5}{2}a$ M $NaOH(aq)$ $2V$ mL와 $2xV$ mL가 내놓은 Na^+의 양(mol)×1000 은 각각 $5aV$, $5axV$이다. (나)의 액성이 중성이나 염기성일 때 용액 속 양이 온은 Na^+뿐이고, (가)와 (나)에서 모든 양이온의 몰 농도(M) 합의 비는 $\dfrac{5aV}{6V}$

: $\dfrac{5axV}{(1+3x)V}=5:9$이고, $x=3$이다.

(나)의 액성이 산성이라고 하면 용액 속 양이온은 H^+과 Na^+이다. a M $HA(aq)$ V mL가 내놓은 H^+의 양(mol)×1000은 aV이고, a M $H_2B(aq)$ xV mL가 내놓은 H^+의 양(mol)×1000은 $2axV$이며, $\dfrac{5}{2}a$ M $NaOH(aq)$ $2xV$ mL가 내놓은 OH^-과 Na^+의 양(mol)×1000은 각각 $5axV$이므로 (나) 에서 전체 양이온의 양(mol)×1000은 $(1+2x)aV$이다. (가)와 (나)에서 모든 양이온의 몰 농도(M) 합의 비는 $\dfrac{5aV}{6V}$: $\dfrac{(1+2x)aV}{(1+3x)V}=5:9$이고, 이 식을 만족하는 x는 음의 값을 가지므로 타당하지 않다.

❸ 모든 양이온의 몰 농도(M) 합(상댓값)을 이용하여 y 구하기

(다)에서 a M $HA(aq)$ $3V$ mL가 내놓은 H^+의 양(mol)×1000은 $3aV$이고, a M $H_2B(aq)$ $3V$ mL가 내놓은 H^+의 양(mol)×1000은 $6aV$이며, $\dfrac{5}{2}a$ M $NaOH(aq)$ $3V$ mL가 내놓은 OH^-과 Na^+의 양(mol)×1000은 각각 $\dfrac{15}{2}aV$이다. (다)의 액성은 산성이므로 (다)에서 전체 양이온의 양(mol)×1000은 $9aV$이다. (가)와 (다)에서 모든 양이온의 몰 농도(M) 합의 비는 $\dfrac{5aV}{6V}$: $\dfrac{9aV}{9V}=5:y$이므로 $y=6$이다. 따라서 $\dfrac{y}{x}=\dfrac{6}{3}=2$이다.

선배의 TMI 이것만 알고 가자! **혼합 용액의 액성과 이온의 양(mol) 비교**

(가)는 중성이라는 단서가 중요합니다. 이것은 산이 내놓은 H^+의 양(mol)과 염기가 내놓은 OH^-의 양(mol)이 같다는 것이므로 양적 관계를 이용해서 a, b 의 비를 구할 수 있습니다. 또한 (가)와 (나)의 모든 양이온의 몰 농도(M)의 합 을 이용해야 하는데, (나)의 액성이 제시되지 않았으므로 산성인 경우와 중성, 염기성인 두 가지 경우를 모두 고려해서 자료에 부합하는 것을 찾아야 합니다. 이를 통해 x를 구할 수 있고, (다)에 x를 대입해서 전체 양이온의 양(mol)을 용액의 전체 부피(L)로 나누어 y를 구할 수 있습니다.

---

13 중화 반응에서의 양적 관계   정답 ⑤

선택 비율	① 6 %	② 20 %	③ 12 %	④ 21 %	⑤ 41 %

문제 풀이 TIP

- 혼합 용액 (가)와 (다)가 각각 염기성, 산성임을 적용하여 (가)에 존재하는 이온은 A^{2-}, Na^+, OH^-이고, (다)에 존재하는 이온은 H^+, A^{2-}, Na^+임 을 파악한다.
- (가)와 (다)에서 A^{2-}의 양과 모든 이온의 양을 구하고, 제시된 자료에서 $\dfrac{A^{2-}\text{의 양(mol)}}{\text{모든 이온의 양(mol)}}$이 (가) : (다)=3 : 8임을 적용한다.

<보기> 풀이

❶ $H_2A(aq)$과 $NaOH(aq)$의 몰 농도와 부피를 이용하여 (가)~(다)에 들어 있는 이온의 종류와 양 구하기

(가)~(다) 수용액에서 혼합 전 각 용액에 들어 있는 이온의 종류와 양 (mol)×1000은 다음과 같다.

혼합 용액	x M $H_2A(aq)$	y M $NaOH(aq)$
(가)	10 mL	30 mL
	H^+: $20x$, A^{2-}: $10x$	Na^+: $30y$, OH^-: $30y$
(나)	20 mL	20 mL
	H^+: $40x$, A^{2-}: $20x$	Na^+: $20y$, OH^-: $20y$
(다)	30 mL	10 mL
	H^+: $60x$, A^{2-}: $30x$	Na^+: $10y$, OH^-: $10y$

❷ (가)와 (다)의 액성을 이용하여 용액 속 이온의 종류와 양, 농도비 구하기

(가)는 염기성, (다)는 산성이므로 (가)와 (다)에서 혼합 후 수용액에 존재하는 이온의 종류와 양(mol)×1000은 다음과 같다.

혼합 용액	H^+	A^{2-}	Na^+	OH^-	모든 이온
(가)	0	$10x$	$30y$	$30y-20x$	$60y-10x$
(다)	$60x-10y$	$30x$	$10y$	0	$90x$

$\dfrac{A^{2-}의 양(mol)}{모든 이온의 양(mol)}$ 은 (가)에서 $\dfrac{10x}{60y-10x}$ 이고, (다)에서 $\dfrac{30x}{90x}$ 이며,

$\dfrac{A^{2-}의 양(mol)}{모든 이온의 양(mol)}$ 의 비가 (가) : (다) = 3 : 8이므로 $\dfrac{10x}{60y-10x} : \dfrac{30x}{90x}$

= 3 : 8에서 $x = \dfrac{2}{3}y$이다.

❸ 산 수용액과 염기 수용액의 농도비를 적용하여 (나)에 들어 있는 이온의 종류와 양 구하기

(나)에서 혼합 전과 후 수용액에 존재하는 이온의 종류와 양(mol)×1000은 다음과 같다.

	H^+	A^{2-}	Na^+	OH^-	모든 이온
혼합 전	$40x$	$20x$	$20y=30x$	$20y=30x$	
혼합 후	$10x$	$20x$	$30x$	0	$60x$

이로부터 (나)는 산성이고, A^{2-}의 양(mol)×1000은 $20x$이며, 모든 이온의 양(mol)×1000은 $60x$이므로 (나)에서 $\dfrac{A^{2-}의 양(mol)}{모든 이온의 양(mol)}$ 의 실젯값은 $\dfrac{1}{3}$ 이다. (다)에서 $\dfrac{A^{2-}의 양(mol)}{모든 이온의 양(mol)}$ 의 실젯값도 $\dfrac{1}{3}$ 이므로 $a=8$이다. 따라서 $a \times \dfrac{y}{x} = 8 \times \dfrac{3}{2} = 12$이다.

선배의 TMI 알아두면 쓸 데 있다! **혼합 용액의 액성에 따른 이온의 종류**

이 문제는 (가)와 (다)의 액성이 염기성, 산성으로 주어졌으므로 (가)와 (다)에 존재하는 이온의 종류와 각 이온의 양을 수용액의 몰 농도와 부피를 이용하여 구할 수 있습니다. (가)와 (다)에서 $\dfrac{A^{2-}의 양(mol)}{모든 이온의 양(mol)}$ 의 상댓값의 비를 이용하면 $H_2A(aq)$과 $NaOH(aq)$의 몰 농도비를 구할 수 있습니다. $H_2A(aq)$과 $NaOH(aq)$의 몰 농도비를 (나)에 적용하면 (나)에 존재하는 이온의 종류와 양을 구할 수 있습니다.

---

14 중화 반응에서의 양적 관계 정답 ①

선택 비율 | ①35 % | ② 26 % | ③ 14 % | ④ 18 % | ⑤ 7 %

문제 풀이 TIP

• 반응에 참여하지 않는 이온의 양(mol)은 혼합 전후 같고, 염기 수용액과 2가지 산 수용액을 첨가한 혼합 용액 Ⅱ에 존재하는 이온의 가짓수가 3이라는 것을 파악하여 혼합 전 수용액의 몰 농도(M)와 첨가한 부피로부터 혼합 용액 Ⅱ에 존재하는 이온의 몰비를 파악한다.

• 혼합 용액 Ⅱ에는 반응에 참여하지 않는 이온만 존재하므로 액성이 중성이라는 것을 파악하고, 이로부터 혼합 용액 Ⅰ은 염기성이며, 존재하는 양이온은 염기의 양이온뿐이라 는 것을 파악한다.

<보기> 풀이

❶ 혼합 용액 Ⅱ에 존재하는 모든 이온의 몰비로부터 혼합 용액 Ⅰ의 액성과 수용액 A, B 판단하기

혼합 용액 Ⅱ는 $X(OH)_2(aq)$에 $HY(aq)$와 $H_2Z(aq)$을 첨가한 용액이고, 이때 존재하는 모든 이온의 가짓수가 3이므로 용액에는 구경꾼 이온인 X^{2+}, Y^-, Z^{2-}만 존재한다. 따라서 혼합 용액 Ⅱ는 중성, Ⅰ은 염기성 용액이다.

0.25 M $HY(aq)$ V mL에 들어 있는 H^+의 양(mol)을 k라고 하면 $HY(aq)$과 $H_2Z(aq)$의 몰 농도(M)비가 1 : 3이므로 각 수용액 V mL, $4V$ mL에 들어 있는 H^+, Y^-, Z^{2-}의 양(mol)은 다음과 같다.

V mL	0.25 M $HY(aq)$		0.75 M $H_2Z(aq)$	
	H^+: k	Y^-: k	H^+: $6k$	Z^{2-}: $3k$
$4V$ mL	H^+: $4k$	Y^-: $4k$	H^+: $24k$	Z^{2-}: $12k$

혼합 용액 Ⅱ에 존재하는 모든 이온의 몰비가 3 : 4 : 5이므로 그 비가 3인 이온은 Z^{2-}이고, 4인 이온은 Y^-이므로 5인 이온은 X^{2+}이다. 따라서 V mL를 첨가한 수용액 A는 0.75 M $H_2Z(aq)$이고, $4V$ mL를 첨가한 수용액 B는 0.25 M $HY(aq)$이다.

❷ 혼합 용액 Ⅱ가 중성인 것을 이용하여 $X(OH)_2(aq)$의 몰 농도(M) a 구하기

혼합 용액 Ⅱ에 존재하는 $X^{2+} : Y^- : Z^{2-} = 5 : 4 : 3$이므로 0.25 M $HY(aq)$ $4V$ mL에 들어 있는 Y^-의 양(mol)과 a M $X(OH)_2(aq)$ 10 mL에 들어 있는 X^{2+}의 양(mol)의 비는 4 : 5이다. 따라서 $0.25 \times 4V : 10a = 4 : 5$이고, $V = 8a$이다.

❸ 혼합 용액 Ⅰ과 Ⅲ에 존재하는 모든 양이온의 양(mol)과 모든 양이온의 몰 농도의 합으로부터 V 구하기

혼합 용액 Ⅰ은 염기성 용액이므로 양이온은 X^{2+}뿐이고, 그 양(mol)을 $5k$라고 하면 과정 (다)의 혼합 전 용액과 각 수용액에 들어 있는 이온의 양(mol)은 다음과 같다.

a M $X(OH)_2(aq)$ 10 mL	0.75 M $H_2Z(aq)$ $4V$ mL	0.25 M $HY(aq)$ V mL
X^{2+}: $5k$	H^+: $24k$	H^+: k
OH^-: $10k$	Z^{2-}: $12k$	Y^-: k

이로부터 혼합 용액 Ⅲ에서 모든 양이온의 양(mol)은 $20k$이며, 혼합 용액 Ⅰ에 존재하는 모든 양이온의 몰 농도의 합을 $\dfrac{5k}{10+V}$ 라고 하면 혼합 용액 Ⅲ에 존재하는 모든 양이온의 몰 농도의 합은 $\dfrac{20k}{10+5V}$ 이다.

따라서 $\dfrac{\text{Ⅰ에 존재하는 모든 양이온의 몰 농도의 합}}{\text{Ⅲ에 존재하는 모든 양이온의 몰 농도의 합}} = \dfrac{15}{28}$ 이므로 $\dfrac{\dfrac{5k}{10+V}}{\dfrac{20k}{10+5V}}$

$= \dfrac{15}{28}$ 이고, $V=4$이며, $V=8a$이므로 $a = \dfrac{1}{2}$이다.

따라서 $a+V = \dfrac{9}{2}$이다.

산 수용액의 몰 농도(M)비와 첨가한 각 수용액의 부피비로부터 반응에 참여하지 않는 이온의 몰비를 찾아낼 수 있어야 합니다. 이온의 양(mol)은 수용액의 몰 농도(M)와 부피(L)의 곱과 같다는 것을 적용하면 농도를 모르는 수용액의 몰 농도(M)를 알아낼 수 있습니다. 구경꾼 이온만 존재하는 혼합 용액의 액성이 중성이라는 것도 파악할 수 있어야 합니다.

$H_2B(aq)$ V mL를 넣었을 때와 $3V$ mL를 넣었을 때 용액의 몰 농도(M)가 같으므로 용액 속 이온의 양(mol)은 부피에 비례한다. 따라서 다음 관계식이 성립한다.

$\frac{5}{3}n : 3n = (10+V) : (10+3V)$, 이 식을 풀면 $V = \frac{20}{3}$이다.

(다)에서 $HA(aq)$ $3V$ mL를 넣었을 때 전체 용액의 부피는 30 mL이고, 전체 이온의 양(mol)은 산 수용액을 넣기 전과 같은 $2n$몰이므로 y는 혼합 선 수용액의 몰 농도(M)의 $\frac{1}{3}$이다. 따라서 y는 $\frac{1}{3}$이다.

일정량의 염기 수용액에 가수가 서로 다른 산 수용액을 넣을 때 이온 수의 변화 차이를 파악하고 있어야 합니다. 농도와 부피가 같을 때 2가 산은 1가 산보다 수용액 속 H^+의 양(mol)이 더 크므로 반응이 완결된 후 용액 속 이온의 농도가 작다는 것을 파악하면 이런 유형의 문제에 접근 방법을 쉽게 찾을 수 있습니다.

---

15 중화 반응에서 양적 관계 정답 ④

선택 비율 | ① 5 % | ② 21 % | ③ 13 % | ④ 41 % | ⑤ 20 %

문제 풀이 TIP
- 일정량의 염기 수용액에 산을 넣을 때 중화점까지 용액의 몰 농도(M)가 감소한다는 것을 파악한다.
- 1가 염기 수용액에 1가 산을 넣을 때보다 2가 산을 넣을 때 이온의 양(mol)이 더 크게 감소한다는 것을 파악한다.
- 용액 속 이온의 양(mol)은 용액의 몰 농도(M)와 부피의 곱과 같다는 것을 이해한다.

<보기> 풀이

❶ (나)와 (다)에 넣어준 산 수용액의 종류 찾기
(나)에서 $NaOH(aq)$ 10 mL에 산 수용액 V mL를 넣었을 때와 $3V$ mL를 넣었을 때 용액의 몰 농도(M)가 같으므로 산 수용액 V mL를 넣은 용액의 액성은 염기성이다. (다)에서 산 수용액 V mL를 넣었을 때의 몰 농도(M)보다 $2V$ mL를 넣었을 때 용액의 몰 농도(M)가 작으므로 이 용액의 액성 또한 염기성이다.
(나)와 (다)에서 산 수용액 V mL를 넣었을 때 두 혼합 용액의 부피가 같으므로 용액의 몰 농도(M)는 용액 속 전체 이온의 양(mol)에 비례한다. 전체 이온 수비가 (나) : (다) = 5 : 6이므로 이온의 양(mol)이 더 크게 감소한 (나)에서 넣어준 ㉠은 $H_2B(aq)$이고, (다)에서 넣어준 ㉡은 $HA(aq)$이다.

❷ 산 수용액의 몰 농도(M) 구하기
$NaOH(aq)$ 10 mL에 들어 있는 Na^+과 OH^-의 양(mol)을 각각 n몰이라고 하자. 이때 $HA(aq)$과 $H_2B(aq)$의 몰 농도(M)가 같으므로 V mL에 들어 있는 A^-과 B^{2-}의 양(mol)은 같고, 그 양(mol)을 x몰이라고 하면 V mL를 넣기 전후 (나)와 (다)에서 이온의 몰비는 다음과 같다.

	넣기 전					넣은 후			
	Na^+	OH^-	H^+	A^-	B^{2-}	Na^+	OH^-	H^+	A^-	B^{2-}
(나)	n	n	$2x$		x	n	$n-2x$	0		x
(다)	n	n	x	x		n	$n-x$	0	x	

V mL를 넣은 후 전체 이온의 양(mol)은 (나)에서 $2n-x$몰이고, (다)에서 $2n$몰이며 그 비가 5 : 6이므로 다음 관계식이 성립한다.

$2n-x : 2n = 5 : 6$, 이 식을 풀면 $x = \frac{1}{3}n$이다.

❸ V와 y 구하기
(나)에서 $H_2B(aq)$ V mL에 들어 있는 H^+과 B^{2-}의 양(mol)은 각각 $\frac{2}{3}n$몰, $\frac{1}{3}n$몰이므로 $H_2B(aq)$ $3V$ mL에 들어 있는 H^+와 B^{2-}의 양(mol)은 각각 $2n$몰, n몰이다. 이로부터 $H_2B(aq)$ $3V$ mL를 넣었을 때 혼합 용액 속 이온의 양(mol)은 Na^+이 n몰, H^+이 n몰, B^{2-}이 n몰로 총 $3n$몰이다. (나)에서

---

16 중화 반응에서의 양적 관계 정답 ②

선택 비율 | ① 15 % | ② 32 % | ③ 18 % | ④ 20 % | ⑤ 15 %

문제 풀이 TIP
- 일정량의 염기 수용액에 서로 다른 산 수용액을 넣을 때 용액 속에 존재하는 이온의 종류를 파악한다.
- 2가 산에서 H^+의 양(mol)이 산의 음이온의 양(mol)의 2배가 된다는 것을 이해한다.
- 중화 반응의 양적 관계와 이온의 양(mol)의 비를 이용하여 넣어준 산 수용액의 부피를 구한다.

<보기> 풀이

Ⅰ~Ⅲ에 들어 있는 $NaOH(aq)$의 몰 농도(M)와 부피가 같으므로 용액 속 Na^+의 양(mol)은 모두 같다.

❶ 이온의 종류 찾기
Ⅰ에 존재할 수 있는 이온은 Na^+, A^{2-}, OH^- 또는 H^+이고, 혼합 용액 Ⅱ와 Ⅲ에 존재할 수 있는 이온은 Na^+, B^-, OH^- 또는 H^+이다.
Ⅰ과 Ⅱ의 부피가 같으므로 구경꾼 이온인 Na^+의 몰 농도(M)도 같다. 따라서 W는 Na^+이다. Ⅰ에 구경꾼 이온인 A^{2-}이 들어 있어야 하므로 Ⅰ에는 존재하지만 Ⅱ와 Ⅲ에는 존재하지 않는 Y는 A^{2-}이다. 또한 Ⅰ에 Na^+ $2a$ M, A^{2-} $2a$ M이 들어 있고, 용액 속 양이온의 전하량과 음이온의 전하량의 합은 0이므로 Z는 H^+이다. 이로부터 Ⅲ에 존재하는 이온은 Na^+(W), H^+(Z), X이므로 X는 B^-이다.

❷ 수용액의 부피 V와 $\frac{b}{a}$ 구하기
Ⅰ과 Ⅲ에 들어 있는 Na^+(W)의 양(mol)은 같고, 용질의 양(mol)은 몰 농도(M)와 부피를 곱하여 구하므로 다음 관계식이 성립한다.
$2a(V+20) = a(30+20)$
이 식을 풀면 $V = 5$이다.
이로부터 Ⅱ와 Ⅲ에서 넣어 준 y M $HB(aq)$의 부피가 각각 5 mL, 30 mL이므로 혼합 용액 속 B^-(X)의 양(mol)도 Ⅲ에서가 Ⅱ에서의 6배이다. 따라서
$2a \times 25 : b \times 50 = 1 : 6$이고, 이를 풀면 $\frac{b}{a} = 6$이다.

❸ x, y 구하기
Ⅱ에서 Na^+(W)와 B^-(X)의 몰 농도(M)가 같으므로 Ⅱ의 액성은 중성이다. 즉, Ⅱ에서 반응이 완결되므로 중화 반응의 양적 관계는 다음과 같다.
$1 \times y \times 5 = 1 \times x \times 20$
이 식을 풀면 $y = 4x$이다.

III에서 $H^+(Z)$의 양(mol)은 $0.2 \text{ mol/L} \times 0.05 \text{ L} = 0.01$몰이고, III에 들어 있는 $H^+(Z)$의 양(mol)은 y M HB(aq) 30 mL가 내놓는 H^+의 양(mol)과 x M NaOH(aq) 30 mL가 내놓는 OH^-의 양(mol) 차와 같으므로 다음 관계식이 성립한다.

$$\left(1 \times y \times \frac{30}{1000}\right) - \left(1 \times x \times \frac{20}{1000}\right) = \left(1 \times 4x \times \frac{30}{1000}\right) - \left(1 \times x \times \frac{20}{1000}\right) = 0.01$$

이 식을 풀면 $x = 0.1$, $y = 0.4$이므로 $\dfrac{b}{a} \times (x+y) = 6 \times 0.5 = 3$이다.

선배의 TMI 이것만 알고 가자! **중화 반응에서 이온 수의 비**

이 문제의 경우 혼합 용액에 넣어준 NaOH(aq)의 농도와 부피가 같은 것을 착안하여 용액 속 이온의 종류를 먼저 파악하는 것이 필요합니다. 또한 구경꾼 이온의 경우 반응에 참여하지 않으므로 반응 전후 그 양(mol)이 같다는 것을 잘 적용하면 혼합 용액 속 특정 이온의 몰 농도(M)를 비교할 수 있습니다.

---

17 중화 반응에서의 양적 관계   정답 ④

선택 비율	① 12 %	② 20 %	③ 20 %	④ 35 %	⑤ 13 %

문제 풀이 TIP

- 혼합 용액 III의 액성이 중성이므로 I과 II는 산성이고 용액 속 음이온은 X^{2-}뿐이라는 것을 판단한다.
- 산 수용액에 1가 염기를 넣을 때 중화점까지 양이온 수와 음이온 수는 일정하다는 것을 파악한다.

<보기> 풀이

❶ 혼합 용액 I과 II에 존재하는 양이온과 음이온 파악하기

혼합 용액 I과 II에서 $\dfrac{\text{음이온 수}}{\text{양이온 수}}$가 $\dfrac{3}{5}$으로 같으므로 B는 1가 염기인 YOH(aq)이고, A는 2가 염기인 $Z(OH)_2(aq)$이다. 또한 혼합 용액 III의 액성이 중성이고, 혼합 용액 I과 II는 산성이므로 용액 속 음이온은 X^{2-} 뿐이다. 이로부터 혼합 용액에 존재하는 양이온과 음이온의 종류는 다음과 같다.

혼합 용액	I	II	III
양이온	H^+, Z^{2+}	H^+, Z^{2+}, Y^+	Z^{2+}, Y^+
음이온	X^{2-}	X^{2-}	X^{2-}

❷ a와 V 구하기

반응 전 0.3 M $H_2X(aq)$ V mL 안에 들어 있는 H^+의 양(mol)은 $0.6V \times \dfrac{1}{1000}$ mol이고, X^{2-}의 양(mol)은 $0.3V \times \dfrac{1}{1000}$ mol이다. a M $Z(OH)_2$ 5 mL에 들어 있는 Z^{2+}의 양(mol)은 $5a \times \dfrac{1}{1000}$ mol이고, OH^-의 양(mol)은 $10a \times \dfrac{1}{1000}$ mol이다. 한편 0.4 M YOH(aq) 15 mL에 들어 있는 Y^+과 OH^-의 양(mol)은 각각 $6 \times \dfrac{1}{1000}$ mol이다. 이로부터 혼합 용액 I과 II에 존재하는 양이온과 음이온의 양(mol)은 다음과 같다.

혼합 용액	I	II
양이온의 양(mol)×1000	$H^+: 0.6V-10a$ $Z^{2+}: 5a$	$H^+: 0.6V-10a-6$ $Z^{2+}: 5a$ $Y^+: 6$
음이온의 양(mol)×1000	$X^{2-}: 0.3V$	$X^{2-}: 0.3V$

혼합 용액 I에서 $\dfrac{\text{음이온 수}}{\text{양이온 수}}$가 $\dfrac{3}{5}$이므로 I에서 양이온의 양(mol)은 $0.5V \times \dfrac{1}{1000}$ mol이다. $V = 50a$이므로 혼합 용액 I과 II에서 모든 이온의 양(mol)의 합은 $40a \times \dfrac{1}{1000}$ mol로 같다. 이때 모든 이온의 몰 농도(M)의 합의 비가 I : II = 8 : 5이므로 부피비는 I : II = 5 : 8이다. $V+5 : V+20 = 5 : 8$이고, 이 식을 풀면 $V = 20$이며, $V = 50a$이므로 $a = 0.4$이다.

❸ x 구하기

혼합 용액 II에 존재하는 H^+의 양(mol)은 $2 \times \dfrac{1}{1000}$ mol이므로 0.4 M YOH(aq) x mL에 들어 있는 OH^-의 양(mol)도 $2 \times \dfrac{1}{1000}$ mol이어야 한다. 이로부터 $0.4 \times x = 2$이므로 $x = 5$이다.

따라서 $\dfrac{x}{V} \times a = \dfrac{5}{20} \times 0.4 = \dfrac{1}{10}$이다.

선배의 TMI 이것만 알고 가자! **산과 염기의 가수와 중화 반응에서의 양적 관계**

중화 반응에서 산이 내놓은 과 염기가 내놓은 의 양(mol)이 같은 몰비로 반응하는 데, 이때 산과 염기의 가수에 따라 용액 속 양이온 수와 음이온 수가 어떻게 변하는 지를 파악해야 합니다.

---

18 중화 적정 실험   정답 ①

선택 비율	① 37 %	② 18 %	③ 19 %	④ 12 %	⑤ 12 %

문제 풀이 TIP

- (가)에서 식초 A를 5배로 희석하였으므로 식초 A의 몰 농도는 (가)에서 만든 수용액의 5배임을 파악한다.
- 중화 반응의 양적 관계를 이용하여 (가)에서 만든 수용액의 몰 농도(M)를 구하고, 이를 통해 식초 A의 몰 농도를 구한다.
- 식초 A의 밀도를 이용하여 식초 A 1 g의 부피(L)를 구하고, 식초 A의 몰 농도(M)와 식초 A 1 g의 부피(L)를 곱해 식초 A 1 g에 들어 있는 CH_3COOH의 양(mol)을 구한다.
- 식초 A 1 g에 들어 있는 CH_3COOH의 양(mol)에 CH_3COOH의 분자량을 곱해 CH_3COOH의 질량을 구한다.

<보기> 풀이

식초 A 속 $CH_3COOH(aq)$의 몰 농도를 b M이라고 하면 (가)에서 만든 식초의 몰 농도는 $\dfrac{1}{5}b$ M이다.

$\dfrac{1}{5}b$ M $CH_3COOH(aq)$ 20 mL를 완전 중화시키는 데 사용된 a M KOH(aq)의 부피가 30 mL이므로 다음과 같은 양적 관계가 성립한다.

$$1 \times \frac{1}{5}b \times 20 = 1 \times a \times 30$$

이로부터 $b = \dfrac{15}{2}a$이다.

$\frac{15}{2}a$ M인 식초의 밀도가 d g/mL이므로 1 g의 부피는 $\frac{1}{1000d}$ L이고 $\frac{1}{1000d}$ L에 들어 있는 CH_3COOH의 양(mol)은 $\frac{15}{2}a$ mol/L $\times \frac{1}{1000d}$ L $= \frac{3a}{400d}$ mol이다. CH_3COOH의 분자량이 60이므로 $\frac{3a}{400d}$ mol의 질량은 $\frac{3a}{400d} \times 60 = \frac{9a}{20d}$ g이다. 따라서 $\frac{9a}{20d} = 0.05$이므로 $a = \frac{d}{9}$이다.

선배의 TMI 이것만 알고 가자! 중화 적정을 이용한 식초 속 아세트산 질량 구하기

문제 풀이 단계만 차분하게 생각하면 쉽게 해결할 수 있습니다. 중화 적정으로부터 구할 수 있는 것은 식초 A의 몰 농도(M)입니다. 식초 A 1 g에 들어 있는 CH_3COOH의 양(mol)은 식초 1 g의 부피(L)와 몰 농도(M)의 곱으로 구할 수 있고, 식초 1 g의 부피(L)는 $\frac{1}{밀도(g/mL)} \times 10^{-3}$입니다. 식초 1 g에 들어 있는 CH_3COOH의 질량은 CH_3COOH의 양(mol)에 분자량을 곱해서 구할 수 있습니다.

---

19 중화 적정 실험 정답 ⑤

선택 비율 | ① 10 % | ② 14 % | ③ 17 % | ④ 14 % | ⑤ 45 %

문제 풀이 TIP
- Na^+의 양(mol)은 반응 전후 같다는 성질을 이용하여 중화 적정 실험에 사용된 $NaOH(aq)$의 부피를 구한다.
- 중화 반응의 양적 관계를 이용하여 준비한 $CH_3COOH(aq)$의 몰 농도를 구한다.
- $CH_3COOH(aq)$의 몰 농도를 이용하여 용액 100 g에 들어 있는 용질의 질량을 구한다.

<보기> 풀이

❶ Na^+의 양(mol)은 반응 전후 일정하다는 것을 적용하여 중화 적정에 사용된 $NaOH(aq)$의 부피 구하기

$NaOH(aq)$ 속 Na^+은 반응에 참여하지 않으므로 반응 전과 후 그 양(mol)이 같다. (다) 과정 후 혼합 용액에 존재하는 Na^+의 몰 농도가 0.08 M이고, 혼합 용액의 부피는 $(20+a)$ mL이므로 다음과 같은 관계식이 성립한다.
$0.1 \times a = 0.08 \times (20+a)$, 따라서 $a = 80$이다.

❷ 중화 반응의 양적 관계를 이용하여 $CH_3COOH(aq)$의 몰 농도(M) 구하기

(가)에서 준비한 $CH_3COOH(aq)$의 몰 농도를 b M라고 하면 (나)에서 만든 수용액의 몰 농도는 $\frac{1}{5}b$ M이다. 따라서 $\frac{1}{5}b$ M $CH_3COOH(aq)$ 20 mL를 완전히 중화시키는 데 사용된 0.1 M $NaOH(aq)$의 부피가 a mL, 즉 80 mL이므로 중화 반응의 양적 관계는 다음과 같다.
$\frac{1}{5}b \times 20 = 0.1 \times 80$, 따라서 $b = 2$이다.

❸ $CH_3COOH(aq)$의 몰 농도(M)를 이용하여 일정 질량 속 용질의 질량 구하기

(가)에서 준비한 $CH_3COOH(aq)$의 몰 농도는 2 M이므로 용액 1000 mL에 들어 있는 용질 CH_3COOH의 질량은 2 mol $\times$ 60 g/mol $= 120$ g이다. (가)에서 준비한 $CH_3COOH(aq)$의 밀도가 d g/mL이므로 용액 1000 mL의 질량은 $1000d$ g이다. 따라서 용액 100 g에 들어 있는 용질의 질량(x)은 다음과 같다.
$1000d : 120 = 100 : x$, $x = \frac{12}{d}$이다.

선배의 TMI 알아두면 쓸 데 있다! 몰 농도(M), 부피, 이온의 양(mol)의 관계

이 문제는 중화 적정에 사용된 염기 수용액의 부피가 주어지는 대신 반응 후 용액 속 Na^+의 몰 농도가 제시되었습니다. Na^+은 반응에 참여하지 않으므로 반응 전후 그 양(mol)이 같다는 것을 적용하면 중화 적정에 사용된 염기 수용액의 부피를 구할 수 있고, 이로부터 준비한 $CH_3COOH(aq)$의 몰 농도를 구할 수 있습니다. 몰 농도를 이용하여 용액 1000 mL에 들어 있는 용질의 양(mol)을 알 수 있으므로 분자량을 이용하여 용액 1000 mL에 들어 있는 용질의 질량을 구할 수 있습니다.

---

20 중화 반응에서의 양적 관계 정답 ②

선택 비율 | ① 16 % | ② 38 % | ③ 12 % | ④ 19 % | ⑤ 15 %

문제 풀이 TIP
- 혼합 용액 Ⅰ~Ⅲ의 액성이 각각 산성, 중성, 염기성 중 하나로 서로 다르므로 일정량의 산 수용액에 넣어 준 염기 수용액의 부피는 염기성>중성>산성 순임을 적용하여 Ⅰ~Ⅲ의 액성을 판단한다.
- 산성, 중성, 염기성 용액에 존재하는 양이온의 종류는 각각 염기의 양이온과 H^+, 염기의 양이온, 염기의 양이온임을 적용한다.

<보기> 풀이

❶ Ⅰ~Ⅲ의 혼합 전 수용액의 부피를 이용하여 용액의 액성 구하기

Ⅰ~Ⅲ의 액성이 모두 다르고, 각각 산성, 중성, 염기성 중 하나인데, Ⅰ과 Ⅱ에서 산 수용액의 부피를 Ⅲ과 같이 $3V$ mL라고 가정하면 염기 수용액의 부피는 각각 30 mL, 60 mL이다. 이로부터 일정량($3V$ mL)의 산 수용액에 넣어 준 염기 수용액의 부피는 Ⅱ > Ⅲ > Ⅰ이므로 Ⅰ은 산성, Ⅱ는 염기성, Ⅲ은 중성이다.

❷ Ⅲ의 액성이 중성인 것과 Ⅰ, Ⅱ의 모든 양이온의 몰 농도(M) 합이 같음을 이용하여 x와 y의 관계식과 V 구하기

Ⅲ에서 혼합 전 각 용액에 존재하는 이온의 종류와 양(mol)$\times$1000과 혼합 후 용액에 존재하는 양이온의 종류와 양(mol)$\times$1000은 다음과 같다.

혼합 용액		Ⅲ(중성)
혼합 전	x M $H_2A(aq)$	$3V$ mL
		H^+: $6xV$, A^{2-}: $3xV$
	y M $NaOH(aq)$	40 mL
		Na^+: $40y$, OH^-: $40y$
혼합 후		Na^+: $40y$

이때 Ⅲ의 액성이 중성이므로 $6xV = 40y$에서 $xV = \frac{20}{3}y$($\cdots$①)이다. 또한 Ⅰ과 Ⅱ에서 혼합 전 각 용액에 존재하는 이온의 종류와 양(mol)$\times$1000과 혼합 후 용액에 존재하는 양이온의 종류와 양(mol)$\times$1000은 다음과 같다.

혼합 용액		Ⅰ(산성)	Ⅱ(염기성)
혼합 전	x M $H_2A(aq)$	V mL	V mL
		H^+: $2xV$, A^{2-}: xV	H^+: $2xV$, A^{2-}: xV
	y M $NaOH(aq)$	10 mL	20 mL
		Na^+: $10y$, OH^-: $10y$	Na^+: $20y$, OH^-: $20y$
혼합 후		H^+: $2xV - 10y$, Na^+: $10y$	Na^+: $20y$

이때 Ⅰ과 Ⅱ에서 모든 양이온의 몰 농도(M) 합이 같으므로 $\dfrac{2xV}{V+10}$

$=\dfrac{20y}{V+20}(\cdots②)$이다. ①, ② 식을 풀면 $V=10$, $x=\dfrac{2}{3}y$이다.

❸ Ⅱ와 Ⅲ의 모든 양이온의 몰 농도(M) 합의 비를 이용하여 ⊙ 구하기

Ⅱ와 Ⅲ의 모든 양이온의 몰 농도 합의 비는 $\dfrac{20y}{30}:\dfrac{40y}{70}=2:⊙$이므로 ⊙

$=\dfrac{12}{7}$이다. 따라서 $⊙\times\dfrac{x}{y}=\dfrac{12}{7}\times\dfrac{\dfrac{2y}{3}}{y}=\dfrac{8}{7}$이다.

<선배의 TMI **알아두면 쓸 데 있다!** > **중화 반응에서 이온 수 분석**

이 문제는 용액 Ⅰ~Ⅲ의 액성이 모두 다르다는 조건과 염기 수용액의 부피가 주어졌으므로 산 수용액의 부피를 일정하게 두고 넣어 준 염기 수용액의 부피를 비교하여 각 수용액의 액성을 판단할 수 있습니다. 각 수용액의 액성이 판단되면 각 액성의 용액에 존재하는 양이온의 종류와 양을 구해 제시된 조건에 맞는 값을 구할 수 있습니다.

---

21 산화수 변화와 산화 환원 반응식   정답 ①

선택 비율 | ① 35 % | ② 20 % | ③ 14 % | ④ 20 % | ⑤ 11 %

문제 풀이 TIP

· 산화수 규칙을 이용해 C와 금속 M의 산화수를 구한다.
· C의 증가한 산화수와 M의 감소한 산화수가 같다는 것을 이용해 반응 계수를 구한다.
· MO_4^-과 H_2O의 반응 몰비와 반응 전후 원자의 종류와 수가 같다는 것을 이용해 계수 사이의 관계식을 파악한다.

<보기> 풀이

❶ 산화 환원 반응에서 산화수 변화 파악하기

$H_2C_2O_4$에서 C의 산화수를 x라고 하면 $2\times(+1)+2x+4\times(-2)=0$이므로 $x=+3$이다. 한편 CO_2에서 C의 산화수는 $+4$이므로 C의 산화수 변화는 1 증가이다.

또한 반응 전후 원자의 종류와 수가 같아야 하고, C 원자 수는 반응물에서 $2a$이고 생성물에서 c이므로 $2a=c$이다. 이로부터 C 원자 수는 c이므로 C의 전체 산화수 변화는 c 증가이다.

M의 산화수는 MO_4^-에서 $+7$이고, M^{n+}에서 $+n$이므로 M의 산화수 변화는 $(7-n)$ 감소이고, M 원자 수가 2이므로 M의 전체 산화수 변화는 $2\times(7-n)$ 감소이다.

이때 증가한 산화수와 감소한 산화수가 같아야 하므로 $2\times(7-n)=2a$이고, $a=7-n$이다.

❷ 반응 몰비를 이용해 a, b, n으로만 화학 반응식 나타내기

MO_4^- 1 mol이 반응할 때 생성된 H_2O의 양(mol)이 $2n$ mol이므로 반응 몰비는 $MO_4^-:H_2O=1:2n$이고, $d=4n$이다. 이로부터 화학 반응식은 다음과 같다.

$2MO_4^- + aH_2C_2O_4 + bH^+ \longrightarrow 2M^{n+} + 2aCO_2 + 4nH_2O$

❸ 화학 반응식에서 반응 전후 원자의 수와 종류가 같다는 것을 이용해 a, b, n 구하기

산화수 변화가 없는 H와 O의 원자 수는 반응물과 생성물에서 같아야 하므로 다음 관계식이 성립한다.

O 원자 수		H 원자 수	
반응물	생성물	반응물	생성물
$8+4a$	$4a+4n$	$2a+b$	$8n$

이로부터 $8+4a=4a+4n$, $2a+b=8n$이고, $n=2$이다.

$a=7-n=7-2=5$, $2a+b=(2\times5)+b=16$이므로 $b=6$이다. 따라서 $a+b=5+6=11$이다.

<선배의 TMI **이것만 알고 가자!** > **산화수법을 이용해 산화 환원 반응식 완성하기**

화합물에서 H, O의 산화수는 각각 $+1$, -2인 것을 적용하면 $H_2C_2O_4$와 CO_2에서 C의 산화수를 구할 수 있고, C의 산화수 변화와 반응 계수를 이용하면 C의 전체 산화수 변화를 구할 수 있습니다. 또한 금속 M의 전체 산화수 변화와 C의 전체 산화수 변화가 같다는 것을 적용하고, MO_4^-과 H_2O의 반응 몰비를 적용한 다음 반응 전후 원자의 종류와 수가 같음을 적용하면 화학 반응식을 완성할 수 있습니다.

---

22 산화수 변화와 산화 환원 반응식   정답 ③

선택 비율 | ① 18 % | ② 21 % | ③ 43 % | ④ 10 % | ⑤ 6 %

문제 풀이 TIP

· X의 산화물에서 O 원자의 산화수가 -2이고, 각 구성 원자의 산화수 합은 이온의 산화수와 같음을 이용하여 X의 산화물에서 X의 산화수를 구한다.
· $Y^{(n-1)+}$과 X^{n+}의 반응 몰비는 반응 계수비와 같고, 반응 전후 원자의 종류와 수, 전하량의 총합이 같음을 이용하여 관계식을 세워 m과 n을 구한다.

<보기> 풀이

X의 산화물에서 O 원자의 산화수가 -2이므로 X의 산화수를 x라고 하면 $2x+(-2)\times m=-2$이고, $x=m-1$이다.

반응물에서 X 원자 수는 $2a$이고 반응 전후 원자의 종류와 수가 같으므로 $2a=d$이다. 또 반응 몰비가 $Y^{(n-1)+}:X^{n+}=3:1$이므로 $b:2a=3:1$이고 $b=6a$이며, 화학 반응식은 다음과 같다.

$aX_2O_m{}^{2-} + 6aY^{(n-1)+} + cH^+ \longrightarrow 2aX^{n+} + 6aY^{n+} + eH_2O$

반응물에서 Y의 산화수는 $(n-1)$이므로 $\dfrac{\text{X의 산화수}}{\text{Y의 산화수}}=\dfrac{x}{n-1}=3$이고,

$x=3(n-1)$이다.

$x=m-1$, $x=3(n-1)$에서 $m=3n-2$이다. $\cdots$①

반응에 참여하지 않는 H, O 원자 수가 반응 전후 같으므로 O 원자 수는 $am=e$, H 원자 수는 $c=2e$이고 화학 반응식은 다음과 같다.

$aX_2O_m{}^{2-} + 6aY^{(n-1)+} + 2amH^+ \longrightarrow 2aX^{n+} + 6aY^{n+} + amH_2O$

$\Rightarrow X_2O_m{}^{2-} + 6Y^{(n-1)+} + 2mH^+ \longrightarrow 2X^{n+} + 6Y^{n+} + mH_2O$

반응 전후 전하량의 총합이 같으므로 $-2+6(n-1)+2m=2n+6n$이다. $\cdots$②

①, ②를 풀면 $m=7$, $n=3$이므로 $m+n=10$이다.

<선배의 TMI **이것만 알고 가자!** > **산화 환원 반응식 완성하기**

$X_2O_m{}^{2-}$에서 O의 산화수를 이용하여 X의 산화수를 구할 수 있습니다. 또한 $Y^{(n-1)+}$과 X^{n+}의 반응 몰비로부터 b와 d의 비를 알 수 있습니다. 제시된 2가지 단서 외에 반응 전후 원자의 종류와 수가 같고, 증가한 전체 산화수와 감소한 전체 산화수가 같으며, 반응물과 생성물의 전하량의 총합이 같다는 것을 적용하면 대부분의 산화 환원 반응식 관련 문제는 모두 해결할 수 있습니다.

1. 탄소 화합물의 이용

ㄱ. 나일론은 기존의 천연 섬유를 보완하여 만들어진 최초의 합성 섬유로, 질기고 강하여 인류의 의류 문제 해결에 기여하였다.

ㄴ. 설탕($C_{12}H_{22}O_{11}$)은 C를 중심으로 H와 O가 공유 결합한 화합물이므로 ⓒ은 탄소 화합물이다.

ㄷ. 숯을 연소시키면 열이 발생하므로 ⓒ의 연소 반응은 발열 반응이다.

2. 화학 결합에 따른 물질의 성질

가설을 검증하기 위해서 X는 금속 결합 물질을, Y는 이온 결합 물질을 선택하여 전기 전도성 유무를 확인해야 한다. Cu, Mg은 금속 결합 물질, LiF은 이온 결합 물질, H_2O, CO_2는 공유 결합 물질이므로 X로는 Cu, Mg이, Y로는 LiF이 적절하다.

3. 화학 반응식과 양적 관계

반응 전과 후 원자의 종류와 수가 같으므로 A 원자에서 $a=2c$, B 원자에서 $2a+2b=5c$이다. $c=2$라고 하면 $a=4$, $b=1$이므로 화학 반응식은 다음과 같다.

$$4AB_2 + B_2 \longrightarrow 2A_2B_5$$

용기에 AB_2 4 mol과 B_2 2 mol을 넣고 반응을 완결시켰을 때 화학 반응의 양적 관계는 다음과 같다.

반응식	$4AB_2$	+	B_2	$\longrightarrow$	$2A_2B_5$
반응 전(mol)	4		2		
반응(mol)	-4		-1		$+2$
반응 후(mol)	0		1		2

반응 후 남은 반응물은 B_2 1 mol이고, 생성된 A_2B_5는 2 mol이다.

따라서 $\dfrac{\text{남은 반응물의 양(mol)}}{\text{생성된 } A_2B_5 \text{의 양(mol)}} = \dfrac{1}{2}$이다.

4. 화학 결합 모형

WYX와 ZX_2의 화학 결합 모형으로부터 각 원자의 전자 수를 확인해 보면 W는 H, X는 O, Y는 N, Z는 C이다.

ㄱ. W_2X의 중심 원자인 X에는 비공유 전자쌍이 존재하므로 W_2X의 분자 모양은 굽은 형이다. 따라서 W_2X 분자의 쌍극자 모멘트는 0이 아니므로 W_2X는 극성 분자이다.

ㄴ. X는 O, Y는 N이므로 전기 음성도는 X(O)>Y(N)이다. 따라서 WYX에서 X는 부분적인 음전하(δ^-)를 띤다.

ㄷ. WYX에서 중심 원자인 Y에는 비공유 전자쌍이 1개 있으므로 분자 모양은 굽은 형이다. 또 ZX_2에서 중심 원자에 결합한 원자 수는 2이고, 비공유 전자쌍이 존재하지 않으므로 분자 모양은 직선형이다. 따라서 결합각은 ZX_2가 WYX보다 크다.

5. 용해 평형

ㄱ. (가)에서 t_1일 때 용해 평형에 도달하므로 녹지 않고 남아 있는 고체 설탕의 질량은 t_1일 때와 t_2일 때가 같다. 따라서 $x=b$이다.

ㄴ. t_1일 때 (나)에서는 용해 평형에 도달하기 전이며, 설탕이 용해되는 반응과 석출되는 반응이 모두 일어난다.

ㄷ. (가)에서는 t_1일 때 용해 평형 상태이므로 $\dfrac{\text{석출 속도}}{\text{용해 속도}}=1$이고, (나)에서는 t_2일 때 용해 평형 상태이므로 $\dfrac{\text{석출 속도}}{\text{용해 속도}}=1$이다. 따라서 t_2일 때는 (가)와 (나)에서 모두 용해 평형 상태이므로 $\dfrac{\text{석출 속도}}{\text{용해 속도}}=1$로 같다.

6. 화학 결합에 따른 물질의 성질

X^{2+}과 Cl^-은 1 : 2로 결합하여 이온 결합 화합물을 형성하므로 자료에 제시된 화합물의 화학식은 XCl_2이다.

ㄱ. 화합물의 화학식은 XCl_2이므로 화합물 1 mol에 들어 있는 전체 이온의 양(mol)은 3 mol이다. 따라서 $a=3$이다.

ㄴ. 이온 결합 물질은 금속 원소와 비금속 원소로 이루어진 물질인데, Cl는 비금속 원소이므로 X는 금속 원소이다. 따라서 $X(s)$는 전성(펴짐성)이 있다.

ㄷ. Cl의 원자 번호가 17이므로 Cl^-의 전자 수는 18이고, XCl_2에 들어 있는 Cl^-의 양(mol)은 2 mol이므로 Cl^- 2 mol에 들어 있는 전자의 양(mol)은 36 mol이다. 따라서 X^{2+} 1 mol에 들어 있는 전자의 양(mol)은 10 mol이다. 이로부터 X는 원자 번호가 12인 금속 원소 Mg이므로 3주기 2족 원소이다.

7. 공유 결합과 결합의 극성

ㄱ. (가)에서 C 원자와 F 원자 사이의 결합은 극성 공유 결합이다.

ㄴ. (나)에서 각 O 원자에 비공유 전자쌍이 2개씩 존재하므로 (나)에는 단일 결합만 있다.

ㄷ. F은 단일 결합만을 형성하므로 (가)에서 C 원자 사이에는 3중 결합이 있다. 따라서 (가)에서 공유 전자쌍 수는 5이다. 한편 (다)에서 각 N 원자에 비공유 전자쌍이 1개씩 존재하므로 (다)에는 단일 결합만 있다. 따라서 (다)에서 공유 전자쌍 수는 5이다. 이로부터 공유 전자쌍 수는 (가)와 (다)가 같다.

8. 양자수와 오비탈

네온(Ne)의 전자 배치는 $1s^2 2s^2 2p^6$이므로 (가)~(다)는 각각 $1s$, $2s$, $2p$ 중 하나이다. n는 (가)=(나)>(다)이므로 (가)와 (나)는 각각 $2s$, $2p$ 중 하나이고, (다)는 $1s$이다. s 오비탈의 $m_l=0$이므로 (다)의 $n+m_l=1$이다. (가)가 $2s$이면 $n+m_l=2+0=2$가 되어 (가)와 (다)의 $n+m_l$는 같을 수가 없다. 따라서 (가)는 $m_l=-1$인 $2p$이다. 이를 통해 (가)~(다)의 m_l의 합은 0이므로 (나)는 $m_l=+1$인 $2p$이다.

ㄱ. (가)~(다)의 m_l는 각각 -1, $+1$, 0이므로 (가)>(다)이다.

ㄴ. (가)~(다)는 각각 $2p$, $2p$, $1s$이다.

ㄷ. (가)~(다)의 방위(부) 양자수(l)는 각각 1, 1, 0이므로 (가)>(다)이다.

09. 산화수 변화와 산화 환원 반응식

X의 산화수는 X^{2-}에서 -2이고, XO_4^{2-}에서 $+6$으로 산화수는 8 증가한다. N의 산화수는 NO_3^-에서 $+5$이고 NO에서 $+2$로 산화수는 3 감소한다. 이때 증가한 산화수 합과 감소한 산화수 합이 같아야 하므로 산화 환원 반응의 화학 반응식은 다음과 같다.

$$3X^{2-}+8NO_3^-+cH^+ \longrightarrow 3XO_4^{2-}+8NO+dH_2O$$

반응 전후 H 원자 수와 O 원자 수가 같아야 하므로 H 원자 수에 의해 $c=2d$이고, O 원자 수에 의해 $24=12+8+d$이므로 $c=8$, $d=4$이다. 따라서 $a=3$, $b=8$, $d=4$이므로 $\dfrac{b+d}{a}=\dfrac{8+4}{3}=4$이다.

10. 원자의 전자 배치와 주기성

X~Z의 홀전자 수의 합은 5이므로 X~Z는 각각 N, O, Mg 중 하나이거나 N, F, Na 중 하나이다.

ㄱ. 금속 원소는 원자 반지름>이온 반지름이고, 비금속 원소는 이온 반지름>원자 반지름이다. X~Z에는 비금속 원소가 2가지이므로 이온 반지름이 원자 반지름보다 큰 원소가 2가지이다. 따라서 (가)는 이온 반지름이고, (나)는 원자 반지름이다.

ㄴ. 이온 반지름은 Y>Z이므로 원자 번호는 Z>Y이다. X~Z가 N, F, Na 중 하나이면 Y와 Z는 각각 N, F이고, 제1 이온화 에너지는 Z가 가장 크므로 모순이다. 따라서 X~Z는 각각 N, O, Mg 중 하나인데, 원자 반지름은 Mg>N>O이므로 X~Z는 각각 Mg, N, O이다.

ㄷ. 전기 음성도는 주기율표에서 오른쪽으로 갈수록, 위쪽으로 갈수록 커지므로 Z(O)>Y(N)>X(Mg)이다.

11. 동위 원소의 구성 입자

밀도$=\dfrac{\text{질량}}{\text{부피}}$이고 기체의 밀도는 (가)와 (나)가 같으며, 부피는 (나)가 (가)의 2배이므로 (나)에 들어 있는 전체 기체의 질량은 46 g이다.

$^{12}C^{16}O^{18}O$의 분자량은 46이므로 (가)에 들어 있는 기체의 양(mol)은 0.5 mol이다. 기체의 부피는 (나)가 (가)의 2배이므로 (나)에 들어 있는 전체 기체의 양(mol)은 1 mol이다. (나)에서 $^{12}C^{16}O^{16}O$의 양(mol)을 n mol이라고 하면 $^{12}C^{18}O^{18}O$의 양(mol)은 $(1-n)$ mol이다. $^{12}C^{16}O^{16}O$, $^{12}C^{18}O^{18}O$의 분자량은 각각 44, 48이므로 (나)에 들어 있는 전체 기체의 질량은 $44 \times n + 48 \times (1-n) = 46$이므로 $n=0.5$이다.

C, O의 원자 번호가 각각 6, 8이므로 $^{12}C^{16}O^{16}O$의 중성자수는 $12+16+16-(6+8+8)=22$이고, $^{12}C^{18}O^{18}O$의 중성자수는 $12+18+18-(6+8+8)=26$이다. 따라서 (나)에서 $^{12}C^{16}O^{16}O$에 들어 있는 중성자 양(mol)은 $0.5 \times 22=11(mol)$이고, $^{12}C^{18}O^{18}O$에 들어 있는 중성자 양(mol)은 $0.5 \times 26=13(mol)$이므로 (나)에 들어 있는 전체 기체의 중성자 양(mol)은 11 mol+13 mol=24 mol이다.

12. 산화수 변화와 산화 환원 반응, 산화제와 환원제

(나)와 (다)에서 넣어 준 $B(s)$는 전자를 잃고 B^{n+}로 산화되므로 A^+은 $A(s)$로 환원되면서 $B(s)$를 산화시키는 산화제이다. (나)와 (다)에는 모두 A^+이 존재하므로 넣어 준 $B(s)$는 모두 반응하여 B^{n+}으로 된다. 한편 넣어 준 $B(s)$의 양은 (나)에서가 (다)에서의

2배이므로, 과정 (나) 이후 수용액에 존재하는 B^{n+}의 수를 $2N$이라고 하면 넣어 준 $B(s)$ w g에 들어 있는 B 원자 수가 $2N$이다. 따라서 (다) 과정에서 넣어 준 $B(s)$ $\frac{1}{2}w$ g에 들어 있는 B 원자 수는 N이다. 이로부터 (다) 과정 후 수용액에 존재하는 B^{n+}의 수는 $3N$이므로 A^+의 수도 $3N$이다.

(나)에서 (다)로 될 때 B^{n+} 수는 증가하고, A^+ 수는 감소하며, (나) 과정 후 수용액 속 이온 수비는 A^+ : $B^{n+}=3$: 1이므로 A^+의 수는 $6N$이다. 이로부터 반응한 A^+의 수가 $3N$일 때 생성된 B^{n+}의 수가 N이고, 반응 전후 전하량의 총합이 같아야 하므로 $n=3$이다.

13. 표준 용액 만들기와 용액의 희석

(가)에서 만든 $A(aq)$ 100 mL에 들어 있는 A의 질량은 10 g이므로 (가)에서 만든 $A(aq)$ 50 mL에 들어 있는 A의 질량은 5 g이다. 따라서 (나)에서 만든 a M $A(aq)$ 250 mL에 들어 있는 A의 질량은 5 g이다. (나)에서 만든 a M $A(aq)$ 250 mL의 질량은 밀도×부피$=d$ g/mL×250 mL$=250d$ g이다. a M $A(aq)$ $250d$ g에 들어 있는 A의 질량이 5 g이므로 a M $A(aq)$ 1 g에 들어 있는 A의 질량은 $\frac{5}{250d}$ g$=\frac{1}{50d}$ g이고, a M $A(aq)$ w g에 들어 있는 A의 질량은 $\frac{w}{50d}$ g이다. 따라서 (나)에서 만든 $A(aq)$ w g에 A 18 g을 녹인 용액에 들어 있는 A의 질량은 $\left(\frac{w}{50d}+18\right)$ g이다. (나)에서 만든 a M $A(aq)$ 250 mL에 들어 있는 A의 양(mol)은 a M $\times0.25$ L$=0.25a$ mol이고, A의 질량은 5 g이다. (다)에서 만든 $2a$ M $A(aq)$ 500 mL에 들어 있는 A의 양(mol)은 $2a$ M$\times0.5$ L$=a$ mol이므로 A의 질량은 $4\times5=20$(g)이다. 따라서 (다)에서 만든 용액에 들어 있는 A의 질량은 $\frac{w}{50d}+18=20$이므로 $w=100d$이다.

14. 바닥상태 전자 배치

전자가 들어 있는 오비탈 수가 ㉠에 들어 있는 전자 수의 2배가 되는 원자는 Li과 C이고, ㉠에 들어 있는 전자 수가 5인 원자는 F이다. Li, C, F의 ㉠에 들어 있는 전자 수는 각각 1, 2, 5이고, 전자가 들어 있는 오비탈 수는 각각 2, 4, 5이다. 따라서 $a=1$ 또는 $a=2$이고, $b=5$이다.

$a=1$이면 X는 Li이고, ㉠에 들어 있는 전자 수가 2인 Y는 Be, C 중 하나이다. 그러나 Be과 C은 전자가 들어 있는 오비탈 수가 5가 아니므로 모순이다. 따라서 $a=2$이고, X와 Y는 각각 C, O이므로 $a+b=2+5=7$이다.

15. 물의 자동 이온화와 pH

(나)의 H_3O^+의 양(mol)을 a mol이라고 하면 (가)의 H_3O^+의 양(mol)은 $10a$ mol이고, (나)의 부피를 V L라고 하면 (가)의 부피는 $100V$ L이다. 이로부터 $[H_3O^+]$는 (가)가 $\frac{10a}{100V}$ M이고, (나)가 $\frac{a}{V}$ M이므로 $[H_3O^+]$는 (나)가 (가)의 10배이다.

ㄱ. $[H_3O^+]$가 10배 증가할 때 pH는 1만큼 감소하

므로 (가)의 pH를 x라고 하면 (나)의 pH는 $x-1$이다. 이때 (가)와 (나)의 pH 합은 $x+(x-1)=14$이므로 $x=7.5$이다. 이로부터 (가)의 pH는 7.5이고, (나)의 pH는 6.5이므로 (가)의 액성은 염기성이다.

ㄴ. (가)의 pH는 7.5이고 (나)의 pH는 6.5이므로 $\frac{\text{(가)의 pH}}{\text{(나)의 pH}}=\frac{7.5}{6.5}=\frac{15}{13}$이다.

ㄷ. (가)의 pH가 7.5이므로 $[H_3O^+]=10^{-7.5}$ M이고, (나)의 pH가 6.5이므로 $[H_3O^+]=10^{-6.5}$ M이다. 이로부터 (나)의 $[OH^-]=10^{-7.5}$ M이다. (가)에서 H_3O^+의 양(mol)이 $(10^{-7.5}\times100V)$ mol일 때 (나)의 OH^-의 양(mol)은 $(10^{-7.5}\times V)$ mol이므로 $\frac{\text{(가)에서 }H_3O^+\text{의 양(mol)}}{\text{(나)에서 }OH^-\text{의 양(mol)}}=100$이다.

16. 순차 이온화 에너지

원자 X에서 $\frac{E_b}{E_1}>\frac{E_a}{E_1}$이므로 E_a는 E_2이고, E_b는 E_3이다.

ㄱ. $\frac{E_3}{E_1}$를 $\frac{E_2}{E_1}$로 나눈 값은 $\frac{E_3}{E_2}$이다. X~Z의 $\frac{E_3}{E_2}$는 각각 8.25, 약 1.95, 약 1.53이므로 $\frac{E_3}{E_2}$가 가장 큰 X는 2족 원소인 Be이다. 또 E_2는 B>C이고, E_3는 C>B이므로 $\frac{E_3}{E_2}$는 C>B이다. 따라서 Y는 C이고, Z는 B이다.

ㄴ. 원자 번호는 Y(C)>Z(B)>X(Be)이므로 원자가 전자가 느끼는 유효 핵전하는 Y>Z>X이다.

ㄷ. E_1는 Y(C)>X(Be)>Z(B)이므로 Y가 가장 크다.

17. 중화 적정 실험

$NaOH(aq)$ 속 Na^+은 반응에 참여하지 않으므로 반응 전과 후 그 양(mol)이 같다. (다) 과정 후 혼합 용액에 존재하는 Na^+의 몰 농도가 0.08 M이고, 혼합 용액의 부피는 $(20+a)$ mL이므로 다음과 같은 관계식이 성립한다.

$0.1\times a=0.08\times(20+a)$, 따라서 $a=80$이다. (가)에서 준비한 $CH_3COOH(aq)$의 몰 농도를 b M 라고 하면 (나)에서 만든 수용액의 몰 농도는 $\frac{1}{5}b$ M이다. 따라서 $\frac{1}{5}b$ M $CH_3COOH(aq)$ 20 mL를 완전히 중화시키는 데 사용된 0.1 M $NaOH(aq)$의 부피가 a mL, 즉 80 mL이므로 중화 반응의 양적 관계는 다음과 같다.

$\frac{1}{5}b\times20=0.1\times80$, 따라서 $b=2$이다.

(가)에서 준비한 $CH_3COOH(aq)$의 몰 농도는 2 M이므로 용액 1000 mL에 들어 있는 용질 CH_3COOH의 질량은 2 mol$\times$60 g/mol$=120$ g 이다. (가)에서 준비한 $CH_3COOH(aq)$의 밀도가 d g/mL이므로 용액 1000 mL의 질량은 $1000d$ g이다. 따라서 용액 100 g에 들어 있는 용질의 질량(x)은 다음과 같다.

$1000d:120=100:x$, $x=\frac{12}{d}$이다.

18. 화학식량과 몰

(가)에서 $A_2B_4(g)$ w g의 양(mol)을 $2n$ mol이라고 하면 기체 $2n$ mol의 부피는 $2V$ L이다. (나)에서 전

체 기체의 부피가 $3V$ L이므로 전체 기체의 양(mol)은 $3n$ mol이고, $A_xB_{2x}(g)$ w g의 양(mol)은 n mol이다. 분자량$=\frac{\text{질량}}{\text{기체의 양(mol)}}$이므로 A_2B_4와 A_xB_{2x}의 분자량비는 A_2B_4 : $A_xB_{2x}=\frac{w}{2n}:\frac{w}{n}=1:2$이다. 따라서 분자량은 A_xB_{2x}가 A_2B_4의 2배이므로 A_xB_{2x}는 A_4B_8이고, $x=4$이다. (다)에서 전체 기체의 부피가 $10V$ L이므로 전체 기체의 양(mol)은 $10n$ mol이고 A_yB_x $2w$ g의 양은 $7n$ mol이다. (나)에 들어 있는 기체는 A_2B_4 $2n$ mol, A_4B_8 n mol이고, (다)에 들어 있는 기체는 A_2B_4 $2n$ mol, A_4B_8 n mol, A_yB_4 $7n$ mol이므로 실린더 속 기체 1 g에 들어 있는 A 원자 수 비는 (나) : (다)$=\frac{2\times2n+4\times n}{w+w}:\frac{2\times2n+4\times n+y\times7n}{w+w+2w}=16:15$이므로 $y=1$이다. 따라서 (가)의 실린더 속 기체의 단위 부피당 B 원자 수는 $\frac{2n\times4}{2V}=\frac{4n}{V}$에 비례하고, (다)의 실린더 속 기체의 단위 부피당 A 원자 수는 $\frac{2n\times2+n\times4+7n\times1}{10V}=\frac{3n}{2V}$에 비례하므로 $\frac{\text{(다)의 실린더 속 기체의 단위 부피당 A 원자 수}}{\text{(가)의 실린더 속 기체의 단위 부피당 B 원자 수}}=\frac{3n}{2V}\times\frac{V}{4n}=\frac{3}{8}$이다.

19. 중화 반응에서의 양적 관계

(가)의 액성이 염기성이므로 (가)에 존재하는 음이온은 A^{2-}, B^-, OH^-이고, 혼합 전과 후 각 용액에 존재하는 이온의 종류와 양(mol)×1000은 다음과 같다.

혼합 전	x M $NaOH(aq)$ V_1 mL	Na^+: xV_1, OH^-: xV_1
	0.1 M $H_2A(aq)$ 40 mL	H^+: 8, A^{2-}: 4
	0.1 M $HB(aq)$ V_2 mL	H^+: $0.1V_2$, B^-: $0.1V_2$
혼합 후		Na^+: xV_1, OH^-: $xV_1-(8+0.1V_2)$, A^{2-}: 4, B^-: $0.1V_2$

따라서 (가)에서 모든 이온의 양(mol)×1000은 $2xV_1-4$이고, 모든 음이온의 몰 농도의 합은 $\frac{xV_1-4}{V_1+V_2+40}$이다.

(가)의 액성은 염기성이며, (나)에서 사용된 염기 수용액의 부피는 (가)에서보다 크고, 산 수용액의 부피는 (가)에서보다 작으므로 (나)의 액성 또한 염기성이다. (나)에 존재하는 음이온은 A^{2-}, OH^-이고, 혼합 전과 후 각 용액에 존재하는 이온의 종류와 양(mol)×1000은 다음과 같다.

혼합 전	x M $NaOH(aq)$ $2V_1$ mL	Na^+: $2xV_1$, OH^-: $2xV_1$
	0.1 M $H_2A(aq)$ 20 mL	H^+: 4, A^{2-}: 2
	0.1 M $HB(aq)$ 0 mL	H^+: 0, B^-: 0
혼합 후		Na^+: $2xV_1$, OH^-: $2xV_1-4$, A^{2-}: 2

따라서 (나)에서 모든 이온의 양(mol)×1000은

$4xV_1-2$이고, 모든 음이온의 몰 농도(M)의 합은 $\frac{2xV_1-2}{2V_1+20}$이다. 모든 이온 수의 비는 (가) : (나) $=(2xV_1-4):(4xV_1-2)=8:19$이므로 $xV_1=10$이다. 따라서 (나)에서 모든 음이온의 몰 농도(M)의 합은 $\frac{2xV_1-2}{2V_1+20}=\frac{(2\times10)-2}{2V_1+20}$ $=\frac{18}{2V_1+20}=\frac{3}{20}$이므로 $V_1=50$이고, $x=0.2$이다. 한편 모든 음이온의 몰 농도 합의 비는 (가) : (나)$=\frac{xV_1-4}{V_1+V_2+40}:\frac{2xV_1-2}{2V_1+20}=\frac{6}{V_2+90}$ $:\frac{18}{120}=2:5$이므로 $V_2=10$이다.

따라서 $x\times\frac{V_2}{V_1}=0.2\times\frac{10}{50}=\frac{1}{25}$이다.

20. 기체 반응에서의 양적 관계

Ⅱ에서 반응 후 $\frac{\text{전체 기체의 양(mol)}}{\text{C}(g)\text{의 양(mol)}}=1$이므로 A와 B는 모두 반응하고 반응 후 용기에는 C만 존재한다. Ⅱ에서 A와 B가 모두 반응하고, Ⅰ에서 B의 질량이 Ⅱ에서보다 작으므로 Ⅰ에서는 B가 모두 반응한다.

A $5w$ g을 m mol, B w g을 n mol이라고 할 때 Ⅰ에서는 B n mol이 반응하고, Ⅱ에서는 B $4n$ mol이 반응한다면 Ⅰ과 Ⅱ에서 화학 반응의 양적 관계는 다음과 같다.

Ⅰ	반응식	aA(g)	+ B(g)	⟶ 2C(g)
	반응 전(mol)	m	n	
	반응(mol)	$-an$	$-n$	$+2n$
	반응 후(mol)	$m-an$	0	$2n$

Ⅱ	반응식	aA(g)	+ B(g)	⟶ 2C(g)
	반응 전(mol)	m	$4n$	
	반응(mol)	$-4an$	$-4n$	$+8n$
	반응 후(mol)	$m-4an$	0	$8n$

Ⅱ에서는 A도 모두 반응하므로 $m-4an=0$에서 $m=4an$이다. Ⅰ에서 반응 후 $\frac{\text{전체 기체의 양(mol)}}{\text{C}(g)\text{의 양(mol)}}$ $=\frac{m-an+2n}{2n}=\frac{3an+2n}{2n}=4$이므로 $a=2$이고, $m=8n$이다.

Ⅲ에서 화학 반응의 양적 관계는 다음과 같다.

Ⅲ	반응식	2A(g)	+ B(g)	⟶ 2C(g)
	반응 전(mol)	$8n$	$6n$	
	반응(mol)	$-8n$	$-4n$	$+8n$
	반응 후(mol)	0	$2n$	$8n$

반응 후 $\frac{\text{전체 기체의 양(mol)}}{\text{C}(g)\text{의 양(mol)}}=\frac{2n+8n}{8n}=\frac{5}{4}$ $=x$이다.

질량 보존 법칙에 의해 Ⅱ에서 반응 후 C의 질량은 $5w$ g$+4w$ g$=9w$ g이다. 따라서 Ⅱ에서 반응 질량비는 A : C$=5w:9w=5:9$이고, 반응 몰비는 반응 계수비와 같은 A : C$=1:1$이므로 분자량비는 A : C$=\frac{5}{1}:\frac{9}{1}=5:9$이다.

따라서 $x\times\frac{\text{C의 분자량}}{\text{A의 분자량}}=\frac{5}{4}\times\frac{9}{5}=\frac{9}{4}$이다.

2회 2025학년도 9월 모평

1. ④	2. ⑤	3. ②	4. ⑤	5. ①
6. ④	7. ①	8. ③	9. ③	10. ④
11. ②	12. ⑤	13. ⑤	14. ①	15. ①
16. ④	17. ③	18. ②	19. ⑤	20. ①

1. 탄소 화합물의 이용

ㄱ. 메테인(CH_4)은 탄소(C)를 중심으로 수소(H)가 공유 결합되어 있으므로 탄소 화합물이다.

ㄴ. 메테인(CH_4)의 연소 반응이 일어나면 열과 빛이 발생하므로 메테인의 연소 반응은 발열 반응이다.

ㄷ. 에탄올(C_2H_5OH)이 증발할 때 피부로부터 열을 흡수하므로 피부가 시원해진다. 따라서 에탄올(C_2H_5OH)이 증발하는 반응은 주위로부터 열을 흡수하는 흡열 반응이다.

2. 화학 반응식과 화학 결합 모형

ㄱ. X(s)는 금속 결합 물질이므로 외부에서 힘을 가하면 부서지지 않고 넓게 펴지는 전성(펴짐성)이 있다.

ㄴ. XY는 금속 원소와 비금속 원소로 이루어진 이온 결합 물질이다.

ㄷ. X의 안정한 이온은 X^+이고, 네온의 전자 배치를 이루는 O의 이온은 O^{2-}이다. 이때 이온 결합 물질은 전기적으로 중성이므로 X와 O는 2 : 1로 결합하여 안정한 화합물을 형성한다.

3. 화학 반응식과 양적 관계

$aSiH_4+bHBr\longrightarrow cSiBr_4+dH_2$

반응 전과 후 원자의 종류와 수가 같으므로 Si에서 $a=c$, H에서 $4a+b=2d$, Br에서 $b=4c$이다. $a=1$이라고 하면 $b=4$, $c=1$, $d=4$이므로 화학 반응식은 다음과 같다.

$SiH_4+4HBr\longrightarrow SiBr_4+4H_2$

SiH_4의 분자량은 32이므로 SiH_4 64 g은 2 mol이다. 화학 반응식에서 SiH_4와 H_2의 반응 계수비가 1 : 4이므로 SiH_4 2 mol이 반응하면 생성되는 H_2의 양(mol)은 8 mol이다. H_2의 양(mol)$=\frac{H_2\text{의 질량(g)}}{H_2\text{의 분자량}}$이고, H_2의 분자량은 2이므로 H_2의 질량은 8 mol×2 g/mol$=16$ g이다. 따라서 $x=16$이다.

4. 화학 결합에 따른 물질의 성질

ㄱ. 학생 X는 KCl에 대해 KCl(s), KCl(aq)으로 전기 전도성 유무를 확인하는 실험을 수행하고, $C_6H_{12}O_6$에 대해 $C_6H_{12}O_6(s)$, $C_6H_{12}O_6(aq)$으로 전기 전도성 유무를 확인하는 실험을 수행하여 얻은 결과로 가설이 옳다는 결론에 도달하였다. 이때 학생 X의 결론이 타당하므로 ㉠은 '수용액'이 적절하다.

ㄴ. A는 고체 상태에서는 전기 전도성이 없지만 수용액 상태에서는 전기 전도성이 있으므로 이온 결합 물질인 KCl이다.

ㄷ. B는 고체 상태와 수용액 상태에서 모두 전기 전도성이 없으므로 공유 결합 물질인 $C_6H_{12}O_6$이다.

5. 분자의 구조와 극성에 따른 분류

ㄱ. (가)에 해당하는 분자는 NF_3와 OF_2 2가지이다.

ㄴ. (나)에 해당하는 분자는 CO_2이고, CO_2에는 극성 공유 결합만 있다.

ㄷ. (다)에 해당하는 분자는 NH_3이고, NH_3의 분자 구조는 삼각뿔형이므로 결합의 극성이 상쇄되지 않는다. 따라서 분자의 쌍극자 모멘트는 0이 아니다.

6. 상평형

ㄱ. t_1일 때 $H_2O(l)$과 $H_2O(g)$는 동적 평형 상태에 도달하므로 t_1일 때까지 증가하다가 이후 일정해지는 ㉠은 $H_2O(g)$이다.

ㄴ. (가)의 Ⅲ은 동적 평형 상태인 t_1일 때이므로 Ⅱ는 동적 평형에 도달하기 이전 상태이다. 따라서 $H_2O(l)$의 증발 속도가 $H_2O(g)$의 응축 속도보다 크므로 Ⅱ에서 H_2O의 $\frac{\text{증발 속도}}{\text{응축 속도}}>1$이다.

ㄷ. 동적 평형 상태인 t_1일 때 $H_2O(l)$이 $H_2O(g)$로 되는 증발과 $H_2O(g)$가 $H_2O(l)$로 되는 응축이 같은 속도로 일어난다.

7. 양자수와 오비탈

바닥상태 질소(N) 원자의 전자 배치는 $1s^22s^22p^3$이므로 (가)~(다)는 각각 $1s$, $2s$, $2p$ 중 하나이다. $1s$, $2s$, $2p$ 오비탈의 $n+l$는 각각 1, 2, 3이다. $n+l$는 (나)$=$(다)$>$(가)이므로 (나)와 (다)는 $n+l$가 같다. 따라서 모두 $2p$ 오비탈이고, (가)는 $1s$ 오비탈과 $2s$ 오비탈 중 하나이다. $1s$, $2s$ 오비탈의 m_l는 0이고, $2p$ 오비탈의 m_l는 -1, 0, $+1$이므로 $n-m_l$는 $1s$ 오비탈이 1, $2s$ 오비탈이 2, $2p$ 오비탈이 1, 2, 3이다. $n-m_l$는 (다)$>$(나)$>$(가)이므로 (나)의 $n-m_l$가 1이면 (가)의 $n-m_l$는 0이어야 하므로 모순이다. 따라서 (나)의 $n-m_l=2$이고, (다)의 $n-m_l=3$이며, (가)의 $n-m_l=1$이므로 (가)는 $1s$, (나)는 $m_l=0$인 $2p$, (다)는 $m_l=-1$인 $2p$이다.

ㄱ. (가)는 $1s$, (나)와 (다)는 $2p$이다.

ㄴ. (가)~(다)의 m_l는 각각 0, 0, -1이다.

ㄷ. N와 같이 다전자 원자는 오비탈의 에너지 준위가 $2p>2s>1s$이다. (나)와 (다)는 모두 $2p$이므로 에너지 준위는 (나)와 (다)가 같다.

8. 분자의 구조

ㄱ. W~Z는 각각 C, F, O, N이다.

ㄴ. (가) CF_4의 분자 모양은 정사면체형이고, (다) FCN의 분자 모양은 직선형이므로 결합각은 (다)>(가)이다.

ㄷ. (나) COF_2의 분자 모양은 평면 삼각형이다.

9. 산화수 변화와 산화 환원 반응식

X와 Y의 산화물에서 O의 산화수가 -2이므로 YO_3^{m-}에서 Y의 산화수를 y라고 하면 $y=6-m$이고, XO_m에서 X의 산화수를 x라고 하면 $x=2m$이다. 이때 반응물에서 Y의 산화수와 생성물에서 X의 산화수가 같으므로 $6-m=2m$이고, $m=2$이다. 따라서 산화 환원 반응식을 나타내면 다음과 같다.

$$aXO_4^-+bYO_3^{2-}+cH_2O\longrightarrow aXO_2+bYO_4^{2-}+dOH^-$$

X의 산화수는 XO_4^-에서 $+7$이고, XO_2에서 $+4$이므로 전체 산화수는 $3a$만큼 감소한다. 한편 Y의 산화수는 YO_3^{2-}에서 $+4$이고 YO_4^{2-}에서 $+6$이므로 전체 산화수는 $2b$만큼 증가한다. 산화제의 감소한 산화수 합과 환원제의 증가한 산화수 합이 같아야 하

므로 $a:b=2:3$이다. $a=2$, $b=3$이라 가정하고 산화 환원 반응식을 나타내면 다음과 같다.

$$2XO_4^- + 3YO_3^{2-} + cH_2O \longrightarrow$$
$$2XO_2 + 3YO_4^{2-} + dOH^-$$

이때 산화수 변화가 없는 H, O 원자 수는 반응 전후 같으므로 O 원자 수에 의해 $8+9+c=4+12+d$이고, H 원자 수에 의해 $2c=d$이다. 이 두 식을 풀면 $c=1$, $d=2$이므로 $\dfrac{b+c}{a+d} = \dfrac{3+1}{2+2} = 1$이다.

10. 순차 이온화 에너지

ㄱ. F, Na, Mg, Al 중 비금속 원소는 F이고, 금속 원소는 Na, Mg, Al이다. (가)에서 ⊙이 $\dfrac{\text{이온 반지름}}{\text{원자 반지름}}$이면 X와 Y는 비금속 원소이어야 하는데, W~Z에는 비금속 원소가 1가지이므로 모순이다. 따라서 ⊙은 $\dfrac{\text{원자 반지름}}{\text{이온 반지름}}$이며, W는 비금속 원소인 F이고, X와 Y는 금속 원소이다. X~Z는 각각 Na, Mg, Al 중 하나이고, $\dfrac{E_2}{E_1}$는 Na>Al>Mg이 므로 (나)에서 X~Z는 각각 Al, Mg, Na이다.

ㄴ. 같은 주기에서 원자 번호가 클수록 원자가 전자가 느끼는 유효 핵전하가 크다. 원자 번호는 X(Al)>Y(Mg)이므로 원자가 전자가 느끼는 유효 핵전하는 X>Y이다.

ㄷ. 원자가 전자 수는 Y(Mg)가 2이고, Z(Na)가 1이므로 Y>Z이다.

11. 분자의 구조

(가)는 X 원자 사이의 결합은 단일 결합이고, X 원자에 비공유 전자쌍이 1개 있는 N_2H_4이고, (나)는 Y 원자 사이의 결합은 3중 결합이고, 비공유 전자쌍이 없는 C_2H_2이다. 이로부터 (다)는 H_2O_2이다.

ㄱ. (가)는 N_2H_4이므로 X는 N이다.

ㄴ. 공유 전자쌍 수는 (나) C_2H_2가 5이고, (다) H_2O_2가 3이므로 공유 전자쌍 수는 (나)>(다)이다.

ㄷ. (다) H_2O_2에서 구성 원자 사이의 결합은 모두 단일 결합이므로 다중 결합이 없다.

12. 전자 배치와 원자의 규칙성

(가)와 (나)가 각각 s 오비탈, p 오비탈이라면 $\dfrac{p \text{ 오비탈에 들어 있는 전자 수}}{s \text{ 오비탈에 들어 있는 전자 수}}$는 Y가 $\dfrac{2}{3}$이고, 이에 해당하는 원소가 2, 3주기에는 없으므로 모순이다. 따라서 (가)와 (나)는 각각 p 오비탈, s 오비탈이고, $\dfrac{p \text{ 오비탈에 들어 있는 전자 수}}{s \text{ 오비탈에 들어 있는 전자 수}}$는 X가 1, Y가 $\dfrac{3}{2}$, Z가 $\dfrac{3}{2}$이다. 이를 통해 X는 O, Mg 중 하나이고, Y와 Z는 각각 Ne, P 중 하나이다. O, Mg, Ne, P의 전자가 들어 있는 오비탈의 $n-l$ 중 가장 큰 값은 각각 2, 3, 2, 3이고, 전자가 들어 있는 오비탈의 $n-l$ 중 가장 큰 값인 오비탈은 각각 $2s$, $3s$, $2s$, $3s$이다. 따라서 각 원자에서 전자가 들어 있는 오비탈의 $n-l$ 중 가장 큰 값은 Y>X=Z이므로 X는 O, Y는 P, Z는 Ne이다.

ㄱ. X(O)와 Z(Ne)는 2주기 원소이다.

ㄴ. 홀전자 수는 Y(P)가 3, Z(Ne)가 0이다.

ㄷ. X(O)의 바닥상태 전자 배치는 $1s^2 2s^2 2p^4$이므로

전자가 2개 들어 있는 오비탈 수는 3이다. Y(P)의 바닥상태 전자 배치는 $1s^2 2s^2 2p^6 3s^2 3p^3$이므로 전자가 2개 들어 있는 오비탈 수는 6이다. 따라서 전자가 2개 들어 있는 오비탈 수는 Y가 X의 2배이다.

13. 중화 적정 실험

ㄱ. 농도를 정확히 알고 있는 표준 용액을 넣어 사용하는 실험 기구는 뷰렛이므로 '뷰렛'은 ⊙으로 적절하다.

ㄴ. 실험 결과 (나)의 삼각 플라스크에 들어 있는 CH_3COOH을 완전 중화시키는 데 사용된 0.2 M $KOH(aq)$의 부피가 10 mL이므로 (나)의 삼각 플라스크에 들어 있는 CH_3COOH의 양은 0.2 mol/L $\times$ 0.01 L $= 2 \times 10^{-3}$ mol이다.

ㄷ. 과정 (나)에서 $CH_3COOH(aq)$의 부피는 20 mL이고, 수용액 속 CH_3COOH의 양이 2×10^{-3} mol이므로 몰 농도는 0.1 M이다. 한편 과정 (나)의 $CH_3COOH(aq)$은 식초 A를 $\dfrac{1}{10}$로 희석한 용액이 므로 식초 A의 $CH_3COOH(aq)$의 몰 농도는 1 M이다. 따라서 식초 A 1 L, 즉 $1000d$ g에 들어 있는 CH_3COOH의 양은 1 mol이고, 질량은 60 g이므로 식초 A 1 g에 들어 있는 CH_3COOH의 질량은 $\dfrac{60}{1000d}$ g $= \dfrac{3}{50d}$ g이다.

14. 동위 원소와 평균 원자량

X의 평균 원자량은 $\dfrac{70 \times (8m-n) + 30 \times (8m+n)}{100}$ $= 8m - \dfrac{2}{5}$에서 $n=1$이다. 또 XY_2의 화학식량은 X의 평균 원자량 $+ 2 \times$ (Y의 평균 원자량)이므로 $8m - \dfrac{2}{5} + 2 \times \left(4m + \dfrac{7}{2}\right) = 134.6$에서 $m=8$이 다. Y의 동위 원소는 ^{35}Y, ^{37}Y이므로 평균 원자량은 $\dfrac{a \times 35 + b \times 37}{100} = 35.5$이고, $a+b=100$이다. 이 식을 풀면 $a=75$, $b=25$이다. 따라서 $\dfrac{a}{m+n}$ $= \dfrac{75}{8+1} = \dfrac{25}{3}$이다.

15. 산화수 변화와 산화 환원 반응식, 산화제와 환원제

ㄱ. (나)와 (다)에서 넣어 준 B(s), C(s)는 각각 A^+과 반응하여 B^{b+}, C^{c+}으로 되므로 A^+은 자신이 환원되면서 다른 물질을 산화시키는 산화제로 작용한다.

ㄴ. (가)의 수용액에 들어 있는 A^+의 양이 $16N$ mol이고, (나)의 수용액에 들어 있는 전체 양이온의 양이 $8N$ mol, (다)의 수용액에 들어 있는 전체 양이온의 양이 $7N$ mol이므로 반응할 때 전체 양이온의 양(mol)이 감소한다. 따라서 b와 c는 각각 2 이상의 서로 다른 자연수이다.

$b=2$라고 가정하면, 반응 몰비는 $A^+ : B^{b+} = 2 : 1$이며, (나)의 수용액에 들어 있는 B^{b+}의 양을 xN mol이라고 하면 반응한 A^+의 양은 $2xN$ mol이고, 반응 후 남은 A^+의 양은 $(16-2x)N$ mol이다. 이때 전체 양이온의 양이 $(16-2x)N$ mol $+ xN$ mol $= 8N$ mol이므로 $16-x=8$이고, $x=8$이 되어 모순이다.

$b=3$이라고 가정하면, 반응 몰비는 $A^+ : B^{b+} = 3 : 1$이며, (나)의 수용액에 들어 있는 B^{b+}의 양을 xN

mol이라고 하면 반응한 A^+의 양은 $3xN$ mol이고, 반응 후 남은 A^+의 양은 $(16-3x)N$ mol이다. 이때 전체 양이온의 양이 $(16-3x)N$ mol $+ xN$ mol $= 8N$ mol이므로 $16-2x=8$이고, $x=4$이다. 따라서 (나)에서 수용액 속 A^+의 양은 $4N$ mol, B^{b+}의 양은 $4N$ mol이 되어 타당하다. b와 c는 서로 다른 자연수이고, $b=3$이므로 $c=2$이다. 따라서 $b:c=3:2$이다.

ㄷ. (다)에서 반응하여 생성된 $C^{c+}(C^{2+})$의 양을 yN mol이라고 하면, 반응한 A^+의 양은 $2yN$ mol이고, 전체 양이온의 양은 $(4-2y)N$ mol $+ 4N$ mol $+ yN$ mol $= 7N$ mol이므로 $y=1$이다. 따라서 (다) 과정 후 A^+의 양은 $2N$ mol이다.

16. 몰 농도

(가)와 (나)의 몰 농도가 각각 $3a$ M, $5a$ M이므로 (가)와 (나)에서 1 L에 녹아 있는 A의 양(mol)은 각각 $3a$ mol, $5a$ mol이다. (가)와 (나)의 밀도는 각각 1.1 g/mL, 1.2 g/mL이므로 (가)와 (나)에서 수용액 1 L의 질량은 각각 1100 g($= 1.1$ g/mL $\times$ 1000 mL), 1200 g($= 1.2$ g/mL $\times$ 1000 mL) 이다. A의 화학식량이 40이므로 (가)에 녹아 있는 A의 질량은 $3a$ mol $\times 40 = 120a$ g이고, (나)에 녹아 있는 A의 질량은 $5a$ mol $\times 40 = 200a$ g이다. (가) 1 L에 들어 있는 물의 질량은 $(1100 - 120a)$ g이고, (나) 1 L에 들어 있는 물의 질량은 $(1200 - 200a)$ g이다. (가)와 (나)에서 용매의 종류는 같으므로 용매의 양(mol)과 용매의 질량은 비례한다. $\dfrac{\text{용매의 양(mol)}}{\text{용질의 양(mol)}}$은 $\dfrac{\text{용매의 질량(g)}}{\text{용질의 양(mol)}}$에 비례하므로 (가)와 (나)에서 $\dfrac{\text{용매의 질량(g)}}{\text{용질의 양(mol)}}$의 비는 (가) : (나)$= \dfrac{1100 - 120a}{3a} : \dfrac{1200 - 200a}{5a} = 2k : k = 2$: 1이다. 따라서 $a = \dfrac{17}{6}$이다.

17. 물의 자동 이온화와 pH

(가)의 pH를 a라고 하면 pOH는 $14-a$이고, pH는 (다)가 (가)의 3배이므로 (다)의 pH는 $3a$이고 pOH 는 $14-3a$이다. 이때 $\dfrac{\text{pH}}{\text{pOH}}$는 (가) : (다)$= 2 : 9$이 므로 $\dfrac{a}{14-a} : \dfrac{3a}{14-3a} = 2 : 9$이고, $a=2$이다.

ㄱ. (가)의 pH$=2$이므로 x M $HCl(aq)$ 10 mL의 $[H_3O^+]=0.01$ M이다. 따라서 $x=0.01$이다.

ㄴ. (가)의 pH$=2$, pOH$=12$이므로 $\dfrac{\text{pH}}{\text{pOH}} = \dfrac{1}{6}$이 고, $\dfrac{\text{pH}}{\text{pOH}}$는 (나)가 (가)의 2배이므로 (나)의 $\dfrac{\text{pH}}{\text{pOH}}$ $= \dfrac{1}{3}$이다. (나)의 pH를 b라고 하면 pOH는 $14-b$ 이고, $\dfrac{\text{pH}}{\text{pOH}} = \dfrac{b}{14-b} = \dfrac{1}{3}$이므로 $b=3.5$이다. 이 때 (나)는 (가)에 물을 추가한 용액이므로 용질의 양 (mol)은 일정하다. 따라서 (나)의 부피를 V mL라 고 하면 $10^{-2} \times 10 = 10^{-3.5} \times V$에서 $V = 10^{2.5}$ mL 이다. 따라서 수용액의 부피는 (나)가 (가)의 10배보 다 크다.

ㄷ. (다)의 pH는 6이므로 $[H_3O^+]=10^{-6}$ M이다. 따라서 (다) 100 mL에서 H_3O^+의 양(mol)은 10^{-6} mol/L$\times$0.1 L$=10^{-7}$ mol이다.

18. 몰과 부피

(나)에서 $X_{3a}Y_{2b}$의 양(mol)을 x mol이라고 하면 기체의 양(mol)과 부피가 비례하므로 (가)와 (나)에 들어 있는 기체의 부피비는 (가) : (나)$=(n+3):(2n+x)=11V$ L : $14V$ L$=11:14$에서 $8n+11x=42$(①식)이다. (가)와 (나)에서 Y의 질량은 같으므로 (가)와 (나)에 들어 있는 Y 원자의 양(mol)은 같다. 따라서 $(n\times2b)+(3\times3b)=(2n\times2b)+(x\times2b)$에서 $2n+2x=9$(②식)이다. ①식과 ②식을 풀면 $n=2.5$, $x=2$이다. (가)에 들어 있는 $X_{2a}Y_b$와 $X_{2a}Y_{3b}$의 양(mol)은 각각 2.5 mol, 3 mol이므로 (가)에서

$$\frac{\text{X 원자 수}}{\text{전체 원자 수}}=\frac{2.5\times2a+3\times2a}{2.5\times(2a+2b)+3\times(2a+3b)}$$

$=\frac{11}{39}$에서 $2a=b$이다.

X와 Y의 원자량을 각각 M_X, M_Y라고 하면, X_aY_{2b}의 분자량은 aM_X+2bM_Y이고, $X_{3a}Y_{2b}$의 분자량은 $3aM_X+2bM_Y$이다. (나)에서 X_aY_{2b}와 $X_{3a}Y_{2b}$의 양(mol)은 각각 5 mol, 2 mol이고, $2a=b$이며, X_aY_{2b}와 $X_{3a}Y_{2b}$의 질량이 같으므로 $5\times(aM_X+2bM_Y)=2\times(3aM_X+2bM_Y)$에서 $M_X=12M_Y$이다.

따라서 $\dfrac{\text{X의 원자량}}{\text{Y의 원자량}}\times\dfrac{b}{a}=12\times2=24$이다.

19. 중화 반응에서의 양적 관계

(가)~(다) 수용액에서 혼합 전 각 용액에 들어 있는 이온의 종류와 양(mol)$\times$1000은 다음과 같다.

용액	x M $H_2A(aq)$	y M $NaOH(aq)$
(가)	H^+: $20x$, A^{2-}: $10x$	Na^+: $30y$, OH^-: $30y$
(나)	H^+: $40x$, A^{2-}: $20x$	Na^+: $20y$, OH^-: $20y$
(다)	H^+: $60x$, A^{2-}: $30x$	Na^+: $10y$, OH^-: $10y$

(가)는 염기성, (다)는 산성이므로 (가)와 (다)에서 혼합 후 수용액에 존재하는 이온의 종류와 양(mol)$\times$1000은 다음과 같다.

혼합 용액	H^+	A^{2-}	Na^+	OH^-	모든 이온
(가)	0	$10x$	$30y$	$30y$ $-20x$	$60y$ $-10x$
(다)	$60x$ $-10y$	$30x$	$10y$	0	$90x$

$\dfrac{A^{2-}\text{의 양(mol)}}{\text{모든 이온의 양(mol)}}$ 은 (가)에서 $\dfrac{10x}{60y-10x}$이고,

(다)에서 $\dfrac{30x}{90x}$이므로 $\dfrac{A^{2-}\text{의 양(mol)}}{\text{모든 이온의 양(mol)}}$의 비는

(가) : (다)$=\dfrac{10x}{60y-10x}:\dfrac{30x}{90x}=3:8$에서 $x=\dfrac{2}{3}$

y이다. (나)에서 혼합 전과 후 수용액에 존재하는 이온의 종류와 양(mol)$\times$1000은 다음과 같다.

	H^+	A^{2-}	Na^+	OH^-	모든 이온
혼합 전	$40x$	$20x$	$20y$ $=30x$	$20y$ $=30x$	
혼합 후	$10x$	$20x$	$30x$	0	$60x$

이로부터 (나)는 산성이고, A^{2-}의 양(mol)$\times$1000은 $20x$이며, 모든 이온의 양(mol)$\times$1000은 $60x$이므로 (나)에서 $\dfrac{A^{2-}\text{의 양(mol)}}{\text{모든 이온의 양(mol)}}$의 실젯값은 $\dfrac{1}{3}$이다. (다)에서 $\dfrac{A^{2-}\text{의 양(mol)}}{\text{모든 이온의 양(mol)}}$의 실젯값도 $\dfrac{1}{3}$이므로 $a=8$이다. 따라서 $a\times\dfrac{y}{x}=8\times\dfrac{3}{2}=12$이다.

20. 기체 반응에서의 양적 관계

(가) → (나)에서 A(g)가 모두 반응하고, (나) → (다)에서 B(g)가 모두 반응한다. 질량 보존 법칙에 의해 실린더에 들어 있는 기체의 질량은 (가)에서와 (나)에서가 같다. 이때 부피$=\dfrac{\text{질량}}{\text{밀도}}$이므로 (가)와 (나)에서 실린더 속 기체의 부피비는 (가) : (나)$=\dfrac{4}{3w}:\dfrac{1}{w}$ $=4:3$이다. 따라서 (나)에서 실린더 속 기체의 부피는 $3V$ L이다. (가)에서 A(g)와 B(g)의 양(mol)을 각각 $2a$ mol, b mol이라고 하면 (가) → (나)에서 화학 반응의 양적 관계를 구하면 다음과 같다.

반응식	2A(g)	+ B(g)	⟶ 2C(g)
반응 전(mol)	$2a$	b	
반응(mol)	$-2a$	$-a$	$+2a$
반응 후(mol)	0	$b-a$	$2a$

(가)와 (나)에서 실린더 속 기체의 부피비는 (가) : (나)$=(2a+b):(b+a)=4V:3V=4:3$에서 $2a=b$이다. (나)에서 실린더에 B(g) a mol, C(g) $2a$ mol이 있고, (나)에서 실린더 속 기체의 부피가 $3V$ L이므로 기체 a mol의 부피는 V L이다. (나) → (다)에서 추가한 A(g)의 양을 x mol이라고 하면 (나) → (다)에서 화학 반응의 양적 관계를 구하면 다음과 같다.

반응식	2A(g)	+ B(g)	⟶ 2C(g)
반응 전(mol)	x	a	$2a$
반응(mol)	$-2a$	$-a$	$+2a$
반응 후(mol)	$x-2a$	0	$4a$

(다)에서 실린더 속 기체의 부피는 $6V$ L이므로 실린더 속 기체의 양은 $6a$ mol이다. 따라서 $x-2a+4a=6a$, $x=4a$이므로 (다)에서 A(g) $2a$ mol의 질량은 $3w$ g이다. (가)에서 실린더에 A(g) $2a$ mol이 있으므로 실린더 속 기체의 질량은 $3w$ g$+1.5w$ g$=4.5w$ g이다. 따라서 (가)에서 실린더 속 전체 기체의 밀도는 $\dfrac{\text{질량}}{\text{부피}}=\dfrac{4.5w}{4V}=\dfrac{3w}{4}$, $V=\dfrac{3}{2}$이다. (가) → (나)에서 A(g) $3w$ g과 B(g) $\dfrac{3w}{4}$ g $\left(=\dfrac{1.5w}{2}\text{ g}\right)$이 반응하여 C(g) $\dfrac{15w}{4}$ g$\left(=3w\text{ g}+\dfrac{1.5w}{2}\text{ g}\right)$이 생성된다. 화학 반응식에서 A(g)~C(g)의 반응 계수비가 2 : 1 : 2이므로 A~C의 분자량비는 A : B : C$=\dfrac{3w}{2}:\dfrac{3w}{4}:\dfrac{15w}{8}=4:2:5$이다.

따라서 $V\times\dfrac{\text{A의 분자량}}{\text{C의 분자량}}=\dfrac{3}{2}\times\dfrac{4}{5}=\dfrac{6}{5}$이다.

3회 **2025학년도 11월 수능**

1. ⑤	2. ④	3. ③	4. ②	5. ①
6. ③	7. ①	8. ⑤	9. ⑤	10. ②
11. ⑤	12. ①	13. ⑤	14. ⑤	15. ③
16. ②	17. ④	18. ④	19. ②	20. ⑤

1. 탄소 화합물의 이용

ㄱ. 아세트산의 수용액과 KOH(aq)의 중화 반응은 열이 발생하므로 발열 반응이다.

ㄴ. 연료와 산소가 반응하는 연소 반응은 열이 발생하므로 발열 반응이다.

ㄷ. (가)와 (나)는 모두 C 원자를 중심으로 H, O 원자가 공유 결합하고 있으므로 탄소 화합물이다.

2. 화학 결합 모형

X(s)는 전성(펴짐성)이 있으므로 금속 원소이고, Y는 원자가 전자 수가 7이므로 주기율표의 17족에 속하는 할로젠이다. Y의 원자가 전자 수는 7이고, 바닥상태 전자 배치에서 홀전자 수가 1이다. 이때 바닥상태 전자 배치에서 홀전자 수는 Y>X이므로 X의 홀전자 수는 0이다. 이로부터 X는 3주기 2족 원소이므로 X와 Y로 이루어진 안정한 화합물은 X^{2+}과 Y^-이 1 : 2로 결합한 이온 결합 물질이며, X^{2+}의 전자 배치는 네온(Ne)과 같고, Y^-의 전자 배치는 아르곤(Ar)과 같다.

3. 이온 결합 물질의 성질

K^+과 X^-은 1 : 1로 결합하여 (가)를 형성하므로 (가) 1 mol에 들어 있는 전체 이온의 양은 2 mol이고, ㉠은 2이다. 한편 (가)를 구성하는 K^+ 1 mol에 들어 있는 전자의 양은 18 mol이므로 X^- 1 mol에 들어 있는 전자의 양은 10 mol이다. 이로부터 X 1 mol의 전자의 양은 9 mol이므로 X는 원자 번호가 9인 F이다. K^+과 Y^-은 1 : 1로 결합하여 (나)를 형성하므로 (나) 1 mol에 들어 있는 K^+과 Y^-의 양은 각각 1 mol이고, K^+ 1 mol에 들어 있는 전자의 양은 18 mol이므로 Y^- 1 mol에 들어 있는 전자의 양도 18 mol이다. 이로부터 Y는 원자 번호가 17인 Cl이다. Ca^{2+}과 O^{2-}은 1 : 1로 결합하여 (다)를 형성하므로 (다) 1 mol에 들어 있는 전체 이온의 양은 2 mol이다. 따라서 ㉡은 2이다.

ㄴ. ㉠과 ㉡은 모두 2이므로 ㉠=㉡이다.

ㄷ. Ca^{2+} 1 mol에 들어 있는 전자의 양은 18 mol이고, O^{2-} 1 mol에 들어 있는 전자의 양은 10 mol이므로 (다) 1 mol에 들어 있는 전체 전자의 양은 28 mol이다. 따라서 ㉢=28이다.

4. 화학 반응식과 반응 계수

$$aA_2(g)+bB(s)\longrightarrow cA_3B(g)$$

A 원자에서 $2a=3c$, B 원자에서 $b=c$이고, $a=3$이라고 하면 $b=c=2$이다.

$$3A_2(g)+2B(s)\longrightarrow 2A_3B(g)$$

A_2와 B의 화학식량은 각각 32, 32이므로 $A_2(g)$ 9.6 g의 양(mol)과 B(s) 9.6 g의 양(mol)은 모두 $\dfrac{9.6\text{ g}}{32}=0.3$ mol이다. 화학 반응에서 양적 관계를 구하면 다음과 같다.

반응식 $3A_2(g) + 2B(s) \longrightarrow 2A_3B(g)$

반응 전(mol)	0.3	0.3	
반응(mol)	−0.3	−0.2	+0.2
반응 후(mol)	0	0.1	0.2

반응 후 남은 $B(s)$의 양(mol)은 0.1 mol이다.

5. 상평형

ㄱ. $2t$일 때 $H_2O(l)$과 $H_2O(g)$는 동적 평형 상태에 도달하므로 t일 때는 동적 평형 상태에 도달하기 전이다. 따라서 t일 때 H_2O의 증발 속도가 응축 속도보다 크므로 A는 응축 속도, B는 증발 속도이다.

ㄴ. t일 때 $H_2O(l)$이 $H_2O(g)$로 증발되는 반응과 $H_2O(g)$가 $H_2O(l)$로 응축되는 반응은 모두 일어난다.

ㄷ. B(증발 속도)는 t일 때와 $2t$일 때가 같고, A(응축 속도)는 $2t$일 때가 t일 때보다 크므로 $\dfrac{B}{A}$는 t일 때가 $2t$일 때보다 크다.

6. 분자의 구조와 극성

(가)~(다)의 분자식은 각각 CH_2O, H_2O, HCN이다.

ㄱ. (가)~(다)는 모두 극성 분자이다.

ㄴ. 공유 전자쌍 수는 (가) CH_2O에서 4, (나) H_2O에서 2이므로 공유 전자쌍 수 비는 (가) : (나) = 2 : 1이다.

ㄷ. 분자 모양은 (나) H_2O이 굽은 형이고, (다) HCN가 직선형이므로 결합각은 (다)>(나)이다.

7. 분자의 모양

학생 A가 설정한 가설에 일치하는 3원자 분자인 BeF_2, CO_2는 모두 중심 원자에 비공유 전자쌍이 없고, 중심 원자에 결합한 원자 수가 2이며, 분자 모양이 직선형이다. 따라서 학생 A가 설정한 가설에서 ㉠은 직선형이 적절하다. 이로부터 가설에 어긋나는 분자는 3원자 분자이면서 분자 모양이 직선형이 아닌 것이고, 3원자 분자에서 중심 원자에 비공유 전자쌍이 있는 분자의 모양은 직선형이 아니다.

8. 전기 음성도와 결합의 극성

ㄱ. 수소 원자와 할로젠에 있는 공유 전자쌍 수는 모두 1이므로 (가)와 (나)는 각각 HY, HZ 중 하나이고, Y와 Z는 할로젠인 F, Cl 중 하나이다. 이때 전기 음성도는 Y>Z이고, 구성 원소의 전기 음성도 차는 (가)>(나)이므로 (가)는 HY(HF)이고, (나)는 HZ(HCl)이다. 이때 X~Z는 C, F, Cl 중 하나이므로 X는 C이다. H_bX는 X(C) 원자 1개와 수소 원자 b개가 결합한 옥텟 규칙을 만족하는 분자인데, 공유 전자쌍 수가 4 또는 5가 되어야 하므로 (다)는 $H_bX(CH_4)$이다. 따라서 (라)는 H_aX_a이다. H_aX_a는 공유 전자쌍 수가 5이면서 구성 원자 수는 H와 C가 같으므로 가능한 분자는 $C_2H_2(H-C\equiv C-H)$이다. 이로부터 $a=2$이다.

ㄴ. (라) C_2H_2에는 C 원자 사이의 결합인 무극성 공유 결합이 있다.

ㄷ. H, Y, Z의 전기 음성도를 각각 h, y, z라고 하면 구성 원소의 전기 음성도 차는 (가)에서 $y-h$이고, (나)에서 $z-h$이다. 이로부터 $m=y-h$이고, $n=z-h$이므로 $m-n=(y-h)-(z-h)=y-z$이고, 이는 YZ에서 구성 원소의 전기 음성도 차와 같다.

9. 양자수와 오비탈

바닥상태 Mg 원자의 전자 배치에서 전자가 들어

있는 오비탈은 $1s$, $2s$, $2p$, $3s$이다. 각 오비탈의 $\dfrac{1}{n+m_l}$, $n+l+m_l$은 다음과 같다.

오비탈	$1s$	$2s$	$2p$			$3s$
			$m_l=-1$	$m_l=0$	$m_l=+1$	
$\dfrac{1}{n+m_l}$	1	$\dfrac{1}{2}$	1	$\dfrac{1}{2}$	$\dfrac{1}{3}$	$\dfrac{1}{3}$
$n+l+m_l$	1	2	2	3	4	3

(가)는 $m_l=+1$인 $2p$ 오비탈이고, (나)~(라)는 각각 $m_l=0$인 $2p$ 오비탈, $2s$ 오비탈, $m_l=-1$인 $2p$ 오비탈이다.

ㄱ. (가)는 $2p$ 오비탈이므로 $l=1$이다.

ㄴ. (나)와 (다)의 $m_l=0$이다.

ㄷ. 에너지 준위는 (라)($2p$ 오비탈)>(다)($2s$ 오비탈)이다.

10. 몰 농도

학생 A의 실험 과정 (가)에서 a M X(aq) 100 mL에 물을 넣어 부피가 2배로 증가하므로 몰 농도는 $\dfrac{1}{2}a$ M이다. Ⅰ의 몰 농도를 x M이라고 하면 (나)에서 혼합 용액에 들어 있는 용질의 양은 일정하므로 $\dfrac{1}{2}a$ M$\times 0.2$ L$+0.2$ M$\times 0.05$ L$=x\times(0.2$ L$+0.05$ L)이 성립한다. 따라서 $x=\dfrac{10a+1}{25}$이므로 Ⅰ의 몰 농도는 $\dfrac{10a+1}{25}$ M이다.

학생 B의 실험 과정 (가)에서 혼합 용액의 몰 농도를 y M이라고 하면 a M$\times 0.2$ L$+0.2$ M$\times 0.05$ L$=y$ M$\times(0.2$ L$+0.05$ L), $y=\dfrac{20a+1}{25}$이다. (나)에서 수용액에 물을 넣어 부피가 2배로 증가하므로 Ⅱ의 몰 농도는 $\dfrac{20a+1}{50}$ M이다.

Ⅰ과 Ⅱ의 몰 농도가 각각 $8k$ M, $7k$ M이므로 Ⅰ : Ⅱ$=\dfrac{10a+1}{25}:\dfrac{20a+1}{50}=8k:7k$, $a=\dfrac{3}{10}$이다. 이때 Ⅰ에서 $\dfrac{10a+1}{25}=8k$이므로 $k=\dfrac{1}{50}$이다.

따라서 $\dfrac{k}{a}=\dfrac{1}{50}\times\dfrac{10}{3}=\dfrac{1}{15}$이다.

11. 산화수 변화와 산화 환원 반응식

XO_4^{2-} $2N$ mol이 반응할 때 Y_2 $3N$ mol이 생성되므로 반응 계수비는 $a:d=2:3$이다.

$2XO_4^{2-}+6Y^-+cH^+ \longrightarrow 2X^{m+}+3Y_2+dH_2O$

X의 산화수는 XO_4^{2-}에서 $+6$이고, X^{m+}에서 $+m$이며, Y의 산화수는 Y^-에서 -1이고, Y_2에서 0이다. 이로부터 X의 전체 산화수는 $2\times(6-m)$ 감소이고, Y의 전체 산화수는 6 증가이며, 감소한 전체 산화수와 증가한 전체 산화수가 같으므로 $2\times(6-m)=6$, $m=3$이다. 산화수 변화가 없는 H, O 원자 수는 반응 전후 같으므로 O 원자 수에 의해 $d=8$이고, H 원자 수에 의해 $c=2d$이므로 $c=16$이다. 따라서 $m\times\dfrac{a}{c}=3\times\dfrac{2}{16}=\dfrac{3}{8}$이다.

12. 원자의 구성 입자와 동위 원소

중성자수와 전자 수의 차($a-b$)는 중성자수와 양성자수의 차와 같다. $a-b$와 질량수를 합하면 ($2\times$중성자수)이다. A~D의 자료를 정리하면 다음과 같다.

원자	A	B	C	D
$a-b$	0	2	6	8
질량수	$m-4$	$m-2$	$m+2$	$m+4$
$2\times$ (중성자수)	$m-4$	m	$m+8$	$m+12$
중성자수	$\dfrac{1}{2}m-2$	$\dfrac{1}{2}m$	$\dfrac{1}{2}m+4$	$\dfrac{1}{2}m+6$

A~D의 중성자수의 합은 $\dfrac{1}{2}m-2+\dfrac{1}{2}m+\dfrac{1}{2}m+4+\dfrac{1}{2}m+6=96$이므로 $m=44$이다. 따라서 A~D의 중성자수는 각각 20, 22, 26, 28이다.

1 g의 A에 들어 있는 중성자수는 $\dfrac{A의 중성자수}{A의 원자량}$에 비례하므로 $\dfrac{20}{44-4}=\dfrac{1}{2}$에 비례하고, 1 g의 D에 들어 있는 중성자수는 $\dfrac{D의 중성자수}{D의 원자량}=\dfrac{28}{44+4}=\dfrac{7}{12}$에 비례한다. $\dfrac{1\text{ g의 A에 들어 있는 중성자수}}{1\text{ g의 D에 들어 있는 중성자수}}=\dfrac{1}{2}\times\dfrac{12}{7}=\dfrac{6}{7}$이다.

13. 산화수 변화와 산화 환원 반응 실험

ㄱ. (나)와 (다)에서 $B(s)$는 B^{b+}으로 산화되면서 각각 A^{a+}과 C^{c+}을 $A(s)$와 $C(s)$로 환원시키는 환원제로 작용한다.

ㄴ. (가)에 들어 있는 A^{a+}의 양(mol)을 1 mol이라고 하면 0.1 M 수용액 V mL에 들어 있는 각 이온의 양(mol)은 1 mol이다. (나)에 들어 있는 B^{b+}의 양(mol)이 2 mol이므로 A^{a+} 1 mol이 모두 반응하여 B^{b+} 2 mol을 생성하고, 반응물과 생성물의 전하의 총합이 같으므로 $a:b=2:1$이다. (다)에서 추가로 생성된 B^{b+}의 양(mol)이 1 mol이고, 반응한 C^{c+}의 양(mol)도 1 mol이므로 (다)에서 반응한 $B(s)$의 양도 1 mol이고, $b=c$이다. 따라서 $\dfrac{b}{c}=1$이다.

ㄷ. (나)에서 반응한 A^{a+}의 양(mol)이 1 mol이므로 생성된 $A(s)$의 양(mol)은 1 mol이고, (다)에서 추가로 생성된 B^{b+}의 양(mol)이 1 mol이므로 반응한 $B(s)$의 양(mol)은 1 mol이다.

따라서 $\dfrac{\text{(다)에서 반응한 }B(s)\text{의 양(mol)}}{\text{(나)에서 생성된 }A(s)\text{의 양(mol)}}=1$이다.

14. 전자 배치와 원자의 규칙성

2, 3주기 1, 15, 16족 바닥상태 원자는 Li, N, O, Na, P, S이다. 이 원자들의 ㉠과 ㉡은 다음과 같다.

오비탈	Li	N	O	Na	P	S
㉠	2	3	3	4	4	4
㉡	1	3	4	7	3	4

따라서 W~Z는 각각 Li, N, Na, S이다.

ㄴ. X(N)의 홀전자 수는 3이고, Z(S)의 홀전자 수는 2이다. 따라서 홀전자 수는 X>Z이다.

ㄷ. X(N)는 s 오비탈에 들어 있는 전자 수가 4이고, p 오비탈에 들어 있는 전자 수가 3이다. Y(Na)는 s 오비탈에 들어 있는 전자 수가 5이고, p 오비탈에 들어 있는 전자 수가 6이다.

따라서 $\dfrac{p\text{ 오비탈에 들어 있는 전자 수}}{s\text{ 오비탈에 들어 있는 전자 수}}$의 비는 X : Y$=\dfrac{3}{4}:\dfrac{6}{5}=5:8$이다.

535

15. 순차 이온화 에너지와 원소의 주기성

원자 반지름은 Mg > Al > O > F이고, 제1 이온화 에너지는 F > O > Mg > Al이므로 $\dfrac{\text{제1 이온화 에너지}}{\text{원자 반지름}}$ 은 F이 가장 크고, O가 두 번째로 크며, Mg과 Al은 서로 비교할 수 없다.

이온 반지름은 O > F > Mg > Al이고, |이온의 전하|는 Al이 3, O와 Mg이 2, F이 1이다. 따라서 $\dfrac{\text{이온 반지름}}{|\text{이온의 전하}|}$ 은 Al이 가장 작고, Mg이 2번째로 작으며, O와 F은 서로 비교할 수 없다. W가 O라면 (가)에서 X와 Y는 각각 Mg, Al 중 하나이다. (나)에서 X와 Y 중 하나인 Al이 가장 작아야 하는데, Z가 가장 작으므로 모순이다. 따라서 W는 F이고, (나)의 X, Y, Z는 각각 O, Mg, Al이다.

ㄴ. 제2 이온화 에너지는 X(O) > Y(Mg)이고, 제3 이온화 에너지는 Y(Mg) > X(O)이다.

ㄷ. 원자가 전자가 느끼는 유효 핵전하는 Z(Al) > Y(Mg)이다.

16. 물의 자동 이온화와 pH

(가)의 $\dfrac{\text{pH}}{\text{pOH}}$ 가 $\dfrac{5}{2}$ 이므로 (가)의 pOH를 $2a$라고 하면 pH는 $5a$이고, pH + pOH = $5a + 2a = 14$이므로 $a = 2$이다. 이로부터 (가)의 pH = 10, pOH = 4이다. (나)의 pOH를 b라고 하면 $[\text{OH}^-] = 10^{-b}$ M이고, (가)와 (나)의 부피를 각각 V L라고 하면 (다)의 부피는 $10V$ L이다. 한편 OH^-의 양(mol)은 (가)가 (나)의 100배이므로 다음 관계식이 성립한다.

$$10^{-4} \times V = (10^{-b} \times V) \times 100, \quad b = 6$$

따라서 (나)의 pOH = 6, pH = 8이다. 또 (다)의 $\dfrac{\text{pH}}{\text{pOH}}$ 를 z라고 하면 (나)와 (다)의 $\dfrac{\text{pH}}{\text{pOH}}$ 비는 다음 관계식이 성립한다.

(나) : (다) $= \dfrac{8}{6} : z = 16k : 9k = 16 : 9$, $z = \dfrac{3}{4}$

(다)의 pH를 $3c$라고 하면 pOH는 $4c$이고, $3c + 4c = 14$에서 $c = 2$이므로 pH = 6, pOH = 8이다.

ㄱ. (나)에서 OH^-의 양(mol)은 $(10^{-6} \times V)$ mol이고, (다)에서 OH^-의 양(mol)은 $(10^{-8} \times 10V)$ mol이므로 OH^-의 양(mol)은 (나)에서가 (다)에서의 10배이다. 따라서 $x = 10y$이다.

ㄴ. $\dfrac{\text{(가)의 pH}}{\text{(나)의 pOH}} = \dfrac{10}{6} > 1$이다.

ㄷ. $\dfrac{\text{(나)에서 OH}^-\text{의 양(mol)}}{\text{(다)에서 H}_3\text{O}^+\text{의 양(mol)}} = \dfrac{10^{-6} \times V}{10^{-6} \times 10V} = \dfrac{1}{10}$ 이다.

17. 중화 적정 실험

(나)에서 만든 수용액 Ⅰ의 몰 농도를 a M이라고 하면 수용액 Ⅰ 10 mL를 완전 중화시키는 데 사용된 0.2 M NaOH(aq)의 부피가 10 mL이므로 $1 \times a \times 10 = 1 \times 0.2 \times 10$, $a = 0.2$이다.

이때 수용액 Ⅰ은 식초 A를 $\dfrac{1}{2}$로 희석한 용액이므로 식초 A의 몰 농도는 0.4 M이다. 즉, 식초 A 1 L (= 1000 mL)에 들어 있는 CH_3COOH의 양(mol)은 0.4 mol이므로 식초 $1000d_A$ g에 들어 있는 CH_3COOH의 질량은 0.4 mol $\times$ 60 g/mol = 24 g이고, 식초 A 1 g에 들어 있는 CH_3COOH의 질량

은 다음 관계식을 만족한다.

$$1000d_A : 24 = 1 : 8w, \quad d_A = \dfrac{3}{1000w}$$

수용액 Ⅱ 20 g을 완전 중화시키는 데 사용된 0.2 M NaOH(aq)의 부피가 30 mL이므로 수용액 Ⅱ 20 g에 들어 있는 CH_3COOH의 양(mol)은 $0.2 \times 30 \times 10^{-3}$ mol = 6×10^{-3} mol이고, 질량은 6×10^{-3} mol $\times$ 60 g/mol = 0.36 g이다. 이때 (라)에서 만든 수용액 Ⅱ 100 g 중 20 g만 중화 적정에 사용하였으므로 식초 B 40 mL에 들어 있는 CH_3COOH의 질량은 0.36 g $\times$ 5 = 1.8 g이다. 또 식초 B의 밀도가 d_B이므로 40 mL의 질량은 $40d_B$ g이고, 식초 B 1 g에 들어 있는 CH_3COOH의 질량 x는 $\dfrac{1.8}{40d_B} = \dfrac{9}{200d_B}$ 이다.

따라서 $x \times \dfrac{d_B}{d_A} = \dfrac{9}{200d_B} \times \dfrac{d_B}{\dfrac{3}{1000w}} = 15w$이다.

18. 중화 반응에서의 양적 관계

(가)~(다)에서 혼합 전 각 수용액에 들어 있는 이온의 종류와 양(mol) $\times$ 1000은 다음과 같다.

혼합 수용액	HA(aq)		H₂B(aq)		NaOH(aq)	
	H^+	A^-	H^+	B^{2-}	Na^+	OH^-
(가)	$2ax$	$2ax$	$2bx$	bx	0	0
(나)	0	0	$2bx$	bx	cy	cy
(다)	$2ax$	$2ax$	$2cx$	cx	by	by

(가)의 액성은 산성이므로 가장 많은 수로 존재하는 이온은 H^+이고, (가)에 들어 있는 모든 이온 수의 비가 1 : 1 : 3이므로 A^- 수와 B^{2-} 수는 같다. 이로부터 $2ax = bx$이고, $b = 2a$이다. 따라서 (가)~(다)에서 혼합 전 각 수용액에 들어 있는 이온의 종류와 양(mol) $\times$ 1000은 다음과 같이 나타낼 수 있다.

혼합 수용액	HA(aq)		H₂B(aq)		NaOH(aq)	
	H^+	A^-	H^+	B^{2-}	Na^+	OH^-
(가)	$2ax$	$2ax$	$4ax$	$2ax$	0	0
(나)	0	0	$4ax$	$2ax$	cy	cy
(다)	$2ax$	$2ax$	$2cx$	cx	$2ay$	$2ay$

(다)에서 모든 이온 수의 비가 1 : 1 : 3으로 존재하므로 이온의 종류가 3가지이다. 따라서 (다)의 액성은 중성이다. 이로부터 혼합 전 용액의 H^+의 양(mol)과 OH^-의 양(mol)이 같으므로 $2(a + c)x = 2ay$에서 $ay = (a + c)x$이고, (다)에 존재하는 A^-, B^{2-}, Na^+의 양(mol) $\times$ 1000은 다음과 같다.

A^-	B^{2-}	Na^+
$2ax$	cx	$2(a+c)x$

Na^+ 수 > A^- 수이므로 이온 수비는 Na^+ : A^- : B^{2-} = 3 : 1 : 1이고, $2(a + c)x = 3cx$에서 $c = 2a$이다. 따라서 $ay = (a + c)x$에서 $y = 3x$이고, (나)에서 혼합 전 각 이온의 양(mol) $\times$ 1000은 다음과 같다.

H^+	B^{2-}	Na^+	OH^-
$4ax$	$2ax$	$cy = 6ax$	$cy = 6ax$

따라서 $\dfrac{y}{x} \times \dfrac{\text{(나)에 존재하는 Na}^+\text{의 양(mol)}}{\text{(나)에 존재하는 B}^{2-}\text{의 양(mol)}}$

$= \dfrac{3x}{x} \times \dfrac{6ax}{2ax} = 9$이다.

19. 기체 반응에서의 양적 관계

$\dfrac{\text{C의 분자량}}{\text{A의 분자량}} = \dfrac{2}{5}$ 이므로 A의 분자량을 $5M$이라고 하면 C의 분자량은 $2M$이다. 화학 반응식이 $2\text{A}(g) \longrightarrow 2\text{B}(g) + \text{C}(g)$이므로 $2 \times$ A의 분자량 $= 2 \times$ B의 분자량 + C의 분자량이다. 따라서 $2 \times 5M = 2 \times$ B의 분자량 $+ 2M$이므로 B의 분자량은 $4M$이다. A와 B의 분자량비가 A : B = $5M : 4M = 5 : 4$이므로 B(g) 8w g의 양(mol)을 $2n$ mol이라고 하면 A(g) 10w g의 양(mol)은 $2n$ mol이다. (가) → (나)에서 반응한 A(g)의 양을 $2a$ mol이라고 하면 화학 반응에서 양적 관계는 다음과 같다.

반응식	2A(g)	$\longrightarrow$	2B(g)	+ C(g)
반응 전(mol)	$2n$		$2n$	
반응(mol)	$-2a$		$+2a$	$+a$
반응 후(mol)	$2n-2a$		$2n+2a$	a

실린더 속 전체 기체의 부피비는 (가) : (나) = $2n$: $(2n - 2a + 2n + 2a + a) = 2n : (4n + a) = 5 : 11$, $a = 0.4n$이다. (가) → (다)에서 반응이 완결되었을 때 화학 반응의 양적 관계는 다음과 같다.

반응식	2A(g)	$\longrightarrow$	2B(g)	+ C(g)
반응 전(mol)	$2n$		$2n$	
반응(mol)	$-2n$		$+2n$	$+n$
반응 후(mol)	0		$4n$	n

기체의 양(mol)과 부피는 비례하므로 (가)와 (다)에서 실린더 속 전체 기체의 밀도비는 (가) : (다) $= \dfrac{8w \text{ g}}{2n \text{ mol}} : \dfrac{8w \text{ g} + 10w \text{ g}}{5n \text{ mol}} = d : xd$에서 $x = \dfrac{9}{10}$ 이다. (나)의 실린더 속 C(g)의 질량은 C(g)의 양(mol) $\times$ 분자량 = $0.4n \times 2M = 0.8nM$ (g)이고, (다)의 실린더 속 B(g)의 질량은 B(g)의 양(mol) $\times$ 분자량 = $4n \times 4M = 16nM$ (g)이다.

따라서 $x \times \dfrac{\text{(다)의 실린더 속 B}(g)\text{의 질량(g)}}{\text{(나)의 실린더 속 C}(g)\text{의 질량(g)}} = \dfrac{9}{10}$

$\times \dfrac{16nM}{0.8nM} = 18$이다.

20. 몰과 질량, 원자 수

X의 질량은 X의 양(mol)에 비례하므로 (가)와 (다)에서 X의 몰비는 (가) : (다) = $(am + b)$: $(2am + b + c) = \dfrac{1}{2}$: 1, $b = c$이다.

(나)에서 실린더 속 기체의 양(mol)은 $(2a + b)$ mol이고, (다)에서 실린더 속 기체의 양(mol)은 $(2a + 2b)$ mol이다. (나)와 (다)에서 단위 부피당 Y 원자 수비는 (나) : (다) $= \dfrac{4am + 3b}{2a + b} : \dfrac{4am + 3b}{2a + 2b}$

$= \dfrac{5}{3}$: 1, $4a = b$이다.

(가)에서 전체 원자의 양(mol)은 $(3am + 4b)$ mol = $(3am + 16a)$ mol이고, (다)에서 전체 원자의 양(mol)은 $(6am + 4b + c \times (m + 1))$ mol = $(10am + 20a)$ mol이다. (가)와 (다)에서 전체 원자 수비는 (가) : (다) = $(3am + 16a)$: $(10am + 20a) = \dfrac{11}{20}$: 1, $m = 2$이다.

따라서 $\dfrac{b}{a \times m} = \dfrac{4a}{a \times 2} = 2$이다.

Full수록 수·능·기·출·문·제·집 26일 내 완성, 평가원 기출 완전 정복 Full수록! 수능기출 완벽 마스터

대표전화 1544-0554
주소 경기도 과천시 과천대로2길 54(갈현동, 그라운드브이)
협의 없는 무단 복제는 법으로 금지되어 있습니다.